JN034091

# 縮刷版 2020

第3386号～第3434号

朝雲新聞社

※113ページ（2020年3月26日付5面）の一部記事は諸般の事情により削除しております。

# 「朝雲」主要記事索引

◆人事

〈自衛隊〉



◆統合幕僚監部・３自衛隊



◆陸上自衛隊



◆海上自衛隊

◆装備・BMD・FX



◆災害派遣・急患空輸

◆不発弾処理



◆事故・不祥事



◆人命救助・感謝状・善行褒賞



◆スポーツ・体校・東京五輪

◆「地方防衛局」特集



◇「防衛施設と首長さん」



◇「リレー随想」



◆「厚生・共済」特集



◇「年金QアンドA」



◇「余暇を楽しむ」



◇「自慢の一品料理」

酒気帯び運転と酒酔い運転の違い…………12・3　405
飲酒した友人に自分の車を貸すと?…………12・10　413
泥酔した人にキスをしたら、犯罪ですか?…………12・17　421
泥酔で他人の家に入る、記憶なくても犯罪?12・24　431

◆投稿「みんなのページ」

▽「モンブラン登頂記」横平充雅2空曹（1・2）▽「年男年女　新年の抱負　後輩を育成する」冨樫真2陸曹（1・2）▽「被災者が日常取り戻す年に」小林昌之2陸曹（1・9）▽「パレードで両陛下に敬礼」鈴木静華陸士長（1・9）▽「日独音楽隊が『第九』を演奏」桑原和洋1陸佐（1・16）▽「洪水被災地で応急道路を開設」岩渕静佳3陸尉（1・16）▽「硫黄島で遺骨収集　英霊への感謝の念持ち」石崎弘之さん（1・23）▽「首相から特別賞状を受賞」田村信介1空佐（1・23）▽「航空集団司令官から感謝状」稲葉幸壽さん（1・30）▽「学生に伝えたい『心』」須貝琢也3陸曹（1・30）▽「令和初の『砲術会の集い』開催」古閑裕輔3海佐（2・6）▽「『日本海軍への道程』について」齋藤聡海将補（2・6）▽「京都府赤十字センターと協力」井上憲史2陸曹（2・13）▽「『剛健』体得した幹候生」川本明彦さん（2・13）▽「FTCは陸自の魂だ、命だ!」部隊訓練評価隊（2・20）▽「香川県への転属希望に感謝」前山友美さん（2・20）▽「ある防衛駐在官秘書の定年によせて」福本出さん（2・27）▽「有意義な日米共同訓練」白井秀幸陸曹長（2・27）▽「ブロック作品通じ募集活動」服部昭周1空曹（3・5）▽「『中部方面隊音楽まつり』に参加」礒野沙弥香さん（3・5）▽「『連隊炊事競技会』で優勝」五十嵐純布2陸曹（3・12）▽「空港保安検査員の仕事」村上佳隆さん（3・12）▽「初級操縦課程　卒業」阿部公亮3空尉など（3・19）▽「ホークスのパレードに参加」香川真希子さん（3・19）▽「『任期付き自衛官』で現役復帰!」入口知美空士長（3・26）▽「U125A初の女性機上無線員」髙橋和紀2空曹（3・26）▽「全日本スノーボード選手権で上位入賞」小川育1陸尉（4・2）▽「操縦者が山岳保命訓練」秋元隆志3空佐（4・2）▽「普通科中隊長の夢実現」山本恵子3陸佐（4・9）▽「第3子で育児休暇取得」吉田久志3陸曹（4・9）▽「新型コロナの拡大防止で災派」三和直行2空曹（4・16）▽「奄美の入隊者、港で見送り」森田正2海尉（4・16）▽「『大分の桜』の下に眠るドイツ兵」本名龍児1海佐（4・23）▽「小学校の総合学習で講師」小林広尚1陸曹（4・23）▽「防災訓練で元副連隊長と再会」仲村真3陸曹（5・14）▽「モニターで感じた平和」松尾友治さん（5・14）▽「武装走46普連がV5」高藤夕揮2陸曹（5・21）▽「コロナ禍の中、家族が一つに」杉田和広1陸尉（5・21）▽「Off―JTで医療技術の向上目指す」高柳悦史准陸尉（5・28）▽「最先任上級曹長に上番して」知元敏純准陸尉（5・28）▽「摩文仁の平和記念公園でゴミ回収ボランティア」樋口陽介空曹長（6・4）▽「『常勝普教連』復活へ!」坂元誠3陸曹（6・4）▽「自衛隊の名医ここにあり」木村太郎3陸曹（6・11）▽「自衛官の『人を思う深さ』に感銘」嶽葉子さん（6・11）▽「宮崎地本でSNSの自衛隊広報担当」福良飛翔3空曹（6・18）▽「『謙虚さ』保ち、部隊に貢献」渡辺那由多3陸尉（6・18）▽「北川君と『軍事組織の知的イノベーション』」齋藤聡海将補（6・25）▽「2士で入隊し、初級幹部へ」小暮大仁3陸尉（6・25）▽「中部方面総監から顕彰状を受賞」竹村健太郎即応予備1陸曹（7・2）▽「社会貢献で即自に志願」山本早和子即応予備陸士長（7・2）▽「コロナと戦う　レーダーサイトで感染予防指導」生田目恭次空士長（7・9）▽「コロナと戦う　共有物の一斉消毒作業」千原誠児2空曹（7・9）▽「ありがとうブルーインパルス!」鈴木康治予備2海曹（7・16）▽「近傍火災で消火活動」佐川重国2空曹（7・16）▽「呉海軍墓地で『軍艦矢矧慰霊碑』に献花」本名龍児1海佐（7・30）▽「衛生救護陸曹として奮闘中」後藤二郎3陸曹（7・30）▽「『気管挿管認定救急救命士』になりました!」青木優斗空士長（8・6）▽「北海道の空上げに挑戦!」鴨﨑心空士長（8・6）▽「陸自駐屯地で唯一の『寿司店』が永年勤続50年」仲村真3陸曹（8・13）▽「白帽組が健闘した防大68期遠泳」中山昭宏さん（8・13）▽「コロナ検査に『LAMP法』導入」濱本隆明技官（8・20）▽「北茨城市の『防災偵察訓練』に参加」相良守男2陸曹（8・20）▽「7師団が師団検閲に参加」中川利孝2陸曹など（8・27）▽「QC三重地区大会で優秀賞受賞」要優准空尉（8・27）▽「Webで再就職援護『待ったなし』」飯塚定夫3陸佐（9・3）▽「旅団集合教育レンジャーに参加」高尾賢3陸曹（9・3）▽「海上自衛官の娘を応援」大原聡美さん（9・10）▽「長崎地本で高校生に広報」脇野太貴陸士長（9・10）▽「海自掃海部隊の『デッカ』運用終了」高田英明2海尉（9・17）▽「ファンから地本に贈り物」大平竜也事務官（9・17）▽「戦えるレンジャーに」若林徳寿3陸曹など（9・24）▽「女性E2C／D搭乗員を募集中」常盤春尚1空尉（9・24）▽「熊本豪雨後　リクルータとして勤務」元松摩耶1陸士（10・1）▽「7枚目の『優勝看板』に思う」髙橋朗2陸曹（10・1）▽「入間基地で防大生に講和」橋本勝利空曹長（10・8）▽「仙台駐屯地防衛館『礎』を見学」廣川恭厳3陸尉（10・8）▽「少年戦車兵学校と若獅子神社」明和秀三さん（10・15）▽「育児と仕事の両立が目標」山岸紗希1陸士（10・15）▽「FTC訓練に即応予備自隊員として参加」大友敬行即応予備3陸曹など（10・22）▽「入管職員にコロナ予防教育」徳永秀一准空尉（10・22）▽「女性初の機動戦闘車乗員」藤原愛咲陸士長（10・29）▽「奄美大島『くれないの塔』で慰霊式」森田正2海尉（10・29）▽「コロナ災派で宿泊支援要員」内藤大貴3空曹（11・5）▽「牧場で働きながら予備自に」大熊茜さん（11・5）▽「小樽市の防災職員に挑戦」安藤斉さん（11・12）▽「高校生が『しらせ』乗員に取材」青戸栄儀2海曹（11・12）▽「『安倍外交』の検証を」小林武史国会議員秘書（11・19）▽「奄美大島の事務所で広報」西竹唯南1陸士（11・19）▽「防医大発『痛風』の新しい知見」河村優輔1空尉（11・26）▽「海幕人教部の『三上の工夫』」目賀田瑞彦1海佐（11・26）▽「『7月豪雨』災派で三つの教訓」阿部禅2陸尉（12・3）▽「埼玉県知事から感謝状」緒嶋禎肇空曹長（12・3）▽「米空軍と日米共同統合演習」齋藤英輝1空尉（12・10）▽「上級空曹課程の『一期一善』活動」大槻健二3空佐（12・10）▽「イン

タビュー動画で誤解払拭」加藤淳子2海佐（12・17）▽下総航空基地で慰霊碑を清掃　伊藤健一さん（12・17）▽「オンリーワン活かす」木村太郎3陸曹（12・24）▽「陸士施設機械操作課程で学んだこと」岩間瑞稀1陸士（12・24）

〈連載〉

◆「朝雲寸言」（各号1面）

◆「春夏秋冬」

▽小原凡司「日韓関係─大国の思惑」（1・2）▽笠井亮平「インパール訪問記」（1・9）▽菊澤研宗「VUCA時代のリーダーに必要な能力」（1・16）▽黒川伊保子「心の文脈」（1・23）▽小原凡司「台湾総統選の影響」（1・30）▽笠井亮平「グワーダル港とチャーバハール港」（2・6）▽菊澤研宗「リーダーの魅力の源泉」（2・13）▽黒川伊保子「女と5W1H」（2・20）▽小原凡司「新型肺炎の余波」（2・27）▽笠井亮平「新型コロナウイルスとインド」（3・5）▽菊澤研宗「人間の存在証明としての『責任』」」（3・12）▽黒川伊保子「新たなジェネレーションギャップ」（3・19）▽青木節子「グローバリゼーションと日本化」（4・2）▽小谷賢「歩くこと」（4・9）▽田中浩一郎「コロナウィルス禍と対峙する中東」（4・16）▽村井友秀「民主主義は独裁に勝てるか」（4・23）▽小谷賢「コロナ戦争」（5・14）▽田中浩一郎「コロナ禍の中東の夏」（5・21）▽村井友秀「軍事的徳を忘れた日本人」（5・28）▽青木節子「宇宙作戦隊の発足に寄せて」（6・4）▽小谷賢「コロナ後の世界」（6・11）▽田中浩一郎「差別とSNSと中東」（6・18）▽村井友秀「米中覇権争いの中で日本が進む道」（6・25）▽青木節子「月経済圏時代の宇宙資源問題」（7・2）▽小谷賢「テレワークと『空気』」（7・9）▽田中浩一郎「海軍力の増強を目指す中東諸国」（7・16）▽村井友秀「毛沢東思想から見た日中関係」（7・30）▽青木節子「軍事的脅威としての宇宙探査」（8・6）▽小谷賢「合意と拘束」（8・13）▽田中浩一郎「硝煙臭が広がる中東の夏」（8・20）▽村井友秀「影響力拡大に焦る中国」（8・27）▽村井友秀「中国の尖閣諸島奪取作戦」（9・3）▽青木節子「宇宙強国・中国の国連利用」（9・10）▽小谷賢「ファイブ・アイズとは何か?」（9・17）▽田中浩一郎「中東の大地に吹く疾風」（9・24）▽村井友秀「中国は対米戦争に勝てるか」（10・1）▽青木節子「宇宙物体の国籍」（10・8）▽小谷賢「学問の自由とは」（10・15）▽田中浩一郎「外国人戦闘員の移動と感染症」（10・22）▽村井友秀「日中友好人士の凋落」（10・29）▽青木節子「核兵器の究極的な廃絶を目指す」（11・5）▽小谷賢「技術経済安全保障とは」（11・12）▽田中浩一郎「中東の視点から見る米大統領選挙」（11・19）▽村井友秀「中共は新疆で何をしたのか」（11・26）▽青木節子「国際地球観測年（IGY）を思う」（12・3）▽小谷賢「国家情報長官（DNI）の資質」（12・10）▽田中浩一郎「実証された無人機の威力と懸念」（12・17）▽村井友秀「平和を望むならば戦争に備えよ」（12・24）

◆時の焦点

◇国内

▽防衛予算（1・2）▽五輪イヤー（1・9）▽安保条約60年（1・16）▽海自中東派遣（1・23）▽野党合流頓挫（1・30）▽新型肺炎拡大（2・6）▽馬毛島の基地化（2・13）▽新型肺炎増加（2・20）▽サイバー攻撃（2・27）▽新型肺炎対応（3・5）▽北方領土交渉（3・12）▽特措法改正（3・19）▽「まや」就役（3・26）▽東京五輪延期（4・2）▽自主派遣（4・9）▽緊急事態宣言（4・16）▽危機下の安保（4・23）▽F2後継機（5・14）▽緊急事態解除（5・21）▽宇宙作戦隊（5・28）▽経済活動再開（6・4）▽病院船（6・11）▽2次補正成立（6・18）▽五輪簡素化（6・25）▽敵基地攻撃能力（7・2）▽小池都知事再選（7・9）▽豪雨被害（7・16）▽防衛白書（7・30）▽コロナ再拡大（8・6）▽水害対策（8・13）▽戦後75年（8・20）▽ドローンの管理（8・27）▽首相退陣表明（9・3）▽自民党総裁選（9・10）▽新首相に菅氏（9・17）▽新・立憲民主党（9・24）▽首相国連演説（10・1）▽防衛費概算要求（10・8）▽規制改革（10・15）▽米軍駐留経費（10・22）▽首相演説（10・29）▽サイバー攻撃（11・5）▽日米新政権（11・12）▽感染急拡大（11・19）▽日豪首脳会談（11・26）▽東京五輪（12・3）▽臨時国会閉会（12・10）▽ミサイル防衛（12・17）▽来年度予算案（12・24）

◇国外

▽国際情勢展望（1・2）▽気候変動論議（1・9）▽米・イラン緊張（1・16）▽米VSイラン（1・23）▽ロシア内閣交代（1・30）▽イランの行方（2・6）▽米の中東政策（2・13）▽民主と明暗対照（2・20）▽新型肺炎の拡大（2・27）▽再び「ロシア!」（3・5）▽新型コロナ禍（3・12）▽コロナ被害拡大（3・19）▽コロナ・ショック（3・26）▽コロナ危機対処（4・2）▽新型コロナ危機（4・9）▽コロナ禍深化（4・16）▽米大統領選の行方（4・23）▽コロナ後の世界（5・14）▽ポスト・コロナ（5・21）▽コロナ危機と露（5・28）▽伝統行事中止（6・4）▽トランプ氏に逆風（6・11）▽コロナ後の危機（6・18）▽黒人暴行死デモ（6・25）▽世界と「距離」（7・2）▽北の新たな挑発（7・9）▽中印が軍事衝突（7・16）▽米のWHO脱退（7・30）▽南シナ海情勢（8・6）▽新START（8・13）▽対中強硬姿勢（8・20）▽米大統領選（8・27）▽1期目の米外交（9・3）▽安倍外交の遺産（9・10）▽大統領選の選択（9・17）▽溝深まる欧露（9・24）▽トランプ外交（10・1）▽米大統領選（10・8）▽トランプ氏罹患（10・15）▽迫る米大統領選（10・22）▽ポスト大統領選（10・29）▽中国の5中全会（11・5）▽米大統領選（11・12）▽米の次期大統領（11・19）▽トランプ氏4年（11・26）▽米政界勢力図（12・3）▽トランプ政権（12・10）▽米次期政権（12・17）▽中国の対米工作（12・24）

◆「前事不忘　後事之師」

▽メッテルニヒ─絶頂の時にも自国の脆弱性を理解してい

た宰相（1・9）▽「文七元結」—利害を捨てて心を伐つ（2・6）▽第1次世界大戦から学ぶこと—破局への坂道を転がり落ちないために（3・5）▽「シュリーフェン・プラン」スケジュールは独り歩きする（4・2）▽戦争論「軍事的天才」を読む 戦場の将軍に求められる資質（5・14）▽テロリズムを考える 私たちを打ち負かせるのは私たちだけ（6・4）▽国益を貫く覚悟—二人のフランス指導者（7・2）▽戦争は政治の延長か—生存を賭けた戦い（8・6）▽ビスマルク 自己の限界を知っていたリアルポリティークの政治家（9・3）▽「国防は軍人の専有物に非ず」命がけで国の安寧を考えた加藤友三郎（10・1）▽『危機の二十年』（E・H・カー著）の理想と現実—岸本さんから教わったこと（11・5）▽韓非子—人を信ずれば人に制せらる—（12・3）

◆「ひと」

▽大沼和広1空佐（11・26）▽前田誠空曹長（12・24）

◆「OBがんばる」

▽渡邉宏史さん（1・9）▽田中光弘さん（1・16）▽須川賢一さん（1・23）▽植田宣孝さん（1・30）▽村瀬尚光さん（2・6）▽山下政美さん（2・13）▽小志勇さん（2・20）▽新谷修二さん（2・27）▽土井勝博さん（3・5）▽奥野健一さん（3・12）▽村田修一さん（3・19）▽岩本一騎さん（3・26）▽小林亮公さん（4・2）▽有馬修政さん（4・9）▽泉屋里美さん（4・16）▽井上良男さん（4・23）▽荒井直之さん（5・14）▽小泉正さん（5・21）▽久原国彦さん（5・28）▽小濱邦洋さん（6・4）▽挽地誠さん（6・11）▽金森雅弘さん（6・18）▽松本義孝さん（6・25）▽横川和祐さん（7・2）▽平本幸彦さん（7・9）▽久嶋浩二さん（7・16）▽若山晃さん（7・30）▽徳山秀樹さん（8・6）▽小泉典彦さん（8・13）▽五島大介さん（8・20）▽錦戸博之さん（8・27）▽田中勝さん（9・3）▽森芳朗さん（9・10）▽原田則夫さん（9・17）▽荻原洋聡さん（9・24）▽久保山宗記さん（10・1）▽立川直樹さん（10・8）▽佐藤徳義さん（10・15）▽堀内深玄さん（10・22）▽山添敏明さん（10・29）▽村田幸治さん（11・5）▽佐保秀和さん（11・12）▽野田政幸さん（11・19）▽柴田翔平さん（11・26）▽黒瀬明さん（12・3）▽才神一彦さん（12・10）▽川村忠司さん（12・17）▽白鷹英昭さん（12・24）

◆「朝雲・栃の芽俳壇」

▽（1・2）＝新春特別俳壇▽（1・9）▽（2・6）▽（3・5）▽（4・2）▽（5・14）▽（6・4）▽（7・2）▽（8・6）▽（9・3）▽（10・1）▽（11・5）▽（12・3）

◆「新刊紹介」

▽「平和のための安全保障論」かもがわ出版、「小泉進次郎と権力」日本経済新聞出版社（1・9）▽「米中新冷戦の幕開け」東洋経済新報社、「『世界は強い日本を望んでいる』＝嘘つきメディアにグッド・バイ＝」ワニブックス（1・16）▽「自衛官が語る海外活動の記録」並木書房、「軍事戦略入門」創元社（1・23）▽「潜入中国」朝日新聞出版、「海の地政学」中央公論新社（1・30）▽「引き留められた帝国」吉田書店、「逆転のイギリス史—衰退しない国家」日本経済新聞出版社（2・6）▽「ここが変だよ日本国憲法！」内外出版、「自衛隊ダイエットBOOK」マガジンハウス（2・13）▽「CBRNEテロ・災害対処ポケットブック」診断と治療社、「日本軍と軍用車両」並木書房（2・20）▽「国際法講義 第2版」成文堂、「モンスターと化した韓国の奈落」ビジネス社（2・27）▽「『超限戦』—21世紀の『新しい戦争』」KADOKAWA、「『外交戦』～日本を取り巻く『地理』と『貿易』と『安全保障』の真実～」あさ出版（3・5）▽「『中国の行動原理』—国内潮流が決める国際関係」中央公論新社、「次のテクノロジーで世界はどう変わるのか」講談社（3・12）▽「『自衛隊最強の部隊へ』—戦法開発・模擬戦闘編」誠文堂新光社、「地経学とは何か」文芸春秋（3・19）▽「『総力戦としての第二次世界大戦』—勝敗を決めた西方戦線の激闘を分析」中央公論新社、「皇帝たちの中国史」徳間書店（3・26）▽「『不安定化する世界』—何が終わり、何が変わったのか」朝日新聞出版、「『フテンマ戦記』—基地返還が迷走し続ける本当の理由」文芸春秋（4・2）▽「『新版 防衛の務め』—自衛隊の精神的拠点」中央公論新社、「イスラエルとユダヤ人」KADOKAWA（4・9）▽「『国防と教育』—自衛隊と教育現場のリーダーシップ」PHP、「写真史 飛行第四十七戦隊」文林堂（4・16）▽「憲法9条を正しく知ろう」海竜社、「アジアを解放した大東亜戦争」展転社（4・23）▽「中国の海洋強国戦略」原書房、「軍事組織の知的イノベーション」勁草書房（5・14）▽「論究 日本の危機管理体制」芙蓉書房出版、「シリア原子炉を破壊せよ」並木書房（5・21）▽「アメリカ空軍史から見たF22への道（上・下）」パンダ・パブリッシング、「海自オタがうっかり『中の人』と結婚した件。」秀和システム（5・28）▽「国防態勢の厳しい現実」勉誠出版、「弾丸が変える現代の戦い方」誠文堂新光社（6・4）▽「台湾有事と日本の安全保障」ワニブックス、「人類と病」中央公論新社（6・11）▽「入門講義 安全保障論」慶應義塾大学出版会、「いかにアメリカ海兵隊は、最強となったのか」作品社（6・18）▽「『目に見えぬ侵略』中国のオーストラリア支配計画」飛鳥新社、「技術覇権 米中激突の深層」日本経済新聞出版（6・25）▽「『邦人奪還』自衛隊特殊部隊が動くとき」新潮社、「ザ・フォックス」KADOKAWA（7・2）▽「『シャドウ・ウォー』中国・ロシアのハイブリッド戦争最前線」原書房、「『世界ウィルス戦争の真実』米中の〝熱い〟戦いが始まる」徳間書店（7・9）▽「『嘘と拡散の世紀』『われわれ』と『彼ら』の情報戦争」原書房、「疫病2020」産経新聞出版（7・16）▽「先端技術と米中戦略競争」秀和システム、「イスラエル諜報機関 暗殺作戦全史（上・下）」早川書房（7・30）▽「『参謀の思考法』トップに信頼されるプロフェッショナルの条件」ダイヤモンド社、「『アフターコロナ』見えてきた7つのメガトレンド」日経BP（8・6）▽「気配りが9割」飛鳥新社、「敗戦、されど生

きよ」芙蓉書房出版（8・13）▽「現代戦争論―超『超限戦』」ワニブックス、「統治のデザイン」弘文堂（8・20）▽「なぜ必要か　少年工科学校の教育」学校法人タイケン出版、「AIとカラー化した写真でよみがえる戦前・戦争」光文社（8・27）▽「『兵站』―重要なのに軽んじられる宿命」扶桑社、「『蒼海の碑銘』―海底の戦争遺産」イカロス出版（9・3）▽「『ビリオネア・インド』―大富豪が支配する社会の光と影」白水社、「ジョージ・オーウェル」岩波書店（9・10）▽「イギリス海上覇権の盛衰（上・下）」中央公論新社、「『帝国陸海軍の戦後史』―その解体・再編と旧軍エリート」九州大学出版会（9・17）▽「『統合幕僚長』―我がリーダーの心得」ワック、「自衛隊は市街戦を戦えるか」新潮社（9・24）▽「熱血！〝タイガー〟のファントム物語」イカロス出版、「舞鶴に散る桜」飛鳥新社（10・1）▽「新たなミサイル軍拡競争と日本の防衛」並木書房、「『自衛隊最強の部隊へ』―FTC対抗部隊編」誠文堂新光社（10・8）▽「近未来戦を決する『マルチドメイン作戦』」国書刊行会、「地方選」KADOKAWA（10・15）▽「海洋戦略入門」芙蓉書房出版、「あの日、ジュバは戦場だった」文芸春秋（10・22）▽「中国海軍VS海上自衛隊」ビジネス社、「防災・危機管理　研修・訓練のノウハウ」内外出版（10・29）▽「新しい軍隊」内外出版、「愛する日本人へ　日本と台湾の梯となった巨人の遺言」宝島社（11・5）▽「冷戦（上・下）」岩波書店、「侮ってはならない中国」信山社出版（11・12）▽「『新・日英同盟』100年後の武士道と騎士道」白秋社、「沈みゆくアメリカ覇権」小学館（11・19）▽「経済安全保障の戦い」日本経済新聞出版、「緊急提言　パンデミック」河出書房新社（11・26）▽「自衛隊は中国人民解放軍に敗北する⁉」扶桑社、「証言　天安門事件を目撃した日本人たち」ミネルヴァ書房（12・3）▽「『太平洋島嶼戦』第2次大戦、日米の死闘と水陸両用作戦」作品社、「X未踏のエンベロープ」ホビージャパン（12・10）▽「中東政治入門」筑摩書房、「機巧のテロリスト」祥伝社（12・17）▽「『マーシャル・プラン』―新世界秩序の誕生」みすず書房、「『ミリタリー・カルチャー研究』―データで読む現代日本の戦争観」青弓社（12・24）

◆社告・お知らせ

朝雲賞　陸自板妻に最優秀掲載賞……2・13　53
朝雲賞　25部隊、6機関、7個人に……2・27　74
2020年版「自衛隊手帳」
景品当選者決まる……3・5　84
2020年度朝雲モニター　陸海空65人委嘱4・2　118

朝雲

発行所　朝雲新聞社
〒160-0002 東京都新宿区四谷坂町12-20 KKビル
電話 03(3225)3841
FAX 03(3225)3831
振替00190-4-17600番
定価一部170円、年間購読料9170円（税・送料込み）

明治安田生命　団体生命保険
保険金受取人のご変更はありませんか？
アフターフォローの
明治安田生命
（引受幹事生命保険会社）

# 河野大臣 新春に語る

# 日米韓の連携が重要

## 北朝鮮ミサイル 厳しい安保環境

## 女性自衛官の活躍に期待

# 25万隊員と共に新時代へ

2020年、新たな年が幕を開けた。日本を取り巻く安全保障環境はかつてないスピードで激変し、従来の陸海空に加えて宇宙・サイバー・電磁波といった新領域を一体運用する「多次元統合防衛力」の時代に突入した。今年はいよいよ女性自衛官が潜水艦での勤務を開始する。昨年9月に外相から防衛相に就任し、外相時代さながらのハイペースで各国との防衛相会談などに臨み、「積極外交」を展開する河野太郎大臣に、全国約25万人の隊員を率いて新たな時代に漕ぎ出す意気込みと抱負を聞いた。（聞き手　中島毅一郎・朝雲新聞社社長）

中島毅一郎朝雲新聞社社長（右）のインタビューに答える河野太郎防衛相（大臣室で）

——大臣はご就任以来、各国の防衛大臣や外務大臣、元首級の方々と会談を重ねられ、積極的に防衛協力・交流に臨んでおられます。日本が掲げる「自由で開かれたインド太平洋」構想の下、今後、各国との防衛協力・交流をいかに進めていくべきか、お考えをお聞かせください。

河野大臣　日本を取り巻く安全保障環境は極めて厳しく、速いペースで悪化している中で、日本にとって望ましい安全保障情勢を作り出すためには、やはり各国との防衛協力・交流をしっかりやっていかなくてはならないと思っています。

もちろん、日米同盟が基軸でありますから、安倍総理とトランプ大統領、私とエスパー国防長官など、さまざまなレベルでの関係強化は必須です。

さらに、オーストラリア、インド、ASEAN（東南アジア諸国連合）といった、「自由で開かれたインド太平洋」構想について志を同じくする国々との関係も重要視していかなくてはならないと思っています。

また、太平洋島嶼国やスリランカなどの南アジアの国々といったところとの関係強化も非常に重要で、艦艇の寄港や航空機の寄航、能力構築支援などを実施してきております。

それから、フランスは南太平洋に（ニューカレドニアや仏領ポリネシアなどの）領土を持っていることから、はっきりと「我が国はインド太平洋国だ」という言い方をしています。イギリスは（2020年1月にも）欧州連合（EU）から離脱（ブレグジット）したら「TPP（環太平洋経済連携協定）にも入りたい。太平洋との関係を強めたい」と言っております。

日本は英仏とそれぞれ外務・防衛担当閣僚協議「2プラス2」も開催しておりますから、こうした国々との関係強化も「自由で開かれたインド太平洋」（の実現）には重要です。

韓国については、北朝鮮のミサイルの脅威を前にして日米韓の連携が今後も重要になってくるだろうと思っています。

「各国との防衛協力・交流は重要だ」と語る河野防衛相

### GSOMIA継続求める

——韓国とのGSOMIA（軍事情報包括保護協定）が昨年11月に一転、失効回避され、当面継続となりました。改めて日韓・日米韓の連携の重要性についてお話しいただけますか。

河野大臣　北朝鮮が昨年5月から20発以上のミサイルを撃ってくるという状況の中で、日米韓がしっかり連携し、「3カ国がしっかり連携しているぞ」というメッセージを出すことは大事だと思います。

そういう中で、（昨年8月に日本とのGSOMIAの終了を決めた）韓国は、戦略的にいろいろと考えて（今回、終了通告の効力停止を）判断したのだと思います。

ただし、今は「終了の通告を一時停止している」ということですから、それをきちんと恒常的なものにするという賢明な判断を韓国には求めていきたい。

GSOMIAがないからといって特に日本の防衛に支障が出るわけではありませんが、この時期に対外的に間違ったメッセージを出すのは良くないことだと思っています。

（3面に続く）

## 空幕長 ハワイのPACSに出席

### 19カ国の空軍参謀長と議論

丸茂空幕長は12月3日から8日まで米ハワイを訪れ、米太平洋空軍が主催する「太平洋地域空軍参謀長等シンポジウム（PACS）」に参加した。

空幕長は4日から6日まで「地域的安全保障への共同アプローチ」をテーマに開かれたPACSに出席。シンポには米太平洋空軍司令官のチャールズ・ブラウン大将をはじめ、インド、カナダ、フランス、ブルネイなど19カ国の空軍参謀長らが参加し、パネルディスカッションや個別の会談を通じて、地域情勢、防衛政策、防衛協力・交流などについて幅広く意見交換した。7日（現地時間）にはパールハーバーで行われた「全米真珠湾記念日式典」に参列。

丸茂空幕長は「インド太平洋地域の安全保障協力を推進する上で大変有意義な機会となった。今後もさまざまな機会を通じ、各国空軍との相互理解の促進と信頼関係の強化を図っていきたい」と述べた。

「PACS」に出席し、米太平洋空軍のブラウン司令官（右）と記念品を交換する丸茂空幕長（12月6日、米ハワイのパールハーバー・ヒッカム統合基地で）

## 防衛費5兆3133億円

### 2年度予算案　次期戦闘機の開発着手

空自F2戦闘機の後継機として日本主導で開発に着手する次期戦闘機（イメージ）＝防衛省「令和2年度予算の概要」から

政府は12月20日の閣議で、令和2（2020）年度予算案を決定した。一般会計の総額は102兆6580億円で8年連続で過去最大を更新した。[illegible]

## F35A国内最終組み立て

### 防衛相「完成機輸入に比べ安価」

河野防衛相は12月20日の閣議後会見で、空自の最新鋭のF35Aステルス戦闘機について、令和2年度予算の取得方法を、完成機輸入ではなく、国内でのFACO（最終組み立て・完成検査）にすると発表した。[illegible]

47機体制とする予定だ。

### 春夏秋冬

## 日韓関係—大国の思惑

小原　凡司

日韓関係に回復の兆しが見えない。日本は2019年6月、韓国に対する輸出管理を強化した。文在寅政権は、これが徴用工訴訟に対する報復措置だとして強く反発し、8月23日に軍事情報包括保護協定（GSOMIA）破棄（延長拒否）を決定するにいたった。

これを米国が許すはずがない。北東アジアにおける米国の軍事プレゼンスを担保するはずの日米韓安全保障協力の一部を、同盟国の韓国自身が壊そうというのだ。ポンペオ国務長官をはじめ複数の米国高官が、韓国政府に対し、GSOMIA破棄を撤回するよう強く求めた。在韓米軍の駐留経費なども絡めて、相当な圧力をかけただろうことは想像に難くない。

結局、文在寅政権は、GSOMIA失効の直前に「破棄通告の延期」を日本に通報することとなった。しかし、文政権は米国の圧力に屈しただけで、GSOMIA継続の意図を示したわけではない。文大統領にとっては、米国がここまで強く介入するのは誤算だったということだろう。

文大統領の誤算は米国だけに止まらない。もう一つの誤算は中国だ。文政権は、この問題で中国に支持してほしかったはずだ。文政権にしてみれば、現在の日韓関係の悪化も、歴史認識に端を発する問題だからである。しかし、中国から韓国を支持する論評等は出てこない。

中国にしてみれば、当然の対応である。現在の中国にとって、ターゲットは韓国ではなく日本だからだ。中国は、日米同盟が機能する限り、米国が孤立することはないと考えている。だからこそ、日本に米国からの距離を取らせたいのだ。現在の中国の関心は、今年の習近平主席の国賓としての訪日なのである。韓国を支持して日本が反発し、米国との協力をより強化してしまったら、中国にとって本末転倒の結果になってしまう。

中国は、これまで歴史認識問題について、米国等で韓国と協働して反日世論工作を行ってきた。米国でも、日本に関する歴史認識問題は人権や女性の権利といった現在の問題として扱われる傾向にある。それでも、米国や中国は韓国を支持していない。米中ともに政治戦の中で自らの優勢を保つため、冷徹な計算をしているのだと言える。

（笹川平和財団上席研究員）

### 日米防衛相 電話で会談

河野防衛相は中国訪問から帰国した12月19日深夜、米国のエスパー国防長官と電話会談し、中東を含むインド太平洋地域の情勢などについて意見交換した。

### 朝雲寸言

大正2（1913）年、ロシアの支援を受けたセルビアやブルガリアが、弱体化していたオスマン・トルコ帝国に襲い掛かるバルカン戦争が勃発した。その後スラブ民族主義は一段と高まり、セルビア人青年がオーストリア皇太子を暗殺するサラエボ事件を経て第1次世界大戦へと至る▼昭和2（1927）年、日本各地の銀行で取り付け騒ぎが相次ぐ昭和金融恐慌が起き、2年後の世[illegible]



求む！
建物を守る人
私達は建物の総合マネジメント会社です。
日本管財株式会社
設備管理・警備スタッフ募集　お気軽にお問合せください
28年度以降の退職自衛官採用数 56名
03-5299-0870　自衛隊担当：平尾

令和2年　元旦
（2020年）
謹　賀　新　年
国内外でご活躍されている皆様方の
ご健勝とご多幸をお祈りします。
（順不同）
＝企画・朝雲新聞社営業部＝

（火災・災害共済）（生命・医療共済）（退職者生命・医療共済）
防衛省職員生活協同組合
理事長　武藤義哉
役職員一同

公益財団法人
防衛基盤整備協会
理事長　鎌田昭良
専務理事　石渡幹生
〒160-0003 東京都新宿区四谷本塩町15番9号
電話03(3358)8720

公益社団法人 隊友会
会長　折木良一
副会長　藤縄祐爾
常務理事　増田好平
常務理事　片岡晴彦
常務理事　田川栄一
事務局長（兼務）　植木明彦
事務局次長　…

一般社団法人
自衛隊援護協会
理事長　上瀧守
事務局長　町田英俊
〒162-0808 東京都新宿区天神町六番地 Mビル五階
TEL（〇三）五二二七・五四〇〇

公益社団法人
自衛隊家族会
会長　伊藤康成
副会長　佃和夫
副会長　岡絅子
同　三好貞夫
同　宗像久男
事務局長　土谷貴史

「自分の国は自分で守ろう」
広く会員を募っています
全国防衛協会連合会
会長　佃和夫
〒162-0844 東京都新宿区市谷八幡町13番地 東京洋服会館9階
電話〇三（五二五九）一八二三
FAX〇三（五二五九）一八二九
http://www.ajda.jp

一般財団法人
防衛弘済会
理事長　山本一利
常務理事　田原義信

株式会社 タイユウ・サービス
代表取締役　林國満
BOEKOS
自衛隊統合カレンダー「躍動」の制作・販売
「防災スイーツパン」の販売
隊友会　記章等指定物品の販売
団体総合生活保険　新・医療互助制度指定代理店
昭和55年（1980年）創業のOB会社
〇一二〇-六〇〇-二三〇
ホームページ　タイユウ・サービス　検索

弘済企業株式会社
社員一同

公益財団法人 日本国防協会
会長　中谷元
理事長　赤星慶治
副理事長　藤島正之
同　岡部俊哉
同　片岡晴彦
事務局長　上村邁

# 陸幕長に出国報告
## UNMISS第12次司令部要員　南スーダンに1年

南スーダンへの出発を前に陸幕を訪れ、湯浅陸幕長（右）から激励を受ける（その左へ）UNMISS司令部要員の山之内3佐と中林1尉（12月19日、陸幕長応接室で）

国連共和国ミッション（UNMISS）司令部要員として派遣される山之内祐希3陸佐（陸上総隊）と中林由貴1陸尉（同）が12月19日、陸幕を訪れ、湯浅陸幕長に出国報告を行った。

2人は1月8日に出国し、南スーダンの首都ジュバに直接入り、早ければ10日から約1年間任務に当たる予定。山之内3佐は兵站幕僚として国連ハウス地区でUNMISS歩兵部隊や軍事連絡要員の兵站支援を、中林1尉は航空幕僚として国連トンピン地区でUNMISSの航空機が駐機する飛行場エプロン地区の管理などを担当する。

出国報告には竹本陸幕副長と運用支援課長の石原由尊1佐が立会。山之内3佐と中林1尉が湯浅陸幕長に出国報告を行い、これに対し陸幕長は「（陸自の）この活動は国外で非常に高い評価を受けている。普段の訓練の成果を発揮し、頑張ってきてほしい」と2人を激励した。

防衛省では2017年5月に陸自施設部隊による南スーダンPKO活動を終了後も、UNMISS司令部（約400人）への陸自隊員4人（兵站、情報、施設、航空運用の各幕僚）の派遣を継続。

4人は2人1組で出発時期を半年ずらして出国し、それぞれ約1年間の任務に就いている。

# 越海軍に能力構築
## 掃海母艦「ぶんご」
## 水中の不発弾処理

ベトナム海軍への水中不発弾処理のワークショップで、同国軍人に自衛隊の取り組みを紹介する海自隊員（左）＝12月13日、掃海母艦「ぶんご」艦内で

インド洋方面での長期巡航訓練を終え、帰国に向け南シナ海を航行中の海自掃海派遣部隊（指揮官・井窪誠史1佐＝3掃海隊司令）の掃海母艦「ぶんご」と掃海艇「たかしま」は12月12日から15日まで、ベトナムのダナンに寄港した。現地で乗員らは、能力構築支援事業（キャパシティー・ビルディング）の一環として、初めて「水中不発弾処理」のワークショップを行った。

越海軍への「不発弾処理」の能力構築支援は2018年3月、防衛省がベトナム、カンボジア、ラオスの各軍関係者6人を招へいして陸自駐屯地や海自基地などで行った経験があるが、今回は新たに海軍を対象に「水中の不発弾処理」の分野で実施された。

同ワークショップは13日、「ぶんご」艦上で行われ、乗員らが越海軍の佐官級軍人約30人に対し、海自の水中での不発弾処分業務や教育システム、掃海艦艇の各機能などを紹介した。今後は海自水中処分員による処理方法などの教育も4年間の長期計画で行っていく予定だ。

同日の開講式にはベトナムを公式訪問中の山村海幕長も出席し、あいさつを行った。

「ぶんご」と「たかしま」は15日、ダナンを出港し、23日、約3カ月間の航海を終えて呉、佐世保にそれぞれ帰国した。

# 時の焦点

## 国内　防衛予算
### 体系的に装備の充実を

戦後政治史に確かな足跡を残し、昨年、101歳で死去した中曽根康弘元首相は、自著『新しい保守の論理』で、日本のとるべき安全保障政策について次のように語っている。

「軍備があまりに小さければ、相手方に軍事力行使の誘惑を感じさせる恐れがある。小さすぎる軍備はむしろ紛争誘発の原因となり得る。外国に侵略の野心を起こさせないだけの自衛力を持って均衡を成立させ、維持することは、国際的な義務であり、責任だろう」

この書の発刊は1978年である。40年を経て、東アジアの安全保障環境は不透明さを増している。中曽根氏の主張をしっかり受け止め、防衛力を整備することに異論は少なかろう。

政府は2020年度予算案で、防衛費を過去最大の5兆3133億円とした。18年末に決めた防衛計画の大綱と中期防衛力整備計画を踏まえ、宇宙やサイバー空間、電磁波の攻撃を想定した「多次元統合防衛力」を強化する狙いがある。

宇宙分野に506億円、サイバー防衛に256億円を充てた。いずれの分野も、自衛隊の能力は高いとはいえない。宇宙監視態勢の強化やサイバー防衛隊の充実を図り、能力の向上に努めねばならない。

弾道ミサイル防衛予算は1136億円を計上した。新型戦闘機「F35B」の調達や、護衛艦「いずも」の改修費用なども盛り込んだ。戦闘機F2に代わる次期戦闘機の開発関連経費は280億円を見込んでいる。

防衛装備の開発、調達には時間がかかる。将来を見通し、体系的に整備することが求められる。

財政の制約を考慮すれば、防衛予算の増額には限界がある。防衛省は装備品の一括調達を進めるとともに、原価の精査を綿密に行い、効率化を図らねばならない。

米国から武器を購入する有償軍事援助契約は、最新鋭の機器を導入できる一方、費用が高騰しがちだ。政府の交渉力が問われよう。

北朝鮮の核・ミサイルの脅威は減じていない。米朝の非核化交渉が停滞し、今年、北朝鮮が挑発をさらに強める可能性がある。低い高度で飛行し、変則的な軌道を描く新型ミサイルにどう対処するのか。政府は米韓両国と協力して迎撃網を強化する必要がある。

中国も様々な射程のミサイルを配備している。音速の5倍以上で飛行する「極超音速兵器」や、人工知能を搭載した無人機といった新兵器の開発にも力を入れる。いずれもレーダーでの探知が難しく、懸念材料だ。

今日に至る強固な日米同盟の礎を築いた中曽根氏は、防衛費の「国民総生産（GNP）1%枠」を取り払ったことで知られる。安倍政権も同盟の深化を図り、着実に抑止力を高めていくべきだ。

夏川　明雄（政治評論家）

## 海外　国際情勢展望
### 米大統領選にらむ展開

新たな10年期の幕開けとなる2020年の国際情勢は、11月の米大統領選や越年した米中貿易摩擦、北朝鮮の非核化をめぐる米朝対立の行方などが相互に複雑に絡み合いながら目の離せない展開が続くことになろう。年明け早々には米中の覇権争いが影を落とす台湾の総統選・立法委員（国会議員に相当）選挙が行われる予定で、香港で続く民主派による事実上の反中デモが現職の蔡英文総統（民進党）には追い風となっている。

こうした中で世界が最も注視するのはやはり、経済の好調など米国第一主義の「実績」を掲げて再選を目指すトランプ大統領を政権の座から引きずり降ろそうとする野党・民主党の大統領候補が誰になるかだろう。トランプ氏に勝てる候補とされるバイデン前副大統領か、あるいは反トランプの急先鋒で資金力豊富なブルームバーグ前ニューヨーク市長が躍り出るのか。2月にスタートする民主党の大統領候補指名レースに注目だ。

米大統領選の行方とも絡むウクライナ疑惑をめぐるトランプ氏の弾劾裁判が年明けに行われる。民主党陣営は、共和党が多数を握る上院での大統領弾劾裁判で「有罪・罷免」に持ち込めない場合でも、トランプ氏の大統領としての適格性や権力乱用の実態に改めて焦点を当てることで、無党派層を中心に反トランプの世論の高まりに期待をかける戦略だ。ただ、民主党がホワイトハウスを奪還できるか否かは、型破りのトランプ氏に対抗し得る剛腕でカリスマ性を併せ持つ候補の擁立いかんにかかっている。

昨年末にいったん一時休戦の形となった米中貿易戦争がいつ再燃するかは、対中交渉カードを大統領選の切り札の一つに使おうともくろむトランプ氏の胸三寸という構図が続く限り、見通すのは難しい。世界経済も国際社会も引き続き、トランプ氏の再選目当てのディール（取引）外交に振り回されるのは間違いない。

一方、北朝鮮の非核化をめぐる米朝対立は、首脳会談を重ねても双方が原則的立場を崩さないため、再び軍事的緊張が高まる方向にある。ただ、トランプ氏が再選を目指す上で、大統領選中に北との軍事対決の選択は取りにくいだけに、弾道ミサイル発射実験などの挑発行動を繰り返す独裁的指導者、金正恩氏の暴走を封じ込める米日韓の安全保障連携の重要性が一段と高まっている。北朝鮮の後ろ盾で生命線を握る中国の対北圧力を引き出すのも、対北制裁を続ける国際社会の責務だ。

やむにやまれぬ朝鮮半島有事への備えに加え、先の米ロ両国の中距離核戦力（INF）全廃条約の失効に伴い、北東アジアでは米ロ中の核大国による中距離ミサイルの開発・配備競争が本格化するなど、地域の安全保障環境は厳しさを増すばかりだ。米国の中距離ミサイルの配備先としてわが国も候補の一つに取り沙汰されている折、日米同盟関係のみならず、改善基調にある日中関係や北方領土問題を抱える日ロ関係などの大きな枠組みの中でわが国の安全保障の強化策を探っていく多角的な取り組みが欠かせない。

伊藤　努（外交評論家）

# 海自先任伍長が交代
## 第6代に東曹長

【海幕】海自先任伍長の交代行事が12月17日、海幕応接室で行われ、第6代海上自衛隊先任伍長に東和仁曹長が就任した。

東曹長は昭和60年に第31期生徒として海自に入隊。輸送艦「あつみ」（横須賀）や護衛艦「むらさめ」（同）など多くの艦艇で通信員として活躍し、平成23年に護衛艦「いかづち」（同）の先任伍長に任命された。27年10月には1護群先任伍長、29年10月からは護衛艦隊先任伍長を務め、経験を積み重ねてきた。

海自曹士のトップとなる海自先任伍長の交代式には、山村海幕長、出口海幕副長、海幕各部長・課長をはじめ、澤田茂統幕最先任、陸自の根本和男最先任上級曹長、空自の甲斐修准曹士先任らが出席。米軍からもスティーブン・スナイダー米海軍最先任上級兵曹長ら多くの軍人が参列した。

5代先任伍長の関秀之曹長から山村海幕長に「先任伍長識別章」が返納され、次いで東曹長の左胸に海幕長から同識別章が付けられた。また、海幕長は関曹長の長きにわたる功績をたたえ、3級賞詞と3級防衛功労章を授与した。

着任した東海自先任伍長は「海上自衛隊先任伍長室が部隊とつながっていることを忘れることなく、隊員一人一人がそのつながりを認識できるよう取り組んでいきたい」と決意を表明した。

4年半にわたり重責を果たし退位した前・先任伍長の関曹長は「皆さまの支えがあって、全力で走り続けることができました」と感謝の言葉を述べた。

山村海幕長（左）の前で先任伍長交代式に臨む第6代海自先任伍長の東曹長（前列手前）と、前・先任伍長の関曹長（同奥）＝12月17日、海幕応接室で

# 日米陸軍種間のトップ会合開催
## 「第37回日米シニア・リーダーズ・セミナー」

湯浅陸幕長（左手前）のエスコートで儀仗隊を巡閲する米太平洋陸軍司令官ポール・ラカメラ大将（12月16日、防衛省で）

湯浅陸幕長が主催する「第37回日米シニア・リーダーズ・セミナー（SLS）」が12月16日から18日まで、防衛省内などで開催された。

陸自からは湯浅陸幕長、高田克樹陸上総隊司令官ら、米国からは米太平洋陸軍（ハワイ州）司令官のポール・ラカメラ大将、米太平洋海兵隊（同）司令官のルイス・クラパロッタ中将らが出席。期間中、日米間で懇談や討議、西方の部隊視察などを実施したほか、米司令官らは17日、河野防衛相を表敬した。

## 防衛省発令

▽航空教育集団総務課長（1航空団防衛部長）　2空佐　島田　剛宏　（12月15日）

▽護衛艦隊司令部（かしま艦長）　1海佐　高梨　康行

▽かしま艦長（護衛艦隊司令部）　同　牧　孝行　（以上12月19日）

# 共済組合だより

**野球・テニス・ゴルフ練習などにご利用ください。**
**狛江スポーツセンター**

東京都狛江市にある防衛省共済組合直営施設の「狛江スポーツセンター」は、組合員とその家族、OBの方が利用できますので、広々とした多摩川沿いにあるスポーツセンターで気持ちのよい汗を流してみませんか。

狛江スポーツセンターには、ゴルフ練習場（1・2階計30打席、110ヤード）、ゴルフバンカー、テニスコート（オムニコート）4面、野球場1面、クラブハウス（受付、更衣室、シャワー室等）、駐車場50台分があり、定休日と年末年始を除き利用できます（点検のための休業あり）。

ご利用の際は、組合員または家族であることを証明できるもの（組合員証、被扶養者証等）、OBであることを証明できるOBカード等をご提示ください。

テニスコートと野球場は利用にあたって事前の予約が必要です。直接施設（03−3480−2637）にお申し込みください。利用する月の前月1日から受け付けています。

ゴルフについては、利用当日、クラブハウスでお申し込みください。

【狛江スポーツセンターの所在地】〒201−0013　東京都狛江市元和泉2−30−1　電話03−3480−2637

# 中国艦4隻が宮古海峡北上

12月16日午前9時ごろ、中国海軍の「ルーヤンIII」級ミサイル駆逐艦（満載排水量7500トン、艦番号155「南京」）1隻、「ジャンカイII」級フリゲート（同3900トン、578「揚州」、601「南通」）2隻、「フチ」級補給艦（同2万3000トン、890「巣湖」）1隻の計4隻が、沖縄本島の南南西約180キロの公海上を北上するのを海自5空群（那覇）のP3C哨戒機と13護衛隊（佐世保）の護衛艦「さわぎり」が確認した。

これら艦艇群は11月27日に東シナ海から大隅海峡を東航し、太平洋に進出した艦艇と同一で、この後、沖縄本島と宮古島間の宮古海峡を北上して東シナ海に戻った。


大空に羽ばたく信頼と技術
IHIは世界有数のジェットエンジンメーカーです
IHI Realize your dreams

世界を翔るIHIのジェットエンジン
飛行時代の幕開けから110年が過ぎ、航空技術の進歩は私たちの生活に深い関わり合いと大きな成果をもたらしています。IHIはその無限の可能性を追い求め、取り組みながら新しい飛行時代の到来を目指して積極的にチャレンジしています。
IHIの技術はあなたのそばで活躍しています。
株式会社IHI　航空・宇宙・防衛事業領域
〒135-8710 東京都江東区豊洲三丁目1番1号 豊洲IHIビル TEL.(03)6204-7656
URL:www.ihi.co.jp

SUBARU
受け継がれる、
ものづくりへの情熱
株式会社ＳＵＢＡＲＵの前身は　１９１７年に端を発する中島飛行機。
航空宇宙カンパニーは、航空機づくりの技術とスピリットを受けついで、日本の航空宇宙産業をリードし、これまでに培ってきた独創的で先進的な技術のもと、新たな価値を創造し続けることで、世界的に存在感のある航空機メーカーへの発展を目指しています。

株式会社SUBARU　航空宇宙カンパニー
https://www.subaru.co.jp

MOVE THE WORLD FORW>RD
MITSUBISHI HEAVY INDUSTRIES GROUP
三菱重工　三菱重工業株式会社　www.mhi.com/jp

# 防衛交流の推進で一致

## 日中防衛相会談　防衛相10年ぶり訪中

### 大臣、尖閣に「強い懸念」表明

河野防衛相は12月18日、日本の防衛相として10年ぶりに中国を訪問し、北京の中国国防省で国務委員兼国防相の魏鳳和上将と約2時間にわたって会談した。両氏は信頼醸成に向けて防衛交流を推進していくことを確認し、魏国防相の2020年内の訪日を目指し調整を進めることでも一致した。

会談の冒頭、魏国防相は河野大臣の訪中を歓迎し、「両国間の防衛分野での交流の絶えざる発展を推進し、積極的に建設的な2国間の安全保障関係を構築していきたい」と呼び掛けた。

これに対し、河野大臣は、海自艦艇と中国海軍艦艇の相互訪問が19年に実現したことに触れ、「さまざまな交流、対話を推進し、透明性を高め、相互信頼、相互理解の増進につなげたい」と応じた。その一方で「日中間には東シナ海をはじめ、各種の懸念が存在している」と指摘。「尖閣諸島（沖縄県石垣市）周辺の海空域における中国の公船、飛行機の活動については強い懸念を持っている」と述べ、領海侵入などを繰り返す中国側に自制を求めた。

さらに、20年春の習近平国家主席の訪日についても言及し、「良好な環境を作っていく必要がある。中国側には相当努力していただかなければいけない」と述べた。

会談で両氏は各軍種間におけるハイレベルの相互訪問や部隊間交流を推進していくことで一致。艦艇の相互訪問では、19年4月に海自護衛艦「すずつき」が中国の国際観艦式に派遣され、海自艦艇として約7年半ぶりの訪中を果たしたことや、その返礼として同10月に中国海軍の駆逐艦「太原」が横須賀に入港し、中国軍艦として10年ぶりの訪日を果たし、海自と共同で親善訓練を行ったことなどを歓迎した。

両氏はこのほか、▽第10回「日中防衛当局次官級協議」の適切な時期の開催▽自衛隊と中国人民解放軍戦区との交流継続▽非伝統的な安全保障分野での対話と交流の促進▽海軍種間のさらなる信頼醸成に向けた具体的な取り組みの検討――などについても合意した。

18年6月に運用を開始した「海空連絡メカニズム」に関しては、現場の不測事態発生の回避に重要な役割を発揮していることを確認し、ホットラインの早期開設に向けた取り組みを加速させることで一致した。

中国が周辺国と領有権を争う南シナ海問題では河野大臣が「係争中の地形の非軍事化」の重要性を指摘。北朝鮮情勢では朝鮮半島の非核化に向けて日中間で連携することで一致した。

今回の河野大臣の訪中は、前任の岩屋毅防衛相（当時）と魏国防相が19年6月にシンガポールで開かれた「アジア安全保障会議（シャングリラ会合）」の機会に実施した防衛相会談での合意を受けて実現した。

河野大臣は会談後、記者団に「東シナ海、南シナ海をはじめ、日本側が持っているさまざまな懸念についてしっかり説明し、突っ込んだやり取りをすることができた。防衛交流を進めていく上で、透明性を向上していく第一歩を踏み出すことができた。今後の日中関係について、かなり率直に突っ込んだ議論ができたのは大変良かった」と訪中の成果を強調した。

河野大臣は翌19日、北京郊外で首都防衛を担う中国陸軍の警衛第3師団の市街地訓練施設を訪れ、テロリストを制圧する訓練などを視察した。

㊨中国の魏鳳和国防相（手前中央）のエスコートで人民解放軍の儀仗隊を巡閲する河野防衛相（その右）
㊤日中防衛相会談に臨む河野防衛相（左から2人目）と魏鳳和国防相（右から3人目）＝写真はいずれも12月18日、北京で＝防衛省提供

# 中国東部戦区と交流

## 本松西方総監ら訪中、解放軍視察

陸自西部方面総監の本松敬史陸将以下7人は11月12日から15日まで、日中防衛交流の一環として中国を訪れ、人民解放軍東部戦区の基地などを視察した。

代表団は団長の本松総監以下、内局国際政策課、統幕、陸幕、九州地区の陸海空各司令部の要員計7人で構成。

一行は12日に南京に到着後、本松総監と東部戦区司令官の劉粤軍・陸軍上将が会談し、日中間の防衛交流の推進で一致した。代表団は同日、陸軍の部隊を視察し、翌13日は杭州で空軍基地、14日には上海で海軍基地をそれぞれ視察した。

最終日の15日に北京に移動した本松総監らは、中央軍事委員会連合参謀部副参謀長の邵元明中将らと懇談し、帰国の途に就いた。

本松総監は帰国後、今回の訪中の成果について「日中友好基調の下、地政的に対峙する方面隊レベルの両指揮官が意見交換し、顔の見える関係を構築できたことを確信した」と語った。

日中間では2018年10月にシンガポールで開かれた「拡大ASEAN国防相会議（ADMMプラス）」の機会に岩屋毅防衛相（当時）と魏鳳和国防相が両国間で約3年ぶりとなる防衛相会談を開き、「人民解放軍東部戦区代表団の訪日」で合意。これを受けて同年11月に東部戦区副司令官の孫和栄・空軍中将以下6人が来日しており、今回はこれに応える形で訪中が行われた。

空軍基地で戦闘機を視察し、中国人民解放軍の幹部（左）と握手を交わす本松西方総監（11月13日、中国・杭州市で）＝防衛省提供

# 河野防衛大臣に聞く

1面から続く

中島社長　さて、一般の社会でも問題になっておりますが少子高齢化についてですが、防衛省・自衛隊として「宇宙・サイバー・電磁波」といった新領域や技術革新に対応できる優秀な人材の確保に今後、どう取り組んでいかれますか。また、昨年12月には、イージス艦「みょうこう」の艦長に大谷三穂1佐が着任され、女性初のイージス艦艦長が誕生しました。女性活躍に対する大臣のご期待も添えてお話しください。

河野大臣　これだけ少子高齢化が進み、労働市場が極めてタイトな（余裕のない）中で、自衛隊が優秀な人材を今後もきちんと採用するというのは非常に重要だと思っています。

特に「宇宙・サイバー・電磁波」という新領域は、サイバーを中心に人材の取り合いになっているような分野でもありますので、今回（昨年11月）、防衛省職員給与法を改正し、自衛官の（初任給を上げるなどの）待遇を良くさせていただきました。

それとやはり、隊員の生活環境を改善すべく、補正予算、あるいは来年度の当初予算でしっかりと対応できるようにしていきたいと思っています。

新領域については、大学や大学院、研究所などとしっかり交流し、（技術や研究などが）進んでいる民間企業との人材交流などもきちんと行い、人材を育てていかなくてはならないと思っています。

## 新領域は人材育成がカギ

どこの国でも同じだと思いますが、せっかくサイバー分野で人を育てたのに、「いい人材がいるぞ」といって民間企業が高い給料で持っていってしまうこともあるでしょうから、そうしたことにどうやって対応していくか、我々も真剣に考えていかなくてはならないと思っています。

そして、これから自衛隊の水準を維持していくためには、やはり女性活躍が避けては通れません。

先日、オーストラリア軍の最高司令官と話をしましたら、「豪空軍が男女比50対50になってもおかしくない」と言っておりましたので、各国ともその点を相当に重要視しているのだと思います。

## 潜水艦にも女性隊員を配置

我が国では18年に戦闘機パイロットの女性第1号が出ましたし、昨年（19年）はイージス艦艦長の女性第1号も誕生しました。先日、防大を視察した際には学生長が女子学生でした。日本でも、自衛隊の中でも、女性が頑張っているのがきちんと認められてきています。

今年、2020年には潜水艦にも女性を乗せることになりますので、自衛隊のほぼあらゆる職種で男女が共に勤務することになります。

これからも優秀な人材を採用するとなると、当然、女性がそこに入ってくることになりますので、防大から始まって陸海空自衛隊や統幕がどうやって女性を増やし、また活躍させるか、優先順位を高くして真剣に検討していかなければならないと思っております。

――ところで、大臣のツイッターのフォロワー数は120万人超という大変な規模で驚きました。こうしたツイッターなどのSNSを使った今後の広報戦略についてお聞かせいただけますか。

河野大臣　やはり、的確に情報を発信し、国民の皆さまのご理解を得るのは大事だと思っています。ツイッターは他のSNSと比べると対象（利用）年齢が若いので、防衛省（内局）をはじめ、統幕や陸海空自衛隊の各部隊、駐屯地や基地などがツイッターで情報発信することは、人材確保の意味で非常に意味があると思っています。

もう一つは、「日本を取り巻く安全保障が厳しい」ということがあまり世の中にしっかりと発信できていない（のではないか）、というのが私の正直な感想です。

例えば、中国（の公船）による領海侵入や中国の戦闘機による領空侵犯、ロシ

## SNS発信　フォロワー120万人

アの戦闘機や爆撃機による領空侵犯、あるいは中国の軍事拡大や北朝鮮のミサイルの状況などを、ツイッターをはじめ、SNSなどを使ってタイムリーに世の中に情報を出していき、「現実にこんなことが日本の周りで起きているんだ」ということを（国民の皆さまに）しっかりと認識してもらうのが大事だと思っています。

そういう意味で、SNSでタイムリーな情報発信をすることによって、いかに日本の安全保障環境が厳しいかということを多くの国民の皆さまに理解していただきたいと思っているところです。

――毎日、大変なスケジュールでご活躍されておられますが、健康法や体力維持に気を使っておられることはありますか。

河野大臣　（多忙なために普段は）あまりいろんなことができないものですから、1日できれば1万歩を歩こうというので、議員宿舎の自分の住んでいるフロアの廊下をぐるぐる回って1万歩を歩いています。

――ご趣味は。

河野大臣　趣味は、私の地元のJ1サッカーチーム「湘南ベルマーレ」の応援です。もともと代表取締役をやっておりましたので。

## 隊員の衣食住の環境改善へ

――最後に全国の隊員の皆さまに向けて、新年のメッセージをお願い致します。

河野大臣　昨年9月11日に就任して約4カ月となります。いろいろと（全国の駐屯地や基地などを）視察したり、災害派遣に出ている部隊を見たりしてまいりましたが、隊員諸君が非常に士気高く、国民の皆さまに寄り添って活動してくれているというのを見て、非常にありがたく思い、感銘を受けたところです。

隊員が誇りを持って自衛隊員として勤務ができるように、私も隊員の衣食住の環境を改善していかなくてはならないと思い、新年度の予算や補正予算には随分、そういう意味で要求させていただきました。

災害派遣に出ている隊員たちが自前の簡易ベッドを持って出動しているのはいかがなものかと正直思いましたので、自衛隊として出動する際にはきちんと官給品で行けるようにしていきたいと思っております。

隊員が日ごろから良い環境で訓練や勤務ができるようにしていかなくてはならないと思っております。

安全保障環境が厳しいというのは2020年も同様だと思っておりますので、隊員一人一人が「国民の平和な暮らしと日本の領土・領海・領空は自分が先頭に立って守るぞ」という気概を持って勤務していただきたいと思っています。

Defense & Security
グローバルな視野で、社会の安全・安心の実現を。

ディフェンスビジネスユニットが提供するシステムのフィールド
地理空間情報ソリューション

NCW関連システム
艦艇搭載システム
統合電気推進システム
メカトロニクス
危機管理ソリューション
さまざまな脅威が形を変えて顕出し、社会を取り巻いている現在。ディフェンスビジネスユニットでは、日立の総合技術をいかしてこのような状況に皆さまとともに積極的に立ち向かい、より効果的なシステムの開発・提供に努めています。信頼にこたえるエキスパート集団として、ベスト・ソリューション・パートナーとして、身のまわりの安心から日本の、そして世界の安全まで、その確保に貢献していきたいと願っています。
日立のディフェンス＆セキュリティ
株式会社 日立製作所 ディフェンスビジネスユニット
〒244-0817 神奈川県横浜市戸塚区吉田町292番地

eco Changes
MITSUBISHI ELECTRIC
Changes for the Better
毎日を見守るために、
小型・高機能を極めて。
SARコア
アンテナ
●遠距離からの高分解能・広域観測
●昼夜・天候を問わず観測可能
●機上でリアルタイムに画像確認
●その他多様な応用力
(3Dマップ作成、微小変化の抽出、移動目標の抽出等)
●容易に搭載可能な小型ポッド形状
ポッド格納時イメージ
航空機用小型SARシステム
※SAR：Synthetic Aperture Radar 航空機や人工衛星に搭載し移動させることにより、大面積(仮想)で観測するレーダー。
www.MitsubishiElectric.co.jp
三菱電機株式会社

ともに奏で、ともに創る。
私たちの未来。
私たちは世界中の人びとと協奏しながら、
先進のICTで、明るく希望に満ちた社会を創っていきます。

TOSHIBA
わたしたちが持つ世界に誇れる技術と
これまで培ってきた経験、かけがえのない仲間と共に、
これからは社会との新しい「つながり」を求め、
もっと皆様のお役に立てるよう発信してゆきます。
とどけ、
わたしたちの
仕事。
東芝インフラシステムズ株式会社
電波システム事業部

## 戦略的に防衛協力

防衛大臣政務官　岩田　和親

明けましておめでとうございます。隊員の皆さま、ご家族の皆さま、読者の皆さまにおかれましては、よき新年をお迎えのことと存じます。

グローバルなパワーバランスの変化が加速化・複雑化する中、我が国にとって望ましい安全保障環境を創出していくため、安全保障・防衛分野における国際協力の必要性と重要性はかつてなく高まっています。

本年も、「自由で開かれたインド太平洋」というビジョンを踏まえ、地域の特性や相手国の実情を考慮しつつ、共同訓練、能力構築支援、防衛装備・技術協力などのさまざまな手段を活用し、多層的かつ多角的な防衛協力や防衛交流を、戦略的に推進してまいります。

また、ソマリア沖・アデン湾における海賊対処行動、エジプト・イスラエル間の停戦監視活動などを行う多国籍部隊・監視団および南スーダンPKOへの司令部要員の派遣など、国際社会の平和と安定に貢献するため、グローバルな安全保障上の課題にも、引き続きしっかりと取り組んでまいる考えです。

防衛省・自衛隊に寄せられる、国民の皆さまの期待に万全の態勢でお応えすることができるよう、本年も、隊員諸君とともに職務に一層邁進し、河野大臣をお支えしてまいります。

最後に、本年が皆さまにとって素晴らしい年となるよう、心より祈念申し上げ、私の新年のあいさつとさせていただきます。

## 日米同盟を一層強化

防衛大臣政務官　渡辺　孝一

謹んで新春をお祝い申し上げます。隊員諸君、ご家族の皆さま、読者の皆さま、本年もよろしくお願い申し上げます。

我が国の平和と安全を維持するためには、我が国自身の防衛体制の強化とともに、我が国の安全保障の基軸である日米同盟の一層の強化が不可欠です。さまざまなレベルでの累次の日米協議や、平和安全法制の整備などにより新たに可能となった活動等を通じ、日米同盟は着実に強化されてきております。

本年も引き続き、新たな領域における協力の推進や、「自由で開かれたインド太平洋」の維持・強化のための日米を基軸とした共同訓練・能力構築支援の実施など、日米同盟の抑止力・対処力の一層の強化に取り組み、我が国の平和と安全の確保に万全を期してまいります。

同時に、米軍の基地の所在する地元の方々の負担の軽減も進めてまいります。特に、沖縄については、目に見える形で負担軽減を実現するため、地元の皆さまからご理解、ご協力が得られるよう丁寧にご説明しながら、普天間飛行場の一日も早い移設・返還などに向け、全力で取り組んでまいります。

厳しい安全保障環境の下、防衛省・自衛隊が果たすべき役割は多岐にわたりますが、隊員諸君と力を合わせ、全身全霊で職責を全うしてまいる所存です。

最後になりますが、皆さまのますますのご健勝をお祈りして、新年のあいさつとさせていただきます。

## 真に実効的な防衛力

防衛副大臣　山本　ともひろ

明けましておめでとうございます。隊員諸君、ご家族の皆さま、読者の皆さまに謹んで新年のお慶びを申し上げます。

我が国を取り巻く安全保障環境は、国際社会のパワーバランスが大きく変化しつつある中、格段に速いスピードで厳しさと不確実性を増しております。

厳しい安全保障環境下にあっても、国民の命と平和な暮らしを守り抜くという防衛省・自衛隊の任務を全うするため、昨年は、新たな防衛計画の大綱に基づき、真に必要な防衛力の整備に着手しました。

本年も引き続き、宇宙・サイバー・電磁波領域をはじめとする我が国防衛の優先分野の能力強化、人的基盤の強化、装備体系の見直し、技術基盤の充実・強化、装備調達の最適化、防衛産業基盤の強靭化などの課題に全力で取り組み、真に実効的な防衛力の構築を迅速に進めてまいります。

このほかにも、防衛省・自衛隊が取り組むべき課題は山積しておりますが、隊員諸君とともに、国民の皆さまの信頼に応えることができるよう、本年も全力で職務に精励してまいります。

隊員のご家族をはじめ関係者の皆さま方におかれましては、より一層のご理解・ご支援を賜りますよう、どうぞよろしくお願いいたします。

最後になりますが、皆さまのご健勝を心より祈念しまして、年頭のあいさつとさせていただきます。

## 強靭な陸自を創造

陸上幕僚長　湯浅　悟郎

新年おめでとうございます。皆さまにおかれましては、輝かしい新年をお迎えのこととお慶び申し上げます。

さて、我が国を取り巻く安全保障環境は、軍事力を強化し、活動を活発化する周辺国の動向に加え、テロ等のグレーゾーン事態への対応や宇宙・サイバー・電磁波といった新領域での戦いなど、一層厳しさを増しております。

このような中、昨年は「30大綱」や「中期防」の初年度として、奄美・宮古警備隊、機動師団・旅団、方面システム防護隊等の新・改編、訓練などを通じた海空自衛隊との統合の充実並びに日米共同の強化等により、抑止・対処の実効性を向上しました。

加えて、各国との安全保障協力などにより「自由で開かれたインド太平洋」実現に寄与し、我が国への信頼獲得に貢献しました。

また、台風への災害派遣などにより民生の安定に寄与し、10・11月には即位の礼において任務を完遂しました。

本年は多次元統合防衛力の構築のため、引き続き体制整備を着実に進めるとともに、訓練などにより対処の実効性を向上させ抑止として情報発信するなど戦略的な活動を常続的に実施します。

加えて、日米同盟のさらなる強化、安全保障協力の推進、民生の安定に向けた努力を継続し「領域横断作戦の要」として、あらゆる事態に対応し、我が国の主権、領土、国民の皆さまを守り抜く強靭な陸上自衛隊を創造する所存です。

新年にあたり皆さまの負託に応えるため、隊務に精励することをお誓いするとともに、本年が幸多い年となることを祈念申し上げごあいさつといたします。

## 統合運用態勢の強化

統合幕僚長　山崎　幸二

明けましておめでとうございます。皆さまにおかれましては、輝かしい新年をお迎えのこととお慶び申し上げます。

昨年は、皇位継承が行われ、「令和」の時代が幕開けるなど、我が国にとって大きな節目の年となりました。

安全保障分野におきましても、かつてないほど厳しさを増す中、宇宙・サイバー・電磁波といった新領域の脅威への適切な対応が求められるなど、安全保障の在り方が根本的に変わる新時代が到来しております。

このような中、昨年は、新たな防衛計画の大綱・中期防に基づき「多次元統合防衛力の構築」に着手しました。また、警戒監視等に万全を期す一方、台風第19号などの大規模災害に対して、関係省庁および自治体等と連携し、即応態勢を維持しつつ、人命救助や生活支援などの災害派遣活動を実施しました。さらに、日米共同統合訓練や自衛隊統合演習などを通じ、統合運用能力の維持・向上に努めて参りました。

本年は、「令和の時代に相応しい自衛隊」へと進化し、飛躍する年にしたいと思います。このため、あらゆる事態に即応し得るよう、領域横断作戦に必要な能力や統合運用を支える能力の向上、米国をはじめ関係国軍等との連携強化などを図り、統合運用態勢をより一層強化して取り組む所存です。また、東京オリンピック・パラリンピックが開催されることから、関係省庁などと連携し、安全確保と円滑な実施に協力していきたいと思います。

結びに、今後も国民の負託に応えるため日々の隊務に精励することをお誓いするとともに、本年が皆さまにとりまして幸多い年となりますよう、ご祈念申し上げ、新年のごあいさつとさせていただきます。

## 士気高く、一致団結

防衛事務次官　高橋　憲一

謹んで新年のお慶びを申し上げますとともに、読者の皆さま方から旧年中に賜りましたご支援やご協力に対し、厚く御礼申し上げます。

我が国を取り巻く安全保障環境を見ますと、既存の秩序をめぐる不確実性が増大し、政治・経済・軍事にわたる国家間の競争が顕在化しております。

そして、目覚ましいテクノロジーの進化が、安全保障の在り方を根本的に変えようとしています。

また、海上交通の安全確保、宇宙やサイバーといった新たな領域の安定的利用の確保、大量破壊兵器の拡散への対応や地域紛争・国際テロへの対応など、一国のみでの対応が困難な安全保障上の課題も顕在化しています。

このような状況の下、本年も、防衛省・自衛隊は、新たな防衛大綱・中期防に基づき、我が国自身の防衛体制の強化に努め、日米同盟の抑止力・対処力をより一層強化し、諸外国との安全保障協力をさらに推進することにより、国民の生命・財産、我が国の領土・領海・領空を守り抜くという責務を全うしてまいります。

本年も、河野大臣をはじめとする防衛省の政務三役のご指導の下、職員一同、士気高く、厳正な規律を維持し、一致団結して、我々が直面する安全保障上の諸課題に全力で取り組んでまいります。

最後になりましたが、皆さまのご多幸とご健勝を祈念いたしまして、年頭のあいさつとさせていただきます。

## 技術基盤の強化推進

防衛装備庁長官　武田　博史

朝雲新聞をご覧の皆さま、新年明けましておめでとうございます。皆さまにおかれましては、気持ちも新たに健やかな新春を迎えられたことと、心よりお慶び申し上げます。

昨年、防衛装備庁長官を拝命し、防衛装備行政を一手に担う立場となったことを大変光栄に感じるとともに、その責務の重大性を実感しております。防衛装備庁としては、以下に示す各種課題に取り組み、より一層業務に邁進していく所存です。

取り組みの第一は、技術基盤の強化です。急激な技術革新の中、最適な装備品の取得および先端的な装備品の質と量を確保するため、装備品の早期実用化や技術基盤の強化に向けた取り組みを推進します。

第二は、装備調達の最適化です。ライフサイクルを通じたプロジェクト管理の実効性および柔軟性を高めるとともに、FMS調達については、日米協議などを通じて米国政府等と緊密に連携し、FMS調達の合理化に向けた取り組みを推進します。

第三は、諸外国との防衛装備・技術協力の推進を含めた産業基盤の強靭化です。装備品の適切な海外移転を推進するとともに、装備品のサプライチェーンのリスク管理、輸入装備品などの維持整備等への国内産業のさらなる参入を推進してまいります。

以上のように、本年も防衛装備行政がさらに充実したものとなるよう全力を尽くしてまいります。皆さまのご多幸とますますのご健勝を祈念するとともに、今後とも変わらぬご支援・ご協力を賜りますようお願い申し上げ、新春のあいさつとさせていただきます。

## 空自の「進化」を追求

航空幕僚長　丸茂　吉成

朝雲新聞をご愛読の皆さまに、謹んで新年のお慶びを申し上げます。また、旧年中は、航空自衛隊に対し格別のご厚誼を賜り、ありがとうございました。

我が国を取り巻く安全保障環境は、極めて速いスピードで変化しており、厳しさ、不確実性を増しています。

また、軍事技術の進展は目覚ましく、戦闘様相は、陸海空のみならず、宇宙、サイバー、電磁波といった新たな領域を組み合わせたものへと変化してきています。

航空自衛隊は、新たな防衛計画の大綱および中期防衛力整備計画を具現化していくため、新領域における能力の獲得や従来領域における能力の強化等を推進していくこととしており、「改革」や「改編」よりもさらに一歩踏み込んだ「進化」を目指していきます。

本年は、多様化する任務を着実に遂行するとともに、航空自衛隊の「進化」を追求し、宇宙・サイバー・電磁波といった新たな領域における能力の獲得・強化を加速化してまいります。

併せて、柔軟な運用が可能なF35Bを含む戦闘機体系等の構築、スタンド・オフ防衛能力および総合ミサイル防空能力の強化などにより、太平洋側を含む、空における対処能力をさらに向上させ、国民の皆さまの生命・身体・財産、我が国の領土・領海・領空を守るため、一丸となって任務にまい進し、国民の負託に応えたいと思います。

本年も引き続き、皆さまの航空自衛隊に対するご理解とご協力を、よろしくお願い申し上げます。

最後に、読者の皆さまのご健勝およびご多幸を祈念して、新年のごあいさつといたします。

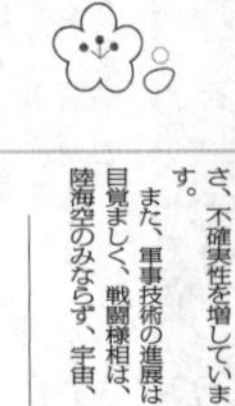

## 精強・即応・変化への適合

海上幕僚長　山村　浩

皆さま、新年おめでとうございます。令和2年を迎えるにあたり、海上自衛隊を代表して旧年中に賜りました数々のご支援・ご協力に対し、深く感謝いたしますとともに、新春のごあいさつを申し上げます。

さて、国際社会においては、国家間の相互依存関係が一層拡大・深化する一方、パワーバランスの変化が加速化・複雑化し、既存の秩序をめぐる不確実性が増大しております。

特に、我が国周辺には、質・量に優れた軍事力を有する国家が集中し、軍事力のさらなる強化や軍事活動の活発化の傾向が顕著となっております。

また、国内においても、令和元年8月の前線に伴う大雨や度重なる台風被害等、頻発する自然災害への対応を通じ海上自衛隊に対する国民の皆さまからの期待は極めて大きなものとなっております。

このような情勢下、防衛計画の大綱および中期防衛力整備計画を踏まえ、厳しさを増す安全保障環境に対応し、我が国の防衛はもとより、「自由で開かれたインド太平洋」を実現するため、海上自衛隊は、「人」、「機能」、「構想」そして「協働」という四つの分野の充実に努力を集中して参ります。

全隊員が一丸となって「精強・即応・変化への適合」の旗印の下、誇りある任務・業務を進めていく所存ですので、本年も皆さまからのご支援・ご協力を賜ることができれば幸甚です。

最後になりますが、本年が皆さまにとって幸多き年になることを祈念し、年頭のごあいさつとさせていただきます。


令和2年　元旦
(2020年)

明けまして
おめでとうございます。

国内外でご活躍されている皆様方の
ご健勝とご多幸をお祈りします。
(順不同)

防衛大学校同窓会
会長　岩﨑　茂
〒162-0845 東京都新宿区市谷本村町三-十九 千代田ビル一〇一号室
電話 〇三-六二六五-三四一六
FAX
HP http://www.bodaidsk.com/

公益財団法人　偕行社
理事長　森　勉
事務局長　山越　孝雄

英霊に敬意を。日本に誇りを。

一般社団法人　日本郷友連盟
会長　寺島　泰三
副会長　森　勉
専務理事（兼編集長）　越智　通隆
常務理事（兼事務局長）　冨田　稔

一般社団法人　日本防衛装備工業会
会長　斎藤　保
副会長　山岸　秀之
副会長　今野　貴之
副会長　宮内　直孝
理事長　及川　耕造
専務理事　野津　研二
事務局長　新村　暢宏

出雲大社
出雲國造　出雲大社宮司　千家　尊祐
〒六九九-〇七〇一 島根県出雲市大社町杵築東一九五
TEL 〇八五三-五三-三一〇〇
FAX 〇八五三-五三-二五一五

So You

キリンビール株式会社

一般社団法人　防衛医科大学校同窓会
会長　瓜生田　曜造
〒359-1114 埼玉県所沢市北有楽町二十四-十-三〇四
TEL
FAX 〇四-二九四一-三三〇一
HP http://www.boudai-dousou.jp/

公益財団法人　水交会
会長　齋藤　隆
副会長　吉川　榮治
理事長　赤星　慶治
専務理事　杉本　正彦
事務局長　長谷川　洋

公益財団法人　三笠保存会（記念艦三笠）
会長　佃　和夫
〒二三八-〇〇〇三 横須賀市稲岡町八二番一九
電話 〇四六-八二三-五三二五
FAX 〇四六-八二三-九八二三
http://www.kinenkan-mikasa.or.jp

防商連は、委託売店主等を会員として隊員の福利厚生に寄与しています。
一般社団法人　防衛協力商業者連合会
会長　菅原　廣
北海道地区支部長　坂上　信喜
東北地区支部長　森山　眞木夫
関東地区支部長　武田　敏男
関西地区支部長　三浦　康壽
九州地区支部長　齊藤　良啓
委託売店会員一同

防衛省にご勤務のみなさまの生活をサポートいたします
「福利厚生サービス」
〈住宅〉〈引越〉〈損害保険〉〈葬祭〉〈物販〉
コーサイ・サービス株式会社
〒160-0002 東京都新宿区四谷坂町十二-二十 KKビル四階
TEL 〇三-三三五四-一三五〇
FAX 〇三-三三五四-一三五一

大誠エンジニアリング株式会社
軍事情報・技術資料翻訳／統幕・陸・海・空類別原資料作成／技術図書(取説)編集製作／航空機関連機器輸入販売
〒160-0002 東京都新宿区四谷坂町十二番二〇号 KKビル五階
TEL 〇三(三三五八)一八二一
FAX 〇三(三三五八)一八二七
https://www.taisei-gr.co.jp/
tecinfo@taisei-gr.co.jp

70年以上におよぶ自衛隊関連法令集
伝統ある実務・試験参考書　刊行
学陽書房
〒一〇二-〇〇七二 東京都千代田区飯田橋一-九-三
☎〇三-三二六一-一一一一　FAX〇三-五二一一-三三〇〇

結婚式・退官時の記念撮影等に
自衛官の礼装貸衣裳
美玉（みたま）
〒一〇六-〇〇三二 東京都港区六本木七-八-八ミク二六本木ビル七階
電話：03-3479-3644
FAX：03-3479-5697

迷彩バッグ・カルちゃんランドセル
株式会社　神田屋鞄製作所
代表取締役　生田　順洸
営業所　〒一七一-〇〇一四 東京都豊島区池袋二丁目五八番七号
電話 東京03(三九八六)三七三一番(代)
FAX 東京03(三九八八)〇六三一番
http://www.caruchan.co.jp/

# 北空の三沢基地 3指揮官に聞く

# F35A「対領侵任務」開始へ

空自に導入中のF35Aステルス戦闘機の部隊運用が本年、いよいよ開始される。昨年3月、最初の飛行隊となった3空団302飛行隊（三沢）に続き、令和2年度中には301飛行隊（百里）が三沢に移駐し、3空団はF35Aの「2個飛行隊」編成となる予定だ。これが空自、そして日本の防衛にどのような影響を及ぼすのか。F35A部隊創設の地・三沢基地を訪れ、そこで陣頭指揮を執る森川龍介北空司令官（現・開発集団司令官）、久保田隆裕3空団司令、中野義人302飛行隊長に、ステルス戦闘機部隊建設の意義とその進捗状況を聞いた。（菱川浩嗣）

空自初のステルス戦闘機部隊、302飛行隊のF35Aステルス戦闘機（手前）。今後、対領空侵犯措置任務にも就く予定だ。奥は現在の同任務の主力機の一角、3飛行隊のF2戦闘機

## 航空優勢の獲得に期待

### 久保田 隆裕 3空団司令

3空団は令和2年度中にF35A戦闘機が22機まで増勢し、2個飛行隊の体制となる予定だ。これについて久保田3空団司令は、「航空優勢の獲得をはじめとする我が国の防衛能力の向上に、大きく寄与することが期待できる」と語った。

これまで日本の空を守ってきたF4、F15、F2戦闘機など各機種を運用するさまざまな部隊から、それぞれのバックグラウンドをもった、えり抜きの隊員たちが集ったのが新生302飛行隊だと久保田団司令は言う。

「従来機にはない性能をもったF35Aの能力をさらに開花させていくためには、多機性のある隊員たちが既存の考え方にとらわれることなく、普段から大いに議論を深めて、新たな部隊の建設に取り組むことが肝要だ」

久保田団司令は昨年8月に着任後、302飛行隊員から「自分たちがF35を運用していくんだ」という強い気概を感じたという。「隊員たちは全員が『F35Aをいち早く戦力化しよう』と同じ方向を向いて努力しており、その姿に接して非常に頼もしく思った」

自らもF15戦闘機パイロットとして、国籍不明機の対領空侵犯措置任務に当たってきた久保田団司令。最新のステルス機を前にした印象は「敵から発見されることなく敵に近づき、確実に撃墜することができる。戦闘機部隊はさまざまな作戦を実行しなければならないが、その前提となる航空優勢の獲得にF35Aは大きく寄与してくれるだろう」と話した。

「F35Aの特筆すべき点は高い情報収集能力だ。従来のレーダーだけでなく、光学、赤外線など、さまざまなセンサーを使って相手の機体を探知できる。敵の航空機だけでなく、陸上、海上の目標も探知可能だ。F35Aの得た情報がただちに3自衛隊で共有されることで、統合運用をはじめ、日米の共同運用が有効に遂行しやすくなる。302飛行隊の隊員たちもその意義をしっかりと自覚し、日々練成してくれている」

今後、F35Aも担当することになるスクランブル（対領空侵犯措置任務）については、「各種データリンクシステムが優れているので、編隊内でさまざまな情報を共有できるようになる。組織的な対処能力はこれまでの戦闘機に比べて、各段に向上するはずだ」と期待を寄せた。

最後に久保田団司令は、昨年度策定された新防衛大綱にも触れ、「今後、F35はさらに105機増勢されることになっている。まずは令和2年度中に予定される2個飛行隊の建設に向けて、しっかりと足腰を鍛えることが、その後のF35Aの部隊のさらなる増勢にとって非常に重要だ。3空団としては、安全に留意しつつ、F35A部隊の早期の戦力化に向けて、一歩ずつ着実に前進させていきたい」

三沢基地　第301飛行隊　第302飛行隊
百里基地　第3飛行隊　第301飛行隊
三沢　百里
凡例　F-35A　F-2　F-4

令和2年度に予定されるF35A2個飛行隊化のイメージ。まず3飛行隊が三沢から百里に移駐し、その後、百里の301飛行隊が三沢に移駐し、F35Aに機種更新する（令和2年度予算案資料から）

## 操縦から解放、戦術に集中

### 中野 義人 302飛行隊長

『日本人初のF35Aパイロット』になるため、2016年12月、米アリゾナ州のルーク空軍基地に米留した中野2佐。さまざまな練成を積み、17年5月7日、空自向けの初号機である701号機に乗り込み、初飛行に臨んだ。

「それまではシミュレーターでの訓練だったため、エンジンスタート自体も初めてのぶっつけ本番だったので、非常に緊張した」と当時を振り返る。

上空からアリゾナの広大な砂漠を見下ろし、「ここに自分が降りなければいけないのか。どうやって降りよう」と冷や汗をかいたという中野2佐。教官が同乗しない単座機の厳しい洗礼だったが、その後、すぐに「シミュレーター通りにやれば大丈夫だ」と落ち着いて飛べるようになり、ようやく最新鋭機で飛ぶ喜びや実感が沸いてきたという。17年5月に米国の課程を修了し、帰国後は三沢で空自パイロットの機種転換教育など、臨時F35A飛行隊創設の準備を進めた。「F35は最新の航空機なので、『しっかりとした準備とシミュレーションで飛行訓練を行えばなんら問題はない』と指導した」という。

各基地からさまざまな機種のパイロットが302飛行隊に集う中、これまでF4、F2を操縦してきた中野2佐は、F35Aの最も優れている点について「操縦性の良さ」と断言する。

「F35Aは教育やフライトのシステムすべてが一体化している。今までの航空機は各自の技量のほか、スロットルとスティック操作の優劣が飛行に出ていたが、F35Aはすべてが自動化されていて、誰が操縦しても同じように飛べる。パイロットはこの操縦から"解放"された点が大きい。コックピットに映し出される各種情報を見ながら、戦術に特化して頭脳を使えるようになった。これまでの戦闘機では操縦中、何割かは神経が手と足の方に行ってしまうが、F35Aではほぼ100パーセント、戦術的な考察に集中できる」

中野302飛行隊長が腕に付けているのはF35Aの操縦者を示すワッペン。本機とF35Aの機体がデザインされている

空自F35Aの最先任パイロットとして臨時F35A、そして302飛行隊の隊長に選ばれ、「ステルス戦闘機部隊の建設」という未知の領域に踏み出した中野2佐。しかし、目の前には課題や問題が山積しており、歴代の302飛行隊長に面会して、これまでの苦労や問題解決の方法を聞き、さらにF2導入時のOBにも相談したという。

「どのように部隊を創っていくか、302飛行隊とはどうあるべきかを質問した。答えは『運用する機体は変わっても、302飛行隊の伝統は同じ』ということだった」と中野2佐。

現在の302飛行隊について「積極性があり、前向きな隊員たちばかりだ。隊のモットーは『明るく、楽しく、メリハリをつける』。部隊建設はまだ道半ばなので、新しいことが多い。そこで挑戦する時は隊員間で徹底的に議論し、お互いが納得した上で一つのものを作り上げていく。全員が強い結びつきをもって部隊創設に当たっている。全員が戦友です」

中野隊長は新年の抱負として、「今年はさらに多忙になるが、早くF35Aを戦力化できるよう、任務にまい進する。一致団結して優れた操縦者をより多く育てていきたい」と語った。

今後増勢していくF35Aの部隊構築について、中野2佐は日米間の連携の重要性を強調した。

「米国も日本と同じくF35Aの部隊を建設中だ。米留で得た教官の人脈を使いながら、米空軍のさまざまな人の意見も聞いて、それを日本での部隊建設に反映させたい。常に訓練結果を検証し、一つ一つ改善しながら、この一年、さらに良いF35A部隊を作っていきたい」

## 最初の母基地、責任果たす

### 森川 龍介 北空司令官

森川北空司令官は、空自へのF35Aステルス戦闘機の導入について、「これまで空自が持っていなかったネットワークやステルス性といった極めて高い技術が集約された戦闘機であることをまず認識しなければならない」と話す。

その性能の高さゆえに、部隊建設の成否は「北空という枠におさまりきらず、空自、ひいては自衛隊全体に影響を及ぼす」と強調する。「空自全体の中で、北空の三沢基地がF35Aの最初の母基地に選ばれた責任は大きい。今後、F35Aの増勢が予定される中、三沢が部隊創設の基準の地になる」と述べた。

昨年3月、三沢に最初のF35Aの部隊である302飛行隊が新編され、ステルス戦闘機の時代に突入した。その部隊建設のさなか、4月にF35A705号機の墜落事故が発生した。

「非常に残念なことだった」と司令官は振り返ったが、8月に訓練を再開した同隊を視察した際、隊員たちが再び前を向き、新たな部隊を創る大任に懸命にまい進する姿を見て感激したという。「彼らは高い志を維持し、段階的に要員の養成にも尽力してくれている」と評価した。

森川司令官は「令和2年度はF35A部隊の創設で非常に重要な年になる」と述べ、「今後、移駐してくる予定の301飛行隊に関しても、単にF4からF35Aへの機種更新といったことではなく、共に三沢に移ってくる隊員や家族がいるということを忘れてはならない。飛行隊が一つのファミリーとなって初めてF35Aの運用が軌道に乗る。家族のケアなど、トータルで部隊の基盤となる人たちをサポートしていくことが重要だ」と語った。


令和2年 元旦 （2020年）
明けましておめでとうございます。
国内外でご活躍されている皆様方のご健勝とご多幸をお祈りします。
（順不同）

NISSAY 日本生命

防衛省職員 団体生命保険・団体年金保険 明治安田生命 〔引受幹事生命保険会社〕

防衛省団体取扱生命保険会社 大樹生命

防衛省団体取扱生命保険会社 富国生命保険相互会社

一生涯のパートナー 第一生命 Dai-ichi Life Group 第一生命保険株式会社

東日印刷株式会社 代表取締役社長 武田芳明 〒135-0044 東京都江東区越中島2-1-30 電話 03-3820-0551

すべてはお客さまの「うまい！」のために。 アサヒビール 飲酒は20歳になってから。飲酒運転は法律で禁止されています。

東洋ワークセキュリティ株式会社 代表取締役社長 石戸谷隆 〒980-0803 仙台市青葉区国分町1-7-18

光学製品、個人装備品で隊員の皆様をサポートして参ります。 株式会社サイトロンジャパン SIGHTRON SIGHTRON JAPAN

創業一八九四年 株式会社 気球製作所 代表取締役社長 豊間清 URL：www.weatherballoon.co.jp

防衛省職員・家族 団体傷害保険 三井住友海上火災保険 （引受幹事保険会社）

損保ジャパン日本興亜

Manulife マニュライフ生命 マニュライフ生命

自衛隊の皆さまのベストパートナー ジブラルタ生命 Gibraltar ジブラルタ生命

防衛省団体取扱生命保険会社 住友生命 Vitality 住友生命保険相互会社

すべては隊員様のために！ はなの舞 隊員クラブ・委託食堂スタッフ一同

ファッションは文化 東京都洋服商工協同組合 〒162-0844 新宿区市谷八幡町13番地

3階ホールをご利用下さい 株式会社 東京洋服会館 〒162-0844 新宿区市谷八幡町13番地

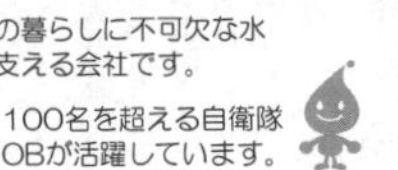
METAWATER メタウォーターテック株式会社
人の暮らしに不可欠な水を支える会社です。
100名を超える自衛隊OBが活躍しています。
www.metawatertech.co.jp

# 特攻勇士に感謝と敬意を!!

『鳥の将に　死なんとするや　其の鳴くや哀し、人の将に　死なんとするや　其の言や善し』（論語泰伯編）
とあるが、必ず死ぬときまっている特攻隊員の言葉には何の虚飾もなく、これほど尊いものはない。

大空に　散って征く身の　若桜
み楯となりて　永久に護らん
大空に　国の鎮めと　散りゆかん
大和男子の　八重の桜と

高橋　安吉　一等飛行兵曹　20歳
19年12月28日ミンナダオ沖戦死

先の大戦ではわずか二十歳前後の若者が、愛する家族、ふるさとへの思いを胸に、いま１００％の死を覚悟し、出撃散華されました。

今に生きる私達の生活は、彼らの命と引き換えに得られたと言っても過言ではないと思います。

彼らが私たちに託した思いを、感謝と共に引継ぎ、日本の文化と伝統を守るのが私達の務めと思います。


（公財）特攻隊戦没者慰霊顕彰会は、このような想いを持っている方々と、特攻隊で亡くなられた方々の慰霊顕彰をしております。多くの方々が一緒に参加して下さることを願っております。

## 公益財団法人　特攻隊戦没者慰霊顕彰会

**【入会のご案内】**
入会はいつでも、どなたでも入れます。
年会費　3000円（中・高・大学生は1000円）
入会後　「特攻」の送付、はじめ各種資料を優先的に提供
申し込み方法　ホームページから・入会申し込み書又は右記にお問合せ下さい。

**【事務局】**
住　所　〒102－0072
東京都千代田区飯田橋１－５－７　東専堂ビル2階
電　話　03－5213－4594
ＦＡＸ　03－5213－4596
メール　tousenikenｎ@tokkotai.or.jp
Ｈ　Ｐ　www. tokkotai.or.jp

資料一括請求
資料を取り寄せても強引な勧誘は一切ありません。
婚活・結婚おうえんネット
まずはいろんな結婚相談所の資料を取り寄せて検討してみませんか？
必見!
結婚相談所って…
敷居が高そう
値段も高そうなど
不安をお持ちの方
1分で完了!
最大10社から最適な資料をお届け
無料
結婚相談所とわからない封筒でお送りします。
参加会社
ほか　※順不同
まずはお気軽にお電話下さい
050-2019-3558
受付時間▶24時間（年中無休）
バスクリエイト株式会社
〒160-0022 東京都新宿区新宿1-8-4近鉄新宿御苑ビル9階 TEL:03-6380-1145


## 謹賀新年　皆様のご健康とご多幸をお祈り申し上げます

### 防衛省にご勤務のみなさまの生活をサポートいたします

【新築分譲会社】
青木あすなろ建設株式会社
株式会社アキュラホーム
株式会社アトリウム
穴吹興産株式会社
株式会社穴吹工務店
ＮＴＴ都市開発株式会社
株式会社オープンハウス・ディベロップメント
近鉄不動産株式会社
京成電鉄株式会社
株式会社サンウッド
サンヨーホームズ株式会社
ＪＲ西日本プロパティーズ株式会社
日鉄興和不動産株式会社
新日本建設株式会社
スウェーデンハウス株式会社
住友林業株式会社
株式会社西武プロパティーズ
セコムホームライフ株式会社
相鉄不動産販売株式会社
株式会社大京
大成有楽不動産株式会社
大和ハウス工業株式会社
株式会社タカラレーベン
株式会社タカラレーベン東北
株式会社拓匠開発
株式会社日本エスコン
日本土地建物株式会社
野村不動産アーバンネット株式会社
株式会社長谷工コーポレーション
株式会社フージャースアベニュー
株式会社フージャースコーポレーション
株式会社細田工務店
株式会社マリモ
明和地所株式会社
株式会社リブラン

【ハウスメーカー(注文住宅)】
株式会社アキュラホーム
株式会社木下工務店
サンヨーホームズ株式会社
スウェーデンハウス株式会社
住友林業株式会社
大成建設ハウジング株式会社
古河林業株式会社
株式会社細田工務店
三菱地所ホーム株式会社
株式会社ヤマダホームズ

【リフォーム・外壁塗装・外構・造園等】
株式会社木下工務店リフォーム
佐藤建工株式会社
サンヨーホームズ株式会社
三和建創株式会社
スウェーデンハウスリフォーム株式会社
住友林業ホームテック株式会社
住友林業緑化株式会社
大成建設ハウジング株式会社
株式会社東急Ｒ・ｅデザイン
東京ガスリモデリング株式会社
株式会社長谷工リフォーム
株式会社細田工務店
三菱地所ホーム株式会社
株式会社ヤマダホームズ

【仲介・賃貸】
穴吹不動産流通株式会社
株式会社オープンハウス
京成不動産株式会社
住友林業ホームサービス株式会社
住友林業レジデンシャル株式会社
セコムホームライフ株式会社
相鉄不動産販売株式会社
株式会社大京穴吹不動産
大成有楽不動産販売株式会社
東急リバブル株式会社
東京ガスリモデリング株式会社
株式会社長谷工ビジネスプロクシー
株式会社長谷工リアルエステート
株式会社ＢＣＡＮ
三井不動産リアルティ株式会社
リストインターナショナルリアルティ株式会社
株式会社リブラン

【オーダーカーテン等インテリア】
アートコーポレーション株式会社
佐藤建工株式会社
五洋インテックス株式会社
北洋交易株式会社

【ハウスクリーニング】

佐藤建工株式会社

【ホームセキュリティ】

セコム株式会社

【有料老人ホーム・介護・高齢者住宅】
株式会社木下の介護
セコム株式会社
株式会社長谷工シニアホールディングス
株式会社スミリンフィルケア
株式会社フージャースケアデザイン

【引越】
アートコーポレーション株式会社
株式会社岡田運輸
株式会社サカイ引越センター

【保険】
損害保険ジャパン日本興亜株式会社
あいおいニッセイ同和損害保険株式会社
三井住友海上火災保険株式会社
東京海上日動火災保険株式会社
共栄火災海上株式会社
ＡＩＧ損害保険株式会社

【ギフト】
信州ハム株式会社
プリマハム株式会社

【葬祭・墓石】
株式会社和泉家石材店
須藤石材株式会社
株式会社セレモア
大成祭典株式会社
株式会社メモリアルアートの大野屋

コーサイ・サービス株式会社　提携会社一同

# 空自に「宇宙作戦隊」新編へ

自衛隊で初めて「宇宙」の名を冠した「宇宙作戦隊」が令和２年度、空自に新編される計画だ。同隊は府中基地に置かれ、人工衛星や宇宙ゴミ（デブリ）の監視に当たる。さらに将来的には衛星破壊兵器やキラー衛星などの脅威に備え、国内外の宇宙機関などと連携し、「宇宙の安全化」にも取り組む計画だ。「宇宙作戦隊」新編の背景を探った。

## 究極の「戦略高地」としての宇宙

「宇宙は究極のフロンティアであり、どこよりも高い戦略高地だ」――。米国の宇宙物理学者N・タイソンは近著『宇宙の地政学』で宇宙の戦略的な価値をこのように表現した。

地上を見下ろす「監視所」を宇宙に設ければ、これまでは誰からも邪魔されることなく、敵対国の動向も容易に上空から探ることができた。しかし、近年、その監視所を妨害する「スパイ衛星」や「キラー衛星」が密かに打ち上げられ、こっそり通信を傍受したり、妨害電波を発したり、さらにはレーザーを照射して衛星を破壊したりと、宇宙でさまざまな〝秘密工作〟が行われる状況となっている。

こうした事態に対処するため、フランスは軌道上にある2900の衛星を自動追尾できる宇宙監視システム「GRAVES（グラーブ）」を整備。これによりロシアの衛星が仏伊共同運用中の通信衛星に接近し、通信傍受を行っている疑いがあることを突き止めた。フランスはこうしたロシアや中国の宇宙での諜報活動を阻止するため、「小型ボディーガード衛星」の打ち上げも計画しているという。

防衛システムは今日、衛星通信のネットワークが基幹となっているため、衛星を破壊されれば全システムがダウンする恐れがある。これを回避するため、各国は宇宙空間での積極防衛を打ち出している。米軍の「宇宙軍」、自衛隊の「宇宙作戦隊」新編も、同じ考え方によるものだ。

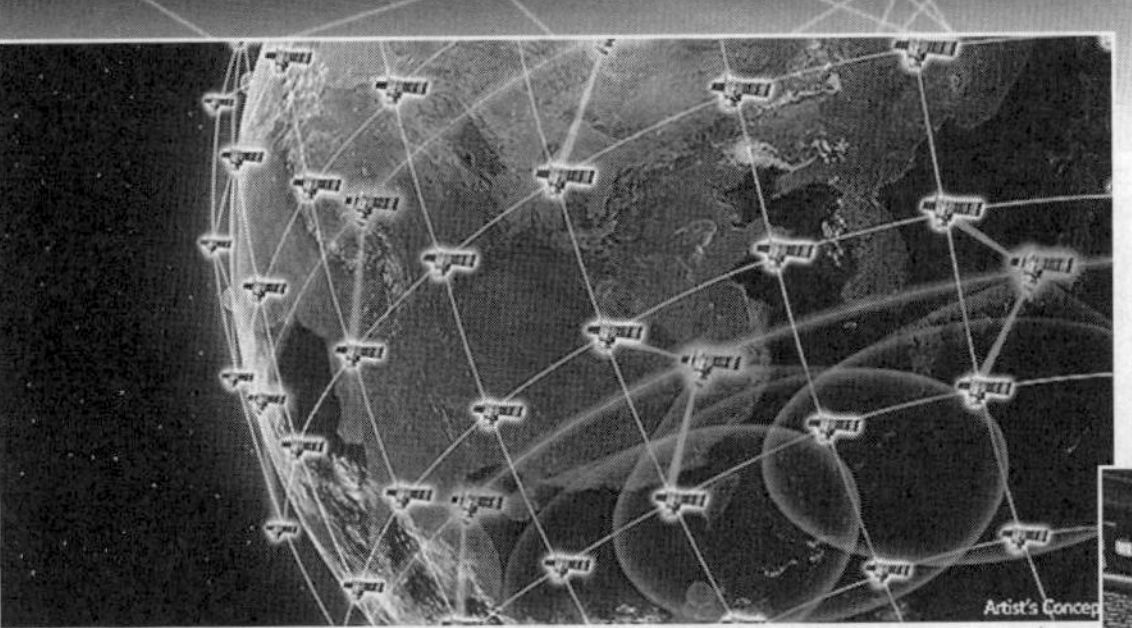

宇宙を飛び回る人工衛星の動きや極超音速滑空弾頭の飛翔状態も監視することができる米DARPAが整備計画中の「ブラックジャック」のイメージ（DARPAホームページから）

「GPS衛星への攻撃」などに備え、宇宙監視に当たる米コロラド州シュリーバー空軍基地の兵士たち。米国での多国間演習「シュリーバー演習」には自衛隊からも隊員が参加している（米空軍HPから）

## 平和安保研が提唱「宇宙の安全保障」

平和・安全保障研究所（理事長・西原正元防大校長）は昨年11月、「宇宙の安全保障と日本の役割」と題したセミナーを開催し、日本の宇宙政策の課題や問題点について議論を行った。

国際宇宙法学会副会長、内閣府宇宙政策委員会の委員を務める慶応大学大学院の青木節子教授が基調講演を行い、「宇宙では登録されていない衛星が3割以上を占め、それら衛星が何をしているのか分からない状況だ」と述べ、宇宙の安全保障に日本はもっと関与していくべきだと力説した。

宇宙の安定的利用のために日本は国連の規範形成をリードし、米国の宇宙交通管理政策との調和も図るべきだと語り、防衛省・自衛隊に対しては、①宇宙での抑止が破られた場合の対応の研究②日米同盟の宇宙空間への適用③インド・太平洋の友好国との協力――を求めた。具体的には、現在の宇宙監視（SSA）から米国主導の宇宙交通管理（STM）まで政策領域を広げていくべきだと提言した。

未来工学研究所研究参与の西山淳一氏（元三菱重工業航空宇宙事業本部副本部長）は「宇宙技術は軍民両用のデュアルユースから、あらゆるものに活用されるマルチユースの時代に入った」と述べ、国の機関と民間が別々に研究している内容を一体化させ、宇宙開発の予算を有効活用するよう求めた。

防衛面では「静止軌道には重要な衛星が多い。これらは止まっていて攻撃されやすい」と指摘し、静止衛星の安全化を求めた。また、米海軍がイージス艦からSM3対空ミサイルで衛星を破壊する実験に成功したことを受け、同じシステムを持つ海自イージス艦も日本の「宇宙での抑止力」として考えていくべきだと提言した。

これについては日本が宇宙ステーションへの物資輸送に使っている補給機「こうのとり」の誘導技術が、外国の「スパイ衛星」や「キラー衛星」の技術と同じものであり、こちらも抑止力になると指摘した。

片岡晴彦元空幕長は、米空軍宇宙コマンドが主催してきた多国間演習「シュリーバー演習」などを活用し、自衛隊の宇宙作戦能力を高めるべきだと提言。「GPSがダウンした」といった想定で日頃から多国間演習を繰り返し、衛星の機能が失われた場合の事態に備えておくことが必要で、これはサイバー、電磁波とも重なってくるため、これら新領域を合わせた演習の必要性も訴えた。

青木教授ら3者は、宇宙施策はアメリカ、フランス、オーストラリアなどが先行しているため、日本はこれらの国々との協力が必要になると主張した。

不規則な動きをする極超音速滑空弾頭でもその動きを正確に捕捉し、確実に撃破できる宇宙管制システムを開発中の米ノースロップ・グラマン社の迎撃イメージ（同社HPから）

国際宇宙ステーションに物資を輸送する日本の補給機「こうのとり」。宇宙空間を自由に移動できる技術は防衛面にも活用できる（JAXAホームページから）

フランスがブルゴーニュ地方に整備した宇宙監視レーダー「GRAVES」の送信局。軌道上にある2900の衛星を自動で追尾することができる（仏DEGREANE社のHPから）

## 米国の「宇宙コンステレーション」計画

現在、宇宙開発をリードするのは中国だ。ロケット打ち上げ回数（2018年）でも中国が年間38回でトップ。次いで米34、ロシア16、欧州11、インド7、日本6回となっている。

中国はすでに米国を上回る宇宙大国で、『宇宙の地政学』の著者タイソン氏は米中間の競争は今後〝惑星間宇宙〟にまで拡大すると予測している。

ロシアもスパイ衛星やキラー衛星を密かに宇宙に配置し、西側各国の通信傍受など諜報活動を行っているとされる。こうした中、露の宇宙での軍事攻勢に備え、米国は宇宙軍を発足させたほか、多国間演習「シュリーバー演習」などを通じて西側の団結を図っている。

また、宇宙での早期警戒・監視能力を高めるため、「宇宙コンステレーション（衛星群）」の整備にも着手。その一つが米国防高等研究計画局（DARPA）の「ブラックジャック」計画だ。

この計画では低価格の小型衛星を最大200機程度、宇宙空間に配置し、宇宙空間を監視するネットワークを構築する。これで不審な人工衛星の動きを常時監視できるようになるほか、地上から発射された弾道ミサイルや極超音速滑空弾頭の探知・追尾も可能になる。米国ではまず20機を打ち上げ、「ブラックジャック」の試験に着手する計画だ。米国ではこのほかにも同様の計画として「HBTSS」がある。

日本政府としても、各国の宇宙政策が今後、劇的に変わっていく中で、これに対応した航空宇宙政策が必要となる。空自に新編される「宇宙作戦隊」はその〝尖兵〟として、防衛省・自衛隊のこれからの宇宙作戦の一翼を担うことになるだろう。


お客さま基点 First & Fast

**私たちOBが自衛隊の皆さまの生涯生活設計を強力にバックアップします!**

フコク生命は、お客さまが心から安心していただける、お客さま一人ひとりの将来設計に合わせた最適な保険をお届けするために、「お客さま基点」のサービス提供に努めています。

謹んで新年のご祝辞を申し上げます

| 近畿担当 | 東日本・中部担当 | 全国担当 | 東北担当 | 北海道担当 |
|---|---|---|---|---|
| 村上 芳幸 | 中井 徳浩 | 西 浩徳 | 高橋 武也 | 北原 秀章 |
| 06-6343-9333 | 052-231-8791 | 03-3593-7413 | 022-222-0718 | 011-221-1373 |

| 西日本・九州担当 | 九州担当 | 西日本担当 | 東日本担当 | 関越・北陸担当 | 首都圏・関東担当 |
|---|---|---|---|---|---|
| 有馬 龍也 | 三宅 優 | 上野 眞一郎 | 尾島 義貴 | 半澤 弘和 | 福田 築 |
| 0985-24-2603 | 092-291-4151 | 082-247-2590 | 045-641-5851 | 042-526-5300 | 03-5323-5580 |

フコク生命では「生涯生活設計セミナー」に協力しています。詳しくは下記までお問合わせください。
☎03-3593-7414

すてきな未来応援します フコク生命

富国生命保険相互会社
〒100-0011 東京都千代田区内幸町2-2-2
TEL. 03-3508-1101（大代表）
フコク生命のホームページ https://www.fukoku-life.co.jp

(登) 広一業務一2835(2019.11.25)

年会費無料のゴールドカード。防衛省UCカード<プライズ>

防衛省共済組合員・組合OB限定

エントリー不要 新規ご入会+ご利用で 永久不滅ポイント 1,000ポイント(5,000円相当*)プレゼント

期間中に新規ご入会いただき、ご入会翌々月末までにショッピングご利用金額合計5,000円（税込）以上のお客様の中からポイントをプレゼントいたします。

*1ポイント=5円相当で交換できるアイテムに交換いただいた場合。
※当選者の発表は、2020年4月と5月にポイントの進呈をもってかえさせていただきます。

抽選で30名様

キャンペーン期間：2019年12月1日（日）～2020年1月31日（金）

年会費
本人会員様：永久無料
※UCカード ゴールド：通常年会費10,000円（税抜）
家族会員様：1人目永久無料
2人目以降1,000円（税抜）

●ご退官後も、年会費無料でそのままお持ちいただけます。

日本どこでもこのマークのお店ならキャッシュレスで 最大5%還元
消費者還元期間：2019年10月1日（火）～2020年6月30日（火）
防衛省UCカード会員様のメリット
中小企業・小規模事業者が運営する対象店舗 カードご利用金額の5%還元
コンビニなどフランチャイズチェーン対象店舗 カードご利用金額の2%還元
ユーシーカードは「キャッシュレス・消費者還元事業」の登録決済事業者です。

海外・国内保険サービス自動付帯
死亡・後遺障害の補償は最高5,000万円で、出張中やご旅行のケガや病気も補償いたします。

UCカード Club Off
人気ホテルなどの宿泊施設や飲食店、レジャー施設をはじめ、200,000以上のサービスを特別価格でご利用いただけます。

UCゴールド会員空港ラウンジサービス
国内主要空港およびダニエル・K・イノウエ国際空港（ハワイ）などの専用ラウンジを無料でご利用いただけます。

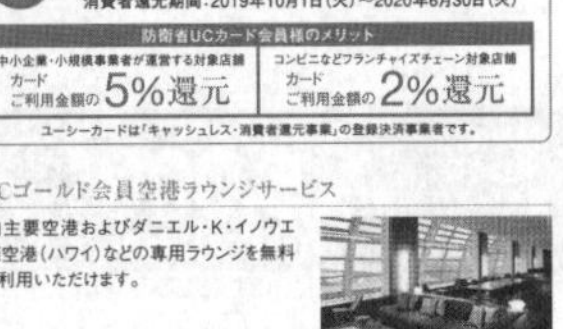

本カードのお申込方法　下記宛に「申込書」をご請求いただき、必要事項をご記入のうえご返送ください。
UCコミュニケーションセンター 入会デスク 0120-888-860（9:00～17:00 1/1休み）

※審査によりお申し込みの意に添えない場合がございますので、あらかじめご了承ください。※本紙掲載の情報は2019年12月1日現在のものです。変更になる場合がございますので、あらかじめご了承ください。 (1)

## コーサイ・サービスの提携会社なら安心

"紹介カードでお得に！お住まいの応援キャンペーン①・②・③！"実施中

昨年はたくさんのご利用をいただき、ありがとうございました。
本年もどうぞよろしくお願い申し上げます。

URL　https://www.ksi-service.co.jp　(限定情報　ID:teikei PW:109109)

【住まいのご相談・お問合せ】コーサイ・サービス株式会社　☎03-5315-4170（住宅専用）担当：佐藤　東京都新宿区四谷坂町12番20号KKビル4F／営業時間　9:00～17:00　／定休日　土・日・祝日

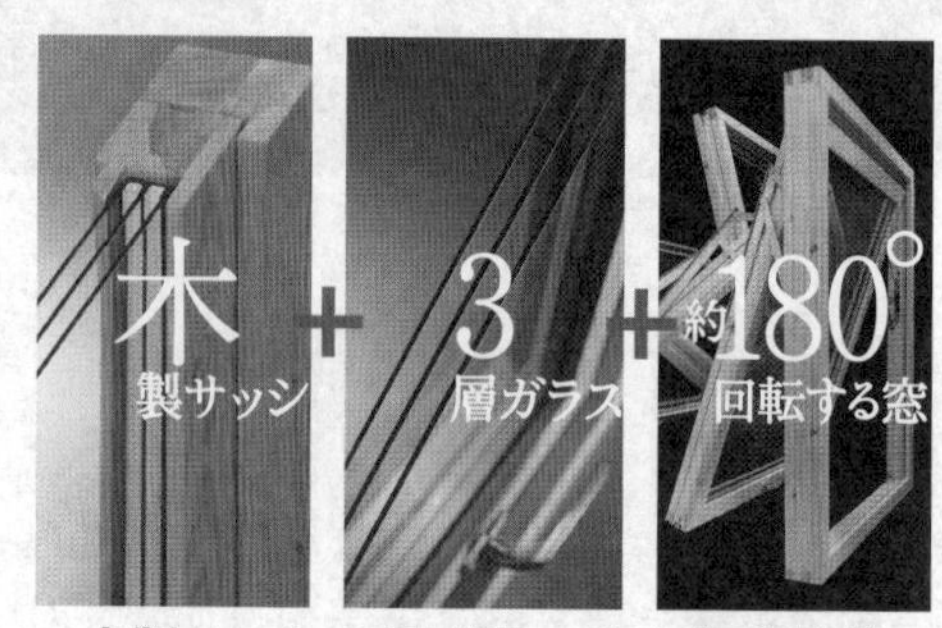


木製サッシ３層ガラス窓を標準装備

スウェーデンハウス

スウェーデンハウス株式会社

本社　東京都世田谷区太子堂4丁目1番1号〒154-0004　TEL03-5430-7620（代表）

[防衛省・自衛隊職員の皆様へ]

《キャンペーン対象物件》　ご来場予約はこちらから

首都圏エリア：プレミスト三鷹／プレミスト東久留米／プレミスト新小岩 親水公園／プレミストひばりが丘／プレミストひばりが丘 シーズンビュー／プレミスト町田中町／プレミスト溝の口／プレミスト上麻生／プレミスト東林間 さくら通り／プレミスト湘南辻堂

中部・北陸エリア：プレミスト愛宕の杜／常盤町レジデンス／プレミストタワー総曲輪

関西エリア：プレミスト梅田／プレミスト平野背戸口／プレミスト都島パークフロント／プレミスト豊中少路／リブネスモア茨木／リブネスモア生駒ヒルズ

中国エリア：プレミスト相生通りリバーサイド

九州・沖縄エリア：プレミスト照国表参道／プレミスト宜野湾大謝名

大和ハウス工業株式会社　東京本社 マンション事業推進部
www.daiwahouse.co.jp
東京都千代田区飯田橋3丁目13番1号　〒102-8112　TEL 03-5214-2253　FAX 03-5214-2246

お問い合わせは　法人提携グループ
Tel.03-5214-2253
営業時間／10:00～18:00　定休日／土・日・祝日

住まいと暮らしの創造企業グループ
長谷工グループ
（株）長谷工コーポレーション「提携お客様サロン」
0120-958-909　営業時間 9:00～17:00（土・日・祝日休み）
E-mail：teikei@haseko.co.jp

「長谷工住まいフェア」への参加お申し込みは、コーサイ・サービスHPよりバナーをクリックして申込用紙をダウンロードのうえ、FAXにてお送りください。
お申込締切日：2020年1月31日(金)

コーサイ・サービス株式会社　担当：佐藤　HP: https://www.ksi-service.co.jp/
TEL: 03-5315-4170　FAX: 03-3354-1351　E-mail: k-satou@ksi-service.co.jp

# 募集・援護

特集

平和を、仕事にする。

陸海空自衛官募集

# 地本の新たな〝顔〟決定

## 「輝く未来、新たな私」テーマに

## 県内各地にポスター掲示

### 愛知

「これが令和2年の愛知地本の〝顔〟です」――。新年を迎え、全国の地方協力本部は気持ちを新たに募集広報業務をスタートさせた。愛知地本では令和2年の募集ツールとして「輝く未来、新たな私～ともに誰かのために」をテーマにした広報ポスターを一般公募し作製。このほど最優秀作品が決定した。その力作揃いのポスターは今後、県内各地に掲示され、2020年の地本の〝顔〟として大活躍してくれそうだ。

【愛知】地本はこのほど、「令和2年度用自衛官等募集ポスター・デザインコンテスト」の最終審査を実施し、最優秀作品などを決定した。

同コンテストは愛知県の後援で行われ、若い世代の感覚にマッチした募集効果の高いデザインを採用しようと、県内の高校・専門学校生などに公募した。愛知地本のポスター公募は今回で11回目。

令和2年度のキャッチコピーは「輝く未来、新たな私～ともに誰かのために」。今回は308点(高校89点、専門学校219点)の応募作品があり、まずJRなど各線が乗り入れる金山駅で一般審査を実施。市民478人が協力し、有望な候補作品が決定した。

最終審査は地本長の福重毅尚1陸佐を審査員長に、県から総務部市町村課の阪野誠課長補佐、部外から名古屋市コミュニティFM放送局「MIDFM」パーソナリティの寺西睦氏、日本グラフィックデザイナー協会運営委員の小川明生氏、AKR代表で「カードファイト!!ヴァンガード」の作者の漫画家伊藤彰氏や、今回応募があった各学校の教諭ら計15人の審査員が作品を厳正に審査した。

この結果、一般の部の最優秀に、早川翔也さん（専門学校・HAL名古屋）の富士山をバックにした女子生徒を描いた作品が選ばれた。

今年の災害派遣などでの自衛隊の活躍を見た早川さんは、美しい日本とその風景を守ってくれている自衛隊をイメージして製作。審査員からは縦のデザインが多い中で横の絵柄を描いた斬新さや構図が優れている点、自衛隊が守っている日本という国をわかりやすく描いた点が評価された。

高校生の部では山本南萌さん（瀬戸窯業高校）が描いた「女性自衛官が手を差し伸べる」作品が最優秀に輝いた。このほか両部とも優秀、佳作各1点を選出した。

発表後、審査員を務めた県市町村課の阪野誠課長補佐は「ポスターを見た方が自衛隊を目指し、優秀な人材を確保できるよう、我々も県庁や県立学校をはじめ県内の施設にポスターを掲示します」とあいさつし、最後に最優秀作品を囲んで記念撮影を行った。

一般の部の最優秀作品は愛知地本の「募集の顔」として令和2年度用自衛官等募集ポスターに起用される。その他の作品も愛知地本のパンフレット、リーフレット・カレンダーなどに使用し、今年一年、「自衛官募集の最前線」で活躍する予定だ。

### 最優秀賞は早川さん

応募数308点

「募集ポスターデザインコンテスト」の一般の部で最優秀に輝いた早川さんの作品。「輝く未来、新たな私」をテーマに愛知地本の令和2年度自衛官等募集ポスターとして県内各地で掲示される

「高校生の部」で最優秀に選ばれた山本南萌さんの作品

「一般の部」優秀作品となったあいち造形デザイン専門学校の織田めぐみさんの作品

ただいま募集中！

◇高工校生徒（一般）
◇自衛官候補生
◇貸費学生（技術）
★詳細は最寄りの自衛隊地方協力本部へ

## 地本業務に貢献　個人・団体を表彰

### 熊本　19団体、15人　団結歌も披露

### 青森　地本長「任務の達成に寄与」

【熊本】地本は11月29日、創立13周年（地連時代を加えると創立63周年）記念行事を熊本市内のホテルで実施した。

感謝状贈呈式では、仲西勝典地本長が地本の業務に貢献した自治体、企業など19団体と個人15人を表彰。

続く地本後援会主催の記念祝賀会では、最初に西方音楽隊（健軍）が演奏を披露、今年度任命した熊本地本初の広報大使・宮崎頌子さんを紹介した。宮崎さんはさらなる募集と自衛隊への理解獲得を誓った。

このほか、団結の思いを込め、仲西地本長と地本部員全員で作詞作曲した地本団結歌「絆と共に」を壇上で合唱、来場者から大きな拍手を受けた。

㊤功労のあった部外関係者に感謝状を贈呈する仲西熊本地本長（左）＝11月29日、熊本市で　㊦木村青森地本長（左）から感謝状を受ける功労者たち（11月23日、青森市で）

◇

【青森】地本は11月23、24の両日、八戸市と青森市で、「青森地本長感謝状贈呈式」を実施した。

普段から地本の運営に顕著な協力・支援があった個人や団体など（一般・募集・就職援護・予備自功労）に感謝状を贈呈。参加者に謝意を表し、部外協力団体などとの一層の団結を図った。

贈呈後、木村政和地本長は「地本の活動は地域の協力と皆さまのご理解があってこそ実行可能で、任務達成に大きく寄与していただいた」と謝意を示し、「新しい時代を迎え、自衛隊は創設以来の大きな変化に直面し、次代を担う人材の育成・確保に全力を挙げなければならない。今後とも一層のご理解とご支援を賜りますようお願い申し上げます」と今後の協力を要請した。

## 安達所長が地本キャラと広報

### 6音、中学の吹奏楽部と演奏会　山形

【山形】山形募集案内所は12月1日、朝日町エコミュージアム創遊館で行われた6音楽隊（神町）と朝日中学校吹奏楽部との合同コンサートで「広報展」を開催した。

朝日町での6音のコンサートは2年ぶり3回目で、同中学校とのコラボは今回が初めて。当日は約300人が来場。コンサートは第1部が朝日中、第2部は合同、第3部は6音が演奏した。

演奏開始前には安達岩男所長と山形地本キャラクター「花笠音頭之助・地本ら・ふらんすくん」が登壇。所長自ら自衛官募集をPRした。

終了後、来場者は「迫力ある自衛隊の演奏を聴いて感動した」「合同演奏をまたやってほしい」と話していた。

山形所は会場に広報コーナーを設け、自衛隊の活動や装備品のパネル展示、朝日町キャラクターと地本キャラの写真撮影、カレンダー抽選会などを行った。

ステージで自衛官募集をPRする（左から）安達山形所長、花笠音頭之助、地本ら・ふらんすくん（12月1日、朝日町エコミュージアムで）

## 市ヶ尾所、空自試験合格者を引率

### 退役間近のRF4と記念撮影

【神奈川】市ヶ尾募集案内所は11月30日、一般曹候補生（航空）に合格した3人と受験予定者1人を空自百里基地航空祭の特別公開に招待した。

当日は市ヶ尾所の青木伸夫広報官が引率して早朝、事務所を出発。百里基地に到着すると、3人はF15やF4などの戦闘機を見つけ、歓声を上げていた。

早速、3人は退役の決まっている501飛行隊のRF4の特別塗装機の前で記念撮影し、「貴重な写真になる」と喜んでいた。

また「H60救難ヘリによる捜索救難展示」では、救難救命士の資格を持つ参加者が「自分もこの部隊で働きたい」と意欲を見せていた。

この後、4空団11飛行隊（松島）ブルーインパルスの飛行を見た参加者は「初めて本物のブルーインパルスの飛行を見た。感動した」と興奮気味に話していた。

参加者は他のエリアも訪れ、偵察隊の装備品やVADS（対空機関砲）、地対空誘導弾ペトリオットシステムを間近から見学。空自について理解を深めていた。

百里基地航空祭

特別塗装のRF4偵察機をバックに記念写真に納まる受験予定者ら（11月30日、百里基地で）

## 久居で女性限定のイベント

### 天幕張りなど体験　三重

【三重】地本は11月24日、「女性限定イベント」を久居駐屯地で開催し、募集対象者とその家族ら12人が参加した＝写真。

イベントは33普通科連隊（久居）の協力で、野外炊事車見学、天幕展張体験、ロープワークなどを行い、陸自の女性自衛官の任務や勤務環境、生活を知ってもらうことに重点が置かれた。

受付後、迷彩服に着替えた参加者は初めて見る自分の自衛官姿に興奮を隠せない様子だった。

野外炊事車での調理見学では、一度に約200人分を作れる大きな釜を覗いた参加者は「おいしそうな匂いがする」と興味津々の様子だった。その後、重たい資材を持ちながら駐屯地の女性隊員6人のサポートを受けて天幕を展張。皆で一丸となって運び、杭を打ち込んでいるうちに「疲れたら代わるよ」と、参加者同士に仲間意識が生まれ、互いに声を掛け合い、助け合っていた。

体験喫食では野外炊事車で作ったキーマカレーを味わい、最後に女性隊員7人と懇談。

参加者は隊員に「髪の毛はどのくらい切る必要があるんですか」「運動は苦手だけど大丈夫ですか」など、多くの質問が飛び交った。各女性隊員は自分の体験のもと、親身になって説明していた。

## 与那国町で広報

### ヘリ体験搭乗も　沖縄

【沖縄】石垣出張所は11月8日から10日まで、日本最西端の与那国町で離島募集広報を行った。

8、9の両日は与那国町の与那国中学校と久部良中学校に対し、年度当初から募集案内を実施していた陸自高等工科学校（武山）の推薦や一般の受験説明を実施。

特に今回は与那国駐屯地の隊員から「高工校志願者がいる」との情報提供を受けていたため、中学校の教頭と情報を交換。その上で志願者宅を訪問し、本人と保護者に対し、同校の制度や学習環境の魅力などについて説明した。

石垣所は10日、与那国町主催の防災訓練に募集広報ブースを出展し、与那国町民に対する広報も行った。

訓練ではドローンや人命救助セットの展示、カレーライスの炊き出しのほか、15音楽隊（那覇）の音楽演奏、ヘリの体験搭乗も行った。地本ブースでは広報グッズやパンフレットが在庫切れになるほど、盛況だった。

みんなのページ

――モンブラン登頂記――

モンブラン直下のグーテ小屋の前で記念撮影する登頂メンバー。右から2人目が横平2曹

# 今年も刺激的な挑戦を

2空曹　横平　充雅（百里救難隊・救難員）

## 男性2・女性4名でチーム

2019年7月31日。どこまでも続く青空、澄んだ空気、締まった雪を踏んだ時の心地よい足音に耳を傾けながら、ヨーロッパ最高峰のモンブラン（白い山、標高4810メートル）に登頂しました。

振り返れば1年前、私は登山用品やスキー用品を扱う店が発刊しているカタログ中のある1ページに目が留まりました。そこには「モンブラン登頂を目指して頑張る方を募集します」と書かれていました。自立した登山者として成長していく人を応援し、目標はヨーロッパアルプスの最高峰モンブランに登頂するというものでした。

このプロジェクトは半年という短い期間ですが、集中して日本屈指の山岳プロガイドから学びを受けられること、その先の目標も明確で、憧れのヨーロッパアルプスに挑戦ができるということで、私は迷わず応募しました。

書類選考、面接、体力試験、健康診断を経て166名の応募者から最終的に6名に絞られ、私もそのうちの1人としてプロジェクトに参加できることになりました。

1月に初顔合わせがありました。選抜されたメンバーは年齢、職業、登山スタイルも多様。ロープを使ったことがない人、積雪期の登山経験がないという人もいました。私が最年長で、最年少は高校3年生、男性2名・女性4名の編成でした。

## 国内でトレーニング開始

国内のトレーニングは2月から6月にかけて行われました。「自立した登山者の育成」ということで、ガイドされながらの登山と違い、自分たちで山行のプランを作り上げていくのも目的の一つとして課せられました。毎月、各地の山で行われたトレーニングでは、ガイドから何を学ぶか、器材は何を準備するのか、宿の調整等をメンバー同士で相談し、計画していきました。

トレーニングの時間は少ないながらも内容は濃く、登山に対する心構えや技術を毎回学び、特に救助技術やリスク・マネージメントに関しては自衛隊の救難業務にも生かせることが多く、大変勉強になりました。時には厳しい言葉も掛けられ、心が折れそうになったメンバーもいましたが、みんなでフォローしながらトレーニングを積み重ねていきました。

計画された日程だけでは足りないと思った時は、メンバーが自主トレ山行を計画してスキルアップを図り、山に対する意識も徐々に変化していきました。

出国前日には東京都内にある「低酸素トレーニング施設」において標高4500メートルと5000メートル相当の低酸素トレーニングを行いました。

また、私は自他ともに認める「雨（嵐）男」のため、国内唯一の気象神社に出向き、全霊を掛けて「快晴祈願」をして出国しました。

## いざ麓の街シャモニーへ

海外での登山は初めてであり、期待に胸を膨らませて出国しました。順調な旅と思ったのは束の間、スイス・ジュネーブ空港に到着した時に荷物一式が届かないという事態が発生。荷物がないため、時差ボケ解消と高所順応するためのトレーニングは、モンブラン山麓の街・仏シャモニーで最低限の器材をレンタルし、他に不足している物品等は購入して臨みました。

（後に荷物は宿泊場所に届き、万全な状態で本番を迎えることができました。）

高所順応トレーニングはヴァレ・ブランシュ氷河で行いました。メンバー同士をロープで繋ぎ、幾つものクレバスが大きく口を開いている場所を慎重に歩きました。

高地では大気圧が下がり、空気が薄くなり酸素が欠乏することによって、頭痛や、疲労、吐き気などが発症し、重症になると昏睡状態に陥ることもあります。そうならないためにも高所登山をする前にトレーニングをして、低酸素の状態に順応させるということはとても重要なことなのです。

さて、モンブラン挑戦に向けての9日間の合宿生活（7月27日〜8月4日）となりました。半年前まで全く見ず知らずの者同士が共同生活するので、いろいろ弊害が出てくるかと思いましたが、いざ過ごしてみると皆が協力的で、個々が自立していて、とても居心地のいい空間でした。

半年間のトレーニングを積む中で、それぞれがメンバーを理解しようと努め、よりよい信頼関係を築いていくための努力が実を結んだと感じました。また登山と聞くと登る行為やその技術を重点に考えがちですが、自然と向き合う姿勢であったり、一緒に登るメンバーとの信頼関係、異なった立場の理解力など、さまざまなファクターが重要となりました。

合宿ではこれらが試されていたのだと感じることができました。そして、これまでの集大成によって私たちはモンブランという最終目標地点にたどり着けたのだと改めて痛感しました。

1年間の目標を成就し、欧州の最高峰モンブランの山頂に立った横平2曹

## 42歳の誕生日に目標成就

7月30日、バスと登山電車を乗り継ぎ登山口まで移動。息も弾み、心地よい汗をかき、待ち望んでいた憧れの地を歩いている感覚は幸福感でいっぱいでした。

途中のクーロワール（雪や氷が詰まった急斜面の深い岩溝）は、連続して落石が発生する危険地帯。足早に通過し、以降の岩場は細心の注意を払って登っていきました。

標高3700メートルほどのところから白い世界が広がっていきました。アイゼンを装着し、メンバー同士を結んでいるロープの間隔を長くして歩を進めていきました。

初日の目的地は「一生に一度は行きたい山小屋」と言われているグーテ小屋。某SF映画に出てきそうな外観で、施設内もきれい、かつ快適で感動しました。またグーテ小屋は断崖絶壁に建っているので見渡す景色は絶景で、いつまでも見ていたいと思うほど、その景色に引き込まれました。

7月31日、挑戦2日目。雲一つない澄み切った空のもと、サミット・プッシュ・スタート（山頂を目指すこと。自分を頂まで押し上げていくこと）。

眼下に広がる雲海、朝焼けに染まるモンブラン針峰を横目に、その名の通り「白い頂」を目指しました。頂上直下のナイフリッジを通過する時が一番気を抜けない所でしたが、ゾクゾクする高揚感は今でも忘れられません。

慎重に足を前に運び、風で体がもっていかれそうになりましたが、ピッケルを雪面に刺しバランスを取りながら一歩一歩山頂を見上げゆっくり進みました。

登頂率2割といわれるモンブラン。いろいろな困難を乗り越え、運も味方につき、現地時間11時15分、ヨーロッパ最高峰モンブランに登頂することができました。

そしてこの日は私の42歳の誕生日。頂上に至るまでの美しい雲海と朝焼けの淡い色合い、ドームのきれいなフォルム、白と相対して空の濃い藍色、風の音や叩きつける氷の破片の痛み、すべてが忘れられない記念日になりました。

## この経験を部隊に恩返し

周りに遮るものがない「貸し切りの山頂」で、私は仲間たちと記念写真をたくさん撮り、雄大な山容を目に焼き付け、下山を開始しました。山頂直下は慎重に下り、なだらかな斜面では気分よく歩いていきました。

下山後、山麓の街で参加者全員で「登頂成功！」の祝杯を挙げ、深夜まで会話が尽きることはありませんでした。

このプロジェクトがスタートしてから、ここに至るまでいろいろな困難がありました。国内トレーニング参加が必須の中、その準備はメンバーの体調不良、突発的な仕事が入るアクシデントやトラブルなど、決して全てが順風満帆に進んできたわけではありませんでした。

その都度メンバーで話し合い、何がベストな選択なのか相談し、決断をギリギリまで悩んだ時もありました。そうした長い道のりがあったからこそ、モンブランに登頂できた時には感極まるものがありました。

近づいてきたモンブランの白い頂をめざし、力強い歩みを進めるメンバーたち

私個人としても、今日まで部隊の皆さまをはじめ多くの方々のご支援があり、この刺激的なプロジェクトに参加することができました。この場をお借りし、改めて御礼を申し上げます。

今後、今回のプロジェクトで体験したことや学んだ技術などを隊内に発信することで、皆さまに御恩を返していきたいと思います。そしてこれからも刺激的な挑戦を続けていきたいと思います。

（世界の切手・オーストリア）

あなたは新しい。あなた自身を過去から引き離せば、きっと感じ方も変えられる。

マイケル・ロオジエ（カナダの作家）

朝雲ホームページ
www.asagumo-news.com
<会員制サイト>
Asagumo Archive
朝雲編集部メールアドレス
editorial@asagumo-news.com

ワンチーム　OB 田崎義弘（長崎県大村市）

## 年男 年女　新年の抱負

### 後輩を育成する

2陸曹　冨樫　真（東北方面衛生隊105野外病院隊・仙台）

新年明けましておめでとうございます。気が付けば、私の自衛隊生活も17年が経ち、3回目の年男となりました。

1度目の12歳の頃はプロサッカー選手を夢見ていた小学生。2度目の24歳の頃は自衛隊に入隊し、305救急車隊で補給陸曹として補給業務漬けの毎日でした。

今振り返ってみると、自分はこれといった目標を持たず、今日まで生きてきたように感じます。このため、本年は目標をしっかりと持ち、充実した一年とし、今後の自衛隊生活に生かしたいと思います。

その目標とは、中堅陸曹として後輩を育成し、上級陸曹の補佐ができるようになることです。現在、災害時などへの対処で自衛隊への期待の高まりから、部隊においても隊員一人一人に対し、技能を駆使しての職務が求められることが多くなっています。

当隊としても、しっかりと任務を継続していくために、この目標に向けて日々努力していきたいと思います。

## 朝雲・栃の芽　新春特別俳壇

畠中草史　編（抽出）

五色旗めぐらし寺の年用意　堀内ミサ子
寝ねがての鐘の音遠く去年今年　杉山ふく美
いまさらに来し方思ふ初昔　永澤　功
境内の焚火越しなる御慶かな　黒石誠一郎
普段着のままで新年迎へけり　鈴木和歌恵
初凪の九十九島に日の溢る　馬場　美雪
産土の境内に満つ淑気かな　一ノ瀬惠昭
元旦や祖母の遺愛の蒔絵椀　堀川　利枝
歳重ね父に似てきし初鏡　足立　徹
語尾あがり訛の強き初電話　富本　立勇
重箱に箸の遠のく四日かな　桑野　英毅
電飾を日がな外すも初仕事　岩城　節子
成人式終へ参詣のうひうひし　田中あやめ

## 詰将棋

出題　日本将棋連盟　九段　石田　和雄

第810回出題

| | 6 | 5 | 4 | 3 | 2 | 1 | |
|---|---|---|---|---|---|---|---|
| | | | | | | | 一 |
| | | | 馬 | | 玉 | 香 | 二 |
| | | | | | | 角 | 三 |
| | | | 桂 | 歩 | 飛 | | 四 |
| | | | | | | | 五 |

▲先手　持駒　金香

【ヒント】馬捨てからトドメは金（10分で初段）。

▶詰碁、詰将棋の出題は隔週です◀

## 詰碁

出題　日本棋院　九段　曲　励起

第1225回解答

【解答図】黒先、劫。黒❶白②がともに大切で、白④以下黒❼まで劫になります。なお、白②で『4』は、黒『2』で白いけません。

SEKISUI HOUSE
謹んで新年のご挨拶を申し上げます!!
SLOW & SMART
ゆっくり生きてゆく、住まいの先進技術。
「人間性豊かな住まいと環境の創造」を通じて社会課題を解決に導き、
時代の要請に応える新たな価値を創造します。
OBの私たちが夢の住まいづくりをバックアップ
九州（佐世保・大村地区）担当　小川　政宗　積和建設九州（株）部長　連絡先 0957（27）2070　090（7443）3643　ogawa0202@sekisuihouse.co.jp
中国四国地区 担当　串田　誠　顧問　連絡先 082（871）7701　080（1640）1934　kushida002@sekisuihouse.co.jp
九州地区 担当　松井　啓悟　顧問　連絡先 092（472）3211　090（7449）1876　matsui043@sekisuihouse.co.jp
静岡・甲信越地区 担当　前田　浩士　顧問　連絡先 055（951）1551　080（2668）8196　maeda072@sekisuihouse.co.jp
全国 担当　川嶋　昌之　特別顧問　連絡先 03（5575）1840　080（1337）3879　kawashima024@sekisuihouse.co.jp
積水ハウスグループが総力をあげて、自衛隊員の皆様の住まいづくりをサポートします。
積水ハウス（株）　●戸建て住宅・賃貸住宅建築　●マンション・商業ビル建築　●分譲地・分譲住宅販売
積水ハウスリフォーム（株）　●積水ハウス純正リフォーム　●増改築、その他
積和不動産グループ　●売却・仲介　●住み替えのご紹介　●賃貸住宅・不動産業務　●エバーループ・スムストック
積和建設グループ　●積水ハウス建築工事　●一般木造住宅建築　●一般住宅リフォーム　●マンションリフォーム
住まいづくりに役立つ最新情報をご覧ください!
アドレスバーに下記のいずれかを入力してホームページへアクセスしてください。
積水ハウス 自衛隊　検索
http://www.sekisuihouse.co.jp/jieitai/
「グリーンファースト」で、低炭素社会へ。
積水ハウス株式会社
環境省認定 エコ・ファースト企業

あさぐもドリフ　吉本どんど

最近は働き方改革の流れで

大手のスーパーやコンビニでも

# 五輪イヤー幕開け

## 省・自衛隊が全面支援

### 体校選手にエール　特別行動委で河野大臣

東京五輪・パラリンピックに向けた防衛省・自衛隊の第12回特別行動委員会が12月23日、河野大臣らが出席して防衛省第1省議室で開かれ、省・自衛隊の取り組みや五輪出場を目指す自衛隊体育学校（朝霞）の選手の状況などが確認された。

特別行動委員会は大臣を委員長とし、副大臣、政務官、事務次官、統陸海空各幕僚長ら約20人で構成される。

東京招致が決まった2013（平成25）年9月に1回目が開催され、以来、不定期に行われてきた。9回時には、リオデジャネイロ五輪に出場した体校の選手たちが来省、稲田朋美大臣（当時）に同五輪での成果を報告した。

今回の委員会には、河野大臣をはじめ、山本副大臣、岩田政務官、高橋事務次官、山崎統、湯浅陸、山村海、丸茂空各幕僚長ら約30人が出席。河野大臣は「オリンピック・パラリンピックに向けて、まずしっかりとセキュリティーを確保し、式典、その他への協力を行っていきたい」とあいさつ、省・自衛隊として大会を全面的に支援していく意向を語った。

また、大臣は「自衛隊からオリンピックに出場する選手の支援もしっかり行いたい。一人でも多くの日本代表を輩出し、メダルを取ってもらえるよう応援していきたい」と、体育学校へのエールも送った。

体育学校長の谷村博志陸将補は、国内外の大会で成果を挙げることを任務とする同校第2教育課の状況を説明した。

同校では、12月中旬までに松本崇志1陸尉（射撃班）、藤嶋大規2陸曹、松下桃太郎3陸曹（ともにカヌー班）、岩元勝平3陸曹（近代五種班）の4人が出場を内定させた。また、レスリングのフリースタイル74キロ級で出場枠を獲得している。

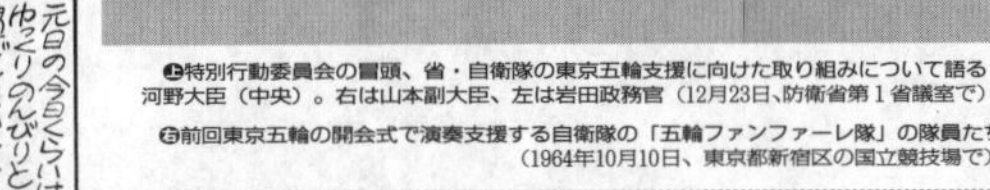

㊤特別行動委員会の冒頭、省・自衛隊の東京五輪支援に向けた取り組みについて語る河野大臣（中央）。右は山本副大臣、左は岩田政務官（12月23日、防衛省第1省議室で）

㊨前回東京五輪の開会式で演奏支援する自衛隊の「五輪ファンファーレ隊」の隊員たち（1964年10月10日、東京都新宿区の国立競技場で）

### 聖火は3月、松島基地に

五輪のシンボルとも言える聖火は3月20日、空自松島基地（宮城県）に到着する。

聖火は3月12日、ギリシャ・オリンピア市のヘラ神殿跡で採火され、同19日の引継式を経て、聖火特別輸送機「TOKYO2020号」で日本へ空輸される。同機は、機首に聖火ランナーのピクトグラム（絵記号）が描かれ、機体全体で聖火リレーによる1本の希望の道を表している。

聖火到着後、松島基地で到着式が行われ、レスリング女子55キロ級金メダリストの吉田沙保里さんらが聖火を引き継ぐ。

聖火は3月26日に福島県内をスタート。121日間をかけて全国を巡り、7月24日に東京都にゴール、聖火台に点火される。聖火リレーの詳細は、公式HP（https://tokyo2020.org/jp/special/torch/olympic/map）に掲載されている。

東京五輪の聖火をアテネから宮城・松島基地へ運ぶ聖火特別輸送機「TOKYO2020号」©Tokyo2020

### 前回大会　展示飛行や式典などに7500人

#### 「支援集団」を編成

高度成長期の真っただ中の1964（昭和39）年に行われた前回東京五輪では、15日間（10月10〜24日）の期間中、防衛庁（当時）・自衛隊は、約7500人の隊員で支援に当たった。

陸自東部方面総監部が置かれていた市ヶ谷駐屯地に、東方隷下の「東京オリンピック支援集団」が臨時編成された。同集団の下に、大会運営などに当たる選手村支援群など5群・隊と、競技支援群（近代五種支援隊など8支援隊で編成）が置かれた。

支援内容は、主に式典（奏楽、祝砲、開閉会式・表彰式など）、競技運営、輸送、会場整理。開会式では国立競技場（東京都新宿区）の上空に空自F86F（当時）ブルーインパルス5機が大きな五輪の輪を描き、花を添えた。

## 日米で航空掃海システム補給会議

### 運用改善方法など意見交換

【海幕航空機課】海自は11月12、13の両日、米海軍など「航空掃海システム補給会議（ISMT）」を岩国航空基地で実施した。

会議には、MCH101掃海・輸送ヘリを運用する111航空隊司令の袴田重征1佐、ヘリ・航空掃海システムの整備を担当する31整備補給隊司令の矢倉清次1佐のほか、日立、富士通、川崎重工の技術者ら多数の関係者も参加。米国からは、米海軍水上戦センターパナマシティの職員やノースロップグラマン社などが加わり、日米合わせて約80人の航空掃海関係者が一堂に会した。

会議では、互いの航空掃海の運用改善方法などについて活発な意見交換を行い、日米間の強固な連携を確認。最後は、航空掃海技術の発展と日米間の連携強化を祈念し、参加者全員のサインが入った自衛艦旗のレプリカを米海軍FMS（対外有償軍事援助）ケースマネージャーのジョン・ウィリアム氏に手渡した。

会議に参加した海幕航空機課航空武器班長の高橋暁2佐は「航空機を用いた機雷掃海の能力は、世界中でも米国と日本しか保有しておらず、2国間での情報交換は日米同盟の強化につながる」と話している。

参加者全員のサインが入った自衛艦旗のレプリカを掲げる（手前左4人目から）袴田1佐、高橋2佐、ウィリアム氏、矢倉1佐（11月13日、海自岩国航空基地で）

## 即応性の認識を共有

### 沖縄で日米下士官会同

【統幕】統幕最先任の澤田茂准陸尉は11月5、6の両日、在日米軍最先任上級曹長（横田）のリチャード・ワインガードナー上級曹長が知念・嘉手納空軍基地で主催した「日米最先任下士官会同」に出席した。

会合には、自衛隊から澤田統幕最先任をはじめ、陸自最先任上級曹長の根本和男准陸尉、陸上総隊最先任上級曹長、海自先任伍長の関秀之曹長、航空総隊最先任の黒木伸准空尉ら3自衛隊から約10人が参加、日米間で情報を共有するとともに、意見交換を行った。

澤田統幕最先任は「会同の中で、我が国を取り巻く安全保障環境と部隊の即応性について認識を共有し、日米同盟のさらなる連携強化を図ることができた」と語った。

「日米最先任下士官会同」に出席した統幕最先任の澤田准尉（左）と在日米軍最先任上級曹長のワインガードナー上級曹長（11月5日、嘉手納空軍基地で）

## こちら警務隊　住居侵入等罪

### 管理者の意に反して立ち入る行為、懲役も

近道をするために無断で他人の敷地等へ入るとどうなりますか？

正当な理由がないのに、他人の住居・建造物等に侵入した場合、3年以下の懲役または10万円以下の罰金に処せられます。

本罪の地理的な対象範囲は、塀等で囲まれた住宅等の敷地のほか、マンション等の建物の共用階段・通路、家屋の縁側や屋根の上も含まれます。

また、「侵入」とは管理者の意に反して立ち入ることであり、隊員であっても正規な手続きをせずに駐屯地等の柵を乗り越えて侵入すれば本罪に該当する可能性があります。

安易な気持ちで他人の敷地等へ入ることは絶対にやめましょう。（東部方面警務隊）

### 北海道宗谷で震度5　陸自部隊が情報収集

12月12日午前1時9分ごろ、北海道宗谷地方北部を震源とする地震が発生し、天塩郡豊富町などで最大震度5弱を観測、陸自部隊が情報収集に当たった。災害派遣要請はなかった。

地震発生を受け、陸上総隊（朝霞）、北方総監部（札幌）、2師団（旭川）、11旅団（真駒内）、北方後支隊（島松）、301沿岸監視隊（稚内）が情報収集態勢を強化。北方航空隊（丘珠）のUH1Jヘリ1機（映像伝送機）が、豊富町方面の偵察を行った。被害は確認されなかった。

### 鹿児島の高校生32人が省内見学　OBらと懇談も

修学旅行で上京した鹿児島中央高（鹿児島市）の2年生（56期）32人が12月17日、防衛省を訪れ、省・自衛隊の仕事の一端に触れた。

同校では7年前から関東、東北での修学旅行を行っており、その日程の中で職業研修のためOBが働く企業などを訪問している。

今年は11企業・省庁を訪問。防衛省では情報本部の大山康倫1海佐以下OB3人を含む6人が対応に当たった。

高校生たちは省内を見学した後、先輩たちから業務概要などの説明を受けた。懇談では「進路を決めたのはいつごろですか」「制服に付けたバッジ（き章、防衛記念章）はどういう意味があるのですか」などと質問していた。

防衛省を訪れ、先輩たちと記念撮影に納まる鹿児島中央高生（12月17日）

### 小休止

▽…佐賀地本唐津出張所の釘崎理広報官はこのほど、唐津市相知町の「相知くんちフォトコンテスト」で最優秀賞を受賞した。

▽…コンテストは10年ぶりに復活した10メートルの巨大山笠の関連イベントとして初めて行われ、県内外から51点の応募があった。釘崎広報官の作品＝写真＝は、山笠の雄姿を見事に捉えた。

▽…作品はJR相知駅に展示され、祭りのポスターにも採用される予定。職務の質の向上を図るため、趣味の写真に磨きをかけている釘崎広報官。「受賞をきっかけに業務に一層励みたい」と語っている。（佐賀地本）

防衛省職員・家族団体傷害保険

親介護特約が好評です！

介護にかかる初期費用

要介護状態となった場合、必要と考える初期費用は平均252万円との結果が出ています。

（出典）生命保険文化センター「平成27年度生命保険に関する全国実態調査」

初期費用の目安

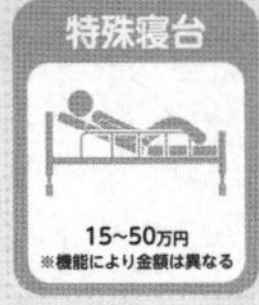

移動式リフト
据置式 20〜50万円
レール走行式 50万円〜


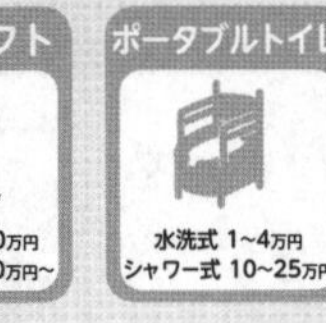

気になる方はお近くの弘済企業にご連絡ください。

［引受保険会社］（幹事会社）
三井住友海上火災保険株式会社
東京都千代田区神田駿河台 3-11-1　TEL:03-3259-6626

［共同引受保険会社］
東京海上日動火災保険株式会社　損害保険ジャパン日本興亜株式会社　あいおいニッセイ同和損害保険株式会社
日新火災海上保険株式会社　楽天損害保険株式会社　大同火災海上保険株式会社

［取扱代理店］
弘済企業株式会社
本社：東京都新宿区四谷坂町 12 番地 20 号 KK ビル
TEL：03-3226-5811（代表）

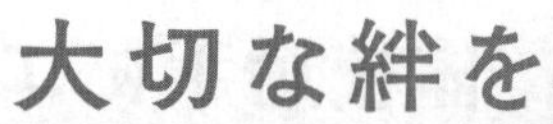


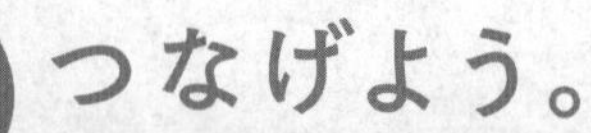

いつもは身近すぎて、空気のようになっている家族や恋人や仲間たちとの絆。でも本当はそこにあって、毎日と一生を支え合っている、かけがえのない絆。日本生命は東京2020オリンピック聖火リレーのパートナーとして、全国各地ひとりひとりの絆を照らしながら、日本中を明るくしていきます。

日本生命は東京2020オリンピック聖火リレーのプレゼンティングパートナーです。

2019-638-1G, オリンピック・パラリンピック推進部

朝雲

発行所 朝雲新聞社
〒160-0002 東京都新宿区四谷坂町12-20 KKビル
電話 03(3225)3841
FAX 03(3225)3831
振替00190-4-17600番
定価一部150円、年間購読料9170円（税・送料込み）

すてきな未来応援します
フコク生命
防衛省団体取扱生命保険会社
フコク生命

## 主な記事

# 海自の中東派遣 閣議決定

## 1年間 情報収集を強化

政府は12月27日の閣議で、中東のシーレーン（海上交通路）を航行する日本関係船舶の安全確保に必要な情報収集活動を強化するため、我が国独自の取り組みとして海自部隊の中東海域への派遣を決定した。防衛省設置法4条の「調査・研究」に基づき、哨戒ヘリ搭載の汎用護衛艦「たかなみ」（乗員約200人）を新規に派遣するほか、アフリカ東部のジブチを拠点にソマリア沖・アデン湾で海賊対処に当たる航空隊のP3C哨戒機2機（約60人）も活用する。P3Cは1月下旬、「たかなみ」は2月の活動開始を目指す。活動期間は12月27日から1年間で、延長する場合は閣議決定を再度行い、国会に報告する。

## シーレーンの安全確保

### 日本船襲撃時 武器伴う海上警備も

河野防衛相は閣議決定を受け、省内で関係幹部会議を開き、派遣準備を指示した。その後、記者会見で「準備状況を見つつ、派遣の目処が立った段階で私から『派遣命令』を出すことになる。中東地域における平和と安定、日本関係船舶の安全確保のための艦艇・航空機の活動に向かって、しっかりと準備を進めていく」と述べた。

哨戒機は部隊交代のため1月11日に新たに派遣される海賊対処航空隊38次隊（5空群＝那覇）のP3Cが現地入りを完了した後の1月下旬に活動を開始する。新規派遣の「たかなみ」（横須賀）は2月上旬に日本を出発し、2月下旬から活動を開始する予定。

活動範囲は、①オマーン湾②アラビア海北部③バブルマンデブ海峡東側のアデン湾――の3海域の排他的経済水域（EEZ）を含む公海で、ホルムズ海峡やペルシャ湾は沿岸国のイランとの友好関係を考慮して除外した。

海域の選定について河野大臣は「外交努力と調和させることが必要だ」と指摘し、ホルムズ海峡やペルシャ湾内での外国艦船の活動に反対しているイランへの配慮をにじませた。

派遣部隊は海上で不審船の有無などについて継続的に情報を収集。不審船を発見した場合は速やかに政府内で情報を共有し、国土交通省が日本の船舶会社に連絡する態勢だ。

万が一、日本関係船舶が攻撃を受けるなど不測の事態が発生し、さらなる措置が必要と認められた場合は、自衛隊法82条に基づき武器使用が可能な「海上警備行動」を発令し、具体的な状況に応じて個別に対応する。

ただし、公海上の船舶は国際法上、船籍を登録している国の政府が保護するとの原則に基づく「旗国主義」が適用されることから、武器を使用して防護するのは日本籍の船舶に限定する。

日本人や日本の積み荷を輸送したりする外国籍の船舶が襲撃された場合は、攻撃主体に対して大音響による警告・呼び掛けや近接、接近など、実力行使を伴わない対応にとどめる。

派遣部隊は、米国主導でホルムズ海峡などの安全確保を図る有志連合「海洋安全保障イニシアチブ」に基づく「センチネル（番人）作戦」には参加しない。一方、バーレーンの米中央海軍（米海軍第5艦隊）司令部に自衛隊の連絡官を派遣して米国などとの情報共有を図る。

河野大臣は「（日本の活動ではない）ペルシャ湾内についても、関係国との情報収集・交換ができる」と説明した。

政府は令和2年度予算案に関連費用として燃料費など約47億円を計上した。

㊤海上自衛隊のP3C哨戒機。現地では海賊対処航空隊38次隊が活動に当たる㊦中東に新たに派遣される汎用護衛艦「たかなみ」（海上自衛隊提供）

イラク
イラン
ホルムズ海峡
バーレーン
オマーン湾
サウジアラビア
マスカット
アラブ首長国連邦
オマーン
アラビア海
ドゥクム
イエメン
バブルマンデブ海峡
アデン湾
ジブチ
航空機活動拠点（P-3C×2機）
活動範囲

## 防衛相、派遣変更せず

米軍が1月3日、イラン革命防衛隊の精鋭組織「コッズ部隊」のソレイマニ司令官を空爆で殺害し、イランの最高指導者ハメネイ師が米国への報復を予告、両国の緊張が高まっていることを受け、河野防衛相は7日の記者会見で、自衛隊の中東派遣の閣議決定について「現時点で変更することは考えていない」と述べた。

一方で「今後、さまざまなことが起こり得ると思っている。在留邦人の保護なども日本政府としてしっかりと対応していく必要がある」と指摘。

河野大臣は「中東の緊張が高まっていることは事実だが、多くの国が両国に自制を求めており、日本としても引き続き外交努力を続けていく」との考えを示した。

P3C哨戒機で洋上監視に当たる海賊対処航空隊37次隊の海自隊員（右側）と支援隊12次隊の陸・海自隊員（左側）を激励する河野防衛相（左壇上）＝12月28日、ジブチの活動拠点で（防衛省提供）

# 防衛相 ジブチ、オマーン訪問

## 自衛隊の中東派遣を説明

河野防衛相は海自の中東派遣が閣議決定された翌日の12月28日にジブチを訪れ、同国を拠点にソマリア沖・アデン湾で海賊対処に当たる陸・海自隊員を激励するとともに、アブドゥルカデル・カミル・モハメド首相やアルハン国防相と会談。29日にはアラビア半島のオマーンを日本の防衛大臣として初めて訪問し、バドル国防担当相と会談した。（3面に関連記事）

ジブチでは国際空港に隣接する海賊対処航空隊の活動拠点でP3C哨戒機の運用状況について説明し、理解を求めた。

これに先立ち、河野大臣はジブチ市内の国防省でアルハン国防相と会談。自衛隊の中東派遣について説明し、これに対し、アルハン国防相は「必要な支援を惜しまない」と応じた。その後、河野大臣は護衛艦「はるさめ」を視察、隊員たちを激励した。

オマーンでは首都マスカットの国防省でバドル国防担当相と会談。両氏は19年3月に初めて署名した「防衛協力に関する覚書」に基づき、防衛協力・交流を推進していくことを確認。河野大臣は「自由で開かれたインド太平洋ビジョン」の下、海上交通の要衝であるホルムズ海峡に突き出たムサンダム半島の大部分を「飛び地」として有するアラビア海の要衝の国であるオマーンとの防衛協力・交流を引き続き深化させていくことを確認した。

オマーン海軍との親善訓練を終え、同国海軍コルベット「アル・シャミーフ」（奥）を自衛艦旗を振って見送る海自護衛艦「さざなみ」の乗員（12月21日、アラビア海で）

# オマーン海軍と親善訓練

## 海賊対処任務終えた「さざなみ」

### 戦術運動や通信実施

ソマリア沖・アデン湾での海賊対処任務を終えて帰国途中の海自水上部隊34次隊の護衛艦「さざなみ」（艦長・石川将司2佐）は12月21日、中東・アラビア海に面するオマーンのドゥクム港沖のアラビア海で、同国海軍艦艇と親善訓練を行った。

参加したのはオマーン海軍のコルベット「アル・シャミーフ」（2600トン）で、同艦と「さざなみ」は洋上で戦術運動や通信訓練を実施した。

日本とオマーンは2019年3月に「防衛協力に関する覚書」を締結し、近年、防衛交流が進展。海自とオマーン海軍の訓練は18年5月の29次隊の護衛艦「せとぎり」を皮切りに定期的に続けられており、今回で4回目。

# 国際平和と安全シンポ開催

## 松村元陸将「PKO、当事者意識を持て」

統合幕僚学校（目黒、学校長・清田安志陸将）が主催し、国際平和協力センター（市ヶ谷、センター長・長田英一郎1陸佐）が主管する「第9回国際平和と安全シンポジウム」が12月2日、東京都新宿区のホテルグランドヒル市ヶ谷で開かれた。自衛隊関係者ではイラク復興支援活動で指揮官を務めた経験がある松村五郎氏（元陸将、元東北方総監）が登壇し、「国連をはじめとする国際社会によるPKOに係る取り組みの新潮流」をテーマに提言を行った。

会場では、在京の各国武官や学生など約200人が聴講。最初に清田学校長があいさつし、「本シンポの成果は、今後の教育・調査研究の資とするとともに、省内外の関係部署と広く共有していく」と述べた。

基調講演では、予定されていた国連本部平和活動局軍事顧問のカルロス・ハンベルト・ロイティ陸軍中将（ウルグアイ）がコンゴ共和国の情勢悪化の対応に当たるため欠席、代理として同軍事顧問付特別補佐官のティム・ワイルディッシュ陸軍大佐（英国）が登壇した。

同大佐は、PKO活動の課題として紛争の性質の変化を挙げ、「文民保護のためには広域をカバーし、タイムリーに介入できるヘリコプターなどの機動性に優れた装備が必要だ。PKO要員のパフォーマンス向上と安全確保は明確につながっており、両方を強化することが最優先事項である」と語った。

続いて、東京外大大学院の篠田英朗教授の司会進行でパネルディスカッションが行われ、防衛研究所理論研究部の山下光政治・法制研究室長、豪州軍平和活動訓練センター長のピーター・コンロイ陸軍中佐、松村元陸将が登壇。

松村氏は日本におけるPKOの議論について「日本はPKO活動に主として関わることができないと捉えて議論が始まる。PKO活動は日本にとって外部のものではなく、当事者意識を持って行う必要がある。平素から活動方針を明示し、本当の意味での本来任務化とするべきだ」と指摘した。

その上で、①英国の「国際防衛関与戦略」をモデルとし、外交政策と整合した「防衛力による秩序形成の基本方針の策定」②外務省と防衛省の一体的な連携による体制の確立③[illegible]の反映――を提言した。

同シンポの議事録は、国際平和協力センターのホームページに2月ごろ掲載される予定。

## 春夏秋冬

### インパール訪問記

笠井　亮平

年末、インド北東部マニプール州のインパールを訪れた。筆者が日本大使館の仕事でデリーに駐在していた頃は、北東部と言うと政情不安や交通アクセスの問題があり、一部地域を除いて入域が容易ではなかった。しかし、その後状況が改善されたことを受けて、念願の訪問が実現した。

今回の大きな目的は、「インパール作戦」の戦跡を訪問することだった。[illegible]

そのひとつ、「2926高地」（英軍側の呼称は「レッドヒル」）は市内中心部から南約15キロの位置にある。1944年5月、南部から進軍した陸軍第33師団は、インパールに向かう街道の要衝であるこの小高い丘付近まで達した。しかし、英軍の強硬な反撃を前に制圧は叶わず、大きな損害を出すことになった場所だ。丘の麓には日本軍戦没者の慰霊碑、それに「インド平和記念碑」と名付けられた白亜の碑がある。筆者は供花を捧げて焼香を行い、合掌しながら75年前にこの地で命を落とした人びとに思いを馳せた。ここだけに限らず、訪れた先々はどこものどかな田園風景や静かな山林が広がっていた。説明されなければ、そこが激烈な戦闘が行われた場所とは誰も思わないだろうというほ[illegible]

日本の協力で2019年6月に開館したばかりの「インパール平和資料館」も訪れた。単にインパール作戦について紹介するだけでなく、その前後の経緯も解説されていることに加え、戦争がマニプールの人びとにもたらした影響や現地の文化についての展示があるなど、包括的な内容になっていることが印象的だった。

インパール作戦については、実際に戦闘に参加した将兵の回想録から戦史家による著作まで、膨大な量の書物がある。筆者も戦前・戦中の日印関係史に取り組む立場からかねてより関心を抱いてきたが、現地を訪れたことでその考えがより明確で具体的になった気がしている。まだ調べることは多いが、いずれまとまった形で発表したいと考えている。

（岐阜女子大学南アジア研究センター特別研究員）

## 朝雲寸言

全国規模ではない地方の大学スポーツ大会がこれほどの関心をもって語られることは他にない。もちろん箱根駅伝[illegible]ことである▼百年の歴史を支える人気の所在はいくつかあるが、長距離を10人のリレー形式で走る日本発祥の競技形式こそが最大の魅力と言えるだろう。個人競技の多い陸上競技の中で襷をつなぐチームスポーツとしたことが数々のドラマを生んできたのである▼一方で、ひとりの失敗がチームの成績に大きく影響する駅伝は過酷なスポーツでもある。歓喜の声を上げる大学もあれば、1秒差、数メートルの違いで涙をのむチームもある。若い学生には過大な試練かもしれないが、スポーツの厳しさは本来そういうものである▼箱根駅伝の正式名称は「東京箱根間往復大学駅伝競走」、関東学生陸上競技連盟の主催で多くのボランティアの学生の手によって運営されている。企業から見れば選手はもちろん競技運営に参加する学生たちも前途有為な人材であることは間違いない。企業も国家もそのような人材がいなければ成り立たないからである▼箱根駅伝と自衛隊の関わりも深い。1973年から陸上自衛隊第1師団の車両が監察車などで伴走を務めていたこともある。現在でも予選会のコースの一部として立川駐屯地の滑走路が使用されている▼「箱根から世界へ」創設者金栗四三氏の想いは今まさに実を結びつつあると言える。今年は東京オリンピックの年である。

はせがわ
つなぎます。心と、いのちと、人。
一部対象外あり。
お仏壇 防衛省共済組合員 10%OFF
お墓 5%OFF
ご来店の際にはJD VISAカードをご提示ください。

あなたと大切な人の“今”と“未来”のために
防衛省生協の共済は「現職中」も「退職後」も切れ目なく安心をお届けします
生命・医療共済（生命共済）
病気やケガによる入院や手術、死亡（重度障害）を保障します
退職者生命・医療共済（長期生命共済）
退職後の病気やケガによる入院、死亡（重度障害）を保障します
80歳（85歳）※
火災・災害共済（火災共済）
退職火災・災害共済（火災共済）
火災や自然災害などによる建物や家財の損害を保障します
現職　退職　終身
※ 令和2年7月より、退職者生命・医療共済の共済期間が85歳に事業改定されます。
防衛省職員生活協同組合
〒102-0074 東京都千代田区九段南4丁目8番21号 山脇ビル2階
専用線：8-6-28901～3　電話：03-3514-2241（代表）
BSA-2019-25 R1.11作成

防衛省生協 新規・増口キャンペーン実施中!!
キャンペーン期間中にいずれかの共済に新規・増口加入された方の中から抽選で300名様にオリジナルロゴ付き真空ステンレス・タンブラーをペアでプレゼント！ 詳しくはホームページでご確認ください。
注：加入限度口数、健康状態等により新規ご加入・増口ができない場合があります。
退職組合員の方は、火災・災害共済に既にご加入の方の「増口のみ」が対象となります。
（加入限度口数以内で、「建物」のみご加入の方が「動産」を追加するケース、「動産」のみご加入の方が「建物」を追加するケース、親や子ども・孫の居住物件の建物を追加するケースなど。）
キャンペーン期間
令和元年11月1日～令和2年1月31日

11月中旬に
皆様にお届けした
「残高明細書」でも、
大切なご案内とともに
キャンペーンをお知らせ
しています。

# ベトナムRDEC参加隊員が帰国報告

## 山本副大臣「後任の育成を」

山本副大臣（左）にベトナムからの帰国を報告する大塚団長（手前から4人目）らRDEC派遣隊員（12月18日、副大臣室で）

国連の支援部隊早期展開プロジェクト「RDEC」の教官要員などとして10月26日から、ベトナムに派遣されていた陸自[illegible]3陸佐以下19人が12月18日に帰国し、同日、大塚[illegible]ら幹部4人が防衛省で山本副大臣に帰国報告を行った。

報告には山崎統幕長、竹本陸幕副長らが立ち会った。[illegible]

RDECは、アフリカ地域[illegible]年秋の新訓を含め、今回で2回目。

[illegible]郊の249工兵旅団駐屯地を拠点に、ベトナム軍の工兵要員に重機の操作や整備の教育を行い、全参加者が必要な課程を修了したことを報告。交流を通じて越軍との信頼関係が構築された成果を伝えた。

これを受けて山本副大臣は「今回得た経験と知見を部隊での活動や後任の育成に活用してほしい」と述べ、派遣隊員の海外での任務を労った。

これに先立ち4人は、竹本陸幕副長にも帰国を報告。副長は「この活動は国連からの評価が高く、ベトナム軍の能力構築支援も果たすなど意義は大きい。よく任務を完遂した」とたたえた。

# 時の焦点

## 国内

### 五輪イヤー

### 日本の存在価値示す年

オリンピックイヤーの幕が開けた。2020年代の始まりでもある。長期的な展望に立ち、我が国の平和と繁栄の土台をより強固にする。それが日本の政治に課せられた最大の務めであろう。

安倍首相は年頭の記者会見で、「令和の新しい時代、すべての世代が安心できる社会保障制度への改革が内閣の最大のチャレンジであると考えている」と語った。

人口減少社会の中にあって、いかに繁栄を維持するか。困難な課題を克服せねばならない。

首相の自民党総裁任期は来年9月までだ。政権の総仕上げを図る時期である。

統一地方選と参院選があった昨年と異なり、今年予定される大型選挙は東京都知事選（7月5日投開票）などしかない。政府・与党は、経済再生や全世代型社会保障の推進などの重要課題に、腰を据えて取り組んでもらいたい。首相が年頭記者会見で言及した憲法改正論議も、与野党が真摯に進めるべき課題である。

子年は「政変の年」といわれる。首相の祖父・岸信介氏が首相を辞任した1960年、首相の叔父・佐藤栄作氏が退陣した72年。戦後6回あった子年のうち、実に5回も首相が代わっている。

統一地方選と参院選が重なる亥年選挙で政権の支持基盤が揺らぎ、翌年の子年に退陣する。こうした分析もなされるが、史上最長の安倍政権にあてはまるかどうか。

衆院議員の任期満了が来年10月に迫る中、政界では、衆院解散・総選挙の時期が注目されることになろう。

野党は、早期の衆院解散を想定し、立憲民主党と国民民主党が合流に向けた協議を進めている。いたずらに「政変」を狙うのではなく、確固たる政治理念のもとで、具体的な政策を掲げて与党と競う姿勢が求められよう。

我が国にとって重要なのは、緊迫する中東情勢をはじめ、安全保障環境の変化に的確に対応することだ。

政府は昨年末、防衛省設置法の「調査・研究」の規定に基づき、海上自衛隊の部隊を中東に派遣することを決めた。シーレーンの安全確保は各国共通の利益であり、自衛隊が貢献する意義は極めて大きい。万全の準備で臨みたい。

首相は年頭記者会見で、中東情勢について「現状を深く憂慮している。すべての関係者に緊張緩和のための外交努力を尽くすことを求める」と語った。首相の外交手腕に、各国の期待が高まろう。

北朝鮮の挑発も激しくなっている。金正恩朝鮮労働党委員長は昨年末、「新たな戦略兵器」の開発に言及した。米国などとの連携を強固にし、完全な非核化を目指さねばならない。

前回東京五輪が開かれた1964年当時、日本には欧米の先進国というモデルがあった。56年後の今日、日本は各国をリードする立場である。混迷する世界にあって、日本の存在価値を示す1年となろう。

宮原 三郎（政治評論家）

## 海外

### 気候変動論議

### 「温暖化」説には疑問も

国連の気候変動枠組み条約第25回締約国会議（COP25）が2019年12月、スペインの首都マドリードで約2週間開かれ、地球温暖化対策を協議した。

会議開催中の11日には、同会議でも演説したスウェーデンの環境活動家グレタさんが、米誌タイム年末恒例の「今年の人」に選ばれ、話題になった。

会期延長までしたわりには「成果」の話は聞かないが、次回COP26は今年、スコットランドのグラスゴーで開かれる。

世界が引き続き「地球温暖化」の論議に明け暮れるのなら、多くの科学者、政治家、マスコミに質しておきたい疑問がいくつもある。

例えば、アレキサンドリア・オカシオ＝コルテス米下院議員は昨夏、支持者たちの集会で、「温暖化に手を打たないと、あと数年で地球は破滅」と「警告」した。

これが一つの典型で、こうした過去に行われた気候変動の予測は大外れで、それを世界中にばらまいた責任は一体、誰が取ったのか。

ABC－TVは約10年前の08年、「ニューヨークは15年までに水没する」「フロリダ州マイアミもほとんどが海面下に没する」などと「警告」した。

ブッシュ（息子）政権時代の05年8月、ハリケーン・カトリーナ（カテゴリー5）がルイジアナ州ニューオーリンズを襲い、死者約1800人という米史上最悪の自然災害になった。

カトリーナの後、科学者、専門家、行政、マスコミその他が口を揃えて「今後はハリケーンがより頻発し、規模もより巨大になる」と「警告」したが、その後約10年、重大なハリケーンが米国を襲ったことはない。

国連は1989年、地球を温暖化から救うために残された時間はわずか数年しかないとの「警告」を発表した。

どこか聞き覚えのある論旨で、これが、オカシオ＝コルテス議員の"地球愛"のルーツかもしれない。いずれにしろ、「あと数年」「わずか数年」から30年になる。

そして、第1回のアースデーが今から50年前の70年。この時は「『地球冷却化』『氷河時代の到来』のため、近いうちに数十億人が死亡する」とのご託宣だったではないか。

記憶している人も多いと思うが、現在「聖グレタ」を崇めているタイムやニューズウィークなど有力誌は当時、今とは正反対の"凍り付く地球"の大きな図柄を表紙にして読者に「警告」したものだった。

このコペルニクス的転回。こうして長年にわたり百パーセント誤った予測を連ねた後、現在の予測をすんなり受け入れよでは、無理強いに近い。

1920年代は、AP通信などが「氷原が温暖化のために解けて、沿岸都市は間もなく水没する」と伝えるなど、温暖化の予測が有力だった。

もし、二酸化炭素（CO2）の排出量増加や化石燃料の使用、工業化の進展が温暖化を引き起こすなら、どうして70年には「冷却化」という予測になったのか。疑問は尽きない。

草野 徹（外交評論家）

# 国際平和協力活動セミナー

## 駒門駐屯地でPKOテーマに

【駒門】国際活動教育隊は11月11、12の両日、駒門駐屯地で「国際平和協力活動セミナー（IPCAS）」を開催した。

同セミナーは[illegible]、今回で12回目。国際平和協力活動など、陸自と民間組織の相互理解の促進や人材育成を目的としている。

今回は部内外から37人が参加。メンター（指導者）として[illegible]を迎え、[illegible]南スーダン共和国ミッション（UNMISS）[illegible]などを研究。この後、グループ討議で解決策の手法などについて活発な議論が交わされた。

国際活動教育隊の「国際平和協力活動セミナー」で、グループ討議を行う陸自隊員や民間人の参加者たち（11月11日、駒門駐屯地で）

# 米陸軍との訓練「CTC20」開始

## 39普連250人参加

陸自39普連（弘前）は1月2日から、米ルイジアナ州のジョイント・レディネス・トレーニング・センター（フォート・ポーク）で米陸軍との実動訓練「コンバット・トレーニング・センター（CTC）20」を開始した。陸自普通科部隊の同訓練への派遣は初めて。訓練は2月7日まで。

参加部隊は、39普連長の木原邦洋1佐を指揮官に、同連隊基幹の約250人、米陸軍からはアラスカ陸軍第4－25歩兵旅団戦闘団のクリストファー・ランダース[illegible]を指揮官に、計約4500人が参加している。

現地で日米の相互交流を図った後、1月13日から[illegible]交戦訓練用装置を使用した対抗方式の訓練[illegible]。この後、23日から28日までの総合訓練ではリアルな状況下、日米が共同で戦闘射撃を行う。

# ロシア艦艇群が対馬海峡を北上

12月16日午後2時ごろ、ロシア海軍の「スラバ」級ミサイル巡洋艦（満載排水量1万1600トン、艦番号011「ワリヤーグ」）、「ウダロイI」級駆逐艦（同8600トン、548「アドミラル・パンテレーエフ」）、「ドゥブナ」級補給艦の3隻が、長崎・下対馬の南西約240キロの公海上を北東に向け航行するのを海自1空群（鹿屋）のP1哨戒機と佐世保警備隊の多用途支援艦「あまくさ」が確認した。

3隻のロシア艦は10月7日に日本海から対馬海峡を南下し、東シナ海に進出した艦艇群で、12月16日、同海峡を北上して日本海に戻った。

# 政府専用機 中国へ運航

空自特輸隊（千歳）のB777政府専用機は12月23日、中国の習近平国家主席との首脳会談に臨む安倍首相を乗せ羽田を出発、首都北京の北京首都国際空港に到着した。日中首脳会談後、政専機は日中韓3カ国首脳による「日中韓サミット」が開かれる同国の四川省成都を経由して同25日、羽田に帰国した。

同窓会講演会懇親会の案内
講演会講師 統合幕僚長 陸将 山崎幸二氏
日時 3月7日（土）16時から
懇親会 17時半から
場所 明治記念館
※防大同窓会会員限定
下記から案内・申込受付中
防衛大学校同窓会ホームページ
（https://www.bodaidsk.com）
同窓会事務局 TEL/FAX 03-6265-3416
防衛大学校同窓会
National Defense Academy of Japan Alumni Association

# 1月定期昇任人事

▽1陸佐に昇任
（陸幕）2陸佐 青山 佳史
（教育訓練研究本部）同 安達 弘典
（同）同 荒川ゆかり
（同）同 鳥賊弘二郎
（福岡病院）同 岩澤 慶子
（教育訓練研究本部）同 後村 幸治
（同）同 枝次 聖徳
（中央病院）同 小野健一郎
（同）同 加藤 雅史
（東北方面総監部）同 金子 操
（陸幕）同 河内 祐介
（教育訓練研究本部）同 栗原 昌克
（陸上総隊司令部）同 桑原 直人
（348会計隊）同 河野 誠司
（駒門駐屯地業務隊）
（陸上総隊司令部）同 古賀理都靖
（同）同 小林 直基
（同）同 財津 永征
（中央業務支援隊）
（教育訓練研究本部）同 齋藤 悠一
（統幕）同 坂口 誠
（東部方面総監部）同 髙田 剛一
（教育訓練研究本部）同 高橋 正尚
（3施設団本部）同 辻 一
（教育訓練研究本部）同 津田 充寿
（小平学校）同 土田 吉彦
（統幕）同 戸星 善敦
（教育訓練研究本部）同 中津 健士
（9師団司令部）同 中村 晋士
（陸幕）同 野口 敬利
（中部方面総監部）同 野田 哲徳
（教育訓練研究本部）同 服部 樹彦
同 林 豊
（陸幕）同 原田 浩平
（九州補給処）同 樋口 毅
（陸幕）同 福島 政則
（同）同 古庄 明裕
（7特科連隊）
（補給統制本部）同 水越 洋光
（陸幕）同 水野 博仁
同 横尾 学
▽1海佐に昇任
（海幕）2海佐 浅野 史郎
（同）同 伊藤 雅彦
（航空補給処）同 植松 政人
（統幕）同 大矢 実
（海自幹部学校）同 加藤 万雄
（システム通信隊群司令部）同 熊取谷 行
（海幕）同 作中 昌和
（あしがら）同 佐藤 剛
（海幕）同 佐野 浩之
（同）同 白方 将司
（あけぼの）同 竹下 文人
（さわぎり）同 田中 政臣
（海自幹部学校）同 出口 太一
（たかなみ）同 新原 綾一
（統幕学校）同 比企 正
（海自幹部学校）同 福澤 光恭
（くろしお）同 堀内 智治
（海幕）同 本多 正敏
（統幕）同 山口 大輔
（自衛艦隊司令部）同 山口 誠
▽1空佐に昇任
（1輸送航空隊）2空佐 壹岐 香里
（空自4術科学校）同 井上 吉隆
（3航空団）同 小川 高優
（航空総隊司令部）同 奥村 昌弘
（統幕）同 小山 真弘
（3航空団）同 小林 賢吾
（空幕）同 小林 幹生
（統幕）同 坂井 鶴
（空幕）同 坂田 靖弘
（北部航空方面隊司令部）同 坂本 圭助
（防衛監察本部）同 大藤 勉
（空自補給本部）同 武田 博之
（統幕）同 武田 洋平
（空自幹部学校）同 中 修一郎
（中央病院）同 西山 潔
（航空教育集団司令部）同 林 弘之
（統幕）同 古田 純子
（空自幹部学校）同 間瀬 悟央
（9航空団）同 村尾 太郎
（空幕）同 命尾 康輔
（警戒航空隊）同 湯川 秀人
（以上1月1日）

# 防衛省発令

▽統幕人事教育課人材育成班長（3対戦車ヘリ隊長）1陸佐 谷本 秀典
▽陸幕人事教育計画課（富士学校諸職種協同センター計画課長）同 水野 克輝
▽同施設課総括班長（中部方面総監部訓練課長）同 荻森 泰聡
▽同武器・化学課車両班長（12後方支援隊長兼新町駐屯地司令）同 渡邊 邦嘉
▽陸上総隊日米共同部（教育訓練研究本部）同 堀地 昌志
▽同医務官兼中央病院1内科（中央病院リハビリ科部長）同 向井 保雄
▽北部方面総監部訓練課長（教育訓練研究本部企画調整官）同 椋木 勇一
▽同後方運用課長（2師団4部長）同 後藤 茂寿
▽同装備課長（教育訓練研究本部）同 堀 哲也
▽東北方面総監部人事部長（2師団幕僚長）同 木之田 進
▽同指揮所訓練支援隊長（31普通科連隊長）同 矢野 哲也
▽仙台駐屯地業務隊長（東北方面混成団副団長）同 佐々木裕治
▽東部方面総監部人事部長（6師団幕僚長）同 堀田 秀成
▽同情報部長（10師団幕僚長）同 大場 勇
▽同防衛部長（3師団幕僚長）同 惠谷 昇平
▽同後方運用課長（陸幕施設課総括班長）同 藤田 宗徳
▽同監察官（15高射特科連隊長兼八重瀬分屯地司令）同 島守 英次
▽中部方面総監部総務課長（17普通科連隊長兼山口駐屯地司令）同 川内 康孝
▽同訓練課長（教育訓練研究本部研究員）同 谷 雅和
▽同総監部付（中部方面総監部総務課長）同 西村 滋
▽同指揮所訓練支援隊長（普通科教導連隊長兼滝ヶ原駐屯地司令）同 中嶋 豊
▽3対戦車ヘリ隊長（航空学校）同 土谷 克弘
▽2師団幕僚長（教育訓練研究本部主任訓練評価官）同 中本 尚明
▽同4部長（1施設団高級幕僚）2陸佐 田村 勝
▽3師団幕僚長（教育訓練研究本部主任教官）1陸佐 吉田 壮介
▽6師団幕僚長（国際活動教育隊長）同 佐藤 和之
▽10師団幕僚長（教育訓練研究本部主任研究開発官）同 大西 昌弘
▽15旅団副旅団長兼那覇駐屯地司令（東部方面総監部情報部長）同 嶋本 学
▽1施設団高級幕僚（木更津駐屯地業務隊長）2陸佐 太田 耕輔
▽東北方面混成団副団長（中部方面指揮所訓練支援隊長）1陸佐 松村 康紀
▽17普通科連隊長兼山口駐屯地司令（統幕人事教育課人材育成班長）同 杵渕 賢一
▽31普通科連隊長（仙台駐屯地業務隊長）同 川村 恭也
▽32普通科連隊長（北部方面総監部訓練課長）同 湯下兼太郎
▽中部方面特科隊長兼松山駐屯地司令（陸上総隊日米共同部）同 服部真之介
▽15高射特科連隊長兼八重瀬分屯地司令（高射学校作戦評価室長）同 内村 直樹
▽12後方支援隊長兼新町駐屯地司令（北部方面総監部装備部）同 川畑 裕幸
▽普通科教導連隊長兼滝ヶ原駐屯地司令（同後方運用課長）同 近藤 浩行
▽中央業務支援隊印刷補給部長（補給統制本部総務課長）同 蛯原 明裕
▽国際活動教育隊長（32普通科連隊長）同 横山 裕之
▽富士学校諸職種協同センター1計画課長（陸幕人事教育計画課）同 木村 健一
▽高射学校作戦評価室長（教育訓練研究本部）同 武原 充
▽航空学校宇都宮校総務課長（10飛行隊長）2陸佐 渡辺 忍
▽武器学校研究部長（陸幕武器・化学課車両班長）1陸佐 河原 宏樹
▽高等工科学校教育部長（教育訓練研究本部総務課長）同 久守 直紀
▽教育訓練研究本部総務課長（教育訓練研究本部）同 大戸 英円
▽同主任教官（同教官）同 関谷 拓郎
▽同主任研究開発官（東北方面指揮所訓練支援隊長）同 加々尾哲郎
▽教育訓練研究本部（教育訓練研究本部付）同 木全 雅久
▽補給統制本部総務課長（情報本部）2陸佐 佐野 能秀
▽同調達管理課長（中央業務支援隊印刷補給部長）1陸佐 山根 浩佳
▽補給統制本部付（補給統制本部調達管理課長）同 深谷 德彦
▽九州補給処総務部長（中部方面特科隊長兼松山駐屯地司令）同 内野 敏紀
▽九州補給処付（九州補給処総務部長）同 弥永 正一
▽海幕総務課長（横須賀地方総監部管理部長）1海佐 松浦 正裕
▽自衛艦隊司令部兼護衛艦隊司令部（あしがら艦長）同 川野 邦彦
▽あしがら艦長（護衛艦隊司令部）2海佐 佐藤 剛
▽しもきた艦長（舞鶴海上訓練指導隊副長兼自衛艦隊司令部）1海佐 黒木 一博
▽1航空隊司令（1航空隊副長）同 田村 知史
▽5航空隊副長（31航空群幕僚）2海佐 印出井光一
▽51航空隊司令（1航空隊司令）1海佐 藤澤 豊
▽掃海隊群作戦主任幕僚（しもきた艦長）同 五味 康司
▽1輸送隊司令（舞鶴警備隊司令）同 松味 利紀
▽横須賀地方総監部管理部長（佐世保警備隊司令）同 堀 義晴
▽舞鶴地方総監部防衛部長（徳島地方協力本部長）同 尾畑 典生
▽佐世保警備隊司令（舞鶴地方総監部防衛部長）同 西 和男
▽舞鶴警備隊司令（掃海隊群作戦主任幕僚）同 小山 雅弘
▽空幕装備体系課長（9航空団整備補給群司令）[illegible]
▽同情報通信課[illegible]班長（空幕情報[illegible]）[illegible]
▽同装備課装備[illegible]（航空支援集団補給[illegible]）[illegible]
▽同整備・補給[illegible]（同装備課長）[illegible]
▽同武器弾薬班[illegible]学校）[illegible]
▽航空総隊通信[illegible]（空幕情報通信課情[illegible]長）[illegible]
▽西部航空方面[illegible]（8航空団整備[illegible]）[illegible]
▽8航空団整備[illegible]（空幕整備・補[illegible]班長）[illegible]
▽9航空団整備[illegible]（同航空機班長）[illegible]
▽警戒航空隊司令[illegible]系課長）同 白井 亮次
▽航空支援集団装備課長（同装備課装備基準班長）同 加美山 聡
▽同補給課長（北部航空方面隊補給課長）2空佐 森内 正和
▽航空教育集団総務部長（航空システム通信隊司令）1空佐 三島 信彦
▽航空システム通信隊司令（3補給処資材計画部長）同 寺川 清司
▽空自幹部学校業務部長（空自補給本部情報処理部長）同 田實 久志
▽空自補給本部情報処理部長（西部航空方面隊装備部長）同 村田 稔晃
▽3補給処資材計画部長（航空総隊通信電子課長）同 荒瀬 英雄
▽中央病院リハビリ科部長兼官邸医療支援官（中央病院小児科）1陸佐 大川 英徳
▽福岡病院副院長兼企画室長（陸上総隊医務官兼中央病院官邸医療支援官）同 大川 貴司
▽別府病院長兼南別府駐屯地司令（福岡病院副院長兼企画室長）同 清水 浩
▽徳島地方協力本部長（1輸送隊司令）[illegible]
[illegible]

ナカトミ暖房機器 暖房用として 乾燥用として 豊富なラインナップ

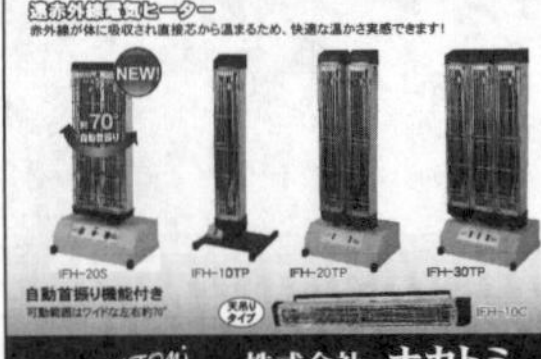

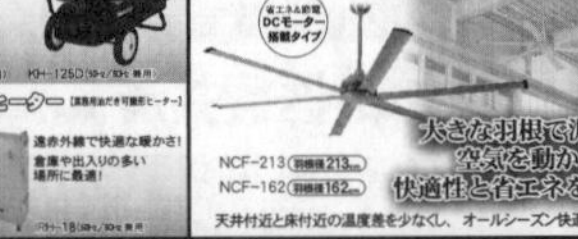

遠赤外線電気ヒーター
電気ファンヒーター
スポットヒーター【業務用油だき可搬形ヒーター】
自然対流式電気ヒーター
赤外線ヒーター
遠赤外線ヒーター

冬場の暖房補助・結露対策として快適な環境をつくります！

213/162cmDCシーリングファン

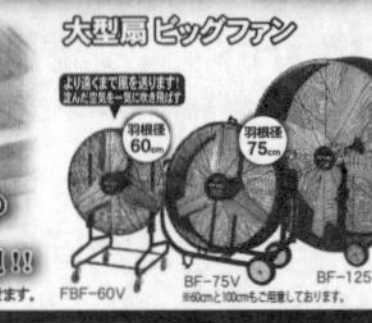

大型扇 ビッグファン

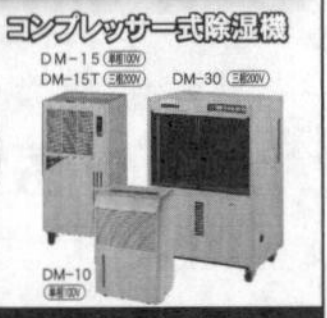

コンプレッサー式除湿機
DM-15 DM-15T DM-30 DM-10

大きな羽根で沢山の空気を動かし快適性と省エネを実現!!

株式会社 ナカトミ 〒382-0800 長野県上高井郡高山村大字高井6445-2
TEL:026-245-3105 FAX:026-248-7101
詳しくはホームページをご覧ください▶ 株式会社ナカトミ 検索 http://www.nakatomi-sangyo.com

平和・安保研の年次報告書
アジアの安全保障 2019-2020
激化する米中覇権競争 迷路に入った「朝鮮半島」
西原 正 監修
平和・安全保障研究所 編
判型 A5判／上製本／284ページ
定価 本体2,250円＋税 ISBN978-4-7509-4041-0
朝雲新聞社 〒160-0002 東京都新宿区四谷坂町12-20 KKビル
TEL 03-3225-3841 FAX 03-3225-3831 http://www.asagumo-news.com

# 海賊対処部隊 初の国際緊急援助活動

## ジブチで豪雨・洪水災害

## 排水作業1950トン、物資輸送4.3トン

洪水被害に遭った小学校に救助に駆け付け、児童たちから感謝の言葉を受けた国際緊急援助隊指揮官の小澤1佐（左）。右奥はジブチ防衛駐在官の久保貴幸2佐（11月27日、ジブチ市内で）

アフリカ東部の"灼熱の地"ジブチ共和国を昨年末襲った豪雨・洪水災害で、同地に駐在する自衛隊の海賊対処行動支援隊12次隊（司令・小澤学1陸佐、陸海自隊員約110人）は11月26日から12月2日まで、日本政府派遣の「国際緊急援助隊」として現地で災害派遣活動に当たった。ジブチ駐在の海賊対処部隊が「国緊隊」として出動したのは初めて。

在ジブチ日本大使館によると、首都・ジブチ市では11月21日から23日の3日間で、約2年分に匹敵する降雨量を記録。この豪雨により、市街地や主要な幹線道路などが冠水し、地域に甚大な被害をもたらした。

この災害でジブチ政府は日本にも救援を要請。日本の外務省を通じ、ジブチに駐在する自衛隊の海賊対処部隊が「国緊隊」として出動することが決まった。

現地部隊では支援隊12次隊を主力に、約1週間の活動で隊員延べ230人を投入。冠水したジブチ市の市街地でポンプなどを使い、昼夜を徹して排水作業に当たり、その量は約1950トンにも及んだ。

このほか、日本政府から国際協力機構（JICA）を通じてジブチ国際空港に到着したテントや毛布などの緊急援助物資約4・3トンを、自衛隊の車両などを使って被災地に輸送し、救助を待つ被災者に送り届けた。

上 市街地の排水を行うため、ホースを手にし、作業現場に向かう隊員たち（11月28日）。下 日本の国際協力機構（JICA）がジブチに届けた緊急援助物資のテントや毛布などを車両で被災地に運び、住民に配布する隊員ら（12月2日）＝ジブチ大使館フェイスブックから

ジブチ市内から南西に約15キロ離れた被災地のダメルジョグ地区に日本からの緊急援助物資を輸送し、車両から物資を降ろす国際緊急援助隊の隊員と現地住民（12月2日）＝ジブチ大使館フェイスブックから

住宅街に流れ込んだ雨水を排水するため、夜間もポンプを使った作業を続ける国緊隊の隊員たち（11月28日、ジブチ市内で）

ジブチ市内の小学校で、ポンプを使い、排水作業に当たる隊員（11月27日）

## 前事不忘 後事之師 第48回

# メッテルニヒ
## ――絶頂の時にも自国の脆弱性を理解していた宰相

長身でハンサム、女性に人気があったと伝えられているオーストリアの政治家、クレメンス・フォン・メッテルニヒの肖像

人を評価することは、その対象が過去の人物で生涯が明らかな場合でも、難しいことです。ナポレオン戦争後のウィーン会議を主導したオーストリアの宰相メッテルニヒ（1773年～1859年）は、その典型であり、評価の分かれる人物です。

39年間に及ぶオーストリアの外相・宰相としてヨーロッパ各地で生起した自由主義運動などを弾圧し、民主化の流れを止めようとした保守反動の政治家であったとの評価が一つです。他方でメッテルニヒはナポレオン戦争後の混乱するヨーロッパに安定をもたらし、ヨーロッパ全体の平和構築を考えた最初の政治家であったと評価されています。

相反する二つの評価のどちらも私は正しいと思います。こうした評価が生まれたのは、まさにメッテルニヒが中欧オーストリアの宰相だったからです。当時のオーストリアは現在と異なり、大国でした。ヨーロッパで最も伝統あるハプスブルグ皇帝を擁し、中欧を中心として、西ヨーロッパ、東ヨーロッパ、バルカン半島にも領土を有する帝国でした。

伝統ある大国であった半面、領内に12の民族を抱える多民族国家であり、国家としてのまとまりに欠け、フランスなどとは異なり、中央集権化などの近代化も進まないという脆弱性を有していました。米国の国際政治学者キッシンジャーは、その著書『回復された世界平和』の中で、中欧に存した多民族国家であったオーストリアはヨーロッパの地震計であり、ヨーロッパのどの地域での戦争も国家の遠心力的要素を強めるので、オーストリアが最初の犠牲者となることが確実であったと述べています。

メッテルニヒは、このオーストリアの脆弱性を誰よりもよく理解していました。このため、彼はヨーロッパの変動や革命につながるような自由主義運動や民族主義運動を抑え込みながらヨーロッパ全体の安定に心を砕きました。メッテルニヒが巧みだったのは、自国に敵対する勢力に恨みを残せば、いずれ不満が爆発して自国にかえってくることを理解し、大国間の力の均衡に気を配りながらも、敵対勢力に対し力による降伏や強制を求めるのではなく、和解を模索した点です。

ナポレオン戦争後のヨーロッパの体制を議論したウィーン会議においても、フランス革命やナポレオン戦争の被害者であったにもかかわらず、フランスに報復するのではなく、国際体制の中にフランスを迎え入れることが必要と判断しました。第1次世界大戦後に敗者ドイツに厳しい報復措置を行ったフランスのクレマンソーなどの指導者と大きな違いです。

メッテルニヒは、当時のオーストリアという国家の戦略環境を体現した人物であり、一見相反するその評価もコインの表と裏だったと思います。興味深いのは、彼がオーストリア帝国を維持することに全力を尽くしながらも、自分の努力がいずれ失敗することを見通していた点です。

メッテルニヒが他国の君主からも信頼されて事実上のヨーロッパの宰相としてふるまっていた絶頂期に、彼は自らを蜘蛛に譬えて、蜘蛛の巣をその中心で操っているようだと説明しながら、「巣は美しく芸術的に紡がれており、軽い衝撃には耐えられるが、突風には耐えられない」と述べています。近代化という時代の大きなうねりの中で、旧態依然たる多民族国家オーストリアが生き残るのは不可能であると示唆しているようです。実際、メッテルニヒの亡くなった60年後にオーストリア帝国はベルサイユ条約で解体されます。

キッシンジャーはその著書の中で、外交官としてのメッテルニヒを評価する一方、オーストリア帝国の崩壊を先延ばしにしただけで、「新たな素材を見つめた偉大な政治家ではなかった」と述べ、メッテルニヒが近代化という時代の流れを理解しておらず、変革にチャレンジせず、存在するものを保存することにしか意を払わなかった点を指摘しています。

確かにその通りかもしれませんが、自国の抱える脆弱性を理解し、相手に恨みを残すような強制を避けようとしたメッテルニヒの国際感覚は我が国戦前の指導者に一番欠けていた資質ではないかと思います。

鎌田 昭良（防衛省OB、防衛基盤整備協会理事長）

…… 前事忘れざるは後事の師 ……

## ハリファックス国際安全保障フォーラムに出席して

# 目立つ女性の活躍
## 知的刺激に富む企画に感心

西原 正（平和・安全保障研究所理事長、元防衛大学校長）

日本ではまだあまり知られていないが、毎年11月にカナダの東海岸にあるハリファックス市では「ハリファックス国際安全保障フォーラム」という大きな国際会議が開催される。この種の国際会議としては、ドイツのミュンヘンで毎年2月に開催されるミュンヘン安全保障会議、シンガポールで6月に開催されるシャングリラ対話などが有名である。カナダのフォーラムは2009年に始まった比較的新しい会議であるが、2019年の会議には70カ国から約330名が参加した大きな会議となっている。

私自身は過去7回出席する機会があり、各回の会議が知的刺激に富んだ企画で感心するところが大きい。著名人を招いても、長いスピーチはない。せいぜい10分ぐらいで、あとは司会者との間で対話形式にするとか、「おしゃべり」を展開するとか、4、5人によるパネル形式で討論し、一通り終わると会場からの質問に応じる形をとる。

今回は国家安全保障問題担当大統領補佐官ロバート・オブライエン、前大統領補佐官ジョン・ボルトン、米インド太平洋軍司令官フィリップ・デービッドソン海軍大将などの「おしゃべり」が興味深かった。

フォーラムは、大統領、閣僚や司令官、参謀長クラスの軍人のほか、著名な運動家などを招き、安全保障問題や人権問題を討論し、世界各地の権威主義体制を批判して、民主主義陣営の強化に貢献することを目指す。

そのため、アジア、アフリカ、中東、中欧の専制体制と戦う民主主義・人権の擁護を推進している。もちろん中国の人たちは招かれない。その半面、ロシア、ウクライナ、シリア、ベネズエラなどの反体制リーダー格を招く。今回は、アジアではベトナム亡命政府首相や新疆ウイグルからの亡命者で組織する世界ウイグル会議議長らが参加していた。

また全体会合は発言引用可能だが、分科会は発言引用禁止という区別を設けて、自由な意見交換を促すようにしていた。これも会議の重要な面であった。分科会は夕食を挟んでの小グループ（10名から30名）討論であった。私は「中国の世紀は来るのか」と題するグループの夕食会の司会を務め、10分間しゃべる役を与えられた。

フォーラムの主宰者はワシントンに事務局を構えるカナダの民間組織であるが、会議でのホスト役はカナダの国防大臣である。今年は、ハルジット・シン・サージャンが計3日の会議の大半をハリファックスで過ごし、3日目（日曜日）の朝には、参加者の有志とともに5キロメートルのマラソンをリードする。

フォーラムの主導者は米大統領候補にもなった共和党のジョン・マケイン氏であったが、フォーラムは昨年の死去を悼んでジョン・マケイン賞を設けた。第1回の受賞者は香港の「雨傘グループ」となり、会議ではそのリーダーの一人が出席して賞を受けた。

さらに興味深いのは、参加者の約2割が軍人であることである。軍人は全員が軍服で参加することになっていた。ハリファックス・フォーラムは昨年からNATO諸国の軍の中から優秀な女性のリーダー約10名を選抜して表彰することとした。これによって軍における女性の地位向上を支援する姿勢を見せた。

こうした国際会議に出てみていつも感じるのは、女性の活躍が目立つ点である。まず参加者約330人のうち女性は約80人、そして全体会合八つのうち二つは女性による司会、第1日目の夜の分科会は二つとも女性、2日目の夜の分科会は18のうち四つは女性という具合であった。30人を前に堂々と司会する姿にはすがすがしさを感じた。これまでに参加した日本女性は1人だけである。

このフォーラムに、日本から防衛大臣を含め、参加者がさらに増え、より活発に議論に参加することを期待したい。

各国からの参加者が一体となり、議論が進められる「ハリファックス国際安全保障フォーラム」（同フォーラムHPから）

フォーラムに参加した各国の女性軍人と記念写真に納まるカナダのハルジット・シン・サージャン国防相（中央背広）＝フォーラムHPから


人間ドック活用のススメ

人間ドック受診に助成金が活用できます！

防衛省の皆さんが三宿病院人間ドックを助成金を使って受診した場合
※下記料金は消費税10％での金額を表記しています。

| コースの種類 | 自己負担額（税込） |
| --- | --- |
| 基本コース1 | 9,040円 |
| 基本コース2（腫瘍マーカー） | 15,640円 |
| 脳ドック（単独） | なし |
| 肺ドック（単独） | なし |

女性イチオシ！
ex. ①基本コース1＋乳がん（マンモグラフィ）＝13,000円
②基本コース1＋乳がん（乳腺エコー）＝11,350円
③基本コース1＋婦人科（子宮頸がん）＝13,660円

脳ドック受診してみようと思うんだ。助成金もあるからね。
パパ、私も乳がん検診とか婦人科健診受診したいな。
¥0

あなたが想うことから始まる 家族の健康、私の健康

＊被扶養者も防衛省共済組合の助成を利用できます。
"三宿病院 人間ドック"とご指定下さい。
三宿病院はベネフィット・ワン・ヘルスケアの提携受診機関です。

国家公務員共済組合連合会
三宿病院 健康医学管理センター
東京都目黒区上目黒5-33-12
TEL 03-3711-5771（代）
HP：http://www.mishuku.gr.jp

予約・問合せ
ベネフィット・ワン・ヘルスケア
健診予約センター
TEL 03-6870-2603



退官後の家族のために、今できること

あるお客様の実体験から

退官後の自衛官を支える柱

年金 退職金 再就職 若年定年退職給付金

自衛官の退官後を支える『常識』が崩れつつあります。
将来のために今できること、考えてみませんか？

将来のために『いつ』『どう取り組むか』

《詳しくは書籍で！》 無料プレゼント中

《さらに詳細に知りたい方》 全国でセミナー開催中

Agentrive Investors
〒100-6208 東京都千代田区丸の内1-11-1 パシフィックセンチュリープレイス8階

# 厚生・共済

特集

## 令和元年度 本部長表彰

# 11支部が受賞

## 福利厚生施策を推進

### 陸6、海2、空3支部

防衛省共済組合の福利厚生施策の顕著な支部を表彰する「令和元年度防衛省共済組合本部長表彰式」が12月19日、ホテルグランドヒル市ヶ谷で行われ、高橋共済組合本部長（防衛事務次官）代理の副本部長等（陸・空幕僚長、海幕副長）から受賞11支部の代表に表彰状と副賞が授与されました。

令和元年度、共済組合員の福祉向上に大きく貢献した功績で表彰された支部は、陸自が北恵庭、郡山、福島、相馬原、大久保、小倉、海自が八戸航空基地、海上木更津、空自が山田、入間、高蔵寺の11支部。

式には副本部長の湯浅陸上幕僚長、丸茂航空幕僚長、海上幕僚長代理の出口海幕副長、実務総括主掌者の井草人事教育局厚生課長、実務主掌者の各幕厚生課長らが出席しました。

表彰式では本部長代理の幕僚長・副長がそれぞれ各支部に対し、「支部長以下、全員一致協力して福利厚生の施策を積極的に推進し、組合事業の的確な運営に寄与した功績は顕著なものがある」と表彰状を代読し、各支部長に賞状と副賞の楯を授与しました。

式後には館内で記念撮影と祝宴も行われました。

前列左から防衛省共済組合本部副本部長の丸茂航空幕僚長・湯浅陸上幕僚長・出口海上幕僚副長、中列に受賞支部長等、後列に防衛省共済組合本部実務総括主掌者等

### 陸上自衛隊

湯浅陸幕長（左）から表彰状を受ける北恵庭支部長

◇北恵庭

隊員クラブの魅力化を図るため、それまで月1回だった「飲み放題」の回数を増加させるとともに、営業時間の延長、桜のライトアップ、屋外焼肉コーナー、ビアガーデン設置などを積極的に行い、隊員の福利厚生と収支改善に大きく貢献した。

◇郡山

事務室売店での売上アップを図るため、電子タバコの試煙会を開くなど積極的なPRを行い、電子タバコの売上増に貢献した。また、部隊の行動予定を確認し、多数の隊員の参加が見込まれる時期を見定めて保健指導を行った結果、「特定健診・特定保健指導」の受診率も向上させた。

◇福島

年2回のボーナス時期に合わせて最新車両・バイクの「各社合同展示会」を開催し、自動車販売紹介制度の普及広報に努め、この結果、大幅な販売増を実現した。

また、組合員に特定健診の有効性を駐屯地朝礼、各中隊巡回、部隊長巡回時に広報した結果、特定健診受診率も向上、組合員の健康管理に大きく寄与した。

◇相馬原

厚生ニュースを食堂のテーブルに設置するなど、広報に力を入れるとともに、組合員のニーズ把握のためのアンケート結果をグラフ化、分かりやすく周知した。支部独自の施策として、地域伝統産業の特性を生かし、地元業者と協定を結び、ダルマの販売を開始した。この結果、多くのダルマを販売し、売店の売上向上にも寄与した。

◇大久保

委託売店毎に「ボーナスセール期間」を設定し、季節に応じた物品のセール販売を実施するとともに、郵便局の協力を得て冬のボーナスセール時に「年賀はがきの移動販売」も開始、売上向上に貢献した。

また、組合員への広報活動については、通常の厚生ニュースに加え、週刊・月刊など時節に応じた情報が分かるよう工夫するとともに、家族に関係する内容については官舎地区に厚生ニュース配布を行うなど、年間を通じて継続的に組合員に対する周知に努めた。

◇小倉

委託食堂（飲酒提供）の活性化のため、「無料クーポン券」を取り入れ、売上向上に貢献したほか、賃貸住宅・引越業者と協定を新規に締結し、春の定期異動時には引越し料金を最大で「半額以上の割引」を実現するなど、組合員の福利厚生に大きく寄与した。

### 海上自衛隊

出口海幕副長（左）から表彰状を受ける八戸航空基地支部長

◇八戸航空基地

車両の割賦販売について、厚生ニュース発行のほか、電子媒体の「共通掲示板」を活用して積極的な広報に努めた結果、車両の売上が毎年、海自支部において上位を維持する成績を収めた。また、青森県内外の業者と宿泊施設などの割引協定を締結し、その内容を基地のホームページに掲示、組合員とその家族に安価で有益なサービスを提供した。

◇海上木更津

隊員食堂での喫食が営内者に限定されるようになったことを受け、組合員へのアンケート調査を実施し、その結果を踏まえ冷凍食品、インスタント食品などを充実させ、組合員の福利厚生に寄与するとともに、売上向上にも貢献した。基地での見学会や各種イベントでは、支部長自らが直営売店を見学ルートとして誘導するなど、販売促進に努めた。

### 航空自衛隊

丸茂空幕長（左）から表彰状を受ける入間支部長

◇山田

山間の僻地に所在し、近隣に卸業者が少ない環境の中、組合員のニーズを反映させるため、平成30年から直営売店に冷凍食品、電子タバコの販売を導入し、組合員の福利厚生に寄与するとともに、売上向上にも貢献した。

◇入間

平成28年度に開園した空自唯一の託児所運営について、国と連携し積極的な推進を図った結果、毎年、入園者数を増加させるなど、政府として取り組んでいる男女共同参画等推進に大きく貢献した。

車両の割賦販売についても厚生ニュースでタイムリーなPRを行った結果、前年比で大幅増の販売台数を達成した。

◇高蔵寺

「特定保健指導」の重要性について対象者に親身な説明を行ったことにより、「特定保健指導」の受講者数を向上させ、組合員の健康増進に大きく貢献した。

また、組合員の要望を受けてクリーニング業者の訪問回数増加と価格の値下げ交渉を行い、この結果、組合員の利便性向上に貢献、売上も前年比大幅アップを実現した。

## 受験生応援宿泊プラン

# ホテルグランドヒル市ヶ谷は受験生を応援します！

### 3月31日まで

防衛省共済組合の直営施設「ホテルグランドヒル市ヶ谷」（東京都新宿区）では、「受験生応援宿泊プラン」のご予約を受け付けています。

今春、上京して都内の大学や専門学校等を受験する組合員が試験の本番で実力を発揮できるよう、ホテルグランドヒル市ヶ谷も支援を行っています。「受験生応援宿泊プラン」をぜひご利用ください。

同プランは特典として、加湿機能付空気清浄機をご用意しているほか、電気スタンドも貸し出します（予約制）。さらにプラン専用のアメニティもプレゼント。

朝食はこだわりのバイキング（和洋ビュッフェ）を開放的なティーラウンジでいただけます。受験生の健康にも配慮して、素材と美味しさにこだわった料理をご提供します。

当ホテルは都心に位置し、JR・地下鉄「市ヶ谷駅」から歩いて3分。徒歩圏内に中央大学、法政大学、上智大学などがあり、アクセスは抜群です。

当プランは令和2年3月31日まで。シングルは東館・西館、ツインは東館のご利用となっています。

料金は、シングル（1泊朝食付）が9400円～、同（1泊2食付）が1万1200円～、ツイン2名様利用（1泊朝食付）が1万5900円～、同（1泊2食付）が1万9500円～。

組合員と被扶養者はベネフィット・ステーションの「宿泊補助金制度」がご利用いただけます。

お問い合わせ・ご予約は電話03-3268-0117または部隊線8-6-28850～2までどうぞ。

HOTEL GRAND HILL ICHIGAYA

朝食はバラエティー豊かな和食・洋食ビュッフェで

受験生へのアメニティが充実したシングルルーム

## 年金Q&A

老齢年金にかかる税金について教えてください

### 年金が一定額を超える場合は所得税がかかります

Q　私は、3月に退職し、まもなく老齢厚生年金の受給開始年齢を迎える組合員です。老齢年金には税金がかかると聞いているため、手続き等の概要について教えてください。

A　公的年金には、所得税法上「雑所得」として、所得税がかかることになっており、老齢厚生年金の年金額が一定額を超えるときは、年金の支給時に所得税が源泉徴収されることになります（障害厚生年金・遺族厚生年金は非課税）。また、公的年金は給与所得のように、「年末調整」による税額の精算は行わないため、税額の過不足は確定申告で精算することになります。

源泉徴収の対象となる年金額は、その年中に受ける支給額が65歳未満の方については108万円以上、65歳以上の方については158万円（老齢基礎年金が支給されている方は、老齢厚生年金の額が80万円）以上のときです。

年金支給開始後の毎年10月上旬に国家公務員共済組合連合会（以下「連合会」という。）から送付される「公的年金等の受給者の扶養親族等申告書」（以下「扶養親族等申告書」という。）を連合会に提出すると、年金の支給額から所得控除（基礎的控除（受給者本人）、配偶者控除、扶養控除など）を受けることができます。「扶養親族等申告書」を連合会へ提出した場合の源泉徴収税額は、支給額から基礎的控除及び配偶者控除、扶養控除などの人的控除の合計額に支払月数を乗じて得た額を控除した残りの額（課税対象額）の5％となり、さらに平成25年から令和19年までの各年分の年金については、「復興特別所得税」として、前記により算出した所得税の2.1％の税額があわせて源泉徴収されます。

年金支給開始後、民間会社などに再就職して老齢厚生年金のほかに給与所得等がある方が、会社に「給与所得者の扶養控除等申告書」を提出し、連合会にも「扶養親族等申告書」を提出してしまうと、会社の給与等と老齢厚生年金それぞれから重複して所得控除を受けることになり、確定申告の際に所得税を追加徴収されることがあります。このような所得控除の重複による追加徴収を避けたい方は、連合会に「扶養親族等申告書」を提出する必要はありません。

老齢厚生年金のほかに給与所得等がある場合は、年金と給与所得等からのそれぞれの徴収税額を合算した「合計税額」と、年金と給与所得等とを合算した所得の総額に対する「年税額」との過不足額を確定申告で精算することになります。

また、その年の所得が年金だけの場合でも、雑損控除、生命保険料控除、損害保険料控除、医療費控除、住宅取得等特別控除などを受けるときは確定申告が必要です。

なお、公的年金等の収入金額（年金額）の合計が400万円以下で、かつ、公的年金以外の所得金額が20万円以下である場合は、確定申告は原則として不要になりましたが、市区町村への住民税の申告が必要です。（本部年金係）

## インフルエンザの予防接種助成

### 1月末日までの接種が対象です

防衛省共済組合では、組合員の被扶養者を対象に「インフルエンザ予防接種」の助成を行っています。インフルエンザは例年1～2月にピークを迎えますので、早目に予防接種を受けましょう。

助成対象は予防接種を受けた被扶養者全員で、助成回数は1回、助成金額は上限1500円までとなっています。

助成対象接種期間は1月末日まで、助成金請求期間は2月末日までですので、ご注意ください。

共済組合に助成金を請求する際は、原則として医療機関等発行の領収書（正）が必要です。また、領収書には必ずインフルエンザ予防接種に関する記載がされている必要があります。

なお、「経鼻インフルエンザ生ワクチン（フルミスト）」等、厚生労働省未承認のワクチンは助成の対象とはなりません。ご注意ください。

## 車を買うなら防衛省共済組合の割賦販売をご利用ください！

### 割賦販売について

とある日常―
欲しい車があるんだけどローンとかよく分からないしどうしよう・・・。
それなら、共済組合の割賦販売がオススメですよ。返済が「源泉控除」で、給与から天引きなので、給与振込口座を変えたときも手続き不要なんです！さらに今、利率が低いこともポイントです。

給与からの天引きなら簡単だね！！
しかも、購入代金は共済組合が販売店に直接支払ってくれますから、支払手続きが不要ですし、銀行ローンではないので車の名義も初めから自分のものになるんですよ。

とりあえず聞きにいってみようかな。
そうですね。まずは、支部物資係に気軽に相談してみてください。

○ 返済期間中の割賦残額の全額返済や一部返済、また、条件付きで返済額や返済期間の変更も可能です。

詳しくは最寄りの支部物資係窓口までお問い合わせください。

# 「マイバッグ持参」呼び掛け
## 20日からレジ袋廃止へ

# 環境対策を率先
### 防衛省厚生課　市ヶ谷地区

防衛省・自衛隊は政府が進める環境対策に率先して取り組むため、1月20日から市ヶ谷地区の全ての店舗でレジ袋の配布を原則禁止し、新たに「マイバッグ」の取り組みを開始する。河野防衛相が12月6日の記者会見で発表した。大臣は「海洋プラスチックゴミの問題なども考え、市ヶ谷地区以外（の全国の駐屯地・基地など）についても、順次、無理のない範囲でご理解、ご協力をいただいて進めていきたい」と語った。

防衛省が所在する市ヶ谷地区では、12月から省内の各所に「マイバッグ持参」への理解と協力を呼び掛けるポスターを掲げ、隊員をはじめ、省外からの来訪者らに対しても事前の周知徹底を図っている。

河野大臣は12月6日の記者会見で「小泉環境大臣から『レジ袋削減に向けた各府省での率先取り組みの要請』があった」と背景を説明。その上で、「防衛省・自衛隊はこれまでも環境省と災害廃棄物の処理や気候変動問題で連携してきたが、今回、環境大臣からの要請を受け、1月20日を目標に全ての店舗でレジ袋の配布を原則中止し、マイバッグの使用等に切り替えていただきたいと考えている」と述べた。

### 全国の駐屯地基地でも順次

「マイバッグ」のプロジェクトを担う人事教育局厚生課の井草真言課長は「まずは、市ヶ谷地区の皆さまのご理解、ご協力に対して感謝申し上げたい」と謝意を表した上で、「現在、一部店舗においては『マイバッグ』を発売しているので、厚生棟を利用される方には活用を促していきたい。市ヶ谷地区以外についても、各自衛隊等の協力も得ながら進めていきたい」と話している。

マイバッグ持参のお願い
政府の進める環境対策に率先して取り組むため、
令和2年1月20日から市ヶ谷地区の売店等の
レジ袋が廃止になります。
お買い物の際にはマイバッグを持参ください。
何卒ご理解・ご協力よろしくお願いいたします。
なお、各店舗へのクレームは厳に慎まれますようお願いいたします。

人事教育局厚生課が作成したポスター

## 1空群　有酸素運動で健康増進
# 合言葉は「楽しく笑顔で」
### 「インターバル速歩」など新規導入

【1空群＝鹿屋】1空群の隊員約20人はこのほど、令和元年度の健康増進企画の開始を受けて、有酸素運動の「インターバル速歩」と「ノルディック・ウォーキング」を基地内で体験した。

健康増進企画とは、肥満度30パーセント以上の自衛官に対する健康管理の一環として平成29年度に始まったもので、30年度は運動指導として隊員インストラクターによる「ヨガ」と「体幹トレーニング」、管理栄養士による「栄養指導」を行った。

今年度は「ヨガ」と「栄養指導」を継続しつつ、最大心拍数の60〜75パーセントを維持する有酸素運動として、速歩と緩歩を交互に繰り返す「インターバル速歩」と、専用ポールを使った「ノルディック・ウォーキング」を新たに導入。衛生隊の清水俊哉2佐による「生活習慣病に関する講義」も加わった。

これらの運動は、3月中旬まで週2回、夕方の1時間15分のメニューで行われる。

参加者は当初、同じ側の手足を動かしてしまうなど戸惑いを見せていたが、すぐに慣れて、目標とする時速7キロの歩行速度にも挑戦していた。隊員たちは「楽しく、笑顔で歩きましょう！」を合言葉に、肥満解消に向けて前向きな姿勢を見せていた。

専用のポールを使い、「ノルディック・ウォーキング」に取り組む1空群の隊員たち（基地グラウンドで）

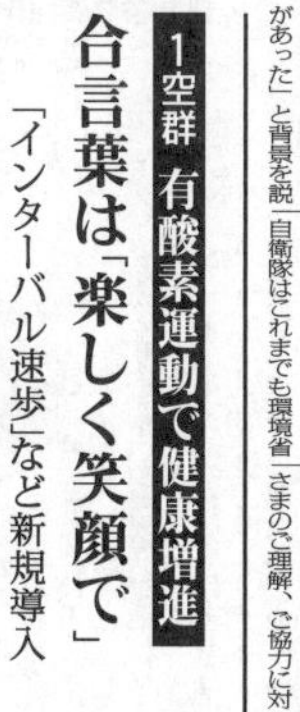

訪れた隊員の血液を採り、血糖の測定を行う看護師ら（真駒内駐屯地西厚生センターで）

# 「世界糖尿病デー」で札幌病院
## DVD上映やパンフ配布
### 血糖値の出張測定も

【札幌病院＝真駒内】自衛隊札幌病院はこのほど、国連が定める「世界糖尿病デー」に合わせて、院内で糖尿病に関する健康教育や血糖測定体験などのイベントを行った。

正面玄関ホールでは、病院のエンブレムに世界糖尿病デーのシンボル「ブルーサークル」を装飾するとともに、体組成測定体験や糖尿病に関するドラマ仕立てのDVD上映、教育ポスターの掲示、パンフレット配布などを実施した。

また、2階の外来待ち合い場にもパンフレットや携行食の栄養成分が記載された用紙を置くなど、院内各所で通院中の患者や近傍駐屯地の隊員、家族らに対して糖尿病に関する啓発を行った。

期間中、部内外から訪れた23人が看護師や栄養士、理学療法士、薬剤師による療養相談を受けたほか、缶コーヒーなどさまざまな食品に含まれる糖質量を、角砂糖など目でわかる展示物で確認した。また、脂肪の模型を手に取り、その重さを実感するなど、運動や規則正しい食習慣への意識を高めていた。

このほか、札幌駐屯地厚生センターと真駒内駐屯地西厚生センターでも「出張血糖測定イベント」を行い、隊員など101人に測定値に応じたアドバイスをすることで、糖尿病予防に関する知識の普及を図った。

## 余暇を楽しむ
# 熊谷基地「のど部」
## 歌う喜びや充実感　堪能

紹介者：2空曹　上　雅弘（航空教育隊第2教育群）

朝雲新聞をご覧の皆さま、こんにちは。今回紹介するのは、熊谷基地航空教育隊第2教育群の隊員が活動している「のど部」です。

「のど部」を立ち上げた目的ですが、私たちの多くが教育訓練特技で、人前に立つ機会が多いため、緊張してガチガチになることなく、大きな声と豊かな表現力が身に付く方法を考え、「のど自慢」が良いのではと結成しました。

当部は、歌唱部門5人とアナウンス部門1人の2部門計6人で活動しています。歌唱部門の活動内容は、ショッピングモールなどが主催するのど自慢コンテストに参加して人前で歌うことです。回数を重ねるうちにあまり緊張しなくなり、今ではむしろ、歌うことの喜びや充実感を堪能しています。

このほか、新入隊員課程学生の入隊式では、航空中央音楽隊員とのコーラスにも積極的に参加しています。

アナウンス部門は、入隊式や卒業式での来賓紹介や祝電披露を担当し、来賓の方から好評を得ています。

のど部は、聞き手の心に響く「声」と、思いを伝える「表現力」に磨きをかけ、その成果を発揮するため積極的に活動の場を広げていく予定です。夢は「航空自衛隊歌唱大会」の開催。団体戦（コーラス）と個人戦（ソロ）を行い、部隊の団結を高め、隊歌などで帰属意識の向上に繋げることで活性化すると考えます。

夢はさておき、歌うことは楽しみながら個人の充実を図れる手段であり、いろいろな方と交流するきっかけになります。皆さまの職場でもぜひ活動してみてください。そして「のど部」の基地間交流で親睦を深められたらいいですね。

最後に皆さん、元気よくご一緒に「そして輝く　ウルトラソウル！」

自衛官候補生入隊式で演奏する空中音の隊員と、コーラスを披露するのど部の部員（前列）。その中央は空中音ボーカリストの森田早貴1士

ショッピングモールで開催された「のど自慢コンテスト」に出場し、歌声を披露する部員

# 家族と楽しむ
## 表彰、餅つき、ゲーム♪

### 佐弾補所　米海軍ら招き

景品獲得のための「じゃんけん大会」に参加した子供たち（佐世保基地内で）

【佐弾補所＝崎辺】佐世保弾薬整備補給所はこのほど、隊員家族と近傍の米海軍弾薬司令部佐世保支部の軍人、家族らを招き、基地内で家族行事を行った。

米海軍の同支部は、米海軍の艦艇などに搭載する弾薬の補給部隊で、同じ任務の佐弾補所とは多方面で連携を深めている。

当日のイベントには日米から約180人が参加。行事は4級・5級賞詞、所長賞の表彰式から始まり、射撃優秀者の表彰では、「1日所長」に任命された隊員家族の子供が隊員に賞状を手渡した。

続いて高橋正浩所長の訓示、ダルマの目入れ、餅つき大会が行われ、昼食会へと移行。会場には子供たちのためにエアドームやポップコーン、綿菓子製造器、景品の当たるガチャガチャなどが用意されたほか、佐世保総監部の人気キャラクター「ナマコロ」も駆け付けるなど、にぎやかな雰囲気に包まれた。

中でも餅つき大会は米軍関係者から大好評で、日本文化の一端に触れる良い思い出作りの機会になった。

### 上富良野駐　一年の活動労う

【上富良野】駐屯地はこのほど、向山富夫上富良野地方自衛隊協力会会長をはじめ、関係協力団体、隊員家族らを招き、駐屯地内で年末行事を実施した。

行事は、隊員とその家族をねぎらい、部隊への協力者らに感謝の意を表すことを目的とし、餅つきや昼食会、家族向けのイベントなどが開催された。

徳留貴弘司令は開会式で、隊員に向けて1年間の活動に対するねぎらいの言葉をかけるとともに、関係協力団体や隊員家族には日ごろの理解や協力への感謝の言葉を述べた。

その後、駐屯地音楽同好会の演奏、各部隊長によるお菓子撒き、年忘れ大抽選会などが行われ、子供たちは目を輝かせてイベントを楽しんでいた。

餅つき大会で餅をつく向山自衛隊協力会会長（上富良野駐屯地で）

## 自慢の一品料理
# 海苔空上げ

マッピヨ

紹介者：鈴木　沙樹技官（松島基地業務群業務隊給食小隊）

今回は空自松島基地の「海苔空上げ」を紹介します。磯の風味とサクサクの食感で「飽きずに食べられる」と人気の一品です。

はじめに、鶏もも肉の両面にフォークで穴をあけ、一口大に切ります。塩、砂糖、塩麹、しょうゆ、酒、おろししょうが、おろしにんにくを入れたポリ袋に、鶏肉を加えて揉み、冷蔵庫で30分ほど漬け込みます。続いて焼きのり2枚を手でシャシャっとさせ、1センチ角程度の"もみのり"にしたら、片栗粉にもみのり1枚分と鶏肉を混ぜて衣を作ります。

漬け込んだ鶏肉を取り出し、残りのもみのりをまぶしたら、衣をつけて175度の油で4分揚げて完成です。

海苔は、皇室に献上されたこともある有名な東松島産の焼きのりを使用していて、肉は塩麹で漬け込むことで柔らかくなり、外はサクサク、中はジューシーに仕上がっています。

松島基地では、隊員が考案した基地給食のキャラクター「マッピヨ」と共に空上げを盛り上げています。みなさんも是非試してみてはいかがでしょうか。

歓送迎会・謝恩会・同期会などで春の息吹を込めたメニューをお楽しみください。

期間：2020.2.1（土）－2020.5.31（日）

Spring Party Pack

春のパーティーパック

フリードリンク（2時間制）　20名様より

パック内容　お料理＋フリードリンク＋会場費＋消費税 / サービス料

組合員限定　■洋食ビュッフェ　5,000円【全12種類】

■洋食ビュッフェ／和・洋ビュッフェ（お一人様料金）

| 6,000円 | 7,000円 | 8,000円 | 10,000円 |
|---|---|---|---|
| 【全12種類】 | 【全15種類】 | 【全17種類】 | 【全17種類】 |

| 12,000円 | 15,000円 | 20,000円 |
|---|---|---|
| 【全17種類】 | 【全17種類】 | 【全17種類】 |

Aコース
ビール、ウィスキー、焼酎【芋／麦】、ハイボール、日本酒、ソフトドリンク

Bコース
ビール、ウィスキー、カクテル各種、ハイボール、日本酒、ソフトドリンク

☆ 10,000円以上のコースには、洋食料理カッティングサービスの追加
☆ 15,000円以上のコースには、和洋食のみ寿司屋台または、天麩羅屋台 及び チョコレートファンテンの追加
※ 7,000円以上のコースには ワイン（赤・白）の追加
※ 8,000円のコースは日本酒 またはワインのグレードアップ
※ 10,000円のコースは日本酒 及びワインのグレードアップ
※ 12,000円以上のコースにはスパークリングワインも追加

※写真はイメージです

HOTEL GRAND HILL ICHIGAYA　■ご予約・お問い合わせは 宴集会担当まで　受付時間 9:00〜19:00
TEL 03-3268-0116【直通】または 専用線 8-6-28854
〒162-0845 東京都新宿区市谷本村町4-1
詳しくはホームページまで　グラヒル　検索

# 地方防衛局

特集

## 青森県むつ市で「大湊消防署」新庁舎完成式

# 機動性向上、訓練主塔が充実

## 熊谷局長ら160人出席

### 東北局の補助事業

【東北局】青森県むつ市が大湊、川内、脇野沢の各地区の新たな防災拠点として建設を進めてきた「大湊消防署庁舎」の落成式典が12月15日に行われた。新庁舎は鉄筋コンクリート（RC）造2階建てで、同5階建ての訓練主塔などを備えており、消防職員の能力向上とさらなる防災力の強化が期待される。総事業費約9億6000万円のうち、半分の約4億8000万円を東北防衛局が補助した。

新庁舎の全景。右奥から2階建ての庁舎棟、5階建ての訓練主塔、2階建ての訓練補助塔

テープカットする東北防衛局の熊谷局長（左から2人目）、むつ市の宮下市長（同7人目）ら関係者（12月15日、青森県むつ市で）

式典には施主の下北地域広域行政事務組合管理者を務めるむつ市の宮下宗一郎市長をはじめ、地元関係者ら160人が出席し、東北防衛局からは、熊谷昌司局長、古川和三沢防衛事務所長、鈴木雅之周辺環境整備課長が参列した。

宮下市長は式辞で「住民が安心して生活できるよう、訓練施設を大いに活用し、隊員の資質向上と防災力強化を図っていきたい」と期待感を表した。

旧庁舎は築約50年を経て地震などによる倒壊の危険性が指摘されていたため、2018年9月から建設工事が進められてきた。

新庁舎は陸奥湾を見渡せる高台に位置し、国道338号大湊バイパス沿いにあることから、災害現場への機動性の向上が図られたほか、旧庁舎に比べて敷地面積も広く、多種多様な訓練が可能な施設が整っており、防災拠点として十分な役割発揮が期待できる。

式典後は市内で祝賀会が開催され、熊谷局長は「新庁舎は充実した救助訓練施設が整っており、さらなる消防体制の強化、防災拠点としての地域の消防、そして救命活動に寄与するものであると大いに期待する。防衛施設の安定的な運用を確保するのは重要であり、今後とも基地と周辺地域の調和を図るため、周辺対策事業に力を入れていきたい」と祝辞を述べた。

同施設は海自大湊地方隊、大湊航空基地、空自42警戒群の安定的な運用と周辺地域の民生安定を図るため、「防衛施設周辺の生活環境の整備等に関する法律」第8条に基づく民生安定施設整備事業として整備された。

総事業費約9億6000万円のうち、半分の約4億8000万円を東北局が補助し、約9000平方メートルの敷地には、RC造2階建て延床面積約1300平方メートルの庁舎棟のほか、RC造5階建て延床面積約250平方メートルの訓練主塔と鉄骨（S）造2階建て延床面積約90平方メートルの訓練補助塔が建設された。

## 防衛施設と首長さん

### 青森県弘前市　櫻田 宏市長

さくらだ・ひろし　60歳。弘前大人文卒。弘前市役所入庁。経営戦略部理事、観光振興部長などを経て、2018年4月、弘前市長に就任。現在1期目。弘前市出身。

## 弘前駐屯地とまちづくり　市民の身近で心強い存在

弘前市は青森県の南西部に位置し、藩政時代以来、約400年の歴史を持つ城下町です。平野に連なる丘陵地帯には、日本一の生産量を誇るりんご園地が広がっています。また、春の「さくらまつり」や夏の「ねぷたまつり」など、四季のまつりには多くの観光客が訪れます。

市内には、日本有数の桜の名所である弘前公園のほか、多くの歴史的建造物が残っています。

陸上自衛隊弘前駐屯地は、昭和33年に開設され、これまで積極的に地域の行事に参加いただいており、交流を深めてきました。

市民・観光客から喝采を浴びる「弘前ねぷたまつり」での剣舞披露や、「弘前城雪燈籠まつり」では、とても大きな雪像を制作いただいているほか、ボランティア活動にも積極的に取り組んでいただいております。

市民から「身近で心強い存在」として親しまれ、地域の一員、仲間として迎えられているのだと思っております。

今後とも、市民の安全・安心なくらしを守るパートナーとして手を携えてまちづくりを進めてまいります。

## 防衛施設被災に備え

### 調達部　建物等の調査訓練

建物のひび割れなどを確認し、危険度判定調査を行う東北防衛局の職員

東北防衛局調達部は12月12日、自衛隊施設が被災した場合に備えて「建物等の応急危険度判定調査訓練」を実施した。

災害発生に伴う支援要請から始まり、派遣職員の招集、衣服等装備の確保、被災した施設への移動、建物などの被災調査までの一連の手順を、多賀城駐屯地の協力を得て実際の建物を使用して確認した。

現場には建築課の日高裕樹課長補佐以下8人が出動。被災調査では、建物などの損傷状況を局に中継するなど、局内においても被災状況を把握できるよう工夫がなされた。

訓練では「迅速な出動」「的確な被災状況の把握」「適切な調査判定」──の3ポイントがいずれも達成されたことから、災害発生に備える職員の意識の高さが改めて確認された。

訓練翌日には装備品の展示会も開催され、多くの局職員が普段見慣れない測定調査機器などを見学し、担当者の説明に耳を傾けた。

建物の被災調査のため現場に到着した建築課の日高課長補佐（右から3人目）以下、訓練参加者＝写真はいずれも12月12日、多賀城駐屯地で

調達部の担当職員は「近年、さまざまな災害が各地で発生し、防衛省・自衛隊員による災害派遣支援の重要性が増す中、隊員の勤務・生活基盤である基地・駐屯地内の防衛施設において被害が生じた場合に、現地部隊と共に早期復旧の手助けを行うことは調達部職員の使命と感じている。毎年1回行っている同訓練を通じて日頃から危機管理意識の向上を図り、技術力保持に努め、"いざ"という時に迅速に支援できる体制の構築を図りたい」と話していた。

## リレー随想　島　眞哉

### 今度は大阪

続編を紹介する機会に恵まれた。前回はあこがれの大阪に赴任し、当地を満喫しようと意気込んだものの、ふっとしたことから京都の魅力に囚われの身になって、結局は大阪の地に十分に触れることなく紙面が尽き慌てて「人情の街大阪、大阪万歳」で締めてしまった。

この件について全くの文脈もない中でと不思議に思われた方もいたはず。本当はもっと大阪の人情や食い倒れについて触れておきたかったのである。

1度目の大阪での住まいは枚方市であったことは前回書いた。その時に私を襲った出来事である。

ある難病を患った。首の後ろから背中に掛けて走っている頸椎の、最悪歩行困難になるという病である。そこで同市にあった病院で手術をすることになった。手術時間も予定よりもはるかに長く、生きるか死ぬか（実際、本当にそうであったか否かは未だに不明で、単に麻酔が効きすぎたとの説もある）の難手術であった。かなり話が逸れてしまった。

言いたいのはこの時の入院やリハビリ時に医師、看護師等から受けた献身的な治療や看護のことである。この時のことは今でも忘れることが出来ない。ここでの入院生活の経験が私の人生観を一変させたのである。

この医師達は朝昼晩のいつ食事をとり、また寝ているのか。休館日である土日も私服姿で出勤し、側に来立って励ましの声を掛けてくれる。消灯後の暗い廊下で座り込んで泣いている看護師、病状の影響なのか、わがまま放題の患者に笑顔で対応する彼ら、このようなシーンを入院中、何度ものぞき見ては胸が痛くなった。

私の入院当初は、予定どおりの個室でありとても快適と思った。しかし、その快適さはあっという間に奪われた。次から次に緊急、重症患者が運ばれて来ては病室は強制変更になり、数日後は大部屋になっていた。

また、ここでの患者同士のお先真っ暗な会話も耳をふさぎたくなるものばかりだったが、それを聴いて今の自分の身の上は本当に有り難いものだと思ったほどだ。ここでの入院生活で、人は1人で生きているのではない、多くの人達に支えられて生きているのだということを思い知らされた。

そして肝に銘じたのである。三つ子の魂百までというが、50を過ぎても完全に人生観が一変したのである。

紙面が尽きた。今回こそ大阪食い倒れの話しに持って行きたかったが、この話を優先せざるを得なかった。そうでないと大阪に失礼かとも思った。

もし残されたパワーと機会があれば、次回こそ2回目の大阪での食い倒れのエピソードをご紹介したい。

（前・近畿中部防衛局長＝退職）

## 島嶼防衛を考える

### 九州局　奄美市内セミナーに130人

【九州局】九州防衛局は11月17日、鹿児島県奄美市の奄美観光ホテルで「島嶼防衛を考える～新編奄美警備隊の役割」をテーマに、第39回「防衛問題セミナー」を開催した。

九州防衛局の廣瀬律子局長が主催者あいさつを述べた後、第1部は「島を守ることとは」と題し、日本大学危機管理学部の勝股秀通教授が自身の記者時代のエピソードを織り交ぜながら南西地域の自衛隊配備の意義について講演。

日本大学危機管理学部の勝股秀通教授

勝股氏は中国の軍事力の現状や東・南シナ海での動きを踏まえた上で、有事発生の予見・回避の重要性を説き、防衛の空白地域となっている南西諸島方面への自衛隊配備は、我が国の平和と安全を維持する上で大きな抑止力になることを分かりやすく解説した。

第2部は、陸自奄美警備隊長の平田浩二1佐が「奄美大島に所在する陸上自衛隊の概要」と題し、2019年3月に開設された奄美駐屯地などの概要について紹介した。

陸自奄美警備隊長の平田浩二1佐

平田隊長は昨今の我が国を取り巻く厳しい安全保障環境や自衛隊の災害派遣活動の重要性の高まりに触れつつ、奄美駐屯地などの開設の意義や活動状況について詳しく説明した。

最後に、共催者を代表して奄美市の朝山毅市長があいさつし、終了した。来場した約130人の地域住民たちは安全保障に高い関心を示し、真剣なまなざしで講演に聞き入っていた。

九州防衛局では「今後も防衛省の諸施策や自衛隊の活動についてより多くの方々に理解していただくため、九州各地で『防衛問題セミナー』を開催していくので、ぜひご参加を」と広く呼び掛けている。

## 廣瀬局長から感謝状

### 奄美駐屯地開設など協力

九州防衛局の廣瀬律子局長は11月18日、鹿児島県奄美市役所で朝山毅市長に感謝状を手渡した。また、同県瀬戸内町役場では鎌田愛人町長への感謝状を代理の奥田耕三副町長に手渡した。

朝山奄美市長は、2019年3月の陸自奄美駐屯地の開設に当たり、地元の不安や懸念などの解消に向け、九州防衛局と調整を行いながら住民説明会を開催するなど、住民の安心・安全の確保に尽力した。

鎌田瀬戸内町長は、同時期の陸自瀬戸内分屯地の開設に当たり、分屯地用地の取得に協力するとともに、住民説明会を随時実施するなど、住民の安心・安全の確保に尽力した。

今回の感謝状は、こうした両首長のこれまでの努力と功績に対して贈られた。

九州防衛局の廣瀬局長（右）から感謝状を贈られる奄美市の朝山市長（11月18日、鹿児島県の奄美市役所で）

## 浜松で来月1日「防衛セミナー」

### 南関東局

南関東防衛局は2月1日（土）、静岡県浜松市で第38回「防衛セミナー」を開催する。入場無料。事前申し込み制（定員500人）で、1月27日（月）締め切り。開催概要は次の通り。

▽日時＝令和2年2月1日（土）午後1時開演 ▽場所＝浜松市福祉交流センター（浜松市中区） ▽テーマ「多彩なフィールドで活躍する若手自衛官」 ▽内容＝第1部＝静岡地方協力本部の宮川知己1空佐による講演「自衛隊の魅力」、第2部＝陸海空の若手自衛官によるディスカッション「自衛隊ってどんなところ?」、第3部＝空自中部航空音楽隊によるコンサート ▽問い合わせ＝南関東防衛局地方協力確保室（電話045・211・7710）、Eメール＝skb-sk@ext.s-kanto.rdb.mod.go.jp


まもなく定年を迎える皆様へ

25％割引（団体割引）

隊友会団体総合生活保険

隊友会団体総合生活保険は、隊友会会員の皆様の福利厚生事業の一環として、ご案内しております。
現役の自衛隊員の方も退職されましたら、是非隊友会にご加入頂き、あわせて団体総合生活保険へのご加入をお勧めいたします。

公益社団法人　隊友会　事務局

| | |
|---|---|
| 傷害補償プランの特長 | ●1日の入通院でも傷害一時金払治療給付金1万円 |
| 医療・がん補償プランの特長 | ●満70歳まで新規の加入可能です。 |
| 介護補償プランの特長 | ●本人・家族が加入できます。●満84歳まで新規の加入可能です。 |
| 無料*でサービスをご提供「メディカルアシスト」 | ●常駐の医師または看護師が24時間365日いつでも電話でお応えいたします。*一部、対象外のサービスがあります。 |

※上記は団体総合生活保険の概要を紹介したものです。ご加入にあたっては、必ず「重要事項説明書」をよくお読みください。ご不明な点等がある場合には、お問い合わせ先までご連絡ください。

資料請求・お問い合わせ先
取扱代理店　株式会社タイユウ・サービス　隊友会役員が中心となり設立　自衛官OB会社
〒162-0845 東京都新宿区市谷本村町3-20　新盛堂ビル7階
TEL 0120-600-230
FAX 03-3266-1983
http://taiyuu.co.jp
資料は、電話、FAX、ハガキ、ホームページのいずれかで、お気軽にご請求下さい。

引受保険会社
東京海上日動火災保険株式会社
担当課：公務第一部　公務第二課 TEL 03(3515)4124
19-T01744　2019年6月作成

防衛省職員および退職者の皆様へ
防衛省団体扱自動車保険・火災保険のご案内
【引受保険会社】東京海上日動火災保険株式会社

防衛省団体扱自動車保険契約は一般契約に比べて　約19%割安※1
予備自衛官、即応予備自衛官の皆様もご契約いただけます

お問い合わせは
取扱代理店　株式会社 タイユウ・サービス
フリーダイヤル 0120-600-230
電話：03-3266-0679　FAX：03-3266-1983
〒162-0845 東京都新宿区市ヶ谷本村町3番20号　新盛堂ビル7階

今ご契約の自動車保険、火災保険の内容と比べてみてください

防衛省団体扱火災保険契約は一般契約に比べて　約15%割安※2

※1
・割引率は、次の通り、団体扱割引率を通算して算出しております。
分割払の場合：1−{(1−団体取扱割引・15%)×(1−一般契約分割割増分・約5%)}
一時払の場合：1−{(1−団体取扱割引・15%)×(1−団体扱一時払割引分・5%)}
・自動車保険の団体扱割引15%は、2019年7月1日〜2020年6月30日までを保険期間の始期日とする契約に適用されます。割引率は、毎年の団体の損害率等により見直されます。
・団体扱分割払は一般契約と異なり分割割増がかからないので、約5%割安となります。団体扱一時払は一般契約一時払に比べて5%割安です。

※上記は概要です。ご契約にあたっては必ず「重要事項説明書」をよくお読みください。団体扱の対象となる方の範囲や団体扱特約失効時の取扱い、その他ご不明な点等がある場合は引受保険会社までお問い合わせください。

※2
・割引率は、次の通り、大口団体扱割引率を通算して算出しております。
分割払の場合：1−{(1−大口団体扱割引・10%)×(1−一般契約分割割増分・約5%)}
一時払の場合：1−{(1−大口団体扱割引・10%)×(1−団体扱一時払割引分・5%)}
・保険期間が1年の場合に限ります（保険の対象が建物の場合は築年数が1年以上の場合に限ります。）。
・火災保険の大口団体扱割引10%は、2019年3月1日〜2020年2月29日までを保険期間の始期日とする契約に適用されます。割引率は、毎年の団体の契約件数により見直されます。
・団体扱分割払は一般契約と異なり分割割増がかからないので、約5%割安となります。団体扱一時払は一般契約一時払に比べて5%割安です。
・団体扱一時払の5%割引、大口団体扱割引は地震保険には適用されません。

発売中！
2020自衛隊手帳
2021年3月末まで使えます。
NOLTY能率手帳がベースの使いやすいダイアリー。
年間予定も月間予定も週間予定もこの1冊におまかせ！
お求めは防衛省共済組合支部厚生科（班）で。
（一部駐屯地・基地では委託売店で取り扱っております）
Amazon.co.jp または朝雲新聞社ホームページ
（http://www.asagumo-news.com/）
でもお買い求めいただけます。
編集／朝雲新聞社
制作／NOLTY プランナーズ
価格／本体 900円＋税
朝雲新聞社
http://www.asagumo-news.com

あさぐも ドタバタ 吉本どんど

ハタチになったら 酒とタバコをやめます
成人式
不良グループ
昔からある使い古されたギャグ
関係者席
成人式
ハタチになったら…
もっと悪い不良グループ
酒とタバコを解禁します
5年ぶりに
笑えねえ

# 体校の乙黒2曹と奥井2曹

## レスリングF74キロ級

# 五輪の切符は譲らない

東京五輪に向けた出場権獲得争いが激しさを増している。国内外大会での成果獲得を任務とする自衛隊体育学校2教育課（朝霞）の選手は、昨年末までに4人が出場を内定させた。レスリング・フリースタイル74キロ級でも一つの出場枠を獲得しており、2人の体校選手がこれを争う。

## 出場権をかけ代表決定戦へ

東京・駒沢体育館で昨年末に行われたレスリングの天皇杯全日本選手権大会。男子のフリースタイル74キロ級がメディアの注目を集めた。

同級は昨年9月の世界選手権（カザフスタン）で体校の奥井眞生2陸曹が5位に入り、5位以上の選手の国に対して与えられる出場枠を獲得。全日本選手権で優勝すれば五輪出場を確定させられるはずだったが、まさかの初戦敗退。

一方、同級のもう一人の有力選手、乙黒圭祐2陸曹はトーナメントを着実に勝ち上がった。

同門で同じく74キロ級の強豪、高谷大地3陸尉との決勝戦は激しいポイントの奪い合いに。

1ピリオド、高谷3尉のタックルを乙黒2曹が後ろへ投げ返し得点。さらに胴をホールドし、ローリング（回転）させ得点を重ねた。2ピリオドに入り、乙黒2曹は相手の背を取るなどさらに得点し、14－8で辛勝した。

フリースタイル74級の日本代表は、五輪出場枠を獲得した奥井2曹と全日本覇者の乙黒2曹によるプレーオフ（代表決定戦、3月、東京）により決まる。

五輪のマットに立つことを目指し二人は、「プレーオフで勝つために、もう一度仕切り直し強化したい」（乙黒2曹）、「オリンピックは小さいころからの夢。（出場できれば）全力でメダルを取りに行きたい」（奥井2曹）と語るなど、共に譲らないつもりだ。

また、フリースタイル74キロ級のほかに同97キロで赤熊猶弥2陸尉、同125キロ級で田中哲矢2陸曹、グレコローマン87キロ級で角雅人3陸曹がそれぞれ優勝。出場枠獲得が懸かるアジア予選（3月、中国・西安）に挑む。

㊤全日本レスリング・フリースタイル74キロ級3回戦で攻め込む乙黒2曹（右）
㊦フリースタイル74キロ級1回戦でローリングを狙う奥井2曹（上）＝いずれも駒沢体育館で、体校広報班提供

### 3競技で4人 体校から出場内定

体校では昨年末までに4人が五輪出場を内定させている。

4人は、カヌーの男子カヤック・フォア（4人乗り）500メートルで出場枠を獲得した藤嶋大規2陸曹と松下桃太郎3陸曹（カヌー班）、ライフル射撃の男子50メートル3姿勢で枠を得た松本崇志1陸尉（射撃班）、近代五種・男子で枠を獲得し、2大会連続出場を内定させている岩元勝平3陸曹（近代五種班）。

体校では、前回東京五輪（1964年）以降の10大会で延べ20個のメダルを獲得しており、来る東京大会でも、日本代表チームの一翼を担う活躍が期待されている。

## 7機甲師団創隊記念行事がDVDに 元陸自幹部 小島氏制作

北の守りを固める陸自唯一の機甲師団（東千歳）の創隊記念行事を記録したDVD「密着！令和元年第7機甲師団創隊記念行事」＝写真、価格は2000円（税抜）＝が1月10日、アーズゲートから全国発売される。撮影・編集に当たったのは札幌市在住の映像作家、小島肇氏（68）。元陸自幹部で定年退官後、北海道の部隊を撮影し続けている。DVD化作品は今回で6作目。

小島氏は行事の1週間前から密着取材。観閲行進では地上カメラだけでなく、戦車に搭載した小型カメラやドローンのカメラでも撮影し、迫力ある映像を収録した。

発売を記念し、「朝雲」読者2名に同DVD（特典ポスター付）をプレゼントする。希望者は、はがきで住所、氏名を記入し、〒160－0002東京都新宿区四谷坂町12－20KKビル朝雲新聞社編集部まで郵送する。締め切りは1月31日（必着）。

## IDRCで尽力したコーチ2人に 防衛大臣が感謝状

### 「自衛隊の精強性示した」

国際防衛ラグビー競技会（IDRC）に挑んだ自衛隊代表チーム「ディフェンスブロッサムズ」でヘッドコーチを務めた松尾勝博氏と、フォワードコーチを務めた東考三氏に12月24日、河野大臣から防衛大臣感謝状が贈られた。

IDRCは関東地区で9月に開催され、10カ国の軍チームが出場。日本は強豪を相手に健闘を見せ、1勝2敗で終えた。

大臣室で行われた贈呈式には、岡真臣内局人教局長、IDRC運営本部長を務めた尾崎義典空将、自衛隊代表チームの育成担任官に就いていた兒玉恭幸陸将補も立会。

大臣は「国内外に自衛隊代表チームの精強性を知らしめるとともに、大会の成功に大きく貢献していただいた」と述べ、感謝状を手渡した。

ＩＤＲＣを振り返り懇談する（左から）河野大臣、松尾氏、東氏（12月24日、大臣室で）＝防衛省提供

# 女性歩兵師団長が指揮

## 日米指揮所演習 米陸軍で初

【西方＝健軍】西部方面隊は12月3日から同16日まで、西部方面管区で実施された日米共同方面隊指揮所演習（YS－77）に参加。同演習には米陸軍側の指揮官として同軍初の女性歩兵師団長、ローラ・イェーガー40歩兵師団長（少将）が参加した。

訓練は朝霞駐屯地、健軍駐屯地などで行われた。自衛隊側の統裁官を湯浅悟郎陸幕長、米軍側の統裁官をポール・ラカメラ太平洋陸軍司令官が務め、合わせて約6600人が臨んだ。

領域横断作戦の具体化に向けた取り組みを目的とし、西方と40歩兵師団は共同して作戦を行う場合の指揮幕僚活動を演練した。

訓練終了式で西方総監の本松敬史陸将は、「両部隊は与えられた任務を完遂し、所望の成果を収め、日米同盟をより強固なものにすることができた」。イェーガー少将は「将来の演習や有事の際に使用できる能力を備え、対処する準備が整ったと確信した」と述べた。

訓練開始式で訓示を述べる米陸軍初の女性歩兵師団長、ローラ・イェーガー少将。右は本松西方総監（健軍駐屯地で）

## 倒れている男性を救助

### 空自3補の2隊員に感謝状

【3補＝入間】空自3補給処保管部の轟慎吾士長と久安隆成士長はこのほど、人命救助の功績により狭山警察署長から感謝状を授与された。

2人は昨年9月27日、仕事を終えて外出していたところ、埼玉県入間市内の幹線道路の路上に高齢男性があお向けで倒れているのを見掛けた。

けがなどはなかったが、意識がもうろうとしていた男性を安全な場所に移し、警察に通報。駆け付けた警察官に引き継いだ。

2人はそれぞれ「助かって良かった」（轟士長）、「事故に至らずに良かった」（久安士長）と話していた。

埼玉・狭山警察署の署長（中央）から感謝状を贈呈された轟士長（左）と久安士長（右）＝11月28日、同署で

## 20普連 脱輪している車両を救出

【20普連＝神町】20普連の隊員5人は11月2日、台風19号の災害派遣活動に従事中、郡山市青年会館駐車場で脱輪している車両を救出した。

車両は運転者が操作を誤って脱輪し、自力で脱出させることが困難になっていた。

援助要請を受けた5人は直ちに救出に取り掛かり、車両を引き上げた。後日、部隊に「真剣に手助けし、笑顔で現場を離れていく姿に感服しました」と運転者からお礼の手紙が届いた。

郡山市内で脱輪した車両の救出に当たった20普連の（左から）[illegible]

## 44普連 高速バス内で不審者捕捉

【44普連＝福島】44普連の及川仁士長（写真）は昨年11月24日午後8時ごろ、仙台市から福島市に向かう高速バスに乗車中、車内で女性に対し不審な動きをしていた男性を発見、捕捉し、警察に引き渡した。男性の逮捕への協力により12月11日、福島警察署長から感謝状を贈られた。及川士長は「自衛官として当然のことをしただけ。何より女性が無事で良かったです」と語った。

## こちら警務隊 リベンジポルノ防止法違反

### 性的画像や写真の拡散 卑劣な犯罪行為ダメ！

リベンジポルノとはどんな犯罪ですか？

リベンジポルノとは、撮影対象者の性的な画像や写真を[illegible]

例えば、交際中に撮影した元交際相手の裸の画像を別れた腹いせに、個人を特定できる状態でネットへアップする行為や、多数の者に提供したり、公然と陳列したりする行為です。

この場合、3年以下の懲役または50万円以下の罰金となり、ネットへアップさせる目的で他人に提供した場合、1年以下の懲役または30万円以下の罰金が科せられます。

リベンジポルノは、被害者に恐怖と精神的苦痛を与える卑劣な犯罪です。絶対にしてはいけません。

（中部方面警務隊）

### 小休止

▽…海自1術科学校の有志職員はこのほど、「門松」を手作りした＝写真。同校では、日本の伝統を継承するため毎年、ベテランから若手へ「技」を伝承し続けている。

▽…門松は必要な素材のほとんどを自然豊かな一術校の敷地内から調達。手先が器用な職員約10人が技術を持ち寄り、2日かけて仕上げた。

▽…丸澤伸二学校長は完成した門松を見て、「素晴らしい出来栄え」と製作した隊員らにねぎらいの言葉を掛けた。門松は新年への決意を前にたたえた。（江田島）

職域限定特別価格
防衛省職員・自衛隊員・退職者の皆様へ
社内販売特別価格にてご提供させて頂きます

Hazuki
大きくみえる話題のルーペ！
・豊富な倍率・選べるカラー・安心の日本製・充実の保証サービス

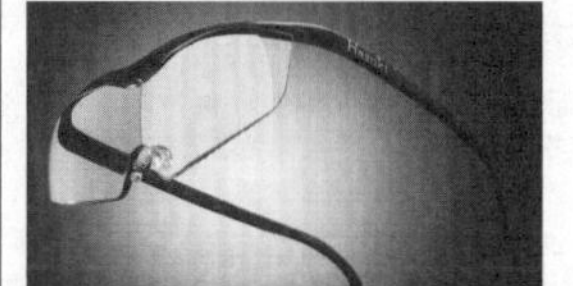

両手が使える拡大鏡
広い視野で長時間使っても疲れにくい

※拡大率イメージ
レンズ倍率
1.32倍 焦点距離 50～70㎝
1.6倍 焦点距離 30～40㎝
1.85倍 焦点距離 22～28㎝
※焦点距離は対象物との眼と一番ピントがあう距離

お申込み
・WEBよりお申込いただけます。
・特別価格にてご提供いたします。
https://kosai.buyshop.jp/
（パスワード：kosai）

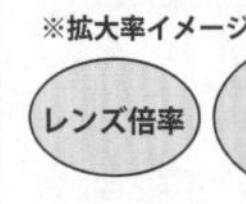

※商品の返品・交換はご容赦願います。ただし、お届け商品に内容相違、破損等があった場合には、商品到着後、1週間以内にご連絡ください。良品商品と交換いたします。

コーサイ・サービス株式会社 TEL:03-3354-1350 担当：佐藤
〒160-0002新宿区四谷坂町12番20号KKビル4F / 営業時間 9:00～17:00 / 定休日 土・日・祝日

隊員の皆様に好評の
『自衛隊援護協会発行図書』販売中

| 区分 | 図書名 | 改訂等 | 定価(円) | 隊員価格(円) |
|---|---|---|---|---|
| 援護 | 定年制自衛官の再就職必携 | | 1,200 | 1,100 |
| | 任期制自衛官の再就職必携 | ◎ | 1,300 | 1,200 |
| | 就職援護業務必携 | ◎ | 隊員限定 | 1,500 |
| | 退職予定自衛官の船員再就職必携 | | 720 | 720 |
| | 新・防災危機管理必携 | ◎ | 2,000 | 1,800 |
| 軍事 | 軍事和英辞典 | ◎ | 3,000 | 2,600 |
| | 軍事英和辞典 | | 3,000 | 2,600 |
| | 軍事略語英和辞典 | | 1,200 | 1,000 |
| | （上記3点セット） | | 6,500 | 5,500 |
| 教養 | 退職後直ちに役立つ労働・社会保険 | | 1,100 | 1,000 |
| | 再就職で自衛官のキャリアを生かすには | | 1,600 | 1,400 |
| | 自衛官のためのニューライフプラン | | 1,600 | 1,400 |
| | 初めての人のためのメンタルヘルス入門 | | 1,500 | 1,300 |

※ 平成30年度「◎」の図書を新版又は改訂しました。

| 消費税 | 価格に込みです。 |
|---|---|
| 発送 | メール便、宅配便などで発送します。送料は無料です。 |
| 代金支払い方法 | 発送図書同封の振替払込用紙でお支払。払込手数料はご負担してください。 |

お申込みはホームページ「自衛隊援護協会」で検索！
（http://www.engokyokai.jp/）
一般財団法人自衛隊援護協会
電話：03－5227－5400、5401 FAX：03－5227－5402 専用回線：8－6－28865、28866

# 被災者が日常取り戻す年に

2陸曹 小林 昌之（49普連5中隊・豊川）

新年明けましておめでとうございます。

昨年は年号が「平成」から「令和」に変わりました。新年になって前年は順風満帆の年だったと振り返りたいところですが、皆さまもご承知のとおり、記憶にないほどの台風の当たり年でした。関東、東北では大規模災害が発生し、中部でも長野県で堤防決壊による水害が起きました。われわれ自衛隊に救援を求める声も多く、支援活動に参加した隊員は被災地で大いに活躍されたことと思います。

願わくは令和2年は平穏無事で、被災された方々が以前の日常を取り戻せる年となってくれたらと思います。私も自衛隊員として緊急時に速やかに出動できる心構えを忘れず、本年一年を過ごしたいと思います。

最後に、ネズミ年の年男らしく、皆さまの家内安全、子孫繁栄を祈念致しまして新年のごあいさつとさせていただきます。

## 年男 年女 新年の抱負

# 今年は「よく見る」

3陸曹 八重樫 雄（305救急車隊・仙台）

2020年の私の抱負は「よく見る」です。「見る」ことは、自衛官として働く上で周りをよく見ることや、後輩をよく見るなど、あらゆる所でよく使うのですが、今回は自分自身の日常に対して「見る」ということを考えてみました。

最近、私は各県の観光名所を巡る一人旅をよくしています。それはとても刺激的なことばかりでした。観光地を見て回ることもそうですが、その場所の土地柄、人との触れ合い、見たこともない風景、聞いたこともない食べ物など、全てが人生の教養になった気がしました。

この旅で見たものも、季節が変わればまた違った一面を見せるのではないかと思うと、もう一度足を運んでみたいと思いました。これは日常でも言えることで、四季の移り変わりもあれば、身近な風景の変化、周りの人たちのちょっとした変化など、周囲にはたくさんあるのではないかと思います。

そこで「よく見る」を今年の抱負に掲げ、2020年の一日一日を大切に過ごしていきたいと思います。

# 人として成長したい

即応予備3陸曹 今石 雅大（49普連本管中隊・豊川）

私は18歳で陸自に入隊し、5年目で退官した後、即応予備自衛官として活動してきました。2度目の年男を過ぎても目標がなかった私の人生を変えた出来事、それは「東日本大震災」への災害派遣です。

部隊から招集がかかり、私は即応予備自衛官として宮城県女川町に派遣されました。そこで見た光景は想像以上に凄惨な状況でした。派遣活動を経るにつれ、当時の編成や活動内容に疑問や葛藤を抱くこともありましたが、復旧活動を終え、帰宅する際に、避難所から被災者の方々が沿道に立ち、短い期間の活動にもかかわらず、皆が涙して感謝の言葉を伝えてくださいました。

この瞬間、自分がやってきたことは間違っていなかったと、そして今の人生は周りの人の支えで成り立っていることを改めて深く認識しました。

3度目の年男となる今年は、あの時の出来事を思い出し、さらに人として成長し、日々感謝を忘れず精進していきたいと思います。

（世界の切手・香港）

ネズミの気持ちではチーズしか得られない。大きい獲物を得ようとするならオオカミの気持ちになれ。

映画「鍵を上げて」から

朝雲ホームページ
www.asagumo-news.com
＜会員制サイト＞
Asagumo Archive
朝雲編集部メールアドレス
editorial@asagumo-news.com

# パレードで両陛下に敬礼

陸士長 鈴木 静華（32普連重迫中隊・大宮）

昨年は、一生に一度あるかないかという天皇陛下のご即位にかかわることができ、とても光栄でした。

「即位パレード」のと列に自分が参加すると聞いたとき、自衛隊の代表として天皇皇后両陛下に敬礼をすることができると考え、身が引き締まりました。

訓練では靴擦れに悩まされました。しかし、女性自衛官の陸曹の先輩にアドバイスをもらい、絆創膏やコットン等を使って靴擦れを防止し、個癖の矯正や号令に反応することに集中ができました。

訓練では長時間同じ姿勢をとり、腕や足などが痺れて辛いときがありました。しかし、「われわれは自衛隊の代表であり、天皇皇后両陛下への祝福の気持ちを持ってと列に参加をすることが任務」と連隊長がおっしゃっていたので、それを常に思い、一生懸命頑張りました。

11月10日の本番の日、沿道の人の多さに驚きましたが、緊張はあまりしていませんでした。現地に着き、御列の車列が近づき、今までの訓練通りに敬礼を行うことができました。あの時は、初めて天皇皇后両陛下を前にして鳥肌が止まりませんでした。

このような貴重な経験をさせていただき、無事に任務を完遂することができて良かったです。本年も連隊長のお言葉にあった「自衛隊の代表」としての自覚を持ち、と列で得た経験を今後の自衛隊生活に生かしていきたいと思います。

陸上自衛隊の代表として天皇陛下の「即位パレード」に参加、この経験を今後の自衛隊生活に生かしたいと話す32普連の鈴木静華士長

## 新刊紹介

### 「平和のための安全保障論」

渡邊 隆著

自衛隊初の国連平和維持活動となった1992年のカンボジアPKOで初代指揮官を務め、その後は幹候校長、統幕学校長などとして若い幹部の教育に特に力を注いできた元東北方総監（元陸将）の著者が、国際政治を学ぶ学生や隊員向けに書いた「平和構築」のためのテキストだ。

本書は著者が退官後に大学で教えた25の講義を基に構成され、古代から第2次大戦、そして冷戦に至るまでの戦争の特徴について説明。その上で今日の集団安保、集団的自衛権、紛争抑止、予防外交などの施策をやさしく解説している。続く日本の安全保障では、日米同盟のメカニズムや安全保障上の取り組みを紹介、これが東日本大震災時に日米共同の救援活動にも生かされたことを自身の体験から語っている。

最後は今日の問題として難民流入やテロとの戦いについて各国の取り組みを記述。各講義間にはPKOや周辺事態のシナリオ研究、米陸軍大学留学時の思い出など体験談を交えたコラムもあり、若い隊員にとっては大先輩からさまざまな教訓を学べる優れた教科書となっている。

（かもがわ出版刊、2750円）

### 「小泉進次郎と権力」

清水 真人著

昨年の結婚発表と入閣以降、「将来の総理候補」小泉進次郎氏に激しい逆風が吹きつけている。〝築城10年、落城1日〟といった批評も見かける昨今だが、国会議員になる前から間近に観察してきた著者が、これまでの同氏の歩みを振り返るのが本書の試みである。

父の元首相・小泉純一郎氏の秘書時代から10年以上にわたる進次郎氏の言動やエピソードを収録し、初出馬時に自分の責任でポスターデザインを選ぶと宣言した場面や、野党時代に自民党執行部に造反した過去、安倍官邸に対する意見具申、ポスト安倍を見据えた仲間作りなど、同氏が政治家として成長していく姿が描かれている。

巷に溢れる「にわか記者」による一過性の論評とは一線を画すが、著者は純一郎氏の番記者出身のため、取材対象との距離の取り方に苦心した様子も伺える。このため進次郎氏を厳しく論評するよりも、氏の足跡を整理することにより重点を置いた作品となっている。

（日本経済新聞出版社刊、1980円）

小林武史（国会議員秘書）

## みんなのページ

### 朝雲・栃の芽俳壇

畠中草史 選

着弾の音乾きけり富士枯野　町田・陸OB　岩原　滋利

富士山の裾野には演習場があり砲音、着弾音が時折轟く。枯野では乾ききった音となる。

生家には土間と囲炉裏と古時計　熊谷・空OG　關谷　桂子

生家は今だ掲句の様な話を聞くことがある。残しておきたい一つだが、孫の代までは。

秋深し余韻の長き古時計　熊谷・空OG　福元万理子

翠苔に色を鏤め濡れ落葉　宮崎・空OB　高木　智念

一茎に菊百輪の大作り　葛飾・陸OG　田中あやめ

ひとひらの風花唇に甘く消ゆ　江別・陸OB　鎌田日出雄

朝霧に炭焼く煙上がりをり　浜松・空OG　木通　佳子

落葉虚空にとどめをり蜘蛛の糸　館山・海OB　斎藤　一向

古時計眠れぬ夜長音ちかく　熊谷・空OG　関田　絹江

石焼き芋こころ安らぐ匂かな　新座・陸OB　船田藤三郎

すれ違ひすぐに名の出ぬ冬ぬくし　熊谷・陸OG　高橋ふみ子

温め酒潮騒聞こゆ伊豆の宿　あきる野・一般　小和田一男

懸崖の菊芳しき菓子処　相模原・海OG　折口　桂子

冬めくや人影のなき波止場の灯　横浜・空OB　永澤　功

紫の幕を張りたる菊館　台東・陸OG　杉山ふく美

夫作る干柿日毎粉をふけり　熊谷・空OG　佐藤　玲美

のみをもて木馬を彫れる寒灯火　相模原・一般　森　謙二

家康の出世城なり石蕗の花　浜松・空OB　宮本　立勇

亀に指差しゐる曾孫秋澄めり　熊谷・空OB　蓮佛志向子

細波を潜き長かりかいつぶり　佐賀・陸OB　一ノ瀬恵昭

降り出せる雨に明るし石蕗の花　浜松・空OG　堀内ミサ子

皇居より即位パレード冬日和　熊谷・空OB　明田　眞雅

一日が駆け足で過ぐ寒さかな　西東京・空OB　水島　孝雄

兄逝きてひとりとなりし温め酒　熊谷・空OB　工藤　敏雄

選者作品

時雨るるや楓はかへで松はまつ

**投句歓迎！**

▽郵便はがきの裏面に未発表の自作3句以内と氏名、年齢、職業（自衛官・事務官＝所属部隊、OB、家族、一般など）、住所、電話番号を記入▽締め切り毎月15日▽宛先＝〒162−8801東京都新宿区市谷本村町5の1 防衛省D棟市ヶ谷記者クラブ朝雲俳句係☎03（5225）1750、専用線8・6・25515

### OBがんばる

# 「なんとかなる」ではダメ

渡邉　宏史さん　54

平成30年7月、陸自34普連（板妻）を最後に定年退職（特別昇任准尉）。沖縄県那覇市にある沖縄電気保安協会に再就職し、漏電点検の業務に就いている。

私は定年退官後、那覇市にある沖縄電気保安協会に勤務しています。定年後は沖縄に移住することを考えていたので、業務管理教育の受講時から就職に役立つ資格の取得に努め、付配置になってからは勤務地の静岡と沖縄を行き来し、就職の準備をしました。

自衛官以外の人と面接することなど初めてのことばかりでしたが、沖縄地本援護課を通じ、当社を紹介していただきました。私は現在、業務グループの調査という部署に所属し、住宅の電気設備の点検のうち、屋外の電力メーターと屋内の分電盤の漏電点検を主な業務としています。

私は就職するために電気工事士の資格を取りましたが、電気工事の経験はありませんでした。そのため新人研修では先輩に同行して訪問し、点検要領、言葉づかい、電気に関する説明の仕方などの教育を受けました。

そしていざ本番、いきなり漏電の疑いのあるお宅に遭遇し、頭の中が真っ白になりました。先輩に対処法を電話で確認しながら作業を進めたため、お客様も心配そうな表情でした。事情を説明し、その日の作業は終わりましたが、私のことを電気のプロとして見ているお客様を不安にさせてしまいました。

この事を上司に報告すると、「それでいい」と言ってくれました。「お客様を不安にさせても、きちんと説明すれば納得してもらえる。もしも中途半端な点検をして漏電による火災が発生した場合、取り返しがつかないことになる」と。私にはまだ経験が足りません。今後も不備事項が出てくると思いますが、一人で悩まず、経験豊富な同僚の助言を受けながら作業を進めていきたいです。

さて、定年を迎える皆さんも再就職の準備は早めに計画を立てましょう。「なんとかなる」では何ともなりません。しっかり先を見据えて頑張りましょう。

### あさぐも掲示板

■第159回陸自中央音楽隊定期演奏会

陸自中央音楽隊（樋口孝博隊長）は2月8日午後2時から、東京都豊島区の東京芸術劇場で定期演奏会を開催する。曲目はK・ポージェイス「エアーズロックの夜明け」、J・デ=メイ「交響曲第1番『指輪物語』」など。

入場は無料だが申し込みが必要で、中音ホームページの応募フォームから1月15日までに応募する。応募は1件、2人まで。当選者には当選メールが1月17日に送付される。

### 「朝雲」へのメール投稿はこちらへ！

▽原稿の書式・字数は自由。「いつ・どこで・誰が・何を・なぜ・どうしたか（5W1H）」を基本に、具体的に記述。所感文は制限なし。
▽写真はＪＰＥＧ（通常のデジカメ写真）で。
▽メール投稿の送付先は「朝雲」編集部（editorial@asagumo-news.com）まで。

### 第1226回出題

#### 詰碁

出題 日本棋院 九段 曲 励起

黒先

『白はどうなりますか』。5分でできれば中級以上です。

▶詰碁、詰将棋の出題は隔週です◀

#### 詰将棋

出題 日本将棋連盟 九段 石田 和雄

|  | 6 | 5 | 4 | 3 | 2 | 1 |
|---|---|---|---|---|---|---|
| 一 |  |  |  |  |  |  |
| 二 |  |  | 馬 |  | v玉 | v香 |
| 三 |  |  |  |  |  | v角 |
| 四 |  |  | 桂 | v歩 | v飛 |  |
| 五 |  |  |  |  |  |  |

☗先手 持駒 金香

≪第810回の解答≫

【正解】☗2三香☖同飛☗3二桂成☖1一玉☗3三馬☖同飛☗2一金までの七手詰め。

【解説】☗2三香と打ち込むのがまず手筋。☖同飛の一手に、☗3二桂成から☗3三馬と捨てる順が本題のテーマ。☖同飛に☗2一金。☖2二合駒でも☗2一金まで。

なお初手☗3二桂成は☗2三玉と逃げられ失敗。

よろこびがつなぐ世界へ
KIRIN
一番搾り
Brewed from only the first press of genuine malt for a crisp, delicious flavor.
おいしいとこだけ搾ってる。
KIRIN'S PRIME BREW
KIRIN BEER
一番搾り
〈麦芽100%〉
ALC.5%　生ビール　非熱処理
お酒
ストップ！20歳未満飲酒・飲酒運転。お酒は楽しく適量で。
妊娠中・授乳期の飲酒はやめましょう。のんだあとはリサイクル。
キリンビール株式会社

予備自衛官等福祉支援制度のご案内

予備自衛官等福祉支援制度とは
一人一人の互いの結びつきを、より強い「きずな」に育てるために、また同胞の「喜び」や「悲しみ」を互いに分かちあうための、予備自衛官・即応自衛官または予備自衛官補同志による「助け合い」の制度です。
※本制度は、防衛省の要請に基づき「隊友会」が運営しています。

制度の特長

割安な「会費」で慶弔の給付を行います。
会員本人の死亡 150 万円、配偶者の死亡 15 万円、子供・父母等の死亡 3 万円、結婚・出産祝金 2 万円、入院見舞金 2 万円他。

招集訓練出頭中における災害補償の適用
福祉支援制度に加入した場合、毎年の訓練出頭中（出頭、帰宅における移動時も含む）に発生した傷害事故に対し給付を行います。

「相互扶助功労金」の給付
3 年以上加入し、脱退した場合には、加入期間に応じ「相互扶助功労金」が給付されます。

加入資格
予備自衛官・即応予備自衛官または予備自衛官補である者。ただし、加入した後、予備自衛官及び即応予備自衛官並びに予備自衛官補を退職した者は、満 64 歳に達した日後の 8 月 31 日まで継続することができます。

会費
予備自衛官・予備自衛官補・・・毎月 950 円
即応予備自衛官・・・・・・・・・毎月 1,000 円
※ 3ヵ月分まとめて 3ヵ月毎に口座振替にて徴収します。

お問い合せ
公益社団法人 隊友会
事務局（事業課）
〒162-8801 東京都新宿区市谷本村町 5 番 1 号
電話　03-5362-4872

朝雲

発行所 朝雲新聞社
〒160-0002 東京都新宿区四谷坂町12−20 KKビル
電話 03(3225)3841
FAX 03(3225)3831
振替00190-4-17600番
定価一部150円、年間購読料9170円（税・送料込み）

One for all, All for one
あなたと大切な人の「今」と「未来」のために
防衛省生協

## 主な記事



# 防衛費、8年連続増
# 空自に「宇宙作戦隊」新編

政府が昨年12月20日に閣議決定した令和2（2020）年度予算案の防衛費は、米軍再編経費やSACO（沖縄に関する特別行動委員会）関係経費などを含めると、前年度当初予算比1・1％増の5兆3133億円。一方、それらを除いた防衛費も5兆688億円（同1・2％増）と共に8年連続で右肩上がりを記録し、過去最大規模となった＝グラフ。政府は1月20日に召集予定の通常国会に予算案を提出し、3月末までの成立を目指す。本年度の防衛費について、今回の「全般」以降、「陸自」「海自」「空自」「統幕」「人事処遇」「研究開発」の各重要施策をシリーズで展望する。（4、5面に詳報）

度の導入に備え、三沢基地に「臨時滞空型無人機航空隊（仮称）」を新編する。空自のKC46A空中給油・輸送機を主力装備とする部隊を美保基地に新編する。最後のF4戦闘機部隊となった百里基地の301飛行隊はF35A戦闘機に機種更新する中、事業の見直しや一括調達などを通じて約4313億円の縮減を図る。

平成30（18）年末に改定された防衛大綱では、護衛艦と潜水艦の隊員への女性配置が可能となったことを受け、令和2年度は潜水艦「ちとせ」に女性用区画を設けるなど、女性自衛官の活躍の場を広げる。

河野防衛相は12月20日の省議で「隊員が最大限その能力を発揮するための予算とした」と強調、その上で「防衛力の強化を着実に進めていく」との決意を示した。

## 2020年度防衛費 重要施策を見る〈1〉

### 全般

令和2年度は新たな中期防の2年目として「多次元統合防衛力」の構築に向け、宇宙・サイバー・電磁波など新領域の能力強化に引き続き力を注ぐ。

空自の宇宙作戦隊（仮称）を府中基地に約20人で新編させ、将来の拡充を目指す。日本の人工衛星にとって脅威となる宇宙ごみ（スペースデブリ）や不審な衛星などを監視する「宇宙状況監視（SSA）」システムを5（23）年度から本格運用することを目指し、宇宙航空研究開発機構（JAXA）や米軍との連携強化に向けた検討を進める。

陸自では既存の部隊を改編し、サイバー防護隊（同）を約130人体制で新編するほか、ネットワーク電子戦システム（NEWS）を導入した電子戦部隊を健軍駐屯地に新編する。防衛省初の民間人を対象とした「サイバーコンテスト」の開催も盛り込み、サイバー知識・技能の高い人材を発掘し、採用も視野に協力者などの人脈拡大を図る。

電磁波領域では相手のミサイル射程圏外から妨害するスタンド・オフ電子戦機を空自C2輸送機をベースに開発する。

一方、空自のF2戦闘機の後継機となる「次期戦闘機」は、将来のネットワーク化した戦闘の中核的な役割を果たすもので、高いステルス性や電子戦能力などを重視し、「日本主導」の開発を視野に、国際協力の可能性も含めて検討。2年度は初期的な設計作業を開始し、17（35）年度の配備開始を目指す。これに伴い、防衛装備庁に「装備開発官（次期戦闘機担当）」（同）のポストを新設する。

新規事業としてはこのほか、短距離離陸・垂直着陸が可能なSTOVL機として、最新鋭ステルス戦闘機「F35B」を6機（793億円）取得。海自の護衛艦「いずも」でF35Bが発着艦できるよう甲板の耐熱性強化などの改修を行う。

防衛関係費の推移

| 年度 | SACO・再編・政府専用機・国土強靱化を含む（兆円） | SACO・再編・政府専用機・国土強靱化を除く（兆円） |
|---|---|---|
| 平成20 | 4.78 | 4.74 |
| 21 | 4.77 | 4.70 |
| 22 | 4.79 | 4.68 |
| 23 | 4.78 | 4.66 |
| 24 | 4.71 | 4.65 |
| 25 | 4.75 | 4.68 |
| 26 | 4.88 | 4.78 |
| 27 | 4.98 | 4.82 |
| 28 | 5.05 | 4.86 |
| 29 | 5.13 | 4.90 |
| 30 | 5.19 | 4.94 |
| 令和元 | 5.26 | 5.01 |
| 2 | 5.31 | 5.07 |

# 海自に中東派遣命令
## 「たかなみ」2月2日出港へ

河野防衛相は1月10日、防衛省・自衛隊幹部が集まる会議を省内で開き、中東地域への派遣命令を発出した。活動範囲は①オマーン湾②アラビア海北部③バブ・エル・マンデブ海峡東側のアデン湾の3海域の公海で、活動期間は今年の12月26日まで。

海自の護衛艦「たかなみ」は2月2日に横須賀基地を出港し、2月下旬から現地で活動を始める。

2機のP3C哨戒機は1月11日に沖縄の那覇航空基地から出発した。

河野大臣は防衛会議で「中東への原油輸入の約9割を中東地域に依存していることを指摘した上で、「（中東からの）エネルギー供給は日本経済と国民生活の生命線だ。緊張が高まっている状況だからこそ、日本関係船舶の航行の安全に必要な情報収集活動を強化していかなければならない」と派遣の意義を強調した。

この後、記者会見に臨んだ河野大臣は、日本の原油輸入の約9割を中東地域に依存していることを指摘し、万全の態勢を構築するよう指示した。

新たに中東のシーレーンで情報収集活動に当たる海賊対処航空隊のP3C哨戒機を前に、隊員を見送る家族たち（1月11日、海自那覇航空基地で）

# P3Cが那覇から出発
## 河野防衛相が派遣隊員激励

海自那覇航空基地で1月11日、新たに中東地域で情報収集の任務に着手する海賊対処航空隊（司令・稲生修一2佐、5空群）の出国行事が行われた。

格納庫で行われた出国行事には、河野防衛相をはじめ、山崎統幕長、海幕副長、自衛艦隊司令官、隊員家族、協力団体など約100人が出席。

河野大臣は派遣隊員約60人に対し「世界における主要なエネルギーの供給源である中東地域において、日本関係船舶の航行の安全を確保することは非常に重要だ。この意義を十分に自覚し、各国部隊や国際機関と緊密に連携し、勇気と誇りを持って任務に精励してほしい」と訓示した。

この後、稲生司令が出国を報告。第1陣となる派遣隊員はP3C哨戒機2機に乗り込み、家族や関係者に見送られジブチに向けて離陸した。

第2陣は1月19日、那覇空港からチャーター機で日本を出発、20日を目途にジブチで37次隊（2空群＝八戸基幹）と任務を交代し、ソマリア沖・アデン湾の警戒監視活動と中東海域での情報収集活動に当たる。

約3カ月間の任務を終えた37次隊の隊員は同21日にチャーター機で羽田に、2機のP3Cは24日、八戸航空基地にそれぞれ帰国する予定。

## 春夏秋冬

かつて私は横浜に住んでおり、JR京浜東北線を利用して東京・田町にある大学に勤務していた。この路線は利用者を考えてか、徐々に伸びて、いまでは埼玉県の大宮の駅までつながっている。確かに路線が長くなることで、利便性は高まった。しかし、他方でリスクや不確実性も高まった。

遠く離れた駅で、だれかが非常ボタンを押したり、信号が故障したりすると、すぐに電車全体が止まってしまう。横浜で電車を待つ私にとって、まったく予期せぬ事態となる。こういった事態が頻繁に起こるようになったのである。

このような状況こそが、まさに現在のインターネット社会なのだ。インターネットは世界中に広がっており、世界中の人々とつながっている。それゆえ、今日、非常に便利なツールとなっている。しかし、まったく知らないところで起こる悪しき問題も瞬時にして世界に伝わることになる。まさに、現代はVolatility（変動性・不安定性）、Uncertainty（不確実性）、Complexity（複雑性）、Ambiguity（曖昧性・不明確性）の頭文字で表現されるVUCA（ブーカ）の時代だといってよい。

こうした現状で、どのようにして生き残るかが現代組織のリーダーに問われている。予期せぬ多様な変化には、柔軟さやしなやかさが必要となる。したがって、過去の成功体験に固執してすべてをパターン化したり、ルーティン化したりして硬直化することは禁物である。成功体験の罠につまりサクセス・トラップに陥り、簡単に組織は失敗する。

何よりも、変化をいち早く感知し、そこにむしろより良いチャンスを見出し、そして柔軟に自己を変化させる能力が必要となる。何か新しいものをゼロから生み出す必要はない。環境の変化に合わせて既存の資源や知識を再構成、再配置、そして再利用する能力が必要となるのだ。

このような能力のことを、カリフォルニア大学バークレー校のデービッド・ティース教授はダイナミック・ケイパビリティ（変化対応的な自己変革能力）と呼び、現代の経営者や組織には必須の能力だと主張する。

それは、既存の人・モノ・カネ・知識を再デザインするより高次のしなやかな能力のことであり、このような動態的なデザイン能力が現代のリーダーに求められているのである。

### VUCA時代のリーダーに必要な能力

菊澤 研宗（慶応義塾大学教授）

# 海幹校で図上演習
## 中東派遣 不測事態も想定

海自は1月8、9の両日、中東のシーレーン（海上交通路）を航行する日本関係船舶の安全確保に必要な情報収集活動を行う艦艇派遣に先立ち、東京・目黒の海自幹部学校で図上演習を実施した。

演習は海幕防衛部長の齋藤聡将補を統裁官に、海幕、自衛艦隊司令部の要員、今回派遣される汎用護衛艦「たかなみ」（艦長・新原綾一1佐）の乗員ら約20人が参加。内閣官房国家安全保障局、外務省、国土交通省の職員らもオブザーバーとして加わった。

演習は、現地に派遣された「たかなみ」を想定、平時の部隊運用・情報伝達の要領や、不測事態が発生した場合など、国内・現地の各級指揮官の情勢判断を演練した。9日には河野防衛相と山本副大臣が会場を視察に訪れ、状況を確認した。

河野大臣は視察後の記者会見で「出発までにこうした準備を繰り返して万全の態勢で（情報収集活動を）行ってほしい」と述べた。

中東への護衛艦「たかなみ」の派遣に先立ち、防衛省内外から多くの関係者が参加して行われた情報収集活動の図上演習（1月9日、東京・目黒の海自幹部学校で）

# 昭和基地に「しらせ」到着
## 輸送任務を開始

文部科学省の第61次南極観測隊員ら約70人を乗せた海自の砕氷艦「しらせ」（艦長・竹内周作1佐以下約180人）は現地時間の1月5日午後2時50分、南極の昭和基地沖に到着した。

「しらせ」は12月2日に最後の補給地・豪フリーマントルを出発し、同9日から22日まで南極東部トッテン氷河沖の流氷域で観測機材を海中に投入するなど61次隊の観測支援を行った。

12月30日には昭和基地から約19キロ離れた定着氷に到達。竹内艦長と青木茂観測隊長らは艦載のCH101輸送ヘリに乗り、一足先に空路で昭和基地入りを果たした。

基地では60次越冬隊員たちが出迎え、堤雅基越冬隊長は「昭和基地へようこそ」と歓迎。1月2日にはヘリで生鮮食品などを収めた“初荷”も届けた。

その後、「しらせ」は氷海をラミング航行しながら前進を続け、同5日、昭和基地の沖合約400メートルの定着氷に無事“接岸”。往路のラミング回数は168回、基地付近の氷の厚さは2メートル、積雪は15センチだった。

現在、乗員たちは雪上車やヘリを使い、61次隊の越冬観測を支える各種物資や食糧などを基地に搬入している。

南極の昭和基地（右奥）沖に到着した「しらせ」（1月6日）

## 朝雲寸言

インフルエンザの流行が広がり、東京では1月下旬以降に感染者数がピークになる見通しという。今冬は前年より流行が始まるのが早かったが、ラグビーのワールドカップなど多数の人が集まる行事が多かったことが一因との指摘もある。五輪本番の時期の「夏のインフル流行」も懸念されている▼力士が冬巡業中に感染する事例が頻発したことを受け、日本相撲協会は今年から予防接種を前倒し実施する方針という。小さなお子さんを預かる保育園業界では、保育士の予防接種費用を全額ないし一部補助する動きもある。職場を感染源にしない、持ち場のシフトに穴をあけない、といった問題意識からだ▼生物兵器といった列度の高い脅威に備える防衛省・自衛隊だが、通常の感染症であるインフルエンザも実は侮れない。「あの棟のあのエレベーターがウイルスまき散らし装置と化している」とあらぬ噂が立つようでは困りものだ。勤務時間の長さから、疲労蓄積→免疫力低下→インフル罹患というサイクルも避けたいところである。備えに死角はないだろうか▼歴史的に、防衛と感染症は切っても切れない関係でもある。先の大戦では、戦闘よりも戦病（飢餓や栄養失調も含む）による死者数の方が多かった日本。異業種の取り組みなどから謙虚に学び、「感染症対策は日本の自衛隊に学べ」と各国の軍隊が言うくらいにならなければ、戦没者に顔向けできないとも思う。

同窓会講演会懇親会の案内
講演会講師 統合幕僚長 陸将 山崎幸二氏
日時 3月7日（土）16時から
場所 明治記念館
懇親会 17時半から
＊防大同窓会会員限定
下記から案内・申込受付中
防衛大学校同窓会ホームページ
（https://www.bodaidsk.com）
同窓会事務局 TEL/FAX 03-6265-3416
防衛大学校同窓会
National Defense Academy of Japan Alumni Association

退官後、家族のために“今”できること
退官後の自衛官を支える柱
年金　退職金　再就職
自衛官の退官後を支える「常識」が崩れつつあります。
将来のために“今”できること、考えてみませんか？
将来のために「いつ」「どう取り組むか」
無料書籍プレゼント
全国セミナー開催中
あるお客様の実体験から

本編はこちら
自衛官 資産運用
Agentrive Investors
03-6860-8231

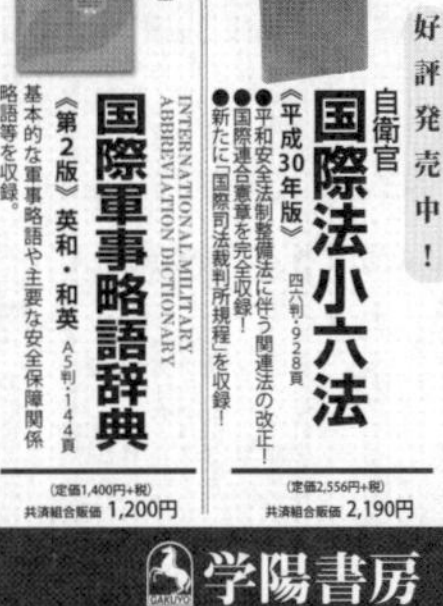
受験対策は最新の法令で！
必携の一冊
陸上自衛官 服務小六法《令和元年版》四六判・1192頁
●憲法、自衛隊法、服務規則、礼式等陸上自衛官の服務上必要な71編を収録！
●改元に伴う関係項目改正！
●平和安全法制整備法に伴う関連法の改正！
（定価2,718円+税）共済組合販価 2,330円

検査・点検に必須！
実務力のバージョンアップ
陸上自衛隊 補給管理小六法《令和元年版》B6判・672頁
●物品管理法、補給管理規則等補給管理実務に必要な22編を収録。実務者必携の一冊。
●改元に伴う関係項目改正！
（定価2,540円+税）共済組合販価 2,180円

検定対策は最新の法令で！
文書実務の基本
陸上自衛隊 新文書実務《新訂第9次改訂版》A5判・432頁
●平成31年3月29日陸自文書管理規則改正対応！
●改元に伴う関係箇所改正！
●公文書管理法等収録！
（定価2,306円+税）共済組合販価 1,980円

好評発売中！
自衛官 国際法小六法《平成30年版》四六判・928頁
●平和安全法制整備法に伴う関連法の改正！
●国際連合憲章を完全収録！
●新たに「国際司法裁判所規程」を収録！
（定価2,556円+税）共済組合販価 2,190円

一覧即決
国際軍事略語辞典《第2版》英和・和英 A5判・144頁
INTERNATIONAL MILITARY ABBREVIATION DICTIONARY
基本的な軍事略語や主要な安全保障関係略語等を収録。
（定価1,400円+税）共済組合販価 1,200円

学陽書房 〒102-0072 東京都千代田区飯田橋1-9-3 TEL.03-3261-1111 FAX.03-5211-3300
（共済組合販価は消費税10%込みです。）☆ご注文は 有利な共済組合支部 へ

## 時の焦点

### 国内　安保条約60年

# 重みを増す「日米同盟」

中国が軍事的に台頭し、北朝鮮の核・ミサイル開発の脅威が高まった。安全保障環境は60年前から様変わりしている。日米同盟は一層重みを増していると言えよう。

岸首相と米国のアイゼンハワー大統領の下、現行の日米安全保障条約に両国が署名してから19日で60年を迎える。

52年発効の旧条約は、米軍への基地提供に主眼があった。岸氏は旧条約について「米国は日本防衛の義務がなく、彼らが必要とする基地についても日本政府の関与するところが少なく、勝手な行動ができることになっていた。米国にしてみれば、『日本は自分を守るために何一つ犠牲を払わないのだから文句を言うな』という気持ちだったのだろう」（岸信介回顧録）と綴っている。条約の改定により、米国は日本防衛の義務を負った。

冷戦中、条約はソ連の軍事的脅威に対する歯止めとして機能した。この取り決めによって、少ない防衛コストで、戦後の復興と経済成長を実現することができたのは明らかだ。冷戦後も、テロや大量破壊兵器の拡散を防ぐことにつながったと言える。

安倍首相は年頭の記者会見で、「日米同盟は我が国の外交・安全保障政策の基盤だ」と強調した。安倍政権が米国と安定した関係を築いていることは評価できる。

政治・経済・防衛など広範な分野で日米両国が協力し、信頼を深めていく。同盟の実効性を高めるためには、そうした取り組みが欠かせない。

懸念されるのは、トランプ米政権の内向き志向である。自国の経済を優先し、同盟国に負担増を求めている。

米国の経済力が相対的に低下したことが影響していよう。安全保障にかかわる負担の分担を求める流れは、これからも続くだろう。

日米間では、駐留経費の負担に関する特別協定（思いやり予算）の期限が2021年3月末に切れる。今年の交渉で、米側が大幅な増額を求めてくる可能性がある。日本は経費の約7割を負担しているとされる。

在日米軍基地は、米国の安全保障に限らず、太平洋からインド洋に及ぶ地域での米国の発言力を確保し、経済的利益にもつながっている。

政府は、日本が他国よりも基地の経費を多く負担している事実や、基地提供によって米国が享受するメリットを丁寧に訴えていく必要がある。

自衛隊は、安全保障関連法で可能になった米艦艇などの防護を担っている。新たな協定に基づく給油も行っている。緊密に連携し、米軍の能力を補完する意義は大きい。

米政府を通じて最新鋭の装備を購入する「対外有償軍事援助」は、米国主導で価格が決定する仕組みだ。政府は各国と連携し、米国に透明性の確保や価格の適正化を求めていくべきだ。

夏川 明雄（政治評論家）

### 海外　米・イラン緊張

# 危機回避か軍事衝突か

緊張が続く中東での新たな戦火拡大というかねて恐れられていた悪夢のシナリオが現実味を帯びつつあるかに見える。3年前のトランプ米政権発足後、オバマ前政権下で結ばれた国際的取り決めのイラン核合意から米国が一方的に離脱し、制裁強化に転じたのを機に悪化の一途をたどってきた米・イラン関係がここにきて、本格的な軍事衝突をはらむ危険水域に入ったためだ。対立の舞台はペルシャ湾岸という有数の産油地帯であり、今後の情勢展開次第では原油高など世界経済にも重大な影響を及ぼさずにはおくまい。

きっかけは、米軍が年明け早々、イラン革命防衛隊の精鋭部隊を率いるソレイマニ司令官を無人攻撃機で殺害したことだ。トランプ大統領は同司令官が米国の軍人や外交官への攻撃を計画していた「テロの首謀者だ」と断じ、自らが殺害作戦を指示したことを明らかにした。イラン現体制の最高指導者ハメネイ師は国民の間で広く英雄視されている腹心の司令官が暗殺されたことに強く反発し、米国に対する報復を宣言した。イラン国内では米軍による司令官殺害を機に反米感情が一挙に高まったが、こうした状況下で弱腰の姿勢は取りにくいイラン指導部の今後の出方によっては、大規模反撃を公言してけん制する米国との間で不測の事態に発展する可能性も排除できない。

また、イラクやシリア、レバノンで親イランの武装組織の育成・支援を指揮してきたソレイマニ司令官の殺害現場は、イラクの首都バグダッドの空港であり、テロ掃討作戦を主任務とする駐留米軍を受け入れているイラク政府も「主権を踏みにじられた」と批判。同国議会は米軍を中心とする有志連合の撤収を政府に求める決議を採択した。このため、米・イラン関係の険悪化は宗派・民族抗争の火種を抱える中東全域に飛び火する恐れをはらむだけでなく、有志連合主導の対テロ作戦にも悪影響を与えそうだ。

米国とイランの緊張が高まっていることを受け、国連のグテーレス事務総長は「地政学的な緊張が今世紀最大レベルに達している」とする声明を読み上げ、関係国の指導者に対し、敵対的行動をやめ、最大限の自制を促した。報復を宣言するイラン側の動きで見逃せないのは、2015年に欧米など6カ国と結んだイラン核合意を逸脱する第5弾の措置として、無制限にウラン濃縮を進めると発表したことだ。イランの核開発につながるウラン濃縮の制限撤廃宣言であり、核爆弾の原料となる高濃縮ウランの生産が可能となる。

ただ、イラン指導部は現時点では核合意破棄という究極のカードは温存し、外交駆け引きで危機打開を図る道は残している。第1弾の軍事的報復も米軍が駐留するイラク国内の基地へのミサイル攻撃と抑制されたものとなった。そうした点を十分汲み取り、欧州諸国や日本など国際社会もイランを一方的に追い詰めるのではなく、対話を通じた緊張緩和の模索と核合意の順守がイランの国益にもかなうことを説得する外交努力を強める以外に現下の危機を回避する道はないのではないか。

伊藤 努（外交評論家）

---

# 防衛協力強化で一致

## 南シナ海情勢への懸念共有

### 日インドネシア防衛相会談

河野防衛相は12月20日、来日したインドネシアのプラボウォ・スビアント国防相と防衛省で会談し、防衛協力を一層強化していくことで一致した。

河野大臣は日本が2019年11月に発表した我が国と東南アジア諸国連合（ASEAN）との防衛協力の指針のアップデート版「ビエンチャン・ビジョン2・0」に基づく協力強化を呼び掛け、プラボウォ国防相はこれに歓迎の意を表した。

両氏はインドネシア海軍が主催する多国間共同訓練「コモド」への海自の引き続きの参加のほか、艦艇の寄港や人道支援・災害救援（HA/DR）での協力、教育分野での人的交流を進めていくことで一致した。

さらに両氏は、日本が掲げる「自由で開かれたインド太平洋」ビジョンと、ASEANが19年6月に発表した「インド太平洋に関するASEANアウトルック」の相乗効果を追求した両国関係の深化にも期待感を表明した。

北朝鮮の核・ミサイル開発をめぐっては国連安全保障理事会決議の履行の重要性について認識を共有し、引き続き協力していくことを確認。南シナ海情勢に関しても意見交換し、一方的な現状変更に対する「深刻な懸念」を共有した。

防衛協力の一層の強化で一致し、握手を交わす河野防衛相（右）とインドネシアのプラボウォ国防相（12月20日、防衛省で）＝防衛省提供

# 陸幕長に帰国報告

### ジブチ派遣隊員　重機操作・整備要領を教育

ジブチから帰国した森杉5施設副群長（右列手前）らを激励する湯浅陸幕長（右端）＝12月17日、陸幕長応接室で

防衛省・自衛隊が海外の途上国向けに行っている「能力構築支援」の一環として、東アフリカのジブチ共和国で重機操作教育などに当たった森杉5施設副群長以下の隊員は12月16日に帰国、翌17日に防衛省を訪れ、湯浅陸幕長に帰国報告を行った。

報告は陸幕長応接室で行われ、森杉2佐から教育の状況報告を受けた湯浅陸幕長は「ご苦労さま。（ジブチ軍は）諸君の教育を反映してくれるだろう」と述べた。

同事業はジブチ政府からの要望で平成25年度から開始され、今回で4回目。派遣隊員は10月3日に出国し、ジブチ市内の訓練場などで同国軍の工兵部隊に各種施設機材の操作・整備要領などを教育した。

# 印、タイ海軍と共同訓練を実施

### 護衛艦「さざなみ」

ソマリア沖・アデン湾での海賊対処任務を終え、12月に帰国した海自の第34次派遣海賊対処水上部隊の護衛艦「さざなみ」（艦長・石川将司2佐以下約200人）は帰国途中の11月23日、インド洋で印海軍と共同訓練を行った。

印海軍からはフリゲート「タルカシュ」（満載排水量4000トン）と潜水艦が参加。「さざなみ」は共同訓練を終えた後、ムンバイに寄港し、石川艦長は印海軍西部艦隊司令官のシン少将を表敬するなど日印海上部隊の交流を深めた。

ムンバイを出港した「さざなみ」は、12月4日からタイ海軍の哨戒艦「ソンクラー」などと親善訓練を行った。

インド海軍西部艦隊司令官のシン少将（左）を表敬し、記念品を交換する護衛艦「さざなみ」の石川艦長（インドのムンバイで）

# 海賊対処支援隊13次隊に激励品

### 偕行社

【偕行社】アフリカ東部のジブチを拠点に、ソマリア沖・アデン湾での海賊対処に当たる海自部隊を支援する「海賊対処行動支援隊」の13次要員として、1月中旬から順次ジブチ入りを開始した25普連（遠軽）の隊員約80人に対し、偕行社（会長・志摩篤元陸幕長）は12月18日、無事の帰還を祈念して激励品を贈った。

当日は北海道偕行会代表世話人を務める木村清順氏が旭川駐屯地を訪れ、2師団長の森下泰臣陸将や25普連長の大野木秀樹1佐らが立会する中、派遣要員を代表して25普連2中隊長の能登恒1尉に目録を贈呈した。

能登中隊長は謝意を表した上で、「出発準備は順調に進んでいます。皆さまのご期待に沿うよう立派に任務を果たしてきます」と力強く決意を述べた。

13次要員は第1波が12月10日、第2波が1月7日に出発しており、最後の第3波は1月19日に出国予定だ。

偕行社は「国際貢献活動の任に当たる隊員にとって、家族をはじめ多くの国民の理解と感謝は心の拠り所であり、活動の原動力だ。陸上自衛隊のOB組織として、引き続き、陸自に対する協力を行っていきたい」と話している。

# 中国軍艦、Y9 対馬海峡を往復

12月26日午後3時半ごろ、長崎・下対馬の南西約170キロの公海上を北東に向け航行する中国海軍の「ジャンカイII」級フリゲート（満載排水量3900トン、艦番号539「蕪湖」）1隻を海自1空群（鹿屋）のP3C哨戒機が確認した。

中国艦はこの後、対馬海峡を北上して日本海に進出。翌27日に再び対馬海峡を南下し、東シナ海に戻った。

一方、上空では12月27日午前から午後にかけ、中国軍のY9情報収集機が対馬海峡の公海上空を通過したため、空自西空のF2戦闘機などが緊急発進して対応した。領空侵犯はなかった。

上海方面から東シナ海に飛来したY9は、北東進し対馬東水道を通過。島根・竹島沖で反転して往路と逆ルートで自国領方面に戻った。

# 共済組合だより

## 独身・単身赴任の組合員と子弟の入居者を募集中

### 学生・独身寮「パークサイド入間」

防衛省共済組合の学生・独身寮「パークサイド入間」（埼玉県狭山市入間川4―24―11）では、独身・単身赴任の組合員及び大学生等の組合員子弟を対象に入居者を募集しています。希望者は共済組合支部までお問い合わせください。

「パークサイド入間」は鉄筋コンクリート（RC）5階建（男性）及び地上4階建（1階部分男性、2～4階部分女性）で、部屋数は計103室です。各室はフローリングのワンルームマンション形式で、広さ約19・05平方メートル。キッチン、3点式ユニットバス（お風呂、洗面台、トイレ）、バルコニー、エアコン、インターフォンを完備し、日当たり良好です。

施設には管理人が常駐し、不在時の宅配便の受け取りや急病等緊急時の対応が可能です。なお、給食施設はありませんので、食事は自炊となります。

入居費は月額4万円（使用料3万6000円、共益費4000円）ですが、使用料は住居手当（1万7500円）の支給対象となるので、支給される場合の組合員の自己負担額は月額2万2500円です。駐車場（30台）を利用する場合、料金は月額4987円となります。（いずれも令和元年12月1日現在）

交通は西武池袋線「稲荷山公園」駅から徒歩8分。同駅から都心の「池袋」に急行で40分、「新宿」に60分です（所沢で西武新宿線急行乗換）。

施設外観や内装は防衛省共済組合ホームページ（https://www.boueikyosai.or.jp/）からもご覧になれますので是非ご検討ください。

今までの憲法論議の全てが分かる！
1月17日発売！
安保の田村重信、新刊
田村重信
ここが変だよ日本国憲法！
憲法改正こそ我が党の使命です！　自由民主党総裁 安倍晋三
定価＝本体 1,000円＋税
発行:内外出版株式会社　☎03-3712-0141
ご注文は電話、FAX、ホームページで承ります

ブルーインパルス創隊60周年にふさわしい誇り高きデザインに実用性を兼ね備えた最新モデル

仕様　■サイズ:ケース径:4.4㎝／ベゼル径:4.5㎝／厚み:1.5㎝／バンド幅:2㎝～2.2㎝／重量:約135g■素材:【ケース】純チタン（ベゼル部ブルーIP加工）／【裏蓋】純チタン／【バンド】純チタン、SUS316L／ガラス:カーブミネラルクリスタル■防水性能:10気圧防水■裏蓋にエディションナンバー刻印／専用化粧箱／60周年記念ギャランティーカード■1年間保証■日本製

お申込みはハガキ、電話、FAXで
『ブルーインパルス60周年記念モデル航空腕時計』　カタログ番号 1253
価格　税抜 78,000円　税込 85,800円　月々 14,841円×6回（計89,046円）（実質年率12.9%）
■お届けは約2週間　■送料は別途660円（税込）■一括払いは代引・カード・振込（現品到着後10日以内）、分割払いは審査後のお取扱い。当社基準により支払方法を変更する場合がございます。現品到着後8日以内なら瑕疵なき限り、送料自己負担でご返品可。※当社個人情報取り扱いに関する詳しい内容はホームページまたはお客様窓口へお問い合わせ下さい。
郵便はがき　〒104-0061　東京都中央区銀座4-11-7　銀座国文館
①「ブルーインパルス60周年記念腕時計」②〒・住所 ③氏名（フリガナ）④生年月日 ⑤電話番号 ⑥支払方法（代引/カード/振込/分割）⑦カタログ番号
スマホからもご購入いただけます
0120(223)227　ご注文専用【年中無休】AM9時～PM6時
商品お問い合わせ専用 平日AM9時～PM5時　03(5565)6079
FAX03(5565)6078　銀座国文館　www.kokubunkan.co.jp　〒104-0061東京都中央区銀座4-11-7

T-4と共に迎える60周年を記念し特別製作

■世界最高峰のアクロバット飛行隊"ブルーインパルス"。始まりはたった3名の飛行教官による有志の展示飛行チーム。先の'64年東京五輪や'70年大阪万博などで国民を魅了。その後、よりアクロバット飛行に適した純国産機体T-4に改変され多くの演目が可能となった。直近では東日本大震災での逆境を乗り越え、昨年10月に開催されたラグビーワールドカップで、フライバイ（接近飛行）を披露するなど常に私達に勇気と感動を与え続け、今年遂に60周年を迎えることとなった。

■今回、多くの国民の皆様と、記念すべき節目を分かち合いたいという想いから、防衛省共済組合商品として正式に自衛隊腕時計を製造・販売しているケンテックス社が、ブルーインパルス創隊60周年記念モデルを2020個限定で製造した。銀座国文館では200個のみ特別に確保することができ、一般販売できる運びとなった。

堅牢でいて軽量。拘り溢れる誇り高きデザイン

■ボディとブレスレットは高価な「チタニウム」製。堅牢でありながら驚くほどの軽さを実現。ムーブメントは安心の日本製クオーツ。航空用回転計算尺は、飛行計算はもちろん日常生活でも各種計算が可能。10気圧防水、ブルー蓄光インデックスなどパイロットの使用を想定した実用性の高いモデル。

■スケルトン仕様の文字盤はコクピットをイメージしており、航空計器の姿勢指示器や高度計といったデザインが施され、センタークロノ秒針にT-4のシルエットをあしらうなどの拘りが伺える。裏蓋には60周年を記念する文字と共に、T-4パイロットのエッチング加工と、エディションナンバーが刻印されている。

夜間に視認を補助するブルー蓄光インデックス　裏蓋　バックル

ブルーインパルス最新装備を驚きの価格でご提供

■本品は誇り高き"ブルーインパルスチーム"と、その業績を讃えるために誕生した誉れ高き航空腕時計。価格も限界まで抑え、僅か78,000円（税抜）。日本製で、これだけの技術と拘りが凝縮された仕様であれば、驚くほどのコストパフォーマンスが実現したと言えよう。是非この機会に、ブルーインパルス創隊60周年を迎えた栄光のチームと、隊員のたゆまぬ情熱をこの記念モデルを通して共有いただきたい。

お申し込みの方に本モデルだけの記念ディスプレイセットを無料進呈！

一般販売に際してのお願い
＊総製作数2020点のうち、今回上限200点までとなっております。
＊自衛隊員の方は、恐れ入りますが、防衛省共済組合を通じてお申し込みください。

KENTEX　日本の時計メーカー、ケンテックス社。高い機能と流行に左右されない独自のブランド展開で実用的な価格設定を実現する。2005年より防衛省共済組合登録商品として正式に自衛隊腕時計を製造・販売。

## ブルーインパルス 60年の歩み

■ F86Fブルーインパルス

| | |
|---|---|
| 1960年3月4日 | 初の公式展示飛行を実施（浜松北基地：現・浜松基地） |
| 1960年4月16日 | 浜松基地第1航空団第2飛行隊に「空中機動研究班」として発足 |
| 1964年10月10日 | 第18回オリンピック競技大会　開会式（東京）<br>スモークで五輪マークを描く |
| 1970年3月14日 | 日本万博博覧会　開会式（大阪）<br>「EXPO'70」の文字を描く |
| 1981年2月8日 | F86Fによる最後の公式展示飛行を実施（入間基地）<br>公式展示回数は545回<br>総隊司令部飛行隊での最後のF86F戦闘機の退役式。初代ブルーの機体としても活躍した |

■ T2ブルーインパルス

| | |
|---|---|
| 1982年1月12日 | 松島基地第4航空団第21飛行隊に「戦技研究班」として発足 |
| 1982年7月25日 | T2による初の公式展示飛行を実施（松島基地） |
| 1983年11月3、5日 | 「国際航空宇宙ショー」でシンボルマーク描く（岐阜基地） |
| 1990年4月1日 | 国際花と緑の博覧会　開会式（大阪）<br>シンボルマーク描く |
| 1994年8月10日 | 米空軍の「サンダーバーズ」と三沢基地航空祭で競演<br>三沢基地祭でエプロンに駐機したT2ブルーと、米空軍F16サンダーバーズ。日米アクロバットチームの競演となった |
| 1995年12月3日 | T2による最後の公式展示飛行を実施（浜松基地）<br>公式展示回数は175回 |

■ T4ブルーインパルス

| | |
|---|---|
| 1994年10月1日 | 松島基地第4航空団に「臨時第11飛行隊」が発足 |
| 1995年7月30日 | 松島基地航空祭で研究飛行　T2ブルーとの競演が実現 |
| 1995年11月12日 | 百里基地の航空訓練展示で研究飛行<br>再びT2ブルーと競演 |
| 1995年12月22日 | 「戦技研究班」（T2ブルーインパルス）の解散と同時に「第11飛行隊」として発足 |
| 1996年4月5日 | T4による初の公式展示飛行を実施（防衛大学校） |
| 1997年4月25、26日 | 初の海外遠征（米ネバダ州）<br>ネリス空軍基地の米空軍創設50周年記念エアショー「ゴールデン・エア・タトゥー」でブルー史上初の海外での公式展示飛行を実施 |
| 1998年2月7日 | 第18回オリンピック冬季競技大会　開会式（長野）<br>レベルオープナーを展示 |
| 2002年6月5日 | 2002FIFAワールドカップ　開会式（埼玉）<br>埼玉スタジアムの上空をフライバイ |
| 2004年 | 航空自衛隊50周年を記念して新課目を開発 |
| 2009年6月1、2日 | 横浜港開港150周年記念（神奈川） |
| 2010年9月11日 | 砕氷艦「しらせ」南極探検100周年記念（秋田） |
| 2011年3月11日 | 東日本大震災　松島基地が被災により使用不可に<br>展開先の芦屋基地で訓練を再開 |
| 2014年5月31日 | SAYONARA国立競技場FINAL（東京） |
| 2014年10月12日 | 第69回国民体育大会（長崎） |
| 2015年 | T4ブルーインパルス20周年 |
| 2015年3月25日 | 姫路城大天守保存修理事業完成記念式典（兵庫） |
| 2016年8月28日 | 松島基地復興感謝イベント<br>6年ぶりに松島基地で展示飛行 |
| 2017年8月27日 | 松島基地航空祭<br>2010年以来7年ぶりの開催 |
| 2018年8月24日 | 第55回桐生八木節まつり<br>群馬県で初となる展示飛行を披露 |
| 2019年9月20日 | ラグビーワールドカップ2019　開会式 |

# 「ブルーインパルス」創隊60周年

# 次の60年へ駆け抜けろ

航空自衛隊第4航空団第11飛行隊（松島）の曲技飛行チーム「ブルーインパルス」が今年、創隊60周年を迎えた。ブルーインパルスはこれまで、F86F戦闘機、T2高等練習機、そして現在のT4中等練習機を駆使して防衛省・自衛隊の広報を担い、〝空自の顔〟として全国各地で展示飛行や祝賀飛行を実施し、全国のファンの声援に応えながら戦後の60年間を駆け抜けてきた。また前回1964年の東京オリンピックから昨年のラグビーW杯日本大会まで、大空に五輪のマークや「桜の花」をスモークで描き、選手たちにエールも送ってきた。今年〝還暦〟を迎えるブルーインパルスの第12代リーダーを務める11飛行隊長の福田哲雄2佐に、これまでのブルーの歩みと60周年を迎えての心境を、パイロットら11人には記念すべき新年の抱負を聞いた。

（聞き手　石川穂乃香）

60周年の記念すべき年を迎え、愛機のT4練習機をバックにガッツポーズを決めるブルーインパルスのパイロットたち（空自松島基地で）

## 〝空自の顔〟還暦

## 「ここから新しいスタート」

### 第11飛行隊長1番機リーダー　福田哲雄2佐に聞く

――ブルーは今年〝還暦〟を迎えます。飛行隊長としての今のお気持ちを。

60周年の記念の年に隊長として勤務できることは、非常にうれしく光栄です。還暦ということは同じ干支に戻りますよね。ブルーも誕生から一回りしたと考えると、ここからまた新しいスタートになると思います。次の60年に向け、新しいブルーを作っていかなくてはいけない。

――これまでで思い出に残るフライトは。

1回1回が思い出深いフライトです。2018年の松島航空祭は朝から土砂降りで、誰もが飛べないのではと思っていましたが、我々が展示する時間だけ晴れてくれたんです。おかげで無事に飛べました。その後、地上に降りたら雨が降り出した。皆さんの思いが天に通じたんだと思いました。

熊本城の復興イベントも印象に残っています。熊本地震の直後だったため、市街地や町の外には（屋根を覆う）ブルーシートが点在していましたが、会場にはたくさんのお客さんが来てくれた。我々のフライトを通じて（被災者を）勇気づけられたかなと上空から思いましたし、胸が熱くなりました。

――前回の東京オリンピックでは空に五輪マークを描きました。今年の五輪でも飛行が期待されていますね。

復興五輪ということで、3月20日にはギリシャから松島基地に聖火が運ばれてきます。そのご縁で何か機会をいただけるのであれば光栄なことです。その際はメンバー一同、全力で頑張ります。

飛行前のブリーフィングで、訓練内容の打ち合わせをする11飛行隊のパイロットたち（空自松島基地で）

#### 時間の共有、信頼関係築く

――上空での演技は危険も伴いますが。

若い人が目上の人に意見を言うのは抵抗があると思いますが、（このチームでは）命がかかっていますし、いくらベテランでも失敗することがある。そんな時に（若いメンバーも）「あのときはこうでした」と言える人間関係と雰囲気づくりを大事にしています。

プライベートでも、検定とかに合格した時には一緒に飲みに行きますし、先日はキャンプもしました。航空祭などは週末が多く、普通の職場に比べてメンバーはアフター5も一緒にいる時間が多いので、そういうところで信頼関係が構築できているのかなと。

あと、これもブルーの伝統ですが、食事は必ず一緒に行きます。食事のときはリラックスして（その人の）素がでると思うので、そういう時間を共有することが、〝危険な任務を共にする〟という部分で「絆」を深める一助になっているように思います。

――ブルーのパイロットとして、うれしかったことは。

子供たちが笑顔で「かっこよかった」「将来ぼくもブルーインパルスのパイロットになりたいです」と言ってくれると嬉しい。その分、期待を裏切っちゃだめだ、さらに良いパフォーマンスを見せてあげたいと感じます。

昨春、T4型機のエンジンに不具合が見つかり、飛べなくなった期間がありました。その時はみんなのモチベーションが下がるのが心配でした。整備員も忙しい中で飛行機に触ることで、やりがいを感じてくれていますから。しかし、「今できることをやる」と皆が前向きに取り組んでくれたので、2カ月間を乗りきることができました。

――ブルーにも将来、女性パイロットが誕生しますか。

時期はわかりませんが、いずれはその日が来るでしょうね。戦闘機パイロットの門が開かれたので、何年後かはわかりませんが、女性パイロットどころか、私は女性の隊長も誕生する時代がくると思っています。コミュニケーションが取れて、お互いに信頼できる人であれば、男性女性は問わなくていいんじゃないかなと思います。

#### 創造への挑戦　これからも

――最後に、全国のブルーファンへメッセージと、新年の抱負を。

いつも温かいご声援をありがとうございます。人間で言う還暦は、再就職とか第2の人生のスタートの時期だと思うんです。ブルーインパルスも60周年を新たなスタートとして、新しいステージに向けて頑張っていきたいです。

今まで受け継いできた伝統をしっかりと守りつつ、スローガンである〝創造への挑戦〟を続けていくので、引き続き応援をお願いいたします。

私にとって本年は飛行隊長として最後の年になります。ブルーでの勤務も残りわずかですが、悔いの残らないよう最後まで全力で職務を全うし、次の世代への継承を確実に行い、ブルーのさらなる飛躍に貢献したいと思います。

### 第11飛行隊11人の抱負

## 飛躍　さらなる高みへ

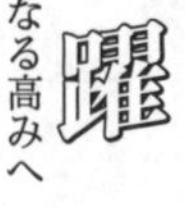
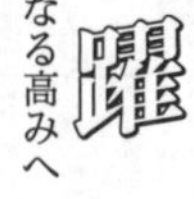

**1番機　飛行隊長付　遠渡　祐樹2佐**

各地で展示飛行を行いチームの団結が強まっていくのを感じる。より完璧な演技をお見せできるよう努力するとともに、全国で我々の演技を楽しみに待つ方々を勇気づけられるよう、隊一丸となって訓練に励みたい。

**1番機　飛行班長　海野　勝彦3佐**

日々の訓練や各種展示飛行は新しい発見や挑戦の連続。常に新鮮な気持ちで勤務している。60周年を迎え、喜びとその重みを感じているが、見る人により多くの「夢・感動」を与えられるよう精いっぱい頑張りたい。

**2番機　中條　智仁1尉**

飛行隊では貴重な経験ができ、特に昨年は、ラグビーW杯で飛行できたことが印象に残る。今年は私にとってブルー在隊のラストイヤーになるが、記念すべき年に飛べる喜びを噛み締め、最後まで安全確実に、向上心を持って飛び続けたい。

**2番機　住田　竜大1尉**

とても風通しの良い飛行隊なので、メリハリのある生活ができている。60周年という節目に飛行できる喜びをフライトで表現できるよう、さらなる向上心を胸に、2020ツアーも駆け抜けていきたい。

**3番機　久保　佑介1尉**

ブルーでしかできない飛行を、自らの操縦で行うことができたことを誇りに思う。「伝統の継承」という重責を果たすため、訓練にまい進しつつ、常に高みを目指し、後任の育成にも尽力したい。

**4番機　村上　綾1尉**

全国のイベントで子供たちに夢と感動を与えられたことを光栄に思う。60年の伝統と技を伝承するブルーの一員として勤務できたことには感謝しかない。安心して見られる展示飛行を目指し、向上心と謙虚な心を持って訓練にまい進していく。

**4番機　永岡　皇太1尉**

ブルーでは通常の勤務では経験できないことを学べた。長い歴史の中で受け継がれてきた伝統ある技を継承するため、自分に妥協することなく、日々の訓練に精いっぱい取り組んでいく。

**5番機　元廣　哲3佐**

ブルーでの勤務も終盤になったが、演技を見た人の顔が笑顔になっているのが1番の幸せだった。60周年という節目に在隊できる喜びを胸に、さらなる高みを目指すとともに、引き続き安全に留意していく。

**5番機　河野　守利3佐**

約1年10カ月の勤務の間、毎回の訓練が発見の連続だった。輝かしい歴史を紡いできた部隊の創隊60周年の記念すべきシーズン、安全確実に任務を遂行し、空自を国内外にしっかりアピールしていきたい。

**6番機　佐藤　貴宏1尉**

60周年という記念の年に、（東北）三陸の「やる気・元気・負けん気」をもって常に笑顔で任務にまい進し、進化した6番機の技と伝統を後輩に引き継いでいきたい。

**総括班長　谷嶌　博紀3佐**

飛行隊での勤務ももうすぐ3年になる。総括班長として各地の展示に同行し、貴重な経験ができた。60周年の年に在隊できることに感謝し、日々の業務に全力を尽くすとともに、気を緩めずに任務を全うしたい。

発売中！

2020自衛隊手帳

2021年3月末まで使えます。

NOLTY能率手帳がベースの使いやすいダイアリー。
年間予定も月間予定も週間予定もこの1冊におまかせ！

お求めは防衛省共済組合支部厚生科（班）で。
（一部駐屯地・基地では委託売店で取り扱っております）
Amazon.co.jp または朝雲新聞社ホームページ
（http://www.asagumo-news.com/）
でもお買い求めいただけます。

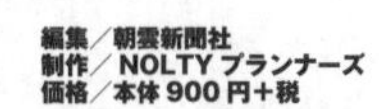

編集／朝雲新聞社
制作／NOLTYプランナーズ
価格／本体900円＋税

朝雲新聞社
http://www.asagumo-news.com

# 2020年度 防衛予算案 詳報

令和2（2020）年度の政府予算案が12月20日の閣議で決定した。米軍再編関係費やSACO（沖縄に関する特別行動委員会）関係費などを含めた防衛費は、前年度当初予算比1・1%増の5兆3133億円と8年連続で増加し、過去最大規模となった（SACO関係費などを除いた防衛費は同1・2%増の5兆688億円）。主要項目と金額は次の通り。金額は契約ベース。本文中の着色部分は新規事業。（1面参照）

## 考え方

1 「平成31年度以降に係る防衛計画の大綱」（平成30年12月18日閣議決定）に基づく「中期防衛力整備計画（平成31年度～平成35年度）」（平成30年12月18日閣議決定）の2年度目として、真に実効的な防衛力として、多次元統合防衛力の構築に向け、防衛力整備を着実に実施。

2 領域横断作戦を実現するため、優先的な資源配分や我が国の優れた科学技術の活用により、宇宙・サイバー・電磁波といった新たな領域における能力を獲得・強化。また、領域横断作戦の中で、新たな領域における能力と一体となって、各種事態に効果的に対処するため、海空領域における能力、スタンド・オフ防衛能力、総合ミサイル防空能力、機動・展開能力を強化。さらに、平時から有事までのあらゆる段階において、必要とされる各種活動を継続的に実施できるよう、後方分野も含めた防衛力の持続性・強靱性を強化。加えて、少子高齢化等も踏まえた人的基盤の強化、軍事技術の進展を踏まえた技術基盤の強化等に優先的に取り組むとともに、安全保障環境の変化を踏まえ、日米同盟・諸外国との安全保障協力を強化。

3 この際、格段に速度を増す安全保障環境の変化に対応するため、従来とは抜本的に異なる速度で防衛力を強化。また、既存の予算・人員の配分に固執することなく、資源を柔軟かつ重点的に配分し、効果的に防衛力を強化。さらに、あらゆる分野での陸海空自衛隊の統合を一層推進し、縦割りに陥ることなく、組織および装備を最適化。

4 格段に厳しさを増す財政事情と国民生活に関わる他の予算の重要性等を勘案し、我が国の他の諸施策との調和を図りつつ、調達の効率化にかかる各種取り組み等を通じて、一層の効率化・合理化を徹底。

## I 防衛関係費

1 〔 〕は、対前年度伸率（%）である。

2 計数は、四捨五入によっているので計と符合しないことがある（以下同じ）。

3 上段は、SACO関係経費、米軍再編関係経費のうち地元負担軽減分、新たな政府専用機導入に伴う経費および防災・減災、国土強靱化のための3か年緊急対策に係る経費を除いたもの、下段（ ）内は含んだものである。

総額におけるその金額は、SACO関係経費として令和元年度256億円、2年度138億円、米軍再編関係経費のうち地元負担軽減分として令和元年度1679億円、2年度1799億円、新たな政府専用機導入に伴う経費として、令和元年度62億円、2年度0・3億円。防災・減災、国土強靱化のための3か年緊急対策に係る経費として、令和元年度508億円、2年度508億円である。

4 令和2年度の為替レートは、1ドル＝110円である。

◆防衛関係費全般

（単位：億円）

| 区分 | 令和元年度予算額 | 対前年度増△減額 | 令和2年度予算額 | 対前年度増△減額 |
|---|---|---|---|---|
| 防衛関係費 | 50,070<br>(52,574) | 682[1.4]<br>(663[1.3]) | 50,688<br>(53,133) | 618[1.2]<br>(559[1.1]) |
| 人件・糧食費 | 21,831 | △19[△0.1] | 21,426 | △405[△1.9] |
| 物件費 | 28,239<br>(30,744) | 701[2.5]<br>(682[2.3]) | 29,262<br>(31,708) | 1,023[3.6]<br>(964[3.1]) |
| 歳出化経費 | 18,431<br>(19,675) | 841[4.8]<br>(777[4.1]) | 19,336<br>(20,326) | 905[4.9]<br>(651[3.3]) |
| 一般物件費<br>※活動経費 | 9,808<br>(11,068) | △141[△1.4]<br>(△95[△0.8]) | 9,926<br>(11,382) | 118[1.2]<br>(314[2.8]) |

## II 領域横断作戦に必要な能力の強化における優先事項

我が国を取り巻く安全保障環境が格段に速いスピードで厳しさと不確実性を増す中、宇宙・サイバー・電磁波を含む全ての領域における能力を有機的に融合し、平時から有事までのあらゆる段階における柔軟かつ戦略的な活動の常時継続的な実施を可能とする防衛力を構築する。

1 宇宙・サイバー・電磁波の領域における能力の獲得・強化

領域横断作戦を実現するため、優先的な資源配分や我が国の優れた科学技術の活用により、宇宙・サイバー・電磁波といった新たな領域における能力を獲得・強化する。（宇宙関連経費506億円）※弾道ミサイル防衛関連経費の宇宙関連部分を除く。

（1）宇宙領域における能力強化

○宇宙作戦隊（仮称）等の体制整備

・我が国の宇宙利用の優位を確保するため、空自に「宇宙作戦隊（仮称）」を新編（約20名の定員）

・宇宙領域における統合運用に係る企画立案機能を整備するため、統幕指揮通信システム部指揮通信システム企画課に「宇宙領域企画班（仮称）」を新設

・宇宙領域等の新領域に関する装備品等の導入・維持整備に係る検討体制を強化するため、空幕防衛部に「事業計画第2課（仮称）」を、同装備計画部整備・補給課に「宇宙通信電子システム班（仮称）」を新設

・米軍コロラド州の米空軍基地で実施する「宇宙基礎課程」等に要員を派遣し、宇宙全般に関する知見を習得

○宇宙空間の安定的利用を確保するための能力（223億円）

・電磁波領域と連携した相手方の指揮統制・情報通信を妨げる能力に関する調査研究

・我が国の人工衛星に対する電磁妨害状況を把握する装置の取得

・SSA衛星（宇宙設置型光学望遠鏡）の整備

静止衛星軌道上にあるXバンド防衛通信衛星等の周辺を飛しょうするデブリや不明物体の特性を把握するためのSSA衛星の構成品を取得

・宇宙状況監視（SSA）システムの取得

米軍および国内関係機関等と連携した宇宙状況監視を行うために必要な関連器材の取得等

○宇宙を利用した情報収集能力等の強化（43億円）

・高感度広帯域赤外線検知素子の研究

・人工衛星を活用した警戒監視に係る調査研究

・宇宙空間での2波長赤外線センサーの実証研究

○衛星通信の利用（137億円）

・衛星通信システムの抗たん性向上

・Xバンド通信衛星に対応するための装備品等の改修等

・商用通信衛星回線の借り上げ、衛星通信器材の整備・維持等

○画像衛星データ等の利用（101億円）

・画像解析用データの取得（超小型地球観測衛星を含む各種商用衛星等）

・気象衛星情報の利用

・海洋状況監視に資する衛星情報の取得

○その他の宇宙政策に関する取り組み（1・3億円）

・宇宙分野における多国間机上演習等への参加

・宇宙分野における国際ルール形成の取り組みへの参画

※弾道ミサイル防衛関連経費（宇宙関連部分のみ）523億円

（2）サイバー領域における能力強化（サイバー関連経費256億円）

サイバー防衛隊等の体制強化

○サイバー防衛能力のさらなる強化を図るため、陸海空自衛隊の共同の部隊であるサイバー防衛隊を約70名増員し、体制拡充（約220名→約290名）

○陸自が管理するシステム・ネットワークを、より効果的に防護する態勢を構築するため、陸上総隊隷下のシステム通信団に「サイバー防護隊（仮称）」を新編

サイバーに関する最新技術の活用

○防衛省・自衛隊に対するサイバー攻撃手法等に関する情報収集を行うため、サイバー情報収集装置を整備（34億円）

○サイバー攻撃対処に係るAI適用システムの設計（0・3億円）

不正メール等の自動判別や脅威度の判定にAIを活用

○5Gを見据え、防衛省・自衛隊で使用されるネットワーク機器等に必要なサイバーセキュリティー対策についての調査研究を実施（0・2億円）

サイバー人材の確保・育成

○米国におけるサイバー戦に関する指揮官の教育（0・4億円）

[illegible]

○民間人材を活用したサイバーコンテスト（MODICTF＝仮称）を新編（Ministry of Defense Capture the Flagの略）

システム・ネットワークの充実・強化

○内部侵入等によるサイバー攻撃からの防護のため、防衛情報通信基盤（DII）のクローズ系システムを整備（76億円）

○システム・ネットワーク管理機能の整備（12億円）

陸自が運用する全てのシステム・ネットワークの状況を一元的に管理し、所要のセキュリティー対策を効率的に実施するシステムを整備

（3）電磁波領域における能力強化

我が国に侵攻する相手方のレーダー等を無力化する装備の研究開発

○効果的な電波妨害を実施することにより自衛隊の航空作戦の遂行を支援する、スタンド・オフ電子戦機を開発（150億円）

○陸上から電波を放射し、我が国に侵攻する航空機のレーダーを無力化する対空電子戦装置を取得し研究（38億円）

我が国に対する侵攻を企図する相手方からの電磁波領域における妨害等に際して、その効果を局限する能力の強化

○戦闘機（F35A）の取得（3機281億円）

その他関連経費（整備用器材等）として、別途374億円を計上

※令和元年度および2年度については、国内企業が最終組み立て・検査を実施

○戦闘機（F35B）の取得（6機793億円）

電子防護能力に優れたF35Bを取得し、戦闘機運用の柔軟性を向上

その他関連経費（整備用器材等）として、別途235億円を計上

○戦闘機（F15）の能力向上

○電波の収集・分析および通信の無力化により、作戦を有利に進めるため、陸自のネットワーク電子戦システムを整備（1式100億円）

電子戦部隊の体制強化

○電磁波領域における作戦能力を強化するため、陸自にネットワーク電子戦システムを導入して、電子戦部隊を新編

○電磁波情報を含む情報分析機能強化のため、海自「情報業務群」を「艦隊情報群（仮称）」に改編

電磁波に関する情報の収集・分析能力の強化

○電波情報自動識別能力に優れた艦艇用の電波探知装置と電波管理装置を参考品取得し、艦艇の電波情報収集能力の向上に向けた研究を実施（6億円）

電磁波管理能力の強化

○電子戦等を効果的に遂行し得るよう、電磁波の利用状況を把握し、可視化に資する電磁波管理支援技術の研究に着手（9億円）

情報通信能力・情報共有態勢の強化

○海上作戦情報処理システムの整備（26億円）

○艦艇および航空機の戦術データリンクを整備（59億円）

EMP攻撃等からの施設の防護手段

○電源フィルター等の自衛隊施設のEMP対策に必要な機材等の性能試験を行い、試験結果等を踏まえた施設のEMP防護対策を検討（1億円）

訓練演習、人材育成

○英海軍が実施する電磁波領域を含む総合図上演習への参加（60万円）

○電磁波領域の能力の維持・強化のため、空自の電子戦教育装置の換装に着手し、効率的な人材育成を図る（2億円）

○米国の電子戦教育課程への要員派遣（400万円）

2 従来の領域における能力の強化

領域横断作戦の中で、宇宙・サイバー・電磁波の領域における能力と一体となって、航空機、艦艇、ミサイル等による攻撃に効果的に対処するため、海空領域における能力、スタンド・オフ防衛能力、総合ミサイル防空能力、機動・展開能力を強化する。

（1）海空領域における能力

常続監視態勢の強化

○固定翼哨戒機（P1）の取得（3機632億円）

※探知識別能力、飛行性能、情報処理能力等が従来のP3Cより向上

○固定翼哨戒機（P3C）の機齢延伸（7機34億円）

○哨戒ヘリ（SH60K）の取得（7機498億円）

○救難体制を維持するため、SH60Kを救難仕様に改修（2機19億円）

○SH60K（3機）およびSH60J（2機）の機齢延伸（5機90億円）

○画像情報収集機（OP3C）の機齢延伸（4億円）

○電子戦データ収集機（EP3）の機齢延伸（2億円）

機齢延伸措置を実施する前に機体構造の健全性を確認するため、機体の疲労評価を行う

○護衛艦部隊の54隻体制への増勢のため、対機雷戦機能も具備し、多様な任務への対応能力の向上と船体のコンパクト化を両立した護衛艦「FFM」（30年度型護衛艦5番艦および6番艦＝3900トン）を建造（2隻944億円）

○「むらさめ」型、「こんごう」型、「あさぎり」型および「あぶくま」型護衛艦に艦齢延伸措置を実施（艦齢延伸工事7隻および部品調達5隻分83億円）

○探知能力等が向上した潜水艦（29年度型潜水艦4番艦＝3000トン）を建造（1隻702億円）

○潜水艦を16隻体制から22隻体制へ増勢するため、「おやしお」型および「そうりゅう」型潜水艦に艦齢延伸措置を実施（艦齢延伸工事3隻および部品調達7隻分24億円）

○船体を木造から耐久性に優れたFRP製に進化させた掃海艦（「あわじ」型4番艦＝690トン）を建造（1隻126億円）

○早期警戒機（E2D）の初度部品等を一括調達により取得（380億円）

○自動警戒管制システム（JADGE）を将来の航空脅威に対応するため、次期警戒管制レーダーの開発に合わせ連接機能を付加（17億円）

○滞空型無人機（グローバルホーク）の導入に伴い、装備品の受入・維持管理や教育、運用試験等を円滑に実施可能な体制を構築するため、空自に「臨時滞空型無人機航空隊（仮称）」を新編

○陸自が保有する各種レーダー（低空、沿岸、対迫、対砲）の共通化を図ることにより、量産単価・LCCの低減や補給整備性を向上させるとともに、低RCS化対応を可能とする多目的監視レーダーを開発（8億円）

※四つの既存レーダーを一つに共通化することにより、開発費や将来の整備数量の低減が図られ、全体で約262億円を効率化

航空優勢の獲得・維持

○戦闘機（F15）の能力向上（390億円）

スタンド・オフ・ミサイルの搭載、搭載弾薬数の増加および電子戦能力の向上等に必要な改修を実施するための関連経費を計上

○戦闘機（F2）の能力向上（2機26億円）

周辺諸国の航空戦力の近代化や各種任務に適切に対応するため、現有戦闘機の能力向上改修、対艦能力の向上およびネットワーク機能の能力向上のための設計等を実施

○戦闘機部隊等が各種作戦を広域かつ持続的に遂行し得るよう、空中給油・輸送機（KC46A）を取得（4機1052億円）

○空中給油・輸送能力を強化するため、KC46Aを主要装備とする空中給油・輸送部隊1個飛行隊を新編

○護衛艦「いずも」の改修（31億円）

F35Bの発着艦を可能とする部分的な改修を実施

○救難ヘリ（UH60J）の取得（3機156億円）

空自UH60Jの減勢に対応し、救難態勢を維持・強化するとともに、多様な事態に実効的に対処し得る態勢を整備

○戦闘機部隊等の体制移行の実施

・F4からF35Aへの機種更新に伴い、百里基地のF4飛行隊を整理し、三沢基地にF35A飛行隊を新編

○陸自に低空目標や高速目標への対処能力を向上させた03式中距離地対空誘導弾（改善型）を取得（1式120億円）

○陸自に対空戦闘指揮統制システムを整備（1式31億円）

次期戦闘機（約280億円＝関連経費含む）

○我が国主導の次期戦闘機の開発（111億円）

将来のネットワーク化した戦闘の中核となる役割を果たすことが可能な戦闘機について、国際協力を視野に、我が国主導の開発に着手（戦闘機システム全体の初期的な設計作業に着手）

○戦闘機等のミッションシステム・インテグレーション技術の研究（76億円）

○有人機の支援を行う遠隔操作型支援機の実現に求められる編隊飛行技術や遠隔操作に必要なヒューマン・マシン・インターフェース技術等に関する研究を実施（1億円）

○次期戦闘機の開発体制の強化

次期戦闘機の開発を効率的に実施するため、防衛装備庁に「装備開発官＝次期戦闘機担当（仮称）」を新設

海上優勢の獲得・維持

○水中防衛用小型UUVの導入（75億円）

自衛隊員の安全を確保するため遠隔管制により目標海域に進出し、その場において我が国に侵攻する相手方艦艇を阻止する能力を有するUUVを装備化

○ASM3（改）の開発（103億円）

諸外国の艦艇の近代化に対応するため、超音速飛しょうにより高い残存性を有する空対艦誘導弾の射程延伸等の能力向上を実施

（2）スタンド・オフ防衛能力

○相手の脅威圏外（スタンド・オフ）から対処できるF35Aに搭載可能なスタンド・オフ・ミサイル（JSM）を取得（136億円）

（3）総合ミサイル防空能力

（弾道ミサイル防衛関連経費1136億円）

○陸自イージス・アショア垂直発射装置（VLS）の取得（115億円）

イージス・アショア関連経費（129億円）

・VLSの取得（115億円）

・調査経費等のその他関連経費（14億円）＝特定の配備地を前提とする経費は計上しない

○弾道ミサイル防衛に使用するSM3ブロックⅡAを取得（301億円）

○PAC3MSEミサイルを運用するため、ペトリオット・システムの能力向上改修を実施（90億円）

※これにより、令和4年度に全高射隊がPAC3MSE化する予定

○総合ミサイル防空能力の強化および将来の経空脅威とこれへの対処の在り方に関する調査研究（0・5億円）

○弾道ミサイル等対処訓練を実施し、米軍との連携要領を向上

（4）機動・展開能力

○航空機等での輸送に適した16式機動戦闘車を取得し、作戦基本部隊（師団・旅団）の機動展開能力を強化（33両237億円）

○19式装輪自走155ミリりゅう弾砲の取得（7両45億円）

○輸送ヘリ（CH47JA）の取得（3機228億円）

○航続距離や搭載重量等を向上し、大規模な展開に資する輸送機（C2）用のエンジンを取得（6式220億円）

○将来の水陸両用車両技術に係る実証装置を試作し、水陸機動能力向上技術、海上高速航行技術および乗員安全性を検証（17億円）

○部隊配置等に伴う施設整備

・南西警備部隊等に係る整備（228億円）

石垣島の隊庁舎等、宮古島の保良鉱山地区における構内道路等、奄美大島（瀬戸内分屯地）の火薬庫等を整備

・陸自オスプレイの拠点整備（佐賀空港関連）＝30億円

○PFI船舶の活用による統合輸送態勢の強化

○日米共同統合演習（実動演習）の実施

連動して統合通信訓練（実動訓練）を実施し、電磁波領域に係る対処能力等の向上を図る

○統合水陸両用作戦訓練の実施

常続的陸上自衛隊展開訓練構想（CPEC）

高い練度を保持した陸上自衛隊の部隊を南西地域等へ機動展開し、練成訓練を実施することにより、抑止力および対処力の向上を図る

―常続的陸上自衛隊展開訓練構想に関連する訓練・演習―

○機動師団・旅団を機動展開し、島嶼部等における地域の特性に応じた練成訓練を実施して練度を向上するとともに、対処能力の実効性を向上

○水陸機動団の艦艇と連携した南西地域における洋上機動展開および島嶼部等における練成訓練等

○北海道をはじめとする国内外の良好な訓練基盤への機動展開

・国外における米軍等との実動訓練

3 持続性・強靱性の強化

平時から有事までのあらゆる段階において、部隊運用を継続的に実施し得るよう、弾薬および燃料の確保、自衛隊の運用に係る基盤等の防護に必要な措置を推進するとともに、各種事態に即応し、実効的に対処するため、装備品の維持整備に係る取り組みを推進する。

（1）継続的な運用の確保

○航空優勢、海上優勢の確保に必要な対空ミサイル、魚雷の取得（198億円）

○後方支援エリアとして新井地区の用地を取得し、横須賀基地の後方支援機能拡充を推進

○現有小銃の後継として、耐環境性、火力性能および拡張性に優れた新小銃を取得（3283丁9億円）

○現有拳銃の後継として、操用性に優れた新拳銃を取得（323丁0・2億円）

○小型無人機等飛行禁止法の改正を踏まえ、小型無人機への対処態勢を強化し、駐屯地・基地等の安全を確保

○各級指揮官等が一般情報および目標情報を一元的かつリアルタイムに処理・共有し得るよう各種指揮統制系システムを標準化し、指揮通信基盤を充実（37億円）

○抗たん性の強化のため、航空機の基地内分散に必要な分散パッドを整備

○滑走路等被害復旧の能力向上に必要な器材の取得（6億円）

○自衛隊施設の老朽化対策および耐震化対策の推進（593億円）

（2）装備品の維持整備に係る取り組みの推進

○装備品の維持整備に必要な経費の着実な確保（9656億円）

○PBL契約活用による調達リードタイム短縮

・海自MCH101掃海・輸送ヘリの修理等のPBL（194億円）

## III 防衛力の中心的な構成要素の強化における優先事項

人口減少と少子高齢化が急速に進展する一方、装備品が高度化・複雑化し、任務が多様化・国際化する中、より幅広い層から多様かつ優秀な人材の確保を図るとともに、全ての自衛隊員が高い士気を維持し、自らの能力を十分に発揮できる環境の整備に向けた取り組みを重点的に推進する。

また、軍事技術の進展を背景に戦闘様相が大きく変化する中、我が国の優れた科学技術を生かし、防衛装備につながる技術基盤を強化するため、装備品の研究開発期間の短縮や技術的優勢の確保に向けた取り組みを実施するとともに、必要かつ十分な質および量の防衛力を効率的に確保するため、プロジェクト管理の強化等による費用対効果の向上を図る。

1 人的基盤の強化

（1）優秀な人材確保のための取り組みの推進

募集業務の充実・強化

○採用広報用動画の作成（2億円）

再就職支援の充実・強化

○職業訓練課目の新設（200万円）

民間企業等における危機管理部門への再就職職域の拡大を図るため、事業継続管理者等の資格取得に係る課目を新設

○就職援護におけるインターンシップの実施（0・1億円）

再就職先のミスマッチ等による早期離職を防止するとともに、再就職先の拡充を図る観点から、退職予定自衛官に対するインターンシップを実施

その他

○パワー・ハラスメント防止施策の推進（0・1億円）

・部外専門家による指導能力向上のプログラム（仮称）

・第三者によるハラスメント相談窓口の設置

（2）女性の活躍、働き方改革の推進および生活・勤務環境の改善

女性職員の採用・登用のさらなる拡大等、女性職員の活躍をさらに推進するとともに、ワークライフバランスの確保のための働き方改革に関する施策の推進や生活・勤務環境の改善を図る。

女性隊員の勤務環境の整備（27億円）

○女性隊員のための施設整備

○艦艇における女性用区画の整備（海自）

○メンター養成研修

○女性自衛官のための部外カウンセラー招へい等

働き方改革のための環境整備（0・3億円）

○働きやすい職場を実現するための勤務環境の改善

職業生活と家庭生活の両立支援（4億円）

○庁内託児施設の整備

・託児施設の拡充（防医大）

・庁内託児施設の備品等の整備

○緊急登庁支援（児童一時預かり）のための備品整備等

国際協力分野における女性の活躍の推進等

○NATOジェンダー関連年次会合等への派遣

意識啓発のための研修・訓練等の実施（0・3億円）

○意識改革のためのセミナー等の実施

○男女共同参画推進集合訓練等

○女性職員の活躍紹介・両立支援ハンドブック等の作成・配布

その他の女性の活躍、働き方改革の推進関連事業（0・8億円）

○女性採用対象者向けのパンフレットの作成

○セクシュアル・ハラスメント防止対策の推進等

生活・勤務環境の改善

○自衛隊施設（宿舎除く）の整備（360億円）

○宿舎の整備（203億円）

○備品の整備（14億円）

○日用品等の整備（11億円）

（3）教育・研究体制の充実

防衛研究所、防衛大学校、防衛医科大学校等の教育・研究体制を強化するための施策を実施するとともに、職務に専念できる環境を整備する。

防衛研究所

○国際的な研究交流の強化

新たにフランスの軍事学校戦略研究所（IRSEM）との短期フェローシップにより、研究者を相互派遣し共同研究を実施

防衛大学校

○教育・研究体制の整備（3億円）

防衛医科大学校

○防医大の運営改善

教育・研究に必要な症例を質的・量的に確保するため、臨床教育の場および地域医療拠点として、中央診療施設を整備するための基本検討を実施（0・5億円）

○自衛隊の部隊運用ならびに防医大の教育および研究に資する防衛医学先端研究を実施（3億円）

（4）持続的な部隊運用を支える予備自衛官等に係る施策の推進

即応予備自衛官および予備自衛官のより幅広い分野・機会での活用を進めるとともに、予備自衛官等の充足向上のための取り組みを推進する。

○「即応予備自衛官育成協力企業給付金」（仮称）の創設（0・7億円）

自衛官経験のない予備自衛官が即応予備自衛官に任用されるためには、予備自衛官としての訓練に加え、即応予備自衛官として必要な知識・技能を修得するため、所要の訓練（約40日間/3年）が必要。これに伴い、本業を離れる日が増えることから、雇用主の理解および協力を考慮した給付金（56万円/人）を支給

○被服、装具等の整備（1・1億円）↖

㊦日本主導で開発に着手する次期戦闘機のイメージ　㊤米軍や宇宙航空研究開発機構（JAXA）などの関係機関と連携した宇宙状況監視を行うための宇宙監視システム運用イメージ

## 主要な装備品

| 区分 | | | | 令和元年度調達数量 | 令和2年度調達数量 | 令和2年度金額（億円） |
|---|---|---|---|---|---|---|
| 航空機 | 陸自 | 新多用途ヘリコプター（UH－X） | | 6機 | － | － |
| | | 輸送ヘリコプター（CH－47JA） | | － | 3機 | 228 |
| | 海自 | 固定翼哨戒機（P－1） | | － | 3機 | 632（395） |
| | | 固定翼哨戒機（P－3C）の機齢延伸 | | （5機） | （7機） | 34 |
| | | 哨戒ヘリコプター（SH－60K） | | － | 7機 | 498（78） |
| | | 哨戒ヘリコプター（SH－60K）の機齢延伸 | | （3機） | （3機） | 72 |
| | | 哨戒ヘリコプター（SH－60J）の機齢延伸 | | （2機） | （2機） | 18 |
| | | 画像情報収集機（OP－3C）の機齢延伸 | | － | （1機） | 4 |
| | | 電波情報収集機（EP－3）の機齢延伸 | | － | － | 2 |
| | 空自 | 戦闘機（F－35A） | | 6機 | 3機 | 281 |
| | | 戦闘機（F－35B） | | － | 6機 | 793 |
| | | 戦闘機（F－2）空対空戦闘能力の向上 | 改修 | （－） | （－） | － |
| | | | 部品 | （7式） | （－） | |
| | | 戦闘機（F－2）の能力向上 | | （－） | （2機） | 1（26） |
| | | 戦闘機（F－15）の能力向上 | | （2機） | － | 390 |
| | | 輸送機（C－2） | | 2機 | － | 220 |
| | | 早期警戒機（E－2D） | | 9機 | － | 380 |
| | | 早期警戒管制機（E－767）の能力向上 | 改修 | （1機） | （－） | 0 |
| | | | 部品 | （－） | （－） | |
| | | 空中給油・輸送機（KC－46A） | | － | 4機 | 1,052 |
| | | 救難ヘリコプター（UH－60J） | | － | 3機 | 156（16） |
| | | 滞空型無人機（RQ－4Bグローバルホーク） | | 1機 | － | － |
| 艦船 | 海自 | 護衛艦 | | 2隻 | 2隻 | 944 |
| | | 潜水艦 | | 1隻 | 1隻 | 702（8） |
| | | 掃海艦 | | － | 1隻 | 126（2） |
| | | 「あさぎり」型護衛艦の艦齢延伸 | 工事 | （2隻） | （3隻） | 1 |
| | | | 部品 | （1隻） | （1隻） | |
| | | 「あぶくま」型護衛艦の艦齢延伸 | 工事 | （1隻） | （3隻） | 1 |
| | | | 部品 | （1隻） | （－） | |
| | | 「こんごう」型護衛艦の艦齢延伸 | 工事 | （－） | （1隻） | 42 |
| | | | 部品 | （2隻） | （2隻） | |
| | | 「むらさめ」型護衛艦の艦齢延伸 | 工事 | （－） | （1隻） | 39 |
| | | | 部品 | （1隻） | （2隻） | |
| | | 「おやしお」型潜水艦の艦齢延伸 | 工事 | （4隻） | （3隻） | 24 |
| | | | 部品 | （3隻） | （5隻） | |
| | | 「そうりゅう」型潜水艦の艦齢延伸 | 工事 | （－） | （－） | 1 |
| | | | 部品 | （－） | （2隻） | |
| | | 「ひびき」型音響測定艦の艦齢延伸 | 工事 | （－） | （1隻） | 7 |
| | | | 部品 | （2隻） | （1隻） | |
| | | 「とわだ」型補給艦の艦齢延伸 | 工事 | （1隻） | （1隻） | 2 |
| | | | 部品 | （1隻） | （－） | |
| | | 護衛艦CIWS（高性能20mm機関砲）の近代化改修 | 工事 | （5隻） | （－） | 0.1 |
| | | | 部品 | （4隻） | （－） | |
| | | 「あさぎり」型護衛艦戦闘指揮システムの近代化改修 | 工事 | （2隻） | （－） | 13 |
| | | | 部品 | （－） | （－） | |
| | | 「たかなみ」型護衛艦の戦闘指揮システムの近代化改修 | 工事 | （－） | （－） | 7 |
| | | | 部品 | （－） | （2隻） | |
| | | 「むらさめ」型護衛艦の戦闘指揮システム電子計算機等更新 | 工事 | （2隻） | （－） | 39 |
| | | | 部品 | （－） | （4隻） | |
| | | 「あきづき」型護衛艦の戦闘指揮システム電子計算機等更新 | 工事 | （－） | （－） | 36 |
| | | | 部品 | （1隻） | （2隻） | |
| | | 「ひゅうが」型護衛艦の戦闘指揮システム電子計算機等更新 | 工事 | （1隻） | （－） | 19 |
| | | | 部品 | （－） | （1隻） | |
| | | 「いずも」型護衛艦の戦闘指揮システム電子計算機等更新 | 工事 | （1隻） | （－） | 8 |
| | | | 部品 | （－） | （1隻） | |
| | | 「おやしお」型潜水艦戦闘指揮システムの近代化改修 | 工事 | （1隻） | （－） | － |
| | | | 部品 | （－） | （－） | |
| | | 「おおすみ」型輸送艦の能力向上 | 工事 | （－） | （－） | 3 |
| | | | 部品 | （－） | （1隻） | |
| | | 潜水艦救難艦「ちはや」の改修 | 工事 | （－） | （1隻） | 7 |
| | | | 部品 | （1隻） | （－） | |
| 誘導弾 | 陸自 | 03式中距離地対空誘導弾（改） | | 1個中隊 | 1個中隊 | 120 |
| 火器・車両等 | 陸自 | 新小銃 | | － | 3,283丁 | 9（1） |
| | | 新拳銃 | | － | 323丁 | 0.2 |
| | | 対人狙撃銃 | | 6丁 | 8丁 | 0.3 |
| | | 60mm迫撃砲（B） | | 6門 | 6門 | 0.2 |
| | | 120mm迫撃砲　RT | | 12門 | 6門 | 3 |
| | | 19式装輪自走155mmりゅう弾砲 | | 7両 | 7両 | 45 |
| | | 10式戦車 | | 6両 | 12両 | 156 |
| | | 16式機動戦闘車 | | 22両 | 33両 | 237 |
| | | 車両、通信器材、施設器材　等 | | 344億円 | － | 493 |
| BMD | 陸自 | 陸上配備型イージス・システム（イージス・アショア） | | 2基 | － | － |
| | 海自 | イージス・システム搭載護衛艦の能力向上 | | 2隻分 | 2隻分 | 15 |
| | 空自 | ペトリオットシステムの改修 | | 12式 | 8式 | 90 |

注1：元年度調達数量は、当初予算の数量を示す。
注2：金額は、装備品等の製造等に要する初度費を除く金額を表示している。初度費は、金額欄に（ ）で記載（外数）。
注3：調達数量は、令和2年度に新たに契約する数量を示す。（取得までに要する期間は装備品によって異なり、原則2年から5年の間）
注4：調達数量欄の（ ）は、既就役装備品の改善に係る数量を示す。
注5：戦闘機（F－2）空対空戦闘能力の向上、早期警戒管制機（E－767）の能力向上、護衛艦CIWS（高性能20mm機関砲）の近代化改修、護衛艦および潜水艦の戦闘指揮システムの近代化改修、護衛艦の戦闘指揮システム電子計算機等更新、「おおすみ」型輸送艦の能力向上、潜水艦救難艦「ちはや」の改修調達数量については、上段が既就役装備品の改修・工事役務の数量を、下段が能力向上に必要な部品等の数量を示している。また、艦齢延伸等に係る措置の調達数量については、上段が艦齢延伸等工事の隻数を、下段が艦齢延伸等に伴う部品の調達数量を示す。
注6：イージス・システム搭載護衛艦の能力向上の調達数量については、「あたご」型護衛艦2隻のSM－3ブロックⅡAを発射可能とする改修にかかる隻数を示す。
注7：陸自の誘導弾の金額は、誘導弾薬取得に係る経費を除く金額を表示している。
注8：ペトリオットシステムの改修の令和2年度の金額は、8式分のバージョンアップ改修のほか、発射機の改修を含む。

（5）衛生機能の強化

各種事態に対応するため、統合運用の観点を含め、第一線から最終後送先までのシームレスな医療・後送態勢の強化を図る。また、第一線救護能力の向上、安定化させるための第一線におけるダメージコントロール機能および後送中の患者管理の充実を図る。また、自衛隊病院の拠点化・高機能化を進め、効率的で質の高い医療体制を確立する。さらに、戦傷医療対処能力を向上させるための教育研究態勢の強化、国際協力に必要な医療態勢の整備を推進する。

○第一線から最終後送先までのシームレスな医療・後送態勢の強化
・DCS（ダメージコントロール手術）および後送中の患者管理等に必要な器材の整備（4億円）
・後送中の患者の全身管理等に必要な装備品の整備（0・1億円）
・血液保存用器材の整備（0・0億円）
・個人携行救急品の内容を変更し機能を向上（2億円）
○自衛隊病院の拠点化・高機能化に向けた取り組み
・自衛隊病院（仮称）建設のための基本設計等（…）
・福岡病院の建て替えのための土壌汚染調査（…）
・横須賀病院の建て替えのための基本設計（1億円）
○戦傷医療対処能力の向上のための教育訓練および教育訓練基盤等の整備
・機上医療訓練システムの整備等のための基本設計（0・6億円）
○DCS研修員の育成（0・…億円）
○国際的に脅威となる感染症等への対応能力の向上
○感染症患者の後送機能の確保のため、関係医療機関との連携等の実施
○重篤な感染症に対する予防態勢の強化（2億円）

（6）事務官等の増員

各種任務の増加等に対応するため、事務官等の増員（令和2年度予算の概算要求に当たっての基本的な方針について（R1・7・31閣議了解））において、重点分野として「安全保障環境の変化への対応」が加わったことを踏まえつつ、新防衛大綱・中期防の実現のため増員し、昭和55年以来、初めて定員合理化数を上回る増員を確保
○領域横断作戦に必要な能力の強化（85名）
○宇宙・サイバー・電磁波といった新たな領域における能力を獲得・強化するための政策立案能力の強化、人材育成、情報収集・分析等を行うための体制の強化
○海空領域における能力、総合ミサイル防空能力を強化するための装備品の調達体制の強化
○安全保障協力の強化、日米同盟の強化（56名）
○「自由で開かれたインド太平洋」というビジョンを踏まえた安全保障協力の推進のための要員など、新たな領域における日米防衛協力のための要員の増員
○人口減少と少子高齢化の急速な進展に対応するための体制強化（54名）
○厳しい採用環境の中で優秀な人材を確保するための事務官等の増員
上記のほか真に実効的な防衛力を構築するための事務官等の増員
○領域横断作戦を実現するための能力の強化、地域コミュニティーとの連携、実践的な訓練・演習の強化、衛生機能の強化
国家公務員の高齢層職員の活用の場の拡大およびワークライフバランス推進のための定員（22名）

2 技術基盤の強化等

（1）技術基盤の強化等

戦略的に重要な装備・技術分野において技術的優越を確保するため、新たな領域に関する技術や、人工知能（AI）等のゲーム・チェンジャーとなり得る最先端技術をはじめとする重要技術に対して重点的な投資を行うとともに、将来的に有望な技術分野への重点的な投資

○中長期技術見積もり（平成28年8月公表、現在見直し中）に基づく重点的な研究を推進。研究開発ビジョン（令和元年8月公表）において示した以下の取り組みを実施
○電磁波領域の取り組み
・EMP（電磁パルス）攻撃等からの防護手段の検討（2億円）
・電子機器等を構成する素子や回路といったレベルにおける電磁波攻撃対策の効果をEMP評価試験等で検証したうえ、装備品共通の対策実施のガイドラインを作成
○宇宙を含む広域常続型監視の取り組み
○AIを活用した電波画像識別技術の実証研究（8億円）
・AIの活用による、レーダー画像の目標識別等の情報収集・警戒監視活動を効果的に実施するため
○サイバー防御の取り組み
○装備品の情報処理機能などへのサイバー攻撃への対処を目的とした研究（…億円）
○水中防御の取り組み
・水中防御のための能力向上、シミュレーターの研究（20億円）
○装備品の将来の性能を定量的に評価できるモデリング＆シミュレーション技術の研究を実施
○スタンド・オフ防衛能力の取り組み
○島嶼防衛用高速滑空弾の研究（250億円）
先端的な民生技術の積極的な活用
○民生先端技術の早期実用化の取り組み（8億円）
○革新的・萌芽的な技術の発掘・育成（101億円）
・先進的な民生技術について、基礎研究を公募・委託する安全保障技術研究推進制度を引き続き推進
○革新的・萌芽的な技術を活用した装備品の構想・研究開発
・国内外の先端技術動向について調査・研究を強化
（2）装備品調達の最適化
装備品の効果的・効率的な取得の実現のため、ライフサイクルを通じたプロジェクト管理の実効性および柔軟性を高めるとともに、有償援助調達（以下「FMS調達」）における価格、納期等の管理の重要性が増していることを踏まえ、FMS調達の合理化を推進する
○プロジェクト管理対象装備品の調達の効率化やプロジェクト管理の実効性・柔軟性を向上させるための体制の強化
・プロジェクト管理に関するため、統合装備計画官にプロジェクト管理の実施に関する総合調整業務を移管（所要の体制を整備）
・増大する誘導武器等のプロジェクト管理対象装備品の管理に集中するため、統合装備担当（仮称）を新設
○FMS調達の合理化
○防衛装備庁にFMS関係部署の強化を図る
・調達企画課に米国における価格情報等を入手・分析する体制を新設
・FMSのより効果的、効率的な調達に向けた取り組みを実施
○米国シンクタンクへの防衛装備庁職員の派遣
・FMS調達の合理化に向けた、米国シンクタンクを通じたFMS関係の調査・研究（0・2億円）
（3）産業基盤の強化
装備品の生産・運用・維持整備に必要不可欠な我が国の防衛産業の基盤を強化するため、サプライチェーンの強化に取り組むとともに、我が国の装備品の輸出ではなく、自主的な移転に関する取り組み
サプライチェーンの強化
○サプライチェーン調査の結果得られた情報等をもとに、サプライチェーンを構成する企業の情報を把握し、倒産・リスクに対応（0・1億円）
先進的な技術、中小企業等の発掘・活用
○研究者・自衛隊や防衛プライム企業等とのマッチングのための展示会等を通じて、優れた技術を有する中小企業等を発掘（0・1億円）
○3Dプリンターや AI等の先進的な民生技術の防衛装備品への適用可能性を評価（0・8億円）
防衛装備・技術協力・海外移転の促進
○装備品の海外移転の促進に向け、防衛装備・技術協力に関する取り組みを推進
・防衛装備・技術協力の候補となる事業の実現可能性調査を実施（1億円）
・国際防衛装備品展示会に出展し、我が国が開発した防衛装備品や中小企業等が有する優れた技術を発信（2億円）
○我が国の防衛産業における技術管理の強化のための施策を推進。また、重要技術の流出を防ぐため、装備政策部に情報保全等事務を専門的に取り扱う「装備保全管理官（仮称）」を新設

3 情報機能の強化

政策判断や部隊運用に資するため、情報の収集・分析等を適時・適切に実施するため、各種事態等における情報機能を強化
○情報本部等の国際軍事情勢等に関する情報収集・分析能力の強化のため、所要の体制を整備
○各自衛隊・情報本部が収集した広範・多岐にわたる情報を集約し、オールソースアナリシスを実現させるための、共通情報プラットフォームを構築

### ◆自衛官定数等の変更

（単位：人）

| | 令和元年度末 | 令和2年度末 | 増△減 |
|---|---|---|---|
| 陸上自衛隊 | 158,758 | 158,676 | △82 |
| 常備自衛官 | 150,777 | 150,695 | △82 |
| 即応予備自衛官 | 7,981 | 7,981 | 0 |
| 海上自衛隊 | 45,356 | 45,329 | △27 |
| 航空自衛隊 | 46,923 | 46,943 | 20 |
| 共同の部隊 | 1,350 | 1,418 | 68 |
| 統合幕僚監部 | 376 | 382 | 6 |
| 情報本部 | 1,918 | 1,932 | 14 |
| 内部部局 | 48 | 49 | 1 |
| 防衛装備庁 | 406 | 406 | 0 |
| 合計 | 247,154<br>（255,135） | 247,154<br>（255,135） | 0<br>（0） |

注1：各年度末の定数は予算上の数字である。
注2：合計の下段（ ）内は、即応予備自衛官の員数を含んだ数字である。

## Ⅳ 大規模災害等への対応

各種の災害に際して、統合運用を基本としつつ、十分な規模の部隊を迅速に輸送・展開して初動対応に万全を期すとともに、対処態勢を強化するための措置を進める。

1 災害対処拠点となる駐屯地・基地等の機能維持・強化
○災害時における機能維持・強化のための耐震化・津波対策の推進（202億円）
○災害対処拠点地区等の整備（入間）＝10億円

2 大規模・特殊災害等に対応する訓練等の実施
○自衛隊統合防災演習（JXR）
○日米共同統合防災訓練（TREX）
○離島統合防災訓練（RIDEX）

3 災害対処に資する装備品の取得等
○地震、水害等により崩壊した橋梁を一時的に復旧し、被災者の緊急避難および自衛隊ならびに地方自治体等の救援活動を行うため07式機動支援橋を取得（1式12億円）
○特殊な災害への備え
・除染セット（除染車）の取得（1両1億円）
・18式個人用防護装備の取得（8000組20億円）
・NBC警報器の取得（1組3億円）

4 防災・減災、国土強靭化のための3か年緊急対策に基づく措置
○自衛隊の防災関係資機材および自衛隊施設に関する緊急対策（508億円）
※金額については歳出ベース

## Ⅴ 日米同盟強化および基地対策等

米軍の抑止力を維持しつつ、沖縄県をはじめとする地元の負担軽減を図るため、在日米軍の兵力態勢の見直し等についての具体的措置を着実に実施する。

1 米軍再編関係経費【地元の負担軽減に資する措置】（2638億円）
在沖米海兵隊のグアム移転
○在沖米海兵隊のグアムへの移転事業（410億円）
国内での再編関連措置
○沖縄における再編のための事業（1648億円）
・普天間飛行場の移設（840億円）
・嘉手納以南の土地の返還（808億円）
○空母艦載機の移駐等のための事業（5億円）
○緊急時使用のための事業（46億円）
○訓練移転のための事業（91億円）
○再編関連措置の円滑化を図るための事業（437億円）

2 SACO関係経費（152億円）
○日米安全保障協議委員会（「2プラス2」）共同文書による変更がないものについては、引き続きSACO最終報告に盛り込まれた措置（沖縄県民の負担軽減）を着実に実施

3 基地対策等の推進
防衛施設と周辺地域との調和を図るため、基地周辺対策を着実に実施するとともに、在日米軍の駐留を円滑かつ効果的にするための施策を推進する。
（1）基地周辺対策経費（1147億円）
（2）在日米軍駐留経費負担（2005億円）
（3）施設の借料、補償経費等（1527億円）

## Ⅵ 安全保障協力の強化

自由で開かれたインド太平洋というビジョンを踏まえ、多角的・多層的な安全保障協力を戦略的に推進するため、自衛隊の能力を積極的に活用し、共同訓練・演習、防衛装備・技術協力、能力構築支援、軍種間交流を含む防衛協力・交流のための取り組み等を推進する。

1 インド太平洋地域の安定化への対応
能力構築支援の推進
○ASEAN全体の能力構築を企図した取り組みの推進
○インド太平洋地域における能力構築支援の推進
防衛協力・交流の推進
○ASEAN域外国を含む拡大ASEAN国防相会議（ADMMプラス）の下での取り組み
○「ビエンチャン・ビジョン2・0」に基づく取り組み
○パシフィック・パートナーシップ2020への参加
○令和2年度インド太平洋方面派遣訓練（IPD）の実施
○ミクロネシア連邦等における人道支援・災害救援共同訓練（クリスマス・ドロップ）
○インドにおける印陸軍との実動訓練（ダルマ・ガーディアン）の実施

2 グローバルな安全保障課題への適切な対応
海外での活動能力の強化
○多国間訓練（カーン・クエスト）への参加
○在外邦人等保護措置に関する能力向上のためコブラ・ゴールド等への参加
得意分野を生かした国連・友好国への国際協力
○アフリカ諸国等のPKOセンターへの講師等派遣
○ジブチ軍に対する災害対処能力強化に係る能力構築支援
○国連PKO支援部隊早期展開プロジェクト
海洋安全保障の確保
○ソマリア沖・アデン湾における海賊対処

## Ⅶ 効率化・合理化への取り組み

―組織・装備最適化プロジェクト―

平成30年12月に策定された新たな大綱・中期防を踏まえ、以下の取り組みを実施することにより、防衛力整備の一層の効率化・合理化を徹底する。本取り組みのうち、経費の効率化が見込まれるものとして約4313億円の縮減を図る。

1 組織・定員の合理化
既存部隊の廃止や部外委託等を進めることにより、全自衛隊で定員配置を見直し、宇宙・サイバー・電磁波といった新たな領域に人員を重点配分する

2 事業等に係る見直し【縮減見込額1922億円】
・除籍を迎えたSH60Jの部品の転活用（縮減見込額66億円）
・CH47Jのエンジン改修数量の見直し（縮減見込額20億円）

3 仕様の共通化・最適化【縮減見込額839億円】
・従来4機種あったレーダーを1機種に統合する多目的監視レーダー1を開発（縮減見込額262億円）

4 一括調達・共同調達による効率化【縮減見込額324億円】
・SH60K、UH60Jの共同調達計10機（縮減見込額68億円）
・KC46A4機（縮減見込額120億円）
・CH47JA3機（縮減見込額34億円）

5 長期契約を活用した装備品等および役務の調達【縮減見込額53億円】
・F15の機体構成品の包括修理
一定数量の構成品の修理をまとめて契約することによるコスト縮減（7国）＝縮減見込額53億円

6 原価の精査等【縮減見込額1176億円】
装備品等について、価格や関連経費の精査等の取り組みを通じ、価格低減を追求する

7 収入の確保の検討
病院収入、国有財産利用収入、用途廃止となった物品等の売却などの取り組みを通じて収入の確保を図る

## Ⅷ その他

1 編成・機構定員関連事業
各種事態における実効的な抑止および対処等に対応するため、各種部隊改編関連事業等を実施する。
○自衛官実員の増員要求
・新たな領域における防衛態勢および南西地域における防衛態勢ならびに周辺海空域の防衛態勢等の充実・強化を図るため自衛官の実員を増員し、各種事態への即応性を向上
・新たな領域における体制整備を一層推進するため、限りある人員を効果的に活用し陸上自衛隊等から統幕等へ実員の振り替えを実施
○機構定員関連事業
・防衛大綱に掲げられた多角的・多層的な安全保障協力を戦略的に推進すべく、「自由で開かれたインド太平洋」というビジョンも踏まえ、拡大する防衛協力・交流業務を迅速かつ的確に実行し、持続可能な体制の下、諸外国との安全保障協力を実行するため、防衛政策局に「参事官（仮称）」を新設

2 公文書管理等の適正の確保のための取り組み
○公文書管理担当の職員を全国の部隊・機関に派遣し、公文書管理の状況確認・指導等を実施
○情報公開業務を適正かつ効率的に実施するための体制を充実

3 税制改正要望
○航空機騒音対策（移転措置）事業に係る事業用資産の買い換え等の特例措置の延長【所得税・法人税】
○ACSAに基づく免税軽油の提供時における課税免除の特例措置の拡充【軽油引取税】

募集・援護 特集

平和を、仕事にする。

ただいま募集中！
◇予備自補（一般・技能）
◇自衛官候補生
★詳細は最寄りの自衛隊地方協力本部へ

# 地本長も街頭広報
## "募集戦線"幕開け

「新年明けましておめでとうございます！　秋田地本です。ただいま自衛官募集中です」――。仕事始めの1月6日、全国の地本は一斉に募集業務を開始した。秋田地本では年頭行事の後、すぐさま総員が県内各地に展開。地本長自ら街頭に立って自衛隊をPRし、新年の"募集戦線"の火ぶたを切った。

新年の街頭広報に先立ち、地本隊員に訓示する大久保秋田地本長（中央奥）＝1月6日、秋田地本で

### 先見据え土台づくり
#### 総員で駅前など6地区　秋田

【秋田】地本は1月6日、本部で年始行事を実施した。大久保正広本部長がまず総員を前に訓示し、「出生数が減少し、募集環境は今後ますます厳しさを増すことが予測される。今年は先を見据え、しっかりと土台を創っていきたい。私が要望する『基本』『誠実』『笑顔』を忘れることなく、本年は先行的、計画的に業務を実施してほしい。令和2年の皆の健康と活躍を期待する」と述べた。

その後、大久保地本長以下総員は寒空の下、秋田市などの市街地に展開。部員たちはJR秋田駅前など県内6地区に分かれ、それぞれ歩行中の若者らに自衛官候補生などのパンフレットを日が落ちるまで配布した。

秋田地本は2020年も全部員が一致団結し、決意を新たに各種目標必達に向けてまい進する決意だ。

### 独自のカレンダー通じ魅力発信　千葉

【千葉】地本は12月18日、JR千葉駅のバスロータリー地区で、千葉地本が独自に作成したカレンダーを配布する街頭広報を行った。

今回はカレンダーを通じて自衛隊の魅力を若者たちに発信し、採用試験に関心をもってもらうことを目的に実施、地本マスコットの「千葉三兄妹」と河井孝夫地本長を含む17人が参加した。

当日は昼休みの歩行者でにぎわい、部員が自衛隊のオリジナルカレンダーを手渡すと、若者たちも掲載された陸海空の装備品の写真に興味を示していた。

さらに広報官らが積極的に声をかけると、高校生らから自衛官候補生の採用試験についての質問があり、入隊に関心をもった募集対象者も見られた。

先頭に立ち、通行人に募集カレンダーを配る迷彩服姿の河井千葉地本長（右）＝JR千葉駅前で

### 岸良地本長、東大で講義
#### 東京「軍事と科学技術」テーマ

東大生に対する「産業総論」の講義後、質問を受ける岸良東京地本長（左壇上）＝東京都文京区の東京大学で

【東京】地本長の岸良知樹陸将補は11月27日、東京大学工学部で同大3年生ら約130人に対し「産業総論」の講義を実施した。

同講義は平成16年から同大工学系研究科機械工学専攻の中尾政之教授の依頼に応え、歴代地本長が行っている。

当日は岸良地本長が「軍事と科学技術」をテーマに、▽軍事と科学技術の関係▽軍事に影響を与えた技術の発達▽軍事技術と民生技術との関係▽戦闘様相の変遷とハイブリッド戦――について、熱弁を振るった。

特にスピンオフ（民生分野への防衛技術の展開）とスピンオン（民生技術の積極的な活用）の実例などについて具体的に解説。さらに防衛装備庁が進めている研究なども映像を交えて紹介した。

岸良地本長は募集面でのPRも行い、自衛隊の任務や技術系幹部のキャリアパス、多方面で活躍している東大出身の幹部自衛官なども紹介した。

講義後、学生から「自衛隊における意思決定のプロセスや今後の方向性について教えてください」「我が国が技術的優位を保つため、外国との共同開発はどのように進んでいるのか」など次々と質問が飛び、地本長は一つ一つ丁寧に答えていた。

### 体験談に興味津々　京都
#### 佛教大で初キャリア講話

学生たちに自らの経験を語る京都地本の吉岡千紘3陸曹（中央）＝京都市の佛教大学で

【京都】地本の京都地区隊は12月3日、京都市の佛教大学で学生70人に対し、「キャリア講話」を実施した。

同大のキャリア授業に講師として招聘されたもので、今回が初参加となった。

当日は地区隊長の後藤孝祐3陸佐が講話を担当し、自衛隊の任務や職種、待遇などについて話した。

後半は担当広報官と臨時勤務中の砂野真佑空士長ら女性自衛官2人が加わって、それぞれのキャリアを紹介。その体験談に学生たちは興味津々の様子で、質問も多く飛び交った。

学生たちは「自衛隊は女性が働きやすい環境であることがわかった」「就職先の候補としたい」などと話していた。

### 岩見沢駅前で出身隊員奮闘　12施群

通学途中の生徒らに、笑顔で募集ティッシュを手渡す12施群の若手隊員（左）＝JR岩見沢駅前で

【12施群＝岩見沢】12施設群の隊員たちは12月18日、JR岩見沢駅前で街頭広報活動を行った。

今年度2度目となる同活動は、群の隊員自主募集に伴う施策の一環で、札幌地本岩見沢地域事務所と連携して実施された。

今回は群1科長の楢山正樹1尉以下、各中隊の若手隊員5人が参加、主に高校生をターゲットに朝の通学時間帯に募集チラシ入りティッシュを配布した。隊員は明るい表情で積極的に声をかけ、用意した650人分のティッシュを30分で配り終えた。

今回加わった岩見沢市出身の石川諒2士（398施中）は、「自衛隊のアピールだけでなく、地元の知人や友人に自分の制服姿を見せることができてうれしかった。この活動が募集広報の一助となれば」と語った。

同じく地元出身の高橋真歩1士（400施中）も「学生だけでなく、社会人の方にもティッシュを受け取ってもらえた。自分が入隊したきっかけは家族からの勧めだったので、チラシを受け取った人が家で募集対象者に勧めてほしい」と話していた。

### 広報官として所長と再会
## 共に戦う　神奈川

横浜中央募集案内所の平原所長（左）と同所広報官として再会した樺山3曹

【神奈川】横浜中央募集案内所の樺山智樹3空曹は自身の担当広報官だった同所長の平原幸男1陸尉と広報官として再会、共に募集の最前線で戦っている。

樺山3曹は平成21年に地本の相模原地域事務所を訪れ、当時所長だった平原1尉の支援を受けて空自一般曹候補生試験に合格。翌年春に2空士として入隊した。

その後、芦屋基地で初級調達課程を修了、1補給処東京支所（十条）に調達員として勤務し3曹に昇任。平成30年3月、横浜中央募集案内所に広報官として着任した。現在は学校訪問や市街地広報などの募集業務に積極的に取り組んでいる。

昨年8月、平原1尉が上大岡募集案内所から横浜中央募集案内所に異動となり、樺山3曹と再会。厳しい募集環境の中、2人は力を合わせて日夜募集業務に励んでいる。

樺山3曹は「担当してくださった所長と同じ事務所で勤務できるとは想像もしていなかったが、こうやって一緒に働くことができて感激している」と話していた。

### 和歌山地本が創立65周年
## 7人に感謝状贈呈

【和歌山】地本は12月7日、本部で創立65周年記念式典を実施した。

式に先立ち、防衛基盤の育成、隊員募集、援護で支援を受けた7人に鍋田竜光地本長が感謝状を贈呈した。

式典で鍋田地本長は「国民の期待、負託に応えるため、『基本動作確行』の下でしっかりと自らの職責を自覚し、組織間の有機的な連携の強化に留意しつつ、職務にまい進してもらいたい」と訓示した。

その後、地本部員と招待者間で意見交換会を開催し、これまでの支援に謝意を示し、さらなるサポートを呼びかけた。

### 近隣住民を招待
#### 恒例のもちつき　長崎

「ふれあい行事」で隊員と一緒にもちをつく保育園児たち（12月7日、長崎地本駐車場で）

【長崎】地本は12月7日、ふれあい行事「もちつき大会」を行った。当日は本部庁舎駐車場を開放し、出島町自治会や近隣保育園の住民を招待。

参加した子供たちはミニチュア制服の試着や自衛隊車両に試乗した。

さらに子供たちは自衛隊の炊事車が蒸し上げたもち米を使ったもちつきなども体験。部員が手打ちしたうどんと、自分で丸めたつきたてのもちをおいしそうに味わっていた。

### 県駅伝を支援
#### 車両7台運行　山梨

山梨県一周駅伝のスタート地点で募集の幟を立ててPRする山梨地本の隊員（左）＝12月1日、富士吉田市役所前で

【山梨】地本は11月30、12月1日の両日、1特科隊（北富士）と協同で「第56回山梨県一周駅伝競走大会」を支援した。

自衛隊は車両7台を運行し、審判、救護員らを乗せて円滑な大会運営に貢献。選手とともに駅伝コースを走る車両には、自衛官募集をPRする横断幕を装着し、沿道で応援する市民に自衛官募集をアピールした。

2日目は地本隊員がスタート地点の富士吉田市役所前で自衛官募集ののぼりを手に、集まった観戦客に自衛官募集をPRした。

### スタンプラリー達成24人を表彰　新潟

【新潟】地本はこのほど、本部共用会議室で「新潟地本スタンプラリー達成記念表彰式」を開催した。

これは地本が今年度新潟県内各地に設置したイベント会場で、一般の人がオリジナルスタンプを集める恒例の企画で、今回で8回目。昨年4月の「高田駐屯地記念行事」から始まり、9月の長岡市「みんなの防災フェア」までの5カ月間を通じ、多くの自衛隊ファンがスタンプ収集に訪れた。

スタンプラリーは佐渡島を含め各地を回り、スタンプ10個を集めなくてはならないが、今年度は16組26人が達成した。

表彰式では、大倉正義地本長が、出席した達成者24人に感謝の言葉と共に表彰状を贈呈。記念撮影を行った後は、サプライズで全員に自衛隊グッズが当たる抽選会も行った。

### 徳島地本長が交代

12月20日の定期異動で徳島地本長が交代した。新任本部長の略歴は次の通り。

小林　知典（こばやし・とものり）1海佐　徳島地本長　防大34期。平成2年海自。17年2佐、22年1佐。海幕情報課情報班長、8護隊司令などを経て、29年8月1輸隊司令。愛知県出身。51歳。


隊員の皆様に好評の
『自衛隊援護協会発行図書』販売中

| 区分 | 図　書　名 | 改訂等 | 定価(円) | 隊員価格(円) |
|---|---|---|---|---|
| 援護 | 定年制自衛官の再就職必携 | | 1,200 | 1,100 |
| | 任期制自衛官の再就職必携 | ◎ | 1,300 | 1,200 |
| | 就職援護業務必携 | ◎ | 隊員限定 | 1,500 |
| | 退職予定自衛官の船員再就職必携 | | 720 | 720 |
| | 新・防災危機管理必携 | ◎ | 2,000 | 1,800 |
| 軍事 | 軍事和英辞典 | ◎ | 3,000 | 2,600 |
| | 軍事英和辞典 | | 3,000 | 2,600 |
| | 軍事略語英和辞典 | | 1,200 | 1,000 |
| | （上記3点セット） | | 6,500 | 5,500 |
| 教養 | 退職後直ちに役立つ労働・社会保険 | | 1,100 | 1,000 |
| | 再就職で自衛官のキャリアを生かすには | | 1,600 | 1,400 |
| | 自衛官のためのニューライフプラン | | 1,600 | 1,400 |
| | 初めての人のためのメンタルヘルス入門 | | 1,500 | 1,300 |

※ 平成30年度「◎」の図書を新版又は改訂しました。

| | |
|---|---|
| 消費税 | 価格に込みです。 |
| 発送 | メール便、宅配便などで発送します。送料は無料です。 |
| 代金支払い方法 | 発送図書同封の振替払込用紙でお支払。払込手数料はご負担してください。 |

お申込みはホームページ「自衛隊援護協会」で検索！
(http://www.engokyokai.jp/)

一般財団法人自衛隊援護協会
電話：03−5227−5400、5401　FAX：03−5227−5402　専用回線：8−6−28865、28866



よろこびがつなぐ世界へ
KIRIN
一番搾り
おいしいとこだけ搾ってる。
KIRIN BEER
〈麦芽100%〉 ALC.5% 生ビール
ストップ！20歳未満飲酒・飲酒運転。お酒は楽しく適量で。
妊娠中・授乳期の飲酒はやめましょう。のんだあとはリサイクル。
キリンビール株式会社

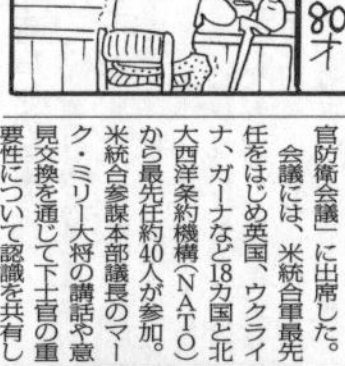

# 防衛省 職場環境改善へ「働き方改革コンテスト」

# 「大臣賞」に那覇駐屯地業務隊

## 「副大臣賞」は海自1輸送隊、陸幕運用支援・訓練部が受賞

【人事教育局人事計画・補任課】政府方針に基づく防衛省・自衛隊の人事施策の一環として、隊員のワークライフバランス推進に向けて業務の効率化や職場環境の改善を行った部隊・部署をたたえる「働き方改革推進のための取り組みコンテスト」の表彰式が12月19、20の両日、防衛省で行われた。今回は「防衛大臣賞」に陸自那覇駐屯地業務隊が選ばれたのをはじめ、「副大臣賞」には陸幕運用支援・訓練部（市ヶ谷）と海自第1輸送隊（呉）が選出され、それぞれの代表者が防衛省で表彰された。

人事教育局が主催する同コンテストは平成28（2016）年に始まり、今回で4回目。今年度は全国から計52件の応募があり、①独自性（特長のある取り組み）②継続性（継続させるための工夫）③効果（効果の明確性）④展開性（他の部署への発展性）—の観点から審査された。

中、那覇駐屯地業務隊は▽「早く帰る」「働き方を変える」「人生を変える」ことを目的に「カエル会議」の設置▽家族の職場見学▽育児休業者の業務を補完する「となり組」の編成—などを通じて、隊員が仕事と家庭の両立を図りながら、やりがいと充実感を感じて働くことができる環境を構築したことが高く評価された。

12月20日の表彰式では岡真臣人事教育局長や竹本竜司陸幕副長らが立会する中、山口敦史1佐に河野防衛大臣の代理を務めた岩田和親政務官から表彰状と副賞の盾が伝達された。

岩田政務官（前列左から2人目）から「大臣賞」を伝達された那覇駐屯地業務隊長の山口1佐（同中央）＝12月20日、写真はいずれも防衛省で

一方、「副大臣賞」を受賞した陸幕運用支援・訓練部は、▽会議時間の短縮など業務の効率化▽勤務時間や休・年次休暇の取得状況の「見える化」—などの取り組みを推進。その結果、隊員は超過勤務を縮減し、健康増進や地域活動、趣味や学習、家庭生活などの充実を図ることができた。

第1輸送隊は、▽休暇取得推進に向けた計画表の作成▽職場見学や家族新聞の発行による隊員家族に対する啓蒙活動▽毎月19日を「イクメンの日」と制定し、男性隊員の育児参画推進—などに取り組んだ。その結果、停泊日におけるフレックス希望者（158人）の活用率と「ゆう活の日」に指定された日の「ゆう活」実施率が共に100%となったほか、男性隊員の育児参画への意識向上も図られた。

12月19日の表彰式では高橋憲一事務次官、湯浅悟郎陸幕長、出口佳努海幕副長らが立会する中、陸幕運用支援・訓練部長の末吉洋明将補、第1輸送隊の上位部隊を代表して掃海隊群司令部幕僚長の渡邉浩1佐にそれぞれ山本朋広副大臣から表彰状と盾が贈られた。

山本副大臣（前列左から2人目）から「副大臣賞」を授与された陸幕運用支援・訓練部長の末吉将補（その右）と海自掃海隊群幕僚長の渡邉1佐（前列左端）。前列右端は高橋事務次官（12月19日）

# 天皇皇后両陛下が被災地ご訪問

## 陸自ヘリで宮城と福島

陸自の要人輸送ヘリ（左）への搭乗前に、酒井ヘリ団長（左から2人目）の敬礼を受けられる天皇皇后両陛下（右側）＝12月26日、宮城県丸森町で（陸幕提供）

天皇皇后両陛下は12月26日、陸自第1ヘリコプター団特別輸送ヘリ隊（木更津）のEC225型「スーパーピューマ」要人輸送ヘリ1024号機（機長・山崎肇3佐）に搭乗され、台風19号で甚大な被害を受けた宮城、福島両県の被災地を見舞われた。

東京から民航機で仙台空港に到着された両陛下は、ヘリ団長の酒井秀典将補らと共に「スーパーピューマ」に乗り込み、丸森町立丸森中学校のグラウンドに降り立たれた。

同町では五福谷地区の仮設住宅などで被災者にいたわりの言葉を掛けられた後、同機で福島県本宮市の市立本宮第1中学校グラウンドに移動。決壊した安達太良川の堤防などの視察を終えられ、再び同機で福島空港に向かい、民航機で帰京された。

# 沖縄で豚コレラ 15高特連や51普連

# 400人が24時間態勢

## CSFで初災派

豚コレラ発生地域周辺の消毒支援活動を行う15高特連の隊員たち（1月8日、沖縄県うるま市で）

沖縄県うるま市で豚コレラ（CSF）の発生（陽性判定）が確認され、1月8日午前9時40分、同県の玉城デニー知事から15旅団（那覇）長の中村裕亮陸将補に災害派遣が要請された。

これを受け、陸自15高射特科連隊（八重瀬）長の内村直樹1佐を長とする対処部隊が防疫支援の活動に当たった。沖縄県でのCSFの発生は33年ぶりで、自衛隊によるCSFへの災派は初めて。

15高特連などの対処部隊は8日正午過ぎ、うるま市での養豚農場3カ所で活動を開始。隊員たちはローテーションを組み、24時間態勢で豚の追い込みや殺処分後の運搬などを行った。

10日までに同市の約2000頭の殺処分支援を完了したが、同日、新たに沖縄市の1カ所、翌11日に同市の2カ所、15日には再びうるま市の1カ所でCSFの発生が確認されたため、対処部隊は15日現在も活動を継続している。

中村旅団長は12日、隊員が派遣されている沖縄県庁や沖縄市の農民研修センターを訪れ、隊員を激励するとともに、活動状況などを確認した。

これまでに、15高特連隷下の5個部隊（八重瀬、勝連、白川、知念、南与座）、那覇駐屯地の51普連、15後支隊、15通信隊、136地区警務隊の隊員が約400人態勢で活動に当たっている。

# 統幕長の書簡手渡す

## 下士官防衛会議で澤田准尉

【統幕】統幕最先任の澤田茂准陸尉は12月10日から12日まで、米国防総省で行われた2019年度「下士官防衛会議」に出席した。

会議には、米統合軍最先任をはじめ英国、ウクライナ、ガーナなど18カ国と北大西洋条約機構（NATO）から最先任約50人が参加。米統合参謀本部議長のマーク・ミリー大将の講話や意見交換について認識を共有した。

講話後は、澤田准尉がミリー大将に山崎統幕長からの書簡を直接手渡した。

澤田准尉は滞在期間中、統合参謀本部最先任上級曹長の交代式にも出席。新たに第4代米統合参謀本部最先任に着任したラモン・ロペス上級曹長との早期関係構築の礎を築いた。

帰国後、澤田准尉は「ミリー大将に山崎統幕長からの書簡をお渡しでき、日米同盟の強化に寄与することができた。また、参加国との良好な関係を構築するなど多大な成果を得る訪米となった」と語った。

米統合参謀本部議長のミリー大将（右）に統幕長からの書簡を手渡す澤田准尉（12月12日、米国防総省で）

# 1輸空がXマスドロップ

## 相互運用性の向上を確認

空自1輸空（小牧）のC130H輸送機85号機（訓練指揮官・樋口美登里2佐以下約30人）は12月4日から同16日まで、ミクロネシア連邦などで行われた日・米・豪・ニュージーランドの各国空軍種による人道支援・災害救援（HA/DR）共同訓練「クリスマス・ドロップ」に参加した。

訓練は米空軍主催で1952年に始まり、太平洋島嶼国のミクロネシア、パラオ、北マリアナ諸島などの住民たちへ航空機から救援物資を投下している。空自は2015年度から参加し、今回で5回目。

派遣隊員は4日に小牧基地からC130H輸送機で米グアムのアンダーセン空軍基地に到着し、5、6の両日に4カ国で事前会議を行い、投下区域を決定。7日に各国の兵士やボランティアらと共に、賛同者から寄せられた食料品や生活必需品などを梱包し、C130Hに搭載した。

8日から12日の投下訓練では、上空から目視で安全を確認した上で物資を投げ下ろし、ミクロネシアなどの島々に"クリスマスプレゼント"を届けた。その後、撤収作業などを行い16日に小牧に帰投した。

樋口2佐は、「HA/DR活動に関する能力向上と各国との相互運用性の向上を図ることができた。自然災害が起きた場合のことを考えると、このような訓練はとても有意義だと感じた」とコメントした。

空自のC130Hの機内から寄付物資を投下する1輸空の隊員（12月9日、ミクロネシア上空で）

# 電車や浴場で下着や身体 盗撮目的の設置でも処罰

## こちら警務隊 迷惑防止条例違反

どんな行為が盗撮の罪になりますか？

盗撮とは、一般的に電車や駅構内、浴場やトイレ等で、スマートフォンやビデオカメラ等を使用し、通常衣服で隠されている下着または身体を撮影する行為であり、違反すれば各都道府県で定められる迷惑防止条例等で処罰されます。

東京都の条例の場合、1年以下の懲役または100万円以下の罰金として処罰されます。

また、実際に撮影しなくても、撮影目的で機器を差し向けたり、設置したりすることも処罰されます。盗撮は、被害者の心身に深刻な影響を与える卑劣な犯罪です。絶対にやめましょう。

（西部方面警務隊）

# 伊豆諸島の周辺海域で漁船捜索

## 海自4空群のP1

千葉県勝山漁港（鋸南町）を出港し、伊豆諸島の御蔵島周辺海域に向かっていた漁船「作栄丸」（6・6トン、乗員3人）が12月15日、出港後に連絡を絶ち、海自4空群3航空隊（厚木）のP1哨戒機1機が捜索に当たった。

海上保安庁が捜索したが発見できず、第3管区海上保安部長から4空群司令に漁船捜索の災害派遣が要請された。

22日午前7時50分ごろ、P1が約180キロ離れた御蔵島周辺海域に向けて基地を離陸。同8時半ごろから捜索を開始した。捜索を継続したが発見には至らず、24日午後5時、海保の撤収要請を受けて捜索を終了した。

一方、24日午後1時ごろ、捜索に当たっていたP1が千葉県銚子沖で行方不明になっていた漁船「加瀬丸」（4・9トン）を発見し、海保に情報を提供した。

## 小休止

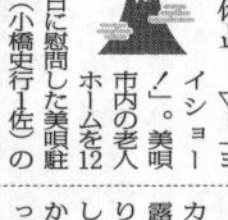

▽…「ヨイショー！」。美唄市内の老人ホームを12月5日に慰問した美唄駐屯地（小橋史行1佐）の曹友会員15人は、入所者たちと一足早い餅つきで交流した＝写真。

▽…この行事は昭和53年の駐屯地創立から継続しており、今年で42回目。つき終わった餅は雑煮として振る舞われ、入所者たちは「おいしい！」と大満足の様子だった。

▽…食後に隊員たちはカラオケで自慢の歌を披露したり、皆で合唱したりして楽しい時間を過ごした。帰り際にお年寄りから「来年も楽しみに待っているよ」と見送られながら老人ホームを後にした。（美唄）


防衛省職員・家族団体傷害保険

**親介護特約が好評です！**

介護にかかる初期費用

要介護状態となった場合、必要と考える初期費用は平均252万円との結果が出ています。

（出典）生命保険文化センター「平成27年度生命保険に関する全国実態調査」

初期費用の目安

| 車いす | 特殊寝台 | 移動式リフト | ポータブルトイレ | その他 |
| --- | --- | --- | --- | --- |
| 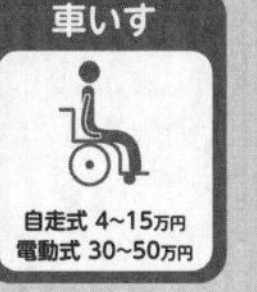 | 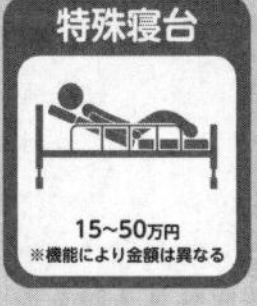 |  |  |  |
| 自走式 4～15万円 電動式 30～50万円 | 15～50万円 ※機能により金額は異なる | 据置式 20～50万円 レール走行式 50万円～ | 水洗式 1～4万円 シャワー式 10～25万円 | 手すり、老人ホームの費用 等 |

気になる方はお近くの弘済企業にご連絡ください。

[引受保険会社]（幹事会社）
三井住友海上火災保険株式会社
東京都千代田区神田駿河台 3-11-1 TEL:03-3259-6626

[共同引受保険会社]
東京海上日動火災保険株式会社 損害保険ジャパン日本興亜株式会社 あいおいニッセイ同和損害保険株式会社
日新火災海上保険株式会社 楽天損害保険株式会社 大同火災海上保険株式会社

[取扱代理店]
弘済企業株式会社
本社：東京都新宿区四谷坂町 12 番地 20 号 KK ビル
TEL：03-3226-5811（代表）

上官に状況を報告する岩渕3尉（右）

# みんなのページ

# 日独音楽隊が「第九」を演奏

1陸佐 桑原 和洋（陸自教育訓練研究本部企画調整官、前ドイツ防衛駐在官）

昨年末の「令和元年度自衛隊音楽まつり」のフィナーレには、かつて敵・味方双方の立場で戦火を交えた日・米・ドイツ・ベトナム4カ国の国旗が並び、各国の音楽隊員がドイツの大作曲家ベートーベンの「交響曲第九番」の主旋律を演奏した。

首都ベルリンに駐屯するドイツ連邦軍参謀軍楽隊（以下「ドイツ軍楽隊」）の隊長ラインハルト・キアウカ中佐は、この瞬間を殊更誇りに感じていた。1918年にドイツ軍俘虜が日本の収容所で「第九」を演奏した歴史を継ぎ、101年後の令和初年度に日独音楽隊交流の新たな一歩を東京で刻んだからだ。

キアウカ隊長らが披露したのは、鼓笛隊を含む大編成による「ヨルク軍団行進曲」等の伝統的なマーチ。それが各国の音楽隊や和太鼓・儀仗隊の演技と絶妙なコントラストを構成し、今回の音楽まつりを一層印象深い作品に仕上げたのは、実は単なる偶然ではなかった。

2017年、キアウカ隊長は演出担当・ロジスティックス担当の部下2名と日本武道館での自衛隊音楽まつりを事前に鑑賞し、その結果、伝統重視の演目とドイツ特有の編成で本場のマーチを披露しようと決意したのだ。さらにキアウカ隊長は入念に事前練習会場を視察した後で陸自中央音楽隊長の樋口孝博1佐を訪問している。両隊長は意気投合し、将来の自衛隊音楽まつりにおける日独共演の志を共有した。

その後の道程は、日独とも実に困難の連続だったが、両隊長の個人的な友情は、在ドイツ日本大使、同防衛駐在官と在東京ドイツ大使、同駐在武官の協力と合わせて、幾多の障壁への突破力となった。

今回のドイツ軍楽隊の出演について、その高い演奏能力に多くの自衛隊音楽隊員が刺激を受けており、ネット上でも精度の高い演奏への好評価が目立つ。同時に「♡日本」の人文字や「アリガトウ・ニッポン！」の発声等の演出に対して「可愛すぎ」「演出が粋」といった賛辞も多かった。その鍵を握ったのが、演出担当のヨヘン・ノルテクールマン上級曹長だった。

彼は2018年に陸自中央音楽隊アンサンブル（5・6月）と航空中央音楽隊（9月）が訪独演奏をした際、献身的に支援している。また、2019年6月にも日本を訪れ、代々木体育館のステージや観客席などを把握し、演出家と綿密に調整している。

硬軟両方のイメージをバランス良く発信するゲストバンド史に残るドイツ軍楽隊の名演出は、彼が個人的経験を通じて深めた日本社会や日本人への理解と敬意が土台にあったのだ。

このように、ドイツ軍楽隊の出演成功の裏には、歴史的使命への情熱、伝統への誇りと個性へのこだわり、水面下の周到な事前準備と、それを支えた数々の人の心の繋がりがあった。こうした舞台裏に思いを馳せつつ、より多くの方に今一度、ネットの「ユーチューブ」等で自衛隊音楽まつりをお楽しみ頂きたい。

今回のドイツ軍楽隊の自衛隊音楽まつりへの出演成功が、今後の更なる「日独防衛交流」の深化と、それによる自衛隊のさらなる精強化に繋がることを祈念する。

自衛隊音楽まつりに出演し、「ヨルク軍団行進曲」などを披露したドイツ連邦軍参謀軍楽隊。フィナーレでは各国音楽隊とベートーベンの「交響曲第九番」をベースにした「希望の歌」を演奏した

ドイツ軍楽隊の日本公演を成功に導いた（左から）ロジ担当のフロイテル上級曹長、キアウカ隊長、筆者、演出担当のノルテクールマン上級曹長（自衛隊音楽まつりの会場となった東京・代々木体育館で）

（世界の切手・ドイツ）

音楽とは、男の心から炎を打ち出すものでなければならない。そして女の目から涙を引き出すものでなければならない。
ベートーベン（ドイツの音楽家）

朝雲ホームページ
www.asagumo-news.com
＜会員制サイト＞
Asagumo Archive
朝雲編集部メールアドレス
editorial@asagumo-news.com

## 洪水被災地で応急道路を開設

3陸尉 岩渕 静佳（6施大本部管理中隊・神町）

私は昨年10月29日から11月6日までの間、台風19号に伴う災害派遣に小隊長として宮城県丸森町に派遣されました。

大隊の任務は丸森町一帯での道路啓開（流入土砂等の除去）と河川の浚渫でした。私はそのうち河川の氾濫で浸水し通行不能となった町道で、応急的な道路の開設に従事しました。

本任務における最大の敵は、凹地かつ、もともと水田で水が溜まる特有の地形でした。そのため測量を行って上流から流れ込む水の流れを変えたり、土砂等を取り除くなど試行錯誤しながら1トン土のう、鉄板などを使い、道路の高さを上げることで、応急道路を開設しました。

被災地という生地での作業は私自身初めてで、自然を相手にする難しさを実感しました。

施設科精神には「地形に習熟し」という一節があります。今回の経験を生かし、地形に合った施設技術を最大限駆使し、作戦部隊の任務達成に寄与するため、今後は土質や水系をはじめとする地形を見る目を養っていきたいと思います。

## 浚渫の技術を糧に

3陸曹 工藤 文人（6施大3中隊・神町）

私は油圧ショベル操縦曹として台風19号に伴う災害派遣に従事しました。

現場は宮城県丸森町の福谷川沿岸で、1トン土のうを利用し、堤防構築と川に堆積した土砂の浚渫作業を実施しました。

特に印象に残っているのは河川の浚渫です。油圧縦技術がまだ未熟な私は河川浚渫の経験はなく、浚渫を実施するにあたって浚渫が川にどのような影響を及ぼすのかイメージすることができませんでした。

作業を始めると濁った水で油圧ショベルの足元の様子が分からず、油圧ショベルのバケツを利用して川の深さを確認しながら移動し、川底の状況が確認できないまま作業を続けるなど、困難が続きました。

さらに一度浚渫した場所でも、上流からの土砂の流れで再び元の状態に戻ってしまうなど、大変な作業が続きましたが、浚渫の技術を経験値として蓄積することができました。

今回得た知識と経験を元に、今後はさらに技術を身につけ、国民の負託に応えられるよう、より一層精進していきたいと思います。

被災地で油圧ショベルを操作する工藤3曹

## 新刊紹介

### 「米中新冷戦の幕開け」
小原 凡司、桑原 響子著

海自在職中、中国防衛駐在官などを務めたチャイナ・ウオッチャーの小原氏（本紙コラム「春夏秋冬」執筆者）らが、「米中新冷戦」の分析を試みた書だ。

中国がアメリカに対抗するため、軍事（ハードパワー）、文化（ソフトパワー）[illegible]

（東洋経済新報社刊、1980円）

### 「世界は強い日本を望んでいる」
―嘘つきメディアにグッド・バイ―
ケント・ギルバート著

河野防衛相が外相時代、日本とロシアの交渉[illegible]

[illegible]指摘。本書では、"情報弱者" などを例に、著者は強い[illegible]「セキュリティダイアモンド構想」を[illegible]

（ワニブックス刊、1430円）

## 自衛隊OBは警備員の見本

海自OB 工藤 竜也（全日警・新大阪警乗警備隊長）

私は海上自衛隊で1任期（3年）勤務した後、全日警大阪支社に入社しました。

海自時代は練習艦「かしま」に乗っていたため、入社当初は仕事の違いに悩んだこともありましたが、教育隊で学んだことを思い出し、困難を乗り切ってきました。

最初は車両基地所属となり、警備員からスタートしましたが、その後、隊長代行業務や少人数の警備隊長、そして駅警備隊長などの役職を経験させて頂き、昨年で20年になりました。

一昨年12月、約80名からなる新大阪警乗警備隊長職を拝命しました。隊長の役割は、各隊員を把握し与えられた時間と区間において隊員を新幹線に乗車させ、車内の安全・安心を確保して新幹線の安全・安定輸送に最大限貢献することです。このため、各隊員のやる気を常に維持し、その能力を100％発揮させなければなりません。

その点、当隊には自衛隊OBが多数所属し、丁寧なお客様対応で感謝のメールをいただく者、適切な任務遂行により本社本部長表彰やJR東海様から感謝状をいただく者など、多数のOB隊員が活躍しており大変心強く感じています。

いずれも自らを律する信念と責任感が強く、業務遂行に当たっては協力的で各種伝達事項を確実に伝達してくれます。また、急な勤務変更に対しても進んで協力してくれます。

特に規律、協調性、礼式が素晴らしく、他警備隊員の見本となっています。私も警備隊長として彼らと勤務できることを大変うれしく思います。

私も海自OBであることを誇りとし、日本の大動脈である東海道新幹線を守っていきたいと考えています。

## OBがんばる

田中 光弘さん 55
平成30年11月、自衛隊鳥取地本を最後に定年退職（3陸佐）。鳥取県西伯郡南部町役場に再就職し、総務課の「防災監」として勤務している。

### 経験生かせる防災担当

私は定年退職後、鳥取県の南部町役場に「防災担当」として採用されました。

自衛隊時代を回顧すれば、36年余の勤務間、部隊の小隊長や連隊幕僚などを経験し、その間、兵庫県南部地震、東日本大震災、広島豪雨災害、熊本地震の災害派遣などに従事し、自衛隊の活動が地域住民の協力なしには成り立たないことを身をもって認識しました。

そのような思いもあり、私は現在、南部町の防災監として勤務しています。住民説明会を通じて町内各地域を回り、町民の安心・安全を守るため、住民の自助、地域の共助の重要性を伝え、住民の方々からの意見も頂いています。この仕事は住民との顔が見える関係が極めて重要で、意見交換することで理解も進み、各集落を回ることで、地域の特性（地域見積？）などがよく分かります。町では梅雨前に出水期の防災訓練を実施し、私も主務者として防災意識の高揚を図ることができました。

そのほか、総務課所属という特性から統一地方選挙などの事務も初めて経験し、新鮮味と緊張感のある充実した日々を過ごしています。

これから退職される皆さまに伝えたいことは、自衛隊で培った経験は自治体でも十分生かせるということです。自衛隊での思考過程や与えられた職務に対しての責任感、行動力などを発揮して誠実に勤務すれば、必ず成功できると思います。

そこで退職前の援護教育などは、新たな勤務環境への切り替えのために、とても大切になります。皆さまも「事前準備」を大事にしてください。

## 詰将棋

出題 日本将棋連盟 九段 石田 和雄

第811回出題

|  | 6 | 5 | 4 | 3 | 2 | 1 |
|---|---|---|---|---|---|---|
| 一 |  | 竜 |  | v香 |  |  |
| 二 |  | 歩 |  |  | v王 | v角 |
| 三 |  |  | v歩 | v歩 |  |  |
| 四 |  |  |  |  | 金 |  |
| 五 |  |  |  |  |  |  |

先手 持駒 金桂

【ヒント】絶好の桂打を作る工夫（5分で二段）。

▶詰碁、詰将棋の出題は隔週です◀

## 詰碁

出題 日本棋院 九段 曲 励起

第1226回解答

白⑩五目トル
黒⑪（3の所）

【解答図】黒先、白劫。黒❶以下白④までは共に当然です。次に黒❺以下白⑩の五目取りもまた当然です。次に黒⑪と切って、劫になるのが正解です。

朝雲

発行所 朝雲新聞社
〒160-0002 東京都新宿区四谷坂町12-20 KKビル
電話 03(3225)3841
FAX 03(3225)3831
振替00190-4-17600番
定価一部150円、年間購読料9170円（税・送料込み）

あなたと大切な人の「今」と「未来」のために
防衛省生協

主な記事



# 日米「強固な同盟」を確認

## 防衛相 国防長官と会談

河野防衛相は1月14日（日本時間15日）、米ワシントン近郊の国防総省でエスパー国防長官と会談し、「日米安全保障条約」の改定から今年で60周年を迎えたことを歓迎するとともに、「強固な日米同盟」を確認した。これに先立ち前日、河野大臣はワシントンのシンクタンク「戦略国際問題研究所（CSIS）」で講演し、中国の軍事的活動を拡大させている実態を指摘した。前日の13日（日本時間14日）にはハワイ州のカウアイ島を訪れ、日本が米国から導入を進める陸上配備型ミサイル防衛システム「イージス・アショア」の試験施設などを視察した。

[illegible]

会談後、共同記者会見に臨む河野防衛相（右）とエスパー米国防長官（1月14日、米国防総省で）＝防衛省提供

## 「イージス・アショア」視察

[illegible]

その後、臨時記者会見に臨んだ河野大臣は「イージス・アショア」の安全性を強調した上で、「北朝鮮は日本を射程内に置く非常に多くのミサイルを実戦配備している。日本の国土をしっかりと守っていくために、日本全体をカバーできる『イージス・アショア』のようなミサイル防衛能力をなるべく早く整備していきたい」と語った。

## 安保条約60年「不滅の柱」 首相

日米安全保障条約60周年記念式典で鏡開きをする（左から）河野防衛相、茂木外相、麻生副総理兼財務相、安倍首相、アイゼンハワー元米大統領の孫メアリーさんら（1月19日、東京都港区の飯倉公館で）＝官邸HPから

[illegible]

米軍の対日防衛義務を定めた現行の日米安保条約は、昭和35（1960）年1月19日、安倍首相の祖父である岸信介首相とアイゼンハワー米大統領（共に当時）のもとで、米ワシントンのホワイトハウスで署名された。今回の式典にはアイゼンハワー氏の孫、メアリーさんも招かれた。

トランプ米大統領は18日、祝意を伝える声明を発表。安保環境が厳しさを増す中、「同盟を一層強化し、深化させることが不可欠」と訴えた。

これに先立ち、茂木外相、河野防衛相、ポンペオ国務長官、エスパー国防長官の日米外務・防衛4閣僚は17日、連名で「日米同盟はかつてないほど強固で幅広く、不可欠なものとなっている」と明記した共同声明を発表した。

## 2020年度防衛費 重要施策を見る〈2〉

### 陸自 サイバー防護隊 新編

南西諸島の防衛強化を進める陸上自衛隊は、2016年3月に沖縄県の与那国島に駐屯地、19年3月に鹿児島県の奄美大島と沖縄県の宮古島に駐・分屯地を新設し、20年度は同・石垣島への駐屯地開設に向けた施設整備に着手する（228億円）。さらに、沿岸や海峡に近づく敵の艦隊を撃破する地対艦ミサイル部隊を石垣島と宮古島などに配備を進める計画だ。

陸自の20年度予算（案）は前年度当初予算比1・5%減の1兆8173億円で、引き続き島嶼防衛に関連した装備品の取得などに重点が置かれている。

即応態勢強化のためには高速機動ができる16式機動戦闘車を33両（237億円）取得するほか、最高時速100キロ以上で走行可能な最新の19式装輪自走155ミリ榴弾砲7両（45億円）を調達する。

防空面では、低空を高速で飛ぶ巡航ミサイルや戦闘機にも対応できる新型の03式中距離地対空誘導弾（改善型）1式（120億円）を高射特科群の部隊に導入。弾道ミサイル迎撃用の最新レーダー（LMSSR）を有する地上配備型の「イージス・アショア」の垂直発射装置取得に115億円を計上し、陸上自衛隊のBMD対処能力を向上させる。

隊員の命を守る小銃と拳銃も更新に着手する。89式小銃の後継には豊和工業製の新小銃「HOWA5・56」約3300丁を調達（9億円）、拳銃は独ヘッケラー&コッホ製の新拳銃「SFP9」約320丁を2千万円で調達する。新小銃は射程や命中精度が高められているほか、耐腐食性が強化され、水陸両用戦などにも安心して使用できる。さらにスコープなど各種器材も自在に装着できるようになる。

南西地域への輸送力強化のため、新たな航空部隊の施設整備にも乗り出す。19年度末にヘリ団（木更津）に新編されるV22オスプレイ部隊の配備予定先として佐賀駐屯地（仮称）の設計や造成準備工事費用に30億円を盛り込んだ。

新領域のサイバー対処部隊の新編にも注力。「サイバー防護隊（仮称）」を約130人体制で陸上総隊隷下のシステム通信団に新編する。これにより、各方面隊にあるシステム防護隊を一元的に指揮することが可能になる。このほか、「ネットワーク電子戦システム（NEWS）」を導入した電子戦部隊（1個中隊）を熊本県の健軍駐屯地に発足させる。

さらに通信学校（久里浜）には「サイバー教官室（仮称）」を設置。将来の技術分野の陸自隊員を育成する高等工科学校（武山）にも21年度に「システム・サイバー専修コース（仮称）」を新設し、優秀な人材確保と育成に向けた教育体制を強化する。

湯浅陸幕長は年頭あいさつで「サイバー・電磁波作戦能力の強化のため、体制整備を着実に進める」と決意を表明した。陸自は新編という形で、新領域の作戦能力を強化し、ネットワーク時代のハイテク戦を戦える万全の体制を構築する。

（菱川浩嗣）

昨年の富士総合火力演習に初登場した最新の「19式装輪自走155ミリ榴弾砲」。高速機動に加え、迅速な陣地変換と射撃が可能で、島嶼防衛でも活躍が期待される

## 国緊隊 豪州に派遣

### 森林火災 C130が人員、物資空輸

防衛省は1月15日、オーストラリアで昨年9月から続く大規模森林火災に対応するため、豪州政府からの要請を受け、国際緊急援助隊の派遣を決めた。同日夕、空自1輸空（小牧）飛行群司令の太田将史1佐を国際緊急援助空輸隊司令とする約70人の隊員を乗せた空自C130H輸送機2機が小牧基地を出発した。

自衛隊はこれまで地震や津波などで国際緊急援助活動の実績はあるが、大規模火災で国緊隊を派遣するのは初めて。

同日は河野防衛相が米国出張中のため、臨時代理の武田良太国家公安委員長が派遣命令を発出。武田氏は防衛省の会議で「防衛省・自衛隊が一丸となって被災した人々のため全力で取り組んでほしい」と述べた。

77号機と79号機の2機のC130H輸送機は16日、拠点とするシドニー近郊のリッチモンド豪空軍基地に到着し、18日から活動を開始。79号機が消火活動に必要な人員を空輸する初任務に当たり、タスマニア島のホバート国際空港から南オーストラリア州の州都アデレードの南西約120キロにあるカンガルー島のキングスコート空港まで約50人の豪軍兵士を輸送した。森林火災の影響で視界不良の中、無事に送り届けた。

一方、リッチモンド空軍基地内には15日、先に派遣されていた自衛隊の調査チーム8人が「現地調整所」を開設し、豪軍などとの調整業務に当たっている。

国緊隊はこれまでに人員延べ約80人、物資1・4トンを空輸。21日現在も引き続き消火・復旧活動に関連する人員や物資の輸送任務を行っている。

## 音響測定艦「あき」進水

### 双胴型で29年ぶり建造

海自の「ひびき」型音響測定艦3番艦として29年ぶりに建造され、進水した「あき」（1月15日、岡山県玉野市の三井E&S造船玉野艦船工場で）

海自の音響測定艦として29年ぶりに建造された平成29年度計画音響測定艦（2900トン）の命名・進水式が1月15日、岡山県玉野市の三井E&S造船玉野艦船工場で行われ、同艦は「あき（安芸）」と命名され、進水した。

「あき」（AOS5203）は双胴型のSWATH型を採用した音響測定艦「ひびき」型の3番艦で、艦尾から海中に降ろして広範囲な海中音波を探知する曳航式ソーナー「SURTASS」を搭載。船体には横方向に艦を動かすバウスラスター、後部にはヘリ発着用の飛行甲板を備え、艦内でも司令部区画が拡充されるなど、基準排水量が従来型より50トン増えている。

命名・進水式は酒井良呉地方総監の執行で行われ、出口佳努海幕副長、武田博史防衛装備庁長官らが出席。酒井総監が命名書を読み上げ、支綱を切断した。「あき」はゆっくりと進水した。

艦名は瀬戸内海西部の「安芸灘」に由来。艤装員長は間宮政文2佐で、就役は2021年3月の予定。

## 春夏秋冬

### 心の文脈

黒川　伊保子

この世には、二種類の対話方式がある。「心の文脈」と「事実文脈」である。

前者は、気持ちでプロセスを語る方式。「バイト先の店長がこんなこと言うのよ。すごく嫌な感じ。で、私がこう言ったら、こう言われて…」

愚痴の垂れ流しに聞こえるかもしれないが、実は、脳の中では高度な演算をしている。感情をトリガー（きっかけ）にして記憶を想起すると、脳は記憶を再体験する。このため、最初の体験で気づかなかったことに気づくのだ。「そういえば、あのとき…」「たしかに、あの人にも言い分が…」というように。

[illegible]

れには、共感とねぎらいしかない。「それは、へこむよな」「大変だったね」「つらかったよなぁ」

もしもとっさに「店長の言い分もわかる」「きみもこうするべきだった」ということばが浮かんだとしても、それを最初に言ってはいけない。相手は不快になり、絶望さえする。かくして、「いいアドバイスをしたのに、逆ギレされる」という事態が起こるのである。

さて、もう一方の「事実の文脈」。こちらは、客観的に事実を確かめ、問題解決を急ぐための対話である。

[illegible]

間でトラブルが起こり、隣が100%悪くても、「事実文脈の夫」は、「きみも、あの人を、そんなふうに挑発したらダメだよ」と言ってしまう。目の前から始めたほうが、命を救えるから。

腐った橋を渡ろうとしている人に、ダメ!を言うのと一緒だ。腐った橋を放置しておく行政が悪いのだが、そんなことを言っていても、今この瞬間、目の前の命は救えない。

仕事柄、「事実文脈」を使っている人は、家庭内の「心の文脈」を破壊しがちだ。「ただいま」と共に、話法を切り替えよう。

（感性リサーチ代表、人工知能研究者）

## 朝雲寸言

[illegible]

4成分選択可能
複合ガス検知器
Honeywell
搭載可能センサー
LEL/O2/CO/H2S/SO2/HCN/NH3/PH3/CL2/NO2
篠原電機株式会社
https://www.shinohara-elec.co.jp/
TEL: 06-6358-2657 FAX: 06-6358-2351

# 時の焦点

## 国内　海自中東派遣

### 万全体制で任務遂行を

中東の安定は、世界の平和に直結する。日本の繁栄の基盤でもある。日本の安全を守るという、他国任せにできない課題から、逃げるわけにはいかない。

中東のシーレーン（海上交通路）の情報収集活動のため、海上自衛隊が派遣された。哨戒機2機と護衛艦「たかなみ」が派遣され、活動期間は12月26日までである。

安倍首相は、20日召集された通常国会の施政方針演説で、中東情勢について「全ての関係者に、対話による問題解決と自制的な対応を求める」と力説した。そのうえで、「自衛隊による情報収集態勢を整え、日本関係船舶の安全を確保する」と強調した。

中東情勢は緊迫している。日本が独自に情報収集体制を強化することは、不測の事態を回避し、日本関係船舶の安全を確保することにつながる。

派遣は、防衛省設置法4条の「調査・研究」の規定に基づく。

あくまでも情報収集が目的であり、海自が日本の船舶を護衛することはできず、武器を使って守ることもできない。

この点について、河野防衛相は、衆参両院で開かれた閉会中審査で、「自衛隊が何らかの武力紛争に巻き込まれるような危険があるとは考えていない」との認識を強調した。

日本関係船舶が攻撃を受けるなどした場合は、自衛隊法82条の海上警備行動を発令して対処する。

どのような場合に海上警備行動を発令するか、各国とどのように情報共有を図るか。活動に当たる自衛隊の負担が過重にならぬよう、適切に備えることが欠かせない。

政府を挙げて、万全の体制で送り出してもらいたい。現地の活動に限らず、隊員家族らのサポートも必要である。

野党からは、新たな法整備の必要性を指摘する声もある。国際法のなかでどのような対応が可能か、将来的な検討課題であろう。

気になるのは、野党の一部から、自衛隊派遣は地域の緊張を高めるといった批判が出ていることだ。

こうした見方は、実態に即していない表面的な批判といえよう。

安倍首相は昨年、イランのロハニ大統領と会談を重ね、緊張緩和を働きかけた。年始早々には、サウジアラビア、アラブ首長国連邦（UAE）、オマーンを歴訪し、海自派遣への支持を取り付けた。

読売新聞社の全国世論調査では、海自の中東派遣を「評価する」と答えた人が50％に上った。

自衛隊が長年の活動で培った信頼感が、高い評価につながっているのは間違いない。

政府による万全のバックアップのもと、派遣された部隊が的確に任務を果たすことにより、今後さらに高い評価が得られよう。

部隊を送り出し、活動の恩恵を受ける国民としても、できる限りの支援をせねばならない。

宮原 三郎（政治評論家）

## 海外　米VSイラン

### 空想的「開戦の瀬戸際」

昨年12月以来の数週間、米国はイランとの開戦に向かっていると緊迫感を煽る報道が続いた。ネットで見た日本メディアには「第3次世界大戦か」と脅かすものまであった。

「ニューヨーク・タイムズ」紙は「戦争の瀬戸際」と書き、「ワシントン・ポスト」紙も「イランとの戦争は不可避ではないが、米国が進路を変えなければ」として、非は米国にありのトーン。

しかし、「戦争」と言うなら、両国は40年間ずっと戦争中。ジョージア州のピーナッツ栽培農家から米大統領になった人物が、強権的なパーレビ国王より、過激な宗教家の方が治国にはベターと判断して以来、イランは「米国に死を！」と叫び続けている。

また、現実を見れば、トランプ大統領が米国の進路を変えつつあるのは明白。際限のない戦争から米国を救い出すとの選挙公約の実現を目指す姿がそこにある。

ポンペイオ米国務長官は1月5日、FOX－TVの「FOXニューズ・サンデー」で、イラン革命防衛隊コッズ部隊のソレイマニ司令官殺害（3日）の背景を説明し、「宥和策はテロのリスクを高める」と強調した。

歴史は宥和策から戦争に至った例で満ちているが、「開戦前夜」みたいに言われた米イラン戦争は現在どこにあるのだろう。

イランは旧ソ連と違い、核保有のグローバル・パワーではない。テロ攻撃で米国の地域安全保障秩序を脅かす敵対的なローカル・パワーでしかない。

イランの通常兵器は古く、錆び付いている。革命防衛隊の高速艇はペルシャ湾の米海軍を攻撃目標にできるが、大規模地上部隊をイラクに輸送できないし、フロリダ州やアラスカ州に運ぶなどはファンタジー。これが対応能力の限界だ。

ボクシングジムの新人が、史上最強のヘビー級ボクサーと言われたマイク・タイソンに向かっていっても、「戦争」にはならない。でも、タイソンの鼻を一発かすったら痛い目に遭う。

愚かにもイランは昨年末、バグダッドの米大使館を攻撃した。オバマ前政権のようなソフトな対応を予期していたのに、米軍は同司令官、シーア派民兵組織ハシディ・シャビ軍のムハンディス副長官らを空爆で殺害した。「戦争」ではない。トランプ氏の言う「釣り合い以上の反撃」だった。

「ニューヨーク・タイムズ」紙（1月9日付）を見ると、同司令官殺害前後の米中央情報局（CIA）の分析は素晴らしい。

殺害の数日前、ハスペルCIA長官は大統領に助言した。①同司令官が引き起こす脅威は、彼を殺害した場合のイランの対応の脅威より大きい②最もありそうなのは、米軍が駐留するイラク基地へのミサイル攻撃だ──。

同長官は司令官殺害の判断に公式には関与していないが、ミサイル攻撃は7日午後その通りになり、特に、「発射は3時間以内」との緊急情報をホワイトハウス、軍に伝えたのは見事だった。

草野 徹（外交評論家）

---

新年賀詞交歓会　一般社団法人 日本防衛装備工業会

防衛生産・技術基盤の維持に向けた決意を述べる日本防衛装備工業会の斎藤会長（壇上）＝1月17日、東京都港区の明治記念館で

## 防衛装備工業会賀詞交歓会

# 会長「防衛産業極めて厳しい」

## 加盟130社、防衛省など1000人出席

日本防衛装備工業会（会長・斎藤保IHI会長）の賀詞交歓会が1月17日、東京都港区の明治記念館で開かれ、加盟130社をはじめ、防衛省、経済産業省の高官、国会議員など約千人が集まり、防衛生産・技術基盤のさらなる発展を誓った。

斎藤会長は開会あいさつの中で「海外からの装備品調達の増加傾向や情報セキュリティーコストの増大などから、日本の防衛産業は極めて厳しい状況に直面している」と述べ、事業縮小や撤退を余儀なくされている実態を指摘。その上で「防衛生産・技術基盤を着実に維持し、我が国の安全保障・防衛上の要請に即応する社会的な責務を全うするには、これまで以上に不断の努力を行い、政府と連携強化を図らなければならない」と強調し、関係省庁に対し、産業界と具体策について議論する機会の設置を要望した。

続いて、来賓を代表して防衛省の渡辺孝一政務官が祝辞を述べ、「官民連携を推進し、我が国の技術基盤と防衛産業基盤の強化に向けて一層の役割を果たしていく」と決意を表明。

最後に経産省の宮本周司政務官がスピーチし、「防衛省と共に重要な技術を保有する企業を把握しながら、サプライチェーンの実態調査を進め、その結果を『防衛産業基盤を守り育てる』取り組みに活用していく」と述べ、国内の技術基盤の強化と産業基盤の強靱化に一層注力していく考えを示した。

この後、同工業会の副会長を務める東芝インフラシステムズの今野貴之社長が乾杯のあいさつを行った。

同工業会は昭和26年に創設された日本技術生産協力会が母体。現在、斎藤会長のもと、副会長には今野氏をはじめ、旭化成の山岸秀之常務執行役員、日本製鋼所の宮内直孝社長の3氏が就いている。

## コブラ・ゴールド20参加

### 米・タイ共催　初のサイバー攻撃対処も

米国とタイが共催する多国間共同訓練「コブラ・ゴールド20」が1月28日、タイ北部のスコータイなどで始まる。3月6日まで。自衛隊は「在外邦人等保護措置訓練（RJNO）」「空挺降下訓練」などのほか、今回初めて開催される多国間での「サイバー攻撃等対処訓練」にも参加する。

訓練には日、米、タイ、韓、インドネシア、マレーシア、シンガポールと、オブザーバーとしてインド、中国が参加。自衛隊からは指揮通信システム隊、内局、統幕など約40人、陸自が約140人、海自約10人、空自約50人が参加。このほか軽装甲機動車1両とC130H輸送機1機が加わる。

在外邦人等保護措置訓練は2月18日からタイ南部のウタパオ海軍基地などで行われ、一時避難所に集まった邦人等を日、米、タイが設置した退避統制所（ECC）まで陸上輸送し、C130Hに乗せ国外に脱出させるまでの一連の流れを演練する。

初のサイバー攻撃等対処訓練は24日から首都バンコクで実施され、サイバー攻撃への対処、情報共有、多国間調整などを演練する。多国間サイバー演習への自衛隊の参加は、昨年12月の北大西洋条約機構（NATO）主催の演習に続いて2回目。

このほか、空挺団員約25人は統合火力演習の一部として実施される「フレンドシップ・ジャンプ」に初参加し、多国間での空挺降下を行う。

一方、「人道・民生支援活動」の建設分野に参加する陸自中央即応連隊施設中隊（宇都宮）の隊員5人は1月28日から米、タイの工兵部隊と共に学校の多目的ホールを建設する。

## 情報漏洩容疑で元1空佐を逮捕

米国製の早期警戒機「E2D」の性能に関する「特別防衛秘密」を含む情報を日本の商社の社員に漏洩したとして、警視庁公安部と空自警務隊は1月17日、元1等空佐の菅野聡容疑者(58)＝平成29年定年退官、東京都府中市＝を日米相互防衛援助協定に伴う秘密保護法違反容疑で逮捕した。

防衛省の発表によると、菅野容疑者は航空開発実験集団司令部の研究開発部計画課長だった平成25年1月9日頃、入間基地で特別防衛秘密を含む「E2D」の性能に関する情報が入った電子記録媒体を知人の航空機関連商社の社員らに譲り渡すなどし、情報を漏洩した疑い。

この商社社員は同年7月ごろ、E2Dのメーカーとは違う米メーカーにデータを渡し、そのメーカーが「秘密情報が含まれている」として米政府に通報し、漏洩が発覚。翌26年10月、防衛省は米政府からの情報提供を受け、慎重に調査などを進めてきた。第三国への情報の流出は確認されておらず、機種選定への影響もなかった。

河野防衛相は1月17日の記者会見で「我が国の防衛に必要な秘密情報を適切に保全すべき防衛省・自衛隊への国民の信頼を損ない、日米間の信頼関係を揺るがしかねない事案で大変遺憾だ」と述べ、省内でも調査を行った上で情報保全と再発防止の徹底を図る考えを示した。

## 政専機、中東へ　首相を乗せ運航

空自特輸隊（千歳）のB777政府専用機は1月11日から15日まで、サウジアラビア、アラブ首長国連邦（UAE）、オマーンを歴訪する安倍首相を乗せ、中東へ運航した。

政専機は11日、サウジアラビアの首都リヤドのキング・ハーリド国際空港に到着。13日に同国北西部のウラー近郊のプリンス・アブドル・マジード・ビン・アブドルアジズ空港に着陸した。

同日にUAEの首都アブダビのアブダビ国際空港に到着、オマーンの首都マスカットのマスカット国際空港経由で15日、羽田に帰国した。

## 防衛省発令

▽解海幕総務課渉外連絡官兼補、兼自衛艦隊司令部　海幕運用支援課　1海佐 岩重 吉彦
▽兼海幕総務課渉外連絡官　海幕運用支援課　同 寺本 好孝
▽海幕航空機課航空支援器材班長（海幕航空機課）　2海佐 中尾 親史
▽潜水医学実験隊実験2部長（防衛医大教授兼防衛医大病院内科）　1海佐 伊古美文隆
▽南西航空方面隊司令部（空自幹部学校）　1空佐 宮崎 剛
▽兼空自2術科学校副校長　空自1術科学校副校長　同 武田 宣久
（以上1月10日）
▽北部航空方面隊監理監察官（飛行教育航空隊司令）　同 植森 治
▽北部航空警戒管制団副司令（空自幹部学校教育部主任教官兼空自幹部学校）　同 冨永 直幸
▽3航空団飛行群司令（3航空団）　同 野村 信一
▽中部航空方面隊幕僚長（北部航空警戒管制団副司令）　同 井上 伸康
▽同監理監察官（7航空団副司令）　同 近藤 健司
▽7航空団副司令（北部航空方面隊監理監察官）　同 高草木浩寿
▽1航空団副司令（中部航空方面隊監理監察官）　同 松浦 明裕
▽飛行教育航空隊司令（3航空団飛行群司令）　同 髙口 拓二
▽空自幹部学校教育部主任教官兼空自幹部学校（1航空団副司令）　同 井口 裕康
（以上1月13日）
▽海幕補任課（護衛艦隊司令部）　1海佐 青木 操
▽兼海幕艦船・武器課通信電子班長　海幕艦船・武器課艦船技術班長　同 内藤 亮
▽海幕航空機課航空機班長（海幕航空機課）　同 角 亜希仁
▽4整備補給隊司令（航空補給処航空機部長）　同 丹羽 満良
▽岩国航空基地隊司令（4整備補給隊司令）　同 田光 智行
▽東京業務隊付（岩国航空基地隊司令）　同 樽澤 勇樹
（防衛装備庁調達企画課連絡調整官）　同 伊藤 辰彦
▽航空補給処航空機部長（航空補給処）　同 花田 博光
▽防衛装備庁プロジェクト管理部事業監理官付（海幕航空機課航空機班長）　同 丸山 実
▽同調達企画課連絡調整官（同艦船・武器課通信電子班長）　2海佐 宇野 仁貴
（以上1月14日）
▽空幕援護業務課援護1班長（西部航空方面隊防衛課長）　1空佐 前床 泰彦
▽同防衛課（13飛行教育団飛行教育群司令）　同 中田 祥史
▽西部航空方面隊防衛課長（統幕総務課）　同 小山 真弘
▽航空教育集団教育2課長（空幕援護業務課援護1班長）　同 伊藤 寛人
▽13飛行教育団飛行教育群司令（航空教育集団教育2課長）　同 小川 直樹
▽2補給処十条支処調達課長（2補給処十条支処）　2空佐 堀之内新一
▽北関東防衛局装備2課長（同調達課長）　同 古川 孝治
（以上1月15日）

## 共済組合だより

### 「任意継続組合員制度」をご利用ください

皆さんは「任意継続組合員」の制度をご存知ですか。退職の日の前日まで引き続いて1年以上組合員であった方は、退職の日から起算して20日以内に「任意継続組合員となるための申出書」等を提出すると、任意継続組合員になることができます。

任意継続組合員になりますと、2年間を限度として退職後も引き続き短期給付（休業給付を除く。）と福祉事業（売店、宿泊施設、貯金の一部利用）の適用を受けられます。

任意継続組合員になった方は掛金の払込みが必要です。

任意継続組合員になった最初の月の掛金は、退職した日から起算して20日以内に、それ以降の月の掛金は継続しようとする月の前月の末日までに払い込んでください。

その金額については「任意継続組合員となるための申出書」等を提出する際、支部窓口にお問い合わせください。

なお、次のいずれかに該当したときは任意継続組合員の資格を喪失します。

▽任意継続組合員となった日から2年を経過したとき。▽死亡したとき。▽任意継続掛金を指定の期日までに払い込まなかったとき。▽再就職して共済組合員または健康保険等の被保険者となったとき。▽任意継続組合員でなくなることを希望し、その申し出が受理された日の属する月の末日が到来したとき。▽後期高齢者医療の被保険者等となったとき。

整列休め（緑茶）
防衛弘済会と宮崎県農協果汁（株）が共同開発した自衛隊限定商品!!
1本あたり ¥110
隊員価格 ¥2,640（税込）
・内容量：1箱（500ml×24本）・メーカー名：宮崎県農協果汁（株）

今治産陸海空プチタオル
タオル生産地・今治の上質な綿・抜群の吸水性が特徴。綿本来の柔らかい生地に豪華な刺繍仕上げ!!
・サイズ：24cm×24cm ・メーカー名：株式会社ブラネット
隊員価格 1枚 ¥500（税込）

黒糖ドーナツ棒
フジバンビ＋BOEKOS＝コラボ商品
隊員価格 ¥780（税込）　¥750（税込）

BOEKOS　●商品についてのお問い合わせは　一般財団法人 防衛弘済会 物資販売事業部
〒162-0853 東京都新宿区北山伏町1-11　☎ 03-5946-8705 内線 8-6-28884

お仏壇 店頭表示価格より 10%OFF 特価品、特注品、一部商品を除く
神仏具 店頭表示価格より 5%OFF 特価品、特注品、一部商品を除く
お墓（墓石・工事代） 店頭表示価格より 5%OFF 永代使用料、年間管理費、供養料、一部霊園・一部石種・屋内墓苑を除く
初回ご来店の際には JD VISAカードをご提示ください。
有効期限2020年3月末日
はせがわ 通話無料 0120-11-7676（10:00～18:00 不定休） www.hasegawa.jp

まもなく定年を迎える皆様へ　25％割引（団体割引）
隊友会団体総合生活保険
隊友会団体総合生活保険は、隊友会会員の皆様の福利厚生事業の一環として、ご案内しております。
現役の自衛隊員の方も退職されましたら、是非隊友会にご加入頂き、あわせて団体総合生活保険へのご加入をお勧めいたします。
公益社団法人 隊友会 事務局
傷害補償プランの特長　●1日の入通院でも傷害一時金払治療給付金1万円
医療・がん補償プランの特長　●満70歳まで新規の加入可能です。
介護補償プランの特長　●本人・家族が加入できます。●満84歳まで新規の加入可能です。
無料※でサービスをご提供「メディカルアシスト」　●常駐の医師または看護師が24時間365日いつでも電話でお応えいたします。※一部、対象外のサービスがあります。
資料請求・お問い合わせ先
取扱代理店 株式会社タイユウ・サービス 隊友会役員が中心となり設立 自衛官OB会社
〒162-0845 東京都新宿区市谷本村町3-20 新盛堂ビル7階
TEL 0120-600-230　FAX 03-3266-1983　http://taiyuu.co.jp
引受保険会社　東京海上日動火災保険株式会社

防衛省職員および退職者の皆様へ
防衛省団体扱 自動車保険・火災保険のご案内
引受保険会社 東京海上日動火災保険株式会社
防衛省団体扱自動車保険契約は一般契約に比べて 約19%割安
お問い合わせは 取扱代理店 株式会社 タイユウ・サービス フリーダイヤル 0120-600-230
防衛省団体扱火災保険契約は一般契約に比べて 約15%割安

# 海自曲技飛行チーム「ホワイトアローズ」　201教空・小月

「将来は教官として小月に戻り、ホワイトアローズの一員になりたい」――。海自の飛行学生たちが熱くそう語るのが、小月教育航空群201教育航空隊のベテラン教官で構成される海自唯一の曲技飛行チーム「ホワイトアローズ」だ。昨年、千葉市の幕張海浜公園で開催された「レッドブル・エアレース」で一般イベントデビューを果たし、航空ファンの間で一気に知名度をアップさせた。学生教育に使用される小型のプロペラ機T5初等練習機4機を巧みに操り、高度な操縦テクニックで大空を優雅に飛び回る姿は、ジェット機のT4中等練習機を駆る空自「ブルーインパルス」とはまた違った魅力にあふれている。一般デビューから2年目となる「令和2年」の抱負を小月基地で「ホワイトアローズ」の初代編隊長で1番機機長の市川芳征3佐（51）に聞いた。（聞き手　星里美）

## 初代編隊長　市川芳征3佐に聞く

㊤201教育航空隊のベテラン教官で編成された海自初の曲技飛行チーム「ホワイトアローズ」のメンバー
㊦レッドブル・エアレースの会場を眼下に、4機で編隊を組みながらパイロンの上空を飛行する「ホワイトアローズ」（9月7日、千葉市の幕張海浜公園で）

「ホワイトアローズ」1番機の機長で、初代編隊長の市川芳征3佐。左は同隊のシンボルマーク

# プロペラ機の強みを生かす

### チーム立ち上げは22年前

――ホワイトアローズの結成はいつですか。

市川編隊長　海自の曲技飛行チームは1998年、「飛行技術研究班」として立ち上げられました。これは教育航空集団の自主研究として発足し、一つ目に学生教育のための飛行教育技術の向上、二つ目は学生の学習意欲の向上、三つ目は海上航空の広報活動を目的に開始されました。

その後、検証を重ね、安全性の確保が図られました。特に操縦技術面では、T5は地面に近い場所で課目を行うことから、パイロットの心理的負担など安全性を徹底検証しました。2001年に内容が固まり、ついに「4機編隊での展示」という運びになりました。当初は小月基地のイベントで飛行し、その翌年から海自の教育航空部隊がある鹿屋と下総で飛行展示を行ってきました。数年間こうした活動を続けてきましたが、もともと我々の任務は航空学生の教育ですので、そちらのほうが多忙になり、小月基地の入隊式や基地祭だけの活動になりました。

そうした中、展示を視察された当時の村川海幕長から、広報効果が高いというお話をいただき、初めて海自の「曲技飛行チーム」として公式に活動していくことが認められました。

それまでチーム名は、T5のニックネームである「ルーキー・フライト」や「ブランエール（仏語で白い翼）」という名称で活動していましたが、海自の広報活動として展示飛行を行うということで、隊員から名前を公募し、18年、「ホワイトアローズ」に正式に決まりました。

◇小月航空基地　昭和15年4月、旧陸軍の飛行場として開設。戦後は警察予備隊の訓練所などを経て、自衛隊発足後の29年7月に海自の小月駐屯地として開設された。31年4月に空自に移管され、39年7月に海自（小月派遣隊）へ移管。40年3月、小月教育航空群新編。小月教育航空群は、201教育航空隊、201整備補給隊、小月航空基地隊で編成され、航空学生の操縦教育を担う201教空には5機の練習機T5約30機が配備されている。約30人の教官が年間、約150人の学生教育に当たっている。

### 14人のベテラン教官で編成

――現在の編成や活動内容を教えてください。

市川編隊長　T5、1機あたり3～4人が指定され、現在は4機、14人の教官が「ホワイトアローズのメンバー」として曲技飛行訓練に当たっています。メンバーに加わった者は、各機の前任者に習い、技を身に付けていきます。最初に副操縦士の資格を取り、その後、機長資格を習得していきます。私自身は、この部隊の勤務は3回目で、通算では13年。1回目の勤務の時は、ホワイトアローズの立ち上がり期に当たる「飛行技術研究班」に加わりました。

――訓練の内容は。

市川編隊長　我々の任務は学生教育ですので、その中で支障のない範囲で昼休みや教育のフライトが終わった夕刻など、週1～2回程度を基準にチームの訓練をしています。

飛行展示に合わせて編成するので、基本的に先輩教官が修正しながら誰が乗っても同じレベルになるように訓練しています。指導を経ることで各機の動きが均一になり、4機の編隊として統制がとれてきます。

各パイロットは体で覚えていくことに加え、その飛行状態が客観的に評価できるよう、地上から訓練状況を撮影し、位置取りの修正などに活用しています。飛行前のブリーフィングでパイロット間の意思疎通をしっかりと図り、飛行後は、操縦のタイミングや細やかな操縦要領の再確認をするなど、振り返りをしっかりすることで、技量を磨き、編隊を合わせるよう努めています。

展示飛行で難しいところは、学生教育とは全く違う動きが要求されるということ。一歩間違えると（空中衝突など）危険な状況に陥るので、しっかりと展示飛行のパターンを頭にたたき込み、飛行中は常に気を張り詰めた状態で訓練を行っています。

自分のできる技量を最大限発揮しつつも無理はしない。そのはざまを自分で考えながら、練習も本番も隔てなく操縦桿を握るようにしています。さらに、編隊長としてその時の風の向きや強さを読んだり、その風に対応するためバンクの傾きやタイミングなどを考えながら飛ぶ。

列機の3機に乗っているパイロットは経験が十分ある者もいれば、浅い者もいる。特に浅い者がリーダーの操縦について来られるかという点も考えなければいけない。そこがチームの難しさでもあるし、やりがいでもあります。

### 速力遅いが小回りが利く

――空自の「ブルーインパルス」との違いは。

市川編隊長　「ブルーインパルス」はジェット機なので機体が大きく違います。最新の戦闘機は操縦桿がスティックになっており、T5は昔ながらの操縦輪といって、ハンドルのようになっている。学生が操縦の基本を習う設計になっているので、翼の舵の利きもあまりよくない飛行機なんです。

そういったところから、ブルーインパルスのように機敏には動けませんし、また速度も遅い。しかし、T5はその弱点がある意味、強みになるかもしれません。速力が遅い分、小回りが利きますので、お客さんから近いところで展示をすることができる。すぐに旋回して戻ってこられるので、常にお客さんの視野の中にあり、飛行機を追いながら展示が見られるというのは、非常に面白いと思います。

展示の最後にローパスで会場の近くを通っていくとき、パイロットが手を振っている姿が地上から見えたりもするので、そんなところも楽しみにしてもらえればうれしいです。

レース会場上空をダイヤモンド編隊で飛行する「ホワイトアローズ」の姿に、延べ10万人の観客から歓声が上がった

### 周囲に支えられたレッドブル・エアレース

――昨年9月の「レッドブル・エアレース」でデビューした時の感想を。

市川編隊長　前年の暮れぐらいにエアレースでの展示飛行の話があり、チームもそれに向けて準備を始めました。現在、小月基地で行っている飛行展示パターンは三つで、好天時に実施する「KINGパターン」と、天候や雲の高さなどの制限を受ける場合に行う「QUEENパターン」と「JACKパターン」があります。

エアレースのお話をいただいた時は、天候制限もあることから、東京湾上空ということで、羽田空港の飛行機との空域の関係もあり、「フルではできないだろう」と考えました。そこでエアレース用に再編成したオリジナルの課目をつなぎ合わせ、実施しました。

小月の飛行場を幕張の会場に見立てて、その中でパターンを何回も何回も訓練しました。総員にパターンを刷り込ませ、直前に誰が倒れてもチームに支障がないように万全な形で準備しました。小月から中継基地となった千葉県の下総航空基地まで飛び、事前訓練を2回実施し、エアレース当日に臨みました。

――エアレースの日は台風15号が接近していましたね。

市川編隊長　我々が一番緊張していたのは風の制限だったので、その風がどこまで強くなるか非常に心配しました。朝からさまざまな情報の収集に当たり、雲の高さ、風の状況、この天候からどういうことが予想されるのか、あらゆることを考えて準備し、下総基地を離陸しました。

レース2日目は展示飛行が実施され、雨が降りました。下総基地の上空から雨雲が見えました。雲が我々の展示の時にどう影響するのか、心配しながら空を見守っていると、運よく雲が流れていってくれたので、予定通り展示ができた。地上のスタッフがさまざまな気象情報を伝えてくれたので、その情報と自分の目で確認したことを総合的に判断し、展示飛行を行うことを決断しました。あの時は周りに支えられていることを強く実感しました。

今回、エアレースに出場したことで非常に知名度が上がり、小月基地での「スウェルフェスタ」前にホワイトアローズの展示飛行について多くの問い合わせが入ったと聞いています。結果的に例年の1・5倍の人が来場し、多くの方に見ていただきました。

T5の各機は、3メートル間隔を保ちながら編隊を組みレース会場を通過した

### 経験を積んだ教官から選抜

――ホワイトアローズのメンバーになる方法は。

市川編隊長　教官資格を持っていても、なりたての教官はこのチームには入れません。経験を積んだ教官の中から選抜されて指定されるからです。今、養成を始めようとしている教官は一番若い隊員で教官になって2年ぐらいです。

小月基地での練習も含め、学生もチームの飛行を目にする機会が多いので、「将来的には教官として小月に戻り、ホワイトアローズの一員になりたい」という話も聞きます。そういう言葉を聞くと、我々もやっていてよかったという気持ちになりますね。

実は現在、初の女性教官を養成中で、間もなくデビューする予定で、私どもも期待しております。ゆくゆくは彼女がホワイトアローズの一員になる日が来ればと楽しみにしています。

――パイロットを目指す学生へのメッセージを。

市川編隊長　自衛隊でパイロットというと航空自衛隊のイメージがあり、なかなか海上自衛隊に結び付けてもらえませんでしたが、ホワイトアローズが展示することで海自の航空部隊に興味をもってもらい、展示を見た若い人が一人でもこのチームに携わってみたいとか、海自に入って航空機を操縦してみたいという人が出てもらえれば、パイロット冥利につきます。ホワイトアローズに興味がある人は、ぜひ、小月航空基地の入隊式や基地祭などに足を運び、4機編隊で飛ぶチームを見ていただければと思います。

# コンパクトな演技が魅力

## 魅せる演技を追求！「ホワイトアローズ」のメンバー

**1番機機長　神代貴之3佐（48）**

小型プロペラ機ならではの"通好み"の編隊飛行やアクロバット飛行をお楽しみください。今年の抱負は「さらにチームとしての技に磨きをかける！」

**1番機副操縦士　藤原彰彦3佐（44）**

海自は艦船だけでなく、ジェット機やヘリも運用しています。パイロットに興味がある方は選択肢の一つに考えてみてください。

**2番機機長　山下朝陽3佐（48）**

エアレースでは大きな声援をありがとうございました。2020年は大きな節目の年をワクワクしながら笑顔で過ごしたいです。

**2番機機長・倉本篤3佐（40）**

小型機ならではの迫力ある演技となっているので、機会があれば見に来てください。今年の抱負は「魅せる演技を追求！」

**2番機副操縦士　村山晃一3佐（43）**

尊敬する人物は会津藩主の松平容保。今年はやるべきことをやる年としたい。皆さんも何をしたいか、何になりたいか、目標を見つけよう！

**3番機機長　矢田部大介3佐（44）**

ホワイトアローズは15年以上続く伝統ある曲技チームです。一度は間近で迫力の演技をご覧になってください。

**3番機機長　杉山利晃3佐（39）**

モットーは「訓練で泣き、実働で笑おう」。日常では味わえない加速度（G）や背面飛行は、一度味わうと病みつきになります！

**3番機副操縦士　村田哲也3佐（40）**

今年の目標は「展示技能向上」。ジェット機とはひと味違う、単発プロペラ機の飛行展示をぜひ見に来てください。

**3番機副操縦士　井上智晴1尉（35）**

学生時代の担当教官と同じチーム員として飛行できる喜びを感じながら日々訓練に臨んでいます。今年はさらなる知識・技能の向上を目指します。

**4番機機長　崎山晋3佐（41）**

世界でも稀な単発プロペラ練習機を使用した編隊曲技飛行チームの一糸乱れぬ飛行の迫力をぜひ見てください。

**4番機機長　津田泰典1尉（33）**

ホワイトアローズのような経験は自衛隊でしかできません。特別な経験をしたい方にとって自衛隊は最適です。

**4番機副操縦士　濁川正志3佐（45）**

今年の抱負は「健康ファースト！」。スウェルフェスタではさまざまなイベントを行っています。ぜひ、足をお運びください。

**4番機副操縦士　山下幸多3佐（39）**

プロペラ機は速度域が小さいため、コンパクトな演技が魅力です。今年の目標は特別曲技飛行での教官資格取得！

防衛省・自衛隊関連情報の最強データベース
朝雲アーカイブ
自衛隊の歴史を写真でつづるフォトアーカイブ
お申し込み方法はサイトをご覧ください。＊ID&パスワードの発行はご入金確認後、約5営業日を要します。
朝雲新聞社　〒160-0002 東京都新宿区四谷坂町12－20KKビル　TEL 03-3225-3841　FAX 03-3225-3831　http://www.asagumo-news.com

# 訓練始め2020

# 落下傘が舞う

第1空挺団は1月12日、千葉県の習志野演習場で「降下訓練始め」を実施し、日米の隊員計約680人が参加した。河野防衛相も視察に訪れ、地元市民ら約1万人が見守る中、島嶼防衛を想定した一連の訓練展示を行った。（7面に関連記事）

上空を航過する空自C130H輸送機から小雨が降る中、一斉にパラシュート降下する空挺団員たち（1月12日、習志野演習場で）

## 空挺団

降下訓練では、まず高度1650メートルを飛行中のCH47輸送ヘリから偵察部隊が自由降下し、敵地に潜入。その後、高度約340メートルで上空に現れた空自のC130H輸送機などから日米の主力部隊が次々と降下し、延べ300人がパラシュートを広げて習志野の空を覆った。

空挺部隊の降着後はヘリボーン部隊のリペリング降下、水陸機動団のAAV7による着上陸戦闘などを披露。最後に即機連の16式機動戦闘車などが火力を発揮して残存する敵を制圧した。

訓練後、河野防衛相が整列した隊員たちに訓示、「諸君が"精鋭無比"の高い士気と技量を示してくれたことを心強く感じる。島嶼防衛をはじめ、空挺団が果たす役割は非常に重要だ。（米軍との）訓練を通じて日米同盟の絆も再確認できた」と語った。

この後、日米の部隊指揮官の空挺き章の交換が実施され、空挺団長の戒田茂雄将補と在日米陸軍司令官のヴィエット・ルオン少将がお互いの胸にき章を付け、日米同盟の絆を再確認した。

正面にそびえる富士山に向かい初飛行を行う1ヘリ団のCH47輸送ヘリの編隊（1月9日、東京湾上空で）

## ヘリ団

# 新春の空 編隊飛行

### 酒井団長「執念持って能力向上」

昨年は台風15、19号災害などに即応した陸自1ヘリ団の年頭編隊飛行訓練が1月9日、木更津駐屯地と東京湾上空で行われ、CH47輸送ヘリなど13機が一斉に新春の空に飛び立ち、2020年の訓練をスタートさせた。

最初にエプロンで訓練開始式が行われ、酒井秀典団長が1ヘリ群、特輸ヘリ隊、連絡偵察飛行隊、102飛行隊の隊員などの約100人に訓示。「本年はV22オスプレイを装備する部隊の新編が予定されている。厳しい訓練を通じ、執念をもって唯一無二の部隊として能力向上に取り組め」と要望した。

その後、隊員たちはCH47輸送ヘリ、LR2偵察機、UH60多用途ヘリなどに乗り込み、午前10時過ぎ一斉に離陸、編隊を組み東京湾上空に飛び立った。

途中、部隊は髙田克樹陸上総隊司令官が搭乗するEC225特輸ヘリと空中会合。市原、袖ケ浦、富津の上空などを飛行して木更津駐屯地に帰投した。

富士山の麓で「ハチモク銃剣格闘」に取り組む部隊訓練評価隊の隊員たち（1月7日、北富士演習場で）

# 圧倒的に強く

### FTC400人がハチモク銃剣格闘

【評価隊＝北富士、滝ヶ原】部隊訓練評価隊の総勢約400人は1月7日、北富士演習場で訓練始めを行った。

同演習場はFTC（富士訓練センター）が全国の部隊を迎えて「対抗演習」を行う"道場"であることから、近藤力也隊長は年頭訓示で「訓練部隊に強くなってもらうためには、FTCが圧倒的に強くなければならない。策を弄して勝つのではなく、堂々と"横綱相撲"で訓練部隊を圧倒する練度を維持せよ！」と述べ、気合を入れた。

その後、隊員たちは氷点下の寒さの中、木銃を使った「ハチモク銃剣格闘」で汗を流し、普段の訓練では行わない"接近戦闘の実戦の間合い"を体感した。

最後に「錬磨無限」と書かれたダルマに目入れを行い、任務達成を祈願した。

## 12普連

# 11キロ走り込み

【12普連＝国分】12普連と8後支連2整備大隊1普通科直接支援中隊の隊員約40人は1月6日、訓練始めとして、国分駐屯地と鹿児島神宮間の往復約11キロを走り込んだ。12普連長の渡辺亘紀1佐が戦闘服姿で先頭に立ち、隊員たちが続いた。

新春の鹿児島神宮までの道のりをランニングする国分駐屯地の隊員たち（1月6日、鹿児島県霧島市内で）

## 徳島

# TC90、管制塔と賀詞交換

【海徳島】海自徳島教空群は1月7日、初訓練飛行を行った。開始に先立ち、群司令の山内康司1佐が「安全に留意し、明るく前向きに職務に精励せよ」と隊員に要望した。

202教空副長の増田淳2佐による訓練開始報告の後、群司令らがTC90練習機に乗り込み離陸、小雨の中、徳島市や鳴門市などの上空を約1時間かけて飛行した。小松島航空基地の上を飛行した際には、管制塔と無線を通じて"賀詞交換"を行った。

大鳴門橋の上空を飛行する徳島教空群のTC90練習機（1月7日）

初飛行訓練に飛び立つ偵察航空隊のRF4E偵察機（1月7日）

## 百里

# F4ファントム ラストイヤー

【百里】空自百里基地は1月7日、飛行始めを行い、F4EJ改戦闘機などの基地所属機が次々と離陸した。

基地では今年度中に偵察航空隊（RF4E偵察機）の廃止、来年度中に301飛行隊（F4戦闘機）の三沢への部隊移動などが予定されている。F4ファントムにとっては百里基地での"ファイナル・イヤー"が始まった。

雪中をスキー機動する岩見沢駐屯地の隊員たち（1月6日）

## 岩見沢

# 3キロをスキー機動

【岩見沢】駐屯地は1月6日、落別演習場などで訓練始めを行った。

訓練には12施群のほか、101施設直接支援大隊2直接支援中隊、岩見沢駐業隊の隊員たちが参加。約3キロのコースをスキーで機動。訓練後は、参加隊員たちに特製の豚汁が振る舞われた。

初訓練飛行で富士山を背に相模湾上空を飛行する海自61空のC130R輸送機（1月10日）

## 61空

# 今年一年の安全誓い

【61空＝厚木】海自61空は1月10日、初訓練飛行行事を行った。高橋直紀61飛行隊長が藤森丈士司令に初訓練飛行開始を報告、藤森司令の「かかれ」の号令で搭乗員14人がC130R輸送機に乗り込み、新春の空に離陸、上空で今年一年の航空安全を誓った。

## 2戦連

# 戦車射撃で初の3冠

【2戦連＝上富良野】連隊の隊員約200人はこのほど、北海道大演習場島松地区1戦車射場で「方面隊戦車射撃競技会」に参加した＝写真。

期間中、森下泰臣2師団長が視察したほか、2戦車OB会も激励に訪れ、連隊は「必中」の信念を持って競技会に挑戦。その結果、部隊、中隊、小隊対抗部門で優勝、初めて3冠を達成した。

## 47普連

# 一丸で連隊指揮所演習

【47普連＝海田市】連隊はこのほど、川西駐屯地の中方指揮所訓練センターで「連隊指揮所演習」を実施した。

同訓練は指揮官の継続的な状況判断とそれを補佐する幕僚の活動能力の向上が目的。藤原1佐の要望事項「状況把握」「報告・通報の確行」を達成するため、団が一丸となって臨んだ。

訓練の前段後には研究会を行い、各問題に対する改善案を示し、後段につなげた。

## 中即連

# 勝ち方の実践 総合戦闘射撃

【中即連＝宇都宮】中央即応連隊はこのほど、新潟県上越市の関山演習場で「5次野営（直轄小隊検閲と総合戦闘射撃）」を実施した＝写真。

同演習は日本を取り巻く情勢を踏まえた連隊の任務遂行の指針（勝ち方）を検証するもので、武力攻撃事態を想定して行われた。

訓練に先立ち、統裁官の岩上隆安1佐が「創意と執念をもった『勝ち方』の実践」を訓示。直轄小隊検閲では、陣地防御の要領を演練し、補給・整備、衛生の各小隊が任務遂行能力を向上させた。

総合戦闘射撃では、小銃や機関銃のほか、81ミリ迫撃砲、84ミリ無反動砲などを発射した。

## 札幌病院

# 震度6を想定 災害対処訓練

【札幌＝真駒内】自衛隊札幌病院はこのほど、「災害対処訓練」を実施した＝写真。

同訓練は北海道胆振東部地震の教訓を受け、「札幌病院災害対処計画」などの実効性を検証するもの。事前に職員一人一人が災害時の行動を記すアクションカードを作成して図上訓練を行い、事態発生への意識を高めた。

訓練当日は「平日の午前7時55分に札幌市で震度6以上の地震が発生し、ライフラインなどが途絶した」との想定で開始。病院施設の点検、大量傷者受け入れ、災害対処システムの活用や病院との連携要領などを検証した。

期間中、吉田圭秀北方総監が視察、地元医師らが研修に参加した。

# 西混団 初の実動検閲 即応予備自も招集

【西方混団＝久留米】西部方面混成団はこのほど、大分県の日出生台演習場で初の実動訓練検閲を実施、即応予備自衛官など約180人が参加した。

検閲は4師団（同）、3施設団（小郡）、西方特科隊（湯布院）の支援を受けて実施。訓練初日、臨時編成された部隊は速やかに出頭し、体での防御準備を終えた。

5日目以降は40戦闘団の攻撃に対し、「力戦奮闘」をスローガンに、頑強な防御戦闘を遂行。敵のヘリボーン攻撃に対して予備隊が逆襲し、任務を達成した。


備蓄用・贈答用として最適
防災スイーツパン 自衛隊バージョン
陸・海・空自衛隊の"カッコイイ"写真をラベルに使用
3年経っても焼きたてのおいしさ♪
焼いたパンを缶に入れただけの「缶入りパン」とは違い、発酵から焼成までをすべて「缶の中で作ったパン」ですので、安心・安全です。
陸上自衛隊：ストロベリー　海上自衛隊：ブルーベリー　航空自衛隊：オレンジ
定価　6缶セット 3,600円（税込）を 特別価格 3,300円（税込）　1ダースセット 7,200円（税込）を 特別価格 6,480円（税込）　2ダースセット 14,400円（税込）を 特別価格 12,240円（税込）
（送料は別途ご負担いただきます。）
（小麦・乳・卵・大豆・オレンジ・リンゴが原材料に使用されています。）
TV「カンブリア宮殿」他多数紹介！
内容量：100g／国産／製造：(株)パン・アキモト
1缶単価：600円（税込）　送料別（着払）
昭和55年創業 自衛官OB会社
㈱タイユウ・サービス
〒162-0845 東京都新宿区市谷本村町3番20号 新盛堂ビル7階
TEL：03-3266-0961　FAX：03-3266-1983
ホームページ タイユウ・サービス 検索

人間ドック活用のススメ
人間ドック受診に助成金が活用できます！
防衛省の皆さんが三宿病院人間ドックを助成金を使って受診した場合
※下記料金は消費税10％での金額を表記しています。

| コースの種類 | 自己負担額（税込） |
| --- | --- |
| 基本コース1 | 9,040円 |
| 基本コース2（腫瘍マーカー） | 15,640円 |
| 脳ドック（単独） | なし |
| 肺ドック（単独） | なし |

女性特有のがん検診を基本健診とセットにした場合
ex. ①基本コース1＋乳がん（マンモグラフィ）＝13,000円
②基本コース1＋乳がん（乳腺エコー）＝11,350円
③基本コース1＋婦人科（子宮頸がん）＝13,660円
脳ドック受診してみようと思うんだ。助成金もあるからね。
パパ、私も乳がん検診とか婦人科健診受診したいな。
あなたが想うことから始まる 家族の健康、私の健康
国家公務員共済組合連合会 三宿病院 健康医学管理センター
東京都目黒区上目黒5-33-12
TEL 03-3711-5771（代）
HP：http://www.mishuku.gr.jp
予約・問合せ ベネフィット・ワン・ヘルスケア 健診予約センター TEL 03-6870-2603
●被扶養者も防衛省共済組合の助成金を利用できます。
"三宿病院 人間ドック" とご指定下さい。
三宿病院はベネフィット・ワン・ヘルスケアの提携受診機関です。

## 2師団とサイトテック、C&R社
# ドローン使い20キロの物資
# 目視外地点に空輸
### 大矢野原演習場で実証試験

陸自2師団（旭川）はこのほど、民間企業2社と協力し、熊本県の大矢野原演習場で国産大型ドローンを使い、重さ20キロの物資を目視外の地点まで自律飛行で輸送する実証試験を行った。ドローンは約1キロ先の目的地まで飛行し、指定されたポイントに物資を降ろして再び発進地点に戻った。重さ20キロの重量物を1キロ先の目視外の場所に空輸したのは国内初という。今後、ドローンによる物資の長距離輸送が一般化すれば、災害時など、孤立した地域への救援物資の輸送などに活用できる。

サイトテックが開発した大型ドローン「KATANA1750」（右下）を使い、重量物の空輸試験に当たる2師団の隊員（いずれも熊本県の大矢野原演習場で）

20キロの物資を吊り下げて離陸するドローン「KATANA1750」（左奥）＝写真はC&R社提供

この大型ドローンを使った空輸試験は昨年11月10日から同15日まで、2師団が主体となり大矢野原演習場で実施された。

試験はドローンによる重量物の空輸実証を目的に、2師団の隊員とドローンを開発したサイトテック（本社・山梨県南巨摩郡身延町）、同社の技術・営業支援に当たるクリーク・アンド・リバー社（C&R社、東京都港区）の3者が協力して行われた。

空輸にはサイトテックが開発した大型ドローン「KATANA1750」、操縦にはスイス製フライトコントローラー「Pixhawk」が使用された。

「KATANA1750」は最大運搬重量50キログラムを誇る大型ドローンで、最大重量での飛行距離は3・5キロメートル、最大飛行高度は1000メートル、速力は時速60キロだ。

運搬の際はドローン本体の下15メートルに物資を吊り下げて飛行し、降ろす際は地上に10メートル四方のスペースがあれば問題ないという。

このドローンは出発地点と到着地点にいる2人の操縦者が分担して操縦することも可能だ。今回の試験では目視外への重量物空輸のほか、有線ケーブルを吊り下げ、片道300メートル（往復600メートル）の運搬試験にも成功した。

陸自ではこうした国産の大型ドローンを活用して、災害時などに活用できるノウハウを蓄積していく計画だ。

## 技術が光る >89<
### ヘルメット内装「エアライト」 谷沢製作所
## 国内初、発砲スチロールなし実現
## 通気性がよくなり蒸れない構造

国内の工事現場や工場内で作業員が安全のためにかぶっているヘルメットは、これまで内部に衝撃吸収用の発泡スチロールが入れられているのが常識だった。発泡スチロールは軽く、外部からの衝撃を和らげてくれる半面、ヘルメットの頭部の空間の大部分を占めているため、通気性が悪くなり、熱がこもるデメリットがあった。このため、使用者からは「ヘルメットを着けると頭部が暑くて蒸れる」といった指摘が多かった。

この問題を一挙に解決してくれるヘルメット内装「エアライト」を開発したのが谷沢製作所（東京都中央区）だ。

同社は1932年に創業し、当初は鉱山労働者用の「保護帽」の製造に当たり、現在は各種ヘルメットのほか、墜落制止用器具や作業用無線機などを開発・製造し、産業安全保護具の改良に努めている。

「従来のヘルメットは内部に発泡スチロールが入っていないと、墜落時保護用の検定をクリアできませんでした。そこで当社では2014年に、発泡スチロールに替えて『ブロックライナー』という衝撃吸収体をハンモックと一体成型した『エアライト』という内装を作り、墜落時保護用の検定を取得しました」と同社営業部主任の宮崎良平さんは話す。

この「ブロックライナー」が外から衝撃を受けた時に潰れることで内部へのダメージを和らげ、頭部をガードする仕組みだ。ブロックライナーがヘルメット内の前後左右に配置されたことで、全周位からの衝撃にも強くなったという。

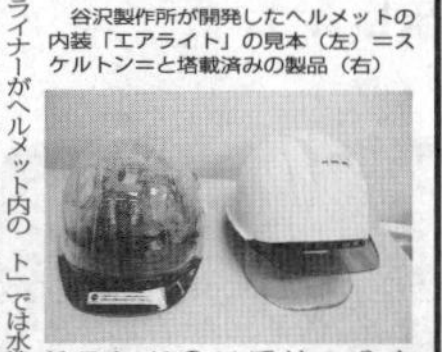

谷沢製作所が開発したヘルメットの内装「エアライト」の見本（左）＝スケルトン＝と搭載済みの製品（右）

同社が開発した新たな内装「エアライト」によって、ヘルメットの頭頂部に広い空間ができ、そのすき間を空気が流れるため、通気性が大きく改善された。同機構は水洗いが容易で、通気も良いため乾きやすい。従来のヘルメットでは、内側を覆っていた発泡スチロールに使用者の汚れや汗などが付着し、変色して悪臭を放つこともあったが、「エアライト」では水洗いが簡単にできるため、衛生面でも大幅に改善された。

「実は従来品に比べてエアライトは15～20グラムほど重くなっているのですが、使用される方からは、『むしろ軽くなった』と良く言われます」と宮崎さん。これまでの発泡スチロールの入ったヘルメットの多くは、重心が前に偏っており、重く感じられる傾向にあった。しかしエアライトは、従来品よりも前後のバランスが取れているため『軽く感じる』のだろう。[illegible]

この新たな安全と快適さを兼ね備えた「エアライト」の技術は、[illegible]

## 防衛技術
### 防衛省の元年度安保技術研究推進制度（2次募集）
## 新たに5件の大規模課題採択

防衛省は一般公募していた「令和元年度安全保障技術研究推進制度（2次募集）」について、12月24日、新たに5件の大規模研究課題を採択したと発表した。応募件数は44件だった。採択された5件は次の通り。

①【研究テーマ＝耐衝撃・衝撃緩和材料】「高強度CNT（カーボンナノチューブ）を母材とした耐衝撃緩和機構の解明と超耐衝撃材の創出」筑波大学（代表者・藤田淳一）＝破壊緩衝現象の計算解析、実験的[illegible]

②【人と人工知能との協働】「潜在脳ダイナミクス[illegible]」国際電気通信基礎技術研究所[illegible]

③【革新的な船舶技術】[illegible]

④【電力貯蔵・高速電力制御】[illegible]

⑤【衛星に依存しない測位・航法】[illegible]

## 世界の新兵器 ―532

### ステルス長距離爆撃機「B―21レイダー」（米）
### 電波吸収材やメタマテリアルで強化

近年、米空軍で極秘裏に開発が進んでいるとされていた次世代ステルス長距離爆撃機「LRS―B」が、ここに来て少しずつその進捗状況が明らかになってきた。その機体は「B―21レイダー」と命名され、飛行試験センターであるカリフォルニア州のエドワーズ空軍基地で、すでに試作機の組み立てが始まっており、2021年12月の初飛行を目指しているという（米国における秘密保全レベルの高さが羨ましい）。

米空軍の現有長距離戦略爆撃機は「B―52」（1952年初飛行、約75機）、「B―1」（1974年初飛行、約60機）、「B―2」（1989年初飛行、約20機）の3機種であるが、B―52は数十回の能力向上改修により2050年代まで運用（約100年の長期運用となる軍用機史上稀有の存在となる）することが計画されているものの、他の2機種は費用対効果の面などで20年代後期に退役が計画されている。

「B―21」は当面この2機種の後継となるもので、約100機が製造される予定である。さらに50年代には「B―52」の後継も考えられており、最終的には生産機数が約200機に上るかもしれない。本機は2014年に空軍が提案要求書を発出、15年にノースロップ・グラマン社が製造会社に選定され、開発が開始された。16年には「B―21レイダー」（21は、21世紀最初の爆撃機を意味する）と命名され、30年に本格運用開始を目指している。任務は敵地侵入爆撃のほか、情報収集、戦場統制、要撃などである。

本機の諸元・性能等はほとんど明らかになっておらず、1枚の想像図が公表されているだけで、すべて推定の域を出ない。形状等はB―2と同じステルス形状の全翼型で、やや小さいとされている。無人機を基本とするが、有人機も考慮されている。エンジンはF―35戦闘機と同じF―135を4発装備している（コスト低減に効果あり）とされており、機体1機あたりの量産単価は、約600億円と言われている。

胴体内に通常兵器、核兵器のほか、GBU―57（空軍最大の重量約14トンの大型誘導貫通爆弾で、60メートルの鉄筋コンクリートを貫通できる）1発を内装できる。ロシア、中国がステルス機の無力化を目的としてUHF帯のレーダー等を開発していることもあり、この対策としてレーダー吸収材料やステルスコーティング、メタマテリアル（光を含む電磁波に対して、自然界の物質にはない反応をする人工物質）などの最新技術が適用されているようであるが、詳細は不明である。また今後の長期にわたる能力向上も視野にいれているとされる。

米空軍が開発中のステルス長距離爆撃機「B―21レイダー」のイメージ。B―2と同じステルス形状の全翼機で、サイズはやや小さくなる（米ノースロップ・グラマン社のHPから）

なお、オーストラリア空軍が同機の取得を検討しているとも伝えられており、今後の進捗に注目したい。

髙島　秀雄（防衛技術協会・客員研究員）

## 技術屋のひとりごと
### 国際装甲車会議
(International Armoured Vehicles Conference)

柴田　昭市（防衛装備庁・装備官〈陸上担当〉）

この記事が掲載されるのは、皆さんがあまり聞き慣れないこの国際会議への私の2度目の参加期間中ではないかと思います。国際装甲車会議は、装甲車（戦車を含む戦闘車両）をテーマとし、運用、研究開発、調達等の幅広い観点から議論する国際的な専門会議で、開催地はロンドン郊外のラグビー・イングランドチームの本拠地でもあるトゥイッケナム・スタジアム（会議場も併設）であり、昨年は50カ国以上、軍人や技術者約650名、企業55社以上の参加がありました。

今年の中心テーマは「次世代戦闘車両[illegible]」です。キーワードはMDO（マルチドメイン・オペレーション）、デジタル戦場、サイバー、自律化、AI、[illegible]

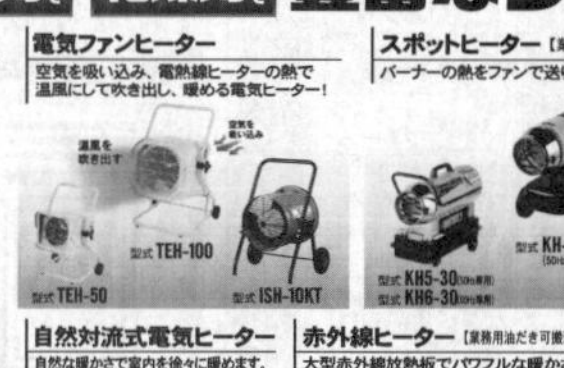

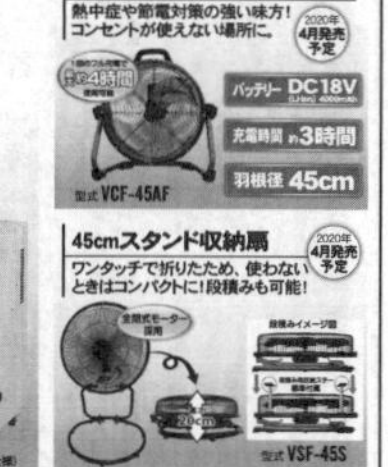



NAKATOMI　株式会社 ナカトミ　〒382-0800 長野県上高井郡高山村大字高井6445-2
TEL:026-245-3105　FAX:026-248-7101
【受付時間】10:00～12:00／13:00～17:00（土、日、祝日を除く）
詳しくはホームページをご覧ください▶ 株式会社ナカトミ 検索　http://www.nakatomi-sangyo.com

好評発売中!!
# 自衛隊装備年鑑 2019-2020
陸海空自衛隊の500種類にのぼる装備品をそれぞれ写真・図・性能諸元と詳しい解説付きで紹介

朝雲新聞社　〒160－0002 東京都新宿区四谷坂町12－20KKビル
TEL 03－3225－3841　FAX 03－3225－3831　http://www.asagumo-news.com

◆判型　A5判／524頁全コート紙使用／巻頭カラーページ
◆定価　本体3,800円＋税
◆ISBN978-4-7509-1040-6

2020年は、
180年に一度の
金運があふれる年!
Pearl 一白水星
Brown 二黒土星
Blue 三碧木星
Green 四緑木星
Yellow 五黄土星
Gold 六白金星
Rose 七赤金星
Silver 八白土星
Lavender 九紫火星
※写真はイメージです。
外側は全9色
監修
高島由稀先生
「財」が増えるとされる子年と「金運の気」があふれるとされる七赤金星・庚子が重なる奇跡ともいえる2020年。そんな絶好の年にあなたと相性の良い新しい金運財布で、2020年を金運元年にしましょう。
あなたに合った
九星のラッキーカラー
『金運九星馬蹄財布』は、九星別のラッキーカラーを選べる金運財布です。
キラキラした光沢は、「光輝くものに金運が集まる」との金運法則にもとづいた金運縁起。
持つだけで毎日が大安のように満たされることでしょう。
宝来宝来神社
御祈祷済
光沢仕上げ
※写真はイメージです。
※写真は三碧木星(サファイアブルー)です。
欧州由来のラッキーアイテム「馬蹄」
ヨーロッパでは、馬蹄は幸運や金運の象徴として、結婚指輪や贈り物など、あらゆるシーンで使われるラッキーアイテム。上向きの∪馬蹄は金運を集め、下向きの∩馬蹄は金運を逃がさないという意味があり、2つそろうことでこの上ない金運を招くとされます。
大安の吉日にご祈祷済み
宝くじ当せんで有名な宝来宝来神社の「一粒万倍の泉」で大安の日を選びご祈祷。だから金運力が違います。
毎日、金運を持ち歩く。
そんな金運財布だからこそ、
使いやすさにはこだわりました。
お札入れは2カ所に
お金の住処(すみか)はいつも広く
お金の王様、1万円札。そのスペースこそ大切な場所。折らずに収納することはもちろん、他のお札と分けて収納できます。
抜群の使いやすさL字ファスナー
大きく広がり中身も見やすい今人気のL字ファスナーを採用。取り出しやすく会計もよりスマートに。
L字に開くタイプ
宝くじも収納できる
フリーポケット
金運財布だからこそ、宝くじをしまっておきたいもの。宝くじが収納できるポケットを用意しました。
180年に一度の年! 令和最初の春財布!
2020年は「財」がどんどん増えるとされる子年であると同時に、180年に一度だけ、七赤金星と庚子が重なる年にあたります。
七赤金星も庚子も「金運の気」を持つとされ、この両方が重なる年は、まさに金づくしの金運があふれる年といわれています。風水では、春から新しいお財布を使い始めると、お金でぱんぱんに膨らむとされ、この縁起の良いお財布を「張る財布=春財布」と呼びます。しかも今季は、「令和」になって初めての大変おめでたい春財布。「令和」という元号は万葉集の「梅花の歌」の序文が出典となっており、まさに春にぴったり。ぜひ、この機会にお財布を買い替えて、令和時代もお財布を金運で満たしてみてはいかがでしょうか。
多数の神様が祀られる金運の聖地
「宝来宝来神社」
宝来宝来神社は、熊本県南阿蘇にある別名「当銭神社」とも呼ばれる神社。御神体の「当銭岩」をはじめとする金運の神様が多数祀られている。とても縁起の良い神社として有名で、「当銭神社」との別名があるように、宝くじファンの聖地として全国から「当銭(とうせん)」にあやかり、「当せん」を願う人たちの参拝が後をたたない。
話題の金運財布で運を味方に
ハワイの素材にこだわったポップコーンを日本で展開している、株式会社RISE & SUNの林英史社長。その心の支えになったのが金運財布だったと語ります。
「ちょうど事業の拡大を考えていた機会だったので、今話題になっている金運財布に買い替えました。私の九星である九紫火星のお財布を、オーダーメイド感覚で選べるのも魅力でしたね。使い勝手も良く、見た目もきらびやかで、とても気に入っています。経営者として数字の管理は大切ですが、同時に運も大切だと思っています。2020年もこの財布と一緒に事業を広げていきたいと思います。」
Leis Hawaii popcorn kitchenのポップコーンはハワイでも大人気
株式会社 RISE & SUN
代表取締役社長　林英史さん
昭和48年8月生まれ 九紫火星
2011年、日本に本物のハワイポップコーン「Leis Hawaii popcorn kitchen」の味を届けたいと思い、(株) RISE & SUN設立。2017年には、ハワイはホノルルに海外1号店となる店舗を展開。「世界中の皆様にハワイのポップコーンを届けたい」と日々奮闘中。
掲載している内容は、取材を基にした個人の体験談であり、商品の科学的効果を主張するものではありません。また、すべてのお客様が実感するものではありません。

水晶院 3大特典
2月7日㊎必着までの商品ご購入者様にプレゼント
特典1 抽選で888名様に
目指せ!! 2020金運元年キャンペーン
西銀座チャンスセンターにて購入
ジャンボ宝くじ10枚プレゼント
※ジャンボ宝くじは発売後、弊社にて抽選を行い2月中旬頃から順次、各当選者様へ発送いたします。尚、発表は発送をもって代えさせていただきます。※抽選の当選人数は、弊社他商品企画を含めた人数です。※写真はイメージです。
特典2 福袋プレゼント
何が届くかお楽しみに!
※特典は商品と一緒にお届けいたします。
※イラストはイメージです。
特典3 金運情報満載
九星金運の書
開運気学鑑定士・高島由稀先生が、九星の秘密をずばり解説!
※商品と一緒にお届けいたします。
※お申し込みが殺到した場合、期限内でも特典をお付けすることができなくなることがあります。あらかじめご了承ください。
生まれ年でわかる
九星早見表
九星気学では、人は生まれ年により、一白水星から九紫火星まで九つのタイプに分類されます。ご自分の生まれ年から、運勢を司る九星を右記の表にてご確認ください。
九星は旧暦を基にしています。1月1日〜2月3日生まれの方は、前年生まれと同じ九星になります。
例 昭和20年(1945年) 2月3日生まれの場合 ▼ 昭和19年(1944年)と同じ「二黒土星」となります
例 昭和20年(1945年) 2月4日生まれの場合 ▼ 昭和20年(1945年)と同じ「一白水星」となります
一白水星　昭和2年(1927)　昭和11年(1936)　昭和20年(1945)　昭和29年(1954)　昭和38年(1963)　昭和47年(1972)　昭和56年(1981)　平成2年(1990)　パールホワイト
二黒土星　大正15年 昭和元年(1926)　昭和10年(1935)　昭和19年(1944)　昭和28年(1953)　昭和37年(1962)　昭和46年(1971)　昭和55年(1980)　昭和64年 平成元年(1989)　サニーブラウン
三碧木星　大正14年(1925)　昭和9年(1934)　昭和18年(1943)　昭和27年(1952)　昭和36年(1961)　昭和45年(1970)　昭和54年(1979)　昭和63年(1988)　サファイアブルー
四緑木星　大正13年(1924)　昭和8年(1933)　昭和17年(1942)　昭和26年(1951)　昭和35年(1960)　昭和44年(1969)　昭和53年(1978)　昭和62年(1987)　ペリドットグリーン
五黄土星　大正12年(1923)　昭和7年(1932)　昭和16年(1941)　昭和25年(1950)　昭和34年(1959)　昭和43年(1968)　昭和52年(1977)　昭和61年(1986)　イエローゴールド
六白金星　大正11年(1922)　昭和6年(1931)　昭和15年(1940)　昭和24年(1949)　昭和33年(1958)　昭和42年(1967)　昭和51年(1976)　昭和60年(1985)　ブライトゴールド
七赤金星　大正10年(1921)　昭和5年(1930)　昭和14年(1939)　昭和23年(1948)　昭和32年(1957)　昭和41年(1966)　昭和50年(1975)　昭和59年(1984)　ローズゴールド
八白土星　大正9年(1920)　昭和4年(1929)　昭和13年(1938)　昭和22年(1947)　昭和31年(1956)　昭和40年(1965)　昭和49年(1974)　昭和58年(1983)　スターダストシルバー
九紫火星　大正8年(1919)　昭和3年(1928)　昭和12年(1937)　昭和21年(1946)　昭和30年(1955)　昭和39年(1964)　昭和48年(1973)　昭和57年(1982)　ラベンダーアメジスト
2020年を金運元年に!
宝来宝来神社ご祈祷済
金運九星馬蹄財布
販売価格 各4,888円(税込)
※梱包・発送料888円(税込)別途
※写真は、サファイアブルー(三碧木星)です。
※写真はイメージです。
●サイズ(約):縦105×横208×厚さ30㎜ ●重さ(約):180g ●材質:合成皮革
●カード最大8枚収納可能　※商品の仕様は予告なく変更になる場合がございます。
お申込有効期限　2020年2月7日㊎必着
「九星の日」の投函が開運へ! あなたの九星に対応する日がお申し込みに最適です。
1/23(木) 八白土星　30(木) 六白金星　6(木) 四緑木星
24(金) 九紫火星　31(金) 七赤金星　7(金) 五黄土星
25(土) 一白水星　2/1(土) 八白土星　↑3大特典締切日
26(日) 二黒土星　2(日) 九紫火星
27(月) 三碧木星　3(月) 一白水星
28(火) 四緑木星　4(火) 二黒土星
29(水) 五黄土星　5(水) 三碧木星
切手不要　下記の申込ハガキをキリトリ線で切り取りポストにご投函ください。
※申込数の記入がない場合、申込者ご本人に合せた商品1点の注文として承ります。
(キリトリ線)
郵便はがき
料金受取人払郵便
鶴見局承認
719
差出有効期間
令和3年4月
30日まで
(切手不要)
230-8790
(受取人)
横浜市鶴見局　私書箱第6号
―お届けします夢と心―
株式会社水晶院
『金運九星馬蹄財布』係行
2月7日㊎(必着)までのお申込到着分に限り、3大特典プレゼント!
間違いなくお届けするため、赤い太枠内の全ての項目にボールペンでご記入願います。
商品番号　商品名　ご注文数
52061002　一白水星 パールホワイト　個
52062002　二黒土星 サニーブラウン　個
52063002　三碧木星 サファイアブルー　個
52064002　四緑木星 ペリドットグリーン　個
52065002　五黄土星 イエローゴールド　個
52066002　六白金星 ブライトゴールド　個
52067002　七赤金星 ローズゴールド　個
52068002　八白土星 スターダストシルバー　個
52069002　九紫火星 ラベンダーアメジスト　個
フリガナ
ご住所　都道府県
フリガナ
お名前　姓　名
生年月日　大正・昭和・平成　年　月　日　男・女
お電話　(　)
未記入等の不備の場合は代金引換とさせていただきます。
私はショッピングガイドに記載の【個人情報の取扱いについて】に同意し注文します。
18歳未満の方は、保護者の方からお申し込みをお願いします。
広告番号 朝雲1
媒体番号 V6519464
●商品はお申込受付後5日前後でお届け。●梱包・発送料は全国888円(税込)●お支払いは同梱の払込用紙をご利用の上、商品到着後10日以内にコンビニまたは郵便局にてお支払いください。●お電話番号に不備がある場合や、初めてご購入のお客様で合計が1万円以上の場合など当社規定により代金引換となることがございます。代金引換手数料は330円(税込)●交換及び返品の際は商品到着後10日以内にご連絡の上、速やかにご返送ください。お客様都合による返品の場合、返送料はお客様負担とさせていただきます。●ご使用後の商品やお客様ご自身での破損につきましては交換・返品はいたしかねます。
売り切れしだい販売終了とさせていただきます。　電話での勧誘は一切おこなっておりません。
お申し込みは今すぐ、お電話・おハガキ・FAXで!
年中無休　商品先渡し　代金後払い
ラッキーショップにてご注文いただけます。
お電話 0570-666-615 午前9時〜午後7時
FAX 045-330-2014 24時間受付 右記の専用申込ハガキに必要事項をご記入の上、ご送信ください。
ハガキ 切手不要 右記の専用申込ハガキに必要事項をご記入の上、ご投函ください。
Web
広告番号 朝雲1 とお伝えください。
〒230-0051 横浜市鶴見区鶴見中央2-15-10
TEL.045-511-1011 FAX.045-330-2014
https://www.lucky-shop.jp
―お届けします夢と心―
株式会社水晶院

# CSF災派を終了

## 沖縄県の玉城知事「多大な尽力に感謝」

### 陸自15旅団 延べ約3700人

沖縄県のうるま市、沖縄市で発生したCSF（豚コレラ）で防疫支援活動に当たっていた陸自15旅団（那覇）は1月20日、活動を終了した。15高特連（八重瀬、勝連、白川、知念、南与座各分屯地）、51普連（那覇）、15後支隊（同）の隊員延べ約3700人が活動。沖縄県庁で行われた対策本部会議では、玉城デニー知事から陸自への謝意が示された。

1月7日、うるま市の養豚農場で沖縄県内では約33年ぶりとなるCSFウイルスに感染した豚が確認され、感染の拡大などを防ぐため翌日午前9時40分、玉城知事から中村裕亮15旅団長に防疫支援の災害派遣が要請された。

旅団はただちに内村直樹15高射特科連隊長を対処部隊長とする災害派遣部隊を編成、活動を開始した。

感染はうるま市の4農場、沖縄市の3農場で確認された。対処部隊は8日午後0時過ぎ以降、15高特連、51普連、15後支隊の隊員約570人が各養豚場で殺処分や畜舎の清掃、消毒などに全力で当たった。

小隊（約35人）がローテーションを組み、6時間ごとに交代しながら、昼夜を分かたず24時間態勢で活動した。

活動期間中の1月15日に沖縄県庁で行われた「第4回沖縄県特定家畜伝染病防疫対策本部会議」では、会議の冒頭、玉城知事が「防疫措置対応につきましては、県職員、国の職員、関係機関ならびに陸上自衛隊第15旅団の隊員の皆様に多大なご尽力を頂いており、大変感謝申し上げます」と、陸自への謝意も示された。

また、沖縄県防衛協会や15旅団協力会（シーサー同志会）などからは対処部隊に激励品が贈られた。

1月17日に殺処分などの支援を完了、翌18日には養豚場の清掃支援を終えた。20日午後1時15分、玉城知事から撤収要請が出され部隊は帰隊した。

対処部隊は延べ3700人で活動。7農場で約9000頭を処分した。

男性隊員とともに出動し、相互に協力しながら防疫服（タイベックス）を着用する15旅団の女性隊員（うるま市の具志川総合体育館で）

うるま市、沖縄市のCSF感染で処分した豚を袋に入れ運搬する15旅団隊員

# 「河野太郎、頑張ります！」

## 大臣「跳び出し訓練」、11メートル降下

「河野太郎、頑張ります！」――。河野防衛相は1月12日、千葉・習志野演習場で行われた陸自空挺団の「降下訓練始め」の視察に先立ち、自らも「跳び出し訓練」を体験した。大臣の同訓練体験は、中谷・元大臣が行った2016年以来4年ぶり。

訓練は、習志野駐屯地の高さ11メートルの跳び出し塔で行われ、メディア関係者十数人が飛び降りを体験。大臣も胸の前で腕を組み、年頭の誓いを力強く発声した後、勢いよく飛び降りた。

訓練視察後、大臣は記者団に対し、「隊員の先頭に立つと日頃から言っているので、やれることはやらないといけない。高さが11メートルもあるので気合を入れた」と語った。

高さ11メートルの跳び出し塔から勢いよく飛び降りる河野大臣（1月12日、習志野駐屯地で）＝防衛省提供

# 日墺防衛交流150周年で記念誌出版

## 知られざる交流秘話 紹介

### 冨樫、ペッシャー両氏が防研で講演

日本がかつてのオーストリア＝ハンガリー帝国と修好通商航海条約を締結してから昨年で150周年を迎えたことを記念し、「日墺防衛交流150年史」を共著で出版した元陸自[illegible]長で元オーストリア防衛駐在官の冨樫勝行元陸将補と、同国陸軍のハラルド・ペッシャー准将が12月5日、防衛研究所で講演を行った。

講演で両氏は、記念誌の内容に沿って1869年から現在までの軍事・防衛交流史にスポットを当てつつ、フェルディナント大公の日本訪問（1893年）や、レルヒ少佐による日本へのアルペンスキーの普及（1911年）など、特に二重帝国時代の日本とオーストリア＝ハンガリー知られざる交流秘話を掘り起こし、安全保障上の共通の利益が少ない両国間に生まれた「奇跡」ともいえる交流史の数々を紹介した。

記念誌はペッシャー氏に冨樫氏が日本語の論文を寄せたもので、欧州のL－T社から昨年6月に出版された。全133ページ。同社ホームページ（www.litwelshop.de）のほか、独アマゾン（www.amazon.de）でも約3000円（送料込み）で購入できる。

講演するオーストリア陸軍のペッシャー准将（左）と冨樫元陸将補（昨年12月5日、市ヶ谷の防衛研究所で）

あさぐも　吉本どんど

バカヤロ　こんなになるまで放っといたんだっ

現代版赤ひげ先生か

カッコいいな〜　一度は言ってみたいセリフだが

うちは床屋だしな〜

こんなになるまで放っといたんだっ

# 11旅団、雪輸送開始式に参加

## 雪不足で札幌市外からも搬入

【11旅団＝真駒内】11旅団（旅団長・亀山慎二将補）は1月7日、札幌市の大通公園で「さっぽろ雪まつり協力団」の編成完結式を実施した。また、雪まつり実行委員会が主催する雪輸送開始式にも参加した。

「さっぽろ雪まつり」は今年で71回目。大通会場では2月4日から同11日まで開催され、旅団は大雪像2基を制作する。

編成完結式では、亀山旅団長が約800人の隊員に対し、「大小約200基の雪像が制作されるが、我々が作る大雪像が『やっぱりすごい』と感動を与えられる像にかける隊員の思いがあふれるよう、その思いを受け継いで制作に携わってほしい」と述べ、激励した。

続く雪輸送開始式では、古川理奈3曹（18普連）と熊野葵3曹（北方輸）が協力を宣言。雪輸送隊が最初の雪下ろしを行った。

一方、今年は例年にない雪不足のため雪輸送隊（隊員約60人）は採雪の範囲を広げ、1月7日から同13日まで、例年は札幌市内のみで行う採雪を市外の3町に広げ、特大型ダンプ27台で1日6往復して約3300トンを会場へ運んだ。

さっぽろ雪まつりの雪輸送開始式で協力宣言を行う熊野3曹（中央左）と古川3曹（その右）＝1月7日、大通公園で

## 美唄雪んこまつり 協力協定書に調印

### 2地対艦

【2地対艦＝美唄】2地対艦ミサイル連隊はこのほど、美唄駐屯地で美唄観光物産協会が主催する「第67回美唄雪んこまつり」の協力に関する協定書の調印式を行った。

まつりは市の中央公園をメーン会場に行われ、多くの市民が来場する。連隊（隊長・古藤秀司1佐以下40人）が協力し、滑り台付き大雪像を制作し、運営にも協力する。

### 小休止

▽…空自百里基地はこのほど、茨城県行方市の「行方ふれあいランド」で行われた「行方ふれあいまつり」に参加した。

▽…6回目の今回のテーマは「行方の食」。地元の食材を使った出店の各種料理が並び、会場には基地公認キャラクター「ひゃくりん」も登場。会場をくまなく歩き回り、来場者の記念撮影にも快く応えた。

▽…また、隊員が地元のなめがたエリアテレビの取材を受けるなど、航空自衛隊の魅力を大いに発信した。（百里）

# 災派中 感謝の声は 栄養源

## 防衛省サラリーマン川柳

### 応募総数は過去最多の6400通

防衛省・自衛隊ならではの部隊や家庭の日常風景を切り取った「第33回防衛省版サラリーマン川柳」（第一生命主催）の入選作の選考会が12月11日、東京都千代田区の第一生命本社で行われ、優秀作品3作などが決定した。

応募総数は過去最多の約6400通で応募の多かった高等工科学校（武山）、小平駐屯地、北熊本駐屯地（応募数順）が団体賞を受賞した。

選考会には省・自衛隊の広報担当者6人も参加。第一生命が1次選考した約80句の中から独自性、話題性、面白さ、明瞭さなどを基準に優秀3、優良5、良好30の計38句が選ばれた。

優秀・優良作品は次の通り。

＜優　秀＞

「また演習」　俺のLINEに　妻「イイネ」　（半月母子家庭）

災派中　感謝の声は　栄養源　（ワラビーまん）

サラ川で　浮き彫りになる　諸問題　（休日ひきこもり）

＜優　良＞

当直は　唯一無二の　休肝日　（単身貴族）

出会いより　志願者求めて　街に出る　（単身赴任）

おれだって　束ねてみたい　髪と部下　（ケンゾウ）

お茶でなく　上司の意志を　汲んでくれ　（お茶くみ担当）

派遣先　何度も笑顔に　助けられ　（永遠の47歳（笑））

## こちら警務隊

### 毒劇物取締法違反

#### 違法薬物と同様の危険性 吸引目的の所持でも懲役

シンナーを吸入するとどんな罪になりますか？

「シンナー」とは、接着剤等として使用される有機溶剤であり、みだりに摂取し、もしくは吸入した場合、毒物および劇物取締法違反となり、1年以下の懲役もしくは50万円以下の罰金、またはその両方が科せられます。

シンナーには「トルエン」等の劇物が含まれ、吸入することで幻覚、妄想、意識喪失等の症状が現れ、最悪の場合、呼吸困難を起こして死に至ります。

また、吸入目的で所持した場合も同様に処罰されます。シンナーの吸入は、違法薬物の使用と同様に危険行為ですので、絶対にしてはいけません。

（北部方面警務隊）


隊員の皆様に好評の

『自衛隊援護協会発行図書』販売中

| 区分 | 図書名 | 改訂等 | 定価(円) | 隊員価格(円) |
|---|---|---|---|---|
| 援護 | 定年制自衛官の再就職必携 | | 1,200 | 1,100 |
| | 任期制自衛官の再就職必携 | ◎ | 1,300 | 1,200 |
| | 就職援護業務必携 | ◎ | 隊員限定 | 1,500 |
| | 退職予定自衛官の船員再就職必携 | | 720 | 720 |
| | 新・防災危機管理必携 | ◎ | 2,000 | 1,800 |
| 軍事 | 軍事和英辞典 | ◎ | 3,000 | 2,600 |
| | 軍事英和辞典 | | 3,000 | 2,600 |
| | 軍事略語英和辞典 | | 1,200 | 1,000 |
| | （上記3点セット） | | 6,500 | 5,500 |
| 教養 | 退職後直ちに役立つ労働・社会保険 | | 1,100 | 1,000 |
| | 再就職で自衛官のキャリアを生かすには | | 1,600 | 1,400 |
| | 自衛官のためのニューライフプラン | | 1,600 | 1,400 |
| | 初めての人のためのメンタルヘルス入門 | | 1,500 | 1,300 |

※ 平成30年度「◎」の図書を新版又は改訂しました。

| | |
|---|---|
| 消費税 | 価格に込みです。 |
| 発送 | メール便、宅配便などで発送します。送料は無料です。 |
| 代金支払い方法 | 発送図書同封の振替払込用紙でお支払。払込手数料はご負担してください。 |

お申込みはホームページ「自衛隊援護協会」で検索！

（http://www.engokyokai.jp/）

一般財団法人自衛隊援護協会

電話：03－5227－5400、5401　FAX：03－5227－5402　専用回線：8－6－28865、28866

2020自衛隊手帳

2021年3月末まで使えます。

NOLTY能率手帳がベースの使いやすいダイアリー。

年間予定も月間予定も週間予定もこの1冊におまかせ！

お求めは防衛省共済組合支部厚生科（班）で。

（一部駐屯地・基地では委託売店で取り扱っております）

Amazon.co.jp または朝雲新聞社ホームページ

（http://www.asagumo-news.com/）

でもお買い求めいただけます。

2020 自衛隊手帳

編集／朝雲新聞社
制作／NOLTY プランナーズ
価格／本体 900円＋税

朝雲新聞社

〒160－0002 東京都新宿区四谷坂町12－20KKビル TEL 03－3225－3841 FAX 03－3225－3831

http://www.asagumo-news.com

# 東京五輪 開幕まで半年

# 戦え！「自衛官アスリート」

東京五輪（7月24日～8月9日、全33競技）の開幕まで半年を切った。自衛隊体育学校2教育課（朝霞、全11個班）の各競技の選手たちも自国開催の五輪への出場という千載一遇のチャンスをものにし、成果を獲得するため戦い続けている。活躍が期待される同校の「自衛官アスリート」たちを伝える。（榎園哲哉）

石川・木場潟カヌー競技場近くの前川でレースに向け懸命に練習する藤嶋2曹＝体校広報班

藤嶋2曹と共に臨むカヤックフォアで上位を目指し、力強く水面をかく松下3曹＝体校広報班

近代五種全日本選手権の馬術で巧みに障害を飛越する岩元3曹（千葉県八街市で）＝体校広報班

悲願の五輪出場に近付いたライフル射撃国内第一人者の松本1尉（体校射場で）＝体校広報班

## 射撃、カヌー 近代五種 3競技4人出場へ

前回リオデジャネイロ大会の選手数（338人）を大きく上回る約600人の出場が見込まれる東京五輪。各競技で次々と内定者が決まり、体校でも昨年12月中旬までに3競技で4人が出場を内定させている。

ライフル射撃では、松本崇志1陸尉が五輪初出場に近付いている。松本1尉は、昨年11月のアジア選手権大会（カタール）に出場。男子50メートル3姿勢（120発）で11位に入り、出場枠を獲得した。

近代五種では、リオ五輪代表の岩元勝平3陸曹がアジア・オセアニア選手権大会（昨年11月、中国）で日本人最高位の7位に入賞し枠を獲得。出場を固めている。出場した際は、一男一女の子供に「活躍している姿を見せたい」と、29位と振るわなかったリオ大会の雪辱を果たすつもりだ。

カヌーでは、男子カヤック・フォア（4人乗り）500メートルで藤嶋大規2陸曹と松下桃太郎3陸曹の2人が出場を内定させた。

2人はカヌー・スプリントの世界選手権（昨年8月、ハンガリー）で、他の2人の日本人選手と艇に乗り、同種目でアジアの参加国中トップの12位となり、枠を獲得した。共にロンドン五輪以来2大会ぶり2度目の出場となる。

## 有力選手まだまだ チャンスをつかめ

### レスリング

3競技の4人の内定者のほかにも、有力選手が虎視眈々と出場を狙っている。

レスリングのフリースタイル74キロ級では、体校選手の出場が確定している。同級は昨年9月の世界選手権（カザフスタン）で奥井眞生2陸曹が5位入賞を果たし国別出場枠を獲得。12月の全日本選手権（東京）を制せば出場を確定させられたが初戦敗退を喫した。

同級は同門の乙黒圭祐2陸曹が優勝し、同級の日本代表は奥井2曹と乙黒2曹によるプレーオフ（決定戦、3月、東京）で決定する。

全日本選手権・フリー74㌔級1回戦で攻める奥井2曹（東京・駒沢体育館で）＝体校広報班

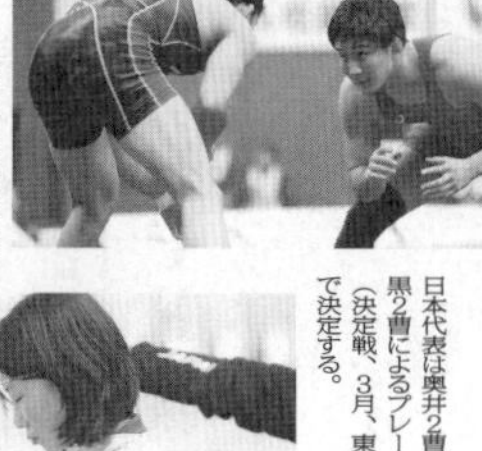

全日本選手権・フリー74㌔級準決勝で構える乙黒2曹。奥井2曹とプレーオフを戦う＝体校広報班

### 射撃

射撃の女子ピストルでは、山田聡子3陸曹の出場が有力視されている。山田3曹は昨年11月のアジア選手権大会（カタール）のエアピストル女子60発で11位に入り、同種目のQP（Quota Place＝国別出場枠）を獲得した。

同種目の日本代表が決まる3月の最終選考会（埼玉）に向けて山田3曹は、「自分の射撃に集中できるよう自分自身に目を向けることを強化している。自分らしく最後まで諦めずに頑張りたい」と静かに闘志を燃やしている。

練習で集中する女子ピストルでQPを獲得している山田3曹（体校射場で）＝体校広報班

800メートルリレーで出場枠を獲得し、地道な努力で初出場を目指す高橋3曹（体校プールで）

### 競泳

日本の“お家芸”の競泳では、高橋航太郎3海曹が出場を目指す。高橋3曹は昨年7月の世界選手権（韓国）で男子800メートルフリーリレーの第1泳者を務めた。チームは9位となり、五輪出場枠（12位以内）を獲得した。

同リレーの出場選手は、4月の日本選手権（東京）の結果で決まる。全国的には無名だが、「芽が出なくても（結果を出せなくても）好きだからずっと水泳を続けてきた。チャンスをつかみたい」と、ひたむきな泳ぎで挑む。

「東京五輪」内定・有力体校選手

| 所属班（種目） | 名前・階級 | 年齢 |
|---|---|---|
| ≪内定選手≫ | | |
| 射撃班（男子ライフル） | 松本　崇志1陸尉 | 36 |
| 近代五種班（男子個人） | 岩元　勝平3陸曹 | 30 |
| カヌー班（男子カヤック・フォア） | 藤嶋　大規2陸曹<br>松下桃太郎3陸曹 | 31<br>31 |
| ≪有力選手≫ | | |
| レスリング班（フリー74㌔級） | 奥井　眞生2陸曹 | 24 |
| 同（同） | 乙黒　圭祐2陸曹 | 23 |
| 同（フリー97㌔級） | 赤熊　猶弥2陸尉 | 28 |
| 同（フリー125㌔級） | 田中　哲矢2陸曹 | 28 |
| 同（グレコ87㌔級） | 角　雅人3陸曹 | 25 |
| ボクシング班（男子63㌔級） | 成松　大介1陸尉 | 30 |
| 同（男子75㌔級） | 森脇　唯人3陸曹 | 23 |
| 同（女子51㌔級） | 並木　月海3陸曹 | 21 |
| 柔道班（女子78㌔級） | 濵田　尚里2陸尉 | 29 |
| 同（女子70㌔級） | 新添　左季2陸曹 | 23 |
| 射撃班（女子ピストル） | 山田　聡子3陸曹 | 24 |
| 同（女子ライフル） | 清水　綾乃3陸尉 | 29 |
| 同（男子ピストル） | 園田　吉伸2陸曹 | 37 |
| 陸上班（男子50㌔競歩） | 勝木　隼人3陸尉 | 29 |
| 同（同） | 野田　明宏2陸曹 | 24 |
| 同（女子20㌔競歩） | 河添　香織2陸曹 | 24 |
| 水泳班（男子自由形） | 高橋航太郎3海曹 | 25 |
| 同（同） | 江原　騎士3陸尉 | 26 |
| 近代五種班（男子個人） | 三口　智也3陸尉 | 33 |
| 同（同） | 嶋野　光2陸曹 | 31 |
| 同（女子個人） | 山中　詩乃3陸曹 | 29 |
| 同（同） | 島津　玲奈3陸曹 | 28 |
| 同（フェンシング・エペ） | 山田　優3陸尉 | 25 |

## 勝ちにこだわり「共に戦う」

### 自衛隊体育学校長 谷村 博志陸将補

自衛隊体育学校長の谷村博志陸将補に東京五輪に向けた方針などを聞いた。（聞き手、榎園哲哉）

――2教育課の選手たちに伝えていることは。

谷村学校長　体育学校に入校後、千日、万日の鍛錬を重ねオリンピックを目指している。もう一歩で憧れのオリンピックに手が届く選手たちには、「悔いなく戦え、そして勝ちにこだわれ」と伝えている。

――どういう戦いを求めているか。

徹底的に「勝ち（成果）」にこだわってほしい。また、オリンピックが終わって振り返ったときに「悔いなし（成長できた、充実した）」と思うことができれば最高だと考えている。

――成果目標はどう定めているか。

過去最も成果を残したロンドンオリンピック（2012年）と同じ「出場者12名、メダル4個」を目標としている。高めではあるが過去できたことはできる、という信念で努力している。

――校長、学校としてどのように支援していくか。

選手たちが「勝つ」ために何をしたらいいのかを考えて支援したい。予算が必要であれば獲得する。声が必要なら現場に応援に行く。学校の一人一人は役割が異なるが「学校総力、共に戦いに立つ（ONE TEAM）」という気持ちで臨みたい。

## 13大会でメダル20個

### 歴代選手

体校では前回の東京五輪（1964年）からリオ五輪（16年）までの13大会（モスクワ五輪＝80年＝はボイコット）に代表選手を送り込み、延べ20個のメダルを獲得している。

前回東京大会には9競技に21人が出場。三宅義信元陸将補（当時3尉）が重量挙げのフェザー級で金メダルを獲得し、日本選手団のメダル獲得第一号となり国内を沸かせた。また、男子マラソンでは、円谷幸吉元2陸尉（同3曹）が3位入賞を果たした。

近年の大会ではロンドン五輪（12年）で4個、リオ五輪で2個のメダルを獲得。2度目の東京大会でも、日本選手団の一翼を担う活躍が期待される。


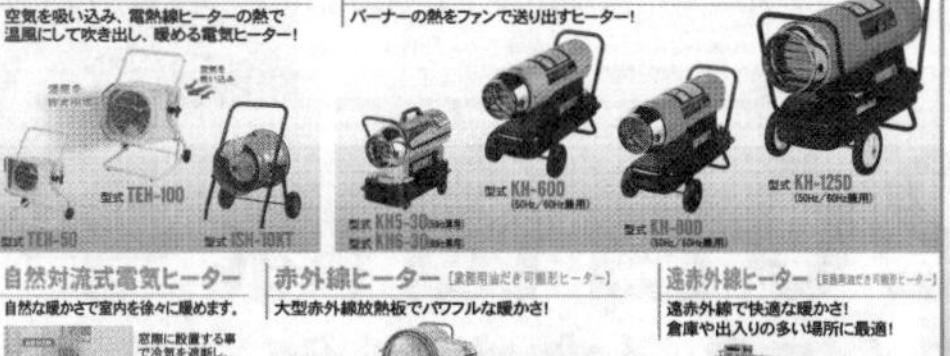

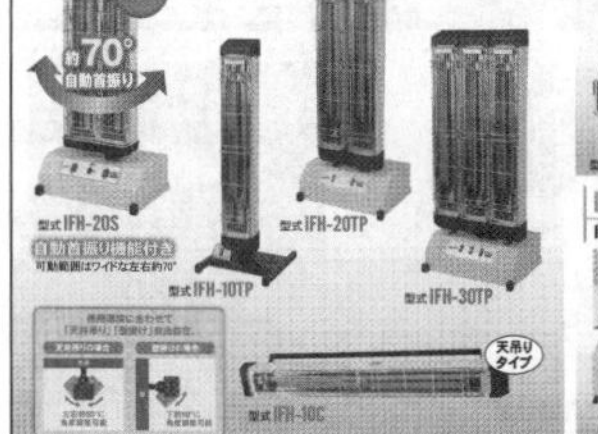

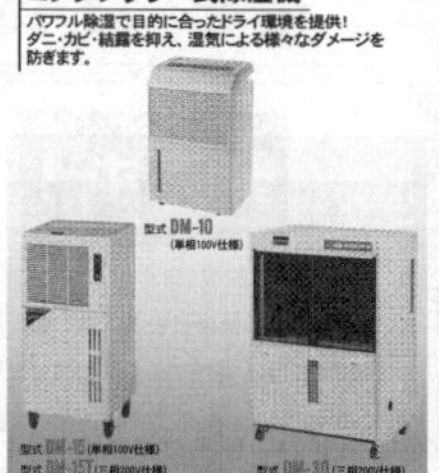
快適な環境づくりをサポート！
温度ムラ対策として 湿気・熱気対策として 節電・省エネ対策として
大型扇 ビッグファン
コンプレッサー式除湿機
移動式エアコン（冷房専用）
ミニクーラー（冷房専用）
株式会社 ナカトミ 〒382-0800 長野県上高井郡高山村大字高井6445-2
TEL:026-245-3105 FAX:026-248-7101
【受付時間】10:00～12:00/13:00～17:00(土、日、祝日を除く)
詳しくはホームページをご覧ください▶ 株式会社ナカトミ 検索 http://www.nakatomi-sangyo.com

# 募集・援護 特集

平和を、仕事にする。
陸海空自衛官募集

ただいま募集中！
◇医科・歯科幹部
◇自衛官候補生
◇予備自補（一般・技能）
★詳細は最寄りの自衛隊地方協力本部へ

# テレビやラジオで情報発信

# 充実の職場環境をアピール

「自衛隊では女性が結婚しても、安心して仕事を続けられます」――。全国の地本では、募集対象者の在宅率が高いとみられる時間帯をターゲットに隊員がテレビやラジオに出演し、広報に力を入れている。東京地本では航空自衛官が夫婦で出演、共働きも可能な充実した自衛隊の職場環境をアピールした。

## 仕事の魅力を紹介

### 県庁も協力、新潟地本がテレビでPR

【新潟】地本は1月9日、テレビ新潟の「夕方ワイド新潟一番」に出演し、自衛官候補生の募集をアピールした。

地元に密着した同番組の「フキダシコクチ」に募集課の金子大輔2空尉と相羽裕子3陸曹、さらに地本マスコットの「ヒカリン」「マイ」が出演し、自候生の募集について紹介。自衛官という職業の魅力についても発信した。

今回の出演は、県庁の市町村課がテレビ新潟に応募し、抽選に当選した「出演枠」を地本が自衛官募集に活用させてもらったもので、新潟県庁の全面的な協力・支援のもとでテレビ出演が実現した。

「夕方ワイド新潟一番」に出演し、自候生の募集をPRする（左から）金子2尉、相羽3曹、地本キャラの「マイ」と「ヒカリン」＝1月9日、テレビ新潟で

## 「結婚後もかわりなく勤務」

### 東京 自衛官夫婦がラジオ出演

【東京】江東出張所の広報官・大貫貴則2空曹と夫人の碧2空曹（中警団管理隊＝入間＝勤務）はこのほど、江東区のレインボータウンFMの番組「大江戸ワイドスーパーモーニング」に夫婦そろって出演した。

2人は自衛隊が取り組んでいる女性隊員の活躍とワークライフバランス（仕事と生活の調和）について紹介。さらに自衛官夫婦ならではの体験談や女性が安心して勤務できる部隊環境であることなどを語った。

ラジオ初出演となった碧2曹は、自衛官を志したきっかけや入隊後の経験などを語り、「自衛官同士の夫婦として、結婚後も変わりなく勤務が続けられます」と充実した職場環境をアピールした。

さらに「自衛隊では男女区別なく働けるため、仕事にやりがいが感じられます。夫婦で余暇を楽しむために休暇も計画的に取得できますし、一部の駐屯地や基地には託児所も併設され、隊員の育児支援の環境も整っています」と述べた。

ラジオ番組「大江戸ワイドスーパーモーニング」に夫婦で出演した大貫貴則2曹（右）と碧2曹（中央）＝東京都江東区のレインボータウンFMで

## 「自衛隊はやりがいある仕事」

### 長野 地本長、エフエムまつもとに出演

【長野】三笠展隆地本長は12月10日、地元ラジオ「エフエムまつもと」にゲスト出演した。

パーソナリティーとの対話では自衛隊による台風19号の災害派遣活動に触れ、「大規模な災派活動となり、あらゆる努力を結集し、人命救助や行方不明者の捜索に当たった」と述べた。

番組ではゲストからのリクエストで、自衛隊の東日本大震災復興応援ソング「祈り」（歌・三宅由佳莉3海曹）も流れ、被災者応援への思いをリスナーと分かち合った。

後半は三笠地本長が自衛官の採用試験について説明。

地本長は「自衛隊という仕事は、国民の皆さまの役に立てることを実感できる職業です。国内外で活躍できるやりがいのある仕事なので、若い人に職業選択の一つとして考えていただきたい」と力強く呼びかけた。

## 地本長、ラジオ番組収録

### 岩手 入隊動機や隊員募集など語る

【岩手】地本は1月8日、エフエム岩手の番組「高橋佳代子のハートフルいわて」の新年最初の収録に協力した。

収録はパーソナリティーの高橋さんから質問を受け、西本浩史地本長が答えていく方式で行われた。地本長は防衛省の国際平和のための取り組みや災害救助に備える自衛隊などについて紹介、次いで人材不足の時代の「隊員募集」について語った。

高橋さんは西本地本長にプライベートの質問も投げかけ、地本長が「実は入隊に確固たる意志があったわけではなかったのです」と明かすと、意外性に驚いていた。

最後に「思い出の1曲は？」の問いに地本長は槇原敬之さんの「遠く遠く」と回答。初級幹部時代、故郷の長崎県から離れ、苦しい日々の自分と重ね合わせ、「夢を叶える場所はこの街だ！」と乗り越えてきたことを明かした。

この対談の模様は1月12日、26日の2回にわたり放送された。

パーソナリティーの質問に答える西本岩手地本長（左）＝1月8日、エフエム岩手で

## 「多くの入隊者獲得を」

### 鳥取 VTC方式で年頭行事

スカイプで年頭の辞を述べる青木鳥取地本長（中央）＝1月7日、鳥取地本で

【鳥取】地本は1月7日、鳥取合同庁舎内の本部で年頭行事を実施した。今回初の試みとして、本部と各事務所をスカイプでつなぎ、「VTC方式」で行った。

最初に3人の年男と各課各事務所の代表が新年の抱負を発表。「子年にあやかり、多くの入隊者を確保する」と決意を述べる所長や、「今年度の残り3カ月で入隊者4人を確保する」と力強く宣言する広報官もいた。

最後に青木秀敏地本長が「目標達成に向けて執念をもって取り組む一方、東京オリンピック後の景気動向など時代の変化にも着目しよう。いま一度、自己の任務について考え直し、なすべきことをなしてもらいたい」と述べた。

## 掃海隊群が集結 艦艇広報を実施

### 宮崎

【宮崎】地本は海自掃海隊群の訓練期間中の11月16、17の両日、日南市の油津港で艦艇広報を実施した。

同港には掃海艦艇16隻、掃海母艦1隻が集結しており、その威容を一目見ようと約1300人が来場。一般公開は掃海艇「ひらしま」と掃海艦「あわじ」が実施し、体験航海は掃海管制艇「ゆげしま」と「ながしま」が担当、募集対象者183人が乗艇した。

宮崎地本はミニ制服試着コーナーを設置し、一般公開と体験航海に合わせて募集広報を行った。

## 入隊予定者を引率 見学や体験航海

### 香川

【香川】地本は12月7、8の両日、入隊予定者ら13人を呉・江田島地区の「海自研修」に引率した。

初日は江田島で1術校の教育参考館や大講堂を見学した。この後、呉基地の輸送艦「しもきた」に移動し、体験宿泊。乗員からベッドメイクや艦内での生活要領の説明を受けた。

翌8日は「しもきた」による体験航海が行われ、朝9時半に呉を出港、広島湾内でLCACの発進・収容の展示を見学した。昼食は「特製カレー」を味わい、午後も体験航海を満喫した。

研修を終えた入隊予定者は「いろいろ見学し、どの職種を希望しようか迷っている」とうれしそうに話していた。

「しもきた」（後方）で体験航海や宿泊を行った入隊予定者たち（12月8日、呉基地で）

## 城壁清掃、観光客に紹介

## 地本がパネルや車両を展示

### 長崎

16普連の隊員による城壁登坂訓練に合わせた清掃作業を見守った古川島原市長ら（12月18日、島原城で）

**16普連が島原城で登坂訓練**

【長崎】島原地域事務所は12月18日、16普連（大村）の島原城での城壁登坂訓練に合わせて募集ブースを設置し、自衛隊をPRした。

訓練は民生協力の一環で、昭和52年から島原城の城壁清掃を兼ねて実施、年末の風物詩になっている。

古川隆三郎島原市長や島原市自衛隊家族会を中心とした関係者も見守る中、15人の隊員が18メートルある城壁にロープで身体を保持して取り付き、石垣の雑草除去作業に当たった。

一方、島原所が設置した募集ブースでは、自衛隊の活動の様子を写したパネル写真や16普連の車両などを展示。ミニ制服の試着コーナーでは子供たちが試着し、ポーズを取って写真に納まっていた。

## 79人が合格

### 高工校推薦試験

【高工校＝武山】陸自高等工科学校は1月5日、来年度入校する第66期生徒の推薦採用試験を実施した。

今年度は初めて横須賀市の本校に加え、札幌、熊本の計3会場で試験、多くの中学生らが全国各地から集まった。

受験資格は成績優秀かつ生徒会活動で顕著な指導力を発揮し、中学校から推薦された生徒。試験は筆記、口述、身体検査で行われ、どの受験生も真摯な態度で試験に臨んでいた。

合格発表は1月16日に行われ、79人が晴れて高工校への入学資格を得た。一方、一般採用試験は1月18日に筆記が実施され、2月初旬に口述試験と身体検査が行われる。

## 成人式で募集PR

### 静岡市が全面協力 チラシ入りバッグ手渡し

振袖姿の新成人に募集チラシ入り記念バッグを手渡す静岡地本の河野隆准陸尉（左端）＝1月3日、静岡市のグランシップで

【静岡】地本は1月3日、静岡市内で行われた「静岡市成人式」の会場で、募集広報活動を行った。

改元後初の式典には、華やかな振り袖や袴、スーツに身を包んだ新成人3356人が参加。静岡所では成人式実行委員会が作成した記念パンフレットなどをまとめたバッグに自衛官募集のチラシも同封してもらい、新成人一人ひとりに広報官が「おめでとうございます」と声をかけながら手渡した。

受け取った新成人からは「自動車整備士の道を考えていたが、自衛官としてやりたいことが見つかった。来年受験します」と話す人もいた。

このほか、同成人式に参加した自衛官もいて、「陸曹を目指しています。この一年がとても大事なので、今まで以上に頑張っていきたい」と抱負を語っていた。

## 「海自を進路選択に」

### 鹿児島所、大学のセミナーで広報

【鹿児島】鹿児島募集案内所は11月20日、鹿児島大学水産学部で実施された「業界セミナー」に参加。自衛隊に関心のある学生2人に対し、職務内容とその魅力などを広報した。

同セミナーは毎年開催され、今年は県内外の企業ら約90社が参加。鹿児島所も自衛隊の活動内容や職種説明などを行った。

説明を聞いた学生は「今まで知らなかった自衛隊の職種について知ることができた」「海自を進路選択の一つとして考えたい」などと話していた。


備蓄用・贈答用として最適
防災スイーツパン 自衛隊バージョン
陸・海・空自衛隊の"カッコイイ"写真をラベルに使用

（小麦・乳・卵・大豆・オレンジ・リンゴが原材料に使用されています。）

3年経っても焼きたてのおいしさ♪
焼いたパンを缶に入れただけの「缶入りパン」と違い、発酵から焼成までをすべて「缶の中で作ったパン」ですので、安心・安全です。

陸上自衛隊：ストロベリー　イチゴジャムの甘い香りと美味しさが口の中に広がります。
海上自衛隊：ブルーベリー　甘酸っぱい、さわやかなブルーベリージャムの風味が楽しめます。
航空自衛隊：オレンジ　オレンジのジャムを練り込んだ、柑橘系のさわやかな味です。

【定価】
6缶セット 3,600円（税込）を 特別価格 3,300円（税込）
1ダースセット 7,200円（税込）を 特別価格 6,480円（税込）
2ダースセット 14,400円（税込）を 特別価格 12,240円（税込）
（送料は別途ご負担いただきます。）

TV「カンブリア宮殿」他多数紹介！
内容量：100g／国産／製造：㈱パン・アキモト
1缶単価：600円（税込）　送料別（着払）

昭和55年創業 自衛官OB会社
株式会社 タイユウ・サービス
〒162-0845 東京都新宿区市谷本村町3番20号 新盛堂ビル7階
TEL：03-3266-0961　FAX：03-3266-1983
ホームページ タイユウ・サービス 検索



防衛省職員および退職者の皆様へ
防衛省団体扱自動車保険・火災保険のご案内
【引受保険会社】東京海上日動火災保険株式会社

防衛省団体扱自動車保険契約は一般契約に比べて 約19%割安 ※1
予備自衛官、即応予備自衛官の皆様もご契約いただけます

お問い合わせは
取扱代理店 株式会社 タイユウ・サービス
フリーダイヤル 0120-600-230
電話：03-3266-0679 FAX：03-3266-1983
〒162-0845 東京都新宿区市ヶ谷本村町3番20号 新盛堂ビル7階

今ご契約の自動車保険、火災保険の内容と比べてみてください

防衛省団体扱火災保険契約は一般契約に比べて 約15%割安 ※2

※1
・割引率は、次の通り、団体扱割引率を通算して算出しております。
分割払の場合：1−{(1−団体扱割引・15%)×(1−一般契約分割割増分・約5%)}
一時払の場合：1−{(1−団体扱割引・15%)×(1−団体扱一時払割引分・5%)}
・自動車保険の団体扱割引15%は、2019年7月1日〜2020年6月30日までを保険期間の始期日とする契約に適用されます。割引率は、毎年の団体の損害率等により見直されます。
・団体扱分割払は一般契約と異なり分割割増がかからないので、約5%割安となります。団体扱一時払は一般契約一時払に比べて5%割安です。

※上記は概要です。ご契約にあたっては必ず「重要事項説明書」をよくお読みください。団体扱の対象となる方の範囲や団体扱特約失効時の取扱い、その他ご不明な点等がある場合は引受保険会社までお問い合わせください。

※2
・割引率は、次の通り、大口団体扱割引率を通算して算出しております。
分割払の場合：1−{(1−大口団体扱割引・10%)×(1−一般契約分割割増分・約5%)}
一時払の場合：1−{(1−大口団体扱割引・10%)×(1−団体扱一時払割引分・5%)}
・保険期間が1年の場合に限ります（保険の対象が建物の場合は築年数が1年以上の場合に限ります。）。
・火災保険の大口団体扱割引10%は、2019年3月1日〜2020年2月29日までを保険期間の始期日とする契約に適用されます。割引率は、毎年の団体の契約件数により見直されます。
・団体扱分割払は一般契約と異なり分割割増がかからないので、約5%割安となります。団体扱一時払は一般契約一時払に比べて5%割安です。
・団体扱一時払の5%割引、大口団体扱割引は地震保険には適用されません。

発売中！
2020自衛隊手帳
2021年3月末まで使えます。
NOLTY能率手帳がベースの使いやすいダイアリー。
年間予定も月間予定も週間予定もこの1冊におまかせ！

お求めは防衛省共済組合支部厚生科（班）で。
（一部駐屯地・基地では委託売店で取り扱っております）
Amazon.co.jpまたは朝雲新聞社ホームページ
（http://www.asagumo-news.com/）
でもお買い求めいただけます。

編集／朝雲新聞社
制作／NOLTYプランナーズ
価格／本体900円＋税
http://www.asagumo-news.com
朝雲新聞社

# 「復興の火」東北3県に

## 五輪聖火を展示

### 3月20日　松島基地に到着

### 福島など震災被災地

開幕まで半年を切った東京五輪。そのシンボルとも言える聖火は3月20日、宮城県の空自松島基地に到着し、その後同25日まで、東日本大震災被災地の宮城、福島、岩手の3県（6会場）で「復興の火」として展示される。

東京2020組織委員会によると聖火は3月12日、ギリシャのオリンピア市で採火され、19日にアテネで行われる引継式を経て聖火特別輸送機で空輸され20日、松島基地に到着。聖火到着式が行われる。

到着式では、東京2020組織委代表で五輪金メダリストの野村忠宏さん（柔道・男子60キロ級）、吉田沙保里さん（レスリング・女子55キロ級）が引継式で引き継いだ聖火を持って特別輸送機から降機。聖火がステージ上で、聖火皿へともされる。

また、空自4空団11飛行隊「ブルーインパルス」が展示飛行を、航空中央音楽隊（立川）が演奏支援をそれぞれ行い、式に花を添える。

聖火はその後、「復興の火」として、石巻南浜津波復興祈念公園（宮城県石巻市）を皮切りに東北3県の6会場で展示される（別図参照）。

復興の炎は、2011年3月に発生し最大時10万人態勢で自衛隊も救助・復旧などの支援に当たった東日本大震災からの再興を後押しする。各会場ではイベントも開催され、詳細は今後、各県から公表される。

聖火は3月26日、福島県楢葉町・広野町のスポーツトレーニング施設「Jヴィレッジ」で聖火リレーとして「グランドスタート」。121日間をかけて全47都道府県を巡り、開幕日の7月24日、東京都にゴールする。

## ボクシングの体校3選手
## 仕切り直してアジア予選へ
### 新型ウイルス 開催地が武漢から変更

新型コロナウイルス感染の余波がボクシング界に及んだ。中国・武漢で2月に予定されていたボクシングの東京五輪アジア・オセアニア予選が中止となり、同予選に出場を予定していた体育学校（朝霞）の3選手は、再度調整を行い、出場枠獲得を目指す。同予選は延期され、3月3日から同11日まで、ヨルダンのアンマンで行われる。

アジア・オセアニア予選出場を決めているのは11人（うち女子5人）の選手。体校からは成松大介1陸尉（男子63キロ級）、森脇唯人3陸曹（同75キロ級）、並木月海3陸曹（女子51キロ級）が出場する。

大会開催が一月延期され、開催地が変わるアクシデントにも選手たちの士気は高い。リオ五輪に続く2度目の出場を目指す成松1尉は、「出場権獲得に向けて努力するだけ。充実した練習を積み重ね、結果につなげる」と語る。

日本ボクシング連盟強化委員長を務める本博国ボクシング班監督も、「選手には丁寧に説明して前向きな考えを持たせたい」と話し、気持ちを切り替えさせ成果獲得につなげるつもりだ。

東京五輪のボクシングは男子8階級、女子5階級で実施され、アジア・オセアニア予選、世界最終予選（5月、仏・パリ）での上位入賞者に国別出場枠が与えられる。自力で出場枠を獲得できなかった場合、日本は開催国枠（2枠）で出場する。

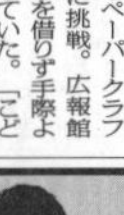
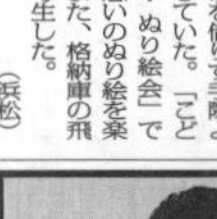
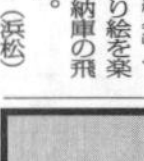

## 知事から感謝状
### 板妻34普連、台風19号災派で

【34普連＝板妻】陸自34普連（連隊長・深田満男1佐）は1月24日、昨年10月の台風19号に伴う災害派遣活動に従事した功績で川勝平太静岡県知事から感謝状を贈られた。

連隊は御殿場市、沼津市で行方不明者捜索、小山町の老人ホームで土砂除去、熱海市と函南町で断水に伴う給水活動を行った。

駐屯地を訪れた川勝知事は、連隊長室で深田連隊長と懇談。資料館を研修し、部隊の歴史などについても認識を深めた。

続いて、駐屯地体育館で34普連と同じく災派活動を行った1戦車大隊（駒門）の隊員約350人が参列する中、川勝知事から深田連隊長と1戦車大隊長に感謝状が贈呈された。

川勝静岡県知事（右）から感謝状を贈られた深田連隊長（1月24日、駐屯地体育館で）

# 戦没者に哀悼の誠

## 陸自幹部候補生、沖縄で戦史学ぶ

【陸幹候校＝前川原】陸自幹部候補生学校はこのほど、第100期一般幹部候補生課程（防大・一般大等卒）の沖縄戦史現地教育を行った。同課程の357人を2個グループに分け、4日間ずつ実施した。

候補生たちは那覇駐屯地の資料館で沖縄戦史の概要を学んだ。また、沖縄戦での米軍の上陸地域（座喜味）、陸軍32軍が配備されていた陣地（前田高地など）、海軍司令部（小禄）、沖縄戦終焉の地の摩文仁などで教育を受け、当時の戦闘、国土戦の実相を認識した。

摩文仁の「黎明之塔」で、沖縄戦戦没者に対し哀悼の誠も捧げた。

さらに、在日米陸軍基地（トリイステーション）では基地副司令官の訓話を受け、日米同盟の重要性を認識した。

「黎明之塔」で沖縄戦戦没者に対し哀悼の誠を捧げる陸自幹部候補生（沖縄・摩文仁で）

### 「黎明之塔」で決意新たに

## 「ますみ会」が寄付
### 空自の遺族会「ともしび会」に

空自幹部候補生の夫人らでつくる親睦団体「ますみ会」（丸茂美登里会長以下約90人）の役員2人が1月24日、防衛省を訪れ、空自遺族会「ともしび会」の事務局長を務める北川英二空幕厚生課長に寄付金を手渡した。

同会は、空自殉職隊員の家族への支援などを行っている「ともしび会」に毎年寄付。この日代表して南雲さんと森田さんが来省した。

南雲さんは「寄付金を通して、ともしび会の皆さまがつながる支えになればうれしく思います」と話していた。

北川空幕厚生課長（左）に「ともしび会」への寄付金を渡す「ますみ会」の南雲さん（中）と森田さん（右）＝1月24日、空幕で

## 不利益しか生まない
## 万引きで懲役や罰金



「万引き」は何罪になるの？

「万引き」は、刑法235条の窃盗罪に該当し、10年以下の懲役または50万円以下の罰金に処せられます。

犯行の原因・動機について、警視庁の統計によると、お金を払いたくないとの自己中心的な理由が半数以上を占めています。

万引きをすると、刑事処分のほか、懲戒処分により職を失ったり、報道されたりすることにより個人・家族・組織に大変な不利益が発生します。

また、小売店等によっては、万引き被害による利益損失で経営の存続が危うくなるなどの社会的問題となっています。

万引きは絶対にしてはいけません。

（東北方面警務隊）

## 開始セレモニー参加
### 陸自八戸「十和田湖冬物語」で雪像制作協力

【陸八戸】八戸駐屯地の松坂仁志司令と雪像制作協力隊の隊員は1月24日、十和田湖畔で行われた「十和田湖冬物語2020」のオープニングセレモニーに参加した。

セレモニーでは、協力隊の35人の隊員がステージ前に整列し紹介され、会場からねぎらいの拍手を送られた。続くメイン雪像点灯式では松坂司令の合図とともに照明が点灯され、雪像の幻想的な姿が雪の中に浮かび上がった。

協力隊は1月24日から2月24日までの開催期間中、雪像の補修・維持も行う。

紹介される八戸駐屯地雪像制作協力隊の隊員たち（1月24日、十和田湖畔で）

## 医療安全推進週間でイベント
### 札幌病院　2日間で55人が参加

【札幌病院】自衛隊札幌病院はこのほど、医療安全推進週間に伴い、医師らによるイベントを同院で開催した。

「手洗いチェック」「転倒チェック・腰痛予防体操」「お薬相談」「医療講演会」の四つを行った。このうち医療講演会では、副院長の菊池勇一将補が「生活習慣病の診断と治療」「高齢になってからの注意点」などについて講演し、来場者が聞き入っていた。

2日間で55人が来場し、「また参加したい」などの声が聞かれた。

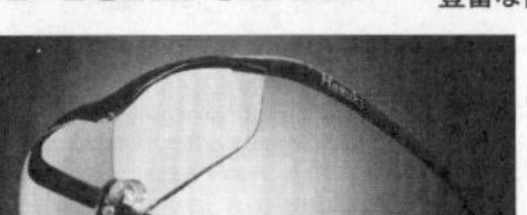
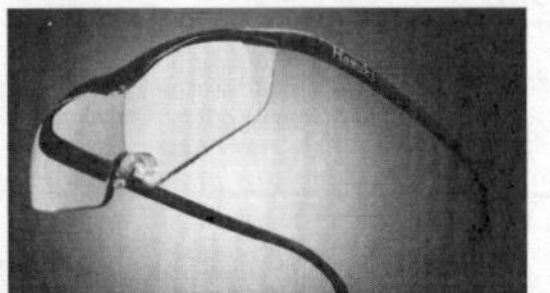

医療安全推進週間で腰痛予防の正しい姿勢を伝える理学療法士（札幌病院で）

### 小休止

▽…空自浜松広報館はこのほど、親子で参加できるイベントを開催。家族連れなど多くの来館者でにぎわった＝写真。

▽…「エアーパーク・クイズラリー」は、展示物や戦闘機の説明板などの中からクイズを出題。全問正解してガッツポーズを見せる子供の姿も見られた。

▽…「親子ペーパークラフト教室」では、空自特製のペーパークラフト作りに挑戦。広報館員の助けを借りず手際よく作製していた。「こども写生・ぬり絵会」では思い思いのぬり絵を楽しみ、また、格納庫の飛行機を写生した。

（浜松）

防衛省共済組合員・ご家族の皆様へ
すべては品質から。
コナカ
FUTATA
SUIT & FORMAL FAIR
スーツ＆フォーマルフェア
品質・機能にこだわった商品を豊富に取り揃えています
防衛省の皆様はさらにお得にお求めいただけます
特別割引券・クーポンを使ってお得にお買物
コナカ FUTATA
WEB特別割引券
または
KONAKAアプリクーポンご利用で
さらに
防衛省共済組合員・ご家族様限定
お会計の際に優待カードをご提示で
すぐに発行！
店内全品 20%OFF
●防衛省の身分証明書または共済組合員証を提示ください
●詳しくは店舗スタッフまでおたずねください
KONAKA BRAND SITE コナカブランドサイト
コナカのWEB特別割引券はコチラから▶
KONAKAアプリ
FUTATA BRAND SITE フタタブランドサイト
フタタのWEB特別割引券はコチラから▶
ポイントが使える・貯まる


防衛省職員・自衛隊員・退職者の皆様へ
職域限定特別価格 7,800 円（税込）にてご提供させて頂きます
Hazuki
大きくみえる！話題のハズキルーペ!!
・豊富な倍率・選べるカラー・安心の日本製・充実の保証サービス
メガネの上から使用できます。
両手が使える拡大鏡
広い視野で長時間使っても疲れにくい
※拡大率イメージ
レンズ倍率 | 1.32倍 焦点距離 50～70㎝ | 1.6倍 焦点距離 30～40㎝ | 1.85倍 焦点距離 22～28㎝
※焦点距離は対象物との眼と一番ピントがあう距離
お申込み ・WEBよりお申込いただけます。・特別価格にてご提供いたします。
https://kosai.buyshop.jp/ （パスワード：kosai）
※商品の返品・交換はご容赦願います。ただし、お届け商品に内容相違、破損等があった場合には、商品到着後、1週間以内にご連絡ください。良品商品と交換いたします。
コーサイ・サービス株式会社 TEL:03-3354-1350 担当：佐藤
〒160-0002新宿区四谷坂町12番20号KKビル4F／営業時間 9:00～17:00／定休日 土・日・祝日

（世界の切手・ジブラルタル）

好転する前には悪化するという段階もあり得る。
W・チャーチル
（英国の元首相）

朝雲ホームページ
www.asagumo-news.com
<会員制サイト>
Asagumo Archive
朝雲編集部メールアドレス
editorial@asagumo-news.com

# 令和初の「砲術会の集い」開催

3海佐　古関 裕輔（海幕装備体系課・市ヶ谷）

令和時代最初の「砲術会の集い」が去る11月24日、横浜市の横浜キャメロットジャパンホテルで開催された。

「海軍砲術会」とは、帝国海軍時代から続く由緒ある会であり、「砲術（テッポウ）屋」が旧交を温める会として戦後も定期的に開催されていたが、会員の高齢化にともない、平成元年4月7日の「海軍砲術会の集い」を最後に解散した。

その後、約20年の時を経て、平成24年に「海上自衛隊の射撃関係者」が中心となり復活して以降は、毎年、定期的に会合を持ち、OB・現役が時流にあった砲術に関する講演（「試射」と呼称）を行い、その後、懇親会（「本射」と呼称）に移り、老いも若きも研鑽と親睦に努めている。

今回は、幹候14期のOB古賀雄二郎氏（元海自幹部学校長）による「『日本海軍への道程』刊行にあたって」と題した講演により、聴講したOB・現役は共に「砲術屋魂」を揺さぶられ、活発な意見が交わされるとともに、懇親会で親睦が深められた。

同会は現在、呉・佐世保・舞鶴・横須賀・大湊に「砲術会支部」が立ち上がっており、毎年、各地区で会員同士が親交を深めている。

砲術会では、今後「裾野を広げる」ことを目標とし、若い世代の砲術長など、砲術およびイージス、ミサイル戦闘システム関係幹部、さらにベテランの射撃（砲台、ミサイル、CIWS）員長、射管員長、CDS（戦術情報処理装置）員長といった射撃関係海曹に至るまで、広く射撃関係員の砲術会への参加を募っている。

次回、東京・横須賀地区の「砲術会の集い」は本年5月ごろの開催を予定している。

参加等に関する問い合わせは、事務局の古関3佐（電話03-3268-3111内線51564）まで。

第12回 海軍砲術会の集

第12回「海軍砲術会の集い」で講演する元海自幹部学校長の古賀雄二郎氏

# 『日本海軍への道程』について

海将補　齋藤 聡（海幕防衛部長、海軍砲術会会長）

このたび海自OBの古賀雄二郎氏（幹候14期）ほかご執筆の歴史研究書『日本海軍への道程』（上下巻2冊セット、7000円）が公益財団法人・水交会より出版されたので、ここにご紹介したい。

本書は一貫して「海」に視点を置き、古代から明治期の日本海軍建設までの日本と海にかかる歴史をさまざまな視点からひも解き、「海軍」を考える上で、われわれが持つべき歴史の視点を投げかけているものである。

日本海軍に関する研究書は数多くあるが、これまで古代からの海にまつわる歴史を俯瞰した研究はなく、日本海軍の歴史研究分野では、初めての視座によって書かれた書籍である。

本書は古賀元幹部学校長、光中元第3術科学校長、河村元掃海隊群司令、保井元護衛艦隊司令官ほかによる共同執筆であり、約8年もの歳月を経て出版された。

著者の古賀氏は、江田島の「教育参考館」の設立趣旨にある「生徒をして帝国海軍の淵源の遼遠なるを知らしめ先人の苦心を味得すると共に身をもって国に殉じたる幾多の忠烈に私淑せしめ以て永く我が海軍の伝統精神を発揮せんとするにあり」という一文との出合いから、この「遼遠なる帝国海軍の淵源」について一海上武人として突き詰めてみたいという想いを抱いたのをきっかけに、日本海軍の設立について研究を始めたという。

そして「幕末・明治の人は、負けることの怖さを知る時代の歴史に学んだが、現代の人は、負けたことが何をもたらすかすら、感じなくなっているのではないか」とわれわれに問いかける。

本書は「日本海軍の道程『総論』」のほか、「幕末海軍―近代海軍への胎動」「江戸時代から興る我が国の科学技術」「日清戦争の勝因をたどる―海上武人の歴史とその周辺」の4部構成となっている。どの部も著者等が日本中を巡り収集した史実を丁寧に分析するとともに、海上武人としてでしか気づきえない視座に基づく考察と論述を展開している。

この本は、現役海上自衛官としての誇りと、自己の存在意義、および歴史観を深めるため、また幹部候補生等による各種論文の出典元としても最適である。海上自衛隊に勤務する者は大いに参考となるものであり、是非一読をお勧めしたい。

本書に関する問い合わせは、公益財団法人・水交会（電話03-3403-1491）へ。

古賀雄二郎他著『日本海軍への道程』上巻

# 新隊員特技課程を終えて

1陸士　宮野原 聖吾（37普連本管中隊・大津）

私は新隊員特技課程（軽火器）を終え、改めて同期の大切さを感じました。教育期間中、同期とは寝ても覚めても四六時中ともに過ごしました。同期の絆を感じたのは私が訓練後に体調不良で倒れたときです。

本来、教育期間中は時間に追われ、1分1秒が大切なのですが、同期は私のために食事を運んでくれたり、水分やゼリーの差し入れ、洗濯物も私に代わって洗ってくれたりと、自分の余暇を惜しんでまでたくさんのサポートをしてくれました。

3カ月間、約90日、同期と過ごした時間はとても濃密で、家族のような存在になりました。特に自分と同じ中隊の陸士とは喜怒哀楽を分かち合い、時に衝突することもありましたが、どんな時でも手を差し伸べて助け合いました。

肉体的にも精神的にも一段と成長することができたと思います。自分の力だけでは、ここまで大きく変化することはできなかったと思います。同期がいてくれたおかげで、切磋琢磨しながら自分を高めることができました。自分を支えてくれた同期たちにはいくら感謝しても感謝しきれません。みんな、本当にありがとう。そしてこれからもよろしく。

## 新刊紹介

### 「引き留められた帝国」

篠崎 正郎著

英国が1月31日、欧州連合（EU）から離脱した。「グローバル・ブリテン」の旗を掲げ、再び世界に進出しようとしているのだ。

本書は副題に「戦後イギリス対外政策におけるヨーロッパ域外関与1968〜82年」とある通り、68年に「スエズ以東からの撤退」を宣言した後も、（世界の）各国から「引き留められる」形で英国が域外で軍事的関与を継続した歴史を描いている。

著者は英外交史が専門の空自幹部学校教官（3空佐）で、82年のフォークランド紛争を経て英国は遠方展開能力を維持することの必要性を再確認し、湾岸戦争やイラク戦争などでは同盟国の米国を助けて活動し続けた外交政策を明らかにしている。

航空自衛官の執筆だけに空戦に関する分析は鋭く、最終章「フォークランド紛争と遠方展開能力」では英軍の空母機動部隊や艦載機シーハリアーの運用法など非常に読みごたえがある。

本書では英国に加え、豪州やシンガポールなど各国の史料も分析しており、「アジア回帰」「EU離脱」など英国の新戦略を考えると、また違った読み方ができる。（吉田書店刊、4950円）

### 「逆転のイギリス史」―衰退しない国家

玉木 俊明著

戦後、欧州の先頭に立ってきた英国がついにEUを離脱した。これにより英国は欧州経済から引きはがされ、一時的に国力も落ち込むとみられているが、一方で欧州のしがらみから抜け出て、再び世界の七つの海に船出し、国力を増すと見る人もいる。

京都産業大学経済学部教授の著者は、英国が産業革命をなしとげた覇権国家であったという通説を覆し、英国はもともと弱小国で、産業革命よりも金融業で成功し、現在も世界有数の金融（手数料資本主義）のおかげで衰退しないと論じている。

英国は20世紀初頭、世界の工場としての地位をドイツやアメリカに譲ったが、世界一の海運国であり続けたため、各国の製品は英国船で輸送された。さらに海運会社は英国の保険組合ロイズに頼ったため、英国は海上保険の利率を決定できる力を持ち続けた。このため他地域の経済成長が英国に富をもたらし、今もグローバルパワーを保持する根源になっている。このメリットを生かすには欧州のローカル経済から脱することが必要で、それがEU離脱につながったとみる。日本も英国と関係を強化することで、海洋からの富を得られるかもしれない。（日本経済新聞出版社刊、1870円）

## あさぐも掲示板

■東京音楽隊が第59回定期演奏会

海自東京音楽隊は3月24日（火）午後7時から、東京都のサントリーホールで「第59回定期演奏会」を開催する。指揮は隊長の樋口好雄2佐。曲目は「ナセロ」（リード）、「流れの中で」（シューベルト）、「展覧会の絵」（ムソルグスキー）など。

入場無料だが座席指定券が必要。希望者は郵便はがきで応募。詳細は東音HP参照。締め切りは2月21日（必着）。重複応募は無効。応募多数の場合は抽選を行い、当選者には3月上旬に座席指定券を発送。問い合わせは東音（03-3700-0136）まで。

■偕行社が都内でシンポ

偕行社は2月15日（土）、「我が国のインテリジェンス～日清戦争から大東亜戦争まで」をテーマに、東京都千代田区五番町の「AP市ヶ谷」でシンポジウムを開く。発表者は日大危機管理学部の小谷賢教授、帝塚山大法学部の関誠准教授、防大の戸部良一名誉教授、前公安調査庁調査部長の菅沼光弘氏。

聴講希望者は2月10日までに偕行社事務局へ。参加費2千円（当日受付）。電話03-3263-0851、FAX03-3263-0852。Eメールはkaikoinfo@mild.ocn.ne.jpへ。

## OBがんばる

村瀬 尚光さん 56

平成30年9月、空自11飛行教育団整補群（定年付・春日ヘリ空輸隊）を最後に定年退職（特別昇任2佐）。福岡国際空港に再就職し、保安防災の職務に就いている。

### 健康と協調性に留意を

私は、福岡空港運営権の民営化に伴い、平成30年7月に設立された福岡国際空港株式会社に同年9月に入社しました。当社は航空管制業務を除くすべての空港管理業務、空港ビルや駐車場の営業など多種多様な業務を実施している会社です。

私の職務は安心・安全な空港を維持するため、定期的な点検や教育と緊急事態発生時の対応、空港消防と警備会社の監督指導、空港内の保安防災業務全般を実施しています。

これから退官される皆さんへのアドバイスとしては、一つ目が日々の業務を充実させるための「健康」です。そして二つ目は「協調性」です。自衛隊で培った経験や知識は貴重な財産ですが、それが民間企業で通用するとは限りません。過去の経験に執着することなく、常に職場の仲間とコミュニケーションを図り、業務を実施する柔軟性が必要になります。

いま振り返り、自衛官という仕事は本当にやりがいのある仕事であったと感じています。現役の皆さまの今後のご活躍を心からお祈り申し上げます。そして再就職の準備はお早めに！

# みんなのページ

## 朝雲・栃の芽俳壇

畠中草史　選

かつて母居し縁側に日向ぼこ　熊谷・空OG　佐藤 玲美
母が何時もいた縁側に改めて座してみると在りし日の母が偲ばれる。季語が暖かく落着く。

庭隅の朽葉をもたげ福寿草　新座・陸OB　船田藤三郎
毎年福寿草が咲く庭。土から出てくる姿はよく見なければ分からない。見つけた時の感動。

鶴唳の満つる出水の天地かな　大阪・空OB　高木 智念
高千穂の峰に湧き立つ春の雲　江別・陸OB　鎌田日出雄
少しづつ早目はやめの冬支度　熊谷・空OB　明田 眞雅
尼寺に適ふ門松早や立てり　浜松・空OG　塩見 惇子
潮汁振る舞ふ店の年の暮れ　あきる野・一般　小和田一男
玉砂利を踏む参道の淑気かな　西東京・空OB　水島 孝雄
あれこれと植ゑ尼御前の冬菜畑　浜松・空OG　木通 佳子
旅汚れせし白鳥の日毎ふゆ　富谷・陸OB　加川 師亭
冬ざれの猪小屋叩く風止まず　横浜・空OB　永澤 功
いくつもの薬袋や帰り花　町田・陸OB　岩原 滋利
掛け声をもて大根を引き抜きし　熊谷・空OG　関谷 桂子
また一人岳友逝きし年の暮　浜松・空OB　宮本 立勇
池風に吹かれづめなる枯尾花　佐賀・陸OB　一ノ瀬恵昭
裸木の月を掲げてゐるごとし　熊谷・空OB　蓮佛志向子
綿虫に目線戻せば消えてゐる　小牧・陸OB　松岡 魚青
秩父路へ黄葉の極み下りて来し　熊谷・空OG　関田 絹江
懐に宿木を抱き大冬樹　相模原・海OG　折口 桂子
消えさうな篝火のごと冬夕焼　熊谷・空OG　福元万理子
暮早し夕日背に富士聳ゆ　館山・海OB　斎藤 一向
同居して子らに従ふ年用意　熊谷・空OG　高橋ふみ子
笹鳴に厨の格子窓開くる　相模原・一般　森 謙二
友見舞ひ話の尽きぬ冬うらら　熊谷・空OB　工藤 敏雄

選者作品
初売のSALEを掲げ百貨店

**投句歓迎！**
▽郵便はがきの裏面に未発表の自作3句以内と氏名、年齢、職業（自衛官・事務官＝所属部隊＝、OB、家族、一般など）、住所、電話番号を記入▽締め切り毎月15日▽宛先＝〒162-8801東京都新宿区市谷本村町5の1 防衛省D棟市ヶ谷記者クラブ朝雲 俳句係☎03（5225）1750、専用線8・6・25515

## 詰碁

第1228回出題

黒先
『隅の白はどうなりますか』。5分でできれば初級以上です。

出題 日本棋院 九段 曲 励起

▶詰碁、詰将棋の出題は隔週です◀

## 詰将棋

4 3 2 1
▲先手 持駒 金

≪第812回の解答≫
【正解】▲1二金△同銀▲1四歩△2三玉▲2二角成△同銀引▲3四飛成までの七手詰め。
【解説】▲1二金と打ち捨てるのが肝心要。△同銀上なら▲2二飛成。△同銀引に▲1四歩と突き進め、▲2二角成が鮮やかな決め手となります。

出題 日本将棋連盟 九段 石田 和雄

防衛省職員・家族団体傷害保険
親介護特約が好評です！
介護にかかる初期費用
要介護状態となった場合、必要と考える初期費用は平均252万円との結果が出ています。
（出典）生命保険文化センター「平成27年度生命保険に関する全国実態調査」
初期費用の目安
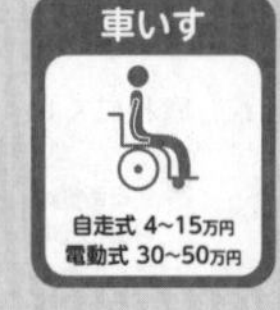

特殊寝台 15〜50万円 ※機能により金額は異なる
移動式リフト 据置式 20〜50万円 レール走行式 50万円〜

気になる方はお近くの弘済企業にご連絡ください。
[引受保険会社]（幹事会社）三井住友海上火災保険株式会社 東京都千代田区神田駿河台3-11-1 TEL:03-3259-6626
[共同引受保険会社] 東京海上日動火災保険株式会社 損害保険ジャパン日本興亜株式会社 あいおいニッセイ同和損害保険株式会社 日新火災海上保険株式会社 楽天損害保険株式会社 大同火災海上保険株式会社
[取扱代理店] 弘済企業株式会社 本社：東京都新宿区四谷坂町12番地20号KKビル TEL：03-3226-5811（代表）

朝雲
発行所 朝雲新聞社
〒160-0002 東京都新宿区四谷坂町12−20 KKビル
電話 03(3225)3841
FAX 03(3225)3831
振替00190-4-17600番
定価一部170円、年間購読料9170円（税・送料込み）

すてきな未来応援します
フコク生命
防衛省団体取扱生命保険会社
フコク生命

## 本号は10ページ



# 140人で医療・搬送支援

## 客船、宿泊先に医官ら派遣

### 新型肺炎

中国湖北省武漢市で発生した「新型コロナウイルス」による肺炎（COVID−19）の拡大を受け、防衛省・自衛隊は2月6日、新たに横浜港を拠点に大型クルーズ船「ダイヤモンド・プリンセス」（乗員乗客約3700人）に対する医療・搬送支援を開始した。12日現在、同クルーズ船では170人以上の感染者が確認される中、自衛隊は医官5人、薬剤官3人、看護官5人を含む隊員計約70人と救急車4台で活動に当たっているほか、日本政府のチャーター機で武漢から帰国した邦人らの一時滞在先となっている首都圏の施設3カ所にも引き続き医官や看護官ら計約70人を派遣し、生活支援や健康管理支援を実施している。河野防衛相は10日の記者会見で「今後、必要なことがあれば要請に応じてしっかり対応していきたい」と述べた。

## 「はくおう」が活動拠点に

大型クルーズ船「ダイヤモンド・プリンセス」（後方）から乗客の患者を病院に搬送するため、岸壁に停車して準備に当たる自衛隊富士病院の救急車（2月10日、横浜港の大黒ふ頭で）＝写真はいずれも防衛省提供

防衛省は6日、横浜港に入港した「ダイヤモンド・プリンセス」の乗客に感染者が確認されたことを受け、兵庫県相生港から神奈川県の海自横須賀基地に前進待機させていた同省のチャーター船「はくおう」を隊員の活動・生活拠点として活用することを決め、同日、横須賀基地から横浜港の本牧ふ頭に回航した。

「ダイヤモンド・プリンセス」では12日、感染者が170人を超える中、医官5人、薬剤官3人、看護官5人が船内で薬の仕分け作業や服薬に関する回答などの医療支援に当たったほか、東北方面衛生隊などの救急車による患者の病院搬送も行った。

一方、帰国者の一時滞在先となっている国税庁の税務大学校（埼玉県和光市）、厚労省の国立保健医療科学院（同）、財務省の税関研修所（千葉県柏市）の3施設では、陸自の対特殊武器衛生隊（三宿）、1後支連衛生隊（練馬）、東方衛生隊(朝霞)の医官や看護官を含む計約70人が滞在者の健康管理のほか、食事の配膳や支援物資の配布、問診票の回収、ごみの回収などの生活支援を行っている。

このほか、6日夜に羽田空港を出発し、武漢から湖北省在留の日本人と中国籍の配偶者ら計198人を乗せて翌7日午前に帰国した日本政府のチャーター機第4便には、自衛隊中央病院の看護官2人(共に1陸尉)が同乗し、機内での検疫作業や健康チェックの支援に当たった。

2月12日現在、中国本土では感染者が4万人以上、死者は1000人を突破した。中国以外の感染者は日本を含む27カ国・地域で約500人となっている。

世界保健機関（WHO）は11日、新型コロナウイルスが引き起こす疾病を「COVID−19」と名付けたと発表した。

各部屋を巡回し、乗客の健康状態を確認する自衛隊の医官ら（2月8日、横浜港に停泊中の「ダイヤモンド・プリンセス」船内で）

## 2020年度防衛費

# 重要施策を見る〈4〉

## 空自

# 「宇宙作戦隊」を新編

丸茂空幕長は英国出張中の1月13日、ポーツマス港で空自が新たに導入する短距離離陸・垂直着陸（STOVL）型のF35Bステルス戦闘機を搭載する英空母「クイーン・エリザベス」を視察した。2024年度の空自へのF35Bの導入と、その後の海自護衛艦「いずも」への搭載に向けての準備の一環だ。

空自の20年度予算（案）では、制空・制海能力をさらに高めるため、米国から最新鋭のF35A戦闘機（通常型）を3機（281億円）、さらに艦載型のF35Bを6機取得（793億円）するなど、空自が新たに海上や宇宙へ活動領域を広げるための予算が組まれている。

その象徴となるのが、自衛隊で初めて「宇宙」の名を冠した「宇宙作戦隊」の新編だ。同隊は20年度、府中基地に約20人で発足し、将来的に拡充させる計画だ。宇宙領域での装備品の導入・維持体制も強化し、空幕防衛部に「事業計画第2課（仮称）」を、同装備計画部整備・補給課に「宇宙通信電子システム班（仮称）」を新設する。

宇宙領域での能力を強化するため、新たに敵の指揮統制・情報通信を妨げる調査研究に着手するとともに、人工衛星に対する電磁妨害状況を把握する装置も取得する。宇宙状況監視（SSA）システムなどの構成品も調達し、23年度からの本格運用を目指す。人工衛星を活用した警戒監視に関する調査研究も開始する。

電磁波領域では、C2輸送機をベースに「スタンド・オフ電子戦機」を開発する。大規模改修を行わずに各種装置などを取り付けられるように設計し、開発期間・経費を低減する。

20年度の主な部隊新・改編では、空中給油・輸送能力を強化するため、KC46A空中給油・輸送機を装備する1個飛行隊を美保基地に創設。滞空型無人機「グローバルホーク」の21年度導入に向け、「臨時滞空型無人機航空隊（仮称）」も新編する。F4戦闘機からF35Aへの機種更新に伴い、301飛行隊を百里から三沢基地に移駐させ、3空団のF35A部隊を2個飛行隊の体制に増強する。

新たに宇宙・海洋への進出で、対前年度比12・7％の大幅な増額となった空自の20年度予算（1兆2409億円）。活動領域が今後、飛躍的に広がる空自にとって、令和2年度はこれまでにない重要な1年となる。（古川勝平）

空自が20年度、6機を初調達するSTOVL型のF35Bステルス戦闘機。海自の護衛艦「いずも」型に搭載される計画だ（写真は米海兵隊のF35B＝米海軍提供）

# 「空上げ」No.1に経ヶ岬・35警戒隊

## 空自調理競技会を初開催

空自空上げのナンバー1を決める「空自調理競技会」で各特別賞に選ばれ、トロフィーを掲げる（左から）11高射隊の高玉3曹、35警戒隊の千原2曹、3輸空の武井士長（2月5日、入間基地で）

〝空自全体でより上を目指す〟という意味を込めた「空上げ（唐揚げ）」のナンバーワン基地を決める初の「空自調理競技会」が2月5日、入間基地で開催され、経ヶ岬分屯基地（京都府京丹後市、第35警戒隊）の「七味鶏」が初代頂点に輝いた。

同競技会は全国9カ所の地方競技会を勝ち抜いた代表ら計10チームが出場、各給養員がそれぞれの地域の名産品などを使った基地独自の空上げで競った。

審査の結果、競技会会長の丸茂空幕長から贈られる「空幕長特別賞」には35警戒隊の千原誠児2曹が作った「七味鶏」が選ばれた。この空上げは隠し味に「沖縄そばだし」、仕上げに京都の名産品「七味唐辛子」を効かせた風味豊かな一品。外はカラッと揚がり、中はジューシーで鶏本来のうまみが出され、さらにこれを生かす七味の香りなどが高く評価された。

競技後の表彰式では、丸茂空幕長から千原2曹に表彰状と記念のトロフィーが贈られた。千原2曹は「初代の1位に選ばれてうれしい」と喜びを語った。

このほか、ホテルグランドヒル市ヶ谷の小山浩洋食総料理長からの特別審査員特別賞には3輸空（美保）の武井忠信士長が作った「美保サルサ空上げ」、隊員審査員特別賞には11高射隊（長沼）の高玉亜弥架3曹の「ジンギスカン風味空上げ」が選ばれた。

# 陸自板妻に最優秀掲載賞

## 朝雲4賞 写真賞に「しらせ」

昨年1年間、本紙に掲載された部隊等からの優れた投稿を4部門にわたって表彰する「朝雲賞」の選考委員会が2月6日、防衛省で開かれ、令和元年の受賞部隊等が決定した。

「朝雲賞」の選考対象は、全国の部隊、地本等から寄せられた約3500件の記事、写真、個人の所感文で、「朝雲モニター」の意見を参考に68件がノミネートされた。

同会議には選考委員の内局広報・厚生両課長、広報課先任部員・報道室長、厚生課福利厚生調整官・先任部員、統幕総括副報道官、各幕広報室長・厚生班長、朝雲新聞社社長・編集部長ら17人が出席。「掲載賞」「記事賞」「写真賞」「個人投稿賞」の4部門の優秀作品を選出した。

最も多く紙面を飾った「掲載賞」は、陸自板妻駐屯地が最優秀賞に選ばれ、次いで陸6、海2、空2、地本5、地方局1の部隊等が優秀賞となった。

「記事賞」で最優秀賞に選ばれたのは空自小牧基地の「重度の肺障害から回復した女子小学生、空輸した小牧基地隊員と再会」（3月28日付7面）。1輸空と航空機動衛生隊によりC130H輸送機で名古屋−岡山間の約300キロを緊急搬送された重症の女子児童が、元気になって小牧基地を訪れ、隊員に直接お礼を伝える内容で、心温まる触れ合いが高く評価された。

「写真賞」は「『しらせ』昭和基地への物資輸送完了」（1月31日付3面）が最優秀賞に。南極の沈まぬ太陽の下で新年を迎えた海自砕氷艦「しらせ」を多重露光で撮影した幻想的な1枚が選ばれた。

「個人投稿賞」の最優秀賞は、空自7空団（百里）・竹山修治曹長の所感文「ありがとう、キュー号。安らかに」（9月12日付10面）。空自の国際救助犬のパイオニアとして活躍し、享年9歳で死亡した警備犬「キュー号」の災害派遣での活動を、ハンドラーとして苦楽を共にした竹山曹長が感謝の思いを込めてつづった。

各賞に選ばれた部隊等や個人には後日、表彰状と記念品が贈られる。受賞部隊の詳報は2月27日付本紙に掲載の予定。

## 春夏秋冬

# リーダーの魅力の源泉

菊澤 研宗

ほとんどの人間が依存している行動原理がある。損得計算原理だ。それは、損得計算して得ならば行動し、損ならば撤退するという行動原理である。

この製品を購入すれば損か得か。得ならば購入する。この会社で働き続けることは得か損か。得ならば働き続ける。

この損得計算原理に従って徹底的に企業経営することが、米国流の経済合理主義的な経営となる。それは利益追求の経営であり、これを徹底すれば企業は成長し、潤うかもしれない。そして得られた利益は、最終的にビジネスの資金としてお金を提供してくれた株主のものとなる。

ところが、このような経済合理主義的な経営だけでは、企業組織は永続しないと主張するのが、経営学の泰斗ピーター・ドラッカーである。このような経営を展開していると、損得計算原理に従う人間だけが企業に集まってくるからだという。つまり、この会社の株を購入すると得なので株を購入する株主。この会社にいると給料が高いので辞めない従業員。この会社の製品は安いので購入している消費者など。

それゆえ、もし会社が赤字になると、株を持ち続けると損をするので、株主はすぐに株を売るだろう。従業員もメリットがないのですぐに辞めていくだろう。さらに消費者も値上がりした製品は高いので購入しないだろう。こうして、企業は合理的に倒産する。

何よりも強い組織とは、会社が赤字になっても株を売らない株主、辞めない従業員、そして購入し続けてくれる顧客から成る組織である。そして、そのような従業員や投資家や顧客を獲得するには、損得計算ではなく、彼らに「この会社が好きだ」と価値判断してもらう必要があるのだ。そうすれば、赤字になっても、だれも逃げないだろう。むしろ助けてくれるかもしれない。その会社が好きだからだ。

顧客、従業員、そして株主に価値判断させ、好きになってもらい、ファンになってもらうには、そもそも経営者が損得計算原理に従う以上の人間的に魅力的な人物でなければならないのだ。

つまり、経営者やリーダーは「損得は抜きにして、これは良いねえ、正しいねえ」と価値判断する、より高次の人間であるべきであり、ここに人間としての「真摯さ」「気品」「魅力」が生まれるということ、これがドラッカーの行き着いた結論なのである。

（慶応義塾大学教授）

# 豪州国緊隊が撤収

## 3週間、人や物資空輸

河野防衛相は2月7日、大規模森林火災の被害を受けたオーストラリアで約3週間にわたり消火用物資などの輸送活動に当たってきた自衛隊の「国際緊急援助空輸隊」（司令・太田将史1空佐以下約70人）と、「現地調整所」（所長・狗田将明1空佐以下8人）に対し、撤収命令を発出した。

太田司令らを乗せたC130H輸送機2機は10日夜、小牧基地に帰投し、出迎えた支援集団司令官の金古真一空将に対し、太田1佐が帰国報告を行った。

空輸隊は1月15日に日本を出発、現地で18日から2月7日まで、シドニー近郊のリッチモンド豪空軍基地を拠点にC130H2機を使って車両や消火関連器材延べ約11トン、豪軍人、消防士や被災者など延べ約600人を輸送した。

一方、「現地調整所」は1月15日から2月7日まで、豪軍などとの調整業務に当たった。

オーストラリアの森林火災に対処するため、豪空軍と共同で物資をC130H輸送機に積み込む空自の国際緊急援助空輸隊員（2月4日、アンバーレー豪空軍基地で）

## 朝雲寸言

1989年6月、抗議する学生たちを中国政府が武力で制圧する天安門事件が起きた。市街戦状態の北京から日本企業駐在員や帯同家族ら約3500人の邦人を救出すべく、日本政府はチャーター機の派遣を決定。危険を知りながらいち早く救援機を北京に送ったのは全日本空輸だった▼第一便が北京に到着すると、命からがら逃げ延びて来た邦人たちは乗務員に涙ながらに感謝の言葉を伝えたという。「弊社が当時あの仕事を引き受けたことを誇りに思います」と熱く語る全日空社員は多い。新型肺炎が猛威を振るう武漢へのチャーター便に応じたのも同社だった。武漢便の実績があったことも選ばれた理由というが、社員研修などの場で航空会社の社会的責務をきちんと継承していることも派遣の背景にはあるのだろう▼資源に乏しい日本がここまで繁栄できた理由の一つに、貿易や現地生産事業などでの在外邦人たちの奮闘がある。彼らが窮地に陥った時、素早く救いの手を差し伸べられない国家や社会は「恩知らず」の誹りを免れない▼海賊が跋扈するソマリア沖に護衛艦と哨戒機が到着した時、日本の商船隊に安堵の空気が広がった。きな臭さが消えない中東方面へいま再び護衛艦が向かい、ほっとしている人々も多いことだろう。「派遣反対」と叫ぶ声も聞こえるが、国際的にみれば豊かな暮らしを日本人ができる理由について、時には思いを致したいものである。

まさご眼科
新宿区四谷1-3高増屋ビル4F
☎03-3350-3681
受付時間 http://www.yotsuya-ganka.jp
平日/AM9:30～12:20 PM2:30～ 5:20
水:土/AM9:30～11:50
●メガネ相談(予約制)
日・祝祭日/休診

あなたの人生に、
使わなかった、
保険料が戻ってくる!!
"新しいカタチの医療保険"
メディカルKit R
医療総合保険(基本保障・無解約返戻金型)健康還付特則 付加［無配当］
メディカルKit R 生存保障重点プラン
医療総合保険(基本保障・無解約返戻金型)健康還付特則、
特定疾病保険料払込免除特則 付加［無配当］

あんしんセエメエは、東京海上日動あんしん生命のキャラクターです。
募資19-KR00-A023
株式会社タイユウ・サービス
東京都新宿区市谷本村町3-20新盛堂ビル7階 〒162-0845 0120-600-230
引受保険会社：東京海上日動あんしん生命

退官後、家族のために"今"できること
退官後の自衛官を支える柱
年金　退職金　再就職
自衛官の退官後を支える「常識」が崩れつつあります。
将来のために"今"できること、考えてみませんか？
将来のために「いつ」「どう取り組むか」
無料書籍プレゼント
全国セミナー開催中
あるお客様の実体験から

本編はこちら
Agentrive Investors
03-6860-8231
自衛官 資産運用 検索

# 時の焦点

## 国内

### 馬毛島の基地化
### 「離島防衛」の拠点に

日米間の懸案の一つに、解決の道筋が見えてきたと言えよう。米軍空母艦載機の離着陸訓練の移転候補地となっている鹿児島県西之表市の無人島・馬毛島について、政府が地権者と売買契約を結ぶことで合意した。既に土地の取得を進めており、防衛省は1月、施設整備の現地調査を始めた。

空母艦載機の離着陸訓練は、米空母に搭載される戦闘機が、陸上の滑走路を船の甲板に見立てて、離陸と着陸を繰り返すものだ。全長300メートル程度の甲板上での離着陸には、高度な技術が要求される。空母が日本に寄港して点検中、パイロットの練度を維持する狙いがある。

1980年代までは主に厚木基地（神奈川県）で行われていたが、騒音被害が大きかった。米軍は91年、硫黄島（東京都）に訓練地を移したが、洋上では飛行中にトラブルが生じても退避する場所がない。米側は、馬毛島への移転を強く求めていた。

現在、艦載機部隊が駐留する岩国基地（山口県）から硫黄島までは、約1400キロ・メートル離れている。岩国から馬毛島までは、400キロ・メートルの距離だ。

訓練地の移転は、米軍飛行士の負担を軽減しよう。燃料費などコストの削減も見込まれる。日米同盟の強化に向けて、政府は着実に訓練移転を実現しなければならない。

神奈川県の横須賀基地を母港とする米海軍第7艦隊は、西太平洋からインド洋に至る海域の安定を担っている。艦隊の中心となる空母の円滑な活動を支えることは、抑止力を維持する上で重要な意味を持つ。

日中間では安全保障上の摩擦が強まっている。中国機が日本の領空に近づく事案が相次ぎ、航空自衛隊の緊急発進は増加している。

防衛省は、馬毛島に造る施設を空自の基地として整備し、米軍の共同使用を可能にする方針だ。南西諸島では、自衛隊機が使用できる滑走路は沖縄県の那覇基地にしかない。陸海空が連携し、馬毛島を離島防衛の拠点として活用することを検討すべきだ。

鹿児島県内の自治体には、騒音被害や環境への影響を懸念する声がある。馬毛島に近い種子島や屋久島は、自然環境が豊かな地域だ。基地整備に向けて、今後は防衛省と自治体の協議が必要となろう。

政府は、基地を造る意義を丁寧に説明し、理解を得る努力を重ねなければならない。

在日米軍の駐留経費に関する特別協定の交渉が今後、本格化する。トランプ米大統領は、日本に負担の増額を求めている。

政府は、日本が十分な経費を負担していることに加え、米軍の訓練環境の改善にも取り組んでいる事実を丁寧に訴えていくべきだ。

夏川 明雄（政治評論家）

## 海外

### 米の中東政策
### 混迷を招く独自和平案

トランプ米大統領がかねて「世紀のディール（取引）」と喧伝してきたパレスチナ紛争の解決に向けた米国独自の中東和平案をようやく発表した。しかし、内容はと言うと、パレスチナ独立国家の樹立は認めるとしながらも、占領下のヨルダン川西岸入植地に対するイスラエル主権を容認し、両者が帰属を争う聖地エルサレムを「不可分のイスラエル首都」とするなど、イスラエル側の立場をほぼ全面的に追認している。土地を追われた数百万人規模のパレスチナ難民の帰還権も認めていない。

換言すれば、パレスチナ側に屈従を強いる内容であり、国連総会決議などの国際的な合意も無視した今回のトランプ提案は和平案の名に値しないとの酷評が多く聞かれるのも当然だ。パレスチナ自治政府のアッバス議長は「世紀の屈辱」「エルサレムは売り物ではない」と強く反発し、親米派のサウジアラビアなどが加盟するアラブ連盟も、「パレスチナ人の最低限の権利と望みも満たしていない」とトランプ和平案を非難した。

1948年のイスラエル建国以来、複雑な紛争の歴史を持つパレスチナ問題をめぐっては、中東和平の核心を成す国際的な外交課題との認識の下、米国の歴代政権が仲介役を任じて和平交渉が続けられてきたが、2014年に中断。トランプ政権は3年前の発足以降、米大使館のエルサレム移転や国連機関を通じたパレスチナ難民支援の打ち切りなど露骨なイスラエル偏重の立場を取り、自治政府側は一切の交渉を拒否してきた経緯がある。

パレスチナ側が受け入れる余地がないことが自明の和平案発表をトランプ政権がこのタイミングを見計らって強行した背景には、政治的な思惑や打算が見え隠れする。まず何よりも、3月初めのイスラエル総選挙を控え、汚職疑惑などで政治的窮地に立たされている盟友のネタニヤフ首相への肩入れだ。中東和平案の発表が、訪米した同首相との首脳会談に合わせてセットされ、「世紀の取引」とことさらにアピールしたことにも見て取れる。案の定、イスラエル寄りの和平案はネタニヤフ氏の支持率上昇につながった。

トランプ氏自身も11月に米大統領選を控えるが、和平案発表を現政権の「実績」としてPRし、親イスラエルなどの支持層の票固めに最大限活用する構えだ。歴代米政権が目指してきた「公平な仲介者」の役割を放棄してまでして、選挙対策に外交を利用するトランプ大統領の振る舞いが米国の信用をいかに損ねているか、「ディール・メーカー（取引の仕掛け人）」を自負するこの指導者は全く顧慮しない。ウクライナ疑惑で大統領弾劾を突き付けられたのと同様の外交私物化の構図が臆面もなく繰り返される。

国際的な取り決めであるイラン核合意から一方的に離脱し、最大限の圧力をかけてイラン側の翻意を促すトランプ政権の外交手法が今回の偏向した中東和平案の押し付けでも浮き彫りとなった。気骨ある指南役を欠き、迷走を続ける米現政権の中東外交は積年の紛争・対立の解決につながるどころか、中東の混迷と分断を深めるだけだろう。

伊藤 努（外交評論家）

---

空自補給本部

## 災害時、資器材提供で協定
### 建設会社など5社と調印

災害時の資器材の提供に関する協定を取り交わす三谷補本長（左）とアクティオの小沼直人社長（空自十条基地の補給本部で）

【空補本＝十条】空自補給本部（本部長・三谷直人空将）はこのほど、十条基地で全国に事業所などを持つ建設機械レンタル会社など5社と「災害時における資器材の提供に関する協定」の調印を行った。

協定は、空自の災害派遣活動でレンタル会社などから建設機械、生活家電などを優先的に借りることができるという内容。

補本と協定を結んだのは▽日本建設機械レンタル協会▽アクティオ▽カナモト▽西尾レントオール▽レンタルのニッケンの5社。

この協定により、空自は①必要な建設器材などを早期に現場へ提供②派遣部隊の生活環境を改善する物品の提供③全国規模で多様化する部隊ニーズへの対応―が可能となる。

レンタルの対象資器材は、ブルドーザー、油圧ショベル、ダンプといった建設機械のほか、洗濯機や冷暖房器具なども借りることができる。

補本は「今後は協定を結んだレンタル会社と各種訓練や調整を行い、さらに連携を密にし、災害発生時により円滑な部隊支援をできるようにしたい」と話している。

---

UNMISS 11次司令部要員

## 陸幕長に帰国報告
### 宮本3佐らに3級賞詞

国連南スーダン共和国ミッション（UNMISS）の第11次司令部要員として、同国の首都ジュバに約1年間派遣されていた兵站幕僚の宮本綾子3佐と航空運用幕僚の中島大貴1尉（共に陸上総隊所属）が1月23日に帰国し、2月6日、防衛省で湯浅陸幕長に帰国報告を行った。

現地で宮本3佐は、UNMISS歩兵部隊や軍事連絡要員の兵站支援を、中島1尉は航空機が駐機する飛行場エプロン地区の管理などに当たった。

陸幕長室では、陸幕人教部長の冨樫勇一将補、運用支援・訓練部長の末吉洋明将補らが立会する中、湯浅陸幕長が2人に3級賞詞をそれぞれ授与し、任務完遂の功績を称えた。

引き続き行われた懇談で陸幕長は「陸自の国際貢献は非常に高く評価されている。司令部で現地の人のみならず、国連の多国籍の人たちと調整し、実務を遂行することは大したことだ。ここで得た経験を今後も生かしてほしい」と労をねぎらった。2人はこの後、河野防衛相に帰国を報告した。

防衛省では2017年5月に陸自施設部隊による南スーダンPKO活動が終了した後も、UNMISS司令部（約400人）への陸自隊員4人（兵站、情報、施設、航空運用の各幕僚）の派遣を継続。4人は2人1組で出発時期を半年ずらして出国し、それぞれ約1年間の任務に就いている。

湯浅陸幕長（右端）に帰国を報告するUNMISS司令部要員の（右から）宮本3佐と中島1尉。手前左は末吉運用支援・訓練部長＝2月6日、陸幕長応接室で

---

## 海賊対処の「はるさめ」
### 仏空軍ヘリと共同訓練

ソマリア沖・アデン湾で船舶護衛などの任務に当たっている海賊対処水上部隊35次隊の護衛艦「はるさめ」（艦長・大島輝久2佐）は1月27日、フランス空軍航空機と共同訓練を実施した。

「はるさめ」は仏空軍のヘリコプター「ピューマ」と共に急患輸送訓練に当たり、日仏部隊間での患者搬送など連携要領を確認した。

仏空軍との急患輸送訓練で、リアルな状況下で訓練に臨む海自護衛艦「はるさめ」の乗員と仏空軍ヘリ「ピューマ」のクルーら（1月27日、「はるさめ」艦内で）

---

## 掃海特別訓練を
### 伊勢湾で初実施

海自は2月1日から10日まで、伊勢湾で機雷戦訓練と日米共同の掃海特別訓練を実施した。伊勢湾で掃海特別訓練を行うのは初めて。

掃海隊群司令部幕僚長の渡邉浩1佐を訓練統制官に、掃海母艦「ぶんご」、掃海艦「ひらど」、掃海艇16隻、掃海管制艇「ゆげしま」、輸送艦「くにさき」の計20隻と、MCH101掃海・輸送ヘリ2機が参加し、訓練機雷を使用した機雷敷設、掃海、潜水訓練を行った。

掃海特別訓練では、米海軍の第5機動水中処分隊第501小隊指揮官を訓練統制官に、水中処分員約10人が参加した。

◇

一方、この機会を利用して陸自の水陸両用車3両が伊勢湾に展開し、初めて海自の音響測定を支援。水陸両用車に搭載した機器や海中に設置した訓練用機雷などを使い、車両が水中に入る際や敷設した機雷付近を通過した時の音響データを収集し、海自に提供した。

---

## 中国H6爆撃機
### 宮古海峡を通過

中国軍機のH6爆撃機計4機＝写真＝が2月9日午後、沖縄本島と宮古島間の宮古海峡の公海上空を通過したため、空自南西空のF15戦闘機などが緊急発進して対応した。領空侵犯はなかった。

台湾南部のバシー海峡方面から2機編隊で太平洋に進出したH6は、先島諸島南方沖を北東に進んだ後、針路を北西に変え、宮古海峡を抜けて東シナ海上空に入った。その後、北西進して日本の領空から離れた。

統幕は同日、空自機が撮影した空対艦ミサイルとみられる誘導弾を翼下に搭載したH6の写真と航跡図を公表した。

---

## 部内幹候卒業生
### 外洋練習航海に

海自「第53期一般幹部候補生課程（部内課程）」の卒業式が2月4日に江田島の幹部候補生学校で行われ、卒業した初級幹部は同日から南太平洋方面の外洋練習航海に出発した。

卒業した初級幹部88人（うち女性6人）は、1練習隊（司令・遠藤昭彦1佐）の練習艦「しまゆき」と「せとゆき」に分乗し、各訓練を行いながら南太平洋に向かい、途中、マーシャル諸島共和国のマジュロとクェゼリン、ミクロネシア連邦のパリキール、米グアムに寄港、3月16日に帰国する予定。

---

## 陸自ヘリ横転
### 2人が重軽傷

旭川駐屯地

2月7日午前9時32分頃、2飛行隊（旭川）のUH1J多用途ヘリ（41871号機）が旭川飛行場でホバリング訓練中に、着陸帯に接地し横転、搭乗していた機長と副操縦士の2人が重軽傷を負った。命には別条ないという。民間への被害はなかった。

機長は左ひじ打撲などの軽傷、副操縦士は頭がい骨骨折、肺挫傷、脳出血で意識不明の重体。事故当日は、雪による視界不良が指摘されている。

陸幕は同日、竹本竜司副長を長とする航空事故調査委員会を設置し、事故原因の究明に当たるとともに、隊員の回復を待って聞き取り調査を行う予定。

---

## 防衛省発令

▽航空総隊厚生課長（空幕厚生課）2空佐 渡邊 安雄
▽3輸送航空隊基地業務群司令（航空総隊厚生課長）1空佐 荒木 克美
▽空自3術科学校2教育部長（3輸送航空隊基地業務群司令）同 柴崎 利幸
（以上1月31日）
▽護衛艦隊司令部付（横須賀海上訓練指導隊司令）1海佐 森田 哲哉
▽横須賀海上訓練指導隊司令事務取扱 海上訓練指導隊群司令 同 岩澤 努
（以上2月4日）
▽大湊地方総監部監察官（大湊地方総監部援護業務課長）2海佐 近江 良
（2月6日）
▽真駒内駐屯地業務隊長（富士学校機甲科部副部長）1陸佐 赤羽根禎英
▽陸自幹部候補生学校教育部長（真駒内駐屯地業務隊長）同 友 伸治
（以上2月10日）

**訂正** 2月6日付4面の下関基地の記事は、1月30日付5面に掲載の同基地の記事と重複していました。6日付については削除します。

---


# 2020自衛隊手帳
## 2021年3月末まで使えます。

NOLTY 能率手帳がベースの使いやすいダイアリー。
年間予定も月間予定も週間予定もこの１冊におまかせ！

お求めは防衛省共済組合支部厚生科（班）で。
（一部駐屯地・基地では委託売店で取り扱っております）
Amazon.co.jp または朝雲新聞社ホームページ
（http://www.asagumo-news.com/）
でもお買い求めいただけます。

編集／朝雲新聞社
制作／NOLTY プランナーズ
価格／本体 900 円＋税

朝雲新聞社 〒160-0002 東京都新宿区四谷坂町 12－20KKビル TEL 03－3225－3841 FAX 03－3225－3831
http://www.asagumo-news.com



## 結婚式・退官時の記念撮影等に
# 自衛官の礼装貸衣裳

陸上・冬礼装

海上・冬礼装

航空・冬礼装

**貸衣裳料金**
・基本料金 礼装夏・冬一式 30,000円＋消費税
・貸出期間のうち、4日間は基本料金に含まれており、5日以降1日につき500円
・発送に要する費用

**お問合せ先**
・六本木店
☎03-3479-3644(FAX)03-3479-5697
〔営業時間 10:00～19:00 日曜定休日〕
〔土・祝祭日 10:00～17:00〕

別途消費税がかかります。 ※詳しくは、電話でお問合せ下さい。

美玉（みたま）
〒106-0032 東京都港区六本木7-8-8
ミクニ六本木ビル 7階
☎03-3479-3644

# 34普連4隊員が語る

## 日印共同実動訓練「ダルマ・ガーディアン19」

陸自第34普通科連隊（板妻）は昨年末、インド東部にある同国軍の対ゲリラ戦施設などで行われた日印共同実動訓練「ダルマ・ガーディアン19」に参加した。熱帯のジャングルで戦うという貴重な経験をした同連隊の隊員４人に、インドでの共同訓練の感想を聞いた。

（聞き手　古川　勝平）

# インド軍の"心"感じた

「ダルマ・ガーディアン19」に参加した34普連の（左から）萩原圭輔２曹、阿部裕太３佐、小野寺哲３曹、峯竹美典３曹（12月20日、板妻駐屯地で）

――一昨年、「ダルマ・ガーディアン」に初参加した32普連（大宮）との訓練の違いは。

**阿部裕太3佐**　基本的な訓練内容に違いはありません。カリキュラムを調整して座学を減らし、初回よりも射撃や実動訓練を多くしてもらいました。座学といえども外せない課目はあり、そもそも「ダルマ・ガーディアン」は対テロに関わる知識や技能をインドに出向いて教わるものなので、必要な箇所はそのまま学びました。

――逆に陸自の隊員がインド側に教えたことは。

**阿部3佐**　非武装訓練、いわゆる「徒手格闘」を指導しました。インド軍は我々のような徒手格闘術は持っておらず、陸自の技を教えました。そのほか、訓練の合間に携行品を使って第一線救護の手順を示し、基本的な応急手当の要領を彼らに教えました。

**萩原圭輔2曹**　総合訓練以外では、自衛隊とインド陸軍が相互に自分たちの戦技を見せ合う場面が基本になります。射撃訓練も同じでした。

**阿部3佐**　第一線救護のやり方では、日印で意見がぶつかりました。我々は米軍の「TC3」という概念に基づき患者を搬送しますが、その方法だと患者の容態が悪化するという話が（インド側から）あったと思います。我々は理論から学び実践しますが、彼らは経験値を重視し、それではダメだと。

例えば、腹部に銃創を負った隊員がいたとして、腕と足を持ち、体を折り曲げると腹部に圧力がかかり、出血につながるので、その場合は引きずって運ぶそうです。陸自では傷口にばい菌が入るので、引きずることはなく、衛生隊長の目線でもこの方法は理に適っていないということでした。

――訓練を通じ、インド陸軍に対して思ったことは。

**峯竹美典3曹**　彼らのホスピタリティーをすごく感じました。（インド軍兵士の）バディがことあるごとに世話をしてくれて、お茶会でも自衛隊員が手を付けるまでインド軍の兵士は一切受け取らない。

**萩原2曹**　出迎えの際、我々のために看板も用意してくれました。

**阿部3佐**　インド側から提供されて自衛隊員が泊まった4階建ての建物は、我々の到着に合わせて完成したということです。6月の調整会議の時にはまだ建設中だったので、34連隊が現地入りする10月を目標に、急ピッチで完成させたようです。

**萩原2曹**　インド軍の宿営地内の建物はほとんどが1階建てで、ひどいところではトタンで囲ったような場所もありましたが、我々が泊まった所だけ4階建ての鉄筋の建物で、我々への配慮がすごく感じられました。滞在中に出された料理も我々日本人が辛く感じないよう、特別に調整したものを提供してくれ、ウォーターサーバーまで置いてくれました。

**峯竹3曹**　自分たちが泊まった施設には役務担当のインドの方がいて、朝早くから料理を作ってくれて、訓練中には部屋やトイレの清掃を行い、帰ってくる頃には奇麗になっていました。その方たちは昼間の酷暑時には休み、夜から作業を再開する。"インド版サマータイム"といった感じでした。

――現地を訪れて感じたことは。

**阿部3佐**　（インドの一般国民は）我々よりも貧しく、劣悪な生活環境にもかかわらず、私には彼らインド人の方が日本人よりも幸せそうに見えました。仕事や生活そのものに対しても前向きで、生きることに熱量を感じました。

**峯竹3曹**　インド軍は基本的に山間部の国境地帯に部隊が配置されるので、兵士たちは年間を通して90日ほどしか家族の元へ帰れません。国のために家族との時間などを犠牲にするインド陸軍兵士の愛国心はすごいと思いました。また、インドが外国（中国やパキスタンなど）と陸続きで、インドの置かれている状況が自分たちにも非常に勉強になりました。

**小野寺哲3曹**　今回のインド派遣は自分にとって初めての海外体験でしたが、インドの人々が生き生きしていて、とても新鮮でした。その中でインド軍の兵士が街に出向けば子供たちが手を振ったり、買い物先で写真撮影をねだられたりと、すごく国民から尊敬されていて、自分の中でカルチャーショックを受けました。

**萩原2曹**　（インド陸軍の兵士は）基本的に国を守るという強い意志があると思いました。収入面で見ると兵士の給料はインドでの平均的な所得水準より高く、3親等の親族までタダで医療を受けられるなど、家族を含め福利厚生が充実しています。軍曹レベルの地位だと豪邸に一族で住んでいて、インドで高級車と呼ばれる部類の車にも乗っています。兵士は国民から の人気も非常に高く、入隊倍率も高い。私たちは彼らに接し、国民の強い支持に応えるインド軍兵士の愛国心を強く感じました。

## 座学減らし実動増やす

グラウンドで準備運動を行う日印部隊の隊員たち。後方に見えるのはインド滞在中、34普連の隊員たちが宿泊した４階建ての新築隊舎

インド陸軍兵士（手前右）からジャングル内で食べられる果実や薬草について指導を受ける34普連の隊員たち

日印間の装備品展示で、インド軍兵士に陸自の89式小銃について説明を行う34普連の隊員（右）

インド陸軍ドグラ連隊の兵士（右）とバディを組み、狙撃銃の射撃要領を演練する陸自隊員（左）

現地ではスポーツ交流も行われ、バレーボールに興じる陸自隊員と印陸軍兵士

訓練中、インド陸軍が開いてくれた茶会でお茶とビスケットを楽しむ34普連の隊員たち

日印部隊間の友情を誓い、記念撮影を行うドグラ連隊18大隊と34普連の隊員たち

訓練の合間のティータイムで、お茶を飲みながら懇談を行う日印の隊員

## 対テロ作戦 ノウハウ学ぶ

### 34普連から30人

【34普連＝板妻】第34普通科連隊は昨年10月15日から11月5日まで、インド東部ミゾラム州にある同国軍の対内乱・ジャングル戦学校（CIJWS）などで行われた日印共同実動訓練「ダルマ・ガーディアン19」に参加した。

同訓練への参加は一昨年の32普連（大宮）に続いて2回目で、34普連5中隊長の阿部裕太3佐以下同隊基幹の隊員約30人が派遣された。インド陸軍からはドグラ連隊第18大隊の兵士約30人が参加した。

訓練開始式では阿部3佐が「インド軍の実戦に基づく対テロ作戦のノウハウを学ぶ上で、この訓練は貴重な機会となる」と述べ、インド側18大隊長のクリニード・シン大佐は「インド太平洋地域の平和と安定のため、友好国である日本との訓練は極めて重要だ」と語った。

訓練期間中、日印の部隊は共同で実弾射撃、人員・車両の検問、市街地戦闘、対テロ作戦時における各種行動などを共に演練した。

さらに市内にあるスタジアムやホテルなど実際の施設も使い、実戦さながらの訓練も行われた。

共同訓練の締めくくりとして最後に実施された1夜2日の総合訓練では、インドを公式訪問中の湯浅陸幕長らが視察する中、日印の隊員たちは屋内施設を使い掃討訓練などを演練した。

雪上で訓練開始式に臨む3普連の3中隊と本管中隊施設作業小隊の隊員たち

# 極寒のスキー行進

## 6次連隊野営 翌日は戦闘射撃

名寄

【3普連=名寄】連隊は1月20日から28日まで、厳寒期の鬼志別と上富良野の2演習場で「6次連隊野営」を実施した。

訓練開始式で、統裁官の武本康博連隊長は「戦況に応じた図の徹底」「冬季の特性に応じた基本・基礎の徹行」「各種警戒」の3点を要望。雪中での3中隊と本管中隊施設作業小隊の訓練検閲が開始された。

鬼志別演習場では、体感温度マイナス25度という厳しい暴風雪の中、3中隊は強固な陣地を構築。一方、施設作業小隊は3中隊を支援するため、機動路の整備や敵部隊を足止めする障害構成を実施した。部隊は雪中でも勇猛果敢に戦い続け、敵の侵攻を阻止した。

その後、部隊は上富良野駐屯地に移動、夜間にスキー行進を実施したほか、雪上での射撃も行った。

訓練

体感温度がマイナス25度という厳寒の中、雪上で障害構成を行う施設作業小隊員

# 雪深い山中を15キロ

# 装備20キロ、622人完遂

## 5普連が八甲田雪中行軍

約80キロのアキオを曳行しながら、深雪の中で隊形を維持し、スキー行進する5普連の隊員たち（1月27日）

【5普連=青森】連隊長の榮村佳之1佐以下622人（うち女性自衛官8人）は1月27日、今年で51回目となる伝統の「八甲田演習」を雪深い八甲田山中で行った。

雪中行軍に参加する連隊員は同24日、演習に先立ち、青森市内の幸畑陸軍墓地で訓練開始式に臨んだ。同墓地には日露戦争前の明治35年1月、八甲田山中での行軍訓練中に遭難し、殉職した旧陸軍歩兵第5聯隊の山口鋠少佐以下210柱が眠っており、隊員たちは英霊に対し、同じ過酷な訓練に挑むことを報告した。

開始式で榮村連隊長は隊員たちに対し、5普連が継承すべき遺訓として「積雪寒冷地でのスキー行進能力の維持」「綿密な計画作成」などを挙げた。

27日の演習本番では、旧5聯隊が計画した経路の一部である「小峠から銅像茶屋間」を往復する行程約15キロで622人が行軍に臨んだ。

小銃など重さ約20キロの装備をつけた女性8人を含む隊員たちは、約80キロの物資を積んだアキオを仲間たちと共に曳行して行進を開始。この日は快晴で例年より少ない雪と気温0度の好天に恵まれ、山中からは青森市街地を眼下に望むこともできた。

しかし、各級の指揮官たちは八甲田の大自然を侮ることなく、行軍中の隊員の状態を掌握しつつ隊形を維持しながら行進、全隊員が折り返し地点の銅像茶屋に到着した。

同茶屋では、生き残って旧5聯隊の遭難事故を後世に伝えた後藤房之介伍長の像の前に整列し、行軍の無事を祈願して拝礼。復路を再び行進して、全隊員が無事に小峠まで帰還後、演習を終えた。

折り返し地点の銅像茶屋に無事に到着、後藤伍長像に拝礼する5普連の隊員たち

# 防空戦闘を演練

## 15旅団が訓練検閲

【15旅団=那覇】旅団は12月10日から14日まで、大分県の日出生台演習場と十文字原演習場で、沖縄の防空任務に当たる15高射特科連隊（八重瀬、勝連、白川、知念、南与座）に対する「旅団訓練検閲」を行った。

連隊は島守英次1佐を核心に、日頃の防空訓練の成果を最大限に発揮。隊員たちは、統裁官の中村裕亮旅団長が要望した「指揮の要訣の実戦」「基本・基礎の確行」を実行すべく、最新式の地対空ミサイル「11式短SAM」などを展開させ、侵入してきた敵機に対処する防空任務を完遂した。

参加した15高特連4中隊の久具利妃哉1士は「初めての訓練検閲でとても緊張したが、先輩や同期と協力して乗り切った」と述べた。

敵のガス攻撃に対処するため、防護服を着て化学検知に当たる15高特連の隊員

## 発射ミサイル全弾命中

### 中距離多目的誘導弾 初の実弾射撃訓練

20普連

【20普連=神町】連隊は12月7日から14日まで、王城寺原演習場で連隊初となる「中距離多目的誘導弾の実弾射撃訓練」を実施した。

連隊は9日に44普連（福島）、10日に22即機連（多賀城）の中距離多目的誘導弾の実弾射撃をそれぞれ研修。11日には本部管理中隊長が射場指揮官となり、同中隊対戦車小隊（梅村昌和曹長）の実弾射撃を実施した。隊員たちは連隊初の射撃にも冷静に対応、基本・基礎動作を確行して発射ミサイルの全弾命中の成果を得た。

車載化された中距離多目的誘導弾の初の実弾射撃の準備に当たる20普連の隊員

## 対機甲火力を発揮

### 敵の主力戦車撃破

42即機連

【42即機連=北熊本】即応機動連隊は1月6日から13日まで、大矢野原演習場で3中隊、対戦車小隊、偵察小隊に対し、陣地防御に任ずる中隊等の行動を課目とした訓練検閲を行った。

各部隊は駐屯地から演習場までの約300キロを車両で前進して陣地占領。すぐに情報、火力、障害・陣地の編成を組織化し、堅固な築城と戦闘予行で防御準備を概成させた。

続く敵との防御戦闘では、偵察小隊が獲得した情報に基づき、対戦車小隊が対機甲火力を発揮して敵の主力戦車などを撃破。さらに3中隊の陣地からの阻止火力で敵部隊の前進を止め、それぞれ任務を達成した。

敵戦車の出現に備える42即機連の中距離多目的誘導弾

## 饗庭野演習場で 総合射撃訓練

14旅団

【14旅団=善通寺】旅団は1月14日から21日まで、滋賀県の饗庭野演習場で「総合射撃訓練」を実施した。

訓練は50普連が担任し、特科などが加わった増強普通科中隊の各級指揮官の調整をはじめ、職種間の調整、機動と射撃の連携などを演練した。

155ミリ榴弾砲FH70を使い火力戦闘を行う増強普通科中隊の特科隊員たち

# 練成の成果を発揮

## 12施設群 冬季戦技競技会

【12施群=岩見沢】施設群は1月23日、岩見沢駐屯地と孫別演習場で「冬季戦技競技会」を実施した。

22日の開会式では、399施設中隊の山崎駿士長が「練成の成果を発揮し、熱い戦いを繰り広げることを誓います」と選手宣誓。統裁官の末継智久群長は隊員に「12施設群としてのプライドを示せ」と強く要望した。

当日は午前中にスキーでの部隊機動とアキオ曳行、午後から個人走を行った。各中隊から選りすぐりの精鋭たちが出場し、中隊のプライドと期待を背負って激走した。

中隊の名誉を担い、スキー機動で競い合う12施設群の隊員たち（1月23日）


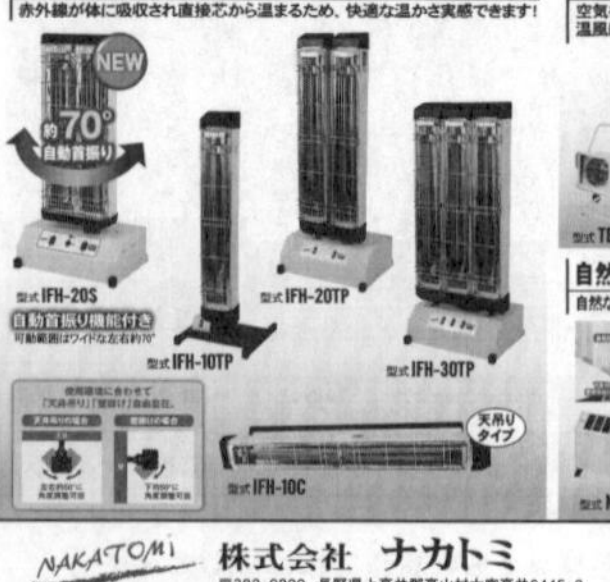

ナカトミ暖房機器 暖房用として 乾燥用として 豊富なラインナップ

遠赤外線電気ヒーター 赤外線が体に吸収され直接芯から温まるため、快適な温かさ実感できます！

電気ファンヒーター 空気を吸い込み、電熱線ヒーターの熱で温風にして吹き出し、暖める電気ヒーター！

スポットヒーター【業務用油だき可搬形ヒーター】バーナーの熱をファンで送り出すヒーター！

自然対流式電気ヒーター　赤外線ヒーター【業務用油だき可搬形ヒーター】大型赤外線燃焼放射熱でパワフルな暖かさ！　遠赤外線ヒーター【業務用油だき可搬形ヒーター】遠赤外線で快適な暖かさ！倉庫や出入りの多い場所に最適！

快適な環境づくりをサポート！ 温度ムラ対策として 湿気・熱気対策として 節電・省エネ対策として

大型扇 ビッグファン 広い空間の送風・換気・循環に！

コンプレッサー式除湿機 パワフル除湿で目的に合ったドライ環境を提供！

移動式エアコン（冷房専用）　ミニクーラー（冷房専用）

NAKATOMI 株式会社 ナカトミ 〒382-0800 長野県上高井郡高山村大字高井6445-2 TEL:026-245-3105 FAX:026-248-7101 【受付時間】10:00～12:00/13:00～17:00(土、日、祝日を除く)

詳しくはホームページをご覧ください▶ 株式会社ナカトミ 検索 http://www.nakatomi-sangyo.com

発売中!!

平和・安保研の年次報告書

アジアの安全保障 2019-2020

激化する米中覇権競争　迷路に入った「朝鮮半島」

我が国の平和と安全に関し、総合的な調査研究と政策への提言を行っている平和・安全保障研究所が、総力を挙げて公刊する年次報告書。定評ある情勢認識と正確な情報分析。世界とアジアを理解し、各国の動向と思惑を読み解く最適の書。アジアの安全保障を本書が解き明かす!!

西原 正 監修　平和・安全保障研究所 編

判型 A5判／上製本／284ページ　定価 本体2,250円＋税　ISBN978-4-7509-4041-0

朝雲新聞社 〒160-0002 東京都新宿区四谷坂町12-20KKビル TEL 03-3225-3841 FAX 03-3225-3831 http://www.asagumo-news.com

最近のアジア情勢を体系的に情報収集する研究者・専門家・ビジネスマン・学生 必携の書!!

厚生・共済　特集

# 医療、年金、保健、貯金など各種

# 「退職時の手続き」お早めに

防衛省共済組合では、退職予定の隊員の皆さまに、早めの共済手続きを呼び掛けています。自衛官・事務官等は退職日の翌日から共済組合の組合員ではなくなるため、退職前に短期（医療）、長期（年金）、保健、貯金、貸付・物資、保険などの各種手続きが必要となります。お早めに手続きをお願い致します。

## 1 短期（医療）

短期（医療）では、在職中に使っていた組合員証等が退職後使用できなくなるため、所属支部の短期係に組合員証等を返納してください。

退職後、民間会社等に再就職した時は会社等の健康保険に加入することになりますが、再就職しない場合は退職から2年間は在職中とほぼ同様の給付が受けられる任意継続組合員になるか、国民健康保険に加入することになります。

任意継続組合員となる場合は、退職日から起算して20日以内に所属支部の短期係に申し出る必要があります。定年退職者においては、任意継続組合員の掛金より国民健康保険の保険料の方が高くなる場合が多いですが、詳しくはお住まいの市区町村にお尋ねください。

## 2 長期（年金）

長期（年金）では、退職時に年金の支給開始年齢に達していない自衛官や事務官等については、組合員資格取得と喪失の年月日などを記入した「退職届」を所属支部の長期係に提出する必要があります。

また、退職後に住所や氏名が変わったときなどは国家公務員共済組合連合会へ届け出が必要となります。

## 3 保健

保健では、福利厚生サービス「ベネフィット・ステーション」の「会員証」を所属支部の保健係に返納してください。また任意継続組合員になった場合は、期間が終了しましたら会員証を返納してください。

また、定年退職者等には無料でOBカードを発行しています。OBカードを提示すると、ホテルグランドヒル市ヶ谷や共済組合が割引協定を結んでいる施設を組合員と同一料金で利用できます。利用施設については共済組合のホームページをご覧ください。

## 4 貯金

貯金では、普通貯金、定額積立貯金、定期貯金をしている組合員は、退職日までに、必ず窓口で解約手続き（ATMではすべての貯金の解約はできません。普通貯金残高0円でも解約手続きは必要です）を行ってください。定年または応募認定退職の場合、退職日の前30日以内にその理由を証明する書面を提出のうえ解約手続きをすると定額積立貯金と定期貯金の利率で利息が付きます。

また、任意継続組合員になる場合に限り、退職前に預け入れた定期貯金は任意継続組合員期間中の満期日まで継続できます。

## 5 貸付・物資

貸付・物資では、退職時における残高を一括返済することになります。

貸付・物資とも退職手当からの返済が可能ですが、所定の手続きが必要となりますので、早めに所属支部の担当者までその旨を申し出てください。

## 6 保険

団体生命保険、団体年金保険、団体傷害保険及び団体医療保険に加入していた組合員は、所定の手続きが必要となりますので、早めに支部の担当者まで申し出てください。

また、退職後も引き続き「一時払退職後終身保険（販売休止中の会社もあります）」「退職後団体傷害保険」「退職後医療保険」に加入することができますので、お問い合わせください。

団体取扱生命保険・団体取扱火災保険に加入している方は、各保険会社にお問い合わせください。

◇

事務官等の定年退職は、年度末と重なり窓口の混雑が予想されるため、お早めの手続きをお勧めします。詳しい内容については所属支部の窓口にお問い合わせください。

### ■ 退職時の共済手続き

| 係名 | | 必要事項 | 留意事項 |
|---|---|---|---|
| 短期（医療） | | 組合員証等の返納 | |
| 短期（医療） | | 任意継続組合員となる場合<br>・「任意継続組合員となるための申出書」提出 | 短期給付が在職中とほぼ同様に受けられる。退職の日から20日以内に申し出て、初回の掛金を払い込むこと。 |
| 長期（年金） | | 老齢厚生年金の受給権がない方<br>（定年退職自衛官・事務官、依願退職の方）<br>・「退職届」の提出 | 受給開始年齢3カ月前に郵送される請求書を希望する年金請求窓口に提出 |
| 長期（年金） | | 特別支給の退職共済年金が決定している方<br>（フルタイム再任用事務官等）<br>・「退職届（年金受給権者用）」と「老齢厚生年金請求書」の提出 | 退職時の支部窓口に提出 |
| 長期（年金） | | 特別支給の老齢厚生年金が決定している方<br>（フルタイム再任用事務官等）<br>・「退職届（年金受給権者用）」の提出 | 退職時の支部窓口に提出 |
| 保健 | | 福利厚生アウトソーシングサービス<br>・「ベネフィット・ステーション会員証」の返納 | 任意継続組合員になった場合は、引き続き在職中の「ベネフィット・ステーション会員証」で在職中と同じサービスを受けられる。「ベネフィット・ステーション会員証」は任意継続組合員期間が終了した時点で返納。 |
| 保健 | | 「OBカード交付申込書」の提出（希望者） | 防衛省共済組合の宿泊施設等を組合員と同一料金で利用できる。利用施設については共済組合ホームページを参照。 |
| 保健 | | 福利厚生アウトソーシングサービス（希望者）<br>・「ベネフィット・ステーションお祝いステーション申請書」の提出<br>・「定年退職者等に係る資格確認書」の提出 | ベネフィット・ステーションの一般会員向けサービスであるナーブクラブ（現役組合員のサービスとは若干異なる）を利用できる。入会には入会金・年会費が必要。（後日会員証が発行される） |
| 貯金 | | 共済組合貯金の解約 | 退職時における解約は支部窓口での手続きが必要。任意継続組合員になった場合は、定期貯金の継続利用ができる。 |
| 貸付 | | 貸付金残高の一括返済 | 退職時における残高の返済。<br>退職手当から充当できる。（事前に支部窓口へ連絡が必要） |
| 物資 | | 売掛金残高の一括返済 | 退職時における残高の返済。<br>退職手当から充当できる。（事前に支部窓口へ連絡が必要）<br>一括返済するにあたり、残高を再計算するため返済額が若干軽減される。なお、残高が少ない場合は、軽減されないこともある。 |
| 保険 | | 団体生命保険の脱退 | 退職後も継続できる一時払退職後終身保険がある。（販売休止中の会社もあります。） |
| 保険 | | 団体年金保険の請求 | 年金・一時金いずれの受取りの場合も事前の手続きが必要。 |
| 保険 | | 団体傷害保険の脱退 | 退職後も継続できる退職後団体傷害保険がある。 |
| 保険 | | 団体医療保険の脱退 | 退職後も継続できる退職後医療保険がある。 |
| 保険 | | その他団体取扱保険等 | 契約している保険会社にお問い合わせください。 |
| その他 | 防衛省生協 | 火災・災害共済・生命・医療共済の解約<br>・「脱退届」等の提出 | 火災・災害共済は退職後も終身利用できる。 |
| その他 | 防衛省生協 | 退職者生命・医療共済保障期間へ移行（希望者）<br>・「長期生命共済契約確定届及び保障（据置）開始申込書」の提出<br>・掛金（保障必要原資額）一括納入 | 退職後80歳までの間の死亡（重度障害）・入院保障。<br>（配偶者も加入できる） |

2020 春のパーティーパック 立食スタイル 2020.2.1 Sat ▼ 2020.5.31 Sun

歓送迎会・謝恩会・同期会などに春の息吹を込めたメニューでお楽しみください。

# 『春のパーティーパック』のご案内

防衛省共済組合直営施設「ホテルグランドヒル市ヶ谷」（東京都新宿区）では、皆さまに歓送迎会・謝恩会・同期会などで特別な楽しいひとときをお過ごしいただくため、2月1日から5月31日までの期間限定で「春のパーティーパック」（フリードリンク）をご用意しております。（20名様より）

「和洋ビュッフェ」と「洋食ビュッフェ」の2種類をご用意しており、幅広くご好評をいただいております。いずれもお1人様6000円（全12種類）、7000円（全15種類）、8000円（全17種類）、1万円（同）、1万2000円（同）、1万5000円（同）、2万円（同）のパック料金にてご提供。

※1万円以上のコースには洋食料理カッティングサービスを追加。1万5000円以上のコースには和洋ビュッフェのみ寿司屋台または天麩羅屋台およびチョコレートファンテンが追加されます。

フリードリンクは、A・Bの2コース。Aコースはビール、ウィスキー、焼酎（芋・麦）、ハイボール、日本酒、ソフトドリンク。Bコースはビール、ウィスキー、カクテル各種、ハイボール、日本酒、ソフトドリンクとなっています。

HOTEL GRAND HILL ICHIGAYA

※7000円以上のコースにはワイン（赤・白）付き。さらに8000円コースは日本酒もしくはワインのグレードアップ、1万円コースは日本酒とワインどちらもグレードアップ。1万2000円以上のコースにはスパークリングワインも追加。

【期間限定特典】3月31日までにご利用いただいた場合、全てのコースにワイン（赤・白）をお付けします。

当プランには、室料・料理・ドリンク・消費税・サービス料が含まれています。料理内容の変更やオプション料理も充実していますので、お気軽にご相談ください。

さらに組合員限定のお得なプラン、『市ヶ谷の宴』を5000円の特別価格でご提供。こだわりのお料理「グルメプラン」、大満足の「ボリューム満点プラン」の2種類をご用意しております。

ホテル自慢のお料理を堪能しながら、特別な時間をお愉しみください。

当ホテルは、JR市ヶ谷駅のほか、地下鉄3線が乗り入れ、交通も大変便利。ぜひこの機会にご利用ください。

ご予約・お問合せは宴集会担当（03－3268－0116【直通】、8－6－28854【部隊線】）まで。9時から19時まで受け付けています。お気軽にお問い合わせください。また、ホームページ（https://www.ghi.gr.jp）もご覧下さい。

# 年金Q&A

退職時や退職後の年金手続きは何をしたらいいですか？

## 退職後、国民年金に加入なら各市町村で種別変更忘れずに

Q　定年を3月に控えた組合員です。退職時や退職後に、年金に関する手続きは何をすればよいのでしょうか。

A　退職に伴い共済組合の組合員資格を喪失する場合は、年金に関して以下のような手続きが必要になります。

○退職のとき老齢厚生年金の受給権がない方

退職時に支給開始年齢未満である場合など、老齢厚生年金の受給要件を満たしていない方は次の手続きが必要になりますので、退職時の共済組合支部に書類をご提出ください。

◆会社に就職または自営業を営む方＝退職届を提出。交付書類は①退職者のしおり②退職届の写し③住所・氏名変更届

◆引き続き地方公務員等共済組合の組合員になる方＝組合員転出届を提出

退職後に住所や氏名の変更があった場合には、退職時にお渡しする「住所・氏名変更届」を国家公務員共済組合連合会（以下、「連合会」といいます。）に提出してください。用紙は、連合会のホームページからもダウンロードできます。

【用紙請求および届出先】

〒102-8082　千代田区九段南1－1－10　九段合同庁舎　国家公務員共済組合連合会年金部　ナビダイヤル0570－080－556　一般電話03－3265－8155　ホームページ　https://www.kkr.or.jp/nenkin/dl/index.html

○退職のとき老齢による年金が決定している方

次の手続きが必要になりますので、退職時の共済組合支部に書類をご提出ください。

◆特別支給の退職共済年金が決定している方＝退職届（年金受給権者用）、老齢厚生年金請求書

◆特別支給の老齢厚生年金が決定している方＝退職届（年金受給権者用）

○退職後の国民年金の加入

日本国内に住む20歳以上60歳未満のすべての方は国民年金に加入することになっています。60歳未満で再就職しない方や自営業者になる方およびその被扶養配偶者の方など、退職後、第1号被保険者に該当する場合は、忘れずに国民年金の種別変更の手続きを市区町村の国民年金窓口で行ってください。

（本部年金係）

| 国民年金被保険者の種別 | 対象者 | 国民年金保険料の納付方法 |
|---|---|---|
| 第1号被保険者 | 20歳以上60歳未満の農林漁業・商業など自営業や自由業の方とその家族、学生などで、次の第2号及び第3号被保険者に該当しない方 | 個別に納付 |
| 第2号被保険者 | 65歳未満の厚生年金の被保険者（会社員や公務員など） | 個別納付なし |
| 第3号被保険者 | 第2号被保険者に扶養されている20歳以上60歳未満の配偶者 | 個別納付なし |

# 学生・独身寮「パークサイド入間」入居者募集中

防衛省共済組合の学生・独身寮「パークサイド入間」（埼玉県狭山市入間川4－24－11）では、独身・単身赴任の組合員及び大学生等の組合員子弟を対象に入居者を募集しています。希望者は共済組合支部までお問い合わせください。

「パークサイド入間」は鉄筋コンクリート（RC）5階建（男性）及び地上4階建（1階部分男性、2～4階部分女性）で、部屋数は計103室です。各室はフローリングのワンルームマンション形式で、広さ約19・05平方メートル。キッチン、3点式ユニットバス（お風呂、洗面台、トイレ）、バルコニー、エアコン、インターフォンを完備し、日当たり良好です。

施設には管理人が常駐し、不在時の宅配便の受け取りや急病等緊急時の対応が可能です。なお、給食施設はありませんので、食事は自炊となります。

入居費は月額4万円（使用料3万6000円、共益費4000円）ですが、使用料は住居手当（1万7500円）の支給対象となるので、支給される場合の組合員の自己負担額は月額2万2500円です。駐車場（30台）を利用する場合、料金は月額4987円となります。（いずれも令和元年12月1日現在）

交通は西武池袋線「稲荷山公園」駅から徒歩8分。同駅から都心の「池袋」に急行で40分、「新宿」に60分です（所沢で西武新宿線急行乗換）。

施設外観や内装は防衛省共済組合ホームページ（http://www.boueikyosai.or.jp/）からもご覧になれますので是非ご検討ください。

# 防衛省共済組合のホームページをご利用ください！

◆ホームページキャラクターの「リスくん」です！◆

防衛省共済組合では、組合員とそのご家族の皆様に共済事業をよりご理解していただくためホームページを開設しています。

事業内容の他、健診の申込み、本部契約商品のご案内、クイズのご応募、共済組合に関する相談窓口など様々なサービスをご用意していますのでご利用ください。

http://www.boueikyosai.or.jp/

QRコード

★新着情報配信サービスをご希望の方は、ホームページからご登録いただけます♪★

メール受信拒否設定をご利用の方は「@boueikyosai.or.jp」ドメインからのメール受信ができるよう設定してください。

ライフシーンから選ぶ

入隊（入省）　退職・年金　結婚・出産・育児　健康管理

貯金・ローン　本部契約商品　病気・ケガ　保険に入る

疑問が出てきたら「よくある質問（Q&A）へどうぞ！」

「ユーザー名」及び「パスワード」は、共済組合支部または広報誌「さぽーと21」及び共済のしおり「GOODLIFE」でご確認ください！

共済組合キャラクター　アイちゃん　ボーちゃん

手続等詳細については、共済組合支部窓口までお問い合わせください。

# 厚生・共済

特集

## 真珠の会が各基地へ絵本寄贈
# 緊急登庁支援訓練で活用

【海幕】海自舞鶴地方総監部でこのほど、大災害の発生などを想定した隊員の「緊急登庁支援訓練」が行われた。その際、隊員の子供を基地内で一時的に預かる「緊急登庁支援区画」では、子供たちをあやすために、海自高級幹部の夫人で作る「真珠の会」（会長・山村海幕長夫人、会員325人）から舞鶴海曹会に寄贈された絵本が初めて使用された。

## 子供たちに読み聞かせ

「真珠の会」では平成27年から毎年、隊員の家族支援の一環として、全国の海自部隊2～3カ所に「絵本の寄贈」を続けている。

今回、舞鶴基地で行われた緊急登庁支援訓練で子供たちへの読み聞かせに使われた絵本は、同会が昨年9月に寄贈した絵本で、会員である大島舞鶴地方総監夫人から舞鶴海曹会会長の林顕弘先任伍長に手渡された。

林先任伍長は「このような絵本を寄贈していただき大変ありがたい。災害時などに隊員が後顧の憂いなく任務にまい進できるよう、今後も子供たちを含めた家族支援の充実を図っていきたい」と語っていた。

令和元年度ではこのほか、大塚1整備補給隊（鹿屋）司令夫人から鹿屋航空基地海曹会の福永佳孝先任伍長に、下総航空基地では西教育航空集団司令官夫人から同海曹会の小倉康広先任伍長にそれぞれ絵本が寄贈された。これら絵本は、各部隊での緊急登庁支援訓練などの際に活用されている。

「真珠の会」の会員で、大島舞鶴総監夫人（左）から絵本の寄贈を受ける舞鶴海曹会会長の林先任伍長（その右）

緊急登庁支援訓練で、「真珠の会」から寄贈された絵本を子供に読み聞かせする隊員（舞鶴地方総監部で）

## 余暇を楽しむ
### ブルーインパルスJr
# 行事や地域の祭りで活躍

紹介者：3空佐 堀江 直樹（松島基地整備補給群修理隊長）

皆さん、こんにちは。宮城県に所在する航空自衛隊松島基地で活動中の「ブルーインパルスJr」部について紹介させていただきます。

当部は本家のT4ブルーインパルスより1年早い1993年に公式デビューし、今年で27年目となります。

ブルーインパルスJrは、T4ブルーと同じく6機（6台の三輪バイク）で演技し、笑いあり、驚きありの演技で、観客に笑顔になってもらうことをモットーに活動しています。

演技は21課目の技を時間や場所に合わせて構成し、音響やナレーションも含め楽しんでもらえるよう工夫しています。特に、昨年からナレーターが始めた青色忍者のコスチュームは子供たちに人気です。

個人の機体操作と各演目の練習を昼休みと課業外に実施していて、演目の練習では、周りとの位置や速度を合わせつつ安定して機体を動かすのが非常に難しいので、練習に多くの時間を要します。

立ち上げ当初は「松島基地航空祭」だけでの展示でしたが、展示を見た方々から多くの展示依頼を頂くようになり、今では広報活動の一環として年間10～15カ所の自衛隊行事や地域のお祭りなどで展示しています。また、展示の際には自衛隊パンフレットの配布や子どもたちを乗せての写真撮影に加え、恥ずかしながらサイン対応も行っています。

最後に、なかなか遠方の方々にはご覧いただく機会がありませんが、皆さまの近くで展示することがあればぜひ見に来ていただけると嬉しいです。

㊨青色忍者のコスチュームをまとって演技に合わせてナレーションを行うメンバーと、音響を担当するメンバー　㊤松島基地航空祭で、止まって行う"唯一の3次元課目"「デルタループ」を披露するブルーインパルスJr

# 「あまぎり」、海幕長賞2連覇
## 働き方改革推進でコンテスト

防衛省・自衛隊が主催する「働き方改革推進のための取り組みコンテスト」の海上幕僚長表彰が1月16日、海幕応接室で行われ、11護衛隊の汎用護衛艦「あまぎり」（艦長・川浪祐2佐、定係港・横須賀）が2年連続で受賞した。

「あまぎり」は任務を遂行する一方で、積極的に「働き方改革」に取り組み、担当係などを指定して艦艇員の意識改革と創意工夫を凝らした働き方改革に努めた。その結果、超過勤務を縮減するとともに、代休などの取得や勤務時間の柔軟化を促進し、任務の遂行と隊員の生活の質の向上に大きく寄与した。

表彰式には「あまぎり」が所属する11護隊司令の門田正文1佐が出席。出口佳努海幕副長、泉博之人事教育部長らが立会した。

山村海幕長は「指揮官をはじめ隊員一人ひとりが『働き方改革』の必要性と重要性をよく認識し、継続的かつ効果的に取り組んだたまものであり、その推進状況は他の（部隊の）模範となるものである」と賞状を読み上げ、門田11護隊司令に副賞の盾を添えて手渡した。

働き方改革推進で「海上幕僚長賞」を受賞し、山村海幕長（右）から表彰状を授与される海自11護隊司令の門田1佐（いずれも1月16日、海幕応接室で）

## ロゴマーク公募 濱田1尉が受賞

この日は、海自のワークライフバランス（WLB）推進のシンボルマークとして公募されたロゴマークの表彰も行われ、濱田祥介1尉（55）＝4術校＝に賞状とロゴをデザインした盾が贈られた。

ロゴの公募はWLB推進強化月間（6～9月）に合わせて行われ、92件の応募があった。

今回選ばれた濱田1尉の作品は、上部に艦艇や潜水艦をあしらい部隊（ワーク）をイメージ。下部は時計と人物で生活（ライフ）を表現している。受賞は「土台に充実したライフがあるからこそ、質の高い勤務ができる」ことをイラストで表現していることが高く評価された。

濱田1尉は、4術校（舞鶴）の所属部署で隊員の勤務時間の管理を行っており、今回のWLBに関する取り組みに少しでも貢献したいと思いロゴに応募。受賞したロゴはわずか20分で製作されたという。

若い頃に趣味で漫画を描いていたという濱田1尉は「受賞を聞いて非常に驚きました。今後も積極的にWLBに取り組んでいきたい」と喜びを語った。

海自WLBのロゴマークに選ばれ、ロゴデザインの盾を手にする濱田1尉（右）と山村海幕長

## 空幕長表彰 中業電算機処理科に

【空幕人計課】働き方改革推進のための取り組みコンテストにおける「航空幕僚長賞」の表彰式が2月3日、空幕長室で行われ、航空中央業務隊電算機処理科（市ケ谷、科長・光永啓二2佐）が受賞した。

同科は、空幕電算機システム端末を活用した勤務状況の管理体制を整備し、隊員個々の勤務時間をグラフで表示、勤務時間の集計結果をメールで通知する機能を加えた取り組みにより、「勤務時間の見える化」や作業負担の軽減による業務の効率化を推進。これにより隊員の長時間労働を是正した点が高く評価された。

表彰式には内倉浩昭空幕副長、小笠原卓人人教部長らが立会。部隊を代表して航空中央業務隊副司令兼電算機処理科長の光永2佐が丸茂空幕長から表彰状を受け取った。

表彰後の懇談では、電算機処理科総括班長の宮田勇介1尉が取り組みの概要を報告。空幕長は特徴や工夫した点を同科の深沢和寿技官と大越晴海事務官に質問し、「今回の取り組みをしっかりと継承し、空自でのワークライフバランスを一層推し進めてほしい」と要望した。

空幕電算機システムは、1月に省人事・給与情報システムの導入に伴い運用を終了。同処理科の廃止が予定されており、受賞は有終の美となった。

丸茂空幕長（前列左端）から表彰された（その右へ）光永中業隊副司令と宮田班長。後列左から2人目は受賞に貢献した深沢技官、同3人目は大越事務官（2月3日、空幕長室で）

## 駐屯地司令杯でバレーボール大会 陸八戸

【陸八戸】駐屯地はこのほど、体育館で「八戸駐屯地司令杯地域女性バレーボール大会」を開催した。

大会には周辺地域から「城北クラブ」「フリッグ桔梗野」「高舘」「日計チーム」の4チームが参加。試合では選手と応援者が一体となり、好プレーが繰り広げられた。

決勝戦は「フリッグ桔梗野」と「日計」が対戦。両チームとも一進一退の攻防を続け、結果は「日計」が優勝。松狡仁志司令から賞状と優勝カップが贈られた。

バレーボール大会に参加し、アタックを打つ「城北クラブ」の選手（中央）

## 自慢の一品料理
### 小月鯨撃カレー

紹介者：三村 嵩道 2海曹（小月航空基地隊給養班）

近代捕鯨発祥の地である山口県下関市に所在し、"鉄のクジラ"と称される潜水艦を撃退する海自パイロットの聖地・小月航空基地で、特産品の鯨肉を使い考案された「小月鯨撃カレー」を紹介します。

鯨肉を一口大に切り、流水にさらして血抜きをします。3度煮こぼして灰汁が出ないことを確認したら、ショウガ汁とみりんで柔らかくなるまで煮込みます。一口大に切ったニンジン、大根、玉ねぎを和風だしで下ゆでし、カットした里芋は塩もみしてぬめりを取ります。

鍋に下処理した全ての具材と水を入れ、ナツメグ、クミン、ガラムマサラを加えます。香りが立ったら火を止め、カレー・ハヤシ各フレークを入れます。溶けたら再度火にかけて、バター、こしあん、チャツネを加えて味を調え、皿に盛り付けたら完成です。

岩のりとラー油を使ったソースのトッピングで見た目も楽しく、和風ベースの優しい味わいと磯風味の刺激あるソースが絶妙にマッチした「おいしく食べやすい」と人気の一品です。皆さんも一度、試してみてはいかがでしょうか。

Special Fair
【各部3組限定】
3月8日(Sun) 【1部】9:30～【2部】13:45～【3部】15:00～
憧れチャペル模擬挙式＆贅沢コース試食フェア
結婚が決まったお2人に贈るグラヒルからのブライダルフェア。
模擬挙式体験はもちろん、贅沢な無料試食で当日の気分を味わって♪
費用の相談も細かくご説明いたします。
◇内容◇
■チャペル体感模擬挙式　■婚礼料理無料試食
■ドレス試着（予約制）　■会場コーディネート見学　■個別相談会
様々なブライダルフェアを毎日開催中
【ご予約・お問合せ】
〒162-0845 東京都新宿区市谷本村町4-1　専用線（8-6-28853）
TEL 03-3268-0111（代表）TEL 03-3268-0115（ブライダルサロン直通）
受付時間【平日】10:00～18:00【土日祝】9:00～19:00
詳しくはHPをご覧ください。 https://www.ghi.gr.jp グラヒル 検索
HOTEL GRAND HILL ICHIGAYA

# 地方防衛局 特集

# 日米共同訓練を支援

## 近畿中部防衛局

## 饗庭野演習場で「フォレストライト」 地元住民の安全に全力

【近畿中部局】陸自と在沖米海兵隊による日米共同訓練「フォレストライト（MA）」が昨年12月1日から13日まで滋賀県高島市の饗庭野演習場で行われ、近畿中部防衛局は期間中、同演習場内に「現地連絡本部」を開設して関係自治体との連絡調整に当たるなど、地元住民の安心・安全の確保に向け全力を尽くした。

訓練には陸自から8普連（鳥取県米子市）基幹の約450人と、在沖米海兵隊の約300人の計約750人が参加し、饗庭野演習場のほか、香川県の国分台演習場など複数の演習場を使用して、日米が連携して作戦を指揮する訓練などを実施した。

また、今回は沖縄県の負担軽減を図るため、オスプレイなどの訓練移転が組み込まれたことから、米軍普天間飛行場（宜野湾市）に所属する米海兵隊のMV22オスプレイ4機も加わり、三重県伊勢市の陸自明野駐屯地を整備拠点にヘリボーン訓練や離着陸訓練、夜間の飛行訓練などを行った。

これに伴い、近畿中部防衛局は訓練開始前の11月27日から訓練終了後の12月16日までの間、同局の信太正志企画部長を長とする「現地連絡本部」を饗庭野演習場内に開設。常時10～20人で夜間や休日の不測事態にも即応できる態勢を維持し、関係自治体との連絡調整に当たるとともに、演習場周辺でのオスプレイの飛行状況の目視や騒音測定なども行った。

さらに、訓練開始に先立つ11月17日には、演習場周辺の地元住民を対象にした説明会を開催。共同訓練の趣旨やオスプレイによる訓練計画の概要を説明し、周辺住民の不安解消と安心・安全の確保を図った。

このほか、訓練に参加する米軍の部隊長に対しては、万が一にも事件・事故が起きることのないよう綱紀粛正と安全管理の徹底を要請するなど、万全のバックアップで訓練の成功に貢献した。

現地連絡本部で調整会議に臨む近畿中部防衛局の信太正志本部長（奥から3人目、横向き）ら関係者（12月9日、滋賀県高島市の饗庭野演習場で）

在沖米海兵隊のオスプレイの飛来を目視確認する近畿中部防衛局の職員（12月10日、饗庭野演習場周辺で）

## 東北局 仙台で防衛セミナー開催 「我が国を取り巻く安全保障環境」テーマに

【東北局】東北防衛局は1月22日、「我が国を取り巻く安全保障環境」をテーマに、仙台市宮城野区文化センター「パトナシアター」で第40回「防衛セミナー」を開催した。

開会に当たり、主催者である東北防衛局の熊谷昌司局長のあいさつに続き、宮城県の村井嘉浩知事の代理で同県総務部危機管理監の東海林清弘氏と、仙台市の郡和子市長の代理を務める同市危機管理室長の桝川佳孝氏がそれぞれ来賓のあいさつを述べた。

この後、防衛省防衛計画課の谷本充也企画調整官が「新たな『防衛計画の大綱』『中期防衛力整備計画』」と題し、続いて陸自東北方面総監部幕僚長兼仙台駐屯地司令の牛嶋築将補が「陸上自衛隊の取り組みと仙台駐屯地と地域との関わり」をテーマにそれぞれ講演。集まった約140人の来場者たちは両氏の講演に熱心に耳を傾けていた。

セミナー終了後、聴講者からは「安全保障環境について理解が深まった」「大綱・中期防の大きな視点と、仙台駐屯地に関する小さな視点の両方から我が国の防衛について学ぶことができた」「防衛省・自衛隊による地元協力について良く分かった」など、さまざまな感想が寄せられた。

東北防衛局は「防衛政策や自衛隊の活動について国民に広く理解してもらうため、今後も東北各地で『防衛セミナー』を開催していきたい」と話しており、広く地域住民らの参加を呼び掛けている。

（上）防衛省防衛計画課の谷本充也企画調整官（下）東北方幕僚長兼仙台駐屯地司令の牛嶋築陸将補

## 防衛施設と首長さん

### 群馬県吉岡町　柴崎 徳一郎町長

しばさき・とくいちろう　73歳。東京農業大学卒。吉岡町職員として議会事務局長などを経て2007年に退職後、15年に町議会議員に初当選（1期）。19年4月、吉岡町長に就任。現在1期目。

### 相馬原駐屯地と連携協力 安心・安全のまちづくり

群馬県吉岡町は、県のほぼ中央部に位置し、面積は約20平方キロメートルの小さなまちです。

近年、橋やバイパス、スマートインターチェンジなど交通基盤の整備が進み、バイパス沿線には大型商業施設の出店が相次ぎ、県下はもちろん、全国でも有数の人口増加のまちとなっています。

相馬原駐屯地の周辺自治体として、自衛隊協力会、家族会など民間団体も含め常に連携を取り合い、業務やイベントなどにおいて良好な関係を築いております。

相馬原駐屯地と近隣市町村の協力会が共催する「駐屯地納涼祭」（毎年7月開催）では、多くの町民も参加する中で、町婦人会が隊員の皆さんと「納涼踊り」を披露するなど祭りを盛り上げており、夏の風物詩となっています。

また、毎年10月に町が主催する「よしおかふるさと祭り」には自衛隊群馬地方協力本部を通じ、装備品や自衛隊の活動に関するパネル展示などを行っていただき、来場者の注目を集めています。活動パネルの前で足を止める方も多く、自衛隊の活動を知っていただく絶好の機会になっていると思っております。

そのほか、平成29年度には「総合防災訓練」として救助活動の展示を行っていただきました。普段見ることのできない隊員の皆さんによる自衛隊の活動を目の当たりにし、大変好評をいただいたところです。

まちのイベントで自衛隊のさまざまな活動に触れることは、すぐ近くに「安全・安心を守ってくれる人たちがいること」を再認識する、とても重要なことだと思っております。

今後とも町民が安心して暮らせるまちづくりを自衛隊と協力・連携しながら着実に進めていきたいと考えております。

## 「防衛問題セミナー」 北海道防衛局

▽日時＝2月28日（金）午後4時半～
▽場所＝小樽市民センター（マリンホール）
▽テーマ＝「新たなる領域へ」
▽①講演の部＝防衛省防衛計画課長の坂本大祐氏「我が国の安全保障環境と防衛力整備」②演奏の部＝陸自北部方面音楽隊による「スターウォーズ・コンサート・セレクション」
▽入場無料、予約不要
▽問い合わせ先＝北海道防衛局地方調整課地方協力確保室（電話011-272-7571）、ホームページ（https://www.mod.go.jp/rdb/hokkaido/）

## 北関東局 田尻12旅団長が講演 高崎市で「防衛問題セミナー」

【北関東局】北関東防衛局は1月17日、群馬県高崎市の「高崎シティギャラリー」で、「両毛と信越の守り～空中機動力を有す陸上自衛隊第12旅団」をテーマに第44回「防衛問題セミナー」を開催し、約220人の市民が詰め掛けた。

同セミナーは群馬県をはじめ、高崎市、榛東村、吉岡町の後援、12旅団と群馬地方協力本部の協力を得て開かれた。

開会に当たり、主催者を代表して松田尚久局長があいさつを述べた後、講演の部に移り、12旅団長の田尻祐介陸将補が「陸上自衛隊第12旅団の任務と役割について」と題して講演。

田尻旅団長は、東部方面隊隷下の12旅団司令部が相馬原駐屯地に所在することから、群馬県内における旅団の任務や活動などについて紹介し、地方自治体や地域住民らに防衛施設の安定的な使用に関してさらに理解を深めてもらった。

講演の後は陸自12音楽隊長の原口浩文2尉が率いる8人の隊員が演歌からポップスまで幅広いジャンルの歌や演奏を披露した。

参加者からは講演について「12旅団の現状・活動内容が理解できた。空中機動力を生かした即応態勢に感動した」「自衛官の方々の使命感を感じた」、音楽演奏については「選曲が良く感動した」「少人数ながら迫力があった」など、多くの感想が寄せられた。

（上）講演する12旅団長の田尻祐介陸将補（左）歌声と共に演奏を披露する12音楽隊の隊員（写真はいずれも1月17日、群馬県高崎市で）

## リレー随想　廣瀬 律子

### 九州で、市町村と向き合って

昨年4月に着任して以来、私にとって初めての地方勤務もまもなく10カ月が過ぎようとしています。

大学卒業までの間を佐賀・福岡で過ごした私にとって、九州防衛局での勤務は、昔ながらの伝統が息づくふるさとへの懐かしさを感じさせるものです。

同時に、経済面ではアジアの玄関口へと発展を遂げ、安全保障面では南西防衛の要としての機能を果たすようになってきた九州は、刺激的で常に変化しており、全く知らない土地にいるような気分を味わうこともあります。

着任あいさつで、九州各県の防衛施設周辺の自治体を訪問させていただき、その後、個別にいろいろなおつきあいが続いていく中で、市町村と防衛局の関係について、いろいろと考えさせられるところがありました。

少子高齢化の中、人口減少に直面しながらも、自らの市町村の人々に安心・安全を確保したい、何とか人を呼び込み、経済を活性化させたい、という悩みを多くの自治体が抱えています。

「道の駅」などで手にする地元の特産品、お土産品なども、丹精込めたもの、工夫をこらしたものばかりで、生産者の方々の真剣な気持ちが伝わってきます。

また、各自治体で推進しているスポーツを中心に競技会を開催して、人々の健康増進のみならず、交流人口の増加にもつなげたいという思いも、ひしひしと伝わってきます。

もちろん、防衛施設を受け入れていただいている市町村ならではの代表的な課題として、騒音などの障害、生活面などにおける障害をいかに緩和していくかということもあります。

このような課題について、防衛局としてどのように対応するのか。解決の方向性を見いだし、実際の事業に落とし込むには、首長と防衛局長の認識が一致するだけでは十分ではありません。市町村と防衛局の担当者同士が、実情について話し合い、一緒に考えて具体的な施策を詰めていくことが必要になります。

実際に、九州防衛局の職員ひとりひとりが、日々、様々な調整を行い、事業の実現に向けて努力している姿を見ると、こういった積み重ねの結果として「防衛施設と周辺地域の調和」が実現できているのだなと感じているところです。

（九州防衛局長）

## 近畿中部防衛局長に桝賀氏

昨年12月20日付で、近畿中部防衛局長の島眞哉氏の退職に伴い、新たな局長に九州防衛局次長の桝賀政浩氏が就任した。新局長の略歴は次の通り。

桝賀 政浩（ますが・まさひろ）近畿中部防衛局長　神戸大大学院修了。昭和62年旧防衛施設庁。防衛省地方協力局地方協力企画課地方企画室長、近畿中部防衛局企画部長、地方協力局施設管理課長、同周辺環境整備課長、九州防衛局次長などを経て、令和元年12月、近畿中部防衛局長。兵庫県出身。58歳。


防衛省 航空自衛隊 第4航空団 第11飛行隊 ・ダイキャストモデル・
T-4ブルーインパルス 1/72スケール
銀座国文館オリジナル 金属ステッカー・アクリルショーケースセット版

精巧にできたT-4ブルーインパルス・ダイキャストモデル。
名機の佇まいを豪華に演出するアクリルショーケース。
ご自分で飛行姿勢や滑走シーン、様々なスタイルを堪能。

2017年シーズン1番機を務めた745号機をモデル化

日本の空を護る航空自衛隊に所属する飛行チーム、第4航空団第11飛行隊ブルーインパルスは、アクロバット飛行を専門に行い、世界の中でもトップクラスの技量を誇る。本商品のT-4ブルーインパルスは、2017年の展示飛行において1番機を務めた745号機をモデル化したもので、尾翼には栄光のポジションナンバー「1」が白く輝く。ダイキャスト製で全長約180mm、両翼幅約137mmというだけあり、手に取ると重さがズッシリと感じられる。細部はコクピット内部まで再現され、車輪は取り外せるのでギアアップ・ギアダウンが可能。また、付属の展示スタンドに固定すれば、機体をどの角度からも鑑賞できる。

ブルーインパルス金属ステッカーと展示ケースを特別セット

銀座国文館ではT-4ブルーインパルス（1/72スケール）の販売にあたり、かねてよりご要望のあったブルーインパルス金属ステッカーと専用アクリルショーケースを併せてご用意。

ケースは機体サイズに合わせた仕様で展示・保存に好適。書斎や応接間に置いても汚れや破損を気にせずじっくり鑑賞できます。あなたはその時、心の中で"ブルーインパルスのパイロットとして"大空をどこまでも高く飛んでいることでしょう。そんな楽しい時間を本セットでぜひお楽しみください。アクリルショーケースとブルーインパルス金属ステッカー付属セットは銀座国文館のみの特選オリジナル。限定100セットで、この機会を逃すと入手困難が予想されるため、早めのお買い求めをお勧めいたします。

■金属ステッカー

T-4ブルーインパルス／1番機
■機体は純国産で最大速度はマッハ0.9の亜音速に達する。乗員は2名、翼面荷重が小さくエンジン推力に対する重量比も大きいので「360°ループ」のような高Gの動体運動や垂直系の動体運動が余裕を持って出来るようになった。
■ブルーインパルスの1番機とは編隊の先頭を飛行する編隊長機を指す。ソロ飛行を担当する5番機のような派手さは求められないが、編隊の基準となるため正確な操縦・慎重な飛行が要求され、戦闘機部隊（TAC）の飛行班長クラスのベテランが担当する。
主要諸元　■乗員2名 ■全幅9.9×全長13×全高4.6m ■エンジン搭載数2基 ■エンジン名称／F3-IHI-30 ■最大速度マッハ約0.9 ■航続距離約1,200km

お申込み方法はハガキ、電話、FAXで
価格「1/72 T-4ブルーインパルスセット」
■税抜 11,200円
■税込 12,320円
カタログ番号 1276
■お届けは約3週間 ■送料は別途660円（税込）
■支払い方法は代引・カード・振込（現品到着後10日以内）。当社基準により支払方法を変更する場合がございます。現品到着後8日以内なら瑕疵なき限り、送料自己負担でご返品可。
ご注文専用【年中無休】AM8時～PM6時
0120(223)227
商品お問い合わせ専用 平日AM9時～PM5時
03(5565)6079　FAX03(5565)6078
銀座国文館
http://www.kokubunkan.co.jp/　〒104-0061 東京都中央区銀座4-11-7

限定数 100
■ダイキャストで構成され実機を忠実に再現。丁寧な塗装も美しく、見応え十分。主翼下には遠距離飛行で用いられる増槽タンクを装着。付属の滑走路シートにはタイヤ痕や汚れが表現されており、臨場感を演出している。

写真とは仕様が若干異なる場合がございます。
※お部屋に展示したイメージです。

# ～地本　ホッと通信～

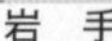

## 函館

護衛艦「ちくま」(大湊)の市島成1海士は12月26日、函館地本長の小幡哲也1海佐を表敬、激励を受けた。

市島1士は昨年3月に函館市内の専門学校を卒業。入隊を家族に強く反対されたが、「念願だった海自に入隊し、『ちくま』の射撃管制員になれてうれしい。希望がかなってとてもやりがいを感じています」と話すと、同じく射撃管制員だった地本長と共通の話題で盛り上がった。

小幡地本長は「立派な初任海士で頼もしく、将来が楽しみだ。海自にはいろいろな部署があるので、経験を積んでさらに立派な自衛官になってほしい」とエールを送った。

## 岩手

地本は12月12日、宮古地域事務所で「沿岸地域女性限定入隊予定者説明会」を実施した。

岩手県は広く、沿岸から地本本部のある盛岡市まで移動が2時間以上かかってしまうため、入隊予定者の希望に応えて沿岸部で開催された。

説明会には釜石所と宮古所管内の入隊予定者3人が参加。広報官やハイスクールリクルーターにも全員女性を配置した。

当日は被服採寸、懇談などが行われ、女性自衛官たちは入隊後に行われる各種訓練や勤務環境、団体生活のほか、結婚や出産についても説明、後半はガールズトークで盛り上がった。

参加者は、「入隊への不安や心配がなくなった。今後も説明会を継続してほしい」と語った。

## 山形

地本は1月10日、山形市の街頭で「自衛官募集広報」を行った。

江戸時代から続く伝統行事「山形市初市」に合わせて実施し、隊員は「募集目標達成」を目指して買い物客でにぎわう通りで「自衛官募集」をアピール。厳しい寒さの中、行き交う歩行者らに積極的に募集チラシを配布した。

## 茨城

地本は1月12日、水戸市の「ザ・ヒロサワシティ会館」で茨城県防衛協会が主催した「自衛隊茨城音楽まつり」を支援した。

当日は約1300人が来場し、陸自1音楽隊(練馬)が出演。1音は「東京オリンピックマーチ」を皮切りに、JPOPやジャズなど13曲を演奏。中でも「スター・ウォーズ・コンサート・セレクション」では、映画『スター・ウォーズ』の登場人物に扮したルーカスフィルム公認のコスチューム集団「501軍団」が来場し、パフォーマンスを行った。

さらに、地本広報大使のシンガーソングライター「オニツカサリー」さんがゲスト出演。1音の演奏に乗せて、自身が作詞作曲した「剣は花になった」「レンジャー」などを歌い上げた。

## 東京

地本はこのほど、台風19号の災害派遣活動で、39人の予備自衛官らに閣議決定に基づく災害招集命令を手交、日本女子アトム級のプロボクサーの田中美樹(モンブランみき)即応予備陸士長も招集された。

田中士長は元自衛官で、かつて陸自1飛行隊(立川)で航空機整備を担当。退職後も国防と社会貢献への意識が高く、年間30日間の即自訓練に参加している。

訓練出頭先の朝霞駐屯地で命令書を受領した田中士長は、その日のうちに準備を整え、31普連(武山)の一員として神奈川県相模原市に展開。がれき除去や道路啓開に従事し、他の即自らと共に道路の土砂や泥をかき出し地面を慣らして、土のうで補強した。

田中士長は、「今でもこうして自衛隊の活動に携われて誇りに思う」と語った。

## 静岡

袋井地域事務所の湯淺幸典所長以下3人は12月19日、周智郡森町の県立遠江総合高校の「校内防災訓練」に、卒業生の宮崎篤空士長(1空団＝浜松)と共に初参加した。

訓練は同校が生徒の防災意識の高揚を図る目的で例年行っているもの。

当日は避難訓練の後、自衛官たちが校舎中庭で自助の方法を2年生約230人に紹介。箕輪勝政2空曹は東日本大震災の災害派遣について「自衛官になってから1番強く使命感を持って活動した。一生分ほどの感謝の言葉を受け取った」と語った。

続いて山下亮3海曹が「自衛隊が到着するまでは、自分で自分の身を守ることが大切だ」と強調し、「非常持ち出し袋」の中身を紹介した。宮崎士長は棒を使った簡易担架と人力での要救助者の搬送方法を披露し、母校の生徒代表や教員に体験してもらった。

## ホテルのような営内施設
### 「米軍嘉手納基地見学ツアー」に同行
### 沖縄
### "酩酊状態の操縦"を体験
### 本場の味 満喫

嘉手納基地内にある独身寮の女性兵士の一室。各部屋にトイレ、シャワー、シンクなどが完備されている

在日米軍の「飲酒事故防止」への取り組みとして、酩酊状態を体感できる眼鏡を装着し、カートを操縦する参加者たち

基地内で販売されているハンバーガー。このほか、ピザやタコス、アイスクリームなど本場の米国の味が楽しめる

【沖縄】地本はこのほど、在日米空軍嘉手納基地の第18航空団広報局の協力を受けて、募集対象者の情報獲得や米軍の広報活動の研修を目的に「嘉手納基地見学ツアー」に同行した。

同ツアーは、嘉手納基地の概要や各種取り組みを日本国民に広く知ってもらうため、米軍が開催している。今回は、ネットを通じて応募があった約100人の参加希望者の中から、抽選で選ばれた30人が嘉手納基地を訪れた。

参加者は米軍の兵士たちが推進している「飲酒事故防止」や「ごみ削減」への取り組みについて説明を受けたほか、広大な基地内を見て回り、途中、兵士の独身寮やC130輸送機などを見学した。

特にユニークだったのが「飲酒事故防止」への取り組みで、参加者は視界が2、3重に映り、距離感覚がつかめなくなる特殊な眼鏡を装着し、4輪カートに乗車、"酩酊状態での操縦"を体験した。

地本部員が米軍の施設で驚いたのは営内の独身寮。建物の内部には大理石の廊下に加え、娯楽用のシアタールームやビリヤード場などが完備され、まるでホテルのような豪華さ。見学した女性兵士の部屋も、トイレにシャワールーム、電子レンジやシンクなどがあり、自衛隊との違いを実感した。

昼食時には、ハンバーガーやピザ、タコスなどの飲食店が並ぶフードコートを訪れ、アメリカの本場の味を満喫した。さらに参加者を喜ばせたのは、普段は入ることのできないショッピングモールでの買い物。米軍の計らいで今回特別に実現したもので、参加者はお菓子や日用品などの買い物を楽しんでいた。

一方、地本の広報官たちは米軍の"リアルタイムの広報"を実地で研修。米軍の広報官はツアー中に写真を撮影すると、その場で次々とSNSにアップし、ツアーに参加できなかった人も基地内の様子などを見ることができる環境作りに励んでいた。

参加者たちは「普段見ることができない米軍基地内の生活がよくわかるツアーだった」「基地内での食事が、アメリカっぽくて楽しかった」などと感想を語り、みな大満足の様子だった。

## 新潟

新発田地域事務所は1月12日、新発田市庁舎と周辺商店街で開催された「城下町しばた全国雑煮合戦」で広報活動を実施した。今回で16回目となる同イベントには、全国から42店舗が参加、約2万人以上が来場、各店舗には長蛇の列ができた。

新発田所も広報ブースを設置し、自候生試験などの情報を発信。隣接ブースでは30普連(新発田)による車両展示やラッパ隊によるオープニング吹奏なども披露。来場者から大きな拍手を送られた。

## 大阪

地本は1月18日、泉佐野市が主催する「避難訓練コンサート」を支援、受付や避難誘導を行ったほか、マスコットキャラの「まもるくん」を出動させた。

コンサートに先立ち、海自東音(上用賀)が近隣の中学・高校の吹奏楽部員などに対し、楽器ごとに演奏指導を実施。演奏会では東音が「サンチェスの子供たち」などの楽曲を披露、「パプリカ」の演奏では一部の生徒がステージ上で振り付けを踊り、コンサートに花を添えた。

終了後は、泉佐野消防署がコンサート中に大地震発生時の対応について説明、避難訓練も行った。

来場者は「コンサート後の避難訓練は新鮮で、いつ災害が起こるか分からないことを肝に銘じた」と話していた。

## 滋賀

高島地域事務所は1月17日、滋賀県草津市のケーブルテレビ『ZTV』の広報番組コーナー「おうみ／かわら版滋賀」の撮影を行った。

当日は、高島所の門脇祥高2曹と、募集課広報班の女性自衛官・井本万穂美2曹が参加、初めてのテレビ撮影に臨んだ。VTRでは井本2曹のアナウンスに始まり、生き生きと働く自衛官候補生の写真や映像などが流れた。

門脇2曹は「緊張したが、滋賀県の多くの人に自衛隊を知ってもらえる動画ができた。多くの方に見ていただき、募集につながれば」と語った。

## 愛媛

地本はこのほど、松山市と今治市の中学生14人に対し、5日間にわたって

松山地方気象台など3機関合同で職場体験学習を実施した。

同気象台では、気象に関する知識や豪雨時の避難について知識を広め、松山海上保安部では松山観光港で船舶事故を想定したトリアージやヘリでの患者搬送などを演練。自衛隊では、松山駐屯地で教育隊の見学や指揮通信車の試乗を行い、災害時に役立つロープワークや救急法などの体験を通じ、自衛官を身近に感じてもらった。

## 山口

萩地域事務所は12月8日、長門市で開催された「ちびなが商店街をつくろう15」に17普連(山口)の協力のもと、広報ブースを展開した。同イベントは

小学生を対象に、職業体験を通じて職業観を育成するもの。自衛隊の広報ブースで萩所はドーランや背のうなどの体験コーナーを設けた。

小学生たちはブースでの体験学習後、「広報官」として他の来場者に対し、自衛隊の広報活動も体験した。

## 長崎

地本は11月26日、本部要員25人に対し、「ながら運転厳罰化」の周知などの「機会教育」を実施した。

最初にタイヤ交換の要領を展示し、過去に地本で走行中に起きたバースト事例を踏まえて研修。バーストが起きても速やかにタイヤ交換を終えて任務

に戻れるよう、若手事務官らに知識と手順を教えた。

続いて、飲酒運転根絶に向けた独自の取り組みとして、地本オリジナルポスターの自宅での掲示や、課業外の飲酒予定者のチェックなどのルールを再確認。12月1日から施行された「ながら運転厳罰化」の罰則規定の周知を徹底した。


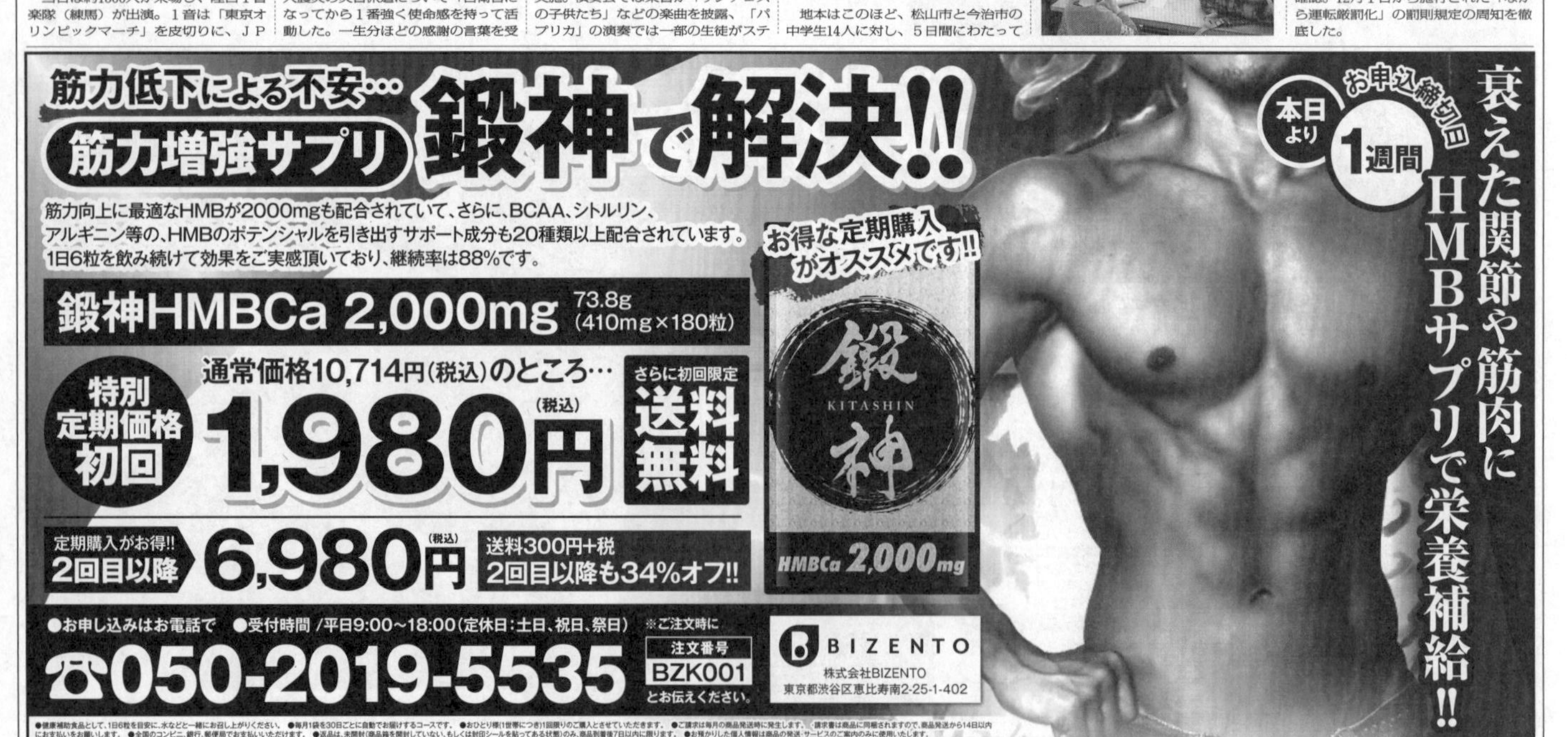

筋力低下による不安…
筋力増強サプリ
鍛神で解決!!
筋力向上に最適なHMBが2000mgも配合されていて、さらに、BCAA、シトルリン、アルギニン等の、HMBのポテンシャルを引き出すサポート成分も20種類以上配合されています。
1日6粒を飲み続けて効果をご実感頂いており、継続率は88%です。
鍛神HMBCa 2,000mg 73.8g (410mg×180粒)
通常価格10,714円(税込)のところ…
特別定期価格初回
1,980円(税込)
さらに初回限定
送料無料
定期購入がお得!! 2回目以降
6,980円(税込)
送料300円+税
2回目以降も34%オフ!!
●お申し込みはお電話で　●受付時間 /平日9:00～18:00(定休日:土日、祝日、祭日)
※ご注文時に
050-2019-5535
注文番号
BZK001
とお伝えください。
お得な定期購入がオススメです!!
鍛神
KITASHIN
HMBCa 2,000mg
BIZENTO
株式会社BIZENTO
東京都渋谷区恵比寿南2-25-1-402
本日より
お申込締切日
1週間
衰えた関節や筋肉にHMBサプリで栄養補給!!

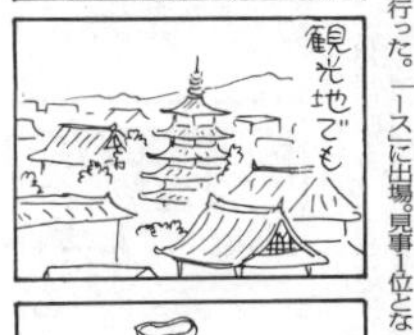

# パドル合わせ表彰台狙う

## 体校カヌー班2選手

JSDF in TOKYO 2020

## カヤックフォア500メートル内定
## ハワイで強化合宿

カヌー・スプリントのカヤックフォア（4人乗り）500メートルで東京五輪出場を内定させている自衛隊体育学校（朝霞）の藤嶋大規2陸曹と松下桃太郎3陸曹が現在、米・ハワイで強化に励んでいる。艇に乗り込む他の2人と生活なども共にして絆を深め、日本の持ち味の〝チーム力〟でカヌー・スプリント競技初のメダル獲得を目指している。

藤嶋大規2曹

松下桃太郎3曹

前回東京五輪の前に体校2教育課隷下に編成されたカヌー班。その後廃止されたが2017年4月に再び編成され、松下3曹、藤嶋2曹らが入校した。

松下3曹と藤嶋2曹は共に入校前の12年、ロンドン五輪に出場し健闘した。2大会ぶり2度目の五輪に向け現在、ハワイで他の2人（水本圭治選手、宮田悠佑選手）と共に厳しい練習をこなしている。

日本は、リオ五輪（16年）の陸上・男子400メートルリレーで、巧みなバトンワークで銀メダルを獲得するなど、団結力が持ち味とも言える。カヌーチームもそうした力の向上を図っている。

1年の約10カ月を共に過ごして意思疎通を図り、その成果は「練習中にいろいろと言わなくても後ろに乗っていて伝わってくる」と、艇の一番後ろ（4番目）に乗る藤嶋2曹。

「4人のパドルの水面に入るタイミングを合わせている」（松下3曹）とタイムロスを極限まで抑え、「持ち味のラストスパートを生かせる練習をしている」（藤嶋2曹）と、チームの強みも向上させている。

2人を支えているのは家族と地元の応援。藤嶋2曹は第2子も誕生し、「モチベーションは上がっている。自国開催のオリンピックで家族の目の前で漕ぎ、活躍する姿を見せたい」。

松下3曹も故郷、石川県小松市の声援を糧に「少しでもいい成績を残したい」と、共に初のメダル獲得を見据えている。

（東京オリパラに向けた自衛隊の取り組みを不定期で掲載します）

**東京五輪カヌー**　カヌーはスラロームとスプリントで競う。スプリントは8月3日から8日まで、海の森水上競技場（東京都江東区）で、男女計12種目で実施される。

水かきが片側だけに付くパドルで行うカナディアンと、両側に付くパドルで行うカヤックがある。

カヤックはシングル（1人乗り）、ペア（2人乗り）、フォア（4人乗り）に区別（カナディアンはシングルとペアのみ）、距離は200m、500m、1000mの3種類。

ジャカルタ・アジア大会のカヌースプリント・男子K4・500メートル決勝で力漕する藤嶋2曹（右）、松下3曹（右から2人目）らの日本チーム（パレンバンで）＝長田洋平／アフロスポーツ

# 沖縄CSFに15旅団

## 24時間態勢で延べ460人対処

豚舎内で豚を追い込む15高特連の隊員たち（2月3日、沖縄市の養豚農場）

沖縄市の養豚農場で2月2日、CSF（豚コレラ）感染が再び確認され、陸自15旅団（那覇）が豚の殺処分支援の災害派遣活動を行った。

2日午後2時10分、玉城デニー沖縄県知事から中村裕亮15旅団長に災派が要請され、同午後6時から15高特連が現地で活動を開始した。

部隊（4小隊＝1小隊約35人）は6時間交代ローテーション・24時間態勢で豚舎内での豚の追い込み、引き込み、抑え込みや、殺処分された豚の運搬を行った。

4日午前2時35分、支援活動を完了。同日午後8時20分、知事から撤収要請が出され、部隊は撤収した。3日間で延べ約460人が活動、1農場の1880頭が処分された。

今回の災派に先立ち、15旅団は1月8日から同20日までの13日間、沖縄市とうるま市の七つの農場で延べ約6500人の隊員で支援した。

# ランチもマイバッグに

## 河野大臣が率先

東京・市ヶ谷地区の全ての売店で1月20日からレジ袋の配布が廃止となり、マイバッグ持参の取り組みが開始されたこと（1月9日付5面既報）を受け、河野防衛相は同日、自らもエコバッグを持参して弁当を購入した。

午前11時前、防衛省厚生棟前のキッチンカーを訪れた河野大臣は、メニュー表を見て「唐揚げ弁当（5個入り、500円）をください」と注文。店員が差し出した弁当を、鳥とフォークが中央に描かれ左下に〝ワシントンDC（米国の首都）〟と書かれた愛用のマイバッグに笑顔で入れた。

大臣は購入後、「弁当が入るようにマイ・エコバッグを持ってきた。環境問題をわが事としてとらえ、しっかりと対応できるようにしていきたい」と語った。

キッチンカーの店員（左）から受け取った弁当をマイバッグに入れた河野大臣（1月20日、防衛省で）

# 〝初代福男〟ゲット

## 地元レースで福知山隊員

【福知山】福知山駐屯地広報室に勤務する日野隆宏3曹は1月9日、京都府福知山市の御霊神社前で初めて行われた「福知山福男レース」に出場。見事1位となり〝初代福男〟に輝いた。

福知山市では商売繁盛、家内安全を願う「初えびす」が今年、11年ぶりに復活。行事の一環として「福男レース」が企画され、駐屯地の隊員10人を含む42人の健脚自慢が挑んだ。

レースは、明智光秀公が築いた福知山の城下町広小路通りの約300メートルの直線コースを走り、光秀公がまつられている御霊神社にゴールする。

くじで最前列を引き当てた日野3曹は、スタート後、他の走者に先行を許したが、中盤で先頭に立ち、トップでゴール。

日野3曹はメディアの取材に対し、「初めて行われたおめでたいイベントで一番になり、自衛隊のPRもできてうれしい」と喜びを語っていた。

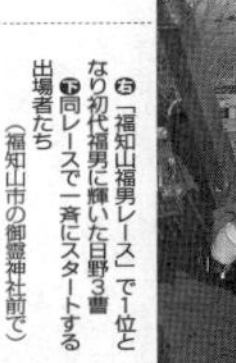

㊨「福知山福男レース」で1位となり初代福男に輝いた日野3曹　㊦同レースで一斉にスタートする出場者たち（福知山市の御霊神社前で）

# 20普連が10連覇

## 東北自衛隊拳法大会で快挙

## 3月全自大会出場枠を獲得

【20普連＝神町】20普連1曹）はこのほど、福島駐屯地体育館で開催された「第15回東北自衛隊拳法選手権大会」に出場、団体戦で前人未到の10連覇を達成した。

格闘訓練隊（教官・松田朗1曹）はこのほど、福島駐屯地体育館で開催された

全自拳法選手権（3月）の予選会も兼ねて行われ、東北6県の各部隊が出場。団体戦、個人戦、女子の部で競った。団体戦には14チームが出場。連隊はA、B2個チームを繰り出し、Aが優勝した。

個人戦でも活躍。無差別級で加賀信吾3曹が優勝、高橋正悦2曹が3位、また中量級で粟野顕3曹が優勝した。

団体戦で連隊A、個人戦で10人の選手が全自大会の出場枠を獲得した。

「東北自衛隊拳法選手権大会」団体戦で10連覇達成などの活躍を見せた20普連格闘訓練隊チーム（福島駐屯地体育館で）

# 装備品展示場を開設、日本原駐

【日本原】日本原駐屯地は駐屯地正門付近広場に新たに「装備品展示場」を開設し、1月20日、オープニングセレモニーを行った＝写真。

駐屯地の一部を一般開放し、自衛隊との垣根を取り払い、自衛隊の仕事を少しでも地域の人に理解してもらうために開設した。観光ルートの一部になることで、地域活性化につなげたいという思いもある。

正門の警衛所で申請書に記入すれば、誰でも見学できる。見学時間は平日、休日を問わず午前9時半から午後3時半まで（災害発生時などの際は対応できないこともある）。

# こちら警務隊

## 他人の現金勝手に使用
## 返金、補填してもダメ

業務上横領罪

管理している部隊基金を遊ぶお金に使用し、後日、補てんしようと思いますが問題ありますか？

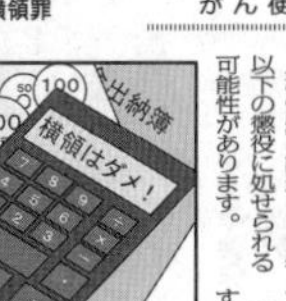

刑法第253条の業務上横領罪に該当し、10年以下の懲役に処せられる可能性があります。

業務とは、公私を問わず、社会生活上の地位に基づき反復継続して行われる行為で、部隊基金の管理もこれにあたります。

横領とは、自己が管理する他人の現金や物を欲しいままに自分のものにしたり、使用したりすることです。

たとえ、横領後に被害品を返還、弁償または示談が成立し、損害がなかった場合でも本罪が成立します。絶対にしてはいけません。

（中部方面警務隊）

## 小休止

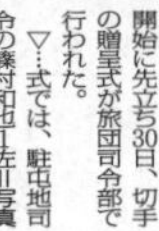

▽…陸自13旅団の「20周年記念切手」がこのほど作製され、1月31日の取扱開始に先立ち30日、切手の贈呈式が旅団司令部で行われた。

▽…式では、駐屯地司令の篠村和也1佐＝写真右＝が日本郵便株式会社中国支社の篠原勝則支社長＝同左＝から切手の紹介を受け、切手（シート）を手渡された。

▽…オリジナル切手は、13旅団隊員の精神的支柱の「百万一心」の碑を台紙とし、隷下各部隊の装備品などがプリントされている。84円切手10枚組（税込み1330円）で広島県芸南地区の郵便局で販売、インターネットでも注文を受け付ける。千シート販売予定。

問い合わせは、土江13旅団広報室長（082・822・3101内線2435）まで。（海田市）


防衛省職員・自衛隊員・退職者の皆様へ

職域限定特別価格 7,800円（税込）にてご提供させて頂きます

Hazuki　大きくみえる！話題のハズキルーペ!!

・豊富な倍率・選べるカラー・安心の日本製・充実の保証サービス

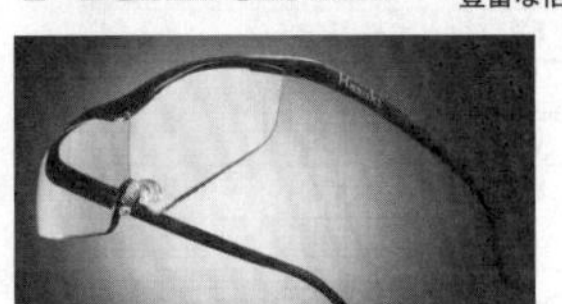


両手が使える拡大鏡　広い視野で長時間使っても疲れにくい

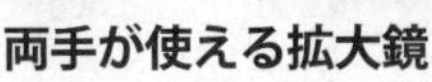

※拡大率イメージ

レンズ倍率 | 1.32倍 焦点距離 50〜70㎝ | 1.6倍 焦点距離 30〜40㎝ | 1.85倍 焦点距離 22〜28㎝

※焦点距離は対象物との眼と一番ピントがあう距離

お申込み　・WEBよりお申込いただけます。・特別価格にてご提供いたします。

https://kosai.buyshop.jp/（パスワード：kosai）

※商品の返品・交換はご容赦願います。ただし、お届け商品に内容相違、破損等があった場合には、商品到着後、1週間以内にご連絡ください。良品商品と交換いたします。

コーサイ・サービス株式会社 TEL:03-3354-1350 担当：佐藤

〒160-0002新宿区四谷坂町12番20号KKビル4F／営業時間 9:00〜17:00／定休日 土・日・祝日



防衛省共済組合員・ご家族の皆様へ

すべては品質から。

コナカ　FUTATA

SUIT & FORMAL FAIR

スーツ&フォーマルフェア

品質・機能にこだわった商品を豊富に取り揃えています

防衛省の皆様はさらにお得にお求めいただけます

イメージキャラクター

特別割引券・クーポンを使ってお得にお買物

コナカ FUTATA WEB特別割引券 または KONAKAアプリクーポンご利用で

さらに

防衛省共済組合員・ご家族様限定

お会計の際に優待カードをご提示で　すぐに発行！

店内全品 20%OFF

●防衛省の身分証明書または共済組合員証をご持参ください

●詳しくは店舗スタッフまでおたずねください

KONAKA BRAND SITE コナカブランドサイト　コナカのWEB特別割引券はコチラから▶

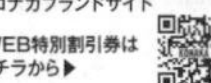

KONAKAアプリ　お得なクーポンはコチラ!!

FUTATA BRAND SITE フタタブランドサイト　フタタのWEB特別割引券はコチラから▶

ポイントが使える・貯まる　d POINT　R POINT

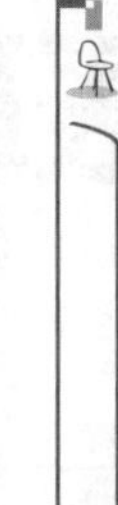


# 「100リットル献血」笑顔で達成

## 京都府赤十字センターと協力

2陸曹 井上 憲史（福知山駐屯地曹友会事務局長）

福知山駐屯地曹友会（会長・酒井貴宏曹長）は令和元年12月18日、「第15回100リットル献血」を実施しました。

この献血は冬場の血液が不足する時期に合わせ、京都府赤十字センターと協力し毎年1回、平成17年より実施しているものです。歴代曹友会は過去2回を除き、毎年「100リットル超え」を達成しております。

令和元年度も目標達成に向けて時期の選定や駐屯地隊員へのお知らせ、各分会への協力要請、広報室への情報提供など、さまざまな準備を重ねて当日に備えました。

献血当日は、福知山市長からの激励受けをはじめ、地元のテレビ局3社、新聞社2社が取材に訪れるなど、駐屯地の「100リットル献血」に対する地域の関心の高さが窺われました。

また、当日は各隊とも長期休暇前の武装走記録会など歳末の多忙な状況であったにもかかわらず、多くの隊員が献血に協力してくれ、今回も「100リットル」の目標を達成することができました。

午前8時半の受付開始と同時に小野田宏樹駐屯地司令が献血に訪れてくれたのを皮切りに、午後4時半の終了時刻まで隊員の列が途切れず、献血バス4台に順次乗り込んで献血をしてくれました。

結果は幹・曹・士・事務官等合わせ271名の方にご協力いただき、合計108・4リットルの血液を提供することができました。

この日の模様は昼・夕方・夜のテレビの報道番組で放映されたほか、翌日の新聞朝刊の紙面を飾りました。

福知山駐屯地のこの曹友会行事は、多くの血液を必要とされる方の手助けになると同時に、駐屯地隊員たちの「地域に貢献したい」という想いを実現するものであり、同時に京都府民へのアピールにもなったと確信しております。

駐屯地曹友会では次回の献血でも目標達成を目指すとともに、福知山駐屯地のこの良き伝統を続けていく所存です。ご協力いただいている駐屯地の皆さま、毎回、本当にありがとうございます。

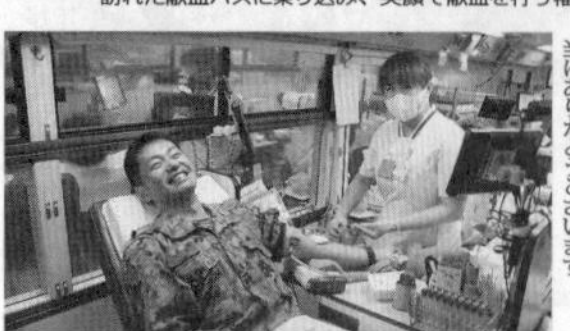

訪れた献血バスに乗り込み、笑顔で献血を行う福知山駐屯地の隊員たち（写真下も）

（世界の切手・カザフスタン）

努力の成果なんて目には見えない。しかし、紙一重の薄さも重なれば本の厚さになる。

君原 健二（元マラソン選手）

朝雲ホームページ
www.asagumo-news.com
<会員制サイト>
Asagumo Archive
朝雲編集部メールアドレス
editorial@asagumo-news.com

# 「剛健」体得した幹候生

防大大阪父兄会副会長 川本 明彦

防衛大学校大阪父兄会の有志は、大阪地本の皆さまのご支援を受けて去る12月8、9日、福岡県久留米市にある陸上自衛隊幹部候補生学校を訪問させていただきました。

初日の意見交換会には藤岡学校長をはじめ、天本副校長、永富総務部長、杉山教育部長にご参加いただき、和やかな雰囲気の中、さまざまなお話をしていただきました。

翌日は学校を訪問し、幹部候補生学校の概要説明に続き、施設（居室・自習室）、授業、史料館の見学と体験喫食、そして午後は剛健大講堂やグラウンドでの体力検定を見学させていただきました。

学校の皆さまからは、候補生の入校から卒業までの教育カリキュラム・主要行事・訓練内容などを分かりやすくご説明いただきました。

昼食は隊員食堂で前川原駐屯地の名物メニューのひとつ「剛健チャンポン」をおいしくいただきました。入校中の候補生は素早く食事を終え、次の課業に備えておられました。

校内を見学して特に印象に残ったのは、「質実剛健にして清廉高潔」という校風を候補生は身をもって体得しておられたということです。

藤岡学校長をはじめとする学校の関係者の皆さま、そしてご支援いただいた大阪地本の皆さまに厚く御礼を申し上げます。

陸自幹部候補生学校で「剛健大講堂」を見学する防大大阪父兄会の一行

# 広げられる活躍の場

会社員 西田 寛（東亜青果㈱常務取締役）

私はこのたび、自衛隊鳥取地方協力本部のご推薦により「3自衛隊統一就職援護広報研修会」に参加しました。普段はなかなか見ることができない自衛隊の活動を間近で拝見し、あらためて自衛隊や自衛官の皆さまへの理解を深めました。

空自築城基地では、戦闘機やパイロットについ目が行ってしまいますが、それを支える整備・補給や基地業務の重要性を知りました。

陸自相浦駐屯地では、水陸機動団のプールでの緊急脱出訓練を見学し、危険な中でもしっかりと安全が確保されていることに感銘を受けました。

そして海自佐世保基地では、地下防空指揮所の見学や艦艇研修を行い、民間の業務でも役立つさまざまな資格が必要なことが分かりました。

これまで当たり前のように平和に暮らしてきたことが、自衛官の方たちが国と国民を守り、国民の安全確保と災害復旧等への地域社会への貢献があってこそ、享受できていることを強く感じました。

他県の参加者との懇親会では、退職自衛官の事業所での活躍や採用したことで会社の雰囲気が明るくなった等の話が聞けたことはとても参考になりました。

今回、一部ではありますが当社の退職自衛官がどのような訓練や教育を受けてきたのか知ることもでき、今後、これまで以上に活躍してもらう場面が広がることをイメージすることができました。

同時に、今後とも弊社を自衛官の方に選んでいただけるよう、働きやすい職場環境や活躍の場をこれからも作っていきたいと思います。

相浦駐屯地で水陸両用車AAV7の前に立つ西田寛さん

# 『北の漁場』に学ぶ生き方

陸自OB 白田 松男（愛知地本・募集相談員）

北島三郎の『北の漁場』。私が小隊長時代に仕えていた中隊長の十八番であったことがきっかけで、好きになった楽曲のひとつである。

この曲の歌詞では「北の漁場」をどのように例えているか。1番は「男の仕事場」、2番は「男の遊び場」、そして3番は「男の死に場所」である。自衛隊を定年になった今思うと、この歌は「自衛官の生き方」とつながる気がする。

1番の「男の仕事場」は、隊員は自衛隊で一生懸命に働いて報酬をもらっており、正に仕事場である。

2番の「男の遊び場」は、ひたすら真面目に訓練などを行うのも大切だが、辛い訓練ほど「遊び心」のある企画を取り入れ、楽しみながら行えば隊員のやる気も増し、成果も上がる。

そして3番の「男の死に場所」。自衛官はみな「事に臨んでは危険を顧みず、身をもって責務の完遂に務め…」と服務の宣誓をしている。決して死ぬようなことがあってはならないが、有事の際は国民の盾となり、命を賭して任務を完遂する覚悟が自衛官には必要である。

昨今の周辺諸国の動向を憂いつつ、現職の自衛官の皆さまには、この『北の漁場』の歌のような気持ちを持って職務にまい進していただきたいと願っている。

# 新刊紹介

## 「ここが変だよ日本国憲法！」

田村 重信著

「憲法は国民が楽しく、幸せに、安全に生きるためのツールだ」と語る自由民主党政務調査会嘱託の著者は、各国が時代の変化に合わせて憲法を適宜改正しているのに対し、日本は敗戦後に作られた「アメリカ製のまま」であると述べ、その改正の必要性を説いている。

第2次世界大戦後、世界の主要国は繰り返し憲法を改正し、米国は6回、仏は27回、独63回、中国10回、韓国は9回行い、それぞれ時代に対応している。だが、日本だけがゼロだ。

著者はこの異常な事態に、ドイツの哲学者ニーチェの「脱皮できないヘビは滅びる」との言葉を引用し、次代に向けた憲法を国民が今こそ真剣に考え、作り上げていくべきだとする。

本書では「誰が日本国憲法を作ったか」から説き起こし、これまでの憲法改正をめぐる自民党の闘い、冷戦後の国際平和協力法制、憲法と武器輸出3原則の関係などについても熱く語っている。

憲法改正の機が熟した今、日本と世界の動向をみながら国民がしっかりと情報を共有して時代に合った憲法を作り上げるべきだと主張する。文中では自民党の新憲法（第九条）草案も紹介している。

（内外出版刊、1100円）

## 「自衛隊ダイエットBOOK」

「Tarzan」特別編集

カラダ作りのプロ、自衛隊員が伝授する健康とダイエットためのムック本だ。指導するのは朝霞駐屯地にある「自衛隊体育学校」の教官たち。オリンピックを目指すトップアスリートたちも日々実践する自衛隊の選りすぐりのワザが、ビジュアルに紹介されている。

本書では一般の人が毎日の暮らしの中で行えるちょっとした運動や食事のコツを教えてくれているので、自分に合ったものを選んで行えば、効果的にダイエットが行えるはず。

エクササイズの写真も豊富で、身体の動かし方を確認しながらすぐに実践できる。

このほか、規則正しい生活を送るための時間管理術や体力向上運動なども紹介。

食事のとり方は「自衛隊中央病院」の専門家が担当し、栄養学的にも正しい、太らない食事法を指南してくれる。

この一冊でカラダ作りの基本が理解できるので、なまった身体を積極的に絞ろうと考えている人には最適なムックだ。

（マガジンハウス刊、990円）

# OBがんばる

山下 政美さん 54

令和元年5月、陸自113教育大隊本部（国分）を最後に定年退職（3尉）。鹿児島県霧島市に所在する学校法人都築教育学園（第1幼児教育短期大学）に再就職し、学生の就職支援業務に従事している。

## 自信をもって挑戦を

私は第1幼児教育短期大学で就職厚生係として勤務しています。主な仕事は学生が卒業後に希望する幼児教育に関わる就職先の紹介や就職に関するアドバイスなどで、日々学生たちと向き合いながら就職厚生業務に取り組んでいます。

私も再就職に際し、鹿児島地本の皆さまに大変お世話になりましたが、まさか私自身が再就職先で就職業務に従事することになるとは正直思いもしませんでした。

当初は学生たちにどう向き合い、どう対応すれば良いのか思い悩むこともありましたが、教育大隊勤務時に新隊員の課程教育などを通じて学んだ服務指導要領（心情等の把握）、長年の自衛隊勤務で得た業務経験（総務・人事、広報等）が今の仕事に大変役に立っており、毎日「やりがい」を感じながら日々の業務に励んでいます。

職場において私は「元気で明るく笑顔で挨拶をする」「感謝の気持ちを忘れず仕事に誇りを持つ」の二つをモットーに勤務しています。学生に対しても、このことを大切な心得として教育しております。

自衛隊勤務で養った規律心や協調性、そして幅広い職務経験は、必ず再就職先でも生かせられます。これから定年を迎える皆さまは健康に十分に留意され、自信をもって再就職にチャレンジされることをお勧めいたします。

## 詰将棋

第813回出題

■先手 持駒 金

出題 日本将棋連盟 九段 石田 和雄

【ヒント】3手、5手と手順の妙（10分で初段）

▶詰碁、詰将棋の出題は隔週です◀

## 詰碁

第1228回解答

黒❼（劫トル）

【解答図】黒先、白劫。黒❶が大切で白②以下黒❼の劫取りまで劫になるのが正解です。

出題 日本棋院 九段 曲 励起

## あさぐも掲示板

■偕行社が火箱元陸幕長を司会に安全保障シンポ

偕行社は3月8日（日）午後1時から東京都千代田区のAP市ヶ谷で安全保障シンポジウムを開く。テーマは「新しい国家安全保障戦略を考える―米中覇権争いの狭間にて」で、司会は元陸幕長の火箱芳文氏、基調講演は坂元一哉大阪大学教授が行う。パネリストは磯部晃一元東方総監、矢野一樹元潜水艦隊司令官、福江広明元航空総隊司令官。参加費は2千円（当日受付）。申し込みは3月2日までに偕行社事務局（03―3263―0851）へ。

■「憲法改正」で講演会

防衛知識普及会は3月9日（月）午後6時30分から東京都新宿区のTKP市ヶ谷カンファレンスセンターで講演会「憲法改正―ここが変だよ日本国憲法！」を開く。講演者は自民党政務調査会の田村重信氏。参加費は2千円（当日受付）。申し込みは防衛知識普及会（FAX03―3712―3130）にメールまたはFAXで。詳しくはホームページ参照。

隊員の皆様に好評の
『自衛隊援護協会発行図書』販売中

| 区分 | 図　書　名 | 改訂等 | 定　価(円) | 隊員価格(円) |
|---|---|---|---|---|
| 援護 | 定年制自衛官の再就職必携 | | 1,200 | 1,100 |
| | 任期制自衛官の再就職必携 | ◎ | 1,300 | 1,200 |
| | 就職援護業務必携 | ◎ | 隊員限定 | 1,500 |
| | 退職予定自衛官の船員再就職必携 | | 720 | 720 |
| | 新・防災危機管理必携 | ◎ | 2,000 | 1,800 |
| 軍事 | 軍事和英辞典 | ◎ | 3,000 | 2,600 |
| | 軍事英和辞典 | | 3,000 | 2,600 |
| | 軍事略語英和辞典 | | 1,200 | 1,000 |
| | （上記3点セット） | | 6,500 | 5,500 |
| 教養 | 退職後直ちに役立つ労働・社会保険 | | 1,100 | 1,000 |
| | 再就職で自衛官のキャリアを生かすには | | 1,600 | 1,400 |
| | 自衛官のためのニューライフプラン | | 1,600 | 1,400 |
| | 初めての人のためのメンタルヘルス入門 | | 1,500 | 1,300 |

※ 平成30年度「◎」の図書を新版又は改訂しました。

| | |
|---|---|
| 消　費　税 | ：価格に込みです。 |
| 発　　　送 | ：メール便、宅配便などで発送します。送料は無料です。 |
| 代金支払い方法 | ：発送図書同封の振替払込用紙でお支払。払込手数料はご負担ください。 |

お申込みはホームページ「自衛隊援護協会」で検索！
（http://www.engokyokai.jp/）

一般財団法人自衛隊援護協会

電　話：03−5227−5400、5401　FAX：03−5227−5402　専用回線：8−6−28865、28866

朝雲
発行所 朝雲新聞社
〒160-0002 東京都新宿区四谷坂町12-20 KKビル
電話 03(3225)3841
FAX 03(3225)3831
振替00190-4-17600番
定価一部150円、年間購読料9170円(税・送料込み)

One for all, All for one
防衛省生協
あなたと大切な人の「今」と「未来」のために

主な記事



# 太平洋島嶼国と初の国防相会合

## 防衛相「協力強化に期待」

防衛省が主催する初の「日・太平洋島嶼国国防大臣会合(JPIDD)」=右下にロゴマーク=が今年4月5日、都内で開催される。太平洋島嶼国の中で軍隊を有するフィジー、パプアニューギニア、トンガの3カ国から国防大臣を招くとともに、オーストラリアやニュージーランド、その他11カ国の太平洋島嶼国のほか、インド太平洋地域に関係の深い米英仏やカナダからも実務者を招き、安全保障上の課題について意見交換する。これに先立ち、山本副大臣は防衛省の政務三役として初めてフィジー、パプアニューギニア、トンガの3カ国を訪れ、各国の国防相に招待状を直接手渡した。

防衛省が多国間の国防大臣会合を主催するのは初めて。河野防衛相が2月10日の記者会見で、4月5日の開催日とともに正式名称「Japan Pacific Islands Defense Dialogue 2020:Bridging the Blue Continent」と略称「JPIDD(ジェイピッド)」を発表した。

## 山本副大臣、3カ国に招待状

パプアニューギニアのソロマ国防相(中央)から同国伝統の絵画を贈られる山本副大臣(2月11日、首都ポートモレスビーのマレー駐屯地で)=防衛省提供

これに関し、山本副大臣は1月18日にフィジー、2月11日にパプアニューギニア、同13日にはトンガを相次いで訪問。各国の国防相に「『自由で開かれたインド太平洋』の維持・強化のため、太平洋島嶼国との関係強化に尽力したい」と開催意義について丁寧に説明し、招待状を手交した。これに対し、3カ国の国防相はJPIDDへの参加に前向きな意向を示した。

フィジーでは西部の都市ナンディで、イニア・バテイコト・セルイラトゥ防衛・国家安全保障・外務相と会談。招待状を受け取ったセルイラトゥ国防相は「山本副大臣の訪問は2国間の友好関係の証左であり、防衛当局間の関係を強化する機会だ」と応え、「自由で開かれたインド太平洋」構想への支持を表明した。

パプアニューギニアでは首都ポートモレスビーにあるマレー駐屯地でサキ・ソロマ国防相と会談。ソロマ国防相は両国のこれまでの友好的な関係を強調した上で、2015年から陸自中央音楽隊が実施してきた同国軍楽隊への能力構築支援をはじめとした日本政府からの支援に謝意を表した。

トンガでは首都ヌクアロファにあるメイスフィールド(トウリキ)海軍基地でマアフ・トゥクイアウラヒ防衛相兼国土・天然資源相と会談。マアフ国防相はこれまでの日本の皇室とトンガ王室との友好関係に言及するとともに、山本副大臣の訪問を歓迎し、「日本との防衛協力・交流を推進したい」と述べた。

山本副大臣は各国の国防相とそれぞれ日本との防衛協力・交流の推進に向けて幅広く意見交換を行った。

河野防衛相は2月10日の記者会見で「防衛省が主催する大臣級の多国間の会合は初めてであり、来日された国防大臣とは前日に2国間の会談や夕食会を実施したい。『自由で開かれたインド太平洋』の実現に向け、重要な太平洋島嶼国やパートナー国との会合を通じて協力を深めていきたい」と期待感をにじませた。

JPIDD TOKYO 2020

◇太平洋島嶼国 赤道を挟んで南北太平洋に広がる島嶼国家群の総称。▽ミクロネシア(キリバス、ミクロネシア連邦、パラオ、マーシャル諸島、ナウル)▽メラネシア(パプアニューギニア、ソロモン諸島、フィジー、バヌアツ)▽ポリネシア(サモア、トンガ、クック諸島、ツバル、ニウエ)の3地域14カ国から成る。小さな島々が広い海域に散在しているのが特徴で、地震やサイクロンなどの自然災害や海面上昇の問題など、国土の脆弱性が国際的にも懸念されている。防衛省では「自由で開かれたインド太平洋」ビジョンを推進する上で重要な地域と位置付けている。

## 2020年度防衛費 重要施策を見る 〈5〉

### 統幕

### 「多次元統合防衛力」を強化

2020年は年明けから統合幕僚監部の"激務"が続いている。▽沖縄県の豚コレラに係る陸自15旅団の災害派遣▽中東のシーレーンで新たな情報収集活動に当たる海自護衛艦とP3C哨戒機部隊の派遣▽豪州での大規模森林火災における空自国際緊急援助空輸隊の派遣▽新型コロナウイルスの感染者に対する医療・搬送支援活動——これら国内外での3自衛隊の部隊運用を一手に担う統幕は、日々途切れることのない多種多様な任務をシームレスに遂行している。

統幕は2020年度の予算案で、「宇宙・サイバー・電磁波」など新領域を含めた「多次元統合防衛力」の態勢構築の強化に向け、前年度比5・3%増の548億円を要求している。

空自への「宇宙作戦隊(仮称)」新編など、宇宙領域での体制整備が急がれる中、統幕は指揮通信システム企画課に「宇宙領域企画班(仮称)」を新設。1佐を長とした隊員5人で編成し、宇宙空間で起こり得る脅威の対処要領を具現化していく。

サイバー分野では、「サイバー防衛隊」の要員を約70人増強し、約290人体制に拡充する。3自衛隊から陸約50人、海・空各約10人の要員を充て、サイバー防衛隊のさらなる強化を図る。

来年度は新たにサイバー戦指揮官要員の教育にも着手し、米国防大学に1佐、米カーネギーメロン大学に3佐をそれぞれ1年間派遣し、サイバー戦で必要となる指揮能力を高める。

一方、防衛省へのサイバー攻撃に対処するため、新たに人工知能(AI)も活用。不正メールなどの自動判別や脅威度の判定を行うシステムを設計する(0・3億円)。

ハード面では最新技術を活用した「サイバー情報収集装置」を整備(32億円)し、新しい攻撃手法などの情報を収集する。

統合訓練も新領域に関する分野を強化し、日米共同統合実動演習「キーン・ソード21」に連動させて「統合通信訓練」を実施して電磁波攻撃に関する対処能力を高める。

タイで行われている米・タイ共催の多国間訓練「コブラ・ゴールド」は、初めて多国間サイバー攻撃対処等訓練が実施され、自衛隊も参加する。

従来領域では、弾道ミサイルへの対応や水陸両用作戦の訓練などを引き続き日米共同で行い、共同対処能力をさらに高めていく。

このほか、「統合輸送」では防衛省がPFI方式で契約している民間のチャーター船「はくおう」と高速船「ナッチャン・ワールド」を活用し、大規模災害を想定して訓練を行い、機動性の向上を図る。

統幕の隊員たちは山崎統幕長が掲げる、①各種事態への実効的な抑止・対処②多次元統合防衛力の構築に向けた取り組み③日米同盟の強化と安全保障協力の推進——の3本柱の下、各種事態への即応態勢を維持しつつ、宇宙やサイバーなどの分野も含めた「領域横断作戦」の能力の強化を着実に進めていく。

(星 里美)

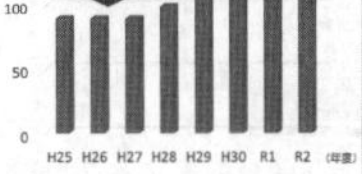


統幕の「サイバー防衛隊」要員の推移。2020年度は陸海空3自衛隊から約70人の要員を充て、サイバー対処能力の強化を図る(予算資料から)

新型肺炎

# 自衛隊240人態勢で活動

## 医師資格の予備自を招集

大型クルーズ船「ダイヤモンド・プリンセス」船内で医療活動に当たるため、陸自の衛生科隊員(右側迷彩服)からブリーフィングを受ける防護服を身に着けた自衛隊の隊員ら(2月7日)

中国湖北省武漢市で発生した「新型コロナウイルス」による肺炎(COVID-19)の急速な拡大を受け、防衛省・自衛隊は2月13日、新たに医師や看護師などの資格を持つ予備自衛官(最大50人)の招集命令を発出した。予備自の招集は2011年の東日本大震災、昨秋の台風19号などに伴う災害派遣活動に続き3回目。18日現在、予備自を含む隊員約240人が医療・宿泊支援などに当たっている。

横浜港に停泊中の大型クルーズ船「ダイヤモンド・プリンセス」では、医官や看護官を含む約160人が、▽船内での医療活動・消毒支援▽乗客の下船時の検体採取支援▽自衛隊の救急車による患者の病院搬送▽物資の搬入・仕分け作業▽高齢の乗客などの自衛隊車両による宿泊施設までの輸送支援——などを継続的に実施している。

また、16日から17日にかけては、米政府のチャーター機で帰国するため下船した米国人乗客(約330人)とその手荷物を自衛隊の大型バス10台と大型トラック4台で横浜港から羽田空港まで輸送した。

一方、中国からの帰国者とクルーズ船の下船客の一時滞在先となっている国税庁の税務大学校(埼玉県和光市)では、医官や看護官を含む計約80人が、▽支援物資の配布▽問診票の回収▽食事の配膳▽健康状態の確認・健康相談——などを行っている。

このほか、16日夜に羽田空港を出発し、武漢から在留邦人と中国籍の配偶者ら計65人を乗せて翌17日朝に帰国した日本政府のチャーター機第5便には自衛隊の看護官2人が同乗し、機内での検疫作業や健康チェックの支援に当たった。

防衛省はチャーター船「はくおう」(94室)のほか、15日からは新たに民間フェリー「シルバークイーン」(約80室)の利用を開始。2隻を横浜港に停泊させ、隊員の活動・宿泊拠点として活用している。

2月18日現在、中国本土の感染者は7万人以上、死者も2000人に迫っている。日本国内の感染確認はクルーズ船の乗客乗員計454人を含む計520人、死者は1人となっている。

## 山村海幕長が印訪問

### フリゲート、潜水艦を視察

インド国防省を訪れ、印海軍儀仗隊(左)の栄誉礼を受ける山村海幕長(右)=2月10日、インドの首都ニューデリーで=印海軍ツイッターから

山村海幕長は2月9日から13日まで、インドを訪れ、印海軍参謀長のカランビル・シン大将と会談し、日印海軍種間の防衛交流について意見交換を行った。

インドの首都ニューデリーを訪問した山村海幕長は、国防省でシン海軍参謀長と会談。両者は「自由で開かれたインド太平洋」の実現に向けて、地域情勢や海洋安全保障、今後の2国間・多国間訓練を含む防衛協力の在り方について意見を交わした。

山村海幕長はインド滞在中、アラビア海に面したムンバイの印海軍西部海軍コマンド司令部を訪問。同地では司令官との会談後、ミサイルフリゲート「トリカンド」(満載排水量4100トン)と潜水艦「シンドゥケサリ」(水中排水量3100トン)を視察したほか、インド最大級の造船所であるマザゴン造船所も訪問した。

### 春夏秋冬

## 女と5W1H

黒川 伊保子

あるとき、興味深い質問をいただいた。

「なぜ、女は5W1H(いつ・どこで・誰が・何を・なぜ・どうした)に答えられないのでしょうか?」

曰く——先日家に帰ったら、妻が新しいスカートをはいていた。新しいのかなと思い、「そのスカート、いつ買ったの?」と聞いたら、「安かったから」と答えた。なぜ、「いつ」に答えられない?

いやはや、私こそ、「なぜ、いきなりスペック確認?」と聞き返したくなった。この質問、家計を預かっている者にとっては、「(俺に黙って)いつ買ったの?」と聞こえる。だから、「(あなたに黙って買ったのは)安かったから」と答えているのだ。

「どうして、こうしたの?」「あなたが、何もしてくれないからじゃないの」、「おかず、これだけ?」「私だって忙しかったのよ!」…純粋に確認しているだけなのに、思わぬ方向からムチが飛んでくることがある。気働きのある妻には「ダメじゃないか」「一日家にいて、これかよ」と聞こえるからだ。

外で働く人は、直後に家族に5W1Hの質問をしてはいけない。母親も同じである。

心の対話の始め方にはコツがある。一番効くのは、相手のいい変化点に気づいて褒めたりねぎらったりすること。「それ、いいね(似合うね)(きれいだね)」「あ、俺の好きなナスのカレー」。

それが難しかったら、"話の呼び水"を使おう。自分の話をして、相手の話を自噴させる方式だ。「今日、昼に麻婆豆腐食べたら辛くてさぁ」「2月なのに、あの土手、菜の花が咲いてた」。

呼び水には、相談ごとも効く。「部下の女性にこんなこと言われて…」「シチューの味見てくれる?」「○○がしんどくてさぁ」。

ときには、弱音を吐くのも、家族への愛情表現の一つである。頑張る夫(母)が自分にだけ、ほろっと弱音を吐いてくれたら、どんなに愛しいだろう。どこまでも強く正しい相手に、人は、絆をつなげない。絆の中には、「きず」がある。

(感性リサーチ代表、人工知能研究者)

### 朝雲寸言

『人類が絶滅する6のシナリオ』という本がある。一番目に書かれている世界を滅ぼすシナリオは、スーパーウイルスのパンデミックである▼2009年4月、世界保健機関(WHO)はメキシコや米国で発生したインフルエンザが国際衛生上の緊急事態であると宣言した。日本政府は成田空港や主要な港湾での立入検査や自衛隊の衛生部隊も出動して感染の疑いのある帰国者・入国者の機内検疫を行った▼しかし当時の感染症予防法では市民の外出制限や映画館、劇場などの使用制限を要請できない問題点があった。このパンデミックが深刻な事態に至らなかったのは、ひとえに感染力に比較してウイルス自体の病原性が低く重篤者が少なかったからだという▼その反省に立って2012年、新型インフルエンザ等対策特別措置法が成立した。最大の特徴は首相が緊急事態を宣言できることにある。今回の新型コロナウイルスの恐怖は今のところ治療薬がないことである。無自覚なひとりの感染者の行動が全体を危うくすることが十分に考えられるのだ。ワクチンの開発には18カ月を要するとWHOは発表した。ウイルスの伝搬を封じ込めることが唯一の解決策なのである▼武漢からの一時帰国者や豪華客船内に留め置かれた多くの方々のご苦労を思う時、見えないウイルスを正しく恐れることが大事なのだと思う▼因みに冒頭の六つのシナリオの中に第3次世界大戦は含まれていない。

官公庁マリッジ
独身隊員の婚活
全国対応の結婚相談所

朝雲特別割引
入会金 通常50,000円
⇒25,000円

コース別料金表(税抜)

| | 官公庁ステージ | 官公庁リンク |
|---|---|---|
| 入会金 朝雲割引 | 25,000円 | |
| 月会費 | 10,000円 | 12,800円 |

来店予約・資料請求はお電話、HPより受付中
0120-737-150
https://www.marriageclub.co.jp

退官後、家族のために"今"できること

退官後の自衛官を支える柱
年金
退職金
再就職

あるお客様の実体験から

自衛官の退官後を支える「常識」が崩れつつあります。
将来のために今、考えてみませんか?

将来のために「いつ」「どう取り組むか」

無料書籍プレゼント

全国セミナー開催中

本編はこちら
自衛官 資産運用 検索
Agentrive Investors
03-6860-8231

受験対策は最新の法令で!
必携の一冊

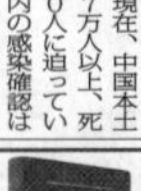

陸上自衛官
服務小六法
《令和元年版》 四六判・1192頁
●改元に伴う関係項目改正!
●憲法、自衛隊法、服務規則、礼式等陸上自衛官の服務上必要な71編を収録!
●平和安全法制整備法に伴う関連法の改正!
(定価2,718円+税)
共済組合販価 2,330円

検査・点検に必須!
実務力のバージョンアップ

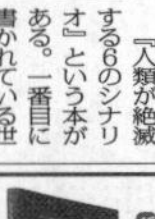

陸上自衛隊
補給管理小六法
《令和元年版》 B6判・672頁
●改元に伴う関係項目改正!
●物品管理法、補給管理規則等補給管理実務に必要な22編を収録。実務者必携の一冊。
(定価2,540円+税)
共済組合販価 2,180円

検定対策は最新の法令で!
文書実務の基本

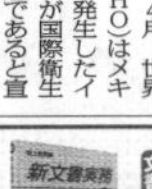

陸上自衛隊
新文書実務
《新訂第9次改訂版》 A5判・432頁
●平成31年3月29日陸自文書管理規則改正対応!
●改元に伴う関係箇所改正!
●公文書管理法等収録!
(定価2,306円+税)
共済組合販価 1,980円

好評発売中!

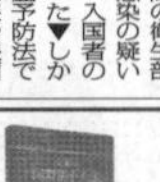

自衛官
国際法小六法
《平成30年版》 四六判・928頁
●平和安全法制整備法に伴う関連法の改正!
●国際連合憲章を完全収録!
●新たに「国際司法裁判所規程」を収録!
(定価2,556円+税)
共済組合販価 2,190円

一覧即決

国際軍事略語辞典
INTERNATIONAL MILITARY ABBREVIATION DICTIONARY
《第2版》 英和・和英 A5判・144頁
基本的な軍事略語や主要な安全保障関係略語等を収録。
(定価1,400円+税)
共済組合販価 1,200円

学陽書房
〒102-0072 東京都千代田区飯田橋1-9-3
TEL.03-3261-1111 FAX.03-5211-3300
(共済組合販価は消費税10%込みです。)
☆ご注文は 有利な共済組合支部 へ

# 時の焦点

## 国内

### 新型肺炎増加

# 冷静さ保ち新局面臨め

新型肺炎をめぐる状況は、より困難な段階へ一歩進んだと考えざるを得ない。社会全体で正確な知識を共有し、混乱を最小限に食い止めなければならない。

新型コロナウイルスに関して政府が設置した専門家会議は、現在の状況を「国内発生の早期」とする認識を確認した。「流行期」に至ってはいないものの、今後も感染者が増えることは覚悟せねばなるまい。

13日には、国内で初めて感染者の死亡が確認された。新たに感染が判明した人の中には、中国への渡航歴がなく、渡航者との明確な接点もはっきりしない人も多い。

中国では、昨年末には「原因不明の肺炎患者」が発生していた。当局が武漢市封鎖などの対応を取ったのは今年1月下旬で、この間に日本でも感染が広がった可能性も指摘されている。

感染経路が不明の患者が増えている以上、感染者の入国を防ぐ「水際対策」から、早期発見や治療の態勢を整え、重症化を避けることに重点を置くのは当然だろう。

軽症の患者が医療機関に殺到し、本来対応が必要な患者に手が回らなくなる事態は回避せねばならない。

厚生労働省は、「37・5度以上の発熱が4日以上続く場合は保健所などの窓口に相談を」といった目安を公表した。病院などが混乱しないよう、わかりやすい啓発を進めてもらいたい。

一方、天皇誕生日の一般参賀中止、東京マラソンの一般参加中止など、大勢が集まる機会を減らす動きも相次いでいる。

懸念されるのは、過度の恐怖心からパニックに陥ったり、科学的な根拠に基づかない風評被害が広がったりする事態だ。

感染した人の立ち寄り先など関連情報をどの程度公表するか、地方自治体の対応は割れている。

プライバシーの保護はもちろん、地域に対する風評被害を避けるため、非公表とする対応にはうなずける面もある。

だが、かえって疑心暗鬼を招いたり、情報不足によるデマを生んだり、といった弊害にも注意せねばならない。

すでに、SNSでは真偽不明の様々な情報が流れている。政府や公的機関が責任を持って正確な情報を発信することが、世論が冷静に受け止めることにつながろう。

仮に感染しても、8割程度は軽症で済むという。感染症そのものより、社会全体が冷静さを失うことの方が危険である。

政府に対する国民の目は厳しくなっている。読売新聞の世論調査では、新型肺炎をめぐる政府の対応を評価しないという意見が52%に上った。内閣支持率も5ポイント低下し、47%となった。

気になるのは、政権批判の受け皿となるはずの立憲民主党の支持率も7%から5%に下がっていることだ。

いつまでも「ヤジ」や「桜」ではあるまい。国民からの信頼なしに、難局を乗り切ることはできない。

宮原　三郎(政治評論家)

## 海外

### 民主と明暗対照

# 一般教書や大統領弾劾

米国では2月3日−7日の1週間、ビッグニュースが連日のように続いたが、トランプ政権に明るい材料ばかりで、民主党との明暗対照が際立った。

反トランプのCNNTVは4日、「多くの民主党員を落胆させる週になる」と予想し、通常は政権に批判的な「アトランティック」誌も5日、「政権にとってこれ以上の週は想像できない」と認めていた。

民主党の大統領候補者選びの初戦、アイオワ州の党員集会が3日実施された。同日深夜には判明するはずの結果が、集計アプリのトラブルに加え、党員集会のルールに違反した可能性もあり(CNN)、1週間以上過ぎても最終結果は未確定。

首位を争ったブティジェッジ前サウスベンド市長とサンダース上院議員は10日、結果の再点検を要求した。山村の村長選びみたいだが、大政党として"醜態"である。

トランプ氏は4日夜、今後1年の施政方針を示す大統領一般教書演説を行った。「偉大な米国の復活」を掲げ、就任以来700万人の雇用創出、半世紀ぶりの低水準の失業率など経済実績を強調した。

演説に対する国民の反応。CBS放送の調査によれば、「評価する」が共和党支持者の97%には驚かないが、無党派層の82%、民主党支持者ですら30%に上った。

だが、"党派心"に固まった民主党議員の反応は別。演説中に拍手も起立もせず、極め付きは、演説の原稿を破り捨てたペロシ下院議長だろう。

議会中継が中心のケーブルテレビC−SPANは演説後、視聴者のコールインを実施した。

ある女性は「私は民主党支持で、前回はヒラリー候補に投票した。でも二度と民主党には投票しない」

「民主党を70年以上支持してきたが、今夜の光景は何だ！私はトランプ氏に投票しなかったが、彼は大統領だ。敬意を表すべきだ」と怒る男性。

有権者受けの思惑が外れた同議長は、そのシーンを流し続けるソーシャルメディアに削除を要求したが、拒否された。

上院は5日、大統領に対する弾劾裁判で、権力乱用と議会妨害の弾劾条項2項目のいずれにも無罪評決を下した。

米国史上初めて、弾劾条項は完全な"党派性"ベースだった。国民は上院の裁判中、下院民主党が提出した「証拠」に何の根拠もないことを知った。

リベラル派法曹の大御所ダーショウィッツ・ハーバード大名誉教授が「これが通るなら、駐車違反でも大統領を弾劾可能」と皮肉ったように、弾劾は大統領弾劾史上、最短の2週間半で幕を閉じた。

2008年度のノーベル経済学賞受賞者で、トランプ政権下の経済破綻を予測したクルーグマン氏は7日、「ニューヨーク・タイムズ」紙で、「トランプ氏の経済は力強い」と認めた。

国民の「ハーツ・アンド・マインズ」を裏付けるように、ギャラップが同日発表した大統領支持率は49%(1月7日は42%)と、トランプ政権になって最高だった。

草野　徹(外交評論家)

---

## 豚コレラ

# 10師団災派部隊に1級賞状

## 岐阜・愛知で昼夜活動

豚コレラに対する災害派遣の功績で河野防衛相(右)から1級賞状を授与される10師団長の鈴木陸将(2月6日、大臣室で)=防衛省提供

岐阜・愛知両県で昨年1年間を通じて同時多発的かつ継続的に発生した豚コレラ(CSF)に対し、昼夜を分かたず災害派遣活動に当たった功績で2月6日、10師団(守山)の災害派遣部隊と同支援部隊に河野防衛相から1級賞状が授与された。

大臣室で行われた授与式には[illegible]司陸将補、陸幕人事教育部長の冨樫勇一将補[illegible]臣は「災害派遣に[illegible]迅速に現場に進出[illegible]的ストレスの高い状況の中、昼夜を問わず家畜の追い込み作業や運搬などの支援任務を遂行し、民生の安定に寄与するとともに、自衛隊に対する国民の理解と信頼を深めた。師団長以下、各指揮官の優れた指揮統率の下、全隊員が一致団結し、平素の訓練成果を遺憾なく発揮した」と賞状を読み上げ、災害派遣部隊代表の10師団長・鈴木直栄陸将に1級賞状と副賞の盾を手渡した。

# 兵站フェア　十条で初開催

## 海・空自、民間企業275社も参加

陸自補給統制本部(本部長・山内大輔陸将)は2月13、14の両日、十条駐屯地で「兵站フェア」[illegible]を初開催した。3自衛隊の補給部隊のほか企業275社が参加した。

同フェアの前身「関東補給処展示」は平成25年に茨城県の霞ヶ浦駐屯地で始まり、陸自のさまざまな兵站上の課題解決に対し民間の技術などを取り入れ、補給統制の実効性向上を図ってきた。

その実績を踏まえ、昨年度から補給統の事業として「兵站フェア」と改称、領域も兵站全体に拡大させ、今年度は3自補給部隊の中枢が置かれている東京都北区の十条駐屯地で初開催された。

今回のフェアは「各種事態におけるロジスティクスの実効性向上〜国防を担う企業の英知〜」をテーマに開催され、約60社がプレゼンを実施。初日に新明和工業が「島嶼防衛における物資輸送のソリューション」、2日目に帝国繊維が「災害派遣任務における最新型救助資機材の提案」などを発表した。

参加各企業は自社の新製品を駐屯地内の儀仗広場や路上、体育館などに展示し、中でもバギーや対テロ用の携行型防弾楯などが注目された。会場では隊員と企業関係者の意見交換も盛んに行われ、竹本陸幕副長ら訪れた幹部は各社の最新技術の説明に熱心に聞き入っていた。

陸自補給統制本部が初主催した「兵站フェア」でYKKAPの伸縮自在な「クイックエアドーム」に見入る陸自隊員(2月14日、十条駐屯地で)

主催した補統の山内本部長は「フェアを通じ、兵站上の課題解決に官民共同で臨むことは、極めて意義がある。陸自の兵站上の問題解決に結びつく有用な民生技術を知る場となってほしい」とあいさつした。

---

# 共済組合だより

## ライフプラン支援サイト
## 共済組合HPから4社のWebサイトに連接

皆さまは共済組合のホームページ(HP)からアクセスできる「ライフプラン支援サイト」をご存じですか？

共済組合HPから野村證券、第一生命、三井住友信託銀行、三菱UFJ信託銀行の4社が開設する各Webサイトに進むことができます。

いずれのサイトも基本事項を入力するだけで将来の家族の状況が予測できる「ライフプラン・シミュレーション」をはじめ、結婚、出産、子供の教育、健康、老後など、人生のさまざまなシーンやそれに伴うお金にまつわる各種情報を得られます。

このほか、各サイトでは多彩なメニューをご用意。いずれもすぐに役立つ情報ばかりですので、ぜひご利用ください。

## 第23回海軍大学セミナーを開催

海上自衛隊は2月24日から3月2日まで、各国から参加者を迎え、東京・目黒の幹部学校で「第23回アジア太平洋諸国海軍大学セミナー」を開催する。

今年は「自由で開かれたインド太平洋における海洋安全保障と海軍間の協働の強化」をテーマに、初参加のチリをはじめ、米、豪、印、露、仏、比、加、NZ、ブルネイ、インドネシア、マレーシア、シンガポール、タイ、ベトナムから大佐級の海軍大学教官や研究者らが参加する。

国内からは、アジア・パシフィック・イニシアティブ研究主幹、政策研究大学院大学教授、笹川平和財団研究員らが加わる。

参加者は期間中、海賊への対処や海上テロ対策など、治安対策強化のための海軍間の協力などについて討議。そのほか、横須賀地区で海自部隊の研修なども行う。

## 「日米共同統合防災訓練」を実施
### 愛知、三重など

南海トラフ大地震の発生を想定した統幕の令和元年度「日米共同統合防災訓練(TREX)」が2月21日から23日まで、陸自中部方面隊の実動訓練「南海レスキュー01」と連接して愛知、三重両県を中心に西日本の各地とその周辺海空域で行われる。

統裁官は陸自中方総監の野澤真陸将が務め、統幕から隊員約20人、陸自から陸上総隊、東方、中方などの約2000人、海自は自衛艦隊、横須賀、呉地方隊などの約450人、空自は航空総隊、支援集団などから約110人が参加。このほか、関係各省庁、地方自治体、在日米軍の要員も加わる。

自衛隊の参加装備は陸自のCH47JA輸送ヘリ、AH1S対戦車ヘリ、海自のヘリ搭載護衛艦「いずも」、空自のF15戦闘機など。

訓練は各司令部での指揮幕僚活動、ヘリ映像伝送装置による被害状況の確認などのほか、在日米軍と連携した救援物資の輸送、「いずも」を拠点とした捜索・救難活動などで、訓練を通じて関係省庁や各自治体との連携強化を図る。

## 「南海レスキュー」も21日から開始
### 陸自中方

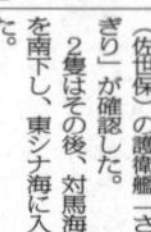
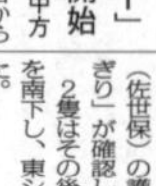
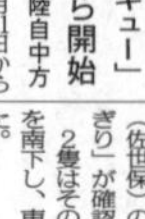
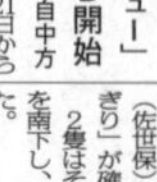
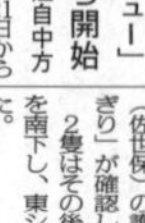
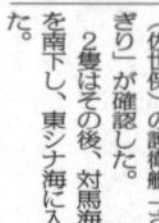

陸自中方は2月21日から23日まで、令和元年度方面隊実動演習「南海レスキュー01」を方面管区内の各駐屯地などで実施する。

訓練は野澤中方総監を担任官に、中方のほか、陸上総隊、東方、航空学校から隊員約7000人、車両約800両、航空機約20機が参加。豪陸軍からもオブザーバーが参加予定。

演習は「南海トラフ地震対処計画」に基づいて行われ、大地震の発生後の関係自治体との連携など、各種事態への災害対処行動を演練し、部隊の能力向上を図る。同時に対処計画の実効性の確認や検証も行う。

## 露艦艇2隻が対馬海峡を南下

2月12日正午ごろ、露海軍の「ウダロイI」級ミサイル駆逐艦(満載排水量8600トン、艦番号572「アドミラル・ヴィノグラドフ」)と「ドゥブナ」級補給艦の各1隻が長崎県・上対馬の北東約130キロの日本海を南西に向け航行するのを海自2空群(八戸)のP3C哨戒機と13護衛隊(佐世保)の護衛艦「さわぎり」が確認した。

2隻はその後、対馬海峡を南下し、東シナ海に入った。

## 6師団60人が協同転地演習

6師団は2月10日から18日まで、東北−九州地区間で「協同転地演習」を実施した。

訓練は東北方面総監の上尾秀樹陸将を担任官に、44普連(福島)から隊員約60人が参加。部隊は東北方管区を出発し、西方管内の国分駐屯地、海自鹿屋航空基地、空自下甑島分屯基地にそれぞれ陸・海・空路で機動展開を行った。

到着地の各駐屯地・基地では現地部隊との協同基地警備訓練に臨み、3自衛隊の警備技量を向上させた。

## 潜水艦訓練でハワイへ出発
### 「けんりゅう」

海自1潜水隊群(呉)の潜水艦「けんりゅう」(艦長・石井毅3佐以下約80人)は2月12日、米ハワイ方面での「令和元年度第2回米国派遣訓練(潜水艦)」に参加するため、呉基地を出発した。

「けんりゅう」は3月中旬から4月中旬までハワイ方面に滞在し、洋上での各種訓練のほか、米海軍の施設を利用して対潜戦、魚雷発射などの訓練を実施する。5月10日に帰国予定。


防衛省職員・自衛隊員・退職者の皆様へ

職域限定特別価格 7,800 円(税込)にてご提供させて頂きます

Hazuki　大きくみえる！話題のハズキルーペ!!

・豊富な倍率・選べるカラー・安心の日本製・充実の保証サービス

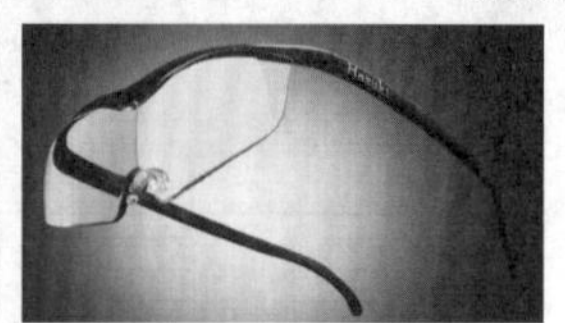

メガネの上から使用できます。

両手が使える拡大鏡　広い視野で長時間使っても疲れにくい

※拡大率イメージ

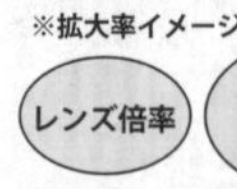

レンズ倍率　1.32倍 焦点距離 50〜70㎝　1.6倍 焦点距離 30〜40㎝　1.85倍 焦点距離 22〜28㎝

※焦点距離は対象物との眼と一番ピントがあう距離

お申込み　・WEBよりお申込いただけます。・特別価格にてご提供いたします。　https://kosai.buyshop.jp/ (パスワード:kosai)

※商品の返品・交換はご容赦願います。ただし、お届け商品に内容相違、破損等があった場合には、商品到着後、1週間以内にご連絡ください。良品商品と交換いたします。

コーサイ・サービス株式会社　TEL:03-3354-1350　担当:佐藤

〒160-0002新宿区四谷坂町12番20号KKビル4F / 営業時間 9:00〜17:00 / 定休日 土・日・祝日

# ビッグレスキュー　その時に備える　第28回

## 「令和元年台風第19号」への対応

### 椎名 敏明氏　栃木県

栃木県危機管理課主幹（元1陸佐）

### はじめに

栃木県は、昨年の「令和元年台風第19号」に伴う記録的な豪雨により、県内でも尊い人命が失われたほか、家屋や店舗、工場等の浸水をはじめ、河川・道路等の公共施設、農地や森林、農作物等に甚大な被害が発生した（27名の死傷者、1万3千棟以上の住家被害）。

県としては、一日も早い被災者の生活の安定と被災地の復旧・復興のために、国や市町をはじめ関係機関と緊密に連携し、生活や生業の再建を全力で支援しているところである。

本災害では、発災直後からの自衛隊による人命救助、施設復旧、給水・入浴支援などの多岐にわたる活動により、復旧に向け大きな役割を果たしていただいた。改めて感謝申し上げる。

以下、災害対応の概要および教訓事項等について、自衛隊に係る事項を主体に紹介する。

自衛隊員（右）と調整する陸自ＯＢの椎名敏明主幹（栃木県庁の危機管理対策室で）

### 災害対応の概要

10月11日（金）1500、県は災害警戒本部（本部長・危機管理監）を、隊区担任部隊である陸上自衛隊第12特科隊（以下「12特」という。）は情報所を、それぞれ設置して情報の収集に当たった。

翌12日（土）1950、県は大雨特別警報の発表と同時に災害対策本部（本部長・知事）を設置し、12特からは県庁LO（連絡幹部）の派遣を受けた。

同2110、河川の氾濫に伴う佐野市からの要請を受けて人命救助に係る災害派遣を、さらに13日（日）1120、断水等に伴う那須烏山市からの要請を受けて応急復旧および生活支援に係る災害派遣を、それぞれ知事から宇都宮駐屯地司令（12特長）へ要請した。

自衛隊による災害派遣は、10月31日（木）2200の災害派遣撤収要請までの20日間、県内7市において延べ6005名の隊員が派遣された。この間の活動実績は、県民122名の人命救助、ダンプ2167台の施設復旧（廃棄物除去を含む）、4・26キロメートルの道路復旧、7・35ヘクタールの防疫活動、299・9キロリットルの給水支援、県民4225名の入浴支援、段ボール50個・段ボールベッド100個の物資輸送等であった。

また、栃木県災害対策本部会議は10月13日（日）0800の第1回からこれまでに10回開催した（継続中）。本会議には、毎回必ず宇都宮駐屯地司令も出席して自衛隊の活動状況等について報告された。

### 教訓事項など

今回、自衛隊への災害派遣要請、派遣間の活動調整、災害派遣撤収要請については、概ね円滑に実施できたものと思料する。この要因として、平素からの自衛隊との信頼関係の構築および自衛隊側の積極的な災害派遣への取り組み姿勢が挙げられる。

県は各種事案発生時における自衛隊への速やかな情報の提供、（実動・図上）防災訓練における企画段階からの自衛隊との綿密な調整、関係機関連絡会議での意見交換などを通して、日頃から担当者相互の意思疎通を図っている。さらに毎年、知事と自衛隊部隊指揮官との懇親会を開催し、双方の上層部においても〝顔のみえる〟関係を築いてきた。こうした信頼関係を今後も継続していきたい。

12特は県内全域に大雨警報が発表された段階で指揮所を設置するとともに、災害発生が予想される5市へ自主的にLOを派遣して情報収集を開始した。

さらに災害派遣間においては、自衛隊側から自治体に対して「自衛隊はこういうことができます」「こういうことをやりましょう」と、積極的な提案がなされた。

しかしながら、このような自衛隊の災害に対する取り組み姿勢の変化に十分対応できない（不慣れな）市町が散見された。今後、災害担当者会同や各種防災訓練など、機会あるごとに自衛隊の災害派遣への取り組みについて市町へ繰り返し説明していきたい。

渡河ボートを使い人命救助活動を行う第12特科隊の隊員

### おわりに

栃木県は、平成19年度から「防災担当主幹」として自衛官OBを採用している。私は平成28年4月から3人目として着任し、早いもので4年が経過しようとしている。これからも自衛隊とのパイプ役、各種防災訓練の全般指導役などの役割を着実に果たしていく所存である。

災害から尊い生命、身体および財産を守り、全ての県民が安全に安心して暮らすことのできる社会の構築を目指し、県のスローガンである「災害に強いとちぎづくり」に少しでも貢献したい。

# ビエンチャン・ビジョン2.0

## 「対等で開かれた協力」推進　アップデート版の特徴

河野防衛相は昨年11月17日、タイの首都バンコクで開かれた東南アジア諸国連合（ASEAN）加盟全10カ国と日本による第5回「日ASEAN防衛担当大臣会合」に出席し、我が国が2016年に打ち出した日ASEANの防衛協力の指針「ビエンチャン・ビジョン」の初のアップデート版となる「ビエンチャン・ビジョン2.0」を発表した。ASEAN独自の外交戦略「インド太平洋アウトルック（展望）」とも連携するこの新たな「ビエンチャン・ビジョン2.0」の特徴について、防衛省防衛政策局国際政策課の協力を得てまとめた。

（4面に「ASEANのインド太平洋展望」分析）

日ASEAN防衛担当大臣会合で「ビエンチャン・ビジョン2.0」を発表し、各国の国防相らと記念撮影に臨む河野防衛相（左から6人目）＝昨年11月17日、タイの首都バンコクで＝防衛省提供

16年11月、ラオスの首都ビエンチャンで開かれた第2回「日ASEAN防衛担当大臣会合」で稲田朋美防衛相（当時）が初めて「ビエンチャン・ビジョン」を発表してから3年余り。

この間、防衛省・自衛隊は、①「法の支配」貫徹のため、海洋・航空分野の国際法に関する認識共有②海洋安全保障の強化のため、情報収集・警戒監視、捜索救難の能力向上③多様化する安全保障上の課題に対処するため、多分野にわたる能力向上――に向けた支援を目指し、「乗艦協力プログラム」や「HA/DR（人道支援・災害救援）招聘プログラム」など、年間を通じてさまざまな取り組みを実施し、ASEAN各国から高い評価を得てきた。

今回のアップデート版は、①心と心の協力②きめ細やかで息の長い協力③対等で開かれた協力――の「実施3原則」のもと、日本が推進する「自由で開かれたインド太平洋（FOIP）」構想を基軸に、昨年6月にASEANが採択した独自の外交戦略「インド太平洋アウトルック」との連動を図りながら、「対等で開かれた協力」の推進を打ち出したことが大きな特徴だ。

アップデート作業を担った国際安全保障政策室長兼能力構築支援室長の[illegible]氏は「『ビエンチャン・ビジョン2.0』の発表は、ASEAN各国から歓迎された。今回、『実施3原則』を掲げたが、日本流の協力が既にASEAN側に浸透しているからこそだと感じている。『自由で開かれたインド太平洋（FOIP）』の下でASEANとの協力・交流をさらに強化していきたい」と話している。

◇ASEAN（東南アジア諸国連合）　1967年の「バンコク宣言」によって設立。原加盟国はタイ、インドネシア、シンガポール、フィリピン、マレーシアの5カ国で、84年にブルネイ、95年にベトナム、97年にラオスとミャンマー、99年にカンボジアが順次加盟し、現在は10カ国で構成する。2015年に共同体となり、過去10年間で高い経済成長を見せている。

## 「ビエンチャン・ビジョン2.0」～日ASEAN防衛協力イニシアチブ～

### アップデートの趣旨

■2016年11月の「ビエンチャン・ビジョン」表明以降3年間の日ＡＳＥＡＮ防衛協力に関する取り組みをレビュー

■インド太平洋地域を一体と捉える、より広い文脈でビジョンを再定義

■日ＡＳＥＡＮ防衛協力の「実施３原則」を提示するとともに、ＡＳＥＡＮの強靭性の強化を協力の目的として明示

### 日ASEAN防衛協力の実施3原則

Ⅰ　心と心の協力：ＡＳＥＡＮの理念の尊重、人的ネットワークの重視、個別ニーズに率先して耳を傾ける姿勢

Ⅱ　きめ細やかで息の長い協力：計画的・継続的で透明性のある関与、持続可能なアウトカムの追求

Ⅲ　対等で開かれた協力：ＡＳＥＡＮの中心性・一体性・強靭性に資する国際連携の強化

【1．協力の目的】

東南アジア地域を結節とする「自由で開かれたインド太平洋」の維持・強化に向けた、①日ＡＳＥＡＮの戦略的パートナーシップの強化、②ＡＳＥＡＮの強靭性の強化を通じた中心性と一体性への貢献

【2．協力の方向性】

ＡＳＥＡＮの中心性・一体性・強靭性に資する取り組みを、「実施３原則」に基づき、以下の重点領域を中心に展開

(1)　中心性・一体性の原則に根差したアプローチ

▽ＡＳＥＡＮ中心の枠組みを主軸として、ＡＳＥＡＮ諸国および域外関係国との国際連携を促進

▽防衛当局間の連結性の向上や規範・慣行等の共有により、信頼醸成と相互運用性を促進

(2)　重点領域：ＡＳＥＡＮの強靭性の強化に資する協力

▽「法の支配」の貫徹：海洋および航空分野に関する普遍的な国際規範の形成・共有を促進

▽海洋安全保障の強化：地域の平和と安定を見据えた域内国の取り組みを支持し、海洋状況把握などに関する能力向上を促進

▽地域的な課題への自律的な対処の支援：災害や非伝統的脅威などに対する対処能力向上を促進

【3．協力の手段】

以下の多様な手段を組み合わせ、関係各省庁との緊密な連携の下、実践的な防衛協力を実施

①国際規範の実行に向けた認識共有の促進：セミナーなどを通じた規範・慣行に係る知見の共有

②能力構築支援：自衛官等の派遣および実務者等の招聘を通じ、支援対象国の能力向上に向けた自律的・主体的な取り組みを支援

③防衛装備・技術協力：装備品・技術移転、防衛装備・技術協力に係る人材育成、防衛産業に関するセミナーなどの開催

④訓練・演習：２国間訓練や多国間共同訓練・演習の実施および参加形態の拡充、自衛隊訓練へのオブザーバー招聘

⑤人材育成・学術交流：留学生・研修生の人的ネットワークの強化、オピニオンリーダーの招聘

「自由で開かれたインド太平洋」とＡＳＥＡＮ地域の概念図

### アップデートのポイント

1．ＦＯＩＰの維持・強化の観点の明記

▽ビジョンを共有する全ての国との開かれたパートナーシップの視点を踏まえて、日ＡＳＥＡＮの戦略的パートナーシップの強化を目指すとともに、ＡＳＥＡＮ諸国および域外関係国との国際連携の促進を目指すことを記載

▽全政府的なコミットメントを踏まえて、日ＡＳＥＡＮ防衛協力に係る省庁間連携の促進を目指すことを記載

2．日ＡＳＥＡＮ防衛協力に係る「実施３原則」の導入

①心に寄り添う協力　②きめ細やかで息の長い協力　③対等で開かれた協力

3．「強靭性（resilience）」の概念の導入

我が国が重視する分野の取り組みを、ＡＳＥＡＮの中心性・一体性の基礎となる「ＡＳＥＡＮの強靭性」の強化に資するものと明確に位置づけ


越後「たかの」携行保存食　ミリメシセット！

・戦食ごはん
・レトルト
・具材スティックライス

・戦食ごはん（発熱剤付き）

日々の訓練に美味しい人気のミリメシをお届け！

発熱剤で温めるだけで、いつでも温かくて美味しいごはんとおかずが食べられます。

セット内容や容量等のご要望に柔軟に対応致します。

注文お問合せ　株式会社たかの
〒947-0052　新潟県小千谷市大字千谷甲 2837-1
TEL：0258-82-6500　FAX：0258-82-6620　MAIL：info@takano-niigata.co.jp

防衛省・自衛隊 関連情報の 最強データベース

朝雲アーカイブ

自衛隊の歴史を写真でつづる
フォトアーカイブ

お申し込み方法はサイトをご覧ください。
＊ID＆パスワードの発行はご入金確認後、約５営業日を要します。

朝雲新聞社　〒160-0002 東京都新宿区四谷坂町 12－20KKビル　TEL 03－3225－3841　FAX 03－3225－3831　http://www.asagumo-news.com

# ～ASEANのインド太平洋展望～

## 防衛研究所 地域研究部米欧ロシア研究室長 庄司智孝氏に聞く

# 「第3の道」と日本の役割

昨年6月、タイの首都バンコクで開催された第34回「ASEAN首脳会議」で、『ASEANのインド太平洋展望』（"ASEAN Outlook on the Indo-Pacific"、以後『展望』）が発表された。（3面参照）東南アジア諸国連合（ASEAN）がインド太平洋という地域をどのように認識し、この地域における諸課題、特に米中を軸とする大国間競争にいかに対処するかの方策をとりまとめた『展望』＝A4で5ページ、全23パラグラフ＝について、防衛研究所地域研究部米欧ロシア研究室長の庄司智孝氏に概要の紹介と合わせて分析・執筆をお願いした。（個人の見解であり、所属組織の見解を代表するものではありません）

しょうじ・ともたか　1971年生まれ。神奈川県出身。東京大学教養学部卒業、東京大学大学院総合文化研究科修士課程修了（学術修士）、東京大学大学院総合文化研究科博士課程修了（学術博士）、ナンヤン工科大学（シンガポール）国防戦略研究所修士課程修了（戦略研究修士）。2002年から防衛研究所勤務。専門分野はベトナムを中心とするインドシナ地域研究、東南アジアの安全保障。最近の主な研究論文に「南シナ海とASEAN　フィリピンとベトナムの対応」『アジア研究』第63巻第4号（17年10月）、「ベトナムの対米安全保障協力　歴史的経緯、現状と将来展望」『防衛研究所紀要』第20巻第2号（18年3月）、「ASEANと南シナ海　米中の間で」『東亜』第622号（19年4月）など多数。

## ■概要

### (1) 背景と根拠（第1～5パラグラフ）

アジア太平洋地域とインド洋地域は、世界で最も躍動的な、経済成長の中心である。そのため、当該地域は、経済成長に伴う人々の生活水準の向上といった機会に恵まれると同時に、不信、計算違い、ゼロ・サムゲームに基づく行動パターンの深化といった課題が浮かび上がっている。

東南アジアが当該地域の中心に位置するという重要性に基づき、地域の経済と安全保障アーキテクチャ（全体的な相互関係）の形成をリードし、そのようなダイナミクスが、東南アジアの人々に平和、安全、安定、繁栄をもたらし続けることを保証することは、ASEANの利益となる。

数十年にわたって包括的な地域アーキテクチャの発展に取り組んできたASEANは、インド太平洋地域におけるより緊密な協力のビジョンを構築し、形成するうえで、その集団的リーダーシップを維持する必要がある。

ASEANはまた、競合する利益の存在する戦略環境のなかで誠実な仲介者であり続ける必要がある。このような背景において、ASEANの指導者たちは、ASEANを中心とする地域アーキテクチャを強化するイニシアチブ、すなわち「ASEANのインド太平洋展望」をさらに議論することに同意した。

「展望」は、東アジア首脳会議（EAS）といったASEAN主導のメカニズムと共に、ASEAN中心性をインド太平洋地域の協力推進のための根本原則とみなしている。

### (2) ASEANのインド太平洋展望（第6パラグラフ）

「展望」は、次の四つの重要な要素からなる。

（ア）アジア太平洋とインド洋地域を、隣り合う領土空間としてではなく、ASEANが中心的かつ戦略的な役割を果たす密接に統合され、相互に接続された一つの地域とみなす視点。

（イ）対立ではなく、対話と協力のインド太平洋地域。

（ウ）すべての人にとって発展と繁栄のインド太平洋地域。

（エ）海洋領域と、進化する地域アーキテクチャの視点の重要性。

### (3) 目的（第7～9パラグラフ）

「展望」には次の四つの目的がある。

（ア）地域協力を導く展望を提供する。

（イ）共通の課題に対処し、ルールに基づく地域アーキテクチャを維持し、より緊密な経済協力を促進することにより、地域の平和、安定、繁栄のための環境を促進し、それにより信用と信頼を強化する。

（ウ）ASEAN共同体の構築プロセスを強化し、EAS、ASEAN地域フォーラム（ARF）、拡大ASEAN国防相会議（ADMMプラス）、拡大ASEAN海洋フォーラム（EAMF）やASEANプラス1関連会合などの既存のASEAN主導のメカニズムをさらに強化する。

（エ）海洋協力、連結性、持続可能な開発目標（SDGs）、および経済その他の可能な協力分野を含む、ASEANの優先的な協力分野のうち、既存の協力の実施と新たな協力分野の開発。

### (4) 原則（第10～12パラグラフ）

「展望」は、次の諸原則に基づく。

強化されたASEAN中心性、開放性、透明性、包括性、ルールに基づく枠組み、良好なガバナンス、主権の尊重、内政不干渉、既存の協力枠組みとの補完性、平等、相互尊重、相互信頼、互恵性、国連憲章、国連海洋法条約、その他の国連関連条約、ASEAN憲章、さまざまなASEANの条約や協定、互恵関係のためのEAS諸原則といった国際法の尊重。

「展望」は、東南アジア友好協力条約（TAC）が包含する諸原則、例えば紛争の平和的解決、力による威嚇や力の行使の放棄、法の支配の促進、によって導かれる。「展望」は同時に、TACの精神に基づき、地域における戦略的信頼の構築とウィン・ウィン協力のための推進力を提供する。

### (5) 協力領域（第13～20パラグラフ）

「展望」の重要な要素を実現するために、ASEANは次の四つの領域で協力を促進する。

（ア）海洋協力
紛争の平和的解決、海洋資源の継続的な管理、海洋連結性の推進、海洋汚染問題への対処、海洋科学の技術的協力。

（イ）連結性
「ASEAN連結性マスタープラン2025」に基づき、環インド洋連合（IORA）、ベンガル湾多分野技術経済協力イニシアチブ（BIMSTEC）、赤道アジア（BIMP-EAGA）などのサブ地域レベルの枠組みや、東アジア地域包括的経済連携（RCEP）を中心とする地域の経済統合枠組みといったさまざまな連結性に関するイニシアチブを連結する協力。

（ウ）国連による持続可能な開発目標2030

（エ）経済その他の協力
南南協力、貿易円滑化、インフラ、デジタル経済、第4次産業革命、気候変動問題への対処等における協力。

### (6) メカニズム（第21～23パラグラフ）

「展望」は、アジア太平洋およびインド洋地域に対するASEAN関与の指針となる。

「展望」は、EASなど、ASEAN主導のメカニズムに基づき、他の地域メカニズムとの協力の潜在性を認識する。

EAS、ASEANプラス1、ARF、ADMMプラスを含むASEAN主導のメカニズムにおいて、この問題と実際的な協力活動に関する戦略的な議論の追求が可能である。

昨年6月にタイの首都バンコクで開かれた第34回「ASEAN首脳会議」で記念撮影に臨む加盟10カ国の首脳ら＝ASEANの公式ホームページから

## ■考察

### (1)「展望」発表の背景

ASEANが「展望」を発表した背景には、大国間、特に米中間の戦略競争の激化がある。米中対立が先鋭化する中、自らの戦略空間の確保を目指したASEANは、米国でも中国でもない「第3の道」として独自のインド太平洋概念を提示した。

「展望」をとりまとめるに当たってイニシアチブをとったのは、インドネシアであった。インドネシアのジョコ・ウィドド大統領は、2018年4月にシンガポールで行われたASEAN非公式首脳会議において、「インド太平洋協力」戦略を発表した。

戦略のポイントは、①包括性、透明性、総合性②地域すべての国々の長期的な利益への適合③平和、安定、繁栄を維持するためのインド太平洋諸国の共同の取り組み④国際法とASEAN中心性の尊重――の4点であった。

インドネシアの提案を受け、ASEANは同年8月の外相会議で、ASEANとしてインド太平洋概念に関する議論を進めることで合意した。

その際会議の共同声明は、「我々はインドネシアのインド太平洋概念に関するブリーフィングに留意した。我々は、ASEANの中心性、開放性、透明性、包括性、ルールに基づくアプローチを包含し、相互の信頼、敬意、利益に貢献するインド太平洋概念に関するさらなる議論に期待している」と言及した。

2019年6月23日に発表された「展望」は、このように、前年から本格化したASEAN内での議論の集大成ではあるが、日付上、同月1日に発表された米国防総省の「インド太平洋戦略報告書」（以後「報告書」）に対するASEANとしての回答を示すかのようなタイミングとなった。

実際、「展望」には米国に対する回答のように読み取れる箇所もある。5ページほどの「展望」の内容は、50ページにわたる米国の「報告書」に比べて一般的かつ抽象的で、個別具体性に乏しいものである。

だが、それも、ASEAN内でさまざまな利益や思惑を持つ10カ国の意見を総合した結果と考えれば、インド太平洋に今後どのように関与していくかに関するASEANの統一見解を示すことに一定程度成功したといえる。

### (2)「展望」の特徴

「展望」の特徴として、次の3点を挙げることができる。

第1に、「中国囲い込み」に対する婉曲的な参加拒否である。「展望」はその冒頭で、インド太平洋の地域情勢を概括し、「経済的・軍事的な大国の台頭によって不信、計算違い、ゼロ・サムゲームに基づく行動パターンなどを回避する必要がある」として、米中対立への懸念を表明している。

そして、大国間の戦略競争に際してASEANの取るべき対応として、「競合する利益の戦略環境の中で、誠実な仲介者であり続ける必要」があり、「競合ではなく対話と協力のインド太平洋地域」を創出すべきと論じる。

ここではゼロ・サムではなく、戦略的信頼やウィン・ウィン関係の構築など、「報告書」で明らかとなった米国の対中対決姿勢と相反するASEANのインド太平洋に関する地域イメージが、繰り返し述べられている。

第2に、ASEAN中心性と、ASEANの多国間協力枠組みの重要性の再確認である。「展望」は、ASEANの中心性をインド太平洋で協力を促進するための基本原則と位置づけ、ASEANの多国間枠組みの中で特に東アジア首脳会議（EAS）を、協力促進の場として活用することを訴える。

ここでは、「報告書」で米国が強調する同盟とパートナーシップという、2国間の安全保障協力枠組みのネットワーク化ではなく、ASEANが域内の国家間関係の中心に位置して大国間の利害を調整するという、ASEANがこれまで追求してきた地域協力のあるべき姿を再確認している。

第3に、安全保障ではなく、経済へのフォーカスである。これは対立ではなく協力を強調するという、「展望」の基本路線を反映している。「展望」はインフラ投資の促進を中軸とする連結性向上や持続的成長を重視し、同時にIORAやRCEPといった他の地域協力枠組みとの相乗効果を期待する。

ASEANは、このように多種多様な協力枠組みとの連携によって、多層的な地域協力の秩序を志向している。また、海洋に関しても、安全保障面での対立ではなく、資源、連結性、環境汚染対策、科学技術協力といった協力面に焦点を当てている。

「展望」で使われている文言は、通例のASEANの諸文書に比べても非常に注意深く選ばれており、かつその表現は曖昧である。これは、ASEANが米中対立の扱いに神経を尖らせていることの証左であろう。ここでは「南シナ海」に言及もなく、「米国」「中国」といった国名すら出てこない。

従来のASEAN関連の文書より一層曖昧さを帯びた今回の「展望」は、米中対立の激しさと対立に関するASEANの強い懸念を示すと同時に、米中どちらの側にも立たないというASEANの立場や、やり方を再確認した。

そこでは「ルールに基づく」（rule-based）という表現が繰り返し使用されており、日米の推進する「自由で開かれたインド太平洋」の基本精神と通じるものがある。

ただ、一方で、ウィン・ウィン関係や経済の強調、RCEPへの期待、南シナ海をはじめとする安全保障問題への言及の回避、といった点を考慮すると、ASEANのビジョンは中国の「一帯一路」構想とも親和性を持っている。

米国（と中国）とASEAN各国の、国力の面からの絶対的な非対称性に鑑み、ASEANが米国との2国間交渉で持つレバレッジは小さい。しかし、米国もインド太平洋戦略の実施に当たってASEANからの支持を取り付ける必要がある。その意味では、米中対立における微妙なバランスの中で、ASEANが戦略的に動く余地はあるとはいえる。

ただ、ASEANが米中対立を解消し、インド太平洋地域の平和と安定を実現する妙案を持ち合わせているわけでもない。また、「展望」にある、大国間の利害調整の場としてEASを活性化するという発案の有効性を、彼らがどこまで確信しているかも定かではない。

それでもASEANは、主権国家の集合体として、大国政治に翻弄されながらも、自らの自律性と選択の余地を残そうと奮闘している。その表れが今回の「展望」である。

### (3) 日ASEAN防衛協力への含意

日本政府は、自らが推進する「自由で開かれたインド太平洋」とASEANの「展望」を結びつけ、日ASEAN協力の礎とすることを模索している。

2019年11月にバンコクで開催された東アジア首脳会議（EAS）において安倍首相は、「展望」に対する日本の全面的な支持を表明するとともに、日本が掲げる「自由で開かれたインド太平洋」とのシナジーを実現し、「展望」の具体的な実現に向け協力する意向を示した。

そして、主たる協力の分野として、法の支配に基づく海洋安全保障の強化、質の高いインフラを通じた連結性の強化、違法漁業対策を含む海洋資源の持続的な利用――を挙げた。

防衛省も、防衛協力の文脈において、ASEANのインド太平洋アプローチに対する積極的な関与を模索している。2016年11月に行われた日ASEAN防衛担当大臣会合において稲田朋美防衛相（当時）は日本の対ASEAN防衛協力の指針となる「ビエンチャン・ビジョン」――日ASEAN防衛協力イニシアチブ」を発表した。

3年後の2019年11月、同じく日ASEAN防衛担当大臣会合において、河野太郎防衛相は「ビエンチャン・ビジョン」のアップデート版として「ビエンチャン・ビジョン2・0」を発表した。

「ビエンチャン・ビジョン2・0」は、「心と心の協力」「きめ細やかで息の長い協力」「対等で開かれた協力」をキーワードに、1977年に日本の対ASEAN政策の基本方針として発表された「福田ドクトリン」にも通じる日ASEAN協力の基本精神を着実に踏襲している。

同ビジョンは、開放性、透明性、包括性、ルールに基づく枠組みといった「展望」に掲げられた理念が、日本が推し進める「自由で開かれたインド太平洋」の基本的な考え方において通底していることを示しており、防衛省は「自由で開かれたインド太平洋」を推進する上で、「展望」を尊重しつつ、さらなる対ASEAN防衛協力を平等なパートナーとして深化させていく方針を明らかにした。

大切なことは、言葉にしなくても伝わっていく。

娘と孫たちを写真におさめた。
娘が孫娘にあやとりを教えている。
「ママも子どものときによくやったんよ」。
はじめて見る毛糸と手先のマジックに心を奪われている。
あやとり。お手玉。針仕事。
娘は妻から、私も母親から、教わった。そして孫へと。
物心がついてきた孫は、最近お姉ちゃんが大好きだ。
お人形遊びも楽しい。ご飯も食べさせてくれる。
両親からしてもらったことを弟にしているのだろう。
知らず知らずのうちに、伝わっていくものがある。
一緒に暮らす時間のなかでしか伝えられないものが。
しあわせは、いつもそばにいる。

人に一番やさしい生命保険会社へ。

確かな安心を、いつまでも　明治安田生命

2018 マイハピネス フォトコンテスト 応募作品「伝える…しあわせなとき」（林典子さま・兵庫県）

明治安田生命 2019マイハピネス フォトコンテストへのご応募お待ちしております。

明治安田生命保険相互会社　防衛省職員 団体生命保険・団体年金保険（引受幹事生命保険会社）：〒100-0005 東京都千代田区丸の内2-1-1　www.meijiyasuda.co.jp

発売中！　2020自衛隊手帳　2021年3月末まで使えます。

お求めは防衛省共済組合支部厚生科（班）で。（一部駐屯地・基地では委託売店で取り扱っております）
Amazon.co.jpまたは朝雲新聞社ホームページ（http://www.asagumo-news.com/）でもお買い求めいただけます。
編集／朝雲新聞社　制作／NOLTY プランナーズ　価格／本体 900 円＋税　朝雲新聞社　〒160-0002 東京都新宿区四谷坂町12-20KKビル TEL 03-3225-3841 FAX 03-3225-3831　http://www.asagumo-news.com

# 募集・援護　特集

平和を、仕事にする。

ただいま募集中！
◇医科・歯科幹部
◇自衛官候補生
◇予備自補（一般・技能）
★詳細は最寄りの自衛隊地方協力本部へ

# 合格者のケア万全

「自衛隊に合格したけど、厳しい団体生活や訓練に付いていけるだろうか」——。そんな入隊への不安を解消してもらおうと、各地本では合格者を先輩に引き合わせたり、同期生と意見交換を行うなどして、着隊に向けて意欲を高めてもらっている。長野地本では海自P3C哨戒機の元クルーが航空学生の合格者に自身の体験を披露するなど、他では得られない航空機搭乗員のやりがいを伝えた。

## 同期と顔合わせ交流　長野、海自航空士が助言

【長野】上田地域事務所は2月4日、航空学生試験（海上要員）に合格した3人と一般幹部候補生（飛行要員）試験受験予定の1人に対し、「航空学生説明会」を開催した。同事務所から3人が同試験に一度に合格したのは初めて。

長野地本募集課長で、海自P3C哨戒機とC130R輸送機の戦術航空士でもある丸山浩資2海佐が航空機搭乗員の魅力のほか、入校後のキャリアアップなどについて説明した。

丸山2佐への質疑応答では、「下宿を借りる人は多いですか」「体力に少し不安がありますが、やっていけますか」「高卒で入隊した後、通信制大学などで勉強を続けることができますか」といった質問があった。これに対し「私も大学は法学部で運動は苦手だったが、自衛隊の教育中に体力を向上させることができた」などと丁寧に答えていた。

合格者同士の懇談では「近々実施される（山口県の）小月教育航空隊の見学ではどんな交通手段で行くか」といった情報交換が行われた。3人は連絡先の交換を行い、「入隊まで引き続き交流を行おう」と早くも同期として結束。

最後に担当広報官と提出書類の確認や制服用採寸を行い、着隊に向けて万全の準備を進めた。「このタイミングで航空機搭乗員の方から話を聞けたのは良かった」「同じ長野出身の同期と顔合わせができて心強く思った」などと話し、入隊に向けて意欲を高めていた。

航空学生の試験合格者にパイロットのキャリアプランを説明する元P3C戦術航空士の丸山2佐（奥）＝2月4日、長野地本上田地域事務所で

## 高校訪れ地本長から通知書　神奈川

【神奈川】地本では今年度、海自の「航空学生」に7人が合格した。このうち、上大岡募集案内所では2月3日、合格者1人に対する合格通知書の授与を行った。

当日は神奈川地本長の夏井隆1海佐自らが合格者の通う横浜市の氷取沢高校を訪問。授与式には本郷宏一校長をはじめ教頭や担任教員も立ち会い、自衛官募集相談員の新井絹世県議会議員も激励に駆けつけた。地本長が山村海幕長からの合格通知書を入隊予定の生徒に手渡した。

この後、同校からの防大推薦試験合格者も参加し、懇談が行われた。1海佐をはじめとした立会者に合格者たちは緊張しながらも、入隊に向けての夢や抱負などを語っていた。

夏井地本長は自身の入隊時の体験談や心境を語り、「過去に何千、何万という先輩が通って来た道です。過剰に不安に感じる必要はありません」とアドバイス。

立会した新井県議は「教育期間中はスマホも使用できるのでしょうか」など、若者の目線に立った質問もあり、地本長は海自の生活環境を丁寧に解説。これを聞いた合格者は安心した表情で、それぞれ入隊に向けて不安を払拭していた。

夏井神奈川地本長（左から2人目）から航空学生試験合格通知書を手渡された生徒（同3人目）。その右は防大合格者（2月3日、横浜市の氷取沢高校で）

## 現役女性自衛官と懇談　福岡、入隊予定の女性21人

【福岡】地本は1月25日、小倉南生涯学習センターで女性合格者限定イベント「北九州地区女性入隊予定者説明会」を開催した。

はじめに北九州地区隊本部班長の村上朋1陸尉が女性入隊予定者21人に自衛隊の任務、組織、福利厚生などについて説明。女性自衛官の部隊指揮官も誕生し、今では潜水艦にも乗れ、女性戦闘機パイロットも誕生したことなどを伝えると、驚きの声が上がった。その後、陸・海・空の入隊別グループに分かれ、現役女性自衛官と懇談した。

女性自衛官は教育隊での生活環境や部隊での仕事内容について説明。その後は質問タイムとなり、訓練内容や生活環境について丁寧に答えていた。

生徒らは「教育隊の生活で不安なこともあったが、やっていけるイメージがわいた。一緒に入隊する同期の方と話せて良かった」と笑顔で語っていた。

「北九州地区女性予定者説明会」に参加し、現役女性隊員（中央）から説明を聞く入隊予定者たち（1月25日、小倉南生涯学習センターで）

## 北陸高校訪れヘリ実習激励　佐賀

【佐賀】地本は1月15日、佐賀市の北陸高校航空科を訪問し、高校最後の実習となる生徒を激励した。

佐賀地本は同校航空科に用途廃止となったOH6D観測ヘリを教材用として無償貸付し、年1回、その確認を行っている。今回の隊員による激励は、「実際に航空機整備の経験がある自衛官が授業を見学することで、生徒の学習意欲を高めたい」という学校からの要望に応えたもの。

実習はOH6Dの格納庫からの搬出・搬入を航空科の3年生全員が交代で実施する内容。ヘリ整備の資格を持つ地本援護センター長の中山悟1陸尉が実習状況を注意深く見守り、生徒たちを激励した。

同航空科には自衛隊への入隊予定者も含まれており、お世話になっている広報官を見つけるとあいさつし、技術が向上していることなどを伝えた。

生徒たちは「自衛官の方が来て緊張したが、いい経験になった」と話していた。

地本の隊員が見守る中、OH6ヘリを使った実習を行う航空科の生徒たち（1月15日、佐賀市の北陸高校で）

# 華やかに「じえコレ」

## 陸海空32人の自衛官　さっそうとファッションショー

## 旭川　2日間で1600人来場

【旭川】地本は1月11、12の両日、旭川市のイオンモール旭川西で自衛隊（ファッション）コレクション「じえコレ」を開催した。

両日で約1600人が来場した同イベントは、地域住民の自衛隊に対する認識と理解の向上を目的として行われた。オープニングでは、旭川地本広報大使の浅井未歩さんが登場し、抜群の歌唱力で聴衆を釘づけにした。続く2音楽隊（旭川）による演奏会では昨年レコード大賞も受賞した楽曲『パプリカ』の演奏に合わせ、子供たちも飛び入り参加して踊りを披露し、会場を盛り上げた。

ファッションショーでは道内各地から集まった陸・海・空の自衛官32人が、さまざまな制服や作業服計48着を身にまとい、来場者に向けて自衛隊をPRした。

中でも注目を浴びたのは、一新された陸自の新制服。また、初登場となる政専機の空中輸送員の制服、戦闘機パイロット着用の「耐Gスーツ」も人気で、レッドカーペットをさっそうと歩いてポーズを決める隊員に、観客から大きな拍手が送られた。

来場者は「とても楽しく素敵なイベントで、今後もぜひ続けてほしい」「隊員さんたちがみなカッコよかった！」などと好評だった。

「じえコレ」に出演し、ポーズをとる現役自衛官たち（1月12日、旭川市のイオンモール旭川西で）

# "成人式広報"発動　東京

## 練馬「としまえん」駅前で

【東京】練馬地域事務所は1月13日、練馬区のレジャー施設「としまえん」で開かれた「区成人の日のつどい」に合わせ、近くの駅前広場で"成人式広報"を行った。

「としまえん」は段階的な閉園が予定されており、同日は、練馬区の新成人は配布されるチケットで同園の施設を利用できる。その広報効果に着目した練馬所が来場した新成人らに自衛官候補生試験の日程を掲載したチラシを配布した。

広報官の声掛けに新成人の父母も関心を示し、「子供を自衛隊に入れたい」と話すなど、今後の自衛隊のイベント予定にも聞き入っていた。

防大の制服姿で成人式に参加した防大生もいて、広報官を見つけると「募集活動頑張ってください」とあいさつ。東京地本長の岸良知樹将補からも祝福の言葉を掛けられていた。

岸良東京地本長（手前）からお祝いの言葉をかけられる新成人の防大生（1月13日、東京都練馬区の豊島園駅前広場で）

## 五反田ではティッシュ配布

五反田募集案内所は1月13日、「品川区成人の日の集い」に合わせ、大井町駅前で募集相談員連絡協議会品川支部と広報活動を実施した。

成人式は同駅に隣接する「きゅりあん（区立総合区民会館）」で行われ、広報官と募集相談員らは会場に向かう新成人に「おめでとうございます！」とお祝いの言葉をかけ、2月に実施する自候生採用試験の日程や職業説明会の案内が入ったポケットティッシュを手渡した。

活動に協力した10人の募集相談員らも新たに作製したおそろいの帽子をかぶり、新成人たちに積極的に声を掛け、チラシを配布した。

新成人の保護者からは隊員らに「ご苦労さまです。頑張ってください」などとねぎらいの言葉もあった。

振袖姿の新成人に募集情報の入ったティッシュを配る募集相談員（1月13日、東京都品川区の大井町駅前で）

## 浦戸湾を体験航海　高知、掃海艇「ながしま」で

【高知】地本は1月18、19の両日、高知港で101掃海隊所属の掃海管制艇「ながしま」での「艦艇勤務1dayインターンシップ」を開催した。

当日は冬晴れの下、大学生や入隊予定者など12人が参加。乗員のラッパ演奏による自衛艦旗への敬礼から始まり、海自の概要について学んだ後、乗員から艦橋や装備品など丁寧な説明を受けながら艇内を見学。

一行はその後、救命具を身に着け、水しぶきをあげながら航行する処分艇の体験や消火用放水、手旗、ロープワーク、隊司令・艇長との懇談など、さまざまな体験を通して艦艇勤務への理解を深めていた。

昼食時には定番の海自カレーを堪能。午後は浦戸湾沖まで体験航海し、出入港や航行時に乗員たちがさまざまな役割を果たし、整斉と動く姿にみな感心していた。

参加者は「職種を選ぶうえで参考になった」「海上自衛官についてさらに興味が湧いた」などと話していた。

掃海管制艇「ながしま」に乗り、乗員（手前）から手旗の指導を受けるインターン参加者（1月18日、高知港で）

## 予備自補から「常備」へ　宮城、招集教育訓練を支援

【宮城】地本は1月17日から21日まで、多賀城駐屯地で予備自衛官補招集教育訓練（119教育大隊担任）を支援した。

訓練には地本採用の予備自補7人が出頭し、それぞれ所定の訓練に挑戦。そのうち3人はすでに40日間の訓練を終えており、今回の訓練と2月の訓練を修了すると予備自として任用されることになっていたが、3人とも3月から常備自衛官（陸1、空2）への採用が決まったため、みな真剣な眼差しで訓練に臨んでいた。

訓練初日には、宮城地本募集課長の豊原芳之2陸佐と募集班長の薮井大平1陸尉が激励に訪れ、予備自補制度の周知と予備自補志願者の情報提供を参加者に依頼した。


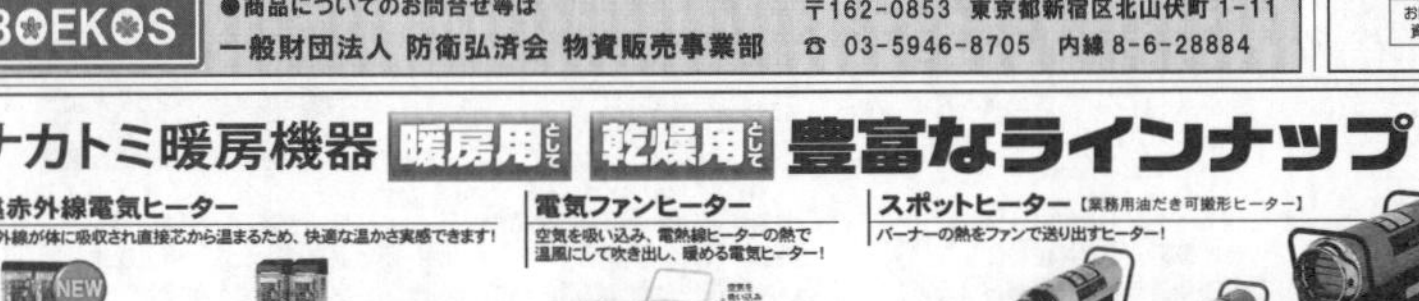

お仏壇　店頭表示価格より 10% OFF　特価品、特注品、一部商品を除く
神仏具　店頭表示価格より 5% OFF　特価品、特注品、一部商品を除く
お墓（墓石・工事代）　店頭表示価格より 5% OFF　永代使用料、年間管理費、供養料、一部霊園・一部石種・屋内墓苑を除く
初回ご来店の際には JD VISAカードをご提示ください。
それ以降のお申し出は特典無効となります。※他の割引サービスとの併用はできません。
有効期限2020年3月末日
お問い合せ 資料請求　はせがわ　つなぎます。心と、いのちと、人。　通話無料 0120-11-7676（10:00～18:00 不定休）　www.hasegawa.jp

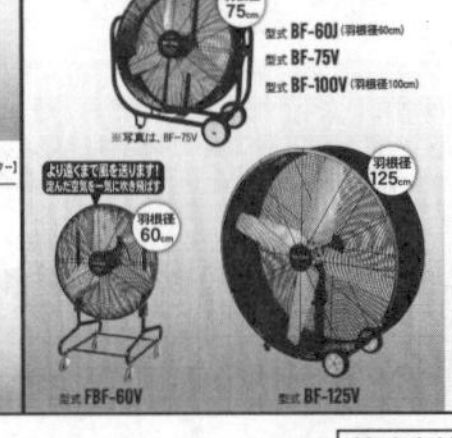
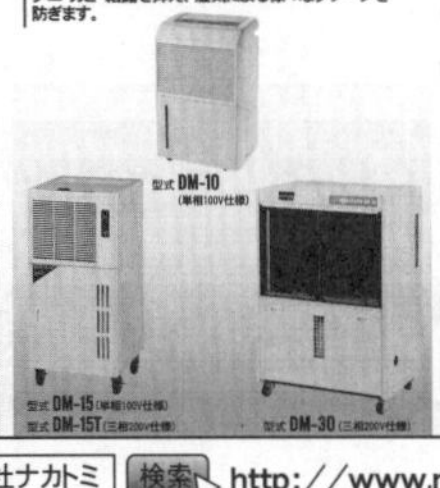

株式会社 ナカトミ　〒382-0800 長野県上高井郡高山村大字高井6445-2
TEL:026-245-3105　FAX:026-248-7101　【受付時間】10:00～12:00／13:00～17:00（土、日、祝日を除く）
詳しくはホームページをご覧ください▶ 株式会社ナカトミ 検索 http://www.nakatomi-sangyo.com

# 「朝雲」縮刷版 2019

2019年の防衛省・自衛隊の動きをこの1冊で！

**大型台風が関東・東北を直撃　統合任務部隊を編成**
**宮古島と奄美大島に駐屯地・分屯地が開庁 南西防衛を強化**

『朝雲 縮刷版 2019』は、台風19号などへの災害派遣をはじめ、宮古島などで新駐屯地・分屯地開庁、天皇陛下御即位で陸海空自が祝賀支援、トランプ大統領「かが」乗艦、シナイ半島の「多国籍軍・監視団」へ陸自隊員を派遣、インドと初の2プラス2の他、予算や人事、防衛行政など、2019年の安全保障・自衛隊関連ニュースを網羅、職場や書斎に欠かせない1冊です。

発売開始!!

発　行　朝雲新聞社
判　型　A4判変形　452ページ　並製
定　価　本体2,800円＋税

## 防衛省・自衛隊の13年　「朝雲」縮刷版 2006～2018 バックナンバー発売中

◎陸海空自衛隊、統合運用体制スタート
◎防衛庁組織改編、装備本部、地方協力本部など始動
2006年版には「さくいん」がありません。

◎宿願の防衛省移行が実現
◎陸自中央即応集団がスタート

◎イラク復興支援、5年に及んだ活動終わる
◎イージス艦「あたご」と漁船が衝突

◎ソマリア沖海賊対処へ艦艇・航空機部隊を派遣
◎初の日米韓3カ国防衛首脳会談、北朝鮮対処で一致

◎尖閣沖事件発生、島嶼防衛態勢の強化が課題に
◎安保改定50周年、各地で記念行事続く

◎東日本大震災　自衛隊災害派遣の全記録
◎南スーダンPKOに施設部隊派遣へ

◎陸自と米海兵隊がグアムで初の水陸両用訓練
◎航空総隊司令部が横田への移転を完了

◎中国、突然の防空識別圏設定、レーダー照射
◎日本版NSC発足

◎御嶽山噴火、広島土砂災害などで災派活動
◎防衛省・自衛隊発足60周年

◎「平和安全法制」が成立、集団的自衛権限定的容認
◎防衛装備庁発足など組織改革

◎南スーダン11次隊に「駆け付け警護」など新任務付与
◎熊本地震で統合任務部隊2万6000人投入

◎北朝鮮が15回の弾道ミサイル発射。核実験も強行
◎5年間続いた陸自の南スーダンPKO活動が終了

◎新「大綱」「中期防」策定
◎陸自が大改革、陸上総隊、水陸機動団を創設

バックナンバーのご注文はお電話で（03-3225-3841）。価格はすべて本体2,800円＋税（送料別途）。

朝雲新聞社　〒160－0002 東京都新宿区四谷坂町12－20 KKビル　TEL 03－3225－3841　FAX 03－3225－3831　http://www.asagumo-news.com

# オーストラリア森林火災で物資輸送

## 「日本の支援に深く感謝」

### 国緊隊帰国　駐日大使が出迎え

大規模森林火災の被害を受けたオーストラリアで、約3週間にわたり人員や物資の輸送を行ってきた国際緊急援助空輸隊（司令・太田将史1佐以下約70人）が2月10日、河野防衛相の撤収命令を受け、日本に帰国した＝2月13日付1面既報＝。小牧基地ではC130H輸送機2機から降り立った空輸隊員を、オーストラリアのリチャード・コート駐日大使が出迎え、感謝の言葉を贈った。

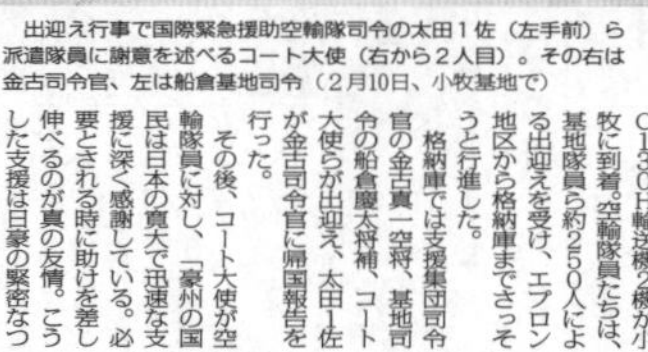

出迎え行事で国際緊急援助空輸隊司令の太田1佐（左手前）ら派遣隊員に謝意を述べるコート大使（右から2人目）。その右は金古司令官、左は船倉基地司令（2月10日、小牧基地で）

10日午後6時半すぎ、太田1佐以下約70人を乗せたC130H輸送機2機が小牧に到着。空輸隊員たちは、基地隊員ら約250人による出迎えを受け、エプロン地区から格納庫までさっそうと行進した。

格納庫では支援集団司令官の金古真一空将、基地司令の船倉慶太将補、コート大使らが出迎え、太田1佐が金古司令官に帰国報告を行った。

その後、コート大使が空輸隊員に対し、「豪州の国民は日本の寛大で迅速な支援に深く感謝している。必要とされる時に助けを差し伸べるのが真の友情。こうした支援は日豪の緊密なつながりを示すものだ」と謝意を述べた。

太田1佐は行事後の記者会見で「東日本大震災の際、オーストラリア軍から受けた（C17輸送機などの）派遣支援に対する恩返しの意味でも、全力で今回の任務を遂行した」と語った。

12日には豪軍などとの調整業務に当たった現地調整所の隊員（所長・狗田将補以下、交代要員を含む延べ13人）による帰国報告が防衛省で行われ、統幕副長の増子豊空将、統幕防衛計画部長の森田雄博空将補が立会する中、狗田所長が統幕長に帰国を報告した。

山崎統幕長は「連日の酷暑の中、活動に従事し、任務を完遂して全員が無事に帰国したことをうれしく思う。諸官らの活動を通じ、豪州との関係がより一層深化されたと確信している」と労をねぎらった。

空輸隊は1月15日に日本を出発、現地で18日から2月7日までシドニー近郊のリッチモンド豪空軍基地を拠点に、消防車や消火資機材など延べ約11トン、約600人を輸送。現地調整所は1月15日から2月7日まで調整業務に当たった。

山崎統幕長（左）に帰国を報告する狗田1空佐以下、現地調整所の要員（2月12日、統幕で）

## 女性自衛官 潜水艦教育訓練隊に初入校

### 「気負わず頑張りたい」竹之内3尉

### 海自の全配置で女性勤務可能に

【潜訓隊＝呉】潜水艦教育訓練隊（呉）で1月22日、「第3102期幹部専修科潜水艦課程」の入校式が行われ、竹之内里帆3尉が初の女性学生として入校した。

潜水艦隊司令官の[illegible]海将は「我が国を取り巻く国際情勢が目まぐるしく変化する中、潜水艦部隊は最強かつ最前線の砦としての任務が与えられている。潜水艦への第一歩を踏み出した諸官に対する期待は極めて大きい」と訓示。20人の初級幹部たちを激励した。

入校式の後、竹之内3尉は「気負わず、同期と助け合い、切磋琢磨して潜水艦の乗員になれるよう頑張りたい」と抱負を語った。

式典には大勢の報道陣が詰めかけ、この様子は国内だけでなくフランスのAFP通信でも取り上げられた。

幹部潜水艦課程に入校した学生たちは約5カ月間、潜水艦幹部になるために必要な基礎知識や術科などの教育を受ける。修業後は約11カ月の実習を行い、その後、部隊に配属される。

潜水艦教育訓練隊の「第3102期幹部専修科潜水艦課程」に入校し、整列する竹之内3尉（前列右から2人目）＝1月22日

◇女性の潜水艦配置について

自衛隊では平成5年以降、①直接戦闘職域の戦闘部隊②直接支援する職域③肉体的負担の大きい職域——に女性自衛官の配置はしないとしてきたが、任務が多様化・複雑化する中で、有用な人材の確保と能力のある女性自衛官の活躍推進の観点から順次配置を開放してきた。

30年12月には、それまで1年間実施してきた「女性自衛官の潜水艦乗組」の結果、潜水艦教育訓練隊や潜水艦でのプライバシー保護問題などについて解決の見通しが立ったことから、潜水艦への配置制限も解除された。これにより、今後は海自の全配置で女性自衛官が活躍できるようになった。

あさぐもドリマイ！　吉本どんご

いままでの強盗

金を出さないと

令和2年の強盗

金を出さないと

咳をするぞ

## 新型白バイ、さっそうと

### 陸自警務隊に導入

### 俊敏な走行、操作性も向上

新型の白バイ（手前）に乗る302保安警務中隊の中村優子3曹と、現有車種に乗る笹原3曹（2月6日、市ヶ谷駐屯地で）

【陸警務隊＝市ヶ谷】全国の陸自警務隊に昨年末、新型の白バイが導入され、話題を呼んでいる。

新たに運用を開始したのは「ヤマハMT-03」（320cc）をベースに開発された警務隊のオリジナル仕様で、現有の「ヤマハXJR」に比べて車体重量が軽く、より俊敏な走行が可能となるなど、操縦性が向上したのが特徴だ。

さらに、車体後部の赤色灯が起立式に変わり、ドライバーや歩行者からの視認性も一段とアップした。全国5個方面隊の警務隊に約20台が配備され、現有車種と共に運用される。

警務隊の白バイは高官を乗せた車両の先導や警護をはじめ、災害派遣部隊などの道路交通統制や駐屯地などでのパトロールに使用されている。また、方面隊の創立記念行事などでは女性隊員も白バイに乗り、観閲部隊の一員として先頭を行進し、活躍している。

警務隊では「今後は自衛隊の広報や人材確保の面からも新型の白バイを活用していきたい」と話している。

## 善光寺で4千人に豆まき

### 長野地本　1年の平和と安全祈願

【長野地本】地本は2月3日、長野市の善光寺で開かれた恒例の「第69回節分会」に陸自13普連（松本）連隊長の伊藤裕一1佐と共に参加した。

節分会には、人気グループ・EXILEのメンバーや地元放送局のアナウンサーなども招かれ、公募の福男・福女約600人と本堂の回廊に登壇。「福は内、鬼は外」と威勢の良い掛け声で福豆まきを行った。

集まった子供から年配までの約4千人の参拝者たちは、懸命に手を伸ばして「こっちにもまいて！」「福をください！」などと大声を上げ、境内は大いに盛り上がった。

地本長の三笠展隆1陸佐と伊藤連隊長も制服姿で参拝者に福豆をまき、自衛隊をPRするとともに、今年1年の平和と安全、任務の完遂を祈念した。

## 知人名義を無断で使いチケット買うのは不法

### こちら警務隊

電子計算機使用詐欺罪

無断で知人名義で芸能人のファンクラブに登録し、入手困難なコンサートチケットを知人の名義で購入したら罪になりますか？

刑法第246条の2「電子計算機使用詐欺罪」に該当する可能性があります。

パソコン等を使用し、無断で他人名義や架空名義を使用してチケットを購入する行為は、本来、公正な事務処理を目的としているチケット販売会社の電子計算機に対し、虚偽の情報を与えて財産上の不法な利益（今回はチケットの購入権）を得たことになるためです。

このような行為は、他の適正な購入希望者の機会を奪うことにもなります。絶対にしてはいけません。

偽名で申し込もう♪

「十年以下の懲役」（有罪＝失職）

（西部方面警務隊）

## 千葉県知事から感謝状

### 4補木更津支処　台風・大雨災派で

【空自4補木更津支処】昨年9月の台風15号から続いた一連の台風・大雨被害に際し、千葉県内で給水支援の災害派遣活動に当たった功績で、第4補給処木更津支処は1月31日、千葉県の森田健作知事からの感謝状を伝達された。

同日、木更津分屯基地の応接室で行われた伝達式では、森田知事の代理で来隊した千葉県防災危機管理部災害・危機対策監の荒井博友氏が「自衛隊員の皆さまの懸命な活動に、未曽有の災害に直面し苦難の日々を過ごした多くの県民は大いに勇気づけられた」と謝意を述べ、部隊を代表して木更津支処長の河野学1佐に感謝状を手渡した。

荒井氏（右）から知事感謝状を受け取る木更津支処長の河野1佐（1月31日、木更津分屯基地で）

## 掃海艇「とよしま」など研修

### 山口県防衛協会の下関支部会員

【下関】下関基地隊は12月14日、山口県防衛協会・青年部会・女性部会の各下関支部の計16人を同基地に招き、部隊研修を支援した。

参加者たちは庁舎会議室で基地隊の概要説明を受けた後、43掃海隊所属の掃海艇「とよしま」を研修。木造の船体を目の当たりにし、驚いた様子で見学していた。

一方、顕彰資料室「えびら」では、写真やジオラマを通じて戦後からの掃海任務の重要性を再認識した。厚生センター談話室では隊員との食事会も行われ、みな時間がたつのも忘れて会話に花を咲かせ、終了時間を迎えた。

部隊研修は終始、笑顔があふれ、会員たちは大満足で基地隊を後にした。

笑顔で敬礼のポーズを決める研修参加者たち（12月14日、下関基地の顕彰資料室「えびら」前で）

## 小休止

▽…米海軍兵学校（アナポリス）で1月30日、卒業行事「シップセレクション」が行われ、成績最優秀者のマイク・ハンリン候補生が米海軍横須賀基地に配属されている空母「ロナルド・レーガン」を選んだ。

▽…この行事は、士官候補生が卒業後に自分が赴任する艦艇を成績順に選んでいく年に1度のビッグイベントで、成績最優秀者が日本を初任地に選ぶのは初めて。米国防衛駐在官の興梠拓朗1佐や同校連絡官の前山一歩2佐、服部華都規3佐から居合刀が贈呈されると、会場は大きな歓声に包まれた＝写真。

▽…さらに、今回は日本に配備されている全ての米艦艇が候補生たちから選ばれ、約260人中、過去最大となる男性26人、女性20人の計46人が日本への赴任を決めた。（海幕）


防衛省職員・家族団体傷害保険

親介護特約が好評です！

介護にかかる初期費用

要介護状態となった場合、必要と考える初期費用は平均252万円との結果が出ています。

（出典）生命保険文化センター「平成27年度生命保険に関する全国実態調査」

初期費用の目安

車いす
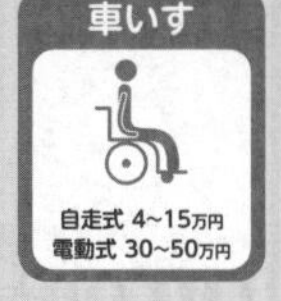

自走式 4～15万円
電動式 30～50万円

特殊寝台
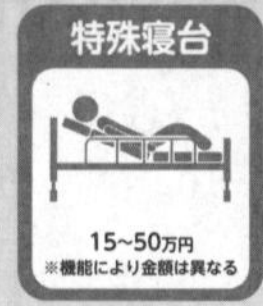
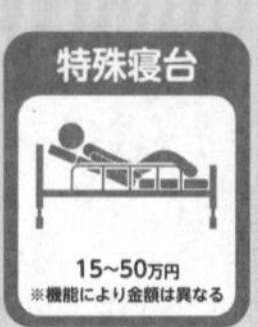
15～50万円
※機能により金額は異なる

移動式リフト

据置式 20～50万円
レール走行式 50万円～

ポータブルトイレ

水洗式 1～4万円
シャワー式 10～25万円

その他

手すり、
老人ホームの費用 等

気になる方はお近くの弘済企業にご連絡ください。

［引受保険会社］（幹事会社）
三井住友海上火災保険株式会社
東京都千代田区神田駿河台 3-11-1　TEL:03-3259-6626

［共同引受保険会社］
東京海上日動火災保険株式会社　損害保険ジャパン日本興亜株式会社　あいおいニッセイ同和損害保険株式会社
日新火災海上保険株式会社　楽天損害保険株式会社　大同火災海上保険株式会社

［取扱代理店］
弘済企業株式会社
本社：東京都新宿区四谷坂町 12 番地 20 号 KK ビル
TEL：03-3226-5811（代表）

# FTCは陸自の魂だ、命だ！

## ～記念講話で岡部元陸幕長～

部隊訓練評価隊（北富士・滝ヶ原）

本年3月末に創隊20周年を迎える「部隊訓練評価隊」（北富士、滝ケ原）は1月17日、「創隊20周年記念式典」を行った。

北富士駐屯地体育館で行われた式典には、岡部俊哉元陸幕長や山本洋元富士学校長をはじめ、「機動訓練センター」の歴代PJ長や「FTC（富士トレーニングセンター）」歴代隊長など、熱い思いのOB約100名と駐屯地の各部隊長が陪席、富士学校音楽隊の演奏の中、400名のFTC隊員が整列し記念式典に臨んだ。

式辞で、隊長は隊員に「連隊長や師団長がどんなに素晴らしい指揮をしても、中隊がボーっとしていたら部隊は全滅する！　昨今、部隊の編成・装備が大きく変わっているが、基礎となる部隊を鍛えるFTCの任務は変わらない！　それどころか、総合戦闘力を活用した実戦的な訓練が行えるFTCの存在価値はますます大きくなっていく！　その任務に誇りをもって頑張ろう！」と強く求めた。

続いてFTC創設当時の防衛庁長官だった中谷元・衆院議員や湯浅悟郎陸上幕僚長からの「基礎となる部隊錬成の重要性は不変だ」といった多くの祝電が披露された。式の最後には富士学校音楽隊の生演奏で全員が隊歌を合唱。あるOBは「改めていい曲だと感動した！」と涙を流しながら語っていた。

部隊訓練評価隊の創隊20周年記念式典で、隊員に「横綱相撲を取る〝憎たらしい本物の敵〟になり切れ！」と気合を入れる岡部俊哉元陸幕長（1月17日、北富士駐屯地で）

### 「憎たらしい本物の敵になりきれ」

その後、会場をFTCの講堂に移し、岡部元陸幕長の講話が始まった。

岡部氏は陸幕教育訓練部（当時）の担当としてFTC創設に深く関わり、また教育訓練部長としてもその発展を見てきたとして、「FTCには特別の思いがある」と今回の講話依頼を快諾してくれた。

講話の中で岡部氏は創設時の「産みの苦しみ」について言及し、「当初はFTC（機動訓練センター事業）は厄介者扱いだった」と振り返り、陸幕の担当として事業化に苦労したエピソードを紹介。「諸先輩のたゆみない努力によってFTCは始動した」と、創設に関わったOBたちの労をねぎらった。

そして「（北富士演習場を占有し）部隊の訓練阻害要因」とまで言われ〝厄介者〟扱いされていたFTCが、当時のスタッフの地道な努力と成果の積み重ねによって高い評価を得て〝大逆転〟するまでに至った関係者の努力と苦労の歴史を丁寧に振り返った。

その上で、「FTCは陸自の魂であり、命だ！」とその重要性を力説。「総合戦闘力発揮の基盤となる練度の維持向上に関して、陸自として最高の質と最適の環境を提供できる組織はFTCだけだ」と強調し、「まもなく北方にHTC（北海道トレーニングセンター）が立ち上がるが、専門の対抗部隊を持たず限界がある」とし、令和の時代も「（基礎となる部隊を鍛える）FTCの存在意義は変わらない」と身振り手振りを交えて隊員たちに熱く語った。

創隊20周年記念式典の祝賀会であいさつする近藤力也隊長

さらに「実戦的・実際的な訓練環境の作為」と「統一的で客観的・計数的な評価」を柱とした「〝全くぶれることのない運営〟がFTCの身上である」とし、その前提が評価支援隊（対抗部隊）の存在だと、約300名の評価支援隊員に鋭い眼光を向け、「（戦術的に妥当な）正攻法で完膚なきまでに相手（訓練部隊）を叩き潰す、横綱相撲を取る〝憎たらしい本物の敵〟になり切れ！」と気合を入れた。

加えて、イラク派遣のミッション・リハーサルに見るように「情勢、任務、ニーズに柔軟に対応して質の高い訓練の場を提供できるのもFTCの強みだ」とし、「HTCには不可能な運営がFTCに期待されるものであり、HTCができてもFTCの任務は不変だ！　この令和の（情勢が）混迷した時代だからこそ、FTCでの訓練が不可欠だ！」と総括した。

そして最後に、「FTCとHTCの連携」について付言し、「機動訓練センター事業として全体像を確立し、目的やそれぞれの地位・役割を明確化して、一つの事業として相互に連携させて発展すべきである」と〝元陸上幕僚長の顔〟で、陸幕から聴講に来た担当者への「指導」も忘れなかった。

講演後、「気合が入りました！」とFTC総員は岡部元陸幕長に最敬礼し、熱い講話は終了した。

---

### 即自隊員、対戦車ミサイル全弾命中

3陸曹 藤本 篤（31普連4中隊・武山）

「経験」に勝るものなし。本訓練を通じて改めて得ることのできた教訓である。

第4中隊対戦車小隊は昨秋、東富士演習場で実施された第4次連隊野営87ATM射撃訓練に即応予備自衛官4名とともに参加し、「2個射群全弾命中」の成果を収めることができた。

本訓練は分隊長、操作手、弾薬手の3名からなる対戦車分隊を即応予備自衛官のみで編成し、射撃を実施するという特性を持った訓練であった。

4中隊としては発射した飛翔体（ミサイル）を目標へと誘導する分隊長を即応予備自衛官が実施するのは初めてであり、分隊長を含めた2名は不安を抱きながらの参加であった。しかしプレッシャーの中で「初弾必中」を掲げて臨み、見事目標に命中させ、目標を達成したのである。

この訓練で2人は大きな自信を得るとともに貴重な経験を積んだ。[illegible]け、全員が揃っての事前訓練は[illegible]

何事も初めてのことに挑[illegible]く努力していきたい。

---


（世界の切手・アメリカ）

武士は豪勇だけではいけない。臆病で味付けする必要がある。

馬場 信房（戦国時代の武将）

朝雲ホームページ
www.asagumo-news.com
<会員制サイト>
Asagumo Archive
朝雲編集部メールアドレス
editorial@asagumo-news.com

---

## 新刊紹介

### 「CBRNEテロ・災害対処ポケットブック」

箱崎 幸也ほか編著

中国・武漢市から中国全土、そして世界に広まった新型コロナウイルスの感染拡大はいまも国際社会を揺るがし続けている。本書はそうした集団感染症を含む「CBRNE（化学剤・生物剤・放射線・核・爆弾）」テロや災害に対処する専門家（自衛官、消防隊員、警察官など）に向けたハンドブックだ。

編著者は元自衛隊中央病院の箱崎幸也氏、作田英成氏、元陸自研究本部の中村勝美氏らで、東京オリンピック・パラリンピックを前に各種災害やテロに備える治安関係者や救急医療従事者、自治体・企業の危機管理担当者がCBRNEテロ・災害の現場で即活用できる内容となっている。

本書では、現場に入った職員が早期に事態を掌握できるよう「テロ疑い項目」「現場到着時の情報収集のチェック」「活動とゾーニングの設定」「危険物質の特定」「ホットゾーンからの傷病者の誘導・救出」などの手順が分かりやすく記載されている。

続く各論では、化学剤・生物剤・爆弾テロなどへの具体的な対処法がそれぞれ写真や図表、チェックリストなどを使って解説されており、[illegible]特殊武器防護隊員や衛生科隊員にとって必携のポケットブックだ。（診断と治療社刊、1980円）

### 「日本軍と軍用車両」

林 譲治著

旧陸軍は「自動車化」に乗り遅れたことが敗因の一つとされているが、整備補給など兵站を担える組織的な欠陥が最大の問題だった―。

[illegible]

---

## みんなのページ

### 香川県への転属希望に感謝

家族 前山 友美（香川県丸亀市）

私と主人の出会いは、私の親友のご主人様がつくって下さいました。そのご主人は今はもう退官されましたが、伊丹駐屯地に勤務されていた主人の先輩にあたる方でした。

当時、四国の香川県にしか住んだことのない私でしたので、最初は兵庫県伊丹市での新しい生活への不安や自衛官の妻として戸惑いもあって、密かに涙することもありました。

しかし、親友や主人の部隊の家族の方々との交流も増え、休日にはその方たちとドライブ旅行に行ったりすることで、いつのまにか不安もなくなり、休日には主人と京都や金沢、滋賀、長野などを観光したりと、とても思い出深い7年間を過ごしました。

しかし、私は「親一人子一人」のため、主人は香川県への転属を希望してくれ、伊丹から香川を経て、新しくできた徳島駐屯地の初代隊員として日々頑張っていました。土台のない新しい部隊で一からさまざまなことを築き上げていくのはとても苦労が多かったと思います。

その後、念願の香川に転属が決まった時は私も本当に嬉しく、主人に感謝しかありませんでした。おかげさまで82歳になる父も元気で毎日を過ごすことができています。

天候や暑さ寒さに関係なく、日々の勤務や訓練、演習に頑張る主人に少しでもホッとしてもらえるよう、私はこれからも笑顔で支えていきたいと思っています。

また、年々増えている天災で、自衛隊の方々が災害派遣に当たり、その姿をテレビで見る機会も多くなり、心より感謝しております。隊員の皆さまが何事もなく健康に過ごされることを隊員家族の一人として願っております。

（47普連1中隊＝善通寺＝前山健太郎1陸曹夫人）

---

## OBがんばる

小志 勇さん 55
令和元年10月、空自3空団（三沢）を最後に定年退職（2佐）。東芝電波プロダクツ㈱に再就職し、三沢連絡事務所で防衛機器等に関するサポートを行っている。

### 民間企業のニーズを知る

私は第3航空団を最後に定年退職し、東芝のグループ会社である当社に再就職しました。当社は防衛産業における各種防衛機器および関連電子機器の開発、設計、製造、販売、維持整備、サービスといった幅広い事業を展開しています。

再就職にあたり、経験のない新たな業種への挑戦も一時は考えましたが、現役時代の36年間にわたる航空機整備業務の経験を少しでも生かせる仕事がしたいと思い、基地援護担当者のお力添えもあって当社に入社することができました。

私の業務は、東北地区の各自衛隊に納入されている各種防衛機器等に関するフィールド・サポートを主に行っています。まだ入社して間もなく、毎日戸惑いながら業務に当たっていますが、周りの方々の優しくも温かいご指導とサポートのおかげで毎日楽しく勤務しております。また、定年後も現役隊員の方々と直接会って、業務調整等をさせて頂く機会も多く、微力ですが今も国防に携わる重要な仕事をさせて頂いているという緊張感とやりがいを持って勤務することができています。

再就職を迎える皆さまへのアドバイスですが、早くから基地援護室に足を運び、まず民間企業のニーズをよく知り、自分に合ったやりがいの持てる業種や企業は何なのかを自ら考えておくことが最も重要だと思います。再就職先は援護担当者が見つけてくれるものではありません。しかも短期間で見つかるものでもありません。ぜひ、早い時期に援護担当の方にお話を聞きに行ってみてはどうでしょうか。きっと皆さんの充実した第二の人生のビジョンが見えてくるはずです。

---

## あさぐも掲示板

■猪木正道記念・安全保障研究会

日本防衛学会猪木正道賞基金は2月22日（土）午後、東京都港区の慶応大学南館2B23教室で猪木正道賞受賞（梅本哲也著『米中戦略関係』）記念報告と「安保法制の制定過程と課題」をテーマとした安全保障研究会を行う。報告は柳井俊二元外務次官・元駐米大使。参加希望者は同基金にメールで申し込む。参加費千円、学生は500円。

■東アジア情勢をテーマに国際セミナー

日本戦略研究フォーラム

日本戦略研究フォーラムは3月3日（火）午後1時からホテルグランドヒル市ヶ谷で「東アジア情勢を巡る国際関係・安全保障環境の変化と国際社会の対応」をテーマに国際セミナーを開く。登壇者はポール・ウォルフォウィッツ氏（アメリカン・エンタープライズ公共政策研究所客員研究員・元国防副長官）ら。入場無料。日英同時通訳あり。詳細と参加申し込みはホームページを参照。

---

## 第1229回出題

### 詰碁

出題 日本棋院 九段 曲 励起

黒先

『白を取って下さい』。5分でできれば中級です。

▶詰碁、詰将棋の出題は隔週です◀

### 詰将棋

出題 日本将棋連盟 九段 石田 和雄

| | 4 | 3 | 2 | 1 | |
|---|---|---|---|---|---|
| | | | 飛 | | 一 |
| | | | | 銀 | 二 |
| | | 歩 | 玉 | 歩 | 三 |
| | | | | | 四 |
| | | 歩 | 歩 | 銀 | 五 |
| | | | | 香 | 六 |

▲先手 持駒 金

≫第813回の解答≪

【正解】▲3一飛成△2三玉▲3四金△1四玉▲2四金△同玉▲3四飛成までの七手詰め。

【解説】▲3一飛成は自然の着手。△3二合駒なら▲3四金までなので△2三玉。そこで▲3四金と打ち、続いて▲2四金と金を巧みに使うのが手順の妙であり、本題の主眼でした。

---

防衛省共済組合本部提携
防衛省共済組合員およびご家族の皆さまへ
J-Coin Payで7,000円以上チャージすると、
先着10万名さま
1,000円キャッシュバックキャンペーン
キャンペーン応募方法はこちら！
期間 2020年2月1日（土）～3月22日（日）
期間中に応募ページからキャンペーン申込後、J-Coin Payを新規登録し7,000円以上チャージいただいたお客さまに1,000円キャッシュバックキャンペーンを実施します！この機会にぜひJ-Coin Payをご利用ください。
J-Coin Payとは？
J-Coin Payは、みずほ銀行が提供するスマホ決済アプリです。連携する金融機関の預金口座保有者は個人間の送金や店舗での決済、チャージ/口座に戻す等のサービスが利用できます。
※ご利用いただける金融機関順次拡大中
すべて手数料0円
※本アプリのダウンロードおよびご利用には別途通信費用が必要です。
送る 他のユーザーにお金を送ることができる
支払う 店舗でのお支払いができる
送ってもらう 他のユーザーからお金を送ってもらうことができる
チャージ 登録した銀行口座からチャージができる
口座に戻す 登録した銀行口座へお金を戻すことができる
お金のやりとりが、こんなに変わる！
飲み会の割り勘がスマホでスムーズに！
QRコードでお財布なしのササッと会計！
仕送りだっていつでも手数料0円！
送るももらうも、自由自在！
※QRコードは㈱デンソーウェーブの登録商標です。
キャンペーン内容 参画銀行を確認できます
応募ページ！ http://bit.ly/modjcoin
ダウンロード！ キャンペーン期間中にJ-Coin Payをダウンロードし参画銀行口座を接続
チャージ！ 1回に7,000円以上チャージ
キャッシュバック！ キャンペーン期間終了後3月末ごろに1,000円キャッシュバック
・防衛省共済組合員およびご家族の皆さまが対象となります。
・日本国内にお住まいの個人のお客さま（屋号付き等事業性のある口座を除く）で、条件を満たしたお客さまが対象となります。
・ほかのキャンペーンと重複して還元されない場合があります。キャッシュバックはお1人さま1回限りとさせて頂きます。
・景品提供時点でJ-Coin Payを解約・退会されている場合は、対象外となります。
・みずほ銀行の判断により、本キャンペーンの対象とならない場合があります。
・1回に7,000円以上チャージの場合に限り有効です。7,000円未満のチャージを複数回行い、累計で7,000円以上となった場合は対象外となります。
・参画銀行口座を保有しているお客さまが対象となります（金融機関によって、銀行口座設定は異なります）
・先着10万名さまを超えた場合、本キャンペーンは終了となります。
お問い合わせ先 J-Coin サポートセンター Tel 0120-324-367
受付時間 9:00-17:00（平日のみ［12/30～1/3を除く］）
※J-Coin Payは、みずほ銀行が提供するスマホ決済サービスです。

朝雲

発行所 朝雲新聞社
〒160-0002 東京都新宿区四谷坂町12-20 KKビル
電話 03(3225)3841
FAX 03(3225)3831
振替00190-4-17600番
定価一部150円、年間購読料9170円（税・送料込み）

自衛隊員のみなさまに安心をお届けします。
NISSAY
防衛省共済組合
団体生命保険・団体年金保険 引受会社（事務幹事会社）
団体医療保険（3大疾病オプション） 引受保険会社
日本生命保険相互会社

本号は12ページ



# 防衛相 独の安保会議に出席

## 4カ国国防相らと会談

河野防衛相は2月15日、ドイツ南部の都市ミュンヘンで開催された第56回「ミュンヘン安全保障会議」に出席し、主催国のドイツをはじめ、フランス、カナダ、ウクライナ各国の国防相のほか、欧州連合（EU）上級代表、北大西洋条約機構（NATO）事務総長とそれぞれ個別会談を行った。河野大臣は現地で臨時記者会見し、「双方の防衛政策や2国間の防衛協力・交流、地域情勢などについて幅広く忌憚のない意見交換ができた。ハイレベルの対話を通じて『自由で開かれたインド太平洋』ビジョンの実現に向けて、突っ込んだ話し合いができたことは大変有意義だった」と述べた。

日本の防衛大臣の同会議への参加は2009年2月の浜田靖一防衛相（当時）以来、11年ぶり。

ドイツのアンネグレート・クランプ＝カレンバウアー国防相（右から2人目）と会談する河野防衛相（左端）＝2月15日、独ミュンヘン市内のホテルで（防衛省提供）

ドイツのアンネグレート・クランプ＝カレンバウアー国防相とは音楽分野を含む防衛協力・交流の推進で一致。同氏はさらなる関係強化に向け、今年中に訪日する意向を示した。

フランスのフロランス・パルリ軍事相とは、東京で次回開催される日仏外務・防衛担当閣僚協議「2プラス2」に向け、緊密に調整していくことを確認した。

カナダのハルジット・シン・サージャン国防相とはインド太平洋地域での協力を強化していくことで一致。両氏は昨年7月に日加の「物品役務相互提供協定（ACSA）」が発効したことや、北朝鮮の「瀬取り」に対する警戒監視活動での協力など、さまざまな分野で防衛当局間の協力が進展していることを歓迎した。

河野大臣は陸上自衛隊が昨年、「国連平和維持活動（PKO）支援部隊早期展開プロジェクト」の一環としてベトナムで実施した工兵を対象とする重機操作訓練にカナダ陸軍の要員がオブザーバー参加したことに謝意を伝えた。

ウクライナのアンドリー・ザホロドニューク国防相とは両国間で初となる防衛相会談が実現したことを歓迎し、18年に署名された「防衛協力・交流の覚書」に基づき、サイバー分野を含む各種協力を具体化していくことで合意した。

会談で河野大臣は、日本が一貫してウクライナの主権と領土の一体性を尊重し、「力による現状変更の試みを断じて認めない」との立場であることを述べた。

一方、EUのジョセップ・ボレル外務・安全保障政策上級代表（前スペイン外相）とは、日本とEUとの間で特に海洋安全保障分野での協力が進展していることを歓迎。ソマリア沖・アデン湾で活動中の海上自衛隊とEUの海賊対処部隊による共同訓練など、引き続き実質的な防衛協力・交流を進める方針を確認した。

NATOのイェンス・ストルテンベルグ事務総長（ノルウェー元首相）とは、日本とNATOとの間でサイバー分野や海洋安全保障分野での協力が進展していることを歓迎。その上で、14年に安倍首相とNATOのラスムセン事務総長（当時）との間で署名が交わされた安全保障協力強化のための指針「日NATO国別パートナーシップ協力計画（IPCP）」について、次回の改訂に向けて作業を進めていくことで一致した。

会談で河野大臣は「女性・平和・安全保障（WPS）」分野に関する人的交流の一環として、昨年から3人目の女性自衛官として古賀真奈美2空佐をNATO本部（ベルギーの首都ブリュッセル）に派遣していることについて言及し、同分野でも引き続き協力を続けていく考えを強調した。

「ミュンヘン安全保障会議」はシンガポールで開かれる「アジア安全保障会議（シャングリラ会合）」と並ぶ安保分野の重要な国際会議。1963年からほぼ毎年開かれており、今年も欧米各国を中心に首脳・閣僚級など100人以上が参加した。防衛省からは例年、副大臣が出席し、各国の国防相らと会談している。

# 新型肺炎 河野防衛相 隊員を激励

## 最大時280人態勢で活動

自衛隊の「新型コロナウイルス」対処の活動・生活拠点となっているチャーター船「はくおう」を訪れ、隊員（左）を激励する河野防衛相（右端）＝2月18日夜、横浜港で（防衛省提供）

「新型コロナウイルス」の急速な感染拡大を受け、防衛省・自衛隊は2月26日現在、看護師などの資格を持つ予備自衛官を含む計約80人（最大時約280人）態勢で引き続き対処に当たっている。

（3面に関連記事）

河野防衛相は18日夜、横浜港で大型クルーズ船「ダイヤモンド・プリンセス」の乗客乗員の支援に当たる隊員たちの活動・生活拠点となっている防衛省のチャーター船「はくおう」と「シルバークイーン」を視察し、災派隊員を激励した。

その後、25日には「シルバークイーン」の契約終了に伴い、同船に宿泊していた隊員は「はくおう」や近傍の駐屯地に移動した。

クルーズ船に関する支援では、各国のチャーター機で帰国する外国人乗客とその手荷物を自衛隊の大型バスや大型トラックで羽田空港まで輸送。16、17日の米国人約330人に続き、19日はオーストラリア人とニュージーランド人計約170人、20日はイスラエル人約10人、21日はカナダ人約130人とイタリア人など約40人、21、22日は英国人約30人を羽田空港まで輸送した。25日からは残る外国人乗員ら約1000人の羽田空港への輸送も開始した。

検査で陰性だった乗客約970人の下船が21日に完了したため、自衛隊は同船内での医官らによる医療支援を終了したが、船内に残る乗員らのために引き続き自衛隊の救急車を待機させ、患者発生時の病院搬送に備えている。[illegible]

一方、中国からの帰国者らが滞在する国税庁の税務大学校（埼玉県和光市）では、医官を含む[illegible]食事の配布、健康状態の確認も行っている。[illegible]

# 2020年度防衛費 重要施策を見る〈6〉

## 女性の勤務環境を改善

### 人事処遇

「30大綱」「31中期防」では、「防衛力の中心的な構成要素の強化」の章の筆頭に「人的基盤の強化」が記載されている。2020年度予算（案）でも諸施策でその強化に努める。

優秀な人材確保のために募集業務を充実・強化、「採用広報用動画」の作成に2億円を充てる。自衛官候補生の受験を考える若者を主な対象に、インターネットとラジオを通じて自衛隊の仕事をアピールする。

再就職支援も充実・強化させ、「職業訓練課目」を新設（200万円）。民間企業などの危機管理部門への職域拡大を図るもので、大災害発生時などに企業などの事業継続を遂行させる事業継続管理者と、危機管理士の課目を新たに設ける。課目は現在約150あり、今後も増やしていく。

再就職先での早期離職を防止し、再就職先の拡充を図るため、インターンシップ（就業体験）を新たに取り入れる（1千万円）。再就職を希望する企業が認めた場合、退職予定者は1週間ほど体験入社できる。

女性隊員の採用・登用のさらなる拡大と活躍推進を図るため、生活・勤務環境の改善も進める。職域拡大も推進し、一昨年8月には空自に初の女性戦闘機パイロットが誕生、今年1月には海自潜水艦教育訓練隊に初めて女性学生が入校し、全職域への女性の進出が進む。これら女性隊員の勤務環境の改善のため、27億円を充て、隊舎や艦艇の女性用区画の整備・改修などを行う。

このほか、仕事と家庭の両立支援に4億円を投入し、庁内託児施設の整備、緊急登庁支援（児童一時預かり）のための備品整備などを行う。

東日本大震災の災派から最近の新型コロナウイルスへの対処まで、即応予備自衛官、予備自衛官の役割が大きくなっていることから、「即応予備自衛官育成協力企業給付金」（仮称）を創設する（7千万円）。

自衛官経験のない予備自から即自への任用制度を今年度から開始したが、必要な知識・技能を修得するために約40日間（3年）の訓練に出頭しなければならない。勤務先を離れる機会が多い予備自社員を雇用する企業に対し、予備自から即自に任用された年に限り、1人当たり56万円を支給する。

宇宙・サイバー・電磁波といった新領域の企画立案能力強化、人材育成、情報収集・分析などのために事務官等も大幅に増やす。299人を新規に増員し、昭和55年以来、初めて定員合理化数を上回る増員（プラス33人）を確保した。21年度以降も増員を図る計画だ。

河野大臣は「朝雲」の新年号インタビューで、「優秀な人材を採用することは非常に重要」「自衛隊でも女性が頑張っていることが認められている」と語った。少子高齢化が進む厳しい環境の中、有能な人材確保、女性の活躍推進などを進め省・自衛隊の人的基盤を強化していく。

（榎園哲哉）

海自の潜水艦教育訓練隊（呉）に1月、初めて女性学生（前列右から2人目）が入校した。女性の潜水艦乗員が誕生する日も近い（海上自衛隊提供）

## 春夏秋冬

### 新型肺炎の余波

小原 凡司

2019年12月、中国の湖北省武漢市で病原体不明の肺炎患者が増加し始め、のちに新型コロナウイルスによる肺炎だと判明した。日本でも感染者が出て関心が高まっている。国際社会において、安全保障上の観点から中国の活動に対する警戒感が高まり、香港問題や新疆ウイグル自治区における人権侵害などによって中国非難が高まる中、新型肺炎の感染拡大は、中国に対して、より大きなダメージを与えるかもしれない。さらに情報隠蔽などもあって、中国は国際社会からの信頼を失い始めた。すでに肺炎の感染を防ぐために、中国と他国のアクセスは制限されている。

[illegible]相に送ったのである。この書簡は、昨年末に、新型肺炎に警鐘を鳴らしたことによって警察に処分された李文亮医師の死去を受けて公表されたのである。

そうした中で、中国は手を差し伸べる日本に感謝しているようだ。[illegible]らにゴーグルとマスクを[illegible]り添う日本[illegible]各国は病[illegible]る、とい[illegible]国の新聞が[illegible]の認識を示している。

感染を拡大させた新型肺炎は、中国国内に政治的な問題を引き起こしている。[illegible]年2月12日までに、[illegible]護士ら360人以上が、新型コロナウイルスによる肺炎の感染拡大は「人民の知る権利の侵害」が原因であると訴える書簡を全国[illegible]

# 行事を中止・延期 3月末まで

## 新型肺炎で防衛省

河野防衛相は2月25日の記者会見で、新型肺炎の感染拡大防止のため、来賓や部外者が参加する防衛省・自衛隊の行事を3月末まで中止や延期にすると発表した。基地・駐屯地の一般開放などが対象で、今後、個別に検討し、決定する。

このうち「真に開催が必要」と認められる防大、防医大、高工校の卒業式は来賓や部外者を招かない形で実施する。[illegible]「市ヶ谷台ツアー」は3月末まで中止する。[illegible]「真に開催が必要」な行事のみ行う方針。

# 日米共同統合防災訓練

## 「いずも」に負傷者搬送

南海トラフ地震の発生を想定した令和元年度「日米共同統合防災訓練」（TREX）が2月21日から23日まで、愛知、三重両県を中心に行われ、3自衛隊から隊員約2580人が参加した。[illegible]

[illegible]きた陸自ヘリ団（木更津）のCH47輸送ヘリや[illegible]のUH1多用途ヘリが次々と着艦。負傷者役の隊員をエレベーターで艦内の格納庫に降ろした後、海自の衛生隊員がトリアージを行い、緊急治療を行うまでの一連の流れを演練した。

海自のヘリ搭載護衛艦「いずも」に着艦した陸自のCH47輸送ヘリ（奥）から負傷者を降ろし、艦内の医療調整所に搬送する海自隊員ら（2月23日、愛知県の三河湾東部地区で）

## 朝雲寸言

20世紀初頭、近代化して日も浅い日本は、ロシア帝国との戦争という国家存亡の危機に直面した。[illegible]

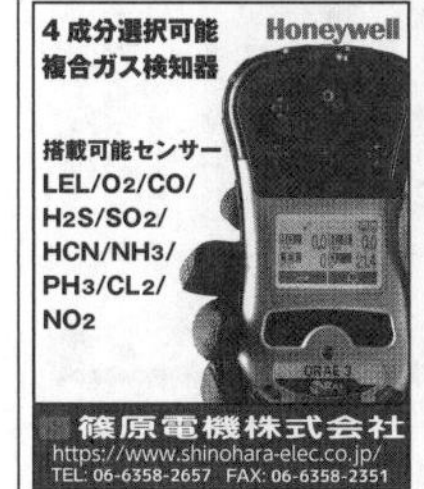

4成分選択可能
複合ガス検知器
Honeywell
搭載可能センサー
LEL/O2/CO/H2S/SO2/HCN/NH3/PH3/CL2/NO2
篠原電機株式会社
https://www.shinohara-elec.co.jp/
TEL 06-6358-2657 FAX 06-6358-2351


内外出版・新刊図書
防衛実務小六法 令和二年版
緊急事態関係法令集2020 付録CD-ROM「戦争とテロ対策の法」
ここが変だよ日本国憲法！ 田村重信 著
内外出版 〒152-0004 東京都目黒区鷹番3-6-1 TEL 03-3712-0141 FAX 03-3712-3130
防衛省内売店：D棟4階 TEL 03-5225-0931 FAX 03-5225-0932（専）8-6-35941
http://www.naigai-group.co.jp/

退官後、家族のために"今"できること
退官後の自衛官を支える柱
年金 退職金 再就職
あるお客様の実体験から
自衛官の退官後を支える「常識」が崩れつつあります。
将来のために"今"できること、考えてみませんか？
将来のために「いつ」「どう取り組むか」

無料書籍プレゼント
全国セミナー開催中
本編はこちら
Agentrive Investors
03-6860-8231
自衛官 資産運用 検索

# 時の焦点

## 国内　サイバー攻撃

# 官民で対処情報共有を

防衛関連産業が日常的にサイバー攻撃の標的となっている実態が浮き彫りとなった。官民が協力し、防御態勢を強化せねばならない。

三菱電機は1月、大規模なサイバー攻撃を受けて大量の個人情報が流出したと発表した。電力などの重要インフラや防衛など「機微な情報の漏洩はない」としていたが、その後の調査で、防衛装備品の機密にかかわる情報が流出した疑いが浮上した。

防衛装備庁が貸し出した紙の資料を、三菱側が勝手に電子ファイル化し、インターネットに繋がるパソコンに保管していたという。三菱電機は資料を借りる際、情報保全を徹底する誓約書を提出していた。

不適切な取り扱いであることは明らかだ。三菱電機は、重要な情報を扱っているという意識が欠けていたと言わざるを得ない。情報管理体制を検証し、再発防止を図ることが求められる。

防衛省と取引のあるNECや神戸製鋼所なども、大規模な不正アクセスを受けていた。三菱以外は、機微な情報の漏洩はないという。

いずれのケースも、中国のハッカー集団による犯行が疑われている。攻撃側は、巧妙に操作の痕跡を残さないように工夫しているという。

不正アクセス自体を防ぐ手段は講じにくい。検知能力の向上が欠かせない。

近年、防衛装備品は、米国などとの共同開発が主流となっている。その情報が漏洩すれば、米国などとの安全保障協力にも支障を及ぼそう。

欧州各国は、防衛産業や重要インフラを担う企業に対し、サイバー攻撃による事故が発生した場合、政府への情報提供を義務付けている。

防衛省も調達基準を改め、重大な情報漏洩が発覚した場合には報告するよう促しているが、企業側が信頼低下を懸念し、公表に踏み切らないケースもあるとされる。

政府は、重大事故時の報告を企業に義務づける法整備を急ぐ必要がある。企業へのサイバー攻撃は、日本の安全保障を揺るがしかねない事態であると重く受け止めるべきだ。

防衛省のサイバー防衛隊は、自衛隊の部隊運用システムなどの防御を担っている。民間の防御にも知見を生かさなければならない。

インターネットが社会に浸透し、あらゆるシステムや機器がつながっている。情報通信研究機構が昨年観測したサイバー攻撃関連の通信は、前年比1・5倍に達した。

政府は昨年、自治体や重要インフラ事業者とともに、「サイバーセキュリティ協議会」を設置した。第三者からの攻撃手法や対処法を幅広く共有し、他社の被害を最小限に食い止める狙いだ。協議会に実効性を持たせることが肝要である。

夏川 明雄（政治評論家）

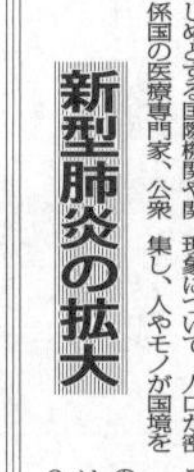

## 海外　新型肺炎の拡大

# 危機管理問われる中国

今年初めに明るみに出た中国・湖北省の武漢を発生源とする新型コロナウイルスの感染拡大が習近平一強体制の中国指導部のみならず、わが国など周辺諸国政府にも対応が一筋縄ではいかない難しい課題を突き付けている。今は何よりも、世界保健機関（WHO）をはじめとする国際機関や関係国の医療専門家、公衆衛生当局が緊密に連携し、これ以上の感染拡大を防ぐ取り組みが急務だが、中国の地方都市を震源に国家を揺るがす重大事態を招いた点を考え併せると、近年、米国との覇権争いが深刻化しつつある中国の指導体制や内外政策の展開にも少なからぬ影響を及ぼしていくのは必至の情勢だ。

感染症の歴史に詳しいある碩学はメディアの取材に対し、国境を越えた今回の新型感染症の拡散現象について、人口が密集し、人やモノが国境を越えて地球規模で移動するグローバル化が急激に進む中国で感染が起きたことが爆発的な拡大への懸念を生み出したと語っている。感染拡大はウイルスの側にあるよりも、現代の人類が暮らす社会構造の変化にこそあると冷静に分析する。大型クルーズ船での集団感染はそれを物語る。

中国における新型肺炎の死者は本稿執筆時点では2592人と、2002～03年に流行した重症急性呼吸症候群（SARS）の全世界の死者（774人）を大幅に上回っているが、感染拡大に歯止めがかかる見通しは立っていない。習政権は早期に事態を収拾することができるのか危機管理能力が厳しく問われる局面を迎えている。そうした中、中国政府もさまざまな手を打ち、事態沈静化に懸命だが、新型肺炎が中国全土や日本を含む各国に急速に拡大した背景として、初期対応に問題があったのは明らかだ。

1100万の人口を抱える湖北省の省都・武漢では昨年12月、原因不明の肺炎患者が相次いだが、市当局が公表したのは年末にずれ込んだ。この間、原因不明のウイルスに感染した武漢市の患者は真実を知らないまま、発熱後も病院で隔離されずに院内感染が広がり、医師も多数感染する事態となった。初動対応の重要さを物語る事例だが、習近平国家主席が国を挙げた対応を指示したのは発生から2カ月近くがたった1月20日になってからだ。武漢市を封鎖するなどの強硬策を講じても、感染拡大のスピードを食い止めることはできなかった。中国は2003年、SARSへの対応が問われたが、今回も発生当初は地方政府による情報隠ぺいが優先され、公表が遅れるなど教訓は生かされなかった。

緊急事態への稚拙な対処で浮かび上がるのは、共産党による中央集権体制や言論統制が非常時の対応の妨げになるという点だ。中国国内でも言論の自由がなければ、生命や生活が脅かされるとの認識が広がり、市民が交流サイトを通じて湖北省や武漢市政府に対する批判・不満を公然と発信している。習近平政権が3月初めの全国人民代表大会（国会）の延期を決めたのは、新型肺炎の感染拡大を重要な政治日程よりも優先せざるを得なくなった苦渋の判断だろう。経済への悪影響を含め、習政権は最大の試練に直面している。

伊藤 努（外交評論家）

# 海賊対処水上34次隊に総理表彰

## 支援隊12次隊には1級賞状

ソマリア沖・アデン湾で約4カ月間にわたり民間船の護衛任務などに従事し、1月23日に帰国した「海賊対処行動水上部隊34次隊」に2月17日、河野防衛相から内閣総理大臣特別賞状が伝達された。

34次隊は護衛艦「さざなみ」の艦長・石川将司2佐を指揮官に乗員約190人で編成。8月28日から12月20日までの間、多国籍の第151連合任務部隊（CTF151）に参加してアデン湾やアラビア海でのゾーンディフェンスを実施し、159日間で計約470隻の商船の安全航行に寄与した。直接の護衛は9回11隻だった。

大臣室で行われた表彰式には山本副大臣、渡辺政務官、高橋事務次官、山村海幕長、湯浅陸幕副長、増子統幕副長、岡人事教育局長が出席。河野大臣は「国際社会の重要な取り組みである海賊行為の抑止に大いに寄与するとともに、自衛隊に対する国内外の理解と信頼を深めた」と賞状を読み上げ、石川2佐に安倍首相からの特別賞状と副賞の盾を伝達した。

これに続き、自衛隊の海賊対処部隊の拠点となっているアフリカのジブチで、7月21日から1月20日までの間、基地警備などを担った「同支援隊12次隊」（司令・小澤学1陸佐以下、陸・海自隊員約110人）に河野大臣から1級賞状が授与された。

表彰式には「13次隊」の司令を引き続き務める小澤1佐の代理で副司令の廣中正則2海佐（現・21整備補給隊）が出席した。河野大臣は「平素の訓練成果を遺憾なく発揮したたまものであり、その功績は誠に顕著である」と賞状を読み上げ、廣中2佐に副賞の盾を添えて1級賞状を手渡した。

ソマリア沖・アデン湾での海賊対処任務を終えて帰国し、河野大臣（右）から特別賞状と副賞の盾を授与される海賊対処水上部隊34次隊・護衛艦「さざなみ」艦長の石川2佐（いずれも2月17日、防衛省で）

ジブチでの約半年間の基地警備などの任務を終え、河野大臣（右）から1級賞状を授与される海賊対処支援隊12次隊副司令の廣中2佐

# 山本副大臣　明野駐屯地視察

## AH64Dヘリの安全性確認

【防衛装備庁＝市ヶ谷】山本副大臣は1月27日、陸自明野駐屯地（三重県伊勢市）を視察し、AH64Dアパッチ戦闘ヘリの飛行再開状況を確認した。

同型機は、一昨年2月に佐賀県で発生した陸自目達原駐屯地（佐賀県吉野ケ里町）所属機の墜落事故以来、飛行停止措置が取られていたが、昨年9月に事故調査が完了し、再発防止策を徹底した上で同11月、明野駐屯地に所属する機体から先行して飛行を再開していた。

山本副大臣は明野駐屯地で再発防止策が徹底されているかを確認するため、同型機の整備状況について詳細な説明を受けるとともに、実際に自らも搭乗し、安全性の確認を行った。

その後、2月14日には岩田政務官が佐賀県を訪れ、県庁で山口祥義知事らと会談。機体の点検や隊員の訓練など飛行再開に向けた準備が完了したとして、3月中にも目達原駐屯地で同型機の飛行を再開する方針を伝えた。

格納庫でAH64D戦闘ヘリの整備要領についてモニター器材を見ながら隊員から説明を受ける山本副大臣（左）＝1月27日、三重県の陸自明野駐屯地で

# 「武器等防護」昨年は計14件

防衛省は2月14日、2016年3月施行の「平和安全法制」で新設された「自衛隊法95条の2」に基づき、自衛隊が昨年19年に実施した米軍等に対する「武器等防護」の実績が計14件だったことを公表した。全て米軍が対象で、18年の16件と同程度だった。

内訳は「弾道ミサイル警戒を含む情報収集・警戒監視活動」中の艦艇防護が4件だったほか、共同訓練中の艦艇防護が1件、共同訓練中の航空機防護が9件だった。日時や場所などの詳細は非公表。

「武器等防護」は平時やグレーゾーン事態で自衛隊が最小限の武器使用で米軍等の装備を守る新任務。16年12月に運用を開始した。

# 対潜特別訓練を日米で共同実施

【四国沖】海自は2月17日から21日まで、四国沖で日米共同の対潜特別訓練を行った。

海自から護衛艦4隻、潜水艦2隻、航空機数機、米海軍からは潜水艦が参加し、艦艇と航空機が連携して潜水艦の探知・追尾・模擬攻撃などの対潜戦訓練を実施した。

# 空自准曹士先任　宇宙シンポに参加

## 「米軍」の組織、任務学ぶ

【空自准曹士先任室】空自准曹士先任の甲斐修准尉は1月21日、空自主要部隊の准曹士先任ら41人と共に在日米空軍横田基地を訪れ、「日米下士官スペースシンポジウム」に参加した。

同シンポは、米国の宇宙部隊に勤務経験がある米5空軍最先任のブライアン・クルゼルニック最上級曹長の提案で実現した。米カリフォルニア州から来日したジョン・ベンティベグナ最上級曹長（米宇宙軍宇宙作戦コマンド最先任上級曹長）が講師を務め、宇宙に関する講話が行われた。

ベンティベグナ最上級曹長は▽新設された「米宇宙軍」の組織、任務と能力▽同軍の装備・教育・訓練▽宇宙に関する日米協力――などについて熱弁を振るった。

特に宇宙作戦の基盤となるSSA（宇宙状況監視）について詳しく解説。講演後は、同最上級曹長ら米側と空自の准曹士先任との間で活発な質疑応答が交わされた。

甲斐准尉は「スペースシンポジウムは、空自の宇宙作戦隊（仮称）新編に向けて貴重な経験となった。このような交流を今後も継続し、米国と共に宇宙領域に関する見識を深めていきたい」と語った。

「日米下士官スペースシンポジウム」で講演したベンティベグナ最上級曹長（中央）と甲斐空自准曹士先任（右）。左は同シンポの開催に尽力したクルゼルニック米5空軍最先任上級曹長（1月21日、在日米空軍横田基地で）

# 共済組合だより

**医療費が高額になった時は**
**一定額を超えた額が**
**「高額療養費」として**
**支給されます**

組合員または被扶養者が、同一の月にそれぞれ一つの医療機関等から受けた診療に係る自己負担額（食事療養または生活療養に係る標準負担額および保険診療外差額徴収料等は除きます。）が高額となり一定額を超えた場合は、その超えた額が「高額療養費」として共済組合から支給されます。算出方法は、高齢受給者と70歳未満の方とでは異なっています。

また、同一の世帯で同一の月に行われた療養が複数ある場合は、その療養に係る自己負担額を世帯単位で合算（高齢受給者は全ての自己負担額を、70歳未満の方は2万1000円以上の自己負担額を合算の対象とします。）して高額療養費支給額を算出します。

なお、高額療養費は現物給付（※1）もしくは事後に共済組合から組合員の方へ現金で支給します。

70歳未満の組合員または被扶養者の方が高額療養費の現物給付を受けるためには、組合員証等と併せて、組合員の方の所得区分を記載した「限度額適用認定証」（※2）を医療機関等に提示する必要があります。「限度額適用認定証」の交付を受けるには、支部で申請の手続きが必要となりますので、詳しくはご所属の支部短期係にお問い合わせください。

高額療養費や限度額適用認定証の詳細については、支部短期係または共済組合HP（トップページ↘ライフシーン＜病気・ケガ＞から選ぶ）でご確認ください。

医療費等の給付を受ける権利は、その給付事由が生じた日から2年間行わないときは、時効によって消滅します。くれぐれもご注意ください。

※1 「現物給付」とは、組合員または被扶養者の方が、組合員証等を提示して病院等の医療サービス（治療、薬の処方等）を受け、その医療費（窓口で支払う自己負担額を除く）を共済組合が病院等へ支払うことにより、医療サービスそのものを皆様に提供することをいいます。

※2 「限度額適用認定証」は対象者お1人につき1枚交付します。所得に変動があり、高額療養費の算定基準の区分に変更があった場合は、新しい区分の「限度額適用認定証」が必要となります。その際は、再度、申請をしていただくことになります。

# 北朝鮮「瀬取り」東シナ海で24回目

防衛省発表

国連の制裁対象となっている北朝鮮船籍タンカー「CHON MA SAN（チョンマサン）号」が1月12日、東シナ海の公海上で船籍不明の船舶に横付けし、国連制裁逃れの密輸目的で物資を積み替える「瀬取り」を行った疑いがあることを防衛省が2月7日、発表した。

中国・上海の東約240キロの沖合で、「明波5」と船体に書かれた船籍不明の船舶に北朝鮮船籍タンカーが接舷し、ホースを接続しているのを1月12日未明、海自第1海上補給隊所属の補給艦「ときわ」（横須賀）が確認した。

日本政府による「瀬取り」事案の発表回数は一昨年1月以来、昨年12月16、17日の事例に続き16回目。「瀬取り」が疑われる回数としては今回を含め計24回目となる。

政府は国連安全保障理事会の北朝鮮制裁委員会（専門家パネル）に通報するとともに、関係国と情報共有を行った。

# 豪空軍哨戒機が「瀬取り」監視

防衛省は2月19日、北朝鮮船舶による国連制裁逃れのための違法な「瀬取り」を監視するため、豪空軍のP8哨戒機が2月中旬以降、日本の周辺海空域で警戒監視活動を開始すると発表した。

豪軍機による同活動への参加は2018年4月以来、19年9月に続き6回目。国連軍地位協定に基づき、沖縄県の在日米軍嘉手納基地を拠点に活動に当たる。

「瀬取り」監視には日米に加え、一昨年4月から英、仏、豪州、ニュージーランド、カナダの艦艇や航空機があらゆる機会に日本とその周辺海空域に派遣され、活動に参加している。

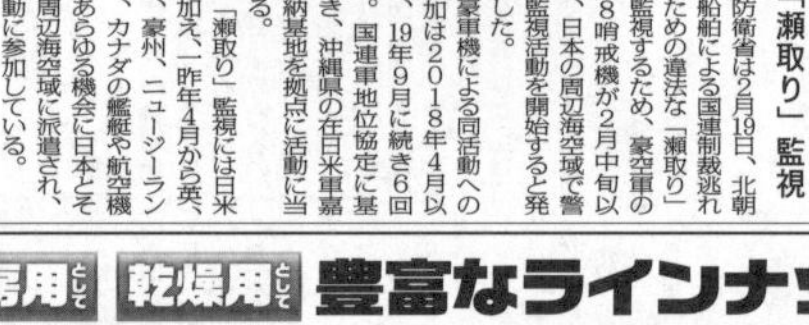

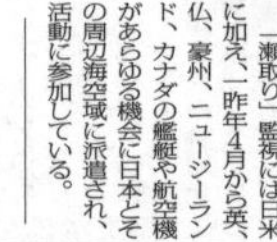

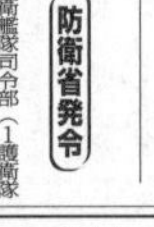

# 防衛省発令

▽護衛艦隊司令部（1護衛隊群首席幕僚）1海佐 後藤 正寛
▽1護衛隊群首席幕僚（同司令部）同 高橋 秀彰
（以上2月18日）
▽呉基地業務隊司令（呉地方総監部援護業務課長）2海佐 平山 敏弥
（2月21日）
▽海自幹部候補生学校（横須賀地方総監部防衛部）1海佐 北山健一郎
（2月25日）

ナカトミ暖房機器　暖房用として　乾燥用として　豊富なラインナップ
遠赤外線電気ヒーター　赤外線が体に吸収され直接芯から温まるため、快適な温かさ実感できます！
電気ファンヒーター　空気を吸い込み、電熱線ヒーターの熱で温風にして吹き出し、暖める電気ヒーター！
スポットヒーター【業務用油だき可搬形ヒーター】バーナーの熱をファンで送り出すヒーター！
自然対流式電気ヒーター　自然な暖かさで室内を優しく暖めます。
赤外線ヒーター【業務用油だき可搬形ヒーター】大型赤外線放熱板でパワフルな暖房を実現！
遠赤外線ヒーター【業務用油だき可搬形ヒーター】遠赤外線の暖かさで体の芯まで暖か！倉庫や出入りの多い場所に最適！
快適な環境づくりをサポート！　温度ムラ対策として　湿気・熱気対策として　節電・省エネ対策として
大型扇　ビッグファン　広い空間の送風・換気・循環に！
コンプレッサー式除湿機
移動式エアコン（冷房専用）
ミニクーラー（冷房専用）
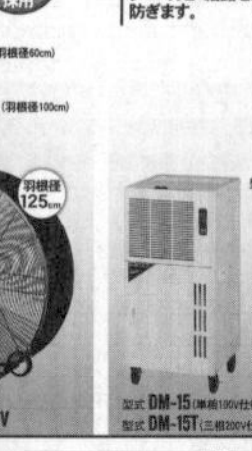
NAKATOMI　株式会社 ナカトミ　〒382-0800 長野県上高井郡高山村大字高井6445-2
TEL:026-245-3105　FAX:026-248-7101　［受付時間］10:00～12:00／13:00～17:00（土、日、祝日を除く）
詳しくはホームページをご覧ください ▶ 株式会社ナカトミ　検索　http://www.nakatomi-sangyo.com

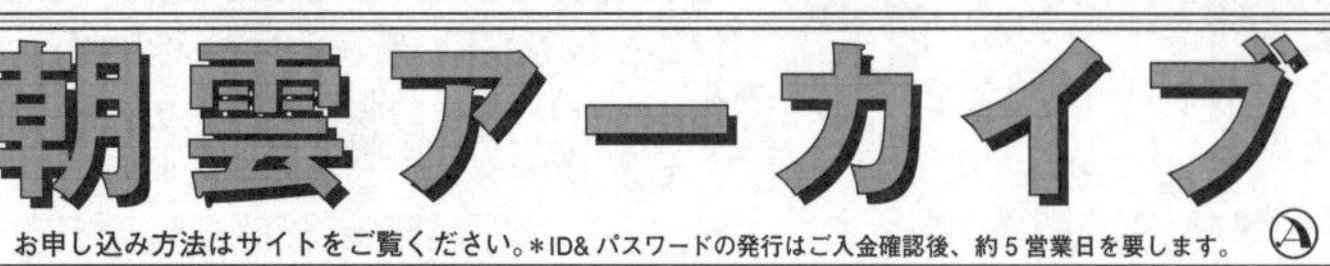
防衛省・自衛隊関連情報の最強データベース
朝雲アーカイブ
自衛隊の歴史を写真でつづるフォトアーカイブ
お申し込み方法はサイトをご覧ください。＊ID& パスワードの発行はご入金確認後、約5営業日を要します。
朝雲新聞社　〒160-0002 東京都新宿区四谷坂町12－20KKビル　TEL 03-3225-3841　FAX 03-3225-3831　http://www.asagumo-news.com

# 新型コロナウイルス

## 3自衛隊「ダイヤモンド・プリンセス号」で医療・検疫支援

# 感染拡大 阻止！

## 船内の消毒、外国人乗客の輸送支援

船内で新型コロナウイルスの集団感染が発生し、横浜港に停泊している大型クルーズ船「ダイヤモンド・プリンセス号」の内外で自衛隊は現在も約80人態勢で医療・検疫支援などの活動を続けている。

3自衛隊の衛生科隊員などからなる災害派遣部隊は、横浜に前進した防衛省のチャーター船「はくおう」などを拠点に、最大時約280人の態勢で乗客・乗員らの健康状態の確認や薬剤の仕分け、船内公共スペースの消毒など各種支援に当たった。

さらに外国人乗客を本国に帰国させるため、東京・羽田空港に到着した各国のチャーター機に向け、乗客とその荷物などをバスやトラックで輸送する支援も実施した。

2月18日には河野防衛大臣が「はくおう」を視察に訪れ、昼夜を問わず感染拡大防止に当たる隊員たちを激励した。

同客船の乗客の多くは19日から21日にかけて下船した。

「ダイヤモンド・プリンセス号」（左）に乗船していた米国人乗客約330人の帰国を支援するため、岸壁に集結したバスや自衛隊のトラック。この後、米国人とその荷物を乗せ、米政府のチャーター機が待つ羽田空港まで輸送した（2月16日夜）＝防衛省提供

「ダイヤモンド・プリンセス号」の船内で階段やロビーなど公共スペースの消毒作業を行う自衛隊員（河野防衛大臣のツイッターから）

船内で感染が確認された乗客を病院に搬送するため、受け入れ準備を行う海自の救急車＝防衛省提供

船内で薬剤の仕分け作業に当たる隊員。この区画には診療や消毒に従事する隊員は入れない（河野防衛大臣のツイッターから）

医療・検疫支援を行うため、防護衣を着用する3自衛隊の医官や薬剤官＝防衛省提供

イタリア人乗客を羽田空港に輸送するため、車両とともに待機する自衛隊員ら（2月21日夜）＝防衛省提供

## オーストラリア森林火災　国際緊急援助隊が輸送支援終え帰国

# 日本人学校の生徒が激励

## 「自衛隊の皆さん、ありがとう」

かつてない大規模森林火災の被害を受けた南半球のオーストラリアで、1月中旬から約3週間にわたり救援活動に当たってきた自衛隊の「国際緊急援助空輸隊」（司令・太田将史1空佐以下約80人、C130H輸送機2機）と「現地調整所」（所長・狗田将明1空佐以下約13人）の要員が2月10日、小牧基地などに帰国した。

（2月20日付7面既報）

同隊がニューサウスウェールズ州にある豪空軍リッチモンド基地で活動中の1月24日、同地で学ぶ日本人学校の生徒たち約10人がサプライズで空自部隊を激励に訪れ、隊員たちに感謝の思いを届けた。

当日は駐豪日本大使の高橋礼一郎氏とシドニーの日本人学校で学ぶ生徒たちが制服姿でリッチモンド空軍基地を訪問した。出迎えた隊員たちに対し、生徒代表の男子が、感謝の言葉をつづった手紙を読み上げた。

その後、女子生徒が花束とともに「自衛隊の皆さん、ありがとうございます」と書かれたメッセージの紙を隊員に手渡すと、思いがけないプレゼントに、太田1佐ら空自隊員たちはみな感激していた。

その後、隊員は大使と生徒たちを空輸活動に使用しているC130H輸送機に案内し、機内の様子を見てもらったほか、現地での任務などについても説明した。

◇

森林火災の鎮静化を受けて空輸隊は任務を終え、2月10日に帰国した。この間、現地では1月18日から2月7日まで、豪軍などの車両や消火関連器材など延べ約11トン、豪軍人や消防士、被災者など延べ約600人を輸送した。

同隊が小牧に帰国した際には駐日豪大使のリチャード・コート氏も出迎え、空輸隊員に「豪州の国民は日本の寛大で迅速な支援に深く感謝しています」とお礼の言葉を述べた。

㊨森林火災に対する物資の積み込みでC130Hの機内で打ち合わせをする日豪の隊員（1月19日、エディンバラで）

㊤空自のC130H輸送機に豪軍の車両を搭載する日豪の隊員たち（1月30日、豪空軍アンバーレー基地で）

空自隊員を激励に訪れた日本人学校の生徒と共にC130Hをバックに記念撮影を行う国緊隊員

豪軍兵士と共に救援用物資などをC130Hに積み込む国緊隊員（2月3日、キャンベラで）


備蓄用・贈答用として最適

防災スイーツパン

自衛隊バージョン

陸・海・空自衛隊の"カッコイイ"写真をラベルに使用

若田飛行士と宇宙に行きました!!

「しらせ」と南極に行きました!!

開缶前にお湯などで軽く温めると焼きたての風味も楽しめます。

（小麦・乳・卵・大豆・オレンジ・リンゴが原材料に使用されています。）

3年経っても焼きたてのおいしさ♪

焼いたパンを缶に入れただけの「缶入りパン」と違い、発酵から焼成までをすべて「缶の中で作ったパン」ですので、安心・安全です。

陸上自衛隊：ストロベリー　イチゴジャムの甘い香りと美味しさが口の中に広がります。

海上自衛隊：ブルーベリー　甘酸っぱい、さわやかなブルーベリージャムの風味が楽しめます。

航空自衛隊：オレンジ　オレンジのジャムを練り込んだ、柑橘系のさわやかな味です。

【定価】

| 6缶セット | 1ダースセット | 2ダースセット |
|---|---|---|
| 3,600円（税込）を | 7,200円（税込）を | 14,400円（税込）を |
| 特別価格 | 特別価格 | 特別価格 |
| 3,300円（税込） | 6,480円（税込） | 12,240円（税込） |

（送料は別途ご負担いただきます。）

TV「カンブリア宮殿」他多数紹介！

内容量：100g／国産／製造：㈱パン・アキモト

1缶単価：600円（税込）　送料別（着払）

昭和55年創業 自衛官OB会社

株式会社 タイユウ・サービス

〒162-0845 東京都新宿区市谷本村町3番20号 新盛堂ビル7階

TEL：03-3266-0961　FAX：03-3266-1983

ホームページ タイユウ・サービス 検索



人間ドック活用のススメ

人間ドック受診に助成金が活用できます！

防衛省の皆さんが三宿病院人間ドックを助成金を使って受診した場合

※下記料金は消費税10%での金額を表記しています。

| コースの種類 | 自己負担額（税込） |
|---|---|
| 基本コース1 | 9,040円 |
| 基本コース2（腫瘍マーカー） | 15,640円 |
| 脳ドック（単独） | なし |
| 肺ドック（単独） | なし |

¥0

女性イチオシ！　女性特有のがん検診を基本健診とセットにした場合

ex. ①基本コース1＋乳がん（マンモグラフィ）＝13,000円

②基本コース1＋乳がん（乳腺エコー）＝11,350円

③基本コース1＋婦人科（子宮頸がん）＝13,660円

脳ドック受診してみようと思うんだ。助成金もあるからね。

パパ、私も乳がん検診とか婦人科健診受診したいな。

あなたが想うことから始まる　家族の健康、私の健康

国家公務員共済組合連合会　三宿病院 健康医学管理センター

東京都目黒区上目黒5-33-12

TEL 03-3711-5771（代）

HP：http://www.mishuku.gr.jp

予約・問合せ　ベネフィット・ワン・ヘルスケア　健診予約センター

TEL 03-6870-2603

●被扶養者も防衛省共済組合の助成を利用できます。"三宿病院 人間ドック"とご指定下さい。

三宿病院はベネフィット・ワン・ヘルスケアの提携受診機関です。

# 朝雲賞

# 25部隊、6機関、7個人に

## 総投稿数3579件

## 女性の活躍からご当地メニュー開発まで

朝雲新聞社は全国の自衛隊各部隊・機関などから寄せられた優れた投稿を表彰する「朝雲賞」の制度を設けている。

朝雲賞は「記事賞」「写真賞」「個人投稿賞」と、最も多く紙面を飾った部隊を表彰する「掲載賞」の4部門からなる。

各賞の候補は陸海空各部隊の隊員65人に委託している「朝雲モニター」からの意見を参考に、朝雲新聞社編集部が集計し、2019年は68件がノミネートされた。

最終選考は2月6日に行われた選考委員会（内局広報・厚生両課長、広報課先任部員・報道室長、厚生課福利厚生調整官・先任部員、統幕総括副報道官、各幕広報室長・厚生班長、朝雲新聞社社長・編集部長の15人で構成）で、投票形式により各部門の「最優秀賞」と「優秀賞」を決定した。

2019年の総投稿数件数は3579件（所感文を除く）で、前年比6％減となったが、女性自衛官の活躍や「海自カレー」「空自空（から）上げ」といった地元特産品を使ったご当地メニューの開発、地域との関係性向上に向けた取り組みなどをテーマにした力作がそろった。

昨年1年間（1～12月）の「朝雲」に掲載された記事・写真などを4部門にわたって表彰する「朝雲賞」の選考委員会が2月6日、防衛省で開かれ、受賞部隊・機関・個人が決定した（2月13日付既報）。今年は「記事賞」「写真賞」に各7部隊、「個人投稿賞」に7人、「掲載賞」に11部隊・6機関がそれぞれ選出された。各部門で「最優秀賞」となった部隊・個人に受賞の喜びと今後の抱負などを聞いた。

「最優秀写真賞」に選ばれた山脇2曹の作品。南極の「沈まぬ太陽」の下で新年を迎えた海自砕氷艦「しらせ」の姿が収められている＝多重露光

### 最優秀写真賞　海自砕氷艦「しらせ」
舞鶴地方総監部総務課広報係　山脇　正2海曹

## 「初めての賞うれしい」

「『しらせ』昭和基地への物資輸送完了」（1月31日3面）

「最優秀写真賞」を受賞した山脇正2曹（43）は、高校時代に写真部で磨いたカメラの腕を生かし、海自入隊後は約15年、写真員として勤務してきた。

この間、ソマリア沖・アデン湾での海賊対処水上部隊をはじめ、ハワイでの環太平洋合同演習「リムパック」、フィリピンへの国際緊急援助隊などにカメラマンとして加わり、世界中でさまざまな写真を撮影してきた。一昨年、初めて「しらせ」に乗艦し、諸先輩の素晴らしい写真を見て「自分も大自然を撮りたい」と憧れを抱いて南極へ向かった。

受賞の連絡を受け、「『朝雲』にはこれまで何度か掲載されたが、賞をもらうのは初めて。うれしいです」と喜びを語った。

「この（長時間露光の）写真は夜中もずっと晴れていないと撮影できない。どうすれば思い通りの写真が撮れるか手探りだった」と振り返る。3回目の挑戦でやっと撮れた1枚だという。

今回の写真を自己採点すると「80点です」と山脇2曹。「もっとうまく撮れたんじゃないかと反省点も多い。これからも海外に行き、任務をこなしながら腕を上げ、もっともっと勉強して良い写真を撮りたい」と抱負を語った。

### 最優秀記事賞　空自小牧基地

## 『共に飛ぶ　笑顔のために』

「重度の肺障害から回復した女子小学生、空輸した小牧基地隊員と再会」（3月28日7面）

再会を喜び記念撮影に納まる向日葵さん（中央）と両親・妹（その後方）、船倉司令（前列右）、山口機動衛生隊長（同左）＝当時＝、緊急搬送に携わった隊員（昨年3月2日、小牧基地で）

「最優秀記事賞」には、緊急搬送した重度の肺障害の女子小学生との再会を記した空自小牧基地の投稿が選ばれた。搬送に当たった機動衛生隊の山口大介隊長（1佐、現・空幕首席衛生官付衛生官）が記した。

愛知県在住の竹内向日葵さん（12）＝小学6年生＝は一昨年3月、小牧基地の1輸空の機動衛生ユニットで、集中治療しながらC130H輸送機で岡山大学病院に搬送した。手術は無事に終了し、1年後の昨年3月、竹内さんと船倉1輸空司令、山口隊長らとの再会の場が設けられた。

母親から山口1佐に昨年12月に届いたメールには「（向日葵は）とても元気で、運動会にも参加できるようになりました」と記されていたという。

「健やかに元気に明るく過ごされることを願っています」とエールを送る。船倉司令は「多くの方々のご協力があってこそ達成された任務」と振り返るとともに、「我々のモットー『共に飛ぶ　笑顔のために』の下、一丸となり国民の皆様の期待に応えていきたい」と決意を新たにしていた。

### 最優秀掲載賞　板妻駐屯地広報班

## "板妻独自"を追求

平成17年から年連続で「掲載賞」を受賞している板妻駐屯地広報班。令和元年は「最優秀掲載賞」を獲得した。紙面に掲載された記事数は21件にのぼり、陸自部隊のトップに輝いた。

同広報班で記事を書いているのは、ほぼ一人で記事を書き続けてきた広報班の隊員。取材では駐屯地の特色を生かしたネタを探し、他部隊とは異なる「板妻独自」の記事を書くことを心掛けている。

年間を通じ、板妻駐屯地の多様な記事を送付してきた駐屯地広報班のメンバー。

### 最優秀個人投稿賞　7空団管理隊（百里）　竹山　修治空曹長

## 救助犬との思い出つづる

「ありがとう、キュー号。安らかに」（9月12日10面）

「まさか自分たちが選ばれるとは……。受賞の一報に驚いたという7空団管理隊の竹山修治空曹長（41）。パートナーの警備犬「キュー号」が昨年7月に亡くなり、これまでの思い出をつづった。

「キュー号」は、西日本豪雨、北海道胆振東部地震の土砂崩れ現場で行方不明者捜索に従事し、竹山曹長と共にがれきをかき分け、泥まみれになって生存者を探し続けた。

パートナーを失い、竹山曹長はハンドラー（警備犬の操縦手）の育成のほか、より多くの後輩隊員の指導に当たることを決めた。

「空自全体の発展のために、自分も全力を尽くそうと強く思うようになりました。困っている人の力になれるすばらしさを、キュー号が教えてくれましたから」

「朝雲賞」の受賞の連絡を受けた後、「お前の分も頑張るからな」と報告した。今日も新たな訓練に励む。

空自初の国際救助犬となった在りし日の「キュー号」と竹山曹長。西日本豪雨などの被災地で、行方不明者の捜索に活躍した

### 記事賞（7部隊）

【最優秀】「重度の肺障害から回復した女子小学生、空輸した小牧基地隊員と再会」（3月28日7面）空航空機動衛生隊

【優秀】6件＝掲載順

▽「16年経て南極で初対面」（2月21日7面）海しらせ▽「秋田県警、秋田海保と『女子公務員意見交換会』」（4月11日8面）陸秋田▽「むつ市『大湊Sora空っ！』大ヒット」（5月16日5面）空幕▽「『させぼ自衛隊グルメ』で協定」（7月11日6面）海佐世保▽「女性自衛官増で整備着々」（8月8日6面）陸板妻▽「洋上の急患輸送、大型旅客船から男性ホイスト」（8月15日7面）海21空

### 写真賞（7部隊）
＝所属部隊等は掲載時

【最優秀】「『しらせ』昭和基地への物資輸送完了」（1月31日3面）海しらせ・山脇正2曹

【優秀】6件＝掲載順

▽「2019訓練始め、富士眺めP1が」（1月17日3面）海4空群▽「『すずなみ』がウラジオストク入港」（6月20日1面）海すずなみ・渋谷拓生3曹▽「慎重に安全化・撤去、東京・有明で焼夷弾発見」（6月27日7面）陸東方・山崎富男1曹▽「ロシア軍楽祭『スパスカヤ・タワー』」（10月3日3面）在ロシア日本国大使館警備対策官・中島聖弘1陸尉▽「台風19号自衛隊災派、命を救う」（10月17日3面）陸11施群・古沢知3曹▽「1特科隊が祝砲21発」（10月24日1面）陸301映写中・和田悠翔3曹

### 個人投稿賞（7個人）
＝所属部隊等は掲載時

【最優秀】「ありがとう、キュー号。安らかに」（9月12日10面）竹山修治空曹長＝空7空団

【優秀】6件＝掲載順

▽「奄美大島のお正月」（1月3日10面）内間守人准陸尉＝鹿児島地本▽「平和な暮らしに必要な税金」野口七菜さん＝隊員家族▽「歴代広報官…」（4月25日8面）…▽「築き上げてきた…」（7月11日10面）…▽「学びと成長の…」中村百花陸士長＝陸…▽「…そして感動の再会」（9月19日…）…

### 掲載賞（11部隊・6機関）

【最優秀】陸自板妻駐屯地

【優秀】▽陸自＝20普連（神町）、15旅団（那覇）、秋田、北千歳、高田、北熊本▽海自＝佐世保教育、大湊▽空自＝浜松、入間▽地本＝札幌、新潟、山形、静岡、鳥取▽地方防衛局＝東北

### 「朝雲」への投稿方法

▽記事は書式、字数の制限なし。ワードなどで「5W1H」を参考にできるだけ具体的に記入する。

▽写真は紙焼きかJPEG形式のファイルにして添える。

▽郵送（〒162-8801東京都新宿区市谷本村町5の1防衛省D棟市ケ谷記者クラブ内朝雲編集部）またはEメール（editorial@asagumo-news.com）で送付する。


まもなく定年を迎える皆様へ　25％割引（団体割引）

隊友会団体総合生活保険

隊友会団体総合生活保険は、隊友会会員の皆様の福利厚生事業の一環として、ご案内しております。
現役の自衛隊員の方も退職されましたら、是非隊友会にご加入頂き、あわせて団体総合生活保険へのご加入をお勧めいたします。

公益社団法人　隊友会　事務局

| | |
|---|---|
| 傷害補償プランの特長 | ●1日の入通院でも傷害一時金払治療給付金1万円 |
| 医療・がん補償プランの特長 | ●満70歳まで新規の加入可能です。 |
| 介護補償プランの特長 | ●本人・家族が加入できます。<br>●満84歳まで新規の加入可能です。 |
| 無料．でサービスをご提供「メディカルアシスト」 | ●常駐の医師または看護師が24時間365日いつでも電話でお応えいたします。<br>＊一部、対象外のサービスがあります。 |

※上記は団体総合生活保険の概要を紹介したものです。ご加入にあたっては、必ず「重要事項説明書」をよくお読みください。ご不明な点等がある場合には、お問い合わせ先までご連絡ください。

資料請求・お問い合わせ先
取扱代理店　株式会社タイユウ・サービス　隊友会役員が中心となり設立　自衛官OB会社
〒162-0845　東京都新宿区市谷本村町3-20　新盛堂ビル7階
TEL 0120-600-230
FAX 03-3266-1983
http://taiyuu.co.jp
資料は、電話、FAX、ハガキ、ホームページのいずれかで、お気軽にご請求下さい。

引受保険会社
東京海上日動火災保険株式会社
担当課：公務第一部　公務第二課 TEL 03(3515)4124
19-T01744　2019年6月作成

あなたの人生に、使わなかった、保険料が戻ってくる!!
"新しいカタチの医療保険"
メディカルKit R
医療総合保険（基本保障・無解約返戻金型）健康還付特則　付加［無配当］
メディカルKit R　生存保障重点プラン
医療総合保険（基本保障・無解約返戻金型）健康還付特則、特定疾病保険料払込免除特則　付加［無配当］
あんしんセエメエ
あんしんセエメエは、東京海上日動あんしん生命のキャラクターです。
募資19-KR00-A023
株式会社タイユウ・サービス
東京都新宿区市谷本村町3-20新盛堂ビル7階 〒162-0845　0120-600-230
引受保険会社：東京海上日動あんしん生命

好評発売中!!
自衛隊装備年鑑 2019-2020
陸海空自衛隊の500種類にのぼる装備品をそれぞれ写真・図・性能諸元と詳しい解説付きで紹介

朝雲新聞社
〒160-0002 東京都新宿区四谷坂町12－20KKビル
TEL 03-3225-3841　FAX 03-3225-3831　http://www.asagumo-news.com
◆判型　A5判／524頁全コート紙使用／巻頭カラーページ
◆定価　本体3,800円＋税
◆ISBN978-4-7509-1040-6

朝雲

防衛省にご勤務の皆さまへ　住まいと暮らしのことなら何でもお任せください！

# コーサイ・サービス ニュース　No.64

コーサイ・サービスネットショップ

Hazuki　Think Bee!

【提携割引】利用しないともったいない！

URL https://www.ksi-service.co.jp (限定情報 ID:teikei PW:109109)

"紹介カードでお得に！お住まいの応援キャンペーン①・②・③！"実施中

【住まいのご相談・お問合せ】コーサイ・サービス株式会社 ☎03-5315-4170（住宅専用）担当：佐藤　東京都新宿区四谷坂町12番20号KKビル4F／営業時間 9:00～17:00／定休日 土・日・祝日

販売価格(税込)　3LDK［住居専有面積 72.00㎡］3,100万円台～

〈売主・事業主〉あなぶき興産

［ご予約・お問い合わせ］アルファステイツ春日IIIヒルズレジデンスマンションギャラリー　〒816-0814 福岡県春日市春日1丁目145

営業時間 10:00～18:00 水曜定休(祝日除く)　0120-778-880　あなぶき春日　www.anabuki-style.com/kasuga/

# リビオ成増　ブライトエア＆フォレストエア

【新築分譲マンション】

リビオ成増フォレストエア外観完成予想CG

通勤アクセス　「朝霞駐屯地」最寄りの「和光市」駅へ1駅2分　／　「練馬駐屯地」最寄りの「東武練馬」駅へ2駅3分

子育てにやさしいマンション

子どもと遊べる公園がたくさん

充実した商業施設と教育施設

子育てを応援する多彩な共用部

親子のコミュニケーションを育む、キッズルーム・パーティルームをご用意。

雨の日でも安心して遊べるキッズルーム、大人数で集まって楽しめるパーティルームをご用意しています。

KID'S ROOM　PARTY ROOM

親子で一緒に工作や勉強ができる、DIYルーム・シェアオフィスルームを設置。

親子でDIYや工作ができるDIYルーム、お子様のスタディルームとしても使えるシェアオフィスルームを設けています。

DIY ROOM　SHARED OFFICE ROOM

ブライトエア SW-E　3LDK +WIC +モアトリエ　住居専有面積 66.98㎡（約20.26坪）　バルコニー面積 9.80㎡

［予定販売価格］3LDK 4,100万円台～（100万円単位）　月々返済 7万円台～

モデルルーム公開中！

〈売主〉日鉄興和不動産　〈販売代理〉伊藤忠ハウジング　free dial 0120-616-101　リビオ成増 検索

# 木で建てる家。木で育つ家族。

日頃お世話になっている会員の皆様方にうれしい特典をご用意!!

古河林業特販部　家づくりなんでも相談

1 無料敷地診断　敷地の形状、法規の調査、簡易地盤診断をさせていただきます。

2 無料プランニング（一級建築士によるプラン提案）　二世帯、三階建て、変形敷地への設計をさせていただきます。

3 無料見積もり　本体・付帯工事・その他諸費用等も合わせてご提案いたします。

4 無料税金・法律相談　ローン控除、登記、相続税などご相談承ります。

5 無料不動産相談　いい土地探し、買い替えのお手伝いをさせていただきます。

■お問い合わせ、資料請求は　古河林業 特販部 丸の内ギャラリー　0120-70-1281　担当：高田　E-mail e.tokuhan@furukawa-ringyo.co.jp

〒100-0005 東京都千代田区丸の内2-2-3 丸の内仲通りビル1F　TEL.03-3201-5061(代) FAX.03-3201-5081 http://www.furukawa-group.jp/

未来を開く古河グループ　古河林業株式会社

TOCLAS　キッチン＆ユニットバスキャンペーン　お引渡し期限：2020年8月31日(月)まで

物件探し～リフォームまでワンストップでお手伝いします。

［戸建・マンション対応］■全面リフォーム ■水廻り ■間取変更 ■耐震(戸建) ■屋根外壁塗装 ■バリアフリー

提携割引特典　リフォーム見積金額(税抜)の5%OFF　不動産仲介手数料(税抜)の15%OFF

TOKYO GAS GROUP 東京ガスリモデリング　法人営業グループ／9:30～17:30(日・祝日定休)　0120-11-0062

ホームページでも様々なリフォーム事例をご紹介しています。ご提携会社様専用サイト www.tgrm.jp/houjin/B502/

首都圏の店舗でお待ちしています！　対応地域は東京都・神奈川県・埼玉県・千葉県の一部地域を除いたエリアとなります。ご了承ください。

奥さまが笑顔でいられる注文住宅のヒミツとは？

「住まいづくりのヒミツ」が満載の資料プレゼント！　無料！

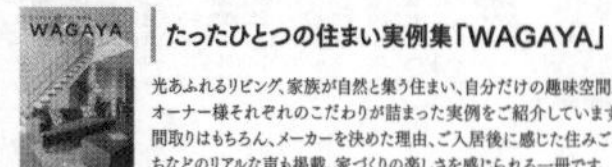

たったひとつの住い実例集「WAGAYA」　光あふれるリビング、家族が自然と集う住まい、自分だけの趣味空間…オーナー様それぞれのこだわりが詰まった実例をご紹介しています。間取りはもちろん、メーカーを決めた理由、ご入居後に感じた住みごこちなどのリアルな声も掲載。家づくりの楽しさを感じられる一冊です。

アキュラホーム「総合カタログ」　一部一部を完全自由設計でつくりあげる「住みごこちのいい家」。住まう人の暮らしに寄り添い、オーダーメイドの「住みごこち」をデザインします。光や風を感じる住まい、家事が楽しくなる住まい、ずっと安心が続く住まい… そんな理想を叶えた先にある「豊かな暮らし」を描いた一冊です。

●ぜひ一度展示場で住みごこちの良さをご体感ください。最寄りの展示場はWEBでチェック！

提携割引　建物本体価格(税抜) 3%　※展示場来場・資料請求の前に「紹介カード」が必要となります。

SABM　アキュラホームグループ　カンナ社長 で検索

# 防衛省にお勤めの皆さまへ

キャンペーン期間　2019年12月1日[日]～2020年3月31日[火]まで

## ダイワハウス分譲マンション
## ご来場プレゼント&ご成約キャンペーン

キャンペーン期間中に《ご来場》いただいた方に
クオカードプレゼント! 3,000円分
※適用条件がございます。下記をご覧ください。

キャンペーン期間中に《ご成約》いただいた方に
販売価格(税込)より 2%割引
※適用条件がございます。下記をご覧ください。

ご来場予約はこちら

1 左記の2次元コードを読み込むか「プレミスト キーワード 検索」と入力し、キーワード検索へアクセスしてください。

2 キーワード検索にてキーワード「法人成約」とご記入ください。専用フォームへご案内します。

プレミスト キーワード 検索

キーワード
法人成約
検索

**キャンペーン対象物件**

[首都圏エリア]プレミスト三鷹、プレミスト東久留米、プレミスト新小岩 親水公園、プレミストひばりが丘 シーズンビュー、プレミスト町田中町、プレミスト溝の口、プレミスト上麻生、プレミスト東林間 さくら通り、プレミスト湘南辻堂 [中部・北陸エリア]プレミスト愛宕の杜、常盤町レジデンス、プレミストタワー総曲輪、プレミスト茶屋ヶ坂駅前、プレミスト稲川 ※プレミスト茶屋ヶ坂駅前は2020年1月4日(土)から、プレミスト稲川は2020年1月6日(月)から2020年3月31日(火)までがキャンペーン期間となります。[関西エリア]プレミスト梅田、プレミスト平野背戸口、プレミスト都島パークフロント、プレミスト豊中少路、リブネスモア茨木、リブネスモア生駒ヒルズ [中国エリア]プレミスト相生通りリバーサイド [九州・沖縄エリア]プレミスト照国表参道、プレミスト宜野湾大謝名

| ご来場プレゼントの適用条件 | ●キャンペーン期間中に専用フォームから事前に来場予約のうえご来場いただきアンケートにご記入いただいた方または本誌をご持参のうえご来場いただきアンケートにご記入いただいた方にクオカード3,000円分をプレゼントいたします。●クオカードのお渡しはご来場から1ヵ月以内にご自宅にお届けさせていただきます。●来場プレゼントは1組(1世帯)につき1回とさせていただきます。なお電話番号(携帯電話含む)・住所・メールアドレス等のいずれかが同じ場合は同一世帯とみなします。●未成年者の方は来場プレゼント対象外とさせていただきます。 | ご成約キャンペーンの適用条件 | ●キャンペーン期間中に対象物件をご契約いただくことが条件となります。●対象物件以外をご契約された場合、また、キャンペーン以外でのご契約については対象外とさせていただきます。●キャンペーン期間中に完売している場合もございます。ご了承ください。●初回来場時にコーサイ・サービス株式会社が発行する「紹介カード」をご持参ください。 |
|---|---|---|---|

■取引態様／売主:大和ハウス工業株式会社(下記物件は共同事業のため以下の通りとなります)
【プレミストひばりが丘・プレミストひばりが丘シーズンビュー・プレミスト東久留米 [売主]大和ハウス工業株式会社・株式会社コスモスイニシア】【プレミスト東林間さくら通り [売主]大和ハウス工業株式会社・京急不動産株式会社・株式会社コスモスイニシア】【プレミスト湘南辻堂 [売主]大和ハウス工業株式会社・神奈川中央交通株式会社・株式会社長谷工コーポレーション】【常盤町レジデンス [売主]大和ハウス工業株式会社・株式会社スズキビジネス】

<お預かりした個人情報の利用目的>
弊社は、個人情報保護法を遵守し、弊社または弊社グループ企業が行う次の事業【※】に関するご案内・ご提案、契約の締結・履行、アフターサービスの実施、お客さまへの連絡・通信、新しい商品・サービスの開発、およびお客さまに有益と思われる情報の提供などのために、お客さまの個人情報を利用させていただきます。【※】住宅、リフォーム、集合住宅、マンション、商業店舗開発、建築、不動産分譲、不動産仲介、環境・エネルギー、損害保険代理店、ホテル、インテリアなどの各事業

---

東京都西東京市
## プレミストひばりが丘 シーズンビュー

キャンペーン期間中にご成約いただくと! 《提携割引》販売価格(税込)より 2%割引

ラウンジ(2018年8月撮影)　外観(2018年8月撮影)

現地案内図

「プレミストひばりが丘 シーズンビュー」モデルルームへご来場の際は現地販売センターにお越しください。駐車場もご用意しております。

■バスでお越しの方／ひばりヶ丘駅南口[2番乗り場]より西武バス〈境04〉系統・武蔵境行き、〈田43〉系統・田無駅行きにご乗車いただき、「ひばりヶ丘団地西口」停留所で下車→徒歩にて物件エントランスまでお越しいただき、112号室をお呼び出しください。

■「プレミストひばりが丘　シーズンビュー」全体物件概要●所在地／東京都西東京市ひばりが丘3丁目1616番20他●交通／西武池袋線「ひばりヶ丘」駅から徒歩23分、西武池袋線「ひばりヶ丘」駅からバス約6分・「ひばりが丘団地西口」バス停留所下車徒歩1分、西武鉄道新宿線「田無」駅からバス約8分・「ひばりが丘団地西口」バス停留所下車徒歩1分●総戸数／141戸(別途管理事務室1戸)●構造・階数／鉄筋コンクリート造地上8階建(地下0階建)●敷地面積／7,481.52㎡(建築確認対象面積)、取引対象面積8,674.31㎡(共同住宅敷地面積:7,481.52㎡、子育支援施設敷地面積:1,192.79㎡)●86条認定番号(一団地認定)／28多建建二建第0696号(平成29年1月16日)●用途地域／第一種中高層住居専用地域●建築確認番号／第UHEC建確28628号(平成29年2月15日)／第UHEC建確28628号変1号(平成29年7月19日)●敷地南東側の一部(面積:73.48m2)に地役権の設定があります。●子育支援施設構造・階数／鉄筋コンクリート造地上1階建●子育支援施設建築確認番号／第UHEC建確28629号(平成29年2月15日)第UHEC建確28629変1号(平成29年7月19日)●駐車場空台数／71台〔機械式43台、平置28台(小型車用2台、身障者用1台含む)〕、別途来客用2台、月額使用料3,500円～10,000円●駐輪場空台数／98台※サイクルポート141区画(空き区画98区画)、月額使用料500円●バイク置き場空台数／1台、月額使用料:1,500円●インターネット使用料／月額:990円(税込)●エリアマネジメント費／月額:300円(税込)●分譲後の権利形態／敷地は共有、建物は区分所有●土地の権利形態／所有権●子育支援施権利形態／敷地は共有、建物は区分所有●管理会社／大和ライフネクスト株式会社●管理形態／管理組合と管理会社(大和ライフネクスト株式会社)との間で管理委託契約を締結●工事完了予定年月日／2018年8月完成済●入居予定／即入居可●売主・販売代理／大和ハウス工業株式会社●売主／株式会社コスモスイニシア 〒108-0014 東京都港区芝5-34-6 TEL:0120-515-777 宅地建物取引業者免許番号:国土交通大臣免許(12)第2361号(一社)不動産協会会員(公社)首都圏不動産公正取引協議会加盟●販売代理・販売復代理／株式会社リノベスト 〒102-0072 東京都千代田区飯田橋 4-5-11 パール飯田橋ビル7階 TEL:03-6272-9775 宅地建物取引業者免許番号:国土交通大臣(2)第8658号(公社)全国宅地建物取引業保証協会会員(公社)全国宅地建物取引業保証協会東京本部●施工／株式会社長谷工コーポレーション　■第1期1次～第3期3次物件概要●販売戸数／47戸●専有面積／66.54㎡～81.69㎡●バルコニー面積／10.83㎡～18.30㎡●専用庭面積／8.00㎡●サービスバルコニー面積／4.21㎡～9.11㎡●テラス面積／11.52㎡●販売価格(税込)／3,824万9,984円～5,667万1,516円●最多販売価格帯／4,100万円台(8戸)●間取り／2LDK～4LDK●管理費／月額:14,200円～17,400円●管理準備金／一括:14,200円～17,400円●修繕積立金／月額:7,700円～9,400円●修繕積立基金／一括:499,100円～612,700円●専用庭使用料／月額:400円●先着順申込受付中【先着順申込受付に関して】●申込受付場所／「プレミストひばりが丘 シーズンビュー」現地販売センター ※お申込の際には、ご印鑑(認印可)・直近2年分の収入を証明する資料(源泉徴収票など)、本人確認資料(運転免許証など)をご持参ください。※先着順申込受付につき売約済の場合がございます。予めご了承ください。※112号室(今回販売対象外住戸)は2018年8月10日より販売センターとして使用しております。※805号室(今回販売対象外住戸)は2018年8月18日よりモデルルームとして使用しております。●広告有効期限／2020年3月31日

**東京都マンション環境性能表示**

| 建物の断熱性 | ★★★ |
|---|---|
| 設備の省エネ性 | ★★★ |
| 太陽光発電・太陽熱 | |
| 建物の長寿命化 | ★★ |
| みどり | ★★★ |

この表示は、都民の健康と安全を確保する環境に関する条例に基づくものです。　2014年度基準

※掲載の徒歩分数は、80m=1分として算出したものです。※1／掲載の所要時間は西武池袋線「ひばりヶ丘」駅からの日中平常時の所要時間です。通勤時:直通18分(西武池袋線急行利用)※2／西武バス「ひばりが丘団地西口」バス停留所(約80m／徒歩1分)※3／駐車場空台数71台(小型車用2台・身障者用1台含む)、別途来客用2台

[売主・販売代理] 大和ハウス工業株式会社

[売主] 

お問い合わせは「プレミストひばりが丘 シーズンビュー」現地販売センター
0120-660-141　営業時間／10:00～18:00　定休日／火・水曜日(祝日除く)

ダイワ ひばりがおか  検索 

---

神奈川県藤沢市
## プレミスト湘南辻堂

キャンペーン期間中にご成約いただくと! 《提携割引》販売価格(税込)より 2%割引

外観

クラブライブラリー　クラブカフェ　アリーナ

JR東海道線 辻堂駅[北口] 徒歩9分(約700m)
16の多彩な共用施設 BBQテラスやアリーナなど※1
辻堂駅直結 居住者専用シャトルバス※2

※1:FOREST Face敷地分を含みます。共用施設のご利用に際しては、管理規約集に従っていただきます。一部施設は有料となる場合がございます。カフェメニューは有料となります。FOREST Faceの共用施設は2021年春頃より利用できる予定です。※2:神奈川中央交通により有償にて運行。※掲載の距離は建設現地(AQUA Face)からのもので、徒歩分数は1分=80mとして換算し、端数は切り上げています。※掲載の外観写真、共用部写真は2019年2月に撮影したものです。

■「プレミスト湘南辻堂」AQUA Face物件概要●所在地／神奈川県藤沢市羽鳥一丁目1003番2、1003番3(地番)●交通／JR東海道本線「辻堂」駅徒歩9分●総戸数／404戸(別途管理事務室1戸、ゲストルーム1戸)●団地全体総戸数:914戸(AQUA Face:404戸、FOREST Face:510戸)(別途管理事務室1戸、ゲストルーム3戸(AQUA Face:管理事務室1戸、ゲストルーム1戸／FOREST Face:ゲストルーム2戸)●構造・規模／鉄筋コンクリート造地上14階建(AQUA Face)●敷地面積／18,121.34㎡●団地合計敷地面積:35,058.67㎡(AQUA Face:18,121.34㎡ FOREST Face:16,937.33㎡)●用途地域／第一種住居地域●分譲後の権利形態:敷地は団地全体(AQUA Face・FOREST Face)の敷地の共有、建物は区分所有●設計・施工／株式会社長谷工コーポレーション●管理形態／管理組合と管理会社(株式会社長谷工コミュニティ)との間で管理委託契約を締結していただきます●建物完成年月／2018年12月完成済(AQUA Face)●入居予定／即入居可●駐車場空台数(月額)／18台:10,000円～14,000円(AQUA Face:平面式13台、自走式5台)別途管理用1台、管理兼来客用10台●駐輪場空台数(月額)／446台:100円～200円(AQUA Face:二段ラック式446台)、別途レンタサイクル置場5台●バイク置き場空台数(月額)／17台:1,500円～2,000円(AQUA Face:バイク置き場11台、ミニバイク置き場6台)●インターネット使用料(月額)／2,200円(税込)●湘南SALONE(コミュニティクラブ)会費(月額)／500円●建築確認番号／AQUA Face:第UHEC建確28295号(2016年9月29日)／第UHEC建確28295変1号(2018年2月19日)／第UHEC建確28295変2号(2018年4月13日)●売主／大和ハウス工業株式会社、神奈川中央交通株式会社 〒254-0811 神奈川県平塚市八重咲町6-18 TEL:0463-22-8887宅地建物取引業者免許番号:神奈川県知事免許(15)第1996号(一社)不動産協会会員(公社)首都圏不動産公正取引協議会加盟、株式会社長谷工コーポレーション 〒105-8507 東京都港区芝二丁目32番1号 TEL:03-3456-5451 宅地建物取引業者免許番号:国土交通大臣(15)第68号 建設業許可番号:国土交通大臣(特-27)第3792号(一社)不動産協会会員(公社)首都圏不動産公正取引協議会加盟●販売代理／大和ハウス工業株式会社、株式会社長谷工アーベスト 〒105-8545 東京都港区芝2-6-1長谷工芝二ビル6階 TEL:03-5440-5800 宅地建物取引業者免許番号:国土交通大臣(9)第3175号(一社)不動産協会会員(一社)不動産流通経営協会会員(公社)首都圏不動産公正取引協議会加盟●販売復代理／エース不動産株式会社 〒103-0025 東京都中央区日本橋茅場町2丁目1番11号ビルックス茅場町9階 TEL:03-6661-7355 宅地建物取引業者免許番号:東京都知事(1)第101296号(公社)全国宅地建物取引業保証協会会員(公社)東京都宅地建物取引業協会 千代田中央支部所属　■先着順販売物件概要●販売戸数／53戸●一戸当たりの専有面積／72.22㎡～90.33㎡●バルコニー面積／10.70㎡～27.72㎡●専用庭面積／20.91㎡●トランクルーム面積／0.63㎡●テラス面積／12.30㎡・16.60㎡●販売価格(税込)／4,636万2,076円～6,980万5,846円●最多販売価格帯／5,100万円台(11戸)●間取り／2LDK～4LDK●管理費／月額:16,700円～20,300円●管理準備金／一括:21,700円～27,100円●修繕積立金／月額:5,930円～7,420円●修繕積立基金／一括:543,000円～678,000円●専用庭使用料／月額:630円●先着順申込受付中【先着順申込受付に関して】●申込受付場所／「プレミスト湘南辻堂」マンションギャラリー※お申込の際には、ご印鑑(認印可)・直近2年分の収入を証明する資料(源泉徴収票など)、本人確認資料(運転免許証など)をご持参ください。※先着順申込受付につき売約済の場合がございます。予めご了承ください。※建物内モデルルーム:215号室(2019年1月19日より公開中)、630号室(2020年1月11日より公開中)、919号室(2019年8月10日より公開中)●取引条件有効期限／2020年3月31日

**神奈川県建築物環境性能表示**

| 地球温暖化防止対策 | 2/5 |
|---|---|
| ヒートアイランド対策 | 3/5 |
| 再生可能エネルギーの導入 | 太陽光 |
| 総合評価 | ★★★★ |

これはCASBEEかながわによる自己評価結果です。
CASBEEかながわ

[売主・販売代理] 大和ハウス工業
[売主] Kanachu 神奈川中央交通
[売主] 長谷工 コーポレーション
[販売代理] 長谷工 アーベスト
[販売復代理] エース不動産株式会社

お問い合わせは「プレミスト湘南辻堂」マンションギャラリー
0120-142-785　営業時間／10:00～18:00　定休日／火・水曜日(祝日除く)

ダイワハウス 辻堂 検索 

---

**提携割引・キャンペーンに関するお問い合わせ先**

大和ハウス工業株式会社 マンション事業推進部 営業統括部 法人提携グループ
TEL:03-5214-2253 担当:加藤 営業時間／10:00～18:00 定休日／土・日・祝日

提携割引をご利用いただくには、コーサイ・サービス(株)が発行する「紹介カード」が必要となります。
〈紹介カード発行先〉コーサイ・サービス株式会社 TEL:03-5315-4170(住宅専用) 担当:佐藤
URL:https://www.ksi-service.co.jp (ID:teikei PW:109109)

# ダイワハウスの分譲マンション『PREMIST』

ダイワハウスがプロデュースする、分譲マンションブランド『PREMIST(プレミスト)』。
ハウスメーカーとしてのノウハウを駆使しながら、快適な暮らしをお届けいたします。

## 宮城県仙台市 プレミストあすとテラス

予告広告 本広告を行い取引を開始するまでは、契約又は予約の申込には一切応じられません。また、申込の順位の確保に関する措置は講じられません。販売開始予定時期：2020年3月下旬

《提携割引》販売価格(税込)より 1%割引 ※本物件はキャンペーン対象外となります

明日も、
未来も、
美しく。

ラウンジ完成予想図

仙台の新都心「あすと長町」開発エリア内※1に 全75邸南向き

アトリエg&b監修 デザイナーズレジデンス
「あすと長町」の新たなレジデンスを目指し、
スペシャリストが集結。住まう方に安らぎをもたらし、
心地よい日常を育む空間づくりを追求。
美しく魅力的な暮らしの価値を創造し、
外観やラウンジをはじめとしたデザインを追求いたしました。
atelier g&b with parkERs
atelier g&b works (作品例)
parkERs works (作品例)

全6タイプに加え暮らしをカスタマイズできる 15の多彩なプランセレクト※2

■予定販売価格(税込)※100万円単位
3,300万円台~6,600万円台
■予定最多販売価格帯(税込)※100万円単位
4,200万円台・4,400万円台

JR東北本線／JR常磐線／仙台空港アクセス線 「太子堂」駅 徒歩6分(約410m) 「長町」駅 徒歩9分(約700m)

仙台市地下鉄南北線 「長町」駅 徒歩10分(約760m)

■「プレミストあすとテラス」予告物件概要●所在地／宮城県仙台市太白区あすと長町3丁目1-1(地番)●交通／JR東北本線「太子堂」駅徒歩6分、JR東北本線「長町」駅徒歩9分、仙台市地下鉄南北線「長町」駅徒歩10分●総戸数／75戸(別途管理事務室1戸)●販売戸数／未定●敷地面積／2003.95㎡●構造及び階数／鉄筋コンクリート造地上13階●施工会社／大末建設株式会社●一戸当たりの専有面積／68.83㎡~90.03㎡●バルコニー面積／9.37㎡~13.65㎡●室外機置場面積／2.60㎡~5.53㎡●アルコーブ面積／2.87㎡~4.56㎡●テラス面積／19.46㎡~26.81㎡(月額使用料:未定)●管理形態／管理組合と管理会社(大和ライフネクスト株式会社)との間で管理委託契約を締結●工事完了予定年月／2021年2月下旬予定●入居予定／2021年3月下旬予定●予定販売価格(税込)／3,300万円台~6,600万円台●予定最多販売価格帯／4,200万円台・4,400万円台●分譲後の権利形態／敷地は共有、建物は区分所有●土地の権利形態／所有権●管理費／月額:未定●管理準備金／一括:未定●修繕積立金／月額:未定●修繕積立基金／一括:未定●駐車場空台数／機械式駐車場75台(月額使用料:未定)別途、来客用駐車場1台●駐輪場空台数／94台(月額使用料:未定)内平面式6台、スライドラック式58台、垂直昇降式30台●バイク置き場空台数／2台(月額使用料:未定)●販売開始予定時期／2020年3月下旬●間取り／3LDK●用途地域／近隣商業地域●建築確認番号／第BVJ-TOK19-10-0458号(令和元年8月30日)●売主／大和ハウス工業株式会社●販売代理／株式会社クラシエル 〒106-0041 東京都港区麻布台3丁目4番18号クリーデンス麻布台3階 TEL:03-6388-9936 宅地建物取引業者免許番号·東京都知事(2)第93421号(公社)全日本不動産協会会員(公社)不動産保証協会会員(公社)首都圏不動産公正取引協議会加盟 ※予告広告をする時点において、全ての予定販売戸数を一括して販売するか、又は数期に分けて販売するかは確定しておりません。当該予告広告以降に行う本広告において、販売戸数をお知らせいたします。尚、販売戸数が未定のため専有面積及びバルコニー面積等は今後供給予定の全住戸についてのものです。※当物件の本広告につきましては、公式サイト(http://dhms.jp/asuto)にて2020年3月下旬に公開予定です。

※掲載のラウンジ完成予想図は、設計図書を基に描き起こしたもので、実際とは多少異なる場合があります。※植栽は特定の季節の状況を想定して描かれたものではありません。また、竣工時には完成予想図程度には成長しておらず、形状、位置などは実際とは多少異なる場合があります。樹種は一部変更となる場合があります。外観形状の細部、設備機器などについては、再現されておりません。※1.当計画地は「仙台市あすと長町土地区画整理事業(換地処分の公告:2013年6月28日)」エリア内において住宅・商業業務複合地区となっております。※2.プランセレクトは、受付期間内に限り利用申込をすることができます。また、住戸によって受付期間が異なります。詳しくは係員にお尋ねください。※徒歩分数表示については80mを1分として算出(端数切り上げ)したものです。

[事業主・売主] 大和ハウス工業株式会社

お問い合わせは「プレミストあすとテラス」マンションギャラリー
0120-59-1210 営業時間／10:00~18:00 定休日／火・水曜日(祝日除く)
ダイワ あすとテラス 検索

## 福島県郡山市 プレミスト郡山GreenMarks

予告広告 本広告を行い取引を開始するまでは、契約又は予約の申込には一切応じられません。また、申込の順位の確保に関する措置は講じられません。販売開始予定時期：2020年3月中旬

《提携割引》販売価格(税込)より 1%割引 ※本物件はキャンペーン対象外となります

BOTANICAL
INNOVATION
夢見た未来が、もうすぐやってくる。

外観完成予想図

自宅でも職場でもないサードプレイス。

コワーキングスペース・ボタニカルラウンジ完成予想図

東京都心部で豊富な実績を持つ「parkERs(パーカーズ)」が、人と植物が共生する快適空間をプロデュース。
COLLABORATION parkERs by Aoyama Flower Market

郡山駅方面よりお越しのお客様
県道17号線を南下。「文化通り入口」交差点を通過後、ファミリーマートの角を左折。

安積永盛駅方面よりお越しのお客様
県道17号線を北上。大樹生命が目印となる「古館交番前」を右折後、一つ目の点滅信号機のある信号を左折。県道355号線を直進し、本町鈴木クリニック先の信号を左折。

全戸南向き　敷地内駐車場100%(各戸1台分)　ヨークタウン堤下 徒歩8分(約590m)

郡山駅
JR東北本線「郡山」駅 徒歩20分(約1,530m)　福島交通「栄町」バス停 徒歩4分(約320m)

郡山市立橘小学校 徒歩11分(約830m)

荒池公園 徒歩8分(約580m)

■「プレミスト郡山GreenMarks」予告物件概要●所在地／福島県郡山市栄町224番1(地番)●交通／JR東北本線「郡山」駅から徒歩20分、JR東北本線「郡山」駅から福島交通バス須賀川駅前行き「郡山駅前」乗車約5分、「栄町」バス停下車徒歩4分●工事完了予定年月／令和3年2月下旬予定●入居／2021年3月下旬予定●販売予定年月／2020年3月中旬●総戸数／58戸(別途、管理事務室1戸)●敷地面積／1,244.20㎡●構造及び階数／鉄筋コンクリート造地上15階地下1階建●用途地域／商業地域●間取り／3LDK●専有面積／71.71㎡~86.17㎡(トランクルーム面積1.04㎡~1.80㎡を含む)●バルコニー面積／8.62㎡~11.28㎡●専有庭面積／12.33㎡(月額使用料:未定)●室外機置き場面積／1.34㎡~1.95㎡●テラス面積／5.35㎡~9.66㎡●駐車場／58台・機械式駐車場54台、平面駐車場4台(内、小型車用1台、専用駐車場1台:102号室)(月額使用料:未定)●駐輪場／58台・平面式スライドラック式38台、上部垂直昇降式18台)●バイク置き場／バイク1台(月額使用料:未定)●販売戸数／未定●予定販売価格(税込)／2,900万円台~5,400万円台(100万円単位)●予定最多販売価格帯／3,400万円台・3,500万円台(100万円単位)●管理費(月額)／未定●管理準備金(一括)／未定●修繕積立金／未定●修繕積立基金(一括)／未定●その他の費用／インターネット使用料(月額)／未定●分譲後の権利形態／敷地は共有、建物は区分所有●土地の権利形態／所有権●管理形態／管理組合と管理会社(大和ライフネクスト株式会社)との間で管理委託契約を締結予定●建築確認番号／第BVJ-SEN19-10-0108号(平成31年3月29日)●売主／大和ハウス工業株式会社●販売代理／株式会社ワールドアイセリング 〒980-0021 宮城県仙台市青葉区中央4丁目10番3号 仙台キャピタルタワー2階 宅地建物取引業者免許番号:宮城県知事(1)第6571号、(公社)宮城県宅地建物取引業協会会員、(一社)不動産協会会員、東北地区不動産公正取引協議会加盟●施工会社／株式会社福田組東北支店 ※予告広告をする時点において、全ての予定販売戸数を一括して販売するか、又は数期に分けて販売するかは確定しておりません。当該予告広告以降に行う本広告において、販売戸数をお知らせいたします。尚、販売戸数が未定のため専有面積及びバルコニー面積等は今後供給予定の全住戸についてのものです。※当物件の本広告につきましては、公式サイト(http://dhms.jp/kooriyama)にて2020年3月中旬に公開予定です。

※掲載の外観完成予想図は2019年7月に撮影した現地周辺上空写真と設計図書を基に描き起こした完成予想図をCG合成したもので、実際とは多少異なる場合があります。※徒歩分数表示については80mを1分として算出(端数切り上げ)したものです。※掲載の車の所要分数は実測に基づくものです。信号待ち等により、所要時間が変わる場合がございます。※掲載の環境写真は2018年10月に撮影したものです。

[事業主・売主] 大和ハウス工業株式会社

お問い合わせは「プレミスト郡山GreenMarks」マンションサロン
0120-058-025 営業時間／10:00~18:00 定休日／火・水曜日(祝日除く)
ダイワ 郡山 検索

家、そして近未来をつくる。

[売主]
大和ハウス工業株式会社 東京本社 マンション事業推進部
東京都千代田区飯田橋3丁目13番1号 〒102-8112
Tel 03-5214-2253 Fax 03-5214-2246
建設業許可番号·国土交通大臣許可(特-27·28)第5279号 宅地建物取引業者免許番号·国土交通大臣(15)第245号
(公社)東京都宅地建物取引業協会会員／(一社)不動産協会会員／(公社)首都圏不動産公正取引協議会加盟
www.daiwahouse.co.jp

ECO FIRST エコ・ファースト企業 環境大臣認定 We Build ECO Daiwa House Group

住まいと暮らしの創造企業グループ

長谷工グループ
HASEKO

# 住まいのことなら長谷工グループへ!

掲載の提携特典・キャンペーン等ご利用の際は、「朝雲新聞を見た」とお伝えください。

新築
マンション施工実績No.1、長谷工コーポレーションおすすめ新築分譲マンション
長谷工 コーポレーション
アーバンパレス南柏　千葉県流山市
提携特典　販売価格(税込)より1%割引
URBAN PALACE MINAMIKASHIWA
Palace Princess
女性が輝ける、新しいマンションへ。
3LDK・70㎡台モデルルーム公開中
2,600万円台～
500円～9,000円
「アーバンパレス南柏」マンションギャラリー 0120-109-153
第一交通産業株式会社
長谷工 アーベスト
長谷工 コーポレーション
日鉄コミュニティ
アーバンパレス武蔵浦和　埼玉県さいたま市
提携特典　販売価格(税込)より1%割引
URBAN PALACE MUSASHIURAWA
寛ぎに満ちた空間に
深い安らぎが生まれる
「武蔵浦和」駅まで7分
「西浦和」駅まで徒歩9分
3,400万円台～
月々返済7万円台～
モデルルーム公開中!
「アーバンパレス武蔵浦和」マンションギャラリー 0120-152-634
第一交通産業株式会社
長谷工 アーベスト
長谷工 コーポレーション
長谷工 コミュニティ
ハイムスイート朝霞　埼玉県朝霞市
提携特典　販売価格(税込)より1%割引
複合商業施設
2020年冬OPEN予定
HEIM SUITE Asaka
東武東上線「朝霞」駅から
「池袋」駅へ16分
商業・保育施設・公園の
複合開発タウンに誕生する
「全212邸のレジデンス」
全邸南向き
67㎡台～
2,900万円台～モデルルーム公開中!!
「ハイムスイート朝霞」マンションギャラリー 0120-816-114
積水化学工業株式会社
長谷工 コーポレーション
長谷工 アーベスト
パークビレッジ南町田　東京都町田市
提携特典　販売価格(税込)より1%割引
東急 田園都市線最大級
約22万㎡の新しいまちづくり
全582邸・大規模レジデンス
241店舗が集まる大型商業施設グランベリーパークまで
徒歩7分
南向き／3LDK 3,400万円台～
モデルルームオープン!［来場予約受付中］
「パークビレッジ南町田」マンションギャラリー 0120-582-700
名鉄不動産
TORAY
東レ建設株式会社
東急
長谷工 コーポレーション
長谷工 アーベスト
ご来場キャンペーン実施中!
キャンペーン参加用紙をご持参の上、
来場アンケートにお答えいただいた方に
2,000円分のクオ・カードをプレゼント!!
2020年6月末まで
エントリーは下記アドレスのキャンペーンバナーから参加用紙を出力していただき、ご記入の上ご持参ください。
http://haseko-teikei.jp/kosaiservice/

リフォーム
長谷工 リフォーム
提携特典
見積り金額より3%割引
お見積り無料
関東限定
早めのご相談がリフォーム成功のカギ!
春の感謝セール
キッチン・バスルーム・洗面化粧台・トイレの4点セット
175万円
キッチン
バスルーム
洗面化粧台
トイレ
LIXIL
特典　最大約30万円分
無料　グレードアップ
食器洗い乾燥機
100V換気乾燥暖房機
扉グレードアップ(ミドル)
紙巻器&タオルリング
4点セットご成約特典
ギフトカード15,000円分プレゼント
こだわりの実例はホームページでご確認ください
HPはこちらから
ご成約対象期間　2020年4月1日(水)～6月30日(火)
長谷工リフォームフリーダイヤル 0120-04-4152

仲介
長谷工 リアルエステート
提携特典
仲介手数料10%OFF
買取の場合上乗せ10万円
諸経費サービス
中古住宅を多数取り揃えています! 売却・買取ご相談ください。
昨年11月NEW OPEN!
ぜひ、お立ち寄りください!
東戸塚店
神奈川県横浜市 戸塚区川上町85-1 N&Fビル2 5階
店長 大野 智裕
駒沢店・三鷹店・大宮店　無料査定&ご売却応援キャンペーン
クオカード2,000円相当をプレゼント!!
駒沢店
三鷹店
大宮店
キャンペーン期間：2020年3月31日(火)まで
Webで中古マンション自動査定!
長谷工の仲介
www.haseko-chukai.com


提携特典に関する共通お問合せ先 (株)長谷工コーポレーション「提携お客様サロン」

0120-958-909 営業時間 9:00～17:00(土・日・祝日休み) | teikei@haseko.co.jp

※提携特典をご利用いただくためには、コーサイ・サービス(株)が発行する紹介カードが必要です。

〈紹介カード発行先〉コーサイ・サービス株式会社　担当：佐藤　HP：https://www.ksi-service.co.jp/ [ID]teikei [PW]109109(トクトク)

TEL：03-5315-4170　FAX：03-3354-1351　E-mail：k-satou@ksi-service.co.jp

# 陸自向け新小銃 HOWA5.56

## ライバル銃を凌駕

### 耐環境性、火力、拡張性など

防衛省は陸自向けの「新小銃」に豊和工業製の「HOWA5・56」を選定した。令和2年度予算（案）では3283丁を調達する。この新小銃については「耐環境性、火力性能、拡張性に優れる」という説明はあったものの、詳しい諸元などは明らかにされていない。だが、公表された写真や他の候補小銃の特性などから、それらを凌駕するという「HOWA5・56」の特長が見えてくる。

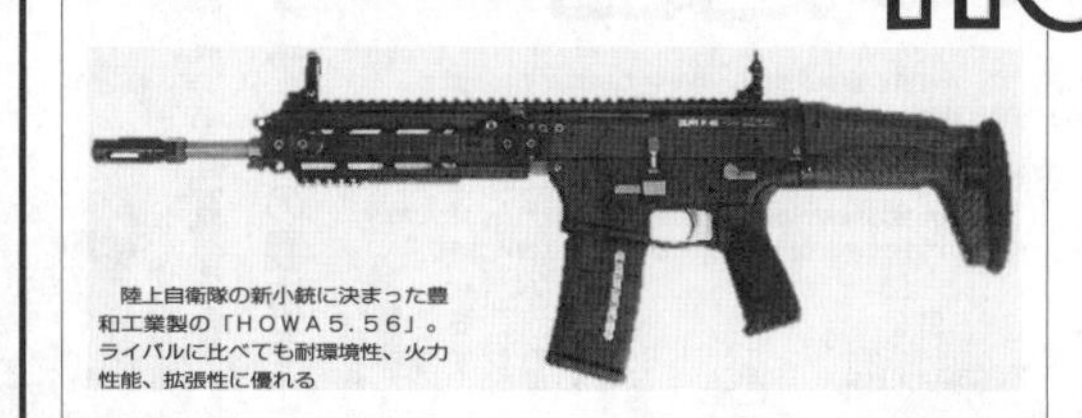

陸上自衛隊の新小銃に決まった豊和工業製の「HOWA5.56」。ライバルに比べても耐環境性、火力性能、拡張性に優れる

## ドイツ「HK416」、ベルギー「SCAR―L」と比較

陸自新小銃の候補は、国産の「HOWA5・56」、ドイツ・ヘッケラー&コッホ（H&K）製の「HK416」、ベルギー・FNハースタル製の「SCAR―L」だった。この3種を試験し、最も性能的に優れた「HOWA5・56」が選ばれた。それでは、他の2種はどのようなものだったのか。

「HK416」は銃身が短いカービン型アサルトライフルで、アメリカ軍の特殊作戦コマンドと共同でドイツで開発された。2000年代末から「デルタフォース」など米特殊作戦部隊をはじめ、欧米の各国軍で使用されている。

同小銃は特殊部隊員の要望を受け、拡張性に優れた構造になっている。光学スコープ、タクティカルライト、グリップなど付属品が取り付けられるよう、銃身の上下左右に「ピカティニー・レール」と呼ばれるレールが装着されている。また、冷却機能を高めるためハンドガードは銃身に接触しない方式で、繰り返しの連射が可能だ。

「SCAR―L」（原型はFN・SCAR）もアメリカ特殊作戦軍向けに開発された。アッパーレシーバーの上部とハンドガードにピカティニー・レールを装備し、各種アクセサリーの取り付けが可能。さらに折り畳み式のフロントサイト、長さの調節が可能な肩当、高さ調節ができるチークパッド（頬の当たる部分）など、各兵士向けにカスタマイズできるのが特徴。銃身の下部には擲弾発射器が装着できる。

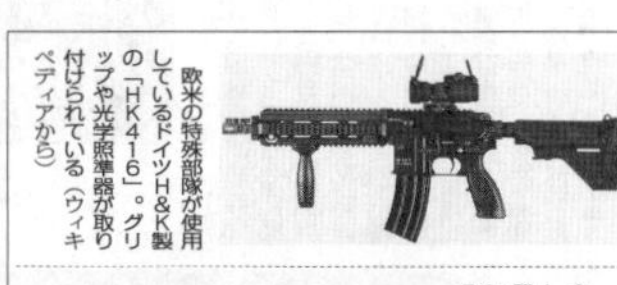

欧米の特殊部隊が使用しているドイツH&K製の「HK416」。グリップや光学照準器が取り付けられている（ウィキペディアから）

ベルギー・FNハースタル製の「SCAR―L」。銃身下部には擲弾発射器が取り付けられている（ポルトガル陸軍HPから）

### 防衛技術

陸自新小銃に採用された「HOWA5・56」も、これら先行する欧米の小銃と同等以上の機能を持たせるため、公表写真から見ると同様の付属品用のレールなど各種新システムが組み込まれているようだ。

新小銃は今後、水陸両用作戦などで海水にさらされることも増えることから、部品には腐食性に強い素材が使用され、故障防止が図られているものとみられる。

防衛省の説明でも、新小銃が「耐環境性」「火力性能」「拡張性に優れる」と強調されているので、ライバルに比べて射撃精度が高められているのはもちろん、スコープなども自在に装着できる拡張性を持ち、市街地戦闘などにも対応できる設計となっているようだ。

陸自隊員にとっては一日でも早く手に取ってみたい新小銃であることは間違いないだろう。

## 技術が光る >90<

### 水循環システム「WOTA BOX」 WOTA株式会社

## シャワーキットでどこでも入浴

## 最先端技術で水を濾過、再利用

昨年の台風15号、19号の災害では、千葉県など各地でライフラインが寸断され、断水による深刻な水不足に見舞われた。被災地に災害派遣された自衛隊は野外風呂を開設して入浴支援を行ったが、各自治体も独自に民間の屋外シャワー器材を導入し、入浴サービスを行った。その一つがWOTA株式会社（東京都文京区）が開発したAI水循環システム「WOTA BOX」と一体化された「屋外シャワーキット」だ。

同社は平成26年の創業以来、コンパクトな水循環システムの開発に当たり、同28年の熊本地震をはじめとする被災地に試作機を持ち込み、被災者への入浴支援サービスを実施している。これまで延べ4千人以上が屋外で同社製のシャワーキットを利用したという。

「WOTA BOX」に付属する「屋外シャワーキット」の内訳は、水タンク、給湯器、脱衣テント、シャワーテント、収納バッグからなっている。脱衣テント内にシャワーテントが組み込まれるため、利用者のプライバシーが保たれるほか、湯気でテント内がスチームサウナ状態になるため、寒冷地でもヒートショック対策や、湯冷めを防ぐことができるという。

「『WOTA BOX』は約100リットルの種水があれば、水を循環させることで約100人がシャワーを繰り返し利用できます」と語るのは同社の尾間利幸営業部長。最先端のAI水処理技術で汚れた水をろ過し、繰り返し循環させることで、シャワー50リットル（1人分の使用量）あたりの排水を1リットル未満に抑えられるという。

シャワーテント内部は約1・2平方メートルあり、1人で使うには十分なスペースが確保されている。このテントの底から排水を吸い上げ、これを「WOTA BOX」の六つのフィルターを通してろ過する。ウイルスを取り除くため、最後に塩素とUVランプで殺菌する。この塩素の濃度が薄くなったり、フィルターが汚れた場合、青いランプが黄色になり、さらに赤色になると交換の合図となる。もちろん、シャンプーやボディソープも使える。

「シャワーの水は公衆浴場の水質基準をクリアーしているので、入浴中に口に入っても健康に害はありません。『WOTA BOX』には水質を常に監視するAIエンジンが入っており、水をどのフィルターに通すか順番を自動的に判別して、フィルターの消耗を減らします」と尾間部長。

昨年の大型台風被災地では、内閣府のプッシュ型支援に指定され、長野市に派遣された。シャワーキットの組み立ては2人で15分しかかからず、初心者でもすぐに扱うことができた。千葉県では停電地域の範囲が広がったため、同キットを車に積んで5カ所を2時間おきに巡回したが、問題なく機能したという。

これまでは被災地での入浴には自衛隊の野外風呂システムなど大掛かりな準備が必要だったが、「屋外シャワーキット」があれば、どこでも手軽に体を洗える。

同社では昨年の11月から「WOTA BOX＋屋外シャワーキット」（一式498万円）の販売を開始している。豚コレラや鳥インフルの災害派遣先で自衛隊も活用できるかもしれない。

㊤AI水循環システム「WOTA BOX」（左）。右は貯水タンク ㊧断水した被災地などで使えるシャワーテント

## 世界の新兵器 533

### 超水平線巡航ミサイル「NSM」 ノルウェー・米

### 100マイル先の艦艇や地上目標の攻撃が可能

米海軍および米海兵隊は沿岸戦闘艦に搭載する「OTH（Over The Horizon＝超水平線）巡航ミサイル」としてノルウェーのコングスバーグ社と米レイセオン社が開発した「NSM（Naval Strike Missile）」を採用した。

このミサイルは、米国防省が次期対艦ミサイルの候補として米ボーイング社の「ハープーン・ブロックII」、米ロッキード・マーチン社の「LRASM」を比較検討した結果、最終的に「NSM」を選んだ。

「NSM」はコングスバーグ社が開発した「ペンギン」対艦ミサイルをベースに、最新の設計と複合材質を使用し、シー・コントロール用能力を特に考慮した第5世代の対艦ミサイルである。

諸元は全長3.96メートル、重量344キロ（ブースターを含めると約410キロ）で、ミサイルは発射筒のキャニスターに収納されて甲板に設置される。発射法は固体燃料のロケット・ブースターで空中に射出された後、切り離され、その後ターボジェットエンジンで飛翔する。OTH巡航ミサイルの名の通り、水平線以遠の海上目標にも対応し、100マイル（185キロ）以上離れた敵水上艦や地上目標への攻撃が可能だ。

目標への誘導・最終確認は、弾頭部の自動目標認識（ATR）能力を有するIIR（赤外線画像）シーカーと組み合わせた標的データベース、INS/GPS航法、地形照合航法が使用される。中間では慣性航法（INS）とGPSで誘導され、陸上や沿岸域では地形照合（TERCOM）が活用される。速力は高亜音速（0.7〜0.9マッハ）で、OTH巡航では途中約200カ所のポイントを確認し、正確に目標地点に向かう。

水上艦への突入では、艦側の赤外線妨害に対処するため、2波長式の赤外線画像（IIR）誘導を用いる。さらに敵艦のレーダー探知を防ぐため、本体には複合材が多用され、ステルス性が強化されている。「NSM」は完全なパッシブモードで目標に近づき、終末期に先進機動能力が付与され、目標を確認後に突入する。

米海軍が「OTH（超水平線）巡航ミサイル」に選んだノルウェーのコングスバーグと米レイセオンが共同開発したステルス対艦ミサイル「NSM」（レイセオン社HPから）

このほか、敵のレーダー網をかいくぐるため、探知の難しい海面ぎりぎり（シースキミング・モード）を飛翔する機能も有する。弾頭には多目的爆風破片弾が搭載され、船体に命中すれば1発で大型艦も大破できる威力を持つ。「NSM」は西側各国からも高く評価され、米国、ノルウェーのほかにドイツ、ポーランド、マレーシアも導入を検討している。

柴田 實（防衛技術協会・客員研究員）

### 第3世代の防弾ベスト 重量、約25%軽量化 米海兵隊

米海兵隊は隊員の個人装具として新型のボディーアーマー「第3世代プレート・キャリア」の導入を進めている。

最大の特徴は従来の防弾ベストに比べて重量が約25%軽量化され、フィット感が高められていること。さまざまなサイズが用意され、女性隊員も負担なく装着できる。

### フーバー長官らと防衛省で意見交換 武田装備庁長官

防衛装備庁の武田長官は1月22日、来日した米国防安全保障協力庁のフーバー長官らと防衛省で意見交換を行った。

日米間の第4回安全保障協議会合も開催し、FMS調達をめぐる諸課題についても協議、FMS調達の合理化などに向けた各種取り組みを推進していくことで合意した。

## 技術屋のひとりごと

### シミュレーションで分析評価

高橋　元法
（海自艦艇開発隊開発部 艦艇1科主任研究官）

艦艇開発隊艦艇第1科では、主にシミュレーションを使用した分析評価を実施しています。隊員は「将来護衛艦」がどのような能力を持ったらよいか、新しい装備品が護衛艦に載せたときにどのように使ったら上手く性能を発揮できるか、といった研究などを行っており、これらに対してシミュレーションを用い、研究を深化させています。

一般にシミュレーションというと、航空会社がパイロットの育成などに使用するフライトシミュレーターや、家庭用ゲーム機でのシミュレーションゲームなどを思い浮かべると思いますが、私たちが使っているものは、写真と見紛うような絵やダイナミックなアニメーション、ゲームパッドでの簡単操作などとは無縁であり、さみしい入力画面、ほとんど変化のない実行画面、数値しか出てこない結果画面しかありません。

これについては、見学に来る人からも「ゲーム会社に作ってもらったら、もっと見た目が良くなるのに」と言われることがあり、その時だけはちょっと残念です。

さて、話は変わって新しい装備品などを評価する場合、今あるシミュレーションソフトでは対応できないことが多く、改修が必要になります。その際に注意していることは「入手できない（と予想される）値は、入力しないように改修する」ことです。

実物が目の前にあれば、さまざまな値が得られますが、特に「将来想定される能力」に関しては、ほとんど入手できません。私自身は諦めが良いので問題ありませんが、入力項目すべてを埋めようと頑張ってしまう性分の人の場合、「値探しの旅」に出発してしまうと、なかなか帰って来ない（来られない?）ため、そうならないよう気を付けています。

InteRSePT サイバーセキュリティシステム
F-2 戦闘機
16式機動戦闘車
潜水艦「せいりゅう」
SH-60K 哨戒ヘリコプタ
12SSM 12式地対艦誘導弾
掃海艦「あさひ」
自律型水中航走式機雷探知機 OZZ-5
MOVE THE WORLD FORW>RD MITSUBISHI HEAVY INDUSTRIES GROUP
三菱重工　三菱重工業株式会社　www.mhi.com/jp

大空に羽ばたく信頼と技術
IHIは世界有数のジェットエンジンメーカーです
IHI Realize your dreams

世界を翔るIHIのジェットエンジン
IHIの技術はあなたのそばで活躍しています。
株式会社ＩＨＩ　航空・宇宙・防衛事業領域
URL www.ihi.co.jp

SUBARU
受け継がれる、
ものづくりへの情熱
株式会社SUBARUの前身は１９１７年に端を発する中島飛行機。
航空宇宙カンパニーは、航空機づくりの技術とスピリットを受けついで、
日本の航空宇宙産業をリードし、これまでに培ってきた独創的で先進的な技術のもと、新たな価値を創出し続けることで、世界的に存在感のある航空機メーカーへの発展を目指しています。

株式会社SUBARU　航空宇宙カンパニー
https://www.subaru.co.jp

弥生、桜月、早花咲月、晩春――3月。

3日ひなまつり、8日国際女性デー、14日ホワイトデー、20日春分の日、25日電気記念日。

淡嶋神社雛流し　和歌山市加太の淡嶋神社で行われる女の子の成長や健康を祈る神事。全国から奉納されお祓いした雛人形と願いが書かれた形代が小舟に積まれ、女性参拝者が桟橋まで担いだ後、川に流す。3日

会津彼岸獅子　豊作と家内安全を願う福島県会津若松市の伝統行事で、市指定無形民俗文化財。3体の獅子が笛と太鼓の音色に合わせて古式ゆかしい舞を披露しながら市内を練り歩き、春の訪れを告げる。20日

# 明日への遺産

## 映画「Fukushima50」3月6日公開

2011年3月11日の「東日本大震災」で、大津波の直撃を受け、原子炉の制御が不能となり、その後、水素爆発を起こした福島第1原発（通称・イチエフ）。全世界が震撼したこの原発事故をテーマにした映画『Fukushima50』（フクシマフィフティ）が3月6日から全国で公開される。劇中では陸自1ヘリ団（木更津）のEC225スーパーピューマ要人輸送ヘリをはじめ、当時、原発対処に当たった6特科連隊（郡山）の隊員たちの奮闘が描かれる。公開に先立ち行われた舞台あいさつで、主演の佐藤浩市さんらがイチエフ対処の映画化の意義を語った。（菱川浩嗣）

福島第1原発に危機が迫り、吉田所長（右、渡辺謙さん）が退避を勧告する中で、自衛官としての決意を告げる辺見曹長（左、前川泰之さん）ら6特連の隊員（写真はいずれも、KADOKAWA提供）

### イチエフの暴走を止めろ

### 命がけ50人の対処

### ヘリ団や6特連の奮闘描く

原発事故を受け、現場に駆け付けた辺見曹長（中央）ら6特連の隊員

映画は、M9・0の大地震後の大津波の襲来で電気系統が破壊され、制御不能となったイチエフの暴走を止めるため、世界初となる"対原発作戦"が描かれる。

原作は実際に作業などに従事した関係者90人以上にインタビューし、まとめられた門田隆将氏のノンフィクション『死の淵を見た男―吉田昌郎と福島第一原発』（角川文庫）だ。映画ではイチエフ所長の吉田昌郎氏（渡辺謙さん）をはじめ、イチエフ1・2号機当直長の伊崎利夫氏（佐藤浩市さん）ら、最後まで原発に残り、命がけで対処した50人（Fukushima50）の戦いを描いている。

自衛隊関連のシーンは、現地に首相を輸送したヘリ団のEC225の実機がそのまま使用されているほか、原子炉を冷却するために上空から建屋に放水を行った同団のCH47輸送ヘリを使って撮影が行われた。この放水シーンでは実際に作戦に従事した隊員らも協力しているという。機内のシーンも、乗員の被曝を防ぐため、追加装備されたアクリル板などの状況が忠実に再現されている。

陸自1ヘリ団の「スーパーピューマ」要人輸送ヘリから福島第1原発視察のため降り立つ首相（佐野史郎さん）

映画公開に先立つワールドプレミアで舞台あいさつする渡辺さん（右）と佐藤浩市さん（1月26日、東京国際フォーラムで）

決死の活動を行った6特連の災派部隊のシーンでは、現場を指揮した辺見秀雄曹長を前川泰之さんが熱演し、隊員たちが今にも爆発を起こしそうな原発に立ち向かっていく場面が印象的だ。

都内で1月26日に行われた舞台あいさつで、主演の佐藤さんは「（映画でも原発事故と同じ）時系列に沿って撮影したので、シーンを重ねていくうちにみんな同じ（災害の）境遇の中にいるという意識が強くなっていった。出演者の結束感というものが普通の映画とは違った」と振り返った。

また、当時の総理大臣を演じた佐野史郎さんは「（事故について）何も分かっていない中でどう判断するべきか。あの時、総理が東京でじっとしていたらそれはそれで責められただろう。現場を見てみなければ、判断できないというのが正直なところだと思う」と指揮官の行動について見解を語った。

今は亡き吉田所長の役を演じた渡辺さんは「この映画を見ていただければ、（日本国民に）何か素晴らしいパワーを届けられるに違いないと信じている」とあいさつした。

最後に佐藤さんは「災害というものはいつも深い傷跡、爪痕を残すもの。その負の遺産を我々のほんの少しの努力で明日へ、未来へ、バトンとして渡すことができるはず。負の遺産を明日への遺産に変えられるよう、皆さんも願っていてください」と述べた。

東日本大震災の大惨事から9年がたとうとしているが、『Fukushima50』の事実は、日本人が将来に渡って語り継いでいかねばならない現代の"戦史"となっている。次の災害に備える自衛官にはぜひ見てもらいたい映画だ。

## マイヘルス Q&A

### 切迫早産

### お腹の張りは危険サイン　安静にして薬で治療

Q　切迫早産とは何ですか。

A　日本では、妊娠22週0日から妊娠36週6日までの出産を早産と呼びます。切迫早産とは、早産となる可能性が高い状態のことを指します。早産は全妊娠の約5％程度に発生し、その原因は感染や体質によることが多いと言われています。

Q　どんな症状がありますか。

A　月経痛様の下腹部痛や下腹部の張り、出血、血性帯下、破水などが多いです。医療機関での診察で、子宮収縮が頻回に認められる、子宮頸管長が短縮していることが確認できた場合に切迫早産の診断となります。

また、過去に切迫早産や早産になった方、子宮頸部円錐切除術を行った方、喫煙、多胎妊娠、子宮筋腫、子宮頸管ポリープや絨毛膜下血腫など子宮頸管周辺に出血がある方、歯周病を患っている方は切迫早産になりやすいと言われています。

Q　どんな治療を行いますか。

A　切迫早産の治療は①安静②子宮収縮抑制薬の使用③局所の感染・炎症の制御（膣洗浄と抗生剤・抗炎症剤使用）の三つがありますが、具体的な治療方針や治療期間はその医療機関によって異なります。

お腹の張りを落ち着かせるために安静にしますが、切迫早産の重症度によって安静度も変化します。

お腹の張りを抑えるための薬は、内服や点滴で投与しますが、なかなか収まらない場合は2種類の薬を使用したりすることもあります。

Q　切迫早産にならないようにするにはどうしたらよいでしょうか。

A　切迫早産や早産の予防のためには、日頃から無理のない妊娠生活を心がけることが大切です。そして、かかりつけの先生の妊婦健診をきちんと受診し、その指導には必ず従うようにしましょう。

自衛隊中央病院　産婦人科医官　岸本　直人

## BOOK NOW

### 私が読んだ この一冊

**家村和幸著「名将に学ぶ世界の戦術」（ナツメ社）**
44普連1中隊運用訓練幹部（福島）　芳田雄貴1陸尉　30

戦術を勉強しようと教範を手に取るが、ただ色気のない文字の羅列で気が付いたら寝てしまっていた。そのような経験はないだろうか。

この本は一般人向けに書かれているためか、さまざまな戦術を絵や図入りで大変分かりやすく解説しており、戦術の入門書としてお勧めである。

教範や固定観念に縛られすぎるあまり、思考に柔軟性を欠いていないか、その作戦は本当に勝てるのか、形式ばった訓練になっていないかなど、我々が普段の訓練に臨む姿勢をも考えさせてくれる一冊である。

**井沢元彦著「逆説の日本史」シリーズ（小学館）**
舞鶴地方総監部　種子田実事務官　53

著者は、日本史の底流には怨霊信仰があり、例えば、平安時代の歌仙とは和歌が上手いからではなく、政争に敗れ、または不幸な死に方をした者たちを鎮魂するために仙＝神に祭り上げているのだと述べます。

昨秋、京都で佐竹本三十六歌仙絵を鑑賞しましたが、歌仙たちはほとんど中流以下の貴族であり、自身の不遇を嘆き、恨み節ともとれる歌もあることに気付きました。日本史上の事象をみる上で、より深い視点を提供してくれる本です。

**小泉悠著「『帝国』ロシアの地政学～『勢力圏』で読むユーラシア戦略」（東京堂出版）**
作戦情報隊（横田）　田中　響1空尉　29

「地政学」という観点からロシアが自国や周囲の国をどのように捉えているかを紐解く一冊だ。

ロシア国内だけでなく、北方領土、グルジア、バルト3国といったロシアと関係の深い各地を巡って感じた現地の雰囲気、プーチン大統領ら要人の発言、近年のロシアの外交的・安全保障的動向といった多角的視点から語られる「ロシアの地政学」は、我が国が抱える北方領土問題を理解する一助になると考える。

### 隊員愛読書ベスト5

<入間基地・豊岡書房>
❶日本の防衛―防衛白書―令和元年版　防衛省編　日経印刷　¥1397
❷世界の傑作機No.193 EA－6Bプラウラー　文林堂　¥1676
❸ゼロからわかる宇宙防衛　大貫剛著　イカロス出版　¥1925
❹DVD付きたった5分で凄い効果！自衛隊体操公式ガイド　自衛隊体育学校監修　講談社　¥1430
❺反日種族主義―日韓危機の根源　李栄薫編著　文藝春秋　¥1760

<防衛省・三陽堂書店>
❶US－2救難飛行艇開発物語3　月島冬二著　小学館　¥897
❷自衛隊防災BOOK2　自衛隊、防衛省協力　マガジンハウス¥1320
❸日本はすでに侵略されている　平野秀樹著　新潮社　¥814
❹イマジン？　有川ひろ著　幻冬舎　¥1760
❺鬼滅の刃―片羽の蝶　吾峠呼世晴著　集英社　¥770

<神田・書泉グランデミリタリー部門>
❶ペリリュ――楽園のゲルニカ8　武田一義画　白泉社　¥660
❷US－2救難飛行艇開発物語3　月島冬二著　小学館　¥897
❸世界の傑作機No.193 EA－6Bプラウラー　文林堂　¥1676
❹局地戦闘機「紫電改」ディテールフォト　大日本絵画　¥3520
❺ナポレオンの軍隊　木元寛明著　潮書房光人新社　¥880

<トーハン調べ1月期>
❶TheWORLDSEIKYO2020年春号　聖教新聞社　¥250
❷鬼滅の刃―片羽の蝶　吾峠呼世晴著　集英社　¥770
❸鬼滅の刃―しあわせの花　吾峠呼世晴著　集英社　¥770
❹こども六法　山崎聡一郎著　弘文堂　¥1320
❺田中みな実1st写真集「Sincerely yours…」　田中みな実著　宝島社　¥1980

よろこびがつなぐ世界へ
KIRIN
おいしいとこだけ搾ってる。
一番搾り
KIRIN BEER
〈麦芽100%〉
ALC.5%　生ビール

ストップ！20歳未満飲酒・飲酒運転。お酒は楽しく適量で。妊娠中・授乳期の飲酒はやめましょう。のんだあとはリサイクル。
キリンビール株式会社

コーサイ・サービスネットショップ
防衛省職員の皆様へ職域限定特別価格にてご提供いたします
Think Bee!　女性に人気のアイテム！プレゼントにおすすめ!!

ソルダ　ミニトートバック　ブラック　定価税込 22,000円　特別価格税込 8,800円
ソルダ　ミニトートバック　ネイビー　定価税込 22,000円　特別価格税込 8,800円
ブルーローズ　バック　定価税込 14,300円　特別価格税込 10,010円
グットナイト　バック（チャーム付）　定価税込 18,700円　特別価格税込 13,090円
ソルダ　ミニトートバック　ビビットピンク　定価税込 22,000円　特別価格税込 8,800円
ソルダ　ミニトートバック　レッド　定価税込 22,000円　特別価格税込 8,800円
ピアニッシモ　ラージバック　定価税込 18,700円　特別価格税込 13,090円

その他の鞄や財布など期間限定で販売中！
お申込みはこちらから　https://kosai.buyshop.jp/（パスワード：kosai）
※商品の返品・交換はご容赦願います。ただし、お届け商品に内容相違、破損等があった場合には、商品到着後、1週間以内にご連絡ください。良品商品と交換いたします。（掲載の商品は印刷物のため、現物と多少異なる場合があります。）
コーサイ・サービス株式会社　TEL:03-3354-1350　担当：佐藤
〒160-0002新宿区四谷坂町12番20号KKビル4F／営業時間 9:00～17:00／定休日 土・日・祝日

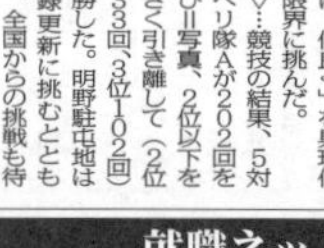


# メダル獲得に照準

## 体校射撃班 松本1陸尉

## 妻が最高の支援者

### 「精神的サポート大きい」

ライフル射撃の国内第一人者として活躍し、東京五輪初出場を決めている自衛隊体育学校（朝霞）射撃班の松本崇志1陸尉（36）。同じく射撃トップ級選手の妻の支えも糧にし、メダル獲得の任務達成に〝照準〟を定めている。

松本1尉は長崎県出身で、島原工業高校で射撃を始め日本大学を経て2006年4月、体校に入校。10年を超える競技生活の中で実績を積んできた。昨年11月のアジア選手権（カタール）の50メートルライフル3姿勢で日本人選手トップの11位に入り、国別出場枠を得た。

同選手権では出場を内定させる一方、目標の「決勝進出、メダル獲得」には届かず課題も残した。課題を克服して得点を向上させるため現在、ナショナルトレーニングセンター（東京都北区）を拠点に計画的な練習を行っている。

練習は各姿勢（立射、伏射、膝射）の安定と正しい照準の反復訓練を中心に行い、特に「立射姿勢の保持力強化とバランスの安定に力を入れている」。また、強い精神力を持つため「普段から試合を想定した練習を行い、試合で起こる緊張を再現している」という。

厳しい練習をこなし、大舞台に挑むプレッシャーをはねのけるために、自らも射撃競技者の妻・真希さんの存在が大きな力となっている。

日本体育大学在学中に交際を始めた真希さんは公私にわたって支えるパートナー。18年の世界選手権（韓国）ではそろって混合エアライフルに出場した。

真希さんの支えについて「競技の大変さを理解してくれている。全力で大会に臨むための最高の支援者。家に帰ると安心でき、精神的なサポートはとても大きい」と語る。

射撃の競技会場は陸自朝霞訓練場内に作られ、「よく知っている環境で、夏の暑さも十分経験している」——。地の利も生かして成果を挙げ、妻の支えに応えるつもりだ。

㊤エアライフルの実射練習で標的を狙い集中する松本1尉
㊨同じライフル射撃を行う妻真希さんの支えも得て初めての五輪でメダル獲得に挑む松本1尉（2月7日、体校室内射撃場で）

JSDF in TOKYO 2020

### 3選手は最終選考会へ

ライフル射撃はライフル、ピストルに分けられ、東京五輪では男女50メートルライフル3姿勢など10種目が実施される。同3姿勢種目は標的の直径は15.44センチ。立射、伏射、膝射で120発（本戦）を撃ち、上位8人が決勝へ進む。

一方、松本1尉のほかに、昨年11月のアジア選手権（カタール）の女子エアピストルで山田聡子3陸曹が11位に入り、国別出場枠を獲得。各種目の日本代表を決める射撃の最終選考会は3月に埼玉・朝霞射撃場で行われ、山田3曹のほかに清水綾乃3陸尉（ライフル）、園田吉伸2陸曹（ピストル）の2人も出場する。

# 自分の拳でつかむ

## ボクシング班3選手、アジア予選へ

新型ウイルスの影響で、開催地が変更され、1月延期されて行われる東京五輪ボクシングのアジア・オセアニア予選。同予選に挑む体校ボクシング班（朝霞）の3選手が決意を新たにしている。

同予選は中国・武漢で2月に予定されていたが変更され、3月3日から同11日までヨルダンのアンマンで行われる。体校の成松大介1尉（63キロ級）、森脇唯人3曹（同75キロ級）、並木月海3曹（女子51キロ級）を含む11人（男子6、女子5）の日本代表が五輪出場枠の獲得に挑む。東京都内で1月28日に行われた公開練習後、選手が改めて意気込みなどを語った。

成松1尉は「もし延期にならずに試合をして、大会期間中や大会後に症状が出たら今後に影響する」と、延期・開催地変更を肯定的に捉えるとともに、「延期されたので1カ月分、（練習して）強くなれる」と前向きに語った。

また、「出る試合は一つも負けたくない。優勝を目指して頑張る」と出場枠獲得へ意欲を見せた。

並木3曹も「調整期間が延びた分、もっといい状態に持っていける」と語り、「自分のボクシングをしっかりして、出場枠をつかみ、本戦（五輪）につなげたい」と力強く話した。

東京五輪のボクシングは13階級（男子8、女子5）で実施され、アジア・オセアニア予選、世界最終予選（5月、仏・パリ）の上位入賞者に国別出場枠が与えられる。自力で獲得できなかった場合、日本は開催国枠（2枠）で出場する。

公開練習後、記念撮影に納まるアジア・オセアニア予選に挑む並木3曹（前列右端）、成松1尉（後列左から5人目）、森脇3曹（同3人目）をはじめとする日本代表選手（1月28日、NTCで）＝日本ボクシング連盟提供

# 黙々と

## 雪像に心を込めて 引き渡し式に参加

### 岩手駐

【岩手】岩手駐屯地（司令・横田紀子1佐）は2月7日、岩手県雫石町の八つの会場で行われる「第53回いわて雪まつり」（2月7～11日）の雪像引き渡し式に参加した。

駐屯地は1月24日から主会場（岩手高原スキー場）のメインステージ制作に当たり、季節外れの雨や吹雪の中、黙々と作業を進め、引き渡し式を迎えた。

引き渡し式では、制作担任官の梅澤弘一2陸佐特科大隊長が「心を込めて制作しました」と述べ、実行委員会に雪像を引き渡した。まつり実行委員長の猿子恵久雫石町長からは感謝状が贈られた。

「いわて雪まつり」のメインステージを制作する岩手駐屯地隊員（雫石町で）

## 2地対艦連は滑り台付き像

【2地対艦連＝美唄】2地対艦ミサイル連隊（連隊長・小橋史行1佐）は美唄市の「第67回美唄雪んこまつり」（2月1～2日）で滑り台付き大雪像を制作した。

1月14日から31日まで1中隊長の古藤秀昭1尉を協力隊長とする延べ約600人の隊員で制作に当たり、完成させた。当日は多くの市民らが訪れ、「自衛隊さんありがとう！」などの声も聞かれた。

「美唄雪んこまつり」で滑り台付き大雪像で楽しむ市民たち（美唄市で）

## 契約中の携帯電話転売 犯罪助長の認識持って

### こちら警務隊　詐欺罪

転売目的で携帯電話の購入をすると罪に問われますか？

購入者が契約中の携帯電話を転売することは認められていないので、転売の意図を隠して購入する行為は販売店を騙していることになり、刑法第246条の「詐欺罪」に該当し、10年以下の懲役に処せられる場合があります。

また、転売した契約中の携帯電話は「オレオレ詐欺」や「振り込め詐欺」等の特殊詐欺犯罪の道具として悪用される可能性があります。

携帯電話は、非常に便利な半面、使われ方によっては犯罪を助長させる物にもなることを認識し、取り扱いや管理には十分注意しましょう。（東部方面警務隊）

## 新庄市の雪像制作に協力

### 20普連

【20普連＝神町】20普連（連隊長・梶恒一郎1佐）は2月2日から10日まで、山形県新庄市の「第49回新庄雪まつり」のメイン雪像制作などに協力した。

1中隊の藤盛智広曹長以下23人で夜間まで作業してメイン雪像を制作、主催者に引き渡した。

イベント当日は雪像の維持管理や大滑り台の運営を行い、多くの来場者と笑顔で触れ合った。まつり実行委員長の山尾順紀新庄市長から感謝状も贈られた。

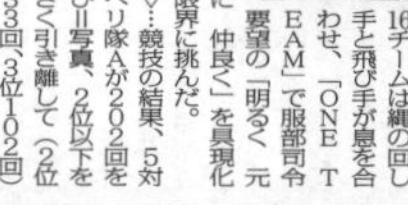

メイン雪像の前で記念撮影する20普連の隊員（新庄市の最上中央公園で）

**訂正** 2月20日付7面の小休止の記事中、「服部華都規3佐」とあるのは「服部華都規2佐」の誤りでした。お詫びして訂正します。

## 野外演習中の隊員 一酸化炭素中毒死

### 25普連

北海道・上富良野演習場で2月17日午前7時30分ごろ、野外演習中に天幕で仮眠を取っていた陸自25普連（遠軽）の金松孝明3曹（31）が意識不明の状態で発見された。金松3曹は病院に搬送され、処置を受けていたが同10時ごろ、死亡が確認された。死因は一酸化炭素中毒と診断された。

25普連は2師団（旭川）の訓練検閲に参加していた。金松3曹と同じ天幕で仮眠を取っていたもう1人の隊員も頭痛を訴えて搬送され、病院に入院した。ストーブの使用が一酸化炭素中毒の原因とみられる。

河野大臣は閣議後の会見で、「訓練中にこのような痛ましい事故が発生したことは、大変申し訳なく、隊員のご家族に心よりお見舞い、お悔やみを申し上げます」と語った。

### 小休止

▽…明野駐屯地（司令・服部正将補）は1月24、28の両日、駐屯地体育館でスポーツ大会「大縄跳び」を行った。

▽…①縄の長さ10メートル②回し手2人を含む10人で1チーム③3分間に連続で跳んだ回数を記録——などの「明野ルール」の下で競った。駐屯地所在部隊で構成された16チームは縄の回し手と飛び手が息を合わせ、「ONE TEAM」で服部司令要望の「明るく 元気に 仲良く」を具現化し限界に挑んだ。

▽…競技の結果、5対戦ヘリ隊Aが202回を跳び＝写真、2位以下を大きく引き離して（2位133回、3位102回）優勝した。明野駐屯地は記録更新に挑むとともに、全国からの挑戦も待っている。（明野）


## 就職ネット情報

◎お問い合わせは直接企業様へご連絡下さい。

(株)大北製作所［設計技術開発、機械加工マシニングセンター］ http://www.ohkitass.co.jp/［大阪］
太田工業(株)［鋼材製品の加工、機械オペレーター］ http://www.saito-kakou.co.jp/［千葉］
(株)生産技術パートナーズ［整備スタッフ(建機・溶接機)］ http://www.sg-partnoers.co.jp/［全国］
(株)吉川機械販売［建設機械の整備・メンテナンス］ http://www.vdce.co.jp/［埼玉］
(株)トーエイテクノス［機械器具設置工］ https://tohei-t.com/［大分］
(株)スリーサークル［ドライバー(2t･4t)］ 072-800-6775［大阪］
博多長浜らーめん／田中商店［店長候補］ https://www.tanaka-shoten.net/［東京］
大東工機(株)［現場監督、施工管理］ http://www.daito-kouki.com/［大阪］
(有)黒亭［店長候補］ https://www.kokutei.co.jp/［熊本］
(有)明佑［店長候補］ https://www.meiyu-recruit.com/［愛知］
さわやか(株)［店舗運営］ https://www.genkotsu-hh.com/［静岡］
(株)サンプレス［接客・調理、店舗のマネジメント］ http://www.cyp-jp.com/［全国］
光電気工事(株)［電気工事施工管理技士］ http://hikaridenki.co.jp/［東京］
(株)オンテックス［技術系総合職］ https://www.ontex.co.jp/［全国］
(株)カネマツ［施工管理］ http://kk-kanematsu.com/［熊本］
(株)タニモト［足場設営スタッフ］ https://www.tanimoto.co.jp/［香川］
(株)道建緑化工業［作業スタッフ］ http://www.douken-g.jp/index.html［北海道］
(株)広島組［施工スタッフサポート］ http://www.hiroshimagumi.net/［大阪］

## 就職ネット情報

◎お問い合わせは直接企業様へご連絡下さい。

(株)ブリヂストン［製造スタッフ］ https://www.bridgestone.co.jp/［栃木］
日立道路施設(株)［設置・作業スタッフ］ 0294-52-2568［茨城］
川研ファインケミカル(株)［製造］ http://www.kawakenfc.co.jp/［東京］
(株)協同［整備士］ http://www.kyodo-g.co.jp/［埼玉］
(株)ダッツ［メカニック］ http://www.datz-bmw.jp/［静岡］
篠田商事(株)［SSスタッフ］ http://shinoda-shouji.co.jp/［岐阜］
(株)グッドスピード［整備士］ https://www.goodspeed.ne.jp/［愛知］
(株)大和建工［現場施工］ http://www.daiwakenko.co.jp/［京都］
(株)八起製作所［技術系総合職］ 045-852-5358［神奈川］
市野輸送(株)［ドライバー］ 538-39-3777［静岡］
太洋海運(株)［港湾作業スタッフ］ 052-651-5261［愛知］
(株)加納空調工事センター［技術スタッフ］ 0564-23-1859［愛知］
(株)ジラフインターナショナル［自動車整備士］ 072-960-5777［大阪］
共和(株)［建築、土木技術者］ 0748-72-1161［滋賀］
(株)テクノ・ハブチ［製造、施工］ 06-6916-7370［奈良］
(株)シライ［メンテナンススタッフ］ 052-613-2100［愛知］
やんま(株)［施工管理］ 03-5838-7740［東京］
(株)スズキ自販松山［営業、メカニック］ 089-971-6112［愛知］



# 発売中！ 2020自衛隊手帳

## 2021年3月末まで使えます。

NOLTY 能率手帳がベースの使いやすいダイアリー。
年間予定も月間予定も週間予定もこの1冊におまかせ！

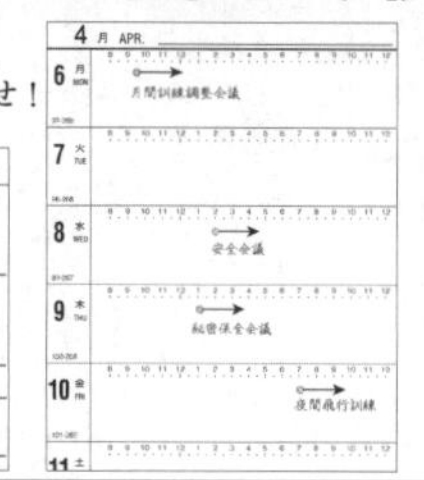

お求めは防衛省共済組合支部厚生科（班）で。
（一部駐屯地・基地では委託売店で取り扱っております）
Amazon.co.jp
または
朝雲新聞社ホームページ
（http://www.asagumo-news.com/）
でもお買い求めいただけます。

朝雲新聞社 〒160-0002 東京都新宿区四谷坂町 12－20KKビル TEL 03-3225-3841 FAX 03-3225-3831

編集／朝雲新聞社
制作／NOLTY プランナーズ
価格／本体 900 円＋税
http://www.asagumo-news.com

# 日本・トルコ親善の"青い鳥"

## ある防衛駐在官秘書の定年によせて

元トルコ防衛駐在官　福本 出（元海自幹部学校長、元海将）

永年にわたり在トルコ日本国大使館の防衛駐在官秘書を務めるジェレン・オジャックさんが、この2月に定年退職することになった。日本大使館での勤務の大半を防衛班秘書として歴代防衛駐在官の活動を陰ながら支えてくれた彼女に感謝の気持ちを込め、特筆すべきエピソードの一端をご紹介したい。

1999年8月17日午前3時2分。イスタンブールの東南東110キロほどにある工業都市イズミット付近を震源とするM7・4の大地震が発生し、その被害はトルコ北西部一帯で死者約1万7000名、負傷者約4万4000名に上り、失われた住宅は6万戸に及んだ。

日本政府はただちに「国際緊急援助隊」の派遣と緊急円借款を決定した。さらに大量の仮設住宅が不足することが判明するや、「阪神・淡路大震災」後の被災者が使用していた仮設住宅の無償提供を決定、その一部を自衛艦により急送することとなった。

この任務を帯び、第1掃海隊群司令・小森谷義男1佐率いる海自の掃海母艦「ぶんご」、輸送艦「おおすみ」、補給艦「ときわ」の3艦は、出しうる最大速力を使用し、記録的な無寄港連続航海により、20日あまりという驚異的な早さで10月18日早朝、欧州とアジアの境に位置するイスタンブール沖に到着した。

しかし、港湾当局の指示は、大震災による混乱等のため「岸壁横付けのメドが立たないから沖合で待機せよ」というものだった。

日本の"軍艦"によるトルコ救援活動は、1890年（明治23年）に紀伊半島沖で遭難したトルコ軍艦「エルトゥールル号」の生存者を送り届けた軍艦「金剛」「比叡」以来のことと、トルコのメディアでも大きく報道されたにもかかわらず、である。

その状況を「ぶんご」の艦上で聞いたトルコ防衛駐在官だった私は、トルコ海軍の支援を得ようと考えた。トルコは軍の権力と信頼が厚い国だからだ。

しかし、防衛駐在官といえども軍との窓口は統合参謀本部渉外部のみであり、海軍と直接コンタクトすることは許されない。だが、渉外部を通じての交渉では、いつ結果が出るかわからない。

震源地に近いトルコ海軍最大の基地でも多くの将兵が被災した。私は犠牲者を悼み、海上自衛隊で集められた義援金を海軍司令官イルハミ・エルディル大将に直接お渡ししたばかりだった。そこで私は音楽の趣味を通じて交流のあった先任副官を通じて事情を説明し、司令官に優先的な入港を図ってもらえないかと考え、このことを秘書のジェレンさんに指示した。

ことの緊急性を理解した彼女は、考え得るあらゆる手を尽くして副官ジェム・ギュルデニズ大佐に連絡を取ってくれた。その結果、私は状況を直接副官に説明することに成功し、司令官の判断を仰いだ。

首都アンカラにある大使館との電話がつながりにくい中、その後も彼女は私の意を体して各部との連絡調整を行い、状況は急転直下、解決に向かった。

「ぶんご」など海自艦3隻は翌19日、日の丸とトルコ国旗を手にした多くの市民が見守る中、イスタンブールのハイダルパシャ港に横付けし、仮設住宅500戸分のコンテナを陸揚げした。

振り返れば、ジェレンさん抜きではなし得なかった綱渡りのオペレーションだった。

トルコは世界有数の親日国と言われる。その理由は「エルトゥールル号」事件やイラン・イラク戦争時にテヘラン残留日本人を救ったトルコ航空による"救いの翼"などのエピソードに象徴される。

しかし、トルコ人の「親日」の基礎は、両国の人と人との繋がりにほかならず、その"青い鳥"は私の一番身近にいたことに改めて気づかされた。

まもなく定年で日本大使館を去るジェレンさん。日本とトルコとの防衛外交に、これまで縁の下で地道に尽くしてくれたジェレンさんの今後のご健康とご多幸を願ってやまない。

日本とトルコの防衛外交の進展にこれまで地道に尽くしてくれたジェレンさん（右）。左は政務班のナーランさん

イスタンブールのハイダルパシャ港で仮設住宅が入ったコンテナの陸揚げを行う海自の掃海母艦「ぶんご」（左）

㊤震災後に向けた海自からの義援金をトルコ海軍司令官のエルディル大将(右)に手渡した福本防衛駐在官（左）＝当時　㊦日本とトルコの国旗を振って海自艦を迎えてくれたイスタンブールの小学生

## みんなのページ

### 有意義な日米共同訓練

陸曹長　白井 秀幸（31普連・武山）

私は昨年12月に朝霞駐屯地で実施された日米共同方面隊指揮所訓練「ヤマサクラ（19YS）」に語学支援要員として参加した。

今回は陸曹長に昇任後、初めての日米共同訓練で強く感じたことがある。

一つ目は「階級の重さ」である。今まで私は米兵士から「サージェント」または「サージェント・シライ」と呼ばれていたが、今回は「サージェント・メジャー」と呼ばれて尊敬の眼差しで見られ、今までとの扱いの違いを肌で感じた。

陸自の「曹長」は英語に訳すと「サージェント・メジャー」だが、米軍のこの階級は軍隊内の厳しい競争社会を勝ち残った一部の隊員のみに与えられる階級であり、意味合いが大きく異なる。曹長という階級の重みを認識する良い機会であった。

二つ目は「日米の業務の進め方」である。日米の大きな違いは「簡明・簡素化」であった。会議でのプレゼンテーションのスライド枚数は、日本側が約30枚であったのに対し、米軍は定型（フォーマット）による3枚だけであった。戦場という錯誤と混乱を伴う状態の中で、余分な情報を取り除き、要点を確実に伝えることと、簡明を基調とする米軍の姿勢は極めて重要であると思う。

最後は、日米間で調整をしていて感じた「息づかい」の違いである。自衛官は米軍人に比べ、些細なことで語気を上げ、息を荒げる姿が散見された。

「息」という漢字は「自らの心」と書くように、息が荒いということは「心が乱れる」ことを意味する。

平時・訓練時において、多くの米軍士官は穏やかで冷静沈着である。実戦で冷静な判断ができるよう、常にセルフコントロールできる思考を身につけているように思えた。

「怒りを表にし仕事をする＝熱心に仕事をしている」と錯覚しやすい自衛官は、米軍士官の冷静さを見習うべきであると感じた。

これらの点は、日本人が本来持っている「禅の精神」を生かすことで改善できると確信している。異文化に触れることで、今までの「常識」であると信じていたものに疑問を投げかけ、「進化」へのきっかけを与えてくれる日米共同訓練は、われわれ実戦経験のない自衛官にとって有意義で重視すべき訓練であると改めて思った。

### 空自入隊への意欲高まった

学生　山浦 遥子（島根大学大学院）

私は航空自衛隊への入隊に向け、不安を取り除くことができればと思い、東京の「市ヶ谷研修」に参加しました。[illegible]

### OBがんばる

新谷 修二さん 54
平成31年1月、陸自13偵察隊（出雲）を最後に定年退職（特別昇任3尉）。全国共済農業協同組合連合会・島根県本部（JA共済連島根）に再就職し、自動車損害調査担当として勤務している。

#### 適職を自らの判断で見つける

私は現在、JA共済連島根で自動車損害調査担当者として勤務しています。定年を迎え再就職するにあたって、「人と接し、お役に立てる仕事がしたい」と思っていたところ、援護担当者からご紹介を受け、損害調査で活躍されている自衛隊OBの方からもお話を聞かせて頂き、「大変だけど、やりがいを得ることができる仕事」と思い、「新たなる挑戦」として再就職しました。

職場は出雲損害調査サービスセンターで、私は人身事故担当者として交通事故により怪我をされた方の対応をしています。交通事故に遭い、不安で複雑な気持ちでいらっしゃる方の対応ですので、状況はいつも違い、悪戦苦闘の連続です。

しかし、組織の皆さんが優しく親切で、互いに協力し合い、困った時には何でも相談ができる和やかな職場環境で、安心して勤務できます。私はまだ駆け出しですので、上手く対応ができないこともありますが、事故に遭われた方の気持ちを考え、優しい言葉で分かりやすく説明し、安心して怪我の治療に専念できるよう心掛けています。

自衛隊在職中は隊員間でコミュニケーションをとり、人とのつながりを作ることの大切さを感じ、それを実現できるよう意識して行動していましたが、今の職場でもその重要性を感じています。今後は事故対応力の向上を図り、「新谷の対応で良かった！」と思って頂けるよう、笑顔を大切に頑張っていきたいと思います。

最後に、皆さんに助言させていただくとすれば、早い時期に知識と情報をもった援護担当者に相談し、企業説明会などに参加することによって、適職を自らの判断で見つけ出せると思います。

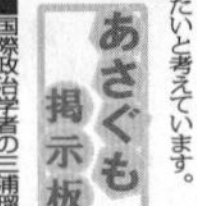


■国際政治学者の三浦瑠麗氏が講演　日本国防協会

日本国防協会は3月11日（水）午後3時から東京都新宿区のホテルグランドヒル市ヶ谷に国際政治学者の三浦瑠麗氏を迎えて、国防問題講演会を開く。演題は「日本人の安全保障に関する価値観の変遷」。

聴講希望者は協会事務局にFAX（03―5229―2050）またはメール（info@kokubou-league.com）で申し込む。締め切りは3月9日。聴講料は会員・隊員・OBが千円、一般2千円。

### 詰将棋

第814回出題

出題　日本将棋連盟　九段　石田 和雄

| 5 | 4 | 3 | 2 | 1 | |
|---|---|---|---|---|---|
| | 桂 | と | | 香 | 一 |
| | 角 | | 玉 | | 二 |
| | | | 桂 | | 三 |
| | 飛 | | | | 四 |
| | | | | | 五 |

（1一香・2二玉・2三桂・4一桂は後手の駒）

■先手　持駒　角銀

【ヒント】二枚の角は捨て、飛成で締め（10分で初段）。

▶詰碁、詰将棋の出題は隔週です◀

### 詰碁

第1229回解答

出題　日本棋院　九段　曲 励起

黒❺（1目トル）

【解答図】黒先、白死。黒❶は当然です。白②の時、黒❸のコスミが大切で白④と二目を取れば黒❺と一目取り返して白死です。

### 新刊紹介

「国際法講義 第2版」　鶴田 順著

沖縄・尖閣諸島をめぐる日中の対立や、ソマリア沖・アデン湾で海賊問題が発生した当時、広島県呉市の海上保安大学校で講師・准教授として海洋安全保障上の問題をつぶさに見てきた現・明治学院大学法学部准教授の著者が、海保・海自の実務者や国際法、国際海洋法を学ぶ学生に向け、[illegible]について分かりやすく解説した「副読本」だ。

本書では尖閣沖での中国漁船衝突事件（2010年）をはじめ、中国公船への日本政府の法的対応など、国際法の教科書ではあまり扱われていない海洋安全保障の問題に焦点を当て、これら業務に従事する実務者には価値あるテキストとなっている。

今回アップデートされた第2版では、加筆・修正、コラムや事件事例なども増え、さらに理解しやすい内容になった。

[illegible]（成文堂刊、1980円）

「モンスターと化した韓国の奈落」　古森 義久著

産経新聞ワシントン駐在客員特別編集委員で麗澤大学特別教授の著者による最新刊。米国の首都を拠点に記者、研究者として通算30年にわたって活動してきた経験をもとに、トランプ政権下の米国が文在寅政権の韓国をどう捉えているかを分析する。

著者は、国民感情を最優先させ、国家としての結束力に欠ける韓国を「極めて無責任な国家」と断じ、米国の著名な政治学者らの言葉を引用しながら、「日韓対立の原因は文大統領」とする米国の視点を紹介。

[illegible]

（ビジネス社刊、1540円）

山は遠ざかってから本当の姿を見ることができる。友人もまた同じである。
アンデルセン（デンマークの作家）

（世界の切手・トルコ）

朝雲ホームページ
www.asagumo-news.com
<会員制サイト>
Asagumo Archive
朝雲編集部メールアドレス
editorial@asagumo-news.com

防衛省共済組合本部提携
防衛省共済組合員およびご家族の皆さまへ
J-Coin Payで7,000円以上チャージすると、
先着10万名さま
1,000円キャッシュバックキャンペーン
キャンペーン応募方法はこちら!

J-Coin Payとは?
J-Coin Payは、みずほ銀行が提供するスマホ決済アプリです。連携する金融機関の預金口座保有者は個人間の送金や店舗での決済、チャージ/口座に戻す等のサービスが利用できます。
※ご利用いただける金融機関順次拡大中
すべて手数料0円
※本アプリのダウンロードおよびご利用には別途通信費用が必要です。
送る 他のユーザーにお金を送ることができる
支払う 店舗でのお支払いができる
送ってもらう 他のユーザーからお金を送ってもらうことができる
チャージ 登録した銀行口座からチャージができる
口座に戻す 登録した銀行口座へお金を戻すことができる
お金のやりとりが、こんなに変わる!
飲み会の割り勘がスマホでスムーズに!
QRコードでお財布なしのササッと会計!
仕送りだっていつでも手数料0円!
送るももらうも、自由自在!
※QRコードは㈱デンソーウェーブの登録商標です。

キャンペーン内容　参画銀行を確認できます
応募ページ!　http://bit.ly/modjcoin
ダウンロード!　キャンペーン期間中にJ-Coin Payをダウンロードし参画銀行口座を接続
チャージ!　1回に7,000円以上チャージ
キャッシュバック!　キャンペーン期間終了後3月末ごろに1,000円キャッシュバック

・防衛省共済組合員およびご家族の皆さまが対象となります。
・日本国内にお住まいの個人のお客さま(屋号付きや事業性のある口座を除く)で、条件を満たしたお客さまが対象となります。
・ほかのキャンペーンと重複して還元される場合があります。キャッシュバックはお1人さま1回限りとさせて頂きます。
・景品提供時点でJ-Coin Payを解約・退会されている場合は、対象外となります。
・みずほ銀行の判断により、本キャンペーンの対象とならない場合があります。
・1回に7,000円以上のチャージの場合のみ対象となります。7,000円未満のチャージを複数回行い、累計で7,000円以上となった場合は対象外となります。
・参画銀行口座を保有しているお客さまが対象となります(金融機関によって、銀行口座設定は異なります)
・先着10万名さまを超えた場合、本キャンペーンは終了となります。

期間　2020年2月1日(土)～3月22日(日)
期間中に応募ページからキャンペーン申込後、J-Coin Payを新規登録し7,000円以上チャージいただいたお客さまに1,000円キャッシュバックキャンペーンを実施します!この機会にぜひJ-Coin Payをご利用ください。

お問い合わせ先　J-Coin サポートセンター　Tel 0120-324-367
受付時間 9:00-17:00(平日のみ[12/30～1/3を除く])
※J-Coin Payは、みずほ銀行が提供するスマホ決済サービスです。

朝雲

発行所 朝雲新聞社
〒160-0002 東京都新宿区四谷坂町12-20 KKビル
電話 03(3225)3841
FAX 03(3225)3831
振替00190-4-17600番
定価一部150円、年間購読料9170円（税・送料込み）

明治安田生命 団体生命保険
保険金受取人のご変更はありませんか？
アフターフォローの
明治安田生命
（引受幹事生命保険会社）

主な記事



# 「たかなみ」情報収集開始

## アラビア海北部で活動

中東・オマーン湾とアラビア海北部のシーレーン（海上交通路）で情報収集活動に当たるため、現地に向かっていた海自「派遣情報収集活動水上部隊」（指揮官・稲葉洋介1佐＝6護衛隊司令）の汎用護衛艦「たかなみ」（艦長・新原綾一2佐以下200人）は2月26日午前（現地時間）、アラビア海北部で同任務を開始した。「たかなみ」の到着を前に1月21日からP3C哨戒機でアデン湾などで活動中の海賊対処航空隊38次隊と合わせ、海自の情報収集活動が中東海域で本格化した。

1月10日に河野防衛相から派遣命令を受けた「たかなみ」は2月2日、安倍首相をはじめ家族や政府関係者らに見送られ、母港の横須賀を出港。航海中は各種訓練を続けながら、途中、シンガポールのチャンギ、スリランカのコロンボに寄港し、2月下旬、アラビア海北部に到着した。

準備を整えた「たかなみ」は同26日午前（日本時間午後）、情報収集活動を開始。搭載するレーダーや乗員の目視で周辺海域の状況や航行する船舶の種類・船籍などの情報を収集した。集積したデータは防衛省、国土交通省を通じて船主協会など関係機関に提供されるほか、中東バーレーンの米中央海軍司令部にも送られ、情報を共有する。

アラビア海北部で情報収集活動を開始し、「たかなみ」乗員から報告を受ける「派遣情報収集活動水上部隊」の稲葉司令（右）＝2月26日

海自の情報収集活動期間は12月27日から1年間で、延長する場合は再度閣議決定を行う。「たかなみ」は約4カ月間、現地で活動に当たり、その後、別の護衛艦と任務を交代する予定だ。

活動に先立つ25日、河野大臣は、「たかなみ」に乗り組む稲葉司令、新原艦長、航空部隊司令の稲生修一2佐、米中央海軍司令部に連絡調整官として派遣されている岩重吉彦1佐とテレビ会議を行い、部隊の現状報告を受けるとともに、派遣隊員たちを激励した。

河野大臣は防衛省内で行われた28日の記者会見で「『たかなみ』は情報収集の海域に達し、乗員は全員健康だ」と述べた。現地での寄港地については当該国から公表の了解が得られておらず、国名や地名などの言及はできないとしながらも、「問題なく寄港できる」との認識を示した。

一方、新型コロナウイルスの世界的感染拡大に関しては「寄港地で（乗員が）感染することがないよう、状況を見ながら必要に応じた行動をとるよう」指示していることを明らかにした。

航空部隊が拠点としているジブチについても、「何かあった時に対応できるよう、近隣の病院と話をしてほしいと申し上げている。今のところ、航空・水上部隊に異常はない」と語った。

イラン　オマーン湾　バーレーン　サウジアラビア　アラブ首長国連邦　オマーン　海自汎用護衛艦「たかなみ」　イエメン　活動範囲　アデン湾　ジブチ　アラビア海　海自P3C哨戒機×2機

新型肺炎

# クルーズ船の支援終了

## 乗員を羽田空港などに輸送

「新型コロナウイルス」感染拡大防止の災害派遣活動に当たっている防衛省・自衛隊は3月1日、大型クルーズ船「ダイヤモンド・プリンセス」の乗客乗員3711人全員の下船が完了したことを受け、同日夜、横浜港での同船に対する支援を終了した。

活動を終えた隊員は順次、14日間の「停留」に入り、PCR検査を受けるなど万全の防護措置の下で経過観察が行われている。

クルーズ船に関する支援では、各国のチャーター機で帰国する外国人乗員の輸送を実施。25日にフィリピン人乗員約440人、26日にインド人乗員など約120人、3月1日にインドネシア人乗員約70人を自衛隊の大型バスで横浜港から羽田空港まで輸送した。

このほか、クルーズ船の下船者と中国からの帰国者の一時滞在先となっている国税庁の税務大学校（埼玉県和光市）へは、検査で陽性が出たり、患者との接触が疑われるなど経過観察が必要な乗員計約230人を2月27日から3月1日にかけて横浜港から自衛隊の大型バスで輸送した。

税務大学校では引き続き、医官を含む計約25人態勢で支援物資の配布や食事の配膳、健康状態の確認などを行っている。

3月3日現在、後方支援や指揮所活動に従事する隊員のほか、経過観察中の隊員を含め、自衛隊全体で計約660人の隊員が「新型コロナウイルス」感染拡大防止の災害派遣活動に携わっている。同日現在、日本国内の感染確認はクルーズ船の乗船者706人を含む計984人、死者は12人となっている。

# 子育て隊員に「特別休暇」

防衛省

## 学校休校で特例措置

新型コロナウイルスの感染拡大を防ぐため、安倍首相が2月27日、全国すべての小中高校と特別支援学校に対し、3月2日から春休みまで臨時休校とするよう要請したことを受け、防衛省は翌28日、子育て中の希望隊員を対象に「特別休暇の付与」と「緊急登庁支援の活用」の特例措置を取ることを決め、3月2日から運用を開始した。

「特別休暇の付与」は臨時休校中、隊員が子供を養育する上で必要がある場合に隊務の運営に支障のない範囲で必要と認められる期間の「特別休暇（有給）」を取得できる。非常勤隊員は年次休暇以外の有給休暇を取得できる。

一方、「緊急登庁支援」は災害派遣時などの緊急時を想定した枠組みを活用するもので、臨時休校の期間中、子供の預け先がなく、隊員が帯同して出勤せざるを得ない場合は、必要に応じて各基地や駐屯地等に5日間程度、子供を一時的に預けられる「緊急登庁支援」制度を活用することができる。

河野防衛相は28日の記者会見で「特に共働き（隊員）の家庭は働き方を変える必要がある。柔軟に対応できるよう、早出・遅出、テレワーク、フレックスタイムを積極的に活用できる環境を整備していきたい」と述べた。

2020年度防衛費

# 重要施策を見る

〈7〉

## 「次期戦闘機」開発に着手

研究開発

空自F2戦闘機の後継となる「次期戦闘機」の開発に向けた経費がついに計上された。初年度のため111億円と金額は抑制されているものの、次世代戦闘機のシステム設計にいよいよ着手する。

ここで注目されるのは「我が国主導の」と強調されている点だ。かつてF2の開発が米国製エンジンの導入と引き換えに「米国主導」となってしまったことへの反省なのかもしれない。

防衛装備庁はすでに実証試験用の国産ハイパワー・スリムエンジン「XF9-1」（IHI製）を完成させており、地上での運転試験を続けている。同エンジンはアフターバーナー使用で最大推力15トンを達成しており、次期戦闘機ではこの発展型エンジンを2基搭載する計画だ。

この機体開発に専念させるため、装備庁に「装備開発官（次期戦闘機担当）」（仮称）を新設するとともに、同機運用の基幹となるミッションシステム・インテグレーションの研究に76億円を投入、これらを合わせると次期戦闘機の関連経費は280億円となる。同機の完成・部隊配備はF2の退役が始まる2035年を目標とする。

20年度は、このほかにも航空作戦に関係する研究開発が多い。電子戦分野では自衛隊の航空作戦を支援するC2輸送機を改造した「スタンド・オフ電子戦機」の開発に着手する（150億円）。この機体は遠方から効果的な電波妨害を実施できる。

敵機のレーダーを無力化するために、車載型の「対空電子戦装置」の研究にも着手（38億円）。また、航空機に搭載し、敵艦を遠方から仕留める射程延伸型の超音速空対艦誘導弾「ASM3（改）」の開発にも103億円を投じる。

電磁波関連では、周辺の電波状況を可視化できる電磁波管理支援技術（9億円）、レーダー画像の目標識別にAI（人工知能）を適用する新たな研究（8億円）に着手する。

陸上作戦の分野では「将来の水陸両用車両技術」検証に向けた実証装置を試作し、水際機動、海上高速航行、乗員の安全性などを試験する（17億円）。陸自が保有する各種レーダー（低空、沿岸、対迫、対砲）は共通化させ、補給・整備性が向上した「多目的監視レーダー」を開発する（8億円）。

このほか、さまざまな環境で将来潜水艦の能力を定量的に評価できる「モデリング&シミュレーション技術」（20億円）、高感度・広帯域・小型軽量を実現する「2波長1素子の赤外線検知素子技術」の研究（15億円）などにも取り組む計画だ。

（薗田嘉寛）＝終わり

㊤ステルス性能が追求された次期戦闘機のイメージ㊦同機向けに開発されたIHI製ハイパワー・スリムエンジンの実証機「XF9-1」（いずれも防衛省提供）

春夏秋冬

# 新型コロナウィルスとインド

笠井　亮平

新型コロナウィルスが猛威をふるっている。武漢発のウィルスが中国国内、そして日本や韓国、さらには世界各地に広がっていく様子を報道で目にしながら、筆者は17年前のことを思い出していた。

2003年、筆者は外務省の専門調査員として北京の日本大使館に勤務していた。当時、中国南部に端を発する謎のウィルスで重篤な肺炎になるケースが増えているといううわさが広がっていた。当初、政府は患者数を過小に報告していたが、4月になり一転して実態を発表したことからパニックが起こり、北京でも多くの人びとが外出を控えるようになった。最大の繁華街、王府井がゴーストタウンのようになっていたさまは今でも脳裏に焼き付いている。SARS（サーズ）（重症急性呼吸器症候群）のアウトブレイクで、中国では「非典」と呼ばれていた。

当時は中国も世界もそれほど相互に接続されていなかったが、現在は違う。多くの人びとが気軽に海外に行けるようになったことは歓迎すべきだが、ウィルスも国境を越えられるようになってしまったことは、グローバル化にとって深刻な課題だといえる。

ところで、インドの状況はどうだろうか。2月末時点で国内の新型コロナ感染者はわずか3人と、きわめて少ない。政府が3回にわけてチャーター機を武漢に派遣し、インド人723人と外国人43人を救出したが、ここでも感染者は報告されていない。しかし、クルーズ船「ダイヤモンド・プリンセス」には138人のインド人が乗っており（大半は乗員）、16人が検査の結果、陽性と診断されている。

こうしたなか、インド政府は1月15日以降に中国への渡航歴がある中国人および外国人の入国を拒否してきたが、ここにきて日本、韓国、イラン、イタリアの国籍を持つ者のeビザ（オンライン発行査証）の申請を一時的に停止するなど、対策をさらに強化している。

連載の最終回をこのようなテーマで締めくくらなくてはならないのは残念だが、まずは一日も早くこの事態が収束するのを願うのみだ。拙稿を通じ、インドをはじめとする南アジアについて少しでも身近に感じていただければ、筆者にとって望外の喜びである。一年間、お読みいただきありがとうございました。

（岐阜女子大学南アジア研究センター特別研究員）

陸幕長

# カンボジアを初訪問

## フン・セン首相と会談

湯浅陸幕長は2月26日から29日まで、カンボジアを公式訪問し、フン・セン首相、ティア・バニュ国防相、国軍総司令官のボン・ピセン陸軍大将を表敬、陸軍司令官のフン・マネット中将と会談した。陸幕長のカンボジア公式訪問は初めて。

湯浅陸幕長は27日に首都プノンペンの陸軍司令部を訪れ、フン・マネット司令官と会談。司令官は「今回の陸幕長の来訪を新たな1ページとしてカンボジアと日本の陸軍種間の交流のさらなる進展を期待したい」と語った。

これに対し、陸幕長は「カンボジアは我が国が初めて1992年から93年まで、国連平和維持活動（PKO）に部隊を派遣した国。現在では陸自施設部隊の派遣隊員らが教育したカンボジア軍人がPKOに参加し、国際社会の平和と安定に貢献している。この歴史的な『縁』を大切にし、今後も日本カンボジア間の防衛協力・交流を推進していきたい」と述べた。

両者は陸自のカンボジア軍に対する施設分野での能力構築支援と人材育成の継続をはじめ、人道支援・災害救援（HA/DR）と化学・生物・放射性物質・核（CBRN）分野での協力・交流を拡大していくことで一致した。

この日、陸幕長は首相府なども訪れ、フン・セン首相をはじめ、ボン・ピセン国軍総司令官とも会談。翌28日にはティア・バニュ国防相と会談したほか、コンポンスプー州にあるPKO訓練センターや陸軍士官学校を視察した。

陸幕長としてカンボジアを初めて公式訪問し、フン・セン首相（右）と会談する湯浅陸幕長（2月27日、カンボジア・プノンペンの首相府で）

# 露空軍Su34初確認

## 空自がスクランブル

ロシア空軍のスホイSu34戦闘爆撃機＝写真＝2機が2月27日午前、北海道北東沖のオホーツク海を往復飛行したため、空自北空のF15戦闘機などが緊急発進して対応した。空自が対領空侵犯措置でSu34を確認するのは初めて。

サハリン方面からオホーツク海に飛来したSu34は、北海道・宗谷岬から網走沖まで南東進した後、針路を反転させ往路と同様の経路で戻った。統幕は同日、空自機が撮影した写真と航跡図を公開した。

Su34はSu27戦闘機をベースに開発されたロシア空軍の第4世代戦闘爆撃機。長距離の空対地ミサイルやレーザー誘導爆弾などを搭載できる。

朝雲寸言

中世ヨーロッパにおいて黒死病（ペスト）はその名のとおり死の病だった。14世紀、ヨーロッパの全人口の半数が死亡したと言われるペストは当時の中国からもたらされたと言われる。伝染病を防ぐために海の都ベネチアでは入港する船を40日間、海の上に留め置く措置をとった。ベネチア語の40日間が検疫の語源であるのは有名な話である▼何百年経っても科学や医学が発達しても私たちの生活を脅かす恐怖の存在はあまり変わっていないことに気付かされる。多くの犠牲者が出た災害も時と共に忘れ去られ、人々の記憶から記録へと変わり歴史となっていく▼例年なく暖冬の今年も間もなく春となり、桜の便りも聞かれる季節となった。東日本大震災から数えて9年目の春である。災害にしろ伝染病にしろ、未曾有の体験がいつしか伝説となって忘れ去られることが一番怖い▼被災地で行われる追悼式が新型コロナウイルスの影響で規模縮小を余儀なくされていると聞く。残念なことであるが止むを得ない判断である。大事なのは追悼式そのものではなく追悼する気持ちなのだから▼例年、この時期に被災地を訪れて個人的に慰霊する機会を設けていたが今年は行けそうにない。しかし、何処にいようと3月11日を忘れることはない。あの災害を経験した者として忘れてはいけない、生きている限り昨日のように思い出さねばならないと思う。それが生き残った者の宿命なのだ。

求む！建物を守る人
私達は建物の総合マネジメント会社です。
日本管財株式会社
設備管理・警備スタッフ募集 お気軽にお問合せください。
平成28年度以降の退職自衛官採用数 57名
03-5299-0870 自衛隊担当：平尾

防衛省生協 退職者生命・医療共済
リニューアル!!
令和2年7月1日
退職後から85歳までの病気やケガによる入院と死亡（重度障害）をこれひとつで保障します。
あなたと大切な人の"今"と"未来"のために
「事前積立掛金」制度もできました！
生命・医療共済（生命共済）
病気やケガによる入院や手術、死亡（重度障害）を保障します
退職者生命・医療共済（長期生命共済）
退職後の病気やケガによる入院、死亡（重度障害）を保障します
85歳
火災・災害共済（火災共済）
退職火災・災害共済（火災共済）
火災や自然災害などによる建物や家財の損害を保障します
現職　退職　終身
※令和2年7月1日以前に80歳満期でご契約の方は「転換」で85歳満期に変更できます。
※退職前から計画的に掛金を準備できるように「事前積立掛金」制度も誕生しました。
※「退職者生命・医療共済」は、長期生命共済の販売呼称です。
1 より長く　満期年齢が80歳から5年間延長されて85歳となり、より長期の安心を確保！
2 より厚く　入院共済金が「3日以上入院で3日目から支払」が「3日以上入院で1日目から支払」に！
3 より安く　一時払掛金を保障期間の月数で割った「1か月あたりの掛金」がより安く！
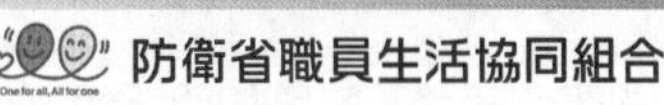
防衛省職員生活協同組合
詳しくはホームページへ

〒102-0074 東京都千代田区九段南4丁目8番21号 山脇ビル2階 専用線：8-6-28905 電話：03-3514-2241（代表） BSA-2020-03

# 時の焦点

## 国内　新型肺炎対応

# 落ち着いて危機に臨め

フランスのノーベル賞作家カミュの『ペスト』が売れているという。フランスの植民地だったアルジェリアでペストが発生し、封鎖された都市のなかで病と戦う市民の物語である。

無論、黒死病と呼ばれたペストの恐ろしさは、新型コロナウイルスの比ではない。だが、突発的な感染症に社会が激しく動揺するさまが、現在と共通していると受け取られているのだろう。

新型コロナウイルスの感染が広がっている。安倍首相は全国の小中学校、高校、特別支援学校を休校とするよう要請した。

全国の学校の一斉休校は、極めて異例である。小学校低学年などの子供を持つ保護者は、仕事を休む必要が出てくるかもしれない。社会への影響は大きい。

だが、専門家が、感染の拡大か収束かの「瀬戸際」にあるという重要な時期である。大規模な流行を防ぐために、休校は有効な対策であろう。

新型コロナウイルスは、強い感染力を持つ可能性がある。感染しても症状が出ない場合や、感染から発症までの潜伏期間中などに、他の子供が感染し、そこから地域に広がる恐れは否定できない。

首相は記者会見で、一斉休校に伴う保護者の収入減を補うため、新たな助成金制度を創設する考えを表明した。苦境にある企業の支援なども含め、大胆な対応が求められよう。

気になるのは、国会や一部メディアの議論が、一斉休校など首相判断の是非に偏っていることだ。内閣支持率は下落傾向にある。野党には、政権を追及する好機という思惑もあるのだろう。

重要なのは、これ以上の感染拡大を防ぎ、適切な検査・医療を提供し、社会の混乱を最小限に抑えることである。未知の感染症への対応に絶対の正解はあるまい。何よりも対策に全力を挙げるべき段階である。

首相は、新型インフルエンザ等対策特別措置法と同様の「緊急事態宣言」を可能とする法整備を目指す意向を表明した。緊急事態が宣言された場合、都道府県知事の権限で学校や民間施設の使用を制限することなどが可能となる。

野党に党首会談を呼びかけるという。国民の安心感につながるよう真摯に協議してもらいたい。

学校の休校、イベントの中止に加え、民間企業では在宅勤務も広がっている。紙製品が不足するというデマに煽られ、トイレットペーパーが品薄となるなど、社会に疑心暗鬼が生じ始めている感もある。

大切なのは、一人一人が感染防止に注意しながら、落ち着いてこの緊急事態を乗り切ることだ。

カミュの『ペスト』で、登場人物はこう語る。

「ペストと戦う唯一の方法は、誠実さということです」「僕の場合には、つまり自分の職務を果たすことだと心得ています」

この危機に、どう振る舞うか。社会全体が問われている。

宮原　三郎（政治評論家）

## 海外　再び「ロシア!」

# 「敗走」から学ばぬ民主

2月下旬、米国でまたぞろ「ロシア!」「ロシア!」の動きがあった。〝懲りない人々〟というか、何というか。

ニューヨーク・タイムズ紙は20日、「情報当局者は先週、下院議員に、ロシアが大統領選挙でトランプ氏を再選させるため再び介入していると警告した」と報じた。

マグアイア国家情報長官（DNI）代行の側近が下院情報特別委員会のメンバーにブリーフィングしたそうで、事実を知ったホワイトハウスは、シフ同委員長に政治的な攻撃材料を与えたと激怒した。

怒りは的外れではない。同氏が委員会を中座すると、数十分後にはソーシャルメディアから審議中の情報が流れる。都合よく脚色したリークが頻繁で、共和党委員からの解任要求も再三だった。

報道に飛びついたクリントン元国務長官は「プーチン（ロシア大統領）の操り人形」「ロシアの介入を許してはならない」と批判。大統領選敗北の事実をいまだに受け入れられないのである。

ブレナン元米中央情報局（CIA）長官は「米国は今、国家安全保障の全面的危機にある」と言明。同氏はずっと「ロシア!」の主導者の一人だ。

しかし、CNNのアンカー、タッパー氏は「ロシアがトランプ氏のために干渉していることを示す情報はない」

FOXのスター記者からCBSに移った外交専門のヘリッジ氏はもっと具体的だ。「同ブリーフィングの事情を知る関係筋によると、ブリーファーはロシアのトランプ支援の証拠を求められ、電話傍受などシギント（SIGINT）はあるのかと迫られたが、何もなかった」

そして、タッパー氏らCNNの3記者が国家安全保障当局者3人に取材し、共同執筆した23日の報道が決定的。件のブリーファーは①情報当局の見解を正確に伝えていない②公式評価の重要なニュアンスを省き、実際より悪く見せるため大げさに言った──ようだ。

信じられないレベルの話で、大統領はマグアイア氏の監督責任を問い、21日、グレネル駐独大使を新長官代行に任命した。

ワシントン・ポスト紙は21日、米当局者はサンダース上院議員に、ロシアが同議員の大統領選挙運動を支援していると警告したと報道。

民主党は「社会主義者の同氏を支援して民主党分裂を図るロシアのトランプ再選工作」と主張した。

①サンダース氏は執行部の妨害工作がなければ、前回大統領選でも党指名を獲得できた②ここ数年、全米に運動のネットワークを構築した③民主党エスタブリッシュメントは驚くほど弱体④党の基盤は劇的に左傾した──などのファクターを無視し、「ロシア!」となる。

「ロシア疑惑」とモラー特別検察官による捜査。保守派カバノー氏の最高裁判事就任の阻止。「ウクライナ疑惑」と弾劾裁判。すべて「敗走」に終わった経験から何も学ばないのだろうか。

草野　徹（外交評論家）

# 加空軍司令官、空幕長と会談

## 航空総隊司令部も訪問

カナダ空軍司令官のアレクサンダー・マインジンガー中将が来日し、2月20日、防衛省で丸茂空幕長と会談した。

マインジンガー司令官は儀仗隊の栄誉礼を受けた後、空幕長と会談。地域情勢、防衛政策について意見を交換したほか、共通の関心事項である部隊間交流、宇宙領域での取り組み、人道支援・災害救援（HA／DR）分野を含む防衛協力・交流について幅広く意見交換を行い、「日加の戦略的パートナーシップ」を強化していくことで一致した。

空幕長は会談後、「日加の空軍種間の相互理解を促進し、情報関係を強化するという面で大きな意義があった」とコメントした。

マインジンガー司令官は日本滞在中、空自横田基地の航空総隊司令部を訪れ、井筒俊司航空総隊司令官を表敬したほか、基地内を視察し、22日に帰国した。

カナダ空軍司令官として約4年ぶりに来日し、丸茂空幕長（右）と記念品を交換するマインジンガー中将（2月20日、防衛省で）

# 陸幕　家族支援担当者訓練

## 情報伝達について意見交換

【陸幕厚生課】陸幕は2月12、13の両日、家族支援の実務者レベルの能力向上を目的とした「令和元年度家族支援担当者集合訓練」を市ヶ谷駐屯地で実施した。

同訓練は、平成11年度から昨年度まで担当者会同として実施していた内容を拡充して本年度から「集合訓練」として行われた。

訓練には陸上総隊司令部、各方面総監部、市ヶ谷駐屯地業務隊など全国から約25人が集結。陸幕家族支援班の緒方義大1佐のあいさつに続き、家族支援の各担当者が陸幕の施策を発表し、昨年の台風や豪雨などの教訓を踏まえた家族支援態勢の充実・強化の観点からの取り組みなどを説明した。

続いて、陸上総隊と各方面総監部等が部隊における遺族援護に係る施策として関係部外団体との共同訓練や地方追悼式の状況について発表し、情報を共有した。

集合訓練への拡充に伴い、今回新たにテーマを設定して意見交換を行う研究会「ケーススタディー」も実施。部隊から家族への情報の伝達要領について、迅速かつ確実な情報伝達のために部隊等が平素から準備や訓練をするべき事項について活発な意見が交わされた。

陸幕では、家族支援に関する関係団体との協力など、新たな施策の徹底と各部隊に対する斉一な施策の進捗を図るため、今後も同訓練を実施していく方針だ。

陸幕の「家族支援担当者集合訓練」で、今年度から導入した「ケーススタディー」で活発な意見を交わす参加者たち（2月13日、市ヶ谷駐屯地で）

# 2020年版「自衛隊手帳」景品当選者決まる

## 西川陸曹長、近藤1海尉に旅行券　手帳賞20人、図書賞50人

朝雲新聞社発行の2020年版『自衛隊手帳』の景品当選者が決まりました。応募はがき4382通の中から朝雲新聞社長立ち会いのもと厳正な抽選の結果、「朝雲賞」のJTBナイスギフト（5万円相当）には西川博基陸曹長と近藤一雄1海尉の2人、「手帳賞」のJTBナイスギフト（5000円相当）には五十嵐雅臣1陸尉はじめ20人、「図書賞」の全国共通図書カード（1000円相当）には阿部豪2陸佐はじめ50人が、それぞれ当選しました。当選者への景品発送は3月下旬ごろになります。

各賞の当選者は次の通り（順不同、敬称略、カッコ内は所属）。

なお「図書賞」当選者の氏名の方々のほか、景品の発送をもって発表に代えさせていただきます。

【朝雲賞】▽西川博基陸曹長（春日井業）▽近藤一雄1海尉（九州処健軍支）

【手帳賞】▽五十嵐雅臣1陸尉（北方総監部）▽矢瀬孝洋2陸曹（11通隊）▽遠藤勝利1陸尉（東北方ヘリ隊）▽山田春美1陸曹（39普連）▽佐々木育代1陸尉（立川業）▽東孝樹2陸曹（評支隊）▽寺長根達也2陸尉（10通大）▽佐藤一郎陸曹長（17警隊）▽久原時寛陸曹長（艦開隊）▽1陸曹（352会）▽村守邦友1海尉（海3術校）▽川上隆一3海尉（まつゆき）▽小林久海曹長（横須賀病院）▽鶴沢博3空佐（芦屋救難隊）▽鉄哉准空尉（幹候校）▽井上1空曹（3高群）▽杉本暁喜事務官（岐阜病院）▽形香澄（一般）▽東若奈（一般）▽菅原英樹（一般）

【図書賞】▽阿部豪2陸佐▽筑紫君幸海曹長▽佐々木翔太空士▽藤本征帆学生▽高橋宏幸（一般）▽米村知栄美ほか45人

# 「北部防衛衛生学会」を開催

## 札幌病院　人材育成を議論

【札幌病院＝真駒内】自衛隊札幌病院（病院長・大鹿芳郎陸将）は1月29日、北海道青少年会館コンパスで令和元年度「衛生科幹部等集合訓練（第63回北部防衛衛生学会）」を開催し、部内外から約600人が聴講した。

同学会は「新たな時代における衛生の躍進」をテーマに行われ、学会長を務めた大鹿病院長は「令和という新たな時代において自衛隊衛生の進むべき未来についての議論をしてほしい」とあいさつした。

学会では陸自北部方面総監の吉田圭秀陸将が「時代の大転換期における我が国の安全保障」と題して講演。「衛生にとって極めて重要なことは、第一線救護や後送を徹底的に詰め、いかに損耗を減らすかだ。災害救援では傷者の情報共有、広域搬送での他の組織との協力をいかに進めるかに尽きる」と述べた。

続く一般演題では、北方衛生部隊等が発表を行い、北部方面衛生隊旅団司令部衛生班と別海駐屯地業務隊衛生科が優秀演題として表彰された。

この後、菊池勇一副院長を座長に「新たな時代における人材育成を考える」をテーマにパネルディスカッションが行われ、陸幕衛生部、中央病院、陸自衛生学校、北方衛生隊、7後支連、札幌病院から7人のパネリストが登壇。人材育成に関する現状と課題について討論を行い、①任務・役割及び時代の要請に応じた人材育成②一般の有資格者と遜色のない技能の維持③衛生ドクトリンを達成するための運用のスペシャリストの養成──などについて活発な討議が行われた。

自衛隊札幌病院が開催した「衛生科幹部等集合訓練」のパネルディスカッションで、菊池副院長（右）を座長に意見を交わすパネリストら（1月29日、札幌市内の北海道青少年会館コンパスで）

# 共済組合だより

## 有効成分や効き目は同じ「ジェネリック医薬品」

### 薬代や医療費の抑制のため　ご利用を

皆さまは「ジェネリック（後発）医薬品」をご存知ですか？

ジェネリック医薬品は、医師が処方する医薬品であり、先発医薬品（新薬）と比べて安価で、なおかつ有効成分や効き目は同じです。

新しく開発された医療用医薬品は、先発医薬品として特許が与えられ、開発会社により独占的に販売されますが、ジェネリック医薬品は、先発医薬品の特許期間満了後に、同レベルの品質・有効性・安全性を有しているという国の審査・承認を受けて発売されます。既に有効性や安全性が確認されている先発医薬品の有効成分を利用するため、開発期間や費用を大幅に抑えることができ、そのため薬の価格も安く設定することができます。

組合員や被扶養者の皆さまが診療を受ける際、病院や薬局等でジェネリック医薬品を積極的に選んでいただくことにより、ご自身の薬代が軽減されるだけでなく、共済組合全体の医療費も抑制することができます。

医師と薬剤師それぞれに意思を伝え相談することによりジェネリック医薬品を選ぶことができます。相談は、口頭やメモ等で大丈夫ですが、「お願いカード」＝写真＝を利用すると便利です。皆さまのご協力をお願い致します。

なお、先発医薬品の特許が切れていない場合や医療上の理由等でジェネリック医薬品を選べない場合もあります。

切り取り線
ジェネリック医薬品お願いカード
医師・薬剤師の皆様へ
私は可能な場合、
ジェネリック医薬品の処方を希望します
氏名
防衛省共済組合

# 弾道ミサイル対処　3自、米軍が訓練

飛来した弾道ミサイルへの対処要領などを演練する、令和元年度「日米共同統合防空・ミサイル防衛訓練」が2月24日から28日まで、陸自駐屯地、海自基地、空自基地、米海軍横須賀基地などをネットワークでつないで行われた。

同訓練は、海自と米海軍によるシミュレーション訓練として2010年から行われている「BMD（弾道ミサイル防衛）特別訓練」を18年から空自のPAC3部隊などと連接して統合化したもので、今回で3回目。

[illegible]

# 海自と米海軍が日米指揮所演習

海自と米海軍による令和元年度「日米共同指揮所演習（派米訓練）」が2月24日から米ロードアイランド州ニューポートの米海軍大学校で始まった。3月5日まで。

海自から[illegible]自衛艦隊司令官以下、海幕、自衛艦隊司令部、幹部学校などの約90人、米海軍からはウィリアム・メルツ第7艦隊司令官、太平洋艦隊司令部、第7艦隊司令部、米海軍大学校などの約50人が参加。我が国防衛のための日米の共同対処などを演練している。

# 日米宇宙協力WG第6回開催

防衛省

日米宇宙協力ワーキンググループ（SCWG）の第6回会合が2月26日、防衛省で開かれ、[illegible]

# 防衛省発令

[illegible]

ナカトミ暖房機器　暖房用として　乾燥用として　豊富なラインナップ

遠赤外線電気ヒーター
赤外線が体に吸収され直接芯から温まるため、快適な温かさ実感できます！

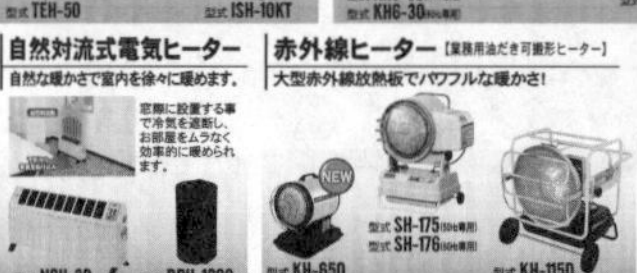

電気ファンヒーター
空気を吸い込み、電熱線ヒーターの熱で温風にして吹き出し、暖める暖房機器です！

スポットヒーター【業務用温風暖房機】
バーナーの熱をファンで送り出すヒーター！

自然対流式電気ヒーター

赤外線ヒーター【業務用遠赤外線ヒーター】
大型赤外線放熱板でパワフルな暖かさ！

遠赤外線ヒーター【業務用遠赤外線ヒーター】
遠赤外線で体の芯から暖かさ！倉庫や出入口の多い場所に最適！

快適な環境づくりをサポート！
温度ムラ対策として　湿気・熱気対策として　節電・省エネ対策として

大型扇　ビッグファン
広い空間の送風・換気・循環に！

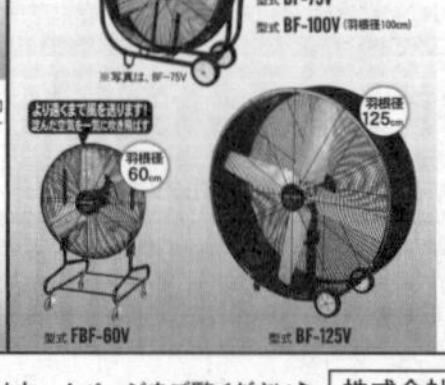

コンプレッサー式除湿機
パワフル除湿で目的に合ったドライ環境を提供！
ダニ・カビ・結露を抑え、湿気による様々なダメージを防ぎます。

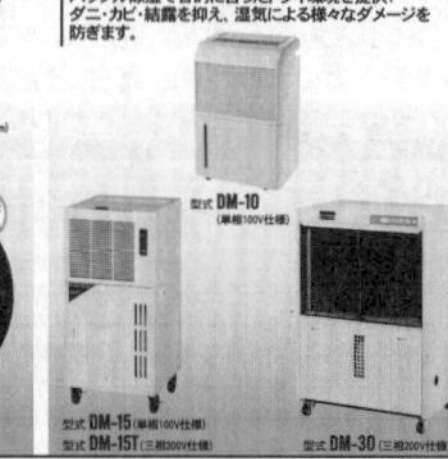

移動式エアコン（冷房専用）
エアコンの設置しにくい場所にも簡単・手軽にクールダウン！

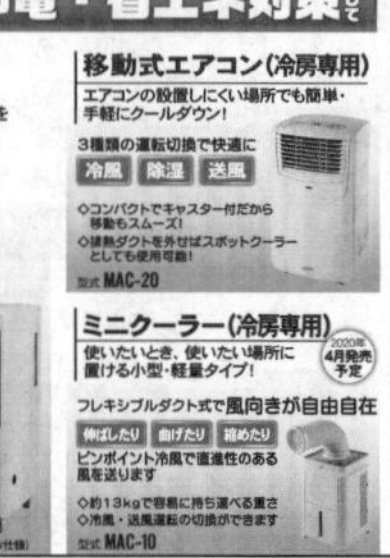

ミニクーラー（冷房専用）
フレキシブルダクト式で風向きが自由自在

株式会社 ナカトミ　TEL:026-245-3105　FAX:026-248-7101
〒382-0800 長野県上高井郡高山村大字高井6445-2
【受付時間】10:00～12:00／13:00～17:00（土、日、祝日を除く）
詳しくはホームページをご覧ください▶ 株式会社ナカトミ 検索 http://www.nakatomi-sangyo.com

# 「空上げ」決戦

## 「空自調理競技会」10チームが集結

「空自空上げ（唐揚げ）」のナンバーワン基地を決める「航空自衛隊調理競技会」が2月5日に入間基地で開催され、全国9カ所での地方競技会を勝ち抜いた代表510チームの給養員が集結し、調理技術や味、独創性などを競った。その結果、経ヶ岬分屯基地の「七味鶏」と美保基地の「美保サルサ空上げ」が「空上げ」の頂点に輝いた。（文・写真　石川穂乃香）

# 経ヶ岬に空幕長賞

空自調理競技会に先立ち、前日の4日に入間基地で開会式が行われ、小笠原卓人空幕人教部長が競技会会長の丸茂空幕長の訓示を代読。「競技会は、日ごろ縁の下で奮闘する給養員にスポットライトが当たる良い機会。一緒に準備をしてきた多くの仲間が見守り、共に闘っているとの思いを胸に、成果を存分に発揮してほしい」と選手らを激励した。

5日の競技会会場には丸茂空幕長をはじめ、副会長の小笠原人教部長、岩城公隆中警団司令、審査委員長の北川英二空幕厚生課長、特別審査員の小山浩ホテルグランドヒル市ヶ谷洋食総料理長らが列席し、選手たちの調理の様子を見守った。

この日は、遠方の基地からエールを送る隊員たちのため、また各給養小隊をPRするため、中警団基地業務群の通信隊員らが中心となり、競技会の模様を全国の基地にライブ中継。同隊の川中康次郎2曹と小倉貴之曹長が実況・解説を担当した。

競技が始まると、各給養員はご当地食材を使用し、創意工夫を凝らしたオリジナル空上げ作りに着手。約1時間後には食堂内に空上げの香ばしい香りが漂い始めた。ライブ配信を担当する隊員たちは、選手の調理状況をカメラで写して中継したほか、各基地それぞれの空上げの特徴や給養員の紹介なども行った。

選手たちは制限時間内に20食を作り上げると、前方の展示用テーブルに配膳。続々と各チームが運び終え、2時間に及んだ競技が終了、いよいよ審査に移った。

丸茂空幕長や各部隊長、審査員らはまず並べられた空上げを見て回り、見た目の美しさや盛り付けなどをチェック。その後、審査員は実際に10種類の空上げを試食し、それぞれの味を噛み締めながら真剣な表情で審査用紙に評価を記入した。

その後、閉会式で審査結果の発表と表彰が行われた。

審査は▽味▽独創性▽集団給食への適合性▽調理技術▽衛生管理▽安全管理——などで評価され、8チームに「銀賞」、2チームに「金賞」が贈られた。

さらに三つの「特別賞」が用意され、空自ナンバーワンの栄誉となる「空幕長特別賞」には金賞を受賞した35警戒隊の千原誠児2曹が作った「七味鶏」が選ばれた。

■ 空自調理競技会　出場者・結果一覧

| 賞 | 基地 | 給養員名 | 所属 | 空上げ |
|---|---|---|---|---|
| 金賞（航空幕僚長特別賞） | 経ヶ岬分屯基地 | 千原誠児2曹 | 35警戒隊 | 七味鶏 |
| 金賞（特別審査員特別賞） | 美保基地 | 武井忠信士長 | 3輸空 | 美保サルサ空上げ |
| 銀賞（隊員審査員特別賞） | 長沼分屯基地 | 高玉翔弥架3曹 | 11高射隊 | ジンギスカン風味空上げ |
| 銀賞 | 秋田分屯基地 | 佐々木謙吾3曹 | 秋田救難隊 | No．2029 |
| 銀賞 | 見島分屯基地 | 坂下慶誌士長 | 17警戒隊 | 見島みそ空上げ 夏みかんソースがけ |
| 銀賞 | 恩納分屯基地 | 池原盛明技官 | 16高射隊 | うちなー空上げ 〜すばだしを添えて〜 |
| 銀賞 | 静浜基地 | 小林智弘2曹 | 11飛行教育団 | 空上げ三種盛（桜えび・かつお・帷茸風味） |
| 銀賞 | 東北町分屯基地 | 保浦文哉3曹 | 4補東北支処 | 長芋ハーブ空上げ |
| 銀賞 | 目黒基地 | 山根直樹3曹 | 幹部学校 | 東京三昧2020 |
| 銀賞 | 入間基地 | 桝田優一2曹 | 中警団 | 狭山茶空上げ |

各基地の給養員が自信をもって作り上げた「オリジナル空上げ」の出来栄えを確認する丸茂空幕長（左から2人目）＝いずれも2月5日、入間基地食堂で

審査用に配膳された10種類の「空上げ」を賞味する審査員長の北川空幕厚生課長（前列右）と、評価を審査用紙に記入する特別審査員の小山ホテルグランドヒル市ヶ谷洋食総料理長

調理の最終段階に入り、カラッと揚がった自慢の「空上げ」を鍋から取り出す11高射隊（長沼）の高玉翔弥架3曹

全国の基地に競技会の様子を配信するため、実況解説を行う川中2曹（左）と小倉曹長

「空幕長特別賞」に輝き、丸茂空幕長（壇上）から賞状とトロフィーを贈られる35警戒隊（経ヶ岬）の千原2曹

「空幕長特別賞」に選ばれた経ヶ岬分屯基地の「七味鶏」。隠し味に沖縄そばだし、仕上げに京都の「七味唐辛子」を効かせた風味豊かな一品となっている

「特別審査員特別賞」に輝いた3輸空（美保）の武井忠信士長が作り上げた「美保サルサ空上げ」

## 全国基地へライブ中継

「空自調理競技会」の進行状況をライブ中継する中警団通信隊の隊員ら（中央左奥）

### 空幕で「空自空上げ」の定着・普及に尽力

## 競技会、調理技術発揮の良い機会

入間基地業務隊長（前・空幕厚生課）　3空佐　小柳　友幸

空自でも（国民によく知られた）「海自カレー」と肩を並べられるような定番料理を作りたいと思いました。そこで、平成28年の「食育の日」に"空自統一献立"として各基地で提供された「空上げ」がとても好評だったのを受けて、"空自全体でより上を目指す"という意味を込めて空自定番料理に採用されました。

30年には「空自空上げ普及5カ年計画」が策定され、全国の基地を挙げて「空上げ」が空自の食文化となるよう定着・普及に努めてきました。約2年を経て、現在は各基地の隊員にも定着してきたように感じています。

本競技会の開催は、各基地の給養員の調理技能の向上と士気高揚を図るとともに、「空上げ」に関する普及活動を促進し、食文化としての定着を図ることが目的でした。日頃、調理技能の向上に努める給養員にとっては自身の技術を発揮する良い機会になったと思っています。

会場となったここ入間基地にも「狭山茶空上げ」と「秩父みそ空上げ弁」の2種類のオリジナル空上げ料理があります。今後は基地周辺の飲食店でもこれら料理を提供してもらえるように、部隊としてもさらなる普及に努めていきたいです。

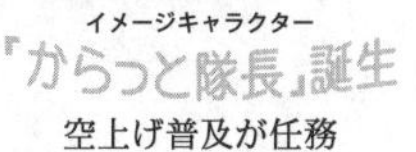

イメージキャラクター

## 「からっと隊長」誕生

### 空上げ普及が任務

競技会当日は「空自空上げイメージキャラクター」考案者の表彰も行われた。隊員・家族から359件の応募があり、その中から4補給処東北支処（東北町）の上路麻美3曹が考案した「からっと隊長」（イラスト）が最優秀賞に選ばれ、空幕長から賞状が贈られた。

「からっと隊長」は空自空上げの普及を第一の"任務"とする隊長を擬人化したキャラクター。食感の良さをイメージさせる音と、空が明るく晴れている様子から"さらに上へ"をイメージした「からっと」に、頼りがいのある「隊長」の呼び名を加えてネーミングされた。

## 前事不忘　後事之師　第50回

# 第1次世界大戦から学ぶこと
## —破局への坂道を転がり落ちないために

英国の歴史家クリストファー・クラークが第1次世界大戦に至るまでの過程を述べた『夢遊病者たち』は大著ですが、素晴らしい本です。どのようにして戦争が起きるのかについてヒントを与えてくれます。

第1次世界大戦は、セルビアの青年によるオーストリアの皇位継承者フェルディナント大公夫妻の殺害がきっかけだったと言われますが、クラークは「殺害はそれだけでは何ももたらさなかった。この事件の利用の仕方こそが[illegible]をもたらした」と述べます。

この大戦は、不安定化するバルカン半島の情勢と、ヨーロッパ主要大国の同盟・協商関係が結びついたために世界大戦に発展しました。バルカン半島の不安定化の主因は、この地域を長年支配していたオスマントルコの衰退によるものでした。[illegible]

[illegible]の対外膨張政策を進めた結果、国際的に孤立し、オーストリアとの同盟の維持こそ重要と考えたドイツは、オーストリアとセルビアの対立の中で、オーストリアに「白紙委任状」を与えます。ドイツの支援が確実となったことからオーストリアはセルビアを攻[illegible]

[illegible]は、バルカン半島は自らの戦略的利益が係る地域ではないことをロシアに伝えていました。ところが、その後フランスはロシアにとってのバルカン半島の重要性[illegible]

[illegible]ルギー経由でフランスへの侵攻作戦を開始、戦争はヨーロッパ全体を巻き込んでいきます。

クリストファー・クラークは、著書の中で「戦争の勃発は、主要な意思決定者たち—皇帝、政治家、外交官、軍人—によってなされた決定の連鎖の極致であった。彼らは自己[illegible]

日本では、時の大隈重信内閣は中国進出を企図し、またヨーロッパでの戦いを目の当たりにした陸軍中枢は、総力戦体制の構築が軍事的な勝利のために必須だと考え、その構築に向けてひた走ります。

その後の歴史の展開を知っている今だから言えることですが、私は、第1次世界大戦から一番に学ぶべきことは、どうやって軍事的な勝利を得るかということではなくて、国益が係っていない地域でリスクをとろうとする国家の判断が積み重なって、ついには連鎖反応によって全ての国家に災難をもたらす大破局が生まれることへの懸念だったと思います。[illegible]威嚇への軍事的な備えは不可欠ですが、より重要なことは、破局への坂道に転がり落ちない慎重さとそれを防ぐ工夫創りだと考えます。

鎌田　昭良（防衛省OB、防衛基盤整備協会理事長）

C・クラーク著『夢遊病者たち』（みすず書房刊）

フェルディナント大公夫妻が乗っていて襲撃された車（後方）の前に立つ筆者（オーストリアの「ウィーン軍事史博物館」で）

…… 前事忘れざるは後事の師 ……

年会費無料のゴールドカード。防衛省UCカード〈プライズ〉

防衛省共済組合員・組合OB限定

ショッピングご利用金額に応じて 永久不滅ポイント プレゼント

キャンペーン期間：2020年2月11日（火）〜2020年4月10日（金）

1 期間中の単月*のご利用金額 合計50,000円以上　抽選で80名様　1,000ポイントプレゼント

2 期間中のご利用金額 合計100,000円以上　抽選で20名様　2,000ポイントプレゼント

*単月は2月11日〜3月10日／3月11日〜4月10日となります。※期間合計10万円以上のご利用の場合、5万円毎に抽選口数が1口追加となります（10万円以上1口、15万円以上2口、20万円以上3口、25万円以上4口、30万円以上5口、最高5口まで）。※アットユーネットからエントリー不要です。対象は本会員に限ります。※家族カードのご利用分は本カードのご利用分に合算されます。※クレジットの売上締切日、事務処理などの都合上、ご利用分の請求がキャンペーン期間中のご利用分に計上されずキャンペーンの対象外となる場合がございます。※当選者の発表はポイントの進呈をもってかえさせていただきます。

年会費／本人会員様：永久無料 ※UCカード ゴールド：通常年会費10,000円（税抜）
家族会員様：1人目永久無料 2人目以降1,000円（税抜）
●ご退官後も、年会費無料でそのままお持ちいただけます。

海外・国内保険サービス自動付帯　死亡・後遺障害の補償は最高5,000万円。

UCゴールド会員空港ラウンジサービス　対象ラウンジが無料でご利用いただけます。

防衛省UCカード会員様のメリット
日本どこでもこのマークのお店ならキャッシュレスで 最大5%還元
消費者還元期間：2020年6月30日（火）まで
ユーシーカードは「キャッシュレス・消費者還元事業」の登録決済事業者です。

本カードのお申込方法　下記宛に「申込書」をご請求いただき必要事項をご記入のうえご返送ください。
UCコミュニケーションセンター 入会デスク 0120-888-860（9:00〜17:00 1/1休み）

※審査によりお申し込みの意に添えない場合がございますので、あらかじめご了承ください。※本紙掲載の情報は2020年2月1日現在のものです。変更になる場合がございますので、あらかじめご了承ください。　(I)

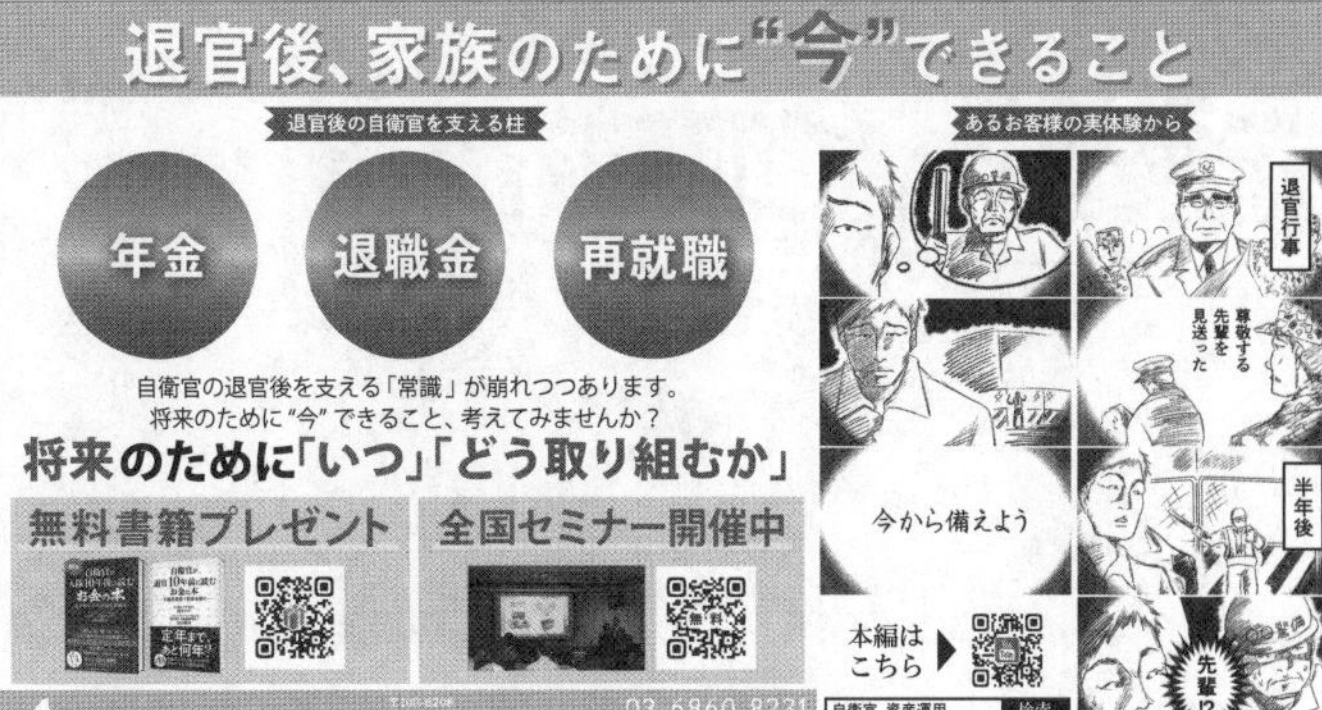

退官後、家族のために"今"できること
退官後の自衛官を支える柱
年金
退職金
再就職
自衛官の退官後を支える「常識」が崩れつつあります。
将来のために"今"できること、考えてみませんか？
将来のために「いつ」「どう取り組むか」
無料書籍プレゼント
全国セミナー開催中
本編はこちら
あるあるお客様の実体験から
今から備えよう
Agentrive Investors
03-6860-8231

# 募集・援護 特集

平和を、仕事にする。

ただいま募集中！
◇自衛官候補生
◇医科・歯科幹部◇幹候生（一般・歯・薬剤科）
◇予備自補（一般・技能）◇一般曹候補生
★詳細は最寄りの自衛隊地方協力本部へ

# 信頼される自衛官に

# 各地で入隊激励会

「皆さまに信頼される自衛官となれるよう努力いたします」――。この春、自衛隊に入隊・入校する若者たちを励まそうと2月中旬、自治体や自衛隊協力会が主催する「激励会」が全国各地で開かれた。会場には市長ら地元首長も応援に駆け付け、旅立つ若者に激励の言葉を贈ったほか、会場では河野防衛相からの祝福のビデオメッセージも流された。

## 入隊予定者、力強く決意

### 防衛大臣もビデオメッセージ　静岡

【静岡】地本は2月18日、富士市役所で行われた「富士市自衛隊入隊・入校激励会」に参加した。

今春、富士市から入隊・入校するのは16人。会場には生徒の保護者のほか、富士市の家族会、協力会、静岡県防衛協会、募集相談員東部連絡会議から会長らも参列した。

会では小長井義正富士市長ら来賓が登壇し、「日本の防衛を取り巻く環境が変化し、国内では大規模災害が多発する中で、多くの自衛官が国民のために従事している。いま新たな脅威である新型コロナウイルスの感染拡大防止への対応で、自衛隊の存在感はさらに高まっている。皆さんも自衛官としてこれから崇高な任務に励んでいただくことになる。ぜひ頑張ってください」と激励の言葉を贈った。

宮川知己地本長も予定者や保護者に「数多くある職業の中から自衛隊・自衛官の道を選択してくれて感謝します。富士市の代表として頑張ってください」と述べ、「先輩たちは君たちの入隊・入校を楽しみに待っている」と先輩として期待の言葉を贈った。

さらに河野防衛相のビデオが流されると予定者は緊張の表情で大臣からのメッセージに真剣に聞き入っていた。

最後に、防大に合格した県立富士高校の佐野真紀さんが入隊予定者を代表してあいさつし、「入隊・入校後は富士市の出身者として、皆さまに信頼される自衛官となれるよう心身を鍛え、国民の期待に応えられるよう努力していきます」と力強く決意の言葉を述べた。

会場内の参列者からも「頑張って」などと声を掛けられると、入隊・入校予定者は「ありがとうございます。頑張ります」とみな凛として答えていた。

小長井富士市長（右奥）と宮川静岡地本長（右手前）に対し、入隊予定者を代表してあいさつする佐野さん（左）＝2月18日、富士市役所で

北見市の関係者から祝福された24人の入隊予定者（2月16日、北見市内のホテルで）

## 道内音楽隊が祝賀演奏

### 帯広地本　北見市、網走市など各地で開催

【帯広】地本は2月16日、北見市のホテル黒部で開かれた「北見市自衛隊入隊予定者激励会」を支援した。

道東自衛隊家族会北見地区会の主催で行われ、今春入隊（校）する24人と家族、来賓ら143人が出席した。

来賓から激励の言葉を受けた予定者代表は「入隊までの時間は少ないですが、家族に感謝し、これから立派な社会人になる準備をしていきたいです」と決意を述べた。

◇

地本は2月9日、網走市でも「入隊予定者激励会」を支援した。道東自衛隊家族会網走地区会が主催し、網走市、大空町、斜里町、小清水町、清里町の1市4町が合同で開き、5人の入隊予定者の門出を祝った。

先輩隊員の激励の言葉では、網走南ヶ丘高校出身で昨年入隊した6普連（美幌）の隊員が5人にエールを送った。

懇親会では1特科団音楽隊（北千歳）が祝いの5曲をプレゼントした。

地本広報班長の鎌田哲3陸佐（右）の説明を受け、入隊予定者に向けたメッセージを収録する達増県知事（左）＝1月28日、岩手県庁で

## 「新しい人生を力強く」

### 岩手県知事　激励会用にメッセージ収録

【岩手】地本は1月28日、岩手県庁で達増拓也知事の入隊予定者に向けた激励メッセージのビデオ収録を行った。

知事は地本が用意したビデオカメラの前で「今日、激変する国際社会情勢や地球温暖化などによる世界的な気候変動から、自衛隊の活動の場はますます増えている。岩手県内でも東日本大震災や昨年の台風19号の自然災害における被災者へのさまざまな救助活動など、自衛隊には多岐にわたりご尽力いただいている」と謝意を示し、「災害対応のみならず、岩手県総合防災訓練、三陸防災復興プロジェクトなどへのご協力や地域の諸行事への支援活動を通じ、自衛隊は県民生活の安定、住民福祉の向上に大きな役割を果たしており、まさに郷土部隊として県民から厚い信頼が寄せられている。皆さんも今後、国民から信頼される自衛官として新しい人生を歩んでいかれることをご祈念申し上げる。健康に留意し、頑張ってください」と述べた。

地本は今後、県内各地で行われる入隊予定者激励会で、この知事からのメッセージを入隊・入校予定者に届ける。

## 防大合格者を対象に説明会

### 熊本　大分　教授が模擬講義を実施　若手幹部のアドバイス

【熊本】地本は2月8日、熊本地方合同庁舎で防大合格者とその保護者を対象に説明会を開催した。

当日は概要説明、体験談、模擬授業を行った。最初に防大出身の仲西勝典1佐があいさつ。続いて宮坂直史防大教授、西方警務隊（健軍）の福元淳平2陸尉が防大の近況を伝えた。

概要説明では宮坂教授が教育・訓練課程を説明。体験談では福元2尉が防大で苦労したことや楽しかったことを語ると、参加者から多くの質問があった。

模擬授業では宮坂教授が「危機管理―バイオテロ・バイオセキュリティ概論」の講義を行い、高校生でも分かるようにユーモアを交えて話した。

防大で教官経験がある志賀2佐（壇上）の説明に聞き入る防大合格者（2月8日、大分合同庁舎で）

参加者は「入校前に説明が聞けてよかった」「ますます防大への意欲が高まった」「貴重な体験談を聞くことができ、安心した」などと、感想を語っていた。

◇

【大分】地本は2月8日、大分合同庁舎で「防大説明会」を開いた。今年度の合格者と保護者ら25人が参加。

当日は防大から海洋清治（?）准教授、防大勤務経験を持つ海自佐世保地方総監部の志賀忠信2佐、防大出身の若手幹部・北村陽3尉（41普連＝別府）が駆け付け、訓練や校内生活などについて幅広く説明を行った。

参加者は「防大のイメージが変わった。こんなに楽しい話を聞けるとは」と驚いた様子だった。

## 徳島で自衛官募集啓発ポスター

## 最優秀に山本愛莉さん

【徳島】地本は1月24日、県と合同で開催した「自衛官募集啓発ポスターコンクール」の表彰式を県庁で行った。

コンクールは平成28年度から徳島県と徳島地本の共催で県内中学校・高校に在学する生徒・学生を対象に開かれ、今年度は65点（中学5点、高校60点）のポスターの応募があった。

審査の結果、「県知事賞」は女性自衛官の活躍を描いた山本愛莉さん（名西高校）のポスター、「徳島地本長賞」は「自衛官の誇りと輝きを感じさせる」岡本ゆいさん（松茂中学校）の作品が選ばれた。このほか「優秀賞」に4点（中学校2点、高校2点）が決まった。

表彰式では県から受賞者に賞状などが贈られた。審査員長の瀬戸守政地本長は「コンクールを通じてこれから社会に出る若い世代が自衛官を目指すきっかけとなり、より優秀な人たちが入隊し、我が国の安全安心な暮らしが守られることを大いに期待しています」とあいさつした。

「県知事賞」の作品は自衛官募集啓発ポスターに起用され、今後、県内各自治体や学校などに配布される。

「県知事賞」を受賞した山本さん（前列中央左）と「徳島地本長賞」に輝いた岡本さん（同右）。前列右端は瀬戸地本長（1月24日、徳島県庁で）

## 20万人にPR

### 大阪オートメッセ

【大阪】地本は2月14日から16日まで、大阪市住之江区のインテックス大阪で開催のイベント「大阪オートメッセ」で広報活動を行った。

同メッセは「ひろげる、つながる、クルマのワクワク」をテーマに、内外からさまざまな車両が出展される西日本最大規模のイベント。今回も3日間で約20万人の来場者で賑わった。

自衛隊は36普連（伊丹）の高機動車と人命救助セット、3偵察隊（千僧）の87式偵察警戒車、大阪地本の四駆車を展示し、地本マスコット「まもるくん」も特別出演。集まった来場者に積極的に自衛隊をPRした。

来場者は自衛隊車両にも強い関心を示し、性能などを熱心に隊員に質問していた。

## 女性隊員でラジオ放送

### 沖縄　リスナーの要望で実現

【沖縄】地本は2月6日、平成25年から放送しているラジオ番組「SDFアワー」で、沖縄地本に勤務する女性隊員たちの収録を行った。

今回の企画は、リスナーから「女性隊員を集めてラジオ放送をしてほしい」と声があり、2月の放送日が14日のバレンタインデー当日ということから実現。地本の総務課、募集課、那覇分駐所、沖縄募集案内所から2人ずつ、計8人の女性隊員が参加した。

収録では「自衛官の恋愛事情」を赤裸々に告白するなど女子トークが展開し、普段は話さない内容までリスナーに届けることができた。

沖縄県内のラジオ番組「SDFアワー」に出演し、女子トークを繰り広げた女性隊員（2月6日、浦添市のFM21で）

SDFアワーは沖縄県に所在する陸海空自と沖縄地本が毎週金曜日午後8時から50分番組を隔週で放送。地本では番組名を「くくる君のゆんたくアワー」としてPRしている。今回が令和元年度最後の回となり、次は4月10日金曜日に第126回目をリスナーに届ける予定だ。

## 東北方音招き演奏会を開催

### 秋田

【秋田】地本は2月8日、秋田市、地本後援会と共催で「東北方面音楽隊（仙台）演奏会2020」を開催した。

演奏会は全日本吹奏楽コンクール課題曲「オリンピアーダ」を中心とした第1部と、映画やアニメなどでおなじみの曲を集めた第2部の幅広い年代に親しみのある楽曲で構成された。

地本は会場に広報ブースを設け、来場者に「自衛官の魅力」を積極的にPRし、各種パンフレットやグッズを配布した。

よろこびがつなぐ世界へ
KIRIN
KIRIN'S PRIME BREW
KIRIN BEER
一番搾り
おいしいとこだけ搾ってる。
〈麦芽100%〉
ALC.5%　生ビール
お酒
ストップ！20歳未満飲酒・飲酒運転。お酒は楽しく適量で。
妊娠中・授乳期の飲酒はやめましょう。のんだあとはリサイクル。
キリンビール株式会社

コナカ　FUTATA　防衛省共済組合員・ご家族の皆様へ
SPRING COLLECTION
品質・機能にこだわった商品を豊富に取り揃えています
防衛省の皆様はさらにお得にお求めいただけます
形態安定スーツ　¥19,200+税
ストレッチスーツ　¥25,200+税
ウルトラムーブスーツ　¥27,200+税
シングルフォーマル［ウエストアジャスター付き］　¥19,200+税
アンサンブルフォーマル　¥28,080+税
●パンツスタイルもご用意しています
●掲載商品写真はイメージです
お得なクーポンはコチラから!!
KONAKAアプリ
お会計の際に優待カードをご提示ください
店内全品　20%OFF
ポイントが使える・貯まる

# 部隊だより

## 陸

**神町**　20普連4中隊の岩崎幹生2曹以下14人は2月8、9の両日、天童高原スキー場で開催された「スノーパークフェスタ」に協力した＝写真㊤。隊員たちは記録的な雪不足の中、同3日から準備を開始。イベント当日は雪像や大型雪像展示のほか、スキーの訓練展示なども行い、各種滑走要領やアキオ曳行の実演などで来場者の注目を集めた。

**勝田**　駐屯地は1月26日、ひたちなか市内で開催された「勝田全国マラソン大会」を支援した。同大会はフルマラソンと10キロの2部門で実施され、約1万7000人が参加した。同大会の実施に当たり、開会式、表彰、閉会の各式典の音楽演奏支援、水トレーラー1両での給水支援、コース上の清掃を行った。

**宇都宮**　中即連は1月21日、羽田空港で12次派遣隊帰国行事を行った＝写真㊤。派遣隊は昨年7月に日本を出発、アフリカのジブチで警備任務などに当たった。行事では隊員の家族に対し「皆さまのご支援のおかげで任務を無事に完遂できた」と謝意を述べた。

**板妻**　34普連は12月5日、駐屯地でビピン・ラワット印陸軍参謀長の部隊訪問を受けた＝写真㊤。同訪問は陸幕長の招待で行われたもので、インド・ミゾラム州で実施された日印共同訓練「ダルマ・ガーディアン19」に参加した隊員らが部隊の訓練などを紹介し、記念品交換も行われた。

**伊丹**　36普連長の伊藤博幸1佐以下約450人は1月、駐屯地で「連隊武装走競技会」を実施した。……秒で優勝した。

**青森**　5普連自候生課程は1月17日、防護マスクの装面訓練と「ガス体験」を実施した。自候生18人は、「目や皮膚をこすらない」など注意事項を受け、催涙ガスの充満した天幕内で防護マスクの機能を確認し、マスクを外してガスによる目やのどの痛みを体感し、装備の重要性を実感していた。

**島松**　駐屯地は1月24日、新成人25人の門出を祝う「成人祝賀行事」を開いた。当日は司令の岡田俊和将補や自衛隊協力会長の原田市長が祝辞。新成人代表として、最後に岩田鄕太3曹が「国民の信頼を得るために努力を積み重ね、地域社会に貢献していく」と決意を表明した。

**名寄**　3普連は2月5日から3日間、名寄演習場で「冬季戦技競技会」を実施、個人機動、部隊機動、アキオ曳行の3種目に各中隊の約430人が参加した＝写真㊨。開会式で連隊長の武本康博1佐は「己に克て」「各種管理」の2点を要望。マイナス20度の寒さの中、全隊員が「朔北最強」を胸に、最後まで走り抜いた。結果、昨年に続き重迫中隊が優勝した。

## スノーバスターズ2020

### 陸東・北千歳、空千歳

# 高齢者宅の雪かきボランティア

# 自衛隊のチームワーク発揮

陸自東千歳、北千歳駐屯地、空自千歳基地の隊員ら総勢587人は1月26日、千歳市営住宅地区で青空東北会主催の「スノーバスターズ2020」に参加し、高齢者住宅一帯で雪かきのボランティア活動に当たった。

「青空東北会」は千歳青年会議所、空自千歳基地、東・北千歳駐屯地の4団体から1文字ずつ取って命名された組織。2008年から千歳市内で、冬季、除排雪が困難な一人暮らしの高齢者宅を対象に、雪かきボランティアを実施している。

近年は、青空東北会の趣旨に賛同した近隣の中学校や企業など多くの団体が加わり、さらに重機を所有する会社なども無償で器材を貸し出してくれるなど、地域の一体化にも大きく寄与している。

スノーバスターズの出動当日は晴れ間の見える天候に恵まれ、まず市内とみおか公園で開会式を行い、スコップなどを手にした参加者全員で記念撮影。その後、各団体別に担当エリアに前進し、地域住民と交流を図りながらスノーダンプなどを使って高齢者住宅の周辺に積もった雪を次々と運び出し、生活道路を確保した。

一人暮らしの高齢者たちからは「昨日からの雪で困っていました。（自分では）雪を捨てに行けないので、自衛隊の方々が来てくれると本当に助かります」と、感謝の言葉を述べていた。隊員たちはチームワークを発揮してそれぞれ心地よい汗を流していた。

（陸東千歳・北千歳、空千歳）

スノーダンプなどを使い高齢者住宅周辺に積もった雪を排除する隊員たち（いずれも1月26日、北海道千歳市内で）

玄関のドアや雨戸が開けられるよう家の周囲の雪をかき出す北千歳駐屯地曹友会のメンバー

「スノーバスターズ」の除雪ボランティアに集まった空自千歳基地の隊員175人

**三軒屋**　駐屯地は1月23日、岡山県警察学校の初任科生21人の「隊内生活体験」を実施した。同体験は山岡芳徳学校長から「学生に自衛隊の規則正しい生活などを体験させてほしい」と依頼を受け、三軒屋弾薬支処が受け入れた。同校の学生たちは格闘訓練や土のう積みなどを体験＝写真㊧。駐屯地所属の新隊員とも意見交換し、互いに親睦を深めた。

**海田市**　47普連は1月22日から26日まで、駐屯地と海自長浜射撃場で「第2次技能公募予備自衛官招集訓練」を開催した。同訓練には41人が参加し、射撃予習など共通科目を学んだ後、各専門職に応じた職務を演練＝写真㊨。外国語の特技を持つ予備自2人には13旅団司令部第2部の明石洋一2曹が語学教育を行い、捕虜の取り扱いなどの要領も教えた。

**健軍**　西方総監の本松敬史陸将は1月21日、「宮崎県防衛議員連盟連絡協議会大会」で防衛講話を行い、県内連盟会員約90人が聴講した。総監は「南西諸島における防衛の現状等」と題し、宮崎と沖縄両県の関係性を含む沖縄の歴史的特性と南西諸島周辺の情勢について解説。日米共同指揮所訓練などを通じた多次元統合防衛力への取り組みなども語った。

**北熊本**　42即機連は2月1日、駐屯地で8飛行隊（高遊原）の支援を受け、隊員家族や入隊適齢者など63人に対し「UH60ヘリ体験搭乗」を行った。当日は晴天で、熊本市や阿蘇・天草を上空から見渡す迫力のフライトに、機内の参加者たちは歓声を上げていた。地上では連隊が保有する16式機動戦闘車などの装備品展示も行い、募集広報にも貢献した。

## 空

**静浜**　するが准曹会は1月18日、児童養護施設「春風寮」を、翌19日に特別養護老人ホーム「大井川睦園」を慰問した。同活動は毎年行っているもので、今回は准曹会を代表して管制隊の木下護1曹が訪問。2020年の自衛隊カレンダー1とミカン1箱をそれぞれの施設に贈呈したところ入所者は喜び、准曹会に感謝の言葉を述べていた。

**浜松**　広報館内2階の全天周シアターでは2月1日から、新作「〝運ぶ〟という使命」を公開している。約20分間の同作品では、C130H輸送機を運用する1輸空（小牧）をはじめとする輸送部隊の活動を分かりやすく解説。最新のC2輸送機による物資輸送やCH47輸送ヘリの災派のほか、機動衛生隊（同）の患者輸送の様子も見ることができる。

**小牧**　1輸空401飛行隊では12月1日、女性幹部の樋口美登里2佐＝写真㊤（右）が飛行隊長に就任した。樋口2佐は防衛部運用班長の経験を生かし、多様な輸送任務を着実に遂行している。一方、404飛行隊では壹岐香里1佐（同左）が飛行隊長に就任して約2年経過しており、唯一の空中給油部隊の女性指揮官として活躍している。

**小松**　基地は1月25日、石川県小松市公会堂で「ふれあいコンサート in こまつ」を開催した。コンサートは中空音（浜松）と小松明峰高校吹奏楽部による3部構成。演奏が始まると約800人の来場者が歓声を上げ、拍手を送った。終演後は、総司会を務めた小松観光大使「こまつ姫御前」の川端葵さんが朽方聡隊長に花束を贈呈した＝写真㊤。

**新田原**　基地は2月5日、プロ野球の読売巨人軍の今村司社長と新人選手8人を含む総勢17人の訪問を受けた。選手たちは基地の概要説明後、フライトスーツに身を包みF15戦闘機の前で記念撮影した＝写真㊤。昼食には牛すじカレーライスを体験喫食。その後、行われた隊員との交流では「国を守るプロ意識が伝わってきた」と感激していた。

## 海

**館山**　21空群は1月7日、基地周辺で初訓練を実施した。司令の小俣和之将補は「本日の初訓練は基地総員の日々の成果を披露する場。なすべき任務と基本を愚直なまでに遂行してほしい」と訓示。その後の「初訓練、かかれ」の号令に、21航空隊員はヘリに乗り込み、21整補隊が誘導。館山航空基地隊は交通艇と特殊消防車に乗って訓練を開始した＝写真㊤。

**江田島**　1術校の隊員延べ約100人は2月5、6の両日、江田島市のNPO法人「古鷹フレンドシップ」と協力して市内の古鷹山の登山道を整備した。同法人は平成30年1月に市民と海自の交流を深めることを目的に設立。同年に起きた7月豪雨による土砂などの撤去に当たった。終了後、越智剛理事長が「ごくろうさまです」と隊員たちをねぎらった。

**崎辺**　佐世保教育隊は1月8日、8期海曹予定者課程134人の始業式を行った。司令の甲斐義博1佐が「海自の基本に立ち返って基礎を築き、候補生の模範となり、海曹とはいかにあるべきかを考え、自らの目標に向かって行動せよ」と訓示。学生たちは、約3カ月間の修練と3曹昇任に向けた強い覚悟を心に刻んだ＝写真㊤。


## 防衛省職員・家族団体傷害保険

# 親介護特約が好評です！

**介護にかかる初期費用**

要介護状態となった場合、必要と考える**初期費用は平均252万円**との結果が出ています。

（出典）生命保険文化センター「平成27年度生命保険に関する全国実態調査」

**初期費用の目安**

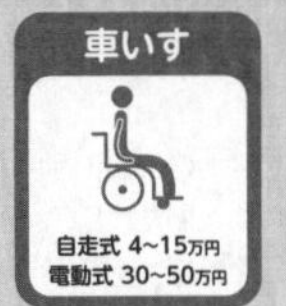

車いす　自走式 4～15万円　電動式 30～50万円

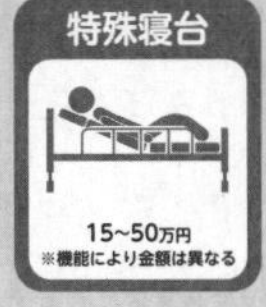

特殊寝台　15～50万円　※機能により金額は異なる

移動式リフト　据置式 20～50万円　レール走行式 50万円～

ポータブルトイレ　水洗式 1～4万円　シャワー式 10～25万円

その他　手すり、老人ホームの費用 等

気になる方はお近くの弘済企業にご連絡ください。

[引受保険会社]（幹事会社）三井住友海上火災保険株式会社　東京都千代田区神田駿河台 3-11-1　TEL:03-3259-6626

[共同引受保険会社] 東京海上日動火災保険株式会社　損害保険ジャパン日本興亜株式会社　あいおいニッセイ同和損害保険株式会社　日新火災海上保険株式会社　楽天損害保険株式会社　大同火災海上保険株式会社

[取扱代理店] 弘済企業株式会社　本社：東京都新宿区四谷坂町 12 番地 20 号 KK ビル　TEL：03-3226-5811（代表）

# 陸自補給統制本部主催で 兵站フェア

## 最新技術一堂に 十条駐で初開催

「部隊や隊員の皆さんの業務改善にこんな装備品はいかがですか」――。陸自補給統制本部は2月13、14の両日、十条駐屯地で初となる「兵站フェア（後段）」を開催した。3自衛隊の補給部隊などのほか、民間からも275社・2850人が参加し、自衛隊向けのさまざまな製品が各企業から提案された。

東京都北区の十条駐屯地で初開催された「兵站フェア」の体育館会場。これまでにない規模の計約275社が参加し、自衛隊に対してさまざまな提案を行った
（いずれも2月14日、十条駐屯地で）

エアバスの最新無人ヘリ「VSR700」の模型。航続性能に優れ、約700キロを飛行できる

JALUXが開発した電動の4輪バギー。各タイヤにモーターが入っており4時間の充電で60キロ走行できる。不整地の場所でも時速70キロで走行が可能。後ろにバスケットをつければ100キロまでの荷物が運べる

## 業務改善 後押し

「兵站フェア」はこれまでの茨城・霞ヶ浦駐屯地から陸海空自衛隊の補給の中枢が置かれた東京都北区の十条駐屯地に会場を移し、規模を拡大して初開催された。

今回は山崎統幕長をはじめ自衛隊の約50人の将官を含む隊員約830人が視察する一大イベントとなった。

期間中、「各種事態におけるロジスティクスの実効性向上～国防を担う企業の英知」をテーマに、約60社がプレゼンテーションを実施。初日には新明和工業が「島嶼防衛における物資輸送のソリューション」と題して上陸した部隊への後方支援に向けた装備などについて発表するなど、自衛隊に対しさまざまな提案を行った。

十条駐屯地内の各所には企業の最新製品が展示され、訪れた隊員たちは各社の担当者からの最新技術の説明に熱心に聞き入っていた。

「兵站フェア」を主催した補統本部長の山内大輔陸将は「（出展企業から）陸自に対し、民間技術を活用したさまざまな提案を受けた。兵站上の諸問題に対し、官民共同で臨むことは極めて意義があり、今回も兵站上の問題解決に結びつく有用な民間技術を知るよい機会になった」と成果を語っていた。

船山の「TOFU（トーフ）」。空気を入れると約10分で構築でき、医療拠点などとして活用できる

ケイズ・アローの「組み立て式防護壁」。12列5段積みの形であれば、1人でも電動工具などを使用せずに1時間ほどで組み立て可能。「コの字」型のバリケードにすれば、車の突入や飛来する爆発物の破片にも耐えられる

組み立て式小型多目的ロボット「NERVA－LG」。人が立ち入れない場所の撮影ができるほか、遠隔操作で爆発物も処理できる

## 山崎統幕長も視察

東光鉄工の救助用ドローン。高い防水性と耐風性で天候に左右されず運用できる

東光鉄工の防災シェルター「TOKOドーム」。火山災害などの被災地で隊員の避難場所として活用できる

新明和工業の20キロコンテナ脱着車「アームロール」。省力化マルチ車両として活用でき、島嶼部でトレーラーや倉庫がない場所で貨物の荷下ろしに活用できる。これまでクレーンなどで作業が必要だったが、人員2人で行える

新成物産の人員輸送用「スケッド・ストレッチャー」＝左下＝。左右の浮き袋で海面での救護や運搬もできる。通常は筒状で丸めて運ぶ

# 濵田2尉　悲願の五輪内定

## 創設30年、柔道班で初
### デュッセルドルフ大会 全試合一本勝ち

JSDF in TOKYO 2020

女子78キロ級準決勝で、崩れ袈裟固めで一本を奪う濵田2尉

柔道のグランドスラム・デュッセルドルフ大会が2月21日から23日まで、ドイツの同都市で行われ、女子78キロ級で自衛隊体育学校（朝霞）柔道班の濵田尚里2陸尉が優勝、自身初、創設30年目の柔道班にとっても初めてとなる五輪出場を内定させた。

控えめな薩摩おごじょが表彰台でひときわ輝いた。女子78キロ級の全5試合を一本勝ちし、誇らしげに金メダルを掲げた。

男女各7階級に日本から15人が出場（男子66キロ級には2人、その他の階級は1人）。濵田2尉を含む各階級の優勝者ら12人は大会後の2月27日、全日本柔道連盟により五輪出場が内定した。

濵田2尉は鹿児島県霧島市出身の29歳。鹿児島南高、山梨学院大を経て2013年4月、体校へ。

かつて古賀稔彦さん（バルセロナ五輪＝92年＝・71キロ級金メダリスト）を得意の寝技を駆使して苦しめた酒井英幸監督（2陸佐）の指導の下、着実に力を付けてきた。

恩師譲りの寝技で海外の並み居る強豪を沈めてきた。今大会でも圧倒的寝技に立ち技も組み込んで一本勝ちを重ね、2回戦～準決勝を勝ち上がった。ブラジル人選手との決勝も横四方固めで一本勝ちした。

濵田2尉の活躍により、柔道班も悲願達成に近付いた。平成2年の創設以来、酒井監督以下の班員が「（五輪に）代表選手を出し、金メダルを獲得する」ことを目標に掲げて挑み続けてきたが、阻まれてきた。

30年目の節目の自国開催の五輪で所属選手の出場を決めた体校柔道班。酒井監督は「柔道班の卒業生や各正面のさまざまな方々の努力、支えていただいたことが点ではなく線でつながり、今があると心より感謝しています。東京五輪本番で最高の成績を報告できるよう、全員が一致団結し、万全な準備をして挑んでいきます」と決意を語る。

「さらに成長して進歩し、世界最強である証明をしてほしい」（酒井監督）と期待を寄せられる濵田2尉も、「あと5カ月でしっかりと準備し今よりレベルアップして大会に臨みたい。優勝したい」と闘志を燃やしている。

**五輪柔道**　前回東京五輪（1964年）で追加された日本のお家芸柔道は、リオデジャネイロ五輪（16年）では日本選手団最多の12個（金3、銀1、銅8）のメダルを獲得。来る東京五輪でも、国民を奮起させる成果が期待される。東京五輪は男女各7階級に加えて、新たに男女混合団体戦（男女3階級ずつ、計6人の代表で競う）も行われる。

「グランドスラム・デュッセルドルフ大会」で女子78キロ級を制し、表彰台でメダルを掲げる濵田2尉（左から2人目、2月24日）＝いずれも体校柔道班

## 空自那覇救難隊員が受賞
### JAAGA米空軍との友好に貢献

【救難団＝入間】日米エア・フォース友好協会（JAAGA）の沖縄地区表彰式が今年2月6日、空自那覇基地で行われ、那覇救難隊の機上整備員、松山寿曹長が米空軍中尉と共に表彰された。

JAAGAは日米関係の発展に寄与した米空軍人と航空自衛官を毎年表彰している。今年は米軍18航空団（嘉手納）の女性軍人と那覇救難隊の女性隊員の「女子会」を企画するなど、米空軍と友好な関係を構築するために尽力してきた努力と、人間性が評価され、松山曹長が受賞した。

表彰式では救難団司令、航空幕僚長を歴任した齊藤治和JAAGA会長から表彰状を贈られた。

続く懇親会では齊藤会長や元南西空司令官らの出席の下、「緊張して何を話したのか、何を述べたのか覚えていない」と語った松山曹長。「FACE TO FACE」の現場のつながりを大切にして米軍とのさらなる友好を深め、併せて後進育成にも努める決意を新たにしていた。

齊藤会長（左）から表彰された那覇救難隊の松山曹長（2月6日、那覇基地で）

## 空自女性隊員PR「空女」第4版
### 全国の地本で配布、好評

【空幕人計課】空自で働く女性隊員の活躍状況や、男女共同参画などの取り組みを紹介するパンフレット「空女」の第4版（全16ページ、フルカラー・A5版）がこのほど完成。全国の地本などを通じて募集対象者や関係者に配布され、好評を博している。

「空女」は2016年度に初めて作成され、17年度に第2版、18年度に第3版を発行。第4版は、多様な分野での女性の活躍状況と各任用区分（防大、一般、部内、准曹、事務官など）のキャリアパスモデルを本人のコメントと共に紹介している。また、東京五輪への出場を目指して厳しい訓練に励む島田和花士長などをクローズアップするなど、32人の空自隊員を登場させている。

作成を担当した空幕人事計画課の徳本夕里恵准尉は、「空自は男女の区別なく活躍できる職場環境と、育児や私生活の変化に対応できる制度を整えていく。空自をより身近な存在に感じてもらい、男女双方の志願者が今まで以上に増えてくれればうれしい」と語り、「空女」の募集・広報効果に期待を寄せている。

「空女」第4版の表紙（左）。五輪を目指す島田士長の奮闘（中央）や空自の育児休暇への取り組みなども紹介されている（右）

## 2特連40人が捜索
### 北海道旭岳 米国人男性が行方不明

北海道東川町の旭岳で2月18日、スノーボードをしていた米国人男性が行方不明になり、陸自2特科連隊（旭川）が捜索に当たった。

地元警察などによる捜索で発見に至らず、20日午後9時、鈴木直道道知事から森下泰臣2師団長（旭川）に遭難者捜索の災害派遣が要請された。

21日午前8時47分以降、2特科連隊の隊員約40人が捜索を開始。また、現地対策本部の山麓駅に4人が派遣され調整などに当たった。

地上での捜索を終え警察による上空からの捜索に移行し、21日午後8時半、知事から撤収要請が出され、部隊は帰隊した。

吹雪の中、行方不明の米国人男性を懸命に捜索する2特連の隊員（2月21日、旭岳で）

**防衛省・自衛隊**

## 各種行事、中止や延期に
### 新型コロナウイルス拡散防止で

新型コロナウイルスの感染拡大防止のため、防衛省・自衛隊の各種行事等も中止になっている。河野大臣は2月25日の閣議後の会見で、「3月末までの防衛省・自衛隊が主催する行事のうち、部外者の参加を前提とした行事は、原則として中止または延期する。部内者のみの行事についても、開催の必要性を十分検討の上、真に開催が必要だと思われるものに限り行う」と述べた。（2月27日付既報）

指示を受け、防大、防医大、高工校（武山）の卒業式は家族、来賓などを招かずに行う。いずれも朝霞駐屯地で開催を予定していた体育セミナー、全自レスリング大会、全自拳法大会や、空自偵空隊（百里）廃止の記念式典なども中止になった。

省内を一般来場者が巡る「市ヶ谷台ツアー」は3月末まで中止。「りっくんランド」（朝霞）、「てつのくじら館」（呉）、「エアーパーク」（浜松）の陸海空の広報館も休館している。

## こちら警察隊
### 廃棄物処理法違反

## ごみの不法投棄ダメ！ 各自治体のルール順守

近所に粗大ごみが放置されている空き地があり、不要になった物をそこに捨てたいのですが、何か罪になりますか？

廃棄物を定められた場所以外（山中、海、川、道路、空き地、私有地等）に捨てると、廃棄物処理法違反となります。

廃棄物とは「ごみ、粗大ごみ、燃え殻、汚泥、ふん尿、廃油、動物の死体等」も該当します。

不法投棄した場合、廃棄物処理法に違反し5年以下の懲役、もしくは1千万円以下の罰金に処せられます。

「少しくらいなら捨てても大丈夫だろう」などと安易に考えることなく、異動時に発生した不要物は、各自治体のルールに従って処分しましょう。（東部方面警務隊）

不法投棄は犯罪！

## 小休止

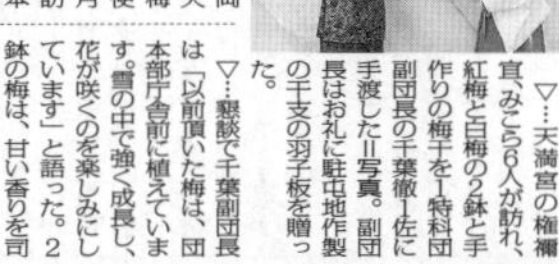

▽…福岡の太宰府天満宮の「梅の親善使節」が2月24日、北千歳駐屯地を訪れた。使節の来道は日本航空の新千歳―福岡便就航を記念して昭和31年に始まり、今年で64回目。駐屯地への来訪は54年から始まり今年で42回目。

▽…天満宮の梅娘ら6人が訪れ、紅梅と白梅の鉢を千葉副団長に手渡した。千葉副団長は「以前頂いた梅は、団本部庁舎の前に植えています。寒さの中で強く咲く花が咲くのを楽しみにしています」と語った。鉢の梅は、甘い香りを司令室いっぱいに漂わせ、駐屯地に一足早い春の訪れを告げていた。（北千歳）


（公益財団法人）特攻隊戦没者慰霊顕彰会の活動と入会のお勧め

●特攻顕彰会は、昭和28年特攻平和観音奉賛会として設立以来67年間活動して参りました。現在は公益財団法人として、特攻隊員の慰霊・顕彰のため、年２回の慰霊祭の実施と全国特攻関連慰霊祭への参列、護国神社への特攻像の奉納、会報「特攻」等の発行・出版等による特攻隊の伝承等の各種活動を行っております。
●特攻隊員の慰霊と遺徳顕彰のため一緒に活動しましょう。
入会はいつでも、どなたでも可能です。入会後は会報「特攻」はじめ各種資料が優先的に提供されます。年会費は3000円(中/高/大学生1000円)です。入会申し込みはホームページ、入会案内添付の「入会申込書」又は下記連絡先にお問合せ下さい。

（公益財団法人）特攻隊戦没者慰霊顕彰会（事務局）

（住　所）〒102-0072 東京都千代田区飯田橋１－５－７　東専堂ビル２階
（電　話）03-5213-4594
（ＦＡＸ）03-5213-4596
（メール）tokuseniken@tokkotai.or.jp
（Ｈ　Ｐ）www.tokkotai.or.jp

（公益財団法人）特攻隊戦没者慰霊顕彰会

死するともなほ死するとも
我が魂よ
永久（とわ）にとどまり
御国（みくに）まもらせ
第一次神風特別攻撃隊　緒方　襄　海軍中尉（２２歳）
昭和２０年３月２１日（特攻戦死）

帰ることのない特攻戦法は、確かに戦闘手段としては「外道」であるかもしれない。だから特攻を「無謀で狂気」と言うのは簡単である。
だが、特攻隊員の中に死にたくて死んだ者は一人もいないはずである。
特攻は、自分に原因があって死にたくなって死ぬ自殺とは、根本的に違うからである。
『特攻は、心身ともに健全な若人が「ほかの、多くの人々を救うための愛の行動であり、大いなるものへの文字通り献身であった。人間の根幹に基づく特性と言えるであろう。「自分さえよければ」というエゴイストには、特攻はできることではない』

特攻隊員の慰霊・顕彰活動を続けていきましょう

# ブロック作品通じ募集活動

1空曹 服部 昭周（飛実団飛行実験群計測隊・岐阜）

服部昭周1空曹

航空自衛隊岐阜基地の飛行開発実験団が、ここにご紹介するのは「趣味のブロック制作を通じた自衛官募集活動」です。

私は趣味でブロックを制作しており、その作品の展示会で知り合った方との交流の場で、岐阜基地を舞台にしたテレビアニメ『ひそねとまそたん』が話題になりました。そこでブロック制作メンバーの一人、私立高校教諭の余語宗紀さんに劇中に登場する変態飛翔生体「OTF」（主役の航空機に偽装するドラゴン）の画像を見せると、「私、これ作りますよ！！！」。

こうして余語さんによるOTFのブロック制作が開始されました。

それからは余語さんはこのアニメのキャラクターを1体ずつ作り上げていき、3カ月後にはなんと、全てのOTFのみならず、架空の「第8格納庫」まで制作してしまいました！

これだけ揃った『ひそねとまそたん』の立体物は、私も見かけたことがなく、その芸術性が高いブロック作品は圧巻でした！（本人もこれらを作るため、設定資料集を購入するほどの熱の入れようでした。）

その後は、展示会にこれらブロックの作品を持ってきてくれ、そのファン向けに、自衛隊の募集活動の支援をしていただきました。

そのほかにも、ブロックの展示会では「自衛隊の募集活動って大変だね。私が代わりにパンフレット配ってくるよ！」と言ってくれる人もいたりして、趣味を通して知り合った方が、まさか自衛官の募集活動の支援をしてくれるとは思いもよりませんでした。

世間の方々が自衛隊に対し、こんなにも協力的なんだということが分かり、私は次も「募集活動頑張るぞ！」という気になりました。

最後に、読者の方で、余語さんのブロック作品をぜひ見たいという方は、東海地方のブロックの展示会に来てください。会場ではそのほかの方の作品も展示していますので、楽しいですよ。皆さまのお越しをお待ちしております。

お問い合わせは服部1曹（専用線8―54―3379）まで。

『ひそねとまそたん』に出てくる航空機に偽装するドラゴン「OTF」のブロック作品

テレビアニメ『ひそねとまそたん』のキャラクターをブロックで制作した高校教諭の余語宗紀さん

## 朝雲・栃の芽俳壇

畠中草史 選

歌留多取り負けず嫌ひの血筋かな　大津・陸OB　丸岡　正男

掲句は家族での歌留多取り。負けず嫌いは誰しもがあり、下五の詠嘆がなごませる。

除夜の鐘みな黙せばよりくより　熊谷・空OG　関谷　桂子

大晦日の過ごし方は家々異なるであろうが、除夜の鐘が聞こえる頃は皆が耳を澄ます。

浮し物処女に捉へ沼凍る　船橋・陸OB　佐藤あかり

蕗味噌を作る手忙しなく没まる　町田・陸OB　岩原　滋莉

孫帰るまでの賑はひ三日はや　熊谷・空OG　福元万理子

浮鳥に一瞥ある枯尾花　佐賀・陸OB　一ノ瀬恵昭

除夜の鐘余韻の長く闇深し　熊谷・空OG　佐藤　玲美

語尾あがり岐阜の強き初電話　浜松・空OB　草本　立男

ひもがから家に贈りし冬の雨　西東京・空OB　水島　孝雄

爆ぜるたび悲鳴飛ばす榾火かな　浜松・空OG　塩見　惇子

雅なる畳目の松の冬日和　館山・海OB　斎藤　一向

摺り足の気配温く春立ち　相模原・海OB　折口　桂子

起きぬけの赤城の山の初景色　熊谷・空OB　蓮佛志向子

老の身の眼鏡新たに春を待つ　あきる野・一般　小和田一男

大空の風に枯蓮のうつかかし　関田　朝江

冬銀嶺映えてみて聞える　小牧・陸OB　松岡　魚青

荒びし庭の地芝もしく　新座・陸OB　船田藤三郎

除夜の鐘に合はせ手締めをする家族　熊谷・空OB　工藤　敏雄

選者吟　夜汽の路地裏聖響き返る　畠中草史

「冴所なし」押されて戻る賀状かな　札幌・陸OB　坂本　順一

注連縄をくぐれば妻の句ひかな　浜松・空OG　堀内ミサ子

レシピ貼るカートの列の年の暮　熊谷・空OB　明田　眞雅

回らんと炬燵の中の薬を打つ　仙台・陸OB　加川　師亨

カラオケを出て駅前の日脚伸ぶ　相模原・一般　森　謙二

それぞれの生き様見ゆる年賀状　熊谷・空OG　高橋ふみ子

**投句歓迎！**　▽はがきの裏面に未発表の自作1句、住所、氏名、年齢、職業（自衛官は所属部隊＝OB、家族、一般）、電話番号を記入▽3月15日締切▽宛先＝〒162―東京都新宿区市谷本村町5の1防衛省D棟市ヶ谷記者クラブ朝雲「栃の芽俳壇」係

みんなのページ

## 「中部方面隊音楽まつり」に参加

教諭 磯野 弥香（早鞆高等学校・山口県下関市）

このたびは「陸上自衛隊中部方面隊音楽まつり」に参加させていただき、ありがとうございました。

初めて音楽まつりに参加させていただきましたが、演奏はもちろんのこと、演出の仕方などにも工夫が凝らされており、とても楽しい時間を過ごすことができました。

その中でも印象に残っているのが、第3幕の「クールジャパン～日本から世界へ～」です。今年は東京オリンピックということで、日本の代表的なアニメや曲（「鉄腕アトム」「マリオ」「ゴジラ」「折り紙」など）をさまざまな演奏・演出で日本を代表する曲を世界に発信しようとする思いが伝わり、音楽に合わせて大きな旗を折っていく演出にはとても感動しました。

そのほかにも迫力があった和太鼓演奏、清風高等学校の男子新体操部の演技など、どれも素晴らしかったです。また、このような機会があればぜひ参加したいと思います。ありがとうございました。

陸自の「中部方面隊音楽まつり」に参加した磯野さん（後列右から4人目）

## 情報小隊の野営訓練に参加して

2陸士 川村 雄太（32普連本管中隊・大宮）

新隊員後期課程を修了後、初めての小隊野営に参加して、良かった点と反省すべき点がありました。

まず、反省点としては秋の富士演習場の気象を甘く見ていたことです。富士演習場は夜になると気温が大きく下がることは聞いていましたが、新隊員教育隊履修時に夏季の野営訓練に参加した際は夜もあまり寒くなかったので油断していました。

しかし、前回とは全く状況が違い、夜はとても寒く、疲労してしまい、動きが鈍くなってしまいました。

良好だった点は、訓練でさまざまなことを学ぶことができたことです。初日のコンパス行進では、回数を重ねるごとに自分の癖や歩幅などが分かるようになって、目標にきちんと前進できるようになりました。

偵察訓練では、コンパスや地図の見方などを理解して、自己位置や前進方向など総合的なことができるようになりました。

今回の反省点や学んだことを生かし、今後、情報小隊の斥候員として連隊に最大限貢献します。

## 東北自衛隊拳法選手権大会で優勝

3陸曹 大場 一真（6施大1中隊・神町）

昨年末に行われた「第15回東北自衛隊拳法選手権大会」に選手として出場しました。

団体戦では「全自出場枠の獲得」を目標に掲げ、チーム一丸となり戦うことができましたが、個人的には悔しい思いをしました。

続く個人戦では重量級に出場。団体戦での悔しさをばねに、自分らしく戦おうと決めました。延長戦もあり心身共に辛かったですが、念願の優勝を手にすることができました。個人的に表彰されたことがなかった私は、初めて賞状や盾、メダルも頂き、とてもうれしかったです。

本大会では、自分の課題・チームの課題が見つかったので、引き続き練成し、全自衛隊拳法選手権大会でも上位入賞できるよう努力していきます。

## OBがんばる

土井 勝博さん 57
平成28年10月、近畿中部防衛局東海防衛支局岐阜防衛事務所を最後に定年退職（2空尉）。KSAインターナショナルに再就職し、東海支店岐阜営業所に勤務している。

### 「精神的なタフさ」養う

当社は京都府に本社を置き、関西、東海、関東と国内はもとより、米国、中国、タイに拠点をもち、全世界でグローバルに物流サービスを提供しております。

提供するサービスには輸出・輸入通関、航空輸送、海上輸送、トラック輸送、梱包、保税蔵置、保険代行、官公庁申請代行、検査業務などがあり、私は岐阜営業所で陸・海・空自衛隊に納品する輸入品の社内検査業務に従事しています。

職場には自衛隊を任期満了で退職された方が営業職として活躍しているほか、退職自衛官が多く在籍しており、社員間のコミュニケーションを大切に日々業務にまい進しています。

私の体験から、これから退職を迎える現職隊員の皆さまに僭越ながらアドバイスさせていただきます。

まず、第1に重要なのは「健康」です。現役時代から健康維持に留意し、積極的な体力づくりに努めてください。第2は「資産運用の勉強」です。低金利時代においては、資産運用の勉強は必須です。これは自分の知識の引き出しを多くして、魅力ある人間になるためにも役に立つはずです。第3は「精神的なタフさ」です。現役時代の指導的立場から指導される立場に変わるとき、指導を叱責と捉えず、また職責に応じた柔軟な思考が求められます。これらのストレスを健全な精神で解消する術（趣味や発想の転換法）を持ち、第2の人生に備えてください。

現職隊員の皆さまのますますのご活躍をお祈りいたします。

## 詰碁

第1230回出題

出題 日本棋院 九段 曲 励起

黒先

『白はどうなりますか。最初の手が大切です』。5分でできれば中級です。

▶詰碁、詰将棋の出題は隔週です◀

## 詰将棋

出題 日本将棋連盟 九段 石田 和雄

≫第814回の解答≪

先手 持駒 角銀

【正解】▲1三銀△同金▲3三角成△同玉▲2二角△同玉▲4二飛成までの七手詰め。

【解説】△1三銀が奇抜な捨て駒。△同玉なら▲2四角成以下早詰み。△同金は最善ですが、次いで▲3三角成から▲2二角と捨てる順が手順絶妙。これで▲4二飛成と飛を活躍させ解決。

（世界の切手・インド）

人は、唯一の友としての自分と、唯一の敵としての自分をもつ。
インドの格言

朝雲ホームページ
www.asagumo-news.com
＜会員制サイト＞
Asagumo Archive
朝雲編集部メールアドレス
editorial@asagumo-news.com

## 新刊紹介

### 「超限戦」—21世紀の「新しい戦争」

喬良、王湘穂著、劉琦訳

絶版となり入手が難しかった「問題の戦略研究書」が新装版で復刊された。もとは1999年に中国軍の大佐2人が執筆した本で、米海軍大学では中国軍の戦略・戦術を研究するための教材にもなっている。

著者は現代戦を「あらゆる手段で制約なく戦うもの」と捉え、民間機を使った奇襲なども予言した。20年を経ても色あせず、むしろネットワーク戦、法律戦、心理戦、メディア戦などは新鮮だ。

著者は中国を理解する切り口として「新しい戦争」が必要であり、貿易、金融、生態系、IT、ネット、宇宙なども戦場であるとし、平時からインターネット戦、金融戦、貿易戦、資源戦、メディア戦などを戦わねばならないとする。

中国による南シナ海での岩礁埋め立てと軍事基地化、「一帯一路」での海外拠点獲得なども「超限戦」の延長上にあると考えると、自衛隊員にとって本書は中国のハイブリッド戦理解のための必読書といえる。（KADOKAWA刊、1320円）

### 「外交戦」

～日本を取り巻く「地理」と「貿易」と「安全保障」の真実～

高橋 洋一著

「なめられたら攻められる。えげつない論理ではあるが、これが国際関係の現実だ」――。元財務官僚で数量政策学者として多くの論評や著書で知られる嘉悦大教授の著者が、日本を取り巻く安全保障環境の〝裏の真〟を平易な言葉で語り尽くした一冊だ。

世界には「平時」など実は存在せず、随時随所で外交という「戦」が繰り広げられているという。

現実的な視点から、「外交＝貿易と安全保障」をめぐってしのぎを削る各国のホンネを解説する。テーマは縦横無尽で、▽日本が「永世中立国」になれない理由▽韓国が「北朝鮮化」する可能性▽英国のEU（欧州連合）離脱が中国「一帯一路」の牽制につながる▽中国を叩くアメリカの「本気度」▽自由貿易に舵を切れない中国の「泣きどころ」――など、「地政学」の観点から読者に高い視座を提供してくれる。

個人的な感情や先入観を排除し、「原理原則」に基づいて事実を直視すれば、物事の「本質」が見えてくる。テレビや新聞の報道だけでは理解できない、一見複雑怪奇な国際関係についての疑問が一気に氷解するだろう。（あさ出版刊、1540円）

国を守る皆さまを弘済企業がお守りします!!

防衛省共済組合団体取扱 がん保険
―共済組合団体取扱のため割安―
★アフラックのがん保険
「生きるためのがん保険Days 1」
幅広いがん治療に対応した新しいがん保険
詳しくはパンフレットをご覧ください
給与からの源泉控除
資料請求・保険見積りはこちら
http://webby.aflac.co.jp/bouei/
＜引受保険会社＞アフラック広域法人営業部
東京都新宿区西新宿2-1-1 新宿三井ビル17F TEL 03-5321-2377
AF007-2011-0204 4月20日

PKO保険
―PKO法、海賊対処法等に基づく派遣隊員のための制度保険として傷害及び疾病を包括的に補償―

《防衛省共済組合保険事業の取扱代理店》
弘済企業株式会社
本社：〒160-0002 東京都新宿区四谷坂町12番20号KKビル
☎ 03-3226-5811（代）

防衛省職員家族 団体傷害保険
―組合員のための制度保険で大変有利―
★割安な保険料[約56%割引]　★幅広い補償
★「総合賠償型特約」の付加で更に安心
（「示談交渉サービス」付）
詳しくはパンフレットをご覧ください
団体長期障害所得補償保険
（病気やケガで働けなくなったときに、減少する給与所得を長期間補償できる唯一の保険制度です。（略称：GLTD）
親介護補償型（特約）オプション
親御さんが介護が必要になった時に補償します。

防衛省退職後団体傷害保険
―組合員退職者及び予備自衛官等のための制度保険―

防衛省共済組合団体取扱 火災保険
★割安な保険料[約15%割引]
〔損害保険各種についても皆様のご要望にお応えしています〕

朝雲

発行所　朝雲新聞社
〒160-0002 東京都新宿区四谷坂町12-20 KKビル
電話 03(3225)3841
FAX 03(3225)3831
振替00190-4-17600番
定価一部170円、年間購読料9170円（税・送料込み）

すこやかな未来応援します
フコク生命
防衛省団体取扱生命保険会社
フコク生命

本号は10ページ



防衛省

# パワハラ処分を厳罰化

## 3月1日から新基準

防衛省・自衛隊はパワーハラスメントやいじめを行った隊員に対する処分基準の厳罰化を決め、3月1日から新基準の適用を開始した。新たな処分基準では、パワハラで全治1カ月以上の重傷を負わせるなど「極めて重大」なケースは、従来の「停職16日以上」を原則「免職」とし、最低でも「停職6カ月以上」に引き上げた。河野防衛相は2月28日の記者会見で「処分基準が少し甘いのではないかという疑問があった。『パワハラ』や『いじめ』は根絶しなければならないという大前提の中でルールをきちんと決め、若い人に安心して入隊してもらうことが大事だ」と語った。

### 「極めて重大」は原則「免職」

厳罰化の背景には、河野大臣が同日の記者会見で「『パワハラ』や『いじめ』の件数が増えている」と指摘した通り、近年、防衛省・自衛隊内のパワハラ処分件数が増加傾向にあることが挙げられる。最近の「私的制裁」「傷害、暴行、脅迫」の合計件数は、2014年度の11件から17年度は222件とピークを記録するなど、減少の兆しは見えない。

さらに河野大臣は「パワハラ」や「いじめ」という事件もあり、「昨年の……」[illegible]……厳罰化に至った経緯を説明した。

新たな処分基準では、パワハラで▽全治1カ月以上の重傷を負わせた場合▽複数回または長期間にわたり暴行を加え、傷害を負わせた場合——を「極めて重大」なケースと認定し、これまでの「停職16日以上」を原則「免職」、最低でも「停職6カ月以上」に厳罰化した。

また、パワハラで▽全治1カ月未満の傷害を負わせた場合▽複数回または長期間にわたり暴行を加えた場合——は「重大」とし、これまでの「停職6日以上15日以内」を「停職3カ月以上6カ月未満」とした。

一方、ケースによっては処分の軽減の規定も盛り込み、例えば▽パワハラに限り、被害者が挑発した場合▽被害者の行為に規律違反が認められる場合▽喧嘩を仲裁した場合——などは処分の軽減が考慮される。

人事教育局の北澤直樹服務管理官は「防衛省では、これまでも服務教育や部外講師の講演などを実施して、パワハラ防止のための教育を行うとともに、相談窓口を設置し、パワハラを相談しやすい環境を整備してきた。しかし、パワハラや傷害を伴う規律違反行為が依然として増加傾向にあることから、大臣のリーダーシップの下、パワハラ行為等の根絶を図るために省内で検討を進め、これらの規律違反に対する『抑止力』としての効果も勘案した上で厳罰化を図った」と話している。

**暴行、傷害、パワーハラスメントの処分基準の厳罰化**

| 標準例：暴行・脅迫 | 標準例：傷害 | 標準例：パワハラ | 現行の処分基準 | 厳罰化後 |
|---|---|---|---|---|
| ■刃物や凶器を用いた場合 | ■刃物や凶器を用いて傷害を負わせた場合 ■複数回または長期間にわたり暴行を加え、傷害を負わせた場合 ■一方的または民間人に暴行を加え、重傷（全治1カ月以上）を負わせた場合 | ■刃物や凶器を用いた場合 ■被害者の自殺（未遂を含む）の主たる原因となった場合 ■複数回または長期間にわたり暴行を加え、傷害を負わせた場合 ■重傷（全治1カ月以上）を負わせた場合 | 免職 降任 停職（16日以上） | 免職 停職（6カ月以上） |
| ■一方的または民間人に平手打ち（複数回）、殴打、足蹴り、投げるなどの暴行を加えた場合 ■複数回または長期間にわたり暴行を加えた場合 | ■口論から暴行を加え、重傷（全治1カ月以上）を負わせた場合 ■一方的または民間人に暴行を加え、全治1週間以上1カ月未満の傷害を負わせた場合 | ■全治1週間以上1カ月未満の傷害を負わせた場合 ■複数回または長期間にわたり暴行を加えた場合 | 停職（6日以上15日以内） | 停職（3カ月以上6カ月未満） |
| | ■口論から暴行を加え、全治1週間以上1カ月未満の傷害を負わせた場合 ■一方的または民間人に暴行を加え、全治1週間未満の傷害を負わせた場合 | ■全治1週間未満の傷害を負わせた場合 ■平手打ち（複数回）、殴打、足蹴り、投げるなどの暴行を加えた場合 | 停職（1日以上5日以内） | 停職（1カ月以上3カ月未満） |
| ■口論から平手打ち（複数回）、殴打、足蹴り、投げるなどの暴行を加えた場合 ■一方的または民間人に平手打ち（1回程度）、足を踏みつけるなどの暴行を加えた場合 | ■口論から暴行を加え、全治1週間未満の傷害を負わせた場合 | ■平手打ち（1回程度）、足を踏みつけるなどの暴行を加えた場合 | 減給 | 停職（6日以上1カ月未満） |
| ■口論から平手打ち（1回程度）、足を踏みつけるなどの暴行を加えた場合 ■一方的または民間人に胸ぐらをつかむ、壁に押し付けるなどの暴行を加えた場合 | | ■胸ぐらをつかむ、壁に押し付けるなどの暴行を加えた場合 | 減給 | 停職（1日以上5日以内） |
| ■口論から胸ぐらをつかむ、壁に押し付けるなどの暴行を加えた場合 | | ■威圧的な言動により、職場環境を著しく悪化させた場合 | 戒告 | 減給 戒告 訓戒 注意 |
| ■被害者に向けられた有形力が身体に作用しなかった場合 | | ■暴言、長時間にわたる拘束などの不適切な指導をした場合 ■威圧的な言動により、職場環境を悪化させた場合 | 訓戒・注意 | |

# 初の女性空挺隊員が誕生

空挺教育隊の「319期基本降下課程」に女性として初めて入校、教育訓練中、5回の空挺降下を経験した橋場麗奈3曹（2月4日、習志野駐屯地で）＝陸自提供

陸自空挺教育隊（習志野）の「第319期基本降下課程」の修了式が3月4日、習志野駐屯地で行われ、学生96人に同隊長の中村英昭1佐から「空挺徽章」が授与され、晴れて空挺隊員となった。このうちの一人、体育学校2教育課女子ラグビー班（朝霞）から入校した橋場麗奈3曹（31）が70年の歴史をもつ陸自で初の「女性空挺隊員」となった。（9面に関連記事）

胸に銀色の空挺徽章を輝かせた橋場3曹は「根性では男性に負けない。後に続く女性隊員が来やすい環境となるよう、空挺団で精進していきたい」と決意を語った。今後、橋場3曹は正式に空挺団の隷下部隊に配置され、「空挺特技をもった衛生科隊員」として任務に臨む予定だ。

# 自衛隊病院が陽性者受け入れ

## 新型肺炎　350人が活動に携わる

「新型コロナウイルス」感染拡大防止の災害派遣に当たっている自衛隊は3月8日、クルーズ船の下船者らの一時滞在先となっていた国税庁の税務大学校（埼玉県和光市）での生活支援を終了した。

[illegible]

### 備蓄のマスク100万枚拠出へ

河野防衛相は3月6日の記者会見で、「新型コロナウイルス」対策の一環として、自衛隊が備蓄しているマスク155万枚のうち、100万枚を拠出する考えを表明した。提供先や時期などは政府内で調整する。

残る55万枚は災害派遣の初動対応に必要な枚数として維持する。増産でマスク不足の解消が見込まれる3週間後をめどに拠出した全枚数の返納を受け、備蓄数の回復を図る。

# 潜水艦「おうりゅう」就役

## 1潜群3潜水隊に配備

海自の新型潜水艦「おうりゅう」の引渡式・自衛艦旗授与式で、艦尾に自衛艦旗を掲揚する乗員たち（3月5日、三菱重工業神戸造船所で）

平成27年度計画潜水艦「おうりゅう」（2950トン）の引渡式・自衛艦旗授与式が3月5日、神戸市の三菱重工業神戸造船所で行われた。

「おうりゅう」は海自の「そうりゅう」型潜水艦の11番艦で、これまでの艦が搭載していたAIP（非大気依存推進機関）のスターリング・エンジンと鉛蓄電池に替わり、大容量のリチウムイオン電池に改められた。これにより、水中での持続力や速力の向上が図られている。

式には山村海幕長、酒井良呉地方総監らが出席。三菱重工業の阿部直彦防衛・宇宙セグメント長と山村海幕長との間で引渡書と受領書の交換が行われ、引き渡しが完了した。

この後、山村海幕長が初代艦長の岡本雄二2佐に自衛艦旗を授与。行進して乗艦した乗員によって自衛艦旗が艦尾に掲揚され、「おうりゅう」は1潜水隊群3潜水隊（呉）に就役した。

山村海幕長は艦上で訓示を述べ、「本艦が一日も早く任務に即応し得るよう最善を尽くすことを期待する。岡本艦長の指揮・統率の下、一致団結、任務の完遂に努め、本日から刻まれる艦の歴史に良き伝統を築いてほしい」と乗員を激励した。

式後、「おうりゅう」は官民の関係者らに見送られて出港、母港となる呉に移動した。到着後、就役訓練を開始する。

# 「五輪支援本部」設置

## 安全・安心の確保

防衛省

防衛省は2月25日、今年7月に開幕する東京五輪の成功に向け、河野防衛相を長とする「東京オリンピック・パラリンピック支援本部」を立ち上げた。

同本部は河野大臣を筆頭に、山本副大臣が本部長代理、渡辺、岩田両政務官が副本部長を務め、本部員は髙橋事務次官、島田官房長、岡人教局長、伊藤報道官、山崎統幕長、菅原統幕総括官、湯浅陸、山村海、丸茂空の各幕僚長——の計13人で構成される。

河野大臣は同日の記者会見で、防衛省・自衛隊が大会期間中、①セキュリティーの安全・安心の確保②式典など大会運営への協力③自衛官アスリートの支援——を行うとした上で、「オリンピック・パラリンピックの成功に向け、最大限の協力体制でいきたい」と述べた。

北朝鮮

# 短距離ミサイル発射

## 2発連続、今年初めて

北朝鮮は3月2日午後0時37分頃（日本時間同）、東部の元山付近から2発の短距離弾道ミサイルを東北方向に発射した。約240キロ飛翔し、日本の排他的経済水域（EEZ）外の日本海に落下したと推定される。我が国の航空機や船舶などへの被害は確認されていない。

河野防衛相は翌3日の記者会見で、2発の発射間隔が1分未満だったことを明らかにした上で、昨年8月24日、9月10日、10月31日、11月28日に発射されたものと同系統の固体燃料推進方式の「短距離弾道ミサイル」との見方を示した。

高度については約35キロだったとする韓国軍の分析などを踏まえ、「従来から北朝鮮が保有している（短距離）スカッド（ミサイル）の軌道よりも低い高度を飛翔した」と指摘。短距離弾道ミサイルのほかに「多連装ロケット砲」などを発射した可能性にも言及し、「国際社会と我が国の平和と安全を脅かすもので看過できない」と述べた。北朝鮮による飛翔体の発射は、昨年11月28日の短距離弾道ミサイル以来で、今年初めて。

### 9日にも2発

北朝鮮は9日午前7時34分～35分頃（日本時間同）、東岸の宣徳付近から少なくとも2発の短距離弾道弾を北東方向に発射。高度約50キロと低高度で最大約200キロ飛翔し、同36～39分頃、日本のEEZ外の日本海に落下した。[illegible]

春夏秋冬

# 人間の存在証明としての「責任」

菊澤 研宗

旧日本海軍をめぐって奇妙なことがある。東京裁判で、A級戦犯として死刑判決を受けた人物に、海軍の軍人がいないことだ。戦前、戦中を通して陸軍と激しく対立し、その存在感の大きさを誇示してきた海軍にA級戦犯として死刑判決を受けた者がいないのは、なぜか。

いろんな理由がある。戦後、第二復員省となった海軍は天皇に責任が及ばないように努力したからだとか。海軍はマッカーサー率いる米軍と通じていたからだとか。いずれにせよ、これによって「陸軍悪玉・海軍善玉」というイメージは形成された。

しかし、「責任」という観点からすると、陸軍の方が立派に見えてしまう。陸軍の存在感の大きさが際立ってしまうのだ。もちろん、陸軍も自分たちが明確に意思決定をして開戦を決断したわけではなかった。それゆえ、自ら進んで責任を取ったわけではない。むしろ、責任を取らされた感が強い。

しかし、表面的であれ、海軍は戦争責任を取らなかったように見える。むしろ、戦後、海軍は第二復員省としてA級戦犯を出さないことを組織目標として姑息に戦っていた感がある。しかし、このような行動は、本当に海軍にとって良かったのだろうか。

戦時中、もし海軍が陸軍と同様にその存在感を誇示していたのであれば、戦後も進んでその責任をとるべきだったのではないか。そうでないと、海軍の存在感がぼやけてしまうのだ。ある行動に対して潔く責任を取ることは、その存在感の大きさを示す行為でもある。

海軍は責任を避ける傾向があった。ミッドウエー戦で米軍に大敗したとき、海軍はその結果を正確に公表しなかった。空母が全滅したにもかかわらず、損害を過小に報告し、天皇に嘘の報告をしたといわれている。そして、その嘘を隠すために、ミッドウエー戦で戦った将兵たちを陸に揚げることなく、船に留めていたといわれている。

人間としての存在の大きさを示すには、やはり潔く責任を取ることである。失敗に対してその責任を取ることは、リーダーにとって決して恥ではない。むしろ、逆にリーダーとしての存在意義や存在感の大きさを示すことになるのだ。

（慶応義塾大学教授）

朝雲寸言

[illegible]……々を安全な形で受け入れられる施設が不十分であることも確認された▼一方で、果敢に学校を休みにするなどして次代を担う子供たちを守ろうとする意志がこの国にはあることもわかった。今大切なのは、目下の試練を克服するのと同時並行で、先々より強毒な感染症が来襲する場合への備えにも着手することだろう▼自衛隊は、海外派遣部隊に教訓研究チームを同行させて活動内容の改善を重ねてきた。阪神大震災や東日本大震災などでの反省点を踏まえ、災害派遣時の対応力も一歩一歩強めてきた。今回の新型コロナ災派においても、うまく機能したこと、ひやりとしたことなどを漏らさず教訓として語り継ぎ、若手を育てていければ素晴らしい。「災い転じて福となす」とは実に生産力のある言葉だとしみじみ思う。

はせがわ
つなぎます。心と、いのちと、人。
一部対象外あり。
お仏壇 店頭表示価格より 10%OFF!
お墓 店頭表示価格より 5%OFF!
ご来店の際にはJD VISAカードをご提示ください。

人間ドック活用のススメ
人間ドック受診に助成金が活用できます！
防衛省の皆さんが三宿病院人間ドックを助成金を使って受診した場合
※下記料金は消費税10％での金額を表記しています。

| コースの種類 | 自己負担額（税込） |
|---|---|
| 基本コース1 | 9,040円 |
| 基本コース2（腫瘍マーカー） | 15,640円 |
| 脳ドック（単独） | なし |
| 肺ドック（単独） | なし |

¥0
女性特有のがん検診を基本健診とセットにした場合
ex. ①基本コース1＋乳がん（マンモグラフィ）＝13,000円
②基本コース1＋乳がん（乳腺エコー）＝11,350円
③基本コース1＋婦人科（子宮頸がん）＝13,660円
脳ドック受診してみようと思うんだ。助成金もあるからね。
パパ、私も乳がん検診とか婦人科健診受診したいな。
あなたが想うことから始まる 家族の健康、私の健康
被扶養者も防衛省共済組合の助成を利用できます。
"三宿病院 人間ドック"とご指定下さい。
三宿病院はベネフィット・ワン・ヘルスケアの提携受診機関です。
国家公務員共済組合連合会
三宿病院 健康医学管理センター
東京都目黒区上目黒5-33-12
TEL 03-3711-5771（代）
HP: http://www.mishuku.gr.jp
予約・問合せ
ベネフィット・ワン・ヘルスケア
健診予約センター
TEL 03-6870-2603

# 時の焦点

## 国内

### 北方領土交渉

## 長期政権の総仕上げに

経済協力に偏ることなく、北方領土問題を前進させることが肝要だ。

茂木外相が先月、ドイツでロシアのラブロフ外相と会談した。平和条約交渉の加速を確認するとともに、ラブロフ氏の早期来日を調整する方針で一致した。

安倍首相とプーチン大統領は一昨年、歯舞群島と色丹島を引き渡すと明記した1956年の日ソ共同宣言を、交渉の基礎とすることで合意した。だが、その後の外相間の協議は停滞している。

ロシアでは今春、憲法改正の全国投票が行われる。改憲案には「領土割譲」を禁じる条文が盛り込まれた。

条文案は「ロシア領の一部の割譲に向けた行為や呼びかけを許さない」としつつ、「隣接国との国境の画定作業」は容認する内容になるという。領土交渉の余地を残すことで、日本を揺さぶる狙いがあるのだろう。

ロシアはこれまで、北方4島が合法的にロシア領になったと認めるよう、要求してきた。第2次世界大戦後、ロシアが一方的に侵攻した事実を歪曲することは許されない。

日本と平和条約を締結し、両国間の結び付きを強めるつもりならば、プーチン政権は揺さぶりや不誠実な態度を改めるべきだ。

茂木、ラブロフ両外相は会談で、北方4島で想定する共同経済活動を着実に進展させる方針を確認した。昨年は、試行的に観光ツアーが行われ、日本人が国後、択捉両島を訪れた。日本のゴミ処理技術を北方領土で活用する計画も進んでいる。

本格的な実施に向け、両国の法的立場を害さない「特別な制度」の検討を急がねばならない。

日露間では、首脳合意に基づく経済協力が進んでいる。極東のハバロフスクでは、医療診断の施設整備に日本企業が協力する。シベリアやサハリンでは、液化天然ガスを生産する事業に、日本企業が参画する方向だ。

経済協力だけが進展し、北方領土問題が置き去りにされるという懸念は大きい。政府には、交渉戦略の立て直しが求められる。ロシアに対し、領土問題の解決に真摯に取り組むよう促す必要がある。

首相はロシア側から、5月にモスクワで行われる第2次大戦の対ドイツ戦勝記念式典に招待されている。トランプ米大統領も、出席を検討しているという。

北方領土交渉で、ロシアは、返還した島に米軍基地が設置されることを警戒している。日本政府が判断する問題だ。

日米、日露の首脳会談が実現するのであれば、首相は有効に活用しなければならない。

首相の自民党総裁任期は来年9月までだ。領土問題の解決に向け、道筋を付けることができるのか。長期政権の総仕上げの作業に注目したい。

夏川　明雄（政治評論家）

## 海外

### 新型コロナ禍

## 東京五輪に向け正念場

中国の湖北省武漢を発生源とする新型コロナウイルスの感染拡大が世界各国に急速に広がり、終息のめどが立たない深刻な状況が続く。

世界保健機関（WHO）の責任者は3月初め時点での会見で、日本、韓国、イラン、イタリアの4カ国の状況について、「深刻な懸念がある」との認識を示した。WHOの集計では、これら4カ国で中国国外での感染者数の8割を占めるといい、肺炎を引き起こす新型コロナウイルスの発生源で感染者数が8万人を超える中国については、新規感染者が減少に転じた点を捉え、WHOの責任者は懸念を示す発言はしなかった。感染の広がり具合と封じ込め策の結果に大きな変化が起きているようである。

人道的な危機になりつつある新型ウイルスの国境を越えた感染拡大は、世界経済にも生産の停滞や消費の急減といった形で大きな打撃を与えており、世界的な株安の連鎖が断続的に起きている。旅行自粛などで観光産業やそれを支える航空業界も世界的規模で厳しい状況に直面する。経済活動のマヒにとどまらず、社会生活の混乱も深まる。

こうした事態を受けて主要7カ国（G7）の財務相らは3月3日、電話による緊急会議を開催し、リスクに備えるため、「すべての適切な政策手段を用いる」などとする共同声明を発表した。動揺が続く金融市場へのアピールを狙い、国際協調で世界経済を下支えする姿勢を打ち出したと受け止められている。

金融市場の動揺を受けてG7が声明を出すのは、英国が国民投票で欧州連合（EU）離脱を決めた2016年6月以来であり、今回の新型ウイルス感染問題に対するG7各国の衝撃の大きさを物語る。

わが国でも新型ウイルスのこれ以上の感染を食い止めることができるかどうかは3月半ばが一つのめどとされるが、同時に憂慮されるのは、7月24日開会の東京五輪とそれに続くパラリンピックにも暗い影を落としつつあることだ。過去にも、2002年ソルトレークシティー冬季大会ではインフルエンザが広がり、2016年リオデジャネイロ夏季大会ではジカ熱への不安で競技者の参加辞退が相次いだ。

しかし、東京五輪の関係者の多くは「今回の影響は過去の大会の比ではない」とみており、国際オリンピック委員会（IOC）と大会組織委員会、開催都市の東京都も感染拡大に神経をとがらせる。

過去に五輪が中止になったのは世界大戦のケースだけで、仮に中止に追い込まれた場合、経済効果だけで2兆6000億円が失われるとの試算もある。橋本聖子五輪相は国会答弁で、東京五輪の開催可否の判断時期について、IOC委員の発言を引用して5月末が大きな基準になっているのではないかとの認識を示した。

今後2カ月余りの限られた期間だが、平常心を保ちつつ、英知を結集し、日本は官民を挙げて新型ウイルスの感染を封じ込める取り組みを世界に向けて発信したい。復興五輪の成功にもつながる大きな挑戦だ。

伊藤　努（外交評論家）

---

防衛相

# ベトナム国防次官と会談

## 防衛協力の拡充で一致

河野防衛相は2月21日、来日したベトナム国防次官のグエン・チー・ヴィン陸軍上将と防衛省で会談し、日越間の防衛協力・交流をさらに拡充、深化させていくことで一致した。

会談の冒頭、河野大臣は「日越間では陸海空全ての分野で防衛協力が進んでおり、大変うれしく思っている」と述べ、ヴィン国防次官の訪日を歓迎。昨年11月にタイで開かれた東南アジア諸国連合（ASEAN）全10カ国と日本による第5回「日ASEAN防衛担当大臣会合」の席で河野氏自ら発表した日本とASEANとの防衛協力の指針「ビエンチャン・ビジョン2・0」に沿って協力関係を深めていく考えを表明した。

これに対し、ヴィン国防次官は「日越関係は今、最も友好的で、今日ほど良好かつ全面的な関係を築いたことはない」と応え、近年大きく進展している両国の防衛協力・交流に歓迎の意を示した。

ヴィン氏はベトナムが今年1年間、ASEANの議長国を務めることを踏まえ、今秋の「拡大ASEAN国防相会議（ADMMプラス）」の開催国として河野氏の訪越を要請する越国防相のゴ・スアン・リック陸軍大将からのメッセージを伝えた。

日越防衛協力の強化で一致し、握手する河野防衛相（右）とベトナムのヴィン国防次官（2月21日、防衛省で）

## 日中「海空連絡メカニズム」

## ホットライン開設調整

日中防衛当局は1月20日、防衛省で「海空連絡メカニズム」に基づく2回目の年次会合と専門会合をそれぞれ開き、「ホットライン」の早期開設に向けて調整を加速化させることで一致した。

年次会合には日本から防衛省の石川武防衛政策局次長、中国からは国防省の宋延超国際軍事協力弁公室副主任、専門会合には日本から防衛省の吉野幸治国際政策課長、中国から国防省の陳培凌国際軍事協力弁公室アジア局副局長が出席した。

両会合では、自衛隊と中国軍との偶発的な衝突回避を目的に2018年6月に運用を開始した「海空連絡メカニズム」に関し、運用状況や技術的な改善などについて意見交換。

運用開始後「適切に運用されてきた」との認識を共有した上で、「今後も信頼醸成に資する形で運用し、実効性の向上に向けて努力していく」との方針で一致した。

次回の両会合は年末か来年初めに中国で開催する予定。

## BCPなど専門家招きセミナー

## 再就職支援へ知識普及

空幕援業課

【空幕援護業務課】空幕援護業務課は1月27日、大災害が発生した場合などを想定した「事業継続計画（BCP）」、2月18日に自衛隊退職後の生活などを見据えた「生涯生活設計」の専門家を防衛省に招き、セミナーを開いた。両日合わせて同課の課員ら約40人が聴講した。

援業課ではここ数年、毎年国内各地で発生する大規模自然災害による被害の状況を踏まえ、各企業のBCPを参考に、自衛官の危機管理の知見と経験を活用できないか模索。そこで退職自衛官に対する再就職支援の一環として同セミナーを開いた。

BCPに関しては危機管理教育&演習センター（東京都港区）の細坪信二氏が講師を務め、「BCM（事業継続マネジメント）とBCPの概要、企業の策定状況・問題点、自衛官が退職後に策定に携わるにあたっての必要事項」をテーマに講義を行った。細坪氏は「退職自衛官には再就職にあたり、これまでの『国防』という理念から『利益の追求』に視点を変え、多様化する個人や企業との価値観を感じる感性を持つことが必要だ」と強調し、利益追求の観点からの事業計画について概要を話した。

聴講した課員は「BCPに関する新たな認識と同分野で再就職を希望する退職自衛官には、発想の転換の必要性を適切に伝えることが重要だと思った」などと感想を語った。

18日には富国生命保険の山口真吾氏らが「老後破産しないための大切な心得」と題して講話。自衛隊を退職後に必要となる金額や老後の収入などについて熱弁を振るった。

「老後破産しないための大切な心得」と題し、講話する富国生命の山口真吾氏（左奥）＝2月18日、防衛省で

## UAE国防相と電話で意見交換

防衛相

河野防衛相は3月3日、アラブ首長国連邦（UAE）のムハンマド・アフマド・アル・ボワルディ国防担当国務大臣と電話会談し、両国間の防衛交流や中東の地域情勢などをめぐって意見交換した。

## 日米の戦闘艦が共同訓練

海自7護隊（大湊）の護衛艦「すずなみ」と13護隊（佐世保）の同「さわぎり」は2月29日から3月5日まで、関東南方から米グアム島北方の太平洋上で米海軍艦艇と日米共同訓練を実施した。

米海軍からはミサイル巡洋艦「アンティータム」「シャイロー」、ミサイル駆逐艦「バリー」「マスティン」が参加し、日米の両部隊は各種戦術訓練を行い、連携を強化した。

艦列航行を行う護衛艦「さわぎり」（手前から2隻目）と「すずなみ」（同4隻目）と米軍艦艇＝3月1日、太平洋上で（＝米軍サイトDVIDSから）

## 防衛省発令

▽護衛艦隊司令部（1護衛隊司令）1海佐　東　良子
▽1護衛隊司令（海自幹部候補生学校学生隊長）同　平井　克英
▽海洋業務・対潜支援群司令部（海幕総務課）同　金子　純一
▽海自幹部候補生学校学生隊長（海自幹部候補生学校）同　北山健一郎
（以上3月2日）
▽3潜水隊司令（6潜水隊司令）1海佐　佐志　倫郎
▽6潜水隊司令（3潜水隊司令）同　川久保　剛
（以上3月5日）
▽統幕首席後方補給官付後方補給室（空自幹部学校付）1空佐　中　修一郎
▽空幕総務課（同）同　稲留　仁
▽同人事計画課養成班長（同）同　森田　英明
▽同補任課人事2班長（同）同　武岡　成実
▽同防衛課（空幕装備体系課装備体系1班長）同　小黒　正隆
▽同装備体系課装備体系1班長（空自幹部学校付）同　中原　聡
▽同施設課施設基準班長（空自幹部学校付兼空幕防衛課）同　谷口　幸輔
▽同運用支援課（空自幹部学校付）同　吉田　桂子
▽航空総隊運用課長（北部航空方面隊防衛部長）同　芹川　武也
▽北部航空方面隊防衛部長（空幕人事計画課養成班長）同　阿部　尚武
▽作戦情報隊副司令（情報本部）同　森　敏章
▽航空支援集団防衛部長（13飛行教育団司令）同　木村　洋
▽2輸送航空隊司令（特別航空輸送隊司令）同　富﨑　秀樹
▽特別航空輸送隊司令（航空支援集団防衛部長）同　中田　茂
▽11飛行教育団副司令（統幕首席後方補給官付後方補給室）同　下里　康志
▽13飛行教育団司令（航空総隊運用課長）同　岩岡　政治
▽空自4術科学校副校長（作戦情報隊副司令）同　山下龍太郎
▽航空警務隊（空幕補任課人事2班長）同　青山　圭一
▽空自幹部学校（同総務課）同　松本　哲周
（空自4術科学校副校長）同　芳賀　郁則
（空自幹部学校付）同　石関　明弘
（同）同　藤井　浩
（同）同　間瀬　悟央
（以上3月7日）
▽防衛医大学生部（71航空隊司令）1海佐　宮崎　研三
▽統幕運用1課（陸幕総務課）1陸佐　川口　繁
▽同報道官付（教育訓練研究本部付）同　土田　吉彦
▽陸幕総務課（同）同　中村　晋士
▽同厚生課（同）同　奥藤みゆき
▽同運用支援課（同）同　本多　健二
▽同訓練課（同）同　西田　喜一
（同）同　河村　友則
▽同防衛課（陸幕補任課）同　中本　能久
▽同装備計画課（教育訓練研究本部付）同　須藤　英樹
▽同武器・化学課（同）同　矢ケ崎貴浩
▽同衛生部企画室（同）同　鈴木　裕之
▽東部方面総監部情報部（同）同　齋木　小無
▽中部方面総監部防衛部（同）同　南　俊之
▽同防衛部（同）同　伊藤　充希
▽4師団司令部（同）同　德淵　文雄
▽11旅団司令部（同）同　寺島　俊樹
▽教育訓練研究本部研究調整官（同）同　廣瀬　繁
▽同研究員（教育訓練研究本部研究調整官）同　小川　隆宏
（教育訓練研究本部付）同　水谷　清隆
（同）同　内藤　啓太
▽教育訓練研究本部（同）同　兜　智之
（同）同　鏡森　直樹
▽補給統制本部（同）同　村山　正人
▽海幕総務課広報室長（海幕総務課）1海佐　鬼頭　祐介
▽同総務課（海自幹部学校付）同　横山　成樹
▽同援護業務課（中国四国防衛局防衛補佐官）同　藤本　好央
▽同教育課（海自幹部学校付）同　小野小百合
▽同装備体系課（同）同　芦原　賢治
▽同施設課施設基準班長（同）2海佐　今野　政則
▽同基地対策班長（海幕施設課施設基準班長兼基地対策班長）1海佐　湯浅　浩亮
▽解海幕装備需品課企画班長兼補　海幕装備需品課装備調整官　同　長通　伸幸
▽海幕装備需品課企画班長（海自2術科学校教育1部長）同　青島　忠俊
▽同装備需品課（海自幹部学校付）同　大塚　盛久
▽解海幕艦船・武器課通信電子班長兼補　海幕艦船・武器課艦船技術班長　同　内藤　亮
▽海幕艦船・武器課通信電子班長（海自幹部学校付）2海佐　小長井基至
▽23航空隊副長兼23航空隊幕僚室長（航空集団司令部）1海佐　菊地　敏明
▽51航空隊訓練指導隊長（23航空隊副長兼23航空隊幕僚室長）2海佐　山﨑　浩人
▽71航空隊司令（海自幹部学校付）1海佐　鷲澤　公一
▽潜水艦隊司令部（海幕総務課広報室長）同　戸井雄一郎
▽横須賀地方総監部防衛部（海自幹部学校付）同　森　陸晃
▽佐世保地方総監部付（佐世保教育隊司令）同　甲斐　義博
▽大湊地方総監部防衛部（海自幹部学校付）同　森安　竜
▽海自2術科学校教育1部長（海幕首席法務官付法務室）同　関本　健
▽佐世保教育隊司令（呉警備隊司令）同　柳　信男
▽呉警備隊司令（大湊地方総監部防衛部）同　石田　享大
▽福井地方協力本部長（護衛艦隊司令部）同　東　良子
▽中国四国防衛局防衛補佐官（統幕学校教育課）同　比企　正
（以上3月9日）


東京2020オリンピック・パラリンピックに向け、有事に備えよ！自衛官必携！

化学剤、生物剤、放射線・核、爆弾

CBRNEテロ・災害対処ポケットブック

B6判　2色刷　216頁　定価（1,800円＋税）

診断と治療社



まもなく定年を迎える皆様へ

25％割引（団体割引）

隊友会団体総合生活保険

隊友会団体総合生活保険は、隊友会会員の皆様の福利厚生事業の一環として、ご案内しております。
現役の自衛隊員の方も退職されましたら、是非隊友会にご加入頂き、あわせて団体総合生活保険へのご加入をお勧めいたします。

公益社団法人　隊友会　事務局

| | |
|---|---|
| 傷害補償プランの特長 | ●1日の入通院でも傷害一時金払治療給付金1万円 |
| 医療・がん補償プランの特長 | ●満70歳まで新規の加入可能です。 |
| 介護補償プランの特長 | ●本人・家族が加入できます。●満84歳まで新規の加入可能です。 |
| 無料・でサービスをご提供「メディカルアシスト」 | ●常駐の医師または看護師が24時間365日いつでも電話でお応えいたします。＊一部、対象外のサービスがあります。 |

資料請求・お問い合わせ先

取扱代理店　株式会社タイユウ・サービス　隊友会役員が中心となり設立　自衛官OB会社

〒162-0845　東京都新宿区市谷本村町3-20　新盛堂ビル7階

TEL 0120-600-230　FAX 03-3266-1983　http://taiyuu.co.jp

資料は、電話、FAX、ハガキ、ホームページのいずれかで、お気軽にご請求下さい。

引受保険会社　東京海上日動火災保険株式会社　担当課：公務第一部　公務第二課　TEL 03(3515)4124

19-T01744　2019年6月作成



あなたの人生に、使わなかった、保険料が戻ってくる!!

“新しいカタチの医療保険”

メディカルKit R

医療総合保険（基本保障・無解約返戻金型）健康還付特則　付加［無配当］

メディカルKit R　生存保障重点プラン

医療総合保険（基本保障・無解約返戻金型）健康還付特則、特定疾病保険料払込免除特則　付加［無配当］

あんしんセエメエは、東京海上日動あんしん生命のキャラクターです。

募資'19-KR00-A023

株式会社タイユウ・サービス　東京都新宿区市谷本村町3-20新盛堂ビル7階　〒162-0845　0120-600-230

引受保険会社：東京海上日動あんしん生命



平和・安保研の年次報告書

アジアの安全保障 2019-2020

激化する米中覇権競争　迷路に入った「朝鮮半島」

西原　正　監修　平和・安全保障研究所　編

判型　A5判／上製本／284ページ　定価　本体2,250円＋税　ISBN978-4-7509-4041-0

朝雲新聞社　〒160-0002　東京都新宿区四谷坂町12-20　KKビル　TEL 03-3225-3841　FAX 03-3225-3831　http://www.asagumo-news.com

空自小牧基地に着陸した在日米空軍第374空輸航空団のC130輸送機から、米国からの救援物資を空自カーゴローダーに卸下する陸空自隊員ら（2月22日）

陸自UH1多用途ヘリ（右奥）で「いずも」に空輸した負傷者を、協力しながら艦内の臨時医療施設（SCU）に搬送する衛生隊員ら（2月23日、「いずも」艦上で）

河川の増水により孤立した地域住民を救助するため、弥富市職員（手前）の誘導で木曽川グラウンドに着陸する空自浜松救難隊のUH60救難ヘリ（2月22日、愛知県弥富市の河川敷で）

# 南海トラフ地震発生を想定

# 日米共同統合防災訓練

## TREX 01

# 72時間以内に人命救助

## 南海レスキュー01と連接

中部地方に甚大な被害を及ぼすことが予想される「南海トラフ地震」の発生を想定した令和元年度「日米共同統合防災訓練（TREX01）」が2月21日から23日まで、愛知・三重両県を中心に行われた。

今回は陸自中部方面隊（伊丹）が実施した防災訓練「南海レスキュー01」に連接して実施され、3自衛隊から隊員約2580人が参加。

訓練では「発災から72時間以内の人命救助」に重点を置き、被災地に入った部隊の①通信システム基盤の構成②指揮所開設と運営③航空・地上偵察④空・陸路での部隊展開⑤人命救助活動⑥米軍機による物資輸送⑦兵站支援基盤開設部隊の展開――について、参加部隊は自治体や米軍、関係省庁、各自治体などと協力し、それぞれ連携要領を強化した。

このうち、報道公開された▽陸自施設部隊による浮橋架設▽海自ヘリ搭載護衛艦での医療活動▽空自UH60救難ヘリによる孤立者救助▽在日米軍C130輸送機による救援物資輸送――など、激しい雨の中で行われた22、23日の訓練の模様を写真で紹介する。

（文・写真　星里美）

「いずも」艦内のSCUに搬送された負傷者を治療する海自の衛生隊員（手前左）。奥は負傷者の状態を海自隊員に説明する陸自隊員（迷彩服）＝2月23日

上　三重県中部を流れる雲出川では、陸自102施設器材隊（大久保）が雨の降る中、92式浮橋をわずか約4時間で架橋。長さ87メートル、幅4メートルの浮橋の上を警察、国交省、中部電力、陸自などの車両計10両が次々と渡り前進した（2月22日、三重県津市の大正橋付近で）

左　救援のため蒲郡市に展開した海自ヘリ搭載護衛艦「いずも」は艦内に航空搬送拠点臨時医療施設（SCU）を開設。飛行甲板に着陸した陸自CH47輸送ヘリ（奥）から負傷者をエレベーターでSCUに搬送する海自隊員ら（2月23日、愛知県蒲郡市の三河港蒲郡地区で）

---

# ビッグレスキュー　その時に備える　第29回

# 「切れ目のない災害対応」に挑戦

## 和光市　仲　司氏

埼玉県和光市危機管理監（元1等陸佐）

### なぜ新しい体制が必要になったか

平成28年4月に熊本地震が発生し、改めて当市としても現実的な職員訓練を行う必要性を感じ、同年11月に初めてブラインド型図上訓練を行った。東京湾北部地震を想定した全庁的な訓練も緒に就いたばかりだが、台風などによる中小規模災害にも組織的に対応するための仕組みが不十分であった。

そこで、どのような規模や種類の災害でも「切れ目なく柔軟に対応できる新しい災害対応事務体制」を検討することとなり、平成31年2月に政策会議で承認された。

### 災害対応事務の「切れ目」とは何か

組織を指揮・統制する視点で当市の現行規定を見直したところ、三つの「切れ目」を確認した。

一つ目は「中規模災害応急対策事業実施規程」である。当市は、平成26年の集中豪雨による被害への対応を組織的に行えなかった反省から同規程を制定した。しかし、この組織は、危機管理監が12個の班を直接指揮する仕組みであり、災害対策本部に移行する際に後から各部長が組織に入ることから「切れ目」が生じている。

二つ目は水災害の応急対策を行う「水防本部の設置基準」である。危機管理監は水防本部長となるが、総務部及び建設部を主体とした組織のため、避難所運営等の機能が組織化されておらず、災害対策本部に移行する場合に「切れ目」が生じている。

三つ目は「配備体制の基準」である。中小規模災害では、「通常の組織をもって災害対策活動を推進する」と定めている。しかし、従来の「通常の組織」、つまり「行政機構」では災害対応を組織的に行えず、このことが致命的な「切れ目」となっている。

### 災害対応事務の「切れ目」をいかに克服するか

課題解決の指向を「行政機構から災害対応組織にいかに円滑に移行するか」という試みから「災害対応組織をいかに常設して平素の事務と共存させるか」という試みへとシフトさせた。これが「切れ目のない災害対応事務体制」の本質である。

その新たな発想に基づいて、「通常の組織」を「行政機構による平素の事務及びコア災害対策本部による災害対応事務を併せ有する組織」と再定義した。職員レベルでは、一人の職員が平素の事務と災害対応事務の両方を担当業務として持ち合わせることを意味する。

### 「コア災害対策本部」という新しい考え方

コア災害対策本部は「災害対策本部の指揮・統制組織を活用して、中小規模災害に対応する事務を行う組織」と定義した。この組織は、平時の災害予防、災害に関する情報収集や予想される被害の程度に応じた災害応急対策を行う。そして、災害の種類や規模に応じて極めて柔軟に組織を増減できる。

人間に例えると、頭脳は本部長等、神経系統は指揮・統制系統、体幹は各部長および各部本部班に該当し、これらは平素の災害リスクがほとんどない状態においても常時活動している。

災害リスクが高まり、中小規模災害が予想され、または発生すれば、四肢の一部（各部に所属する機能別班）を必要に応じて動かして対処するというイメージである（参考図参照）。

### 今後の課題

災害の種類は異常な自然現象、大規模な火事や爆発など多種多様だが、災害対応事務の8割は事前に準備できる事務であり、残り2割は新たな課題に対して対策立案し、実行につなげる事務と言われている。

あらゆる災害に一つの体制で乗り切るという新しい体制はプロトタイプの段階であり、より効果的に新たな体制を機能させるために、対策立案能力を強化する等の改善を続けること及び当市職員に新たな防災力DNAを根付かせることが次の課題である。

【参考図】　コア災害対策本部のイメージ

頭脳　神経　体幹　四肢

| コア災害対策本部の各機能 | | |
|---|---|---|
| 頭脳 | 平素から常時活動 | 本部長、副本部長、危機管理監、本部室 |
| 神経 | 平素から常時活動 | 全ての指揮・統制系統 |
| 体幹 | 常時活動可能な状態 | 各部長、各部の本部班 |
| 四肢 | 被害程度が軽い場合に活動（一例） | 建設部 土木建設班（部内各班で編成） |
| | 被害程度が重い場合に活動（一例） | 建設部 土木建設班（部内各班で編成）<br>救助部 避難所管理班A・B<br>総務部 情報収集班等<br>環境部 廃棄物処理班等 |


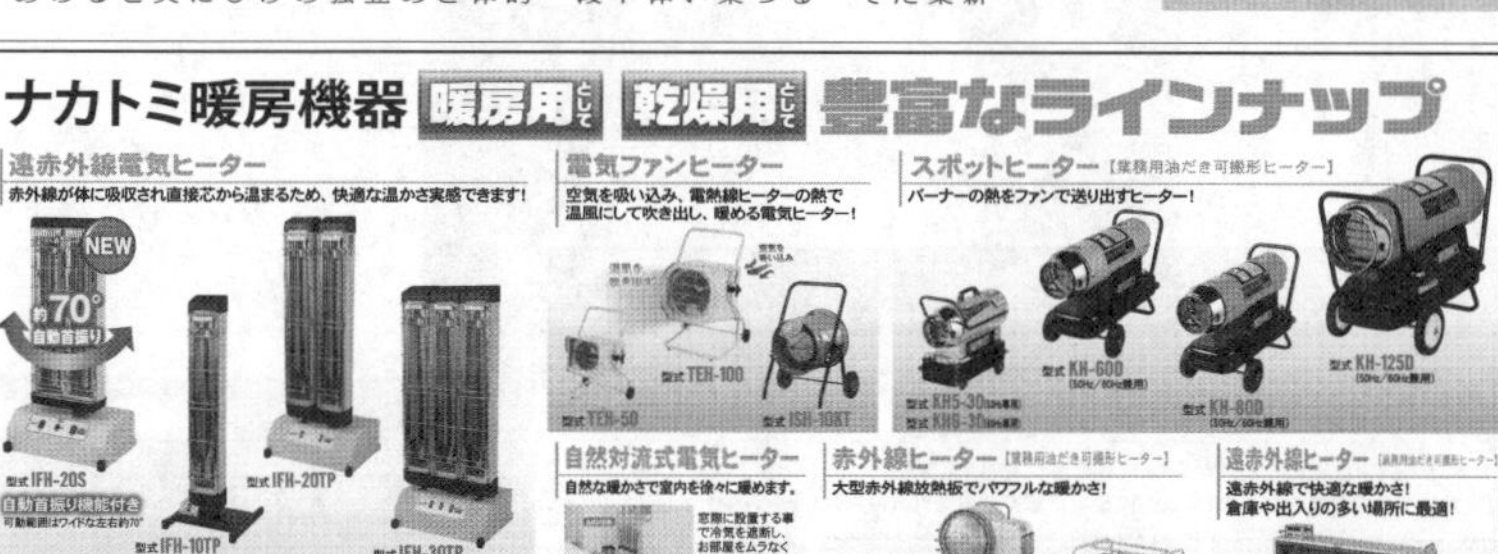

ナカトミ暖房機器　暖房用として　乾燥用として　豊富なラインナップ

遠赤外線電気ヒーター　電気ファンヒーター　スポットヒーター　自然対流式電気ヒーター　赤外線ヒーター　遠赤外線ヒーター

快適な環境づくりをサポート！　温度ムラ対策として　湿気・熱気対策として　節電・省エネ対策として

大型扇 ビッグファン　コンプレッサー式除湿機　移動式エアコン（冷房専用）　ミニクーラー（冷房専用）

株式会社 ナカトミ　〒382-0800 長野県上高井郡高山村大字高井6445-2　TEL:026-245-3105　FAX:026-248-7101　【受付時間】10:00～12:00／13:00～17:00（土、日、祝日を除く）

詳しくはホームページをご覧ください▶ 株式会社ナカトミ 検索 http://www.nakatomi-sangyo.com

防衛省・自衛隊関連情報の最強データベース　朝雲アーカイブ　自衛隊の歴史を写真でつづるフォトアーカイブ

お申し込み方法はサイトをご覧ください。＊ID&パスワードの発行はご入金確認後、約5営業日を要します。

朝雲新聞社　〒160-0002 東京都新宿区四谷坂町12-20KKビル　TEL 03-3225-3841　FAX 03-3225-3831　http://www.asagumo-news.com

# 米旅団の攻勢作戦促進

## 米陸軍「統合即応訓練センター」で共同訓練

## 陸自初参加　精強性示す

### 弘前・39普連基幹の196人

米陸軍統合即応訓練センターでの訓練に陸自として初参加、前進準備をする39普連のレンジャー隊員たち（米ルイジアナ州のフォート・ポルクで）

【39普連＝弘前】39普通科連隊（連隊長・木原邦洋1佐）などから選抜された隊員196人は1月2日から2月6日まで、米ルイジアナ州フォート・ポルクに派遣され、「統合即応訓練センター（JRTC）」の共同訓練に陸上自衛隊として初めて参加した。

同訓練は、アラスカ米陸軍第25歩兵師団隷下の歩兵戦闘旅団約6000人との共同作戦として実施され、カナダ軍の空挺大隊約600人も共同部隊として参加した。

約10日間の作戦準備に引き続き、約10日間にわたる状況下訓練が1月13日に開始された。

当初、「米旅団の兵站支援地域の防護」を担任した39連隊は、迅速に監視網および防護態勢を確立し、米旅団の戦力展開に寄与した。

じ後、旅団の攻勢作戦の移行に伴い、敵特殊部隊が潜伏する集落を攻撃して目標を奪取するとともに、米軍と連携して民事作戦を展開し、旅団の攻勢作戦を促進させた。

その後も、敵の化学攻撃や特殊部隊の襲撃などに対処しつつ、要点の確保や兵站支援など、39連隊は各種任務を完遂した。

状況下訓練に引き続き、米旅団と連携しつつ実[illegible]らの戦闘射撃訓練に参加した。味方部隊の頭上を越えて行う超過・間隙射撃、建物内の掃討における至近距離射撃など、実戦的な射撃においても39連隊は重迫撃砲や小火器の戦闘射撃では米軍やカナダ軍を含む訓練部隊の中で最も高い命中率を叩き出し、陸上自衛隊の精強性を示した。

本訓練で隊員たちは過酷な環境の中で粘り強く戦い、各種場面で高い練度を示した。この派米訓練の教訓を生かし、39連隊は今後さらなる精強な部隊を目指す計画だ。

米グアム島から日本周辺空域に飛来した米空軍のB52戦略爆撃機（先頭）と共同訓練を行う空自F2戦闘機部隊（左側）。右奥は米空軍のF16戦闘機（2月4日）

# 米爆撃機と共同訓練

## 空自　6個航空団から戦闘機が参加

空自各航空方面隊の戦闘機部隊は2月4日、日本周辺空域で米空軍機との共同訓練を実施し、日米共同対処能力と戦術技量の向上を図った。

空自からは2空団（千歳）のF15戦闘機8機、3空団（三沢）のF2戦闘機5機、6空団（小松）のF15・8機、7空団（百里）のF4戦闘機4機、8空団（築城）のF2・8機、9空団（那覇）のF15・12機が参加。米軍からは米グアムのアンダーセン空軍基地から飛来したB52戦略爆撃機2機と在日米空軍のF16戦闘機6機が参加し、それぞれ各空域で空自戦闘機部隊と編隊航法訓練を行った。

## 千歳、府中がそれぞれ優勝

### 小牧で航空保安管制競技会

【管制群＝府中】航空保安管制群は2月4日から6日まで、5術校（小牧）で「航空保安管制競技会」を開催した。

同競技会は年度練成訓練の成果と航空保安管制業務について各部隊の能力を評価するもので、今年で39回目。

競技は「航空管制」と「飛行管理」の2部門に分かれ、航空管制（ターミナル・レーダー管制）に12個部隊、飛行管理に4個部隊が参加した。

航空管制では1個部隊4人でチームを編成し、飛行場での緊急発進・着陸機の取り扱いと悪天候下の複数機を同時に管制する状況で競技。安全性と効率性が評価された。

飛行管理部門は1個部隊2人でチームを編成し、「飛行管理情報処理システム」の障害を想定した飛行計画の入力や識別不明機への対処、管制管理部隊に対する航空機動情報の送付など、正確性と迅速性を重視した対応を評価した。

競技の結果、航空管制部門では千歳管制隊、飛行管理部門では飛行管理隊（府中）がそれぞれ優勝した。

チームワークを発揮して競技に当たる千歳管制隊の隊員たち（手前の4人）＝小牧基地の5術校で

# 訓練

## 厳しい寒さの中、任務遂行

### 相馬原で392施設中隊の検閲

【5施群＝高田】5施設群は1月25日から2日間、相馬原演習場で392施設中隊の訓練検閲を実施した。

受閲部隊に対し、統裁官の庭田徹5施設群長は「状況の人になれ！」と要望。訓練開始とともに中隊長の大塚宗一郎1尉は中隊本部に対し指揮所・集結地の警備、1小隊に軽掩蔽掩壕の構築、2小隊に地雷原構成の各任務を命令し、中隊は行動を開始した。

厳しい気象状況で周囲には積雪も残る中、隊員たちは寒気を克服して各種作業に当たり、一件の事故やケガもなく任務を完遂。「概ね優良」の評価を得た。

重機関銃の射撃で点検を受ける392施設中隊の隊員（相馬原演習場で）

## 高い戦闘力を十分に発揮

### 3特隊　青野ヶ原演習場で訓練検閲

155ミリ榴弾砲FH70の砲身をほぼ水平に向け、直接照準射撃を実施する3特科隊4中隊の隊員たち（青野ヶ原演習場で）

【3特隊＝姫路】3特科隊は2月4日から3日間、兵庫県の青野ヶ原演習場で「2次特科中隊訓練検閲」を実施した。

統裁官の堀川佳紀隊長は訓示の中で「指揮の要訣の実践」「当たり前のことを当たり前に実践せよ」「最後まで執念をもって火力戦闘を継続せよ」など3点を要望した。

この後、部隊は陣地を占領、じ後、師団防御計画に基づき防御戦闘を開始した。

隊員たちは寒風が吹きすさぶ中、堅固な築城を構築するとともに、敵部隊を155ミリ榴弾砲の直接照準射撃などで破砕。陣地防御での4中隊の高い戦闘力を十分に発揮した。

## 白河布引山で冬季訓練検閲

### 6施設大隊

【6施大＝神町】6施設大隊は1月27日から3日間、白河布引山演習場で2中隊の冬季訓練検閲を実施した。

2中隊は「戦闘団の攻撃支援に任ずる施設中隊の行動」を検閲課目とし、まず集結地を占領。その後、敵障前の障害を偵察・解明し、破壊筒と集団装薬で障害処理を実施したほか、ドーザーによる車両用通路の開設など一連の施設活動を行った＝写真（右下）。29日の早朝には70式地雷原爆破装置の投射を行い、人員用通路を開設させるなど、戦闘団の攻撃支援に任ずる施設中隊として、作戦に大きく寄与した。

## 戦傷治療を演練

### 7師団

【7師団＝東千歳】7師団はこのほど、北海道大演習場で「師団衛生技術訓練」を実施した＝写真。

7後支連隊長の宮崎紀彦1佐を担任官に、師団隷下11個部隊の衛生科隊員約60人に対し、救命ドクトリンを具現・徹底させるため、戦傷治療を演練するとともに、個々の技量と小隊行動の練度向上を図った。

訓練地域で患者搬送の状況を視察した7師団長の前田忠男陸将は「速やかな判断と的確な企図の明示を求められる（戦車部隊の）指揮官にとって、とても良い訓練になっている」と高く評価した。

参加した隊員は、駐屯地内を走行する救急車内で、後送間の容態急変に伴う救急処置要領なども演練。収容所では医官の指示に基づく応急治療などの技術を高めた。


大切なことは、言葉にしなくても伝わっていく。

2018 マイハピネス フォトコンテスト 応募作品「伝える…しあわせなとき」（林典子さま・兵庫県）

娘と孫たちを写真におさめた。
娘が孫娘にあやとりを教えている。
はじめて見る毛糸と手先のマジックに心を奪われている。
「ママも子どものときによくやったんよ」。
あやとり。お手玉。針仕事。
娘は私から、私も母親から、教わった。そして孫へと。
物心がついてきた弟は、最近お姉ちゃんが大好きだ。
お人形遊びも楽しい。ご飯も食べさせてくれる。
両親からしてもらったことを弟にしているのだろう。
知らず知らずのうちに、伝わっていくものがある。
一緒に暮らす時間のなかでしか伝えられないものが。
しあわせは、いつもそばにいる。

人に一番やさしい生命保険会社へ。

確かな安心を、いつまでも
明治安田生命

明治安田生命 2019マイハピネス フォトコンテストへのご応募お待ちしております。
明治安田生命保険相互会社　防衛省職員 団体生命保険・団体年金保険(引受幹事生命保険会社):〒100-0005 東京都千代田区丸の内2-1-1　www.meijiyasuda.co.jp

発売中！
2020自衛隊手帳
2021年3月末まで使えます。
お求めは防衛省共済組合支部厚生科（班）で。
（一部駐屯地・基地では委託売店で取り扱っております）
Amazon.co.jp または朝雲新聞社ホームページ
（http://www.asagumo-news.com/）
でもお買い求めいただけます。
NOLTY 能率手帳がベースの使いやすいダイアリー。
年間予定も月間予定も週間予定もこの1冊におまかせ！
編集／朝雲新聞社
制作／NOLTY プランナーズ
価格／本体 900 円＋税
朝雲新聞社
http://www.asagumo-news.com

厚生・共済　特集

# 「SUPPORT21」春号が完成

## 東京オリンピック・パラリンピックを前に

# 世界が注目する都市 "東京"特集

防衛省共済組合の広報誌『SUPPORT（さぽーと）21』春号が完成しました。

今年夏にオリンピック・パラリンピックが開催されることから、いま世界から東京が注目されています。そこで「さぽーと21」でも巻頭で"東京"を大特集。都心の新宿区・市ヶ谷にある観光に便利な共済組合直営施設「ホテルグランドヒル市ヶ谷」を拠点に、1泊2日の東京とその近郊の旅を提案しています。

1日目は、東京オリ・パラ会場の多くが所在するベイゾーンへ。まずは選手村が置かれる晴海地区の隣に位置する「豊洲市場」を訪問。ここは築地から移転したばかりの市場で、真新しい施設内には見学用通路やデッキが整備され、早朝からマグロのセリなどが見学できます。朝から観光をしたい人や新鮮な海の幸を賞味したい人には最高のスポットとなっています。

続いてはオリ・パラの開会式や閉会式が行われる国立競技場が建つ神宮外苑へ。木材をふんだんに使用し、神宮の森に調和した「杜のスタジアム」は一見の価値あり。そのすぐ隣には日本初の「オリンピック・ミュージアム」があり、館内では歴代の聖火リレートーチやメダルなどを見ながら、過去のオリンピックの栄光を学ぶことができます。

続いては東のベイエリアに向かい、「マグロの回遊」で有名な水族園がある葛西臨海公園へ。ここには五輪のカヌー・スラロームセンターが開設され、公園内にある大観覧車に乗れば、対岸の東京ディズニーリゾートの一帯まで見渡すことができます。

散策に疲れたら湾岸のお台場地区に戻り、温泉テーマパーク「大江戸温泉物語」へ。江戸時代の風情を感じながらゆっくり入浴できるので、疲れを癒すにはぴったり。施設内には足湯やサウナ、岩盤浴もあります。

夜はホテルグランドヒル市ヶ谷でナイトライフを楽しみ、2日目は「小江戸」と呼ばれる埼玉・川越へ小旅行。川越市内には400年前から時を告げてきた「時の鐘」をはじめ、数々の江戸時代からの民家が残り、のんびりと散策が楽しめます。昔懐かしい菓子屋が20軒ほど並ぶ「菓子屋横丁」などもあり、誌上でも川越の町歩きが楽しめます。

東京観光に便利なホテルグランドヒル市ヶ谷への宿泊は、ベネフィット・ステーションの宿泊予約サイトから簡単に予約できます。お申し込みの際は「宿泊補助金」も忘れずに申請してください。

このほかの特集では、春に新生活をスタートさせる組合員向けに「組合員証等の手続き」を紹介。入隊（入省）したときや被扶養者の認定・取消が生じたときなどの手続きが記載されているので、とても便利です。

若いパパ・ママ組合員向けには、全国8カ所にある防衛省の庁内託児施設や共済組合の育児補助金制度について詳しく紹介しています。

このほか、「東京オリンピック自衛官アスリート応援企画」として、選手の育成に当たる自衛隊体育学校の紹介のほか、五輪出場が内定している選手を紹介しているので、本誌を手に声援を送ってあげてください。

『SUPPORT21』はご自宅に持ち帰り、家族と一緒にご覧ください。

SUPPORT21 春
ベネフィット・ステーション活用術
今年世界が注目する都市"東京"
～小江戸川越へ足をのばして～

## 「被扶養者の認定・取消手続き」はお早めに

# 被扶養者が就職したら取消手続きが必要です

**被扶養者が就職した場合の手続き**

組合員の被扶養者が就職した場合、速やかに共済組合の窓口で扶養取消の手続きをしてください。この場合、「被扶養者申告書」及び「就業証明書」等の提出、「組合員被扶養者証」の返納が必要となります。なお、事実発生の日またはその翌日から取り消されるので、取消の手続きが遅れると給付を受けた分の戻入が生じることがあります。

**結婚・出産等による被扶養者の認定の手続き**

組合員が結婚、出産等で被扶養者ができたら、速やかに「被扶養者申告書」を共済組合の窓口に提出し、その認定を受けてください。被扶養者としての各種給付が受けられるようになります。

届出は事実発生の日から30日以内に行うと、事実発生の日に遡って認定されますが、30日を経過した場合は、遡っては認定されないのでご注意ください（その届け出をした日から認定になります。）。

**認定条件**

「被扶養者」の認定条件は主として組合員の収入で生活している次の範囲にあてはまる方です。

1　組合員の配偶者（内縁も含む）・子・父母・孫・祖父母・兄弟姉妹

2　3親等内の親族で右記以外の方（原則として組合員と同居していることが必要）

3　内縁関係にある配偶者の父母・子（同上）

4　内縁関係にある配偶者の死亡後におけるその父母・子（同上）

ただし、上記の該当者でも収入が年額130万円以上（障害による年金受給者または60歳以上の公的年金受給者は180万円以上）の方及び年額130万円以上になると見込まれる方は認定されません。

また、別居している父母等については当該父母等の全収入（父母等の全収入と組合員及びその他の方の送金等の収入の合計）の3分の1以上を組合員が送金等により負担していない場合も認定されません。

扶養認定において基準とする年収を算定する場合の1年間は、1月～12月の暦年や4月～3月の年度単位でなく、認定から現在までの引き続く期間において連続する12カ月で、どの12カ月の収入を見ても130万円未満である必要があります。

現時点で年額130万円以上でない場合であっても、年額130万円以上と見込まれる収入が継続的に得られるようになった場合、勤務形態の状況等により、扶養認定の取消となる場合もあります。

例えばパート勤務等で収入を得ているような場合は、130万円÷12カ月＝10万8333円であるため、月の収入が10万8333円を恒常的に超えることとなったらご注意ください。

※令和2年4月1日から「日本国内に住所を有すること」が認定条件に追加されます。（外国において留学する学生や外国に赴任する組合員に同行する者など例外あり）

被扶養者の認定、取消についての詳細は、ご所属の共済組合支部短期係までお問い合わせください。

組合員限定 宴会プラン 市ヶ谷の宴

HOTEL GRAND HILL ICHIGAYA　ホテルグランドヒル市ヶ谷

市ヶ谷の宴
組合員限定の宴会プラン
令和2年2月1日～令和2年5月31日
歓送迎会 退官パーティー等にも幅広くご利用ください。

防衛省共済組合直営施設「ホテルグランドヒル市ヶ谷」（東京都新宿区）では、歓送迎会・退官パーティーなどにご利用いただける組合員限定の宴会プラン「市ヶ谷の宴」（フリードリンク付き）をご用意しております（20名様より）。お1人様5000円から、お好みに合わせた2種類のプランからお選びいただけます。ホテル自慢のお料理を堪能しながら、特別な時間をお楽しみください。

◆シェフこだわりのお料理をリーズナブルに！「グルメプラン」（全11種類）
オードブル盛り合わせ・サワラのポワレ・牛ロースステーキ・フルーツ盛り合わせ・ミートドリア・中華蒸し物など11種。

◆たくさん食べたい方へ大満足のプラン「ボリューム満点プラン」（全9種類）
彩りハムの盛り合わせ・ローストチキン・ポークグリエ・ミックスサンド・ソース焼きそば・五目炒飯など9種。

このほか「春のパーティーパック」と「和洋ビュッフェ」、「洋食ビュッフェ」もご好評をいただいております。こちらはお1人様6000円（全15種類）、7000円（全17種類）、8000円（全17種類）、1万円（全17種類）、1万2000円（全17種類）のパック料金でご提供。

※1万円以上のコースには洋食料理カッティングサービスの追加、1万5000円以上のコースには天麩羅屋台およびチョコレートファンテン追加。

フリードリンクはA・Bの2コースがあります。Aコースはビール、ウイスキー、焼酎（芋・麦）、ハイボール、日本酒、ソフトドリンク。Bコースはビール、ウイスキー、カクテル各種、ハイボール、日本酒、ソフトドリンクです。

※7000円以上のコースにはワイン（赤・白）付き。8000円コースは日本酒もしくはワインのグレードアップ。1万円コースは日本酒とワインどちらもグレードアップ。1万2000円以上のコースにはスパークリングワインが追加されます。

全てのプランに室料・料理・ドリンク・消費税・サービス料が含まれています。

【期間限定特典】本年3月31日までにご利用いただいた場合、どのプランでもワイン（赤・白）をお付けいたします。料理内容の変更やオプション料理も実施しておりますので、お気軽にご相談ください。

当ホテルは、JR市ケ谷駅から徒歩3分、交通は大変便利です。ぜひこの機会にご利用ください。

5月31日まで

ご予約・お問合せは宴会担当（電話03−3268−0116【直通】、8−6−28854【部隊線】）まで。午前9時～午後7時で受け付けています。お気軽にお問い合わせください。当館のホームページ（https://www.ghi.gr.jp）もご覧ください。

## 年金Q&A

被扶養者の国内居住要件の追加について

### 国内に住民票ないと認定取り消しに

Q　被扶養者の国内居住要件が追加になると聞きました。いつから、どのように変更されるのでしょうか。

A　医療保険制度の適正かつ効率的な運営を図るための健康保険法等の一部を改正する法律（令和元年法律第9号）及び国家公務員共済組合法施行規則の一部を改正する省令（令和元年財務省令第20号）が令和2年4月1日から施行されることにより、国家公務員共済組合の組合員の被扶養者の要件に、国内居住要件が追加されることとなりました。

この改正により、国内に住民票がない被扶養者の方は原則令和2年4月1日（水）に被扶養者申告書により扶養認定の取消しを行うこととなります。

ただし、国内に住民票がなくても次に該当する場合は、扶養認定を受けることができます。

①外国において留学する学生

②外国に赴任する組合員に同行する者

③観光、保養又はボランティア活動その他就労以外の目的で一時的に海外に渡航する者

④組合員が外国に赴任している間に当該組合員との身分関係が生じた者であって、②と同等と認められるもの

⑤①から④までに掲げるもののほか、渡航目的その他の事情を考慮して日本国内に生活の基礎があると認められる者

これらに該当する場合は、査証、海外の公的機関が発行する居住証明書の写し等の提出により、国内居住要件の例外として認定されます。

また、この改正により国民年金第3号被保険者（組合員に扶養されている20歳以上60歳未満の配偶者）の要件においても国内居住要件が追加されたため、現に海外に居住している国民年金第3号被保険者が国内居住要件の例外に該当する場合及び該当しない場合のいずれも、日本年金機構への届出が必要となります。

具体的な届出及び添付書類等は、今後ご所属の共済組合から厚生ニュース等により周知を図りますので、ご理解とご協力をお願い致します。

（本部年金係）

# 車を買うなら防衛省共済組合の割賦販売をご利用ください！

## 割賦販売について

とある日常―
欲しい車があるんだけどローンとかよく分からないしどうしよう・・・。
それなら、共済組合の割賦販売がオススメですよ。返済が「源泉控除」で、給与から天引きなので、給与振込口座を変えたときも手続き不要なんです！さらに今、利率が低いこともポイントです。
へぇぇ。共済組合にそんな制度があったんだ。どんな手続きが必要なの？
販売店（※）で欲しい自動車の見積書をもらったら、直近の給与明細と一緒に物資窓口へ持っていくだけです。
※共済組合で契約している販売店に限り、割賦制度のご利用が頂けます。ご利用の可否については、各支部物資窓口にお問い合わせください。
給与からの天引きなら簡単だね！！
しかも、購入代金は共済組合が販売店に直接支払ってくれますから、支払手続きが不要ですし、銀行ローンではないので車の名義も初めから自分のものになるんですよ。
とりあえず聞きに行ってみようかな。
そうですね。まずは、支部物資係に気軽に相談してみてください。

○　返済期間中の割賦残額の全額返済や一部返済、また、条件付きで返済額や返済期間の変更も可能です。

詳しくは最寄りの支部物資係窓口までお問い合わせください。

紹介者：2空佐　糸川　拓栄（8航空団人事部長・築城）

## 築城基地「自動車部」

# 好きな企画に"月イチ"参加

築城基地の運動部会に属している「自動車部」は昨年6月に新設され、部員は若いメンバーを中心に18人で構成しています。設立の趣旨は「現代社会生活の必需品である自動車を通じて、築城基地に所属する隊員間の融和団結と地域との親交を深めるほか交通安全講習などの啓発活動を通じた運転技術の向上、自動車関連知識の習得により交通安全や交通マナーに関する意識を醸成させること」です。

主な活動はツーリングをはじめ、競技会、走行会、サーキットトライアル、安全講習などに参加しているほか、交通安全知識やマナー等の啓発活動などを実施しています。

ツーリングについては、行く先々での観光名所や美術館、博物館、それに世界遺産巡りなど楽しめる計画を立てています。競技会、走行会、サーキットトライアルについては国内A級・B級ライセンス保有の部員を中心に、走行会参加やライセンス取得など幅広い活動をしています。また、安全講習についてはドライビングテストなどの運転技能や整備点検講習など整備知識・技能に関する活動を実施し、部員は"月に1度"を基準にそれぞれ好きな企画を選択し参加できるように工夫しています。

部員の入部理由は、「サーキットトライアルや競技に参加して運転技能を高めたい」「サーキット走行で車を思い切り走らせてみたい」などのほか、「クルマの整備に興味があり、自分で点検整備できるようにしたい」あるいは「ツーリングで観光やグルメツアーに参加したい」などさまざまです。

「自動車部」では運転技量や車両保有の有無に関わらず、幅広く活動したいと考えていますので、基地の皆さま、よろしくお願いいたします。

上　築城基地「自動車部」のメンバー
右　私有車を使って車の整備・点検法を学ぶ部員たち

厚生・共済　特集

# 4機関の女性職員が意見交換

## 岩国　緊急登庁時、子供を預かる側は？

### 「たまひよメンター制度」など　離職者減少策も紹介

【岩国】31空群はこのほど、女性活躍推進の一環として、2回目となる「4機関（海自・海保・消防・警察）合同女性職員意見交換会」を岩国航空基地で開いた。平成30年度に引き続き開催されたもので、女性が仕事と家庭を両立し、働きやすくやりがいを感じられる職場作りを目指すため、岩国基地から女性隊員23人、岩国海上保安署から3人、岩国地区消防組合から6人、岩国警察署から3人の計35人が参加し、4機関の女性職員の間で情報交換・共有を図った。

岩国航空基地で開催された「女性職員意見交換会」に参加し、各機関の施策や女性ならではの課題について会話を弾ませる女性職員たち

参加者はまず基地内にある緊急登庁時の支援施設の「子供預かり所」を訪問。同じような即応態勢が求められる勤務環境にある女性職員たちは、「預かる側はどうなっているの？」などと、部隊側の支援内容や施設環境に関して熱心に問いかけた。これに対し基地隊員は、保育所などで研修を受けている隊員が子供を預かっていることを説明した。

昼食時には「海自カレー」を喫食しながら、夫の育児参加、市内の保育所、職場環境など女性ならではの話題で盛り上がった。

午後からは、4機関それぞれの女性施策を紹介。岩国基地では妊娠中の隊員のケアや離職する女性隊員を減らすため、子育てを経験したベテラン隊員が悩みを聞いて後輩を支える「たまひよメンター制度」などを設けていることを話すと、みな興味津々の様子で聞き入っていた。

その後は、6グループに分かれて「生き生きと働ける職場づくり」「仕事の将来像」などをテーマに意見交換。自衛隊では育児休業やフレックス制度などを柔軟に使える環境づくりが進んでいるが、他機関はまだ途上で、「自衛隊が進んでいるので、私たちにも励みになる」と話していた。

このほか、女性職員が増えている中で更衣室やトイレなど施設面が立ち遅れていることや、男女共に働きやすい環境づくりなどが今後の課題として挙げられた。

4機関の女性職員たちは意見交換会を通じてさまざまな情報を共有し、それぞれの職場で女性が活躍していくための環境の改善などについてアイデアを得ることができた。

## 信太山駐から女性18人

### 近隣機関と勉強・交流会

【信太山】駐屯地はこのほど、「女性活躍推進のための勉強・交流会」を開催、和泉市役所、堺市役所、和泉市消防本部、堺市消防局、大阪府鳳土木事務所から女性職員9人が参加した。

これは、地元関係機関で働く女性職員の勤務環境を知ることで女性自衛官の意識改革を促すとともに、関係機関との交流を深めることが目的で、駐屯地からは業務隊の森理子1尉以下18人が参加した。

当日は自衛隊OGの柏原敬子元空将補が「男女共同参画の歩みとキャリアアップ」をテーマに講話をしたほか、グループ討議や厚生課による自衛隊の制度説明などが行われた。

グループ討議では、「女性にとってのキャリアアップの意義」「男性が主体である職場における女性リーダーのあり方」などをテーマに、参加者が活発に意見交換。"男女共に働きやすい職場環境作り"に関して認識の共有を図った。

その後、厚生課厚生班が自衛隊の緊急登庁支援時の「子供預かり施設」について説明。他機関の職員たちは「自衛隊が組織として隊員家族を支える態勢を整備していることは、とても参考になる」と話していた。

勉強会終了後は、駐屯地隊員クラブに移動して交流会を開催。参加者たちは家庭と仕事の両立をはじめ、結婚、子育て、人事異動の悩みなど、勉強会では明かせなかったことまで語り合い、他機関職員との信頼関係を深めた。

参加した女性職員たちに向け、自衛隊で行っている緊急登庁支援施策の「子供預かり施設」の開設や運営について説明する厚生課の隊員（左）＝信太山駐屯地で

## 自慢の一品料理

### 乃木うどん

紹介者：飯尾　美由紀技官（善通寺駐屯地業務隊糧食班）

今回は、日露戦争時、旅順の「二〇三高地」を攻略した指揮官として知られる乃木希典将軍が、善通寺に初代11師団長として着任した際、将兵の体力増強のため、さぬきうどんにショウガを効かせ、甘く味付けした鶏肉と餅を入れて作らせたとされる「乃木うどん」を紹介します。

鶏もも肉をぶつ切りにして、濃口しょうゆ、砂糖、酒、千切りのショウガで煮ます。別鍋におろしショウガ、淡口しょうゆ、いりこのだしパック、かつお顆粒だし、みりん、水を入れて、うどんだしを作ります。

餅はお湯で煮るか、電子レンジで温めて柔らかくしておきます。うどんをゆでたら、しっかりと湯切りをして器に盛ります。その上に、餅、ショウガ煮にした鶏肉、おろしショウガ、白ネギ、紅白かまぼこをトッピングし、熱々のだし汁をかけて完成です。

「乃木うどん」は鶏肉の味付けがポイント。盛り付け時に、鶏肉の煮汁を加えるとコクが出てさらにおいしくなります。隊員さんからもリクエストが多い評判の一品で、夏には"冷やかけ"にアレンジして提供しています。皆さんも試してみてはいかがでしょうか。

# 今年度目標の5台達成

## 板妻駐屯地内にWi－Fi

### 課外時の利便性アップ

【板妻】駐屯地はこのほど、新たに3台の自動販売機にWi－Fi機能を付加し、今年度の目標に掲げていた"5台のWi－Fi化"を達成した。

高田克樹東方総監（当時）が各部隊に求める「隊員が帰ってきたくなるような駐屯地の追求」施策の一環として、板妻駐屯地では昨年6月からWi－Fi機能を搭載した自動販売機の設置を開始した。

業務隊が主体となり生活隊舎フロアにWi－Fi環境の構築を目指し、10月に警衛所、11月に外来宿舎前、12月には女性自衛官宿舎フロアの自販機にWi－Fi機器を設置。これにより、外来に宿泊する通過部隊や3陸曹教育隊に入校する女性自衛官などの課外時における携帯電話の利便性が大きく高まった。

業務隊長の上野富一郎1佐は、「日ごろからお世話になっている自動販売機業者のご理解とご協力のたまもの。駐屯地所在隊員の生活環境が少しずつでも向上すれば幸いです」と述べた。

女性自衛官宿舎フロアへの「Wi-Fi付自動販売機5号機」の設置を終え、今年度目標の達成を記念して写真に納まる深田満男駐屯地司令（中央）と上野業務隊長（その左）、女性隊員たち（板妻駐屯地で）

## 自慢の料理でおもてなし

### 福島地本が「家族の日」

【福島地本】地本はこのほど、「家族の日」を開き、地本長の神田謙1陸佐以下部員たちがおいしい料理で家族らをもてなした。

地本では当日に備えて神田地本長を中心にミーティングを重ね、「家族の日」にカレー、手羽上げ、ちゃんちゃん焼き、おでん、クラムチャウダー、ワカサギ揚げ、ポーク丼など11品を提供することを決定した。

当日は天候にも恵まれ、隊員約40人、隊員家族26人と地域住民や地本OBら18人が参加。隊員たちは屋外にテントを設置し、鉄板などで自慢の料理に腕を振るい、参加者たちをもてなした。

このほか、車両の展示や別室で自衛隊の活動を紹介するDVDの上映なども行い、自衛隊に対する理解促進にも努めた。提供した料理はいずれも好評で、参加した家族は「どれもとてもおいしい」「何度もおかわりしちゃいました」と満足そうに話し、「家族の日」は大盛況で幕を閉じた。

屋外に設置した鉄板の前で、参加者たちに提供する料理を調理する隊員たち（福島地本で）

## 美唄駐で生活設計セミナー

【美唄】駐屯地は1月22日と2月5日の両日、保険会社や銀行などから講師を招き、駐屯地内で「生涯生活設計セミナー」を開いた。

セミナーは「30歳未満」「30～40歳未満」「40歳以上」「指導者」などの隊員ごとに分かれて行われ、それぞれのライフステージに合わせたシミュレーションをしながら、今後の生活設計の重要性や備えるべき資金などについて学んだ。

受講した隊員は「将来の生活にどれくらいのお金が必要なのかが分かり、貯金やお金の運用について考えが変わった」と満足気に話していた。

Special Fair

【各部3組限定】

4月12日（Sun）【1部】10：30～【2部】13：45～【3部】15：00～

5月17日（Sun）【1部】 9：30～【2部】13：45～【3部】15：00～

憧れチャペル模擬挙式＆贅沢コース試食フェア

結婚が決まったお2人に贈るグラヒルからのブライダルフェア。
模擬挙式体験はもちろん、贅沢な無料試食で当日の気分を味わって♪
費用の相談も細かくご説明いたします。

◇内容◇
■チャペル体感模擬挙式　■婚礼料理無料試食
■ドレス試着（予約制）　■会場コーディネート見学　■個別相談会

様々なブライダルフェアを毎日開催中

【ご予約・お問合せ】
〒162-0845 東京都新宿区市谷本村町4-1　専用線（8-6-28853）
TEL 03-3268-0111（代表）TEL 03-3268-0115（ブライダルサロン直通）
受付時間【平日】10:00～18:00【土日祝】9:00～19:00
詳しくはHPをご覧ください。https://www.ghi.gr.jp　グラヒル　検索

HOTEL GRAND HILL ICHIGAYA

# 地方防衛局

特集

## 「朝雲賞」東北局が4年連続

# 最強ツールは「広報計画表」

## 地方防衛局部門の「優秀掲載賞」

昨年1年間、「朝雲」に掲載された部隊や機関などからの優れた投稿記事や写真を表彰する「朝雲賞」の選考会議が2月6日、防衛省で開かれ、最も多く紙面に掲載された回数を競う「掲載賞」の「地方防衛局」部門で、東北防衛局（熊谷昌司局長）が「優秀賞」に輝いた。（2月27日付既報）

東北防衛局の4年連続「朝雲賞」受賞を喜ぶ（右から）栗原報道官、熊谷局長、坂部総務部長

「朝雲賞」の制度は昭和34（1959）年に始まり、「地方防衛局」部門は東北防衛局からの強い要望を受けて平成28（2016）年2月に新設。翌29（17）年から全ての地方防衛局の前年投稿分が受賞対象となり、東北防衛局が今回を含め4年連続で「優秀掲載賞」を獲得している。

今回、〝4連覇〟中で快進撃を続ける東北防衛局から喜びの声が届いた。

### 部内HPから口コミまで 5連覇目指す

栗原報道官

「諸先輩方の努力によって築き上げられてきた〝3連覇〟というプレッシャーの中、昨春から初めて広報に携わることになり、見よう見まねの手探り状態でコツコツと積み重ねてきました。その成果が報われたようで光栄です」――。

そう話すのは、東北防衛局総務部の栗原由香報道官。

同局の広報に懸ける強い意気込みは、歴代局長以下、職員一丸となって代々受け継がれている。中でもそれを支える〝最強ツール〟の一つが、総務部が部局横断的に取りまとめる「広報計画表」だ。

「広報計画表」には各課の協力で常に1カ月～数カ月先の行事予定が書き込まれており、局議の場で情報共有が図られる仕組みだ。

栗原報道官はこれを軸に先々を見通しながら、同局の広報誌「東北のかなめ」と「朝雲」への記事掲載プランを立て、自らカメラを担いで取材・執筆に当たったり、関係者に早めに原案を依頼したりして「鮮度の高い記事」を作り上げていく。

同時に、部内系ホームページから口コミまで、局内の〝ネタ〟のチェックも欠かせない。常にアンテナを張り巡らせ、さまざまな話題をヒントに原稿を起案し、担当部署の確認を受けた後、熊谷局長、坂部誠総務部長の決済を経て「朝雲」に投稿することもしばしばだ。

こうした報道官の日々の努力と局内の連係プレーが「切れ目のないPR」につながっている。栗原報道官は「次は朝雲賞5連覇を目指したい」と話している。

◇

熊谷昌司局長のコメント

「『朝雲賞』受賞の知らせを受け、大変喜んでおります。『朝雲』は自衛隊の活動や安全保障問題全般を扱う安全保障・軍事の専門紙であり、地方防衛局の活動を理解してもらう上でも記事を掲載していただくことは大変重要と考えています。

今年で4年連続の受賞となりましたが、これも、歴代報道官をはじめとするスタッフがその意義をよく認識し、積極的な取材・投稿に取り組んだ成果であると誇らしく思うと同時に、記事を掲載していただき、賞を与えていただいた朝雲新聞社の皆さまに深く感謝致します」

## 防衛施設と首長さん

### 山梨県忍野村　天野　多喜雄村長

富士山の麓にある忍野村は標高936メートルの高原の村であり、富士山を配した茅葺屋根や水車小屋など素朴な田園風景が広がり、日本の原風景のような美しい村です。

本村の観光施設として「岡田紅陽写真美術館」「小池邦夫絵手紙美術館」があり、多くの観光客に富士山の美しさや文化を感じていただく施設となっております。

「関東の富士見百景」にも選ばれた二十曲峠は、富士山撮影ポイントとして多くのカメラマンやハイキングの方々に喜ばれております。また、昨年の8月には村おこしの一環として富士山を折り紙で作成したアートが8179枚の世界記録を達成してギネスに登録されました。

さらには世界文化遺産に登録された富士山の構成資産として「忍野八海」がございます。忍野八海とは、八つの池の総称であり、国の天然記念物に指定され、全国名水百選に選定されている美しい池です。ぜひ一度お越しください。

そして、本村には県内唯一の駐屯地である北富士駐屯地があり、有事の際は首都防衛を主任務とする第1師団の火力戦闘部隊があり、平素には隊区である山梨県の防衛・警備および災害派遣、国家行事の一つである国賓に敬意を表する礼砲、そして弔意を示す弔砲を担当しています。

令和元年10月22日に天皇陛下が国内外に即位を宣言する「即位礼正殿の儀」が国事行為として皇居・宮殿で執り行われました。「即位礼正殿の儀」には陸上自衛隊で唯一、北富士駐屯地に所在する第1特科隊が礼砲隊として参加され、当日は通常の礼砲と違い、安倍晋三首相の万歳三唱の掛け声に合わせて即位を祝う礼砲を発射し、任務を遂行されました。

### 県内唯一の北富士駐屯地 即位の礼で1特隊が礼砲

あまの・たきお　70歳。桜美林大経済卒。富士吉田木材流通センター代表取締役、忍野村社会教育委員などを経て、2015年8月忍野村長就任。現在2期目。忍野村出身。

東北局

## 日米18チーム熱戦！

### 「アイスホッキー」で交流

「にんにく」形のヘルメットに「長芋」形のスティックで「ホッキ貝」形のパックを打ち合って熱戦を繰り広げる日米の子供たち（2月8日、青森県の三沢アイスアリーナで）

【東北局】東北防衛局は2月8日、青森県三沢市の三沢アイスアリーナで、同市内と米軍三沢基地内の日米小学生を対象とした第8回「MISAWAアイスホッキー2020」を開催し、総勢140人の子供たちが熱戦を繰り広げた。

「アイスホッキー」とは、地元の特産品「にんにく」形のヘルメットをかぶった子供たちが「長芋」形のスティックを持って、「ホッキ貝」形のパックを打ち合い、アイスホッケーと同様に得点を競うユニークな競技。

三沢市の魅力を反映したイベントとして多くの関係者から高い評価を得ており、今年は日本側11チーム、米側4チーム、日米混合3チームの計18チームが出場した。

開会式では主催者を代表して東北防衛局の熊谷昌司局長、来賓を代表して三沢市の小檜山吉紀市長と米空軍三沢基地司令官のクリストファー・ストルーヴィ大佐がそれぞれあいさつを述べた後、日米の児童による選手宣誓が行われ、競技がスタート。

選手たちは氷上を不規則に転がるホッキ貝形のパックに悪戦苦闘。転倒しながらも、監督の叱咤激励を受けて懸命にゴールを狙う姿に、保護者たちからは熱い声援が送られ、会場は大いに盛り上がった。

高学年の部では日米混合チーム「岡三沢ホッケースポーツ少年団A」、低学年の部では日本チームの「はまなすガッツ」がそれぞれ優勝。米チーム「Snow Cats」も低学年チームで2位に入り、子供たちは互いに交流を深めながら楽しい1日を過ごした。

昼食には地元産のホタテ汁なども振る舞われ、選手たちのお腹を満たした。

東北防衛局は「今後とも在日米軍と地域住民の方々の相互理解の一助となるよう、積極的に交流事業を展開していきたい」と話している。

### 28機関から60人

#### 三沢飛行場周辺航空事故連絡協

東北防衛局は1月27日、青森県三沢市の三沢市国際交流教育センターで、令和元年度「三沢飛行場周辺航空事故連絡協議会」を開催した。

この協議会は、三沢飛行場周辺において米軍機や自衛隊機、民間機の航空事故とそれに伴う災害が発生した場合の対処に万全を期すため、関係機関の緊密かつ迅速な連絡調整体制の整備について協議することを目的に昭和54年に発足。原則年1回開催しており、今回で42回目を迎えた。

今年は周辺自治体をはじめ、米軍、航空自衛隊、警察、消防など計28機関から約60人が出席した。

冒頭、主催者を代表して東北防衛局の藤井真企画部長があいさつを述べた後、同局の斗石弘之業務課長が「米軍機事故に関するガイドラインの改正について」、続いて米空軍第35戦闘航空団安全部長のジェームス・デービス少佐が「第35戦闘航空団航空機事故対応」、最後に三沢市消防本部の浅野一雄警防課長が「三沢市消防本部の業務概要」についてそれぞれ説明した。

東北防衛局では同協議会について「今後も継続して開催し、事故対応への関係機関の理解と連携強化を図るとともに、内容の充実にも努めていきたい」としている。

## 若手自衛官も登壇

### 南関東局が防衛セミナー

【南関東局】南関東防衛局は2月1日、静岡県浜松市の浜松市福祉交流センターで「多彩なフィールドで活躍する若手自衛官たち」をテーマに、第38回「防衛セミナー」を開催した。

開会に当たり、主催者を代表して南関東防衛局の小波功局長、来賓を代表して浜松市の鈴木康友市長がそれぞれあいさつを述べた。

静岡地本長の宮川知己1空佐

第1部は静岡地方協力本部長の宮川知己1空佐が「自衛隊の活動について」と題して講演。全国に広がる陸海空3自衛隊の組織や、国内外のさまざまなフィールドで活躍する自衛官の姿を紹介し、「自衛隊は全ての若者に門戸が開かれています！」とアピールした。

自衛隊生活などについて語る（左から）静岡地本の星香織3陸尉、井上龍司2海曹、浜松基地の遠藤翼2空尉、仲氏耕一郎3空曹、甲斐悠貴3空曹の若手自衛官たち（写真はいずれも2月1日、静岡県浜松市の浜松市福祉交流センターで）

第2部は「自衛隊ってどんなところ？」をテーマに、陸海空の若手自衛官5人が登壇し、さまざまな職種の仕事内容や日常生活についてディスカッション形式でトークを繰り広げた。「自衛隊には『人の和』と『人の輪』がある」――など、自衛隊ならではの職場の魅力も語られた。

第3部は空自の中部航空音楽隊（浜松）が〝空〟にまつわる楽曲「ひこうき雲」や「パプリカ」などポップスを中心に9曲を披露。会場は大きな拍手に包まれて幕を閉じた。

会場の外には「装備品展示」ブースを特設し、パイロットのヘルメットや陸海空の制服、基地を紹介するパネルなどを展示。休憩時間などには多くの来場者が立ち寄って興味深そうに見学していた。

## リレー随想　二又　知彦

### 長崎の「お祭り」

私が見て感じた長崎市のお祭りを紹介します。

長崎に三つめの正月がやってきます。「ランタンフェスティバル」です。英語ですが、中国由来です。長崎中華街の人達が旧正月を祝っていた「春節祭」がその起源です。平成6年に、長崎市の一大イベントと位置づけられ、現在の名称となりました。

この時期（今年は1月24日～2月9日）になると、長崎市中心部は極彩色の中国提灯とオブジェ（動物や人型のもので、中に照明があって提灯と同じ構造）で彩られます。

また、各種イベントも催されます。市内でのパレードや七つの会場で行われる中国雑技や龍踊り、中国変面ショー等々の催し物です。

パレードも趣向を凝らしており、これらの催し物も質・量ともに充実していますが、すべて無料です。中国風に街が染まり、安心・安全な（？）中国にいる気分を少し味わえます。

次は「長崎ペーロン大会」です。一言でいうとボートレースです。20名以上が乗り組みます。これも中国由来で、江戸時代に、唐船の遭難に際し、海神の怒りを鎮めるために在留唐人が始めたと言われています。

7月最終週に行われる大会には、わが長崎防衛支局も自衛隊長崎地方協力本部と合同で「競漕」に参加しています。大会前は「今年こそは」と頑張ったのですが、大会後には「来年こそは」と誓い合いました（予選突破ならず）。

トリは「長崎くんち」です。10月7、8、9日に行われます。季候も良く、長崎が最も盛り上がる時期です。9日で「くにち」から「くんち」になったとされています。江戸時代、二人の遊女が神前で舞を奉納したことが始まりと言われています。

市内の町を七つの組に分け、毎年順番で一つの組が当番となって、その組の中の「町」ごとに（5～7カ町）催し物を披露します（正確には「奉納」）。

催し物には、曳物、担ぎ物、踊りなどがあり、オランダ風、中国風、和風と多彩で、見応えはあります。

催し物が終わると、拍手とともに観客が大声で「モッテコーイ、モッテコイ」を連呼します。これはアンコールの意味です。県外から来た歌手のコンサートなんかでもやってしまい、相手を困惑させることもあるそうです。

（長崎防衛支局長）

よろこびがつなぐ世界へ
KIRIN
KIRIN'S PRIME BREW
KIRIN BEER
一番搾り
Brewed from only the first press of genuine malt for a crisp, delicious flavor.
おいしいとこだけ搾ってる。
〈麦芽100%〉
ALC.5%　生ビール　非熱処理
お酒
ストップ！20歳未満飲酒・飲酒運転。お酒は楽しく適量で。
妊娠中・授乳期の飲酒はやめましょう。のんだあとはリサイクル。
キリンビール株式会社

人生をプログラミング！
～自分の力で生きる～
前川　篤志
自分の人生は自分のものです。自分の力で生きるために、自分の人生をプログラミングするという考え方をご提案する内容です。一昔であれば、言われた通りに言われたことをこなす人材がよしとされてきましたが、現在は、お客様を集めるアイデアや新しいサービスを提供する発想を持てる人でなければ人材とは呼べなくなり、これは仕事の仕方の話ではなく、生き方の考え方であり、どのように生きるとその人にとって幸せかという話になります。自分の人生を意識しはじめた人の一助になれば幸いです。
次世代を担うすべての人たちへ!! AIの時代を生き抜くために!!
出版社：ギャラクシーブックス
ページ数：144ページ
定価：1,500円（税別）
Amazonにて販売中！

シニアの脳の強化書　月刊　シニアのための家庭学習　ももも倶楽部
「ももも倶楽部」は、楽しみながらできる計算や漢字の読み書き、古典、一般教養、パズルなどの内容がつまった、シニアのための学習ドリルです。
「ももも倶楽部」で元気な脳をつくりましょう。
もの忘れ　不安になりませんか？
教材費　初回0円　会員募集中！
教材は毎月郵便でお届け　月謝740円（税込）　送料無料
○入会金不要○月謝は同封の振り込み用紙で、コンビニ又は郵便局からお支払いください。※振込手数料はお客様ご負担となります。※自動継続でお届けする教材です。お止めの場合は必ずご連絡ください。
お問い合わせはフリーダイヤルでどうぞ
0120-141486　ももも倶楽部　検索
営業時間：9:00～19:00　土日祝休業　〒501-3107 岐阜市加野6-35-23（株）プリント学習社
幼児・小学・中学生の月刊学習教材もあります。月額650円～

内外出版・新刊図書

最新　防衛実務小六法　令和二年版
日常業務に、また、3尉候補者・幹部候補生・曹候補生の選抜試験等の受験者や、幹部学校・職種（術科）学校などの入校学生の方々にも必携の一冊です。
日加ACSA及び日仏ACSAに関する改正、改元に関する改正を始め、その他広範囲にわたり改正されています。
◎新規収録　防衛省の損害賠償に関する訓令／日仏物品役務相互提供の実施に関する訓令／日加物品役務相互提供の実施に関する訓令
ISBN978-4-909870-11-7　◎A5判▽本体価格七五〇〇円

最新　緊急事態関係法令集2020　付録CD-ROM「戦争とテロ対策の法」
有事やテロ、災害への対処のための国内外の法規を幅広く収録したものです。令和元年第200回国会までを完全収録しております。
各中央省庁の実務担当者、全国の自治体の危機管理担当者、大学研究者の方々はもとより、各組織の幹部教育などにご利用いただいています。持ち運びの出来るコンパクトなサイズです。
付録CD-ROM「戦争とテロ対策の法」には新大綱、中期防を収録しております。インターネット・ブラウザで閲覧可能です。
ISBN978-4-909870-16-2　◎A5判▽本体価格三四〇〇円

新刊　ここが変だよ日本国憲法！　田村重信　著
憲法とはいったい何なのか？なぜ憲法改正なのか？
議論する前に憲法を全て読んだことがありますか？
しっかりとした情報を共有し考えることが大切です
憲法は国民が楽しく幸せに安全に生きるためのツールです
序章　必要なのは脱皮する勇気
第一章　ここが変だよ日本国憲法！
第二章　憲法改正をめぐる自民党の闘い
第三章　「想定外」に弱い戦後日本
第四章　ゼロから分かる自民党の新憲法草案
第五章　冷戦後の国際平和協力法制
第六章　憲法と武器輸出三原則
第七章　ワシントンで専門家に憲法を語る
第八章　ウクライナで「日本の政治と法制度」を語る
あとがき　翔べなくなった鴨
全二四〇頁
ISBN978-4-909870-14-8　◎新書判▽本体価格一〇〇〇円
田村重信　ここが変だよ日本国憲法！　憲法改正こそ我が党の使命です　自由民主党総裁　安倍晋三

内外出版　〒152-0004 東京都目黒区鷹番3-6-1　TEL 03-3712-0141 FAX 03-3712-3130
防衛省内売店：D棟4階　TEL 03-5225-0931 FAX 03-5225-0932（専）8-6-35941
http://www.naigai-group.co.jp/

# 〜地本　ホッと通信〜

## 札　幌

地本は1月31日～2月11日、国内外から12日間で延べ約200万人が訪れた国際的イベント「さっぽろ雪まつり」で広報活動を行った。

地本はつどーむ会場に広報ブースを出展。訪れた約3千人に対し、自衛官の制服試着に加え、さっぽろ雪まつり限定缶バッジのグッズやパンフレットを配った。地本キャラ「モコ」も来場者と触れ合って、自衛隊をPR。スタンプラリーや子供向けのクイズなど、ボランティア活動をしていたスタッフの支援も行った。

## 青　森

地本は2月7～20日、県内6地区で開催された「自衛隊入隊入校予定者激励会」を支援した。

会では各市町村長や来賓の式辞をはじめ、部隊代表者からの歓迎の言葉、河野防衛相や三村申吾県知事の激励ビデオメッセージも披露され、入隊入校予定者に熱いエールが送られた。会場では陸自9音（青森）や海自大湊音などによる激励演奏も行われ、勇壮かつ華麗な演奏で門出を祝った。

## 宮　城

地本は1月23日から27日まで、仙台駐屯地で東北方面混成団（仙台）が担任・実施した予備自5日間招集訓練を支援した。

訓練には83人が参加し、初日は地本隊員が予備自制度等教育や即自有資格者に対する志願勧誘を行った。体力・射撃検定、格闘訓練などを終えた最終日には永年勤続者表彰が行われ、古屋浩司地本長が方面総監顕彰と本部長表彰を伝達・授与し、「台風19号災害では、予備自も招集された。諸官は補完勢力として重要な存在だ」と訓示した。

## 神奈川

横浜中央募集案内所は2月15日、陸自東方ヘリ隊（立川）の体験搭乗に募集対象者を引率した。神奈川地本から約40人が参加し、各広報官が武山駐屯地までの輸送支援や現地での案内誘導を行った。参加者は安全教育などを受けた後、UH1多用途ヘリをバックに記念撮影。続いてヘリに乗り込み、約15分間の空中散歩を満喫した参加者は「本物のヘリに乗れて感動した」などと語っていた。

## 新　潟

地本は1月31日、新潟市で地本長感謝状贈呈式を開いた。長年にわたって地本の業務運営に対する支援や協力に貢献した4個人・2団体に対し感謝状を贈呈され、「新潟地本を支える会」の田村茂会長ら受賞者に大倉正義地本長が感謝状を贈った。会場ではこの1年間で新潟地本が行った各種事業やイベントなどをスライドショーで紹介、受賞者は地本隊員と親睦を深めた。

## 山　梨

地本は1月17～21日、1特科隊1中隊（北富士）が担当した「第5回予備自衛官5日間訓練」に34人の予備自を招集した。初日は特科隊副隊長の阿角寿2陸佐が精神教育を行った後、基本教練、武器訓練などで練度の維持を図った。

2日目の射撃は降雪の中、屋外射場での訓練となり、参加した予備自は「とにかく寒かった上、雪煙で的が見えにくく、今までで一番大変な訓練だった」と話していた。3日目は天候も回復し、晴天の富士山を背にFH70榴弾砲の操作訓練を実施した。

## 長　野

伊那地域事務所は2月8日、伊那市で行われた「第2回このまちおしごとごっこ」に初参加した。

家族連れなど約400人が訪れる中、地本はブースを開設し、自衛隊の説明をはじめ、VR体験、各種活動写真展、車両展示と試乗、戦闘服試着、非常食展示などを行った。特にVR体験には多くの子供たちが訪れて航空機の世界を体感し、「パイロットになりたい」と将来の夢を語っていた。

# 小中学生、自衛官と真剣トーク

## 佐賀地本「トークフォークダンス」に参加

## 将来の夢は？　どうして戦争が起きるの？

右）東脊振小学校で行われた"トークフォークダンス"には約120人が参加。円陣を移動しながら子供たちとさまざまなテーマについて対話した　左）小学生と笑顔でトークを行う佐賀地本の松尾准尉

【佐賀】地本はこのほど、佐賀県神埼郡の三田川中学校と東脊振小学校で行われた吉野ヶ里町役場社会教育課主催の「大人とのしゃべり場"トークフォークダンス"」に参加した。

これは、小中学生を相手に日常のテーマについてフォークダンスのように次々と相手を替えながら語り合い、対話を深めることを目的とした教育イベント。

この日は吉野ヶ里町の伊東健吾町長の依頼で、地本から最先任上級陸曹の松尾和幸准陸尉や広報官ら6人が小学校、2人が中学校にそれぞれ参加。

各会場には両校の小中学生のほか、警察官、消防士、町役場職員、地元大学生、地域住民らが集まり、総勢約185人で"トークダンス"が行われた。

東脊振小学校では、初めに教頭先生が「子供たちの質問にはできる範囲で具体的に答えていただき、子供たちの好奇心を満たしてあげてください」と大人たちに要望した。

トークダンスが始まると、参加者は「未来と過去どちらに行きたい？」「将来の夢は？」「戦争についてどう思うか」など、さまざまなテーマについて、各自が思っていることをまず1分間話し、その後の1分間でトークを行った。

小中学生たちは真剣な表情で自分の意見を述べるとともに、「どうして戦争が起きるの？」などと次々と質問を投げかけ、自衛官たちを圧倒させていた。

多くの子供たちと存分に意見を交わした隊員たちは、日本の将来を担う子供たちから平和を願う本心を聞き、改めて自衛隊の任務の重さを自覚するとともに、この子供たちの意見を今後の募集活動に役立てていくことを誓った。

"トークフォークダンス"の開催に当たり、あいさつする東脊振小学校の教頭先生（壇上左）

## 三　重

地本は2月8、9の両日、海自掃海隊群の協力のもと、松阪港で掃海艇「えのしま」「ひらしま」の体験航海、11日に四日市港で掃海艇「ひらど」と掃海母艦「ぶんご」の特別公開を行った。

松阪港の体験航海では、津市から来た小学3年生の竹岡悧南君の「出港よーい！」の元気な掛け声で出港し、約1時間半の航海を楽しんだ。四日市港の「ひらど」では掃海方法、「ぶんご」では浄水能力や再圧タンク装置の説明を受け、見学者は「海自のイメージが変わった」と話していた。

## 京　都

京都地区隊は2月26日、京都市下京区のKTCおおぞら高等学院京都校で学生24人に対し、防災講話と衛生技術の実技講習を実施した。

最初に後藤孝祐地区隊長が、自衛隊の任務や災害派遣について紹介。後半は、空自岐阜基地から臨時勤務中の山内暁子2空曹も加わり、止血法や骨折時の処置、搬送法を生徒たちに教えた。不測の事態への対処法を学んだ学生たちは「自衛隊に興味がわいた」と語った。

## 兵　庫

姫路地域事務所は2月13日、姫路のラジオ局「FMGENKI」に出演し、自衛官の募集やイベントをリスナーに紹介した。

番組では、地元の姫路所に臨時勤務中の柴田将来3海曹が海自の魅力や職種等についてPR。また、姫路港に入港中の掃海艇の一般公開の案内も行い、「来て、見て、もっと（自衛隊を）知ってほしい！」というメッセージを発信した。

## 香　川

地本はこのほど、JR高松駅に隣接する高松サンポート合同庁舎で、女性を対象とした入隊に関する説明会を開催した。

同会には陸自15即機連（善通寺）、14後支隊（同）、海自呉教、空自3輸空（美保）、香川地本の女性自衛官が参加。テーブルにはイチゴ大福やお菓子も用意され、説明会は女性同士で盛り上がった。参加者は「入隊前の不安がなくなった」と語り、保護者も「娘を送り出すのがとても不安だったが、説明を聞き安心した。先輩の皆さまに感謝したい」と話していた。

## 山　口

宇部地域事務所は2月9日、美祢市で開かれた「萌えサミット」に自衛隊広報ブースを開設した。

宇部所は来場した約3千人に対し、海自小月基地や陸自17普連（山口）の女性隊員の協力を受け、自衛隊をPR。トークショーにも出演し、普段の業務や生活など、司会者からの質問に答えた。広報ブースには車両を展示し、ミニ制服試着コーナーなどを設けたところ、多くの家族連れでにぎわった。

防衛省共済組合本部提携
防衛省共済組合員およびご家族の皆さまへ
J-Coin Payで7,000円以上チャージすると、
先着10万名さま
1,000円
キャッシュバックキャンペーン
キャンペーン応募方法はこちら！
期間　2020年2月1日(土)～3月22日(日)
期間中に応募ページからキャンペーン申込後、J-Coin Payを新規登録し7,000円以上チャージいただいたお客さまに1,000円キャッシュバックキャンペーンを実施します！この機会にぜひJ-Coin Payをご利用ください。


J-Coin Payとは?

J-Coin Payは、みずほ銀行が提供するスマホ決済アプリです。連携する金融機関の預金口座保有者は個人間の送金や店舗での決済、チャージ／口座に戻す等のサービスが利用できます。

※ご利用いただける金融機関は順次拡大中

すべて手数料0円

※本アプリのダウンロードおよびご利用には別途通信費用が必要です。

送る　他のユーザーにお金を送ることができる
支払う　店舗でのお支払いができる
送ってもらう　他のユーザーからお金を送ってもらうことができる
チャージ　登録した銀行口座からチャージができる
口座に戻す　登録した銀行口座へお金を戻すことができる

お金のやりとりが、こんなに変わる！

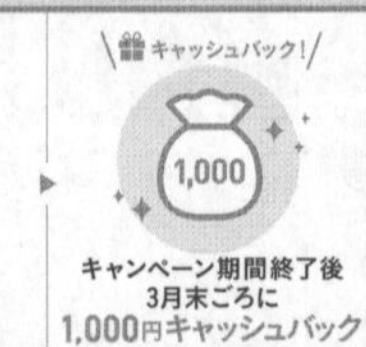

飲み会の割り勘がスマホでスムーズに！
QRコードでお財布なしのサッサと会計！
仕送りだっていつでも手数料0円！
送るももらうも、自由自在！
※QRコードは㈱デンソーウェーブの登録商標です。

キャンペーン内容　参画銀行を確認できます

応募ページ！　http://bit.ly/modjcoin
ダウンロード！　キャンペーン期間中にJ-Coin Payをダウンロードし参画銀行口座を接続
チャージ！　1回に7,000円以上チャージ
キャッシュバック！　キャンペーン期間終了後3月末ごろに1,000円キャッシュバック

・防衛省共済組合員およびご家族の皆さまが対象となります。
・日本国内にお住まいの個人のお客さま(屋号付きや事業性のある口座を除く)で、条件を満たしたお客さまが対象となります。
・ほかのキャンペーンと重複して還元されない場合があります。キャッシュバックはお1人さま1回限りとさせて頂きます。
・景品提供時点でJ-Coin Payを解約・退会されている場合は、対象外となります。
・みずほ銀行の判断により、本キャンペーンの対象とならない場合があります。
・1回に7,000円以上チャージの場合に限り有効です。7,000円未満のチャージを複数回行い、累計で7,000円以上となった場合は対象外となります。
・参画銀行口座を保有しているお客さまが対象となります(金融機関によって、銀行口座設定は異なります)
・先着10万名さまを超えた場合、本キャンペーンは終了となります。

お問い合わせ先　J-Coin サポートセンター　Tel 0120-324-367
受付時間 9:00-17:00（平日のみ[12/30～1/3を除く]）
※J-Coin Payは、みずほ銀行が提供するスマホ決済サービスです。

# 陸自初の女性空挺隊員 橋場3曹語る

# 「精強で規律正しく」

「空挺隊員として、先輩のように大きく成長していきたい」――。同期の男性隊員95人とともに空挺教育隊（習志野）の第319期基本降下課程（約5週間）を修了し、3月4日、晴れて陸自初の女性空挺隊員となった橋場麗奈3曹（31）。体育学校女子ラグビー班（朝霞）を経て念願の空挺隊員になった経緯と今後の決意を語った。（1面参照）

319期基本降下課程の修了式に臨む橋場3曹（中央）。空挺徽章を授与され、陸自初の女性空挺隊員となった（3月4日、習志野駐屯地で）

## ラグビーで鍛えた 体力、適応力発揮

### 空挺団に憧れて

橋場3曹は空挺団の地元・千葉県八千代市出身。小学5年生の時にパラシュートで見事に降下してくる自衛隊員の姿を見て空挺団に憧れを抱いた。平成21年4月、一般曹候補生として陸自に入隊したが、夢だった空挺部隊への女性の配置制限を知り衛生職種を選択。同年9月から東方衛生隊（朝霞）に勤務した。

空挺隊員への道を断念した橋場3曹は平成25年、ラグビーと出合う。全自ラグビー大会に女子部門が設置されたことを機に、朝霞駐屯地にも女子ラグビー部がつくられ、先輩に誘われて入部。趣味として始めたラグビーだったが、練習を重ねるうちに「ボールの行方がわからない面白さ」にのめり込んでいったという。

26年4月に五輪・7人制ラグビーへの出場を目指して体校で始まった「女子ラグビー基幹要員集合訓練」にも参加。同年8月には体校に異動し、有望選手として活躍。日本代表入りを目指したが29年8月、現役を引退。その後は女子ラグビー班庶務として選手の育成に尽力してきた。

体校の「女子ラグビー基幹要員集合訓練」に参加しタックル練習に挑んだ橋場3曹（右端）＝平成26年8月

### 転機は職域開放

引退の4カ月前、運命を大きく変える「空挺部隊の配置を女性に開放」の発表があり、一度はあきらめた空挺隊員を再度目指すことを決意。男性と同様に求められる厳しい体力基準をクリアするため、30年から準備を進め今年1月、基本降下課程に入校した。

降下に必要なパラシュートなどの重さは約60キロに上り、訓練は苦労した。しかし、女子ラグビーで培った体力、適応力で修了要件となる航空機から（高度340メートル）の5回の降下を成功させ、空挺任務を行えることを証明した。

約5週間の課程について橋場3曹は、「（男性隊員と同基準の）体力錬成が一番厳しかった」と振り返るとともに、「熱心に指導していただいた教官や助教の方々、同期に助けられ無事に修了できた」と謝意を示した。また、今後について「先輩方のように精強で規律正しい空挺隊員を目指し、大きく成長したい。女性隊員が来やすい環境になるように精進していきたい」と力強く語った。

### 学生隊長がエール

第319期基本降下課程で指導に当たった空挺教育隊学生隊長の新名和志2佐は、「橋場3曹は明るく、爽やかな隊員。周りに男性隊員しかいない環境の中でも、前向きに訓練に取り組んでいた。培った空挺精神を部隊で発揮してほしい」とエールを送った。

### ◇女性隊員の配置制限

自衛隊では「母性の保護」「近接戦闘の可能性」「男女間のプライバシー確保」などの観点から、空挺など一部の部隊への女性自衛官の配置を制限してきた。任務が多様化・複雑化し、有用な人材の確保や意欲と能力のある女性自衛官の活躍推進の観点から平成5年以降、順次配置制限が解除され、現在では陸自の対戦車ヘリ操縦士や空自の戦闘機操縦士にも女性が就いている。

# 新型コロナ災派隊員へ 「つばさ会」が空自に激励品

空自OBで構成される「つばさ会」（会長・片岡晴彦元空幕長）の若林秀男専務理事と田中幹士理事が3月4日、東京・市ヶ谷の防衛省を訪れ、新型コロナウイルスの感染拡大防止で災害派遣活動中の空自隊員への激励品（目録）を北川英二空幕厚生課長に手渡した。

つばさ会は、会員の福祉と航空防衛力の発展に寄与することを目的として活動。会員相互の親睦を図るとともに、空自の諸業務への協力・支援、社会貢献などを行っている。

今回、激励品を送ることで、災派活動に尽力する隊員を励ました。空自隊員は横浜港に停泊する大型クルーズ船「ダイヤモンド・プリンセス号」や税務大学校（埼玉県和光市）での各種支援などを担っている。

両理事は「激励品が少しでも災害派遣に従事する隊員の励ましとなれば」と語り、目録を手渡した。

災派活動中の隊員への激励品を北川空幕厚生課長（左）に手渡す「つばさ会」の若林専務理事（中央）と田中理事（右）＝3月4日、空幕で

吉本どんど

# 海自25空（大湊）の哨戒ヘリ 下北半島沖で不明者捜索

青森県下北半島沖東約12キロの海域で2月29日、ベリーズ船籍の貨物船「GUO XING 1（グオ・シン・ワン）」（1989トン、乗員14人）が日本船籍の漁船「第8富丸」（138トン、乗員15人）と衝突して沈没。乗員13人が行方不明となり、海自25航空隊（大湊）のSH60K哨戒ヘリが捜索に当たった。

29日午後10時17分ごろ、貨物船から海保に「漁船と衝突し、浸水している」と通報があった。その後、同船は沈没、乗員14人のうち1人は近くを航行中の貨物船などの捜索で救助されたが、残る13人が行方不明となった。

海保が捜索したが発見には至らず、3月1日午前5時20分、第2管区海上保安本部長（宮城県塩釜市）から21航空群司令（館山）に災害派遣が要請された。5時55分にSH60Kヘリ1機が大湊基地を離陸し、6時10分ごろ、現場海域に到着。行方不明者の捜索活動を開始した。

海自は海保の巡視船と連携しながら捜索を行い、3日午後6時45分、海保の要請を受けて撤収した。

# こちら警務隊

詐欺罪

## 手当の不正受給はダメ 身辺変化は部隊に報告

扶養していた妻と離婚しましたが、恥ずかしいので部隊には報告していません。何か問題がありますか？

扶養関係や通勤手段等の事実に変更があった場合は、届け出義務があるため、無届けのまま放置して手当てを不正に受給し続ければ詐欺罪で10年以下の懲役に処せられる可能性があります。

また、扶養手当や通勤手当等の支給条件を満たさずに嘘の内容の申請や事実確認のための資料を改ざんして提出し、条件を満たしているようにだまして手当てを受けることも同様となります。

諸手当の支給条件に関わる身上等の変化があった場合は、速やかに中隊等人事係に届け出て下さい。

（中央警務隊）

# 曹友連合会が優秀会員を表彰 1級褒賞7人、JSS16人

陸自曹友連合会（会長・長山健准尉）は2月19日、曹友会活動に顕著な功績のあった会員に対し東京・市ヶ谷の防衛省で1級褒賞、JSS（ジャパン・サージェント・サリュート）顕彰を授与した。

1級褒賞は連合会に功績のあった各方面隊の7人に、JSS顕彰は積極的に地域でボランティア活動を行うなど他の模範となった各方面隊の35歳以下の16人に贈られた。

祝賀会で連合会名誉会長を務める竹本竜司陸幕副長は、「課業外に曹友会活動を一生懸命行ってきた成果が認められたものと思う。今回の受賞を機にさらに頑張っていただきたい」と祝辞を述べた。

また、JSS顕彰を授与された隊員は2月20日から22日まで米軍キャンプハンセン（沖縄）の在日米海兵隊下士官学校などを訪れ、見聞を深めた。

受賞者は次の通り。

◇1級褒賞▽北方＝北野学曹長（11施隊）、茂木孝章曹長（2施大）▽東北方＝曽根満准尉（東北通群）▽東方＝藤吉一世准尉（武教導）、椿本泰弘准尉（ヘリ団本部）▽中方＝松原秀徳曹長（13旅団司令部付隊）▽西方＝松葉和広准尉（西方後支隊）

◇JSS顕彰▽北方＝北井桃子3曹（北海道処苗穂支処）、佐藤匠3曹（3普連）、松本亜也3曹（2通大）▽東北方＝早川智春3曹（9通大）、佐々木駿介3曹（312ダ車中）、高橋大地2曹（20普連）▽東方＝中塚寿幸2曹（空挺団3普大）、原直義3曹（中基シス通）、前田生馬2曹（中輸隊）▽中方＝矢野好晃3曹（46普連）、山本拓也2曹（3特隊）、丹生雄登3曹（14飛隊）▽西方＝清水康孝2曹（西情隊）、松木場誠3曹（24普連）、高野勝哉3曹（西シス通群）、末崎裕昭3曹（16普連）

上 曹友連合会の1級褒賞受賞者と関係者
下 JSS顕彰の受賞者。それぞれ前列中央は同会名誉会長の竹本陸幕副長（2月19日、防衛省で）

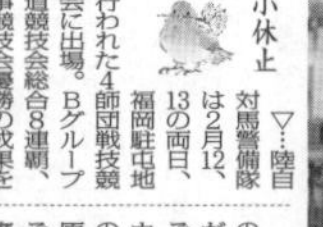

在日米海兵隊下士官学校（キャンプハンセン）を訪れたJSS顕彰受賞隊員

# さっぽろ雪まつり 延べ3100人協力 18普連

【18普連＝真駒内】18普連（連隊長・渡邊孝太郎1佐）は1月6日から2月3日まで、「第71回さっぽろ雪まつり」の雪像制作に協力した。連隊の第2雪像制作部隊（制作隊長・本管中隊長、髙橋和男1尉）が北海道テレビ放送と協力し、大雪像「ウポポイ『民族共生象徴空間』」を制作した。

記録的雪不足と度重なる暖気を克服し、部隊は昼夜を問わず制作にまい進した。1日に約110人、延べ約3100人が作業し、雪像を完成させた。

雪まつりは札幌市の大通公園などで2月4日から11日まで開催され、国内外から約200万人が訪れた。隊員たちが制作した雪像は、来場者に夢と感動を与えた。期間中、隊員たちは雪像に積もった雪の除雪などを行う「計画補修」も担った。

吹雪の中で懸命に雪塊を削り、雪像へと形を整える18普連の隊員たち（1月20日、札幌市大通公園で）

# 小休止

▽…陸自対馬警備隊は2月12、13の両日、福岡駐屯地で行われた4師団戦技競技会に出場。Bグループ武道競技会総合8連覇、炊事競技会優勝の成果を収めた。

▽…師団隷下部隊をA、B、C3グループに分けて武道（拳法・銃剣道、団体戦）、炊事、さらにドローンの各競技会で錬成成果が試された。炊事競技会は野外での炊事能力が競われた。

▽…警備隊は炊事班長の岩永勝二1曹以下6人が一丸となり「黄金あなごカレー」を調理＝写真。カレーの"海"と白いご飯の"大地"の上に対馬の原生林を模した黄金あなごのフライを盛り付け、審査員の舌をうならせ1位に輝いた。（陸対馬）


筋力低下による不安…　筋力増強サプリ　鍛神で解決!!

衰えた関節や筋肉にHMBサプリで栄養補給!!

本日より お申込締切日 1週間

筋力向上に最適なHMBが2000mgも配合されていて、さらに、BCAA、シトルリン、アルギニン等の、HMBのポテンシャルを引き出すサポート成分も20種類以上配合されています。
1日6粒を飲み続けて効果をご実感頂いており、継続率は88%です。

お得な定期購入がオススメです!!

鍛神HMBCa 2,000mg 73.8g（410mg×180粒）

通常価格10,714円（税込）のところ…

特別定期価格 初回 1,980円（税込）

さらに初回限定 送料無料

定期購入がお得!! 2回目以降 6,980円（税込）　送料300円+税 2回目以降も34%オフ!!

鍛神 KITASHIN HMBCa 2,000mg

●お申し込みはお電話で　●受付時間 /平日9:00～18:00（定休日：土日、祝日、祭日）

☎050-2019-5535

※ご注文時に 注文番号 BZK001 とお伝えください。

BIZENTO　株式会社BIZENTO　東京都渋谷区恵比寿南2-25-1-402

# 「連隊炊事競技会」で優勝

2陸曹　五十嵐 純布（31普連3中隊・武山）

五十嵐純布2曹

令和初となる「連隊炊事競技会」がこのほど実施され、第3中隊は念願の初優勝を果たすことができました。

競技会には炊事経験の乏しい即応予備自衛官1名を含む6名で参加し、私は「炊事長」という責任ある役割を任されました。これまでこうした立場になったことのない私は、競技会で成績を残し、任務を全うできるのかとても不安でしたが、中隊の先任と経験豊富な松永曹長に助言をいただき、練成を開始しました。

前回の競技会の成績や、審査員の好みの味付けなどを分析し、優勝するためにはどうすればいいのかを考察した結果、主菜である「八宝菜」と「鳥のかしわ南蛮揚げ」の裁断の仕方、油の温度管理、味付けをいかにして理想に近づけることができるか――が勝負の分かれ目と判断するに至りました。

この点に着意し、「誰が、いつ食べても美味しい」と感じる調理を目指し、練成を続けました。

炊事長としては、いかに炊事要員を調理に専念させるかが私の課題でしたが、練成を重ねるうちに選手にも私の熱意が伝わり、周囲からもいろいろ意見を出してもらい、中隊一丸となって課題を克服し、競技会当日は自信を持って炊事場に立ち、指示することができました。

競技会当日は緊迫した空気の中、第3中隊は日ごろの練成成果を遺憾なく発揮し、全力で調理することができました。

本競技会を通じ、中隊長を核心として一致団結し、「初優勝」という快挙を果たすことができたとき、この炊事競技会の意味を改めて感じることができました。また私自身、人生で初めての炊事長を任され、初優勝という貴重な体験をさせてもらい、とても光栄に思っています。

これまでご指導いただいた中隊の皆さまに感謝するとともに、次の炊事競技会も優勝し、2連覇を達成できるよう引き続き練成していきたいと思います。

（上）31普連の「連隊炊事競技会」で調理に集中する3中隊の隊員たち（下）3中隊が作った八宝菜と鳥のかしわ南蛮揚げ

## みんなのページ

# 空港保安検査員の仕事

空自OB　村上 佳隆（全日警）

私は航空自衛隊で1任期（3年）勤務した後、退職し、現在は関西空港の保安検査員として勤務しています。

関空は大阪府南西部の泉南にある国際空港で、西日本の玄関口空港として泉州沖5キロの人工島に造られ、空港ターミナルビルは24時間稼働しています。

私が関西空港の保安検査員になったのは、自衛隊勤務時に那覇基地の航空管制隊に所属し、空と飛行機に関心があったからです。出身地が京都であるため、関空の仕事を探しました。

企業説明会では保安検査を行なっている警備会社の説明を聞き、最終的に全日警を選びました。大手でありながら家族的な雰囲気で、迷ったこともありますが、決め手は説明者の丁寧で誠実な対応でした。

入社後は各種教育を受講し、現在は先輩に指導を受けながら搭乗券のチェック、手荷物の案内、エックス線検査装置と空港保安検査業務を行っています。

日々の仕事は相勤者と同じでチームワークが必要です。私の班は男女区別なく、厳しく指導する先輩もいます。

保安検査は5名でチームを組み、互いに助け合いながら仕事をします。時々小さなミスをする場合もありますが、先輩が的確にフォローしてくれます。

民間会社なので接客も重要です。お客様にしっかりと見て、先手の案内が喜ばれます。お客様から「ありがとう」と言われると、やり甲斐を感じます。

昨年9月には国家資格である「空港保安検定2級」を取得しました。次は1級を取得したいと思っています。

今の仕事に充実感を感じていますが、仕事内容はまだまだで、お客様と自分のことで精一杯です。今後は、フライト便やお客様の状態を観て、チームとしてどう動けば良いかを総合判断できるような責任者を目指したいと考えています。

# 鳥取初の技術空曹誕生

2陸曹　大原 基央（鳥取地本）

自衛官人生のスタートの地となる山口県の防府南基地に到着した小松君

鳥取募集案内所はこのほど、航空自衛隊防府南基地に技術空曹として入隊する小松拳斗君を引率した。

小松君は技術空曹の募集種目に今年度から加えられた「歯科技工士」としての入隊であり、また鳥取地方協力本部としても初めての技術空曹入隊者となった。

当日は早朝5時に鳥取市を車両で出発。移動中の車内で小松君はこれから始まる教育訓練への期待と不安を口にしていたが、防府に近づくにつれ、覚悟を内に秘めた表情へと変わっていき、技術空曹としての教育訓練に臨む覚悟が見受けられた。

出発から約6時間半後、自衛官人生のスタートの地となる防府南基地に到着し、正門や展示機の前で笑顔で記念撮影を行ったのち、いよいよ航空教育隊に着隊した。

当初は緊張した様子であったが、受け付けを無事に済ませ、その後の身体検査や服務の宣誓も無事に終了し、初日を終えた。

食堂に行く際には同期や担当教官とともに少し緊張した様子で歩いていたが、カメラを向けると笑顔で応えてくれ、緊張の中にもリラックスした表情が見えた。私も、彼が受験を決めた昨年の春から今日に至るまで、いろいろアドバイスしてきた場面が思い出され、担当広報官としてもとても感慨深く、気持ちを抑えることができなかった。

これから始まる教育訓練を無事に終え、再び小松君の飛躍・成長した姿が見られることを心から願っている。

# 方面会計隊長検閲に参加

3陸曹　種田 直也（408会計隊久居派遣隊）

私は令和元年度「方面会計隊長訓練検閲」に参加しました。

検閲は駐屯地で平素の会計支援を行う部隊と、野外で師団の会計支援を行う部隊に分かれて実施され、私は野外部隊の一員として参加しました。

久居駐屯地に異動するまで、私は学校勤務が長く、野外経験が浅いこともあり、陸士への指示・指導しなければならない立場であったので正直、不安でした。

しかし、検閲前の3回の野外訓練を通して想定される状況への対処要領を学び、疑問に思ったことは積極的に聞き、納得いくまで練成した状態で参加することができました。

方面会計隊長の要望事項である「考えて行動せよ」「安全管理に万全を期せ」を愚直に守り、特に、いま自分は何をすべきか、陸士への指示はどうすべきかを考え、状況に応じた行動を取るよう心掛けました。

その結果、不審者への対応、伏撃対処、負傷者の救護などでも陸曹としての責任・責務を果たせたと思います。

今回の検閲では、陸曹としての指導力、野外における各種行動要領を学ぶことができました。これを今後の訓練に生かしていきたいと思います。

# CH47輸送ヘリ 体験搭乗を支援

陸曹長　中島 万賀（鹿児島地本・国分援護センター）

国分援護センターは鹿児島地本が実施した「航空機体験搭乗」に、霧島・姶良・伊佐地区の自衛隊就職援護協議会員と援護協力企業を招待した。

当日は前日までの雨がウソのように晴れ渡った。集合時刻には全ての方が到着し、飛行隊による搭乗前の安全教育（搭乗前ブリーフィング）、離陸前のCH47輸送ヘリの見学も予定通り行なわれ、その後、搭乗者35名は2組に分かれ、それぞれ約15分のフライトを満喫した。

また、搭乗待ちの地上待機では、離陸前のヘリのローターによる風圧も体感し、驚きの様子を見せていた。

着陸後、参加者はみな興奮冷めやらぬ表情で「地上でも上空でも、ふだん味わえない貴重な体験をありがとうございました」と自衛隊に対する理解と感謝の言葉もいただいた。

## OBがんばる

奥野　健一さん　54

平成29年8月、32普連重迫撃砲中隊（大宮）を最後に定年退職（2陸曹）。ヨネザワフォレストに再就職し、選木・除伐・作業道造りなど林業に従事している。

# 日々向上心を持って

私は定年退職後、林業に再就職しました。林業を選んだ理由は、演習などで野外の仕事に馴染みがあったのと、在隊間に培った体力を生かせる仕事に就きたかったからです。林業は木を育て、保全し、伐採して商品となります。長い年月を費やし商品とする林業と、一朝一夕では達成困難な国防には通じるものがあるように感じたのも、この仕事を選んだ理由です。

職場では、選木・除伐・作業道造りなどに従事しています。作業現場までチェーンソー・草刈機・予備燃料などを持っていくのは自衛隊での行進訓練や体力練成の経験が役に立っています。暑さ・寒さや悪天候での作業もあまり苦にならないのも、自衛隊で鍛えられたからだと感じています。現場では危険を伴う作業が多くあり、先輩からの指示やアドバイスを受けながら作業を実施しています。職務上の命令に従うことが事故防止になり、効率良く作業できるという、まさに在隊間に学んだことが生かされていると感じています。今はまだ半人前ですが、今後は適切な指示・助言で後輩を育成できる社員に一日でも早くなりたいとがんばっています。

再就職される隊員のみなさん、どんな職業でも健康・体力・気力・知識・技術が必要です。自衛隊はこれらを向上させるには良い環境ですので、日々向上心を持って勤務や訓練に励んでください。必ず再就職先で役に立ちます。これからも自衛隊の皆さまのますますのご健闘を祈っております。

## 詰将棋

第815回出題

出題　日本将棋連盟　九段　石田　和雄

| | 3 | 2 | 1 | |
|---|---|---|---|---|
| | 香 | | 馬 | 一 |
| | | | 飛 | 二 |
| | | 王 | | 三 |
| | | 桂 | | 四 |
| | 歩 | 歩 | 銀 | 五 |

■先手　持駒　金銀

【ヒント】馬引きをピッタリにする順（5分で二段）。

▶詰碁、詰将棋の出題は隔週です◀

## 詰○●碁

第1230回解答

出題　日本棋院　九段　曲　励起

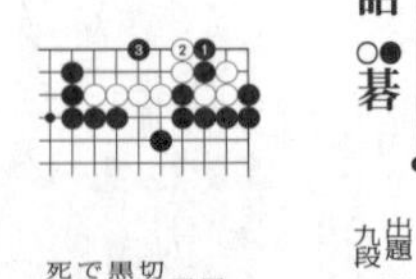

【解答図】黒先、白死。黒❶がまず大切で、白②の時、黒❸がまた大切です。これで白死です。

「ご馳走」という言葉は、ほうぼう駆けずり回ってもてなしの準備をするという意味だ。

中東　久雄（和食の料理人）

（世界の切手・フランス）

朝雲ホームページ
www.asagumo-news.com
<会員制サイト>
Asagumo Archive
朝雲編集部メールアドレス
editorial@asagumo-news.com

## 新刊紹介

### 「中国の行動原理」―国内潮流が決める国際関係

益尾 知佐子著

中国・湖北省武漢市の新型コロナウイルス対処では、地元の地方政府は何も決められず、すべて北京に判断を仰いだため、その間に感染が全土に広がったとされる。

本書はこの特異な一極集中の「行動原理」をもつ中国社会を分析した書だ。著者は中国の対外政策が専門の九州大学准教授。社会科学の切り口だけでなく、長年中国を研究してきた専門家としての「直観」も本書では前面に出し、毛沢東、鄧小平の時代から今日の習近平政権まで、どのような意図・ルールのもとでこの国が統治されているのかを教えてくれる。

著者によれば、中国は「強い家父長の下で息子たちが父の評価を得るために競争する社会」であり、あらゆることが国父・習氏の個人的な意向に大きく左右されるため、国家機関はもちろん、地方政府から一般国民まで、すべて習氏の意向を先読みして行動するためにすべての面で矛盾が生じることになるという。

一方、中国人はトップから庶民まで自国の文化や伝統を誇りに思い、外国人にもこれをリスペクトするよう望むため、それがかなえられないと被害者意識を持ち、攻撃的になりやすい。中国人の心理を理解する上で大変参考になる本だ。

（中央公論新社刊、1012円）

### 「次のテクノロジーで世界はどう変わるのか」

山本 康正著

「AI×5G×クラウド」で世界はどうなる？本書は米国のIT企業グーグルなどに勤務経験をもつ京都大学の特任准教授が「次代のIT社会」を描き出した本だ。

今後、企業・世界はテクノロジーが主役の座を占めるようになり、その革新技術の上で企業は活動し、政府も国民もそれに大きく影響された社会に変わっていくと予測する。

著者は「世界を変える近未来の七つのメガトレンド」を挙げ、①データがすべての価値の源泉となる②あらゆる企業がサービス業になる③大企業の優位性が失われる④業界の壁が消え、職種という概念がなくなる――といった新潮流を予見している。

これを防衛面から「次のテクノロジーで《戦争》はどう変わるのか」という視点で読むと、超テクノ社会は防衛政策をも大きく変えていくことが分かる。従来の陸海空の領域に加え、宇宙・サイバー・電磁波といった新領域でも防衛を担わねばならなくなる自衛官にとって、将来の社会の姿を見ておく上で、本書は有用だ。

（講談社刊、946円）

コーサイ・サービスネットショップ
防衛省職員の皆様へ職域限定特別価格にてご提供いたします
Think Bee!　女性に人気のアイテム！プレゼントにおすすめ!!
【材質本体】ビスコース 53%　コットン 23%　アクリル 20%　ポリエステル 3%　ナイロン 1%　【見返し・底切替部】ビスコース 55%　ポリエステル 35%　コットン 10%　【裏地】ポリエステル 100%　【ハンドル】牛革　【サイズ（約）［突起部を除く最大］】H26 X W30 X D13 cm　ハンドル立上 15cm　重量 410 g
ブルーローズ　バック　定価税込 14,300 円　特別価格税込 10,010 円　【サイズ（約）［突起部を除く最大］】H20 X W36X D20 cm　ハンドル立上 21cm　重量 348 g　【材質本体】コットン 52%　麻 48%（PV コーティング）【裏地】ポリエステル 100%　【ハンドル】表地に同じ
グットナイト　バック（チャーム付）　定価税込 18,700 円　特別価格税込 13,090 円　【材質本体】ポリエステル 53%　アクリル 47%　【裏地】コットン 100%　【ハンドル】表地に同じ・合成皮革　【チャーム】牛革・ホットフィックス　【サイズ（約）［突起部を除く最大］】H19 X W34 X D19 cm　ハンドル立上 19cm　重量 325 g
ピアニッシモ　ラージバック　定価税込 18,700 円　特別価格税込 13,090 円　【材質本体】アクリル 48%　ポリエステル 29%　コットン 23%　【裏地】コットン 100%　【ハンドル】牛革　【サイズ（約）［突起部を除く最大］】H32 X W38 X D14 cm　ハンドル立上 10cm　重量 582 g
その他の鞄や財布など期間限定で販売中！
お申込みはこちらから　https://kosai.buyshop.jp/（パスワード：kosai）
※商品の返品・交換はご容赦願います。ただし、お届け商品に内容相違、破損等があった場合には、商品到着後、1週間以内にご連絡ください。良品商品と交換いたします。（掲載の商品は印刷物のため、現物と多少異なる場合があります。）
コーサイ・サービス株式会社　TEL:03-3354-1350　担当：佐藤
〒160-0002新宿区四谷坂町12番20号KKビル4F / 営業時間 9:00～17:00 / 定休日 土・日・祝日

話題の電子書籍「40連隊シリーズ」待望の単行本化!!


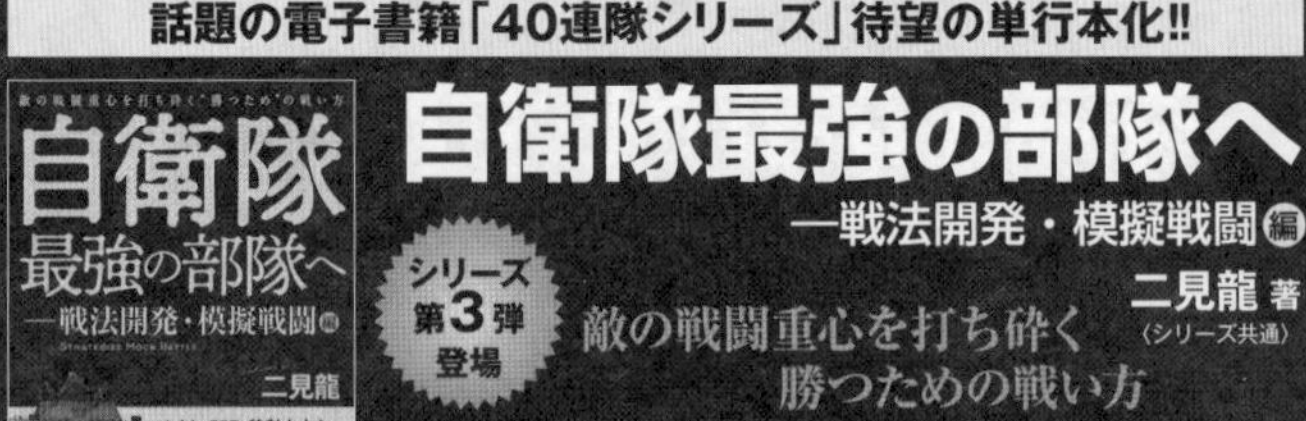


シリーズ第3弾登場

敵の戦闘重心を打ち砕く勝つための戦い方

実戦で勝つための新戦法開発から、その戦法を用いた模擬戦まで。
実戦に特化した訓練に明け暮れた陸上自衛隊・第一線部隊の記録。
定価：本体 1,800円＋税　B6判・288頁　ISBN：978-4-416-52058-1

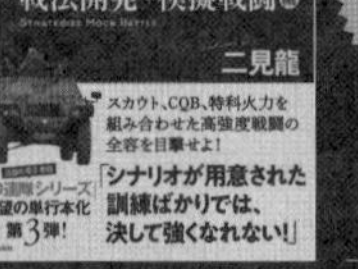


第1弾　偵察・潜入・サバイバル編
見つかったら終わり…。そんな本物の戦場でも生き残ることができる兵士の育成法とは？福岡県北九州市小倉に駐屯する第40普通科連隊と、「スカウト」という戦闘技術を持ったインストラクターチームによる戦闘訓練を綴ったノンフィクション！
ISBN：978-4-416-51908-0

第2弾　CQB・ガンハンドリング編
どうしたら強くなれるのか…、その答えを求めて実戦に特化した訓練に明け暮れた陸上自衛隊・第一線部隊と部外のガン・インストラクターによる近接戦闘、および、ガンハンドリングの訓練を綴った一冊。
ISBN：978-4-416-51951-6

〈第1弾・第2弾共通〉定価：本体 1,500円＋税　B6判・224頁
●著者プロフィール：防衛大学校卒業。第8師団司令部3部長、第40普通科連隊長、中央即応集団司令部幕僚長、東部方面混成団長などを歴任し陸将補で退官。現在、株式会社カナデンに勤務。Kindleの電子書籍やブログ「戦闘組織に学ぶ人材育成」及びTwitterにおいて、戦闘における強さの追求、生き残り任務の達成方法等をライフワークとして執筆中。
誠文堂新光社　〒113-0033 東京都文京区本郷3-3-11　TEL.03-5800-5780　https://www.seibundo-shinkosha.net/
お求めはお近くの書店、ネット書店、または、ブックサービス 0120-29-9625（9時～18時）まで

朝雲

発行所 朝雲新聞社
〒160-0002 東京都新宿区四谷坂町12-20 KKビル
電 話 03(3225)3841
FAX 03(3225)3831
振替00190-4-17600番
定価一部150円、年間購読料9170円（税・送料込み）

One for all, All for one
防衛省生協
あなたと大切な人の"今"と"未来"のために

主な記事



# 統幕長 ベトナム、タイを訪問
## 両国と関係強化で一致

山崎統幕長は3月1日から6日まで、東南アジア諸国連合（ASEAN）各国との関係強化のためベトナムとタイを訪問し、それぞれ参謀長級会談を通じて防衛協力・交流をさらに進展させていくことで一致した。会談では日越、日タイ間の防衛協力が拡大ASEAN防衛相会議（ADMMプラス）などの枠組みを通じて活発化していることを歓迎、地域を取り巻く安全保障環境についても認識を共有した。統幕長は現地訪問中、ベトナムでは「国連平和維持活動支援部隊早期展開プロジェクト（RDEC）」の教育現場を視察、タイでは多国間共同訓練「コブラ・ゴールド20」の閉会式に出席した。（3面に関連記事）

山崎統幕長は1日から4日まで、今年のASEAN議長国を務めるベトナムを訪問。首都ハノイの国防省で国防相のゴ・スアン・リック陸軍大将を表敬、同国軍総参謀長のファン・ヴァン・ザン陸軍上将と会談した。

両者は、2018年に小野寺防衛相（当時）とリック国防相が署名した「防衛協力に関する日越共同ビジョン」に基づき、両国が戦略的パートナーとして防衛協力をさらに促進していくことで合意した。

統幕長は「艦艇の寄港や能力構築支援、ADMMプラスでの協力を通じ両国の関係は活発化している。日越が地域の平和と安定のために協力する意義はますます高まっている」と述べるとともに、「日越の防衛協力・交流の進展について参謀長間で意見交換を継続的に実施し、関係を深化させることが重要だ」と語った。

これに対しザン総参謀長は「昨年は私自身も日本を訪問するなど、ハイレベル交流をはじめとする両国の防衛協力・交流は急速に進展している」との認識を示した。

現地訪問中、山崎統幕長[illegible]確認した。

4日、統幕長はタイに移動。首都バンコクの国防省で軍司令官のポンピパット・ベーンヤシー陸軍大将と会談した。

山崎統幕長は「コブラ・ゴールドへの自衛隊の参加は貴重な訓練の場になるとともに、参加国との防衛協力・交流のよい機会となっている」と述べた。これに[illegible]教育交流の成果についても強調した。

この後、山崎統幕長はタイ国内各地で実施されている「コブラ・ゴールド20」の訓練を視察。参加している自衛隊員らを激励するとともに、各国の要人らが参加した閉会式にも出席し、アジア各国の共同訓練を重要視する日本の姿勢をアピールした。

タイ国防省を訪れ、ポンピパット国軍司令官（右）と会談した山崎統幕長（3月5日、タイの首都バンコクで）

# 聖火到着に備え、リハーサル

東京五輪の「聖火到着式」を1週間後に控えた3月13日、空自は式典会場となる松島基地で、20日当日に披露する予定の4空団11飛行隊「ブルーインパルス」によるリハーサルの模様を報道陣に公開した。6機のうち5機がオリンピックを象徴する5色（黒、赤、緑、黄、青）のスモークを出しながら、基地上空にそれぞれ直径約1200メートルの輪を作り、大空に「五輪旗」を描いた。そのほか、横並びで直線のスモークを引くリーダーズ・ベネフィットなどの飛行展示も行った。（写真は空自提供、7面に関連記事）

# 空自偵空隊、59年の歴史に幕

今月末に廃止される空自偵察航空隊（百里）は3月9日、RF4E偵察機の飛行訓練終了セレモニーを百里基地で行い、約59年間に及んだ同隊の飛行任務を終えた。今後は偵察機能を持つ3空団（三沢）のF35Aステルス戦闘機や令和2年度末に新編予定の「臨時滞空型無人機航空隊（仮称）」のグローバルホーク（3年度に導入）が航空偵察任務を引き継ぐ。

この日、午後1時半ごろ基地を飛び立った3機のRF4E（901、903、909号機）は約1時間の訓練飛行を終えて基地に帰投。初号機の901号機に搭乗した同隊501飛行隊長の岡田智光2佐は滑走路上でタッチ&ゴーを披露し、RF4E"ファントム"最後の雄姿を見せた。

着陸後、岡田隊長が偵空隊司令の朝倉譲1佐に飛行訓練の終了を報告。朝倉司令は訓示で、「（RF4Eの）練成訓練を無事に終えることができたのは、当隊の一人ひとりが誇りをもって職務にあたり、任務にまい進してくれたおかげだ。ありがとう」と隊員たちの労をねぎらった。

RF4Eは機首部の下に光学・赤外線カメラを搭載し、これまで東日本大震災をはじめとする災害時に上空から被災地を撮影し、その写真を防災機関に提供するなど、民生面でも活躍した。その各機体に対し、隊員たちはお神酒をかけてお礼を述べ、別れを惜しんだ。

偵察航空隊の59年にわたる飛行任務にピリオドを打ち、宍戸美帆2曹から花束を受ける偵空隊501飛行隊長の岡田智光2佐（中央左）＝3月9日、空自百里基地で

# 新型コロナ 災派終了
## 延べ8700人が従事

河野防衛相は3月16日、「新型コロナウイルス」の感染拡大防止のため、1月31日から自衛隊が実施してきた医療支援などの災害派遣活動を終結する命令を発出した。

今後も自衛隊病院などでは感染症患者の受け入れを行うとともに、[illegible]自治体などと連携して対応していく方針。

期間中、医官や看護官、薬剤師ら延べ約8700人の隊員が、横浜港に停泊したクルーズ船「ダイヤモンド・プリンセス」の乗客乗員に対する医療・生活・輸送支援などに当たったほか、クルーズ船の下船者や中国から帰国した邦人らの一時滞在施設となった国税庁の研修所（埼玉県和光市）などで生活支援に従事した。また、日本政府のチャーター機（全5便のうち2便）に自衛隊の医官らが同乗し[illegible]

[illegible]

## 統幕幹部が感染
### 仏から帰国、隊員で初

統幕は3月13日、出張先のフランスから帰国した統幕（市ヶ谷）所属の40代の海自幹部自衛官の男性が新型コロナウイルスに感染していたことが確認されたと発表した。隊員の感染が確認されたのは初めて。

同隊員は3月3日に出国し、フランスの国立研究所主催のセミナーに出席した[illegible]

[illegible]ちは順次、PCR検査を受け[illegible]

# 9師団長に亀山陸将
## 潜艦隊司令官に小座間海将

防衛省は3月11日、陸自9師団長の岩村公史陸将と海自潜水艦隊司令官の高島辰彦海将の勇退を認め、後任の9師団長に亀山慎二11旅団長、潜水艦隊司令官には小座間善隆佐世保地方総監部幕僚長をそれぞれ充てる人事を発令した。将に2人、将補に10人が昇任した。発令はいずれも3月18日付。（2面に将・将補昇任者の略歴）

亀山9師団長

小座間潜水艦隊司令官

防衛省発令

▽9師団長（11旅団長） 陸将 亀山 慎二
▽潜水艦隊司令官（佐世保地方総監部幕僚長） 海将 小座間善隆
▽防衛大訓練部長（防衛研究所教育部長） 海将補 保科 俊朗
▽統幕防衛計画部副部長（1護衛隊群司令） 同 江川 宏
▽同首席後方補給官（防衛大訓練部長） 同 金刺 基幸
▽東北方面総監部幕僚副長（陸幕厚生課長） 陸将補 吉田 幸一
▽東部方面総監部幕僚副長（高等工科学校長兼武山駐屯地司令） 同 堀江 祐一
▽高等工科学校長兼武山駐屯地司令（防衛大防衛学教育学群統率・戦史教育室長兼防衛大教授） 同 泉 英夫
▽3師団副師団長兼千僧駐屯地司令（統幕計画課長） 同 田中 仁朗
▽6師団副師団長兼神町駐屯地司令（中部方面総監部人事部長） 同 山本 公威
▽11旅団長（1ヘリ団長兼木更津駐屯地司令） 同 酒井 秀典
▽1ヘリ団長兼木更津駐屯地司令（東北方面総監部幕僚副長） 同 更谷 光二
▽4施設団長兼大久保駐屯地司令（西部方面総監部防衛部長） 同 坂元 秀明
▽富士教導団長（東部方面総監部幕僚副長） 同 森脇 良尚
▽航空学校長兼明野駐屯地司[illegible]計画課長） 同 小牟田秀覚
▽2航空群司令（同教育課長） 同 降旗 琢丸
▽掃海隊群司令（統幕防衛計画部副部長） 同 福田 達也
▽佐世保地方総監部幕僚長（掃海隊群司令） 同 白根 勉
▽舞鶴地方総監部幕僚長（統幕指揮通信システム企画課長） 同 吉岡 猛
▽海自1術科学校長（海自2術科学校長） 同 岩崎 英俊
▽海自2術科学校長（舞鶴地方総監部幕僚長） 同 関口 雄輝
▽海自3術科学校長（統幕首席後方補給官） 同 阿部 智
▽空幕総務部長（南西航空方面隊副司令官） 空将補 影浦 誠樹
▽同防衛部長（6航空団司令兼小松基地司令） 同 門間 政仁
▽北部航空方面隊副司令官（情報本部情報官） 同 高橋 秀雄
▽6航空団司令兼小松基地司令（1航空団司令兼浜松基地司令） 同 加治屋秀昭
▽1輸送航空隊司令兼小牧基地司令（航空開発実験集団幕僚長） 同 佐藤 網夫
▽1航空団司令兼浜松基地司令（北部航空方面隊副司令官） 同 熊谷 三郎
▽航空開発実験集団幕僚長（空幕総務部長） 同 石上 誠
▽阪神病院長兼川西駐屯地司令（熊本病院長兼熊本駐屯地司令） 陸将補 平山 健一
▽熊本病院長兼熊本駐屯地司令（陸幕衛生部企画室長兼中央病院4外科） 同 中岸 義典
▽情報本部情報官（1輸送航空隊司令兼小牧基地司令） 空将補 船倉 慶太
▽防衛装備庁長官官房艦船設計官（防衛装備庁プロジェクト管理総括官） 海将補 星 直也
▽同プロジェクト管理総括官（海自3術科学校長） 同 石田 伸介
▽退職
（9師団長） 陸将 岩村公史
（潜水艦隊司令官） 海将 高島 辰彦
（6師団副師団長兼神町駐屯地司令） 陸将補 滝澤 博文
（富士教導団長） 同 吉田 清悟
（航空学校長兼明野駐屯地司令）[illegible]
[illegible]
（以上3月18日）

将・将補昇任者

▽陸将に昇任
（11旅団長） 陸将補 亀山 慎二
▽海将に昇任
（佐世保地方総監部幕僚長） 海将補 小座間善隆
▽陸将補に昇任
（防衛大防衛学教育学群統率・戦史教育室長）[illegible]
[illegible]
（防衛研究所教育部長） 1海佐 保科 俊朗
（統幕指揮通信システム企画課長） 同 吉岡 猛
（海幕人事計画課長） 同 小牟田秀覚
（同教育課長） 同 降旗 琢丸
（以上3月18日）

## 春夏秋冬

### 新たなジェネレーションギャップ

黒川 伊保子

コミュニケーションの真髄は、[illegible]目の前の人の表情や所作を、自らの神経系に鏡映しのように写しとってしまう能力がある。人の話を聞くときは、[illegible]うなずき、表情を[illegible]の意識[illegible]重ねて[illegible]てくれ[illegible]手は意欲と信頼を感じる。

実は、この共鳴動作がうまくできない若者が増えている。上司は、つい「話、聞いてるのか」と質したくなる。しかし、共鳴できない若者は、困惑するばかりだ。何をどう証明すればいいのか皆目わからないのである。

コミュニケーションの齟齬に留まらない。目の前の人の所作を神経系に移しとれないと、「人の行動」をモジュール（機能の流れ）として捉えることも不得意になってしまう。

「先輩が会議室の汚れたコップを片づけている」から「僕がやります」という発想もできない。先輩の所作が網膜には映っていても風景の一部に過ぎず、「コップを片づけている」という機能モジュールにならないからだ。

これが度重なると、先輩に「なんでやらないんだ」と叱られることになる。このとき、共鳴できない若者は、「誰か僕にやれって言いました?」と真面目に聞いてくるのである。かなり腹立たしいが、彼らだって辛い。パワーハラスメントを受けているとしか思えないのだから。

自衛隊は規則と命令系統のしっかりした組織なので、こういう齟齬は少ないかもしれないが、一般社会ではパワハラ申請の一つの類型になってきている。「誰も教えてくれないのに、いきなり文句を言われる」と泣く新人がいる一方で、「無反応の新人教育に心が折れた」という教育係の声も多く寄せられている。

たまごっちが流行り、携帯電話のメールサービスが始まった1996年生まれの若者から徐々に増加してるので、母が子を見ない"スマホ授乳"がその一端にあるのかもしれない。

話を聞いていないように見え、「察して動く」が絶望的にできない。しかし、能力が低いわけでも、性格が悪いわけでもない。この世代をうまく使わないと、この世は動かない。まずは、「なんで、やらないんだ?」を上司語から消滅させよう。言われた方は「気が利かなくてすみません」と答えれば、無駄な波風が立たない。

（感性リサーチ代表、人工知能研究者）

## 朝雲寸言

[illegible]

Honeywell
4成分選択可能
複合ガス検知器
搭載可能センサー
LEL/O2/CO/H2S/SO2/HCN/NH3/PH3/CL2/NO2
篠原電機株式会社
https://www.shinohara-elec.co.jp/
TEL: 06-6358-2657 FAX: 06-6358-2351

受験対策は最新の法令で！
陸上自衛官 服務小六法 《令和元年版》
定価2,718円+税 共済組合販価 2,330円

検査・点検に必須！
陸上自衛隊 補給管理小六法 《令和元年版》
定価2,540円+税 共済組合販価 2,180円

検定対策は最新の法令で！
陸上自衛隊 新文書実務 《新訂第9次改訂版》
定価2,306円+税 共済組合販価 1,980円

好評発売中！
自衛官 国際法小六法 《平成30年版》
定価2,556円+税 共済組合販価 2,190円

国際軍事略語辞典 《第2版》英和・和英
定価1,400円+税 共済組合販価 1,200円

学陽書房 〒102-0072 東京都千代田区飯田橋1-9-3 TEL.03-3261-1111 FAX.03-5211-3300
（共済組合販価は消費税10％込みです。）
☆ご注文は 有利な共済組合支部へ

退官後、家族のために"今"できること
退官後の自衛官を支える柱

自衛官の退官後を支える「常識」が崩れつつあります。
将来のために"今"できること、考えてみませんか？
将来のために「いつ」「どう取り組むか」

無料書籍プレゼント
全国セミナー開催中



あるお客様の実体験から
今から備えよう
本編はこちら
Agentrive Investors
03-6860-8231

# 時の焦点

## 国内　特措法改正

### 社会の総力挙げ対応を

危機は世界的な広がりを見せている。事態を見誤らぬよう、緊張感を持って対処することが大切だ。

新型コロナウイルスを対象に加える改正新型インフルエンザ等対策特別措置法が成立し、施行された。採決では、与党に加え、立憲民主党、国民民主党、日本維新の会などの野党も賛成に回った。与野党が危機感を共有し、迅速に成立させた意義は大きい。

安倍首相は同法の施行に合わせて記者会見し、「現時点で緊急事態を宣言する状況にはない」と語った。そのうえで、「事態は時々刻々と変化している。推移を注視し、国民の命と健康を守るため、必要であれば手続きにのっとって法律上の措置を実行する」と語った。

改正法が施行されたことで、新型ウイルスが蔓延し、国民生活や経済に甚大な影響を及ぼす恐れがある場合などに、首相は「緊急事態宣言」を出すことが可能になった。宣言が出されれば、都道府県知事が外出の自粛を要請したり、学校などの施設の使用を制限したりすることができる。[illegible]

今回、感染が早期に広がった北海道では、知事が独自に緊急事態宣言を発表し、週末の外出を控えるよう呼びかけた。丁寧な働きかけが欠かせない。[illegible]

感染拡大と並んで懸念されるのは、経済への深刻な影響だ。首相は参院予算委員会で、追加経済対策をまとめる考えを示した。[illegible]個人消費は低迷し、宿泊や観光、飲食など幅広い分野で企業収益が悪化している。東日本大震災やリーマン・ショックを上回る経済的な打撃となる可能性もある。諸外国とも協調し、深刻な景気後退を避ける道を探らねばならない。

学校の休校が長引き、生活不安を募らせる家庭もあるだろう。

ウイルスの収束はなお見えず、長期化を予測する見方もある。与野党問わず、官民問わず、日本の総力を挙げて難局を乗り切るしかない。

富原　三郎（政治評論家）

## 海外　コロナ被害拡大

### 米、対イラン展開修正

昨年12月末に中国で最初に発生した新型コロナウイルスの感染は、世界各国に拡大しているが、中国以外で感染者が特に多い国の一つがイランだ。

欧米メディアは同国を「中東でのコロナウイルスの『グラウンド・ゼロ』」と評し始めたが、[illegible]

米紙「ウォールストリート・ジャーナル」が[illegible]特ダネとして報じたところでは、米軍は中東に駐留する部隊[illegible]

[illegible]

トランプ[illegible]

草野　徹（外交評論家）

# 陸自東方など3部隊に1級賞状

## 「即位の礼」儀式に貢献

「即位の礼」に関する一連の儀式に貢献した功績で、部隊を代表して河野防衛相（右）から1級賞状を授与される小野塚東方総監。後方は陸海空自の指揮官ら（3月11日、防衛省で）

昨年の天皇陛下の「即位の礼」に関する一連の儀式の円滑な実施に大きく貢献した功績で、3月11日、陸自東部方面隊、陸上総隊、海自東京音楽隊、航空総隊に河野防衛相から1級賞状が授与された。併せて安倍首相からの総理大臣感謝状が陸自中央音楽隊に伝達された。

大臣室で行われた授与・伝達式には山本副大臣、渡辺、岩田両政務官をはじめ、髙橋事務次官、山村海幕長、丸茂空幕長、島田官房長、増子統幕副長、竹本陸幕副長が立会。

河野大臣は「全隊員が一致団結して平素の訓練成果を遺憾なく発揮し、『即位の礼』関連行事の円滑な挙行に多大な貢献をした」と述べ、「東部方面隊・同配属部隊・同支援部隊」を代表して東方総監の小野塚貴之陸将、「陸上総隊・同配属部隊」を代表して陸上総隊幕僚長の小和瀬一陸将、「航空総隊・同支援部隊」を代表して航空総隊司令官の井筒俊司空将にそれぞれ1級賞状を手渡した。

続いて、演奏支援を実施した陸海空自の各音楽隊を代表して、陸自中央音楽隊長の樋口孝博1佐、東京音楽隊長の樋口好雄2佐、航空中央音楽隊長の松井徹生2佐にそれぞれ河野大臣から内閣総理大臣感謝状が贈られた。

自衛隊は昨年10月22日の「即位礼正殿の儀」で「祝砲」支援を、11月10日の「祝賀御列の儀」では「儀仗」「と列」「奏楽」の祝賀支援を実施。関連行事を含めて不測事態に対処するため、即応体制を強化するとともに、警戒監視や情報収集などに当たり、会場周辺の安全確保に万全を尽くした。

# 習志野駐業

## セブンと災害時の協定締結

### 駐屯地の売店24時間営業へ

【習志野】習志野駐屯地業務隊（隊長・神嵜忍2佐）は3月4日、駐屯地内でコンビニエンスストアを運営する「セブン&アイ・フードシステムズ」（東京都千代田区）「セブン-イレブン・ジャパン」（同）の2社と「災害時における商品供給等に関する協定」を締結した。

習志野駐業は昨年、千葉県に甚大な被害をもたらした台風災害など、部隊の災害派遣任務が年々増加し、派遣隊員が24時間シフト態勢で業務に当たる状況が増えていることから、駐屯地内の売店を常時利用できる体制の構築を目指してきた。

今回の協定締結により「セブン-イレブン」は通常午前6時から午後11時までが営業時間だが、災害時は24時間体制の営業となり、災派出動部隊はいつでも必要な商品の購入が可能となる。

「セブン-イレブン」側としても災害発生時、継続的な売れ筋商品の供給やレジの混雑防止などのメリットがある。

協定締結後、神嵜隊長が店舗側に「災派などあらゆる状況に応じた商品供給を継続的に行っていただければ」と要望を述べると、店側も「最大限の努力をし、（隊員の皆さまのために）営業を継続するよう協力する」と応じた。

「災害時における商品供給等に関する協定」を締結した（左から）セブン-イレブン・ジャパンの佐藤裕樹ディストリクトマネジャー、同社法人サポート担当の鈴木伸一氏、神嵜業務隊長、セブン&アイ・フードシステムズ出店開発担当の横山靖明氏（3月4日、習志野駐屯地で）

# 海保と共同訓練

## 不審船対処で17回目

海自

海上自衛隊は3月5日、若狭湾で海上保安庁の巡視船と「不審船対処」の共同訓練を実施した。

訓練は平成11年に両者が策定した「不審船に係る共同対処マニュアル」に基づき行われ、今回で17回目。海自からはミサイル艇「うみたか」とSH60K哨戒ヘリ1機、海保から巡視船「きそ」と「えちぜん」が参加した。

訓練は「臨海部にある原子力発電所に不審船が近づいている」という想定で行われ、両機関による①情報共有②共同追跡・監視③原子力発電所に向かう不審船への艦艇とヘリによる対処④ヘリ発着艦と給油――をそれぞれ演練し、洋上での両者の共同対処能力を強化した。

原発に近づく不審船対処の共同訓練を行う（左から）海保の巡視船「えちぜん」、海自ミサイル艇「うみたか」、海保巡視船「きそ」（3月5日、若狭湾で）

# 海自1佐を懲戒免職

海自は3月10日、兼業と秘密保全に関する違反をしたとして森田哲哉1佐(55)＝護衛艦隊司令部付＝を懲戒免職処分とした。

森田元1佐は、平成16年ごろから約10年間、妻名義でインターネット上で性的な情報商材を販売するとともに、22年ごろからは派遣型風俗店を経営して収入を得ていた。また、懇意になった女性に対して艦艇の出入港に関する情報を漏洩していた。

# 共済組合だより

## ライフプラン支援サイト

### 共済組合HPから4社のWebサイトに連接

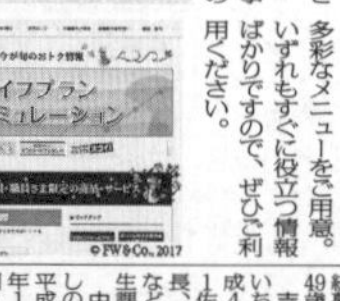


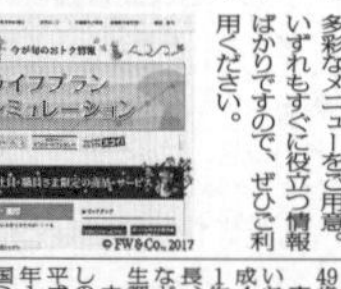

皆さまは共済組合のホームページ（HP）からアクセスできる「ライフプラン支援サイト」をご存じですか？

共済組合HPから野村證券、第一生命、三井住友信託銀行、三菱UFJ信託銀行の4社が開設する各Webサイトに進むことができます。

いずれのサイトも基本事項を入力するだけで将来の家族の状況が予測できる「ライフプラン・シミュレーション」をはじめ、結婚、出産、子供の教育、健康、老後など、人生のさまざまなシーンやそれに伴うお金にまつわる各種情報を得られます。

このほか、各サイトでは多彩なメニューをご用意。いずれもすぐに役立つ情報ばかりですので、ぜひご利用ください。

# 将昇任者略歴

**亀山　慎二**（かめやま・しんじ）陸将　防大31期。昭和62年陸自。平成13年2佐、18年1佐、25年将補。小平学校副校長、3師団副師団長、東北方幕僚副長、中央情報隊長などを経て、30年8月11旅団長。長崎県出身。56歳。

**小座間　善隆**（おざま・よしたか）海将　明大卒。昭和63年海自。平成14年2佐、19年1佐、27年将補。舞鶴地方総監部幕僚長、潜水艦隊幕僚長などを経て、令和元年8月佐世保地方総監部幕僚長。神奈川県出身。55歳。

# 将補昇任者略歴

**泉　英夫**（いずみ・ひでお）陸将補　防大38期。平成6年陸自。20年2佐、25年1佐。41普連長、陸幕運用支援課長などを経て、令和元年8月防大防衛学教育学群統率・戦史教育室長。東京都出身。47歳。

**田中　仁朗**（たなか・よしろう）陸将補　防大38期。平成6年陸自。20年2佐、25年1佐。5普連長、国連南スーダン共和国ミッション派遣施設隊長などを経て、29年8月統幕計画課長。兵庫県出身。49歳。

**吉田　幸一**（よしだ・こういち）陸将補　名城大卒。平成4年陸自。18年2佐、23年1佐。陸幕教育訓練課教育班長、14普連長、北方防衛部長などを経て、30年3月陸幕厚生課長。東京都出身。51歳。

**中岸　義典**（なかぎし・よしのり）陸将補　防医大17期。平成8年陸自。21年2佐、25年1佐。国連南スーダン共和国ミッション派遣施設隊、西方医務官などを経て、30年3月陸幕衛生部企画室長。東京都出身。48歳。

**山本　公威**（やまもと・きみたけ）陸将補　防大36期。平成4年陸自。18年2佐、23年1佐。陸幕装備計画課補任班長、25普連長、2師団幕僚長などを経て、30年3月中方人事部長。香川県出身。50歳。

**坂元　秀明**（さかもと・ひであき）陸将補　防大37期。平成5年陸自。19年2佐、24年1佐。研究本部主任研究開発官、統幕運用2課国際協力室長などを経て、30年8月西方防衛部長。鹿児島県出身。49歳。

**保科　俊朗**（ほしな・としあき）海将補　平成22年1佐。特別警備隊長、4潜水隊司令、潜艦隊訓練主任幕僚などを経て、31年3月防衛研究所教育部長。

**吉岡　猛**（よしおか・たけし）海将補　平成22年1佐。米中央軍司令部連絡官、3護隊司令、7護隊司令などを経て、28年12月統幕指揮通信システム企画課長。

**小牟田　秀覚**（こむた・しゅうかく）海将補　平成24年1佐。4護群首席幕僚、12護隊司令、海幕人計課人事計画調整官などを経て、29年12月海幕人計課長。

**降籏　琢丸**（ふりはた・たくまる）海将補　平成25年1佐。海幕防衛課編成班長、11航空隊司令などを経て、29年8月海幕教育課長。

備蓄用・贈答用として最適
防災スイーツパン
自衛隊バージョン
陸・海・空自衛隊の"カッコイイ"写真をラベルに使用
若田飛行士と宇宙に行きました!!
「しらせ」と南極に行きました!!
3年経っても焼きたてのおいしさ♪
焼いたパンを缶に入れただけの「缶入りパン」と違い、発酵から焼成までをすべて「缶の中で作ったパン」ですので、安心・安全です。
陸上自衛隊：ストロベリー　イチゴジャムの甘い香りと美味しさが口の中に広がります。
海上自衛隊：ブルーベリー　甘酸っぱい、さわやかなブルーベリージャムの風味が楽しめます。
航空自衛隊：オレンジ　オレンジのジャムを練り込んだ、柑橘系のさわやかな味です。
開缶前にお湯などで軽く温めると焼きたての風味も楽しめます。
(小麦・乳・卵・大豆・オレンジ・リンゴが原材料に使用されています。)
【定価】
6缶セット 3,600円(税込)を 特別価格 3,300円(税込)
1ダースセット 7,200円(税込)を 特別価格 6,480円(税込)
2ダースセット 14,400円(税込)を 特別価格 12,240円(税込)
(送料は別途ご負担いただきます。)
TV「カンブリア宮殿」他多数紹介!
内容量：100g／国産／製造：(株)パン・アキモト
1缶単価：600円(税込)　送料別(着払)
昭和55年創業 自衛官OB会社
株式会社 タイユウ・サービス
〒162-0845 東京都新宿区市谷本村町3番20号 新盛堂ビル7階
TEL：03-3266-0961　FAX：03-3266-1983
ホームページ タイユウ・サービス 検索

防衛省職員および退職者の皆様へ
防衛省団体扱 自動車保険・火災保険のご案内
【引受保険会社】東京海上日動火災保険株式会社
防衛省団体扱自動車保険契約は一般契約に比べて 約19%割安
予備自衛官、即応予備自衛官の皆様もご契約いただけます
お問い合わせは
取扱代理店 株式会社 タイユウ・サービス
フリーダイヤル 0120-600-230
電話：03-3266-0679　FAX：03-3266-1983
〒162-0845 東京都新宿区市谷本村町3番20号 新盛堂ビル7階
今ご契約の自動車保険、火災保険の内容と比べてみてください
防衛省団体扱火災保険契約は一般契約に比べて 約15%割安

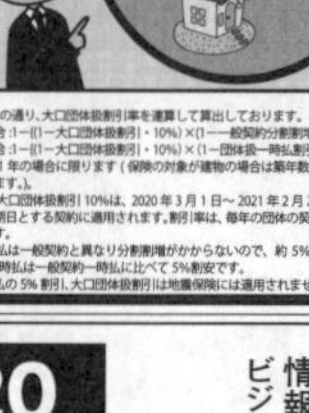

発売中!!
平和・安保研の年次報告書
アジアの安全保障 2019-2020
激化する米中覇権競争　迷路に入った「朝鮮半島」
我が国の平和と安全に関し、総合的な調査研究と政策への提言を行っている平和・安全保障研究所が、総力を挙げて公刊する年次報告書。定評ある情勢認識と正確な情報分析。世界とアジアを理解し、各国の動向と思惑を読み解く最適の書。アジアの安全保障を本書が解き明かす!!
西原　正　監修
平和・安全保障研究所　編
判型　A5判／上製本／284ページ
定価　本体 2,250円＋税
ISBN978-4-7509-4041-0
朝雲新聞社
〒160-0002 東京都新宿区四谷坂町12－20KKビル
TEL 03-3225-3841　FAX 03-3225-3831
http://www.asagumo-news.com
最近のアジア情勢を体系的に情報収集する研究者・専門家・ビジネスマン・学生 必携の書!!

# 多国間共同演習「コブラ・ゴールド20」

## 小学校に多目的ホール建設

米軍とタイ軍が共催する東南アジア最大級の多国間共同訓練「コブラ・ゴールド（CG）20」が2月25日から3月6日まで、タイ国内で行われた。訓練には日、米、タイのほか、印、中、韓、インドネシア、マレーシア、シンガポールが加わり、自衛隊は現地にC130H輸送機と軽装甲機動車を持ち込み、「在外邦人等保護措置訓練」の一連の流れを演練した。さらに、指揮所訓練や衛生・建設活動などを通じ、国際平和協力活動などでの統合運用能力を高めたほか、初開催の「多国間サイバー攻撃等対処訓練」や「空挺降下訓練」にも参加し、各種事態の発生に備えた。CG20の閉会式にはタイ出張中の山崎統幕長も出席し、日本と自衛隊のプレゼンスを示した。

多国間共同訓練「コブラ・ゴールド20」で、米・タイ軍の工兵と共に小学校の多目的ホールの建設に当たる陸自中央即応連隊施設中隊の隊員たち（2月25日、タイ北部のスコータイで）

約1カ月間の建築作業を終えて、小学校の多目的ホールの落成式に臨む隊員たち（3月5日）

CGは1982年から毎年行われ、自衛隊は2005年から加わり、今年で16回目。今回は隊員約240人が参加した。

最初に「人道・民生支援活動」の建設分野（ENCAP）に加わった陸自中央即応連隊（宇都宮）施設中隊の隊員5人は、他の訓練に先駆け1月28日に現地入りし、米、タイの工兵部隊と共に地元の小学校で「多目的ホール」の建設に着手した。

隊員たちは敷地内に宿泊用テントを設営して準備を進め、2月5日に着工式を開催。ホールの設計から施工、工程管理までで一連の建築作業を、照り付ける太陽の下で3カ国が協力しながら行った。約1カ月間の作業を終えて3月5日、落成式を迎え、完成を待ちわびた学校関係者から感謝の言葉が贈られた。

小学校での作業の休憩時間には「けん玉教室」を開き、児童たちと触れ合う陸自隊員（左奥）＝2月25日

### C130H輸送機で在外邦人保護

一方、空自のC130Hを使用した「在外邦人等保護措置訓練（RJNO）」は2月29日、陸・空自の隊員約165人が参加し、ウタパオ海軍基地で行われた。

訓練は「仮想国で政情が不安定化し、邦人を国外に脱出させる必要がある」という想定の下で実施され、基地内に日米タイ3カ国の「退避統制所（ECC）」を開設。陸自隊員らは、建物を取り囲む暴徒を排除するため、軽装甲機動車から特殊音を大音量で流しながら前進し、一時避難所に集まった在留邦人ら約40人の避難者を乗せた車両を空港のECCまで誘導した。

ECCでは、空自隊員らが航空機への搭乗前の持ち物検査やセキュリティーチェックを実施。併せて今回は新型コロナウイルスの感染拡大防止のため、タイ軍がウイルスチェックも行った。

その後、邦人らは空自C130Hに搭乗、隊員らは空路で安全な地域に脱出させるまでの一連の流れを演練した。

「在外邦人等保護措置訓練」で、陸・空隊員の警護の下、空自C130H輸送機に乗り込む在留邦人ら（2月29日、ウタパオ海軍航空基地で）

ウタパオ基地に設置した退避統制所（ECC）で、在留邦人のセキュリティーチェックを行う陸・空自隊員ら。邦人らは陸自のヘルメットをかぶって待機した（2月29日）

### 初の多国間サイバー訓練も

今回初めて実施された「多国間サイバー攻撃等対処訓練（FTX）」は2月24日から3月6日まで、バンコクで行われ、自衛隊からは指揮通信システム隊などの隊員約10人が加わった。隊員たちは各国の兵士らと共に、システムへのサイバー攻撃対処や、多国間での情報共有、調整要領などを確認した。

このほか、陸自空挺団の隊員約25人は3月4日から6日まで、「統合火力演習」の中で行われた「フレンドシップ・ジャンプ」に初めて参加。米軍のV22オスプレイやC130J輸送機から次々と自由降下し、タイの青空に落下傘の花を咲かせた。

「フレンドシップ・ジャンプ」に参加した各国の空挺隊員。後方は米軍のV22オスプレイ（3月6日、スコータイで）

今回初めて行われた「多国間サイバー攻撃等対処訓練」で、各種事態対処にあたる参加国の隊員ら（2月26日、タイの首都バンコクで）

## 女性空挺隊員 第1号　橋場3曹　大空へ

初の女性空挺隊員・橋場麗奈3曹（31）、飛行中のC130H輸送機から大空にジャンプ――。空挺教育隊の「第319期基本降下課程」の修了式が3月4日、習志野駐屯地で行われ、中村英昭隊長から橋場3曹＝体育学校2教育課女子ラグビー班（朝霞）＝ら学生96人に「空挺徽章」が授与され、晴れて"精鋭無比"の空挺隊員の一員となった＝3月12日付既報。

70年の歴史をもつ陸自で、強靭な意志と挺身不撓の気概が求められる初の「女性空挺隊員」となった橋場3曹のこれまでの降下訓練の様子と課程修了式のシーンを写真で振り返る。

初めての空挺降下訓練に先立ち、搭乗するC130H輸送機の前で記念撮影する橋場3曹。パラシュートなど各種装備の総重量は約60キロにもなり、降着時にはけがをしないよう、柔軟な接地が必須となる（2月19日、空自入間基地で）

高度約340メートル、時速約210キロで飛行する空自C130H輸送機から空挺降下を行う直前の橋場麗奈3曹（中央の迷彩服）。この空挺降下は東京タワーの頂きから新幹線の速度で飛び降りるのと同じだ（2月25日、習志野演習場上空で）

空挺教育隊の319期基本降下課程修了式で中村隊長から空挺徽章を授与される橋場3曹（右）。この瞬間、陸自初の「女性空挺隊員」が誕生した（3月4日、習志野駐屯地で）

2020 NEW MODEL
大型スポットクーラー BSC-10
三相200V
強風・冷風を兼ね揃えた大風量スポットクーラー！
倉庫、コンテナ積み下ろし作業等に最適！
気持ち良い風を約15m先までお届け！
環境改善
熱中症対策
大風量
スポット冷房
内径約41cmの大型冷風口
吹出口風速約7.28/8.20m/s
最大風量約55/62㎥/min
必要な時、必要な時間だけ効率的な空調
スポットクーラーシリーズ
天吊り・消防法適合・煙数ダクト等ご用意しております

大型循環送風機 ビッグファン
熱中症対策
空調補助
節電・省エネ
大風量で広範囲へ送風！
BF-60J
DCF-60P
BF-75V
BF-100V
BF-125V

コンプレッサー式除湿機
目的に合ったドライ環境を提供
結露・カビを抑え湿気によるダメージを防ぎます！
DM-10　DM-15/DM-15T　DM-30
株式会社 ナカトミ
〒382-0800 長野県上高井郡高山村大字高井6445-2
https://www.nakatomi-sangyo.com
お問い合わせはこちら
TEL:026-245-3105
FAX:026-248-7101

## 部隊だより

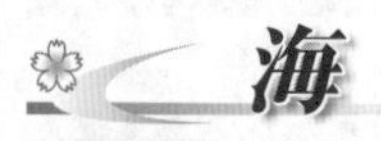

## 海

**大湊** 音楽隊は2月7日から20日まで、青森県内6カ所で「入隊予定者激励会」を支援した＝写真㊤。期間中、激励会には計267人の学生が参加。音楽隊は行進曲「軍艦」や森山直太朗作詞・作曲の「さくら」など計5曲を披露した。学生たちは「近くで演奏を聴くのが初めてで、迫力があり感動した」「音楽隊がとても格好良かった」などと語った。

**横須賀** 護衛艦「はたかぜ」の呉基地への転籍に向けた「転籍祝賀会」が1月31日、ジャパンマリンユナイテッド横浜事業所で開かれた＝写真㊤。乗員のほか歴代艦長や「はたかぜ会」会員などが出席し、平成23年の東日本大震災で福島原発派遣などで活躍した同艦の功績をたたえた。横須賀基地には3月、最新鋭イージス艦「まや」が配備される。

**舞鶴** 教育隊で2月18日、374期練習員課程58人の修業式を行った。式辞で教育隊司令の大鋸寿宣1佐は「今後、壁にぶつかったら一度立ち止まり、己の原点である教育隊を思い出してほしい。同期との絆を大切に、何事も決して諦めず立ち向かっていく諸君であることを期待する」と激励。式後、隊員たちは雪が降りしきる中、全国の部隊へと赴任した。

**下関** 43掃海隊はこのほど、掃海艇「とよしま」「うくしま」を博多港に派遣し、募集広報を行った。2日間で約1000人が訪れ、掃海艇の艦橋や装備品を見学したほか地本の広報ブースにも来訪。「説明してくださった方の話がとても楽しかった」などの感想があった。募集対象者と協力者への特別公開では2艇の特製カレーを体験喫食し、好評を博した。

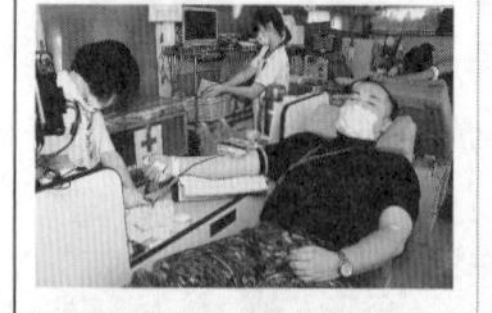

**大村** 基地は2月27、28の両日、長崎県赤十字血液センターの依頼で献血に協力した。年に3回行っており、今回は[illegible]人の隊員が協力した。[illegible]間で通算100回目の献血を達成し、記念品の盃を受領。北村3佐は「健康管理に気を付けながらこれからも続けたい」と語った。

**滝川** 10即機連1中隊長の對馬貴士1尉以下27人は2月21日、隊区の赤平市で「高齢者宅ボランティア除雪」を実施、駐屯地修親会の25人も参加した＝写真㊨。同活動は平成8年から毎年行っている。隊員たちは一人暮らしの高齢者宅を訪問し、屋根に積もった雪を下ろし、軒下の凍りついた雪も粉砕。作業を終えると、住民から感謝の言葉が贈られた。

**美幌** 101特科大隊は2月12日、大空消防署、東藻琴消防団と共同で「冬季藻琴山救助訓練」を実施、今年は網走消防本部と女満別消防団も参加した。「藻琴山で行方不明者が発生した」という想定で行われ、消防と2個ルートに分かれて捜索。自衛隊は消防と連携して合同本部と綿密に連絡を取りながら、行方不明者捜索とアキオ曳行での搬送訓練を行った＝写真㊧。

# 雪不足から一転 大雪で除雪

## 14普連、冬季国体に154人協力

### 関門員や選手誘導担う

コンバインドクロスカントリーの競技中、コースの横に待機して、できた窪みの補修を行う隊員たち（左奥と右奥）

激しい降雪の中、ジャンプ台の滑走面に積もった雪を取り除き、コース整備に当たる14普連の協力隊員たち（迷彩服）

14普連は2月11日から19日まで、富山県の富山市と南砺（なんと）市で開催された国民体育大会冬季大会のスキー競技会「とやま・なんと国体2020」に協力し、コース整備や競技の進行補助などを行った。

この協力活動のため、連隊は本管中隊、2・3中隊、重迫中隊と地元・富山駐屯地の382施設中隊の隊員を加え、計154人で協力隊を編成。

11日から16日までの準備期間中、南砺市会場では本管中隊と3中隊がジャイアントスラローム、382施設中隊がクロスカントリーを担当。一方、富山市会場では重迫中隊がスペシャルジャンプとコンバインドジャンプ競技、2中隊がコンバインドクロスカントリーを担当した。

当初、各会場では暖冬による雪不足で開催が危ぶまれていたが、外から運び込んだ雪を敷きつめてコース整備などに当たった。

17日から競技が開始され、協力隊員たちはコース上での関門員や選手誘導員として大会の運営に大きく貢献した。

この競技期間中、寒波が北陸地方を襲い、各競技会場は一転、大雪に見舞われた。隊員たちは早朝から除雪作業などに従事し、コースを修復。こうした隊員たちの献身的な活動により、予定された競技はすべて無事に終了した。（金沢）

選手の安全確保のため、クロスカントリーのコースにネットを張る14普連の隊員たち

## 陸

**岩見沢** 駐屯地は1月27日から2月14日まで、岩見沢駅東市民広場公園で開催された「IWAMIZAWAドカ雪まつり」のメインステージを制作。398施設中隊が滑り台付きメインステージの制作を担任し、14日の引き渡しにこぎつけた。このほか、12日には地元の市立中央小学校の児童49人を現場に招き、作り方を教えながら共に制作した＝写真㊦。

**真駒内** 札幌病院44期初級陸曹特技課程「准看護師」の学生24人は2月5日から15日まで、市内のスキー場と北海道大演習場真駒内射場地区で滑降・滑走訓練を行った。最終日の午前に6キロの個人走、午後からは部隊機動の各競技会を実施。個人走の競技後、大鹿芳郎病院長は「学生諸官が全力で頑張る姿を見て元気をもらった」と訓示した。

**弘前** 39普連本管中隊長の工藤義利1尉以下65人は1月9日から2月7日まで「弘前城雪燈籠まつり」の雪像制作に協力、「旧弘前偕行社」の大雪像1基と滑り台2基を完成させた＝写真㊦。8日の開会式当日、会場の弘前公園で櫻田宏・弘前市長が隊員たちを激励。木原邦洋連隊長が「雪像完成引渡書」を市長に手渡すと、会場は大きな拍手に包まれた。

**福島** 駐屯地の女性隊員は2月13日、福島市の結婚式場で開かれた「女性の自衛隊協力会―花もの会」との交流会に参加した。[illegible]と語った。

**高田** 5施群は2月12日、新潟県妙高市の赤倉観光リゾートスキー場で[illegible]を飾った。

**豊川** 49普連は2月15、16の両日、[illegible]

**前川原** 幹候校は2月17日から20日まで、100期一般幹部候補生Ⅰ課程後段の集大成となる「総合訓練」を行った。候補生たちは極寒の中、昼夜かけて佐賀県小城市から大野原演習場までの80キロを行進した。演習場に到着後、直ちに集結地を占領、敵陣地偵察を実施。翌日の早朝から攻撃を開始し、敵先遣部隊を撃破し、任務を完遂した。

**目達原** 駐屯地は1月17日、佐賀県有田町在住の陶芸家で人間国宝の井上萬二さんを招き、「陶芸の道」と題した講話を実施した。[illegible]

**福岡** 19普連は1月25日、[illegible]

**えびの** 駐屯地は2月1、2の両日、南九州最大級の買物市「京町二日市」で[illegible]

## 空

**静浜** 航空警務隊（市ヶ谷）によるポスター募集の審査で、静浜気象隊の石原秀光曹長の「薬物事犯防止用ポスター」が最優秀賞に選ばれた＝写真㊦。空警隊司令の廣瀬2佐が伝達。ポスターは教材整備隊（浜松）が100枚印刷し、全基地で掲示される。石原曹長は「皆さまの防犯意識向上に役立てれば」と語った。

**美保** 3輸空はこのほど、「美保リレーカーニバル」を開催し、[illegible]

**芦屋** 基地は2月28日、隣接する「三里松原」で松の植樹を行った。平成23年から毎年、地元の方々と一緒に行っていたが、今回は新型コロナウイルスの影響を踏まえ、[illegible]


## 防衛省職員・家族団体傷害保険

# 親介護特約が好評です！

**介護にかかる初期費用**

要介護状態となった場合、必要と考える初期費用は平均252万円との結果が出ています。

（出典）生命保険文化センター「平成27年度生命保険に関する全国実態調査」

**初期費用の目安**

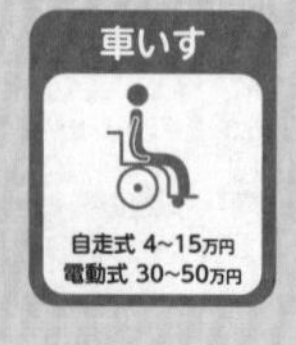


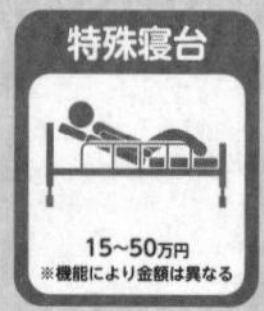

**気になる方はお近くの弘済企業にご連絡ください。**

【引受保険会社】（幹事会社）
三井住友海上火災保険株式会社
東京都千代田区神田駿河台 3-11-1 TEL:03-3259-6626

【共同引受保険会社】
東京海上日動火災保険株式会社　損害保険ジャパン日本興亜株式会社　あいおいニッセイ同和損害保険株式会社
日新火災海上保険株式会社　楽天損害保険株式会社　大同火災海上保険株式会社

【取扱代理店】
弘済企業株式会社
本社：東京都新宿区四谷坂町 12 番地 20 号 KK ビル
TEL：03-3226-5811（代表）

# 三菱重工の自律型水中航走式機雷探知機「OZZ5」

# 2年後、護衛艦搭載めざす

海上自衛隊は新型護衛艦（30FFM、3900トン）に搭載する自律型水中航走式の機雷探知機「OZZ5」の調達を令和2年度から開始する。海自の機雷捜索はこれまで掃海艦艇が行ってきたが、「OZZ5」の導入により護衛艦も実施できるようになる。護衛艦は速力で優り、東南アジアや中東の国際海峡が機雷で封鎖されたような場合でも迅速な対処が可能になる。

海面に降ろされた水中ロボット「OZZ5」（いずれも三菱重工業提供）

①機雷捜索する海域条件等に基づく航走計画の自動作成と、水中無人機の管制／状態監視を実施

危険海域（機雷原）

自律型水中航走式機雷探知機「OZZ5」の運用イメージ

## 遠隔操作から自律型へ

「OZZ5」は防衛装備庁が「自律型水中航走式機雷探知機」として三菱重工業と共に開発。全長約4メートル、直径53センチの魚雷型をした水中無人機（UUV）で、護衛艦から発進後、指定された海域を自動でくまなく捜索に当たり、海底に敷設された機雷を探知する。

近年、海底の泥の中に埋没する「ステルス機雷」が出現するなど、機雷探知はより難しくなり、安全策を講じた掃海艦艇でも危険性が高まっている。「OZZ5」はこれに対応するもので、従来の艦艇上からケーブルを引いた遠隔操作式の機雷処分具から、自律型の水中ロボットによる作業に改める。

「OZZ5」を運用する新型護衛艦（FFM）は現在、4隻が建造中で、1番艦は令和3年度末に就役の予定だ。

同UUVは入力されたプログラム通りに指定海域をくまなく航走し、機雷捜索に当たる。自己位置を高精度で検出できるよう、航法にはGPSとINS（慣性航法装置）を利用。INSはDVL（対地・対水速度計）情報で補正される。

機体には前方と後方に制御性が高い「X舵」が配置され、潮流の早い海域でも超低速（数ノット）で正確な航走ができる。

機雷捜索にはサイドスキャンタイプの高周波・低周波合成開口ソーナーを使用。高周波合成開口ソーナー（HFSAS）は小型の沈底機雷探知に有効で、低周波合成開口ソーナー（LFSAS）は埋没機雷の捜索に用いられる。

「OZZ5」のコントロールはFFMの艦内で行われる。

機雷敷設海域に進出したFFMは、機雷原の外に待機。ここで、①海域の環境条件（潮流など）を調査し、UUVの最適な航走計画（ルートプラン）を立案②その計画に基づきUUVを投入し、機雷捜索活動を開始③UUVが取得したデータを艦上で解析し、機雷の敷設場所を確認。機雷は水中処分員や遠隔操縦ロボットなどで処理――の手順で行う。

「OZZ5」の開発では、世界初となる異なる2周波の合成開口ソーナーの同時搭載、機体の前後に「X舵」の採用、独自の精密航法装置の実用化などが高く評価され、開発した三菱重工業は令和元年度「防衛基盤整備協会賞」を受賞した。

## 防衛技術

# 技術が光る

>91<

## コンクリート湿潤養生シート「アクアパック」　鴻池組

## 濡らして貼るだけ！　寿命増進

## 緻密化で塩害対策の耐性が向上

海風で隊舎の鉄筋が錆びるのを防ぐため、外壁コンクリートにシートを被せたいが、人数もコストもかかり大変だ――。

そんな海沿いの駐屯地、基地隊員を悩ませる塩害対策の手間を軽減してくれる画期的な製品がコンクリート湿潤養生シート「アクアパック」だ。自衛隊の迷彩服製作を担うユニチカ、クレインと共にこのアクアパックの開発を手掛けたのが大手建設会社の鴻池組（本社・大阪市中央区）だ。

アクアパックは保水性に優れるコットン（綿）スパンレース不織布とポリエステル製の非透水性フィルムで作られ、不織布部分にはあらかじめ改質効果のある「ケイ酸塩」を含む水溶液をしみ込ませ、乾燥させてある。一度水に浸してコンクリートに貼るだけで作業は完了する。その後、アクアパックからコンクリート表面に水分が染みわたり、湿潤状態を維持し続ける。

「原理としては女性が使用する化粧用のパックと同じで、高い保湿効果があります。1週間貼るだけでコンクリートが緻密化し、中性化や塩害などへの耐性が上がります」と話すのは鴻池組技術企画部の小山孝課長だ。

アクアパックは非透水性フィルムを重ね合わせていることで、不織布側の水分が保たれ、仮に乾いても、水に塗らすだけでその養生機能が復活し、水分がコンクリートに浸み渡っていく。このため貼り付けた後に水を加える必要もないという。

アクアパックの1枚のシートの大きさは幅950ミリ、縦600ミリの横長のシートで、50枚1組で重さは3キロと軽量のため、離島の部隊にも容易に運搬でき、基地の壁なども補強できる。

「コンクリートは水の中で養生するのが強度発現には一番効果が高いのですが、アクアパックを使うことで水中養生と同等の効果を得ることができます。これらのことから、アクアパックは塩害への効果があることが分かってきていました」と小山課長。

コンクリート湿潤養生シート「アクアパック」のシートを手にする鴻池組の長沼課長代理。水に浸して貼るだけで塩害の耐性が向上し、劣化を防げる（ホテルグランドヒル市ケ谷で）

陸上自衛隊ではこれから「オスプレイ」の部隊が配備される予定の海辺の駐屯地や沖縄の離島部隊の新たな整備が予定されており、施設のメンテナンスも課題になっている。

小山課長はアクアパックについて「汚れがなければ3回程度は他の壁にも転用できるので、コスト面でも優れています。施設の強度維持が図られるので自衛隊では特に有用です」と語った。

## 災害時の情報収集力アップへ

## 6普連、ドローン操作訓練

【6普連＝美幌】6普連は2月12日から19日まで、美幌駐屯地と美幌訓練場で「災害時用ドローン」の操作訓練を行った。災害発生時に偵察で用いるドローンの操作要領を隊員に普及し、連隊の災害情報収集能力を高める目的で実施された。

連隊には令和元年7月からドローンUAV（災害用Ⅱ型）が導入され、本格的な操作訓練は昨年9月に続き2回目。ドローンは橋の下など地上から接近が困難な場所でも容易に偵察でき、災害時の部隊の進出ルート決定や、被災地での2次災害回避などに活用できる。

訓練では最初にドローンの概要、器材の取り扱い要領について説明、その後、訓練場で実際にドローンを使って上昇・ホバリング・着陸など基本を訓練した。さらに応用訓練として円滑な操作技術を習得するための円形飛行や、映像を伝送するための映像装置基礎操作教育なども実施した。

ドローンUAV（災害用Ⅱ型）＝右奥＝の操作訓練を行う6普連の隊員（美幌訓練場で）

## 技術屋のひとりごと

## ゲームチェンジャーUUV

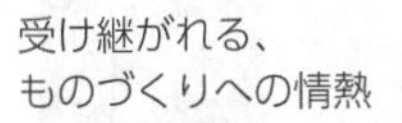

篠原　研司

（防衛装備庁艦艇装備研究所研究企画官）

新「防衛大綱」で戦闘様相を一変するゲームチェンジャーとして注目され、水中無人機（UUV）への期待は非常に高まっています。また諸外国では、水中無人機の装備化検討も進められています。10数年前にUUV研究を立ち上げた時と比べると、その状況の変化に驚かされます。

私はそれまで主に魚雷の研究開発に携わってきましたが、一見似ているUUV研究に当初大いに戸惑いました。そもそもUUVをどう使うのか？

海外の技術動向調査や海自部隊との意見交換から始めましたが、明確なコンセプトが得られませんでした。そこで辿り着いたのが「UUVは概念」、どう使うかによって機能・性能、大きさが決まってくるという至極当たり前のことでした。

それでは、どのようなUUVを研究開発するか？

従来装備品の性能向上と異なり、「無」から生み出すことに苦しい試行錯誤の末、将来の拡張性や研究の先進性を鑑み、①汎用性を確保（多用途、モジュール化）②ソフトウエア開発を主体③水上無人機（USV）との協調を想定した「水中下でのリアルタイムデータ伝送」を実現する研究課題に設定しました。システム構想の構築と予算要求、仕様書案作成まで携わり、その後、多くの方々の努力で本事業として成果を収めました。

当時あまり関心を持たれなかったこの成果は、現在のUUVの追い風の中、再評価されていると感じており、研究の一端に携わった身としては嬉しい限りです。また現在、艦艇装備研究所では、岩国市にUUVの試験評価等が可能な「艦艇装備研究所岩国海洋試験評価サテライト」（仮称）の整備を進めており、より一層のUUV研究開発の推進を願っています。

## 世界の新兵器

――534

## アイアンビーム防空システム　イスラエル

## 動き出した対空レーザー兵器

この半世紀、我々はたびたび「高エネルギーレーザー（HEL）の技術突破」の報道に接してきた。まず炭酸ガスレーザー、続いて化学レーザー、ファイバーレーザー…。

だが、どれも最後は「大きすぎてまだまだ実用化は遠い」「装置の冷却問題が解決するまでは目標出力の1メガワットが達成できない」という言い訳で終わった。

しかし、この1月8日、イスラエル国防省研究開発総局長ヤニフ・ローテム准将が「HEL開発で大きな技術突破があった。今年の野外試験でそれを評価する。これで多層のミサイル防衛が可能となる」と述べた裏には、並々ならぬ自信が見える。

これは同省と国有企業ラファエル高等防衛システムズ社が開発を進めてきた「アイアンビーム」防空システムが完成に近づいたことを告げるものだ。同省は、20年間も手掛けてきた化学レーザーを、より高効率のファイバーレーザーに切り替え、射程7キロを目標に短射程ロケット弾や砲弾の撃破を狙ってきた。ミサイルで守る「アイアンドーム」では撃ち漏らしそうな小型目標を引き受けるのだ。

2014年のシンガポール航空ショーで初めて展示され、同年の野外試験で「100発以上の砲弾、迫撃砲弾に対して有効に対処した」と誇るが、撃破率は非公開。まだ出力は数十キロワットだったから射程も1キロ程度で、目標が少し遠ければ手が出なかったのであろう。

その後の開発目標は、出力を数百キロワットに高め、射程を数キロに伸ばすことにあったから、それを達成したに違いない。また、複雑なアルゴリズムの開発で幾つかのレーザービームを一つにまとめ、コイン程度の大きさの強力なビームを形成できたというから、これも有力な技術突破であろう。

問題は製造コストだ。それさえクリアーできれば、運用コストは1回の発射が「数ドル」と安い。電源車から電力さえ供給されれば何千発でも撃てるから、ガザ地区のヒズボラが安価なロケット弾や迫撃砲弾を雨あられと撃ってきた際のコスト格差は是正できる。

一方、「アイアンドーム」の方は、現在10個中隊が編成されているが、1個中隊編成に約1億ドルを要し、迎撃ミサイルも1発5万ドルだから高くつく。

もう一つの理由からも製造コスト低減は切実な問題である。HELは、同時に多目標を追尾・照射・撃破できないのだ。また、「数秒の照射で撃破する」という前提でも、相手は有人・無人の航空機ではなく、弾殻である。数秒の照射で爆発するか否かは、材質によっても異なる。また数キロもの伝播であるから、大気状況によっても異なる。悪条件が重なり、照射に長くかかれば弾着してしまう。安価ならHEL装置を多数配備して同時対処できるが、高価なら難しい。

「小型軽量！」に加え「安く！」も求められるHELの前途はまだまだ多難である。

徳田　八郎衛（防衛技術協会・客員研究員）

対空ミサイルが撃ち漏らした目標を迎撃するイスラエル軍の対空レーザー兵器「アイアンビーム」のイメージ（ラファエル社HPから）

大空に羽ばたく信頼と技術
IHIは世界有数のジェットエンジンメーカーです
IHI
Realize your dreams
世界を翔るIHIのジェットエンジン
株式会社IHI　航空・宇宙・防衛事業領域
〒135-8710 東京都江東区豊洲三丁目1番1号 豊洲IHIビル TEL (03) 6204-7656
URL:www.ihi.co.jp

# 令和2年7月1日　防衛省生協の「退職者生命・医療共済」が新しくなります！

**退職後から85歳までの病気やケガによる入院と死亡（重度障害）をこれひとつで保障します。**

## 1 より長く！
満期年齢が80歳から5年間延長され85歳となり、より長期の安心を確保！

## 2 より厚く！
入院共済金が「3日以上入院で3日目から支払」が「3日以上入院で1日目から支払」に！

## 3 より安く！
一時払掛金を保障期間の月数で割った「1か月あたりの掛金」がより安く！

防衛省職員生活協同組合
One for all, All for one
〒102-0074　東京都千代田区九段南4丁目8番21号　山脇ビル2階
専用線：8-6-28905　電話：03-3514-2241（代表）

詳しくは
パンフレット、Webで

# JSDF in TOKYO 2020 「復興の一助に」

## 松島で聖火到着式訓練　ブルーインが五輪の輪

## 丸茂空幕長が視察

宮城県の空自松島基地で3月20日に行われる東京五輪の聖火到着式を前に空自は3月13日、4空団11飛行隊「ブルーインパルス」（松島）の展示飛行訓練を報道陣に公開。丸茂吉成空幕長ら幹部が見守る中、式典会場となる基地の上空に大きな〝五輪の輪〟を描いた。

6機のT4ブルーが式典会場上空に向け、等間隔で次々とテークオフ。6機のうちの5機が合わせて3回、機体後部から出すスモークで5色（黒、赤、緑、黄、青）の輪を描いた。

高度約1500メートルで描かれたそれぞれ直径約1200メートルの五つの輪。その輪を描くために、11飛行隊の隊員たちは1月から訓練を重ねてきた。同じように六つの輪を描く課目「サクラ」を参考にし、技術を磨き、互いの信頼を深めてきた。

丸茂空幕長は展示飛行視察後、「今回の東京オリンピック・パラリンピックは東日本大震災からの復興の意味合いもあると承知している。松島基地で聖火到着式が行われるのは大きな名誉。皆さまのご期待に応え、見事な五輪を描くよう努力したい」と語った。

20日の聖火到着式では、飛行に支障のない天候であれば予定通りブルーインパルスが展示飛行を披露し、式典に花を添える。また、航空中央音楽隊（立川）が演奏支援を行う。

㊨整備士らが出迎える中、展示飛行訓練を終え基地に帰投したT4ブルーインパルス　㊤展示飛行訓練終了後、記念撮影に納まる丸茂空幕長（後列中央）、福田11飛行隊長（その右）、松尾洋介4空団司令（同左）と11飛行隊員（3月13日、空自松島基地で）

## 「夢や希望感じて欲しい」

### 隊長、操縦士が思いを語る

11飛行隊

「復興の一助になりたい」――。松島基地に到着し、全国でリレーされる聖火。復興五輪の開幕の火ぶたを切る11飛行隊T4ブルーインパルスのいずれも東日本各県出身の隊長、操縦士が思いを語った。

飛行隊長の福田哲雄2佐（埼玉県出身）は、「少しでも見ている皆さんが笑顔になり、選手の皆さんが全力を発揮していただけるよう最高のフライトをお見せしたい。地域の方々に恩返しし、（被災地の）復興の一助になれればと思う」と語った。

1番機後席に乗る飛行隊長付の遠渡（えんど）祐樹2佐（山形県出身）は、「震災当時は茨城の（百里）基地に勤務していた。（被災地の方々と）思いを共有できる」。また、6番機操縦士の佐藤貴宏1尉（岩手県出身）は、「多くの方々、特に子供たちに夢や希望を感じてほしい」と話した。

アジア・オセアニア予選の女子51キロ級準々決勝で攻める並木3曹（右）（3月10日、アンマンで）＝日本ボクシング連盟提供

## ボクシングのアジア・オセアニア予選で銀

## 並木3曹、五輪出場へ

### 「支えてくれた人たちのために」

ボクシングの東京五輪・アジア・オセアニア予選が3月3日から11日までヨルダンのアンマンで行われ、女子51キロ級で体育学校の並木月海（つきみ）3陸曹が2位に入賞し五輪出場枠を獲得した。ロンドン五輪（2012年）から採用された女子ボクシングに日本人女子が出場するのは初めて。

並木3曹は千葉県出身。身長153センチと小柄ながら、入隊前に空手で鍛えた強打と、果敢に前に出る闘争心で実績を築いてきた。一昨年11月の世界選手権（インド）では銅メダルを獲得した。

今大会は1回戦を5－0、準々決勝も5－0で制して4強入り。準決勝は世界選手権金メダリスト（台湾）に1回途中、棄権勝ち。中国人選手との決勝は2－3で惜敗した。

並木3曹は試合後、「家族やコーチ、支えていただいた人たちのために頑張りたいと思っていた。（出場）枠をつかめてよかった」と語った。

## レスリング・フリー74キロ級

## 乙黒2曹、プレーオフ制す

レスリング・フリースタイル74キロ級の東京五輪代表を決めるプレーオフ（決定戦）が3月8日、東京都内で行われ、いずれも体育学校の乙黒圭祐2陸曹と奥井眞生（まお）2陸曹が対戦。乙黒2曹が辛勝し、出場権を獲得した。乙黒2曹の弟、拓斗選手（山梨学院大）も同65キロ級で出場を内定させており、兄弟で五輪に出場する。

世界選手権（昨年9月、カザフスタン）で5位入賞し国別出場枠を獲得した奥井2曹と全日本選手権（同12月、東京）を制した乙黒2曹が雌雄を決した。女子68キロ級でもプレーオフが行われた。

新型コロナウイルスの影響で、試合は報道陣などを入れずに行われ、SNSで動画が公開された。

1ピリオドは互いに見合い、2ピリオド、試合が動いた。奥井2曹がタックルにいったところを乙黒2曹がかわし、崩してバックに回り込んでポイント先制。

「（周囲から）強い気持ちを持っている方が絶対に勝つ、と言われていた。気持ちをうまく持っていけた」と乙黒2曹。さらにポイントを重ね、5－2で競り勝った。

## 最後まで安全に努力

### 廃止直前の偵空隊、無事故飛行8万時間

百里

【百里】空自偵察航空隊（司令・朝倉卓1佐）は2月4日、「無事故飛行8万時間」を達成した。

当日は坂元顕3佐と及川〔 〕が搭乗したRF4E偵察機903号機と、伊藤好史3佐と武田直晃1尉が搭乗の同433号機が訓練を終えて百里基地に帰投。これで、平成6年10月6日から約25年間かけて8万時間の無事故記録を達成した。機体を前に全隊員で記念撮影を行った。

偵空隊は「見敵必撮」をモットーに、RF4Eで北海道から沖縄まで昼夜を問わず全国の空を駆け抜けた。災害現場の状況をいち早く伝えるなど、大切な情報を持ち帰る任務に当たってきた。

同隊は今月末、59年にわたる長い歴史の幕を閉じる。しかし、隊員は一同、「最後の最後まで、安全への努力を惜しまない」としている。

無事故飛行8万時間達成を祝い、RF4E偵察機の前で記念撮影に臨む偵空隊員（2月4日、空自百里基地で）

## 災害医療情報で訓練

### 統幕、東北方衛生隊「J－SPEED」を初使用

統幕と東北方面衛生隊は1月31日、災害発生時に各地の診療記録を管理する国内基準システム「J－SPEED」と、これを元に世界保健機関（WHO）が開発した国際基準システム「WHO MDS」を使用した災害対処訓練を初めて実施した。

J－SPEEDは、大規模災害時に災害医療チームが、①いつ②どこで③どのような患者を④何人診療したか――などの活動日報を保健当局に報告することで、被災地の医療ニーズを把握する医療情報集約システム。

訓練は仙台駐屯地で行われ、これらシステム開発の第一人者である広島大学医学部の久保達彦教授を招き、東北方衛生隊の隊員約5人が参加した。

隊員らは、パソコンやタブレットで専用アプリを使用した活動日報の入力のほか、災害時に通信回線の遮断を想定した紙媒体での記入法など、久保教授らの指導を受けながら実施した。

国内と国際両基準を使用した同時訓練は、国内外で活躍する自衛隊ならではの取り組み。今後は、多国間共同訓練などで東南アジア諸国連合（ASEAN）地域の軍医療部隊に普及していく計画だ。

久保教授（奥）からシステムの利点について講義を受ける東北方衛生隊の隊員たち（1月31日、仙台駐屯地で）

## こちら警務隊

### 使用方法によって凶器　むやみに刃物携帯ダメ

護身用としてカッターナイフ（刃体5センチメートル）をポケットに入れて持ち歩くと何か罪になりますか。

**軽犯罪法違反**

刃体が6センチメートル未満の刃物であっても正当な理由なく携帯した場合、軽犯罪法に違反し、1日以上30日未満の拘留または千円以上1万円未満の科料に処せられます。

日常生活で使用するカッターナイフ等の文房具や工具類でも、使用方法により凶器となりえるため、むやみに持ち歩くと処罰の対象となります。

また、「護身用のため」や「何かの役に立つと思って」などの理由は正当な理由になりません。

むやみに刃物を持ち歩くことは絶対にやめましょう。

（中部方面警務隊）

むやみに持ち歩いてはダメ！

## 小休止

▽…山形地本は3月3日、神町駐屯地で自衛官募集のためのPR動画とポスターの撮影を実施した。動画は3月下旬に「YouTube」にアップされる。ポスターも駅などに掲示される予定で、SNSでの拡散を狙う。

▽…コンセプトは「自衛官のたくましさと山形の地域性」。駐屯地の隊員5人（うち女性1人）と山形地本の海自隊員2人が集合し、体育館でのトレーニング姿を撮影。「災害派遣」の横断幕を掲げた陸自車両をバックに筋肉美を披露した。

▽…「自衛官は常に有事に備え、たくましい」という姿をアピールした。（山形地本）

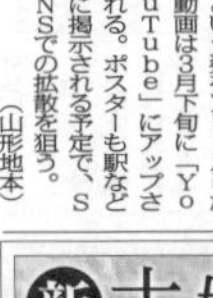

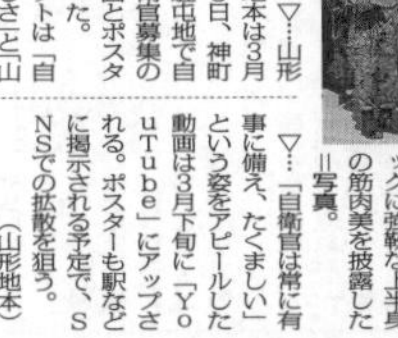

新 夫婦墓（めおとばか）［永代供養］
二見ヶ浦公園聖地
天神から西へ約30分
福岡空港から約40分
博多駅から約35分
太宰府から約40分
前原から約15分
毎月一日に各宗派の御住職様方に月代わりでお参りをして頂き御供養いたしております
ご夫婦（お二人）の場合　ご246基　合計920,000円
●お1人から3人まで可能です。
風の音を聴きながら、海を眺める公園墓地
公益財団法人 全日本墓園協会会員
二見ヶ浦公園聖地
〒819-1304 福岡県糸島市志摩桜井3810
www.futamigaura.jp
092-327-2408

東日印刷
心をこめて
新聞印刷
東日印刷株式会社
〒135-0044 東京都江東区越中島2-1-30
☎03-3820-0551
https://www.tonichi-printing.co.jp/

発売中！
2020自衛隊手帳
2021年3月末まで使えます。
お求めは防衛省共済組合支部厚生科（班）で。
（一部駐屯地・基地では委託売店で取り扱っております）
Amazon.co.jp または朝雲新聞社ホームページ
（http://www.asagumo-news.com/）
でもお買い求めいただけます。
NOLTY 能率手帳がベースの使いやすいダイアリー。
年間予定も月間予定も週間予定もこの1冊におまかせ！
編集／朝雲新聞社
制作／NOLTY プランナーズ
価格／本体 900 円＋税
朝雲新聞社
http://www.asagumo-news.com

# 同期みんなで乗り越えた

## 初級操縦課程 卒業

**3空尉 阿部 公亮 (11飛教団初級操縦課程・静浜)**

第11飛行教育団「20-B」クラスの学生はこのたび、無事に初級操縦課程の卒業の日を迎えることができました。

戦闘操縦者としての基礎となる知識および技能をこの静浜基地で培うことができたことを光栄に思うとともに、熱心にご指導して下さった教官方をはじめとする多くの基幹隊員の皆さまに厚く御礼を申し上げます。

航空自衛隊の操縦課程の第一歩であったこの課程では、教育中に疑問に思うこと、不安に感じることなど多々ありましたが、基地の皆さまの手厚いご支援とアドバイスにより、それらを払拭して、密度の濃い、そして充実した飛行訓練を行うことができました。

「20-B」はコース中に一人も欠けることなく、全員が卒業することを目標としていました。これを達成できたのも、同期みんなで協力し、乗り越えていくことを学び、築き上げた団結力の賜物であったと思います。

今後は静浜基地で学んだ多くのこと、そして皆さまへの感謝の気持ちを忘れずに、立派な操縦士になれるよう精進して参ります。約7カ月間、本当にありがとうございました。

11飛行教育団の初級操縦課程を無事卒業、教官ら基地隊員の見送りを受けて次のステップに向かう学生たち

# 立派な操縦者目指す

**3空尉 曽我 矩孝 (初級操縦課程・静浜)**

私たち、初級操縦課程「20-C」のクラスは一人も欠けることなく本課程を卒業することができました。卒業に当たって一番感じていることは、教官をはじめとする静浜基地の多くの方々に対する感謝の気持ちです。

教官方からは航空機操縦の技術だけでなく、フライトに対する心構えなど、多くのことを教えていただきました。また、私たちが訓練に集中できたのは静浜基地の皆さまのおかげです。このような素晴らしい環境の中で教育訓練を受けられたことを非常にうれしく思います。

これからの課程も、周囲の方々への感謝の念を忘れずに臨みます。

私たちはまだまだ未熟ですが、静浜で学んだことを忘れず、教官方のような立派な操縦者を目指して、同期で団結し、全力で邁進していきます。本当にお世話になりました。

全員が無事卒業した初級操縦課程「20-C」のクラス

## みんなのページ

# 圧迫止血法を学んで

**3陸曹 佐賀 磨 (東北方衛生隊305救急車隊・仙台)**

先日、私は防衛医大で実施された「第5回臨床技能教育」に参加した。教育は麻酔をかけた生体実験動物に対して、医官をはじめとする衛生科隊員が負傷状況に応じた処置を行うものである。

今回、私は大腿動脈からの出血に対する「コンバットガーゼを使用した直接圧迫止血」を行った。

コンバットガーゼとは個人携行救急品の入組品の一つで、止血剤付きのガーゼであり、腋の下や鼠径部など止血帯では止血できない部位の傷口に指先を挿入し、出血を止めるものである。

私はこの止血方法について事前にシミュレーション訓練を行っていたが、実際に行うと出血部位は血液により見えず、指先の感覚のみで行わなければならないとともに、ガーゼが外れると容易に出血するため、非常に難易度の高いものであった。

この手技を行う場合、二つの困難が伴う。一つ目は、傷口に指先を挿入するという精神的な問題だ。出血点を特定するために痛がる仲間の傷口に指を入れるのは誰もが戸惑うであろう。

二つ目は、出血点をいち早く特定し、その部位に「全体重を一点に集中して3分間圧迫する」という技術的な困難さだ。

一つ目の問題を解決するには座学等を通してこの技術の重要性を認識させるとともに、戦傷模型や模擬血液等を使用して出血を伴う損傷への処置を訓練し、視覚的、触覚的に戦傷への嫌悪感を軽くすることが必要である。

二つ目の問題では、訓練内容を作為して正しく手技を行わなければ出血が止まらないようなトレーニング器材を導入し、技術を向上させる必要があると考える。

コンバットガーゼは個人携行救急品の一つであり、全隊員が使用できなければならない。

しかし、コンバットガーゼ自体は折りたたまれた長い布で、外見からは使用法が推察できない。このため、実際に開封し、隊員が平素から訓練を実施しなければ正しく使用できないものと思われる。

そこで私は今回の教育で得た経験を今後、補助担架教育や新隊員教育などの際に伝えていきたい。そして各隊員にも大出血に対する処置技術の向上を促す一助になりたいと強く感じた。

# ホークスのパレードに参加

**事務官 香川 真希子 (宮崎地本)**

私は宮崎地方協力本部に勤務している事務官です。

1月31日、宮崎市の橘通りで行われた「福岡ソフトバンク・ホークス」の歓迎パレード支援に私もカメラマンとして参加しました。

歓迎パレードでは、自衛隊の車両に選手や宮崎県知事、宮崎市長を乗せ、1・5キロのコースをゆっくりと走行しました。沿道には約5万人ものホークス・ファンが集まり、選手に声援を送っていました。[illegible]

[illegible]

今回、私もカメラマンとして参加し、プロ野球選手と自衛隊という異色コラボの瞬間に立ち会うことができ、この体験は私にとって「ビッグヒット」いえ「ホームラン!」とも言えるものでした。

自衛隊車両で宮崎市内をパレードする「福岡ソフトバンク・ホークス」の選手たち

## 第1231回出題

### 詰碁

出題 日本棋院 九段 曲 励起

黒先

「白はどうなりますか。5分でできれば中級です。」

▶詰碁、詰将棋の出題は隔週です◀

### 詰将棋

出題 日本将棋連盟 九段 石田 和雄

≫第815回の解答≪

【正解】[illegible]

## OBがんばる

**村田 修一さん 54**

海自函館基地隊・松前警備所警備係を最後に定年退職(1曹)。むつ中央観光に再就職し、青森県むつ市の「プラザホテルむつ」でフロント係などを務めている。

# 先輩社員に相談し成長を

私は海上自衛隊を定年退職し、むつ市の「プラザホテルむつ」に就職しました。当ホテルはJR大湊線下北駅前に立地し、旅行・観光・ビジネスの拠点として多くの皆さまにご利用いただいています。

[illegible]

# 銃剣道競技会で報われた努力

**3陸曹 高橋 豊利 (6施大3中隊・神町)**

[illegible]

## 新刊紹介

### 「自衛隊最強の部隊へ」―戦法開発・模擬戦闘編

**二見 龍著**

元陸将補の著者が40普通科連隊長(小倉)時代に取り組んだ戦いに向けての部隊改革の日々を記録した「40連隊シリーズ」の第3弾だ。今回は北富士駐屯地・富士トレーニングセンター(FTC)の対抗部隊「評価支援隊」と[illegible]

[illegible]

(誠文堂新光社刊、1980円)

### 「地経学とは何か」

**船橋 洋一著**

「中東には石油があり、中国にはレアアースがある」。1987年に鄧小平が発言した当時、[illegible]

[illegible]

手に汗握る行為をしないのなら、挑戦とは言えない。

ダニー・コックス (米空軍の元パイロット)

(世界の切手・アメリカ)

朝雲ホームページ
www.asagumo-news.com
<会員制サイト>
Asagumo Archive
朝雲編集部メールアドレス
editorial@asagumo-news.com

よろこびがつなぐ世界へ
KIRIN
一番搾り
KIRIN'S PRIME BREW
KIRIN BEER
一番搾り
おいしいとこだけ搾ってる。
〈麦芽100%〉
ALC.5%　生ビール
お酒
ストップ!20歳未満飲酒・飲酒運転。お酒は楽しく適量で。
妊娠中・授乳期の飲酒はやめましょう。のんだあとはリサイクル。
キリンビール株式会社

越後「たかの」携行保存食
ミリメシセット!
・戦食ごはん
・レトルト
・具材スティックライス
・戦食ごはん(発熱剤付き)
日々の訓練に美味しい人気のミリメシをお届け!
発熱剤で温めるだけで、いつでも温かくて
美味しいごはんとおかずが食べられます。
セット内容や容量等のご要望に柔軟に対応致します。
お問合せ
ご注文
株式会社 たかの
〒947-0052 新潟県小千谷市大字千谷甲 2837-1
TEL:0258-82-6500 FAX:0258-82-6620 MAIL:info@takano-niigata.co.jp

朝雲

発行所 朝雲新聞社
〒160-0002 東京都新宿区
四谷坂町12－20 KKビル
電話 03(3225)3841
FAX 03(3225)3831
振替00190-4-17600番
定価一部150円、年間購読料
9170円（税・送料込み）

自衛隊員のみなさまに
安心をお届けします。
NISSAY
防衛省共済組合
団体生命保険・団体年金保険
事務幹事会社
団体医療保険（3大疾病オプション）
引受保険会社
日本生命保険相互会社

主な記事



# 聖火 松島基地に到着
## 空自中音 祝典曲を演奏

欧米で新型コロナウイルスの感染拡大が続く中、ギリシャで採火され東京オリンピックの聖火が3月20日、特別輸送機で宮城県東松島市の空自松島基地に運ばれた。基地内での式典には防衛省・自衛隊も協力し、聖火皿に火が点される際には航空中央音楽隊が祝典曲を演奏、直後に上空では空自ブルーインパルスが強風の中、5色のカラースモークで「五輪シンボル」を描いた。これに先立ち、18日には防衛省内で「東京オリンピック・パラリンピック支援本部」の看板が河野防衛相によって掲示された。一方、新型コロナウイルスの世界的な流行を受け、国際オリンピック委員会（IOC）は東京五輪の延期検討を始めた。（7面に関連記事）

松島基地での聖火到着式に森喜朗東京2020組織委員会会長、山下泰裕日本オリンピック委員会会長、橋本聖子五輪担当相ら関係者約300人が出席。地元小学生の参加も感染予防のため取りやめられた。聖火リレーの公式アンバサダーを務める五輪金メダリストの野村忠宏さんと吉田沙保里さんが特別輸送機から聖火を機内から式壇中央まで運び、聖火皿に灯した。

会場では空自航空中央音楽隊（立川）が「東京オリンピックマーチ」など3曲を演奏。上空では4空団11飛行隊（松島）のブルーインパルスが5色のスモークで「五輪の輪」を描き、終盤にも再度会場上空に進入し、5色のスモークを引いて航跡、会場を沸かせた。

森組織委員会長はあいさつの中で「松島基地を利用させていただき、ブルーインパルスの展示飛行、航空中央音楽隊の演奏にご協力を頂いた防衛省・自衛隊の関係者の皆さまに感謝申し上げます」と謝意を示した。

聖火到着式で祝賀演奏を行う航空中央音楽隊の隊員。後方はギリシャから聖火を空輸した特別輸送機（3月20日、空自松島基地で）

## オリ・パラ支援本部の看板設置

「東京2020オリンピック・パラリンピック支援本部」の看板設置式が3月18日、防衛省内で行われ、大臣官房文書課前に木製の看板が掲げられた。

設置は河野大臣と山本副大臣が行い、渡辺、岩田両政務官が立ち会った。

河野大臣は設置後、「防衛省・自衛隊はオリパラの大会運営、セキュリティー確保、自衛官アスリートの参加等で協力していく。新型コロナウイルスによるさまざまな困難を乗り越え、大会を成功に導けるようしっかり頑張っていきたい」と語った。

支援本部は2月5日に立ち上げられ、本部長の河野大臣以下、副大臣、両政務官、事務次官、各幕僚長ら13人で構成。主に①セキュリティー面の確保②式典など大会運営への協力③自衛官アスリートの支援――を担う。

自衛隊体育学校（朝霞）所属のアスリートは、現状、7人（柔道、レスリングなど6競技）が五輪出場を内定させている。

東京オリパラ支援本部の看板を掲げる河野大臣（中央右）と山本副大臣（同左）。右は渡辺政務官、左は岩田政務官（3月18日、内局文書課前で）

0歳児の患者を宮古島から那覇までLR2連絡偵察機で輸送し、消防局員に引き渡す15ヘリ隊の隊員。この空輸で同隊の患者空輸は計「1万人」となった（3月13日、那覇基地で）

# 那覇・15ヘリ隊
## 「緊急患者空輸1万人」達成

【15旅団＝那覇】沖縄県と鹿児島県奄美大島以南で緊急患者空輸を担当している陸自第15ヘリコプター隊（那覇）は3月13日、宮古島からLR2連絡偵察機で0歳児の患者を那覇に空輸し、前身の第101飛行隊（昭和47年12月1日任務開始）から累計で「空輸人数1万人」を達成した。この間の搬送件数は9639件だった。

同隊は沖縄返還に伴い、沖縄県と鹿児島県の離島で急患空輸を行う任務を米軍から引き継ぎ、第1回目は昭和47年12月の患者輸送だった。同隊は南西諸島の離島の「命綱」として、緊急の治療が必要な人々を離島から医療設備の整った那覇まで運ぶ役割を果たしてきた。

47年かけ「1万人」を達成したことについて、15ヘリ隊長の坂本哲1佐は「引き続き沖縄県、鹿児島県の島民の安心・安全に寄与できるよう、関係機関との連携を図り、任務に当たって参ります」と話している。

自衛隊の急患輸送は夜間や悪天候時など民間機が飛べない場合が多く、15ヘリ隊はUH60JA多用途ヘリ、CH47JA輸送ヘリ、LR2を運用し、沖縄・先島諸島から鹿児島・奄美大島まで全長1000キロの空域を担任している。

平成19年3月には濃霧の中、急患輸送に向かっていたCH47Jヘリが鹿児島・徳之島の山中に墜落し、隊員4人が殉職する事故も起きた。今回の「1万人」はそうした部隊・隊員の苦難を乗り越えての大台到達となった。

# 規模縮小して防大卒業式
## 首相「新しい道を切り開け」

防衛大学校（横須賀市、國分良成学校長）の卒業式が3月22日、自衛隊最高指揮官の安倍首相を迎えて行われ、留学生30人を含む本科64期など卒業生計508人が新たな一歩を踏み出した。

今年は新型コロナウイルスの影響で卒業生の家族や来賓を招待せず、職員らを含む出席者は例年の約2000人から約600人と大幅に規模を縮小。国歌や学生歌の斉唱も取りやめたほか、卒業証書授与は代表者のみとし、時間も短縮して行われた。

安倍首相は訓示で「困難に直面しても、恐れず、自らの経験と知識を存分に発揮し、一丸となって新しい道を切り開いてほしい」と述べ、高いリーダーシップを発揮する幹部になることを切に望むとした上で、「自衛官としての使命を心に刻み、力強く生きてほしい」と激励した。

続いて河野防衛相が訓示し、「自衛隊にはこれまで経験したことのない任務が課されている」と任務の重要性を強調した。

國分学校長は式辞で①②③の3点を要望した。

この後、壇上のスクリーンにラグビーW杯日本代表の主将を務めたリーチ・マイケル氏のビデオメッセージが映し出され、「ワンチーム」として頑張ってください」とエールを送った。最後に卒業生代表が答辞を述べた。

その後、陸海空の制服に着替えて再入場した本科学生たちは任官宣誓を行い、幹部候補生として入校する。

今年の卒業生は本科64期が陸上179（うち女子19）、海上105（同16）、航空88（同13）、留学生20（同2）、非任官者35の計427人。理工学研究科前期課程57期は陸27（同4）、海9、空9（同1）、技官3、留学生7（同1）、特別研究員1の計54人。同後期課程17期は陸2、留学生3、民間企業1（同1）の計6人。総合安全保障研究科前期課程9期は陸6（同1）、海4（同1）、空1、特別研究員1の計12人。同後期課程9期は陸1の計1人だった。

防大卒業式で國分学校長（壇上）に答辞を述べる加藤将吾学生（中央）。新型コロナウイルスの影響で、壇上と卒業生・教職員以外の席は異例の空席（奥）となった（3月22日、横須賀市の防大記念講堂で）＝防衛省提供

# 北朝鮮が短距離弾道弾
## 3週連続、EEZ外に2発

防衛省は3月21日、北朝鮮が同日午前6時45～50分頃（日本時間同）にかけて、西岸の平安北道宣川付近から少なくとも2発の短距離弾道ミサイルを東方向に発射し、いずれも日本のEEZ外の日本海に落下したと発表した。我が国への被害は確認されていない。約300～400キロ飛翔したと推定される。

北朝鮮による短距離弾道弾の発射は今月2、9日に続き今年3回目。日本政府は安倍首相らが出席して国家安全保障会議（NSC）を開いたほか、北京の大使館ルートを通じて北朝鮮に厳重抗議した。

河野防衛相は同日、記者団に「昨年5月以降、30発のミサイルを発射しており、北朝鮮が新たな技術の獲得を目指していることは明らか。北朝鮮でも新型コロナウイルスが蔓延しているという断片的な報道もあるので、体制の引き締めに（ミサイル発射を）使っている可能性はある」と述べ、情勢分析に全力を挙げる考えを示した。

コロナ災派

# 隊員に特例手当4000円
## 職員給与法施行令を改正

政府は3月17日の閣議で、新型コロナウイルスの感染拡大防止の災害派遣活動に従事した隊員に最大日額4000円の特例手当を支給する防衛省職員給与法施行令の改正を決定した。

翌18日に公布・施行され、災害派遣命令が発出された今年1月31日にさかのぼって適用される。対象者を精査した上で、4月17日の給料日を目途に支給される予定だ。

防衛省は今回の活動の危険性や困難性が「通常の災害派遣活動を超える」と判断し、人事院と連携して通常の災害派遣等手当（日額1620～3240円）の増額などを検討。支給水準は海外の洪水や地震での救援活動（医療・防疫活動）の際に支給される国際緊急援助等手当（3000円または4000円）を念頭に設定した。

# 感染予防で日・島嶼国
## 国防大臣会合など延期

河野防衛相は3月17日の記者会見で、防衛省が主催して4月5日に東京で開く予定だった初の「日・太平洋島嶼国国防大臣会合（JPIDD）」について、新型コロナウイルス感染拡大防止の観点から延期にすることを発表した。

このほか、3月中旬に東京で開催予定だった防衛省主催の第24回「東京ディフェンス・フォーラム（TDF）」も延期になった。さらに、4月5日の防衛医科大学校と同日の高等工科学校の入校式も延期が決まっており、いずれも日程が決まり次第、個別にホームページなどで告知される。

春夏秋冬

# 新年度の執筆陣
## 青木、小谷、田中、村井氏（掲載順）

本紙の人気コラム「春夏秋冬」の執筆陣が4月から交代します。次号から登場するのは、国際宇宙法学会副会長で内閣府の宇宙政策委員会委員を務める慶大教授の青木節子氏、英国王立統合軍防衛安保問題研究所で研究経験がある英国の情報外交に詳しい日大教授の小谷賢氏、国連アフガニスタン特別ミッション政務官、日本エネルギー経済研究所中東研究センター長などを歴任した慶大教授の田中浩一郎氏、防大で国際関係学科長、人文社会科学群長、図書館長を務めた「戦略」の権威として知られる東京国際大国際戦略研究所教授の村井友秀氏です。どうぞご期待ください。

青木 節子氏
（あおき・せつこ）慶応大学大学院法務研究科教授
1959年生まれ。慶大法卒、カナダ・マッギル大法学部附属航空宇宙法研究所博士課程修了。専門は国際法。防大講師・助教授を経て慶大教授。国際宇宙法学会（IISL）副会長。内閣府の宇宙政策委員会委員。著書に「日本の宇宙戦略」「軍縮／核不拡散の諸相」、共著に「宇宙六法」など。

小谷 賢氏
（こたに・けん）日本大学危機管理学部教授
1973年生まれ。立命館大卒、ロンドン大戦争学研究科修士、京都大人間・環境学研究科博士後期修了。専門は英国政治外交史、インテリジェンス。英国王立統合軍防衛安保問題研究所客員研究員、防研主任研究官、防大講師を経て日大教授。著書に「日英インテリジェンス戦史」「日本軍のインテリジェンス」など。

田中 浩一郎氏
（たなか・こういちろう）慶応大学大学院政策・メディア研究科教授
1961年生まれ。東京外語大ペルシア語学科卒、同院修了。専門は西アジア地域の国際関係とエネルギー安全保障。在イラン日本大使館専門調査員、外務省中近東第2課課長補佐、国連アフガニスタン特別ミッション政務官、日本エネルギー経済研究所中東研究センター長など歴任。著書に「イランが直面する諸問題」。

村井 友秀氏
（むらい・ともひで）防大名誉教授、東京国際大学教授
1949年生まれ。東大院社会学研究科博士課程満期退学。専門は東アジア安全保障、中国、軍事史。米ワシントン大国際問題研究所研究員、防大国際関係学科長、図書館長を経て退官。2015年から東京国際大国際戦略研究所教授、日本防衛学会会長。共著に「失敗の本質」「戦略の本質」「中国をめぐる安全保障」など。

朝雲新聞社

朝雲寸言

日本人の平均身長は縄文時代から江戸時代までで男性が150センチ台、女性が140センチ台とされ、明治の時代では欧米諸国と比べると10センチ以上低かった。このため日本は欧米の技術を導入する際に様々な工夫をしてきた。製品を欧米製より小さくしたり、日本人の体格に合わせたりしたのである。

まさご眼科
新宿区四谷1-3高増屋ビル4F
☎03-3350-3681
http://www.yotsuya-ganka.jp
平日／AM9:30～12:20 PM2:30～5:20
水・土／AM9:30～11:50
日・祝祭日／休診
●メガネ相談（予約制）

# 時の焦点

## 国内

### 「まや」就役

### 新装備で迎撃能力高めよ

海上自衛隊で7隻目となるイージス艦「まや」が就役した。八方を見渡せるとして、「八州峰」とも呼ばれる神戸市の摩耶山にちなんで命名された。主に、日本海で北朝鮮の弾道ミサイルの警戒監視任務にあたることになろう。

イージス艦は、高性能レーダーや迎撃ミサイルを備え、高い防空能力を持つ。防衛省は来年、8隻態勢とする方針だ。

海自の四つの護衛隊群は、修理、訓練、即応というローテーションで護衛艦を運用している。常に即応できる態勢を整えることが大切だ。

北朝鮮は、日本を射程に収める弾道ミサイルを数百発配備している。ミサイル防衛の強化は、日本の防衛政策の要だ。装備を充実させ、抑止力を高めていく必要がある。

「まや」は、日米共同開発の新型迎撃ミサイル「SM3ブロック2A」を搭載できる。射程は、従来のミサイルの約2倍にあたる2000キロ・メートルに及ぶ。遠方の海域を飛行する弾道ミサイルでも、撃ち落とすことが可能となろう。

弾道ミサイルの位置情報などをリアルタイムで共有する「共同交戦能力（CEC）」も搭載する。自艦のレーダーが探知できなくても、味方が捉えれば、迎撃できるシステムである。

航空自衛隊の早期警戒機などと情報を共有する仕組みを構築し、機能を発揮できるようにすべきだ。

在日米軍も、艦船や航空機へのCEC搭載を進めている。日米で協力し、対処能力を向上させていきたい。

ミサイル技術の高度化への対応も欠かせない。

北朝鮮は昨年、低い高度で、変則的な軌道で飛行する新型ミサイルを発射した。通常より高度を上げて、落下速度を早めるミサイルもあった。いずれも、現在の自衛隊の装備で撃ち落とすのは難しいとの指摘がある。

防衛省は、ミサイルの軌道を予測する誘導弾などの開発に取り組んでいる。研究を重ね、配備を急がねばならない。

政府は、地上配備型迎撃システム「イージス・アショア」を秋田、山口両県に設置する方針だ。多数のミサイルの同時攻撃に対応する狙いがある。中国の巡航ミサイルなどにも対処することが可能となろう。

だが、昨年、防衛省が行った候補地の測量などの調査データに誤りが発覚した。秋田市の住民説明会では、職員が居眠りをした。地元が反発を強めたのは当然だろう。

防衛省は、候補地の再調査を行っている。山口県のむつみ演習場については、予定通り配備する方向で調整を進めている。秋田県の新屋演習場については、4月にも結論を出す。

選定を慎重に進め、住民の理解を得る努力を続けねばならない。

夏川　明雄（政治評論家）

## 海外

### コロナ・ショック

### 地球規模の健康危機に

国際社会にとって手ごわい敵となる新型コロナウイルスの感染拡大に歯止めがかからない。中国湖北省の武漢で初めて新型肺炎の患者が確認されて3カ月近くがたつが、この間、感染者は約180の国・地域で31万人を超え、死者は1万3000人以上となっている。有効な治療薬がなく、ウイルスの正体をまだつかみ切れていない新型コロナの急速な感染拡大を受けて、世界保健機関（WHO）は3月11日、2009年の新型インフルエンザ以来11年ぶりに「パンデミック（世界的大流行）」を宣言。その2日後には、WHOの責任者が新規感染者のデータを基に「流行の中心地が欧州に移った」と言明した。

中国を震源とする新型コロナの感染拡大は世界経済を揺るがしているだけでなく、欧州連合（EU）や米国など先進諸国が相次いで非常事態宣言を出す一方、感染拡大を防ぐ緊急対策の一環として外国への渡航・入国禁止などの形で域外との人の往来を一時的に禁止する施策を打ち出した。感染の封じ込めには、欧米間など世界の主要地域で人とモノの移動を事実上遮断する異例の力業に打って出なければならないという危機感の表れでもある。

フランスのマクロン大統領は3月半ばのテレビ演説で、「われわれは（ウイルスとの）戦争状態にある」と厳しい認識を示した。ルーブル美術館やエッフェル塔、ベルサイユ宮殿などフランスが世界に誇る観光地が次々と無期限休館入りし、他の欧米各国の観光スポットも軒並み、人けが消える異常な光景がニュース映像で伝えられる。トランプ米大統領は世界的な感染拡大について、「7月から8月まで続くとの見方があり、それよりも長いかもしれない」と述べ、景気後退の可能性にも言及した。7月下旬に開会する東京五輪・パラリンピックの前に新型コロナ禍が終息するという期待は遠のきつつある。

他方、世界の株式市場では株価の記録的な暴落が相次ぐなど、大荒れの展開が続く。観光産業をはじめ、各国の実体経済が急速に冷え込んでいることと併せ、今回のコロナ・ショックによる世界経済への打撃は、金融業界を中心に起きた米国発の2008年のリーマン・ショックに比べ、より深刻との見方が増えている。

このため、日米など主要7カ国（G7）首脳は3月半ばの緊急テレビ電話会談で、新型コロナのパンデミックについて、「地球規模の健康危機であり、世界経済に重大なリスクをもたらしている」と指摘する共同声明を発表。現下の事態への対処では、「あらゆる措置を取る」として、各国政府が全力を挙げて感染防止や貿易・投資の支援、ワクチン・治療薬の開発研究に取り組むと力説した。

今世紀の初頭、米国で起きた衝撃的な同時テロを受けて火ぶたが切られたアルカイダなどイスラム過激派を掃討する対テロ戦争は20年近くがたった現在も世界各地で続くが、これに匹敵する深刻な事態となりつつある新型ウイルスの感染に歯止めをかける戦いには、国際社会の連携強化による早期決着が何よりも肝要だ。

伊藤　努（外交評論家）

---

# 防医大184人が卒業

## 防衛相「衛生機能の充実、強化を」

【防医大】防衛医科大学校（埼玉県所沢市）の医学科41期学生、看護学科3期学生の卒業式が3月7日、河野防衛大臣を迎えて同校で行われ、184人が医官、看護官、看護師への第一歩を踏み出した。

新型コロナウイルスへの感染予防のため、式は家族、来賓を招かずに行われた。長谷和生学校長が医学科学生（70人）、自衛官候補看護学生（72人）、技官候補看護学生（42人）のそれぞれの代表に卒業証書と学位記を授与した。

河野大臣は訓示で、自衛隊の衛生機能の充実、強化が求められていると述べた。

防医大の卒業式で自衛官としての宣誓文を読み上げる陸海空自衛官の代表（3月7日、埼玉県所沢市の同大で）

---

# PITS3運用開始

## 24時間体制でサイバー防護

空自作戦システム運用隊

【空自作連隊＝横田】空自作戦システム運用隊（隊司令・荒木俊一1佐）は3月1日、「監視対処班」を新設するとともに、「作戦システムセキュリティ監視装置（PITS3＝通称ピッツ）」の運用を開始し、火入れ式を行った。

「PITS3」は、Platform Information Technology Security Surveillance Systemの略。作戦システムのセキュリティーを監視する装置で、最新のサイバー攻撃への対処能力が高まり、24時間体制での監視により、サイバー空間における対処能力の向上が期待される。

火入れ式で荒木司令は、「PITS3」の導入に伴い、サイバー防護の最前線に立っていることを自覚するよう訓示した。

今回新設された「監視対処班」は、班長の横路1尉以下約13人で編成。班員たちは「サイバー攻撃はいつどこからどのように受けるかわからない。日頃から常に最新のトレンドを把握し、自己研鑽して勤務に励みたい」と意気込みを話している。

「監視対処班」の新設と「PITS3」の運用開始を祝う作連隊司令の荒木1佐（前列中央）ら関係者。同左端は初代監視対処班長の横路1尉（3月1日、横田基地で）

---

# 共済組合だより

## 保険料が下がる「家族型」にぜひご加入を

### 団体傷害保険

組合員の皆さまにご加入いただいている「団体傷害保険」は、組合員とそのご家族のためのスケールメリットを生かした防衛省職員専用の保険です。

令和2年4月18日から保険料が一部改定されます。高齢化や、交通事故による被害者数の減少、そして近年の保険金支払実績を踏まえた改定となります。

B型（個人型）、総合賠償型、親介護補償型は保険料の引き上げとなる一方、A型（家族型）は保険料の引き下げとなります。なお、「長期所得安心くん」については保険料の改定はございません。保険料が引き下がる家族型へのご加入をぜひご検討ください。

また、総合賠償型にご加入いただくことで、近年急速に進んでいる自治体での自転車保険加入義務（努力義務）化に対応することができます。月々わずか100円で2億円までの賠償に備えることができますので、こちらもぜひご加入をご検討ください。

各保険の詳細は、パンフレットまたは共済組合支部に常駐している弘済企業株式会社等にお問い合わせください。

団体傷害保険の保険料

| | | 旧保険料 | 新保険料 | 差額 |
|---|---|---|---|---|
| 団体傷害保険（月額） | A型（家族型） | 1,450円 | 1,400円 | ▲50円 |
| | B型（個人型） | 670円 | 700円 | ＋30円 |
| 退職後団体傷害保険（年額） | A型（家族型） | 6,280円 | 6,600円 | ＋320円 |
| | B型（個人型） | 7,250円 | 7,570円 | ＋320円 |

---

# 海自初級幹部　江田島を出発

## 近海・外洋練習航海

海自幹部候補生学校（江田島）で3月14日、「第70期一般幹部候補生課程」の卒業式が行われ……

---

# 防衛省発令

▽防衛医大学生部長（防衛医大学生部）1海佐　宮崎　研三
▽海幕経理課（大湊造修補給所副所長）同　佐々木　健
▽21航空群首席幕僚（21航空隊司令）同　古賀　裕
▽21航空隊司令（21航空群司令部）同　高橋　秀典
▽作戦情報支援隊司令（情報本部）同　近藤　俊明
▽大湊造修補給所副所長（海自4術科学校教育2部長）同　高橋　謙司
▽東京業務隊付（作戦情報支援隊司令）同　塚平　貴裕
▽海自4術科学校教育2部長（防衛医大学生課長）同　中村　泰之
（以上3月13日）
▽1高射群副司令（航空総隊司令部）1空佐　金子浩二郎
（3月15日）
▽防衛大学生課長（統幕学校教育課研究室長）1陸佐　瀬戸口　淳
▽防衛大主任訓練教官（高射学校総務部長）1空佐　福本　正志
▽防衛研究所教育課程運営室長（札幌病院総務部長）同　中村宗一郎
▽同主任研究官（1高射特科団副団長）同　山口　尚彦
▽統幕指揮通信システム企画課（女性自衛官教育隊長）同　中川　美佐
▽統幕運用1課防衛警備班長（関西補給処支処長）同　吉塚　毅
▽同（統幕運用1課）同　川口　繁
▽同指揮通信システム運用課（情報本部）同　北原　武
▽通信基盤維持管理班長（3師団4部長）同　吉良　学
▽同首席参事官付計画調整官（35普通科連隊長）
▽同総括副報道官（統幕報道官付）同　曽根　勉
▽統幕学校教育課研究室長（西部航空警戒管制団副司令）同　土田　吉彦
▽陸幕総務課企画班長（教育訓練研究本部）1空佐　鈴木三佐加
▽同監理課（北部方面総監部人事課長）1陸佐　木全　雅久
▽同会計課経理班長（関東補給処業務指示課長）同　兼子　孝人
▽同人事教育計画課制度班長（教育訓練研究本部付）同　村上　涼
▽同予備自衛官室長（統幕首席参事官付計画調整官）同　秋山　洋三
▽同補任課（陸幕防衛課）同　瀬田晃一郎
▽同運用支援課企画班長（同）同　野田　哲徳
▽同運用支援班長（同）同　西田　喜一
▽同運用支援課兼統幕運用1課（2水陸機動連隊長）同　林　英彦
▽同訓練課総括班長（陸幕訓練課）同　藤井　義勝
▽同防衛課編成班長（中部方面総監部防衛課長）同　河村　友則
▽同業務計画班長（陸幕防衛課）同　竹永　竜也
▽同開発室長（6施設群長）同　中本　能久
▽同装備計画課（東部方面総監部装備課長）同　粟木　茂幸
▽同武器・化学課武器班長（教育訓練研究本部）同　栗木　愛
▽中部方面後方支援隊中部方面輸送隊長（陸幕武器・化学課）同　永禮　宗次
▽指揮通信システム課企画班長（教育訓練研究本部教育部）同　筒渕　紀之
▽同化学室長（補給統制本部化学部長）同　矢ケ崎貴浩
▽情報保全隊北部情報保全隊長（情報本部）同　塩満　大吾
▽陸上総隊運用部（東部方面総監部情報部長）同　野本　肇
▽同日米共同部日米調整官（72戦車連隊長兼北恵庭駐屯地司令）同　眞鍋　輝彦
▽北部方面総監部人事部長（水陸機動団本部3科長）同　兵庫　剛
▽同援護業務課長（航空学校）同　瀬尾　国則
▽同医務官兼札幌病院小児科部長（福岡病院診療技術部長兼小児科部長）2陸佐　松浦　高裕
▽東北方面総監部総務部長（関東補給処総務課長・医療安全評価官）1陸佐　森西　洋一
▽同会計課長（関東補給処企画部長）同　濵平　信一
▽同人事課長（陸幕会計課経理班長）同　酒井　隆
▽同援護業務課長（特科教導隊長）同　井門　秀治
▽同後方運用課長（高射教導隊長）同　松本　啓司
▽同施設課長（宮城地方協力本部募集課長）同　城下　亘
▽同総監部医務官兼仙台病院小児科部長（仙台病院診療技術部長）2陸佐　豊原　芳之
▽東部方面総監部情報部長（同情報課長）同　竹島　幹雄
▽同総監部付（北部方面総監部医務官兼札幌病院）1陸佐　橋爪　浩臣
▽同防衛課（同防衛部）同　齋木　小無
▽同防衛部（九州補給処補給部長）同　伊藤　充希
▽同装備部長（補給統制本部）同　山口　賢二
▽同需品課長（補給統制本部）2陸佐　武本城余秋
▽同総監部付（施設学校総務部長）1陸佐　永井　克征
▽東部方面航空隊長兼立川駐屯地司令（航空学校宇都宮分校長兼北宇都宮駐屯地司令）同　木戸口和彦
▽同後方支援隊長（西部方面総監部装備部長）同　藤丸　幸二
▽同後方支援隊東部方面輸送隊長（陸幕装備計画課）同　山田　浩一
▽霞ケ浦駐屯地業務隊長（化学学校副校長兼企画室長）同　田子　和明
▽古河駐屯地業務隊長（2施設群副群長）2陸佐　築山　幸治
▽習志野駐屯地業務隊長（冬季戦技教育隊長）同　山口　尚
▽板妻駐屯地業務隊長（奄美警備隊副隊長）同　福本　博氏
▽中部方面総監部厚生課長（習志野駐屯地業務隊長）同　小林　敦
▽同防衛課陸上連絡官（評価支援隊長）1陸佐　南　俊之
▽同援護業務課長（6師団監察官）同　築地　靖男
▽同防衛課長（中部方面総監部防衛部）2陸佐　島田　昌樹
▽同監察官（西部方面衛生隊長）1陸佐　藤田　真也
▽同総監部付（会計監査隊東部方面分遣隊長）同　佐藤　仁
▽同後方支援隊中部方面輸送隊長（近畿中部防衛局防衛補佐官）同　永島　肇
▽守山駐屯地業務隊長（輸送学校主任教官）同　西　俊作
▽伊丹駐屯地業務隊長（1輸送ヘリ群長）同　鈴木　力
▽千僧駐屯地業務隊長（岡山地方協力本部長）同　山根　直樹
▽普通寺駐屯地業務隊長（1施設団副団長）同　山本　真也
▽西部方面総監部募集課長（関東補給処調達会計部長）同　髙野　靖欣
▽同防衛課防衛警備班長（4師団3部長）2陸佐　阿比留孝徳
▽同装備部長（補給統制本部火器車両部長）1陸佐　河合　寿士
▽同後方支援隊長（陸幕武器・化学課化学室長）同　小林　裕人
▽同衛生隊長（衛生学校教育部）同　樽松　尚俊
▽同情報隊長（情報学校副校長兼企画室長）同　白石　智将
▽福岡駐屯地業務隊長（5地対艦ミサイル連隊長）同　岡　栄治
▽健軍駐屯地業務隊長（中部方面総監部監察官）同　古川　幹雄
▽那覇駐屯地業務隊長（西部方面総監部防衛課陸上連絡官）同　阿部　仁一
▽1師団3部長（教育訓練研究本部）同　平田　弘俊
▽3師団4部長（通信学校）同　薄井　一
▽4師団3部長（4師団司令部）2陸佐　田代　真朗
▽6師団監察官（西部方面総監部防衛課防衛警備班長）同　德渕　文雄
▽8師団4部長（東北補給処計画課長）同　高田　博文
▽同火力調整部長（11特科隊長）2陸佐　小山哲生
1陸佐　高山　将一
……
▽九州補給処補給部長（情報本部）同　山室　知由
▽海幕艦船・武器課武器調整官（艦船・武器課艦船班長）1海佐　工藤　博之
▽自衛艦隊研究開発主任幕僚（自衛艦隊司令部）同　中村　慶昭
▽ちはや艦長（ちよだ副長兼航海長）2海佐　高橋　輝年
▽横須賀潜水艦基地隊司令（自衛艦隊司令部兼潜水艦隊司令部兼対潜評価隊）1海佐　堅山　博幸
▽システム通信隊群首席幕僚（海幕艦船・武器課艦船技術班長）同　内藤　亮
▽海自幹部学校（情報本部）同　筒井　大介
▽西部航空警戒管制団副司令（南西航空警戒管制団南西防空管制群司令）1空佐　清水　義之
▽空自幹部学校航空研究センター防衛戦略研究室長（空幕防衛課）同　坂田　靖弘
▽情報本部（情報保全隊北部情報保全隊長）1陸佐　西村　利彦
▽中央病院脳神経外科部長（中央病院脳神経外科）同　小野健一郎
▽同看護部長（札幌病院看護部長）同　大石真由美
▽中央病院付（中央病院看護部長）同　倉田　知子
▽札幌病院総務部長（教育訓練研究本部）同　早崎　和寿
▽同診療技術部長兼2内科部長（仙台病院2内科部長兼外来診療科部長）同　吉田　昌功
▽富士病院長兼中央病院1外科部長（同副院長兼企画室長兼1外科部長）2陸佐　竹林　晃一
▽阪神病院副院長兼企画室長（富士病院長）同　冨松　聡一
▽福岡病院小児科部長　同　小池　啓司
▽同（福岡病院診療技術部長兼皮膚科部長兼准看護学院長）同　大川　貴司
▽旭川地方協力本部長（陸幕人事教育計画課予備自衛官室長）同　井上　裕悦
▽宮城地方協力本部募集課長　同　二瓶　憲司
▽山梨地方協力本部長（49普通科連隊長）2陸佐　周佐　誠吾
▽鳥取地方協力本部長（陸自幹部候補生学校学生隊長）1陸佐　前野　直樹
▽高知地方協力本部長（健軍駐屯地業務隊長）1空佐　村岡　正智
▽近畿中部防衛局防衛補佐官（1特科団高級幕僚）1陸佐　森岡　雄介
▽防衛装備庁長官官房装備開発官付3開発室長（陸幕武器・化学課誘導武器班長）同　小倉　博之
▽同プロジェクト管理部装備技術官（同防衛課開発室長）同　益子　誉一
同　藤田　達也
（以上3月16日）

# 海・空自の利用開始から1年「陸自全国物流便」の展望

# 3自衛隊の統合輸送、本格化

陸自中央輸送隊（横浜）が中核となって整備を進めている自衛隊の隊内物流ネットワーク「陸自全国物流便」が、昨年4月から海・空自部隊も利用を開始し、まもなく1年になる。昨年12月までの海・空自の利用実績は計774件に上り、当初に比べて約8倍の利用数となったが、依然、海・空が占める割合は約0・5パーセントと少ない。今後、中央輸送隊は「JR貨物」と連接させた定期便も本格化させるなど、利便性をさらに拡充していく計画だ。3自衛隊間の〝統合輸送〟について、その展望を同隊の主要幹部に聞いた。（吉川 勝平）

トラック輸送だけだった陸自の「全国物流便」に鉄道輸送を加えるため、JR貨物とコンテナの積み替え作業の手順を訓練する西方輸送隊の隊員

## 陸自中央輸送隊

### 海・空に積極的に情報発信

中央輸送隊の主要な任務は大きく分けて二つある。民間の輸送業者の輸送力を活用して自衛隊の部隊や物資を輸送することと、空港や港湾など端末地と呼ばれる輸送の中継点で、部隊や物資の輸送を統制する業務だ。

これら輸送任務には、海外に派遣される部隊への補給品の輸送やFMS（対外有償軍事援助）調達による輸送もあるが、日常的な業務で最も多くの部隊に関係するのが「全国物流便」だ。

中央輸送隊自体は輸送力を保有しておらず、また防衛大臣の直轄部隊であるため、各駐屯地の部隊に対し命令を出すことはない。これに代わり、同隊が作成した全国物流便の「月間運行計画」を各方面隊に通知し、各方面総監部が隷下の輸送部隊に物資の輸送を命令し、実行する。

この陸自の物流ネットワークは昨年4月から海・空自にもサービスを広げ、定期便の運行を開始した。

「始めた当初は海・空の基地隊員に浸透していなかったが、徐々に認識が広がり、昨年12月には当初に比べ、8倍の利用数となる成果を得た。しかし、全物流の割合でみると、0・5パーセントとまだ少ないので、海・空の基地担当に積極的に情報発信を行っている」と、物流の運行統制全般を担当している同隊国内輸送班長の峠康之3佐は話す。

現在、国内輸送では生活用品などをメインにトラックを運行し、輸送している。この全国の陸自駐屯地・分屯地を結んだネットワークに昨年4月から海・空の基地・分屯基地も加わった。

主要な装備品の輸送にも活用されており、昨年9月には海自佐世保弾薬整備補給所から呉弾薬整備補給所まで弾薬を、同12月には海自徳島基地から木更津基地に航空機の部品を輸送している。

このトラックを使った輸送に加え、中央輸送隊では今後、「JR貨物」を活用した鉄道輸送も開始する予定だ。

同隊で月間運行計画の作成に当たる同班輸送係長の國見宏和曹長は「定期便は年間を通して日程を決めている。各部隊の（転地）訓練などの予定を見越してスケジュールを組んでいるが、荷物がオーバーフローすることもあるので、その場合は民間の輸送力も活用している。年間の『中央一括役務契約』を陸自と民間企業の間で結び、輸送距離などに合わせてトラックの数を追加するなど、荷物が滞留しないようにコントロールしている」と日々の苦労を語った。

令和2年度からは、これまでトラックで長距離輸送していた区間を、新たにJRの鉄道によるコンテナ輸送に切り替え、これにより輸送を担任する部隊の負担軽減も図る。

「JR貨物を活用した輸送については、昨年の9月と10月、今年の2月に検証を行い、新たな輸送体制が整った。いよいよ4月から動き始める予定だ」と峠3佐も話す。部隊では現在、自衛隊が利用する各地の駅のダイヤなどを確認中だという。

海自31整備補給隊（岩国）の航空電子部品を輸送するため、海田市駐屯地で梱包を預かる陸自2端末地業務班の隊員

# 「JR貨物」とも連接、利便性向上へ

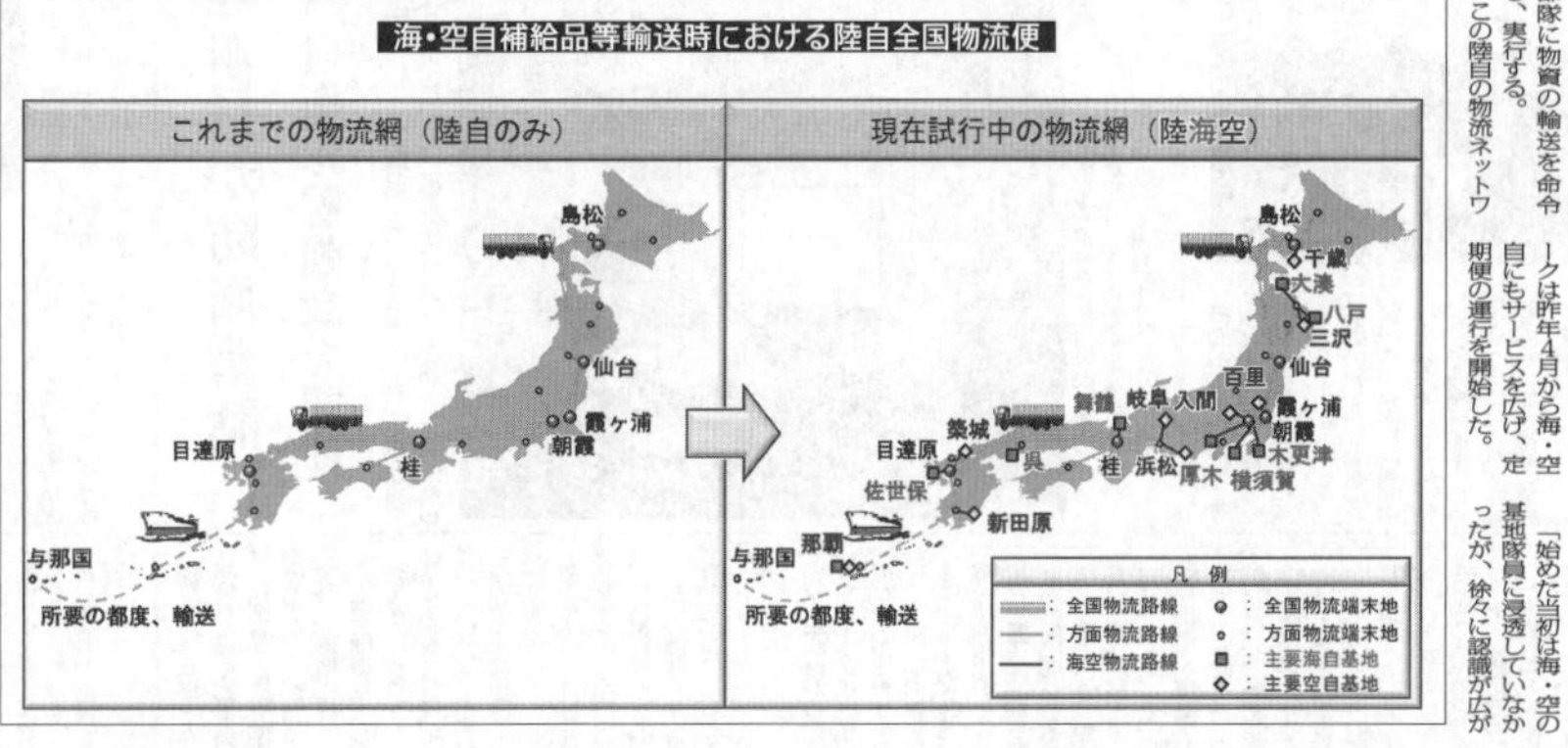



## 陸海空ネットワーク拡充へ

陸自中央輸送隊長　大場 昭彦1佐

3自衛隊で輸送業務を担当しているのは、陸が陸幕輸送室と中央輸送隊（横浜）、海が海幕装備計画部後方運用班と補給本部（十条）、空は空幕輸送室と補給本部（十条）だが、陸自が音頭をとり、それら関係部署と調整して陸自全国物流便の海・空自利用を昨年度から実施したところだ。

海・空自には陸上輸送に特化した部隊がなく、有事の際には海・空の陸上輸送も統合輸送として陸自が担当することになると予想しているが、具体的にどう輸送するか検討は進んでいないのが実情。今後、この海・空自の陸自全国物流便利用を深化・拡充させていけば、平素から有事までシームレスに対応しうる真の〝統合輸送〟になると信じているが、現状はまだそこまで実現できていない。これから3自衛隊の駐屯地と基地を本格的に繋げ、ネットワーク化していけたらと思う。

今後、防衛省・自衛隊は海上輸送能力を強化するため、令和5年度末に「海上輸送群」を新編する計画だが、この海上輸送群に導入される輸送船舶もこの物流ネットワークに取り込み、平素から海自や空自の装備品等の輸送に活用できればさらに良いのではないか。

防衛省職員および退職者の皆様へ
防衛省団体扱自動車保険・火災保険のご案内
【引受保険会社】東京海上日動火災保険株式会社
防衛省団体扱自動車保険契約は一般契約に比べて 約19%割安 ※1
予備自衛官、即応予備自衛官の皆様もご契約いただけます
お問い合わせは
取扱代理店 株式会社 タイユウ・サービス
フリーダイヤル 0120-600-230
電話：03-3266-0679 FAX：03-3266-1983
〒162-0845 東京都新宿区市ヶ谷本村町3番20号 新盛堂ビル7階
防衛省団体扱火災保険契約は一般契約に比べて 約15%割安 ※2
今ご契約の自動車保険、火災保険の内容と比べてみてください
※1
・割引率は、次の通り、団体扱割引率を通算して算出しております。
分割払の場合：1−{(1−団体取扱割引・15%)×(1−一般契約分割割増分・約5%)}
一時払の場合：1−{(1−団体取扱割引・15%)×(1−団体扱一時払割引分・5%)}
・自動車保険の団体扱割引15%は、2019年7月1日〜2020年6月30日までを保険期間の始期日とする契約に適用されます。割引率は、毎年の団体の損害率等により見直されます。
・団体扱分割払は一般契約と異なり分割割増がかからないので、約5%割安となります。団体扱一時払は一般契約一時払に比べて5%割安です。
※上記は概要です。ご契約にあたっては必ず「重要事項説明書」をよくお読みください。団体扱の対象となる方の範囲や団体扱特約失効時の取扱い、その他ご不明な点等がある場合は引受保険会社までお問い合わせください。　2020年3月作成 19-T08130
※2
・割引率は、次の通り、大口団体扱割引率を通算して算出しております。
分割払の場合：1−{(1−大口団体扱割引・10%)×(1−一般契約分割割増分・約5%)}
一時払の場合：1−{(1−大口団体扱割引・10%)×(1−団体扱一時払割引分・5%)}
・保険期間が1年の場合に限ります（保険の対象が建物の場合は築年数が1年以上の場合に限ります。）
・火災保険の大口団体扱割引10%は、2020年3月1日〜2021年2月28日までを保険期間の始期日とする契約に適用されます。割引率は、毎年の団体の契約件数により見直されます。
・団体扱分割払は一般契約と異なり分割割増がかからないので、約5%割安となります。団体扱一時払は一般契約一時払に比べて5%割安です。
・団体扱一時払の5%割引、大口団体扱割引は地震保険には適用されません。



備蓄用・贈答用として最適
防災スイーツパン
自衛隊バージョン
陸・海・空自衛隊の〝カッコイイ〟写真をラベルに使用
若田飛行士と宇宙に行きました!!
「しらせ」と南極に行きました!!
開缶前にお湯などで軽く温めると焼きたての風味も楽しめます。
（小麦・乳・卵・大豆・オレンジ・リンゴが原材料に使用されています。）
3年経っても焼きたてのおいしさ♪
焼いたパンを缶に入れただけの「缶入りパン」と違い、発酵から焼成までをすべて「缶の中で作ったパン」ですので、安心・安全です。
陸上自衛隊：ストロベリー　イチゴジャムの甘い香りと美味しさが口の中に広がります。
海上自衛隊：ブルーベリー　甘酸っぱい、さわやかなブルーベリージャムの風味が楽しめます。
航空自衛隊：オレンジ　オレンジのジャムを練り込んだ、柑橘系のさわやかな味です。
【定価】
6缶セット 3,600円（税込）を 特別価格 3,300円（税込）
1ダースセット 7,200円（税込）を 特別価格 6,480円（税込）
2ダースセット 14,400円（税込）を 特別価格 12,240円（税込）
（送料は別途ご負担いただきます。）
TV「カンブリア宮殿」他多数紹介!
内容量：100g／国産／製造：㈱パン・アキモト
1缶単価：600円（税込）　送料別（着払）
昭和55年創業 自衛官OB会社
㈱タイユウ・サービス
〒162-0845 東京都新宿区市谷本村町3番20号 新盛堂ビル7階
TEL：03-3266-0961　FAX：03-3266-1983
ホームページ タイユウ・サービス 検索

『朝雲』縮刷版 2019
2019年の防衛省・自衛隊の動きをこの1冊で
宮古島と奄美大島に駐屯地・分屯地が開庁 南西防衛を強化
大型台風が関東・東北を直撃　統合任務部隊を編成
朝雲新聞社　〒160-0002 東京都新宿区四谷坂町12-20KKビル
TEL 03-3225-3841　FAX 03-3225-3831
http://www.asagumo-news.com

発売中
朝雲 縮刷版 2019
判型 A4判変形／452ページ 並製
定価 本体2,800円＋税

# 家族会版

＜連絡先＞
〒162-0845 東京都新宿区市谷本村町5-1 公益社団法人自衛隊家族会事務局
電話03-3268-3111・内線28863
直通03-5227-2468

**私たちの信条**

【根本理念】
私たちは、隊員に最も身近な存在であることに誇りを持ち力をあわせて自衛隊を支えます

【心構え】
一、自らの国は　自ら守る防衛意識を高めます
一、自衛隊員の募集・就職援護及び家族支援に協力します
一、会員数を増大し　組織の活動力を高めます

# 署名活動の重要性強調

## 北方領土返還要求全国大会

## 古賀理事が決意表明

【東京＝本部】北方領土の早期返還を求める令和2年「北方領土返還要求全国大会」が「北方領土の日」の2月7日、東京都千代田区の国立劇場で開催され、安倍首相をはじめとする関係閣僚、各政党の代表、返還要求に携わる団体の代表者、元島民らが参加した。家族会からは、伊藤康成会長が壇上に並び、古賀久夫理事が署名運動を展開している団体を代表して決意表明を行った。

北方領土返還要求大会は2部構成で行われた。第1部は「北方領土、自然の魅力」と題して3人の各界専門家が登壇。自然保護を日露共通の課題とした領土交渉への取り組みなどの提案が上がった。

第2部は、安倍首相はじめ各政党の代表などの出席の下、政府と元島民、返還要求運動団体、官民の関係者が一堂に会して式典が行われた。

安倍首相は「戦後74年が経過した今もなお、北方領土問題が解決されず、日本とロシアの間には平和条約が締結されていない。この異常な状態に終止符を打つために、安倍内閣は全力を挙げて取り組んでいる。（日露）双方が受け入れられる解決策を見つけるための共同作業を精力的に進め、交渉を一歩一歩、皆さまと心を一つにして着実に前進させていく」と述べた。

この後、署名活動団体の代表として家族会から古賀理事が登壇し、決意表明を行った。

古賀理事は「北方領土返還を求める署名は、昨年末までの累計で9113万1372人となっている。個人情報保護の関係で署名活動は厳しくなってきているが、それでも毎年全国で約100万人の署名があり、その中で自衛隊家族会は約20万人の署名を集めている」と活動成果を述べるとともに、北方四島ビザなし交流に参加した経験を踏まえ、「自分がいかに島について知らなかったか、関心が薄かったかと衝撃を受けた。北方領土の問題を忘れることなく、関心を持ち続けるために署名という小さなことでも、一人ひとりが行動を起こすことに意味があることを改めて気付かされた」と署名活動の重要性を強調した。

「北方領土返還要求全国大会」に出席し、政府の取り組みを述べる安倍首相（2月7日、東京都千代田区の国立劇場で）＝首相官邸ホームページから

家族会の署名活動の取り組みを発表し、決意を表明する古賀理事

# 4議案を書面決議で可決

## 新型コロナ　家族会理事会が中止

新型コロナウイルス感染拡大防止のため、3月17日にホテルグランドヒル市ヶ谷で開催が予定されていた令和元年度「第4回全国理事会」が中止になった。

同会での審議を予定していた令和2年度の「事業計画（案）」「分担金（案）」「収支予算（案）」「定期総会の開催」の4議案は書面決議により可決された。

「事業計画」と「収支予算」は3月末までに内閣府に提出される。「定期総会」は6月16日にホテルグランドヒル市ヶ谷で開催することが決まった。

参加者に対して自衛官を持つ親の気持ちを語る会員たち（壇上）＝2月22日、奈良第2地方合同庁舎で

# 入隊説明会で入会促進

## 奈良県家族会　会員が「自衛官の親」の気持ち語る

【奈良】奈良県自衛隊家族会（河本順雄会長）は2月22日、奈良地本が奈良第2地方合同庁舎内で開催した一般曹候補生と自衛官候補生入隊予定者の「入隊説明会」に参加し、家族会への入会促進を図った。

説明会には入隊予定者とその家族約80人が参加。熊井邦善奈良地本長のあいさつの後、募集班長が教育の概要や教育隊の生活、入隊に際しての諸準備や心構えについて説明した。

続いて家族会の河本会長が同会の制度を説明し、集まった家族に入会を促進したほか、女性会員3人が登壇して自衛官を持つ親としての思いを語った。入隊予定者の家族は会員の話に真剣に耳を傾け、配られた同会発行紙「おやばと」に見入っていた。

奈良地本は「今後も家族会などの協力団体と連携して入隊予定者とその家族を積極的にサポートし、自衛隊に対する理解や協力団体への入会の促進を図っていきたい」としている。

# 新潟地本長が防衛講話

## 村上市家族会　自衛隊勉強会を開催

【新潟】村上市自衛隊家族会（倉松勝栄会長）は2月8日、新潟地本の支援を受け、「自衛隊勉強会」を開催した。

村上市クリエートで開催された勉強会には村上地域の家族会員など34人が来訪。新潟地本長の大倉正義1陸佐が日本を取り巻く環境や陸自の取り組みなどについて「防衛講話」を行った。このほか「優秀な人材の獲得」について説明、参加者に対して隊員募集に募集協力も依頼した。

講話終了後の質疑応答では、聴講者から周辺諸国の軍事情勢などへの質問が寄せられ、大倉地本長は一つ一つ丁寧に回答していた。

参加者は「今後もニュースなどで報道されない内容を知りたい」などと話し、日本の防衛と自衛隊に対する理解を深めた。

新潟地本は「今後も各地域家族会などと密接に連携し、防衛基盤の拡充を図るとともに優秀な人材の獲得を行っていく」としている。

村上市家族会が開催した「自衛隊勉強会」で防衛講和を行った大倉新潟地本長（右奥）＝2月8日、新潟県村上市で

# 下関基地を初研修

## 家族会八幡西地区

初めて下関基地を訪れ、海自への見識を広めた福岡県の家族会八幡西地区の会員たち

【下関】福岡県北九州市の自衛隊家族会八幡西地区会はこのほど、関門海峡を渡り山口県の下関基地を初めて訪れ、掃海艇と顕彰資料室を研修した。

会員21人は、基地概要説明で、初めて耳にする下関基地隊の歴史や掃海艇の危険を伴う任務内容に興味津々で聞き入るとともに、関門海峡での機雷にまつわる歴史については「なぜ木造船なのか」など積極的に質問していた。

43掃海隊所属の掃海艇「とよしま」の見学では、木造の掃海艇に驚きを隠しきれずに童心に戻ったように実際に手で触れるなど、海自と下関基地隊への見識を広めていた。

# 氷まつり支援隊員を激励

## 帯広市家族会

【帯広】帯広市自衛隊家族会（土谷明会長）は1月31日、[illegible]「おびひろ氷まつり」[illegible]の支援を行っている[illegible]隊員たちを持った。

隊員たちは、家族会から心のこもった手作りの豚汁を受け取り、笑顔でほお張りながら冷えた体を温めた。ほとんどの隊員が次々におかわりをして"おふくろの味"を味わい、午後の任務に向け英気を養った。

参加した会員は「とてもおいしそうに食べてくれていたので作り甲斐がありました」と笑顔で語った。

「おびひろ氷まつり」に従事する隊員を激励し[illegible]帯広市家族会の会員たち（右）

# 伊丹で家族の安否確認訓練

## 隊員へのメッセージを業務隊に伝達

【伊丹】伊丹自衛隊家族会（後藤伸郎会長）は2月22日、中部方面隊の防災訓練「南海レスキュー01」に合わせて伊丹駐屯地業務隊が実施した「隊員家族の安否確認訓練」に[illegible]。

会員は元自衛官の経験を生かし、指揮棒で地図を指しながら適切に指示を出し、各担当者はそれぞれが任務にあたった。[illegible]隊員家族の安否を確認するとともに、災害派遣中の隊員へのメッセージを預かり、業務隊に伝えた。

訪問を受けた隊員家族は「実際に災害の時、こういうつながりがあると[illegible]」と話していた。

伊丹駐屯地業務隊の「隊員家族の安否確認訓練」で、雨の中、傘をさしながら会員に指示を出す後藤会長（左）＝2月22日、伊丹駐屯地で

### 事務局だより

▽…年明けから新型コロナウイルスが世界的に流行し、国を挙げて対応中ですが、早期終息を祈るばかりです。家族会も、感染拡大防止のため、令和元年度第4回理事会を書面決議に切り替えました。議案である令和2年度の「事業計画（案）」「分担金（案）」「収支予算（案）」「定期総会の開催」が承認され、内閣府へ報告し、各県家族会へ別途通知等致します。

▽…入隊・入校激励会もコロナウイルスの影響で全国的に中止が相次ぎ、各県家族会は自衛隊地方協力本部の協力を受け、その対応に追われました。家族会の説明機会を失してしまったことから、今後の家族会の理解促進や入会促進要領にひと工夫が必要と感じております。

▽…防衛情報紙「おやばと」2月号を各県へ入隊・入校者激励用として無償配布いたしました。家族会への理解増進と会員増加にもお役立ていただきますようお願いします。

▽…総合募集情報誌『2020版ディフェンスワールド20』が完成しました。募集・援護活動の一助として、また、国民の皆さま、高校生など若い方々に自衛隊をよりよく知っていただけるように編集しています。家族会記念行事や会議・講演会などの際にもご来賓などへお配りしていただいております。購入希望は事務局までご連絡ください。

▽…北方領土返還要求全国大会が2月7日に行われました。署名獲得数が最も多い家族会代表として古賀久夫理事が、ビザなし交流経験を踏まえ、今後とも粘り強く署名活動を続ける決意を表明し、会場から大きな拍手を受けました。

▽…豪州火災対応のため空自から国際緊急援助空輸隊が、中東地域の情報収集のため海自から護衛艦「たかなみ」がそれぞれ派遣されました。家族会から隊員の皆さまへ慰問・激励品を送りました。

▽…新型コロナウイルス対応で3月16日までの46日間、緊急かつ困難な状況の中、クルーズ船やチャーター機帰国者宿泊施設に派遣され「配膳などの生活支援」「病院までの感染者輸送」「健康状態確認などの医療支援」を行った自衛隊員および医師・看護師資格を持つ予備自衛官の皆さまに心から感謝・御礼申し上げます。

（自衛隊家族会事務局）

コナカ　FUTATA　防衛省共済組合員・ご家族の皆様へ
SPRING COLLECTION
品質・機能にこだわった商品を豊富に取り揃えています
防衛省の皆様はさらにお得にお求めいただけます
形態安定スーツ　1着値下げ前本体価格¥39,000の品　KONAKAアプリクーポン¥15,000引　優待カード20%OFF　¥19,200+税
ストレッチスーツ（english girl by J.P.）[スカートスタイル]　1着値下げ前本体価格¥35,000の品　KONAKAアプリクーポン10%OFF　優待カード20%OFF　¥25,200+税　●パンツスタイルもご用意しています
ウルトラムーブスーツ　1着値下げ前本体価格¥49,000の品　KONAKAアプリクーポン¥15,000引　優待カード20%OFF　¥27,200+税
シングルフォーマル[ウエストアジャスター付き]　1着値下げ前本体価格¥39,000の品　KONAKAアプリクーポン¥15,000引　優待カード20%OFF　¥19,200+税
アンサンブルフォーマル　1着値下げ前本体価格¥39,000の品　KONAKAアプリクーポン10%OFF　優待カード20%OFF　¥28,080+税
●掲載商品写真はイメージです
お得なクーポンはコチラから!!　KONAKAアプリ　WEB特別割引券はコチラから!!
さらに　お会計の際に優待カードをご提示ください　KONAKAアプリクーポンご利用後価格から　店内全品20%OFF
●防衛省の身分証明書または共済組合証をご提示ください　●詳しくは店舗スタッフまでお尋ねください
ポイントが使える・貯まる

隊員の皆様に好評の
『自衛隊援護協会発行図書』販売中

| 区分 | 図書名 | 改訂等 | 定価(円) | 隊員価格(円) |
|---|---|---|---|---|
| 援護 | 定年制自衛官の再就職必携 | | 1,200 | 1,100 |
| | 任期制自衛官の再就職必携 | ◎ | 1,300 | 1,200 |
| | 就職援護業務必携 | ◎ | 隊員限定 | 1,500 |
| | 退職予定自衛官の船員再就職必携 | | 720 | 720 |
| | 新・防災危機管理必携 | ◎ | 2,000 | 1,800 |
| 軍事 | 軍事和英辞典 | ◎ | 3,000 | 2,600 |
| | 軍事英和辞典 | | 3,000 | 2,600 |
| | 軍事略語英和辞典 | | 1,200 | 1,000 |
| | （上記3点セット） | | 6,500 | 5,500 |
| 教養 | 退職後直ちに役立つ労働・社会保険 | | 1,100 | 1,000 |
| | 再就職で自衛官のキャリアを生かすには | | 1,600 | 1,400 |
| | 自衛官のためのニューライフプラン | | 1,600 | 1,400 |
| | 初めての人のためのメンタルヘルス入門 | | 1,500 | 1,300 |

※ 平成30年度「◎」の図書を新版又は改訂しました。

| | |
|---|---|
| 消費税 | 価格に込みです。 |
| 発送 | メール便、宅配便などで発送します。送料は無料です。 |
| 代金支払い方法 | 発送図書同封の振替払込用紙でお支払。払込手数料はご負担してください。 |

お申込みはホームページ「自衛隊援護協会」で検索！
（http://www.engokyokai.jp/）
一般財団法人自衛隊援護協会
電話：03-5227-5400、5401　FAX：03-5227-5402　専用回線：8-6-28865、28866

# 募集・援護 特集

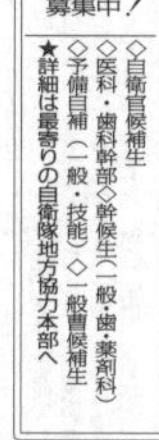

平和を、仕事にする。

ただいま募集中！
◇自衛官候補生
◇医科・歯科幹部◇幹部候補生（一般・歯・薬剤科）
◇予備自補（一般・技能）◇一般曹候補生
★詳細は最寄りの自衛隊地方協力本部へ

# 知恵絞り入隊者支援

## 新型コロナ↓激励会中止

新型コロナウイルスの感染拡大防止のため、安倍首相が2月26日、国民にイベント開催の自粛を求めたことを受け、自衛隊の協力団体が各地で計画していた入隊予定者向けの「激励会」も中止となった。激励が不可能なこの事態を打開しようと、福岡地本は自衛隊家族会と共に入隊予定者の自宅を個別に訪問。河野防衛相からの激励メッセージや家族会からの激励品を届けた。さらに激励会に出席予定だった自治体首長にもアポイントメントを取り、町役場などに入隊予定者を引率、直接激励の言葉を受けるなど、創意工夫を凝らして入隊・入校予定者の旅立ちを支援している。

## 福岡 家族会とタッグ 個別訪問や首長表敬

入隊予定者の紳健翼さん（中央左）の自宅を訪問し、激励を行った福岡地本広報官の鶴田記都美空曹長（右端）と家族会の坂口和也さん（中央右）＝3月8日、筑紫野市で

【福岡】地本は新型コロナウイルスの感染拡大による県内での「入隊・入校予定者激励会」の中止決定に伴い、3月8日、福岡県家族会と協力して入隊予定者を個別訪問し、直接激励を行った。

訪問に際しては河野防衛相からのメッセージ、小川洋福岡県知事と「福岡ソフトバンク・ホークス」高橋礼投手からの動画激励メッセージ、深草貴信地本長からの手紙を届けた。さらに家族会の会員からは激励品が贈られ、保護者に向けては入会案内が行われた。

自宅を直接訪れて激励してくれた広報官に、入隊予定者は「ありがとうございます。入隊後は立派な自衛官になれるように頑張ります！」と力強く抱負を語った。

福岡地本では「日本が非常に大変な時期での入隊となるが、元気に自衛隊の門をくぐり、入隊式に臨んでほしい」と話している。

◇

地本は3月4日、一般曹候補生・自衛官候補生として陸自に入隊する中川拳斗さんと三島珠李亜さんの2人を引率し、福岡県田川郡糸田町の森下博輝町長を表敬した。

激励会中止に伴う首長訪問で、表敬した若者2人に森下町長は「国の防衛のために頑張って下さい」と激励した。これに対し2人は、「糸田町を代表して、国を守る立派な自衛官になれるよう頑張ります！」と決意を表明した。

糸田町役場を表敬訪問し、森下博輝町長（右）から直接激励される入隊予定者（3月4日、糸田町長室で）

## 沖縄 「大臣メッセージ」手紙に 那覇分駐所は「お菓子のレイ」

陸自入隊予定者の嘉数瑛丞さん（左）の首に「お菓子のレイ」をかけて祝福する那覇分駐所長の平山博之1陸尉（那覇分駐所で）

【沖縄】地本は3月上旬、沖縄県から自衛隊に入隊する予定の若者全員に、河野防衛大臣からの激励メッセージを手紙で送付した。新型コロナウイルス感染拡大に伴い、激励会も中止となったことを受けて、その代替施策として行った。

地本では河野防衛相のビデオメッセージを書面に書き起こし、この手紙を入隊予定者に送付。メッセージを受け取った入隊予定者は「最初は防衛大臣から直接手紙が来たと思ってびっくりした。激励文を読んで、いよいよ入隊という実感がわいてきた」「早く自衛隊に入って活躍したい」などと語っていた。

◇

那覇分駐所はこのほど、入隊予定者に「お菓子のレイ」をプレゼントした。

「お菓子のレイ」は、在校生や保護者がお菓子で作ったレイを卒業生の首に掛けて祝う沖縄独特の慣習。例年は広報官が各学校の卒業式に出席し、入隊予定者に届けていたが、今年は新型コロナの関係で卒業式に出席できず、その代わりとして行われた。

那覇分駐所では予定者が入隊準備書類の提出のために訪れた際、用意しておいたレイを所員一同から「卒業おめでとう」の言葉とともに贈り、卒業を祝った。

さらに花型に切り取った色紙を「桜の花」に見立て、入隊予定者に意気込みや抱負を書き込んでもらい、これを分駐所入り口の「木の幹」に貼付。

この木は入隊予定者の希望でさまざまな色彩で"満開"となった。

## 「合格者に聞く」 山形で"隊員の卵"ラジオ出演

ラジオ番組「自衛隊百科」に出演し、入隊の動機などを語る村山さん（左）と工藤さん（山形市のラジオモンスターで）

【山形】山形コミュニティ放送ラジオモンスターの番組「自衛隊百科」に3月20日、一般曹候補生（陸上）と同（海上）にそれぞれ合格した工藤悠司さん、村山悦史さんの2人が出演した。

今回は「合格者に聞く」というテーマで、パーソナリティーと合格者が掛け合う形式で番組は進行。自衛官を目指した理由について工藤さんは「地震や台風などの自然災害が増加している。現場で働く自衛隊の方に強く憧れ、私も平和を守る手助けがしたいと思い志願した」と語り、村山さんも「隊員として働く父の姿に憧れ、自衛官になりたいと考え決めた」と述べた。

入隊後の目標を聞かれると、2人は「少しでも早く集団生活に慣れ、社会に貢献できる強く優しい自衛官になりたい」「どんなことにも諦めず取り組み、周りから慕われる自衛官を目指したい」と決意を語った。

# 旭川など5地本長 交代

3月9、16日付の異動で、旭川、山梨、福井、鳥取、高知地本の本部長が交代した。新任本部長の略歴は次の通り。

二瓶 惠司（にへい・けいじ）1陸佐 旭川地本長 防大36期、平成4年陸自。19年2佐、23年1佐。富士学校研究課長、22普連長などを経て、30年3月陸幕予備自室長。北海道出身。50歳。

前野 直樹（まえの・なおき）1陸佐 山梨地本長 防大35期、平成3年陸自。19年2佐、27年1佐。関東処企画課長、大阪地本募集課長などを経て、29年8月陸幕募集・援護課。愛知県出身。53歳。

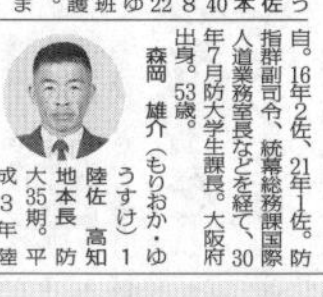

東 良子（あずま・りょうこ）1海佐 福井地本長 防大40期、平成8年海自。22年2佐、27年1佐。艦艇、海幕人計課勤務などを経て、30年3月1護群司令部。石川県出身。46歳。

村山 正徳（むらやま・まさのり）1空佐 鳥取地本長 成2年空自。16年2佐、21年1佐。防衛省統幕総括課国際人道業務課長などを経て30年7月防大学生課長。大阪府出身。53歳。

森繁 雄介（もりしげ・ゆうすけ）1陸佐 高知地本長 防大35期、平成3年陸自。17年2佐、23年1佐。特輸ヘリ隊、陸幕予備自室長などを経て、31年4月健軍業務隊長。高知県出身。52歳。

## 熊谷基地に入隊予定者らを引率 千葉

【千葉】地本は2月12日、令和2年春の入隊予定者らに対して空自熊谷基地見学を行った。

当日は入隊予定者とその保護者21人が参加した。参加者は居室・教育風景などの基地広報担当者の説明に対して積極的に質問をするなど、各人の疑問や不安の払拭に努めていた。

また、参加者間で連絡先を交換するなど、入隊予定者間の団結も深めており、参加者は入隊への意欲を一層高めていた。

## 青森3駐屯地で部隊長援護会同

援護会同に出席し、援護センター長の山本博司1尉（左奥）の説明に聞き入る部隊長（2月26日、青森駐屯地で）

【青森】地本は1月27日～3月4日の3日間、八戸、青森、弘前の各駐屯地で「部隊長等援護会同」を開いた。

各部隊長らに隊員の再就職に関する情報提供を行い、地本との連絡調整を密にすることで、隊員への就職指導に役立てることを目的に行った。

最初に木村政和地本長が「隊員が在職間に培った知識・技能を活用して国家・社会に貢献するため、援護センターは再就職に必要な情報を提供している。各部隊長は隊員の希望を把握して就職援護に反映できるよう、早めにセンターに相談するよう指導してほしい」と要望した。

その後、援護課の担当者が青森県の求人状況、各駐屯地の援護センター長が各地区の雇用情勢を説明。さらに予備自衛官についても解説すると、参加した部隊長はメモを取りながら真剣に耳を傾けていた。

## 陸空隊員が直々♪「ミリ女子カフェ」 鳥取

【鳥取】地本は2月22、24日の休日、県内2カ所で「ミリ女子カフェ」と題して無料の女性向け説明会を開いた。

カフェには13特科隊（日本原）のカレッジリクルーター1人と、8普連（米子）、3輸空（美保）からそれぞれ1人の女性隊員が参加。計26人（うち募集対象者3人）が出席し、13特科隊の青木茄津未3尉らから入隊に至るまでの経緯などを聞いた。

来場者はソフトドリンクなどを飲みながら話に聞き入り、「女性隊員から説明が聞けて安心した。駐屯地の行事なども見学し、自衛隊についてもっと知りたい」などと話していた。

青木3尉は「部隊における人員不足は深刻な問題。優秀な人材を一人でも多く獲得するために、このような募集活動は不可欠だ。今後とも積極的に関わりたい」と語った。

## 静岡地本長ら「防災行政論」講義 常葉大の学生111人

【静岡】地本長の宮川知己1空佐は2月5日、静岡市の常葉大学草薙キャンパスで「防災行政論」に関する講義を行った。

講義は同大社会環境学部で自然環境や防災に関する知識を深め、将来公務員や教員、企業人となって社会貢献を目指す学生111人に対して実施された。3自衛隊の幹部が我が国の防衛や災害への対応状況について丁寧に説明した。

宮川地本長は自衛隊の任務や災害派遣の仕組み、防災への取り組みについて語り、救難パイロットの経験談や、東日本大震災時に隊長として行った人命救助や原発対処の体験を踏まえ、「災害への備えや危機管理は、常に問題認識を持つことが大事」を訴えた。

災害派遣で使用される陸自の装備品を紹介する34普連重迫中隊の本多真2尉（右）＝2月5日、常葉大学草薙キャンパスで

### 34普連も協力

続いて陸自34普連（板妻）重迫中隊長の山下重慶1陸尉が、県内の災害対応計画を説明したほか、屋外の災害派遣で使用される装備品や車両を紹介。学生たちも災害時に役立つ「止血法」やロープワークの「もやい結び」などを実際に体験し、自衛隊の災害対応ノウハウを学んだ。

2020 NEW MODEL
大型スポットクーラー BSC-10
強風・冷風を兼ね揃えた大風量スポットクーラー！
倉庫、コンテナ積み下ろし作業等に最適！
三相200V
必要な時、必要な時間だけ効率的な空調
スポットクーラーシリーズ
体感温度 -13℃
気持ち良い風を約15m先までお届け！
環境改善
熱中症対策
大風量
スポット冷房
内径約41cmの大型冷風口
吹出口風速約7.28/8.20m/s
最大風量約55/62㎥/min
天吊り・消防法適合・複数ダクト等ご用意しております
大型循環送風機 ビッグファン
熱中症対策
空調補助
節電・省エネ
大風量で広範囲へ送風！
BF-60J
DCF-60P
BF-75V
BF-100V
BF-125V
コンプレッサー式除湿機
目的に合ったドライ環境を提供
結露・カビを抑え湿気によるダメージを防ぎます！
DM-10
DM-15/DM-15T
DM-30
株式会社ナカトミ
https://www.nakatomi-sangyo.com
お問い合わせはこちら
TEL:026-245-3105
FAX:026-248-7101

発売中！
2020自衛隊手帳
2021年3月末まで使えます。
お求めは防衛省共済組合支部厚生科（班）で。
（一部駐屯地・基地では委託売店で取り扱っております）
Amazon.co.jp または朝雲新聞社ホームページ
（http://www.asagumo-news.com/）
でもお買い求めいただけます。
NOLTY 能率手帳がベースの使いやすいダイアリー。
年間予定も月間予定も週間予定もこの1冊におまかせ！
編集／朝雲新聞社
制作／NOLTY プランナーズ
価格／本体 900円＋税
朝雲新聞社
http://www.asagumo-news.com

# ひろば

卯月、木葉取月、花残月――4月。

1日エイプリルフール、7日世界保健デー、12日世界宇宙飛行の日、29日昭和の日。

御田植祭　埼玉県秩父神社で催される豊作祈願の祭事。県指定無形民俗文化財。境内を神田に見立て、神部が田植歌を口ずさみながら田植えの所作を演じる。祭り後には餅がまかれ供物が参拝者に配られる。4日

糸魚川けんか祭り　新潟県糸魚川市の中心部に位置する天津神社の祭礼。2基の御輿が五穀豊穣を祈り激しくぶつかり合い、豊作と豊漁を競う。祭り後には舞楽が奉納される。国指定重要無形民俗文化財の一つ。10、11日

# 防衛省職員　テレワークを積極活用

## 柔軟な働き方で、仕事と家庭両立

「新型コロナウイルス」対策で3月2日から全国の小中高校や特別支援学校が臨時休校となる中、防衛省でも子育て中の職員を中心に、在宅勤務を可能にする「テレワーク」などを活用した「柔軟な働き方」への取り組みが進められている。今、大きな注目を浴びるテレワークの仕事術について、実際に利用している職員の声を聞いた。（日置文恵、石川穂乃香）

「自分の スタイルで働き続ける」ことの大切さを訴える藤高崇部員（防衛省A棟談話室のマタニティスペースで）

## 藤高部員「働き続けられる環境作りを」

「自分のペースで仕事ができる」とテレワークのメリットを話すのは、大臣官房秘書課に勤務する藤高崇部員。同じく防衛省職員の妻の真衣さんは現在、省内の制度で英国留学中のため、崇さんが5歳と3歳の男児二人の面倒を一人で見ている。

平日は子供たちを保育園に預けた後、朝9時半に出勤。午後5時頃に退庁して保育園に迎えに行き、食事や風呂などの世話を終えて寝かしつけた後、自宅のテレワーク端末で業務資料の作成やメールのチェックなどを行い、次の日に備える毎日だ。

子供たちからは「パパ頑張っているね！」と励まされているという。

省内の「働き方改革」推進事業なども担当する藤高さん。「行政マンとしても優秀な人材確保のため、『自分のスタイルで働き続ける』ことができる環境を作っていくことが大切です」と話している。

## 自分の勤務スタイル"開拓"
### 普段のコミュニケーション大切に

テレワークを活用して在宅勤務を行う大隈縁事務官（写真＝防衛省提供）

防衛装備庁に勤める大隈縁事務官（監察監査・評価官付行政評価専門官）は、「テレワークのおかげで仕事と家庭の両立ができています」と語る。

防衛省職員の夫・護さんと共働きで小学1年生の娘を育てる縁さんは、下校時間に合わせてテレワークを行うことが多いという。

例えば、昼休みに帰宅し、食事を済ませた後、午後1時からテレワークを開始。途中で「休憩時間」を設定し、その時間を使って遠方の小学校に通う娘を電車や車で迎えに行き、民間の学童保育に預けた上で、再び家でテレワークに専念する。

顔の見えないテレワークだけに、普段からのコミュニケーションをとても大事にしているという。

仕事と家庭の両立で同じ悩みを持つ後輩たちに「私自身も試行錯誤している最中ですが、職場の理解を得て、自分の勤務スタイルを"開拓"していくことが大切だと思います」とアドバイスを送る。

### 将来に向け整備進む

防衛省では、2年間の試行期間を経て2017年度に内局でテレワークの本格運用を開始して以来、翌18年度には防衛装備庁でもスタートするなど、徐々にその範囲を拡大しており、20年度までには全ての機関でテレワークの活用が可能となる予定だ。

人事教育局人事計画・補任課ワークライフバランス推進企画室の緑川桂子室長は「将来的には全国の各基地・駐屯地等でも利用できるよう整備していきたい。それぞれのライフスタイルに合わせ、テレワークやフレックスタイム、早出遅出勤務など、さまざまな制度を活用してもらいたい」と話している。

「顔の見えないテレワークだけに、普段からの職場でのコミュニケーションを大事にしています」と語る大隈縁事務官

◎テレワーク　「Tele＝離れた所」と「Work＝働く」をあわせた造語で、インターネットや携帯電話、PCなど、情報通信技術（ICT＝Information and Communication Technology）を活用した、場所や時間にとらわれない「柔軟な働き方」のこと。

「働き方改革」の一環として官民で積極的に導入が進められており、働く場所によって①自宅利用型（在宅勤務）②モバイルワーク③施設利用型（サテライトオフィス勤務など）――の三種類に分けられる。妊娠・育児・介護などの理由や、身体障害、ケガなどによって通勤が困難な場合に適した働き方の一つとして注目されている。

# マイヘルス Q&A

## 痛風
### 生活習慣の改善を　尿酸値をコントロール

Q　痛風とはどのような病気ですか。

A　打撲や捻挫などしていないのに、関節が腫れて痛みが出ます。暴飲暴食した翌日の朝に痛みを自覚することが多く、「風が吹くだけでも痛い」ということから「痛風」と呼ばれるようになりました。血液中の尿酸値が上昇し、溶けきれなくなると関節内に尿酸の結晶ができてしまい、痛風発作を引き起こします。親指の付け根に痛みが出ることが多いですが、そのほかにも足関節、足の甲、アキレス腱の付け根、膝関節、手関節にも痛みが出ることがあります。

Q　どうやって検査をしますか。

A　通常は症状と血液検査での血中の尿酸値から診断することもできますが、似た症状を起こす他の病気もあるため、レントゲンなどの画像検査、血液検査などから総合的に診断します。尿酸値は変化が大きいため、1回の検査や健診で大丈夫だからといって痛風が起こらないとは限りません。

尿酸は常に体内で作られている物質なので、尿酸値が高くなる原因はさまざまです。食生活習慣、激しい運動、肥満が原因となることもあります。

遺伝などの影響により、体質として尿酸を体外に排泄する機能が低下している人も多くいます。

Q　治療方法は。

A　発作時と非発作時で治療内容が違います。

発作時には疼痛（痛み）が最も問題となるため、まずは痛みを抑えるために消炎鎮痛剤を用います。局所麻酔剤が入ったステロイドを関節内に注入するものも効果的です。発作の鎮静化のためにコルヒチンを使うこともあります。

痛風の発作が治まったら、尿酸値をコントロールし、次の発作が起きないための治療を行います。食事や運動、減量といった生活習慣の改善が必要となり、尿酸値の改善が見られない場合には尿酸低下薬を使用していきます。

痛風はよくある病気です。健診などで尿酸値が高いと指摘された場合には早期に受診し、生活習慣の改善をはじめとした尿酸値のコントロールを行って高尿酸血症から痛風への流れを早い段階で予防しましょう。生活習慣に気をつけている方でも体質で尿酸値が高くなってしまう方もいるので、気軽に医務室、病院で相談してください。

自衛隊中央病院　整形外科医官　水野 司

# 『ジョン・ウィック：パラベラム』DVD

## 超絶アクションがさらに進化！

## 朝雲新聞から読者3名様にプレゼント

『ジョン・ウィック：パラベラム』発売中／デジタル配信中　(R)，TM＆(C) 2019 Summit Entertainment,LLC.All Rights Reserved.

全世界で、そして日本でも大ヒットした映画『ジョン・ウィック：パラベラム』（発売元・販売元：ポニーキャニオン）の4K UHD・ブルーレイ・DVDが3月18日発売された。

これを記念し、「朝雲」読者3名に同映画のDVD（税抜3800円）をプレゼントする。

『ジョン・ウィック：パラベラム』は、伝説の殺し屋ジョン・ウィックの壮絶な死闘を描いたキアヌ・リーブス主演の人気シリーズ第3弾。前作から2年、超絶アクションがさらなる進化を遂げ超絶バトルは圧巻だ。シリーズ最大のヒットを記録したアクション映画の最高峰を見逃すな！

◇応募方法◇

DVD希望者は、はがきに郵便番号・住所・氏名・電話番号を記入し、〒160-0002東京都新宿区四谷坂町12-20　KKビル　朝雲新聞社営業部までお申し込みください。締め切りは4月17日（当日消印有効）。

# 私が読んだこの一冊　BOOK NOW

**34普連（板妻）川又良知2陸尉　28**
ティム・マーシャル著、甲斐理恵子訳「恐怖の地政学」（さくら舎）

イギリス人ジャーナリストである著者が、国際社会の現在から近未来までの情勢を論じたものです。

著者は、戦争、紛争が生起する根本的な原因の一つとして、地政学的要因があると考え、それを「恐怖の地政学」と表現しました。地理的に重要な国（日本含む）が、大国の思惑に左右される現実を描いています。

中国は海洋進出を加速させるのか。アメリカの時代は終わったと噂されるのはなぜなのか。そしてそれらが日本に及ぼす影響は。このような疑問について考えたい方におすすめします。

**舞鶴基地業務隊　牧田圭一2海尉　37**
シェリー・ケーガン著、柴田裕之訳「DEATH『死』とは何か」（文響社）

この本は、答えのない哲学の問いに対して、偏見を持たず客観的かつ論理的に個人の意見を述べられているのが面白い。

人間は「魂」のような霊的な何かではなく、生きざま、つまり他者の中に残る自分の記憶を重要視しているということに共感した。読後、例えば自分と妻、どっちが先に死ぬのかみたいな現実的な話を考えてしまう。「死」について考える良い機会になる本だと思う。

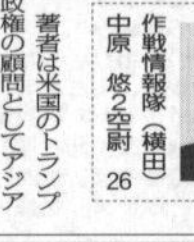

**作戦情報隊（横田）中原悠2空尉　26**
ピーター・ナヴァロ著、赤根洋子訳「米中もし戦わば」（文藝春秋）

著者は米国のトランプ政権の顧問としてアジア政策に関し助言してきた人物だ。

本書では、中国の対外拡張と軍事能力伸展を詳細かつ多角的に分析している。

著者は米軍が中国に対し、いかに脆弱であるかを強調し、戦略に基づく適切な対策と、アジアの諸問題に対する「積極的関与」を説く。本書を読むことで、中国の脅威の本質を俯瞰でき、米国の問題認識を理解する基礎ができるだろう。

# 隊員愛読書ベスト5

＜入間基地・豊岡書房＞
❶日本の防衛―防衛白書―令和元年版　防衛省編　日経印刷　¥1397
❷スマホを落としただけなのに戦慄するメガロポリス　志駕晃著　宝島社　¥715
❸超限戦 21世紀の「新しい戦争」　喬良ほか著　角川新書　¥1320
❹TOEIC L&R TEST 初心者特急 パート7　神崎正哉ほか著　朝日新聞出版　¥880
❺超・殺人事件　東野圭吾著　角川文庫　¥594

＜防衛省・三陽堂書店＞
❶台湾有事と日本の安全保障　渡部悦和ほか著　ワニブックス　¥1100
❷US―2救難飛行艇開発物語3　月島冬二著　小学館　¥897
❸自衛隊防災BOOK2　自衛隊、防衛省協力　マガジンハウス　¥1320
❹現代ミリタリー・インテリジェンス入門　井上孝司著　潮書房光人新社　¥2860
❺現代ミリタリー・ロジスティクス入門　井上孝司著　潮書房光人新社　¥2530

＜神田・書泉グランデミリタリー部門＞
❶戦車将軍グデーリアン「電撃戦」を演出した男　大木毅著　角川新書　¥990
❷アメリカ空軍史から見たF―22への道（上）　夕撃旅団著　パンダパブリッシング　¥1980
❸アメリカ空軍史から見たF―22への道（下）　夕撃旅団著　パンダパブリッシング　¥2200
❹日本陸海軍の試作／計画戦闘機　本吉隆ほか著　イカロス出版　¥1980
❺空の技術　渡辺洋二著　潮書房光人新社　¥880

＜トーハン調べ2月期＞
❶The WORLD SEIKYO2020年春号　聖教新聞社　¥250
❷鬼滅の刃―しあわせの花　吾峠呼世晴著　集英社　¥770
❸鬼滅の刃―片羽の蝶　吾峠呼世晴著　集英社　¥770
❹反日種族主義―日韓危機の根源　李栄薫編著　文藝春秋　¥1760
❺熱源　川越宗一著　文藝春秋　¥2035


乾燥・毛穴の黒ずみ・年齢肌　これ一本で簡単プルプル美肌

相談薬局おすすめの『顔を洗うジェルの化粧水』　※年齢を重ねたお肌のこと

北村幸子（72歳）聖天薬局勤務

私自身、長い間娘と使っています。本当に良いものですから、ぜひ一度お試しください。

■長年、気になっていたソバカス…

こんにちは、北村幸子です。創業80年を超える「聖天薬局」の店頭に立ちながら、お肌に悩みのある方の相談を数多く受けてきました。

あなた様にも、こんなお肌のお悩みはありませんか？「お肌のツヤがなく、老けて見える」「うるおいがなく、カサカサ」などなど…実は私も、ソバカスだらけの顔が悩みの種で、何かいいモノはないかずっと探していたんです。

■「あ！コレだ!!」、『ジェルの化粧水』との出会い

そんな時に偶然、「顔を洗うジェルの化粧水」のサンプルを手に入れたんです。最初の印象は、「何ソレ？洗顔なの？化粧水なの？」と、「？？？」だらけ。でもひとまず説明書通りジェルでマッサージ…その瞬間、「あ！コレだ!!」と衝撃を受けました。まず、ジェルでお肌を洗う感覚が、本当に気持ち良かったんです。プルプルしていて、洗い上がりはしっとり、すべすべ。それに使った後すぐに鏡を見たら、「あれ？なんだか肌が明るくなってる？」ってビックリして、すぐに電話で取り寄せました。それで1本2本と使っていくうちに、肌は明るくなるしツヤやハリは出るし、これは本物だ！と確信しました。

■娘と一緒に、長い間使用。今ではすっぴん親子に！

わたしがこの「顔を洗うジェル」を使い始めてから、長い間たちました。娘も私のすすめで同じ時に使い始めて、ツヤツヤのすっぴん肌。お客様にも、いつも「キレイな肌ねぇ」っておほめいただくんですよ。このジェルの化粧水の素晴らしさは、使用者である私たちが太鼓判を押します！界面活性剤や香料・着色料も不使用ですので、色々な肌質の方にご好評いただいています。

この「顔を洗うジェル」の良さを、もっと大勢の方に分かっていただきたくて、お試しミニボトルを送料込100円でご用意させていただきました。もしお肌に違いが感じられなければお代金はいりません。あなたもプルプル美肌のために、お試し100円からはじめてみませんか？

お試し100円のご注文は 今スグ どうぞ！

ご注文の際は申込番号 IC-ADV をお知らせください。

☎050-2019-6704

【営業時間】朝9時～夜7時受付（日曜定休）

〒553-0002　大阪市福島区鷺洲2-9-12

「美」と「健康」を応援して80年　聖天薬局

お支払はコンビニ・郵便振替にて。お肌の違いが感じられなければお振込いただかなくて結構です。お振込の必要もございません。※受付後1週間前後でお届けします。※取得した個人情報は厳重に管理し、本来の目的以外には使用いたしません。

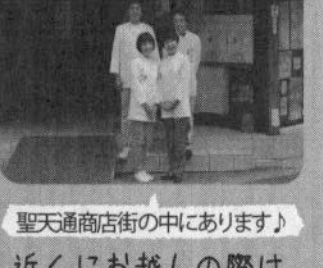


聖天通商店街の中にあります♪

近くにお越しの際は、お気軽にお立ち寄りくださいませ♪

# 強風の中、聖火到着式

## 空自松島基地にギリシャから

吹き荒れる強風の中で東京五輪・パラリンピック開幕へのプロローグとなる聖火到着式が3月20日、宮城県の松島基地で行われ、空自が支援した。4空団11飛行隊（松島）のブルーインパルスが上空を5色のスモークで彩り、航空中央音楽隊（立川）は3曲を演奏して式典を盛り立てた。（1面参照）

聖火到着式でアテネから空輸された聖火を式典会場の聖火皿にともす東京2020聖火リレー公式アンバサダーの吉田さん（中央左）と野村さん（同右）＝いずれも3月20日、松島基地で

## ブルーインと空音 全力

JSDF in TOKYO 2020

最大風速22・6メートルの"春の嵐"が会場の松島基地に吹き荒れた。ギリシャ・アテネから聖火を空輸した特別輸送機は予定より1時間半ほど早い午前9時36分、滑走路にランディング。「プリントや資料などの紙類が飛ばされないように」と、主催者から押し寄せたメディア関係者に注意が喚起された。

式典には森喜朗東京2020組織委員会会長をはじめとする関係者約300人が出席。聖火リレー公式アンバサダーで、柔道とレスリングでともに五輪3連覇を果たした野村忠宏さん、吉田沙保里さんが特別輸送機で空輸された聖火を式場中央まで運び、聖火皿（大型トーチ）にともした。

「上空をご覧ください」という司会のアナウンスで来場者が一斉に空に視線を移した。

「少しでも見ている皆さんが笑顔になり、選手の皆さんが全力を発揮していただけるよう最高のフライトをお見せしたい」（福田哲雄11飛行隊長）と語ったブルーインパルスの6機が進入し、高度約1300メートルの上空にそれぞれ直径約1200メートルの「五輪の輪」を描き始めた。

機体後部から噴出される水性塗料で色付けされた5色（黒、赤、緑、黄、青）のスモークは強風で流され、はっきりした輪郭を描くことはできなかったが、式典の終盤に再度進入して行った「リーダーズ・ベネフィット」の航過では、鮮やかに5色の帯を描き、会場を沸かせた。

一方、地上では空中音が式の各場面で「東京オリンピックマーチ」や「空の精鋭」など3曲を演奏。松井徹生隊長は「このような機会に恵まれとても光栄。（五輪・パラリンピックの）一つの力になれればうれしい」と語った。

聖火到着式の終盤、上空300メートルを「リーダーズ・ベネフィット」の隊形で航過するブルーインパルス

# 歴史の重み

## 旧陸軍地下壕

### 防衛省　耐震補強終え報道公開

防衛省は3月18日、東京・市ヶ谷の同省敷地内に残る旧日本陸軍の地下壕の一部を、一般公開に先立ち報道公開した。

同省は平成28年3月に政府が策定した「明日の日本を支える観光ビジョン」を受けて、地下壕の将来的な保存・公開を検討。省内を一般来場者が巡る「市ヶ谷台ツアー」のコースに組み込み、公開することを決めた。

地下壕は昭和16年に大本営陸軍部、陸軍省、参謀本部などが市ヶ谷に移転したことに伴い、同年8月から翌17年12月にかけて、大本営や陸軍省が入る建物前（現在のA棟儀仗広場）の地下にトンネル状に作られた。

昨年1月から今年2月にかけて公開に向けた改修工事が行われ、耐震のための構造補強と老朽化対策が施された。公開エリアは見学者の安全のために柵で囲まれ、床には金属製の板が敷かれた。

地下壕の総面積は約1342平方メートル。地下約15メートルに位置し、高さ4メートル、幅4・6メートル、奥行き52メートルのトンネルが南北方向に3本と、交差するように東西方向に2本掘られている。

鉄筋コンクリート造りの内部には陸軍大臣室、通信室、炊事場、浴場などが備えられていた。天井の厚さは約1メートルと推定されている。このほか地上につながる通気口が2カ所あり、石灯籠で偽装された地上部は今でも見ることができる。

公開された旧軍の地下壕で、内部の説明を受ける記者たち（3月18日、防衛省で）

### 新型コロナで延期

一般公開は4月1日からの開始を予定していたが、新型コロナウイルス感染拡大防止のため延期となった。公開日は状況に応じて決定され、防衛省HPで今後周知される。同省大臣官房広報課の杉山淳紀事務官は「地下壕の見学を通じて歴史の重みを感じてほしい」と話している。

## ボクシング五輪男子代表

### 体校成松、森脇が内定

日本ボクシング連盟は3月20日、都内で会議を開き、東京五輪の男子代表に体育学校（朝霞）の成松大介1陸尉（63キロ級）、森脇唯人3陸曹（75キロ級）ら3人を開催国枠（男子4人）で選んだ。

3人は3月3〜11日にヨルダンのアンマンで行われた東京五輪のアジア・オセアニア予選では、男子69キロ級で岡澤セオン選手（鹿児島県体育協会）が5位に入り、自力で出場枠を獲得した。また、体校の並木月海3陸曹（51キロ級）ら女子2人も同予選で2位に入賞し、自力で枠を得た。女子の開催国枠（2人）は、自力で得たことで消失した。

## 能登半島で震度5　14普連が情報収集

3月13日午前2時18分ごろ、石川県能登地方を震源とする地震が発生し輪島市で最大震度5強を観測、陸自14普連（金沢）などが情報収集に当たった。災害派遣要請はなかった。

地震発生を受け、14普連は1中隊1小隊長の[illegible]以下2人が初動対処部隊として現地に向かい情報収集。3空（厚木）のP1哨戒機など6機も揺れの大きかった地域の空からの偵察を行った。被害は確認されなかった。

## 地元ごみ拾いに　防大生406人

【防大】防衛大学校学生は2月11日、校内と校外周辺でごみ拾いのボランティア活動を実施した。

この活動は、事前に応募した学生が休養日に起床時刻から約1時間程度、ごみ拾いを行うもので、学生隊本部が毎年度3回企画している。

今回は、東京湾に白波が立ち、北風が吹き荒ぶ気温5度以下の寒空の中、前回の11月に比べて約3倍の406人が参加。[illegible]感謝と尊敬の念から、校内にある顕彰碑の清掃も実施した。

企画した343小隊3学年の円城寺泰成学生は「多数の学生の参加により、周辺地域への感謝を示すという目的は達成できたと思う。参加学生が奉仕の精神を再確認してくれれば幸いだ」と話している。

浜辺でごみ拾いのボランティア活動に当たる防大生たち（2月11日、神奈川県横須賀市の走水海岸で）

## 空自OB油井さん講演に480人

### 防府北「自衛隊経験、宇宙で役立った」

【防府北】空自防府北基地（司令・樋口達巳1佐）はこのほど、元空自戦闘機パイロットの油井亀美也宇宙飛行士を招き、部外講師講話を開いた。約480人が聴講した。

基地では12飛行教育団をはじめとする所在部隊の幹部自衛官らの自学研さんの資とするため、同講話を行っている。今回は、空自が新たな宇宙の領域に今後活躍の場を広げていくことから、空自の全操縦者が門をくぐる「俊鶻揺籃之地」に、油井さんを招いた。

講話は「宇宙で役立った自衛隊での経験」と題して行われ、宇宙ステーションでの業務や、宇宙飛行士としての経験、現在の職務に役立った航空自衛官時代の経験などが語られた。

油井さんは「（航空自衛官だったころ）あらゆる事態を想定し極限の状態で訓練していたからこそ、どんな状況でも決して動じない強い心を持つことができ、宇宙で起きる数々の不測事態への対処に生かすことができた」と語った。

また、飛教団の初級操縦課程で訓練中の飛行学生に対し、夢を追い求めること、何事も最初からできないと決めつけないこと、の大切さを伝えた。

講話終了後、隊員からは「宇宙での活動の実態をうかがい知ることができ、宇宙に関心を持つ良いきっかけとなった」などの感想が聞かれた。

空自防府北基地の部外講師講話で聴講した隊員から質問を受ける油井宇宙飛行士（右）（同基地で）

### 小休止

▽…空自奈良基地は3月5日、委嘱していた10人の基地モニターを招き、基地モニター会議を開いた。

▽…基地の運営に反映させることを目的に募集。昨年4月から3月までの1年間、モニターは基地の各種行事や基地見学などに参加した。

▽…会議では参加者はマスクを着用。会場の配席に間隔をあけ場内の換気を十分に行い、新型コロナウイルス感染予防の措置も取った。藤永国博基地司令のあいさつの後、広報室員4人が対応し、モニター活動を通した意見や感想を聞いた。会議終了後、記念撮影も行った＝写真。（奈良）

## こちら警務隊　銃砲刀剣類所持等取締法違反

### 十徳ナイフ片付け忘れ　理由のない携帯で罪に

キャンプで使用した十徳ナイフ（刃体8センチメートル）を片付け忘れて車のダッシュボードに入れたまま車で外出しました。何か罪になりますか？

刃体の長さが6センチメートルを超える十徳ナイフを正当な理由がなく携帯した場合、銃砲刀剣類所持等取締法違反で2年以下の懲役または30万円以下の罰金に処せられます。

また、刃体の長さが6センチメートル以下であっても軽犯罪法違反となります。

十徳ナイフを片付け忘れて、車内に入れたままその車で外出すれば、正当な理由のない携帯となるので気をつけましょう。

（北部方面警務隊）

結婚式・退官時の記念撮影等に

自衛官の礼装貸衣裳

陸上・冬礼装

海上・冬礼装

航空・冬礼装

貸衣裳料金
・基本料金　礼装夏・冬一式　30,000円＋消費税
・貸出期間のうち、4日間は基本料金に含まれており、5日以降1日につき500円
・発送に要する費用
別途消費税がかかります。　※詳しくは、電話でお問合せ下さい。

お問合せ先
・六本木店
☎03-3479-3644（FAX）03-3479-5697
〔営業時間　10:00〜19:00　日曜定休日〕
〔土・祝祭日　10:00〜17:00〕

美玉（みたま）
〒106-0032　東京都港区六本木7-8-8
ミクニ六本木ビル 7階
☎ 03-3479-3644

# 「任期付き自衛官」で現役復帰！

空士長 入口 知美（空自3補給処総務課・入間）

はじめまして。自衛隊家族会会員として、また募集相談員として関わらせていただいた頃から、「朝雲」はいつも楽しく拝見させていただいております。

今年もまた「育児代替要員任期付き自衛官」として現役に復帰することができました！そして「朝雲」への掲載記事も募集していらっしゃるとのことでしたので、今回、応募させていただきました。

以前、「朝雲」に掲載されました記事で、「育児休業代替要員として任期付き自衛官制度で再入隊し、そのおかげで親子で観閲式に参加することができた」という内容のものがありました。

私はWAF（空自女性自衛官）新隊員課程で入隊し、育児を理由に任期満了退職をしたものの、その後は「自衛官を続けておけばよかった」「頑張りたかった」と後悔し続けていた私にとって、その記事はまさに〝希望の光〟に見えました。

その頃、募集相談員をしていた私ですが、今では3人の息子たちも自衛官となり、私も「もう一度、夢を追いかけたい」と思い、古巣である入間基地の任期付き自衛官に応募させていただきました。

おかげさまで昨年10月から、第3補給処に勤務させていただいております。

息子たちともメール等で現役自衛官として、時おり冗談も交わしながら、お互いに励まし合って、とても充実した毎日を送っています。今の自衛官としての私があるのは、あの時の「朝雲」の記事のおかげです。その感謝の気持ちを伝えたく、ここに投稿させていただきました。

今の私の夢は、あの時に私が拝見した記事のように、志半ばで退職する判断をした（当時の私のような）方に、「他にもまだ選択肢がある」ということをお知らせする側になりたい、ということでしょうか（笑）。

さて、先日、休暇で帰省した息子たちと申し合わせて、自衛官の制服姿で記念写真を撮りました。いまは老人ホームで療養している祖母（息子たちにとっては曾祖母）も大変喜んでくれましたので、ここにその写真を添付させていただきます。

息子たちは普段、それぞれ違う勤務地で働いておりますが、この日は同じ志を持つ自衛官として、親子ともども心を一つにできたような気持ちになりました。

これからは、私も一自衛官として全国の女性隊員を応援させていただきたいと思いますので、どうぞよろしくお願いいたします。

「任期付き自衛官」として現役に復帰した入口知美空士長（右奥）と、療養中の祖母三代子さん（中央）、自衛官となった3人の息子たち。左から竜冴1陸士（5地対艦ミサイル連隊・健軍）、隼杜陸士長（42即応機動連隊・北熊本）、翔馬1空士（1航空団基地業務群施設隊・浜松）

## みんなのページ

# 気象技術競技会で総合優勝

1空士 吉田 英里佳（築城気象隊）

航空自衛隊の令和元年度「気象技術競技会」がこのほど行われ、全国19の気象隊が上位入賞を目指して競技会に挑みました。

前段・後段で日程が分かれ、前段では各基地において気象隊ごとに英語ブリーフィング、国外の3個飛行場の予報、天気図記入、解析などを行いました。

後段は各隊の代表者が東京・府中基地に集まり、気象ブリーフィング、気象知識、気象観測の技術を競い合いました。

築城気象隊は、隊長の要望事項である「何事にも前向きに！」を実行し、万全の準備をした結果、競技会で「総合優勝」の栄冠を勝ち得ました。

私は「天気図記入」に参加しました。これは後に行う解析に必要な作業であり、気圧、天気、気温、風、雲と、必要な要素を書いていきます。先輩方が記入した天気図は数字や天気記号がきれいで、見習う部分が多くあり、私にとっては非常に勉強になる良い経験となりました。

来年度は自らの技術や知識を向上させ、築城気象隊の2連覇に貢献すべく、日々の業務に邁進していきたいと思います。

航空自衛隊の令和元年度「気象技術競技会」で総合優勝した築城気象隊のメンバー

# U125A初の女性機上無線員

2空曹 高橋 和紀（松島救難隊）

松島救難隊に勤務する松浦星良3等空曹を紹介します。

松浦3曹はU125A救難捜索機で「初の女性機上無線員」として昨年10月、「OR（即応要員）」となり、日夜、飛行訓練などに励んでおります。

通信員時代とは打って変わり、U125Aの搭乗員としての各種業務に戸惑いを感じながらも日々成長し続け、現在は「レスキュー・ファミリー」の一員として立派な戦力になりつつあります。

見た目は小柄で大人しい彼女ですが、好奇心が旺盛で活発な面もあります。特に小集団活動では、周囲からの誘いを一切断ることなく、駅伝、登山、太鼓、麻雀、県人会、キャンプ、ゲーム、サバゲーと積極的に参加しています。そんなわけで今では部隊に新しい風を吹き込もうとするマスコットガール的な存在になっています。

そんな彼女に部隊として今後の活躍を期待するとともに、周囲も温かく見守っていく所存です。

空自U125A救難捜索機の初の女性機上無線員となり、仲間から祝福される松浦星良3曹

# 「重要施設防護」中隊検閲受ける

3陸曹 大田 知史（33普連2中隊・久居）

私は、今年度の中隊検閲を第4小隊第1分隊長として受閲しました。今回の検閲は「重要防護施設の防護」という今まで実施したことのない課目でした。私はふだん対戦車小隊に勤務しており、87ATMを使用し戦車や装甲車を撃破する対機甲戦闘の任務に従事しております。しかし、今回の検閲では小銃小隊の分隊長として参加することになり、正直不安しかありませんでした。私の自衛隊生活の9割は対戦車小隊で、小銃小隊は片手で数えるぐらいの経験しかありません。

また、今回は警護出動および治安出動下での行動であり、自分がこれを理解して行動できるか不安でした。

特に法令を順守しながらの行動が難しく、相手の状態や行動によってこちらの対処が異なったり、警護・治安出動時の権限などいろいろなパターンがあって、それを理解するのに苦労しました。

しかし、小隊長や小銃小隊の陸曹が分かりやすく展示・説明してくれ、何とか理解し、隊員に徹底することができました。

今回の検閲で自分がまだまだ理解不足で、改善すべき点が多々あると感じました。今後は普通科隊員として小銃小隊の行動もしっかりと勉強し、多種多様な任務に即応できるよう精進していきたいと思います。

## OBがんばる

# やりがいある会社へ

岩本 一騎さん 25
平成30年3月、陸自4高特群318高射中隊（名寄）を最後に2任期満了退職（士長）。石油総合商社なかせき商事に再就職し、生活支援サービスを担当している。

私は、なかせき商事に再就職し、ベンリー事業部のスタッフとして勤務しています。

弊社は出光興産北海道支店の第1号販売店として昭和24年に稚内で創業、今年で70周年を迎えました。現在は稚内・旭川・留萌・札幌市に展開し、さまざまなサービスを多角的に行う石油総合商社です。

私が勤務するベンリー事業部の主な業務は生活支援サービスです。例えばハウスクリーニング、害虫駆除、営繕作業、ハウスリフォーム、代行サービス、引っ越し、草刈りなど、多種多様な業務を行います。だからこそ、たくさんのお客さまに接することができ、幅広く仕事を覚え、人間的にもパワーアップすることができます。

私が当社に入社したのは、いろいろなことを体験し、たくさんのお客さまと関わることができるからです。若い今だからこそ人間力を高めたい、お客さまに感謝していただける人間になりたい、お客さまの個々の悩みを解決したい、そう思ったからです。

入社して1年半が経ちましたが、今も同じ思いで仕事に取り組み、これまで経験がないほどの「感謝」の言葉をいただきました。この仕事ができ、本当に良かったと思っています。

今後の目標はベンリーコーポレーション（愛知県清須市）で行われる「53日間研修」に参加し、スキルアップを図ることです。研修では店長になるために何をしなければならないのか、店舗の運営や各作業のスキルを勉強してきます。

これから自衛隊を退職される皆さんも、やりがいを感じられる会社に再就職できるよう、私も応援していきます。

「朝雲」へのメール投稿はこちらへ！
▽原稿の書式・字数は自由。「いつ・どこで・誰が・何を・なぜ・どうしたか（5W1H）」を基本に、具体的に記述。所感文は制限なし。
▽写真はJPEG（通常のデジカメ写真）で。
▽メール投稿の送付先は「朝雲」編集部（editorial@asagumo-news.com）まで。

## 詰将棋

第816回出題

出題 日本将棋連盟 九段 石田 和雄

先手 持駒 金桂

【ヒント】初手の捨て駒が眼目 10分で初段。

▶詰碁、詰将棋の出題は隔週です◀

## 詰◎碁

第1231回解答

出題 日本棋院 九段 曲 励起

【解答図】黒先、白劫。黒❶、黒❸が大切、白④には黒❺の劫。劫取りまでが正解です。

（世界の切手・コロンビア）

思い立った時にスタートが切れない人は、一生スタートできない人です。
島田 紳助（タレント）

朝雲ホームページ
www.asagumo-news.com
<会員制サイト>
Asagumo Archive
朝雲編集部メールアドレス
editorial@asagumo-news.com

## 新刊紹介

# 「総力戦としての第二次世界大戦」
―勝敗を決めた西方戦線の激闘を分析

石津 朋之著

「総力戦」の研究をライフワークとする防衛省防衛研究所戦史研究センター長（併）国際紛争史研究室長の著者が、第2次世界大戦の「開戦80年」を機に上梓した研究の集大成とも言える大著である。

本書では欧州・西方戦線での「勝敗を決めた10の事例」を紹介。英軍の「バトル・オブ・ブリテン」、ドイツ軍の「電撃戦」「バルバロッサ」作戦、連合国軍のノルマンディ上陸作戦、「マーケット・ガーデン」作戦、さらには大西洋の戦い、北アフリカ戦線、戦略爆撃などを俎上にのせ、独・伊軍と米・連合国軍の激闘を分析している。

焦点を当てるのは作戦を立案した軍人、決裁した政治指導者、臨戦下の各国の政治体制、社会組織の動向、さらには潜水艦や戦略爆撃機といった軍事技術など、勝敗を決したさまざまなファクターについて論じられている。

だが、これら大作戦はどれも「決定的な戦い」とはならず、最終的に雌雄を決したのは工業力、技術力、兵器の質量、動員力、指導力（リーダーシップ）であったと著者は結論づける。本書では各戦闘を対比しながら各国の総力戦の実態が学べるので、若い隊員には格好の軍事テキストとなるだろう。（中央公論新社刊、3960円）

# 「皇帝たちの中国史」

宮脇 淳子著

国名も違えば、民族も違う。なのに「中国五千年」の歴史などという〝真っ赤な嘘〟をつくから分からなくなる――。

日本では歴史教科書で「中国」という国の歴史が延々と続いているように教えられるが、中国という国があったわけではない。皇帝たちがそれぞれ異なる国をつくり、その国々が交代してきただけなのだ。

〝生きた歴史、分かる歴史〟のために積極的な講義・出版活動を行っている歴史学者の著者が、秦の始皇帝や漢の武帝から、元のフビライ・ハーン、明の朱元璋、清の康熙帝などまで歴代皇帝たちの治乱興亡を中心に、これまでの通説を根底から見直し、〝シナの歴史の謎〟を解明する。

始皇帝の後、武帝が建てた漢は全く別の国家と見なければならない。その意味では、中華人民共和国はわずか70年の歴史しかないことになる。

朝鮮半島やモンゴルなど周辺地域との歴史的な関係も立体的に描かれており、現代の日中韓関係を理解する上で非常に興味深い。一読後はこれまでの中国像が一変し、その本質を捉える力がついていることだろう。（徳間書店刊、1760円）

防衛省生協　退職者生命・医療共済
リニューアル!!　令和2年7月1日
「事前積立掛金」制度もできました！
退職後から85歳までの病気やケガによる入院と死亡（重度障害）をこれひとつで保障します。
あなたと大切な人の“今”と“未来”のために
生命・医療共済（生命共済）　病気やケガによる入院や手術、死亡（重度障害）を保障します
退職者生命・医療共済（長期生命共済）　退職後の病気やケガによる入院、死亡（重度障害）を保障します
85歳
火災・災害共済（火災共済）
退職火災・災害共済（火災共済）
火災や自然災害などによる建物や家財の損害を保障します
現職　退職　終身
1 より長く
満期年齢が80歳から5年間延長されて85歳となり、より長期の安心を確保！
2 より厚く
入院共済金が「3日以上入院で3日目から支払」が「3日以上入院で1日目から支払」に！
3 より安く
一時払掛金を保障期間の月数で割った「1か月あたりの掛金」がより安く！
詳しくはホームページへ ➡

●令和2年7月1日以前に80歳満期でご契約の方は「転換」で85歳満期に変更できます。●退職前から計画的に掛金を準備できるように「事前積立掛金」制度も誕生しました。
※「退職者生命・医療共済」は、長期生命共済の販売呼称です。

One for all, All for one
防衛省職員生活協同組合
〒102-0074 東京都千代田区九段南4丁目8番21号 山脇ビル2階
専用線：8-6-28905 電話：03-3514-2241（代表）
BSA-2020-03

朝雲

発行所 朝雲新聞社
〒160-0002 東京都新宿区四谷坂町12-20 KKビル
電話 03(3225)3841
FAX 03(3225)3831
振替00190-4-17600番
定価一部150円、年間購読料9170円（税・送料込み）

保険金受取人のご変更はありませんか？
アフターフォローの
明治安田生命

# 南西地域の防衛力強化

## 陸自 宮古島に中SAM部隊

### 年度末改編

陸・海・空自衛隊は3月26日と4月1日を中心に全国で部隊改編を行った。陸自はティルトローター機のV22オスプレイを将来的に17機配備する「輸送航空隊」をヘリ団隷下に新編し、木更津駐屯地に暫定配置した。南西地域の防衛にあたる沖縄・宮古島駐屯地には「第7高射特科群」と「第302地対艦ミサイル中隊」を配置。北海道・北千歳駐屯地には連隊以上の大部隊の対抗演習を統裁・評価支援する「訓練評価支援隊」を新編した。海自では新型イージス艦「まや」が就役し、これに伴い練習艦「やまゆき」が除籍になった。海幕に「募集推進室」、補給本部（十条）に「輸送計画課」が新設された。空自は防空の要である警戒航空隊を格上げし、「警戒航空団」（浜松）を新編。F2戦闘機部隊の3飛行隊は三沢から百里に移り、7空団に隷属替え。2術校（浜松）は廃止となり、1術校（同）に統合された。（3面に関連記事）

## 初のオスプレイ部隊誕生

陸自は3月26日付でヘリ団（木更津）の隷下に初のV22オスプレイの部隊となる「輸送航空隊」を新編した。

現在、要員は米国で訓練中でオスプレイの機体（2機）は6～7月ごろ、米国から日本に運ばれる。輸送航空隊は将来的には九州の佐賀空港に隣接する佐賀駐屯地（仮称）に配置され、V22計17機、約430人体制とする計画。まずは木更津駐屯地に新編部隊が暫定配置された。

南西諸島の防衛強化のため昨年3月に新設された沖縄・宮古島駐屯地には、26日付で中距離地対空ミサイル（中SAM）部隊の7高射特科群の本部と346高射中隊などの隊員約180人が長崎県の竹松駐屯地から移駐した。また、地対艦ミサイル（SSM）を装備する5地対艦ミサイル連隊（健軍）の隷下部隊として302地対艦ミサイル中隊（約60人）が新編され、宮古島駐屯地に配置された。

北海道の北千歳駐屯地には、陸自教育訓練研究本部（目黒）隷下の「訓練評価支援隊」（約250人）を新編。北海道大演習場や矢臼別演習場などで連隊以上の大部隊が対抗形式で訓練を行う際、統裁・評価支援に当たる。

東北では3月25日付で火力戦闘部隊の6特科連隊（郡山）と9特科連隊（岩手）が廃止され、翌26日付で「東北方面特科連隊」（本部・岩手）として集約された。郡山、岩手の両駐屯地には東北方特連の大隊が2個ずつ配置された。

湯浅陸幕長は3月26日の記者会見で「南西地域の防衛力の強化が急務となっている。宮古島に地対艦誘導弾部隊と高射特科部隊を配備することで抑止力が強化できる。（輸送航空隊については）島嶼部への機動展開能力を向上させるため、速度・航続性に優れたオスプレイを配備する」と部隊改編の意義を語った。

米国で飛行訓練中の陸自V22オスプレイ。3月26日付で木更津駐屯地に新編された「輸送航空隊」に配備される

## 海自 イージス艦「まや」就役

海自で7隻目となるイージス艦「まや」。弾道ミサイル防衛の中核となる（3月19日、横須賀基地で）

海自では新型イージス護衛艦「まや」が3月19日に就役、1護群1護衛隊（横須賀）に配備された。

これに伴い、護衛艦「はたかぜ」が練習艦隊1練習隊（呉）に転籍し、艦種も練習艦に変更された。新たな艦番号は「3520」で、現在、船体の改修が進められている。

これにより練習艦「やまゆき」は同日、自衛艦旗を返納し、約34年間の自衛艦としての任務を終えて除籍された。

海幕の組織改編では、募集機能をさらに強化するため、4月1日付で人教部人計課の募集班を廃止し、「募集推進室」を新設。総務課では、行政文書管理機能の強化に向けて文書班と情報公開・個人情報保護室を統合し、「行政文書管理室」が新編された。

補給本部（十条）装備計画部には「輸送計画課」が新設され、これまで各総監部や航空群が担っていた輸送業務の調整を一元的に受け持つ。補本の艦船・武器部弾薬課は「弾薬部」に格上げされ、その下に「弾薬計画課」「弾薬整備補給課」「検査官」が置かれた。

開発隊群（横須賀）の直轄艦だった試験艦「あすか」は、同群の艦艇開発隊に編成替え。[illegible]

## 空自 警戒航空団を新編

空自「警戒航空団」の編成完結式で、河野防衛相（左）から団司令旗を授与される初代団司令の白井亮次将補（3月29日、浜松基地で）

空自は3月26日付で警戒航空隊を約860人体制の「警戒航空団」（司令部・浜松）に格上げした。これに伴い、同団に「飛行警戒管制群」、同群隷下に「運用情報隊」（同）を新編。これら部隊新編でE767早期警戒管制機が収集した情報を直ちに整理・処理する機能が強化された。

また、同団には海自イージス艦「まや」など対空データを共有し、共同対処できる新型の早期警戒機「E2D」の導入も進んでいる。

初代団司令の白井亮次将補は26日、初の隊員への訓示で「当航空団が領域横断作戦の中核部隊であるとの誇りをもって、共に新たな歴史を歩んでいこう」と述べた。

他の航空部隊改編では、令和2年度中に最後のF4戦闘機部隊である301飛行隊（百里）が三沢に移駐して機種更新し、F35Aステルス戦闘機部隊になることに伴い、三沢でF2戦闘機を運用していた3飛行隊が同26日付で百里への移駐を完了した。

部隊等の統廃合では、地対空誘導弾や地上レーダーなど、主に電子器材の整備教育を担任していた2術科学校が同じ浜松基地にある1術科学校に統合された。

百里に約45年間所在したRF4E偵察機部隊の偵察航空隊は、偵察機能を持つF35Aなどの導入により、同26日付で廃止された。

# 新型コロナで再び災派

## 120人規模 空港で水際対策強化

河野防衛相は3月28日、新型コロナウイルスの水際対策の強化に向け、自衛隊に再び自主派遣による災害派遣命令を発出した。

これを受け、自衛隊は同日から医官や看護官を含む約120人態勢で、①成田空港での検疫支援（PCR検査のための検体採取）②PCR検査結果を待つ帰国者や入国者の成田、羽田両空港から宿泊施設への輸送③宿泊施設に滞在する帰国者・入国者への生活支援―などを行っている。

これに先立ち、政府は26日、「改正新型インフルエンザ対策特別措置法」に基づく「政府対策本部」（本部長・安倍首相）を設置し、官邸で初会合を開いた。

これを受けて防衛省は同日夕、「新型コロナウイルス感染症対策本部」を立ち上げ、主要幹部による初会合を開催。河野防衛相は冒頭、「各幕・各機関は状況の推移に応じ、適切な活動を行っていただきたい」と述べ、関係省庁などと連携して必要な支援を実施していく考えを示した。

河野大臣は翌27日の記者会見で、「政府対策本部」の発足に伴い、各都道府県は独自の「対策本部」設置が義務付けられることから、「自衛隊は47全ての都道府県とコンタクトを取っている。（今後は）都道府県の対策本部から知事を経て災害派遣要請が来るものと考えている」と述べた。（7面に関連記事）

## 3000隻の船舶を確認

### 「たかなみ」とP3C

### 東中自派遣1カ月

統幕は3月13日、中東の海上交通路（シーレーン）の安全確保のため、現地で情報収集活動に当たっている、派遣情報収集活動水上部隊（指揮官・稲葉洋介1海佐＝6護衛隊司令）の汎用護衛艦「たかなみ」（艦長・新原綾一1海佐）と派遣海賊対処活動航空隊38次隊（司令・稲生修一2海佐）のP3C哨戒機の1～2月の活動実績を公表した。

2月2日に横須賀を出港した「たかなみ」は2月26日から29日までの間、アラビア海北部とオマーン湾の公海上を航行する船舶の情報収集に当たり、レーダーや乗員の目視で約500隻の船舶を確認した。

一方、ジブチを拠点とするP3C部隊は、1月20日から2月29日までの間、ソマリア沖・アデン湾とアラビア海北部の西側を中心に、約2500隻を確認した。

山崎統幕長は3月26日の記者会見で「現在のところ、特異な事象は発生していない。任務を遂行すべく万全の体制をもって実施していきたい」と述べた。また、世界で感染が拡大している新型コロナウイルスの影響について「任務地、寄港地などでさまざまな行動の規制はあるが、現時点において任務に影響はない」と語った。

## 北朝鮮 短距離弾発射

### 今年4回目、EEZ外に2発

防衛省は3月29日、北朝鮮が同日午前6時10分頃（日本時間同）、東部の元山付近から2発の短距離弾道ミサイルとみられる飛翔体を北東方向に発射し、同13分頃、日本の排他的経済水域（EEZ）外である北朝鮮東北部の沿岸付近に落下したと発表した。我が国への被害は確認されていない。

北朝鮮によるミサイル発射は今月2、9、21日に続き今年4回目。[illegible]

## シドニーを出港

### 「しらせ」

昨年末から南極・昭和基地などで文部科学省の第61次南極地域観測活動を支援していた海自の砕氷艦「しらせ」（竹内周作1佐以下約180人）は3月19日、復路の寄港地、豪・シドニー[illegible]

## 公式ツイッター始めました！

朝雲新聞社

朝雲新聞社の公式ツイッターを開設しました。ツイッターでは[illegible]

## 令和2年度予算 参院で可決、成立

[illegible]

## 防衛省発令

[illegible]

## 将補昇任者略歴

[illegible]

## 春夏秋冬

### グローバリゼーションと日本化

青木 節子

[illegible]

## 朝雲寸言

[illegible]



求む！建物を守る人
日本管財株式会社
03-5299-0870

防衛省生協 退職者生命・医療共済
リニューアル!! 令和2年7月1日
退職後から85歳までの病気やケガによる入院と死亡（重度障害）をこれひとつで保障します。
あなたと大切な人の"今"と"未来"のために
生命・医療共済（生命共済）
病気やケガによる入院や手術、死亡（重度障害）を保障します
退職者生命・医療共済（長期生命共済）
退職後の病気やケガによる入院、死亡（重度障害）を保障します
火災・災害共済（火災共済）
退職火災・災害共済（火災共済）
火災や自然災害などによる建物や家財の損害を保障します

満期年齢が80歳から5年間延長されて85歳となり、より長期の安心を確保！

入院共済金が「3日以上入院で3日目から支払」が「3日以上入院で1日目から支払」に！

一時払掛金を保障期間の月数で割った「1か月あたりの掛金」がより安く！
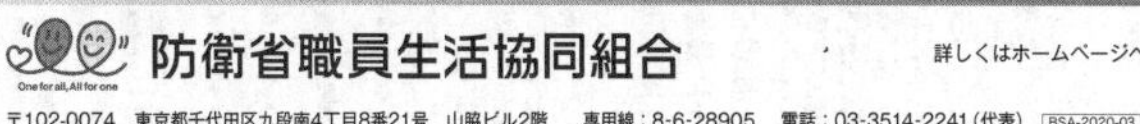
防衛省職員生活協同組合
詳しくはホームページへ

# 時の焦点

## 国内　東京五輪延期

### 長期戦に勝利し、聖火を

新型コロナウイルスを克服できるかどうか。東京五輪・パラリンピックの成功はその一点にかかっていよう。

今夏に予定されていた五輪が、1年程度延期されることが決まった。安倍首相が国際オリンピック委員会（IOC）のトーマス・バッハ会長と電話で会談して固まった。

延期は、五輪史上初めてである。新型コロナウイルス感染が世界的に拡大する中で、首相が対応を急がなければ五輪中止論が高まる可能性もあった。延期は最善の選択であろう。

首相はバッハ氏との会談後、記者団に「人類が新型コロナウイルス感染症に打ち勝った証しとして、完全な形で東京五輪・パラリンピックを開催するため、バッハ会長と緊密に連携をしていくことで一致した」と語った。

決定以前に行われた報道各社の世論調査でも、五輪の延期が望ましいという意見が7割近くを占めていた。国内の感染の広がりや、欧米の深刻な状況を見れば、予定通りの開催が難しいのは明らかだった。

感染拡大を受けて、首相はいち早くトランプ米大統領と電話で五輪対応を協議した。3月16日には、先進7カ国（G7）首脳のテレビ会議で「五輪を完全な形で実現する」ことに支持を取り付けた。

主要20カ国・地域（G20）首脳による26日のテレビ会議でも、同様に理解を得た。

五輪の運営をめぐっては、IOCが圧倒的な権限を持つ。首相が周到に国際世論を形成して議論を進めたことが、1年延期というダメージの少ない結論を導いた。

今後、選手のコンディション維持はもちろん、施設の確保、様々な運営費増大など、想定外の難問をクリアしなければならない。政府と東京都、大会組織委員会の緊密な連携が求められよう。

しかし、やはり最大の難関は、新型コロナウイルスである。

首相は28日の記者会見で「いくつかの国々では数百人規模で死者数が増え、医療崩壊も発生している。決して対岸の火事ではない」と強調した。

イタリアや米国の一部では、患者増に医師や医療施設が追いつかない事態となっている。日本でも、患者が爆発的に増えれば、「医療崩壊」が現実になりかねない。

政府は、過去最大の経済対策を盛り込んだ2020年度補正予算案を編成する。

旅行、運輸、外食産業などは深刻なダメージを受けている。感染拡大が収まれば、消費を喚起し、景気回復に全力で取り組む必要がある。

その段階に進むためには、ともかくにも、国民ひとりひとりが感染防止に努める以外にない。

一度収まったように見えても、油断すれば再び感染者が増える懸念がある。外出自粛などを一過性にしないことが大切だ。

来年夏、マスクを外して聖火を見られるか。長期戦に耐え、勝利をつかまねばならない。

宮原　三郎（政治評論家）

## 海外　コロナ危機対処

### 政治的「プレート変動」

米トランプ政権は新型コロナウイルス問題で、大統領や関係閣僚が連日のように記者会見するなど、対策を加速している。それに伴って、政治的な「プレート変動」とでも評すべき面白い状況が現出してきた。

「ニューヨーク・タイムズ」紙のコラムニスト、ゲイル・コリンズは2月26日のオピニオン欄で、「『トランプウイルス』と命名しよう」と題する小文を発表。

「ワシントン・ポスト」紙のコラムニスト、ジェニファー・ルービンは3月15日、MSNBCテレビで、FOXテレビはウイルス問題で人々の恐怖心を煽っていないから、保守的なFOXを見ている共和党員の方が、民主党員より多く同ウイルスで死ぬ、という奇妙なロジックを説明した。

中国からの入国禁止、欧州との出入国禁止、公衆衛生上の緊急事態宣言（1月31日）、国家非常事態宣言（3月13日）など各種対策を出しても、大半はこんな調子で、国家安全保障会議（NSC）の伝染病専門家が解任されると、天地が引っくり返るようなトーン。政府に伝染病専門家が1人きりのはずがないだろう。

しかし、17日になると、CNNテレビのアンカー、デイナ・バッシュは「全体像をとらえれば、彼は国民が必要とするリーダー」とトランプ大統領を称賛。

MSNBCテレビのアンカー、ジョー・スカーボロも同日の番組で「大統領が確実に成功するように、我々はできることは何でもすべきだ」と言明。少し前まで、「真実はどうでもいい。これがホワイトハウスの公式政策」と言っていたのと同人物とは思えないほどだ。

18日には、民主党の急進派「4人組」の1人、イーハン・オマー下院議員が「政治は別にして、この危機的な時に正しい対応をしている」とトランプ氏の危機管理を称賛。

また同日、ニューヨーク、カリフォルニア両州の知事も大統領の危機処理を称賛した。両州とも完全な民主党支配の州だが、「今そこにある危機」のリアリティーには勝てないということだ。

18日発表のラスムーセンの世論調査では、「成人の80%が中国と欧州からの入国規制を支持し、反対はわずか12%」。支持政党別では、共和党支持者の91%、同民主党78%、無党派75%が賛成だった。

ハリス社が19日発表した調査でも、国民の約60%が政府のこれまでの対処に「満足」していた。

「反トランプ」の壁に亀裂が生じ始めた理由は？

世論に敏感なら、生死にかかわる危機の時、国民は強い指導者を求めるのを承知している。

同氏の大統領就任以来、ノンストップで細かい荒さがしばかり続けた結果、国民はその報道の誠実さに疑問を持ち始めた。

「先見の明」だった中国からの旅行者入国禁止措置を「人種差別」と呼んだ人々を大統領は許さない、この際はトランプ氏に寄り添っておくのが得策——との思惑もあるに違いない。

草野　徹（外交評論家）

# 家族会、隊友会と支援協定締結

## 南西地域の3自衛隊　安否確認の体制整う

「隊員家族支援に対する協定」の締結後、全員で手を重ねる（左から）嶋本那覇駐屯地司令、松永沖縄地本長、平田沖縄県隊友会会長、古門沖縄県家族会会長、稲月那覇基地司令、金嶋5空群司令、坊古居沖縄基地隊司令（2月19日、空自那覇基地で）

【空那覇】南西地域の防衛を担う陸海空3自衛隊の部隊と沖縄県家族会、同県隊友会は2月19日、「大規模災害時等における派遣隊員の家族支援に対する協定」を締結した。

空自那覇基地で行われた締結式には県内の部隊・機関などから計36人が出席。同基地司令の稲月秀正空将補、5空群司令の金嶋浩司海将補、沖縄地本長の松永浩二陸将補、那覇駐屯地司令の嶋本学1陸佐、沖縄基地隊司令の坊古居泰之1海佐、家族会の古門茂夫会長、隊友会の平田喜彦会長の7者が協定書に署名した。

この協定締結は県内の3自衛隊と家族会、隊友会の連携強化、家族支援施策の実効性の向上を目的に行われ、大規模災害が発生した際、家族会と隊友会が協力して隊員家族の安否確認を行う体制が整った。

締結後、稲月空将補は「沖縄県下の隊員がより安心して活動にまい進できる環境が整い、心から感謝する。これからも我々自衛隊員が沖縄県民と国民の安全と安心を維持していくために、たゆまぬ努力を継続していく」と述べた。

続いて家族会の古門会長が「2年前の（那覇駐屯地、沖縄地本との）協定締結に続いて、県内の陸海空すべての自衛隊と協定を締結できたことを喜ばしく、隊友会とタッグが組めることを頼もしく思う。今後より一層の家族支援に取り組んでいきたい」と述べた。

隊友会の平田会長も「自らが被災しても、隊員家族の安否確認に対応できる会員を養成し、自衛隊に貢献していきたい」と意気込みを語った。

# ベトナムRDEC　陸幕長に帰国報告

## 新型コロナの影響受けず

国連平和維持活動（PKO）支援部隊早期展開プロジェクト「RDEC」の一環として2月1日からベトナムに派遣されていた陸自10施設群（船岡）3科長の阿部豪2佐以下、教官要員28人のうち、団長を務めた阿部2佐ら幹部5人が3月18日、防衛省を訪れ、湯浅陸幕長に帰国報告を行った。

新型コロナウイルスの感染拡大を受け、ベトナム軍からは感染者が発生した場合は訓練を中止するよう要請されていたが、阿部団長は「予定していた訓練を全て実施できた」と陸幕長に任務を完遂したことを報告した。

湯浅陸幕長は「一つ一つ積み上げてきたことは確実に成果にもつながっている。丁寧に教育に取り組んでくれた」と派遣隊員の労をねぎらった。

阿部2佐ら5人はその後、山崎統幕長にも帰国を報告した。

ベトナムでのRDECは試行を含めて3回目で、陸自教官団は2月10日から3月13日まで、首都ハノイ近郊のベトナム軍第249工兵旅団駐屯地を拠点に、同国と東南アジア計8カ国の工兵約20人にブルドーザーなど重機の操作や整備に関する教育を行い、自国の要員を育成できるレベルまで要員を養成した。

湯浅陸幕長（手前）にベトナムでの活動について報告する阿部教官団長（その左）らRDEC派遣隊員（3月18日、陸幕長応接室で）

# 朝雲モニターが交代

## 令和2年度　陸海空65人に委嘱

4月から翌年3月まで、『朝雲』紙面についてご意見を寄せていただく「朝雲モニター」の令和2年度の担当者65人（陸25、海、空各20人）が各幕広報室の協力で決まりました。

モニターのご意見をより良い紙面づくりに生かすとともに、毎年2月に選定される「朝雲賞」の選考資料とさせていただきます。

令和元年度モニターの方には業務多忙の中、1年間にわたりご意見を寄せていただき、ありがとうございました。

令和2年度モニターの氏名・所属は次の通りです。

【陸自】▽北方＝田村真吾1曹（11旅団広報室）工藤彩香2曹（7師団広報渉外班）夏目光博曹長（5旅団広報班）村上菜摘3曹（2師団広報室）▽東北方＝鈴木一男准尉（東北方混成団本部1科）佐々木淳一2曹（22即機連3普通科中隊）杉山昭博1曹（青森駐業司令職務室）八木橋めぐみ2曹（4地対艦ミサイル連隊本管中隊業務室）▽東方＝佐藤祐也3曹（1師団広報班）脇義行准尉（航校宇都宮校）服部直樹1曹（武器学校）米丸葵1曹（高射学校広報室）▽中方＝山本大輔2曹（中方総監部）鈴木京助2曹（3師団付隊）山神健次2曹（10師団広報室）豊原正之曹長（13旅団付隊）▽西方＝小峰篤1曹（15旅団広報渉外班）玉城芳樹2曹（15高特連本管中隊1科）大嶋智雅2曹（5施団広報班）内村招博事務官（佐賀地本）▽陸上総隊＝篠原健二3佐（総隊報道官）下茂大樹2曹（空挺団本部中隊）岡野悟朗2曹（ヘリ団本管中隊）杉山敬郎2曹（中即連1科）小田桐正澄1尉（国際活動教育隊訓練班）

【海自】▽篠田祐司2尉（海幕広報室）▽飯田薫野士長（横監広報係）▽山縣正夫1曹（呉監広報係）▽高橋克明3曹（佐監広報係）▽西村陸士長（舞監広報係）▽杉田学3尉（大[illegible]生係長）▽阿久津赳明2尉（1空群1整補隊11機側整備隊）▽在家直子2曹（2空群広報室）▽石原浩1曹（4空群広報室）▽徳門祥曹長（5空群那覇航空基地隊先任伍長）▽宇治橋祥1曹（21空群広報室）▽金子利功1尉（22空群大村航空基地隊管理班長）▽森春菜3曹（31空群広報室）▽条岡久美子2曹（下総教空群広報写真室）▽冨澤興仁2尉（徳島教空群徳島航空基地隊運航隊）▽川上達也2尉（小月教空群広報室長）▽石﨑次郎3曹（1術校総務部）▽牛山公平3曹（2術校総務課）▽井上直樹3尉（3術校教務課）▽松本透2尉（4術校総務課）

【空自】▽航空総隊＝塚本英司1尉（作運隊総務班）櫻本直樹2尉（作情隊総務人事班）▽北空＝田中恒曹長（北施隊本部）荒井孟史士長（北空音演奏班）▽中空＝川口正人2曹（6空団広報班）寺澤克翁准空尉（中司飛准曹士先任）久保淳3佐（中警団広報班長）▽西空＝田中竜介2尉（西空総務班）前田浩3佐（8空団渉外室）花田瞳矢3尉（西施隊1作業隊）▽南西空＝東潤2曹（5高群指揮所運用隊）野口久瑠美士長（南西航空音楽隊演奏班）▽支援集団＝塚越海人士長（特輸隊総務人事班）鍜冶嘉男3佐（支援集団総務課）▽教育集団＝古谷和幸曹長（1術校監理班）種市真奈3曹（5術校総務班）太田昂1尉（飛教隊23飛行隊）▽開発集団＝豊田正信事務官（医実隊）▽補本＝管理央菜士長（補本総務課）杉山誠司3佐（補本整備課）

# 仏海軍と共同訓練

## 海賊対処の「はるさめ」

ソマリア沖・アデン湾で船舶護衛などの任務に当たっている海自海賊対処水上部隊35次隊の護衛艦「はるさめ」（艦長・大島輝久2佐）は3月18日、フランス海軍の強襲揚陸艦「ミストラル」（満載排水量2万1500トン）と共同訓練を実施した。

「はるさめ」と仏軍の共同訓練は3回目で、海賊対処水上部隊と仏軍の訓練は通算で5回目。

「ミストラル」は仏フリゲート「ラファイエット」（3800トン）と共に「ジャンヌ・ダルク練習艦隊」を編成してインド洋に展開しており、「はるさめ」と「ミストラル」は戦術運動、小火器射撃などの訓練を行い、日仏海上部隊の連携を強化した。

フランス海軍の強襲揚陸艦「ミストラル」（右）と戦術運動を行う海賊対処水上部隊35次隊の護衛艦「はるさめ」（左奥）＝3月18日、ソマリア沖・アデン湾で

# 共済組合だより

## 「財形貯蓄」4月6～17日まで　年に一度の機会！

### 全国の駐屯地・基地等で受付

全国の自衛隊駐屯地・基地等の厚生担当課（科）等では、4月の第2週月曜日から第3金曜日までの間、「令和2年度財産形成貯蓄」の申し込みを受け付けています。

財形貯蓄は年に1度の申し込み機会となっており、防衛省では「令和2年度財産形成貯蓄制度のご案内」のパンフレットを配布し、隊員に申し込みを呼び掛けています。

財形貯蓄は、使途が自由な「一般財形」、住宅購入等の資金を積み立てる「住宅財形」、在職中に積み立てたお金を満60歳以降に定期的に受け取る「年金財形」の3種類があり、加入年齢は「一般財形」が制限なし、「住宅財形」「年金財形」は55歳未満となっています。

パンフレットでは財形貯蓄と財形融資制度について詳しく説明しているほか、銀行・証券会社・保険会社等が取り扱う財形貯蓄商品について分かりやすく解説していますので、どうぞご覧ください。

なお、財形貯蓄に関する質問は各駐屯地・基地等の厚生担当課（科）等財形担当者までお問い合わせください。

# 防衛省発令

[illegible]

# 中・露軍機が相次いで飛来

## 空自緊急発進

3月23日から25日にかけ、中国軍機とロシア軍機が相次いで日本周辺空域に飛来したため、空自の全方面隊のF15戦闘機などが緊急発進して対応した。領空侵犯はなかった。

東シナ海では23日午後、中国軍のY8早期警戒機1機が沖縄・尖閣諸島北方に飛来。海上を周回して自国領方面に戻った。

また、25日午前から午後にかけては、Y9情報収集機1機が長崎・対馬海峡を通過し、東シナ海と日本海を往復した。

一方、24日午前から午後にかけては、ロシア軍機のTu95爆撃機2機、Su35戦闘機2機、推定ロシア機2機の計6機が、日本海に飛来。このうちTu95は島根・隠岐北方から日本列島沿いを北上し、オホーツク海を経て太平洋まで飛行した。

# 中国艦4隻が宮古海峡北上

3月18日午前10時ごろ、中国海軍の「ルーヤンIII」級ミサイル駆逐艦（満載排水量7500トン、艦番号117「西寧」）、「ジャンカイII」級フリゲート（3900トン、550「維坊」、599「安陽」）、「フチ」級補給艦（2万3000トン、968「可可西里湖」）の計4隻が沖縄・宮古島の南東約80キロの太平洋上を東に向け航行するのを海自5空群（那覇）のP3C哨戒機が確認した。

4隻はこの後、宮古海峡を北上して東シナ海に入った。

# 警空団 編成完結

## 飛行警戒管制群を新編

## 隙のない体制期待

〝空飛ぶレーダーサイト〟早期警戒機を運用する空自の警戒航空隊が3月26日付で「警戒航空団（警空団）」に格上げされ、同29日、浜松基地で編成完結式が行われた。格納庫内で開かれた式には、河野防衛相、丸茂空幕長、井筒俊司総隊司令官らが出席。気温9度の寒さの中、約140人の警空団員がさっそうと行進して整列した。新型コロナウイルスの関係で来賓は招かず、ほぼ全員がマスクを着用して式に臨んだ。

午前11時半、空音（立川）の森田早貴士長による国歌独唱で式は始まり、河野大臣に対し栄誉礼。続いて警空団司令の白井亮次将補が団の編成完結報告を行い、大臣が真新しい警空団司令旗を白井団司令に授与した。

河野大臣は訓示で、「我が国周辺海空域の警戒監視という重要かつ過酷な任務に当たっている隊員諸君に接し、大変誇らしく思う。本日、警戒航空団へと生まれ変わり、諸君へ寄せられる期待はこれまで以上に大きなものとなった。一瞬の隙もない警戒監視体制を維持するよう精励してほしい」と要望した。

この後、大臣はE767早期警戒管制機の機内を視察した。

警空団は新編で司令が将補となったほか、E767を装備する602飛行隊（浜松）を運用する「飛行警戒管制群」（本部・浜松）とその隷下に「運用情報隊」を新編。従来の飛行警戒監視群（同・三沢）隷下には、E2D、E2Cの両早期警戒機を運用する601飛行隊（三沢）、E2Cを運用する603飛行隊（那覇）が置かれた。

近年、中国軍機の西太平洋への進出やロシア軍機の長距離飛行など、太平洋側の島嶼部で周辺国の軍事活動が活発化していることから、同団は今後、太平洋側でも警戒監視態勢を強化していく。

海自イージス艦とデータを共有、共同交戦能力（CEC）も付与された新型の早期警戒機「E2D」の導入も進められており、警戒航空団は今後一層の能力向上を図っていく。（菱川浩嗣）

警戒航空団の編成完結式で河野防衛相の訓示を聞く団員。新型コロナウイルス対策で全員がマスクを着用し、整列も間隔が開けられている

㊤警空団の編成完結式後、E767早期警戒管制機を視察する河野防衛相（タラップ上）＝写真はいずれも3月29日、空自浜松基地で

㊨式典会場前に展示された警空団のE2C（右）とE2D（左）早期警戒機。E2D初号機は昨年、三沢基地の601飛行隊に配備された

## 前事不忘 後事之師　第51回

### 「シュリーフェン・プラン」スケジュールは独り歩きする

第1次世界大戦がヨーロッパ主要国を巻き込む大戦争となるきっかけを作ったのは、1914年7月30日のロシア軍の総動員令と、それを受けてドイツが行った「シュリーフェン・プラン」の発動だったと思います。

シュリーフェン・プランは、[illegible]もあるようですが、1891年から1906年までドイツ陸軍参謀総長を務めたアルフレート・フォン・シュリーフェンが考案した作戦計画です。

1892年のフランスとロシアの軍事同盟の締結以来、ドイツは東西をロシアとフランスに挟まれる形となり、二正面作戦に対応せざるを得なくなりました。シュリーフェンは、フランスの動員に比べて広大なロシアでは動員が遅れるとの予想から、先ずドイツ軍の大宗でフランスを早急に撃破した後、返す刀でロシア軍を撃破する作戦を考案しました。1906年にシュリーフェンの後任の参謀総長に就任したモルトケは一部を修正した上で、プランを引き継ぎます。

[illegible]フランスを攻撃するため、国際条約で中立が保証されていたベルギーを経由してフランス軍を包囲・[illegible]するため、できるだけ早く西部国境の集結地点へ150万を超える部隊を鉄道で輸送させる綿密な計画が作られました。

このシュリーフェン・プランの発動に際して、ドイツの指導者間で次のようなやり取りが行われたことが知られています。ロシアの総動員令を受け、ドイツの総動員令が発令された8月1日の午後、ベルリンの外務省にロンドン駐在のドイツ大使から「ドイツがフランスを攻撃しなければ、英国は中立の立場を守り、フランスの中立をも保証することになるであろう」との電報が届きました。この知らせに、皇帝ヴィルヘルム2世は「これでドイツはロシアとだけ戦えばいい」と、全軍を東に向けるよう参謀総長モルトケに命じます。

これに対し、モルトケは「一度決定されたことは、変更してはなりません」と述べ、反対。理由は、大量の動員兵力と装備・補給物資を時刻表にしたがって指定された駅を10分おきに発車するばかりになっていた1万1000本の列車の行先を、突然に西から東に変えることは大混乱を招くからでした。

参謀総長モルトケは、皇帝の命令に衝撃を受け、卒倒したとも伝えられています。その後、深夜になってロンドンからの電報が正確でないことが判明したことから、皇帝は、モルトケに「これで君はなんでもやれるようになった」と言って、作戦計画の発動を裁可しました。第1次大戦が「列車時刻表による戦争」と言われる所以です。

このやり取りにおいて、私が注目するのは、軍事的な勝利を目指して幕僚たちが精緻に作成した部隊の輸送計画などの段取りとスケジュールに拘束され、国家が重大な行動を採らざるを得なくなった点です。

皇帝ウィルヘルム2世（左）と参謀総長モルトケ

大量の軍隊を鉄道を使って前線の集結地点に急速に移動させる手法は、1870年に「普仏戦争」でモルトケ参謀総長の叔父である初代ドイツ陸軍参謀総長モルトケ（大モルトケ）が採用したものです。その大モルトケ参謀総長は、戦争には不確実性が満ちていることから、事前に作った精緻な計画に従うことなどできず、「戦略は臨機応変の体系である」と主張しました。大モルトケ参謀総長以来の鉄道を利用する戦争計画、それを実施する詳細な輸送計画、そうしたプランとスケジュールが国家レベルの選択肢を狭め、大モルトケ参謀長の主張する“弾力性”を国家レベルで失わせてしまったとは皮肉です。[illegible]

鎌田 昭良（防衛省OB、防衛基盤整備協会理事長）

…… 前事忘れざるは後事の師 ……

# 「まや」1護隊に就役

## 海自の新型護衛艦

## 7隻目のイージス艦

海自艦として初めてCEC（共同交戦能力）が付与された「まや」。そのマストにはさまざまなアンテナが装備されていた

母港の横須賀に向けて出港する「まや」。上部構造物の対空レーダーやヘリ格納庫が分かる

海自の1護衛隊に就役したイージス艦「まや」（いずれも3月19日、JMU横浜事業所磯子工場で）

我が国の弾道ミサイル防衛（BMD）の中核を担う海自の平成27年度計画ミサイル護衛艦「まや」（DDG179、8200トン）の引渡式・自衛艦旗授与式が3月19日、横浜市のジャパンマリンユナイテッド（JMU）横浜事業所磯子工場で行われ、同艦は19日付で1護衛隊群1護衛隊（横須賀）に配備された。

「まや」は最新の防空装備を搭載した新型DDGの1番艦で、海自が所有するイージス艦としては7隻目。他の艦艇や航空機と情報をリアルタイムで共有できる対空戦用の精密データリンク「CEC（共同交戦能力）」を海自艦としては初めて装備した。

## 共同交戦能力を装備

また、日米で共同開発した射程延伸型のSM3ブロックⅡA対空ミサイルの発射が可能なVLS（垂直発射）装置を前・後甲板に装備し、広域でのBMD任務に対処できる。

引渡式は新型コロナウイルスの感染拡大防止のため、規模を縮小し、最小限の人数で行われた。

防衛省からは河野大臣、山村海幕長、杉本孝幸横須賀地方総監らが出席。JMUの千葉光太郎社長と河野大臣の間で引渡書と受領書の交換が行われた後、河野大臣が初代艦長の小野修司1佐に自衛艦旗を授与。旗手を先頭に乗員が「まや」に乗艦し、艦尾に自衛艦旗を掲揚した。

河野大臣は艦上で訓示を述べ、「『まや』は横須賀回航後、直ちに訓練を実施することになる。一日も早く任務に即応し得るよう、日々の訓練に精励せよ」と乗員を激励した。

この後、小野艦長が来場者にあいさつ、「『まや』は令和最初に就役する護衛艦として、日本の防衛の第一線で弾道ミサイル防衛、警戒監視、災害派遣などあらゆる任務に従事していく。国民の皆さまの期待にしっかりと応えられるよう精励してまいります」と決意を語った。

式後、「まや」は造船所関係者らに見送られて出港、横須賀に到着後、直ちに訓練を開始した。

（星里美、石川穂乃香）

河野大臣（左から4人目）から授与された自衛艦旗を掲げる初代艦長の小野1佐

真新しい自衛艦旗を「まや」の艦尾に掲揚する乗員


退官後、家族のために"今"できること

退官後の自衛官を支える柱

年金　退職金　再就職

ご存知ですか？ 不動産が 保険＋α の効果をもつことを

自衛官の退官後を支える「常識」が崩れつつあります。将来のために"今"できること、考えてみませんか？

将来のために「いつ」「どう取り組むか」

無料書籍プレゼント　全国セミナー開催中

Agentrive Investors　〒100-6208 東京都千代田区丸の内1-11-1 パシフィックセンチュリープレイス8階　https://agentrive.co.jp/　03-6860-8231

内外出版・新刊図書

最新　防衛実務小六法　令和二年版

日常業務に、また、3尉候補者・幹部候補生・曹候補生の選抜試験等の受験者や、幹部学校・職種（術科）学校などの入校学生の方々にも必携の一冊です。

日加ACSA及び日仏ACSAに関する改正、改元に関する改正を始め、その他広範囲にわたり改正されています。

◎新規収録　防衛省の損害賠償に関する訓令／日仏物品役務相互提供の実施に関する訓令／日加物品役務相互提供の実施に関する訓令

ISBN978-4-909870-11-7　◎A5判▽本体価格七五〇〇円

最新　緊急事態関係法令集2020　付録CD-ROM「戦争とテロ対策の法」

有事やテロ、災害への対処のための国内外の法規を幅広く収録したものです。令和元年第200回国会までを完全収録しております。各中央省庁の実務担当者、全国の自治体の危機管理担当者、大学研究者の方々はもとより、各組織の幹部教育などにご利用いただいています。持ち運びの出来るコンパクトなサイズです。

付録CD-ROM「戦争とテロ対策の法」には新大綱、中期防を収録しております。インターネット・ブラウザで閲覧可能です。

ISBN978-4-909870-16-2　◎A5判▽本体価格三四〇〇円

新刊　ここが変だよ日本国憲法！　田村重信 著

憲法とはいったい何なのか？なぜ憲法改正なのか？議論する前に憲法を全て読んだことがありますか？しっかりとした情報を共有し考えることが大切です。憲法は国民が楽しく幸せに安全に生きるためのツールです

田村重信　ここが変だよ日本国憲法！　憲法改正こそ我が党の使命です

序章　必要なのは脱皮する勇気
第一章　ここが変だよ日本国憲法！
第二章　憲法改正をめぐる自民党の闘い
第三章　「想定外」に弱い戦後日本
第四章　ゼロから分かる自民党の新憲法草案
第五章　冷戦後の国際平和協力法制
第六章　憲法と武器輸出三原則
第七章　ワシントンで専門家に憲法を語る
第八章　ウクライナで「日本の政治と憲法」を語る
あとがき　翔べなくなった鴨

ISBN978-4-909870-14-8　◎新書判▽本体価格一〇〇〇円

内外出版　〒152-0004 東京都目黒区鷹番3-6-1　TEL 03-3712-0141　FAX 03-3712-3130
防衛省内売店：D棟4階　TEL 03-5225-0931　FAX 03-5225-0932（専）8-6-35941
http://www.naigai-group.co.jp/

# 部隊だより

## 陸

**真駒内**　札幌病院准看護学院は3月5日、43期准看護学生25人（男子14人、女子11人）の卒業式を行った。病院長の大鹿芳郎陸将は、「仲間と苦労を分かち合った2年間が衛生救護陸曹としての原点。大きな目標に向かって努力を継続できる人間になってほしい」と訓示。卒業生たちは「衛生救護陸曹として努力と研鑽を続けていく」と誓い、各任地へ旅立った。

**八戸**　駐屯地は2月19日、八戸地区自衛隊協力会主催の「入隊予定者激励会」に参加した。式では松坂仁志司令が自身の経験を交えながら入隊予定者に歓迎の言葉を述べたほか、4地対艦ミサイル連隊の武田祐佳士長が先輩隊員として激励。最後に海自大湊音楽隊と八戸陣太鼓部が祝賀演奏を披露し、入隊予定者90人の前途を祝福した＝写真㊦。

**神町**　20普連2中隊の星和友1曹以下6人は2月22日、山形県の酒田市武道館で開催された「4機関合同公務員職場紹介（正義のヒーロー大集合）」に参加した。連隊、海保、警察、消防の4機関が集まり、各職場の魅力を紹介。連隊は人命救助システムの展示などを行い、募集対象者に自衛隊の活動を伝え、実際に担架搬送も体験してもらった。

**大宮**　32普連本管中隊は2月20日、駐屯地体育館で行われた「駐屯地綱引き大会」で優勝した＝写真㊦。隊員たちは勝因について「練習時に姿勢や角度、個人の間隔の認識を統一できたこと、相手がゆるんだタイミングで『一気に引く作戦』のおかげ」などと話した。男性に混ざり戦力となった4人の女性自衛官も奮闘するなど、笑顔あふれる大会となった。

**高田**　5施設群と2普連は2月14～24日、新潟県湯沢市の苗場スキー場で開催された「アルペンスキーワールドカップ」を支援した。急斜面の全長1360メートルコースにネットを展張したほか、周辺施設の設営支援なども実施。参加した連隊3中隊の太田剛3曹は「暖冬の中、大会役員と協力し、無事に開催できてよかった」と安堵していた。

**今津**　駐屯地は1月20日、成人行事を行った。新成人代表の10戦大の速水辰士長が「自衛隊員として、部隊にどう貢献できるか、何をすべきかよく考え、日々精進していきます」と宣誓した。式後、恒例行事の74式戦車との綱引きを実施。19人の新成人が懸命に引いても動かない約38トンの戦車を、来賓や駐屯地所在隊員の力を借りて目標まで引き切った。

**上富良野**　駐屯地は2月10日、中富良野町北星山スキー場で開催された「ウインターフェスティバル」のイベント協力を行った。会場では駐屯地音楽隊が演奏したほか、3地対艦ミサイル連隊が滑り台付きのメインステージや雪像などを作製。会場係の隊員の誘導で子供たちが滑り台を満喫＝写真㊨＝するなど、来場者は笑顔でイベントを楽しんでいた。

**名寄**　駐屯地は3月9日、「目指せ！献血日本一駐屯地！」「献血車、満タンお願いします」をスローガンに献血を行った＝写真㊨。北海道赤十字血液センター旭川事業所と協同で年4回実施され、今回は車1台に対し113人が献血。午前10時の受付から隊員の列が途切れないよう業務隊が放送で呼びかけ、午後4時すぎには目標の100人を達成した。

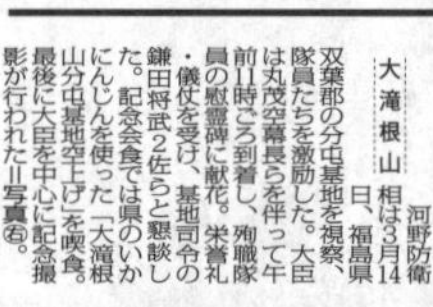

## 海

**厚木**　航空管制隊はこのほど、「TRM講習」を行い、23人が受講した。TRMは「管制業務を安全かつ効率的に行うため、人員、器材などの資源を効果的に活用すること」で、講習にはこれまで3自の管制員延べ200人以上が受講。参加者は座学やボードゲームなどで学び＝写真㊦、「アサーション（健全な主張）の重要性と難しさを認識できた」と語った。

**横須賀**　教育隊は3月25日、第132期初任海曹課程28人と第8期海曹予定者課程149人の修業式を行った＝写真㊦。式には杉本孝幸横須賀総監らが立会。隊司令の加藤雅巳1佐は式辞で両課程の隊員に対し、「日本の海上防衛を支えるのは君たちであり、真価が問われるのはこれからだ。信頼される海曹を目指して日々、精進してほしい」と述べた。

**舞鶴**　衛生隊は3月2日、開隊50周年の記念行事を行った。隊長の木村弘士2佐は祝辞で「まだ見えない将来は、先代からの一つひとつの取り組みがつながっていくもの。今を精一杯、真摯に生き抜いて時代の懸け橋となろう」と述べ、庁舎看板をかけ替えた。同隊は年間延べ約1万2000人の健康診断を実施、医務衛生に関するあらゆる業務を担う。

**江田島**　1術校は2月25日、地元ボランティア団体「野登呂山森保全の会」に協力して野登呂山を整備した＝写真㊦。当日、50人で登山道の啓開に当たり、景観を邪魔する枯れ木を伐採し、展望台周辺の倒木を除去。作業後、同会員は「切った木材などを安全かつ迅速に運ぶ自衛官は実に頼もしく、自衛隊の協力なくして整備はできなかった」とお礼を述べた。

**佐世保**　音楽隊は3月14日、アルカスSASEBOで「第48回定期演奏会」を無観客で実施した。新型コロナウイルス流行を受けての対応で、2時間のプログラムを1時間に短縮。当日の演奏は、同29日午後8時から地元テレビ局「テレビ佐世保」で放送された。後日、「YouTube」の海自公式チャンネルでも編集された映像が公開される。

# 司会もできる隊員に

## 秋田駐屯地「アナウンス要員等集合訓練」

### プロ講師招き6人挑戦

笑顔のつくり方や発声法についてボードを使い説明するフリーアナウンサーの綿引かおるさん（2月25日、いずれも秋田駐屯地で）

「ゲストに語りかける際は笑顔と発声法が大切。それでは鏡を見ながら声を出してみましょう」――。

秋田駐屯地は2月25日、フリーアナウンサーの綿引かおるさんを講師に迎え、「アナウンス要員等集合訓練」を行った。

駐屯地の各種行事で司会などを務めるアナウンス要員を育成することを目的に、今回は隊員6人が参加した。

綿引さんは「秋田駐屯地音楽まつり」などで司会を務めるなど、これまでにも駐屯地をサポート。陸上自衛隊への理解も深く、今回の訓練でも、講義中、「自衛隊用語の正しい使い方」を隊員から学ぶなど、お互い知識を教え合いながらの訓練となった。

講義は基礎的な知識や技術を学ぶ学科から始まり、続いて要となる発声の仕方をレクチャー。綿引さんはアナウンスを行う上での話し手の表情や笑顔の作り方などを細かく指導した。隊員たちはそれぞれ鏡を前に四苦八苦しながらも、顔の表情筋の正しい動かし方や自然な笑顔の作り方などを学んだ。

### 動画で撮影 実技検証も

後半は、簡単なPR文や原稿を使い、実際にアナウンスの仕事に挑戦。各自がステージに立ち、仲間たちの前で原稿を読み上げた。その様子は正面に置かれたビデオで撮影され、原稿を読み上げた後にその映像を全員で見て、アナウンスの善しあしを検証した。

隊員たちは自分の話す顔を前にして恥ずかしがりながらも、プロに比べて自分の表情や発声で欠けている部分を分析し、正しいアナウンスの仕方を真剣に学んでいた。

丸1日に及んだすべてのカリキュラムを終えた頃には、全隊員がアナウンサーとしてそれぞれの長所を伸ばし、短所を克服して、講師の綿引さんも驚くほどの上達ぶりを見せていた。

今後、隊員たちは駐屯地の式典やイベントでアナウンスの大役を担う予定で、教育成果がどのようなものか、周囲の先輩隊員たちも楽しみにしている。（秋田）

㊤ビデオで録画された各自のアナウンスの善しあしを映像を見ながら評価する受講隊員たち
㊨アナウンス要員等集合訓練で、ビデオカメラを前に原稿を読み上げる女性隊員

## 陸

**大津**　駐屯地は3月8日、滋賀県大津市で行われた「びわ湖毎日マラソン大会」を支援した。支援は17回大会から始まり今回で59回目。当日は雨の中、隊員25人が車両13両を運行し、整斉と任務を遂行した。取材クルーを乗せて先頭車両を操縦した植木2曹は「選手の皆さんが少しでも良い記録が出せるよう走行した。大会が無事に終わり安心した」と話した。

**都城**　43普連は2月21日、高ノ峰射場で「連隊射撃競技会」を実施した＝写真㊤。全6個中隊対抗で行われ、各中隊から抽選で選ばれた196人が競争し、3中隊が総合優勝。基本射撃の部で個人優勝した本管中隊の中尾渉3曹は「中隊の総合2位に貢献できたことがうれしかった。今後は後輩育成に尽力し、総合優勝を目指して訓練に励む」と語った。

**国分**　12普連は2月9日、薩摩川内市の九州電力川内原発で行われた「鹿児島県原子力防災訓練」に参加した。県内から消防、警察、県DMATなど約5000人が集結。「最大震度7の地震で原発に重大事故が発生、外部に放射性物質が放出された」という想定で行われ、連隊は災害発生時の情報収集、救出訓練や、指揮所、除染活動を実施した＝写真㊤。

**那覇**　15旅団15音は2月10日、沖縄コンベンションセンターで「定期演奏会」を行った。2部構成で行われ、第1部は各国の音楽を、第2部は日本人作曲家の曲目を演奏。2部では陸自による豚コレラ災派をスクリーンに映し、来場者に紹介。アルトサクソフォンのソロを務めた高倉航平士長は「今回の経験を糧に、より良い演奏家を目指す」と述べた。

## 空

**大滝根山**　河野防衛相は3月14日、福島県双葉郡の分屯基地を視察、隊員たちを激励した。大臣は丸茂空幕長らを伴って午前11時ごろ到着し、殉職隊員の慰霊碑に献花。栄誉礼・儀仗を受け、基地司令の鎌田将武2佐らと懇談した。記念会食では県のいかにんじんを使った「大滝根山分屯基地空上げ」を喫食。最後に大臣を中心に記念撮影が行われた＝写真㊨。

**美保**　403飛行隊の岡田香織2曹はこのほど、年4回行われる島根ウルトラマラソンで年内に3大会を完走した選手に与えられる称号「島根ウルトラの神」として島根県知事から表彰された。賞状を手にした岡田2曹は「自分がどこまでできるか試したかった。完走した時の達成感が最高で、称号にも興味があった」と話していた。

**春日**　西空音は1月19日、佐賀県神埼市千代田町で「ふれあいコンサート」を行った＝写真㊧。同市と吉野ヶ里町の防衛協会、背振山分屯基地が共催、約400人の住民が来場。県立神埼高等学校吹奏楽部との合同で「ウィー・アー！」を演奏、会場全体で盛り上がった。アンコールで空自行進曲「空の精鋭」を披露すると、会場は大きな拍手に包まれた。

Hazuki
職域限定特別価格 7,800円（税込）にてご提供させて頂きます
両手が使える拡大鏡
広い視野で長時間使っても疲れにくい
※拡大率イメージ
レンズ倍率
1.32倍 焦点距離 50～70㎝
1.6倍 焦点距離 30～40㎝
1.85倍 焦点距離 22～28㎝
※焦点距離は対象物との眼と一番ピントがあう距離
大きくみえる！話題のハズキルーペ!!
・豊富な倍率・選べるカラー・安心の日本製・充実の保証サービス
お申込み ・WEBよりお申込いただけます。
https://kosai.buyshop.jp/
（パスワード：kosai）
※商品の返品・交換はご容赦願います。
ただし、お届け商品に内容相違、破損等があった場合には、商品到着後、1週間以内にご連絡ください。良品商品と交換いたします。
コーサイ・サービス株式会社 TEL:03-3354-1350 担当：佐藤 〒160-0002新宿区四谷坂町12番20号KKビル4F / 営業時間 9:00～17:00 / 定休日 土・日・祝日

2020 NEW MODEL
大型スポットクーラー BSC-10
三相200V
強風・冷風を兼ね揃えた大風量スポットクーラー！
倉庫、コンテナ積み下ろし作業等に最適！
必要な時、必要な時間だけ効率的な空調
スポットクーラーシリーズ
外気温に対し体感温度 -13℃
気持ち良い風を約15m先までお届け！
環境改善
熱中症対策
大風量
スポット冷房
内径約41cmの大型冷風口
※冷風・排熱口に保護ガード付き
吹出口風速約7.28/8.20m/s
最大風量約55/62㎥/min
天吊り・消防法適合・複数ダクト等ご用意しております
大型循環送風機 ビッグファン
熱中症対策
空調補助
節電・省エネ
大風量で広範囲へ送風！
●備蓄倉庫等の換気・循環に！ ●単相100V電源で工事不要！
広さ・用途で選べる5TYPEをご用意
BF-60J DCF-60P BF-75V BF-100V BF-125V
コンプレッサー式除湿機
目的に合ったドライ環境を提供
結露・カビを抑え湿気によるダメージを防ぎます！
【各機種満水停止機能付き】
ドレンホースで直接排水も可能です！
DM-10
DM-15/DM-15T
DM-30
株式会社 ナカトミ
〒382-0800 長野県上高井郡高山村大字高井6445-2
株式会社ナカトミ 検索
https://www.nakatomi-sangyo.com
お問い合わせはこちら
TEL:026-245-3105
FAX:026-248-7101

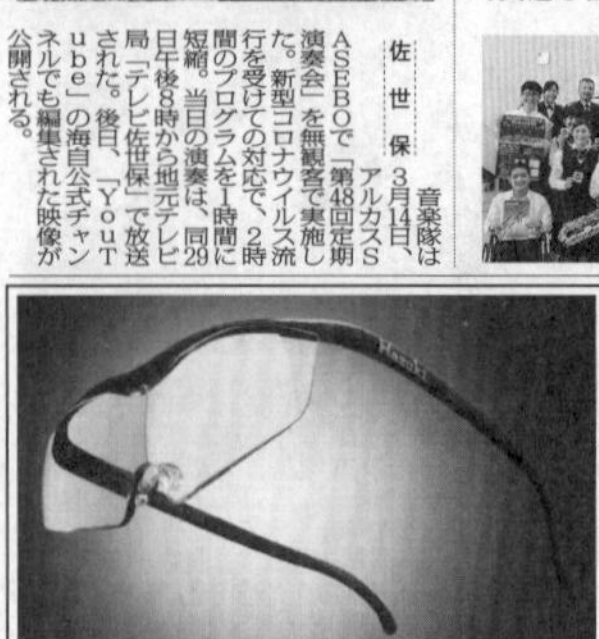

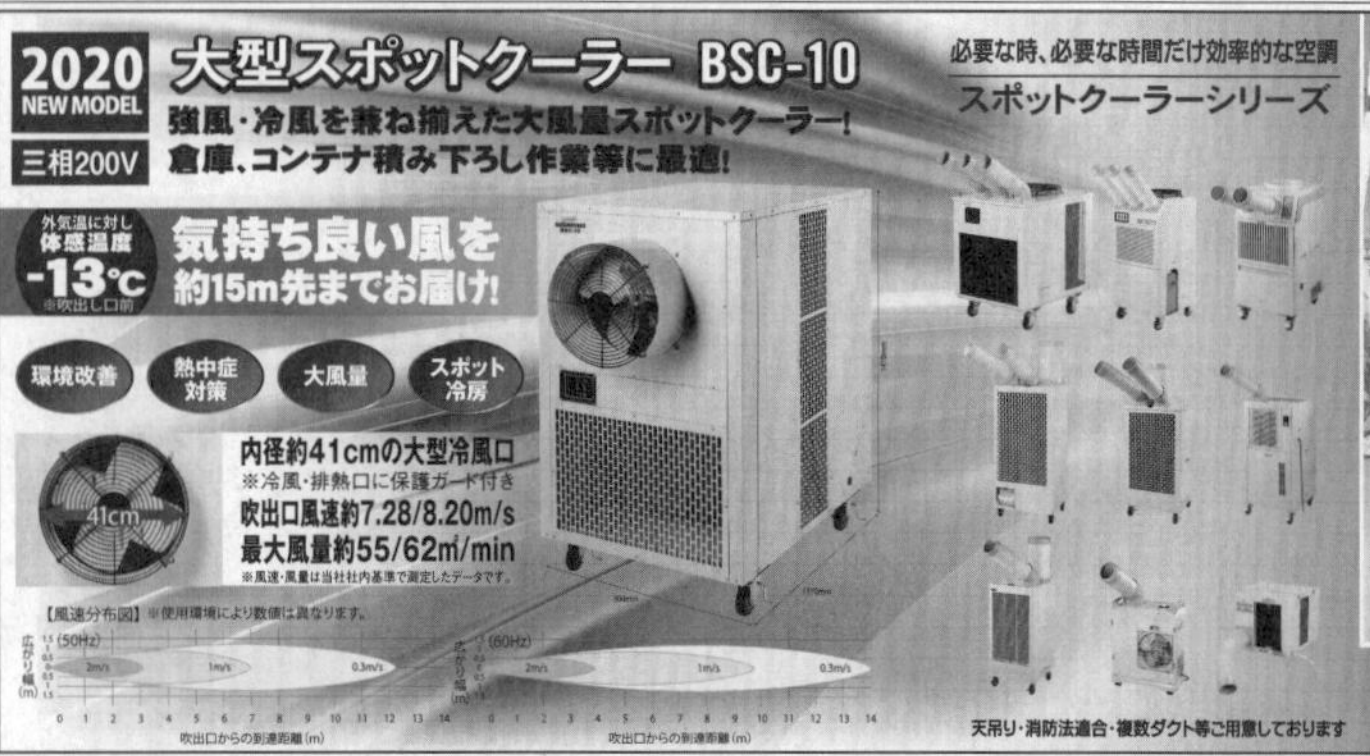

# 雪山踏破

## 冬季遊撃部隊

【冬戦教＝真駒内】冬季戦技教育隊は1月10日から2月26日まで、11期幹部・上級陸曹特技課程「冬季遊撃」教育を実施した。

同教育は山岳積雪地で生存機動し、冬季の遊撃行動に必要な知識と技能を修得させることが目的。各部隊から選抜された学生32人が、厳寒の北海道の山岳部等で手足から離れて独立的な行動し、困難な任務を完遂可能な冬季遊撃部隊の要員となるための教育に取り組んだ。

厳冬期の北海道・ニセコ地区の山岳積雪地で「冬季遊撃」の課程に挑む11期幹部・上級陸曹特技課程の学生たち

前段は積丹半島の南側のニセコ地区で開始された。豪雪地域における山岳気象、雪崩遭難者の救出、山岳スキー技術などのスキルを練成した。後段は北海道大演習場に移動し、冬季機動、遊撃戦闘（襲撃・伏撃）などを機能別に演練。最後に4夜5日にわたる総合訓練を実施した。

過酷な任務を完遂し、学生32人全員が無事課程を卒業。「冬季遊撃官」としてのスタートラインに立った。

# 進め！ 90式戦車部隊

## 7師団

【7師団＝東千歳】7師団は2月18日から23日まで、北海道大演習場で72戦闘団に対する訓練検閲を行った。

同検閲は「師団の攻撃における先遣戦闘団の行動」「指揮幕僚活動」「積雪寒冷地での兵站活動」などを課目に行われ、統裁官の前田忠男7師団長は「冬季の気象・地形を克服して任務を完遂せよ」と隊員たちに要望した。

72戦闘団は戦闘団長の兵藤剛1佐を核心に、一致団結。積雪寒冷地の厳しい気象を克服。攻撃に向けた90式戦車部隊の前進、隊員のスキー機動による偵察活動など、雪上を機敏に行動し、機甲科部隊の戦闘団としての任務を達成した。

深い雪に覆われた北海道大演習場で、機動力を前面に出し、攻撃前進を行う7師団の90式戦車

## 訓練

# 真冬の海に着水

## 2空団と千歳救難隊の60人

【千歳】2空団と千歳救難隊は2月12日、千歳川で「操縦者冬季水上保命訓練」を行った。同訓練は毎年、夏は支笏湖、冬は千歳川で実施しており、冬季は今年で41回目。戦闘機操縦者に対し、川での漂流訓練を体験させ、緊急脱出後、真冬の海に着水した際の水上保命能力の向上を図っている。

今回の訓練には操縦者15人と指導する救難隊員など支援部隊を合わせ計約60人が参加。雪解け水で水温は4度と厳しい環境の下、操縦者は川の中に入ると、救難隊員3人が容赦なく凍れるような冷水を浴びせ続けた。

パイロットはやっとのことで浮舟に乗り込み、覆いを閉め、漂流を開始したのも束の間。救難隊員が浮舟を大きく揺らして転覆させたりと、起こりうる自然環境を体験させた。30分の漂流に耐えたパイロットたちは、「生きて帰る気持ちを強く持つ大切さを実感した」と震える手を押さえながら話していた。

雪解け水が流れる千歳川を〝漂流する〟空自戦闘機パイロットと、彼らに水を浴びせる救難隊員

# 21普連が6次野営

## スキー行進20キロから宿営

【21普連＝秋田】21普連は1月14〜19日、岩手山演習場で6次野営を実施した。各部隊は積雪地で重機関銃、70式地雷原爆破装置、81ミリ迫撃砲などの射撃や小型指揮所散開の運用法などを演練。このほか1・2中隊は陣地攻撃による遭遇戦、3中隊は陣地攻撃・防御の対抗戦、4中隊は陣地攻撃を練成した。

18日朝から19日朝にかけては、スキー行進に引き続き宿営と偵察訓練を実施。約20キロを一昼夜かけて踏破した隊員たちは、寒地用天幕の設営を終えるとパトロールを装備し偵察活動に移行。対抗部隊の3中隊は警戒や障害を張り巡らせて斥候を待ち受け、激闘

雪上で重機関銃の実射訓練を行う21普連の隊員（岩手山演習場で）

応急障害構成で模擬地雷の敷設を行う20普連施設作業小隊員（大高根演習場で）

## 総合戦闘射撃競う

### 中混団

【中混団＝大津】中方混成団は2月3日から5日間、饗庭野演習場で「方面統制総合戦闘射撃訓練」を実施した。訓練には即応予備自を含むコア連隊の47普連（海田市）や49普連（豊川）など4個普通科中隊が参加。防御戦闘のシナリオで、逐次付与された状況に応じた小銃、狙撃銃、機関銃、対戦車誘導弾、迫撃砲などの火力戦闘が行われた。

訓練中は降雪に見舞われたが、各中隊とも常備自衛官と即自が一体となり、日頃の訓練成果を遺憾なく発揮。この結果、49普連3中隊が最優秀の成績を収めた。

## 20普連

# 作戦遂行能力を評価

## 2中隊、施設作業・衛生小隊

【20普連＝神町】20普連は2月18、19の両日、大高根演習場で2中隊、施設作業小隊、衛生小隊の検閲を行った。

「スキー行進に引き続く陣地攻撃に任ずる第一線普通科中隊」「同中隊と協同する施設作業小隊と衛生小隊の行動」を課目とし、積雪寒冷地における作戦遂行能力を評価した。

18日朝、状況開始とともに観音橋南側交差点からスキー行進を開始。集結地占領後、宿営と攻撃準備を行い、偵察結果に基づく攻撃命令が下達された。

翌日早朝、2中隊が掩護する中、施設作業小隊による障害処理が行われ、迫撃砲小隊の攻撃前進支援射撃の下、攻撃を開始。作戦間に戦傷者が発生すると、衛生小隊が迅速に救護活動を実施した。その後、第一線小隊の果敢な突撃で目標の奪取に成功した。

# ヘリボーン攻撃磨く

## 34普連と1輸送ヘリ群

【34普連＝板妻】連隊は2月18日、東富士演習場で1輸送ヘリ群（木更津）と空中機動の協同訓練を実施、3中隊と情報小隊の隊員計73人がヘリボーン攻撃におけるヘリからの搭載・卸下、戦闘展開要領などを演練した。

3中隊はCH47輸送ヘリで目的地に降着。引き続き戦闘展開し、中隊の攻撃目標奪取までの一連の行動を、情報小隊は降着戦闘やリペリング降下の練度を高めた。

CH47輸送ヘリで降着後、前進する34普連3中隊員（東富士駐屯地で）

## 14普連

# 遭難者を救え

## かんじきで前進

【14普連＝金沢】14普連は2月26日、新潟県のパインバレースキー場跡地で「雪道機動・遭難救助訓練」を実施した。

雪道機動では各自約20キロの装備を携行し、かんじきをはいて約5・3キロを機動した。

行動中は吹雪に見舞われる厳しい環境下だったが、隊員たちは歯を食いしばり任務を完遂した。標高が上がると霧が深くなり、視界は悪化したが、各指揮官は部隊を適切に指揮、深い雪の箇所ではラッセルを行い前進した。

機動後の遭難救助訓練は、「雪崩による遭難者を救助する」という想定で開始。ビーコンやプローブ（ゾンデ棒）を使用し、雪に埋もれたマネキンなどを捜索、隊員たちは積雪寒冷地での災害対処能力を向上させた。

プローブを使い、雪中の行方不明者を捜索する14普連の隊員（新潟県のパインバレースキー場跡地で）

# 5施群、団集中野営で地雷処理

【5施群＝高田】5施設群は2月17日から22日まで、東富士演習場で1施設団が計画した「団集中野営」に参加した。

施設群は92式地雷原処理車、70式地雷原処理爆破装置（訓練索）の投射を担当し、教育・展示実射訓練の統制を行った。

# 6普連2年ぶり冬季戦技競技会

【6普連＝美幌】連隊は2月19日、美幌訓練場で冬季戦技競技会を実施した。

同競技はスキー機動能力の向上と部隊の団結強化を目的に2年ぶりに行われた。前日には駐屯地体育館で開会式が行われ、統裁官の佐藤靖倫連隊長が「チームワーク」「安全管理」の2点を要望。

競技は1個分隊8人編成で、小銃、鉄帽、水筒などの装具のほか、背のうとアキオの総重量が130キロ以上の状態で曳行する「分隊機動」を実施。起伏のある4キロのコースを中隊対抗で競い、佐藤連隊長も連隊本部の選手として参加した。

結果、本管中隊が優勝し、「分隊機動の部」でも上位3個分隊を本管中隊が占めた。

# 迅速かつ正確に日米射撃競技会

## 15旅団

【15旅団＝那覇】15旅団は2月26〜28日、中部訓練場で日米射撃競技会を行った。

陸自からは旅団のほか、与那国沿岸監視隊、24普連（えびの）が参加。米軍は海兵隊から第3海兵師団、陸軍から第10支援群と第1防空大隊が参加し、各隊員たちは、さまざまな状況下で迅速かつ正確な射撃を競い合った。

閉会式では、優勝した51普連3中隊の分隊が中村裕亮15旅団長から盾を受けた。

分隊長から射撃方向の指示を受けながら小銃を射撃する15旅団の隊員（中部訓練場で）

人間ドック活用のススメ

人間ドック受診に助成金が活用できます！

防衛省の皆さんが三宿病院人間ドックを助成金を使って受診した場合
※下記料金は消費税10％での金額を表記しています。

| コースの種類 | 自己負担額（税込） |
| --- | --- |
| 基本コース1 | 9,040円 |
| 基本コース2（腫瘍マーカー） | 15,640円 |
| 脳ドック（単独） | なし |
| 肺ドック（単独） | なし |

¥0

女性 イチオシ！ 女性特有のがん検診を基本健診とセットにした場合
ex. ①基本コース1＋乳がん（マンモグラフィ）＝13,000円
②基本コース1＋乳がん（乳腺エコー）＝11,350円
③基本コース1＋婦人科（子宮頸がん）＝13,660円

脳ドック受診してみようと思うんだ。助成金もあるからね。
パパ、私も乳がん検診とか婦人科健診受診したいな。

あなたが想うことから始まる 家族の健康、私の健康

国家公務員共済組合連合会
三宿病院 健康医学管理センター
東京都目黒区上目黒5-33-12
TEL 03-3711-5771（代）
HP：http://www.mishuku.gr.jp

予約・問合せ
ベネフィット・ワン・ヘルスケア 健診予約センター
TEL 03-6870-2603

●被扶養者も防衛省共済組合の助成を利用できます。
"三宿病院 人間ドック" とご指定下さい。
三宿病院はベネフィット・ワン・ヘルスケアの提携受診機関です。

まもなく定年を迎える皆様へ

25％割引（団体割引）

隊友会団体総合生活保険

隊友会団体総合生活保険は、隊友会会員の皆様の福利厚生事業の一環として、ご案内しております。
現役の自衛隊員の方も退職されましたら、是非隊友会にご加入頂き、あわせて団体総合生活保険へのご加入をお勧めいたします。

公益社団法人 隊友会 事務局

| | |
| --- | --- |
| 傷害補償プランの特長 | ●1日の入通院でも傷害一時金払治療給付金1万円 |
| 医療・がん補償プランの特長 | ●満70歳まで新規の加入可能です。 |
| 介護補償プランの特長 | ●本人・家族が加入できます。<br>●満84歳まで新規の加入可能です。 |
| 無料＊でサービスをご提供「メディカルアシスト」 | ●常駐の医師または看護師が24時間365日いつでも電話でお応えいたします。<br>＊一部、対象外のサービスがあります。 |

※上記は団体総合生活保険の概要を紹介したものです。ご加入にあたっては、必ず「重要事項説明書」をよくお読みください。ご不明な点等がある場合には、お問い合わせ先までご連絡ください。

資料請求・お問い合わせ先
取扱代理店 株式会社タイユウ・サービス
隊友会役員が中心となり設立 自衛官OB会社
〒162-0845
東京都新宿区市谷本村町3-20 新盛堂ビル7階
TEL 0120-600-230
FAX 03-3266-1983
http://taiyuu.co.jp
資料は、電話、FAX、ハガキ、ホームページのいずれかで、お気軽にご請求下さい。

引受保険会社
東京海上日動火災保険株式会社
担当課：公務第一部 公務第二課 TEL 03(3515)4124

19-T01744 2019年6月作成

防衛省・自衛隊関連情報の最強データベース

朝雲アーカイブ

自衛隊の歴史を写真でつづるフォトアーカイブ

お申し込み方法はサイトをご覧ください。＊ID& パスワードの発行はご入金確認後、約5営業日を要します。

朝雲新聞社 〒160−0002 東京都新宿区四谷坂町12−20KKビル TEL 03−3225−3841 FAX 03−3225−3831 http://www.asagumo-news.com

# 募集・援護　特集

## 警察・海保らと合同で説明会

「人を助ける仕事に就きたい。警察が第一志望だが、自衛隊にも興味が出てきた」――。少子化で公安機関も職員募集に苦労する中、各地本ではライバルである警察や海保とタッグを組み、募集活動を実施している。兵庫地本は「安心・安全系公務員合同職業説明会」と銘打って若者を集めた。一方、神奈川地本はコロナウイルスの影響で説明会が中止になったことから、参加予定者を地域事務所に招き、自衛隊の魅力を直接アピールしている。

平和を、仕事にする。陸海空自衛官募集

ただいま募集中！
◇自衛官候補生
◇医科・歯科幹部◇幹候生(一般・歯・薬剤科)
◇予備自補(一般・技能)◇一般曹候補生
★詳細は最寄りの自衛隊地方協力本部へ

# 「人を助ける仕事に」

## 女性の活躍をアピール
### 京都　京都外大、橘大で公安系説明会

【京都】京都地区隊は1月31日、京都市右京区の京都外国語大で開かれた「公安系合同説明会」に参加した。

同大での公安系公務員の合同募集は初の試みで、河原町募集案内所が企画し、京都府警などとの調整に当たった。

当日は地区隊長の後藤孝祐3陸佐をはじめ、空自岐阜基地から臨時勤務中の山内暁子2空曹らが参加し、陸・海・空自衛隊の特色と魅力を発信。

隊員から説明を聞いた学生たちは、警察や海保と比べながらも、「職業としての自衛隊に魅力を感じた」「女性自衛官から直接話を聞けて、自衛隊にも興味を持った」「予備自補に関心がある」などとそれぞれ意欲を語っていた。◇

これに先立ち同地区隊は1月28日、京都市山科区の京都橘大で行われた公安職説明会に参加した。

同校では公安職の説明会が毎年実施されており、入隊者も多い。今年度は同大救急救命学科の学生27人が参加し、地区隊は自衛隊の魅力を直接伝えた。

参加した学生は「防衛省・自衛隊では女性が活躍できることが理解できた」「衛生科職種に興味が出てきた」と志望意思を高めていた。

公安系合同説明会で大学生たちに自衛隊の魅力を伝える京都地本の広報官（京都市の京都外国語大で）

警察、消防、海保と共同での合同説明会で、姫路所の広報官の話を聞く学生たち（兵庫県姫路市で）

## 職域の広さ、福利厚生PR
### 兵庫　安心安全系公務員合同説明会

【兵庫】姫路地域事務所は2月22日、姫路市内で警察、消防、海保と共同で「安心安全系公務員合同職業説明会」を開催した。

説明会には54人の公安系公務員志望者が参加し、それぞれの職種への理解を深めることで、進路の選択肢を広げてもらった。

姫路所の広報官は、他機関と比較しながら、自衛隊の職域の広さや自衛官の福利厚生などの魅力をわかりやすく説明。

終盤には募集広報動画「自衛隊のソレ、誤解ですから！」も放映し、自衛隊について正しい知識を持ってもらった。

参加した学生らは「自衛隊には自分の特技を生かして活躍できる場が多くあることがわかり、俄然興味を持った」と意欲的に話していた。

## 募集対象者に個別に説明
### 神奈川　コロナの影響で会が中止

【神奈川】横浜中央募集案内所は3月4日、所内で学生らに直接、職業紹介を行った。

同日、開催予定だった公安4業種（自衛隊、警察、消防、海保）の制度説明会が、新型コロナウイルスの感染拡大で中止になったことを受け、「自衛隊の制度を知りたい」という募集対象者2人に個別に実施した。

最初に自衛隊の特徴を他の警察などと比較しながら説明。参加者は自衛隊の中にも警察や消防と同様の仕事があることに興味を示していた。

続いて広報官が学生に国際平和協力活動について質問。最初は知らない様子だったが、現在、中東に派遣中の護衛艦「たかなみ」のアラビア海での情報収集活動などを紹介すると、「テレビで見ました」などと興味を持って答えていた。

最後に受験種目などを説明すると、参加者は「ぜひ自衛隊も受験したいと思います」と力強く話していた。

# 「立派な自衛官になって」
## 千葉で着隊支援　河井地本長が激励

【千葉】地本は3月25日、一般空曹候補生合格者11人の埼玉・熊谷基地への着隊を支援した。

当日朝、入隊者は決意に満ちた表情で千葉地本に集結。「入隊おめでとう」と書かれた紙が掲示された地本入口で記念撮影後、河井孝夫地本長から「同期を大切にし、『男の修業』と思って苦しいことを乗り越え、立派な自衛官になってもらいたい」と激励された。

その後、入隊者はバスに乗り、地本マスコットキャラの千葉3兄弟の"航空自衛官"千葉翔と本部隊員の見送りを受け、熊谷基地に向けて出発した。

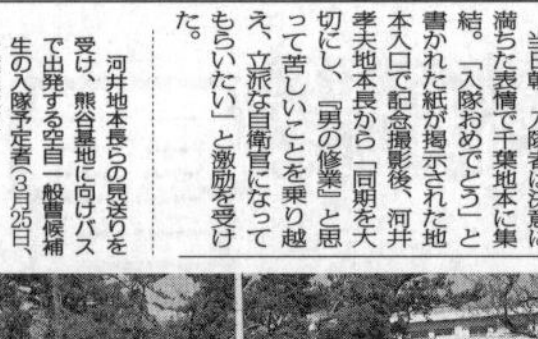
河井地本長からの激励を受け、熊谷基地に向けバスで出発する一般空曹候補生の入隊予定者（3月25日、千葉地本で）

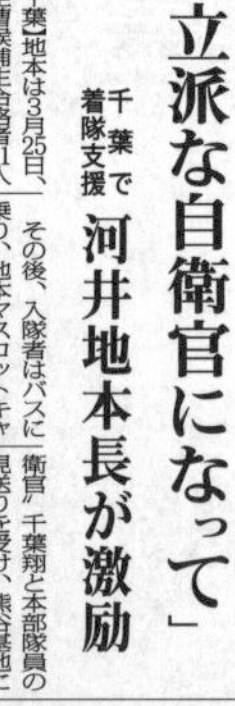

## 新型コロナ対策は万全
### 札幌　一般曹候生らの着隊を支援

【札幌】地本は3月24、25の両日、埼玉県の熊谷、山口県の防府南両基地に着隊する一般空曹候補生の引率を行った。

24日は新千歳空港に集合し、家族からの見送りを受けて出発。男子の新隊員らは熊谷基地、女子は防府南基地に向かった。

翌25日に熊谷基地到着後、一行は新型コロナウイルス対策のため、それぞれ検温を行ってから隊舎に入った。

一方、女子の候補生たちはJR防府駅からの送迎バスに乗車。

乗り込む前にアルコール消毒が実施され、移動中は窓を開放するなど感染防止に万全を期し、無事に防府南基地に着隊した。

マスクを着用するなど、新型コロナウイルス感染防止対策をして着隊した女子一般空曹候補生たち（3月25日、防府南基地で）

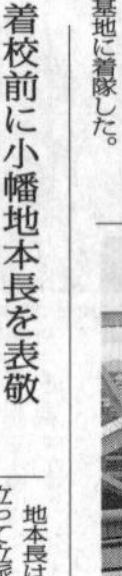

## 着校前に小幡地本長を表敬
### 函館　土岐3尉の長男、防医大に合格

【函館】防医大に合格した土岐涼太君が3月19日、小幡哲也地本長を表敬するため地本を訪れた。

涼太君は八雲地域事務所長の土岐秀人3陸尉の長男。小学生の頃から医師を目指し、見事、防医大に合格した。

この日は同31日の着校を前にあいさつに訪れたもので、小幡地本長に対し、「6年間一生懸命勉強し、目標である形成外科医になれるよう頑張りたい」と抱負を語った。

地本長は「北海道から旅立って立派な自衛官、医官になってほしい」とエールを送った。

父親の土岐八雲所長も「息子を誇りに思います。でも、階級はすぐに抜かれてしまいますね」と冗談を言いながら、一緒に自衛官の制服を着る日を楽しみにしていた。

## 河川敷で不発弾処理
### 大分　部隊と連携、メディアにPR

【大分】西方後支隊104不発弾処理隊（目達原）が3月8日、大分市内の乙津川河川敷で不発弾処理を実施したことを受け、地本は市の協力のもと、新聞・テレビの各報道機関に取材機会を提供し、自衛隊の活動を広く県民に知ってもらった。

不発弾は太平洋戦争中に投下された米国製1トン爆弾（長さ約180センチ、直径約60センチ）で、万が一の爆発に備え、周囲には防護壁が設置された。さらにその外側も土のうで厚く覆い、当日は現場から半径500メートルが警戒区域に。これに伴い、地域住民約3000人が避難したほか、国道や鉄道の交通も止められた。

午前9時51分、隊員が不発弾の弾頭・弾底の二つの信管の取り外し作業に着手、その約1時間後、無事に処理が完了した。市の安全化宣言後、地本担当者が報道機関の記者らを現場に案内、不発弾の運び出しなどの状況を取材してもらった。

隊長の松本圭三2佐もインタビューに応じ、「地域住民の皆さんの普段の平穏な生活を取り戻せることが、私ども自衛隊員の最大の喜び」とカメラの前で語った。

この不発弾処理の様子はNHKや各新聞が大きく取り上げ、自衛隊の活動がメディアを通じ広く県民に発信された。

安全化された不発弾を運び出す104不発弾処理隊の隊員（3月8日、大分市乙津川河川敷で）

## 中濃地区で初の激励会
### 入隊者が抱負「百折不撓の精神で」

【岐阜】地本は2月1日、中濃地区で初めて開催された「自衛隊入隊・入校予定者激励会」を支援した。

会場となった岐阜県可茂総合庁舎には同地区の3市、5町、1村から入隊・入校する34人と家族や各市町村長、学校関係者ら計約120人が出席。

式の開始前には美濃加茂地域事務所長の吉永知儀1陸尉が入隊・入校予定者とその家族に対し、入隊までの流れや入隊後の生活について説明した。

激励会では県議会議長、美濃加茂市長、白川町長と岐阜地本長の二木裕昭1空佐が祝辞を述べた（写真）。これに対し、入隊者を代表して陸自幹部候補生を目指す神戸正大朗さんが「私たち若い力が国家発展の礎となるよう、百折不撓の精神で努力していく」と抱負を語った。

## 入隊予定者引率し大津駐屯地を見学
### 愛知

【愛知】地本は2月13、14の両日、陸自に入隊予定の若者と保護者41人に対する「大津駐屯地見学会」を実施した。不安払拭を目的に行われ、地本に集合後、大津駐屯地に向かった。

部隊では新隊員教育の概要説明に続き、DVDで3カ月間の教育の流れを観た後、体験喫食、施設見学を行った。生活隊舎では「体力に自信がないが大丈夫ですか」などと質問があり、隊員が丁寧に説明。家族からも「見学会に参加して安心した」という声が聞かれた。

愛知地本では「今後とも入隊・入校予定者の入隊にかかわる不安を払拭し、若者が安心して入隊の日を迎えられるよう努力していきたい」と話している。

## 佐官予備自が訓練　11人に本部長表彰
### 宮城

【宮城】地本は1月24日から26日まで、仙台駐屯地で東北方が担任・実施した「佐官予備自衛官招集訓練」を支援した。

参加した予備自73人は訓練担任官を務める総監部防衛部長の相園和宏1佐への申告に続き、宮城地本による永年勤続者表彰に臨み、古屋浩司地本長が上限任満の2人に方面総監顕彰を伝達、勤続5年の11人に本部長表彰状を授与した。

表彰式後、古屋地本長は「昨年の台風19号に伴う災害招集では、佐官予備自も招集され、活躍した。いまや予備自衛官が実運用される時代となり、皆さんも任期満了まで予備自を続けていただきたい」と訓示した。

## 札幌、岡山地本長が交代

3月18、23日付の異動で、札幌、岡山地本の本部長が交代した。新任本部長の略歴は次の通り。

宮﨑 章（みやざき・あきら）1陸佐　札幌地本長　防大35期、平成6年陸自。20年2佐、25年1佐。陸幕教育訓練課演習班、5地対艦ミサイル連隊長などを経て、29年12月陸幕防衛協力課長。福岡県出身。48歳。

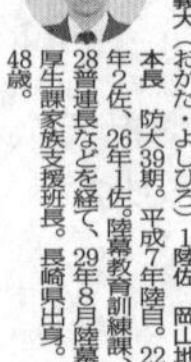
緒方 義夫（おがた・よしお）1陸佐　岡山地本長　防大39期、平成7年陸自。22年2佐、26年1佐。陸幕人事教育計画課、28普連長などを経て、29年8月陸幕厚生課家族支援班長。長崎県出身。48歳。

大切なことは、言葉にしなくても伝わっていく。

2018 マイハピネス フォトコンテスト 応募作品「伝える…しあわせなとき」（林典子さま・兵庫県）

娘と孫たちを写真におさめた。
娘が孫娘にあやとりを教えている。
はじめて見る毛糸と手先のマジックに心を奪われている。
「ママも子どものときによくやったんよ」。
あやとり。お手玉。針仕事。
娘は私から、私も母親から、教わった。そして孫へと。
物心がついてきた弟は、最近お姉ちゃんが大好きだ。
お人形遊びも楽しい。ご飯も食べさせてくれる。
両親からしてもらったことを弟にしているのだろう。
知らず知らずのうちに、伝わっていくものがある。
一緒に暮らす時間のなかでしか伝えられないものが。
しあわせは、いつもそばにいる。

人に一番やさしい生命保険会社へ。

確かな安心を、いつまでも
明治安田生命

ご入隊おめでとうございます

明治安田生命保険相互会社　防衛省職員 団体生命保険・団体年金保険(引受幹事生命保険会社)：〒100-0005 東京都千代田区丸の内2-1-1　www.meijiyasuda.co.jp

『朝雲』縮刷版 2019

2019年の防衛省・自衛隊の動きをこの1冊で

宮古島と奄美大島に駐屯地・分屯地が開庁 南西防衛を強化
大型台風が関東・東北を直撃　統合任務部隊を編成

発売中

判型 A4判変形／452ページ 並製
定価 本体 2,800円＋税

朝雲新聞社　〒160-0002 東京都新宿区四谷坂町 12-20KKビル
TEL 03-3225-3841　FAX 03-3225-3831
http://www.asagumo-news.com

# 新たな目標へ走り出す

## 東京オリパラ、1年後に延期

## 省・自衛隊 支援計画先送りへ

新型コロナウイルスの影響で、この夏に開幕を予定していた東京五輪・パラリンピックが1年後に延期されることが決まった。2月25日に支援本部を立ち上げていた防衛省・自衛隊は1年後に支援を行う。五輪出場を目指す自衛隊体育学校（朝霞）の選手たちは、新たに目標を定め走り出している。（1面参照）

### 体校内定9人 来夏へ

新型コロナウイルスの世界的な感染拡大を受け、心待ちにされていた開幕が1年後に延期されることになった。3月24日、安倍首相がトーマス・バッハ国際オリンピック委員会（IOC）会長と電話会談し、延期の意向を伝え、同会長の承諾を得た。

さらに30日、IOCや政府、東京都など関係機関の間で、五輪が来年7月23日から8月8日まで、パラリンピックが8月24日から9月5日まで開催されることが合意された。

総理大臣公邸で行われた電話会談に同席した森喜朗東京2020組織委員会会長は会談後、同委ホームページに「（延期は）オリンピック・パラリンピック史上前例のない挑戦です」と載せた。

一方、自らが現役の時、西側諸国のボイコットにより モスクワ五輪（1980年）＝柔道＝への出場を果たせなかった日本オリンピック委員会（JOC）の山下泰裕会長は、同委ホームページに「現状を冷静に前向きに受け止め、目標に向けて全力を傾注していただきたいと切に願います」と選手への激励メッセージを掲載した。

延期が関係各機関に及ぼす影響は大きい。防衛省・自衛隊は2月25日に河野大臣を長とする支援本部を立ち上げ、①セキュリティー協力②式典など大会運営への協力③自衛官アスリートの支援──を軸とする協力を予定していたが、いずれの支援も1年後に先送りされる。

「東京五輪」出場内定の体校選手

| 所属班（種目） | 名前・階級 | 年齢 |
|---|---|---|
| 射撃班（男子ライフル） | 松本　崇志1陸尉 | 36 |
| 近代五種班（男子個人） | 岩元　勝平3陸曹 | 30 |
| カヌー班（男子カヤック・フォア） | 藤嶋　大規2陸曹 | 31 |
|  | 松下桃太郎3陸曹 | 31 |
| レスリング班（フリー74キロ級） | 乙黒　圭祐2陸曹 | 23 |
| ボクシング班（男子63キロ級） | 成松　大介1陸尉 | 30 |
| 同（男子75キロ級） | 森脇　唯人3陸曹 | 23 |
| 同（女子51キロ級） | 並木　月海3陸曹 | 21 |
| 柔道班（女子78キロ級） | 濵田　尚里2陸尉 | 29 |

（令和2年3月末時点）

### 「出場資格 変更せず」

東京五輪では33競技（339種目）が行われるが、代表選手を選考し送り出すJOC加盟の各競技団体も戦略プランの見直しを余儀なくされそうだ。

日本ライフル射撃協会は最終予選会（3月、東京）を中止。日本水泳連盟は代表選考会を兼ねて行う予定だった日本選手権（4月、同）を中止した。

射撃の最終予選会には、自衛隊体育学校（朝霞）の山田聡子3陸曹（ピストル）らが、また競泳の日本選手権には同校の高橋航太郎3海曹（自由形）らの出場が予定されていた。

一方、30日の合意では、「すでに選手に付与された出場資格や出場枠は変更されない。（中略）（延期された大会が）引き続き第32回オリンピック大会であり続けるという事実による」とも明記された。体校所属選手は3月末現在、6競技で9人が出場を内定させている（別表参照）。

各競技のうち、レスリングは体校の乙黒圭祐2陸曹（フリー74キロ級）を含む8人（男子3、女子5）が出場権を獲得。乙黒2曹は「レスリングに集中し、レスリングのことだけを考えたい」と、無心で挑む意向を語っている。

㊤聖火到着式で壇上に並んだ山下泰裕JOC会長（左から3人目）、橋本聖子五輪担当相（同5人目）、森喜朗東京2020組織委員会会長（同8人目）ら（3月20日、松島基地で）㊦聖火到着式の展示飛行訓練公開でブルーインパルスによって描かれた五輪シンボル。およそ1年後に再び、見られるかもしれない（3月13日、松島基地で）＝空自提供

### 安倍首相の会見要旨

トーマス・バッハIOC会長との電話会談後の安倍首相の会見要旨は次の通り。（首相官邸HPより）

「開催国日本として、東京五輪について、現下の状況を踏まえ、世界のアスリートの皆さんが最高のコンディションでプレーでき、観客の皆さんにとって、安全で安心な大会とするために、おおむね一年程度延期することを軸として、検討していただけないか、と提案いたしました。バッハ会長からは100パーセント同意する、という答えをいただきました。そして、遅くとも2021年の夏までに東京オリンピック・パラリンピックを開催するということで合意いたしました。今後、人類が新型コロナウイルス感染症に打ち勝ったあかしとして、完全な形で東京オリンピック・パラリンピックを開催するために、バッハ会長と緊密に連携していくことで一致したところであります。日本は開催国の責任をしっかり果たしていきたいと思います」

## 霞ヶ浦駐屯地へ最終フライト

### 12ヘリ隊 1ヘリ団 OH6観測ヘリ用途廃止で

陸自12ヘリ隊（相馬原）と1ヘリ団（木更津）は3月6日、両部隊で使用してきたOH6観測ヘリの用途廃止に伴う最終フライトを行った。2機はいずれも両駐屯地から霞ヶ浦駐屯地へ飛行した。

最終機（313号）の用途廃止セレモニーを実施。12ヘリ隊本部付隊の萩枝貴文3佐はあいさつで「平成12年3月の創隊から約19年間、無事故で本日を迎えることができたのは歴代の先輩の方々を含む本部付隊の精強の賜物と感謝します」と述べた。

313号機は平成9年2月、川崎重工業岐阜工場で製造された。同年3月の5飛行隊（帯広）での部隊運用開始を皮切りに、教育支援飛行隊（明野）、10飛行隊（同）、12飛行隊（北宇都宮）、12ヘリコプター隊（相馬原）と五つの部隊で使用された。

この間、長野県上山田地区の山林火災を皮切りに、新潟県中越地震、同県中越沖地震、台風19号災害などでの災害派遣に出動し、任務を無事完遂した。

霞ヶ浦駐屯地へ向け飛び立つ12ヘリ隊のOH6観測ヘリ313号機（3月6日、相馬原駐屯地で）

## P3C操縦士 神志那3佐 51空

### 無事故飛行 1万時間を達成

【51空＝厚木】51航空隊511飛行隊のP3C哨戒機パイロット、神志那周二3佐は2月6日、「航空無事故飛行時間1万時間」を達成した。

神志那3佐は昭和63年3月、第40期航空学生として海自に入隊。3空（厚木）を皮切りに、9空（那覇）、203教空（下総）、6空（厚木）、5空（那覇）、51空でP3Cの操縦士として勤務。この間、米国派遣訓練や第18次海賊対処行動航空隊での海外派遣活動にも参加した。

神志那3佐が搭乗するP3Cは藤澤豊51空司令以下多くの基地隊員が見守る中、訓練飛行を終え駐機場に帰投。出迎えた夫人から花束が贈られ、隊員たちの大きな拍手で祝福された。

神志那3佐は「『航空無事故飛行時間1万時間』を達成できたのは、ご指導をいただいた上司や諸先輩、航空機の整備をしてくれた整備員の方々、同僚、家族の支えがあったからこそ。心から感謝します」と謝意を示し、「今後もさらなる自己研鑽に努め、良き伝統の継承と後輩の育成に力を注いでいきます」と決意を語った。

P3C哨戒機の前で記念写真に納まる神志那3佐（前列中央）と家族、藤澤司令（同左から3人目）以下51空の隊員たち（2月6日、厚木航空基地エプロンで）

## こちら警務隊

交通犯①

### 1キロでも超えれば違反 時間にゆとり安全運転

車の速度超過は何キロで違反になりますか？

車は道路標識等で指定された最高速度を1キロでも超えれば取締りの対象であり、一般道の場合、速度超過が30キロ未満であれば反則金の支払いとなります。30キロ以上の場合、6月以下の懲役または10万円以下の罰金となり、30キロ未満でも反則金の未納付や悪質な場合、同様の罰則となる可能性があります。

速度は増せば増すほど視野が狭くなって危険の発見が遅れ、交通事故が起きやすくなるほか、衝突した際の衝撃力も増大し、死亡事故につながります。

時間にゆとりを持って安全運転を心がけましょう。

（北部方面警務隊）

※次回、「あおり運転」

東シナ海

## 海自艦と中国漁船、衝突

### 双方に人的被害なし、自力航行可能

3月30日午後8時半頃、鹿児島県・屋久島の西約650キロの東シナ海の公海上で、警戒監視中の海自護衛艦「しまかぜ」と中国籍の漁船が衝突した。

統幕によると、護衛艦は左舷の一部を損傷したが、双方とも死者や不明者などの人的被害はなく、自力航行可能という。漁船の13人全員の無事も確認された。海自は同日夜、護衛艦隊司令部に事故調査委員会を設置した。

河野防衛相は翌31日の記者会見で「事故発生直後から『しまかぜ』は搭載艇で漁船の状況を確認し、佐世保地方総監部を通じて海保に通報するとともに、近傍を航行中の中国艦艇とも情報交換し、状況の確認に努めた」と説明。「細部は確認中」とした上で「今後は海保の調査に全面的に協力し、事故原因の究明と再発防止に努めたい」と述べた。

## 小休止

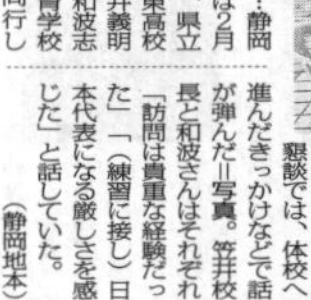

▽…静岡地本は2月22日、県立静岡東高校の笠井義明校長と生徒会長の和波志琛さんの自衛隊体育学校（朝霞）訪問に同行した。

▽…2人は同高OBで、競泳200メートル自由形種目でオリンピック出場を目指す体校水泳班の高橋航太郎3海曹を激励した。

▽…高橋3曹の練習後に行われた懇談では、体校へ進んだきっかけなどで話が弾んだ＝写真。笠井校長と和波さんはそれぞれ「訪問は貴重な経験だった」「（練習に接し）日本代表になる厳しさを感じた」と話していた。

（静岡地本）

結婚式・退官時の記念撮影等に

自衛官の礼装貸衣裳

陸上・冬礼装　海上・冬礼装　航空・冬礼装

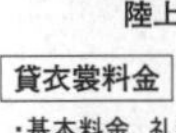
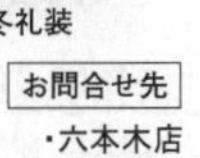

貸衣裳料金
・基本料金　礼装夏・冬一式　30,000円＋消費税
・貸出期間のうち、4日間は基本料金に含まれており、5日以降1日につき500円
・発送に要する費用

お問合せ先
・六本木店
☎03-3479-3644（FAX）03-3479-5697
〔営業時間　10:00～19:00　日曜定休日〕
〔土・祝祭日　10:00～17:00〕

別途消費税がかかります。　※詳しくは、電話でお問合せ下さい。

美玉（みたま）

〒106-0032　東京都港区六本木7-8-8
ミクニ六本木ビル 7階
☎ 03-3479-3644

よろこびがつなぐ世界へ
KIRIN
一番搾り
KIRIN'S PRIME BREW
KIRIN BEER
一番搾り
Brewed from only the first press of genuine malt for a crisp, delicious flavor.
〈麦芽100%〉
ALC.5%　生ビール
お酒
おいしいとこだけ搾ってる。
ストップ！20歳未満飲酒・飲酒運転。お酒は楽しく適量で。
妊娠中・授乳期の飲酒はやめましょう。のんだあとはリサイクル。
キリンビール株式会社

# 朝雲・栃の芽俳壇

畠中草史 選

風に音立てゐて散らず枯れ柏　江別・陸OB　鎌田日出雄

枯れ柏は春先まで襤褸を纏うように枯葉を枝に着ける。寒風に乾いた音をたてている景。

端正な暮らし垣間む花衣　大津・陸OB　丸岡 正男

桜の開花が例年になく早かった。花見の着物姿を見てその人の端正な暮らしまで見えた。

田の神の幣を新たに耕せり　宮崎・空OB　高木 智念

青い目の衣冠を正す鬼やらひ　浜松・空OG　木通 佳子

春光に真一文字のジェット船　館山・海OB　斎藤 一向

野火猛り外輪山の目を覚ます　船橋・陸OG　佐賀あかり

冬木立影細々と月照らす　熊谷・空OG　関田 絹江

初恋は出羽の娘たりし木瓜の花　富谷・陸OB　加川 師亭

無人駅迎へくれたるすみれ草　熊谷・空OB　明田 眞雅

年の豆よはひの数は食べられず　熊谷・空OG　佐藤 玲美

蠟梅の香に包まるる二人かな　新座・陸OG　牧 浩子

立春のくりかへす波海広し　西東京・空OB　水島 孝雄

海開け伊豆大島の寒椿　熊谷・空OG　關谷 桂子

かわらけの出土跡てふ鼓草　相模原・海OG　折口 桂子

冬うらら石の地蔵の眠むたさう　熊谷・空OG　福元万理子

野火走りかげろふ富士の夕景色　横浜・空OB　永澤 功

川風に揺るる中州の猫柳　浜松・空OB　宮本 立勇

わらべ唄漏れくる路地の雛祭　あきる野・一般　小和田一男

春一番意地悪にして髪乱す　熊谷・空OB　蓮佛志向子

春光の仲見世通り国際化　新座・陸OB　船田藤三郎

春泥の轍跡をつけ木橋ゆく　小牧・陸OB　松岡 魚青

春の雪解けて静かに屋根つたふ　相模原・一般　森 謙二

春光や頭巾の映ゆる六地蔵　熊谷・空OB　工藤 敏雄

一羽来て二羽来てつつく梅の花　熊谷・空OG　髙橋ふみ子

選者作品

店頭の四方へ潮噴く浅蜊かな

**投句歓迎！**

▽郵便はがきの裏面に未発表の自作3句以内と氏名、年齢、職業（自衛官・事務官＝所属部隊＝、OB、家族、一般など）、住所、電話番号を記入▽締め切り毎月15日▽宛先＝〒162－8801東京都新宿区市谷本村町5の1防衛省D棟市ヶ谷記者クラブ朝雲俳句係☎03（5225）1750、専用線8・6・25515

## みんなのページ

# 全日本スノーボード選手権で上位入賞

1陸尉 小川 育（31普連2中隊長・武山）

長女の咲（14）は今シーズン、各地のスノーボード競技会を通じ、大きく成長した。

2月初旬のJSBA全日本スノーボードテクニカル選手権関東大会（群馬県）では、予選を通過すると、本選である第27回全日本スノーボードテクニカル選手権大会（岩手県）のフリースタイルで第6位に入賞した。

前々年度は8位、前年度は7位だったので、年々成績を上げている。滑りのクオリティーの高さも評価をうけ、年代別の最優秀選手賞を受賞した。

今大会は新型コロナウイルスの影響を受け、開会式と種目の一部は中止となり、競技中の進行状況などは全てネット（SNS）で配信された。

私は、この状況において娘がメンタル面で影響を受けないよう、いろいろ配慮しながらサポートに当たった。

成果を残して大会を終えた娘は、「関東大会でできなかったこと、悔しかったことを、全日本で全部出し切れた。ご支援していただいた方々、応援して下さる多くの方に感謝いたします」と話していた。

今後も娘が成長し、近い将来、全日本を制覇することを期待したい。

第27回JSBA全日本スノーボードテクニカル選手権のフリースタイルで6位入賞した小川咲さん

華麗なスノーボードのテクニックをもつ小川咲さん。31普連の隊員たちも応援している

# 操縦者が山岳保命訓練

3空佐 秋元 隆志（飛行教育航空隊第23飛行隊・新田原）

飛行教育航空隊は2月26日、第23飛行隊長の長島孝2佐以下、戦闘機操縦課程学生と教官操縦者による38名の訓練隊を編組し、鹿児島県垂水市の高隈山系に属する横岳（標高1094メートル）で「山岳地における保命訓練」を実施しました。

隊は課程学生に対し、F15戦闘機の操縦教育と併せて戦闘機操縦者に必要な各種知識・技能の教育も実施しています。

今回は、操縦者が「飛行中に緊急脱出した」際の対処要領を訓練するもので、新田原救難隊の支援を得て、山岳地における保命法を教育するとともに、山岳地での行動要領を演練しました。

当日は前日までの雨も上がり、天候にも恵まれ、山頂まで約3時間かけて登頂しました。途中の登山道は雨によってぬかるんだ場所や、ロープを必要とする急坂もありましたが、学生たちは体力・気力ともに練磨することができました。

戦闘機操縦者も幹部自衛官として今後、災害派遣等の任務に出動することも想定されることから、今回は山岳地での活動を模擬的に体験することができたという点でも有意義なものでした。

この高隈山系では平成28年4月6日、空自飛行点検隊に所属するU125が墜落し、6名の隊員が殉職された場所でもあります。訓練参加者たちは横岳山頂において献花を行い、6柱のご冥福をお祈りするとともに、飛行安全の重要性を再認識し、事故の絶無に対する誓いを隊員一人一人が新たにすることができました。

鹿児島県垂水市の高隈山系で「山岳地保命訓練」を行った飛行教育航空隊の戦闘機操縦課程学生ら

他人の意見で自分の心の声を消してはならない。自分の直感を信じる勇気を持て。

スティーブ・ジョブズ（米アップル創業者）

（世界の切手・ノルウェー）

朝雲ホームページ
www.asagumo-news.com
<会員制サイト>
Asagumo Archive
朝雲編集部メールアドレス
editorial@asagumo-news.com

## 新刊紹介

「不安定化する世界」
―何が終わり、何が変わったのか
藤原帰一著

東大教授の著者が朝日新聞にこれまで連載してきたコラムをまとめた随筆集だ。国際政治学者として感じとった「新冷戦」の兆し、ポピュリズムの世界的な潮流、衰退をみせる自由主義など、不透明さを増す世界への危機感をつづっている。

著者は、国際社会が「多様な民族や宗教の共存を許す多元主義の社会」が崩れつつあると見ており、今後、民主主義が後退し、大国間の不寛容な対立が強まり、世界的に貧富の格差が拡大していくと警鐘を鳴らす。

近年の米イラン危機、米中摩擦、テロ拡散、英国の欧州連合離脱などはその端的に示すものである。[illegible]（朝日新聞出版刊、979円）

「フテンマ戦記」
―基地返還が迷走し続ける本当の理由
小川和久著

民間人の立場で24年間にわたり沖縄・普天間基地の返還問題に関わってきた軍事アナリスト（現・県立静岡大学教授）の著者による回想記。

冒頭、著者は[illegible]

[illegible]（文藝春秋刊、1980円）

## 難しい法令に基づいた動作

陸士長 松田 [illegible]（33普連本管中隊・久居）

私が今回の訓練検閲で得たことは、「法令」に基づいた動作をしっかり事前に勉強し、それに基づいて訓練を反復して体に叩き込まなければ、いざという時に[illegible]

[illegible]

## 08がんばる

小林 亮公さん 54
平成31年4月、空自航空気象群横田気象隊を最後に定年退職（准尉）。シー・キューブド・アイ・システムズ（C3IS）に再就職し、システム保守業務を担当している。

### 自己啓発はお早めに

私は定年退職後、㈱C3ISに最就職しました。当社は防衛省や自衛隊の皆さまが運用されているミッションクリティカルなシステムの開発支援、維持、保守を通じて社会の安全・安心と国家の安全保障に貢献しています。

その中で私はシステムに障害等が発生した際、部隊等から障害情報を24時間体制で受け付け、各担当会社に連絡、調整を取り、早期復旧に繋げるサービス業務を担当しています。

[illegible]「ワンチーム」[illegible]

今の仕事をする中で、職場の同僚や各担当会社と連携をする時や、部隊等からの障害情報を受け付け、対応する際に必要となるコミュニケーションの大切さ、部隊の要望に合わせ、対応が求められる場面でのニーズに合わせた柔軟な対応の必要性を感じています。これらのことは自衛官時代にも求められ、学んだことだったと改めて再認識しております。

これから定年の準備をなさる皆さまに伝えたいことは、援護を活用しての情報収集や資格取得等の自己啓発は早めに取り組まれた方が良いと思います。それが自分自身への意識付けにもなります。

「朝雲」へのメール投稿はこちらへ！

▽原稿の書式・字数は自由。「いつ・どこで・誰が・何を・なぜ・どうしたか（5W1H）」を基本に、具体的に記述。所感文は制限なし。
▽写真はJPEG（通常のデジカメ写真）で。
▽メール投稿の送付先は「朝雲」編集部（editorial@asagumo-news.com）まで。

## 詰碁

第1232回出題

白先

『黒はどうなりますか』。5分でできれば中級以上です。

出題 日本棋院 九段 曲 励起

▶詰碁、詰将棋の出題は隔週です◀

## 詰将棋

≫第816回の解答≪

【正解】▲1二金△同香▲2二角成△同飛▲3三竜△2三合駒▲2五桂までの七手詰め。

【解説】初手の▲1二金がこの一手の好手。△同玉は▲1一角成△1三玉▲3三竜以下駒余りの詰み。△1二同香で逃げ場が狭くなった時▲2二角成と捨てるのがグッドタイミング。以下竜引きから桂打までのよくある手筋で解決。

▲先手 持駒 金桂

出題 日本将棋連盟 九段 石田 和雄


隊員の皆様に好評の

『自衛隊援護協会発行図書』販売中

| 区分 | 図書名 | 改訂等 | 定価(円) | 隊員価格(円) |
|---|---|---|---|---|
| 援護 | 定年制自衛官の再就職必携 | ◎ | 1,300 | 1,200 |
| | 任期制自衛官の再就職必携 | | 1,300 | 1,200 |
| | 就職援護業務必携 | | 隊員限定 | 1,500 |
| | 退職予定自衛官の船員再就職必携 | | 720 | 720 |
| | 新・防災危機管理必携 | | 2,000 | 1,800 |
| 軍事 | 軍事和英辞典 | | 3,000 | 2,600 |
| | 軍事英和辞典 | | 3,000 | 2,600 |
| | 軍事略語英和辞典 | | 1,200 | 1,000 |
| | （上記3点セット） | | 6,500 | 5,500 |
| 教養 | 退職後直ちに役立つ労働・社会保険 | | 1,100 | 1,000 |
| | 再就職で自衛官のキャリアを生かすには | | 1,600 | 1,400 |
| | 自衛官のためのニューライフプラン | | 1,600 | 1,400 |
| | 初めての人のためのメンタルヘルス入門 | | 1,500 | 1,300 |

※ 令和元年度「◎」の図書を改訂しました。

消費税：価格は、税込みです。
発送：メール便、宅配便などで発送します。送料は無料です。
代金支払い方法：発送図書同封の振替払込用紙でお支払。払込手数料はご負担してください。

お申込みは「自衛隊援護協会」ホームページの「自衛官の皆様へ」タブから「書籍のご案内」へ・・・スマホで今すぐ検索「自衛隊援護協会」
（http://www.engokyokai.jp/）

一般財団法人自衛隊援護協会
電話：03－5227－5400、5401　FAX：03－5227－5402　専用回線：8－6－28865、28866



# 予備自衛官等福祉支援制度のご案内

予備自衛官等福祉支援制度とは
一人一人の互いの結びつきを、より強い「きずな」に育てるために、また同胞の「喜び」や「悲しみ」を互いに分かちあうための、予備自衛官・即応予備自衛官または予備自衛官補同志による「助け合い」の制度です。
※本制度は、防衛省の要請に基づき「隊友会」が運営しています。

制度の特長

割安な「会費」で慶弔の給付を行います。
会員本人の死亡 150万円、配偶者の死亡 15万円、子供・父母等の死亡 3万円、結婚・出産祝金 2万円、入院見舞金 2万円他。

招集訓練出頭中における災害補償の適用
福祉支援制度に加入した場合、毎年の訓練出頭中（出頭、帰宅における移動時も含む）に発生した傷害事故に対し給付を行います。※災害派遣出動中における補償にも適用されます。

「相互扶助功労金」の給付
3年以上加入し、脱退した場合には、加入期間に応じ「相互扶助功労金」が給付されます。

加入資格　予備自衛官・即応予備自衛官または予備自衛官補である者。ただし、加入した後、予備自衛官及び即応予備自衛官並びに予備自衛官補を退職した後も、満64歳に達した日後の8月31日まで継続することができます。

会費　予備自衛官・予備自衛官補・・・毎月 950円
即応予備自衛官・・・毎月 1,000円
※3ヵ月分まとめて3ヵ月毎に口座振替にて徴収します。

お問い合せ
公益社団法人 隊友会
事務局（事業課）
〒162-8801 東京都新宿区市谷本村町5番1号
電話 03-5362-4872

朝雲
発行所 朝雲新聞社
〒160-0002 東京都新宿区四谷坂町12-20 KKビル
電話 03(3225)3841
FAX 03(3225)3831
振替00190-4-17600番
定価一部170円、年間購読料9170円（税・送料込み）

すてきな未来応援します
フコク生命
防衛省団体取扱生命保険会社
フコク生命

本号は10ページ



# 7都府県に緊急事態宣言

新型コロナ

## 自衛隊、各地で災派継続

### 河野防衛相「知事要請あれば支援」

安倍首相は4月7日夜、新型コロナウイルスの急速な感染拡大を受け、「改正新型インフルエンザ対策特別措置法」に基づく「緊急事態宣言」を発令した。対象地域は東京、神奈川、埼玉、千葉、大阪、兵庫、福岡の7都府県で、期間は1カ月程度となる見込み。これに先立ち同日夕、河野防衛相は省内で記者会見し、「緊急事態宣言が出ても自衛隊の災害派遣活動に大きな変化はない」との認識を示した上で、任務の種類として「都道府県知事からの要請があれば離島などからの患者の緊急搬送、患者やPCR検査の検体の輸送支援、PCR検査結果待ちの帰国者や軽症の方々の生活支援になる」と述べた。

首相は前日の6日、官邸で記者団に「海外のような都市封鎖は行わない」と明言した上で、「電車などの公共交通機関も動き、スーパーなども引き続き営業するなど、経済社会活動を可能な限り維持しながら、密閉、密集、密接の『三つの密』を防ぐことなどによって感染拡大を防止する。これまでの日本のやり方には変わりなく、一層の強化・徹底をお願いするものだ」と述べ、国民に理解と冷静な対応を呼び掛けた。

自衛隊は新型コロナウイルスへの対応として、1月31日から3月16日までの1回目の災害派遣に続き、3月28日からは2回目の災害派遣活動を実施中だ。

4月7日現在、医官や看護官を含む約270人態勢で、①成田・羽田両空港での検疫支援（PCR検査のための検体採取）②PCR検査結果を待つ帰国者や入国者の成田、羽田、関西の各空港から宿泊施設への輸送③宿泊施設に滞在する帰国者・入国者への生活支援――などを行っている。

さらに河野大臣は6日、PCR検査の結果を待つ帰国者・入国者の一時滞在先として、防衛省に隣接し、同省共済組合が運営する「ホテルグランドヒル市ヶ谷」（東京都新宿区）を提供することを表明。

自衛隊員から衛生教育を受けたホテルの従業員と委託業者が調理、配膳、清掃、リネン（シーツやタオル等の管理）など、ホテル自らが各業務を実施する初のケースとして、同日から最大216人（137室）の受け入れを開始し、自衛隊車両が成田・羽田両空港からホテルまでの輸送を担っている。

河野大臣は同日、ホテル前で記者会見し、従業員等が自衛隊員から防護教育を受けて安全確保に万全を期していることや、受け入れは感染者ではなく、検査結果待ちの帰国者等であることを強調した上で、「自衛隊は万が一、タイベックスーツを着けて当たらなければならない事態が発生した時のために十数人が（ホテル内に）待機している。ホテルの従業員らが原則、帰国者と対面することがないように業務をやっていただく」と説明した。

自衛隊ではこのほか、全国の都道府県知事から新型コロナに関する災害派遣要請を受けて随時活動している。4月3日には長崎県知事からの要請で、新型コロナによる肺炎で入院中だった70代の女性患者を海自22空群（大村）のUH60J救難ヘリで壱岐空港から大村基地まで急患空輸した。

陸自東北方面隊（仙台）では4日から6日まで、宮城県知事からの要請を受けて医官や看護官ら延べ約70人が仙台市内でPCR検査の検体採取などに従事。

陸自1師団（練馬）は6日、東京都知事からの要請を受け、翌7日から13日までの予定で隊員約10人が都内の宿泊施設に滞在する陽性患者に対し、食事の搬入などの生活支援に当たっている。

河野大臣は7日夕の記者会見で「生活支援・輸送支援については防護に関する指導・助言、万が一の待機は行うが、なるべくスムーズかつ速やかに民間の業者に移行できるものは移行していきたい。防衛省・自衛隊は都道府県の対策本部とこれまでも緊密に連携してきた。急患空輸など自衛隊でなければできないことは平時からきちんと態勢を取って緊急の要請にも対応できるよう準備を整えておきたい」と述べた。

### ホテルグランドヒル市ヶ谷 帰国者の一時滞在先に

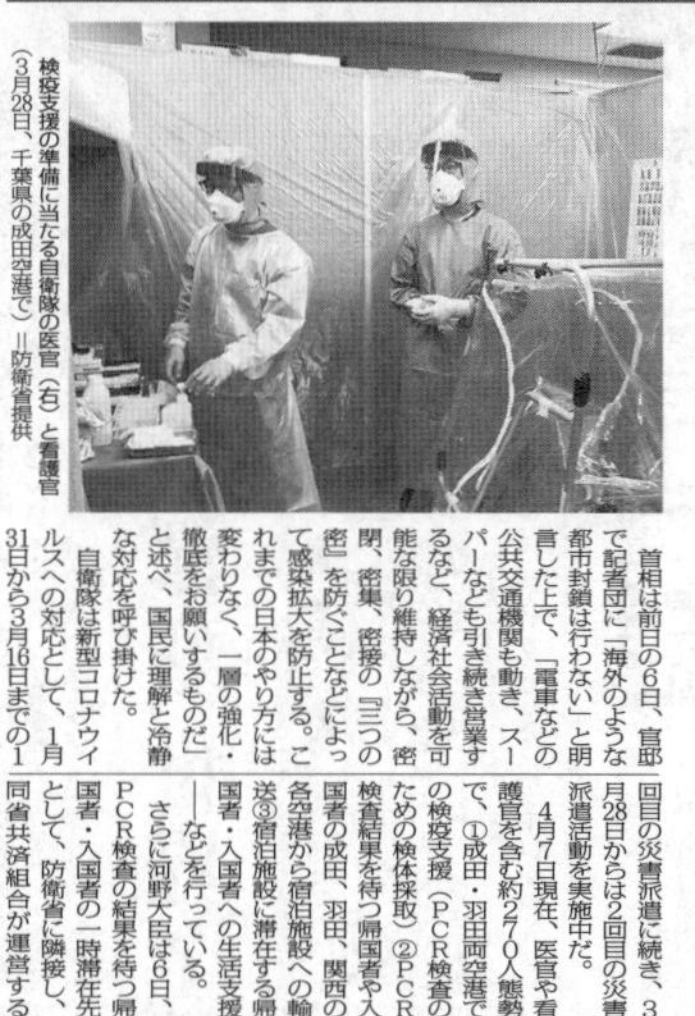

検疫支援の準備に当たる自衛隊の医官（右）と看護官（3月28日、千葉県の成田空港で）=防衛省提供

入省式で壇上の大型スクリーンに映し出された河野防衛相の訓示を聞く新規採用者たち。全員がマスクを着用し、席も間隔を開けるなど異例の式典となった（4月1日、防衛省講堂で）=防衛省提供

## 全国150カ所で入省式

### 河野大臣がビデオ訓示

防衛省

令和2年度の防衛省新規採用者525人=総合職、一般職、専門職等=の入省式が4月1日、新型コロナウイルス感染拡大の影響を受けて市ヶ谷の本省をはじめ、全国の各基地・駐屯地、機関など計約150カ所の会場で分散して行われた。各人の採用先のそれぞれの会場では河野防衛相がビデオを通じて訓示を述べた。

例年、全国から入省者を一堂に集めて「全機関合同入省式」を実施する本省では、本省採用の43人（1人欠席）が式に臨み、入省者を代表して板津直哉事務官（23）=地方協力局地方調整課=が壇上で島田和久官房長から辞令交付を受けた後、力強く服務の宣誓を行った。

続いて、壇上の大型スクリーンに映し出された河野大臣がビデオメッセージで訓示を述べ、①国民の信頼を得よ②大局的な視野を持て③正確かつ迅速な情報発信を心掛けよ④英語力の向上に努めよ⑤新しいことに興味を持ち、挑戦し続けよ――の5点を要望。「我が国の平和を守るため、互いに力を合わせて大胆に行動し、挑戦していこう」と激励した。

本省での式後、新職員を代表して報道陣のインタビューに答えた永澤あかね事務官（22）=統幕首席参事官付=は「初心を忘れず、周囲の方々から貪欲に学び、これまで先輩方が作り上げてこられた平和な日本の姿を未来に向けて紡ぎ続けていく決意を新たにした」、溝上輝事務官（22）=防衛政策課=は「まだまだ未熟ではあるが、自己研鑽し、謙虚に職務に励んでまいりたい」とそれぞれ抱負を語った。

全国約150カ所の会場のうち、陸自では名寄、滝川、釧路の各駐屯地や鹿児島地本など、海自では大村航空基地隊や佐世保教育隊など、空自では幹部学校（目黒）や支援集団司令部（府中）などで"1名だけの入省式"が行われた。

今年度の新規採用者525人の内訳は、総合職42（うち女性11）人、一般職447（同157）人=大卒176（同58）人、高卒268（同99）人、社会人3（同0）人=、専門職25（同18）人、防研などの研究職11（同3）人。

## 「しらせ」横須賀に帰国

### 61次南極観測支援終える

文科省の第61次南極地域観測を支援していた海自砕氷艦「しらせ」（艦長・竹内周作1佐以下約180人）が4月6日、約5カ月ぶりに横須賀に帰国した。例年は東京・晴海埠頭に帰国していたが、東京五輪の関係で使用できず、また、豪・シドニーの滞在が新型コロナウイルスの関係で短縮され、当初予定より4日早い帰国となった。

「しらせ」は午前7時48分、横須賀・逸見岸壁に接岸、午後1時半から増子統幕副長らを迎えて帰国行事に臨んだ。式は飛行甲板で行われ、統幕長代理の増子副長が2級賞状を竹内艦長に授与。この後、訓示を代読し「多岐にわたる業務を1件の事故もなく達成したことは喜びに堪えない。特にヘリ同時2機運用で輸送を効率化させたことは称賛に値する」と述べた。

続いて山村海幕長が「輸送任務などを期間内に完遂したのは、総員が各持ち場で能力を最大限発揮した賜物。この貴重な体験を今後の勤務に生かしてほしい」と乗員の労をねぎらった。

「しらせ」は昨年11月12日に晴海を出港。豪・フリーマントルで観測隊員67人を乗せ、1月5日に南極・昭和基地沖に到着し、燃料や食料など物資約975トンを陸揚げ。航海中は往復路共にトッテン氷河沖の流氷域にとどまり、観測支援に当たった。今次の総航程は約3万9000キロで、氷上に船体を乗り上げ砕氷するラミングは計469回だった。

南極観測支援を終えて5カ月ぶりに帰国した竹内艦長（中央）以下の「しらせ」乗員に訓示する増子統幕副長（左）=4月6日、「しらせ」艦上で

## オスプレイ部隊「輸送航空隊」発足

### 陸自で初

南西地域への機動展開能力を強化するため、陸自は3月26日、第1ヘリコプター団隷下に初のV22オスプレイ輸送機部隊「輸送航空隊」を新編し、木更津駐屯地に暫定配置した（4月2日付既報）。同駐屯地で4月5日に行われた隊旗授与式では初代隊長の不破悟1佐（前・陸幕航空機課総括班長）に岩田政務官が隊旗を授与。約110人の隊員たちに「島嶼防衛を成し遂げるため、決定的な役割を果たす輸送航空隊が統合運用の最前線で活躍することを期待する」と訓示した。（3面に関連記事）

陸自初のV22オスプレイ部隊「輸送航空隊」への隊旗授与式で、岩田政務官（左）から隊旗を受ける初代隊長の不破悟1佐（4月5日、木更津駐屯地で）

## 「病院船」導入に 調査費7千万円

### 新年度補正予算案

政府は4月7日の閣議で、新型コロナウイルスに関する緊急経済対策を盛り込んだ令和2年度補正予算案を決定した。[illegible]「病院船」の導入[illegible]調査費約7千万円を計上[illegible]。（2面に関連記事）

[illegible]今回、新型コロナウイルスの感染拡大を受け、与野党から導入を求める声が強まっていた。

新年度の補正予算案ではこのほか、自衛隊中央病院（東京都世田谷区）の感染症対応能力の強化に向け、患者を隔離するための陰圧式テントや人工呼吸器などの導入費も盛り込まれた。

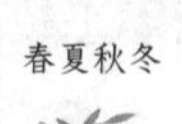

春夏秋冬

## 歩くこと

小谷　賢

現代人の一日の歩数が、90年代に比べて1000歩減ったとの記事を読んだ。現在、男性の平均は一日約7000歩、女性は約6000歩程度だそうだ。それでもデスクワークの多い私から見れば結構な歩数のようにも思える。

先日、NHKの『英雄たちの選択』という歴史番組に出演させていただき、戦国時代の中国大返しについてスタジオで議論した。中国大返しは、毛利攻めの最中に本能寺の変を知らされた羽柴（豊臣）秀吉が、2～3万の兵とともに大急ぎで畿内に戻り、続く山崎の合戦で明智光秀の軍勢を打ち破ったものである。

これまで1日に27里（約108キロ）も強行移動したということがまことしやかに伝えられてきたが、わずか1日でそれだけ移動しようとすれば、駆け足にならざるを得ない。現に、大河ドラマでは騎馬から雑兵までが鎧姿でひたすら走っているが、現在の軍事的知見からすればそんなことはあり得ない話だろう。

最近の研究では、これは秀吉自身のホラに端を発する作り話だったと指摘される（この400年間、誰もその信ぴょう性に異議を唱えなかったのはいかがなものかと思うが）。

その実情は、騎馬隊が備前沼城から姫路城までの約78キロを1日で走破し、雑兵は2日かけて同じ距離を歩いて移動したようである。2日間で78キロならそれほど無茶な距離ではない。

旧日本陸軍の「歩兵の行軍教育」によると、戦闘中の強行軍の上限は一日40キロ程度が上限となっている。現在の自衛隊でも一日の行軍距離は50キロまでと聞いたことがあるので、大体その辺が目安なのだろう。もちろん健脚の方ならもっと移動できるのだろうが、軍隊というのは移動することが目的ではないので、それで戦闘に悪影響を及ぼすのなら本末転倒だ。

とにかく、昔の人はよく歩いたようだ。江戸時代、江戸―京都間（約515キロ）は大体11日で移動していたというから、一日に50キロ近く歩いていたことになる。そう考えると現代の我々は全く歩かなくなっていると言っても良いだろう。一日1万歩が目安といわれるが、もっと歩いても問題なさそうだ。

今年の大河ドラマ『麒麟がくる』は明智光秀が主人公だ。恐らく劇中のクライマックスでは中国大返しが描かれるのだろうが、秀吉軍が徒歩で移動するのか、はたまた従来のように駆け足なのか、興味は尽きない。

（日本大学危機管理学部教授）

### 朝雲寸言

新型コロナウイルスの感染を伝える報道の中に、米軍の即応力が低下する恐れがあるとの指摘が散見される。米軍自体が将兵の海外渡航を停止したり、空母の乗組員に感染者が出た事実を認めたりしており、影響が出ていることは確かだ。ただ見逃すべきでないのは、被害が及ぶ軍隊は米軍だけではないことだ▼北朝鮮では既に軍も含めて相当な感染の広がりが出ているようだと専門家は分析する。当初、被害はないとしていたロシアだったが、その後首都モスクワで外出禁止令が出た。人を欺くことは一時的にできてもウイルスは増殖を続ける。感染は終息に向かいつつあるとする中国についても実態は推して知るべしではないか▼いわゆる「スペイン風邪」が蔓延したことは[illegible]

まさご眼科
新宿区四谷1-3高増屋ビル4F
☎03-3350-3681
www.yotsuya-ganka.jp
受付時間
平日/AM9:30～12:20
PM2:30～5:20
水・土/AM9:30～11:50
●メガネ相談（予約制）
日・祝祭日/休診

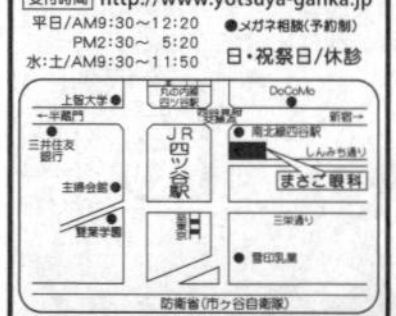

安濃 豊
アジアを解放した大東亜戦争
連合国は東亜大陸では惨敗していた
開戦の口実とするためハルノート発出を誑かした？
アジア解放のために開戦した大東亜戦争の主戦場はアジア大陸である。
帝国陸海軍は、太平洋で米軍と激戦を繰り広げながら、東南アジアでは次々に欧米諸国の植民地を独立させていた。
第一章 東亜植民地の解放は対日経済封鎖への対抗策
第二章 米軍は太平洋で勝利するも東亜大陸では惨敗
第三章 米国を強く見せるため戦後に捏造された虚構
第四章 大日本帝国こそ大なる特攻隊だった
【著者プロフィール】
安濃 豊（あんのう ゆたか）
昭和26年12月8日札幌生れ
北海道大学農学部農業工学科卒業
米国陸軍研究員
農学博士 総理府（現内閣府）技官として北海道開発庁（現国土交通省）に任官
米国陸軍寒地理工学研究所研究員
ニューハンプシャー州立大学土木工学科研究員
四六並製／176頁 定価：1300円+税
株式会社 展転社 〒101-0051 東京都千代田区神田神保町2-46 福井紙業ビル402号
電話 03-5314-9470 FAX 03-5314-9480 book@tendensha.co.jp

退官後、家族のために"今"できること
退官後の自衛官を支える柱
年金 退職金 再就職
自衛官の退官後を支える「常識」が崩れつつあります。
将来のために"今"できること、考えてみませんか？
将来のために「いつ」「どう取り組むか」
無料書籍プレゼント 全国セミナー開催中
ご存知ですか？ 不動産が 保険+α の効果をもつことを
Agentrive Investors 〒100-6208 東京都千代田区丸の内1-11-1 パシフィックセンチュリープレイス8階 03-6860-8231 https://agentrive.co.jp/

# 時の焦点

## 国内　自主派遣

# 検疫や輸送支援を着実に

新型コロナウイルスの感染者が急増している。自衛隊は機動力を発揮し、適切に任務をこなさなければならない。

水際対策を強化するため、河野防衛相が自衛隊に再び災害派遣命令を発出した。成田空港と羽田空港で、医官と看護官が感染者を見分けるPCR検査に携わる。帰国者を宿泊施設などに搬送する業務を担う隊員もいる。総勢120人態勢だ。

政府は今月に入り、入国拒否の対象に米国や韓国などを加え、計73カ国・地域に拡大した。帰国する日本人ら全員に、ウイルス検査を実施する。帰国者が感染源となるケースが相次いでいる実態を踏まえれば、検査態勢の充実は不可欠だ。

派遣された部隊は、厚生労働省など関係機関と緊密に連携し、多様な業務を円滑に行う必要がある。

自衛隊の災害派遣は通常、都道府県知事や空港事務所長などの要請に基づいて行われる。防衛省は今回、緊急を要するとして、自主派遣を選択した。厳しい状況を踏まえた判断は妥当だろう。

自衛隊は、1月末から約1カ月半にわたり、集団感染が起きたクルーズ船や、中国湖北省からの帰国者の受け入れ施設で、ウイルス検査や物資の輸送、生活支援などにあたった。これまでの経験を生かしてもらいたい。

重要なのは、マスクや防護服などの装備を十分に確保することだ。

自衛隊は3月、備蓄していた100万枚のマスクを医療機関に配布した。検疫作業を続けていく上で、こうした備品は欠かせまい。政府は、患者と接する隊員の体調管理にも気を配らねばならない。

国内で感染がさらに拡大した場合、患者の搬送や物資の輸送、医療・生活支援といった自衛隊の任務は増すことが予想される。様々な事態を想定し、活動計画を練っておく必要がある。

都市部では、病院の受け入れ能力が限界に近づきつつあり、医療崩壊を懸念する声が出ている。自衛隊の持つ衛生機能への期待は大きい。

埼玉県にある防衛医科大学病院や、東京の自衛隊中央病院は、感染症対応でも優れた能力を有している。中央病院には感染者が入院している。全国にある自衛隊病院を含め、今後は受け入れ態勢の拡充を検討すべきだ。

北朝鮮はミサイル発射を繰り返し、中国は太平洋への強引な進出を続けている。災害派遣と、主たる任務である防衛の双方を担う自衛隊の負担は大きい。

自衛隊員にも感染者が出ている。部隊の活動に支障が生じないよう、濃厚接触者らの隔離を徹底してもらいたい。

陸、海、空の3自衛隊を弾力的に運用し、国難を乗り切ることが求められている。

夏川 明雄（政治評論家）

## 海外　新型コロナ危機

# 感染深刻、世界全域に

筆者は冷戦がまだ終わっていなかった1980年代後半に当時の西ドイツに駐在していたが、新しい疫病の不気味さと怖さを間近で見聞したことがある。当初は性交渉などによって感染するとされたエイズの初期の流行の頃で、西ドイツのハンザ同盟の都市で国際河川港を擁するハンブルクの歓楽街レーパーバーンはあっという間に客足が途絶えた。

国際報道の大先輩で、後に防衛大学校教授も務めた欧州政治が専門のT氏がかつての任地を訪れた折、ご所望の歓楽街を案内したが、未知の疫病の流行が多くの人々の生活の営みや経済に甚大な影響を与えることに、お互い暗然として顔を見合わせたことを思い出す。

海外駐在時のこの見聞に比べると、新型コロナウイルスの「パンデミック（世界的大流行）」が国際社会に引き起こした衝撃と被害の度合いは超弩級となりつつある。

重篤な肺炎を起こす新型コロナの感染拡大には歯止めがかからず、世界保健機関（WHO）が宣言したパンデミックの様相が深まるばかりだ。死者の増加も加速度的で、世界各国で出入国や外出・集会の禁止・自粛措置の導入など、市民の行動や自由を制限する事態が相次ぐ。世界経済への打撃も、1930年前後の世界大恐慌並みとなるとの懸念がささやかれる。

国連のグテーレス事務総長は「第2次大戦以来の危機」との認識を示した。

感染者は世界のほぼ全域に広がり、本稿執筆時点では累計で120万人を超え、死者は7万人に迫る。感染者は米国が最多の31万人超で、スペインが13万人超、イタリアが12万人台と続き、最近急増したドイツと併せ、この4カ国は発生源の中国（約8万2500人）を抜いた。中国湖北省の武漢で初めての死者が出てからわずか3カ月余で大流行の主戦場が欧米諸国に移った。累計で感染者が4500人を超えたわが国はこれらの国々に比べ数は少ないとはいえ、どこまで増えるかまだ天井は見えない。

死者が多いのは1万5000人を超えたイタリアで、1万3000人近いスペインが続き、米国でも東部のニューヨーク州を中心に死者が約8500人と深刻化の一途をたどる。イタリアとスペインでの死者の急増は、症状が悪化しやすい高齢者が多く、病院の人手や人工呼吸器などの不足も重なり、医療崩壊の危機に陥ったためだ。感染拡大は医療態勢が脆弱なアフリカ各地でも起きており、WHOは先行き、アフリカやアジアなど途上国における感染の急速な広がりに危機感を募らせる。

一方、共産党体制下の中国では、都市封鎖に踏み切った武漢で感染者の発生が減少に転じた。これを一筋の光明と見るべきか、武漢では近く「封鎖解除」に向け、都市機能の回復が急ピッチで進む。ただ、新型コロナ禍への対処は一国では限界があり、国際社会が緊密に連携して封じ込めなければ、大流行の終息と経済のV字回復は見込めない。国際協調を取り戻し、未曽有の危機に共同で対処しなければ、人類はグローバル化時代の深刻な疫病との戦いで長期にわたり苦戦を強いられよう。

伊藤 努（外交評論家）

# 「病院船」の建造を要請

## 新型コロナにも対応

新型コロナウイルスの感染が拡大する中、超党派の「病院船・災害時多目的支援船建造推進議員連盟」の会長を務める衛藤征士郎元防衛庁長官が3月9日、防衛省を訪れ、「病院船」の建造を求める決議文を河野防衛相に手渡した。（1面参照）

決議文は「昨今の新型コロナウイルスの感染に十分に備え耐え得る、最新型の『支援船・病院船』の建造保有は国民の切望するところであり、国際国家日本の責務だ」として、政府に対し、今年中に建造設計費を予算計上するよう求めている。

衛藤氏はベッド数500床で、▽救命救急▽外科▽内科▽麻酔科▽歯科▽眼科――などを備えた「海に浮かぶ総合救急病院」を目指す構想を説明した上で、「世界最先端の病院船を日本が保有するため、河野大臣にリーダーシップをとっていただきたい」と述べ、令和3年度の建造開始、5年の完工を目標に、速やかに2隻の「病院船」の設計に着手するよう要請した。

河野防衛相は翌10日の記者会見で、病院船について海上自衛隊を中心に検討するよう指示していることを明らかにした上で、「予算や人員などクリアにしなければいけないところがある。また、病院船といってもさまざまな種類があるので、大きさや種類なども検討する必要がある。順次検討した上で、政府内で判断することになる」と述べた。

衛藤元防衛庁長官（左）から「病院船」の建造を求める決議文を受け取る河野防衛相（3月9日、防衛省で）＝防衛省提供

# 露艦18隻 宗谷海峡東進

## 別艦2隻 対馬海峡を北上

3月26日午前11時ごろ、北海道・宗谷岬の北西約95キロの日本海を東進するロシア海軍の「スラバ」級ミサイル巡洋艦（1万1600トン、011「ワリヤーグ」）、「ソブレメンヌイ」級ミサイル駆逐艦（8000トン、715「ビストリイ」）、「オビ」級病院船など計18隻からなる艦隊を、海自1ミサイル艇隊（余市）のミサイル艇「わかたか」と2空群（八戸）のP3C哨戒機が確認した。

同日午後8時ごろには、ロシア海軍の「ウダロイI」級駆逐艦（8600トン、572「アドミラル・ヴィノグラドフ」）と「ドゥブナ」級補給艦の2隻が長崎・下対馬の南西約200キロの東シナ海を北東進し、日本海に向け航行するのを海自1護衛隊（横須賀）の護衛艦「むらさめ」と1空群（鹿屋）のP3Cが確認した。

### 中国艦1隻は対馬海峡往復

3月24日午後4時半ごろ、中国海軍の「ジャンカイII」級フリゲート（排水量3900トン、艦番号515「浜州」）1隻が長崎・下対馬の南西約150キロの東シナ海を北東に向け航行するのを海自3ミサイル艇隊（佐世保）のミサイル艇「おおたか」が確認した。

中国艦はこの後、対馬海峡を北上して一時的に日本海に進出。翌25日に再び対馬海峡を南下して東シナ海に戻った。

北海道・宗谷海峡を東進し、日本海からオホーツク海に入った露海軍艦艇18隻のうちの「オビ」級病院船（日本海で）

# 中東派遣情報収集　「きりさめ」を派遣

## 6月上旬「たかなみ」と交代

河野防衛相は4月3日の記者会見で、今年2月上旬から中東の海上交通路（シーレーン）で情報収集活動に当たっている海自の汎用護衛艦「たかなみ」について、6月上旬に同「きりさめ」と交代させると発表した。

「きりさめ」は5月上旬に佐世保を出港し、6月上旬、現地で「たかなみ」から任務を引き継ぎ、情報収集活動を開始する予定だ。

海自は同活動に向けて4月7、8の両日、海幕防衛部長の齋藤聡将補を統裁官に図上演習を実施。「きりさめ」の乗員らが平時の部隊運用や情報伝達法などのほか、活動中に不測の事態が発生した場合の各級指揮官の情勢判断要領などを演練した。中東での活動期限は今年12月までの1年間。

# 米軍航空機訓練 今年度10回移転

防衛省発表

防衛省は3月30日、令和2年度の「米軍再編に関する航空機訓練移転」を10回程度計画していることを発表した。個別の訓練概要は決まり次第、関係自治体などに報告される。

この訓練移転は、日米両政府の緊密な協力関係のもと、両国の相互運用性の向上のほか、嘉手納など米軍飛行場周辺の騒音軽減を目的に実施される。

米軍の三沢（青森県三沢市）、岩国（山口県岩国市）、嘉手納（沖縄県嘉手納町など）の各基地から、空自の千歳、三沢、百里、小松、築城、新田原の各基地と米グアムなどへの訓練移転が予定されている。

# 提供したマスク 100万枚が返納

防衛省

河野防衛相は4月3日の記者会見で、政府の新型コロナウイルス対策の一環として、自衛隊が3月中旬に厚生労働省を通じて全国の医療機関などに拠出した100万枚のマスクについて、4月2日までに全枚数が返納されたことを明らかにした。

これにより、自衛隊の備蓄枚数は当初の155万枚に回復した。大臣は「陸自関東補給処用賀支処をはじめ、拠出元に全てのマスクが戻された」と述べた。

◆朝雲新聞社人事
▽取締役 編集局長（取締役出版業務部長） 水谷 秀樹
▽編集局出版業務部長（出版業務部次長） 倉本 正彦
（4月1日）

# 朝雲新聞社 公式ツイッター始めました！

朝雲新聞社の公式ツイッターを開設しました。ツイッターではニュースの一部を載せるとともに、記者のこぼれ話など随時配信します、ぜひフォローしてください。

# 防衛基盤整備協会賞 候補を募集

優れた装備品の研究開発に賞金100万円

（公財）防衛基盤整備協会（理事長・鎌田昭良）は「令和2年度防衛基盤整備協会賞」候補の募集を開始した。

同賞は昭和54年から防衛装備品等に関連し、民間で自主的に行われた研究開発、生産技術等の向上について、特に優れた業績を挙げた技術・研究者グループに対して賞を贈呈しているもので、昨年度までにその件数は199件に及んでいる。

令和2年度の募集要領は次の通り。

【募集期間】4月1日～6月8日

【表彰】表彰状および賞金100万円

【応募方法】日本防衛装備工業会、日本造船工業会、日本航空宇宙工業会を通じてか、同協会に直接申し込む。申込用紙等はHPから入手できる。

# エチオピアに浦上2佐派遣

防衛省は3月6日から15日まで、防衛大学校に所属する浦上法久2陸佐をアフリカ・エチオピアの首都アディスアベバにある「エチオピア平和支援訓練研究センター」に派遣した。

同センターに自衛官が派遣されるのは、昨年11月に続いて15回目。今回、浦上2佐は「国際コンサルタント」として現地で国連平和維持活動（PKO）要員の人材育成に関する「対話・交渉協定コース」のカリキュラム作成支援などを行った。


提言型研究誌（和文英文同時発信）
「Security Studies 安全保障研究」三月号
2-1巻（特集 サイバー・宇宙・環境と安全保障）
・サイバースペースにおける安全保障　土屋大洋
・日本の宇宙・サイバー政策　廣瀬行成
・宇宙と安全保障　鈴木一人
・米国の安全保障宇宙政策　福島康仁
・中国の宇宙サイバー空間における活動　小原凡司
・環境安全保障と日本　関山 健
・地球環境と安全保障・米国の戦略　徳地秀士
・（トピックス）袋小路に入った日韓関係　小此木政夫
発行 鹿島平和研究所・安全保障外交政策研究会
アマゾン公式サイトで、「安全保障研究」と「秋山」により検索・購入 800円
直接購入希望者は以下に連絡
gbh00145@nifty.com

備蓄用・贈答用として最適
防災スイーツパン
自衛隊バージョン
陸・海・空自衛隊の"カッコイイ"写真をラベルに使用

（小麦・乳・卵・大豆・オレンジ・リンゴが原材料に使用されています。）

3年経っても焼きたてのおいしさ♪
焼いたパンを缶に入れただけの「缶入りパン」と違い、発酵から焼成までをすべて「缶の中で作ったパン」ですので、安心・安全です。
陸上自衛隊：ストロベリー　イチゴジャムの甘い香りと美味しさが口の中に広がります。
海上自衛隊：ブルーベリー　甘酸っぱい、さわやかなブルーベリージャムの風味が楽しめます。
航空自衛隊：オレンジ　オレンジのジャムを練り込んだ、柑橘系のさわやかな味です。

【定価】
6缶セット 3,600円(税込)を 特別価格 3,300円(税込)
1ダースセット 7,200円(税込)を 特別価格 6,480円(税込)
2ダースセット 14,400円(税込)を 特別価格 12,240円(税込)
（送料は別途ご負担いただきます。）

TV「カンブリア宮殿」他多数紹介！
内容量：100g／国産／製造：㈱パン・アキモト
1缶単価：600円（税込）　送料別（着払）

昭和55年創業 自衛官OB会社
株式会社 タイユウ・サービス
〒162-0845 東京都新宿区市谷本村町3番20号 新盛堂ビル7階
TEL：03-3266-0961　FAX：03-3266-1983
ホームページ タイユウ・サービス 検索

防衛省職員および退職者の皆様へ
防衛省団体扱自動車保険・火災保険のご案内
【引受保険会社】TOKIO MARINE NICHIDO 東京海上日動火災保険株式会社

防衛省団体扱自動車保険契約は一般契約に比べて 約19%割安 ※1
予備自衛官、即応予備自衛官の皆様もご契約いただけます

お問い合わせは
取扱代理店 株式会社 タイユウ・サービス
フリーダイヤル 0120-600-230
電話：03-3266-0679 FAX：03-3266-1983
〒162-0845 東京都新宿区市ヶ谷本村町3番20号 新盛堂ビル7階

今ご契約の自動車保険、火災保険の内容と比べてみてください

防衛省団体扱火災保険契約は一般契約に比べて 約15%割安 ※2

※1
・割引率は、次の通り、団体扱割引率を逓算して算出しております。
分割払の場合：1－{(1－団体取扱割引・15%)×(1－一般契約分割割増分・約5%)}
一時払の場合：1－{(1－団体取扱割引・15%)×(1－団体扱一時払割引分・5%)}
・自動車保険の団体扱割引15%は、2019年7月1日～2020年6月30日までを保険期間の始期日とする契約に適用されます。割引率は、毎年の団体の損害率等により見直されます。
・団体扱分割払は一般契約と異なり分割割増がかからないので、約5%割安となります。団体扱一時払は一般契約一時払に比べて5%割安です。

※上記は概要です。ご契約にあたっては必ず「重要事項説明書」をよくお読みください。団体扱の対象となる方の範囲や団体扱特約失効時の取扱い、その他ご不明な点等がある場合は引受保険会社までお問い合わせください。　2020年3月作成 19-T08120

※2
・割引率は、次の通り、大口団体扱割引率を逓算して算出しております。
分割払の場合：1－{(1－大口団体扱割引・10%)×(1－一般契約分割割増分・約5%)}
一時払の場合：1－{(1－大口団体扱割引・10%)×(1－団体扱一時払割引分・5%)}
・保険期間が1年の場合に限ります（保険の対象が建物の場合は築年数が1年以上の場合に限ります。）。
・火災保険の大口団体扱割引10%は、2020年3月1日～2021年2月28日までを保険期間の始期日とする契約に適用されます。割引率は、毎年の団体の契約件数により見直されます。
・団体扱分割払は一般契約と異なり分割割増がかからないので、約5%割安となります。団体扱一時払は一般契約一時払に比べて5%割安です。
・団体扱一時払の5%割引、大口団体扱割引は地震保険には適用されません。

発売中!!
平和・安保研の年次報告書
アジアの安全保障 2019-2020
激化する米中覇権競争　迷路に入った「朝鮮半島」
我が国の平和と安全に関し、総合的な調査研究と政策への提言を行っている平和・安全保障研究所が、総力を挙げて公刊する年次報告書。定評ある情勢認識と正確な情報分析。世界とアジアを理解し、各国の動向と思惑を読み解く最適の書。アジアの安全保障を本書が解き明かす!!
西原 正 監修
平和・安全保障研究所 編
判型 A5判／上製本／284ページ
定価 本体2,250円+税
ISBN978-4-7509-4041-0
朝雲新聞社 〒160-0002 東京都新宿区四谷坂町12-20KKビル TEL 03-3225-3841 FAX 03-3225-3831 http://www.asagumo-news.com
最近のアジア情勢を体系的に情報収集する研究者・専門家・ビジネスマン・学生 必携の書！

# 「輸送航空隊」発足

陸自は3月26日付でヘリ団（木更津）隷下に初のV22オスプレイの部隊となる「輸送航空隊」を新編し、4月5日に木更津駐屯地で隊旗授与式を行った。V22は米国で開発されたティルトローター機で、ヘリコプターのように垂直に離陸・着陸し、固定翼機のように高速飛行（最大時速約520キロ）できるのが最大の特徴だ。機体は6月ごろ日本に到着する。

## 陸自初のV22オスプレイ部隊

### 隊本部、107、108飛行隊など　木更津に暫定配置

㊧V22のエンジンスタートを前にコックピット内で計器の確認を行う陸自のパイロット
㊤日本へのフェリーを前に、米国で飛行訓練を続ける「日の丸」が入った陸自のV22オスプレイ（写真はいずれも、米ノースカロライナ州のニューリバー航空基地で）

体育館内で行われた式には、岩田政務官、執行者を務めたヘリ団長の更谷光二将補、陸幕監理部長の徳永勝彦将補らが出席。輸送航空隊からは派米訓練中の要員を除き、隊本部、本部中隊、107飛行隊、輸送航空野整備隊の隊員が整列した。新型コロナウイルスの関係で来賓は招かず、全員がマスクを着け、間隔を空けて式に臨んだ。

隊旗授与式で岩田政務官に敬礼する不破1佐（先頭）以下の輸送航空隊員ら（4月5日、木更津駐屯地で）

午前10時半、陸自東部方面音楽隊（朝霞）の演奏で式が始まり、岩田政務官に対し栄誉礼。続いてステージ上で政務官が真新しい輸送航空隊旗を隊長の不破悟1佐に授与した。

岩田政務官は訓示で、「水陸機動団（相浦）だけでは島嶼防衛はできない。輸送航空隊がV22などを用いて、水機団員を島嶼部まで迅速に輸送することが求められる。各種の災害派遣の場面においては、人員、救援物資をより迅速により遠くまで運ぶことが期待されている」と述べ、「島嶼防衛は喫緊の課題であり、早期にV22を運用し、即応態勢を維持する必要性から、木更津に暫定配備するという結論に至った。機体の受け入れ準備、到着後の教育訓練計画、V22の安全な運用準備に万全を期し、練度向上に努めてほしい」と要望した。

V22オスプレイの機内で、スイッチを操作し後部ドアを開ける機上整備員

### 不破隊長「着実に訓練を積み重ねる」

式後、不破隊長が記者会見し、「陸自でV22はどの機体よりも速く、遠くへ、どこにでも人員物資を輸送できる力がある。米国から逐次、到着するV22を受領する準備を万全にし、その能力を最大限に発揮して任務を完遂できるように着実に訓練を積み重ねていきたい」と語った。

輸送航空隊は、隊本部、本部中隊、V22を運用する107、108両飛行隊（以上、木更津）、CH47輸送ヘリ部隊の109飛行隊（高遊原）などで編成。現在、飛行要員は米国で訓練中で、V22オスプレイの機体（2機）は6月ごろ、米国から海路で日本に運ばれる予定。受領後、所要の点検をして米留隊員を中心に木更津で教育訓練を行う。

輸送航空隊の隷下部隊は将来的に佐賀空港に隣接する佐賀駐屯地（仮称）に配置され、V22計17機、隊員約430人体制とする計画だ。

記者会見する不破隊長。島嶼防衛への抱負を熱く語った

## 3飛行隊　7空団に隷属替え

### 三沢から百里に移動完了

### 佐川7空団司令「不断の防空任務果たす」

㊨3空団から7空団への隷属替えに伴い、佐川7空団司令（中央左）から隊旗を受ける柴田3飛行隊長（同右）＝3月26日、百里基地
㊦3飛行隊員を迎えての部隊改編式後、F2戦闘機をバックに記念撮影を行う7空団の隊員たち

【7空団＝百里】空自の3空団に所属してきた3飛行隊は3月26日、青森県の三沢から茨城県の百里基地に移動を完了し、7空団に隷属替えされた。これに伴い、7空団は同日、百里基地で部隊改編式を行った。

式典では、飛行群司令の木村真一1佐から7空団司令の佐川詳二将補に対して部隊編成完結が報告され、続いて佐川団司令から3飛行隊長の柴田雄介2佐に隊旗が授与された。その後、団司令による訓示が行われ、最後に3飛行隊が運用するF2戦闘機をバックに記念撮影を実施した。

7空団は今回の改編により既存の301飛行隊のF4EJ改戦闘機に加え、3飛行隊のF2を新たに運用、暫定的に2個飛行隊体制となった。今後、301飛行隊は令和2年度中に三沢基地に移駐し、新たにF35Aステルス戦闘機に機種更新する予定だ。

佐川7空団司令は式後、「新たな体制となった第7航空団だが、今後も不断の防空任務等を果たし、国民の皆さまの負託に応える」と決意を語った。

㊤高い機動性能を持つ3飛行隊のF2戦闘機。左の機は翼下に対艦ミサイルも搭載している
㊨三沢から百里に移った3飛行隊員に対し、訓示する佐川7空団司令（壇上）


『朝雲』縮刷版 2019

2019年の防衛省・自衛隊の動きをこの1冊で

宮古島と奄美大島に駐屯地・分屯地が開庁 南西防衛を強化
大型台風が関東・東北を直撃　統合任務部隊を編成

判型　A4判変形／452ページ　並製
定価　本体2,800円＋税

朝雲新聞社　〒160-0002 東京都新宿区四谷坂町 12-20KK ビル
TEL 03-3225-3841　FAX 03-3225-3831
http://www.asagumo-news.com

# 各地で部隊改編

陸自では3月25、26日付で部隊改編が行われ、歴史ある9特連（岩手）と6特連（郡山）が廃止された。これに代わって岩手駐屯地に「東北方面特科連隊」が新編され、初代連隊長に前9特連長の横田紀子1佐が着任した。一方、北千歳駐屯地には26日付で連隊以上の大部隊の対抗演習を統裁・評価支援する「訓練評価支援隊」が新編された。

真新しい連隊旗を掲げる東北方面特科連隊の初代隊員たち（3月26日、岩手駐屯地で）

9特連の廃止に伴い、亀山慎二9師団長（左）に連隊旗を返還する横田紀子1佐（3月25日、岩手駐屯地で）

## 「骨幹火力の任務完遂せよ」
## 東北方特連が新編
### 9特連と6特連廃止

【岩手】東北方面隊の主要特科部隊の改編に伴い、歴史ある9特科連隊は3月25日、岩手駐屯地で「連隊旗返還行事」を実施した。

9特連は昭和32年8月、福島県の郡山駐屯地から滝沢市（当時は滝沢村）に開設された岩手駐屯地に移駐、以後約63年間にわたり郷土部隊として歩みを続けてきたが、陸自の部隊再編の流れの中で、25日、「連隊旗返還式」の時を迎えた。

式では、連隊長の横田紀子1佐が亀山慎二9師団長に連隊旗を返還。師団長からのねぎらいの言葉に対して「第9師団の隷下部隊であったことを誇りに、次の職務、新たな任務にまい進することを誓います」と答辞し、この瞬間、9特連の歴史にピリオドが打たれた。

翌日、同じ岩手駐屯地のグラウンドで「東北方面特科連隊」の新編行事が行われた。同隊は9特連と6特連（郡山）が統合された形で編成され、初代連隊長に横田1佐が着任した。

連隊旗授与式では、上尾秀樹東北方総監が横田連隊長に連隊旗を授与。続く訓示で総監は「東北方面隊の骨幹火力として任務を完遂する新たな火力戦闘態勢を速やかに確立せよ」「地域との連携を深め、良き伝統を創造せよ」の2点を新特科連隊の隊員たちに要望した。

9特連（岩手）と6特連（郡山）を統合して新編された「東北方面特科連隊」の隊旗を、上尾秀樹東北方面総監（左）から受ける横田紀子連隊長＝3月26日、岩手駐屯地で

## 教訓研本の下に訓練評価支援隊
## 6月中に対抗演習
### 全国から精鋭250人

【教訓研＝目黒】陸自教育訓練研究本部は3月26日、北海道の北千歳駐屯地で、方面総監部幕僚長、陸幕運用支援・訓練部長らが臨席する中、「訓練評価支援隊」（隊長・山下博二1佐）の新編行事を実施した。

同隊は全国から集められた約250人の隊員で編成。戦車・野戦特科部隊を含む諸職種連合部隊の対抗演習で実動の対抗部隊を担い、同時に指揮幕僚活動の評価支援にも当たる。

教育訓練研究本部長の田中重伸陸将は式典で、「輸攻墨守」という言葉を示し、「意味するところは知恵を絞り、万策を練って戦うということ。双方の訓練部隊に『輸攻墨守』させるような場を提供し、戦いの本質を感じ取れるようにしてほしい」と要望した。

同隊は6月中に第1回目の運営（対抗演習）を計画しており、今後、その準備を進めていく。

田中教訓研本長（左）から「訓練評価支援隊」の隊旗を授与される山下博二隊長（3月26日、北千歳駐屯地で）

「輸攻墨守（しゅこうぼくしゅ）」の文字を掲げ、訓練評価支援隊員に活動方針を伝える田中教訓研本部長

## 浜松基地
## 整備の1術、通信の2術校統合
## 空自の技術基盤支える
### 樋口学校長「幅広い職能育成へ」

【浜松】浜松基地に所在する空自の第1術科学校（学校長・樋口譲一将補）と第2術科学校（同・倉本昌弘将補＝現1術校長）は3月26日付で統合され、両校の機能を集約した新たな「1術校」に改編した。

両校は浜松基地で1954年9月に前身の整備学校と通信学校が創設されて以来、65年の歴史を刻んできた。1術校は航空機整備員を、2術校はレーダー器材と高射などの運用・整備員を養成、それぞれ空自第一線部隊の教育機能の基盤を担ってきた。

統合を受け、団結の象徴として、新たに学校マーク（識別帽）を作製。マークは航空機、誘導弾とレーダー関連装備品を一体化した絵柄とし、識別帽は新学校発足の初々しさをイメージした桃色とした。

樋口1術校長は「1校に集約された機能で、効率的に多様な環境に対応できる幅広い職能を有する人材を育成していく」と決意を語った。

1・2術校を統合した改編を受け、「新生1術校」の隊員に訓示する丸茂空幕長（壇上）＝3月28日、浜松基地で

## 防衛省発令

▽令和2年9月30日まで勤務延長
防衛事務次官　髙橋　憲一
▽勤務延長期限を令和3年3月31日まで延長
防衛大学校長　國分　良成
▽令和3年3月31日まで勤務延長
防衛医大学校長　長谷　和生
（以上3月31日）
▽防衛装備庁防衛技監（防衛装備庁技術戦略部長）　三島　茂徳
▽同技術戦略部長（同技術戦略部技術戦略課長）　堀江　和宏
▽防衛書記官＝地方協力局施設管理課長（東北防衛局企画部長）　藤井　真
（以上4月1日）
▽退職
（防衛装備庁防衛技監）　外園　博一
（地方協力局施設管理課長）　伊藤　賢
（以上3月31日）
▽防衛装備庁長官官房装備開発官（空幕防衛部）　空将補　門間　政仁
（4月1日）

三島　茂徳（みしま・しげのり）防衛装備庁防衛技監　東大院船舶工学科修了。昭和63年旧防衛庁。技術研究本部経理装備局艦船武器課長、防衛装備庁プロジェクト管理部艦船担当事業監理官などを経て、平成29年4月同技術戦略部長。東京都出身。57歳。

## 防衛装備庁発令

▽防衛省へ出向
（航空装備研究所土浦支所長）
（電子装備研究所研究企画官）　佐藤　豊一
▽調達管理部調達企画課長（調達事業部需品調達官）　村越　信雄
▽調達事業部需品調達官（調達管理部調達企画課長）　内藤　正雄
▽技術戦略部技術計画官（技術戦略部技術振興官）　風間　政人
▽技術戦略部技術振興官（技術戦略部技術計画官）　横山　映
▽艦艇装備研究所研究企画官付プロジェクト調整官（技術戦略部技術計画官）　片山　泰介
▽同艦艇・ステルス技術研究部長（プロジェクト管理部艦船担当事業監理官）　加藤　隆広
▽装備政策部装備保全管理官（装備政策部装備制度管理官、併大臣官房付、併統幕参事官付）　前野　明
▽技術戦略部技術戦略課長（プロジェクト管理部統合装備計画官）　安藤　智啓
▽航空装備研究所管理部長（航空装備研究所管理部総務課長）　竹下　雅之
▽解技術戦略部技術戦略課技術情報室長併任、陸上装備研究所機動技術研究部長（技術戦略部技術戦略課技術企画室長）　佐々木秀明
▽電子装備研究所長（技術戦略部革新技術戦略官）　土志田　実
▽長官官房艦船装備担当装備開発官（艦艇装備研究所海洋戦技術研究部対潜戦評価基盤研究室長）　西村　浩二
▽プロジェクト管理部誘導武器・統合装備担当事業監理官（航空装備研究所エンジン技術研究部ロケットエンジン研究室長）　海老根　巧
▽同艦船担当事業監理官（艦艇装備研究所水中対処技術研究部長）　萩原　祐史
▽技術戦略部革新技術戦略官（長官官房統合装備担当装備開発官付高高度超音速飛しょう体システム研究室長）　福田　浩一
▽同技術振興官（先進技術推進センター1技術領域担当研究管理官）　森下　政浩
▽航空装備研究所長（航空装備研究所研究企画官）　市橋　孝浩
▽航空装備研究所研究企画官（同航空機技術研究部長）　森　重樹
▽同航空機技術研究部長（同航空機技術研究部航空機システム研究室長）　饗庭　昌行
▽解長官官房人事官付併任、航空装備研究所土浦支所長（先進技術推進センター技術交流調整官）　江原　直樹
▽艦艇装備研究所川崎支所長（艦艇装備研究所艦艇・ステルス技術研究部長）　髙橋　敏明
▽電子装備研究所研究企画官（電子装備研究所電子対処研究部長）　沼尾　利夫
▽同電子対処研究部長（同情報通信研究部指揮通信システム研究室長）　二宮　勉
▽先進技術推進センター総括研究管理官（先進技術推進センター先進技術担当研究管理官）　佐賀　実
▽同特別研究官（長官官房艦船装備担当装備開発官）　西條　献児
▽同技術交流調整官、長官官房人事官付併任（陸上装備研究所機動技術研究部長）　重文字幸喜
▽解長官官房統合装備担当装備開発官付併任、先進技術推進センター先進技術担当研究管理官（先進技術推進センター1特別研究官）　大田　啓
▽先進技術推進センター1技術領域担当研究管理官、先進技術推進センター1技術領域担当研究管理官付知能ロボットシステム技術推進室長併任（同1技術領域担当研究管理官付知能ロボットシステム技術推進室長）　松澤　豊樹
▽艦艇装備研究所水中対処技術研究部長併任　艦艇装備研究所海洋戦技術研究部長　江川　護
（以上4月1日）
▽退職
（航空装備研究所長）　伊藤　真
（電子装備研究所長）　山岡　建夫
（航空装備研究所管理部長）　杉　高弘
（艦艇装備研究所川崎支所長）　須藤　恭史
（先進技術推進センター総括研究管理官）　田中　幸一
（以上3月31日）

## 1佐職　春の定期異動
### 3月27、30、31日　4月1日付

## 防衛省発令

▽自衛艦隊司令部付（情報業務群司令）　1海佐　井上　高志
▽情報業務群司令（航空集団訓練主任幕僚）　同　大久保勝司
（以上3月27日）
▽自衛艦隊作戦総括幕僚（自衛艦隊司令部）　同　渡邉　雄一
▽呉地方総監部防衛部長（同作戦総括幕僚）　同　高橋　毅
▽海自幹部学校防衛戦略教育研究部長（呉地方総監部防衛部長）　同　杉本　雅春
▽航空教育集団監理監察官（航空教育集団司令部）　1空佐　朝倉　讓
▽空自幹部学校教育部主任教官兼幹部学校（空自幹部学校）　同　芳賀　郁則
（以上3月30日）
▽22航空隊副長（いせ飛行長兼副長）　2海佐　徳田　宏和
▽兼岐阜病院教育部長　岐阜病院副院長　1空佐　清水　邦夫
（以上3月31日）
▽防衛医大教授（防衛医大准教授）　2陸佐　上野　美紀
▽統幕首席法務官（陸上総隊法務官）　1陸佐　野崎　英二
▽陸幕総括副法務官（北部方面総監部法務官）　同　田中　淳
▽陸上総隊法務官（西部方面総監部法務官）　同　廣田耕士朗
▽北部方面総監部法務官（陸幕法務官付）　同　加藤　貴之
▽西部方面総監部法務官（教育訓練研究本部主任教官）　同　坂田　隆
▽教育訓練研究本部主任教官（陸幕総括副法務官）　同　横山　義明
▽海幕総務課行政文書管理室長（海幕総務課情報公開・個人情報保護室長）　1海佐　大谷　透吏
▽同経理課主計班長（同経理課）　同　佐々木　健
▽同人事計画課募集推進室長兼人事計画調整官（同人事計画課人事計画調整官兼募集班長）　同　竹内　俊雅
▽同厚生課給与室長（同経理課主計班長）　同　門野　政明
▽同装備需品課長（佐世保地方総監部経理部長）　同　塚越　康記
▽同装備需品課共同後方班長（海幕装備需品課）
▽同燃料班長（同）　同　岡村　雄二
▽同艦船・武器課艦船・武器班長事務取扱　海幕艦船・武器課長　同　大塚　盛久
▽自衛艦隊監理主任幕僚（海幕厚生課給与室長）　同　木下　治信
▽小月航空基地隊司令（鹿屋航空基地隊副長）　同　伊勢　武朋
▽佐世保地方総監部経理部長（自衛艦隊監理主任幕僚）　2海佐　松園　浩明
▽舞鶴造修補給所長兼舞鶴地方総監部技術補給監理官（海幕装備需品課共同後方班長）　1海佐　米山　博
▽佐世保弾薬整備補給所長（同艦船・武器課艦船・武器班長）　同　岡田　健治
▽海自警務隊司令（統幕首席法務官）　同　浅見　智宏
▽東京業務隊司令（舞鶴造修補給所長兼舞鶴地方総監部技術補給監理官）　同　宮原　伸行
▽海自補給本部弾薬部長（佐世保弾薬整備補給所長）　同　木村　雅樹
▽海自補給本部（南関東防衛局装備課長）　同　高橋　正浩
▽電子開発実験群司令（防衛装備庁長官官房装備開発官付4開発室長）　同　長屋　次郎
▽空自幹部学校（統幕防衛課）　2空佐　坂本　伸広
付兼防衛政策局防衛政策課）　1空佐　古田　純子
▽同幹部学校付（9航空団）　同　村尾　太郎
（大臣官房秘書課防衛大臣副官）　同　三輪　大輔
▽同補給本部技術課長（防衛装備庁長官官房装備開発官付総括室長）　同　倉持　正
▽4補給処調達部長（同調達事業部航空機調達官付）　2空佐　村岡　良雄
▽中央病院付（同1内科）　1海佐　武智千津子
▽中央病院2内科部長（中央病院神経科部長兼人事教育局衛生官付）　同　北垣　学
▽解佐世保病院歯科診療部長事務取扱　佐世保病院長　同　松永　毅
▽佐世保病院副院長兼佐世保病院診療部長（中央病院2内科部長）　同　田村　格
▽解佐世保病院副院長事務取扱　佐世保病院長　同　松永　毅
▽北関東防衛局装備部首席検査官（防衛装備庁調達企画課連絡調整官）　2空佐　山本　正隆
▽南関東防衛局装備課長（海自補給本部弾薬課長）　1海佐　川上　哲也
▽防衛装備庁長官官房装備開発官付総括室長（電子開発実験群司令）　1空佐　西口　雅人
▽同航空開発調整官（防衛装備庁長官官房装備開発官付3開発室長）　同　鈴内　克律
▽同4開発室長（航空開発実験集団開発課長）　2空佐　澤田　雅栄
▽同開発管理室長（防衛装備庁長官官房装備開発官付次期固定翼哨戒機・次期輸送機開発室副室長兼装備開発官付）　1空佐　政金　浩治
▽兼防衛装備庁長官官房装備開発官付ミッションシステム開発室長　空幕防衛課　同　谷口　弘樹
▽防衛装備庁プロジェクト管理部事業監理官付（空自幹部学校）　同　石関　明弘
▽解防衛装備庁プロジェクト管理部統合装備計画官付兼務、兼同事業監理官付　防衛装備庁プロジェクト管理部事業監理官付事業計画調整官　1陸佐　餘永　竜二
▽防衛装備庁技術戦略部技術計画官付技術計画調整官兼プロジェクト管理部装備技術官付（防衛装備庁プロジェクト管理部統合装備計画官付統合装備計画室装備計画調整官）　2陸佐　杉原　知裕
（同）　1海佐　宮本　亘
（同）　1空佐　佐々木　宏
▽同調達企画課連絡調整官（4補給処調達部長）　2空佐　福本　考祐
（以上4月1日）

備蓄用・贈答用として最適!!
自衛隊バージョン
EMERGENCY BOX
7年保存防災セット
1人用/3日分
外務省在外大使館等も備蓄しています。
非常時に調理いらずですぐ食べられるレトルト食品とお水のセットです。
陸・海・空自衛隊のカッコイイ写真を使用した専用ボックスタイプの防災キット。
1人用（3日分）
自衛隊バージョン
EMERGENCY BOX
7年保存
防災セット
メーカー希望小売価格 5,130円（税込）
特別販売価格 4,680円（税込）
【送料別】



【セット内容】
レトルト保存パン　3食
レトルト食品　3食
7年保存クッキー　2食
長期保存水 EMERGENCY WATER　3本
米粉クッキー　1食
※セット内容イメージ

昭和55年創業 自衛隊OB会社 (株)タイユウ・サービス
ご注文は TEL 03-3266-0961 FAX 03-3266-1983
mail:ts-gen@ac.auone-net.jp　ホームページ タイユウ・サービス 検索

コーサイ・サービスネットショップ
防衛省職員の皆様へ職域限定特別価格にてご提供いたします
Think Bee!
女性に人気のアイテム！プレゼントにおすすめ!!
ソルダ ミニトートバック ブラック
定価税込 22,000円
特別価格税込 8,800円
ソルダ ミニトートバック ネイビー
定価税込 22,000円
特別価格税込 8,800円
ブルーローズ バック
定価税込 14,300円
特別価格税込 10,010円
グットナイト バック（チャーム付）
定価税込 18,700円
特別価格税込 13,090円
ピアニッシモ ラージバック
定価税込 18,700円
特別価格税込 13,090円
ソルダ ミニトートバック ビビットピンク
定価税込 22,000円
特別価格税込 8,800円
ソルダ ミニトートバック レッド
定価税込 22,000円
特別価格税込 8,800円
その他の鞄や財布など期間限定で販売中！
お申込みはこちらから https://kosai.buyshop.jp/
（パスワード：kosai）



※商品の返品・交換はご容赦願います。ただし、お届け商品に内容相違、破損等があった場合には、商品到着後、1週間以内にご連絡ください。良品商品と交換いたします。（掲載の商品は印刷物のため、現物と多少異なる場合があります。）

コーサイ・サービス株式会社　TEL:03-3354-1350　担当：佐藤
〒160-0002新宿区四谷坂町12番20号KKビル4F　URL https://www.ksi-service.co.jp
営業時間 9:00～17:00／定休日 土・日・祝日　（限定情報 ID:teikei PW:109109）

# 厚生・共済

| 貸付の種類 | | 貸付対象 | 利率（変更前） | | 利率（R2.4.1~） |
|---|---|---|---|---|---|
| 普通貸付 | 一般 | 臨時の支出に充てる費用 | 4.26% | → | 変更なし |
| | 特認 | 業務上の事由による転居等に要する費用又は1か月以上の海外出張等に要する国内での準備費用 | | | |
| 特別貸付 | 教育 | 学校教育法に規定する教育機関に支払う費用、受験料、留学関連費用等 | 1.86% | → | 変更なし |
| | 結婚 | 結婚に要する費用 | | | |
| | 医療 | 医療・介護に要する費用 | | | |
| | 葬祭 | 葬祭等に要する費用 | | | |
| | 災害 | 災害により住居、家財に損害を受けたときに要する費用 | | | |
| 住宅貸付 | ― | 住宅の新築、購入、増改築、修繕、借入又は住宅用土地の購入等 | 1.42% | → | 1.27% |
| 特別住宅貸付 | ― | 住宅の新築、購入、増改築、修繕等費用又は住宅貸付金の残高を弁済する費用（2年以内に自己都合退職予定又は、5年以内に定年退職予定の者に限る） | | | |

## 住宅貸付と特別住宅貸付 4月から利率引き下げ

共済組合では、組合員が臨時の資金が必要になった時に利用できる貸付制度を設けており、普通貸付、特別貸付、住宅貸付、特別住宅貸付を行っています。

それぞれの貸付に利率が設定されていますが、令和2年4月1日から住宅貸付および特別住宅貸付の利率が引き下げられることになりました。

さらに、特別貸付のうち教育目的の貸付は、受験料や留学関連費用等も貸付の対象に、医療目的の貸付は、介護費用も貸付の対象に拡大されることになり、この改正で、さらに貸付制度の利用がしやすくなりました。

共済組合の貸付は、返済が源泉控除において行われるため、返済日毎に口座残高を気にする必要がなく、また住宅貸付や特別住宅貸付は、共済組合からの貸付にかかる抵当権の設定や保証料等が不要となっています。

詳細は、共済組合のホームページ（http://www.boueikyosai.or.jp）でもご覧いただけます。詳しい手続き等については各支部の窓口にお問い合わせください。

## 「短期掛金」と「介護掛金」 介護掛金率の変更

組合員の皆さまの給与から徴収させていただいている「短期掛金（福祉掛金を含む）」と「介護掛金」の掛金率が4月1日から別表の通り、決定しました。

短期掛金は組合員（自衛官を除く）及び組合員の被扶養者の医療費の給付等に必要な費用に充てられるもので、短期掛金（標準報酬の月額及び標準期末手当等×短期掛金率）の掛金率の変更はありません。

また、40歳以上の組合員から徴収している介護掛金（標準報酬の月額及び標準期末手当等×介護掛金率）の掛金率は引き下げとなりました。

皆さまのご理解・ご協力をよろしくお願い致します。

### 4月から変わります

令和2年4月から、次の通り変更

| 掛金 | 組合員 | 現在の掛金率 | 令和2年4月からの掛金率 | 前年度との比較 |
|---|---|---|---|---|
| 短期掛金（福祉掛金を含む） | 自衛官 | 32.04/1000 | 32.04/1000 | 変更なし |
| | 事務官等 | 37.02/1000 | 37.02/1000 | 変更なし |
| | 任意継続組合員 | 74.04/1000 | 74.04/1000 | 変更なし |
| 介護掛金 | 自衛官 | 8.45/1000 | 8.29/1000 | 0.16/1000 引き下げ↓ |
| | 事務官等 | 8.45/1000 | 8.29/1000 | |
| | 任意継続組合員 | 16.90/1000 | 16.58/1000 | 0.32/1000 引き下げ↓ |

# 結婚予定の方はいませんか

HOTEL GRAND HILL ICHIGAYA

## ホテルグランドヒル市ケ谷「婚礼紹介制度」 家族や友人などぜひ

周囲にご結婚を予定されている方はいませんか。

防衛省共済組合の直営施設「ホテルグランドヒル市ヶ谷」（東京都新宿区）では、「婚礼紹介制度」を設けています。

さまざまな特典もございますので、家族や友人など、婚礼を予定されている方がいたらぜひご紹介してください。

ホテルグランドヒル市ヶ谷では、公式HPよりご紹介いただいた方が挙式をお申し込みされた場合、次の記念品（3万円相当）のいずれかを進呈いたします。

★ホテルグランドヒル市ヶ谷利用券

★JCBギフトカード

★結婚式当日サプライズプレゼント（花束または氷像よりお選びいただけます）

### ご紹介者に特典を用意

この記念品進呈には、次のような条件があります。

①ご結婚予定者の入力完了後の契約に限ります。②ご紹介者は本人を除きます。③お二人様（ご新郎・ご新婦）でお一人様の紹介とします。④ご紹介者がお二人以上の場合は、先着を優先とします。⑤婚礼エージェントご利用以外とさせていただきます。

「婚礼紹介制度」は、公式HPにある【婚礼ご予定者紹介フォーム】よりお申し込みいただけます。この機会にぜひご利用ください。

「婚礼紹介制度」に関するお問い合わせ等は、以下までお気軽にお問い合わせください。

電話03-3268-0115（直通）、専用線8-6-28853（婚礼予約）、HP https://www/ghi.gr.jp

## 割賦販売制度が便利 マイカー購入をサポート

共済組合では組合員の皆さまがマイカーをご購入する際のサポートとして、割賦販売制度を利用すれば大変有利な条件で毎月の俸給やボーナスから返済できるのでとても便利です。4月からは利率も下がり、さらにお得になりました。

割賦販売制度は、俸給の10カ月分を限度に、最長5年間で分割払いできる制度です。返済は給料から源泉控除されるので、毎月銀行の残高を気にする必要もなし。ご所属の支部物資係の窓口でご希望を伺いながらシミュレーションできるので、まずはお気軽にご相談ください。

共済組合が契約している販売店では「新車」「中古車」「二輪車」等、幅広く取り扱っておりますので、詳しくは支部の物資係窓口でご確認ください。

200万円の自動車を60回（5年）払いで購入した場合の比較

| | 平成31年度 | 令和2年度 |
|---|---|---|
| 年利換算 | 1.04% | 1.005% |
| 総支払額 | 2,104,000円 | 2,100,500円 |

更にお得に！

## 2020年度「ベネフィット・ワン」ご利用ガイド 各種健診から育児補助まで

BENEFIT STATION 2020 ご利用ガイド

令和2年度の一般福利厚生・特定健診事業は、引き続き（株）ベネフィット・ワンをサービス提供会社として次の通り実施します。

【主なサービス等】

▽会員証

（株）ベネフィット・ワンの対象施設にカードを提示することで、サービスの会員特典が受けられます。

▽「ご利用ガイド」

「ご利用ガイド」は各自に1冊配布します。

▽宿泊関連の補助金

1泊2000円（組合員1人につき年度内4人泊まで、3級以上の特地官署に所在する部隊等に勤務する組合員は6人泊まで）。公費（出張費）による宿泊には非適用。

▽各種健診の補助金（人間ドック・生活習慣病健診、特定健診等）

組合員（任意継続組合員含む）とその被扶養配偶者は上限2000円補助（年度内1回限り）。右記以外の特定健診対象者は7700円補助（年度内1回限り）。特定健診のみ受診の場合、自己負担はなし。

▽東京ディズニーリゾート（TDR）、ユニバーサル・スタジオ・ジャパン（USJ）の補助

TDRの予約観光券は、1枚1000円（小人500円）補助。近畿日本ツーリスト（一部店舗を除く）、西鉄旅行（九州の一部を除く店舗のみ）の店舗での購入となります。

TDRのコーポレートプログラム利用券は実券とデジタルクーポンがあり、1枚1000円補助。実券はベネフィット・ステーション会員専用サイトまたはカスタマーセンターに申し込み、後日郵送で利用券を受け取ります。デジタルクーポンは会員専用サイトに申し込み、届いたメールの「個券番号」「オンラインコード」を確認し、「TDRオンライン予約・購入サイト」にてパークチケットの購入時にご利用ください。

USJの予約観光券は、1枚1000円（小人500円）補助。近畿日本ツーリスト（一部店舗を除く）、西鉄旅行（九州の一部を除く店舗のみ）の店舗での購入となります。

TDRの予約観光券、コーポレートプログラム利用券、USJの予約観光券のうち、いずれかを年1回限定で上限4枚までお申し込みいただけます（それぞれの併用はできません）。

▽育児補助

組合員お一人につき、月極保育・一時保育の1月合計14000円まで。利用日1日につき2時間まで、1時間につき700円補助。1月20時間まで。手帳の提示による利用で、対象は未就学児の被扶養者に限られます。詳細は「ご利用ガイド」、一般会員向けWEBサイト（PC版http://www.benefit8211.one.co.jp スマホ版http://bnft.jp）から、会員IDとパスワードを入力してアクセスできる防衛省専用WEBサイトでご確認ください。

なお、各種補助金、TDRのコーポレートプログラム利用券と各種健診の申し込みは4月1日からとなります。

## 年金Q&A

妻の年金の保険料は、どのように支払っていますか

### 被用者年金制度から国民年金に払い込んでいます

Q　先日、結婚した自衛官です。私の妻は結婚前に民間企業に勤務し、厚生年金に加入していました。現在は退職し、被扶養配偶者になっています。私の場合は、毎月の給料から年金の掛金を控除されていますが、妻の年金の保険料はどうなっているのでしょうか。

A　奥様の保険料の前に、全国民に共通の「基礎年金」を支給する国民年金について説明します。

国民年金は自営業等の方だけが対象ではなく、サラリーマンやその被扶養配偶者にも適用され、被保険者は次の3つの種別に分かれています。

◇国民年金被保険者の種別

【第1号被保険者】日本国内に住所を持つ20歳以上60歳未満の方で、次の第2号又は第3号の被保険者に該当しない方。（学生、農林漁業、商業などの自営業者や自由業の方とそれらの配偶者）

【第2号被保険者】共済組合や会社員等、被用者年金制度の被保険者。

【第3号被保険者】第2号被保険者の被扶養配偶者で20歳以上60歳未満の方。

現職の自衛官の方は、第2号被保険者となり、厚生年金とともに国民年金にも加入し、同時に2つの年金制度に加入することになります。第2号被保険者の保険料は、組合員が負担する「掛金等」と組合員を雇用する事業主としての国等が負担する「負担金」で賄われ、国民年金の保険料は拠出金としてその中から拠出されています。

第1号と第3号被保険者の方は、国民年金のみ加入ですが、第1号被保険者の方の保険料は個別納付となります。

第3号被保険者となる奥様の保険料は、配偶者の方が加入している被用者年金制度から国民年金制度に対して拠出金として拠出されているので、個別に収める必要はありません。奥様の場合も、ご主人が加入している国家公務員共済組合連合会から一括して国民年金制度に拠出金を払い込んでいます。

ただし、第3号被保険者の資格を取得した際には、所属共済組合支部窓口に「国民年金第3号被保険者資格取得届」と「長期組合員資格取得届」を、奥様の「基礎年金番号がわかるもの」と一緒にご提出ください。この届出を提出されませんと、将来年金が受けられなくなったり、年金額が少なくなることがありますのでご注意ください。

（本部年金係）

【国民年金の保険料】

| | | |
|---|---|---|
| 第1号被保険者 | → | 個別に納付 |
| 第2号被保険者 | → | 個別納付なし |
| 第3号被保険者 | → | 個別納付なし |


防衛省共済組合の団体保険は安い保険料で大きな保障を提供します。

～防衛省職員団体生命保険～

死亡や高度障害に備えたい

万一のときの死亡や高度障害に対する保障です。ご家族（隊員・配偶者・子ども）で加入することができます。（保険料は生命保険料控除対象）

《補償内容》

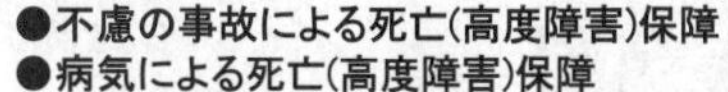

●不慮の事故による死亡（高度障害）保障
●病気による死亡（高度障害）保障
●不慮の事故による障害保障

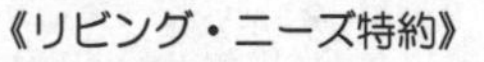

《リビング・ニーズ特約》

隊員または配偶者が余命6か月以内と判断される場合に、加入保険金額の全部または一部を請求することができます。

～防衛省職員団体医療保険～

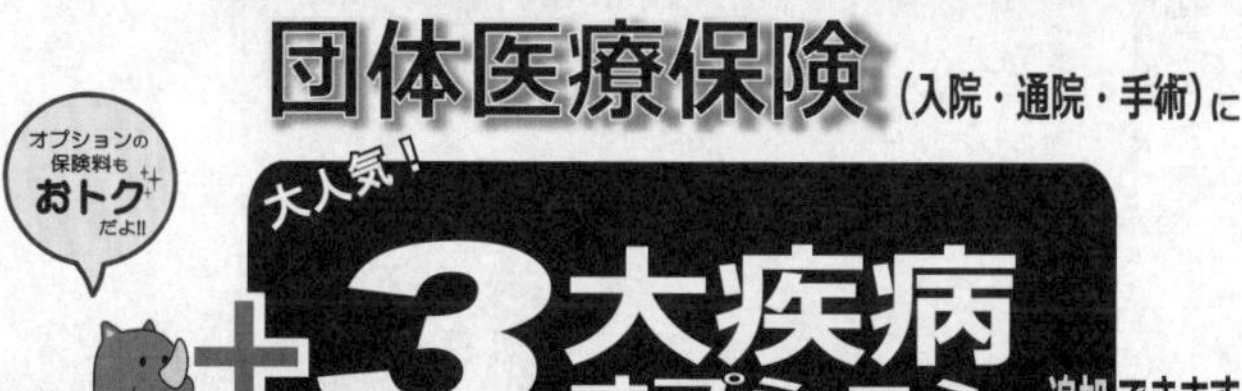

団体医療保険（入院・通院・手術）に

オプションの保険料もおトクだよ!!

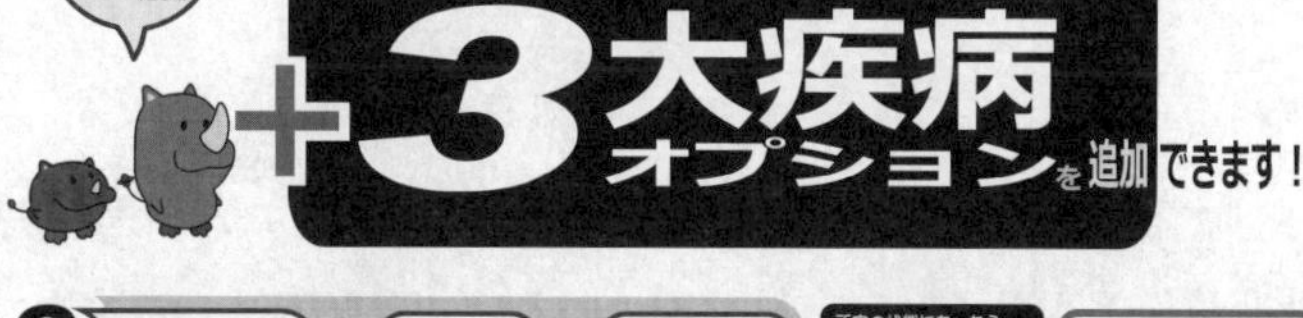

大人気！ +3大疾病オプションを追加できます！

3大疾病保険金 がん（悪性新生物） 急性心筋梗塞 脳卒中　または　死亡保険金　上皮内新生物診断保険金（保険金額の10%）

所定の状態になったら 保険金額（一時金） 50万円 100万円 300万円 500万円

コースはふたつ 組合員本人 組合員本人と配偶者

防衛省共済組合

※保険金額は、50、100、300、500万円の4種類からお選びいただけます。
※3大疾病保険金・死亡保険金のいずれかのお支払いがある場合、保障は終了します。

お申込み・お問い合わせは

共済組合支部窓口まで

詳細はホームページからもご覧いただけます。
http://www.boueikyosai.or.jp

# 厚生・共済　特集

# 休校中の小学生 受け入れ

新型コロナウイルスの感染拡大を防ぐため、安倍首相が要請した「全国の小中高校と特別支援学校の春休みまでの臨時休校」の指示を受け、防衛省は2月28日、「緊急登庁支援の活用」の特例措置を取ることを決定、3月2日から運用を開始した。これにより、隊員たちのために駐屯地・基地で子供を預かることが可能になった。空自那覇基地や海自横須賀地方総監部では「一時預かり所」を開設、隊員が子供を帯同して出勤する姿が見られた。

## 新型コロナ

## 「緊急登庁支援」を活用

### 空那覇 10人でシフト、延べ28人受け入れ

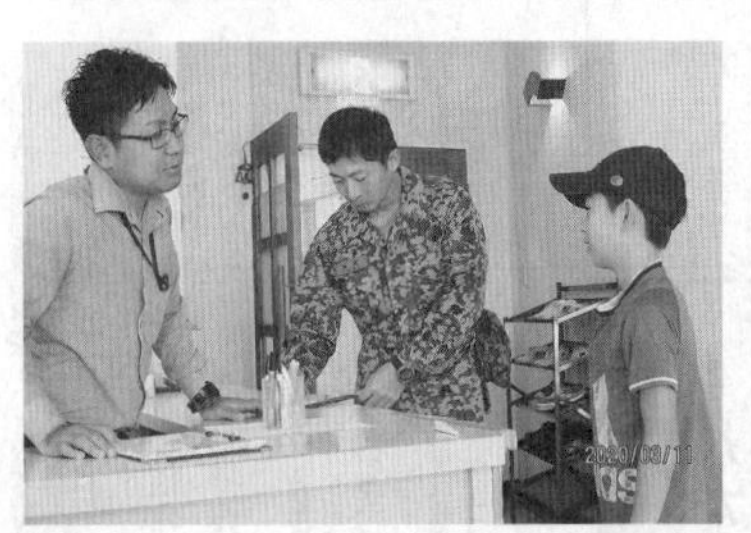
休校で学校に行けない子供（右）を基地に帯同し、支援所で受け付けをする隊員（3月11日、那覇基地で）

【空那覇】空自那覇基地は3月3日から13日まで、周辺自治体の小学校の臨時休校を受け、子供を同伴して出勤する隊員のため、基地厚生センター内に「緊急登庁支援所」を開設、子供を預かり面倒を見る緊急登庁支援を行った。

新型コロナウイルス感染拡大防止に係る「緊急登庁支援の活用」の通達に基づき実施したもので、支援所開設に当たり鈴木康彦南西航空方面隊司令官は「隊員の子供のためにいろいろな課題を洗い出し、今後に生かせる機会として積極的に取り組んでほしい」と支援所の隊員たちを激励した。

今回は、勤務の都合で面倒を見られないパパ・ママ隊員に代わり、9空団基地業務群業務隊厚生班員10人がシフトを組んで子供の面倒見に当たった。

期間中、1日に受け入れた子供は最大6人で、支援所では延べ28人の小学生を預かった。

子供たちはすぐに基地の環境に慣れ、それぞれ宿題に励んだり、ボール遊びで体を動かすなど、新たにできた友達と遊びながら仲良く過ごしていた。最終日には「来週もまた基地に来たい」と支援終了を惜しむ様子も見られた。

子供の世話を行った厚生班員は「元気のよい小学生を相手にする毎日は大変だったが、子供たちの笑顔と、応援してくれた隊員や売店の皆さんなど周囲の方々の力添えに感謝したい」と語った。

稲月秀正9空団司令は子供の預かり支援の終了を受け、厚生センターを訪れ、「みんなお疲れさま。ありがとう」と班員たちの労をねぎらった。

## 「家族一時預かり所」開設

### 横監 安心して働ける環境を整備

横須賀地方総監部でも3月3日から24日まで、基地に勤務する隊員の子供を預かる「家族一時預かり所」を開設した。

総監部では毎日、その日の部屋の空き状況を確認し、隊員が出勤時に連れてきた子供を会議室や来賓控え室などで預かり、隊員が安心して働ける環境の整備に努めた。

子供たちはそれぞれ室内で宿題をしたりビデオ鑑賞をして過ごし、その間、厚生課の家族支援要員が面倒を見た。

期間中に預かった子供は9～12歳の児童3人で、子供たちは「お父さんやお母さんが働いている姿を見ることができてよかった」と話していた。

学校の休校を受けて開設された基地内の「一時預かり所」で自習をする子供と、面倒を見る隊員（3月6日、横須賀基地で）

## 佐世保で「三幕女性自衛官懇親会」

### 仕事や家庭など悩みを相談　築城

【8空団＝築城】8空団の女性自衛官6人はこのほど、佐世保市内のホテルで開催された「三幕女性自衛官懇親会」に参加した。

これは昨年度、陸自曹友会会長の女性自衛官が企画して初めて行ったもので、好評だったため今年度も開催が決まり、今回は海自海曹会が企画した。

当日は福岡、長崎、熊本、大分の各県から陸自18人、海自17人、空自9人の女性自衛官が集結。空自は春日、芦屋、築城の各基地から参加した。懇親会はバイキング形式のランチで行われ、陸海空の隊員たちは勤務内容、家事、育児、家庭と仕事の両立、恋愛などについて情報を交換した。

特に勤務内容では3自衛隊の違いで盛り上がり、海自では陸上勤務の隊員が月4回ほど当直に就くため、その割り振りに苦労していること、陸自では演習時に男女を分けずに一緒に宿泊させることなどを聞き、環境の違いを認識していた。

そのほか、後輩指導では「価値観の違いがあり、指導の仕方に工夫が必要」という共通の悩みで共感し合うなど、食事をおかわりすることも忘れて盛り上がり、約2時間半のランチ懇親会は終了した。

参加した8空団援護室の猪鼻裕子曹長は、「令和2年度は空自の担当で開催する予定です。今回参加できなかった女性自衛官の皆さんもぜひ参加してください」と呼びかけている。

「三幕女性自衛官懇親会」に参加し、バイキング形式のランチで会話を弾ませる女性自衛官たち（佐世保市内のホテルで）

## 生活設計セミナー 年代別に講義　名寄

【名寄】駐屯地はこのほど、レクリエーションセンターで「生涯生活設計セミナー」を開催した＝写真。

セミナーは、駐屯地に所在する自衛官・事務官らに「生涯生活設計」についての知識を持たせ、今後の生活を有意義に送れるようにすることを目的に行われ、約1100人が参加した。

保険会社や銀行、証券会社など計17社から講師が訪れ、20代、30代、40代、50代以上の年代別に講義。隊員たちは「若年隊員の生活設計」「定年後の生活設計」「財産管理」など12項目から関心のあるテーマを選び聴講、今後の生活に必要な知識を修得した。

セミナーに参加した定年が近い隊員は「そろそろ今後の人生設計を真剣に考えなければいけない」と話していた。

## 自慢の一品料理

### 豆腐のからし焼き

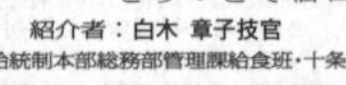
紹介者：白木 章子技官（補給統制本部総務部管理課給食班・十条）

前回の東京五輪が開催された1964年に東京都北区の東十条で誕生し、当時、製紙工場で働く多くの人々の胃袋を支えていたローカルフードの「豆腐のからし焼き」を紹介します。なぜなら十条駐屯地の名物だからです。

まず豚バラ肉を一口サイズにカットし、油をひいたフライパンでショウガ、ニンニクと一緒に炒めます。しょうゆ、酒、砂糖、みりん、豆板醤、甜面醤を加え、豆腐を入れて煮込みます。

豚肉が柔らかくなり、豆腐に味が染み込んだら皿に盛り付け、上に細く切った長ネギときゅうりを乗せたら完成です。

豆板醤の辛さとニンニクが効いた甘辛味で、ご飯が進む〝スタミナおかず〟です。お好みで七味唐辛子をかけると、さらにパンチの効いた味に仕上がります。

駐屯地では2カ月に1度提供され、「キュウリの冷たさと食感が良いアクセントになっている」と隊員さんからも好評です。

このローカルフードは十条・東十条駅周辺で今も提供している店舗がいくつかあるので、食べ比べてみるのもおすすめです。

## 余暇を楽しむ

紹介者：事務官　松井 隆志（第3補給処調達部調達管理課・入間）

### 史跡巡り

### 至福の一杯は散策の後で

私は、歴史好きのメンバーがあれこれと雑談をしつつ、神社仏閣など歴史的な場所を散策し、その後に「反省会」と称した宴会を行うという、とてもゆる～い活動に参加しています。

神社仏閣巡りの小集団活動への初参加は、去年の8月でした。東京都文京区周辺の散策で、護国寺や椿山荘など江戸から明治に関連した場所を巡りました。

当日は34度を超える猛暑の中、一行は脱落者もなく無事「反省会」へ突入。この日の生ビールは痺れるほどの極上の味わいでした。

この快感にはまった私へ回ってきた次の企画は、奈良方面への遠征でした。

しかし、日程の都合が合わず断念。後日、奈良遠征の話を聞くと、奈良の帰りに長浜へ寄ったとのこと。長浜と言えば、羽柴秀吉。秀吉のライバルと言えば明智光秀。「お、旬の人物だ！」

そこで私はひらめき、次回の企画をリーダーの市橋曹長に提案しました。「寛永寺を中心に、上野界隈はどうですか？」と。

寛永寺を開基した天海僧正には怪しい噂があり、なんと「明智光秀は山崎の合戦で死なずに、徳川家康に匿われ、天海として江戸時代を生きた」というのです。

さらに、光秀の理想を継ぐ人物が3代将軍徳川家光だといいます。その証拠に名前には、「家康」と「光秀」の一字が。家光は「自分の葬儀は寛永寺で行うべし」と遺言したほど天海を厚く崇敬していたといいます。

噂の真偽も場所のうんちくも散策のスパイスです。次回の散策は、上野方面をあれこれ雑談しながら楽しい反省会ができたらな、と思っています。

早稲田大学のキャンパス内に建つ「大隈重信像」の前で記念撮影をするメンバー

滋賀県の「史跡巡り」で長浜城を訪れた一行

## 保育の知識を習得

### 美保 面倒見隊員が保育園研修

【美保】基地准曹士先任の5人はこのほど、緊急登庁支援施策の一つ「緊急登庁支援所」で、子供の世話をする〝面倒見隊員〟に登録した。その技量を高めるため、災害派遣の時などに子供の一時預かりを希望する2人の隊員と共に、境港市にある夕日ヶ丘保育園と外江保育園で研修を行った。

隊員たちは訪れた保育園で、保育士の補佐をしながら園児と遊んだり食事や昼寝の世話をするなど、保育要領を学んだ。参加した隊員は「研修を通じて、大切なことは何かをしてあげることではなく、子供たち一人ひとりがしようとしていることを見てあげることだと知った」と話し、今後、美保基地に支援所が開設された際、役立つさまざまな育児のノウハウを修得した。

夕日ヶ丘保育園を研修し、さまざまな保育要領を学んだ美保基地の面倒見隊員

婚礼紹介キャンペーン

ご婚礼を予定されている方をご紹介してください

ホテルグランドヒル市ヶ谷公式HPより
ご紹介いただいた方が挙式をお申し込みされた場合、
下記の記念品（3万円相当）の
いずれかを進呈いたします。

★　ホテルグランドヒル市ヶ谷利用券
★　JCBギフトカード
★　結婚式当日サプライズプレゼント
（花束 または 氷像 よりお選びいただけます。）

【記念品進呈条件】

① ご結婚予定者入力完了後の契約に限ります。
② ご紹介者は本人を除きます。
③ お二人様（ご新郎・ご新婦）でお一人様の紹介とします。
④ ご紹介者がお二人以上の場合は、先着を優先とします。
⑤ 婚礼エージェントご利用以外とさせていただきます。

〒162-0845 東京都新宿区市谷本村町4-1
ブライダルサロン直通 03-3268-0115 または 専用線 8-6-28853
https://www.ghi.gr.jp　グラヒル　検索

HOTEL GRAND HILL ICHIGAYA

# 地方防衛局　特集

## 潜水艦「おうりゅう」神戸で引き渡し式

### 桝賀局長ら出席
### 近畿中部局　5年にわたり監督・検査

【近畿中部局】海自の平成27年度計画潜水艦「おうりゅう」(2950トン)の引渡式・自衛艦旗授与式が3月5日、神戸市の三菱重工業神戸造船所で関係者約85人が出席して行われた(本紙3月12日既報)。新型コロナウイルス感染拡大防止のため、招待者は最少人数に絞られ、全出席者にマスク着用が義務付けられる中、近畿中部防衛局からは桝賀政浩局長をはじめ、調達部次長(装備)の坂上禎1海佐、調達部装備課長の泉谷彰人2空佐、調達部装備課システム調整官の山縣克之2海佐が式典に臨んだ。

引渡式では建造を担当した三菱重工業の阿部直彦執行役員防衛・宇宙セグメント長から防衛装備庁の外園博一防衛技監に「引渡書」が手渡された。

引き続き行われた自衛艦旗授与式では、山村海幕長から初代艦長の岡本雄二2佐に自衛艦旗が手渡された。

その後、海自呉音楽隊による行進曲「軍艦」が流れる中、自衛艦旗を捧持した副長を先頭に乗員が艦上に整列後、岡本艦長が乗艦。続いて山村海幕長が艦長の出迎えを受けて乗艦し、「君が代」の吹奏に合わせて自衛艦旗が艦尾に掲揚された。

「おうりゅう」は「そうりゅう型」潜水艦の11番艦で、世界で初めてリチウムイオン蓄電池を搭載。従来の潜水艦に比べ探知されにくく、水中での持続力や速力の向上が図られているのが特徴だ。

近畿中部防衛局では5年に及ぶ長期の建造期間中、同局装備課に所属する歴代の監督官や検査官が契約の適正な履行を確保するために監督業務や検査業務に全力で当たってきたことから、無事にこの日を迎え、1潜水隊群3潜水隊(呉)に就役した「おうりゅう」が呉に向けて出港する姿を関係者一同で感慨深く見守った。

(上)関係者が見守る中、山村海幕長(中央テーブル奥)から自衛艦旗を受け取った初代「おうりゅう」艦長の岡本雄二2佐(後ろ向き)(右)海自の新型潜水艦「おうりゅう」の引渡式・自衛艦旗授与式で、艦尾に自衛艦旗を掲揚する乗員たち(写真はいずれも3月5日、神戸市の三菱重工業神戸造船所で)

## 防衛施設と首長さん

### 愛知県豊山町　服部　正樹町長

はっとり・まさき　54歳。中部大学(機械工学科)卒。豊山町議会議員などを経て2016年11月、豊山町長に初当選。現在1期目。豊山町出身。

### 小牧基地と長い信頼関係
### 名古屋空港と滑走路共有

豊山町は、愛知県の北西部に位置する人口1万5千人強、総面積6・18平方キロメートルの県内で面積が最も小さな自治体です。

町の北東部には、町域の約3分の1を占める「県営名古屋空港」があります。昭和32(1957)年に「名古屋空港」として開港して以来、中部圏の空の玄関口として発展してきましたが、平成17(2005)年2月、「中部国際空港(セントレア)」の開港と同時に「県営名古屋空港」と名前を改め、小型機を中心とした「都市型総合空港」として再出発しました。

航空自衛隊小牧基地と県営名古屋空港は滑走路を共有していることから、自衛隊機と民間機の離着陸を眺めることができます。滑走路に隣接する神明公園には休日ともなると多くの子供連れ家族やカメラを構える方でにぎわっています。

空港周辺には、航空宇宙産業の工場などが集積し、三菱航空機株式会社が開発を進める国産初の小型ジェット旅客機の製造もこの地域で行われる予定です。

また、平成29(2017)年11月には「あいち航空ミュージアム」がオープンし、にぎわっています。

令和4年度には豊山町が町制を施行してから50周年を迎える節目の年になります。これまで豊山町と小牧基地が築いてきた歴史を大切にし、今後も地域と自衛隊の親密な信頼関係を育むため努めてまいります。

## 聖火到着式でブルーが5色のスモーク
### 1年後の「復興五輪」に期待
### 吹谷地方調整課長　基地外から見学

東北防衛局

【東北局】東京五輪・パラリンピックの1年延期が決定される前の3月20日、宮城県の空自松島基地で聖火到着式が行われ、同基地に所属する4空団11飛行隊のブルーインパルスが上空を5色のスモークで彩り、航空中央音楽隊(立川)が3曲を演奏して式典を盛り立てた(本紙3月26日付既報)。

到着式は新型コロナウイルスの感染拡大を受け、無観客とするなど規模を大幅に縮小し、[illegible]長)からも当初は職員が出席予定だったが、それがかなわず、[illegible]の吹谷[illegible]課長が家族と共に基地の外から見学した。

当日は最大風速22・6メートルの"春の嵐"が吹き荒れる中、ギリシャの首都アテネから聖火を空輸した特別輸送機は予定より1時間半ほど早い午前9時30分にランディングした。

同11時20分に始まった式典には、大会組織委員会の森喜朗会長をはじめとする関係者約300人が参加。聖火リレー公式アンバサダーで、柔道とレスリングでともに五輪3連覇を果たした野村忠宏さん、吉田沙保里さんが特別輸送機で空輸された聖火を式場中央まで運び、聖火皿(大型トーチ)にともした。

直後に「上空をご覧ください」との司会のアナウンスで6機のブルーインパルスが姿を現し、高度約1300メートルの上空にそれぞれ直径約1200メートルの「五輪の輪」を描き始めた。

機体後部から噴出される水性塗料で色付けされる5色(青、黄、黒、緑、赤)のスモークは強風で流され、はっきりと輪を描くことはできなかったが、式典の終盤に再度飛来して行った「リーダーズ・ベネフィット」の航過では、鮮やかに5色の帯を描き、会場を沸かせた。

吹谷課長は「東日本大震災からの『復興五輪』と位置づけられる東京五輪・パラリンピック。[illegible]かったが、最大風速が20メートルを超える状況下では[illegible]。[illegible]開催まで約1年、東北防衛局職員として[illegible]」と話していた。

(上)聖火到着式の終盤、上空300メートルを「リーダーズ・ベネフィット」の隊形で航過するブルーインパルス(写真はいずれも3月20日、宮城県の空自松島基地で)(下)空自の特別輸送機(後方)で空輸された聖火を式典会場の聖火皿にともす吉田沙保里さんと野村忠宏さん(いずれも聖火皿右側)ら関係者

## リレー随想　杉山　真人

1年前、小欄に「南九州食紀行」と題して地場の食材などについて書かせていただきました。今回は、食と共に楽しんだ各地のお酒にまつわることなどを書いてみたいと思います。

現代の日本ではウイスキーなどのいわゆる洋酒も造られておりますが、伝統的には酒と言えば日本酒と各種焼酎が日本の酒文化でしょう。九州に住んだことがなかった私のイメージは「九州と言えば焼酎」と勝手に思い込んでおりましたが、熊本に来て地元の美味しい日本酒を気に入り、日々堪能しています。

私が大学生の頃に通っていた全国の地酒を提供する飲食店で常連さんが「これはYK35だね」などと言っていて「Yは山田錦(酒米)、Kは熊本の酵母、35は精米歩合(%)」とも教えてくれました。すっかり忘れていましたが、このYK35こそが当時の日本酒の鑑評会で金賞を獲る「黄金比」ともいうべきものであったとのことです。

調べてみますとこのKは、熊本の「協会9号酵母」として頒布され全国の酒造りに生かされているとのことです。熊本は言わば本家だったんですね。

次は焼酎の話ですが、鹿児島で酒と言えば芋焼酎を指します。原材料はさつまいもで、江戸中期の飢饉対策として栽培を奨励した青木昆陽が有名ですが、さつまいもは江戸初期に中国から琉球を経て薩摩に伝来したもので、このことから鹿児島では「唐いも」と言います。

### 続・南九州食紀行

鹿児島にはとても多くの醸造所があるそうで、県外の販路では手に入らないものも多くあるとのことで、提供している飲食店で次から次へと痛飲してしまいました。

ここで脱線して醤油のお話を。醤油も醸造して造られますが、九州の醤油は一般に甘口で鹿児島のものは最も甘いです。

製法を調べてみると、多くの醤油は本醸造といって基本的には大豆・塩・麹で造られますが、九州の甘い醤油は混合醸造といって発酵過程でアミノ酸や糖類を添加して造られるそうです。この醤油におろしニンニクを溶いたもので食べる馬刺しを私はこよなく愛しています。

さて、最後は奄美群島の焼酎のお話です。なんと原材料はサトウキビから作る黒糖。なんとも贅沢な感じがします。

奄美大島酒造協同組合によりますと、このお酒の歴史的背景としては、江戸時代にサトウキビを絞った汁を使う留汁焼酎に原形があり、その後、米などさまざまな原料から自家用焼酎が造られ、先の大戦による米不足と戦後の米軍政下での流通制限によって売り先を失った黒糖が焼酎造りに多く使用されるようになり、現在の黒糖焼酎につながったとのことです。

このお酒は甘く、口当たりが良いので、私としてはロックがお勧めですが、地元の方は水割りで飲まれています。

南九州の各地には、紙面の都合でご紹介できなかったお酒が他にも多くあります。流通量が少ないお酒との出会いを求めて、各地を訪れてみたいと思います。

(熊本防衛支局長)

## コロナの影響でイベント中止相次ぐ

新型コロナウイルスの影響で、全国の各地方防衛局が主催するセミナーやイベントが相次いで中止となっている。過去を含め、中止が決まった主なイベントは次の通り。カッコ内は当初予定していた日付と場所。

◇北海道防衛局＝「第43回防衛問題セミナー」(2月28日、小樽市)

◇北関東防衛局＝「日米交流音楽会in立川」(2月22日、東京都立川市)、「第45回防衛問題セミナー」(4月18日、新潟県上越市)

◇近畿中部防衛局＝「日米交流音楽会」(2月29日、京都府京丹後市)

◇九州防衛局＝「日米交流音楽会」(3月28日、長崎県佐世保市)

## 東富士演習場の使用協定締結
### 防衛省で国と地元が重要会議開く

防衛省で3月27日、陸自東富士演習場の使用に関する[illegible]会議を行った。

国側を代表して河野防衛相の代理を務める山本防衛副大臣をはじめ、同省地方協力局の中村吉利局長、同局地方調整課の宮川均課[illegible]

冒頭、主催者を代表して静岡県の川勝平太知事は「これまで国と地元の行政、権利者の皆さまとの間で18回に及ぶ熱心な協議がなされ、[illegible]い回答を賜りたい」とあいさつを述べ、協定の円滑な改定に期待感を示した。

その後、31日には静岡県御殿場市で国と地元の御殿場市、裾野市、小山町の2市1町の首長、権利者団体などが参加して合同会議が開催され、今後5年間にわたって陸自と米軍が東富士演習場を継続使用することで合意。小波南関東防衛局長ら出席者が署名して第12次使用協定が締結された。

新協定は今年4月1日から令和7年3月31日まで5年間有効となる。


2020 NEW MODEL　三相200V　大型スポットクーラー BSC-10
強風・冷風を兼ね揃えた大風量スポットクーラー！
倉庫、コンテナ積み下ろし作業等に最適！
必要な時、必要な場所だけ効率的な空調　スポットクーラーシリーズ
外気温に対し体感温度 -13℃
気持ち良い風を約15m先までお届け！
環境改善　熱中症対策　大風量　スポット冷房
内径約41cmの大型冷風口
吹出口風速約7.28/8.20m/s
最大風量約55/62m³/min
天吊り・消防法適合・複数ダクト等ご用意しております

大型循環送風機 ビッグファン
熱中症対策　空調補助　節電・省エネ
大風量で広範囲へ送風！
●備蓄倉庫等の換気・循環に！　●単相100V電源で工事不要！
広さ・用途で選べる5TYPEをご用意
BF-60J　DCF-60P　BF-75V　BF-100V　BF-125V

コンプレッサー式除湿機
目的に合ったドライ環境を提供
結露・カビを抑え湿気によるダメージを防ぎます！
【各機種満水停止機能付き】ドレンホースで直接排水も可能です！
DM-10　DM-15/DM-15T　DM-30

株式会社 ナカトミ　〒382-0800 長野県上高井郡高山村大字高井6445-2
株式会社ナカトミ　検索　https://www.nakatomi-sangyo.com
お問い合わせはこちら　TEL:026-245-3105　FAX:026-248-7101

防衛省・自衛隊関連情報の最強データベース
朝雲アーカイブ
朝雲新聞社の会員制サイト
1年間コース：6,100円(税込)
6ヵ月間コース：4,070円(税込)
「朝雲」定期購読者(1年間)：3,050円(税込)
※「朝雲」購読者割引は「朝雲」の個人購読者で購読期間中の新規お申し込み、継続申し込みに限らせて頂きます。
※ID&パスワードの発行はご入金確認後、約5営業日を要します。
●ニュースアーカイブ　2006年以降の自衛隊関連主要ニュースを掲載
●訓練　陸海空自衛隊の国内外で行われる各種訓練の様子を紹介
●人事情報　防衛省発令、防衛装備庁発令などの人事情報リスト
●防衛技術　国内外の新兵器、装備品の最新開発関連情報
●フォトアーカイブ　黎明期からの防衛省・自衛隊の歴史を朝雲新聞社の秘蔵写真で振り返る
朝雲新聞社　〒160-0002 東京都新宿区四谷坂町12－20KKビル　TEL 03－3225－3841　FAX 03－3225－3831　http://www.asagumo-news.com

# 部隊だより////

## 海

**下総**　基地は3月18日、赤十字血液センターの依頼で献血協力を実施した＝写真㊤。当日は155人が採血し、その量はひと月の千葉県所要数の約半分に相当。同センターによると必要な血液量が確保できない状況が続いていたが、同部隊の協力で十分な血液を確保できた。スタッフは安堵の表情を浮かべ、「これでたくさんの命を救えます」と感謝していた。

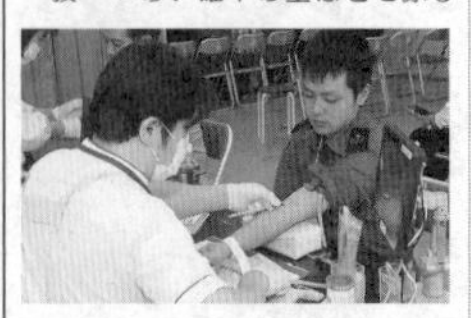

**武山**　防衛省共済組合横須賀支部の加藤巳一郎支部長は3月18日、同日に閉店した武山基地のサトウ理容室の佐藤利喜江さんに感謝状を贈呈した＝写真㊦。佐藤さんは昭和34年、教育隊の開隊とともに開業した石井理髪店の最古参として働き、60年にわたり隊員たちを支えた。式後、隊員たちに見送られ笑顔で基地をあとにした。

**舞鶴**　教育隊は3月26日、一般曹候補生約240人、31日に自衛官候補生約140人が入隊した。全国各地から訪れた学生は、新型コロナウイルス対策で屋内へ入る前の身体検査、被服の貸与などが行われた後、自衛官としてのスタートを切った＝写真㊤。

**呉**　教育隊は2月26日、8個分隊による1000メートル持久走大会を実施した＝写真㊦。隊員たちは日頃の練成成果を発揮し、「良い結果が出てうれしい」と語った。

**苗穂**　分屯地は2月4日、有識者による講話を実施した。ジャーナリストの井上和彦氏を招いて「封印された近現代史」をテーマに行われ、ポーランドと日本の歴史的関係、自衛隊の国際貢献活動に対する国内外の視線などが語られた。隊員たちは自衛官としての誇り、国民の期待への責任感を強めた。講演後、井上氏は分屯地の整備工場などを見学した。

**上富良野**　4特群は2月21日、南富良野町の国設南ふらのスキー場で「冬季戦技競技会」を実施した。今年度は「滑降」の技術を各中隊の参加人員が平均で競争。練成成果を発揮して勝利を目指した。「安全管理の徹底」を要望した。隊員たちは、シーズン当初から練成してきた成果を発揮し、一人も怪我人を発生させることなく競技会を終えた。

**岩手**　駐屯地は2月7日、「岩手県警察との共同訓練」を実施。県警から約50人、9特科連隊から約30人の隊員が参加した。武装工作員が国内に侵入、一般の警察力では治安が維持できず、自衛隊に出動命令が下令された想定で実施。移動間の情報共有や車両検問を行う「緊急輸送訓練」＝写真、「共同検問訓練」などで練度向上を図った。

# 山頂で気合い『服務の宣誓』

## 6普連の3個中隊が幹部任官行事

オホーツク海に面した道東沿岸の防衛に当たる陸自第6普通科連隊は3月14日、美幌町内の各地で1～3中隊の「幹部任官行事」を実施した。

九州・前川原駐屯地の幹部候補生学校を卒業した「幹部のタマゴ」のうち、3人が6普連に着隊。これを歓迎するため各中隊はサプライズで"忘れられない任官行事"を用意した。

### 1中隊

1中隊はリリー山スキー場の丘の上で大出潤平3尉を歓迎。何も知らされていない大出3尉は午前5時50分、非常呼集で飛び起き、中隊に集合。凍える寒さの中で体操をした後、背のうを背負い、スキー場の頂上へ向けて駆け足で前進した。

9人の中隊員が同行し、必死に登坂する大出3尉を叱咤激励。7時20分、頂上に到着すると井口学中隊長が出迎え、「服務の宣誓」を行った大出3尉に対し、輝く階級章を授与した。

早朝の非常呼集で「リリー山スキー場」の頂上まで駆け足で上り、1中隊員が見守る中、決意表明する大出潤平3尉＝中央（いずれも3月14日、北海道・美幌町内で）

### 2中隊

そのころ2中隊では、美幌峠の頂上で中隊に配属された松本拓也3尉の幹部任官行事を挙行。午前7時、美幌峠に高須圭司中隊長以下9人が待ち受け、幹部として第一歩を踏み出した松本3尉の門出を祝福。松本3尉は、気合いの入った声で「服務の宣誓」を行い、決意を表明した。

高須中隊長の訓示後、全員で屈斜路湖の大パノラマを前に記念撮影を行った。

眼下に屈斜路湖の大パノラマが広がる中、美幌峠上で「服務の宣誓」を行う2中隊の松本拓也3尉（右）

### 3中隊

3中隊の幹部らが待ち受ける美幌神社で、運用幹部（手前）に対し宣誓する3中隊の木下文也3尉（右）

一方、3中隊は、かつて美幌海軍航空隊の士官たちも参拝に訪れた美幌神社で、木下文也3尉の任官行事を実施した。

午前9時、境内に中隊の幹部と先任上級曹長の3人が集合、中隊長の代行で運用訓練幹部の伊藤修平2尉が訓示を述べ、木下3尉に階級章を授与した。この後、全員で神社に参拝し、3中隊のさらなる精強化を誓った。（美幌）

## 空

**百里**　基地は3月16日、基地近傍の小川町立下吉影小学校で「朝の挨拶運動」に参加した＝写真。寒さが厳しい中、隊員は校長先生を始めとする教職員や保護者、地域の方々と一緒に、登校する児童たちに「おはよう」と声をかけた。百里基地公認キャラクターの「ひゃくりん」とともに、子どもたちも元気なあいさつを返していた。

**春日**　基地は2月9日、福岡県春日市で開催された「あしすか駅伝大会」に参加した。同隊の参加は17回目。当日は快晴。選手たちは日頃の成果を十分発揮。各中継では被り物をした応援隊員が声援を送り、沿道を駆け回って大会を盛り上げた。

**築城**　8空団は3月4日から6日まで、団司令の指揮の下、「新任空士集合訓練」を実施した。団の概要、配置されている部隊の概要などを学んだ後、戦闘機部隊の機動、輸送機に搭載するハイリフトローダーなどの理解を深めた＝写真。

## 陸

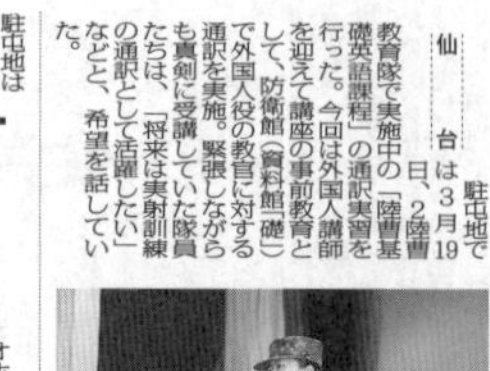

**仙台**　駐屯地では3月19日、2陸曹教育隊で実施中の「陸曹基礎英語課程」の通訳実習を行った。今回は外国人講師を迎え、防衛館（資料館）で外国人の教官に対する通訳実習を行った。真剣に解説していた隊員たちは「将来は実射訓練の通訳として活躍したい」など、希望を話していた。

**神町**　20普連は1月14日から3月13日まで、駐屯地で「陸士特技『初級らっぱ』養成集合訓練」を行い、教官・助教として7人、学生として19人が参加した。2カ月間の教育で基本奏法や呼吸法などを学び、2月7日には学科試験、3月9日には術科試験で課題曲「君が代」と自由曲の2曲を発表＝写真㊤。参加した全員が「初級らっぱ」の特技を取得した。

**勝田**　施設学校は2月17日から26日まで、「能力構築支援事業」の一環でラオス人民軍の21人を招へいした。今回は、道路の復旧要領を教育し、指揮官要員には作業計画作成の実習などを実施。操作要員には模擬の災害現場で各建設機械を使った復旧要領を教育した＝写真㊤。修了式では学校長の鵜居正行将補が派遣団長に記念品を贈呈した。

**板妻**　34普連は1月20日から3月6日まで、「師団格闘集合訓練」を担任・実施した＝写真㊦。部隊格闘指導官の養成を目的に、1師団（練馬）隷下部隊の隊員22人が参加。総合訓練は武装工作員への対処や人質救出など、実戦を想定し行われた。訓練で培った技術を発揮して全員が合格し、終了報告で深田満男連隊長から「格闘き章」が授与された。

**小倉**　40普連は3月16日、小倉駐屯地で幹部任官行事を行った。杉村繁実連隊長は、「幹部として自覚を持つとともに、これからは家族にも大きな負担をかけることとなる。日頃から家族を大事にしてもらいたい」と訓示。任官者6人は決意表明を行い、1中隊の荒井有也3尉は「真に戦える陸自の戦闘員として精進します」と語った。

**久留米**　約6週間にわたって行われた西混団5陸曹教育隊の「陸曹中級課程」が3月5日、終了した。総合訓練は2月18～21日、熊本県の大矢野原演習場で実施。学生には分隊長などの役職が与えられ、指揮を演練した＝写真㊦。同課程に入校した西方情報隊与那国沿岸監視隊の末川勝喜2曹は「適時適切な命令・指示の重要性を再認識した」と述べた。

**前川原**　幹候校は2月23日から29日まで「沖縄戦史現地教育」を実施した。候補生たちは、那覇駐屯地の資料館で沖縄戦の概要を理解した後、米軍の上陸地域や旧陸軍32軍が配備されていた洞窟陣地（前田高地）＝写真㊤＝、沖縄戦の終焉の地である摩文仁などで当時を追体験。戦没者に哀悼の誠を捧げ、幹部として部隊で勤務する決意を新たにした。

**北熊本**　42即機連は1月7日から3月2日まで、駐屯地、日出生台、十文字原、大矢野原の各演習場で「8師団狙撃手集合教育」を担任・実施した。同教育では師団、15旅団（那覇）から参加した狙撃手7人を育成。敵の行動地域内に潜入して過酷な状況下でも任務を遂行できるよう、射撃術のほか、細木を身にまとった状態での各種戦闘や戦技訓練も行った。

**豊川**　駐屯地業務隊は2月21日、「緊急登庁支援訓練」を実施した。早朝の非常呼集で状況を開始し、命令を受けた要員が支援施設への受け入れ、同時に隊員が休息するための戦力回復センターを開設。愛知県家族会役員が訓練を見学した。見学者は「業務隊の仕事が複雑多岐だとわかり、家族支援への人員配置の厳しさもよく理解できた」と述べた。

口いっぱいに広がる濃厚な味わいと、芳醇な香り!!
女性農家の 深蒸し茶
静岡でも珍しい姉妹の農家が作り上げる繊細な味わいで大人気の「ゆめいぶき」。お湯を注いだ瞬間にふわっと広がる芳醇な香りと、濃厚で美しい緑色、口いっぱいに広がる至福の美味しさはリピーターも多く、毎回完売するほど。今回は、女性農家が愛情をこめて作ったお茶を数量限定の特別価格でお届けします。
「ゆめいぶき」生産者 女性農家・絹村姉妹
静岡ゆめいぶき 深蒸し茶 通常価格700円(税抜)が
特別価格 1袋(100g) 500円(税抜) 6袋以上ご購入で 送料無料
1世帯15袋まで、送料600円(税抜)

先着100組限定!! リピーター続出。完売続きの人気商品!!
あま～くてとろける「やみつき干し芋」
とろける美味しさ、甘さはまるでスイーツ
焼くと皮まであふれ出す蜜、トロトロ、ネト～ッとした食感に、コクのある濃厚な蜜を口に含んだような強烈な甘みで知られる紅はるかを贅沢に使った特選「やみつき干し芋」。「こんなに美味しい干し芋は食べたことない！」「ひと口食べたら感動もの！」と大評判です。今年も発祥の地「静岡県遠州産」の干し芋を100組限定にてご用意いたしました。毎年、予約販売だけで完売してしまう人気商品のため、ご注文はお早めに。

発祥の地「遠州産」を厳選使用
「やみつき干し芋」
500円(税抜) 6袋ご購入で 送料無料
1袋(80g) 送料600円(税抜) 1世帯20袋まで ※干し芋は平切りになります。

【売り切れ御免】6袋以上で、送料無料にてお届けします。
☎050-2019-4656 電話受付:9時～21時 キャンペーン番号 A1043
株式会社 静岡茶療園市場 〒424-0067 静岡県静岡市清水区鳥坂 245
■商品のお届け/ご注文受付後、7日前後でお届けします。■お支払い方法/後払い。郵便局またはコンビニで、商品到着後10日以内にお支払い下さい。■返品・交換について/食品につき返品不可。(商品不良の際には、到着から3日以内にご連絡下さい。)お客様の個人情報は、商品の発送の他、弊社からの商品のご案内以外には利用いたしません。

# 防疫意識高めよ

## 自衛隊のコロナ対策

### 陸幕衛生部幹部に聞く、感染予防ポイント

# 手洗いなど基本徹底

#### 〝目に見えない敵〟からの防御法

感染拡大が続く新型コロナウイルス。自衛隊は成田空港などでの災害派遣に従事する一方、各部隊では感染防止策が取られている。

〝目に見えない敵〟から自らと組織を守るための留意点を、陸幕衛生部の幹部に聞いた。（榎園哲哉）

感染は飛沫感染（感染者のくしゃみ、咳などを吸い込む）、接触感染（感染者が触れたところに触れ、その手で口や鼻を触り粘膜から侵入する）で起きる。

陸幕衛生部衛生計画グループ長の中家和宏1佐によると、感染予防・対処は個人と部隊（組織）で行うことが必要になる。

個人として留意することは、①手洗いの励行②アルコール消毒液での消毒③マスク着用（咳エチケット）――など。

また、「3密（密集、密閉、密接）を避ける」ことに留意。込み入った場所、換気が不十分な場所にできるだけ行かない、対面の2メートル以内の会話は控える、などを心掛ける。

手洗いは、外出などから帰るたびに石鹸を付け流水で15〜30秒ほど行う（写真参照）。さっと流しただけでは、付着したウイルスは取れない。

手洗いの後、うがいも行う。仮に喉にウイルスが付着していた場合、濃度を薄めることができる。

部隊（組織）での対策は、①人がよく触れるところは定期的に消毒する②体温計を置いておく③（部屋などを）2時間ごとに換気する④大人数が集まる行事はできるだけ控える――など。

一方、厚労省が指針とする「かぜの症状や37・5度以上の発熱が4日以上続いている」「強いだるさ（倦怠感）や息苦しさ（呼吸困難）がある」の症状が見られた場合、部隊長判断により、個室・自宅で待機し、医療機関を受診する。

こうした予防・対処方法は一般社会と大差はないが、中家1佐は「指揮命令系統がはっきりしている。指揮官が行動管理を隅々まで徹底することができる」と自衛隊の特徴を語る。

横浜港での大型客船「ダイヤモンド・プリンセス」号の災害派遣では、自衛隊から1人の感染者も出なかったが、中家1佐は「1人の気の緩みが大きな感染につながりかねません」と警鐘を鳴らす。

それを防ぐためにも「感染防止の基本を徹底すること、地道にしっかりやることが大切です」と語っている。

「手洗い方法」

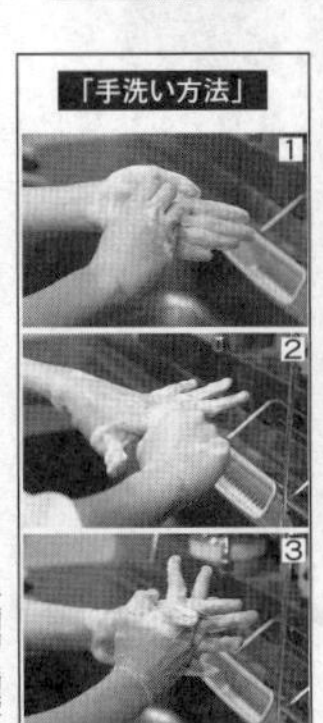


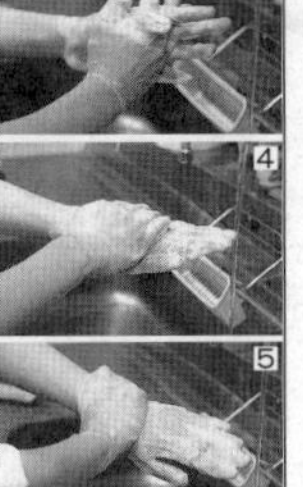


新型コロナウイルス感染防止のため日々の手洗いを徹底したい。15〜30秒ほどをかけて（上から）指先・爪、指（1本ずつ）、指の間、手の甲、手首を、しっかり洗う

## 板妻駐屯地

# 対応要領を教育

### 食事支援からごみ処置まで

#### 洗濯物の分別も

【板妻】陸自板妻駐屯地（司令・深田満男1佐）は3月25日、世界的に猛威を振るっている新型コロナウイルスへの対応要領の教育を実施し、隊員の防疫意識の高揚を図った。

上＝隔離施設（外来宿舎）での食事の受け渡し要領を展示する34普連の隊員　右＝感染が疑われる隊員の食後の残飯処理の要領を展示する隊員（手前）と、熱心に見入る隊員（奥）＝いずれも3月25日、板妻駐屯地で

駐屯地は「4日間以上の37・5度以上の発熱、咳、倦怠感の症状」が一つでも該当する隊員は新型コロナウイルスへの感染を疑い、対応することを決めた。

当該隊員とその濃厚接触者には、医療機関受診、マスク着用、手洗い・うがいの励行、朝・夕2回の体温測定の実施・報告を義務付けた。

さらに営外居住者は回復するまで自宅療養を、営内居住者は外出を禁止、また、外来宿舎を隔離施設として使用し、感染疑いのある隊員と濃厚接触者の部屋を区分し隔離する、などの対策案をまとめた。

教育には所在各部隊の隊員が参加。松田行祥34普連副連隊長の全般説明の後、隔離施設（外来宿舎）での食事支援（食堂からの運搬・配食）、排出されたごみの処置要領を実員で展示・説明した。

さらに上級部隊への報告要領、洗濯物の分別とその際は手袋、マスク、ゴーグルを着用すること、使った手袋などはビニール袋に入れ他のごみと分別して捨てることなど、基本的な対応要領を提示した。

駐屯地は上級部隊や隊員の意見などを踏まえつつ、引き続き対策要領の具現・徹底を図っていく。

# 東京マラソン支援

### 空自准曹会

【空幕】空自連合准曹会の会員ら92人は3月1日、東京五輪の男子代表選考レース「東京マラソン2020」をボランティアで支援した。

新型コロナウイルスの影響で一般ランナーの参加が中止され、ボランティア活動も縮小される中、会員たちは感染予防を万全にして立川、横田の各基地から参加者が集まった。

午前7時に集合し、新宿、飯田橋、銀座・有楽町区間3キロの2コースに分かれ、レースの観客が見守る中、大迫傑選手が日本新記録を樹立し、3人目の代表内定者となった。

連合准曹会長の准尉は「各部隊長の家族の賛同を得た上で、会員に感染予防対策とその注意事項を徹底して参加。2週間の健康観察も行った。皆さまのご支援に感謝します」と語った。

「東京マラソン2020」でのコース管理のボランティア活動に先立ち、防衛省正門前で記念撮影する杉本会長（前列右から2人目）ら参加隊員たち（3月1日）

# 医療情報システム換装

### 札幌病院、5年ぶり実施

【札幌病院＝真駒内】自衛隊札幌病院（病院長・大鹿芳郎陸将）は2月14、15の両日、病院の診療・検査・会計などの業務遂行の基盤を維持するため、5年ぶりに医療情報システムの換装を行った。

同病院は、システム換装事業を元年度の主要事業として位置づけ、年度当初から病院各課などの担当者24人からなる「新医療情報システムプロジェクトチーム」を編成。10月から換装業者と綿密に調整を行い、準備を推進してきた。

換装作業は2月14日午後8時、金曜日の診療終了後に現行システムを全て停止して始まった。チームメンバーらは、災害や停電の発生、器材の障害、システムの不具合など考えられる不測の事態への対処要領を確立して切り替え作業に臨み、夜を徹して旧端末から新端末へのデータ移行作業に当たった。

翌15日の午前8時、データの移行を終え、旧端末を撤去。新端末を設置した後は、病院職員と換装業者が器材点検と院内運用テストを実施した。この後、システムの安定性などの「稼働判定」を経て午後6時、システム換装を全て完了。新システムでの運用は週が明けた月曜日の17日から無事に開始された。

医療情報システムを換装し、運用テストを行う札幌病院の職員ら（2月15日、自衛隊札幌病院で）

# 宮崎で山林火災

### 8飛行隊が消火

宮崎県えびの市内で3月24日、山林火災が発生し、陸自8飛行隊（高遊原）が消火に当たった。

24日午後3時50分、宮崎県知事から8師団長（北熊本）に災害派遣が要請された。同5時10分、西方ヘリ隊（目達原）のUH1ヘリ2機（ヘリ映像伝送機）が情報収集のため駐屯地を離陸。

さらに8飛隊のUH60ヘリ1機が現地に向かい、空中消火を行った。

25日午前8時、自治体での対応が可能となり、撤収要請が出され帰隊した。

## こちら警務隊　交通犯②

# あおり運転で暴行罪も

### 人命に関わる危険行為

「あおり運転」をしたらどんな罪になるのですか?

いわゆる「あおり運転」とは、車間距離を詰めて異常接近したり、急な割り込みや幅寄せ、パッシングやクラクションによって相手を威嚇したり嫌がらせをするなどの行為ですが、それらの行為は、道路交通法違反（車間距離不保持等）のほか、危険運転致死傷罪（妨害目的運転）や刑法の暴行罪に該当する可能性があり、処罰の対象になります。

「あおり運転」は、人命に関わる重大な交通事故につながる極めて危険な行為ですので絶対に行ってはいけません。

（北部方面警務隊）

※次回、「道路交通法違反（ながら運転）」

### 小休止

▽…陸自31普連にこのほど、新隊員2人が配置された。平成14年3月に朝霞駐屯地から武山駐屯地に移駐して以来、新隊員の配置は18年ぶり。

▽…2人は今後、本部管理中隊衛生小隊に配置され、救護員として各種訓練、任務などに臨む。「光り輝く新隊員の配置を受け、部隊一丸となり邁進する」（武山）


隊員の皆様に好評の

## 『自衛隊援護協会発行図書』販売中

| 区分 | 図書名 | 改訂等 | 定価（円） | 隊員価格（円） |
|---|---|---|---|---|
| 援護 | 定年制自衛官の再就職必携 | ◎ | 1,300 | 1,200 |
|  | 任期制自衛官の再就職必携 |  | 1,300 | 1,200 |
|  | 就職援護業務必携 |  | 隊員限定 | 1,500 |
|  | 退職予定自衛官の船員再就職必携 |  | 720 | 720 |
|  | 新・防災危機管理必携 |  | 2,000 | 1,800 |
| 軍事 | 軍事和英辞典 |  | 3,000 | 2,600 |
|  | 軍事英和辞典 |  | 3,000 | 2,600 |
|  | 軍事略語英和辞典 |  | 1,200 | 1,000 |
|  | （上記3点セット） |  | 6,500 | 5,500 |
| 教養 | 退職後直ちに役立つ労働・社会保険 |  | 1,100 | 1,000 |
|  | 再就職で自衛官のキャリアを生かすには |  | 1,600 | 1,400 |
|  | 自衛官のためのニューライフプラン |  | 1,600 | 1,400 |
|  | 初めての人のためのメンタルヘルス入門 |  | 1,500 | 1,300 |

※ 令和元年度「◎」の図書を改訂しました。

| 消費税 | 価格は、税込みです。 |
|---|---|
| 発送 | メール便、宅配便などで発送します。送料は無料です。 |
| 代金支払い方法 | 発送図書同封の振替払込用紙でお支払。払込手数料はご負担してください。 |

お申込みは「自衛隊援護協会」ホームページの「自衛官の皆様へ」タブから「書籍のご案内」へ・・・スマホで今すぐ検索「自衛隊援護協会」

（http://www.engokyokai.jp/）

一般財団法人自衛隊援護協会

電話：03−5227−5400、5401　FAX：03−5227−5402　専用回線：8−6−28865、28866

よろこびがつなぐ世界へ
KIRIN
一番搾り
Brewed from only the first press of genuine malt for a crisp, delicious flavor.
KIRIN'S PRIME BREW
KIRIN BEER
一番搾り
〈麦芽100%〉
ALC.5%　生ビール　非熱処理
お酒
おいしいとこだけ搾ってる。
ストップ！20歳未満飲酒・飲酒運転。お酒は楽しく適量で。
妊娠中・授乳期の飲酒はやめましょう。のんだあとはリサイクル。
キリンビール株式会社

みんなのページ

# 普通科中隊長の夢実現

3陸佐 山本 恵子（富士学校普通科部）

「夢は、普通科中隊長！」との思いを胸に、平成18年3月に幹部候補生学校を卒業し、早14年が経過しました。

当時はまだ普通科職種の中で女性自衛官が配置可能な職務は限定的で、普通科中隊に配置されることはない時代でした。

そこで、「私が頑張れば（男性と同じようにできれば）、配置も可になるのではないか」「これは陸上自衛隊への挑戦だ！」という熱い気持ちで日々の訓練に臨みました。しかし一方で、もし自分が失敗すれば「普通科に女性はいらない。ましてや幹部なんて無理だ」と言われるのではないかという不安も持ちながら、幹部の道を歩み始めました。

そして時代は「令和」になり、普通科中隊にも女性が配置されるようになりました。つい先日には初の「女性空挺団員」も誕生し、陸上自衛隊における女性隊員の活躍の場は確実に広がってきたと感じています。

そのような中、平成31年4月から令和2年3月までの間、私も「幹部特修課程（近接戦闘）」を履修する機会を得られたことは、これまでの自衛隊生活を振り返るとともに、今後の陸自での自分の役割について深く考えるきっかけになりました。

振り返れば、幹部任官後は「自分がやりたいこと」だけを考え、それを追求してきたように思います。

普通科の中で、女性でもできること、女性だからこそできることは何か。そのためには「どんどん可能性を広げていかなければ」という気負いもありました。

そんな私が幹部として未熟ながらも各職務を務めてこられたのは、常に周りの方々に温かく、時には厳しく、ご指導やご支援をいただいたおかげと深く感謝しています。

これまでの勤務を通じて強く思うことは、与えられた任務を遂行することに関して、性別は関係ないということです。気負いもありましたが、女性であるということは、私個人の一つの特性にしか過ぎず、それを活かせるか否かは自分次第だということに気づきました。

「活躍」するには、女性だけでなく、誰もがそれぞれ持つ個人の能力を最大限に発揮し、任務を達成することが重要であると考えます。

また、この1年間の教育において、普通科職種における上級指揮官あるいは幕僚として、「自ら考えて答えを出して行動し、その結果に責任を負う」ことの重大さを学びました。

そして「これから直面する世界には用意された答えはない」ということも痛感しました。その答えのない世界に立ち向かうためには「自分に求められていること」を「私らしく」考え行動することが最も大切だと考えています。

部隊において、隊員個々の能力を思う存分に発揮させ、部隊の力としてそれを結集するのは、指揮官の能力次第であるとも考えます。

さて、私は、3月16日付で36普連の重迫撃砲中隊長を拝命しました。

これまで私を育ててくれたすべての方々への感謝の気持ちを忘れず、諸先輩方が築いてこられた中隊をこれまで以上に強くしていきたいと思います。そして隊員個々の能力を結集し、連隊の任務達成に最大限寄与できる中隊であり続けるために、「私らしく」考え、職務に邁進（まいしん）していきます。

陸自富士学校で「幹部特修課程（近接戦闘）」を履修中の山本3佐（中央奥）（現・36普連重迫中隊長＝伊丹）

## 災派で千葉県知事から感謝状

1空曹 佐久間 進一（44警戒隊・峯岡山）

空自44警戒隊はこのほど、昨年9月に発生した「台風15号」の被害に伴う災害派遣活動（道路啓開、給水支援）により千葉県知事から感謝状を贈呈されました。

これは、被害を受けた南房総地域に災害派遣をした際、周辺自治体との連携において迅速かつ確実な意思疎通のもと、迅速機敏に災害派遣活動を行った成果であると言えます。

44警戒隊はレーダーサイトという特性がありますが、今後もこの災害派遣の経験を生かし、各種任務に当たっていきます。

## 交通事故防止で思いがけず表彰

陸自OB 狩野 武雄（茨城県古河市）

私は76歳の陸自OBですが、このたび全日本交通安全協会から「交通栄誉章緑十字銅賞」を受けました。これは自衛隊時代を通じ、多年にわたり交通事故の防止と交通秩序の確立に寄与してきたことが認められたものです。

この賞は、自衛隊時代の賞詞等いらいであり、まさに思いがけない表彰で、とても心に響きました。

この受賞を励みに、今後とも順法精神に則り、日本の社会に貢献していきたいと思います。

## 新着任空士集合訓練に参加して

1空士 橋本 将（8空団飛行群本部・築城）

このたび、3日間かけて行われた「新着任空士集合訓練」に参加して感じたことを述べたいと思います。

私は昨年11月に飛行群本部に配置されてから、これまで築城基地の所属部隊のつながりがあまり理解できていませんでした。本訓練に参加して基地の歴史や所在部隊の任務を学んだり、実際に現場を研修し、組織のつながりを理解することができました。

また、基本教練や服務教育等を受け、自衛官としての基礎を再確認することができました。

そのなかでも二つ、印象に残っていることがあります。

一つ目はFOD（航空機に損傷を及ぼす異物）点検の重要性です。[illegible]

二つ目は、反復演練の重要性です。[illegible]

[illegible]

## 第3子で育児休暇取得

3陸曹 吉田 久志（鳥取地本・倉吉地域事務所広報官）

第3子の出産に備え、育児休暇を取得した鳥取地本の吉田3曹

本年1月27日22時4分、第3子となる待望の長男が誕生した。大きな産声で元気に生まれて来てくれたことに安堵すると同時に、長女、次女、長男それぞれの誕生の瞬間に立ち会わせてくれた職場環境に深く感謝した。

妻の出産に伴い、私は1月22日～29日の間、育児休暇を取得した。

この時期、地本の広報官は新規受験者の獲得と、入隊予定者のつなぎ広報を実施する重要な時期と重なり、最初は休むことに不安を感じていたが、上司・同僚のご理解とご協力により、円滑に取得することができた。

休暇の間も入隊予定者に対し、切れ目なく対応できるよう、所長のご指導で休暇前に同僚と引き継ぎを行ったり、自宅から募集対象者への連絡を適宜実施し、業務と育児を並行して実施できるよう工夫して対応した。

私が妻の産前・産後に寄り添い、子供を世話する時間をいただけたのは、まさに職場の皆さまのご理解とご配慮によるものであった。ここに改めて感謝を申し上げます。今後は地本でより一層、募集広報にまい進して参ります。

恋愛がうまくいかない時は、良い仕事が来るもの。幸せを全部手に入れようとしたら、命と引き換え。

美輪 明宏（俳優）

（世界の切手・イギリス）

朝雲ホームページ
www.asagumo-news.com
＜会員制サイト＞
Asagumo Archive
朝雲編集部メールアドレス
editorial@asagumo-news.com

## 新刊紹介

### 「新版 防衛の務め」——自衛隊の精神的拠点

槇 智雄著

「真の紳士淑女たれ」——。本書は防衛大学校の初代学校長を務めた槇智雄氏（1891－1968）が12年間の在任中、学生たちに「防衛の務め」のあり様について語った講話や随想をまとめたものである。初版は1965年に出版され、いらい防衛省・自衛隊の関係者に読み継がれてきた。本書はその新版で、國分良成現学校長と8代学校長の五百旗頭真氏が序文で戦後の日本の防衛に大きな影響を与えた教育者・槇の人柄や業績について述べている。

防大は朝鮮戦争中の1953年に開校。自衛隊はまだ国民に認められていなかった困難な時代に、その指揮官となる学生たちに槇学校長がどのような思いで訓育に当たったかが記され、その行間には防大建学の精神がいまも息づいている。

槇氏は英国のパブリックスクールを模範に、心・技・体のバランスのとれた武人の育成を目指した。そして民主国家・日本の防衛を担う者は本物の紳士淑女でなければならないとし、「廉恥・真勇・礼節」を強く求めた。

国防の第一線に就く防大OBにとっては、どんな時でも自身の原点に立ち返ることのできる不滅の書だ。

（中央公論新社刊、2200円）

### 「イスラエルとユダヤ人」

佐藤 優著

「全世界に同情されながら死に絶えるよりも、全世界を敵に回しても生き残る」。これがイスラエルの国是だという。[illegible]

（KADOKAWA刊、1100円）

## OBがんばる

有馬 修政さん 57
平成28年9月、海自幹候校（江田島）教育部教官室砲術科を最後に定年退職（特別昇任3佐）。㈱ディスコに再就職し、呉工場で営繕業務を担当している。

### 退職は人生の転換期

私は再就職に際し、職種には固執せず、福利厚生・保険・健康管理などの制度が充実していることを希望していました。県地方総監部援護業務課のご尽力でディスコに入社することができました。前述の条件は予想以上に充実しており、大変満足しています。

弊社は精密加工装置、精密加工ツールの製造・販売を行っており、私は総務グループに属し、呉工場の施設管理に従事しています。具体的には構内公共場所に関係するメンテナンス、植栽関係、社員の送迎業務などを担当しています。

[illegible]

さて、退職が近い隊員の方々に申し上げます。[illegible]

## 詰将棋

第817回出題

出題 日本将棋連盟 九段 石田 和雄

■先手 持駒 なし

【ヒント】竜が主役となって詰め上がり（5分で初段）。

▶詰碁、詰将棋の出題は隔週です◀

## 詰碁

第1232回解答

出題 日本棋院 九段 曲 励起

【解答図】[illegible]

「朝雲」へのメール投稿はこちらへ！
▽原稿の書式・字数は自由。「いつ・どこで・誰が・何を・なぜ・どうしたか（5W1H）」を基本に、具体的に記述。所感文は制限なし。
▽写真はJPEG（通常のデジカメ写真）で。
▽メール投稿の送付先は「朝雲」編集部（editorial@asagumo-news.com）まで。

朝雲

発行所 朝雲新聞社
〒160-0002 東京都新宿区四谷坂町12-20 KKビル
電話 03(3225)3841
FAX 03(3225)3831
振替00190-4-17600番
定価一部150円、年間購読料9170円（税・送料込み）

One for all, All for one
あなたと大切な人の「今」と「未来」のために
防衛省生協

主な記事



# 生活・輸送支援 民間移行へ

## 検疫支援、衛生教育は継続

### 新型コロナ

新型コロナウイルスの急速な感染拡大を受け、安倍首相が4月7日に東京都など7都府県に「緊急事態宣言」を発令してから1週間。防衛省・自衛隊は引き続き、全国の各都道府県知事の要請に基づき、空港などでの検疫支援や帰国者・入国者の生活・輸送支援、医療関係者らに対する衛生教育など、新型コロナに関する災害派遣活動に当たっている。河野防衛相は14日の記者会見で「生活支援や輸送支援は要請があれば自衛隊が出ていき、当初の支援業務を立ち上げた上で、1週間（程度）でなるべく民間事業者等にスムーズに業務を引き渡していきたい」との考えを示した。

## グランドヒル市ヶ谷 ホテル主体で対応

帰国者等の一時滞在先となっているホテルグランドヒル市ヶ谷で、ガウン、ゴーグル、マスク、手袋などを装着し、入念な消毒を行った上で食事の配布や回収などに当たるスタッフたち（4月7日）＝防衛省提供

河野大臣は14日の記者会見で、6日からPCR検査の結果待ちの帰国者・入国者の一時滞在先として、最大216人（137室）の受け入れを行っている防衛省共済組合運営の「ホテルグランドヒル市ヶ谷」（東京都新宿区）について、自衛隊から民間への業務移管の「成功例」として言及し、「関係者が非常に頑張ってくれており、自衛隊員は万が一のために2名（のみが待機して）いる状況で業務が回っている。ホテルの従業員をはじめ、関係者の皆さまにお礼を申し上げたい」と述べた。

同ホテルでは自衛隊員から感染防護に関する衛生教育を受けた従業員と委託業者のスタッフたちが安全確保に万全を期した上で、自ら調理、配膳、清掃、リネン（シーツやタオル等の管理）などの全業務を主体的に実施する初のケースとして、13日までに延べ340人超を受け入れてきた。

一方、防衛省・自衛隊では4月14日現在、医官や看護官を含む約280人が、①成田・羽田両空港での検疫支援（PCR検査のための検体採取）②PCR検査結果を待つ帰国者や入国者の成田、羽田、関西、中部の各空港から宿泊施設への輸送③関東、関西、中部の各宿泊施設に滞在する帰国者・入国者への生活支援―など、水際対策の強化に当たっている。

このほか、14旅団（善通寺）では高知県知事からの要請を受け、12日から約1週間の予定で約20人の隊員を高知市内の公共宿泊施設に派遣し、▽軽症・無症状の陽性患者に対する生活支援▽県職員に対する衛生教育―を行っている。

また、3師団（千僧）も兵庫県知事からの要請を受け、13日から19日までの予定で約20人の隊員を同県内の民間宿泊施設に派遣し、▽軽症・無症状患者に対する生活支援▽施設スタッフに対する衛生指導・助言―を開始。1師団（練馬）も埼玉県知事からの要請を受け、14日から20日までの予定で約10人の隊員を同県内の民間宿泊施設に派遣し、▽軽症・無症状患者に対する生活支援▽医療機関と宿泊施設間の患者輸送―を開始した。

福岡病院では10日、官庁協力の一環で、副院長の川貴司1陸佐以下8人を福岡県内の宿泊施設に派遣し、宿泊医療に携わる医師や県職員らスタッフに対し、個人用防護服（タイベックスーツ）の着脱要領などの衛生教育を実施した。

東北方面隊（仙台）では宮城県知事からの要請を受け、医官ら数人が13日から15日まで仙台市内でPCR検査のための検体採取に従事した。

# 軍拡競争の可能性

## 中国の西太平洋進出に警戒

### 防研「東アジア戦略概観2020」

防衛研究所は4月10日、昨年1年間の日本周辺の安全保障情勢を独自に分析した年次報告書『東アジア戦略概観2020』＝写真は表紙＝を発表した。

今年のトピックスは「核軍備管理」。昨年8月に米露間の中距離核戦力（INF）全廃条約が失効後、米露は公式に中距離ミサイルの開発に着手しており、「東アジアでミサイル分野の軍拡競争が発生する可能性がある」と警鐘を鳴らした。

一方で世界最大級のミサイル戦力を持つ中国は、1990年代半ばからINFを含むミサイル戦力の構築を進め、近年は核搭載可能で迎撃困難な「極超音速滑空兵器」を開発していると指摘。中国を交えた「21世紀の軍備管理モデル」となる後継条約に向けた国際社会の期待感も記された。

中国の経済援助をテコにした太平洋島嶼国への進出をめぐっては昨年、台湾と断交したソロモン諸島やキリバスと外交関係を樹立したことで「これまで中国艦隊が寄港できなかった地域にもアクセス可能になった」とし、仮に中国が、現在は台湾との強固な外交関係を維持しているパラオと国交を樹立すれば、「第2列島線」を越えて「西太平洋全域で（軍事的な）行動の自由を得るための橋頭堡を得ることになる」と分析。今後の情勢によっては中国が「（米領）グアムを後背から狙う戦略も選択肢に入る」と警戒感を表した。

昨年来ミサイル発射を再開した北朝鮮については「核危機をあおる戦略に回帰した」との見方を示した。

同書は1996年度から毎年刊行され、今年で24冊目。防研のホームページには日本語版（全文）をPDF形式で掲載、英語版も7月にアップされる予定だ。

編集長を務めた軍事戦略研究室の橋本靖明主任研究官（前政策研究部長）は「防研の歴代の研究者たちが独自の視点で20年以上にわたって分析、執筆してきたシリーズで読んでいただけると歴史的な変化が理解できて面白い。研究や政策などで幅広く活用してもらえればうれしい」と話している。

# 中国空母「遼寧」が宮古海峡を南下

南西諸島近くを航行する中国海軍の空母「遼寧」。自衛隊が同艦を確認するのは2019年6月に続き4回目（統幕提供）

統幕は4月11日、中国海軍の空母「遼寧」（満載排水量5万9400トン）が駆逐艦など6隻で艦隊を組み、沖縄本島と宮古島間の宮古海峡を通過して東シナ海から太平洋に進出するのを確認したと公表した。

中国艦隊は「遼寧」のほか、「ルーヤンⅢ」級ミサイル駆逐艦2隻、「ジャンカイⅡ」級フリゲート2隻、「フユ」級高速戦闘支援艦で編成。10日午後7時ごろ、長崎・男女群島の南西約420キロの公海上を南東進するのを海自5護衛隊（佐世保）の護衛艦「あきづき」と1空群（鹿屋）のP1哨戒機が確認した。

同艦隊は翌11日午後4時ごろ、宮古海峡を南下し、太平洋に出た。

統幕は「遼寧」が搭載する戦闘機の発着などは確認されなかったとしている。

# 令和元年度 空自緊急発進

## 過去3番目の947回

### 中国軍機71％、露軍機28％

統幕は4月9日、令和元年度の空自戦闘機による緊急発進（スクランブル）実施状況を発表した。

令和元年度の緊急発進回数は947回で、前年度（999回）から52回減少したものの、昭和33年に対領空侵犯措置を開始して以降、3番目に多い回数となった。

このうち「対中国機」への発進回数は全体の71％を占める675回で、前年度（638回）に比べて37回増加し、過去最多（851回）に次いで2番目に多かった。

一方、ロシア機へのスクランブルは268回（全体の28％）で、前年度（343回）に比べ約2割減少した。

露軍機の領空侵犯は、6月20日のツポレフTu95爆撃機による沖縄・南大東島と東京・八丈島付近での侵犯と、7月23日のA50早期警戒管制機による島根県・竹島周辺での侵犯の2件だった。

各方面隊別では、東シナ海方面を担う南西空が最多の…回、次いで北空の…回、中空の…回だった。

中国機の動向では、沖縄・宮古海峡や対馬海峡東水道を通過する飛行が相次いだことから、同空域での飛行が、過去最多を記録した。

山崎統幕長は4月9日の記者会見で「緊急発進の回数は高止まりの状況で、その中でも中国に対する緊急発進が多くなっている。我が国の安全保障を取り巻く環境を適切に捉え、これまで以上の警戒監視を行っていく」と述べた。また、中露軍の共同飛行について「中国、ロシアの共同飛行は特異な事案として捉えている。中露の連携についても今後しっかりと注視していきたい」と語った。

令和元年度、初めて確認されたロシア軍のスホイSu34戦闘爆撃機（上）と中国軍のY9早期警戒機（下）（統幕提供）

# 総隊司令官に吉田北方総監

## 陸自 北方総監に前田7師団長

政府は4月10日の閣議で、高田克樹陸上総隊司令官の勇退を認め、後任に吉田圭秀北方総監を充てる人事を承認した。北方総監には前田忠男7師団長、7師団長には中村裕亮15旅団長がそれぞれ就任する。将に1人、将補に1人が昇任する。発令はいずれも4月15日付。

吉田陸上総隊司令官

前田北方総監

中村7師団長

### 防衛省発令

▽陸将に昇任（15旅団長）
陸将補 中村 裕亮

▽陸上総隊司令官（北部方面総監）
陸将 吉田 圭秀

▽北部方面総監（7師団長）
同 前田 忠男

▽7師団長（15旅団長）
同 中村 裕亮

▽陸将補に昇任（東北方面総監部防衛部長）
1陸佐 相園 和宏

▽1師団副師団長兼練馬駐屯地司令（東北方面総監部防衛部長）
陸将補 相園 和宏

▽15旅団長（1師団副師団長兼練馬駐屯地司令）
同 佐藤 真

▽退職（陸上総隊司令官）
陸将 高田 克樹
（以上4月15日）

### 将・将補昇任者略歴

中村 裕亮（なかむら・ひろあき）陸将 防大32期。昭和63年陸自。平成14年2佐、19年1佐、26年将補。北方幕僚副長、研究本部幹事、教育訓練研究本部副本部長などを経て、31年4月15旅団長。香川県出身。54歳。

相園 和宏（あいぞの・かずひろ）陸将補 防大37期。平成5年陸自。19年2佐、24年1佐。35普連長、南スーダン派遣施設隊9次隊長、研本主任研究開発官などを経て、30年3月東北方面総監部防衛部長。福岡県出身。51歳。

## 陸自総火演の一般公開中止

### コロナの影響

河野防衛相は4月3日の記者会見で、5月24日に静岡県の東富士演習場で予定していた陸自の令和2年度「富士総合火力演習（総火演）」の「公開演習（一般公開）」を中止すると発表した。新型コロナウイルスの感染拡大を受け、実施は不可能と判断した。

一方で、前日23日の「教育演習」は技量維持のため部内者のみで行う予定で、インターネットによるライブ配信も検討中という。今年は夏に開催予定だった東京五輪・パラリンピックで陸自隊員も警備などの任務を担うことから、例年8月に実施してきた総火演を初めて5月に前倒しした。

来年の総火演も東京五輪の1年延期（7月開幕）を受け、5月開催が見込まれる。

春夏秋冬

# コロナウィルス禍と対峙する中東

田中 浩一郎

スペイン風邪以来、人類が約100年ぶりに直面する新型コロナウィルスの世界的流行（パンデミック）。日本が原油と天然ガスを依存し、過去30年を通じて自衛隊部隊の派遣実績が集中する中東・北アフリカ諸国の間でも確実に拡散している。アラブ首長国連邦（UAE）では1月末に、エジプトでは2月中旬に、それぞれ中国からの渡航者が発症した。2月下旬になるとイランで最初の死亡例が報告され、程なくして同国で爆発的な感染が始まった。

長く米国と対立してきたイランの状況は厳しい。すでに中国を死者数で超え、累計感染者数でも追い抜くのは時間の問題だ。米国の陰謀に絡めてウィルスの脅威を矮小化したイラン政府の政治姿勢、初期段階での保健衛生当局による拙い対応、行動制限に対する市民の無理解と不作為、濃密接触が避けられない聖地巡礼の強行、医薬品や検査薬の不足をもたらしている米国の経済制裁の存在など、およそ感染拡大を生じる教科書みたいな環境がイランには揃っている。政治家の落命も珍しくない。

高齢者が多いイラン体制指導部にとって懸念は尽きない。

一方、脅威の波及を恐れる近隣国は、イランとの間で人の往来を遮断することでウィルスの流入阻止を企図した。だが、中東各国で罹患が増していることからも、当初の水際作戦が不十分であった可能性が指摘できる。各国の対応も中国やイランなどからの輸入感染に対する警戒から、いまでは国内感染の抑制へと焦点が移った。人口100万人当たりの感染者数が多いイスラエルが実施する「鎖国」、感染者の増加率が著しいトルコが講じた国内移動制限、徐々に感染が広がるサウジアラビアが発動した主要都市などでの外出禁止令、地域のハブ空港であるドバイ離発着フライトの大幅減便など、それぞれ経済への影響も厭わない大胆な措置が採られている。それはCOVID－19に対する各国の危機意識の高さに他ならない。

だが、現在の対応の成功は保証されていない。少なくとも、この地域で内戦に荒れるシリア、リビア、イエメンなどの感染状況がきちんと掌握できないからだ。情報収集が果たされない場合、パンデミックの収束もさらに遠のくことになる。

（慶應義塾大学大学院政策・メディア研究科教授）

## 朝雲寸言

戦争や大規模災害、そして深刻な伝染病の蔓延などによって国民の生命・財産が著しい危機に直面した時に発出されるのが緊急事態宣言である。しかし我が国の憲法に緊急事態条項はない▼「ない」ことをどう見るかは人によって意見が分かれる。「ない」ことを法の欠落であるとする人は憲法に国家の緊急対応を銘記すべきだと主張する。一方、「ない」ことを肯定する人は憲法の趣旨が国家の緊急権を認めていないのだと主張する。そして国家の緊急権は超法規的な原理であって憲法に明文化されていなくても行使できる「不文の原理」であると主張する人もいる▼何れの主張であろうと緊急事態は起きるし、現に起きている。法律はどうなっているか。警察法には第71条に「緊急事態の布告」という条文がある。災害対策基本法では105条に「災害緊急事態の布告」があり、同じく109条に生活必需品などの価格や配分の統制、債務の支払い猶予などの規定がある▼改正新型インフルエンザ等対策特別措置法に基づき緊急事態宣言が発出された。しかし市民の日常生活や企業活動は統制されることなく、あくまでも要請や指示にとどまる▼つまるところ今般のコロナウイルスに国民ひとりひとりがどのように行動するかが今後の国家の緊急事態対応への試金石となるのだと思う。東京都は自衛隊に災害派遣を要請した。派遣隊員の任務達成と安全を願わずにはおれない。

METAWATER
メタウォーターテック
暮らしと地域の安心を支える
水・環境インフラへの貢献。
それが、私たちの使命です。
www.metawatertech.co.jp

必携の一冊 好評発売中！ 陸上自衛官 服務小六法 《令和元年版》 共済組合販価 2,330円
実務力のバージョンアップ 好評発売中！ 陸上自衛隊 補給管理小六法 《令和元年版》 共済組合販価 2,180円
文書実務の基本 好評発売中！ 陸上自衛隊 新文書実務 《新訂第9次改訂版》 共済組合販価 1,980円
好評発売中！ 自衛官 国際法小六法 《平成30年版》 共済組合販価 2,190円
一般書店 国際軍事略語辞典 《第2版》 英和・和英 共済組合販価 1,200円
学陽書房 〒102-0072 東京都千代田区飯田橋1-9-3 TEL.03-3261-1111 FAX.03-5211-3300
（共済組合販価は消費税10%込みです。）☆ご注文は 有利な共済組合支部 へ

退官後、家族のために“今”できること
退官後の自衛官を支える柱
年金 退職金 再就職
ご存知ですか？
不動産が 一保険+α の効果をもつことを
自衛官の退官後を支える「常識」が崩れつつあります。
将来のために“今”できること、考えてみませんか？
将来のために「いつ」「どう取り組むか」
無料書籍プレゼント 全国セミナー開催中
Agentrive Investors 03-6860-8231 https://agentrive.co.jp/

# 時の焦点

## 国内

### 緊急事態宣言

# 国民の自覚的行動カギ

法律に基づく、初めての緊急事態宣言である。収束に向け、危機意識を高めて臨みたい。

新型コロナウイルスの感染拡大を受けて、安倍首相は、東京、大阪など7都府県を対象に、緊急事態宣言の発令に踏み切った。改正新型インフルエンザ対策特別措置法に基づく対応である。

首相は記者会見で「医療提供体制が逼迫している地域が生じていることを踏まえれば、もはや時間の猶予はないとの結論に至った」と語った。

緊急事態宣言の発令を受けて、東京都が遊興施設や商業施設などに休業を要請したのをはじめ、各都府県が取り組みを強化している。

自治体によって多少の違いがあるにせよ、核心となるのは、住民が極力外出を減らし、人との接触を避けることである。

重症ではなくとも、感染者が急激に増えれば医療機関が対応できなくなる。いったん医療崩壊に陥れば、そこから立て直すのは至難である。

緊急事態宣言の期間は5月6日までの1カ月だが、漫然と過ごすのでは収束は遠い。首相は「1カ月で終えるためには最低7割、極力8割の接触削減を実現しなければならない」と強調する。相当の努力が必要となる。

経済への影響は深刻だ。戦後最大の経済危機という声が上がるのは、決して大げさではない。

政府は、事業規模108兆円の経済対策をまとめた。国内総生産（GDP）の2割に達し、過去最大の規模である。

収入が減少した世帯に1世帯あたり30万円の「生活支援臨時給付金」を支給することや、中小企業に最大200万円を給付することなどが柱だ。

生活支援臨時給付金は、支給基準が複雑すぎるとの批判を受け、全国一律の基準が設定されることになった。

休業を余儀なくされたり、需要が激減したりした業種は数多い。雇用も不安定化している。

必要なところに迅速に給付金を届けなければならない。

休業要請をめぐっては、幅広い業種を主張する東京都と、国との間で調整が難航した。都は、休業要請に応じた企業に協力金を支払う方針だが、他府県は財政的な余力が少ないのが実情だ。

気になるのは、野党などが「休業要請と補償はセットだ」と主張していることだ。

確かに補償ができればベストであろう。しかし、直接の休業要請を受けていない業種も、深刻な打撃を受けている。補償すべき損失の範囲や金額を合理的に確定するのは簡単ではない。巨額な財源も必要となる。

感染が急速に広がる現状では、「セット論」にとらわれず、まず休業や外出自粛の要請を徹底する以外にあるまい。

都市封鎖などを行う諸外国と異なり、日本の対応は、あくまでも国民の自主性が頼りである。我々ひとりひとりが自覚して行動できるか。ウイルスとの困難な闘いに、油断は許されない。

宮原 三郎（政治評論家）

## 海外

### コロナ禍深化

# グローバリズムの破綻

新型コロナウイルスの被害が深刻さを増す中、イタリアとフランスで3月下旬、反グローバリズム、反欧州連合（EU）の動きが表面化してきた。

全国的に移動制限が実施されているイタリア各地で3月中旬、市民がバルコニーで歌を披露し、励まし合った。通りにまで響き渡ったのはオペラなど伝統的なイタリアの歌、音楽で、グローバル・ポップスではない。

その際に薄々感じられたことが現在、同国で起きている。

各地で市民がEUの旗を燃やし、国歌を演奏し、政治家も「イタレグジット」（イタリアのEU離脱）の声を上げる。グローバリズムの価値に疑問を抱き、具体的には、EU加盟の長所は一体何なのかという思いだろう。

EU首脳は3月26日、新型ウイルス危機に対処する共同経済対策を協議したが、財政規律重視の北部諸国と財政困窮下の南欧諸国との間で合意が成らず、イタリア、ポルトガル、スペインの首脳は結果を激しく批判した。

また、ドイツ、オランダその他、北部諸国は同日、9カ国から出ていたコロナ禍による経済への衝撃緩和のための「コロナ債」（ユーロ共同債券）発行の訴えを退けた。

イタリアのメディアは、EUは「機能停止」「意地が悪い」などと伝え、サルビニ元副首相兼内相は「ウイルスとの闘いに勝ち次第、EU離脱を検討すべきだ」と述べた。

次いで、EU理念の最も声高な主唱者のフランスである。フランス国民は、イタリアが抱え込んだのと同種の困難にはないが、同国と同じ方向に動き出した。

ルメール経済・財務相は3月24日、新型コロナウイルス問題で欧州の「単一市場」が損なわれているとして、国民に国産品の購入を呼び掛けた。「バイ・フレンチ！」の訴えだ。

同相はこの政策を「経済の愛国主義」と呼び、国内のスーパーマーケットに「国産品を仕入れる」よう要請。業界も素早く反応し、スーパー連合会は、輸入品がなくなり次第、国内産の果物、野菜を独占的に店頭に並べると誓約した。

EU加盟国の多くがウイルス危機の勃発後、食料品や重要医療用品の近隣諸国への輸出を制限するために国境管理を強化した。その結果、「単一市場」で起きている深刻な供給危機が「バイ・フレンチ！」の背景にある。

それにしても、グローバリズムの主導国、不屈のEU信者みたいな国の閣僚の口から、「愛国主義」の言葉が肯定的ニュアンスで発せられるのは、いつ以来なのか。

マクロン仏大統領は2018年11月、第1次世界大戦終結100年の記念式典で、「他国を顧みず、われわれ自身の利益を第一に追求すれば、国家の道徳的価値を失う」と演説。

トランプ米大統領の「アメリカ・ファースト」政策を批判したものだが、ならば、今回の「バイ・フレンチ！」政策は「偽善的」ということになる。

草野 徹（外交評論家）

# 陸自幹候校、667人入校

## 陸幕副長「指揮の要訣を実践せよ」

竹本陸幕副長（左）から辞令書を交付される歯科幹部候補生の関陽之介曹長（4月2日、前川原駐屯地で）

【前川原】陸自幹部候補生学校（学校長・藤岡史生陸将補）は4月2日、前川原駐屯地のグラウンドで第101期一般、第56期医科歯科、第3期看護科の各幹部候補生計667人の入校行事を行った。

新型コロナウイルスの感染防止のため、例年式場となっている剛健大講堂ではなく、満開の桜に囲まれたグラウンドで実施され、竹本竜司陸幕副長、沖邑佳彦4師団長らが立会した。

まず竹本副長が一般・薬剤幹部候補生、歯科の各幹部候補生に辞令書を交付。任命申告、服務の宣誓が行われ、続いて全課程の入校報告が行われた。

続いて安倍首相、河野防衛相の激励メッセージを代読。竹本副長は「指揮の要訣を実践せよ」との訓示で、「全力で修養に励め。各人が努力と自信を持って卒業してほしい」と要望した。

藤岡学校長は式辞で「個性を発揮し、困難に立ち向かえ」と要望。竹本副長は「幹部自衛官としての使命感を確立し」と述べた。

# 「てるづき」が日米共同訓練

## インド洋東部で戦術運動

海自の幹部候補生学校を卒業した初級幹部を乗せて東南アジア方面を外洋練習航海中の護衛艦「てるづき」（艦長・山田昌彦2佐）は4月2日、インド洋東部のアンダマン海で米海軍の最新鋭艦と共同訓練を実施した。

「てるづき」は米海軍の沿海域戦闘艦「ガブリエル・ギフォーズ」（満載排水量約3200トン）と高速での戦術運動、通信訓練を演練し、戦術技量の向上と米海軍との連携強化を図った。

山村海幕長は4月7日の定例会見で「新型コロナウイルスの影響が心配される中、4月にインド洋でアメリカ海軍と共同訓練ができたことは、自由で開かれたインド太平洋の実現に向けて（日米両国が）コミットメントしていることを示す。非常に有意義であった」と述べた。

外洋練習航海部隊はマレーシア（ポートクラン）とブルネイ（ムアラ）への訪問を予定していたが、新型コロナウイルスの影響により取り止めとなった。研修などは国内の寄港地に変更して行う。

3胴の船体を持つ米海軍の沿海域戦闘艦「ガブリエル・ギフォーズ」（手前）と洋上で戦術運動を行う海自の護衛艦「てるづき」（奥）＝4月2日、インド洋東部のアンダマン海で＝米海軍太平洋艦隊HPから

# 「鈴木桃太郎賞」に岸村准教授

## 防大振興会「山崎貞一賞」は該当なし

【防大振興会】防衛大学校学術・教育振興会（東京都新宿区、西原正理事長）は、防大で極めて優れた研究成果をあげた研究者などを顕彰する令和元年度「山崎貞一賞」関連表彰の受賞者を決め、3月16日、國分良成防大学校長から受賞者に賞状が伝達された。

同振興会は、平成4年度に元TDK社長の故・山崎貞一氏の防大への貢献を記念して「山崎賞」を創設。今年度から名称を「山崎貞一賞」に改称するとともに、初代防大副校長の故・鈴木桃太郎氏の功績を記念して「鈴木桃太郎賞」を新設した。また、「山崎学生奨励賞」は「学生研究奨励賞」に改称した。

受賞者は振興会から委嘱された12人の選考委員（委員長・小林文明教授＝防大地球海洋学科）の審査を経て振興会が決定。元年度は「山崎貞一賞」の該当はなかった。

一方、若手研究者を対象とした「鈴木桃太郎賞」の初代受賞者には、衝撃高圧による材料創製に関する研究で極めて優れた研究業績を上げた岸村浩明准教授（機能材料工学科）が選ばれた。

3月16日に予定されていた防大での贈呈式は新型コロナウイルスの関係で中止となり、同日、國分学校長が各受賞者に西原理事長からの賞状とメダルなどを伝達した。このほかの受賞者は次の通り。

◇教育奨励賞＝▽丸山大介准教授（人間文化学科）▽吉冨健一郎准教授（機械工学科）

◇研究奨励賞＝▽山田秀人助教（応用化学科）▽本城豊之助教（機械システム工学科）

◇学生研究奨励賞＝▽片岡新之助1陸尉（理工学研究科後期課程）▽グェン・タイ・ズオン ベトナム陸軍中尉（理工学研究科前期課程）▽三影昇平2陸尉（理工学研究科前期課程）▽宇垣承明3陸佐（総合安全保障研究科前期課程）

◇校友会活動奨励賞＝▽水泳部▽短艇委員会

◇出版助成＝三村昌司准教授（人間文化学科）「日本近代社会形成史」

# 共済組合だより

## 「被扶養者の認定取消手続き」はお早めに

### 被扶養者が就職したら手続きが必要

●被扶養者が就職した場合の手続き

組合員の被扶養者が就職した場合、速やかに共済組合の窓口で扶養取消の手続きをしてください。この場合、「被扶養者申告書」及び「就業証明書」等の提出、「組合員被扶養者証」の返納が必要となります。

なお、事実発生の日またはその翌日から取り消されるので、取消の手続きが遅れると給付を受けた分の戻入が生じることがあります。

●結婚・出産等による被扶養者の認定の手続き

組合員が結婚、出産等で被扶養者ができたら、速やかに「被扶養者申告書」を共済組合の窓口に提出し、その認定を受けてください。被扶養者としての各種給付が受けられるようになります。

届出は事実発生の日から30日以内に行うと、事実発生の日に遡って認定されますが、30日を経過した場合は、遡っては認定されないのでご注意ください（その届け出をした日から認定になります。）。

●認定条件

「被扶養者」の認定条件は主として組合員の収入で生活しており、日本国内に住所を有する次の範囲にあてはまる方です。

1 組合員の配偶者（内縁も含む）・子・父母・孫・祖父母・兄弟姉妹

2 3親等内の親族で右記以外の方（原則として組合員と同居していることが必要）

3 内縁関係にある配偶者の父母・子（同上）

4 内縁関係にある配偶者の死亡後におけるその父母・子（同上）

ただし、上記の該当者でも収入が年額130万円以上（障害による年金受給者または60歳以上の公的年金受給者は180万円以上）の方及び年額130万円以上になると見込まれる方は認定されません。

また、別居している父母等については当該父母等の全収入（父母等の全収入と組合員及びその他の方の送金等の収入の合計）の3分の1以上を組合員が送金等により負担していない場合も認定されません。

扶養認定において基準とする年収を算定する場合の1年間は、1月～12月の暦年や4月～3月の年度単位でなく、認定から現在まで引き続く期間において連続する12カ月で、どの12カ月の収入を見ても130万円未満である必要があります。現時点で年額130万円以上でない場合であっても、年額130万円以上と見込まれる収入が継続的に得られるようになった場合、勤務形態の状況等により、扶養認定の取消となる場合もあります。

例えばパート勤務等で収入を得ているような場合は、130万円÷12カ月＝10万8333円であるため、月の収入が10万8333円を恒常的に超えることとなったらご注意ください。

被扶養者の認定、取消についての詳細は、ご所属の共済組合支部短期係までお問い合わせください。

# 露海軍 フリゲート2隻が対馬海峡を南下

4月3日午後3時ごろ、ロシア海軍の最新鋭「ステレグシチー」級フリゲート2隻（満載排水量2200トン、艦番号333「ソビエルシェンヌイ」、同335「グロームキー」）が長崎・対馬の北東約130キロの公海上を南西に向け航行するのを海自13護衛隊（佐世保）の護衛艦「さわぎり」が確認した。

2隻はこの後、対馬海峡を南西進して日本海から東シナ海に入った。

対馬海峡を南下するロシア海軍の最新鋭フリゲート「グロームキー」（海自撮影）

# 露軍哨戒機が日本海を飛行

ロシア軍のイリューシンIL38哨戒機＝写真＝2機が4月9日、オホーツク海から日本海を長距離飛行したため、空自の北空と中空のF15戦闘機などが緊急発進して対応した。

北海道・択捉島東方沖の太平洋上空に飛来したIL38は、択捉－国後島間を抜けてオホーツク海を西進。宗谷海峡を通過して礼文島西方沖で南に針路を変えた後、石川・能登半島沖まで一気に南下し、その後、日本の領空から離れた。

統幕は同日、空自機が撮影した写真と航跡図を公表した。

## 防衛省発令

▽1輸送航空隊副司令（1輸送航空隊）　1空佐　山田　眞也

▽空自3術科学校副校長（1輸送航空隊副司令）　同　大石　徹郎

（以上4月4日）

▽飛行開発実験団誘導武器開発実験隊長（防衛装備庁長官官房装備開発官付2開発室長）　2空佐　西山愼一郎

▽航空医学実験隊2部長（中央病院臨床薬剤課長）　同　齊藤　和夫

▽中央病院臨床薬剤課長（航空医学実験隊2部長）　同　柏崎　利昌

▽兼防衛装備庁長官官房装備開発官付2開発室長　防衛装備庁長官官房装備開発官付4開発室長　同　岡田　全浩

（以上4月6日）

▽ぶんご艦長（海自1術科学校主任教官兼研究部員）　2海佐　雄山　誠司

（4月7日）


まもなく定年を迎える皆様へ

25％割引（団体割引）

隊友会団体総合生活保険

隊友会団体総合生活保険は、隊友会会員の皆様の福利厚生事業の一環として、ご案内しております。

現役の自衛隊員の方も退職されましたら、是非隊友会にご加入頂き、あわせて団体総合生活保険へのご加入をお勧めいたします。

公益社団法人　隊友会　事務局

| | |
|---|---|
| 傷害補償プランの特長 | ●1日の入通院でも傷害一時金払治療給付金1万円 |
| 医療・がん補償プランの特長 | ●満70歳まで新規の加入可能です。 |
| 介護補償プランの特長 | ●本人・家族が加入できます。<br>●満84歳まで新規の加入可能です。 |
| 無料でサービスをご提供「メディカルアシスト」 | ●常駐の医師または看護師が24時間365日いつでも電話でお応えいたします。<br>＊一部、対象外のサービスがあります。 |

※上記は団体総合生活保険の概要を紹介したものです。ご加入にあたっては、必ず「重要事項説明書」をよくお読みください。ご不明な点等がある場合には、お問い合わせ先までご連絡ください。

資料請求・お問い合わせ先

取扱代理店　株式会社タイユウ・サービス　隊友会役員が中心となり設立　自衛官OB会社

〒162-0845　東京都新宿区市谷本村町3-20　新盛堂ビル7階

TEL 0120-600-230
FAX 03-3266-1983
http://taiyuu.co.jp

資料は、電話、FAX、ハガキ、ホームページのいずれかで、お気軽にご請求下さい。

引受保険会社

東京海上日動火災保険株式会社
担当課：公務第一部　公務第二課 TEL 03(3515)4124

19-T01744　2019年6月作成



あなたの人生に、
使わなかった、
保険料が戻ってくる!!

“新しいカタチの医療保険”

メディカルKit R

医療総合保険(基本保障・無解約返戻金型)健康還付特則　付加[無配当]

メディカルKit R 生存保障重点プラン

医療総合保険(基本保障・無解約返戻金型)健康還付特則、特定疾病保険料払込免除特則　付加[無配当]

あんしんセエメエは、東京海上日動あんしん生命のキャラクターです。

募資19-KR00-A023

株式会社タイユウ・サービス
東京都新宿区市谷本村町3-20新盛堂ビル7階　〒162-0845　0120-600-230

引受保険会社：東京海上日動あんしん生命



防衛省・自衛隊関連情報の最強データベース

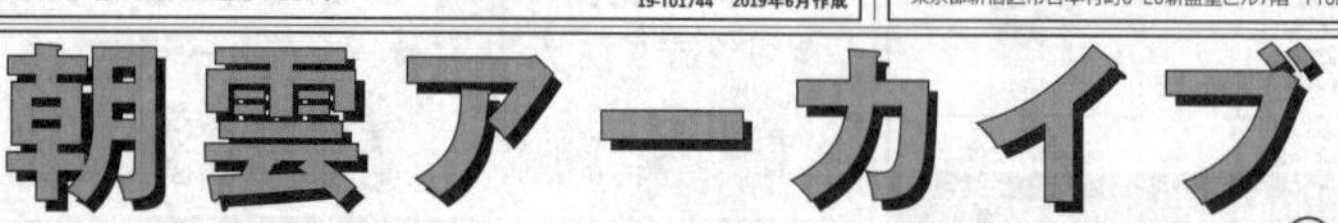


自衛隊の歴史を写真でつづるフォトアーカイブ

お申し込み方法はサイトをご覧ください。＊ID&パスワードの発行はご入金確認後、約5営業日を要します。

朝雲新聞社　〒160-0002 東京都新宿区四谷坂町12－20KKビル　TEL 03-3225-3841　FAX 03-3225-3831　http://www.asagumo-news.com

# 「しらせ」任務完遂

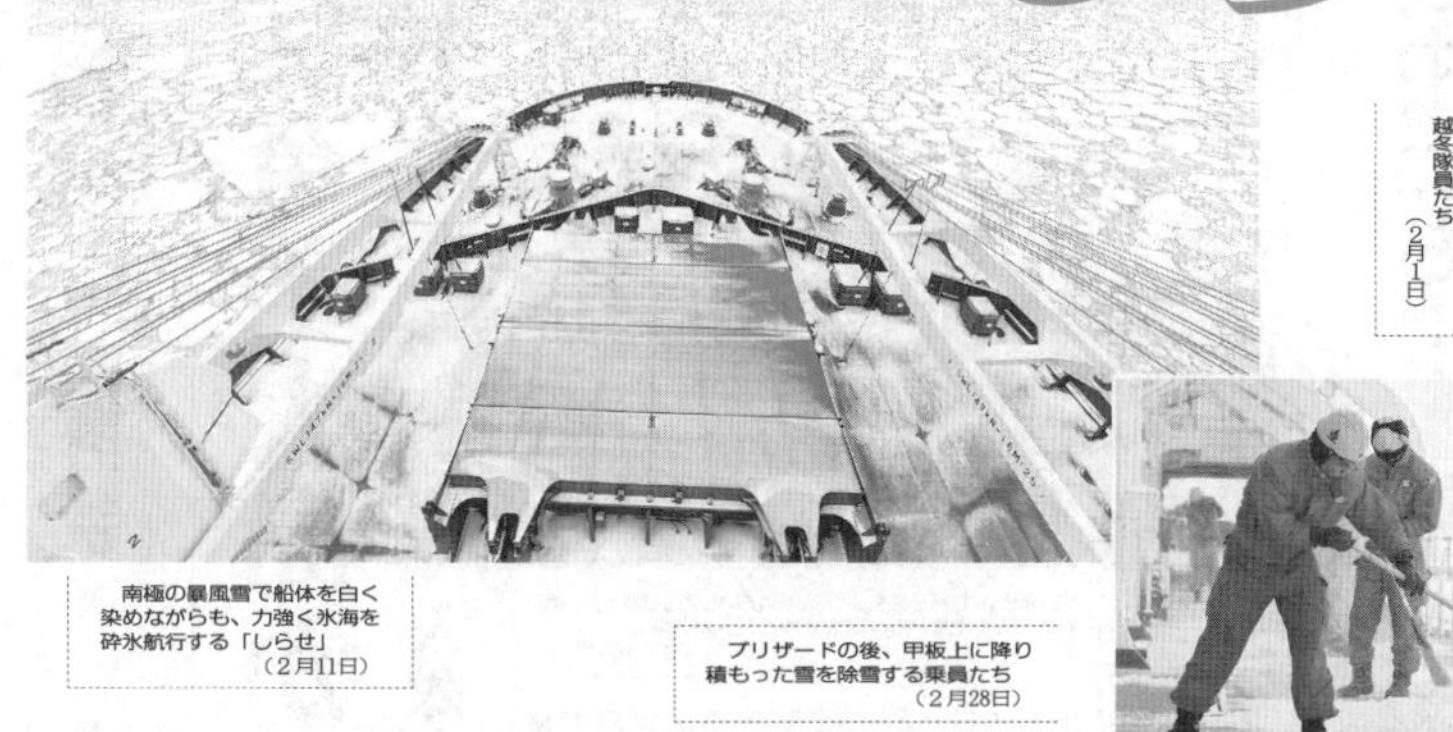

南極の暴風雪で船体を白く染めながらも、力強く氷海を砕氷航行する「しらせ」（2月11日）

ブリザードの後、甲板上に降り積もった雪を除雪する乗員たち（2月28日）

昭和基地での越冬交代式。南極での観測業務を終えた第60次の越冬隊員らとこれから1年間南極で任務にあたる第61次の越冬隊員たち（2月1日）

トッテン氷河沖で海底からの「採泥」のため、観測機材を海中に降ろす乗員たち（1月31日）

南極・昭和基地近くのルッカリー（集団営巣地）に生息するアデリーペンギンのひな（1月27日）

流氷の上で体を休めるアザラシ（2月13日）

## 61次南極観測支援 147日

## トッテン氷河沖で初観測

海自の砕氷艦「しらせ」（1万2650トン、艦長・竹内周作1佐以下乗員約180人）は4月6日、147日間に及ぶ南極地域観測支援活動を終えて海自横須賀基地に帰国した。

「しらせ」は昨年11月12日、文部科学省の第61次観測支援のため東京・晴海ふ頭から出発。豪・フリーマントルで観測隊員67人を収容し、南極に向かった。途中、近年の気候変動により氷の融解が懸念されている南極大陸東部のトッテン氷河沖にとどまり、今次観測隊員のメインとなる同地域での集中観測を支援した。このトッテン氷河沖での本格的な観測は、世界で初めての事業となった。

この後、「しらせ」は南極リュツオホルム湾の昭和基地に向けて前進し、1月5日に沖合約400メートルの定着氷に無事接岸を果たした。

今次の「しらせ」は、往路・復路の間にトッテン氷河沖での観測支援に計35日間を費やしたため、昭和基地での作業時間が例年より大幅に短縮されたが、艦載のCH101輸送ヘリ2機を同時に運用し、輸送効率を上げてこれに対応。現地では限られた期間内に燃料や食料、観測資材など約975トンの物資陸揚げを完遂した。

昭和基地ではこのほか、ゴミや廃材など基地からの持ち帰り物資約382トンを艦内に積み込み、基地施設の各種設営支援や野外観測支援などにも従事した。

「しらせ」は基地での任務を終え、1月29日に昭和基地沖を離岸。越冬隊の交代式は2月1日に行われ、帰国する60次越冬隊長らはヘリで艦内に収容した。

「しらせ」は復路でもトッテン氷河沖で観測支援に当たり、3月14日に南緯55度を超えて南極圏を離脱。この間、「しらせ」が氷上に船体を乗り上げて氷を砕く「ラミング」回数は往路168回、復路は301回に上った。

補給地の豪・シドニーでは新型コロナウイルスの影響により入国が制限され、「しらせ」は予定していた各種行事などを取り止め、観測隊員を下ろして3月21日に出港した。

その後、予定より4日早い4月6日に横須賀基地に帰国、乗員たちは全任務を無事故で完遂した。その功績により、帰国行事では統合幕僚長からの2級賞状が贈られた。

「節分」の日を迎え、調理員が用意してくれた「恵方巻」を頬張る乗員たち（2月3日）

航行する「しらせ」の目の前の空に現れたオーロラ（3月1日）

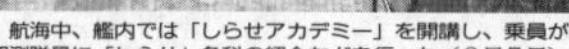

航海中、艦内では「しらせアカデミー」を開講し、乗員が観測隊員に「しらせ」各科の紹介などを行った（2月7日）


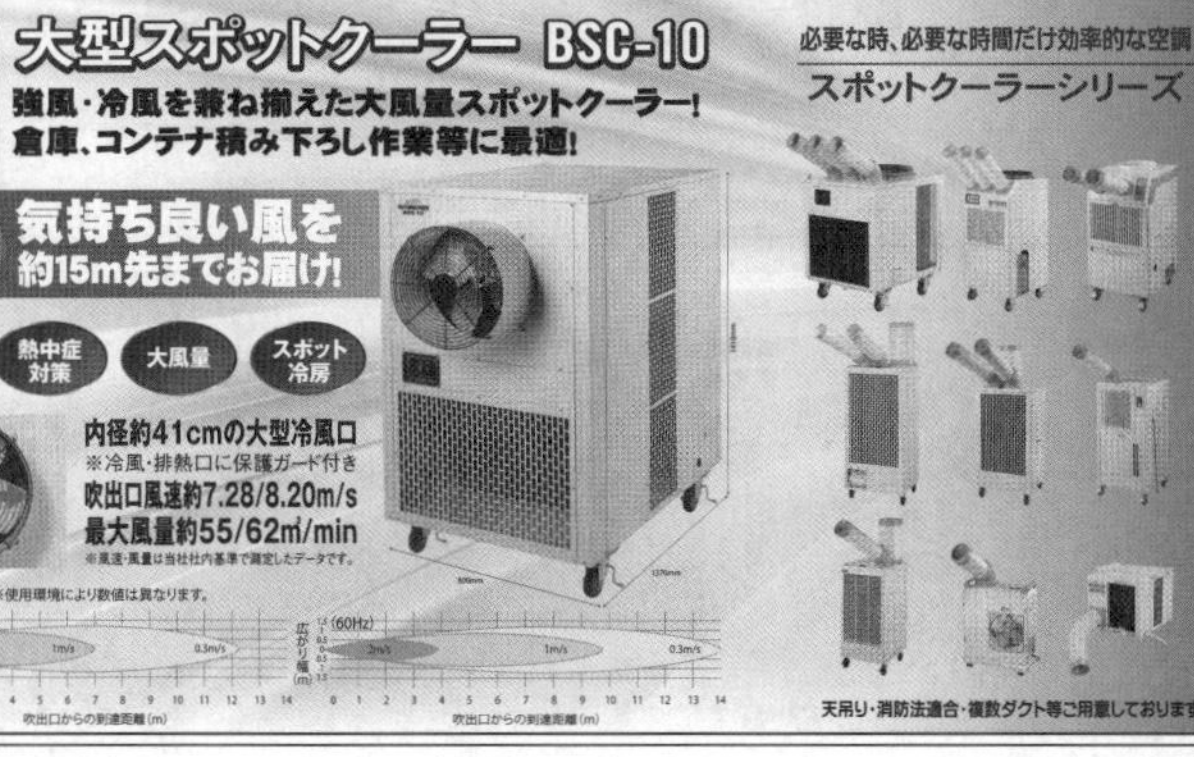

2020 NEW MODEL
三相200V
大型スポットクーラー BSC-10
強風・冷風を兼ね揃えた大風量スポットクーラー！
倉庫、コンテナ積み下ろし作業等に最適！
気持ち良い風を約15m先までお届け！
体感温度 -13℃
環境改善　熱中症対策　大風量　スポット冷房
内径約41cmの大型冷風口
吹出口風速約7.28/8.20m/s
最大風量約55/62m³/min
必要な時、必要な時間だけ効率的な空調
スポットクーラーシリーズ
天吊り・消防法適合・複数ダクト等ご用意しております


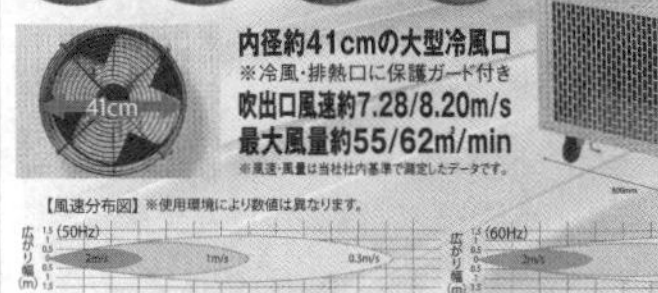

大型循環送風機 ビッグファン
熱中症対策　空調補助　節電・省エネ
大風量で広範囲へ送風！
●備蓄倉庫等の換気・循環に！　●単相100V電源で工事不要！
広さ・用途で選べる5TYPEをご用意
BF-60J　DCF-60P　BF-75V　BF-100V　BF-125V
コンプレッサー式除湿機
目的に合ったドライ環境を提供
結露・カビを抑え湿気によるダメージを防ぎます！
DM-10　DM-15/DM-15T　DM-30
お問い合わせはこちら
TEL:026-245-3105
FAX:026-248-7101
株式会社ナカトミ
https://www.nakatomi-sangyo.com


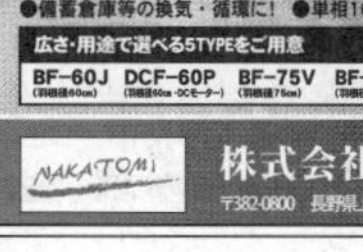

# 募集・援護 特集

平和を、仕事にする。

ただいま募集中！
◇自衛官候補生
◇医科・歯科幹部（一般・歯・薬剤科）
◇一般曹候補生
★詳細は最寄りの自衛隊地方協力本部へ

# 出発式で祝福

## 激励会中止も…

「入隊する皆さんに敬意を表します。いずれは奄美に戻り活躍してください」――。鹿児島地本・奄美大島駐在員事務所は令和元年度、過去最多となる32人を入隊させた。昨年3月、奄美大島には陸自奄美駐屯地・瀬戸内分屯地が開設され、これも募集を後押しした。しかし、予定された「入隊激励会」は新型コロナウイルスの関係で中止になり、奄美大島所は急きょ「出発式」を企画。自治体の首長と共に本土の自衛隊に向かう若者たちを盛大に送り出した。

（8面に関連記事）

## 鹿児島　奄美大島から入隊者数が過去最多32人

「出発式」で勝どきを上げる奄美市からの入隊者。令和元年度、奄美大島からは過去最多の32人が入隊した（3月16日、奄美市役所で）

【鹿児島】奄美大島駐在員事務所は令和元年度、奄美大島・喜界島から入隊者32人を達成し、過去最多を記録した。

同所からの入隊者は平成29年度から3年連続で増加。昨年3月に島内に奄美駐屯地と瀬戸内分屯地が新設されたことに加え、28年度から島内の学校の「総合的な学習の時間」への協力など、中・長期を見据えた広報活動が実を結んだ形となっている。

奄美大島所は特に中学・高校生の「職場体験学習」に力を入れ、広報官が生徒と直接触れ合うことで親近感を生み出し、自衛隊を「好感の持てる職業」として意識してもらうことに成功した。さらに学校側の支援で自衛隊に興味を示した生徒を積極的に広報イベントに招待するなど、「つなぎ広報」の成果も入隊者数に現れた。

### 職場体験やつなぎ広報、実を結ぶ

しかし、年度末に予定された各市町村等主催の「入隊予定者壮行会」は、新型コロナウイルスの影響で軒並み中止に。

そこで奄美大島所では3月16日、地域の全面協力を受け、奄美市役所内で「入隊予定者出発報告会」を実施した。これは「島の若者たちの晴れの旅立ちが寂しいものとなってはいけない」との強い思いの下、同所が各市町村長に入隊予定者の「出発報告」を受けるという形での出席を依頼し、実現したもの。

当日は奄美市の入隊予定者13人と保護者7人が出席。奄美大島所長の森田正2海尉の紹介で、入隊者一人一人が抱負を述べた。続いて朝山毅市長が「国のため、地域のためにと自衛官を志した皆さんの責任感に敬意を表します。いずれは奄美に戻り、地域のためにも貢献してください」と激励した。

この日は本土から鹿児島地本長の高岩俊弘1海佐も駆け付け、「自衛隊は厳しいですが、いつの日かこの職業を選んで良かったと思う日が来ることをお約束します」とエールを送った。

終了後、地元メディアの取材を受けた陸自一般曹候補生となる予定の植田友生さんは「将来は人の笑顔を守る自衛官になりたい」と熱く抱負を語った。

さらに18日に大和村、19日に瀬戸内町でも同様の「出発報告会」が行われ、地域を挙げて入隊予定者の旅立ちを祝福した。

鎌田愛人瀬戸内町長（右手前）から激励を受ける瀬戸内町出身の入隊予定者。左端は森田奄美大島所長（3月19日、瀬戸内町役場で）

# 自衛官の仲間入り～各地で新型コロナ対策

## SNSに写真投稿　帯広

陸自第15期一般陸曹候補生入隊式に臨んだ帯広地本経由の入隊者ら（4月5日、帯広駐屯地で）

【帯広】地本は4月5日、帯広駐屯地で開かれた第15期一般陸曹候補生入隊式に参加した。

式は新型コロナの感染を防ぐため、保護者や来賓は不参加で行われた。新隊員は新制服に身を包み、自衛官の一員として堂々と宣誓。

参加した地本の広報官は、参列できなかった保護者に少しでも入隊式の様子を届けられるよう、多くの写真を撮影した。

その後、式の写真を帯広地本のSNSにアップしたところ、写真を見た家族から、「あっ、うちの息子だ！」「家族全員で応援しています」など大きな反応があった。

自衛官候補生課程入隊式で根本連隊長（壇上）に服務の宣誓を行う中野自候生（先頭）＝4月6日、金沢駐屯地で

## 18～31歳の81人　14普連

【14普連＝金沢】14普通連隊は4月6日、自衛官候補生課程入隊式を行った。令和2年度は18～31歳の計81人が入隊した。

新型コロナ感染予防のため来賓、保護者、部隊隊員は参列せず、自候生はマスクを着け、間隔を開けて式に臨んだ。

入隊式では、松下力人自候生が申告、中野昂斗自候生が宣誓を行い、これに対し、根本勉連隊長が「自ら進んで困難に立ち向かえ」「感謝の気持ちを持て」の2点を要望した。

式後、祝賀会食が行われ、河野防衛相、山野之義金沢市長のビデオメッセージが伝えられたほか、先輩隊員が駐屯地生活のアドバイスをした。

## 晴れの日祝う　岐阜

【岐阜】地本は4月4日に豊川、5日に守山駐屯地で行われた入隊式に参列、式後、岐阜出身の新入隊者と歓談や記念撮影を行った。

二木裕昭地本長は晴れの日を迎えた入隊者に、「皆さんは本日をもって自衛官の一員となりました。厳しい教育訓練の中でも国防や災害対処を担う使命を忘れることなく、同期と絆を深め、より一層の高みを目指して頑張ってください。これからの活躍を期待しています」と激励し、一緒に記念写真に納まった。

## 東方総監感謝状贈呈式に引率　山梨

【山梨】地本は3月23日、朝霞駐屯地で行われた東部方面総監感謝状贈呈式に受賞者の中日本エクストール横浜支社大月管理事務所の井上幸三所長を引率した。

贈呈式では、日頃から自衛隊に対し支援や協力している個人・団体に東方総監の小野塚貴之陸将から感謝状が贈られ、井上所長も表彰された。

中日本エクストール横浜は長年にわたり山梨地本の退職自衛官を中央道の料金収受員として積極的に雇用、多くの退職自衛官が在籍した功績が評価され、今回の受賞となった。

## 市営地下鉄に募集ポスター　京都

【京都】地本は3月2～15日の2週間、京都市営地下鉄の全駅31カ所（烏丸線14駅と東西線17駅）の構内に自衛官募集ポスターを掲示した＝写真。

このポスター広報は同市交通局の協力により無料で掲示させてもらっているもので、今回で11回目。

京都市は10人に1人が大学生とされる「学生の街」であることから、学生が毎日利用する地下鉄で、自衛官募集の周知を図った。

ポスター・デザインには平成29年に京都地本が実施した「自衛官ポスターデザインコンテスト」での最優秀賞（猪貝夏美さん）の作品を使用。「誇りを胸に未来を見つめて！」のテーマで、自衛官の職業としての魅力を学生たちにPRした。

## 佐賀　護衛艦ありあけ　古賀君の作文に感銘　田中艦長が小学校訪問

小学校を訪問し、古賀新大君（左）が描いた護衛艦「ありあけ」の絵を受け取る同艦長の田中2佐（3月3日、佐賀県小城市立牛津小学校で）

【佐賀】佐賀募集案内所は3月3日、護衛艦「ありあけ」艦長の田中裕昭2海佐による小城市立牛津小学校への訪問を支援した。

この学校訪問のきっかけとなったのは同小学校から届いた作文。1年生の古賀新大君が「ありあけ」の一般公開で乗艦した際の思いや護衛艦艦長を志す気持ちをつづり、これが担任の先生、地本の広報官を通じて「ありあけ」に届いた。その内容に感銘した田中艦長の希望で、訪問が実現した。

当日は田中艦長と先任伍長の長谷川護曹長が同校を訪れ、古賀新大君に「ありあけ」の名誉乗員認定証と乗組員が使用している識別帽を贈った。古賀君はこの日のために描いた「ありあけ」の絵を艦長に見せ、交流した。

佐賀所では「子供が自衛隊に憧れを抱いてくれるのは光栄なこと。今後も多くの子供たちに自衛隊を知ってもらえるよう、支援していきたい」と話している。

# 「私が予備自、息子は即自」

## 長崎　県内4社に「予備自等協力認定証」

西田洋一郎長崎地本長（右端）から「予備自等協力事業所表示制度」の地本長認定を受けた大村屋葬儀社の大村社長（その左）。左隣は息子で即自の一雄さん（3月25日、平戸市で）

【長崎】地本は3月25日、防衛省の「予備自等協力事業所表示制度」の地本長認定企業4社（大臣認定2、地本長認定2）に対して「認定証」を交付した。

同制度は予備自衛官らの雇用を通じ、企業が社会貢献を果たしていることを防衛省として認定・称揚することで、予備自への社会的な関心や理解を深め、制度の円滑な運営に貢献することを目的としている。

今回、地本長が認定をした平戸市の大村屋葬儀社は、代表自らが予備自で、従業員である子息が即応予備自という予備自親子。従業員が少なく、多忙の中でも毎年の訓練に確実に出頭するなど制度に大きく貢献した。

認定証を受けた同社代表の大村克弥社長は、「認定頂き、大きな励みとなった。今後も私が予備自、息子が即自として訓練に臨み、災派に備えていく」と力強く語った。

大切なことは、言葉にしなくても伝わっていく。

2018 マイハピネス フォトコンテスト 応募作品「伝える…しあわせなとき」（林典子さま・兵庫県）

娘と孫たちを写真におさめた。
娘が孫娘にあやとりを教えている。
はじめて見る毛糸と手先のマジックに心を奪われている。
「ママも子どものときによくやったんよ。」
あやとり。お手玉。針仕事。
娘は私から、私も母親から、教わった。そして孫へと。
物心がついてきた弟は、最近お姉ちゃんが大好きだ。
お人形遊びも楽しい。ご飯も食べさせてくれる。
両親からしてもらったことを弟にしているのだろう。
知らず知らずのうちに、伝わっていくものがある。
一緒に暮らす時間のなかでしか伝えられないものが。
しあわせは、いつもそばにいる。

人に一番やさしい生命保険会社へ。

確かな安心を、いつまでも　明治安田生命

ご入隊おめでとうございます

明治安田生命保険相互会社　防衛省職員 団体生命保険・団体年金保険（引受幹事生命保険会社）：〒100-0005 東京都千代田区丸の内2-1-1　www.meijiyasuda.co.jp

『朝雲』縮刷版 2019
2019年の防衛省・自衛隊の動きをこの1冊で
宮古島と奄美大島に駐屯地・分屯地が開庁 南西防衛を強化
大型台風が関東・東北を直撃　統合任務部隊を編成

判型　A4判変形／452ページ　並製
定価　本体 2,800円＋税

朝雲新聞社　〒160−0002 東京都新宿区四谷坂町 12-20KK ビル　TEL 03−3225−3841　FAX 03−3225−3831　http://www.asagumo-news.com

# 5空団　場内救難事態に対処

## F15戦闘機　クレーンで撤去

### F2の「再発進準備訓練」も

右＝離・着陸中の航空機が滑走路上にかく座したとの想定で、F15戦闘機をクレーンで吊り上げ、収容作業に当たる5空団の隊員たち（3月9日、新田原基地で）

下＝戦闘を終えて着陸したF2戦闘機の再発進を可能にするため、空対空ミサイルの搭載作業に当たる5空団の整備補給隊員（3月13日）

【5空団＝新田原】九州南部などの防空を担う5空団は3月9日、滑走路地区でF15戦闘機を使い、「場内救難事態対処訓練」を実施した。

訓練は離陸・着陸中の航空機が滑走路上にかく座したという場内救難事態を想定して行った。かく座機により他の航空機の新田原飛行場への離着陸が不可能となる場合があるため、基地では速やかに事故機の撤去が必要になる。

この日は5空団基地業務群飛行場勤務隊長の岩崎栄一郎3佐を訓練指揮官に、厳格な安全管理のもと、大型クレーンで約20トンに及ぶF15戦闘機の機体を吊り上げ、ほかの場所に移して滑走路を再開させる作業が整斉と行われた。

◇

5空団は3月13日、F2戦闘機を使い、「異機種再発進準備訓練」を行った。再発進準備は、上空での戦闘を終えて着陸した航空機を即座に点検・整備し、燃料補給とミサイルなど弾薬の搭載を行い、再び発進させる。

今回は福岡県の築城基地から新田原に飛来したF2の機体を使用。基地に着陸したF2の再発進準備のため、隊員たちは外装タンクの取り付けや、空対空ミサイルなどの弾薬搭載の作業を迅速に行い、F15だけでなく、F2の再発進準備の練度を向上させた。

# 日米が連携し空中機動

## 米海兵隊と「フォレストライト」

### 8師団

開会式で握手を交わす12普連長（当時）の渡辺亘紀1佐（右）と米第31海兵機動展開隊長のプロディー大佐（1月18日、大矢野原演習場で）

海兵隊のMV22オスプレイで空中機動後、攻撃前進する12普連と米海兵隊員（大矢野原演習場で）

【8師団＝北熊本】8師団は1月18日～同30日、大矢野原・霧島の両演習場と高遊原分屯地で国内における米海兵隊との実動訓練「フォレストライト（WA）」を実施した。

師団は12普連（国分）を訓練部隊とし、米第31海兵機動展開隊（キャンプ・ハンセン）第1大隊との実動訓練を、指揮機関・機能別・総合訓練に区分して行った。

指揮機関訓練では、日米の小隊長などが図上での調整などで作戦内容を共有。続く機能別訓練では、各種射撃・空中機動訓練などを通じ、日米それぞれの実施要領を確認、両部隊の連携強化を図った。

ハイライトとなる総合訓練では、日米共同指揮所で渡辺亘紀1佐とロバート・プロディー大佐が指揮を行う中、海兵隊のMV22オスプレイによる空中機動から、日米部隊が連携しての攻撃前進・展開、さらに共同しての攻撃により目標の奪取まで一連の状況を演練した。

陸自と海兵隊はそれぞれの指揮系統に基づき、連携して迅速に作戦を進め、日米共同運用の遂行能力を向上させた。

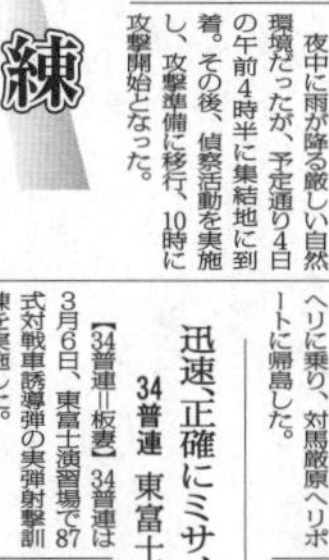

訓練

# 難所乗り越え、目標確保

## 対馬　新隊員が「後期総合野営」

【対馬】対馬警備隊の新隊員教育隊は3月3日から6日まで、大矢野原演習場で昨年10月に入隊した新隊員8人の「後期総合野営」を実施した。

最初に隊容検査が行われ、教育隊長の貧輪貴紀2佐が新隊員に対し「一所懸命やるべき事を自ら考え実行せよ」「同期の絆を大切にして任務を完遂せよ」の2点を要望、訓練は、35キロの行進から始まった。

夜中に雨が降る厳しい自然環境だったが、予定通り4日の午前4時半に集結地に到着。その後、偵察活動を実施し、攻撃準備に移行、10時に攻撃開始となった。

雨で足元が取られる中、8人は若さと気合で数々の難所を乗り越え、砲迫の最終弾と同時に突撃を敢行、目標を確保し、逆襲に備えたところで状況を終了した。

最終日は西方航空隊（高遊原）の協力でCH47JA輸送ヘリに乗り、対馬厳原ヘリポートに帰島した。

大矢野原演習場での総合訓練を終えて、CH47JA輸送ヘリで空路、対馬に帰島した対馬警備隊の新隊員たち（3月6日、対馬厳原ヘリポートで）

# 迅速、正確にミサイル発射

## 34普連　東富士で実弾射撃訓練

【34普連＝板妻】34普連は3月6日、東富士演習場で87式対戦車誘導弾の実弾射撃訓練を実施した。

各普通科中隊の対戦車小隊が訓練に参加、87式対戦車誘導弾を使い、直接照準射撃と遮蔽射撃を行った。

各分隊は対戦車ミサイルを用意し、分隊長の号令に基づき終始緊張感を保ち、安全管理に留意しながら行動。現れた目標に対し、迅速・正確に照準し、ミサイルを発射、目標を見事撃破した。

各小隊は実射訓練を通じて対機甲戦闘と射撃能力の向上を図った。

# 47普連が連隊競技会

## 炊事・車両の後方競技は初実施

【47普連＝海田市】47普連は2月25日から28日まで連隊競技会を実施した。

今回は射撃・持続走・車両・炊事の四つで構成し、戦技（射撃、持続走）と後方（炊事・車両）の部に分けて行った。「後方競技会」の開催は連隊として初めて。

統裁官の佐藤篤連隊長から「粘りをもって取り組め」との訓示を受けた各中隊は、名誉と誇りをかけて競技に臨んだ。

車両競技会は、整備を専門とする307普通科直接支援中隊の整備員と教習指導員の厳正な審査の中、「装輪車操縦」「A整備」「タイヤ交換」「チェーン装着」の4項目を時間内に実施した。

炊事競技会は、決められた食材で中隊ごとにメニューを決定し、制限時間内に食事を用意。味の審査は駐屯地糧食班の栄養士が担当、各中隊とも高い評価を受けた。

# 120ミリ迫撃砲　高い命中精度

## 20普連で実射検閲と師団検閲

【20普連＝神町】20普連は3月10日から12日まで、王城寺原演習場などで重迫撃砲中隊の実射検閲と師団訓練検閲（戦闘射撃）を行った。

11日、吉田山で120ミリ迫撃砲の実射検閲が行われ、同中隊の射撃練度を評価。分隊長の力強い「撃て！」の号令で実射訓練が開始され、中隊長の村上雄一1尉の指揮の下、前進観測班、射撃指揮班、各分隊が密接に連携し、いずれも高い命中精度を見せた。

12日は師団訓練検閲が行われ、2中隊と重迫撃砲中隊が受閲した。

2中隊は小火器戦闘射場と市街地訓練場で小火器戦闘射撃を、雨堤で81ミリ迫撃砲の射撃を行った。特に小銃小隊は、前方に次々と現出する目標に対し、臨機応変に射撃姿勢を変えながら目標を倒していき、高い戦闘射撃能力を遺憾なく発揮した。

一方、重迫撃砲中隊は前日に引き続き吉田山で120ミリ迫撃砲射撃の実射を行った。

# 10特連、部隊の部で優勝

## 4個部隊で射撃指揮競技会

### 姫路

【3特隊＝姫路】3特科隊は2月26、27の両日、姫路駐屯地で「中方特科部隊合同射撃指揮競技会」を開催、10特連（豊川）、13特隊（日本原）、中方特科隊（松山）が加わり、4個部隊で射撃指揮競技が行われた。

競技は「部隊対抗の部」と「個人対抗の部」で競われ、それぞれ部隊・個人のさまざまな工夫の下、参加者は最後まで戦機に適合する射撃を行った。

結果は、部隊の部で10特連が優勝、個人の部で中方特科隊の嵯峨崎恭一3曹が1位に輝いた。

# 火力発揮能力を向上

## 28普連　総合戦闘射撃訓練

【28普連＝函館】28普連は3月6日から10日まで、北海道大演習場で総合戦闘射撃訓練を実施した。

諸職種部隊の総合された火力発揮能力の向上を目的に、各級指揮官の射撃指揮、諸職種部隊間の火力調整、火力の連携を重視して行い、前方地域から主戦闘地域にわたる防御戦闘の場で演練した。

この際、演習連隊本部を実設して諸職種部隊間の火力調整と戦闘指導を行い、実戦的な訓練の場の設定に努めた。

また、総合戦闘射撃の基盤を活用して本部管理中隊の対戦車小隊と重迫撃砲小隊の実射検閲も実施。その射撃練度を評価・判定し、じ後の射撃能力の向上を図った。

参加した28普連、11特科大隊、11戦車大隊、北方航空隊は訓練を通し、諸職種部隊間の調整能力や部隊射撃練度を向上させた。

残雪の中、重迫撃砲の実射検閲を行う28普連重迫中隊の隊員たち（北海道大演習場で）

Hazuki

両手が使える拡大鏡

広い視野で長時間使っても疲れにくい

職域限定特別価格 7,800 円（税込）にてご提供させて頂きます

※拡大率イメージ

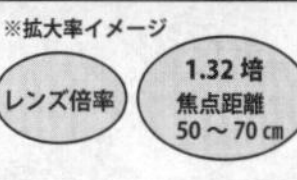

| レンズ倍率 | 1.32 培 | 1.6 培 | 1.85 培 |
| --- | --- | --- | --- |
| 焦点距離 | 50～70㎝ | 30～40㎝ | 22～28㎝ |

※焦点距離は対象物との眼と一番ピントがあう距離

大きくみえる！話題のハズキルーペ!!

・豊富な倍率・選べるカラー・安心の日本製・充実の保証サービス

お申込み　・WEBよりお申込いただけます。　https://kosai.buyshop.jp/　（パスワード：kosai）

※商品の返品・交換はご容赦願います。ただし、お届け商品に内容相違、破損等があった場合には、商品到着後、1週間以内にご連絡ください。良品商品と交換いたします。

コーサイ・サービス株式会社　TEL:03-3354-1350　担当：佐藤　〒160-0002新宿区四谷坂町12番20号KKビル4F / 営業時間 9:00～17:00 / 定休日 土・日・祝日

内外出版・新刊図書

最新　防衛実務小六法　令和二年版

日常業務に、また、3尉候補者・幹部候補生・曹候補生の選抜試験等の受験者や、幹部学校・職種（術科）学校などの入校学生の方々にも必携の一冊です。

日加ACSA及び日仏ACSAに関する改正、改元に関する改正を始め、その他広範囲にわたり改正されています。

◎新規収録　防衛省の損害賠償に関する訓令／日仏物品役務相互提供の実施に関する訓令／日加物品役務相互提供の実施に関する訓令

ISBN978-4-909870-11-7　◎A5判▽本体価格七五〇〇円

最新　緊急事態関係法令集2020　付録CD-ROM「戦争とテロ対策の法」

有事やテロ、災害への対処のための国内外の法規を幅広く収録したものです。令和元年第200回国会までを完全収録しております。

各中央省庁の実務担当者、全国の自治体の危機管理担当者、大学研究者の方々はもとより、各組織の幹部教育などにご利用いただいています。持ち運びの出来るコンパクトなサイズです。

付録CD-ROM「戦争とテロ対策の法」には新大綱、中期防を収録しております。インターネット・ブラウザで閲覧可能です。

ISBN978-4-909870-16-2　◎A5判▽本体価格三四〇〇円

新刊　ここが変だよ日本国憲法！　田村重信　著

憲法とはいったい何なのか？なぜ憲法改正なのか？

議論する前に憲法を全て読んだことがありますか？

しっかりとした情報を共有し考えることが大切です

憲法は国民が楽しく幸せに安全に生きるためのツールです

田村重信　ここが変だよ日本国憲法！　憲法改正こそ我が党の使命です

序章　必要なのは脱皮する勇気
第一章　ここが変だよ日本国憲法！
第二章　憲法改正をめぐる自民党の闘い
第三章　「想定外」に弱い戦後日本
第四章　ゼロから分かる自民党の新憲法草案
第五章　冷戦後の国際平和協力法制
第六章　憲法と武器輸出三原則
第七章　ワシントンで専門家に憲法を語る
第八章　ウクライナで「日本の政治と法制度」を語る
あとがき　翔べなくなった鴨

ISBN978-4-909870-14-8　◎新書判▽本体価格一〇〇〇円　全二四〇頁

内外出版　〒152-0004 東京都目黒区鷹番3-6-1　TEL 03-3712-0141 FAX 03-3712-3130
防衛省内売店：D棟4階　TEL 03-5225-0931 FAX 03-5225-0932（専）8-6-35941

http://www.naigai-group.co.jp/

備蓄用・贈答用として最適　防災スイーツパン　自衛隊バージョン

陸・海・空自衛隊の"カッコイイ"写真をラベルに使用

（小麦・乳・卵・大豆・オレンジ・リンゴが原材料に使用されています。）

3年経っても焼きたてのおいしさ♪

焼いたパンを缶に入れただけの「缶入りパン」と違い、発酵から焼成までをすべて「缶の中で作ったパン」ですので、安心・安全です。

陸上自衛隊：ストロベリー　イチゴジャムの甘い香りと美味しさが口の中に広がります。

海上自衛隊：ブルーベリー　甘酸っぱい、さわやかなブルーベリージャムの風味が楽しめます。

航空自衛隊：オレンジ　オレンジのジャムを練り込んだ、柑橘系のさわやかな味です。

【定価】

| 6缶セット | 1ダースセット | 2ダースセット |
| --- | --- | --- |
| 3,600円（税込）を | 7,200円（税込）を | 14,400円（税込）を |
| 特別価格 3,300円（税込） | 特別価格 6,480円（税込） | 特別価格 12,240円（税込） |

（送料は別途ご負担いただきます。）

TV「カンブリア宮殿」他多数紹介！

内容量：100g／国産／製造：㈱パン・アキモト

1缶単価：600円（税込）　送料別（着払）

昭和55年創業 自衛官OB会社　㈱タイユウ・サービス

〒162-0845 東京都新宿区市谷本村町3番20号 新盛堂ビル7階　TEL：03-3266-0961　FAX：03-3266-1983

ホームページ　タイユウ・サービス　検索

# 防衛ハンドブック2020

## シナイ半島国際平和協力業務
## ジブチ国際緊急援助活動も

判　型　A5判　948ページ
定　価　本体1,600円＋税
ISBN978-4-7509-2041-2

**発売中！**

## 防衛省・自衛隊に関する各種データ・参考資料ならこの1冊！

朝雲新聞社が毎年編纂する防衛行政資料集。

２０１８年12月に決定された、今後約10年間の我が国の安全保障政策の基本方針となる「平成31年度以降に係る防衛計画の大綱」「中期防衛力整備計画（平成31年度～平成35年度）」をいずれも全文掲載。日米ガイドラインをはじめ、防衛装備移転三原則、国家安全保障戦略など日本の防衛諸施策の基本方針、防衛省・自衛隊の組織・編成、装備、人事、教育訓練、予算、施設、自衛隊の国際貢献のほか、防衛に関する政府見解、日米安全保障体制、米軍関係、諸外国の防衛体制など、防衛問題に関する国内外の資料をコンパクトに収録した普及版。巻末に防衛省・自衛隊、施設等機関所在地一覧。

巻頭には「２０１９年安全保障関連　国内情勢と国際情勢」ページを設け、安全保障に関わる1年間の出来事を時系列で紹介。

朝雲新聞社　〒160－0002 東京都新宿区四谷坂町 12－20 KKビル　TEL 03－3225－3841　FAX 03－3225－3831　http://www.asagumo-news.com

# 16種の講習受講 可能に

## 油圧ショベル、ブルドーザー、フォークリフトなど

### 八戸に登録教習機関を設置

【機動施設隊=海八戸】機動施設隊(司令・松本人志1佐)は昨年3月8日、厚生労働省青森労働局長の認可を受けて、労働安全衛生法に基づく各種技能講習の実施と資格付与が可能な「登録教習機関(教習所)」を隊内に設置した。同機関では1年間の試行期間を経て今年4月1日から、▽6種類の技能講習▽施設業務に関連する6種類の特別教育▽基地整備作業に関連する4種類の安全衛生教育――の計16種類の講習を本格的に開始した。

海自唯一の施設特化部隊である機動施設隊はこれまで、自衛隊法108条により「労働安全衛生法」の適用が除外されていたため、車両操縦者に対しての「作業免許」などの各種資格取得は義務付けられていなかった。しかし、同隊では多くの施設車両を取り扱うため、「施設車両の基本操作の習得」「労働災害の防止」などの観点から自主的に部外機関で資格を取得してきた。

こうした中、平成29年に「海自車両管理運用規則」が改正され、施設車両などの操縦手指定に〝各種技能講習の受講・資格取得〟が義務付けられたことから、多くの有資格者の養成が急務となった。

これを受け、海自施設員の技能管理に加え、施設特技取得直後の海士隊員の教育機関的な役割も併せ持つ機動施設隊が「登録教習所」になることを選択し、隊内での各種技能講習の実施と資格付与が可能になった。

機動施設隊は昨年の教習機関設置後、講師の育成や準備などの1年間の試行を経て、今年度から油圧ショベルやブルドーザーに必要な車両系建設機械をはじめ、フォークリフトや高所作業車の作業資格などの取得ができる6種類の「技能講習」を本格的に開始した。

このほか、施設業務に関連するフルハーネス装着や伐木(チェーンソー操作)、タイヤ空気充填など6種類の「特別教育」と、基地整備作業に関連する刈払機(肩掛草刈機)や熱中症予防など4種類の「安全衛生教育」も含め、計16種類の講習などを行っている。

新装した「機動施設隊」の看板を掲げる教習所長兼4施設隊長の宮本良和2尉(右)と、先任講師の附田勝彦1曹(4月10日)

試験期間に行った高所作業車による運転技能講習の様子(昨年11月14日)

### 巡回講習計画「海自全体に広げたい」

技能講習は厚労省から認可を受けた八戸基地のみでの実施になるが、特別教育、安全衛生教育についてはニーズに合わせて海自各航空基地への巡回講習も計画している。

登録教習機関の先任講師を務める附田勝彦1曹は「緊急時でも日常業務でも安全が最も重要であり、昨今、どのような職種でも『基本の徹底』が叫ばれている。我々講師陣は、施設業務の『基本』のすべてが機動施設隊にあると胸を張って言えるように、各種講習などに全力で取り組み、この試みを海自全体に広げていきたい」と決意を語った。

## 藤井1尉 筑波大大学院を卒業

# 学長表彰受ける

### コンピュータサイエンス専攻

筑波大大学院を卒業し、学長からの表彰状を授与された藤井1尉(3月25日、茨城県の筑波大学で)

筑波大学大学院システム情報工学研究科コンピュータサイエンス専攻で研修していた藤井達哉1尉は3月25日、同専攻を卒業、研究成果が評価され、永田恭介学長から表彰状を授与された。

藤井1尉は6後支連2整備大隊(神町)などで勤務し、3月から開発実験団装備実験隊の実験科(富士)に所属している。職種は武器科。

無線通信機器(ハードウエア)の基礎理論について多くの研究成果を挙げていたコンピュータサイエンス専攻に「切磋琢磨しながら研究できる環境が整っている」と感じ、研修では、ゼミ以外の時間も教官の指導を受け、また研究成果に一定の進捗があるたびに学会などで発表、研究者の助言を研究に反映させた。平日は14時間ほどを研究・調査に充て、土日、祝日も国立国会図書館などで資料収集を行った。

研修を有意義に終えた藤井1尉は、「最先端の研究(今)を知ることだけでなく、基礎理論が成立した経緯(過去)も知ることが重要だと学んだ。今後、部隊勤務において、今やるべきことに注力するだけでなく、先人の知恵や経験の中に答えがないかも常に考え、部隊の精強化に取り組んでいきます」と抱負を語っている。

# 護衛艦「いずも」VRで体感

### 海自がYouTubeで募集広報

動画サイト「YouTube」の海上自衛隊公式チャンネルに3月26日、ヘリ搭載護衛艦「いずも」をバーチャル・リアリティー(VR)動画で体感できる「『VR体験乗艦』護衛艦いずも」が公開され、話題となっている。

動画は、募集広報の一環として昨年度から企画・製作され、海自の職場環境をインターネットで手軽に視聴することで、海自を幅広く多くの人に知ってもらうことが狙い。「甲板篇」「乗員篇①、②」「艦橋篇」の4本で構成され、見学者視点で「いずも」の艦内を体験できる。

動画再生中にスマートフォンを上下左右に動かすことで画面内の動画も同時に動き、艦内の天井から床まで360度見渡せる。航空機格納庫からエレベーターで飛行甲板に上昇して艦橋を見上げた時の迫力は圧巻。

このほか、乗員の案内で、普段は入れない医務区画や乗員が使用する寝室、浴室、トレーニングルームなどに移動することができ、実際に「いずも」に乗艦した気分が楽しめる。

「『VR体験乗艦』護衛艦いずも」のエレベーターから上昇して見える同艦の艦橋。映像は360度全方向が楽しめる

コメント欄には「臨場感がすごい」「近くで見てみたい」などの感想が寄せられ、好評だ。

海幕人事計画課募集推進室の久保昭憲3佐は「新型コロナウイルスの影響で各種広報ができない中でコンテンツが公開できたのはタイミング的にはよかった。まずは海自に興味を持っていただき、入隊のきっかけにしてもらえればうれしい」と話している。

## 念願叶い上級スキー指導官に

### 女性准曹で初 2対艦連の武田2陸曹

【美唄】陸自2地対艦ミサイル連隊2中隊(美唄)の武田由美子2曹=写真=は3月4日から同19日まで、冬季戦技教育隊(真駒内)が実施した「令和元年度上級スキー指導官養成訓練」に参加し、認定試験に合格、陸自准曹として初の「女性上級スキー指導官」となった。

上級スキー指導官は積雪寒冷地の戦闘行動について、各部隊の指導官も教育する「冬のエキスパート」。武田2曹は2回目の挑戦で、念願を叶えた。

訓練修了式は19日、蘭越町のニセコトレーニングセンターで行われ、冬季戦技教育隊長の中塚修一1佐から武田2曹に上級スキー指導官徽章が授与された。

胸に徽章を輝かせた武田2曹は、「今までお世話になった方々に感謝し、女性自衛官の活躍の場を少しでも広げられるよう、さらに努力していきたい」と決意を語った。

## 「はぐろ」ロゴマークが決定

# テーマは「ワンチーム」

海自は3月30日、来年3月に就役する新型護衛艦「はぐろ」(基準排水量8200トン、艤装員長・倉光啓介1佐)のロゴマーク=イラスト=を公表した。

昨年12月から海自ホームページなどで募集し、439点の応募があった。艤装員による選考を経て艤装員長が決定。東京都在住の会社員、江口尚孝さんの作品が選ばれた。

ロゴマークには黒地に白い艦と金色の艦名、艦名の由来となった山形県の「羽黒山」に伝わる「八咫烏」にちなんだ黒い羽根が描かれている。

テーマは「ワンチーム」。周りを囲む金色の七つの八角形は海自で就役しているイージス艦を表す。同色の「HAGURO」の文字を配置することで「イージス艦8隻体制」を表現、輪をつくり「ワンチーム」になることで日本の周辺海域を守る姿をイメージした。

## 管制・気象講座を開催

### 浜松広報館 約80人が参加

【浜松】空自浜松広報館は2月23日、「航空管制」「航空気象」の両講座を開催し、約80人が参加した=写真。

当日は両講座がセットで、小学生から年配者までの幅広い年代が受講した。

気象講座では浜松気象隊の高林詳二1尉が大気の基本や日本付近に出現する気団の分類など天気の奥深さを解説。

管制講座では浜松管制隊の杉浦芳朗2尉ら3人が、管制官の資格取得までの道のりを分かりやすく説明し、受講者の関心を集めた。終了後はさまざまな質問が飛び交い、各講師が丁寧に答えていた。

会場では静岡地本が募集ブースを開設。缶バッジやボールペンなどのグッズが不足するほど人気を集めた。

浜松広報館は新型コロナウイルスの拡散防止のため5月末まで閉館を続ける予定で、6月以降の予定は改めてホームページで告知するとしている。

## こちら警務隊

交通犯③

### 危険な「ながら運転」 重大事故の引き金に

スマートフォンでゲームしながら車を運転したら何か罪になりますか?

車の停止中を除き、スマートフォンの画面を注視したり、携帯電話で通話したりしながら運転すればいわゆる「ながら運転」に該当し、6月以下の懲役または10万円以下の罰金に処せられます。

さらに、そのような行為によって交通事故を起こす等の交通の危険を生じさせた場合は、1年以下の懲役または30万円以下の罰金に処せられます。

また、自転車でも条例違反等で処罰の対象となります。「ながら運転」は、人命に関わる重大な事故に繋がる危険な行為です。絶対にやめましょう。

(北部方面警務隊)

※次回、「道路交通法違反(救護・報告義務違反)」

## 小休止

▽…東京地本は4月1日、新たにインスタグラムのアカウントを開設し、実物の着ぐるみとして初登場した地本キャラクターの「さくらちゃん」=写真右=を紹介した。

▽…「さくらちゃん」は東京都の花「ソメイヨシノ」に由来して名付けられた女の子。男の子で同期の地本キャラクター「トウチ君」=写真左=と同様、都民の鳥「ゆりかもめ」をモチーフに、しっかりとした足は陸自を、しなやかなボディーは海自を、たくましい翼は空自を体現している。

▽…イラストとして約10年前から地本HPにアップされ、ついにその姿を現した「さくらちゃん」。新型コロナウイルスの感染拡大の終息後、イベントに登場する予定だ。(東京地本)

わたしたちは、生きようとする生命に囲まれた、生きようとする生命である。
シュバイツァー（ドイツの医師）

（世界の切手・ウルグアイ）

朝雲ホームページ
www.asagumo-news.com
<会員制サイト>
Asagumo Archive
朝雲編集部メールアドレス
editorial@asagumo-news.com

# 新型コロナの拡大防止で災派

2空曹　三和　直行（航空医学実験隊・入間）

三和2曹

私は2月13日から3月7日までの間、新型コロナウイルス感染拡大防止に関する災害派遣の任務に従事しました。

航空自衛隊の衛生員として、准看護師および救急救命士の資格を有していることもあり、横浜港に停泊する客船「ダイヤモンド・プリンセス」の乗員・乗客に対する検疫に係る業務が私の主たる任務でした。

「ダイヤモンド・プリンセス」船内での活動を大別すると、DMAT（災害派遣医療チーム）による診療・搬送調整、自衛隊による検疫業務・患者搬送、その他の医療組織による感染拡大防止とメンタルヘルスに関する活動等がありました。

私の実施した「検疫」業務は、陸上・海上・航空の各自衛隊の医官、薬剤官、看護官と協同で、PCR検査に必要な検体の収集を行うものでした。

任務に従事する前には、感染防護や清潔・不潔エリアの区分けの徹底を伝えられ、その後、活動を始めました。

検体は、対象の方の鼻腔または咽頭に綿棒を擦り、採取します。採取の際には咳やくしゃみなどを伴う場合が多く、飛沫に暴露される危険性が高いため、対象の方が新型コロナウイルス感染者であった場合、検体採取する隊員の感染リスクは非常に高くなります。

そのため、厳重な感染防護と手指消毒等の感染対策を、より一層の緊張感をもって実施しました。活動当初は、重症化しやすいとされる80歳以上の乗客および既に発熱等の症状がある乗客に対し、優先的に検疫を実施し、逐次75歳以上、70歳以上と対象を広げ、最終的には全ての乗客・乗員の検体収集を行いました。

今回の災害派遣活動を通じ、自衛隊以外の他の医療組織と協同で活動を行う場合において、自衛隊の判断だけでは活動できない場面も多々あり、時折もどかしさを感じたのも事実です。

しかし、そのような状況下においても自衛隊が置かれている立場を十分に理解し、確立されている指揮系統に従い、自衛隊として最大限の能力を発揮できたと実感できたことは、大変意義のあることでした。

また、迷彩服の隊員を見ると、自然と親近感が沸き起こり、より団結して事に臨むことができたことも印象的でした。これこそが、自衛隊の組織力の強みなのだと再認識することができ、本活動を通して得られた最高の経験でした。

帰隊後、「ダイヤモンド・プリンセス」船内での活動のみならず、自衛隊中央病院における活動など、延べ約8700人の自衛官が今回の災害派遣に関与していたことを知りました。

そして、その中から誰一人として感染者が出ていないということも知りました。防護服の着用などの感染防護や手指消毒などの感染対策、そしてそれを徹底させることのできる組織力が、「感染者ゼロ」という偉業を達成させたのではないかと自負します。

今回、非常に貴重な経験をさせていただいた上、私は陸自の東北方面支援隊長から褒賞状を頂きました。今回の活動を通じて、組織力の凄さを感じた半面、自分一人での非力さを痛感しました。災害現場のみならず、[illegible]に専念していきたいと思います。

「ダイヤモンド・プリンセス」の船内で感染拡大防止業務の準備にあたる防護服姿の自衛隊員（防衛省提供）

## みんなのページ

# 奄美の入隊者、港で見送り

2海尉　森田　正（鹿児島地本・奄美大島駐在員事務所長）

自衛隊鹿児島地方協力本部の奄美大島駐在員事務所は3月29日から30日の間、奄美大島から自衛隊に入隊する34名を名瀬港から見送った。

この時期、奄美大島の離島では、転勤や進学、就職で島を離れる人や見送る家族や友人などであふれており、その光景は離島ならではの春の風物詩となっている。

高校卒業後、約8割の者が島を離れる奄美大島では、連日、本土の自衛隊に入隊予定者を見送りに多くの家族や友人たちが別れを惜しみながら写真を撮影する姿が見られた。「体に気を付けて」「頑張ってね」と激励を受けると、「休暇で島に戻ったら、先生や後輩に近況報告に行きます」と元気よく答えていた。

入隊予定者は、前日まで伸ばしていた髪の毛をバッサリと切り落とし、スッキリとした髪型となり、決意に満ちた表情で、大きな荷物を抱え、鹿児島行きのフェリーに乗船していった。

出港時刻となり、フェリーが汽笛を鳴らしながら離岸すると、それまで見送っていた母親の目から涙があふれ、フェリーが見えなくなるまで手を振っていた。

子供の前では涙を見せない母親の気丈で愛情あふれる姿に、私たちも思わずもらい泣きした。

入隊者の母親は「これから訓練などで大変だと思うが、人の役に立つ人間になってほしい」と旅立っていった子供への思いを語っていた。

奄美大島駐在員事務所では、今後も[illegible]、募集広報活動にまい進していきたい。

奄美大島の名瀬港で、自衛隊への入隊者が乗ったフェリーを見送る家族や友人たち

# 小原台に防大68期生が着校

空自OB　中山　昭宏（神奈川県横須賀市）

新型コロナウイルス予防のため、マスクを着け小原台に到着した防大68期生予定者

「鶯声凍る風とけて並木かげろふ小原台♪」――。防大OBなら校歌に相当する学生歌よりも逍遥歌により懐かしさを感じるのではないだろうか。

4月1日、防衛大学校に第68期生予定者が着校した。元号が「令和」となって初めての入校者である。この日は[illegible]、新型コロナウイルスの影響もあり、マスクを着用している者が大半を占めた。[illegible]

今年の着校組は平成13年度生まれで、68期生は「新世紀ベビー」が主力である。

彼らには厳しくも楽しい4年間が待ち受けており、[illegible]彼らに期待したい。



泉屋　里美さん　55
平成31年2月、空自幹部候補生学校（奈良）総務課を最後に定年退職（准尉）。ALSOK近畿㈱に再就職し、警備員として活躍している。

## 自分の価値を高める

私は、平成31年3月からALSOK近畿で警備員として勤務しております。定年後の再就職にあたり、それまで空自で接客、行事の段取り、行政文書管理といった総務全般に携わってきた経験から、サービス業を希望しました。

数多くの求人情報をご提示いただき、内容を確認させていただいたところ、50歳代女性の正社員の求人は皆無に等しい状況でした。しかし、奈良基地援護室のご尽力で、会社見学の一環として当社の常駐警備を見学させていただく機会を得ました。[illegible]

入社当初は、環境が大きく変化し戸惑う場面もありましたが、職場の先輩や同僚の方々からの温かいご指導に支えられ、一年を経て新しい仕事にも慣れたところです。この職場では、自分の仕事ぶりがお客さまの満足度（会社の評価）に直結しており、やりがいと同時に誇りと幸せを感じております。これからも警備のプロとして、日々丁寧かつ正確・迅速な業務を心掛け、お客さまの満足度向上に貢献したいと思います。

隊員の皆さまにお伝えしたいのは、自衛隊で得た経験は民間でも必ず生かせます。退官前の講習受講や職業訓練を通じて、企業が求めるスキルを磨き、自分の価値を高め、自衛官として培った不屈の精神力と強靭な体力を持って、新たな職場で活躍してください。

# 4月から一般陸曹候補生に

陸士長　後藤　洋之（6普大・中隊・神町）

[illegible]として貢献できるよう、さらなる練度向上に努めていきます。

「朝雲」へのメール投稿はこちらへ！
▽原稿の書式・字数は自由。「いつ・どこで・誰が・何を・なぜ・どうしたか（5W1H）」を基本に、具体的に記述。所感文は制限なし。
▽写真はJPEG（通常のデジカメ写真）で。
▽メール投稿の送付先は「朝雲」編集部（editorial@asagumo-news.com）まで。

## 新刊紹介

### 「国防と教育」―自衛隊と教育現場のリーダーシップ　竹本三保著

海上自衛隊で女性自衛官の道を切り開き、中央システム通信隊司令（1等海佐）を最後に退官した著者はその後、大阪府立高校の校長になり、若者の教育に人生を捧げた。本書は「国防と教育」というまったく畑の違う二つの組織で実践した独自の統率法を明らかにしたリーダー論である。

著者は長年「人心を掌握し結果を出す統率法」を追求してきたが、学校に赴任し、ピラミッド式組織の自衛隊とナベブタ式の学校の違いに戸惑う。校長はリーダーとしてよりも管理者としての役割が求められ、そこではリーダーシップが不在だった。その結果、学校での危機管理から生徒のいじめや教師のパワハラなどの問題も生じていた。

これを解決するには「正しいことを断固として行うリーダーが必要」と、[illegible]

（PHP刊、1650円）

### 「写真史　飛行第四十七戦隊」　渡辺洋二編著

[illegible]

『世界の傑作機』スペシャル・エディション　シリーズの第8巻。

[illegible]

第1233回出題

## 詰碁

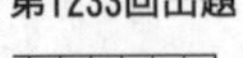

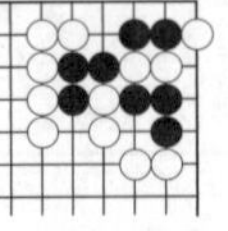

白先

出題　日本棋院　九段　曲　励起

▶詰碁、詰将棋の出題は隔週です◀

## 詰将棋

出題　日本将棋連盟　九段　石田　和雄

≫第817回の解答≪

隊員の皆様に好評の
『自衛隊援護協会発行図書』販売中

| 区分 | 図書名 | 改訂等 | 定価(円) | 隊員価格(円) |
|---|---|---|---|---|
| 援護 | 定年制自衛官の再就職必携 | ◎ | 1,300 | 1,200 |
| | 任期制自衛官の再就職必携 | | 1,300 | 1,200 |
| | 就職援護業務必携 | | 隊員限定 | 1,500 |
| | 退職予定自衛官の船員再就職必携 | | 720 | 720 |
| | 新・防災危機管理必携 | | 2,000 | 1,800 |
| 軍事 | 軍事和英辞典 | | 3,000 | 2,600 |
| | 軍事英和辞典 | | 3,000 | 2,600 |
| | 軍事略語英和辞典 | | 1,200 | 1,000 |
| | （上記3点セット） | | 6,500 | 5,500 |
| 教養 | 退職後直ちに役立つ労働・社会保険 | | 1,100 | 1,000 |
| | 再就職で自衛官のキャリアを生かすには | | 1,600 | 1,400 |
| | 自衛官のためのニューライフプラン | | 1,600 | 1,400 |
| | 初めての人のためのメンタルヘルス入門 | | 1,500 | 1,300 |

※　令和元年度「◎」の図書を改訂しました。

| 消費税 | 価格は、税込みです。 |
|---|---|
| 発送 | メール便、宅配便などで発送します。送料は無料です。 |
| 代金支払い方法 | 発送図書同封の振替払込用紙でお支払。払込手数料はご負担していただきます。 |

お申込みは「自衛隊援護協会」ホームページの「自衛官の皆様へ」タブから
「書籍のご案内」へ・・・スマホで今すぐ検索「自衛隊援護協会」
（http://www.engokyokai.jp/）

一般財団法人自衛隊援護協会
電話：03−5227−5400、5401　FAX：03−5227−5402　専用回線：8−6−28865、28866

極めて速い武器の進化に日本は対応できるのか!?

新刊
弾丸が変える現代の戦い方

今までほとんど語られてこなかった弾丸と弾道に焦点を当てて、元陸上自衛隊幹部と軍事ジャーナリストが徹底対談！
小銃や機関銃に関する最新情報も加えて、弾の進化が戦いを変えていく世界各国の戦略的な動きに迫る。

二見龍、照井資規 著

定価：本体1,600円+税　B6判・192頁　ISBN：978-4-416-61981-0

好評既刊（自衛隊最強の部隊へ）シリーズ共通：二見龍 著、B6判

自衛隊最強の部隊へ　第1弾　偵察・潜入・サバイバル編
見つかったら終わり…。生きた本物の戦場でも生き残ることができる兵士の育成法とは？自衛隊独自の訓練を描いたノンフィクション！
定価：本体1,500円+税　ISBN：978-4-416-51908-0

自衛隊最強の部隊へ　第2弾　CQB・ガンハンドリング編
どうしたら強くなれるのか…。その答えを求めて実戦に特化した訓練に明け暮れる陸上自衛隊・第一線部隊の記録。
定価：本体1,500円+税　ISBN：978-4-416-51951-6

自衛隊最強の部隊へ　第3弾　戦法開発・模擬戦闘編
実戦で勝つための新戦法開発からその戦法を用いた模擬戦まで。実戦に特化した訓練に明け暮れる陸上自衛隊・第一線部隊の記録。
定価：本体1,800円+税　ISBN：978-4-416-52058-1

誠文堂新光社　〒113-0033 東京都文京区本郷3-3-11　TEL03-5800-5780　https://www.seibundo-shinkosha.net/
お求めはお近くの書店、ネット書店、または、ブックサービス0120-29-9625（9時〜18時）まで

朝雲

発行所 朝雲新聞社
〒160-0002 東京都新宿区四谷坂町12－20 KKビル
電話 03(3225)3841
FAX 03(3225)3831
振替00190-4-17600番
定価一部150円、年間購読料9170円（税・送料込み）

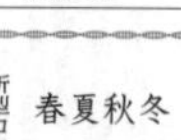

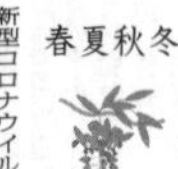

NISSAY
自衛隊員のみなさまに安心をお届けします。
防衛省職員団体生命保険・団体年金保険
団体医療保険（3大疾病オプション）
引受保険会社
日本生命保険相互会社

主な記事

新型コロナ

# 衛生教育全国で展開

## 生活支援にも全力

安倍首相は4月16日、新型コロナウイルスの感染拡大を受け、東京や大阪など7都府県を対象に7日に発令していた「緊急事態宣言」の対象地域を全国に拡大した。期間は7都府県と同じ5月6日まで。防衛省・自衛隊は3月28日から2回目の自主派遣として主要空港を拠点に実施している水際対策の強化をはじめ、各都道府県知事などからの要請に基づき、職員や宿泊施設の従業員らに対する感染防止のための衛生教育に全力を注いでいる。河野防衛相は4月21日の記者会見で、成田空港から宿泊施設への帰国者等の輸送支援について「今週中をめどに自衛隊から民間バス事業者に（業務を）完全移行する」と述べ、防護衣の着脱要領や車内の消毒要領など、防衛省・自衛隊が有する知見を提供したことを明らかにした。（2、3、7面に関連記事）

防衛省・自衛隊では4月21日現在、水際対策強化の一環として、医官や看護官を含む約280人が、①成田・羽田両空港での検疫支援（PCR検査のための検体採取）②PCR検査結果を待つ帰国者や入国者の成田、羽田、関西、中部の各空港から宿泊施設への輸送③関東、関西、中部の各宿泊施設に滞在する帰国者・入国者への生活支援――などに当たっている。

一方、知事などの要請による災害派遣は4月21日までに16都道府県で活動を実施。北海道では11旅団（真駒内）などの隊員が17、18の両日、道職員ら約50人に衛生教育を行ったほか、20日から24日までの予定で、民間宿泊施設で軽症・無症状患者への生活支援にも従事している。

宮城県では6師団（神町）の約10人が、PCR検査場所として使用する天幕の展張と維持管理のため、20日から27日までの予定で仙台市内に展開中だ。

千葉県では1師団（練馬）の2人が14日、県職員約10人に衛生教育を実施した後、20日から26日までの予定で、民間宿泊施設で軽症・無症状患者への生活支援を行っている。

1師団はこのほか、神奈川県でも19日に県職員らに衛生教育を実施した後、20日から24日までの予定で民間宿泊施設における軽症・無症状患者への生活支援を開始した。

近畿・中部地方では、中部方面総監部（伊丹）、中方衛生隊（同）、3師団（千僧）、10師団（守山）などの隊員計約30人が13日と16日に大阪府内で、16～18日には岐阜県内で、それぞれ府や県の職員と民間宿泊施設の従業員ら計約140人に衛生教育を実施。石川県では10師団の約10人が17日、県職員ら約30人に衛生教育を行った。

このほか、法務省からの依頼を受け、中方総監部、中方衛生隊、阪神病院（兵庫県川西市）の医官、看護官、救急救命士ら陸自隊員5人が8日、大阪拘置所の職員に防護服の着脱要領などの衛生教育を実施した。

中国地方では、13旅団（海田市）の計約15人が10日に岡山県警の職員5人に対し、また17日には鳥取県内の7個町村の職員計約30人に対し、防護服の着脱要領などに関する衛生教育を行った。香川県でも14旅団（善通寺）の約5人が21日、県職員ら約15人に対する衛生教育に当たった。

九州では4師団（福岡）の4人が17日、福岡県の職員約10人を対象に衛生教育を実施。さらに、20日から1週間程度の予定で、県内の病院から宿泊施設まで軽症患者の輸送支援に当たっている。

大阪府の職員やホテルの従業員らに対する衛生教育で防護服の着脱要領を展示する陸自隊員（4月13日、大阪市内のホテルで）

# 知見共有で一致

## 日仏防衛相が電話会談

河野防衛相は4月17日、フランスのパルリ軍事相と約30分間電話会談し、一刻も早い新型コロナウイルスの終息に向けて、防衛当局として感染拡大防止に関する情報や知見を共有していくことで一致した。

両大臣はまた、「自由で開かれたインド太平洋」ビジョンの実現に向け、日仏外務・防衛閣僚協議「2プラス2」の早期開催をはじめ、防衛協力・交流を強力に推進していくことを確認した。

河野大臣は大型クルーズ船「ダイヤモンド・プリンセス号」における自衛隊の活動や感染予防策のほか、自衛隊中央病院の症例などについて説明し、パルリ大臣もフランスにおける最新の状況や取り組みについて報告した。

# 沖縄にUAV部隊新編

## 鈴木隊長「団結し、信頼される隊に」

### 第15情報隊

【15旅団＝那覇】15旅団は3月26日、那覇駐屯地で固定翼無人偵察機（UAV）「スキャンイーグル」を装備する「第15情報隊」の新編行事を行った。

◇UAV「スキャンイーグル」

約24時間の滞空時間を持ち、広い範囲（中域）で偵察活動が可能な自律型UAV。米ボーイング社傘下のインシツ社が開発し、2004年から米海兵隊などが使用。移動式のカタパルトと収容装置により、UAVは固定翼機でありながら、どこでも容易に運用できる。機体の機首部に光学カメラなど観測用センサー、尾部にガソリンエンジンとプロペラが配置されている。飛行は事前に入力したプログラムにより指定ルートを自律飛行するほか、GPSとフライトコンピューターを使って遠隔操縦もできる。

編成完結式では編成担任官の中村裕亮旅団長（現・7師団長）が初代15情報隊長の鈴木慎太郎2佐に隊旗を授与。続いて旅団長が、「（沖縄を守る）15旅団の任務達成のためには、必要な情報の収集とその情報の共有を迅速かつ的確に行うことが極めて重要だ」と述べ、隊員に対し「旅団司令部に対する情報業務支援態勢を早期に確立し、無人偵察機の能力を最大限発揮できるよう団結を強化せよ」と訓示した。

式後、旅団長らは同隊が装備し、移動式カタパルトから発進する中域用の固定翼UAV「スキャンイーグル」のシステムを視察した。

この後、鈴木15情報隊長は隊員たちに対し統率方針として部隊の早期戦力化を要望。「（沖縄県の離島への不審船の接近など）旅団長の状況判断に寄与する適切な情報を集め、関係部隊に対し迅速な情報提供を行わなければならない。隊一丸となり、旅団司令部と作戦部隊に信頼される情報隊を作っていこう」と述べた。

陸自はこれまで東北の6師団（神町）隷下に「6情報隊」、九州の8師団（北熊本）隷下に「8情報隊」を編成しており、今後はこの3個情報隊を機動的に運用し、日本各地の沿岸部などで偵察・情報収集活動を行う予定だ。

UAV「スキャンイーグル」。機首下部に偵察用カメラなどが搭載されている（ボーイング社HPから）

15情報隊の編成完結式後、15旅団長ら幹部（左側）にカタパルトから発進する「スキャンイーグル」について説明する同隊の隊員（3月26日、那覇駐屯地で）

海自護衛艦「あけぼの」（奥）が周辺海空域を警戒する中、米海軍の強襲揚陸艦「アメリカ」（手前）に着艦する米海兵隊のF35Bステルス戦闘機（4月10日、東シナ海で）＝米軍サイトDVIDSから＝

# 米強襲揚陸艦と初訓練

## 護衛艦「あけぼの」

海自1護群5護衛隊（佐世保）の護衛艦「あけぼの」（艦長・小林征太郎2佐）は4月10、11の両日、米海軍佐世保基地に昨年12月に配備された最新鋭の強襲揚陸艦「アメリカ」（満載排水量4万4400トン）と東シナ海で初めての日米共同訓練を行った。

「アメリカ」は米海兵隊のF35Bステルス戦闘機やMV22オスプレイ輸送機など航空機の運用能力が強化された「アメリカ」級の1番艦。従来型の強襲揚陸艦「ワスプ」の後継として米第7艦隊（司令部・横須賀）に配備された。

今回の「あけぼの」との共同訓練では、米軍サイトによると、通信訓練、戦術運動などのほか、米補給艦「ジョン・エリクソン」も加わっての洋上補給訓練などを実施し、日米間の共同運用能力を強化した。

米第7遠征打撃群司令官のフレッド・カッチャー少将は訓練後、「この困難な時期こそ、同盟国のパートナー同士が世界の重要な地域で訓練を行い続けることが非常に大切だ」と述べた。

「あけぼの」の小林艦長も「（今回の共同訓練で）日米関係と相互運用能力がより強化されたと確信している」と語った。

# 「宇宙作戦隊」を新設

## 改正防衛省設置法が成立

航空自衛隊に「宇宙作戦隊（仮称）」を新設するなどの組織改編を盛り込んだ改正防衛省設置法が4月17日の参院本会議で与党などの賛成多数で可決、成立した。

「宇宙作戦隊」は令和2年度中に約20人体制で府中基地に発足し、将来的に拡充する。宇宙ごみ（スペースデブリ）や不審な衛星などを監視する「宇宙状況監視（SSA）」システムを5年度から本格運用することを目指し、準備を進める。

改正法にはこのほか、統幕（陸海空の共同部隊）の「サイバー防衛隊」を約70人増強し、約290人体制に拡充することや、大型無人偵察機「グローバルホーク」の3年度の導入に備え、空自三沢基地に約70人規模の「臨時滞空型無人機航空隊（仮称）」を新編することなどが盛り込まれた。

# 日米制服トップがTV会談

## コロナ対策など意見交換

山崎統幕長は4月15日、米統合参謀本部議長のマーク・ミリー陸軍大将とテレビ会談を行い、新型コロナウイルス感染防止に関する日米の状況や取り組みについて意見を交換した。

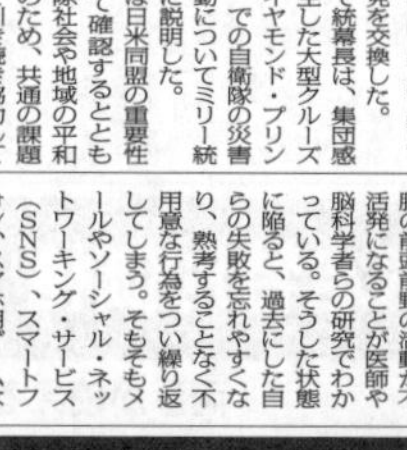

会談で統幕長は、集団感染が発生した大型クルーズ船「ダイヤモンド・プリンセス号」での自衛隊の災害派遣活動についてミリー統参議長に説明した。

両者は日米同盟の重要性について確認するとともに、国際社会や地域の平和と安定のため、共通の課題に対して引き続き協力していくことで一致した。

山崎統幕長は翌16日の記者会見で、新型コロナ感染による米軍の即応能力について問われ、「米軍の即応態勢に影響はないと認識している」と述べるとともに、同11日に確認された中国海軍の空母「遼寧」の太平洋への進出など中国軍の活動の活発化について「常々注視している」とし、[illegible]と語った。

お知らせ

新型コロナウイルスの感染拡大防止のため、本紙4月30日付、5月7日付は休刊とし、5月14日付（3403号）から通常発行と致します。また、政府の「緊急事態宣言」を受け、弊社は4月23日から5月6日まで休業とし、お問い合わせ等は翌7日から受け付けます。大変ご迷惑をおかけしますが、ご理解をお願い致します。

朝雲新聞社

春夏秋冬

# 民主主義は独裁に勝てるか

村井 友秀

新型コロナウイルスとの戦いで、中国共産党は「欧米諸国は政府が過度に民衆の利益に配慮して、強い指導的役割を果たすことが出来なかった」（「環球時報」）、「共産党の指導と中国の特色ある社会主義制度の優位性は明らかだ」（習近平国家主席）と豪語した。今回のウイルス対応で、人口1千万人の武漢、6千万人の湖北省を封鎖したように、共産党の対策は成果を上げたように見える。

非常事態対策の本質は「小を殺して大を生かす」ことである。そのために個人の権利が制限されるのは当然である。しかし、日本は「一人の命は地球より重い」（福田赳夫元首相）とし、[illegible]「必要性の法理」[illegible]「法律がなければ何もできない」[illegible]には、「明文による禁止規定がない限り、措置行動が可能」とする[illegible]

「拙速を貴ぶ」非常事態には後手[illegible]

非常事態における政府の臨機応変の行動が法律（ネガティブリスト）によって規制されれば、人権を[illegible]（防衛大学校名誉教授、東京国際大学特命教授）

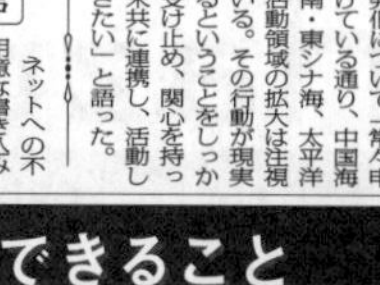

朝雲寸言

ネットへの不用意な書き込みで「炎上」を起こす事件が相次いでいる。[illegible]なぜなのだろうか▼ネット漬けになると、記憶力や自制心を司り「ヒトをヒトたらしめている器官」とも呼ばれる脳の前頭前野の活動が不活発になることが医師や脳科学者らの研究でわかっている。そうした状態に陥ると、過去にした自らの失敗を忘れやすくなり、熟考することなく不用意な行為をつい繰り返してしまう。そもそもメールやソーシャル・ネットワーキング・サービス（SNS）、スマートフォン、スマホ用ゲームなどは、利用者が行動嗜癖（依存症）にはまり込むように最初から設計されているともいう。無数の人々の脳や行動をおかしくする「21世紀の公害」とも言える状態が横行しているわけだ▼対象が子供なら、大人がルールを課すなどして行動を統制できるが、大人が依存症の場合は厄介だ。ネット漬けに限らず、依存症に陥ると自身が醜態をさらしていることに気づく感覚さえ失っていることもある▼その場合、組織が廉恥（恥を知る）心をもって果断に患部を摘出するしかない。コロナ禍への対応を含め、さまざまな場面で最後の砦である防衛省・自衛隊ならなおさらだ。「節義廉恥を失いて、国を維持するの道決してあらず」とは西郷隆盛の言葉である。

4成分選択可能 複合ガス検知器
Honeywell
搭載可能センサー
LEL/O2/CO/H2S/SO2/HCN/NH3/PH3/CL2/NO2
篠原電機株式会社
https://www.shinohara-elec.co.jp/
TEL: 06-6358-2657 FAX: 06-6358-2351

好評発売中！ 必携の一冊 陸上自衛官 服務小六法 《令和元年版》 共済組合販価 2,330円
好評発売中！ 実務力のバージョンアップ 陸上自衛隊 補給管理小六法 《令和元年版》 共済組合販価 2,180円
好評発売中！ 文書実務の基本 陸上自衛隊 新文書実務 《新訂第9次改訂版》 共済組合販価 1,980円
好評発売中！ 自衛官 国際法小六法 《平成30年版》 共済組合販価 2,190円
国際軍事略語辞典 《第2版》英和・和英 共済組合販価 1,200円
学陽書房 〒102-0072 東京都千代田区飯田橋1-9-3 TEL.03-3261-1111 FAX.03-5211-3300
（共済組合販価は消費税10％込みです。）☆ご注文は 有利な共済組合支部 へ

退官後、家族のために"今"できること
ご存知ですか？
不動産が
保険+α
の効果をもつことを
退官後の自衛官を支える柱
年金
退職金
再就職
自衛官の退官後を支える「常識」が崩れつつあります。
将来のために"今"できること、考えてみませんか？
将来のために「いつ」「どう取り組むか」
無料書籍プレゼント
全国セミナー開催中
Agentrive Investors
03-6860-8231

# 時の焦点

## 国内　危機下の安保

世界中に感染症が広がる中でも、抑止力の維持に努めなければならない。自衛隊の役割は重みを増している。

米海軍の空母で、新型コロナウイルスの多数の感染者が見つかり、任務遂行に支障が出ているという。艦艇は職住一体で、密閉、密集の環境にあることが影響していよう。

様々な地域紛争などに対処する「世界の警察官」という立場は薄まったとはいえ、米軍の軍事力は他国を圧倒している。その即応態勢の低下は、世界の安全保障を不安定にしかねない。

実際、東アジアの情勢は厳しくなっていると言えよう。

### 重み増す自衛隊の役割

北朝鮮は先月、4回にわたり飛翔体を発射した。変則的な軌道を描く新型弾道ミサイルの実戦配備を進めているとの見方は多い。4月に入り、巡航ミサイルも発射した。巡航ミサイルは精密な誘導能力を持っていると言われている。

中国軍の空母とミサイル駆逐艦は先頃、沖縄本島と宮古島間の海域を南下し、太平洋に進出した。

中国海軍は、南シナ海に至る海域で訓練を重ねている。台湾周辺海域を中国軍の爆撃機が通過する事案もある。中国が、アジア太平洋地域で米軍の影響力を排除しようとしているのは明白だ。

日米両国は中国に対し、挑発的な行動を慎むよう求めなければならない。新型ウイルスへの対処で、各国の結束が求められる時である。中国は大国らしく振る舞うべきだ。

自衛隊は、災害派遣の規定に基づき、感染が広がったクルーズ船での対応に始まり、空港での検疫、感染者の生活支援など様々な業務にあたってきた。

安倍首相が緊急事態宣言の発令を7都府県から全国に広げたことで、自衛隊の任務はさらに増えることが予想される。

感染症の被害は自衛隊内にも及んでいる。主に地方の駐屯地で感染者が相次いでいる。

本来の防衛と、災害派遣の双方の任務にあたる自衛隊の負担は大きい。万全の感染防止策を取りながら、陸、海、空3自衛隊が協力して態勢を工夫し、危機に対処してもらいたい。

在日米軍にも感染が広がり、司令官は、公衆衛生に関する緊急事態宣言を出して、感染防止策の徹底を基地関係者に呼びかけている。

感染の終息時期は見通せない。米軍の抑止力に不安が残る以上、政府は警戒を強める必要がある。北朝鮮のミサイルの迎撃体制を強化することが欠かせない。中国を念頭に、南西諸島への部隊配備を着実に進めることも重要だ。

日米、日豪間の防衛交流や、国際的な安全保障の会合が相次いで中止となっている。感染症を封じ込め、米国や同盟国が安全保障に力を傾けられる環境を取り戻すことが肝要だ。

夏川　明雄（政治評論家）

## 海外　米大統領選の行方

今年も4カ月近くがたち、わが国では予算や行政、学校などが4月から新年度入りしたが、新型コロナウイルスのパンデミック（世界的大流行）でほぼ全世界が未曽有の災厄に見舞われ、各国の社会生活や経済情勢がこれほどまでに暗転することになろうとは、年初には誰も想像できなかったのではないか。人類が歴史上、幾多経験した未知のウイルスを媒介とする厄介な疫病だが、人と物の移動が大規模かつ急速に広がった国際社会のグローバル化と結びつくと、感染拡大の広がりとスピードはすさまじいの一語に尽きる。

新型コロナ禍の被害拡大とそれに伴う感染防止対策などが内外メディアの主役となったため、今年最大の注目すべきニュースとされた米大統領選の話題は脇に追いやられていた。だが最近、ようやく一矢を報いる展開があり、民主党の大統領候補指名争いで、当初から本命視されてきたジョー・バイデン前副大統領(77)が勝利を確実にし、共和党のドナルド・トランプ大統領（73）に挑む構図が固まった。穏健中道派のバイデン氏と民主党の候補者指名を最後まで争っていた急進左派のバーニー・サンダース上院議員（78）が4月9日、新型コロナの感染拡大を考慮して選挙戦撤退を表明したためだ。

### コロナ禍対応が左右か

大方の予想通り、11月の米大統領選は現職のトランプ氏、長い政治歴を誇るバイデン氏の一騎打ちの展開に落ち着いたとはいえ、米国も直撃したコロナ危機の拡大により、選挙運動の手法や争点は様変わりとなった。一例を挙げれば、感染拡大の影響を受け、各州で予定される予備選などはほぼ軒並み延期となり、選挙集会も行えない状況にある。バイデン氏の候補者指名を正式決定する民主党大会は8月に延期になるなど、異例づくめの選挙戦が両陣営にどのような影響を及ぼすのか、見極めは難しい。

感染の急速な広がりや米経済への深刻な打撃を受けて、米国民の関心も新型コロナ禍をいかに終息させるかに移っており、今後の選挙戦では国際協調や公衆衛生、経済対策の重要性をめぐり激しい論戦が交わされそうだ。米国の感染者数、死者数が世界最悪となり、終息のめどが立たない理由の一つとして、自国の利益を最優先する現政権の「米国第一主義」の姿勢が専門家の意見を軽視することにつながったとの指摘もある。

こうした中、トランプ氏は現職の強みを生かしてウイルス対策を連日のように自らアピールし、存在感の印象づけに余念がない。「戦時大統領」を自称するのも、危機に立ち向かう強い指導者像を演じ、支持率上昇につなげる思惑が透けて見える。これに対し、バイデン氏はオバマ前政権下で副大統領を務めた実績や手腕を強調し、前政権の国際協調路線への回帰を訴えていくのではないか。トランプ大統領が「中国寄りの姿勢を取り、世界的流行拡大を招いた」と批判してきた世界保健機関（WHO）に対する拠出金の停止を発表した是非も争点となろう。米国におけるウイルス感染の深刻化への対処策は、政治姿勢が対照的な両陣営のどちらにとっても勝利を呼び込む重要なカギとなるのは間違いない。

伊藤　努（外交評論家）

# 新型コロナ対策を公開

## 河野防衛相「感染予防に役立つ」

統幕HP

統幕がホームページ上に公開した「新型コロナウイルス感染防止対策」の教育資料の一部。隊員の実演による写真を使い、分かりやすく説明している

統幕は4月13日、新型コロナウイルス感染防止に関する自衛隊のノウハウをまとめた「教育資料」をホームページ上で公開した。

自衛隊は2月6日から3月1日までの間、集団感染が発生した大型クルーズ船「ダイヤモンド・プリンセス号」の災害派遣で、医療活動、消毒支援、患者搬送などに従事した。活動期間中、隊員から感染者が一人も出なかったことから、自衛隊の防護態勢に注目が集まり、現在、各自治体から防護に関する教育指導の要請が相次いでいる。

HPに掲載されている教育資料は、クルーズ船の災派活動で主力を担った陸自東部方面衛生隊が作成し、陸幕が監修した。内容は、①コロナウイルスの概要②消毒について③ゾーニングの基礎④手袋・マスクの着脱方法――の4項目で構成されている。

「手袋やマスクの着脱」では、▽手袋は内側に触れないように外し、脱いだ手袋の内側を持ってもう片方の手袋を脱ぐ▽マスクは本体に触れないようゴム部分を持って外す――など、隊員の実演による写真を使い、細部にわたって詳しく説明している。

このほか、「物の消毒」には次亜塩素酸ナトリウム（薄めた漂白剤）が極めて有効であるとし、ドアノブや受話器、パソコンなど共有部分の消毒方法も盛り込まれ、自衛隊が保有する「感染防護の知識」が満載された内容となっている。

河野防衛相は4月14日の記者会見で「（災派活動で）一人の感染者も出なかったことは自衛隊の防護態勢に対する国民の信頼を増すことにつながった」と強調した上で、「テキストを公表することで、多くの方にどのレベルで感染防止を行う必要があるのかということを認識していただくことは、日常生活での感染防止に役立つと思っている」と述べた。

# 沖縄の米軍下士官学校を視察

## 根本陸自最先任

沖縄のキャンプ・ハンセンに所在する米海兵隊の下士官学校を訪れ、米軍の教育を研修した根本陸自最先任上級曹長（前列左から4人目）ら陸自隊員と米軍の教官ら

【陸最先任室＝市ケ谷】陸自最先任上級曹長の根本和男准尉はこのほど、沖縄県の米海兵隊下士官学校（キャンプ・ハンセン）と米空軍下士官学校（嘉手納）で5日間にわたり「国内隊付研修」を実施した。

研修には根本准尉のほか、各方面隊混成団や陸曹教育隊の最先任上級曹長ら計約15人が参加。

最先任らは米軍の両学校を研修し、学校長と会談したほか、授業見学や教官らとの意見交換を通じ、米軍の学生教育法や評価要領などを把握し、陸自陸曹教育の質的向上を図った。このほか現地では、沖縄戦の史跡研修を行い、上級曹長間の相互理解を深めた。

根本准尉は「引き続き陸自と米軍の下士官能力の向上のため、日米で連携を強化していきたい」と述べた。

# 甲斐空自先任　2術校を視察

【准曹士先任室＝市ケ谷】空自准曹士先任の甲斐修准尉は3月11日、浜松の第2術科学校（同26日付で1術校と統合）を訪問した。

2術校は警戒管制レーダーやペトリオット対空ミサイルなど基地防空器材の整備技術教育を行う学校。甲斐准尉は同校最後の所属隊員となる准曹士隊員32人と各階級（准曹士先任、上級空曹、2・3曹、空士）別に懇談した。対話の中で、各教官の教育水準や整備員等の士気の高さに加え、多くの隊員が1術校（浜松）への統合に向けて一致団結し、業務を進めている状況を確認した。

高知県の土佐清水通信隊を訪れ、隊員と懇談する甲斐空自准曹士先任（右）＝3月5日、土佐清水分屯基地で

これに先立ち甲斐先任は3月5日、四国で唯一の空自部隊である土佐清水通信隊を視察した。

甲斐先任は基地隊員19人と台風対策について懇談。「中継所地区では、分屯基地の隊員が台風通過の前日から2日間泊まり込み、トラブルに備えています」との報告を受けた。

甲斐准尉は「今後もより多くの部隊訪問を行い、隊員一人一人の生の声を聞いていきたい」と語った。

# 札幌病院准看護学院で入校式

## 病院長「挑戦心を保て」

【札病＝真駒内】自衛隊札幌病院准看護学院（学院長・髙橋俊幸1佐）は4月2日、第45期准看護学生28人の入校式を実施した。

式には北方総監部から医務官の森西洋一1佐、北方最先任上級曹長の金子智昌准尉、北部方面衛生隊から衛生隊長の蝶野元希1佐らが出席。

准看護学院の入校式で第45期准看護学生に訓示する大鹿札幌病院長（壇上）＝4月2日、札幌病院で

学生長の花田悠斗士長が申告をした後、札幌病院長の大鹿芳郎陸将が登壇。「教育をしっかりと受けて芯となる人間性を確かなものにし、迷ったときに、常に困難な方の道を選ぶことのできる挑戦心を保ち続けてほしい。困難に臆することなく挑戦し、2年後に胸を張れる卒業式を迎えてほしい」と訓示した。

続いて高橋学院長が「逆境を克服できる衛生救護陸曹になるため、積極的に自ら求めて学び、多くの看護知識や技術を自分のものにしてほしい」と式辞を述べた。

学生28人は今後、「衛生救護陸曹」を目指し、2年間の教育訓練に臨む。

# 共済組合だより

## 防衛省共済組合の職員を募集

防衛省共済組合では、防衛省共済組合本部等に勤務する職員を募集します。

■募集職種　一般事務職及び経理事務職

■採用人数　若干名

■受験資格　①平成2年4月2日～平成11年4月1日生まれの者②平成11年4月2日以降生まれの者で、大学、短期大学又は高等専門学校を卒業した者及び令和3年3月までに大学、短期大学又は高等専門学校を卒業する見込みの者並びに防衛省共済組合がこれらの者と同等の資格があると認める者

ただし、次のいずれか一に該当する者は、受験できません。

①禁錮以上の刑に処せられ、その執行を終わるまで又は執行を受けることがなくなるまでの者②法令の規定による懲戒免職の処分を受け、当該処分の日から2年を経過しない者③日本国憲法又はその下に成立した政府を暴力で破壊することを主張する政党その他の団体を結成し、又はこれに加入した者④平成11年改正前の民法の規定による準禁治産の宣告を受けている者（心神耗弱を原因とするもの以外）

■試験内容等　▽第1次試験（1）試験種目＝基礎能力試験、専門試験（多肢選択式）及び論文試験（2）試験日＝令和2年8月22日（土）▽第2次試験（1）試験種目＝集団討論試験（2）試験日＝令和2年10月13日（火）又は14日（水）のいずれか1日▽最終試験（1）試験種目＝個別面接試験（2）試験日＝令和2年11月4日（水）

■試験地　ホテルグランドヒル市ヶ谷（東京都新宿区市谷本村町4－1）

■採用予定日　令和3年4月1日

■給与等　防衛省職員に準ずる

■勤務地　防衛省共済組合本部及び支部（全国異動あり）

■受験手続　（1）採用説明会への参加　受験申込みには採用説明会への参加が必要です。採用説明会は令和2年7月3日（金）、7月11日（土）及び7月17日（金）の各日2回（①13：30～14：15②15：00～15：45）開催します。詳細は、防衛省共済組合ホームページ（http://www.boueikyosai.or.jp/）をご確認下さい。

（2）受験申込み　所定の受験申込書を受付期間内に特定記録郵便、簡易書留又は一般書留の郵便物として申込先に郵送して下さい。

（3）受験申込受付期間　7月3日（金）～8月5日（水）消印有効

■その他　（1）業務説明パンフレットの郵送を希望される方は、左記の問い合わせ先までご連絡下さい。（2）身体に障害があるため、受験の際に何らかの措置を希望される方は、受験申込書の裏面に記入の上、事前に申し出てください。（3）受験に関する連絡事項等について、防衛省共済組合ホームページの採用情報を随時更新しますので、必ずご確認下さい。

■資料請求、受験申込先及び問い合わせ先　防衛省共済組合本部人事班人事第1係　〒162－8853東京都新宿区市谷本村町5－1　TEL03－3268－3111内線25163（対応時間・平日10時～17時（12時～13時を除く））

# 防衛省発令

▽統幕指揮通信システム企画課（航空集団後方主任幕僚）　1海佐　袋谷　芳洋
▽海幕援護業務課援護企画班長（海幕援護業務課）　同　藤本　好央
▽同装備体系課技術・研究班長（同装備体系課）　2海佐　藤本　典法
▽きりしま艦長（護衛艦隊司令部）　1海佐　高梨　康行
▽航空集団訓練主任幕僚（2航空隊司令）　同　高田　哲哉
▽同後方主任幕僚（航空集団司令部）　2海佐　楠山　博康
▽4航空群首席幕僚（小月教育航空隊司令）　1海佐　櫻井　猛
▽1航空隊副長（海幕装備体系課技術・研究班長）　同　竹本　勝昭
▽2航空隊司令（4航空群首席幕僚）　同　稲崎　精一郎
▽基礎情報支援隊司令兼自衛艦隊司令部（海幕情報課情報運用室長）　同　北島　久仁彦
▽開発隊群司令部（きりしま艦長）　同　石井　和徳
▽呉地方総監部管理部（呉地方総監部総務課長）　同　城　武昌
▽阪神基地隊副長（掃海隊群司令部）　同　宇都宮　俊哉
▽小月教育航空隊司令（海幕援護業務課援護企画班長）　同　白石　英史
▽東京業務隊付（基礎情報支援隊司令）　同　高橋　英雅
▽海自幹部学校（阪神基地隊副長）　同　水野　剛
▽作戦情報隊司令（情報本部統合情報部長）　1空佐　松永　耕二
▽情報本部統合情報部長（情報本部画像・地理部長）　1海佐　星野　正彦
▽同画像・地理部長（作戦情報隊司令）　1空佐　井上　剛
▽近畿中部防衛局舞鶴防衛事務所長（大湊弾薬整備補給所長）　2海佐　平山　恵教
（以上4月10日）
▽東北方面総監部防衛部長（1師団幕僚長）　1陸佐　濵田　剛
▽1師団幕僚長（1地対艦ミサイル連隊長）　同　中村　和志
▽1地対艦ミサイル連隊長（教育訓練研究本部）　同　森下　浩充
▽海自幹部学校付（統幕防衛課）　1海佐　稲垣　芳朗
（以上4月15日）

Hazuki

職域限定特別価格 7,800 円（税込）にてご提供させて頂きます

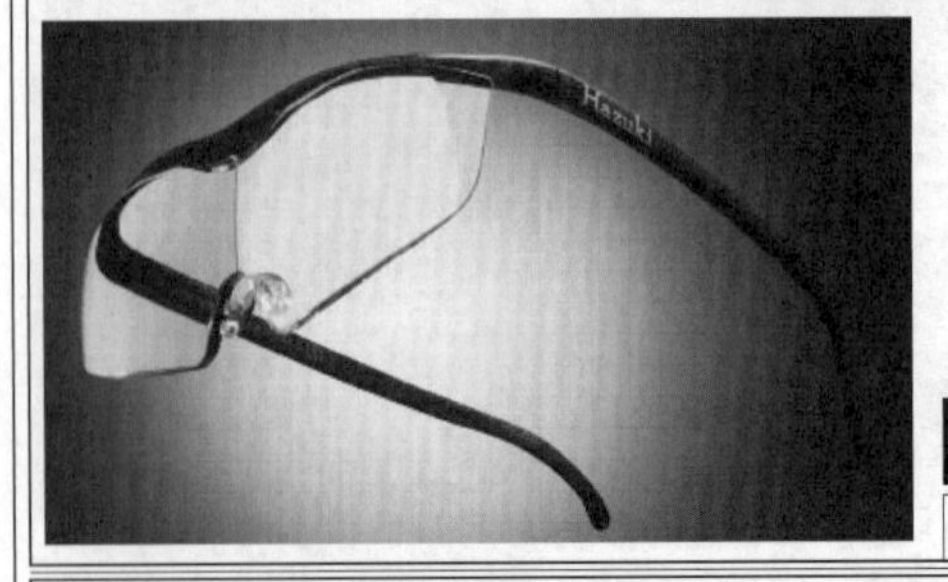

両手が使える拡大鏡

広い視野で長時間使っても疲れにくい

大きくみえる！話題のハズキルーペ!!

・豊富な倍率・選べるカラー・安心の日本製・充実の保証サービス

※拡大率イメージ

レンズ倍率　1.32 培 焦点距離 50～70 cm　1.6 培 焦点距離 30～40 cm　1.85 培 焦点距離 22～28 cm

※焦点距離は対象物との眼と一番ピントがあう距離

お申込み　・WEBよりお申込いただけます。　https://kosai.buyshop.jp/（パスワード：kosai）

※商品の返品・交換はご容赦願います。ただし、お届け商品に内容相違、破損等があった場合には、商品到着後、1週間以内にご連絡ください。良品商品と交換いたします。

コーサイ・サービス株式会社 TEL:03-3354-1350 担当：佐藤

〒160-0002新宿区四谷坂町12番20号KKビル4F / 営業時間 9:00～17:00 / 定休日 土・日・祝日
URL https://www.ksi-service.co.jp（限定情報 ID:teikei PW:109109）

発売中！ 防衛ハンドブック 2020

防衛省・自衛隊に関する各種データ・参考資料ならこの1冊！

シナイ半島国際平和協力業務　ジブチ国際緊急援助活動も

判型 A5判 948ページ　定価 本体1,600円＋税　ISBN978-4-7509-2041-2　〒160－0002 東京都新宿区四谷坂町12－20KKビル TEL 03－3225－3841 FAX 03－3225－3831 http://www.asagumo-news.com

# 特別寄稿

# コロナ有事に問われる国家の品格

参議院議員　宇都　隆史（元空自幹部）

皆様こんにちは。自衛官出身参議院議員の宇都隆史です。この度は、朝雲新聞に紙面をいただき、特別に寄稿させていただきましたことに感謝申し上げます。今回は近年で最大の国難というべき「新型コロナウイルス」について思う所を述べたいと存じます。

## 責任の所在を曖昧にする中国

まず、世界中に猛威を振るっている新型コロナウイルスですが、今回の世界的大流行の直接的な原因は、中国政府による「情報隠蔽」と「国際機関に対する政治圧力」だということを決して忘れてはなりません。中国は責任の所在を曖昧にするため、「ウイルスの発生源は中国ではない」との情報を流したり、率先して他国支援をしたりしていますが、保身のためには平気で現行秩序を捻じ曲げる中国流のやり方を、世界各国は「多数の国民の病死と経済の大損失」という対価を支払う形で学びました。今後、国際社会が中国を見る目は厳しくなっていくでしょうし、二度とこのような惨事を起こさないためにも、対中国戦略を誤るようなことがあってはなりません。

新型コロナウイルスの発生当初、4月の習近平国家主席の国賓訪日が控えていたために、我が国政府も中国に対する渡航制限や入国禁止措置を躊躇し、初動対処が遅れたことは大失態と言わざるを得ません。当時の政治判断のプロセスは後々詳細に検証されるべきですし、事態を軽視していた政府（特に厚労省）には猛省を促したいと思います。

## 有事に備えた国家体制 今こそ国民が考える時

宇都　隆史（うと・たかし）参議院議員
昭和49年11月、鹿児島県生まれ。平成10年3月、防大（42期）理工学部航空宇宙工学科卒。同4月、空自に入隊し、幹部として三沢、稚内、春日基地の各防空指令所に勤務。19年、松下政経塾への入塾を機に退官。22年7月、参院選挙に自民党公認で比例区に出馬し、初当選。28年の参院選で再選。外務大臣政務官、参院外交防衛委員長、党国防部会長代理など歴任。現在、参院外交防衛委員会理事、行政監視委員会委員などを務める。著書に『生まれ変わるなら、また日本がいい』『18歳からの政治の教科書』などがある。

### 「備えよ常に」が危機管理の要諦

さて、4月8日に、内閣総理大臣より緊急事態宣言が発令されました。「緊急事態宣言を出すのが遅すぎる」「なぜロック・ダウンしないのか」という声を多く聴きますが、日本の法体系では仮に緊急事態宣言を出しても、学校閉鎖やイベント中止も強制力はなく、外出や移動制限もあくまで『要請・指示』に過ぎません。ロック・ダウンやマーシャル・ロー（戒厳令）という制度の本質は「行政が強制執行できること」ではなく、「憲法や現行法の一部効力を一時停止すること」なのです。よって、結局「なぜ日本政府だけ強力な措置を取れないのか」という問題を追求していくと、「有事に政府にどれだけの強制権限を与えておくか」という憲法問題（緊急事態条項）に帰結していくわけです。

法治国家において、政府は何でもできるわけでなく、あくまで憲法と法律の範疇においての行政執行権を与えられているに過ぎません。「まさかこんなことになるとは…」と思ってからは後の祭りです。「備えよ常に」こそが危機管理の要諦であるということもまた、この機会に国民の皆さんに身を持って学んでもらう必要があるでしょう。現状の事態は既に平時ではなく、『コロナ有事』であると言えます。

有事においての行政執行は、平時の如くスムーズには行きません。「私たちは有事を想定した国家体制を取れてきたのか」「そのための十分な権限と責任を政府や該当する省庁・政府機関に与えてきたのか」問題から目を背け、政治への無関心からおざなりな準備しかしてこなかったツケが回ってきているといえます。

愛知県の中部国際空港セントレア内で、宿泊施設に一時滞在する帰国者・入国者のための食事を準備する陸自隊員たち（4月13日）

### 自衛隊の災害派遣要件がなし崩しに

コロナ有事では、医務官を中心とした多くの自衛官も活躍しています。一方で、非常に問題があると思うのは自衛隊の災害派遣の在り方です。ご存知のように自衛隊の災害派遣の要件には、『緊急性』『公共性』『非代替性』という三要素が存在します。

つまり、「人命などの急を要する内容であり、かつ公共の利益に合致し、さらに自衛隊にしかできない任務」であることが求められるわけです。

この三要素が存在する意義には、自衛隊の私物化や民生圧迫を避けることに加えて、何より国防という高度かつ崇高な任務を完遂するための「自衛隊の特殊性・専門性を維持し守る」ことにあるのです。

ところが、近年の災害派遣では、この三要素がなし崩しとなっていることに危機感を感じています。今回の『コロナ有事』に伴う災害派遣では、「クルーズ船内での除菌活動、帰国邦人の空港からの車両輸送、濃厚接触者に対するPCR検査や感染者に対する医療支援」といった三要素に該当すると判断できるものもありますが、一方で「隔離施設での生活支援、毎日の問診票の回収、食事の配膳・給仕、生活ゴミの回収」といった雑用まがいのことまでやらされています。これでは、『よろずや自衛隊』ではありませんか！

隊員の士気にも影響しますし、本来は自治体職員や所掌の政府機関、あるいはボランティアでやるべきことを、「人が足りない」という理由だけで災害派遣の基準を曖昧にしてしまって良いものでしょうか？

本件については、防衛省に厳しく異議申し立てしているところです。隊員にはリスクを肩代わりしてもらう以上、専門性ある任務に対し誇りを持って従事してもらうべきだと考えます。

### コロナ有事へ4つの対処法

さて、国民の皆さんの最大の関心事は、「どうすればコロナ有事を収束させられるのか？」ということでしょう。その答えは、「私たちが集団免疫を獲得すること」以外にありません。国民の約7割が罹患し抗体を保有すれば、それ以上の感染は収束すると言われています。

問題は、それをどの様にして獲得するかです。英国などのように、自然な感染拡大に任せれば、医療機関はパンクし、多くの死者を出し、社会は機能停止に陥ります。よって、対処法は以下の4点です。

第一に『医療機関をパンクさせないこと』。生死にかかわる怪我・疾病でない限り病院に行かない、逆に院内感染の危険が高いと認識しましょう。

第二に『日常生活における他人との接触を最大限に避け、クラスターの発生を防ぐこと』。これには、いわゆる「三密」に該当するような業種の店舗やイベント会社の協力は不可欠ですし、国民一人一人が「他人に移さないように」という強い自覚と行動自粛が求められます。

タイベックスーツを着て千葉県の成田空港から宿泊施設まで自衛隊バスで帰国者らの輸送任務に当たる陸自隊員（3月30日）

第三に『ウイルスを正しく知ること』。新型コロナウイルスに罹患したらどのような症状が出て、何をすればいいのかを知っておくことも、要らぬ不安や心配を解消することに繋がります。

実際に罹患した人たちの証言によると、「発熱、下痢、倦怠感」という風邪の代表的な症状のほか、「味覚・嗅覚が無くなる」「息切れする、深呼吸がしづらい」といった症状が出るのも特徴だそうです。しかし、仮にそのような症状があっても、軽度であれば対処療法しかなく特効薬もないので、自宅で安静にし、他人と接触しないことに努めてください。免疫力を低下させないことも重要ですから、睡眠、栄養を十分に取りましょう。

第四に『ワクチンや治療薬の開発までの時間を忍耐強く過ごすこと』です。最大の敵は「そろそろ大丈夫では？」「もう我慢も限界」という気の緩みです。「ある日を境にウイルスが地上から根絶し、一人の患者も出なくなる」ということは絶対にありえません。

中国の公表するデータは全く信ぴょう性に欠けます。このコロナ有事は、長期戦を覚悟し、一進一退を続けて時間を稼ぎ、ワクチン完成まで国民が踏ん張れるかどうかにかかっています。

つまり、それぞれの「国家の品格が問われる」戦いであるということを肝に命じなければなりません。

---

# ビッグレスキュー　その時に備える　第30回

# 防災の最前線に立つには広範・多岐な知識が必要

五條市
河合　良晃氏
奈良県五條市危機管理課参事
（元2等陸佐）

### 1　はじめに

五條市は紀伊半島のほぼ中央部、奈良盆地の南西部に位置する人口約3万人の自治体であり、日本一の柿の名産地として名高い町です。豊かな自然に恵まれ、山紫水明の地ではありますが、平成23年には「紀伊半島大水害」に見舞われ、甚大な被害を受けました。そのため、市としては災害に対する意識が高く、防災行政無線の整備や各種協定の締結等のほか、県と連携して自衛隊誘致にも取り組んでおります。

### 2　平時と有事

市町村の防災行政の特性は、「現場」にあると思います。市町村は国・県と同様に地域防災計画等を作成し災害に備えるとともに、地域住民とともに、各種活動を通じ防災能力の向上に努めています。また、職員はいざとなれば災害現場において直接の対応も求められます。

「自治体間の協定」で大雨災害を受けた愛媛県宇和島市に派遣され、救援活動にも従事した五條市の河合良晃危機管理課参事（左）ら

私は危機管理課において、防災行政無線の整備や地域防災計画等の策定を担当するとともに、危機管理課長以下14名のうち、6名の人員をいただき、危機管理および生活安全に関する業務にあたっております。平素は事務的な仕事が主ですが、一朝事あれば現場に駆け付けねばならないことも少なくありません。平成30年の台風24号では、道路の崩落情報を受け、警察や担当部課等に連絡するとともに、現地に急行し、道路封鎖や交通誘導にあたりました。その結果、通行車両による2次災害を防ぐことができました。

また私は奉職後、4年間で3度の他県への災害派遣に従事しました。特に最初の「熊本地震」は勤務開始後約2週間での派遣であり、協定自治体の被災状況とニーズ確認のため、直ちに出発しました。状況不明の中、危機管理監以下3名の編成で夜を徹しての強行軍となり、現地進出後もさまざまな困難に遭遇しながらも、任務を完遂することができました。

「熊本地震」の発生で同県に派遣され、陸自高遊原分屯地で隊員から被災状況を聞く河合参事（右）ら五條市の防災職員

以後、平成30年に愛媛県宇和島市、令和元年に長野市への災害派遣に従事しましたが、これらの派遣成果により、多少なりとも市役所内での自衛隊出身者に対する信頼向上に寄与できたのではないかと思っています。

### 3　これからの課題

五條市は今後、他の多くの自治体と同様に急速な少子高齢化が予想されています。この問題は、地域の活力低下に伴う人口流出を招くとともに、さらなる過疎化や財政悪化の原因となり、悪循環をもたらします。

最近、災害時における要配慮者への対応が問題となっていますが、五條市でもそう遠くない未来、少子高齢化が臨界点に達し、市の対応能力を超えることが予想されます。防災活動の基盤となっている自主防災会等の要員の高齢化は、地域の防災能力低下をもたらします。長期の避難所運営は、地域住民による自主運営が理想ですが、運営を担える住民が不在となる恐れがあります。

五條市は約300平方キロメートルの広大な面積を有するため、多数の避難所を設定しておりますが、市職員のみによる全数の継続運営は大変厳しい状況にあります。

### 4　最後に

私が市職員として4年間勤務できたのは、自衛隊で受けた教育と現場での経験のおかげです。ただし、危機管理業務においては、さらに広範・多岐にわたる知識が必要とされ、自ら学び続けねばなりません。私がかつて経験した防災行政無線整備の現場では、地方自治法や電波法、河川法、国土調査法等々の法律から入札・契約に至るまで、さまざまな知識が要求されました。

住民との交渉においては、罵声の中、忍耐強さが求められました。工期に追われつつ厳しい現場の連続でしたが、同時に最高の学びの場でもありました。

最後に、災害派遣等でお世話になった自衛隊の皆さまにお礼を述べるとともに、今後のご支援をお願いし、結びの言葉とさせていただきます。

よろこびがつなぐ世界へ　KIRIN
一番搾り
KIRIN BEER 一番搾り
おいしいとこだけ搾ってる。
〈麦芽100%〉　ALC.5%　生ビール
ストップ！20歳未満飲酒・飲酒運転。お酒は楽しく適量で。
妊娠中・授乳期の飲酒はやめましょう。のんだあとはリサイクル。
キリンビール株式会社

極めて速い武器の進化に日本は対応できるのか!?
新刊
弾丸が変える現代の戦い方
今までほとんど語られてこなかった弾丸と弾道に焦点を当てて、
元陸上自衛隊幹部と軍事ジャーナリストが徹底対談！
小銃や機関銃に関する最新情報も加えて、
弾の進化が戦いを変えていく世界各国の戦略的な動きに迫る。
二見龍、照井資規 著
定価：本体 1,600円＋税　B6判・192頁　ISBN：978-4-416-61981-0
好評既刊〈自衛隊最強の部隊へ〉シリーズ共通：二見龍 著、B6判
第1弾 偵察・潜入・サバイバル編　見つかったら終わり…。もしも、本物の戦場でも生き残ることができる兵士の育成法とは？自衛隊独自の訓練を描いたノンフィクション！　定価：本体1,500円＋税　ISBN：978-4-416-51908-0
第2弾 CQB・ガンハンドリング編　どうしたら強くなれるのか…。その答えを求めて実戦に特化した訓練に明け暮れた陸上自衛隊・第一線部隊の記録。　定価：本体1,500円＋税　ISBN：978-4-416-51951-6
第3弾 戦法開発・模擬戦闘編　実戦で勝つための新戦法開発から戦法を用いた模擬戦まで。実戦に特化した訓練に明け暮れた陸上自衛隊・第一線部隊の記録。　定価：本体1,800円＋税　ISBN：978-4-416-52058-1
誠文堂新光社　〒113-0033 東京都文京区本郷3-3-11　TEL 03-5800-5780　https://www.seibundo-shinkosha.net/
お求めはお近くの書店、ネット書店、または、ブックサービス 0120-29-9625（9時～18時）まで

# 南海トラフ地震を想定

## 緊急登庁から出動 被災地展開まで

### 42即機連

南海トラフ地震を想定した対処訓練で、災派用資材を緊急車両に積載する42即機連の隊員

【42即機連＝北熊本】42即応機動連隊は3月10日、北熊本駐屯地と宮崎県延岡市で「南海トラフ地震災害」を想定した対処訓練を実施した。

訓練は「南海トラフ地震 0600の「発災」を受け、宮崎県沿岸に甚大な被害が発生した」との想定に基づき、初動対処部隊隊員の緊急登庁、即応部隊の出動準備、延岡市への展開などを演練した。同時に駐屯地業務隊と宮崎地本、延岡市との連携についても細部を再確認した。

隊員たちが緊急登庁。初動対処部隊は1時間以内に準備を完了し前進した。連隊主力はトラックへの資材積載、業務隊から補給品を受領し、約4時間後、延岡市に向け前進を開始した。

部隊は震災による道路の損壊なども想定、国道57号と国道218号沿いの二つの経路で前進し、約5時間後、延岡市の北川総合運動公園と西階運動公園への集結を完了した。先遣の連絡員は延岡市役所に置かれた災害対策本部で地本連絡員、市消防本部から被害情報を収集し、直ちに隊本部に通報した。

現場で災派部隊の指揮を執る小見明之連隊長がこの状況を読谷山洋司延岡市長に随時伝えるとともに、災害時の自衛隊と市の連携についても話し合い、訓練を終えた。

## 訓練

### 8師団

## 「鹿児島県原子力訓練」に参加 道路封鎖や住民誘導

【8師団＝北熊本】8師団隷下の12普連（国分）と8施設大隊（川内）は2月9日、鹿児島県薩摩川内市の九州電力川内原発で行われた「鹿児島県原子力防災訓練」に参加した。

訓練には県、鹿児島市、薩摩川内市と消防・警察・自衛隊・海上保安本部・鹿児島地方気象台・県DMATなど210機関・団体から計約5000人が参加。

訓練は川内原発が大地震などで被害を受けた場合など、あらゆる不測事態を想定し、関係機関が共同しての対処要領を演練した。

自衛隊は主に道路の封鎖や避難住民の誘導などを担当。特に避難住民の捜索・輸送活動は安全管理を最優先に実施。汚染された緊急車両の除染などは、防護服の耐久性や着用時の行動等を確認しながら行った。

偵察班員として避難住民の捜索・輸送に従事した8施大本部管理中隊の隊員は「放射能汚染地域内での活動では、避難住民への声掛けなどに非常に気を使った。事前にそれらの訓練も必要であると感じた」など感想を語っていた。

鹿児島県原子力防災訓練に参加し、被災地に入ったパトカーの汚染状態を調べる防護服姿の陸自隊員（2月9日、薩摩川内市で）

### 2師団

## 「十勝岳噴火」指揮所演習に110人 「相互理解向上させよ」

旭川駐屯地で行われた十勝岳噴火災害対処演習で、関係機関に状況を説明する2師団の隊員（中央奥）

【2師団＝旭川】2師団は2月3日、旭川駐屯地で「十勝岳噴火」に対処する指揮所演習を実施した。

訓練には師団隷下部隊のほか、上富良野町、中富良野町、美瑛町などの自治体、上川総合振興局、旭川開発建設部、旭川地方気象台、北海道警察旭川方面本部、大雪消防組合消防本部、富良野広域連合消防本部などから計約110人が参加した。

開始式で森下泰臣師団長は「各機関が顔の見える関係を構築し、相互理解を向上させよ」と述べ、訓練は「噴火警戒レベルが4に引き上げられた」という想定で開始された。

各機関は状況を確認しながら住民避難等に関わる情報を共有、それぞれの連携と役割分担について確認した。翌日には合同研究会を開き、訓練での問題点などを洗い出し、災害対処の実効性を向上させた。

◇

【上富良野】駐屯地は2月19日と22日、上富良野町と美瑛町で行われた「十勝岳噴火総合防災訓練」に参加した。

訓練は大規模噴火を想定、上川総合振興局などと合同で行われ、2師団の指揮の下、上富良野町に2戦連、美瑛町に14施設群が担任部隊として派遣された。

両部隊は災害対策本部と連携を図り、火山の噴火レベルに応じた行動や地元住民の救助・救出訓練を実施した。

同時に、駐屯地指揮所でも被害状況などの情報収集と派遣部隊の運用などの手順を演練した。

## 34普連から25人派遣

### 「関東管区広域緊急援助隊」

【34普連＝板妻】34普連は2月6日、静岡県牧之原市にある富士山静岡空港で静岡県警が担任する「関東管区広域緊急援助隊合同訓練」に参加した。

訓練には2中隊長の外崎海里3佐以下25人が派遣され、県警をはじめ関東管区内の警察、消防、DMATなどと大規模災害発生時における緊急援助隊の行動について演練した。

訓練は「南海トラフ地震に伴う大規模災害が発生した」との想定の下、連隊は警察、消防と連携して土砂災害現場での行方不明者の捜索・救助活動、現地指揮所での調整活動、救護活動などに当たった。

関東管区広域緊急援助隊の訓練で、行方不明者の捜索・救助活動を展示する34普連の隊員

## 県警と共同 対処再確認

### 22即機連

【22即機連＝多賀城】22即応機動連隊は2月17、18の両日、多賀城駐屯地で「令和元年度警察との共同訓練」を実施した。

訓練は有事の際、相互に連携し、事態の早期の鎮静化を図ることを目的に毎年行われており、今回も共同調整所の開設・維持・運営要領、共同検問時における対処要領を演練、共同対処能力を高めた。

連隊員と警察官は訓練を通じて相互の能力を理解、対処要領を再確認するとともに、両者の連携をさらに密にし、地域の安定化に努めることを誓い合った。

武装集団への対処要領を演練する22即機連と宮城県警の訓練参加者（多賀城駐屯地で）

## 施設学校は茨城 県警と連携強化

【施校＝勝田】施設学校は2月20、21の両日、茨城県警と共同訓練を実施した。

今回で10回目となる同訓練は、治安出動の際、自衛隊と警察の連携を高めることを目的に続けられており、初日は準備訓練として自衛隊が防衛法制、警察側から警察官職務執行法をそれぞれ相互に教育。治安出動下の自衛隊の権限や各種場面での職務質問要領の習得を図った。

2日目は総合訓練として緊急輸送から共同検問所と共同調整所の開設・運営まで、一連の動作を演練した。最初の緊急輸送では警察車両が先導して部隊が前進、各検問所の配置に付いた＝写真。

武装工作員の不法行動に際しては、情報を迅速に共同調整所で共有。対処時に警察の能力を超えた場合には自衛隊がその能力を補うなど、緊密に連携して対処した。

訓練後は共同で研究会を開き、今回の成果をもとに活発な意見交換を行った。

## 「大雪と地震」

### 道路啓開や被災者救助

### 21普連

秋田・藤里町での防災訓練で、雪崩に巻き込まれた被災者の救出にあたる21普連の隊員

【21普連＝秋田】21普連は2月16日、藤里町で実施された「秋田県・藤里町冬期防災訓練」に参加した。

訓練には2中隊から15人が参加、「大雪警報が出される中、藤里町藤琴地区を震源とする震度6強の直下型地震が発生した」との想定で、家屋倒壊、道路損傷、雪崩などに対処した。

隊員たちは道路啓開、現地合同調整所の設置、雪崩遭難者捜索・救助、孤立集落の住民救出の各訓練に加わり、常に声を出し合って他機関要員との連携を密にした。

火災・道路閉塞の状況では消防車やパトカーと、雪崩遭難者救助ではDMAT（災害派遣医療チーム）や各救助隊と、孤立集落への物資輸送では現地商店と共同し、災害時の行動を演練した。

この間、各機関が保有するドローンを使い、空からの情報収集訓練も行った。

### 5普連

## 雪崩発生、現場へ急行

【5普連＝青森】5普連は2月14日、青森競輪場で行われた「東北管区広域緊急援助隊合同訓練」に参加した。

訓練はスキー場で雪崩が発生した事態を想定、緊急発進した9飛行隊のUH1ヘリの航空偵察情報に基づき、28人で編成された地上部隊が現場に前進、警察と共同して雪崩発生現場の状況を確かめ、その後、隊員と警察官はゾンデ棒を使い遭難者の捜索活動を行った＝写真。

発見された要救助者は直ちにアキオにのせて搬送し、消防の救急車に引き継いだ。

一連の救助行動を通じ、関係機関の連携と冬季の災害対処能力を向上させた。

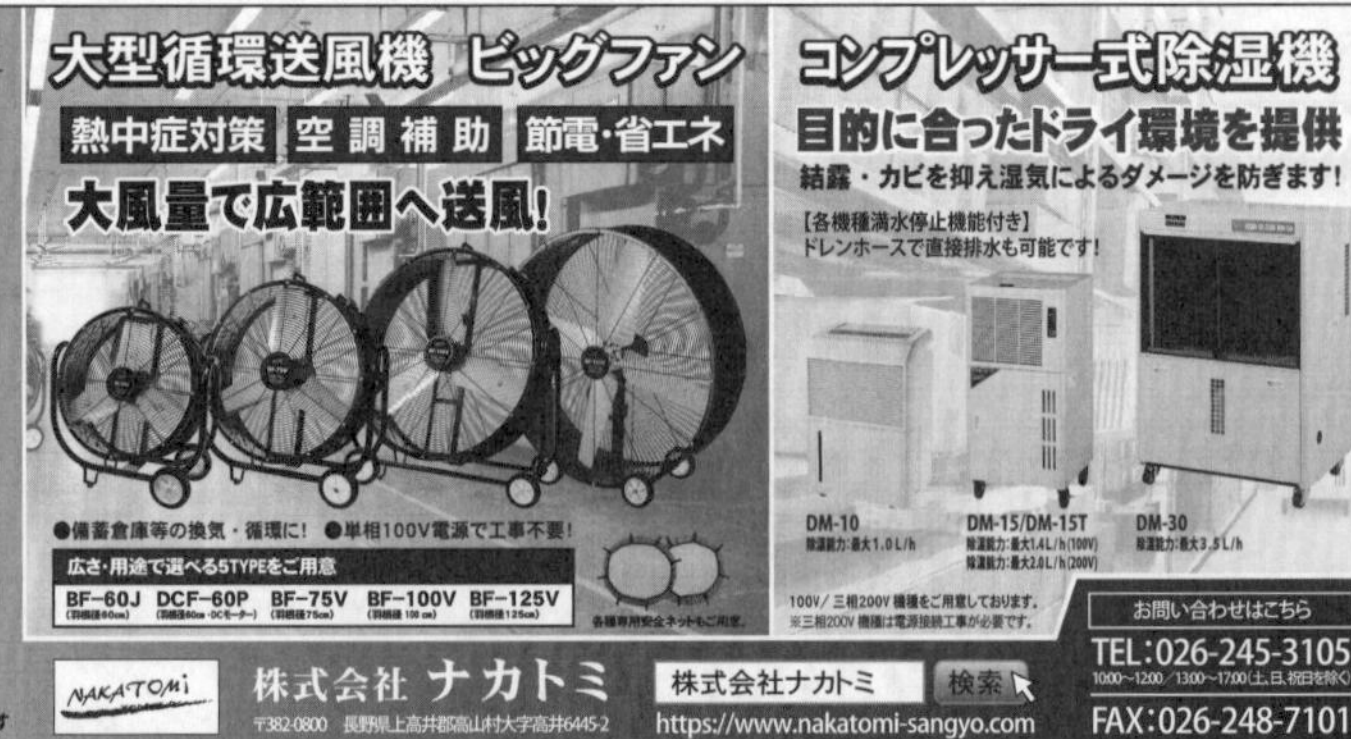


『朝雲』縮刷版 2019
2019年の防衛省・自衛隊の動きをこの1冊で
宮古島と奄美大島に駐屯地・分屯地が開庁 南西防衛を強化
大型台風が関東・東北を直撃　統合任務部隊を編成
朝雲新聞社 〒160-0002 東京都新宿区四谷坂町12-20KKビル
TEL 03-3225-3841 FAX 03-3225-3831
http://www.asagumo-news.com

発売中
判型　A4判変形／452ページ　並製
定価　本体2,800円＋税

# 高速航行能力と安全性を兼ね備えた 将来水陸両用車

## 日米で共同研究 第1回共同運営委員会 進捗状況を確認

日米共同研究「次世代水陸両用技術の研究（NGAT）」の第1回共同運営委員会（JSC）が2月27日、米国ワシントンDCの米海軍研究所（ONR）で開かれ、日本側から防衛装備庁装備官（陸上担当）の柴田昭市陸将が出席、米国と共同で「高い海上高速航行能力と乗員安全性を備えた将来水陸両用車のデジタルモデル」を作り上げていくことで合意した。

第1回共同運営委員会で、署名後、握手を交わす柴田装備官（中央左）と米海軍研究所司令官代理のフー部長（同右）＝2月27日、米ワシントンDCの米海軍研究所で

共同運営委員会（JSC）は、国際共同研究開発で設定される国際共同の管理組織で、今回、日本側議長を柴田陸将、米側議長を米海軍研究所司令官のハーン海軍少将が務めた。

同委員会は、令和元年5月に日米間で「次世代水陸両用技術の研究（NGAT）」の事業取り決めを締結して以降、担当級の技術作業部会（TWG）を2回、課長級の共同作業部会（JWG）を1回行って準備が進められ、今回、初の部長級会議となった。

冒頭、柴田装備官が「本研究は日米同盟をより強固にし、日米共同作戦の運用の有効性向上に資する極めて優先度の高い研究だ。今後、予定する5年間に行うべきことを確実に実行し、日米が緊密に連携してNGATの研究目標を達成したい」とあいさつし、米側の賛同を得た。

米側は、ハーン米海軍研究所司令官の代理を務めたフー部長が「我々は海軍や海兵隊の主要な装備を更新していく途上にある。そのような中、日本との本共同研究は重要な研究の一つとなる。このため日本と取り交わした文書をもとに、済々と研究を進めていきたいと考えている。共同研究は現在のところ順調に進捗していると認識している」と述べ、会議をスタートさせた。

日本側の発表では、プロジェクト・マネージャーを務める装備開発官（陸上装備担当）の志村明彦技官が、研究目的や技術的な課題、日米の検討体制について述べた。

続いて米側のプロジェクト・マネージャーであるONRのフランク元海軍大佐が研究手法と現在までの成果を発表。「日米共通の次世代水陸両用車のデジタルモデルをもとに両国で分担して海上高速航行時における数値流体力学の検討を進めている状況だ」と両議長に報告し、承認を得た。

最後に日米の議長が文書への署名と記念品交換を行い、初回の共同運営委員会を閉じた。

会議後、日本側の担当部署である装備開発官（陸上装備担当）付第3開発室長の柳田勝志1陸佐（現35普連長）は「初回の会議は関係機関のご支援を受け、無事終了することができた。今後は定期的な電話会議などを通じて日米で緊密に連携し、高い海上高速航行能力と乗員の安全性を備えた将来水陸両用車のデジタルモデルを作り上げていきたい。このため、関係する（防衛装備庁の）プロジェクト管理部、陸上装備研究所、艦艇装備研究所と連携して、共同研究を進捗させていきたい」と抱負を語った。

海上高速航行能力と乗員の安全性を兼ね備えた「将来水陸両用車」のイメージ

### 次世代水陸両用技術の研究（NGAT）

NGAT（Research of New Generation Amphibious Technologies）は、日米の知見を結集させ、将来の水陸両用車に反映できる「海上高速航行能力」と「乗員安全性」を具備したデジタルモデルを完成させる研究。期間は令和元年5月から約5年間を予定。デジタルモデルの作成にあたり、日本側はエンジンなど主要コンポーネントを実際に製造し、試験結果をデジタルモデルに入力するとともに、水槽模型試験の試験結果も入力する。一方、米側は、開発を中止した「遠征戦闘車（EFV：Expeditionary Fighting Vehicle）」の知見や数値流体力学の検討結果とモデルベース・システムエンジニアリングの検討結果を日本側に供出。これら両者のデータを基に日米共同で「次世代水陸両用技術の研究」を推進する。

## 防衛技術

### 国家安全保障局に「経済班」 先端技術の海外流出を防止

政府の外交・安全保障政策の司令塔を担う国家安全保障局（NSS）に新設された「経済班」が4月1日から始動した。

同班は経済・安保の専門家約20人で編成され、軍事に転用できる最先端技術の海外への流出防止や重要インフラの防護などを担当する。

そのほか、サイバーセキュリティー対策、外国人留学生の受け入れ審査、大学や研究機関の先端技術の把握などにも当たる。

## 技術が光る >92<

### 油吸着分解処理材「TACO－Q」 マックテクニカルシステムズ

### 流出した油 バイオ分解で無害化 活性化剤を加えれば堆肥化が促進

1991年、イラク軍のクウェート侵攻により勃発した湾岸戦争で同国内では600以上の油田が破壊され、広大な地域が流出油で汚染された。終戦後、94年から99年にかけて日本企業、クウェート科学研究所、石油産業活性化センター（現・石油エネルギー技術センター）の共同研究により「バイオレメディエーション（生物による修復）」に関する研究と実証実験が行われ、これにより約1万5000立方メートルの汚染土壌が浄化された。

現在ではこの経験をもとに、野外に流出した油脂類を2〜3カ月かけて堆肥化させるバイオ生剤が登場している。その最先端を行くのがマックテクニカルシステムズ（東京都中央区）の開発した油吸着分解処理材「TACO－Q」だ。

同処理材は粉体タイプで、ピートモス（用土）に油を分解する納豆菌と同種のさまざまな微生物を含ませており、この菌を仮死化させることで約6年間保存できる。これを油脂類に触れさせると再び活性化し、油の分解を始める。

「TACO－Q」は陸上自衛隊でも使用実績がある。過去に駐屯地内でジェットエンジン油の漏油事故に見舞われた際、競合他社が処理作業を断る中で、マック社が同作業を受注。先代社長がバイオ生剤を持って駐屯地に駆けつけ、約90日間かけて流出した油を無害化させた。

「これまでの油除去は油吸着マットを用いるのが一般的でした。この場合は油を吸わせた後、いわゆる産廃処理をしてマニュフェスト（産廃処理委託の伝票）を取得しなければなりません。が、TACO－Qはバイオ処理するので、後の処理が必要ありません。陸上自衛隊もこの後処理が必要ない点を高く評価してくれています」と語るのは、同社と防衛省間の仲介を担う弘済企業の担当者。油吸着マットだと、後処理の手間や費用など余分なコストがかかるが、同社のバイオ処理ならこれは必要ない。

河川や水路に流れ出た油を処理する場合は、回収ネットの中にTACO－Qを詰めて水面上に投げ込む。漏油をすべて吸着するまで水面に浮かんでいるので、TACO－Qに吸着させ、回収後はそれに同社の活性化剤「MTSマイグローブH」を加えれば、堆肥化が促進される。

同社の製品は地中にしみ込んだ油の分解も可能だ。油分解処理バイオ生剤「マイグローブEX」を水またはぬるま湯で希釈し、油が浸透した土などに散布すれば、地中の油が分解され、無害化する。

マック社の各種油吸着分解処理材は海・空自の基地などでも同様にオイル漏れが発生した場合、陸自と同様、直ちに除去、安全化がされる。そこで駐屯地・基地内に「TACO－Q」を備蓄しておけば、油流出事故に直ちに対処できるほか、災害派遣の現場などでも有効に活用できるだろう。

油吸着バイオ処理剤によるエンジンオイルの堆肥化テスト

## 世界の新兵器 ――535

### 「マークⅥ」級哨戒艇 米 最新の武器を搭載し沿岸を防備

今回採り上げるのは米海軍の哨戒艇「Mk－Ⅵ」級である。この哨戒艇は「Mk－Ⅲ」「Mk－Ⅳ」を更新した能力強化型で、河川、港湾、湾岸、沿岸の哨戒・護衛用に2014年から最初の12隻の調達が始められ、ワシントン州タコマのSBI社工場で建造されている。米海軍では計48隻の購入を計画している。

「Mk－Ⅵ」級の諸元は満載排水量約77トン、全長84.8フィート、最大幅20.5フィートで、ディーゼル・エンジン2機とウオーター・ジェット2基により 5,200馬力を出し、巡航速力25ノット、最大35＋ノット、航続距離は600＋マイルとされている。乗員は2名の操縦要員と武器・装備の操作員8名のほか、任務に応じて臨検（VBSS）チームなど8名を収容できる。高速航行するため全乗員用に対衝撃座席が装備され、機械室と燃料タンクには装甲板が施されている。

ここまでなら普通の高速哨戒艇だが、その特徴は最新の武器とセンサーの充実にある。「Mk－38 Mod2 GWS（Gun Weapon System）」と呼ばれる遠隔操作、動揺安定装置、電子／光学センサー付きの射撃指揮装置を有する25ミリ機銃を2基、「Mk－50 GWS」と呼ばれる動揺安定銃座付きの12.7ミリの機銃のシステムを4基搭載。さらにMk－19自動擲弾発射機、12.7ミリ重機銃などから6つを随時選択し装備できる。また、衛星通信装置やデータリンク16、EO／IRセンサーなど充実したC4Iシステムを有し、操縦装置も完全に自動化されている。

これまで就役した艇は沿岸河川部隊（CRF）に所属し、西岸バージニア州のバージニア・ビーチと東岸カルフォルニア州のインペリアル・ビーチの2つの部隊に配属されている。覚えておられる方も多いと思うが、2000年10月、イエメンのアデン港に停泊中の米イージス駆逐艦「コール」がアルカイダの小型ボートによる自爆テロ攻撃により大きな損傷を受けた。この教訓から米海軍は港湾を含む沿岸域での有力な性能を有する哨戒艇の必要性が浮かび上がってきたことも本級整備の要因の一つである。

10万トンを超える巨大空母や多数のイージス艦の建造に加えて、その任務遂行を補完するためにこのような小さな哨戒艇の整備も忘れずに力を入れていることには、さすが米海軍と感心させられる。翻って我が国はどうであろうか？ 現在この種の哨戒艇は皆無といえる。かつて海上自衛隊では小さな哨戒艇をもって港湾哨戒隊を編成して運用してきたこともあったが、現在ではこれらの後継の話さえ聞こえてこない。

強力な武器と最新のセンサーを搭載した米海軍の「Mk－VI」級高速哨戒艇（米海軍HPから）

この種の哨戒艇の整備は海上保安庁や水上警察との関係もあるのであろうが、予想されるさまざまな武力行使事態を考えるならば、沿岸防備の欠落に不安を覚えるのは筆者だけであろうか？

堤　明夫（防衛技術協会・客員研究員）

## 技術屋のひとりごと

### オープンサイエンス化の波

大田　啓（防衛装備庁・先進技術推進センター特別研究官）

平成5年に旧防衛庁に入庁以来27年が経過した。入庁直後から10年間はヘリコプター安全航行用アイセーフ・レーザー・レーダーの日米共同研究を米陸軍と、昨年度までの10年間は弾道ミサイル防衛用誘導弾の日米共同研究・共同開発を米ミサイル防衛庁と、そして途中の3年間は国産誘導武器用センサーの研究・開発・性能評価を担当してきたことを思えば、防衛装備技術の研究開発にどっぷり浸かったこれまでの26年間だった。

令和元年度から現職にて、防衛装備技術とアカデミア等を含む民間技術とを橋渡しする「目利き」となるべく、幅広い技術領域を対象に動向調査を進めてきた。

安全保障技術研究推進制度で採択された8件のプログラムオフィサー担当の傍ら、国際会議聴講をきっかけに2カ月かけて量子コンピューター、量子センサー、量子通信に関する調査を行った。入庁直前に博士論文緒論を執筆して以来の本格的文献調査である。

職場のインターネット環境で文献調査ができると知ったのは、発表資料に多数引用されるarXiv（ギリシャ文字の「カイ」と組み合わせてアーカイブと発音する）からだった。arXivは米コーネル大が管理するプレプリントサーバで、最新の国際研究動向が追跡可能である。論文標題、著者名、「arXiv:XXXX.YYYYY」の4桁と5桁の数字等の検索だけでも所望の論文に瞬時にたどり着ける。中・米・欧を中心に世界の科学者がarXivの世界の中で最先端の知を共有しながら切磋琢磨している状況を知り、驚愕した。

第6期科学技術基本計画策定に向け、我が国でも欧米中等が国境を越えて展開する科学技術戦略に遅れることなく、オープンサイエンス化を進めるべく活発に議論中と聞く。防衛省の研究職技官として遅ればせながら、その波の中で存在感を確保できるよう、開かれたネットワークの中に、誠実かつ果敢に参画するべく関わっていきたい。

NEC CAN
世界が抱える社会課題に、
デジタルの力で、新しい答えを。
\Orchestrating a brighter world NEC

大空に羽ばたく信頼と技術
IHIは世界有数のジェットエンジンメーカーです
IHI Realize your dreams
世界を翔るIHIのジェットエンジン
株式会社IHI 航空・宇宙・防衛事業領域

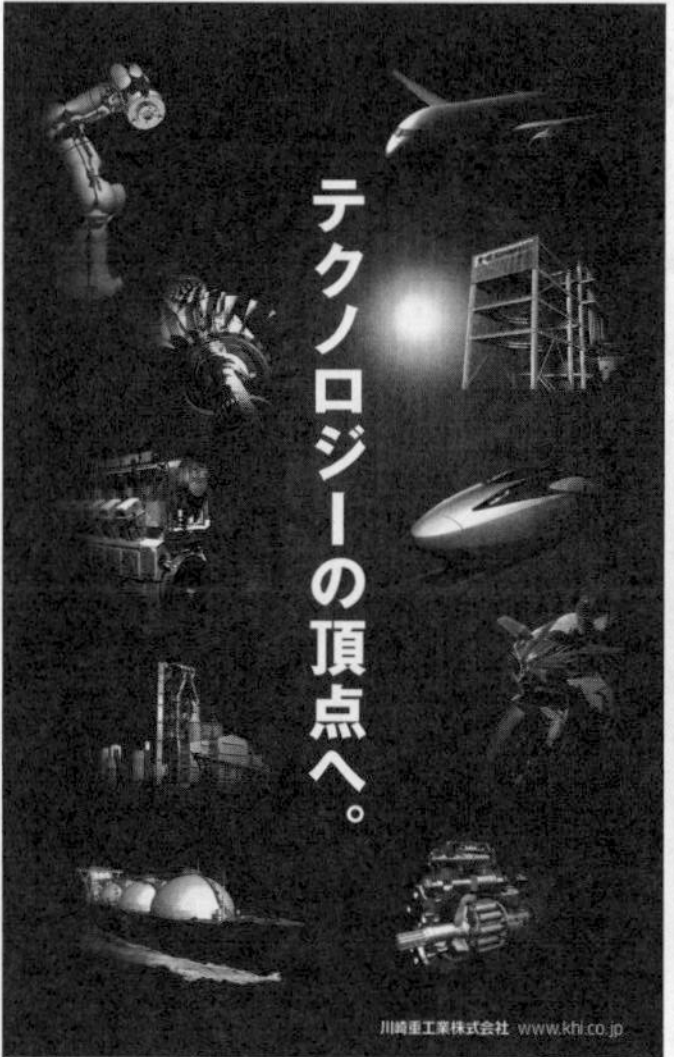
テクノロジーの頂点へ。
川崎重工業株式会社 www.khi.co.jp
Kawasaki
Powering your potential

FXC CORPORATION　C-X用 C-1用 C-130用 抽出傘投下・投棄システム
Extraction Parachute Jettison System (EPJS)

重量装備品等を空中投下する任務において、搭乗員及び航空機双方の安全性を確保するシステム及び当該運用機材

Cabin Leakage Tester
米国ハイドロリックインターナショナル社
航空機コクピット内空気漏えい検査機材及び当該組部品等
総販売代理店
大誠エンジニアリング株式会社
〒160-0002 東京都新宿区四谷坂町12-20 KKビル5階
TEL：03-3358-1821　FAX：03-3358-1827
E-mail：t-engineer@taisei-gr.co.jp

# 部隊だより////

## 陸

**青森**　5普連は3月8日から12日まで、岩手山演習場で「連隊射撃野営」を実施した。11日、蝦平地区で81ミリ迫撃砲実弾射撃を実施する2中隊は訓練を一時中断し、視察中の栄村佳之連隊長以下全員が鉄帽を脇に抱え、太平洋に正対して整列。2中隊長大川原規文1尉の合図で午後2時46分、東日本大震災で亡くなった人々に対し1分間の黙とうを捧げた。

**福島**　44普連は4月6日、駐屯地グラウンドで自衛官候補生の入隊式を挙行した。新制服に身を包んだ73人のうち、野口高司候補生が申告し、稲川龍登候補生が力強く宣誓。続く土肥直人連隊長の式辞後、自候生代表の鵜飼雄介候補生が決意を込めて答辞した。野口自候生は「同期全員で課程を終え、平和と安全を担う自衛官になるよう精進します」と述べた。

**勝田**　施設学校は3月5、6の両日、「施設団長等会議」を実施した。会議では、施設科が抱える重要課題である「坑道機能の維持」「職種内における国際任務に係る連携要領」などについて意見を交換。学校長の鵜居正行将補は「課題が多い中、有意義な議論ができた。次年度も各種会議などで意見を集約し、将来の施設科を創造していく」と総括した。

**板妻**　34普連は4月2、3の両日、東富士演習場で「連隊集成爆破訓練」を行い、爆破技術の練度向上を図った＝写真㊤。訓練は、本管中隊長の新井隆徳1尉以下45人が72式対戦車地雷、指向性散弾などによる爆破を実施。それぞれの訓練で新配置隊員や未経験者が参加する中、各分隊は分隊長の号令に基づき終始緊張感を保持し、迅速かつ確実に爆破した。

**守山**　35普連は4月5日、駐屯地で自衛官候補生入隊式を実施した。連隊長の柳田勝志1佐は「自ら挑戦せよ」「同期とともに成長せよ」の2点を要望し、「諸君一人一人が、今日の初心を忘れることなく、課程を立派に修了することを切に願う」と式辞を述べた。この後、「銃貸与式」「区隊旗授与式」と続き、区隊旗が自候生代表に手渡された＝写真㊤。

**福知山**　7普連は4月6日、自衛官候補生入隊式を挙行した。会場に「分列行進曲」が流れる中、自候生71人は整斉とした動作で入場。自候生を代表して森岡泰岐候補生が申告、岩井寛人候補生が宣誓した。連隊長の小野田宏樹1佐が「同期と助け合い、成長してほしい」と訓示すると、中川凱公候補生が「同期一同で訓練を乗り越えます」と誓った。

**帯広**　4普連は3月17日、帯広駐屯地体育館で5音の支援の下、「連隊らっぱ競技会」を行った＝写真㊨。競技会は「中隊対抗の部」と「個人の部」に分かれて実施。中隊対抗の部は3中隊が僅差で優勝した。一方、個人の部では女性自衛官2人による決勝が行われた。結果、らっぱ教育を修了したばかりの本管中隊の菅沼未侑1士が決戦を制し、1位に輝いた。

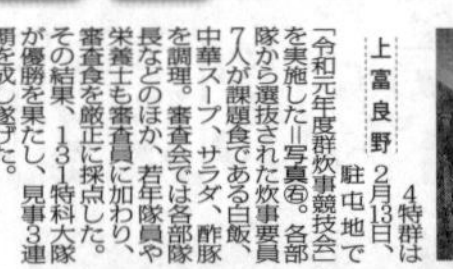

**上富良野**　4特群は2月13日、駐屯地で「令和元年度群炊事競技会」を実施した＝写真㊨。各部隊から選抜された炊事要員7人が課題食である白飯、中華スープ、サラダ、酢豚を調理。審査会では各部隊長などのほか、若年隊員や栄養士も審査員に加わり、審査食を厳正に採点した。その結果、131特科大隊が優勝を果たし、見事3連覇を成し遂げた。

## コロナだけじゃない　台風シーズンに備え

### 15旅団　渡河ボートで人命救助訓練

世の中はいま、新型コロナウイルス対策で躍起になっているが、沖縄地方ではそろそろ台風災害への備えにも着手しなければならない。

そこで15旅団15施設中隊（那覇）の隊員24人は3月9日から11日まで、沖縄県内で初となる「生地における漕舟訓練」を豊見城市の豊崎海浜公園と豊崎美らSUNビーチの運河地区で行った。

同訓練は中隊が装備する渡河ボートを水害時に人命救助活動などに活用するため、その漕舟能力を向上させる目的で実施された。沖縄県内には陸自が渡河訓練を行える場所がないため、事前に沖縄県と豊見城市に対して許可を申請し、今回初めて生地での漕舟訓練が実現した。

訓練は「漕舟」と「接岸」に分けて行われ、漕舟訓練では渡場の開設からボートの入水後、櫓櫂を使い、操舟技術を高めた。舟で対岸へ素早く移動するための「三角航行」なども演練した。さらに「舟長動作」の訓練も行われ、手旗を持った要員が離・接岸などの指揮を執った。

一方、「離・接岸訓練」では、竿（舟を止めるために使用する長い棒）を使って隊員が舟に乗り降りする一連の動作を演練した。

11日には中村裕亮15旅団長（現・7師団長）が豊崎を訪れ、「この訓練は今後、陸自が災害時の救難基盤を強化していく上で非常に意義のあるものだ。引き続き水害救助能力の練成に当たってほしい」と隊員たちを激励した。

生地訓練に参加した岸本尚士長は、「今回の渡河ボートを使った訓練では各隊員の呼吸を合わせる難しさと重要性を理解した。ボートを使った救助活動にいかなる時でも即時に対応できるよう、これからも漕舟技術の向上を図っていきたい」と述べた。（那覇）

㊤渡河ボートに乗り込んだ後、竿を使い、離・接岸の手順を演練する隊員㊨15旅団の沖縄県内初の生地における漕舟訓練で、息を合わせて渡河ボートを漕ぐ15施設中隊の隊員たち（いずれも沖縄県豊見城市で）

陸自初の生地訓練を取材に来た記者のインタビューに答える15施設中隊の岸本尚士長（左から2人目）

**姫路**　駐屯地は4月6日、自衛官候補生課程入隊式を行った。88人の自候生は真新しい紫紺の制服に身を包み、緊張した面持ちで式に参列。人事発令通知で名前を呼ばれると大声で返事をした。高倉敬司令は式辞で「目標を持ち、最後まで努力せよ」「同期との絆を大切に」の2点を要望し、「真の友情を交わし合える同期との絆を大切せよ」と述べた。

**海田市**　13旅団13飛行隊は3月19日、防府分屯地でOH6D観測ヘリの用途廃止に伴う「ラストフライト・セレモニー」を実施した。同機は昭和55年3月に飛行隊に配備されて以来、中国5県の防衛・警備、災害派遣など多様な任務に従事。セレモニーには空自防府北基地の隊員も駆けつけ、長年、空を共にしたOH6Dヘリとの別れを惜しんだ。

**えびの**　24普連は4月5日、第15期一般陸曹候補生課程101人の入隊式を実施した。重松優貴一般陸曹候補生が代表して申告、全員で力強い宣誓を行った。中川宏樹連隊長は式辞で「団結せよ」「自ら学び取れ」「真に戦える隊員を目指せ」の3点を要望。河野防衛相のメッセージも放映された。式後、候補生たちは野外会食などで親睦を深めた＝写真㊦。

**都城**　43普連は4月5日、駐屯地体育館で自候生57人の「教育入隊式」を実施した＝写真㊨。中尾圭連隊長は式辞で、「己の夢と目標を忘れず、生き生きと前に突き進み、同期の絆を一生大切にしてもらいたい」と述べた。前田一成候補生は「入隊を決めたからには、基礎知識・技能を身につけ、一日も早く一人前の自衛官となり活躍したい」と語った。

## 空

**入間**　経ヶ岬分屯基地は3月11日、米陸軍14ミサイル防衛中隊と共同で「ラックマーチ」を行った。同行事は東日本大震災に哀悼の意を表すため、米陸軍と分屯基地が平成30年度から開始。今年は往復約10キロを、最大30キロの荷物をラックに入れて徒歩で行進した。日米の隊員は合同行進を通じ、絆を深めた。

**市ケ谷**　4高群12高射隊（饗庭野）は3月5日、弾道ミサイル防衛用の地対空誘導弾PAC3の機動展開訓練を陸自伊丹駐屯地で行った。当日は12高射隊長の金井裕也2佐以下隊員約30人、車両約15台が駐屯地に進出し、PAC3の発射機や対空レーダー、射撃管制装置などを展開、システム立ち上げまでの一連の発射準備手順を演練した＝写真㊨。

**防府南**　航空教育隊は4月7日に第15期一般曹候補生課程673人、4月8、9の両日に第19期自衛官候補生課程1516人の入隊・入校式を熊谷、防府南の各基地で行った＝写真㊧。空教隊司令の小林努1佐は、「諸君はここでの約3カ月間、困難に向き合うだろう。つらい時は区隊長や班長の先輩自衛官に遠慮なく相談してほしい」と式辞を述べた。

## 海

**下総**　教育航空群は3月25日、基地で千葉県鎌ケ谷市と「災害時における応援等に関する協定」を締結した＝写真㊤。当日は教空群司令の井上竜三1佐と清水聖士鎌ケ谷市長が協定書に署名した。同協定により、基地とその周辺で災害が発生した際、市と基地間で被害を最小限にするために必要な情報の共有や相互支援の活動が可能となった。

**横須賀**　11護衛隊の護衛艦「てるづき」は3月14日、幹部候補生学校を修業した第72期飛行幹部58人を含む約260人を乗せて「外洋練習航海」へ出港した＝写真㊤。その後、艦上で各種訓練を行い、南シナ海などを航行。マレー沖で洋上慰霊祭を行った。門田正文隊司令の言葉と弔銃の音を胸に、帝国海軍の御霊に対し敬意と哀悼の意を表した。

**小月**　教育航空群の71期航空学生6人は4月12日、山口県下関市のラジオ局「カモンFM」の特番に電話出演した。約15分間設けられたコーナーでは、6人が将来の夢や出身地の良い所などを紹介。慣れないラジオ出演に緊張しながらも、航空機パイロットとしての目標を語ったほか、東北から九州まで出身地の名産品など誇れるところを語った。

**崎辺**　佐世保教育隊は3月25日、約2カ月半にわたり心身を鍛えた第8期海曹予定者課程132人（女性10人）の修業式を挙行した＝写真㊤。柳信男司令は式辞で「教育隊で身につけた海曹としての資質は、あくまでも基礎。階級に見合う実力の習得には、それぞれの術科に関する知識が必要だ。部隊配属後もさらなる技能向上に努めてほしい」と述べた。

**大村**　22航空群は4月10日、毎月10日に定めている「サンキューデー」の活動を実施した。同活動は上司、部下、同僚に日頃の感謝の気持ちを声に出して伝えるという試み。今回は丸野秀利先任伍長以下4人が参加し、午前6時30分から約1時間にわたって基地正門前に整列。出勤する隊員たちに感謝の気持ちをこめて「ありがとう」と声をかけた。


結婚式・退官時の記念撮影等に

自衛官の礼装貸衣裳

陸上・冬礼装　海上・冬礼装　航空・冬礼装

貸衣裳料金
・基本料金　礼装夏・冬一式　30,000円＋消費税
・貸出期間のうち、4日間は基本料金に含まれており、5日以降1日につき500円
・発送に要する費用

お問合せ先
・六本木店
☎03-3479-3644（FAX）03-3479-5697
〔営業時間　10:00～19:00　日曜定休日〕
〔土・祝祭日　10:00～17:00〕

別途消費税がかかります。　※詳しくは、電話でお問合せ下さい。

美玉（みたま）
〒106-0032 東京都港区六本木7-8-8
ミクニ六本木ビル 7階
☎03-3479-3644

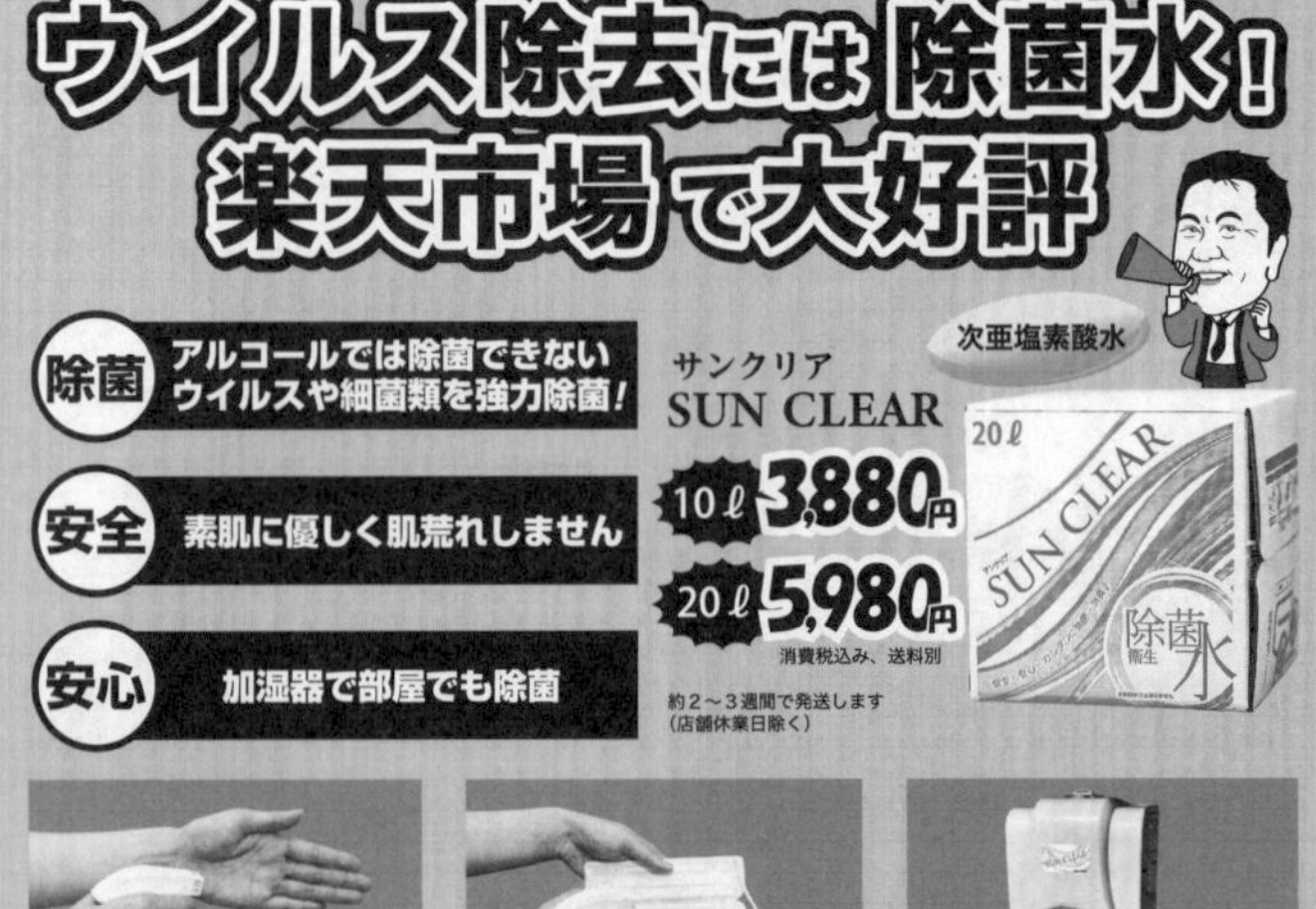

ウイルス除去には 除菌水！
楽天市場で大好評
次亜塩素酸水
サンクリア
SUN CLEAR
除菌　アルコールでは除菌できないウイルスや細菌類を強力除菌！
安全　素肌に優しく肌荒れしません
安心　加湿器で部屋でも除菌
10ℓ 3,880円
20ℓ 5,980円
消費税込み、送料別
約2～3週間で発送します（店舗休業日除く）


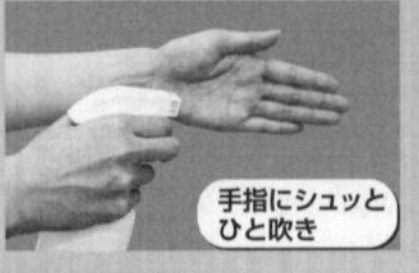

楽天市場に出店中！ Rakuten　サンクリア T-Box
店舗名：T-Box　☎03-3820-2209
まとめ買い（200ℓ以上）ご希望の際はメールでお問い合わせください。
Email：ad@asagumo-new.com
朝雲新聞社　担当：芳賀

# 新型コロナ対策で自衛隊

# 感染防止 献身的に

## 宿泊施設などで衛生教育も

## 16都道府県で災派

新型コロナウイルスの感染防止のために、自衛隊の各部隊・機関の隊員たちが災害派遣活動などで献身的に活動している。各都府県の宿泊施設では、従業員らに衛生教育を行っているほか、海自22空群22航空隊（大村）は感染した患者を緊急空輸した。一方、自衛隊中央病院（三宿）などは治療薬として期待される「アビガン」の治験を始めた。（1面参照）

自衛隊は感染拡大防止のために、各都府県知事などからの要請を受け、全国で災害派遣活動に当たっている（最大時16都道府県）。陽性患者（無症状・軽傷）らが宿泊する施設などで、従業員や患者らへ隊員が衛生教育を行っている。

大阪府では4月8日、中方総監部（伊丹）の隊員ら5人が大阪拘置所の職員約20人に、福岡県では10日、自衛隊福岡病院の医官、看護官ら約10人が県職員ら約30人に、高知県では12日から14旅団（善通寺）の隊員約10人が県職員ら約10人に、それぞれ衛生教育を実施した。

一方、防衛省共済組合が運営する「ホテルグランドヒル市ヶ谷」（東京都新宿区）では、ホテル従業員らに対し、隊員が衛生教育を行った。

同ホテルは4月6日から、ウイルス感染の陽性・陰性を調べるPCR（ポリメラーゼ連鎖反応）検査の結果を待つ海外からの帰国者らを受け入れている。

隊員たちは従業員らに対し、感染防止の注意点を伝えた。従業員らはその内容に留意しながら調理、配膳、清掃、リネンなどの各業務に当たっている。

◇

海自22航空隊は4月3日、ウイルスに感染し肺炎を患った70代の女性患者の緊急空輸に当たった。

3日午後2時46分、長崎県知事からの災派要請を受け、22空の機長以下4人が搭乗するUH60J救難ヘリが長崎・壱岐空港から大村基地まで患者を空輸し、医療機関に引き継いだ。

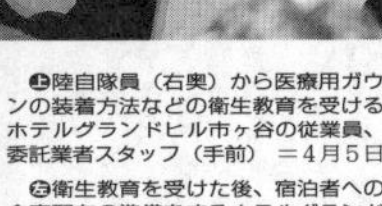

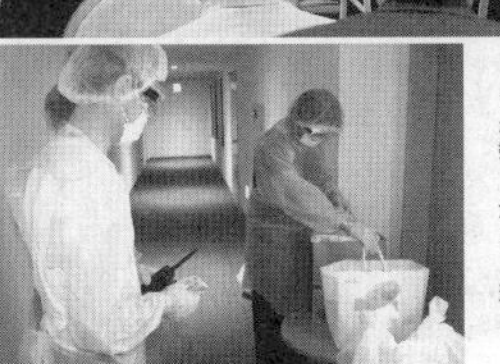

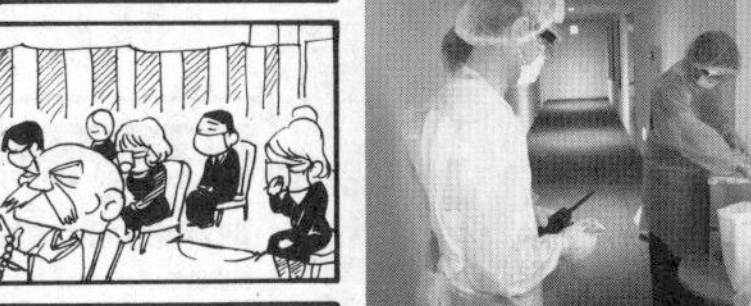

㊤陸自隊員（右奥）から医療用ガウンの装着方法などの衛生教育を受けるホテルグランドヒル市ヶ谷の従業員、委託業者スタッフ（手前）＝4月5日
㊧衛生教育を受けた後、宿泊者への食事配布の準備をするホテルグランドヒル市ヶ谷の従業員ら（4月9日）
㊨海外からの帰国者を宿泊施設に移送した後、消毒作業を行う自衛隊員ら（3月30日、成田空港で）
＝いずれも防衛省提供

あさぐもドムマイ　吉本とんぼ

☆ソーシャルディスタンス

天国の門

## 要領の具現徹底 感染症対応訓練

金沢駐

【金沢】金沢駐屯地（司令・根本勉1佐）は4月7日、新型コロナウイルス感染症対応訓練を行った。

訓練には各部隊長と先任者などが参加。隊員が感染した場合の安全、円滑な対応を確認した。患者発生時の上級部隊への報告、隔離、感染防護衣の着脱、患者の管理、消毒などの各要領を展示説明し、認識を統一した。

根本司令は訓練の最後に「しっかりと情報共有し、連携を密にして対応要領を具現徹底することが重要」と述べた。

新型コロナウイルス感染症対応訓練で患者発生時の対応を確認する金沢駐屯地の隊員（4月7日）

## 中病、防医大病院 「アビガン」治験始める

〝見えない敵〟を制する決め手となるか。

中央病院と防衛医科大学校病院（埼玉県所沢市）は4月10日、抗インフルエンザウイルス薬「アビガン」の治験を始めた。「アビガン」は国内で開発され、富士フイルム富山化学が製造・販売する錠剤。ウイルスの増殖を防ぐメカニズムを持ち、インフルエンザウイルスと同種のRNAウイルスの新型コロナウイルスに対しても効果が期待されている。投与された陽性患者の症状改善に効果が見られた、という報告もされている。

治験では陽性患者に投与し、治療効果や安全性などを確認する。中央病院、防医大病院を含む複数の医療機関で合わせて約100人の治験を行い、得られたデータを委託元の富士フイルム富山化学に提出。効果や安全性に問題がなければ、同社が厚労省に承認申請を行う。

親会社の富士フイルムは、「治療法が確立されていないCOVID－19（新型コロナウイルスによる肺炎）患者に一日も早く治療薬をお届けすることで、感染拡大の抑止や流行の終息に貢献したい」としている。

## 「スポーツで元気づけよ」 体校入校式

【体校＝朝霞】自衛隊体育学校（学校長・谷村博志陸将補）は4月10日、第59期特別体育課程教育の入校式を朝霞駐屯地の同校体育館で挙行した。

今年度は新型コロナウイルス感染防止のため、規模を縮小し、自衛隊内部関係者のみを招いた。

令和初となる今季の特体課程学生は、新規採用者12人、集合訓練で現役復帰した14人、昨年度に出場する大会がある等で残留した136人の総勢162人。

式典では冒頭、学生長の山下敏和3陸佐（射撃班）が入校を申告。続いて谷村学校長が「先の東京オリンピックに先立って創設された体育学校の理念『国民に希望を、自衛隊に誇りを』の原点に立ち返り、オリンピックが1年延期されたことを前向きにとらえ、コロナウイルスによって疲弊した日本をスポーツで元気づけよ」と訓示、激励した。

来賓の祝辞の後、新規採用の隊員を代表して中村海斗陸士長（水泳班）が「自衛官アスリートとして国民の皆様への感謝の気持ちを忘れず、それぞれの競技で日本一、そして世界一になることを目指します」と力強く謝辞を述べた。

今回の入校式は、世界を震撼させているウイルスの災厄の只中で行われたが、特体課程学生の表情は「困難こそが人間を強くする」と証明する強さに満ちていて、来年に延期された東京オリンピックでの活躍を予感させる輝きを放っていた。

体校特体課程の入校式に席の間隔をあけ、マスクを着用して臨む学生たち（4月10日、同体育館で）

## 2師団武道競技会 熱戦をライブ配信

【2師団＝旭川】2師団（師団長・森下泰臣陸将）は3月2、3の両日、旭川駐屯地で「師団武道競技会」を行った。

近接戦闘能力の向上と部隊・隊員の団結強化、士気高揚を図った。銃剣道（男子団体戦、男女個人戦）と拳法（男子団体戦、女子個人戦）の4種目に約240人が参加した。

今回は新型コロナウイルス感染防止のため、「パブリックビューイング方式」を採用。会場での応援者は一部隊員に制限し、代わりに競技会場の映像を各駐屯地にライブ配信した。

「2師団武道競技会」の拳法で攻め合う隊員。熱戦の様子が各駐屯地へライブ配信された（旭川駐屯地で）

## 宮崎の林野火災 地上で支援調整

24普連

【24普連＝えびの】陸自24普連は3月24日、宮崎県えびの市の鍋倉地区で発生した林野火災に伴う空中消火の災害派遣に地上支援部隊として参加した。

24日午後3時50分、宮崎県知事から8師団に消火活動の災派が要請された。連隊は火災現場の指揮所に連絡要員を派遣し支援調整を行うとともに、消火用水取水後のCH47ヘリ移動経路下の道路交通統制を警察と協同で実施した。翌25日午前8時、撤収命令を受け活動を終えた。

今回の災派は8師団隷下から西部方面混成団隷下となって初めての任務だったが、平素から同団と有事のために維持している指揮・調整系統を活用して整斉と遂行した。

## CSF対策で経口ワクチン空中散布

12ヘリ隊

陸自12旅団12ヘリコプター隊（北宇都宮）は4月15、16の両日、農水省と協力し、CSF（豚コレラ）対策のために栃木、群馬両県で野生イノシシへの経口ワクチンを空中散布した。12ヘリ隊のUH60JAヘリ1機が栃木県の日光市と佐野市の国有林などと、群馬県の沼田市など3市2町の国有林で行った。

## 小休止

▽…美幌駐屯地曹友会会長の大谷敏曹長＝写真中央＝は新たに曹友会長に上番する山本勝一曹長＝同右＝と共に3月19日、美幌町社会福祉協議会（北海道・美幌町）を訪れ、エコキャップ約164キロ（段ボール箱41箱分）、リングプル約8キロ、古切手約500グラムを寄贈した。

▽…曹友会は同協議会への寄贈を毎年行っている。エコキャップなどは駐屯地に設置した回収ボックスなどで集めたほか、隊員・家族からも寄せられた。

▽…寄贈品は福祉団体などに贈られ、このうちエコキャップは発展途上国の子供たちへのワクチン接種費に充てられる。同協議会の森暉夫会長は「有効に使わせていただきます」と謝意を示した。（美幌）

## こちら警務隊 交通犯④

### 救護措置と通報は義務 怠れば厳しい刑罰に！

車の運転中に人身事故を起こしましたが、その場から逃げた場合、どんな罪に問われますか？

人身事故を起こした場合、その車の運転手は負傷者を救護し、道路における危険防止措置を講じなければいけません。これらの措置義務違反となり、5年以下の懲役または50万円以下の罰金（人の死傷がその運転者の運転に起因する場合は10年以下の懲役または100万円以下の罰金）に処せられます。

また、救護措置を講じた後は、直ちに警察官に交通事故があった旨を通知しなければなりません。

負傷者の救護、警察官への報告を怠ってはいけません。

（北部方面警務隊）

※次回、「暴行罪」


コーサイ・サービスネットショップ
防衛省職員の皆様へ職域限定特別価格にてご提供いたします
Think Bee!　女性に人気のアイテム！プレゼントにおすすめ!!

ソルダ　ミニトートバック　ブラック　定価税込 22,000円　特別価格税込 8,800円
ソルダ　ミニトートバック　ネイビー　定価税込 22,000円　特別価格税込 8,800円
【材質本体】ビスコース 53%　コットン 23%　アクリル 20%　ポリエステル 3%　ナイロン 1%　【見返し・底切替部】ビスコース 55%　ポリエステル 35%　コットン 10%　【裏地】ポリエステル 100%　【ハンドル】牛革　【サイズ（約）［突起部を除く最大］】H26 X W30 X D13 cm　ハンドル立上 15cm　重量 410g
ブルーローズ　バック　定価税込 14,300円　特別価格税込 10,010円　【材質本体】コットン 52%　麻 48%（PVコーティング）【裏地】ポリエステル 100%　【ハンドル】表地に同じ　【サイズ（約）［突起部を除く最大］】H20 X W36X D20 cm　ハンドル立上 21cm　重量 348g
グットナイト　バック（チャーム付）　定価税込 18,700円　特別価格税込 13,090円　【材質本体】ポリエステル 53%　アクリル 47%　【裏地】コットン 100%　【ハンドル】表地に同じ・合成皮革　【チャーム】牛革・ホットフィックス　【サイズ（約）［突起部を除く最大］】H19 X W34 X D19 cm　ハンドル立上 19cm　重量 325g
ピアニッシモ　ラージバック　定価税込 18,700円　特別価格税込 13,090円　【材質本体】アクリル 48%　ポリエステル 29%　コットン 23%　【裏地】コットン 100%　【ハンドル】牛革　【サイズ（約）［突起部を除く最大］】H32 X W38 X D14 cm　ハンドル立上 10cm　重量 582g
ソルダ　ミニトートバック　ビビットピンク　定価税込 22,000円　特別価格税込 8,800円
ソルダ　ミニトートバック　レッド　定価税込 22,000円　特別価格税込 8,800円
その他の鞄や財布など期間限定で販売中！
お申込みはこちらから　https://kosai.buyshop.jp/（パスワード：kosai）
※商品の返品・交換はご容赦願います。ただし、お届け商品に内容相違、破損等があった場合には、商品到着後、1週間以内にご連絡ください。良品商品と交換いたします。（掲載の商品は印刷物のため、現物と多少異なる場合があります。）
コーサイ・サービス株式会社　TEL:03-3354-1350　担当：佐藤
〒160-0002新宿区四谷坂町12番20号KKビル4F　営業時間 9:00～17:00／定休日 土・日・祝日
URL https://www.ksi-service.co.jp（限定情報 ID:teikei PW:109109）


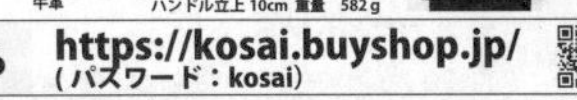

コナカ　FUTATA
防衛省共済組合員・ご家族の皆様へ
コナカではスーツをはじめフォーマルなど
品質にこだわったアイテムを豊富に取り揃えています
コーデの幅がひろがるスリーピース　ULTRA MOVE　ウルトラムーブスーツ［スリーピース］1着値下げ前本体価格¥59,000の品　KONAKAアプリクーポン ¥15,000引　さらに　優待カード 20%OFF　¥35,200＋税
品質にこだわった「黒」　シングルフォーマル［ウエストアジャスター付き］1着値下げ前本体価格¥39,000の品　KONAKAアプリクーポン ¥15,000引　さらに　優待カード 20%OFF　¥19,200＋税
女性らしいシルエット　アンサンブルフォーマル　1着値下げ前本体価格¥19,000の品　KONAKAアプリクーポン 10%OFF　さらに　優待カード 20%OFF　¥13,680＋税
シングルフォーマル［ウエストアジャスター付き］1着値下げ前本体価格¥49,000の品　KONAKAアプリクーポン ¥15,000引　さらに　優待カード 20%OFF　¥27,200＋税
●写真はイメージです

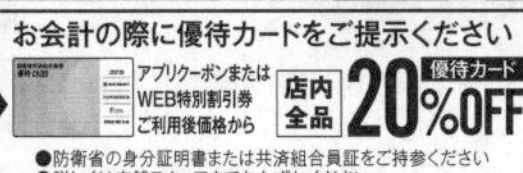


お得なクーポンはコチラから!!　KONAKAアプリ
WEBからもクーポンをご利用いただけます!!　コナカ 割引券 検索　フタタ 割引券 検索
さらに
お会計の際に優待カードをご提示ください　アプリクーポンまたはWEB特別割引券ご利用後価格から　店内全品　優待カード 20%OFF
●防衛省の身分証明書または共済組合員証をご持参ください
●詳しくは店舗スタッフまでおたずねください
ポイントが使える・貯まる　R POINT　d POINT

# 「大分の桜」の下に眠るドイツ兵

**1海佐 本名 龍児**（海自幹部学校戦史統率研究室・目黒）

今年も大分市に所在する「大分県桜ヶ丘聖地（陸軍墓地）」の桜は、華やかに咲き誇りました。この桜の下に、祖国から遠く離れて眠っている2人のドイツ兵がいます。

第1次世界大戦中の中国・青島の戦いで、我が国の捕虜となり、大分にあった収容所で病死したユリウス・パウル・キーゼヴェッター氏およびリヒャルト・クライン氏です。

私は、キーゼヴェッター氏の親族（兄の曾孫）である在京ドイツ大使館国防武官のカーステン・キーゼヴェッター大佐と前の勤務先（防衛研究所）で接点があり、海幕装備需品課資材班長の長野晋作1佐とともに、墓所の調査に協力しました。

第1次世界大戦中、大分にあった収容所で客死した親族の墓を訪れ、献花を行った在日ドイツ大使館国防武官のカーステン・キーゼヴェッター大佐

キーゼヴェッター氏の「102年目となる墓参」実現に尽力した海自の本名龍児1佐（左）と長野晋作1佐

その結果、別府大学の安松みゆき教授の研究論文などから、墓の所在が判明し、令和元年12月7日、キーゼヴェッター氏にとっては「102年目となる墓参」に長野1佐とともに同行しました。

大佐との出会いがきっかけで、ドイツの歴史や文化に興味を持った私は、ドイツ語を少し勉強しており、再会の挨拶や、その後の道中でもドイツ語でユーモアを交えた会話をしたこともあってか、まるでハイキングにでも行くかのような、墓参にはふさわしくない陽気な道中でした。

そうした楽しい道中の雰囲気を引きずっていたためか、墓地に着いても墓参という湿っぽさはなく、「着いたぞ」という達成感のようなものが溢れていました。

長野1佐の「クラインさんの遺族も見つかって、いつか来てくれるといいね」との言葉で、ようやく感傷的な気分となり、キーゼヴェッター氏、クライン氏の墓の順に私たちは厳かに献花し、拝礼しました。

大佐からは、「今、両親をはじめとするドイツの親族一同は、遠い大分に向け祈りを捧げている。102年目にして祈りが届いた。自分の人生に何度もない素晴らしい時をご提供していただき本当にありがとう」との謝辞があり、3名の目は共に潤みました。

今年も見事に咲き誇った大分市の「桜ヶ丘聖地（陸軍墓地）」の桜（大分県高齢者福祉課提供）

墓参の後、収容所があったとされる場所を訪れました。往時を偲ばせる物は何も残っていませんでしたが、その頃から立っており、収容者のみんなを見ていたであろう大樹を通して、100年前の光景が浮かびあがってきました。

桜をはじめとする「大分の大樹」からは、過去と現代とをつなぎ、さらには未来を示してくれているような気持ちにさせられます。

その後、このキーゼヴェッター氏の墓参を契機として、地元大分では忘れられかけていた歴史を学びなおそうという動きや、新たな「日独交流」への機運が高まりつつあるとうかがっています。

戦争の結果、生じた客死は本当に悲しい出来事ですが、100年を経て、新たな発見や日独友好へとつながっていくこととなり、その行く末を「大分の桜」の下に眠る2人のドイツ兵は、静かに見守り続けるでしょう。

(世界の切手・ドイツ)

人生の最もすぐれた使い方は、それより長く残るもののために費やすことだ。

W・ジェームズ
（米国の哲学者）

朝雲ホームページ
www.asagumo-news.com
<会員制サイト>
Asagumo Archive
朝雲編集部メールアドレス
editorial@asagumo-news.com

## 新刊紹介

### 「憲法9条を正しく知ろう」

西 修著

新型コロナウイルスの感染拡大を受け、安倍首相は全国に「緊急事態宣言」を発令した。戦後最大級の国家的危機での措置だが、日本国憲法に緊急事態条項はない。本書では安倍内閣の安保法制懇メンバーを務めた駒澤大学名誉教授の著者が、新型コロナでの各国の法的対処などと比較し、日本国憲法の問題点を明らかにしている。

著者は「今後、起きるかもしれない予測を超える事態に迅速かつ強力に対処するためには、憲法条項が根底になければならない」とし、特に第9条の成立経緯や諸外国憲法との比較、転換期の時代に求められる9条のあり方を述べている。

最終章では感染症対策が各国でどのように扱われているかを紹介、特に新型コロナの水際対策に成功した台湾の事例を挙げ、緊急時に機能した台湾憲法の規定や追加改正条項も紹介し、日本も同様に「憲法マター」で感染症対策を考えるべきだとしている。

著者は、最高法規である憲法には国の平和と国民の生命を守るための国家緊急事態条項が入っていなければならないと強調、改めて憲法改正を提言している。（海竜社刊、1760円）

### 「アジアを解放した大東亜戦争」

安濃 豊著

日本をはじめアジア各国の戦後の歴史教育で日本は"侵略戦争を行った"という側面が強調され、欧米の植民地だったアジア各国（現ASEANなど）を解放、独立させて貢献した過程を解き明かしている。

本書は米陸軍研究所研究員などを務めた著者が、内外の大東亜戦争に関するさまざまな資料をもとに、旧日本軍がアジアの植民地独立に貢献した過程を解き明かしている。

著者はまず、外務省の機密文書から「日本が悪いことをしたから各国から経済制裁を受けた」とする定説を覆し、米国が解放戦争を「太平洋戦争」と呼称した背景を解説。日本軍が東南アジア地域で米、英、蘭などの軍隊と戦い、フィリピン、ビルマ（現ミャンマー）、インドネシアなどを次々と独立させた経緯を詳細に記している。

著者は相関関係グラフを使い、東南アジアの「独立国数と日本軍の駐留月数」の関連性を係数で示すなど、理系出身の博士としての数学的アプローチもユニークだ。

本書を読むと、極東軍事裁判などの影響で米国の強さが誇張され、逆に日本軍の功績を矮小化、いかに否定され続けてきたかがわかる。先の大戦の新たな側面を発見できる一冊だ。（展転社刊、1430円）

## 幹部として二つの目標

**3陸尉 牧 和之**（49普連1中隊・豊川）

私は幹部自衛官に任官し、二つの目標を掲げました。

一つ目は、幹部としての識能を向上させることです。私は部内幹部候補生出身であり、陸曹時代の職務は迫撃砲小隊分隊長でしたが、現在は小銃小隊長として普通科連隊に勤務しています。陸曹時代とは違いがあり、経験が生かしにくい状態であるので、覚えなければいけない事が非常に多くありますが、日々充実した勤務ができています。

しかしながら、まだ部隊にはあまり貢献できていない状況なので、少しでも早く識能を向上させ、部隊に寄与できるよう日々奮闘中です。また、幹部初級課程の教育も控えており、こちらもしっかりと学んできたいと思います。

二つ目は、私生活の充実を図ることです。幹部となり、初の「一人暮らし」を始めました。家具の買い揃えから始まり、営内生活のころは考えていなかった食費や光熱費の計算、部屋のコーディネートなど、やるべきことが非常に多くあり、休日も忙しい状態です。

しかし、充実した自衛隊生活を送る上で、生活環境の整備は重要だと考えています。生活環境を早く整え、時間を有効活用して、公私両面で充実を図っていきたいです。

## 初の中隊検閲で自信を持てた

**2陸士 村田 大翔**（32普連3中隊・大宮）

私は2月に新隊員教育隊を修了し、第3中隊に配属されました。

やっと自衛官生活がスタートしましたが、その1週間後、東富士演習場で行われる中隊検閲に参加するということを伝えられました。

突然のことで中隊の先輩方とうまくやれるのか不安が募りました。しかし、今まで新教で教わったことを確実に行い、自分自身が克服できると考え、まだ自分がどこまで通用するのか試してみたくなりました。ただ、今回の検閲は「防御」なので、有刺鉄線など障害の資材を運ぶなど、先輩方に教わりながらの検閲となりました。また、2月下旬の東富士は自分が体験したことのないような寒さでした。私は国の平和と独立を守る自衛官であることを自覚し、与えられたことを一生懸命頑張りました。でも、先輩方に比べたらまだまだでした。

この検閲を通して普通科隊員として少し自信を持てたと思います。これからも困難な任務をたくさん経験すると思いますが、同期と共に乗り切って、早く一人前の普通科隊員になれるよう頑張りたいと思います。

## OBがんばる

### 「明るい挨拶」心がけて

**井上 良男さん 55**
平成31年3月、6施設大隊（神町）を最後に定年退職（2陸佐）。山形市にある山形国際ホテルに再就職し、設備管理、防火・防災対策業務などを担当している。

私は山形県内の信号もない片田舎に長男として生まれ、昭和54年、少年工科学校（現・高工校）25期生として陸自に入隊し、たくさんの方々から指導ご協力を頂きながら平成31年3月、無事に定年退職いたしました。

特に最後の2年間は主家の長男としての責務を果たすため、部隊に無理にお願いをして愛する妻を北海道に残し、故郷山形で勤務させて頂きました。

退職に当たっては、人の役に立てるサービスの仕事を山形地本にお願いしていたところ、山形国際ホテルにご縁を頂きました。当ホテルは山形駅から徒歩5分の位置にあり、宿泊・会議・宴席等の各種サービスを行っております。私は営業管理課長代理として、設備管理、防火管理、災害対処業務等を担当しています。初めての業務ばかりで、職場の方々に教わりながら日々奮闘しております。お客様からの「ありがとう」「料理おいしかったよ」などのお声がけが本当に嬉しく感じます。お客さまに喜んで頂けるよう、今後とも努めて参りたいと考えております。

私は「自衛隊という素晴らしい学校の卒業生」はどのような職場でも活躍できると信じております。

最後に「明るい挨拶」と「コミュニケーション能力」があれば、どのような職場においても必ず皆さんの力を発揮できると思います。

## みんなのページ

## 小学校の総合学習で講師

**1陸曹 小林 広尚**（5対戦ヘリ飛行支援隊・明野）

去る1月24日、私は縁あって同級生が教師をしている大津市立下阪本小学校の実施する総合学習「ようこそ大先輩」に講師として招かれました。

「ようこそ大先輩」とは、総合的な学習の時間として子供が自ら学び、自ら考える力などの生きる力の育成を目指したものです。今回の対象は小学6年生70名でした。

講義は、与えられた1時間のうち最初の20分間で自己紹介と陸自富士総合火力演習のVTRを用いて自衛隊を紹介し、残りの40分間は6年生から質問を受ける形で進めていきました。

質問は「自衛隊という仕事を選んだ理由は？」「仕事のやりがいは？」といった一般的なものから「普通の人は銃などの武器を持ち、扱うことはできないが、それを許されている事についてどう思っているか？」「敵と戦うことになった場合、躊躇なく引き金を引くことができるか？」といった自衛隊という職業に特化したものまであり、6年生ともなると質問の内容も大人と変わらないと感じました。

後日、講義を行った6年生の全員から「小林先生へ」の書き出しで、お礼の手紙が届きました。そこには私が最も伝えたかった「大人になっても夢を持つこと」「努力を続ければ、その努力は決して裏切らない」ことを子供たちがよく理解してくれており、さらに自衛隊を身近に感じ、自衛隊は何のために存在するのか、「今までよく分からなかったことがはっきりと分かった」としっかりした文字で書かれていました。

私はこの総合学習「ようこそ大先輩」を通して、小さな後輩たちに講話をし、改めて自衛官として誇りを持ち努力を続ける大切さを感じました。この講話に快く送り出してくれた部隊をはじめ、各方面に調整していただいた方々に深く感謝いたします。

大津市立下阪本小学校の総合学習「ようこそ大先輩」に講師として招かれ、小学6年生に対し夢を持つことの大切さを伝える小林広尚1陸曹（左手前）

## 詰将棋

第818回出題

出題 日本将棋連盟
九段 石田 和雄

| 5 | 4 | 3 | 2 | 1 | |
|---|---|---|---|---|---|
| | 角 | | | 香桂 | 一 |
| | | | | | 二 |
| | | | | | 三 |
| | 銀 | | 玉 | | 四 |
| | | | | 歩 | 五 |
| | | | | | 六 |

■先手 持駒 角金

【ヒント】初手に妙手あり（10分で初段）。

▶詰将棋、詰将棋の出題は隔週です◀

## 詰碁

第1233回解答

出題 日本棋院
九段 曲 励起

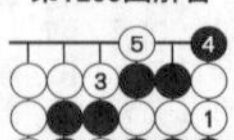

【解答図】白先、黒死。白①が大切で、黒②のとき白③、黒④、白⑤で黒は一眼しかありません。

防衛省生協　退職者生命・医療共済
リニューアル!!　令和2年7月1日
「事前積立掛金」制度もできました！
退職後から85歳までの病気やケガによる入院と死亡（重度障害）をこれひとつで保障します。
あなたと大切な人の"今"と"未来"のために
生命・医療共済（生命共済）　病気やケガによる入院や手術、死亡（重度障害）を保障します
退職者生命・医療共済（長期生命共済）　退職後の病気やケガによる入院、死亡（重度障害）を保障します
火災・災害共済（火災共済）　退職火災・災害共済（火災共済）　火災や自然災害などによる建物や家財の損害を保障します
現職　退職　85歳　終身
1 より長く　満期年齢が80歳から5年間延長されて85歳となり、より長期の安心を確保！
2 より厚く　入院共済金が「3日以上入院で3日目から支払」が「3日以上入院で1日目から支払」に！
3 より安く　一時払掛金を保障期間の月数で割った「1か月あたりの掛金」がより安く！
詳しくはホームページへ➡

●令和2年7月1日以前に80歳満期でご契約の方は「転換」で85歳満期に変更できます。●退職前から計画的に掛金を準備できるように「事前積立掛金」制度も誕生しました。
※「退職者生命・医療共済」は、長期生命共済の販売呼称です。

防衛省職員生活協同組合　〒102-0074 東京都千代田区九段南4丁目8番21号 山脇ビル2階　専用線：8-6-28905　電話：03-3514-2241（代表）
BSA-2020-03

朝雲
発行所 朝雲新聞社
〒160-0002 東京都新宿区四谷坂町12−20 KKビル
電話 03(3225)3841
FAX 03(3225)3831
振替00190-4-17600番
定価一部170円、年間購読料9170円（税・送料込み）

明治安田生命保険 団体生命保険
保険金受取人のご変更はありませんか？
アフターフォローの 明治安田生命
（引受幹事生命保険会社）

本号は10ページ



# 緊急事態宣言を延長

## 自衛隊、衛生教育など継続

新型コロナ

政府は5月4日、全都道府県を対象とした新型コロナウイルスの感染拡大に伴う「緊急事態宣言」を当初の5月6日から同31日まで延長することを決めた。防衛省・自衛隊は3月28日から2回目の自主派遣として主要空港で実施している検疫支援をはじめ、知事などからの要請に基づき、自治体職員らに対する感染防止のための防護・衛生教育、帰国者らの生活支援など、新型コロナに関する災害派遣活動を全国で継続中だ。河野防衛相はこれに先立つ5月1日の記者会見で、「自治体から防疫教育の要請が引き続き来ているので、しっかり当たっていきたい。輸送・宿泊支援などの要請には(早期の民間移行を目標に)期限を区切って対応していきたい」と語った。（2、3、8、9面に関連記事）

## グラヒル、延べ750人受け入れ

防衛省・自衛隊は5月12日現在、水際対策強化の一環として看護師を含む約50人体制で、①成田・羽田両空港での検疫支援（PCR検査のための検体採取）②関東地方の宿泊施設に滞在する帰国者・入国者への生活支援——に当たっている。

PCR検査結果を待つ帰国者や入国者の成田、羽田、関西の各空港から宿泊施設への輸送業務は4月27日までに自衛隊から民間バス会社に移行を完了した。今後は必要に応じて自衛隊の現地連絡員らが業者に助言、サポートする。

このほか、宿泊施設に一時滞在する帰国者らの生活支援は、5月4日に関西地方での活動が自衛隊から厚生労働省に完全に移行。中部地方では4月28日からチャーター便の運航中止に伴い、活動を休止しており、現在は関東地方のみで活動を続けている。

一方、4月6日からPCR検査結果待ちの帰国者・入国者の一時滞在先として、最大216人（138室）の受け入れを行っている防衛省共済組合運営の「ホテルグランドヒル市ヶ谷」（東京都新宿区）では、5月11日までに延べ約750人の受け入れを実施。

同ホテルは、陸自隊員から感染防護に関する衛生教育を受けたホテルの従業員と委託業者のスタッフのみで自ら宿泊者の対応に当たっているモデルケースとしても注目されている。自衛隊は4月20日以降、常駐から巡回指導に切り替え、現在は週に約1回のペースで助言などの支援を行っている。

全国各地では知事などの要請を受け、自衛隊が自治体職員らに衛生教育を実施。4月下旬以降、新たに福島、茨城、栃木、富山、三重、滋賀、奈良、島根、佐賀、大分、熊本、沖縄の各県が加わり、活動実績は28都道府県に及ぶ。

長崎市に停泊中のイタリア船籍のクルーズ船「コスタ・アトランチカ」（8万6千トン、乗員623人）の感染者がこれまで149人に上る中、西方の医官ら延べ約70人が4月22日から24日まで船員のPCR検査に必要な検体採取の支援に当たったほか、26日から5月10日まで船員延べ約20人に船外での医療活動を行った。5月2日からは自衛隊富士病院（静岡県小山町）のCT診断車1台、同病院での予定で現地に派遣されと西方の隊員4人が14日まで現地に派遣されている。

帰国者等の一時滞在先となっているホテルグランドヒル市ヶ谷で、完全な防護対策を取った上で配膳作業を行うスタッフたち。食事は一食ずつビニール袋に包まれている（5月8日）＝防衛省共済組合提供

## 大臣指示 延長も任務の万全期す

河野防衛相は5月8日の記者会見で、緊急事態宣言の期間延長を受け、先月17日に発出した「教育訓練と勤務態勢の方針に関する大臣指示」を5月31日まで延長すると発表した。

大臣指示は「複数の部隊が集合する教育訓練や駐屯地・基地外の人との接触を伴う教育訓練は原則中止・延期」「中止・延期が難しい場合は適切に判断」とした。ただし、即応性維持の観点から、個々の艦艇による航海などは、他部隊の隊員との接触がないなど、「各部隊長の判断により継続」としている。

河野大臣は同日の会見で「警戒監視、災害派遣などの任務遂行に万全を期す」と述べた。

# 防衛相 各国国防相と電話会談

## コロナ対策で情報共有

河野防衛相は4月下旬から5月上旬にかけてドイツ、米国、英国、カナダ、豪州、インドの各国国防相と相次いで電話会談し、一刻も早い新型コロナウイルスの終息に向け、防衛当局間で感染症対策に関する情報・教訓・知見を共有していくことで一致した。

4月24日に会談したドイツのアンネグレート・クランプ＝カレンバウアー国防相からは、大型クルーズ船「ダイヤモンド・プリンセス号」の乗客だったドイツ人夫妻が自衛隊中央病院で治療を受けて回復し、無事に帰国できたことに謝意が示された。河野大臣は、同夫妻から湯浅陸幕長に感謝の手紙が送られてきたことを報告した。

同日は続いて米国のマーク・エスパー国防長官と会談。新型コロナへの対応や、北朝鮮をはじめとするインド太平洋地域の情勢、在日米軍をめぐる諸課題などについて意見交換した。

28日には英国のベン・ウォレス国防相と会談し、日英外務・防衛担当閣僚協議「2プラス2」の早期開催を目指すことを確認した。

5月1日にはカナダのハルジット・シン・サージャン国防相と会談。新型コロナでカナダ軍が実施している介護施設や地域コミュニティーへの支援活動の状況について説明を受けた。

7日には豪州のリンダ・レイノルズ国防相と北朝鮮や東・南シナ海を含む地域情勢について意見交換し、引き続き緊密に連携していくことで一致。8日はインドのラージナート・シン国防相と会談し、コロナ終息後、日印で初となる戦闘機共同訓練の日本での開催に向け、速やかに調整を再開することで合意した。

河野大臣は各国の大臣に、①「ダイヤモンド・プリンセス号」での自衛隊の災害派遣活動②新型コロナの災害派遣活動に当たった隊員に一人の感染者も出さなかった自衛隊の感染予防策③自衛隊中央病院の症例分析——などについて説明した。

河野大臣は5月8日の記者会見で「ポストコロナ（コロナ後）の国際秩序が揺らぐことがないよう、（同盟国や友好国を中心に国際社会と）連携していかなければならない」と述べた。

## 統幕長 NATO幹部と電話会談 防衛協力の重要性確認

山崎統幕長は4月21日、北大西洋条約機構（NATO）軍事委員長のスチュアート・ピーチ英空軍大将と電話会談を行った。

会談で両者は日NATO防衛協力の重要性について確認するとともに、国際社会や地域の平和と安定のため、引き続き情報を共有していくことで一致した。

統幕長は22日、豪国防軍司令官のアンガス・キャンベル陸軍大将とも電話会談を行い、新型コロナウイルスによる両国の状況や感染拡大防止への取り組みなどについて意見を交換した。

日本の周辺空域で共同訓練を行う空自のF2戦闘機（上の2機）と米空軍のB1B戦略爆撃機（先頭）、同F16戦闘機（下の4機）＝空自機撮影

## 米B1と空自F2が訓練

空自の各航空団の戦闘機部隊は4月22日、西太平洋方面に飛来した米空軍第28爆撃航空団（サウスダコタ州エルスワース空軍基地）のB1B戦略爆撃機1機を出迎え、米空軍第35戦闘航空団（三沢）のF16戦闘機4機とともに日本海、沖縄周辺の各訓練空域で日米共同訓練を実施した。

空自からは6空団（小松）、9空団（那覇）のF15戦闘機各4機、7空団（百里）のF2戦闘機3機、8空団（築城）の同4機がそれぞれ参加し、B1Bなど米軍機と編隊航法訓練などを行い、日米共同の対処能力と戦術技量の向上を図った。

# 「きりさめ」が佐世保出港

## 艦内でPCR検査後、中東へ

中東の海上交通路（シーレーン）の安全確保のため、オマーン湾とアラビア海北部で情報収集活動に当たっている海自部隊の交代のため、5月10日、「派遣情報収集活動水上部隊2次隊」（指揮官・横田和司1佐＝8護衛隊司令）の護衛艦「きりさめ」（艦長・白石豪2佐以下、乗員約200人）が佐世保を出港した。

「きりさめ」は新型コロナウイルス対策として今後2週間、訓練を行いながら日本近海に停留し、艦内で乗員全員のPCR検査の検体を採取する。検査結果で全員の陰性が確認された後、中東方面に向かい、6月上旬に「たかなみ」と任務を交代する。

仮に、乗員に陽性者が出た場合は、「きりさめ」は佐世保に戻り、感染者と濃厚接触者を隔離するとともに、艦内の消毒など所要の措置を行う。

河野防衛相は5月8日の記者会見で「14日間の期間を経た上で中東に向けて動くことで、乗組員の健康をしっかり守っていきたい。万が一、陽性の者が出れば任務交代は遅れると考える」と述べた。

「きりさめ」の出港行事で、報道陣（右列）が取材する中、艦に乗り込む乗員たち（5月10日、海自佐世保基地で）

## CTF151の海自隊員コロナ感染 バーレーン

統幕は4月20日、ソマリア沖・アデン湾で海賊対処に当たる多国籍部隊「第151連合任務部隊（CTF151）」の司令部に勤務する海上自衛官1人が新型コロナウイルスに感染したと発表した。

ペルシャ湾内のバーレーンに置かれる同司令部は現在、司令官の石巻義康海将補以下、海上自衛官16人、各国要員10人程度で編成されている。今回、20歳代の海自男性隊員にコロナ感染が確認された。

CTFの宿舎に出入りする清掃業者の従業員に陽性患者が出たことから、バーレーン保健省の指示を受けて同宿舎の居住者がPCR検査を受検。感染した隊員は無症状だったものの、18日に陽性反応が確認され、感染拡大を防止するためバーレーン国立病院に隔離された。

# 中国空母 「遼寧」など6隻

## 初めて宮古海峡を往復

統幕は4月28日、中国海軍の空母「遼寧（りょうねい）」（排水量5万9400トン）が同日午前9時ごろ、駆逐艦などと6隻で艦隊を組み、太平洋から沖縄本島と宮古島間の宮古海峡を北上し、東シナ海に入ったと公表した。

「遼寧」艦隊は4月11日、宮古海峡を南下して太平洋に出るのが海自により確認されており、同空母が短期間に宮古海峡を往復するのは今回が初めて。

河野防衛相は5月1日の記者会見で、東シナ海における中国海軍艦艇の我が国の接続水域への入域や中国公船の領海侵入、中国空軍機による日本領空への接近の増加など、中国軍の活動が活発化していることを強調した上で、「コロナウイルス対策をしっかり行っていくという国際的な思いに添ったものだとは言い難く、中国には自制を求めたい」と述べた。

◇

沖縄では4月29日午前8時半ごろにも、中国海軍の「ルーヤンⅢ」級ミサイル駆逐艦など3隻が宮古海峡を南下し、太平洋に進出するのを海自46掃海隊（勝連）の掃海艇「くろしま」が確認した。

## 春夏秋冬

### コロナ戦争

小谷 賢

感染拡大が止まらない新型コロナウイルスに対して、政府はついに緊急事態宣言を発令し、5月に延長の見通しである。もはや戦時体制のようだが、我々が学校教育で学んだ戦争の日々は太平洋戦争の日本であり、井上寿一氏の『日中戦争下の日本』を読むと、日中戦争時の日本社会はむしろ好景気で沸いていた。

米空母「セオドア・ローズヴェルト」が乗務員の集団感染によって航行不能となるなど、これはまさにウイルスとの戦争だと思い知らされる。

戦いがいつ始まったかを決めるのは難しいが、個人的には1月23日午前零時だと思っている。これは中国政府が武漢を閉鎖すると宣言した日だ。そして、この宣言を受けた武漢市民が一斉に脱出を始め、ウイルスを世界中に広めることになった。

人類は極めて政治的な生き物であり、ウイルスとの戦いですら政治化してしまう。[illegible] く、米中は数年前から対立を先鋭化させてきた。

まず先手を取ったのは中国で、3月12日に外交部報道官の趙立堅が「米軍が武漢に[illegible]かもしれない」と[illegible]。これは中国国民[illegible]く、米側もそのように理解した。そして情報の世界では、やられたら、かならずやり返さないといけないという不文律が存在する。米国政府はコロナを「武漢ウイルス」と意図的に呼び、さらにその出所が武漢のウイルス研究所にあることを示唆して、中国の権威失墜を図った。

両国ともコロナ戦争で疲弊した国々に対する支援を行い、自らの影響力拡大に必死なのだ。この情報戦は明らかに中国に分が悪く、4月7日には趙氏が発言を訂正するに至った。情報戦の第一ラウンドは米国の勝利で終わったと言って良い。ただし今後、中国側は巻き返しを図ってくるのだろう。

戦争ということであれば、戦後処理の戦略も必要となってくる。もちろん当面はウイルスとの戦いに勝利することが最優先事項であるが、それをすべてと考えるのはナイーブであろう。

（日本大学危機管理学部教授）

## 朝雲寸言

防災、サバイバル、体操、ダイエット、お片付け。これらに共通するものは何か。答えは、それぞれの分野の「自衛隊方式」を伝授する指南本が相次ぎ出版されていること。「自衛隊が実践しているやり方なら間違いないはず」と感じる読者の支持を得て、ここ数年で本の種類は増える一方だ▼そんな今、にわかに熱い視線が注がれているのが自衛隊式の感染症対策だ。不意打ちのようなクルーズ船での新型コロナウイルス事案を災派部隊が乗り切ったことで「やはり自衛隊は頼りになる」との思いが広がったようだ。医官や衛生部隊が各地で官民の感染症対策に助言を求められている▼民間医療機関で院内感染事案が続出している一方で、自衛隊が大過なくコロナに対処できているのは、関係者が生物兵器戦争というより烈度の高い事態を想定し、長年にわたりこつこつ訓練を重ねてきたおかげだろう。先日、自衛隊中央病院での感染予防の模範的取り組みを伝えるニュースを見て、建て替え前のあの老朽化した旧中病病院舎で奮闘しておられた職員の方々の姿が浮かんだ。全国の衛生部隊や関係する学校も含め、よき伝統を残してくれた先人たちには感謝しかない▼目下のコロナ禍を切り抜けられても、遅かれ早かれ次なる感染症災害は起きる。感染症対策に限らず、さまざまな分野で国民が信頼を寄せてくれる今こそ「築城十年落城一日」の8文字を胸に刻みたい。

METAWATER
メタウォーターテック
暮らしと地域の安心を支える水・環境インフラへの貢献。それが、私たちの使命です。
www.metawatertech.co.jp

防衛省生協 退職者生命・医療共済
リニューアル!! 令和2年7月1日
退職後から85歳までの病気やケガによる入院と死亡（重度障害）をこれひとつで保障します。
あなたと大切な人の“今”と“未来”のために

生命・医療共済（生命共済） 病気やケガによる入院や手術、死亡（重度障害）を保障します
退職者生命・医療共済（長期生命共済） 退職後の病気やケガによる入院、死亡（重度障害）を保障します
85歳
火災・災害共済（火災共済） 退職火災・災害共済（火災共済）
火災や自然災害などによる建物や家財の損害を保障します
現職 退職 終身

1 より長く 満期年齢が80歳から5年間延長されて85歳となり、より長期の安心を確保！
2 より厚く 入院共済金が「3日以上入院で3日目から支払」が「3日以上入院で1日目から支払」に！
3 より安く 一時払掛金を保障期間の月数で割った「1か月あたりの掛金」がより安く！
※令和2年7月1日以前に80歳満期で契約の方は「転換」で85歳満期に変更できます。
※退職前から計画的に掛金を準備できるように「事前積立掛金」制度も開始しました。
※「退職者生命・医療共済」は、長期生命共済の販売呼称です。

防衛省職員生活協同組合
詳しくはホームページへ

〒102-0074 東京都千代田区九段南4丁目8番21号 山脇ビル2階 専用線：8-6-28905 電話：03-3514-2241（代表） BSA-2020-03

# 時の焦点

## 国内　F2後継機

# 防衛産業の基盤強化に

航空自衛隊が運用する戦闘機F2の後継機の開発構想が具体化し始めた。日本の安全保障を支える防衛産業の生産・技術基盤を強化するきっかけとしたい。

空自の戦闘機は主に、1980年代から運用するF15のほか、2000年に導入したF2、米国から購入途中のステルス戦闘機F35で構成する。総数は約300機だ。

F15は比較的改修しやすいため、一定数を改良し、運用を続ける。F2は、2030年代の退役を想定し、防衛省は後継機の開発費を20年度予算に計上した。

政府はF2後継機について、国際共同開発としつつ、日本主導とする方針だ。巨額の費用を要する防衛装備品の開発は、国際協力が主流である。F2後継機の事業規模は6兆円とも言われる。日本が友好国と協力するのは妥当だ。

共同開発の相手国について、河野防衛相は「英国、米国を検討している」と明らかにしている。正式決定は年末となるが、報道各社は「米国との共同開発が決定」「日米政府・企業で協議へ」などと報じた。注目度の高さを表していよう。

共同開発国の選定にもまして重要なのは、政府が十分な開発費を確保し、国内防衛産業の育成を図ることである。

日本は長年、平和主義にのっとり、防衛装備品の輸出を厳しく制限してきた。国内企業は、納入先が自衛隊だけだった。欧米の企業に比べて、装備品の開発技術力が立ち遅れてしまった、との見方は多い。

日本には現在、艦船や戦闘機、弾薬などを造る企業が1000社以上ある。だが、防衛予算が連続して減少した2000年代には、多くの企業が部品製造などから撤退したという。

国内の防衛産業の基盤強化を怠り、装備品の配備を海外からの輸入に頼れば、日本の安全保障は他国に左右されてしまう。防衛産業の弱体化を防ぐことは急務だ。

F2後継機は、ステルス機を探知するレーダーや、高出力のエンジンなど最先端の装備が搭載される予定だ。開発、生産には、大手企業に限らず、多くの部品製造業が関与する。防衛省は、調達の効率化を図りつつ、適正な利益を確保しなければならない。

防衛省は昨年、防衛産業の競争力強化に向け、経団連と意見交換する場を設けた。官民で協力し、技術力の向上に努めるべきだ。

防衛産業全体を底上げしていくためには、装備品の海外への輸出を着実に進めることが欠かせない。

政府は、ミサイルなどを探知する国産の防空レーダーをフィリピンに輸出する方針だ。実現すれば、防衛装備品の完成品としては初の輸出となる。

こうした実績を積み重ね、日本の防衛産業の信頼を高めていくことが大切である。

夏川　明雄（政治評論家）

## 海外　コロナ後の世界

# 成るか国際協調の復活

第2次世界大戦以来、最大の危機と形容される新型コロナウイルスのパンデミックの終息のめどは、たとえ有効なワクチンや治療薬が開発できたとしても、現在の感染拡大の広がりを見れば、早くとも数年先にならざるを得ないだろう。この間にも、1930年代の大恐慌級の世界経済の急激な落ち込み、それに伴う連鎖的な企業倒産や失業者の急増など、経済・社会活動の先行き不安が各国を覆う状況は続く。

こうした未曽有の危機的状況の時こそ、国際協調によるワクチン・治療薬の早急な開発や感染拡大を効果的に封じ込める公衆衛生上の連携強化が必要だと誰しも考える。

しかし、国際社会の現実を見れば、率先してリーダー役を担う立場にあった米国が政治的思惑から、世界保健機関（WHO）への拠出金停止を決めたほか、新型コロナ発生源の中国の習近平指導部の初動対応を厳しく論難して反目を深めるなど、世界1位、2位の経済大国の協調した取り組みは期待できない状況にある。地球温暖化への対応と同じく、人類にとっての最大利益を優先するという視点を欠く利害対立の構図である。

リーダー不在の世界を「Gゼロ」と見なし、その政治リスクを指摘してきた米国の国際政治学者イアン・ブレマー氏は最近のインタビューで、「国際連携がフル回転すべきなのに、誰もリーダーシップをとらない。G7もG20も機能しない。実に恐ろしい」と語っていた。

ブレマー氏はまた、パンデミック克服後の世界について、経済のグローバル化の失速を含め、今までとは全く違う世界になると断言する。21世紀の実相を「対立の世紀とグローバリズムの破綻」（近刊の日本語版タイトル）に特徴付けられると警鐘を鳴らしてきた著名政治学者の発言だけに、説得力に富む。

11月の米大統領選で民主党のバイデン前副大統領が「自国第一主義」を掲げる現職のトランプ氏に勝利したとしても、すでに国民のほぼ半数が内向き志向に転じた米国が以前のように積極的に世界の諸課題に関与していく可能性は低い。米国に代わって覇権を握る野心を隠さない習[illegible]席率いる中国[illegible]治的リーダー[illegible]頼は得てお[illegible]模の諸課題の[illegible]併せ、また[illegible]の大国にと[illegible]

新型コロナ[illegible]主義にもかか[illegible]を突き付け[illegible]の緊急事態[illegible]国民の多くが[illegible]あるように、[illegible]の防止には[illegible]せざるを得ず、個人の権[illegible]限することも時に[illegible]なるからだ。

[illegible]貿易体制や近隣地[illegible]定の下で経済的繁栄国家を実現した[illegible]とって、今後取り[illegible]択の幅は広くはな[illegible]曹傾向を強めがち[illegible]に自制を求め、自[illegible]に走る米国とも意[illegible]を図りながら、喫[illegible]題であるコロナ禍[illegible]処をはじめとし[illegible]際的連携の再構築[illegible]していくのがわが[illegible]要な役割となるの[illegible]か。1年延期さ[illegible]京五輪・パラリン[illegible]開催につながる価[illegible]取り組みとなる。

伊藤　努（外交評論家）

# 瑞宝大綬章に折木元統幕長

## 春の叙勲　防衛関係者115人が受章

政府は4月21日の閣議で、令和2年「春の叙勲」受章者4108人（うち女性412人）を決めた。発令は4月29日付。防衛関係の受章者は115人（同3人）で、折木良一・元統幕長が瑞宝大綬章を受章。瑞宝中綬章は8人、瑞宝小綬章は22人、瑞宝双光章は52人、瑞宝単光章は32人がそれぞれ受章した。民間部門では、千葉県自衛隊援護協力会会長の大田禊之氏が旭日単光章を受章した。例年行われている防衛大臣からの勲章伝達式は新型コロナウイルス感染拡大防止のため中止された。受章者の氏名は次の通り。（50音順、階級、役職は退職時。敬称略）

〈瑞宝大綬章〉

▽折木良一陸将（統合幕僚長）

〈瑞宝中綬章〉

▽水野実教官（防衛大学[illegible]

〈瑞宝小綬章〉

[illegible]

▽北原照久海将補（海自2術科学校副校長）▽坂川隆人海将補（統合幕僚学校教育課長）▽佐々木正志事務官（技術研究本部総務課長）▽佐田重夫陸将補（6師団副師団長）▽佐藤鉄夫1海佐（21護衛隊司令）▽椎名恒男事務官（東京地方協力本部副本部長）▽下山俊一海将補（横須賀造修補給所長）▽杉本文治事務官（駐留軍等労働者労務管理機構管理部長）▽鈴鹿忠文1空佐（中部航空方面隊総務部長）▽鈴木康仁事務官（中央病院総務部長）▽関口英雄海将補（情報業務群司令）▽瀬田哲彦海将補（那覇航空基地隊司令）▽高木信幸技官（防衛施設庁土木課長）▽田上敏夫技官（南関東防衛局管理部長）▽壇則行1陸佐（3教育団副団長）▽塚田義和空将補（空自幹部候補生学校副校長）▽土屋勝政陸将補（陸自幹部学校研究課長）▽寺嶋眞陸将補（関東補給処長）▽寺島雄一事務官（装備施設本部誘導武器課長）▽寺地重吉海将補（艦艇開発隊司令）▽長島光雄1陸佐（西部方面総監部監察官）▽西山武1空佐（空自幹部学校技術主任研究開発官）▽野呂順正1陸佐（東北方面航空隊副隊長）▽林孝久1海佐（下総航空基地隊司令）▽東耕一郎1陸佐（技術研究本部技術開発官誘導武器担当付総括室長）▽平田昭文海将補（徳島教育航空群司令）

▽平山鳥祥海将補（海自1術科学校副校長）▽廣田紳一1海佐（佐世保弾薬整備補給所長）▽福嶋健司1空佐（西部航空方面隊監理監察官）▽藤井均1空佐（北部航空方面隊監理監察官）▽堀口紀博陸将補（衛生学校長）▽松永敏陸将補（12旅団長）▽御木信宏空将補（1補給処長）▽水島芳和1海佐（呉基地業務隊司令）▽宮﨑悟介陸将補（中央業務支援隊長）▽宮永義文陸将補（富士学校機甲科部副部長）▽森田良行海将補（掃海隊群司令）▽矢坂元信1海佐（鹿屋航空基地隊司令）▽安田博行1海佐（佐世保教育隊司令）▽柳谷辰夫事務官（防衛医科大学校事務局経理部長）▽山上満1陸佐（武器学校教育部長）▽山﨑富雄海将補（海自幹部学校主任教官）▽山嶋立美陸将補（陸自幹部学校主任教官）▽山本忠雄陸将補（11師団幕僚長）▽寄田修陸将補（関西補給処桂支処長）

〈瑞宝双光章〉

▽天坂昭二1空佐（北部航空方面隊総務課長）▽上田猛1陸佐（出雲駐屯地業務隊長）▽植野節男1空佐（12飛行教育団基地業務群業務主任）▽岡村伸治1海佐（海幕副監察官）▽川原道治1陸佐（陸自幹部候補生学校3教育科教官）▽窪田博1空佐（空自幹部学校4教官室）▽高橋直1海佐（7航空隊副長）▽竹永峰男1海佐（佐伯基地分遣隊長）▽田中昭2陸佐（6師団総務課長）▽田中優2陸佐（8普通科連隊副連隊長）▽谷志郎1空佐（1航空団飛行幹部教育隊長）▽谷本収2海佐（101航空隊副長）▽難波正樹2空佐（警戒航空隊安全班長）▽野﨑正男1空佐（北部航空方面隊防衛課北方航空連絡官）▽檜垣哲雄1空佐（7航空団基地業務群飛行場勤務隊長）▽雛本哲大1空佐（西部航空方面隊調査課長）▽廣田晴夫1陸佐（需品学校教務科長）▽福山隆昭2陸佐（福岡病院企画室計画幹部）▽森川隆成1空佐（航空総隊飛行隊レーダー評価隊長）▽森田次夫1陸佐（東北補給処弾薬部長）▽山下岩雄1海佐（小月航空基地隊副長）▽吉田裕一1陸佐（東北方面総監部防衛課航空班長）

〈瑞宝単光章〉

▽青柳弘行技官（別海駐屯地業務隊）▽井口雅真技官（北海道補給処苗穂支処）▽小川勝良技官（竹松駐屯地業務隊）▽川嶋千加惠技官（岐阜病院）▽小林一夫技官（航空救難団飛行群新潟救難隊）▽笹沼甚一技官（施設学校）▽塩田恵子技官（関東補給処古河支処）▽田中毅技官（仙台駐屯地業務隊）▽中河歳幸技官（別海駐屯地業務隊）▽古田みゆき技官（横須賀病院）▽松本義男技官（施設学校）

〈旭日単光章〉

▽大田禊之（千葉県自衛隊援護協力会会長）

## 露艦艇7隻が宗谷海峡を西進

4月24日午後4時ごろ、ロシア海軍の「タランタルⅢ」級ミサイル護衛哨戒艇（満載排水量490トン）6隻からなる艦隊（艦番号921、924、937、946、954、978）と「ロプチャーⅠ」級戦車揚陸艦1隻（4000トン、066「オスリャービャ」）の計7隻が北海道・宗谷岬の北東約40キロの公海上を南南西に向けて航行するのを海自1ミサイル艇隊（余市）のミサイル艇「くまたか」と2空群（八戸）のP3C哨戒機が確認した。

ミサイル艇6隻は3月26日に宗谷海峡を東進してオホーツク海に進出した18隻の露艦隊の中の艦艇と同一。その後、7隻は宗谷海峡を西進し、日本海に入った。

## 陸上総隊・方面隊等最先任会同開催

### 陸自最先任　根本准尉　陸幕長企図の徹底

【陸自最先任室＝市ケ谷】陸自最先任上級曹長の根本和男准尉はこのほど、「令和元年度第2回陸上総隊・方面隊等最先任上級曹長会同」を開催した。

会同には各方面隊などの最先任上級曹長約70人が参加。湯浅陸幕長の企図の徹底をはじめ、令和2年度の最先任の主任務などが明示された。このほか業務系統による指揮官の補佐や隊員の育成強化などを目的に、陸幕長訓話、陸自最先任業務指針、各職種学校からの情報発信などが行われた。

湯浅陸幕長は訓話で「それぞれの部隊で最先任の立場をよく考え、知力・技術・体力を兼ね備えた隊員を育成し、任務達成ができる強い部隊を作ってもらいたい」と要望した。

根本准尉は集結した最先任たちに「我々が准曹士の"リーダーシップ・エンジン"を築き、組織の中核となる隊員を育てていかなければならない。令和2年度も一致団結し、強靭な陸自の創造にまい進しよう」と呼び掛けた。

市ケ谷駐屯地に集結した陸自方面隊などの最先任上級曹長に対し、令和2年度の業務指針を示す根本陸自最先任上級曹長（右奥）＝陸幕で

## 海賊対処航空隊　P3C機体交代　アフリカ・ジブチ

アフリカのジブチを拠点にソマリア沖・アデン湾などの警戒監視と情報収集活動に当たる海自海賊対処航空隊38次隊（司令・稲生修一2佐、5空群基幹の隊員約60人）のP3C哨戒機2機は4月27日、2空群（八戸）から派遣されたP3Cと機体を交代した。

航空隊はこれまで約3カ月ごとに部隊交代を行ってきたが、新型コロナウイルスの影響でジブチへの入国が制限されていることから、初めて機体のみの入れ替えとなった。

任務を終えた2機のP3Cは27日、2空群のクルーらにより帰国に向けてジブチを離陸。補給のために寄航したベトナムのタンソンニャット国際空港で1機（5071号機）のエンジンに不具合が発生したため、5月11日現在、同機は現地で調整を続けている。別の1機（5036号機）は4月29日、那覇基地に帰投した。

## 「おおなみ」がアデン湾へ出港

### 海賊対処水上部隊36次隊

ソマリア沖・アデン湾で民間船舶の護衛任務などに当たる海自海賊対処部隊の交代のため、4月26日、水上部隊36次隊の護衛艦「おおなみ」（指揮官・艦長の石寺隆彦2佐以下約190人）が横須賀を出港した。

「おおなみ」には海上保安官8人も乗り組み、5月下旬に現地に到着、35次隊の護衛艦「はるさめ」（同・大島輝久2佐）から任務を引き継ぐ。

## 防衛省発令

▽15護衛隊司令（1音響測定隊司令）1海佐　大賀　康弘
▽1音響測定隊司令（海洋業務・対潜支援群司令部）同　平川　崇
▽練習艦隊司令部（15護衛隊司令）同　井伊　正章
（以上4月20日）
▽解横須賀海上訓練指導隊司令事務取扱　海上訓練指導群司令　同　岩澤　努
▽横須賀海上訓練指導隊司令（1練習隊司令）同　遠藤　昭彦
▽1練習隊司令（練習艦隊司令部）同　井伊　正章
（以上4月22日）
▽海幕装備体系課航空機体系班長（海幕装備体系課）同　菅原　賢治
▽2航空隊副長（同航空機体系班長）同　浅利　進吾
▽3航空隊司令（2航空隊副長）同　中村　浩之
▽掃海隊群司令部（鹿児島地方協力本部長）同　髙岩　俊弘
▽鹿児島地方協力本部長（3航空隊司令）同　赤岩　英明
（以上4月24日）
▽航空管制隊司令（航空集団司令部）同　富田　一成
▽下総航空基地隊司令（航空管制隊司令）同　岩松　恒徳
▽海自補給本部航空機部長（下総航空基地隊司令）同　田中　佳行
（以上4月26日）
▽21整備補給隊司令（防衛装備庁プロジェクト管理部事業監理官付事業計画調整官兼事業監理官付）同　内田　輝昭
▽防衛装備庁プロジェクト管理部事業計画調整官兼事業監理官付（同事業監理官付）同　丸山　実
（以上4月28日）
▽兼中央病院1内科　佐世保病院副院長兼診療部長　同　田村　格
（5月1日）
▽兼空幕防衛課　空幕運用支援課　1空佐　倉地　康平
▽中部航空方面隊防衛課長（北部航空方面隊防衛課長）2空佐　水﨑　光
▽北部航空警戒管制団18警戒群司令（南西航空警戒管制団56警戒群司令兼与座岳分屯基地司令）同　島田　勝範
▽南西航空警戒管制団56警戒群司令兼与座岳分屯基地司令（空自幹部学校）同　影山　貴司
（以上5月7日）

新発売！
自衛隊バージョン EMERGENCY BOX
陸・海・空自衛隊のカッコイイ写真を使用した専用ボックスタイプの防災セット。
外務省在外大使館等も備蓄しています。
7年保存防災セット
1人用/3日分
非常時に調理いらずですぐ食べられるレトルト食品とお水のセットです。
メーカー希望小売価格 5,130円(税込)
特別販売価格 4,680円(税込)［送料別］
昭和55年創業 自衛隊OB会社 (株)タイユウ・サービス
ご注文は TEL03-3266-0961 FAX03-3266-1983
mail:ts-gen@ac.auone-net.jp ホームページ タイユウ・サービス 検索

備蓄用・贈答用として最適
防災スイーツパン 自衛隊バージョン
陸・海・空自衛隊の"カッコイイ"写真をラベルに使用
3年経っても焼きたてのおいしさ♪
焼いたパンを缶に入れただけの「缶入りパン」とは違い、発酵から焼成までをすべて「缶の中で作ったパン」ですので、安心・安全です。
陸上自衛隊：ストロベリー　海上自衛隊：ブルーベリー　航空自衛隊：オレンジ
【定価】
6缶セット 3,600円(税込)を 特別価格 3,300円
1ダースセット 7,200円(税込)を 特別価格 6,480円
2ダースセット 14,400円(税込)を 特別価格 12,240円
(送料は別途ご負担いただきます。)
(小麦・乳・卵・大豆・オレンジ・リンゴが原材料に使用されています。)
TV「カンブリア宮殿」他多数紹介！
内容量：100g／国産／製造：㈱パン・アキモト
1缶単価：600円(税込) 送料別(着払)
昭和55年創業 自衛官OB会社 ㈱タイユウ・サービス
〒162-0845 東京都新宿区市谷本村町3番20号 新盛堂ビル7階
TEL：03-3266-0961 FAX：03-3266-1983
ホームページ タイユウ・サービス 検索

防衛省・自衛隊関連情報の最強データベース
朝雲アーカイブ
朝雲新聞社の会員制サイト
1年間コース：6,100円(税込)
6ヵ月間コース：4,070円(税込)
「朝雲」定期購読者(1年間)：3,050円(税込)
※「朝雲」購読者割引は「朝雲」の個人購読者で購読期間中の新規お申し込み、継続申し込みに限らせて頂きます。
※ID&パスワードの発行はご入金確認後、約5営業日を要します。
●ニュースアーカイブ 2006年以降の自衛隊関連主要ニュースを掲載
●人事情報 防衛省発令、防衛装備庁発令などの人事情報リスト
●フォトアーカイブ 黎明期からの防衛省・自衛隊の歴史を朝雲新聞社の秘蔵写真で振り返る
●訓練 陸海空自衛隊の国内外で行われる各種訓練の様子を紹介
●防衛技術 国内外の新兵器、装備品の最新開発関連情報
朝雲新聞社
〒160-0002 東京都新宿区四谷坂町12－20KKビル
TEL 03-3225-3841 FAX 03-3225-3831 http://www.asagumo-news.com

# 日米豪共同訓練「コープ・ノース20」

## 海自US2が初参加

### 共同統制所を設置

米グアム島のアンダーセン空軍基地などで約1カ月に渡って行われた日・米・豪共同訓練「コープ・ノース20」が3月8日、終了した。今年は訓練全体で航空機約100機、約2100人が集結。空自からはF2、F15戦闘機など各種航空機20機、約450人が参加した。初参加となる海自からは71航空隊（岩国）のUS2救難飛行艇と隊員約30人が加わった。

「コープ・ノース20」は日・米・豪3カ国の共同対処能力、相互運用性の向上などを目的に各種訓練が実施された。空自は現地の訓練統制官を総隊（横田）訓練課長の橋本勝士1佐が務め、8空団（築城）からF2戦闘機6機、9空団（那覇）からF15戦闘機8機をはじめ、救難団（入間）のU125A救難捜索機2機、警空隊（三沢）のE2C早期警戒機2機、1輸空（小牧）のKC767空中給油・輸送機1機、3輸空（美保）のC2輸送機1機が展開し、それぞれ飛行訓練などに臨んだ。

米・豪との共同訓練では空自F15などが米軍の仮想敵飛行隊（アグレッサー）などを相手に、グアム島周辺の広大な空間を利用して防空戦闘、対戦闘機戦闘、電子戦などに取り組んだ。対地・対艦攻撃任務を担うF2部隊はファラロン・デ・メディニラ空対地射場で対地攻撃訓練を行った。

初参加の海自US2は71空の正司吉英2佐の指揮で捜索救難訓練に参加した。

一方、戦闘機等の訓練とは別に行われた3カ国による「人道支援・災害救援（HA／DR）訓練」には、航空機動衛生隊（小牧）と3輸空の約50人が参加し、C2からの物料投下や航空患者搬送などを演練した。

空自の訓練統制官を務めた橋本1佐は「今回初めて日米豪3カ国による共同訓練統制所を設置した。日々の訓練管理などを各国の隊員が一体となって調整し、3カ国間の相互運用性、協力関係を飛躍的に促進させることができた」と成果を述べた。

今回初参加したC2部隊、3輸空403飛行隊（美保）の赤松貴之3佐は、「初のC2の共同訓練だったが、米・豪両軍からもC2の輸送能力を高く評価され、空自の戦術空輸能力を存分に示すことができた。今回の成果を踏まえ、C2の運用にさらに磨きをかけていきたい」と語った。

上「コープ・ノース20」に初参加した海自のUS2救難飛行艇

左 US2のコックピットで米・豪軍のパイロットに計器の説明を行う海自クルー（中央）

右 アンダーセン米空軍基地の上空を編隊で飛行する「コープ・ノース20」の参加航空機。先頭は米空軍のB52戦略爆撃機、空自からは9空団のF15戦闘機が加わった

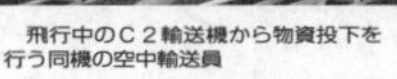

飛行中のC2輸送機から物資投下を行う同機の空中輸送員

米軍の女性兵士（右）と意見を交わす空自パイロット。後方は警空隊（当時）のE2C早期警戒機（アンダーセン米空軍基地で）

豪軍の兵士（右）と打ち合わせをする空自幹部

着陸した8空団のF2戦闘機を誘導する空自の整備補給員

## 前事不忘　後事之師　第52回

### 戦争論「軍事的天才」を読む

#### 戦場の将軍に求められる資質

コレラで51年の生涯を閉じたプロシアの戦略家クラウゼヴィッツ

新型コロナウィルス感染症が猖獗を極めています。外出自粛なので、家にこもり今から190年ほど前に東欧で流行したコレラで51年の生涯を閉じたプロシアの戦略家クラウゼヴィッツの『戦争論』の「軍事的天才」という章を読み直してみました。この章では、戦場の将軍に求められる資質が分析されています。

クラウゼヴィッツは戦争の本質について考えた思索家ですが、机上の思索家ではありませんでした。12歳でプロシア軍の歩兵連隊に入隊、14歳の時には実際の戦闘に参加し、その後もナポレオン軍との戦いなど戦場体験を重ねます。従って彼の著書『戦争論』の特徴の一つは、自身が実戦で体験したことを戦略思想に昇華している点です。平時には簡単にできる行動が戦場ではできないことを説明する「摩擦」という概念はその特徴を示しています。戦場の将軍に必要な資質の分析も苛酷な戦場環境を踏まえたものです。

クラウゼヴィッツは、戦争においては、事前に予期していたものと異なる事態に絶えず遭遇するので、将軍には予期しない事態との争いに耐えるための二つの資質が不可欠だと言います。第一は、「知性」です。戦場の四分の三は不確実性という霧の中に包まれており、この霧の中で、真実を見出すための聡明で鋭敏な知性です。戦場で起きていることの真実を「一瞥して見抜く眼力（フランス語のクゥ・ドゥィユ（Coup d'oeil）と表現される能力）」が必要だと言います。

第二の資質は、この微かな知性の力を頼りにして行動する「勇気」です。この勇気は将軍の情意（気質）によるものであり、勇気を生み出す将軍の強い情意とは、戦場の激しい興奮の最中においても、精神の均衡を失わずに自らの知性に従わせる力だと説明します。

クラウゼヴィッツは、興味深い見解を示しています。「戦争においては、（将軍の）情意はあらゆる強烈な圧力を受け、また全ての知識や見識は不確実なもので、当初に計画していた軌道から逸脱させようとする大きな力が働く。しかしながら重要な原則は、全てが疑わしい場合には、自らの最初の意見を固守し明白な確信によって余儀なくされない限りこれを変えないことである」

戦場での豊富な体験があるからこそ言える重い言葉です。彼は、自分の見解を度々変えるような人物は強い性格ではなく、このため敏感な人物よりもむしろ鈍感な人物の方が戦場の将軍としては、一面では、有用であると指摘しています。私たちの世界でも頭脳明晰な人物が緊急時に些細なことで決定を変えようとするケースを散見しますが、そうした人物は有事のリーダーになり得ないということでしょう。有事のリーダーは強い情意と知性の合金であると言います。

以上がクラウゼヴィッツが述べる戦場の将軍に必要な資質です。問題はそうした資質はどうして得られるかということです。「軍事的な天才」と言う章の名前からすると、生来の要素が大きいと仄めかしているとも推測できますが、彼は、戦争での慣熟であると述べるにとどめ、それ以上は示していません。クラウゼヴィッツという戦略家は、戦争について深く考えました。結論の一つは、戦場で直ぐに役立つような安易な原則やハウツーを示すことなどできないというものだったと思います。

クラウゼヴィッツを史上唯一の戦略家と絶賛したアメリカの国際政治学者のバーナード・ブローディは、英語版『戦争論』の冒頭の紹介文で、彼が手軽な定式化やドクトリン化を行わなかったことから、軍人や軍の学校においては、受け入れられていないと解説する一方で、クラウゼヴィッツから何かを得ようとするのであれば、読みながら立ち止まって熟考することが必要だと述べています。

ネット社会となり、一見正しく見える処方箋が手軽に得られる現代においては、私たちはさらに熟考することが少なくなっているように思います。そういう時代だからこそ、自分の頭で立ち止まって考える訓練をすることが有事のリーダーに必要な知性を磨くことになると考えます。

因みに私は、「戦争においては、全てが大変に単純であるが、最も単純なことが困難なのである」というクラウゼヴィッツの含蓄ある言葉の真意を考え続けています。

鎌田　昭良（元防衛省大臣官房長、元装備施設本部長、防衛基盤整備協会理事長）

…… 前事忘れざるは後事の師 ……

## 〈感染症対策での提言〉

慶應義塾大学大学院法務研究科教授　青木　節子

### 国際保健規則（ＩＨＲ）のよりよき活用を

#### 日本は指導力を発揮し運用改善めざせ

新型コロナウィルス感染症（以下「COVID-19」）のパンデミック化を阻止できなかった世界保健機関（WHO）に対する批判が収まらない。WHOは、遅くとも1月初旬、武漢での疾病集団発生について、正確な情報提供を中国に求めるべきであった。そして、既に多数の国で死者が出ていた1月30日まで待たずに「国際的に懸念される公衆衛生上の緊急事態」を宣言し、果断に各国の行動制限を勧告すべきであった、とされる。

批判されるのは、WHOには、それができる法的権限が付与されていたからである。2002年に中国で発生した重症急性呼吸器症候群（SARS）の反省を踏まえて2005年に大改正された国際保健規則（IHR）により、今回のCOVID-19のような「未知の原因もしくは源」による疾病も含め、それが発生した国には、発生源と感染者数や死亡者数をWHOに報告する義務が課された。IHRには条約と同等の法的拘束力があるので、これは法的な義務である。

改正により、WHOは疾病発生国に職権で情報提供と事実の検証を求めることができるようになり、また、疾病発生国以外の国や民間団体からの情報も活用して、緊急事態宣言の必要性を判断できる仕組みが整備された。国際機関が直接の原因発生国以外からの情報を援用して行動を決定できるというのは珍しい。ここまでの権限が付与されていたにもかかわらず、IHRの運用が適切ではなかったため、COVID-19の封じ込めは失敗に終わった。

では、WHO加盟国はどうすべきか。IHRをさらに改正して違反国や事務局長の義務違反を問う仕組みを作る、などという試みは生産的ではない。合意は得られず、議論の過程で国家間の分断と不信が増大するだけである。日本が指導力を発揮して、現行IHRの運用改善を目指すべきであろう。たとえばIHRメンバー国に課す自国の措置報告制度の強化や、緊急事態宣言の決定のための客観的な数値基準の導入、などがあり得る。

WHO機構改革とともに、IHRの実効性向上をめざすことが、日本人の生命、財産を守るためにも求められていると考える。

人間ドック活用のススメ
人間ドック受診に助成金が活用できます！
防衛省の皆さんが三宿病院人間ドックを助成金を使って受診した場合
※下記料金は消費税10%の金額を表記しています。
コースの種類　自己負担額（税込）
基本コース1　9,040円
基本コース2（腫瘍マーカー）　15,640円
脳ドック（単独）　なし
肺ドック（単独）　なし
女性イチオシ!
ex.①基本コース1＋乳がん（マンモグラフィ）＝13,000円
②基本コース1＋乳がん（乳腺エコー）＝11,350円
③基本コース1＋婦人科（子宮頸がん）＝13,660円
¥0
脳ドック受診してみようと思うんだ。助成金もあるからね。
パパ、私も乳がん検診とか婦人科健診受診したいな。
あなたが想うことから始まる
家族の健康、私の健康
国家公務員共済組合連合会
三宿病院 健康医学管理センター
東京都目黒区上目黒5-33-12
TEL 03-3711-5771（代）
HP：http://www.mishuku.gr.jp
予約・問合せ
ベネフィット・ワン・ヘルスケア
健診予約センター
TEL 03-6870-2603
●被扶養者も防衛省共済組合の助成を利用できます。
"三宿病院 人間ドック"とご指定下さい。
三宿病院はベネフィット・ワン・ヘルスケアの提携受診機関です。

退官後、家族のために"今"できること
退官後の自衛官を支える柱
年金
退職金
再就職
自衛官の退官後を支える「常識」が崩れつつあります。
将来のために"今"できること、考えてみませんか？
将来のために「いつ」「どう取り組むか」
無料書籍プレゼント
全国セミナー開催中
ご存知ですか？
不動産が
保険＋α
の効果をもつことを
Agentrive Investors
03-6860-8231
https://agentrive.co.jp/

# 「東アジア戦略概観2020」概要

## 防衛研究所編

防衛研究所は4月10日、昨年1年間の日本周辺の安全保障情勢を独自に分析した年次報告書『東アジア戦略概観2020』を発刊した（本紙4月16日付既報）。防研のホームページには日本語版（全文）がPDF形式で掲載されており、英語版も7月にアップされる予定だ。防研では執筆者の分析視点を明示し、研究者が独自に分析した「学術専門書」としての性格を明確にするとともに、図表や写真なども盛り込むなどで一般読者の理解が進むよう配慮したとしている。

## 第1章 核軍備管理

### 近代化される核戦力と核軍縮のための環境醸成

冷戦期以来の核軍備管理の枠組みは近年、大きく変化している。第3の核時代と呼ばれる今日、ポスト冷戦期に寄せた軍備管理の波が引き潮と[illegible]新たなサイクルに入ったといっても過言でない。米露中距離核戦力（INF）全廃条約が2019年8月に終了し、新戦略兵器削減条約（新START）も21年の終了期限が迫る中、期限延長交渉のめどが立っていない。

これらの条約は、核軍拡競争に歯止めをかけ、核軍備管理に基づく透明性・予測可能性をもたらすなどの重要な意義を持ってきた。しかし、核兵器・ミサイル技術が拡散する中、安全保障環境は大きく変化した。[illegible]米露2カ国以外にも対象を広げ、戦略・戦術核の定義や[illegible]、新たな戦略兵器やミサイル防衛の位置付けなどを交渉すべきとの議論もされている。

一方、核兵器不拡散条約（NPT）第6条が定める核軍縮誠実交渉義務の履行にかんがみ、米露核軍備管理にかけられる国際社会の期待は大きく、「21世紀の軍備管理モデル」とされる後継条約交渉の動向が注目されている。

こうした中、多国間での核軍縮・不拡散の取り組みも[illegible]。15年の運用検討会議で最終文書の採択に失敗したNPTは、条約無期限延長から25年目の節目に当たる、20年運用検討会議の成功に期待が高まっている。

他方、核軍縮への新たな動きとして、核兵器国と核の傘の下にある国を除く国家が中心となり、核兵器の全廃を求める核兵器禁止条約（TPNW）が市民社会の協力の下、17年7月、国連総会で採択された。結果的に核軍縮のアプローチをめぐり、国際社会の分断の懸念が生じる状況で、NPT無期限延長の重要な要素としてきた核兵器国による核軍縮への関与が求められている。[illegible]千差万別である[illegible]論するかが今日問われている。

## 第2章 中国

### 覇権争いへ転換する米中関係

米中は閣僚級貿易交渉を断続的に実施し一進一退の状況を続けていたが、12月に「第1段階の合意」に至り、2020年1月には両国政府が「第1段階」合意文書に署名し、両国は通商分野で歩み寄りを見せた。ただ、今後「第2段階」の協議が合意にまで進展するかは予断を許さない状況が続いている。それは米中両国が単なる貿易不均衡是正の条件闘争ではなく、科学技術力を含めた総合的国力を争っていることがその背景にあるためである。

中でも次世代通信技術5Gで世界をリードする中国の主要5社の排除に米国は乗り出すとともに、同盟国にも同調を迫っている。しかし、高い技術力を安価に提供する中国に総じて好意的な欧州連合（EU）や東南アジア諸国連合（ASEAN）諸国の歩調は米国と一致していない。対米関係で難しいかじ取りを迫られている習近平主席は、米国との長期戦を覚悟していることが各種報道からうかがわれている。

米国との厳しい関係の影響は中国の周辺外交にも影響を及ぼしている。「一帯一路」国際協力フォーラムに代表される多国間の枠組みや日本との関係改善のような2国間の動きも顕著である。太平洋島嶼国に対する積極的な外交は、「一帯一路」構想に踏みとどまらず、西太平洋全域での行動の自由を得るための布石と考えられる。

「逃亡犯条例」改正案をめぐり開始された香港住民のデモと香港警察の鎮圧活動はともに過激さを増しつつある中で、終息の方向性が見えていない。

こうした状況が台湾の総統選挙情勢にも大きな影響を与えた。18年11月末に台湾で実施された統一地方選挙で大勝した国民党は、そのまま総統選挙まで有利に選挙戦を進めるかに思われていたが、香港情勢を見て台湾の将来にあらためて危機感を覚えた台湾民衆の心をつかんだ民進党が形勢を逆転した。

20年1月11日に実施された総統選挙では蔡英文総統が総統選挙史上最多得票で再選され、立法院においても民進党が過半数を維持した。蔡政権は強い立場で中国と対峙することが可能となったことから、台湾海峡情勢は厳しさを増していくものと予想されている。

**各種公式文書に見る日韓の相互認識の変遷**

| 年 | 日本「防衛白書」 | 日本「外交青書」 | 韓国「国防白書」 | 韓国「外交白書」 |
|---|---|---|---|---|
| 2014 | 極めて重要な国／基本的な価値／戦略的利害関係 | 基本的な価値／最も重要な隣国 | 基本的な価値 | 価値／利害 |
| 2015 | 極めて重要な国／戦略的利害関係 | 最も重要な隣国 | ／ | 価値／利害 |
| 2016 | 戦略的利益／極めて重要な国／戦略的利害関係 | 戦略的利益／最も重要な隣国 | 基本的な価値 | 価値／利害 |
| 2017 | 戦略的利益／極めて重要な国／戦略的利害関係 | 戦略的利益／最も重要な隣国 | ／ | 該当なし |
| 2018 | 未来志向 | 未来志向 | パートナー | 未来志向的 |
| 2019 | 韓国側の否定的な対応 | 韓国側による否定的な動き | ／ | 未来志向的 |

（出所）各文書から執筆者作成

## 第3章 朝鮮半島

### 「危機回避」をめぐる外交と政治

第2回米朝首脳会談が共同声明なく終わった後、北朝鮮はミサイル発射の再開により[illegible]。[illegible]「板門店宣言」[illegible]。[illegible]正日朝鮮」に帰属させるイデオロギーの再確認を進めた。

他方、韓国の文在寅政権は、朝鮮半島において平和を構築するためには南北相互の信頼と対話が重要だとの立場をとり、北朝鮮の非核化の進展に応じた制裁解除などの見返り提供を目指した。第2回首脳会談が終わった後も、板門店における米韓朝の接触の舞台を提供し、国際機関を通じた対北朝鮮支援供与を表明するなど[illegible]南北関係は進展しなかった。[illegible]海軍による海上自衛隊に対する火器管制レーダー照射や、国際観艦式における自衛隊艦旗掲揚をめぐる[illegible]府の否定的な対応など[illegible]た日韓関係は悪化した。2019年8月に[illegible]府は日本政府に対し日[illegible]情報包括保護協定（GSOMIA）の終了を通告し[illegible]、同年11月、韓国政府より通告の効力を停止する[illegible]表がなされた。米韓同盟においては、米韓合同演習は北朝鮮との交渉を側面支援するため、規模調整や名称変更が行われた。

文在寅政権になって初めて発刊された『2018国防白書』からは、北朝鮮を「敵」とする表現がなくなり、北朝鮮以外の周辺国と推測される「潜在的安保脅威」への備えが強調された。

国防予算は、核・ミサイル脅威への対応システム構築を含む自主的防衛能力を重視して編成された。

## 第4章 東南アジア

### 政権選択とガバナンスの課題

2019年の東南アジアでは、南シナ海の領有権争いに関わり、中国の同海域でのミサイル実験や公船・漁船の活動など、同国の積極的な実力行使が目立った。東南アジア諸国連合（ASEAN）と中国との地域行動規範（COC）策定の交渉では草案作成プロセスで進展はあったが、そこから見えるのはむしろ、中国がASEANを使って軍事的・経済的に南シナ海を囲い込み、域外国のアクセスを拒否する枠組み構築の試みである。

域内国の安全保障に影響を与える重要な事象として、19年に行われた国政選挙を契機に、従来の社会構造や民族・宗教間関係の変化が顕在化している。

タイでは、3月に民政移管のために8年ぶりに実施された総選挙の結果、軍事政権の暫定首相であったプラユット・チャンオーチャーが首相指名を受け、7月に第2次プラユット政権が誕生した。

ワチラロンコン新国王の即位および5月の戴冠と新政権の発足により、タイの政軍関係は大きな転換期にある。4月のインドネシア大統領選挙では現職のジョコ・ウィドド候補が勝利し、10月に2期目がスタートした。選挙戦における扇動によって社会の分極化が危惧されたが、対立候補だったプラボウォ・スビアントが入閣したことで鎮静化に向かうとみられる。

域内の主要な国内紛争の展開については、フィリピン南部のミンダナオでバンサモロ自治地域（BARMM）が設置され、2月に暫定自治政府（BTA）が発足するなど、平和の構築が進展している。

一方、イスラム教徒集住地域における長期化する紛争という共通点を持つタイ深南部パタニでの紛争では、和平に向けた動きは進んでいない。

テロの脅威が継続する東南アジアでは、イラク・レバントのイスラム国（ISIL）残党の戦闘員が域内の国内テロリストと連携し、同地域に活動拠点を構築しようと試みている。

各国政府はテロを阻止するべく対策を強化しており、その一環として、フィリピン、マレーシア、インドネシアはそれぞれ国軍の中に特殊作戦コマンドを創設した。

**東南アジア島嶼域の治安情勢**

ベトナム　南シナ海　フィリピン　スールー海　タイ　マレーシア　シンガポール　ESSCom HQ　セレベス海　KOGABWILHAN1 HQ　KOGABWILHAN2 HQ　KOGABWILHAN3 HQ　インドネシア　インド洋　ジャワ　太平洋　オーストラリア

摘発拠点　襲撃事案　誘拐　違法操業　デモ・争議　任務部隊派遣

（注）ESSCom HQ：東サバ治安司令部、KOGABWILHAN1 HQ：第1統合防衛地域コマンド司令部、KOGABWILHAN2 HQ：第2統合防衛地域コマンド司令部、KOGABWILHAN3 HQ：第3統合防衛地域コマンド司令部。
（出所）Philippine Daily Inquirer, Kompas, Benar News, New Straits Timesなど各種報道資料から執筆者作成

## 第5章 ロシア

### プーチン政権にとっての中距離核戦力（INF）全廃条約の終了

ウラジーミル・プーチン大統領は、首相であった時期も含めて2000年から実質的な最高指導者の地位にあり、長期的な観点から社会保障改革の確実な推進と厳格な財政規律を迫られる一方、政権のレームダック化や中央地方関係の不安定化を惹起しないよう慎重なかじ取りを求められている。

大統領の強いリーダーシップの下、その補佐機関たる安全保障会議（諸外国のNSCに相当）が、対日関係を含めた国家安全保障領域の政策立案および実施において中核的な役割を果たしている。

19年8月2日の中距離核戦力（INF）全廃条約の終了後、米露ともに中距離ミサイルの開発に公式に着手しており、東アジアにおいてミサイルの分野で軍拡競争が発生する可能性がある。その場合、米露関係、中露関係、日露関係など北東アジアの国際関係を本質的に変化させる可能性を秘めており、東アジアの戦略環境に大きな影響を与えるおそれがある。今後、ロシア極東地域において、日本が射程に入る中距離ミサイルをロシアが将来的に配備する可能性についても想定する必要に迫られるであろう。

19年7月23日、中露両軍は、両国の軍事協力史上初めてとなる東シナ海から日本海にかけての共同哨戒飛行を行い、この編隊が日本と韓国の防空識別圏が設定された空域を飛行したため[illegible]。

また、9月には中央軍管区[illegible]「ツェントル（中央）2019」が、集団安全保障条約機構（CSTO）や上海協力機構（SCO）の加盟国も参加する多国間演習の形で実施された。近年ロシアによる新しい戦い方として議論されている「ハイブリッド戦」は、[illegible]となっている。

**防衛交流・協力の件数（2008〜2018年）**

■合計　■インド太平洋諸国

（件）0　40　80　120　160　200
2008　2009　2010　2011　2012　2013　2014　2015　2016　2017　2018（年）

（注）米国を除く。また防衛交流・協力には、首脳、防衛首脳などのハイレベル交流、防衛当局者間の定期協議、部隊間の交流、3カ国の訓練（日米豪、日米韓など）が含まれる。
（出所）防衛省『防衛白書』各年版から執筆者作成

## 第6章 米国

### 「戦略的競争」の実像

ドナルド・トランプ政権は、2017年12月に発表した「国家安全保障戦略」（2017年版NSS）において、米国が政治的、経済的、軍事的競争に立ち向かっていくという世界観を示した。そこでは、米国が対峙する挑戦者として中国やロシアが、北朝鮮やイラン、国際テロ組織とともに挙げられた。今日、中国に対する厳しい認識はさらに拡大しており、トランプ政権は軍事的分野だけでなく経済的、社会的分野において中国に対する競争的姿勢を強めている。

その一方、依然として核・ミサイル開発を継続する北朝鮮に対しては、当初の緊張関係から米朝首脳会談が開催されるまで関係が改善したものの、「北朝鮮の完全な非核化」に向けて具体的な進展がみられるまでには至っていない。

トランプ政権では、18年1月の「国家防衛戦略」（NDS）の中で中国およびロシアとの「長期的な戦略的競争」を最優先課題としたことに伴い、大国間競争時代に適した戦力の在り方、とりわけ近代化を含む戦力の能力強化を重視していく方針を示している。

2020会計年度国防予算要求（以下、会計年度はFYと示す）では、宇宙・サイバー分野をはじめNDSが提示した強化能力項目へ重点的に投資しようとする姿勢がみられた。

他方、陸軍や海軍はトランプ政権発足以降、戦力規模の回復ないし拡大に取り組んできており、戦力の質的な能力強化に向けた努力も見られるものの、その展開には引き続き注視が必要である。

また米国では、大国間競争時代においては前方の基地施設やそのほかの軍事アセットが有事の際に激しい戦闘環境下に置かれることを前提とし、「プレゼンスのためのプレゼンス」ではない実効的な前方戦力の構築が必要との認識がある。

これに基づき米軍は、脅威圏内で迅速に部隊を展開して敵の作戦・戦術上のジレンマを創出しようとする構想を西太平洋において検証している。

## 第7章 日本

### 「自由で開かれたインド太平洋」に向けた取り組み

近年日本は「自由で開かれたインド太平洋」（FOIP）構想の下、法の支配や航行の自由に基づく開かれた海洋秩序の維持と強化に向けた政府一体としての取り組みを強化している。

防衛省・自衛隊もまた、「自由で開かれたインド太平洋」というビジョンを踏まえ、地域の特性や相手国の実情を考慮しつつ、多角的・多層的な安全保障協力を戦略的に推進する（「平成31年度以降に係る防衛計画の大綱について」）という観点から、FOIPの実現に向けた各種取り組みを推進している。

法の支配や航行の自由といった原則に基づく国際秩序の維持・強化がFOIPの主たる目的だとすれば、そうした構想は決して新しいものではなく、冷戦期から日本が一貫して追求してきた目標である。

同時に、インドの台頭や2000年代後半からの中国の海洋進出の強化を受け、FOIPでは海洋の安全保障および海洋民主主義国との連携の強化がこれまで以上に重視されている点にその特徴がある。

FOIPはまた、米国主導の既存の秩序の維持・強化を求めた構想であるとともに、日本を含む米国以外の国々の役割の拡大を重視しているという点で、潜在的には「多極化」時代に向けた新たな秩序構想としての側面を有している。

以上の観点から、防衛省・自衛隊は近年インド太平洋地域におけるプレゼンスとパートナーシップの強化を拡大している（以下、陸海空自衛隊については、それぞれ陸自、海自、空自と表記）。また防衛省・自衛隊は地域諸国の能力構築支援や、多国間の安全保障協力への取り組みも強化している。その一方で、厳しい財政状況や人員の不足が続く中、これ以上の事業の拡大は困難であるとの声も一部からは聞かれる。

今後予算や人員が一層逼迫化する中で防衛交流・協力を進めていく上では、全省的な対応や、他省庁との連携の強化が一層重要になっている。また個別の事業のレビューや優先順位付けを行う上では、インド太平洋における防衛協力・交流の長期的な戦略の立案が不可欠である。FOIPにおける韓国や中国の位置付けを検討することも、残された重要な課題の一つである。

コーサイ・サービスネットショップ
職域特別価格でご提供！詳細は下記WEBサイトから。
Hazuki　Think Bee!　Colantotte　OAKLEY

大きくみえる！話題のハズキルーペ!!
・豊富な倍率
・選べるカラー
・安心の日本製
・充実の保証サービス
職域限定特別価格 7,800円（税込）にてご提供させて頂きます

Think Bee!　女性に人気のアイテム！プレゼントにおすすめ!!
ソルダ ミニトートバック ブラック　定価税込 22,000円　特別価格税込 8,800円
ソルダ ミニトートバック ネイビー　定価税込 22,000円　特別価格税込 8,800円
ソルダ ミニトートバック レッド　定価税込 22,000円　特別価格税込 8,800円
ソルダ ミニトートバック ビビッドピンク　特別価格税込 8,800円

話題の磁器健康ギア！【コランテッテ】特別斡旋!!
コランテッテ TAO ネックレス AURA（アウラ）プレミアムゴールド　価格はWEBで！

オークリーサングラス特別斡旋
Radarlock Path 9206-36 Prizm Golf　価格はWEBで！
Radarlock Path 9206-50 Prizm Dark Golf　価格はWEBで！
Radarlock Path 9206-49 調光レンズ　価格はWEBで！
Photochromic Activated

コーサイ・サービス株式会社　TEL:03-3354-1350　〒160-0002 新宿区四谷坂町12番20号KKビル4F　営業時間 9:00〜17:00／定休日 土・日・祝日
お申込み・WEBよりお申込いただけます。https://kosai.buyshop.jp/（パスワード：kosai）

厚生・共済 特集

## ■各種健診の補助額　※補助のご利用は年度内1人1回コースに限ります

| 続柄＼検診コース | 人間ドック（日帰り・2日） | 脳ドック | 肺ドック | PET | 婦人科単体コース | 生活習慣病健診（便潜血2回法含） | 特定健診 ※40歳～74歳 |
|---|---|---|---|---|---|---|---|
| 組合員本人 | 最大20,000円まで補助 | 最大20,000円まで補助 | | | | 組合員ご本人様は対象外ですので、医務室等の事業主健診（各駐屯地・基地の医務室等で実施する健診）をご受診ください | |
| 被扶養配偶者<br>任継組合員<br>任継被扶養配偶者 | 最大20,000円まで補助 | 最大20,000円まで補助 | | | | 自己負担0円（※1オプション検査追加の場合は6,800円を超えた額） | 自己負担0円 |
| 被扶養者（配偶者以外）※40～74歳対象 | 7,700円を補助 | × | | | | 自己負担5,500円（※2オプション検査追加の場合はその検査費用額） | 自己負担0円 |

※上記いずれの続柄でも、健診受診日に組合員資格がない方は補助の対象になりません。※人間ドック・脳ドック・肺ドック・PET・婦人科の自己負担額・検査項目・受診費用は健診機関により異なります。
<オプション検査について>乳がん検査（マンモグラフィ・乳房エコー）・子宮頸がん検査などオプション検査が対象になります。また受診可能なオプション検査項目・自己負担額は検査機関により異なります。
※1生活習慣病健診は自己負担0円＋オプション検査費用6,800円まで自己負担なしでご受診いただけます。（6,800円超過分は当日窓口にてご負担いただきます）
※2生活習慣病健診は自己負担5,500円＋オプション検査費用は全額自己負担となります。（当日窓口にてご負担いただきます）

## ■健診コース一覧

| 検査項目 | | 人間ドック | 生活習慣病健診（便潜血2回法含） | 特定健診 |
|---|---|---|---|---|
| 問診診察 | （問診・既往歴等） | ● | ● | ● |
| 視力検査 | 視力（裸眼・矯正） | ● | ● | |
| 身体計測 | 身長・体重・腹囲・BMI | ● | ● | ● |
| 血圧 | 血圧検査 | ● | ● | ● |
| 聴力検査 | オージオ | ● | ● | |
| 尿検査 | 蛋白・尿糖 | ● | ● | ● |
| | 潜血・比重・沈渣 | ● | | |
| 貧血検査 | 赤血球・ヘマトクリット・ヘモグロビン | ● | ● | ☆ |
| 血液学的検査 | 白血球・血小板数 | ● | ● | |
| | MCV・MCH・MCHC | ● | | |
| 肝機能検査 | AST(GOT)・ALT(GPT)・γGTP | ● | ● | ● |
| 糖質検査 | 総コレステロール | ● | | |
| | HDLコレステロール・LDLコレステロール・中性脂肪 | ● | ● | ● |
| 血糖検査 | 空腹時血糖 | ● 両方 | ● どちらか | ● どちらか |
| | HbA1c | | | |
| 腎機能検査 | クレアチニン | ● | ● | ☆ |
| 尿酸検査 | 尿酸 | ● | ● | |
| その他血液検査 | ALP・総蛋白・アルブミン・総ビリルビン・CRP | ● | | |
| 肺機能 | 肺機能検査（スパイロメーター） | ● | | |
| 胸部 | 胸部X線検査 | ● | ● | |
| 心電図 | 安静時心電図 | ● | ● | ☆ |
| 眼科 | 眼圧検査 | ● | | |
| | 眼底検査(両眼) | ● | | ☆ |
| 便検査 | 便潜血(2回法) | ● | ● | |
| 腹部 | 腹部エコー | ● | | |
| 胃部検査 | 胃部X線 | ● どちらか | | |
| | 胃内視鏡(経口または経鼻) | | | |

※人間ドックの検査項目は上記を基本項目としていますが、健診機関により実施がない場合もございます。あらかじめご了承下さい。　☆は医師の判断による追加項目
最新情報はWebで確認できます。会員専用サイトから健診サイトへのリンクへ進んでご確認ください。

## 各種健診のご案内

### 健診施設の予約を代行
#### ベネフィット・ワン 健診予約受付センター

「ベネフィット・ワン」では、組合員とその被扶養者の健康維持のため、全国の優良医療機関からご希望に沿った健診施設をご紹介しています。

「ベネフィット・ワン健康予約受付センター」が予約を代行しますので、皆さまは面倒な手続きなしに受診できます。

まずは『2020ご利用ガイド』または「ベネフィット・ステーション」のホームページからご希望に合った施設をお選びください。健診の申し込み期間は2021年2月28日まで、受診期間は2021年3月31日までとなっています。

各種健診の利用助成と健診コースは別表のとおりで、人間ドック（日帰り・1泊2日）の場合、組合員本人・任意継続組合員・被扶養配偶者は最大2万円まで助成されます。

健診のお申し込みは「ベネフィット・ステーション」のホームページもしくは「ベネフィット・ワン健診予約受付センター」に電話、FAX、郵送にて受付けております。詳細は『2020ご利用ガイド』とホームページに記載されていますので、ご確認ください。

受付後、「ご予約確認通知書」が送付されることで、予約が確定します。受診当日は「防衛省共済組合員証または自衛官診療証」を持参して受診してください。自己負担がある場合は、健診機関の窓口で受診当日にお支払いください。

最新情報はWebで確認できます。会員専用サイトから健診サイトへのリンクへ進んでご確認ください。

## 婚礼を予定されている方をご紹介してください

ホテルグランドヒル市ヶ谷では、「婚礼紹介制度」を設けています。公式HPよりご紹介いただいた方が挙式をお申込みされた場合、記念品（3万円相当）のいずれかを進呈いたします。また、新型コロナウイルス感染拡大に伴う外出自粛要請を受け、外出を控えている皆さまには、電話やメールで結婚式についてご相談できる「おうちで相談」を実施しています。是非お気軽に経験豊富なプランナーにご相談してください。

### ホテルグランドヒル市ヶ谷 婚礼紹介制度

### おうちで相談 電話やメールで気軽に結婚式の相談ができます

HOTEL GRAND HILL ICHIGAYA

ホテルグランドヒル市ヶ谷のチャペル

#### 婚礼紹介制度

公式HPよりご紹介いただいた方が挙式をお申込みされた場合、次のいずれかを進呈します。

★ホテルグランドヒル市ヶ谷利用券
★JCBギフトカード
★結婚式当日サプライズプレゼント（花束または氷像よりお選びいただけます）

《記念品進呈の条件》

①ご結婚予定者入力完了後の契約に限ります。②ご紹介者は本人を除きます。③お二人様（ご新郎・ご新婦）でお一人様の紹介とします。④ご紹介者がお二人以上の場合は、先着を優先とします。⑤婚礼エージェントご利用以外とさせていただきます。

「婚礼紹介」は公式HP【婚礼ご予定者紹介フォーム】よりお申込みいただけます。この機会を是非ご利用ください。

#### おうちで相談

外出を控えている皆さまにお電話やメールにて気軽に結婚式の相談ができ、お得なプランや空き状況、結婚式までの段取りなど、経験豊富なプランナーがご案内いたします。

資料請求についても、お気軽にお申し付けください。

◇ご予約・お問い合わせ
▽電話03-3268-0115（直通）、専用線8-6-28853（婚礼予約）▽受付時間10時～18時▽ホームページhttps://www/ghi.gr.jpにお気軽にお問い合わせください。

## 自宅でも使えるサービスご提供
### 福利厚生アウトソーシング・サービス「ベネフィット・ステーション」活用を

防衛省共済組合員とその被扶養者のための福利厚生アウトソーシング・サービス「ベネフィット・ステーション」を活用していますか？

「ベネフィット・ステーション」では、毎日の生活を充実させることのできる数々の最新かつお得な情報を発信、ご提供しています。パソコンのほか、スマートフォンもご利用になれるので大変便利です。

ご利用方法については、組合員（任意継続組合員を含む）の皆様に配布している『2020ご利用ガイド△保存版▽』又は、「ベネフィット・ステーション」のホームページをご覧ください。

また、新たに組合員になられた方については、「ベネフィット・ステーション会員証」が届きます。ホームページへアクセスし、台紙に記載された会員IDとパスワードにてログインすることで、利用開始となります。

なお、会員IDとパスワードを忘れてしまった場合は、カスタマーセンター0800-170-5125へお問い合わせ下さい。

同サイトでは、自宅等において利用できるメニューについて、学ぶ、ショッピング、エンタメ等様々なカテゴリーから、皆さまのニーズに沿った情報を得ることができます。

例として、無料eラーニングで自己啓発をサポートします。レビックグローバル（メニューNo.631513）、BISCUE（メニューNo.631119）、ネットラーニング（メニューNo.630653）の3業者が提供する講座を全て無料で受講できます。

語学や各種資格の他306講座の豊富なラインナップで、スマホやタブレットでいつでも学習でき、マイページにて受講進捗の確認も可能です。

このほか小・中・高生にも最適なスタディサプリ（メニューNo.643539）では1カ月間無料トライアルプレゼントもあります。

ベネフィット・ステーションを活用し、自宅で有意義な時間をお過ごしください。

## 年金Q&A

### 再任用されフルタイム勤務 在職中でも年金は受け取れますか
### 年金の一部または全部停止される場合があります

Q　60歳の定年後、再任用され、引き続きフルタイムで勤務している技官（昭和32年10月生れ）です。今年の誕生日で63歳を迎え、老齢厚生年金の受給開始年齢になりますが、在職中でも年金は受け取れるのでしょうか。

A　老齢厚生年金を受けている方が、厚生年金保険の被保険者等（※）である間は、「年金の月額」と賞与等も含む「賃金の月額」に応じて、年金の一部または全部が支給停止される場合があります。

（※）　厚生年金保険の被保険者および70歳以上で厚生年金保険の適用事業所に勤務されている方。また、国会議員および地方議会の議員。

65歳未満の方の年金の一部支給停止の計算は、概ね次のとおりです。（令和2年度現在）

(1)賃金の月額が47万円以下の月

「年金の月額①」と「賃金の月額②」の合計額が28万円を超える場合は、その超えた額の1／2の額が年金から支給停止されます。①＋②が28万円以下の場合は、支給停止はありません。

支給停止月額＝（年金の月額①＋賃金の月額②−28万円）×1／2

(2)賃金の月額が47万円を超える月

47万円と年金の合計額が28万円を超える額の1／2と、47万円を超える賃金の額が年金から停止されます。

支給停止月額＝（47万円＋年金の月額①−28万円）×1／2　＋（賃金の月額②−47万円）

①年金の月額とは、老齢厚生年金の額（報酬比例部分に限る。）を12で除して得た額をいいます。

②賃金の月額とは、現在の標準報酬月額と過去1年間の標準賞与額（ボーナス等）の総額の12分の1の額との合計額をいいます。

【計算例】
老齢厚生年金額　120万円
①120万円×1／12＝10万円　←年金の月額
現在の標準報酬月額20万円
直近のボーナス　元年6月：22万円、元年12月：26万円
②20万円＋（22万円＋26万円）×1／12＝24万円　←賃金の月額

在職支給停止額（月額）＝((10万円①＋24万円②)−28万円)×1／2＝3万円
支給年金額（月額）＝10万円−3万円＝7万円

年金額から、支給停止額を控除したものが支給額となります。

65歳以上になると支給停止額の計算方法が緩和され、一般的に受給できる年金額が増えます。加えて、老齢基礎年金の受給権も発生することが見込まれます。（本部年金係）

## 車を買うなら防衛省共済組合の割賦販売をご利用ください！

### 割賦販売について

とある日常—
欲しい車があるんだけどローンとかよく分からないしどうしよう・・・。
それなら、共済組合の割賦販売がオススメですよ。返済が「源泉控除」で、給与から天引きなので、給与振込口座を変えたときも手続き不要なんです！さらに今、利率が低いこともポイントです。
給与からの天引きなら簡単だね！！
しかも、購入代金は共済組合が販売店に直接支払ってくれますから、支払手続きが不要ですし、銀行ローンではないので車の名義も初めから自分のものになるんですよ。
へぇぇ。共済組合にそんな制度があったんだ。どんな手続きが必要なの？
販売店（※）で欲しい自動車の見積書をもらったら、直近の給与明細と一緒に物資窓口へ持っていくだけです。
※共済組合で契約している販売店に限り、割賦制度のご利用が頂けます。ご利用の可否については、各支部物資窓口にお問い合せください。
とりあえず聞きにいってみようかな。
そうですね。まずは、支部物資係に気軽に相談してみてください。

○　返済期間中の割賦残額の全額返済や一部返済、また、条件付きで返済額や返済期間の変更も可能です。

詳しくは最寄りの支部物資係窓口までお問い合わせください。

厚生・共済 特集

# 定期的研修が可能に

## 地元保育園と協定

## 緊急登庁支援要員の子供預かり技量習得

### 伊丹駐業

【伊丹】駐屯地業務隊（隊長・寺西孝之1佐）は2月26日、千僧駐屯地から業務隊長の三田亮司1佐らを迎え、伊丹駐屯地教場で社会福祉法人・武の輪会（武田敏伸理事長）と「緊急登庁支援に関する協定書」の調印式を行った。

伊丹・千僧両駐屯地はこれまで、地元・武の輪会が運営する施設「すくすくキッズ保育園」に隊員の研修を依頼し、試行的に緊急登庁支援要員の技量習得施策を進めてきたが、このほど、同法人と正式に協定を締結し、定期的に研修が行える体制を確立した。

調印式には寺西、三田両業務隊長をはじめ、武の輪会の武田理事長、中村恭子園長、前理事長の武田丈蔵氏らが出席した。特に武田前理事長は、兵庫県自衛隊父兄会の会長を務めていた時代に、「地元の自衛官のために役立ちたい」との気持ちから伊丹駐屯地の近隣に保育園を建設、隊員の子供たちを受け入れてきた。式では当時の思いを述べながら「この日を迎えられてうれしい」と感慨深く話していた。

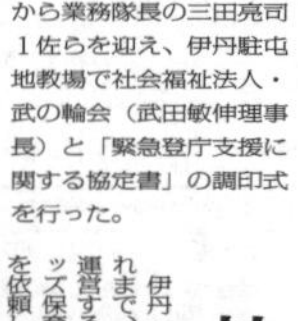

上「緊急登庁支援に関する協定」を締結し、手を取り合う（左から）千僧駐屯地の寺西業務隊長、武の輪会の武田理事長、伊丹駐屯地の三田業務隊長（2月26日）
右緊急登庁支援訓練で預かった子供たちの食事の様子を側で見守る駐屯地の隊員（2月21日、いずれも伊丹駐屯地で）

### 南海レスキューに合わせ預かり訓練

これに先立ち、伊丹駐業は中部方面隊が実施する防災訓練「南海レスキュー」に合わせ、駐屯地内で「緊急登庁支援訓練」を行った。

当日は、各部隊から「面倒を見る隊員」15人が参加し、2歳から10歳児までの子供8人を預かった。隊員は親から子供を預かる際の受け付けから、子供への食事、入浴、就寝、トイレ補助などまでつぶさに体験。特に、親から預かった食事を間違いなく子供たちに渡すことに気を付けていた。

## 子供預かりの運営サポート

### 勝田駐、市と協定

【勝田】「自衛隊が設置する子どもの一時預かり施設の運営等に関する協定書」の締結式が3月27日、ひたちなか市役所で行われ、鵜居正行勝田駐屯地司令と大谷明市長が締結書に調印した＝写真。

同協定の締結により、今後、大規模災害が発生して自衛隊が災害派遣などに出動する際、駐屯地内に設置する「子供一時預かり施設」の運営について市からサポートが受けられるようになった。

協定書では施設の運営に関し、市内の被害が軽微かつ行政機能が損なわれていない場合、▽施設に従事する隊員に対する市内保育施設での研修機会の提供▽災害対処訓練や災害派遣時などに、保育士の派遣を受けて施設運営に関する指導と助言▽災害派遣時、時間外保育が可能な保育施設の情報提供——が受けられることが定められた。

これにより、小さな子供を持つ隊員が緊急時にも安心して任務に従事できる環境が整備された。

## 自慢の一品料理

### だまこ鍋

今回は秋田駐屯地で提供される秋田県の郷土料理「だまこ鍋」を紹介します。「だまこ」とは柔らかめに炊いたご飯のこと。鶏肉のだしで新鮮な野菜とだまこ餅を煮る素朴でコクのある一品です。

まず、だまこをボウルに入れて、すりこぎで粒が半分残る程度まで潰したら団子状に丸めます。続いて下準備として、ささがきにしたごぼうを水にさらし、糸こんにゃくは2、3分茹でて、それぞれ灰汁を抜きます。

せりの根を切り落とし、10センチ幅に切ります。鍋にしょうゆ、酒、みりん、鶏がらスープの素、水を入れて中火にかけ、一口大に切った鶏もも肉を入れます。

灰汁がでたら丁寧に取り、ごぼう、糸こんにゃく、長ネギ、舞茸、せり、だまこを加え、火が通ったら完成です。

春先に旬を迎える「せり」を使用した一品ですので、ご家庭にせりが残っている方はぜひ試してみてください。まだ肌寒く感じる日もあるこの時期、秋田の郷土料理を味わってみてはいかがでしょうか。

紹介者：木島　恭一技官
（秋田駐屯地業務隊補給科糧食班）

## 学校給食に海自カレー

### 江田島　1術校長が認定書授与

【江田島＝1術校】1術校長・丸澤伸一将補は2月27日、地元・江田島市の江田島小学校の給食のカレーを「江田島海自カレー」に認定した。学校給食調理場が提供するカレーが「海自カレー」に認められたのは全国で初めて。

「江田島海自カレー」は、市商工会、市役所、1術校、幹候校が観光振興や市の活性化などを目的に、海自で食べられている一般的なカレーをベースに、江田島市の特産品の大豆、ちりめん、オリーブオイルなどを使い、"ご当地グルメ"の一つとして開発したもの。

昨年10月には「江田島海自カレー出航式」が行われ、江田島市内にある1術校、幹候校、術科補給所、呉弾補給所それぞれのカレーが市内の4店舗で提供されるようになった。

今回は、市の学校給食調理場から「児童たちに各地域の優れた伝統的な食文化について理解を深めてもらい、『カレーの食文化』を通じて明治21（1888）年から続く江田島の海軍と海自の歴史を知ってほしい」と要望があり、晴れて認定に至った。

当日、丸澤学校長が明岡周作市長に認定書を授与。カレーを試食し、子供たちと一緒にカレー文化をわかりやすくアピールした。試食した児童は「いつもの給食よりおいしい！中学校でも食べられるので楽しみ」と話していた。

認定された「海自カレー」は江田島市内の市立小・中学校10校と呉特別支援学校の江能分級で毎月第2金曜日に提供されている。

江田島小学校を訪れ、小学生と共に認定された「江田島海自カレー」を試食する丸澤1術校長（奥）＝2月27日

## ゴルフ大会 家族会と親睦

### 沖縄地本

【沖縄地本】地本は2月23日、陸自知念分屯地で開催された沖縄県自衛隊家族会連合会主催の「グランドゴルフ大会」を支援した。

大会には、沖縄本島内の各地域の家族会から約77人、県内の陸海空自衛隊から約20人が参加。晴天の下でプレーを楽しんだ。

家族会は支部毎に6人1チームを組み、このほか地本募集課から1チーム、3自衛隊の業務隊員で構成した2チーム、開催地の知念分屯地から1チームが加わり、全18チームで勝敗を競った。

その結果、宜野湾支部チームが優勝し、景品を獲得。地本部員は競技やその後の懇親会を通し、家族会会員との親睦を深めた。

## 余暇を楽しむ

### 小牧基地　ナマズ釣り

紹介者：
2空曹　高梨　智
（1輪空検査隊・小牧）

## 探究心と達成感を堪能

「鯰道」——あなたの知らない世界をお伝えします。

皆さんはナマズを見たことがありますか？

私はこれまで本物のナマズを見たことはなく、探し求めたこともありませんでした。もちろん、ナマズが釣りの対象になるとは夢にも思っていませんでした。我が検査2小隊では自然発生的な小集団活動として「ナマズ釣り」がはやっています。

ナマズ釣りは、晴天でも雨天でも朝でも夜でも、雷の時以外はいつでも楽しめ、しかも釣り場は小牧市内に無数にあると言っても過言ではありません。その魅力は、身近で安価で気軽にでき、探究心と達成感の喜びを一度に堪能できるところです。

私たちが釣っているナマズは「真ナマズ＝日本ナマズ」と呼ばれる種類の鯰です。このナマズは目が殆ど見えず、音と波動に敏感に反応し、全身が味覚器官でヒゲを含めた全身で水の匂いや餌の味を判別してターゲットを探ります。

夏は水草のかげや橋の下に潜み、冬は水の流れのない水深のある川底でひっそりとしています。このような性質のナマズを私たちは勝負相手として日々対戦に明け暮れています。

鯰道に踏み込んだ隊員たちの朝の会話は、前日の報告や新しい釣り場の情報で盛り上がります。ビギナーから自称セミプロまで、釣果のばらつきはあるものの、皆、ナマズ釣りにはまっています。

中には楽しさが強すぎて、朝6時に起きても「寝過ごした！」と悔やんだり、夏休みの8割以上をナマズ釣りに費やしたお父さんもいます。年末年始には「釣り納め、鯰納め」、「鯰初め」など独自の行事も作って楽しんでいます。

今まで何とも思わなかったただの川や水路も、急に気になり始めてきませんか？　そこには、きっとあなたなりの「鯰道」が…のぞいてみたくなりましたか？

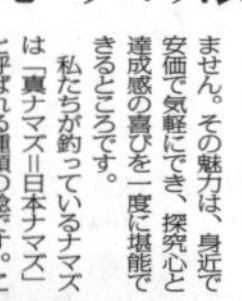

上「ナマズ釣り」で釣り上げたナマズを掲げて記念撮影する隊員
右頭にライトを付けて夜間の「ナマズ釣り」に挑戦した隊員

## 日米隊員が交流

### 那覇救難隊

【救難団＝入間】那覇救難隊はこのほど、米空軍第31、33救難中隊、第353特殊作戦群の隊員とその家族を招き、格納庫内で日米交流会「サンクスフェスタ」を開催した。

同隊では昭和54年以降ほぼ毎年、米空軍と共同で救難訓練を実施しており、バーベキューやソフトボールなどの交流も恒例行事となっていた。ここ2年は訓練以外のイベントは計画されていなかったため、「那覇救難隊の良き伝統を継承しなければ」という強い思いから上級空曹たちが検討、米国の「サンクスギビングデー（感謝祭）」にちなみ「サンクスフェスタ」を企画した。

当日は、空自救難機の見学だけでなく、9空団の支援を得て空自最新鋭の消防車の展示を行ったほか、隊員が腕を振るって作った焼きそば、豚汁、まぐろ丼など各約100食を提供。このほか、交流イベントとして英語の名前を漢字で書いてもらう「書道教室」や「折り紙教室」「紙飛行機大会」などさまざまなブースを設け、日米隊員らが笑顔でコミュニケーションをとり、楽しい時間を共有した。

今回の「サンクスフェスタ」では、準備から撤収まで、階級や特技に関係なく全隊員が一致団結して行ったことで、隊の団結にもつなげることができた。

日米交流イベント「サンクスフェスタ」に参加し、隊員に教わりながら折り鶴を折る米国軍人の子供たち（那覇救難隊格納庫で）

婚礼紹介キャンペーン

ご婚礼を予定されている方をご紹介してください

ホテルグランドヒル市ヶ谷公式HPより
ご紹介いただいた方が挙式をお申し込みされた場合、
下記の記念品（3万円相当）の
いずれかを進呈いたします。

★　ホテルグランドヒル市ヶ谷利用券
★　JCBギフトカード
★　結婚式当日サプライズプレゼント
（花束 または 氷像 よりお選びいただけます。）

【記念品進呈条件】
① ご結婚予定者入力完了後の契約に限ります。
② ご紹介者は本人を除きます。
③ お二人様（ご新郎・ご新婦）でお一人様の紹介とします。
④ ご紹介者がお二人以上の場合は、先着を優先とします。
⑤ 婚礼エージェントご利用以外とさせていただきます。

現在ブライダルサロンの営業は休止させていただいております
ご相談は、お電話・メールにて受付中

〒162-0845 東京都新宿区市谷本村町 4-1
ブライダルサロン直通 03-3268-0115 または 専用線 8-6-28853
受付時間 10：00～18：00　https://www.ghi.gr.jp　グラヒル　検索

HOTEL GRAND HILL ICHIGAYA

# 地方防衛局 特集

## 海自横須賀基地船越地区に自衛艦隊司令部の新庁舎

# 「海上作戦センター」完成

## 今年度、運用開始へ

### 指揮通信機能の強化に期待

海自横須賀基地の船越地区（神奈川県横須賀市船越町）で平成27年度から建設が進められてきた自衛艦隊司令部の新庁舎「海上作戦センター」が今年3月、完成した。今後は引き続き、建物内部に設置する各種システムや装備品などの工事を実施した後、今年度に運用を開始する予定だ。

「海上作戦センター」は、鉄骨鉄筋コンクリート造りで地上6階建て、延べ床面積は約3万6千平方メートル。

庁舎のデザインは、自衛艦隊司令部にふさわしい重厚感を感じさせるシンメトリー（左右対称）とする一方、周囲の環境と調和するよう、外壁に色調の異なる2種類の花崗岩を採用して圧迫感を和らげ、落ち着きのある印象を醸し出すように配慮されているのが特徴だ。

〝統合任務部隊司令部〟の一つである自衛艦隊司令部に求められる機能は近年、著しく増大している。

平成18年度以降の統合運用体制への移行に始まり、緊迫化する南西方面の状況や、大規模災害の頻発に伴う日米間のさらなる連携協力の必要性などを背景に、各種事態への迅速かつ的確な対応を可能とする指揮通信機能の強化が必要不可欠とされ、これを受けて同センターの新設が決まった。

建設工事は平成27年度に着手され、今年3月（令和元年度）末に完了した。

同センターには自衛艦隊司令部をはじめ、護衛艦隊、潜水艦隊など隷下部隊司令部なども移転・集約される予定だ。今年度に運用が開始されれば、これまで以上に海自と陸自・空自、米軍、関係省庁などとの緊密な連携強化が図られ、各種事態により効果的かつ円滑に対応できる態勢の確立が期待されている。

今年3月に完成し、今年度に運用を開始する予定の自衛艦隊司令部の新庁舎「海上作戦センター」（海自横須賀基地の船越地区で）

## 防大の中核施設「教育研究A館」

# 優れた機能、デザインが評判

防衛大学校（神奈川県横須賀市走水）に昨年9月に理工系の中核施設として新築オープンした「教育研究A館」が、機能的にもデザイン的にも優れていると教職員や学生たちから評判だ。

「教育研究A館」は、既存の「理工学館」全5棟のうちの1棟を建て替えた〝新築第1号〟で、鉄筋コンクリート造り、地上5階建て、延べ面積は約2万平方メートル。平成27年度に工事を開始し、令和元年6月末に建設工事を完了、7月3日に竣工式を行い、9月から運用を開始している。

建物のデザインは、防大が立地する小原台の周辺から「理工学館」への眺望をシミュレートし、山の稜線を損なわないような配置や色調を採用。さらに、外壁は低層部と高層部で異なる材料を使用し、壁面に凹凸による陰影を加えることで変化に富む外観となるように配慮した。

防大では現在、「理工学館」全5棟の建て替えを進め、将来的には「全4棟への集約化」を目指している。

背景として、これらの既存の建物について、①耐用年数の超過②海浜に近い立地から、塩害や強風による著しい老朽化③新たな耐震基準に非対応④教育研究内容の高度化・複雑化に伴う実験室や研究室の狭隘化⑤学群の混在による教育研究の非効率化――などの理由が挙げられる。

防大では、▽総合教育学群▽人文社会科学群▽応用科学群▽電気情報学群▽システム工学群▽防衛学教育学群――の6学群で教育研究を行っており、理工学館の4棟への集約化については、より効果的な教育研究を実施するため、共通性のある学群ごとに施設の集約化を図るとともに、教育エリアと研究エリアを区分するなど機能的なレイアウトなどが検討されている。

防衛省としては、防大の人材育成に資する観点から、▽独創的で先進的な学術研究の基盤となる機能を強化した施設▽震災・老朽化対策が施された安心・安全な教育研究環境――の整備を引き続き進めていく考えだ。

㊤防衛大学校の「教育研究A館」の外観。外壁は低層部と高層部で異なる材料を使用するなど、変化に富んだデザインが特徴だ ㊨「教育研究A館」の中庭。新たな耐震基準に対応した安定感と共に、明るく落ち着いた雰囲気が評判だ

## リレー随想 末永 広

「防衛省・自衛隊にとって、北海道の良好な訓練環境を活用させていただくことが不可欠であり、従来から地域の皆さま方と非常に密接な関係を築かせていただいていることから、北海道は防衛省にとって極めて重要な地域です」――。

前職で中期防の策定の末席に関与させていただいた際、このような説明をさせていただいた。ただ、率直にいうと、当時は北海道勤務の経験もなく、いわば頭の中だけの理解で話をしていたにすぎない。

昨年7月の北海道着任後、さまざまな機会を積極的に活用して道内の各地を幅広く訪問をさせていただき、自治体の首長の方々や現地部隊指揮官等と意見交換を続ける中で、我が国防衛における北海道の重要性とそれを支えていただいているご地元の温かなご理解を、実際に自分の目で見るとともに肌で感じさせていただいている。

この恵まれた環境の背景に諸先輩方の長きにわたる弛まぬご努力があったことに感謝し、思いを致しながら、今、このポストで自分が何をなすべきか改めて考えてみた。

### 北海道防衛局の果たす役割

北海道防衛局の役割は、①北海道における防衛行政の推進、②防衛施設の安定的な使用、③建設工事の執行、④防衛施設の取得・管理等である。

このうち、②以下の札幌防衛施設局から引き継いだ役割は、局の基本任務として引き続き着実に実施する必要があることは論を俟たない。

その上で、①の北海道における防衛行政の推進、より具体的にいうと「大綱・中期防に基づく多次元統合防衛力を、この北海道の地においても具現化していくこと」が当局としての新たな課題ではないかと考えている。

本当に厳しさを増す安全保障環境の下、巷間良く指摘される新領域の能力強化にとどまらず、機動・展開能力の強化、持続性・強靭性の強化、人的基盤の強化などの重視事項を踏まえた防衛力を、スピード感をもって構築していくことが強く求められている。

本省の示す方針の下、北部方面総監部や関係自治体の皆さま方と、これまで以上に緊密な連携の態勢を構築することに常に着意し、北海道防衛局長として果たすべき役割を不断に考えていきたい。

（北海道防衛局長）

## 防衛施設と首長さん

### 兵庫県加東市 安田 正義市長

兵庫県の播磨平野を貫流する加古川の中流部に、加東市を代表する名勝「闘竜灘」があります。

「闘竜灘」は、奇岩が川底に起伏し、激流となる様子が、「二頭の竜が闘うようだ」と詩に詠まれたことから、その名が付いたと言われています。

やすだ・まさよし 65歳。兵庫県立社高校卒。社町理事、加東市企画部長、加東市助役、加東市副市長などを経て、2010年4月、加東市長に就任。現在3期目。旧社町出身。

### 陸自青野原駐屯地と連携

### 潜水艦名は「闘竜灘」から

加古川は、江戸時代に物資輸送の舟運が盛んで、しかも「闘竜灘」によって航行が阻まれるため、一帯は物資の積替え拠点として、大変栄えました。

この「闘竜灘」周辺は、5月1日、日本一早い鮎漁の解禁でも有名です。鮎の習性を利用した「簗漁」と呼ばれる独特の漁法も受け継がれています。

また、5月3日には「花まつり鮎まつり」が行われ、「闘竜灘」からの打ち上げ花火は、北播磨に初夏の訪れを告げる風物詩となっています。

昨年11月に進水した海上自衛隊の「そうりゅう」型潜水艦の12番艦「とうりゅう」は、この「闘竜灘」から命名していただき、まちの自慢の名勝に、新たな歴史が加わったことを大変うれしく思っています。最新鋭艦への命名を心から光栄に存じます。

また、加東市には、陸上自衛隊青野原駐屯地があり、防災訓練など「まちの守り」にご支援を賜っており、自衛隊の皆さまに感謝いたしております。

ぜひ、「闘竜灘」をはじめ、魅力あふれる加東市にお越しください。心から歓迎いたします。

# 「事故はパイロットに起因」

## 米軍機の模擬弾誤投下で米側が説明

防衛省は4月13日、昨年11月に青森県で起きた米空軍三沢基地所属のF16戦闘機による施設外への模擬弾落下事故に関し、「原因はパイロットに起因する誤投下」と結論付けた米軍の事故調査結果を確認したと発表した。

事故は昨年11月6日午後6時37分頃に発生。F16戦闘機1機が他の6機と共に夜間敵防空網制圧の編隊長練成飛行を実施中に「GBU12模擬弾」を投下した際、三沢対地射爆撃場から西に約4・8キロの民有地に落下させた。

米軍の事故調査結果によると、事故を招いた実質的な要因として、①F16のパイロットがコクピット内の計器に過度に集中することにより、周りの機体とのコミュニケーションが途絶えた②雲が射爆撃場内の標的を覆い隠しており、また、日没後の訓練だったため、標的がよく見えない状況でパイロットが標的の特定と投下ポイントの指定を別の機体に委ねることになった③本来投下しなければならない投下ポイントではなく、別の誤った投下ポイントを選択した――ことを挙げ、「事故はパイロットに起因するものであり、その他の要因によるものではない」として誤投下であったことを結論付けた。

これらを踏まえ、米側は是正・再発防止措置として、「米空軍三沢基地に所属する全てのF16のパイロットに対して事故の教訓を共有し、改めて同様の訓練について再教育を実施した」と日本側に説明した。

防衛省では「引き続き米側に対し、実施する是正措置や再発防止策について確認を行い、情報が得られた際には地元自治体などの皆さまに丁寧に説明していきたい」としている。


2020 NEW MODEL 大型スポットクーラー BSC-10
三相200V
強風・冷風を兼ね揃えた大風量スポットクーラー！
倉庫、コンテナ積み下ろし作業等に最適！
必要な時、必要な時間だけ効率的な空調
スポットクーラーシリーズ
外気温に対し体感温度 -13℃
気持ち良い風を約15m先までお届け！
環境改善 熱中症対策 大風量 スポット冷房

内径約41cmの大型冷風口
吹出口風速約7.28/8.20m/s
最大風量約55/62㎥/min
天吊り・消防法適合・複数ダクト等ご用意しております
大型循環送風機 ビッグファン
熱中症対策 空調補助 節電・省エネ
大風量で広範囲へ送風！
●備蓄倉庫等の換気・循環に！ ●単相100V電源で工事不要！
広さ・用途で選べる5TYPEをご用意
BF-60J DCF-60P BF-75V BF-100V BF-125V
コンプレッサー式除湿機
目的に合ったドライ環境を提供
結露・カビを抑え湿気によるダメージを防ぎます！
DM-10 DM-15/DM-15T DM-30
株式会社ナカトミ
〒382-0800 長野県上高井郡高山村大字高井6445-2
https://www.nakatomi-sangyo.com
お問い合わせはこちら
TEL:026-245-3105
FAX:026-248-7101



『朝雲』縮刷版 2019
2019年の防衛省・自衛隊の動きをこの1冊で
宮古島と奄美大島に駐屯地・分屯地が開庁 南西防衛を強化
大型台風が関東・東北を直撃 統合任務部隊を編成

発売中
判型 A4判変形／452ページ 並製
定価 本体2,800円＋税
朝雲新聞社 〒160-0002 東京都新宿区四谷坂町12-20KKビル
TEL 03-3225-3841 FAX 03-3225-3831
http://www.asagumo-news.com

募集・援護 特集

平和を、仕事にする。

ただいま募集中！
◇自衛官候補生
◇技術海上・航空幹部◇技術海・空曹
◇一般曹候補生
★詳細は最寄りの自衛隊地方協力本部へ

# 緊急事態宣言下

# オンライン説明会開催

## 各地本が創意工夫　利用者の関心高く

「緊急事態宣言で市中での採用説明会は開けない。ならば、オンラインでやってみよう」――。新型コロナウイルスの感染拡大で国民は外出を自粛中。このため自衛官の採用説明会も中止を余儀なくされる中、知恵を絞り広報活動を展開している地本もある。東京地本はネットを使った「オンライン説明会」を開き、高校生や大学生にホットな自衛隊情報を届けている。

### 新型コロナ

【東京】地本は4月9日、新型コロナウイルスの感染拡大による7都府県を対象とした政府の緊急事態宣言発令に伴い、インターネットによる自衛官採用説明と個別相談を新たに開始した。

これは、ネットを活用し自宅にいる募集対象者との「非接触型のコミュニケーションを図る」というアイデア。事前に受験相談を申し込んだ参加者は、指定された日時に各自のパソコンや携帯電話からインターネット電話に加入（無料）。これにより地本から配信される映像を確認したり、チャット機能などにより質問することが可能になる。数学などの試験対策も地本の隊員が解説してくれるとあって、募集対象者の関心が高まっている。

このネット説明会は、オンラインでありながら実際に対面して説明や授業を受けているかのような臨場感があり、参加者からも「じかに説明を受けているようで大変わかりやすかった」と好評だ。すでに利用者は約3週間で約290人と、増加を続けている。

東京地本は緊急事態宣言が解除されるまで、今後もメールや電話、インターネットなどあらゆる手段を活用し、「顔の見える」募集活動を積極的に続けていく計画だ。

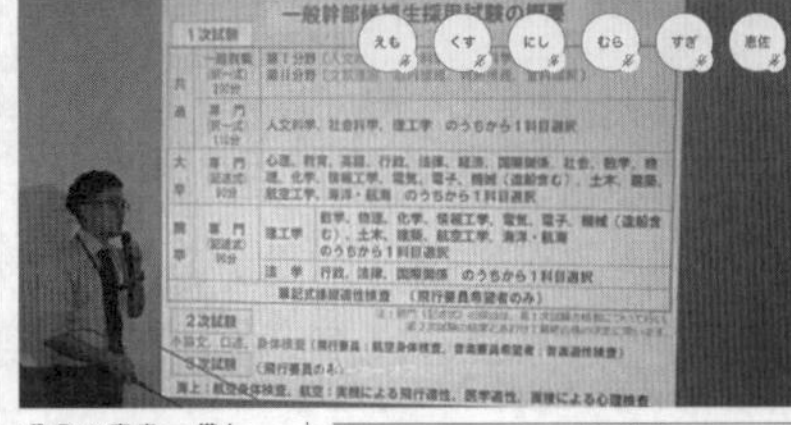

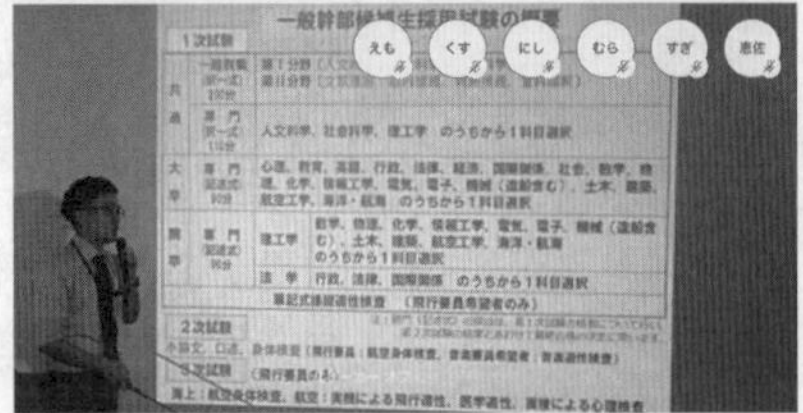

㊤カメラなどをセットし、オンライン説明会の準備をする東京地本の隊員㊦一般幹部候補生試験の概要を説明する隊員。映像上の表示（右上）はインターネットで見ている募集対象者のアクセス状況（写真はいずれも東京地本で）

数学の問題を解説する東京地本の中山めぐみ2空佐。オンライン授業は募集対象者の学力向上にも貢献している

# コロナ対策万全で募集広報

## ビニールで飛沫感染防止

### 山形　地本キャラクターも予防アピール

地本では飛沫感染防止のため、ビニール・オーバーレイで対策が講じられた（4月7日、山形地本で）

【山形】地本は4月7日、事務所内で「ビニール・オーバーレイ（覆い）」「パーテーション・ボード」などを使った新型コロナウイルス感染予防対策を講じた。

これは山形県でも感染者が増加している現状を踏まえた措置で、これまでアルコール消毒やマスク着用などによる対策に努めてきたが、業務上、他者との距離（ソーシャル・ディスタンス）を確保するのが難しいことから、物理的に飛沫感染を防ぐ職場環境を強化した。

さらに山形地本キャラクター「地本さくらんぼちゃん」「花笠音頭の介」のお面にマスクを付けて室内に設置し、部員に感染予防をアピールしている。

地本では今後も前例にとらわれない柔軟な思考法で、コロナ禍を乗り切っていく計画だ。

## 3密避けながら街頭広報

### 全国で唯一　感染者ゼロの岩手

【岩手】地本は4月11、12の両日、盛岡市大通のショッピングモール「クロステラス」の屋外に広報ブースを開設し、自衛隊の各種活動をPRした。

現在、新型コロナの感染が全国に広がっているが、唯一、岩手県では感染者が出ていない（5月11日時点）ことから街頭広報に踏み切ったもので、密閉・密集・密接を避けながら自衛隊をPRした。

ブースには約100人が来場、展示された小型トラックと偵察バイクについて隊員が説明を行い、実際に乗車してもらった。

地本はこのほか、陸海空の各種制服を展示し、除菌を行いながら希望者には試着にも応じた。子供向けにはオリジナル缶バッジ作製コーナーを設け、こちらは完成後、自衛隊の制服を着てもらい記念撮影を行った。

来場した若者の一人は「自衛官を身近に感じた。進路の選択肢にいれたい」と話していた。

新型コロナ感染者が出ていない岩手県内で街頭広報する岩手地本の広報官（4月11日、盛岡市で）

## 「マックで使えて便利！」

### 旭川　割引クーポンと募集広告タイアップ

【旭川】地本が配布中の自衛官募集広告とファストフード店「マクドナルド」の割引クーポン券が合体したチラシが若者たちの間で好評だ。

この両者のチラシタイアップは、募集広告に付加価値を加えたもので、約2年前から実施している。旭川市内の広告代理店と一般競争入札により契約し、実現した。

マクドナルドは若者が頻繁に利用することもあって広報効果が大きく、広報官も「チラシを渡しやすくなった」「学生が話を聞いてくれる」とその効果を話す。

受け取った学生側も「マックで使えて便利です」と反響は大きい。

旭川地本では「今後も募集対象者の興味を引く広告製作に努め、自衛官募集につなげていきたい」と話している。

旭川地本独自の「マクドナルドのクーポン付き募集チラシ」を手にする女子学生たち（旭川地本で）

## 台風19号で被害の協力事業所

### 防衛大臣認定受ける　長野

【長野】地本は3月16日、予備自衛官等協力事業所表示制度に関する「防衛大臣認定協力事業所表示証」の交付を開始した。

地本は県内で該当した3事業所に対し交付を実施。各事業所は「今後も自衛隊と地域を繋ぐ懸け橋として予備自衛官制度に協力していく」など決意を新たにしていた。

中でも、昨年の台風19号で自社が被災しながら従業員1人を即応予備自衛官として災派に参加させた都市貨物輸送長野営業所の川俣政善所長は、「千曲川が決壊し、頭の高さほどまで事業所が浸水し、災害の恐ろしさを痛感した」と当時を振り返り、「災害派遣に参加した従業員から自衛隊の活動について話を聞くことができ、改めて即自の重要性を感じた」と語っていた。

三笠展隆長野地本長（左）から「防衛大臣認定協力事業所表示証」の交付を受ける都市貨物輸送長野営業所長の川俣さん（3月16日、長野市で）

## 女子限定、高校でスイーツパーティー

### 福島

【福島】地本は2月18日、福島県立相馬東高校で「女性限定！ スイーツ・パーティー」を開催した。

同企画はケーキなどスイーツを食べながら女子高生と女性自衛官が将来の夢を語るもので、女子高生であれば自衛官希望者、就職希望者に限らず参加が可能。

今回のパーティーには生徒15人が集まり、女性自衛官と和やかな雰囲気のもと「公務員になりたい」「看護師志望だけど、自衛隊でもなれるか」など、疑問や本音を語り合った＝写真。

終了後、生徒たちは今後のヘリコプター体験搭乗や、海自カレーの体験喫食を強く希望した。

## 高校野球部の生活体験支援

### 金山所

【愛知】金山募集案内所はこのほど、2日間にわたり守山駐屯地で行われた享栄高校野球部47人の生活体験を支援した。

生活体験は金山募集案内所の高橋伸幸曹長が約2年かけて調整し、ようやく実現したイベント。35普連（守山）の野球部出身のリクルーターや衛生救護員の協力のもと、万全の支援態勢で臨んだ。享栄高野球部監督からは、礼節や規則正しい生活など「自衛官が日頃行っている訓練に近い内容でお願いしたい」との要望があった。

そこで1日目は基本動作、ロープワーク、ほふく前進、筋力トレーニングなどを実施。体力的に追い込む状況下でいかに声を出し、積極的に行動するかを体験した。夜にはミーティングで代表者発表などを行った。

2日目は早朝5時半に非常呼集。災害地域へ救援に向かう状況を想定し、重さ15キロの土嚢を入れた背嚢を準備し、訓練場（レンジャー塔）まで車両で移動。到着後はロープ渡り体験などを行った。

野球部員からは「苦しい時に助け合い、積極的に行動することの大切さが理解できた」といった感想が聞かれた。長谷川敬樹所長は「この自衛隊での体験を自己の限界に挑戦し、殻を破るようなきっかけとしてほしい」と話していた。

## 陸士就職補導教育を実施

### 群馬地本　ビジネスマナーや企業研修など

【群馬】地本は2月26日から28日まで、新町駐屯地で「陸士就職補導教育」を行った。

同教育は群馬地域援護センターが担任。退職予定隊員に対し、ビジネスマナー教育や企業研修を行うことで職業選択に必要な知識を身に着けてもらっている。今回は約1年後に任期満了を迎える24人が参加した。

初日の講義では「就職援護情勢」について援護センター長の仲井利明1陸尉が説明、「再出発に向けて」と題して自衛隊援護協会の進路相談員の田丸順敏さんが講話した。このほか、職業適性検査も実施した。

2日目は「予備自衛官等制度」について予備自室長の佐々木満事務官が、さらに「年金制度」について新町駐屯地業務隊の森田庄治氏がそれぞれ説明した。

## 応急架設橋を設置　来場者にアピール

### 宮崎「このはなウォーク」

【宮崎】地本は2月22～24日、延岡市で開催された「このはなウォーク」に参加し、広報活動を実施した。

河津桜などを楽しむ同イベントの開催に先立ち、陸自9施設群376施設中隊（都城）が約1週間、五ヶ瀬川堤防で応急架設橋の設置訓練をし、警察や消防、自治体などと渡橋訓練を実施した。その後、応急橋梁を一般公開し、イベントに協力。3日間で延べ2万3千人の市民が利用した。

延岡出張所は会場内に広報ブースを設置し、自衛隊の災害派遣活動のパネルなどを展示。ミニ制服の試着コーナーなども設け、来場者に自衛隊の各種活動を伝えた。


ウイルス除去には除菌水！
楽天市場で大好評
除菌　アルコールでは除菌できないウイルスや細菌類を強力除菌！
安全　素肌に優しく肌荒れしません
安心　加湿器で部屋でも除菌
サンクリア SUN CLEAR　次亜塩素酸水
10ℓ 3,880円
20ℓ 5,980円
消費税込み、送料別
約2～3週間で発送します（店舗休業日除く）

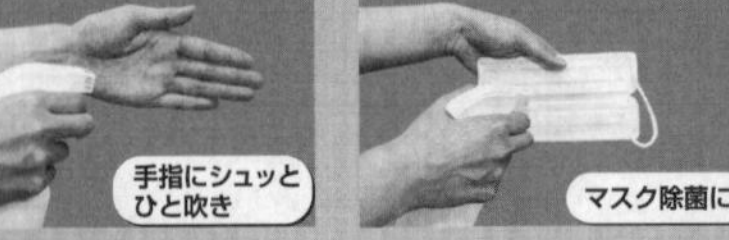
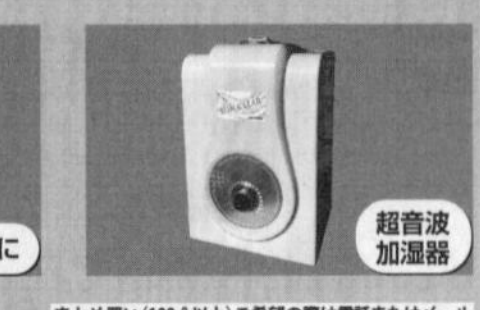

手指にシュッとひと吹き
マスク除菌に
超音波加湿器
楽天市場に出店中！ Rakuten
サンクリア T-Box
店舗名：T-Box ☎03-3820-2209
まとめ買い（100ℓ以上）ご希望の際は電話またはメールでお問い合わせください。
電話：03-3225-3845 E-mail:ad@asagumo-news.com
朝雲新聞社 担当：芳賀

ストップ！20歳未満飲酒・飲酒運転。お酒は楽しく適量で。
妊娠中・授乳期の飲酒はやめましょう。のんだあとはリサイクル。
キリンビール株式会社

吉本どんど

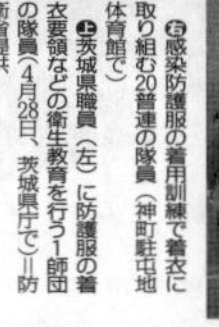

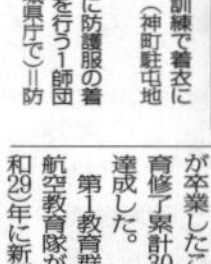

右 感染防護服の着用訓練で着衣に取り組む20普連の隊員（神町駐屯地体育館）
上 茨城県職員（左）に防護服の着衣要領を教える1師団の隊員（4月9日、茨城県庁で）＝1師団提供

# 28都道府県で全力支援

## 新型コロナ

## 衛生教育、検体採取、食事搬入など

終息の兆しが見えない新型コロナウイルス感染症。防衛省・自衛隊は陸自全5個方面隊の隷下部隊などが休日も返上し、知事らからの要請を受け全国の28都道府県で衛生教育支援、PCR検査のための検体採取支援、陽性患者の生活支援などに全力で当たっている。（1面参照）

### 陸自全方面隊が休日返上
### 統幕は教育資料をホームページに掲載

自衛隊は1月31日から、大型客船「ダイヤモンド・プリンセス号」の船内での活動などを含む各種支援に当たってきたが、この間、徹底した感染防止策、管理により、従事した隊員に1人の感染者も出していない。そうした対応により、自治体などから衛生教育の要望が出された。

5千人に迫る感染者が出ている東京をはじめとする1都4県では4月上〜下旬、1師団（司令部・練馬）の隊員たちが尽力した。

隊員たちは茨城、埼玉、千葉、神奈川各県の県職員に対し、感染防護服の着脱要領などを教えた。また、都内のビジネスホテルなどでは陽性患者（無症状、軽症）に食事の搬入などの生活支援を行った。

教育支援はほかに、11旅団（真駒内）、6師団（神町）、10師団（守山）、中方総監部（伊丹）、3師団（千僧）、13旅団（海田市）、14旅団（善通寺）、4師団（福岡）、8師団（北熊本）、15旅団（那覇）などが自治体職員などに行った。

また、宮城県では4月上〜中旬、自衛隊仙台病院の医官、看護官ら延べ約70人が仙台市で検体採取支援を担った。医官らはPCR検査のための検体を被検者の鼻腔内から採取した。

検体採取には6師団隊員も協力。4月20日から5月1日まで、自治体の検体採取のために必要な天幕を延べ約50人で展張し、維持・管理した。

一方、統幕は「新型コロナウイルス対応」の管理者向けの教育資料をホームページに掲載している。一般向けに続く第2段。個人、施設等の感染防護基準などを示し、「皆さまのお役に立てれば幸いに思います」と記している。

### 防護服着脱要領を教育
### 金沢14普連「プロ意識で適切に」

【14普連＝金沢】14普連（連隊長・根本勉1佐）は4月30日、石川県から災派要請を受け、輸送業務を担う県職員、民間業者への教育支援を同県内で行った。

防護服の着脱要領、車内の養生要領などを一つ一つ要点事項を確認しながら説明。特に防護服の脱衣手順の重要性を伝えた。

教育支援を終えた大門広明2中隊長は、「自衛隊のプロフェッショナリズムを持ち、適切に教育した。感染拡大防止につなげる任務を完遂できた」と語った。

感染拡大防止の教育支援で防護服の着衣要領を伝える14普連隊員

### 「コロナ下の災害に備えよ」
### 札幌病院で即応態勢点検

【札幌病院】自衛隊札幌病院（病院長・大鹿芳郎陸将）は4月21日、「令和2年度第1回即応態勢点検」を同院で行った。

災害等発生時の初動対応を演練した。部隊当直司令は「午前4時50分ごろ、道東地区で震度6強の地震発生」の状況付与を受け、非常呼集を開始。営内隊員が携行資材を集積し、登庁した救護班要員が同資材を点検、出発準備を完了させ統裁官（病院長）へ報告した。

大鹿病院長は「新型コロナウイルス感染症が拡大する中でも自然災害が起きる可能性がある。起きた時にどう行動するかシミュレーションしておくことが大切だ」と述べ、即応態勢の維持を求めた。

札幌病院の「即応態勢点検」でコロナ禍の下でも災害などに備えるよう求める大鹿病院長（中央）＝同病院で＝

### 宿泊支援に備え
### 神町20普連が感染防護服着用訓練

【20普連＝神町】20普連（連隊長・梶恒一郎1佐）は4月23日、神町駐屯地体育館で感染防護服の着用訓練を行った。

連隊は新型コロナウイルス感染症拡大に伴い、宿泊支援班を編成し、方面区内の水際対策の宿泊支援に備えるとともに、東部方面隊増援のための人員・装備品等の準備をしている。

訓練は衛生小隊長の赤峰伸治3尉をはじめとする5人が教育者を務め、各中隊の宿泊支援班の該当隊員ら約40人が被教育者として参加した。

衛生小隊員が感染防護服（防護服、N95マスクなど6品目で構成）の機能、着脱要領を説明。「着用者と補助者（戦闘服着用）の2名で実施」「戦闘服の裾を閉じる」などの着眼点を示した。また着衣後、露出している皮膚がないか、マスク付近から息の漏れはないか、の2点を特に確認するよう指導した。

脱衣時も「脱衣者と補助者（汚染されていない防護服を着用）の2名で実施」「防護服表面は汚染されているため絶対に触らない」などに留意するよう求めた。被教育者の一人は「事前訓練を徹底する必要がある」と語っていた。

### 座間駐屯地で米軍と検疫訓練

【座間】座間駐屯地はこのほど、5日間にわたって米陸軍キャンプ座間と共に新型コロナウイルス感染防止のための検疫訓練を行った。

駐屯地、キャンプの入り口で車両、米人などの入門者に健康状態を質問し、体温測定等を行った。

3月初旬から日米陸軍基地管理部と数回にわたって調整。検疫に必要な資材を設置し、実施要領を確立した。

訓練当日は担任する4施設群が米陸軍部隊と役割分担を明確に定め、また、日米が「ONE TEAM」となって入門者の検疫を円滑に行った。

訓練に参加した石塚拓実士長は「私たちの部隊、米軍部隊のために役立つことができ、とても貴重な経験になった」と語った。

座間駐屯地・米陸軍キャンプ座間のゲートで入門者の検疫訓練を行う隊員

## 卒業学生、累計30万人を突破
### 空教隊 精強な航空自衛官育成し65年

【空教隊＝防府南】空自航空教育隊（隊司令・小林努1佐）は3月12日、隷下の第2教育群が所在する埼玉県の熊谷基地で「第18期自衛官候補生課程」の99人が卒業したことを受け、「教育修了累計30万人突破」を達成した。

第1教育群の前身の第1航空教育隊は1954（昭和29）年に新編されて以来、約65年をかけて達成。12日は熊谷基地で、翌13日には空教隊司令部と1教育群が置かれた山口県の防府南基地でそれぞれ隊司令訓示と記念撮影が行われ、全隊員が喜びを分かち合った。

小林隊司令は訓示で「この功績は諸先輩方のたゆまぬ努力と労苦、教育に対する情熱、地域の方々のご理解と支えがあってのことだ」と述べた上で、①隊務の最適化を図り、押し進める「進化」②既存の能力を深める「深化」③一人一人が「礎」であること―の3点を強調。「引き続き颯爽と、はつらつと職務に精励してほしい。今後も国民の負託に応えるべく、皆で力を合わせて教育の任に当たってほしい」と要望。

空教隊は「これを通過点として、将来に向けてさらなる飛躍を遂げ、部隊で活躍する精強な自衛官を育成するため、『航空自衛官の幹』となることを誇りに今後も精進していきたい」としている。

卒業学生30万人突破を祝う防府南基地（上＝3月13日）と熊谷基地（下＝3月12日）の隊員。どちらの写真も前列中央は小林隊司令

### 小休止

▽…陸自会計監査隊東北方面分遣隊に所属する鈴木1曹のおいの鈴木慎人君（小学6年）にこのほど、空自4空団11飛行隊「ブルーインパルス」（松島）の隊長から直筆の手紙などが届いた＝写真。

▽…慎人君は学校最後の作文で「航空自衛官になりたい」という夢を書いた。作文を読んだ鈴木1曹が東北方面総監部の広報連絡班に届けたところ、松島基地11飛行隊長からサイン入りのパンフレットと手紙が送られてきた。

▽…「このパンフレットと手紙は一生の宝物です」と慎人君。航空自衛官になる夢をかなえるために勉強と運動をしっかり頑張ることを誓っている。（仙台）

### こちら警務隊　粗暴犯①
## 胸ぐらつかむのは暴力
## 心のブレーキ忘れずに

殴る、蹴るなどのほかに暴行罪となる行為は何ですか？

一般的に暴行とは殴る、蹴るなど人の身体に直接不法な攻撃を加える行為ですが、必ずしもそれだけではありません。例えば、胸ぐらをつかむ行為も身体への不法な有形力の行使として暴行罪に該当します。

また、指導の際にカッとなり、用箋ばさみを部下へ投げつけるなどした場合、当たらなかったとしても不法な有形力の行使として本罪が成立する場合があります。

暴行罪は、2年以下の懲役もしくは30万円以下の罰金等に処せられます。

怒りの感情が生じても、常に心のブレーキを忘れずに、冷静沈着な行動を心掛けましょう。

（東北方面警務隊）

※次回、「傷害罪レーザーポインター等使用」

胸倉を掴む行為も暴力！

ケガはしていないけど…

救急（365日24時間対応）　日本医療機能評価機構認定病院
杉循環器科内科病院
理事長・院長　杉 健三
☎(0944)56-1119
http://www.sugi-hosp.jp

西部ガスグループ
大牟田ガスエネルギー株式会社
代表取締役社長　相良 英夫
〒836-0024 福岡県大牟田市浜田町24-3
TEL 0944-51-5566　FAX 0944-57-1301

日本医師会及びすべての医療従事者に感謝の意とエールを送ります
税理士法人 福岡中央会計
代表税理士　瀬戸英晴
福岡市中央区天神5丁目7-3
TEL 092-715-5551
https://fc-tax.com/

St. Mary's Hospital
社会医療法人雪の聖母会 聖マリア病院
理事長 井手義雄　病院長 島 弘志
〒830-8543 福岡県久留米市津福本町422

日本医師会
横倉義武会長

国民の生命を守る為「All-hazards Approach」の考えで臨む

自衛隊と医療界の連携

日本医師会は、我が国の医師の大半が参加する全国唯一の組織として、自衛隊・防衛関係者の皆様との連携を強めて参りたいと考えています。これからの時代において、自然災害や国民保護事案等から国民の生命を守るためには「All-hazards Approach」の考え方で臨まなければなりません。我が国随一の組織力・機動力を持ち、あらゆるケースに対応できる自衛隊の役割が何より重要です。

本年は阪神・淡路大震災から25年にあたり、来年には東日本大震災から10年を迎えます。さらに近年は、台風・豪雨災害が激甚化を伴って多発しております。多くの国民や防災関係者は、被災地で活躍する自衛隊員の姿を見て非常に頼もしい存在と感じております。（東日本大震災時には、本会が被災地に8.5トンの医薬品を搬送する際にご協力いただきました。御礼申し上げます。）

とりわけ、医官の方々には大変お世話になっており、心より感謝いたします。平時から東京都医師会や地元の世田谷区医師会との連携も取っておられる自衛隊中央病院の歴代の院長には本会「救急災害医療対策委員会」にご参加いただき、また防衛医科大学校の先生方には災害医療・事態対処医療について教えていただいております。全国の都道府県医師会においても訓練や研修を通して自衛隊との連携を強めていくことを望んでおられます。

新型コロナという国難

現在、日本は新型コロナウイルス感染症という国難に直面しています。本会は横浜大黒ふ頭に接岸したクルーズ船に災害医療チーム「JMAT」を派遣し、乗客・乗員のヘルスチェックを担いました。これとともに、自衛隊のPCR検査も陰性の場合には、下船が可能になるという仕組みで、直接的な交流こそ少なかったものの、協働はできたと考えております。

自衛隊は、新型コロナ感染症への対応として延べ4900人による活動を展開し、また122名の患者を受け入れるなど多大なる貢献をされました。改めて、自衛隊の危機対応・管理能力の高さを認識いたしました。

去る3月7日に挙行された防衛医大卒業式では、河野太郎防衛大臣より「感染症の脅威に立ち向かっていかなければならない」との訓示がなされたとのことですが、卒業生には次代を担う自衛隊の医官や看護職として大いに期待しております。

最後に、現在の日本はいつ、いかなる災厄に見舞われるかわかりません。自衛隊と医療界とのつながりを深めることは、人々の生命や健康を守ることにつながります。今後ともよろしくお願い致します。

広告

防衛ハンドブック 2020　発売中！
シナイ半島国際平和協力業務
ジブチ国際緊急援助活動も
安全保障・防衛行政関連資料の決定版！
判型　A5判　948ページ
定価　本体1,600円＋税　ISBN978-4-7509-2041-2
朝雲新聞社　〒160-0002 東京都新宿区四谷坂町12-20 KKビル
TEL 03-3225-3841　FAX 03-3225-3831　http://www.asagumo-news.com

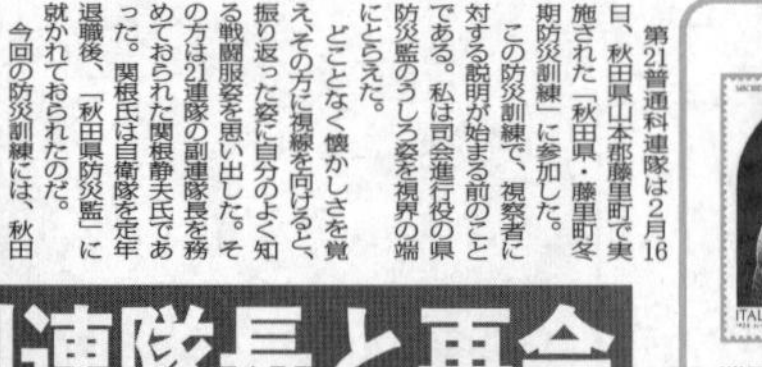

（世界の切手・イタリア）

運命とは、自分の命を自分で運ぶこと。
中村 天風（思想家）

朝雲ホームページ
www.asagumo-news.com
<会員制サイト>
Asagumo Archive
朝雲編集部メールアドレス
editorial@asagumo-news.com

# みんなのページ

# 防災訓練で元副連隊長と再会

3陸曹 仲村 真（秋田駐屯地広報室）

21普連長の五十嵐雅康1佐（左）と談笑する元副連隊長の関根静夫秋田県防災監

第21普通科連隊は2月16日、秋田県山本郡藤里町で実施された「秋田県・藤里町冬期防災訓練」に参加した。

この防災訓練で、視察者に対する説明が始まる前のことである。私は司会進行役の県防災監のうしろ姿を視界の端にとらえた。

どことなく懐かしさを覚え、その方に視線を向けると、振り返った姿に自分のよく知る戦闘服姿を思い出した。その方は21連隊の副連隊長を務めておられた関根静夫氏であった。関根氏は自衛隊を定年退職後、「秋田県防災監」に就かれておられたのだ。

今回の防災訓練には、秋田県下から自衛隊、消防、警察、医療従事者、市町村代表らが集まり、直下型地震を想定しての救助訓練などが実施されていた。その訓練中の「懐かしい再会」であった。

関根氏が写真を撮影中の自分の姿を認め、互いに視線が合った時、私は何とも言えない郷愁を感じた。副連隊長と隊員としての当時の関係がよみがえり、自然と柔らかな笑みがこぼれ、どちらからともなく目礼を交わした。

その後、関根氏は各防災関係機関の方々に訓練内容を説明されていたが、その姿は連隊時代を彷彿とさせるものであった。

関根氏にとっても秋田駐屯地の21連隊にはやはり今も特別の想いが強いようで、連隊長の五十嵐雅康1佐と親しげに談笑される場面も見られた。後日、連隊長に伺ったところによると、お二人は習志野駐屯地の第1空挺団に一緒に勤務されていたそうで、懐かしい思い出もまた笑顔の理由の一つであったようだ。

その後、私も関根氏と言葉を交わす機会があり、自分の近況をお伝えした。現在は駐屯地広報室に勤務しており、この日、元副連隊長にお会いできた気持ちを記事にしたいとお伝えすると、少し照れたようではあったが、快くご了承して下さった。

防災訓練の会場では、他にも地元消防に転職された先輩と再会した隊員もいて、張り詰めた訓練の中においても、連隊OBの方々との思いがけない再会があり、隊員たちの顔が一瞬ほころぶ場面も見られた。

今回の訓練会場では、入隊したばかりの隊員、退職を数年後に控えたベテラン隊員、そして退職後さまざまな時間・経験を積んだ元隊員と、いろいろな方々の交流があった。各自がそれぞれの人生を歩んでいる中でも、個々人の中にある「自衛官」という縁は今も互いを強烈に引き寄せていることが分かった。

遠い未来、自分の道程にも何があるか分からないが、自衛隊で学んだことは私の中にもしっかりと残っていくのであろう。それぞれの場所で活躍している元上司や先輩のお姿を見て、自分はその方たちの姿を決して忘れてはならないと思った。

秋田県藤里町で実施された冬期防災訓練に参加した陸自21普連の隊員（右手前）

# 朝雲・栃の芽俳壇

畠中草史 選

繍へる垣に飛せし猫の径　あきる野・一般　小川田一男
垣は戸建、マンションはペットの制約がある中で、垣に猫の径を残すとは遊び心大。

教室に一礼をして卒業す　熊谷・空OB　明田　眞雅
中学の卒業生徒に違いない。先生、生徒達、教室、学び舎、そして校門への感謝の思い。

遠近に水の走る田植時　富崎・空OB　高木　智念
跳べさうな森のせせらぎ水芭蕉　江別・陸OB　鎌田日出雄
うすべにを生じ始む手毬の風光る　富谷・陸OB　加川　師亭
母と子の森に春泥まみれの子　相模原・海OG　折口　桂子
雪しまく浅間の火山観測所　銚子・海OB　斎藤　一向
錆しるき51番むつくしんぼ　横浜・空OB　永澤　功
譲の角水田に影を持ちはじむ　浜松・空OG　堀内ミサ子
浅間山春の夕日を残しをり　熊谷・空OB　蓮佛志向子
下萌の土手に寝ころび空みし日　横浜・一般　福本　祥子
冴ゆる九段の杜花万朶　新座・陸OB　船田藤三郎
冴返る夜に丁猫の甘え声　熊谷・空OG　高橋ふみ子
廃校の跡の大樹の桜かな　香川・陸OB　渡辺　成典
桜散る静かに近衛師団跡　町田・陸OB　岩原　滋利
列島を桜の便り北上す　熊谷・空OG　関田　絹江
さらり咲き過ぎ春を惜みかな　西東京・空OB　水島　孝雄
神の島迎かにたる鑑かな　浜松・空OB　宮本　立勇
地下を出で街の明るき春の雨　相模原・一般　森　謙二
雨降りとめて芽も有り花馬酔木　小牧・陸OB　松岡　魚青
カメラ眼も花粉明りの鉄路かな　熊谷・空OB　工藤　敏雄
長閑けしや出帆の水脈金色に　浜松・空OG　岩城　節子
街騒をさそらそ我が寝の春の雪　札幌・陸OB　坂元　順一
菜の花や一両電車ごとごと　熊谷・空OG　佐藤　玲美

選者作品
春深し盛装の中に家を出ず

**投句歓迎！**
▽郵便はがきの裏面に未発表の自作3句以内を記入し、氏名、年齢、職業（自衛官は所属部隊＝、OB、家族、一般）、住所、電話番号を記入▽締切毎月15日▽宛先＝〒162-8801東京都新宿区市谷本村町5の1防衛省内D棟市ヶ谷記者クラブ朝雲　電話03（3225）1750、03（3225）2515

# モニターで感じた平和

前・防衛モニター　松尾 友治（会社員、西東京市）

私はこの2年間、防衛モニターとしてたくさんの「人生初体験」の機会をいただいたが、その中で最も衝撃的だったのは、富士総合火力演習で体感した戦車の火力の凄まじさである。それは視覚的にも、音も、体感する衝撃や爆風も、私が40年間生きてきた中で初めての感覚であった。

と同時に、日本が戦後75年にわたって平和を維持してこられたことの重みと、ありがたみも感じた。そして、なぜ今のところ日本国内において平和が維持できているかといえば、それは必ずしも日々の一般のニュースでは報道されないが、ひとえに自衛隊の皆さんが日々発生している近隣諸国の脅威から守ってくださっているからだ、と考えさせられた。

この総火演での経験については、一緒に行った妻も同様の感想を持っており、妻は総火演参加後、家族をはじめ、友人、知人などにその衝撃的な体験と自衛隊について学んだことを熱心に話していた。

また、総火演以外にも小平駐屯地や陸上自衛隊の主要なイベントでたくさんの自衛官の方と交流させていただき、自衛隊には心が温かく、志の高い優秀な方がたくさんいることを知ることができた。そして自衛官とは、われわれ日本国民を守る「ウルトラマン」のような存在だと感じた。

この3月で防衛モニターとしての役割は終えたものの、私は今後もずっと「自衛隊応援団」の一人でいたいと思う。草の根活動として、自分の周りの身近なところから自衛隊応援団の輪を少しずつ広げていきたい。

最後になりましたが、小平駐屯地広報班の皆さまには大変お世話になりました。ありがとうございました。今後ともよろしくお願いいたします。

空自入間基地の修武台記念館に展示されている特攻兵器「桜花」。これら戦時中の兵器を前にして「正しく歴史を学ぶことの重要性と平和のありがたみを実感させられた」と松尾さんは話している（同氏撮影）

# 全日警の警備員となって

元陸士長　岩永 秀一（元16普連＝大村）

私は昨年3月、陸上自衛隊を任期満了退職しました。

退職前に合同企業説明会に参加し、警備会社2社と面談を行い、自分の希望通りの勤務環境であった全日警長崎支社への入社を決めました。

新任教育を修了後、約2カ月の研修を経て警備員としての勤務が始まりました。現在は長崎県諫早市にある工場施設警備隊の一員として警備に従事しています。

仕事は入出門者の警戒・監視、受付対応業務、施設内外の巡回が主ですが、他にもさまざまな業務があり、日々勉強の毎日です。しかしながら、職場には自衛隊OBの先輩が多数在籍しており、頼れる先輩から懇切・丁寧なご指導を受け、不安はすぐに一掃され、充実した毎日を送っています。

自衛隊では4年と短い期間ではありましたが、教えて頂いた教訓を糧に、常に「創意工夫」をモットーに日々努力を惜しまず精進していきます。

現職の任期制自衛官の皆さん、いつかは必ず退職する時が来ます。その時は自衛隊で培った経験を存分に発揮することができる全日警も考えてみてください。そして、社会に「安全・安心」を届けましょう！

# 丹後こども園の園児が基地見学

3空曹　横山 翔太郎（35警隊・経ヶ岬）

「丹後こども園」の園児と先生方83名がこのほど、空自経ヶ岬分屯基地を見学に訪れた。

元気な子供たちは隊員と相撲大会やパプリカダンスなどを通じ、楽しい交流を図った。

このにぎやかな訪問で、隊員たちも園児から元気をもらうとともに、将来に向けての「育てる広報」として航空自衛隊をPRすることができた。

園児たちが大きくなり、将来一緒に勤務できることが楽しみである。

# OBがんばる

# 気持ちの切り替えを

荒井 直之さん 56
平成30年10月、空自航空気象群本部（府中）を最後に定年退職（3佐）。信金中金ビジネス㈱に再就職し、保全・営繕管理の管財業務を担当している。

私は定年退職に当たり、木更津基地援護班を通じて自衛隊援護協会東京支部から信金中金ビジネスを紹介していただきました。私がこの会社を選んだ理由は、自衛隊OBの方が多く、職場の雰囲気もとても良いと感じられたからです。そして就業時間が定時で、休日も暦どおりに取れることも魅力的でした。

当社の業務内容は大きく分けて二つあり、一つは当社保有の建物・設備の保全・営繕管理を行う管財業務。二つ目は郵便物等の受発送を行う郵務業務です。私は管財業務を担当し、親会社である信用中央金庫の委託を受け、主に社員寮と付帯設備等の維持・管理に係わっています。

入社当初、苦労したのは自衛隊時代にあまり経験がなかった接客に係わることでした。社員寮に入居されている方々は私にとってお客様であり、その方々との応対要領がなかなか馴染めず、違和感がありました。しかし、日々の業務の中で徐々に慣れていくことができました。

長年の自衛隊生活で培った戦力発揮の術や強い責任感で、多少時間はかかっても「一民間人への気持ちの切り替え」がしっかりとできれば、新たな職場で十分に活躍できるものと思います。

# 詰碁

第1234回出題

白先

『黒を取って下さい。白は最初の手が大切です』。5分でできれば中級です。

出題　日本棋院　九段　曲　励起

▶詰碁、詰将棋の出題は隔週です◀

# 詰将棋

出題　日本将棋連盟　九段　石田　和雄

≫第818回の解答≪

【正解】▲1三角△同玉▲1四金△2二玉▲2三金△3一玉▲3二角成までの七手詰め。

【解説】▲1三角がこの一手の妙着。△同香および△同桂は▲3五金まで。また△2五玉なら▲3五角成△1六玉▲1七金の早詰み。△同玉は最善ですが▲1四金以下手順に押して行けば、平易でしょう。

▲先手　持駒　角金

# 新刊紹介

## 「中国の海洋強国戦略」

A・エリクソン編、五味 睦佳監訳

中国海軍が外洋への進出を強めている。4月には空母「遼寧」艦隊が沖縄・宮古海峡を南下して西太平洋に展開し、日米部隊をけん制した。

本書はインド太平洋への勢力拡大を目指す中国の海洋戦略を米海軍大学の専門家らが分析した書である。翻訳は元海幕長の杉本正彦、武居智久氏らが担当、監訳は元自衛艦隊司令官の五味睦佳氏が務めた海自隊員にとっても注目の書である。

米海軍が特に警戒するのは中国の「海警局」と「海上民兵」だ。中国軍は「グレーゾーン」戦略を重視し、相手（米国や日本）に悟られないよう支配地域の拡大を狙っているとする。

中国共産党は中国軍が米軍と正面から戦ってもまだ勝てないことを良く理解しており、そこで戦争と平時の間の状態をうまく利用し、グレーゾーンでの権益拡大を図っている。その尖兵が「海警局」や「海上民兵」であり、相手が弱いフィリピンやベトナムであれば威圧して排除し、強い米軍には海上警察や一般漁船として振る舞うなど、二つの顔を使い分けて周辺国から領土・領海をかすめ取ろうとしている。海保庁の職員にもぜひ一読しておいてもらいたい本だ。（原書房刊、4400円）

## 「軍事組織の知的イノベーション」

北川 敬三著

ヘリ搭載護衛艦「いせ」など大型艦4隻を指揮する現役の海自2護衛隊司令が上梓した「軍事組織における知の創出」に関する研究書だ。慶応大学大学院に提出した博士論文が基になっており、第1部「近代軍事組織の知的イノベーション」では、アカデミズムの伝統を持つ米軍と精神論に頼り知的変革ができなかった日本軍を対比し、「戦争の行方」を見通せなかった旧軍の知的レベルを明らかにしている。

第2部では「現代の軍事組織」を取り上げ、新たな「作戦術」で軍を変革し続ける米軍などを紹介。英軍はイノベーションを創造する「方法論」を重視し、これを基に新たなドクトリンを形成する文化を持つ。こうした知的文化は日本軍にはなく、これも敗因になったとしている。

著者はイノベーションで必要なのは、軍事組織の活動に一貫した根拠を与える方法論の確立であるとし、内外の知的団体と幅広く交流し、相互に批判し合える環境の整備こそ大事であるとする。そして「変革の方法を探求し続ける軍事組織こそ戦争に勝利する」と述べ、それを行うことが国家への究極の義務だとしている。（勁草書房刊、4400円）

国を守る皆さまを弘済企業がお守りします!!

防衛省共済組合団体取扱 がん保険
—共済組合団体取扱のため割安—
詳しくはパンフレットをご覧ください
★アフラックのがん保険
「生きるためのがん保険Days（ディズ）1」
幅広いがん治療に対応した新しいがん保険
給与からの源泉控除
資料請求・保険見積りはこちら
http://webby.aflac.co.jp/bouei/
<引受保険会社>アフラック広域法人営業部
東京都新宿区西新宿2-1-1 新宿三井ビル17F TEL 03-5321-2377
AF007-2011-0204 4月20日

防衛省職員家族 団体傷害保険
—組合員のための制度保険で大変有利—
★割安な保険料[約56%割引]　★幅広い補償
★「総合賠償型特約」の付加で更に安心
（「示談交渉サービス」付）
詳しくはパンフレットをご覧ください
団体長期障害所得補償保険
病気やケガで働けなくなったときに、減少する給与所得を長期間補償できる唯一の保険制度です。（略称：GLTD）
親介護補償型（特約）オプション
親御さんが介護が必要になった時に補償します。

防衛省退職後団体傷害保険
—組合員退職者及び予備自衛官等のための制度保険—

ＰＫＯ保険
—ＰＫＯ法、海賊対処法等に基づく派遣隊員のための制度保険として傷害及び疾病を包括的に補償—

《防衛省共済組合保険事業の取扱代理店》
弘済企業株式会社
本社：〒160-0002 東京都新宿区四谷坂町12番20号KKビル
☎ 03-3226-5811（代）

防衛省共済組合団体扱 火災保険
★割安な保険料[約15%割引]
〔損害保険各種についても皆様のご要望にお応えしています〕

朝雲

発行所 朝雲新聞社
〒160-0002 東京都新宿区四谷坂町12-20 KKビル
電話 03(3225)3841
FAX 03(3225)3831
振替00190-4-17600番
定価一部150円、年間購読料9170円（税・送料込み）

すこやかな未来応援します
フコク生命
防衛省団体取扱生命保険会社
フコク生命

# 空自に「宇宙作戦隊」発足

## 不審衛星やデブリを監視

## 初代隊長に阿式俊英2佐

自衛隊史上初の宇宙領域専門部隊として宇宙状況監視を担う航空自衛隊の「宇宙作戦隊」が5月18日、府中基地（東京都）に大臣直轄部隊として発足し、初代隊長の阿式俊英2佐以下約20人が編成を完結した。これに伴い、「宇宙」職種が新設された。防衛省では同日、河野防衛相から阿式2佐に隊旗が授与された。河野大臣は「陸海空に加え、宇宙をはじめとした新たな領域でも我が国の優位性を確保することが重要だ。初代隊長には新領域におけるパイオニアとして奮励努力し、国民からの高い期待と負託に応え、隊員諸君も誇り高く、士気高く、任務に邁進してほしい」と激励の言葉を述べた。

河野防衛相（左）から「宇宙作戦隊」の隊旗を授与される初代隊長の阿式俊英2佐（5月18日、防衛省講堂で）

防衛省講堂で行われた隊旗授与式には岩田政務官、高橋事務次官、丸茂空幕長が出席。新型コロナウイルスの感染拡大の影響で、式には部隊を代表して阿式隊長と旗手の2人だけが臨み、他の隊員は府中基地で中継を見守った。来賓等を招いた新編行事は後日、改めて府中基地で実施する予定だ。

式では最初に阿式隊長が河野大臣に編成完結を報告し、大臣から隊旗が手渡された。河野大臣は激励の言葉の中で「システム設計や人材育成をはじめ、『宇宙作戦隊』の本格的な運用に向けて取り組まなければならない課題は数多くあるが、新たな安全保障環境に一刻も早く適応するため、早急に宇宙状況監視などの体制を構築しなければならない」と述べ、早期の体制構築に向け全力で取り組むことを指示した。

「宇宙作戦隊」の主な任務は、日本の人工衛星にとって衝突などの脅威となる宇宙ごみ（スペースデブリ）や不審な衛星などを監視する「宇宙状況監視」だ。こうしたデブリや不審な衛星などを監視する「宇宙状況監視（SSA）」システムを令和5年度から本格運用することを目指し、当面は準備期間として宇宙航空研究開発機構（JAXA）や米軍との連携協力を進めていく。将来的には業務に応じて人員規模を拡充する予定だ。

防衛省は「宇宙状況監視（SSA）」システム構築の一環として、令和4年度を目標に、主に静止軌道を常時継続的に監視する「レーダー」を山口県山陽小野田市の海自山陽受信所跡地（自衛隊所有地）に設置する計画を進めている。レーダーなどを通じて得られた情報の集約・処理・共有は「宇宙作戦隊」に置かれた「運用システム」で行う。

さらに、2020年代半ばには光学望遠鏡を搭載した宇宙状況監視（SSA）衛星の打ち上げも予定されている。

### 防衛相「各国と協力を」

式後、大臣は「まずはしっかり宇宙状況監視ができる態勢を整え、地上の施設を整備するとともに、人材育成などを含め、各国との協力体制を築いていきたい」と記者団に語った。

続いて阿式隊長も記者団の質問に応じ、「我が国の宇宙空間の安定的利用の確保のため、非常に重要な任務を担うので、国民の負託に応えられる精強な部隊を作り上げていきたい」と抱負を述べた。

阿式隊長は米国との連携について「グローバルな宇宙監視ネットワークを有する米国との連携は不可欠だ。今後、情報共有や人材育成等の在り方について検討していきたい」と述べ、シミュレーターなどを使った教育訓練を推進し、人材育成に力を入れていく考えを示した。

### 米宇宙軍と連携

#### 仏、豪、独からも祝意

隊旗授与式には、米宇宙軍作戦部長兼宇宙コマンド司令官のジョン・レイモンド大将をはじめ、在日米軍司令官兼第5空軍司令官のケビン・シュナイダー中将、フランス宇宙コマンド司令官のミシェル・フリードリング少将、豪空軍本部防空・宇宙部長のフィル・ゴードン准将、ドイツSSAセンター長のユーヴェ・ヴィルト氏（文民）とマーク・ヴォルヒ大佐（軍人）、元空自幹部でJAXA宇宙飛行士の油井亀美也氏――らから祝意のビデオメッセージが寄せられた。

## 防衛相

# 「水際対策は撤収時期」

## 新型コロナ 緊急事態、39県解除

政府は5月14日、新型コロナウイルス感染拡大を受けた緊急事態宣言について、東京都や大阪府など8都道府県を除く39県で解除した。4月7日に7都道府県に宣言を発令し、同16日に全国に対象地域を拡大して以来、解除するのは初めて。防衛省・自衛隊は全国で徐々に規模を縮小しながら、新型コロナに関する災害派遣活動に当たっている。（3、6、7、8面に関連記事）

河野防衛相は翌15日の記者会見で、3月28日から2回目の自主派遣として実施している「水際対策強化に向けた災害派遣」について言及。「未だに羽田、成田両空港における水際対策（検体採取支援）は続いているが、自衛隊としてもそろそろ撤収を考える時期に来ている」と述べ、検体採取支援と宿泊支援について、近く業者等に引き継ぎをした上で撤収する方針を明らかにした。

PCR検査結果を待つ帰国者や入国者の成田、羽田、関西の各空港から宿泊施設への輸送支援は、4月27日までに自衛隊から民間バス会社に業務移管を完了している。

自衛隊は5月19日現在、水際対策強化の一環として看護官を含む約50人体制で、①成田・羽田両空港での検疫支援（PCR検査のための検体採取）②関東地方の宿泊施設に滞在する帰国者・入国者への生活支援（食事の配膳等）――を継続中だ。4月までの280人規模からは大幅に縮小した。

一方、水際対策とは別に、全国各地では知事などからの要請を受け、自衛隊が自治体職員らに防護服の着脱方法などを指導する衛生教育を引き続き実施している。先週から静岡県が新たに加わり、活動実績は北海道から沖縄県まで29都道府県に及ぶ。

長崎県ではクルーズ船の集団感染を受け、4月22日から断続的に医療活動に当たってきた陸自部隊が5月14日、全活動を終了した。

災害派遣活動を終え、長崎県の中村法道知事（右・マイク前）から感謝の言葉を贈られる陸自4師団副長の松本英樹将補（左）以下、災派隊員たち（5月15日、長崎市の長崎県庁で）



# 陸自、20式小銃、新拳銃を公開

## 排水性や耐塩害性など向上

陸自は新たに導入する国産の「20式5・56ミリ小銃」＝豊和工業製＝と、9ミリ拳銃「SFP9」＝独ヘッケラー&コッホ製＝を5月18日、防衛省で報道陣に公開した。小銃は31年、拳銃は38年ぶりの更新となる。

新小銃は近年、離島防衛の重要性が高まっていることを踏まえ、海水に浸かっても問題なく使用できるよう排水性や耐塩害性、耐錆性を高められている。さらに肩に当てる銃床部分は体格に合わせて調節できるよう改善されたほか、射撃時の安定性が良くなるほか、腕の疲れも減る。簡単に装脱着できるのも利点だ」と語った。

「20式新小銃」は2020年度予算で3283丁が調達され、21年度から島嶼防衛の中核を担う水陸機動団（相浦）などに優先配備される予定だ。

一方、指揮官らが装備する拳銃「SFP9」は各隊員の手の大きさに合わせてグリップの取り換え（3パターン）が可能となり、手の小さい女性隊員も扱いやすくなった。弾倉の容量も15発と現行の拳銃（シグザウワーP220）よりも6発増加、弾倉は片手で外せるなど交換しやすくなっている。

新拳銃「SFP9」は20年度に323丁調達し、21年度から順次配備される。

陸自の89式小銃の後継として、新たに採用された豊和工業製の「20式5・56ミリ小銃」。グリップや照準装置など各種アクセサリーの装着が可能で、市街地戦などでの操用も想定される（いずれも5月18日、防衛省で）

弾倉に15発の弾丸がこめられる陸自の新拳銃「SFP9」（独ヘッケラー&コッホ製）

## 米国防長官らと電話会談

### 防衛相 コロナ対策など協議

河野防衛相は5月15日、米国のマーク・エスパー国防長官と電話会談し、新型コロナウイルスをめぐる状況のほか、北朝鮮、南シナ海問題などインド太平洋地域の情勢、在日米軍をめぐる諸課題などについて意見交換した。両氏による電話会談はこれまでに2回、電話会談は5月に入り計6回目となる。改めて緊密な連携を確認した。

これに先立ち5月11日にはフィリピンのデルフィン・ロレンザーナ国防相と電話会談し、両国が緊密な防衛協力を推進していくことで一致した。

## 防衛相会談を早期開催

### 日米韓実務者協議 テレビ会議で実施

日米韓の防衛当局による局長級の実務者協議（DTT）が5月13日、テレビ会議形式で開かれ、3カ国の連携を確認するとともに、日米韓の防衛相会談を早期にテレビ会議形式で実施することで一致した。

協議には防衛省から槌道明宏防衛政策局長、米国防総省からデビッド・ヘルビー国防次官補代行、韓国国防省から鄭錫煥（チョン・ソクファン）国防政策室長が代表として出席。核・ミサイル開発を含む北朝鮮情勢や東・南シナ海を含む地域の安全保障問題、新型コロナウイルスへの対応状況、3カ国の安全保障協力の強化――などについて議論を交わした。

同協議は毎年、3カ国が持ち回りで開催し、今年は日本で開かれる予定だったが、新型コロナウイルスの影響でテレビ会議形式での開催となった。

## 春夏秋冬

### コロナ禍の中東の夏

断食月ラマダンはイスラム教徒に大事なイベントだ。だが、欧米から一週間遅れでコロナウイルスの感染が拡大したため、中東各国でも華やかな花火の打ち上げも慎まれている。人の移動や集会の開催は制約があり、ことしはハッジ（大巡礼）の開催も危ぶまれる。それでも、主に市民の社会・経済活動が低迷していても、きないでいる。

イランが4月末に国産初の軍事衛星の打ち上げに成功した。準軍事組織の革命防衛隊の3段式ロケットが使われた。これを弾道ミサイル開発の隠れ蓑とみなす米国が反発している。イランのミサイルにまつわる話は他にもある。1月には隣国イラクで米軍が使用するアイン・アルアサド基地などへ、複数の弾道ミサイルを撃ち込んだ。年明けに米軍に殺害された革命防衛隊の高級司令官への報復だ。発射後、米国の出方をうかがうことかイランの革命防衛隊が離陸直後の民間機を撃墜し、乗客乗員全員が死亡した。

同士討ちの悲劇はそこまで来ている。5月10日、オマーン海でイラン軍の演習中、イラン軍の発射したミサイルで兵員が死傷した。

さらに、米国はサウジアラビアに配備したパトリオットPAC3システムが撤去されるという。元々、イランによるサウジの石油施設へのミサイル攻撃に備えるためのものだ。イランからの脅威が低下したようだが、米軍に出て行かれるサウジ政府は釈然としない。それも当然だ。原油価格の暴落で困窮する米国の石油産業を救済するため、他の産油国に減産を促すことで価格回復を狙ったトランプ大統領が、減産に応じなければサウジアラビアは米国の軍事支援を失うと脅したばかりだ。大統領は、「サウジのことではない」と断っているが、米軍が他国を防衛しているにもかかわらず、米国に対して敬意が払われていないことに不満の様子だ。やはり、ミサイル防衛と石油産業を絡めている。祭りも自粛の波に飲まれるかもしれないが、ミサイルが飛び交うより、華々しく花火で夜空が彩られた方がいい。

田中 浩一郎（慶應義塾大学大学院政策・メディア研究科教授）

## 朝雲寸言

花見にも出かけず、大型連休に遠出することもなく、まるで謹慎処分を受けたような自粛生活を続けて、気づけば5月も半ば過ぎ。見渡せば季節はすでに夏の気配である▼「小人閑居して不善を為す」とは四書五経『大学』の最初に出てくる有名な言葉だが、現代人にとって最も難しいのは有り余る時間を独りで過ごす方法であるのかもしれない▼危機事態には人間の本性が現れるのだという。マスク騒動やトイレットペーパーを買い求める人の行列を見るとSNSが社会に及ぼす影響を無視できない時代となったと感じる▼情報にはふたつの正しさが求められる。情報そのものの正しさと情報源の確かさである。たとえ不確かな情報でも人は動く。もし真実なら大変なことになると経験が教えるからである。結果、スーパーの棚が空になり家庭の戸棚はトイレットペーパーで溢れ、マスクは高額で転売される▼新型コロナウイルス感染症対策で派遣された自衛隊の部隊に感染者が出ていないことを称賛するニュースを聞きながら、誇らしい半面、物足りない気持ちになるのは自衛隊がまだ国民に知られていないと思うからである。自分に厳しく他人に優しいというのは言うほど簡単ではない▼コロナ後の世界を語るのは少し早いのかも知れない。しかし私たちの生活を変えるパラダイムシフトは起こりつつあるようだ。既に安全保障では大きな動きが出ている。注目すべきだと思う。

求む!
建物を守る人
私達は建物の総合マネジメント会社です。
日本管財株式会社
設備管理・警備スタッフ募集
平成28年度以降の退職自衛官採用数 60名
03-5299-0870

退官後、家族のために“今”できること
退官後の自衛官を支える柱
年金
退職金
再就職
ご存知ですか？
不動産が
一保険+α
の効果をもつことを
自衛官の退官後を支える「常識」が崩れつつあります。
将来のために“今”できること、考えてみませんか？
将来のために「いつ」「どう取り組むか」
無料書籍プレゼント
全国セミナー開催中
Agentrive Investors
03-6860-8231
https://agentrive.co.jp/

# 時の焦点

## 国内

### 緊急事態解除

### 緊張感保ち第2波防げ

最初のトンネルの出口がかすかに見えてきた、といったところだろう。闘いは長い。最終的な勝利を手にするまで、緊張感を保ち続ける必要がある。

政府は、新型コロナウイルスの感染拡大を受けた緊急事態宣言について39県で解除した。8都道府県は継続となったが、状況に応じて解除が判断されることになろう。

安倍首相は記者会見で、1日の新規感染者が全国で100人を下回る水準となったことなどを挙げ、自粛要請に応じた国民に感謝の意を表明した。

そのうえで、「多くの地域における緊急事態宣言の解除によって、ここから、コロナの時代の新たな日常を取り戻していく。今日は、その本格的なスタートの日であります」と強調した。

解除された39県も、コロナ以前の日常に戻れるわけではない。人と人の接触を極力避ける、県をまたいだ移動を控えるなどの対応が求められる。

気がかりなのは、緊急事態宣言継続中の8都道府県で、繁華街の人出が急増するなど、「気の緩み」が見えることだ。

今後、全国で宣言が解除され、学校も再開されるだろう。そのときこそ、国民ひとりひとりの行動が問われる。

テレワークや時差通勤、こまめな手洗い、日常的なマスクの着用。首相は、社会に広がったこうした取り組みを継続するよう要請している。それを「新たな日常」にしなければ再びの感染拡大を防げないためだ。

コロナによる国内の累計死者数は、すでに700人を超えた。欧米諸国などに比べ、人口当たりの死者数が極めて少ないという指摘もあるが、油断することはできない。なぜ日本の死亡率が低いのか、様々な仮説はあっても、決定的な理由は専門家も特定できないのが現状である。

感染者が急増し、医療機関が対応できなくなる医療崩壊を一度起こしてしまえば、そこから立て直すのは極めて困難という状況は今後も変わらない。

1918年から1920年にかけて世界的に大流行したスペイン風邪は、感染のピークが3回あった。日本でも死者が計約40万人に達したが、最も致死率が高かったのは第2波である。ウイルスが変異し、毒性が高まった可能性も指摘されている。

新型コロナウイルスは依然、不明点が多い。第1波がいったん収まったとしても、より深刻な第2波が来る可能性を念頭に置かねばならない。ワクチンや治療薬が開発され、広く流通するまで、感染を防ぐ努力を徹底する以外にないのである。

最近、ウィズ・コロナという言葉が使われるようになった。アフター・コロナを論じる前に、数年はコロナとともにあることを覚悟せねばならない、という意味だ。

他者への感染を防ぐよう配慮する。社会全体への影響を考えて行動する。ウィズ・コロナの時代の常識は、コロナ後にも有意義であろう。

宮原 三郎(政治評論家)

## 海外

### ポスト・コロナ

### 推論・第3次世界大戦

新型コロナウイルスの被害が世界中で拡散していた3月、「世界大戦C」という表現を米メディアで散見した。「C」は中国(China)とコロナ(Corona)の二つにかけたものだ。

また5月9、10の両日、FOXビジネス・ネットワーク(FBN)とFOXニュースで、「米国対中国」と題するドキュメンタリー番組が放映された。

アンカーのマリア・バーティロモによるポンペイオ国務、ムニューシン財務両長官、ナバロ大統領補佐官らとのインタビューを交え、中国の同ウイルスの最初の取り扱いや経済・軍事超大国を目指す攻勢の分析、解説だった。

大半の米国民は最近まで、中国の姿勢、米国の脆さを気にも留めないできたが、コロナ危機を機に、米国の最大の脅威となり得る残忍な独裁国家という実像が明らかになり、タイムリーな内容だった。米国民が使う抗生物質の97%が中国製(商務省発表)と、国民の何人が知っていただろう。

番組中で、ジャック・キーン退役陸軍大将、トム・コットン上院議員(共和)らは世界覇権を狙う中国の軌跡、将来の計画を解説したが、中国問題専門家ゴードン・チャン氏も5日、FOXニュースの報道解説番組「ハニティー」で、同趣旨の発言をしていた。

「中国政府は極めて邪悪な何かが暴露されるのを知っている。彼らはウイルスが国境の外に広がるのが不可避なことを意図的に行った点で邪悪だ。これは世紀の犯罪だ」

政府スポークスマンが「コロナは米国がつくった」などと言い出す国は、『世紀の犯罪』をどう隠蔽、糊塗していくのだろう。推論で見通せば、やはり「戦争」かという気がしないでもない。

それを暗示するのは中国の経済。米国のマーケットを失えば、中国経済は暴落する。高まる絶望感に直面すれば、習近平国家主席は「何か」をしなければならない。

中国軍1200万人の兵士に成すべき仕事を与え、国民にも団結して支援する目標を与えるためには、「軍事行動」が予想される。

米国と正面から衝突する事態は考えられないが、まず、チベット自治区に武力で侵入したり、北朝鮮(軍)を吸収・合併したり。北朝鮮軍は命令次第で喜んで韓国に突入するだろう。チベットの事態にはインドがまず間違いなく支援介入する。

次の標的は、南シナ海問題で数十年も対立を続けるベトナムの可能性があるが、ベトナムは1979年の中越戦争当時と違い、中国を恐れていない。

米国は現在、南シナ海に空母2隻、戦闘要員はグアムと韓国に擁するが、戦闘行為に巻き込まれれば、ロシアはそのすきに中東に派兵し、同国に石油を頼る中国も支援で派兵する。

推論を連ねたが、「中国、世界保健機関(WHO)にコロナウイルスの隠蔽を要請」(ドイツ連邦情報局が結論・9日)という国柄。用心に越したことはない。

草野 徹(外交評論家)

# 302地対艦ミサイル中隊を配備
## 346高射中隊も竹松から移駐
### 宮古島

新編行事後、装備品の前に整列する302SSM中隊と346高射中隊員ら(4月5日、宮古島駐屯地で)

【15旅団=那覇】沖縄本島南西部の宮古海峡に面する宮古島に、昨年3月に開庁した陸自宮古島駐屯地に今年3月26日、12式地対艦ミサイル(SSM)を装備した西方特科隊5地対艦ミサイル連隊302地対艦ミサイル中隊(約60人)、03式中距離地対空ミサイル(中SAM)を装備する7高射特科群346高射中隊と同群本部(約180人)が配備された。

4月5日に新編行事が行われ、隊員約200人は新型コロナウイルス感染防止のため、マスクの上に緑色のスカーフを巻いて整列した。今回の両部隊の配備により、宮古島駐屯地は全体で約700人体制となった。

宮古警備隊長兼駐屯地司令の佐藤慎二1佐は、「(対艦・対空ミサイルを装備した部隊の)配備は(尖閣諸島を含む)島嶼を守り抜くという国の断固たる意志の表れだ。国家と地域の期待を強く受け止め、絶えず能力向上に努めよ」と訓示した。

長崎県の竹松駐屯地から中SAMとともに移駐した346高射中隊長の館山司3佐は「我々は宮古列島以西に駐屯する唯一の地対空誘導弾部隊であり、いついかなる事態にも対応しうる態勢を保持する」と決意を述べた。

一方、敵の大型艦艇を1発で撃破できる強力なSSMを装備した302地対艦ミサイル中隊長の園村健之3佐は、「宮古列島を守る地対艦ミサイル部隊として、確実に任務を完遂できるよう日々演練していく」と述べた。

# 空幹候校に305人入校
## 防大・一般課程が統合

丸茂空幕長(壇上)から訓示を受ける空自の幹部候補生たち(4月3日、奈良基地で)

【空幹候校=奈良】空自幹部候補生学校は4月3日、防大・一般課程174人、部内課程118人、医科歯科看護科課程13人の幹部候補生計305人の入校式を行った。今年の入校者から初めて防大と一般の課程が統合された。

式典には丸茂空幕長をはじめ荒木哲哉教育集団幕僚長、熊井邦善奈良地本長らが出席。新型コロナウイルス感染防止のため、来賓や家族は招待せず、入校生も座席を開けて着席した。

入校式では、藤永国博学校長が式辞を述べた後、丸茂空幕長が登壇。候補生たちに「土台を築け」「組織、集団の一員たれ」「同期の紐帯を育め」の3点を要望し、「規律に服することに慣れ、組織の能力を高めることを学び、将来の指揮官としての資質を高めよ」と訓示した。

今後、幹候生たちは防大・一般課程が約9カ月、部内課程が約7カ月、医科歯科看護課程が約2カ月の教育・訓練に臨み、初級幹部としての基礎知識や技能を修得する。

# 掃海艇「のとじま」事故破損で除籍
## 6月12日付

山村海幕長は5月12日の記者会見で、海自44掃海隊(舞鶴)の掃海艇「のとじま」(510トン)を6月12日付で除籍し、3掃海隊(呉)の「あいしま」(同)を同日付で44掃海隊に転籍させると公表した。

「のとじま」は平成11年3月に就役し、20年以上にわたり各種任務に従事してきたが、昨年6月、瀬戸内海で貨物船と衝突し、右舷後方を大きく破損した。造船所による被害調査の結果、復旧には約11億円の費用と1年半の修理期間が必要であることが判明。事前の老齢船舶調査の結果で、「のとじま」は今後数年で除籍が見込まれることから、費用対効果を鑑み、前倒しで除籍の判断が下された。

海上衝突事故を受け、約20年間で任務を終える掃海艇「のとじま」=海自提供

日本海側の防衛を担任する舞鶴地方隊には現在、掃海艇は「のとじま」と「すがしま」が配備されており、「のとじま」の除籍に伴い、今後は「あいしま」との2隻体制になる。

山村海幕長は記者会見で「衝突事故により、早期に除籍する結果となり、国民の皆さまに大変申し訳なく思っている。掃海艦艇20隻のうち1隻が早期除籍になるが、我が国の防衛態勢に隙を生じさせないよう万全を期していく」と述べた。

また、衝突事故の調査については「(国土交通省の)運輸安全委員会の事故調査に引き続き協力して事故の原因を究明し、再発防止の徹底に取り組んでいきたい」と語った。

# 「きりさめ」全員PCR検査陰性
## 中東派遣

中東派遣部隊の交代のため、5月10日に佐世保を出港し、日本近海で乗員の新型コロナウイルスのPCR検査を行った「派遣情報収集活動水上部隊2次隊」(指揮官・横田和司1佐)の護衛艦「きりさめ」は同13日、乗員全員の陰性を確認した。山崎統幕長が翌14日の記者会見で明らかにした。

これを受け、「きりさめ」は24日まで日本近海で訓練を続け、乗員に異常がないことを確認した上で、中東方面に向かい、現地で1次隊の「たかなみ」と交代する。

# 防衛省発令

▽ときわ艦長(誘導武器教育訓練隊教育部長兼学生隊長) 2海佐 斎藤夕祈雄
▽誘導武器教育訓練隊教育部長兼学生隊長(誘導武器教育訓練隊) 同 鈴木 隆弘
▽航空総隊医務官兼防衛医大病院兼作戦システム運用隊(西部航空方面隊医務官兼西部航空警戒管制団兼福岡病院) 1空佐 吉田凡太郎
▽西部航空方面隊医務官兼西部航空警戒管制団(空自幹部候補生学校) 2空佐 辻 基
(以上5月13日)
▽統幕防衛課防衛調整官(北部航空警戒管制団北部防空管制群司令) 1空佐 石井浩之
▽空幕運用支援課演習・検閲班長(空幕運用支援課) 同 古田 桂子
▽北部航空警戒管制団北部防空管制群司令(同演習・検閲班長) 同 河田 喜嗣
▽6航空団副司令(1航空団飛行群司令) 同 丸山 直昭
▽1航空団飛行群司令(統幕防衛課防衛調整官) 同 今井 勝文
▽空自幹部学校付(7航空団) 1空佐 小川 高優
(以上5月15日)

# 共済組合だより

## 防衛省共済組合の職員を募集

防衛省共済組合では、防衛省共済組合本部等に勤務する職員を募集します。

■募集職種 一般事務職及び経理事務職

■採用人数 若干名

■受験資格 ①平成2年4月2日〜平成11年4月1日生まれの者②平成11年4月2日以降生まれの者で、大学、短期大学又は高等専門学校を卒業した者及び令和3年3月までに大学、短期大学又は高等専門学校を卒業する見込みの者並びに防衛省共済組合がこれらの者と同等の資格があると認める者

ただし、次のいずれか一に該当する者は、受験できません。

①禁錮以上の刑に処せられ、その執行を終わるまで又は執行を受けることがなくなるまでの者②法令の規定による懲戒免職の処分を受け、当該処分の日から2年を経過しない者③日本国憲法又はその下に成立した政府を暴力で破壊することを主張する政党その他の団体を結成し、又はこれに加入した者④平成11年改正前の民法の規定による準禁治産の宣告を受けている者(心神耗弱を原因とするもの以外)

■試験内容等 ▽第1次試験(1)試験種目=基礎能力試験、専門試験(多肢選択式)及び論文試験(2)試験日=令和2年8月22日(土)▽第2次試験(1)試験種目=集団討論試験(2)試験日=令和2年10月13日(火)又は14日(水)のいずれか1日▽最終試験(1)試験種目=個別面接試験(2)試験日=令和2年11月4日(水)

■試験地 ホテルグランドヒル市ヶ谷(東京都新宿区市谷本村町4—1)

■採用予定日 令和3年4月1日

■給与等 防衛省職員に準ずる

■勤務地 防衛省共済組合本部及び支部(全国異動あり)

■受験手続 (1)採用説明会への参加 受験申込みには採用説明会への参加が必要です。採用説明会は令和2年7月3日(金)、7月11日(土)及び7月17日(金)の各日2回(①13:30〜14:15 ②15:00〜15:45)開催します。詳細は、防衛省共済組合ホームページ(http://www.boueikyosai.or.jp/)をご確認下さい。

(2)受験申込み 所定の受験申込書を受付期間内に特定記録郵便、簡易書留又は一般書留の郵便物として申込先に郵送して下さい。

(3)受験申込受付期間 7月3日(金)〜8月5日(水)消印有効

■その他 (1)業務説明パンフレットの郵送を希望される方は、左記の問い合わせ先までご連絡下さい。(2)身体に障害があるため、受験の際に何らかの措置を希望される方は、受験申込書の裏面に記入の上、事前に申し出てください。(3)受験に関する連絡事項等については、防衛省共済組合ホームページの採用情報を随時更新しますので、必ずご確認下さい。

■資料請求、受験申込先及び問い合わせ先 防衛省共済組合本部人事班人事第1係 〒162—8853東京都新宿区市谷本村町5—1 TEL03—3268—3111内線25163(対応時間・平日10時〜17時(12時〜13時を除く)

2020 NEW MODEL 三相200V
大型スポットクーラー BSC-10
強風・冷風を兼ね揃えた大風量スポットクーラー!
倉庫、コンテナ積み下ろし作業等に最適!
必要な時、必要な場所だけ効率的な空調 スポットクーラーシリーズ
外気温に対し体感温度 -13℃
気持ち良い風を約15m先までお届け!
環境改善 熱中症対策 大風量 スポット冷房
内径約41cmの大型冷風口
吹出口風速約7.28/8.20m/s
最大風量約55/62m³/min
天吊り・消防法適合・複数ダクト等で御使用頂けます
大型循環送風機 ビッグファン
熱中症対策 空調補助 節電・省エネ
大風量で広範囲へ送風!
●備蓄倉庫等の換気・循環に! ●単相100V電源で工事不要!
広さ・用途で選べる5TYPEをご用意
BF-60J DCF-60P BF-75V BF-100V BF-125V
コンプレッサー式除湿機
目的に合ったドライ環境を提供
結露・カビを抑え湿気によるダメージを防ぎます!
DM-10 DM-15/DM-15T DM-30
株式会社ナカトミ 〒382-0800 長野県上高井郡高山村大字高井6445-2
https://www.nakatomi-sangyo.com
お問い合わせはこちら TEL:026-245-3105 FAX:026-248-7101

防衛ハンドブック 2020 発売中!
シナイ半島国際平和協力業務　ジブチ国際緊急援助活動も
安全保障・防衛行政関連資料の決定版!
判型 A5判 948ページ
定価 本体1,600円+税 ISBN978-4-7509-2041-2
朝雲新聞社 〒160-0002 東京都新宿区四谷坂町12-20 KKビル TEL 03-3225-3841 FAX 03-3225-3831 http://www.asagumo-news.com

# 感染拡大防止へ　防衛省・自衛隊一丸

## 帰国者を受け入れ　ホテルグランドヒル市ヶ谷

### 民間への業務移管、初の成功例

#### 河野防衛相「グラヒル」関係者に謝意

新型コロナウイルスの感染拡大防止のため、防衛省・自衛隊が一丸となって全国各地で災害派遣活動に取り組む中、防衛省共済組合（本部長・高橋憲一防衛事務次官）が運営する「ホテルグランドヒル市ヶ谷」（東京都新宿区）でもスタッフ全員が一丸となって徹底した衛生管理の下、PCR検査結果を待つ帰国者・入国者らの受け入れに全力で当たっている。

同ホテルでは4月6日に帰国者らの一時滞在先として最大216人（138室）の受け入れを開始以来、5月19日現在までに延べ約760人が宿泊。陸自隊員から感染防護に関する衛生教育を受けた従業員と委託業者のスタッフたちが、自ら調理、配膳、清掃、リネン（シーツやタオル等の管理）などの全業務を主体的に行って宿泊者に対応しており、自衛隊から民間への業務移管の初の「成功例」としても注目されている。

河野防衛相は4月14日の記者会見で「関係者が非常に頑張ってくれている。ホテルの従業員をはじめ、関係者の皆さまにお礼を申し上げたい」と謝意を表した。（本紙4月16日付既報）

東京都では「緊急事態宣言」が5月末までの予定で延長される中、同ホテルは宿泊施設のモデルケースとして、引き続き帰国者らの受け入れを積極的に実施していく方針だ。

新型コロナウイルス対応の報道公開で、報道陣に防護衣の着脱要領を説明する感染管理認定看護師の新藤和枝1陸尉（中央）＝4月30日、中央病院で（上）同僚に袖口をテープでとめてもらい、一分の隙間もなくガウンを着込んでいくホテルグランドヒル市ヶ谷のスタッフ。完全防護が求められる（5月7日）

We stayed at work for you　You stay home for us　please
私達は　病院で　皆様は　家で　一緒に　日本を　守ろう　!!

国民に外出自粛の協力を呼び掛ける上部中央病院長（後列中央）以下、医官や看護官ら。中央病院HPのトップに掲示されている

防護服（ガウン）を互いにチェックしながらしっかりと装着するホテルグランドヒル市ヶ谷のスタッフ（5月3日）

作業の前後、合間にも頻繁かつ入念な消毒は欠かせない（5月3日、ホテルグランドヒル市ヶ谷で）

徹底した消毒など万全の防護対策が施された部屋。奥はガウン、ゴーグル、マスク、手袋を装着したホテルグランドヒル市ヶ谷のスタッフ（4月6日）

陸自隊員（左端）の指導の下、正しい手順で床やカーペットの消毒を行うスタッフ（4月6日、ホテルグランドヒル市ヶ谷で）

## HPで国民へメッセージ　自衛隊中央病院

### 「一緒に日本を守ろう」

#### 若手医官の発案で呼び掛け

「私たちは病院で、皆さまは家で一緒に日本を守ろう!!」――。

自衛隊中央病院（東京都世田谷区）は、同院のホームページのトップ画面に日本語と英語で励ましのメッセージボードを掲げた上部泰秀病院長以下15人の職員の写真を掲載し、国民に外出自粛の協力を呼び掛けている。

この取り組みは新型コロナウイルス感染拡大防止に貢献しようと、感染症内科の若手医官が発案した。

同病院では、中国・武漢から在留邦人を乗せた日本政府のチャーター機第2便が羽田に到着した1月30日以降、5月19日までに約300人（疑いのある人を含む）を受け入れている。

上部病院長は「皆さまが力を合わせて支え合うことで、医療提供態勢は維持され、大きな被害を出さずに流行を抑えることができると考えます。適切な行動を取っていただくことをお願いします」と話している。

## マイヘルス Q&A

### 高血圧

### 手術で治る「原発性アルドステロン症」

### まずは血液検査を

Q　手術で治る高血圧もあると聞きました。

A　高血圧は罹患率の高い疾患であり、陸上自衛官の約7%(約1万人)が罹患しています。治療は主に生活習慣の改善と薬物療法で、血圧を下げる薬（降圧薬）を内服している隊員も少なくありません。

高血圧の原因はさまざまで、多くは薬物療法を生涯継続する必要がありますが、近年「手術で治る高血圧」として、「原発性アルドステロン症」が注目されています。

アルドステロンはホルモンの一種であり、副腎という臓器で産生されています。この副腎にアルドステロンを過剰に産生する腫瘍ができるとホルモンバランスが狂い、高血圧が引き起こされます。この場合、腫瘍を手術で切除すればホルモンが正常化して高血圧も治り、降圧薬を飲み続ける必要がなくなるのです。

Q　自分の高血圧は治りますか。

A　「原発性アルドステロン症」の検査として、血液中の「アルドステロン濃度」と「レニン活性」の二つを調べます。この検査で一定の基準を超えた場合、入院して精密検査を受けることになります。

しかし、医務室や自衛隊病院ではこれらの検査は外注検査となるため、一般的な健康診断では測定しません。医官が低カリウム血症を伴った降圧薬の効きにくい高血圧で「原発性アルドステロン症」を強く疑った場合のみ追加で検査される場合が多いと思われます。

近年の調査では高血圧患者の3～10%が「原発性アルドステロン症」であり、さらにその半数が手術で治療可能と考えられています。

単純計算で、陸上自衛官の500名程度が手術の対象となってもおかしくありませんが、中央病院での手術件数は年に数件と少ない印象で、多くの患者が見逃されている可能性があります。

Q　自衛隊病院で血液検査はしてもらえますか。

A　血液検査は患者本人が希望すれば対応してくれるはずです。高血圧を理由に災害派遣等の任務への参加や人事等で不利益を受けている隊員がいるかも知れません。もし、その高血圧が手術で治り、薬物治療を続ける必要がなくなれば、隊員本人の健康のみならず、部隊指揮官や健康係などの負担軽減にもつながり、より強靭な部隊の創造に資するものと考えております。

お気軽に医務室、病院でご相談してください。

自衛隊中央病院　放射線診断専門医　渡邉　定弘

METAWATER
メタウォーターテック
日本の水と環境を守る。メタウォーターで働く。
《全国で活躍する退職自衛官の皆さん》
【2020年度任期制退職自衛官募集】勤務地：東京・仙台・群馬・大宮・長野・静岡・金沢・名古屋・大阪・広島・松山・山口・福岡
〒101-0041　東京都千代田区神田須田町1-25　JR神田万世橋ビル　グループ採用センター　www.metawatertech.co.jp

備蓄用・贈答用として最適
防災スイーツパン
自衛隊バージョン
陸・海・空自衛隊の"カッコイイ"写真をラベルに使用

(小麦・乳・卵・大豆・オレンジ・リンゴが原材料に使用されています。)

3年経っても焼きたてのおいしさ♪
焼いたパンを缶に入れただけの「缶入りパン」と違い、発酵から焼成までをすべて「缶の中で作ったパン」ですので、安心・安全です。
陸上自衛隊：ストロベリー　イチゴジャムの甘い香りと美味しさが口の中に広がります。
海上自衛隊：ブルーベリー　甘酸っぱい、さわやかなブルーベリージャムの風味が楽しめます。
航空自衛隊：オレンジ　オレンジのジャムを練り込んだ、柑橘系のさわやかな味です。

【定　価】
| 6缶セット | 1ダースセット | 2ダースセット |
|---|---|---|
| 3,600円(税込)を | 7,200円(税込)を | 14,400円(税込)を |
| 特別価格 | 特別価格 | 特別価格 |
| 3,300円(税込) | 6,480円(税込) | 12,240円(税込) |

(送料は別途ご負担いただきます。)
TV「カンブリア宮殿」他多数紹介!
内容量：100ｇ／国産／製造：㈱パン・アキモト
1缶単価：600円(税込)　送料別(着払)
昭和55年創業　自衛官OB会社　㈱タイユウ・サービス
〒162-0845　東京都新宿区市谷本村町3番20号　新盛堂ビル7階
TEL：03-3266-0961　FAX：03-3266-1983
ホームページ　タイユウ・サービス　検索

自衛隊バージョン
EMERGENCY BOX
備蓄用・贈答用として最適!!
7年保存防災セット
1人用/3日分
外務省在外大使館等も備蓄しています。
非常時に調理いらずですぐ食べられるレトルト食品とお水のセットです。
陸・海・空自衛隊のカッコイイ写真を使用した専用ボックスタイプの防災セット。
※セット内容イメージ
【セット内容】
レトルト保存パン……3食(北海道クリーム・チョコレート・ブルーベリー／各100g)
7年保存クッキー……2食(チーズ・ココナッツ味／各70g)
米粉クッキー……1食(プレーン味／58g)
レトルト食品(スプーン付)……3食(五目ごはん・カレーピラフ・コーンピラフ／各230g)
長期保存水 EMERGENCY WATER…3本(500ml／蒸留水 硬度0)
メーカー希望小売価格 5,130円(税込)
特別販売価格 4,680円(税込)【送料別】
昭和55年創業 自衛隊OB会社 ㈱タイユウ・サービス
ご注文は TEL03-3266-0961 FAX03-3266-1983
mail:ts-gen@ac.auone-net.jp　ホームページ　タイユウ・サービス　検索

## 第34回危険業務従事者叙勲

# 元自衛官944人に栄誉

政府は4月7日の閣議で第34回「危険業務従事者叙勲」の受章者を決めた。発令は4月29日。防衛省関係者では944人（うち女性9人）が受章した。危険業務従事者叙勲は自衛官、警察官、消防士など危険性が高い業務に精励し、社会に貢献した公務員を表彰する制度で、関係省庁の大臣の推薦に基づき受章者を決定。今回は計3637人（同16人）が受章した。防衛省関係者のうち、「瑞宝双光章」は631人（同4人）、「瑞宝単光章」は313人（同5人）。1佐から3尉までの61歳から71歳までの元自衛官が受章した。今回は新型コロナウイルスの感染拡大の影響により、例年行われている皇居での天皇陛下への拝謁と、防衛大臣による勲章伝達式は中止となった。防衛省関係の受章者は次の各氏。（階級、所属は退職時）

## ■瑞宝双光章（631人）

### ■陸自（408人）

### ■海自（139人）

### ■空自（84人）

## ■瑞宝単光章（313人）

### ■陸自（220人）

### ■海自（40人）

### ■空自（53人）

---

「令和2年度全自衛隊美術展」

# 作品募る

## 絵画・写真・書道の3部門

**応募期間は令和2年9月1日～9月16日**

防衛省は「令和2年度全自衛隊美術展」（防衛省主催、防衛省共済組合協賛）を令和3年2月頃（予定）に開催します。

同美術展は、隊員・OB・家族等が創作した芸術作品を募集し、防衛省が優秀作品を表彰するとともに所用の地区で美術展を開催し、文化・教養の振興を図る目的で実施されます。

対象は絵画・写真・書道の3部門です。奮ってご応募ください。

### ◆応募要領

応募資格は、①隊員等（防衛省職員、独立行政法人駐留軍等労働者労務管理機構の役員及び職員並びに防衛省共済組合の職員）②隊員等であった者（以下「元隊員等」という。）で、令和2年9月30日以前に退職した者（同日までに退職予定の者を含む）③上記①及び②の家族（高校生以上）です。

応募資格は各部門1人2点までとし、自作未発表のものに限ります。ただし、SNSやブログに掲載した作品、防衛省内の美術展等（全自衛隊美術展を除く。）に出品した作品、審査のない美術展に出品した作品については応募可能です。

応募期間は令和2年9月1日(火)から同年9月16日(水)まで（必着）。出品料は無料ですが、応募に要する経費は応募者の負担となります。

### ◆作品の条件

作品は全自衛隊美術展にふさわしい内容で、他者の知的財産権を侵害しないことが条件です。

各作品には住所・氏名・連絡先等を出品票に記入するとともに、作品の説明や創作に込めた作者の思いも出品票に記入してください。

平成30年度全自美術展で「内閣総理大臣賞」を受賞した絵画作品

書道は作品の原典名と原詩文も記入してください。

（1）絵画の部

課題は自由で、規格は50号以内。種類は日本画及び洋画とし、作品には額縁（ガラス入り又は粗雑なものを除く）を装着してください。

（2）写真の部

フィルム写真及びデジタル写真が対象で、課題は自由。規格は六つ切り（ワイド六つ切り可）またはA4から四つ切り。額縁及び台紙等の表装はしないでください。被写体が人物の場合、肖像権侵害等の責任は負いませんので、必ず本人（被写体）の承諾を得てください。防衛装備品を被写体とする場合は、公開可能な写真としてください。

なお、フィルム写真は応募作品と合わせてネガを、デジタル写真はデータを保存したDVD－RまたはCD－Rを提出してください。パソコン等により合成や著しい修正を加えた写真は不可となります（トリミングや明暗の調整は可）。提出データのファイル形式はJPEGとしてください。

（3）書道の部

課題と書体は自由。企画は全紙（140センチ×70センチ）以内。作品は必ず掛物又は額縁として表装してください。

以上の応募作品は、1点ごとに必ず出品表を作品の裏面に貼付して発送してください。（輸送途中に剥離することのないように確実に貼付してください）。

### ◆送付先

〒162－0845　東京都新宿区市谷本村町4番1号　ホテルグランドヒル市ヶ谷　総務課

作品は輸送中の破損を防止するため、厚段ボール紙やベニヤ板等で完全に包装してください。

複数の方がひとつの箱等でまとめて送付する場合は、宅配便等の伝票に必ず応募件数を記入してください。

### ◆審査及び表彰

審査は部門ごとに専門家が行い、優秀作品（「隊員の部」は特選・入選、「家族等の部」は特別賞・入選）をそれぞれ表彰します。

応募作品は令和3年3月以降に返送します。ただし、フィルム写真はネガのみの返送で、デジタル写真は作品・データともに返送しません。

絵画・書道の入賞作品は展示会後2年間、防衛省庁舎内に展示予定のため、令和5年3月以降に返送します。

### ◆問い合わせ先

全自衛隊美術展に関する問い合わせや異動で住所等に変更があった場合は、防衛省人事教育局厚生課厚生企画班（電話03－3268－3111内線25174）に連絡してください。

入賞作品については、人事教育局長から各機関等の長を経由して応募者に通知します。入賞作品はその後、主催者等が広報資料等として使用する場合があります。

皆さまからの素晴らしい作品のご応募をお待ちしております。

---

防衛省・自衛隊関連情報の最強データベース

朝雲アーカイブ

自衛隊の歴史を写真でつづるフォトアーカイブ

お申し込み方法はサイトをご覧ください。＊ID&パスワードの発行はご入金確認後、約5営業日を要します。

朝雲新聞社　〒160－0002 東京都新宿区四谷坂町12－20KKビル　TEL 03－3225－3841　FAX 03－3225－3831　http://www.asagumo-news.com

# 部隊だより

## 陸

**仙台**　駐屯地は4月16日の退庁時、取材に訪れた河北新報の記者に対し、所属する隊員の「ヘルメット着用統制」の様子を披露した。これは「仙台市自転車の安全利用に関する条例」の施行に伴うもので、以後、駐屯地の全隊員が自転車を利用時にサイクリング用のヘルメットを着用。条例を順守している様子を地元メディアに向けてアピールした。

**岩手**　駐屯地曹友会は4月18日、清掃活動で地域に貢献した。同活動は毎年春に実施しており、今年は新型コロナウイルスの感染防止のためマスクを着用。隊員の間隔を2メートル保ち、感染拡大防止に留意して行われた。隊員たちが通勤に使用している国道282号線の約10キロ区間でゴミ拾いをし、地域と社会に対し奉仕の気持ちを表した。

**東千歳**　駐屯地は4月4、5の両日、自候生課程計93人の入隊式を行った。7特連では4日、川口貴浩連隊長が自候生に「挑戦」「誠実」「信頼」の3点を、11普連では5日、小出昌典連隊長が「進んで難局にあたれ」「同期の絆を大切にせよ」と要望した。羽賀優作自候生は「参列できなかった家族に立派な自衛官になった姿を見せたい」と話した。

**北千歳**　駐屯地修親会、曹友会の会員計468人は4月2日、「クリーン作戦」を行った＝写真㊤。同活動は地域の美化を目的に駐屯地外柵と隣接する町内を清掃するもので、平成2年から実施。隊員たちは午前7時から約1時間かけて約60キロのゴミを回収。会長の茂治孝洋曹長は「過去最多の参加者のおかげで多くのゴミを収集できた」と述べた。

## 海

**大湊**　地方隊は4月7日から10日まで、基地に入港した近海練習航海中の初級幹部約150人に対し、基地見学を実施した。初級幹部たちは8日、北洋館を見学して基地の歴史や海上防衛の重要性などを学習＝写真㊦。このほか、入港中は海自大湊造修補給所や弾薬整備補給所、空自レーダーサイトの42警戒群（大湊）なども訪問した。

# 100キロ行進 コロナ対策万全 金沢

## 「ソーシャル・ディスタンス」を保持
## 利用したトイレを清掃、衛生管理徹底

北陸地方の防衛に当たる14普連は、緊急の災害派遣出動などに備え、地勢に慣熟するための行進訓練を定期的に実施している。令和2年度の「100キロ行進」は4月8日から10日にかけ、石川県内の能登半島東岸で行われ、隊員約90人が参加した。

本来であれば隊員約270人が自治体指定の「避難所」などに泊まりながら踏破する計画だったが、新型コロナウイルスの感染防止のため、今回は宿泊を中止。1日の行進を終えるたびに金沢駐屯地に車両で戻り、翌朝、再び現地に進出した。

また、感染予防に十分配慮しながらの行動となり、行進中は各隊員が5メートル間隔を開けて「ソーシャル・ディスタンス」を保ちながら前進。さらに地域にも迷惑をかけないよう、施設で利用したトイレは出発前に隊員たちが消毒するなど、衛生管理面も徹底した。

行進ルートは8日の早朝に七尾市の南大呑地区コミュニティセンターを出発。翌9日は和倉町、中島町を経由し、海岸線の地形や避難適地、活動拠点などを確認しながら北上。10日夕方、終着点となる七尾湾北部の穴水町あすなろ広場に無事に到着した。

行進したルートの沿道では、七尾市の自衛隊家族会や、穴水家族会の会長らが出迎え、隊員一人一人に声をかけて激励。子供たちも隊員たちに手を振った。これら応援に隊員たちは郷土に尽くす思いをさらに熱くしていた。

終着点で、隊員を前に連隊長の根本勉1佐が訓示。「今後とも故郷の安全を守るため、地域の地形をよく理解し、さらに個々人の忍耐力を高め、行進訓練を重ねていくことは第一線の陸自隊員として最も重要である」とさらなる練成強化を要望した。（金沢）

見事に咲き誇る桜並木の下を、ソーシャル・ディスタンスを保ちながら行進する14普連の隊員たち（4月10日）

14普連の隊員たちの行進訓練中、応援に駆けつけた地元の園児らに敬礼する隊員。コロナ感染予防のため各人5メートル以上の間隔をとっている（4月8日、いずれも石川県能登地区で）

行進中に利用した休憩所のトイレの消毒を行い、コロナウイルスの感染防止に努める隊員たち（4月9日）

## 陸

**大宮**　32普連は4月10日、駐屯地グラウンド周辺で自候生116人の体力測定を行った。入隊したばかりの自候生の体力を測定するもので、今回は、腕立て伏せ、腹筋、3キロ走の3種目を実施。測定後は、新型コロナ感染症の拡大防止に努めるために、屋外で手洗いとうがいを入念に行い＝写真㊤、隊舎や居室に入る前にはアルコール消毒を徹底した。

**武山**　117教育大隊は4月4日、駐屯地で15期一般陸曹候補生課程（前期）男子、女性自衛官教育隊は12日、朝霞駐屯地で同課程（同）と13期自候生課程の各入隊式を行った。3個課程で計約1600人の新隊員が入隊。受入れにあたり、各隊で消毒、検温などを実施＝写真㊤。式でも国歌・隊歌斉唱を音楽吹奏に変更するなど、感染症予防に万全を期した。

**豊川**　49普連は4月11日、信太山駐屯地で一般予備自10人の「招集訓練開始式」を実施した。同訓練は自衛官経歴のない一般予備自に基本特技を付与し、即応予備自に任用するもの。連隊長の関谷拓郎1佐は訓示で「自衛官としてゆるぎのない使命観を確立せよ」と要望。予備自は「一生懸命訓練を重ねて知識や技術を身に着けたい」と抱負を述べた。

**大津**　109教育大隊は4月10日、15期一般陸曹候補生課程と自候生課程の各入隊者に対し「武器授与式」を実施した＝写真㊦。区隊長の上田慎二郎1曹は新入隊員に小銃を手渡した後、「君たちが手にしている小銃で仲間や国民を守ることができる。自衛隊の任務を理解し、小銃を大切に扱え」と訓示。隊員たちは今後、実弾射撃や分解結合などを行う。

**福知山**　駐屯地修親会は3月22日、橋架けのボランティア活動を行った。西日本豪雨で壊れた橋の復旧を目的とし、会長以下38人が参加した。1本当たり約20メートル、重さ400キロの杉を5本伐採して川縁まで運搬。施設作業小隊長やレンジャー教官を中心に木材の端をチェーンなどで固定した滑車で引っぱり架橋した＝写真㊦。

**青野原**　8高特群は4月6日、教育隊教場で自候生課程44人の入隊式を挙行した。自候生の「申告」「宣誓」の後、8高特群長の押川誠1佐は式辞で「目標を確立し、積極的に教育に臨め」「同期の絆を大切にせよ」の2点を要望。「最初は戸惑うことも多いと思うが、失敗を恐れず前向きにしっかりと教育に励んでほしい」と激励した。

**海田市**　13旅団は4月6日、山口駐屯地で21期旅団集合教育「レンジャー」の教育を開始した。中方の参加者30人は開始式後さっそく、体力調整を実施＝写真㊤。46普連の宮本慎也2曹は「先輩から頼られるレンジャー隊員になりたい」と話し、教育隊長を務める17普連3中隊長の喜多村悠3佐は「厳しい任務に対応できる後輩を育てたい」と語った。

**久留米**　西混団は4月4、5の両日、新隊員730人の入隊式を行った。113教育大隊の大曲諒介2士は「憧れのレンジャー隊員を目指し、教育修了までには体力検定1級に合格したい」と述べ、118教育大隊の尾方志帆候補生も「熊本地震の災派をテレビで見て2度目の入隊を決心した。同期と協力し、国民のために貢献できるよう精進したい」と語った。

## 空

**入間**　5警戒隊（串本）はこのほど、「全国火災予防運動」に合わせて各種教育・訓練などに取り組んだ。座学や消防車などを用いた消火訓練を実施したほか、今回初めて、建物火災を想定したはしごでの救助訓練を行った＝写真㊤。消防小隊の指導では、はしごの使用法を学んだほか、ダミー人形を救出する手順も演練した。

**三沢**　基地はこのほど、丸茂空幕長立会の下、河野防衛相の部隊視察を受けた＝写真㊤。栄誉礼と儀仗、幹部あいさつ、状況報告の後、F35A戦闘機、E2D早期警戒機などの機体を視察。大臣はF35Aがプラモデル用工具などで整備されることに驚いていた。後日、大臣から基地に謝意とともに「隊員の安全を祈ります」というメッセージが送られた。

**市ケ谷**　空自の各航空団の戦闘機部隊は5月12日、米空軍のB1B戦略爆撃機2機とともに日本海、沖縄周辺の各訓練空域で日米共同訓練を実施した。空自からは5空団（新田原）、6空団（小松）のF15戦闘機各4機、7空団（百里）、8空団（築城）のF2戦闘機各4機が参加、編隊航法訓練を行い、日米共同の対処能力と戦術技量の向上を図った。

## 海

**小月**　基地は4月23日、今年入隊した72期航空学生の「20キロ行軍」を実施した＝写真㊦。同訓練は例年、基地の外で行われているが、今年は新型コロナウイルスの流行で、周辺地域への配慮や感染防止のため、基地の外柵内約5キロを4周。参加した学生81人全員がマスクを着け、ソーシャル・ディスタンスを保ちながら整斉と行進した。

**大村**　22空群は4月6日から15日まで、「全国春の交通安全運動」期間に合わせて、隊員による呼びかけを行った＝写真㊦。期間中、各隊から先任伍長と1人ずつ隊員が持ち回りで選出された。朝・夕の各約45分間、車やバイクなどで通勤する隊員たちに対し、交通ルールの厳守とマナー向上を呼び掛けた。群では引き続き、交通事故ゼロを目指していく。

**崎辺**　佐世保教育隊司令の柳信男1佐は3月17日、8期海曹予定者課程の水泳競技を視察した。同競技は課程期間中の最終種目で、参加した11、12両分隊はこれまで1勝1敗と拮抗。各分隊の精鋭が個人種目からスタートし、12分隊が僅差でリード。着衣、ムカデ、ビート板リレーが行われた結果、序盤からリードした12分隊が優勝に輝いた＝写真㊦。

口いっぱいに広がる濃厚な味わいと、芳醇な香り!!
女性農家の深蒸し茶
静岡でも珍しい姉妹の農家が作り上げる繊細な味わいで大人気の「ゆめいぶき」。お湯を注いだ瞬間にふわっと広がる芳醇な香りと、濃厚で美しい緑色、口いっぱいに広がる至福の美味しさはリピーターも多く、毎回完売するほど。今回は、女性農家が愛情をこめて作ったお茶を数量限定の特別価格でお届けします。
「ゆめいぶき」生産者 女性農家 絹村姉妹
静岡 ゆめいぶき 深蒸し茶 通常価格700円(税抜)が
特別価格 1袋(100g) 500円(税抜)
6袋以上ご購入で 送料無料
1世帯15袋まで。送料600円(税抜)

先着100組限定!! リピーター続出。完売続きの人気商品!!
あま〜くてとろける「やみつき干し芋」
とろける美味しさ、甘さはまるでスイーツ
焼くと皮まであふれ出す蜜、トロトロ、ネト〜ッとした食感に、コクのある濃厚な蜜を口に含んだような強烈な甘みで知られる紅はるかを贅沢に使った特選「やみつき干し芋」。「こんなに美味しい干し芋は食べたことない!」「ひと口食べたら感動もの!」と大評判です。今年も発祥の地「静岡県遠州産」の干し芋を100組限定にてご用意いたしました。毎年、予約販売だけで完売してしまう人気商品のため、ご注文はお早めに。
干し芋発祥の地 遠州産
発祥の地「遠州産」を厳選使用
「やみつき干し芋」500円(税抜)
6袋ご購入で送料無料
1袋(80g) 送料600円(税抜) 1世帯20袋まで ※干し芋は平切りになります。


【売り切れ御免】6袋以上で、送料無料にてお届けします。
☎050-2019-4656 電話受付：9時〜21時 キャンペーン番号 A1043
株式会社 静岡茶療園市場 〒424-0067 静岡県静岡市清水区鳥坂245
■商品のお届け/ご注文受付後、7日前後でお届けします。■お支払い方法/後払い、郵便局またはコンビニで、商品到着後10日以内にお支払い下さい。■返品・交換について/食品につき返品不可。(商品不良の際には、到着から3日以内にご連絡下さい。)お客様の個人情報は、商品の発送の他、弊社からのご案内以外には利用いたしません。

特集

ただいま募集中！
◇自衛官候補生
◇技術海上・航空幹部
◇技術海・空曹
★詳細は最寄りの自衛隊地方協力本部へ

# 臨場感たっぷりアプリ「VR自衛隊」

## 陸幕・募集援護課が企画

## 隊員目線の迫力、手軽に体感

射撃しながら走行する戦車や上空からの空挺降下など、自衛隊の花形職種をスマホで体感しよう――。3自の迫力ある世界を臨場感たっぷりに若者たちに知ってもらおうと、防衛省が今春公開したスマホ用バーチャル・リアリティー（VR）映像体感アプリ「VR自衛隊」がいま話題になっている。同アプリを企画した陸幕・募集援護課では「ふだん見ることができない3自の迫力ある世界をVRで見てもらい、若い人たちに関心をもってもらえれば」とファンの拡大にも期待を寄せている。

「VR自衛隊（陸自）」の空挺自由降下の一場面。空挺隊員の目線で上空からの地上の景色や周囲の状況を体感できる

【陸幕】防衛省は4月9日、3自衛隊をバーチャル・リアリティー（VR）動画で体感できるスマホ用のアプリ「VR自衛隊」を公開した。

「VR自衛隊」は陸幕募集・援護課が募集対象者に対して広報するためのツールとして企画し、令和元年度から調整を行ってきた。3自の協力を得て撮影などを行い、独自のアプリ化を実現。アプリはスマホからインターネット上のグーグル・プレイストアにアクセスし、無料でダウンロードできる。今後はアイフォンユーザーが利用するAppleストアでも公開予定だ。

「VR自衛隊」が通常の映像体験と一線を画すのは、空挺降下中の隊員が見た地上の光景など隊内でも一部の精鋭隊員にしか見られない景色が見られることだ。再生中にスマホを上下左右に動かすと、画面内の動画も同時に動き、周囲を360度ぐるりと見渡せるため、上空からパラシュートで降下するスリルたっぷりの3次元の体験もできる。

陸自ではこのほか、10式戦車や最新の16式機動戦闘車に乗車しての走行や砲弾の発射、155ミリ榴弾砲FH70の射撃などが体験できる。

海自のコンテンツは「甲板篇」「乗員篇1」「同篇2」「艦長篇」の4種類に分かれ、護衛艦「いずも」に乗って艦内を自由に歩き回れるのが特徴だ。

空自では4空団11飛行隊（松島）の「ブルーインパルス」に乗り、空を飛び回れる。青と白にカラーリングされた機体が織りなす華麗な飛行課目を、コックピットからの目線で体験でき、周囲の僚機と共に究極のアクロバット飛行の世界を味わうことができる。

これらのVR映像は動画サイト「YouTube」へのリンクも用意されており、ネット環境下であればいつでも、どこでもVR映像を楽しめる。

さらに再生時にヘッドマウント・アイコンにタッチすると、1眼モードと2眼モードに切り替えられ、より臨場感のあるVRになる。

アプリには各自衛隊のWEBサイトへのリンク機能もあり、「VR自衛隊」さえあれば3自の公式情報に簡単にアクセスできる。

ふだん見ることのできない自衛隊の世界を、隊員と同様に体感できるVR自衛隊。コロナ禍で募集イベントが中止になる中、募集対象者への新たなPR方法として注目を集めそうだ。

「VR自衛隊（陸自）」のトップ画面。ダウンロード再生、ユーチューブでの視聴を選択できる

# コロナ禍に新施策

## スカイプで総員集合！

### 新潟　9カ所70人つながる

「スカイプ」を活用したVTC形式で総員集合訓練を行う新潟地本の隊員（4月10日、新潟地本で）

【新潟】地本は4月10日、本部庁舎共用会議室と各地域事務所をネットで結び、ビデオ通話ソフト「スカイプ」を活用したVTC（映像電話会議）形式による総員集合訓練を実施した。

例年、同訓練は地本の全隊員を本部に集めて四半期に一度実施しているが、今期は新型コロナ感染拡大防止の観点から密集を回避。3月27日に所室長集合訓練でスカイプを使用し問題がなかったことを受けて、集合訓練にも活用した。

本部会議室では隊員がマスクを着け、距離を2メートル以上離したほか、窓を解放し、換気を徹底。モニター画面越しに計9カ所を結んで約70人が訓練に参加した。

大倉正義地本長は隊員に対し、「今年は『米百俵』の故事から150年の節目にあたる。『百俵の米も食えば忽ち無くなるが、教育に当てれば明日の一万、百万俵となる』という米百俵の精神で頑張っていこう。募集対象者との接触機会は大幅に制限を受けているが、厳しい環境の中でも、隊員一人ひとりの日頃の募集活動が20年後、30年後の自衛隊の人的基盤の安定につながる」と語り、隊員たちを鼓舞した。

今回のVTC形式による訓練は感染防止策としてだけでなく、離島の佐渡など、遠隔地の地本隊員にも同時に教育を行うことができ、改めてネット活用の有効性が確認された。

## 山形、米沢所が逆立ち動画配信

### 「君たちの力、必要だ」

【山形】米沢地域事務所は4月14日、募集PR動画の作成を行った。

新型コロナの影響で各種説明会の中止が相次ぐ中、米沢所は優秀な人材を確保するため、3密を避ける形で自衛官の魅力のPR方法を模索。所員がアイデアを出し合った結果、「オリジナル動画」を製作して配信することになった。動画は陸海空自の迷彩服を着た広報官3人が逆立ちをしながら「日本を守るには、君たちの力が必要だ。待ってるよ～」と自衛官募集をコミカルに訴え、最後に米沢所の募集相談受付日と住所、電話番号、建物の写真を表示してPRした。

収録後、副所長の平田勉陸曹長は「久しぶりに逆立ちして四十肩が改善された。これから毎日、逆立ちの練習をして立派なメロン肩を作る」とユーモアを交えて語った。

翌日には地本本部で編集された動画がフェイスブック、ツイッターなどのSNSに投稿され、多くの「いいね！」を集めるなど、若者からも大きな反響があった。

米沢所が製作したオリジナル動画の一場面。平田副所長（左）らが逆立ちしてPRした

## 転機は海自見学ツアー

### 熊本　天草から女性航空学生

天草地区から初の女性航空学生となった野島咲良さん（中央右）と母（同左）。右は天草駐在員事務所長の宮内洋一2陸尉

【熊本】天草駐在員事務所から航空学生試験（海上）に合格した野島咲良さん（天草高校出身）が3月24日、山口県の小月教育隊に着隊した。

海・空自パイロットを目指す航空学生試験は難関だが、天草地区からは2年連続で合格者が出ており、野島さんは地区初の女性として突破した。当初は自候生を希望していたが、昨年7月に佐世保で行われた「海自見学ツアー」に参加後、航空学生制度を知り受験。見事合格し、海自のパイロット候補生となった。

野島さんは「訓練についていけるか不安もありますが、これから多くの方への感謝の気持ちを忘れず、学業と訓練に全力で取り組みます。将来、日本の平和に貢献できるパイロットを目指し、仲間と切磋琢磨していきたい」と決意を語った。

野島さんの母は「本人が決めたことなので、応援し続けていきたい」と娘の人生の門出にエールを送っていた。

## 空自隊員の父を見て高工校へ

### 沖縄地本から100人目の入校者

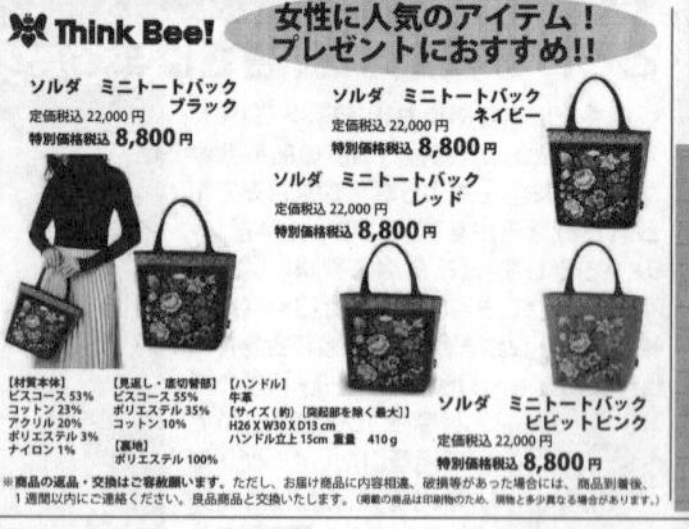
沖縄地本で100人目の高工校入校者となった江頭顕太郎君（中央）とその家族。左端は那覇分駐所の砂川2曹（3月31日、那覇空港で）

【沖縄】地本は3月31日、沖縄から節目の「100人目の高等工科学校入校者」となった那覇市在住の江頭顕太郎君の見送りを行った。

沖縄県から今年、高工校に入校する生徒は5人で、江頭君は沖縄地本が昭和47年に創立されて以来、記念すべき100人目の入校者となった。

江頭君の父親は那覇基地に所属する空自隊員。子供のころから父の背中を見て育ち、近年は災害派遣などで活躍する姿を見て、迷わず高工校を志願、難関を突破して見事合格した。

募集を担当した那覇分駐所広報官の砂川真臣2空曹は「江頭君は入校意欲が高かった。不安はあると思うが自分の目標に向かって努力してほしい」と激励した。

空港に見送りに来た母親のせつ子さんも「子供を旅立たせる一抹の寂しさはありますが、本人が決めた道なので、親として精一杯応援してあげたい」と語っていた。

日本最南端の八重山地区（石垣島）からの2人を含む5人の入校者は見送りに来た保護者や友人、担当広報官からの激励を受け、石垣出張所の知念伸晃1陸曹の引率で、神奈川県の高工校に向け元気に出発した。

## フォロワー1万人超え

### 神奈川

ツイッターの「フォロワー数1万人」達成を祝う夏井隆地本長（後列中央左）以下の神奈川地本の隊員たち（神奈川地本で）

【神奈川】地本は3月19日、ツイッターのフォロワー数が1万人を突破、これを祝し記念撮影を実施した。

地本ツイッターは平成30年10月に開設され、地本のゆるキャラ「はまにゃん」のつぶやきをメインに発信。各種イベントの紹介、採用説明会や部隊研修の案内、そのほか、プレゼント企画や自衛隊に関するクイズなどをフォロワーらに届けている。

「はまにゃん」は昨年10月、海自横須賀基地で実施された「自衛隊ゆるキャラ総選挙」で1位を獲得したことでさらに人気が高まり、今年1月から動画の掲載でフォロワー数が増加、勢いそのままに1万人まで達した。

神奈川地本では「まだまだ通過点。自衛隊の活動を皆さんに広く知ってもらい、今後の募集につなげるためにも新企画を次々と出し、2年度中にフォロワー数2万人を達成したい」と話している。

## はっきり大きく鳥取所の新看板

### 第2合庁に移転

草場2尉考案の鳥取募集案内所の看板。陸・海・空自装備品と女性キャラクターがデザインされている

【鳥取】鳥取募集案内所（所長・山根正彦2陸尉）は4月1日、鳥取駅前の案内所から北東約2キロに位置する鳥取第2地方合同庁舎に移転し、業務を開始した。

新案内所は鳥取市のシンボル・久松山のふもとに位置し、近くには鳥取城跡や仁風閣があり、鳥取の歴史を間近に感じられる。同市出身者が多い所員は、子供のころから慣れ親しんだ環境で勤務できる喜びを感じている。

今回の移転に伴い、鳥取所では鳥取大学から海自に入隊し、南関東防衛局に勤務中の草場由依2海尉に看板のキャラクターデザインを依頼。道路沿いに目を引く看板を設置することで、大通りからも一目で鳥取所の所在を認識できるようになった。

## 鹿児島地本長に赤岩1海佐就任

4月24日付の異動で、鹿児島地本の本部長が交代した。新任本部長の略歴は次の通り。

赤岩 英明（あかいわ・ひであき）1海佐　鹿児島地本長　防大40期。平成8年海自。22年2佐、27年1佐。12飛行隊長兼派遣海賊対処行動航空隊長、海幕厚生課厚生班長、51空副長などを経て、30年3月3航空隊司令。群馬県出身。46歳。


コーサイ・サービスネットショップ
職域特別価格でご提供！詳細は下記WEBサイトから。
Hazuki　Think Bee!　Colantotte　OAKLEY

大きくみえる！話題のハズキルーペ!!
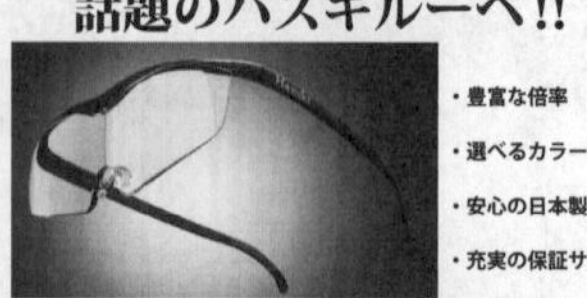
・豊富な倍率
・選べるカラー
・安心の日本製
・充実の保証サービス
職域限定特別価格 7,800円（税込）にてご提供させて頂きます

Think Bee!　女性に人気のアイテム！プレゼントにおすすめ!!
ソルダ ミニトートバッグ ブラック　定価税込 22,000円　特別価格税込 8,800円
ソルダ ミニトートバッグ ネイビー　定価税込 22,000円　特別価格税込 8,800円
ソルダ ミニトートバッグ レッド　定価税込 22,000円　特別価格税込 8,800円
ソルダ ミニトートバッグ ビビッドピンク　定価税込 22,000円　特別価格税込 8,800円

話題の磁器健康ギア！【コランテッテ】特別斡旋!!
コランテッテ TAO ネックレス AURA（アウラ）プレミアムゴールド　価格はWEBで！

オークリーサングラス特別斡旋

Radarlock Path 9206-50 Prizm Dark Golf　価格はWEBで！
Radarlock Path 9206-49 調光レンズ　価格はWEBで！
Photochromic Activated

コーサイ・サービス株式会社　TEL:03-3354-1350　担当：佐藤　〒160-0002新宿区四谷坂町12番20号KKビル4F　営業時間 9:00～17:00／定休日 土・日・祝日
お申込み　・WEBよりお申込いただけます。　https://kosai.buyshop.jp/（パスワード：kosai）

『朝雲』縮刷版 2019
2019年の防衛省・自衛隊の動きをこの1冊で
宮古島と奄美大島に駐屯地・分屯地が開庁 南西防衛を強化
大型台風が関東・東北を直撃 統合任務部隊を編成

判型 A4判変形／452ページ 並製
定価 本体 2,800円＋税
朝雲新聞社　〒160-0002 東京都新宿区四谷坂町 12-20KK ビル　TEL 03-3225-3841　FAX 03-3225-3831　http://www.asagumo-news.com

がんばれ日本

海自P3C哨戒機を背に横断幕を掲げて元気な姿をアピールする（左から）安原3曹、佐藤2尉、仲上1尉、杉山1曹（ジブチの自衛隊拠点で）

# 笑顔で立ち向かおう
## ジブチ女性隊員からエール

新型コロナウイルスが世界中で蔓延する中、アフリカのジブチを拠点にソマリア沖・アデン湾の警戒監視と情報収集活動に当たる海賊対処航空隊38次隊（指揮官・稲生修一2海佐）と同支援隊13次隊（同・小澤学1陸佐）の女性隊員から日本への元気なメッセージが届いた。

ジブチでは5月17日現在、1331人の新型コロナウイルス感染者が確認されており、同地に派遣されている陸海自隊員約170人はジブチ政府から外出制限を受けるなど不自由な生活を余儀なくされている。この厳しい状況の中でも「日本で待っている隊員家族に応援メッセージを送りたい」と支援隊広報班の杉山佳奈1海曹が発案。共にジブチに派遣されている女性海自隊員の仲上千百合1尉（支援隊）、佐藤彌子2尉（同）、安原由香3曹（航空隊）に声を掛け、横断幕を作製した。

杉山1曹は「ジブチで活動する隊員たちは、強靭な精神力と体力、そして笑顔でコロナに立ち向かい任務を遂行しています。もちろん、日々の感染防護対策も万全です。一緒に頑張りましょう」とエールを送った。

# 湯浅陸幕長にドイツ人夫妻から感謝の手紙
## 新型コロナで中央病院に入院、回復
### 「プロの意識と親身な対応、忘れない」

今年2月、横浜港に寄港した大型クルーズ船「ダイヤモンド・プリンセス号」の船内で新型コロナウイルスに感染し、自衛隊中央病院（東京都世田谷区）で治療を受けて無事に回復、帰国したドイツ人夫妻からこのほど、湯浅陸幕長に感謝の手紙が届き、話題となっている。

これは看護官が作ってくれたんですよ

日本のテレビ局の取材に応えるペーター・ヤンセンさん（左）とメリー・オニールさん夫妻。メリーさんが手にしているのは折り紙。「TBS NEWS」の公式YouTubeチャンネルで視聴可能だ（TBSテレビ提供）

手紙を送ったのは、ドイツのヘッセン州に住むペーター・ヤンセンさん（75）とメリー・オニールさん（55）夫妻。2月16日から27日まで自衛隊中央病院に入院した。

手紙には「私たちの治療に当たって下さった全ての日本の関係者に心からの感謝を申し上げます」と謝意を表した上で、「特に、自衛隊中央病院の呼吸器科部長で医官の小寺力1陸佐が指揮する医療チームには感謝しております。小寺医官のプロ意識と親身な対応は決して忘れません。自衛隊中央病院で治療を受けることができたのは、幸運でした」――と綴られていた。

夫妻は、言葉も文化も違うさまざまな国や地域から50人を超える乗客らの治療に当たった医療チームに敬意を表すとともに、国としてクルーズ船の受け入れを決め、一度に3700人もの検疫を実施することになった日本にとって、「乗客らの船内停留措置は唯一の解決策であり、日本は決してコロナ禍の原因などではなく、むしろ犠牲者であった」とも記し、関係者の労をねぎらった。最後に、「近い将来、再び日本を訪れたい」という言葉で締めくくられていた。

同夫妻からの手紙は、4月24日の日独防衛相電話会談でも取り上げられ、ドイツのアンネグレート・クランプ＝カレンバウアー国防相から河野防衛相に改めて謝意が示された。

小寺1佐は朝雲新聞の取材に対し、「『ダイヤモンド・プリンセス号』からは国内のほか、16の国と地域に及ぶ外国からの患者さんを多数受け入れた。文化・習慣の違いや言葉の壁により、患者さんも病気以外のことで不安や不便を感じることがあったと思う。今回、ご夫妻が無事に帰国され、元気にお過ごしであることを手紙から知ることができ、とてもうれしく、同時にこれまでの我々の活動が報われた気がしています」と語った。

また、連絡調整に当たった在ドイツ日本大使館（首都ベルリン）で防衛駐在官を務める三浦盛一陸佐にも後日、同夫妻から丁寧な礼状が届いたという。

防衛省国際政策課では「ご夫妻からの手紙にある通り、防衛省・自衛隊が『ダイヤモンド・プリンセス号』の乗客乗員に行った対応や中央病院での対応は、新型コロナウイルスと戦う全ての国にも役立つ財産となっている。これを一つのエピソードとして終わらせるのではなく、防衛省・自衛隊が得た知見を新型コロナウイルスの一刻も早い終息に生かすべく、各国と連携していきたい」と話している。

手紙には、防衛省・自衛隊をはじめ、日本の全ての関係者への感謝の気持ちが綴られていた

# 森林火災相次ぐ
## 陸自ヘリ消火

山林火災の消火に向かうため、バケットで取水する1ヘリ団のCH47ヘリ（5月1日、山形県高畠町の蛭沢湖で）

4月30日から5月11日にかけて、3県で山林火災が発生し、各県知事からの要請を受けた陸自部隊が消火活動に当たった。

### 山形に6師団

【20普連＝神町】山形県南陽市では4月30日に山林火災が発生。午後3時1分、県知事から6師団長（神町）に災害派遣が要請された。

20普連の初動対処部隊（小隊長の今野博一曹長）の指揮の下、各車両、装備品の準備を完了。運用訓練幹部の吉岡幸一1尉と佐藤勇輝3曹の連絡要員2人が南陽市役所に派遣され、6飛行隊（神町）と東北方航（霞目）のUH1ヘリ計2機も直ちに情報収集を開始した。

翌5月1日午前3時には20普連の初動対処部隊が駐屯地を出発。同5時22分からは6飛隊の映像伝送の下、1ヘリ団（木更津）のCH47ヘリ6機、大型ヘリ2機が高畠町の蛭沢湖で取水して空中消火に当たった。同時に20普連は、蛭沢湖一帯の安全確保のため、周辺道路の交通規制を行った。

同日午前9時半、事後は自治体で対応可能となったことから、県知事からの撤収要請を受け、活動を終えた。

活動実績は、航空機延べ6機、散水量は約70トンだった。

### 兵庫に3師団
#### 北海道は5旅団

CH47ヘリの機内から放水状況を確認する3飛隊の隊員

兵庫県朝来市では5月7日、山林火災が発生し、8日午後11時、県知事が3師団長（千僧）に災派を要請。3師団3飛隊（八尾）のUH1ヘリ2機、中方ヘリ隊3飛隊（美保）のCH47大型ヘリ1機が翌朝6時から消火活動を開始した。

10日は天候不良で活動を一時休止したが、11日にUH1、CH47ヘリ各1機態勢で再開。同日午後2時40分、火災鎮火に伴い、県知事から撤収要請を受け、活動を終了した。

2日間の活動実績は、航空機1機、散水量は約5・5トンだった。

一方、北海道標茶町でも9日、山林火災が発生し、同日午後4時52分、知事が5旅団長（帯広）に災派を要請。5飛隊（同）のUH1ヘリ1機が直ちに現場に向かって空中消火に当たり、翌10日午前7時16分、鎮火が確認されたことから知事の撤収要請を受けて活動を終えた。

2日間の活動実績は、航空機延べ5機、散水量は約80トンに及んだ。

# 岐阜県知事から感謝状
## CSF災派で35普連

古田岐阜県知事（右）から感謝状を贈られた曽根連隊長（当時）＝3月13日、守山駐屯地で

【35普連＝守山】陸自35普連は3月13日、平成30年から令和元年にかけて岐阜県内で発生したCSF（豚熱）への対処の災害派遣活動で古田肇岐阜県知事から感謝状を授与された。

守山駐屯地を訪れた古田知事は、授与式で「まさにワンチームで豚熱問題と戦った。八つの農場での延べ3万6608人の自衛隊の皆さまのご支援なくしては戦えなかった。心から感謝を申し上げます」と述べ、曽根勉連隊長（当時）に感謝状を手渡した。

CSFは平成30年9月、国内では26年ぶりに発生。連隊は同年12月、自衛隊としては初めてCSFへの災派に出動。以来、翌年9月までに計6回、岐阜県内の畜産農家で時に昼夜を分かたず殺処分に係る作業、運搬支援、清掃・消毒などに精力的に当たった。

最初の出動では、予期された1月2日の終了を大幅に短縮。12月27日には全ての担任作業を終えて撤収・帰隊し、連隊長統率方針の「事態即応・任務完遂」を具現した。

また、帰隊後すぐに対処マニュアルの作成に着手。マニュアルはその後のCSF災派で陸自各部隊に共有、使用された。

# 防医大、Q&A方式 分かりやすく解説
## CBRN対処のハンドブック制作

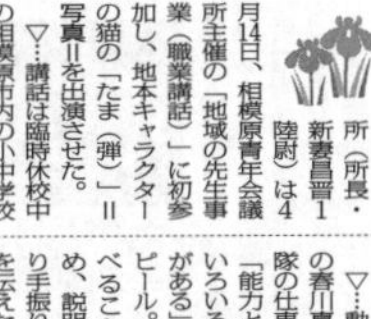


防衛医科大学校はこのほど、防衛省・自衛隊をはじめとする国の機関やNGOなどで「CBRN（化学・生物・放射線・核）」分野に携わる関係者などを対象に、ハンドブック「いざという時に役立つ／すぐに分かるCBRN事態対処Q&A」＝写真＝を制作した。

同書はオールカラーで、①化学剤・化学兵器②生物剤・生物兵器③放射線・核兵器④テロ対処⑤参考資料――の5章（全99問）で構成。1テーマにつき平均2ページで解説が書かれ、写真や図表を使ってビジュアル的にも非常に分かりやすくまとめられている。

最新の話題では「新型コロナウイルス」が取り上げられているほか、来年の東京五輪に向けてテロ対策のポイントなども紹介されている。

防衛医学振興会発行で初版5000部が制作され、市販はされていない。問い合わせは、編著者の一人で防衛医学研究センター長の四ノ宮成祥教授（電話・直通04・2995・1482）まで。

### 小休止

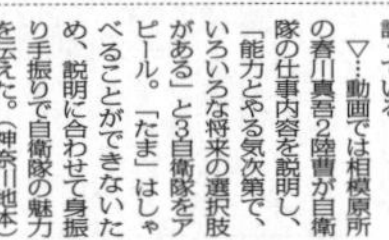
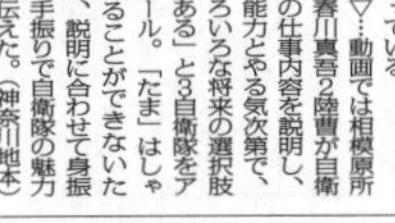

▽…相模原地域事務所（所長・新野昌則1陸佐）は4月14日、相模原青年会議所主催の「地域の先生事業（職業講話）」に初参加し、地本キャラクターの猫の「たまー（弾一）」＝写真＝も出演させた。

▽…講話は臨時休校中の相模原市内の小中学校に対する学習支援として、Web上でメッセージ動画を配信するもの。地域に暮らす大人たちが「先生」となり、仕事について熱く語っている。

▽…動画では相模原所の香川真吾3陸曹が自衛隊の仕事内容を説明し、「能力とやる気次第で、いろいろな職業の選択肢がある」と自衛隊をアピール。「たま」はしゃべることができないため、説明に合わせて身振りで自衛隊の魅力を伝えた。（神奈川地本）

### こちら警務隊
粗暴犯②

## 失明や後遺症の恐れ
## 使い方誤れば傷害罪

いたずらでレーザーポインターを人の目に照射したら何か罪になりますか？

レーザー光が人の目に入ると、太陽を直接見るのと同様に網膜にダメージを与え、失明や後遺症等が残るおそれがあります。

故意にレーザーポインターを人の目に照射し、けがを負わせた場合、傷害罪で15年以下の懲役または50万円以下の罰金に処せられます。

失明等の後遺障害に対しては、さらに、民事上の損害賠償請求もなされ、賠償金等を求められます。レーザーポインターは、使い方を誤ると凶器にもなります。使用には細心の注意を払いましょう。

（東北方面警務隊）

※次回、「有印公文書偽造・同行使罪」

よろこびがつなぐ世界へ
KIRIN
おいしいとこだけ搾ってる。
KIRIN'S PRIME BREW
KIRIN BEER
一番搾り
Brewed from only the first press of genuine malt for a crisp, delicious flavor.
〈麦芽100%〉
ALC.5%　生ビール
お酒
ストップ！20歳未満飲酒・飲酒運転。お酒は楽しく適量で。
妊娠中・授乳期の飲酒はやめましょう。のんだあとはリサイクル。
キリンビール株式会社


隊員の皆様に好評の
『自衛隊援護協会発行図書』販売中

| 区分 | 図書名 | 改訂等 | 定価（円） | 隊員価格（円） |
|---|---|---|---|---|
| 援護 | 定年制自衛官の再就職必携 | ◎ | 1,300 | 1,200 |
| | 任期制自衛官の再就職必携 | | 1,300 | 1,200 |
| | 就職援護業務必携 | | 隊員限定 | 1,500 |
| | 退職予定自衛官の船員再就職必携 | | 720 | 720 |
| | 新・防災危機管理必携 | | 2,000 | 1,800 |
| 軍事 | 軍事和英辞典 | | 3,000 | 2,600 |
| | 軍事英和辞典 | | 3,000 | 2,600 |
| | 軍事略語英和辞典 | | 1,200 | 1,000 |
| | （上記3点セット） | | 6,500 | 5,500 |
| 教養 | 退職後直ちに役立つ労働・社会保険 | | 1,100 | 1,000 |
| | 再就職で自衛官のキャリアを生かすには | | 1,600 | 1,400 |
| | 自衛官のためのニューライフプラン | | 1,600 | 1,400 |
| | 初めての人のためのメンタルヘルス入門 | | 1,500 | 1,300 |

※ 令和元年度「◎」の図書を改訂しました。

消費税：価格は、税込みです。
発送：メール便、宅配便などで発送します。送料は無料です。
代金支払い方法：発送図書同封の振替払込用紙でお支払。払込手数料はご負担してください。

お申込みは「自衛隊援護協会」ホームページの「自衛官の皆様へ」タブから
「書籍のご案内」へ・・・スマホで今すぐ検索「自衛隊援護協会」
（http://www.engokyokai.jp/）

一般財団法人自衛隊援護協会
電話：03−5227−5400、5401　FAX：03−5227−5402　専用回線：8−6−28865、28866

みんなのページ

# 武装走 46普連がＶ５

2陸曹 髙藤 夕揮（46普連1中隊・海田市）

私は平成29年8月に海田市駐屯地に異動し、第46普通科連隊第1中隊に配属されました。

当時、1中隊は「駆け足中隊」と言われており、私は「少しでも駆け足で中隊に貢献したい」と思うようになりました。足は速い方でなかったですが、今まで培った経験と練習量では負ける気はしませんでした。

この経験値と日頃の努力が実り、平成31年4月に連隊持続走訓練隊の教官になり、年末には13旅団武装走競技会の教官の任に就きました。「絶対に結果を残す」と心に誓いましたが、同時に重圧がのしかかってきました。それは46連隊は旅団の武装走競技会で4連覇中だったからです。「私が連覇を途切れさせてしまわないか」と密かに不安も感じていました。

練成開始当初、苦労したことは隊員個々の掌握でした。他中隊の隊員には名前も知らない者がおり、ましてや走力など知る由もありません。そこで各自の走力を知るために連隊タイムトライアルを実施し、各自の走力を把握しました。さらに各中隊の監督から助言をもらい、検討を重ね、最終的なグループ編成を決めることができました。編成決定後はチームの団結を高めるため、練成に次ぐ練成あるのみでした。

ここで苦労したことは、メニューの強弱の度合いをどうするかでした。強くしすぎると故障者が増え、弱すぎると効果が薄くなってしまうため、その塩梅が難しかったのです。

今回の武装走競技会の特徴としては、各種障害の通過、射撃、手榴弾投擲、担架搬送と、走力だけではない「総合力」で勝負しなければならなかったため、どうすれば効果的に練成できるか考え続けました。

大会が近づくにつれ、自分自身の気持ちにも余裕がなくなり、隊員にきつく言う場面も増えていきました。これは本来あってはならないことで、選手を盛り立てていかなければならない立場でしたが、勝ちたい意識が前のめりに出すぎてしまったのです。

この時、私を助けてくれたのが先輩方でした。大会を前に張り詰めていた空気を和らげてくれ、本当に有難く感じました。

ある日、先輩に感謝を伝えにいくと、「お前が皆を締め、俺らがそれを支える。それでいいじゃないか」との言葉を頂き、先輩方をはじめ、たくさんの方に支えられて自分たちの今があると改めて感じました。

武装走競技会の当日は雨という悪天候でしたが、46連隊は各人が本番でも練成成果を十分に発揮し、「5連覇」を達成することができました。これは連隊総員の勝利であり、私一人では到底達成し得なかったことと思います。

このたびの旅団競技会優勝は、頑張ってくれた選手はもちろんのこと、練成の環境を整えてくれた中隊の皆さまをはじめ、46連隊の全員で勝ち取った勝利であると感じています。改めて連隊の皆さまに厚く御礼を申し上げます。

雨の中で行われた13旅団の武装走競技会で、完全武装でレースに参加した選手たち

旅団武装走競技会で５連覇を達成した46普連チーム。左端が教官の髙藤夕揮２曹

自信は伝染する。そして自信のなさも伝染する。
ヴィンス・ロンバルディ（アメフトのコーチ）

（世界の切手・ハンガリー）

朝雲ホームページ
www.asagumo-news.com
＜会員制サイト＞
Asagumo Archive
朝雲編集部メールアドレス
editorial@asagumo-news.com

## コロナ禍の中、家族が一つに

1陸尉 杉田 和広（5対戦車ヘリ隊人事班長・明野）

政府は4月16日、新型コロナウイルスの感染拡大に対して「緊急事態宣言」を全国に拡大しました。ニュースでは連日新型コロナの感染状況、医療崩壊の危険性などが報じられ、事態は深刻さを増しました。

このような中、私の妻は三重県伊勢市の子育て支援センター「きらら館」に勤務し、乳幼児をお持ちの家庭のお母さん方の子育て支援をしております。しかしながら、緊急事態宣言を受けて子育て支援センターも当分の間、休館となりました。乳幼児を持つお母さん方の負担が増すことを心配していた矢先、伊勢市から妻に「家庭で過ごす機会の増えた親子が楽しい時間を過ごすことを目的とした動画投稿に協力してほしい」という依頼がありました。妻は当初は迷っていましたが、「地域のためになるのであれば」と引き受けることにしました。

妻のこの動画は現在「伊勢市きらら館動画」で検索すれば視聴することができます。これを読まれている方で、ご家庭に乳幼児がいらっしゃる方は、ぜひご視聴して頂ければと思います。

㊤コロナ対策で自宅で過ごす杉田１尉と子供たち㊦子育て支援のためネットに出演中の杉田１尉夫人

コロナ禍で日々不安が増すなか、杉田家ではワンチームとして行動しています。息子と娘は家で勉強し、妻は動画を作製・配信することで地域に貢献し、私は隊務に精励することで国民の皆さまに安心を届けています。コロナに負けず、杉田家はこれからもワンチームで頑張っていきます。

## 休日、子供と釣りを楽しむ

2空曹 長谷川 武人（救難教育隊・小牧）

先日、愛知県春日井市の落合公園の釣り池へ子供を連れて釣りにいきました。穏やかな日差しの中、一緒にのんびりと竿を出してみるのもなかなかいい気分です。10〜15センチのコイやフナが釣れました。

そんな中、突然、子供の竿が大きくしなり、なんと約30センチの大きなフナを釣り上げました。その魚の大きさに子供は驚きつつも大喜びです。周りの方からも「やったな、坊主」「すごいな！」などと声をかけられていました。

私も子供に負けまいと必死に大物を狙いましたが、平凡なサイズのみで終了しました。おかげで子供も釣りが大好きになり、家族一緒に楽しい時間を過ごすことができるようになりました。

これから暖かくなり、釣りにはよい時期になりますので、今度は子供を連れて「海釣り」にも挑戦したいと考えています。

休日はのんびりとフナ釣りを楽しむ長谷川２曹一家

## 双子が誕生し育児休業を取得

3陸曹 寺島 巧樹（6施大2中隊・神町）

私は令和元年11月から約5カ月間、育児休業を取得しました。

取得理由は「双子」の育児に追われ、心身ともに疲弊していく妻を少しでも楽にしてあげたいと思ったからです。

この育児休業については、上司の勧めや職場の皆さまの理解と協力もあり、取得に踏み切ることができました。

取得して感じたことは、双子を出産して体力が戻っていない妻の傍らで、育児と家事を両立させていく困難さです。私も育児ストレスを身をもって感じました。

一方で、育児休業を取得してよかった点は双子の育児の喜びを妻と共有できたことです。そして家で一緒に子育てをする充実感を持てたことでした。

復職の日は、なんとNHKの取材があり、緊張の中での職場復帰になりました。しかし、放送を通じて少しでも男性の育児休業取得の促進につながればとも思いました。

今後とも職場環境に感謝しつつ、妻をねぎらいながら、笑顔を絶やさず、育児と仕事の両立を図れるよう努力していきたいと思います。

## OBがんばる

小泉　正さん　55
令和元年12月、海自下総システム通信分遣隊長を最後に定年退職（特別昇任２佐）。㈱ビケンテクノに再就職し、安全衛生員として勤務している。

### 日々の業務を大切に

私は㈱ビケンテクノ東日本事業部サニテーション本部において、安全衛生員として労災、異物混入および物損事故の防止に毎日奔走しています。

下総就職援護室長から情報提供のあった会社で、問い合わせてみると潜水艦勤務時代の信頼する先輩が再就職しており、その先輩から「（会社の仕事は）大変だけど、やりがいがあるぞ」という話を聞いたので、迷わずこの会社に再就職を決めました。

弊社は、独立系の総合ビルメンテナンス会社として昭和38年5月に発足し、従業員約2000人、国内外に本支店を有し、清掃・設備管理業務並びに施設メンテナンス、サニテーション（食品工場の生産ライン機器の洗浄・殺菌）などの分野に積極的に取り組み、独自のノウハウで事業化を図っております。

私の自衛隊時代の特技は「通信」でした。現在は全く違う業務を行っているわけですが、「何もなくて当たり前、何かあったら一大事」という本質的な部分では通じるものがあります。例えば製品に異物が混入していたら、消費者の安全を脅かし、食品工場の経営側の信頼を失います。労働災害が起きれば、従業員が怪我を負い、生産ラインを止め、原因探求をしなければならず、利益の損失等が発生します。

誰にほめられるわけではありませんが、「今日もまた無事に終わった」という日々の積み重ねが私のやりがいであり、仕事へのモチベーションとなっています。これには、自衛隊で培った「安全」「文書管理」「部下の身上把握」に対する意識やノウハウが大いに役立っています。

皆さんが普段の勤務で実施している作業や取り組みは、今は実感できないかもしれませんが、退官後に生かせる場面はたくさんありますので、日々取り組んでいる業務ひとつひとつを大切にし、過ごしていってください。

「朝雲」へのメール投稿はこちらへ！
▽原稿の書式・字数は自由。「いつ・どこで・誰が・何を・なぜ・どうしたか（5W1H）」を基本に、具体的に記述。所感文は制限なし。
▽写真はＪＰＥＧ（通常のデジカメ写真）で。
▽メール投稿の送付先は「朝雲」編集部（editorial@asagumo-news.com）まで。

## 詰将棋

出題　日本将棋連盟　九段　石田　和雄

第819回出題

| 5 | 4 | 3 | 2 | 1 | |
|---|---|---|---|---|---|
| | | 玉(逆) | | | 一 |
| | | | 飛 | | 二 |
| | 歩(逆) | 王(逆) | | 銀 | 三 |
| | 銀(逆) | | 飛 | | 四 |
| | 馬(逆) | | | | 五 |

■先手 持駒 銀香

【ヒント】香の短打が決め手。飛が活躍（10分で初段）。

▶詰碁、詰将棋の出題は隔週です◀

## 詰●碁

出題　日本棋院　九段　曲　励起

第1234回解答

【解答図】白先、黒死。白①が大切です。黒❷なら、白③がまた大切で、黒❹には白⑤で黒死です。

## 新刊紹介

### 「論究 日本の危機管理体制」 武田 康裕編

防大教授ら安全保障の専門家13人がテロ、サイバー攻撃、自然災害など緊急事態が発生した際に、日本政府は何ができ、何ができないのかを細かく分析し、その改善策を提言した書だ。新型コロナの感染拡大で我が国の危機管理の再検討が求められる今、タイムリーな出版といえる。

副題に「国民保護と防災をめぐる葛藤」とあるように、日本では有事、「安全と自由」という相反する価値のバランスのとり方が難しい。そこで武田康裕防大教授が序論で新型コロナへの対処なども念頭に、日本の「安全神話は崩壊したのか」と問い、安全を最優先する欧米と、自由の価値をより重んじる日本とを比べ、その「葛藤」の解決法を求める。

これに呼応する形で各界の専門家が▽日本の危機管理制度▽米国の危機管理▽ドイツの非常事態法制▽武力攻撃下の国民保護▽重要インフラに対するサイバー攻撃――などについて論考、問題点を洗い出し、その改善策を語っている。

緊急事態下の相反する価値・目標・選択肢などを挙げながら、「何を犠牲にして国民の安全を確保するのか」をテーマに、クライシス・マネジメントのあるべき姿を追究している。（芙蓉書房出版刊、3080円）

### 「シリア原子炉を破壊せよ」 ヤーコブ・カッツ著、茂木作太郎訳

「私は原子炉を破壊します。（中略）貴国の決定は我が国の神経を逆撫でするものです。率直に申し上げます。あなたの戦略は私にとって、とても不愉快なものです」。

ブッシュ米大統領に対してイスラエルのオルメルト首相は決然と通告した。その迫力に押されたブッシュは返答に窮した。それはまさにイスラエルのシリア原子炉破壊作戦を超大国が追認した瞬間であった。

両国は不可分の同盟国であるものの、イスラエルとの距離感がホワイトハウス内での権力争いと絡まり、激しい議論へと発展する。同様にイスラエル政府内でも意思決定に至るまでには指導層間で怒号が飛び交う。2003年のイラク侵攻と06年のレバノン侵攻で両国は傷を負い、2度と失敗は許されない。徹底した情報統制を敷き、国家意思を決するに至るまでの息をのむ過程は、ハリウッド顔負けの劇的な場面の連続だ。

著者は米国で生まれ育ち、イスラエルに移住した。ヘブライ語も使いこなし、両国政府の詳細なやり取りをスッパ抜くとは、日本人の想像力を超える。著者の取材力と卓越した筆力、そして迫真の攻防を再現した訳者にも敬意を表したい。（並木書房刊、1870円）

小林武史（国会議員秘書）

防衛省生協　退職者生命・医療共済
リニューアル!!　令和2年7月1日
「事前積立掛金」制度もできました！
退職後から85歳までの病気やケガによる入院と死亡（重度障害）をこれひとつで保障します。
あなたと大切な人の"今"と"未来"のために
生命・医療共済（生命共済）　病気やケガによる入院や手術、死亡（重度障害）を保障します
退職者生命・医療共済（長期生命共済）　退職後の病気やケガによる入院、死亡（重度障害）を保障します
火災・災害共済（火災共済）　退職火災・災害共済（火災共済）
火災や自然災害などによる建物や家財の損害を保障します
現職　退職　85歳　終身
1 より長く　満期年齢が80歳から5年間延長されて85歳となり、より長期の安心を確保！
2 より厚く　入院共済金が「3日以上入院で3日目から支払」が「3日以上入院で1日目から支払」に！
3 より安く　一時払掛金を保障期間の月数で割った「1か月あたりの掛金」がより安く！
●令和2年7月1日以前に80歳満期でご契約の方は「転換」で85歳満期に変更できます。　●退職前から計画的に掛金を準備できるように「事前積立掛金」制度も誕生しました。
詳しくはホームページへ➡

※「退職者生命・医療共済」は、長期生命共済の販売呼称です。

防衛省職員生活協同組合　〒102-0074 東京都千代田区九段南4丁目8番21号 山脇ビル2階　専用線：8-6-28905　電話：03-3514-2241（代表）　BSA-2020-03

朝雲

発行所 朝雲新聞社
〒160-0002 東京都新宿区四谷坂町12－20 KKビル
電話 03(3225)3841
FAX 03(3225)3831
振替00190-4-17600番
定価一部150円、年間購読料9170円（税・送料込み）

One for all, All for one
あなたと大切な人の「今」と「未来」のために
防衛省生協

# 新型コロナの災派継続

## 緊急事態宣言解除　教育訓練は平常化へ

政府は5月25日、新型コロナウイルスの感染拡大に伴う緊急事態宣言を全面解除した。これを受けて防衛省では同日夜、河野防衛相が省・自衛隊の幹部を集めて「新型コロナウイルス感染症対策本部会議」を開き、今後の対応を協議した。河野大臣は翌26日の記者会見で「緊急事態宣言は解除されたが、第2波の恐れがあるため、一気に元通りというわけにはいかない。現在、新たな方針を策定中で、今日中（26日夜）に新しい指示を出したい」と述べた。防衛省では新型コロナに対する自衛隊の災害派遣活動を継続するとともに、これまで中止や延期、規模縮小などが続いていた全国部隊の教育訓練などについて段階的に平常化させる方向で新たな指針（ガイドライン）を発出する。（2、7面に関連記事）

### 防衛相「第2波の恐れがある」

佐賀市内のホテルで、佐賀県職員に防護服の着脱方法を展示する陸自西方の隊員。知事の要請による防護・衛生教育などの災害派遣活動は引き続き全国で行っていく予定だ

これまで全国の部隊は「複数の部隊が集合する教育訓練を控え、駐屯地・基地の人数の半数以上が参加する教育訓練は原則中止・延期」「中止・延期が難しい場合は大臣に報告の上で判断する」――ことを主な柱とする「教育訓練と勤務態勢の方針に関する大臣指示」に従い、活動を控えてきた。今後は十分な防護対策を取った上で、徐々に活動の平常化が期待される。

一方、新型コロナに対する自衛隊の災害派遣活動は、①3月28日から2回目の自主派遣として主要空港を拠点に実施している検疫支援などの「水際対策強化」②都道府県知事などからの要請に基づく防護教育や急患空輸、集団感染に伴う医療支援などの「市中感染対応」――の2種類の活動を並行して行っている。これまでにトータルで延べ約1万3千人の隊員が従事してきた。

自衛隊は5月26日現在、「水際対策強化」の一環として看護官を含む約30人体制で、▽成田・羽田両空港での検疫支援（PCR検査のための検体採取）▽関東地方の宿泊施設に滞在する帰国者・入国者への生活支援（食事の配膳等）――を継続中だ。4月までの280人規模からは大幅に縮小した。

また、「市中感染対応」に関する活動では、全国の各知事などからの要請を受け、自衛隊が自治体職員らに防護服の着脱方法などを指導する防護・衛生教育を引き続き実施しており、これまでの活動実績は北海道から沖縄県まで29都道府県に及ぶ。

河野大臣は26日の会見で「台風も発生し、梅雨も近づき、各地で大雨が降る状況となってきているので、いつ災害派遣の要請があっても応えられるよう準備をしておかなくてはならない。新型コロナがまだ残っている状況なので、災派隊員にはマスクなどの感染防止のための装備を持たせ、手洗いの励行などにも気を付けてもらい、各部隊ともしっかりと教育した上で災派の準備を整えてもらいたい」と述べた。



## 防衛相　各国国防相と電話会談

### 新型コロナで知見共有

河野防衛相は5月19日、ニュージーランド、シンガポール、インドネシア、翌20日にはイタリアの各国国防相と相次いでテレビ会談や電話会談を行い、新型コロナウイルス対策に関する知見を共有するとともに、2国間の防衛協力をはじめ、北朝鮮や東・南シナ海を含む地域情勢などをめぐって意見交換した。

ニュージーランドのロン・マーク国防相とは太平洋島嶼国地域での協力を拡大していくことで一致。河野大臣は「これまで世界の平和と繁栄を支えてきた『自由で開かれた国際秩序』が揺らぐことがないよう、価値や利益を共有する各国間で一層の連携が必要だ」と指摘し、「自由で開かれたインド太平洋」の実現に向け、防衛協力・交流を強化していくことの重要性を強調した。

シンガポールのウン・エンヘン国防相とは引き続きの連携協力で一致。毎年5月末から6月上旬にかけて同国で開かれる英国際戦略研究所主催の「アジア安全保障会議（シャングリラ会合）」が今年はコロナの影響で中止となったことを受け、河野大臣は「今後も同会合でのスピーチなどを通じ、防衛省として地域の安全保障課題に関する積極的な情報発信を行っていきたい」と述べ、ウン国防相は河野大臣の強力かつ一貫した支援に謝意を表した。

インドネシアのプラボウォ・スビアント国防相とは、両国間で2015年12月の初会合以来となっている外務・防衛担当閣僚協議「2プラス2」の早期開催を目指すことを確認。

河野大臣は、東南アジア諸国連合（ASEAN）が昨年6月に発出した「インド太平洋に関するASEANアウトルック」と我が国の「自由で開かれたインド太平洋」ビジョンの相乗効果を追求しながら、両国の防衛協力・交流を継続・強化していくことの重要性を強調した。

イタリアのロレンツォ・グエリーニ国防相とは、装備・技術協力を含む2国間の防衛協力をさらに拡大していく方針で一致。同国防相は新型コロナに対するイタリア軍の活動について、▽患者隔離装置を用いた輸送▽公共医療システムに対する医療支援▽野戦病院の提供――など、初期段階から重要な役割を果たしてきたことを説明した。

河野大臣は各国の大臣に対し、自衛隊の新型コロナに関する災害派遣活動について、①大型クルーズ船「ダイヤモンド・プリンセス号」での活動②現在実施中の水際対策強化と市中感染拡大防止の活動状況③災派隊員に一人の感染者も出していない自衛隊の感染予防策④自衛隊中央病院の症例分析――などについて最新の資料を用いて説明した。

さらに、河野大臣は名指しを避けつつも、中国による東・南シナ海での最近の事象についても言及。「力を背景とした一方的な現状変更の試みや、緊張を高めるいかなる行為にも強く反対し、『法の支配に基づく自由で開かれた海洋秩序』が重要だ」と各国大臣に訴え、理解を得た。

## 駐日英国大使に災派の活動説明

防衛相

河野防衛相は5月21日、都内の在日英国大使館でポール・マデン駐日大使と新型コロナウイルス対策をめぐって意見交換し、自衛隊の災害派遣活動の状況や教訓、知見などをまとめた英語版の最新資料を手渡した。

同資料は河野大臣と各国国防相による電話会談の場でも活用されているほか、在日の各国大使館などにも配布され、感染拡大防止に向けた情報共有に役立てられている。

日本語版の資料『新型コロナウイルス感染拡大を受けた防衛省・自衛隊の取り組み』は、英語版と共に防衛省のホームページで閲覧可能だ。

英国のマデン駐日大使（左）と意見交換する河野防衛相（5月21日、東京都千代田区の在日英国大使館で）＝河野防衛相のツイッターから

## 「富士総合火力演習」ネットで映像配信

新型コロナウイルスの影響で一般公開が中止された陸自「富士総合火力演習」の学生向け教育演習が5月23日、東富士演習場で行われた。

総火演の一般公開が中止になったのは1979年以来2度目で、感染症を理由とするのは初めて。

同演習は河野防衛相、岩田政務官、湯浅陸幕長らが視察する中、高田祐一富士学校長の担任で行われ、富士教導団などから隊員約1800人、各種火砲約40門、戦車・装甲車など約30両が参加、富士学校のほか、情報学校（富士）、東方混成団（板妻）の学生ら計約1000人が研修した。

前段に16式機動戦闘車など主要装備が実弾射撃を展示。後段は「グレーゾーン事態における統合情報収集とこれに続く各部隊による敵の侵攻阻止」という想定の下、敵侵攻部隊を撃破する陸海空3自衛隊の協同作戦の流れが実演された。

演習中、湯浅陸幕長の指示で空撮用ドローンによる上空からの弾着地点の撮影なども行われ、インターネットを通じて迫力ある映像が一般の陸自ファンにも配信された。

富士総合火力演習の教育演習を研修する陸自富士学校などの学生たち（5月23日、静岡県御殿場市の東富士演習場畑岡地区で）＝河野防衛相のツイッターから

## 春夏秋冬

### 軍事的徳を忘れた日本人

村井　友秀

安全保障に関する日本人の常識は世界の非常識である。第二次世界大戦後の日本では戦争が徹底的に否定され、軍隊は国民を害する存在と見なされて「軍隊からの安全」だけが議論された。他方、軍隊の本来の任務である外国の侵略から国民を守る「軍隊による安全」は無視されてきた。日本では何故「軍隊による安全」が議論されないのか。それは敗戦のショックと戦後教育の結果である。戦後の日本は戦争を深く反省し、戦争に関係あるものを全て否定した。その結果、日本人の思想が、常に戦争と向き合っている世界の常識からずれていったのである。

人間が行動する基準である道徳には、戦争時に必要な道徳と平和時に必要な道徳がある。戦争時に必要な道徳とは、「戦友は助けよ、自身は死すべし」というものである。平和時に必要な道徳は「優しさ」である。

勇気や自己犠牲といった軍事的徳と言われる道徳は、世界中の国で戦争時にも平和時にも必要な道徳とされている。しかし、日本では戦後、戦争に関係のある道徳として軍事的徳は学校教育で否定された。「強い国より優しい国」が戦後日本の道徳の基準になった。優しさと平和主義が教育とマスコミを支配した。

しかし、世界の多くの国では、平和主義は無抵抗主義と同義である。野蛮な侵略に抵抗しない無抵抗主義、悪に抵抗しない平和主義は正義ではない。国際社会が平和主義を否定するのは、「平和主義者が暴力を放棄できるのは、他の者が代わりに暴力を行使してくれているからだ」（ジョージ・オーウェル）。

米国には何故3億丁も銃があるのか。3億人の国民が自分の身を自分で守ろうとしているからである。日本人は何故自分の身を守るために銃を持たないのか。日本人は自分が攻撃されれば、銃を持っている誰かが自分を助けてくれると思っているからだ。

かつてアーミテージ元米国務副長官は、「尖閣諸島を米軍が守ってくれるのか」という日本人記者の質問に怒気を含んで答えた。

「日本の兵士が米軍の前で戦っていれば米軍の兵士も戦う、日本の兵士が横で戦っていても米軍の兵士は戦う。しかし、日本の兵士が米軍の後ろにいれば米軍は戦わない」

（防大名誉教授、東京国際大学特命教授）

## 近海練習航海が終了

### 遠航は「現在検討中」

約2カ月にわたり国内7寄港地を巡った海自の令和2年度近海練習航海部隊（護衛艦「あさひ」「いせ」、掃海母艦「うらが」、練習艦「かしま」「しまゆき」で編成、指揮官・八木浩二海将補以下70期一般幹部候補生課程修了者約155人を含む計1100人）は5月22日、呉基地で練習航海を終えた。

練習艦隊は3月14日に江田島を出発、洋上で各種訓練を行いながら柱島沖、神戸、呉、沖縄、佐世保、大湊、舞鶴、呉の順に国内を巡航した。当初は最終寄港地となる横須賀に入港し、その後の遠洋練習航海に備えるはずだったが、新型コロナウイルス感染症の影響で予定が変更、現在は呉で遠洋練習航海に備えた準備をしている。

山村海幕長は5月19日の定例会見で「遠洋練習航海は例年13カ国ほど寄港して、その国の文化や歴史、人々に触れてきた。（令和2年度の遠航では）このコロナウイルスの影響下において、どのように（初級幹部に）国際性を涵養させる訓練ができるかを現在検討している」と述べた。

国内を巡る近海練習航海中、洋上でのハイライン訓練に臨む実習幹部たち（5月11日、練習艦「かしま」艦上で）

## 南スーダン派遣1年延長

### 政府　PKO司令部の陸自4人

政府は5月22日、国家安全保障会議（NSC）と閣議を開き、国連平和維持活動（PKO）協力法に基づく国連南スーダン共和国ミッション（UNMISS）司令部への陸自隊員4人の派遣について、今月末に期限を迎える派遣期間を来年5月末まで1年間延長することを決めた。

河野防衛相は同日の閣議後の記者会見で、2011年にスーダンから分離独立した南スーダンについて、「政権はまだ安定した状況ではない。同国の安定をしっかりと支えていくことは、特に『アフリカの角』と言われる（アフリカ大陸東端のソマリア半島を中心とした貧困や飢餓、紛争に苦しむ）地域全体の安定につながってくるので、司令部要員にはしっかり頑張ってもらいたい」と述べた。

また、新型コロナウイルスの影響で、国連が今年6月30日まで要員交代を中断していることから、当初は6月に予定していた派遣要員の交代をそれ以降に実施する考えを示した。

日本は11年11月に南スーダンの首都ジュバにあるUNMISSに司令部要員として陸自隊員の派遣を開始（当初は兵站幕僚、情報幕僚、施設幕僚の3人）。翌12年1月からは約350人規模の陸自施設部隊を派遣し、17年5月まで、自衛隊のPKO施設部隊として過去最長の5年4カ月にわたってインフラ整備などの国づくり支援に従事した。

陸自施設部隊の撤収後も、UNMISS司令部には陸自隊員4人（兵站、情報、施設、航空運用の各幕僚）が2人1組で出発時期を半年ずらして派遣され、それぞれ約1年間の任務に就いている。

現在は髙橋忍3佐（情報）、佐藤応吉3佐（施設）、山之内祐希3佐（兵站）、中林由貴1尉（航空運用）の4人が現地で活動中だ。

## 防大、防医大の入校式共に中止

防衛省

河野防衛相は5月22日の記者会見で、新型コロナウイルスの影響で4月から延期となっていた防衛大学校（神奈川県横須賀市）と防衛医科大学校（埼玉県所沢市）の入校式について、共に中止にすると発表した。

河野大臣は「感染拡大防止の観点から、今後も入校式を行える状況ではないとの判断で、今年度は残念ながら中止することにした。4月の初めにそれぞれ学校長の講話があったので、それをもって新入生の（入校の）区切りとすることになる」と述べた。

## 朝雲寸言

[illegible]

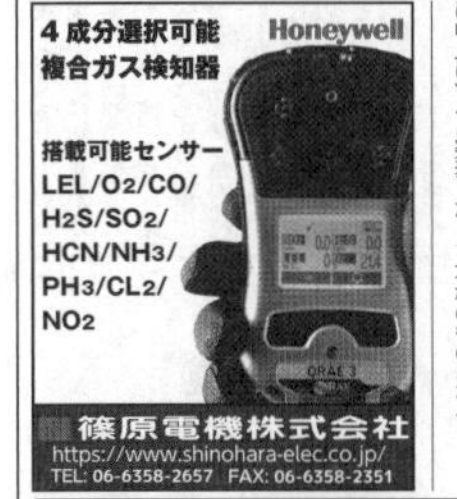

4成分選択可能
複合ガス検知器
Honeywell
搭載可能センサー
LEL/O2/CO/
H2S/SO2/
HCN/NH3/
PH3/CL2/
NO2

篠原電機株式会社
https://www.shinohara-elec.co.jp/
TEL: 06-6358-2657　FAX: 06-6358-2351

必携の一冊　好評発売中！
陸上自衛官 服務小六法 《令和元年版》 四六判・1192頁
定価2,718円+税　共済組合販価 2,330円

実務力のバージョンアップ　好評発売中！
陸上自衛隊 補給管理小六法 《令和元年版》 B6判・672頁
定価2,540円+税　共済組合販価 2,180円

文書管理の基本　好評発売中！
陸上自衛隊 新文書実務 《新訂第9次改訂版》 A5判・432頁
定価2,306円+税　共済組合販価 1,980円

好評発売中！
自衛官 国際法小六法 《平成30年版》 四六判・928頁
定価2,556円+税　共済組合販価 2,190円

好評発売中！
国際軍事略語辞典 《第2版》 英和・和英 A5判・144頁
基本的な軍事略語や主要な安全保障関係略語等を収録。
定価1,400円+税　共済組合販価 1,200円

学陽書房　〒102-0072 東京都千代田区飯田橋1-9-3　TEL.03-3261-1111 FAX.03-5211-3300
（共済組合販価は消費税10%込みです。）
☆ご注文は 有利な共済組合支部へ

退官後、家族のために“今”できること
退官後の自衛官を支える柱
年金　退職金　再就職
自衛官の退官後を支える「常識」が崩れつつあります。
将来のために“今”できること、考えてみませんか？
将来のために「いつ」「どう取り組むか」
無料書籍プレゼント　全国セミナー開催中
ご存知ですか？
不動産が 保険+α の効果をもつことを
Agentrive Investors
〒100-6208 東京都千代田区丸の内1-11-1 パシフィックセンチュリープレイス8階
03-6860-8231　https://agentrive.co.jp/

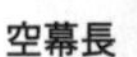
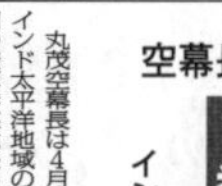

# 時の焦点

## 国内

### 宇宙作戦隊　米軍との連携欠かせぬ

自衛隊に、宇宙分野を専門とする初の部隊が発足した。宇宙の安全保障政策で先んじる米軍との協力を進め、抑止力を高めたい。

航空自衛隊に約20人で新設された「宇宙作戦隊」である。部隊は、宇宙ごみや他国の衛星の動向を監視する任務を担う。

防衛省は23年度を目標に、山口県に監視レーダーを整備する。26年度までに、人工衛星を打ち上げることも目指している。地上と宇宙の双方から監視する狙いだ。

宇宙空間には役目を終えた衛星やロケットの破片が多数ある。宇宙ごみを分析し、運用中の人工衛星との衝突のリスクを軽減することは重要だ。

一方、宇宙は大国の戦闘領域になりつつある。

「宇宙強国」を掲げる中国は、他国の衛星に近づき、アームで破壊するキラー衛星の開発を進める。ロシアは4月、地上からミサイルを発射し、自国の衛星を破壊する実験を行った。両国は、人工衛星を利用した米国のミサイル防衛システムの破壊を念頭に置いているのだろう。

自衛隊も、米軍の早期警戒衛星の情報に基づき、北朝鮮のミサイル防衛にあたっている。様々な部隊間の連絡のため、通信衛星も活用する。

高度に情報化された現代の防衛システムでは、人工衛星の活用が欠かせない。だが、打ち上げのエネルギーが増すため、重い防御用の装甲などを装備できない。衛星が攻撃されれば、自衛隊の通信網や最新鋭の装備の運用などに大きな支障が出るだろう。

政府は、18年に決定した防衛計画の大綱で、宇宙やサイバーなど新たな領域の防衛を「死活的に重要」と位置づけた。大綱を踏まえ、宇宙作戦隊の態勢を強化する必要がある。防衛省の今年度の宇宙関連経費は506億円で、決して多いとは言えない。十分な予算の確保も目指したい。

トランプ米政権は昨年、約1万6000人で宇宙軍を創設した。米軍はこれまでミサイルの探知を中心とした防衛システムを構築してきたが、現在は、中露の最新鋭兵器に備え、追跡・破壊を目的とした人工衛星網の配備を計画している。

日米で情報を共有する仕組みを整えることが大切だ。将来的には、米国の測位衛星などが故障した場合、日本の衛星が機能を代替するといったことも検討に値しよう。

日本は1969年、国会決議で宇宙の平和利用を定め、防衛分野での活用を制限してきた。08年に宇宙基本法を制定し、安保分野に道を開いた。

宇宙の安全保障を強化する上では、宇宙航空研究開発機構（JAXA）の知見を活用することも必要だろう。JAXAは数多くの衛星を打ち上げた実績がある。宇宙ごみを解析するシステムの整備にも着手している。宇宙作戦隊は、人的交流を通じてノウハウの習得に努めなければならない。

夏川　明雄（政治評論家）

## 海外

### コロナ危機と露　プーチン政権揺さぶる

ロシアのプーチン大統領（67）は5月7日、初の大統領就任（2000年）から20年を迎えた。

しかし、強権支配で盤石を誇っていたかに見えたプーチン氏の政権基盤は、世界中で猛威を振るう新型コロナウイルスのロシア国内での感染急拡大と原油価格の暴落により、一転して揺らぎ始めている。恐らく、権力掌握に自信を持っていたはずのプーチン大統領にとっても想定外の危機のダブルパンチであり、影響が長引けば、2024年の大統領選で5選を果たすという自身の政権シナリオにも狂いが出かねない雲行きだ。年初には予想できなかったロシア政治の不安定化の始まりとなるかもしれない。

新型コロナのパンデミックは、発生源の中国や米国、感染が広がった欧州連合（EU）諸国などの政治・経済動向に甚大な影響を及ぼしているが、当初はその圏外にいたとみられていたロシアにもここにきて、政権を揺るがしかねない衝撃を与え始めている。米国とロシアは冷戦時代には軍事的な2大国だったが、今回の新型コロナ禍の感染者数についても、5月下旬の時点でロシアでは31万人を超え、世界で米国に次ぐ2番目の多さになった。この数字を見るだけでも、プーチン政権が最優先課題と位置付ける新型コロナ対策で思うような成果を上げていないことが分かる。深刻なのは、予防態勢が整っていない医療機関が主要な感染源となり、集団感染が相次いでいることだ。医療現場の窮状の広がりは現政権に対する国民の不満、反発にもつながっている。

プーチン大統領は今年初め、電撃的に内閣の交代に踏み切る一方で、憲法改正を提案し、24年の任期満了後も引き続き2期12年務めることを可能にする道を開いた。力業とも言える手法でさらなる長期政権の実現に向け布石を打ったプーチン氏にとって、この4〜5月は大統領の威信を内外に誇示する絶好の機会ともなっていた。すなわち、議会などがプーチン氏の終身大統領制を可能とする憲法改正条項を承認したのを受け、最終プロセスとなる国民投票が4月22日に設定されたほか、政権の節目となる5月7日の大統領就任20周年、その直後の9日には第2次世界大戦時のソ連がナチス・ドイツを破ってから75周年の戦勝記念を迎え、大々的な政治イベントを計画していた。

しかし、年初から世界各地に広がった新型コロナの感染拡大を防ぐことができなかった結果、プーチン政権は憲法改正の国民投票をはじめ、大掛かりな戦勝記念式典などの政治日程の延期を余儀なくされた。さらに、コロナ禍の影響で世界の石油需要が急減したことも、産油国のロシアには大打撃となった。今年初めに1バレル＝60ドル前後だった原油価格は半値程度まで急落し、大幅な外貨収入減と財政赤字の拡大は避けられない。

プーチン大統領の支持率も20年前の就任以降、最低水準に落ち込むなど、新型コロナ危機と原油価格暴落で、政権の先行きに不透明感が増す。プーチン政権を取り巻く政治状況の不安定化は、停滞する日露平和条約交渉の打開を一段と難しくさせる要因となろう。

伊藤　努（外交評論家）

## 空幕長

# 10数カ国の空軍参謀長とTV会談

### インド太平洋　新型コロナ対応を確認

フィリピン空軍司令官のアレン・パレデス中将と電話会談を行う丸茂空幕長（4月23日、防衛省で）

丸茂空幕長は4月30日、インド太平洋地域の10数カ国の空軍参謀総長らと、同時中継形式のテレビ会談を行い、新型コロナウイルス感染拡大に対する各国の対応状況などについて意見を交換した。

空幕長は防衛省で米、豪などの空軍参謀長らとテレビ画面越しに会談。引き続き、関係国間で連携していくことで一致した。

これに先立ち、丸茂空幕長は各国空軍トップと個別に電話会談も実施し、4月17日の米太平洋空軍司令官のチャールズ・ブラウン大将を皮切りに、フィリピン空軍司令官のアレン・パレデス中将、インド空軍参謀長のシン・バーダウリア大将と情報を交換。5月11日にはオーストラリア空軍本部長のメル・ハプフェルド中将と会談した。

## 海自

# HPでコロナ対策発信

### 隊員家族の不安を解消

海上自衛隊は新型コロナウイルスの国内での感染拡大を受け、ホームページ上で「隊員家族のみなさまへ」と題し、コロナ予防への取り組みや、家庭でも行える感染症対策の方法などを発信している＝写真㊦。

海自は今年度から隊員と家族を一つのチームとし、共に歩む道を「海上幕僚長航行指針」として掲げ、さまざまな施策に取り組んでいる。その中で、コロナに関する隊員とその家族の不安を少しでも和らげるため、海幕厚生課が家族に向けた特集ページを作成、各種情報を発信している。

ここでは、艦船の修理地（造船所など）で整備業務に従事する隊員の感染症対策をまとめた説明資料「修理地での業務に従事する隊員家族のみなさまへ」（PDF）もアップ。シフト制勤務の導入など「隊員個人の対策」とともに、▽ドアノブ等の消毒▽定期的な室内の換気▽隊員の毎日の検温――など「部隊としての対策」を紹介している。

このほか▽艦内に動線を設定し、作業終了まで動線と作業場所への関係者以外の立ち入りを禁止▽工程会議などの打ち合わせは最少人数にとどめ、「3密」を避ける――といった「民間企業の皆様との接触における留意事項」についても記載している。

同ページ上ではほかにも、「防衛省・自衛隊での感染防止の取り組み」や、厚生労働省などが紹介する家庭で取り組める感染症対策の資料も掲載されている。

これらホームページの作成に携わった海幕厚生課家族支援班長の須藤憲一事務官は「海自の各部隊は万全のコロナ対策を施し、訓練などに向けた態勢を整えている。隊員が安心して任務に就け、家族も安心して隊員を送り出せるような『互いに安心できる環境』を目指して発信しているので、このHPを見て、家族が安心してくれたらうれしい」と話すとともに、今後の取り組みについて「家族の目線、隊員の目線で情報を発信していけるよう心がけていきたい」と語っていた。

# 防災連絡会議を開催

### 三重県と3自　顔の見える関係を

三重県との防災連絡会議に参加し、県側からの質問に答える石原33普連長（中央）。左端は鈴木10師団長（三重県庁で）

【33普連＝久居】三重県の警備などを受け持つ33普連はこのほど、三重県庁で開催された防災連絡会議に参加した。

会議は県を災害担当区域とする陸・海・空自の担任部隊と三重県が相互に「災害対応」に役立てるために意見を交換し、一層の連携強化を図る目的で開かれた。

会議には陸自から10師団長の鈴木直栄陸将、明野駐屯地司令の服部正将補（当時）、三重地本長の濵岡清隆1陸佐、石原雄介33普連長が出席。海自からは横須賀地方総監の杉本孝幸海将、空自からは中空司令官の引田淳空将、笠取山分屯基地司令の谷口隆宏2佐らが参加した。三重県からは鈴木英敬知事と県危機管理統括官、県警察本部長らが出席した。

会議では南海トラフ大地震など想定される大規模震災への対応や県と各部隊が実施した訓練の成果をそれぞれ発表、続いて県と自衛隊のさらなる連携の強化について活発な話し合いが行われた。

石原33普連長は「（会議の開催により）県や各市町と3自衛隊がより顔の見える関係を築いていくための礎となった」と成果を述べた。

## 陸自弘前

# 荒天の岩木山で除雪

### 地域の観光振興に協力

濃霧が立ち込める悪天候の中、岩木山の8〜9合目で除雪作業を行う弘前駐屯地の隊員たち（4月20日、青森県弘前市で）

【弘前】陸自弘前駐屯地（司令・木原邦洋1佐）は4月20日、青森県弘前市の岩木山（標高1625メートル）8〜9合目で除雪作業を行い、地域の観光振興に協力した。

岩木山の除雪は、弘前市と駐屯地が平成22年に締結した「岩木山除雪の協力に関する協定」に基づき、毎年5月のゴールデンウイーク前に行われている。

今年の作業日は濃霧となり、さらに立つことすら難しい強風の荒れた天気の下での活動となった。寒さも厳しく、残雪は硬くて氷の層になった箇所もあり、除雪作業は困難を極めた。

この状況下、駐屯地の隊員305人は、8合目から9合目のリフト沿い約500メートルの区間で、スコップとスノーダンプを使用して懸命に排雪作業を続け、最大で5メートル積もっていた雪を除雪した。

# 共済組合だより

### 公務外の交通事故などで組合員証等を使用する際はすぐに共済組合に連絡を

組合員又は被扶養者が交通事故などの第三者の行為によって負傷され、「組合員証」等を使用する場合は、事前に必ず共済組合へ届け出てください。

交通事故などで負傷した際、その治療費用は加害者が負担するのが原則となっています。このため、「組合員証」等を使用して治療を行う時は、「損害賠償申告書」の提出が必要になります。

「損害賠償申告書」には、事故報告書、警察署の事故証明、医師の診断書などを添付する必要があります。また、示談の場合は示談書の写しも必要になります。

その後、共済組合は負傷された方の医療費を給付するとともに、その給付額を被害者に代わって加害者に損害賠償を請求する権利（代位請求権）を取得し、給付を行った額を限度として損害賠償請求を行います。

交通事故の場合、加害者は示談を急ぎたがりますが、被害者が不利な示談をしてしまいますと共済組合が立て替えた費用を加害者に請求できなくなり、結局その費用は被害者自身が負担することになる場合もあります。

「組合員証」等を使って治療を受けたときの示談については、共済組合の事務担当者とよく相談のうえ慎重に進めてください。

# 露海軍駆逐艦が対馬海峡を南下

### P1哨戒機が確認

5月17日午前11時ごろ、ロシア海軍の「ウダロイI」級駆逐艦（満載排水量8600トン、艦番号548「アドミラル・パンテレーエフ」）1隻＝写真＝が長崎・上対馬の北東約90キロの公海上を南西に向け航行するのを海自3ミサイル艇隊（佐世保）のミサイル艇「おおたか」と4空群（厚木）のP1哨戒機が確認した。

露駆逐艦はこの後、対馬海峡を南下し、東シナ海に入った。

違法薬物
快楽一瞬　罪一生

6月は、防衛省薬物乱用防止月間です。

たった一度の違法薬物の使用で、自分の健康だけでなく、自分の未来、そして、家族や友人等のすべてを失うこととなります。

薬物乱用の危険性や自分自身が被ることとなる社会的不利益を理解して、薬物乱用防止を徹底しましょう。

人事教育局服務管理官（内線8-6-20713）

## 防衛省発令

▽航空医学実験隊4部長兼航空医学実験隊（航空医学実験隊）　2空佐　高田　邦夫

（5月22日）

まもなく定年を迎える皆様へ
25％割引（団体割引）

隊友会団体総合生活保険

隊友会団体総合生活保険は、隊友会会員の皆様の福利厚生事業の一環として、ご案内しております。
現役の自衛隊員の方も退職されましたら、是非隊友会にご加入頂き、あわせて団体総合生活保険へのご加入をお勧めいたします。

公益社団法人　隊友会　事務局

| | |
|---|---|
| 傷害補償プランの特長 | ●1日の入通院でも傷害一時金払治療給付金1万円 |
| 医療・がん補償プランの特長 | ●満70歳まで新規の加入可能です。 |
| 介護補償プランの特長 | ●本人・家族が加入できます。<br>●満84歳まで新規の加入可能です。 |
| 無料。でサービスをご提供「メディカルアシスト」 | ●常駐の医師または看護師が24時間365日いつでも電話でお応えいたします。<br>＊一部、対象外のサービスがあります。 |

※上記は団体総合生活保険の概要を紹介したものです。ご加入にあたっては、必ず「重要事項説明書」をよくお読みください。ご不明な点等がある場合には、お問い合わせ先までご連絡ください。

資料請求・お問い合わせ先
取扱代理店　株式会社タイユウ・サービス
隊友会役員が中心となり設立
自衛官OB会社
〒162-0845
東京都新宿区市谷本村町3-20　新盛堂ビル7階
TEL 0120-600-230
FAX 03-3266-1983
http://taiyuu.co.jp
資料は、電話、FAX、ハガキ、ホームページのいずれかで、お気軽にご請求下さい。

引受保険会社
東京海上日動火災保険株式会社
担当課：公務第一部　公務第二課 TEL 03(3515)4124
19-T01744　2019年6月作成

あなたの人生に、
使わなかった、
保険料が戻ってくる!!

“新しいカタチの医療保険”
メディカルKit R
医療総合保険(基本保障・無解約返戻金型)健康還付特則　付加[無配当]
メディカルKit R 生存保障重点プラン
医療総合保険(基本保障・無解約返戻金型)健康還付特則、特定疾病保険料払込免除特則　付加[無配当]

あんしんセエメエは、東京海上日動あんしん生命のキャラクターです。
募資19-KR00-A023
株式会社タイユウ・サービス
東京都新宿区市谷本村町3-20新盛堂ビル7階　〒162-0845　0120-600-230
引受保険会社：東京海上日動あんしん生命

防衛省・自衛隊
関連情報の
最強データベース

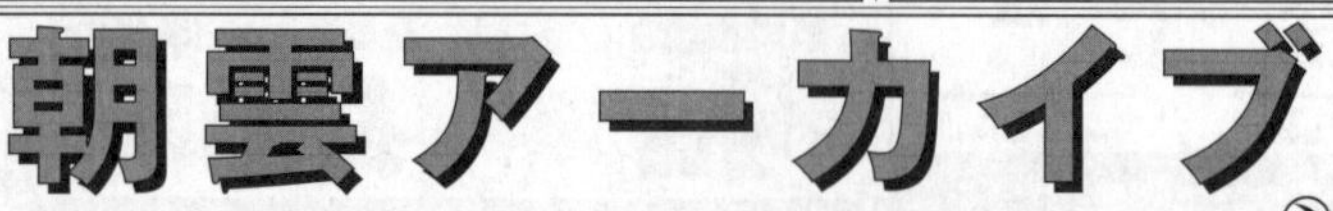


自衛隊の歴史を写真でつづる
フォトアーカイブ

お申し込み方法はサイトをご覧ください。＊ID&パスワードの発行はご入金確認後、約5営業日を要します。
朝雲新聞社
〒160-0002 東京都新宿区四谷坂町12－20KKビル
TEL 03-3225-3841　FAX 03-3225-3831　http://www.asagumo-news.com

# 水機団待望の20式小銃

## 優れた排水、耐塩害、耐錆性

離島の奪回などを主任務とする陸自水陸機動団の隊員たちが待望していた個人装備がついに完成した。海水にさらされても問題なく使用できる豊和工業製の「20式5・56ミリ小銃」がそれだ。エアクッション艇や高速ボート、水陸両用車AAV7などを使って海上から浜辺に上陸する隊員たちにとって、排水性、耐塩害性、耐錆性に優れた小銃は作戦の遂行に必須の装備。水機団の隊員たちは、今後、海水に強い新小銃を使い、実戦と同様の行動ができるようになる。陸幕が5月18日に報道公開した試験用「20式小銃」とドイツ製の新拳銃「SFP9」を写真で紹介する。

（文・写真　菱川浩嗣、古川勝平）

正面から見た新小銃。フォアグリップ下の「脚」の形状がよくわかる。上部の光学スコープも「付属品」として逐次配備される予定だ

フォアグリップ（右下）内に折り畳まれて収納されている「脚」を展開し、新小銃で伏射の姿勢をとる隊員。小銃上部の凸凹部にスコープなど各種付属品を装着することができる

膝撃ちの姿勢で20式小銃を構える隊員。新たに加わったフォアグリップを握ることで、安定した射撃ができる

新小銃を片手で保持する隊員。上部のレバーを引くと肩当て部分が伸縮し、全長は約780～850ミリに調節できる。重量は現有の89式小銃と同じ3・5キロだ。手元のグリップ内は工具入れになっている

㊧陸自の新（手前）、旧小銃。89式と比べ、20式では銃身の上下にレールが装着され、光学スコープやグリップなどの付属品を取り付け可能だ。さらに排水性や耐塩害性、耐錆性が高められている

㊦新小銃では、右利き、左利きの両隊員が同様に扱えるよう、コッキングレバーと安全レバーは左右両面にある。安全レバー部には安全・単射・連射を示す「アタレ」の3文字が刻まれている

### 新拳銃「SFP9」

ドイツ製の新拳銃「SFP9」を構える隊員。9ミリ口径で重量は710グラム、弾倉容量は15発だ

新拳銃「SFP9」。各隊員の手の大きさに合わせて3パターンのグリップに取り換えることができ、小さい手の隊員も扱いやすい

高速ボートに乗り、海上から浜辺に上陸後、直ちに小銃を構える水陸機動団の隊員＝陸上自衛隊提供

陸自で約30年ぶりとなる「新小銃」のお披露目行事に集った報道カメラマンら。この日、36社が取材した

よろこびがつなぐ世界へ
KIRIN
一番搾り
おいしいとこだけ搾ってる。
KIRIN'S PRIME BREW
KIRIN BEER
一番搾り
〈麦芽100%〉
ALC.5%　生ビール
お酒
ストップ！20歳未満飲酒・飲酒運転。お酒は楽しく適量で。
妊娠中・授乳期の飲酒はやめましょう。のんだあとはリサイクル。
キリンビール株式会社


結婚式・退官時の記念撮影等に

自衛官の礼装貸衣裳

陸上・冬礼装

海上・冬礼装

航空・冬礼装

貸衣裳料金

・基本料金　礼装夏・冬一式　30,000円＋消費税
・貸出期間のうち、4日間は基本料金に含まれており、5日以降1日につき500円
・発送に要する費用

お問合せ先

・六本木店
☎03-3479-3644（FAX）03-3479-5697
〔営業時間　10:00～19:00　日曜定休日〕
〔土・祝祭日　10:00～17:00〕

別途消費税がかかります。　※詳しくは、電話でお問合せ下さい。

美玉（みたま）

〒106-0032　東京都港区六本木7-8-8
ミクニ六本木ビル 7階
☎03-3479-3644

## ひろば

水無月、風待月、鳴神月、季夏――6月。1日気象記念日、2日横浜港・長崎港開港記念日、14日五輪旗制定記念日、21日父の日、23日沖縄慰霊の日。

伊雑宮御田植祭 伊勢神宮(三重県志摩市)内宮の別宮「伊雑宮」の神事で日本三大御田植祭の一つ。国指定重要無形民俗文化財。男衆が泥まみれになり忌竹を奪い合う「竹取神事」などで五穀豊穣を願う。24日

清水のチョウチン祭り 津島本社の祭りを模した清水・津島神社(愛知県設楽町)の祇園祭。約150個の提灯を灯した山車を奉納し、無病息災を願う。30日 行事後、山車に飾られた提灯を参拝者が奪い合う。

# コロナ災派で注目 自衛隊のスキルを指南

# 楽しみながら役に立つ! ノウハウ本、相次ぎ出版

防衛省内の書店・本間三曜堂に並べられた自衛官の各種ノウハウを伝授する書籍。店員によると「他にも(種類が)あったけど売り切れた。主に事務官が購入していく」とのことだった(5月14日、防衛省内で)

全国で緊急事態宣言が解除されたが、いまだに終息の兆しが見えない新型コロナウイルス災禍。自衛隊は全国で対処に当たり、集団感染が発生したクルーズ船での災害派遣活動では1人の感染者も出さずに任務を完遂した。そのプロの仕事に「自衛隊はすごい!」と改めて国民から注目が集まったことで、近年相次いで出版された「自衛隊のノウハウ」が詰め込まれた各種関連本が話題になっている。災害への対処から身体をしぼるダイエットまで多岐にわたる「自衛隊本」。それらがどんなものかを探ってみた。(石川穂乃香)

## 簡単に取り組めるテクニックが満載

### 好評の「防災本」第2弾も

まずは、近年頻発する自然災害で生き残るための自衛隊のサバイバル法を紹介し、メディアでも話題になった『自衛隊防災BOOK』(防衛省、自衛隊協力、マガジンハウス発行)から。地震、台風、大雨など、いつどこで発生するかわからない大災害に遭遇した時、一般の人でも簡単に取り組める「ピンチに役立つテクニック」が100項目にわたって紹介され、「一家に一冊常備しておきたい防災本」となっている。本書は大ヒットを受けて、さらに『129の知恵』を収めた第2弾も発売されており、「停電時にツナ缶・バターでローソク替わりにする方法」「台風に備えて窓ガラスにダンボールを張る」といった生き残り術がイラストを交えて説明され、小中学生にも教えておきたい内容ばかりだ。

(上)「ダイエットに役立つ」との声が寄せられる『自衛隊体操公式ガイドブック』(下)狭い艦上でもできるように開発された「海上自衛隊体操」を紹介したDVD付きの『みんなの海上自衛隊体操』(海上自衛隊協力、マガジンハウス発行)。全海上自衛隊員が実践するたった5分でできる「最高の運動」だ

### ダイエットに筋トレも紹介

続いては、"身体づくりのプロ"でもある自衛隊員が伝授する「ダイエット本」。

Tarzan特別編集の『自衛隊ダイエットBOOK』(防衛省、自衛隊、自衛隊体育学校、同中央病院著、マガジンハウス発行)は、7463人の隊員から寄せられた毎日の生活の中での実践法や運動・食事のコツなど、選りすぐりの「54項目の技」が収録されている。オリンピック選手を養成する体校が教育用に作成した超ハードなトレーニングメニューも紹介。自分に合ったものを選んで、自分だけのダイエット成功も夢じゃない。

通常のエクササイズなら、『自衛隊体操公式ガイドブック』(自衛隊体育学校監修、講談社発行)が役に立つ。本書は「ラジオ体操より2倍つらいが、5倍効果がある」と言われる「自衛隊体操」の公式ガイドブックで、付属のDVD(約70分)を活用すれば、▽筋力アップ▽ダイエット▽体質改善▽ストレッチ――など目的別に運動法を学べる。痩せたい女子、体を柔らかくしたい男子、ラジオ体操では物足りない中年、長生きしたいシニアなど、誰もが実践できるようなメニューがそろっている。

『自衛隊体操公式ガイドブック』で紹介されている体操の一部。このような21の動作がわかりやすく説明されている=体校提供

### 日常にも役立つ「片づけ術」

最後に、家の片づけが苦手な人には『自衛隊式片づけ術』(畠山大樹著、飛鳥新社発行)を紹介しよう。

自衛官は片づけや身の回りの整理整頓についても叩き込まれており、本書にはそのノウハウが詰まっている。「片づけに才能は必要ない。繰り返して体得せよ」など10の鉄則が示され、「まずは『元の場所に戻す』『汚れたら拭く』といった作業を繰り返すこと」などが説明されている。

◇

「国民の生命と財産を守る」ことが任務の自衛官は、ふだんからその任務を遂行するためさまざまな技術を身に付けており、それが市販の「自衛隊ノウハウ本」を通して国民に還元されている。いずれも楽しみながらいざという時に役立つ方法を学べるので、これらの本を参考に改めて自宅の防災用具の見直しなどを行ってみてはどうだろう。

元自衛官が普通の掃除本には載っていない片づけ技術を紹介する『自衛隊式片づけ本』

## マイヘルス Q&A

### 新型コロナウイルス

### 特効薬なく、予防が一番 手洗い・マスク、3密避ける

Q 新型コロナウイルス感染症とは。

A 新型コロナウイルスは2019年12月に中国・武漢の海鮮市場に関連した原因不明の肺炎患者が出たことを契機に発見された新しいウイルスです。今年3月11日に世界保健機関(WHO)が「パンデミック(世界的な大流行)」を宣言しました。世界で感染者は約495万人、死者は約32万人(5月21日現在)で、日本でも感染者数の増大と医療・経済に及ぼす影響が社会問題になっています。

Q もし感染したら。

A 1~2割の方が重症化しますが、8割の方は、一見普通のかぜと見分けがつかないくらいの軽い症状です。軽い症状で安心してしまうかもしれませんが、かぜやインフルエンザに比べ、何倍も死亡率が高く、かつ症状がなくてもCT検査をすると半分以上に肺炎を認める怖い病気です。

Q 感染経路は。

A 新型コロナウイルスは、①接触感染(ティッシュで鼻をかんだ手でドアノブに触り、そのドアノブを他の人が触り、その手でものを食べる)②飛沫感染(咳やくしゃみを浴びて感染)③エアロゾル感染(3密の状態で吐く息の湿気の中に含まれる微量なウイルスで感染)――によって感染するといわれています。

Q 治療と予防は。

A 現在のところ、特効薬はないので、感染しないように予防することが大切です。接触感染を予防するためには、手洗いと、特にアルコールによる手指消毒が有効です。飛沫感染の予防には、くしゃみをする人がマスクを使うことが大切です。エアロゾル感染予防には3密(密閉、密集、密接)を避けることが重要です。具体的には閉所に多くの人が集まって会話する、騒ぐ、歌うといった状況を避けることが大事です。店の種類ではライブハウス、ジム、屋内スポーツ、サウナ、銭湯、カラオケなどは3密を満たすので感染の危険性が高い場所です。

自衛隊中央病院 感染症内科医長 三好和康

## BOOK NOW 私が読んだ この一冊

**コリン・パウエル他著「リーダーを目指す人の心得」(飛鳥新社)**
1ヘリ団本部管理隊(木更津) 平田正明3陸佐 51

「戦争も一種の競技会であり、目的と準備、確固たる意思、勇気、リスク、実践を総合的・究極的に試すものだ」――。元米陸軍大将で米国務長官も務めた著者は、リーダーのやり方に唯一の正解などなく、自分に適した方法を見つけなければならないと説きます。この本に出合い、今の自分の悩みは解消しました。リーダーとして働く上で、随所に参考となるエキスが詰まった一冊です。

**中山七里著「御子柴礼司シリーズ」(講談社)**
31航空群司令部通信班長(岩国) 松永竜一2海尉 44

作者は「どんでん返しの帝王」と異名される作家。主人公は中学時代に世間を震撼させた重罪を犯し、医療少年院に収容。そこでの教官や仲間との出会いをきっかけに弁護士を志し、見事、司法試験に合格し名前を変えて出所します。法外な報酬を得る代わりに、絶対不利と言われる裁判でも被告人の無罪を勝ち取る悪徳弁護士となった彼。それぞれの裁判で奇想天外な弁護を用いて逆転する姿が痛快です。

**岡田尊司著「ネオサピエンス 回避型人類の登場」(文藝春秋)**
作戦情報隊(横田) 井筒俊2空尉 28

近年は「飲みニケーション」を好まず、一人の時間を大切にしたり、結婚に興味がない若者が多い。本書ではそれを「回避型」と呼び、その増加は日本のみならず欧米でも増加しているという。これを「人類の進化」とするならば、"回避型新人類"と"旧人類"の交代が起きるのか。新たな時代について、考えさせられる。

## 隊員愛読書ベスト5

<神田・書泉グランデミリタリー部門>
- ①Tu-95/-142ベア 世界の名機シリーズ イカロス出版 ¥1800
- ②ドイツ軍攻防史―マルヌ会戦から第三帝国の崩壊まで 大木毅著 作品社 ¥2970
- ③海軍と酒 高森直史著 潮書房光人新社 ¥913
- ④日本軍隊用語集〈下〉 寺田近雄著 潮書房光人新社 ¥924
- ⑤陸上自衛隊BATTLE RECORDS ホビージャパン ¥2530

<トーハン調べ4月期>
- ①池田大作先生指導集―幸福の花束3 創価学会婦人部編 聖教新聞社 ¥750
- ②流浪の月 凪良ゆう著 東京創元社 ¥1650
- ③かんたんかわいい!手作りマスク増補改訂版 ブティック社 ¥524
- ④ぼくはイエローでホワイトで、ちょっとブルー ブレイディみかこ著 新潮社 ¥1485
- ⑤鬼滅の刃―片羽の蝶 吾峠呼世晴著 集英社 ¥770

<入間基地・豊岡書房>
- ①日本の防衛―防衛白書 令和元年版 防衛省編 日経印刷 ¥1397
- ②防衛実務小六法 令和2年版 内外出版 ¥8250
- ③AX(アックス) 伊坂幸太郎著 KADOKAWA ¥748
- ④第1輸送航空隊創設60周年記念DVD クラフトマンシップ ¥2200
- ⑤クスノキの番人 東野圭吾著 実業之日本社 ¥1980

<防衛省・三階書店>
- ①防衛ハンドブック2020 朝雲新聞社 ¥1760
- ②台湾有事と日本の安全保障 渡部悦和ほか著 ワニブックス ¥1100
- ③中国の海洋強国戦略 アンドリュー・S・エリクソンほか編 原書房 ¥4400
- ④国防と教育―自衛隊と教育現場のリーダーシップ 竹本三保著 PHP研究所 ¥1650
- ⑤軍事と政治 日本の選択―歴史と世界の視座から 細谷雄一編 文春新書 ¥1210


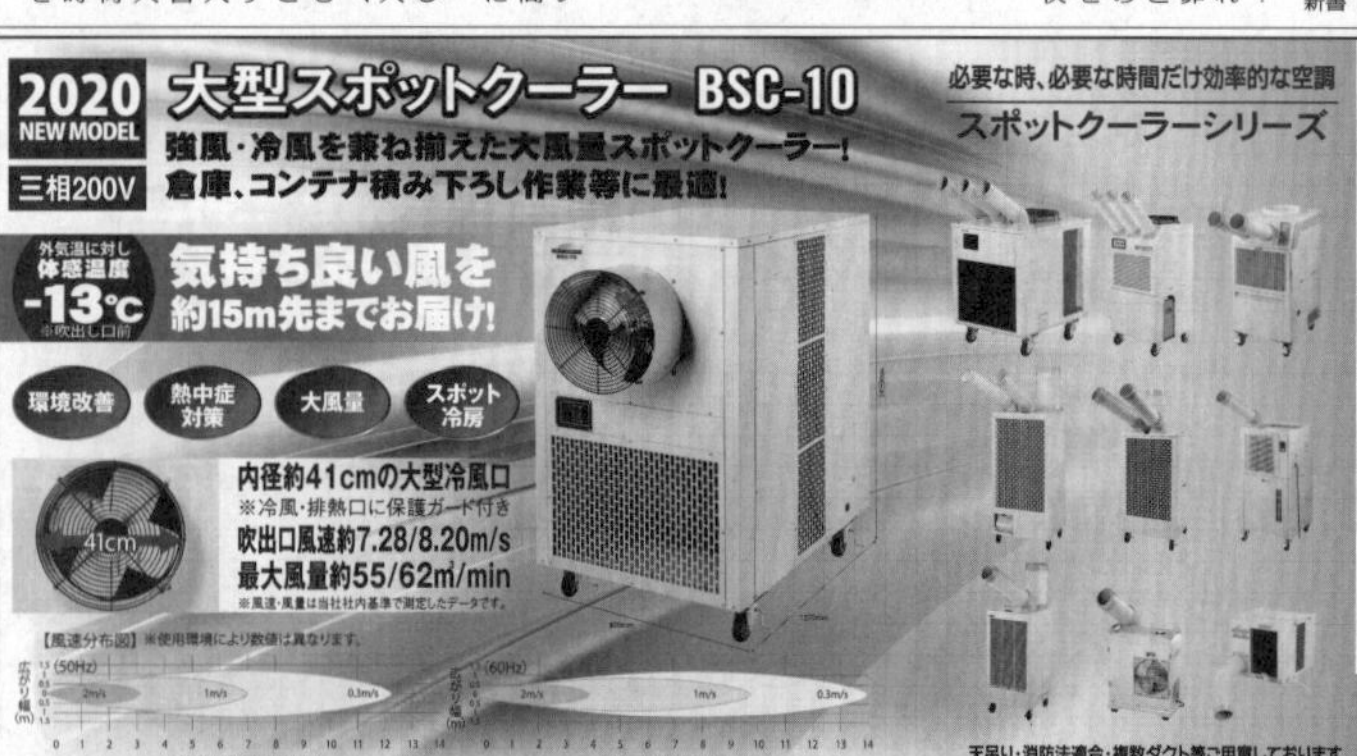


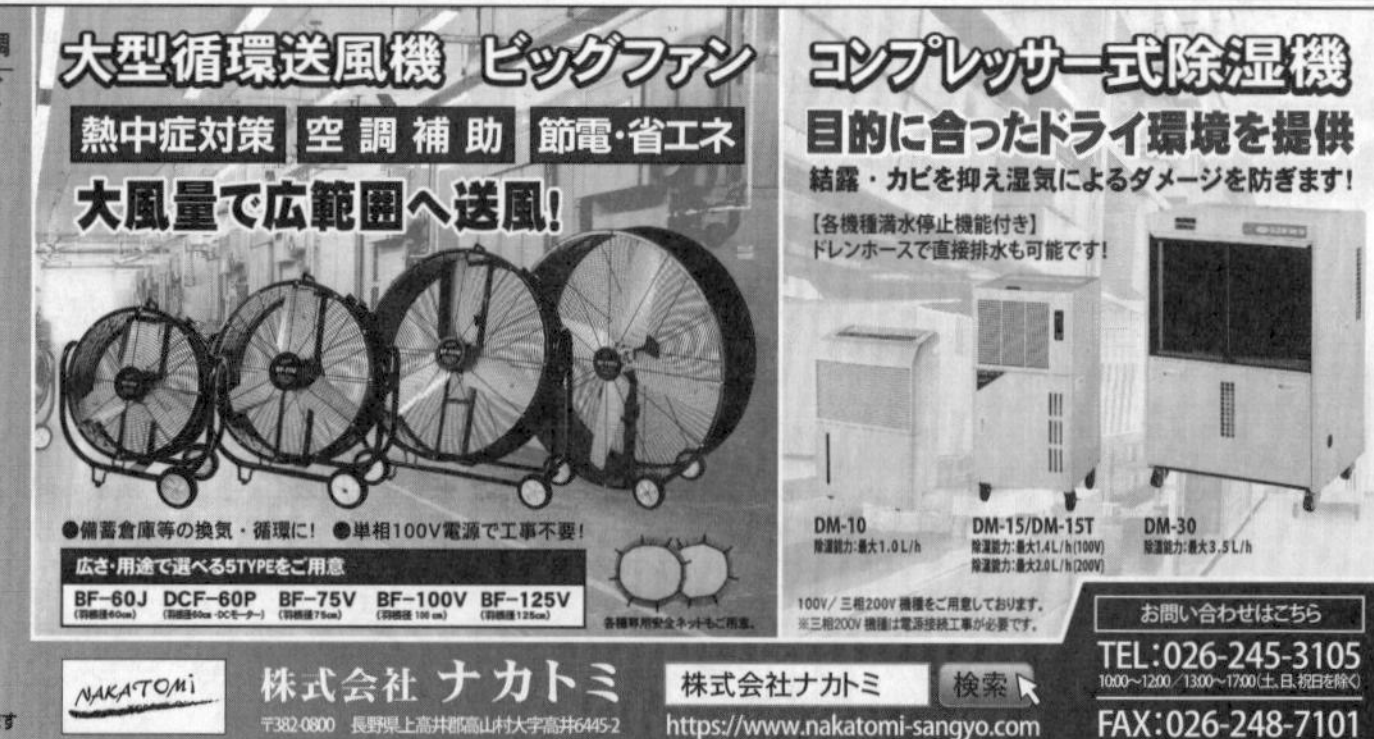


# 『朝雲』縮刷版 2019

2019年の防衛省・自衛隊の動きをこの1冊で

宮古島と奄美大島に駐屯地・分屯地が開庁 南西防衛を強化

大型台風が関東・東北を直撃 統合任務部隊を編成

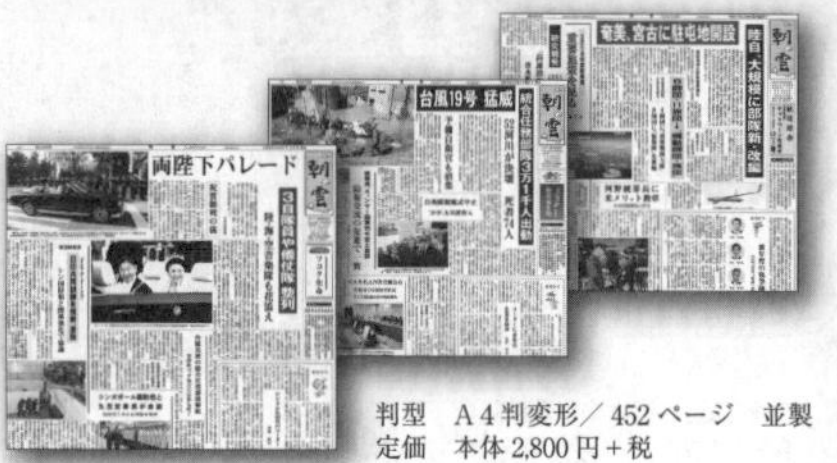

判型 A4判変形/452ページ 並製
定価 本体2,800円+税

朝雲新聞社 〒160-0002 東京都新宿区四谷坂町12-20KKビル TEL 03-3225-3841 FAX 03-3225-3831 http://www.asagumo-news.com

# 防衛省に建造を要請

## 患者500人収容できる「災害時多目的支援船」2隻

### 議員連盟

# 各国軍の事例に見る 日本がめざす「病院船」

大災害時に活用できる「病院船」の導入をめざす超党派の「病院船・災害時多目的支援船建造推進議員連盟」（会長・衛藤征士郎元防衛庁長官）が3月9日、河野防衛大臣に早期建造を求める決議文を手渡した。新型コロナウイルスの感染拡大を受けて改めて注目される「病院船」の活用法を各国軍の事例から探った。

## 特化型と多目的型

議員連盟は「昨今の新型コロナウイルスの感染に十分に備え耐えうる最新型の支援船・病院船」の建造に向けて令和2年中に設計費を計上するよう要望。これを受け、政府は2年度補正予算に病院船の調査費7000万円を盛り込んだ。

同議連が求める「病院船・災害時多目的支援船」は〝海に浮かぶ総合救急病院〟をイメージ。患者等を収容するベッド数は500床で、救命救急・外科・内科・麻酔科・歯科・眼科などに対応。患者や医療関係者を輸送するためにヘリコプター2機、ホバークラフト1隻の搭載型を要望している。

さらに「被災地での支援機能」として、発電・給電設備、淡水化・給水設備など生活インフラの支援設備、放射能や感染症など特殊災害にも対応できる機能も求めている。

また、現地で「司令塔」機能を果たせるよう、政府や自治体の現地出張所、通信・情報処理機能などを持たせる。議連では日本中どこにでも迅速に進出できるよう、太平洋側と日本海側に1隻ずつ（計2隻）の整備を求めている。

英海軍が病院船としても運用するヘリ空母「アーガス」。平時は「航空支援艦」として艦載ヘリ・パイロットの発着艦訓練などに活用されている（英海軍HPから）

## 船体に「赤十字」

### ジュネーブ条約で保護

#### 米海軍など

外国では米、中、露などが大型の病院船を保有している。

米海軍の「マーシー」級病院船（6万9000トン）の2番船「コンフォート」はコロナ禍を受けてニューヨークに派遣され、現地で通常傷病者の医療支援に当たった。

タンカーを改造した同船は1000床の病床と12の手術室、最新の医療機器を備え、船橋後方にはヘリ発着用の飛行甲板があり、空輸された患者は直ちに外傷初療室に搬送できる。他に初療室50床、集中治療室（ICU）80床、術後回復室20床、熱傷治療室、歯科治療区画などを完備している。

中国海軍は病院船「岱山島」（2万トン）などを保有。同船は病床300床、ICU20床、手術室8室があり、1日40件の手術に対応できる。平時には中国政府の国際貢献活動にも活用され、アフリカなどの途上国で医療サービスなどに従事している。

ロシアにも海軍保有の病院船が3隻あり、このうち極東に配備された「オビ」級の「イルティシュ」（1万1600トン）はこの春、露太平洋艦隊の演習にも参加している。

これら「病院船」は船体が白色に塗られ、赤十字（または赤新月）が表示されている。目的は傷病者の治療と輸送であるため、戦闘地域でも攻撃されないよう、ジュネーブ条約で保護されている。このため非武装が原則で、軍の作戦にも直接従事することはできない。

新型コロナ禍でニューヨークに派遣され、一般患者の医療支援活動に従事した米海軍の病院船「コンフォート」（米海軍HPから）

㊤ロシア海軍太平洋艦隊に所属している病院船「イルティシュ」（海自撮影）

㊧「リムパック2016」に参加した中国海軍の病院船「岱山島」（米海軍HPから）

## 「航空支援艦」転用

### 平時の活用を重視

#### 英海軍

病院船は平時にニーズが少ない。それでいて維持経費は莫大で非常に「不経済」であることから、イギリス海軍は「航空支援艦」を有事に病院船に転用する方式を取り入れている。

英海軍の補助艦隊が保有するヘリ空母「アーガス」（2万8000トン）がそれで、通常は海軍の艦載ヘリ・パイロットの教育訓練などに活用している。このため同艦はジュネーブ条約の保護は受けられず、船体も他の英海軍艦艇と同じグレーに塗られ、「赤十字」も表示していない。

しかし、「アーガス」は艦内に一般病床90床、ICU20床、手術室4室を備えている。

海外での人道支援活動にも従事し、2014年には西アフリカのシエラレオネに派遣され、エボラ出血熱に対する医療支援活動を行った。

## 船体コンセプト重要に

### 防衛技術

政府が調査に着手した「日の丸病院船」の船体デザインは未定だが、米海軍のように「浮かぶ総合病院」に特化させるのか、または英海軍のように平時は海上輸送や補給活動などにも使える「多目的型」とするかで設計は大きく変わる。

「病院船」は就役後も船体の整備・補給、港への係留、船員の維持費など、経費は莫大なものになる。このため「海自のヘリ搭載護衛艦や輸送艦を災害時に活用すればよい」という意見も根強く、これまで建造には至らなかった。

「病院船」は建造されれば30年以上にわたり使われるため、平時・有事にどう活用するか、そのコンセプトを固めておくことが重要だ。

議員連盟の求める「ヘリコプター2機、ホバークラフト1隻の搭載」とした場合、さらに費用は膨れ上がり、船体デザインは海自輸送艦のようになることも考えられ、性格も変わってくるかもしれない。

このため、日ごろから使い勝手がよい船とするには何よりも当初のコンセプト策定が大切になる。事前に病院船の運航者、医療従事者、自治体関係者などが議論し、「日本の風土に合った船のデザイン」を決定していくことが重要だ。

議連では「検討と並行して病院船の基本・実施設計に着手し、令和3年度に建造を開始、5年完工をめざす」としており、時間は限られている。

## 世界の新兵器 ――536

### 次期戦闘機「KF―X」 韓

#### 他国頼みの開発の難しさを露呈

韓国で開発中の次期戦闘機「KF―X」の実物大モックアップが、ついに昨秋、ソウル国際航空宇宙・防衛展（ADEX2019）に展示された。すでに試作が開始されたようで、2022年に初飛行、26年に開発を完了し、韓国空軍の老朽化した現有戦闘機F4とF5の後継機として当面、約120機程度を生産するとしているが、状況によっては更に遅れる可能性がある。

本機は、韓国空軍の第4世代戦闘機F16と、第5世代戦闘機F35の中間を狙った機体で、ステルス性も考慮した「第4.5世代戦闘機」を開発するとしている。

開発計画は01年に公表され、当初は現有軽戦闘機FA50（米企業の技術支援を受けて韓国で初めて開発した中等練習機T50の改造型）の能力向上型が有力であったが、その後の戦略環境や技術革新を検討した結果、やや大型の新規機体（エンジン双発）の開発を目指すこととなった（製造会社はKAI社）ものの、本格的な戦闘機の開発は初めてであったこともあり、その後、紆余曲折を経ることとなった。

まず、インドネシアと経費分担も伴う共同開発を目指したが、インドネシア国内の経済事情や開発計画の遅れ、共同開発条件の不一致などもあり何度も挫折しそうになりながら今日に至っており、先が見えていない。またトルコや、欧州、米国の企業からの共同開発の働きかけもあったが、いずれも挫折している。

一方、適用予定の最先端技術であるアクティブ・フェーズドアレイ・レーダー、電子光学式目標捕捉装置、赤外線捜索追尾装置、電子妨害装置やステルス技術などについては、米国から技術開示を拒否されたため、イスラエルや欧州企業などの技術支援を受けながら（機能・性能は低下）今日に至っている。

本機の形状は米国のステルス戦闘機F22の小型版と言ったところで、その諸元・性能は、全長16.9m、全幅11.2m、最大離陸重量25.6t、エンジンは米国GE社製のF414（FA18搭載エンジンと同じ）双発、最大速度マッハ1.81、航続距離2900kmと発表されている。

韓国空軍の次期戦闘機「KF―X」の完成イメージ（KAI社提供）

搭載兵器・電子装備は、欧州製が多く（米国がシステム統合のため技術開示を拒否）、ハードポイントは10カ所あるものの、外装品が多く（内装化は将来検討する予定）、エンジン排気口にも2次元ノズルや赤外線低減装置がないことから、ステルス性は劣ると考えられる。

同機は完成後の輸出も考慮しているが、現状ではコストパフォーマンスが悪く、見通しは暗いと思われる。このケースのように他国の支援に頼る開発は、不確定要素が多く、困難を極めやすい。我が国の次世代戦闘機「F3」の開発計画も、このあたりを十分検討しておく必要がある。

髙島　秀雄（防衛技術協会・客員研究員）

## 防衛トピックス

### 二足歩行の宅配ロボ米で実用化

米オレゴン州立大学発のアジリティ・ロボティクス（Agility Robotics）社は二足歩行ロボット「ディジット（Digit）」の実用化に成功した。

荷物の宅配などを想定した同ロボットは、人間と同じように二足で歩行し、重さ18キロまでの荷物を両手で運ぶことができる。「ディジット」は路上の障害物を迂回したり、階段を上り下りして荷物を配達することが可能。

同社では「ディジット」を充電用の自動運転車と一体化させたシステムの実用化を進めている。

宅配用の二足歩行ロボット「ディジット」（Agility Robotics社のホームページから）

**おことわり**　「技術が光る」は休みました。

## 技術屋のひとりごと

### 研究開発ビジョンの効用

高原　雄児（防衛装備庁・装備官（統合装備担当））

私の専門であるジェットエンジンは航空機に搭載されるので、その研究にあたっては、将来搭載される航空機に最適なものとすることは当然のことと思われます。ところが、ここに一つ大きな問題があります。それは「エンジンの研究開発は航空機のそれより長い」という問題です。このためエンジン研究は搭載される航空機より早く開始しなければなりません。

ところが、「航空機の開発が決定していないのに、エンジン研究を[illegible]ん」との議論がよく生起していました。かといって、航空機開発着手が決まってからエンジン研究を始めたのでは、航空機の開発に間に合いません。この構造的な問題に対して、防衛省の航空機・エンジンの研究開発に携わってきた先人たちは、苦しい説明と理屈で対抗してきました。

それでは、新しいエンジンの研究を正々堂々と、根拠をもって開始することはできないものなのでしょうか？

その一つの回答が、[illegible]発を選択肢として考慮できるように、将来戦闘機の取得を検討する所要の時期に関するコンセプトと必要な研究事業について整理したものが「将来戦闘機研究開発ビジョン」（平成22年）でした。これにより、将来戦闘機の開発着手は決まっていなくとも、戦闘機用エンジンの研究を堂々と進められるようになったのです。

その後、[illegible]来無人装備」（平成28年）及び「多次元統合防衛力の実現とその先へ」（令和元年）に関する研究開発ビジョンをまとめています。これらのビジョンが将来装備品を開発するための有効な根拠となっていることを期待しています。

FXC CORPORATION　C-X用 C-1用 C-130用　抽出傘投下・投棄システム
Extraction Parachute Jettison System (EPJS)
重量装備品等を空中投下する任務において、搭乗員及び航空機双方の安全性を確保するシステム及び当該運用機材
Cabin Leakage Tester
米国ハイドロリックインターナショナル社
航空機コクピット内空気漏えい検査機材及び当該組部品等
総販売代理店
大誠エンジニアリング株式会社
〒160-0002　東京都新宿区四谷坂町 12-20 KKビル5階
TEL：03-3358-1821　FAX：03-3358-1827
E-mail：t-engineer@taisei-gr.co.jp

NEC CAN
世界が抱える社会課題に、
デジタルの力で、新しい答えを。
\Orchestrating a brighter world　NEC

大空に羽ばたく信頼と技術
IHIは世界有数のジェットエンジンメーカーです
IHI
Realize your dreams
世界を飛ぶIHIのジェットエンジン
株式会社IHI 航空・宇宙・防衛事業領域
URL:www.ihi.co.jp

# 防衛省生協 退職者生命・医療共済

# リニューアル!!

令和2年7月1日

退職後から85歳までの病気やケガによる入院と
死亡（重度障害）をこれひとつで保障します。

## 1 より長く

満期年齢が80歳から**5年間延長されて85歳**となり、
より長期の安心を確保！

## 2 より厚く

入院共済金が「3日以上入院で3日目から支払」が「3日以上入院で
**1日目から支払**」に！

## 3 より安く

一時払掛金を保障期間の月数で割った**「1か月あたりの掛金」**
がより安く！

あなたと大切な人の"今"と"未来"のために

| 現職 | 退職 〜 85歳 / 終身 |
|---|---|
| **生命・医療共済**（生命共済）<br>病気やケガによる入院や手術、死亡（重度障害）を保障します | **退職者生命・医療共済**（長期生命共済）<br>退職後の病気やケガによる入院、死亡（重度障害）を保障します |
| **火災・災害共済**（火災共済） | **退職火災・災害共済**（火災共済） |

火災や自然災害などによる建物や家財の損害を保障します

- 令和2年7月1日以前に80歳満期でご契約の方は「転換」で85歳満期に変更できます。
- 退職前から計画的に掛金を準備できるように「事前積立掛金」制度も誕生しました。

※「退職者生命・医療共済」は、長期生命共済の販売呼称です。

詳しくはホームページへ ➡

One for all, All for one

防衛省職員生活協同組合

〒102-0074 東京都千代田区九段南4丁目8番21号 山脇ビル2階
専用線：8-6-28905 電話：03-3514-2241（代表）

BSA-2020-03

# 延べ1万3千人が全力活動

## 新型コロナ収束へ

新型コロナウイルス感染症を収束させるため、防衛省・自衛隊は3月28日以降、隊員延べ約1万3千人（5月26日現在）が各種支援を担っている。陸自西部方面隊（健軍）の医官らは長崎市でクルーズ客船の乗員・乗客への医療支援を実施した。一方、新隊員教育に当たる各部隊では間隔をあけて10キロ行進をするなど「ウィズ・コロナ」の取り組みも行っている。

## 成田、羽田両空港で検疫
### 西方 長崎クルーズ船で医療支援

官民で感染収束のための取り組みが続けられ、省・自衛隊も支援に尽力。成田、羽田両空港で検疫支援を、関東の宿泊施設では帰国者らへの生活支援（食事配分など）を行っている。

また、全国29都道府県で、これまでに陸自5個方面隊隷下部隊の隊員らが自治体職員らへの衛生教育などに当たってきた。

5月13日には出入国在留管理庁からの依頼を受け、東京出入国在留管理局などの職員へ防護服の着脱方法などを教育するため、東方総監部（朝霞）、東方衛生隊（同）の医官、看護官ら9人が派遣された。

一方、感染が確認された長崎市に停泊中のイタリア船籍の大型客船「コスタ・アトランチカ号」では、長崎県知事の災派要請を受け、陸自西方の医官らが対処に当たった。

4月22日から5月14日にかけて、医官ら延べ12人がPCR検査の検体採取を支援。延べ約60人が船外医療支援に当たった。自衛隊富士病院から派遣されたCT診療車で医療スタッフの診断も支援した。

この間、問診や健康管理、定期内服の薬剤切れや湿疹への処方も行った。呼吸苦などの症状が見られ肺炎の兆候があった乗員を救急搬送。また、夜間も放射線技師を待機させ容態急変などに備えた。

自衛隊富士病院が派遣したCT診療車の車内で診断の支援を行う西方の放射線技師＝防衛省提供

## 各地で「ウィズ・コロナ」の取り組みも

被服縫製などの能力を活用し布マスクを製作する関東補給処松戸支処の隊員（同支処で）

松戸支処隊員が製作したマスクを着け、天幕展張の訓練を行う1普連新隊員教育隊の新隊員

### 布マスク1500枚製作
#### 「むれにくく使いやすい」と高評価
松戸

【関東処松戸支処】関東補給処松戸支処は4月27日から5月10日まで、各部署の隊員を募り被服縫製や落下傘整備などの能力を活用して布製マスクを製作。部隊へ配布している。

製作に当たったのは同支処総務、需品、落下傘各部の隊員54人。被服キャンバス工場、落下傘整備工場のミシンを用いて専門的技術を持つ鈴木隆義技官（需品部）以下8人の技官の指導の下、約1500枚（1日約110枚）を完成させた。

布マスクは数種類の仕様検討、試作を経て、旧制服（91式制服）の余った生地を活用して濃緑色の立体型に仕上げた。ガーゼなどのフィルターを挿入できるポケットを設け、裏地にはガーゼを使用し、機能や装着感にこだわった。「装着感を重視して立体型を採用したため、曲線部分を縫製するのが難しかった。品質を一定にすることにも苦労した」と担当者。

その後、東部方面隊の新隊員への配布を開始。着用した新隊員からは「迷彩服や制服の着用時に違和感のない色」「むれにくく使いやすい」など高い評価が得られ、隊員の感染防止に役立つことが期待される。

### 病院で宿泊支援
#### 配食など献身的に
18普連

【18普連＝真駒内】18普連（連隊長・松本哲治1佐）は4月20日から24日まで、札幌市内の宿泊施設で新型コロナウイルス感染症の軽症患者らへの宿泊支援を行った。

編成された18人は、感染防止、衛生用資材の取り扱いなどについて事前教育を受け、万全な態勢で任務に当たった。隊員はタイベックススーツを着用し、定期的に消毒を徹底し、衛生管理の下、配食などを献身的に行い民政の安定に寄与した。

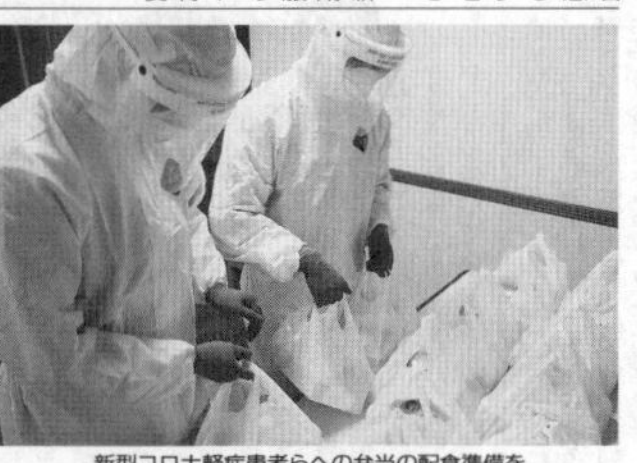

新型コロナ軽症患者らへの弁当の配食準備を行う18普連の隊員（札幌市内の宿泊施設で）

### 小休止

▽…沖縄地本石垣出張所は5月15日、新型コロナウイルス感染症対応の現場で働くエッセンシャルワーカー（医療・介護従事者）への感謝と敬意を伝えるため、石垣地方合同庁舎駐車場で「フライデーオベーション」を行った＝写真。

▽…「フライデーオベーション」は、エッセンシャルワーカーに謝意を伝えるために毎週金曜日正午に拍手を送る全国的な取り組み。この日は岡本知力所長以下所員12人が参加した。

▽…力強い拍手は翌日、地元紙にも取り上げられた。石垣出張所は石垣市の緊急事態宣言が解除される5月31日までの毎週金曜日正午、拍手を送る。（沖縄地本）

### 自粛ストレス 吹き飛ばそう！
#### 空音、米空軍、地元音楽家らオンライン演奏

空自航空中央音楽隊（立川）は4月27〜30日、米空軍太平洋音楽隊（横田）、多摩地域在住の音楽家・中学校吹奏楽部の生徒とともにオンライン演奏動画を収録した。配信された動画はこれまでに8千回を超えて再生され、話題になっている。

動画配信は地元ラジオ局「エフエムたちかわ」が企画。空音からは16人が出演した。自粛生活のストレスを吹き飛ばしてもらうことを願い、演奏曲はアップテンポな曲調のアニメ「カウボーイ・ビバップ」のテーマ曲「Tank!」が選ばれた。

配信されている演奏動画の一場面（ユーチューブから）

#### 「ユーチューブ」で動画配信

収録は空音の音楽家と米空軍の音楽隊員の指揮者が最初に演奏し、音源を米空軍に送信。曲の主旋律とドラムとベースのセッションを作り、さらに各演奏者が個別に音を重ねていった。それぞれ異なる場所で演奏して作り上げるため音程を合わせるのが難しく、何度も取り直すなど試行錯誤が続いた。最後に「エフエムたちかわ」が3分55秒の“共演”に編集。5月6日、動画投稿サイト「ユーチューブ」に配信した。

動画は音楽ファンらに大好評で、コメント欄には「自衛隊の演奏者がうまい」「ナイス」などの称賛の書き込みが多く寄せられている。

収録の調整を行った空音演奏班長の芳賀大輔3佐は、「自粛生活が長期化する中、皆さまに少しでも元気になっていただきたい。共演した中学生には音楽の楽しさを忘れないでいてほしい」と語っている。

### 対馬駐隊員が献血
#### 3密回避を徹底

【対馬】対馬駐屯地は5月2日、長崎県赤十字血液センターが行う献血に協力した。

新型コロナウイルス感染防止のため検温、マスク着用、3密回避を徹底し、山口勝駐屯地司令をはじめとする103人が行った。

来訪し業務に当たった赤十字血液センターの先生方は、「1台のバスで100人を超える方の献血を行ったのは初めて。不足している血液を確保でき、関東などへ送られる」と謝意を示した。駐屯地の皆さまの協力に感謝しています」と謝意を示した。

### 2メートル間隔で10キロ徒歩行進
2普連

【2普連＝高田】2普連教育隊は4月23日、高田駐屯地近くの関川の堤防で自衛官候補生の10キロ徒歩行進を行った。

候補生にとっては初めての行進訓練で、各自の間隔が狭くなりがち。新型コロナウイルス感染防止のため、行進間は約2メートル間隔をしっかり確保するよう班長らが指導。候補生は間隔を守り全員が完歩した。

参加した佐藤聡春自候生は、「次は25キロで距離が倍以上になる。心身ともに準備をしたい」と次の行進への意欲を語った。

### こちら警務隊
法知識の不知①

#### 有印公文書偽造・行使
#### 「浅はかな考えと行動」

営内居住の隊員が外出証をコピーして外出した場合、何か罪になりますか？

部隊が作成した外出証や休暇証は、公務員が作成した公文書に該当し、これに許可権者が押印または署名することで有印公文書となります。

これを不正に外出するために複製すると偽造、さらに外出するため警衛所に提示すれば行使となり、刑法の有印公文書偽造・同行使罪に該当し、1年以上10年以下の懲役に処せられます。

外出したいがために、犯罪となることを認識せず、浅はかな考えでとった行動が、非常に重い罪となってしまいますので絶対にしてはいけません。

（東北方面警務隊）

※次回、「公用文書毀棄罪」


防衛省職員および退職者の皆様へ
防衛省団体扱自動車保険・火災保険のご案内
【引受保険会社】東京海上日動火災保険株式会社
防衛省団体扱自動車保険契約は一般契約に比べて 約19%割安
予備自衛官、即応予備自衛官の皆様もご契約いただけます
お問い合わせは 取扱代理店 株式会社 タイユウ・サービス フリーダイヤル 0120-600-230 電話：03-3266-0679 FAX：03-3266-1983 〒162-0845 東京都新宿区市ヶ谷本村町3番20号 新盛堂ビル7階
今ご契約の自動車保険、火災保険の内容と比べてみてください
防衛省団体扱火災保険契約は一般契約に比べて 約15%割安
※上記は概要です。ご契約にあたっては必ず「重要事項説明書」をよくお読みください。団体扱の対象となる方の範囲や団体扱特約失効時の取扱い、その他ご不明な点等がある場合は引受保険会社までお問い合わせください。

内外出版・新刊図書
最新 防衛実務小六法 令和二年版
日常業務に、また、3尉候補者・幹部候補生・曹候補生の選抜試験等の受験者や、幹部学校・職種（術科）学校などの入校学生の方々にも必携の一冊です。
日加ACSA及び日仏ACSAに関する改正、改元に関する改正を始め、その他広範囲にわたり改正されています。
◎新規収録 防衛省の損害賠償に関する訓令／日仏物品役務相互提供の実施に関する訓令／日加物品役務相互提供の実施に関する訓令
ISBN978-4-909870-11-7 ◎A5判▽本体価格七五〇〇円
最新 緊急事態関係法令集2020 付録CD-ROM「戦争とテロ対策の法」
有事やテロ、災害への対処のための国内外の法規を幅広く収録したものです。令和元年第200回国会までを完全収録しております。
各中央省庁の実務担当者、全国の自治体の危機管理担当者、大学研究者の方々はもとより、各組織の幹部教育などにご利用いただいています。持ち運びの出来るコンパクトなサイズです。
付録CD-ROM「戦争とテロ対策の法」には新大綱、中期防を収録しております。インターネット・ブラウザで閲覧可能です。
ISBN978-4-909870-16-2 ◎A5判▽本体価格三四〇〇円
新刊 ここが変だよ日本国憲法！ 田村重信 著
憲法とはいったい何なのか？なぜ憲法改正なのか？
議論する前に憲法を全て読んだことがありますか？
しっかりとした情報を共有し考えることが大切です
憲法は国民が楽しく幸せに安全に生きるためのツールです
序章 必要なのは脱皮する勇気
第一章 ここが変だよ日本国憲法！
第二章 憲法改正をめぐる自民党の闘い
第三章 「想定外」に弱い戦後日本
第四章 ゼロから分かる自民党の新憲法草案
第五章 冷戦後の国際平和協力法制
第六章 憲法と武器輸出三原則
第七章 ワシントンで専門家に憲法を語る
第八章 ウクライナで「日本の政治と法制度」を語る
あとがき 翔べなくなった鴨
ISBN978-4-909870-14-8 ◎新書判▽本体価格一〇〇〇円 全二四〇頁
内外出版 〒152-0004 東京都目黒区鷹番3-6-1 TEL 03-3712-0141 FAX 03-3712-3130 防衛省内売店：D棟4階 TEL 03-5225-0931 FAX 03-5225-0932 (専) 8-6-35941 http://www.naigai-group.co.jp/

防衛ハンドブック2020 発売中！
シナイ半島国際平和協力業務　ジブチ国際緊急援助活動も
安全保障・防衛行政関連資料の決定版！
判型 A5判 948ページ
定価 本体1,600円＋税 ISBN978-4-7509-2041-2
朝雲新聞社 〒160-0002 東京都新宿区四谷坂町12-20 KKビル TEL 03-3225-3841 FAX 03-3225-3831 http://www.asagumo-news.com

# みんなのページ

## 最先任上級曹長に上番して

准陸尉　知元 敏純（49普連本部・豊川）

49普連の最先任上級曹長・知元准尉

私は3月16日付で第49普通科連隊の第6代最先任上級曹長に上番させていただくことになりました。

平成4年に入隊し、これまでは静岡県御殿場市の滝ヶ原駐屯地で28年間勤務してきました。

滝ヶ原の普通科教導連隊では学生教育支援のほか、銃剣道錬成隊で訓練に励み、平成25年からは装備実験隊（富士）でさまざまな装備の研究・試験にも携わりました。そして平成30年に49普連に転属となり、現在に至ります。

この間いろいろな出来事がありましたが、人との繋がりが自衛隊では非常に大切だと感じています。これまで私も多くの難題に直面しましたが、そのたびに人との繋がりのおかげで困難を克服できたように思います。

人にはそれぞれ得意、不得意があり、それを仲間と補いながら任務を達成していくのが自衛官であると思います。49普連で最先任上級曹長を拝命してからも、多数の方からの助けがあり、日々の任務が無事にこなせています。

また、指揮官補佐者として毎日、指揮官に接して貴重なアドバイスを受け、目から鱗が落ちることばかりです。指揮官の視点、言い回し、指導のタイミングなど、どれもが勉強になることばかりです。

最先任上級曹長は、単なる准曹士の最上位者ではなく、先頭に立ってその背中を隊員たちに見せ、引っ張っていく存在でなければなりません。そこで自分のこだわりである「笑顔と勇気で行動」を隊の准曹士たちに伝えていき、いかなる任務も達成できる組織づくりに尽力していきたいと思います。

連隊長・関谷拓郎1佐の統率方針「常即一体」、要望事項「現場第一」「日々向上」をいかに常備自衛官、即応予備自衛官に徹底していくかを常に念頭に置きながら、自分自身も日々向上していきたいと思います。

指揮官、隊員たちの「何気ない一言」も決して聞き逃すことなく、また小さなことも見落とすことなく、これからも最先任上級曹長の任を全うしていく所存です。

## Off-JTで医療技術の向上目指す

准陸尉　高柳 悦史（東北方衛生隊305救急車隊・仙台）

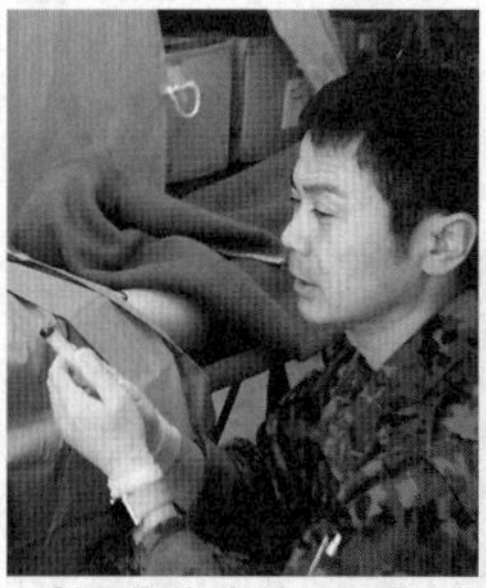
「オフ・ザ・ジョブ・トレーニング」に力を入れている305救急車隊の高柳悦史准尉

「オフ・ザ・ジョブ・トレーニング（Off-JT）」とは、隊務に関する知識・技能を職場以外の場で学ぶことの総称であり、衛生科においては各種協会・団体等が実施する部外講習会がそれにあたります。

その存在を知ったのは、救急救命士課程を修了し、部隊配属された後でした。当時の先輩の誘いを受け、後輩たちと一緒に泊まりで部外講習を受けに行ったのを覚えています。

脊椎を損傷した可能性のある傷病者を搬送する手段は当時かなり新鮮な知見で、講習を受け、かなりレベルが上がったのを感じました。そして、そのままの勢いでインストラクターコースまで受講しました。しかし、異動を機に取り組み自体が億劫になるとともに、当時の部隊で要求されたのは医学的知識ではなかったことから必要性も感じず、あっという間に失効するという、典型的なフェードアウトを経験しました。

その後、私の場合は再び必要に迫られ再取得しましたが、「億劫になり（技能の）失効」というのは多くの衛生科隊員のパターンだと思います。

あるとき私は、駐屯地内で墜落事故に遭遇しました。現場で医官とともに処置に当たりましたが、その時、2人の隊員（医療資格のない3曹と陸士）が私を手伝ってくれました。

この両名は、ふだんの部隊訓練のほか、直前に部外講習を受けたばかりで、私はその2名と協力して負傷者を救出し、一命をとりとめることができました。この体験により、私は「Off-JT」の有用性を確信しました。

自分が動けたことのほか、多数の衛生科隊員がいる中で2人の若い隊員が活躍できたという事実が物語るのは、「いざという時に動けるかどうかは、必ずしも保有資格に関係ない。ふだんから意識を持って練成しているかどうかが重要だ」ということです。処置後、両名と話したとき、2人は「緊張しました、手が震えました」と言っていましたが、現場では本当に頼りになり、私は2人をとても誇らしく感じました。

衛生科隊員でもこのような場面に遭遇することは稀なことと思いますが、いざというときに動ける自信はありますか？ そして「動けない自分」を許せますか？

私は先の事件以降、この言葉を自分自身に常に問いかけています。そしてあらためて、平素の訓練以外にも「Off-JT」を活用し、自己練成を積み重ねることの意義・重要性を実感しました。

部隊での訓練機会、特に衛生隊にいると「第一線救護」といった最前線の現場での訓練機会は限定されます。このためスキル維持には、自己練成が重要になります。しかしながら、冒頭で述べたように、一度は部外の講習による資格を取っても、次第に億劫になり、フェードアウトする方も多くいます。そしてもっと多いのは、最初から必要性を感じないというパターンです。

かくいう私も最初はそこまで意識して始めた「Off-JT」ではありませんでしたが、あの事件以降は、課業内外、駐屯地内外を問わず、自分の果たすべき役割を全うするには、スキルの維持もマインドの維持も欠かせないものだと認識しました。

処置後、「最善だったはず」と自分の手技を確認するためにも、そして「次はもっとうまく活動する」ためにも、私は「Off-JT」を続けていきたいと思います。それこそが私の学び続ける理由です。

（世界の切手・チュニジア）

私たちにとっての敵とは「ためらい」だ。自分はこんな人間だと思ってしまえば、それだけの人間にしかなれない。

ヘレン・ケラー（米国の教育家）

朝雲ホームページ
www.asagumo-news.com
<会員制サイト>
Asagumo Archive
朝雲編集部メールアドレス
editorial@asagumo-news.com

## 今「e-Sports」が熱い

2空曹　瀬戸 健太（1輸空施設隊・小牧）

「e-Sports」を楽しむ1輸空の隊員

「e-Sports」とはエレクトロニック・スポーツのことで、ビデオゲームを使った対戦スポーツ競技です。海外では1万人を超える観客が大きな会場を埋め尽くし、選手の一挙手一投足に熱狂し、近年、世界中で大きな盛り上がりを見せています。

競技はスポーツ系、格闘系、パズル系など、さまざまな部門に分かれており、2024年に開催されるフランス・パリのオリンピック・パラリンピックでは新種目としても採用が検討されています。

当隊にも、そんな「e-Sports」に注目し、熱中している隊員がいます。大会には参加していないものの、日々鍛錬をおこない、着々と実力をつけています。彼らは「音ゲー」を舞台に、最難関の楽曲で最高点を叩き出すことを目標に、全力でゲームを楽しんでいます。

音ゲーは集中力や状況判断の能力を鍛えるのにも適しているということです。興味のある方は一緒に楽しみましょう！

## あの悔しさを絶対忘れない

3陸曹　阿部 隼也（6施大本管中隊・神町）

あの悔しさを絶対に忘れない。私は6師団銃剣道競技会に第6施設大隊の選手として試合に臨んだ。施設大隊は5個部隊で競うBグループに属し、大会の成績は2勝2敗で、5チーム中、第3位だった。

自分たちは優勝を目標に掲げ、チーム一丸となって練成に取り組んできた。しかし、優勝を勝ち取ることができず…、悔しかった…。

大会から日にちがたっても、勝てなかった試合が頭によぎり、寝る前は悔しさが込み上げてくる。

「もっと練習しておけばよかった」「ああすれば勝てたのでは」と、変えられない結果を思い出しては悔やんでしまう。

私は次の大会に向け、この悔しさを絶対に忘れない。これまで以上に練成して、個々の技術を磨き、さらに強いチームになるよう全力で取り組んでいく。そして、絶対に優勝する！

## OBがんばる

久原　国彦さん　56
平成28年11月、北恵庭駐屯地業務隊を最後に定年退職（特別昇任1陸尉）。千歳交通に再就職し、タクシーの乗務員を務めている。

### 辛抱強く勤務したい

私は現在、千歳交通株式会社でタクシー乗務員として勤務しています。弊社は東千歳・北千歳・千歳基地の自衛隊内で売店も営む地元企業「山三ふじや」グループの会社で、「みどりのタクシー」として地域の人たちに親しまれ、自衛官OBも多数勤務しています。

私は千歳・恵庭地域援護センターから紹介を受け、緑色のタクシーを勝手に「（自衛隊の）OD色」と連想し、入社を決めました。

入社した当初は地名や施設名が分からないため、すぐに目的地が分かる資料を作成し、携行しました。貸与された夏・冬制服の洗濯・アイロン掛け・靴磨きなどは自衛官時代と変わらず、自分で実施しています。

勤務時間は休憩を含め午前10時から翌朝5時までで、それを月約12日間勤務し、残り18日間はお休みです。自衛官時代の体力練成のおかげか、勤務もそれほど長く感じられません。また休日も多く、十分な休養が取れ、大変満足しています。給料は歩合給ですが、営業回数の8割が電話オーダーのため、会社から配車を受けて営業しています。

接客が最も重要で、思い出に残るお客様もいます。お迎えに行くと車椅子を畳み、道路端で待っていらっしゃる女性もいました。感謝の言葉と共にお釣りを辞退されたりすると、身を切られる思いがします。

韓国の高齢の御婦人4名を札幌までお送りした際、車内の会話は日本語でした。小学校で学習したことを今でも覚えていらっしゃるそうです。私も加わり「故郷」などの唱歌を斉唱し、日本人よりも日本人らしく感じました。

再就職して思うことは、一度入社したら、どのような境遇に置かれようとも辛抱強く継続して勤務したいということです。継続勤務は自分自身を成長させ、愛社精神を育み、会社を通じて社会にも貢献できると思います。

## 小学生が峯岡山レーダーサイトへ

1空曹　佐久間 進一（44警隊・峯岡山）

地元・千葉県鴨川市生涯学習会主催による「土曜スクール」（鴨川市内の小学校1年生～6年生、支援スタッフ）の一行53名がこのほど、峯岡山分屯基地を訪れた。

当日は天候にも恵まれ、参加者たちは東京湾や大山千枚田を一望できる基地内の眺望台からの眺めを楽しんでいた。また、ふだんは見ることのできない自衛隊のレーダーサイト施設や装備品を見て目を輝かせていた。

## 新刊紹介

### 「アメリカ空軍史から見たF22への道」（上・下）

夕撃旅団著

"世界最強"と言われる米空軍のステルス制空戦闘機F22はどのようにして生み出されたのか。その背景を米空軍の成り立ちまで遡って考察した軍用機ファンにはたまらない一冊だ。

執筆はミリタリーサイトの「夕撃旅団」で、米空軍がどんな性格で、何をめざして戦闘機を開発しているのか、空軍史からひも解いている。戦闘機の進化の歴史は「レーダーとの戦いの歴史」であったとし、米軍がレーダー管制された敵の高射砲や地対空ミサイルの脅威を克服するため、レーダーに映らない究極のステルス戦闘機を生み出す技術陣の苦労なども描いている。

航空史に残る傑作機となったF15、F16両戦闘機の良さを生かし、そこにステルス技術を盛り込んだハイテク機F22が完成するまでの経緯と、同機の一線配備により米空軍がどう変わったのかを読者は知ることができるだろう。一方で、F35戦闘機はその系譜から外れた独自設計の機体であるという指摘も興味深い。

（パンダ・パブリッシング刊、上1980円、下2200円）

### 「海自オタがうっかり『中の人』と結婚した件。」

陸のやこさん・海のやこさん編　たいらさおり著

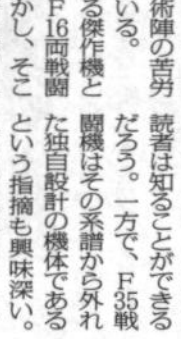

海自好きのオタク女子が、うっかり海上自衛官と結婚してしまったことから起きる騒動をマンガにした人気コミックの第4弾だ。今回は台風で中止になった「令和元年度観艦式」をめぐっての一家の泣き笑いが楽しく描かれている。

母と娘は観艦式で護衛艦「いずも」に乗艦し、総理大臣を間近から見学するのを楽しみにしていたが、台風19号が関東を直撃すると知り大あわて。そのころ艦艇勤務の父（やこさん）は「避泊」で出港していた。式より「国民を守ること」を優先し、「スマートで目先が利いて几帳面」な海自隊員の心意気がユーモアたっぷりに活写されている。

観艦式ネタでは回転寿司店バージョンも。「軍艦巻き」が並んで流れてくると「おっ、観艦式だ」と喜び、軍艦の向きがそろっていると「練度が高い！」と称賛する男たちがほほえましい。女性の海自ファンを今回も大いに増やしてくれそうだ。

（秀和システム刊、1100円）

## 詰碁

第1235回出題

出題　日本棋院　九段　曲　励起

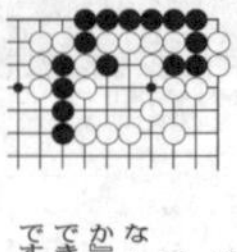

黒先

『黒はどうなりますか』。5分でできれば中級です。

▶詰碁、詰将棋の出題は隔週です◀

## 詰将棋

出題　日本将棋連盟　九段　石田　和雄

▲先手　持駒　銀香

≫第819回の解答≪

【正解】▲4二銀△同金▲2三飛引成△同馬▲3四香△同馬▲2二飛成までの七手詰め。

【解説】まず▲4二銀と退路を断っておくのが手筋。続いて▲2三飛引成から▲3四香の短打が、気付きにくい手順。△同馬に▲2二飛成まで鮮やか。なお▲3四香で3七香は△3五歩で不詰み。

「朝雲」へのメール投稿はこちらへ！
▽原稿の書式・字数は自由。「いつ・どこで・誰が・何を・なぜ・どうしたか（5W1H）」を基本に、具体的に記述。所感文は制限なし。
▽写真はJPEG（通常のデジカメ写真）で。
▽メール投稿の送付先は「朝雲」編集部（editorial@asagumo-news.com）まで。

極めて速い武器の進化に日本は対応できるのか!?

弾丸が変える現代の戦い方　新刊

今までほとんど語られてこなかった弾丸と弾道に焦点を当てて、元陸上自衛隊幹部と軍事ジャーナリストが徹底対談！
小銃や機関銃に関する最新情報も加えて、弾の進化が戦いを変えていく世界各国の戦略的な動きに迫る。

二見龍、照井資規 著

定価：本体1,600円+税　B6判・192頁　ISBN：978-4-416-61981-0

好評既刊〈自衛隊最強の部隊へ〉シリーズ共通：二見龍 著、B6判

第1弾 偵察・潜入・サバイバル編
見つかったら終わり…。そんな本物の戦場でも生き残ることができる兵士の育成法とは？自衛隊独自の訓練を描いたノンフィクション！
定価：本体1,500円+税　ISBN：978-4-416-51908-0

第2弾 CQB・ガンハンドリング編
どうしたら強くなれるのか…。その答えを求めて実戦に特化した訓練に明け暮れた陸上自衛隊・第一線部隊の記録。
定価：本体1,500円+税　ISBN：978-4-416-51951-6

第3弾 戦法開発・模擬戦闘編
実戦で勝つための新戦法開発からその戦法を用いた模擬戦まで。実戦に特化した訓練に明け暮れた陸上自衛隊・第一線部隊の記録。
定価：本体1,800円+税　ISBN：978-4-416-52058-1

誠文堂新光社　〒113-0033 東京都文京区本郷3-3-11　TEL.03-5800-5780　https://www.seibundo-shinkosha.net/
お求めはお近くの書店、ネット書店、または、ブックサービス 0120-29-9625（9時～18時）まで

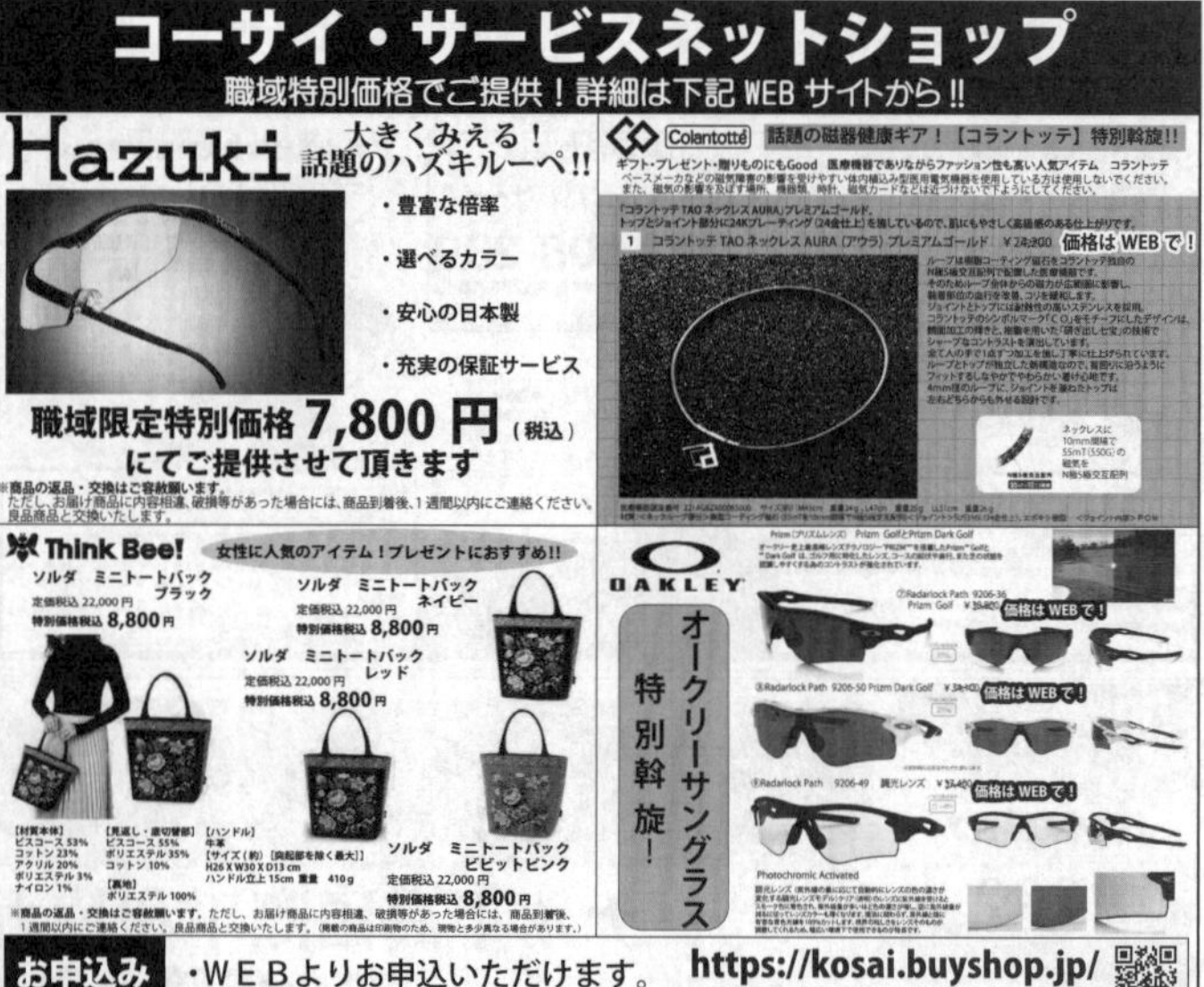


〒1600002 新宿区四谷坂町 12 番 20 号 KK ビル 4F　営業時間 9:00～17:00／定休日土・日・祝日

朝雲

発行所　朝雲新聞社
〒160-0002　東京都新宿区
四谷坂町12－20　KKビル
電　話　03(3225)3841
FAX　03(3225)3831
振替00190-4-17600番
定価一部150円、年間購読料
9170円（税・送料込み）

明治安田扱　団体生命保険
保険金受取人のご変更はありませんか？
アフターフォローの
明治安田生命
（引受幹事生命保険会社）

主な記事



# 新型コロナの水際災派終了

## 緊急事態宣言解除　新たな行動指針示す

河野防衛相は5月31日、自衛隊が3月28日から新型コロナウイルスに対する2回目の自主派遣として成田・羽田両空港などを拠点に実施してきた検疫支援などの「水際対策強化」の災害派遣活動を終結する命令を発出した。都道府県知事の要請に基づく防疫・衛生教育などの災害派遣は引き続き行っていく。これに先立ち、防衛省は5月26日、前日の緊急事態宣言の全面解除を受け、教育訓練や勤務態勢の在り方などについて今後の正常化に向けた具体的な活動指針を示した通達「防衛省・自衛隊の活動に関する方針」を発出し、翌27日から適用を開始した。（2、6、7面に関連記事）

### 在宅勤務、時差出勤など継続

自衛隊は5月31日、水際対策として最後まで実施してきた成田・羽田両空港での検疫支援（PCR検査のための検体採取）を厚生労働省に移管。これに先立ち29日には関東地方の宿泊施設に滞在する帰国者・入国者への生活支援を厚生労働省と民間事業者に移管し、3月28日からの自主派遣に関わる全ての活動を終了した。期間中、後方要員を含む延べ約1万3300人の隊員が従事した。

成田・羽田両空港では2万人超の検体採取を実施。自衛隊車両による成田、羽田、中部、関西の各空港から宿泊施設への帰国者輸送には延べ約3千人の隊員が携わり、4月27日に民間バス会社に業務移管するまで延べ約6千人を輸送した。

このほか、4月6日からPCR検査結果待ちの帰国者・入国者の一時滞在先として最大216人（138室）、延べ約840人の宿泊を受け入れてきた防衛省共済組合が運営する「ホテルグランドヒル市ヶ谷」（東京都新宿区）も5月31日でいったん活動を休止し、6月末まで感染者の急増など万が一に備えた予備施設として待機に入った。

### 行事は段階的に平常化

一方、緊急事態宣言の全面解除を受け、防衛省は5月26日夜、感染拡大を予防する「新しい生活様式」の実践に努めることを掲げ、①教育訓練の方針②勤務態勢等の方針③行事等の開催方針④部外者の庁舎・駐屯地等への来訪方針――の4項目を柱とする新たな行動指針を示した。

①の「教育訓練」については、緊急事態宣言解除の際に「特定警戒都道府県」に指定されていた5道都県（北海道、東京、神奈川、埼玉、千葉）との間の移動を伴うものは6月18日まで自粛する。密閉・密集・密接の「三つの密」を避け、マスク着用やアルコール消毒などを行いながら「創意工夫して練度の維持・向上に努める」ことを明示した。

②の「勤務態勢」については、▽テレワークを含む在宅勤務▽時差出勤▽交代制勤務――を引き続き適切に行う。宴会や会合は6月18日までは引き続き「厳に慎む」とし、その後は別途指示するとした。外出は各自治体などの取り組みを踏まえ、各機関等の長が適切に指導するとしたが、仕事帰りなど少人数での食事を禁じるものではないという。

③の「行事等の開催」は感染の「第2波」を警戒し、政府の新型コロナウイルス感染症対策本部が示した制限緩和の移行基準から1段階遅れる形で、①6月19日を目途に「ステップ1」②7月10日を目途に「ステップ2」③8月1日を目途に「ステップ3」――への段階的な平常化を目指す。ただし、移行期間終了後も屋内の収容率を半分以下にし、屋外では十分な間隔を確保するなど、状況を見極めながら一定の条件のもとに万全の対策を講じていく方針だ。

当面は、▽講演会や音楽会など部外者の参加が前提のものは原則中止か延期▽防衛省・自衛隊が主体の行事は真に必要なものに限り部外者が参加しない形で開催▽部内者のみの行事でも真に必要なものに限り開催――することを決めた。

④の「部外者の庁舎・駐屯地等への来訪」に関しては、原則として電話や電子メール、郵送など来訪によらない方法で対応する。国会議員や報道関係者などを除く部外者に対し、人との接触を低減する取り組みを働き掛けていく考えだ。

河野大臣は5月29日の記者会見でコロナ災派について「要請があれば最大限に対応すると同時に、事業者にお金が支払われるよう、期限を区切って（民間に）移管することは大事だ。今後も気を緩めることなく備えていきたい」と述べた。

### 2波、3波の備えが重要に　山崎統幕長

自衛隊の新型コロナウイルスに対する災害派遣活動は、3月28日から5月31日までの2回目の自主派遣による「水際対策」に延べ約1万3300人、4月3日から現在も各地で随時継続中の「市中感染対応」には延べ約2万100人（4日現在）の隊員が従事。「ダイヤモンド・プリンセス号」を含む1月31日から3月16日までの1回目の自主派遣（延べ約8700人）と合わせ、トータルで延べ約4万2千人の隊員が活動に当たってきた（いずれも後方要員を含む）。

山崎統幕長は5月28日の記者会見で「まだ新型コロナの感染が終わったわけではないが、水際や市中感染対応は地方自治体から（防衛）教育支援のニーズが非常に多い」と総括した上で、「今回は第2波、第3波の備えが重要になってくる。自治体としっかり連携していきたい」と述べた。[illegible]

## 空自ブルー　都心を2周　医療従事者へ感謝の飛行

新型コロナウイルス感染症患者の治療などに当たる医療従事者に感謝と敬意を伝えるため、5月29日の昼休み、空自「ブルーインパルス」（4空団11飛行隊、松島）が白いスモークを引き、初夏の東京都心上空を飛行した＝写真。

1番機（機長・遠渡祐樹11飛行隊長）以下のブルー6機は、東京都庁などを巡るコースを2周、約20分間かけて時速約500キロ、高度約750～1350メートルで飛行。自衛隊中央病院（三宿）の上空も航過し、医官、看護官ら多くの職員が屋上から手を振って応えた。（7面に関連記事）

# アデン湾での任務飛行2500回達成

## 海賊対処航空隊38次隊

ジブチの飛行場エプロン地区でマスクを着用し、ソーシャルディスタンスを保ちながら「任務飛行2500回」を祝う、海賊対処航空隊38次隊の植松飛行隊長（前列中央）ら海自の派遣隊員（4月22日、ジブチ共和国の自衛隊拠点で）

世界中で新型コロナウイルス感染症が蔓延する中、アフリカ東部ジブチ共和国を拠点にP3C哨戒機でソマリア沖・アデン湾の警戒監視と情報収集に当たっている海自の「派遣海賊対処行動航空隊」38次隊（司令・稲垣修二2佐以下約60人）は4月22日、1次隊からの通算で「任務飛行2500回」を達成した。

自衛隊の海賊対処任務は2009年6月に開始され、38次隊は今年1月から警戒監視と情報収集の任務に当たり、毎月約20回の監視飛行を[illegible]

38次隊飛行隊長の植松3佐は11年かけての2500回達成について、[illegible]持って任務に臨み続けた結果。現在は世界中がコロナ禍の中ではあるが、与えられた任務に引き続き、隊員一丸となってまい進していく」と決意を語った。

## 感染症対策　63億円を計上

### 防衛省　今年度第2次補正予算案

政府は5月27日の持ち回り閣議で、新型コロナウイルス対策を柱とする令和2年度第2次補正予算案を決定した。一般会計の総額は31兆9114億円で、4月に成立した第1次補正予算（25兆6914億円）を上回り、補正予算として過去最大規模となった。

政府は6月上旬にも予算案を国会に提出し、17日の会期内の成立を目指す。

このうち、防衛省は約63億円を計上。自衛隊の感染症対処能力のさらなる向上を図るため、現地に展開して肺炎の診断に活用できる「CT診断車」（2億円）や「PCR検査機器」などの医療用器材・消耗品（2億円）をはじめ、「感染症患者搬送用器材」（1億円）などの調達に計約7億円を充てる。

一方、集団生活を基本とする自衛隊内での感染症の拡大防止に向けた対策には約56億円を盛り込んだ。隊舎の浴場用ろ過器の不具合などを改修し、衛生環境の改善を図る（54億円）ほか、駐屯地や基地などへの入門時の検温に必要な体温検知器「サーモグラフィー」（1億円）を整備する。

## 米B1と訓練

### 空自のF2、F15

空自各航空団の戦闘機部隊は5月27日、米本土のテキサス州ダイエス基地からグアム島のアンダーセン空軍基地に前方展開中のB1B戦略爆撃機2機と日本海、沖縄周辺の各訓練空域で日米共同訓練を実施した。空自からは5空団（新田原）、6空団（小松）、8空団（築城）のF15戦闘機各4機、8空団のF2戦闘機8機が参加し、日米共同の対処能力と戦術技量の向上を図った。

## 春夏秋冬

### 宇宙作戦隊の発足に寄せて

青木　節子

5月18日、宇宙領域専門部隊として、航空自衛隊の宇宙作戦隊が発足した。宇宙作戦隊の主な任務は、日本の衛星にとって衝突などの脅威となる宇宙ゴミや攻撃を仕掛けてくる可能性のある不審な衛星などを監視する「宇宙状況監視（SSA）」である。

SSAは、現在、地上から光学望遠鏡やレーダーを用いて、物体の存在と任意時刻の位置を捉えることが中心だが、それだけでは宇宙ゴミから自国衛星を守ることはできても、安全保障には不十分である。

2010年代後半以降、中国とロシアの不審衛星が、標的とする衛星と同一軌道に入り、長い時には数ヵ月間接近して監視を続け、標的衛星の能力の把握を行うようになった。このような不審衛星を発見し、その能力を判定し、必要に応じて自国衛星への攻撃（ASAT）を防止する措置をとるためには、地上からの監視だけでは不十分である。自国衛星に接近してくる不審衛星を認識するSSA衛星が必要となる。米国はもちろん、カナダも2013年以降、SSA衛星を運用している。日本は、2026年頃の打上げを目指してSSA衛星の整備を開始した。

自国衛星に対する各種の攻撃に対して、どのような対抗措置―報復―を取ることが法的に可能であるかについては、現在不明瞭な部分が大きい。衛星を物理的に破壊する行為は「武力行使」であり、それが大規模、組織的になされたときには、「武力攻撃」として自衛権発動の要件になり得る場合もあるだろう。衛星の機能のみが不可逆的に破壊されたときには、地上に与える結果の重大性などにより、武力行使とされることも「干渉」などとされることもあるだろう。

いずれにせよ国際違法行為であり、被害国は、被害の規模に比例した対抗措置を取ることができる。衛星機能の一時的な破壊や低下にとどまる場合は、違法行為としての干渉に該当するのか非友好的行為にとどまるのか、定まった基準はない。

宇宙が戦闘領域と定義されたからには、遠からず宇宙での軍事行動ルールが整備されていくだろう。宇宙作戦隊の能力の向上とともに、防衛省には国際的なルール作りを主導するための能力構築が求められるだろう。

（慶應義塾大学大学院法務研究科教授）

## 初の「防衛白書」感想文コンクール

# 奈良県の高校生、森中聖喜さんが最優秀賞

「令和元年版『防衛白書』感想文コンクール」で最優秀賞に輝いた高校2年生の森中聖喜さん＝奈良地本提供

【奈良地本】防衛省が昨年度初めて開催した「令和元年版『防衛白書』感想文コンクール」で、奈良県内の智辯学園奈良カレッジ高等部2年生の森中聖喜さん（17）が最優秀賞を獲得した。

同コンクールは防衛に関する国民の理解を深めることなどを目的に開催。審査委員長を務める山本朋広副大臣のSNSでの告知が拡散され、今年1月末の締め切りまでに全国から多数の応募が集まった。

当初、表彰式は4月以降に防衛省で行われる予定だったが、新型コロナウイルスの影響で中止に。森中さんには5月14日、賞状と共にチャレンジコインなどの副賞が郵送で贈呈された。

森中さんは感想文で、▽諸外国との交流が重要な理由▽自衛隊の装備品や部隊が変化する理由――について、自身が白書を読み解いて得た答えを綴り、「白書には多くの内容が書かれている。私たちは自衛隊が伝えたいことを受け取り、理解しなければならない」と締めくくった。

高校では生徒会副会長を務め、将来は航空自衛隊のパイロットになるのが目標だという森中さん。「このような賞を頂き、大変うれしく思います。以前から防衛問題に興味があり、山本副大臣のSNSを見て応募を決めました。私のような若い世代にも防衛省・自衛隊に対する関心が高まってほしいです」と喜びを語った。

奈良地本長の熊井邦善事務官は「県内の高校生が最優秀賞を受賞したことを周知することで、自衛隊に対する県民の関心をより高めるきっかけになればと思う。森中さんには今回の受賞を糧に、引き続き入隊を目指して頑張ってほしい」と話している。

最優秀賞の森中さんをはじめ、優秀賞3人、特別賞3人の計7人の感想文は防衛省のホームページ（トップ画面↓広報・イベント↓白書）に掲載されている。

## 朝雲寸言

我が国は四季折々の美しい自然に恵まれているが、一方で災害の多いことでも知られている。地震をはじめ台風や集中豪雨・豪雪など一年を通じて何処かで何らかの災害が常に起こっている。しかし災害がどんなに大きくても、我が国全土が同じ災害に見舞われたことは過去に例がない。地震も台風も特定の地域で起こった災害なのである▼今回のコロナ禍が特異であるのは、北海道から沖縄まで全ての都道府県がコロナウイルスの災禍に見舞われたことである。それは災害の起きた地域へ災害のなかった地域から救援し支援することが基本的に困難だということを意味する▼新型コロナとの戦いは持久戦の様相となった。持久戦成功の最大の要素は敵ではなく己にある。どれだけ我慢できるか、どれだけ持続できるかの戦いなのだ▼総じてみれば、今般の事態ほど専門的な知見が必要だった災害もなかった。これまでの結果を見れば専門家の意見を踏まえて国や地方の政治が決断するというやり方が正しかったと言えるだろう▼国家の安全保障においてもこの図式が当てはまる。第2次世界大戦後、S・ハンチントンは軍人が専門的立場から政治を支える客体的文民統制の必要性を説いた。それが現在の民主主義国家における文民統制の典型的なモデルとなっている。その観点に立てば、緊急事態において政治に求められるのは有能な専門家集団を機能させることであると思う。

求む！
建物を守る人
私達は建物の総合マネジメント会社です。
日本管財株式会社
設備管理・警備スタッフ募集
平成28年度以降の退職自衛官採用数60名
03-5299-0870　自衛隊担当：平尾

防衛省生協　退職者生命・医療共済
リニューアル!!　令和2年7月1日
退職後から85歳までの病気やケガによる入院と死亡（重度障害）をこれひとつで保障します。
あなたと大切な人の“今”と“未来”のために

生命・医療共済（生命共済）
病気やケガによる入院や手術、死亡（重度障害）を保障します
退職者生命・医療共済（長期生命共済）
退職後の病気やケガによる入院、死亡（重度障害）を保障します
火災・災害共済（火災共済）
退職火災・災害共済（火災共済）
火災や自然災害などによる建物や家財の損害を保障します
現職　退職　85歳　終身
※令和2年7月1日以前に80歳満期でご契約の方は「転換」で85歳満期に変更できます。
※退職前から計画的に掛金を準備できるように「事前積立掛金」制度も誕生しました。
※「退職者生命・医療共済」は、長期生命共済の販売呼称です。

1 より長く　満期年齢が80歳から5年間延長されて85歳となり、より長期の安心を確保！
2 より厚く　入院共済金が「3日以上入院で3日目から支払」が「3日以上入院で1日目から支払」に！
3 より安く　一時払掛金を保障期間の月数で割った「1か月あたりの掛金」がより安く！

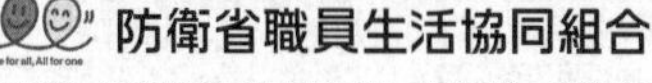

防衛省職員生活協同組合
詳しくはホームページへ

〒102-0074　東京都千代田区九段南4丁目8番21号　山脇ビル2階　専用線：8-6-28905　電話：03-3514-2241（代表）

# 時の焦点

## 国内　経済活動再開

感染拡大を抑止しながら、経済の活気を取り戻す。新型コロナウイルスと共存しなければならない時代の困難な挑戦が始まった。

4月7日に7都府県から始まった緊急事態宣言が全面解除された。

記者会見に臨んだ安倍首相は、「我が国では、緊急事態を宣言しても、罰則を伴う強制的な外出規制などを実施することはできない。それでも、日本ならではのやり方で、わずか1カ月半で、今回の流行をほぼ収束させることができた。まさに、日本モデルの力を示した」と語った。

欧米諸国などに比べ、緩すぎるといった批判もあった。ここまでたどり着けたのは、国民が自らの意思で自粛要請などに応じた成果だろう。感染爆発への恐れは広く共有され、事業者らは苦しみながらも臨時休業を続けた。

### 感染抑止との両立図れ

緊急事態解除を受け、各都道府県が社会経済活動を再開させている。学校も始まった。東京都は6月1日から「ステップ2」に踏み出し、映画館やスポーツジムなどがにぎわいを取り戻しつつある。

感染防止に心を配りながら、徐々に日常を取り戻したい。

人と人との接触が増えるなかで、感染拡大を防ぐのは簡単ではない。

それを印象づけたのが、福岡県北九州市の感染拡大である。連日2桁の新規感染者数を記録し、特に同一の小学校で感染が広がった。小学校でクラスターが発生したとみられるという。

5月中下旬、全国的に感染者数が減ったのは、大型連休やその後、多くの人が懸命に外出自粛に努めた結果だろう。

経済活動を再開すれば、ある程度の感染者が発生するのはやむを得ない。医療崩壊に至らぬように注意し、いかに重症者を減らし、死亡者を出さずに乗り切るかに全力を挙げねばならない。

感染を防ぐためだけならば、再び学校を休校させ、経済活動を止めれば効果的だろう。だが、これ以上の活動抑制は社会にとって副作用が大きすぎる。現状でも飲食店の閉店が相次ぎ、アパレル大手のレナウンが経営破綻に陥った。

5月27日に決まった2020年度第2次補正予算案は、実に32兆円規模である。当初予算、第2次補正予算を合わせて、新規国債発行額は90兆円を超える。かつて小泉政権が新規国債を30兆円に抑えることを目標に掲げたことを思えば、いかに巨額か実感できよう。

休業した事業者に対する家賃支援給付金、中小事業者向けの融資枠拡大など、破格の大盤振る舞いだが、この局面では妥当だ。ここで倒産の連鎖を起こしてしまえば、取り返しがつかない。

しかし、これは一時の止血処置である。経済を動かし、企業の利益が上がるようにせねば、いくら予算を投入してもきりがない。

経済活動と感染防止。両立を果たしてこそ、国民の生活が守られる。

宮原 三郎(政治評論家)

## 海外　伝統行事中止

米国で5月最後の月曜日(今年は25日)はメモリアルデー(戦没者追悼記念日)。兵役中に死亡した軍兵士の栄誉を称え、追悼する連邦政府が定めた祝日である。

この日はボーイスカウトの少年たちが全米の国立墓地に出向き、すべての墓の脇に星条旗を立てるのが長年の伝統だった。しかし、今年は新型コロナウイルスのため中止された。

昔は西海岸でフェミニズムの闘士として鳴らし、今や"良識派"の評論家T・ブルースは「大統領が介入して中止の決定撤回を」と求めたが、実現せず。泉下では少年たちの来訪を心待ちにしていただろうに。

全米が祝日ムードに覆われる7月4日の独立記念日も、多くの都市で恒例の花火大会やパレードが中止。すべて、同ウイルスが理由だ。

「多くの伝統的行事を破壊してくれて、サンキュー、チャイナ」(評論家V・タフト)と強烈な皮肉を飛ばしたくなる心情も分かる。

### 米、一段と対中強硬に

トランプ大統領は5月20日、コロナ禍の現状を「世界規模の大量殺人」と評し、その原因をつくったのは「中国の無能さだ」と厳しく指摘した。

米上院も同日、電子商取引(EC)大手のアリババ集団やインターネット検索大手の百度(バイドゥ)など、米株式市場に多数上場している中国企業の上場禁止につながり得る法案を全会一致で可決した。

同法案は共和党のJ・ケネディ、民主党のC・バンホーレン両議員が提出。名指しは避けているが、中国を念頭に置いたものだ。

それによると、米国に上場する外国企業は政府の管理下にないことを証明しなければならない。中国企業の場合は、中国・共産党の支配下にないことを米証券取引委員会(SEC)に証明しなければならない。

①企業がそれを証明できない②企業が上場企業会計監査委員会(PCAOB)による監査状況の点検を3年連続で拒否する——などの場合、当該企業は上場禁止になる。

トランプ政権の対中強硬姿勢に議会も呼応した形だが、政府、議会だけではない。20日に発表された世論調査でも、中国を友人、同盟国と見るより、「敵」と見なす有権者が増加していた。

調査結果では、中国を敵と見ている有権者は、前回1月の調査から11%増えて、31%に上った。反対に、友人や同盟国と見ている人は、9%減少して23%。

一方、中国を非友好的と見ながらも、敵とは見ていない有権者が約30%いて、過去5カ月間、同水準を保っているのも興味深い。

中国は米政府の姿勢を「共和党の大統領選挙戦略」(外務省報道官・5月6日)と批判しているが、選挙が中国をめぐる"国民投票"的性格を帯びれば、面白いことになる。民主党候補は、中国を擁護することも、逆にトランプ氏以上の強硬姿勢を示すことも、どちらも難しいというわなにはまってしまうからだ。

草野 徹(外交評論家)

# 医科歯科幹候生ら120人が卒業

## 学校長「過酷な現場に立ち向かえ」

陸幹候校

藤岡学校長(壇上)から卒業証書を授与される陸自幹候校の卒業生たち(5月26日、前川原駐屯地で)

【陸幹候校=前川原】陸自幹部候補生学校は5月26日、56期医科歯科幹候課程の約50人と3期看護科幹候課程約70人の卒業式を挙行した。

剛健大講堂で行われた式には陸幕長代理の川口雅久陸幕衛生部長、教育訓練研究本部長代理の久保勝裕総合企画課長らが出席。学校長の藤岡史生将補が卒業生一人一人に卒業証書を授与した。

藤岡学校長は式辞で「ここにいる同期は生涯の友であり、教官・職員は生涯の師、そして学校は生涯の心のふるさとだ。卒業後の過酷な(医療)現場においても修学したことを生かし、敢然と立ち向かってもらいたい」とはなむけの言葉を贈った。

続いて、川口陸幕衛生部長が陸幕長の訓示を代読し、「使命を自覚せよ」「現場を重視し、たゆまず研鑽せよ」と要望、「率先して職務の遂行にあたり、強靭な陸自の創造を実現するための一翼を担ってほしい」と述べた。

式後に行われた医科歯科幹部の任官式では、卒業生たちが気迫あふれる宣誓を行った。

医科歯科幹候課程の卒業生は幹部(3尉もしくは2尉)に任官し、研修後、全国の自衛隊病院、陸自部隊、駐屯地の医務室などに配属される。

# 空自先任、災派隊員を激励

## 新型コロナで宿泊支援

【空連合准曹会=市ケ谷】空自准曹士先任の甲斐修准尉は5月13日、新型コロナウイルス感染症に対する水際対策強化で災害派遣活動中の空自隊員を激励するため、首都圏内の施設訪問を行った。

災派部隊は羽田・成田両空港に帰国した邦人らがPCR検査を受けた後、移動手段が確保できるまで滞在する宿泊施設で食事の配膳などの宿泊支援を実施し、5月29日に終了した。

現地の宿泊施設を訪れた甲斐准尉は活動中の隊員と意見を交換するとともに、つぶさに現場の作業状況を視察。献身的に活動する様子を確認した甲斐准尉は「皆さんの業務は、日本へのウイルス感染拡大防止のために、真に水際となる活動だ。自らも感染防止に努め、任務を完遂し笑顔で帰ろう」と隊員たちを激励した。

また、空自連合准曹会員を代表し、同会からの激励品を会長の杉本孝哉准尉が派遣隊員に届けた。

新型コロナ災派の宿泊施設を訪れ、活動中の隊員を激励する甲斐空自准曹士先任(右)=5月13日

英空軍参謀長のマイク・ウィグストン大将と電話会談を行う丸茂空幕長(左)。右は内倉浩昭空幕副長(5月27日、防衛省で)

丸茂空幕長は5月27日、英空軍参謀長のマイク・ウィグストン大将と電話会談を行った。

両者は新型コロナウイルスの感染拡大の影響や地域情勢について意見を交換。日英協力の重要性についても再確認するとともに「自由で開かれ、法の支配に基づいたインド太平洋」という認識を共有し、日英空軍種間の連携をさらに進展させていくことで一致した。

# 305特科支援中隊が新編

## 主力は岩手駐屯地に

東北後支隊

305特科直接支援中隊の新編行事で近嵐102特科直接支援隊長から隊旗を受けた福島中隊長(右)=3月26日、岩手駐屯地で

【東北方=仙台】東北方面後方支援隊102特科直接支援隊隷下部隊として、「305特科直接支援中隊」(中隊長・福島英介1尉)が3月26日、岩手駐屯地に新編された。

同中隊は主力を岩手に、「郡山派遣小隊」を郡山駐屯地に置き、同日に新編された「東北方面特科連隊」(岩手)に対する直接支援が主な任務となる。隊員は6後支連(神町)と9後支連(八戸)の隊員を中心に構成された。

新編行事で執行者を務めた102特科直接支援隊長の近嵐輝康2佐は隊員たちに「団結」と「改善」を要望し、「6・9師団の時代から築き上げた各駐屯地の特科部隊との良好な関係を維持し、密接な支援を実施していくことを期待する」と述べた。

初代中隊長となった福島1尉は、「整備支援任務の完遂」を隊員に要望。さっそく4月11日から16日まで、宮城県の王城寺原演習場で実施された方面特科連隊の野営訓練に参加し、155ミリ榴弾砲FH70の実射訓練で、整備業務を担った。

# 共済組合だより

糖尿病など生活習慣病を患う人が近年増加し、日本人の死亡原因の約6割に上ると推計されています。

これを受け、防衛省共済組合では「高齢者の医療の確保に関する法律」に基づき、40歳以上74歳以下の組合員(任意継続組合員を含む)とその被扶養者を対象に、「特定健康診査(特定健診)」と「特定保健指導」を実施しています。

これは特定健診でメタボリックシンドローム(内臓脂肪症候群)など、「生活習慣病発症のリスクが高い」と判定された方を対象に特定保健指導を実施し、保健師や管理栄養士が対象者一人ひとりの身体状況に合わせた生活習慣を見直すためのサポートを行うものです。

組合員の方の特定健診は医務室等での受診となりますが、被扶養者の健診の受け付けは共済組合が委託する「ベネフィット・ワン」が行っています。お申し込み方法は次の通りです。

【WEB】パソコンはhttp://www.benefit-one.co.jp/、スマートフォンはhttp://bnft.jpへアクセスし、「健診予約はこちら」のバナーをクリックしてお進み下さい。

【電話】ベネフィット・ワン健診予約センター(0800-1702-502、03-6870-2775)。朝10時から平日21時、土日祝日は18時まで受け付けており、年末年始は休みです。

【FAX】0800-919-9030、089-900-8281。お手元のご利用ガイドの「〈各種健診〉FAX・郵送申込書」または「〈婦人科検診〉FAX・郵送申込書」をご利用ください。

【郵送】〒790-8790 愛媛県松山市藤原2-8-8 株式会社ベネフィット・ワン健診予約受付センターまで。「〈各種健診〉FAX・郵送申込書」または「〈婦人科検診〉FAX・郵送申込書」に必要事項をご記入のうえ、お送りください。

受付後、「ご予約確定通知書」が送付され、予約が確定します。受診当日は「防衛省共済組合員証」または「組合員被扶養者証」を持参して受診してください。

最新情報はWebで確認できます。会員専用サイトから健診サイトへのリンクへ進んでご確認ください。

## 防衛省発令

▽空自幹部学校(空自幹部学校付)1空佐 若林 友和(5月25日)

# 不具合のP3C 修理要員が出発

ソマリア沖・アデン湾での海賊対処任務を終え、アフリカのジブチから帰国の途中、中継地ベトナムでエンジンに不具合が発生し、タンソンニャット国際空港に駐機している海自P3C哨戒機(5071号機)の修理のため、6月1日、2空群(八戸)の隊員約20人を乗せた空自3輸空(美保)のC2輸送機が現地に向け八戸航空基地を出発した。

同日、ベトナムに到着した派遣隊員らは新型コロナウイルス対策として約2週間の入国制限措置を受け、現地に停留する。C2はいったん日本に戻り、措置が明けた16日、再び交換用のエンジンを載せてベトナム入りする。復旧作業を終えたP3Cは6月下旬、那覇航空基地に帰国する予定。

# 陸自施設学校が5演習場を整備

茨城

油圧ショベルを使用し、ボート着水地点の施工を行う施設学校の隊員(4月16日、勝田小演習場で)

【施校=勝田】陸自施設学校は4月13日から23日まで、茨城県内の勝田小演習場、水戸渡河演習場、七会訓練場、長岡基本射撃訓練場、勝田駐屯地の整備を実施した。

勝田小演習場では、渡河訓練の向上に向けたボート着水地点を新設。周辺住宅への防塵対策として民生品を活用したのり面施工も行った。

隊員たちは「やり方」や「水糸」などの土木工法を駆使して傾斜を均一にするなど、緻密かつ正確な作業を進め、施設科精神の「技術錬磨」と「創意工夫」の能力を鍛えた。

驚愕の卑弥呼の死因
天の石屋は琵琶湖地震の鎮魂祭　里見正文
邪馬壹国の首府は桜井市、武蔵野に栄えた投馬王国―研究55年で解けた古事記の謎。古代史は書き変えが迫られている。定価1500円+税
風詠社 〒553-0001大阪市福島区海老江5-2-2-710 TEL06-6136-8657 https://fueisha.com/ 発売:星雲社 FAX06-6136-8659

防衛ハンドブック 2020 発売中!
シナイ半島国際平和協力業務　ジブチ国際緊急援助活動も
安全保障・防衛行政関連資料の決定版!

朝雲新聞社がお届けする防衛行政資料集。2018年12月に決定された、今後約10年間の我が国の安全保障政策の基本方針となる「平成31年度以降に係る防衛計画の大綱」「中期防衛力整備計画(平成31年度~平成35年度)」をいずれも全文掲載。日米ガイドラインをはじめ、防衛装備移転三原則、国家安全保障戦略など日本の防衛諸施策の基本方針、防衛省・自衛隊の組織・編成、装備、人事、教育訓練、予算、施設、自衛隊の国際貢献のほか、防衛に関する政府見解、日米安全保障体制、米軍関係、諸外国の防衛体制など、防衛問題に関する国内外の資料をコンパクトに収録した普及版。巻末に防衛省・自衛隊、施設等機関所在地一覧。巻頭には「2019年　安全保障関連　国内情勢と国際情勢」ページを設け、安全保障に関わる1年間の出来事を時系列で紹介。

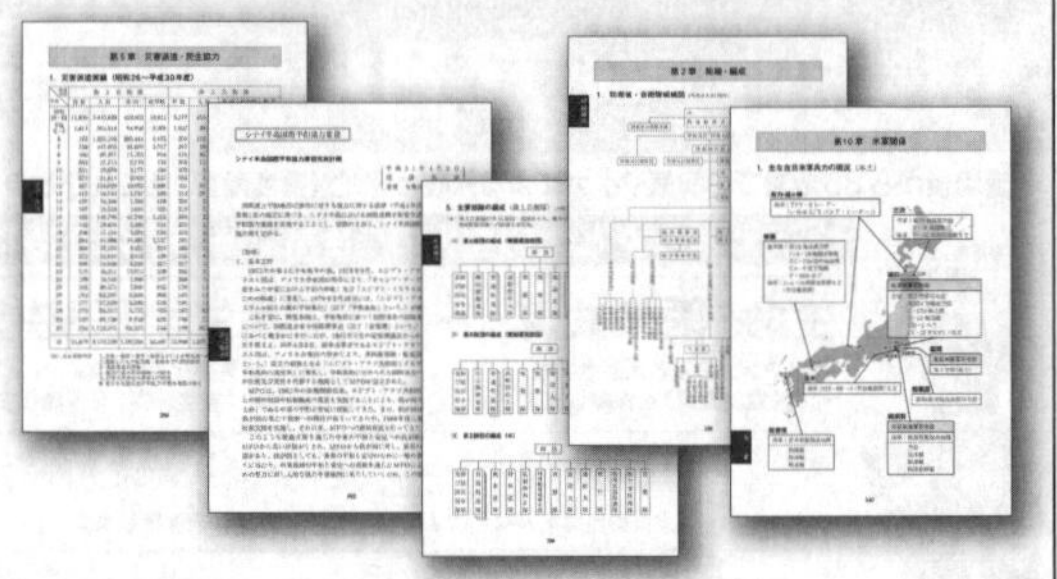

判型　A5判　948ページ
定価　本体 1,600円+税
ISBN978-4-7509-2041-2

朝雲新聞社　〒160-0002 東京都新宿区四谷坂町12-20 KKビル　TEL 03-3225-3841　FAX 03-3225-3831　http://www.asagumo-news.com

㊧4月28日、沖縄本島と宮古島の間の海峡部を太平洋から東シナ海に向けて航行する中国空母「遼寧」。飛行甲板には翼が畳まれた戦闘機が見える。同空母と戦闘艦4隻、補給艦からなる6隻の艦隊は4月10日、同じ宮古海峡を東航し、太平洋に進出していた
㊦中国艦隊の燃料など洋上補給にあたった「901型総合補給艦」＝いずれも海自哨戒機撮影

# 行動域を拡大しつつある中国の空母機動部隊

# 日・豪などが米海軍を補う時代へ

世界が新型コロナへの対処に忙殺されていた今年4月から5月にかけ、中国の海軍艦艇や海警局の公船が日本周辺海域で特異な行動を繰り返した。6隻からなる空母「遼寧」の艦隊は東シナ海から沖縄・南西諸島（中国がいう第1列島線）を越えて西太平洋に進出。一方、中国公船は尖閣諸島沖で日本領海に侵入し、日本漁船を追尾した。これら艦船の狙いは何だったのか。中国軍の動向に詳しい笹川平和財団上席研究員の小原凡司氏にその意図を分析してもらった。

笹川平和財団上席研究員
**小原 凡司**（海自OB）

日本でも「コロナ危機に乗じる中国」というイメージが定着しつつある。

5月8日には、中国公船2隻が尖閣諸島の領海内に侵入して日本漁船を追尾した。また、南シナ海では4月中旬、中国調査船がマレーシア国営石油会社の調査船の近傍を航行して圧力をかけた。

中国海軍の行動も活発である。4月10日、空母「遼寧」と新型の901型総合補給艦を含む6隻の艦隊が、沖縄本島と宮古島の間を抜けて太平洋に入り、台湾東方を南下した。同月13日には、同艦隊が台湾南方のバシー海峡を抜けて南シナ海に入ったことが確認されている。

同日、中国海軍報道官は、「中国海軍は今後も計画に基づいて同様の訓練を常態的に実施し、空母艦隊の作戦能力向上を加速させる」と宣言した。

しかし、各国がコロナ危機対応に集中している隙をついて、中国が海軍等の行動を活発化させたという解釈は単純に過ぎるだろう。そもそも中国空母が急に行動を活発化させることは能力的に困難であると考えられる。

我々が理解すべきは、日本・米国と中国の「常態」に対する認識が異なることである。日本や米国が「中国の実力による現状変更の試みを許さない」とする一方で、中国にとっては「軍事力を含む影響力を拡大し、自らに有利な状況に変化させていく」ことが常態である。

小原 凡司（おはら ぼんじ）1963年生まれ。85年防大卒、海自入隊。98年筑波大院（地域研究修士）修了。03～06年駐中国防衛駐在官、06年海幕情報班長、09年21航空隊司令。13年東京財団、17年6月から現職。主な著書に『中国の軍事戦略』『米中新冷戦の幕開け』など。

中国海軍は、コロナ危機以前から、計画どおりに影響力の及ぶ地理的空間を拡大すべく、行動をエスカレートさせてきた。1980年代半ば、鄧小平氏から直接指名されて海軍司令員となった劉華清氏は、2000年前後に第1列島線内外まで行動を拡大し、2020年までに第2列島線までの制海権をとるよう海軍に指示した。

2008年11月に駆逐艦等4隻が沖縄本島と宮古島の間を抜けて太平洋に入って以降、中国艦隊は第1列島線を越えて活発に行動するようになり、2009年4月には呉勝利海軍司令員（当時）が「海軍の遠洋訓練を常態化する」と宣言した。

特に、2012年9月に中国初の空母「遼寧」を就役させてから、中国の自信を示す発言が増えている。2014年10月には中国メディアが「中国は第1列島線を突破し、米国は第2列島線に退いた」とする記事を掲載した。

◇

西太平洋におけるパワーバランスは米中の相互作用によって決定される。これまで同海域でプレゼンスを示してきた米海軍が、コロナ危機の影響で行動を停滞させると、中国海軍の行動が突出して目立つようになったのだと言える。

空母「遼寧」を護衛するため、対潜・対空の任務に就いていたとみられるルーヤンIII級ミサイル駆逐艦

## 米中の差異 信頼できる同盟国の有無

米中両国は実際に軍事衝突する意図を持たず、あらゆる政治的手段を攻撃的に用いる「政治戦」を戦っている。政治的手段には、軍事衝突に至らない軍事力の攻撃的使用も含まれる。

実際に戦闘を起こさないのであるから、米中何れが優勢であるのかは各国の認識による。

中国は、第2列島線までの海域を中国海軍がコントロールしていると主張するため、空母機動部隊の行動範囲を西太平洋に拡大してきたのだ。また、空母機動部隊の行動は台湾に対して圧力をかけるためでもある。

艦載戦闘機もその搭乗員も不足している中国空母の作戦能力は限定的である。しかし、そのような空母であっても、海域に存在することで示される軍事プレゼンスは計り知れない。

また、現場の中国海軍将校が、自らが海域をコントロールしていると誤解すれば、その認識を覆すために、米海軍はより大きな軍事的圧力をかけなければならなくなるだろう。そうなれば、予期せぬ軍事衝突が生起する可能性も高くなる。

日本や米国にとって重要なことは、中国に「力の空白」が生じたと認識させないことだ。

米国と中国の差異は、信頼できる同盟国の有無である。米海軍が十分に行動できないのであれば、日本や豪州といった同盟国がその不足を補わなければならない。

中国海軍の「遼寧」艦隊が南シナ海で行動していた同時期、同じ海域で共同訓練を実施中の米・豪艦艇（左から）豪海軍フリゲート「パラマッタ」、米海軍の強襲揚陸艦「アメリカ」、巡洋艦「バンカーヒル」、駆逐艦「バリー」（4月18日、南シナ海で）＝米海軍提供

## 前事不忘 後事之師 第53回

# テロリズムを考える

## 私たちを打ち負かせるのは私たちだけ

私と同世代の方であれば、2001年9月11日の同時多発テロで、ニューヨークの世界貿易センタービルが崩壊する衝撃的な映像は今も眼に焼き付いていると思います。昨年、日本語訳が出版されたイスラエルの歴史家ユヴァル・ノア・ハラリ氏の手になる『21 Lessons―21世紀の人類のための21の思考』を読んでいたら、その中にテロリズムについて鋭い分析があるのを見つけました。

ハラリ氏は、テロリストを食器店に巣くう〝微力なハエ〟に譬えます。

ユヴァル・ノア・ハラリ著『21 Lessons』（河出書房新社刊）

「ハエは微力なので、ティーカップ一つさえ動かせないが、牛を見つけて耳の中に飛び込み、ブンブン羽音を立て始める。牛は恐れと怒りで半狂乱になり、食器店を台無しにする。これこそ9・11テロの後に起こったことだ。イスラム原理主義者たちはアメリカという牛を激怒させ、中東の食器店を破壊してもらった。今や彼らはその残骸の中で隆盛を極めている。そして世界には短気な牛がいくらでもいる」

テロリストが微力かどうかは、議論があります。しかし、ハラリ氏は9・11テロ後に世界でテロで亡くなった犠牲者数が、交通事故や大気汚染あるいは糖尿病で亡くなった人数に比較して圧倒的に少ない事実を挙げて、テロリストは「微力だ」と主張します。また、将来の核テロ、サイバーテロ、バイオテロの脅威は深刻ですが、それでも、他の大きな脅威とのバランスある対応をとるべきと言います。

ハラリ氏は、テロの戦略は人々に「恐れ」を広めることで政治情勢が変わるのを期待するものだとし、こんな指摘をしています。

「テロリストはわずかな人を殺害することで無数の人に命の危険を感じさせる。そのような恐れを静めるために政府はテロの惨劇に対し、安全の誇示で応じ、特定地域の全住民を迫害したり、外国に侵攻したりして、大きな効果を狙って力を大々的に見せつける。ほとんどの場合、テロに対するこの過剰な反応の結果は、私たちの安全にとって、テロリスト自身よりも大きな脅威となる」

「私たちは、テロリストが何をしようと私たちを打ち負かせないことに気がつかねばならない。私たちを打ち負かせるのは私たちだけであり、それはテロリストの挑発にのって過剰反応した場合に限られる」

この「私たちを打ち負かせるのは私たちだけだ」という指摘は〝戦略の格言〟に入れてもよいくらいの言葉だと私は思います。個人でも不運な出来事があると、パニックになり、自滅することがありますが、国家も大惨事に際して、冷静な叡智に基づき行動できるかどうか、自身との戦いが必要です。

他方で、自身との戦いと言っても、個人と国家との間には大きな違いがあります。

9・11テロの3日後、米国のブッシュ大統領は、未だ巨大な煙が上がっている世界貿易センタービルの崩壊現場を視察します。残骸に覆われた現場で作業にあたる救助隊員、消防隊員たちは、大統領を囲みながら、激高し「USA！」と連呼しながら「絶対に復讐しろ」と叫んで、正義の裁きを要求しました。復讐しろと要求するのは、国民の冷静な叡智ではなく、感情の発露ですが、国民の感情に応えるのも政治家の使命であり、国民に見える形で対応しなければ政権の正統性が問われることになります。

しかしながら重要なことは、対応が過剰であってはならないということです。

ハラリ氏は、面白い比喩を使って過剰反応を戒めます。

「テロリストは、敵対する国家に不可能な課題を突きつける。それは、いつでもどこでも国民全員を暴力から守れることを立証することだ。テロリストは、ひどい手札を配られたギャンブラーのようなもの。そのようなギャンブラーはカードをシャフルし直させようとする。相手国が不可能な任務を果たそうとした時、政治というトランプのカードをシャフルし直させ、思いがけずエースを配ってくれることをテロリストは期待している」

クラウゼヴィッツの『戦争論』にある〝三位一体論〟を援用すれば、国民の「激情」を政府の「理性」がコントロールできなくなれば、テロリストにエースを配ってしまうことになります。困難なことですが、政府には、テロリストの思う壺に陥らないように行動する、という冷静で賢い舵取りが要求されます。

鎌田 昭良（元防衛省大臣官房長、元装備施設本部長、防衛基盤整備協会理事長）

…… 前事忘れざるは後事の師 ……

新しい生活様式・新しい日常を快適に！
素敵な住まい方を提携各社が提案します。
お住まい応援［特別］キャンペーン！
〝ニュー ライフ スタイル〟 キャンペーン！
家を買うとき、売るとき、借りるとき、リフォームするとき、貸したいときも <紹介カード> で割引などの特典がうけられます。
2020年6月1日（月）～2020年9月30日（水）
キャンペーン期間内に「紹介カード」をリクエストすると素敵なプレゼントがプラスUP！

防衛省職員・自衛隊・OBの皆さま限定
<2020年9月末日までに紹介カードをリクエストすると>
もれなくもらえる図書カード！①・②・③ に
プラスUPプレゼント！
☆ ①+プレゼントは、図書カード500円分 ☆☆ ②・③+プレゼントは、図書カード1,000円分

割引特典とキャンペーンプレゼントご利用方法
Step1 紹介カード発行
・お住まい探しの第一歩 各社の情報をお家でゆっくりご検討ください！
資料請求・ご来場の前に！ 紹介カードをリクエスト
・キャンペーンプレゼント① ☆図書カード 1,000円分プレゼント！（500円に+500円）
Step2 ご見学・ご相談
・紹介カードを持ってモデルルーム・展示場などをご見学・ご相談
・WEB相談、リモート相談 無人モデルハウスご見学も！
・キャンペーンプレゼント② ☆☆図書カード 2,000円分プレゼント！（1,000円に+1,000円）
Step3 ご成約
・ご成約！ Step1で、紹介カードをリクエストいただいた方は <各社の提携割引特典> を受けられます。
・キャンペーンプレゼント③ ☆☆図書カード 3,000円分プレゼント！（2,000円に+1,000円）
※ キャンペーンのご参加は、期間中1家族様1回限定（紹介カードは、複数発行も可ですが、プレゼントは1つです。）

東京都練馬区 明和地所株式会社
8 クリオ練馬北町 即入居可
「東武練馬」駅徒歩6分。「池袋」駅へ直通15分。
開放感あふれる南東・南西向き65㎡超。
先着順申込受付中
東武東上線「東武練馬」駅徒歩6分
●所在地／東京都練馬区北町1丁目158番1、他（地番）
●販売戸数／3戸
●間取り／2LDK+S・3LDK
●住居専有面積／65.30㎡・66.23㎡
●販売価格／5,279.3万円～5,596.1万円
●入居時期／即入居可（2020年3月下旬竣工済み）

コーサイ・サービス株式会社
https://www.ksi-service.co.jp/
得々情報ボックス ID:teikei PW:109109
〒1600002 新宿区四谷坂町 12 番 20 号 KK ビル 4F 営業時間 9:00～17:00／定休日土・日・祝日
TEL:03-3354-1350 担当：佐藤

# ～地本　ホッと通信～

## 秋田

地本はこのほど、秋田市教育研究所で秋田市学校給食研究協議会の職員約100人に対し、「防災講話」を行った。

募集課長の波田裕之2佐が「我が国の防衛政策および近年の自衛隊災害派遣」をテーマに、日本を取り巻く安全保障環境と自衛隊の役割、国際貢献活動の内容を紹介。自衛隊の災派活動では、北海道胆振東部地震や台風19号発生時の自助、共助および公助の重要性について講話した。

## 福島

会津若松出張所はこのほど、福島県只見町の県立只見高等学校で「体験型説明会」を行った。

説明会では、進路選択で自衛官を検討している生徒5人に対し、自衛隊の制度説明や災害派遣などの活動状況を紹介。この後、参加者は迷彩服試着や基本教練などを行い、自衛隊を体験した。迷彩服を着用して背のう装具を装着した生徒は「結構重いですね。自衛官になるために体力をつけなくては」と決意を新たにしていた。

## 千葉

地本はこのほど、今春の入隊予定者に対し、「熊谷基地見学」を行った。

当日は入隊予定者とその保護者計21人が参加。入隊者が自衛官としての基礎的な能力を養うための教育を受ける「航空教育隊第2教育群」の施設を見て回った。

基地の広報担当者から説明を受けた参加者は、積極的に質問をするなど各人の疑問や不安の解消に努め、入隊への意欲を一層高めていた。

## 神奈川

横浜地区隊はこのほど、横浜市内で開催された転職・就職希望者のための各種相談会にブースを出展し、自衛隊をアピールした。相談会には横浜出張所と市ヶ尾、上大岡、横浜中央各募集案内所の4個事務所から広報官を選抜。新人広報官らには各所長が集客要領や説明のコツなど、〝ブース出展の極意〟を伝授した。

会場では、今春に転職を希望する来場者が多く、その場で志願票を記入する参加者もみられた。

## 新潟

地本はこのほど、長岡市立東北中学校で行われた海自横須賀音楽隊による「音楽鑑賞会」と「楽器指導会」を支援した。

会場の同校体育館で音楽隊は、校長をはじめ教諭・全校生徒約750人を前に、新潟県にゆかりのあるNHK大河ドラマ「天地人」のテーマや小中学生に人気のJ－POP「パプリカ」を演奏。生徒たちも手拍子で演奏を盛り上げた。

楽器指導会では、吹奏楽部と合唱部の生徒計50人が各パートに分かれてレッスンを受講。この後の合同演奏会では、長岡英幸隊長が自ら指揮を執り、音出しのタイミング、強弱の付け方、演奏のコツなどを指導した。

## 静岡

4月に着任した副本部長の大串秀樹事務官は4月23日、エフエムしみずの番組「自衛ＴＩＭＥＳ★静岡」に出演した。

同番組は現役自衛隊員の生の声を届ける、今年で12年を迎える長寿番組。今回は新型コロナウイルス感染拡大防止のため、電話での出演となった。

大串副本部長はパーソナリティーの三輪祐子さんから今後の目標を問われ、「静岡の多くの方々に自衛隊の魅力を知ってもらい、隊員たちをより身近に感じてもらえるよう奮起したい」と語った。

## 京都

地本はこのほど、京都市消防局伏見消防署で「インターンシップ官公庁合同説明会」を開催した。

説明会は京都地本が企画し、京都府警、京都市消防局、第8管区海上保安本部、京都刑務所との合同で「体験型説明会」として実施。大学生・専門学校生など81人が来場した。

会場では、各官公庁の採用の説明のほか、職の一部を体験するコーナーが開設され、来場者に実際の装備品や制服、訓練の一部を体験してもらった。

参加者は「自衛隊への受験は考えていなかったが、魅力を感じたので受験します」と話していた。

## 「外国人のための防災訓練」に広報ブース
## ○×クイズで覚えよう
### 分かりやすい「参加者体験型」
### 東京

東京都が開いた「外国人のための防災訓練」の会場で防災クイズを出題する地本の隊員(右)と、手で○×を作って回答する外国人たち(写真はいずれも調布市の「武蔵の森総合スポーツプラザ」で)

### 災害時に役立つテク伝授

【東京】都民を守る東京地本はこのほど、調布市内で開催された「外国人のための防災訓練」(東京都主催)に広報ブースを出展、訪れた都内在住の外国人に災害時に役立つテクニックなどを紹介した。

これは、東京都が仕事や留学などで都内に暮らす外国人に対し、災害への備えなどの啓発を行う目的で実施したもの。地本も都生活文化局からの依頼に基づき出展した。

展示エリアには自衛隊のほか、東京消防庁や警視庁調布警察署などの24ブースが立ち並んだ。

訓練には在京の44カ国の大使館職員らを含め、計224人の外国人が参加、6グループに分かれて日本独自の防災施策を学んだ。

地本のブースでは、北地域事務所長の佐野陽子3陸佐(当時)が「自衛隊LIFE HACK」を基に、大地震など災害が起きた時の正しい行動をクイズ形式で出題、募集課の櫻井智司3陸佐(同)が英訳して来場者に説明した。外国人たちは体験型の防災教育に真剣に取り組み、両腕で○や×を作ってクイズに回答していた。

手ぬぐいやネクタイを使って止血する方法を伝授する地本の隊員(右)

このほか、災害時に必要な生活用品などを身の回りにあるもので作る方法を伝授するコーナーでは、「懐中電灯とレジ袋で作るランタン」「段ボールに丸い穴を開け、ビニール袋を中に入れて作る簡易トイレ」などを展示した。

また「ビニールシートと新聞紙で作る寝袋」を紹介したところ、実際に中に入って寝心地を確かめる外国人もいて、「とても暖かい。このシートは普通のお店で手に入るブルーシートでもいいのですか」など質問。これに対し、地本の隊員が「代用も可能です」と笑顔で答えた。

東京地本では「今後もさまざまなイベントに参加し、『参加者体験型』のわかりやすい防災教育を行っていきたい」と話している。

自衛隊式の「ビニールシートと新聞紙で作られた寝袋」の寝心地を体感する外国人

## 兵庫

姫路地域事務所はこのほど、姫路城敷地内の大手前公園で開催された「ひめじSubかるフェスティバル」にブースを展開して自衛隊を広報した。

当日は晴天に恵まれ、約2万人が来場。地本は職業紹介コーナーのブースを開設して1/2トントラックを展示。学生らが熱心に隊員の説明を受けるなど盛況だった。

来場者の中には自衛隊に関心を持っている人が多く、募集ブースでは一般幹候生、自候生、予備自補に関しての質問が多く寄せられた。

## 和歌山

地本はこのほど、和歌山県かつらぎ町の県立紀北青少年の家で開催された「こおるどフェスタin紀北」を支援した。

同イベントは「感動と耐寒と体験!」をテーマに行われ、地本は装備品展示や背のう体験などを行ったほか、マスコットキャラ「みかんの助」との記念撮影でイベントを盛り上げた。

ブースには約200人の親子連れなどが訪れ、来場者は「隊員さんの背負うリュックがあんなに重いとは知りませんでした」と話していた。

## 鳥取

地本はこのほど、海自舞鶴音楽隊の「学校演奏指導」と「ふれあいコンサート」を支援した。鳥取市立北中学校で行われた「学校演奏指導」には、吹奏楽部の1、2年生合計22人が参加。隊員は楽器ごとに分かれ、基礎トレーニングを中心に指導した。

翌日の鳥取県東部地区自衛隊協力団体主催の「ふれあいコンサート」では、会場のとりぎん文化会館に約2000人が来場。地本はロビーで着ぐるみ広報を行ったほか、3自パンフレットなどを配布し、音楽隊と共にPRした。

## 熊本

地本はこのほど、熊本市内で開催された「熊本城マラソン2020」を陸自西方(健軍)、8師団(北熊本)と共に支援した。

熊本城マラソンは、昨年のNHK大河ドラマ「いだてん」の主人公のモデルで、熊本県出身の金栗四三氏を記念した30キロのロードレースなど3種目で構成され、約1万4500人のランナーが参加した。

開会式では自衛隊として初めて西方音がファンファーレを演奏。ゴール付近では、8後支連が無料炊き出しでの給水支援を行った。地本は、熊本城二の丸広場に広報ブースを開設して協力した。

大会には西方総監の本松敬史陸将ら多くの自衛官も参加、普段の訓練で鍛えた体力を遺憾なく発揮した。

## 大分

地本はこのほど、陸自4音楽隊(福岡)の支援を得て、大分県立別府鶴見丘高校と東九州龍谷高校で「音楽演奏会」と「演奏指導」を実施した。

別府鶴見丘高校では中庭で生徒ら約300人に、東九州龍谷高校では体育館で約450人にそれぞれ約30分間の演奏を披露。行進曲をはじめ、ジャズメドレー、最新ヒット曲など幅広いジャンルの音楽を奏でた。

演奏後は吹奏楽部員に音楽指導を実施。隊員たちは生徒のレベルに応じて丁寧に指導した。生徒からは「隊員のレベルの高い指導・説明に感動した」などの感想が聞かれた。

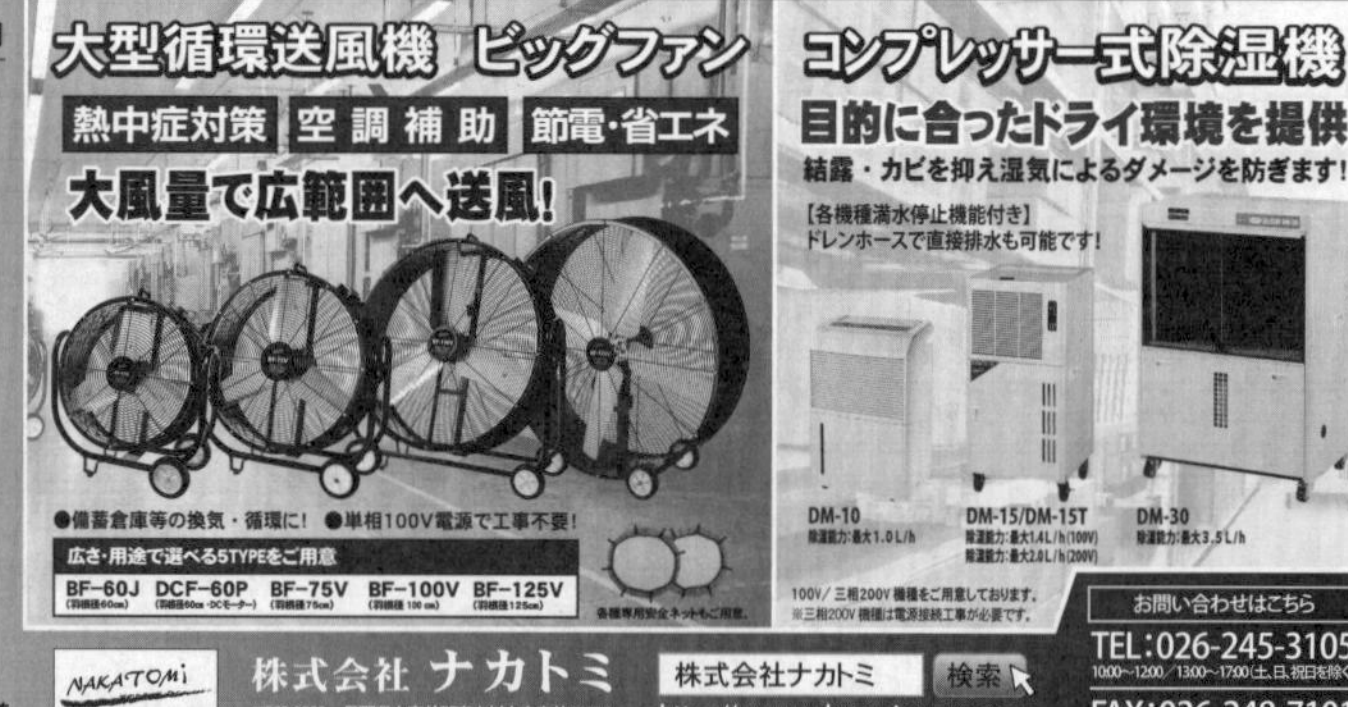


防衛省・自衛隊関連情報の最強データベース
朝雲アーカイブ
朝雲新聞社の会員制サイト
1年間コース:6,100円(税込)
6ヵ月間コース:4,070円(税込)
「朝雲」定期購読者(1年間):3,050円(税込)
※「朝雲」購読者割引は「朝雲」の個人購読者で購読期間中の新規お申し込み、継続申し込みに限らせて頂きます。
※ID& パスワードの発行はご入金確認後、約5営業日を要します。
●ニュースアーカイブ　2006年以降の自衛隊関連主要ニュースを掲載
●訓練　陸海空自衛隊の国内外で行われる各種訓練の様子を紹介
●人事情報　防衛省発令、防衛装備庁発令などの人事情報リスト
●防衛技術　国内外の新兵器、装備品の最新開発関連情報
●フォトアーカイブ　黎明期からの防衛省・自衛隊の歴史を朝雲新聞社の秘蔵写真で振り返る
朝雲新聞社
〒160-0002 東京都新宿区四谷坂町12－20KKビル
TEL 03-3225-3841　FAX 03-3225-3831　http://www.asagumo-news.com

# 20普連　ドローンで情報収集

## 災害時の実用化へ向け検証

【20普連＝神町】20普連は4月10日、神町駐屯地で昨年6月に連隊に導入された「災害用ドローン」を使い、大災害発生時の部隊の情報収集要領を検証した。

これまでドローン操縦士の練成訓練は続けられてきたが、実用化に向けた検証は今回が初めて。

この日は災害用ドローンを使い、①屋外における基本諸元の掌握②遠隔操作が可能な実距離の確認③気象による影響④画像解析度など実用性の掌握――の4点を検証課目に訓練が行われた。

最初に2科長の佐藤広基1尉がドローンに関する概要を説明した後、実機を用いた各種検証がスタートした。

まず上空でのホバリングでドローンの飛行安定性を確認した後、連隊通信庫から東訓練場までの直線距離約500メートルの区間で運用試験が行われた。

操縦は2科の阿部雄太朗3曹が担当し、制御装置（タブレット）のモニターに映るドローン搭載のカメラからの映像を見ながらコントローラーを巧みに操作。

このタブレットを地上に設置し、別のモニターに繋ぐことで、他の隊員も現地の映像をその場で見ることができる。会場では連隊長の梶恒一郎1佐ら幹部もカメラによる上空からの人員・車両の見え方、高空・低空飛行時の解像度の違いなどについてつぶさに確認した。

20普連では部隊の災派現場までの進出経路や接近困難な地域の偵察、被害情報の収集など、ドローンを多種多様な任務に投入できるよう、今後とも操縦手の育成や練度の向上を図っていく。

㊤制御装置（左下）のモニター画面を見ながらドローンの操縦を行う20普連の阿部雄太朗3曹（右）　㊧災害用ドローン（右上）を飛ばし、各種情報収集の検証を行う20普連の隊員たち（4月10日、神町駐屯地で）

## 感染症患者などを空輸

### 陸・空がアイソレーター搭載訓練

千　歳

【千歳】感染症患者などの空輸に使われる搬送装置「アイソレーター」を使った訓練がこのほど千歳基地で行われた。訓練は陸・空協同で実施され、陸自から北部方面衛生隊（真駒内）、空自から2空団（千歳）、千歳救難隊、三沢ヘリ空輸隊が参加。空自が装備する高規格救急車、UH60J救難ヘリ、CH47J輸送ヘリに陸自保有のアイソレーターを搭載する要領を確認した。

アイソレーターは感染症などの患者を安全に搬送できる医療機器で、搬送用ストレッチャーに透明のカバーが取り付けられ、搬送中もカバー越しに患者の容体確認や軽微な治療ができる。

搭載訓練では実際に隊員がアイソレーター内に入り、動かされた際の影響を調べ、その対策を検討した。また、機内ではアイソレーターを固定する位置をメジャーで測り、その内側に医師らが乗り込む場所を確保した。

そのほか、パイロットらクルーには搬送に当たっての注意点などを教育。機内に感染拡大を防ぐ隔壁を取り付ける方法や機内の空気を循環させる方法なども討議した。

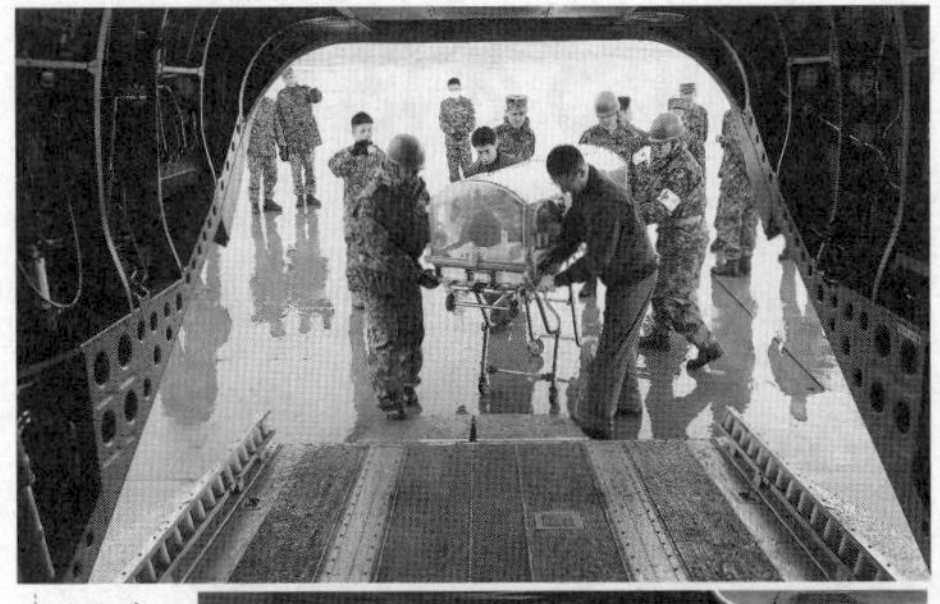

㊤アイソレーター内の患者の容体をみるタイベックスーツ姿の隊員　㊦アイソレーターに収容した患者をCH47J輸送ヘリに運び入れる陸・空自の隊員（千歳基地で）

## 訓練

## 一丸で水害に即応

### 24普連　3年ぶり連隊漕舟訓練

【24普連＝えびの】連隊は4月21、22日の両日、宮崎県えびの市の永山運動公園付近を流れる川内川で、3年ぶりとなる「連隊漕舟訓練」を行った。

梅雨や台風による多雨期を前に、水害への即応性を確認する目的で実施された。新型コロナウイルスの感染拡大の状況だったため、駐屯地として感染防止策を講じた要領を地元自治体に十分説明を行った上で本番に臨んだ。

訓練は渡河ボートのトラックへの積載、運搬、卸下、へん水、組み立て、櫓櫂（ろかい）の操作、救助活動の一連の順序で実施した。

両日共に強い向かい風が吹く中、川内川に展開した隊員は大きな掛声を発しながら一丸となり安全を第一に訓練に当たった。

今回の漕舟訓練を立案した西脇匡胤曹長は、「災害現場で安全確実に任務を遂行するには、出動から救助までの一連の行動を整斉と実施できるよう事前の練成が必要。新型コロナなど感染症の脅威下でも、万全の処置を講じての訓練継続が任務完遂につながる」と話した。

水害に備え、渡河ボートを使って被災者救出訓練に当たる24普連の隊員（えびの市内の川内川で）

## 市や消防と合同防災訓練

### 負傷者捜索にドローン活用

7普連

【7普連＝福知山】連隊はこのほど、京都市西京区と亀岡市にまたがる登山コースの唐櫃越（からとごえ）で行われた「合同防災訓練」に参加した。

大地震を想定した訓練には自衛隊のほか、京都・亀岡両市役所、亀岡・西京両消防署が参加。亀岡断層を震源とするマグニチュード6・7の内陸型地震により、唐櫃越山中で多数の倒木が発生し、道路が通行不可となったほか、登山者が倒木の下敷きになったとの想定で行われた。

自衛隊と消防は、捜索・救助・搬送を協同で実施。登山者を倒木の下から救出する場面では、消防署員がジャッキで倒木を持ち上げ、隊員がチェーンソーで切断するなど、連携して救助に当たった。

これに先立つ負傷者の捜索では、連隊が装備するドローンを活用、情報収集能力の強化も図った。

樹木の下敷きになった登山者を救出、消防と共同で搬送する7普連の隊員（京都府の唐櫃越で）

## 災害時の即応態勢確認

### 沖縄　旅団レディネスチェック

【15旅団】沖縄での災害に即応する15旅団は4月1日、那覇駐屯地などで「旅団レディネスチェック」を行った。各部隊の即応態勢を確認するもので、非常勤務態勢の発令から津波避難、初動対処部隊の派遣準備まで、一連の行動を確認した。

訓練には旅団隷下部隊のほか、那覇駐屯地では業務隊と136地区警務隊、宮古島駐屯地で対艦ミサイル中隊に状況が付与され、旅団各部との連携を確認した。

那覇駐業の岩尾将樹2曹は、「非常用糧食の払い出しは計画表をもとに旅団司令部4部と調整を行い、各部隊に迅速に配分することができた。引き続き各部との連携を密にして業務を行っていきたい」と述べた。

統裁官の15旅団長（右）に対し、初動対処部隊の状況を報告する司令部の隊員（4月1日、那覇駐屯地で）

## 火災発生で対処訓練

### 避難誘導、消火、脱出降下

美　幌

【美幌】駐屯地は4月13日から30日まで、「駐屯地火災対処訓練」を実施した。

隊員個々の防火意識の高揚が目的で、火災発生時における避難・誘導のほか、消火資材の搬出、火災呼集、消防ポンプ班による消火訓練などが行われた。

この間、各部隊は①自隊の非常持出物品の搬出にかかる時間の把握②搬入先の地積確認③経路の安全確保や誘導要領――などを演練。さらに隊舎に設置されている避難器具を使い、隊舎上層階の窓からロープを使っての脱出降下も行われた。

17日には「美幌訓練場に野火が発生した」との想定で火災呼集。早朝、隊員たちは指定された服装・編成で駐屯地営庭に集合し、装備を整えて出動するまでの一連の行動を演練した。

22日には駐屯地で消防ポンプ班が屋外消火栓を使用し、燃料給油作業中の航空機火災が発生したとの想定で消火訓練を実施。電話通報による出動から消火までを演練した。

屋外消火栓を使い、消防車による放水訓練を行う消防ポンプ班員（4月22日）

## 油流出に対処

上富良野

【上富良野】駐屯地業務隊は4月17日、「油流出対処訓練」を行った。駐屯地では、積雪期に蓄積された油分が融雪とともに流れ出る傾向にあることから、毎年この時期に実施している。

訓練は北部方面隊の「油流出対処マニュアル」に基づいて行われ、各部隊から補給、油脂類担当など隊員約40人が参加した。

最初に教場で業務隊補給班長の戸部旧源1尉が油流出時の報告要領や過去の事例について説明。続いて駐屯地給油スタンドに移動し、車両への給油時の注意事項を述べるとともに、「油吸着マット」や「油吸着分解処理剤」の使用方法、さらに水路に油が流出した場合に土のうで塞き止める要領についても展示説明した。


# 車を買うなら防衛省共済組合の割賦販売をご利用ください！

## 割賦販売について

とある日常―
欲しい車があるんだけどローンとかよく分からないしどうしよう・・・。
それなら、共済組合の割賦販売がオススメですよ。返済が「源泉控除」で、給与から天引きなので、給与振込口座を変えたときも手続き不要なんです！さらに今、利率が低いこともポイントです。
給与からの天引きなら簡単だね！！
しかも、購入代金は共済組合が販売店に直接支払ってくれますから、支払手続きが不要ですし、銀行ローンではないので車の名義も初めから自分のものになるんですよ。
へぇぇ。共済組合にそんな制度があったんだ。どんな手続きが必要なの？
販売店（※）で欲しい自動車の見積書をもらったら、直近の給与明細と一緒に物資窓口へ持っていくだけです。
※共済組合で契約している販売店に限り、割賦制度をご利用頂けます。ご利用の可否については、各支部物資窓口にお問い合せください。
とりあえず聞きにいってみようかな。
そうですね。まずは、支部物資係に気軽に相談してみてください。

○　返済期間中の割賦残額の全額返済や一部返済、また、条件付きで返済額や返済期間の変更も可能です。

詳しくは最寄りの支部物資係窓口までお問い合わせください。

# 募集・援護

特集

# コロナ対策で ウェブやSNSを活用

「高校や大学に行けず、自宅で勉強している学生たちにオンラインで情報を届けよう」――。コロナ禍で募集活動に制限がかかる中、各地本は創意工夫を凝らした広報を展開している。長野地本は独自にWebセミナーチャンネルを開設し、学生らに情報を発信。宮城地本はネットサービス「ツイートキャスティング」を利用してガイダンスを行うなど、優秀な人材の確保に向け全力を傾注している。

長野地本の自衛隊広報ルームでWebセミナーチャンネル向けの収録を行う地本の女性隊員

## 独自のウェブセミナーチャンネル開設 女性隊員が出演しPR

長野

【長野】地本は新型コロナウイルス関連で各種就職ガイダンスが中止や延期を余儀なくされる中、動画投稿サイト「YouTube」に独自のWebセミナーチャンネルを開設し、学生らに向けた募集広報動画を配信している。

地本は第1弾として「自衛隊の役割と重要性」「任用制度」「給与・福利厚生」「教育・研修制度」など7本の動画を長野市の自衛隊広報ルームで作成、ウェブ上にアップロードした。

各動画では若者が気軽に視聴できる雰囲気になるよう地本の若手女性隊員3人が出演し、動画ごとに自衛隊について説明、学生らの理解を助けている。

今後も第2弾として「女性隊員の活躍」や「防衛省のワークライフバランスへの取り組み」などについて新たな動画をアップしていく予定だ。

長野地本では動画を見て自衛隊に興味を持った学生らにインターネット電話サービス「Skype」を活用した個別ガイダンスの機会を設けており、今後もコロナ禍で厳しい就職状況にある学生らに向けた取り組みを強化していく計画だ。

◇

茅野地域事務所長の瀧本和輝1陸尉は5月11日、諏訪地域のラジオ「LCVFM」にリモート出演した。

LCVFMは「自衛隊のツボ」というコーナーを毎月1回放送しており、主に瀧本所長が出演している。過去には長野地本募集課長や茅野所員、臨時勤務者、防衛大学校生、入隊予定者らも出演した。

これまではスタジオでパーソナリティーと対面でトークする形で放送していたが今回はコロナ禍を受け、リモート出演となった。

瀧本所長は長野地本公式の「自衛隊WEBセミナーチャンネル（ユーチューブ）」開設のお知らせや陸自の感染症予防動画の紹介、コロナ禍での自衛隊の災害派遣活動などを積極的にアピールした。

平和を、仕事にする。
陸海空自衛官募集

ただいま募集中！
◇自衛官候補生◇医科・歯科幹部
◇技術海上・航空幹部◇技術海・空曹
◇幹部候補生（一般・歯科・薬剤科）
★詳細は最寄りの自衛隊地方協力本部へ

## 「ツイートキャスティング」でガイダンス

―宮城―

【宮城】地本はコロナ対策として広報官の個別派遣や仙台駅近くの東口案内所での個別面談を行うなど「3密」を避けた募集広報活動を実施している。

さらにウェブやSNSなど、非接触型のツールを活用した募集広報も展開。「ツイートキャスティング」を利用したガイダンスを毎週火曜日午後5時から生配信し、自衛隊の組織や採用試験の概要を説明している。

このほか、さまざまな職種の自衛官や女性隊員をゲストに迎えたトークも開催、自衛隊が女性にも魅力的な職業であることを伝えた。

さらにSNSの強みである「速攻拡散性」を活用し、フォロワー数11万人を超える宮城地本の公式ツイッターで、部隊紹介や自衛隊クイズを掲載した。

今後は4月に入隊した新隊員も紹介し、その後輩の高校生らにもアピールしていく計画だ。

地本のHPにアップされている募集広報動画。現在7本の動画を見ることができる

## 「ワンチームで目標達成」 佐賀地本が出陣式で気勢

佐賀地本の出陣式で募集目標達成に向けて勝どきを上げる感應1陸曹（左）と服巻2陸曹（右）ら地本の隊員（4月9日、佐賀地本で）

【佐賀】地本は4月9日、本部で出陣式を実施した。

最初に佐賀募集案内所の大城雄一郎3空曹と援護センターの木村伸一陸曹長が代表で「目標達成の誓い」を力強く宣言。その後、安藤和幸地本長、内和田不二夫副本部長、各課・所長らによる令和2年度の目標達成に向けたダルマへの目入れを行った。

その後、援護課の感應俊弘1陸曹と鳥栖地域事務所の服巻浩二2陸曹の号令で勝どきを上げ、車両運行の安全を祈願し、広報官たちが一斉に車両に乗って出陣した。

佐賀地本は「（コロナの影響で）募集環境は厳しい状況だが、創意工夫した施策を行い、ワンチームで目標達成を目指したい」と話している。

## 静岡地本長、高校生からインタビュー 救難ヘリのやりがい伝える

【静岡】地本長の宮川知己1空佐はこのほど、静岡市の本部で静岡大教育学部附属中学校の1年生の男子生徒からインタビューを受けた。

これはキャリア教育の一環として、生徒自身が地域の人々に人生のこだわりや生活していく上で大切にしていることなどを聞き、将来の夢や理想と向き合う第一歩とするための取り組み。

最初は堅かった生徒も宮川本部長が笑顔であいさつすると緊張がほぐれ、「自衛隊の仕事の魅力は？」「仕事をしていて幸せと感じた時はどんな時か？」などと積極的に質問をした。

地本長は救難ヘリのパイロットとして急患空輸や東日本大震災などの災害救援に当たり、救助者や家族から感謝の手紙を受け取ったことや、毎日の厳しく苦しい訓練の中にも人の役に立てた時の充実感ややりがいを生徒に伝えた。

「仕事は自分ひとりのためにやるものではなく、他の人のためにやるもの。必ず多くの人々と関わりを持つことになり、自ずと生きる幸せに結びついていく」と生徒に熱く語った。

後日、インタビューした生徒から地本長に手紙が届き、「（宮川本部長からの）最後の言葉を深く考え、将来の仕事を考えるに当たって自分自身も幸せに生きられるように、これからも勉強を頑張っていきます」と決意がつづられていた。

## 優秀募集案内所、広報官を表彰 志願者獲得で功績

福島

【福島】地本は5月12日、令和元年度の募集で極めて優秀な成績を収めた募集案内所と広報官を表彰した。

地本は昨年度、神田謙地本長の要望事項「できない理由より、できる方法を考えよ」を信条に、ワンチームとなって志願者を獲得。合格者に対しても丁寧な説明を心がけ、その結果、264人の入隊・入校者を実現し、平成24年度以来7年ぶりに目標を達成した。

この功績に対し、優秀所として福島募集案内所（入隊、入校者ら88人）を表彰。同時に優秀広報官5人（福島所の高田弘己1空曹、渡邉和仁2陸曹、山根2陸曹、会津所の伊東2陸曹ら）を表彰した。

神田地本長は「受賞は各所の努力と各部隊の協力があってこそ。今後も一致団結して目標を達成できるよう頑張ろう」と訓示した。

神田地本長（左）から優秀所として表彰される福島募集案内所の高田弘己1空曹（5月12日、福島地本で）

## 高校同窓会のHPに地本紹介

福岡

【福岡】地本は予備自衛官援護の佐々木雄二事務官の母校・県立福岡工業高校の同窓会「福工会」のHPに地本紹介記事を掲載した。

同校は明治29年の創立で、3万人を超える卒業生が全国で活躍している。同会から佐々木事務官に「在校生から先輩の勤務する企業やさまざまな組織を紹介してほしいという要望がある」との話を受け、同窓会HPに地本の紹介記事掲載が決定、「就職先としての自衛隊の魅力」を紹介している。

## 山形地本 新マスコットキャラ 「やまちゃん」に決定 さくらんぼモチーフ

山形地本の新キャラに決定した「やまちゃん」

【山形】地本は昨年夏から新マスコットキャラクターのデザインと名称を募集していたが、このほど最優秀賞作品として県名と特産品さくらんぼをモチーフにした「やまちゃん」に決定した。

県内外から計27件の応募があり、副本部長の佐々木秀夫2陸佐（審査委員長）以下10人が審議に当たり、最優秀賞と優秀賞を選定した。

最優秀賞の「やまちゃん」は今後、公式キャラクターとしてさまざまなグッズに採用される予定。優秀賞には「ベニ・バーナード」「べにたん」「かもやまくん」の3点が選出された。

山形地本では「地本さくらんぼちゃん（陸）」「地本さくら・フランス（海）」「花笠音頭の介（空）」とともに、新キャラ「やまちゃん」を活用し、県民から愛着を持ってもらえるような広報を展開していく。

## 「各人の職務をしっかり」 札幌 地本長がオンラインで訓示

【札幌】地本は5月19日、札幌市中央区の本部と14個地域事務所をオンラインでつなぎ、「令和2年度総員訓練」を行った。

例年の訓練は全部員が一堂に会して実施しているが、今年度はコロナ禍を受け、オンライン形式となった。

訓練では最初に今春着任した宮﨑章地本長があいさつ、①総合戦闘力の発揮②足元を固める③個人を充実する――の3点を隊員に要望し、「新型コロナウイルスに負けず、地本に与えられた任務を完遂するため、各人の職務をしっかり遂行して行こう」と述べた。

その後の訓練では即応態勢や行政文書管理など、平素の業務遂行の準拠とすべき事項について徹底が図られた。初のオンライン訓練のためカメラがずれるなど問題もあったものの、順次修正し、今後も活用可能なことが確認できた。

オンライン形式で行われた札幌地本の集合訓練で、モニターごしに訓示する宮﨑地本長（先頭）＝5月19日

## 陸士就職補導教育を支援 コロナ禍の雇用情勢を把握

国分援護センター

【鹿児島】国分援護センターは5月14、15の両日、12普連（国分）が実施した「令和2年度第1回陸士就職補導教育」を支援した。

同教育は今年度に任期満了を迎える陸士隊員に対し、雇用情勢と再就職に必要な基礎的事項を習得させることを目的に、四半期に1回行われている。

今回は新型コロナウイルス感染予防のため、参加者17人はマスクを着用し、消毒や換気、3密防止などに留意。講師らは求人票の見方、履歴書の作成要領について丁寧に説明した。

参加した隊員は経済・雇用に関する用語の意味や新型コロナによる劇的な雇用情勢の変化などの解説に熱心に聞き入っていた。

その後、調査票、求職票、履歴書等の作成要領について説明を受け、実際に書類を作成。これら教育を通じ、退職後の将来を見据えた人生設計や目標設定の大切さを学んでいた。

12普連の陸士就職補導教育を受ける任期制隊員たち（5月14日、国分駐屯地で）

まもなく定年を迎える皆様へ
25％割引（団体割引）
隊友会団体総合生活保険
隊友会団体総合生活保険は、隊友会会員の皆様の福利厚生事業の一環として、ご案内しております。
現役の自衛隊員の方も退職されましたら、是非隊友会にご加入頂き、あわせて団体総合生活保険へのご加入をお勧めいたします。
公益社団法人 隊友会 事務局

| | |
| --- | --- |
| 傷害補償プランの特長 | ●1日の入通院でも傷害一時金払治療給付金1万円 |
| 医療・がん補償プランの特長 | ●満70歳まで新規の加入可能です。 |
| 介護補償プランの特長 | ●本人・家族が加入できます。●満84歳まで新規の加入可能です。 |
| 無料でサービスをご提供「メディカルアシスト」 | ●常駐の医師または看護師が24時間365日いつでも電話でお応えいたします。＊一部、対象外のサービスがあります。 |

※上記は団体総合生活保険の概要を紹介したものです。ご加入にあたっては、必ず「重要事項説明書」をよくお読みください。ご不明な点等がある場合には、お問い合わせ先までご連絡ください。

資料請求・お問い合わせ先
取扱代理店 株式会社タイユウ・サービス 隊友会役員が中心となり設立 自衛官OB会社
〒162-0845 東京都新宿区市谷本村町3-20 新盛堂ビル7階
TEL 0120-600-230
FAX 03-3266-1983
http://www.taiyuu.co.jp
資料は、電話、FAX、ハガキ、ホームページのいずれかで、お気軽にご請求下さい。
引受保険会社
東京海上日動火災保険株式会社
担当課：公務第一部 公務第二課 TEL 03(3515)4124
19-T01744 2019年6月作成

あなたの人生に、
使わなかった、
保険料が戻ってくる!!
"新しいカタチの医療保険"
メディカルKit R
医療総合保険(基本保障・無解約返戻金型)健康還付特則 付加[無配当]
メディカルKit R 生存保障重点プラン
医療総合保険(基本保障・無解約返戻金型)健康還付特則、特定疾病保険料払込免除特則 付加[無配当]
あんしんセエメエ
あんしんセエメエは、東京海上日動あんしん生命のキャラクターです。
募資19-KR00-A023
株式会社タイユウ・サービス
東京都新宿区市谷本村町3-20新盛堂ビル7階 〒162-0845 0120-600-230
引受保険会社：東京海上日動あんしん生命

『朝雲』縮刷版 2019
2019年の防衛省・自衛隊の動きをこの1冊で
宮古島と奄美大島に駐屯地・分屯地が開庁 南西防衛を強化
大型台風が関東・東北を直撃 統合任務部隊を編成
朝雲新聞社 〒160-0002 東京都新宿区四谷坂町12-20KKビル
TEL 03-3225-3841 FAX 03-3225-3831
http://www.asagumo-news.com

判型 A4判変形／452ページ 並製
定価 本体2,800円＋税

# 空自「ブルーインパルス」都心上空を2周

# スモークに感謝を乗せて

## 新型コロナ

## 医療従事者に届け

「スモークに思い込めた」――。空自「ブルーインパルス」（4空団11飛行隊、松島）が5月29日、新型コロナウイルス災禍からの復活を願い、「フェニックス・ローパス」などの隊形で東京都心上空を飛行。自衛隊中央病院（三宿）の職員などコロナと戦う全国の医療従事者に感謝と敬意を伝えた。（1面参照）

2回のうちの1回目の周回で上空に進入してきたブルーインパルスの編隊を見つめる自衛隊中央病院の職員

東京慈恵会医大病院（東京都港区、写真下中央）などの上空を「デルタ・ローパス」で航過するブルーインパルス

防衛省・自衛隊が主催した飛行は1番機に搭乗する11飛行隊長、遠渡祐樹2佐以下10人（6機）で行われた。ブルーインパルスの都心での飛行は、前回東京五輪（1964年）の開会式、国立競技場のファイナルイベントに続いて3回目。

6機は晴天で風のない絶好の飛行日和の下、東京スカイツリー、東京駅、東京都庁などの上空を2周、速度約500キロ、高度約750～1350メートルで飛行した。

自衛隊中央病院（世田谷区池尻）の上空も航過した。同病院では午後1時前、都内を360度見渡せる屋上ヘリポートに、新型コロナ感染症患者の治療などに当たってきた医官、看護官を含む診療などに支障のない職員約300人が上がり、ブルーインパルスの飛来を待ちわびた。

白いスモークを引きながら病院上空に進入してくると、一斉に歓声が上がった。6機は、1周目は「デルタ・ローパス」、2周目は「フェニックス・ローパス」の隊形を組み、南西（川崎方面）から北東（新宿方面）へ軽快で伸びのあるジェット音を響かせながら航過。職員たちは、大きく手を振って応えた。

遠渡11飛行隊長は飛行後、「（コロナ禍の）昨今の状況の中でご苦労されている方々、主として医療従事者の方々に励ましができればと思い、スモークに思いを込めて飛ばさせていただいた」と語った。

### 整斉と飛行、誇り

丸茂空幕長が談話

現在も新型コロナウイルスによる感染リスクが存在している中で、医療関係者以外も含め、少しでも多くの方々に明るい気持ちになっていただけたとすれば、空自としても大きな喜びだ。飛行に当たっては国土交通省や東京都など関係各機関にも大変なご理解、ご支援をいただいた。お礼を申し上げたい。短い期間で準備を行い、整斉と安全に飛行を行ってくれたブルーインパルスのメンバー、整備員、支えてくれた隊員たちを誇りに思う。

## 自衛隊中央病院

# 外国人患者ら受入れ

## 医官、看護官の尽力続く

PCR検査を行う中央病院の職員（いずれも同病院で）＝中病提供

救急車で運ばれた「ダイヤモンド・プリンセス号」の外国人乗客を院内に搬送する中央病院職員

自衛隊中央病院は、中国・武漢から在留邦人を乗せた政府チャーター機が羽田空港に到着した1月30日以降、大型客船「ダイヤモンド・プリンセス号」の乗客や市中感染者など、約300人（日本を含む17カ国・地域）の感染者を受け入れ、約20人の医官、約60人の看護官らが献身的に対処している。

この間、ゾーニングや接触感染予防、飛沫感染予防など徹底した感染予防策により、院内感染などは起こしていない。また、外国人患者に通訳を配し在京大使館とのコミュニケーションを円滑にしてもらうなど、各種配慮にも努めている。

多くの外国人患者らを受け入れる状況に中央病院は、全国の自衛隊病院（札幌、仙台、富士、阪神、福岡、熊本、別府、横須賀各病院）や陸海空各部隊などから約40人の常備自衛官、約10人の予備自衛官の支援も受けた。

感染症終息に向けて尽力する中央病院には帰国したドイツ人夫妻や在京フィリピン大使館、国内の個人・企業などから多くの感謝の手紙や感謝状が届いているという。

中央病院の上部泰秀病院長は、「（中央）病院の勤務員のみならず全国の自衛隊病院や衛生学校、衛生科部隊から駆け付けてくれた医官・看護官、技能予備自衛官や通訳支援の方々の尽力による無事の任務完遂だ。感染症患者受け入れ訓練や大量傷病者受け入れ訓練などの有効性も実証することができた」とこれまでの活動を振り返った。

あさぐもドリマイ's 吉本とんぼ

席と席との間隔は最低1メートルはとること

そんなこといったら…

カウンター6席しかないうちみたいな店は…

…では席数は変えずに

席と席の間を1メートルとった…と

事故るぞいつか…

1m

# 司令訓示は放送で

## 板妻駐 スカイプで集合訓練

【板妻】板妻駐屯地（司令・深田満男1佐）は現在、さまざまな感染防止策を取りながら日々の隊務などに精励している。

手洗い・うがい、マスク装着（訓練中も支障がない限り装着）の徹底、3密の回避のほか、駐屯地（連隊）朝礼は隊員を集めず、司令が放送で訓示した。各部隊が集う集合訓練は、スカイプ（WEB上でビデオ通話などができるサービス）を利用して行った。

緊急事態宣言の解除に伴い6月以降、徐々に緩和させながら、引き続き必要な対策を取っていく。

透明なビニールのパーテーションを施した事務室で作業する板妻駐屯地の隊員

## オンラインでエール

### 再生回数8000回超え

### 西方音ら4個音楽隊

【西方音＝健軍】陸自西部方面音楽隊（隊長・志賀亨2佐）など4個音楽隊の約140人はこのほど、新型コロナウイルス感染拡大防止のために戦っている九州・沖縄県民と熊本地震からの復興に奮闘する熊本県民に向けてオンライン上で合同演奏し、動画投稿サイト「ユーチューブ」で届けた。

動画は5分17秒。4音楽隊（福岡）、8音楽隊（北熊本）、15音楽隊（那覇）の隊員が出演し、KANさんの「愛は勝つ」を琉装で三線などを弾き、手話演奏も取り入れるなど、趣向を凝らして演奏をした。

新型コロナ感染症拡大防止のため3密を避け、各駐屯地の屋外で撮影し、西方システム通信群（健軍）が編集した。動画は「西部方面隊YouTube」で5月18日から公開され、再生回数は8千回を超え人気を博している。

動画の中で「力を合わせて未来に向かって頑張りましょう」と呼び掛けた志賀西方音隊長は「今後も九州・沖縄県民のために『自衛隊の音楽隊だからこそできること』を体現していきたい」と語っている。

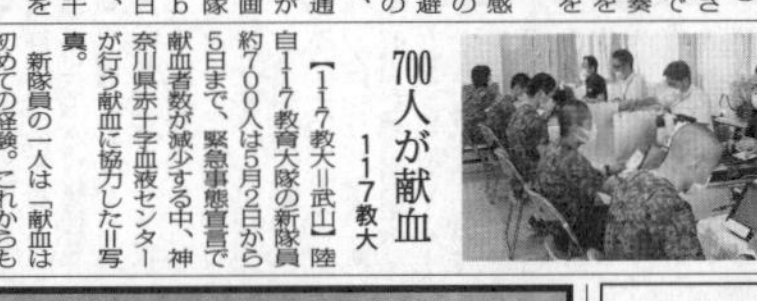

西部方面隊隷下の4個音楽隊がオンラインで届けた演奏動画の一場面。中央はエールを送る志賀西方音隊長（ユーチューブから）

## 700人が献血

### 117教大

【117教大＝武山】陸自117教育大隊の新隊員約700人は5月2日から5日まで、緊急事態宣言で献血者数が減少する中、神奈川県赤十字血液センターが行う献血に協力した＝写真。

新隊員の一人は「献血は初めての経験。これからも協力したい」と語った。

## 小休止

▽…14施設群はこのほど、北海道美瑛町の一大イベント「第43回丘のまちびえい宮様国際スキーマラソン」を支援した。

▽…天候に恵まれた雄大な十勝岳連峰や美瑛町の美しい景観の下、約700人の参加者がレースに挑んだ。396施設中隊を基幹とする協力隊（38人）は、コース整備などを適切に行い運営に寄与した。

▽…一方、大会には上林勝敏群長＝写真中央＝をはじめとする隊員たちが選手として参加。錬成成果を発揮し、地域住民らとの交流を深めた。（上富良野）

## こちら警務隊

法知識の不知②

ダメ！絶対

裁断する

公文書を隠す

### 公文書を隠す、捨てる

### 公用文書毀棄罪で懲役

公用文書毀棄罪とはどんな罪ですか？

公用文書とは公務員が職務を行うために作成した文書で、作成中の文書やデータなどの電磁的記録も含みます。

毀棄とは文書を役に立たないようにすることで、引き裂く、焼け焦がす、丸めて床に投げ捨てる等のほか、文書の内容の一部抹消、データの消去や文書を隠してその使用を妨げることも含みます。

公文書のデータが入ったUSBメモリを隠したことで検挙された事例もあります。

これらの行為は刑法258条の公用文書毀棄罪に該当し、3月以上7年以下の懲役に処せられますので、絶対にしてはいけません。

（東北方面警務隊）

※次回、「覚せい剤取締法違反」

コナカ
FUTATA
防衛省共済組合員・ご家族の皆様へ
スーツ/フォーマル/ジャケット/スラックス/ワイシャツなど
品質にこだわった商品を豊富に取り揃えています
即日発行！すぐに使える!! 優待カードご利用でとってもお得
お会計の際に優待カードをご提示で
店内全品
20%OFF
●防衛省の身分証明書または共済組合員証をご提示ください ●詳しくは店舗スタッフまでおたずねください

お得なクーポンはコチラから!!
KONAKAアプリ
App Store・Google Playで KONAKA 検索

FUTATA BRAND SITE
フタタブランドサイト
フタタのWEB特別割引券はコチラから

ポイントが使える・貯まる

自衛隊バージョン
EMERGENCY BOX
備蓄用・贈答用として最適!!
陸・海・空自衛隊のカッコイイ写真を使用した専用ボックスタイプの防災キット。
7年保存防災セット
1人用/3日分
外務省在外大使館等も備蓄しています。
非常時に調理いらずですぐ食べられるレトルト食品とお水のセットです。

※セット内容イメージ

メーカー希望小売価格 5,130円（税込）
特別販売価格 4,680円（税込）【送料別】
【セット内容】
レトルト保存パン 3食
レトルト食品 3食
7年保存クッキー 2食
長期保存水 EMERGENCY WATER 3本
米粉クッキー 1食
昭和55年創業 自衛隊OB会社 (株)タイユウ・サービス
TEL03-3266-0961 FAX03-3266-1983
mail:ts-gen@ac.auone-net.jp ホームページ タイユウ・サービス 検索

# 摩文仁の平和記念公園でゴミ回収ボランティア

## 空曹長 樋口 陽介（那覇ヘリ空輸隊）

航空自衛隊那覇基地准曹会は2月1日（土）、2日（日）の両日、沖縄県が主催する糸満市・摩文仁の「平和記念公園」でのゴミ回収ボランティアに参加することを決め、その呼びかけに応じ、那覇ヘリコプター空輸隊からも隊長以下の有志が参加しました。

今回の「摩文仁の丘周辺清掃ボランティア」（准曹会が命名）の会場となった摩文仁の平和記念公園は、先の大戦における沖縄戦最後の組織的戦地であり、祖国のため敢闘した軍人のみならず、多くの老幼婦女子が悲惨な死を遂げた場所です。

戦後、この公園を含む一帯が「沖縄戦跡国定公園」に指定され、沖縄戦で亡くなられたすべての人々を追悼し、世界の恒久平和を願う場所となっています。

海岸の崖下には未だ回収されていない戦没者の遺骨が残り、遺族やボランティア団体による遺骨収集活動が続けられています。

しかしながら、海岸一帯には空き瓶や空き缶、弁当箱、そしてビニール袋などが大量に投棄され、足の踏み場もなく、遺骨収集の妨げとなっています。そこでこれらゴミを回収すべく、ボランティア活動が続けられています。

今回のボランティア活動1日目は約180名（空自隊員55名）が参加し、海岸の崖下一帯に長年放置された大量の不法投棄ゴミの回収と分別を行いました。現場は急峻で危険な個所も多いため、自衛隊員が崖下でのゴミ回収を担当し、その後のゴミの分別と集積は県職員などのボランティアが担当しました。

2日目は約320名（空自隊員61名）が参加し、回収・分別・運搬（バケツリレー班など）に分かれ、計235袋もの大量のゴミを回収することができました。

急峻な崖下での作業で、隊員たちは危険と隣り合わせの困難な作業となりましたが、参加隊員たちは本活動を通じて遺骨収集活動がさらに進展すると共に、戦没者に哀悼の意を捧げ、改めて平和の尊さを再認識することができました。

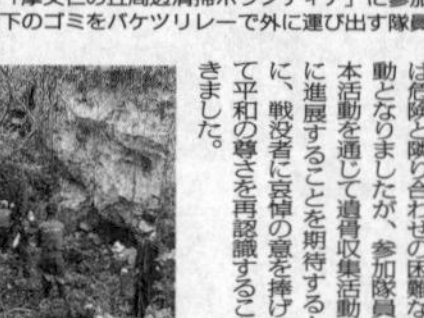

㊤「摩文仁の丘周辺清掃ボランティア」に参加した空自隊員たち　㊦崖下のゴミをバケツリレーで外に運び出す隊員たち

崖下で集めたゴミを回収するクレーンと、見上げる隊員たち

（世界の切手・アフガニスタン）

沈黙は時として最高の答えになる。

ダライ・ラマ（チベット仏教指導者）

朝雲ホームページ
www.asagumo-news.com
<会員制サイト>
Asagumo Archive
朝雲編集部メールアドレス
editorial@asagumo-news.com

# みんなのページ

## 朝雲・栃の芽俳壇

畠中草史　選

明日発つ吾娘に筍飯を炊く　宮崎・空OB　髙木 智念
明日離れてゆく娘との夕食に今日採った筍の飯を炊いた。晴がましくも寂しさがこもる。

総出して筑波は梨の摘花どき　浜松・空OB　宮本 立勇
筑波山の麓では梨栽培が盛ん。大きく育てるには摘花が必要。猫の手も借りたい時期。

藤の花揺れ馴染みをり夜のとばり　館山・海OB　斎藤 一向
寄り合える恩ひ一つの花筏　熊谷・空OB　蓮佛志向子
村歌舞伎東風に子役の見えを切る　香川・陸OB　渡辺 成典
浜名湖の潮路はるけし養花天　浜松・空OG　塩見 惇子
夕暮れの空に白蓮暮のこる　熊谷・空OG　佐藤 玲美
藤の花しずかにゆれて暮れはじむ　西東京・空OB　水島 孝雄
下野の苗田豊に日を集め　相模原・海OG　折口 桂子
三椏の咲き厨口明るうす　新座・陸OB　船田藤三郎
夏めくや一木造りの毘沙門天　あきる野・一般　小和田一男
城跡に残る井筒や花菫　小牧・陸OB　松岡 魚青
春愁や雨に烟れる埠頭の灯　横浜・空OB　永澤 功
葉桜の下四千の歩に励む　町田・陸OB　岩原 滋利
妻の忌を修し咲き初む花水木　江別・陸OB　鎌田日出雄
八重桜染めゐる里の道祖神　熊谷・空OB　明田 眞雅
前山の尾根の日向の海老根かな　熊谷・空OB　工藤 敏雄
春陰や止まりしままの古時計　恵庭・陸OB　足立 徹
川幅を被ひつくせる桜かな　町田・陸OG　小牧美和子
家に居る隙有り余る四月かな　熊谷・空OG　関谷 桂子
見はるかす霞隠れの阿蘇五岳　佐賀・陸OB　一ノ瀬恵昭
大手門開いて四方の桜かな　熊谷・空OG　福元万理子
渋滞の車窓にめがけ花吹雪　相模原・一般　森 謙二
鈴蘭の背戸に咲きだす草の中　熊谷・空OG　関田 絹江

選者作品
鎧三基飾る棗屋の裔として

**投句歓迎！**
▽郵便はがきの裏面に未発表の自作3句以内と氏名、年齢、職業（自衛官・事務官＝所属部隊＝、OB、家族、一般など）、住所、電話番号を記入▽締め切り毎月15日▽宛先＝〒162-8801東京都新宿区市谷本村町5の1　防衛省D棟市ヶ谷記者クラブ朝雲俳句係☎03（5225）1750、専用線8・6・25515

## 詰将棋

出題　日本将棋連盟　九段　石田 和雄

第820回出題

（先手 持駒 金銀）

【ヒント】持ち駒の妙（10分で一級）

## 詰碁

出題　日本棋院　九段　曲 励起

第1235回解答

黒❼（六目トル）白⑧（6の所）黒❾劫にする

【解答図】黒先、黒劫。[illegible]

▶詰将棋、詰碁の出題は隔週です◀

## 「常勝普教連」復活へ！

3陸尉 坂元 誠（普教連1中隊3小隊長兼銃剣道教官）

令和2年度が始まり、普通科教導連隊の銃剣道練成隊は新たな体制によりスタートを切りました。伝統と歴史のある本隊は、これまで全日本銃剣道優勝大会3連覇を含む優勝15回、[illegible]、国体優勝5回、[illegible]など数多くの成績を残してきました。これまで脈々と受け継がれてきた諸先輩方の努力の結晶であり、これからも継承と維持・向上させていかなければなりません。

しかし、ここ10年ほどは入賞こそ数回あるものの、優勝から遠ざかり、[illegible]練の受け入れを含め、各部隊との交流も減少し、過去に比して思うような結果を残せていないと言わざるを得ません。[illegible]

[illegible]が、一番重要なのは人間形成、普通科魂（突撃精神）の涵養・切磋琢磨の精神の涵養であり、まさに無形の戦闘力の向上です。

[illegible]「常勝普教連」復活を目指して頑張ります。

## OBがんばる

### 案ずるより産むが易し

小濱 邦洋さん 56
令和元年1月、空自5空団整備補給群装備隊（新田原）を最後に定年退職（2佐）。プライムデリカ㈱に再就職し、宮崎工場で点検・維持管理業務に携わっている。

私は宮崎地本援護センターに紹介していただいたプライムデリカ㈱に入社しました。当社は全国12の工場で[illegible]セブン-イレブン向けの調理パン、総菜、サラダ、スイーツ、[illegible]を24時間365日製造・販売している会社です。私は宮崎工場の施設課員として主に工場のエネルギー、ユーティリティー設備、生産設備の点検、維持管理、定期メンテナンス等の業務に携わっております。

[illegible]

さて、後輩の皆さんへの助言ですが、[illegible]「案ずるより産むが易し」です。[illegible]皆さんのご健闘を祈念しております。

## 久居駐屯地での体験入隊終えて

[illegible]　青木 茂

入隊は2回目で、前回は主に身体と行動で習得する実践的なプログラムで、体力的に大変厳しかった思い出があります。[illegible]

組織で行動するためには、個人の意識を高めて同じ方向を向かせることが不可欠で、[illegible]

[illegible]

## 新刊紹介

### 「国防態勢の厳しい現実」

高井 三郎著

1952年に陸自の前身・保安隊に入隊し、特科部隊を経て幹部学校、高射学校の戦術・戦史教官などで活躍、退官後は軍事の専門家として長く活動してきた著者が、OBとしての強い思いから今日の陸自の苦しい編成や装備の実態を明らかにし、その改善を求めた本だ。

著者は「自衛隊は有事に役立つ一流の軍隊か」を念頭に、今日に至っても日本の国防体制が不十分で自衛隊が能力を発揮できない状況を指摘し、「独立国の軍隊」としての再生を強く望む。

国民からも人気がなく、隊員には外国軍人並みの名誉も処遇も与えられていない。さらに近年は国防より災害派遣に重点が置かれ、「軍隊のようで軍隊でない異常な組織」であると嘆く。

そこで現職隊員には決して口にできない定員割れや自衛官の平均年齢が36歳（2017年）と高い現場の厳しい現実を代弁。隊員不足を解消して組織を立て直すには、まずは「隊員処遇の改善を」と訴える。OBによる憂国の書だ。（勉誠出版刊、1980円）

### 「弾丸が変える現代の戦い方」

二見 龍、照井 資規著

進化する世界の歩兵装備と陸自の個人装備を比較し、今後の改善策について提言した書だ。著者は40普連長、東方混成団長などを歴任した元陸将補の二見氏と、陸自衛生学校などで研究員を務めた戦傷医療専門家の照井氏だ。

二見氏は「ジャーナリストになったのは本当のことを伝えるため」と前置きした上で、歩兵の交戦距離が400メートルを超え、防弾ベストが発達した今日、5・56ミリ弾の利点は失われ、今後は7・62ミリ弾の時代に戻ると予測する。すでに米軍やNATO軍に小銃を供給するメーカーは2種類の銃をラインナップし、5・56ミリ弾で威力不足が露呈した場合、直ちに7・62ミリ小銃を供給できる体制を整えているという。

陸自もその世界的な趨勢を見据え、将来戦える部隊創設のためには、①銃剣装着の思想を改め、②7・62ミリのブルパップ式小銃を選び、③発射音や銃口からの炎（ファイアーボール）を消す消音機「サプレッサー」を標準装備すべき――と訴えている。（誠文堂新光社刊、1760円）

隊員の皆様に好評の
『自衛隊援護協会発行図書』販売中

| 区分 | 図書名 | 改訂等 | 定価(円) | 隊員価格(円) |
|---|---|---|---|---|
| 援 | 定年制自衛官の再就職必携 | ◎ | 1,300 | 1,200 |
| | 任期制自衛官の再就職必携 | | 1,300 | 1,200 |
| | 就職援護業務必携 | | 隊員限定 | 1,500 |
| 護 | 退職予定自衛官の船員再就職必携 | | 720 | 720 |
| | 新・防災危機管理必携 | | 2,000 | 1,800 |
| 軍 | 軍事和英辞典 | | 3,000 | 2,600 |
| | 軍事英和辞典 | | 3,000 | 2,600 |
| 事 | 軍事略語英和辞典 | | 1,200 | 1,000 |
| | （上記3点セット） | | 6,500 | 5,500 |
| 教 | 退職後直ちに役立つ労働・社会保険 | | 1,100 | 1,000 |
| | 再就職で自衛官のキャリアを生かすには | | 1,600 | 1,400 |
| 養 | 自衛官のためのニューライフプラン | | 1,600 | 1,400 |
| | 初めての人のためのメンタルヘルス入門 | | 1,500 | 1,300 |

※ 令和元年度「◎」の図書を改訂しました。

| | |
|---|---|
| 消費税 | 価格は、税込みです。 |
| 発送 | メール便、宅配便などで発送します。送料は無料です。 |
| 代金支払い方法 | 発送図書同封の振替払込用紙でお支払。払込手数料はご負担ください。 |

お申込みは「自衛隊援護協会」ホームページの「自衛官の皆様へ」タブから
「書籍のご案内」へ・・・スマホで今すぐ検索「自衛隊援護協会」
（http://www.engokyokai.jp/）

一般財団法人自衛隊援護協会
電話：03-5227-5400、5401　FAX：03-5227-5402　専用回線：8-6-28865、28866

よろこびがつなぐ世界へ
KIRIN
一番搾り
おいしいとこだけ搾ってる。
KIRIN'S PRIME BREW
KIRIN BEER
一番搾り
Brewed from only the first press of genuine malt for a crisp, delicious flavor.
〈麦芽100%〉
ALC.5%　生ビール　非熱処理
お酒
ストップ！20歳未満飲酒・飲酒運転。お酒は楽しく適量で。
妊娠中・授乳期の飲酒はやめましょう。のんだあとはリサイクル。
キリンビール株式会社

朝雲

発行所 朝雲新聞社
〒160-0002 東京都新宿区四谷坂町12-20 KKビル
電話 03(3225)3841
FAX 03(3225)3831
振替00190-4-17600番
定価一部170円、年間購読料9170円（税・送料込み）

すこやかな未来を応援します
フコク生命
防衛省団体取扱生命保険会社
フコク生命

# 自衛官採用試験、複数回実施

## 人材確保へ 受験機会増やす

### コロナで配慮

防衛省・自衛隊は5月29日、新型コロナウイルスの影響で当初5月の予定が延期となっている年に1度の「一般幹部候補生」と「歯科・薬剤科幹部候補生」の採用試験を今年度は特例で「2回実施する」と発表した＝表参照。このほか、「一般曹候補生」の1次試験を6月下旬から複数回行うことを決め、受験地によって異なる回数や日程などを自衛官募集のホームページ（https://www.mod.go.jp/gsdf/jieikanbosyu/）に公表した。河野防衛相は同日の記者会見で「自衛官をしっかり確保しなければならない。他のさまざまな試験と重なることもあり、例年よりも受験機会を増やしたい」と述べた。

## 最寄りの地本で確認を

「一般幹部候補生」と「歯科・薬剤科幹部候補生」の採用試験は、延期となっていた第1回試験の申し込みを6月12日に締め切った後、8月に再び「第2回試験」を追加で実施する。締め切りはいずれも7月31日（必着）＝表参照。

一方、「一般曹候補生」の第1回試験では、本来は1回の予定だった1次試験を6月下旬から7月上旬にかけて全国の各都道府県で2〜3回行う。直近の締め切りは6月19日（必着）。

受験地によって試験日時や回数、締め切り日が異なるため、申込者は防衛省・自衛隊のホームページで確認した上で、細部は最寄りの地方協力本部に問い合わせる。複数の試験日での申し込みや、試験地を変えての申し込みがあった場合は受験自体が無効となる。

また、「海自技術海上幹部」「空自技術航空幹部」「海自技術海曹」「空自技術空曹」――の締め切り日は、例年よりも約1カ月延長され、6月26日（必着）に決まった＝表参照。

**令和２年度追加採用試験日程**

| | 一般幹部候補生（第２回） | 歯科・薬剤科幹部候補生（第２回） |
|---|---|---|
| 受験受付期間 | ５月29日〜７月31日（必着） | ５月29日〜７月31日（必着） |
| 第１次試験日 | ８月８日（筆記）<br>８月９日（操縦適性）＝飛行要員希望者 | ８月８日 |
| 第２次試験日 | ９月10日〜14日のうち指定する日 | ９月10日〜14日のうち指定する日 |
| 第３次試験日（飛行要員希望者） | 海自＝10月５日〜９日<br>空自＝10月24日〜29日 | |
| 最終合格発表 | 11月ごろ | 11月ごろ |

**令和２年度技術系海・空自衛官採用試験日程**

| | 技術海上幹部・技術航空幹部 | 技術海曹・技術空曹 |
|---|---|---|
| 受験受付期間 | ４月17日〜６月26日（必着） | ４月17日〜６月26日（必着） |
| 試験日 | ７月20日 | ７月17日 |
| 合格発表 | ８月28日 | ８月28日 |

昨年５月に札幌市で行われた一般幹部候補生採用試験の様子。年に１回限りの試験だが、今年はコロナ禍への配慮から「第２回試験」を実施し、優秀な人材確保につなげたい考えだ（札幌地本提供）

このほか、「自衛官候補生」の採用試験も順次実施される予定だが、地域ごとに試験日が異なるため、詳細は最寄りの地方協力本部に問い合わせが必要だ。

湯浅陸幕長は省の発表に先立つ5月28日の記者会見で自衛官の採用試験の状況について記者から問われ、「（コロナの影響で年度初めの2カ月を失い）募集期間が短くなったことから、受験機会を多く持ちたい。受験者も就職活動ができていない焦りもあるだろうから、できるだけチャンスを増やす方向で対応する」と応えた。

河野大臣は翌29日の記者会見で「緊急事態宣言が（5月25日に全面）解除されたことを踏まえ、感染拡大防止策をしっかりと講じた上で、受験生には基本的に県境をまたがず、県内の会場で受験していただく。マスク着用を受験生と職員に徹底し、当日の受験者の検温、体調確認、机の間隔を可能な限り離すなどの感染防止策を講じた上で、順次、採用試験を行っていきたい」と語った。

## 空自C2、C130Hを新登録

### PCRS 戦略航空輸送では初

河野防衛相は6月2日の記者会見で、日本が2016年から参加している「国連平和維持活動即応能力登録制度（PCRS）」に5月30日、新たに空自のC2、C130H両輸送機を登録したと発表した。

PCRS（Peacekeeping Capability Readiness System）は国連が15年9月に新設した制度。各国が国連平和維持活動（PKO）に貢献可能な分野や準備状況などを事前に登録することで、国連が各国のPKO参加や準備に関する具体的な状況を常に把握し、ニーズへの迅速・的確な対応に役立てようという取り組みで、質の高いPKOの実現を目指す。

日本は16年3月に▽施設部隊▽軍事監視要員▽司令部要員――の提供の用意があることを登録しているが、今回の「戦略航空輸送（国際拠点間輸送）」の登録は初めて。

防衛省・自衛隊では、17年11月にカナダで開かれた「PKOに関する国防大臣会合」に日本を代表して出席した山本朋広防衛副大臣が自衛隊の固定翼航空機をPCRSに追加登録する方針を表明し、その後、調整が進められてきた。

河野大臣は記者会見で「近年、要員や装備品の輸送ニーズが高まっており、『戦略航空輸送』は日本も貢献できる分野だ。各国のPKO部隊の早期展開に寄与するとともに、国際平和協力活動の分野でも裾野を広げていきたい。登録によって何か義務が生ずるわけではないので、要請を頂いた時には『PKO参加5原則』などに照らし合わせた上で我が国として判断していく」と述べた。

空自のC2輸送機

## コロナ災派隊員

# ボーナス最大15万円増額

## 医官らに日額最大4000円の特別手当

河野防衛相は6月5日の記者会見で、新型コロナウイルス感染拡大防止の災派遣に従事した隊員約4000人を対象に、夏のボーナスを増額すると発表した。増額は1人当たり5万円〜15万円程度で、6月30日に支給する。

大型クルーズ船「ダイヤモンド・プリンセス」への対応に当たった隊員をはじめ、自衛隊病院などの医療従事者、衛生従事者、司令部要員、生活支援要員、空港の水際対策要員、後方要員などが対象となる。

一方、これとは別に、自衛隊病院などの〝医療最前線〟で患者の治療などに尽力してきた医官や看護官ら医療従事者に対し、日額3000円〜4000円の特別手当を支給することも発表した。7月の給料日に合わせて支給する。

## 岩手県がコロナで要請

### 9師団が職員に衛生教育

新型コロナの災害派遣に関し、防衛省・自衛隊は5月31日に2回目の自主災派を終了した後も、自衛隊病院では患者の治療などの医療任務を継続している。

また、全国各地では都道府県知事の要請に基づく防護・衛生教育などの「市中感染対応」の災派も随時、単発的に行われている。

6月5日には岩手県知事からの要請を受け、9師団の隊員10人が同県職員と医療関係者ら約20人に防護服の着脱要領など衛生教育を実施した。同県は全国で唯一、感染者を出していないが、万が一に備え、コロナで初めて災派を要請し、自衛隊による教育を受けた。

6月9日現在、「市中感染対応」に当たっている災派部隊はなく、状況は平静化しつつある。4月3日からこれまでに従事した隊員は後方要員を含め延べ約2100人、展開地域は今回の岩手県を加え、全国30都道府県に及んでいる。

## 遠航部隊、1カ国のみ寄港

### 前・後2期制で初めて実施

海自は6月5日、幹部候補生学校（江田島）を卒業した初級幹部の「遠洋練習航海（前期）」の概要を発表した。期間は6月9日から7月22日までで、訪問国はシンガポール（チャンギ）のみとなる。

64回目となる今回の遠航は、新型コロナウイルス感染症の影響と部隊の運用状況を考慮し、初めて前期・後期の2期制での実施となった。

前期遠航部隊は練習艦隊司令官の八木浩二将補を指揮官に、練習艦「かしま」と「しまゆき」の2隻で編成。70期一般幹候課程を修了した約155人（うち女性約10人）の実習幹部を含む約500人が乗り組む。

部隊は9日に呉を出港後、洋上で各種訓練を行いながら東南アジア方面に向かい、途中、補給のため沖縄の勝連とシンガポールのチャンギに寄港、7月22日に横須賀に帰国する。航海日数は44日間、総航程は1万9000キロ。帰国後は後期の遠洋航海に備える。

（4面に関連記事）

# 戦力化進む「18式個人用防護装備」

## 陸自中央特殊武器防護隊

【中特防＝大宮】陸自中央特殊武器防護隊（隊長・松原泰孝1佐）は新たに部隊配備された「18式個人用防護装備」の戦力化を進めている。

「18式」はこれまで使用してきた「00式個人用防護装備」の後継で、今年3月末に中特防に初めて導入された最新装備。

「18式」の防護マスクは従来の複眼式から「単眼式」となり、視野が大幅に向上。また、吸収缶が二つ接続できるようになり呼吸時の空気抵抗も減少、装着時の呼吸が楽になった。着用する防護衣も「フードと上衣が一体化」されて更衣が容易になったほか、軽量化も図られた。

「18式」を装着しての部隊の戦力化訓練は4月8日、大宮駐屯地で行われ、前段では新防護装備の装脱着訓練を催涙剤環境下で行い、その可動性と有効性を確認した。

後段では隊員が「18式」を装面・装被した上で、小銃や防弾チョッキなど戦闘用装具を身に着けて「武装走」を実施し、激動時の操用性や各装具との適合性を確認した。

最新の「18式個人用防護装備」を装着して武装走を行う中央特殊武器防護隊の隊員たち（大宮駐屯地で）

「18式個人用防護装備」を装着した女性隊員。右下は「単眼式」防護マスク

## 春夏秋冬

### コロナ後の世界

小谷 賢

歴史を紐解くと、感染症は国際政治に多大な影響を与えてきた。中世のペストは当時の封建社会にとどめを刺すことで近代社会の到来を招いたし、20世紀初頭のスペイン風邪は第1次世界大戦の趨勢に影響を与えた。恐らく今回のコロナ禍も、国際政治の動乱とセットで記憶されるのではないだろうか。

まず興味深いのは、各国の指導者に対する評価だ。韓国の文大統領や台湾の蔡総統はコロナの封じ込めに成功して名を上げた。逆にアメリカのトランプ大統領や中国の習主席の評判は芳しくない。一般論として国内での支持率低下は、積極的な対外政策を招き易くなる。

4月に中国政府はパラセル諸島からスプラトリー諸島の海域を「西沙区」、「南沙区」として自らの行政区に強引に編入した。さらに国防費の増額や「香港版国家安全法」の制定等、なり振り構わない対外政策を取り始めている。これは我が国にとっても対岸の火事ではない。先月には海警局の大型船が、日本の漁船を追跡するというこれまでにない動きを見せている。

この中でも深刻なのは香港情勢だ。中国政府は昨年、香港政府に逃亡犯条例改正を求めたが失敗した。この失敗とコロナ禍への対応のまずさが重なって、中国国内における習主席の政治的立場は厳しいものとなっている。さらに9月には香港の立法会選挙が予定されているため、万が一にも負けるわけにはいかない。そこで全人代で「香港版国家安全法」を制定するという荒業に出たのだ。もはや習主席は、国際社会における中国の評判や米中関係の修復よりも、国内の権力基盤を回復させることを最優先としたようだ。

方や、アメリカのトランプ大統領も苦戦の様子だ。こちらも今年中に大統領選挙を控えているため切羽詰まっている。支持率のV字回復を図るには、やはり外交で実績を残すしかなく、香港情勢はトランプ政権にとっても重要な外交案件だ。恐らく米政府は国家安全法の成立を機に、何らかの対中制裁を課すことが想定される。

新法の制定は民衆の反発を引き起こし、国際金融都市、香港が混乱するリスクも軽視できない。そうなると世界経済も混乱に陥り、中国の非や責任はうやむやになるかもしれない。もし香港が安定を保てたとしても、米中関係は制裁合戦によって極めて緊張することになるだろう。どう転んでも事態は深刻だ。恐らくコロナ後の世界は、平穏とは程遠いものになるのではないだろうか。

（日本大学危機管理学部教授）

## モンゴル国防相とコロナで意見交換

### 河野防衛相

河野防衛相は6月2日、モンゴルのニャマー・エンフボルド国防相と電話会談し、新型コロナウイルスへの対応や今後の防衛交流をめぐって意見交換した。

エンフボルド国防相は今回のコロナ危機に際し、軍中央病院を隔離施設として提供するとともに、感染拡大に同病院の機能を拡充させるなど国防省や軍が初期段階から重要な役割を果たしてきたことを説明した。

両氏はポストコロナを見据え、これまで両国間で積み上げてきた国連平和維持活動（PKO）に関連した施設分野をはじめ、医療分野での能力構築支援事業（キャパシティー・ビルディング）を引き続き実施し、防衛協力を強化していくことで一致した。

このほか、東・南シナ海情勢についても意見を交わし、緊密に連携していくことを確認。

「法の支配」の重要性を訴えた河野大臣に、エンフボルド国防相は「モンゴルは国際法と法規範に基づく南シナ海における紛争の平和的解決にコミットしていく」と応えた。

## 朝雲寸言

日本経済新聞の別刷り週末版「プラス1」（5月23日付）が「今こそ聴きたい元気になれる歌」という特集を組んでいた。10代から60代までの各世代が選んだ上位10位が並んでいたが、どの世代からも選ばれたのがZARDの『負けないで』。最も古い曲は坂本九さんの『上を向いて歩こう』だった▼皆が元気を渇望している。新型コロナウイルスとの闘いが長期化し、苛立ちが他人を傷つける言葉となってネット上に浮かぶ。世のため人のため身を粉にして働く医療関係者があろうことか差別の対象になることさえ起きている▼そんな殺伐とした空気を吹き飛ばすような爽やかな風が都心に吹いたのは5月29日のことだった。航空自衛隊のブルーインパルスが、医療現場で闘う人々に感謝と敬意を表そうと東京上空を飛び、その様子はその日の夜のテレビで何度も報じられた。印象に強く残るのは、病院の屋上を埋め尽くした医師や看護師たちが、歓声を上げながら飛行隊に手を振っていた姿だった▼苦しいこともあっただろう。泣きたいこともあるだろう。そんな医療従事者たちに、飛行隊が青空に描いた白い五線譜は[illegible]

はせがわ
つなぎます。心と、いのちと、人。
お仏壇 10%OFF!
お墓 5%OFF!
ご来店の際にはJD VISAカードをご提示ください。

防衛省職員および退職者の皆様へ
防衛省団体扱自動車保険・火災保険のご案内
【引受保険会社】東京海上日動火災保険株式会社
防衛省団体扱自動車保険契約は一般契約に比べて 約19%割安
防衛省団体扱火災保険契約は一般契約に比べて 約15%割安
お問い合わせは
取扱代理店 株式会社 タイユウ・サービス
フリーダイヤル 0120-600-230
☎03-3266-0679 FAX:03-3266-1983
〒162-0845 東京都新宿区市谷本村町3番20号 新盛堂ビル7階

備蓄用・贈答用として最適
防災スイーツパン
自衛隊バージョン
陸・海・空自衛隊の"カッコイイ"写真をラベルに使用
3年経っても焼きたてのおいしさ♪
焼いたパンを缶に入れた「缶入りパン」とは違い、発酵から焼成までをすべて「缶の中で作ったパン」ですので、安心・安全です。
陸上自衛隊：ストロベリー 海上自衛隊：ブルーベリー 航空自衛隊：オレンジ
定価 6缶セット 3,600円(税込)を 特別価格 3,300円(税込)
1ダースセット 7,200円(税込)を 特別価格 6,480円(税込)
2ダースセット 14,400円(税込)を 特別価格 12,240円(税込)
（送料は別途ご負担いただきます。）
（小麦・乳・卵・大豆・オレンジ・リンゴが原材料に使用されています。）
TV「カンブリア宮殿」他多数紹介!
内容量:100g／国産／製造:(株)パン・アキモト
1缶単価:600円(税込) 送料別(着払)
昭和55年創業 自衛官OB会社 株式会社タイユウ・サービス
〒162-0845 東京都新宿区市谷本村町3番20号 新盛堂ビル7階
TEL:03-3266-0961 FAX:03-3266-1983
ホームページ タイユウ・サービス 検索

# 時の焦点

## 国内

### 病院船

## 「運用」の態勢は整うか

政府が、医療設備を備えた病院船の保有を検討している。海上自衛隊による運用が前提である。医療スタッフは無論、運航や点検を担う要員は確保できるのか、精緻に研究しなければならない。

病院船の構想は、自民、立憲民主など7党や無所属でつくる超党派の議員連盟が提唱している。政府は、2020年度第1次補正予算に調査費を計上した。

災害で医療機関が被害を受けた場合、被災地の近海に病院船を送り、治療を行う。地震で道路が寸断されても、海路で負傷者を搬送できる。

平時には、医療提供体制の整っていない離島で活動することも視野に入る。導入の利点は大きい。

問題は、病院船の役割である。

自民党などは、全長200メートルに及ぶ大型フェリー並みの病院船を「最低でも2隻」導入するよう求めている。新型コロナウイルスの流行を受け、感染症患者の治療も行えるようにすべきだ、と主張する。

病院船で感染症に対応する場合、気密性の高い個室や、人工呼吸器などの医療設備が不可欠だ。建造費が高騰する可能性もある。船舶が担うべき医療なのか、疑問が残る。

約1000床を持つ米海軍の病院船は今春、主に感染症以外の患者の治療を行った。密閉、密集空間の船舶では感染が広がりやすい、との判断が働いたのだろう。

政府は、病院船の目的をどこまで拡大するか、慎重に検討しなければならない。費用対効果の観点から、新造にこだわらず、中古のフェリーなどの改修も視野に入れるべきだ。

海外では、米国のほか、中国やロシアの海軍も病院船を所有している。

そもそも病院船は、紛争地で負傷した兵士を治療するのが目的だ。ジュネーブ条約で、攻撃や拿捕が禁じられている。平時の運用は難しく、各国では災害時に活用する例が多い。

英海軍は、普段は艦載機パイロットの訓練として使う空母を、緊急時に病院船に転用する態勢をとる。日本も、海自の輸送艦などを、医療を含めた多目的型艦船に改造することを選択肢とすべきだろう。

実際の運用を詰めておく必要もある。災害時には、ただでさえ医療スタッフが不足する。平時を含め、病院船の人材を確保する見通しをつけておくことが欠かせない。

政府は自治体と連携し、災害派遣医療チーム（DMAT）の協力を仰ぐべきだ。普段は各地の自衛隊病院などで勤務する医官や看護官を、緊急時に病院船に派遣できる態勢も検討せねばならない。人材育成を進めることが大切だ。

長期間の海上任務を敬遠する若者が増え、海自の人員不足は深刻だ。中東での情報収集活動など、本来の任務も多い。病院船を導入するなら、自衛官OBを活用したい。

夏川　明雄（政治評論家）

## 海外

### トランプ氏に逆風

## 対中圧力強化に活路か

一国だけで180万人台と桁違いの新型コロナウイルス感染者を出し、死者数も11万人に迫る世界最多の数字が端的に示すコロナ対応の失政や、経済活動に急ブレーキがかかった結果、失業者が記録的な水準に達するなど、「偉大な米国の再現」を公約に掲げるトランプ米大統領には、激しい逆風が吹きつけている。11月に迫った米大統領選で何としてでも再選を果たしたいトランプ氏にとって、年初には予想もしなかったコロナ危機による強烈なダブルパンチだが、米国内で高まる政権への批判や反発をかわす狙いからか、ここにきて新型コロナの発生源である中国に対する攻撃のトーンが一段と高まっている。

2017年のトランプ政権の発足以降、貿易摩擦の激化をはじめとして、最先端技術分野での米国の優位を脅かし始めた世界2位の経済大国・中国の台頭への警戒心の高まりなどを背景に米中関係は厳しい対立が続く。焦点の一つだった貿易摩擦については、大規模な関税引き上げの応酬合戦を経て、今年1月に「第一段階の合意」が成立するなど収束の方向が見え始めた矢先の新型コロナ禍をめぐる米中対立の再燃である。

トランプ大統領は5月29日、ホワイトハウスで対中国政策について会見し、中国の特別行政区である香港を優遇してきた特別措置の廃止手続き開始や、かねて中国寄りと非難してきた世界保健機関（WHO）からの脱退を表明した。この直前、中国の習近平指導部が香港での反体制的な言動を取り締まる「国家安全法制」の導入を決めており、トランプ氏としては大統領選が迫る中、経済や新型コロナ対応、安全保障まで幅広い分野にわたって対中強硬路線を鮮明にした形だ。対中圧力の強化によって活路を探る戦略だが、香港への優遇措置見直しは現地に進出する米企業にも打撃となるだけに、「もろ刃の剣」だ。

米国はこれまで、英国から中国に返還された香港での「一国二制度」が機能していることを前提に、さまざまな面で香港を中国と別に扱ってきたが、トランプ氏は国家安全法制の導入を批判し、「香港にはもはや自治はなく、中国は一国二制度を一国一制度に置き換えた」と論難した。新型コロナをめぐっても、「中国による隠蔽」を強調し、中国が支配しているとするWHOとの関係を断ち、資金を他の国際公衆衛生活動に回すと述べた。

米国は今年の主要7カ国（G7）首脳会議の議長国だが、トランプ氏はG7について、米欧や日本などの現メンバーに、インド、韓国、豪州、ロシアを加えて9月以降に開きたいと提唱した。唐突なこの提案にも中国への対抗心がうかがえるが、▽対中包囲網にG7を利用する思惑▽G7の枠組みにロシアを加える試み――などには疑問が多々あるだけでなく、皮肉にも米国の威信と指導力の低下を印象づけるものでしかない。

「米国第一」を掲げるトランプ外交は危惧した通り、国際協調に背を向ける独善外交に堕しつつあるが、感染症対策に世界が結束すべき重要な時に、分断が深まる米国政治によって拡散される弊害の大きさと深刻な影響の広がりに暗澹たる思いが募る。米国内では人種差別を背景にした暴動も広がり、混乱の深まりという逆風がさらに勢いを増す。

伊藤　努（外交評論家）

# 文科相表彰、救難団2隊員が受賞

## U125風防防氷制御試験器を作製

創意工夫功労者賞

【救難団＝入間】科学技術分野で優れた功績を収めた研究者らを表彰する令和2年度の「文部科学大臣表彰」で、職域の技術改善などに貢献した者に贈られる「創意工夫功労者賞」に空自救難団の2隊員が選ばれた。

受賞したのは那覇救難隊整備小隊の的場邦貴2曹＝写真右＝と救難団（入間）整備群修理隊の金澤俊弥3曹＝同左＝が提案した「U125A型機風防防氷制御装置試験器の考案」。

新型コロナウイルスの影響で、例年防衛省で行われている表彰式は中止となり、丸茂空幕長の労いの言葉とともに、各所属長が2人を表彰した。空幕長は「この栄誉は諸官が限られた時間の中で隊務の能率化のために常日頃から弛まぬ努力を重ねた賜物であり、敬意を表する。他の隊員の模範としてさらなる業務の改善に励み、空自の現場力の向上に貢献してほしい」と激励した。

的場2曹は考案時、金澤3曹と同じ救難団修理隊に所属。2人はU125A救難捜索機の整備で「風防防氷制御試験器」を作製し、故障を見つけるための危険な地上運転作業や制御装置の入れ替えなどを不要にし、整備時間の大幅な削減を実現した。

受賞を受け、的場2曹は「今後も改善意識を持って日々の業務に努めたい」と決意を述べた。

金澤3曹は「試験器作製にあたり、先輩作成の回路図を理解するのが大変だったが、無事に完成させることができた。部隊や同僚から高く評価され、とてもうれしい」と語った。

アデン湾での海賊対処任務引き継ぎのため、接舷する海自の護衛艦「おおなみ」（左）と同「はるさめ」

# 海賊対処水上部隊が交代

## ソマリア沖・アデン湾

ソマリア沖・アデン湾で民間船舶の護衛任務などに当たる海自の海賊対処水上部隊は5月下旬、35次隊から36次隊に交代した。

36次隊の護衛艦「おおなみ」（艦長・石寺隆彦2佐以下、乗員約190人）は、出国前に乗員の新型コロナウイルスのPCR検査を行い、全員の陰性を確認して4月26日に横須賀基地を出港。現地に到着後、35次隊の同「はるさめ」（同・大島輝久2佐）から任務を引き継ぎ、約半年間、任務に従事する。

一方、帰国の途に就いた「はるさめ」は6月20日、佐世保に帰国する予定だ。

# スノーアウトで空間識失調

## 2飛行隊（旭川）UH1Jヘリ事故　陸幕の事故調査

陸自2飛行隊（旭川）のUH1J多用途ヘリ（41871号機）が今年2月7日、旭川駐屯地での訓練中に横転して機体を損壊させた事故で、陸幕は6月5日、「機長がスノーアウトにより空間識失調状態に陥ったことが原因」とする事故調査結果を発表した。

調査によると、旭川飛行場でUH1Jの緊急回避訓練中、副操縦士がホバリング操作を実施して積雪が巻き上がり、雪煙が発生した。

これを危険だと判断した機長が直ちに操縦を交代したものの、スノーアウトに陥った中で計器を確認せず、感覚に頼った操作をした結果、機体が左後方に傾きローターが地面に接触、そのまま横転した。

この事故により機長は軽傷、副操縦士は頭がい骨骨折などで意識不明の重傷を負った。しかし、現在は2人とも部隊に復帰している。

陸幕は、事故の背景的要因として、「訓練管理・安全管理が不十分だった」とし、北海道での勤務が短かった機長の練度不足、悪天候下での訓練の実施なども事故要因になったとしている。

再発防止策として、①スノーアウトの危険性、判断基準、緊急回避手順を含む雪上操作要領と関係規則などの再徹底②練度に応じた段階的訓練の実施、冬季運航に係る統制・禁止事項などの明確化③新たに北海道に赴任した教官操縦士に対する練成について方面隊として徹底④冬季飛行に関する危険意識の高揚と詳細な予備計画の作成を徹底――を挙げ、今後、改善を進める。

# 中国艦艇3隻が宮古海峡を南下

5月29日午前6時ごろ、中国海軍の「ルーヤンⅡ」級ミサイル駆逐艦（満載排水量7100トン、艦番号152「済南」）、「ジャンカイⅡ」級フリゲート（3900トン、531「湘潭」）、「フチ」級補給艦（2万トン、886「千島湖」）の3隻が、沖縄・宮古島の北東約160キロの公海上を南東に向け航行するのを海自7護衛隊（大湊）の護衛艦「ゆうだち」と46掃海隊（勝連）の掃海艇「くろしま」、1空群（鹿屋）のP3C哨戒機が確認した。

中国艦3隻はこの後、沖縄本島と宮古島間の宮古海峡を南下し、太平洋に出た。

# 米軍主催レッドフラッグは中止

## コロナの影響

米太平洋空軍は4月22日、空自などが参加予定だった米軍主催の多国間演習「レッド・フラッグ・アラスカ」について、「新型コロナウイルス感染拡大による移動制限のため、今回は中止する」と発表した。同演習は米アラスカ州アイルソン空軍基地などで6月11日から始まる予定だった。

## 防衛省発令

▽統幕指揮通信システム企画課統合通信システム研究班長（航空総隊司令部）　2空佐　貞嶋　久嗣

▽海幕運用支援課兼自衛艦隊司令部（3航空隊副長）　1海佐　小俣泰二郎

▽海自1術科学校（海自1術科学校総務部長）　同　清水　博史

▽兼海自1術科学校総務部長　海自1術科学校副校長　同　天沼　秀俊

▽北部航空警戒管制団42警戒群司令兼大湊分屯基地司令（航空総隊司令部）　2空佐　本間　正一

▽硫黄島基地隊（飛行点検隊司令）　1空佐　中澤　武志

▽飛行点検隊司令（航空安全管理隊航空事故調査部総括調査官）　同　新崎　秀樹

▽空自幹部候補生学校業務部長（空自幹部候補生学校）　2空佐　國澤　幸治

▽航空安全管理隊航空事故調査部総括調査官（北部航空警戒管制団42警戒群司令兼大湊分屯基地司令）　1空佐　丸山　潔

（以上6月1日）

▽兼福岡病院外来診療科部長　福岡病院1外科部長　1陸佐　上藤　和彦

（6月4日）

# 北海道の2演習場整備

## 3施設団　コロナ対策を徹底

【南恵庭】3施設団は5月7日から15日まで、北海道大演習場と矢臼別演習場の春季定期整備を実施した。

本年は新型コロナウイルス感染症の「防衛大臣指示4号教育訓練の方針に関する大臣指示」に従い、規模を大幅に縮小して行われた。

各部隊は隊員の検温、手洗い・うがい、マスク着用などを励行して日々の体調管理を徹底するとともに、宿営天幕内に飛沫防止シートを設置して利用人数を制限するなど、感染防止策を図りながら作業を進めた。

隊員たちは浅賀政宏3施団長から「施設技術を効率的かつ効果的に発揮し、妥協することなく訓練基盤の安全を確保せよ」の指示を受け、装輪車道約190キロ、装軌車道約52キロの路面成形などの作業を無事故で完遂した。

◇

【美幌】6普連は5月7日から14日まで、「6普連整備隊」を編成し、矢臼別演習場の春季定期整備に参加した。

部隊は整備担任官の小瀬幹雄5旅団長から「基本・基礎の徹底により事故0、ケガ0で」との要望を受け、整備作業全般を「作戦」と捉えて活動を開始した。

弾着区域では不発弾の捜索や廃弾の集積、野焼きなどを行うとともに、溜桝・暗渠などの施設や舗装道路を整備、未活用地域では樹木約800本を伐採・運搬し、連隊の高い整備能力を示した。

上マスクを着用して、演習場の野焼きを行う6普連の隊員ら（5月12日、矢臼別演習場で）下春季演習場整備で、グレーダーを使用して装輪車道の整備を行う14施設群の隊員たち（5月9日、矢臼別演習場で）

人間ドック活用のススメ

人間ドック受診に助成金が活用できます！

防衛省の皆さんが三宿病院人間ドックを助成金を使って受診した場合
※下記料金は消費税10％での金額を表記しています。

| コースの種類 | 自己負担額（税込） |
| --- | --- |
| 基本コース1 | 9,040円 |
| 基本コース2（腫瘍マーカー） | 15,640円 |
| 脳ドック（単独） | なし |
| 肺ドック（単独） | なし |

¥0

女性イチオシ！
女性特有のがん検診を基本健診とセットにした場合
ex. ①基本コース1＋乳がん（マンモグラフィ）＝13,000円
②基本コース1＋乳がん（乳腺エコー）＝11,350円
③基本コース1＋婦人科（子宮頸がん）＝13,660円

あなたが想うことから始まる
家族の健康、私の健康

●被扶養者も防衛省共済組合の助成を利用できます。
“三宿病院　人間ドック”とご指定下さい。
三宿病院はベネフィット・ワン・ヘルスケアの提携受診機関です。

国家公務員共済組合連合会
三宿病院 健康医学管理センター
東京都目黒区上目黒5-33-12
TEL 03-3711-5771（代）
HP：http://www.mishuku.gr.jp

予約・問合せ
ベネフィット・ワン・ヘルスケア
健診予約センター
TEL 03-6870-2603

必携の一冊
好評発売中！
陸上自衛官
服務小六法
《令和元年版》
四六判・1192頁
●改元に伴う関係項目改正！
●憲法、自衛隊法、服務規則、礼式等陸上自衛官の服務上必要な71編を収録！
●平和安全法制整備法に伴う関連法の改正！
（定価2,718円＋税）
共済組合販価 2,330円

実務力のバージョンアップ
好評発売中！
陸上自衛隊
補給管理小六法
《令和元年版》
B6判・672頁
●改元に伴う関係項目改正！
●物品管理法、補給管理規則等補給管理実務に必要な22編を収録。実務者必携の一冊。
（定価2,540円＋税）
共済組合販価 2,180円

文書実務の基本
好評発売中！
陸上自衛隊
新文書実務
《新訂第9次改訂版》
A5判・432頁
●平成31年3月29日陸自文書管理規則改正対応！
●改元に伴う関係箇所改正！
●公文書管理法等収録！
（定価2,306円＋税）
共済組合販価 1,980円

好評発売中！
自衛官
国際法小六法
《平成30年版》
四六判・928頁
●平和安全法制整備法に伴う関連法の改正！
●国際連合憲章を完全収録！
●新たに「国際司法裁判所規程」を収録！
（定価2,556円＋税）
共済組合販価 2,190円

一覧即決
国際軍事略語辞典
INTERNATIONAL MILITARY ABBREVIATION DICTIONARY
《第2版》英和・和英
A5判・144頁
基本的な軍事略語や主要な安全保障関係略語等を収録。
（定価1,400円＋税）
共済組合販価 1,200円

学陽書房
〒102-0072 東京都千代田区飯田橋1-9-3
TEL.03-3261-1111 FAX.03-5211-3300
（共済組合販価は消費税10％込みです。）
☆ご注文は 有利な共済組合支部 へ

『朝雲』縮刷版 2019

2019年の防衛省・自衛隊の動きをこの1冊で

宮古島と奄美大島に駐屯地・分屯地が開庁 南西防衛を強化
大型台風が関東・東北を直撃　統合任務部隊を編成

判型　A4判変形／452ページ　並製
定価　本体2,800円＋税

朝雲新聞社
〒160−0002 東京都新宿区四谷坂町 12-20KK ビル
TEL 03−3225−3841　FAX 03−3225−3831
http://www.asagumo-news.com

# 中央即応連隊

## 輸送任務VS襲撃 状況判断競う

# 生き残りかけ激闘

駐屯地内はほぼ全域で行われた中央即応連隊の中隊対抗戦。激しい攻防を繰り広げた隊員（宇都宮駐屯地で）

## 駐屯地全域を使用

【中即連＝宇都宮】中央即応連隊はこのほど、宇都宮駐屯地内で2日間にわたり「中隊等対抗戦技訓練」を行った。

訓練は中隊等以下の指揮活動、隊員の基礎的戦技（情報・衛生・通信・車両）と部隊行動を演練するとともに各隊の士気高揚・団結強化を目的に、中隊主力による「任務・襲撃部隊の部」と、陸士のみの部隊が戦う「陸士の部」の2部構成で行われた。

訓練は駐屯地のほぼ全域を使用し、互いが自由意思で作戦を立案・実行し、ぶつかり合う連隊初の内容での試みとなった。このため「相手が何をしてくるか分からない」という緊張感の中、隊員たちは鋭い眼光で対抗戦に臨んだ。

「任務・襲撃部隊の部」は、各中隊が約50人からなる任務部隊と約40人の襲撃部隊を編成。「輸送」任務に当たる任務部隊と、これを阻止する襲撃部隊の両陣営が駐屯地の至る所で激しい攻防戦を繰り広げた。

任務部隊はまず偵察隊が敵の潜伏場所や障害物の有無などを解明し、素早く状況を判断し前進経路を決定、一気に徒歩・車両部隊を目的地に向けて前進させた。

対する襲撃部隊は、相手の動きを予測して道路上にバリケードを設置し、建物や車両、側溝などあらゆる地形に隊員が潜み、84ミリ無反動砲や機関銃を駆使して対抗した。

訓練中はレーザー交戦装置（バトラー）を用い、隊員の損耗などもリアルに現示。戦闘員たちは生き残りをかけながらそれぞれの任務に全力を投入した。

### 突撃疾走 「陸士の部」

一方、「陸士の部」は各中隊が10人の陸士チームを作り、全長約200メートルの限られた地域で互いの「旗」を取り合う方式で対戦。試合開始と同時に全員が突撃しながら疾走し、互いに相手の陣地に飛び込んで旗を目指した。

指揮する先任の士長は仲間に目を配り部隊を統制、中央即応連隊として頼もしい一面を見せた。

# 行け 90式戦車

## FTC

FTCの「鉄条網の蹂躙検証」で2段蛇腹鉄条網をパワーと機動力をもって突破する90式戦車（北富士演習場で）

## 鉄条網を蹂躙せよ

### "ノモンハンの雪辱戦"

【FTC＝北富士、滝ケ原】部隊訓練評価隊（FTC）は3月31日、北富士演習場での自隊練成訓練の中で「戦車による鉄条網の蹂躙検証」を行った。

機甲科の教範『装軌車操縦』には「鉄条網の通過要領」（いわゆる蹂躙要領）が記載され、多くの機甲科隊員が「当たり前」のことと理解し、実戦的な訓練の場を提供するFTCも通常の演習では「やったこと」にしている内容で、これまでその実効性は検証されていなかった。

戦史では戦前（昭和14年）の「ノモンハン事件」で、当時の日本軍の戦車がソ連軍の低鉄条網に絡み、行動不能に陥ったという事例が記録されている。しかし、過去の陸自の装備開発では、「鉄条網の通過要領」に関わる実験の検証データは残されていない。

そこでFTCでは「（ノモンハンの）"雪辱戦"も兼ねて実験してみよう」ということになった。「わざわざ装備品を壊すようなことをするのか」という意見もあったが、「教範に書かれていることができなかったら、その方が問題だ」ということで、90式戦車を投入しての「陸自初の戦車による鉄条網の蹂躙検証」が実施された。

実験に向けて、柵型、屋根型、蛇腹（1段、2段）の4パターンの鉄条網を施設科隊員が周到に構築。実験当日は普通科教導連隊長の近藤浩行1佐をはじめ、富士学校諸職種協同センターの幹部ら約200名が視察する中、90式戦車がうなりを上げ、前方に構築された鉄条網に次々と突入し、その蹂躙具合を検証した。

結果は、50トンの重量がある90戦車の"圧勝"で終わった。90式は鉄条網などものともせず、パワーと機動力で鉄線を切断し、車体に絡まりながらも強引に引きちぎった。

この結果に、密かに心配していた機甲科関係者も胸をなでおろしていた。

一方、今回の実験によりさまざまな教訓も導き出された。

「戦車による鉄条網の蹂躙は可能だが、そのやり方によっては後々の整備所要が大きく変わる」ことや、「車体の（雪よけ用の）排雪板が蛇腹の巻き込み防止に効果がある」ことが判明。また「（対人障害である鉄条網も）張り方を工夫すれば応急的な対戦車障害として活用できる」ことも分かった。

この実験結果を受けて、FTCでは早速、今後の連営（部隊対抗戦）で「戦車による鉄条網の蹂躙」を実行動に加えられるよう「訓練実施規定」を改訂するとともに、今回の「蹂躙検証」をビデオにまとめ、細部の成果と併せて各職種学校や研究機関に情報提供を行っていく計画だ。問い合わせはFTCの統裁科（専用線8-401-424）まで。

## 2地対艦ミサイル連隊

### 射撃・測量の正確さ腕比べ

戦技競技会で、「接近する敵艦隊」に向けて発射準備を行う88式地対艦ミサイルの発射機（美唄演習場で）

【2対艦連＝美幌】2地対艦ミサイル連隊は「第2回連隊戦技競技会」として5月15日に測量競技会、同19～20日に射統・射撃班競技会をそれぞれ美唄演習場で行った。

測量競技会は地対艦ミサイル（SSM）の射撃精度を高めるため、射撃位置・方向の測量の正確さと迅速さを競った。

各中隊の4個測量組が競技に臨み、太陽の位置を測定して方位を求める「天体観測」をはじめ、広域に多数ある射撃陣地を一つ一つ測量する「慣性測量」を行った。競技の結果、3中隊測量組が優勝した。

一方、射統・射撃班競技会はSSMの射撃を指示する統制組と、ミサイルを射撃をする射撃班、ミサイルを補充する弾薬組の連携動作の正確さと迅速さを競った。こちらの部門は1中隊が2連覇を達成した。

これに先立ち、4月14日には美唄演習場で戦技競技会（有線）も実施し、3中隊が優勝、1中隊が準優勝した。

## 訓練

### 1高特団射撃組

## 目標機2機を撃墜

### 重機関銃の対空実射

【1高特団＝東千歳】1高射特科団は4月6日から9日まで、静内対空射撃場で「方面直轄部隊HMG（重機関銃）対空実射訓練」を担任・実施した。

訓練は1高特群長を訓練担任官に、1月下旬から方面総監直轄の7個部隊（38個射撃組・人員114人）が参加した。

事前訓練では12・7ミリ重機関銃の機能に係る操法教育とシミュレーター訓練などにより段階的に練度を向上させるとともに、安全管理・弾薬管理の徹底を図った。

続く実射訓練では、各射撃組長の的確な射撃指揮の下、射手と弾薬手が連携して正確かつ迅速な射撃操作を行い、対空目標に対し多数の命中弾を得る成果を収めた。

特に、1高特団射撃組は目標機2機を撃墜し、命中率トップの成果を獲得、高射特科部隊の名に恥じない練度の高さを示した。他部隊では101無人標的機隊が最も優秀な成績を収めて表彰された。

上空に現れた目標に向け、重機関銃を発射する北方直轄部隊の隊員（静内対空射撃場で）

## 1特科団

### SSM情報・射撃統制などで競技会

【1特団＝北千歳】1特科団は4月21、22の両日、北海道大演習場で戦技競技会（SSM情報・射撃統制、無線通信）を実施した。

SSM情報・射撃統制競技は、地対艦ミサイル連隊本部の射撃に資する情報処理と射撃指揮能力の向上を図るため、連隊長以下連隊本部の要員が参加し、最も効果的な対艦射撃について競い合った結果、3地対艦ミサイル連隊（上富良野）が優勝した。

一方、無線通信競技は無線班長以下4人が参加し、無線所・信務所の開設、電報の送受信・処理などで競い合った結果、4特科群本部中隊無線班（同）が優勝した。

敵艦隊の侵攻について見積もる2地対艦ミサイル連隊の幕僚

## 3普連

## 射撃力向上へ第1次連隊野営

### 350人が参加

防御戦闘で個人携帯対戦車榴弾を構える3普連の隊員

【3普連＝名寄】3普連は4月6日から12日まで、上富良野、鬼志別両演習場で第1次連隊野営を実施した。

訓練には約350人が参加。小隊と段階的に練度を向上させるとともに、各種射撃訓練を実施して射撃力の向上を図った。

上富良野演習場では本部管理中隊、2中隊、3中隊、重迫撃砲中隊が戦闘訓練と各種射撃を演練。この間の120ミリ重迫撃砲の実弾射撃は[illegible]2師団長から直接指導を受けた。

一方、鬼志別演習場では1中隊と4中隊が対抗方式で対戦。それぞれ攻撃と防御の任務を完遂した。

## 52普連

### 座学から実戦まで 指導者集合訓練

【52普連＝真駒内】52普連は4月15日から21日までの間、北恵庭駐屯地と北海道大演習場の東千歳、有明両地区で「第1次射撃指導者集合訓練」を実施した。訓練は今年度から新たな射撃検定が試行されることから、各中隊の射撃指導要員に対して新射撃検定要領を修得させ、今後の射撃訓練の資とすることを目的に実施された。

訓練では射撃術理論・新射撃検定に関する座学をはじめ、隊員への指導法、実弾による研究射・新射撃検定などを行った。

参加した隊員は当初、弾倉交換や戦闘照準を含む新射撃要領に戸惑っていたが、次第にその実戦的な射撃に慣れ、真剣な表情で訓練に取り組んでいた＝写真。

紫電改・銀河が搭載 整備マニュアル原本 完全復刻!
「誉発動機」のメンテナンスのために中島飛行機が発行し、当時の整備兵が使用した取扱説明書（昭和18年12月発行）の原本が、76年の時を経たいま、完全復刻版として発売!
誉発動機取扱説明書 完全復刻版
○上製本「誉発動機 取扱説明書 完全復刻版」（1色312ページ）
○冊子「図面集」（図面15枚、観音開き仕様）
○冊子「付録解説本」（4色64ページ）
○ハードケース入り
好評発売中 本体10,000円+税

株式会社潮書房光人新社 http://www.ei-publishing.co.jp 世田谷区玉川台2-13-2 TEL.03(3708)5181 FAX.03(3708)8045

退官後、家族のために"今"できること
退官後の自衛官を支える柱
年金 退職金 再就職
自衛官の退官後を支える「常識」が崩れつつあります。
将来のために"今"できること、考えてみませんか?
将来のために「いつ」「どう取り組むか」
無料書籍プレゼント 全国セミナー開催中

Agentrive Investors 〒100-6208 東京都千代田区丸の内1-11-1 パシフィックセンチュリープレイス8階 03-6860-8231 https://agentrive.co.jp/

# 海自の近海練習航海
# 7寄港地巡り各種訓練

44日間の前期・遠洋練習航海への出発を前に、江田島の海自幹部候補生学校を卒業した70期一般幹候課程修了者約155人の実習幹部は3月14日から5月22日まで、日本国内を巡る近海練習航海に参加した。

令和2年度近海練習航海部隊（指揮官・八木浩二将補）は護衛艦「あさひ」「いせ」、掃海母艦「うらが」、練習艦「かしま」「しまゆき」の5隻で編成。洋上で各種訓練を行いながら柱島沖、神戸、呉、沖縄、佐世保、大湊、舞鶴に寄港し、呉に戻った。

この間、佐世保では陸自の水陸機動団が所在する相浦駐屯地などを訪れ、水陸両用車AAV7など装備品を研修した。

実習幹部たちは航海中、「船乗り」になるための各種訓練に臨み、防水・防火訓練をはじめ、応急操舵、戦術運動などを行い、続く遠洋練習航海に向けて必要な技能を修得した。

練習艦隊は9日、呉基地で出国行事に臨み、遠航に出発した。

ここでは近海練習航海での実習幹部の訓練の様子を写真で紹介する。

練習艦「かしま」の艦上で舷外放水訓練を行う実習幹部（5月12日）

運動盤に自艦の位置を書き込み、占位運動訓練に臨む実習幹部。奥に見えるのは護衛艦「いせ」（3月22日）

舞鶴基地を出港し、烏島（中央上）付近を航行する艦上の実習幹部たちに、高速ボートで見送りに訪れ、「ご安航をお祈りします」と国際信号旗を掲げる水中処分隊の隊員たち（奥）＝4月15日

防水訓練で、下部のハッチが水圧で押し上げられないよう木柱で補強する実習幹部ら（3月30日）

(右)水機団の隊員から81ミリ迫撃砲について説明を受ける実習幹部（4月2日）
(左)陸自相浦駐屯地を訪れ、水陸機動団の装備品などを研修する実習幹部たち（4月2日）

船乗り独特の「艦上体育」で身体を鍛える実習幹部たち（3月21日）

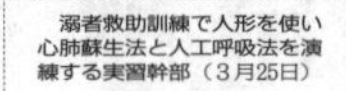
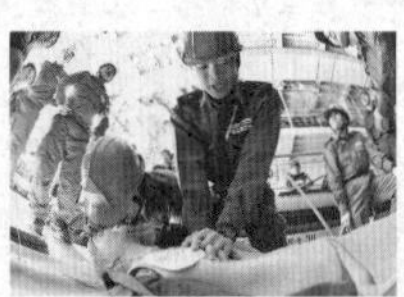

溺者救助訓練で人形を使い心肺蘇生法と人工呼吸法を演練する実習幹部（3月25日）

# 一般公開中止も1800人規模

## 富士総火演　ドローン駆使、迫力映像配信

### 山本副大臣ら夜間演習視察

夜間演習で、目標に向け、105ミリ砲を一斉に発射する16式機動戦闘車など各種戦闘車両。火炎が夜空を赤く染め、続いて周囲に轟音が響いた（写真はいずれも東富士演習場で）＝陸自提供

新型コロナウイルスの影響で一般公開が中止された陸自「富士総合火力演習」の学生向け教育演習が5月23日、東富士演習場で行われた。昼間演習は河野防衛相、岩田政務官、湯浅陸幕長が、夜間演習は山本副大臣らが視察した。（5月28日付既報）

演習は担任官を富士学校長の高田祐一陸将が務め、富士教導団などから隊員約1800人、火砲約40門、戦車など車両約30両が参加。

会場では情報学校（富士）の学生ら計約100人が研修したが、新型コロナの感染拡大防止のため、富士地区以外の学生は各駐屯地で配信された映像を視聴した。

昼間演習は2部構成で行われ、後段では「グレーゾーン事態における統合情報収集と各部隊による敵の侵攻阻止」の協同作戦が実演された。

一方、夜間演習は①暗視装置を使用した射撃②各種の戦場照明と照明下の射撃③防御戦闘――の3部構成で行われ、学生たちは桎梏の闇の中、次々と放たれる火砲の射撃時の火炎と曳光弾のオレンジ色の光に圧倒されながら実射に見入っていた。

湯浅陸幕長は5月28日の記者会見で総火演の映像配信について、「ドローンの活用により、普段はあまり見られない弾着地域を上空から見て理解を深めるなど、良い面もあった」と振り返った。

高速で機動しながら横行行進射撃を行う90式戦車部隊。ドローンが上空から撮影し、ネット配信もされた

前方の目標に向け、81ミリ迫撃砲を発射する隊員

夜間演習中、防御戦闘射撃を行う16式機動戦闘車

軽装甲機動車上から01式軽対戦車誘導弾を発射する隊員

防衛ハンドブック 2020　発売中！

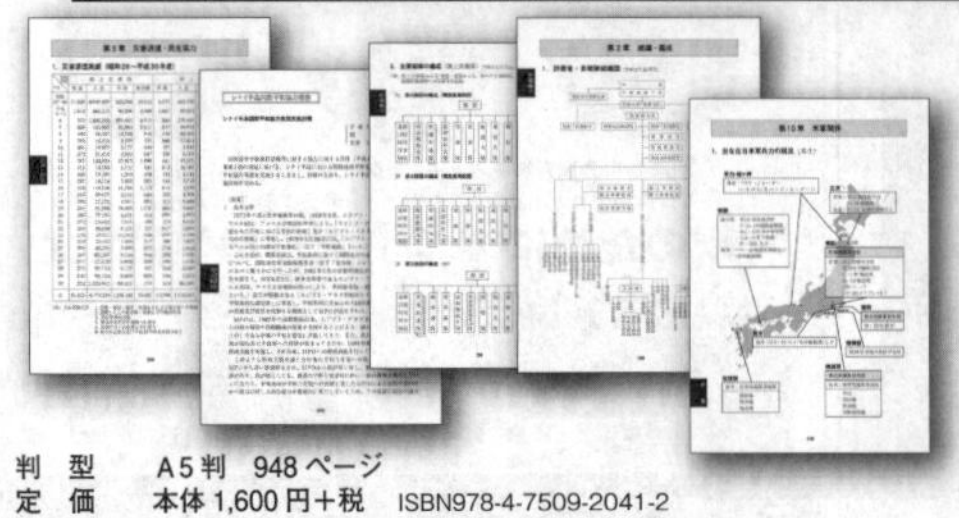

シナイ半島国際平和協力業務
ジブチ国際緊急援助活動も

安全保障・防衛行政関連資料の決定版！

判型　A5判　948ページ
定価　本体1,600円＋税　ISBN978-4-7509-2041-2

朝雲新聞社　〒160-0002　東京都新宿区四谷坂町12-20　KKビル
TEL 03-3225-3841　FAX 03-3225-3831　http://www.asagumo-news.com

# 厚生・共済

特集

# 「SUPPORT21」夏号完成

## 「令和2年度の事業計画及び予算の概要」を特集

### 新型コロナ感染対策に協力したグラヒルを写真で紹介

防衛省共済組合の広報誌『SUPPORT（さぽーと）21夏号』が完成しました。

巻頭特集は「令和2年度防衛省共済組合の事業計画及び予算の概要」で、2年度の各事業と予算概要がグラフとイラストで分かりやすく解説されています。

新たに組合員になった方にも理解できるよう、まずは共済組合の概要を説明。続いて共済組合の「短期給付事業」「業務経理」「保健事業」「医療事業」「宿泊事業」「住宅事業」「貯金・保険事業」「貸付事業」「物資事業」「財形持家融資事業」について、それぞれ2年度の事業計画や収支などが説明されています。

連載記事の「教えて！年金」は、産前・産後休業及び育児休業等の期間中の掛金等免除、3歳未満の子を養育する組合員等の特例についてそれぞれ解説。「シリーズ・短期給付」も子供が生まれたときの出産費等・出産費附加金等の概要と、産前・産後休業及び育児休業等を取得した場合についてのアドバイスをしています。

新型コロナウイルスの感染対策では、海外からの帰国者の一時滞在先となった共済組合の運営施設「ホテルグランドヒル市ヶ谷」（東京都新宿区）の活動内容を詳しく紹介。羽田空港でPCR検査を受け、その結果が判明するまでの数日間、滞在した帰国者を献身的に支えたホテル従業員たちの姿が写真で紹介されています。

このほか今号では、外出自粛で「おうち時間」を充実させてくれるベネフィット・ステーションの動画サービスや、各種ネット通販、オンライン・フィットネスなども案内。

巻末の「支部だより」では、令和元年度本部長表彰を受けた八戸航空基地支部、郡山支部、大久保支部が紹介されています。

本誌は家庭に持ち帰り、ご家族と一緒にご覧ください。

## マイカー購入に「自動車販売会社紹介制度」がお得

### 共済組合支部物資係が承ります

夏休みを前にマイカーのご購入計画がある方は、お得な防衛省共済組合の「自動車販売会社紹介制度」を利用してみませんか。

組合が契約する販売店で新車・中古車を購入した場合は共済組合の「割賦制度」がご利用できます。ご所属の共済組合支部物資係がご相談を承りますので、どうぞご活用ください。

**◆新車ご購入の場合**

新車をご購入の場合は、以下のフリーダイヤルにお電話を。ご希望の車をご紹介いたします。ご希望に沿わない場合の利用中止も自由です。なお、既にディーラーを訪問されている場合はご利用できないことがありますので、訪問前にお問い合わせください。（本制度のご利用は自動車保険の加入を条件とするものではありません）

※なお、紹介先である自動車販売会社で共済組合の割賦制度をご利用されたい場合は、共済組合と自動車販売会社との契約状況を確認する必要がございますので、事前に所属支部物資係までご相談ください。

取り扱い企業は以下の4社です。

○損害保険ジャパン㈱＝0120―555―657（関東以北）、0120―419―669（中部以南）平日午前9時から午後5時まで。

○三井住友海上火災保険㈱＝0120―155―238 平日午前9時から午後5時まで。

○東京海上日動火災保険㈱＝0120―086―590 平日午前9時から午後5時まで。

○あいおいニッセイ同和損害保険㈱＝0120―540―591 平日・土日祝午前9時から午後6時まで（8月13～15日、12月31日～1月3日を除く）。

**◆中古車ご購入の場合**

中古車ご購入の場合は、共済組合のホームページ上から株式会社JCMの「中古車指定店制度」をご利用ください。全国500店舗以上の会社が加入する優良中古車販売ネットワークから、ご希望の車を選ぶことができます。

このほか、共済組合では「本部契約」として以下の自動車メーカーと契約しています。気になる外車が組合員特別価格でご購入できますので、どうぞご利用ください。

○株式会社ヤナセ＝03―5440―5480 午前9時半から午後6時まで（日・月曜日・祝日を除く）

**◆割賦制度とは**

俸給の10カ月分までを限度に、最長5年間で分割払いできる制度です。返済はお給料から源泉控除されるので、毎月銀行の残高を気にする必要もなし！

ご所属の支部物資係の窓口でご希望をうかがいながらシミュレーションできるので、まずはお気軽にご相談ください。

## 防衛省共済組合の職員を募集

### 7月3日から8月5日まで受付

防衛省共済組合では、防衛省共済組合本部等に勤務する職員を募集します。

■募集職種　一般事務職及び経理事務職

■採用人員　若干名

■受験資格　①平成2年4月2日～平成11年4月1日生まれの者②平成11年4月2日以降生まれの者で、大学、短期大学又は高等専門学校を卒業した者及び令和3年3月までに大学、短期大学又は高等専門学校を卒業する見込みの者並びに防衛省共済組合がこれらの者と同等の資格があると認める者

ただし、次のいずれか一に該当する者は、受験できません。

①禁錮以上の刑に処せられ、その執行を終わるまで又は執行を受けることがなくなるまでの者②法令の規定による懲戒免職の処分を受け、当該処分の日から2年を経過しない者③日本国憲法又はその下に成立した政府を暴力で破壊することを主張する政党その他の団体を結成し、又はこれに加入した者④平成11年改正前の民法の規定による準禁治産の宣告を受けている者（心神耗弱を原因とするもの以外）

■試験内容等

▽第1次試験（1）試験種目＝基礎能力試験、専門試験（多肢選択式）及び論文試験（2）試験日＝令和2年8月22日(土)

▽第2次試験（1）試験種目＝集団討論試験（2）試験日＝令和2年10月13日(火)又は14日(水)のいずれか1日

▽最終試験（1）試験種目＝個別面接試験（2）試験日＝令和2年11月4日(水)

■試験地　ホテルグランドヒル市ヶ谷（東京都新宿区市谷本村町4―1）

■採用予定日　令和3年4月1日

■給与等　防衛省職員に準ずる。

■勤務地　防衛省共済組合本部及び支部（全国異動あり）

■受験手続

（1）受験申込書の請求＝リクナビ2021から防衛省共済組合にエントリーされた方に受験申込書の請求方法をご連絡いたしますので、リクナビ2021への登録、エントリーをお願いします。

（2）受験申込書請求受付期間＝7月1日(水)～7月31日(金)必着

（3）受験申込み＝受験申込書を受付期間内に特定記録郵便、簡易書留又は一般書留の郵便物として申込先に郵送して下さい。

（4）受験申込受付期間＝7月3日(金)～8月5日(水)消印有効

■その他

（1）身体に障害があるため、受験の際に何らかの措置を希望される方は受験申込書の裏面に記入の上、事前に申し出てください。

（2）採用説明会については、新型コロナウイルス感染症拡大防止の観点から中止といたします。

（3）試験日程等は、新型コロナウイルス感染症をめぐる状況等により変更となる場合があります。その他受験に関する連絡事項も含め、最新の情報を防衛省共済組合ホームページに掲載いたしますので、必ずご確認ください。

■受験申込先及び問い合わせ先

防衛省共済組合本部人事班人事第1係 〒162―8853東京都新宿区市谷本村町5―1 電話03―3268―3111 内線25163（対応時間＝平日10時～17時 ※12時～13時を除く）

## 「おうち時間」のお供にどうぞ

### 「ベネフィット・ステーション」

組合員と被扶養者の皆さまのおうちでの時間などに、防衛省共済組合の福利厚生アウトソーシングサービス「ベネフィット・ステーション」をぜひご利用ください。

組合員の皆さまには「会員特典付き」の特別サービスをご提供していますので、大変お得な内容となっています。

#### 映画やドラマが見放題の動画サービス「U-NEXT」

一例として、動画サービス「U―NEXT」（メニューNo.651846）では、配信している10万本以上の動画作品の中から人気の映画やドラマ、アニメが見放題となっています。会員特典としては月額利用料が31日間無料となっており、初回登録時に700円分の「U―NEXTポイント」もプレゼントされます。

#### オンライン・ヨガやフィットネスも

ご自宅でできるオンラインのフィットネスで、運動不足の解消にもお役立てください。

LIVEヨガ教室「SOELU（ソエル）」（メニューNo.622261）は、スマホかPCがあればどこでもヨガのレッスンが受けられます。リラックス系からダイエットを目的としたフィットネス系まで、1日平均100レッスン以上を開講していますので、好きな時間に受講することができます。

会員特典として体験チケットが5枚（1万円相当）プレゼントされ、体験チケットご利用後24時間以内のご入会で、更新までの期間、ずっと会費は月額1000円OFFとなります。

このほか、フィットネス「LEAN BODY」（メニューNo.622617）は、ご新規ユーザー様の限定で「75%OFFクーポン」が会員特典として受けられます。

これら「ベネフィット・ステーション」のアウトソーシングサービスを初めてご利用する場合は、会員ID（数字15桁）と初期パスワードが記載された会員証紙をご用意のうえ、会員専用サイトからログインしてください。

なお、会員証を紛失された場合や会員ID、パスワードを忘れてしまった場合は、カスタマーセンター（0800―1705―125）までご連絡ください。会員専用サイトPC版http://www.benefit-one.co.jp スマートフォン版http://bnft.jp

## 年金Q&A

### 「退職年金分掛金の払込実績通知書」って何ですか？

### 「付与額」と「利息」の累計額を表示しています

Q　国家公務員共済組合連合会の広報誌で、「退職年金分掛金の払込実績通知書」が送付されるという記事が出ていたのですが、どのようなものなのでしょうか？

A　平成27年10月の被用者年金の一元化により新たに退職等年金給付（年金払い退職給付）が創設されました。

退職等年金給付とは、従来の職域加算額の代わりとなる制度で、公的年金とは異なり、組合員の皆様の掛金を積み立てて、ご自身の将来の給付に備える仕組みとなっています。

年金の種類は、「退職年金」、「公務障害年金」、「公務遺族年金」の3種類です。

「退職年金」の半分は、有期退職年金、半分は終身退職年金となります。

有期退職年金は20年受給または10年受給を選択（一時金の選択も可能）します。

本人死亡の場合、終身退職年金は受給終了。有期退職年金の残余分は、遺族が一時金として受給できます。

退職等年金給付は、平成27年10月以降個人ごとに毎月積み立てられる「付与額」と「利息」の累計額が将来の年金原資となるため、年度末時点の「付与額」と「利息」の累計額などを表示した「退職年金分掛金の払込実績通知書」を連合会から直接ご本人あてにお送りします。

主な内容は以下のとおりです。

①通知対象者…現役組合員および退職された方

②通知方法…国家公務員共済組合連合会より直接本人に送付

③通知時期…現役組合員　毎年6月末に送付

退職された方　退職時と節目年齢（※）の翌年度の6月末に送付（※節目年齢とは、35歳、45歳、59歳、63歳）

④通知内容

退職等年金給付の額を算定する基礎となる給付算定基礎額（利子等を含めた積立額）と標準報酬月額・期末手当等の額など

〇「退職年金分掛金の払込実績通知書」がご本人に確実に届くよう、住所に変更があった場合は、必ず住所変更の手続きを実施して下さい。

（本部年金係）


防衛省共済組合の団体保険は安い保険料で大きな保障を提供します。

〜防衛省職員団体医療保険〜

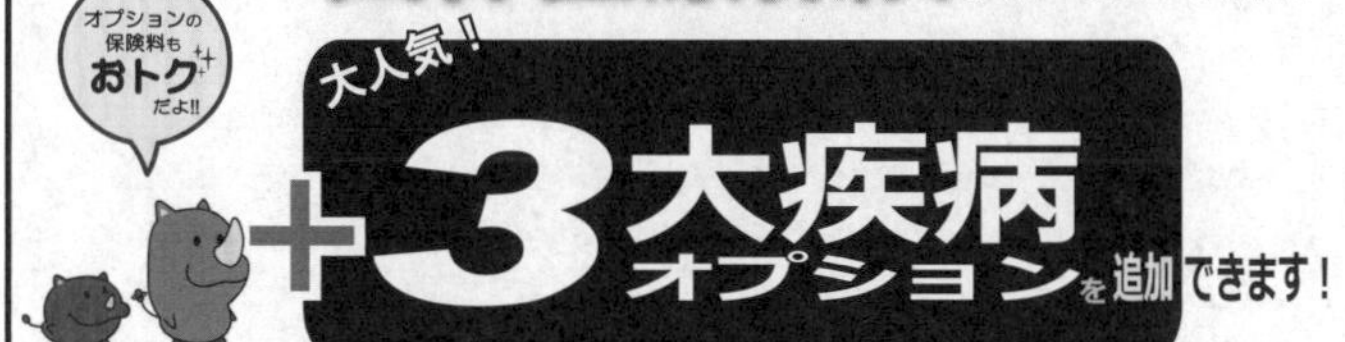

団体医療保険（入院・通院・手術）に
オプションの保険料もおトク だよ!!
大人気！
+3大疾病オプションを追加できます！

3大疾病保険金
がん（悪性新生物）
急性心筋梗塞
脳卒中

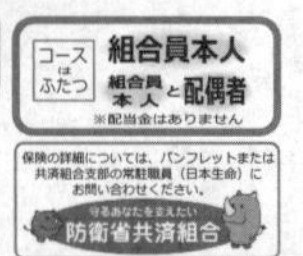

組合員本人　組合員本人と配偶者

※保険金額は、50、100、300、500万円の4種類からお選びいただけます。
※3大疾病保険金・死亡保険金のいずれかお支払いがある場合、保険は終了します。

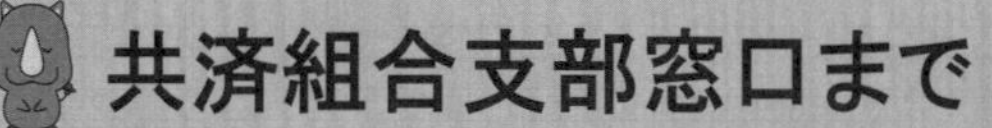


〜防衛省職員・家族団体傷害保険〜

日本国内・海外を問わずさまざまな外来の事故によるケガを補償します。
・交通事故
・自転車と衝突をしてケガをし、入院した等。

《総合賠償型オプション》

偶然の事故で他人にケガを負わせたり、他人の物を壊すなどして法律上の損害賠償責任を負った時に保険金が支払われます。（自治体の自転車加入義務（努力義務）化にも対応）

《長期所得安心くん》

病気やケガで働けなくなったときに、減少した給与所得を長期間補償する保険制度です。（保険料は介護保険料控除対象）

《親介護補償型オプション》

組合員または配偶者のご両親が、引受保険会社所定の要介護3以上の認定を受けてから30日を越えた場合に一時金300万円が支払われます。

お申込み・お問い合わせは　共済組合支部窓口まで

詳細はホームページからもご覧いただけます。
http://www.boueikyosai.or.jp

# 厚生・共済

特集

## 千歳 手作りマスクコンテスト

**【千歳】空自千歳基地は4月17日から23日の間、新型コロナウイルス感染予防の取り組みの一環として、隊員のマスク着用に関する意識の向上と士気高揚を図ることを目的に、隊員が自作したオリジナルマスクを募集し、「手作りマスクコンテスト」を開催した。**

# 趣向を凝らした作品集まる
## 大臣は空自の手拭いマスク

このコンテストは、使い捨てマスクの入手が困難な状況下、独自にオリジナルマスクを自作し、これを愛用して感染予防対策の長期化に備える隊員も多かったことから、手作りマスクを推奨する取り組みの一環として初開催した。

1週間の募集期間を経て隊員から集まった個性豊かなマスクは18枚。衛生面での基本的な機能のほか、肌触りや見た目のかわいらしさ、わずか3分で作れる即製の製品など、さまざまな工夫が凝らされていた。

特に目を引いたのは、作業ズボンの切れ端をつなぎ合わせて作られた「デジメマスク」。丁寧に裁縫された切れ端は立体構造のマスクとして生まれ変わり、作業服との相性は抜群。古着の再利用という点も、高く評価された。

24日に行われたコンテストの選考には基地司令の徳重広為智将補も参加、機能性やおもしろさなど5項目の総合得点で評価した。その結果、最優秀作品には女性隊員が作製した「プリーツマスク」が選ばれた。白地の表面には桜があしらわれ、裏面はピンク色のガーゼという春らしい作品で、表面と裏面の間にガーゼなどが入れられる優れもの。ノーズワイヤーが着脱式という工夫も高得点につながった。

選考委員長を務めた2空団副司令の西克洋1佐は「たくさんの知恵を絞って作られたマスクはすべてが優秀で逸品ぞろいだった。みんなの前向きな姿勢が確認できてとてもうれしい」と応募隊員たちをたたえた。

◇

防衛省でも4月27日、河野防衛大臣が「青地に富士山と日の丸」が描かれたマスクを着用した写真を自身のツイッターにアップ。数時間後には「日英防衛大臣電話会談」に臨む姿も公開し、フォロワーからは「日本らしいマスク」「かっこいい！」などのほか、「ほしい」と販売を強く望むコメントも多く寄せられた。

30日には、「マスクのもとになった航空自衛隊の手ぬぐい。マスク製作は航空自衛隊広報室です。ありがとう」と記載し、手拭いの写真も公開した。

このほか、山本副大臣も陸海空自衛隊それぞれの手ぬぐいマスクを着用した写真をツイッターに投稿、「お手元に手拭いをお持ちの方は、作ってみられてはどうでしょうか」と作り方を紹介する写真も公表した。

㊨空自広報室が作製した手拭いを使ったマスクを着用する河野防衛大臣（4月27日、河野防衛相ツイッターから）㊤千歳基地で開催された「手作りマスクコンテスト」に集まった隊員自作のオリジナルマスク

## 余暇を楽しむ

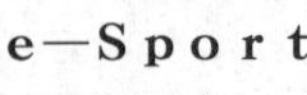

紹介者：2空曹 瀬戸 健太（1輸空施設隊・小牧）

# ゲーム型スポーツに熱中

e—Sportsとはエレクトロニック・スポーツ（Electronic Sports）のことで、ビデオゲームを使って行うスポーツ系、格闘系、パズル系などの対戦を、スポーツ競技としてとらえたものです。

海外では1万人を超える観客が大きな会場を埋め尽くし、選手の一挙手一投足に熱狂するなど、世界中で大きな盛り上がりを見せています。また、2024年に開催される仏パリのオリンピック・パラリンピックでも新種目として採用が検討されている注目のスポーツです。

そんなeスポーツに注目し、大会には参加していないものの、幼少期から日々鍛錬を行い自学研鑽し、着々と実力をつけてきた施設隊作業小隊の太田遼士長と、管理小隊設備機械班の山本祥太士長を紹介します。

2人は「音ゲー」を中心に活動しており、おすすめ機種はチュウニズム、グルーヴコースター、オンゲキとのこと。休日は名古屋市内のゲームセンターに通い日々鍛錬に励んでいます。

得意技を尋ねたところ「技なんてない、努力がすべて」と彼らの放つオーラは玄人そのものです。

話題の曲や世間で知られている有名な曲がプレーできるので、その世界観に入り込めるのも魅力の一つです。今後の抱負は「最難関の楽曲で最高点を叩き出すこと」と「成績の良し悪しに関わらず全力で音ゲーを楽しみ続けること」だそうです。

「集中力や瞬時の状況判断能力などを鍛えるのに適しています。興味のある方や自信のある方は一緒に楽しみましょう!!」と笑顔でコメントする彼らからは、音ゲー愛と欲を感じることができました。

是非みなさんも、レッツ・eスポーツ!!

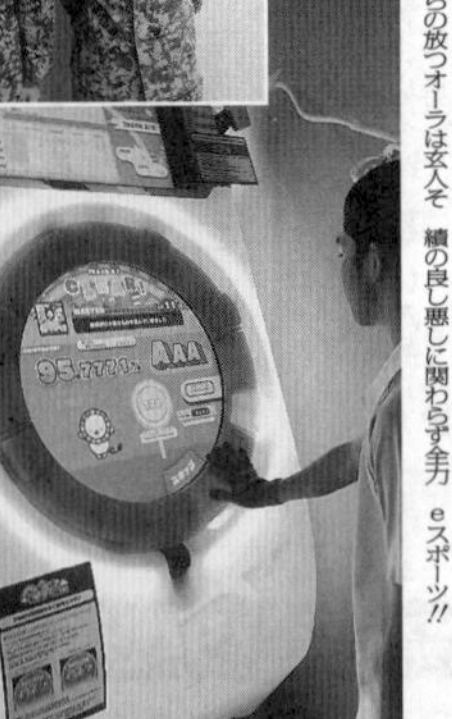

㊨実際に「音ゲー」をプレーする山本士長（左）㊤「音ゲー」を中心とするeスポーツに取り組む山本士長（左）と太田士長（右）

## 駐屯地内にファミマ
### オープンセレモニーでテープカット
勝田

【勝田】駐屯地厚生センター内に4月15日、ファミリーマートがオープンし、「オープンセレモニー」が行われた。

オープンセレモニーには駐屯地司令の鵜居正行将補、森山直樹施設教導隊長、有澤優最先任上級曹長、ファミリーマートの古口孝志氏、駐屯地委託業者でセレモニーの主催者であるサクソンの井浦栄ファミリーマート店長が出席した。

井浦店長は「新型コロナで自粛が求められる中、コンビニオープンセレモニーに参加していただきありがとうございます」とあいさつ。続いて鵜居司令が「コンビニは駐屯地に勤務する隊員にとって必要不可欠で、災害時にも迅速な商品供給をしてくれると期待しています。またサクソンは、昭和49年から自衛隊内の委託売店としてご支援、ご協力ありがとうございます」と祝辞を述べた。

最後に参加者5人がテープカットを行い＝写真、その後、駐屯地隊員たちがさっそくコンビニでの買い物を楽しんだ。

## 自慢の一品料理
### ほうとう風うどん

紹介者：松隈 徹 3海曹（下関基地隊補給科給養員）

梅雨入りを控えて寒暖差の激しい日が続き、心身共にストレスを感じている人も多いのではないでしょうか。今回はさまざまな効果を持つ食材が詰まった下関基地の「ほうとう風うどん」を紹介します。

まず、しめじ、一口大に切ったかぼちゃ、鶏肉、油揚げ、細切りにした大根とニンジンを用意します。鍋に水と具材を入れて煮込み、かぼちゃがやわらかくなったらみそを加えます。

鍋にうどんを入れて少し煮たら、お椀に盛りつけます。最後に薄く切った長ネギを乗せたら、カボチャの甘味とみその香りが食欲をそそる「ほうとう風うどん」の完成です。

麺によく絡むように、白みそをベースにしたスープには赤みそを少し加え、絶妙な濃さに仕上げています。

ニンジンは薄く切ることで整腸作用のある水溶性食物繊維が溶けやすくなり、しめじは豊富なビタミンDを含むため、カルシウムの吸収を大幅に助けてくれます。

具材がたっぷり入ったほうとう風うどんは、疲れた身体を癒やします。簡単にできるのでご家庭でもぜひ試してみてください。

# 専門知識や傾聴技術を向上
## 滝ヶ原 メンタルヘルスのケア要員養成

【滝ヶ原】駐屯地メンタルヘルスケア・コミュニティ（委員長・近藤浩行駐屯地司令）は3月2日から5日まで、駐屯地内で「ケア要員養成訓練」を行い、メンタルヘルス活動に当たる隊員たちを養成した。

訓練は駐屯地臨床心理士の小森國寿技官が担当し、座学では職場でのメンタルヘルスの根拠となる安全配慮義務などの労働法規や相談面接の構造・原則などの専門知識を教育、実習では傾聴技術の向上に力点を置いた。

訓練に臨んだ隊員8人は、慣れない用語に苦労しながらも、学科試験の合格に向けて休憩時間も削って勉強。実習では回数を重ねるごとに技術が向上し、試験では全員が合格基準に到達した。

5日には富士学校心理幹部の牧野友裕3佐を教官に招き、部隊相談員として活動するための補備教育を実施。前年度までの養成訓練修了者も含め約40人が参加し、個人的ストレスと組織的ストレスの対処法などの知識や部隊相談員としての資質について学んだ。

訓練終了後の同18日には「ケア要員認定証授与式」が行われ、近藤委員長が一人一人に認定証を授与。続いて訓示で「任務にまい進できる生活環境や勤務環境を整えるためには、指揮官の統制はもちろん、皆さんの相談員としての力がますます必要となる。今回の訓練で身に付けた能力を十分に発揮し、健全な部隊・隊員の育成の助けとしてほしい」と述べた。

認定式終了後、首席の成績を修めた普教連重迫撃砲中隊の庄島健太郎1曹は「教育で得た知識を幹部・曹士問わず普及し、部隊全体のメンタルヘルスケア能力の向上を図り、部隊の精強化につながる活動をしていきたい」と抱負を語った。

メンタルヘルスに関する教育を受ける隊員たち（3月3日、滝ヶ原駐屯地で）

# 「空自空上げ」が缶詰に
## 浜松 全国の航空祭で販売予定

【浜松】浜松基地の「空自空上げ」が2月3日、基地監修のもと静岡県内の缶詰生産企業により缶詰として製品化され、県内での販売が開始された＝写真。

空自では鶏の唐揚げを〝より上を目指す〟という意味を込めて「空自空上げ」と呼び、全国の基地で給食として提供している。浜松基地でも、毎月末の金曜日や各行事で独自のレシピによる「空上げ」を提供し、好評を博している。

今回、缶詰として製品化されたのは「うなぎ蒲焼味」「三ヶ日みかん味」の2種類。うなぎ蒲焼味は、国産若鶏を一口大にカットし、にんにく、しょうが、香辛料を効かせたスパイシーなしょうゆ味で漬け込んだ後、衣をまぶして香ばしく揚げ、浜名湖産うなぎの粉末を隠し味に利かせた甘く濃厚なタレで仕上げている。

一方、三ヶ日みかん味は同じ手順で揚げた空上げに、フルーティな甘さとさわやかな酸味の効いたしょうゆ系のタレが絡まり、それぞれ浜松の味が生かされている。

パッケージには空自の「ブルーインパルス」の写真がプリントされ、食べた後に缶を洗って飾ることもできる。賞味期限は2年間。

帰省や出張、原隊復帰の際のお土産のほか、食卓の一品、晩酌のお供、災害時の備蓄用非常食など、あらゆる場面に適した商品に仕上がっている。

価格は2缶セットで540円（税込）。浜松基地内、浜松広報館・エアパーク、東名高速道路のサービスエリアや開発企業ネット通販など県内を中心に販売されている。今後は全国の航空祭でも販売していく計画だ。

基地の担当者は「自称〝空自で一番おいしい〟浜松基地の給食の味を、全国の皆さまに楽しんでいただけたらうれしい。浜松基地給食ファン、そして空自空上げファンが増えることを期待しています」と話している。


HOTEL GRAND HILL ICHIGAYA

ホテルグランドヒル市ヶ谷
一部営業再開のご案内

日頃よりホテルグランドヒル市ヶ谷をご愛顧賜りまして厚く御礼申し上げます。

当ホテルは、4月6日（月）から、厚生労働省の要請に基づき、PCR検査の結果をお待ちになる帰国された方々等の一時滞在施設として、東館客室を提供してまいりました。

客室提供にあたっては防衛省自衛隊や厚生労働省と連携して、ウイルス対策には万全を期し、関係者並びに周辺のお住まいの方々への感染予防に細心の注意を払って業務を行いました。

今後、徹底した清掃等を経て、7月以降に営業再開を予定しております。

この間の皆様のご協力、ご支援に心より感謝申し上げます。

なお、6月中旬以降に西館にてランチ営業、お弁当等のデリバリー、スイーツの配送販売を行う予定です。今後詳細が決まり次第ご案内させて頂きます。

また、婚礼、宴会等のお打合せについては、西館にて承りますので事前にお問い合わせ下さい。

皆様をお迎えできますことをスタッフ一同楽しみにいたしております。

【ご予約・お問い合わせ先】〒162-0845 東京都新宿区市谷本村町4-1 TEL 03-3268-0111【代表】
03-3268-0115【婚礼・直通】
03-3268-0116【宴会・直通】
03-3268-0117【宿泊・直通】
03-3268-0118【欧風ダイニング サルビア】
03-3268-0119【日本料理 ふじ】
専用線
8-6-28850～28852【宿泊】
8-6-28853【婚礼】
8-6-28854【宴会場】
詳しくはHPをご覧ください。https://www.ghi.gr.jp グラヒル 検索

## 防衛施設と首長さん

### 広島県海田町　西田 祐三町長

海田町は、広島県の南部、広島市安芸区と熊野町に隣接した、面積13.79平方キロメートルのコンパクトなまちです。

市街地のすぐそばに山、川、海があり、都市部でありながら多彩な自然を身近に感じることができます。

また、交通の利便性の良さ、商業・医療施設の充実などの理由から、近年は、特に若い子育て世代の転入が多くなっています。

にしだ・ゆうぞう　68歳。広島自動車工業短大卒。広島国際学院大学非常勤講師、海田町議会議員（4期）などを経て、2015年11月、海田町長に就任。現在2期目。海田町出身。

### 海田市駐屯地と強固な絆　西日本豪雨の災派に感謝

今年4月には、町出身で日本人初のオリンピック金メダリスト＝1928（昭和3）年アムステルダム大会・三段跳び＝の織田幹雄さんの名を冠した「織田幹雄スクエア（海田公民館・織田幹雄記念館）」が新たにオープンしました。

この施設に隣接する広島県が指定する重要文化財・名勝の「旧千葉家住宅」と共に、海田町の"学びと歴史・文化の拠点"施設となっています。

本町に所在する陸上自衛隊海田市駐屯地では、毎年、桜の花見の時期に開催される敷地開放をはじめ、盆踊り大会、打ち上げ花火、コンサート、各種記念行事など、さまざまな行事を通じて地域住民との交流が盛んに行われています。

また、平成30年7月に発生した豪雨災害では、本町も甚大な被害を受けましたが、駐屯地から多くの隊員を派遣していただき、人命救助や危険物の除去など、多大なご支援をいただきました。

今後も、自衛隊の皆さまとの連携・協力を図りながら、安心・安全な町づくりを進めていきたいと考えています。

# 地方防衛局 特集

## リニューアルで好評！然別演習場の新廠舎

### 帯広

【帯広防衛支局】北海道鹿追町の然別演習場内に昨年8月末に建て替えによって完成し、翌9月から本格使用が始まった新廠舎とその関連施設が、訓練に訪れた全国各地の陸自隊員たちから「きれいで使いやすい」「格段に便利になった」と好評だ。帯広防衛支局（尾崎嘉昭支局長）が建設工事を担当した。

生まれ変わった然別演習場の新廠舎の全景。これまで分散していた浴場と売店が廠舎内に集約され、女性専用エリアも設けられた。最上部には、麓に然別湖を望む「天望山」をイメージした緑色のモニュメントが掲げられている

㊤居室へは運用時にベッドなどを設置する　㊥廠舎内には女性専用の浴場も完備された　㊦広くて快適に使える浴場（洗い場）

## 隊員の生活環境一新　機能性と動線を重視

### 女性専用エリアも

然別演習場は、年間を通じて全国からさまざまな部隊が訓練のために訪れ、1カ月程度を基準に長期間滞在して射撃などの厳しい教育訓練に臨むことのできる良好な演習場の一つとして知られている。

一方で、隊員が宿泊に使用していた従来の廠舎は築60年以上が経過し、老朽化が著しい上、浴場や売店などが演習場内に分散して存在していたことから、これらの施設を1棟に集約した新たな廠舎にリニューアルすることが決まり、平成30年2月から建設工事が進められてきた。

新廠舎は鉄筋コンクリート造り3階建てで、延べ床面積は約3000平方メートル。廠舎内には、近年増加傾向にある女性自衛官のための居室や浴場を集約した「女性専用エリア」が設けられ、生活環境が一段と向上したのが大きな特徴だ。

さらに、入出門者を統制する「警衛所」のほか、隊員への食事を提供する「厨房」や、野外訓練などに参加している隊員が使用する複数箇所の「屋外トイレ」（いずれも1階建て）など、関連施設も全て刷新され、質素ながらも"機能性や動線を重視した新たな施設"として生まれ変わった。

然別演習場の近傍に立地し、同演習場を管理する鹿追駐屯地には、施設を利用した隊員たちから「売店と浴場が廠舎内にあるので、とても助かっている」「通常の"隊舎"のような感覚で快適に過ごすことができる」といった声が寄せられているという。

帯広防衛支局は「全国から訪れる隊員の方々には、ぜひこの新しい生活環境のもとでこれまで以上に充実した訓練に励んでもらいたい」と話している。

㊧廠舎に隣接する厨房　刷新された警衛所（左下）と水洗式になった屋外トイレ

### リレー随想　尾崎 嘉昭

### 帯広に赴任して

初めての北海道勤務で4月に帯広に着任しました。

リレー随想では、見聞きした帯広防衛支局管内の様子を紹介できれば良いのですが、現在、新型コロナウイルス感染拡大防止のため、不要不急の外出を控えており、着任してからまだ自宅と職場以外どこにも訪れておらず、一度も地元との交流がない状況が続いています。

さまざまな地元を訪れ見聞を広める地方勤務の醍醐味を欠いた現状に、お預けを食らった犬状態、歯がゆい思いを続けています。このため、今回は私が一度は訪れてみたい地元のいくつかを紹介するにとどめたいと思います。

まずは市内、支局から北東側に帯廣神社、西側にはばんえい競馬で有名な帯広競馬場、どちらも漫画「銀の匙」の舞台ともなった場所があります。南側には昨年放映されたNHKの朝ドラ「なつぞら」の撮影場所ともなった総面積が庭園としては日本一、100ヘクタールの真鍋庭園があります。

帯広市の隣には世界的にも珍しいとされる「モール泉」の十勝川温泉、夏には温泉で育てたホタルが観賞できるそうです。

そして、帯広市が所在する十勝平野は1戸当たりの耕作面積が平均40ヘクタール以上という日本最大の畑作地帯が広がっています。

このほかにも支局管内には、日本一の透明度を誇る摩周湖、湿原としては日本最大の釧路湿原、北方四島を臨む本土最東端の納沙布岬——等々、書き出せばきりがありません。

最後に、現在、新型コロナ感染症対策の最前線で尽力されている多くの方々へ感謝するとともに、一日も早く事態が収束し、これが掲載される頃には普通の日常を迎えていることを心から願っています。

（帯広防衛支局長）

## 米軍、防衛省に通知

### 6月10日まで　硫黄島で米艦載機着陸訓練

防衛省は5月12日、米海軍横須賀基地に配備されている原子力空母「ロナルド・レーガン」の艦載機が5月14日から6月10日までの予定で、硫黄島で「米空母艦載機着陸訓練（FCLP）」を実施するとの通知を在日米軍司令部から受けたと発表した。

FCLPは、米空母の出航に先立ち、艦載機が海上で空母に安全に着艦できるよう、地上の滑走路で行われる着陸訓練。

参加機種は「ロナルド・レーガン」艦載固定翼機の全機種に当たる▽FA18E／F戦闘機▽EA18G電子戦機▽E2D早期警戒機▽C2A輸送機——の各機で、硫黄島の滑走路を同艦の飛行甲板に見立てて訓練を行っている。

同訓練は1982（昭和57）年2月に厚木飛行場で始まった米海軍空母艦載機の夜間着陸訓練による騒音を軽減するため、89（平成元）年1月、代替施設を確保するまでの間、硫黄島を暫定的に使用することで米側と合意し、93（平成5）年度以降は本格的に硫黄島に訓練を移転して行っている。

艦載機のパイロットにとっては技量・練度の維持・向上のために必要不可欠な訓練で、防衛省では同訓練の実施について「地域における日米の抑止力・対処力を維持・強化するため、非常に重要な意義がある」としている。

米空母「ロナルド・レーガン」から発艦するFA18E戦闘機（在日米海軍司令部のツイッターから）


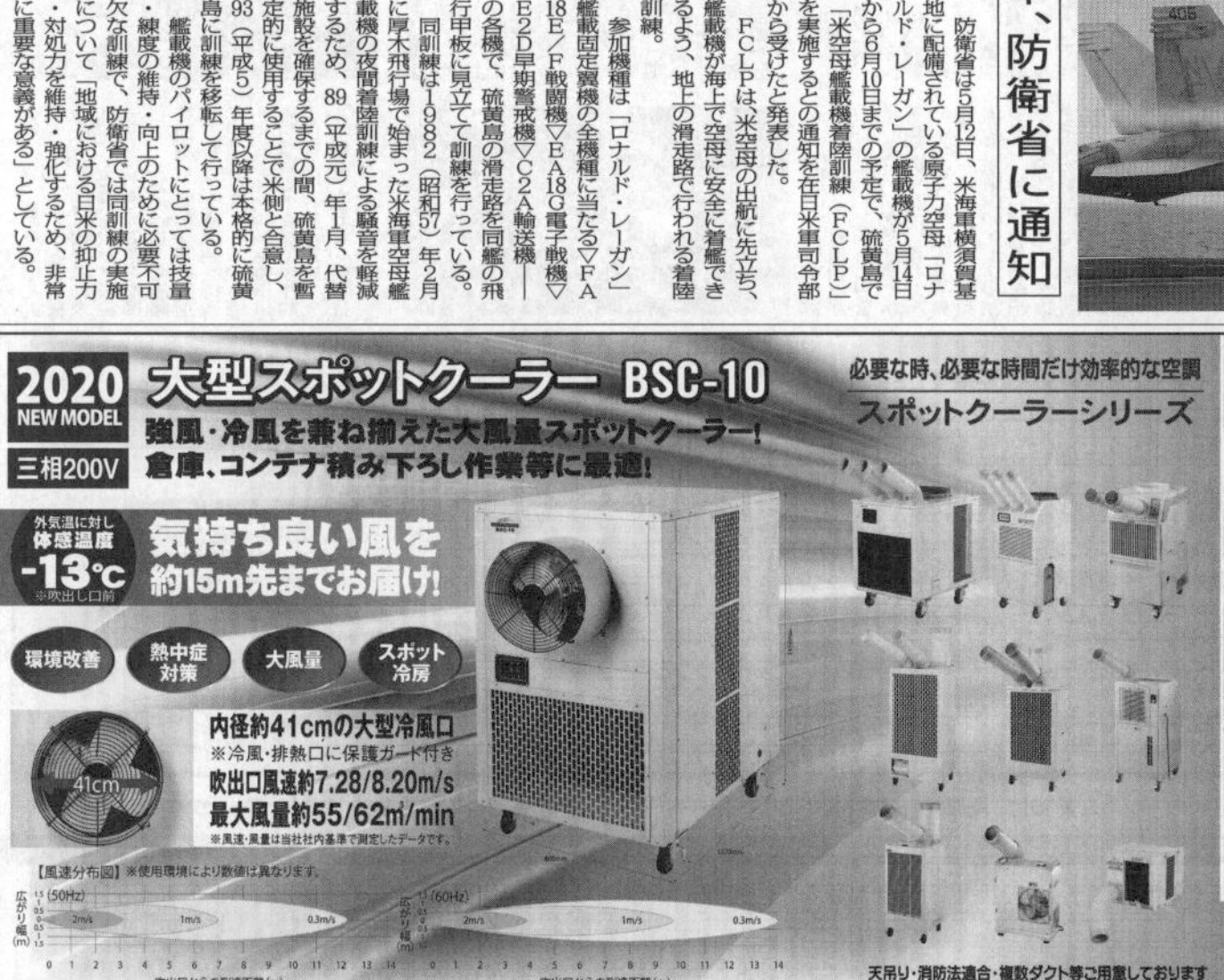


大型循環送風機 ビッグファン
熱中症対策　空調補助　節電・省エネ
大風量で広範囲へ送風！
●備蓄倉庫等の換気・循環に！　●単相100V電源で工事不要！
広さ・用途で選べる5TYPEをご用意
BF-60J　DCF-60P　BF-75V　BF-100V　BF-125V

コンプレッサー式除湿機
目的に合ったドライ環境を提供
結露・カビを抑え湿気によるダメージを防ぎます！
【各機種満水停止機能付き】ドレンホースで直接排水も可能です！
DM-10　DM-15/DM-15T　DM-30

NAKATOMI　株式会社ナカトミ　〒382-0800 長野県上高井郡高山村大字高井6445-2
株式会社ナカトミ　検索　https://www.nakatomi-sangyo.com
お問い合わせはこちら　TEL:026-245-3105　FAX:026-248-7101

防衛省・自衛隊関連情報の最強データベース
朝雲新聞社の会員制サイト
# 朝雲アーカイブ
1年間コース：6,100円（税込）
6ヵ月間コース：4,070円（税込）
「朝雲」定期購読者（1年間）：3,050円（税込）
※「朝雲」購読者割引は「朝雲」の個人購読者で購読期間中の新規お申し込み、継続申し込みに限らせて頂きます。
※ID＆パスワードの発行はご入金確認後、約5営業日を要します。
●ニュースアーカイブ　2006年以降の自衛隊関連主要ニュースを掲載
●訓練　陸海空自衛隊の国内外で行われる各種訓練の様子を紹介
●人事情報　防衛省発令、防衛装備庁発令などの人事情報リスト
●防衛技術　国内外の新兵器、装備品の最新開発関連情報
●フォトアーカイブ　黎明期からの防衛省・自衛隊の歴史を朝雲新聞社の秘蔵写真で振り返る
朝雲新聞社　〒160-0002 東京都新宿区四谷坂町12-20KKビル　TEL 03-3225-3841　FAX 03-3225-3831　http://www.asagumo-news.com

# 部隊だより////　部隊だより////

## 海

**舞鶴**　教育隊は5月26日、24分隊の学生38人に対し「防火教育」を行った。開始に先立ち、2人1組となって防護服を装着。学生たちはホース1本を約6人で支え、先頭がレバー操作を担当、指揮官の合図とともに消火に当たった＝写真。鎮火後は指揮官に報告し、先頭の学生はけが人がいないかを確認。ホースの並び順を入れ替えて訓練を継続した。

**呉**　15期一般曹候補生課程の53人は5月25日、手旗信号の教務に臨んだ＝写真㊤。初回となるこの日は3時間かけて手旗の基本となる「原姿」と「原画」を練習。候補生たちは教官に合わせて紅白の手旗を気を付けながら振っていた。今後も訓練を継続し、約15時間の演練を経て最後に手旗で10文字を送信できるようにする予定だ。

**小月**　教育航空群は5月22日、72期航空学生の「水泳訓練」を実施した＝写真㊤。同訓練は、水泳測定で不合格者に特別指導し、泳力を養うために約1～2カ月かけて全員が「遠泳」を卒業するもの。回目は14人が参加し、水に慣れるための呼吸法に浮き方、蹴伸びなどを反復演練。各学生のレベルに応じて工夫した指導が行われた。

**崎辺**　佐教は5月22、23日、分隊の一般海曹候補生課程の陸上警備の教務を実施した＝写真㊤。この日の訓練では射撃の前に基本動作を確認し、小銃を構えて的に照準を合わせ、引き金を引く一連の動作を演練。実射本番に向けて、火器の取り扱いや射撃姿勢を確認する予定だ。

**名寄**　3普連は5月7～14日、鬼志別演習場で春季定期整備を実施した＝写真㊨。雨天による寒さの中、各中隊は実員指揮や基本基礎の徹底、状況の変化に応じた整備・安全管理を万全にし、訓練基盤の充実を図った。終盤には、池田孝一防衛副長と垂水達雄2師団副師団長が指導に訪れ、整備状況を確認。副師団長が特に優秀だった隊員5人を表彰した。

**東千歳**　7師団は5月7日から10日間、北海道大演習場、静内対空射撃場、柏台演習場で「春季定期整備」を行った。今季は①不安全状態を確実に除去②整備隊力を効率的に運用した上での質の高い整備③安全管理と健康管理の徹底——の3点を掲げて実施。溜め升の補修、危険個所の表示、戦車射場整備のほか、野焼きも担任し、安全に整備した＝写真㊨。

# 汗と涙の戦闘訓練

## 34普連　自候生課程教育

「新隊員諸君、コロナに負けず立派な陸上自衛官になれ！」——。

コロナ禍で厳しい社会規制が続く中、34普連の自衛官候補生課程教育隊では、104人の新隊員が精強な陸上自衛官を目指して日々、教育訓練に取り組んでいる。

教育は4月6日にスタートし、1カ月後の5月9日には東富士演習場で初の15キロの徒歩行進に挑んだ。自候生たちは背のうを背負い小銃を携行したフル装備で、起伏ある演習場内を黙々と行進。終盤には疲れた様子だったが、歯を食いしばり、同期と励まし合って15キロを無事完歩した。

火器の取り扱い訓練で、目標に向けて手榴弾を投てきする自候生（5月22日）

13日には「特殊武器防護体験（催涙剤）」に挑戦。防護マスクの装脱面の教育を受けた後、訓練場に設置された催涙ガスが充満した天幕に入り、涙と鼻水を流しながら防護マスクの重要性を実体験した。

㊧富士山の麓に広がる東富士演習場で小銃を手に15キロ行進に挑む自候生たち（5月9日）㊦催涙ガスが充満した天幕内で防護マスクを外し、マスクの効果を学ぶ自候生たち（5月13日）

### 15キロ徒歩行進　防護マスク着脱　手榴弾投てき

15日にはレーザーを使った交戦用訓練装置「バトラー」を使用し戦闘訓練。各班対抗の競技会方式で行われ、自候生たちは小銃の取り扱いなど武器の安全管理に留意しながら班長の号令で前進し、射撃。さらに相手の射撃を回避しつつ、連携して攻撃する戦法も学んだ。

22日には手榴弾投てきと小銃てき弾射撃を初体験。候補生たちは基礎動作を習った後、手榴弾を受領して目標に向けて投てき、接近戦での戦い方も理解した。

これら陸自隊員としての基礎を習得した後、27日には東富士演習場で総仕上げとなる「戦闘訓練総合」に臨んだ。各班の候補生たちは攻撃開始から目標の奪取まで、一連の戦闘行動を汗と泥にまみれながら、班長の指揮・号令に基づいて真剣に取り組んだ。この前期の教育は6月29日まで続く。（板妻）

## 空

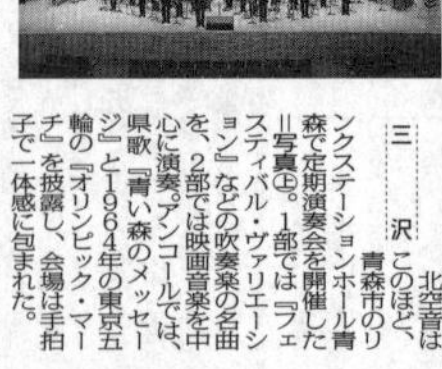

**三沢**　北空音はこのほど、青森市のリンクステーションホール青森で定期演奏会を開催した＝写真㊤。1部では『フェスティバル・ヴァリエーション』などの吹奏楽の名曲を、2部では映画音楽を中心に演奏。アンコールでは、県歌『青い森のメッセージ』と1964年の東京五輪の『オリンピック・マーチ』を披露し、会場は手拍子で一体感に包まれた。

**奈良**　幹候校は5月13日、教育集団（浜松）幕僚長の荒木哲哉将補ら立会の下、「飛行幹部候補生（前期）入校式」を行った＝写真㊤。実施にあたって配席に間隔を設けるなど、新型コロナウイルス感染拡大を防止。荒木将補が丸茂空幕長からの祝辞を代読した。候補生たちは今後、約20週にわたって必要な知識と技能を学ぶ。

**大滝根山**　27警戒群はこのほど、分屯基地で武道大会（剣道、銃剣道）を行った。30歳以下の若年隊員が2競技ともリーグ戦で対戦。剣道は男女の部に分かれて行い、このうち女性の決勝戦では5分間の試合時間内に決着がつかず、判定で勝敗が決まる接戦となった。銃剣道でも白熱した試合が続き、隊員たちは大会を通じて格技能力と団結力を高めた。

**小倉**　40普連は4月22日、春の全国交通安全運動に伴う飲酒運転防止活動を実施した＝写真㊤。自家用車で通勤する営外居住隊員を対象に呼気検査が行われ、勤務員の誘導に従い検問所でアルコールチェッカーを使用して検査。飲酒運転防止意識の向上を図った。連隊は引き続き飲酒運転撲滅を目指し、機会教育や各種活動などで隊員一人一人に徹底する。

**国分**　駐屯地は5月19日から21日まで、敷地内にある通信ケーブル用のマンホール43カ所の水抜きを行った＝写真㊨。マンホール内に水が溜まると送電用のケーブルが浸水し、通信障害を引き起こす原因になるため、水抜きを梅雨前と12月の年2回実施し、通信障害の未然防止を図っている。駐屯地では引き続き、安定した通信回線の運営に努めていく。

## 陸

**弘前**　駐屯地は4月17日、司令室で新規防衛モニター委嘱・退任式と駐屯地モニター委嘱状交付式を行った。木原邦洋司令は、委嘱状の伝達・交付後、「自衛隊の取り組みを、外の方々に積極的に伝えてほしい」とあいさつ。駐屯地は今年度、継続者3人と新規で委嘱を受けた5人から意見をもらい、「寄りたくなる駐屯地」を目指している。

**岩手**　東北方面特科連隊は5月26日、自候生の小銃手としての各個戦闘動作を評価するため「戦闘訓練評価」を実施した。候補生たちは、班長の命令や指示に合わせて態勢を整え、「前へ！」の号令で一気に前進＝写真。これまでの訓練成果を遺憾なく発揮し、散兵壕から射撃しながらほふく前進で間合いを詰め、最後に突撃して目標を奪取した。

**仙台**　駐屯地は5月27日、献血を実施した。外出自粛などの影響で献血協力者の減少が深刻となる中、計73人の隊員や職員が献血に協力。宮城県赤十字血液センターは新型コロナウイルス感染防止のため献血車内を換気し、ビニールの仕切りを設けるなど、万全の対策を講じて実施した。駐屯地は引き続き、毎月の献血に協力していく。

**北富士**　1特隊は4月8日、自衛官候補生55人の入隊式を行った。新隊員代表の山本海都候補生が林佐太隊長に対し「服務の宣誓」を実施。新隊員たちは「同期との絆を深め、…」と決意を新たにした。最後に「北富士王大鼓」による演奏が披露され、新隊員たちはその迫力に感動していた。

**金沢**　根本勉14普連長は5月27日、福井県庁での防災会議に参加した。県による大規模停電への対応を盛り込んだ地域防災計画の改定、避難所での新型コロナウイルス対策の手引きなどの説明を聞き入った。14普連は北陸3県の防衛警備・災派の担任部隊として、同会議への出席で防災関係機関との情報共有・連携していくとしている。

**久居**　駐屯地業務隊はこのほど、33普連と102施設器材隊（大久保）の支援を受けて、演習場外柵と駐屯地内道路を整備した。33普連が技術指導を担当し、約2800メートルの外柵の施設整備を完成させた。道路整備では4000メートル2のアスファルトを新たに舗装した＝写真㊤。

**姫路**　3特隊は4月13日から20日まで、饗庭野演習場で「方面隊統制演習場春季整備」に参加した。整備隊は、枯れ木の伐採、側溝沿いのロープ張り直しなどを実施。高倉敬3特隊長は「指揮の要訣の実践」と「効率的な整備の追求」を要望した。各指揮官は要望事項の具現化に向け、適時適切な命令・指示を部隊に与え、無事に任務を完遂した。

**海田市**　47普連は4月11、12の両日、即応予備自衛官の各出頭駐屯地（米子、日本原、海田市、山口、善通寺、松山）で「令和2年度即応予備自招集訓練開始式」を実施した。連隊長と副連隊長は各地で「7月の連隊検閲に向けて積極的に励み、部隊行動への習熟、技量の向上を図ってもらいたい」と式辞。即応予備自たちは使命感を強く意識した様子だった。

新しい生活様式・新しい日常を快適に！
素敵な住まい方を提携各社が提案します。

お住まい応援［特別］キャンペーン！
"ニュー ライフ スタイル" キャンペーン！

家を買うとき、売るとき、借りるとき、リフォームするとき、貸したいときも
<紹介カード>で割引などの特典がうけられます。

2020年6月1日（月）～2020年9月30日（水）

キャンペーン期間内に「紹介カード」をリクエストすると素敵なプレゼントがプラスＵＰ！

防衛省職員・自衛隊・OBの皆さま限定
＜2020年9月末日までに紹介カードをリクエストすると＞
もれなくもらえる図書カード！①・②・③ に
プラスUPプレゼント！
☆ ①+プレゼントは、図書カード500円分　☆☆ ②・③+プレゼントは、図書カード1,000円分

割引特典とキャンペーンプレゼントご利用方法

| Step1 紹介カード発行 | Step2 ご見学・ご相談 | Step3 ご成約 |
| --- | --- | --- |
| ・お住まい探しの第一歩 各社の情報をお家でゆっくりご検討ください！ | ・紹介カードを持ってモデルルーム・展示場などをご見学・ご相談 | ・ご成約！ Step1で、紹介カードをリクエストいただいた方は＜各社の提携割引特典＞を受けられます。 |
| 資料請求・ご来場の前に！ 紹介カードをリクエスト | ・WEB相談、リモート相談 無人モデルハウスご見学も！ | |
| ・キャンペーンプレゼント① ☆図書カード 1,000円分プレゼント！(500円に+500円) | ・キャンペーンプレゼント② ☆☆図書カード 2,000円分プレゼント！(1,000円に+1,000円) | ・キャンペーンプレゼント③ ☆☆図書カード 3,000円分プレゼント！(2,000円に+1,000円) |

※ キャンペーンのご参加は、期間中1家族様1回限定（紹介カードは、複数発行も可ですが、プレゼントは1つです。）

東京都練馬区　明和地所株式会社
8 クリオ練馬北町　リモートクリオ　即入居可
東武東上線「東武練馬」駅徒歩6分。「池袋」駅へ直通15分。
開放感あふれる南東・南西向き65㎡超。
東武東上線「東武練馬」駅徒歩6分
●所在地／東京都練馬区北町1丁目158番1、他（地番）
●販売戸数／3戸
●間取り／2LDK+S・3LDK
●住戸専有面積／65.30㎡・66.23㎡
●販売価格／5,279.3万円～5,596.1万円
●入居時期／即入居可（2020年3月下旬竣工済み）
クリオ練馬北町

コーサイ・サービス株式会社
https://www.ksi-service.co.jp/
得々情報ボックス　ID:teikei　PW:109109
〒1600002 新宿区四谷坂町12番20号KKビル4F　営業時間 9:00～17:00／定休日土・日・祝日
TEL:03-3354-1350　担当：佐藤

# 3道府県で不明者捜索

## 陸海3部隊

北海道函館市や宮城県加美町、京都・舞鶴港など3道府県の4カ所で5月中～下旬、登山者らが行方不明となる事故が続き、災害派遣要請を受けた陸自28普連（函館）、同22即機連（多賀城）、海自舞鶴水中処分隊の隊員が全力で捜索に当たった。

### 登山道や崖をローラー

#### 28普連 22即機連 函館市恵山と今金町、宮城県船形山

北海道函館市の恵山（標高618メートル）で5月15日、家族と登山に訪れていた男子高校生が行方不明となり、28普連基幹の隊員約50人が捜索した。

17日午前2時40分、鈴木直道知事から酒井秀典11旅団長に災派が要請された。隊員たちは函館駐屯地から東へ約40キロの恵山に向けて出発、夜明けとともに捜索を開始した。

足場の悪い登山道から外れた沢や脇道などを、山頂近くの崖では地図とGPSで方角を確認しながら崖下などを探した。警察、消防が引き続き捜索することとなり18日午後7時、撤収が要請された。

28普連は5月29日にも不明者の捜索に尽力した。北海道今金町の山中で山菜採りに出掛けていた70歳代男性の行方が分からなくなり、31日午前1時45分、知事から木場元大連隊長に災派が要請された。

午前2時過ぎ、駐屯地を隊員約40人が出発。早朝から2小隊・4組に分かれ、捜索を開始、現地の地形に沿いローラーで探した。31日午後2時過ぎ、道警ヘリが男性を発見した。

宮城県加美町では22即機連が捜索に当たった。5月16日、船形山に山菜採りに出た70歳代男性が不明となり18日午後4時40分、村井嘉浩宮城県知事から石井伸幸22即機連長に災派が要請された。連隊は19日朝から現地偵察を行い、さらに20日朝から隊員約30人で捜索した。21日午後3時半、撤収要請が出され、活動を終えた。

北海道今金町の山中で、やぶの中に分け入り不明者を捜索する28普連の隊員

崖の上から慎重に目視で行方不明者を捜す28普連の隊員たち（北海道函館市の恵山で）

捜索のため山中を一列になって進む22即機連の隊員たち（宮城県加美町の船形山で）

### 舞鶴水中処分隊 ゴムボートで捜索

舞鶴港で不明者捜索に当たった。5月26日、舞鶴市の七条海岸付近で民間車両1両が海に転落。午後1時40分、第8管区海上保安本部長から大島孝二舞鶴地方総監に行方不明者の水中捜索・救助が要請された。

ただちに水中処分隊員9人が舞鶴地方総監部から東へ約2キロの現場に向かい、到着後、2隻のゴムボートで捜索を開始。懸命な捜索により、しばらくして男性1人を海中から引き揚げた。ほかに要救助者がいないことが確認され午後3時41分、撤収要請が出された。

## ヘアドネーション バッサリ34センチ

# 「献血と同じ感覚で」

### 海幕広報室・堀田海曹長

海幕広報室の堀田浩美曹長は5月9日、3年間伸ばしてきたロングヘアをバッサリ34センチ切り、メディカル・ウィッグ（医療用かつら）として寄付される「ヘアドネーション」を行った。

寄付はNPO法人JHD&C（ジャーダック）が行っている取り組みで、個人から寄付された髪だけでウィッグを作製し、18歳以下の子供たちに無償で提供している。

堀田曹長は以前にもヘアドネーションの経験があり、現在の行きつけの美容院がドネーションカットに対応していることを知って2度目の寄付を決意。

「自分にできることはしたいと思っているので、髪も献血と同じ感覚で」と堀田曹長。当日は楽しみながらカットに臨んだ。「夏に向けてイメージチェンジにもなりました。私の髪が誰かのお役に立ってくれれば、うれしいです」と軽やかなショートヘアで笑顔を見せた。

平素から献血に協力するなど、社会貢献に意欲的な堀田曹長。必要な長さ「31センチ以上」を目指して伸ばし続けた。

（上）さっぱりしたショートヘアにして笑顔を見せる堀田曹長（左）長さ34センチの髪を束ねてカットに臨む美容室での様子

## こちら警務隊

薬物犯①

### 知らぬ間に運び屋… 覚せい剤取締法違反

覚せい剤が入った荷物とは知らずに預かるとどうなりますか？

覚せい剤との認識がなくても、違法な薬物であるかも知れないという認識があれば所持していたとして罪に問われる可能性があります。

また、海外から帰国する際、現地で親しくなった人から荷物の運搬を引き受けたことで、知らない間に運び屋にされ、空港で逮捕されたケースもあります。

違法薬物の密輸は、「自分は知らなかった」と主張しても、国によっては死刑や終身刑となる場合があります。

たとえ知人の依頼でも内容物、カバン等の中を確認し、少しでも不審な点があれば断るべきです。

（東部方面警務隊）

次回は「大麻取締法違反」です。

## あさぐもギャラリー 吉本どんど

火

中田内科
内

まーた くだらないこと 考えてんだろ？
何言ってんだ 漢字のなりたちを考えてんだよ

人

コロナの感染拡大防止を徹底して自候生採用試験を行う福岡地本職員

## 「安心して受験できた」

### 自候生採用試験 感染防止策に万全

福岡

【福岡地本】福岡地本は5月30、31の両日、新型コロナウイルス感染拡大防止対策に万全を期して自衛官候補生採用試験を福岡、久留米両駐屯地で行った。2会場で約90人が試験に挑んだ。

受験者の体温確認、誘導要領などについて規定した試験実施マニュアルを作成。事前に予行を行い、徹底を図った。

当日も受験者の事前の体調を「健康状態確認シート」や体温のチェック、手指などの消毒、受験者の間隔を2メートル以上確保するなど予防策を徹底した。

受験者からは「感染拡大防止策が徹底されており、安心して受験できた」などの声が聞かれた。

## 「分かりやすい」と好評

### オンラインで職業ガイダンス

茨城地本

【茨城地本】茨城地本龍ケ崎地域事務所は5月26日、日本ウェルネススポーツ大学（茨城県利根町）の3年生約40人に対し、オンラインで自衛隊の仕事のガイダンスを行った。

インターネットを介した慣れない講義だったが、聴講している学生一人一人の表情を確認しながら進め、「とても分かりやすい」という声も聞かれるなど学生たちに好評だった。

（上）日本ウェルネススポーツ大学の学生にオンラインで講義する龍ケ崎地域事務所（下）献血前に感染予防のため体温を測定してもらう背振山分屯基地隊員

## 自粛で献血協力者減少の中

### 背振山隊員、積極的に協力

【西警団＝春日】背振山分屯基地（西警団43警戒群）はこのほど、新型コロナウイルス感染拡大防止で外出自粛され献血協力者が減少している中、佐賀県赤十字血液センターが行う献血に隊員が協力した。

センターによると、コロナの影響で普段は協力している企業から断られるケースも増えているという。そうした中、感染予防対策（手洗い、体温測定、3密回避、ソーシャルディスタンスの確保）を厳格に行い、「積極的に参加したい」と久保眞人群司令以下、多くの隊員が協力した。

## 痛風に関する4遺伝子発見

### 防医大准教授ら

【防医大】防衛医科大学校の松尾洋孝准教授、中山昌喜講師らの研究グループはこのほど、痛風の発症に関連する新規4遺伝子を発見し、イギリスの医学専門雑誌（オンライン版）に論文を発表した。

痛風は、近年の研究で発症には遺伝要因も大きく関わっていることが判明していた。また、環境に対応した変化（適応進化）により、日本人は過去2千～3千年の間に、痛風発症の遺伝的影響を受けやすく進化してきたことが分かってきた。

防医大研究グループは新規4遺伝子を「選択圧」という指標を用いてさらに詳しく調べ、特に「ABCG2遺伝子」と「ALDH2遺伝子」の二つの遺伝子が適応進化の主な対象となったことを明らかにした。

本研究で、痛風発症の遺伝的リスクの高い人の効率的な発見・予防と新規標的に基づいた創薬につながることが見込まれる。

## 小休止

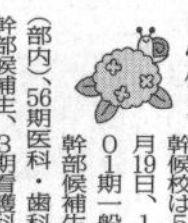

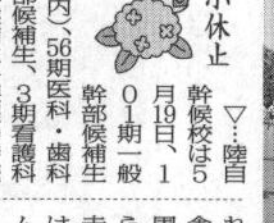

▽…陸自幹候校は5月19日、101期一般幹部候補生、幹部候補生（部内）、56期医科・歯科幹部候補生、3期看護科幹部候補生各課程の持続走検定、持続走記録会を前川原駐屯地で行った＝写真。

▽…同校伝統行事の高良山登山走を予定していたが、新型コロナウイルスの影響で校内での持続走（検定・記録会）に代えた。

▽…候補生は4個グループに分かれ、約40分間隔で本部隊舎前をスタート。校内4周（約6・6キロ）を自らの限界に挑みながら力走した。部内課程の区隊は2候4区隊（平均タイム26分00秒）が制した。

（前川原）

よろこびがつなぐ世界へ
KIRIN
一番搾り
KIRIN'S PRIME BREW
KIRIN BEER
一番搾り
〈麦芽100%〉
ALC.5% 生ビール
お酒
おいしいとこだけ搾ってる。
ストップ！20歳未満飲酒・飲酒運転。お酒は楽しく適量で。
妊娠中・授乳期の飲酒はやめましょう。のんだあとはリサイクル。
キリンビール株式会社

隊員の皆様に好評の

『自衛隊援護協会発行図書』販売中

| 区分 | 図書名 | 改訂等 | 定価（円） | 隊員価格（円） |
|---|---|---|---|---|
| 援護 | 定年制自衛官の再就職必携 | ◎ | 1,300 | 1,200 |
| | 任期制自衛官の再就職必携 | | 1,300 | 1,200 |
| | 就職援護業務必携 | | 隊員限定 | 1,500 |
| | 退職予定自衛官の船員再就職必携 | | 720 | 720 |
| | 新・防災危機管理必携 | | 2,000 | 1,800 |
| 軍事 | 軍事和英辞典 | | 3,000 | 2,600 |
| | 軍事英和辞典 | | 3,000 | 2,600 |
| | 軍事略語英和辞典 | | 1,200 | 1,000 |
| | （上記3点セット） | | 6,500 | 5,500 |
| 教養 | 退職後直ちに役立つ労働・社会保険 | | 1,100 | 1,000 |
| | 再就職で自衛官のキャリアを生かすには | | 1,600 | 1,400 |
| | 自衛官のためのニューライフプラン | | 1,600 | 1,400 |
| | 初めての人のためのメンタルヘルス入門 | | 1,500 | 1,300 |

※ 令和元年度「◎」の図書を改訂しました。

| | |
|---|---|
| 消費税 | 価格は、税込みです。 |
| 発送 | メール便、宅配便などで発送します。送料は無料です。 |
| 代金支払い方法 | 発送図書同封の振替払込用紙でお支払。払込手数料はご負担してください。 |

お申込みは「自衛隊援護協会」ホームページの「自衛官の皆様へ」タブから「書籍のご案内」へ・・・スマホで今すぐ検索「自衛隊援護協会」

（http://www.engokyokai.jp/）

一般財団法人自衛隊援護協会

電話：03－5227－5400、5401 FAX：03－5227－5402 専用回線：8－6－28865、28866

（世界の切手・チュニジア）

楽しい顔で食べれば、皿一つでも宴会だ。
プルデンティウス（古代ローマの詩人）

朝雲ホームページ
www.asagumo-news.com
<会員制サイト>
Asagumo Archive
朝雲編集部メールアドレス
editorial@asagumo-news.com

# 自衛隊の名医ここにあり

3陸曹　木村 太郎（札幌地本・南部地区隊）

「自衛官は井の中の蛙だ」と耳にしたことがあります。私も地本の広報官になるまでは自衛隊は狭い組織だと感じていました。しかし、地本では外部のさまざまな人との出会いを通じて、「この組織は知れば知るほど広い世界だ」と感じました。

皆さんは自衛隊の「公募医官」の制度を知っていますか。非常に少ない募集人員ですが、全国からの応募がある募集種目となっています。自衛隊には医官を養成するコースはありますが、歯科医官を独自で養成するコースはありません。歯科医官は全て部外で実務経験をした歯科医を募集しています。今回は私が歯科医官からお話を聞いて感じたことを皆さんにお伝えしたいと思います。

先日、お忙しいところ、自衛隊札幌病院の歯科医官・香川智正2等陸佐より貴重なお話を聞かせていただきました。香川2佐は岡山大学出身で、20年以上を民間の病院で勤務され、その後「自衛隊歯科医官」の道へと進まれました。私と香川2佐との出会いは、札幌病院で親知らずの抜歯手術を担当していただいたことでした。その際、さまざまな疑問や興味が湧き、数年を経てお話する機会を得ました。

香川2佐のお話の中で特に印象深かったことは、「口唇口蓋裂」の症状に関するものでした。私は少年期を東南アジアのタイ王国で過ごしました。その頃の思い出で、友人の中に唇が裂けて歯が見えている人がいました。そのような症例は、東南アジア諸国などの貧しい国に多い病気であると思っていましたが、実は日本でも多くの症例が報告されているそうです。

「口唇口蓋裂」を直すには手術が必要ですが、生まれてすぐの赤ん坊の頃、母親からの哺乳ができるように、すぐに口にマウスピースを入れる処置が必要であるとのことです。赤ん坊の唇を縫合する手術を終えてご両親から感謝された思い出は、今も香川2佐の心に残っているとのことです。

自衛隊の歯科医官は陸・海・空合わせて約240名おります。すべての歯科医官は、高度な知識と技術がないと自衛隊に入隊できないという厳しい条件を知り、改めて自衛隊の医療の強靭性を認識することができました。

香川2佐は「医術は科学の基にあり、仁術である」という言葉を胸に日々勤務されているとのことです。その言葉を体現するように、医官の方々は全ての業務に信念を持って取り組んでおり、これが自衛隊の基盤となり、他の自衛官の模範となっているのです。

香川2佐からお話をうかがって、私の所属する自衛隊も「広い世界」だと知ることができました。第一線の自衛官を支える歯科医官の皆さまに感謝を捧げたいと思います。

自衛隊札幌病院の歯科医官・香川智正2陸佐（右）と札幌地本の木村太郎3曹

## みんなのページ

広島護国神社を家族一緒にお参りした嶽2曹一家

# 自衛官の「人を思う深さ」に感銘

家族　嶽 葉子（広島県広島市）

主人と結婚してちょうど10年になります。これを機にこれまでの結婚生活を振り返ってみました。

結婚後、私たち夫婦は3人の子供に恵まれました。お互いに子育てに奮闘する中で喧嘩もし、夫婦として成長すべきターニングポイントが多々ありました。

主人と知り合って、今でも尊敬していることがあります。それは主人の「人を思う深さ」です。それは特別の配慮でも気遣いでもなく、「その人にいかに深く寄り添えるか」という気持ちです。

例えば、部隊が演習に出発する際、主人は自分が参加しない場合でも、早朝、率先して部隊に出勤し、同僚隊員の方々をお見送りしています。自衛官のこのような「人を思う深さ」にはいつも感動させられます。

主人が現在の部署に異動してからは、職務上、社会保障や福祉に関する事項に携わることが多く、部隊の皆さまのためにより多様な対応が求められていることがうかがえます。

そんな多忙な中でも家のことをしっかりと考え、3人の子供たちに真摯に接する父親の姿を見て、私も主人と結婚できて（結婚してもらって）、「本当に幸せだなぁ」と感じます。

過去10年を振り返ると、主人の自衛隊人生を左右する二つの大きな災害がありました。「東日本大震災」と「西日本豪雨災害」です。

震災時、主人は福島県相馬市と南相馬市に赴きました。原発事故もあり、私も非常に心配でした。主人は海田に戻ってからも報道で相馬市が出ると真剣に見ていました。その様子から被災地がいかに大変であったかうかがえました。

一方、西日本豪雨災害は私たち家族も体験した災害です。小さな子供を抱え、主人が不在の中で、どう家族を守るか私も必死に考えました。主人は被災地で活動していました。テレビで自衛官の皆さんが身を粉にして救助にあたる姿を見て、子供たちに伝えました。

「お父さんはあそこにいるんだよ」「大丈夫かな？」「皆で力を合わせて頑張ってるんだよ」と話したことを今でも覚えています。

その時、子供たちも父親の職業を理解したと思います。「お父さんの仕事は人がすごく困っている時、危なくても助けに行くお仕事なんだよ」と。

ですから私も子供たちも主人を尊敬し、いつも応援しています。

「勇ちゃん、いつもありがとう」

（47普連2中隊＝海田市、嶽勇三2曹夫人）

# 陸士向けに就職補導教育

准陸尉　福満 由美子（国分駐屯地援護室長）

就職補導教育を受ける任期満了を前にした陸士隊員たち（国分駐屯地で）

国分駐屯地は5月14、15日の2日間、鹿児島地本国分援護センターの支援を受け、駐屯地で「令和2年度第1回陸士就職補導教育」を実施しました。

本教育は任期満了を迎える陸士隊員に対し、一般社会の雇用情勢と再就職に必要な基礎的事項を習得させることを目的に、各期に1回（年度4回）実施されています。

今回は新型コロナウイルス感染症での緊急事態宣言解除をめぐり、諮問委員会が開かれている時期でしたので、会場では隊員が「3密」にならないように留意しつつ、17名に対して有効求人倍率の意味や求人票の見方、履歴書の作成要領について分かりやすく教育を行いました。

参加した陸士隊員は経済・雇用に関する用語の意味を確認しつつ、またコロナショックに伴う劇的な雇用情勢の変化を理解しながら、再就職に必要となる調査票・求職票・履歴書等の作成要領について指導を受け、将来を見据えた人生設計や目標設定の大切さを学んでいました。

今後とも援護室では12普連1科と連携しつつ、陸士の就職補導教育を充実させるべく、積極的に業務支援を行っていきたいと考えています。

## 新刊紹介

### 「台湾有事と日本の安全保障」

渡部 悦和ほか著

トランプ米政権が台湾への軍事支援を強化する中、日本の安全保障の枠組みも従来の「日米韓」から「日米台」に組み替えるべきだと提言する本だ。

執筆陣は自衛隊OBの渡部悦和元東方総監、尾上定正元北空司令官、小野田治元教育集団司令官、矢野一樹元潜水艦隊司令官で、4氏は「日本と台湾は運命共同体」であると強調、日台間の防衛協力を推進していくべきだと訴えている。

現在の米中の「覇権争い」の影響から書き出し、日本の安全を高めるには地政学的にも重要な台湾との連携が必要だと説く。中国軍と台湾軍のせめぎ合いも分析し、台湾海峡の有事に備え、日本は何をどう準備しておくべきか提言している。

後半は台湾の独立を巡る台中の攻防と米国が介入する条件などを考察するとともに、今後、「第4次台湾海峡危機」が発生した場合の中国と台湾・米国・日本の対処法についてシミュレーション、自衛隊がとるべき対処法を探っている。中台の対立が厳しくなる今後を見据え、自衛隊員にも一読しておいてもらいたい本だ。

（ワニブックス刊、1100円）

### 「人類と病」

詫摩 佳代著

コロナで中国の武漢が封鎖された直後、私が仕える議員は「コロナが安全保障上の重大な脅威である」と党内で問題提起した。それに対し、観光業への打撃を懸念する同僚議員から「国民の不安を煽らないよう」たしなめられたという。常識的な判断だと思うが、状況は既に平時から「有事」に移行しており、常識が通用しない状況に変わっていた。

国際政治学者の著者は、感染症の歴史を振り返り、人類がいかに困難を乗り越えながら病と闘ってきたかを解説する。冷戦下、宿敵の米国とソ連が天然痘やポリオの根絶に向け協力しあった事例は、現下の国際情勢と照らし合わせると示唆に富む。そして「人類と病との闘いの歴史は国際協力の重要性が認識されてきた歴史」であり、各国が協力をしなければならないとする。

だが、現実はコロナの名称や世界保健機関（WHO）の運営を巡る大国間の覇権争い、中国政府発表内容への疑念など、コロナに国際社会が対処する前の段階で足の引っ張り合いが続く。

感染症という見えない敵に立ち向かうための答えは明確だ。だからこそ、人類と病の歴史を改めて振り返り、いま世界が進むべき道を再確認したい。（中央公論新社刊、902円）

小林武史（国会議員秘書）

## OBがんばる

# 仕事の条件を絞り込む

挽地　誠さん　57
平成29年9月、福島駐屯地業務隊を最後に定年退職（2陸佐）。JA共済連福島県本部に再就職し、自動車損害調査の業務に当たっている。



初秋の福島駐屯地で妻と2人、盛大に見送られ定年退官した日の翌週から、第2の人生としてJA共済連福島県本部での勤務が始まりました。仕事は自動車損害調査（交通事故被害者対応）で、日々難問にぶつかりながらも早3年目となり、仕事も軌道に乗ってきたように実感しております。

入社当初の3カ月の研修期間は、資格取得のため猛勉強となりましたが、隣の席にいる息子と同世代の先輩社員が教育係となり、サポートしてくれました。おかげで職場の雰囲気にも自然に溶け込むことができました。先輩、同僚は同じ思いで日々悩みながら仕事をしている職場で、私の些細な悩みにも快く相談に乗ってくれます。

受け持つ事案の中には訴訟に至るケースもあり、調停段階から弁護士との調整、時には裁判所に行くこともあります。今では事案の展開を予測し、上司の指導を仰ぎつつ、複雑な業務を自分なりにこなし、困難を充実感に変えています。

振り返ってみれば、定年1年半前に自宅近傍の福島駐屯地に勤務できたことは、私にとって最良の就活期間でした。数次にわたり援護センターで面談し、仕事の条件を①通勤時間30分圏内②土日が休日――の二つに絞り、福島地本など援護関係者の方々にご尽力いただきました。

そしていくつか選択肢を提示して頂き、農作業（桃栽培）と両立できる生活スタイルを追求しました。その希望が実現し、これからも家族と共にささやかではありますが人生の楽園を楽しみ、日々の充実感を味わっていきたいと思います。

# 本業と両立させ頼られる存在に

即応予備陸士長　片山 義孝（49普連4中隊・豊川）

私はこの春、即応予備自衛官に採用され、49普連に所属することになりました。平成31年3月までは7普連（福知山）で有線通信手として勤務していました。現在は京都にある井筒八ッ橋本舗で、京都名物でもある固く焼いた「八ッ橋」の仕込みと焼成を担当しています。

即応予備自衛官に志願した理由は、常備自衛官時代は本部管理中隊通信小隊所属であったため、「小銃小隊に勤務したい」という希望があったのと、民間企業に勤めながらも「有事の際には自分も何か力になりたい」という思いがあったからです。

これから部隊の環境や訓練に慣れ、自分の力を存分に発揮するとともに、菓子職人として八ッ橋の普及にも尽力して、本業と即応予備自を両立していきたいと思います。日々努力して、頼られる存在になれるよう頑張っていきます。連隊の皆さま、よろしくお願い致します。

## 第1236回出題

### 詰碁

出題　日本棋院　九段　曲　励起

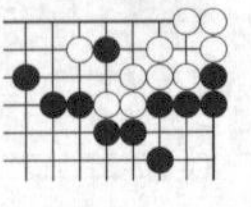

黒先

『白はどうなりますか。黒は最初が大切です』。5分でできれば中級です。

▶詰碁、詰将棋の出題は隔週です◀

### 詰将棋

出題　日本将棋連盟　九段　石田　和雄

▲先手　持駒　金銀

≫第820回の解答≪

【正解】▲2二銀△同馬▲1三桂不成△同馬▲3二金までの五手詰め。

【解説】初手▲2二銀の捨て駒は詰将棋ならではの一着。△同玉なら▲1三金以下駒余りの詰み。△同馬に▲1三桂不成がトドメの妙手で▲3二金まで収束します。


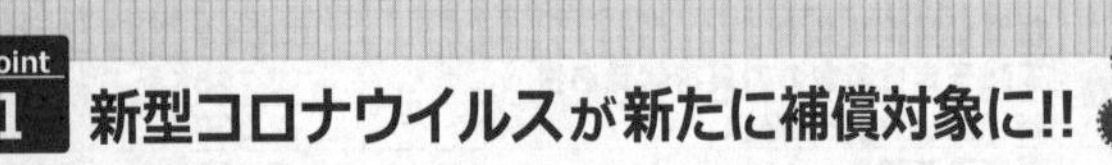

防衛省職員・家族団体傷害保険／防衛省退職後団体傷害保険

団体傷害保険の補償内容が一部改定になりました！

Point 1　新型コロナウイルスが新たに補償対象に!!

A型（家族補償タイプ）・B型（個人補償タイプ）・D型（予備自衛官等用）に「指定感染症追加補償特約」がセットされ、特定感染症の補償範囲が「指定感染症※1」まで拡大されました。それにより、これまで補償対象外であった新型コロナウイルスも新たに補償対象となります。

（注）指定感染症追加補償特約の対象となる方は、A型・B型では防衛省共済組合員ご本人、かつ、記名被保険者ご本人に限ります。公務中や通勤災害中の事故に限定せず幅広く補償いたします。

Point 2　2020年2月1日に遡って補償!

2月1日以降に発病されたものから補償の対象※2となるため、既にご加入されている方で、該当する方は、三井住友海上事故受付センター（0120-258-189）までご連絡ください。

Point 3　既にご加入されている方の新たなお手続きは不要!

既にご加入されている方は、新たなお手続きや追加の保険料のお支払いは必要ありません。

※1 特定感染症危険補償特約に規定する特定感染症に、感染症の予防及び感染症の患者に対する医療に関する法律（平成10年法律第114号）第6条第8項に規定する指定感染症(注)を含むものとします。
(注) 一類感染症、二類感染症および三類感染症と同程度の措置を講ずる必要がある感染症に限ります。
※2 新たにご加入された方や、増口された方の増口分については、ご加入日以降補償の対象となります。ただし、保険責任開始日からその日を含めて10日以内に発病した特定感染症に対しては保険金を支払いません。

気になる方は、各駐屯地・基地に常駐員がおりますので弘済企業にご連絡ください。

[引受保険会社]（幹事会社）
三井住友海上火災保険株式会社
東京都千代田区神田駿河台 3-11-1　TEL：03-3259-6626

[共同引受保険会社]
東京海上日動火災保険株式会社　損害保険ジャパン株式会社　あいおいニッセイ同和損害保険株式会社
日新火災海上保険株式会社　楽天損害保険株式会社　大同火災海上保険株式会社

[取扱代理店]
弘済企業株式会社
本社：東京都新宿区四谷坂町 12 番地 20 号 KK ビル
TEL：03-3226-5811（代表）

朝雲
発行所 朝雲新聞社
〒160-0002 東京都新宿区四谷坂町12-20 KKビル
電話 03(3225)3841
FAX 03(3225)3831
振替00190-4-17600番
定価一部150円、年間購読料9170円（税・送料込み）

One for all, All for one
あなたと大切な人の「今」と「未来」のために
防衛省生協

主な記事



# 遠航部隊、前期航海へ出発

## 海自 コロナ対応で初の2期制

## 寄港地は補給のみ

新型コロナウイルスへの対処などで、初めて前期・後期の2期制となった令和2年度の海自遠洋練習航海部隊（練習艦「かしま」「しまゆき」で編成、指揮官・八木浩二海将補以下実習幹部約155人を含む約500人）の前期出国行事が6月9日、呉基地で行われた。式はコロナ予防のため、家族や来賓は招かずに実施された。前期遠航の訪問国はシンガポールだけで、現地では補給のみ行う。

午前8時40分ごろから行われた出国行事には、酒井良呉地方総監以下約50人の隊員が参列。練習艦隊司令官の八木将補が「令和2年度遠洋練習航海に出発します。我が国の海上防衛を担う、たくましい初級幹部を育成してまいります」と総監に出国報告を行い、その後、「かしま」に乗艦した。

「かしま」と「しまゆき」は午前9時、呉音楽隊が演奏するなか出港。岸壁では酒井総監ら基地隊員が帽振れで見送り、呉港内でも海自OBらで構成する呉水交会員がチャーターした船上から遠航部隊を見送った。

前期の遠航は44日間で、部隊は沖縄を経て東南アジア方面に向かう。航海中、実習幹部は洋上で各種訓練を行い、途中、補給のためシンガポールのチャンギに寄港する。帰国は7月22日の予定。

出発に先立ち、実習幹部と乗員は呉で14日間の隔離措置をとり、総員の無事を確認した上で出港した。

世界的なコロナ感染拡大を受け、1カ月半の遠航中、唯一の訪問国となるシンガポールでも乗員・実習幹部は上陸することなく、補給のみを行う計画だ。

山村海幕長は6月9日の定例会見で「（コロナのため）限られた条件の中ではあるが、（遠航部隊は）我が国のシーレーンを航行して、インド太平洋の現状を実際に自分の目で見て肌で感じ、『自由で開かれたインド太平洋』を実現するにはどうすればいいのか、自ら考える良い教育機会にしてほしい」と話した。

令和2年度遠洋練習航海（前期）航路概要（海自資料から）

①呉 6月9日(火)発
②勝連（補給のみ） 6月13日(土)～6月14日(日)
③チャンギ（シンガポール）（補給のみ） 7月5日(日)～7月6日(月)
④横須賀 7月22日(水)着

・派遣部隊：練習艦隊（かしま、しまゆき）
・寄港予定国：1か国
・期間：令和2年6月9日(火)～7月22日(水)
・総航程：約19,000km
・航海日数：44日

呉音楽隊が行進曲を演奏する中、東南アジア方面への44日間の前期・遠洋練習航海に出発する練習艦「かしま」（奥）＝6月9日、海自呉基地で

# 陸上イージス計画停止

## 安全担保に費用と時間

河野防衛相は6月15日、秋田、山口両県で配備に向けて準備を進めてきた陸上配備型ミサイル防衛システム「イージス・アショア」について、「コストと期間に鑑み、配備プロセス（手続き）を停止する」と発表した。防衛省内で同日夕、記者団に語った。

具体的には、山口県の陸上自衛隊むつみ演習場（萩市、阿武町）に関し、ミサイル発射後に切り離されるブースター（推進エンジン）を確実に演習場内に落下させると地元に説明してきたものの、これを実現するためには当初想定していたソフトウエアの改修だけでなく、ハードウエアの改修も必要となり、10年以上と見込まれる開発期間と膨大な費用が掛かることが判明したと説明した。

大臣は「万が一の際に周辺に被害を及ぼさない約束は当然のことだ」とした上で、2カ所同時のプロセス停止について「山口と秋田（秋田市の陸自新屋演習場）の2カ所で日本を守る計画だったので、山口を断念する以上、秋田も停止せざるを得ない」と述べた。

防衛省ではこれまで、ブースター問題はソフトウエアの改修で解決可能とみて米側と協議していた。当面のミサイル防衛は海自のイージス艦が担う。

河野大臣は12日にプロセス停止を判断し、安倍首相に報告、了承を得たという。秋田、山口両県知事には15日に電話で方針を伝えた。今後は国家安全保障会議（NSC）に報告し、省としてその後の対応を検討する。

## 中東の平和へ UAEと連携

### 防衛相会談

河野防衛相は6月9日、アラブ首長国連邦（UAE）のムハンマド・アフマド・アル・ボワルディ国防担当国務大臣とテレビ会談を行い、中東地域の平和と安定、航行の安全確保のため、両国が引き続き連携していくことで一致した。

河野大臣は、中東地域における日本関係船舶の安全航行の確保を目的とした自衛隊による情報収集活動について説明し、理解と協力を求めた。両氏は国際法に基づく「自由で開かれた海洋秩序」の重要性についても認識を共有した。

一方、新型コロナウイルス対策をめぐっては、両氏がそれぞれ自国の取り組みについて説明した上で、一刻も早い終息に向け、防衛当局として得られた情報・教訓・知見を共有していくことで一致。今後もコミュニケーションを継続し、防衛協力・交流を強力に推進していくことを確認した。

# 防衛省 再エネ調達を開始

## 今年度151施設で導入

河野防衛相は6月9日の記者会見で、防衛省として今後、環境省と連携協力し、自衛隊施設における再生可能エネルギー（再エネ）の導入を一層推進していく方針を表明した。「災害発生時に基地（や駐屯地等）の中で、自前で発電ができる再エネの施設があれば、強靭化につながる」と導入の意義を強調した。

この中で河野大臣は、東京・小笠原諸島の硫黄島や南鳥島などの離島や僻地のレーダーサイトにおける災害時の脆弱性を例に挙げ、従来の軽油を持ち込んでの発電機による電力供給から、風力、太陽光、将来的には波力などによる発電への転換を目指していく考えを明らかにした。

これに先立ち、防衛省は6月5日、事業活動で使用する電力の100％再エネ化を目指す国際的なイニシアチブ「RE100」と、日本独自の中小企業などを対象とした枠組み「再エネ100宣言RE Action」のアンバサダーに就任し、同日、河野大臣が発表した。

アンバサダーは自らも手本となってこれらの参加企業を支援する立場で、中央省庁では既に環境省と外務省が就任している。

防衛省では初となる再エネの調達・活用に向け、今年度からの電力調達の在り方を試行的に見直しており、現時点で全国151の施設で再エネ調達を実現。その見込み量は日本の政府機関で最大規模となる約9100万キロワット時を誇り、一般家庭2万世帯超の年間使用量に相当する。

平均単価も昨年度のキロワット時15・51円から15・47円と、0・04円のコスト縮減が図られる。

さらに、これら151施設のうち、今年度は115施設で再エネ率30％を達成する見通しだ。

この中には予定使用電力量が市ヶ谷の本省に次いで全国2番目となる防衛医科大学校や、8番目となる空自浜松基地など大規模施設が含まれており、特に浜松基地が地元の浜松新電力から再エネ電力の新規購入を決めたことには注目が集まっている。

防衛省は、▽調達における競争性▽電力供給の安定性▽低廉な価格――などを確保した上で、可能な限り地元の電力会社から再エネ率の高い電力を調達することを目標に掲げている。

防衛省は政府機関の中でも最も先進的な再エネ調達に取り組んでいる。同省文書課環境対策室の根本貴由室長は「各駐屯地・基地等の担当者のご尽力により、これほどまでの再エネ電力の導入を実現できたことは大きな意義があると考えている。引き続き、部隊の方々のご協力をいただきつつ、防衛大臣も発言されている通り、防衛省・自衛隊が使用する電力を最終的に100％再生可能エネルギーに転換することを目指し、取り組んでいきたい」と話している。

# アレスティング・フックで拘束着陸訓練

## 3空団のF35A戦闘機

【3空団＝三沢】空自3空団302飛行隊は、同隊に唯一配備されている最新鋭のF35Aステルス戦闘機の戦力化に向け、各種試験や訓練を続けている。その一環としてこのほど、三沢基地で同機の緊急着陸用の「アレスティング・フック」を使用した拘束着陸訓練が行われた。

拘束着陸は、F35Aが飛行中に機体トラブルが発生した場合などに、機体尾部に装備する手のひら大の鉤（かぎ）状のフック（アレスティング・フック）を滑走路に設置されたワイヤに掛けて、機体を強制的に停止させる方法。同フックはF15戦闘機などにも装備されている。

空母艦載機では同フックは日常的に使用されており、飛行甲板に着艦した際、航空機のフックを甲板上のアレスティング・ワイヤに引っ掛けることで、短距離での安全な着陸を可能にしている。

現在、空自初のF35A部隊・302飛行隊では同機の本格運用開始に向け、各種試験や訓練を続けている。今年度末にはF4戦闘機部隊である7空団301飛行隊（百里）がF35Aに機種更新し、三沢に移駐。F35Aは22機体制に増勢する計画だ。今後、同機はF15やF2戦闘機と同様、防空の柱となる対領空侵犯措置の任務に就く予定だ。

着陸時に機体尾部のアレスティング・フックを滑走路上のワイヤにひっかけ、短距離での「拘束着陸訓練」を行った3空団302飛行隊のF35Aステルス戦闘機711号機（空自三沢基地で）

## 春夏秋冬

### 差別とSNSと中東

田中 浩一郎

アフリカ系米国人に対する警察組織の人種差別的な取締りへの抗議活動、そしてデモを統制し、強奪や襲撃を取り締まる官憲との衝突は、瞬く間にコロナ・ウィルス禍を凌駕するニュースになった。

いまや反人種差別デモは、米国から遠く離れた中東にも届いた。反米を唱えるイランなどは、人権侵害で米国から批判されてきたこともあり、政府が率先して米国の非人道性をやり玉に挙げている。自国の問題を棚に上げ、政治的な利得をねらう動きだ。一方、イスラエルが企図するヨルダン川西岸の一方的併合に怯えるパレスチナ人は、イスラエル軍からの排他的で理不尽な「取締り」に幾度も身をさらしてきた。パレスチナ人にとって差別は日常的な脅威であり、アフリカ系米国人に強い共感を表している。

実は、パレスチナ人に対するイスラエル軍兵士の制圧手法と、今回、米国ミネソタ州でフロイド氏を死亡させた警察官の行動との間で近似性が指摘されている。ここで国際人権監視団体アムネスティ・インターナショナルが、米国の文民警察が長年、イスラエル軍による教練を米国内やイスラエルで受けている実態に警鐘を鳴らしていたことが頭に浮かぶ。世界的な運動の発端となった米国中西部の事件には中東との物理的なつながりが垣間見える。

その中東では10年前、地元警察との間でトラブルを抱えた一人の若者が焼身自殺した。SNSを通じて抗議に集まった民衆は、盤石と言われたチュニジアの長期独裁政権を倒した。「アラブの春」だ。これで「民主化」に踏み出したはずの中東だが、その後も言論の自由が保証されているとは言えない環境が残っている。時にはSNSでの発信が命取りになる。こうした当局の規制や処罰に対する欧米からの批判は容赦がなく、常に原則的だ。

だが、自由の旗手であった米国は、現在、大統領の物議を醸すSNS投稿の取扱いをめぐる議論のまっただ中にある。言論の自由はどこまで保証されるべきであるのか。人種差別的な殺人事件を契機に、国家を構成する基本的な価値がSNSを題材にして問われている。

軍事教練を受けた差別的な文民警察と表現の自由に一石を投じたSNS。この二つは、中東から身を引きたいと伝えられる米国と中東との切れない縁を象徴しているようだ。

（慶應義塾大学大学院政策・メディア研究科教授）

## 加軍参謀総長と初めて電話会談

### 山崎統幕長

加軍参謀総長のバンス大将

山崎統幕長は6月12日、カナダ軍参謀総長のジョナサン・バンス陸軍大将と電話会談を行い、国際社会と地域の平和と安定のため、日加防衛当局が連携を強化していくことで一致した。

統幕長と加軍参謀総長の会談はバンス大将が来日した2018年以来2年ぶり。山崎統幕長との会談は初めて。

両者は日加防衛協力・交流の重要性について確認するとともに、北朝鮮による「瀬取り」の警戒監視や、新型コロナウイルス感染症に関する両国の状況や感染拡大防止の取り組みについて意見を交わした。

## 朝雲寸言

「入梅」は雑節のひとつ。中国から伝わった二十四節気ではなく日本独自につくられた暦日で、立春から135日目にあたる▼雨は稲作に欠かせない。昔から田植えをいつにするかが日本人の最大の関心事であった。この「入梅」は暦日であって実際の気象予報とは関係がない。しかし気象庁の関東地域の梅雨入りの平均値は6月11日、今年は暦日の「入梅」と同じであった。あらためて先人の知恵の素晴らしさを思う▼もっとも現代の生活に「入梅」が大きく影響しているとは思われない。それでも季節の移り変わりに敏感なことが日本人の感性であり、日本の美しさである。梅雨の風物詩「紫陽花（あじさい）」は6月になると花を咲かせる。北鎌倉の明月院の紫陽花は今年も見られるだろうか。そう思うのはコロナウイルスに翻弄さ[illegible]

METAWATER
メタウォーターテック
暮らしと地域の安心を支える水・環境インフラへの貢献。それが、私たちの使命です。
www.metawatertech.co.jp

好評発売中！
一目瞭然 国際軍事略語辞典 《第2版》英和・和英 A5判・144頁
基本的な軍事略語や主要な安全保障関係略語等を収録。
（定価1,400円+税）共済組合販価 1,200円

好評発売中！
国際法小六法 《平成30年版》 四六判・924頁
（定価2,556円+税）共済組合販価 2,190円

好評発売中！
陸上自衛隊 新文書実務 《新訂第9次改訂版》 A5判・432頁
（定価2,306円+税）共済組合販価 1,980円

好評発売中！
陸上自衛官 補給管理小六法 《令和元年版》 B6判・672頁
（定価2,540円+税）共済組合販価 2,180円

好評発売中！
陸上自衛官 服務小六法 《令和元年版》 四六判・1192頁
（定価2,718円+税）共済組合販価 2,330円

学陽書房 〒102-0072 東京都千代田区飯田橋1-9-3 TEL.03-3261-1111 FAX.03-5211-3300
（共済組合販価は消費税10%込みです。）☆ご注文は有利な共済組合支部へ

退官後、家族のために"今"できること
退官後の自衛官を支える柱
年金 退職金 再就職
ご存知ですか？
不動産が保険+α の効果をもつことを
自衛官の退官後を支える「常識」が崩れつつあります。
将来のために"今"できること、考えてみませんか？
将来のために「いつ」「どう取り組むか」
無料書籍プレゼント
全国セミナー開催中
Agentrive Investors
03-6860-8231

# 時の焦点

## 国内

### 2次補正成立

# 迅速執行で国難克服を

パンデミックに立ち向かう予算が成立した。短期間で異例の2次にわたる補正である。速やかに執行し、経済再生につなげなければならない。

「100年に1度の国難と言われる中にあって、事業規模230兆円、GDP（国民総生産）の4割に上る世界最大の対策で、日本経済を守り抜いていく」

2020年度第2次補正予算が成立した12日、安倍首相は記者団にこう語った。

その言葉通り、新型コロナウイルス対策に向けた補正予算は巨額である。4月に成立した1次補正の歳出総額は25兆円余、2次補正の歳出総額は31兆円余。事業規模を合計すると、233・9兆円に上る。

2次補正では、休業で収入が減った事業者に対する家賃支援給付金を創設した。従業員を解雇せず、休業にとどめた企業に対し、休業手当を補助する雇用調整助成金も拡充した。

長引くコロナ禍のもと、休業要請や外出自粛が経営を直撃し、収入の大幅減に見舞われた業種は数多い。感染症が収束すれば、経営は徐々に上向くだろう。自立的な回復まで、公的に支える必要がある。

国会での採決で、1次補正、2次補正ともに野党の多くが賛成に回ったのは、こうした対策の重要性が広く理解されたためにほかならない。

国会審議では、予算の内容そのものではなく、執行のあり方に焦点が当たった。日本の政治・行政が抱える課題も浮き彫りになった。

象徴的なのは、1人あたり現金10万円の一律給付である。1次補正の目玉事業だったが、予算成立から1カ月以上たっても、給付を受けた世帯は2割強にとどまる。

中小企業向けの持続化給付金は、申請から1カ月経過しても支給されないケースが5万件に上る。マイナンバーが銀行口座とひも付けされていれば、一律給付などは簡単に、速やかに実施できたはずだ。感染者数をファクスで連絡し、ミスが生じたという問題もあった。

様々な公的機関で職員が減る一方、業務は増え、オンライン化も進まないという実態もあろう。

マイナンバーの利用拡大に反対してきた一部野党や左派メディアが、予算執行の遅れを批判するのは釈然としない。

だが、政治は結果責任であり、行政サービスの目詰まりを解消するのは政府の責務である。

東京都内では感染者が再び増えてきた。目の前の感染拡大を防ぎ、行政のスピード感を高め、本格的な第2波に備える。政府は、予算成立に安堵することなく、困難な課題に臨まねばならない。

〈政治とは、情熱と判断力の二つを駆使しながら、堅い板に力をこめてじわっじわっと穴をくり貫いていく作業である〉

そう論じたマックス・ウェーバーは、100年前の1920年6月、スペイン風邪に倒れた。パンデミックの恐ろしさを感じずにいられない。

宮原　三郎（政治評論家）

## 海外

### コロナ後の危機

# 地域覇権が中国の狙い

最近のホワイトハウスの記者会見で、新型コロナウイルス感染予防のマスクなどを各国に無料供与した中国を高く評価する意見の記者が数人いた。

彼らが自分の意見を盛り込んだ質問を報道官らにぶつける姿は、中国の「ソフトパワー」が功を奏するとこうなるという見本のような光景だった。

しかし、同国が現在、マスク（仮面）の陰で行っている「侵略的行動」は、十分予想された通りで、ソフトとは全く無縁である。

中国は4月、インドとの係争地域に約5000人の軍部隊を移動。そして5月、インド北部ラダックのパンゴン湖付近（5日）、同北東部シッキム州の国境（9日）などで少なくとも2度、インド軍兵士と衝突した。

ウェルズ米国務次官補代行は「現状の変更を目指した絶え間ない侵害、絶え間ない試み」と中国を批判。米誌『ナショナル・レビュー』も「地域覇権が中国の狙い」と解説した。

一部メディアが盛んに中国の〝善行〟を称賛していた頃の事件だが、同ウイルスの感染拡大に乗じて、中国は世界で勢力拡大を狙っているわけで、香港への「国家安全法」導入の決定も軌を一にする。

中国の全国人民代表大会（全人代＝国会に相当）が5月28日に採択した同法は、反逆、扇動、破壊行為などの禁止が目的で、9月までに成立する見通し。

「犯罪」となる行為の具体的内容はまだ不明だが、米政府の分析では①分離独立行為（中国からの離脱）②反政府行為（中央政府の権力、権威の弱体化）③テロ行為（暴力、脅迫）④国外勢力による活動（香港への干渉）―の四つが禁止される。

中英共同宣言と香港基本法によって、香港には「自治」が保証されてきた。しかし、ポンペイオ国務長官は5月27日、「香港は事実上、もはや自治ではない」と議会に通告。トランプ大統領も、貿易や渡航の面で香港に認めてきた優遇措置を停止する方針を発表した。

また、米議会の超党派議員で構成する「米中経済・安保再検討委員会」は5月12日、中国が台湾に対して軍事的圧力を増大させていると警告する報告書を発表した。

同報告書は、台湾を狙った中国の攻撃的な軍事演習を非難し、中国軍機が台湾海峡の中間線の上空を威嚇飛行しているほか、台湾の国境上空で旋回飛行を繰り返していると批判した。

「手段を選ばない中国による地政学上の強硬策はアジアの再形成につながる可能性がある」（評論家M・オースリン）という指摘も出ている。

米空母「セオドア・ルーズベルト」でのコロナウイルス感染問題で、事実をメディアにリークした艦長が解任された一件（4月）は、米国の脆さを明かし、中国を歓喜させたことだろう。

他にも、ロシアの軍用機14機がシリアを経由してリビアに飛んだりする。

コロナ後の世界は「危機」と表裏一体に見える。

草野　徹（外交評論家）

---

中東海域での情報収集活動を終え、飛行甲板に「全力」の文字を掲げてエールを送る1次隊の汎用護衛艦「たかなみ」（手前）と任務を引き継いだ2次隊の「きりさめ」（奥）＝6月9日、オマーン湾で

### 中東派遣水上部隊

# 「きりさめ」に交代

## オマーン湾で引き継ぎ

中東・オマーン湾とアラビア海北部で情報収集活動に当たっている海自の「派遣情報収集活動水上部隊」は6月9日、1次隊から2次隊に任務を交代した。

2次隊（指揮官・横田和司1佐＝8護衛隊司令）の護衛艦「きりさめ」（艦長・白石豪2佐以下、乗員約200人）は5月10日に佐世保を出港した後、艦内で新型コロナウイルスのPCR検査を実施、全員の陰性を確認して中東方面に向かった。

現地に到着した「きりさめ」は、オマーン湾で1次隊（指揮官・稲葉洋介1佐＝6護衛隊司令）の汎用護衛艦「たかなみ」（艦長・新原綾一1佐）から任務を引き継いだ。

2月下旬からの任務を終えた「たかなみ」は、約3カ月間の活動で約7600隻の船舶を確認。6月下旬、横須賀に帰国する予定だ。

### 航空39次隊、支援14次隊ジブチへ

# 海賊対処部隊が出国

東アフリカのジブチを拠点にソマリア沖・アデン湾で警戒監視任務に当たっている海賊対処航空隊と同支援隊の部隊交代のため、6月18日、航空隊39次隊の要員67人と支援隊14次隊の第1波約20人がチャーター機で成田空港から出発する。

航空隊39次隊は2空群（八戸）の天沼知之2佐（21飛行隊長）を指揮官に、海自隊員67人で編成。派遣隊員らは新型コロナ対策として国内で2週間停留した後、ジブチに向け出国する。現地到着後、基地内でさらに2週間停留し、7月上旬に38次隊（指揮官・稲生修一2佐）と任務を交代する。

一方、支援隊14次隊は、指揮官の眞鍋輝彦1陸佐以下、陸自中央即応連隊（宇都宮）を基幹に陸・海の隊員約110人で編成。派遣隊員は航空隊と同様にコロナ対策を経た後、13次隊（同・小澤学1陸佐）から任務を引き継ぐ。

ジブチでの任務を終えた両隊の隊員は7月9日から順次帰国の予定。

山崎統幕長は6月11日の記者会見で、コロナの影響で行動に規制を受ける海外派遣隊員の精神的な負担の解消策として、「WiFi（接続環境）や（鑑賞用）DVDなど、ストレスを軽減する措置についても考慮している」と述べるとともに、家族への対応について「定期的な情報提供や状況の説明などを行い、安心して隊員を支えていただくことに着意している」と語った。

### 空幹候校長「各種事態に備え任務を」

# 医科歯科幹候生ら13人卒業

【空幹候校＝奈良】空自幹部候補生学校は5月21日、防衛医科大学校出身者ら「第3期医科歯科看護科幹部候補生課程」13人の卒業式を挙行した。

式には教育集団司令官の城殿保空将をはじめ、奈良地本長の熊井邦善事務官らが出席。学校長の藤永国博将補は卒業生に卒業証書を授与後の式辞で、教育課程が新型コロナウイルスで大きな制約を受けたことを振り返り、「諸官は逆境に負けず、日夜厳しい教育訓練に身を投じ、大きな成果を修めた。改めて敬意を表する。今後は、空自の医療現場での活動の核心となり、各種事態に備え、与えられた任務を遂行することになる。立派な航空、歯科医官、看護官として、さらに成長してほしい」とはなむけの言葉を贈った。

続いて城殿司令官が「多様化する自衛隊の任務で衛生部門に求められる役割は大きい。諸官の先輩は医療活動を全力で全うし、国内外から高い評価が寄せられている」と医療業務の重要性を強調した上で、①自己の特技能力を向上させよ②空自のさまざまな機能を幅広く理解せよ③何事にもあきらめず、問題を解決する習慣をつけよ――と訓示した。

藤永学校長（左）から卒業証書を授与される第3期医科歯科看護科幹候課程の卒業生たち（5月21日、空自幹部候補生学校で）

豪空軍士官とオンライン会議で意見交換する空幕幹部たち（5月28日、空幕で）

### 空幕幹部

# 豪空軍とテレビ会議

## 将来連携について協議

空幕の幹部隊員4人は5月28日、実務者間交流の一環として、豪空軍のカウンターパート4人とテレビ会議形式で2時間半にわたって意見交換を行った。

会議は空幕と豪空軍司令部などをオンラインで結び、両国の8人が新型コロナの感染拡大の影響を含む、インド太平洋地域を取り巻く安全保障環境の変化について情報を共有。その後、「特別な戦略的パートナー」である日豪部隊間の将来的な連携のあり方についても話し合った。

会議に参加した空幕幹部の一人は「今後もあらゆる手段を用いて豪空軍との幅広い防衛協力・交流を推進していきたい」と語った。

## 共済組合だより

ホテルグランドヒル市ヶ谷では、「婚礼紹介制度」を設けています。公式HPよりご紹介いただいた方が挙式をお申込みされた場合、記念品（3万円相当）のいずれかを進呈いたします。

また、ブライダル相談会の開催、外出を控えている皆さまには、電話やメールで結婚式についてご相談できる「おうちで相談」を実施しています。是非お気軽に経験豊富なプランナーにご相談してください。

【婚礼紹介制度の記念品】

★ホテルグランドヒル市ヶ谷利用券

★JCBギフトカード

★結婚式当日サプライズプレゼント（花束または氷像よりお選びいただけます）

《記念品進呈の条件》

①ご結婚予定者入力完了後の契約に限ります。②ご紹介者は本人を除きます。③お二人様（ご新郎・ご新婦）でお一人様の紹介とします。④ご紹介者がお二人以上の場合は、先着を優先とします。⑤婚礼エージェントご利用以外とさせていただきます。

「婚礼紹介」は公式HP【婚礼ご予定者紹介フォーム】よりお申込みいただけます。この機会を是非ご利用ください。

【ブライダル相談会開催中】

初めて式場見学される方にも、気軽にご参加いただけます。結婚式の段取り、予算・お見積りについて、経験豊富なプランナーが丁寧にご案内いたします。まずは見学へお越しください。期間限定でお得なプランもご用意しております。

◇ご予約・お問い合わせ

▽電話03-3268-0115（直通）▽専用線8-6-28853（婚礼予約）受付時間10：00～18：00▽ホームページ https://www.ghi.gr.jp

お気軽にお問い合わせください。

・婚礼を予定されている方をご紹介してください

ホテルグランドヒル市ヶ谷の「婚礼紹介制度」

・「ブライダル相談会」電話、メールでも式の相談ができます

### 防衛省発令

▽解中央病院1内科兼務　佐世保病院副院長兼診療部長　1海佐　田村　格（6月8日）

▽海自幹部学校（護衛艦隊司令部）　同　福山　崇（6月10日）

### 露情報収集機

# 日本海を飛行

ロシア軍のイリューシンIL20情報収集機1機が6月10日午後、日本海上空を飛行したため、空自北空、中空、西空各方面隊のF15戦闘機などが緊急発進して対応した。領空侵犯はなかった。

サハリン方面から飛来したIL20は、北海道・礼文島沖から列島沿いを一気に南下。この後、石川・能登半島沖で針路を北に変え、自国領方面に戻った。

統幕は同日、空自機が撮影したIL20の写真と航跡図を公表した。

### 海自

# 実機雷処分訓練

## 硫黄島周辺で開始

海自は6月17日から東京・小笠原諸島の硫黄島周辺海域で「令和2年度実機雷処分訓練」を開始した。同26日まで。

訓練は掃海隊群司令部幕僚長の渡邉浩1佐を訓練統制官に、掃海母艦「うらが」、掃海艦「あわじ」「ひらど」、掃海艇「えのしま」「ちちじま」「いずしま」「みやじま」「ししじま」と、隊員約500人が参加する。

訓練海域では、掃海艇などによる実機雷を使用した機雷の掃海・掃討のほか、水中処分員による機雷処分などを行い、実任務に即応できる練度の維持・向上を図る。

### 訂正

本紙6月11日付3面の訓練の記事中、FTCの電話番号が違っていました。正しくは「8－504－424」です。また、2対艦連の駐屯地が美幌とあるのは「美唄」でした。4面の近海練習航海の写真説明で81ミリ迫撃砲とあるのは「60ミリ迫撃砲」でした。お詫びして訂正します。

違法薬物　快楽一瞬　罪一生

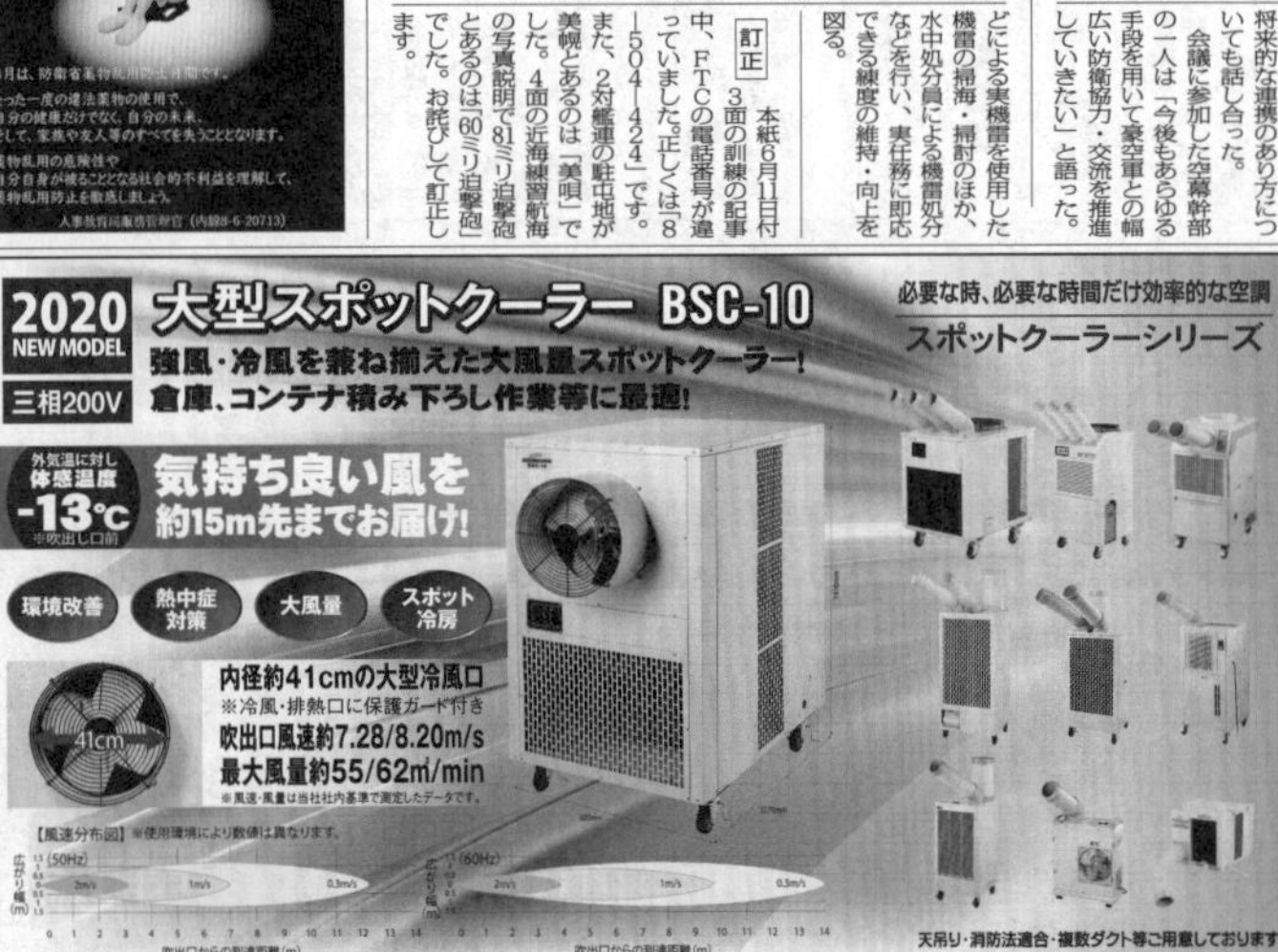

2020 NEW MODEL
三相200V
大型スポットクーラー　BSC-10
強風・冷風を兼ね揃えた大風量スポットクーラー！
倉庫、コンテナ積み下ろし作業等に最適！
必要な時、必要な時間だけ効率的な空調
スポットクーラーシリーズ
気持ち良い風を
約15m先までお届け！
-13℃
環境改善
熱中症対策
大風量
スポット冷房
内径約41cmの大型冷風口
吹出口風速約7.28/8.20m/s
最大風量約55/62㎥/min
天吊り・消防法適合・複数ダクト等ご用意しております


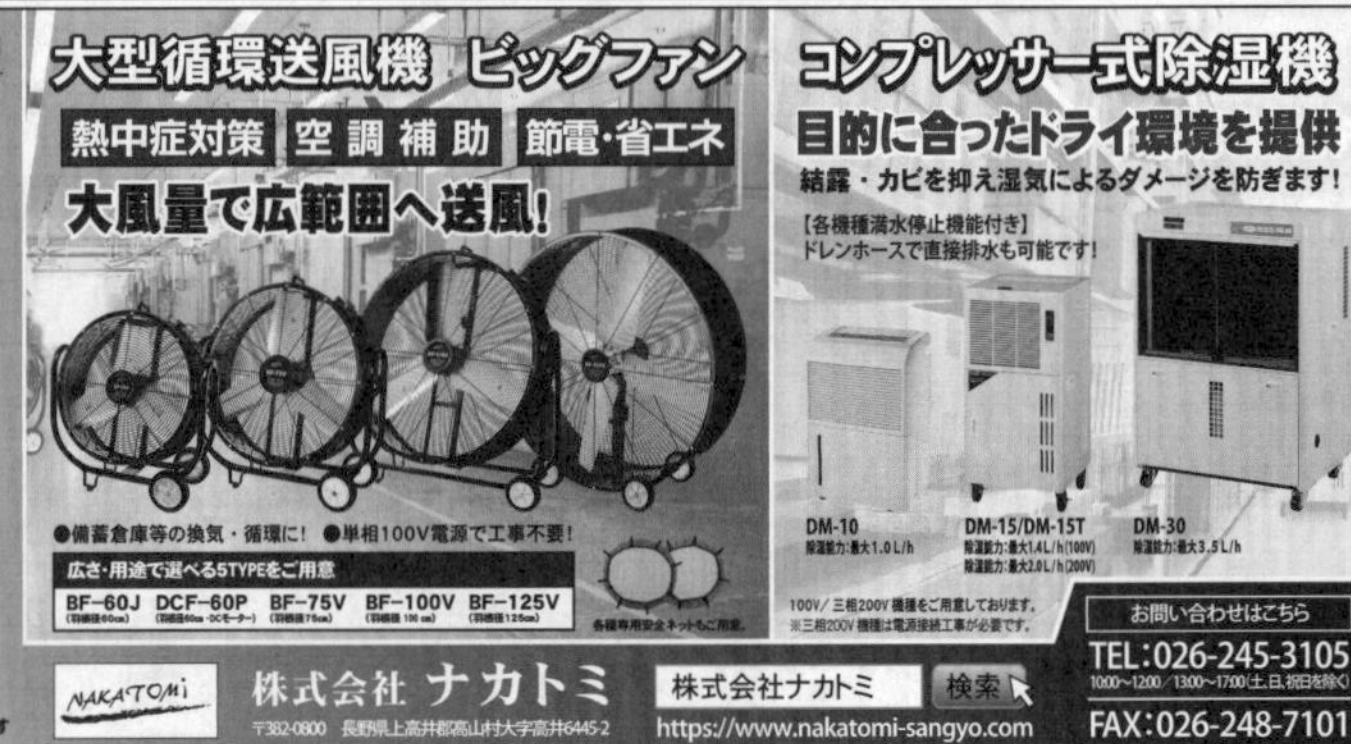


発売中！　防衛ハンドブック2020
防衛省・自衛隊に関する各種データ・参考資料ならこの1冊！
シナイ半島国際平和協力業務　ジブチ国際緊急援助活動も
判型　A5判　948ページ　定価　本体1,600円＋税　ISBN978-4-7509-2041-2
〒160-0002 東京都新宿区四谷坂町12－20KKビル　TEL 03－3225－3841　FAX 03－3225－3831　http://www.asagumo-news.com

# FTC『ドローン・ハンドブック』作成

# 数々の教訓を共有

## 積極的に活用、能力把握

陸自に装備された偵察用ドローン「ANAFI」を操縦するFTCの隊員

【FTC＝北富士、滝ヶ原】部隊訓練評価隊（FTC）は、全国の陸自部隊が新規装備品として導入中の偵察用ドローンの活用法を解説した『空中撮影装置（ANAFI）ハンドブック ver. 1.0』を作成し、同隊のホームページを通じて全国の部隊に公開している。

このドローンは「災害時用器材」として部隊に逐次装備化されているが、飛行時間や飛行距離など性能上さまざまな制約があり、各部隊は地理や気候風土に合わせ、取り扱い要領を独自に研究している。

FTCにも3機が導入されたが、担当者の「災害用として保管しておくのはもったいない」との判断から、多岐にわたる運用について研究を実施している。

「ドローンはその特性をしっかりと把握すれば、災害時はもとより、さまざまな場面で活用できる」（FTC映像グループ長・今吉太郎1尉）として、FTCでは部隊を迎えての運営（対抗戦）でも積極的にドローンを活用し、その能力の把握に努めてきた。

その結果、ドローンのバッテリー消耗が上昇・下降（低速）時よりも旋回、ホバリング時の方が早く、さらに風の飛行への影響などについても計数的に解析した。

『ドローン・ハンドブック』の表紙

### 逐次バージョンアップし部隊へ情報提供

また、現場の見通しの良し悪しがドローンの「最大水平飛行距離」に大きく影響することも確認。条件によってはカタログ値の4分の1しか飛べないこともあり、「特性をしっかりと理解したうえで運用しないと期待どおりに活用できない」ことが分かった。（いずれも暫定値）

これらドローンの特性を網羅した『ハンドブック』は、第1章で上記内容を含む「技術的な取り扱い」要領、第2章は戦術行動における「情報運用」要領について記載しているほか、FTCでの攻撃・防御などの運営面からドローンに関する教訓事項を体系的に紹介している。

同書の作成に当たった評価分析科長の津川正宏2佐は、「本書をまずは部隊でのドローン運用の参考にしてもらいたい。内容については、FTCの運営や各部隊から寄せられた教訓事項も加え、逐次バージョンアップしていきたい」と話している。

FTCでは、令和2年度の運営だけでなく、富士学校諸職種協同センターが行うドローン運用にも今後協力していく予定だ。

FTC隊長の近藤力也1佐は「今後の運営では常時10機程度のドローンを運用していく予定だ。これによりドローンに関するさまざまな教訓や成果を研究機関と共有するとともに、ハンドブックを通じ、各部隊にも逐次情報を提供していきたい」と語っている。

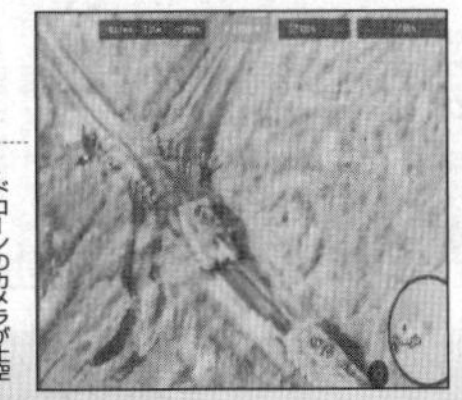
ドローンのカメラが上空から捉えた「密集する攻撃部隊」の映像（『ハンドブック』から）

# ビッグレスキュー　その時に備える　第31回

竹本　三保（元1海佐）
元大阪府立狭山高校校長／元奈良県教育委員会事務局参与／竹本教育研究所長

# 高校の学校長として生徒の危機管理に全力

### はじめに

幹部自衛官は、50代半ばで定年を迎えます。「50代は、まだもう一仕事しないと申し訳ないな」と思い、私が考える国のもう一つの柱である「教育」に挑戦することにしました。

大阪府の「公募校長」試験に応募し、1次の論文等審査、2次の集団討論、個人面接を経て合格し、2012年から大阪府立狭山高等学校で校長を5年間務めました。

### 非常事態初動対処チームの編成

「（自宅から学校まで）遠いですね」と言われたら、直線距離は20キロくらいなので、「ヘリコプターなら山越えで20分ですけどね」と冗談を言います。「それって、元自衛官の発想ですね」と、これで笑いが取れなかったことはありません。

高等学校に着任してすぐのことです。私は通勤に片道約2時間もかかり、教頭は1時間半かかるということで、「管理職が不在時、学校で何か問題が起きた際の体制を整えておかないといけない」と思いました。学校の近隣に住む教員5名に初動の対処をお願いすると快諾してくれ、「非常事態初動対処チーム」と名づけました。

どういう事態を想定しているかというと、大規模災害とかではなく、狭山高校のみで生起した事象で、委員会への報告を要し、メディアが動き始める類の事象です。電話を受けると同時に校長等は動き始めますが、タイム・ディレイ（時間的遅れ）が生じるので、学校に到着するまでの間、校長室を指揮所として2本の外線で対応するというものです。

「非常事態初動対処チーム」という名称は、ものものしい、いかにも元自衛官らしい名称だと思われたかもしれませんが、実はそこが狙いでもあって、わざと難しい名前をつけて、教員の危機管理意識を高めました。

オーストラリアのパース市を訪れ、同市のキャリー校と狭山高校の間で姉妹校提携を結んだ竹本三保校長（右）。校内での紹介で「竹本校長は元海軍大佐（海自1佐）です」との説明に、生徒たちからどよめきが上がったという

### モンスター・ペアレンツへの対応

着任して間もない頃、暴力事件が起こりました。男子生徒同士が対峙し、けんかになりそうな状況を確認した女性教諭が、自分の手に負えないと判断し、同僚を呼ぶためにその場を離れました。まさにその時、事件は起こりました。生徒を守るべき教師なのに、守れなかったわけです。

新学期が始まりバタバタしている時期ということもあり、保護者とのボタンの掛け違いも多く生起し、ますます教員は信頼を失い、生徒指導部、学年主任では解決しないところまで来てしまいました。

先生方は、保護者のことを「モンスター・ペアレンツ」と呼んでいましたが、本当でしょうか？　とうとう校長の私が対応することとなりました。夜の7時から9時半頃まで、2回にわたりご両親のお話を聴きました。教員の対応についても、詳細に詰め寄って来られます。事実は事実と認めたうえで、ご両親が最も恐れておられるのは、懲戒の将来への影響であることを聞き出しました。

私は「学校は将来社会に出るための教育の場ですから、今後どのように変われるかが大事であり、どのような心構えで生活していけばいいか」ということについて前向きに話しました。最終的には「私に任せてください。民間人校長としてのこれまでの経験を信じてください」と頼みますと、ご両親も「それではお手並みを拝見します」ということで、矛を収めてくれました。

教員たちはすぐ「モンスター・ペアレンツ」という言葉を使いますが、真摯に自ら反省しながら話を聴かず、自己の正当化をしてしまうので、平行線となり、対応を難しくしている場合が多々あります。その後、私は何回も保護者の訴えを聴くことがありましたが、事実をよく見極め、教員側、保護者側の意見を公平に判断する必要がありました。話を聴きながら、相手の立場を理解し、何故そのような訴えになるのかを考えていけば、意外と糸口は見つかるものだと思いました。

### 悲観的に準備し、楽観的に実施せよ

生徒たちを含めて危機管理意識を高めるという意味においては、平成25（2013）年の2月に、狭山高校で1年生全体による「耐寒登山」を数年ぶりに行いました。

河内長野市にある岩湧山（標高898メートル）に登るのですが、標高900メートル足らずの山とはいえ冬山です。私は青森県の八甲田山系のふもとで勤務（自衛隊青森地方協力本部長）したことがあり、映画『八甲田山』で有名な、明治期に起き「210名中、199名が凍死した」という歩兵連隊の壮絶な遭難事件も知っていますので、いかに冬山がおそろしいかは身にしみてわかっています。

耐寒訓練では教員たちの指導のもと、300名以上の生徒が、休憩を入れて約6時間半という行程を歩くのです。

1年前から計画を立て、万全の装備をして、4月から体育の授業で持久走や筋トレで身体を鍛えました。万が一に備えて、事前に警察署にも挨拶に行くなど、「想定外は許されない」という前提で準備を徹底させ、とにかく安全第一で臨みました。

班編成は男女混成で、女子がリーダーを務めた班もありました。この編成によって男女が共に助け合い、いたわり合うという強い連帯感を築き、一つの目標を成し遂げるという強い教育理念のもと実施しました。本番前々日には市役所からの倒木情報でコース変更を余儀なくされるなど、アクシデントもありましたが、教員たちの団結力も素晴らしく、無事に全行程を歩きました。

こうした訓練はあらゆるシミュレーションが必要となり、厳密に計画を立て、チームで行動しなくてはいけませんので、災害の対処への考え方として役立つと思いました。

竹本校長は生徒たちの自立や危機管理能力の向上に力を注いだ。写真は狭山高のキャリア教育の一環として「さやまカタリバ」を開催、語り部の大学生（左）から体験談を聞く高校2年生たち

### 自宅から学校まで歩いてみた

校長時代に災害による危機管理をイメージして、責任者として具体的にどう行動するかについて考えてみました。

当時、私は奈良県の自宅から狭山高校までバスと電車を乗り継いで、片道約2時間かけて通っていました。途中、大和川という川を何度か越えるのですが、夜間や休日に大災害が起きて、もし大和川の橋が落ちてしまったら学校までどうやって行くのかと、危機感をおぼえました。狭山高校の体育館は大阪狭山市の避難所に指定されています。基本的には市が管理するとはいえ、被災者の心情としては「校長はどこにいるのか？」となるでしょう。責任者としては一両日中には何としてでも学校にたどり着きたいと考えました。

大阪の地理をよく知らないのでいろいろと調べましたが、赴任して4年目に抜け道を発見し、最短距離で約22キロ、実際に5回に分けて歩いてみると、所要時間は約7時間でした。

もし大災害によって交通手段がなくなった時は、このルートを歩いて行けば、朝出発すればその日のうちに学校にたどり着けることがわかりました。実際に歩いてみると、必ずたどり着くという自信にもつながりました。

ともあれ、自然災害はいつ何時起きるかわかりません。学校や会社、自宅と、どこにいたとしても、できうる限り避難ルートを確保し、非常時の物資を整えるなど、平時の備えをしておきたいものです。特にリーダーの立場にある人間は、何事も不測の事態に備えることは大切なのではないでしょうか。

### 校長から生徒への宿題

夏休みや冬休みという長期の休みに入る前には、学期末の終業式で校長が訓話を行います。その時、校長から全生徒に向けて宿題を出しました。そのほとんどは、キャリア教育に関するものでしたが、ある冬休み前に、次のような宿題を出しました。

「南海トラフ地震が30年以内に起こる確率が70％と言われています。ご家族が海沿いで働いておられる人はいませんか？　津波の被害が予想されます。大きな地震では、家屋の倒壊や火事等が起こります。いざ大地震が起こった時を想定して、避難する際に何を持っていくかについて、考えてみましょう。普段からリュックに詰めておいた方が安心ですね。優先順位をつけてリストアップしてみましょう。そして、実際に自分のリュックに入るか確かめてみましょう」

そして「宿題を提出した人には、必ず返事のお手紙を書きます」と伝えました。

このように、私は宿題を提出した生徒には必ず返事を書くということを約束しました。1000名近くも生徒がいると、毎朝下足室のところで生徒に挨拶している校長のところに、作文等を提出しに来る生徒が毎回数名いるものです。提出した生徒たちには約束どおり手紙を書きました。その手紙は封をせずに担任の先生に渡し、本人が提出したものと私の手紙を見てもらった後に封をして、生徒に渡してもらいました。

校長の宿題を通じて、生徒と対話ができたのは事実です。たとえ100名が提出したとしても、私はすべてに手紙を書いたと思います。この危機管理の宿題に、素晴らしい回答をしてくれた2年生が一人いました。

### 陸自中隊長の防災講話

2013年2回目の防災訓練の後、陸上自衛隊信太山駐屯地（大阪府和泉市）に所在する第37普通科連隊第3中隊長の任に就いている布施英彰3等陸佐（現・3師団司令部）に防災講話を依頼しました。

布施3佐は、大阪府立高校から一般大学に進み、2003年に福岡県久留米市にある陸上自衛隊幹部候補生学校に入校しました。その後、千葉県にある唯一の落下傘部隊である第1空挺団で空挺レンジャーとして訓練を積み、イラク復興支援活動に従事し、東日本大震災の災害派遣時には、「福島第1原発」がある大熊町で避難誘導や行方不明者の捜索に当たりました。

防災講話では、そこでの経験を中心に話してもらいました。布施3佐は被災された方々と直接接してきたことから、この大災害を風化させることなく、多くの人々の教訓として語り継ぎ、二度と大災害を起こさないよう努力することが、亡くなられた方々の供養になり、また生存者の方々への励ましになるのだというメッセージを生徒たちは受け取りました。

大阪狭山市、富田林市、松原市、藤井寺市、羽曳野市、河南町、太子町は、37普連3中隊の警備隊区でもあり、ピッタリの好青年に学校に来てもらい、陸自にはとても感謝しました。

### おわりに

布施3佐の講話の中にはありませんでしたが、〝釜石の奇跡〟で皆さんもご存知のように、中学生たちが独自の判断で〝てんでんこ〟に逃げて、それに小学生が追従して助かったという例にみられるように、子供たちは「危険に対する動物的カン」をふだんから養う必要があると思います。

東日本大震災の後も、全世界で次々と自然災害が生起しています。日本でも東海・東南海・南海トラフ地震がいつ起こるか、予断を許しません。

南海トラフが動けば、近畿は大災害に見舞われます。生徒たちが学校にいる時か、家にいる時か、また通学時かによっても、私たちの対応は全く異なります。

いったん事象が生起すると、携帯・スマホ等の通信手段は途絶することは、これまで嫌というほど経験しています。生徒たちには「我がこと」として、家族とともに災害への備えを共有してもらいたいものだと思います。防災講話の後、わたしはそのような話を加えました。

明治安田生命

大切なことは、言葉にしなくても伝わっていく。

2018 マイハピネス フォトコンテスト 応募作品「伝える…しあわせなとき」（林典子さま・兵庫県）

娘と孫たちを写真におさめた。
娘が孫娘にあやとりを教えている。
はじめて見る毛糸と手先のマジックに心を奪われている。
「ママも子どものときによくやったんよ」。
あやとり。お手玉。針仕事。
娘は私から、私も母親から、教わった。そして孫へと。
物心がついてきた弟は、最近お姉ちゃんが大好きだ。
お人形遊びも楽しい。ご飯も食べさせてくれる。
両親からしてもらったことを弟にしているのだろう。
知らず知らずのうちに、伝わっていくものがある。
一緒に暮らす時間のなかでしか伝えられないものが。
しあわせは、いつもそばにいる。

人に一番やさしい生命保険会社へ。

明治安田生命保険相互会社　防衛省職員 団体生命保険・団体年金保険（引受幹事生命保険会社）：〒100-0005 東京都千代田区丸の内2-1-1　www.meijiyasuda.co.jp

# 部隊だより

## 陸

**美　幌**　6普連自候生教育隊は4月21日、駐屯地で催涙線香によるガス体験を実施した。駐屯地教場で防護マスクの基礎教育と装脱面を演練し、続いてガスが充満する天幕に1個班ずつ進入。着けたマスクの効果を確認後、一斉に脱面して喉や目などの痛みを実感した。自候生は、「こんなにきついと思わなかった。防護マスクの重要性を感じた」と述べた。

**上富良野**　14施設群は4月6日から10日まで、北海道のニセコトレーニングセンターで「冬季戦技集合訓練」を実施、27人が練成に励んだ。隊員たちは班ごとに分かれて平地・傾斜地での移動技術などを演練。基幹要員として参加した田野倉光作1士は「初めは分からなかったが、時間をかけて教えてもらい、滑走技術のコツをつかめた」と語っていた。

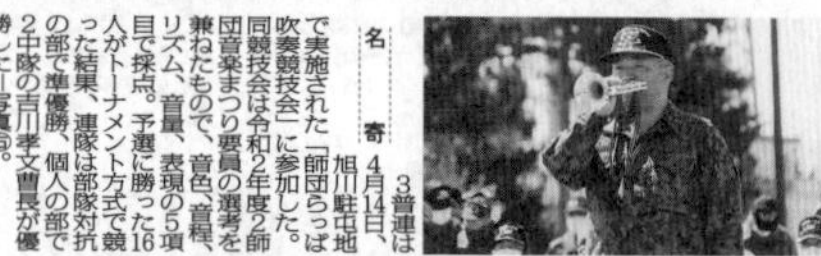

**名　寄**　3普連は4月14日、旭川駐屯地で実施された「師団らっぱ吹奏競技会」に参加した。同競技会は令和2年度2師団音楽まつり要員の選考を兼ねたもので、音色、音程、リズム、音量、表現の5項目で採点。予選に勝った16人がトーナメント方式で競った結果、連隊は部隊対抗の部で準優勝、個人の部で2中隊の吉川孝文曹長が優勝した＝写真㊨。

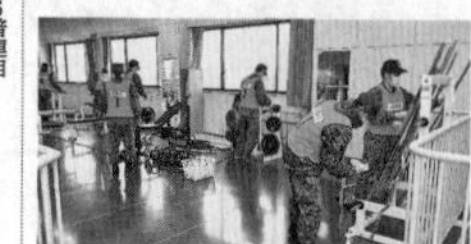

**弘　前**　駐屯地は4月1日、新型コロナウイルスの感染拡大を受け、「駐屯地防疫隊」を編成した。防疫隊は駐屯地で同ウイルス感染症対策と隊員が罹患した場合の拡散防止などの処置対策を担当。駐屯地内の「見えない敵」に立ち向かうため、4月3日から5月29日まで駐屯地内の公共の場にあるドアノブや電気スイッチなどを徹底的に消毒した＝写真㊤。

**神　町**　20普連は「第138期陸曹候補生選抜筆記試験」に合格した隊員27人に対し、4月22日に駐屯地営庭で「術科試験」を、翌23日に連隊教場で「口述試験」を行った。術科試験で受験者らは基本教練での分隊長動作を示し、銃の保持や腕の振りなどの各着眼点をハキハキとした声で分隊員に伝達。口述試験では陸曹になるための決意を述べた。

**高　田**　2普連は5月25〜27日、「春季関山演習場定期整備」を実施した＝写真㊤。整備中は新型コロナウイルス感染防止のため、隊員が密集する機会を防ぎ、継続的な健康観察も行った。整備終了後、本管中隊の大津雄介3曹は「先輩に指導していただき、ドーザーの操作が上達した。今後はさらに技術を磨き、後輩を指導できるようになりたい」と語った。

**板　妻**　34普連本管中隊は5月15日、東富士演習場で「9ミリ拳銃射撃検定及び練成射撃」を実施。射撃練度の向上を図った＝写真㊤。検定射撃は前方に設置された3個的に対し、号令に基づいて制限時間内に射撃。その命中率をもって評価・判定した。練成射撃では、姿勢や方向変換後の射撃、前進しながらの射撃、停止しての射撃など状況に応じた要領も演練した。

**伊　丹**　36普連は5月11〜15日、長尾山演習場で「陸曹候補生選抜試験」を実施した。同試験は4科目に分かれており、口述、術科、コンパスなどを用いた試験、ハイポートを行った。受験した31人の隊員は日頃の練成の成果を発揮し、陸曹候補生指定に向けて全力を尽くした。

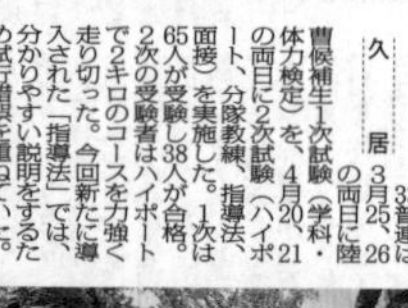

**久　居**　33普連は3月25、26の両日に陸曹候補生1次試験（学科・体力検定）を、4月20、21の両日に2次試験（ハイポート、分隊教練、指導法、面接）を実施した。1次は65人が受験し38人が合格。2次の受験者はハイポートで2キロのコースを力強く走り切った。今回新たに導入された「指導法」では、分かりやすい説明をするため試行錯誤を重ねていた。

**姫　路**　3特科隊教育隊は4月27日、駐屯地で10キロ徒歩行進訓練を実施した＝写真㊤。春の陽気の中、自候生たちは不安げな表情を浮かべていたが、重さ約15キロの背のうを背負い、10キロを同期と励まし合いながら元気よく行進。最後は全員で大きな声を出しながらハイポートで目的地に到着し、学生たちは達成感にあふれる表情を見せていた。

**都　城**　43普連新隊員教育隊は5月31日、都城訓練場で自候生54人の「25キロ行進訓練」を行った。小雨の降る中、午後4時過ぎに一人のけがもなく完歩。休憩時に家族などからの応援メッセージカードが配られ、自候生たちは感激していた＝写真㊤。参加した中西裕晃候補生は「足に痛みがあるが、音を上げていられない。さらに体力練成に励む」と誓った。

**国　分**　駐屯地業務隊は5月19日、戦闘員としての現時点での体力確認などを目的に「体力検定」を実施した。晴天の下、訓練場で40人の隊員が腕立て伏せ、腹筋、3キロ走などを行い、全員が合格。今春、入隊した一般陸曹候補生たちも同じ場所で体力検定に励んでいた。駐業では今後も国民の期待に応えるべく、一丸となって業務と戦技を向上させていく。

## キャンプ座間で日米隊員が清掃活動　座間

# 奉仕を通じ部隊間交流

### 「雄健神社跡地」と「相武台碑」

座間駐屯地は5月27日、隣接する米陸軍キャンプ座間内にある旧日本陸軍士官学校の敷地に残る「雄健神社跡地」と、卒業生の慰霊碑「相武台碑」を在日米陸軍兵士とともに清掃した。

在日米陸軍基地管理本部司令官トーマス・R・マテルスキー大佐から駐屯地司令の小野一也1佐に「独身隊員の奉仕活動を日米共同で行えないか」との提案を受け、実現した。

当日は米側からビリー・J・ノーマン1級曹長以下15人、座間駐屯地からは最先任上級曹長の土井太郎准尉以下5人が参加した。

日米それぞれの隊員が半分ずつ「雄健神社跡地」と「相武台碑」に展開し、相互に協力しながら清掃活動に当たった。隊員たちは2時間にわたり落ち葉を集めたり、草刈りをしたほか、記念碑の清掃では石碑のふき取りも実施。ゴミ袋約40個分の雑草や枯れ草を回収した。

参加した座間駐屯地業務隊の小林聡3曹は「この清掃活動を通じ、旧陸軍士官学校がこの地にあったことを知り、自分たちもより深い関心を持った。同時に米陸軍の同年代の兵士たちとも交流ができ、大変有意義な時間を過ごせた。こうした奉仕活動にも積極的に部隊間交流を行い、自分たちも日米同盟の懸け橋として役立ちたい」と話していた。

（座間）

旧陸軍士官学校内にあった「雄健神社」の境内の清掃作業をする日米隊員

㊤石垣に絡みついたツタの葉を取り除き、日米共同で旧陸軍士官学校敷地の清掃活動に当たる米陸軍兵士（右手前）と陸自隊員（その奥）㊧「相武台碑」の周りに生える雑草を抜き、碑や石段の拭き掃除も行う日米の隊員＝いずれも5月27日

## 雑草や枯れ草を回収　ゴミ袋40個分

## 空

**三　沢**　3空団業務群は5月12〜14日までの3日間、天ケ森空対地射爆撃場で野焼きを実施した＝写真㊤。毎年、空気が乾燥しているこの時期に行われ、約1050ヘクタールの面積を焼却。指揮官と安全係による指示の下、着火係が火をつけた後、消火係が炎の大きさをコントロールしながら最後に消火を行った。

**千　歳**　基地は6月5日、新型コロナ予防対策のキャッチフレーズを決定した。選考を突破した30作を隊員による投票と審査で決定し、「向き合おう コロナと闘う 新時代」が選ばれた＝写真㊤。審査委員長を務めた西克洋2空団副司令は「前向きかつ着実に推進するイメージを示しており、現状に必要な要素が詰まっている。とても素晴らしい」と講評した。

**静　浜**　基地は「あいさつ、掃除、身だしなみ」の励行週間である4月6〜10日、基地正門で登庁する隊員へのあいさつと敬礼運動を行った。服務規律違反の未然防止を図る取り組みで、全国の部隊でも一斉に実施。期間中は隊員間のコミュニケーションの活性化、風通しの良い環境作りや同運動を契機としたベーシックマナーの習得などを励行した。

## 海

**舞　鶴**　教育隊は6月2日、護衛艦「まつゆき」で15期一般曹候補生・22期自候生課程計60人の航海実習を行った＝写真㊦。候補生たちは上甲板で乗員から説明を受けながら、舞鶴の地形やその特性、装備品などを学習。乗員の子息が所属する分隊では父親が説明する一幕もあった。そのほか飛行甲板、艦橋や艦橋トップ、旗甲板などの見学も行った。

**呉**　15期一般曹候補生課程と22期自候生課程の計240人は6月5日、3キロ持久走競技に参加した＝写真㊦。チーム対抗形式で行われ、学生たちは切磋琢磨しながら長距離を走り切った。このうち、個人の部では32分隊4班の長濱公省候補生が新記録を樹立。歴代の海曹候補生・自候生の持つ記録を1秒更新し、9分23秒の最速記録を達成した。

**小　月**　教育航空隊は5月29日、69期幹部航空基礎課程36人の修業式と0201期操縦士基礎共通課程の始業式を行った＝写真㊦。修業式で成績優秀者3人が「優等賞」を授与された後、始業式を開始。学生代表が服務の宣誓を行い、坂本太郎小月教育航空群司令が式辞を述べた。学生たちは今後、201教育航空隊での操縦訓練に臨む。

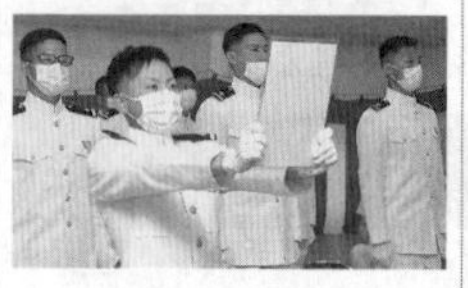

**佐　教**　佐教は5月1〜22日、15期自候生課程の「結索訓練」を行った＝写真㊦。計12時間にわたって教務が行われ、期間中に学生たちは「もやい結び」など計九つの結び方を習得。訓練中は教官がかけた号令に合わせて結索する速さを競い、最終日には実技が実施された。このほか、学生たちは、重量物の仮止めを行う「ストッパー掛け」も演練した。

●お申し込みは電話で。●お支払いは代金引換配送、ご自宅お届けのみ（手数料無料）●お届けは1週間前後。●送料650円（税込）。500mlは5本以上、900mlは3本以上で送料無料。（沖縄県につきましては、送料一律1,300円（税込）頂戴いたします。）●返品は未開封に限り7日以内（送料は お客様負担）。不良品、誤品配送については、返品・交換を承っております。返品・交換をご希望のお客様は、商品到着から一週間以内にメールかお電話にてご連絡ください。不良品、誤品配送の際、送料は当社負担で対応させていただきます。●お預かりした個人情報は商品の発送・サービスのご案内のみに使用いたします。◆お問い合わせ専用ダイヤル 0120-56-0009

# 離島の医療に貢献

## 与那国駐屯地

# 島唯一の診療所に放射線技師を派遣

島の人口わずか1700人。日本最西端の与那国島（沖縄県与那国町）に2016年3月、陸上自衛隊「与那国駐屯地」が新設されて今年で5年目を迎えた。現在は、3代目の駐屯地司令で与那国沿岸監視隊長を務める古賀聡明2佐以下約170人が、24時間体制で警戒監視などの任務に当たっている。駐屯地は昨年10月から、この島唯一の医療機関である「与那国町診療所」に、診療放射線技師の野中巌八泰（みちやす）2曹（34）＝与那国沿岸監視隊後方支援隊衛生班＝を週に1回派遣し、地域の医療に貢献している。自衛隊の診療放射線技師が地域の診療所に恒常的に派遣されるのは、全国でも初めて。　（日置文恵／写真提供・与那国駐屯地）

2016年3月に開庁した与那国駐屯地。島の景観にマッチしたデザインの庁舎が建てられ、正門には沖縄の守り神「シーサー」も

島で唯一の医師で与那国町診療所長の崎原永作医師（左）と野中2曹

**崎原永作（さきはら・えいさく）医師**　1954年、沖縄県糸満市生まれ。81年に自治医科大学卒業後、沖縄県立宮古病院付属多良間診療所、県立那覇病院付属渡嘉敷診療所、県立中部病院救急センターを経て、県庁医務課で「沖縄県へき地医療支援機構」の専任担当官を務める。2004年に県を退職後、東京北社会保険病院を経て、07年に沖縄県地域医療支援センター長に就任し、「沖縄県へき地医療支援機構」を受託。公益社団法人「地域医療振興協会」理事。今年4月から両親の出身地、与那国島で唯一の医師として島の医療を一手に担う。離島医療がライフワーク。

### 全国初の取り組み

与那国駐屯地の開設に当たっては、かねてより町議会から「医療支援」を求める強い要望があった。

開設からさかのぼること4年前の12年6月、町議会が防衛省に提出した「要望書」には、「医療支援（自衛隊医官等の医療支援と緊急患者空輸の協力医療支援）」が謳われており、自衛隊による医療支援はこの町の長年の悲願だった。

こうした町民からの大きな期待を受けて昨年10月、外間守吉町長の立ち合いの下、診療所と駐屯地医務室の協力関係の第一歩として、与那国町診療所長の吉田憲治医師と与那国駐屯地司令の南平勇将（みなみひら・ゆうすけ）2佐＝現陸幕広報室＝（共に当時）が協定書を交わし、駐屯地の放射線技師による「診療実習」を週1回程度実施することが決まった。

野中巌八泰2曹は、かつては陸自のヘリコプターなどを整備する航空科の隊員だったが、自衛隊中央病院の放射線技師養成所を卒業し、放射線技師に転身。駐屯地医務室で放射線陸曹として勤務する傍ら、週1回、半日程度の予定で与那国町診療所に通い、現在、所長を務める崎原永作医師(66)のもとでレントゲン撮影やCT撮影などを行っている。

自衛隊の医官には「通修制度」があり、診療技術の維持向上のため、週2日を限度に自衛隊勤務の代わりに部外で診療に従事することが許可されている。

また、自衛隊の救急救命士なども全国の部外の病院で「実習（研修）」を行っているが、診療放射線技師についてはこれまで恒常的な研修を受ける資格はあったものの、ニーズやチャンスに恵まれず、実現してこなかった。

こうした中、駐屯地では町や診療所からの強い要望を受け、放射線技師を「研修」として週に1日程度、診療所に派遣できる環境を整えた。

古賀司令は「協定を結ぶことで、駐屯地の放射線技師の継続的なスキルの向上を図るとともに、診療所のニーズに対応することができるようになりました。診療所との連携によって、今後は隊員や家族への診療体制も強化されるでしょうし、町とのさらなる信頼関係の構築にも役立ってくれるものと思います。住民の安心・安全に少しでも寄与できれば幸いです。これからもさまざまな機会を通じて、町との関係強化を図り、お互いの信頼を醸成していきたいと考えています」と話している。

与那国町診療所で週に1回、レントゲン撮影などの医療支援に当たる与那国駐屯地の野中巌八泰2曹

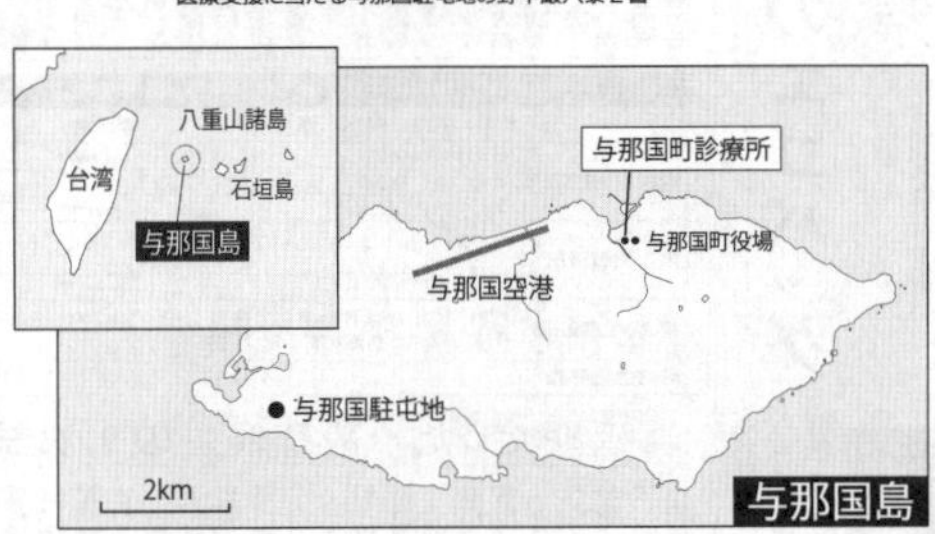


◇与那国町診療所

沖縄が米国から返還された翌年の1973（昭和48）年に与那国町が開設し、公益社団法人地域医療振興協会が運営する島で唯一の医療機関。与那国空港から車で約5分の場所にある。現在、所長の崎原永作医師以下5人のスタッフが島の医療を支えている。

◇与那国島

沖縄本島から南西に約509キロ、石垣島からは約127キロ、西に隣接する台湾とはわずか約111キロの距離にある日本最西端の国境の島。年に数回、台湾の山並みが見えることがある。面積は約29平方キロメートル（航空自衛隊美保基地のある鳥取県境港市とほぼ同じ）。2016年の与那国駐屯地の開設で、隊員とその家族約250人が移り住み、人口は約1700人に。離島の医療をテーマにしたテレビドラマ『Dr．コトー診療所』のロケ地としても知られている。

◇与那国島の急患空輸

主として石垣島にある第11管区海上保安本部石垣航空基地が与那国島の緊急患者空輸を担っているが、深夜や早朝、さらには海保のヘリが出動できない荒天時の急患輸送については、陸自第15旅団隷下の第15ヘリコプター隊（那覇）が〝最後の砦〟として24時間態勢で待機し、バックアップしている。幸い、1977（昭和52）年以来、15ヘリ隊（前身は第1混成団第101飛行隊、第15旅団第15飛行隊）による与那国の急患空輸は行われていない。

昨年の駐屯地夏まつりで隊員と一緒に「カチャーシー」を踊る地元の子供たち

# 町民の悲願だった自衛隊の医療支援が実現

### しっかりと土台づくり

2陸曹　野中巌八泰

与那国町の方々に少しでも貢献できればと思い、奮闘しています。

島嶼医療の特性上、今まで経験してきたこととは違った考え方や撮影法を学ぶことができ、診療放射線技師として、またコメディカルの一員としてのスキルも向上していると実感しています。

陸上自衛隊の中でも診療放射線技師が部外の病院で勤務することはレアケースであり、さまざまなプレッシャーがありますが、その分やりがいもあります。

今後もこの研修がずっと続けられるよう、しっかりと土台作りの任務を全うしたいと思います。

### 「離島の医療人」として

与那国町診療所長　崎原永作先生

離島では、直ちに入院やICUでの治療が必要な患者さんを本土に急患空輸する際、①送り出す診療所のドクター②急患ヘリに同乗するドクター③消防司令など④受け入れ先病院のドクター――の4者の連携が非常に重要となります。

ヘリポートには通常、何も医療設備がないので、与那国だとそこに行くまでの5分間、あるいは、ヘリの到着を待っているわずか1分の間にも患者さんの容体が急変する事態は絶対に避けたい。送り出す側の医者としては、ぎりぎりまで診療所で処置に当たり、ヘリポートでの滞在時間を極力なくしてオンタイムでドクターヘリに乗せたいと考えています。

そこで、送り出す側の立場としては、さまざまな気象条件の下で長時間洋上を飛行してくるドクターヘリから位置情報や到着予定時刻をリアルタイムで教えてもらえれば、患者さんのヘリポートへの移動を効率的に行うことができます。

また、送り出す我々からは、時々刻々と変化する患者さんの容態をドクターヘリや受け入れ先病院の医者などに逐一伝えることで、的確に準備・対応してもらうことが可能となります。全員で情報共有することが、救命率の向上につながっていくのです。

4者をつなぐIP無線機が導入されれば、急患医療の現場は飛躍的に改善されるでしょう。海保のヘリが飛べない過酷な気象条件の下では、沖縄本島の陸上自衛隊のヘリが最後のセーフティーネットとなってくれています。

これからも与那国駐屯地の方々と連携し、「離島の医療人」として地域の医療を支えてまいります。

### 町と自衛隊が一体に

与那国町総務課長　上地常夫氏

これまで町の診療所では、たった一人のドクターが24時間体制で全てを担い、診療はもちろん、本来は放射線技師が行うレントゲン撮影といったさまざまな作業を担ってきました。

そうした中、町と自衛隊が一体となった形で何かできないかと模索を続け、昨年10月、まずは自衛隊の放射線技師を派遣してもらうことになり、ありがたく思っています。町民は好意的に受け入れ、温かく見守っているところです。

現在、与那国で急患が発生した場合、この島から約130キロ離れた石垣島にある第11管区海上保安本部石垣航空基地（新石垣空港）から海保のヘリに来てもらうのですが、要請から来島までに約2時間かかっています。

これは、新石垣空港から約15キロ離れた石垣市の中心部にある県立八重山病院の医師を往復約1時間かけて車で迎えに行き、ヘリに同乗してもらう時間が含まれているからです。

もし将来、与那国の診療所に自衛隊の医官を派遣していただき、医師2名体制が実現すれば、町の診療所を医師不在にすることなく、一人が海保のヘリに同乗することができるため、八重山病院の医師をピックアップする必要がなくなり、1時間という貴重な時間を短縮することが可能となるのです。

こうした状況を踏まえつつ、町としては最終的に自衛隊からドクター（医官）の派遣も行ってもらえればと期待しており、今、それを目指しているところです。


防衛省共済組合の団体保険は安い保険料で大きな保障を提供します。

～防衛省職員団体生命保険～

死亡や高度障害に備えたい

万一のときの死亡や高度障害に対する保障です。
ご家族（隊員・配偶者・こども）で加入することができます。（保険料は生命保険料控除対象）

《保障内容》
●不慮の事故による死亡（高度障害）保障
●病気による死亡（高度障害）保障
●不慮の事故による障害保障

《リビング・ニーズ特約》
組合員または配偶者が余命6か月以内と判断される場合に、加入保険金額の全部または一部を請求することができます。

～防衛省職員団体年金保険～

退職後の資産づくり…

生命保険会社の拠出型企業年金保険で運用されるため着実な年金制度です。

・Aコース：満50歳以下で定年年齢まで10年以上在職期間のある方（保険料は個人年金保険料控除対象）
・Bコース：定年年齢まで2年以上在職期間のある方（保険料は一般の生命保険料控除対象）

《退職時の受取り》
● 年金コース（確定年金・終身年金）
● 一時金コース
● 一時払退職後終身保険コース（一部販売休止あり）

お申込み・お問い合わせは　共済組合支部窓口まで
詳細はホームページからもご覧いただけます。
http://www.boueikyosai.or.jp

# 募集・援護 特集

平和を、仕事にする。
陸海空自衛官募集

ただいま募集中！
◇一般曹候補生◇医科・歯科幹部◇技術海上・航空幹部◇技術海・空曹◇第2回幹部候補生（一般・歯科・薬剤科）
★詳細は最寄りの自衛隊地方協力本部へ

# 緊急事態宣言解除受け各地 自候生試験始まる

「緊急事態宣言が解除された。公務員になりたい若者たちよ、集え！」――。防衛省は5月29日、コロナ禍で延期されていた自衛官採用試験の日程を発表。これを受けて6月14日、万全な感染予防策のもとで行われた自衛官候補生試験が大宮駐屯地で報道公開された。

## コロナ対策に3週間 仕切りやフェイスガード 埼玉

埼玉地本の隊員が作製した仕切りが置かれた座席で試験開始を待つ自候生試験受験者。前方のスクリーンには募集動画が放映された（6月14日、陸自大宮駐屯地で）

埼玉地本は6月13、14の両日、徹底した新型コロナ対策のもと、自衛官候補生の採用試験を今年度初めてさいたま市の陸自大宮駐屯地で実施した。14日には記者への報道公開も行った。

本来、一般曹候補生など各種採用試験は、5月に行われる予定だったが、コロナ禍の影響で延期となっていた。5月25日に緊急事態宣言が首都圏でも全面解除され、満を持して行われた自候生試験には約100人が挑戦した。

午前8時前、大宮駐屯地正門に着いた受験者は、まず地本のマイクロバスに案内され、車内で検温と健康状態をチェックされた。ここで体温が高い場合には、バスの向い側に駐車する水色の地本の車両に案内し、受験の可否を判断した。

検温をクリアした受験者は正門から、隊員の案内で受験会場の講堂へ。地本隊員の誘導のもと、受付の前に並ぶ際もソーシャルディスタンスを保ち、手を消毒した上で会場に入った。

試験会場には「3密」を避けるため、受験者の間隔を大きくとり、机の上にも「コの字型」の透明の仕切りが設置された。試験監督に当たった隊員たちもマスク着用に加え、フェイスガードも装着するなど徹底した飛沫防止策をとった。

こうした仕切りやフェイスガードは、埼玉地本の試験担当の隊員が約3週間かけ、自ら作製したという。

「自衛官を志す若者が、安心して試験に臨み、実力を出してほしいという願いを込め、一つ一つ丁寧に作った」と地本隊員。

会場では試験が始まるまで自衛官募集動画『国家を守る、公務員。』などが放映され、自衛官のやりがいのある仕事を紹介、緊張した空気をやわらげた。受験者は午前中に口述試験、身体計測を受け、午後は筆記試験に臨み、全員が無事に帰路についた。

感染症対策について説明した地本広報室長の松尾国亮1海尉は「最近の受験生は志が高く、入隊後、活躍が期待できる。コロナ禍で厳しい状況の学生に門戸を開き、採用活動をPRしていきたい」と述べた。

試験の状況を見守った地本長の山野正志1空佐は「自衛隊員の感染症対策への奮闘を広く知ってもらうため、報道公開を決めた。今後もコロナ対策を万全にし、良い人材の獲得に向け全力を尽くしていきたい」と語った。

## 東方管内で一番乗り 東京

東方管内初の令和2年度自衛官候補生試験で、コロナ対策の透明シートごしに受験者（左）に質問する面接官（6月3日、東立川駐屯地で）

【東京】地本は6月3日、2年度東方管内初となる「自衛官候補生採用試験」を東立川駐屯地で実施した。

東京地本はコロナによる緊急事態宣言の発出に伴い、自候生の採用試験を延期していたが、5月25日に解除されたことを受け、関係部隊と調整を進め、試験実施にこぎつけた。

試験に当たっては感染防止策として、①健康チェックシートによる事前の体調確認②入場時の検温・手指の消毒の実施とマスクの着用③会場内の机の離隔やこまめな換気による3密の防止④会場内の消毒の徹底と受験者が利用できるアルコール消毒液の設置⑤面接官と受験者間に透明シート設置⑥整列線を設置し間隔の保持――を徹底した。

受験者は「採用試験がようやく始まってうれしい」「会場でのコロナ対策が万全に実施されていて、安心して試験に集中できた」との安堵の声が聞かれた。

東京地本は今後もウェブを活用した採用説明会の実施や事務所での個別相談などを継続して志願者の確保に努め、「『受験者ファースト』で入隊者の確保に努めたい」と話している。

## 6月下旬から複数回 延期だった一般曹候生の1次試験

防衛省はコロナ禍で延期されていた一般幹部候補生、歯科・薬剤科幹部候補生の採用試験の概要を5月29日、発表した。これまで年1回だった同試験は2年度、特例で2回実施される。（6月11日付1面既報）

両採用試験は、延期されていた第1回試験の申し込みを6月12日に締め切った後、8月に再び「第2回試験」を追加で実施する。締め切りは7月31日（必着）。

一方、技術海上幹部、技術航空幹部、技術海曹、技術空曹の締め切りは6月26日となっている。

このほか、一般曹候補生の1次試験は6月下旬から7月上旬にかけて複数回実施＝表＝する。詳しくはホームページ（https://www.mod.go.jp/gsdf/jieikanbosyu/）を参照。受験地によって試験日時や回数、締め切り日が異なるので注意が必要だ。

全国令和2年度第1回一般曹候補生採用試験日程

| | 北方、東方、中方、西方 | 東北方 |
|---|---|---|
| 受験受付期間 | ①6月19日（必着）<br>②6月26日（必着）<br>③7月3日（必着） | ①6月26日（必着）<br>②7月3日（必着） |
| 第1次試験日 | ①6月27日<br>②7月5日<br>③7月11日 | ①7月5日<br>②7月11日 |
| 第2次試験日 | 7月31日（北方は8月2日）～8月16日のうち指定する日 | 8月2日～16日のうち指定する日 |
| 最終合格発表 | 9月4日 | |

## 外出自粛で帰省不可 新隊員を所長ら激励 新潟

【新潟】新発田地域事務所は5月4日、新発田駐屯地の新隊員教育隊を訪問し、新潟県出身の自候生を激励した。

例年は地本が連休前に自候生全員に「隊員自主募集」の説明を行っているが、今年はコロナで自候生も帰省を自粛。そこで新発田地域事務所長の桜井正智2陸尉が新隊員に個別に声をかけ、激励した。

励ましを受けた自候生は、「全国の同期が同じように外出を自粛していると聞いている。この我慢の時こそ、駐屯地内での体力練成や勉強などを行って、自分の能力向上につなげていきたい」と力強く語った。

桜井所長は「コロナで帰省ができない状況だが、電話やメールなどで友人や家族に連絡を取った際、自衛隊に興味がある友人がいればぜひ情報提供をしてほしい」と呼び掛けた。

## 予備自雇用で大臣認定証 佐賀 松浦通運と「にしけい」

安藤佐賀地本長（左）から予備自衛官等協力事業所表示制度の「防衛大臣認定証」を手渡される松浦通運の馬渡社長（佐賀県唐津市で）

【佐賀】地本は4月16日、佐賀県内の会社2社を訪問し、予備自衛官等協力事業所表示制度の「防衛大臣認定証」を交付した。

同制度は予備自衛官等の雇用を通じ、社会貢献を果たしている事業所を防衛省として認定し、称揚するもの。同制度に対する社会的な関心と理解を深め、制度の円滑な運用に資することを目的としている。

今回は即自を2人雇用している松浦通運（唐津市）と予備自を4人雇用している「にしけい」玄海事業所（玄海町）が予備自協力事業所の認定を受けた。

安藤和幸佐賀地本長から認定証を受けた松浦通運の馬渡雅敏社長と「にしけい」玄海事業所の日野正幸所長は「自衛隊への協力を通じ、地域社会に貢献できることをさらにPRしていきたい」と認定の喜びを語っていた。

## 広報センター信濃に新看板 長野

【長野】地本はこのほど、松本地域事務所兼広報センター信濃に新たに「自衛隊広報センター」の看板を設置した。

同事務所は松本駅と市内の高校など5校を結ぶ通学経路上にあり、多くの学生が朝・夕に行き交っている。以前は看板が小さく、ショーウインドーにポスターなどを掲示していたが、看板の設置により、交差点で信号待ちをしている人たちにも一目で自衛隊の広報施設であることが分かるようになった。看板は夜間も照明でライトアップされ、広報効果が期待されている。

ロゴも親しみをこめて地本キャラクター「しんちゃん」「なのちゃん」を配し、入場しやすい雰囲気になった。広報センター信濃の1階は松本所とフリースペースで、吹き抜けの2階は時間内であれば誰でも自習が可能となっており、自衛隊関係の書籍なども自由に閲覧できる。

松本地域事務所兼広報センター信濃に新たに設置した「自衛隊広報センター」の看板

## 予備自募集のエコバッグ 福岡 今年度も作製

「予備自衛官等制度普及エコバッグ」＝左。平成30年度版（右）に比べ、一回り大きくなり、利便性も向上した

【福岡】地本はこのほど、予備自衛官など募集施策の一環として「令和2年度版エコバッグ」を作製した。

バッグ上部には即応予備自、予備自、予備自補それぞれのマークが印字され、大きな太字で「予備自衛官募集中」と書かれている。さらにモデルの高橋みちさんを起用した「普段は花屋さん。でも実は、予備自衛官なんです」というフレーズが入ったポスター写真などもプリントされた。

福岡地本の予備自衛官課員は同バッグを通勤の際に使用し、予備自衛官等制度のPRに活用している。課長の佐々木雄洋事務官は「エコバッグに続き、これからもさまざまな新施策を展開し、予備自募集につなげていきたい」と語っていた。

エコバッグを広げる佐々木予備自衛官課長（右端）ら地本隊員（福岡地本の玄関前で）

## 懸垂幕を新調 長崎

【長崎】地本はこのほど、本部が入る防衛省長崎合同庁舎に新調した募集用の懸垂幕を掲げた。

合同庁舎は長崎出島道路の出口正面にあり、空港から車で通過する人や、客船で訪れる観光客、市外から高速バスを利用して通勤する県民らの目に留まりやすい好立地にある。

懸垂幕は広く「自衛官募集」を周知するとともに、地本マスコット「ながりん」が長崎市への歓迎の意を表している。

このほか庁舎前には雲仙・普賢岳災派にも使われた陸自OH6D観測ヘリの機体も展示され、県民に自衛隊の活躍をPRしている。

長崎地本の庁舎に掲げられた懸垂幕（右）と広報用に展示されている陸自のOH6Dヘリ（左下）

結婚式・退官時の記念撮影等に
自衛官の礼装貸衣裳

陸上・冬礼装

海上・冬礼装

航空・冬礼装

貸衣裳料金
・基本料金　礼装夏・冬一式　30,000円＋消費税
・貸出期間のうち、4日間は基本料金に含まれており、5日以降1日につき500円
・発送に要する費用

お問合せ先
・六本木店
☎03-3479-3644（FAX）03-3479-5697
〔営業時間　10:00～19:00　日曜定休日〕
〔土・祝祭日　10:00～17:00〕

別途消費税がかかります。　※詳しくは、電話でお問合せ下さい。

美玉（みたま）
〒106-0032　東京都港区六本木7-8-8
ミクニ六本木ビル 7階
☎03-3479-3644

コナカ　FUTATA　防衛省共済組合員・ご家族の皆様へ
スーツ/フォーマル/ジャケット/スラックス/ワイシャツなど
品質にこだわった商品を豊富に取り揃えています
即日発行！すぐに使える!!　優待カードご利用でとってもお得
お会計の際に優待カードをご提示で
店内全品
20％OFF
●防衛省の身分証明書または共済組合員証をご持参ください　●詳しくは店舗スタッフまでおたずねください
お得なクーポンはコチラから!!
KONAKAアプリ
App Store・Google Playで KONAKA 検索
FUTATA BRAND SITE
フタタブランドサイト
フタタのWEB特別割引券はコチラから
ポイントが使える・貯まる

# MFO2次司令部要員、陸幕長に出国報告

## 中東の平和と安定に全力

「中東の平和と安定のため、全力で任務に当たりたい」――。エジプト東部のシナイ半島でエジプト、イスラエル両軍の停戦監視活動を行っている「多国籍軍・監視団（MFO）」の第2次司令部要員として派遣される深山正仁2陸佐（38）と竹田津佑介3陸佐（35）＝共に陸上総隊司令部運用部付＝が6月14日、現地に向け出発した。これに先立ち11日、2人は防衛省を訪れ、湯浅陸幕長に出国報告を行った。

陸幕長応接室で行われた出国報告には陸幕副長の竹本竜司陸将と陸幕運用支援・訓練部長の末吉洋明将補が立会。連絡調整部副部長として派遣される深山2佐と、連絡調整部員として派遣される竹田津3佐に対し、湯浅陸幕長は「（中東）地域は我が国にとっても重要だ。地域の安定化は国際社会にとって非常に意義がある」と述べ、激励した。

これを受けて深山2佐は「非常に重要な任務。全力を尽くします」、竹田津3佐は「不安は全くない。国際社会に貢献したい」とそれぞれ決意を述べた。

その後、深山2佐が代表して記者会見に臨み、「2人とも体調管理には万全を期してきた。エジプトの新型コロナウイルスの状況は予断を許さないと聞いているが、中東の平和と安定のため、全力で任務に当たりたい」と力強く語った。

深山2佐と竹田津3佐は6月12日にPCR検査を受けた後、14日に出国。翌15日にエジプトの首都カイロに入り、現地の日本大使館が管理する施設で2週間の停留を経て、シナイ半島南端の紅海に面したエジプト・シャルムエルシェイクのMFO司令部に着任する。

現地司令部では昨年4月から第1次要員として派遣されている桑原直人1陸佐と若杉貴史1陸曹の2人から業務を引き継ぎ、エジプト・イスラエル両国とMFOとの間の連絡調整業務に当たる予定。

河野防衛相は6月12日の記者会見で、MFOへの要員派遣について「中東の平和と安定の基礎的な部分の一つだ。日本はエネルギーをはじめ、経済的な繁栄を中東に依存しており、我が国は外交的にも中東でさまざまな役割を果たすことができると考えている。（MFOのような）活動に日本が協力していくことは意義がある」と述べた。

◇MFO（Multinational Force and Observers）　エジプト・イスラエル平和条約（1979年）と議定書（81年）に基づき、82年からエジプトのシナイ半島で国連平和維持活動（PKO）に代わる平和維持活動を行う国際機関。本部はイタリアのローマ。

日本は2016年3月施行の「平和安全法制」で可能となった「国際連携平和安全活動」に基づき、国連が統括しない国際貢献活動に従事する初のケースとして19年4月、第1次要員の陸上自衛官2人を現地司令部に派遣。陸自隊員は連絡調整部に配属され、MFOとエジプト・イスラエル両国との連絡調整や、領空通過・滑走路使用許可の取得に関する調整などに当たり、両国間の対話や信頼醸成の促進に貢献している。

MFOには現在、日米など計13カ国から千人以上の要員が派遣されている。日本からの派遣は我が国のPKO協力法に基づいて行われ、紛争当事者間の停戦合意や必要最小限の武器使用など「PKO参加5原則」が適用されている。

湯浅陸幕長（右）に出国報告するMFO第2次司令部要員の深山2佐（中央）と竹田津3佐（左）＝6月11日、陸幕長応接室で

シナイ半島でエジプト・イスラエル両国とMFOとの連絡調整業務に当たる第1次司令部要員の桑原1佐（右）

## 席の間隔あけてコロナ対策
## 防衛省内に 1年半ぶり 食堂

東京・市ヶ谷の防衛省厚生棟1階に6月11日、同省共済組合本部が委託する東京ケータリングによる食堂「ダイニングICHIGAYA」がオープンした。22日には「はなまるうどん」と「吉野家」も相次いで営業を開始する。食堂は午前11時に開店。正午過ぎには、新メニューを楽しみに訪れた多くの職員たちでにぎわった。

この日、「ダイニングICHIGAYA」では「麻婆豆腐」「たれ鶏」「バラ海老天そばとハーフかつ丼」など5種類のメニューが用意され、計547食が提供された。

共済組合本省支部共済第3班物資係長は「（改装期間中は）お弁当やキッチンカーなどを利用していただいたと思いますが、これからは約1年半ぶりにオープンした食堂を多くの組合員に利用してもらいたい。席の間隔をあけて3密を避けるなど、新型コロナウイルスの感染防止にも努めているので、安心してご利用ください」と話している。

3密に気を付けながら、防衛省厚生棟1階にオープンした「ダイニングICHIGAYA」に並ぶ職員ら（6月11日）

## 手作りマスク52枚寄贈
### 地域に役立ちたい
大村基地海曹会

大村航空基地海曹会会長で22空群先任伍長の丸野秀利曹長は6月1日、長崎県の大村市ボランティアセンター「あいわーく」を訪れ、センターを運営する同市社会福祉協議会の有川晃治会長に手作りマスク52枚を贈った。

基地海曹会は「あいわーく」にボランティア登録をしており、毎年5～6回、福祉に関連したイベントに協力している。

**隊員や家族が協力**

今年は新型コロナウイルス感染症の影響で、5月から6月にかけて予定していたイベントが全て中止となったため、海曹会では「何か役立てることはないか」と考え、マスクの寄贈を検討。基地隊員に呼び掛けたところ、家族の協力もあり、丹精を込めて作製した手作りマスク52枚が集まった。

当日、丸野先任伍長が手作りマスクを有川会長に手渡すと、有川会長は「ありがとうございます。登録されているボランティア団体に配り、給食などに関わっている方に使ってもらいます」と笑顔で話した。

丸野先任伍長は「小さなものではありますが、ボランティアで活躍する方々や福祉関係で必要な方々に役立てていただけたらうれしい。協力してくれた隊員や家族には感謝の気持ちでいっぱいです」と語る。

手作りマスクを有川会長（右）に手渡す大村航空基地海曹会の丸野曹長（6月1日、大村市ボランティアセンターで）

## リンゴ摘花で援農
### 延べ190人ボランティア
弘前駐屯地曹友会

【弘前】弘前駐屯地曹友会（会長・西沢浩二曹長）は5月15、18、19の各日、駐屯地周辺のリンゴ園でリンゴの花を摘み取る「援農ボランティア」を行った。

これは駐屯地が開設した翌年の1969年から毎年実施している奉仕活動で、今年は3日間で延べ190人の隊員たちが参加。9軒の農家でリンゴの摘花作業に当たった。

摘花は4、5輪ずつまとまって咲く花を1輪ずつ手で摘み取り、真ん中だけを残す作業で、品質を高めるために重要な工程。

普段から駐屯地周辺地域を持続走訓練や行進訓練（ラックサック）、スキー訓練などのコースとして活用させてもらっている農家に対し、基幹産業であるリンゴ栽培の摘花作業を通じて地域住民に貢献することを目的としている。

隊員たちは時折照りつける日差しの下、農家の人たちから指導を受けながら慣れない作業に黙々と汗を流し、休憩時には農家の人たちと世間話やリンゴの話題、さらには自衛隊の話題などに花を咲かせ、交流を深めた。

18日には駐屯地司令で39普連長の木原邦洋1佐をはじめ、業務隊長の吉村哲哉2佐、駐屯地最先任上級曹長らも作業に加わり、弘前駐屯地ならではの「伝統」を体験した。

援農ボランティアで、リンゴの花を一輪ずつ丁寧に摘み取る弘前駐屯地曹友会の隊員（5月15日、青森県弘前市で）

あさぐも ノロノロ？ 吉本とんぼ

## 小休止

▽…仙台駐屯地に6月1日、カルガモの親子がやってきた。例年は駐屯地に隣接する東北方総監部の池に訪れていたが、昨年からは駐屯地内の整備工場の池に引っ越し、今年は8羽のヒナと親ガモ1羽が元気な姿を見せた。

▽…隊員たちは、親ガモが見守る中、ヒナが遊ぶ姿に心を和ませた。

▽…カモの親子は時折、池から出て生垣の陰に入り、池をのぞき込むなどして愛らしい姿を見せている。隊員が近づくと親ガモは逃げるように移動するが、ヒナはキョロキョロと周囲を見まわしている。広報班の担当者は「元気に育って来年もかわいい姿を見せてほしい」と願っている。（仙台）

## 新潟地本の動画が話題
### 再生1万3000回を突破
電子広報を強化

【新潟地本】新型コロナウイルスの影響で広報イベントなどが中止になる中、新潟地本はインターネットを活用した電子広報活動を強化。ツイッターで配信したホームページのPR動画が再生回数1万3000回を突破するなど話題になっている。

地本ホームページでは各種募集案内のほか、プラモデルを用いて自衛隊の装備品などを紹介する「元戦車中隊長の模型部屋」や、広報官の日常やご当地ネタなどを取り上げる独自のコーナーも設け、地本キャラクターの「ヒカリン・マモル」と「ヒカリン・マイ」がほぼ毎日更新している。ツイッターのフォロワーからは「新潟地本の動画が凝っている」「HPもこまめに更新して楽しみ」などのコメントが寄せられた。

広報担当者は「HPやツイッターには温かいコメントを下さるファンも多く、手応えとやりがいを感じている。これからも自衛官募集とともに、楽しみながら自衛隊の魅力を紹介できるよう工夫したい」と話している。

ホームページの更新作業を行う、「ヒカリン・マモル」（右）と「ヒカリン・マイ」

## 徒歩行進訓練後に倒れ死亡
### 32普連の陸曹長

陸自1師団（練馬）は6月9日、静岡県御殿場市の東富士演習場で同日未明、32普連（大宮）の隊員が徒歩行進訓練後に倒れ、同日早朝、搬送先の病院で死亡が確認されたと発表した。

死亡したのは、32普連本部管理中隊所属の川端良彌曹長（45）で、死因は血栓による心筋梗塞の疑い。

川端曹長は約10キロの背のうを背負い、8日午後7時から演習場内で約20キロの徒歩行進訓練に臨んだ後、別の野外訓練が始まるまで休憩していた9日午前1時45分頃に倒れた。

訓練中は新型コロナウイルス対策としてマスクを着用していたが、隊員間の距離が保たれていたため、途中からマスクをあごにずらしていたという。休憩中には水分補給も行っていた。

陸自では引き続き原因の調査に当たっている。

## 大麻は危険！ 所持・使用で家族をも失う

大麻は安全で害がないと聞きましたが本当ですか？

その情報は誤りで、大麻はとても危険です。

最近では、乾燥大麻（マリファナ）のほかに、さらに毒性が強い濃縮された液状大麻（大麻リキッド）や大麻成分を含んだ食品（大麻クッキー）などもあります。

これらを使用すると、自己陶酔や幻覚をもたらすほか、精神疾患の発症や知能障害につながるため、とても危険です。

また、これらをみだりに所持し、譲り受けまたは譲り渡した者は、5年以下の懲役に処せられます。

所持・使用すれば、大切な家族や仕事を失ってしまいますので、絶対にしてはいけません。

（東部方面警務隊）

次回は「麻薬及び向精神薬取締法違反」

隊員の皆様に好評の
『自衛隊援護協会発行図書』販売中

| 区分 | 図書名 | 改訂等 | 定価(円) | 隊員価格(円) |
|---|---|---|---|---|
| 援護 | 定年制自衛官の再就職必携 | ◎ | 1,300 | 1,200 |
| | 任期制自衛官の再就職必携 | | 1,300 | 1,200 |
| | 就職援護業務必携 | | 隊員限定 | 1,500 |
| | 退職予定自衛官の船員再就職必携 | | 720 | 720 |
| | 新・防災危機管理必携 | | 2,000 | 1,800 |
| 軍事 | 軍事和英辞典 | | 3,000 | 2,600 |
| | 軍事英和辞典 | | 3,000 | 2,600 |
| | 軍事略語英和辞典 | | 1,200 | 1,000 |
| | （上記3点セット） | | 6,500 | 5,500 |
| 教養 | 退職後直ちに役立つ労働・社会保険 | | 1,100 | 1,000 |
| | 再就職で自衛官のキャリアを生かすには | | 1,600 | 1,400 |
| | 自衛官のためのニューライフプラン | | 1,600 | 1,400 |
| | 初めての人のためのメンタルヘルス入門 | | 1,500 | 1,300 |

※　令和元年度「◎」の図書を改訂しました。

| | |
|---|---|
| 消費税 | 価格は、税込みです。 |
| 発送 | メール便、宅配便などで発送します。送料は無料です。 |
| 代金支払い方法 | 発送図書同封の振替払込用紙でお支払。払込手数料はご負担してください。 |

お申込みは「自衛隊援護協会」ホームページの「自衛官の皆様へ」タブから
「書籍のご案内」へ・・・スマホで今すぐ検索「自衛隊援護協会」
（http://www.engokyokai.jp/）

一般財団法人自衛隊援護協会
電話：03-5227-5400、5401　FAX：03-5227-5402　専用回線：8-6-28865、28866

# みんなのページ

## 「謙虚さ」保ち、部隊に貢献

3陸尉　渡辺 那由多（33普連3中隊・久居）

私は本年1月下旬、福岡県久留米市にある陸自幹部候補生学校を卒業し、久居駐屯地の第33普通科連隊第3中隊に配置となりました。

33連隊では陸士と曹長を共にした「服務教育」を経て、3月14日、3等陸尉に任官しました。2カ月間の隊付教育では、営内生活や訓練を通じ、候補生学校では学べなかった部隊の第一線をまぐるしく変わり、久居駐屯地の部隊の隊員の皆さまと共にすることのできた非常に有意義な期間となりました。

経験・識能共に乏しい私を、多くの部隊幹部の指導官、まず留意すべきことは「謙虚さ」であると考えています。

昨今、国内外の情勢は目まぐるしく変わり、自衛隊はいつ、どこでも国防から災害派遣、地域支援まで、何が起きても対応できるための「高い柔軟性」が重要視されていると感じております。

また、各部隊の先輩方により大切に受け継がれてきた伝統を守りながら、新しいものを取り入れ両立させることが困難になることもあります。しかし、本職としては、やはりしっかりと受け継ぐべきものはしっかりと守りながら、新しい取り組みにも積極的に取り入れていくことが重要であると考えています。これらの「柔軟性」と「精神」を発揮することができるのではないかと考えます。

我々初級幹部自衛官が保持すべき謙虚さは、部隊の伝統を守りながら、新たな感性を部隊に吹き込む「不易流行の精神」を発揮するためにも必要であると考えています。

これからの幹部自衛官人生においては、さまざまな困難な事態にも直面することがあるかもしれませんが、そのようなときにも謙虚さを忘れず、我々の思いを果たしていけるよう、日々真剣に精進していきます。

今後の富士学校での部隊配属に向けての教育では、久しぶりに部隊の一員としての思いを胸に、自分の成長と、部隊、陸自、そして自衛隊の創造にも寄与していきたいと考えています。

## 宮崎地本でSNSの自衛隊広報担当

3空曹　福良 飛翔（5空団基業群本部・新田原）

私は本年2月3日から3月2日まで、自衛隊宮崎地方協力本部で「臨時勤務」の機会をいただきました。

宮崎県の新田原基地に勤務する私が地本に臨時勤務するのは初めてで、当初は自衛官の募集に当たる地本で自分に何ができるのか、不安でいっぱいでした。

しかし、実際に勤務してみると、地本の皆さんが温かく迎えてくれ、業務内容も丁寧に教えていただき、スムーズに仕事が始まりました。

私は、地本のSNS（ソーシャル・ネットワーキング・サービス）担当を任されました。これはインターネットを通じて宮崎県内の若者に自衛隊を広報する業務で、地本にとってはとても重要な広報ツールとなっています。自分が地本の窓口となるSNS担当を任されたということもあり、臨時勤務中の1カ月間は自分にとって大変良い経験になりました。

私が作成した広報用の動画をネットにアップすると、それを見た人たちからさまざまな感想が寄せられて、その反響の大きさに驚くとともに非常にやりがいを感じました。

（世界の切手・ノーフォーク島）

成功の反対は、失敗ではなく「やらないこと」。

佐々木 則夫（サッカー女子代表監督）

朝雲ホームページ
www.asagumo-news.com
<会員制サイト>
Asagumo Archive
朝雲編集部メールアドレス
editorial@asagumo-news.com

宮崎地本に臨時勤務中、広報の仕事で高校生へのインタビューも行った福良3曹（左）

「延岡このはなウオーク」に参加し、陸自のミニ制服を子供に着せて写真を撮るサービスを行う福良3曹（左）

同時に、SNSを通じて募集対象の若い人たちに自衛隊に関心を持ってもらうにはどうしたらよいか、いろいろ悩みました。

そこで私は、自分が航空自衛隊に入隊する前の頃のことを思い出しながら、これから入隊・入校する方や自衛隊に興味・関心があるなしに関わらず、まずは「自衛隊が注目してもらえるような内容」に心掛けて動画などを作成しました。

また、地本勤務中は県内各地で行われた地域のイベントにも参加する機会がありました。そうした会場では、県民の皆さんや知人・友人から直接「自衛隊を応援してるよ」「これかも頑張ってください」「福くんの動画見てます」など、温かい声援をたくさんいただき、とてもうれしかったです。

中には「自衛官は怖い人ばかりだと思っていたけど、イメージと違った」といった嬉しい（?）声もたくさんありました。

地本では約1カ月という短い期間でしたが、「自衛隊の広報」という今まで経験したことのない仕事を体験し、今後の自衛官人生においても、とても貴重な経験になりました。改めて、私を臨時勤務に出してくれた5空団基地業務群本部の上司の方々とお世話になった宮崎地本の皆さまに感謝を申し上げます。

## 世界で活躍できる施設科隊員に

2陸士　舘岡 翔汰（11施設隊・真駒内）

私は令和元年11月に自衛官候補生として陸上自衛隊に入隊しました。

前期教育中、第117教育大隊において職種説明教育の際、「施設科は国際貢献等において活躍できる」と聞き、施設科を希望しました。その希望がかない、前期教育修了後、今年2月に北海道札幌市にある第11施設隊に着隊して、新隊員特技課程「施設」の教育を受けることとなりました。

後期教育では教官や班長の方々から丁寧で熱意あふれる教育を受け、非常に密度の濃い時間を過ごすことができました。

特に、施設基礎作業の実爆訓練においては、安全かつ確実に爆破させるため整斉と起爆準備をしなければなりませんが、私は、生まれて初めて本物の「TNT火薬」を目の前にして、緊張しながら班長の指示に従い、起爆準備を実施し、完爆させることができました。恐らくこの経験と緊張感は一生忘れることのないものだと思います。

今後は、後期教育で学んだことを生かし、一つ一つの作業において「何が大事なのか」を常に考えながら行動し、世界で活躍できる施設科隊員になることを目標に頑張ります。

国際貢献活動で活躍できる施設科隊員を目指す11施設隊の舘岡翔汰2士

## 新刊紹介

### 「入門講義 安全保障論」

宮岡 勲著

安全保障政策を学ぶ大学生らに向けた「入門書」だ。著者は慶応大学法学部教授で、①安全保障論②国際政治理論③政治思想――を系統的に理解できるように構成され、基本文献への手引きにもなっている。

第1部の「リアリズムから見た安保環境」では勢力均衡理論から覇権国と新興国のあつれきなど、第2部の「リベラリズムから見た安保環境」は集団安全保障、商業的平和論の功罪などを説明。続く第3部の「戦略的アプローチ」では抑止の概念、軍事同盟の形成、安全保障協力などを解説している。そして最後の第4部では「現代の安全保障課題」として核戦略や海洋・宇宙・サイバーの問題など、グローバル・コモンズへの対処法について述べている。

本書では安全保障政策の基本となる国際環境の分析から主要国の国家戦略、さらに海洋・宇宙政策まで幅広く網羅しており、世界のダイナミックな動きを理解したいと願う若者には安全保障政策の全般を学べる最良のテキストとなっている。

（慶應義塾大学出版会刊、2750円）

### 「いかにアメリカ海兵隊は、最強となったのか」

阿部 亮子著

「戦えない将校、責任を取らない指揮官、官僚主義に浸りきった者は海兵隊を去れ」――。本書は下士官から総司令官に上り詰めたA・M・グレイ大将の言動などを紹介しながら、強力なリーダーシップの下で知的に戦う米海兵隊がいかに形成されてきたかを描いた30年史だ。

世界で最も勇猛果敢な軍隊と言われる米海兵隊。しかし、過去を振り返れば、同じ地上戦を戦う陸軍との間で予算獲得争いを繰り広げるなど、常に存在意義を問われ、「解散」の危機にも直面してきた海兵隊。そんな時、海兵隊の必要性を国民に強く訴え、組織の存続を擁護してくれたのが政財界に広く進出したOBたちだった。

トランプ政権で国防長官を務めたマティス氏も海兵隊OBであり、彼らは常に「軍組織の変革者」でもあった。著者はそうしたOBたちにインタビュー、「自らアイデアを出し、決断する将校」により成り立つ海兵隊のDNAを明らかにしている。

現在、陸自は米海兵隊をモデルとした「水陸機動団」を錬成中であり、米海兵隊の歴史を知ることは水機団を強化していく上でも最高のお手本となるはずだ。

（作品社刊、2970円）

## OBがんばる

金森 雅弘さん 60

平成26年5月、空自2補給処十条支処調達課を最後に定年退職（1曹）。千歳総合サービスに再就職し、銀行での警備・庶務業務に携わっている。

### 趣味を広げておこう

私は再就職に当たり、熊谷基地援護室のご尽力で現在の職場にお世話になりました。思い起こせば、自衛隊を去る日が近づくにつれ不安になり、もがき苦しんでいた私を温かく、優しく支えてくれた援護室の皆さんには今も感謝しています。

就職当初は自分の「できること」「苦手なこと」の整理から始め、戸惑いながらも金融機関に応募しようと決心しました。自衛隊と金融機関という組織文化の違いにハードルの高さを感じつつも、持ち前のチャレンジ精神で銀行フロア内の警備の仕事に就きました。

仕事は大きく分けて警備業務と庶務業務の二つがあります。ATMコーナーでの警備では、毎日さまざまなお客様が来店し、とても勉強になります。庶務業務では事務用品の配布など、ビルの一角から…（笑）。

職場の仲間は若い方が多く、60歳の私をなんとか支えてくれています。その気遣いに感謝しながら、趣味を広げたことで、プライベートも共に充実した日々を過ごしています。皆さんも趣味を広げておくといいかもしれません。

最後に、現職の皆さまの活躍ぶりを見守りながら、自衛隊の発展を私自身の励みにもしていきます。

## 御前崎市と消防協定調印

2空曹　佐川 重国（22警戒隊・御前崎）

空自のレーダーサイト部隊である御前崎分屯基地は3月10日、静岡県御前崎市役所において御前崎市と火災対応についての協定を調印しました。

これにより、基地近傍で火災が発生した際、基地消防の出動要請が明確化され、現場において隊員が円滑かつ迅速に消火活動に従事できるようになりました。

調印後、御前崎市長は市と自衛隊がさらに相互連携を深め、行動していくよう期待の言葉を述べ、式は終了しました。

### 「朝雲」へのメール投稿はこちらへ！

▽原稿の書式・字数は自由。「いつ・どこで・誰が・何を・なぜ・どうしたか（5W1H）」を基本に、具体的に記述。所感文は制限なし。
▽写真はＪＰＥＧ（通常のデジカメ写真）で。
▽メール投稿の送付先は「朝雲」編集部（editorial@asagumo-news.com）まで。

## 詰将棋

第821回出題

出題 日本将棋連盟 九段 石田 和雄

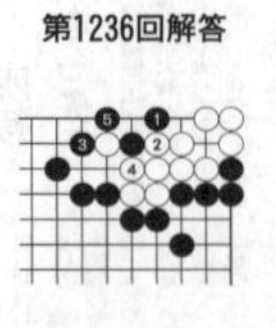

先手 持駒 金金

【ヒント】金二枚の使い方（10分で初段）

▶詰碁、詰将棋の出題は隔週です◀

## 詰碁

第1236回解答

出題 日本棋院 九段 曲 励起

【解答図】黒先、白劫。黒❶がまず大切で、黒❸がまた大切。白❹のあと黒❺で劫になります。

防衛省職員・家族団体傷害保険／防衛省退職後団体傷害保険

# 団体傷害保険の補償内容が一部改定になりました！

Point 1 新型コロナウイルスが新たに補償対象に!!

A型（家族補償タイプ）・B型（個人補償タイプ）・D型（予備自衛官等用）に「指定感染症追加補償特約」がセットされ、特定感染症の補償範囲が「指定感染症※1」まで拡大されました。それにより、これまで補償対象外であった**新型コロナウイルスも新たに補償対象**となります。

（注）指定感染症追加補償特約の対象となる方は、**A型・B型では防衛省共済組合員ご本人、かつ、記名被保険者ご本人に限ります。公務中や通勤災害中の事故に限定せず幅広く補償いたします。**

Point 2 2020年2月1日に遡って補償！

2月1日以降に発病されたものから補償の対象※2となるため、既にご加入されている方で、該当する方は、三井住友海上事故受付センター（0120-258-189）までご連絡ください。

Point 3 既にご加入されている方の新たなお手続きは不要！

既にご加入されている方は、新たなお手続きや追加の保険料のお支払いは必要ありません。

※1 特定感染症危険補償特約に規定する特定感染症に、感染症の予防及び感染症の患者に対する医療に関する法律（平成10年法律第114号）第6条第8項に規定する指定感染症(注)を含むものとします。
（注）一類感染症、二類感染症および三類感染症と同程度の措置を講ずる必要がある感染症に限ります。
※2 新たにご加入された方や、増口された方の増口分については、ご加入日以降補償の対象となります。ただし、保険責任開始日からその日を含めて10日以内に発病した特定感染症に対しては保険金を支払いません。

気になる方は、各駐屯地・基地に常駐員がおりますので弘済企業にご連絡ください。

[引受保険会社]（幹事会社）
三井住友海上火災保険株式会社
東京都千代田区神田駿河台 3-11-1　TEL：03-3259-6626

[共同引受保険会社]
東京海上日動火災保険株式会社　損害保険ジャパン株式会社　あいおいニッセイ同和損害保険株式会社
日新火災海上保険株式会社　楽天損害保険株式会社　大同火災海上保険株式会社

[取扱代理店]
弘済企業株式会社
本社：東京都新宿区四谷坂町 12 番地 20 号 KK ビル
TEL：03-3226-5811（代表）

朝雲

発行所 朝雲新聞社
〒160-0002 東京都新宿区四谷坂町12-20 KKビル
電話 03(3225)3841
FAX 03(3225)3831
振替00190-4-17600番
定価一部150円、年間購読料9170円（税・送料込み）

自衛隊員のみなさまに安心をお届けします。
防衛省共済組合
団体生命保険・団体年金保険
事務幹事会社
団体医療保険（3大疾病オプション）
引受保険会社
日本生命保険相互会社

主な記事



# 防衛相 山口、秋田両県知事に説明
# 陸上イージス計画停止
## 「ミサイル防衛」の在り方検討

防衛省が6月15日、陸上配備型ミサイル防衛システム「イージス・アショア」の配備プロセス（手続き）の停止を決めたことを受け、河野防衛相は19日に山口県、21日に秋田県を訪問し、両県知事らと会談。停止に至った経緯を説明するとともに、両県への配備を目指して準備を進めてきた中での突然の停止判断について「このような結果に至ったことを防衛大臣として深くお詫び申し上げます」と陳謝した。

19日に山口県庁で村岡嗣政知事らと会談した河野大臣は「当初はソフトウエアの改修でSM3ミサイルの飛翔経路をコントロールできるという認識の下、地元の皆さまにもご説明し、日米間でも協議・検討を重ねてきたが、本年5月下旬、SM3の飛翔経路をコントロールし、ブースター（推進装置）を（候補地の）陸自むつみ演習場（萩市、阿武町）内に確実に落下させるためにはソフトウエアのみならず、SM3のハードウエアを含め、システム全体の大幅な改修が必要となり、相当のコストと時間を要することが判明した」と説明。

ソフトウエアの改修と配備プロセスを同時並行で進めてきたとした上で、日米が共同開発した「SM3ブロック2A」ミサイルに要した12年の開発期間と日本側の負担1100億円を例に挙げ、「期間とコストを考えると、大幅改修の選択は合理的ではない」と述べ、これまで配備に向けて尽力してきた多くの関係者に謝意を表すと同時に、「誠に申し訳なく思う」と謝罪した。

これに対し、村岡知事は「ブースターの問題は周辺住民の命に直結する大変重要な問題だ。最初の段階から時間が掛かってもしっかりと精査し、この説明で間違いないという回答を当初から頂きたかった。その点は大変遺憾に思う」と苦言を呈し、今後、地元に対して丁寧な説明を行うよう強く求めた。

21日には秋田県庁で佐竹敬久知事らと会談。河野氏は候補地の陸自新屋演習場（秋田市）を「適地」とした防衛省の調査に誤りが見つかった問題や、この経緯を説明する住民説明会で防衛省職員が居眠りをしたことなどが地元の反発を招いたことを含め、「さまざまな不適切な対応があり、地元の皆さまにはご迷惑をおかけしたことを改めてお詫び申し上げたい」と謝罪した。

これに対し、佐竹知事は「賢明な判断」として停止の決定を「評価したい」と一定の理解を示した上で、「これまで2年以上、さまざまな説明、折衝があったが、大変ずさんという言葉で表すべき対応だった」と防衛省側の対応を改めて批判。今後、国家安全保障会議（NSC）と閣議で最終的かつ速やかに配備計画の「撤回・中止」を決定し、防衛省として地元への謝罪と説明を行うよう強く要望した。

河野大臣はこの後、秋田県庁で記者会見し、「このようなことになった責任は、防衛大臣（私）が負う」と明言。「現在も北朝鮮の弾道ミサイルの脅威が残っているのは事実だ」との認識を示し、まずは防衛省としてプロセス停止の判断を速やかにNSCに報告し、その議論を踏まえた上で、今後のミサイル防衛の在り方の検討に向け、「国民の理解を得ながら、弾道ミサイルの脅威から我が国をどのように守っていくか、しっかり議論してまいりたい」と述べた。

## イージス艦8隻体制で
### 海幕長 弾道ミサイルに対処

防衛省が6月15日、陸上配備型ミサイル防衛システム「イージス・アショア」の配備プロセスの停止を決めたことを受け、山村海幕長は翌16日の記者会見で「イージス艦8隻体制の確立に努力を傾注し、弾道ミサイル防衛を含むいかなる事態にも対処できるよう万全を期していきたい」と述べた。

また、洋上で24時間体制の警戒監視活動に当たる海自のイージス艦に代わって、天候や気象などに左右されない「イージス・アショア」のような"もう一つの装備品"の必要性を訴えた上で、今後、国家安全保障会議（NSC）で行われる議論に積極的に参加していく考えを示した。

18日に記者会見した山崎統幕長は「国民の安心と安全、平和な暮らしを守るため、万全な弾道ミサイル防衛体制の構築にしっかりと取り組んでいきたい。（プロセス停止に伴う）影響分析を行い、NSCでの議論を踏まえ、運用を司るものとして今後の検討に参画していきたい」と語った。

湯浅陸幕長も同日の記者会見で、NSCでの議論を踏まえ、今後の対応を具体的に検討していくとの認識を示した上で「弾道ミサイルから国民を守る我々の使命は変わらない。今、我々がすべきは、そのために今できるベストを、防衛省を挙げて具体化することだ」と述べた。

# 矢臼別でHTCを初運営
## 陸自 連隊規模の対抗戦を評価

北海道訓練センター（HTC）の運営に先立ち、訓練の評価方法を検証する陸自隊員（北海道・矢臼別演習場で）

陸幕は6月19日、今年3月に陸自に新設された「訓練評価支援隊（北千歳、隊長・山下博二1佐以下約250人）」＝通称・北海道訓練センター（HTC）＝の第1回運営（対抗演習）を6月30日から矢臼別演習場で実施すると発表した。

HTCは全国の連隊規模（約1000人）の陸自部隊（諸職種協同部隊）が北海道で行う実動訓練を「客観的・計数的に評価し、訓練基盤を充実・強化する」ために整備された。

HTCでは演習場内にプレハブの統裁部などを設営し、モニターごしに参加部隊が装着した交戦用訓練装置（バトラー）などのデータを基に、戦闘の経過や損耗を評価し、参加部隊の練度向上を図る。

第1回運営の対抗演習は、HTCの上級部隊である教育訓練研究本部（目黒）長の田中重伸陸将を担任官に6月30日から7月8日まで行われ、北方の7師団から11普連（東千歳）基幹、東北方の9師団からは39普連（弘前）基幹の各1000人以上が参加する。

演習には各種戦車や155ミリ榴弾砲、UH1多用途ヘリなどが加わり、11普連などが攻撃、39普連などが防御戦闘を担う。

湯浅陸幕長は新編時の記者会見で「良好な訓練環境の北海道で実動による、より実戦的な訓練を実施可能な体制を整備し、部隊の練度を向上させたい」とHTC運営の意義を述べた。

# 3自衛隊災害派遣実績
## 派遣人員2年連続100万人超え
### 令和元年度

統幕は6月18日、自衛隊の令和元年度「災害派遣」と「不発弾処理」の実績を発表した。

元年度の災派の総件数は449件で、前年度（443件）とほぼ同水準だったが、派遣人員は延べ約106万人に上り、昭和52年以降、阪神・淡路大震災（平成7年）、東日本大震災（同23年）、西日本豪雨（同30年）に次いで、4番目に多い人数となり、2年連続で100万人を超えた。

このうち、12都県から災害派遣が要請された「台風19号」に係る災派（10月）では、延べ88万人を投入。陸自にとっては陸上総隊発足後初の災派となり、総隊司令官を指揮官に統合任務部隊（JTF）が編成された。海自も「自衛隊観艦式」を中止して救援活動に当たった。

「台風15号」に係る災派（9月）にも延べ9万6000人を投入。停電の復旧のため倒木除去に従事したほか、屋根が損傷した民家にブルーシートを展張するなど生活支援も行った。

「九州北部豪雨」に係る災派（8月）では、人命救助や鉄工所から流出した油の除去に延べ3万2000人が派遣された。

昨年9月の台風15号での災害派遣で、私道をふさぐ倒れた電柱や倒木の除去に当たる1普連の隊員（千葉県君津市で）

一方、現在も続く新型コロナウイルスに関する災派では、1月31日から3月16日までの間、医療・生活・輸送支援などに延べ約2万人が従事。年度をまたいだ現在も感染防止の教育支援などを引き続き行っている。

活動別では、「急患輸送」が365件と最も多く、次いで「消火活動」46件、「捜索救助」12件、「風水害・地震」など7件、その他が19件となっている。

陸自の「不発弾処理」は1441件、処理重量約33トンで、その半数は沖縄県で行われた。海自の爆発性危険物の処理は509個、約3・5トンだった。

防衛省・自衛隊は災害派遣活動を効果的・効率的に行うため、政府の「防災基本計画」に基づき、災害廃棄物の撤去などについて、自治体や関係省庁の役割分担を明確化した対応マニュアルを7月上旬の完成を目途に作成している。

# 日米共同訓練
## 海 陸軍ヘリ「かが」に発着艦

護衛艦「かが」の西田艦長（左）が旗甲板から見守る中、発艦する米陸軍のUH60Lヘリ（6月15日）

海自4護隊（呉）のヘリ搭載護衛艦「かが」（艦長・西田敏志1佐）は6月15日、関東南方の太平洋上で在日米陸軍航空大隊（座間）のUH60L多用途ヘリ2機と日米共同訓練を実施した。

誘導を受けて同海域に飛来したUH60Lが航行中の「かが」の飛行甲板に着艦、日米共同で洋上での戦術技量を向上させた。

海自の護衛艦「いずも」と「かが」は、STOVL（短距離離陸・垂直着陸）型のF35B戦闘機の発着艦を可能にする改修工事が予定されている。

## 空 B52Hと空自機が編隊航法

空自各航空団の戦闘機部隊は6月17日、米空軍第2爆撃航空団（ルイジアナ州バークスデール基地）からグアム島のアンダーセン基地に前方展開中のB52H戦略爆撃機2機と日本海、沖縄周辺の各訓練空域で日米共同訓練を実施した。

空自からは2（千歳）、6（小松）、9空団（那覇）のF15戦闘機各4機、8空団（築城）のF2戦闘機4機が参加し、B52H爆撃機と編隊航法訓練を行い、日米共同の対処能力と戦術技量の向上を図った。

日本の周辺空域で共同訓練を行う空自のF15戦闘機（下の2機）と米空軍のB52H戦略爆撃機（6月17日）＝米軍HPから

# 岐阜など4県で衛生教育
## コロナ 10師団、13旅団が災派

新型コロナウイルスの災害派遣で13旅団（海田市）員5人が県職員ら約10人に、また、17日には石川県[illegible]

[illegible]目の自主災派による「水際対策強化」を終了した後も、全国各地で知事の要請に基づき、衛生教育などの「市中感染対応」の災派を随時、単発的に行っており、これまでに後方要員を含め延べ約2100人が30都道府県に展開している。

# 鹿児島接続水域を中国潜水艦が西進
### 防衛大臣が発表

防衛省は6月20日、九州南方海域で確認された潜没潜水艦の動向について発表した。

それによると18日午後、鹿児島県・奄美大島の北東の日本の接続水域内を潜没潜水艦が西進しているのを確認。20日午前にも当該潜水艦が同県・横当島の西の接続水域外を東シナ海方面に向かい西進しているのを確認した。

河野防衛相から「緊張感をもって、情報収集・警戒監視に万全を期せ」と指示を受けた海自では、1空群（鹿屋）のP1哨戒機、5空群（那覇）のP3C哨戒機、4護隊（呉）の護衛艦「かが」、5護隊（佐世保）の護衛艦「あきづき」、2護隊（同）の同「あしがら」が現場で情報収集と警戒監視に当たった。

[illegible]河野大臣は23日の記者会見で同艦の国籍を「さまざまな情報を総合的に勘案し、中国と推定している」と述べた。

春夏秋冬

# 米中覇権争いの中で 日本が進む道
村井 友秀

中国の経済成長率は米国より高く、近い将来に中国のGDPが米国を上回る可能性がある。但し、実戦経験と最新技術に支えられた米国の軍事力を中国の軍事力が上回る可能性は低い。

将来の東アジアは、①米国が覇者、または②中国が覇者――という二つの形が考えられる。

①米国が中国を抑えるためには、太平洋を支配しなければならない。太平洋全体を支配するためには、米国から1万キロ離れた太平洋の西側を守る日本の役割が欠かせない。日本の地理的位置と高い技術能力は、米国の世界戦略にとって「余人を以って代え難い」役割を果たしている。日本は米国に対して強力なカードを持っている。

②現在の日本が中国に対して持っている技術的優位は、一定の時間が経てば[illegible]は無いと中国人は信じている。したがって、日本が中国に対して物言う強力なカードは無い。

また、中国共産党の国家戦略の基本は「一つの山に二匹の虎はいない」、すなわち、東アジアのもう一匹の虎である日本に勝つことである。

日本の貿易の99%は海上輸送である。インド洋や太平洋を通るシーレーンは日本の生命線である。もし、日本が米国の友人ならば、米国が日本のシーレーンを守るだろう。中国軍に米軍を撃破してインド洋や太平洋の日本のシーレーンを攻撃する能力はない。

しかし、日本が中国の友人となり、米国の敵になれば、[illegible]の日本の輸送船が米軍に沈められ、日本は沈んだ。したがって、日本が生命線のシーレーンを守ろうとすれば、米国の友人になる以外に選択肢はない。

以上の条件を考えれば、日本が進むべき道は「米国が覇者たる東アジアを守る道」である。

日本の安全保障の要点は、日米同盟を強化し、同盟の中で日本の発言力を大きくすることである。米中の覇権争いはこれから激しくなるだろう。共通の敵が存在すれば同盟は強くなる。さらに、日本もNATO諸国と同様に、犠牲を払って同盟に貢献していると米国に認識させることが肝要である。

（防大名誉教授、東京国際大学特命教授）

## 朝雲寸言

コロナ禍から派生したことの一つに、学校教育の年度の始まりを9月にしてはとの論議があった。休校で授業が遅れていることを奇貨として、新年度の開始時期を米欧のそれに合わせ教育の国際化を進めるというのが趣旨だったが、今年度の導入は見送られた。拙速の感もあったので正直ほっとした▼同様にやや心配しながら見守っているのが、航空自衛隊の名称を「航空宇宙自衛隊」に改めるアイデアだ。自衛隊の活動領域に宇宙が入りつつあるのは時代の流れでも、ならば世界屈指の実力の潜水艦部隊を誇る海上自衛隊は「海上・海中自衛隊」か「海洋自衛隊」になってもよいし、期待の水陸機動団を有する陸上自衛隊は「水陸自衛隊」に変えなくてよいのかと天邪鬼な思いが沸いてくる▼海自も陸自も各種の宇宙アセットを使っており、空自だけが名称に宇宙という言葉を独り占めしてよいのか。統合運用の時代に入り陸海空自衛隊が等しくフォースプロバイダーの立場になった以上、部分的な名称変更を急ぐよりも自衛隊全体として統合運用の実を上げるのが先では、との気もする。何より「桜の季節に新入学」と同じように慣れ親しんだ「航空自衛隊」という響きは失い難い▼禅語に「七走一坐」という言葉がある。忙しく動き回った後はいったん立ち止まって自らを見詰めよ、との教えだ。それでなくとも忙しく、時にミスもしてしまう昨今。大切な問題は心静かに考えたい。

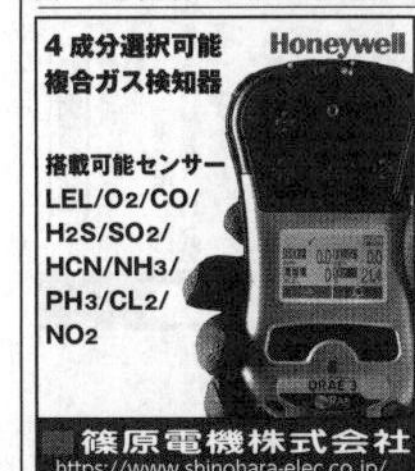

Honeywell
4成分選択可能
複合ガス検知器
搭載可能センサー
LEL/O2/CO/
H2S/SO2/
HCN/NH3/
PH3/CL2/
NO2
篠原電機株式会社
https://www.shinohara-elec.co.jp/
TEL:06-6358-2657 FAX:06-6358-2351


防衛省生協 退職者生命・医療共済
リニューアル!!
令和2年7月1日
退職後から85歳までの病気やケガによる入院と死亡（重度障害）をこれひとつで保障します。
あなたと大切な人の"今"と"未来"のために
生命・医療共済（生命共済）
病気やケガによる入院や手術、死亡（重度障害）を保障します
退職者生命・医療共済（長期生命共済）
退職後の病気やケガによる入院、死亡（重度障害）を保障します
85歳
火災・災害共済（火災共済）
退職火災・災害共済（火災共済）
火災や自然災害などによる建物や家財の損害を保障します
現職　退職　終身

1 より長く
満期年齢が80歳から5年間延長されて85歳となり、より長期の安心を確保！
2 より厚く
入院共済金が「3日以上入院で3日目から支払」が「3日以上入院で1日目から支払」に！
3 より安く
一時払掛金を保障期間の月数で割った「1か月あたりの掛金」がより安く！

詳しくはホームページへ➡

※令和2年7月1日以前に80歳満期でご契約の方は「転換」で85歳満期に変更できます。
※退職前から計画的に掛金を準備できるように「事前積立掛金」制度も開始しました。
※「退職者生命・医療共済」は、長期生命共済の販売呼称です。
〒102-0074 東京都千代田区九段南4丁目8番21号 山脇ビル2階　専用線：8-6-28905　電話：03-3514-2241（代表）　BSA-2020-03

# 時の焦点

## 国内　五輪簡素化

### 安全に配慮した大会に

新型コロナウイルスの影響で来夏に延期された東京五輪・パラリンピックが、簡素化される方向となった。関係者が協力し、安全に開催できる手だてを講じてもらいたい。

大会組織委員会と、国際オリンピック委員会（IOC）が、大会の基本原則を確認した。選手や観客に安全で安心な環境を提供することや、延期に伴う費用の削減などを盛り込んだ。

組織委は今後、選手や大会関係者などの感染抑止策や、関連イベントの縮小などを検討する。

具体的には、開閉会式は入場行進の省略などで時間を短縮する。大会スタッフなど出席者数を絞り込む、といった対策が想定される。感染症の収束が見通せない以上、合理化はやむを得ない。

IOCのトーマス・バッハ会長は5月、来夏の開催が無理なら、五輪は中止になるとの認識を示していた。基本原則の策定は、日本が主導した。中止論が強まることを懸念しての対応だろう。

本番に向けては、選手やスタッフなどにPCR検査を実施する必要がある。五輪期間中は、医療従事者の会場への配置も不可欠だ。組織委は、政府や東京都と協力し、防疫や医療の態勢を整えなければならない。

五輪は、来年7月23日に開会式を行い、8月8日に閉幕する。パラリンピックは8月24日から9月5日まで行われる。この間に日本を訪れる観客や大会関係者は、100万人近くに上る。

政府や組織委は、観客全員へのPCR検査の実施を検討している。日本の検査能力は高いとは言えない。来夏までに準備できるかが問われよう。

組織委とIOCは、実施する33の競技や、約1万人の選手数は見直さない方向で調整している。世界的なスポーツの祭典を楽しみにしている人は多い。大会の根幹は維持してもらいたい。

組織委は、大会開催までの新たな行程表を公表した。6月中に、延期によって生じた課題の洗い出しや競技日程・会場の調整を済ませ、9月から年末までかけて、コロナ対策を決める。年明けには、コロナへの対応を大会の運営計画に盛り込むという。

無論、五輪を開催するまでの道のりは険しい。新型ウイルスは、ブラジルやロシアなどで猛威を振るっている。日本が開催できる状況だったとしても、海外で蔓延していれば、実現は容易ではあるまい。

ワクチンや治療薬が開発され、十分に投与する環境が整っているかどうかもカギを握ろう。政府は国際社会と協力し、研究を急ぐべきだ。

延期に伴う費用は、原則として東京都が負担する方向だという。コロナ対策を実施した都の財政は逼迫している。政府は支援策を講じねばなるまい。

夏川　明雄（政治評論家）

## 海外　黒人暴行死デモ

### トランプ再選に黄信号

11月の米大統領選を控え、現職のトランプ氏の支持率がここにきて低迷している。世界最多の感染者と死者を出すなど新型コロナ対応の不手際への批判に加え、中西部ミネソタ州で起きた黒人男性死亡事件を受けた抗議デモへの強硬姿勢に対する根強い反発が背景にある。政権奪還を狙う民主党のバイデン候補（前副大統領）は、トランプ氏が職責に反して国民の分断をあおっている点を厳しく批判し、攻勢を一段と強めていく構えだ。

熱狂的支持者がいることで知られるトランプ大統領は大型施設を使った選挙集会の開催で巻き返しを図るが、こうした政治集会は新型コロナの感染拡大や第二波の感染を招きかねないだけに、選挙戦略が思惑通りに運ぶかは不透明だ。

今回の大統領選は100年に一度ともされる新型コロナ禍の直撃を受け、3月初め以降は野党・民主党の予備選が相次いで中止・延期に追い込まれたほか、共和党のトランプ、民主党のバイデン両陣営とも選挙集会の見合わせを余儀なくされた。トランプ氏が6月20日、南部オクラホマ州で開いた選挙集会は3カ月半ぶりとなったが、同氏陣営が選挙戦の再始動を急いだのは、最近の支持率下降や経済悪化などに対する危機感の表れだ。

米ギャラップ社の6月前半調査では、トランプ氏の支持率は39%で、5月前半の前回調査より10ポイント減少した。また、米政治情報サイトの最新調査ではトランプ氏支持率は41・7%にとどまり、49・8%のバイデン氏との差が8ポイント強に開いた。年初時点の差は5・7ポイントだったので、バイデン氏がリードを広げているのが分かり、本来なら強みがある現職大統領の再選に黄信号が点滅する。

トランプ氏の支持率低下の主因の一つは、ミネソタ州で黒人男性が白人警察官に首を押さえつけられて死亡した事件を機に全米各地に広がった抗議デモへの対応に対する厳しい批判が巻き起こったことだ。引き金となったのは、デモ隊制圧に軍の投入を警告したトランプ大統領の強硬姿勢で、政権は6月初め、ホワイトハウス前のデモ隊を催涙ガスで強制排除し、世論の猛反発を受けた。大統領は、デモ隊が求める人種差別の解消には沈黙したままで、ツイッターでは自らに批判的な要人やメディアへの容赦ない攻撃を続けた。

共和党のブッシュ(子)政権で黒人初の国務長官を務めた軍人出身のパウエル氏は「トランプ氏の抗議デモへの対応は米憲法を逸脱している」と厳しく批判し、大統領選でバイデン候補を支持すると表明した。デモの拡大に伴い、マティス前国防長官ら歴代軍幹部がトランプ氏批判の声を相次いで上げ、共和党有力者の離反も伝えられる。

コロナ禍、大量失業、黒人暴行死に象徴される人種差別と、米国は現在、社会を引き裂く三つの危機に見舞われる。三つの危機は米社会に根強くある経済格差や不公正とも密接に絡むが、今回の大統領選はこうした格差の是正・解消に向け、国民分断の壁を築いて支持層を固める「トランプ流」を今後も許すかどうかを問う機会となろう。

伊藤　努（外交評論家）

## 防衛相 パプアニューギニア国防相と電話会談

### 「日・太平洋島嶼国会合」早期開催で一致

ソロマ国防相

河野防衛相は6月16日、南太平洋の島嶼国、パプアニューギニアのサキ・ソロマ国防相と電話会談し、新型コロナウイルスの影響で中断している2国間の防衛協力・交流などをめぐって意見交換した。

両氏は今年4月に防衛省が主催して日本で初めて開催予定だった多国間の「日・太平洋島嶼国国防大臣会合（JPIDD）」をコロナ終息後、早期に実施することで一致した。

さらに、河野大臣は防衛省・自衛隊が陸自中央音楽隊を中心に2015年から能力構築支援事業（キャパシティー・ビルディング）の一環として演奏技術指導を行っている同国の軍楽隊を、年内に予定される「自衛隊音楽まつり」に初めて招待し、これまでの成果を披露する演奏の機会を実現するべく引き続き協力していく考えを表明。

これに対し、ソロマ国防相は謝意を述べるとともに、現在調整中の施設分野での能力構築支援事業にも期待感を示した。

一方、新型コロナ対策をめぐっては、両氏がそれぞれ自国の取り組みについて説明した上で、一刻も早い終息に向け、防衛当局として得られた情報・教訓・知見を共有していくことを確認。感染症対策に関する知見等は「人類共有の財産」であり、国際社会で透明性をもって広く共有されるべきとの認識で一致した。

このほか、東・南シナ海情勢についても意見を交わし、緊密に連携していくことで合意。「法の支配に基づく自由で開かれた海洋秩序が重要だ」との認識を共有した。

## 日EU 制服組トップ電話会談

### 防衛協力の重要性を確認

EU軍事委員会議長のグラチアーノ伊陸軍大将

山崎統幕長は6月12日、欧州連合（EU、本部ベルギー・ブリュッセル）軍事委員会議長のクラウディオ・グラチアーノ陸軍大将（イタリア）と電話会談を行い、日EU間の防衛協力・交流の重要性を確認した。

日本とEUの制服組トップの会談は、今年1月にインドで開催された多国間フォーラム「ライシナ・ダイアローグ」に山崎統幕長が出席した際、初めて2者で行われて以降2回目。

両者は新型コロナウイルス感染症に関する日欧の状況や感染拡大防止の取り組みについて意見を交換するとともに、厳しさを増す安全保障環境を踏まえ、自衛隊とEU部隊の連携を今後も強化していくことで一致した。

## EU海上部隊と共同訓練

### 「おおなみ」 アデン湾 海賊対処の連携強化

欧州連合（EU）部隊のスペイン海軍フリゲート「ヌマンシア」（奥）と近接運動訓練を行う海自海賊対処水上部隊36次隊の護衛艦「おおなみ」の乗員（手前）＝6月12日、アデン湾で

ソマリア沖・アデン湾で民間船舶の護衛任務などに当たっている海賊対処水上部隊36次隊の護衛艦「おおなみ」（艦長・石寺隆彦2佐）は6月12日、欧州連合（EU）海上部隊に所属するスペイン海軍艦艇と共同訓練を実施した。

海自の海賊対処部隊とスペイン軍との訓練は8回目で、今回はスペイン海軍フリゲート「ヌマンシア」（満載排水量4100トン）が参加。

2隻はアデン湾西方海域で戦術運動、近接運動、通信、小火器射撃、クロスデッキ（相互乗艦）の各種訓練を実施し、2国間の連携を強化した。

今回は新型コロナウイルス感染防止対策として人的交流は行わず、ヘリの発着艦のみに留めた。

## 仏空軍参謀長と防衛協力を推進

### 空幕長が電話会談

丸茂空幕長は6月10日、フランス空軍参謀長のフィリップ・ラヴィーニュ大将と電話会談を行った。

両者は東京とパリを結び、空自と仏空軍の防衛協力に関する「戦略的指針」の合意について確認し、さらなる日仏の防衛協力を推進することで一致した。

## 英語教官（正職員）を募集

### 陸自高工校 締め切りは7月10日

陸上自衛隊高等工科学校（武山）の「英語」の教育に従事する教官（正職員、2名）を募集している。応募の締め切りは7月10日（郵送必着）。

受験資格は「高等学校教諭一種免許（英語）」以上を有し、令和2年度末に60歳に達する者は不可。

1次試験は7月25日に口述試験と身体検査、2次試験は9月に教養・専門・論文のいずれか1日を行う。会場は高工校。

問い合わせは同校人事班の松木氏（内線8−318−7716）まで。

## 共済組合だより

### 全自美術展の作品募集中

絵画・写真・書道の力作を

防衛省は「令和2年度全自衛隊美術展」（防衛省主催、防衛省共済組合協賛）を令和3年1月頃（予定）に開催します。

同美術展は、隊員・OB・家族等が創作した芸術作品を発表し、[illegible]文化・教養の振興を図ることを目的として実施されます。

対象は絵画・写真・書道の3部門で、受付は9月1日(火)から同16日(水)必着まで。奮ってご応募ください。

＜応募資格＞

[illegible]（以下「隊員等」という）[illegible]（以下「OB」という）[illegible]③上記①及び②の家族（高校生以上）です。

＜応募要領＞

応募資格は各部門1人2点までとし、[illegible]

＜作品の条件＞

[illegible]

（1）絵画の部

課題は自由で、規格は50号以内。種類は日本画及び洋画。作品には額縁（ガラス不可）を付け、額縁は粗雑なものを使用しないでください。

（2）写真の部

フィルム写真及びデジタル写真が対象で、課題は自由。規格は四つ切り（ワイド四つ切）またはA4[illegible]。額縁及び台紙等の表装はしないでください。

（3）書道の部

課題は自由。企画は全紙（140センチ×70センチ）以内。作品は必ず掛物又は額縁として表装してください。

以上の応募作品は、1点ごとに必ず出品表を作品の裏面に貼付して発送してください。（輸送途中に剥離することのないように確実に貼付してください）。

＜送付先＞

〒162−0845　東京都新宿区市谷本村町4番1号　ホテルグランドヒル市ヶ谷　総務課

作品は輸送中の破損を防止するため、厚段ボール紙やベニヤ板等で完全に包装してください。

複数の方がひとつの箱等でまとめて送付する場合は、宅配便等の伝票に必ず応募件数を記入してください。

＜審査及び表彰＞

審査は部門ごとに専門家が行い、優秀作品（「隊員の部」は特選・入選、「家族等の部」は特別賞・入選）をそれぞれ表彰します。

応募作品は令和3年3月以降に返送します。ただし、フィルム写真はネガのみの返送で、デジタル写真は作品・データともに返送しません。

絵画・書道の入賞作品は展示会後2年間、防衛省庁舎内に展示予定のため、令和5年3月以降に返送します。

＜問い合わせ先＞

全自衛隊美術展に関する問い合わせや異動で住所等に変更があった場合は、防衛省人事教育局厚生課厚生企画班（電話03−3268−3111内線25174）に連絡してください。

入賞作品については、人事教育局長から各機関等の長を経由して応募者に通知します。入賞作品はその後、主催者等が広報資料等として使用する場合があります。

皆さまからの素晴らしい作品のご応募をお待ちしております。

## 防衛省発令

▽空幕監察官（中部航空方面隊防衛部長）　1空佐　田中　公司

▽同人事計画課募集班長（航空教育集団人事課長）　同　林　弘之

▽中部航空方面隊防衛部長（5航空団飛行群司令）　同　日髙　大作

▽同司令部付（硫黄島基地隊司令兼硫黄島分屯基地司令）　同　岡　一郎

▽硫黄島基地隊司令兼硫黄島分屯基地司令（硫黄島基地隊）　同　中澤　武志

▽5航空団飛行群司令（空幕人事計画課募集班長）　同　對馬　強介

▽南西航空方面隊幕僚長（空幕監察官）　同　玉崎　正史

▽航空教育集団人事課長（空自幹部学校人事課長）　2空佐　新井　修一

▽空自幹部学校人事課長（空幕人事計画課）　同　硯田　陽子

（以上6月15日）

▽空幕施設課長（中部航空施設隊司令）　1空佐　山崎　浩二

▽同施設課施設整備企画調整官兼空幕施設課計画班長（北部航空施設隊司令）　同　高梨　雄一

▽北部航空施設隊司令（13飛行教育団副司令）　同　山田　敬

▽中部航空警戒管制団基地業務群司令（5高射群副司令）　同　大石　和浩

▽中部航空施設隊司令（空幕施設課施設整備企画調整官兼空幕施設課計画班長）　同　松井　俊暁

▽5高射群副司令（2高射群）　2空佐　杉山　幸人

▽航空救難団飛行群司令（静岡地方協力本部長）　同　宮川　知己

▽13飛行教育団副司令（航空救難団飛行群司令）　同　藤本　悦夫

▽空自補給本部総務部長（空幕施設課長）　同　平井勇一郎

▽静岡地方協力本部長（中部航空警戒管制団基地業務群司令）　同　杉谷　康征

（以上6月17日）

▽大臣官房付（防衛政策局訓練課長）　堀江　信幸

▽防衛書記官、防衛政策局訓練課長に採用　佐藤　克文

（以上6月17日）

## 3空団に2級賞状　北空音は3級賞状

### 深澤北空司令官

【3空団＝三沢】北空司令官の深澤英一郎空将は6月5日、基地の司令官室で3空団に統幕長からの2級賞状、北部航空音楽隊（三沢）に航空総隊司令官からの3級賞状をそれぞれ伝達した。

伝達式では、部隊を代表し久保田隆裕3空団司令と山本史月北空音隊長がそれぞれ賞状を受け取った。

3空団は創設以来、累計3千回以上の緊急発進を行い、領空の秩序の維持に貢献。北空音は旺盛な士気と厳正な規律で2016年2月以来4年間、服務無事故を達成したことが評価された。


## 就職ネット情報

◎お問い合わせは直接企業様へご連絡下さい。

| | | |
|---|---|---|
| 市川工業(株)　〔施工管理スタッフ〕 0274-63-0891〔群馬〕 | (株)ホクシン　〔電気工事士アシスタント〕 http://www.e-hokushin.com/index.html/　〔鳥取〕 | (株)江島自動車　〔整備士〕 052-896-3195　〔愛知〕] |
| トウショー商事(株)　〔技術スタッフ〕 http://www.tosyo-garden.com/　〔岡山〕 | マキテック(株)　〔施工管理・保守(電気設備)〕 http://makitec.co.jp/　〔岡山〕 | (株)ハウス・リクレ　〔内装施工〕 http://house-recle.co.jp/　〔東京〕 |
| ジオメンテナンス(株)〔地質・構造物調査スタッフ〕 https://www.geo-m.co.jp/　〔千葉〕 | 総合産業(株)　〔整備士〕 078-914-0062　〔兵庫〕 | 本陣水越(株)　〔土木施工〕 https://www.mm-gws.jp/　〔神奈川〕 |
| 大陽塗装工業(株)　〔総合職(施工管理・施工スタッフ)〕 https://www.daiyo-tosou.co.jp/　〔岡山〕 | ビート・エモーション(株)　〔整備士〕 011-874-1233　〔北海道〕 | 穂の国エンジニアリング(株)　〔土木施工〕 http://honokuni-tokai.com/　〔静岡〕 |
| (株)上栄　〔左官スタッフ〕 →http://www.kouei-sakan.co.jp/outline.html/〔福井〕 | (有)冨田自動車　〔整備士〕 048-583-3331　〔埼玉〕 | 旭基礎工業(有)　〔土木工事〕 072-868-7321　〔大阪〕 |
| 阪神園芸(株)　〔施工管理〕 https://www.hanshinengei.co.jp/　〔兵庫〕 | (株)スズキアリーナ瑞穂　〔整備士〕 042-556-3391　〔東京〕 | 東京湾横断道路(株)　〔交通管理〕 03-5718-7611　〔東京〕 |

## 就職ネット情報

◎お問い合わせは直接企業様へご連絡下さい。

| | | |
|---|---|---|
| (株)日さく　〔さく井工事〕 https://www.nissaku.co.jp/　〔埼玉〕 | (株)星野産商　〔作業スタッフ〕 0567-52-0300　〔愛知〕 | 長姫調査設計(株)　〔建設コンサルタント〕 0265-23-3666　〔長野〕 |
| (株)イノアック住環境　〔土木工事〕 https://www.inoac-jukan.co.jp/　〔愛知〕 | グローバルエナジー(株)　〔電気工事士〕 052-799-9272　〔愛知〕 | (株)エア・キャリア　〔施工スタッフ〕 045-633-1609　〔神奈川〕 |
| 共栄緑創(株)　〔外構工事〕 03-5450-4411　〔東京〕 | (株)テレ・エンジニアリング　〔工事監理・技術職〕 042-358-2510　〔東京〕 | 酒井建設(株)　〔工事管理スタッフ〕 076-472-0222　〔富山〕 |
| (株)ニッショー　〔内装工事〕 https://www.nissho-apn.co.jp/　〔愛知〕 | (株)日の宮工業　〔施工管理〕 052-461-7311　〔愛知〕 | (有)新協和計装　〔工事スタッフ〕 025-385-6901　〔新潟〕 |
| 大和建工(株)　〔現場施工〕 http://www.daiwakenko.co.jp/　〔京都〕 | (有)協栄電機　〔点検・メンテナンス〕 0896-22-3251　〔愛媛〕 | (株)昭和工業　〔浄化槽/石油タンク清掃・保守〕 092-574-1336　〔福岡〕 |
| 名水美人ファクトリー(株)　〔生産スタッフ〕 http://www.meisuibijin.co.jp/　〔岡山〕 | サングラッドエナジー(株)　〔電気工事士、営業〕 052-201-1617　〔愛知〕 | 菅野建設(株)　〔施工管理〕 045-383-3338　〔神奈川〕 |

防衛ハンドブック 2020

防衛ハンドブック 2020　発売中！

シナイ半島国際平和協力業務　ジブチ国際緊急援助活動も

安全保障・防衛行政関連資料の決定版！

判型　A5判　948ページ
定価　本体1,600円＋税　ISBN978-4-7509-2041-2

朝雲新聞社　〒160−0002　東京都新宿区四谷坂町12−20　KKビル　TEL 03−3225−3841　FAX 03−3225−3831　http://www.asagumo-news.com

# 防医大病院　新型コロナ患者対応の最前線

# 3病棟閉鎖、看護職員確保

新型コロナウイルスへの対応では〝感染者ゼロ〟を維持している防衛省・自衛隊。その1機関で「第一種感染症医療機関」に指定されている防衛医科大学校病院（埼玉県所沢市、淺野友彦病院長）は、中国・武漢市からの帰国者の受け入れを開始した2月1日以降、6月上旬までに感染者23人の患者の治療に当たった。同病院で当初から治療活動に従事した感染対策室長の藤倉雄二医師と感染対策室の三瓶歩看護師。コロナと闘い続けた約4カ月間の日々を2人のリポートと写真で振り返る。

## 診療科の垣根越え医師団結成

医療安全・感染対策部感染対策室長
**藤倉　雄二** 教官（医師）

防衛医科大学校病院は埼玉県が承認する第一種感染症指定医療機関であり、今回の新型コロナウイルス感染症においても、流行当初から受け入れを行ってきました。埼玉県からの要請に基づき、当院では2020年2月1日に埼玉県第1例目の新型コロナウイルス患者の受け入れを行いました。

当時、中国・武漢市からの政府チャーター便帰国者の一時滞在先が埼玉県内にあったため、初期に当院で受け入れた患者は中国からの帰国者が中心でしたが、3月に入ってからは埼玉県内でも散発的に患者が出現するようになったため、県の要請に基づき、特に中等症以上の患者を中心に受け入れを行ってきました。

当院の特色を生かし、比較的重症度が高く人工呼吸器管理を必要とする患者や、合併症（透析患者、精神神経疾患など）のため他の病院では対応できないような患者も受け入れたため、所轄保健所のみならず比較的遠方の患者の対応も行っております。

### 本部長に淺野病院長　感染対策本部を設置

当院では3月16日に、淺野病院長を本部長とし、医師、看護師、事務職員を構成メンバーとする新型コロナウイルス感染対策本部を設置し、近隣の感染状況と当院での対応について情報収集するとともに、情報の一元化によって効率の良い対策を行える組織を構築しました。

埼玉県内では東京都から少し遅れ、4月上旬に急速に新規患者数の増加がみられ始めました。もともと、当院では感染症・呼吸器内科および事前に登録していた看護師が新型コロナウイルス感染症の診療を行っておりましたが、県内の患者増加に伴い、当院への受入要請も増加し、単一診療科や事前登録した看護師だけでは対応できなくなりました。そのため、病院の事業継続計画（BCP）を策定し、それに基づき病棟を順次閉鎖、最終的に3個病棟を閉鎖し看護職員を確保するとともに、医師に対しては診療科の垣根を越えた診療医師団を結成し4月10日から運用を開始して診療にあたっています。

病院内では検査部の協力により早期から核酸増幅検査（LAMP法）を新たに実施し、その他、放射線技師や臨床工学技士の協力のもとに十分な感染対策を講じながら診療を継続しています。

さらに、人工呼吸器や持続血液濾過透析が必要な重症患者の増加に伴い、救急部の全面的な協力をいただき4月16日から救命センターICUを新型コロナウイルス感染症専用のICUとして運用しています。

治療については、受け入れ開始当初はまだ知見も乏しいものでしたが、国内外のさまざまな指針を参考にして治療を行ってきました。抗インフルエンザウイルス薬「ファビピラビル（アビガン）」なども早期から導入しています。

本疾患は軽症が多いとされますが、当院に入院となる患者の多くは既に肺炎を発症している中等症以上の方がほとんどであり、入院後、比較的急速に悪化する症例、改善傾向にあっても致死的な合併症が生じた症例などさまざま経験しました。

### 指針、常に最適化

現在ではこれらの経験や日々アップデートされる知見に基づいた防衛医大の治療指針を作成し、それに基づいて治療を行うことで治療の最適化を図っています。

現在、緊急事態宣言の影響もあり患者数は減少に転じていますが、社会経済活動の再開により再度患者が増加に転じる可能性があり、引き続きある程度の新型コロナウイルス感染症診療機能を維持しながら出口戦略を立案しています。

今回の新型コロナウイルス感染症の流行は、医療現場のみならず我々の生活様式を大きく変える結果になりました。このようなパンデミックにおいて、限られた医療リソースを有効活用するための仕組みづくりがまだまだ不十分であり、今後発展させる必要があることを認識しました。

一方、感染管理・対策の面から考えると、マスクの正しい利用や手指衛生の重要性など、社会啓発が進んだことは今後の衛生概念の向上につながったと思います。十分に有効なワクチンや治療薬が開発され、疾患が制御できるようになるにはまだ時間がかかります。それができるまでは、今後長い時間をかけて新型コロナウイルス感染症との「つきあい方」を模索する必要があると考えます。

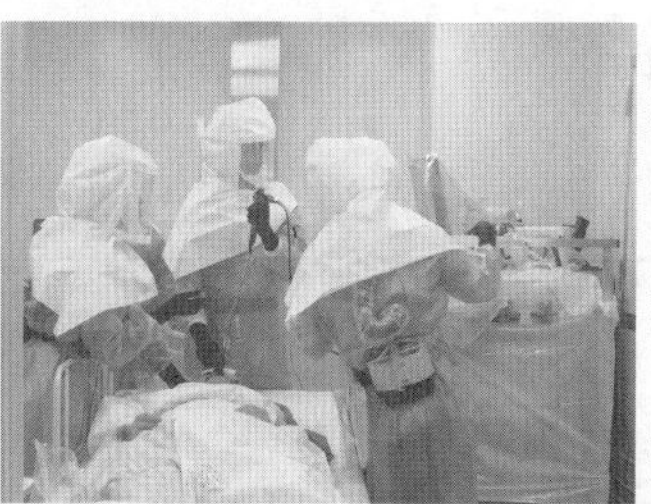

電動ファン付の呼吸用防護具を頭部に着用して患者への気管挿管を行う医師ら。医療機器も養生して2次感染を防いだ

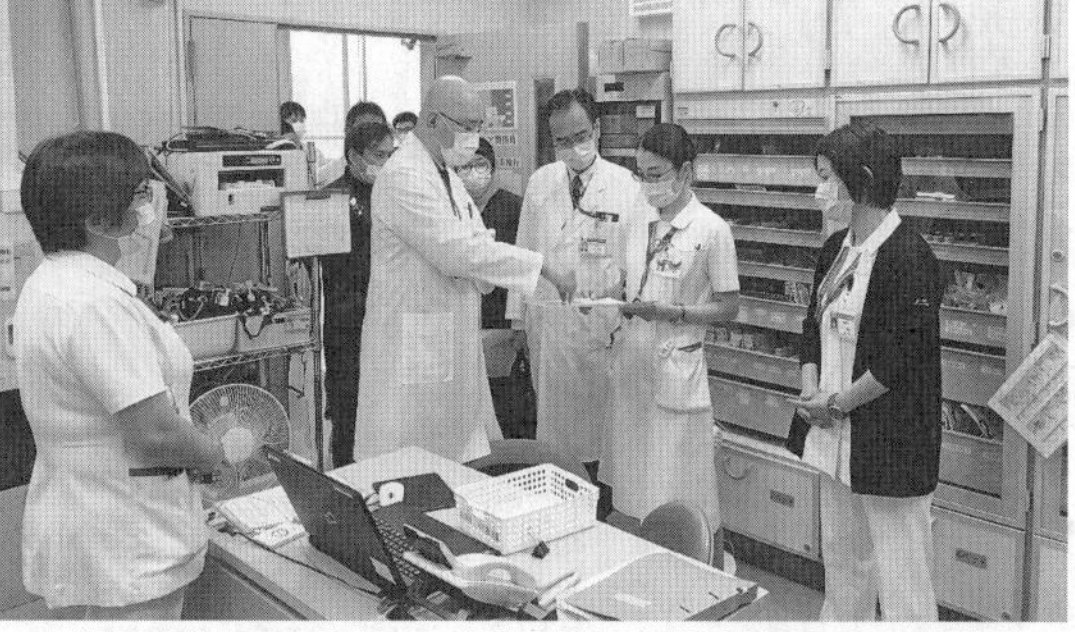

新型コロナ患者対応のカンファレンスで、防医大の感染症専門医師からレクチャーを受ける看護師ら

## 患者ケア、通常通りを心掛け

医療安全・感染対策部感染対策室
**三瓶　歩** 技官（看護師）

### 「確実に感染対策」重視

当院は第一種感染症指定医療機関の認定を受けています。私は、第一種感染症患者受け入れ時の対応要員となっており、当院が新型コロナウイルス感染症患者の受け入れを開始した2月初旬から4月までの約3カ月間、病棟で患者対応に当たりました。

治療薬がないことや、感染力の高さなどの情報が連日伝えられる中での対応に不安はありました。しかし、飛沫・接触感染であるため、必要な個人防護具を正しく着脱し、正しいタイミングで手指衛生を励行するといった、まずは普段から院内で行っている感染対策を確実に実施することを重要視しながら対応に当たりました。

実際の患者受け入れから対応方法、処置、ケアは当院で作成した「1類感染症対応マニュアル」を参考にしながらも、常に更新される最新情報をスタッフ間で共有し、試行錯誤していく必要がありました。

また、自分たちスタッフへの曝露を最小限にするために、テレビカメラや心電図モニターによるモニタリングを導入して患者の観察を行いました。

受け入れ当初は、政府のチャーター便による帰国者の方が中心で、中には明らかな症状がない無症候性病原体保有の方もおられました。そのような患者に関わる中で、症状が出ないかの観察だけでなく、通常個室とは異なる陰圧室に入室することや、外出や面会の制限に対する精神面のケアも必要だと改めて認識しました。

### 暴露の危険が増す　重症患者への対応

3月になると埼玉県内での感染者が出始め、当院では中等症以上の患者を中心に受け入れることとなりました。このころ受け入れた患者は、はっきりとした家族歴や接触歴が不明の患者であり、また、家族も濃厚接触者となっているといった状況でした。

この時期から入院後、呼吸状態が悪化し人工呼吸器を使用する患者が出てきました。大きな基礎疾患がない方であっても急激に呼吸状態が悪化するところを目の当たりにし、改めて新型コロナウイルス感染症の恐ろしさを感じました。

重症の患者となると必然的に処置やケアが多くなります。通常より頻回な訪室や、長時間病室に滞在することが多くなるため、曝露しないよう、より一層気を付けて対応に当たりました。

しかし、曝露の危険はあると言っても、どこか回復してほしい、できる限り通常と同じように患者をケアしたいという思いが常にありました。

3月から4月にかけては重症の患者が亡くなる場面もあり、面会できない患者や家族の思いを考えると心が痛むことがありました。テレビモニターを使用したり、最期の時を家族が防護具を着用して面会する形をとりました。

### 最前線での経験を管理者として助言

私は現在、医療安全・感染対策部、感染対策室に所属し、感染管理認定看護師として勤務しています。患者に関わる前線ではなく、後方からの支援として感染対策の確立や感染防止技術に関する教育、職員からの相談対応などをしています。

市中感染期となってからは、外来通院をしている患者の中にも、新型コロナウイルス感染症の患者が出始めているため、感染症病床だけでなく一般病棟での対応についての相談、職員の健康に関する相談も多くなってきました。2月から4月に前線で患者に対応した経験と感染対策に関する知識をもとに、臨床現場への助言等、職員の不安の軽減に努めていくことが私の役割だと考えています。

今回、2、3カ月の短期間で、社会の状況が目まぐるしく変化し、病院としての対応もフェーズごとに変化していきました。また、予想しない形で第一種感染症指定病床を開くことになり、「1類感染症対応マニュアル」が活用できる部分、そうでない部分、また新たに決めておくべき項目や改善が必要な項目が多くありました。

今後は第2波、第3波の発生あるいは新たな感染症が発生した際に対応できるよう、これまでの状況を振り返りながら整理し、マニュアルとしてまとめていくことが必要だと考えています。

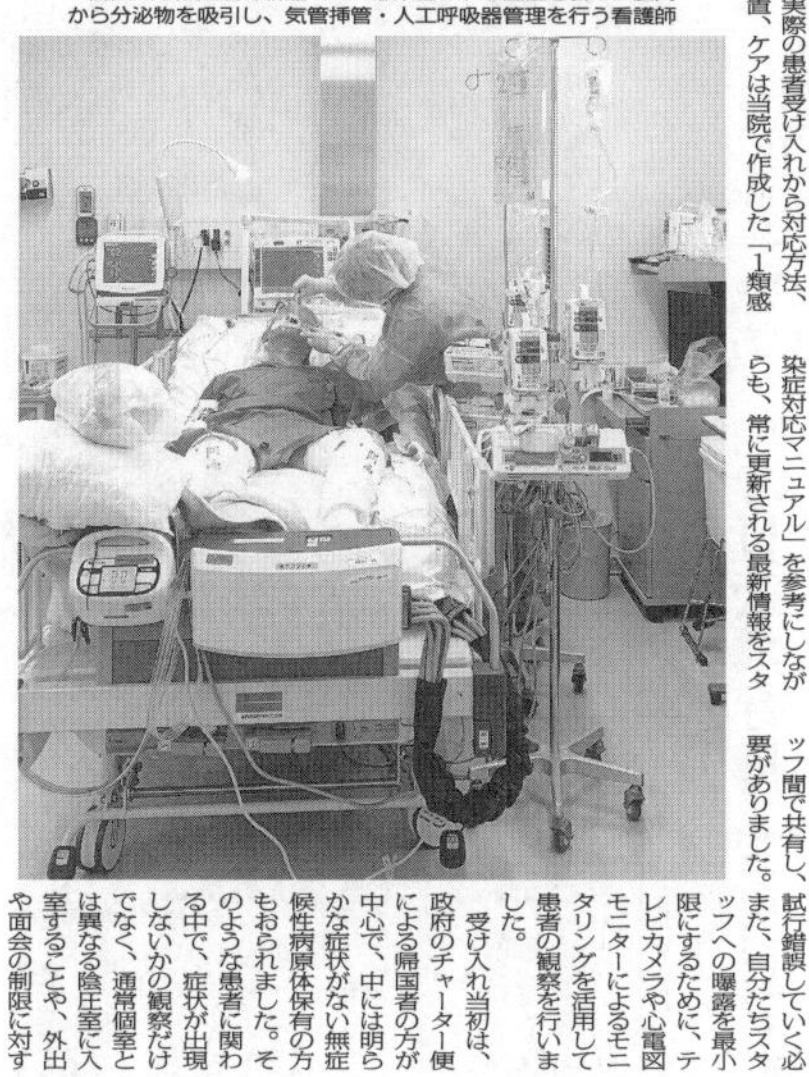

防医大の陰圧室で新型コロナ感染症による重症患者の口腔内から分泌物を吸引し、気管挿管・人工呼吸器管理を行う看護師

◇第一種感染症指定医療機関

感染力など危険性が極めて高く、厳重な管理と入院・治療が必要な「1類感染症」（エボラ出血熱、クリミア・コンゴ出血熱、ペスト、マールブルグ病、ラッサ熱）と、1類に次いで危険性の高い「2類感染症」（急性灰白髄炎＝ポリオ、結核、ジフテリア、重症急性呼吸器症候群＝SARS、鳥インフルエンザ）の感染症患者の治療を行う機関。前室付きの陰圧個室など一定の基準を満たした「感染症指定病床」を有することが条件となる。各都道府県知事により全国で55機関が指定されており（2019年4月現在）、自衛隊病院では、2017年に中央病院（三宿）が指定され、19年に防医大病院（所沢）が加わった。

任期満了退職の方へ
山形・神奈川・愛知・石川
正社員募集
国内83拠点・海外31拠点
自動車用・鉄道用・住宅用ガラスアッセンブリー、自動車用部品の製造・組立、物流事業等を行っています。
www.vuteq.co.jp
vuteq ビューテック株式会社
お気軽にお問い合わせください
退職自衛官採用担当
0565-31-5521

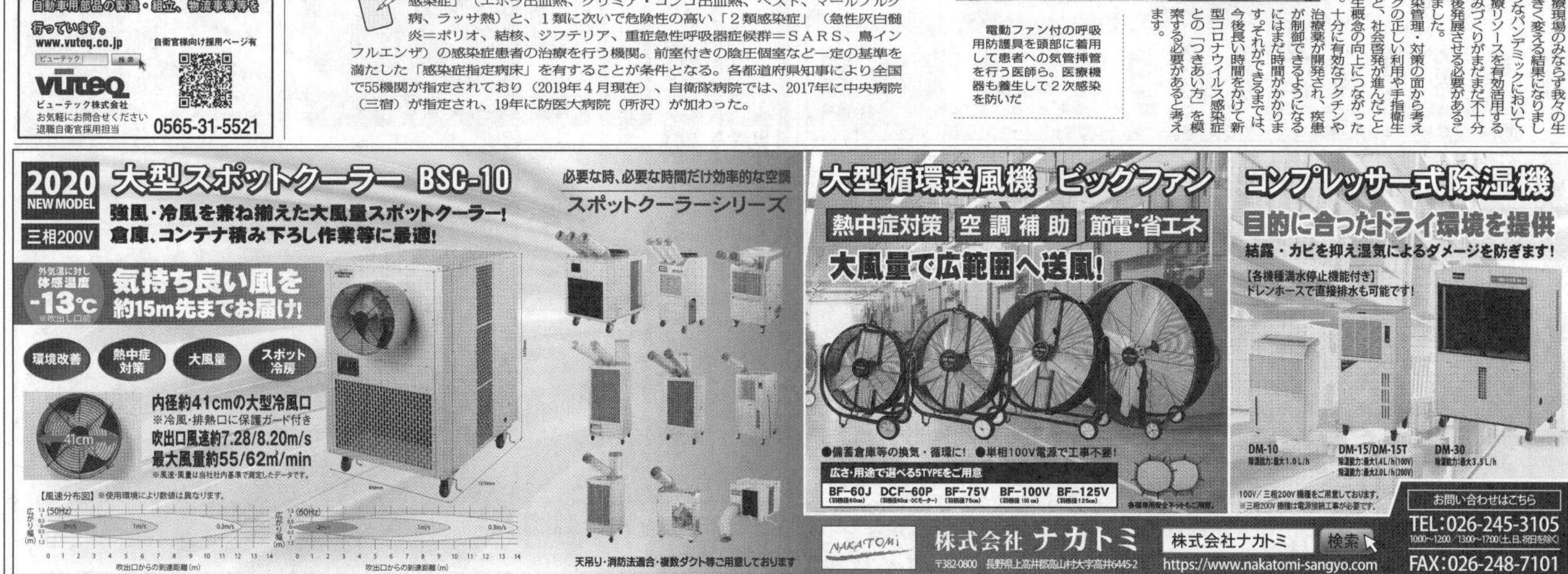

2020 NEW MODEL
大型スポットクーラー BSC-10
三相200V
強風・冷風を兼ね揃えた大風量スポットクーラー！
倉庫、コンテナ積み下ろし作業等に最適！
気持ち良い風を約15m先までお届け！
必要な時、必要な時間だけ効率的な空調
スポットクーラーシリーズ
大型循環送風機 ビッグファン
熱中症対策　空調補助　節電・省エネ
大風量で広範囲へ送風！
コンプレッサー式除湿機
目的に合ったドライ環境を提供
結露・カビを抑え湿気によるダメージを防ぎます！
株式会社ナカトミ
https://www.nakatomi-sangyo.com
TEL:026-245-3105
FAX:026-248-7101

文月、七夜月、愛逢月、初秋――7月。

1日国民安全の日、7日七夕、21日土用の丑の日、23日海の日、24日スポーツの日、28日第1次世界大戦開戦日。

水上聖花代流し　東京・浅草で行われる鳥越神社の夏越大祓い行事。氏子から納められた形代を積んだ御座船が、東京湾に向け隅田川を下る。宮司が船上で祝詞を唱え形代を海に撒き、無病息災を祈念する。7日

蛙飛び行事　世界遺産・金峯山寺（奈良県吉野町）の奇祭。「仏罰」が当たり蛙になった男を助けたという言い伝えにまつわる故事にちなみ、大青蛙を乗せた神輿が蔵王堂へ練り込み、人間に戻す儀式が行われる。7日

# 見るだけでは物足りない…

## 「ブルーインパルスを作って飛ばそう！」

# 〝空飛ぶペーパークラフト〟登場

〝空飛ぶペーパークラフト〟が登場した。展示飛行を見るだけでは物足りない空自ブルーインパルス・ファンも注目する〝作って飛ばせる〟書籍『ブルーインパルスを作って飛ばそう！』（小島貢一著、二見書房刊、1980円）がそれだ。F86F、T2、T4と3機種のブルーをはじめ、ゼロ戦など6機種を作り、実際に空に飛ばせるユニークな本の魅力を探った。

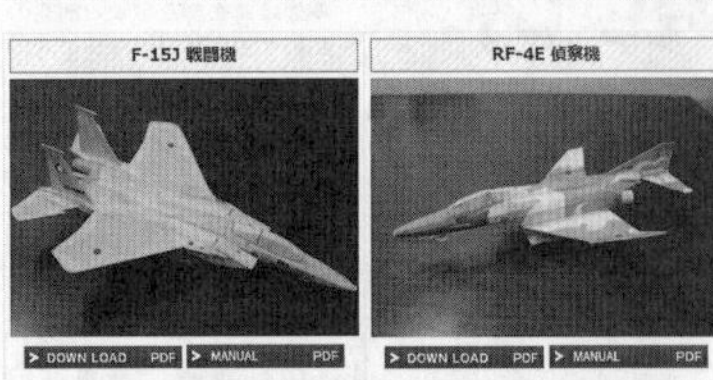

空自のホームページに掲載されている小島貢一氏の3D紙飛行機のペーパークラフト紹介ページ。HPから型紙などをダウンロードできる

### 歴代ブルー　自分で作り飛ばす

A4判大の書籍『ブルーインパルスを作って飛ばそう！』（80ページ）の最大の特徴は、巻末にペーパークラフトのシートが収録されていること。シートを切り取って製作できる航空機は、①初代F86F戦闘機②2代目T2練習機③3代目T4練習機――の歴代ブルーインパルスに加え、④赤色塗装のT4⑤X2先進技術実証機⑥零式艦上戦闘機21型（ゼロ戦）の6機種だ。

いずれも塗装済みの機体パーツがシートに組み込まれ、切り取って手順に沿って組み立てれば、簡単に紙ヒコーキを作ることができる。この機体はいずれも飛ばせる設計となっており、「ゴム・カタパルト」などを使えば大空に向けて高く飛翔させることができる。

### 「3D紙飛行機」空自HPでも紹介

紙ヒコーキ研究家の著者は『よく飛ぶ立体折り紙ヒコーキ』『本物そっくり！紙飛行機』（いずれも二見書房刊）と出合い、本物そっくりの紙ヒコーキの世界に引き込まれた。2006年には自身のウェブサイト『紙飛行機とばそ！』を開設し、ウェブ上に紙ヒコーキの「型紙」を公開した。その後、空幕広報室が舞台になったドラマ『空飛ぶ広報室』を観て感動し、ドラマに登場する主要機のオリジナル紙ヒコーキ・データを空自に無償提供し、空自ホームページの「スペシャルコンテンツ・3D紙飛行機」コーナーでも紹介されている。現在、空自HPからはブルーをはじめ、B777新政府専用機、F35Aステルス戦闘機など計14種の空自機の型紙と作り方がダウンロードできる。

本書では空幕などから提供された写真を使い、「ブルーインパルス3代記」と題した特集記事も掲載されており、過去のブルーの歴史を振り返ることができる。

著者の小島さんは「本書では初めての人でもペーパークラフトを作れるように心がけた。親子で一緒に紙ヒコーキを作って、飛ばしてもらえたらと願っている」と記している。

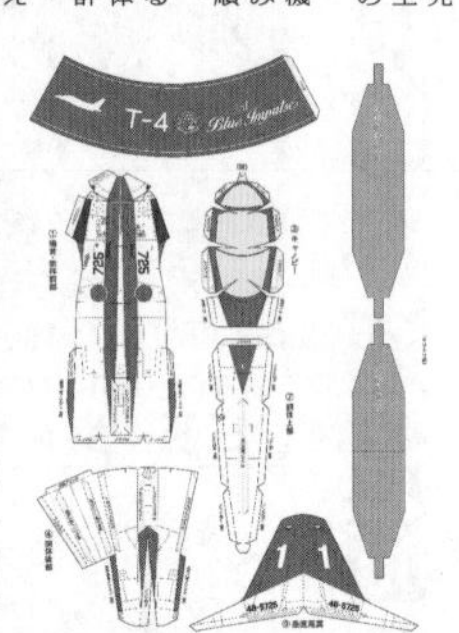


本書の巻末に収録されたブルーのクラフトシート。切り取って組み立てれば、飛ばせる紙ヒコーキになる

ペーパークラフトブック『ブルーインパルスを作って飛ばそう！』の表紙。紙ヒコーキで作られた3代のブルーの機体はリアルだ

## 中方音の歌姫　鶫3曹が3rdアルバム

### 「そして、未来へ」発売　ソプラノの歌声DVDにも

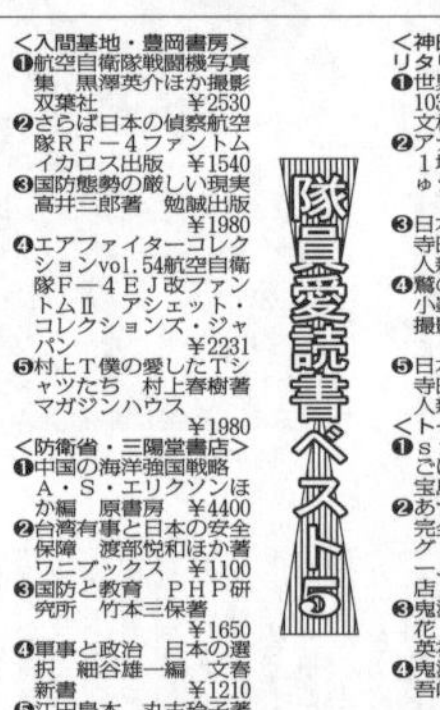

陸自中部方面音楽隊（隊長・柴田昌宜3佐）の〝歌姫〟、鶫真衣3曹の3枚目のアルバム『そして、未来へ』（企画制作協力・カサンミュージック出版。CD＋DVDセットで税込み3500円）＝写真＝が6月3日、日本コロムビアから発売された。

CDには鶫3曹が作詞した中方音のオリジナル曲『そして、未来へ』をはじめ、『栄冠は君に輝く』『旅立ちの日に』『威風堂々』など、さまざまなスタンダード曲が収録されている。

令和元年の国民祭典で披露された今上陛下への奉祝曲『Ray of Water』は、CDだけでなくDVDにも収録され、中方音の迫力ある演奏と鶫3曹の透明感あふれるソプラノの歌声が映像でも堪能できる。陸自音楽隊ファンなら、ぜひコレクションに加えておきたい歴史的なアルバムだ。

## マイヘルス Q&A　糖尿病

### 5人に1人が罹患　喫煙者、飲酒にリスク

Q　糖尿病とはどのような病気ですか。

A　多くの方が普段から耳にする「糖尿病」。「血糖値が高くなる病気?」「尿の中に糖が混じる病気?」――。どちらも正しいのですが、どちらも正確ではありません。

糖尿病とはズバリ、本質的には「糖質の代謝機能が落ちた状態」＝「糖分を活動するためのエネルギーとして使えなくなる病気」です。

Q　糖尿病の診断は。

A　糖尿病の診断は基本的には血液検査（血糖値、HbA1c）によって行います。1回の血液検査で診断がつくことは少なく、複数回の検査によって血糖値が高い状態が「慢性的に」続いていることを医師が証明する必要があります。

Q　糖尿病になりやすい人は。

A　糖尿病には妊娠や、ステロイドといった飲み薬などで発症するもののほか、「1型糖尿病」といって自分の免疫機構に何らかの素因で異常が生じ、発症するものもあります。

生活習慣と遺伝素因の両方が発症に関わると言われている「2型糖尿病」は多くの方が相当しますが、これまでの統計では、▽BMIが22を超える人▽喫煙者▽アルコール多飲者――が通常の人に比べて糖尿病になりやすいと報告されています。

また、血縁者に糖尿病の人がいる場合も、糖尿病になりやすい遺伝素因がある可能性が高いため、定期的に健診で評価をする必要があります。

糖尿病は平成28年の国民健康調査では日本人の約5人に1人が「糖尿病が否定できない人」と推計されており、この20年で著しく増加傾向にあります。

「自衛官＝訓練・運動習慣がある＝糖尿病は少ない」といったイメージですが、実は自衛官の糖尿病罹患者は少なくはありません。本稿を目にしていただいた方々に少しでも糖尿病に興味・関心を持ってもらえれば幸いです。

（自衛隊中央病院　代謝・内分泌内科医官　岩田　真希）

## BOOK NOW　私が読んだ　この一冊

34普連本部管理中隊（板妻）　岡田　健2陸尉　26

ロルフ・ドベリ著、安原実津訳「シンク・クリアリー　最新の学術研究から導いた、よりよい人生を送るための思考法」（サンマーク出版）

自衛官になり約4年。仕事にも慣れ、家庭を築き、何となく人生楽しいなと思いながらもふと浮かぶ「良い人生」とは何か。人生の4分の1を過ぎた今でもその答えは明確に分からない。

この本はスティーブ・ジョブズら起業家や投資家、心理学、行動経済学、哲学から得られた思考法を全52章に分けて紹介。「良い人生」を送るためには何をするかではなく、何をしてはいけないかを考える事が重要だと教えてくれる。困った時に読みたい一冊だ。

91航空隊（岩国）　平井昌人2海尉　29

樺沢紫苑著「アウトプット大全」（サンクチュアリ出版）

何かうまく結果が出ないと悩んでいることはありませんか。それはもしかするとアウトプットが原因かもしれません。

本書を読み、学びを結果に変えるためにはアウトプットが最重要であると気付きました。アウトプットの具体的な例は「書く」「話す」「行動する」といったことで、今私が寄稿していることの行為もまさにアウトプットなのです。

アウトプットに関する事項が80も書かれた本書は、あなたの悩みを解決する一助となるかもしれません。

横田気象隊長　髙橋　靖2空佐　40

山本七平著「日本はなぜ敗れるのか―敗因21カ条」（角川グループパブリッシング）

太平洋戦争に少尉として応召した山本七平氏の著書です。

フィリピン戦の悲惨な様相とともに、極限状態で日本軍の秩序が崩壊した原因「思想的に徹底したものがなかった」や「日本文化の確立なき為」といった日本人や日本文化の性質について分析しています。

先の戦争における日本の敗因や今も変わらない日本人の性質を理解し、これから我々がどうあるべきかを考える上で、参考になる一冊です。

## 隊員愛読書ベスト5

＜入間基地・豊岡書房＞
❶航空自衛隊戦闘機写真集　黒澤英介ほか撮影　双葉社　¥2530
❷さらば日本の偵察航空隊RF－4ファントム　イカロス出版　¥1540
❸国防態勢の厳しい現実　高井三郎著　勉誠出版　¥1980
❹エアファイターコレクションvol.54航空自衛隊F－4EJ改ファントムII　アシェット・コレクションズ・ジャパン　¥2231
❺村上T僕の愛したTシャツたち　村上春樹著　マガジンハウス　¥1980

＜防衛省・三陽堂書店＞
❶中国の海洋強国戦略　A・S・エリクソンほか編　原書房　¥4400
❷台湾有事と日本の安全保障　渡部悦和ほか著　ワニブックス　¥1100
❸国防と教育　PHP研究所　竹本三保著　¥1650
❹軍事と政治　日本の選択　細谷雄一編　文春新書　¥1210
❺江田島本　丸古玲子著　ちょうちょ人間　¥1210

＜神田・書泉グランデミリタリー部門＞
❶世界の傑作機No.195 Fi103〝V1〟&V2ミサイル　文林堂　¥1466
❷アナタノ知ラナイ兵器1増補改訂版　こがしゅうと著　大日本絵画　¥2530
❸日本軍隊用語集＜上＞　寺田近雄著　潮書房光人新社　¥924
❹鷲の翼F－15戦闘機　小峯隆生著、柿谷哲也撮影　並木書房　¥1980
❺日本軍隊用語集＜下＞　寺田近雄著　潮書房光人新社　¥924

＜トーハン調べ5月期＞
❶syunkonカフェごはん7　山本ゆり著　宝島社　¥924
❷あつまれどうぶつの森完全攻略本＋超カタログ　ニンテンドードリーム編集部編　徳間書店　¥1650
❸鬼滅の刃―しあわせの花　吾峠呼世晴著　集英社　¥770
❹鬼滅の刃―片羽の蝶　吾峠呼世晴著　集英社　¥770
❺流浪の月　凪良ゆう著　東京創元社　¥1650


METAWATER
メタウォーターテック
日本の水と環境を守る。メタウォーターで働く。
≪全国で活躍する退職自衛官の皆さん≫


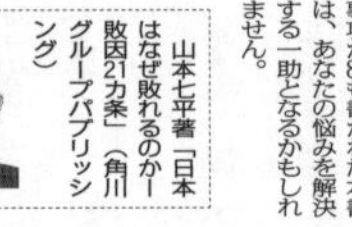

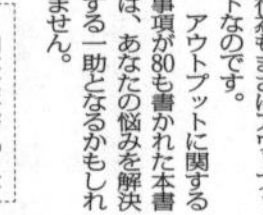


【2020年度任期制退職自衛官募集】勤務地：東京・仙台・群馬・大宮・長野・静岡・金沢・名古屋・大阪・広島・松山・山口・福岡
〒101-0041　東京都千代田区神田須田町1-25　JR神田万世橋ビル　グループ採用センター　www.metawatertech.co.jp

必携の一冊　好評発売中！
陸上自衛官 服務小六法《令和元年版》四六判・1192頁
●改元に伴う関係項目改正！
●憲法、自衛隊法、服務規則、礼式等陸上自衛官の服務上必要な71編を収録！
●平和安全法制整備法に伴う関連法の改正！
（定価2,718円+税）共済組合販価 2,330円

実務力のバージョンアップ　好評発売中！
陸上自衛隊 補給管理小六法《令和元年版》B6判・672頁
●改元に伴う関係項目改正！
●物品管理法、補給管理規則等補給管理実務に必要な22編を収録。実務者必携の一冊。
（定価2,540円+税）共済組合販価 2,180円

文書実務の基本　好評発売中！
陸上自衛隊 新文書実務《新訂第9次改訂版》A5判・432頁
●平成31年3月29日陸自文書管理規則改正対応！
●改元に伴う関係箇所改正！
●公文書管理法等収録！
（定価2,306円+税）共済組合販価 1,980円

好評発売中！
自衛官 国際法小六法《平成30年版》四六判・928頁
●平和安全法制整備法に伴う関連法の改正！
●国際連合憲章を完全収録！
●新たに「国際司法裁判所規程」を収録！
（定価2,556円+税）共済組合販価 2,190円

一覧即決
国際軍事略語辞典《第2版》英和・和英 A5判・144頁
INTERNATIONAL MILITARY ABBREVIATION DICTIONARY
基本的な軍事略語や主要な安全保障関係略語等を収録。
（定価1,400円+税）共済組合販価 1,200円

学陽書房　〒102-0072 東京都千代田区飯田橋1-9-3　TEL.03-3261-1111 FAX.03-5211-3300
（共済組合販価は消費税10%込みです。）☆ご注文は 有利な共済組合支部 へ

# MSV 米陸軍の新たな機動支援艇

米陸軍は半世紀にわたって使用してきた揚陸艇「LCM8」に代わる新たな機動支援艇「MSV (Maneuver Support Vessel)」の整備に着手した。ウオータージェット推進となるMSVは最高速力が30ノット（56キロ）以上、物資を搭載しても21ノット（39キロ）の高速が出せ、戦車など装備品を迅速に輸送・揚陸できるのが最大の特徴だ。陸自も今後新編する「海上輸送群」に輸送船艇の導入を計画しており、米軍の「MSV」はその良き参考となりそうだ。

米軍の主力戦車M1A2を搭載し、高速航行する米陸軍の機動支援艇「MSV」のイメージ（いずれも米Vigor社のホームページから）

上真横から見た「MSV」。搭載したM1A2戦車の砲塔は舷側の上に位置している　下正面から見た「MSV」。船底は「M」字型で、接地面積を減らし接岸・離岸を容易にしている。戦車の砲塔は前扉の上にあり、"艦砲射撃"もできる設計

## 車両の搭載・卸下は「ドライブスルー方式」

## 最高速力30ノット

米軍の「LCM（Landing Craft Mechanized）」は第2次大戦中から上陸用舟艇として活用され、兵員や車両の陸揚げに使われてきた。ベトナム戦争中に整備された「LCM8」もすでに半世紀を経て老朽化が進む。今後、その後継の輸送艇となるのが米ビガー社（Vigor、本社・ワシントン州シアトル）が1番艇を建造中の機動支援艇「MSV」だ。

MSVでは車両の搭載・卸下が「ドライブスルー方式」となる。戦車など車両は艇の後部から自走で乗り込み、接岸後、前部から降りる方式となり、使い勝手は格段に良くなる。

MSVの大きさは全長35・6メートル、幅8・6メートルで、貨物の最大積載重量は82トン。米軍の主力戦車M1A2なら1両、ストライカー装輪装甲車なら2両、高機動車は4両が搭載できる。乗組員は8人だ。

機関は3基のウオータージェット・エンジン推進で、最高速力は30ノット以上、満載でも21ノットが出せる。従来の「LCM8」の速力が9ノット（17キロ）だったことから、2～3倍の速力で装備品を海岸に揚陸できる。航続距離は360マイル（670キロ）だ。

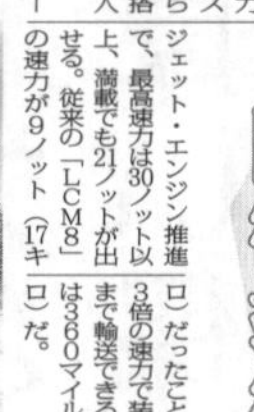

接岸した「MSV」。後部扉の形状がよくわかる

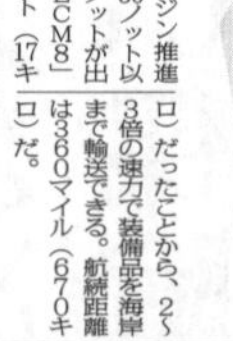

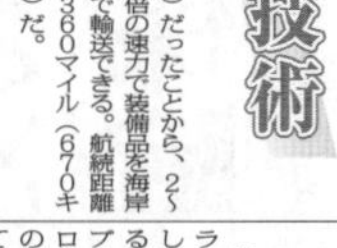

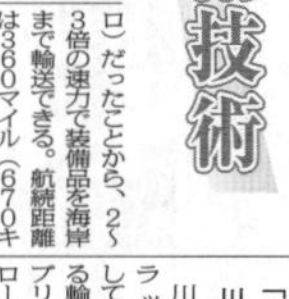

浜辺に乗り上げた「MSV」から自走で上陸するM1A2戦車

## スムーズな接岸を実現
### 戦車の"艦砲射撃"が可能な設計

MSVの船体の特徴は、船底に2本の窪みがあり、正面から見ると「M」字型となっている。これにより、砂浜に乗り上げた際に接地面積を少なくし、抵抗を減らしてスムーズな接岸を実現している。離岸する際も同様の効果があり、作業はスピーディーになる。

一方、車両の搭載で注目されるのは、輸送甲板に乗り込んだ戦車や装甲車の砲塔の高さよりも、船体の前扉や左右舷側が低くなっている点だ。つまり、同艇では搭載した戦車などが艇上から主砲の発射が可能な船体デザインとなっている。

ビガー社が公表したMSVの完成予想図によると、乗り込んだM1A2戦車の120ミリ主砲は舷側や前扉よりも高い位置にある。このため、戦車は艇上でも砲身を自在に回転・上下させることができ、航行中であっても主砲の射撃は妨げられない。

MSVが装備する兵装は、艦首部の左舷側に置かれた機関砲1門だけ。この砲は「遠隔操作式銃塔（CROWSII）」となっており、射手は安全な場所から機関砲を遠隔射撃できる。ただし、機関砲は口径が小さく、射程も短いため、相手に近づいてからでないと使えない。

これに対し、搭載した戦車の主砲なら、上陸前から陸岸に向けて正確な"艦砲射撃"ができるようになる。M1A2戦車の120ミリ砲の威力は絶大であり、射程も長いため、砲撃を続けながら接近すれば、上陸前に敵の多くを粉砕することができるだろう。

MSVは米陸軍にとっては半世紀ぶりとなる新型輸送艇となるため、さまざまな機能やアイデアが盛り込まれている。

MSVの1番艇の完成は2022年ごろであり、就役後に米軍が行う各種実用・運用試験の行方も注目される。

# 防衛技術

## 「空飛ぶ軽トラ」川崎重工が開発

川崎重工は「空飛ぶ軽トラック」として活用できる輸送用ハイブリッド・ドローン（写真）の開発を進めている。

同機はプロペラのモーター駆動に必要な電力を搭載するエンジンで発電するため、バッテリーのみのドローンに比べ、大出力を長時間持続できるのが最大の特徴。計画では重量200キロ以上の貨物を搭載し、100キロ以上を飛行できる。

サイズは全長約7メートル、全幅約5メートル、全高約2メートルと軽トラ並みで、同社製のバイク「Ninja ZX10R」のエンジンを3台搭載。これで発電した電力により8基のモーター・プロペラを駆動し、浮上・飛行する。

**おことわり**　「技術が光る」は休みました。

## 技術屋のひとりごと
### アート・サイエンス・クラフト
柴田　弘
（防衛装備庁・装備官（海上担当））

世界は急激な社会変化に直面している。この変化に適合できるか否かが、組織の健全性、生き残りの鍵となる。

組織を健全に運営・経営する上で、「アート・サイエンス・クラフトの組み合わせが重要」という話を聞いたことがある。サイエンスは論理、分析力といったところ。分析を積み重ね、クラフト（モノづくり）という手段で実現する。

私も若いころは研究開発を進める中で、論理、分析力を磨き、クラフトとして装備品を世に送り出すことに情熱を傾けてきたが、技術屋がサイエンスとクラフトに注力するだけで、激しい変化へ対応することは難しいだろう。論理とか分析力といった過去のデータを重んじたサイエンスを強調しすぎると、過去の延長線上にある答えしか出さなくなる恐れがある。

アートは構想力、発想力といったところ。若い人は自由な発想で、様々な構想が作れると思われている方がおられるが、若い人ほど、実は規則、エビデンスなど、自己を正当化するサイエンスに力を入れる傾向があると感じている。これは「何が根拠だ?」「エビデンスを持って来い」と指導してきた我々の責任でもあるが、それが若い技術屋に求められる能力でもある。

一方で、それらに情熱を捧げてきた技術屋が後年、自己の正当化など気にせず、自由に発想していくことが、変化への適合性を高めるうえで重要になっていくだろう。幸い、人間の脳は50代半ばで最大の出力性能、いわゆる思いついたことを言いたがる能力が最大化するらしい。物覚えはとんと不得意になったが、確かにいろいろ発想が出てくる。

様々な立場の技術屋が、アート・サイエンス・クラフトを実践していけば、必ず組織は変化に適合できると信じている。

# 世界の新兵器 ―――537

## 空対空ミサイル「AIM260 JATM」〈米〉
### デュアルモード・シーカー採用

米空軍の「AIM120 AMRAAM (Advanced Medium-Range Air-to-Air Missile)」に替わる次期空対空ミサイルとして、米ロッキード・マーチン社は「AIM260 JATM (Joint Advanced Tactical Missile)」を開発中である。

この背景には、中国が開発し装備している「PL15」空対空ミサイルや、ロシアが開発している「R37」空対空ミサイルの存在がある。

PL15はAIM120より長い200キロの射程を有し、R37も200キロ以上の射程を有するといわれ、AIM120を凌駕する。さらにPL15は発射されるとマッハ4で高高度へ到達し、その後マッハ2．5で巡航飛翔し、200キロ先の目標（戦闘機など）と交戦する能力を有する。

従って米空軍はこちら脅威となるPL15やR37に対抗できる空対空ミサイルの必要に迫られ、開発を急いでいるのがAIM260 JATMである。

AIM260のサイズは、米空軍の主力機であるF22、F35戦闘機のウエポンベイ（胴体内部の兵器庫）に収納するため、現有のAIM120（直径18センチ、全長3.65メートル）とほぼ同じサイズになるようであるが、ラムジェット推進機構は採用していない。

AIM260の誘導装置（シーカー）については、遠方でも目標を確実に捕捉できるよう、アクティブ・レーダー（AR）と赤外線画像（IIR）の両機能を複合化させたデュアルモード・シーカーを採用している可能性が高い。戦闘機相手が複雑な電子戦の環境下ではIIRシーカーを、赤外線妨害の環境下ではARシーカーを使用することで、命中率を高めることが可能になる。

またAIM260のデータリンク機能は「双方向リンク機能」が付与され、ミサイル発射母機と飛翔中にデータ交換が可能だ。

空対空ミサイル「AIM120 AMRAAM」を発射する米空軍のF35A戦闘機。射程延伸型の「AIM260 JATM」もほぼ同じサイズとなる（米空軍HPから）

これによりミサイルは飛翔中に正確かつ最新の標的情報を得て目標に突入するが、さらに飛翔中に現れた新たな敵機に向かわせるなど、途中で標的の変更もできる。

ロッキード・マーチン社の計画では、AIM260 JATMは2021年に試射を行い、22年から米空軍で初期運用を開始する予定である。

柴田　實（防衛技術協会・客員研究員）

三菱創業150年
三菱重工
MOVE THE WORLD FORW>RD　MITSUBISHI HEAVY INDUSTRIES GROUP
三菱重工業株式会社　www.mhi.com/jp

テクノロジーの頂点へ。
川崎重工業株式会社 www.khi.co.jp


Kawasaki
Powering your potential

大空に羽ばたく信頼と技術
IHIは世界有数のジェットエンジンメーカーです
IHI
Realize your dreams

世界を翔るIHIのジェットエンジン
飛行時代の幕開けから110年が過ぎ、航空技術の進歩は私たちの生活に深い関わり合いと大きな成果をもたらしています。IHIはその無限の可能性を追い求め、取り組みながら新しい飛行時代の到来を目指して積極的にチャレンジしています。
IHIの技術はあなたのそばで活躍しています。

株式会社IHI　航空・宇宙・防衛事業領域
〒135-8710 東京都江東区豊洲三丁目1番1号 豊洲IHIビル TEL. (03) 6204-7656
URL:www.ihi.co.jp

マイクロバブル噴射型 塩分除去装置
Hyper Washer

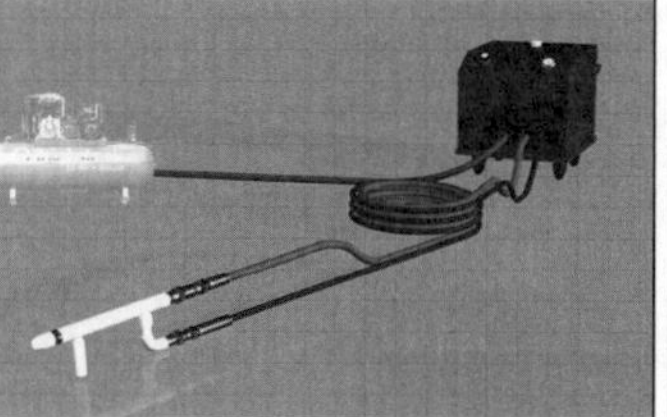

ハイパーウオッシャー〔 HW-10 〕
【特長】
◇"長距離噴射"
10m以上のマイクロバブルミスト有効到達距離により、能率の良い塩分除去作業が可能です。
◇"低圧洗浄"
供給空圧［ 標準空圧：0.6Mpa］が吐出し最大圧力となり、低圧で噴射されたマイクロバブルミストが構造物の奥の隙間や損傷・破損しやすい塗装面・機器等に付着・残存している塩分を安全・容易に除去します。
【用途】
◆ 航空機・車両・船舶等の塩害防止
・海域運用により付着した塩分の除去
・冬季の道路凍結防止剤の塩分の除去
◆ 沿岸地域等の各種鋼構造物の塩害防止
◆ その他 塩害の防止に向けた塩分除去
塩害問題の解決策！

アキモク鉄工株式会社
〒016-0122 秋田県能代市扇田柑子畑 1－29
TEL:0185-58-3691　FAX:0185-58-3688

# 「退職者生命・医療共済」を改定

## 防衛省生協

## 自衛隊員のニーズをとらえ、より「手厚い保障内容」に

セカンドライフの保障と安心を支えます
退職者生命・医療共済
(長期生命共済)
退職後から85歳までの病気やケガによる入院と死亡（重度障害）をこれひとつで保障します。
防衛省職員生活協同組合


パンフレットイメージ

本年7月1日、防衛省生協の退職者向け共済制度である「退職者生命・医療共済」がリニューアルされます。日本では今後さらに少子・高齢化が進み、退職者の方々もますます「自己防衛」の必要性が増していますが、この改定で「退職者生命・医療共済」はより手厚い保障内容となります。そこで、ここでは新たに改定される同共済の変更点、注目されるポイント等について詳しくご紹介します。

（防衛省生協企画部・東俊夫）

### ■「退職者生命・医療共済」改定の背景

日本人の平均寿命は年々伸び続け、現在、男女ともに80歳を超えています。一方で、現役・再就職先を引退し、年金生活に入った多くの元自衛隊員等の生活費は公的年金だけでは足りなくなっており、預貯金等を取り崩して充てているのが現実です。

そのような老後の家計の中で、重い病気等のアクシデントが起こると、身体的な問題に加え、経済的にも非常に不安定な状態に陥ります。

特に「平均寿命」と、介護をうけたり寝たきりになったりせずに日常生活が送れる「健康寿命」との差の期間は、身体的・経済的な問題を抱えるリスクが非常に高い期間となります。

そこで、この期間の経済的支えとして、より一層の「利便性の向上」や「ニーズへの対応」を目指したのが今回の「退職者生命・医療共済」の改定の目的となっています。

### ■「改定」のポイントは3つ

今回の改定の大きなポイントは３つあります。

①平均寿命の伸びを反映させ、満期年齢を５歳延長して「85歳」とし、より長期の安心が確保されました。（図１）

②入院共済金の支払が「３日以上入院で３日目から支払」が「３日以上入院で１日目から支払」となり、より手厚い給付になりました。（図２）

③一時払掛金を保障期間の月数で割った「１カ月あたりの掛金」がより安くなりました。

掛金（図２の㊁）÷（満期までの年数×12か月）が55歳・入院保障5,000円／日、死亡保障100万円、本人のみ加入の場合で3,290円／月となります。

※掛金は一時払のため保障開始後の追加掛金はありません。保障期間中の割戻金（後述）により、実質的な掛金負担はより安くなります。なお、満期時の長寿祝金（１人10万円）は廃止となりました。

防衛省生協の共済事業ラインナップ〈図１〉

生命・医療共済（生命共済）
病気やケガによる入院や手術、死亡（重度障害）を保障します

退職者生命・医療共済（長期生命共済）
退職後の病気やケガによる入院、死亡（重度障害）を保障します

85歳

火災・災害共済（火災共済）

退職火災・災害共済（火災共済）

火災や自然災害などによる建物や家財の損害を保障します

現職　退職　終身

### ■ 具体的な保障の内容

現職時に加入している「火災・災害共済」や「生命・医療共済」から毎事業年度の決算で剰余金が出ると、掛金額に応じて「割戻」があります（民間の保険でいう「配当金」に相当）。これを積み立てた「掛金積立金」（図２の㋐）と今回の改定で新たに導入された「事前積立掛金」（同㋑　後述）及びそれらの利息が退職後の保障に必要な原資額（同㊁）の一部に充当されます。

これに残りの「一時払掛金額」（同㋒）を加え、退職月の翌月１日から保障が開始されます。

保障は大きく分けて「入院の保障」と「死亡（重度障害）の保障」の２つからなります。

「入院保障」は病気とケガのいずれもカバーし、入院共済金として１日5,000円又は10,000円の保障のいずれかを選択し、その金額は満期まで続きます。

一方、「死亡（重度障害）の保障」は死亡共済金として退職時から70歳までの保障を100万円、300万円、500万円から選択し、70歳以降の保障は一律100万円となります。

このように入院共済金と死亡共済金の金額を個々の加入者の必要性に応じて自由に組み合わせることができます。追加の掛金が必要となりますが、「配偶者の保障」を加えて加入することも可能となっています。

退職者生命・医療共済のイメージ図〈図２〉

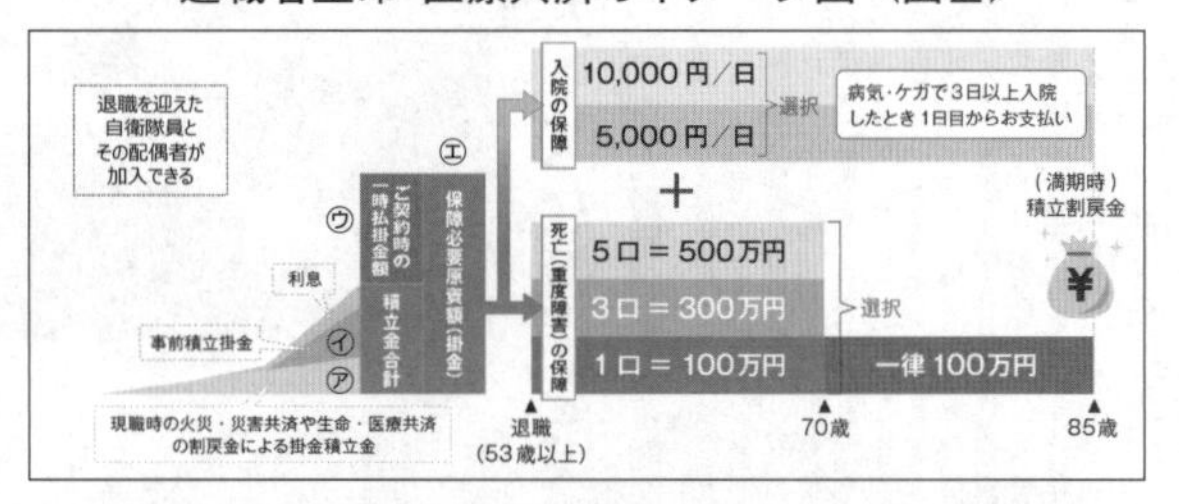


### ■ その他のポイント

退職自衛隊員等とその配偶者の保障を目的としているこの「退職者生命・医療共済」は、生協組合員の細かなニーズに合わせた次のようなポイントも兼ね備えています。

○既に改定前の内容で加入しているＯＢ・ＯＧ組合員の皆さまも「転換」制度の活用により、新しい保障内容に変更することが可能です。

○退職時の一時払掛金の負担感を軽減するため、現職時から余裕資金を積み立てておく「事前積立掛金」が新設されました（図２の㋑）。

○退職時に２年以上「生命・医療共済」に加入していれば、告知は不要となります（配偶者も同様）。

○本人が満期より前に死亡した場合でも、遺った配偶者は当初の満期日まで保障を継続できます。

○解約時は解約返戻金と積み立ててある割戻金を返戻（配偶者分もあり）します。

○満期時には積み立てられていた割戻金を返戻（配偶者分もあり）します。

このように「退職者生命・医療共済」には数々のメリットがありますので、これから定年退職を迎える方々は、退職後のご自身の生活防衛手段の検討材料の一つとしてみてはいかがでしょうか。

◇

防衛省生協の新しくなった「退職者生命・医療共済」についての資料請求・お問い合わせは、全国の駐屯地・基地等に所在する防衛省生協の窓口または防衛省生協本部までどうぞ。

マスコットキャラクター〝さくら〟

### ■ 防衛省生協とは

防衛省生協（防衛省職員生活協同組合）は昭和38年、防衛省職員の生活の安定と向上を目的として発足した非営利の生活協同組合です。現在、自衛隊員・ＯＢ・ＯＧ等を合わせ、約30万人が利用しています。

事業内容は、火災や自然災害などによる建物や家財の損害を保障する「火災・災害共済」、現職時の本人および家族の病気やケガによる入院や手術、死亡（重度障害）を保障する「生命・医療共済」、そして退職後の病気やケガによる入院、死亡（重度障害）を保障する「退職者生命・医療共済」の３種類で、隊員等の皆さまの現職中から退職後までの保障と安心を支えています。

隊員の皆様に好評の
『自衛隊援護協会発行図書』販売中

| 区分 | 図書名 | 改訂等 | 定価(円) | 隊員価格(円) |
|---|---|---|---|---|
| 援護 | 定年制自衛官の再就職必携 | ◎ | 1,300 | 1,200 |
| | 任期制自衛官の再就職必携 | | 1,300 | 1,200 |
| | 就職援護業務必携 | | 隊員限定 | 1,500 |
| | 退職予定自衛官の船員再就職必携 | | 720 | 720 |
| | 新・防災危機管理必携 | | 2,000 | 1,800 |
| 軍事 | 軍事和英辞典 | | 3,000 | 2,600 |
| | 軍事英和辞典 | | 3,000 | 2,600 |
| | 軍事略語英和辞典 | | 1,200 | 1,000 |
| | （上記3点セット） | | 6,500 | 5,500 |
| 教養 | 退職後直ちに役立つ労働・社会保険 | | 1,100 | 1,000 |
| | 再就職で自衛官のキャリアを生かすには | | 1,600 | 1,400 |
| | 自衛官のためのニューライフプラン | | 1,600 | 1,400 |
| | 初めての人のためのメンタルヘルス入門 | | 1,500 | 1,300 |

※ 令和元年度「◎」の図書を改訂しました。

| | |
|---|---|
| 消費税 | 価格は、税込みです。 |
| 発送 | メール便、宅配便などで発送します。送料は無料です。 |
| 代金支払い方法 | 発送図書同封の振替払込用紙でお支払。払込手数料はご負担してください。 |

お申込みは「自衛隊援護協会」ホームページの「自衛官の皆様へ」タブから
「書籍のご案内」へ・・・スマホで今すぐ検索「自衛隊援護協会」
（http://www.engokyokai.jp/）

一般財団法人自衛隊援護協会
電　話：03－5227－5400、5401　FAX：03－5227－5402　専用回線：8－6－28865、28866

# 伝統守り さらに"上昇"

## 遠渡祐樹2佐 ブルーインパルス新隊長、就任の抱負

「伝統を守り継承する」——。空自のアクロバット飛行チーム「ブルーインパルス」（4空団11飛行隊、松島）の隊長に6月1日、遠渡祐樹2佐が就任。隊長としての"初仕事"となった東京都心での医療従事者への感謝の飛行を振り返るとともに、創設から60年を迎えた部隊を率いる抱負などを語った。

### チームワークづくりに尽力

快晴の都心上空でブルーインパルスが5月29日に行った飛行。1番機に乗り、6機編隊をまとめた。

自衛隊中央病院（三宿）など3つの航路を2周。1周目は「デルタ・ローパス」、2周目は「フェニックス・ローパス」の隊形を組み、速度約500キロ、高度約750〜1350メートルで航過した。

机上でのミーティングを繰り返すなど入念に準備し、当日を迎えた。風がなく、晴天の下での飛行。雲が出ていたものの6機の上にあり、「（視界が）さえぎられるものがなく、飛びやすかった」。

ネットのSNSなどを通じて、6機の飛行は大きな反響となり、「医療従事者をはじめ多くの方々に喜んでいただけた」と目的を果たせたと語った。

山形県の庄内空港近くで育ち、小さいころからパイロットになることを夢見ていた。東京国際大3年のとき三沢基地航空祭で戦闘機を間近で見て、空自パイロットになることを決意した。

平成14年4月に入隊。302飛行隊（那覇、その後百里へ移駐）でF4戦闘機に搭乗して防空任務に就き、昨年4月、希望して11飛行隊へ。

ブルーインパルス（11飛行隊）隊長に就任し、T4の操縦席で決意を新たにする遠渡2佐（4空団提供）

「デルタ」隊形でスモークを引きながら東京スカイツリー（写真右下）上空を航過するブルーインパルス（5月29日）＝空幕提供

### 医療従事者へ感謝の飛行「多くの方に喜んでいただけた」

11飛行隊では、1日に3ピリオド（回）、週に5日間、他のメンバーと共に約30種類の課目の錬成に励む。一糸乱れぬ隊形をつくり、展示するため、食事などの時間をなるべく一緒に持つなどチームワークづくりにも務める。

パイロット、整備員ら約40人が在籍する11飛行隊は今年、創設から60年を迎えた。「飛行隊が持つ空気や雰囲気、安全を継承していく。伝統を守っていく」。隊長として部隊のさらなる"上昇"への推進力となる。

**ブルーインパルス**　空自のアクロバット飛行チーム。正式名称は4航空団11飛行隊。1960年8月、1航空団（浜松、当時）内に「空中機動研究班」として誕生。F86F戦闘機、T2練習機と機体を変え、96年4月から青と白にカラーリングされたT4練習機（愛称ドルフィン）を使用している。

前回東京五輪（64年10月）の開会式で、国立競技場上空にスモークで五輪の輪を描いた。来夏に延期された東京五輪の聖火到着式（3月）でも松島基地上空に五輪をつくった。

## フェイスガード1000個製作 関東処用賀支処 中央病院などへ提供

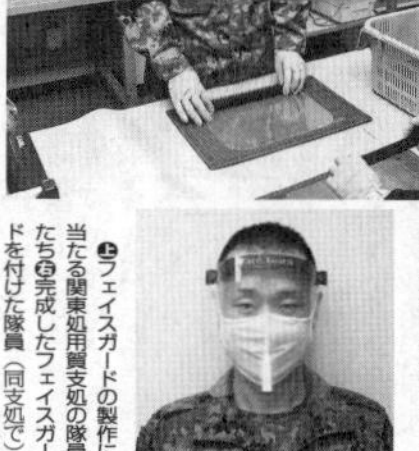

上フェイスガードの製作に当たる関東処用賀支処の隊員たち　右完成したフェイスガードを付けた隊員（同支処で）

【関東処用賀支処】関東補給処用賀支処はこのほど、新型コロナウイルス感染症の拡大に伴い市販品が枯渇、高騰しているフェイスガードを千個製作、自衛隊中央病院（三宿）などに提供した。今後も所要に応じて増産する予定。

感染症対策の専門的知見を持つ3人の薬剤官、技官（薬剤師）の指導の下、衛生部長の菊地道人2陸佐を指導者とする衛生部薬品工場を中心とした各課・工場の隊員延べ約30人が作業に当たった。

感染症流行下でも安定的に流通、安価に取得できる材料を選定し、誰でも軽易に製作できるよう仕様検討も重ね、数種類を試作。最終的に透明クリアファイル、平織ゴム、気密防水テープを使用して完成させた。

交付した中央病院からは使い勝手の良さなどが高く評価されており、自衛隊の各種医療現場で役立つことが期待される。

また、同処は消毒用エタノールの小分け（一斗缶から500ミリリットル容器への移し替え）にも取り組んでいる。今後も持てる技能と人材を活用して、各活動場面での部隊ニーズに積極的に応えていく。

## 感染防護服を300着 九州補給処は4師団へ

【九州処＝目達原】九州補給処はこのほど、新型コロナウイルス感染症の災害派遣に出る4師団に感染防護服（タイベックスーツ）300着を補給した。

処は今回の補給業務を緊急事態と認識。また、CBRN環境（生物・化学兵器等の下での作戦）での支援と捉え、感染防護服にピンホール（針穴）1つでもあれば任務が達成できないことを念頭に、綿密に点検。業務を速やかに行い、支援任務を完遂した。

任務に携わった才松翔2曹（補給部）は、「災害派遣部隊の活動に微力ながら貢献できたことを光栄に思います」と語った。

一方、処は九州の各教育隊の新隊員のために急きょ、野外訓練用マスク千枚を隊員6人で製作し、配布した。マスクはOD色の布製。洗って再利用することが可能で感染拡大防止に役立っている。

上新型コロナの4師団災派のため感染防護服の発送を準備する九州処隊員（目達原駐屯地で）　右マスクを製作する滝ヶ原駐屯地業務隊補給科の隊員（同駐屯地で）

## 滝ヶ原業務隊がマスク製作し配布

【滝ヶ原】滝ヶ原駐屯地業務隊はこのほど、立体型マスク（布製、紙製）約1500枚を製作し、駐屯地でマスクを必要としている隊員に配布した。

市販マスクの購入が困難となり、感染症予防ができない中で訓練を行わなければならない状況が起こることを危惧した業務隊が提案。補給科（科長・土屋芳樹1尉）の隊員15人が一丸となって製作に当たった。

製作を前に駐屯する全部隊に希望調査を行い、必要枚数を計上した。材料には速乾性・撥水性に優れ清潔な主に行事などでテーブルクロスとして用いる未使用の生地を使用。既存の物を活用することで製作費ゼロを目指した。

補給科員が約一月半かけ、本来業務の合間を縫って製作したマスクに隊員からは、「配布され助かっている」「洗えば何度でも使えるので重宝している」と感謝の声が聞かれる。

土屋補給科長は「必要とする隊員に最低でも1枚は渡したいと思い製作した。活用していただけたら幸いです」と語っている。

## 児童養護施設に手作りマスク寄贈 館山21空群

【21空群＝館山】海自21空群は5月23日、館山市の児童養護施設「ひかりの子学園」の子供たちに手作りマスクを寄贈した。

新型コロナウイルス感染症拡大でマスクの入手が困難になっていることを受け、館山航空基地の隊員・家族が合わせて96枚を製作。群を代表して同基地各部隊の先任伍長らが園を訪問し、寄贈した。

園を訪れた隊員たちは何か役に立てればとの思いで手作りマスクを寄贈したが、子供たちの喜んでいる顔を見て、逆に元気をもらっているようだった。

## 「とうりゅう」ロゴマーク決定 龍が日本を守る姿イメージ

TOURYU SS-512

海自は6月16日、来年3月に就役する潜水艦「とうりゅう」（基準排水量2950トン、艤装員長・藤本孝2佐）のロゴマーク＝イラスト＝を公表した。

今年2月20日から4月17日までホームページなどで募集。603件の応募があり、艤装員による選考の結果、大阪府在住のデザイナー・奥田明美さんの作品が選ばれた。

ロゴマークは赤い日の出を背景にし、青い波から漆黒の龍が飛び出す様子が描かれている。四方を海に囲まれた日本を日の出と波で表現、大海原で荒々しく戦う「闘龍」が日本を守る姿をイメージしている。

多くの人に親しんでもらえるよう、「闘龍」のつぶらな瞳がチャームポイントの作品になっている。

## こちら警務隊 薬物犯③

### 麻薬に手を染めるな！ 向精神薬も乱用は危険

**麻薬及び向精神薬とはどんなものですか？**

麻薬には精神錯乱、幻覚、不眠症などの危険があり、違法に所持や使用をすると、ヘロインは10年以下、コカインやMDMAなどは7年以下の懲役に処せられます。

また、向精神薬は不眠症、うつ病等の治療薬として使われる半面、乱用すると精神、身体に障害を与えるなどの副作用があることから、医師の処方を受けて適切に使用する必要があります。

なお、病院で処方されたものであっても、他人に譲り渡せば、3年以下の懲役に処せられます。

麻薬には絶対に手を染めてはいけません。

（東部方面警務隊）

次回は「迷惑防止条例違反（ダフ屋）」

## 小休止

▽…山形地本米沢地域事務所（所長・高島伸治1空尉）はこのほど、「広報官肉体改造計画」を始動、筋力トレーニングに励んでいる。

▽…高島所長は日頃の広報官の運動不足と健康管理を懸念。また、話題になっている山形地本の広報用の筋肉動画やポスターに触発され、米沢所の広報官も「どげんかせんといかん！」と強化を指示した。

▽…米沢所の"筋肉広報官"黒澤卓3海曹＝写真中央＝が教官となり、筋肉動画のキャッチフレーズにちなみ、「鍛えているんじゃない。広報官も備えているんだ」を合言葉にトレーニング。所員の体はたくましい体型に変化しつつある。（山形地本）

## あさぐもドリーマイ's　吉中どんど

防衛省職員・家族団体傷害保険／防衛省退職後団体傷害保険

# 団体傷害保険の補償内容が 一部改定 になりました！

**Point 1　新型コロナウイルスが新たに補償対象に!!**

A型（家族補償タイプ）・B型（個人補償タイプ）・D型（予備自衛官等用）に「指定感染症追加補償特約」がセットされ、特定感染症の補償範囲が「指定感染症※1」まで拡大されました。それにより、これまで補償対象外であった**新型コロナウイルスも新たに補償対象**となります。

（注）指定感染症追加補償特約の対象となる方は、**A型・B型では防衛省共済組合員ご本人、かつ、記名被保険者ご本人に限ります。公務中や通勤災害中の事故に限定せず幅広く補償いたします。**

**Point 2　2020年2月1日に遡って補償!**

2月1日以降に発病されたものから補償の対象※2となるため、既にご加入されている方で、該当する方は、三井住友海上事故受付センター（0120-258-189）までご連絡ください。

**Point 3　既にご加入されている方の新たなお手続きは不要!**

既にご加入されている方は、新たなお手続きや追加の保険料のお支払いは必要ありません。

※1 特定感染症危険補償特約に規定する特定感染症に、感染症の予防及び感染症の患者に対する医療に関する法律（平成10年法律第114号）第6条第8項に規定する指定感染症(注)を含むものとします。
（注）一類感染症、二類感染症および三類感染症と同程度の措置を講ずる必要がある感染症に限ります。
※2 新たにご加入された方や、増口された方の増口分については、ご加入日以降補償の対象となります。ただし、保険責任開始日からその日を含めて10日以内に発病した特定感染症に対しては保険金を支払いません。

気になる方は、各駐屯地・基地に常駐員がおりますので弘済企業にご連絡ください。

【引受保険会社】（幹事会社）
三井住友海上火災保険株式会社
東京都千代田区神田駿河台 3-11-1　TEL：03-3259-6626

【共同引受保険会社】
東京海上日動火災保険株式会社　損害保険ジャパン株式会社　あいおいニッセイ同和損害保険株式会社
日新火災海上保険株式会社　楽天損害保険株式会社　大同火災海上保険株式会社

【取扱代理店】
弘済企業株式会社
本社：東京都新宿区四谷坂町 12 番地 20 号 KK ビル
TEL：03-3226-5811（代表）

みんなのページ

上 護衛艦「あさひ」の前部甲板に立つ海自2護衛隊司令の北川敬三1佐
下 メンターであった故谷川清澄元海将をはさんで、左が筆者の齋藤海将補、右が『軍事組織の知的イノベーション』を上梓した北川1佐

# 北川君と「軍事組織の知的イノベーション」

海将補　齋藤　聡（海上幕僚監部防衛部長・市ヶ谷）

このたび私の故郷である長崎県佐世保市を母港とする第2護衛隊司令の北川敬三1佐（幹候44期、以下君で呼ばせていただく）が、勁草書房より『軍事組織の知的イノベーション　ドクトリンと作戦術の創造力』を出版したので、ここにご紹介したい。なお、同書は5月14日付『朝雲』新刊紹介でも取り上げられている。

著者の北川君と私の出会いは、今から27年前にさかのぼる。私が、江田島の幹部候補生学校で「鬼教官」といわれる幹事付だった時である。つまり、彼は私の教え子である。

当時、北川君は候補生。候補生の約半分が防衛大学校卒、残りは一般大学卒等である。北川君の出身大学が面白い。米国のアナポリスにある米海軍兵学校卒であった。同校へ短期留学する防衛大学校の学生は毎年数人いる。しかし、4年間の全ての学業を修めて卒業した者は、日本では北川君だけ（日清戦争以来）である。

その後、彼は水上艦艇幹部としてさまざまな海外派遣のほか、海幕勤務、護衛艦艦長、在英国防衛駐在官、海自幹部学校戦略研究室長を経て、目下、護衛隊司令として指揮をとっている。

## 慶大大学院での博士論文が基に

さて本書は、北川君が勤務の傍ら、自己研鑽の一環として慶應義塾大学で土屋大洋教授の下で研究、執筆した博士論文がもとになっている。学位審査を経て、北川君は慶大より、自衛官としては初の博士（政策・メディア）を授与されている。

私が注目したのは、本書の真の含意である「リーダーシップ」と「健全な軍事組織」である。その上で、「解答を教えるより、問いを解く方法論」の重要性に着目している点である。軍事組織が問題解決の方法をいかに生み出し、自己革新に用いてきたかを豊富な文献と事例により論じている。知的にもワクワクしてくる内容である。

私としては、日本海軍の流れを汲む海自の伝統の中で、北川君が勤務を通じ、本書の発想を育てていったことを喜びたい。日本海軍出身者によって1954年に創設された海上自衛隊は、日本海軍の精神的伝統は継承したが、知的伝統はむしろ新たなパラダイムへの新規出発であったとする点にも注目した。

私と北川君共通のメンターであった故谷川清澄元海将（海兵66期、元佐世保地方総監）からのミッドウエー海戦等の聞き取りも、本書に力を与えている。谷川先輩は、天国でさぞ喜ばれていると思う。

## 「作戦術」分析は我が国で初めて

本書の副題は「ドクトリンと作戦術の創造力」である。軍事組織が時代の変化に応じて組織変革するにはどのようにすればよいのか。戦略と戦術を繋ぐ概念である「作戦術（オペレーショナル・アート）」の起こりと発展を豊富なケーススタディーを用いて分析している。作戦術を正面から学術的に、かつ平易に描いたのは我が国では本書が初としても過言ではないだろう。

もちろん本書は、学術書である。しかしながら、各章が中心人物を中心にストーリー性と論理性を持って書かれてあり、文章も平易で読みやすい。序章で、用兵思想における「サイエンスとアート」、「軍事理論とドクトリン」が基礎知識としてまとめられており、頭にすっきりと入ってくる。各章が自己完結しており、どこから読んでも発見がある。

本書は、約1世紀に及ぶ軍事組織の知的変遷を考察しているため、「用兵思想史」としても読める。本書により、軍事組織における知的態度、方法論やドクトリン、作戦術の意義や経緯、戦略系譜の中の位置づけが明確になっている。本書の結論は、軍事組織といえども一般の組織とそう変わらない共通する課題を持っていることも示している。自衛隊は国際競争をしていることは論を待たない。中でもリーダーである幹部自衛官の知力は戦闘力に直結するといっても過言ではない。

北川君は入隊時、「太平洋の懸け橋になる」と言っていた。本書で彼は「実務と学術の懸け橋」としての模範も示している。部隊勤務や幕勤務の中でも博士号は取れる。これは何より若い次世代の幹部自衛官への大きな励みとなるだろう。

若い世代だけでなく、50歳台半ばの私も刺激を受けた。1989年当時は制度的に防衛大学校を卒業しても学士を取得できなかった。北川君の頑張りに大いに刺激を受け発奮、私もこの春、大学院で修士号を取得した。彼の薦めで、学会にも入会した。

## 山村海幕長望む「変化への適合」

本書は、あらゆる分野に横断的に応用可能であり、特に常に変革を求められる組織に示唆するところが大きい。実際、山村海上幕僚長の方針の一つである「変化への適合」を拠り所に日々、海上自衛隊の将来を構想している弊職にとって大きな示唆を与えてくれている。

また、本書は優れた通史として日本海軍から海上自衛隊の流れが把握できる。組織とは、先人の到達点を出発点としなければならない。同盟国である米国等の部隊運用の基本である作戦術の形成背景が分かりやすく書かれており、次世代を担う防大生、幹部自衛官、組織のリーダーである一般読者には是非一読をお勧めする。

そもそも戦略論や組織論は軍事から発展している。北川君の『軍事組織の知的イノベーション』は、長く読み継がれると確信している。

北川1佐の著書『軍事組織の知的イノベーションードクトリンと作戦術の創造力』（勁草書房刊）

(世界の切手・アメリカ)

自分の目標を明確にせよ。さもないと日々の些細な用事に人生を奪われてしまう。

R・ハインライン（元米海軍士官、SF作家）

朝雲ホームページ
www.asagumo-news.com
<会員制サイト>
Asagumo Archive
朝雲編集部メールアドレス
editorial@asagumo-news.com

## 新刊紹介

### 「目に見えぬ侵略」中国のオーストラリア支配計画
C・ハミルトン著、奥山 真司ら訳

オーストラリア人の「対中国観」を一変させた"超弩級"の衝撃力をもった書だ。大学教授の著者は中国の豪州支配計画の実態を白日の下にさらし、母国の危機を国民に広く知らしめた。

中国共産党は豪州の「自由な社会」を最大限に利用し、政界・財界・メディアなどに浸透、財力にものをいわせて有力者を抱き込み、米豪同盟の弱体化と豪州支配を目論んできた。その方法の一つは「合弁」で、中国企業が政治家ら有力者を巧みに財政援助し、同国の政治・外交・経済に影響力を及ぼすとともに、西側の極秘情報を堂々と入手。さらに華僑ら100万人の中国系市民や北京の「代理人」を使い、あらゆる手段を使って社会監視を行ってきた。

こうした「目に見えない侵略」の手口に気づいた著者は、北京の工作をあらゆる資料から明らかにし、危険を冒して2年前に出版した。本書のインパクトは大きく、豪州政府はもちろん、トランプ米大統領ら西側の首脳も中国への警戒感を強め、次々と対抗策を打ち出している。

北京の同様の工作は日本国内でも間違いなく行われているはずで、中国のあらゆる手段を使った「超限戦」を理解する上でも、自衛隊員にはぜひ読んでおいてもらいたい一冊だ。（飛鳥新社刊、2090円）

### 「技術覇権　米中激突の深層」
宮本 雄二ら著

「米中新冷戦」の構造を技術面から徹底解説した本だ。アメリカは中国政府が打ち出した技術覇権のための目標「中国製造2025」を自国への挑戦と見なし、それを頓挫させるべく動き出した。トランプ米大統領による5Gをめぐる中国の「ファーウェイつぶし」などはその典型例と言えるだろう。

本書は元中国大使の宮本雄二氏らが米中の「技術覇権」を巡る争いと技術管理の実態を分かりやすく解説。次いで土屋大洋慶大教授らハイテクの専門家がサイバー空間の覇権争い、半導体にみる中国の光と影、揺れる欧州の対中関係、米中冷戦下の日本のルール形成戦略など、それぞれ生き残りをかけた各国の技術戦略を紹介、その問題点などについても分析している。

著者は「経済安全保障ではルール作りの観点が重要」であるとし、日本はこれに力を入れていくべきだと提言。また、サイバーの覇権争いでカギを握るのは、誰が仕掛けているのかを突き止める「アトリビューション能力」であるとし、自衛隊などもこの点を第一に強化していくべきだと述べている。（日本経済新聞出版刊、2750円）

## 2士で入隊し、初級幹部へ

3陸尉　小暮 大仁（33普連4中隊・久居）

前川原駐屯地の幹部候補生学校を卒業し、第33普通科連隊に着隊してから、自分が思うよりも早く時間が過ぎ去っていきました。そして幹部任官の日を迎えました。

私が陸上自衛隊に入隊し、最初に与えられた階級は「2等陸士」でした。忙しい新隊員教育隊の生活の中で、まずは分隊員として分隊のために訓練に励みました。その時は、小隊長が分隊長に命令を下達し、私は分隊長の指示に従っていただけでした。

その後、環境が一変しました。幹部候補生学校に入校すると、私には「陸曹長」の階級が与えられ、幹部候補生として教育を受け、日々、幹部に必要な資質を涵養するために励みました。

そして、ついに幹部となり、隊員を指揮する立場になりました。これからは、自分が「小隊長」として命令を下し、小隊を動かさなければなりません。いま、その重責をひしひしと感じています。

幹部候補生学校入校中に感じていた責任の重さは、いま、任官式を終えてからはっきりと認識できるようになりました。これからは隊員を指揮するという重い責任を負いながら、初級幹部として部隊での職務に励みたいと考えています。

## OBがんばる

松本　義孝さん 56
平成30年10月、長崎地本を最後に定年退職（特別昇任2陸佐）。長崎県諫早市にある医療法人宏善会・諫早記念病院に再就職し、車両運行や施設管理を担当している。

### 地域・業種・賃金の熟慮を

私は長崎地方協力本部募集課での勤務を最後に定年退職しました。退職10年前のグリーンプログラムや3年前の業務管理教育をしっかり受講したものの、日常業務に忙殺され、再就職の目標や目的が定まったのは退職半年ほど前でした。

縁あって現在、諫早記念病院においてデイサービス利用者の送迎や車両点検を含む車両管理と施設の改善・修理など施設管理を担当しています。送迎の仕事は自宅の庭先までの車両運行や車椅子を乗せての運行など、細心の注意が必要です。

再就職して1年、現在の業務が円滑にできているのは自衛官時代に運用訓練幹部や指揮官を経験し、周囲の状況を感じ取れる習慣がついていたことが大きいと思います。今後どうすれば良いか、業務予定を立案する能力が養われていたことが役立っています。

現職の皆さまもすでにどんな職種にも対応できる資質・スキルを有していると思います。ですからそれを自分の武器として売り込んでください。その際、再就職する地域・希望業種・希望賃金をバランスをもって熟慮することが重要だと思います。

その際、希望と折り合わないといった問題が発生すると思います。そこで早期の業務管理教育受講が必須であり、早期の準備が必要になります。自分の希望について「足りないものは何か」「どのような資格が必要か」など、援護担当者とよく相談し、早期から準備していくことが大切だと思います。

### 「朝雲」へのメール投稿はこちらへ！

▽原稿の書式・字数は自由。「いつ・どこで・誰が・何を・なぜ・どうしたか（5W1H）」を基本に、具体的に記述。所感文は制限なし。
▽写真はＪＰＥＧ（通常のデジカメ写真）で。
▽メール投稿の送付先は「朝雲」編集部（editorial@asagumo-news.com）まで。

## 第1237回出題

### 詰碁

出題　日本棋院　九段　曲　励起

黒先

『黒を助けて下さい。最初の手が大切です』。5分でできれば中級です。

▶詰碁、詰将棋の出題は隔週です◀

### 詰将棋

出題　日本将棋連盟　九段　石田　和雄

≪第821回の解答≫

【正解】▲2二金△1三玉▲1二金△2三玉▲1四金△同玉▲1三馬までの七手詰め。

【解説】初手は俗に▲2二金から始めます。△1三玉に▲1二金と寄せる。そして五手目の▲1四金がトドメの金。金の使い方が本題の主眼でした。

▲先手　持駒　金金

未知の感染症により、人々が大きな困難に直面している今。
未来の日本人が笑顔で暮らせることを祈って散華された
特攻隊員のお心に思いをはせます。
皆様とともに慰霊、顕彰をしてまいりたいと願います。

【特攻隊員 遺詠】
『 気は澄みて　心のどけき今朝の空　散りゆく身とはさらに思わず 』
海軍一飛曹　川尻 勉　命　享年17歳　昭和20年7月29日歿
海軍甲種飛行予科練習生(甲飛13期)多聞隊伊号第五十三潜水艦(イ53潜)
回天に搭乗　沖縄海域にて戦死　北海道出身
『特攻隊遺詠集』191頁 (公財)特攻隊戦没者慰霊顕彰会編 平成11年刊行 PHP研究所

当会の活動、会報、入会案内につきましてはホームページまたはFacebookをご覧下さい。

公益財団法人 特攻隊戦没者慰霊顕彰会
〒102-0072　東東京都千代田区飯田橋1−5−7　東専堂ビル2階
Tel: 03-5213-4594　Fax: 03-5213-4596
Mail: jimukyoku@tokkotai.or.jp
URL: https://tokkotai.or.jp/
Facebook(公式): https://www.facebook.com/tokkotai.or.jp/

ホームページ

Facebook

イラスト／会員 羽鳥ぴよこ

朝雲
発行所 朝雲新聞社
〒160-0002 東京都新宿区四谷坂町12-20 KKビル
電話 03(3225)3841
FAX 03(3225)3831
振替00190-4-17600番
定価一部170円、年間購読料9170円（税・送料込み）

明治安田生命
保険金受取人のご変更はありませんか？

本号は10ページ



陸上イージス

# 秋田・山口への配備断念

## NSC決定 代替地「極めて困難」

河野防衛相は6月25日、省内で臨時記者会見を行い、前日24日に官邸で開かれた国家安全保障会議（NSC）で、陸上配備型ミサイル防衛システム「イージス・アショア」の秋田、山口両県への配備を断念することが決まったと発表した。河野大臣は「（NSCにおいて）私から配備プロセスを停止するに至った経緯を報告し、議論をいただいた。防衛省としては、その他の代替地を見つけることは『極めて困難』との見通しを持っている。今後、我が国のミサイル防衛についてNSCで議論し、与党ともしっかり意見交換し、日米間でも当然、協議を続けていきたい」と述べた。

## ミサイル防衛の議論を継続

河野大臣は25日の臨時記者会見で代替地に関し、「イージス・アショアで我が国全体を防護するということは、秋田県と山口県に配備するのが最も効果的だと判断している。両県でこれまで配備先としていた候補地以外で候補地があるかどうかを分析・検討したが、非常に困難ということだ」と説明した。

秋田、山口両県の知事には同日朝、配備の断念を電話で直接伝えたことを明らかにした。

米側とは「さまざまなレベルで常に連携し、意見交換を行っている」と述べ、今後はNSCでの検討状況に合わせて防衛省として議論・検討を進めていく考えを示した。

翌26日、閣議後の記者会見に臨んだ河野大臣は、議論の前提について「日本の安全保障政策の議論は当然、憲法あるいは国際法の枠内で行われる」と明言。「その上で、（安倍首相が）6月18日の記者会見で述べたように）NSCで徹底した議論を行っていくことになる」との認識を示した。

また、「自民党は（元防衛相の）小野寺五典・安全保障調査会長以下、イージス・アショアの代替についての議論がスタートすると聞いている。公明党でも、そうしたご議論をしていただけると思っている」と述べた上で、「さまざまな議論が行われ、さまざまな用語が飛び交っているが、人によって用語の意味するところが違う。やはり、用語の定義を明確にして、何を意味しているのか共通認識を持った上で議論をしなければならない」と指摘し、今後の議論の深化に向け、用語の定義を明確化する必要性を訴えた。

さらに、弾道ミサイル防衛（BMD）だけでなく、航空機や巡航ミサイルなどへの対応も含めた「IAMD（統合防空ミサイル防衛）」にも言及した上で、「イージス・アショア以外にもさまざまなオプションがあるので、そうしたオプションをテーブルの上に載せて一つずつ長所・短所をしっかり見ていかなければいけない。防衛省として、議論について国民の皆さまに分かりやすく、議論にしっかりと参加していただくような情報発信をしていかなくてはいけないと思っている」と語った。

◇「イージス・アショア」

北朝鮮の度重なる弾道ミサイル発射を受け、2017年12月19日、海自イージス艦の負担軽減とミサイル防衛の強化を目的に政府が導入を閣議決定。秋田県の陸自新屋演習場（秋田市）と、山口県の陸自むつみ演習場（萩市、阿武町）に1基ずつ配備する計画で、23年度の運用開始を目指して準備を進めてきたが、今年5月下旬、ミサイル発射後に切り離すブースター（推進装置）を確実に演習場内に落下させるためには大幅改修に伴う莫大な費用と長期に及ぶ開発が必要と判明し、6月15日、河野防衛相が両県への配備プロセスの停止を表明した。

陸上配備型ミサイル防衛システム「イージス・アショア」の施設（米ミサイル防衛庁のHPより）

### 「今夏NSCで議論」 首相

安倍首相は6月18日、通常国会閉会を受けて官邸で記者会見し、「我が国の防衛に空白をもたらすことはあってはならない。現行憲法の範囲内で専守防衛の考え方の下、抑止力・対処力を強化するために何をすべきか。安全保障戦略のありようについて、この夏、NSCで徹底的に議論し、新しい方向性をしっかりと打ち出し、速やかに実行に移していきたい」と述べた。

## シンガポール海軍と訓練

### 遠航部隊 米、印とも連携強化

初級幹部を乗せ、東南アジア方面を巡航中の海自の前期・遠洋練習航海部隊（練習艦「かしま」「しまゆき」で編成、指揮官・八木浩二海将補以下約500人）は6月22日、南シナ海でシンガポール海軍と親善訓練を実施した。部隊はシンガポールのチャンギへの寄港を前に、同国海軍のフリゲート「ストルワート」（満載排水量3250トン）と戦術運動、通信訓練を行い、両国の信頼関係の促進を図った。

部隊は翌23日にも、同海域で米海軍の沿海域戦闘艦「ガブリエル・ギフォーズ」（同3200トン）と会合し、戦術運動や通信訓練を通じて日米海上部隊の連携を強化した。

また、27日にはインド洋でインド海軍の駆逐艦「ラーナ」（同5050トン）、コルベット「クリッシュ」（同1350トン）と親善訓練を行い、戦術運動、通信訓練を通じて信頼関係の促進を図った。

シンガポールへの寄港を前に同国海軍のフリゲート「ストルワート」（左）と親善訓練を行う海自遠航部隊の練習艦「しまゆき」（6月22日、南シナ海で）

## ホテルグランドヒル市ヶ谷、7月から営業再開

新型コロナウイルス感染拡大防止のため、厚生労働省の要請を受けて4月6日から一時休業し、PCR検査結果待ちの帰国者らに客室を提供してきた防衛省共済組合運営の「ホテルグランドヒル市ヶ谷」（東京都新宿区）が、7月1日から全館で営業を再開した。

これに先立ち、6月24日〜30日の日没から深夜まで、東館客室の窓明かりによる〝ウインドー・イルミネーション〟を行い、ホテルの利用者や医療従事者への感謝の気持ちを込めて「光のメッセージ」を発信した。期間中はハートマーク＝写真＝や、「HOPE」の文字が浮かび上がり、道行く人たちの目を楽しませた。

三沢

# 日米31機が行進

## 初の「エレファント・ウオーク」

### 空幕長「対処能力の向上を図る」

空自3空団、在日米空軍第35戦闘航空団をはじめとする日米の三沢基地所在部隊は6月22日、同基地滑走路で日米の航空機が並んで走行する「エレファント・ウオーク（象の行進）」を実施した。こうした訓練を日米部隊が共同で行うのは初めて。

イベントには3空団の302飛行隊のF35Aステルス戦闘機、米軍からF16戦闘機、MC130J輸送機、EA18G電子戦機、P8哨戒機など計31機が参加。最後に3空団司令と米空軍第35戦闘航空団司令のクリストファー・ストーリー大佐が固く握手を交わし、日米部隊の連携強化を誓った。

丸茂空幕長は防衛省で行われた6月26日の記者会見でエレファント・ウオークに触れ、「日米初の試みで、このようなあらゆるレベルでの交流を通じ、日米の連携、対処能力の向上を図っていきたい」と語った。

日米初の「エレファント・ウオーク」で、滑走路上を並んで走行する3空団のF35Aと米空軍のF16戦闘機など日米の31機の航空機（6月22日、三沢基地で）

河野防衛相（右）から1級賞状を授与される大庭1師団長と、後方は吉田陸上総隊司令官（6月23日、大臣室で）

# 台風災派部隊に1級賞状

### 昨秋 人命救助や生活支援に全力

昨年秋に関東甲信越から東北地方を襲った一連の台風災害で、人命救助や行方不明者の捜索、倒木除去、被災者の生活支援などに当たった災害派遣部隊に6月23日、河野防衛相から1級賞状が授与された。

式は新型コロナウイルス感染拡大防止の観点から、関係者を招かずに行われた。

最初に、昨年9月の「令和元年房総半島台風（台風15号）」で甚大な被害を受けた千葉県を中心に、最大1万人態勢で停電の復旧に向けた倒木除去をはじめ、災害廃棄物の処理や道路啓開、給水・給食・入浴支援など被災者に寄り添った生活支援を行った「統合任務部隊・同支援部隊」が表彰され、部隊を代表して陸上総隊司令官の吉田圭秀陸将に河野大臣から1級賞状が授与された。

続いて、同10月の「令和元年東日本台風（台風19号）」で1都11県の広範囲に及ぶ被災地に迅速に展開し、最大3万1千人態勢で人命救助や行方不明者の捜索などに当たった部隊が表彰され、代表して1師団長が賞状を受け取った。

河野大臣は「各指揮官の優れた指揮統率の下、全隊員が一致団結して練度を発揮し、民生の安定に寄与するとともに、自衛隊に対する国民の理解と信頼を深めた。その功績は誠に顕著だ」と述べ、地域住民のために昼夜を分かたず作業に当たった隊員一人一人の真摯で献身的な活動ぶりをたたえた。

## 防衛政策局に課長級「参事官」ポスト新設

### 防衛省でASEANなど担当

防衛省は7月1日付で、防衛政策局に東南アジア諸国連合（ASEAN）や太平洋島嶼国を担当する課長級の「参事官」ポストを新設した。日本が推進する「自由で開かれたインド太平洋」ビジョンの実現に向け、これらの国々と防衛協力・交流をさらに強化するのが狙いだ。

防衛政策局の中で国際関係を担う部署は、日米関係を担当する「日米防衛協力課」と、米国以外の各国と日本との関係を担当する「国際政策課」の二つの部署があるが、近年、ASEAN諸国や太平洋島嶼国との防衛協力・交流の飛躍的な増大に伴い、国際政策課の負担が過重になってきていることから、今回、人員の増強を決めた。

河野防衛相は6月26日の記者会見で、ポスト新設について「『自由で開かれたインド太平洋』ビジョンに向け、ASEANと太平洋島嶼国に特化した部署を作ると同時に、全体の負担を軽減する」と語った。

春夏秋冬

## 月経済圏時代の宇宙資源問題

青木 節子

月は、地球以外で最初に人類の活動領域となる可能性をもつ天体であり、2020年代に持続的な月面探査を実現すべく、国際競争が加速している。見据える先は火星である。従来の宇宙科学探査と大きく異なるのは、将来の経済活動や安全保障のための領域として、月や火星の探査が実行されている点である。

日本も、昨年10月に米国の提案するアルテミス計画に参加を決め、また、インドとの月着陸探査協力も進めている。そして民間企業との協働による月面探査移動手段の開発に着手した。官民協力と国際協力の組み合わせにより、宇宙先進国という地位を次世代の月経済圏での優勢にいちはやくつなげようとする攻めの姿勢といえる。

天体での持続的な活動となると、宇宙機やロボットの燃料と多目的構築物の材料確保が問題となる。そこで、現在、月の極域に賦存するとされる氷を分解して燃料を製造し、また、月や小惑星の金属資源を採掘して宇宙空間で取引するビジネスの技術的可能性と国際法上の許容性が問われている。

ほぼすべての宇宙活動国が加盟する宇宙条約は、天体の土地所有は禁止するものの、資源採掘についての規定はない。禁止されないことは自由という解釈に基づき、米国は自国市民に宇宙資源の所有権を認める国内法を2015年に定め、ルクセンブルク（2017年）、UAE（2019年）がそれに続いた。他方、新たな国際制度なしに資源の採掘や売買を行うことは、「すべての国の利益のため」に宇宙の探査・利用を行うことを義務づける宇宙条約に違反する、という声も途上国、ロシアや一部の欧州諸国にはあり、思想的な対立が続く。

自由競争派、国際制度派のいずれの法解釈も国際法上可能であるが、最終的な国際ルールは、資源採掘実現の時期や国際情勢等に影響されつつ、関係国の適切な国益調整により定まっていくことになるだろう。ここで留意すべきは、国益調整のための発言力は、宇宙資源開発の実力によってしか生まれないことである。

日本は、宇宙資源開発技術を、官民協力で迅速に獲得すべきである。小惑星探査機「はやぶさ」の科学目的サンプル採取の実績もある。月経済圏時代に向け、日本の機会となることを願う。

（慶應義塾大学大学院法務研究科教授）

朝雲寸言

アメリカ合衆国で最も有名な大統領の一人である第16代大統領エブラハム・リンカーンが奴隷解放宣言に署名したのは1862年9月のことである▼それから100年後、リンカーン記念堂の前で20万人の聴衆を前にキング牧師が「私には夢がある」という歴史的なスピーチをしたのは1963年8月のことだった。米国で人種差別を禁ずる公民権法が制定されたのは翌1964年7月である▼しかし、人種差別がアメリカ社会から一掃されたわけではない。公民権法成立の30年後、ロサンゼルス市で白人警官による黒人容疑者への暴行事件に端を発した暴動が起こる。この暴動では鎮圧にあたった州兵では鎮圧できず、陸軍・海兵隊が出動する大規模な事態となった▼今回、白人警官に拘束された黒人男性が死亡した事件に抗議するデモは全米140以上の都市に拡大し、デモの参加者の一部が暴徒化する事態となった。トランプ大統領が軍の配備も辞さないと警告したが、エスパー国防長官やマティス前国防長官がこれに反対したと報道されている▼アメリカの四軍は人種差別の撤廃を実現した最初の国の機関である。1957年、アーカンソー州の白人の通う高校で入学を認められた9人の黒人の少年の登校を阻止するために知事が州兵を出動させたことがある。アイゼンハワー大統領は連邦軍の出動を命じ黒人少年の登校を警護させたという。今年は大統領選挙の年である。

求む！
建物を守る人
私達は建物の総合マネジメント会社です。
日本管財株式会社
http://www.nkanzai.co.jp
設備管理・警備スタッフ募集 お気軽にお問合せください。
平成28年度以降の退職自衛官採用数61名
03-5299-0870 自衛隊担当：平尾

防衛省生協 退職者生命・医療共済
リニューアル!!
令和2年7月1日
退職後から85歳までの病気やケガによる入院と 死亡（重度障害）をこれひとつで保障します。
あなたと大切な人の“今”と“未来”のために

生命・医療共済（生命共済）
病気やケガによる入院や手術、死亡（重度障害）を保障します
退職者生命・医療共済（長期生命共済）
退職後の病気やケガによる入院、死亡（重度障害）を保障します
85歳
火災・災害共済（火災共済）
退職火災・災害共済（火災共済）
火災や自然災害などによる建物や家財の損害を保障します
現職　退職　終身
＊令和2年7月1日以前に80歳満期でご契約の方は「転換」で85歳満期に変更できます。
＊退職前から計画的に掛金を準備できるように「事前積立掛金」制度も誕生しました。
※「退職者生命・医療共済」は、長期生命共済の販売呼称です。
1 より長く
満期年齢が80歳から5年間延長されて85歳となり、より長期の安心を確保！
2 より厚く
入院共済金が「3日以上入院で3日目から支払」が「3日以上入院で1日目から支払」に！
3 より安く
一時払掛金を保障期間の月数で割った「1か月あたりの掛金」がより安く！
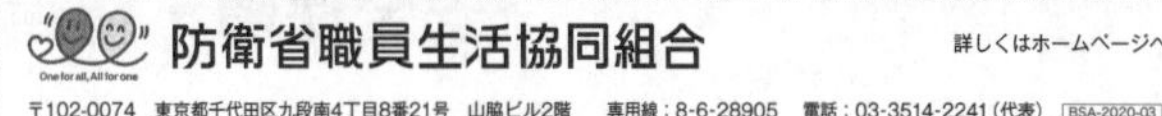
防衛省職員生活協同組合
詳しくはホームページへ➡

〒102-0074 東京都千代田区九段南4丁目8番21号 山脇ビル2階 専用線：8-6-28905 電話：03-3514-2241（代表） BSA-2020-03

# 時の焦点

## 国内

### 敵基地攻撃能力

# 建設的な議論を真摯に

くしくも日米安保改定から60年である。現実的かつ建設的な安全保障論議が求められる。

政府は、地上配備型迎撃システム「イージス・アショア」の山口、秋田両県への配備計画を撤回した。事実上の断念となろう。ブースターが演習場外に落下する恐れがあり、改修には多額の費用と長い期間が必要となるという。残念だが、断念はやむを得まい。

焦点となるのは、イージス・アショアの代替策をどのように実現するかである。自民党からは、敵基地攻撃能力の保有を求める声が上がっている。

安倍首相は記者会見で、「相手の能力がどんどん上がっていく中において、今までの議論の中に閉じ籠もっていていいのかという考え方の下に、自民党の国防部会等から提案が出されている。我々も、そういうものも受け止めていかなければいけない」と語った。

政府は、ほかに自衛の手段がない場合には、敵基地への攻撃も憲法上認められると解釈しつつ、政策判断としてその能力を保有しないとの立場を取ってきた。

今後、国家安全保障会議（NSC）で敵基地攻撃能力保有について論議することになろう。北朝鮮の脅威は深刻さを増している。多数のミサイルが同時に発射された場合にどう対処するか。多角的な議論が求められる。

極めて残念なのは、野党や一部メディアから、「専守防衛を逸脱する」「周辺国を刺激する」といった、本質を無視した批判が早くも相次いでいることである。

こうした議論に終始するようでは、64年前から全く進歩していないと言わざるを得ない。

1956年2月29日の衆院内閣委員会で、船田中防衛庁長官は、鳩山一郎首相の答弁を代読した。

「わが国に対して急迫不正の侵害が行われ、その侵害の手段としてわが国土に対し、誘導弾等による攻撃が行われた場合、座して自滅を待つべしというのが憲法の趣旨とするところだというふうには、どうしても考えられないと思うのです」

野党は「自衛隊の飛行機が報復爆撃に行ってもいいのか」と反発し、鳩山首相引退勧告決議案なる奇妙な議案を提出したのである。

野党が当時、相手国の上空から自衛隊機が攻撃するイメージを持っていたことがうかがえる。戦後11年しかたっておらず、やむを得ない面もあろう。

だが、日本が自国の防衛を超えて他国を攻撃することなどあり得ないのは、戦後の歩みが証明している。敵基地攻撃能力を保有するとしても、憲法が認める自衛の範囲内であるのは当然だ。

河野防衛相は、用語の定義を明確にして議論することが重要だと強調している。不要な誤解を避けて論じるために不可欠な態度である。

ミサイルの危機は切迫している。与野党には、真摯な議論を望みたい。

宮原　三郎（政治評論家）

## 海外

### 世界と「距離」

# 米のディスタンス加速

新型コロナウイルスの感染拡大防止のため、人々が互いに距離を置くソーシャル・ディスタンシングを日々経験していると、ふと、米国と世界の間の「距離」に思いが行く。今に始まった傾向ではないが、米国は多くの地域から撤退し続け、世界の安全保障からディスタンシングのスピードを加速させているように見える。

米紙「ウォール・ストリート・ジャーナル」は6月5日、トランプ大統領が駐独米軍（3万4500人）の4分の1強の削減を命じたと報じた。

当時は警官による黒人殺害への抗議行動が盛んで、同ニュースは目立たなかったが、大統領は15日、ドイツ政府が防衛費を増額しない限り、駐留米軍の規模を2万5000人に縮小すると公式に表明した。

メルケル独首相が6月下旬の主要7カ国（G7）首脳会議のための訪米に応じない方針が明らかになったのは5月30日。米政府高官が駐独米軍削減計画をリークしたのは6月4日。"対独報復"の感もするタイミングだが、それより何より、世界第4位の経済大国が欧州安保の国際責任を果たすのが先だろう。

北大西洋条約機構（NATO）は2014年、防衛費を今後10年で国内総生産（GDP）の2%に増やすとの目標値を設定したが、19年時点で独は1・38%。モンテネグロ1・66%やクロアチア1・68%より少ないとは！

いずれにしろ、ロシア、中国など「敵国」を抑止するため、協力関係の強化、影響力の拡大が望まれる時に、米国はまたも、自国が国際的指導力を発揮する時代は終わりつつあるとのシグナルを発した形だ。

米国はシリアだけでなく、アフガニスタン、イラク、アフリカからも撤退したい。これらの撤退方針のいくつかは、個別に見れば合理的な政策かもしれない。

だが、世界には、米国が国際政治の面で数十年間ずっと演じてきた「保証人」の役割にもう関心がないとのメッセージになる。

世界はそれを承知の上で動いている。

アフガンでは反政府武装勢力タリバンが和平合意にもかかわらず攻撃を続け、イスラム過激組織「イスラム国（IS）」もイラクで攻撃を増加させている。

中国はインドとの国境での衝突のほか、南シナ海での活動も活発化させ、6月9日には中国軍戦闘機が台湾領空に侵入した。また、ロシアの爆撃機編隊が6月10、17日、アラスカ州沖の防空識別圏に侵入したため、米軍機がインターセプトした。

北朝鮮の強硬な対韓攻勢は日本でも報じられ、イランが米欧との核合意に反して増設したウラン遠心分離機も着々と作動中だ。

トランプ政権は、同ウイルスが元で①感染拡大の恐れ②経済再開策③社会混乱――の"複合危機"の最中にある。

そこに国家安保と大国間紛争に絡む「第4の危機」が起きれば、世界の緊迫は計り知れない。超大国が後退する時、世界は危険度を増すのが常である。

草野　徹（外交評論家）

湯浅陸幕長（中央奥）に出国報告する（左奥から）眞鍋14次支援隊司令、中即連の府内博記3佐、青木貴士曹長（6月19日、陸幕長応接室で）

## 海賊対処14次支援隊司令ら　7月7日にジブチへ

# 陸幕長に出国報告

東アフリカのジブチ共和国に向けて出国する派遣海賊対処行動支援隊14次隊（司令・眞鍋輝彦1陸佐以下約110人）のうち、眞鍋司令以下3人が6月19日、防衛省を訪れ、湯浅陸幕長に出国報告を行った。

同報告には竹本竜司陸幕副長と陸幕運用支援・訓練部長の末吉洋明将補が立会。出国報告を行った眞鍋司令らに対し、湯浅陸幕長は「新型コロナの影響でさまざまな制約がある中での派遣となるが、（現地では）厳正な規律を維持しつつ、安全に留意し、メリハリのある勤務を実施して無事に任務を完遂し、帰国してほしい」と述べ、3人を激励した。

支援隊14次隊（第2波、中央即応連隊＝宇都宮＝基幹）の隊員約80人は7月7日にジブチに向け出国、現地では13次隊（司令・小澤学1陸佐）から任務を引き継ぎ、海賊対処航空隊39次隊の警備や拠点の維持に当たる。

## 佐世保総監　総理大臣特別賞状を伝達

# 「はるさめ」7カ月ぶり帰国

ソマリア沖・アデン湾で民間船舶の護衛任務などに従事した海自の海賊対処行動水上部隊35次隊の護衛艦「はるさめ」（艦長・大島輝久2佐以下乗員180人）が6月19日、約7カ月ぶりに佐世保に帰国した。

「はるさめ」は昨年11月24日に佐世保を出港し、12月下旬から5月下旬までの間、アデン湾で計9回、民間貨物船やタンカーなどの護衛を行った。今年3月以降は新型コロナウイルスの影響により、補給地への上陸が認められず、乗員の行動も制限される中での任務となった。

「はるさめ」の帰国は当初、6月20日を予定していたが、急性胆嚢炎が疑われる症状を発症した乗員が出たため、予定より1日早く帰国した。

佐世保基地で行われた帰国行事では、大島艦長が中尾剛久佐世保地方総監に帰国を報告。この後、中尾総監が大島艦長に35次隊への総理大臣特別賞状と防衛大臣からの1級賞詞を伝達した。

中尾総監は河野防衛相の訓示を代読し、「（コロナ禍で）補給地における上陸が大幅に制限され、フラストレーションが溜まることもあったかと思う。このような厳しい状況下においても立派に任務を完遂した諸君に対し、防衛大臣として大変誇りに思う」と労をねぎらった。

帰国行事後、大島艦長は地元報道陣に対し、「国民の皆さまの声や護衛した船からのお礼のメッセージを艦内に掲示したほか、乗員が電子メールで家族とコミュニケーションを取り合い、心配事を早期に解消できるよう配慮した」と語った。

ソマリア沖・アデン湾での海賊対処任務を終えて帰国した護衛艦「はるさめ」の大島艦長（手前左）以下の乗員に安倍首相からの総理大臣特別賞状を伝達する中尾佐世保地方総監（右）＝6月19日、海自佐世保基地で

# 3幕長が相次ぎ電話会談

## エジプト参謀総長　統幕長が協力確認

山崎統幕長は6月23日、エジプト国軍参謀総長のムハンマド・ファリド・ヘガージ陸軍中将と電話会談を行った。日エジプト参謀長級会談は、山崎統幕長がエジプトを訪れた2019年6月以来1年ぶり。

両者は、日エジプトの防衛協力推進の重要性を確認するとともに、共通の課題に対し、引き続き共に対応していくことで一致した。

また、新型コロナウイルス感染症に関する両国の状況や感染拡大防止への取り組みなどについても意見を交わした。

エジプト東部のシナイ半島にはエジプトとイスラエル両軍の停戦監視活動を担う「多国籍軍・監視団（MFO）司令部」が置かれており、日本からも陸上自衛官2人が派遣され、同地域の平和維持活動に当たっている。

## 米太平洋陸軍司令官　陸幕長が意見交換

湯浅陸幕長は6月19日、防衛省と米ハワイ州のフォート・シャフター陸軍基地を結び、米太平洋陸軍司令官のポール・ラカメラ陸軍大将とテレビ会議を実施した。両者のテレビ会談は新型コロナウイルスの感染拡大の情報共有を行った4月に続いて2回目。

今回は防衛省を訪れた在日米陸軍司令官のヴィエット・ルオン少将もオンライン会議に同席。陸幕長とラカメラ司令官は、今後の日米陸軍種間での防衛協力の方向性について意見を交換した。

## 米太平洋艦隊司令官　海幕長が情報共有

山村海幕長は6月25日、米太平洋艦隊司令官のジョン・アクイリノ海軍大将とテレビ会議を行った。

会談では「自由で開かれたインド太平洋」の維持・強化のため、訓練や即応性の維持などについて率直に意見を交わすとともに、新型コロナウイルス感染症についての情報を共有した。

双方は今後の防衛協力・交流についても話し合い、引き続き海自と米海軍との間で緊密に協力して情報交換を行っていくことで一致した。

海幕長は翌26日にも米海軍作戦本部長のマイケル・ギルデイ海軍大将とテレビ会議を実施。日米海軍種間協力のさまざまな案件について意見を交わし、今後も緊密に協力していくことを確認した。

## 防衛省

# 東電と初の机上演習

## 停電復旧で連携強化

自衛隊・関係省庁と東京電力との「共同机上演習」で、今後の災害派遣活動の手順についての調整を行う参加者（6月24日、東京都千代田区の東京電力本社で）

統幕は6月24日、東京電力ホールディングスと停電復旧を目的とした「共同机上演習」を実施した。昨年9月に発生した台風15号の広域停電の教訓を踏まえて東電本社（東京都千代田区）で初めて行われた。

関東を直撃した台風15号の災害では、鉄塔の倒壊や倒木などにより千葉・房総半島エリアを中心に最大約93万軒が停電。期間も一部で最大16日間に及んだ災害派遣で自衛隊は、千葉県庁や東電本社などに連絡幹部を派遣して調整に当たるとともに、陸自空挺団（習志野）、1普連（練馬）、1施団（古河）などが倒木の除去などライフライン復旧作業を行った。

この教訓を踏まえた今回の演習には、防衛省から統幕6人、陸上総隊1人、東方総監部2人が参加したほか、内閣府、経済産業省、資源エネルギー庁からの要員も含め、合計約25人が参加。訓練は、①発災当初の被害情報の収集・共有②停電復旧に関する各レベルの調整③停電復旧に関する相互の能力把握――について、意見交換方式で行われた。

情報収集については、東電側は、台風15号時の約3倍となる最大1600の「巡視班」を組成し、ドローンも導入するなど巡視体制を強化するとともに、収集した情報は本社・支社間で迅速に共有され、自衛隊など関係機関でもタブレット端末で状態を確認できる体制を構築したことが報告された。

一方、自衛隊側はヘリによる映像情報をリアルタイムで関係機関に提供できることを説明した。

調整機能については、災害発生当初から東電本社（中央）、都県庁（現地対策本部）、現地事業所に自衛隊と東電の「共同調整所」を設置し、具体的な被害状況の把握や活動調整を行う方針を決めた。

能力把握では、自衛隊と東電の現有装備品では大木の除去が困難であることから、大型チェーンソーのレンタルなどの課題が上げられた。

# 8空団のF2が米B52と共同訓練

空自8空団（築城）のF2戦闘機4機は6月19日、米空軍第2爆撃航空団（ルイジアナ州バークスデール基地）からグアム島のアンダーセン基地に前方展開中のB52H戦略爆撃機2機、三沢基地に一時配備中の米海軍209電子攻撃飛行隊（ワシントン州ウィドビー基地）のEA18G電子戦機2機と太平洋上の空域で日米共同訓練を実施した。

# 共済組合だより

## 防衛省共済組合の職員を募集

受付は7月3日～8月5日

防衛省共済組合では、防衛省共済組合本部等に勤務する職員を募集します。

■募集職種　一般事務職及び経理事務職

■採用人員　若干名

■受験資格　①平成2年4月2日～平成11年4月1日生まれの者②平成11年4月2日以降生まれの者で、大学、短期大学又は高等専門学校を卒業した者及び令和3年3月までに大学、短期大学又は高等専門学校を卒業する見込みの者並びに防衛省共済組合がこれらの者と同等の資格があると認める者

ただし、次のいずれか一に該当する者は、受験できません。

①禁錮以上の刑に処せられ、その執行を終わるまで又は執行を受けることがなくなるまでの者

②法令の規定による懲戒免職の処分を受け、当該処分の日から2年を経過しない者

③日本国憲法又はその下に成立した政府を暴力で破壊することを主張する政党その他の団体を結成し、又はこれに加入した者④平成11年改正前の民法の規定による準禁治産の宣告を受けている者（心神耗弱を原因とするもの以外）

■試験内容等

▽第1次試験（1）試験種目＝基礎能力試験、専門試験（多肢選択式）及び論文試験（2）試験日＝令和2年8月22日（土）

▽第2次試験（1）試験種目＝集団討論試験（2）試験日＝令和2年10月13日（火）又は14日（水）のいずれか1日

▽最終試験（1）試験種目＝個別面接試験（2）試験日＝令和2年11月4日（水）

■試験地　ホテルグランドヒル市ヶ谷（東京都新宿区市谷本村町4―1）

■採用予定日　令和3年4月1日

■給与等　防衛省職員に準ずる。

■勤務地　防衛省共済組合本部及び支部（全国異動あり）

■受験手続

（1）受験申込書の請求＝受験申込みには、所定の受験申込書を郵送していただく必要があります。リクナビ2021から防衛省共済組合にエントリーされた方に受験申込書の請求方法をご連絡いたしますので、リクナビ2021への登録、エントリーをお願いします。（URL:http://job.rikunabi.com/2021/company/r538602084/）

（2）受験申込書請求受付期間＝7月1日（水）～7月31日（金）必着

（3）受験申込み＝受験申込書を受付期間内に特定記録郵便、簡易書留の郵便物又は一般書留の郵便物として申込先に郵送して下さい。

（4）受験申込受付期間＝7月3日（金）～8月5日（水）消印有効

■その他

（1）身体に障害があるため、受験の際に何らかの措置を希望される方は受験申込書の裏面に記入の上、事前に申し出てください。

（2）採用説明会については、新型コロナウイルス感染症拡大防止の観点から中止といたします。今年度の開催予定はありません。なお、説明会で配布を予定していた資料については防衛省共済組合ホームページの採用情報に掲載します。

（3）試験日、試験地及び受験申込書請求・申込受付期間については、新型コロナウイルス感染症をめぐる状況等により、変更となる場合があります。その他受験に関する連絡事項も含め、最新の情報を防衛省共済組合ホームページに掲載いたしますので、必ずご確認ください。

■受験申込先及び問い合わせ先

防衛省共済組合本部人事班人事第1係　〒162―8853東京都新宿区市谷本村町5―1　電話03―3268―3111　内線25163（対応時間＝平日10時～17時　※12時～13時を除く）

# 対馬・宮古海峡を中国艦艇が通過

## 上空にはY9も

6月20日午前7時半ごろ、中国海軍の「ルーヤンII」級ミサイル駆逐艦（満載排水量7100トン、艦番号152「済南」）、「ジャンカイII」級フリゲート（同3900トン、531「湘潭」）、「フチ」級補給艦（2万トン、886「千島湖」）の計3隻が、沖縄・宮古島の東方約130キロの公海上を北西に向け航行するのを海自46掃隊（勝連）の掃海艇「くろしま」と5空群（那覇）のP3C哨戒機が確認した。

3隻は5月29日に沖縄本島と宮古島間の宮古海峡を南下し、太平洋に進出した艦艇と同一で、この後、宮古海峡を北上し、東シナ海に戻った。

一方、長崎・対馬海峡では21日から23日にかけて、中国海軍の「ジャンカイII」級フリゲート（598「日照」）が同海峡を通過し、東シナ海と日本海を往復するのを海自3ミサイル艇隊（佐世保）のミサイル艇「おおたか」などが確認した。

同海峡上空では22日の午前から午後にかけ、東シナ海から飛来した中国海軍のY9情報収集機1機が対馬海峡東水道の上空を往復飛行したため、空自西空のF2戦闘機などが緊急発進して対応した。領空侵犯はなかった。

# 宮古・対馬・宗谷海峡を露艦艇通過

## 相次ぎ確認

6月17日午前1時ごろ、ロシア海軍の「ステレグシチー」級フリゲート2隻（2200トン、艦番号333「ソビエルシェンヌイ」、335「グロームキー」＝写真）が沖縄本島の南東約80キロの公海上を西方に向け航行するのを海自13護隊（佐世保）の護衛艦「あさゆき」と14護隊（舞鶴）の「せんだい」、1空群（鹿屋）のP1哨戒機、5空群（那覇）のP3C哨戒機が確認した。

露艦艇2隻はこの後、宮古海峡を北上して東シナ海を経て、長崎・対馬海峡を北東進し、日本海に入った。

対馬海峡では同19日にも、東シナ海から日本海に向け、露海軍の「ウダロイI」級駆逐艦（8600トン、548「アドミラル・パンテレーエフ」）が通過した。

一方、北海道・宗谷海峡では21日、露海軍の「タランタルIII」級ミサイル護衛哨戒艇2隻が同海峡を日本海から東進してオホーツク海に出るのを海自1ミサイル艇隊（余市）のミサイル艇「くまたか」が確認した。

# 防衛省発令

▽航空救難団飛行群司令（静岡地方協力本部長）　1空佐　宮川　知己

▽13飛行教育団副司令（航空救難団飛行群司令）　同　藤本　悦夫

▽空自補給本部総務部長（空幕施設課長）　同　平井　勇一郎

▽静岡地方協力本部長（中部航空警戒管制団基地業務群司令）　同　杉谷　康征

（以上6月17日）

▽統幕学校教育課2教官室学校教官（航空支援集団情報課長）　1空佐　大塚　一英

▽24航空隊副長兼幕僚室長（24航空隊）　2海佐　城元　一利

▽航空戦術教導団高射教導群司令（統幕学校教育課2教官室学校教官）　1空佐　綿森　昭示

▽航空支援集団情報課長（情報本部）　2空佐　内田　孝明

▽空自幹部学校（空自幹部学校付）　1空佐　近藤　亮治

（以上6月19日）

防衛ハンドブック 2020　発売中！

シナイ半島国際平和協力業務　ジブチ国際緊急援助活動も

安全保障・防衛行政関連資料の決定版！

判　型　A5判　948ページ

定　価　本体1,600円＋税　ISBN978-4-7509-2041-2

朝雲新聞社　〒160-0002　東京都新宿区四谷坂町12-20　KKビル　TEL 03-3225-3841　FAX 03-3225-3831　http://www.asagumo-news.com

# 第1回DG（ダルマ・ガーディアン）普及訓練

# インド軍から学んだ対テロ作戦の技能教育

銃が潜伏する建物に向け前進する34普連の隊員。小銃には光学照準器やライトが装着されている

# テロリスト掃討

## 市街地・建物内で実戦的に

### 34普連

【34普連＝板妻】昨年10月、インドで実施された陸自とインド陸軍の共同訓練「ダルマ・ガーディアン（DG）19」に参加した34普連（連隊長・深田満男1佐）は5月18日から29日まで、板妻駐屯地と東富士演習場で「第1回DG普及訓練」を実施し、隊員への対テロ作戦行動の普及を図った。

連隊はインド陸軍との対テロ訓練で得た教訓や経験、ノウハウを隊員に広く普及することを目的に、インドに派遣された5中隊の基幹隊員が、各中隊から選抜された隊員6人を対象に、実戦的な対テロ行動を教育した。

内容は「建物に潜んだテロリストの掃討」などで、市街地での各個・チームの基礎動作をはじめ、各種状況下における射撃法、建物内への突入の仕方、さらに襲撃や伏撃、人質の救出作戦など、高度な技術を教育した。

同時に市街地戦闘での隊員の練度判定を行うとともに、総合訓練では「状況下での対テロ作戦」の行動を評価し、判定した。

参加隊員はこれまで積み上げてきた接近戦技能の成果をいかんなく発揮し、与えられた任務を完遂した。

暗い建物内部を小銃に付けたライトで照らしながら進む隊員たち

伏撃の態勢が完了したことを手で合図する隊員

突入のため、ドアを爆破する隊員

# 機械化大隊VS機械化中隊

## 6個部隊・300人も合流し「合同稽古」

### FTC

【FTC＝北富士、滝ケ原】部隊訓練評価隊（FTC）の令和2年度「FTC運営（対抗戦）」が6月8日、ついに"開幕"した。コロナ後の第1次運営はFTC内の自隊練成という枠組みだったが、全国から6個部隊・約300人の隊員が参加し、総勢700人による実戦的環境下での「合同稽古」となった。

昨年度、FTCの対抗部隊を破った39連隊（弘前）の成果を普及するため、今年度から「出稽古制度」を公式に事業化。対抗部隊の一部に一般部隊からの参加者を加えている。

7月に運営の「本番」を迎える36普連（伊丹）は3月まで「防御」の練成を続け、その後も伊藤博幸連隊長自ら「中隊まとめて出稽古に参加させてくれ」とFTCに掛け合い、一緒に訓練を続けてきた。「コロナで部隊が練成不足。（本番で）FTCの部隊に瞬殺されては、せっかくの訓練機会がもったいない」との理由だ。

36連隊は「増強中隊」として今回の運営に参加。「攻撃に任ずる機械化大隊」の1個正面を受け持ち、機械化2中隊と並列して攻撃、「防御する機械化1中隊」に戦いを挑んだ。

北方から乗り込んだ3連隊（名寄）の2個分隊は攻撃する戦車中隊との協同作戦を、西方から参加した12連隊（国分）、16連隊（大村）は攻撃中隊の分隊員として戦闘を体験した。

42即機連（北熊本）は情報小隊の隊員を送り込み、斥候として敵中深く潜入。36連隊やFTCの放った斥候、狙撃チームと「狩るか狩られるか」の真剣勝負を展開した。

また、35連隊（守山）の陸曹たちは2週間後に迫った「本番（防御）」に備え、防御部隊に加わった。襲いかかる対抗部隊の恐怖を体感し、実戦感覚を研ぎ澄ませていた。

今回の対抗演習は「機械化大隊（攻撃）VS機械化中隊（防御）」の壮絶な戦いとなり、機械化中隊が「壊滅」したところで状況は終了。しかし、攻撃側も行動継続が不能になるほど損害を受け、彼我とも「多大な教訓」を得てコロナ後初の運営を終えた。

訓練後のAAR（事後研究会）では「出稽古」に参加した隊員から「部隊の演習とは全く違う緊張感の中で貴重な教訓が得られた」「また来て斥候や狙撃の能力を高めたい」といった感想が聞かれた。

北富士演習場で行われるFTCの運営（部隊対抗戦）には全国から多くの「出稽古部隊」も加わっている

【FTC出稽古への参加方法】

一般部隊からの参加は基本的に先着順で受け付け。まずFTCに一報し、その後（指揮系統を通じた）正式な手続きを行う。

FTC隊長の近藤力也1佐は「出稽古には小銃手、機関銃手、斥候、狙撃手、特科FO、観測斥候、戦車、施設、衛生、整備部隊などから幅広く受け入れている。個人単位が基本だが、組・分隊単位の参加も大歓迎だ。FTCというフィールドを積極的に活用して強くなってもらいたい」と話している。

8月末に行われる「6次運営」にはまだ空きがある。訓練参加希望者はFTC企画班の水上3佐（内線8－504－412）まで。

# 前事不忘　後事之師

第54回

# 国益を貫く覚悟

## ―二人のフランス指導者

1871年、普仏戦争でプロシアがフランスに圧勝したことを知った、その後英国首相となるディズレイリは、「これはフランス革命を凌ぐ大きな政治的事件だ」と述べました。それまでばらばらだった中央ヨーロッパにプロシアを中核とする統一ドイツが成立し台頭すると、どうなるのかを見通した発言です。第1次・第2次世界大戦の主因の一つがドイツをヨーロッパ内に安定的に位置づける試みに失敗したためだったことを考えれば、ディズレイリは慧眼の持ち主でした。

ディズレイリから遡ること250年前、ドイツがばらばらな小国に分裂し、一国によって支配されない状態が自国にとって有利であることに気づいていた人物がいました。フランスのルイ13世下の宰相リシュリュー枢機卿です。

リシュリューが宰相を務めていた頃のヨーロッパでは、現在のドイツを舞台に三十年戦争（1618年～1648年）が行われていました。この戦争は周辺国を巻き込むカトリックとプロテスタントとの激しい宗教戦争でした。当時のフランス王朝はカトリックでしたし、その宰相のリシュリューはカトリック教会の枢機卿という立場でしたので、カトリック側の神聖ローマ皇帝フェルジナント2世を支援すべきでしたが、プロテスタント側を支援します。神聖ローマ皇帝がオーストリアなどに加えてドイツを支配するのはフランスの脅威となると考えたからです。宗教の力が大きかった時代、これは大事件でした。

リシュリューはフェルジナントを抑え込むことに成功し、中央ヨーロッパは二百年以上にわたり、300以上の君主国に分裂されたままとなりました。その間、フランスは力を蓄え、リシュリューの死後ルイ14世の時代にヨーロッパの大国となります。

19世紀後半、ドイツ統一が行われた時のフランスの指導者はナポレオンの甥ナポレオン3世でした。彼はナポレオン戦争後にヨーロッパに安定をもたらしていた「ウィーン体制」は自国の拡張を阻止するものと考え、それに挑戦します。彼はまた青年期に反オーストリアのイタリア統一運動に参加した経験があり、他国に対しても民族自決の擁護者でありたいとの信条を有しており、ドイツの統一を恐れる一方、ドイツのナショナリズムにも共感を覚え、何がフランスの安全にとって最重要な基本要素であるか掴んでいませんでした。

プロシアとオーストリアがドイツの覇権を求めて争った普墺戦争ではオーストリアが勝利するものと見誤り、さらに普仏戦争では、自らがプロシア軍に囚われるという屈辱を味わいます。

国際政治学者でもあるキッシンジャーはその著書『外交』の中で、「ナポレオン3世は自らが多分に原因を作った動乱の中からドイツという国が誕生して、ヨーロッパにおけるフランスの優位を実質的に終焉させた時、突如自分が孤独となっていることに気がついた」と書いています。

私は、リシュリュー枢機卿とナポレオン3世には、二つの決定的な違いがあったと考えます。

第一は、ドイツのばらばらな小国群は他国から攻撃されれば結束するが、利害の不一致から他国への攻撃には容易に結束できないので、フランスの安全にとって有利だという基本原理を真に理解していたかどうかという点、第二は、その基本原理を自身が持つ政治的・宗教的信条、さらに道徳をも犠牲にして貫徹することができたかどうかという点です。

リシュリューは、国家の宰相として宗教や道徳も国益追求のための基本原理に従属させましたが、他方、ナポレオン3世は、民族自決の信条を捨てきれず、その結果フランスのライン国境が安全であるとの保障が消えました。

国の指導者には、何が自国の安全にとって基本なのか見抜く能力も必要ですが、より重要なことは、その基本原理に自らの信条を従わせる強い自己制御力があるかどうかです。国益の追求のためとは言え、この自己制御力には悪評がつきものであり、悪評に耐える「覚悟」が必要です。

リシュリューの死の知らせを聞いた当時のローマ教皇は、「もしも神が実在するなら、リシュリュー枢機卿は神の尋問に答えなければならないことが多々あるであろう」と言ったと伝えられています。

鎌田 昭良（元防衛省大臣官房長、元装備施設本部長、防衛基盤整備協会理事長）

フランスの国家安全保障で最も重要な「対ドイツ政策」において、考え方に決定的な違いがあったリシュリュー枢機卿（右）とナポレオン3世

……前事忘れざるは後事の師……

# 感染防止策とりつつ実弾射撃や漕舟訓練

### 14旅団

【14旅団＝善通寺】14旅団はコロナ対策を進めながら、各地の演習場などで練成訓練を本格化させている。部隊の移動・展開も「3密」の防止に努め、感染防止対策を徹底し、練成訓練を続けている。

この状況を確認するため、藤岡登志樹旅団長は5月11日から12日まで各部隊の訓練を巡察した。大津駐屯地では14偵察隊の琵琶湖での漕舟訓練を、あいば野演習場では中部方面特科隊が行う一連の戦術行動下の実弾射撃訓練を視察し、隊員を激励した。

㊤105ミリ主砲の射撃を行う15即応機動連隊の機動戦闘車（日出生台演習場で）㊦水路潜入のための漕舟訓練を行う14偵察隊の隊員（琵琶湖で）

人間ドック活用のススメ
人間ドック受診に助成金が活用できます！
防衛省の皆さんが三宿病院人間ドックを助成金を使って受診した場合
※下記料金は消費税10％での金額を表記しています

| コースの種類 | 自己負担額（税込） |
| --- | --- |
| 基本コース1 | 9,040円 |
| 基本コース2（腫瘍マーカー） | 15,640円 |
| 脳ドック（単独） | なし |
| 肺ドック（単独） | なし |

女性ドック
ex.①基本コース1＋乳がん（マンモグラフィ）＝13,000円
②基本コース1＋乳がん（乳腺エコー）＝11,350円
③基本コース1＋婦人科（子宮頸がん）＝13,660円
脳ドック受診してみようと思うんだ。助成金もあるからね。
パパ、私も乳がん検診とか婦人科健診受診したいな。
¥0
あなたが想うことから始まる　家族の健康、私の健康
●被扶養者も防衛省共済組合の助成を利用できます。
"三宿病院 人間ドック"とご指定下さい。
三宿病院はベネフィット・ワン・ヘルスケアの提携受診機関です。
国家公務員共済組合連合会
三宿病院 健康医学管理センター
東京都目黒区上目黒5-33-12
TEL 03-3711-5771（代）
HP：http://www.mishuku.gr.jp
予約・問合せ
ベネフィット・ワン・ヘルスケア
健診予約センター
TEL 03-6870-2603

生涯生活設計してますか？
退官後の自衛官を支える3つの柱…
年金　退職金　再就職
自衛官の退官後を支える「常識」が崩れつつあります。
将来の為に"今"できること、考えてみませんか？
書籍無料プレゼント
入隊10年後に知っておきたい自衛官にとってのお金の話となぜ、現役時代に不動産投資なのか、その理由をまとめました。
全国セミナー開催中
退官後の備えについて詳しくお話いたします。
03-6860-8231
Agentrive Investors

# 家族会版

＜連絡先＞
〒162－0845 東京都新宿区市谷本村町5－1 公益社団法人自衛隊家族会事務局
電話 03-3268-3111・内線 28863
直通 03-5227-2468

**私たちの信条**

【根本理念】
私たちは、隊員に最も身近な存在であることに誇りを持ち、力をあわせて自衛隊を支えます

【心構え】
一、自らの国は 自らで守る防衛意識を高めます
一、自衛隊員の募集・就職援護及び家族支援に協力します
一、会員数を増大し 組織の活力を高めます

## 家族会理事会

# 7議案書面決議で承認

## 副会長に宮下業務執行理事

### 総会は10月開催へ

自衛隊家族会（伊藤康成会長）は、新型コロナウイルス感染拡大防止の観点から、東京都新宿区のホテルグランドヒル市ヶ谷で開催が予定されていた令和2年度「第1回理事会」を書面決議に変更した。元年度事業報告（案）や収支計算書（案）および監査報告書に加え、役員人事など7議案が書面で審議され、6月8日、全会一致で承認された。

### コロナで中止

理事会決議案の書面は、全国の理事33人に送付され、①令和元年度事業報告②元年度収支計算書および監査報告書③辞任副会長の後任選任④辞任業務執行理事の後任選任⑤県会長人事⑥運営委員人事⑦2年度総会開催の変更――の7議案について議決された。

事業報告では、神奈川県と滋賀県で実施した「防衛講演会」の成果をはじめ、家族会発行の防衛情報紙「おやばと」の発行部数について明記。また、自衛官の募集協力について、7月から12月までの半年間を「募集協力強調期間」として取り組みを強化した結果、前年に比べて募集情報の提供が120件増加したことが報告された。

役員人事では、宗像久男副会長兼ねて業務執行理事（総括担当）の辞任に伴い、宮下寿広業務執行理事（活性化担当）が副会長兼ねて業務執行理事（総括担当兼活性化担当）に就任したほか、運営委員に田浦正人元陸将（元北方総監）、千葉県会長に安部育子理事、富山県会長に松田憲氏がそれぞれ選ばれた。

新型コロナウイルスの影響で延期された「定期総会」は、ホテルグランドヒル市ヶ谷で10月5日に開催することが決まった。

「事業報告」と「収支計算書および監査報告書」は総会で提案される。

家族会本部の土谷貴史事務局長は「書面決議に当たり、書類の不備などないように緊張感を持って準備した。全議案、皆さんの了承を得て安堵しました」と語った。

自衛隊家族会から贈られた激励品の「川越菓匠・くらづくり本舗」のお菓子詰め合わせを手に笑顔で謝意を伝える自衛隊中央病院の看護官ら

## コロナ患者受け入れの自衛隊中央病院に

# 家族会が感謝のメッセージ

自衛隊家族会（伊藤康成会長）は5月14日、大型クルーズ船「ダイヤモンド・プリンセス号」をはじめとする新型コロナウイルス感染症の患者を受け入れ、献身的な治療・看護を行っている自衛隊中央病院（三宿、上部泰秀病院長）の勤務者に激励品を贈呈した。

激励品は感染防止のため、直接手渡しではなく、宅配便で贈られ、900人の医療従事者一人ひとりに当てた家族会員一同からのメッセージも添えられた。

後日、上部病院長から家族会に、「賜りましたお気持ちと激励品は、感染症に苦しむ患者さまの治療に当たる当院職員の励みとなり、今後の医療活動に臨む原動力となります」と謝意を伝える手紙と看護官らの写真が届いた。

また、伊藤会長は家族会発行の防衛情報紙「おやばと」に「感謝の言葉」を掲載。全国各地で活動している医官、看護官などの医療従事者、患者輸送や生活支援に当たった隊員、さらに後方でこれを支えた隊員や隊員家族に向け、「見えないウイルスとの闘いの中で、完璧な防疫に徹しながら、その任務を的確に遂行される皆さま方の活動は、国内外でも高く評価されており、皆さま方は私たちの誇りです」と改めて敬意と感謝の気持ちを伝えた。

中央病院への激励品に添えられたメッセージ

> 新型コロナウイルス対応の最前線で闘う
> **自衛隊中央病院勤務の皆様へ**
>
> 自衛隊中央病院は、これまで武漢からの帰国者やダイヤモンド・プリンセス号の陽性患者をはじめ220名以上を受け入れるなど、国難ともいえる新型コロナウイルス対応の最前線に立ち、しかも1名の院内感染者を出すことなく、治療に専念されております。すでにテレビなどで何度も報じられているように、その治療や看護や防護に関する高度な技術は、各地で院内感染が問題になっている中で高く評価されております。これは、私達自衛隊関係者の誇りでもあり、改めまして自衛隊中央病院のご活躍に対して心より敬意を表し、感謝申し上げます。
>
> 私達はまた、その原動力は、この種の感染防止に関する基本を確行しつつ、我が身を顧みず直接患者と向き合って治療や看護に当たっておられる医官や看護官の方々をはじめ、病院勤務者全員がそれぞれの持ち場で一生懸命に取り組んでおられることであり、何かと不自由な生活の中で皆様の日々の緊張や心労を癒し、激励し、支えておられるご家族の存在があることを知っております。
>
> 全国各地で医療従事者などに対する感謝と激励の声が沸き上がっておりますが、「自衛隊員に最も身近な存在」であることを誇りとする私達「自衛隊家族会」も、自衛隊関係者そして国民を代表して、自衛隊中央病院勤務者全員とご家族にありったけの感謝と敬意と激励とお願いの気持ちをお伝えし、ささやかではありますが、心ばかりの激励品をお届けさせていただきます。
>
> あの平穏な日々が一日も早く戻りますことをお祈り申し上げながら、皆様には、くれぐれもご自愛の上、引き続き国民のためにご活動いただきますよう重ねてお願い申し上げます。
>
> 令和2年5月
>
> 隊員と家族をつなぐ
> 公益社団法人 自衛隊家族会会員一同

# 伊丹駐司令から感謝状

## 伊丹家族会 安否確認など功績たたえ

【兵庫】伊丹自衛隊家族会（鍋山憲一会長）は4月4日、伊丹駐屯地司令の木口雄司陸将補から感謝状を贈られた。

感謝状は、伊丹家族会が発足した昭和36年4月以降、駐屯地との連携を積極的に保持し、訓練や競技会への激励をはじめ、ホームページでの自衛隊の応援、大規模災害時における隊員家族の安否確認業務で連携要領を確立した功績が認められたもの。

贈呈式は新型コロナウイルス感染拡大防止の観点から中止になったため、感謝状は郵送で当時の後藤裕太郎会長宅に送られた。

後藤会長は「これからも隊員の皆さまが安心して任務にまい進できる環境整備のため、駐屯地業務隊と定期的に隊員家族の安否確認訓練を行うとともに、無料通信アプリ『LINE』やSNSを活用した家族支援要領の具現化を進め、令和の時代にふさわしい家族会を目指していきたい」と話していた。

## 鳥取県家族会

# 手作りマスクでエール

## 鳥取地本長に100枚手渡す

鳥取県家族会女性部員が手作りした布マスクを村岡鳥取地本長（右）に手渡す上治女性部長（中央）と田中副部長＝5月1日、鳥取地本で

【鳥取】鳥取県自衛隊家族会女性部の上治百合子部長と田中俊子副部長は5月1日、鳥取地方協力本部を訪れ、女性部員が丹精込めて作製した布マスク100枚を贈呈した。

手作りマスクは、形状が調整可能なノーズワイヤーが縫い込まれるなど使い心地は抜群。使用方法や洗濯の仕方についてのコメントが一つひとつに添えられた。

上治部長は「日頃の家族会への支援に対する感謝と新型コロナウイルスに屈することなく、職務にまい進してほしいとの意を込めて作製しました」と述べ、地本長の村岡正智1空佐にマスクを手渡した。

鳥取地本は「自衛隊の募集・広報環境が新型コロナの影響により、一層厳しさを増す中、布マスクという追い風を活力に、目標を達成するべくまい進していく」としている。

## 国分駐屯地で霧島市家族会と隊友会

# 協定後、初の実動訓練

## 留守家族の安否確認検証

国分駐屯地業務隊が実施した「留守家族安否確認検証訓練」に臨む霧島市家族会の会員ら

【国分】霧島市自衛隊家族会はこのほど、陸自国分駐屯地業務隊が実施した「留守家族安否確認検証訓練」に隊友会と共に参加した。

同訓練は、平成30年8月に国分駐屯地、鹿児島県家族会、同県隊友会が3者で締結した「大規模災害時における派遣隊員の留守家族支援に関する協定」に基づき行われ、協定締結後、初の実動訓練となった。

霧島市内で行われた訓練は、「安否確認要領の理解と問題点の把握」を主眼に、被害想定により状況を付与し、段階的に実施された。

第1状況「家族会」、第2状況「部隊」、第3状況「隊友会」のそれぞれが実際に留守家族宅を訪問して安否を確認。隊員家族には事前に訓練の趣旨を説明するとともに、周辺地区にも訓練実施に関する周知をしていたことから、問題なく訓練を終えることができた。

訓練後の研究会では「普段から現地の確認をしておかないと家を探すのが困難だ」「今回の訓練でイメージアップができた」など活発な意見が交わされた。

### 西特連1大隊の機動訓練

### 八代市支部、協力会と激励

陸自西特連1大隊の「機動訓練」で、塚本大隊長（左）に激励品を手渡す家族会八代市支部の後川支部長（その右）＝6月5日、熊本県八代市で

【熊本】熊本県八代市で6月4、5の両日、陸自西部方面特科連隊1大隊による「機動訓練」が行われ、自衛隊家族会八代市支部（後川一也支部長）は最終日に八代市自衛隊協力会と共に参加隊員を激励した。熊本地方協力本部八代出張所が支援した。

同訓練は八代地区を隊区に持つ西特連1大隊が梅雨を迎えたこの時期に毎年行っており、自然災害発災時の災害派遣を見据えて「山地機動訓練」と「漕舟訓練」の2部構成で実施された。

家族会八代市支部の後川支部長は大隊長の塚本圭祐2佐に「暑い中、ご苦労さまです。頑張ってください。家族会は協力会と共に、引き続き隊員をサポートし、自衛隊の任務達成に協力して参ります」とエールを送った。

## 事務局だより

▽…令和2年度は新型コロナウイルスに対する緊急事態宣言で始まりました。幸い家族会員の感染情報は現在のところありませんが、家族会として総会・理事会・各種活動や派遣される部隊への激励・見送り、部隊訪問などが制限されました。

入隊・入校者の親族にとっては人生の門出を祝う式典への出席がかなわなかったり、自衛官にとっても勤務体制や外出が制限されるなど、年度当初の重要な時期に家族会を取り巻く環境は全国的に影響を受けました。

現在は宣言が解除され、徐々に復帰しつつありますが、しばらくの間は新しい生活様式等により緊張感をもって感染防止を図らなければなりません。

▽…「ダイヤモンド・プリンセス号」などの新型コロナ感染者を受け入れ、一人の感染者も出さず治療に当たっている自衛隊中央病院医療従事者に対して感謝と敬意を込めて家族会会員一同から激励品を贈呈しました。

また、全国各地で治療支援・感染者輸送・生活支援・教育支援などに当たった自衛隊員の皆さまに対して「おやばと」6月号紙面上で伊藤会長から「感謝の言葉」を送りました。

▽…5月28日に予定しておりました令和2年度「第1回理事会」は書面決議に変更し、7件の議案が議決されました。

「令和元年度事業報告（案）」「令和元年度収支計算報告書（案）および監査報告書」の2件が決議され、総会の議案として上程いたします。県会長へ書面配布いたしますので総会までに会員への周知をお願いします。なお、定期総会は6月16日(火)から10月5日(月)へ日程変更が決議されました。

「辞任副会長の後任選任」「辞任業務執行理事の後任選任」の2件で、宗像副会長・業務執行理事（総括担当）から宮下副会長・業務執行理事（総括・活性化担当）への交代が決議されました。

また、新たに県会長として安部育子千葉県会長と松田憲富山県会長が、運営委員に田浦正人氏が承認されました。

▽…5月23日に前自衛隊家族会理事で埼玉県自衛隊家族会長を務めておられた原敬二様が闘病の末逝去されました。紙面にて家族会への多大な貢献に感謝申し上げるとともに心よりご冥福をお祈り申し上げます。

▽…新型コロナ対策で事務局の勤務様相も変わりました。まずテレワーク勤務導入などにより通勤による影響を抑えています。また、入口への体温計や消毒剤の設置、局員業務机間への仕切り（飛沫防止用ビニールシート）の設置などで感染防止を図っています。電話対応などで皆さまへはご不便をおかけいたしますが、ご協力よろしくお願いいたします。

（家族会事務局）

自衛隊バージョン　新発売！　備蓄用・贈答用として最適!!

EMERGENCY BOX

7年保存防災セット

1人用/3日分

外務省在外大使館等も備蓄しています。

非常時に調理いらずですぐ食べられるレトルト食品とお水のセットです。

陸・海・空自衛隊のカッコイイ写真を使用した専用ボックスタイプの防災キット。

メーカー希望小売価格 5,130円（税込）
特別販売価格 4,680円（税込）【送料別】

【セット内容】
レトルト保存パン 3食
7年保存クッキー 2食
米粉クッキー 1食
レトルト食品 3食
長期保存水 EMERGENCY WATER 3本

昭和55年創業 自衛隊OB会社 (株)タイユウ・サービス
ご注文は TEL03-3266-0961 FAX03-3266-1983
mail:ts-gen@ac.auone-net.jp

結婚式・退官時の記念撮影等に

自衛官の礼装貸衣裳

陸上・冬礼装

海上・冬礼装

航空・冬礼装

貸衣裳料金
・基本料金 礼装夏・冬一式 30,000円＋消費税
・貸出期間のうち、4日間は基本料金に含まれており、5日以降1日につき500円
・発送に要する費用

お問合せ先
・六本木店
☎03-3479-3644（FAX）03-3479-5697
〔営業時間 10:00～19:00 日曜定休日〕
〔土・祝祭日 10:00～17:00〕

別途消費税がかかります。 ※詳しくは、電話でお問合せ下さい。

美玉（みたま）
〒106-0032 東京都港区六本木7-8-8 ミクニ六本木ビル 7階
☎03-3479-3644

朝雲

防衛省にご勤務の皆さまの住まいと暮らしの窓口

# コーサイ・サービスニュース

＜No.65＞

**家を買うとき、売るとき、借りるとき、リフォームするとき、貸すときも、紹介カードで割引特典！**

詳細は⇒URL　https://www.ksi-service.co.jp（限定情報 "得々情報ボックス"ID:teikei PW:109109　＊ネットショップもご利用ください！）

【住まいのご相談・お問合せ】コーサイ・サービス株式会社　☎03-5315-4170（住宅専用）担当：佐藤　東京都新宿区四谷坂町12番20号KKビル4F／営業時間 9:30～17:00 ／定休日 土・日・祝日

佐世保市の中心に誕生。
アルファステイツ高天
月々5万円台～
四ヶ町商店街 徒歩9分
［アルファステイツ高天］好評分譲中！
あなぶき興産
あなぶきリアルエステート
（お問い合わせ）「アルファステイツ高天」モデルルーム
0120-207-773
営業時間／10:00～18:00
定休日／火曜日・水曜日（祝日除く）


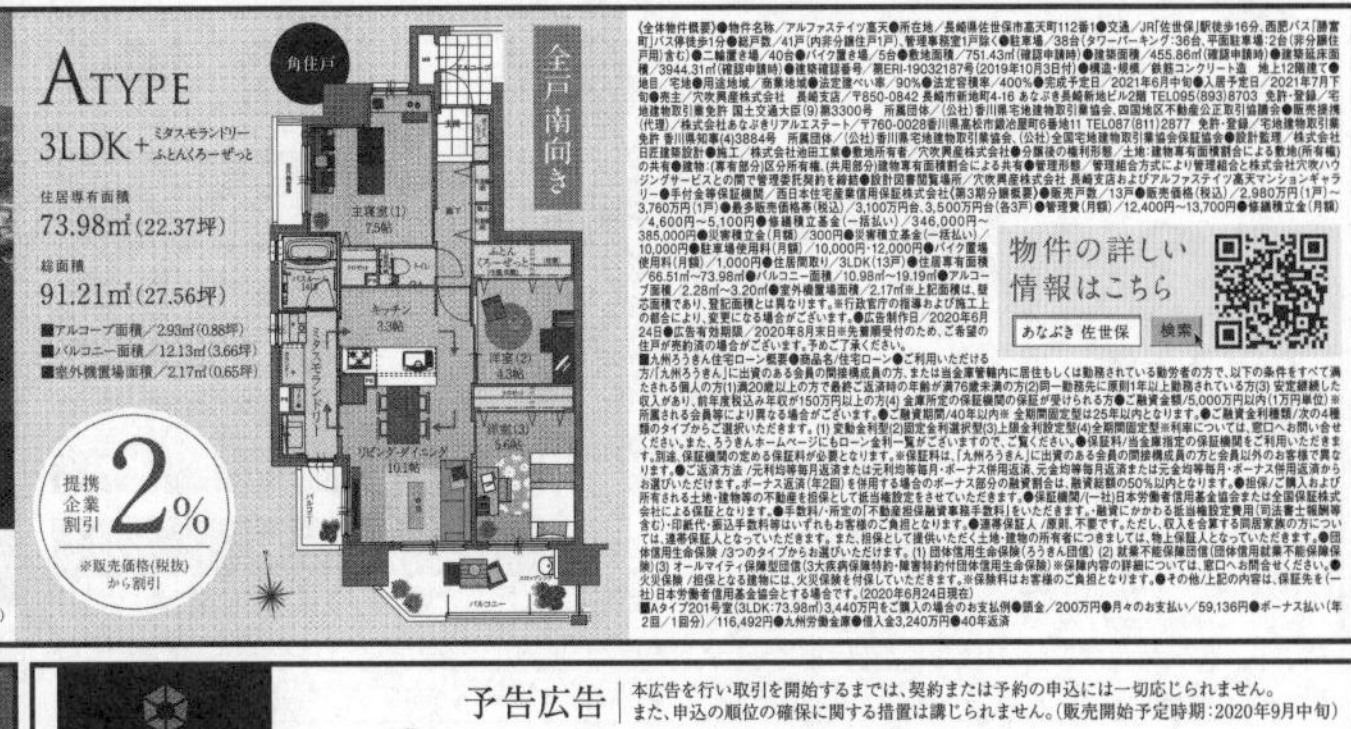


## 防衛省にお勤めの皆様へ　キャンペーン期間※ 2020年7月2日[木]～2020年9月28日[月]

ダイワハウス分譲マンション **ご成約キャンペーン**

キャンペーン期間中に《ご成約》いただいた方に、2つの特典を進呈いたします。
※適用条件がございます。下記をご覧ください。

①販売価格（税込）より **2%割引**　通常提携割引より割引率アップ！

②カタログギフト **10,000円分プレゼント**　先着※1 100組様

キャンペーン対象物件

| エリア | 物件 |
|---|---|
| 北海道エリア | モンドミオ札幌 近代美術館 |
| 首都圏エリア | プレミスト上麻生、プレミストひばりが丘 シーズンビュー、プレミスト三鷹、プレミスト志村三丁目、プレミスト東京王子、プレミスト東林間さくら通り、プレミスト溝の口、プレミスト新小岩 親水公園、プレミスト湘南辻堂、プレミスト東林間 さくら通り、プレミスト町田中町、プレミスト船橋塚田、プレミスト東久留米、リブネスモア戸田公園 |
| 中部・北陸エリア | プレミスト愛宕の杜、常盤町レジデンス、プレミスト稲川、プレミスト茶屋ヶ坂駅前、プレミストタワー総曲輪 |
| 関西エリア | プレミスト都島パークフロント、プレミスト梅田、プレミストタワー大阪上本町、プレミスト豊中少路、プレミスト平野背戸口レジデンス、プレミスト関目高殿駅前、リブネスモア茨木、リブネスモア生駒ヒルズ、プレミスト山科椥辻ザ・テラス、ディーテラス宝塚雲雀丘 |
| 中国エリア | プレミスト相生通りリバーサイド |
| 九州・沖縄エリア | プレミスト照国表参道 |

※定休日を除きます。各物件の定休日については各物件の販売センターにてご確認ください。

■取引態様／後述以外の物件は大和ハウス工業株式会社の単独売主の物件となります。

キャンペーン概要

| キャンペーン名 | 提携企業および提携団体様対象 ご成約キャンペーン | キャンペーン期間 | 2020年7月2日（木）～2020年9月28日（月） |
|---|---|---|---|
| キャンペーン内容 | 提携企業にお勤めの方および提携団体の皆様が、キャンペーン期間中に対象のマンションをご成約された場合に、販売価格(税込)より2%割引、さらに先着100組様※1にカタログギフト1万円分をプレゼントいたします。※1キャンペーン期間内に対象物件をご成約いただいたお客様のうち先着100組様 | | |
| 適用条件 | ●期間中対象物件をご契約いただくことが条件となります。●対象物件以外をご契約された場合、また、ご成約キャンペーン以外でのご契約については対象外とさせていただきます。●キャンペーン期間中に完売している場合もございます。ご了承ください。●初回来場時にコーサイ・サービス株式会社が発行する「紹介カード」をご持参ください。●ご成約プレゼントのカタログギフトは、マンションのご契約後、1カ月以内にお届けさせていただきます。 | | |

キャンペーンに関するお問い合わせはこちら　大和ハウス工業株式会社 マンション事業推進部 営業統括部 法人提携グループ TEL.03-5214-2253 営業時間／10:00～18:00 定休日／土・日・祝日

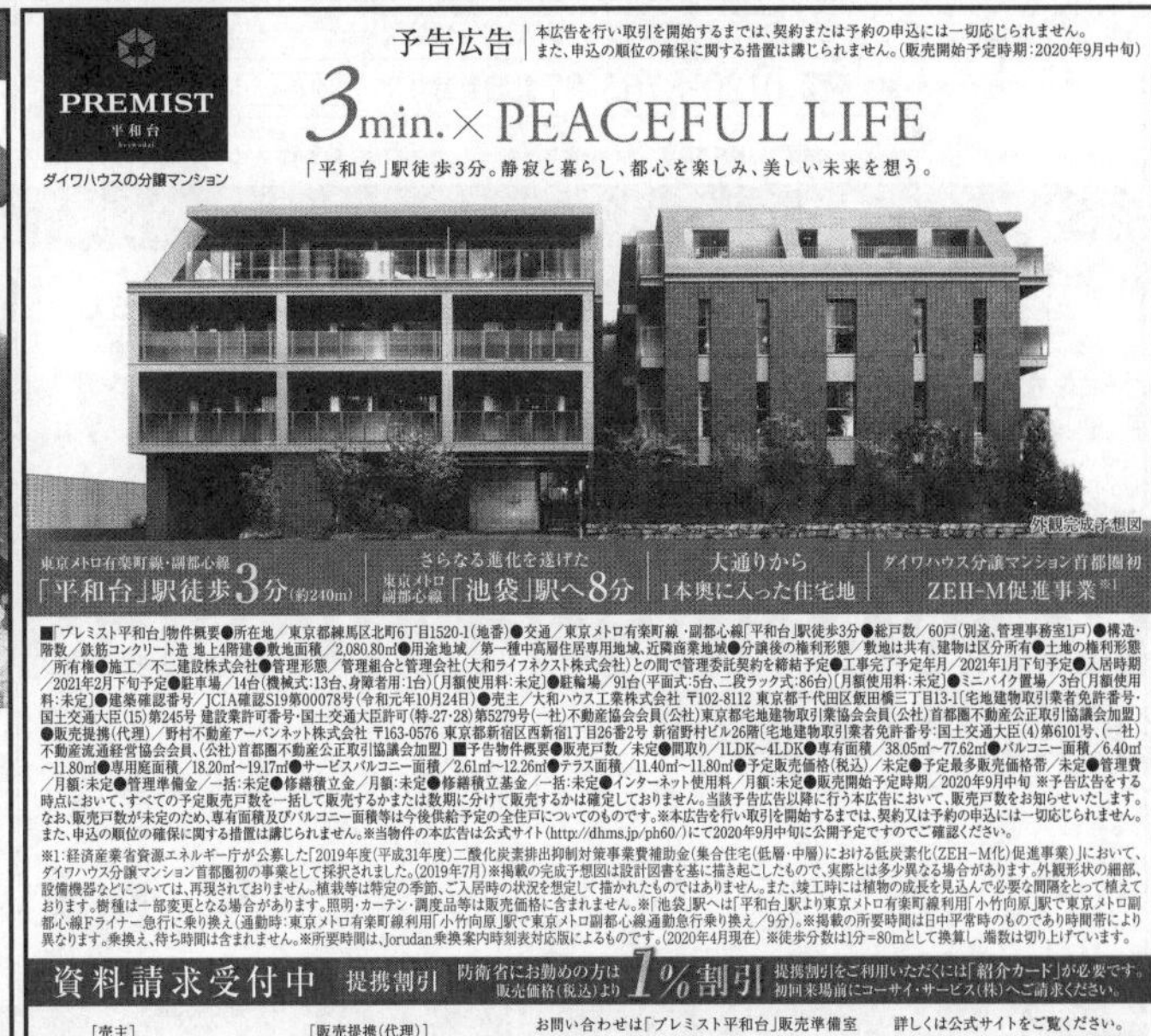

PREMIST 平和台
ダイワハウスの分譲マンション
予告広告
3min.×PEACEFUL LIFE
「平和台」駅徒歩3分。静寂と暮らし、都心を楽しみ、美しい未来を想う。
東京メトロ有楽町線・副都心線「平和台」駅徒歩3分
さらなる進化を遂げた東京メトロ副都心線「池袋」駅へ8分
大通りから1本奥に入った住宅地
ダイワハウス分譲マンション首都圏初 ZEH-M促進事業


予告広告　本広告を行い取引を開始するまでは、契約または予約の申込には一切応じられません。また、申込の順位の確保に関する措置は講じられません。（販売開始予定時期：2020年9月中旬）

資料請求受付中　提携割引　防衛省にお勤めの方は販売価格（税込）より **1%割引**　提携割引をご利用いただくには「紹介カード」が必要です。初回来場時にコーサイ・サービス(株)へご請求ください。

【売主】大和ハウス工業　【販売代理】野村不動産アーバンネット　お問い合わせは「プレミスト平和台」販売準備室 0120-232-060　ダイワ 平和台 検索
営業時間／10:00～18:00 定休日／火・水・第2火曜日（祝日除く）※携帯電話・PHSからも通話可能です。

古河林業株式会社
木で建てる家。
木で育つ家族。
古河林業は、日本の森に携わって140余年、毎年、たくさんの木の成長を見つめてきました。今では、日本の木をつかうプロフェッショナルとして蓄積された幅広い知識と、確かな実績をもとに住宅建築の分野でも、数多くのご支持をいただいております。

古河林業特販部 家づくりなんでも相談
1 無料敷地診断
2 無料プランニング
3 無料見積もり
4 無料税金・法律相談
5 無料不動産相談

提携特典　建物本体工事費の **3%割引**　特典を受けるには紹介状が必要です

お問い合わせ、資料請求は
**古河林業 特販部 丸の内ギャラリー**
0120-70-1281 担当：高田
E-mail e.tokuhan@furukawa-ringyo.co.jp　http://www.furukawa-group.jp/teikei/
〒100-0005 東京都千代田区丸の内2-2-3 丸の内仲通りビル1F TEL.03-3201-5061(代) FAX.03-3201-5081

未来を開く古河グループ　古河林業株式会社

防衛省職員の皆様へ
提携法人様限定！
資料請求で
クオカード 2,000円分
プレゼントキャンペーン！
キャンペーン対象期間
2020年6月1日(月)～10月31日(土)
理想の家のイメージが見つかる！タイプ別診断付き家づくりアイディアノート！
WAGAYA
アキュラホームってどんな家を建てているの？実際に建てた施工例が満載！


お申込方法

お勤め先の社内イントラから手続きまたは紹介窓口ご担当者様にご連絡いただき紹介カードの発行をお願いします！

資料請求はこちら　専用WEBサイトから aqura.co.jp/teikei/　企業番号 171-08-C　お電話から 0120-004-383（受付時間：平日10:00～17:00 定休日：土日祝日）

●ぜひ一度展示場で住みごこちの良さをご体験ください。最寄りの展示場はWEBでチェック！
提携割引 建物本体価格（税抜）3%　※展示場来場・資料請求の前に「紹介カード」が必要となります。

アキュラホームグループ　カンナ社長 で 検索

# マンション施工実績No.1※、長谷工コーポレーションおすすめ新築分譲マンション特集

※施工戸数累計約65.4万戸：(株)長谷工総合研究所調べ(2020年4月末現在)

## セントドリームプロジェクト(セントガーデン海老名)　神奈川県海老名市
New　提携特典　販売価格(税込)より1.0％割引

小田急・相鉄沿線最大※1 1,000家族の未来創造街区 はじまる。

1000 DREAM PROJECT

ターミナルシティ海老名発 計画総戸数 全1,000邸

「ららぽーと海老名」徒歩1分(約80m)

「海老名」駅 徒歩5分※2

2・3・4LDK 58.83㎡〜85.24㎡

コンセプトイメージイラスト

総開発面積36,000㎡超※3 緑化面積4,000㎡超※4の環境創造レジデンス　物件エントリー(資料請求)受付開始｜今夏オープン予定

「セントドリームプロジェクト」販売準備室　0120-8765-87　●営業時間／10:00〜18:00 ●定休日／水・木曜日

資料請求はこちらに!

(売主) 日鉄興和不動産　JR西日本不動産開発　東急不動産　小田急不動産　相鉄不動産　(販売提携(代理)) 長谷工アーベスト　(設計・監理) 長谷工コーポレーション

## ハイムスイート朝霞　埼玉県朝霞市
人気　提携特典　販売価格(税込)より1.0％割引

HEIM SUITE Asaka

複合商業施設 徒歩2分(約132m)

東武東上線「朝霞」駅から「池袋」駅へ直通16分※

2020年冬OPEN!　CAINZ カインズ(ホームセンター)　イトーヨーカドー(食品スーパー)

東武東上線 西武池袋線エリア 最大規模※1｜複合開発タウン内 全212邸の新築分譲マンション

全邸南向き　専有面積67㎡台〜　予定販売価格2,900万円台〜　モデルルーム公開中!!

「ハイムスイート朝霞」マンションギャラリー　0120-816-114　●営業時間／10:00〜18:00 ●定休日／火・水曜日(祝日を除く)

資料請求はこちらに!

(売主) 積水化学工業株式会社　(販売提携(代理)) 長谷工アーベスト　(設計・監理・施工) 長谷工コーポレーション

## メイツ川口元郷　埼玉県川口市
New　提携特典　販売価格(税込)より1.0％割引

MEITSU メイツ川口元郷

川口は、こんなマンションを待っていた。

KAWAGUCHI ANSWER

外観完成予想CG

目の前のバス停より「川口」駅直結12分　東京メトロ南北線直通・埼玉高速鉄道「川口元郷」駅徒歩8分

7月上旬新築建物公開予定　予約制

建物から住空間まで実際にご覧になって検討できる「新築公開販売」

「メイツ川口元郷」　0120-512-053　●営業時間／10:00〜18:00 ●定休日／水・木曜日(祝日を除く)

資料請求はこちら!

(売主) 名鉄不動産　(販売提携(代理)) 長谷工アーベスト　(設計・監理・施工) 長谷工コーポレーション

## プレシス幕張本郷　千葉県千葉市美浜区
New　提携特典　販売価格(税込)より1.0％割引

幕張新景

PRESIS プレシス幕張本郷

落ち着きと華やぎを見晴らす開放感。新しい暮らしのシーンを描く全126邸。

大型スーパー隣接、南側は第一種低層住居専用地域の住宅地に誕生。

予定販売価格　2LDK 2,900万円台〜　3LDK 3,400万円台〜

全126邸・全邸南向き 3LDK・70㎡超中心　「幕張本郷」駅・「海浜幕張」駅両立 美浜区幕張西アドレス　JR総武線「幕張本郷」駅より「千葉」駅へ直通12分「東京」駅へ31分

事前案内会開催中(予約制)

「プレシス幕張本郷」モデルルーム　0120-188-126　●営業時間／10:00〜18:00 ●定休日／水・木曜日(祝日を除く)

資料請求はこちら!

(売主) 飯田グループホールディングス 一建設株式会社　(販売提携(代理)) 長谷工アーベスト　(設計・監理・施工) 長谷工コーポレーション

## ガーデンクロス東京王子　東京都北区
New　提携特典　販売価格(税込)より1.0％割引

北区王子駅 最大級プロジェクト TOKYO LIFE CRUISING

王子・未来サイドに広大な中庭を抱く環境創造型プロジェクト誕生。

GARDEN CROSS TOKYO OJI ガーデンクロス東京王子

「東京」駅へ直通16分

JR京浜東北線「王子」駅徒歩9分

多彩な7つの共用施設

総戸数300邸・全邸南向き

今夏 エントリー者様優先 モデルルーム事前案内会開始(予定)

「ガーデンクロス東京王子」販売準備室　0120-361-963　●営業時間／10:00〜18:00 ●定休日／水・木曜日(祝日を除く)

資料請求はこちら!

(売主) 西日本鉄道株式会社　三菱地所レジデンス　関電不動産開発　JR東日本都市開発　(販売提携(代理)) 長谷工アーベスト　(設計・施工) 長谷工コーポレーション

## ローレルコート赤羽　東京都北区
New　提携特典　販売価格(税込)より1.0％割引

Laurel Court AKABANE

赤羽、新景。

5路線利用可能 JR「赤羽」駅徒歩8分

〈南東向き中心・3LDK中心〉断熱＆省エネ機能搭載の北区初ZEH-M※1(ゼッチマンション)

資料請求者様限定・モデルルーム事前案内会開催中　ご予約制

「ローレルコート赤羽」マンションギャラリー　0120-500-303　●営業時間／平日11:00〜19:00 土日祝10:00〜18:00 ●定休日／水・木曜日(祝日を除く)

資料請求はこちら!

(売主) 人と街の可能性を拓く。近鉄不動産　(販売提携(代理)) 長谷工アーベスト　(設計・監理・施工) 長谷工コーポレーション

※掲載の完成予想CGは、図面を基に描き起こしたもので実際とは異なります。

## 防衛省にお勤めの皆様限定キャンペーン【2020年9月末まで】｜掲載物件のQRコードを読み取り、資料請求ください!!

「住まいアドバイザー」によるご相談も受付中! どの物件がいいか迷ったらご相談ください!　オンライン相談実施中!

お問合せフォーム　LINE (LINEアプリで読み込んでください)　お電話 0120-344-845　■営業時間／10:00〜18:00(水曜日定休)

【提携先】 長谷工コーポレーション

提携特典及びキャンペーンに関するお問い合わせは（株）長谷工コーポレーション「提携お客様サロン」

0120-958-909　営業時間 9:00〜17:00 定休日 土・日・祝　teikei@haseko.co.jp

その他の新築物件一覧はこちらのホームページからご覧いただけます▶ http://haseko-teikei.jp/kosaiservice/

※提携特典及びキャンペーンをご利用いただくためには、コーサイ・サービス(株)が発行する「紹介カード」が必要です。

〈紹介カード発行先〉コーサイ・サービス株式会社 担当：佐藤 HP: https://www.ksi-service.co.jp/ [ID]teikei [PW]109109(トクトク)

TEL：03-5315-4170　E-mail：k-satou@ksi-service.co.jp

# 〜地本　ホッと通信〜

## IDAの学生3人に感謝状　沖縄

### 自衛官募集ポスター　若さあふれる隊員をイメージ

【沖縄】「美ら島の未来を護る君の手で！」――。沖縄地本は6月12日、今年度の地本「自衛官募集ポスター」をデザインした浦添市の専修学校インターナショナル・デザイン・アカデミー（IDA）の学生3人に感謝状を贈呈した。

地本では4年前から「自衛官募集ポスター」にIDAの学生がデザインしたイラストを使用している。今年度は、集まった18作品の中からいずれもマンガ科で学ぶ1年生の砂川愛恵さん、平良雛子さん、當山志穏さんの作品を「優秀作品」に選出、ポスターへの採用が決まった。

地本会議室での感謝状贈呈式は、新型コロナへの"3密対策"を徹底して行われ、松永浩二地本長から3人の学生に感謝状が手渡された。

ポスターはどれもマンガ科に所属する若者の作品だけに完成度が非常に高く、女性の砂川さんの作品はキャッチフレーズにある「君の手で!!」を特に強調。若さあふれる陸海空の3隊員が「歓迎する手」「頑張る拳」「さっそうとした敬礼」で自衛隊をアピールしている。

砂川さんは受賞を喜びながら「自衛官の制服の細かい部分はドラマや動画を参考にして描きました」と創作の背景を語った。

平良雛子さんの作品

當山志穏さんの作品

IDAの砂川愛恵さんがデザインしたポスター

「優秀作品」に選ばれた「自衛官募集ポスター」を掲げる（中央左から）受賞者の當山さん、平良さん、砂川さん。右は松永地本長（6月12日、沖縄地本で）

#### マンガ科の砂川さん、平良さん、當山さん　地本のラジオ番組にも出演

式後、3人の学生は沖縄地本のラジオ番組「くくる君のゆんたくアワー」の収録にゲスト出演。3人は司会の清田祥生事務官の進行のもと「ポスター制作に当たっての苦労」や「自衛隊に対するイメージ」などについてトークを展開したほか、「イラストレーターになりたい」と将来の夢なども語った。

沖縄地本では今後、3作品のポスターを計1200枚印刷し、離島を含む沖縄全域に広報官たちが丁寧に掲示していく計画だ。

このポスターを見た若者が一人でも多く自衛隊を志望してくれるよう、地本では今後も募集広報に当たる。

## 函　館

地本はこのほど、即応予備自衛官雇用企業の知内町森林組合に対し、「地本長認定協力事業所表示証」を交付した。

新たに協力事業所に認定された同組合は、即自を継続的に雇用するだけでなく訓練の参加にも配慮。北海道胆振東部地震発生時には即自を災害派遣し、見送り行事や企業主の現地激励に積極的に参加した。

小幡哲也地本長は組合の森廣武美組合長に表示証を授与後、「災害発生の蓋然性が高い状況にあり、今後も協力を」と改めて予備自等制度への支援を依頼した。

## 岩　手

地本は岩手駐屯地で行われた令和2年度自衛官候補生前期課程を今春の着隊から6月21日の修了式まで撮影・取材し、ホームページの「20(ニーマル)式ジコーセー」のコーナーやSNSで紹介した。

同企画は、前期課程教育の訓練など各要所を撮影したもの。担当した広報班担当者は、「ご家族の皆さまに実際の彼らの様子を伝えるための『保護者通信』として作成しています。自候生の元気な姿をご覧いただければ」と話した。

## 山　形

地本は4月10日、山形コミュニティー放送ラジオモンスターの番組「自衛隊百科」に、3隊員を出演させ、自衛隊をアピールした。

今回は「陸・海・空、自衛隊の違い」というテーマで、募集課長の上田哲也2海佐、広報係長の山口博空曹長、広報係の鈴木祐司2陸曹が出演した。

番組は、パーソナリティーとの掛け合い形式で行われ、3自衛隊の当直や教育部隊の違い、食事などについて語り合った。

最後に山口曹長がリスナーに自衛官募集をPRし、収録を終えた。

## 群　馬

高崎地域事務所の広報官・黒内裕次2陸曹は6月12日、ハローワーク藤岡で募集説明会を実施した。

コロナ禍の影響で同説明会が相次いで中止になる中、ハローワークの所長の厚意で実現。子息が受験を検討中という母親も訪れ、体力面や生活面の不安や疑問点を質問、黒内2曹が丁寧に回答した。

母親は「説明を聞くまでは心配だったが、息子が合格した際には、一人前の自衛官になって、一生懸命頑張ってほしい」と安心した様子だった。

## 新　潟

新発田駐屯地援護室は5月19日、新発田駐屯地で令和2年度「第2回任期制隊員ライフプラン集合訓練」を実施した。

訓練は、各人の明確な自己分析に基づいた人生設計を確立させ、職業の選択や資格修得などの能力開発を促進させることを目的に行われている。今回は入隊2年目にあたる駐屯地所属の6人が参加した。

訓練では、参加者が入隊後に自分の成長を実感した経験を発表。その後、隊員の進路、雇用情勢、援護組織活用の有用性、部外技能訓練などの教育が行われた。

## 長　野

地本は4月24日、本部庁舎会議室で、令和2年度出陣式を実施した。

式では今年度の新たな試みとして、副本部長、各課長、各所長が決意表明とともにダルマの目入れをそれぞれ行った。その後、三笠展隆地本長が「今までのやり方にとらわれることなく、柔軟かつ創造的なやり方で募集などに励んでほしい」と令和2年度任務完遂への決意表明をし、ダルマの目を完成させた。最後に全員で「組織一丸、目標完遂！」と雄叫びをあげて締めくくった。

## 静　岡

地本は6月11日、空自静浜基地で広報官のT7練習機飛行体験を行った。

募集広報に必要とされる幅広い知識の習得を目的としたもので、パイロット教育について見識を広げるため、静岡募集案内所の広報官・青木茂久3海曹が参加し、用意されたパイロットスーツに着替えた。

11飛教団の安澤元弘3佐の操縦のもと、飛行を体験した青木3曹は、「海自で航空機の電機整備を担当し、空自の航空機にも興味があった。今後の採用説明で伝えていきたい」と語った。

## 愛　知

地本は6月8日、守山駐屯地で令和2年度自衛官候補生採用試験を実施、33人の若者が試験に臨んだ。

新型コロナ対策として駐屯地入門後は受験生に対して検温、問診票の確認を実施。地本の試験要員も、フェイスシールドとマスクを併用し慎重に受け付け業務をこなした。

口述試験では、受験生が大きく元気な声で試験官に自衛官を志した理由や自己PRを行った。

## 岡　山

倉敷地域事務所は6月4日、FMくらしき「モーニングくらしき」の「自衛隊通信〜君に守りたいものはあるか〜」に広報官の田中賢明3海曹を出演させた。

放送は毎月第1週目の木曜日、倉敷所広報官が交代で出演し、自衛官募集情報や、広報活動について「お知らせ」を行っている。番組で田中3曹は自身が経験した海自の艦艇での仕事内容や、艦艇内での生活について語り、パーソナリティーからの「奥さまとのなれそめは？」という質問に「防衛機密です」とユーモアで返し、笑いを誘っていた。

## 鳥　取

米子地域事務所は5月15日、米子市の日本海情報ビジネス専門学校公務員コースの学生6人に対し、自衛隊制度に関する個別説明会を実施した。

説明会は広報官3人が各教室に分かれて3密回避を重視しながら行い、自衛隊の職種・職域などについて説明。学生からの質問にはその場で丁寧に答え、一つ一つ納得してもらいながら会を進行した。さらに、中方総監部オリジナル資料「自衛官の道しるべ」を配布することで、自衛官になるコースの紹介や将来設計をイメージしてもらった。

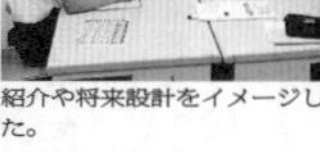

## 大　分

地本は若者に自衛隊への関心を高めてもらおうと、県内6ヵ所の地域事務所がSNSでそれぞれの事務所などを紹介する企画を始めた。

各事務所が地域の推薦スポットを紹介するコーナーは、「ガイドブックにない、知る人ぞ知る所を選定しよう」と工夫を凝らした内容となっている。第1回は日田地域事務所を紹介し、親子で楽しめる伐株山の「天空のブランコ」などを取り上げ、新規のフォロワーを獲得するなど、人気を博している。

# 自衛隊装備年鑑 2020-2021

発売開始!!

陸海空自衛隊の500種類にのぼる装備品をそれぞれ写真・図・性能諸元と詳しい解説付きで紹介

**陸上自衛隊**

最新装備の19式装輪自走155mmりゅう弾砲や中距離多目的誘導弾をはじめ、小火器や迫撃砲、誘導弾、10式戦車や16式機動戦闘車などの車両、V—22オスプレイ等の航空機、施設や化学器材などを分野別に掲載。

**海上自衛隊**

最新鋭の護衛艦「まや」をはじめとする護衛艦、潜水艦、掃海艦艇、輸送艦などの海自全艦艇をタイプ別にまとめ、スペックや個々の建造所、竣工年月日などを見やすくレイアウト。航空機、艦艇搭載・航空用武器なども詳しく紹介。

**航空自衛隊**

最新のU—680A飛行点検機、E—2D早期警戒機はもちろん、F—35／F—15などの戦闘機をはじめとする空自全機種を性能諸元とともに写真と三面図付きで掲載。他に誘導弾、レーダー、航空機搭載武器、車両なども余さず紹介。

**資料編**

Ⅰ　無人航空機（UAV）の現況と展望
Ⅱ　ハイブリッド戦と電磁スペクトラム戦
Ⅲ　海外新兵器情勢
Ⅳ　防衛産業の動向
Ⅴ　令和2年度防衛省業務計画
Ⅵ　令和2年度防衛予算の概要
Ⅶ　防衛装備庁の調達実績及び調達見込

◆判型　A5判/524頁全コート紙使用/巻頭カラーページ
◆定価　本体3,800円＋税
◆ISBN978-4-7509-1041-3

〒160−0002 東京都新宿区四谷坂町12−20 KKビル
TEL 03−3225−3841　FAX 03−3225−3831
http://www.asagumo-news.com

募集・援護　特集

平和を、仕事にする。

# キャンパス内から情報発信

## 自宅学習中の大学生にPR

「自宅で学習中の大学生に自衛隊をPRしよう」――。新型コロナの影響でいまも通学ができず、自宅で「オンライン学習」を続ける大学生も多い。そこで各地本では地元大学の職員らと協力し、自衛官を大学に派遣、キャンパス内からオンラインで学生に募集広報を行っている。

## 自衛官の魅力を紹介
### 自宅学習の学生に向け説明会
新潟

【新潟】新潟募集案内所は6月5日、新潟医療福祉大学（新潟市北区）で「自衛官って、どんな仕事？」と題し、説明会を実施した。

今回は新型コロナの予防の観点から、自宅などで学習を行っている救急救命学科の学生50人を対象に開催。新潟募集案内所長の阿部浩二3陸佐と空自新潟救難隊の中原博2空曹が同大学に赴き、パソコンを使った「ビデオ通話方式」で説明を行った。これは新潟所で初の試みだったことから、事前に大学関係者も同席し、入念に準備が行われた。

阿部所長は、視聴する学科の学生たちに対し、「自衛隊には希望と適性に応じた多くの職種があり、男女ともに働きやすい環境です。国家公務員として身分が保障され、給与や福利厚生も高い水準にあります」と魅力を伝えた。

続いて救急救命医療の従事者として中原2曹が、救難員として必要な資格や日常の訓練と救助活動について語った。

視聴した学生からは「遠い存在だった自衛官が身近に感じられ、興味が出てきた」「消防士を進路に考えていたが、自衛隊も検討したい」という声も聞かれ、その後、学生4人から志願があった。

新潟地本では「初回だったが、円滑にオンライン説明会を実施できた。引き続き効果的な募集説明を行って、多くの受験希望者の獲得を目指したい」と話している。

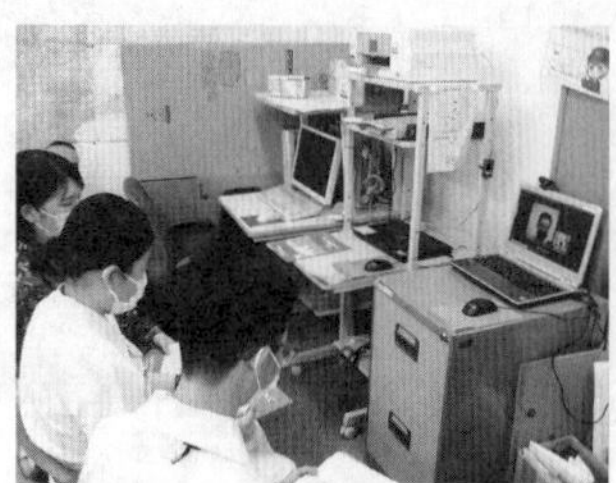

㊦新潟医療福祉大の職員（左）の協力のもと、自宅にいる学生に向けて自衛隊のオンライン説明会を行う新潟所長の阿部3陸佐（6月5日、新潟市で）㊧京都市内にいる募集対象者とオンラインで語り合う舞鶴市内の海自隊員たち（6月18日、海自舞鶴総監部で）

ただいま募集中！
◇一般曹候補生◇航空学生
◇第2回幹部候補生◇防大（一般）
◇防医大（医学・看護）
★詳細は最寄りの自衛隊地方協力本部へ

## 就活生にオンライン説明会
### 國學院大學北海道短期大学部で

【札幌】地本は6月10日、滝川市の國學院大學北海道短期大学部で、就職活動中の学生に対しオンラインで個別説明を行った。

大学の厚意で実現し、この日は滝川地域事務所の西川洋如陸曹長以下の広報官がオンライン講義を受けている女子学生に対し、職業としての自衛隊の説明を行った。

まず広報官の三好利尚1陸曹が採用制度を話し、続いて募集業務支援中の吾孫子里奈士長（10即応機動連隊）が自身の勤務体験を話した。視聴中の女子学生からの質問にも答え、終始和やかな雰囲気で対話が行われた。

説明会は好評で、同席した学校関係者からは「学生への就職活動支援を今後ともお願いします」と依頼を受けた。

オンラインでつながった学生からの質問に答える10即機連の吾孫子士長（6月10日、滝川市の國學院大北海道短期大で）

## 海自の生の声を配信
### 京都 舞監と結びオンライン説明会

【京都】地本は6月18日、海自舞鶴地方総監部と回線をつなぎ、初の「オンライン説明会」を実施した。

京都地本は南北140キロある府内を七つの募集事務所などでカバーしているが、南部の京都市内に勤務する海自隊員はわずか3人と少ないため、海自の生の声がなかなか届きにくい。そこで舞監の協力のもと、オンラインの企画が実現した。

この日は海自への受験を希望している募集対象者5人に本部に集まってもらい、舞監では23航空隊から山田ヒカル士長、護衛艦「ひゅうが」から髙崎朱望士長と小原輝之1士が参加し、学生からの質問に答えた。

当初は双方ともやや緊張していたが、後半は緊張もほぐれ、「なぜ海自を希望したのか」「海自隊員は『モテる』と聞いたが本当か」といった質問も飛び交うなど、和気あいあいとした雰囲気で語り合った。

京都地本では「今回のオンライン説明会によって南部地域の募集対象者に海自をより身近に感じてもらえた。今後は空自でもオンライン説明会を実施するなど、工夫を凝らした募集活動を展開していきたい」と話している。

## コロナ下の状況協議
### 1都3県地本長スカイプ会議
神奈川

関東1都3県の地本長がモニターを前にしたオンライン会議に参加する夏井隆神奈川地本長（6月12日、神奈川地本で）

【神奈川】地本は6月12日、1都3県（東京・神奈川・埼玉・千葉）が実施する地本長意見交換会に参加した。

「募集に関する特性が似ている4地本が情報を共有し、一丸となって募集にあたり、東部方面隊の募集任務の達成に寄与する」という方針のもと、定期的に開催されている。これまでは持ち回りで、各庁舎で実施されていたが、今回は新型コロナの影響を考慮し、担任する埼玉地本の発案でスカイプを使用し、オンライン会議となった。

議題は「新型コロナウイルス状況下での募集施策・成果・教訓」と「今後の懸案事項とその対策」の二つで、感染拡大防止を考慮した採用試験の実施要領や、ウェブによる説明会の開催などについて話し合った。

今回の意見交換会で神奈川地本は募集課内の各班長もスカイプ会議に同席し、モニターを見て情報共有を図った。

## 弘前所が駅前広報
### インスタ開設に学生興味

【青森】弘前地域事務所は6月5日、弘前東高校前駅で駅前広報を実施した。

この広報は例年、4月から行っているが、今年度は新型コロナの影響を受け、2カ月遅れで実施した。

広報官は手袋を着用するなど、感染防止に留意しつつ声をかけ、約400人の学生にティッシュを配布。同時に今年度から開始した弘前所のインスタグラムも宣伝し、その場でフォローしてくれた学生には自衛隊グッズをプレゼントした。

フォローした学生の中には、今年度入隊した隊員の妹や昨年のインターンシップに参加した若者もいて、広報官との会話も盛り上がった。学生たちは「学校に着いたら見てみます」「私もインスタを始めたのでフォローします」などと、弘前所のインスタに興味を持った様子だった。

## 夢はブルーで「サクラ」
### 母校の先輩・空幕長に憧れパイロットへ
航空学生 齋藤2士

帰郷広報を行った空自航空学生の齋藤2士（右から2人目）。右は引率した地本広報官の渡邊志郎海曹長、左は出迎えた恩師たち（6月9日、群馬県立高崎高校で）

【群馬】空自航空学生の齋藤潤2士（高崎市出身）は6月9日、母校・県立高崎高校を訪問し、帰郷広報を行った。

同校は群馬県で防大、防医大生、航空学生を多く輩出する進学校で、丸茂空幕長の母校でもある。学校では教頭先生をはじめ、恩師の教諭たちが出迎えた。

齋藤2士は自衛隊での訓練や生活環境に関する近況を先生たちに報告。「航空学生を目指したきっかけは、卒業生の丸茂空幕長の影響も大きかった。空幕長の記事が高校の機関紙に掲載され、自衛隊を身近に感じた」と語り、「そんな中、平成30年の夏に桐生八木節まつりでブルーインパルスが展示飛行を行ったのを見て、パイロットになる意思を固めた」と話した。

航学に入校して約3カ月、操縦士になるため毎日厳しい訓練に汗を流し、日に焼けてたくましい姿に成長した齋藤2士。「母校から自分に続く航空学生が入校してほしい。夢は人として尊敬される操縦士。いつかブルーインパルスに搭乗し、高崎市の上空にサクラ（六輪を描く展示飛行課目）を描きたい」と抱負を語った。

## 静岡地本長に杉谷1空佐

6月17日付の異動で静岡地本長が交代した。新任本部長の略歴は次のとおり。

杉谷　康征（すぎたに・こうせい）1空佐　静岡地本長　防大39期。平成7年空自。21年2佐、26年1佐。3高群11高射隊長、空幕装備体系課2班長などを経て、30年5月中警団基業群司令。熊本県出身。47歳。

## 県水害特別防災訓練に参加
### コロナ対策も演練
岡山

梅雨を前にした水害特別防災訓練で県職員らと図上演習を行う13特科隊の隊員ら（5月21日、岡山県庁で）

【岡山】地本は5月21日、岡山県庁などで行われた令和2年度県水害特別防災訓練に参加した。

訓練には県警、消防、各市町村など50機関、総勢約360人が参加。「岡山県下で水害が発生した」という想定の下、関係機関相互の連携要領などについて確認を行い、自衛隊からは地本と13特科隊（日本原）の担当者8人が参加した。

今回の訓練では平成30年の西日本豪雨災害を踏まえたタイムラインの作成、近隣県の香川県との共同訓練などが行われた。

今年加わったコロナ対策では、訓練会場を3カ所に分散させ、状況報告はデータ通信とテレビ会議で実施。さらに避難所での3密対策、クラスター防止についても検討した。

参加した地本担当者は「天災対策と疫病対策の両立を図る必要性を痛感した。各機関と連携の確認ができ、有意義な訓練だった」と語った。

## 広報班長と「空ぽん」
### CM動画を撮影
滋賀

【滋賀】地本は6月16日、広報班長の渡辺史明1空尉と地本マスコット滋賀ぽん三兄弟の空自キャラ「空ぽん」を地元ケーブルテレビ「ZTV」に出演させ、CM動画第4弾の撮影を行った。

撮影では8種の自衛官採用試験の要点を分かりやすく説明。中でも、自衛官候補生や一般曹候補生の二つの採用試験は応募可能な年齢が「18歳以上33歳未満」と幅広いことをアピールした。

さらに就職を機にアパートなどを借りた場合と、入隊者の必要経費を比較分析。自衛隊は制服の貸与や食事の支給、部屋の提供があるため、入隊が経費節約や安定収入に繋がることを宣伝した。

同映像は地域密着コミュニティーチャンネル「かわら版プラス」の「自衛隊だより」コーナーで6月24日から30日まで放映された。

地元ケーブルテレビのCMに出演し、自衛隊をPRする渡辺班長（左）と空ぽん（右）＝6月16日、滋賀地本で


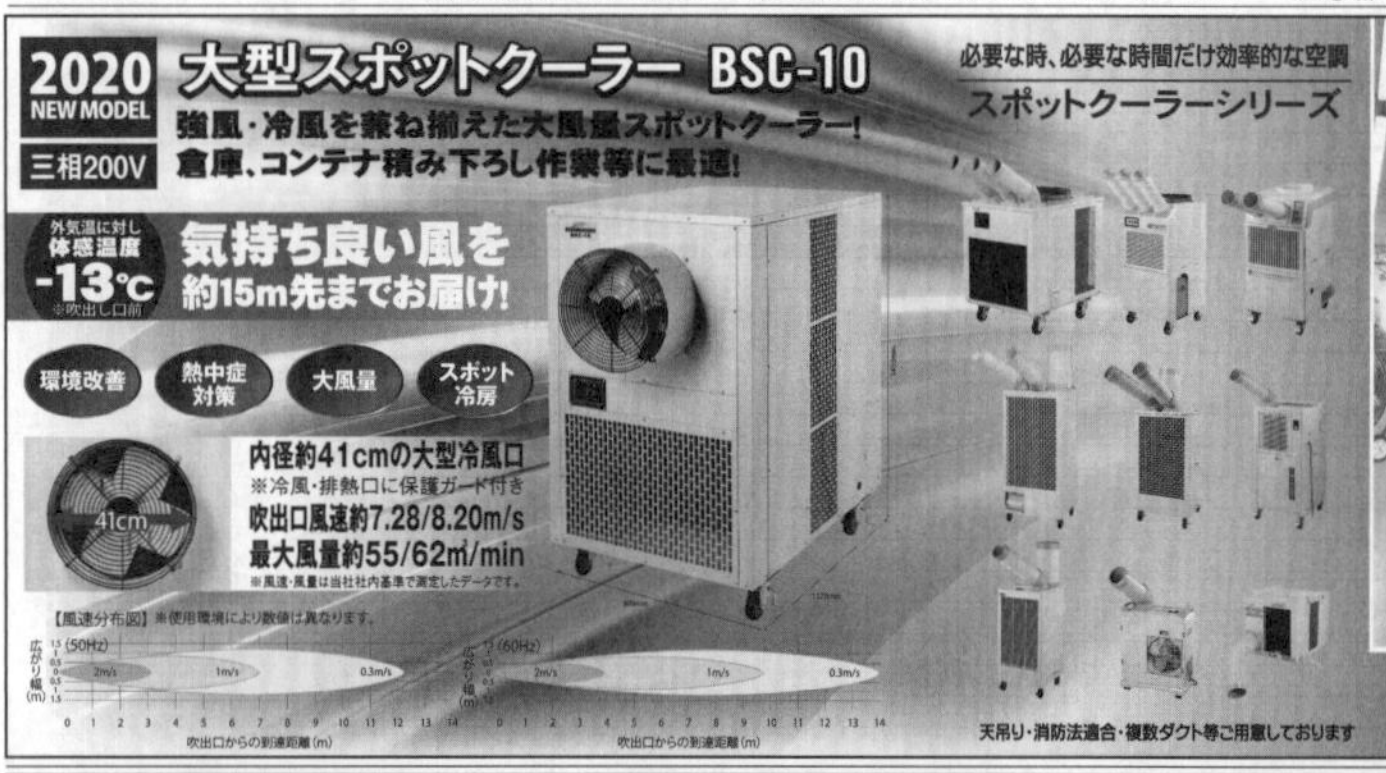

コンプレッサー式除湿機
目的に合ったドライ環境を提供
結露・カビを抑え湿気によるダメージを防ぎます！
DM-10　DM-15/DM-15T　DM-30
株式会社ナカトミ
〒382-0800 長野県上高井郡高山村大字高井6445-2
https://www.nakatomi-sangyo.com
お問い合わせはこちら
TEL:026-245-3105
FAX:026-248-7101

『朝雲』縮刷版 2019
2019年の防衛省・自衛隊の動きをこの1冊で
宮古島と奄美大島に駐屯地・分屯地が開庁 南西防衛を強化
大型台風が関東・東北を直撃　統合任務部隊を編成

判型　A4判変形／452ページ　並製
定価　本体 2,800円＋税
朝雲新聞社　〒160-0002 東京都新宿区四谷坂町12-20KKビル
TEL 03-3225-3841　FAX 03-3225-3831
http://www.asagumo-news.com

# 3自広報施設が再開

## コロナ対策講じリニューアル

新型コロナウイルスの感染拡大防止のため、2月から休館していた3自衛隊の広報施設（陸自りっくんランド、海自てつのくじら館、空自エアーパーク）が6月下旬から7月1日にかけて、順次再オープンした。各施設は徹底した感染防止対策を講じるとともに、休館中に大幅に展示品をリニューアルするなど創意工夫も凝らし、来館者を迎えている。

### 陸 りっくんランド　16式機動戦闘車を展示

陸自広報センター（りっくんランド、朝霞、センター長・古川恵司3佐）は6月27日に再オープンした。約5カ月間の休館期間中、「最新」「正確」「親近感」をテーマに館内を大幅にリニューアルした。

再開に当たり、コロナの感染防止を徹底している。これまでは当日の来館ができたが、3密回避のためメールでの事前予約制を導入した（希望者多数の場合は抽選）。開館日数・時間を縮小。開館を午前と午後の2回に分け、1回あたりの入館者数は50人に制限している。

マスク着用を呼び掛け、入館時に検温を行う。定期的に開催していたイベントは当面中止（9月以降の情勢で逐次再開）し、接触型展示コーナーなどは一部閉鎖する。

再開館に合わせて新たに16式機動戦闘車を館内に展示した。空挺隊員の降下中の様子など陸自の各訓練を学べる「VR体験」コーナーも新設。平成14年4月の開館以来の大幅なリニューアルとなっている。

陸自りっくんランドに新たに展示された16式機動戦闘車の前で記念撮影する家族連れ（6月27日）

### 海 てつのくじら館　1日4回の入れ替え制

"てつのくじら館"の愛称で知られる「海上自衛隊呉史料館」（広島県呉市、館長・中川清輝事務官）は6月22日、約4カ月間の臨時休館を経て再開した。

休館中は毎日、職員が清掃と巡回を行い、週に1度は展示照明や空調も稼働させていた。開館を待ちわびる市民から「いつ再開しますか」などの問い合わせの電話もあったという。

同館では当面の間、入場を1日4回に分ける「入れ替え制」を設け、来館者には入館時の検温と連絡先の記入、マスクの着用などを依頼している。見学者を入れ替える際は、一定時間を確保して館内のアルコール消毒を行うなど、感染予防に努めている。

開館初日には約170人が来場したが、休館前と比較すると来館者は約3分の1に減っているという。同館は「マスクを着用してのご来館をお待ちしています。（人気の）潜望鏡も一人が覗くたびに消毒しているので、安心して体験してください」と呼び掛けている。

また、「佐世保史料館」「鹿屋航空基地史料館」も6月24日に再開。それぞれ来館に際して事前予約などの必要なため、ホームページなどで確認する。

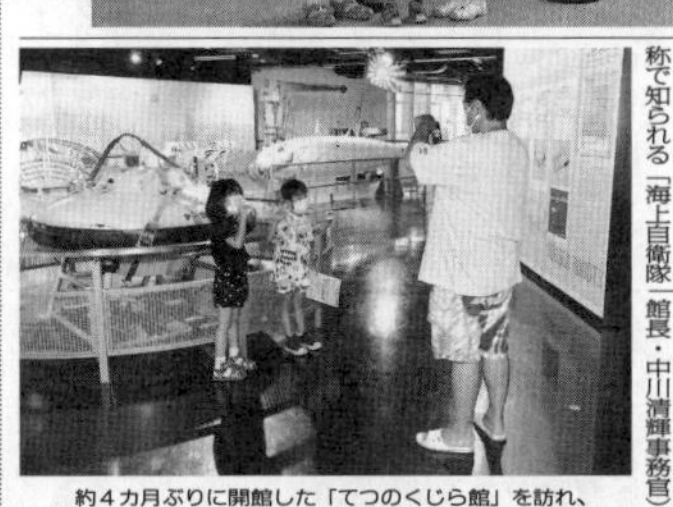
約4カ月ぶりに開館した「てつのくじら館」を訪れ、展示品と記念撮影する親子（6月22日）

### 空 エアーパーク　政専機の貴賓室を公開

2月28日から約4カ月間休館していたエアーパークの愛称で知られる空自浜松広報館（館長・伊藤厳事務官）は7月1日、再開した。予約制（6人まで。午前・午後いずれか1回入場）で、予約は来館希望日2日前の午前9時～午後1時に、同館予約メールアドレス（同館HPに掲載）に入れる。

入館者には検温、マスクの着用などを義務付け、受付には飛沫感染防止のため、ビニールオーバーレイ（覆い）を設けた。手指の消毒、館内の一方通行規制、換気も徹底。フライトなどを疑似体験できる「全天周シアター」は3密防止のため、定員120人を4分の1の30人とし、上映回数も6回から4回に減らす。

一方、再開に合わせて前政府専用機B747―400の貴賓室の公開を開始。首相などVIPが使用した空間を体感できることから、人気の展示物となりそうだ。

浜松広報館「エアーパーク」で再開時から初公開される前政府専用機の貴賓室の外観

# 教育課程終える

## 竹之内3尉　潜水艦乗りへ船出

女性自衛官として初めて潜水艦教育訓練隊（呉）の幹部専修科潜水艦課程に入校した竹之内里咲3尉が6月18日、約5カ月に及ぶ教育課程を修了し、部隊実習を開始した。

第3102期課程への入校の際、「同期と助け合い、切磋琢磨して頑張りたい」と意気込みを語っていた竹之内3尉は、1月22日からの教育期間中、潜水艦の幹部乗員になるために必要な基礎知識や術科などを学んできた。

この日、同期の19人の男性自衛官と共に修業式に臨んだ後、呉に停泊していた練習潜水艦「みちしお」に乗艦。今後、約1年間の部隊実習で実任務に必要な指揮監督などの知識を習得する。

竹之内3尉は「周囲の方々のサポートや同期の助けを受けて無事に修了でき、うれしく思っています。女性だからと気を遣わずにみんなが一生懸命働ける環境づくりに努め、一人前の潜水艦乗りになれるよう引き続き努力したい」と語った。

教育課程を修了し、約1年間の部隊実習のため練習潜水艦「みちしお」に乗り組む竹之内3尉（中央）＝6月18日、呉基地で

## 女性空挺隊員2号

### 大木3曹「自覚持って日々精進」

陸自空挺教育隊（習志野）の「第320期基本降下課程」90人の修了式が6月22日、習志野駐屯地で行われ、19期を修了した橋場麗奈3曹（現・空挺団）に続く女性で2人目の空挺隊員となった（写真）。

大木3曹は女性自衛官教育隊（朝霞）から基本降下課程に入校した。約5週間の教育・訓練を終えて銀色に光る空挺徽章を胸に付け、「空挺隊員としての自覚をもって日々精進していきたい」と抱負を語った。今後、女性自衛官教育隊に戻り、同隊で勤務する。

教育隊長の清田義一2佐から「空挺徽章」を受けた大木ゆり香3曹

# CSF感染収束に貢献

## 15旅団　沖縄県知事から感謝状

15旅団は6月16日、今年1月から2月にかけて沖縄県内で行ったCSF（豚コレラ）防疫対策支援の災害派遣について、玉城デニー県知事から感謝状を授与された。

沖縄県庁に佐藤真旅団長と井川賢一幕僚長が訪れ、知事から感謝状を受け取った。

旅団は沖縄県内の養豚場で33年ぶりに確認されたCSF感染に際し、県知事からの要請を受け速やかに部隊を派遣。24時間態勢・6時間交代のローテーションで迅速に殺処分、豚の運搬・埋却支援などを行い、感染の収束に貢献した。

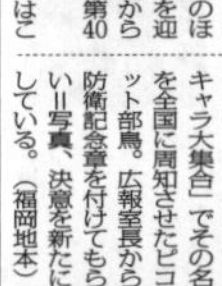
CSF災派に対する感謝状を玉城知事（右）から贈られた佐藤15旅団長（6月16日、沖縄県庁で）

## 小休止

▽…福岡地本のマスコットキャラクター「ピコット」はこのほど、就任から10周年を迎え、深草貴信本部長から手作りの防衛記念章第40号を授与された。

▽…「ピコット」はこの10年間、募集・援護など各種イベントに参加。地本HPやSNSで広報活動にも努めてきた。毎年5月には、約200万人が訪れる「博多どんたく港まつり」で海自佐世保音楽隊などと共にパレードにも参加している。

▽…「ピコット」は、自衛隊ゆるキャラ大集合などでもその名を全国に広めた。広報室長から「いい写真」と、決意を新たにしている。（福岡地本）

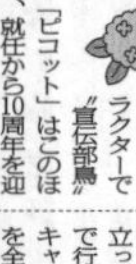

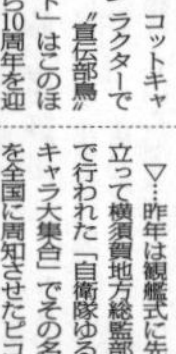

## 「Sportube」で最新トレ！

### 元体校トレーナー寺中さん　動画サイト開設

自衛隊体育学校（朝霞）の元トレーナーで、フィジカルトレーニングコーチの寺中靖幸さん（元陸曹長）がこのほど、体校時代の同僚と共に、動画サイト「YouTube」に練習法を伝えるチャンネル「Sportube（スポーツ部）」を開設した。

寺中さんは、体校スポーツ科学科トレーナーとして五輪を目指す第2教育課の選手らを支えた。

昨年3月に退官。同じく体校に在籍し2教アーチェリー班選手として全日本実業団選手権優勝などの実績を残した辻岡拓也さん（元陸士長、一昨年12月退官）と共に今年初め、「EnHanceMate」（共に高め合う仲間の意味）の屋号で事業を始め、活動の第一弾として「Sportube」を開始した。

トレーニングメニューは、筋トレやストレッチなど現在約30種類。開設から約2カ月で登録者数は千人を超えている。（チャンネルは「Sportube（スポーツ部）」で検索）

スポーツメンタルコーチとしても活動する辻岡さんは体校時代に約5年間指導を受け、「全日本実業団選手権で優勝できたのは寺中さんのおかげです」と知識・指導技術に太鼓判を押す。

寺中さんは「専属トレーナーを頼めない学校の部活動の指導者、選手などにも見ていただき、いいトレーニングができると思ってもらえる。そんな場所（チャンネル）にしていきたい」と抱負を語っている。

寺中さんらが開設した動画サイト「Sportube」の一場面。最新トレーニングが学べる

## こちら警務隊

### 迷惑防止条例違反

#### 公共の場所で転売ダメ　罰金刑や懲役刑に！

ダフ屋行為とは、どのような行為ですか？

ダフ屋行為とは、転売目的でチケット類（入場券、観覧券、乗車券等）を購入し、公共の場所等において転売することです。

この行為は、各都道府県の迷惑防止条例「乗車券等の不当な売買行為の禁止」等に違反し、東京都においては、6カ月以下の懲役または50万円以下の罰金に処せられます。

この条例は、公共場所等での行為者に適用され、インターネット等での転売行為については、チケット不正転売禁止法違反に問われる可能性があります。

チケット類をお金儲けのため利用するダフ屋行為は、絶対にしてはいけません。

（中部方面警務隊）

次回は「チケット不正転売禁止法違反」

コナカ
FUTATA
防衛省共済組合員・ご家族の皆様へ
COOLBIZ
品質・機能にこだわった商品を
豊富に取り揃えています
即日発行！すぐに使える!!
優待カードご利用でとってもお得
お会計の際に優待カードをご提示で
店内全品
20%OFF
●防衛省の身分証明書または共済組合員証をご提示ください
●詳しくは店舗スタッフまでおたずねください
＼お得なクーポンはコチラから!!／
KONAKAアプリ
App Store・Google Playで KONAKA 検索
FUTATA BRAND SITE
フタタブランドサイト
フタタのWEB特別割引券はコチラから
ポイントが使える・貯まる

# 朝雲・栃の芽俳壇

畠中草史 選

ジョギングの武蔵丘陵碧葉風　熊谷・空OG　関田 絹江

武蔵丘陵森林公園なのである。ジョギングをする人は年々増えている。若葉風が効く。

夕端居雨呼ぶ風の重たけれ　あきる野・一般　小和田 一男

端居は縁などに涼みながらうつらうつらすること。中七下五が景を浮き立たせている。

大過なく生きて夜釣の握り飯　大津・陸OB　丸岡 正男

掬ひあげ風涼みたる鯛　宮崎・空OB　高木 智念

言葉の端に郷訛り新樹　浜松・空OB　草本 立男

風鈴の音聞こえ来る通りかな　佐賀・陸OB　一ノ瀬 恵昭

木々芽吹く獣の径も相違も　熊谷・空OB　蓮佛 志向子

をだまきを植ゑ門前町暮し　富谷・陸OB　加川 師亨

新コロナ禍に句会なし五月過ぐ　町田・陸OB　岩原 滋利

温泉に神祀る地の山笑ふ　館山・海OB　斎藤 一向

紫陽花を集め軽舟の寺遥る　葛飾・陸OG　田中 あやめ

春の旅行け旅行鞄をとくことなく　熊谷・空OB　明田 眞雅

出遅れし泰山木の花の下　横浜・空OB　永澤 功

春昼む古き写真を整理して　熊谷・空OG　関谷 桂子

夏鶯の湧き囀りて摩周湖抜けれ　江別・陸OB　鎌田 日出雄

五月晴うらめし旅を取消して　熊谷・空OB　工藤 敏雄

旧道の仕舞屋街に燕来る　小牧・陸OB　松岡 魚青

公園の木に扎れば蝉の声　西東京・空OB　水島 孝雄

母の日やエプロン白く母若し　台東・陸OB　杉山 ふく美

ロミオてふ薔薇咲く真紅に人を恋ふ　相模原・海OG　折口 桂子

[illegible]　熊谷・空OG　佐藤 玲美

くつきりと富士山伊豆梅雨に入る　相模原・一般　森 謙二

[illegible]旅ごころ　熊谷・空OG　福元万理子

[illegible]き初む　[illegible]・陸OB　船田藤三郎

選者吟

暮れてより瀬音に紛れなき河鹿

**投句歓迎！**

▽郵便はがきの裏面に未発表の自作1句と季語説明、住所、氏名、年齢、職業（自衛官は所属部隊）、OB、家族、一般の別、住所、電話番号を記入▽[illegible]月15日▽宛先＝〒162-[illegible]東京都新宿区市谷本村町5の[illegible]D棟市ヶ谷記者クラブ朝雲[illegible]3（5225）1750、[illegible]6・2[illegible]5

# みんなのページ

## 中部方面総監から顕彰状を受賞

即応予備1陸曹 竹村 健太郎（47普連本管中隊・海田市）

私は、第47普通科連隊の本部管理中隊衛生小隊で「救護陸曹」として勤務しています。18年前に47連隊の即応予備自衛官第4期生として志願いたしました。

大変恐縮ながら、このたび兵庫県西宮市にあるホテルヒューイット甲子園で実施された「令和元年度中方優秀隊員顕彰状授与式」に招かれ、私は中部方面総監より顕彰状を賜りました。

今回は私個人が表彰されましたが、一緒に訓練してきた即応予備自衛官の代表という思いで表彰を受けました。

平成14年3月に即応予備自に採用されてから今日までの間、仕事と訓練出頭の調整が難しい時期もありましたが、歴代の中隊長や小隊長、広島地本の担当の方々のご支援と、同時に職場の上司や同僚が自衛隊の即応予備自衛官の制度について良く理解してくれ、「2日間の不出頭」があった年度を除いて、17年間で16回の「年間30日間出頭」を達成することができました。

また、即応予備自として「東日本大震災」「平成30年7月豪雨」と、2度の災害派遣活動にも従事し、常備自衛官の皆さまと共に任務を完遂できたことは、私の人生の糧となっております。

またプライベートでも、ボランティア団体である「安芸ライフセービングクラブ」の会長として、広島県内の溺水防止や救助活動に取り組んでおります。

同時に舟艇のインストラクターも務め、米国に本部を置く「レスキュー・ウオータークラフト・アソシエーション（RWCA）」の日本支部で、一般社団法人日本小型水難救助艇協会の理事として日本におけるボートの安全基準の確立や最善慣行、検証、各種プロフェッショナルボードオペレーターの育成、シーマンシップの啓蒙、公的機関への教育訓練などにも取り組んでいます。

定年退官まで数年あるので、今後とも即応予備自として学びの姿勢を忘れることなく、常に国防に携わる責任を自覚し、後輩の育成や命じられたいかなる任務をも完遂できるよう、心技体を鍛え、即応性のある行動がとれるよう努めて参ります。

そして自衛隊の仲間、会社の上司や同僚、家族への感謝の気持ちを忘れず、これからもあらゆる任務に邁進していく所存です。

野澤中部方面総監（左）から顕彰状を受けた竹村即応予備1曹（中）

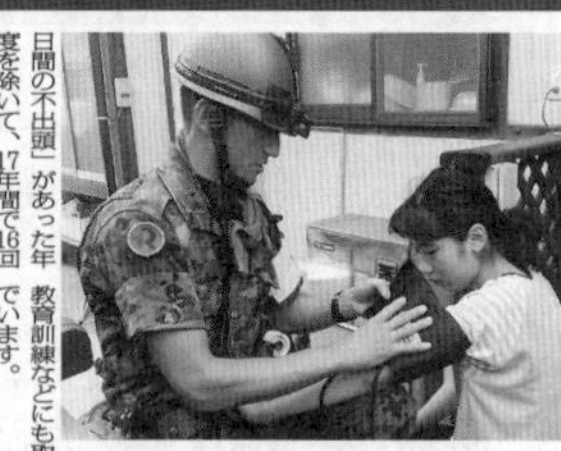

「平成30年7月豪雨災害」の被災地に展開し、衛生救護活動にあたる竹村即応予備1曹

日本小型水難救助艇協会の理事として講習会の講師も務める竹村即応予備1曹（中央奥）

## 社会貢献で即自に志願

即応予備陸士長 山本 早和子（49普連本管中隊・豊川）

私は令和2年度より第49普通科連隊で即応予備自衛官として勤務することになりました。

3年前の平成29年3月までは第7普通科連隊（福知山）本部管理中隊で、衛生小隊の「受け入れ後送」として勤務していました。現在は愛知県にある医療専門学校で、看護学生として勉強の日々を送っています。

私が即応予備自衛官に志願したきっかけは、自衛隊で学んだ衛生に関する知識や技能を忘れてしまうことがもったいなく感じ、再び自衛隊での教育訓練を通じて「自分の衛生技能を社会に役立てたい」と思ったからです。

これから即応予備自の招集訓練が始まります。私も可能な限り訓練に参加して、自衛隊が持つ最新の技能や治療の処置能力を身につけ、社会に貢献していきたいと考えています。

## 曹候補生のため環境を整えたい

3陸曹 高橋 朋宏（国分駐屯地）

私は「陸曹候補生課程合格者」の指導係を担当しています。上番いらい指導を行っていますが、「曹候補生第2次練成」などの最中にスランプに陥る者や、思うように成長できないことで焦りを見せる者、自分の考えをうまく表現できず落ち込む者など、悩む彼らの姿を見[illegible]なのか、もっと良いアドバイス方法はないのかと反省しています。

指導係として自分にできることを考えた時、まずは彼らに学びやすい環境を作ってあげることが重要だと分かりました。事前の訓練隊や中隊との綿密な調整、無理のない練成計画、そしてストレスや疲労を溜め込まないケアなど、さまざまな要素があります。

彼らが教育訓練に集中できる環境を整えてやれば、モチベーションを維持し、病気やけがも予防できると思います。そこで関係部署との調整活動にも努めています。

私の前には、陸曹を目指して毎日懸命に努力する若者たちがいます。彼らが目標を達成できるよう、彼らの不安を取り除き、教育に集中できる環境を用意してあげたいと思います。

## OBがんばる

### 会社は資格と経歴を評価

横川 和祐さん 54

令和元年11月、海自航空補給処（木更津）管理部総務課施設班を最後に定年退職（特別昇任准尉）。日本テクノに再就職し、埼玉営業所で高圧受電システムの保安管理を担っている。

私は海上自衛隊を定年退職後、日本テクノに再就職しました。弊社は省エネルギーコンサルティングを主力事業とし、発電から電力小売、高圧受電システムの保安管理・点検、一般電気工事、住宅省エネ化にいたる電力マネジメントの総合サービスを提供しています。

入社して研修後、さいたまサービスセンターの保安部に所属し、高圧受電システムの保安管理・点検業務を担当しています。高圧の電気設備は少しのミスが事故や人身傷害につながります。作業にあたっては「安全第一に正確な作業」「お客様と普段から良いコミュニケーションをとり、設備保安の安全な環境を作る」ことが重要で、職場ではこれまでの自衛隊での経験が十分に生かされています。

再就職に際しては、電気資格の保有と実務経験が評価されました。資格と経験があれば技術的なことはできて当然であり、これに加えてお客様との信頼関係の構築、職場の同僚と協調しての業務、さらに問題が起きた時にしっかりと対処するといった点が期待されていると感じました。

定年は大きな転機です。私も当初は不安でしたが、先に述べた点に留意し、お客様と社会に貢献するべく日々努めています。会社から自衛隊退職者が期待されることは、どこに行ってもそれほど大きな違いはないと思います。皆さまも健康状態を万全にし、新しい環境にチャレンジしていただきたいと思います。

## 在宅勤務の隊員 営内で補修作業

2空曹 久保敷 英幸（1警戒群・笠取山）

空自第1警戒群は、新型コロナウイルス対策の一環として、4月20日から「在宅勤務」を併用した隊員の勤務体制に切り替えた。

在宅勤務で、隊員に何を実施させるか検討する際、在宅勤務の営内者に対しては、内務班や雪中廊下、施設外壁などの補修や塗装を行う提案があった。

そこで、部隊は「3密」を避けながらこの営内や施設の修繕作業を行うことにした。その結果、在宅勤務における目に見える成果を得ることができた。

### 「朝雲」へのメール投稿はこちらへ！

▽原稿の書式・字数は自由。「いつ・どこで・誰が・何を・なぜ・どうしたか（5W1H）」を基本に、具体的に記述。所感文は制限なし。
▽写真はJPEG（通常のデジカメ写真）で。
▽メール投稿の送付先は「朝雲」編集部（editorial@asagumo-news.com）まで。

## 詰将棋

出題 日本将棋連盟 九段 石田 和雄

第822回出題

| | 5 | 4 | 3 | 2 | 1 |
|---|---|---|---|---|---|
| 一 | | | | 角 | |
| 二 | | | | 角 | |
| 三 | | 竜 | | 歩 | 王 |
| 四 | | 歩 | | | |
| 五 | | | | | |
| 六 | | | 歩 | | 歩 |

先手 持駒 金銀

【ヒント】初手、三手の捨て駒の妙（10分で初段）。

▶詰碁、詰将棋の出題は隔週です◀

## 詰碁

出題 日本棋院 九段 曲 励起

第1237回解答

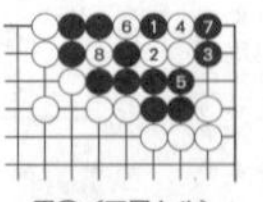

黒❾（三目トル）

【解答図】黒先、黒活。黒❶のコスミが大切です。白②には黒❸以下、黒❾の三目取りまで黒は活きます。

人の価値とは、その人が得たものではなく、その人が与えたもので測られる。
アインシュタイン（ドイツ出身の科学者）

（世界の切手・フランス）

朝雲ホームページ
www.asagumo-news.com
<会員制サイト>
Asagumo Archive
朝雲編集部メールアドレス
editorial@asagumo-news.com

## 新刊紹介

### 「邦人奪還」 自衛隊特殊部隊が動くとき

伊藤 祐靖著

海自の特別警備隊の創設に携わり、2佐で退官した元自衛官の著者が、自身の体験をもとに「尖閣有事」への対処や「拉致被害者の救出」作戦をシミュレートし、自衛隊特殊部隊の行動をリアルに描いた軍事スリラー小説だ。

物語は尖閣諸島に工作員が上陸し、中国国旗を掲げる場面から始まる。中国の意図は日本の海上保安官を負傷させて世界的なニュースにし、その後、中国海警局に工作員を投降させ、日本のメンツをつぶすことだった。

これを阻止するため、日本政府は上陸者を①3日以内に②隠密裏に③無発させる――命令を自衛隊に下す。

この任務をやり遂げて帰還した隊員たちを待っていたのは、北朝鮮でのクーデター勃発だった。日本人拉致被害者の所在も明らかになり、政府はその救出を自衛隊に命じる…。

現在、国内外で軍事アドバイザーを務める著者が特殊部隊の行動を通して教えてくれるので、関心ある隊員には大いに参考になるだろう。事案の発生時、日本政府がどう動き、どう対処するのかも具体的に知ることができる。（新潮社刊、1760円）

### 「ザ・フォックス」

F・フォーサイス著、黒原 敏行訳

国際謀略小説の巨匠が、執筆当時80歳にして新時代の国際戦争をリアルに描いた最新作。

米国家安全保障局のコンピューターに侵入し、英特殊部隊に身柄を拘束された謎の天才ハッカー「フォックス」の正体は、なんと引きこもりで傷つきやすい、まだ高校生のルーク青年だった――。

そこで、元英国秘密情報部長官のウェストンが思い付いたのは、「フォックス」を使って敵国のシステムに侵入し、[illegible]わせる「トロイ作戦」。

果たして、ルークは[illegible]シアの[illegible]、イランのウラン濃縮施設、北朝鮮の核ミサイル施設、[illegible]ステムに侵入し、[illegible]脅かす[illegible]に打ち砕いていく。

[illegible]諜報員ウェストンと"オタク"なルークのコンビが繰り広げる[illegible]。実在人物が多数登場し、各国の機密情報もふんだんに盛り込まれ、[illegible]スリリングな展開の作品だ。（KADOKAWA刊、1980円）

次なる戦いは、北極海!!!
次期「いぶき」艦長候補の蕪木二佐が乗る護衛艦「しらぬい」。
その眼前で、民間の調査船が魚雷による攻撃を受け…!?
新時代軍事エンターテインメント
空母いぶき GREAT GAME
累計600万部 超人気漫画 新シリーズ開幕!!
かわぐちかいじ
協力/八木 勝大・潮 匡人　原案協力/惠谷 治
第1集 発売
小学館 BIG COMICS 定価：本体636円＋税
空母いぶき 完結!!
尖閣を巡る戦闘ついに決着!!
『空母いぶき』第13集同時発売
定価：本体636円＋税

朝雲

発行所 朝雲新聞社
〒160-0002 東京都新宿区四谷坂町12-20 KKビル
電話 03(3225)3841
FAX 03(3225)3831
振替00190-4-17600番
定価一部170円、年間購読料9170円(税・送料込み)

すてきな未来応援します
フコク生命
防衛省団体取扱生命保険会社
フコク生命

本号は10ページ



# 災派1万人態勢で救援に全力

## 九州南部豪雨

# 熊本の球磨川が氾濫

## 河野防衛相「人命第一」を指示

九州南部を襲った大雨で熊本県芦北郡津奈木町では大規模な土砂崩れが発生、民家を押し流した。8施設大隊の隊員たちは夜を徹して行方不明者の捜索に当たった

梅雨前線が停滞した影響で、熊本、鹿児島両県は7月4日、記録的な大雨に見舞われ、熊本県南部を流れる球磨川が上流から下流まで全域で氾濫。人吉市や八代市、球磨村などで冠水や土砂崩れが相次いだことから、同日午前5時36分、熊本県の蒲島郁夫知事が陸自8師団長（北熊本）の堀井泰蔵陸将に災害派遣を要請した。これを受けて防衛省・自衛隊は同日中に陸自西部方面隊（健軍）を基幹とする陸海空自部隊による1万人態勢を整え、両県の被災各地に迅速に孤立地区でのヘリによる吊り上げ救助やボートでの救出をはじめ、施設器材を投入しての人海戦術による人命救助や行方不明者捜索、道路啓開、物資輸送などに夜を徹して全力で当たっている。

（3、9面に関連記事）

九州では3日から断続的に大雨が降り続き、気象庁は4日午前4時50分、熊本、鹿児島両県に初となる大雨特別警報を発令した。安倍首相は直ちに、①国民への適時的確な情報提供②自治体と緊密に連携した避難支援などの事前対策③人命第一での災害応急対策——の3点を指示した。

政府は4日午前、官邸で関係閣僚会議を開き、首相は自衛隊に「1万人態勢でさらなる応急対応に備えよ」と指示。これを受けて防衛省・自衛隊は、陸自西部方面隊を基幹とする陸海空自部隊による1万人態勢（後方支援を含む）を同日中に構築し、既に現地入りした初動部隊に続いて被災各地に展開するとともに、同省の町田一仁大臣官房審議官以下4人の調整チームを熊本県庁に派遣した。

5日夜には即応予備自衛官の招集が閣議決定され、河野防衛相が最大約2000人の招集を命令。即応予備自の招集は2011年の東日本大震災以来、昨年10月の台風19号に続き、今回で6回目。6日昼には省内で関係幹部会議が開かれ、河野大臣は「人命第一に、持てる力を最大限発揮せよ」と指示を出した。

その後、6日夕には福岡、佐賀、長崎の3県にも大雨特別警報が発令され、翌7日午前4時半、福岡県の小川洋知事が4師団長（福岡）の沖邑佳彦陸将に災害派遣を要請した。

4師団は直ちに隷下部隊を出動させるとともに、西方混成団（久留米）などの部隊も浸水被害を受けた大牟田市に急行し、ボートによる救助活動を行った。

河野防衛相は7日の記者会見で、九州各地で大雨が降り続いていることから「必要なら1万人態勢を増強する」と述べ、人命救助や孤立解消に向けて全力を尽くす考えを示した。

7月7日午後1時現在、九州南部豪雨での死者は熊本県で51人に上っている。同日までの自衛隊による熊本、鹿児島両県での活動実績は次の通り。

### 自衛隊 活動実績

【ボートでの救助】▽24普連（えびの）▽42即機連（北熊本）▽8施大（川内）▽西特連（北熊本）▽12普連（国分）▽43普連（都城）——などが熊本県の人吉市、八代市、芦北町、津奈木町、球磨村、相良村で計約200人を救助。

【航空機での吊り上げ救助】▽陸自8飛行隊（高遊原）▽4飛行隊（目達原）▽西方航（高遊原）▽海自22空群（大村）▽空自芦屋救難隊（芦屋）▽新田原救難隊（新田原）——のUH60ヘリ最大14機、UH1ヘリ最大3機態勢で、八代市、人吉市、球磨村で計約400人を救助。

【道路啓開】▽8施大▽西特連——などが球磨村で約2キロを啓開。

【土砂の撤去】▽空自9警戒隊（下甑島）が鹿児島県下甑町長浜地区で実施。

【物資輸送など】▽22空群がSH60ヘリ2機で大村基地から高遊原駐屯地に水・食料・簡易トイレを空輸▽西方輸送隊（目達原）が車両8両で熊本県益城町から球磨村に水・食料・簡易トイレを輸送▽西方後支隊（健軍）が車両約80両で水や食料などを輸送▽西方ヘリ隊（目達原）がCH47大型ヘリ2機で目達原～球磨村間の飛行経路を上空から偵察。

【給水・給食支援】▽8後支連（北熊本）▽5地対艦連（健軍）——などが人吉市、芦北町で。

【被害情報収集】▽西方航のヘリ映像伝送機2機▽芦屋、新田原救難隊のU125A救難捜索機各1機。

【連絡官派遣】▽熊本県庁、人吉市、八代市、水俣市、芦北町、津奈木町、球磨村、相良村▽鹿児島県庁、薩摩川内市、長島町など。

中東・アラビア海からの帰国行事で河野防衛相（左）から総理大臣特別賞状を授与され、賞状を掲げる情報収集活動水上部隊1次隊の稲葉司令

# 中東派遣1次隊「たかなみ」帰国

## 延べ8000隻の船舶を確認

中東のオマーン湾とアラビア海北部で約4カ月間にわたり情報収集活動に当たった海自派遣情報収集活動水上部隊1次隊（指揮官・稲葉洋介1佐＝6護隊司令）の汎用護衛艦「たかなみ」（艦長・新原綾一1佐以下約200人）が6月30日、149日ぶりに横須賀に帰国した。

「たかなみ」は2月2日に横須賀を出港し、同26日からアラビア海北部で情報収集活動を開始。3月下旬からは新型コロナウイルスの影響で寄港地への上陸が認められなくなるなど、乗員の行動が制限される中で活動を続け、6月9日までの活動で延べ約8000隻の船舶を確認した。

帰国行事は30日午前10時半から開始され、河野大臣、山崎統幕長、山村海幕長、糟井裕之自衛艦隊司令官ら防衛省・自衛隊関係者をはじめ、小泉進次郎環境相ら国会議員、地元自治体首長など38人が出席。乗員家族は新型コロナ感染防止のため出席が見送られた。

整列した新原艦長以下乗員約100人の前で稲葉司令が河野大臣に帰国を報告。引き続き行われた表彰式では、1次隊に総理大臣からの特別賞状と稲葉司令への1級賞詞が河野大臣から授与された。また、山崎統幕長から新原艦長に2級賞詞、先任伍長の井上渉海曹長に3級賞詞がそれぞれ手渡された。

この後、河野大臣が訓示し、「諸君は大きな使命を背負いながら整斉と任務を完遂し、日本関係船舶の安全に必要な情報の収集に大きく貢献した」と乗員の労をねぎらった。

続いて糟井司令官が「諸官が残した成果や教訓は現在派遣活動中の第2次の活動に反映されるとともに、今後派遣される部隊にも受け継がれていく。この任務の諸官の活動は我が国の国益に直結する情報収集活動であり、礎を築くものだ」と述べた。

式後、稲葉司令は報道陣のインタビューに答え、「今回の任務は乗員一同、誇りを持って当たった。国民の皆さまからの声援が非常に励みになり、任務を達成できた」と述べるとともに、上陸ができない乗員らの健康管理について「艦上体育でストレス発散をしたり、艦内でイベントを開催するなど融和団結を図った」と語った。

中東海域での情報収集活動を終え、149日ぶりに横須賀に帰国した海自の汎用護衛艦「たかなみ」（6月30日）

# シンガポールに寄港

## 遠航部隊 燃料、生鮮品を補給

東南アジア方面で前期・遠洋練習航海中の海自遠航部隊（練習艦「かしま」「しまゆき」で編成、指揮官・八木浩二海将補以下約500人）は7月5日、航海中、唯一の訪問国となるシンガポールのチャンギに補給のため寄港した。

実習幹部約155人は6月9日に2艦に分乗して呉基地を出港後、南シナ海やインド洋で防水・防火訓練や舷外放水などの各種訓練に励んでいる。

シンガポールでは燃料の補給と生鮮食料品などの積み込みだけを実施し、翌6日に出港した。

部隊は今後、南シナ海、太平洋を経て7月22日に横須賀に帰国する。

# 初の装備品オークション

## 防衛省「収入確保」施策の一環

河野防衛相は7月3日の記者会見で、退役や用途廃止で不要となった自衛隊装備品のオークション（せり売り）を7月26日、東京都新宿区の防衛省講堂で自身も参加して初めて開催すると発表した。

募集人数は450人。7月14日必着で郵送による申し込みを受け付け、応募者多数の場合は抽選となる。詳細は防衛装備庁のホームページに掲載されている。

出品されるのは陸自から水筒・飯盒セットや戦闘靴（戦車用）などをはじめ、海自からは練習艦「やまゆき」の操舵輪や水晶時計など、空自からはC1輸送機の操縦桿やパイロットのヘルメットなど計約30品目。各物品には大臣の署名入りの証明書が添付される。

中期防衛力整備計画に基づく「収入の確保」施策の一環として実施するもので、河野大臣は「将来的に（100億円超の最新鋭ステルス戦闘機）F35の1機分ぐらいの収入を上げられたらいいと思っている。売り上げは一義的には国庫に入るが、防衛省が努力している分は予算的に考えていただく。財務省に向けてしっかり収入を上げているという姿勢も見せて概算要求に臨みたい」と語った。

# 中国の爆撃機が宮古海峡を往復

長距離の空対地ミサイルとみられる兵器を翼下に搭載した中国軍のH6爆撃機＝写真＝2機が6月28日午前、宮古海峡を通過したため、空自南西空のF15戦闘機が緊急発進して対応した。H6は上海方面から飛来し、東シナ海を南下して宮古海峡を通過、この後、沖縄・先島諸島南方を南西進し、石垣島南方で反転し、往路と同ルートで自国方面に戻った。

統幕は同日、空自機が撮影したH6の写真と航跡図を公開した。

## 春夏秋冬

### テレワークと「空気」

小谷 賢

先日、目黒の自衛隊幹部学校で講義をさせていただいた。人前に立って講義をするのはほぼ半年ぶりだ。職場の大学では新学期が始まって以降リモート講義のみで、連日パソコンの前で話し続けている。これだと相手の反応が見えないので、当初はとてもやり難く感じていたのだが、それもすっかり慣れてしまった。リモートは学生の反応に気を回す必要がないので、自分の話に専念できることがわかった。そして久々に対面授業をやってみると、また違った発見もあった。こちらは、五感を使いながら聞き手の反応も探っていかなければならないため、話すことにのみ集中できるわけではない。重要なのは、教室の「空気」を感じ取ることなのだ。

ただの「空気」というのが意外と厄介なもので、小心な私などは聞き手の反応を窺いながら講義を進めていくことになる。そうすると重要な内容は飛ばしがちになってしまう。これについては山本七平氏が40年以上も前に『空気の研究』で論じておられるが、大ざっぱに言えば「空気」の正体とは日本人の間に何となく醸し出される同調圧力のことだ。氏の話は太平洋戦争時における日本人の「空気」感についてであるが、それは現代のコロナ禍においても十分通じる。とにかくお上の言うまま三密を避け、外出時には必ずマスクをつけるという「空気」を読まなければならないのが我々日本人である。我々は日々様々な場所で「空気」を読み、他人に合わせるために時間を費やしていることになる。

しかしパソコンやスマホを介せば、そのような「空気」感は遥かに希薄になる。私もリモートの講義において、学生の反応を気にせずに自分の話したいことを丁寧に説明できるようになった。官公庁や一般企業においても、リモート化が進めば場の「空気」に忖度せず、踏み込んで発言したり、新たな提案ができるようになるかもしれない。池田信夫氏はかつて「世の中の空気を読まないで自分の思い込みを押し通すKY（筆者注：「空気を読まない」の略）からしか、イノベーションは生まれない」と喝破されたが、まさにそうかもしれない。コロナ禍によるテレワークの広がりは、別の意味でも新たな可能性を予感させてくれる。

（日本大学危機管理学部教授）

## 朝雲寸言

2018年6月半ば、朝鮮半島周辺海域に英海軍の大型揚陸艦「アルビオン」が現れた。核兵器による恫喝を繰り返す北朝鮮と米軍が激突するのではないかとささやかれていた時期だった。同艦は同年春、北大西洋条約機構軍の任務で地中海に展開していたが、起こりうる様々な事態に備え朝鮮半島周辺への前方展開が決まったのだった▼元々の予定では、同艦はとうに英国に戻っているところだった。突然の行き先変更にも乗員たちはたじろぐことなく、東京港に寄港した時も、艦長から若くて小柄な女性兵士に至るまで表情には余裕さえ見られた▼任務の途中で状況が一変することは防衛の世界ではしばしばある。起こりうる様々な事態をにらんで中東海域に展開し、このほど帰国した護衛艦「たかなみ」もそうだった。新型コロナの感染拡大という世界史的な大事件に遭遇したが、忍耐力や臨機応変力といった目に見えないものも日本の護衛艦がのせていることを「たかなみ」は示してくれた▼感染症と自衛隊の闘いは続いている。「たかなみ」と交代し、プロ意識や胆力という見えないものをのせて今この時も任務に就いている「きりさめ」のことも、国民や政治には心に留めてほしい。長期的には、「安全な港」や航空基地のネットワークを英米豪などと協力して作っていくことが課題となろう。

7月21日発刊予定！
実務力のバージョンアップに
陸上自衛隊 補給管理小六法 《令和2年版》
●物品管理法、補給管理規則等補給管理実務に必要な22編を収録。実務者必携の一冊。
B6判・872頁 定価2,540円+税 共済組合販価 2,180円

必携の一冊
陸上自衛官 服務小六法 《令和元年版》 好評発売中！
●改元に伴う関係項目改正！
●憲法、自衛隊法、服務規則、礼式等服務に必要な122編を収録！
四六判・1192頁 定価2,718円+税 共済組合販価 2,330円

文書実務の基本
陸上自衛隊 新文書実務 《新訂第9次改訂版》 好評発売中！
●平成31年3月29日陸自文書管理規則改正対応！
A5判・432頁 定価2,306円+税 共済組合販価 1,980円

自衛官 国際法小六法 《平成30年版》 好評発売中！
四六判・928頁 定価2,556円+税 共済組合販価 2,190円

国際軍事略語辞典 《第2版》英和・和英 好評発売中！
●基本的な軍事略語や主要な安全保障関係略語等を収録。
A5判・144頁 定価1,400円+税 共済組合販価 1,200円

学陽書房 〒102-0072 東京都千代田区飯田橋1-9-3 TEL.03-3261-1111 FAX.03-5211-3300
（共済組合販価は消費税10%込みです。）☆ご注文は 有利な共済組合支部 へ

生涯生活設計してますか？
退官後の自衛官を支える3つの柱…
年金 退職金 再就職
自衛官の退官後を支える「常識」が崩れつつあります。
将来の為に"今"できること、考えてみませんか？
書籍無料プレゼント
入隊10年後に知っておきたい自衛官にとってのお金の話とは？
全国セミナー開催中
退官後の備えについて詳しくお話いたします。
03-6860-8231
Agentrive Investors

# 米コロナ対策本部を研修

## 那覇病院長 情報を共有、連携強化

JCRCのバーディッシュ大佐(右)から在日米軍の新型コロナ対策について説明を受ける岩田那覇病院長(左から2人目)ら(6月4日、在沖縄米海兵隊キャンプ・フォスターで)

【空那覇】自衛隊那覇病院長の岩田雅史1空佐と南西航空方面隊司令部医務官の玉城盛勝1空佐以下隊員11人は6月4日、沖縄県宜野湾市の在日米海兵隊キャンプ・フォスターを訪れ、施設内にある「在沖米軍新型コロナ統合対策本部(JCRC)」と在沖海軍病院を研修した。

最初に在沖米軍全体で新型コロナに関する情報機能を担うJCRCを訪問。指揮官のロバート・バーディッシュ海兵隊大佐から、これまでの米軍のコロナ感染防止への取り組みについて説明を受けた。

続いて一行は米軍専門の相談窓口である「新型コロナウイルス感染源接触者追跡事務所」を訪れ、公衆衛生の専門家で同事務所を統括するステファニー・ノチサキ海軍中佐から米軍の状況を聞いた。

岩田病院長らはその後、在沖米海軍病院を訪問、病院長のデビッド・クルーラック海軍大佐と第18医療群(嘉手納)司令のジェイ・ヴィーダー空軍大佐と会談。米海軍病院について見識を深め、コロナに関する情報共有と今後の感染防止対策について協議した。

両者は自衛隊と米軍が今後、さらなる知識と技術を共有し、日米間の連携を深めていくことで合意した。

研修後、南西空司令部医務官付の荒川翔1尉は「コロナ対策での米軍の活動や医療器材などについて実地に学び、さまざまな意見交換を行うことができた。衛生面での今後の任務遂行に生かしていけるよう日々研鑽(けんさん)するとともに、在日米軍との交流もさらに深めていきたい」と意気込みを述べた。

# 時の焦点

## 国内　小池都知事再選

# 地道に「重責」果たせ

東京都知事選で、現職の小池百合子氏が再選を果たした。地道に政策を遂行し、首都の舵取りを担う重責を果たさねばならない。

小池氏は、政党の推薦を受け付けない戦術が奏功し、無党派層の支持を幅広く集めた。自主投票とした自民党、都議会で協力する公明党に加え、野党の支持者にも浸透したことが勝因だろう。

投票率は55.0%で、前回から5ポイント近く低下した。一方、小池氏の得票は、4年前の約291万票を大きく上回る366万票以上となった。高い知名度と、現職の強みが影響したとみられている。

都内で新型コロナウイルスの感染者が再び増加していることを踏まえ、小池氏は、当選確実が報じられても万歳をしなかった。二期目はまず、経済を萎縮させずに、感染拡大を抑えるという難しい課題に取り組む必要がある。

PCR検査の体制強化や、病床の確保は急務だ。小池氏は公約で、米疾病対策センター(CDC)の東京版を設置する方針を掲げた。どのような組織とするのか、説明する義務がある。国や周辺自治体との連携も不可欠となろう。

コロナ禍で中小企業や事業者は疲弊している。引き続き支援することが重要だ。都は、休業要請への協力金などで約1兆円を支出したが、財政が逼迫している状態にはない。都債の発行を抑制してきた経緯もある。危機を乗り切るために、財政出動をためらうべきではない。

先の感染拡大時には、緊急事態宣言に伴う休業要請の範囲について、政府と都の調整不足が露呈した。

都は、感染者数を正確に把握できず、数字の修正を繰り返した。23区が管轄する保健所との意思疎通が不十分だったのは明らかだ。

感染状況に応じ、小池氏は、様々な注意を呼びかけた。発信力を評価する声がある一方、カタカナ言葉を多用したため、分かりにくいと批判を浴びた。

小池氏はこれまでの経緯を真摯に省みて、今後の対策や情報発信に生かすべきだ。

東京都は、国内総生産(GDP)の2割近くを占める経済の拠点である。成長を促して活力を高めるとともに、暮らしやすい街づくりを進めることが大切である。

来年、東京五輪・パラリンピック大会を開催にこぎ着けられるかどうかは見通せない。五輪が中止となれば、経済への打撃は大きい。

政府や大会組織委員会、都は、開会式などを簡素化する方針で一致している。関係機関が協力し、感染予防の具体策を早急に取りまとめてもらいたい。

首都直下地震や、急速な少子高齢化への備えも怠れない。小池氏は山積する課題に着実に取り組み、解決の道筋を付けることが求められる。

夏川 明雄(政治評論家)

## 海外　北の新たな挑発

# 兄妹で体制引き締めか

しばらく鳴りを潜めていた北朝鮮指導部による挑発・揺さぶり活動が再び活発になってきた。今回の主要な標的は韓国の文在寅政権だが、その狙いは2年前の南北首脳会談の合意を履行できないでいる文政権に対する反発もさることながら、新型コロナウイルスの影響による中朝貿易の激減や経済悪化による住民の不満のガス抜き、独裁体制の締め付けなど、自作自演で一方的に緊張を高める北の常套手段との見方が専らだ。

北朝鮮は6月半ば、韓国の脱北者団体が金正恩体制を批判するビラを風船で飛ばしたことに反発し、北朝鮮が2018年の南北首脳会談の合意に基づき開設した同国領内の開城工業団地にあった韓国との南北共同連絡事務所を予告通り爆破する挙に出た。国営メディアを使って大々的に報道する劇場型の「演出」を見れば、本当の狙いもある程度うかがえる。

さて、今回の北の挑発活動では最高指導者の金正恩・朝鮮労働党委員長の実妹、金与正・党第一副部長が韓国批判の談話を出すなど、表舞台に登場したのが特徴だ。与正氏はこれまで、兄を補佐する秘書的な役回りだっただけに、朝鮮労働党内で要職に就いたことと併せ、指導部内での権限が強化されていることを示すものと受け止められている。

与正氏と言えば、2018年2月の平昌冬季五輪の際に特使として韓国に派遣され、「ほほ笑み外交」を展開して国際社会の耳目を集めた。その2カ月後の南北首脳会談では、正恩氏が宣言に署名する際にペンを差し出すなど、秘書兼儀典担当役としてのイメージを内外に印象づけたことは記憶に新しい。しかし、今年3月に自らの名前で談話を出したのに続き、6月4日に脱北者団体によるビラ散布を激しく非難する談話を発表してからは、対南攻撃を一手に担うかのように前面に躍り出た。

対話を訴えた文在寅大統領を「胸がむかつく」などと罵倒したことに対して、韓国側も「非礼だ」と反発して見せたが、気性の激しさは兄譲りのようだ。兄妹の父である金正日氏が生前、一人娘である与正氏の指導者としての資質に触れたことがあったが、さもありなんと思わせる今回の豹変ぶりではある。

北はその後、脱北者団体によるビラ散布への対抗措置として予告した韓国に対する軍事行動計画を保留すると一転して表明した。一連の対応を見る限り、韓国との対話の余地を残す正恩氏と、執拗に圧力をかける与正氏で役割分担をしながら、与しやすいと見なす韓国に揺さぶりをかける北側の意図が読み取れる。

韓国の鄭景斗国防相は6月22日の国会で、北の金王朝の二人による揺さぶりについて、「悪役は下(与正氏)で担い、南北関係、米朝関係など政策的な変化があるときは委員長(正恩氏)の名前にして、地位を確かなものにするということではないか」との見方を示した。金一族の支配体制強化の狙いもうかがえるが、自国をさらなる孤立に追い込む瀬戸際政策を繰り返す独裁国家の将来が明るくないことだけは確かだろう。

伊藤 努(外交評論家)

## 令和元年度中央調達実績

### 総額1兆8243億円

防衛装備庁は6月26日、令和元年度中央調達実績を発表した。それによると、総件数は5649件、総額は1兆8243億円で、前年の平成30年度に比べ、件数が289件減少したものの、金額は3841億円増加した。

契約高上位は、1位が三菱重工業(142件、3127億円)、2位三菱電機(80件、1026億円)、3位川崎重工業(86件、971億円)、4位日本電気(186件、716億円)、5位富士通(104件、487億円)だった。

### 令和元年度中央調達の主要調達品目(金額単位:億円)

| 機関 | 件数 | 金額 | 品目 | 数量 | 金額 | 契約先 |
|---|---|---|---|---|---|---|
| 陸幕 | 1,942 | 4,789 | 空中線装置 | 1式 | 350 | 三菱商事 |
| | | | ティルト・ローター機の維持整備 | 1式 | 165 | 米海軍省 |
| | | | 16式機動戦闘車 | 22両 | 151 | 三菱重工業 |
| | | | 03式中距離地対空誘導弾(改善型) | 1式 | 129 | 三菱電機 |
| | | | 12式地対艦誘導弾 | 1式 | 123 | 三菱重工業 |
| | | | 新多用途ヘリコプター | 6機 | 103 | SUBARU |
| | | | 10式戦車 | 6両 | 67 | 三菱重工業 |
| | | | 電波妨害装置2号機(その2) | 1式 | 55 | 東芝インフラシステムズ |
| | | | 19式装輪自走155ミリ榴弾砲 | 7両 | 46 | 日本製鋼所 |
| | | | 11式短距離地対空誘導弾 | 1式 | 42 | 東芝インフラシステムズ |
| | | | 中距離多目的誘導弾 | 1式 | 33 | 川崎重工業 |
| | | | ティルト・ローター機操縦シミュレータ維持管理 | 1式 | 31 | 米海軍省 |
| 海幕 | 1,682 | 4,905 | 護衛艦(3900トン型) | 2隻 | 459 | 三菱重工業 |
| | | | 弾道ミサイル防衛用誘導弾SM-3ブロックIB | 1式 | 413 | 米海軍省 |
| | | | 潜水艦(8130) | 1隻 | [illegible] | 三菱重工業 |
| | | | 弾道ミサイル防衛用誘導弾SM-3ブロックIIA | 1式 | 303 | 米海軍省 |
| | | | イージス装置等のプログラム維持整備 | 1式 | 148 | 米海軍省 |
| | | | [illegible] | 1式 | [illegible] | [illegible] |
| | | | [illegible] | 1式 | [illegible] | ジーエス・ユアサテクノロジー |
| | | | 「あたご」型護衛艦の能力向上(器材等購入) | 1式 | [illegible] | 米海軍省 |
| | | | P-1機体定期修理 | [illegible] | 75 | 川崎重工業 |
| | | | 62口径5インチ砲 | 2セット | 67 | 日本製鋼所 |
| | | | 護衛艦用ガスタービン機関MT30型 | 2基 | 61 | 川崎重工業 |
| | | | 油槽船(4900トン型) | 2隻 | 60 | 新来島どっく |
| | | | 無線装置NORC-50F | 18セット | 51 | 日立国際電気 |
| 空幕 | 1,562 | 6,983 | E-2Dの取得 | [illegible] | 1936 | 米海軍省 |
| | | | F-35A戦闘機 | [illegible] | 707 | [illegible] |
| | | | C-2輸送機 | 2機 | 328 | 川崎重工業 |
| | | | F-35A ALGSの態勢整備 | 1式 | 305 | 米空軍省 |
| | | | 宇宙状況監視システムの詳細設計及び製造・試験 | 1式 | 205 | 三菱電機 |
| | | | F-15の能力向上(その1)(FMS) | 1式 | 203 | 米空軍省 |
| | | | 地対空誘導弾ペトリオット | 1式 | 197 | [illegible] |
| | | | E-767の情報処理能力等の向上 | 1式 | 163 | 米空軍省 |
| | | | 地対空誘導弾ペトリオット | 1式 | 140 | [illegible] |
| | | | 滞空型無人機等の取得(省統一) | 1式 | 130 | 米空軍省 |
| 装備庁 | 113 | 976 | 島嶼防衛用高速滑空弾の要素技術(その2)の研究試作 | 1式 | 139 | 三菱重工業 |
| | | | 次期警戒管制レーダ装置(その2) | 1式 | 99 | 三菱電機 |
| | | | [illegible] | 1式 | 79 | 三菱重工業 |
| | | | [illegible] | 1式 | 63 | 三菱重工業 |
| | | | 極超音速誘導弾要素技術(その1)の研究試作 | 1式 | 57 | 三菱重工業 |
| 防大 | 123 | 32 | 金属光造形複合加工機 | 1式 | 1 | 長谷川 |
| 防医大 | 101 | 14 | 磁気共鳴断層撮影装置 | 1式 | 3 | 富士フイルムメディカル |
| 内局等 | 126 | 545 | ソフトウェア(統合ライセンスその1) | 1式 | 32 | 大塚商会 |
| | | | 統合IP伝送システム | 1式 | 16 | 富士通 |
| | | | 滞空型無人機用地上管制装置 | 1式 | 8 | 日立製作所 |
| 合計 | 5,649 | 18,243 | | | | |

(注) 1. 金額は、四捨五入によっているので計と符合しないことがある。
2. 内局等には、防研、統幕、情本、監察本部および地方防衛局を含んでいる。

# 日仏制服トップ テレビ会談

## イスラエル参謀総長とも電話で

山崎統幕長は7月2日、フランス軍統合参謀総長のフランソワ・ルコワントル陸軍大将とテレビ会談を行い、日仏を取り巻く防衛上の課題について、両国が連携を強化していくことで一致した。

日仏の制服組トップによる会談は2014年に当時の岩崎統幕長が訪仏した際に行われて以来6年ぶり。

会談で両者は、厳しさを増す安全保障環境を踏まえ、日仏防衛協力・交流の重要性を確認。また、新型コロナウイルス対策について、自衛隊の災害派遣や仏軍の活動など、両国の感染拡大防止への取り組みについて意見を交換した。仏国防省には防衛駐在官を通じ、防衛省・自衛隊が作製した「感染対策マニュアル」を提供している。

これに先立ち、山崎統幕長は6月30日、イスラエル国軍参謀総長のアビブ・コハビ陸軍中将とも電話会談を行い、中東地域における共通の課題に対し、共に対応していくことで一致した。

テレビを通じてフランス軍統合参謀総長のルコワントル陸軍大将と意見交換を行う山崎統幕長(右)=7月2日、防衛省で

## 中国フリゲート 宮古海峡を往復

### P3Cが確認

6月26日午後8時ごろ、中国海軍の「ジャンカイII」級フリゲート1隻(満載排水量3900トン、艦番号515「浜州」)が、沖縄・久米島の北西約300キロの公海上を南東に向け航行するのを海自5空群(那覇)のP3C哨戒機が確認した。

中国艦はこの後、沖縄本島と宮古島間の宮古海峡を南下して一時的に太平洋に進出。28日に再び宮古海峡を北上して東シナ海に戻った。

# 「大正のスペイン風邪と旧陸海軍」展

### 7月22日まで防衛研究所で

防衛研究所(田中聡所長、市ヶ谷)は現在、史料閲覧室に隣接した「史料展示室」で、「大正のスペイン風邪と旧陸海軍―新型コロナウイルス感染症への防衛省・自衛隊の取り組み」と題した企画展を行っている。7月22日(水)まで。

日本で約39万人が死亡した大正時代の流行性感冒(スペイン風邪)にスポットを当て、シンガポール寄港中に乗員が感染し、全乗員の1割以上に当たる48人が死亡した旧海軍の初代軽巡洋艦「矢矧(やはぎ)」の日誌など、貴重な資料を陳列している。

合わせて自衛隊によるコロナウイルス感染拡大防止のための災害派遣活動の写真も展示されており、100年前と現在の対応が基本的に変わっていないことを理解することができる。

防研戦史研究センター史料室の菅野直樹室長は「史料閲覧室にお越しの方は誰でも見ることができます。ご興味のある方はぜひ足を運んで、当時の様子を少しでも感じていただければうれしい」と話している。

【史料閲覧室の利用要領】電話またはメールでの事前予約制(2開館日前まで)。▽電話03-3260-7102(直通)=受付時間は開館時間と同じ月～金の午前9時～午後4時半▽メール kaikan_yoyaku@open.nids.mod.go.jp(①閲覧希望日②氏名③連絡先を明記)▽詳細は防研HP(http://www.nids.mod.go.jp/)トップ画面→「史料閲覧室」を参照。

大正時代のスペイン風邪に関する旧軍史料について解説する防研の菅野直樹史料室長(東京・市ヶ谷地区で)

# 米空軍参謀総長と電話会談

### 空幕長 日米同盟の重要性再確認

丸茂空幕長は6月25日、米空軍参謀総長のデービッド・ゴールドフィン空軍大将と電話会談を行った。

両者は60周年を迎えた日米同盟の重要性を再確認するとともに、コロナの下での空軍種間の防衛協力の推進について意見を交換。引き続き、日米空軍種間の連携を強化していくことで一致した。

ゴールドフィン米空軍参謀総長

# 1佐昇任人事

## 防衛省発令

▽1陸佐に昇任
(中部方面総監部)2陸佐 青木 哲也
(東部方面総監部)同 秋山伸太郎
(教育訓練研究本部)同 阿部 正昭
(富士学校)同 安藤 真弘
(同)同 池田 礼薫
(103指揮通信大隊)同 石橋 良浩
(西部方面総監部)同 伊藤 公裕
(教育訓練研究本部)同 伊藤 健晋
(7師団)同 稲吉 正孝
(陸幕)同 今井 洋平
(西部方面総監部)同 植田 靖
(小郡駐屯地業務隊)同 大平落健二
(8師団)同 小山 哲生
(中部方面総監部)同 貝岐 賢二
(東北方面総監部)同 加藤 潤一
(中部方面総監部)同 加茂 良介
(陸幕)同 神嵜 忍
(北部方面総監部)同 五個 久義
(中央情報隊本部)同 小林 憲正
(教育訓練研究本部)同 佐伯 暢彦
(同)同 佐々木久史
(北部方面航空隊)同 下平 隆晴
(同)同 末岡 孝介
(3戦車大隊)同 鈴木 基数
(中央病院)同 猛尾 弘照
(統幕)同 巽 直也
(2師団)同 田村 勝
(北部方面航空隊)同 十字 邦之
(東部方面総監部)同 土肥 崇紀
(教育訓練研究本部)同 冨永 敦
(中部方面総監部)同 中江 宏彰
(防衛医大)同 西岡 笑子
(1空挺団特科大隊)同 西崎 心
(関西補給処)同 後川裕一
(通信学校)同 橋本 隆行
(教育訓練研究本部)同 濱田 幸紀
(福岡病院)同 濱地 理通
(防衛医大)同 早野貴美子
(西部方面総監部)同 藤本 正行
(中部方面総監部)同 柵木 徳之
(中央病院)同 三村 敬司
(陸幕)同 八重沢 隼
(教育訓練研究本部)同 保田 亮
(5施設団本部)同 矢野裕久
(東北補給処)同 湯田 哲彦
(陸幕)同 吉岡 宏泰
(陸上総隊)同 渡邊 昌樹

▽1海佐に昇任
(ちはや)2海佐 伊藤裕雅
(すずなみ)同 岩井 忠史
(22航空群)同 老本 昌弘
(海幕)同 大小田 学
(掃海業務支援隊)同 大松 清生
(あさひ)同 沖重 大樹
(統幕)同 恩蔵 洋
(21航空群)同 影山 慶太
(海幕)同 片山 稔文
(中央病院)同 上出 大介
(ふゆづき)同 北口 周右
(護衛艦隊)同 國分 一郎
(海幕)同 今野 政則
(統幕)同 佐々木 稔
(海自幹部候補生学校)同 大樂健太郎
(海幕)同 髙橋 曉生
(海自幹部学校)同 田中 信也
(防衛装備庁)同 堤 一郎
(海自補給本部)同 鉄村 幹太
(自衛艦隊)同 兎澤 仁
(海幕)同 中塚 仁二
(同)同 花田 耕一
(航空集団)同 増田 淳
(海自幹部学校)同 眞鍋 太
(護衛艦隊)同 吉江 峰樹
(1音響測定隊)同 吉福 俊彦
(海自幹部学校)同 頼経 孝二

▽1空佐に昇任
(空自補給本部)2空佐 秋山 明彦
(西部航空方面隊)同 荒木 亮太
(空幕)同 梶川 裕
(統幕)同 小城 毅泰
(空自幹部学校)同 小林 貴行
(空幕)同 小森 貴文
(同)同 齋藤 祐介
(航空医学実験隊)同 髙田 邦夫
(航空総隊)同 髙田 浩司
(同)同 髙橋 博幸
(空自幹部学校)同 東郷 博之
(2高射群)同 中井 教
(航空総隊)同 中野 義人
(作戦システム運用隊)同 西迫 元英
(空自補給本部)同 野末 拓磨
(空幕)同 増野 正巳
(統幕)同 松浦 清心
(以上7月1日)

# 1佐職人事

▽中部方面総監部法務官(関西補給処企画課長)1陸佐 吉川 正浩
▽西部方面総監部訓練課長(教育訓練研究本部)同 鏡森 直樹
▽関西補給処企画課長(50普通科連隊長兼高知駐屯地司令)同 溝口 光章
▽50普通科連隊長兼高知駐屯地司令(西部方面総監部訓練課長)同 高原 敏訓
▽空幕監理官(山口地方協力本部長)1空佐 川名 孝幸
▽航空教育集団装備部長(4補給処副処長)同 鈴木 武則
▽4補給処副処長(空幕監理官)同 藪田 真宏
▽山口地方協力本部長(中部方面総監部法務官)1陸佐 西村 修
(以上6月27日)
▽空幕人事計画課企画班長(空自幹部学校)1空佐 味﨑 利光
▽同情報課情報保全室長(警戒航空団副司令)同 朝倉 勝彦
▽航空総隊情報課長(情報保全隊中央情報保全隊長)同 佐藤 潔
▽西部航空警戒管制団整備補給群司令(指揮通信システム隊サイバー防衛隊長)同 山ノ内慎二
▽警戒航空団副司令(4航空団基地業務群司令)同 角谷 茂幸
▽4航空団基地業務群司令(空幕人事計画課企画班長)同 小田 昌人
▽航空システム通信隊システム管理群司令(中部航空警戒管制団装備部長)2空佐 加代 和彦
▽指揮通信システム隊サイバー防衛隊長(指揮通信システム隊ネットワーク運用隊長)1空佐 田中 秀樹
▽同ネットワーク運用隊長(航空システム通信隊システム管理群司令)同 鴻巣 学
▽情報保全隊中央情報保全隊長(空幕情報課情報保全室長)同 吉井 裕之
▽埼玉地方協力本部長(航空総隊情報課長)同 山下 真司
(以上6月29日)
▽防衛研究所所員(中央業務支援隊付)1陸佐 渡邊 英明
▽統幕首席後方補給官付後方補給室(同)同 齋藤 悠一
▽統幕学校教育課(同)同 宮武 勲
▽陸幕会計課(同)同 山口 護
▽同補任課(同)同 萱沼 文洋
▽同募集・援護課(同)同 万波 大介
▽同装備計画課(教育訓練研究本部付)同 古川 琢弥
▽北部方面総監部防衛部(中央業務支援隊付)同 田村 秀樹
▽武器学校(同)同 佐藤 敦茂
▽化学学校主任研究員(同)同 森本 克也
▽教育訓練研究本部(同)同 加賀澤俊樹
(教育訓練研究本部付)同 烏賊弘二郎
▽関東補給処(中央業務支援隊付)同 妹尾 研作
▽海幕首席衛生官付衛生企画室(東京業務隊付)1海佐 江戸川誠司
▽同経理課(同)同 窪田 修司
▽解海幕艦船・武器課艦船・武器班長事務取扱 海幕艦船・武器課長 同 木下 治信
▽海幕艦船・武器課艦船・武器班長(東京業務隊付)同 村中 紀章
▽同航空機課(同)同 白石 俊彦
▽自衛艦隊司令部(同)
▽艦艇開発隊開発部長兼開発隊群司令部(開発隊群司令部)同 山本 貴文
▽艦艇開発隊付(艦艇開発隊群司令部開発部長)同 石井 和徳
▽航空支援集団監理監察官(1輸送航空隊飛行群司令)同 後藤 康二
▽1輸送航空隊飛行群司令(空自幹部学校)1空佐 太田 将史
▽12飛行教育団副司令(飛行開発実験団副司令)同 藤井 浩
▽飛行開発実験団副司令(航空支援集団監理監察官)同 佐々木芳之
▽空自1術科学校1教育部長(11飛行教育団整備補給群司令)2空佐 小椋 祐二
▽空自幹部学校 1空佐 平岡 文雄
(12飛行教育団司令)同 甲部 昭広
(航空中央業務隊付)同 奥田 将善
(同)同 小野 理沙
(同)同 栗秋 健士
▽中央病院耳鼻いんこう科部長(中央病院耳鼻いんこう科)1海佐 上出 大介
(以上7月1日)
▽防衛政策局参事官併任 防衛政策局国際政策課長 吉野 幸治
(7月1日)

Security Studies(和英文同時発信)
安全保障研究
2-2巻 6月号
(中東情勢と日本の安全保障)
・中東の国際秩序の変容-国家性の偏差と新秩序の三つの方向性　池内恵
・中東情勢と日本のエネルギー安全保障　小林周
・アメリカの対イラン外交-経済制裁を軸に　杉田弘毅
・中東におけるロシア・ファクター　畔蒜泰助
・自衛隊の中東派遣の歴史と意義　西田一平太
・戦略論「新しい安全保障ダイナミクスに入る中東の戦略的競争」　サイード・ゴネイム
(トピックス)
・総選挙後の韓国政治外交　西野純也
発行　鹿島平和研究所・安全保障外交政策研究会
アマゾン公式サイトで、「安全保障研究」と「秋山」により検索・購入　800円
直接購入希望者は以下に連絡
gbh00145@nifty.com

7月4日、熊本、鹿児島両県は記録的な大雨に見舞われ、熊本県内では球磨川が氾濫、各地で市街地が冠水したほか、土砂崩れも相次いだ。熊本県知事から災害派遣要請を受けた自衛隊は、陸自8師団（北熊本）を基幹に隊員1万人規模が出動、42即機連（北熊本）は芦北町、24普連（えびの）は球磨村で8飛行隊（高遊原）などのヘリ部隊とともに取り残された住民の救出に当たった。8施大（川内）は津奈木町の土砂崩れ現場で夜を徹して行方不明者の捜索に従事した。

# 九州南部豪雨

# 孤立住民を救出

球磨村渡地区の高齢者施設にUH60JA多用途ヘリで降り立ち、車いすの入所者を搬送する8飛行隊の隊員ら

球磨村の渡地区で孤立した住民をボートとはしごを使い救出する24普連の隊員たち

警察らと協力して陸自の救急車で孤立者を輸送する西方特科連隊3大隊の隊員ら（球磨村で）

球磨川の氾濫で民家に取り残された住民をUH60J救難ヘリで救出する空自新田原救難隊の隊員

球磨川の氾濫で取り残された住民をゴムボートで救出、安全な場所に搬送する24普連の隊員（球磨村で）

水害の被害がでた芦北町に急行し、住民救助で地元の消防団員と調整する42即応機動連隊の隊員（右側）

球磨川の氾濫により濁流に飲み込まれた球磨村渡地区で、孤立した住民を渡河ボートで救助する24普連の隊員

津奈木町の土砂崩れ現場でパワーショベルを使い、土砂の排除にあたる8施設大隊の隊員

球磨川の氾濫で浸水した家屋の窓から住民を救助する24普連の隊員（球磨村渡地区で）

熊本県葦北郡津奈木町では大規模な土砂崩れで民家が押し流され、不明者の捜索活動にあたる8施設大隊の隊員や地元の消防団員

津奈木町の土砂崩れ現場に施設器材を投入し、夜を徹して行方不明者の捜索にあたる8施設大隊の隊員


求む！任期制隊員！

自衛官で培った体力、気力、技能、そして経験。
これらを即戦力として活かすことのできる仕事、それが警備サービスです。
東洋ワークセキュリティでは、多くの自衛官経験者が活躍しています。

給与　陸1任期(短大卒並み)　188,000円～
陸2任期、海空1任期(大卒並み)　193,000円～
総合職(会社幹部を目指す)　208,000円～
※首都圏は地域手当20,000円加算
休日　週休二日制　即自訓練休暇
単身寮　完備

令和2年度 地域別 合同説明会日程　当社が申し込み予定 日程は変更の可能性あり

| 北海道 | 旭川 7/17(金) | 函館 7/21(火) | 帯広 7/22(水) | 札幌 7/28(火) | |
|---|---|---|---|---|---|
| 東北 | 山形 7/14(火) | 盛岡 7/27(月) | 新潟 9/1(火) または 9/2(水) | 福島 9/10(木) | 宮城 10/28(水) |
| 関東 | 東京 8/24(月) または 8/25(火) | 栃木 8/28(金) | 関西 | 大阪・兵庫 10/7(水) | |

東洋ワークセキュリティ　フリーコール 0800-111-2369

備蓄用・贈答用として最適
防災スイーツパン
自衛隊バージョン
陸・海・空自衛隊の"カッコイイ"写真をラベルに使用

(小麦・乳・卵・大豆・オレンジ・リンゴが原材料に使用されています。)

3年経っても焼きたてのおいしさ♪
焼いたパンを缶に入れただけの「缶入りパン」と違い、
発酵から焼成までをすべて「缶の中で作ったパン」ですので、安心・安全です。

陸上自衛隊：ストロベリー　イチゴジャムの甘い香りと美味しさが口の中に広がります。
海上自衛隊：ブルーベリー　甘酸っぱい、さわやかなブルーベリージャムの風味が楽しめます。
航空自衛隊：オレンジ　オレンジのジャムを練り込んだ、柑橘系のさわやかな味です。

【定価】
| 6缶セット | 1ダースセット | 2ダースセット |
|---|---|---|
| 3,600円(税込)を | 7,200円(税込)を | 14,400円(税込)を |
| 特別価格 3,300円(税込) | 特別価格 6,480円(税込) | 特別価格 12,240円(税込) |

(送料は別途ご負担いただきます。)

TV「カンブリア宮殿」他多数紹介！
内容量：100ｇ／国産／製造：㈱パン・アキモト
1缶単価：600円(税込)　送料別(着払)

昭和55年創業 自衛官OB会社
㈱タイユウ・サービス
〒162-0845 東京都新宿区市谷本村町3番20号 新盛堂ビル7階
TEL：03-3266-0961　FAX：03-3266-1983
ホームページ タイユウ・サービス 検索

新型コロナの緊急事態宣言解除に伴い、陸自の訓練が本格化している。接近する敵艦隊を迎撃する地対艦ミサイル部隊を隷下に置く1特科団は道内で集中訓練に臨み、着上陸した敵を一挙に制圧する1特科群の多連装ロケットシステム（MLRS）部隊は実射検閲に挑んだ。7師団は多数の戦車などを投入して大規模な機械化部隊戦闘訓練に取り組み、水害に備える4施設団は三重県の雲出川に施設器材を持ち込み、架橋訓練を行った。

# 緊急事態宣言解除で

## 機械化部隊戦闘訓練を実施

### 2、7師団 5、11旅団 部隊対抗で演習

【7師団＝東千歳】7師団は6月2日から16日まで、北海道大演習場恵庭・千歳地区で北部方面隊の総合戦闘力の練度向上を図ることを目的に「機械化部隊戦闘訓練（AC—TESC）」を実施した。

前田忠男北方総監が統裁官、中村裕亮7師団長が担任官を務め、7師団以外では北海道に所在する2師団（旭川）が4年ぶり、5旅団（帯広）が5年ぶり、11旅団（真駒内）が8年ぶりに参加した。

訓練は各普通科・戦車連隊の中隊と偵察隊を基幹に、赤部隊と青部隊に分かれて対抗方式により行った。部隊は交戦用訓練装置（バトラー）を使用し、戦場（演習場）の南北から行動して、攻撃、防御、遭遇戦を繰り広げた。

訓練中はコロナ対策としてセンター内に間仕切りを設置、戦闘員は迷彩マスクを着け演習に臨んだ。

敵機の襲来に備え、上空を警戒する87式自走高射機関砲

㊨遭遇戦に備え、道路脇で前方を警戒する10式戦車㊤敵の進撃を阻止するため、対戦車地雷の敷設作業にあたる施設科隊員（いずれも北海道大演習場で）

㊨射撃後、ランチャーに新たなロケット弾を装填する隊員㊦轟音とともに目標に向け飛翔するMLRSのロケット弾（いずれも矢臼別演習場で）

## MLRS大隊が実射検閲

### 1特科群 精度良好で着弾

【1特群＝北千歳】1特科群は5月26日から6月1日まで、矢臼別演習場でMLRS（多連装ロケットシステム）大隊の実射検閲を行った。

29日朝、部隊は練成実射を開始。MLRSのロケットは轟音とともにランチャーから発射され、良好な精度で次々と着弾した。引き続き実射検閲を行い、射撃任務の受領から射撃準備完了までの速度と続く射撃精度を評価した。

ロケット弾を発射した瞬間の1特群のMLRSの車両

## 各SSM連隊が集中訓練

### 艦船情報の収集から対艦射撃まで

1特科団

【1特団＝北千歳】1特科団は6月8日から13日まで、北海道大演習場と石狩湾沿岸部で地対艦ミサイル（SSM）集中訓練を実施した。

訓練では敵艦隊の迎撃に挑み、大型艦を一発で撃破できるSSMの威力を最大限活用し、情報収集、指揮・通信訓練を各SSM連隊ごとに行った。

各部隊は地形に応じた沿岸部にそれぞれ捜索・標定レーダー装置や中継装置を配置し、連隊指揮所とリンク、「艦船情報の収集から対艦射撃」まで一連の戦闘行動を演練した。

この間、北部方面情報隊との協同や広域に展開した各部隊への兵站（糧食、燃料など）についても検証した。

㊤敵艦隊の情報を収集するSSM部隊の捜索・標定レーダー装置（石狩湾岸で）㊦地対艦ミサイル（奥）の発射準備を進めるSSM連隊員（北海道大演習場で）

## 総合戦闘力を発揮

### 8師団

【8師団＝北熊本】8師団は5月17日から24日まで、日出生台演習場で「師団総合戦闘射撃訓練」を行った。

島嶼防衛に任ずる「鎮西機動師団」として、火力戦闘での隊員の状況判断能力を高め、敵情や効果に応じた迅速かつ正確な射撃を継続発揮できる能力の向上を図った。

一連の状況下、機動的な戦闘射撃を普通科と砲迫、戦車、対戦車部隊が連携して実施、敵を圧倒する総合戦闘力を発揮した。

8師団の戦闘射撃では「夜間射撃」も重視され、薄明の中、対戦車ミサイルを発射する隊員

㊤雨でぬかるんだ草原を攻撃前進する隊員たち
㊨暗闇の中、正確に迫撃砲を発射する8師団の隊員

## 雲出川で渡河訓練

### 4施団

【4施団＝大久保】4施設団は6月1日から5日まで、三重県津市の雲出川で方面施設科練度維持訓練（前段）を担任・実施した。

訓練には中部方面隊の各施設科部隊が参加し、渡河作業の機能別・総合訓練を実施、92式浮橋や軽徒橋を架設して、練度の向上を図るとともに災害出動にも備えた。

雲出川に架橋するため、92式浮橋のブロックを水面に降ろす4施設団の部隊（三重県津市で）

雲出川に軽徒橋を架ける施設科隊員たち

まもなく定年を迎える皆様へ　25％割引（団体割引）

隊友会団体総合生活保険

隊友会団体総合生活保険は、隊友会会員の皆様の福利厚生事業の一環として、ご案内しております。
現役の自衛隊員の方も退職されましたら、是非隊友会にご加入頂き、あわせて団体総合生活保険へのご加入をお勧めいたします。
公益社団法人 隊友会 事務局

| | |
|---|---|
| 傷害補償プランの特長 | ●1日の入通院でも傷害一時金払治療給付金1万円 |
| 医療・がん補償プランの特長 | ●満70歳まで新規の加入可能です。 |
| 介護補償プランの特長 | ●本人・家族が加入できます。<br>●満84歳まで新規の加入可能です。 |
| 無料．でサービスをご提供「メディカルアシスト」 | ●常駐の医師または看護師が24時間365日いつでも電話でお応えいたします。<br>＊一部、対象外のサービスがあります。 |

※上記は団体総合生活保険の概要を紹介したものです。ご加入にあたっては、必ず「重要事項説明書」をよくお読みください。ご不明な点等がある場合には、お問い合わせ先までご連絡ください。

資料請求・お問い合わせ先
取扱代理店　株式会社タイユウ・サービス　隊友会役員が中心となり設立　自衛官OB会社
〒162-0845
東京都新宿区市谷本村町3-20　新盛堂ビル7階
TEL 0120-600-230
FAX 03-3266-1983
http://taiyuu.co.jp
資料は、電話、FAX、ハガキ、ホームページのいずれかで、お気軽にご請求下さい。
引受保険会社
東京海上日動火災保険株式会社
担当課：公務第一部　公務第二課 TEL 03(3515)4124
19-T01744　2019年6月作成

防衛省職員および退職者の皆様へ
防衛省団体扱自動車保険・火災保険のご案内
【引受保険会社】東京海上日動火災保険株式会社

防衛省団体扱自動車保険契約は一般契約に比べて 約19%※1 割安
予備自衛官、即応予備自衛官の皆様もご契約いただけます

お問い合わせは
取扱代理店
株式会社 タイユウ・サービス
フリーダイヤル 0120-600-230
電話：03-3266-0679 FAX：03-3266-1983
〒162-0845
東京都新宿区市ヶ谷本村町3番20号 新盛堂ビル7階

今ご契約の自動車保険、火災保険の内容と比べてみてください

防衛省団体扱火災保険契約は一般契約に比べて

※1
・割引率は、次の通り、団体扱割引率を連算して算出しております。
分割払の場合：1－{(1－団体取扱割引・15%)×(1－一般契約分割割増分・約5%)}
一時払の場合：1－{(1－団体取扱割引・15%)×(1－団体扱一時払割引分・5%)}
・自動車保険の団体扱割引15%は、2020年7月1日～2021年6月30日までを保険期間の始期日とする契約に適用されます。割引率は、毎年の団体の損害率等により見直されます。
・団体扱分割払は一般契約と異なり分割割増がかからないので、約5%割安となります。団体扱一時払は一般契約一時払に比べて5%割安です。

※上記は概要です。ご契約にあたっては必ず「重要事項説明書」をよくお読みください。団体扱の対象となる方の範囲や団体扱特約失効時の取扱い、その他ご不明な点等がある場合は引受保険会社までお問い合わせください。　2020年3月作成

※2
・割引率は、次の通り、大口団体扱割引率を連算して算出しております。
分割払の場合：1－{(1－大口団体扱割引・10%)×(1－一般契約分割割増分・約5%)}
一時払の場合：1－{(1－大口団体扱割引・10%)×(1－団体扱一時払割引分・5%)}
・保険期間が1年の場合に限ります（保険の対象が建物の場合は築年数が1年以上の場合に限ります。）。
・火災保険の大口団体扱割引10%は、2020年3月1日～2021年2月28日までを保険期間の始期日とする契約に適用されます。割引率は、毎年の団体の契約件数により見直されます。
・団体扱分割払は一般契約と異なり分割割増がかからないので、約5%割安となります。団体扱一時払は一般契約一時払に比べて5%割安です。
・団体扱一時払の5%割引、大口団体扱割引は地震保険には適用されません。

# 全館営業を再開

## HOTEL GRAND HILL ICHIGAYA　ホテルグランドヒル市ヶ谷

厚生・共済　特集

### 「スイーツの配送販売」7月1日から開始

宿泊施設やレストランなど、全館の営業を再開した「ホテルグランドヒル市ヶ谷」（右）と館内のロビー

日頃より防衛省共済組合直営の「ホテルグランドヒル市ヶ谷」（東京都新宿区）をご愛顧いただきまして誠にありがとうございます。

当ホテルは新型コロナウイルス感染拡大防止対策を整え、7月1日（水）から全館営業を再開いたしました。

レストランのディナーにつきましては、ラストオーダーが21時となっておりますので、ご了承ください。

大人気の市ヶ谷周辺の皆さまへの「お弁当とスイーツのデリバリー」については引き続き、7月31日（金）まで実施しておりますのでどうぞご利用ください。

さらに7月1日からは、当ホテルに直接お越しいただけない皆さまにも、ホテルメイドのスイーツをお届けできるように「スイーツの配送販売」を開始いたしました。こちらもぜひご利用ください。

【グラヒルへのご予約・お問い合わせ】

▽電話　03・3268・0118（レストラン／サロン直通）、03・3268・0117（宿泊直通）、03・3268・0115（婚礼直通）、03・3268・0116（宴集会直通）

▽専用線　8・6・28850～52（宿泊予約）、8・6・28853（婚礼予約）、8・6・28854（宴集会予約）

▽ホームページ　http://www.ghi.gr.jp

お気軽にお問い合わせください。

## 医療費の自己負担が高額になった時は「高額療養費」が支給されます

組合員または被扶養者が、同一の月にそれぞれ一つの医療機関等から受けた診療に係る自己負担額（食事療養または生活療養に係る標準負担額および保険診療外差額徴収料等は除きます。）が高額となり一定額を超えた場合は、その超えた額が「高額療養費」として共済組合から支給されます。

算出方法は、高齢受給者と70歳未満の方とでは異なっています。

また、同一の世帯で同一の月に行われた療養が複数ある場合は、その療養に係る自己負担額を世帯単位で合算（高齢受給者は全ての自己負担額を、70歳未満の方は2万1000円以上の自己負担額を合算の対象とします。）して高額療養費支給額を算出します。

なお、高額療養費は現物給付（※1）もしくは事後に共済組合から組合員の方へ現金で支給します。

70歳未満の組合員または被扶養者の方が高額療養費の現物給付を受けるためには、組合員証等と併せて、組合員の方の所得区分を記載した「限度額適用認定証」（※2）を医療機関等に提示する必要があります。「限度額適用認定証」の交付を受けるには、支部で申請の手続きが必要となりますので、詳しくはご所属の支部短期係にお問い合わせください。

高額療養費や限度額適用認定証の詳細については、支部短期係または共済組合HP（トップページ→ライフシーン〈病気・ケガ〉から選ぶ）でご確認ください。

医療費等の給付を受ける権利は、その給付事由が生じた日から2年間行わないときは、時効によって消滅します。くれぐれもご注意ください。

※1　「現物給付」とは、組合員または被扶養者の方が、組合員証を提示して病院等の医療サービス（診療、薬の処方等）を受け、その医療費（窓口で支払う自己負担額を除く）を共済組合が病院等へ支払うことにより、医療サービスそのものを皆様に提供することをいいます。

※2　「限度額適用認定証」は対象者お1人につき1枚交付します。所得に変動があり、高額療養費の算定基準の区分に変更があった場合は、新しい区分の「限度額適用認定証」が必要となります。その際は、再度、申請をしていただくことになります。

## 令和2年度全自衛隊美術展　作品募集

### 絵画・写真・書道の3部門　応募期間は令和2年9月1日～16日

防衛省は「令和2年度全自衛隊美術展」（防衛省主催、防衛省共済組合協賛）を令和3年2月頃（予定）に開催します。

同美術展は、隊員・OB・家族等が創作した芸術作品を募集し、優秀作品を表彰するとともに所内や地区で展示することで、隊員の美術作品の振興を図る目的で実施されます。

対象は絵画・写真・書道の3部門で、受け付けは9月1日（火）から同16日（水）必着まで。奮って応募ください。

＜応募要領＞

応募資格は、①隊員等（防衛省職員、独立行政法人駐留軍等労働者労務管理機構の役員及び職員並びに防衛省共済組合職員）②隊員等であった者（以下「元隊員等」という。）で、令和2年9月30日以前に退職した者（同日までに退職予定の者を含む）③上記①及び②の家族（高校生以上）です。

応募資格は各部門1人2点までとし、自作未発表のものに限ります。ただし、SNSやブログに掲載した作品、防衛省内の美術展等（全自衛隊美術展を除く。）に出品した作品、審査のない美術展に出品した作品については応募可能です。

応募期間は令和2年9月1日㈫から同年9月16日㈬まで（必着）。出品料は無料ですが、応募に要する経費は応募者の負担となります。

＜作品の条件＞

作品は全自衛隊美術展にふさわしい内容で、他者の知的財産権を侵害していないことが条件です。

各作品には住所・指名・連絡先等を出品票に記入するとともに、作品の説明や創作に込めた作者の思いも出品票に記入（100字程度）してください。書道は作品の原典名と原詩文も記入してください。

（1）絵画の部

課題は自由で、規格は50号以内。種類は日本画及び洋画とし、作品には額縁（ガラス入り又は粗雑なものを除く）を装着してください。

（2）写真の部

フィルム写真及びデジタル写真が対象で、課題は自由。規格は六つ切り（ワイド六つ切り可）またはA4から四つ切り。額縁及び台紙等の表装はしないでください。被写体が人物の場合、肖像権侵害等の責任は負いませんので必ず本人（被写体）の承諾を得てください。

防衛装備品を被写体とする場合は、公開可能な写真としてください。

なお、フィルム写真は応募作品と合わせてネガを、デジタル写真はデータを保存したDVD－RまたはCD－Rを提出してください。パソコン等により合成や著しい修正を加えた写真は不可となります（トリミングや明暗の調整等軽度な補正は可）。提出データのファイル形式はJPEGとしてください。

（3）書道の部

課題と書体は自由。規格は全紙（140センチ×70センチ）以内。作品は必ず掛物又は額縁として表装してください。

以上の応募作品は、1点ごとに必ず出品表を作品の裏面に貼付して発送してください。（輸送途中に剥離することのないように確実に貼付してください）。

＜送付先＞

〒162－0845　東京都新宿区市谷本村町4番1号　ホテルグランドヒル市ヶ谷　総務課

作品は輸送中の破損を防止するため、厚段ボール紙やベニヤ板等で完全に包装してください。

複数の方がひとつの箱等でまとめて送付する場合は、宅配便等の伝票に必ず応募件数を記入してください。

＜審査及び表彰＞

審査は部門ごとに専門家が行い、優秀作品（「隊員の部」は特選・入選、「家族等の部」は特別賞・入選）をそれぞれ表彰します。

応募作品は令和3年3月以降に返送します。ただし、フィルム写真はネガのみの返送で、デジタル写真は作品・データともに返送しません。

絵画・書道の入賞作品は展示会後2年間、防衛省庁舎内に展示予定のため、令和5年3月以降に返送します。

〈問い合わせ先〉

全自衛隊美術展に関する問い合わせや異動で住所等に変更があった場合は、防衛省人事教育局厚生課厚生企画班（電話03－3268－3111　内線25174）に連絡してください。

入賞作品については、人事教育局長から各機関等の長を経由して応募者に通知します。入賞作品は広報誌等に掲載して使用する場合があります。

皆さまからの素晴らしい作品のご応募をお待ちしております。

前回の平成30年度全自衛隊美術展で「内閣総理大臣賞」を受賞した絵画・写真・書道の各作品

## 年金Q&A

病気やケガにより障害が残った場合の年金は？

### 生活や就労に制限がある場合、障害厚生年金が支給されます

Q　私は、在職中の事務官です。このたび交通事故で負傷してしまい、今後どの程度回復するかわかりません。障害が残った場合の年金について教えてください。

A　公務員である間に初診日のある病気やケガにより、日常生活を営むことや就労が著しく制限されるほどの障害に該当する場合には、障害厚生年金が支給されます。

障害厚生年金を受給するためには、次の要件を満たし、ご本人が請求を行う必要があります。

①　初診日（障害の原因となった傷病について、初めて医師の診断を受けた日）が第2号厚生年金被保険者（国家公務員）期間中にあること。

②　障害認定日（初診日から起算して1年6ヵ月を経過した日又はその症状が固定した日のいずれか早い日）において、障害の程度（厚生年金保険法施行令で定める障害の程度をいいます。）が3級以上に該当した場合、または、障害認定日に障害等級3級以上に該当しなかった人が、その後65歳に達する日の前日までの間に3級以上の障害状態になった場合。

③　初診日の属する月の前々月までに国民年金の被保険者期間があり、その国民年金の保険料納付済期間と保険料免除期間とを合算した期間が全体の2／3以上であること、または、その初診日の属する月の前々月までの1年間に国民年金の未納期間がないこと。

なお、公務員期間中は国民年金の第2号被保険者となり、保険料納付済期間に算入されます。

障害厚生年金の請求は、所属の共済組合支部（以下支部という。）を通じて行います。請求には、診療した医師が作成した「診断書」、受診状況や生活状況を申し立てるために本人が作成した「病歴・就労状況等申立書」等が必要です。その他、必要書類は個人毎に異なっています。

今回の場合は、交通事故の状況等を記載した「第三者行為事故状況届」及び「交通事故証明書」等、請求にあたっての注意事項等を了承したことを証する「確認書」及び状況に応じて国家公務員共済組合連合会（以下、「連合会」という。）が指示する書類も必要になります。

請求書等は、支部を通じて連合会に提出され、連合会が審査の上、障害厚生年金を決定し、年金証書で通知します。

平成27年10月の被用者年金一元化後は、在職中でも障害厚生年金が支給されます。また、2級以上の場合は、障害基礎年金も併せて支給されます。

障害厚生年金の請求については、診断書等の取得や申立書の作成に時間と労力を要する上、請求から審査、決定についても時間がかかります。単純に、傷病名だけで年金が決定するわけではありませんが、請求について気になる場合は、早めに支部にご相談されることをおすすめします。

なお、交通事故などの第三者の行為により負傷した場合、加害者から受けた損害賠償の内容によっては、年金との調整が行われることがあります。また、治療に要した費用は、加害者が負担するのが原則ですので、組合員証等を使用する場合は、事前に必ず支部に届け出てください。

（本部年金係）


## 防衛省共済組合の団体保険は安い保険料で大きな保障を提供します。

### ～防衛省職員団体生命保険～

万一のときの死亡や高度障害に対する保障です。ご家族（隊員・配偶者・子ども）で加入することができます。（保険料は生命保険料控除対象）

《補償内容》
- 不慮の事故による死亡（高度障害）保障
- 病気による死亡（高度障害）保障
- 不慮の事故による障害保障

《リビング・ニーズ特約》

隊員または配偶者が余命6か月以内と判断される場合に、加入保険金額の全部または一部を請求することができます。

### ～防衛省職員団体医療保険～

団体医療保険（入院・通院・手術）に

オプションの保険料もおトクだよ!!

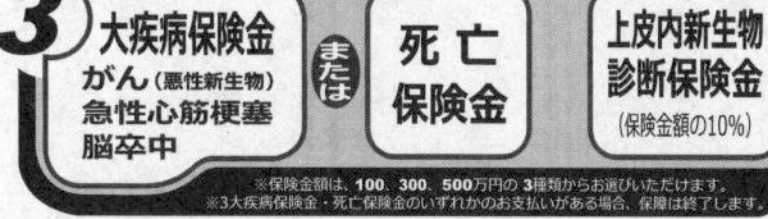

大人気！
+3大疾病オプションを追加できます！

3大疾病保険金　がん（悪性新生物）急性心筋梗塞　脳卒中　または　死亡保険金　上皮内新生物診断保険金（保険金額の10%）

所定の状態になったら保険金額（一時金）　100万円　300万円　500万円

コース2ふたつ　組合員本人　組合員本人と配偶者

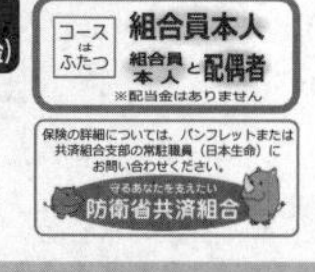


※保険金額は、100、300、500万円の3種類からお選びいただけます。
※3大疾病保険金・死亡保険金のいずれかのお支払いがあった場合、保障は終了します。

お申込み・お問い合わせは

共済組合支部窓口まで

詳細はホームページからもご覧いただけます。
https://www.boueikyosai.or.jp

# 厚生・共済

特集

# フードコートエリアが誕生

## 防衛省食堂「ダイニングICHIGAYA」オープン

## 1年半の改装終える

東京・市ヶ谷の防衛省厚生棟1階の食堂が6月11日、約1年半ぶりに定食屋「ダイニングICHIGAYA」としてリニューアルオープンした。同22日にはチェーン店の「はなまるうどん」と牛丼の「吉野家」も開店し、多くの隊員たちが駆け付けた。

厚生棟1階の同エリアでは防衛省市ヶ谷庁舎の開庁以来、「共済組合本省支部直営食堂」が隊員たちに食事の提供を行っていたが、平成30年11月30日、かつて防衛庁が六本木にあった桧町時代を含め約68年にわたる営業を終えた。その後、約1年半に及ぶ改装工事を経て、三つの店舗が集う"フードコート"に生まれ変わった。

「ダイニングICHIGAYA」のオープン初日には、食堂の再開を心待ちにしていた隊員たちが続々と訪れ、人事教育局厚生課の指導のもと、共済組合本省支部の職員らの誘導により一定の間隔をあけながら列を作っていた。

早速、新しい食堂を利用した隊員は「非常に清潔感のある食堂でした。（弁当ではなく）久々に温かいご飯とみそ汁を食べられたのがよかった」「今は感染症対策で対面の席がなく、大勢で行くと座れないが、緩和されたら職場の人を誘って行きたい」などと話していた。

同店では今後、「和定食」「洋定食」「中華定食」「ヘルシー定食」「スペシャルセット」「ボリュームセット」「カレーセット」「おすすめ定食（週替わり・2種）」の9種類が用意されるが、テレワークなどが続く現在はメニューを縮小し、「日替わり定食」「ボリュームセット」「カレーセット」「おすすめ定食（週替わり・2種）」の5種類が提供されている。

フードコートエリアは6月29日から一部で対面式の席も設けられたが、左右と前面に間仕切りが設置されており、引き続き感染対策がとられている。

このほか、厚生棟地下1階でも「吉野家」がフードコートエリアに移転したことを受け、これまでキッチンカーでカレーや弁当を販売していた「ボンフード」が22日から新たにレストランの営業を開始し、「唐揚げ」「オムライス」「カツカレー」などの提供を行っている。

上 パーテーションが付けられたテーブルが並ぶフードコートで食事をとる隊員たち（7月1日、防衛省厚生棟で）

右「ダイニングICHIGAYA」のオープン初日に昼食を求めて訪れた隊員たち（6月11日）

---

## 余暇を楽しむ

## SGC（ソログループキャンプ）

紹介者：2空曹　奥村　勇気
（航空救難団整備群装備隊・小牧）

## 自由度あり楽しさ共有

え？　ソロキャンプがしたい？　でも1人だと寂しいから話し相手が欲しいだって？　そんなワガママちゃんには、話し相手もいて、好きなタイミングで好きなこともできる「ソログループキャンプ」略して「SGC」をおススメします。

SGCの醍醐味は、ソロキャンプの自由度の高さを保ちつつ、グループキャンプの良さである同じ楽しみを仲間と共有し合えることです。

ソロキャンプスタイルでそれぞれに道具を用意し、テントを立てて、料理をして、思い思いの時間を過ごします。これではただのソロキャンプ。そう、隣には仲間がいます。互いに作った料理をシェアしたり、レシピやスパイスを教えてもらったりします。

また、それぞれ持ち寄ったギア（道具）についての使い勝手や情報交換をしたり、時には先輩キャンパーからのアドバイスをもらい、自分のスタイルに合ったギアを見つけることもしばしば。こだわりの逸品に出合う頃にはキャンプにどっぷりハマっているはず。ギア自慢を大いにしちゃってください！

初めて参加する場合でもチェアだけあればOK！　参加してみて自分に合ったギアを少しずつそろえればよいのです。初めてでもみんなでやれば怖くない！　道具がなくても借りればいい！

辺りが暗くなったら焚火を囲んで、粋なBGMをかければ優雅な大人の憩いの場。コーヒーを飲みながら夜空や夜景を眺めるのは最高です。

ぜひ、皆さんも「SGC」をやってみませんか？

岐阜県揖斐郡の「大津谷公園キャンプ場」でソログループキャンプを楽しむ隊員たち

「桃太郎公園」（愛知県犬山市）で夜空を眺めるキャンパーたち

---

## 板妻駐屯地内のコンビニ

## 全隊員にエコバッグ

### 橘マークとイタヅマンあしらう

【板妻】駐屯地厚生センター内のセブン-イレブンを経営する「ワイ・いたづま」はこのほど、板妻駐屯地を象徴する「橘」マークと駐屯地キャラクター「イタヅマン」をあしらったオリジナルエコバッグを制作し、5月25日、駐屯地司令の深田満朗1佐に贈った。

海洋ごみや地球温暖化対策の一環で、7月1日からレジ袋の有料化が義務付けられることに伴い、同社が「駐屯地の隊員に使用していただきたい」と、レジ袋の45リットル（Lサイズ）とほぼ同じ大きさのオリジナルのエコバッグを作った。

セブン-イレブンの石田伸一店長からエコバッグを手渡された深田司令は「ありがとうございます。各隊員に有効に活用させていただきます」と感謝の言葉を述べた。

エコバッグは駐屯地の全隊員に1枚ずつ配布され、地球温暖化対策をはじめ駐屯地のごみ削減にもつなげられるようになった。

完成した板妻駐屯地オリジナルエコバッグをセブン-イレブンの石田店長から手渡される深田司令（5月25日、板妻駐屯地司令室で）

---

## 自慢の一品料理

## じゃじゃ麺

紹介者：佐藤　理恵技官
（岩手駐屯地業務隊管理栄養士）

岩手県盛岡市で「わんこそば」「冷麺」と並んで「盛岡三大麺」と称される郷土料理「じゃじゃ麺」を紹介します。続けて食べるうちになぜか癖になる不思議な魅力を持ったファンの多い麺料理です。

まず、玉ねぎと水で戻した干しシイタケをみじん切りにします。

油を熱したフライパンで豚ひき肉と先ほどカットした玉ねぎ、シイタケを炒め、酒を加えます。

そこに、おろしにんにく、おろしショウガ、黒すりゴマを入れて香りを出し、赤みそ、しょうゆ、砂糖、みりん、甜麺醤（テンメンジャン）、中華スープの素で味付けします。ごま油を回し入れ、香りを付けます。

茹でたうどんを皿に盛り、千切りにしたキュウリと肉みそを乗せたら完成です。

お好みで紅ショウガや食酢、ラー油などを加えるのもおすすめ。これらをよく絡めて食べる独特な麺料理です。

お店では、じゃじゃ麺を食べ終わった後に「鶏蛋湯（チータンタン）」と呼ばれるたまごスープを飲むのが定番。みなさんもご家庭で食べてみてはいかがでしょうか。

---

## 舞鶴教育隊の新隊員応援

## 「白菊会」から手作りマスク400枚

【舞鶴】舞鶴教育隊は5月15日、舞鶴自衛隊協力会婦人部「白菊会」（池田恵子会長）から、今春入隊した新隊員に向けた手作りマスク約400枚の寄贈を受けた。

これは、「白菊会」が舞鶴地方隊との連携事業の一環として新隊員との交流機会を模索していたところ、新型コロナ対策としてマスクの需要が急増していたため「手作りマスク作製」の提案をし、部隊の快諾を得て実施したもの。

白菊会の池田会長は「親元を離れ、慣れない舞鶴で頑張っている新隊員の皆さんに、何かできることがないかと考えていました。コロナの影響でゴールデンウイークも帰省できず、日々訓練に励んでいる皆さんをマスクを通じて応援でき、大変うれしく思います。隊員さんたちにも布を集めてもらい、会員たちが心を込めて作製しました。感染防止に留意してこれからも頑張ってほしいです」と話した。

好みのデザインのマスクを手にした新隊員は「すごくかわいい！早く着けたい」「とてもうれしい。このマスクを着けて訓練に励みたい」と声を弾ませ、早速マスクを着用して意気揚々と教務に向かった。

「白菊会」から贈られた手作りマスクを着ける新隊員たち（5月15日、舞鶴教育隊で）

---

## 安心して任務にまい進を

### 久留米駐と隊友会が支援協定

【久留米】駐屯地司令の古庄信二1佐は3月26日、駐屯地で福岡県隊友会筑後地区会との間で「大規模災害時などにおける派遣隊員の留守家族支援に関する協定」を締結した。

協定には、大規模災害などが発生した際に、隊友会筑後地区会の区域内に居住する隊員が派遣された場合、業務隊が同会に支援要請を行うことで、留守家族の安否確認、激励、相談、情報提供が受けられることなどが盛り込まれた。同協定はすでに、駐屯地と自衛隊家族会筑後地区協議会との間でも締結されている。

協定締結後、古庄司令は「隊友会と家族会のご支援で盤石な態勢がとれる」と述べた。隊友会筑後地区会の堀口敏憲会長も「隊員の皆さまには、ぜひ安心して任務に取り組んでいただきたい」と語った。

協定を締結し、こぶしを掲げる隊友会筑後地区会の堀口会長（前列中央）、古庄駐屯地司令（その右）、江﨑賢治業務隊長（同左）と地区会員たち（3月26日、久留米駐屯地で）

---

## 大学生5人の給食実習を支援

### 名寄業務隊

【名寄】駐屯地業務隊は5月25日から29日までの間、名寄市立大学保健福祉学部栄養学科3年生の学生5人の「給食経営管理実習」を支援した。

この実習は栄養士資格取得のために必要な必修科目で、平成25年から毎年同業務隊が支援している。

学生たちは、糧食班栄養管理主任の山崎智佳子技官による栄養学と献立作成要領などの座学をはじめ、調理現場での切込み、各種主菜・副菜の調理実習を体験した。さらに、駐屯地で給食業務を担っている部外委託業者から調理を行う上でのアドバイスを受けるなど、給食のプロである先輩たちから現場での連携の重要性について学んだ＝写真。

---


ホテルグランドヒル市ヶ谷
ギフトセレクション

配送販売承ります

当ホテルのホームメイドの焼き菓子やパウンドケーキなど、オリジナル商品やお薦め商品をご購入いただけます。

テリーヌショコラ（数量限定）
1本 約17cm 3,240円（税込）
テリーヌフロマージュ（数量限定）
1本 約17cm 3,240円（税込）
テリーヌ 2本セット（ショコラ／フロマージュ）（数量限定） 1本 約17cm 6,280円（税込）
紅茶と杏のパウンドケーキ
1本 2,000円（税込）
フルーツパウンドケーキ
1本 2,000円（税込）
パウンドケーキ2本セット（紅茶と杏／フルーツ） 3,800円（税込）
マドレーヌアソート
プレーン4個／抹茶3個／ほうじ茶3個
2,000円（税込）
◆HP内お問い合わせフォームより申込いただけます。◆発送やお支払い方法の詳細は専用フォームをご確認ください。
◆記載の料金に別途配送料が発生いたします。◆写真はイメージです。
HOTEL GRAND HILL ICHIGAYA
ご予約・お問合せ・詳細は公式HP内ギフトセレクション専用ページまで
https://www.ghi.gr.jp/
グラヒル 検索

# 地方防衛局 特集

## 自衛隊福岡病院の建て替えへ

# 新設実施設計が完了

## 16診療科、200床を想定

### 10年以内の開業目指す

【福岡病院】自衛隊福岡病院（病院長・松木泰憲陸将補）はこのほど、九州防衛局や設計会社との連携の下、病院本館などの建て替えに向けた「新設実施設計」を2年掛かりで完了させた。新病院は地上7階、地下1階建てで、病床数は200床。内科をはじめ16の診療科を標榜し、10年以内の開業を目指す。福岡病院では「基本検討から約5年の歳月を掛けて完了させた設計が一日も早く結実することを願っている。国民の皆さまから信頼される自衛隊病院としてさらなる実力の向上を目指していきたい」と話している。

現在の病院は改修・改築を重ねて築65年を迎え、何とか病院機能を維持しているものの、老朽化、医療施設としての陳腐化は否めず、我が国の南西防衛における衛生支援の要である「中核型基幹病院」の役割を果たすためにも、新病院への建て替えは喫緊の課題となっていた。

### 災害から感染症まで基幹病院機能を強化

新病院は病床数200床、必要に応じて大幅に拡張できる機能を有し、内科をはじめ16の診療科を標榜する。

建物は、地上7階・地下1階建ての鉄骨鉄筋コンクリート造りで、延床面積は約2万6千平方メートル。屋上に大型ヘリポートを備えているのが特徴だ。

災害時でも診療を継続するため、▽免震装置▽無停電装置▽非常用発電機▽井戸水の利用――などを計画している。

さらに、各種感染症に対応するための病棟や病室を設けるとともに、感染症の患者動線を他の患者等と分離するなど、院内感染の防止に万全を尽くす設計となっている。

今回完了した「新設実施設計」は、基本検討、基本設計に次ぐ第3段階の業務で、建物を施工するために必要な図面などを作ることを目的としている。

設計に当たっては、新病院の果たすべき役割として、①「中核型基幹病院」としての後送患者の専門治療（救命ドクトリン実現）を行う②大規模災害時における衛生・医療支援を確実に行う③新型インフルエンザ等の感染症の受け入れ治療を適切に行う④衛生科隊員の医療技術向上の教育訓練拠点となる――の4点を定め、これらを具現化するため、病院職員は一丸となって診療などの院務と並行して設計に力を注いできた。

新病院本館の外観イメージ。屋上には大型ヘリポートを備え、「中核型基幹病院」の役割を担う

病棟（4床病室）

救急外来処置室

◇自衛隊福岡病院　1955（昭和30）年に陸上自衛隊福岡地区病院として開院し、今年で65周年を迎えた。2006（平成18）年に保険医療機関化し、一般診療や休日・夜間の救急診療を行って隊員や隊員家族の診療のみならず、地域医療の一翼も担っている。さらに、我が国の南西防衛を含め、各種事態においては医療拠点となることから、重症患者の受け入れをはじめ、専門的治療、バイオテロ、新型コロナウイルスや未知の感染症への対応など、幅広いミッションが求められている。

---

## 防衛施設と首長さん

### 大分県玖珠町　宿利 政和町長

しゅくり・まさかず　58歳。大分県立日田林工高校卒。大分県職員を経て、2018年1月玖珠町長に就任。現在1期目。玖珠町出身。

## 玖珠駐屯地と日出生台演習場の役割大

### 共に歩む町

玖珠町は大分県の西部に位置し、筑後川の上流部に当たる山々を背にした風光明媚な土地です。山あいの地区には、古くからの町並みがあります。

関ヶ原の合戦の後、瀬戸内海から移り住んできた村上水軍の一族が藩主となって屋敷を構えた土地で、屋敷跡は、国指定の名勝「旧久留島氏庭園」という桜と紅葉の名所となっています。

この地を治めた藩主の子孫に「日本のアンデルセン」と呼ばれた児童文学者の久留島武彦がいます。互いに助け合う「桃太郎主義」を唱え、子どもたちに生きる力や夢を与えたいと国内外を飛び回った同氏の精神を受け継ぐため、本町は「童話の里」をテーマにまちづくりを行い、毎年5月に「日本童話祭」を開催しています。

一方で、昭和45年以降に廃止となった扇型の機関庫「旧豊後森機関庫」は、町の観光スポットとして脚光を浴び、「豊後森機関庫公園」として整備された後は、観光客と地域の人々の憩いの場所にもなっています。

町を見下ろす二重メサの山、伐株山は、まちのシンボルでもあり、パラグライダーのメッカとして親しまれています。

玖珠町には、玖珠駐屯地と日出生台演習場が所在します。駐屯地には西部方面戦車隊をはじめ、多くの部隊が駐屯しており、1957年の開設以来、各種行事への協力参加はもちろん、玖珠町と共に発展してまいりました。

また、日出生台演習場については約5000ヘクタールの面積で、うち約8割が玖珠町となっております。西日本最大の演習場であり、西部方面隊はもとより、中部方面隊も訓練を行い、部隊の練度維持に大きな役割を果たしております。

そして、駐屯地と演習場を結ぶ町道・県道は戦車が通行する一般道として有名で、戦車走行を見ようと多くの方が訪れます。

---

## 山田分屯基地の施設巡視

### 昨秋台風の復旧状況確認

東北防衛局長

【東北局】東北防衛局の熊谷昌司局長は6月11日、岩手県下閉伊郡山田町に所在する航空自衛隊山田分屯基地を訪問し、37警戒隊司令兼山田分屯基地司令の伊藤和佐2佐の案内で通信局舎やレーダー、ヘリデッキ、隊舎の内部に至るまで基地内を巡視した。

同分屯基地は重茂半島の「十二神山」の山頂（標高731メートル）にあることから、局長の一行は麓から「落石注意」「路肩弱し」などの看板が掲げられたほぼ未舗装の長い山道を車で約20分かけて到着した。

東北局は昨年10月の台風19号による記録的な大雨で進入路などに被害を受けた同分屯基地に緊急対応し、応急復旧に向けた技術的なアドバイスを行っており、今回の局長の訪問はその後の状況確認を兼ねていた。

当時、分屯基地から「基地進入路と法面が崩落した」との連絡を受けた東北防衛局は、土木課の近藤千里課長（現・帯広防衛支局建設計画官）と係長の山本健太郎技官を急きょ、現地に派遣して応急復旧方法について技術的な提案を行った。

進入路では洗掘されている箇所に岩ずりを投入し、土台を整備した上で砕石による敷均しを行うこと、また、崩落法面部は擁壁代わりに大型土のうを設置し、砕石などによる盛土復旧を行う方法が提案され、現地部隊と北部航空施設隊第1作業隊が復旧作業を実施し、11月29日に完了した。

この間、分屯基地の隊員は被災地での災害派遣に従事するとともに、基地自体の被害復旧にも対応した。

東北防衛局は「今後も地震や台風などの大規模災害が発生した際には、管内の自衛隊基地・駐屯地等と連携し、運用への影響を最小限に抑えるため、積極的に技術支援を実施していきたい」と話している。

◇山田分屯基地　1958（昭和33）年に米空軍から航空自衛隊に移管され、61（36）年に第37警戒群に改編、2000（平成12）年に現在の第37警戒隊に再改編された北部航空警戒管制団隷下の分屯基地。1989（平成元）年から三次元レーダー「FPS-2」による運用を開始し、24時間365日の航空警戒監視任務に当たっている。

伊藤司令（右端）の案内で隊舎内の施設を巡視する熊谷局長（6月11日、岩手県の空自山田分屯基地で）

---

## リレー随想　松田 尚久

### 防医大の改修工事

地方防衛局の業務の一つとして、自衛隊及び米軍施設の建設工事があります。ここでは今般、完了した防衛医科大学校の東病棟の改修工事を紹介します。

防衛医科大学校は、医学科・看護学科生の教育に加えて、埼玉県における災害拠点病院として地域医療に貢献しており、工事に当たり、東病棟は運用を中断することなく、機能し続けることが求められました。

東病棟は、地上12階、地下1階、延べ面積約2万7000平方メートルで、外科、内科、眼科、産婦人科、ICU、透析室、病床など多くの用途で使用されています。

工事内容は、耐震補強、内装改修、外壁改修などで、予算額約129億円、平成24年度から工事に着手し、12階建ての病棟の最上階から、順次下の階へ一つずつ耐震補強工事を実施しました。

病院であることから、停電や断水等の発生を回避するよう、細心の注意を払って作業を行いました。特に新生児室、妊婦病室など高い衛生管理と静寂性が求められる部屋では、工事の日程と場所を視覚的に理解しやすい資料で事前に周知し、病院の運用（作業時間・作業動線）を優先して分散施工を実施しました。

また、運用側に騒音振動の影響を確認してもらうため、試験施工を行い、騒音振動を抑制するため、油圧機器を使用するとともに、施工エリアの外に埃やカビ等が出ないよう、施工エリアは陰圧管理によって空気が外部へ出ないようにする措置も施しました。

毎週金曜日には局監督官、医大施設担当者及び施工者の定例会議を開催し、前週の施工検討状況を整理し、事業全体の進捗管理を徹底しました。

このように制約の多い工事でしたが、関係者が創意工夫して、東病棟にふさわしい施設改修工事が完成できたと考えています。

（北関東防衛局長）

---

## 米艦載機訓練を支援

### 硫黄島で北関東局職員16人

### 円滑実施に向け全力尽くす

【北関東局】米海軍の原子力空母「ロナルド・レーガン」の艦載機による「空母艦載機着陸訓練（FCLP）」が5月14日から6月10日までの間、硫黄島で実施され＝6月11日付既報＝、北関東防衛局（松田尚久局長）は期間中、職員を現地に派遣し、訓練の円滑な遂行に向けて昼夜を問わず支援に当たった。

現地では同局企画部の城間盛良次長以下、職員16人が器材の使用や支援物資の輸送に関する米海軍と海・空自衛隊間の連絡調整をはじめ、給食や施設の管理に関する役務の調達などに全力を尽くした。

硫黄島でのFCLPは1993（平成5）年度以降、今回で56回目。訓練には「ロナルド・レーガン」の艦載機である▽FA18E／F戦闘機▽EA18G電子戦機▽E2D早期警戒機▽C2A輸送機――が参加し、期間中、約4080回の着陸訓練を行った。

同島の自衛隊基地を管理する海・空自衛隊の協力もあり、当初予定していた訓練期間内に全ての訓練を終えることができた。

北関東防衛局は「本土の飛行場周辺での航空機の騒音軽減などを図るため、米軍にはできる限り、本土ではなく硫黄島で訓練を行うよう、累次の機会に要請している」とした上で、「引き続き日米間の調整を密に行い、恒久的なFCLP施設が整備されるまでの間、暫定的な代替施設である硫黄島において多くの訓練が実施され、本土の航空機騒音の軽減が図られるよう努めていきたい」としている。

在日米軍（テーブル右手前）や海空自の隊員との調整会議に臨む北関東防衛局の城間企画部次長（テーブル右奥、右から2人目）ら同局の職員たち（5月23日、海自硫黄島航空基地隊で）

2020 NEW MODEL　三相200V
大型スポットクーラー BSC-10
強風・冷風を兼ね揃えた大風量スポットクーラー！
倉庫、コンテナ積み下ろし作業等に最適！
必要な時、必要な時間だけ効率的な空調
スポットクーラーシリーズ
外気温に対し体感温度 -13℃ ※吹出し口にて
気持ち良い風を約15m先までお届け！
環境改善　熱中症対策　大風量　スポット冷房
内径約41cmの大型冷風口 ※冷風・排熱口に保護ガード付き
吹出口風速約7.28/8.20m/s
最大風量約55/62㎥/min
天吊り・消防法適合・複数ダクト等ご用意しております
大型循環送風機 ビッグファン
熱中症対策　空調補助　節電・省エネ
大風量で広範囲へ送風！
●備蓄倉庫等の換気・循環に！ ●単相100V電源で工事不要！
広さ・用途で選べる5TYPEをご用意
BF-60J　DCF-60P　BF-75V　BF-100V　BF-125V
コンプレッサー式除湿機
目的に合ったドライ環境を提供
結露・カビを抑え湿気によるダメージを防ぎます！
［各機種満水停止機能付き］ドレンホースで直接排水も可能です！
DM-10　DM-15/DM-15T　DM-30
NAKATOMI 株式会社ナカトミ 〒382-0800 長野県上高井郡高山村大字高井6445-2
株式会社ナカトミ 検索 https://www.nakatomi-sangyo.com
お問い合わせはこちら TEL:026-245-3105 1000～1200／1300～1700（土,日,祝日を除く） FAX:026-248-7101

自衛隊装備年鑑2020-2021
発売開始!!
陸海空自衛隊の500種類にのぼる装備品をそれぞれ写真・図・性能諸元と詳しい解説付きで紹介
◆判型 A5判／524頁全コート紙使用／巻頭カラーページ
◆定価 本体3,800円+税
◆ISBN978-4-7509-1041-3

朝雲新聞社
〒160-0002 東京都新宿区四谷坂町12－20KKビル
TEL 03-3225-3841　FAX 03-3225-3831　http://www.asagumo-news.com

## 部隊だより

### 陸

**神町** 20普連は5月14〜25日、大高根演習場（村山市）で各中隊の練成訓練を行い、手榴弾投擲や重迫撃砲中隊の120ミリ迫撃砲縮射弾射撃などを実施した。掩体構築では敵方や上空からの見え方などを意識しながら偽装。災害用ドローンの検証も行い＝写真㊤、防御準備中の隊員が上空から撮影し、中隊にドローン実用化に向けた資料を提供した。

**武山** 女性自衛官教育隊と117教育大隊は5月下旬〜6月初旬、15期一般陸曹候補生課程と16期自候生課程の「新隊員総合訓練」を行った。新型コロナ感染拡大防止のため、各駐屯地訓練場などで「25キロ徒歩行進」「戦闘訓練」など4課目からなる総合訓練を実施。新隊員約1600人は7月1日、2士に任命され、同日付で後期教育部隊に配属された。

**高田** 2普連は6月15〜18日、関山演習場と上湧谷射撃場で「連隊射撃訓練」を行った。訓練では、LAM、狙撃銃、暗視装置などを用いた夜間射撃を含む分隊戦闘射撃と120、81ミリ迫撃砲射撃をそれぞれ実施した。これと並行して自候生たちは演習てき弾射撃＝写真㊦＝と演習手榴弾投擲を演練、各種射撃練度の向上を図った。

**仙台** 駐屯地隊員約220人は6月12日、仙台市民防災の日に合わせて実施された「市シェイクアウト訓練」に参加した。訓練は、「都市直下型地震が発生。マグニチュードは7・5、仙台市内における最大震度6強を観測」を想定として開始。隊員たちは地震発生の一斉放送に合わせて姿勢を低くして頭部を守り、その場で静止するなどの各安全行動をとった。

**青森** 5普連自候生課程は5月29日、小谷演習場で戦闘訓練評価を実施した。ドーランを塗った32人は、班長から任務を付与され戦闘行動を開始。射撃と運動の連携を繰り返しながら姿勢を低くし躍進した。泥と土埃にまみれながら、突撃発起位置まで到着すると、着剣して目標を確認。班長の「突撃に、前へ！」の号令で突撃、攻撃を成功させた。

**幌別** 13施設群は6月1日、油種判別教育を実施した＝写真㊧。同教育は火災事故や器材の故障などの防止を目的とし、燃料の種類、用途、性質などのほか、事故の事例紹介で危険性も教育。若年隊員などの7人はガソリン、軽油、灯油の臭いによる判別も行った。実習生は「匂いが似ているが、夜間でも判別できるよう努力したい」と話していた。

# えびの駐屯地初「ミニ観閲式」挙行

## 24普連の15期曹候97人 成長ぶりSNSで発信

## 新隊員が堂々行進

入隊式から40日経過し、その成長した姿を見てもらおうと堂々とした観閲行進を行う一般陸曹候補生たち（いずれも5月15日、えびの駐屯地で）

えびの駐屯地の先輩隊員たちが見守る中、整斉とした「自衛隊体操」を披露する候補生たち

基本教練で89式小銃を巧みに操作する候補生たち

各区隊対抗で基本教練や自衛隊体操競う

「僕たちのミニ観閲式の画像、ツイッターにアップされたから、みんな観て！」―。

24普連の一般陸曹候補生課程教育隊は5月15日、えびの駐屯地で初となる「ミニ観閲式」を挙行した。

これはコロナ下の中で頑張っている15期一般陸曹候補生課程の隊員たちの士気高揚を目的に、4月5日の入隊式から40日が経過したところで、97人の成長した姿を披露。先輩隊員たちが見守る中、新型コロナウイルス感染予防を万全にして「ミニ観閲式」を開催した。

式は候補生たちの観閲行進、基本教練、自衛隊体操の順に行われた。いずれも各区隊対抗方式で競われ、各部隊長らが採点した。

今回はその映像がSNSにアップされ、故郷の家族や友人も観ることができると聞き、候補生たちはハッスル、日々練成した訓練成果を存分に発揮し、見学する先輩隊員たちからも盛大な拍手が送られた。競技の結果、4区隊が優秀区隊に選ばれ、代表者に表彰状と優秀看板、副賞が贈られた。

執行者を務めた教育隊長の小笠原桂一2佐は「例年であれば駐屯地記念行事で地域の方々やご家族に皆の威風堂々とした姿を見てもらう予定だったが、コロナ対策のため、今回はミニ観閲式の形になった。駐屯地公式ツイッターで皆の成長した姿を発信するので故郷の家族にも観てもらうように」と述べ、候補生たちの健闘をたたえた。

優勝した4区隊長の長友貴史曹長は「（候補生たちは）入隊当初に比べると、見違えるほど各動作が上達した。自分だけ良ければいいと思う気持ちでなく、皆と共にと思う『和』の心も芽生えてきた。これからの成長が楽しみだ」と期待の言葉を寄せていた。（えびの）

**大津** 中部方面混成団109教育大隊は6月1〜4日、あいば野演習場などで教育入隊中の新隊員約1500人の「25キロ徒歩行進訓練」を実施した＝写真㊤。新隊員たちは鉄帽や小銃などを装備し、「脱落者を出さず全員で歩き切る」という思いを胸に、互いに励まし合いながらゴール。「全員で完歩できてうれしかった」と語っていた。

**前川原** 幹候校は6月22日、101期一般幹部候補生課程に対し伝統行事「藤山武技障害走」を実施した。候補生150人は4人ずつのグループに分かれて訓練に臨み、障害通過運動や射撃などの戦技能力を総合的に発揮し、20個の障害を設定した走路を走破し、気力を出し切り競走した。結果、高良候補生が個人男性1位に、1区隊が隊トップに輝いた。

**都城** 43普連新隊員教育隊は5月28日、福山演習場で「手榴弾投擲」を実施した＝写真㊦。訓練は射撃訓練の中、自然の地形を利用して行われ、新隊員たちは訓練用手榴弾を約80メートル先の目標に向けて投擲。倉永龍一候補生は「手榴弾は重くて投げにくく、難しかった。命中精度を上げるよう努力したい」と話した。

**小郡** 5施設団は5月27日、災害区の自治体防災担当者との「意見交換会」を開催した。梅雨入りを前に各自治体との連携確認を目的に実施。6月1日から新しく5施設団の隊区となる福岡県八女市・うきは市の2市の防災担当者を含む各自治体の担当者らが参加し、新型コロナ感染症に対応しつつ災害対処するための要領について意見交換した。

**富士** 駐屯地は7月3日、「富士駐屯地・学校開設66周年記念行事」を実施した。富士学校長、駐屯地所在部隊長など約2500人が参列した。式典に先立ち、2個人に感謝状が贈呈された。今年は新型コロナの影響を考慮し、「3密」を避けて行わず、駐屯地の一般開放を見送り、1メートル以上の間隔を保持し、富士学校兼駐屯地司令の高田祐一陸将による記念式典のみ執行された。

**久居** 33普連はこのほど、久居演習場で「連隊陸上戦技競技会」を実施した＝写真㊦。射撃・持続走の2種目で実施され、1日には、本戦技競技会の担当者が「諸官の晴れ舞台、主体的な行動が求められている。勝つために何ができるかを考え、全力を尽くせ」と要望。優勝した1中隊には連隊長から顕彰板と賞状が手渡された。

### 海

**下総** 航空基地は6月30日、千葉県赤十字血液センターの献血に協力した。当日は午前10時から午後4時まで、2台の献血バスで採取が行われ、「厚生センター」内では「3密」を避け待合席の間隔を空けて事前検査が行われた＝写真㊤。館内放送で繰り返し献血のアナウンスをした結果、隊員152人から採血を完了、県内の総輸血量の半日分が集まった。

**横須賀** 護衛艦「きりしま」は5月20、21の両日、横須賀教育隊15期一般曹候補生課程、22期自候生課程の「艦艇研修」を支援した＝写真㊤。候補生たちは、同艦で約1年勤務した先輩隊員の案内を受け、艦内を見学。艦橋や操縦室などのほか、食堂などの生活スペースにも足を運んだ。候補生の中には「修業後はイージス艦に勤務したい」と話す学生もいた。

**下関** 基地隊員11人は6月14日、下関市で開催された「しものせき美化美化（ぴかぴか）大作戦」に参加した。下関市古宿海岸周辺の清掃を担当。住民約150人とともに約1時間半、海岸に打ち上げられたペットボトルや木材などを丁寧に回収し＝写真㊤、消防団員と協力して砂浜に埋没した漁網を引っ張り出し、海の美化に貢献した。

**佐世保** 佐世保教育隊は5月11〜14日、15期一般曹候補生と22期自候生に対し、護衛艦「いせ」での艦艇実習（停泊実習）と佐世保史料館（セイルタワー）研修を実施した＝写真㊦。艦艇実習で学生たちは昇降機で飛行甲板へ移動し装備品を見学、乗員と懇談した。その後は史料館で海軍・海自の歴史を学び、自衛隊員として気を引き締めた様子だった。

### 空

**三沢** 基地業務群消防小隊は5月28日、「航空機火災救難消火訓練」を行った＝写真㊤。同小隊は四半期に1度、航空機事故や燃料流出による火災発生を想定した消火訓練を実施。基地の航空機運用に影響を与えないよう、早朝から開始された。今回は日米共同訓練として米軍の消防隊も参加し、日米の活動要領や指揮要領を確認、連携要領などを演練した。

**市ケ谷** 3高群9高射隊（千歳）は6月3〜18日、弾道ミサイル防衛用地対空誘導弾PAC3の機動展開訓練を防衛省市ケ谷地区で行った。当日は9高隊員約20人、車両約15両が参加し、PAC3の射撃管制装置・レーダー・発射機を展開し、射撃準備までの手順を演練した＝写真㊦。

**那覇** 南西空司令官の鈴木康彦空将は5月8日、米第3海兵遠征軍司令官のステイシー・クラーディー中将とテレビ会談を行った。両者は南西地域の情勢について認識を共有し、新型コロナウイルス感染症に関する沖縄での対応状況について情報を交換。引き続き、陸・海・空自と在沖縄米軍との強固な連携を維持することを改めて確認した。


コーサイ・サービスネットショップ
職域特別価格でご提供！詳細は下記 WEB サイトから!!
Hazuki 大きくみえる！話題のハズキルーペ!!
・豊富な倍率
・選べるカラー
・安心の日本製
・充実の保証サービス
職域限定特別価格 7,800 円（税込）にてご提供させて頂きます
※商品の返品・交換はご容赦願います。ただし、お届け商品に内容相違、破損等があった場合には、商品到着後、1週間以内にご連絡ください。良品商品と交換いたします。
Colantotte 話題の磁器健康ギア！【コラントッテ】特別斡旋!!
ギフト・プレゼント・贈りものにもGood 医療機器でありながらファッション性も高い人気アイテム コラントッテ
1 コラントッテ TAO ネックレス AURA（アウラ）プレミアムゴールド 価格は WEB で！
Think Bee! 女性に人気のアイテム！プレゼントにおすすめ!!
ソルダ ミニトートバック ブラック 定価税込 22,000 円 特別価格税込 8,800 円
ソルダ ミニトートバック ネイビー 定価税込 22,000 円 特別価格税込 8,800 円
ソルダ ミニトートバック レッド 定価税込 22,000 円 特別価格税込 8,800 円
ソルダ ミニトートバック ビビットピンク 定価税込 22,000 円 特別価格税込 8,800 円
OAKLEY オークリーサングラス特別斡旋！
Radarlock Path 9206-36 Prizm Golf 価格は WEB で！
Radarlock Path 9206-50 Prizm Dark Golf 価格は WEB で！
Radarlock Path 9206-49 調光レンズ 価格は WEB で！
お申込み ・WEBよりお申込いただけます。 https://kosai.buyshop.jp/（パスワード：kosai）
コーサイ・サービス株式会社 https://www.ksi-service.co.jp/ 得々情報ボックス ID:teikei PW:109109
〒1600002 新宿区四谷坂町 12 番 20 号 KK ビル 4F 営業時間 9:00 〜 17:00 ／定休日 土・日・祝日 TEL:03-3354-1350

よろこびがつなぐ世界へ
KIRIN
一番搾り
Brewed from only the first press of genuine malt for a crisp, delicious flavor.
KIRIN'S PRIME BREW
KIRIN BEER
一番搾り
〈麦芽100%〉
ALC.5% 生ビール
お酒
おいしいとこだけ搾ってる。

ストップ！20歳未満飲酒・飲酒運転。お酒は楽しく適量で。妊娠中・授乳期の飲酒はやめましょう。のんだあとはリサイクル。
キリンビール株式会社

めじでしドンマイ　吉平とんじ

混浴じゃん

# 上空からホイストで救助

## 西方8飛行隊など航空部隊

## 九州南部豪雨 陸海空が全力で

九州南部を襲った記録的豪雨で陸海空各部隊は7月4日以降、全力で救助活動に当たっている。陸自西部方面隊隷下の8飛行隊（高遊原）、西部方面航空隊（同）、4飛行隊（目達原）など各飛行隊・救難隊は、家屋屋上などに避難した住民を上空から次々とホイストで吊り上げ、救助した。

7月3日夜から断続的に降り続いた大雨で気象庁は7月4日、熊本、鹿児島両県の市町村に大雨特別警報を発表。「警戒レベル5に相当し、命を守るために最善を尽くさなければならない状況」とし、最大級の警戒を求めた。

4日早朝には、蒲島郁夫熊本県知事から堀井泰蔵8師団長に災害派遣が要請された。

気象庁によると、天草市牛深観測所の585ミリ（72時間）など、熊本県内3カ所で観測史上最大を記録する大雨が降った。県南部を流れ八代海に注ぐ球磨川はほぼ全域で氾濫。濁流に飲まれた民家の屋根などで住民たちが救助を待った。

災派要請を受け7月4日、熊本県の八代市、人吉市、球磨村で8飛行隊、4飛行隊、西方航空隊と海自22空群（鹿屋、大村）、空自芦屋救難隊、新田原救難隊が救助活動を開始。UH60ヘリ13機、UH1ヘリ3機の計16機でホイストによる吊り上げを行い、150人を救助した。

九州全域の災害派遣活動を担う西方隷下の8飛行隊はUH60ヘリ、4飛行隊と西方航はUH1ヘリで任務に当たり、子供を含む孤立住民を救った。

各部隊は、翌5日は八代市と球磨村で救助に当たり、ヘリ15機で232人を救助した。

また、芦屋、新田原両救難隊のU125A救難捜索機各1機など4機は被害情報を収集。22空群のSH60哨戒ヘリ2機は食料などの物資輸送に当たった。

㊤球磨川の氾濫で濁流に飲まれた民家からホイストで子供を救助する8飛行隊の隊員（7月4日、熊本県坂本村で）＝統幕提供
㊦民家屋上から孤立した住民を吊り上げ、救助するUH60JAヘリ（7月4日、熊本県八代市内で）＝西方フェイスブックから

### 空自5個音楽隊合同のリモート演奏

## 動画再生 1万回超え

空幕

初の空自5個音楽隊合同のリモート演奏で指揮した各音楽隊長。左から山本史月1尉（北空音）、朽方聡3佐（中空音）、松井徹生2佐（空音）、三宅崇生3佐（西空音）、佐藤哲也1尉（南空音）

【空幕】空幕広報室は6月26日、航空中央音楽隊（立川）など空自全5個音楽隊合同のリモート演奏を動画投稿サイト「ユーチューブ」に配信、これまでに1万回以上再生されている。空自の全音楽隊がオンラインで共演するのは初めて。

「航空自衛隊チャンネル」に「5個音楽隊によるリモート演奏」と題して投稿された動画（3分57秒）は、空幕広報室が企画・編集、空音の渡邊与秀1尉が各音楽隊間の監督・調整を行った。

4空団11飛行隊（松島）ブルーインパルスの飛行シーンで始まり、北空音（三沢）、空音、中空音（浜松）、西空音（春日）、南空音（那覇）各音楽隊の9人（指揮者1人を含む）が所属する音楽隊で空自行進曲「空の精鋭」を軽やかに演奏している。

合わせて40人分の録音素材を、あたかも全員が同じ場所で演奏しているように整えるマスタリング（仕上げ）を施し、動画に登場するブルーの編隊飛行さながらのまとまりのある映像に完成させた。

動画は視聴者に大好評で、「5つの音楽隊の見事な演奏に元気をもらった」などのコメントが寄せられている。渡邊1尉は「演奏会が再開されたら各会場にお越しいただき、楽しんでいただければ幸いです」と語っている。

## 20普連、5施群が演習場整備

### 新型コロナ 安全対策、感染防止を徹底

【20普連＝神町】陸自20普連は6月1～11日、6師団が行う春季王城寺原演習場統一整備に連隊整備隊長（連隊本部・樋口一郎3佐）以下約330人が参加した。

編成完結式で、整備隊長は「新型コロナウイルス感染拡大防止を図りつつ、安全を確保し1件の事故もなく任務を達成しよう」と述べた。

連隊はD-2弾着地と各射撃場の整備、演習場内道路と訓練地域の枝払いを担当。マスクの常時着用など3密を避けるなど安全策で行った。

8日に担任官（鈴川利幸6師団長）の巡視を受け、任務を完遂した。

◇

【富田】5施群はこのほど、新型コロナウイルス感染対策を万全にし、関山演習場の定期整備を行った。

1施設団長（豊田真将補）を担任官、5施群長（庭田徹1佐）を整備隊長とし、同群と12旅団各部隊で整備隊を編成して作業に当たった。

参加部隊の集合を避けるため、部隊を前・後段に分け、「手洗い、うがい」「マスク着用」「人との離隔を確行」を徹底するなど、各隊員も安全確保を徹底した。

春季王城寺原演習場統一整備でマスクを着用し作業する20普連隊員

## コロナに負けず献血

### 名寄駐 過去最多の117人が協力

【名寄】名寄駐屯地は6月5日、「目指せ！献血100人」を合言葉に献血を実施し、過去最多の117人が協力した。

新型コロナの影響で献血者が減少し血液が不足している中、駐屯地は北海道赤十字血液センター旭川の要請を受けて実施。受付開始と同時に武本駐屯地司令を筆頭に多くの隊員が訪れ、新型コロナウイルス対策で3密を避けるため、これからも積極的に協力していく。

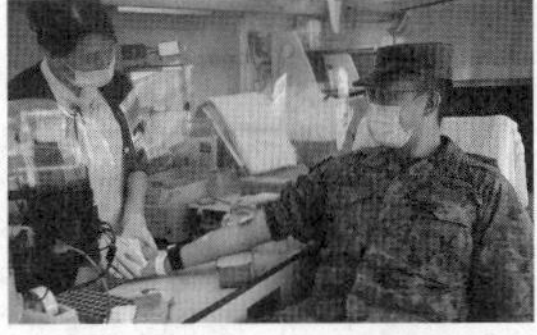

献血に率先して協力する武本駐屯地司令（名寄駐屯地で）

## 北千歳駐でも

### 司令以下92人

【北千歳】北千歳駐屯地は6月9日、北海道赤十字血液センターの献血に駐屯地司令以下92人が協力した。

マスク着用、消毒、飛沫感染防止フィルムの設置など感染予防を徹底して行った。センター関係者からは「全血液製剤が適正在庫を下回っている中、多くの隊員に協力いただき、ありがとうございました」と感謝の言葉が伝えられた。

## 小休止

▽…空自3空団はこのほど、F1展示機の塗装作業を行った。

▽…展示機は平成10年に三沢基地内の「フレンドシップ・エア・パーク」に設置されたが、20年以上が経過し塗装が色あせていた。

▽…作業に当たった隊員はほぼ素人だったが、整備群、基業群からの資材提供など協力を得て作業を完了させた。同機は昭和53年3月から平成13年3月までの23年間にわたって防空任務に当たったF1戦闘機への敬意も表し、同団装備部長の本田雅彦2佐以下18人が約3カ月間をかけて塗装を施した。

輝きを取り戻した展示機は、今にも飛び立ちそうな雄姿を見せている（三沢）

## 不発弾を回収

### 103不処隊 2後支連

三重県菰野町の民家の納屋で6月26日、不発弾1発が発見され、103不発弾処理隊（桂）が回収した。

三重県警察本部が10師団（守山）に通報、103不発弾処理隊の隊員2人が直ちに現場に急行した。

発見された不発弾は旧陸軍の砲弾で、全長約30センチ、直径約7・5センチ。信管は付いていたが、識別した結果、安全に運べると判断された。回収した不発弾は保管し、後日処分する。

◇

北海道空知地方の雨竜町の民家で6月13日、不発弾が発見され、2後支連（旭川）が回収した。

旭川方面深川警察署が2師団（旭川）に通報、2後支連不発弾処理班3人が直ちに現場に向かった。

発見された不発弾は計6発。最大で直径8センチ、長さ21センチで、識別した結果、旧日本軍の撃ち殻と擬製弾などと判定された。

6発のうち1発は火薬が残っていたが、いずれも信管が接続されておらず危険性はないと判断、安全に回収し、近文台弾薬支処が保管した。後日、処分する。

## こちら警務隊

### チケット不正転売禁止法違反

## 興業主の同意得ず倍額 転売、それは不正です

転売サイトでチケットを定価の倍の値段で売るのは問題ですか？

令和元年6月14日にチケット不正転売禁止法が施行されました。

転売サイト等で販売価格を超える価格で売ると、1年以下の懲役もしくは100万円以下の罰金またはその両方が科されます。

具体的には転売・有償譲渡の禁止等が明示され、座席指定の芸術・芸能、スポーツ等のチケットを興行主の同意を得ずに販売価格を超える価格で反復継続して（またはするつもりで）転売した場合です。

転売禁止等の記載がないチケットでも、公共場所等で転売すると、ダフ屋行為として迷惑防止条例違反になります。

（中部方面警務隊）

次回は「漁業法違反（密漁）」


防衛省職員・家族団体傷害保険／防衛省退職後団体傷害保険

# 団体傷害保険の補償内容が 一部改定 になりました！

Point 1 新型コロナウイルスが新たに補償対象に!!

A型（家族補償タイプ）・B型（個人補償タイプ）・D型（予備自衛官等用）に「指定感染症追加補償特約」がセットされ、特定感染症の補償範囲が「指定感染症※1」まで拡大されました。それにより、これまで補償対象外であった**新型コロナウイルスも新たに補償対象**となります。

（注）指定感染症追加補償特約の対象となる方は、A型・B型では防衛省共済組合員ご本人、かつ、記名被保険者ご本人に限ります。公務中や通勤災害中の事故に限定せず幅広く補償いたします。

Point 2 2020年2月1日に遡って補償!

2月1日以降に発病されたものから補償の対象※2となるため、既にご加入されている方で、該当する方は、三井住友海上事故受付センター（0120-258-189）までご連絡ください。

Point 3 既にご加入されている方の新たなお手続きは不要!

既にご加入されている方は、新たなお手続きや追加の保険料のお支払いは必要ありません。

※1 特定感染症危険補償特約に規定する特定感染症に、感染症の予防及び感染症の患者に対する医療に関する法律（平成10年法律第114号）第6条第8項に規定する指定感染症(注)を含むものとします。
(注) 一類感染症、二類感染症および三類感染症と同程度の措置を講ずる必要がある感染症に限ります。
※2 新たにご加入された方や、増口された方の増口分については、ご加入日以降補償の対象となります。ただし、保険責任開始日からその日を含めて10日以内に発病した特定感染症に対しては保険金を支払いません。

気になる方は、各駐屯地・基地に常駐員がおりますので弘済企業にご連絡ください。

[引受保険会社]（幹事会社）
三井住友海上火災保険株式会社
東京都千代田区神田駿河台 3-11-1　TEL：03-3259-6626

[共同引受保険会社]
東京海上日動火災保険株式会社　損害保険ジャパン株式会社　あいおいニッセイ同和損害保険株式会社
日新火災海上保険株式会社　楽天損害保険株式会社　大同火災海上保険株式会社

[取扱代理店]
弘済企業株式会社　本社：東京都新宿区四谷坂町 12 番地 20 号 KK ビル　TEL：03-3226-5811（代表）

下を向いていたら、虹を見つけられない。
C・チャップリン（英国の俳優）

（世界の切手・ベルギー）

朝雲ホームページ
www.asagumo-news.com
<会員制サイト>
Asagumo Archive
朝雲編集部メールアドレス
editorial@asagumo-news.com

# コロナと闘う

## レーダーサイトで感染予防指導

空士長　生田目　恭次（27警群・大滝根山）

第27警戒群総務人事班衛生係について紹介させていただきます。

大滝根山分屯基地（福島県双葉郡川内村）といえば、標高1192メートルに位置し、「空自で一番標高が高い基地」ということで有名です。冬季の大雪はもちろんのこと、5月に入っても気温が一桁台という日もあります。4月13日にも吹雪に見舞われました。

そんな厳しい環境の中で勤務に励む隊員たちが体調を崩してしまうこともしばしばあるので、日々の医薬品の管理は欠かせません。

特に今年は新型コロナウイルスの感染防止のため、対応要領や消毒方法など、隊員に対し指導をしているところです。

衛生の主たる仕事といえば、隊員の健康管理です。各隊員の健康状態を掌握し、災害派遣や術科学校への入校に支障が出ないように管理しています。そして人員可動率を少しでも上げられるよう、BMI（肥満度）改善や生活指導も行っています。

衛生係では今後も隊員が職務に専念できるよう、少数精鋭ですが、日々業務に邁進していきたいと思います。

レーダーサイト勤務の隊員の健康管理に当たる27警群の衛生係員たち

## 庁舎内距離2メートル　隊員の3密回避

3空曹　川口　理（23警群・輪島）

能登半島の輪島に位置する第23警戒群は、新型コロナ対策として積極的な「3密回避」を実施している。

庁舎2階では群准曹士先任が距離2メートルを表示し、「密接回避」を徹底している。

また、基地内放送による定期的な一斉換気を行い、「密閉の回避」も実施している。「密集の回避」のため、業務の一部は文書回覧となっている。

幸い、地元・輪島市において新型コロナ感染者は未発生である。この状態を維持するため、基地としても皆で頑張っている。

## 共有物の一斉消毒作業

2空曹　千原　誠児（35警隊・経ヶ岬）

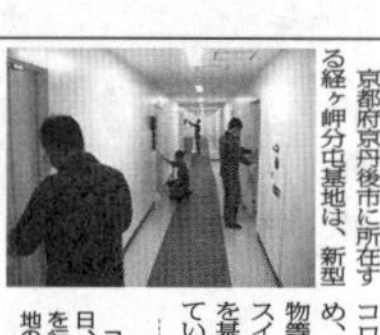

京都府京丹後市に所在する経ヶ岬分屯基地は、新型コロナ感染拡大防止のため、毎日1630から共有物等（ドアノブ・電話機・スイッチなど）の一斉消毒を基地一丸となって実施している。

最初は馴染みのなかった「ソーシャル（フィジカル）・ディスタンス」という言葉も、今はみんなの合言葉となっている。

隊員たちは作業の際も人と人との間隔を2メートルしっかりと取り、一日も早いコロナ終息への祈りを込め、手順を守り、確実丁寧な消毒を心がけている。

コロナの予防のため、毎日、「共有物の一斉消毒」を行っている経ヶ岬分屯基地の隊員

# みんなのページ

## 地誌資料収集訓練に参加して

2陸曹　登尾　剛（11施設隊・真駒内）

災害派遣などに備え、橋りょうの強度などを調べる11施設隊の隊員

私は11施設隊で実施された「地誌資料収集訓練」に4月2日から8日までの間、参加しました。

「地誌資料収集訓練」とは、道路、橋りょう、隧道、河川の状況を巻き尺やポール、箱尺などの器材を使用して計測を行い、自衛隊車両の通過判定や災害派遣時の道路や橋りょうの復旧のための情報を収集する訓練であり、旅団が保有する地誌の情報更新にも寄与するものです。

今回の訓練では北海道内の国道や道道に架かる橋りょう、隧道など約80カ所を巻き尺やポール、箱尺などを使い、橋桁の寸法や隧道の高さ、河川状況などを測定して、施設偵察能力の向上を図ることができました。

今後は、災害派遣時に自衛隊車両を安全に通行させる適切な施設偵察ができるよう、今回の訓練で得た知識・技術をさらに向上させたいと思います。

## 少しの気付きを大切に

2陸曹　吉野　泰正（47普連1中隊・普通寺）

陸幕長からの認定書を手にする吉野2曹

私は47連隊の第1中隊本部で人事陸曹として勤務しています。

平成20年3月に47連隊に転入して以来、早12年が経過し、この間、機関銃手、狙撃手、通信陸曹、小銃手、人事陸曹など、さまざまな役職を経験させて頂きました。

さて、平成29年度の「装備改善提案」の募集があり、私も「広帯域多目的無線機（携帯I型）のハーネス布部の迷彩化」の提案を行ったところ、陸上幕僚長よりその認定書を頂きました。

認定に至った理由は、多くの物品が迷彩柄やOD色になっている中で、同無線機のハーネス部分が黒色で、偽装効果が低い点に気付いたからです。

装備品の改善提案で採用されるものは、「少しの気付き」で認定されるものが多いことから、私も思い切って上申した結果、認められました。

今後とも、一人の自衛官として、部隊の中堅陸曹として、向上心と研究心を絶やすことなく、微力ながらも組織に貢献していきたいと思います。

## 現在の目標は「陸曹候補生」

陸士長　尾上　ヒカル（10後支連2普通科直接支援中隊・久居）

現在の私の目標は、「陸曹候補生になる」ことです。陸曹になるには陸曹候補生の試験に合格し、陸曹教育の課程を修了する必要があります。自衛隊に入隊するまでは想像できていませんでしたが、入隊して日々過ごすうちに、陸士と陸曹の違いを認識していきました。そして陸曹の方々と一緒に仕事をしていきながら、「自分はどんな陸曹になりたいのか?」と思うようになりました。

自分をいつも近くでよく面倒をみてくださる陸曹の先輩がいて、その方は仕事面でもプライベートの面でも、普段の悩みなどを聞いてくださり、本当に面倒見の良い先輩です。その先輩を見て、わたしもそんな陸曹になりたいのだと分かりました。いまはその先輩が自分にとっての陸曹の指標となっています。

理想の陸曹になるため、いろいろ経験を積みながら後輩をどう育成し、善導するか常日頃から考えています。

先輩から教えられたことを基に、今後は後輩の先頭に立ち、率先して仕事に取り組み、後輩の見本になれるよう頑張っていきます。そして必ず「理想の陸曹」になりたいと思います。

## OBがんばる

平本　幸彦さん　55
平成30年8月、岐阜地本を最後に定年退職（特別昇任陸曹長）。大日コンサルタント（岐阜市）に再就職し、総務部で社屋や社用車の管理に当たっている。

### 客観的な見方が必要

私が定年退職した当時は、有効求人倍率が急激に伸びた時期ではありましたが、定年退職年齢での希望求人情報はなかなかなく、とても不安な思いをしました。岐阜地本のご尽力で当社に再就職することができ、充実した会社員生活を過ごさせていただいております。

当社は国や県・市町村などの公共事業の企画の立案、調査、点検、設計、工事（施工管理）、維持管理といった業務を実施していますが、その中で私は総務部に所属し、社屋や社用車の維持管理、借上げ宿舎の調整などの業務に従事しています。

当社の自衛官の採用は初めてということで、個人としてはもちろん、元自衛官としても様々な場面において行動・言動が注目されているのを感じ、緊張感をもって日々過ごしております。

会社と自衛隊の目的は違いますが、本社と支社は自衛隊の本部と隷下部隊、業務の相手先は出先部隊に置き換えると分かりやすく、新しい仕事も大きなストレスなくこなせることができました。

分からないことは上司・先輩に聞き、関係法令条例や社則を紐解くなど、自衛隊での経験が役に立っています。

再就職して基礎体力の低下、免疫力の低下が気になります。歳を取ったと言えばそれまでですが、運動する機会が少なくなり、計画的な体力の維持、向上運動が必要です。

[illegible]す。皆さまのご活躍を祈念しております。

## 新刊紹介

### 「シャドウ・ウォー」中国・ロシアのハイブリッド戦争最前線

ジム・スキアット著、小金輝彦訳

米CNNテレビの記者が中国とロシアの「目に見えない戦争」の実態を暴いたルポだ。

米軍から信頼される著者は、南シナ海のパトロールに飛び立つ米海軍のP8A哨戒機への同乗を許され、中国が岩礁を埋め立てて軍事基地を造成する現場を目撃する。そこには世界が知らない米国VS中国の「シャドウ・ウォー」の最前線があった…。

著者は中国とロシアが仕掛けるネットでの世論操作戦をはじめ、サイバー空間や宇宙空間での情報収集、そして実際に軍事力を使っての威嚇など、ハイブリッド戦の全貌を明らかにする。しかし取材の結果、アメリカのような超大国でもそのすべてに対処するのは不可能なことも分かる。

中国、ロシアは自由主義国・米国の弱点を突いてさらに攻勢を強め、自国が有利になるよう世界を作り変えている。本書では「戦術レベルの行動で戦略レベルの打撃を与える」あらゆる手立ての「超限戦」の現実を教えてくれる。

（原書房刊、2640円）

### 「世界ウィルス戦争の真実」米中の"熱い"戦いが始まる

日高義樹著

米国在住のジャーナリストが「コロナ後」に熾烈さを増すであろう米・中の覇権争いの行方を探った本だ。

米国の知識人の多くは「今回のコロナ騒ぎは中国の習近平が傾きかけた政権を維持するために始めた野蛮きわまりない人類に対する攻撃だ」と見ているという。このためコロナで人的・経済的に大打撃を受けた米国人の中国への反感は強まっており、本格的な反攻がいよいよ始まるという。

その舞台となるのが米大統領選だ。共和、民主両党ともに強硬な「対中国」政策を掲げている。その米国からの呼びかけで対中包囲網が強化され、中国は今後、長期的なゼロ成長を強いられると予測している。

一方、日本経済は米国との同盟関係が下支えにはなるものの、コロナの影響は長く残ると分析。来年に延期された東京五輪もいまの状態では世界から誰もやってこない（こられない）状況のため、国民はその中止も視野に入れ、五輪への期待は忘れるよう提言している。

（徳間書店刊、1650円）

## 詰碁

第1238回出題

出題　日本棋院　九段　曲　励起

白先

『黒はどうなりますか』。5分でできれば中級以上です。

▶詰碁、詰将棋の出題は隔週です◀

## 詰将棋

出題　日本将棋連盟　九段　石田　和雄

≫第822回の解答≪

【正解】▲2四銀△同玉▲3四竜△同玉▲3五金△3三玉▲4三歩成までの七手詰め。

【解説】▲2四銀と玉の逃げ場に打つ一手が肝心。続く▲3四竜捨ても詰将棋ならではの一手で、この手順が本題のテーマ。以下▲4三歩成まで角との連携で詰め上がり。

▲先手　持駒　金銀

「朝雲」へのメール投稿はこちらへ！
▽原稿の書式・字数は自由。「いつ・どこで・誰が・何を・なぜ・どうしたか（5W1H）」を基本に、具体的に記述。所感文は制限なし。
▽写真はJPEG（通常のデジカメ写真）で。
▽メール投稿の送付先は「朝雲」編集部（editorial@asagumo-news.com）まで。

予備自衛官等福祉支援制度のご案内

予備自衛官等福祉支援制度とは
一人一人の互いの結びつきを、より強い「きずな」に育てるために、また同胞の「喜び」や「悲しみ」を互いに分かちあうための、予備自衛官・即応予備自衛官は予備自衛官補同志による「助け合い」の制度です。
※本制度は、防衛省の要請に基づき「隊友会」が運営しています。

制度の特長

割安な「会費」で慶弔の給付を行います。
会員本人の死亡 150万円、配偶者の死亡 15万円、子供・父母等の死亡 3万円、結婚・出産祝金 2万円、入院見舞金 2万円他。

招集訓練出頭中における災害補償の適用
福祉支援制度に加入した場合、毎年の訓練出頭中（出頭、帰宅における移動時も含む）に発生した傷害事故に対し給付を行います。※災害派遣出動中における補償にも適用されます。

「相互扶助功労金」の給付
3年以上加入し、脱退した場合には、加入期間に応じ「相互扶助功労金」が給付されます。

加入資格　予備自衛官・即応予備自衛官または予備自衛官補である者。ただし、加入した後、予備自衛官及び即応予備自衛官並びに予備自衛官補を退職した後も、満64歳に達した日後の8月31日まで継続することができます。

会費　予備自衛官・予備自衛官補・・・毎月 950円　即応予備自衛官・・・毎月 1,000円
※3ヵ月分まとめて3ヵ月毎に口座振替にて徴収します。

お問い合せ
公益社団法人 隊友会
事務局（事業課）
〒162-8801 東京都新宿区市谷本村町5番1号
電話 03-5362-4872

引越の3社合見積は
隊友会へ！！
引越は料金よりサービス
実費払いですので 安い業者 を探す必要はありません。

隊友会は、全国ネットの大手引越会社である
日本通運、サカイ引越センター、アート引越センター3社の見積を
一括して手配します！！
この3社の見積書と引越料の領収書を提出し引越料を精算できます。

① 引越相談会あるいは個人相談等で申込書に必要事項を記入し、隊友会会員に手渡してください。スマホやパソコンで、右下の「QRコード」から、もしくは「隊友会」で検索して隊友会HPの引越会員専用ページにアクセスし必要な事項を記入してください。
② 3社から下見の調整が入ります。見積書の受領後に利用会社を決定してください。
③ 引越しの実施。
④ 赴任先の会計隊に、領収書と3社の見積書を提出してください。

日本通運
NIPPON EXPRESS
株式会社
サカイ引越センター
0123 アート引越センター

お問い合せ
公益社団法人 隊友会
事務局（事業課）
〒162-8801 東京都新宿区市谷本村町5番1号
電話 03-5362-4872

朝雲

発行所 朝雲新聞社
〒160-0002 東京都新宿区四谷坂町12-20 KKビル
電話 03(3225)3841
FAX 03(3225)3831
振替00190-4-17600番
定価一部150円、年間購読料9170円（税・送料込み）

あなたと大切な人の「今」と「未来」のために
防衛省生協

## 主な記事



# 2万人態勢で災派

# 1800人を救助

## 九州豪雨災害

九州に甚大な被害をもたらした豪雨災害で、防衛省・自衛隊は7月11日現在、当初の1万人態勢から2万人態勢に倍増し、熊本県南部の被災地を中心に引き続き災害派遣を行っている。即応予備自衛官も当初の200人から400人に倍増させ、予備自衛官も新たに最大100人を招集。人命救助や行方不明者の捜索をはじめ、道路啓開や災害廃棄物処理、救援物資輸送、給水支援、医療・衛生支援などに全力を挙げるとともに、避難生活を余儀なくされている千人以上の被災者に入浴支援や段ボールベッドの設置を支援するなど生活支援を拡大させている。（3、6、7面に関連記事）

# 安倍首相が隊員を激励

豪雨災害で孤立した集落の住民を救助するため、川原に着陸した陸自8飛行隊のUH1多用途ヘリコプター。手前は車椅子の住民を運ぶ隊員ら（7月8日、熊本県の芦北町で）

防衛省・自衛隊は7月4日に熊本県知事から8師団長（北熊本）に対し、7日に福岡県知事から4師団長（福岡）に対してそれぞれ災害派遣要請があった。（本紙7月9日付既報）

その後も降り続く大雨の影響で、各地で河川の氾濫や浸水、土砂崩れなどが発生し、7日午前10時には大分県の広瀬勝貞知事から4師団長に、8日午前9時40分には大分県知事から西方特科隊長（湯布院）の4島弘樹・佐伯、13日午後5時53分には山口県の村岡嗣政知事から17普通科連隊長（山口）にそれぞれ災害派遣要請があった。

自衛隊は7日夜以降、西部方面隊（健軍）の態勢を順次拡大し、14日までに2万人態勢に引き上げ、災害派遣活動を継続。14日までにヘリによる吊り上げや救命ボートによる救助活動で熊本、福岡の両県を中心に約1800人の住民を救出したほか、約2000トンの救援物資を被災地に輸送。孤立地区の解消に向けた道路啓開は全般約20キロ、災害廃棄物の処理は約40トン、土砂・流木などの処理は約1000トンに及んでいる。

このほか、熊本県の人吉市や相良村など計7か所で給水支援を行っており、これまでに約100トンを供給。野外風呂による入浴支援も県内の計9か所で開設し、計1万400人が利用。人吉市の避難所では段ボールベッドの設置支援なども行っている。

13日には安倍首相が山崎統幕長らを伴って熊本県内の被災地を視察。人吉市では「人吉スポーツパレス」で「8普通科連隊」の隊員らを激励した。

### 巡回診療も開始

河野防衛相は14日の記者会見で、熊本県球磨村では陸自の医療支援チームが巡回診療を開始したことを明らかにした。

# 日米豪がTV会談

## 中国念頭に「懸念」表明

### 防衛相

河野防衛相は7月8日、米国のエスパー国防長官、オーストラリアのレイノルズ国防相とテレビ会談を行い、共同声明を発表した。日米豪の防衛相会談は今回で9回目。

声明では東・南シナ海での中国の一方的な現状変更の試みや威圧的な行動に対する「強い反対の意」を表明するとともに、南シナ海情勢について、▽沿岸国の資源開発活動への妨害—などを挙げ、「深刻な懸念」を表明した。

さらに、中国が香港で反政府的な動きを取り締まる「香港国家安全維持法」を制定したことについても「深い懸念」を表明した。

北朝鮮に関しては、一連の弾道ミサイル発射が「国際（社会）の安全に対する深刻な脅威」であるとの強い懸念を共有し、国連安全保障理事会決議への度重なる違反を非難した。

3氏は共通の価値観と長きにわたる同盟関係、緊密なパートナーシップを維持しながら、インド太平洋地域の安全、安定、繁栄を強化することを再確認し、引き続き緊密に連携協力していくことで一致した。

# 日の丸オスプレイ、木更津に到着

## 島嶼防衛へ国内教育開始

離島防衛の要となる新型の陸自V22オスプレイ、ついに陸自へ——。

今年3月、陸自に新編された輸送航空隊（木更津、約380人）の手持ちとなるV22オスプレイの初号機（705号機）が7月10日、米海兵隊岩国航空基地から空路、木更津駐屯地に到着した。当初6日の到着予定だったが、悪天候で2度延期の末の到着となった。

午後4時すぎ、それまで降っていた雨が止み、雲間から日差しが注ぐ中、西方の東京湾方向から独特な機影を現したオスプレイがその滑走路に降下、初めて陸自の施設に降り立った。岩国基地から約2時間、約900キロのフライトだった。

隊長・木原哲也以下の隊員たちが迎えた。ティルトローター機の最大の特徴であるプロペラを上に向けた垂直離着陸モードで滑走路に降下した後、格納庫で空輪に当たった米ベル社のパイロットら3人から不破隊長に705号機が引き渡され、この瞬間、輸送航空隊にV22が初配備された。

不破隊長は「初号機を無事受領でき安堵している。V22は我々の責任の下で運用していくが、その重責に改めて身が引き締まる思いだ。まずはしっかりと点検・整備を行って、安全確実に飛行できるよう、万全を期していきたい」とコメントした。

輸送航空隊のV22搭乗員らは昨年3月から今年6月まで米ノースカロライナ州のニューリバー航空基地に派遣され、米海兵隊の支援を受けてV22の飛行教育を受講。すでに約70人のクルーが養成されており、今後は専門教育を受けた米留隊員が中心となって、整備・補給を含め、他の要員の教育訓練を実施していく。

輸送航空隊は、隊本部、本部中隊とV22を運用する107、108両飛行隊（以上、木更津）、CH47輸送ヘリを運用する109飛行隊（高遊原）などで編成される。

V22はプロペラを前方に向けることで時速約520キロの高速飛行が可能で、離島有事の際は、水陸機動団（相浦）の隊員をいち早く輸送することができる。

今後、V22の部隊は水機団が駐屯する長崎県佐世保市に近い佐賀空港（陸自駐屯地を整備予定）に移動し、将来的にはV22計17機体制に増強される計画だ。

在日米軍岩国基地から約2時間かけて飛来し、陸自木更津飛行場に初めて降り立ったV22オスプレイ705号機（7月10日、木更津駐屯地で）

# F35の整備拠点始動

## 三菱重小牧工場に機体搬入

### 空自

防衛省は7月1日、空自が導入を進めるF35Aステルス戦闘機の機体の整備拠点（リージョナル・デポ）について、三菱重工業小牧南工場（愛知県）での態勢が整ったことから、翌2日以降に空自三沢基地所属の同型機1機目を搬入して運用を開始すると発表した。

同整備拠点では、F35Aの機体の分解・検査等を要する定期的または臨時の整備や改修などを行う。

米英などを中心に国際共同開発されたF35は全世界的な運用が見込まれることから、米政府は北米、欧州、アジア太平洋の3地域に機体やエンジンの分解・検査を行う「重整備拠点」を設置する構想を進めている。

こうした中、米政府は2014年12月、F35のアジア太平洋地域での「リージョナル・デポ」を日本とオーストラリアに設置することを決定。機体整備のほか、エンジンの整備拠点はIHI瑞穂工場（東京都瑞穂町）に置かれる予定で、23年の運用開始を目指している。

# 遠航部隊が日米共同訓練

洋上で会合し、日米共同訓練を行った米海軍の空母「ロナルド・レーガン」を飛行甲板上から帽振れで見送る実習幹部たち（7月7日、南シナ海で）

## 空母「レーガン」と接近し戦術運動

シンガポールのチャンギでの補給を終え、南シナ海を航行中の海自前期・遠洋練習航海部隊（練習艦「かしま」「しまゆき」で編成、指揮官・八木浩二海将補以下約500人）は7月7日、米海軍第7艦隊（横須賀）の空母「ロナルド・レーガン」、ミサイル駆逐艦「マスティン」と洋上で会合し、共同訓練を実施した。

日米部隊は接近して戦術運動や通信訓練を行った。この間、「かしま」などで乗艦実習中の実習幹部は米海軍との共同訓練の実施法などを実地に学んだ。また、別れる際は飛行甲板に集まり総員帽振れで「R・レーガン」などを見送った。

遠航部隊は7月22日に横須賀に帰国する。

# 「任用一時金」を4万5千円上げ

## 8月28日から

政府は6月30日の持ち回り閣議で、「防衛省の職員の給与等に関する法律施行令の一部を改正する政令案」を決定した。自衛官候補生が入隊3カ月後の自衛官任官時に支給される「任用一時金」を、現行の17万6千円から22万1千円に4万5千円引き上げるもので、8月28日に施行される。

河野防衛相は同日の記者会見で、同じく8月28日から施行される自衛官の初任給の引き上げについても触れ、「警察や消防と遜色のない、むしろ良いぐらいの待遇だ」と語った。

## 春夏秋冬

# 海軍力の増強を目指す中東諸国

田中　浩一郎

中国が「一帯一路」を追求する中、わが国も「自由で開かれたインド太平洋戦略」を主導してきた。インド洋は両陣営が競合する舞台となる。一方、自国の海軍力を整備し、シーレーンの確保を目指すのは中東諸国も同じである。

昨年以来、ペルシア湾内外でイランと米国の示威行動が活発化している。昨年末にはオマーン海でロシアと中国がイランとともに初の合同軍事演習を実施した。この策動に慄いたのが中東・ペルシア湾岸地域からのエネルギー供給に依存する国々だ。イランの革命防衛隊海軍部隊司令官は、さらに「インド洋における恒久基地の確保」に向けた計画を語っている。詳細は不明だが、これが先の演習と同様に、中国やロシアとの連携を伴うことになれば、米国のみならず、わが国が警戒するべき対象となるだろう。

海外拠点を模索する中東の国はほかにもある。2015年3月以来、イエメン内戦に介入してきたUAEは、内戦の一当事者である南部分離独立派STCを通じて、インド洋に浮かぶソコトラ島の支配を進めている。UAEの支援を受けるSTCがアデン港を制圧したことと併せて、UAEが紅海経由の欧州航路と東アフリカ地域へのアクセスに強い関心を持っていることが分かる。さらに、UAEドバイ首長国の政府系企業ドバイ・ポートワールド（DPW）がスーダンの主要港ポート・スーダンの運営権獲得に動いている。DPWは、ジブチおよびソマリアに加え、サウジアラビアのジェッダ港でも操業しており、スーダン進出はUAEの海上戦略の一翼を担うものと思われる。

地中海では自国の大陸棚延長を主張するトルコがイスラエルやギリシャなどと揉めている。キプロス島近辺でのトルコ海軍の示威行動で東地中海の海底資源を運ぶガスパイプライン計画が危ぶまれる。ほかにも、フランス軍艦船が東地中海でトルコの貨物船に臨検を試みたところ、トルコ軍艦船からレーダー照射を受けている。トルコは、リビア内戦でフランスやUAEと異なる武装勢力を支援する立場にあり、リビアへの派兵を通じて制空権と制海権の確保も目指す。トルコの行動を不快に思うフランスはNATO海事演習から離脱した。

このように中東諸国も次第に外洋に目を向けるようになっており、それに伴ってきな臭さも増している。

（慶應義塾大学大学院政策・メディア研究科教授）

## お知らせ

本紙7月23日付は休刊とし、7月30日付（3413号）から通常通りの発行となります。ご了承ください。

朝雲新聞社

## 朝雲寸言

世の中にはものを集めることに執着する人たちがいる。中には一般人から見れば首を傾げるようなものを集めることに異常な情熱を傾ける人もいる▼コレクターと言えば聞こえは良いが最近では「オタク」という言い方もある。元々サブカルチャーの愛好家を指す言葉だったが、何らかの分野に熱中・没頭している人物を指して呼ぶようになった▼陸・海・空自衛隊にもマニアがいて、最近その数が増えているという。特に戦車や航空機・艦船には熱狂的なオタクがいるらしい。喜ばしい半面、気になるのはそれが防衛意識や防衛基盤の拡充に寄与しているのかということだろう▼今般、防衛装備庁は不要になった自衛隊の装備品をオークションで販売すると発表した。確かに実際の航空機の操縦桿や艦船の舵輪などは一部の収集家には垂涎のものであるに違いない。防衛省もようやくオタクの力を認めたというべきだろうか▼戦争や軍隊に暗い側面があることは否定しない。しかし歴史において戦争や軍隊が一つの文化を形成してきたことは事実である。日本の武士道も然り。自衛隊に戦いの文化はあるだろうか、文化を形成する力があるだろうか▼飛行機や艦船に憧れる少年・少女にとって自衛隊が真摯に応える組織であって欲しいと切に願う。「戦いが生み出す文化は、それが有用でない限りにおいて有用である」というパラドックスは軍事史学者M・クレフェルトのことばである。

METAWATER
メタウォーターテック
暮らしと地域の安心を支える
水・環境インフラへの貢献。
それが、私たちの使命です。
www.metawatertech.co.jp

年会費無料のゴールドカード。防衛省UCカード〈プライズ〉
防衛省共済組合員・組合OB限定
新規ご入会・ご利用で永久不滅ポイントプレゼント
キャンペーン期間：2020年7月1日（水）〜2020年8月31日（月）
1 期間中に新規ご入会いただくと抽選で200名様に 100ポイントプレゼント
2 期間中5,000円以上ご利用された会員の方から抽選で100名様に 1,000ポイントプレゼント
UCゴールド会員 空港ラウンジサービス
海外・国内旅行保険サービス 自動付帯
特別優待もご用意 UCカード Club Off
本カードのお申込方法　UCコミュニケーションセンター 入会デスク

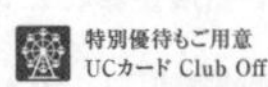


生涯生活設計してますか？
退官後の自衛官を支える3つの柱……
年金　退職金　再就職
自衛官の退官後を支える「常識」が崩れつつあります。
将来の為に"今"できること、考えてみませんか？
書籍無料プレゼント
入隊10年後に知っておきたい自衛官にとってのお金の話となぜ、現役時代に不動産投資なのか、その理由をまとめました！
全国セミナー開催中
退官後の備えについて詳しくご説明いたします。
03-6860-8231
Agentrive Investors

# 時の焦点

## 国内　豪雨被害

## 命を守る国土づくりを

何年かに1度しか来ないはずの豪雨が、なぜ毎年のように襲ってくるのか。なぜ多くの人が命を落とさなければならないのか。被災した人々は無論、日本中が天を恨んだことだろう。

福岡、熊本、鹿児島各県を襲った豪雨は容易に収まらず、岐阜、長野両県にも被害をもたらした。九州では死者が60人を超えた。

安倍首相は熊本県を視察し、犠牲者に黙とうをささげた。蒲島郁夫県知事らとの意見交換では、「できることは全て行う」と強調した。

自衛隊の態勢は1万人から2万人に増強され、即応予備自衛官の招集も決まった。孤立住民の救援や行方不明者の捜索にあたる隊員の姿は、国民を大いに勇気づけよう。

深刻なのは、日本全体で見れば、この豪雨被害が数十年に1度しかおきない例外的な事態ではない、ということである。

2017年の九州北部豪雨、18年の西日本豪雨、そして今回。いずれも7月上旬の被災だ。

梅雨前線に暖かく湿った空気が流れ込み、積乱雲が次々と生じて強い雨を降らせる「線状降水帯」が原因という。

背景に地球温暖化があるとすれば、今後も同様の豪雨が続くことを想定しなければならない。

今回、雨が深夜から未明に集中したこともあって高齢者の避難が遅れ、浸水や土砂崩れの犠牲になる例が目立った。

熊本県の特別養護老人ホームで入所者14人が亡くなったのは痛ましい。日頃から訓練を行い、近隣住民も避難を手伝った。そのさなかに濁流に襲われた。

与党からは、防災・減災対策の強化を求める声が上がっている。公共事業費は近年、抑制されており、治水も手薄になっていたのは否めない。

政府は今年度から、ダムや堤防などハード面の整備だけでは限界があるとみて、ソフトの施策と組み合わせた「流域治水プロジェクト」を進めている。危険な地域には住宅や施設を設けないようにし、河川が氾濫しても、貯水池に水を逃がすなどして被害を防ぐ、という発想である。

まだ緒に就いたばかりの計画ではあるものの、人口減少と財政難に苦しむ中で、全国の河川を万全に整備することが難しいのは間違いない。

まずは、病院や学校、福祉施設などは安全な所に設ける、可能なら高台に移転する、といった取り組みが必要であろう。

山あいや川沿いの民家は確かに危険だが、「移転するのが当然」といった傲慢な考えを押しつけてはならない。ダム建設などで集落ごと移転を迫られた悲劇は各地にある。

折しも、新型コロナウイルスの感染拡大が、都市部の過密の危険さを印象づけている。都市の過密と地方の過疎は文字通り、表裏一体の問題だ。

誰もが安心して暮らすことができ、命が守られる。そうした国土をつくるために何が必要か。社会全体で、改めて真剣に考えたい。

宮原 三郎（政治評論家）

## 海外　中印が軍事衝突

## 「核」保有、世界が懸念

世界の2大人口大国である中国とインドが6月中旬、国境係争地域で軍事衝突し、双方に死傷者が出た。ともに「核」を保有する両国の角逐の行方は、楽観できないだろう。

両軍の衝突は6月15日夜—16日未明、インド北部ラダック地方にある紛争地域ガルワン渓谷で起きた。

インド側の発表では、この衝突で同国軍兵士少なくとも20人が死亡し、76人以上が負傷した。また、中国軍側にも35人—40人の死者が出たという。

中国政府は自国軍兵士の被害について「確認」を拒否。だが、インド政府のシン道路交通担当国務相は「1962年の中印国境紛争を含めて、中国が自国軍の死傷者の存在を認めたことはない」と皮肉っている。

ガルワン渓谷では衝突発生に先立つ数週間、両国軍の激しいにらみ合いが続き、情勢は緊迫していた。

インド外務省報道官は「中国側が同地域の現状を一方的に変更しようと試みた結果だ」と述べ、中国を強く批判した。しかし、中国軍は声明で、「インド軍兵士が実効支配線（LAC）を越え、中国軍部隊を攻撃した」とし、インド側の主張に真っ向から反論している。

先に手を出したのがどちらだったにせよ、両国の国境紛争の深刻化は世界にとって重大な懸念である。

従来は、両国間の経済面での依存関係もあって、こうした紛争は比較的早期に解決されてきた。

しかし、今回は状況が異なって見える。米誌『ナショナル・レビュー』など、欧米メディアの外交・軍事評論が警告してきた「南シナ海方式」である。

—まず、インフラストラクチャーを建造する。それから、同インフラは中国の領土であると主張する。そして、近隣諸国を追い払うために、自衛の名目で武力を行使する—。

中国はずっとこの「南シナ海方式」で成功を収めてきた。今回のインドとの衝突の翌日に採ったのも、まさに同方式だった。

宇宙技術の米企業マクサー・テクノロジーズ（本社コロラド州）は6月26日、同社の人工衛星が衝突1週間後に同地域周辺を撮影した画像を公表した。事件後に川の堤防で中国軍駐屯地が大幅に拡大された様子が写っていた。

人民解放軍西部戦域司令部の報道官は「ガルワン渓谷地域の主権は常に中国にある」と強調し、中国側の姿勢を明確にした。

7月3日、インドのモディ首相はラダック地方を電撃訪問し、衝突で負傷した兵士を慰問した。中国外務省報道官は同日、「事態を複雑化する行動を取るべきではない」とけん制した。

両国合わせて28億人超という人口大国の「核」保有国同士が、地域の覇を争う図。目下はどちらも退く気配はなく、エスカレーションの可能性すらある。

ロシアやベトナムなど、中国と領土問題を抱える国々が、中印衝突の成り行きを注視している所以である。

草野 徹（外交評論家）

# P1の整備教育体制整う

## 海自3術校　光波装置実習器材を導入

新たに導入されたP1哨戒機用の「光波装置実習装置」を使い、整備教育に臨む航空整備員の学生たち（海自3術校で）

【海3術校＝下総】海自の航空整備術科教育を担う3術科学校（学校長・阿部智将補）は6月25日、新たにP1哨戒機用の「光波装置」の実習器材を導入し、新型機であるP1の整備教育の体制を整えた。

海自では、従来のP3C哨戒機から純国産のP1への更新を平成25年から進めており、これに伴い3術校では、P1の機体の故障探求、分解・組み立て、調整など新しい装備の整備教育を行っている。

今回新たに導入された「光波装置実習装置」は、洋上での警戒・監視で遠方の目標を可視光または赤外線で識別するために欠かせない装備品で、まさに「哨戒機の鷹の目」ともいえるもの。同実習装置の導入により、P1の主要な整備教育器材は全てが整った。今後は同装置を使い、年間6コース、計約70人の学生の教育に当たる。

3術校では「今後も『腕に実力、心に自信』を持った多くの航空機整備員を育成し、日本全国の哨戒機部隊の後方支援の充実を図っていく」としている。

◇

P1は平成25年3月に4空群（厚木）に初配備され、順次P3Cから機種を更新。4空群では29年8月に約20機の配備を完了した。続いて1空群（鹿屋）で令和元年7月から運用を開始し、同年度内に約5機を導入。今後、5年度末までに約20機を配備する計画だ。

# 朝霞で「安否確認教育」

## 陸幕厚生課　九州豪雨にも対応へ

【陸幕厚生課】陸幕厚生課は7月7日、各部隊の家族支援等担当者を朝霞駐屯地に集め、安否確認システムの円滑な導入に資することを目的とした「安否確認システム普及教育」を実施した。

安否確認システムは、平成23年の東日本大震災で、家族の安否が確認できないまま不安を抱えた状態で隊員が任務に従事せざるを得なかった教訓を踏まえ、平成28年以降に陸幕、陸上総隊司令部や東部方面隊の一部に導入が開始された。

令和2年度から、新たに東方管内に所在する部隊などに対して導入が拡大されたことから、新規導入部隊に対して安否確認システムの操作、登録要領に関する教育を実施した。

安否確認システムは部外企業が提供するシステムで、大規模災害発生時などに、隊員や隊員家族の安否などをリアルタイムに確認するためのもの。携帯電話やパソコンから業者のサーバーにアクセスし、管理者らによる隊員を含む隊員家族の安否や出勤の可否を確認できるほか、隊員と隊員家族間において相互に安否状況を確認することができる。

災害は場所を選ばず起こることから、陸幕厚生課は「全国の陸自部隊に同システムを導入できるよう引き続き努力する。家族支援に関する関係団体との協力を含めた隊員家族の安否確認態勢の確立を図るため、引き続き各種家族支援施策を推進していく」としている。

安否確認システムについて各部隊長に説明を行う陸幕厚生課の谷岡信哉2佐（壇上）＝7月7日、朝霞駐屯地で

# 英、UAE参謀長と会談

## 統幕長　防衛協力推進で一致

山崎統幕長は7月6日、英国軍参謀長のニック・カーター卿（陸軍大将）とテレビ会談を行った。

日英制服組トップの会談は2018年に当時の河野統幕長が訪英した際に行われて以来2年ぶり。

両者は日英の防衛協力・交流を主題に約30分間にわたり意見を交わし、今後の連携を強化していくことで一致した。

統幕長は翌7日、アラブ首長国連邦（UAE）軍参謀長のハマド・モハメド・サーニ・アル・ルメーシー陸軍中将ともテレビ会談を約30分間行い、日UAEの防衛協力の推進の重要性を確認した。

英国軍参謀長のカーター卿とのテレビ会談で意見交換を行う山崎統幕長（7月6日、防衛省で）

# 陸奥湾で機雷戦　掃海特別訓練も

海自

海自は7月18日から30日まで、青森県の陸奥湾で機雷戦訓練と日米共同の掃海特別訓練を行う。

機雷戦訓練は掃海隊群司令部幕僚長の渡邊浩1佐を訓練統制官に、掃海母艦「ぶんご」「うらが」、掃海艦「あわじ」「ひらど」と「えのしま」「ちちじま」などの掃海艇11隻、MCH101掃海・輸送ヘリ3機、P3C哨戒機3機、P1哨戒機2機、水中処分員約15人が参加し、訓練機雷を使用して機雷敷設、掃海、潜水の各訓練を行う。

また、掃海特別訓練では米海軍第7対機雷戦隊司令が米側の訓練統制官を務め、米軍からは掃海艦2隻が参加する。

# 共済組合だより

## ライフプラン支援サイト　共済組合HPから4社のWebサイトに連接

皆さまは共済組合のホームページ（HP）からアクセスできる「ライフプラン支援サイト」をご存じですか？

共済組合HPから野村證券、第一生命、三井住友信託銀行、三菱UFJ信託銀行の4社が開設する各Webサイトに進むことができます。

いずれのサイトも基本事項を入力するだけで将来の家族の状況が予測できる「ライフプラン・シミュレーション」をはじめ、結婚、出産、子供の教育、健康、老後など、人生のさまざまなシーンやそれに伴うお金にまつわる各種情報を得られます。

このほか、各サイトではいずれもすぐに役立つ情報や多彩なメニューをご用意。ぜひご利用ください。

# 防衛省発令

[illegible]

（以上7月6日）

[illegible]

（以上7月8日）


防衛省職員・家族団体傷害保険／防衛省退職後団体傷害保険

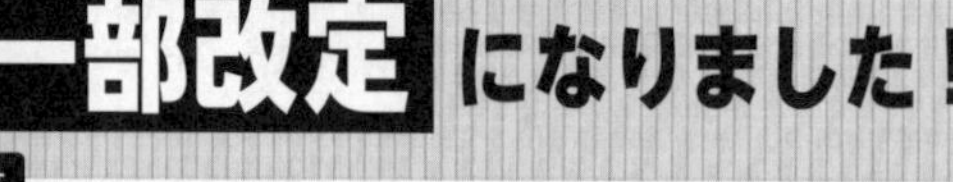


**団体傷害保険の補償内容が一部改定になりました！**

**Point 1　新型コロナウイルスが新たに補償対象に!!**

A型（家族補償タイプ）・B型（個人補償タイプ）・D型（予備自衛官等用）に「指定感染症追加補償特約」がセットされ、特定感染症の補償範囲が「指定感染症※1」まで拡大されました。それにより、これまで補償対象外であった**新型コロナウイルスも新たに補償対象**となります。

（注）指定感染症追加補償特約の対象となる方は、**A型・B型では防衛省共済組合員ご本人、かつ、記名被保険者ご本人に限ります。公務中や通勤災害中の事故に限定せず幅広く補償いたします。**

**Point 2　2020年2月1日に遡って補償！**

2月1日以降に発病されたものから補償の対象※2となるため、既にご加入されている方で、該当する方は、三井住友海上事故受付センター（0120-258-189）までご連絡ください。

**Point 3　既にご加入されている方の新たなお手続きは不要！**

既にご加入されている方は、新たなお手続きや追加の保険料のお支払いは必要ありません。

※1 特定感染症危険補償特約に規定する特定感染症に、感染症の予防及び感染症の患者に対する医療に関する法律（平成10年法律第114号）第6条第8項に規定する指定感染症（※3）を含むものとします。
（注）一類感染症、二類感染症および三類感染症と同程度の措置を講ずる必要がある感染症に限ります。
※2 新たにご加入された方や、増口された方の増口分については、ご加入日以降補償の対象となります。ただし、保険責任開始日からその日を含めて10日以内に発病した特定感染症に対しては保険金を支払いません。

気になる方は、各駐屯地・基地に常駐員がおりますので弘済企業にご連絡ください。

【引受保険会社】（幹事会社）三井住友海上火災保険株式会社　東京都千代田区神田駿河台 3-11-1　TEL：03-3259-6626

【共同引受保険会社】東京海上日動火災保険株式会社　損害保険ジャパン株式会社　あいおいニッセイ同和損害保険株式会社　日新火災海上保険株式会社　楽天損害保険株式会社　大同火災海上保険株式会社

【取扱代理店】弘済企業株式会社　本社：東京都新宿区四谷坂町 12 番地 20 号 KK ビル　TEL：03-3226-5811（代表）

九州南部豪雨では鹿児島県の離島・下甑島でも大きな被害を出し、空自下甑島分屯基地の隊員が民家の土砂除去などに当たった

梅雨前線の停滞で記録的な大雨が降り続く九州地方では、自衛隊の災害派遣部隊が2万人態勢で救援活動を継続している。60人以上の死者を出し、被害が最も大きかった熊本県では、いまも行方不明者の捜索活動を続けるとともに、全国からは後方支援部隊が各被災地に次々と到着、瓦礫を除去し、避難所に入浴施設を開設するなど住民の生活を支えている。

水道に被害を受けた八代市内で給水支援活動を行う空自春日基地の隊員たち

# 九州豪雨

# 支援部隊 次々と

(上)電話が不通になり通信が途絶えた集落で、家を一軒一軒回り、住民の安否確認を行う42即応機動連隊の隊員ら（熊本県芦北町で）

(右)孤立した山江村の住民を背負い、避難させる42即応機動連隊の隊員（右）

海自22空群（大村）のＵＨ60Ｊ救難ヘリ（左）が空輸した救援物資を手渡しでトラックに積み替える地元の消防団員（7月5日、球磨村総合運動公園で）

ヘリが飛べない悪天候の中、陸自は孤立集落に人力で救援物資を届けている。写真は増水した沢で、手渡しで対岸に物資を送る24普連の隊員たち

救援物資の集積場所となっている球磨村の総合運動公園でトラックから救援資材を降ろす即応予備自衛官たち

津奈木町の被災地で瓦礫や土砂を排除し、道路啓開に当たる8施設大隊の隊員たち

球磨村に向けて前進中、増水した沢にロープを張り、慎重に渡渉する12普連の隊員たち

(上)大きな被害を出した球磨村への道路を啓開するため、路上に残されたワイヤーを除去する西部方面特科連隊3大隊の隊員たち

(左)道路が崩壊し孤立した球磨村に、雨の中、徒歩で物資を運搬する西部方面特科連隊3大隊の隊員


任期満了退職の方へ
山形・神奈川・愛知・石川

国内83拠点・海外31拠点
自動車用・鉄道用・住宅用ガラスアッセンブリー、自動車用部品の製造・組立、物流事業等を行っています。
www.vuteq.co.jp
自衛官様向け採用ページ有

ビューテック株式会社
お気軽にお問合せください
退職自衛官採用担当
0565-31-5521

暑中お見舞い申し上げます。
新型コロナウイルスや豪雨等の
災害派遣に対し感謝申し上げます。

【新築分譲会社】
青木あすなろ建設株式会社
株式会社アキュラホーム
穴吹興産株式会社
株式会社穴吹工務店
ＮＴＴ都市開発株式会社
株式会社オープンハウス・ディベロップメント
株式会社木下不動産
近鉄不動産株式会社
京成電鉄株式会社
株式会社サンウッド
サンヨーホームズ株式会社
ＪＲ西日本プロパティーズ株式会社
日鉄興和不動産株式会社
新日本建設株式会社
スウェーデンハウス株式会社
住友林業株式会社
株式会社西武プロパティーズ
セコムホームライフ株式会社
相鉄不動産販売株式会社
株式会社大京
大成有楽不動産株式会社
大和ハウス工業株式会社
株式会社タカラレーベン
株式会社タカラレーベン東北
株式会社拓匠開発
株式会社日本エスコン
日本土地建物株式会社
野村不動産アーバンネット株式会社
株式会社長谷工コーポレーション
株式会社フージャースアベニュー
株式会社フージャースコーポレーション
株式会社マリモ
明和地所株式会社
株式会社リブラン

【ハウスメーカー（注文住宅）】
株式会社アキュラホーム
株式会社木下工務店
サンヨーホームズ株式会社
スウェーデンハウス株式会社
住友林業株式会社
大成建設ハウジング株式会社
古河林業株式会社
三菱地所ホーム株式会社
株式会社ヤマダホームズ

【リフォーム・外壁塗装・外構・造園等】
株式会社木下工務店リフォーム
佐藤建工株式会社
サンヨーホームズ株式会社
三和建創株式会社
スウェーデンハウスリフォーム株式会社
住友林業ホームテック株式会社
住友林業緑化株式会社
大成建設ハウジング株式会社
株式会社東急Ｒ・ｅデザイン
東京ガスリノベーション株式会社
株式会社長谷工リフォーム
三菱地所ホーム株式会社
株式会社ヤマダホームズ

【仲介・賃貸】
穴吹興産流通株式会社
株式会社オープンハウス
京成不動産株式会社
住友林業ホームサービス株式会社
住友林業レジデンシャル株式会社
セコムホームライフ株式会社
相鉄不動産販売株式会社
株式会社大京穴吹不動産
大成有楽不動産販売株式会社
東急リバブル株式会社
東京ガスリノベーション株式会社
株式会社長谷工ビジネスプロクシー
株式会社長谷工リアルエステート
株式会社ＢＣＡＮ
三井不動産リアルティ株式会社
明和地所株式会社
リストインターナショナルリアルティ株式会社
株式会社リブラン

【オーダーカーテン等インテリア】
五洋インテックス株式会社
佐藤建工株式会社
北洋交易株式会社

【ハウスクリーニング】
佐藤建工株式会社

【ホームセキュリティ】
セコム株式会社

【有料老人ホーム・介護・高齢者住宅】
株式会社木下の介護
セコム株式会社
株式会社長谷工シニアホールディングス
株式会社フィルケア
株式会社フージャースケアデザイン

【引越】
アートコーポレーション株式会社
株式会社岡田運輸
株式会社サカイ引越センター

【保険】
損害保険ジャパン株式会社
あいおいニッセイ同和損害保険株式会社
三井住友海上火災保険株式会社
東京海上日動火災保険株式会社
共栄火災海上株式会社
ＡＩＧ損害保険株式会社

【ギフト】
信州ハム株式会社
プリマハム株式会社

【葬祭・墓石】
株式会社和泉家石材店
須藤石材株式会社
株式会社セレモア
大成祭典株式会社
株式会社メモリアルアートの大野屋

コーサイ・サービス株式会社
提携会社一同

# 「重要防護施設」守れ！

## 初めて東富士の市街地訓練場で検閲

### 2普連

【2普連＝高田】2普連は6月8日から11日まで、高田駐屯地と東富士演習場で令和2年度第1次練成となる2中隊と補給、衛生、通信各小隊の訓練検閲を実施した。

2中隊は「重要防護施設の防護に任ずる増強普通科中隊」として、各小隊は「市街地における活動に任ずる直轄小隊」として検閲に臨んだ。

2普連が検閲で東富士演習場の市街地訓練場を使用するのは今回が初めて。

各部隊は高田駐屯地で隊容検査に臨み、統裁官の古賀理都晴連隊長は隊員たちに「変化する状況に応ずる適切な状況判断」など3点を要望した。

東富士に前進した各隊は「重要防護施設」の防護態勢を固め、接近を試みる不審者や車両を制止し、住民によるデモ行動にも対処した。

その後、敵の武装工作員が施設内に侵入。2中隊は同時・多方向からの襲撃に対して火力を発揮し、これを排除した。一部の敵が施設内に立てこもったとの通報を受けると、部隊を編成して一斉に突入、施設職員を救出した。

この間、補給小隊は連隊段列に補給所を開設して車両26両に給油。段列を襲撃してきたゲリラにも対処した。

衛生小隊は救護所を開設し、負傷者の救護にあたったほか、新型コロナ感染の疑いのある者は隔離して部外医療機関に後送した。

通信小隊は部隊行動地域に無線・有線・システム回線を構成し、連隊の通信を維持・運営した。

武装工作員から職員を救出するため突入する2普連の隊員（いずれも東富士演習場内の市街地訓練場で）

負傷した隊員を救出し、救急車に乗せて後送する衛生小隊員

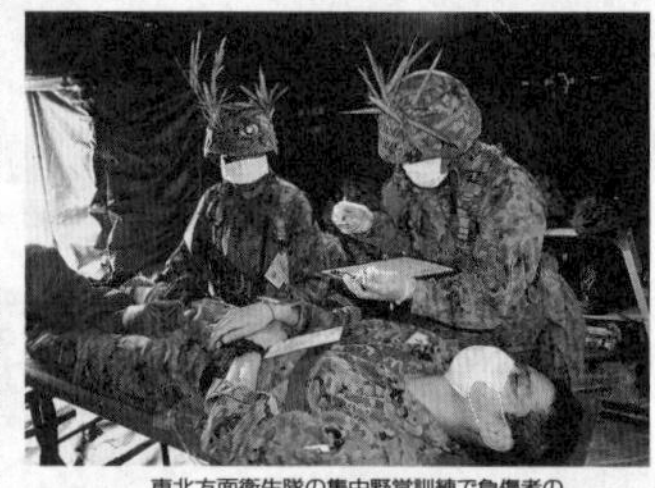

防弾用の構造物の後方から武装工作員の接近に警戒する2普連の隊員

## 「アイソレーター」搭載訓練

# 救難ヘリで安全・確実に輸送

## 「離島で感染症患者発生」を想定

### 芦屋救難隊と山口県

【航空救難団＝入間、芦屋救難隊】芦屋救難隊は6月1日、山口県と合同で「アイソレーター」搭載訓練を行った。

「アイソレーター」は感染症患者を隔離搬送する際に使用する袋状になった装置で、陰圧式空気清浄装置を使用し、汚染された空気が外に漏れないようになっている。この装置を使用することで、患者を搬送する隊員への2次感染を防ぐことができる。

今回の訓練は、新型コロナ感染拡大防止の観点から山口県と芦屋基地で協議された結果、空自防府北基地で訓練が実施された。

最初に救難隊員と山口県職員がアイソレーター内に感染症患者を模擬したダミー人形を固定し、搬送方法や搭載要領を確認。その後、実際にUH60J救難ヘリを使って感染者のヘリ搭載訓練を行った。

搭載はUH60Jのメインローターを停止させた状態と、回転中の状態の2パターンで行い、どちらも安全に実施できることを確認した。

また、UH60Jに医療用の電子機器を搭載する際、機器から出る電磁波が飛行計器などに影響を与えないことを確認する必要があり、今回の訓練ではアイソレーターの機器が機体に影響を与えないことも実地に確認した。

県との合同訓練を通して「離島で感染症患者が発生した」場合などでも、連携して安全にUH60Jヘリで搬送する手順が確立された。

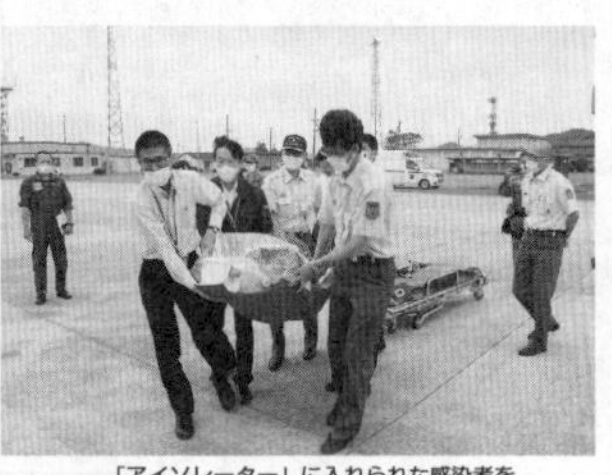

「アイソレーター」に入れられた感染者を空自ヘリに搬送する山口県の職員ら（6月1日、山口県の防府北基地で）

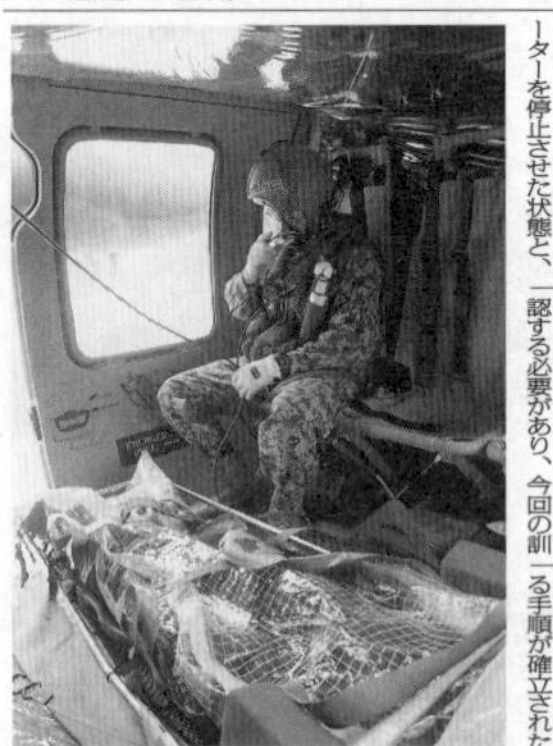

空自UH60J救難ヘリに搭載された感染症患者用の「アイソレーター」。陰圧式空気清浄装置が組み込まれている

訓練

# ヘリを使い患者後送訓練

## 札幌病院准看護学院　衛生知識・技能の向上図る

【札幌病院】自衛隊札幌病院准看護学院は6月25日、丘珠駐屯地で初級陸曹特技課程の准看護師第44期生の24人に対し、北部方面航空隊の支援を受け、UH1J多用途ヘリによる患者後送訓練を実施した。

学生たちは航空隊から安全教育を受けた後、担架員4人、患者1人の5人で訓練班を編成し、訓練に臨んだ。

患者のヘリ搭載・卸下訓練では、2種類の搭載要領と患者吊り上げ装置（ホイスト）を使用した搭載要領を演練。約15分間の飛行中の機内救護では、バイタルサイン測定などの患者観察やコミュニケーション法、与薬（点滴）要領を演練した。

学生たちは振動や騒音が大きい機内でのコミュニケーションの難しさを体験しながら、衛生知識・技能の向上を図るとともに、患者後送での安全管理の重要性を学んだ。

㊤UH1多用途ヘリ（後方）を使い、患者の搭載・卸下・搬送法を演練する札幌病院准看護学院の学生たち㊨駐屯地内のホイスト装置を使い、患者のヘリ機内への搭載法を学ぶ学生たち（いずれも6月25日、丘珠駐屯地で）

# 20普連が航空機患者後送訓練

【20普連＝神町】20普連は6月15日、神町飛行場で「航空機患者後送訓練」を実施し、衛生小隊から隊員13人が参加した。

これに先立って同12日、神町駐屯地サーキット場でUH1ヘリのモックアップを使い、機内への患者搭載要領を事前に練成した。

訓練当日は6飛行隊の支援を受け、UH1の実機を使用、被教育者を2コ担架班に区分し、航空機へのクロス方式（進行方向に対し垂直に患者を搭載）による搭載・卸下、上空での機内救護訓練を行った。

機内救護ではヘリの旋回や上昇・下降、プロペラの振動で小刻みに揺れが生じる状況下、隊員たちは触診している指がずれないように強く圧し、集中して取り組んだ。

また、ヘリには「フロバック」とよばれる患者観察装置を積載し、患者の心拍数や血圧、呼吸、酸素濃度を計測する訓練も同時に行った。

UH1ヘリで輸送中、機内で患者の触診を行う20普連の衛生小隊員（6月15日、神町飛行場上空で）

## 王城寺原で集中野営訓練

# 「指定充足隊員」も参加

### 東北方面衛生隊

【東北衛＝仙台】東北方面衛生隊は6月23日から25日まで、王城寺原演習場で令和2年度第2回隊野営訓練を実施した。

訓練内容は「状況下における方面衛生隊の一連の行動」で、隊員たちは展開地進入・開設、警戒自衛戦闘、衛生科業務の運営に挑んだ。

訓練には看護科幹部候補生隊付教育の被教育者（自衛隊仙台病院所属）6人、指定充足隊員（4コ駐屯地業務隊）延べ13人も参加した。

指定充足隊員は平素は各駐屯地業務隊に所属し、自衛隊法に基づく行動時は指定された部隊に配属され、職務を遂行する。方面衛生隊は多くの指定充足隊員を保有し、計画的に隊員たちの練成訓練を行っている。

東北方面衛生隊の集中野営訓練で負傷者の手当にあたる隊員（王城寺原演習場で）

新 夫婦墓 めおとばか [永代供養]
二見ヶ浦公園聖地
天神から西へ約30分
■福岡空港から約40分 ■博多駅から約35分 ■太宰府から約40分 ■前原から約15分
毎月一日に各宗派の御住職様方に月代わりでお参りをして頂き供養いたします
ご夫婦(お二人)の場合 全246基 合計920,000円
●お1人から3人まで可能です。(1人/660,000円～3人/1,170,000円)
風の音を聴きながら、海を眺める公園墓地
公益社団法人 全日本墓園協会会員
公益財団法人 二見ヶ浦公園聖地
〒819-1304 福岡県糸島市志摩桜井3810
www.futamigaura.jp
092-327-2408

自衛隊装備年鑑2020-2021
陸海空自衛隊の500種類にのぼる装備品を
それぞれ写真・図・性能諸元と詳しい解説付きで紹介

◆判型 A5判/524頁全コート紙使用/巻頭カラーページ
◆定価 本体3,800円+税
◆ISBN978-4-7509-1041-3
朝雲新聞社
〒160-0002 東京都新宿区四谷坂町12－20KKビル
TEL 03－3225－3841 FAX 03－3225－3831 http://www.asagumo-news.com

よろこびがつなぐ世界へ
KIRIN
一番搾り
KIRIN'S PRIME BREW
KIRIN BEER
一番搾り
おいしいとこだけ搾ってる。
〈麦芽100%〉
ALC.5% 生ビール
ストップ！20歳未満飲酒・飲酒運転。お酒は楽しく適量で。
妊娠中・授乳期の飲酒はやめましょう。のんだあとはリサイクル。
キリンビール株式会社

# ～地本　ホッと通信～

## 青　森

地本は6月4日、八戸駐屯地で9後支連補給隊（八戸）に所属する3曹から士長までの女性隊員6人を現地取材し、その後、ツイッターで動画を配信した。

これはコロナ禍で各種イベントが中止となる中、採用広報を活性化させるために地本が企画したもの。

隊員たちは緊張していたが、撮影が始まると地本が用意した「入隊のきっかけ」などの質問に対して「自衛官の父に憧れ、父の定年退官を機に家族に恩返しをしたくて入隊しました」などとそれぞれの経験を踏まえて笑顔で答えていた。

## 山　形

地本は6月19日から23日まで、神町駐屯地で行われた令和2年度の「第1回予備自衛官招集訓練」を支援した。

訓練は20普連が担任し、5日間で延べ136人の予備自が参加。参加者は職務訓練、精神教育、射撃検定、体力検定などを行い、技能向上を図った。

地本は期間中、「予備自衛官表彰式」を実施。齋藤信明地本長と佐々木秀夫副本部長が最終任期満了者5人に顕彰状を伝達し、永年の功績をたたえた。

## 千　葉

地本は6月24日、千葉県自衛隊家族会会長の交代に伴い本部庁舎内で「本部長感謝状贈呈式」を行った。

前会長の渡邉昭さんは就任後、約9年にわたり会員の防衛意識の高揚に努め、県内に所在する自衛隊への協力・支援などを通じて家族会と自衛隊相互の防衛基盤の確立に寄与してきた。

河井孝夫地本長は渡邉前会長に「会長としてのご尽力に改めて感謝申し上げます」と謝意を伝え、感謝状を手渡した。

この後、新会長に就任した安部育子さんは「千葉地本と連携を図り優秀な隊員の募集に尽力したい」と抱負を語った。

## 東　京

東京都隊友会台東支部は5月18日、「地元で活動する台東出張所と、訪れる募集対象者の感染予防に役立ててほしい」との思いから、台東所に手作りの布製マスクを提供した。

綿素材で作られたオリジナルマスクは洗って繰り返し使用でき、通気性も良いため夏場の着用にも適している。マスクが入った袋には、隊友会の紹介や自衛官募集に関する情報提供を促す案内文が同封され、広報活動にも一役買っている。

個別相談のため台東所に訪れた募集対象者たちは、思いがけないプレゼントに「助かります」「大事に使います」とうれしそうにマスクを受け取っていた。

## 新　潟

新発田地域事務所長の櫻井正智2尉は6月22日、自候生として入隊した2人と共にそれぞれの母校を訪問し、帰郷広報を行った。

女教隊（朝霞）で教育を受ける儀同聖自候生は、県立新発田農業高校を訪問。進路担当教諭に会うと笑顔であいさつし、「営内生活は周りに気を配ることが大事だと学びました」と報告した。

一方、県立西新発田高校を訪れた田中秀樹自候生は、恩師から「就職した生徒の中で1番厳しい職場だと心配していたが、立派に頑張っているようで安心した。これからも頑張りなさい」と激励の言葉を贈られた。

## 岐　阜

岐阜募集案内所所長の中尾公一1空尉は6月25日、地元ラジオで放送された「ぴっぴと岐阜情報」にゲスト出演し、自衛隊の魅力をPRした。

中尾所長はコロナの感染防止に対する自衛隊の取り組みとして、クルーズ船などでの災害派遣や、各自治体からの要請により防護服の脱着方法などを教育する支援内容を紹介したほか、勤務経験に基づき自衛官の魅力をわかりやすく説明した。

## 三　重

地本は今年度から、〝新たな生活様式〟に適合した募集広報活動ができるよう、会員登録不要の無料サービス「Webブリーフィング」「誰にも会わずにメールで質問」をHPに掲載している。

「Webブリーフィング」は、「自衛官と会うと緊張して何も話せなくなりそう」「説明を聞く時間がない」などの募集対象者の声を受けて開設した「リアルタイム」の説明会。PC上で地本担当者と同じ資料を確認し、自宅などで納得いくまで疑問点などを聞くことができる。

県内在住の男子学生が約30分にわたり各種説明を受けて受験を決めるなど、募集成果につながっている。

「誰にも会わずにメールで質問」は無記名でメールをすれば地本が回答を返してくれる手軽なコンテンツで、「自衛官と警察官どちらも受けてもよいか」など多様な質問が寄せられている。

## 札幌　フィジカル・ディスタンスで　学生10人部隊研修

### 装備品見学や戦車試乗

### 11旅団が協力　2駐屯地巡る

【札幌地本】地本は6月27日、陸自11旅団の支援を受け、真駒内、北恵庭両駐屯地で高校生と大学生計10人を対象とした部隊研修を行った。

当日は地元の〝新北海道スタイル安心宣言〟に基づいてコロナ対策を万全にし、受付時には検温や体調チェックを行い、研修中はフィジカル・ディスタンスを確保して行動した。

学生たちは午前中に真駒内駐屯地を訪れ、隊員の案内でNBC偵察車やオートバイ、高機動車など11旅団の装備品を見学。間近で見る大型装備にみな興味津々の様子だった。

### 教習所で運転体験も

さらに駐屯地内の自動車教習所では運転シミュレーターを体験し、自衛隊に入隊すると各種自動車免許が取得できることなどを教わり、ゲーム感覚で楽しんでいた。

一行はその後、北部方面輸送隊の大型バスに乗車し、北恵庭駐屯地に移動。最初に隊員食堂を訪れ、自衛官のエネルギー源となっているボリュームたっぷりの食事を体験喫食した。学生たちはコロナ感染防止のため会話を控え、カニしゅうまいやレバニラ炒めなどをもくもくと頬張った。

昼食後は、今回の研修のハイライトとなる90式戦車の体験試乗に臨んだ。戦車マンのヘルメットをかぶった学生たちは2人ずつ車内に乗り込み、車長席側と砲手側のハッチに立ち駐屯地内の戦車道を約10分走行して乗り心地を体感した。

感激した様子で戦車から降りた参加者は「自衛隊の装備に触れ、よりリアルに自衛隊をイメージすることができた」「隊員の皆さんのきびきびとした動作を目の当たりにして、職業として自衛官に魅力を感じた」などと話し、今回の研修が就職先としての自衛隊を考えるきっかけになっていた。

㊤隊員の説明を受けながら11旅団が装備するNBC偵察車（右）などの装備品を見学する学生たち　㊧真駒内駐屯地の教習所内にある自動車運転シミュレーターを体験する学生（6月27日、真駒内駐屯地で）

北恵庭駐屯地の隊員食堂で体験喫食する参加者たち

北恵庭駐屯地で90式戦車に体験乗車し、2カ所のハッチに立つ学生

## 大　阪

地本はこのほど、今年10月に岩手県で開催される「ゆるキャラグランプリ2020」でグランプリを獲得するため、マスコットキャラクター「まもるくん」のエントリーを決めた。

同グランプリは東日本大震災からの復興を全世界にアピールするため2012年から開催され、今年で9回目。

「まもるくん」は子供や女性から特に人気のある愛されキャラ。コロナ禍で各種イベントが中止になったことから、「特別広報官」として初心に帰り、グランプリを目指す計画をスタートさせた。

「まもるくん」は基本教練、身辺整理、体力錬成に臨み、7月1日から9月24日までの厳しい投票期間を闘う準備を整えている。

## 鳥　取

地本は6月12日から16日まで、8普連3中隊（米子）が実施した「令和2年度第1次予備自衛官5日間招集訓練」の受付支援を行った。

地本は支援にあたり、事前に予備自衛官と「健康管理シートの提出」「訓練時のマスク着用や手指消毒」の確行について調整し、受付や招集訓練が円滑に実施されるよう尽力した。

8普連は予備自の出頭時に検温を行い、2週間前からの健康状態が記載された「健康管理シート」を確認・回収、コロナ拡大防止に細心の注意を払いながら受付した。

その後、参加した81人の予備自たちは〝3密〟を回避しながら体力検定などに臨んだ。

## 大　分

別府地域事務所は5月28日、別府市防災パトロールに参加した。

このパトロールは、市・県・自衛隊・警察・消防などの関係機関が参加し、集中豪雨などの災害が予想される

地域や箇所の現状を把握するとともに、各機関の担当者が顔を合わせて認識を共有するもの。

コロナを考慮し、市内の巡回をなくすなど時間を短縮して実施され、各機関の担当者は別府駐屯地近傍の砂防ダムに集まり、それぞれの防災に対する取り組みや意見交換を行った。

## 沖　縄

石垣出張所は6月4日、石垣市立大浜中学校で行われた「部活動結成式」に出席した。

約300人の生徒が集まる中、女子バスケットボール部の顧問が部活動の全体計画を周知した後、各部の顧問と副顧問を紹介。続いて、大浜中学校が外部機関に指導者として依頼している11人に委嘱状の交付が行われた。

石垣所からは「女子バドミントン部」に高木隆一1陸尉、「男子駅伝部」に大城優人陸曹長、渡邉誠3陸曹が派遣されている。3人は島仲信秀校長から直接委嘱状を手渡され、集まった生徒から拍手を送られた。


隊員皆様の国内外での任務遂行に敬意を表しますとともに、今後のご活躍をお祈りします

暑中お見舞い申し上げます

令和2年（2020年）盛夏
企画 朝雲新聞社営業部
順不同

公益社団法人 隊友会
会長 折木良一
理事長 藤縄祐爾
常務理事 河野好平
常務理事 増田克俊
常務理事 齋藤治和
常務執行役員 松尾幸弘
事務局長 植木美知男

公益社団法人 自衛隊家族会
会長 伊藤康成
副会長 佃和夫
同 福岡絢子
同 三好貞夫
同 宮下寿広
事務局長 土谷貴史

一般財団法人 防衛弘済会
理事長 山本一利
常務理事 田原義信
BOEKOS
北海道支部長 千葉茂
東北支部長 安田孝仁
関東支部長 萩庭賢了
関西支部長 太田久光
九州支部長 今村浩喜

一般財団法人 自衛隊援護協会
理事長 上瀧守
事務局長 町田英俊
〒162-0808 東京都新宿区天神町六番地 Mビル五階 TEL（〇三）五二二七-五四〇〇

一般社団法人 日本防衛装備工業会
会長 柵山正樹
副会長 牧野隆
副会長 山本正巳
副会長 塚本高広
理事長 小川秀樹
専務理事 高嶋巌
事務局長 新村暢宏

公益財団法人 防衛基盤整備協会
理事長 鎌田昭良
専務理事 石渡幹生
〒160-0003 東京都新宿区四谷本塩町十五番九号 電話〇三（三三五八）八七二〇

昭和55年（1980年）創業のOB会社
株式会社タイユウ・サービス
代表取締役 林國満
隊友会 団体総合生活保険 新・医療互助制度指定代理店
隊友会 記章等指定物品の販売
自衛隊統合カレンダー「躍動」の制作・販売
「防災スイーツパン」の販売
「防災食セット」の販売
☎〇一二〇-六〇〇-二三〇
ホームページ タイユウ・サービス 検索

防衛省職員・家族団体傷害保険
防衛省退職後団体傷害保険
PKO保険
防衛省共済組合団体取扱火災保険
防衛省共済組合団体取扱がん保険
防衛省調達石油類 納入業務代行等
取扱代理店
弘済企業株式会社
社員一同

SoYou
曹友連合会

防衛省職員 生活協同組合
〔火災・災害共済〕〔生命・医療共済〕〔退職者生命・医療共済〕
理事長 武藤義哉
役職員一同

全国防衛協会連合会
「自分の国は自分で守ろう」広く会員を募っています
会長 佃和夫
〒162-0844 東京都新宿区市谷八幡町一三番地 東京洋服会館九階
電話〇三-五五七九-八三四八
FAX〇三-五五七九-八三四九
http://www.ajda.jp

公益財団法人 日本国防協会
会長 中谷元
理事長 赤星慶治
副理事長 藤島正之
同 宮代知直
同 齋藤治和
同 岡部俊哉
事務局長 上村邁

公益財団法人 偕行社
理事長 森勉
事務局長 山越孝雄
英霊に敬意を。日本に誇りを。

公益財団法人 水交会
会長 赤星慶治
副会長 佐賀彦雄
理事長 杉本俊彦
専務理事 河野克彦
事務局長 村川豊
長谷川洋

公益財団法人 三笠保存会（記念艦三笠）
会長 佃和夫
〒238-0003 横須賀市稲岡町八二番一九
電話〇四六-八二二-五二二五
FAX〇四六-八二二-八三一九
http://www.kinenkan-mikasa.or.jp

一般社団法人 日本郷友連盟
会長 寺島泰三
副会長 森勉
副会長 越智通隆
常務理事 冨田稔
理事 袴田忠夫

防衛大学校同窓会
会長 岩崎茂
〒162-0845 東京都新宿区市谷本村町三-十九 千代田ビル一〇一号室
電話〇三-六二六五-三四一六
FAX
HP http://www.bodaidsk.com/

一般社団法人 防衛医科大学校同窓会
会長 瓜生田曜造
〒359-0042 埼玉県所沢市並木三-一 パークタウン駅前通り団地七-一〇一
TEL 〇四-二九四一-三二〇一
FAX
HP http://www.boudai-dousou.jp/

一般社団法人 防衛協力商業者連合会
防商連は、委託売店主等を会員として隊員の福利厚生に寄与しています。
会長 菅原廣
北海道地区支部長 坂上信喜
東北地区支部長 森山眞木夫
関東地区支部長 武田敏男
関西地区支部長 三浦康壽
九州地区支部長 齊藤良啓
委託売店会員一同

# 募集・援護 特集

平和を、仕事にする。

ただいま募集中!
◇自衛官候補生◇航空学生
◇第2回幹部候補生◇防大(一般)
◇防医大(医学・看護)◇予備自衛官補
★詳細は最寄りの自衛隊地方協力本部へ

# 一般予備自から即自誕生

## 第1期生3人 最終訓練

「東日本大震災を経験し、自分も助ける側に立ちたいという気持ちが強くなり、即応予備自衛官に志願した」――。今月発生した九州豪雨災害でも約200人が招集されるなど、近年、即応予備自衛官の活躍が目立っている。これまで即自になる道は「自衛官経験者」に限られていたが、2019年度から「一般公募予備自経由」でも志願が可能となった。その"第1期生"3人の最終訓練が7月1日、多賀城駐屯地で行われ、「一般人からの即自」が晴れて誕生した。(文・写真　菱川浩嗣)

## 製造業や営業マンと職種様々

「一般公募予備自」から即自を目指し、この日の最終訓練(担任・38普連=多賀城)に臨んだのは森下佑也予備3曹(39歳、岩手地本所属)、本多公栄予備3曹(39歳、同)、坂本恭啓予備士長(35歳、福島地本所属)の3人。

森下予備3曹は製造業の会社員、本多予備3曹は社団法人の営業マン、坂本予備士長は農業に携わりながら「非常勤の自衛官」を目指している。

3人は多賀城駐屯地に出頭後、装備を整えて戦闘訓練場に進出し、空包射撃、匍匐前進、応急救護など、練度の最終判定に挑んだ。連隊本部管理中隊の坂下靖2曹らが指導し、判定の結果、3人とも無事に合格、即自となる資格を得た。

ハイポート(控え銃で駆け足)を行いながら38普連隊舎前に帰隊した3人を、連隊の隊員が整列して拍手で出迎えた。引き続き訓練修了式が行われ、森下3曹が代表して齋藤篤史38連隊長に即自として宣誓。連隊長が3人に「即自の証」である部隊章を授与した。

齋藤連隊長は「今回の一般予備自への即自の開放は、即自制度24年間で最大の制度変更だ。皆さんは民間出身の第1期生として陸自の期待を背負い、我々の一員となる。これからは皆さんの能力を生かし、我々常備自衛官と共に各種事態に対応しよう」と3人を激励した。

今回の訓練担任官を務めた38普連副連隊長の片山貴光2佐(元シドニー五輪レスリング代表)は「3人は自ら志願したやる気のある人材だ。訓練に対する熱意が非常にあり、その姿を前にして我々常備自衛官も感化された」と振り返った。

即自任官の資格を得た森下予備3曹(左)らに即自以上が着けられる常備隊員と同じ鉄帽を授与する齋藤38普連隊長(中央)=写真はいずれも7月1日、陸自多賀城駐屯地で

即自への最終訓練を終え、38普連の隊員から拍手で出迎えられる森下予備3曹(先頭)ら。右は訓練助教の坂下2曹

### 「助ける側に立ちたい」
### 森下予備3曹　東日本大震災で被災経験

民間出身の即応予備自衛官第1期生となった森下予備3曹は、父親が経営する岩手県大船渡市の製造業「メイクモリシタ」に勤務。自衛隊が好きで各駐屯地の記念行事などにも足を運び、その気持ちが高じて平成15年、予備自衛官になった。

平成23年、東日本大震災による津波で自社の工場などが被災した。失意の中、目の前で人命救助や瓦礫撤去など献身的な活動を続ける自衛隊の姿に勇気づけられ、「自分も第一線で、被災者を助ける側に立ちたい」と即自への志願を考えるようになった。

昨年、一般公募予備自に即自への道が開かれると知り、即座に志願。数々の試練を乗り越え、今回、晴れて1期生となった。森下予備3曹は「今後は即自として即応できる自衛官となれるよう頑張りたい」と力強く決意を語った。

東北方面隊ではこの日の3人のほか、松本一将予備3曹(39、電気工)ら2人もすでに教育訓練を修了。5人は今年9月、民間出身の第1期生として正式に即応予備自衛官に任命される予定だ。

最終訓練で"負傷した"隊員に対する応急救護を行う一般公募予備自たち

### 即自への門戸開放で湯浅陸幕長
### 「雇用企業の理解あってのもの」

湯浅陸幕長は7月2日の記者会見で、一般公募予備自の即自への門戸開放について、「即自は有事の中心戦力を増強する役割があり、非常に重要だ。制度が機能するため、今回、実際に志願してくれる人が現れ、我々が任用できたことは意義がある」と語った。

陸自の即応予備自衛官制度は1997年、災害や有事の際の自衛官の必要数を補うために創設された。これまでに東日本大震災や昨年の台風19号災害などで招集され、活動に当たった。今月の九州南部豪雨でも招集がかかり、常備隊員とともに生活支援などに当たっている。

一般公募予備自が即自になるには、予備自補(応募資格18歳~33歳)試験に合格し、3年以内に50日間の招集訓練に参加し、予備自衛官になることが必要。階級が予備2尉~予備1曹の場合は52歳、予備2曹~予備2士は50歳に達するまでに、約40日間(3年以内に要修了)の訓練をこなし、基本特技を修得することで即自任官の資格が得られる。そのため予備自補から即自になるまでに平均で約5年かかる。

約40日という長期間の出頭による企業側の負担軽減のため、防衛省は令和2年度から即自任官の訓練に協力した企業に対し、即自1人あたり年間56万円を給付する「即自育成協力企業給付金」を創設し、即自の充足率向上につなげている。

湯浅陸幕長は同日の会見で「即自の充足率向上は、即自雇用企業のご理解なしには成り立たない。企業主の方々に対し、援護の一環として広報をしっかりと行い、予備自衛官制度について理解を得る努力が必要だ。陸幕、方面隊、地本それぞれのレベルで地道に説明をしていってほしい」と話している。

## 陸幕

# 今年はオンラインで全国地本長会議

# 3年ぶり目標達成

野澤真中方総監(右)から1級賞状を伝達される梶原新吾香川地本長(6月22日、中方総監部で)

【陸幕】自衛官候補生の募集目標が未達成となったことを機に、2016年から始まった「全国自衛隊地方協力本部長会議」が6月22日、5個方面総監部と防衛省をつないで開催された。例年は一堂に会しているが、今年は新型コロナ感染防止のため、オンライン形式で行われた。

### 「力合わせ任務遂行」

テレビ会議の冒頭、湯浅陸幕長が各部隊に向けて訓示。一般曹候補生と自候生が昨年度、3年ぶりに目標採用数を達成したことを受けて陸幕長は「昨年度の募集成果については、各地本長および広報官のみならず、隊員一人一人や陸海空各部隊の努力も結集した結果であり、心より感謝申し上げる」と隊員たちの労をねぎらった。

令和2年度については「新型コロナの拡大により、今年度は特殊な環境下での任務遂行となるが、全員が目標を達成するために力を合わせ、任務を遂行してほしい」と強く要望した。

テレビ会議方式で湯浅陸幕長の訓示に聞き入る西方管内の地本長たち

地本長会議に合わせ、各方面総監部では1・2級賞状、陸上幕僚長褒賞、隊員自主募集優秀部隊等褒賞、優秀広報官表彰などが行われ、方面総監が各受賞部隊や隊員に表彰状を伝達した。

受賞地本・隊員等は次の通り。

◇1級賞状(成果増で例年の3枠から4枠に拡大)=▽宮城▽埼玉▽香川▽佐賀

◇2級賞状=▽旭川▽青森▽群馬▽神奈川▽静岡▽富山▽福井▽岐阜▽三重▽京都▽岡山▽広島▽福岡▽宮崎▽沖縄

◇陸幕長褒賞=▽帯広(予備自)▽栃木(同)▽東京(同)▽大阪(援護)▽滋賀(予備自)▽鹿児島(同)

【優秀広報官】

◇2級賞詞=▽長内章1陸曹(青森)▽小野里知子1陸曹(宮城)▽西谷彰一海曹長(群馬)▽目黒裕也1陸曹(埼玉)▽井坂健太郎2海曹(神奈川)▽河野和明2空曹(静岡)▽松岡大樹3陸曹(富山)▽岸本みゆき2陸曹(福井)▽日比貴史2空曹(岐阜)▽松本友輔2陸曹(三重)▽桒室省吾2陸曹(岡山)▽加藤秀樹陸曹長(広島)▽杉原高雄陸曹長(香川)▽下野雅也1空曹(福岡)▽服巻浩二2陸曹(佐賀)▽坂元成止陸曹長(宮崎)▽永江麻美3陸曹(沖縄)

◇陸幕長褒賞=▽溝口博嗣1海曹(札幌)▽遠藤仁2陸曹(福島)▽山本斉智空曹長(茨城)▽法師人克行2陸曹(栃木)▽岡野重幸1陸曹(千葉)▽藤田雄介2陸曹(東京)▽長谷川海1海曹(新潟)▽中山隆廣2海曹(長野)▽善入照文准陸尉(石川)▽高橋伸幸陸曹長(愛知)▽長谷川聡1空曹(鳥取)▽中村武史1空曹(山口)▽森本将之2陸曹(長崎)▽野平奈美3海曹(鹿児島)

◇隊員自主募集優秀部隊等褒賞(2級賞状)=▽2施設団(船岡)▽13旅団(海田市)▽17普連(山口)▽出雲駐業▽13高特中隊(日本原)▽西混団(久留米)

本松敬史西方総監(中央右)から1級賞状を伝達された安藤和幸佐賀地本長(同左)=6月22日、西方総監部で

## 駅陸橋に横断幕 広報効果を期待　長野

【長野】地本はこのほど、JR長野市の協力を得て、長野駅善光寺口前の陸橋に初めて自衛官募集の大型横断幕を掲げた=写真。

JR長野駅は善光寺の表玄関でもあり、多くの観光客のほか、駅前の路線バスの発着地にも面し、学生に対する広報効果が期待できる。

一方、5月11日からは、県第2の都市・松本市でも市役所庁舎に初めて自衛官募集の大型懸垂幕を掲げた。

松本市役所は国宝松本城に隣接し、大勢の観光客があることから、約10メートルの懸垂幕の広報効果は大きい。今後、JR松本駅での掲示も行うほか、さらに4カ所で募集懸垂幕などを掲げる予定だ。

## 募集解禁で街頭広報　熊本

### 地本長や広報大使が声かけ

【熊本】地本は今年度募集施策の一環として、募集解禁に伴う「集中募集期間」を設定し、解禁初日の7月1日、JR熊本駅のほか県内各地で市街地広報を実施した。

梅雨前線の影響による連日の雨が続く中、仲西勝典地本長以下地本部員は隊友会と家族会の協力でエアーくまモンや説明会のパネル、のぼり旗を設置。朝の通学時間帯を狙って広報活動を実施した。

チラシ配布では、仲西地本長が先頭に立ったほか、地本広報大使や地元隊友会、家族会の会長らが「自衛官募集中です。よろしくお願いします」などと声を掛けながら、自衛官募集チラシ等を学生らに配布した。

チラシを受け取った若者からは「自衛隊のみなさんを応援しています」「今年受験する予定です」など、さまざまな声が聞かれた。

熊本地本ではコロナ下の厳しい募集環境の中、地本長の要望事項「責務の完遂」「和と風通し」を念頭に、常に挑戦する気概をもって募集活動に当たっている。

率先してチラシを配る仲西熊本地本長(中央奥)と熊本地本広報大使の宮崎頌子さん(左)=7月1日、熊本駅前で

## 埼玉、山口地本長が交代

6月27、29日付の異動で埼玉、山口地本長が交代した。新任本部長の略歴は次の通り。

**山下真司**(やました・しんじ)1空佐　埼玉地本長　防大35期。昭和62年空自。平成18年2佐、21年1佐。空幕情報課運用室長、中警団基業群司令などを経て、30年5月航空総隊情報課長。岐阜県出身。53歳。

**西村修**(にしむら・おさむ)1陸佐　山口地本長　防大35期。平成3年陸自。17年2佐、22年1佐。統幕副報道官、20普連長、南スーダン派遣施設隊7次隊長などを経て、29年8月中方法務官。熊本県出身。52歳。

隊員皆様の国内外での任務遂行に敬意を表しますとともに、今後のご活躍をお祈りします

暑中お見舞い申し上げます

令和2年(2020年)盛夏
企画 朝雲新聞社営業部
順不同

つきじ喜代村 すしざんまい SUSHIZANMAI
www.kiyomura.co.jp

KONAKA 株式会社コナカ

創業一八九四年 株式会社 気球製作所
代表取締役社長 豊間清
〒144-0032 東京都大田区北糀谷一-一三-一〇
電話(〇三)三七四一-一一四〇
FAX(〇三)三七四四-一四〇〇
URL://www.weatherballoon.co.jp

光学製品、個人装備品で隊員の皆様をサポートして参ります。
株式会社サイトロンジャパン
〒160-0031 東京都新宿区西落合3-9-19
TEL:03-6908-3327
FAX:03-6908-3443
SIGHTRON SIGHTRON JAPAN

東洋ワークセキュリティ株式会社
代表取締役社長 石戸谷隆
〒980-0803 仙台市青葉区国分町一-七-一八
電話 〇二二(二一五)五〇六八
FAX 〇二二(二一〇八)五〇八〇
全国40拠点で安全サービスを提供しております。

キリンビール株式会社

70年以上におよぶ自衛隊関連法令集 伝統ある実務・試験参考書 刊行
学陽書房
〒一〇二-〇〇七二 東京都千代田区飯田橋一-九-三
☎〇三-三二六一-一一一一 FAX〇三-五二一一-三三〇〇

すべては隊員様のために!
はなの舞
隊員クラブ・委託食堂スタッフ一同

迷彩バッグ・カルちゃんランドセル
株式会社 神田屋鞄製作所
代表取締役 生田順洸
営業所 〒一七一-〇〇一四 東京都豊島区池袋二丁目五八番七号
電話 東京03(三九八六)三七三一番(代)
FAX 東京03(三九八一)〇六三一番
http://www.caruchan.co.jp/

株式会社 サンミュージックプロダクション
代表取締役社長 相澤正久
〒160-8501 東京都新宿区左門町四番地四谷アネックス
電話 〇三(三三五四)八五〇一
URL http://www.sunmusic.org/

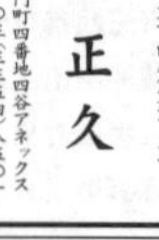

NAKATOMI 株式会社 ナカトミ

建物総合管理
快適をもっと、最適をずっと。
日本管財株式会社
〒103-0027 東京都中央区日本橋二-一-十 柳屋ビルディング五階
TEL 〇三-五二九九-〇八五〇(代)
http://www.nkanzai.co.jp/

自衛官の安全を守るガス検知器
篠原電機株式会社
〒530-0037 大阪市北区松ケ枝町六番七号
TEL 〇六-六三五八-二六五七

Agentrive Investors
エージェントライブインベスターズ株式会社
代表者 本橋亮
TEL 〇三-六八六〇-八二三一
自衛隊員に特化させた不動産投資サービス

企画・制作から印刷まで合わせてご提案いたします。
株式会社プライムステーション
東京 〒160-0005 新宿区愛住町一九-一六富士ビル四階 TEL:03-3358-2201 FAX:03-3358-2201
新潟 〒950-0992 新潟市中央区上所上一丁目一三-一六 TEL:025-281-4600 FAX:025-281-4610

ファッションは文化
東京都洋服商工協同組合
〒162-0844 新宿区市谷八幡町13番地
☎03-3269-7651
FAX03-3269-7653

3階ホールをご利用下さい
株式会社 東京洋服会館
〒162-0844 新宿区市谷八幡町13番地
☎03-3268-9191
FAX03-3269-7653

METAWATER
メタウォーターテック株式会社
人の暮らしに不可欠な水を支える会社です。
100名を超える退職自衛官の仲間が活躍しています。
www.metawatertech.co.jp

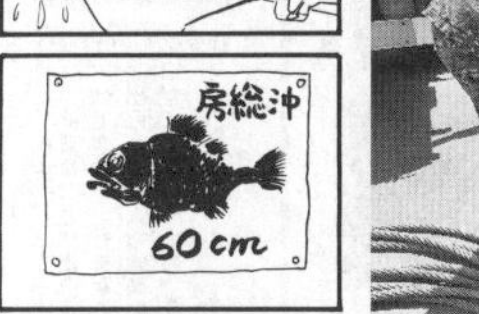

東京湾
31cm

# 3インチ砲弾を回収

## 水中処分員　巌流島付近で潜水

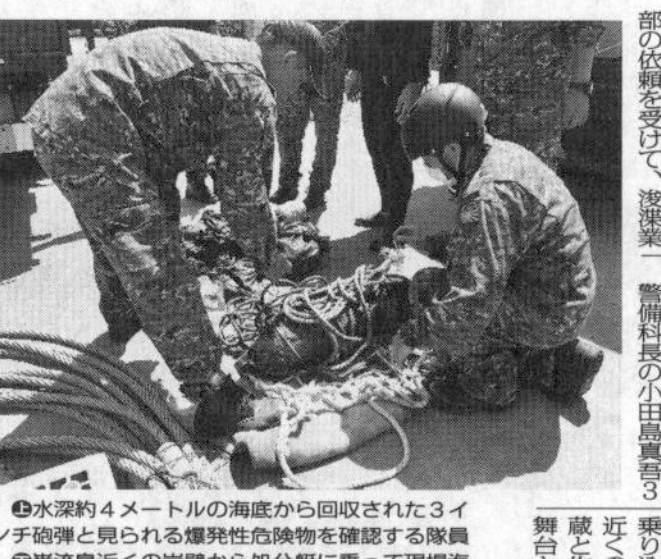

上 水深約4メートルの海底から回収された3インチ砲弾と見られる爆発性危険物を確認する隊員　下 巌流島近くの岸壁から処分艇に乗って現場海域に向かう43掃海隊の水中処分員（6月8日）

【下関】下関基地隊（司令・佐藤恭弘1佐）は6月8日、海上保安庁門司保安部の依頼を受けて、浚渫業者が関門海峡で発見した爆発性危険物と見られる物体の調査・回収を行った。

警備科長の小田島真弓3佐の指示の下、43掃海隊（司令・西尾実2佐）の水中処分員8人が基地隊の車両に乗り込み、船島（巌流島）近くの岸壁に進出。宮本武蔵と佐々木小次郎の決闘の舞台としても知られる巌流島付近は、潮流が非常に強い海域であることから、処分艇を2艇用意して万全の態勢を整えた。

処分員4人は処分艇に乗って岸壁から現場海域に出発、残る4人は陸上で待機した。到着した隊員は海流や海水温をチェックして、水深約4メートルの海底に向けて潜水を開始。海中では物体が砲弾であることを確認し、安全に運べると判断した後、引き続き回収作業に当たった。

強い海流の中、処分員は慣れた手つきで砲弾を安全に回収し、クレーンを使って陸上で待機する隊員に引き渡した。

回収した爆発性危険物は、戦時中の3インチ砲弾と思われる2発で、総重量は約90キロ。調査の結果、砲弾は腐食が激しく、旧日本軍のものか米軍のものかは特定できなかった。基地隊で水蓄保管後、適切に処分される。

爆発物回収に当たった水中処分員は「爆発性危険物は今もなお、関門海峡から発見され続けています。子供たちの安全な未来のために引き続き尽力していきたい」と話した。

関門海峡を担当する下関基地隊は「今後も『海上交通路の安全確保!』を念頭に任務に励む」としている。

# 九州豪雨　生活支援を本格化

# 入浴所 相次ぎ開設

## 被災者のニーズ聞き取り

九州南部を襲った豪雨災害で甚大な被害を受けた熊本県では、住民の避難生活が長引いており、自衛隊は人命救助や行方不明者の捜索などと並行して、避難施設などに入浴施設を開設し、被災者への生活支援を本格化させている。（1、3面参照）

上 西方後支隊105補給隊の野外風呂から上がってさっぱりした様子の子供たち（7月7日、熊本県の芦北町民総合センターで）下 浴場を開設した8後支連補給隊（右）の案内で野外風呂へと向かう被災者の女性たち（左）＝7月7日、熊本県人吉市の人吉市立第1中学校で

熊本県内では18自治体の約90カ所の避難所に今も2000人以上の被災者が避難している。

こうした中、人吉市と芦北町では7月7日、約800人の住民が身を寄せる「人吉スポーツパレス」をはじめ、「人吉市立第1中学校」「芦北町民総合センター」の3カ所に陸自の西方後方支援隊（目達原）と8後方支援連隊（北熊本）が入浴所を開設した。

これを皮切りに9日には八代市の「八代ハーモニーホール」で西方後支隊が、多良木町の旧多良木高校跡地では京都から急派された中方後方支援隊（桂）の101補給大隊が相次いで入浴支援を開始した。

その後も応援部隊が増派され、東方の部隊が人吉市と山江村で入浴所を開設。13日現在、県内6市町村の計9カ所で入浴支援を実施中だ。

このうち、芦北町民総合センターでは7日、現場指揮官を務める西方後支隊105補給隊1中隊長の桐谷孝1尉以下約30人が入浴セットを展開。佐賀鍋島藩の武士の心得「葉隠」に因んだ「葉隠乃湯」の暖簾を掲げ、利用者一人一人に声掛けするなど真心を込めた支援を行い、1日平均約70人を受け入れている。

人吉市立第1中学校では、現場指揮官を務める8後支連補給隊・小隊陸曹の池辺一寛1曹以下約30人が熊本の「火の国温泉」を開設し、1日平均約150人を受け入れている。

また、多良木町の旧多良木高校跡地と人吉市の保健センターでは、現場指揮官を務める中方後支隊の福元和仁1尉以下約50人が「京の湯」を開設、被災者に寄り添った支援を続けている。

一方、球磨村では西部方面特科連隊（北熊本）3大隊長の井上靖也2佐以下約70人が現地入りし、村内を限なく巡回して要救助者の有無などを確認。被災住民に直接会って道路の復旧依頼などさまざまなニーズを聞き、今後の復興支援に向けたきめ細やかな調整を行っている。

住民の男性（左）に要救助者の有無を確認するとともに、ニーズを聞いて調整を進める西方特連3大隊長の井上靖也2佐（7月6日、熊本県球磨村で）

# 陸自西方音が応援動画 第2弾

## 朝の連続テレビ小説の主人公・古関裕而氏作曲

# 「この国は」でエール

【西方＝健軍】陸自西部方面音楽隊（隊長・志賀亨2佐）は6月12日、動画投稿サイト「ユーチューブ」などのソーシャルメディアに約3分間の応援動画第2弾をアップした。

5月に配信した第1弾「愛は勝つ」に続く今回は、国民的作曲家の古関裕而氏（1909〜89年）が61年に陸上自衛隊創設10周年（前身の警察予備隊以来）を記念して作曲した「この国は」を演奏。いかなる困難にも負けず、美しい国「日本」を守り抜くという強い意志を表現した曲だ。

64年の東京五輪の行進曲「オリンピック・マーチ」などの作品で知られる古関氏は、現在放送中のNHKの朝の連続テレビ小説「エール」の主人公のモデルとなっていることから、今再び脚光を浴びている。

西方音は新型コロナ対策のため3密を避け、健軍駐屯地の屋外で撮影。力強い演奏と歌声に合わせて九州・沖縄の美しい風景を映像で紹介しながら、西方管内の隊員たちがそれぞれの地元の言葉で「力を合わせて頑張ろう!」と熱い〝エール〟を送っている。

マングローブ群（鹿児島県奄美市）　バルーンフェスタ（佐賀県佐賀市）

西方制作の応援動画第2弾の一場面。西方音が演奏する「この国は」の音色と共に、奄美市のマングローブ群（左）など九州・沖縄各地の美しい風景が紹介されている（「ユーチューブ」の画面から）

## 不発弾を処理

### 101不処隊

陸自15旅団101不発弾処理隊（那覇）は6月12、13日、沖縄県の南風原町と南城市で発見された不発弾を処理した。

動かすと爆発する可能性があったため、警察、消防、地域自治体と協力して現地安全化（爆破処理）を行った。

同隊は常時1個組3人がただちに出動できる態勢を維持し、年間約600発の不発弾処理に当たっている。処理実績は3万8160件、1828トン（7月13日現在）。

## こちら警務隊

漁業法違反（密漁）

### マリンレジャーは許可された場所で楽しもう

**サザエやアワビを採ると漁業法違反?**

一般の人が海でサザエやアワビなどを採ると漁業法違反となり、20万円以下の罰金に処せられます。

日本のほとんどの沿岸には、共同漁業権が設定されており、漁協の組合員以外が規制対象となっている貝や海藻等を採ると、漁業法違反に問われる可能性があります。

さらに、漁業法と水産資源保護法に基づいた各都道府県の漁業調整規則により、許可される漁具や漁法、捕獲禁止の魚や貝のサイズ、禁止区域や期間などが細かく定められています。

許可された釣り場や潮干狩り場で、ルールを守ってマリンレジャーを楽しみましょう。

（中部方面警務隊）

次回は「船舶職員及び小型船舶操縦者法違反」

## 小休止

▽…島根地本益田地域事務所は6月17日、この春、益田市の明誠高校を卒業して陸自に入隊した女性自衛官の母校訪問を支援した。

▽…訪問したのは、現在、後期教育中の岡本真季2士（桂）＝写真左から2人目＝と、山口康花2士（海田市）＝その右＝の2人。卒業時は新型コロナウイルスの影響でゆっくりと話す機会がなかったサッカー部顧問の山根哲夫先生＝左端＝や、担任の勝勇規先生＝右端＝らと再会を果たし、自衛隊での3カ月間の教育隊生活などについてうれしそうに報告した。

▽…後輩たちも「職業としての自衛官」に関心を持った様子で、2人の話を熱心に聞いていた。両隊員は「これから社会人、自衛官としてもっと成長した姿でまた母校を訪問したい」と話していた。（島根地本）


隊員皆様の国内外での任務遂行に敬意を表しますとともに、今後のご活躍をお祈りします

暑中お見舞い申し上げます

令和2年（2020年）盛夏
企画 朝雲新聞社営業部
順不同

NISSAY 日本生命

明治安田扱 団体生命保険
保険金受取人のご変更はありませんか?
アフターフォローの 明治安田生命
〔引受幹事生命保険会社〕

一生涯のパートナー 第一生命 Dai-ichi Life Group
第一生命保険株式会社

防衛省団体取扱生命保険会社
住友生命

防衛省団体取扱生命保険会社
富国生命保険相互会社

出雲大社
出雲國造 出雲大社宮司 千家尊祐
島根県出雲市大社町

結婚式・退官時の記念撮影等に
自衛官の礼装貸衣裳
美玉（みたま）
〒106-0032 東京都港区六本木7-8-6ミクニ六本木ビル7階
電話：03-3479-3644
FAX：03-3479-5697

婚活
自衛隊員・隊員ご家族の婚活支援
結婚相談所
（株）官公庁マリッジ
東京・札幌・名古屋・大阪・福岡・WEB店 全国対応
0120-737-150

大誠エンジニアリング株式会社
軍事情報・技術資料翻訳／統幕・陸・海・空類別原資料作成／技術図書（取説）編集製作／航空機関連機器輸入販売
〒160-0002 東京都新宿区四谷坂町12番20号 KKビル五階
TEL 03（3358）1821
FAX 03（3358）1827
https://www.taisei-gr.co.jp/
tecinfo@taisei-gr.co.jp

防衛省職員・家族 団体傷害保険
三井住友海上火災保険
（引受幹事保険会社）

防衛省団体取扱生命保険会社
大樹生命

Manulife マニュライフ生命
マニュライフ生命
https://www.manulife.co.jp/

自衛隊の皆さまのベストパートナー
ジブラルタ生命
Gibraltar ジブラルタ生命

東日印刷株式会社
代表取締役社長 武田芳明
〒135-0044 東京都江東区越中島2-1-30
電話 03-3820-0551

公益財団法人
特攻隊戦没者慰霊顕彰会
会長 杉山蕃
理事長 藤田幸生

特攻隊の英霊に感謝を

公益財団法人
大東亜戦争全戦没者慰霊団体協議会
【大東亜戦争における全戦没者の慰霊活動をしています】
会長 島村宜伸
理事長 山下輝男
TEL 03-6380-8943
E-mail：bck05197@nifty.com
URL：https://www.ireikyou.com

公益財団法人
防衛大学校学術・教育振興会
理事長 西原正
〒160-0003 東京都新宿区四谷本塩町15-7 松原ビル二階
TEL・FAX 03-3353-9871
HP https://boudaisinkoukai.or.jp/

防衛省にご勤務のみなさまの生活をサポートいたします
【福利厚生サービス】
〈住宅〉〈引越〉〈損害保険〉〈葬祭〉〈物販〉
コーサイ・サービス株式会社
〒160-0002 東京都新宿区四谷坂町12-20KKビル四階
TEL 03-3354-1350　FAX 03-3354-1351
コーサイ・サービスネットショップ
職域特別価格でご提供！ 詳細はwEBサイトから。
https://kosai.buyshop.jp/
（パスワード：kosai）

みんなのページ

# ありがとうブルーインパルス！

予備2海曹 鈴木 康治（埼玉地本・熊谷市）

1994年10月2日、初代ブルーインパルスF86F960号機の前で。左が筆者の鈴木予備2海曹（空自百里基地で）

先日、学生時代の友人から1枚の写真が送られて来ました。日付は1994年10月、初代ブルーインパルスの前で撮った写真です。懐かしさと共に、初めてブルーの演技を見たのが確か小学生の時、「入間航空宇宙ショー」でのカラースモークが鮮やかだったのを思い出しました。

その写真を見て、ふと思いました。「確か去年、家族旅行で行った（空自の）浜松エアパークでF86ブルーを撮ったな」と。

そこで昨年、子供と撮った写真を確認したところ、何と、機体番号が同じ「960」でした。自分が25年前に撮った機体と、今日、まさか自分の子供が同じ機に再会することになるとは！

長男も、私が初めてブルーインパルスを入間で見た年齢とほぼ同じで、奇しくも当日は「浜松航空祭」で現役のT4ブルーが華麗に空を舞い、息子もかつての自分のように熱心に空を見上げていました。

振り返れば25年、実にさまざまなことがありました。「昭和」が終わり、「平成」に変わると同時に、私は海上自衛隊に入隊。初めての観閲式で、徒歩部隊に参加させていただいた時も、上空には2代目のT2ブルーインパルスの姿がありました。

先日は、3代目のT4ブルーが新型コロナへの対処で医療活動に従事されている方々に感謝を込め、東京上空を航過して敬意を表されました。私も職場の人たちと一緒に空を見上げ、ブルーの雄姿に感動しました。

昨年10月、浜松基地の「エアーパーク」に展示されているF86Fブルー960号機のコクピットに乗った鈴木予備2海曹の長男・貫太君

飛行機の変化はあれど、時を超えて、変わらずに国民に「感動のインパルス（衝撃）」を与えてくれるブルーインパルス。空自の関係者の皆さまに改めてお礼を申し上げたいと思います。

さて、私は現在JRに就職し、新幹線の運転士をしています。先日のブルーの飛行は医療従事者の方々だけでなく、われわれ鉄道従事者にも勇気と希望を与えてくれました。（われわれ鉄道従事者も今回のコロナではかなり疲弊しましたので…。）

新幹線運転士もパイロットと同じ「夢をつなぐ職業」なので、ブルーインパルスの方々を見習って、これからも子供たちに夢を与え続けていきたいと考えています。

本当にありがとう、ブルーインパルス！　またこれからも、わたしたちに希望を与え続けて下さい！

## 幼稚園児から声援うけ行進

3陸曹 福山 真悟（12普連1中隊・国分）

地元の子供たちの声援に応えながら垂水市の錦江湾沿いで行進訓練を行う12普連1中隊の隊員たち

第12普通科連隊第1中隊（中隊長・冨華人3佐）は6月4日、1中隊の警備区域である垂水市、鹿屋市、錦江町、南大隅町で、錦江湾沿いの国道を南下する行進訓練を実施しました。

距離は35キロと短距離でしたが、行進中に雨が降り出して装具・背嚢・半長靴に雨が浸透し、重量が増し、徐々に疲労も蓄積していきました。

しかし、沿道に駆けつけて下さった隊友会、OB会、そして家族会、後援会、そして地元の幼稚園児たちの声援や拍手が力となり、参加した隊員32名は1名も落伍することなく完歩することができました。

今回の行進を通じ、自衛官と地元市民の繋がりの大切さを再確認することができました。今後も、地域との繋がりをより深められるよう、自衛官としてあるべき姿をいま一層自覚し、訓練に邁進していきたいと思いました。

## 近傍火災で消火活動

2空曹 佐川 重国（22警隊・御前崎）

「あの煙、火事じゃねぇ!?」

体力測定を終えた直後、グラウンドにいた隊員がそう叫び、指さした方向には黒い煙が広く立ち込めていた。御前崎分屯基地の近傍で発生した民家の火災。ほどなく火災発生を伝える放送が入り、分屯基地は直ちに「基地消防隊」を編成し、消防車を現場に急行させた。

隊員たちは、先に到着していた市の消防隊員と協力し、直ちに消火活動を開始。2時間後、ようやく鎮火した。

これは基地が御前崎市と消防協定を結んだ後の初めての近傍火災であった。同市と基地が連携しての迅速かつ確実な消火活動は大きな成果を挙げて終了した。

近傍火災に出動し、消火にあたる御前崎分屯基地の消防隊員たち

## トキとツバメが攻防戦

3曹 末武 春香（46警隊・佐渡）

第46警戒隊の正面玄関に装飾されている佐渡市の鳥「トキ」をあしらった部隊ロゴに、今年もツバメが飛来し、巣を作りました。

昨年は「糞爆撃」を回避するべく何度も撤去しましたが、ツバメは諦めずに巣を作り続け、産卵しました。

「ツバメは幸運の証なので見守ると良いかも！」という意見も頂戴しましたが、「爆撃」の威力は凄まじく、残念ながら撤去する方向です。

佐渡分屯基地の部隊ロゴ「トキ」の上に今年も巣を作ったツバメ

## OBがんばる

久嶋 浩二さん 56
平成30年7月、空自3補処（入間）保管部を最後に定年退職（特別昇任3尉）。武蔵野音楽学園・入間キャンパスに再就職し、環境保全業務に携わっている。

### 自衛隊の経験は役に立つ

私は再就職に際し、補給職域の仕事で、地域との関わりがある職種を望みました。その結果、中空司令部援護室のご配慮で、希望に合う武蔵野音楽学園の入間キャンパスに就職することができました。

学園は90年以上の伝統があり、建学の精神は「和のこころ」で、教育方針として「音楽芸術の研鑽」と「人間形成」を掲げ、将来の音楽界を支える多様な学生が学んでいる学園です。

私は管理部営繕課に所属し、江古田、入間、多摩、軽井沢などの大学、大学院、高校、幼稚園、音楽教室、学生寮、研修センターなど、広範囲にわたる敷地や施設の環境保全業務を担当しています。具体的には敷地内の除草、木々の剪定、台風や積雪による倒木や雨漏りへの対処、施設修繕、危険動物への対処などにあたっています。

職場での合言葉は「（事故や危険が）何も無いことが当たり前」で、日頃から学園内の状況を把握し、変化に気づき、警備、清掃など他部署と連携し、危険な状況を事前に排除するよう努めています。

当初は作業工程などが分からず苦労しましたが、先輩方のご指導で仕事にも慣れ、現在は充実した日々を送っています。これからも学園の皆さまが和やかで安全に学園生活が送れるよう、精いっぱい勤務してまいります。

自衛隊で培われた経験や意識は必ず社会でも役に立ちます。私も隊員の皆さまのご健闘を心より応援しています。

好きなことに出会えただけで幸せだ。好きなことに出会えない人も大勢いるんだ。
中谷 彰宏（作家）

（世界の切手・台湾）

朝雲ホームページ
www.asagumo-news.com
＜会員制サイト＞
Asagumo Archive
朝雲編集部メールアドレス
editorial@asagumo-news.com

## 新刊紹介

### 「嘘と拡散の世紀」「われわれ」と「彼ら」の情報戦争

P・ポメランツェフ著、築地誠子ら訳

ネットでニュースを閲覧していると、紛れもない広告が入り込んでいて、知らず知らずのうちに読まされていることがよくある。SNSでは嘘やプロパガンダが真実の中に目立たぬように埋め込まれ、利用者はいつの間にかその影響を受けている。

本書は、キエフ出身の英国人ジャーナリストが祖国ウクライナに敵対するロシアの煽動工作の実態を明らかにし、「嘘が個人の内面に一瞬で侵入する時代」の恐ろしさを教えてくれる。

SNSを通じて誰もが情報を発信できる時代になった。これを「武器」にして、敵対者を密かに攻撃する人・組織・国家もある。「フェイクニュース」を巧みに使い、ライバルを「分裂させ、混乱させ、倒す」武器として利用している。

SNSはもともと事実や公平、客観性よりも、望みのある未来を信じられるかどうかが重要で、「不都合な現実を見たくない」心情があるからだと述べている。（原書房刊、2750円）

### 「疫病2020」

門田 隆将著

「武漢封鎖」からまもなく半年。その後の展開があまりにも目まぐるしく、「ダイヤモンド・プリンセス号」の騒ぎがはるか昔のことのようだ。しかし将来への教訓として、この間に起きたことをしっかりと検証すべきだ。

本書では著者が自ら入手した情報をもとに、政府の対応を紹介し、政府が機動的な対応ができなかったのはなぜか、との指摘が目立つ。「最善を願い、最悪の事態に備えよ」という危機管理の鉄則が欠けていたのではないか。

後手に回った政府の対応と比べ、専門家の見識、危機に際しての国民の行動に光を当てた。

「日本の奇妙な成功」と世界から評されたコロナ対策は、日本人ですら、それが何を「根拠」にしたものか分からない。だからこそ第2波のウイルス襲来に向けて、十分な備えをもって臨まなければならない、という著者の危機感が読み取れる。（産経新聞出版刊、1760円）

小林武史（国会議員秘書）

### 詰将棋

第823回出題

出題 日本将棋連盟 九段 石田 和雄

▲先手 持駒 飛桂

【ヒント】角の位置をずらす（10分で初段）。

▶詰碁、詰将棋の出題は隔週です◀

### 詰碁

第1238回解答

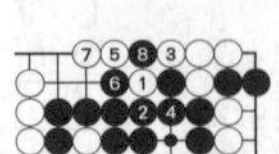

出題 日本棋院 九段 曲 励起

【解答図】白先、黒劫。白①以下黒❹までは共に大切で、白⑤以下黒❽の劫取りまで劫になるのが正解です。なお白『5』で『4』は黒❷で『5』で黒いけません。

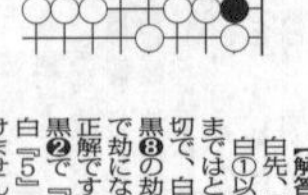

「朝雲」へのメール投稿はこちらへ！
▽原稿の書式・字数は自由。「いつ・どこで・誰が・何を・なぜ・どうしたか（5W1H）」を基本に、具体的に記述。所感文は制限なし。
▽写真はＪＰＥＧ（通常のデジカメ写真）で。
▽メール投稿の送付先は「朝雲」編集部（editorial@asagumo-news.com）まで。


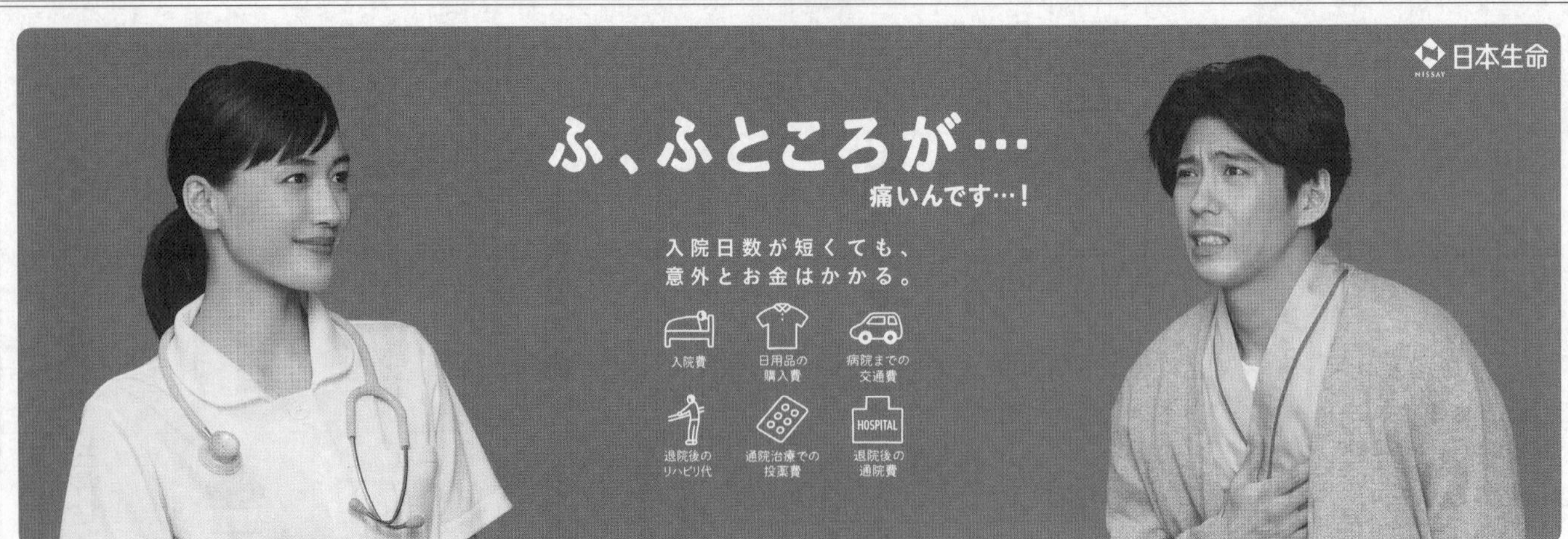

日本生命
NISSAY
ふ、ふところが…
痛いんです…！
入院日数が短くても、
意外とお金はかかる。
入院費
日用品の購入費
病院までの交通費
退院後のリハビリ代
通院治療での投薬費
退院後の通院費
HOSPITAL

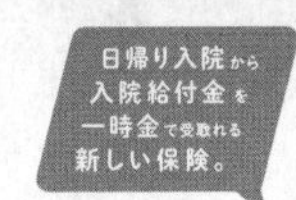

日帰り入院から
入院給付金を
一時金で受取れる
新しい保険。

(登)日本19-656,19/4/2,業務部
ご検討にあたっては、「契約概要」「注意喚起情報」「ご契約のしおり-定款・約款」を必ずご確認ください。

朝雲

発行所 朝雲新聞社
〒160-0002 東京都新宿区四谷坂町12-20 KKビル
電話 03(3225)3841
FAX 03(3225)3831
振替00190-4-17600番
定価一部170円、年間購読料9170円（税・送料込み）

NISSAY
自衛隊員のみなさまに安心をお届けします。
防衛省共済組合
団体生命保険・団体年金保険 事務幹事会社
団体医療保険（3大疾病オプション）引受保険会社
日本生命保険相互会社

# 中国の尖閣侵入「執拗」

## 河野大臣「意図把握の必要」

### 令和2年版防衛白書

河野防衛相は7月14日の閣議で令和2年版防衛白書『日本の防衛』を報告し、了承された。今年は中国や北朝鮮の軍事動向が詳細に記述されているのが特徴で、河野大臣は閣議後の記者会見で、「中国の力による一方的な現状変更の試みが、インドとの国境やブータンとの国境、南・東シナ海などさまざまな場所でなされている。その意味で、我が国の領土である尖閣諸島周辺での中国の現状変更にもつながりかねない『執拗な行動』について詳細に書かせていただいた。国民の皆さまに今、日本の領土、領海で何が起きているのか、しっかりご理解いただけるようにしていきたい」と語った。

## 北ミサイルの高度化にも警鐘



令和2年版の防衛白書を手に記者会見する河野防衛相（7月14日、防衛省で）＝防衛省HPの動画から

今年の白書の表紙は「令和」の元号の由来となった万葉集の「梅花の歌」にちなんでピンク色に近い「紅梅色」とし、白書刊行50周年を記念して1970（昭和45）年に中曽根康弘防衛庁長官（当時）の強い信念の下で創刊された初刊号の表紙を飾った富士山をモチーフに線画を描いた。

記述対象期間は、従来の毎年6月を基準とした約1年間ではなく、今回初めて年度区切りを採用。令和元年度の事象を中心に、テーマに応じて直近の事象も盛り込んだ。今後はこのスタイルで統一する。

中国の軍事動向に関しては、沖縄県の尖閣諸島周辺で「力を背景とした一方的な現状変更の試みを執拗に継続している」と、尖閣をめぐり初めて「執拗」との表現を使って「強い懸念」を表明。「現状変更の既成事実化を推し進めている」と警戒感を示した。

さらに、昨年1年間に尖閣諸島周辺の接続水域で確認された中国公船の活動日数は282日、船数は延べ1097隻といずれも過去最多となったことを指摘。

今年5月には26時間以上にわたって尖閣諸島周辺の領海に侵入し、日本漁船に接近・追尾した事案も取り上げ、「事態をエスカレートさせる中国の行動は、我が国として全く容認できるものではない」と記した。

また、新型コロナウイルスに関し、中国が国際社会への影響力拡大を図る目的で「社会不安や混乱を契機とした偽情報の流布を含むさまざまな宣伝工作なども行っていると指摘される」との見方も示した。

河野防衛相は同日の記者会見で「中国ではこの30年間、不透明な形で国防費が（約44倍に）拡大され続け、それなりの能力を保持するようになってきた。当初の『懸念』は『強い懸念』になり、能力と意図が揃えばさらにそれが変容していく。中国の意図は何なのかをしっかり把握していく必要がある」と述べた。

一方、北朝鮮に関しては「ミサイル関連技術の高度化を図り、攻撃態様の複雑化・多様化を執拗に追求している」として警鐘を鳴らした。

今年5月以降に発射された3種類の新型短距離弾道ミサイルについて「固体燃料を使用して通常の弾道ミサイルよりも低空で飛翔する特徴がある」と説明。「発射の兆候把握や早期探知を困難にさせることなどを通じて、ミサイル防衛網を突破することを企図している」と分析し、「我が国を含む関係国の情報収集・警戒、迎撃態勢への新たな課題だ」と訴えた。

このほか、白書では陸海空自の任務をはじめ、新型コロナウイルス対処から大規模災害に関わる災害派遣、中東地域をはじめとした海外派遣、各国との防衛協力・交流、装備政策、女性隊員の活躍――など、防衛省・自衛隊の幅広い取り組みを写真や図表と共に分かりやすく紹介しており、学生や一般社会人、安全保障の専門家まで「より多くの方々にお楽しみいただきつつ、ご満足いただける内容」（河野大臣の巻頭言）となっている。

令和2年版防衛白書はA4判、597ページ。8月下旬をめどに市販され、価格は1400円（税込み）程度の見込み。省のホームページには現在、日本語版の全文と、英仏露中韓の5カ国語によるダイジェスト版がPDF形式で掲載されており、7月末には英語版の全文もアップされる。電子書籍版（Kindleなど）で無料ダウンロード可能）は市販後に公開される予定。

今年から巻末の資料編が従来のPDF形式ではなく、そのままデータとして編集可能なテキストやCSV形式でアップされたことも新機軸の一つだ。

防衛省企画評価課白書作成事務室の日ノ澤寿行室長は「国内外でさまざまな活動に従事する約50人の自衛隊員の声を取り上げたほか、本文に関連した50本以上の動画を再生できるQRコードを掲載するなど、防衛省・自衛隊の活動や国際情勢を多面的に紹介し、これまで以上に分かりやすく、親しみやすい白書を追求した。ぜひ多くの皆さまに読んでもらえたらうれしい」と話している。



# 九州豪雨災派 230人に縮小

## 即応予備自、予備自は活動終了

九州に甚大な被害をもたらした7月の豪雨災害で、4日から被災地で災害派遣に当たってきた防衛省・自衛隊は[illegible]、陸自8師団（北熊本）を中心とした約230人態勢に縮小した。これに伴い、23日には即応予備自衛官と予備自衛官の活動も終了した。
（3面に関連記事）

即応予備自の招集は2011年の東日本大震災以来、昨年10月の台風19号に続き、今回で6回目。予備自の招集は東日本大震災以来、今年2月の新型コロナウイルス対処に関する招集に続き4回目となった。

災派活動は26日の活動をもって、熊本県人吉市と多良木町で最後まで続けていた8師団（北熊本）による入浴支援を終了。27日には[illegible]の約10人が[illegible]、被災地を訪れ、災派部隊の防疫活動を行った。

河野防衛相は25日、山崎統幕長を伴って[illegible]被災地を訪れ、災派部隊を激励した。

# コロナ患者14人空輸

## 与論島から陸海自ヘリ3機で

鹿児島県の離島・与論島で新型コロナウイルスの感染者が複数確認されたことから、防衛省・自衛隊は7月24、25の両日、鹿児島県知事からの災害派遣要請を受け、陸海自のヘリ計3機を出動させ、与論島～奄美大島～鹿児島市間で陽性患者計14人を急患空輸した。

海自ＵＨ60Ｊ救難ヘリでコロナ患者の空輸を終え、鹿屋基地に帰投したタイベックスーツ姿の搭乗員たち（左）＝7月25日

24日は陸自15ヘリ隊（那覇）のCH47ヘリ1機が与論空港から奄美大島の佐大熊ヘリポートまで患者10人を輸送。翌25日は鹿屋基地に所在する海自22空群（大村）のUH60J救難ヘリ2機が奄美大島の佐大熊ヘリポートから鹿児島市内のヘリポートまで4人を運んだ。

パイロットをはじめ搭乗員たちはタイベックスーツに身を包み、完全防護の態勢で空輸任務に当たった。

# 前期遠航部隊が帰国

## 海自 後期は8月下旬から

海自の前期・遠洋練習航海部隊（練習艦「かしま」「しまゆき」で編成、指揮官・八木浩二海将補以下約500人）は7月19日、東南アジア方面約1カ月の航海を終えて横須賀基地に帰国した。

[illegible]

今年度はコロナの影響で初めて前期・後期の2期制で実施され、部隊は6月[illegible]日、呉基地から前期遠航に出発。途中、唯一の訪問国シンガポールのチャンギで補給のみを行った。航海中、実習幹部たちは洋上で各種訓練に取り組み、部隊勤務に必要な基礎知識の修得に励んだ。続く後期・遠洋練習航海は8月下旬からスタートする予定。

# 海自が米豪海軍と共同訓練

コロナ下で初となる「多国間訓練」に参加した日米豪の艦艇9隻と航空機。海と空でフォーメーションを組み、3カ国の緊密な関係をアピールした（7月21日、フィリピン海で）＝米海軍HPから

海自の2護群6護衛隊（横須賀）の護衛艦「てるづき」（艦長・山田昌彦2佐）は7月19日から23日まで、コロナ下で初めての多国間訓練となる「日米豪共同訓練」を南シナ海・西太平洋で実施した。

米海軍から空母「ロナルド・レーガン」、巡洋艦「アンティータム」など3艦、豪海軍からは強襲揚陸艦「キャンベラ」、駆逐艦「ホバート」など5艦が参加。3カ国の各艦は洋上で会合して各種戦術訓練を行い、連携を強化した。

山村海幕長は7月21日の会見で「今回（コロナ下で）初めてマルチでの多国間訓練ができたことは、日米豪の緊密な関係をアピールできるものだと思っている」と話した。

これに先立ち、「てるづき」は7月7日、南シナ海でフィリピン海軍のC90哨戒機（旧海自TC90練習機）とも共同訓練を実施した。

### 空自スクランブル

# 対中国機が68％

## 第1四半期の緊急発進194回

統幕は7月10日、令和2年度「第1四半期（4～6月）」の空自戦闘機による緊急発進（スクランブル）回数を発表した。

緊急発進回数は194回で、このうち対中国機が131回（全体の約68％）で、平成17年度以降の同期ベースでは過去4番目に多かった。対ロシア機は60回（同約31％）だった。

統幕は、沖縄本島と宮古島間の宮古海峡を往復した中国軍のH6爆撃機やオホーツク海から日本海を長距離飛行したロシア軍のイリューシンIL38哨戒機など4件を特異な事例として公表した。

一方、方面隊別では、東シナ海で中国機への対応に当たる南西空が102回、次いで北空55回、西空33回、中空4回だった。

機首上・下部に各種電子情報収集装置を付け、日本の周辺空域に姿を見せるロシア軍のIL38哨戒機（4月9日、空自機撮影）＝統幕提供

河野防衛相は7月10日の記者会見で「中国機、ロシア機が活発に活動している状況に変わりはない。回数が減ったから活動が低調になっているとはいえない」と述べた。

山崎統幕長は同16日の記者会見で「万全な警戒監視体制を構築し、しっかりと状況を監視していかなければいけない」と語った。

# 空自戦闘機部隊 米B1と共同訓練

## 日本海、九州西方

空自北・中・西空の戦闘機部隊は7月17日、グアム島のアンダーセン基地に前方展開中の米空軍第28爆撃航空団（サウスダコタ州エルスワース基地）所属のB1B戦略爆撃機2機と日本海、九州西方の各訓練空域で日米共同訓練を実施した。

空自からは2（千歳）、5（新田原）、6空団（小松）のF15戦闘機各4機、8空団（築城）のF2戦闘機4機が参加。編隊航法訓練を行い、日米共同で対処能力の向上を図った。

[illegible]「[illegible]の対応能力について TTPs（戦術・技術・手順）を着実に向上[illegible]。我々は日米同盟の強化と脅威に対抗するため、このような訓練を継続していく」と述べた。

### 春夏秋冬

# 毛沢東思想から見た日中関係

村井 友秀

現在の中国でも、毛沢東思想は最高の正統性を持っている。中国憲法にも国民は毛沢東思想を学ばなければならないと記されている。習近平主席も毛沢東思想を重視していると思われる言動が見られる。

毛沢東思想の核心は人民戦争理論である。人民戦争理論は日中戦争において、日本軍に主要都市を占領された状況の中で、「大きいが弱い中国」が「小さいが強い日本」に最終的に勝つ戦略として構想された。

人民戦争の「持久戦論」は日中戦争を3段階に分けていた。第一段階は、日本軍の戦略的進攻と中国軍の防御の時期である。第二段階は、日本軍と中国軍の戦略的対峙の時期である。日本軍の兵力不足と中国軍の抵抗により、日本軍[illegible]第三段階は、持久戦の最終段階であり、日本軍の戦略的退却と中国軍の戦略的反攻の時期である。中国軍は運動戦と陣地戦で日本軍を殲滅する。

[illegible]峙の時期である。中国は国際社会において日本の力を削ぐためにあらゆる努力を傾注し、日本国内に対しても三戦（心理戦、世論戦、法律戦）を強化し、日中関係が中国に有利になるように様々な手段を講じた。2010年には中国の国内総生産が日本を上回った。

毛沢東の「持久戦論」から現在の日中関係を見ると、現段階は中国が弱者から強者に転じる第二段階が終わった段階であろう。現在は持久戦の最終段階であり、日本を制圧する段階である。現在の中国は日清戦争以来百年ぶりに日本に対して強者の立場を固めつつある。

（防大名誉教授、東京国際大学特命教授）

### 朝雲寸言

第2次大戦末期に米国が英加両国の協力を得て開発した核兵器は以来75年間、世界の力関係を決定づける要因であり続けている。米国は当初、ナチス・ドイツが核保有で先んじる事態を憂慮して核開発に突き進み、完成直後は核を独占する形での大戦後の新国際秩序を思い描いた▼けれど結果的に米国による核独占はかなわなかった。ロシアの前身のソ連は、米国の核開発計画参加者の中から共産主義に感化された数人をスパイにすることで機微情報を盗み出した。現在の価値に換算して約2兆円を超す巨費を投じた米国の核開発計画は、スパイという古典的かつ相対的にわずかなコストによる試みによって掠め取られ、「史上初の核拡散」に至った▼米英加の情報機関は最近、新型コロナウイルスのワクチン開発情報を盗み出すサイバー攻撃を仕掛けているとして、ロシア情報機関を名指しした。新型コロナは国際安全保障環境をも揺さぶっており、ワクチンで先行できれば、核兵器と同様に世界の力関係を変え得る。この一件に登場する「役者」は核情報が盗まれた時とそっくりで、薄気味悪さが消えない▼新型コロナ蔓延後、テレビ会議ソフトが一気に普及した。一方で、そうしたソフトが悪用されてサイバー攻撃に使われるリスクも浮上。最近は高出力レーザー兵器に関係する国内企業もサイバー攻撃を受けている。コロナの季節は「保全の季節」でもあるようだ。

4成分選択可能 複合ガス検知器
Honeywell
搭載可能センサー
LEL/O2/CO/H2S/SO2/HCN/NH3/PH3/CL2/NO2
篠原電機株式会社
https://www.shinohara-elec.co.jp/
TEL: 06-6358-2657 FAX: 06-6358-2351

求む！任期制隊員！
自衛官で培った体力、気力、技能、そして経験。
これらを即戦力として活かすことのできる仕事、それが警備サービスです。
東洋ワークセキュリティでは、多くの自衛官経験者が活躍しています。
給与 陸1任期（陸士長） 188,000円～
陸2任期、海空1任期 193,000円～
総合職（会社幹部を目指す） 208,000円～
※首都圏は地域手当20,000円加算
休日 週休二日制 即自訓練休暇
単身寮 完備
令和2年度 地域別 合同説明会日程
北海道 旭川7/17 函館7/21 帯広7/22 札幌7/28
東北 山形7/14 青森7/27 [illegible] 福島9/10 宮城10/28
関東 東京8/24 または9/25 栃木8/28
関西 大阪10/7
東洋ワークセキュリティ 0800-111-2369

生涯生活設計してますか？
退官後の自衛官を支える3つの柱…
年金 退職金 再就職
自衛官の退官後を支える「常識」が崩れつつあります。
将来の為に"今"できること、考えてみませんか？

書籍無料プレゼント
入隊10年後に知っておきたい自衛官にとってのお金の話、投資なのか、その理由をまとめました！
全国セミナー開催中
退官後の備えについて詳しくお話しします。
03-6860-8231
Agentrive Investors

# 時の焦点

## 国内　防衛白書

### 多様な任務を着実に

初の防衛白書「日本の防衛」は、1970年10月に発表された。自衛隊への風当たりがまだ強い頃に、当時の中曽根康弘防衛庁長官が「国の防衛には、国民の理解と積極的な支持が不可欠だ」として佐藤栄作首相に取りまとめを提案し、実現した経緯がある。50年を経て、自衛隊に対する国民の期待は着実に高まったと言えよう。

2020年版の防衛白書が閣議で了承された。地域情勢を精緻に分析し、防衛力整備の方向性を示す狙いがある。

日本を取り巻く安全保障環境は悪化していると言わざるを得ない。

北朝鮮の核・ミサイル開発について、白書は「我が国の安全に対する重大かつ差し迫った脅威」と位置づけた。小型化した核兵器を弾道ミサイルに搭載し、「我が国を攻撃する能力を既に保有」と強調した。

北朝鮮は、変則的な軌道で飛行する新型弾道ミサイルを繰り返し発射している。多数のミサイルが同時に発射された場合、すべてを完璧に迎撃するのは難しい。

政府は、ミサイル防衛の要となるイージス・アショアの配備を中止した。代替措置は急務だ。

自民党は、敵基地攻撃能力の保有を求めている。脅威の大きさを考えれば、自衛隊が巡航ミサイルなどの装備を備え、攻撃手段を確保することは妥当と言えよう。

北朝鮮は、移動式のミサイル装置を有している。潜水艦からの発射も試みているとされる。発射地点を特定するには、衛星を活用した情報収集が必要だ。

米軍の協力を得て、弾道ミサイルが日本の防衛網をかいくぐる事態を防ぐ態勢を整えたい。自衛隊が、米軍の打撃力を補完する役割を果たすことが大切だ。

国際法上、認められていない先制攻撃と混同されないよう、敵基地攻撃能力の名称を変更することも検討に値しよう。

白書は、軍事大国を目指す中国について、「安全保障上の強い懸念」とした。沖縄県の尖閣諸島周辺での活動を「執拗に継続」と批判した。日本政府の再三の抗議にもかかわらず、中国公船は尖閣周辺の接続水域を連日航行している。

海上保安庁は、尖閣周辺海域の警備に多くの巡視船を割いているが、不測の事態への懸念は高まっている。自衛隊の護衛艦などが海保と連携を取り、警戒態勢を強めなければならない。

豪雨や台風の被害が相次ぎ、自衛隊の災害派遣は近年、増加した。新型コロナウイルスへの対応でも、防疫や医療支援を続けている。こうした活動が自衛隊への信頼を高めているのは事実だろう。

自衛隊法では、災害派遣は「防衛任務に支障を生じない限度」で実施することになっている。

多様な任務を適切にこなす上で、防衛省は、十分な人材の確保と、自衛隊員の待遇の改善を進めていくべきだ。

夏川 明雄（政治評論家）

## 海外　米のWHO脱退

### コロナ失政で責任転嫁

トランプ米政権は2017年1月の発足以来、日米両国が主導したはずの環太平洋パートナーシップ協定（TPP）の離脱をはじめ、温室効果ガス排出削減を進めるための国際的枠組みのパリ協定、これも国際的取り決めのイラン核合意などの協定や機関から次々と一方的に撤退し、グローバルガバナンス（統治）を担う世界的な責務を果たす気がないことを示してきた。100年に一度ともいわれる未曾有の新型コロナウイルス禍の危機のさなかの世界保健機関（WHO）からの脱退は、その決定打と言えるのではないか。

ドイツの気鋭の哲学者マルクス・ガブリエル氏は国際政治の立場からというよりも哲学の専門家の識見として、世界最強の国家の指導者であるトランプ大統領を「モンスターチャイルド」（子供の怪物）と切って捨て、トランプ政権誕生以降の国際情勢の混乱の元凶の一端をこの異形の大統領の子供じみた政権運営や政策展開と結びつけていた。最近出版されたかつての側近、ボルトン前米大統領補佐官の回顧録での数々のトランプ氏批判と併せ、米国の現政権の内外政策がいかに現代版「裸の王様」の恣意に委ねられ、かつまた捻じ曲げられていたかを思い知らされる。

さて、前代未聞のWHOからの脱退だが、米国の国益を最優先する「一国主義」のトランプ氏はかねて、WHOの運営が中国寄りであり、新型コロナの感染拡大を引き起こしたと批判し、脱退を示唆していた。国連への正式通知により、1年後に離脱が実現する見通しだ。

国家安全保障担当の大統領補佐官として仕えたボルトン氏は先の回顧録で、「トランプ氏の重要決断のうち、大統領再選の策略と関係のないのを見つけるのは困難だった」と振り返っていたが、今回のWHOからの離脱決定も11月の大統領選に向け、米国内でのコロナ対策の失策を棚に上げ、WHOや中国に責任転嫁する狙いが透けて見える。

これに対し、トランプ氏と大統領選を争う野党・民主党のバイデン候補（前副大統領）は、「米国が世界の健康増進に関わってこそ、米国人はより安全になれる」とツイッターに投稿し、大統領に当選すれば、就任初日にWHOに再加盟すると表明した。再選をにらんでの政治的なパフォーマンスでWHOの国際的な諸活動を危機にさらす現職大統領と、WHOへの批判を踏まえた上でグローバルガバナンスを担おうとする野党の挑戦者の発言のどちらに理があるか、誰の目にも明らかだろう。

また、米紙によれば、米国の専門家や議会関係者の間では、WHO脱退は国連に対する中国の影響力を増大させると非難する声が相次いでいるという。トランプ政権の中国たたきは、中国台頭の促進という皮肉な結果も招きかねない。

バイデン氏はすでに、地球温暖化対策のパリ協定への復帰も公約に掲げている。投票まで4カ月を切った大統領選では、国際機関や同盟関係を軽視する「米国第一」のトランプ氏と、「国際協調への回帰」を唱えるバイデン氏という対立軸が一段と鮮明になった。

伊藤 努（外交評論家）

## 海賊対処航空38次隊

# ジブチから帰国

## シーレーンで情報収集

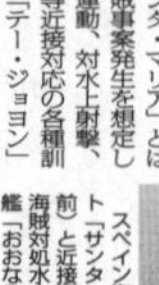
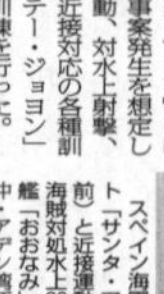
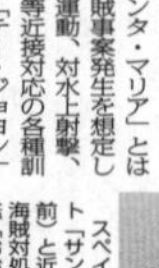
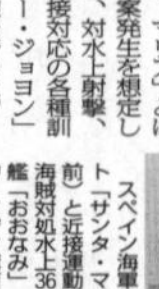
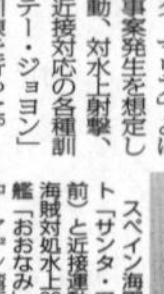
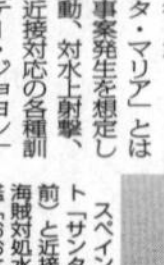
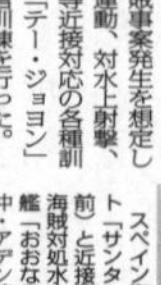
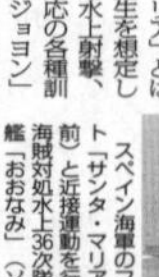
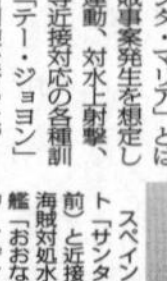
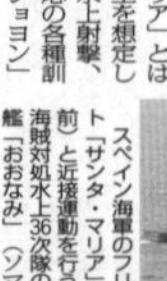

ソマリア沖・アデン湾での約半年間の監視任務を終え、海自C130R輸送機（左奥）から那覇基地に降り立ち、帰隊した海賊対処航空38次隊の隊員たち（左列）＝7月10日

東アフリカのジブチに展開し、P3C哨戒機でアラビア海北部の西側とアデン湾での情報収集と警戒監視活動に当たっていた海自海賊対処行動航空隊38次隊（指揮官・稲生修一2佐以下5空群＝那覇＝基幹の約60人）が7月10日、那覇基地に帰隊した。

38次隊は中東の海上交通路（シーレーン）の安全確保のための情報収集を初めて担い、1月下旬から7月上旬まで活動。新型コロナの影響でこれまでの部隊よりも約3カ月長い派遣期間となった。

4月下旬には2空群（八戸）の2機のP3Cと機体のみを交代。帰国途中、1機のエンジンに不具合が発生し、約2カ月にわたりベトナムで復旧作業に当たった。

一方、約半年間の任務に従事した隊員たちは7月9日にチャーター機で千葉・成田空港に帰国。PCR検査で全員の陰性が確認されたことから翌10日、海自C130R輸送機で家族の待つ那覇基地に帰隊した。

稲生司令は「38次派遣から情報収集任務が追加されたが、過酷な気象条件とコロナ禍でも隊員一人ひとりが高い意識を持ち、それぞれの持ち場をしっかりと守ってくれたおかげで無事任務を遂行できた」とコメントした。

38次隊は派遣期間中、任務飛行約80回、飛行時間約530時間、確認船舶数約1万8000隻の実績を残した。

## 陸幕長

# 豪陸軍本部長と電話会談

## 日米豪印の連携で一致

湯浅陸幕長は7月8日、豪陸軍本部長のリチャード・バー中将と電話会談をした。両者の会談は今回で3回目。

最初にバー本部長が豪州の打ち出した「国防戦略改定2020」について解説。また、新型コロナ感染症が世界的に拡大している現状を踏まえつつ、自由で開かれたインド太平洋の維持・強化のため、今後の日豪の防衛協力・交流について意見を交換し、陸自と豪陸軍の連携強化を図った。

湯浅陸幕長は7月16日の記者会見で「バー本部長とは6月初旬に行われた豪印首脳会談で両国の関係が（日豪と同じ）戦略的パートナーシップに格上げされたことについても話し合った。今後、日米豪印4カ国の連携、協力が重要という点で一致した」と述べた。

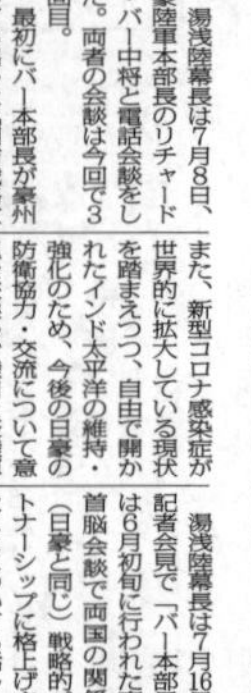

バー豪陸軍本部長と電話会談を行う湯浅陸幕長（7月8日、陸幕で）

## 陸自西方総監部

# 民間と災害時協定調印

## 施設や駐車場を無償提供

【西方＝健軍】陸自西方総監部は6月4日、ベルコ社（本部・大阪府池田市）と、「災害時における施設使用に関する協定」を締結した。

協定は九州管内での災害発生時、自衛隊の活動拠点として、同社の保有施設や駐車場を無償で利用できる内容。

調印式は健軍駐屯地で行われ、西方総務部長の青井常治1佐とベルコの武智和昭統括営業部長が協定に調印、その後、業務の進め方などについて意見交換を行った。

両者は今後、ベルコが保有する施設の現地確認などを行って協定の実効性を高めるとともに、西方が九州・沖縄で行う実動訓練「鎮西演習」にベルコがオブザーバー参加することについても話し合い、連携を深めていく方針で合意した。

災害時における施設使用に関する協定に調印した青井西方総務部長（左）とベルコ社の武智統括営業部長（6月4日、健軍駐屯地で）

## 海賊対処の「おおなみ」

# EU、韓国と共同訓練

ソマリア沖に展開する海自海賊対処水上部隊36次隊の護衛艦「おおなみ」（艦長・石寺隆彦2佐）は7月16、17の両日、欧州連合（EU）海上部隊に所属するスペイン海軍艦艇のフリゲート「サンタ・マリア」（満載排水量4100トン）、韓国海軍の駆逐艦「テー・ジョヨン」（同5500トン）と共同訓練を行った。

「サンタ・マリア」とは主に海賊事案発生を想定した近接運動、対水上射撃、小型船等近接対応の各種訓練を、「テー・ジョヨン」とは通信訓練を行った。

スペイン海軍のフリゲート「サンタ・マリア」（手前）と近接運動を行う海自海賊対処水上36次隊の護衛艦「おおなみ」（ソマリア沖・アデン湾西方海域で）

## 共済組合だより

### 40歳以上の組合員と被扶養者を対象に 「特定健康診査」と「特定保健指導」

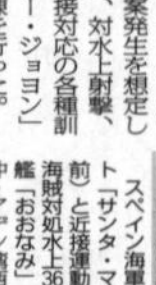
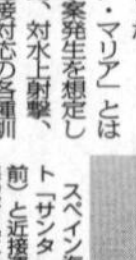
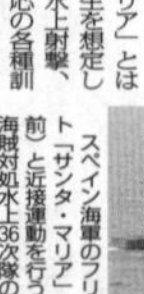

糖尿病など生活習慣病を患う人が近年増加し、日本人の死亡原因の約6割に上ると推計されています。

これを受け、防衛省共済組合では「高齢者の医療の確保に関する法律」に基づき、40歳以上74歳以下の組合員（任意継続組合員を含む）とその被扶養者を対象に、「特定健康診査（特定健診）」と「特定保健指導」を実施しています。

これは特定健診でメタボリックシンドローム（内臓脂肪症候群）など、「生活習慣病発症のリスクが高い」と判定された方を対象に特定保健指導を実施し、保健師や管理栄養士が対象者一人ひとりの身体状況に合わせた生活習慣を見直すためのサポートを行うものです。

現職組合員の方の特定健診は医務室等での受診となりますが、被扶養者の健診の受け付けは共済組合が委託する「ベネフィット・ワン」が行っています。お申し込み方法は次の通りです。

【WEB】パソコンはhttps://bs.benefit-one.co.jp、スマートフォンはhttps://bnft.jpへアクセスし、「健診予約はこちら」のバナーをクリックしてお進み下さい。

【電話】ベネフィット・ワン健診予約センター（0800－1702－502、03－6870－2775）。朝10時から平日21時、土日祝日は18時まで受け付けており、年末年始は休みです。

【FAX】0800－919－9103、089－900－8281。お手元の「ご利用ガイド」の「〈各種健診〉FAX・郵送申込書」または「〈婦人科検診〉FAX・郵送申込書」をご利用ください。

【郵送】〒790－8790愛媛県松山市藤原2－8－8　株式会社ベネフィット・ワン健診予約受付センターまで。「〈各種健診〉FAX・郵送申込書」または「〈婦人科検診〉FAX・郵送申込書」に必要事項をご記入のうえ、お送りください。

受付後、「ご予約確定通知書」が送付され、予約が確定します。受診当日は「防衛省共済組合員証」または「組合員被扶養者証」を持参して受診してください。

最新情報はWebで確認できます。会員専用サイトから健診サイトへのリンクへ進んでご確認ください。

# 全国防衛協会連合会が防衛事務次官に要望書

## 自衛官の処遇向上など

全国防衛協会連合会の佃和夫会長は7月7日、金澤博範理事長らを伴って防衛省を訪れ、高橋憲一事務次官に対し、令和2年度の「防衛問題に関する要望書」を手渡した。

全国防衛協会連合会は各都道府県防衛協会などの連合体で、「防衛意識の高揚」と「自衛隊への支援協力」を目的に全国で活動している。

「防衛問題に関する要望書」は国民の立場から毎年、政府や関係機関に対し要望しているもので、2年度は「憲法改正」と「自衛官の処遇向上」について要望を行った。

「憲法改正」は国防の中核である自衛隊の位置づけを憲法に明確化することを要望。「自衛官の処遇向上」では恩給制度の新設、国際任務に伴う手当に対する税制上の優遇措置などを求めている。

# 陸自17人を処分

## 将官級の再就職斡旋

防衛省は7月14日、自衛隊法に違反し、企業側に退官予定者の情報を提供して陸上自衛隊の将官級（将・将補）の再就職を不正に斡旋していたなどとして、陸幕募集・援護課の元課長ら5人を停職（10～30日）や戒告の懲戒処分とするなど、現役隊員計17人を同日付で処分したと発表した。

このほか、元陸幕長ら退職者6人も指揮監督義務違反に当たるとして訓戒（相当）などとした。

発表によると、同課の歴代課長らは、2015（平成27）年に施行された改正自衛隊法で営利企業等への将官情報の提供が禁じられた後も、違法とは認識せず、慣習的に退官を控えた将官級から再就職の希望職種や地域などを聴取してリスト化し、企業からの照会や依頼に応じて25人分の経歴や退官時期などの情報を21社に伝えたという。

防衛省では、同課が営利企業等に対し、1佐以下の若年定年等隊員の再就職を「依頼する立場」である一方、将官の再就職に関しては逆に「依頼される立場」になるため、なれ合いの関係が生まれ、「企業との良好な関係性を築くため、営利企業等からの（将官情報提供の）依頼を受けるというインセンティブ（動機付け）も働いていた」と背景を分析。

その上で「陸自として新たな規制や制度の趣旨の周知・教育が徹底されず、『退官後の再就職先として確保する』という意識から脱却することができていなかった」と結論付けた。

河野防衛相は14日、省内で幹部隊員に対し、「誠に遺憾で、発覚した違反行為は断固として根絶しなければならない」と訓示した。

湯浅陸幕長は同日、コメントを発表。「再就職に係る不適切な対応により、国民の皆さまに多大な不信を抱かせてしまったことを痛切に受け止め、深くおわび申し上げます」と陳謝した上で、「速やかに再発防止策を講じて業務改善を図り、一日も早く国民の皆さまからの信頼を回復できるよう、誠心誠意努力していく」との決意を表明した。

# シーキャットに海幕幹部初参加

## 米海軍主催

海自は7月21日から23日の間、オンラインで行われた米海軍主催の多国間共同訓練「SEACAT2020」に初めて海幕幹部を参加させた。

同訓練は海上安保の強化を目的とした「東南アジア協力訓練」で、2002年に始まり今回で19回目。参加国は海自のほか、米、ASEAN各国、豪、加、仏、独、英、韓、印など計22カ国で、過去最大となった。

例年は立ち入り検査などの実動演習も行われているが、今年はコロナの影響で、海洋安保に関するシンポジウムのみがオンラインで実施された。

# 中東派遣3次隊「むらさめ」が訓練

## 海自

海自は7月16、17の両日、中東への護衛艦派遣を想定した図上演習を東京・目黒の幹部学校で実施した。

演習は自衛艦隊幕僚長の市田章海将補を統制官に行われ、情報収集活動水上部隊3次隊として派遣される護衛艦「むらさめ」の艦長・野本直利2佐らが参加。部隊運用や情報伝達、不測の事態が発生した場合の対処要領などを演練した。

「むらさめ」は8月下旬に横須賀を出港し、現地で2次隊の「きりさめ」から任務を引き継ぐ予定。

# 露フリゲートが宗谷海峡を西進

7月14日午後4時ごろ、ロシア海軍の「グリシャⅢ」級小型フリゲート（艦番号369）と「ズヴョズドチカ」級兵器輸送艦の各1隻が北海道・宗谷岬の北東約350キロの公海上を南西に向け航行するのを海自1ミサイル艇隊（余市）のミサイル艇「くまたか」と2空群（八戸）のP3C哨戒機が確認した。

露軍の2艦はこの後、宗谷海峡を西進して日本海に入った。

# 中国フリゲートが宮古海峡を往復

7月13日午前7時ごろ、中国海軍の「ジャンカイⅡ」級フリゲート（満載排水量3900トン、艦番号577「黄岡」）1隻が沖縄・久米島の北西約150キロの公海上を南東に向け航行するのを海自11護衛隊（横須賀）の護衛艦「あ[illegible]」と3ミサイル艇隊（佐世保）のミサイル艇「お[illegible]」、5空群（那覇）のP3C哨戒機が確認した。

中国艦はこの後、沖縄本島と宮古島間の宮古海峡を南下して一時的に太平洋に進出。18日に再び宮古海峡を北上して東シナ海に戻った。

# 注意灯が点灯しヘリが予防着陸

## 陸自

陸自航空学校宇都宮校に所属するTH480B練習ヘリ62371号機（3人乗り組み）は7月8日、訓練飛行中に注意灯が点灯したため、栃木市の運動場に予防着陸した。

同機は午後2時ごろ、教育訓練のため北宇都宮駐屯地の同校を離陸。栃木市の上空を飛行中の同18分、機体の不具合発生を知らせる注意灯が点灯したため、同機は23分、安全確認のため、栃木市内のつがスポーツ公園運動場（場外離着陸場）に予防着陸した。

その後、同校の隊員により安全確認がされた同機は再び飛び立ち、同日中に北宇都宮駐屯地に戻った。

注意灯が点灯した原因については現在、同校で調査中。

## 防衛省発令

▽兼91航空隊司令（[illegible]）1海佐 宮[illegible]
▽201教育航空隊司令（[illegible]）同 田[illegible]
（以上7月[illegible]）
▽空自1術科学校[illegible]（空自1術科学校）2空佐 関[illegible]
▽自衛艦隊司令部[illegible]観測所長）1海佐 岩[illegible]
▽沖縄海洋観測所長（[illegible]務・対潜支援群首席[illegible]長）同 馬[illegible]
▽兼海自幹部学校[illegible]究部長 海自幹部学校[illegible]長 同 芳[illegible]
（以上7月[illegible]）
▽護衛艦隊司令部[illegible]長）1海佐 小[illegible]
▽あたご艦長（護衛[illegible]部）同 後[illegible]
▽1音響測定隊[illegible]隊第1クルー長）同 吉[illegible]
（以上7月[illegible]）
▽防衛書記官、大臣官房[illegible]官に採用 神[illegible]
▽大臣官房付、内閣官房[illegible]向＝併任＝内閣参事官[illegible]官房副長官補付へ[illegible]局施設計画課長）
▽整備計画局施設計画[illegible]（防衛政策局調査課[illegible]企画室長）江[illegible]
▽退職＝翌7月21日[illegible]交通省港湾局産業港湾[illegible]（大臣官房参事官）西[illegible]

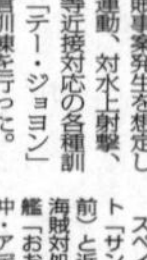
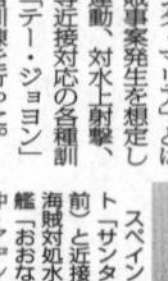
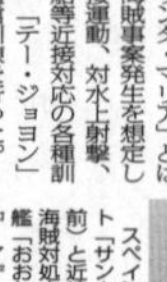
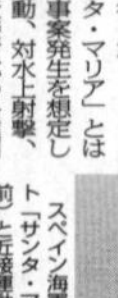
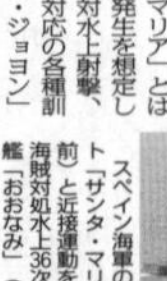
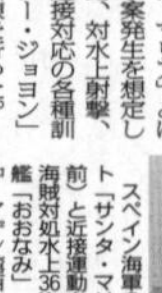
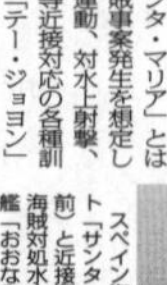
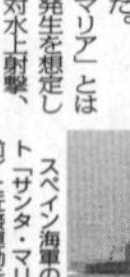
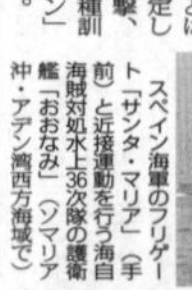
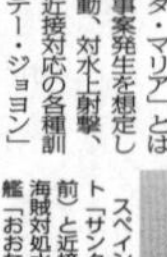
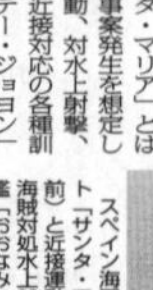
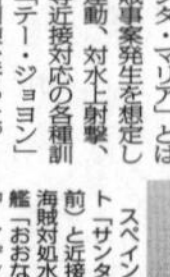
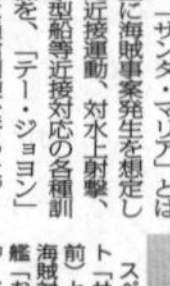
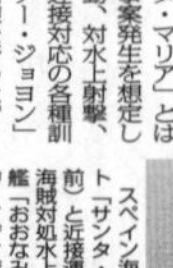
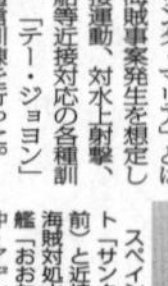


愛知で心機一転！応援します!!　正社員 募集！
①重機オペ　②解体作業スタッフ
●仕事／建物や建物内装の解体工事を行います。●資格／年齢・学歴不問、中卒・高卒OK！ ①車両系建設機械運転技能者(整地)か(解体)第一種特例のいずれかをお持ちの方 ※他にも、コンクリート造の工作物解体、小型移動式クレーン運転士などの資格があるかは優遇 ②未経験・無資格OK→資格取得、土木業など業界の未経験者も大歓迎！
未経験 無資格OK
●給与／①基本月給35万円～ ②基本月給25万円～
●時間／8:00～17:00
●休日／日・祝・GW・盆・年末年始
●待遇／社会保険完備、交通費規定支給、作業服貸与、資格取得支援、試用期間1ヶ月(待遇は同じです)
●応募／TEL後、履歴書(写貼)を郵送下さい。追って詳細をご連絡致します。
寮制度もあり！
株式会社 桜義　〒498-0042 愛知県弥富市松名4-4-1
TEL 080-6924-3942　TEL 0567-58-4529　まずはお電話を 担当／櫻井

安定・成長企業で長く安心して働こう！
やる気溢れる人財、求む！
真面目で熱意のある、未経験の方を全力で応援します！
急募！ 正社員募集 10名以上　人気の定期便！
40・50代の中高年の方や女性ドライバーさん、ドライバーデビューの方も大歓迎です！
4tドライバー 大募集!!
昼勤 月給25万円～(基本給18万円＋諸手当)　夜勤 月給35万円～(基本給25万円＋諸手当)
●休日／日曜日 ●資格／4t(中型)免許 ※リフト免許ある方、大歓迎！
●待遇／社会保険完備、賞与年1回、資格取得支援、車通勤可　勤務時間 応相談　交通費 規定支給
(有)中日本物流　愛知県小牧市河内屋新田字高笹480-1 センコー(株)小牧支店 2F
まずはお気軽に携帯までお電話ください。090-9910-2328(担当／秋田)

柑橘系天然植物由来抽出液
除菌・抗菌剤 レモナス
レモナスの原料は、水俣芦北地域産のレモンなど柑橘系4種、よもぎなど野草系4種の葉を水俣市久木野の湧水を使い、水蒸気蒸留法を用いて抽出した除菌剤です。天然素材でお肌にも優しいので、普段の生活の除菌にも安心してお使いいただけます。
除菌・抗菌　化学成分不使用　水虫菌に効果あり　除菌率99%
100%水俣産　農薬不使用栽培の植物、湧水使用
50ml 800円(税別)
お問合せ　合資会社 エスジーケイ　熊本県水俣市丸島町1丁目4-7
[TEL] 0966-63-2428　[Mail] haoyato@gmail.com

## 木更津にオスプレイ到着

# 島嶼防衛へ 教育開始

自衛隊初のティルトローター機を装備する部隊として今年3月、木更津駐屯地に新編された陸自輸送航空隊（隊長・不破悟1佐以下約430人）に7月10日、主力機となるV22オスプレイ705号機が初配備された。（7月16日付1面既報）

705号機は米海兵隊岩国航空基地から空路、約2時間かけて木更津飛行場に着陸。輸送航空隊員は米ベル社のパイロットから真新しい機体を受領した。

続く引き渡し式では不破隊長がフェリーしたベル社のパイロットと固い握手を交わした。その後、飛行安全を祈願して機体への献酒が行われ、最後に705号機をバックに全員で記念撮影を行った。

7月16日には2機目となる701号機も木更津に到着した。輸送航空隊は将来的には水陸機動団（相浦）が駐屯する長崎県佐世保市に近い佐賀空港に移動し、V22も計17機体制に増強される計画だ。

湯浅陸幕長は7月16日の記者会見で陸自が受領したオスプレイ2機について、「米国に留学した隊員を中心に安全に配慮をしながら、迅速に戦力化したい」と述べた。

（右）陸自のV22初号機をフェリーしてきた米ベル社のパイロット（右）と固い握手を交わす輸送航空隊長の不破悟1佐
（上）雨上がりの陸自木更津飛行場に初めて降り立ったV22オスプレイ705号機と、地上移送作業に当たる輸送航空隊の隊員（写真はいずれも7月10日、木更津駐屯地で）

山口県の在日米軍岩国基地から約2時間かけて飛来し、木更津飛行場に着陸する陸自のV22オスプレイ配備初号機

陸自への引き渡し式の後、格納庫内で初号機とともに記念撮影に臨むフェリーした米国人クルーと輸送航空隊員ら

# 予備自、即応予備自が奮闘

## 九州豪雨

### 廃棄物除去、物資運搬、保健指導

九州豪雨の被災地で自衛隊は7月23日まで最大2万人態勢で人命救助や不明者捜索をはじめ、入浴・給水支援や道路啓開、防疫活動といった生活支援に全力を注いできた。

こうした中、熊本県内の被災地では、九州・沖縄地区から招集された即応予備自衛官と予備自衛官が活躍した。7月5日に招集命令が発令された即応予備自は最大時約240人が物資輸送をはじめ、避難所で使用する段ボールベッドの設置支援、災害廃棄物の除去などに従事した。

一方、9日に招集命令が発出された予備自も最大時約40人が物資の積み込みや運搬、燃料補給、災害廃棄物の除去のほか、看護師などの有資格者が人吉市や球磨村で巡回診療や保健指導に当たった。

（1面参照）

故郷で発生した大災害で緊急招集され、救援物資の集積場で発送業務にあたる熊本地本所属の予備自衛官たち（7月15日、熊本県球磨村のさくらドームで）

避難所を視察した安倍首相（左から2人目）から入浴支援の労をねぎらわれ、激励を受ける8後支連の隊員たち（右側）。左端は首相に状況を説明する8後支連長の黒川修一1佐＝7月13日、熊本県人吉市の人吉スポーツパレスで（官邸HPから）

孤立した住民を陸自ヘリで避難させるため、発着地点へ誘導する5対艦連の隊員。上空は8飛行隊のUH60JA多用途ヘリ（7月12日、熊本県芦北町で）

球磨村診療所を再開させるため、屋内に流れ込んだ泥をスコップなどで掻き出し、復旧作業を行う12普連の隊員（7月14日、熊本県球磨村で）

冠水した民家の畳の消毒作業に当たる8特殊武器防護隊の隊員（7月11日、熊本県人吉市で）

被災者への巡回診療支援要員として招集され、診療所で健康相談にのる看護師の土井裕加里予備2陸曹（7月14日、熊本県の球磨村総合運動公園で）


任期満了退職の方へ
山形・神奈川・愛知・石川
正社員募集
国内83拠点・海外31拠点
自動車用・鉄道用・住宅用ガラスアッセンブリー、自動車用部品の製造・組立、物流事業等を行っています。
www.vuteq.co.jp 自衛官様向け採用ページ有
vuteq ビューテック株式会社
お気軽にお問合せください 退職自衛官採用担当
0565-31-5521

# 中東情報収集活動1次隊「たかなみ」

シーレーンを航行する民間船舶（奥）の情報収集を行う「たかなみ」。2月から6月までの約4カ月間の活動で約8000隻の船舶を確認した

## 過酷な環境下で任務完遂

## コロナ禍も200人従事

中東のオマーン湾とアラビア海北部で2月下旬から6月上旬まで、第1次派遣部隊として情報収集任務を担った海自の「派遣情報収集活動水上部隊」（指揮官・稲葉洋介1佐）の護衛艦「たかなみ」（艦長・新原綾一1佐以下乗員約200人）が6月30日、横須賀に帰国した。乗員は世界中で新型コロナウイルスが蔓延する中、補給地でも上陸が認められないなど、過酷な環境下で活動に従事。現地ではシーレーンを航行する延べ約8000隻の船舶を確認するなど灼熱の太陽の下で情報収集に当たった。「たかなみ」の約4カ月間の艦内での様子を写真で紹介する。

家族からのメッセージが書かれた「だるま」を囲んで任務完遂を誓う派遣情報収集活動水上部隊1次隊の稲葉司令（だるま前右）、「たかなみ」の新原艦長（同左）と乗員ら

新型コロナウイルスの感染防止のため、マスクとゴーグルを装着し、念入りに艦内を消毒する乗員

近くを航行する船舶をビデオで撮影する「たかなみ」乗員。情報収集ではさまざまな点に留意しながら撮影に当たった

防水訓練で、船体を補強するための角材を必要な長さに切りそろえる乗員。このほか、アクシデントに備え、救助、消防、患者搬送などの各種訓練を任務と並行して行った

㊤「こどもの日」の5月5日には体力自慢の乗員らが自分たちの身体で甲板上に〝鯉のぼり〟を作り、日本に残る子供たちへのプレゼントとした

㊨中東の灼熱の太陽が照り付ける中、甲板で「たかなみエクササイズ」を行い、体力の錬成に励む乗員たち

㊧艦内に設置されたポストに家族への手紙を投函する隊員。艦内のＷｉ－Ｆｉ機能で家族とのメール連絡は可能だが、絵はがきなど昔ながらの手紙も喜ばれる

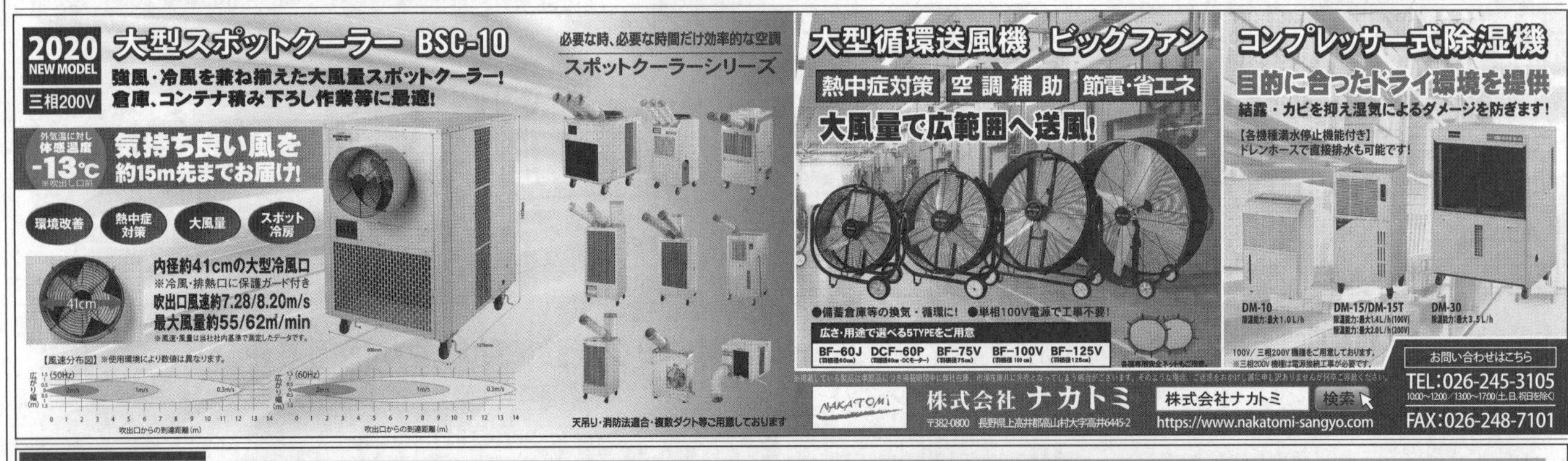

防衛ハンドブック 2020 発売中！

シナイ半島国際平和協力業務　ジブチ国際緊急援助活動も

安全保障・防衛行政関連資料の決定版！

判型　A5判 948ページ
定価　本体 1,600円＋税　ISBN978-4-7509-2041-2

朝雲新聞社　〒160-0002 東京都新宿区四谷坂町12-20 KKビル　TEL 03-3225-3841　FAX 03-3225-3831　http://www.asagumo-news.com

自衛隊版〝スマートフォン〟

# 広帯域多目的無線機

## ソフトウエアで機能集約
## GPS位置把握サービスも
## 画像のメール送受信が可能

陸上自衛隊は7月13日、東京・市ヶ谷の防衛省内で最新装備の「広帯域多目的無線機」（通称・広多無）を報道公開した。「広多無」は陸自の各部隊で指揮官が状況判断や部隊の指揮統制・情報共有を行うために使用される秘匿化された野外無線機。通信学校（久里浜）の隊員ら10人により行われた市ヶ谷地区でのデモンストレーションでは、儀仗広場の中隊本部と①高低差のある場所にいる第1小隊②建物で遮蔽された場所の第2小隊③隊舎周辺を移動中の偵察用の車両――を結び、確実に通信が行える状況が披露された。

（文・写真　石川穂乃香）

陸上作戦での通信構成は、建物などさまざまな遮蔽物があるため、海や山を舞台とする海上・航空作戦に比べて非常に複雑。

そこで地上のさまざまな場所に展開する陸自部隊の指揮統制・情報共有・連絡の手段として、最新のソフトウエア無線技術を導入した「野外無線機」が極めて重要な役割を担っている。

野外無線機は連隊・中隊・小隊・分隊の指揮統制・情報共有に必要な「共通の情報通信基盤」を提供し、迅速かつ正確な状況判断や命令を可能にし、部隊の作戦・戦闘のスムーズな実行に寄与している。

旧無線機では周波数の帯域や使用目的に合わせて個別の専用無線機で通信をしていたが、「広多無」ではその個別の機能をソフトウエア無線技術によって集約し、広帯域化・多目的化を実現している。これにより、個々のハードウエアで実現していた機能が、1台の通信機で信号処理できるようになった。まさに〝自衛隊版のスマートフォン〟だ。

部隊導入後も、機材の追加ではなく、ソフトウエアの追加、インストール、アップデートによりさまざまな通信機能を加えることが可能になった。

「広多無」は従来の音声通信に加え、▽GPSによる位置把握サービス▽画像の送受信を含むメールサービス▽一斉通信可能な警告警報サービス▽状況図共有サービス――といったデータ通信の機能が付与されている。

旧無線機では、音声で読み上げられる中隊命令などの情報を全員が筆記して記録する必要があったほか、雑音も拾い、砲撃音など騒音があると警報伝達を聞き漏らす恐れもあったが、「広多無」ではメール機能により間違いなく情報を伝達できるようになった。

さらに▽味方の状況がほぼリアルタイムに把握可能▽警報は一度で全部隊に伝達可能▽中隊の現況は中隊長から分隊長まで共通の認識で共有可能――で音声通話の頻度が激減した。

加えて「広多無」は小型化も実現。従来の車両無線機は筐体が大きく、車両に積み込むと座席までスペースを占有していたが、1台で全ての機能が発揮でき、筐体もコンパクトになったため運搬が楽になり、座席への影響もなくなった。

携帯無線機も小型化され、背のう装着時の携行をより負担なく、スムーズな行動ができる。

今回の「広多無」のデモでは中隊本部と各条件下に置かれた3個部隊を結び、音声通話やデータ通信が問題なく行えるか実地に検証。その結果、①高低差のある地点②建物で遮蔽された地点③移動中の車両――のそれぞれと、問題なく通信が行えることを報道陣に実証した。

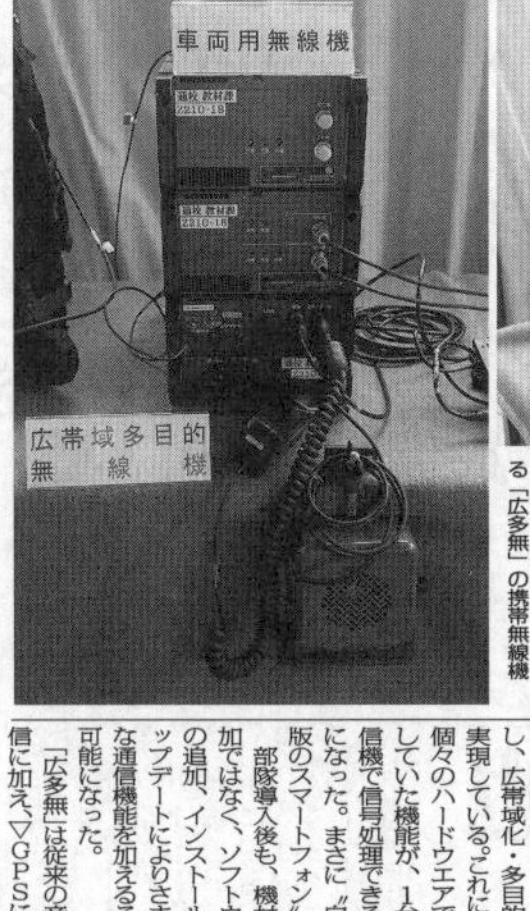
車両用無線機
広帯域多目的無線機

㊧コンパクト化され、1台で全ての機能を発揮できるようになった「広多無」の車両用無線機　㊤現在の熊本豪雨被災地をはじめ、さまざまな災害派遣現場でも活用されている「広多無」の携帯無線機

# 防衛技術

## 技術が光る　＞93＜

### カナダ・ソーシー社製ゴム履帯「CRT」　JALUX

## 浮力向上 AAV7に最適
## 舗装道路の自走も大丈夫

陸自には水陸機動団が装備する水陸両用車AAV7をはじめ、履帯で走行するさまざまな装軌車両があるが、金属でできた履帯の場合、そのまま舗装道路を走ると路面を傷つけてしまうなど懸念事項もある。

そこで金属に替え、「ゴム製」の履帯が提案されている。それが商社JALUX（本社・東京都港区）が輸入販売するカナダのソーシー（SOUCY）社製ゴム履帯「CRT（Composite Rubber Track）」だ。

「CRTは①ライフサイクルコスト（LCC）の削減②軽量・制振・静粛による車両特性の向上③整備の省人化がポイントです」と話すのは、JALUX航空機部航空工業・防衛課の担当者。このゴム履帯はフィンランドの輸送車「NA140」やカナダ・ノルウェー・ドイツ軍などに配備される装甲車「M113」など、世界中で1万式を超える納入実績を持ち、米海兵隊ではAAV7への採用試験が行われているという。

ゴム履帯は鉄履帯に比べて重量が約半分になり、この軽量化により燃費が約30%改善される。さらに、鉄履帯は「約2000キロの走行で摩耗して交換が必要になる」と言われているが、陸自で装軌車の整備を担っていた同課の石﨑敦士防衛担当顧問によると「ゴム製のCRTはAAV7サイズで5000キロ以上、無交換で走行できる」とのこと。これによりLCCも大きく削減できる。

また、金属履帯の走行では生じる騒音や振動も大きく、戦車などの場合、車内の精密機器や砲弾を疲労させてしまうほか、乗員の身体的ストレスも大きい。

これに対し、ソーシー社のCRTなら振動を約70%抑制できるとともにノイズも削減、内部の機器や隊員への負荷も軽減できる。この結果、機器の寿命が延びるほか、長時間走行での乗員の負担が減り、車内も静かになって通信がスムーズに行えるなど、作戦上のメリットも生まれる。

このCRTには防弾チョッキなどに使われる高強度繊維「ケブラー」が含まれており、IED（即製爆発装置）への耐性もあるなど、車両の残存性向上にも寄与している。さらに万が一、地雷などで破損しても備えられた「応急補修キット」を使えば、その後も100キロの走行が可能となる。

そしてCRTの最大の利点が「整備の簡易化と圧倒的な時間短縮」だ。石﨑顧問は「履帯の整備のしやすさは陸自の整備員にとってとても重要。このゴム履帯なら隊員の皆さんからもきっと喜んでいただける」と太鼓判を押した。

CRTは、車両重量にもよるが最大約8000キロまで無交換で走行でき、交換回数が減ることはもちろん、取り付けも簡単。その方法は、①二つに分割するスプロケット（起動輪）と半円状に分割するアイドラー（誘導輪）を外した車両をリフトで持ち上げる②スプロケットの片側を取り付けて履帯を乗せる③履帯内側の凹凸をスプロケットの歯にはめ込み、残る半分を取り付ける④アイドラーを半分取り付け、履帯を駆動して半回転させたら残る半分を装着⑤ゴム履帯の張りを調整――で完了。所要時間は片側45分程度、必要な人員も2〜3人と省人化も実現している。

「本製品は特にAAV7に最適です」と担当者。「履帯は完全にゴムで覆われているため、鉄と違って海水による腐食がなく、錆びることがありません。そして重量が半分に減ると水中では約5倍軽くなるため、浮力も向上し、海上での航行速度も上がります」と話す。

陸自のAAV7にCRTが採用されれば、水機団の戦力向上にもつながるほか、輸送する海自輸送艦の車両甲板を傷つけないなど、数々のメリットがあるだろう。

㊤履帯の交換のために外されたスプロケット（右）、アイドラー（左）と、ゴム履帯「CRT」㊦装甲車へのゴム履帯装着の様子。2〜3人の手で簡単に装着できる

## カナダ製の水陸両用車「アーゴ」
## 九州豪雨の被災地で活動

香川県警は水害被災地で人命救助活動に活用する水陸両用車「アーゴ（ARGO）」（写真）を導入した。カナダODG社が開発した8輪のオフロード車「アーゴ」は、全長3メートル、幅1.5メートルで、地上走行時6人、水上航行時には4人が乗れる。小回りが効くため狭い場所で救助活動ができるほか、水上ではタイヤの溝で水をかいて進むため、水中に瓦礫が残る冠水した市街地でも活動できる。

福岡県警はすでに「アーゴ」を装備し、7月の九州豪雨災害では熊本県の被災地に持ち込んだ。

# 世界の新兵器　――538

## 市街戦向けに在来型戦車を無人化
## ロシアの無人戦車

シリアの実戦で3年間も部隊試験を行ってきた自慢の小型無人戦車「ウラン9」の成果が思わしくないのを認めたロシア国防省は、これを一斉回収するとともに、これに代わる無人重戦車「シュツルム（嵐）」と歩兵支援の無人軽戦車「ゾラートニーク（同盟・仲間）」の開発を進めることを明らかにした。

いずれも企業主導のプロジェクトで「採用を保証するものではない」との注釈付きだが、今年の1月、米陸軍が小型・中型無人戦闘車両開発の契約を企業と交わした直後の発表は、当局のあせりと期待を物語っている。

ロシア国防省の検討会を詳細に伝える2019年11月24日のロシア国営通信「RIAノボスティ」によると、シリアでの作戦は市街戦が主だったので、「ウラン9」を上手く使えなかった。それは無人航空機のようなマイクロ波でなく、VHF電波で管制せざるを得ない無人車両の宿命であり、それに加え、戦場の常として混信が強いこともあって、指揮車から数百メートル離れるとたびたび制御不能となった。また走行機構もお粗末で、どれもガタガタだった。

そこで「これではならじ」と世界最大の主力戦車メーカー、ウラルヴァゴンザヴォド社が提案する「シュツルム」は、世界に知られたT72B3主力戦車の車体をそのまま使用する。ちょうどイスラエル陸軍が、在来型ピックアップ・トラックを改造して無人偵察車「ボーダー・プロテクター」に仕立てたのと同じだ。ただし、125ミリ主砲は市街戦では長すぎて困るので、短縮して搭載するという。幾つかのバージョンがあるが、いずれも平原での対戦車戦闘ではなく、「戦車には最もぜい弱な環境だが、ぜひとも必要とされる」市街戦を前提としている。

検討会の結論は、「ロボット兵器を上手く使うには、もっと自律性を高めねば。さもないと近くに居ざるを得ない操作員が危険にさらされる」であった。とはいうものの、「シュツルム」の自律性は走行機能、それも低レベルのものに限定され、障害回避・除去を行うには操作員が管制しなければならない。火力行使は完全に操作員の管制に従うため、殺人ロボット「ターミネーター」にはならないという。

ロシア陸軍のT72B3主力戦車。この車両を無人化し、無人重戦車「シュツルム（嵐）」を開発する計画が進められている（ロシアのウェブサイトから）

そこで「近くに居ざるを得ない」操作員は、有人のT72B3に乗り、6名の操作員が6両の「シュツルム」を管制するらしい。

一方、30ミリ連装機関砲を搭載して歩兵を支援する自重7.7トンの「ゾラートニーク」を開発するのは、AK47突撃銃の製造で著名なカラシニコフ社だ。

ロシアでの在来型重戦車の無人化も、新型無人軽戦車の開発も当分目が離せない。だがもっと注目すべきは、軍官僚や防衛産業の面子にこだわって「出来損ないの兵器」を部隊に押し付けることなく、ダメなものはいち早く回収し、装備を改めていくロシア軍の柔軟性ではないだろうか。

徳田　八郎衛（防衛技術協会・客員研究員）

# 技術屋のひとりごと

## オープン&クローズ戦略

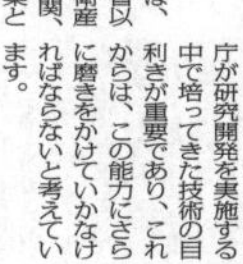

三島　茂徳（防衛装備庁　防衛技監）

防衛装備庁の研究開発においては、ゲームチェンジャーとなり得る最先端技術に重点的に投資し、これまでの延長線上にない新たな装備品や装備システムを早期に生み出すことが求められています。

このような最先端技術は、必ずしも防衛分野だけに存在するわけではなく、むしろ民生分野でこそ著しい進展が起こっており、これらを積極的に活用する必要があります。また、先端装備品の国際共同研究開発をはじめとする防衛装備・技術協力をより推進していくべきです。

この現状に適切に対応するための知的財産管理はどうあるべきでしょうか。従来は、防衛省の研究開発から生み出される成果は、防衛省内及び国内防衛産業内での利用を主として想定し、管理してきました。秘匿化したうえで防衛省のためのみに使用する「クローズ戦略」です。

これに対し、近年は、技術上の成果の防衛省以外の者の利用や、防衛産業以外の企業、研究機関、外国政府及び外国企業との協力によるオープンイノベーションの機会が増えていることから、権利の開放を含め、知的財産を公知化した上で他者に積極的に利用させる「オープン戦略」と安全保障上機微な技術を秘匿化して流出を防止する「クローズ戦略」を組み合わせた「オープン&クローズ戦略」が重要となっています。

この戦略を確実に実行するためには、対象となる技術や事業の特性を見極めて「秘匿化」「権利を伴う公知化」「権利を伴わない公知化」の三つから最適な選択を行う必要があります。

これを適切に行うためには、これまで防衛装備庁が研究開発を実施する中で培ってきた技術の目利きが重要であり、これからは、この能力にさらに磨きをかけていかなければならないと考えています。

隊員の皆様に好評の

『自衛隊援護協会発行図書』販売中

| 区分 | 図書名 | 改訂等 | 定価（円） | 隊員価格（円） |
|---|---|---|---|---|
| 援護 | 定年制自衛官の再就職必携 | ◎ | 1,300 | 1,200 |
| | 任期制自衛官の再就職必携 | | 1,300 | 1,200 |
| | 就職援護業務必携 | | 隊員限定 | 1,500 |
| | 退職予定自衛官の船員再就職必携 | | 720 | 720 |
| | 新・防災危機管理必携 | | 2,000 | 1,800 |
| 軍事 | 軍事和英辞典 | | 3,000 | 2,600 |
| | 軍事英和辞典 | | 3,000 | 2,600 |
| | 軍事略語英和辞典 | | 1,200 | 1,000 |
| | （上記3点セット） | | 6,500 | 5,500 |
| 教養 | 退職後直ちに役立つ労働・社会保険 | | 1,100 | 1,000 |
| | 再就職で自衛官のキャリアを生かすには | | 1,600 | 1,400 |
| | 自衛官のためのニューライフプラン | | 1,600 | 1,400 |
| | 初めての人のためのメンタルヘルス入門 | | 1,500 | 1,300 |

※　令和元年度「◎」の図書を改訂しました。

| | |
|---|---|
| 消費税 | ：価格は、税込みです。 |
| 発送 | ：メール便、宅配便などで発送します。送料は無料です。 |
| 代金支払い方法 | ：発送図書同封の振替払込用紙でお支払いください。払込手数料はご負担してください。 |

お申込みは「自衛隊援護協会」ホームページの「自衛官の皆様へ」タブから

「書籍のご案内」へ・・・スマホで今すぐ検索「自衛隊援護協会」

（http://www.engokyokai.jp/）

一般財団法人自衛隊援護協会

電話：03－5227－5400、5401　FAX：03－5227－5402　専用回線：8－6－28865、28866

よろこびがつなぐ世界へ
KIRIN
おいしいとこだけ搾ってる。
一番搾り
KIRIN'S PRIME BREW
KIRIN BEER
一番搾り
Brewed from only the malt for a crisp, first press of genuine delicious flavor.
〈麦芽100%〉
ALC.5%　生ビール
お酒
ストップ！20歳未満飲酒・飲酒運転。お酒は楽しく適量で。
妊娠中・授乳期の飲酒はやめましょう。のんだあとはリサイクル。
キリンビール株式会社

## ひろば

葉月、月見月、観月、中秋――8月。

6日広島平和記念日、9日長崎原爆の日、10日山の日、15日終戦記念日、21日献血の日。

**ぼんぼり祭**　神奈川県鎌倉市の鶴岡八幡宮で行われる夏の風物詩。鎌倉在住の画家、書家、学者などの著名人らが揮毫した、ぼんぼり約400点が境内に飾られ、日没とともに灯される。　6〜9日

**千灯供養**　あだし野念仏寺(京都市左京区)の供養行事。境内西院の河原に祀られる数千体の無縁仏にロウソクを灯して祈りを捧げる。今年は新型コロナ感染防止のため関係者のみで執り行う。　29、30日

# 地域住民の熱意で実現「トキワ荘」マンガミュージアム開館

## "マンガの聖地"リアルに再現

### 手塚治虫ら著名マンガ家が過ごしたアパート

終戦直後の日本がまだ貧しかった時代、手塚治虫など日本を代表するマンガ家たちが若かりし頃に都内で生活していた木造2階建てのアパート「トキワ荘」を再現した「豊島区立トキワ荘マンガミュージアム」(入館無料)が7月7日、オープンした。同館の最寄り駅は都営大江戸線・落合南長崎で、そこから徒歩5分の距離にある南長崎花咲公園内に建てられた。コンセプトは「"マンガの聖地としま"の象徴として地域文化の継承・発展を目指す」だ。

（文・写真　古川勝平）

「今から20年ほど前、地域の方々から『(日本のマンガの聖地である)トキワ荘の文化を大事にしてほしい』という要望があり、2016年から豊島区のトキワ荘に関する調査が始まりました」とミュージアムで広報に当たる職員の北山奏子さんが同館建設の経緯を語る。区立ミュージアム整備のきっかけは地域住民の熱意によるものだったという。

トキワ荘の見学ルートは玄関から始まり、順路に沿って2階に向かう。「(階段の)軋みなども再現しています。建って10年ぐらいの木造アパートをイメージしており、ガラスの曇り具合、壁の汚れ、トイレの黄ばみなどもエイジングという手法で再現しています」と北山さん。このため、2階へ上がる階段に足をかけると「ギィー」と軋み音が鳴り、五感で昭和時代を体感できる。

2階には若き日のマンガ家たちがインスタントラーメンなどを作って食べた共同炊事場も再現。黒ずんだ壁や張り紙、棚に並んだサイズの異なる食器、干された布巾にテーブル上の空き瓶など、乱雑に物が置かれたかつての生活空間が残されていた。

廊下を進むと、当時の間取りを再現した各個室が並んでいる。そこに住んでいたマンガ家たちの私物などが部屋中いたるところに再現されていた。

各部屋では、手塚治虫の退去後に同室に入居した「怪物くん」や「ドラえもん」の作者の藤子不二雄Ⓐ、藤子・F・不二雄の2人をはじめ、「サイボーグ009」の石ノ森章太郎、「天才バカボン」の赤塚不二夫らが日々マンガを描き続けたのだ。

現在はコロナ対策で休止中だが、16号室は「マンガ家なりきり変身部屋」となっており、来場者が当時のマンガ家の格好になって記念撮影が可能だ。一方、17号室は「ペン入れ部屋」で、マンガ作りのペン入れ体験が今後可能になるという。

順路に沿って1階に降りると「マンガラウンジ」があった。壁一面に同館が集めた資料やトキワ荘出身マンガ家の作品・関連書籍などが展示されていた。来館者はこれらを自由に読める予定だったが、コロナのためこちらも閲覧は中止している。

隣接する「企画展示室」では、9月30日まで開館記念企画展「漫画少年とトキワ荘〜トキワ荘すべてはここからはじまった」を開催中だ。トキワ荘に集ったマンガ家たちが作品を投稿していた雑誌『漫画少年』にフィーチャーしたもので、年表や雑誌の展示のほか、トキワ荘の再現展示に協力したマンガ家の作品も紹介している。

「トキワ荘通りには赤塚先生が居住兼仕事場として借りていた紫雲荘や、マンガを読めるトキワ荘マンガステーション、当館の関連グッズを購入できるトキワ荘通りお休み処もあります。ファンの方々には町全体で楽しんで頂けたらと考えています」と北山さん。マンガ家たちの青春を少し体感した後は、周辺に広がる"トキワ荘ゆかりの地"を巡るのも一興だ。

◇

開館時間は午前10時〜午後6時(最終入館は午後5時30分)まで。入館無料。月曜日(祝日の場合は翌平日)、年末年始、展示替え期間が休館日となる。現在は予約制のため、詳しくはホームページ参照。

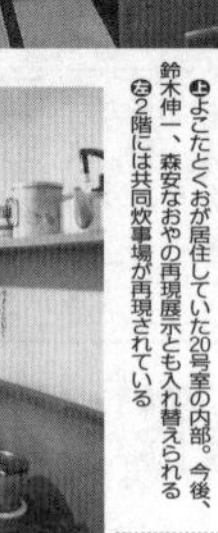

㊤よこたとくおが居住していた20号室の内部。今後、鈴木伸一、森安なおやの再現展示とも入れ替えられる
㊧2階には共同炊事場が再現されている

東京・豊島区の南長崎花咲公園内に建てられた「豊島区立トキワ荘マンガミュージアム」の外観(いずれも7月13日)

トキワ荘ゆかりのマンガ家の作品や関連書籍が展示された1階の「マンガラウンジ」

## マイヘルス Q&A

### 肺がん

#### がんの中で死亡率高い　喫煙は危険因子、禁煙を推奨

Q　肺がんはどのような病気ですか。

A　肺がんは肺にできる悪性腫瘍で、肺組織を破壊しながら増殖し、血液やリンパの流れに乗って転移します。大腸癌、胃癌に次いで患者発生数が多く、患者数は40歳以降、年齢が上がるごとに増加傾向となります。男性では10人に1人、女性では20人に1人が生涯のうちに肺がんに罹ると言われています。

また、癌の中で死亡者数が一番多く、とりわけ男性では、癌で亡くなった方の4人に1人が肺がんでした。

Q　喫煙は関係ありますか。

A　喫煙は肺がんの危険因子です。喫煙者はもちろんのこと、受動喫煙によっても肺がんのリスクが高まるため、禁煙を推奨する理由の一つとなっています。

肺がんの確実な予防法はありませんが、喫煙者は禁煙をすることでリスクが下がり、禁煙期間が10年を超えると、喫煙し続けた人と比較しリスクが半減し、禁煙期間が15年を過ぎると非喫煙者と差がなくなることが知られています。

なお、加熱式タバコの影響はまだ分かっていませんが、動物実験の結果などからは、肺がんの危険因子となり得ると考えられています。

Q　どのような症状がありますか。

A　症状は咳や痰、血痰、息切れ、呼吸困難などです。しかしながら、肺がんに特有のものはありません。症状が出て、健康診断や胸部レントゲン写真や胸部CTで見つかることもあります。

Q　治療方法について教えてください。

A　肺がんが局所に留まっていれば、手術が第一選択となります。現在は胸腔鏡手術で、自衛隊中央病院でも積極的に行われています。全身に転移がある場合、肺や心臓などに持病があるなどして手術ができない場合には、化学療法、放射線治療を組み合わせた集学的治療を行います。

近年、特定の遺伝子変異を有する肺がんに対して効果が高い「分子標的治療薬」や、ノーベル医学生理学賞の受賞で話題となった「免疫チェックポイント阻害薬」の登場が目覚ましく、これら新薬により、生存率の改善が見込まれています。

自衛隊中央病院　呼吸器外科医官　亀田　光二

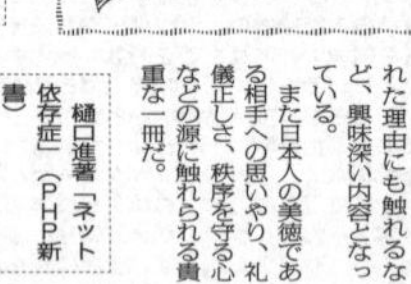

## BOOK NOW

### 私が読んだ この一冊

**伊藤哲夫著「教育勅語の真実」(致知出版社)**
1ヘリ団特別輸送ヘリコプター隊(木更津)　奥村智博1陸尉　38

本書は「教育勅語」を日本人の心のDNAと提唱し、教育勅語が果たした役割、現代的な意義などを平易で判りやすく、その本当の姿を明らかにする内容となっている。世界から称賛された教育勅語が戦後全面否定された理由にも触れるなど、興味深い内容となっている。

また日本人の美徳である相手への思いやり、礼儀正しさ、秩序を守る心などの源に触れられる貴重な一冊。

**樋口直美著「ネット依存症」(PHP新書)**
佐世保教育隊教務班長　久峯之海尉　48

現代社会においてさまざまな「依存症」が存在している。時代の変化に伴い生まれたのが「ネット依存症」であろう。

ネットは必ずしも悪しきものではないが、電話で済ませられる用件でもメールで済ませ直接話すことや、家族や恋人とメールではなく手紙を書いてみることで、忘れていた価値観を取り戻せる可能性がある。

最近キャンプが人気なように、あえて不便な中に光明を見つけることが人生を豊かにしてくれるのではないかと考えさせられる一冊である。

**ヴィクトール・E・フランクル著「夜と霧」(みすず書房)**
作戦情報隊(横田)　内田万彩子3空曹　25

アウシュビッツ強制収容所に収容され、強制労働と劣悪な環境が人間の精神にどのような影響を及ぼすのか、精神医学者である著者が、自身と周囲の人々の精神の移り変わりを生々しく描いた。

彼は極限収容所の中をどのように生き延びたのか。時に過酷な環境に身を置く我々自衛官が、自らや同僚の精神を守るためにもぜひ一読しておきたい一冊だ。

### 隊員愛読書ベスト5

<入間基地・豊岡書房>
❶邦人奪還―自衛隊特殊部隊が動くとき　伊藤祐靖著　新潮社　¥1760
❷カエルの楽園2020　百田尚樹著　新潮社　¥572
❸ニュートンミリタリーシリーズF―15EAGLE　バーティ・シモンズ著　ニュートンプレス　¥2530
❹戦闘機対戦闘機―無敵の航空兵器の分析とその戦いぶり　三野正洋著　潮書房光人新社　¥990
❺空母いぶき13　かわぐちかいじ著　小学館　¥700

<防衛省・三陽堂書店>
❶軍事研究別冊新兵器最前線シリーズ　自衛隊の『新主力航空機』　ジャパン・ミリタリー・レビュー　¥2600
❷自衛隊装備年鑑2020―2021　朝雲新聞社　¥4180
❸自衛隊防災BOOK2　防衛省・自衛隊協力　マガジンハウス　¥1320
❹日本はすでに侵略されている　平野秀樹著　新潮社　¥814
❺ツウになる！F―35完全教本　青木謙知著　秀和システム　¥2090

<神田・書泉グランデミリタリー部門>
❶史上最高の航空設計者ケリー・ジョンソン自らの人生を語る　高田剛訳　プレアデス出版　¥2970
❷現代ミリタリーのゲームチェンジャー　井上孝司著　潮書房光人新社　¥2200
❸世界の傑作機 No.97アンコール版MiG―15"ファゴット"、MiG―17"フレスコ"　文林堂　¥1466
❹世界の名機シリーズF―2　イカロス出版　¥1650
❺局地戦闘機「雷電」　渡辺洋二著　潮書房光人新社　¥990

<トーハン調べ6月期>
❶あつまれどうぶつの森ザ・コンプリートガイド　KADOKAWA　¥1650
❷あつまれどうぶつの森完全攻略本+超カタログ　徳間書店　¥1650
❸鬼滅の刃―しあわせの花　吾峠呼世晴著　集英社　¥770
❹鬼滅の刃―片羽の蝶　吾峠呼世晴著　集英社　¥770
❺女帝小池百合子　石井妙子著　文藝春秋　¥1650


結婚式・退官時の記念撮影等に
自衛官の礼装貸衣裳

陸上・冬礼装

海上・冬礼装

航空・冬礼装

貸衣裳料金
・基本料金　礼装夏・冬一式　30,000円+消費税
・貸出期間のうち、4日間は基本料金に含まれており、5日以降1日につき500円
・発送に要する費用

お問合せ先
・六本木店
☎03-3479-3644(FAX)03-3479-5697
〔営業時間　10:00〜19:00　日曜定休日〕
〔土・祝祭日　10:00〜17:00〕

別途消費税がかかります。　※詳しくは、電話でお問合せ下さい。

美玉(みたま)
〒106-0032 東京都港区六本木7-8-8
ミクニ六本木ビル 7階
☎03-3479-3644

秋田の米と水を使った昔ながらの秋田流仕込み。杜氏・蔵人が味の確認用にとっておいた秘蔵のお酒ですが、蔵元飲であまりに評判がよかったためおすそ分けいたします。ちょうど今が飲み頃！米の旨みとコク・キレはこの時期、天ぷらやお魚料理との相性バッツグンです！

当社とのお取引が初めての方限定　特別価格
1本 720ml 1,480円(税込)
※未成年者の飲酒は法律で禁止されています
3本以上で「福乃友純米原酒」720mlを1本プレゼント!!
5本以上で「福乃友純米吟醸原酒冬樹プレミアム」720mlを1本プレゼント!!
◆1本より送料・代引き手数料無料◆

お申し込みはお気軽にお電話ください
☎050-2019-9041(8時〜17時 土日祝除く)
本日より お申し込み締切日 1週間

300セット限定 本日より一週間!
秋田の金賞受賞蔵から、うめぇ！地酒を直送。


福乃友酒造株式会社
〒019-1701 秋田県大仙市神宮寺本郷野82-6

# 令和元年度　自衛隊の災害派遣と不発弾等処理実績

## 災害派遣

## 記録的豪雨 新型コロナ　延べ106万人、派遣規模歴代4位

統幕は6月18日、令和元年度の災害派遣実績を発表した（本紙6月25日付既報)。それによると、令和元年度に自衛隊が実施した災派件数は449件で、2年連続で500件を下回った。（グラフ1）

その一方、派遣人員は延べ約106万人となり、阪神・淡路大震災(平成7年)、東日本大震災（同23年）、西日本豪雨(同30年）に次いで100万人を超え、派遣規模は歴代4位だった。（グラフ2）

このうち、千葉・房総地域が強風による大規模停電に見舞われた「台風15号」災派には9万6000人を投入。復旧のための倒木除去や屋根が損傷した民家へのブルーシート展張などに多くの隊員が従事した。（表1）

この災派期間中、関東甲信越、東北南部などに記録的な大雨をもたらした「台風19号」が襲来し、その被災地に延べ約88万人の隊員が派遣された。自衛隊では陸上総隊（朝霞）発足後初めて、総隊司令官を指揮官とする統合任務部隊（JTF）が編成された。（表2）

このほか、佐賀県を中心とする「九州北部豪雨」では、河川の氾濫で孤立した住民の救助や、鉄工所から流出した約5万リットルの油の除去に3万2000人が投入された。（表3）

また、現在も世界中で猛威を奮っている新型コロナウイルスに関する災派では、横浜港に入港中の大型クルーズ船「ダイヤモンド・プリンセス号」での医療支援や陽性患者の搬送支援、乗客の宿泊施設への輸送支援などに約2万人が従事した。

一方、総件数の約8割を占める「急患輸送」は365件で、自治体のドクターヘリ導入に伴って自衛隊機の出動は減少傾向にあるものの、前年度より31件増えた。地域別では島嶼地域の多い沖縄、長崎、鹿児島の3県が約84%を占めた。（グラフ3）

「消火支援」は46件で前年度より3件減少。近傍火災が減少した一方で、山林火災は増加した。（グラフ4）

【グラフ1】災害派遣件数の推移

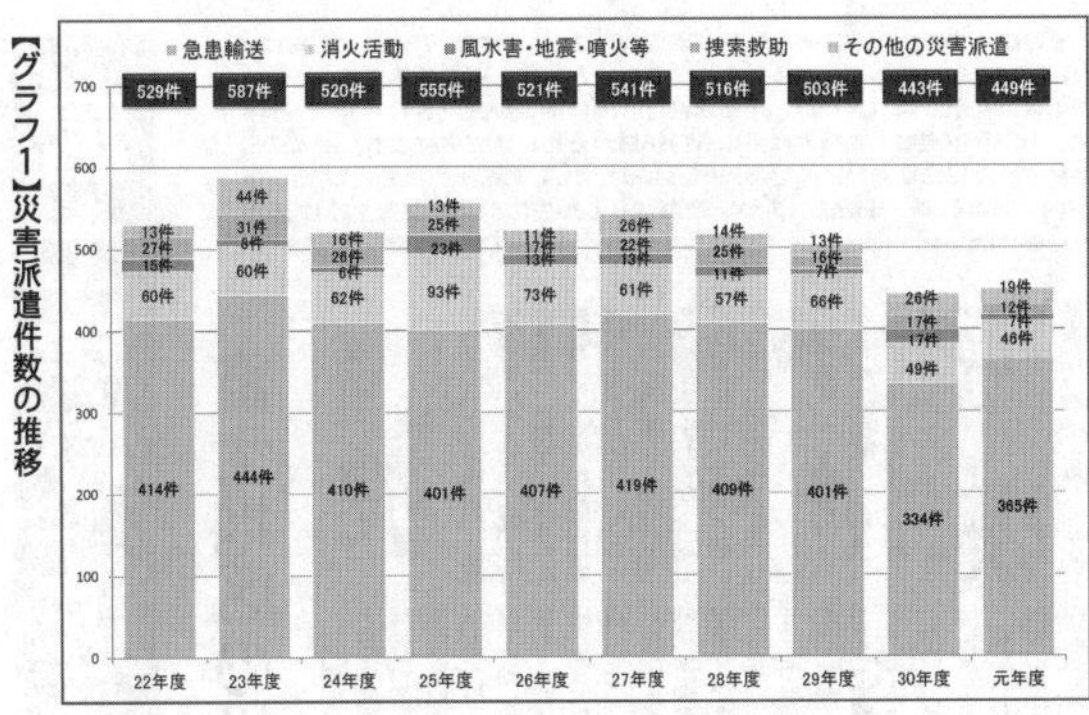


【グラフ2】災害派遣活動人員の推移

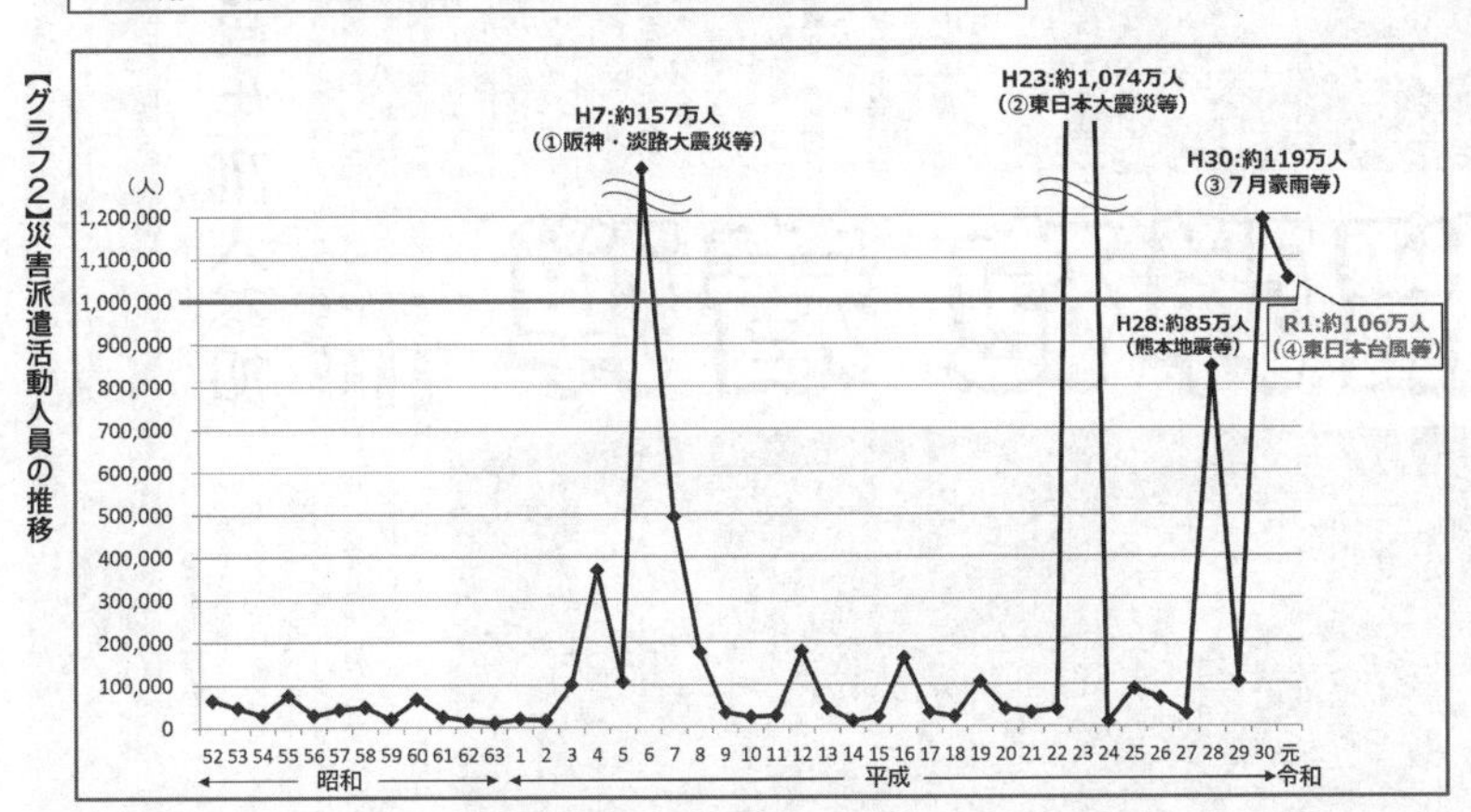


【表1】「台風15号」に関する災害派遣実績

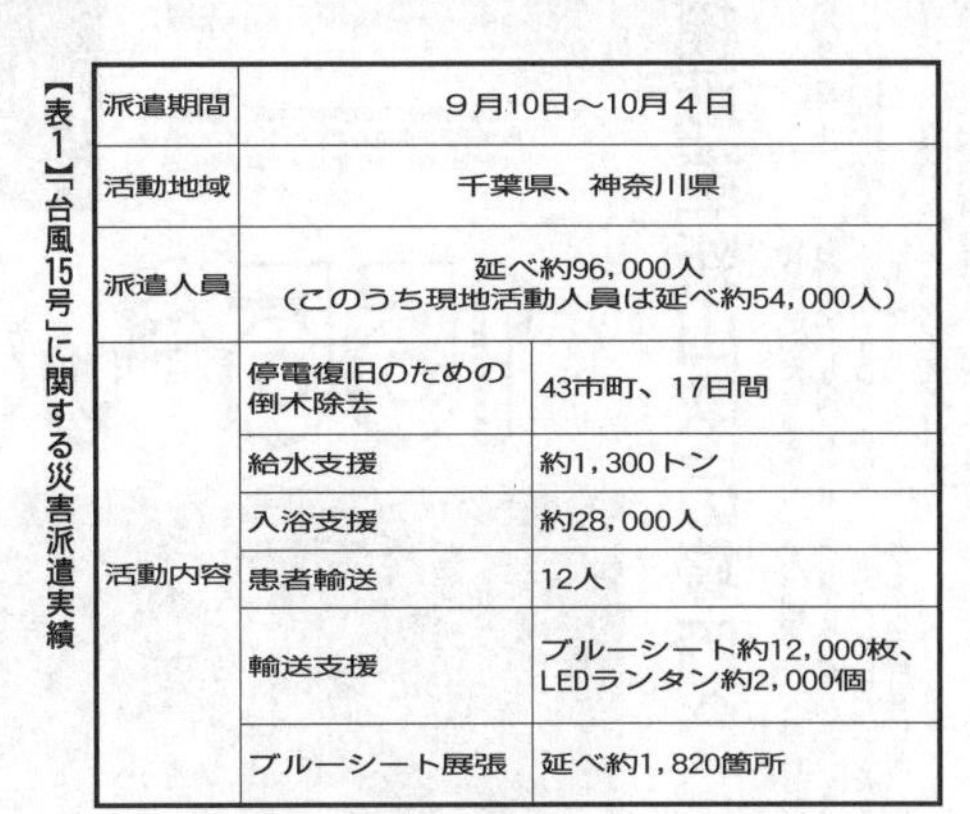

| 派遣期間 | 9月10日～10月4日 | |
|---|---|---|
| 活動地域 | 千葉県、神奈川県 | |
| 派遣人員 | 延べ約96,000人（このうち現地活動人員は延べ約54,000人） | |
| 活動内容 | 停電復旧のための倒木除去 | 43市町、17日間 |
| | 給水支援 | 約1,300トン |
| | 入浴支援 | 約28,000人 |
| | 患者輸送 | 12人 |
| | 輸送支援 | ブルーシート約12,000枚、LEDランタン約2,000個 |
| | ブルーシート展張 | 延べ約1,820箇所 |

【表2】「台風19号」に関する災害派遣実績

| 派遣期間 | 10月12日～11月30日 | |
|---|---|---|
| 活動地域 | 岩手県、宮城県、福島県、茨城県、栃木県、群馬県、長野県、埼玉県、千葉県、東京都、神奈川県、静岡県 | |
| 派遣人員 | 延べ約880,000人（このうち現地活動人員は延べ約84,000人） | |
| 活動内容 | 人命救助 | 約2,040人 |
| | 給水支援 | 約7,030トン |
| | 入浴支援 | 約70,230人 |
| | 給食支援 | 約50,360食 |
| | 災害廃棄物処理 | 約95,580トン |
| | 道路啓開 | 約100キロメートル |
| | 防疫支援 | 約349,950平方メートル |
| | ブルーシート展張 | 約1,040軒 |

【グラフ3】急患輸送の件数および要請都道府県別実績

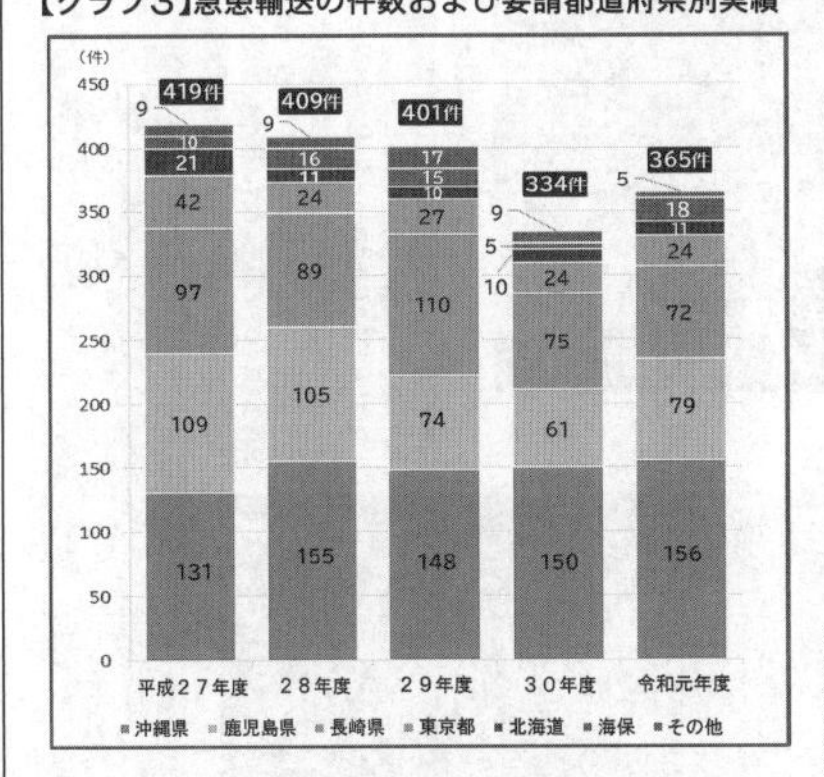


【表3】九州北部豪雨に関する災害派遣実績

| 派遣期間 | 8月28日～10月7日 | |
|---|---|---|
| 活動地域 | 佐賀県 | |
| 派遣人員 | 延べ約32,000人（このうち現地活動人員は延べ約7,500人） | |
| 活動内容 | 人命救助 | 約150人 |
| | 給食支援 | 約4,400食 |
| | 入浴支援 | 約4,200人 |
| | 油流出対応 | 油吸着マット約21万枚の設置・回収、輸送など |
| | 家庭からの廃棄物の集積支援、防疫支援、避難所への物資輸送（食料・水・エアコン） | |

【グラフ4】消火活動件数年度別実績推移（過去5年間）

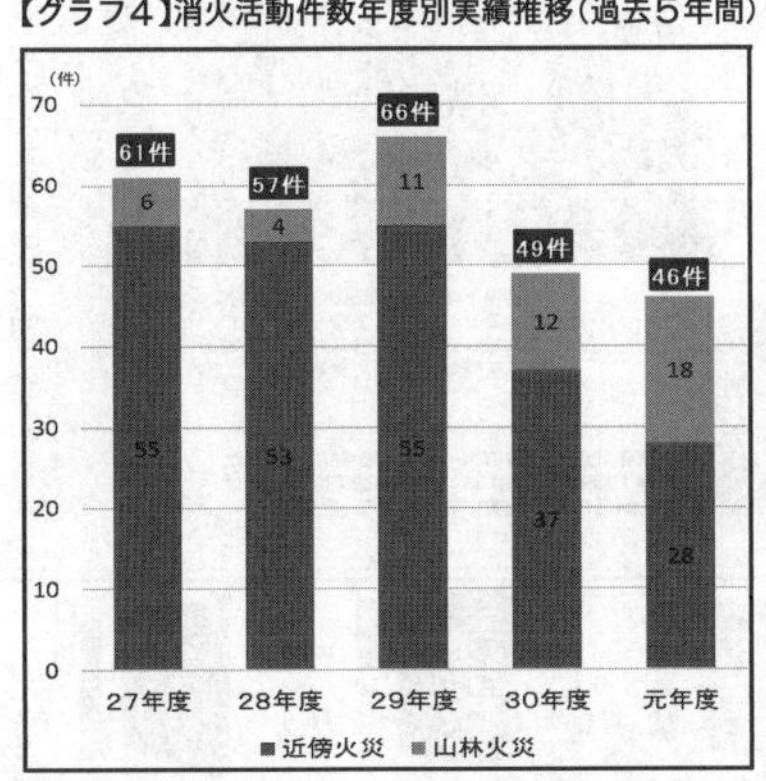


## 不発弾処理　沖縄が37%　機雷処理はなし

令和元年度の陸上での「不発弾処理」は1441件で処理重量は約33トンだった。

件数・重量ともに沖縄県の占める割合が大きく、元年度は529件で全体の約37%、重量は約18トンだった。（グラフ5）

海上・海中での爆発性危険物の処理は509個で重量は約3.5トン。処理重量は、阪神・淡路大震災の港湾復旧作業時に大量の爆発性危険物が発見された平成7度以降、低い水準で推移している。元年度の機雷処理はなかった。（グラフ6）

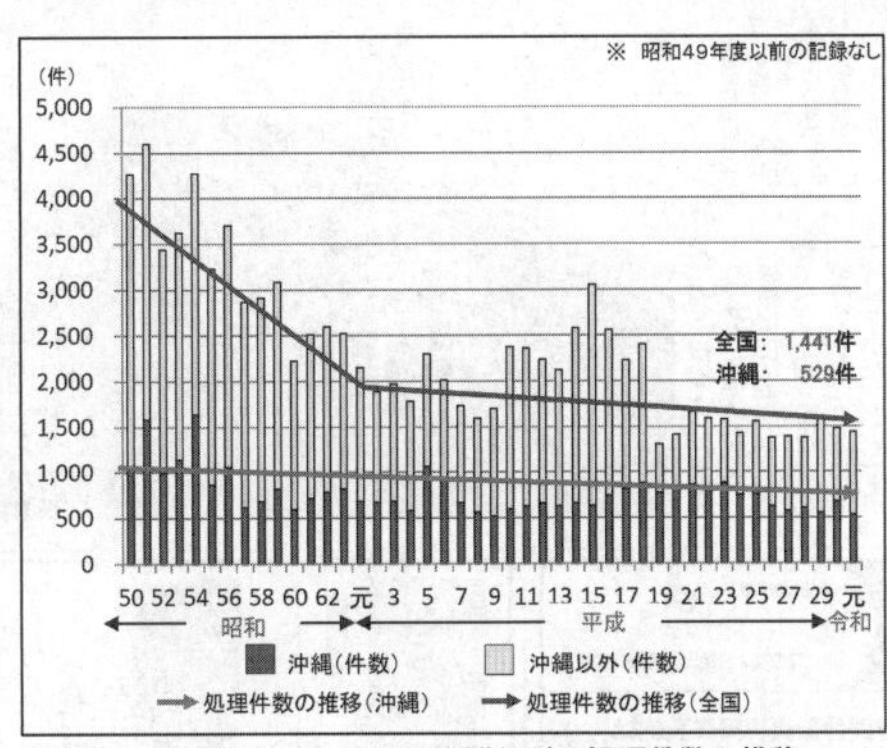


【グラフ5】陸上における不発弾などの処理件数の推移

【グラフ6】海上における爆発性危険物の処理個数と重量の推移

自衛隊装備年鑑2020-2021　発売中!!

陸海空自衛隊の500種類にのぼる装備品をそれぞれ写真・図・性能諸元と詳しい解説付きで紹介

◆判型　A5判/524頁全コート紙使用/巻頭カラーページ
◆定価　本体3,800円+税
◆ISBN978-4-7509-1041-3

朝雲新聞社
〒160−0002 東京都新宿区四谷坂町12−20KKビル
TEL 03−3225−3841　FAX 03−3225−3831　http://www.asagumo-news.com

# 富士学校「近迫射撃研修」～特科火力の威力学ぶ

陸自富士学校は年2回、駆け出しの幹部たちに野戦特科部隊の運用法と、実際にその火力にさらされる弾着地付近の生死を分ける状況を体感してもらうため、印象教育として「近迫射撃研修」を行っている。この研修には全国の幹部初級課程（ＢＯＣ）全15職種と３尉候補者課程（ＳＬＣ）の普通科、機甲科、特科の学生が参加している。令和２年度第１回目の教育は６月16日から19日まで実施された。このうちメディアに初めて取材が許された19日はあいにくの悪天候となったが、記者も学生たちと風雨の中、東富士演習場内の弾着地域内にある射弾下掩蔽部に入り、数百メートル先に次々と着弾する155ミリ榴弾砲の威力のすさまじさを実体験した。（文・写真　古川勝平）

## 富士地区の学生270人参加

今回の「近迫射撃研修」は富士学校特科部と富士教導団が教育を担当、同校学生の幹部初級課程学生179人と３尉候補者課程学生91人が参加した。例年は全国の職種学校からも幹部初級課程学生が加わるが、今年の前期研修はコロナ対策のため、富士地区の学生のみを対象に行われた。

同教育は「領域横断作戦における特科火力の威力」を学生に認識させることを目的に東富士演習場内で行われており、主な内容は①Ｄゾーン射撃（掩蔽部の上に学生が立ち、榴弾の飛翔音を確認する）②近迫射撃場面での「近迫限界」＝別項＝を学ぶ）の体験③着弾地④陣地⑤装備品の各研修――の５項目となっている。このうち②～⑤が今回、メディアに初公開された。

### 装備品展示と実弾射撃

19日午前９時、大雨の降るＪＲ御殿場駅前で富校広報班長の岡部幸利３佐と会合。その後、東富士演習場の畑岡地区まで同班の鈴木涼二３曹の運転する車両で移動した。演習場内はぬかるんで足場が不安定なため、陸自の半長靴を借り受け、車内で履き替える。約20分で到着した畑岡地区で特科部隊の装備品展示から研修を開始した。令和３年度から陸自に装備される予定の最新鋭の19式装輪自走155ミリ榴弾砲をはじめ、現有の対地火力で最大射程を持ち、ピンポイント攻撃ができる多連装ロケットシステム（ＭＬＲＳ）などもあり、それぞれの装備の特徴について説明を受けた。

続いて、野戦特科部隊の陣地研修のため中条台地区に向かう。ここで富士学校機甲科の学生たちと合流し、陸自の主力火砲である155ミリ榴弾砲ＦＨ70を前に、弾体や装薬の準備から火砲の操作まで、砲班員たちの相互連携要領を学ぶ。教官が学生たちに、訓練用の擬製弾や地上・空中破裂型の信管、それらの精密火力に欠かせない電気式信管測合器など専門の器材について詳しく指導していた。

続くＦＨ70の実弾射撃では、155ミリ砲への砲弾や装薬の挿入から砲撃まで一連の動作を展示。約３・５キロ前方の弾着地域に向けて次々と砲弾を撃ち込んだ。

「今日は雲が低く雨も降っており、（射撃）音が響きやすいです」と岡部班長が解説してくれる。雨雲により砲撃音が屈折するのだという。

辺り一面には耳をつんざくほどの轟音が鳴り響いていたが、好奇心が旺盛な富校の学生たちは砲班の隊員たちの細かな動作に注目していた。

㊤射撃陣地で155ミリ榴弾砲ＦＨ70の弾装填から射撃までの一連の行動を展示する砲班長以下９人の隊員（６月19日、東富士演習場の中条台地区で）

㊨射撃陣地での実射を前に、陸自野戦特科部隊の各種装備品について富士学校の教官（右）から学ぶ機甲科学生たち（中条台地区で）

# 155ミリ榴弾砲 着弾

「近迫射撃研修」のハイライトとなる三段山への155ミリ榴弾砲の弾着場面。写真右下に伏せているマネキン人形は近迫する友軍歩兵を模したものだ（射弾下掩蔽部「新山吹」から撮影、富校提供）

## 掩蔽部「新山吹」の壕内へ

### 破片効果と近迫射撃

特科陣地で火砲の射撃を見た後、車両で３・５キロ離れた弾着地点の三段山に移動する。これからこの日の研修のメインとなる「近迫射撃」を体験するのだ。現場は砲弾の破片や土砂が降り注いで非常に危険なため、演習場内の弾着地内に設置されている射弾下掩蔽部「新山吹」の壕内に入る。

この壕の内部は奥行き42・６メートル、幅５・９メートルの広さで、構造物は分厚いコンクリートでできている。榴弾砲の直撃にも耐える強度があり、窓には防弾ガラスがはめ込まれていた。施設学校（勝田）教育部建設技術教官室が設計し、101施設器材隊（古河）が１年かけて施工、平成21年に完成したという。

内部は両側に二つの観測室があり、その中央は会議室になっていた。出入り口は左右２カ所にある。今回はコロナ対策のため、十数人の単位で研修が行われた。

最初に室内のモニターを使い、「砲弾の破片効果の影響」について事前教育があった。砲撃には掩壕の破壊や戦車へのソフトキル効果を狙うため「着発射撃」と、非装甲部隊の上空で榴弾を炸裂させる「曳火射撃」の方法があることを学生たちは学んだ。

## 生死を分ける状況体感

続いて「近迫射撃」の説明は、戦車と人員それぞれの「近迫限界」について図で解説が行われた。壕内で守られた戦車部隊の場合と地面に伏せている普通科部隊の場合の「近迫限界」の距離の違いについて説明を受けた。これに従い、射弾下掩蔽部の位置も適宜離された地表に置かれているのだという。

壕外の防弾ガラスの窓から外に目を向けると、空に横並びの黄色い風船が浮かんでいた。これが「射撃目標」だ。そこから離れた場所に普通科の隊員を模したマネキン人形が伏せた状態で置かれていた。この距離での「負傷公算」は100分の１で、この場所にいる兵士100人のうち１人が榴弾の破片によって負傷する確率だという。

10時25分、155ミリ榴弾砲の射撃が開始された。遠くから砲撃音が聞こえる。そして壕内の放送で「弾着、今！」と発せられた直後、窓の外の弾着地域に砲弾が落ち榴弾が炸裂、火炎が上がり、辺り一面に爆風が広がった。続いて地響きとともに爆発音が響く。

その中で「ヒュルヒュル」と風を切る音は榴弾の破片が飛ぶ音だ。それがコンクリート外壁に衝突すると「カンッー」という金属音が響いた。

「壕のコンクリート部分に当たりましたね。恐らく、外に立っていたら人にも当たっていたと思います」と岡部広報班長。まれに破片が防弾ガラスを直撃することもあるという。

射撃が終わった後、学生たちと記者は弾着地の被害状況を見るため、壕の外に出て弾着地点まで前進した。弾着地点は榴弾によって穴があき、土砂が降り注いで、まるで耕された大地のようになっていた。雨でぬかるんでおり、歩いていると足を取られ、かかとまで沈み込んだ。

弾着地点には破片の効果を確認するために置かれていた鉄板やゼラチン塊などが無残な状態で散乱していた。穴だらけの鉄板やえぐれたゼラチン塊を見ると、榴弾砲の雨にさらされた部隊がどのようになるか想像することができた。

学生たちは驚愕の表情で周囲の状態を見ていた。この場所に立ち、未来の陸自の指揮官たちは実際の戦場のすさまじさを、身をもって体感したことだろう。これらの経験が将来、危険な現場で部下を守る知恵につながることを、彼ら駆け出しの幹部たちには期待されている。

### 戦場の実相感じて

富士学校特科部教育課長の伊藤久史１佐は「普段の野外演習では体感することのできない本研修を通じて、火砲の砲弾の威力を目の前で五感をもって感じとり、戦場の実相を疑似的に体感してもらいたい。そして、その体験が今後、部下を率いた時に危険を顧みず任務にまい進すべき指揮官としての使命感と責任感の醸成に少しでも役立ってもらえれば幸いだ」と学生たちへの思いを語っていた。

近迫射撃研修で榴弾の種類について教官（右側）から学ぶ富士学校の幹部学生たち（富校提供）

射弾下掩蔽部「新山吹」の内部。厚いコンクリートで守られており、壕内部から防弾ガラス越しに弾着の様子を見ることができる（三段山で）

着弾地点から数百メートルの距離に置かれた射弾下掩蔽部「新山吹」。榴弾砲の直撃を受けても耐えられる強度になっている（三段山で）

**近迫限界**　友軍の野戦特科部隊が目標に向けて砲撃を実施中、その火力の影響を受けずに各部隊が近づけるギリギリの地点を指す。今回の教育では「負傷公算」（人員が着弾後の破片で負傷する確率）が「500分の1の距離」に置かれた射弾下掩蔽部に学生たちが入り、榴弾の破片効果を確認した。


防衛省職員および退職者の皆様へ
防衛省団体扱自動車保険・火災保険のご案内
【引受保険会社】東京海上日動火災保険株式会社
防衛省団体扱自動車保険契約は一般契約に比べて 約19%割安※1
予備自衛官、即応予備自衛官の皆様もご契約いただけます
お問い合わせは
取扱代理店 株式会社 タイユウ・サービス
フリーダイヤル 0120-600-230
電話：03-3266-0679 FAX：03-3266-1983
〒162-0845 東京都新宿区市ヶ谷本村町3番20号 新盛堂ビル7階

防衛省団体扱火災保険契約は一般契約に比べて 約15%割安※2
※1
・割引率は、次の通り、団体扱割引率を連算して算出しております。
分割払の場合：1－{(1－団体取扱割引・15%)×(1－一般契約分割割増分・約5%)}
一時払の場合：1－{(1－団体取扱割引・15%)×(1－団体扱一時払割引分・5%)}
・自動車保険の団体扱割引 15%は、2020 年 7 月 1 日～ 2021 年 6 月 30 日までを保険期間の始期日とする契約に適用されます。割引率は、毎年の団体の損害率等により見直されます。
・団体扱分割払は一般契約と異なり分割割増がかからないので、約 5%割安となります。団体扱一時払は一般契約一時払に比べて 5%割安です。
※上記は概要です。ご契約にあたっては必ず「重要事項説明書」をよくお読みください。団体扱の対象となる方の範囲や団体扱特約失効時の取扱い、その他ご不明な点等がある場合は引受保険会社までお問い合わせください。　2020年3月作成　19-TC08130
※2
・割引率は、次の通り、大口団体扱割引率を連算して算出しております。
分割払の場合：1－{(1－大口団体扱割引・10%)×(1－一般契約分割割増分・約 5%)}
一時払の場合：1－{(1－大口団体扱割引・10%)×(1－団体扱一時払割引分・5%)}
・保険期間が 1 年の場合に限ります（保険の対象が建物の場合は築年数が 1 年以上の場合に限ります。）。
・火災保険の大口団体扱割引 10%は、2020 年 3 月 1 日～ 2021 年 2 月 28 日までを保険期間の始期日とする契約に適用されます。割引率は、毎年の団体の契約件数により見直されます。
・団体扱分割払は一般契約と異なり分割割増がかからないので、約 5%割安となります。団体扱一時払は一般契約一時払に比べて 5%割安です。
・団体扱一時払の 5% 割引、大口団体扱割引は地震保険には適用されません。

# 陸自中方音「コロナに負けるな！」第4弾

# 高校球児に届け

## 「栄冠は君に輝く」配信

「コロナに負けるな！」——。陸自中部方面音楽隊（伊丹）は動画投稿サイト「ユーチューブ」を通して演奏を全国へ配信、エールを送っている。7月1日にはその第4弾として、夏の高校野球（甲子園大会）のテーマ曲「栄冠は君に輝く」の配信を始めた。

陸自中部方面隊の「ユーチューブ」の特設サイトで4月下旬から配信を開始。第1、2弾に続く第3弾では「威風堂々」（E・エルガー作曲）に同隊の歌手、鶫真衣3曹がオリジナルの詩を付けて歌っている。

シンガーソングライター、竹内まりやさんの「いのちの歌」を歌い、演奏した第1弾はこれまでに20万回を超える視聴があり、また多数のコメントも寄せられ、「（多くの方に）予想以上に伝わり、感動してもらっている」と中方音隊長の柴田昌宣3佐。

一方、中方音も新型コロナウイルス感染拡大の影響を受けてきた。年間約100回行う演奏会は2月下旬以降全て中止に。約50人の隊員は午前と午後に分かれて半数ずつ出勤し、個々に各楽器の練習を行ってきた。

「新しい生活様式」が提唱され、制限された生活が続く中、第4弾では甲子園大会やインターハイ（全国高校総体）などが中止になって夢を失いがちな高校生を中心とした多くの国民に演奏を届けることに。

1〜3弾は伊丹駐屯地で収録したが、今回は兵庫県西宮市の鳴尾浜臨海野球場で45人の隊員が自衛隊創隊10周年記念歌「この国は」も作っている古関裕而さんの曲「栄冠は君に輝く」を歌い、奏でた。

高校時代は吹奏楽部に所属しコンクールなどを目指していたという柴田隊長が、「夢をあきらめないでほしい」という思いを込めて力強く指揮し、はつらつとした演奏を背に鶫3曹が伸びやかなソプラノで歌い上げた。

「（コロナが収束し）早く国民の皆さまに直接演奏をお届けしたい」と柴田隊長。8月7日には、およそ半年ぶりに、大阪市の屋外会場で行われるコンサートでその第1弾となる演奏を披露する。

白球を持った右手を高々と突き上げエールを送る柴田隊長（前列右）、鶫3曹（同左）ら中方音の隊員＝鳴尾浜臨海野球場で、中方広報室

## 4音楽隊もエール

【4師団＝福岡】陸自4音楽隊は6月23日、福岡駐屯地で高校球児へのオンライン演奏動画を収録、4師団の「フェイスブック」で発信している。

全国高校野球大会の代替となる地方大会が開催されることを受け、新型コロナウイルスと闘う九州北部4県の高校球児と球児を支える全ての人たちにエールが届くことを祈念し、「栄冠は君に輝く」を演奏した。

収録は隊長の簑毛勝熊3佐以下32人が参加し野球場に見立てた駐屯地グラウンドで行った。「高校球児の皆さんへエールが届きますように！」という隊長の力強いあいさつの後、心を込めて演奏。塚本愛佳3曹、板倉健太士長らが歌った。

収録した動画は4師団広報室が約1週間かけて編集し、発信した。

団結と絆も強まったと思う」と語った。

# 「ジビエ食材」で12品

## 河野防衛相と山本副大臣試食

「これはおいしい！」——。防衛省で7月20日、シカやイノシシの「ジビエ食材」を使った料理の試食会と講演会が同省厚生課などの主催で行われ、河野防衛相と山本副大臣が出来たての12品を試食した。

「ジビエ」とは、食用として狩猟で捕獲した野生鳥獣を指すフランス語で、会場には防衛省共済組合が運営するホテルグランドヒル市ヶ谷の職員をはじめ、市ヶ谷地区や近傍部隊の隊員食堂の担当者、各幕の関係者、農林水産省などから約50人が集まった。

提供された料理は鹿肉を使ったカレーやハンバーグ、唐揚げ、麻婆豆腐、シュウマイ、チンジャオロース、ポテトサラダとイノシシのベーコンを挟んだサンドイッチなど。口の中にコクのあるうまみが広がり、臭みや硬さを一切感じさせないメニューが並んだ。

講師として招かれた日本ジビエ振興協会の代表理事で「オーベルジュ・エスポワール」（長野県茅野市）のオーナーシェフを務める藤木徳彦氏は「調理の仕方ひとつでおいしく仕上がる」と強調。

講演後、「大臣と副大臣から『おいしかった』とおっしゃっていただき、手応えを感じた。低カロリーで栄養価の高いシカ肉などを活用すれば、毎日バランスよく栄養が採れて健康的な体を維持できる。仕事柄、体を使う隊員の皆さまにぜひ召し上がっていただきたい」と話していた。

シェフの藤木氏（左）から説明を受けて「ジビエ料理」を試食する河野大臣（7月20日、防衛省で）＝防衛省提供

# 根本准尉

# 留学生名誉殿堂入り

## 米陸軍下士官リーダーシップセンター

【陸自最先任室＝市ヶ谷】陸自最先任上級曹長の根本和男准尉＝写真＝は6月17日、米陸軍下士官リーダーシップセンター（米テキサス州）の「留学生名誉殿堂」の殿堂入りを果たした。陸上自衛官では初めて。

留学生名誉殿堂は、自身の功績で、自国軍で最高位の職位に就いた外国人卒業生に与えられる名誉ある賞。根本准尉は同センターの61期（2011年）に留学した。

同センターは学校長以下、教官は全て下士官で構成。指揮官の思考過程を理解し、補佐する良きパートナーを育成するため、米陸軍指揮幕僚課程とほぼ同じ内容で、約10カ月間の教育が行われる。

陸自からは1994年以降毎年2人が留学。一昨年からは中村功陸曹長が教官として所属している。

殿堂入りを祝うセレモニーは、新型コロナウイルスの影響でオンラインで行われた。

根本准尉は、現役の第70期生693人へのスピーチで「新たな脅威・領域に対応し複雑な環境下に対応するため、上級下士官としての変革へのリーダーシップが求められている。隊員育成に常に関心を払い、変革を常にリードしていただきたい」とエールを送った。

# プールで遠泳4キロ

## 防医大生86人が挑む

防衛医科大学校（埼玉県所沢市）の医学科2年（46期）の86人が7月16、17日、体育学校プール（朝霞）で4キロ遠泳に挑み、完泳した。

遠泳は同校開校当初からの伝統行事で、1、2年生の水泳授業・訓練の集大成として行われている。例年は神奈川・三浦半島の和田長浜海岸で行っているが、今年は新型コロナウイルスのため同海岸が閉鎖され、体校プールで泳ぐことに。

学生が半数ずつ2日に分かれ、縦50メートル・横20メートルのプールで4列に並んで時計回りに平泳ぎで泳いだ。

1日目は、水泳部の金丸陽勢学生がペースメーカー[illegible]

ペースメーカーを担った金丸学生は完泳後、「ペースをつかむのは難しかったけど（プールサイドからの）落合2曹のアドバイスもあって、うまくリードできた」。最後尾についた源新学生は「ばて気味になっていた周回の途中などに積極的に声を掛け、みんなの士気が落ちないようにした」とそれぞれ振り返った。

訓練教官の渡辺1尉は、「（訓練当初は）5メートルしか泳げない学生もいたが、よく指導に付いてきてくれ、みんなが頑張った」。

プールを31周して4キロを泳ぎ切った防医大医学科2年の学生たち（初日の完泳者）＝いずれも7月16日、体校で

4列の隊形をつくり泳ぐ学生たち。訓練当初5メートルしか泳げなかった女子学生も最後まで力泳した

# 家族向けHP更新

## 陸幕厚生課

【陸幕厚生課】陸上幕僚監部厚生課ではこのほど、隊員家族が必要な情報を容易に収集できるよう、家族向けホームページを更新。6月から適用が開始された「移転料（隊員の引越し費用）」の実費額化に関する情報などを掲載している。

ホームページへのアクセスは、QRコード＝写真＝の読み込みや、URLの直接入力で行う。陸自ホームページ上にも張られている。PDFなどの資料を見るにはパスワード「KIZUNA2017（半角大文字）」を入力する。

陸幕厚生課は「皆さまが活用できる情報を多く掲載しているので、ぜひご覧ください」と話している。

# こちら警務隊

船舶職員及び小型船舶操縦者法違反

## 船舶も酒酔い運転ダメ 事故起こせば刑事罰も

船でも酒を飲んで操縦すると違反ですか？

小型船舶操縦者は、法律で酒酔い等での操縦が禁止されており、違反をした場合は行政処分があります。

飲酒により注意力や判断力が低下すると、正常な判断が出来なくなり、相手船との距離を誤るなど、事故を起こしやすくなり危険です。

もし、事故を起こし他者を巻き込んだ場合は、行政処分と合わせ、民事賠償や刑事罰（業務上過失致死傷罪＝5年以下の懲役もしくは禁錮または100万円以下の罰金）に問われる可能性があります。

休暇等で小型船舶や水上バイクを操縦する方は、絶対にお酒を飲んで操縦してはいけません。

（中部方面警務隊）

次回は「盗撮行為」

## 小休止

▽…対馬駐屯地は7月1日から9月30日までの3カ月間、304基地通信中隊湯布院派遣隊の阿部彩吹士長を同中隊対馬派遣隊に臨時勤務として迎え入れている。阿部士長は対馬警備隊後方支援隊に勤務する阿部公裕1曹の長女で、二人の同一駐屯地での勤務は初めて＝写真。

▽…阿部士長は高校卒業後の平成29年、父の勧めで陸自に入隊。湯布院から対馬に着隊後、職務に精勤し、「父が暮らす官舎でプリンを作りました」とも話す。

▽…一方の阿部1曹は、新型コロナウイルス感染拡大防止のため、これまでは外出を自粛。久しぶりに娘と再会して自衛官としての成長を確認し、ホッとした表情を見せていた。

（対馬）

自衛隊バージョン　新発売！
災害等の備蓄用・贈答用として最適!!
EMERGENCY BOX
7年保存防災セット
1人用／3日分
陸・海・空自衛隊の写真を使用した専用ボックスタイプの防災セット。
非常時に調理いらずですぐ食べられるレトルト食品とお水のセットです。
外務省在外大使館等も備蓄しています。
メーカー希望小売価格5,130円（税込）
特別販売価格 4,680円（税込）【送料別】
昭和55年創業 自衛隊OB会社 (株)タイユウ・サービス
TEL03-3266-0961 FAX03-3266-1983

備蓄用・贈答用として最適
防災スイーツパン
陸・海・空自衛隊の"カッコイイ"写真をラベルに使用
3年経っても焼きたてのおいしさ♪
6缶セット 3,600円(税込)を 特別価格 3,300円
1ダースセット 7,200円(税込)を 特別価格 6,480円
2ダースセット 14,400円(税込)を 特別価格 12,240円
（送料は別途ご負担いただきます。）
TV「カンブリア宮殿」他多数紹介！
内容量：100g／国産／製造：(株)パン・アキモト
1缶単価：600円(税込)　送料別（着払）
昭和55年創業 自衛隊OB会社 (株)タイユウ・サービス
〒162-0845 東京都新宿区市谷本村町3番20号 新盛堂ビル7階
TEL：03-3266-0961　FAX：03-3266-1983

『朝雲』縮刷版 2019
2019年の防衛省・自衛隊の動きをこの1冊で
宮古島と奄美大島に駐屯地・分屯地が開庁 南西防衛を強化
大型台風が関東・東北を直撃　統合任務部隊を編成
朝雲新聞社　〒160-0002 東京都新宿区四谷坂町12-20KKビル
TEL 03-3225-3841　FAX 03-3225-3831
http://www.asagumo-news.com
判型 A4判変形／452ページ 並製
定価 本体2,800円＋税
発売中

# 呉海軍墓地で「軍艦矢矧慰霊碑」に献花

1海佐 本名 龍児（海自幹部学校戦史統率研究室・目黒）

呉市長迫の海軍墓地には、旧日本海軍の軍艦「矢矧（やはぎ）」（初代、防護巡洋艦、排水量5000トン）殉職者の慰霊碑があります。

「矢矧」は、第1次世界大戦中に豪州方面での約2年に及ぶ警備任務終了後の帰投時、大正7（1918）年11月、シンガポールに入港した際、乗員約470名のほぼ総員がインフルエンザ（いわゆるスペイン風邪）に罹患し、48名が死亡する惨事に見舞われており、碑はその悲劇を慰霊するものです。

私は海上自衛隊幹部学校において、新型コロナウイルス感染症への教訓等導出を念頭にこの事例を研究しましたが、殉職者が埋葬されたマニラの慰霊碑に当時の山口艦長が刻んだ「皆之れ、忠勇義烈の士、永久に帝国の戦史を飾り、国民精神を指導すべし。諸子冥すべきなり」の言葉が強く印象に残り、状況が許すようになれば、呉の慰霊碑を慰霊と研究成果報告のため、訪問したいと考えていました。

緊急事態も解除された6月27日、慰霊のための訪問がかないました。墓参に際し、同行したのは、本事案に興味を持った防衛大同期生で、今は関東の民間企業で活躍中の川田和彦予備2等陸尉です。

慰霊碑に着いた私たちは、簡単な掃除を行い、花を供えました。厳かに敬礼し、殉職者の冥福を祈りました。

ところで、この慰霊碑には、正面の「軍艦矢矧殉職者之碑」の文字は残っているものの、裏面にあった説明文は、戦後、進駐軍の目を意識して、撤去されており、書かれていた文章も不明のままでした。しかしながら、今回、スペイン風邪の事例への関心が高まるなかで、民間で研究している方からの碑文に関する情報が得られ、私も墓参の前日に広島市にある県立図書館で昭和12年に慰霊碑が設置されたことを報道する新聞記事から内容を確認しました。

そこに戦争や殉職を賛美する文言はなく、慰霊碑の裏にあったのは、山口元艦長の揮毫により、殉職者を偲び、英霊を顕彰するために有志の献金を持って碑を建てたとする説明文でした。今の感覚であれば、問題となるような内容と考えられませんが、こうした碑文も撤去せざるを得なかった当時の空気というものが推量されます。

その後、約100年の間に衛生面も艦艇の性能、居住性も大きく向上したとはいえ、本質的に「洋上での集団生活」となる海上自衛隊の活動基盤における集団感染への脆弱性という側面は不変です。

そのため、軍艦「矢矧」の惨事は、海上自衛隊が今後もパンデミックを克服し、国民生活を守るための活動を継続していく上での過去からの警鐘ととらえていくべきであり、この慰霊碑のことも少しでも多くの方に知っていただき、また、折に触れて訪れていただけたらと思います。

◇海幹校HPに詳細

「軍艦矢矧」に関する本名1佐の研究成果（『1918—19年インフルエンザ・パンデミックと帝国海軍』など）は、海自幹部学校のホームページで読むことができる。同HPの戦略研究会コラム欄に進み、「コラム157」「同161」「同171」へ。

「軍艦矢矧殉職者之碑」に献花した本名1海佐（右）と川田和彦予備2陸尉（6月27日、広島県の呉海軍墓地で）

旧海軍の巡洋艦「矢矧」

## みんなのページ

### 衛生救護陸曹として奮闘中

3陸曹 後藤 二郎（47普連本管中隊・海田市）

「猪突猛進」の精神で医療支援活動に励んでいる後藤二郎3曹

今年3月の異動で、私は福岡病院准看護学院から47連隊の本部管理中隊に配属されました。「連隊最年少」ということなので、若さを生かして「猪突猛進」のごとく、何事にも挑戦していきたいと思います。

私は「准看護師」の資格を持った衛生救護陸曹として勤務していますが、ここでは准看護師を志した理由を述べたいと思います。

私が陸士の頃に中隊救護員として勤務していた大村駐屯地では、准看護師や救急救命士の資格を持つ先輩が多く、定期健康診断の際の採血の様子や怪我をした隊員への対応など、その処置をする姿に私はあこがれました。そして私自身もいつか周囲から「こいつがいれば安心して訓練することができる」と思われる衛生科隊員になりたいと思いました。

1年に1度しか受験することができない「准看護師課程」の試験ですが、私は2回目で合格することができました。「全国で100人」という狭い枠を勝ち取り、合格通知をいただいた時は、思わずうれし泣きしたことを今でも覚えています。

教育期間は2年と長く、勉強も大変でした。1年次では人体のしくみや看護に関する内容、各分野ごとの疾患などの座学が主体でした。採血の練習もあり、同期同士で行うのですが、慣れない手つきで互いが不安と痛みに耐えることもありました。

また、水難救助や山地行進も行い、陸曹候補生に指定されました。

2年次は第5陸曹教育隊（久留米）に入校し、初級陸曹としての知識や技能を修得しました。病院実習では本格的に患者さんと関わりを持ち、1年次に学んだ看護技術・知識を生かして臨みました。病気や障害によって異なる患者さんに対し、どう処置をすれば心地よく生活してもらえるかを一番に考え、行動に移すことを心掛けました。

これら課程で学んだことはとても多く、長いようで短く感じた教育でしたが、内容が濃く、とても良い教育を受けることができたと感じています。今後とも学んだ技術と知識を部隊勤務の中で昇華し、内外の医療活動に貢献していけるよう一生懸命頑張りたいと思います。

### 即応予備自衛官への志願

即応予備3陸曹 任田 義政（49普連本管中隊衛生小隊・豊川）

私は令和2年度から即応予備自衛官に採用されました。

常備自衛官の時代は37普連、准看護学生、10偵察隊に勤務しました。現在は小学校の特別支援員（介助員）の仕事をしており、日々、子供たちの成長を見守っています。

自衛隊退職後は、手術室看護師、観光バス運転手なども経験し、その間、予備自衛官を続けてきました。

一般社会から自衛隊を見て、改めて陸上自衛隊の活躍ぶりや国民からの信頼の高さを目の当たりにし、私も再び自分の技能を社会のために役立てたいと思い、即応予備自衛官に志願しました。

これからは即応予備自衛官として何事にも前向きに取り組み、再び第一線の部隊で頑張っていきます。

### 海外で活躍する施設科隊員に

2陸士 川井 良祐（11施設隊・真駒内）

私は本年2月27日から5月19日までの間、第11施設隊が担任した新隊員特技課程「施設」教育に参加しました。

教育当初は施設科で新しい知識・技能を学べるという希望と、千葉県出身の私にとっては積雪のある北海道での不慣れな環境に対する不安で胸が一杯でした。

しかし、教育開始以降は隊長、教官、班長による親身な教育や指導により、不安を感じることなく施設手として必要な基礎作業などを同期と切磋琢磨しながら練度向上を図ることができ、自分でもその成長を日々感じることができました。

部隊配置後は教育で習得した施設基礎作業の要点・コツを踏まえ、「正しく・楽に・早く・安全に」着意し、技術の向上に努めたいと思います。そして将来的には施設器材を操作して災害派遣活動で国民を助け、また海外においても国際平和維持活動などで活躍できる施設科隊員になりたいです。

### OBがんばる

#### 何事も経験が大事

若山 晃さん 54
令和元年9月、群馬地本を最後に定年退職（1陸尉）。群馬・中之条町役場に再就職し、現在、総務課で地域安全係を務めている。

自衛隊を退職するに当たり、援護を通じ、さまざまな再就職先があることを認識しました。その中で「自分には何ができるのか」「どのような職業が合っているのか」と迷っていた時に、私の出身地である中之条町役場が「防災関連の仕事をしてくれる人を探している」という話をいただき、「自衛隊での経験を生かせ、故郷にも恩返しができるのではないか」と思い応募した結果、無事、町役場に勤務する運びとなりました。

現在は総務課で地域安全係として町内各地区の防災計画の作成や安全対策へのアドバイス、災害発生時の避難計画等への助言を行う職務を担当しています。

初出勤して間もない頃、目の前の電話が鳴り、受話器をとった私はつい「自衛隊沼田地域事務所です」と言ってしまい、すぐに「すみません、間違えました」とあやまりました。要件が済み受話器を置くと周囲の方々から大笑いされ、以降は職員の皆さんと会話が弾み、役場での業務もスムーズに進むようになりました。

何事も経験で、最初はうまくいかなくても徐々に慣れてくるものだとつくづく感じました。そこで私が心掛け、実践している事をいくつか紹介します。

役場勤務は町民の方々と接触する機会が大変多いです。そこで身だしなみや言葉遣いは、自衛隊勤務では考えられないくらい気を使うようにしています。また、私は他の職員より年は上ですが新入職員ですので、出勤は早目を心掛けています。

職場では朝の「おはようございます」のあいさつから始まり、業務終了時の「お疲れ様でした」は、特に元気良く声を出すよう心掛けています。どこの職場でも同じですが、しっかりと周囲とコミュニケーションをとっていけば、自分の居場所を作れると思います。

### 第1239回出題　詰碁

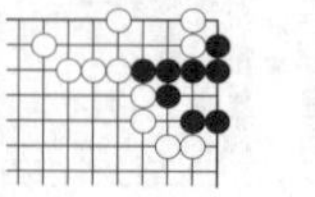

黒先

出題 日本棋院 九段 曲 励起

『黒を助けて下さい。黒は最初と三手目が大切です』。5分でできれば中級以上です。

▶詰碁、詰将棋の出題は隔週です◀

### 詰将棋

出題 日本将棋連盟 九段 石田 和雄

▲先手 持駒 飛桂

≪第823回の解答≫

【正解】▲1二飛△同角▲1二香成△同玉▲2四桂△2二玉▲3二角成までの七手詰め。

【解説】まず▲1二飛と打ち、角の利きをずらすのが狙いの一手。△同角に▲1二香成は習いある手筋。次に▲2四桂と打てば、角との協力で詰め上がります。

**「朝雲」へのメール投稿はこちらへ！**

▽原稿の書式・字数は自由。「いつ・どこで・誰が・何を・なぜ・どうしたか（5W1H）」を基本に、具体的に記述。所感文は制限なし。
▽写真はJPEG（通常のデジカメ写真）で。
▽メール投稿の送付先は「朝雲」編集部（editorial@asagumo-news.com）まで。

（世界の切手・ポルトガル）

立って水面を見つめるだけでは、海を渡ることはできない。

タゴール（インドの詩人）

**朝雲ホームページ**
www.asagumo-news.com
<会員制サイト>
**Asagumo Archive**
朝雲編集部メールアドレス
editorial@asagumo-news.com

## 新刊紹介

### 「先端技術と米中戦略競争」

布施 哲著

テレビ朝日ワシントン支局長の著者が、米国内で最先端技術を不法に入手し、それを使って急速に軍事・経済力を高め、西側に挑んでくる中国への米国民の怒りと危機感を首都ワシントンから伝えるレポートだ。

近づく米空母打撃群を長距離の極超音速ミサイルなどで攻撃する中国の「A2／AD（接近阻止／領域拒否）」戦略をはじめ、宇宙ドメインやAI分野での中国軍の最新兵器などを紹介し、互いに戦略的に優位に立つため、技術領域で熾烈さを増す米中の兵器開発競争が明らかにされている。

レーザー兵器、ロボット、サイバー戦などをテーマとする技術的な内容の本だが、写真や図表をふんだんに使いビジュアル的に解説してくれているので、一般の人も将来の戦争を具体的にイメージできる。

日本はこうした米中の軍事競争の狭間で、今後は「技術と戦略を結び付けて発想する視点が必須になる」と強調している。（秀和システム刊、2640円）

### 「イスラエル諜報機関暗殺作戦全史」（上・下）

R・バーグマン著、小谷 賢監訳

本紙コラム「春夏秋冬」でも健筆をふるう情報の専門家・小谷日大教授が監訳したイスラエルの秘密作戦の全容を明らかにした大著だ。著者はイスラエルの新聞記者で、原題は「Rise and Kill First（立ち向かって先に殺せ）」。その題名通り、ナチスのホロコースト生存者により建国されたイスラエルが、その後も生き残りをかけて極秘作戦で敵を抹殺し続けた負の歴史の数々が描かれている。

シリアが北朝鮮から購入した原子炉の保管場所を危険を冒して突き止めたイスラエルの諜報機関「モサド」の情報で、同国空軍機がシリア国内に侵入し、22発のミサイルを撃ち込んで施設を完全に破壊する。また、敵対する過激派ヒズボラなどの指導者には特殊部隊を送り、狙撃によって暗殺していく。こうした建国後70年間の極秘作戦がそれぞれ克明に記され、その内容は軍事スリラー小説のようだ。

「殺されるよりも先に殺す」民主国家が堂々存在していることに、日本人は間違いなく驚かされることだろう。（早川書房刊、各3520円）

防衛省職員・家族団体傷害保険／防衛省退職後団体傷害保険

# 団体傷害保険の補償内容が一部改定になりました！

**Point 1　新型コロナウイルスが新たに補償対象に!!**

A型（家族補償タイプ）・B型（個人補償タイプ）・D型（予備自衛官等用）に「指定感染症追加補償特約」がセットされ、特定感染症の補償範囲が「指定感染症※1」まで拡大されました。それにより、これまで補償対象外であった**新型コロナウイルスも新たに補償対象**となります。

（注）指定感染症追加補償特約の対象となる方は、**A型・B型では防衛省共済組合員ご本人、かつ、記名被保険者ご本人に限ります。公務中や通勤災害中の事故に限定せず幅広く補償いたします。**

**Point 2　2020年2月1日に遡って補償!**

2月1日以降に発病されたものから補償の対象※2となるため、既にご加入されている方で、該当する方は、三井住友海上事故受付センター（0120-258-189）までご連絡ください。

**Point 3　既にご加入されている方の新たなお手続きは不要!**

既にご加入されている方は、新たなお手続きや追加の保険料のお支払いは必要ありません。

※1 特定感染症危険補償特約に規定する特定感染症に、感染症の予防及び感染症の患者に対する医療に関する法律（平成10年法律第114号）第6条第8項に規定する指定感染症(注)を含むものとします。
（注）一類感染症、二類感染症および三類感染症と同程度の措置を講ずる必要がある感染症に限ります。
※2 新たにご加入された方や、増口された方の増口分については、ご加入日以降補償の対象となります。ただし、保険責任開始日からその日を含めて10日以内に発病した特定感染症に対しては保険金を支払いません。

気になる方は、各駐屯地・基地に常駐員がおりますので弘済企業にご連絡ください。

【引受保険会社】（幹事会社）
三井住友海上火災保険株式会社
東京都千代田区神田駿河台 3-11-1　TEL：03-3259-6626

【共同引受保険会社】
東京海上日動火災保険株式会社　損害保険ジャパン株式会社　あいおいニッセイ同和損害保険株式会社
日新火災海上保険株式会社　楽天損害保険株式会社　大同火災海上保険株式会社

【取扱代理店】
弘済企業株式会社　本社：東京都新宿区四谷坂町12番地20号KKビル　TEL：03-3226-5811（代表）

朝雲
発行所 朝雲新聞社
〒160-0002 東京都新宿区四谷坂町12−20 KKビル
電話 03(3225)3841
FAX 03(3225)3831
振替00190-4-17600番
定価一部150円、年間購読料9170円（税・送料込み）

明治安田扱 団体生命保険
保険金受取人のご変更はありませんか？
アフターフォローの
明治安田生命
〔引受幹事生命保険会社〕

## 主な記事



# 事務次官に島田官房長
## 防衛審議官に槌道防政局長

8月5日付

政府は7月31日の閣議で、高橋憲一事務次官、西田安範防衛審議官、中村吉利地方協力局長の勇退を認め、新事務次官に島田和久官房長、新防衛審議官に槌道明宏防衛政策局長、新地方協力局長に鈴木敦夫整備計画局長を充てる人事を了承した。新官房長には芹澤清防衛監察本部副監察監が就任する。新防衛政策局長には岡真臣人事教育局長、その後任には菅原隆拓統幕総括官、新整備計画局長には土本英樹大臣官房審議官が就く。発令はいずれも8月5日付。このほか、7月31日、8月1、3日付で審議官級の異動が防衛省から発令された。

（自衛官の定期異動は次号に掲載予定）

島田事務次官

島田 和久（しまだ・かずひさ）事務次官 慶大法卒。昭和60年旧防衛庁。防衛政策局次長、大臣官房審議官、地方協力局長、内閣総理大臣秘書官などを経て、令和元年7月大臣官房長。神奈川県出身。58歳。

槌道防衛審議官

芹澤官房長

岡防衛政策局長

土本整備計画局長

菅原人事教育局長

鈴木地方協力局長

## 官房長に芹澤副監察監

防衛省発令

▽防衛事務次官（大臣官房長）島田 和久
▽防衛審議官（防衛政策局長）槌道 明宏
▽大臣官房長（防衛監察本部副監察監）芹澤 清
▽防衛政策局長（人事教育局長）岡 真臣
▽整備計画局長（大臣官房審議官）土本 英樹
▽人事教育局長（統幕総括官）菅原 隆拓
▽地方協力局長（整備計画局長）鈴木 敦夫
[illegible]

# 防衛相 NATO事務総長と会談
## マレーシア国防相とも電話で
## 防衛協力の推進で一致

河野防衛相は7月20日、マレーシアのイスマイル・サブリ・ビン・ヤーコブ国防相、翌21日には北大西洋条約機構（NATO）のイェンス・ストルテンベルグ事務総長（ノルウェー元首相）とそれぞれ個別に電話会談を行った。

河野大臣は両氏との会談の中で、日本との防衛協力・交流を引き続き強力に推進していくことで一致。東・南シナ海をめぐる地域情勢についても意見交換し、確認した。

ストルテンベルグ事務総長とは「力を背景とした一方的な現状変更の試みや、緊張を高めるいかなる行為にも強く反対し、法の支配に基づく自由で開かれた海洋秩序が重要だ」との認識で一致。河野大臣は「自由で開かれたインド太平洋」の維持・強化に向け、同地域へのNATOのコミットメント（責任ある関与）の強化に期待を示した上で、[illegible]

空自三沢基地で302飛行隊のF35Aステルス戦闘機（後方）を視察し、専用ヘルメットの機能を確認する山崎統幕長（右）とシュナイダー在日米軍司令官＝7月21日

## 在日米軍司令官と 統幕長 東北部隊を視察
## F35A戦闘機の運用を確認

山崎統幕長は7月21、22の両日、在日米軍司令官のケビン・シュナイダー空軍中将と共に東北地方を訪れ、陸自仙台駐屯地や空自三沢基地などを視察した。

両者の訪問は東日本大震災の復興状況の視察も兼ね、日米安全保障条約署名60周年を迎えた日米同盟のさらなる強化を目的に行われた。

2人はまず、空自三沢基地で302飛行隊の最新鋭F35Aステルス戦闘機を視察し、運用状況を確認した。[illegible]

震災時、統合任務部隊の指揮所が置かれた仙台駐屯地を訪れ、当時の「トモダチ作戦」での日米共同の状況を振り返った。[illegible]

## 宇宙作戦隊シンボルマーク決定
### 空幕長「将来の無限の可能性と夢表す」

空自は7月31日、自衛隊初の宇宙関係部隊として5月に発足した「宇宙作戦隊」（府中、隊長・阿式俊英2佐）のシンボルマークを発表した。[illegible]の隊員で、同日、丸茂空幕長が記者会見で公表した。シンボルマークは宇宙をイメージし、中央に十字の星と地球、人工衛星の軌道を組み合わせ、同隊の任務である「宇宙空間の常続不断の監視」を表している。

その下には山口県に建設予定の宇宙監視専用レーダー6基を示す六つの円を並べ、マークの中にある計20個の星は部隊創設の2020年を意味している。

空自はこのシンボルマークをワッペンにして制服などに着けたり、宇宙作戦隊のマークとして活用する予定だ。

丸茂空幕長は記者会見で「将来の無限の可能性と夢を表すマークだ。このシンボルのもとに、隊員は一致団結し、誇りをもって任務に取り組んでほしい」と述べた。

星・地球・人工衛星の軌道を組み合わせた宇宙作戦隊のシンボルマーク

## 春夏秋冬

### 軍事的脅威としての宇宙探査

青木 節子

7月23日、中国の火星探査機「天問1号」（周回機と着陸機、探査車からなる）が海南島の文昌発射場から大型ロケット長征5号（2016年に完成）で打ち上げられた。7カ月後に着陸機が火星に軟着陸し、探査車（移動型探査基地）が火星表面のデータを収集する予定である。周回機は火星軌道上で科学観測を続けるとともに、探査車からのデータを地球に送信するための中継基地の役割も果たす。実現すれば、中国は米国に次いで世界で2番目に火星軟着陸を果たし、継続的な火星現地探査を行う国となる。

中国は、2000年、06年、11年、16年の4回宇宙白書を公表し、初回は今後10年間の、06年以降は今後5年間の目標を具体的に示してきた。そして有人飛行、有人宇宙実験室、多様なロケット開発、世界のGPSに比肩する世界航法衛星網（20年6月に「北斗」30機体制完成）、国内4番目の海南島・文昌発射場建設（15年）、世界初の月の裏側への軟着陸（18年）など、すべて白書の予定通りに実現してきた。第4次白書で実現していなかった最後の目標、火星周回と軟着陸も実現に向けて進んだことになる。新型肺炎の影響も最小限に、宇宙強国へと加速する。

中国は、衛星を用いた南シナ海の監視強化を行うと約10年前に公表し、各種海洋観測衛星と軍事専用の海洋監視衛星を組み合わせた全天候型、高頻度の監視網を作り上げてきた。2021年には監視網が完成すると報道される。南シ[illegible]

有人・無人の天体探査は、それ自体直接の軍事脅威ではない。しかし、仰ぎ見る科学技術大国・宇宙強国に領土を狙われた国に戦意を喪失させ、妥協を選択させる効果をもたらすかもしれない。若干単純化すると、米国の有人月着陸が、米ソ冷戦での米国の最終的な勝利を世界に確信させたことにも通じ、ここに宇宙探査の意義と恐ろしさの一端があると考える。

中国は東京都・小笠原諸島の海洋調査と監視をより強化し、ほどなく、沖縄県周辺に対しても同様なことがなされるであろう。今こそ、我々日本国民の団結と自衛隊の強化が必要であろう。決意の時が刻一刻と近づいている。

（慶應義塾大学大学院法務研究科教授）

# 「市ヶ谷台ツアー」再開

初めて一般公開された「大本営地下壕跡」の内部を見学する「市ヶ谷台ツアー」の参加者たち（8月3日、防衛省で）

新型コロナウイルスの影響で2月下旬から休止となっていた防衛省の「市ヶ谷台ツアー」が8月3日、再開した。これに合わせ、待望の「大本営地下壕跡」の公開が午後のコース（定員10人）に限定して新たに始まり、大きな注目を集めている。地下壕跡の一般公開は初めて。

防衛省の敷地内には太平洋戦争時、陸軍省や大本営陸軍部などの中枢部が置かれており、空襲に備えて1941（昭和16）年8月から翌年にかけて、大本営の建物前（現在のA棟儀仗広場）の地下にトンネル状の地下壕が建設された。

壕では45（昭和20）年8月10日、当時の阿南惟幾陸軍大臣が、昭和天皇によるポツダム宣言受諾の「御聖断」を軍幹部らに伝えた場所とも言われているが、それを裏付ける資料は一切残されておらず、壕の存在を含めて謎に包まれている。

公開エリアは安全のために柵で囲まれ、床には金属製の板も敷かれ、安心して見学することができる。

地下壕跡の見学には入場料が必要（高校生を除く18歳以上700円、18歳未満は無料）。ツアーは当面、新型コロナ対策の観点から人数が制限される。詳細・申し込みは防衛省HP（https://www.mod.go.jp/j/publication/ichigaya/index.html）を参照。

## 海自護衛艦 リムパックに参加
### コロナの影響で規模縮小

海自は8月17日から[illegible]米海軍主催の環太平洋合同演習「リムパック2020」に参加する。同演習は1971年から始まり、ほぼ隔年で実施され、海自は1980年から参加。21回目となる今回は、新型コロナの影響で規模を縮小し、[illegible]

[illegible]「あしがら」[illegible]の指示で艦内消毒など[illegible]濃厚接触を含む乗員たちは再びPCR検査を受け、[illegible]

## 次期戦闘機の開発
### 防衛省 単独契約で公募開始

防衛省は7月31日、空自F2戦闘機の後継となる次期戦闘機（F-X）の開発体制について、機体全体のインテグレーションを担当する機体担当企業1社が主導的な立場で開発を進める「シングル・プライム（単独契約）」体制とすることを決め、同日、公募を開始した。

中核企業1社がエンジンやミッション・アビオニクスを担当する下請け企業と緊密に連携し、設計や開発・製造の全体を統括する。

河野防衛相は同日の記者会見で、[illegible]「[illegible]担保されるかどうか、開発費をいかに安く抑えられるか――の二つが最大の論点になる」と述べた。

求む！
建物を守る人
私達は建物の総合マネジメント会社です。
日本管財株式会社
http://www.nkanzai.co.jp
設備管理・警備スタッフ募集
平成28年度以降の退職自衛官採用数 61名
03-5299-0870 自衛隊担当：平尾

## 朝雲寸言

後から振り返った時に「ああ、あの時だった」と多くの人が思い返す、そんな歴史の転換点に我々は生きているのかもしれない▼米国ヒューストン市の中国総領事館が閉鎖され、報復措置として中国成都市の米国総領事館が閉鎖された。今から半世紀前、ニクソン大統領が中国を訪問することを電撃的に発表したのは1971年のことだった。「ニクソン・ショック」と呼ばれたのは、我が国に知らされたのが発表の15分前であったからである▼「ひとつの中国政策」の下で中国は世界の工場、世界の市場として驚異の経済発展を遂げてきた。その後押しをしたのが米国であったのは紛れもない事実である。ここに至って米国はこれまでの中国への態度が間違っていたかもしれないことをしぶしぶ認めたようである。経済的に豊かになれば自由化や民主化が実現できると考えた米国の中国政策はやはり甘かったと言うしかない▼注目すべきは冷戦後のグローバリズムの拡がりの影に隠れていたナショナリズムの台頭が新型コロナウイルス感染症の拡がりによってより鮮明に見えることである。この現状を予測できた専門家はほとんどいない。目に見える米中対立はもう少し先の将来だと誰もが思っていたのだ▼翻って我が国はコロナ禍の中、各地で歴史的な豪雨災害に見舞われた。歴史に「if」は禁物だが、今頃世界が東京オリンピックで沸き返っていたはずだと嘆息するばかりである。

安心と幸せを支える防衛省生協
火災・災害共済
火災から風水害（地震・噴火・津波を含む）まで、手ごろな掛金で大切な建物と動産（家財）を守ります。火災・災害共済は"いつでも"お申し込みいただけます。

手ごろな掛金で幅広く保障 火災等による損害から風水害による損害まで保障します。

| 掛金 | 保障 |
| --- | --- |
| 年額1口200円<br>建物60口、動産30口まで | 火災の場合は、築年数・使用年数にかかわらず再取得価格（防衛省生協が定める標準建築費、動産は同等のものを新たに購入する場合、同等機能品の取得価格）で保障します。住宅ローン融資の際の質権設定にも原則的に対応可能です。 |

退職後も終身利用
保障内容は現職時と変わりません。
※退職火災・災害共済の加入資格は、防衛省職域勤務期間が14年以上で、退職時に継続して3年、共済事業（生命・医療共済又は火災・災害共済）を利用していること。
※ご加入は退職時1回限りであり、退職後には加入できません。

遺族組合員の利用が可能に
万一、現職の契約者が亡くなった場合に、遺された家族の生活不安の解消や生活の安定を図るため、配偶者が遺族組合員として火災・災害共済事業を利用できます。
※遺族組合員が所有し居住する建物1物件、動産1か所が契約できます。

単身赴任先の動産も保障
建物2か所、動産2か所まで所在地の異なる物件を契約できます。単身赴任先の動産（家財）のほか、両親の家も契約できます。

剰余金の割戻し
剰余金は割り戻され、毎年積み立てられて組合脱退時に返戻されます。退職火災共済割戻金は組合が預かり金として留保し、次回の掛金に振替えします。

※詳細はパンフレットまたは防衛省生協ホームページの火災・災害共済ページをご覧ください。
防衛省職員生活協同組合 〒102-0074 東京都千代田区九段南4丁目8番21号 山脇ビル2階 専用線：8-6-28901〜3 電話：03-3514-2241（代表）
防衛省生協 検索

# 時の焦点

## 国内　コロナ再拡大

### 「一進一退」でも前進を

首都圏中心だった新型コロナウイルスの流行が、全国各地に広がってきた。一人一人が気を引き締めて、感染爆発を防がなければならない。

一時は収まっていた新規感染者数が急増に転じ、今や1日1000人を超える日は珍しくない。東京都や大阪府、愛知県などで連日過去最多を更新しただけでなく、新潟、岐阜、沖縄県などで感染が大きく広がっている。

安倍首相は3日の政府・与党連絡会議で、「感染者数が増加している。他方で、入院されている重症者の方はこの数日、全国で80人台、東京では20人台程度の水準で、一進一退の状況だ」と語った。そのうえで「都道府県と連携して、検査体制の強化、陽性者の早期発見、早期治療を進める」と強調した。

首相が指摘する通り、第1波当時と比べて感染者数は多いものの、重症者や亡くなる方が急増しているわけではなく、医療機関はまだ逼迫していない。冷静な状況分析が必要である。

首相がまず、都道府県との連携を重視する考えを示したのは適切だ。感染状況や医療体制、さらに地域経済の動向は自治体によって差がある。政府が全国一律の対策をまとめるのではなく、地方自治体が主体的に判断することにより、地域の実態に即した対応が可能となろう。

政府の新型コロナ対策分科会は、「感染ゼロ散発段階」から「感染爆発段階」まで、感染状況を4段階に分けて検討する方針だ。東京都や大阪府は現在、第2段階の「感染漸増段階」にあるという。

手をこまねいて感染爆発に至る事態は、何としても避けねばならない。早め早めに対策を講じることが不可欠である。

難しいのは、社会・経済活動との両立も図らなければならないことだ。

東京を除外して始まった政府の観光支援事業「Go To トラベル」について、東京都の小池百合子知事は「ブレーキとアクセルを同時に踏むようでは、効果は出ないのではないか」と疑問視した。感染拡大を防ぐには外出を減らした方が効果的で、一面ではもっともな指摘だ。

だが、観光に関わる産業は、交通機関や宿泊施設だけでなく、零細な小売店・飲食店など裾野が広い。外出自粛がさらに長引けば、地域経済が立ちゆかなくなるところも出てくるだろう。

お盆期間中の帰省なども、政府が一律に自粛を要請する、という性格のものではあるまい。感染防止に十分に気を配れば遠出してもリスクは減り、そうでなければ近場であっても危険性は高まる。

ワクチンや治療薬が開発され、幅広く普及するには時間がかかる。その間、社会・経済活動をすべて止めることはできない。感染者数の増減をにらみながら、試行錯誤していくことになろう。

コロナ収束まで長期戦だ。「一進一退」であっても、着実に歩みを進めるしかないのである。

宮原 三郎(政治評論家)

## 海外　南シナ海情勢

### 中国批判で米豪"共闘"

オーストラリア政府は7月23日、グテレス国連事務総長に書簡を送り、中国の南シナ海における領有権や海洋権益の主張には「法的根拠がない」とする見解を伝えた。

国連海洋法条約に基づく仲裁裁判所(在ハーグ)が2016年、南シナ海をめぐる中国の主張を退けた経緯にも触れ、「中国が南シナ海の領海や『諸島』の外側を結ぶ領海基線を引くことができるという法的根拠はない」と述べた。

南沙(英語名スプラトリー)諸島や西沙(同パラセル)諸島に関し中国の主権が「国際社会に広く認知されている」との主張にも、ベトナムやフィリピンが反対している事実を挙げ、中国の言い分は認められないと断じた。

これまで、「南シナ海問題は国際法に基づいて解決すべきだ」と"中立的"姿勢だったオーストラリアの「劇的な変化」(英BBC放送)との指摘もある。

同国が新型コロナウイルスの発生源を追究するため国際的な調査を要求するなど、中国に対して強硬姿勢を示し、両国関係が悪化している背景もあるが、米国との"共闘"に踏み切った意味は大きい。

その10日前の13日、ポンペイオ米国務長官は声明を発表し、「中国による南シナ海のほぼ全域における海洋権益の主張は、完全に違法であるということを明確にする」と言明。

そして、米国は16年の仲裁裁判所の判断に同調する立場を示し、「世界は中国が南シナ海を自分たちの海洋帝国として扱うことを許さない」と明言していた。

米政府はこれまで、中国による南シナ海での軍事拠点化に反対しつつも、領有権問題では当事国の平和的解決を支援する姿勢だった。

そこから一歩踏み込んで、中国と厳しく対立していく姿勢を明らかにしたポンペイオ長官の声明は、米国もまた、「劇的に変化」したことを示す。

新型コロナウイルスへの対応、香港での反政府的動きを取り締まる「香港国家安全維持法」の施行、新疆ウイグル自治区でのイスラム教徒に対する人権侵害などを見れば、米国の対中「変化」は遅過ぎる。

米政府は21日、在ヒューストン(テキサス州)中国総領事館の閉鎖を命令。中国も24日、四川省成都にある米総領事館の閉鎖を命じて対抗し、今後も各方面で対立が続くだろう。

一方、中国の人民解放軍は7月25日—8月2日の予定で、南シナ海の一部で新たな軍事演習を実施する。実弾射撃訓練で、「航行の自由」作戦を展開する米軍へのけん制、威嚇の狙いもある。

6月初めから米国の外交・防衛問題の論者の間でささやかれている「噂」がある。

——中国はベトナムとの国境に2—4個師団(一部は機甲)を移動させた。夏に南シナ海で上陸演習を行うことも明らかになっている。演習はベトナムが南シナ海に持つ49の基地への奇襲の"隠れ蓑"かもしれない——。

草野 徹(外交評論家)

# MFO派遣の2隊員帰国

## エジプト、イスラエルの停戦監視

岩田政務官(右)から1級賞詞を授与されるMFO1次司令部要員の桑原1佐(中央)。左は若杉1尉=7月28日、防衛省で

エジプト、イスラエル間の停戦監視などを担う国際機関「多国籍部隊・監視団(MFO)」の司令部(エジプト・シャルムエルシェイク)に派遣されていた桑原直人1陸佐、若杉貴史1陸尉(ともに陸上総隊司令部運用部付)が7月28日、防衛省を訪れ、岩田政務官に帰国を報告した。

MFOは1982年から、エジプト・シナイ半島で平和維持活動を行っている。防衛省は国連が統括しない「国際連携平和安全活動」に従事する初のケースとして、昨年4月からMFOに桑原1佐と若杉1尉を派遣。2人は今年7月までの約1年2カ月間、現地司令部で連絡調整などに当たってきた。

帰国報告では桑原1佐が代表して申告。岩田政務官は「多国籍部隊・監視団司令部で連絡調整部副部長として停戦監視任務の遂行に必要な調整業務等を適切に行い、中東の平和と安定に大いに寄与した」とたたえ、同1佐に1級賞詞を授与した。

2人は同日、山崎統幕長、湯浅陸幕長にも帰国を報告。陸幕長から若杉1尉に2級賞詞が贈られた。

MFOには現在、第2次司令部要員として深山正仁2陸佐と竹田津佑介3陸佐(ともに総隊運用部付)が派遣されている。

# 統幕長から 太田1佐に3級賞詞

## 国際緊急援助隊 豪州森林火災に対処

【1輸空=小牧】1輸空飛行群司令の太田将宏1佐(7月1日付で支援集団理整部長)は6月12日、オーストラリア森林火災の国際緊急援助活動の功績により、統幕長から3級賞詞を受賞した。

式は小牧基地の1輸空司令室で行われ、同司令の佐藤明夫将補が3級賞詞を伝達した。

太田1佐は国際緊急援助空輸隊の司令として、2機のC130H輸送機と隊員約70人を率いて、大規模森林火災の被害を受けたオーストラリアに飛び、ニューサウスウェールズ州のリッチモンド空軍基地を拠点に1月15日から2月10日まで、約3週間にわたり人員や物資の輸送を行った。

佐藤司令は「豪空軍をはじめ関係機関との緊密な連携を図るとともに、飛行に関する両国の相互理解を深化させて両国間共同の輸送業務を実施することにより、相互運用性を向上させ、豪州における大規模森林火災の消火活動に大きく貢献した」と功績をたたえた。

統幕長からの3級賞詞を太田1佐(右)に伝達する佐藤1輸空司令(6月12日、小牧基地で)

# 自主募集優秀17部隊を表彰

## 丸茂空幕長 中空に2級賞状

【空幕人計課】丸茂空幕長は7月1日、隊員自主募集に功績があった空自17個部隊を表彰した。

表彰式は6月22日の全国地本長会議で実施される予定だったが、新型コロナの関係で後日、各部隊長から伝達された。

隊員自主募集は、部隊などに勤務する隊員が主体的に募集対象者の情報を収集し、地本に情報提供する活動。令和元年度は空自全体で2476件の情報が寄せられ、885人の入隊成果を挙げた。

受賞部隊等は次のとおり。

◇2級賞状＝中空司令部(入間)

◇3級賞状＝2空団(千歳)、西施隊(芦屋)、4術校(熊谷)

◇4級賞状＝西空音(春日)、開発集団司令部(府中)

◇5級賞状＝3高群(千歳)、6高群(三沢)、北施隊(同)、7空団(百里)、西空司令部(春日)、南西航空施設隊(那覇)、作情隊(横田)、3輸空(美保)、4空団(松島)、12飛教団(防府北)、飛実団(岐阜)。

2級賞状を受賞した中空司令部の募集担当者は、「全隊員が常日頃から『我々の後輩の獲得は、我々の手で』という認識の下、積極的に活動した結果、空幕長表彰を受賞できた。令和2年度も引き続き受賞を目指して活動していきたい」と喜びを語った。

丸茂空幕長からの2級賞状を掲げる中空司令部の隊員。左から平山学曹長、山本文明3佐、磯本厚司准尉(7月28日、入間基地で)

# 共済組合だより

防衛省共済組合では、防衛省の職員が公務で海外出張する際にご利用できる「防衛省職員公務出張海外旅行保険」と「PKO保険」をご用意しています。

●防衛省職員公務出張海外旅行保険

「防衛省職員公務出張海外旅行保険」は、訓練や留学などで海外に出張する防衛省職員専用の保険です。「包括契約」では、加入対象条件に合致する組合員は、共済組合が保険料を全額助成し、全員が加入となります。

さらに同保険の「補償増額プラン」は、一般契約より約70%割安な保険料を個人負担することで加入でき、海外の病院での治療費用等の補償を充実させることができます。海外出張の際はぜひご利用ください。

同保険の「包括契約」の加入対象者は公務で海外に出張する組合員と一定条件を満たす被扶養者です(PKO保険加入者を除く)。保険金額は傷害死亡が100万円、傷害後遺障害が100万円、治療・救援費用300万円となっており、その保険料は全額共済組合が助成します。加入方法は、出張者の所属する部隊など(各課庶務など)で「外国出張者名簿」を取りまとめ、各幕等担当課を経由して共済組合本部に申請します。

さらに「補償増額プラン」に加入すると、例えば「保険期間6カ月以内」の「B—2プラン」の場合、傷害死亡が900万円、傷害後遺障害が900万円、治療・救援費用5000万円、疾病死亡500万円に大幅アップされ、包括契約のみでは補償対象外の携行品損害等の補償を追加できます。保険料は「7日」で「1750円」と、非常に割安です。ぜひ、ご利用ください。

●PKO保険

一方、「PKO保険」は、「PKO活動」「海上警備行動」「海賊対処法」「在外邦人等の保護措置」「在外邦人等の輸送」「後方支援活動等」などによる任務で海外に派遣されるときに加入できる保険です。

この保険は、戦争、外国の武力行使等の事故も補償します。また、すべての伝染病、感染症による疾病も補償します。「Fセット」は共済組合が保険料を助成し、全員加入となります。また、補償を厚くするA～Eセットに加入することもできます。

◇

上記保険についての詳細は、PKO保険については弘済企業へ、海外旅行保険については弘済企業株式会社本社(電話03-3226-5811)へお問い合わせください。

海外への公務出張の際は、「防衛省職員公務出張海外旅行保険」「PKO保険」に加入できます
個人負担の「補償増額プラン」は一般契約より約70%割安
取扱代理店・弘済企業

# 「海上自衛隊戦略指針」のリーフレットをHPで公開

## 山村海幕長のビジョンをビジュアル化

海自はこのほど、「海上自衛隊戦略指針」を策定し、6月29日、その概要をビジュアル化したリーフレットをホームページ上で一般公開した。

「自由で開かれた海洋に向けて」と題されたリーフレットには、海自の目標として、▽我が国の領域および周辺海域の防衛▽海上交通の安全確保——が挙げられ、これを着実に実行するための海自の取り組みが写真などを多用し、わかりやすく解説されている。

また、各隊員が目標を達成するための「努力の方向性」として、[illegible]

「海上自衛隊戦略指針」をビジュアル化したリーフレットの表紙

# 比海軍司令官とテレビ会談

## 海幕長 防衛協力の推進で一致

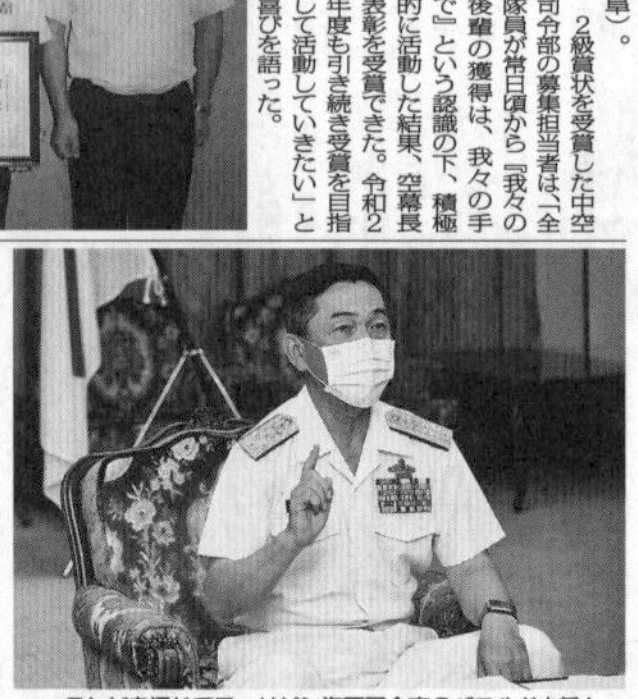

テレビを通じてフィリピン海軍司令官のバコルド中将と意見交換を行う山村海幕長(7月22日、防衛省で)

山村海幕長は7月22日、フィリピン海軍司令官のジョバンニ・カルロ・バコルド中将とテレビ会談を行った。

会談では、護衛艦「てるづき」が同18日に南シナ海で行った比海軍のC90哨戒機との共同訓練などに触れ、コロナ下においても親善訓練などの防衛協力・交流を継続することが重要との認識を共有した。

両者は「自由で開かれたインド太平洋」の実現に向け、引き続き海自と比海軍との関係維持・強化を図っていくことで一致した。

# 空自戦闘機部隊 米B1と共同訓練

## 各種戦術を訓練

空自中・西・南西空の各戦闘機部隊は7月21日、グアム島のアンダーセン空軍基地に前方展開中の米空軍第28爆撃航空団(サウスダコタ州エルスワース基地)所属のB1B戦略爆撃機2機と日本周辺空域で日米共同訓練を実施した。

空自からは6(小松)、9空団(那覇)のF15戦闘機各4機、7空団(百里)のF2戦闘機3機、8空団(築城)の同4機が参加、B1Bと編隊航法、各種戦術訓練を行い、共同対処能力の向上を図った。

9空団204飛行隊の城田康道2佐は訓練後、「『自由で開かれたインド太平洋』の維持・強化のため、我々は同盟国との能力・運用を強化し続けていく」と述べた。

# 海自が米海軍と「対潜特別訓練」

## 四国沖

海自は7月15日から16日の間、四国南方海域で米海軍と「対潜特別訓練」を実施した。

海自からは潜水艦1隻が参加し、米海軍の複数の航空機と共に対潜戦訓練を行い、それぞれ戦術技量の向上を図った。

# 露軍艦3隻が宗谷海峡を東航

7月28日午後10時ごろ、ロシア海軍の「タランタルIII」級ミサイル護衛哨戒艇2隻(満載排水量490トン、艦番号916、954)と「ズヴョズドチカ」級兵器輸送艦1隻の計3隻が、北海道・宗谷岬の北西約110キロの公海上を東に向け航行するのを海自1ミサイル艇隊(余市)のミサイル艇「くまたか」が確認した。

露軍艦3隻はこの後、宗谷海峡を東進してオホーツク海に入った。

8月1日から9月30日は防衛省働き方改革推進強化月間です。
超過勤務の縮減や休暇取得などのワークライフバランスの推進や、テレワーク、フレックスタイム制の活用に取り組みましょう。
また、新型コロナウイルス感染症対策の経験を踏まえ、今後、非常時の場合でも業務が継続できるよう、業務の見直し等の取組も行っていきましょう。

防衛省・自衛隊関連情報の最強データベース
朝雲新聞社の会員制サイト
朝雲アーカイブ
1年間コース：6,100円(税込)
6ヵ月間コース：4,070円(税込)
「朝雲」定期購読者(1年間)：3,050円(税込)
※「朝雲」購読者割引は「朝雲」の個人購読者で購読期間中の新規お申し込み、継続申し込みに限らせて頂きます。
※ID&パスワードの発行はご入金確認後、約5営業日を要します。
●ニュースアーカイブ 2006年以降の自衛隊関連主要ニュースを掲載
●訓練 陸海空自衛隊の国内外で行われる各種訓練の様子を紹介
●人事情報 防衛省発令、防衛装備庁発令などの人事情報リスト
●防衛技術 国内外の新兵器、装備品の最新開発関連情報
●フォトアーカイブ 黎明期からの防衛省・自衛隊の歴史を朝雲新聞社の秘蔵写真で振り返る
朝雲新聞社
〒160-0002 東京都新宿区四谷坂町12-20KKビル
TEL 03-3225-3841 FAX 03-3225-3831 http://www.asagumo-news.com

海自とカナダ海軍の共同訓練「KAEDEX19」で、並走しながら通信訓練などを行うカナダ海軍フリゲート「オタワ」（右）と海自ミサイル護衛艦「ちょうかい」（手前）、同「しまかぜ」（奥）＝2019年10月、相模湾で

日本が主導する「自由で開かれたインド太平洋」戦略では、同盟国のアメリカ、準同盟国のインド、オーストラリアとの関係が特に重視されているが、北米の雄カナダもその有力な一国だ。カナダは豪州に匹敵する軍事力を持ち、多国間外交では世界でも特別な地位を占めている。カナダの軍事・外交に詳しい関西学院大学国際学部の櫻田大造教授に「カナダの教訓」について寄稿してもらった。

# 寄稿　カナダの教訓

# 防衛コミットメントと能力の乖離を回避せよ

関西学院大学国際学部教授
櫻田（さくらだ）　大造（だいぞう）

1961年、長野県生まれ。米シアトル大・加トロント大院修士・大阪大学博士（第2次大戦以降の加・米を対象とした地域研究）。国際政治専攻。主な著書に『カナダ・アメリカ関係史―加米首脳会談、1948〜2005』『NORAD―北米航空宇宙防衛司令部』など。

## 「準同盟関係」にある日加

米国の陰に隠れてあまり知られていないが、日米安保体制とNATO（北大西洋条約機構）を通して、カナダと日本も「準同盟関係」にある。

そのカナダ軍と米軍の統合度合いは深化している。北米大陸の本土決戦において航空防衛を担当する米加共同のNORAD（北米航空宇宙防衛司令部）の司令官はアメリカ人が務め、副司令官はカナダ人となっている。そのために、たとえば2001年9月11日の同時多発テロ時に、航空防衛の指揮をとったのがカナダ人将校だった。

## ファイブ・アイズの1国

米加両国間では800を超える協定・覚書などがあり、英国を含む兵士交換プログラムもある。米英内の要地にカナダ人将校が勤務することも多くある。豪州、ニュージーランドを含む「ファイブ・アイズ」の機密情報システムにも米・英・加は参加し、同じ英語圏国家として防衛協力を深めている。

このように西側諸国の防衛に寄与しているカナダだが、日本にとって教訓的な課題もある。仏語圏のケベック州を除くと、英語話者人口が8割と圧倒的に多いために、米国に呑み込まれることをカナダは忌避する。そのために、「軍事合理性に欠けた行動」をとってしまうのだ。

たとえば、NATO加盟国の中で、いまだにカナダのみが「ミサイル防衛（MD）」に参加していない。もしも北米主要都市に対して、弾道ミサイルの飽和攻撃が実施された場合、米戦略軍がMDで撃ち落とすことになるが、その決定に関して、NORADの将校などは関与するものの、カナダ首相や国防相は実質蚊帳の外に置かれてしまう。

強靭・誇り・即応をモットーとするカナダ陸軍は、国際平和維持活動にも多くの兵士を参加させている。写真はヨルダン軍との共同訓練に当たるカナダ軍の女性士官（中央）＝2019年2月、中東・ヨルダンで。カナダ陸軍提供

## 豪州よりも少ない国防費

また米国と異なり、国民皆保険を持ち、充実した社会保障制度があるカナダだが、防衛装備面での問題も露呈している。人口3760万人のカナダの国防費は、GDPの1・3%程度（222億ドル）であり、人口2500万人の豪州の1・9%（259億ドル）よりも低レベルになっている。2017年に現トルドー政権が発表した「国防白書」では、2026年までに国防費を7割増やして、327億カナダドル（当時のレートで約2兆6600億円）にすることになった。

しかし、この実現は極めて難しい状況に陥っている。まずはコロナ禍による経済の落ち込みと社会情勢がある。なおかつ、これまでカナダは具体的な国防白書に該当する計画を発表しても、完遂できずにきた。前ハーパー政権では、2007年『カナダ防衛第一戦略』と名付けた「国防白書」を発表し、兵員増加などで国防整備に努めようとしたが、2008年～09年のリーマン・ショックを受けて、多くの計画をキャンセルした。

㊤来日したカナダ海軍フリゲート「オタワ」の艦上で、共同訓練を行った海自隊員（左側）と意見を交換する加海軍臨検部隊の隊員（2019年10月、海自横須賀基地で）＝カナダ軍提供

㊦カナダ空軍の主力戦闘機CF18ホーネット（カナダ空軍HPから）

## 政策と能力の乖離は回避

日本にとっても意味あるカナダの教訓は、「防衛コミットメントと能力が乖離することへの回避」にある。

カナダ空軍の66機のCF18ホーネット戦闘機も老朽化が進み、最初はF35ライトニングIIを導入することになっていたのも、野党時代のトルドー等の反対で、頓挫。その結果、豪州から中古のFA18A/Bクラシックホーネットを18機購入しつつ、1983年運用開始のCF18ホーネットを修繕しながら、2036年まで使用予定となった。

そのうえ、カナダは日本の防衛省のように毎年、キチンと防衛白書を出版し、1年間の防衛政策の総括と課題を指摘することもない。上記「2017年版国防白書」も10年ぶりの発刊である。

## 反米ではない「自主外交」

このような課題を抱えたカナダではあるが、NATOやノーラッドから脱退して、非武装中立的政策をとるべきだとの「非現実的防衛論」は主流ではない。母国英国とのつながりから、米国より2年以上も早く第2次世界大戦には参戦。その後も朝鮮戦争や1991年の湾岸戦争には、米・英と歩調を合わせて派兵しているが、国際法上疑義がありうる、2003年のイラク戦争には政治的支持を打ち出さなかった。市場経済や人権重視などの価値観は米国とも共有しているが、米国とは一味違う外交・安保政策の成果もある。

カナダを研究すると、「自主外交」というものは「反米主義」と同じでないことがわかる。むしろ、米国や西側同盟国との関係強化、さらにはカナダ初の軍事衛星「サファイア」によるノーラッドへの貢献が、自主的なカナダ外交を支えているのが現状である。

# 前事不忘　後事之師

第55回

戦争の変遷
The Transformation of War

イスラエルの戦略思想家クレフェルトの『戦争の変遷』（原書房刊）

## 戦争は政治の延長か
### ――生存を賭けた戦い

私自身を含めてですが、戦略理論を聞きかじりとしてしか学んでいない者は、クラウゼヴィッツの「戦争とは外交と異なる手段を用いて政治的交渉を継続する行為である」という有名なテーゼを深く考えずに受け入れています。友人である石津朋之氏（防衛研究所戦史センター長）からこのテーゼに対する有力な反論があることを聞き、イスラエルの戦略思想家マーチン・クレフェルトの『戦争の変遷』を勧められました。石津氏によれば、クレフェルトはクラウゼヴィッツの『戦争論』を超える著作を目指したとのことであり、挑戦的な記述もありますが、戦争とは何かを考える人にとっての必読書だと考えます。

クレフェルトは、過去の歴史を調べると、戦争は正義を決定するためであったり、宗教のためであったりするものが多く、政治の延長、すなわち国家の政策の手段としての戦争は、近代以降のことだと述べます。

さらにクレフェルトは、そもそも戦争が国家の政策（国益）の〝手段〟であるとの考えに重大な疑問を呈し、反例として、「生存を賭けた戦争」を挙げます。生存を賭けた戦争とは、共同体が生きるか死ぬかの事態に直面した際にその構成員が死に物狂いになって戦う戦争です。この場合の戦争は何かの目的の手段ではなく政治そのものであり、目的と手段を区別して考える立場が破綻していると主張します。

生存を賭けた戦争は古代から現代までかなり存在し、最近ではフランスからのアルジェリア独立戦争、ベトナム戦争も該当します。クレフェルトは生存を賭けた戦争を国家の政策の手段と解釈することは単なる概念上の間違いにとどまらず、大きな実害があると言います。アルジェリア独立戦争を例にとると、フランス側は国益追求の手段として戦争を戦ったため、厳密な費用対効果の計算を行い、戦争に係るコストが目的を超えそうになると戦争を中止せざるを得なくなりました。他方、国の生存を賭けて戦ったアルジェリアの人々は費用対効果の計算など行いませんでしたが、費用対効果の計算は逆に働き、苦しみや破壊の程度が大きくなればなるほど、戦いを無駄に終わらせてはならないとの決意が固くなりました。クレフェルトは、「フランスはこの戦争を他の手段を用いて政治的交渉を継続する行為として戦ったからこそ敗れた」と分析し、冷戦崩壊後の世界で頻発しているゲリラ戦やテロとの戦いなど所謂「低強度紛争」についても、生存を賭ける者に対し、仮にクラウゼヴィッツ的な手法で戦いを挑めば、大国といえども敗北する可能性が高いと予言します。

クレフェルトは、戦争についてユニークな説明をします。戦争とは敵を殺そうとした時に始まるのではなく、自分たち自身が殺されるのを覚悟した時点で始まるものであり、自分が殺される覚悟のない状況で人を殺す人間は、殺人者で、戦士ではない。死を覚悟した戦士には現世での利益は意味がないので、利益のために戦争を行うとの前提に立つクラウゼヴィッツのテーゼは間違っている、自らが殺されるかもしれないという危険の感覚は戦争の付属物ではなく、それこそが戦争の本質であり、それが戦争に比類なき〝魅力〟を与えると言います。

戦争には魅力があるとの主張は、平和主義者が聞けば眉をひそめそうですが、私が注目するのは、利益追求の手段としての戦いには重大な弱点があるとの主張です。軍隊に限らず、現代の社会は、全ての組織で損益計算を背景にする合理的な思考が幅を利かせています。本来、軍事用語である戦略という言葉も社会のあらゆる場面に氾濫し、それは目的を達成するための合理的、効率的な術と安易に解釈されています。もちろん戦略において合理的計算は重要ですが、クレフェルトの主張を拡大解釈すれば、こうした利益の計算を主眼にした組織は、たとえ大きな力を背景にしていたとしても、戦うこと自体を目的にした相手（必死の相手）と対峙した場合には、脆弱であるということです。『戦争の変遷』の中には、「意思あるところには道がある」との目立たない記述がありますが、私にはこの言葉は弱者に対する強い励ましであると同時に利益計算中心の今の社会に対する不気味な警告に聞こえます。

鎌田　昭良（元防衛省大臣官房長、元装備施設本部長、防衛基盤整備協会理事長）

…… 前事（ぜんじ）忘れざるは後事（こうじ）の師 ……

自衛隊バージョン　新発売！
EMERGENCY BOX
7年保存防災セット
1人用/3日分
非常時に調理いらずですぐ食べられるレトルト食品とお水のセットです。
災害等の備蓄用・贈答用として最適!!
陸・海・空自衛隊のカッコイイ写真を使用した専用ボックスタイプの防災セット。
外務省在外大使館等も備蓄しています。
メーカー希望小売価格 5,130円（税込）
特別販売価格 4,680円（税込）【送料別】
【セット内容】
レトルト保存パン……3食
7年保存クッキー……2食
米粉クッキー……1食
レトルト食品……3食
長期保存水 EMERGENCY WATER…3本
※セット内容イメージ
昭和55年創業 自衛隊OB会社 (株)タイユウ・サービス
ご注文は TEL03-3266-0961 FAX03-3266-1983
mail:ts-gen@ac.auone-net.jp　ホームページ タイユウ・サービス 検索

# 敵上陸部隊を迎撃

## 「対馬戦闘団」初編成
### 4師団検閲「概ね優良」

【陸対馬】離島の防衛にあたる対馬警備隊は6月10日から16日まで、4師団の第1次訓練検閲を受閲した。

本訓練では対馬警備隊に、16普連の3・4・重迫中隊（大村）、西方特科連隊4大隊（久留米）、西方戦車隊2中隊（玖珠）、4高射特科大隊1中隊（久留米）、5施設団375施設中隊（小郡）が配属され、初の「対馬戦闘団」として検閲に臨んだ。

戦闘団は約60キロの車両行進後、侵攻してきた敵への攻撃を開始。雨中、警備隊普通科中隊が敵警戒部隊を駆逐し、これを16普連の2個中隊が超越して敵部隊を制圧した。じ後、普通科中隊は予備中隊となり、敵との接触線を維持した状態で逆襲に対処。西方戦車隊が突入して敵を圧倒したところでフェーズ1を終えた。

続くフェーズ2は14日、十文字原演習場で普通科中隊4個小銃小隊と狙撃班の評価射撃で開幕。各隊は不意現出した敵を倒的するとともに、戦車的に対しては携帯対戦車弾を発射し、命中弾を浴びせた。

16日には佐多射場に移動し、対戦車小隊が洋上目標に向けて実弾射撃。「上陸してくる敵舟艇」に向けてミサイルが発射され、的の中心を射抜いた。

17日に福岡駐屯地で総評が実施され、統裁官の沖邑佳彦4師団長は「対馬警備隊の諸官はコロナのため島外での練成も不十分だったと思うが、対馬で工夫をして訓練を行い、部隊を練成したことを評価する」と述べ、「概ね優良」の評価を下した。

「敵舟艇」を模擬した洋上目標に対し、中距離多目的誘導弾を発射する対馬警備隊対戦車小隊の車両（佐多射場で）

## 宮古警備隊が初参戦
### 15旅団

【15旅団＝那覇】15旅団は6月11～14日、鹿児島県の佐多射場で対舟艇・小火器射撃訓練を行った。

「対着上陸戦闘」で敵の舟艇を各個撃破するもので、洋上を移動する目標に対して射撃が行われた。小火器射撃は洋上の固定目標に対し、狙撃銃などを使って実施した。

沖縄・宮古島に新編されて間もない宮古警備隊が参加、初めての対舟艇実弾射撃となった。

また、51普連（那覇）は小火器射撃を行い、隊員相互の連携要領を確立しながら射撃技術の向上を図った。

海霧で視界が悪い中、洋上目標に向けて対人狙撃銃を射撃する51普連の隊員（佐多射場で）

## 訓練

## 「島嶼部」に見立て施設活動
### 5施団の9施設群と303水際障害中隊

【5施団＝小郡】5施設団は6月6～13日、9施設群と303水際障害中隊に対する訓練検閲を実施した。

検閲では九州を「島嶼部」と見立て、303水際障害中隊を配属した9施設群に対し、島嶼部における方面隊の全般支援任務を付与。増強施設群は福岡、大分、熊本、長崎各県の演習場に中隊を展開し、施設活動に取り組んだ。

この間、群本部と離隔して活動する各中隊の状況を正確に掌握するため、中継組を複数カ所に配置して通信を確保、施設活動にあたっては梅雨時期の特性を考慮した排水などに万全を期した。

また、4師団の作戦を支援するため、375施設中隊を「対馬戦闘団」に配属、攻撃時の障害処理など機動的な支援を行った。

各部隊は激しい降雨と猛暑の中、新型コロナへの対策も講じながら陣地構築、障害構成・処理、道路補修、橋梁架設などの各施設作業を所望の時期までに完整し、任務を完遂した。

水際地雷源の構成準備にあたる303水際障害中隊（大野原演習場で）

## ヘリから射撃
### 34普連　射手100人が参加

【34普連＝板妻】34普連は6月25日～7月4日、佐多射場で1師団（練馬）が実施する「多用途ヘリからの機関銃射撃訓練」を担任・実施した。

2中隊長の外崎海里3佐が訓練部隊指揮官となり、師団各隊から射手など約100人が参加。訓練は飛行中のUH1ヘリ機上から海上の標的に対し、5・56ミリ機関銃MINIMI、12・7ミリ重機関銃による「ホバリング射撃」と「移動間射撃」を実施した。

各射手は機体の揺れや振動を考慮しながら、目標に対して正確に射弾を集中、機上からの射撃練度向上を図った。

部隊は事前に東富士演習場でも準備訓練を行い、機関銃のヘリ搭載要領やバトラーを使用した非実射訓練などを重ねてドアガン射撃の特性を探究し、各種ノウハウを得て本番に臨み、大きな成果を得た。

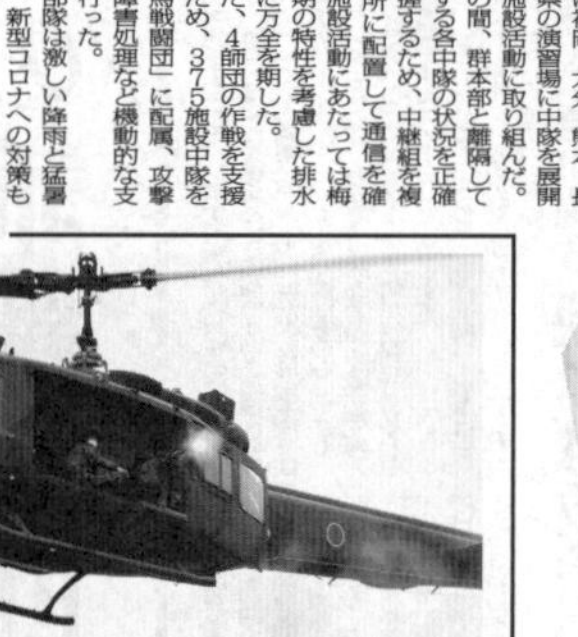

UH1多用途ヘリの機上からドアガン射撃訓練を行う34普連の隊員（東富士演習場で）

## 「ゴーストウルフ作戦」発動
### 7普連

【7普連＝福知山】7普連は6月15日から20日にかけ饗庭野演習場で戦闘団検閲を受閲した。

7連隊は科、機甲科、特科、施設科、通信科などの配属を受けて「第7戦闘団」となり、敵の侵攻を阻止する任務を3師団から受領した。

第7戦闘団は本作戦を「ゴーストウルフ作戦」と命名。ゴースト（幽霊）のように敵に襲い掛かるウルフ（狼）のように、神出鬼没の作戦で大部隊の敵に挑んだ。

夜間、隊員は音を出さずに行動し、森林内で夜を徹し掩体構築を続けた。数日の防御準備、隊員一人ひとりがゴーストウルフとなるため特技を磨き、敵を撃破するために多数の予備陣地や補助陣地を設け、周囲は複雑に迷路のような地形にし、鉄条網も構成した。

隊員の士気の高さで計画より6時間早く陣地が概成。前方地域は「孤狼の森」、主戦闘地域は「群狼の森」、後方地域は「狼の巣」となった。

### 神出鬼没の狼のように襲撃

狼の森には計画より半日早く敵先遣隊が姿を現した。迎え撃つ狼たちは、戦車付き戦車なども撃破し、敵機甲戦力の正面突破を阻止した。迂回を試みる敵歩兵に対しては潜伏斥候が直ちに通報、砲迫射撃で粉砕した。さらに機関銃と狙撃銃が敵をなぎ倒した。

各前線では神出鬼没の狼たちが責務を果たし、2日間激闘を継続。しかし、圧倒的に優勢な敵の前に縦深の予備陣地も失い、次第に主導性を失いかけた。

### 密かに後退し主導性を奪回

敵第2梯隊の攻撃が予想される前日の夜、第1線の全中隊は音も気配も消して密かに後退。敵攻撃部隊に全く気付かれることなく「狼の巣」へと移動を完了させた。

これにより二段攻撃を余儀なくされた敵は、直ちに追撃。だが、隘路を利用して戦闘準備を整えた狼たちは、敵の主導性をついに奪回した。

その後もゴーストウルフたちは敵の正面で自らの任務を果たし、第3師団から与えられた任務を完遂した。

「群狼の森」に潜み、圧倒的な敵から主導権を奪う原動力となった第7戦闘団の戦車（饗庭野演習場で）

第7戦闘団の「ゴーストウルフ作戦」のロゴマーク

## 阻止せよ　敵の侵攻

## 遅滞戦闘の向上狙う
### 10即機連

【10即機連＝滝川】10即応機動連隊は6月21～28日、北海道大演習場で即応機動連隊に改編されて初めての連隊訓練検閲を受閲した。

検閲は即機連として「遅滞行動」に関わる練度の向上、連隊としての戦闘力の組織化などの評価を目的に行われた。

早朝の応急出動準備から状況が開始され、戦闘準備点検で岡田豊連隊長は「戦闘力の組織化」を強く要望、隊員たちは「ワンチーム」を合言葉に検閲に臨んだ。

作戦地域に機動展開を完了した部隊は「白龍の稲妻（いなずま）作戦」を発動。圧倒的に優勢な敵の前に立ちふさがり、約20キロの縦深にわたる流動的な遅滞戦闘を組織的に継続し、任務を完遂した。

10即機連はこの訓練で情報・火力（電子攻撃含む）・機動・障害を組み合わせた「白龍連隊」の基盤を固めた。

### 「白龍連隊」の基盤固め

約20キロにわたるの縦深で遅滞戦闘を戦い抜いた10即機連の16式機動戦闘車（北海道大演習場で）

## 撃てる・戦える陣地
### 防御戦闘の練度向上図る
### 6普連が検閲

敵の車両に向け、対戦車弾を構える6普連2中隊の隊員（美幌訓練場で）

【6普連＝美幌】6普連は6月23～26日、美幌訓練場で訓練検閲を実施した。訓練は2中隊と衛生小隊に対し「各級指揮官の指揮、状況判断・決心」「部隊の基本的行動及び隊員の基礎動作」を主要検閲項目に、陣地防御における練度を評価・判定した。

訓練開始式で統裁官の佐藤靖倫連隊長は「撃てる・戦える陣地を作り、柔軟に対応せよ」と要望。状況開始とともに部隊は前進して周到な陣地占領化を図り、陣地占領・防御準備に取りかかった。

2中隊は情報と火力の連携を重視した戦闘を準備、衛生小隊は段列に患者収容所を構築した。

25日夕に戦闘が開始、2中隊は積極果敢に戦闘、衛生小隊は負傷者が発生するや迅速かつ適切に後送と応急処置をし、任務を完遂した。

## 39普連と交戦
### HTCの事前訓練
### 21普連

味方の戦闘車両を突入させるため、敵が仕掛けた地雷を処理する施設作業隊員（岩手山演習場で）

【21普連＝秋田】21普連は6月5～10日、岩手山演習場で3中隊、施設作業小隊の検閲を実施した。

検閲は「陣地占領している敵部隊」に対し、侵入・偵察から攻撃に至るまでの一連の行動を評価するもので、訓練中はレーザー交戦装置「バトラー」を活用し、実戦的な環境下で戦闘能力等を評価した。今回は2次野営として他中隊も参加し、協同部隊として行動した。

さらにHTC（北海道訓練センター）の初運営に参加する39普連（弘前）の事前訓練の対抗部隊としての任務も付与され、昨年、FTC（富士訓練センター）で史上初めて評価支援隊を破り、勢いに乗る39普連と交戦できる機会に隊員も燃えて検閲に臨んだ。

7日未明、進出した部隊は速やかに集結地を占領し、攻撃戦闘への準備を始めた。岩手山の新緑に同化した隊員たちは、身の丈もある植生をかき分けて敵陣地を奪取するため隠密かつ大胆に行動。敵の砲迫攻撃や襲伏撃など脅威の中で障害（地雷等）を処理し、与えられた任務を完遂した。

## 情報と火力の連携重視
### 8師団　観測者集合訓練

【8師団＝北熊本】8師団はこのほど「師団観測者集合訓練」を実施した。

訓練は、各部隊の観測任務に任ずる隊員の観測技術と情報の収集・報告などの観測ができる能力を修得させるとともに、教育成果を部隊に普及できる要員を育成する目的に行った。

訓練では155ミリ榴弾砲と120ミリ迫撃砲の射撃の観測や射撃部隊の誘導を行い、プロとしての観測能力の向上を図った。特に「情報と火力の連携」をテーマに重視、この技量を高めるため各部隊から多くの隊員が参加し、観測に必要な知識と能力の修得に取り組んだ。

10式戦車の砲塔上から双眼鏡を使い、前方の状況を観測する隊員

募集・援護　特集

平和を、仕事にする。自衛官募集

ただいま募集中！
◇自衛官候補生◇航空学生◇第2回幹部候補生◇防大（一般）◇防医大（医学・看護）◇予備自補
★詳細は最寄りの自衛隊地方協力本部へ

# 動画で基地内を「バーチャル・ツアー」

# 臨場感たっぷり

## 募集対象者の入隊意欲向上へ

## P3C体験搭乗などオンラインで疑似体験

沖縄

「バーチャルだったけど、入隊したらどんなことをするのかイメージがわいた」――。新型コロナの影響で、全国の地本では部隊見学などができない厳しい広報環境が続いている。そこで沖縄地本では那覇駐屯地・基地への訪問を体験できる動画「バーチャルツアー」を作成。オリジナルの10本の動画を配信し、若者がネットで那覇駐屯地・基地内を見て回れるオンライン広報を展開している。

【沖縄】地本は6月中旬、沖縄県内に所在する陸海空自の駐屯地・基地で、自衛隊の仕事の「バーチャルツアー（疑似体験）」の撮影を行った。

この取り組みは、新型コロナの感染拡大で募集広報イベントの制約を受けていることから、疑似体験を通じて自衛隊に対する親近感を持ってもらうため、ネットを使ったオンライン広報の一環で、沖縄地本広報室の渡邊雅子陸曹長が発案した。

「ツアー動画」は自衛隊の仕事を一般の人により効果的に知ってもらうため、さまざまな角度から撮影した画面を視聴できるよう工夫を凝らしている。海自5空群のP3C哨戒機への体験搭乗動画では、タラップを上がり機内に入るシーンから始まり、コックピットからの離陸シーンや機内からの眺め、クルーの打ち合わせや食事の様子なども放映され、一般的な体験搭乗では見られないシーンにも接することができる。

撮影は沖縄地本の隊員が那覇駐屯地や基地を直接訪問して行い、陸自15偵察隊のバイク乗車、空自9空団のF15戦闘機の見学などをビデオカメラに収め、説明を加えて臨場感あふれる動画に編集した。

視聴者からは、「バーチャルでの那覇基地の訪問だったが、実際に訪れたのと同じ感覚で見ることができ、自衛隊に入隊した時のイメージがわいた」などの感想があり、オンラインでの部隊見学でありながら、募集対象者の入隊意欲向上を図ることができた。

沖縄地本では今後、より視聴範囲を広げることができる「公式YouTubeチャンネル」に10本の同ツアー動画をアップし、広く若者たちに沖縄の自衛隊について情報発信をしていく計画だ。

上）バーチャルで海自のP3C哨戒機にも搭乗できる　右）P3Cからの模擬偵察シーン。クルーが機内を案内してくれる

15偵察隊への「バーチャルツアー」の一場面。隊員になったつもりで偵察用オートバイ試乗なども体験できる

# 募集解禁！　各地で街頭広報

## 福島　試験日程入りうちわ配る

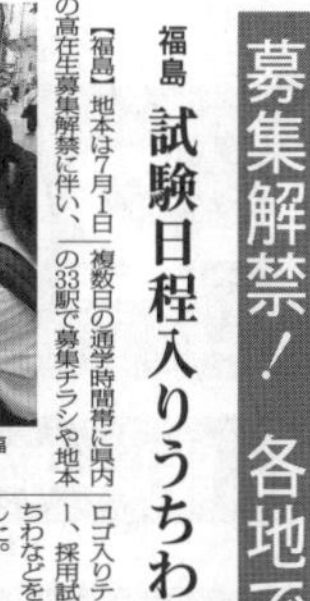

オリジナルうちわを高校生たちに配布する福島地本の広報官（7月1日、JR福島駅前で）

【福島】地本は7月1日の高校生募集解禁に伴い、複数日の通学時間帯に県内の33駅で募集チラシや地本ロゴ入りティッシュペーパー、採用試験日程入りうちわなどを高校生らに配布した。

実施に当たってはマスクと手袋の着用を徹底するなど、全員が新型コロナ防策を十分に配慮して行った。

初日はあいにくの天候不良で、実施を見合わせた地域事務所もあったが、より多くの職業の選択肢の「一つ」として意識してもらえるよう、各駅で広報官はマスク越しに声掛けを行い、自衛隊をPRした。

現地では地域の協力会や募集相談員も駆け付け、各駅で積極的な募集広報を展開した。

## 高校生の登下校時にあわせ駅前でティッシュ配布　鳥取

【鳥取】地本は7月1日、高校3年生への文書募集解禁に合わせ、県内16カ所の鉄道各駅で「総合広報」を実施した。

高校生の登下校時間に合わせ、広報官たちは、募集広告入りのポケットティッシュを首掛けしながら配布。村岡正智地本長は岩美駅など3駅を巡り、「おはようございます！自衛隊です」と声を掛けティッシュを配った。

アンケート調査も同時に実施し、短時間でありながら60件の募集対象者の情報を得ることができた。

アンケートに回答してくれた高校3年生に対しては、採用種目一覧や近々のイベント情報を同時にイベントメールを送付し、自

率先垂範で募集ティッシュを配る鳥取地本長の村岡正智1空佐（手前）ら（7月1日、JR岩美駅前で）

## 隠岐の島ターミナル　募集動画でPR　島根

【島根】隠岐の島出張事務所は7月1、2の両日、島の玄関口である西郷港フェリーターミナルで、募集解禁に合わせ「非接触型広報」を実施した。

例年は島内の高校でポケットティッシュを配布していたが、今年はコロナの影響で「可能な限り接触は避けるべき」との理由から、ターミナル内の一画に特設ブースの設置を許可してもらった。

ブースでは自衛隊広報ビデオ「それ、誤解ですから」「自衛隊音楽まつり」を流し、フェリーに乗る前の乗客やその送迎に来た島民にも見てもらった。2日間でティッシュ約100個を配布するなど大きな成果を収めた。

ポケットティッシュを若者が手に取りやすいように配置。

宅の保護者にも閲覧してもらうことで、自衛隊の認知度アップを図っている。

## 岐阜地本広報センター「自衛館」がリニューアル

【岐阜】地本広報センター「自衛館」が6月22日、リニューアルオープンした。

カウンターテーブルを設置。また、岐阜県の「コロナ社会を生き抜く行動指針」に沿った感染症対策認定ステッカーも取得し、コロナ対策も万全だ。

岐阜地本は「全国の皆さまも岐阜にお越しの際はぜひお立ち寄り下さい。お待ちしております」と話している。

# 「相談室に足を運んで」

## 空幕援業課　キャリア形成の重要性を普及

【空幕援業課】空幕援護業務課は7月を「進路指導推進月間」に設定し、自律的キャリア形成の重要性や再就職等規制について定年が近い空自隊員への普及を図った。

全国の基地を担当の援護室長が巡回し、再就職に向けた心構えなどを説明。さらに進路相談員を活用した指導強化も行った。

定年退職者に対する最新の調査結果では、約半数が再就職準備を「定年1～2年前に始めた」と回答。しかし、その時期になっても退職後にどのような職業に就きたいか、明確に答えられる隊員は少なかった。

そこで再就職に向け、隊員自らが経験や保有資格について再確認し、課題を整理する必要があるため、全国26カ所の基地に配置されている進路相談員が隊員をサポート。隊員たちの“キャリアの棚卸し”を支援している。

「進路相談室に一度足を運んでもらえれば力になれる」と話すのは、入間基地に常駐する田丸順敏相談員（元2空尉）だ。女性相談員も配置され、近隣基地などへの巡回相談のほか、電話やメールでの相談にも親身に対応。進路指導推進月間に開かれた説明会では再就職や将来設計に関する多くの質問があった。

空幕援業課計画班の水山好弘3佐は「進路指導推進月間で各基地の相談員への相談を通じ、将来の幸せのために今、何をすべきかについて気がついた隊員も多い。援護室と相談室は年中、隊員の来訪を待っているので、ぜひ利用してほしい」と語った。

進路相談室を訪れた隊員（左）に助言する田丸相談員（入間基地で）

## 豪雨災派で即自をサポート　応諾企業に説明と謝意　福岡地本

【福岡】地本は7月の九州豪雨で災害等招集に応じた即応予備自衛官の出頭状況を確認した。

福岡地本に所属する即自には7月6日夕から、災害等招集に関する調整が開始され、7日の朝には早くも4人が福岡・目達原駐屯地に出頭し、各指定部隊の指揮下で災害派遣の準備を開始した。

目達原に出頭した内田祐作即応予備3曹は「会社からは『すぐにでも行って頑張ってこい！』と激励された。被災者のために精いっぱい頑張りたい」と語った。

◇

地本は7月8日、今回の災害等招集に応じた即自の雇用企業を訪問し、同社が災害等招集に応じてくれたことに対して謝意を伝えた＝写真。

同社の廣瀬敏弘常務は「江口君の抜けた穴は皆がカバーしてフォローする。被災者のために精一杯頑張ってきてもらいたい」と同席した江口即自2曹を激励、その後、自衛隊に送り出した。

## 富崎地本長が講話　募集ブースも設置　大阪

【大阪】富崎隆志大阪地本長は7月7日、大阪市平野区民センターで同区政協力会や地域振興会の役員らを対象に防衛・防災講話を行った。

富崎地本長は厳しい安保環境と自衛隊の災害派遣活動の現状、防衛・防災の核となる自衛官募集の現状について説明。さらに大阪地本が作成した募集対象者向けの自衛隊紹介動画を放映して理解促進を図るなど、1時間半にわたって熱弁をふるった。

地本は会場に募集ブースも開設し、防衛・防災、装備品パネルを展示した。


# 「朝雲」求人情報　企画：朝雲新聞社営業部

**建物を守る　設備管理スタッフ募集**

業務内容：当社が受託している事務所ビル、商業施設等に常駐し、設備機器の日常運転監視および点検業務などを行っていただきます。（経験がなくても大丈夫です。当社社員が丁寧に教育いたします）
雇用形態：正社員
応募資格：定年制（2種電工または2ボイラーのいずれかをお持ちの方）。任期制（不問）
勤務地：全国（首都圏多数）
勤務時間：8:00～17:00（実働8時間）、8:00～翌8:00（実働16時間）他
休日：月8日以上（ローテーション勤務による）
給与：地域別による（首都圏は、定年制：年俸346万円以上。任期制：年俸264万円以上）
待遇：社会保険完備、昇給・賞与、交通費規定支給、深夜手当・時間外手当別途支給　資格取得支援制度（奨励金・祝金あり）通信教育講座充実（電験3種等、約160種類）

自衛隊援護協会法人会員。全国で78名の自衛隊OBの方が活躍中！まずはお電話にてお気軽にお問合せ下さい。
快適をもっと、最適をずっと。日本管財株式会社　03-5299-0870　自衛隊担当：平尾　https://www.nkanzai.co.jp/

**任期制自衛官募集！**
地図に残る大きな仕事をしませんか？
任期制自衛官合同企業説明会（首都圏）
8.25（火）【給与】210,000円～418,000円
出展企業　（株）ローヤルエンジニアリング／村上工業（株）／矢島鉄筋工業（株）加瀬建設（株）／永和産業（株）／（株）高山工業
大成建設から選ばれた協力会社　安定していて大きな仕事ができます
大成建設東京支店倉友会

**求む！任期制隊員！**
自衛官で培った体力、気力、技能、そして経験。
これらを即戦力として活かすことのできる仕事、それが警備サービスです。
東洋ワークセキュリティでは、多くの自衛官経験者が活躍しています。

| 給与 | | 休日 | |
|---|---|---|---|
| 陸1任期（短大卒並み） | 188,000円～ | 週休二日制　即自訓練休暇 | |
| 陸2任期、海空1任期（大卒並み） | 193,000円～ | 単身寮 | 完備 |
| 総合職（会社幹部を目指す） | 208,000円～ | | |

※首都圏は地域手当20,000円加算
東洋ワークセキュリティ　0800-111-2369

**任期満了退職者の方へ**

| 募集対象区分 | 自衛隊を任期満了で退職される方 |
|---|---|
| 職種（雇用形態） | 一般技能職／運転手／タンクローリー乗務員等（正社員） |
| 仕事の内容 | 自動車・産業用ガラスの加工・検査・梱包等／大型トラック等の乗務及びフォークリフト荷卸し作業等 |
| 勤務地 | 愛知県：知多郡武豊町／豊田市／豊橋市／刈谷市　神奈川県：横浜市／愛甲郡愛川町　山形県：米沢市　石川県：加賀市 |
| 勤務時間 | 配置により昼勤（8:30～17:15）又は交代勤務等 |

VUTEQ　お気軽にお問合せください　退職自衛官採用担当　自衛官様向け採用ページ有　www.vuteq.co.jp　ビューテック株式会社　0565-31-5521

**METAWATER**　日本の水と環境を守る。メタウォーターで働く。

| 業務内容 | 主に自治体の浄水場や下水処理場等の施設における電気設備の設置・更新・試験並びに保守・点検・障害対応などの業務を行います。 |
|---|---|
| 募集職種 | 正社員【営業・調達・試験・電気メンテナンス・機械メンテナンス】 |
| 勤務地 | 東京万世橋・東京日野・名古屋・大阪・仙台・大宮・前橋・長野・松本・静岡・金沢・広島・山口・北九州（今年度の募集勤務地です。） |
| 就業時間 | 9:00～17:30　完全週休二日制、年末年始・夏季・GW連続休あり。 |
| 給与 | 大卒同等（※弊社比）例:東京/大阪219,000円　賞与4.2か月 |
| 待遇 | 社会保険完備、住宅支援、資格取得支援制度あり。有給休暇20日 |

メタウォーターテック株式会社　東京都千代田区神田須田町1-25 JR神田万世橋ビル　グループ採用センター　www.metawatertech.co.jp

**求人広告のご案内**
任期満了又は定年で退職される自衛官の求人広告をご希望の際は、下記までお問い合せください。
お問い合せ先：朝雲新聞社　営業部　TEL：03-3225-3844　FAX：03-3225-3841　E-mail:ad@asagumo-news.com

人材募集　私たちは『自衛官』の再就職を支援しています。　PR

**任期制自衛官の人材を募集しています**
株式会社ローヤルエンジニアリング　水登代表取締役

**大成建設に選ばれた安定した職場**

建設業の中でも給排水・空調・換気・防災などの設備に特化してる会社です。職人さんたちと一丸となり、お客様が満足する設備の設計・施工業務を行っています。

弊社は大企業ではないですが、大成建設倉友会の会員であり、大成建設さんから信頼され仕事を任されることが多いため、少数精鋭でアットホームな環境の中、安定して大きな仕事に取り組めるのが自慢です。

**社員のための取り組み**

社員が仕事を通してワクワクし成長できるステージ作りをするのが経営層の役割だと思っているので、社員が楽しく仕事をするための様々な取り組みを実践しております。

地方からの採用にも力を入れていて、社員のほとんどが地方出身者です。他の企業と協力して県人会を企画するなど、上京する新入社員へのフォローアップも万全です。

**任期制自衛官に期待しています！**

現場をまとめ上げて進めていく中で、お客様とも職人さんとも信頼関係ができ、完成するたびに達成感を感じることができる充実した仕事です。

新しい仕事で不安に思う方もいらっしゃるかもしれませんが、本当にお客様が求めているものがそこに表現されているかどうかを確認しながら、最善を尽くし、最終的に感謝の言葉をいただけると本当にやりがいを感じることができます。

キャリアプランも確立しているので、やる気があって実力がつけば役職も上がるシステムになっています。

若く新しい風を吹き込んでくれる新入社員には常に期待していますが、特に任期制自衛官は、心身ともに鍛えられていますし、建設業に役立つ資格を取得されているので、即戦力として非常に期待しています。

水登代表取締役（左）と先輩社員宮崎さん（右）

**先輩社員の声**

自分らしく働く環境が整っています。入社して良かったです。

最初は何もわからず不安もありましたが、希望すれば夜間の専門学校に行かせてもらえたり、分からないことは先輩社員やベテランの職人さんに丁寧に教えてもらえるので、安心して仕事ができました。

問題が発生すると、先輩に相談に乗ってもらえるのはもちろん、場合によっては環境を整えてくださったりします。

この業種では珍しく女性が多く活躍しているのも、社員を大切にしているからこその特徴だと思います。

仕事内容にも先輩・同僚にも恵まれ、とても充実しています。

# 自衛隊も協力

## 9月から「シーガーディアン」試験

## 海上保安庁

# 監視用無人機の導入検討

海上保安庁は日本沿岸の監視活動への無人機導入を検討するため、海上自衛隊八戸航空基地を拠点に9月から無人機の飛行実証に着手するとこのほど発表した。使用する機体は米国製のMQ9B「シーガーディアン」で、飛行試験は海保が委託した民間のアジア航測㈱が行う。「シーガーディアン」は米軍がイラクやアフガニスタンで使用している無人機MQ9「リーパー」を洋上監視用に改造した非武装タイプの固定翼機で、すでに米、英、仏、伊、蘭、印などの海軍や沿岸警備隊が使用している。

洋上をパトロールする米ジェネラル・アトミクス社製の無人機MQ9B「シーガーディアン」（いずれも同社HPから）

海上保安庁によると、今回の無人機飛行実証の目的は「実際に飛行させ、搭載する観測機器を使い、海難救助・災害対応・犯罪の取り締まりなど、各種業務に昼夜を問わず対応できるか確認する」こと。

実施期間は「9月頃から11月頃まで」で、八戸飛行場（海自八戸航空基地）を拠点に、アジア航測が運航を担当する。使用する機体は米ジェネラル・アトミクス社製のMQ9B「シーガーディアン」だ。

同機の巡航速度は時速約300キロ、航続時間は最大35時間で、広域での海上監視に活用できる。実証試験では飛行場での離着陸をはじめ、遠隔操縦、現場での機体整備など、実用化に向けたさまざまなテストを行う。

「シーガーディアン」の機体は全長11・7メートル、全幅24メートルで、胴体下にレーダーやカメラなど各種センサーを搭載し、遠隔操縦で上空から海上の船舶などを監視することができる。

### 違法操業や災害時偵察の性能を調査

不審な船舶については、接近して積み荷や乗員の動きをビデオカメラで撮影し、その映像を[illegible]ら密漁などが判明すれば、巡視船を急行させて対処する。

「シーガーディアン」を遠隔操縦する地上ステーション。パイロットはモニター上で無人機が撮影した海上の船舶映像などを見ながら操縦を行う

今回の飛行試験では「シーガーディアン」を八戸基地から三陸沖だけでなく、日本海沿岸、東北地方の自衛隊訓練空域にも飛行させる。それぞれの現場で、各自治体の支援を受け、違法操業の監視や災害時の[illegible]

日本国内での実証試験については、2018年5月、米ジェネラル・アトミクス社が長崎県壱岐市を拠点に飛行試験を実施。この時は、①雲仙・普賢岳の火山活動と壱岐での小規模な山火事の観測②排他的経済水域（EEZ）における過剰漁獲の巡視③水産庁への監視活動データの提供④日本の空域での安全な運航に寄与するGA―ASの衝突回避システムの確認⑤搭載するレーダーの自動船舶識別装置（AIS）の能力確認――などが行われた。

今回の飛行試験は海自の八戸航空基地が拠点になるため、防衛省・自衛隊にとってもMQ9B「シーガーディアン」が防衛面でも有用な哨戒機能を有するか、その能力を見極めるよい機会になりそうだ。

## 北海道・静内対空射撃場で101無人標的機隊

# 「新標的機」初飛行に成功

【1高特団＝東千歳】陸自第1高射特科団（団長・高木勝也将補）隷下の第101無人標的機隊（隊長・村野健二2佐）は6月29日から7月3日までの間、北海道新ひだか町の静内対空射撃場で陸自に導入された「新標的機」の初飛行訓練を実施した。

◇

隊は令和2年度から運用開始される2種類の新標的機（高速標的機、低速標的機）について、昨年度から機能別訓練と飛行を除く総合訓練を段階的に実施し、器材操作の練度向上を図ってきた。

今回は、その成果を受けて、7月1日に新高速標的機、同3日に新低速標的機を、それぞれ飛行準備から発進・飛行・回収までプログラムに従って初めて安全に飛行させた。

今回の両新型機種の初飛行訓練の成功により、101無人標的機隊は今後、従来の高速・低速標的機を含む「4種類の標的機による対空実射訓練の支援態勢」を確立した。

同隊は今後、4種類の標的機を使い、陸自が装備する短距離地対空誘導弾、近距離地対空誘導弾、87式自走高射機関砲の部隊に対する対空訓練の支援に当たっていく。

陸自101無人標的機隊に新たに導入された高速標的機（上）と低速標的機（下）＝陸自提供

## 防衛技術

### 小型ティルトローター機案

# 滑走路短縮、環境に配慮

都、父島に空港検討

東京都は7月31日、小笠原諸島・父島への空港整備を検討する協議会を開き、運用する機体として小型ティルトローター機の採用案を示した。同機の飛行特性により滑走路を約500メートルに短縮し、自然環境への悪影響を軽減できるという。

検討する機体は伊レオナルド社が開発中の「AW609」。同機は乗客9人を乗せ、約1000キロ離れた本土との間を2時間ほどで結ぶことができる。

伊レオナルド社の小型ティルトローター機「AW609」（同社HPから）

## オランダが次期汎用フリゲート建造計画

### 5500トン級、乗員110人

オランダ国防省は海軍が装備する現有の「カレル・ドールマン」級に代わる新汎用フリゲートの建造計画を発表した。一回り大きい5500トン級となり、127ミリ速射砲、ESSM（発展型シースパロー）対空ミサイル、ハープーン対艦ミサイルなど強力な装備を持ち、NH90汎用ヘリも搭載できる。乗員は110人で、ほかに特殊部隊要員など40人も収容できる。1番艦は2027年の進水予定で、ベルギー海軍も同型艦の整備を計画している。

オランダ海軍の次期汎用フリゲートのイメージ（蘭国防省HPから）

おことわり 「技術が光る」は、休みました。

## 技術屋のひとりごと

### 「自動運転」への期待

佐々木 秀明
（防衛装備庁・陸上装備研究所機動技術研究部長）

私は運転が好きなので、旅行は自動車で行くことが多い。しかし、歳のせいか、旅行の帰りなどは「自動運転があったら」と思うことも増えてきた。

最近の自動車は、高速道路であればほぼ人の手を介さずとも自動的に車間を保ち、走行レーンの真ん中を走り続けることができる。現在市販されているこのような機能が付いている自動車は、自動運転レベルの5段階のうち、レベル2である。これは「運転支援」と呼ばれ、ドライバーが運転の全責任を負うことになる。この一段上のレベル3からは「自動運転」と呼ばれ、高速道路など限られた条件でドライバーが介入することなく自動で運転することができる。

ただし、何らかの原因で、自動運転ができなくなった場合はドライバーが運転を代わる必要がある。代わり方にもよるが、「運転をお願いします」と言われて、気持ちの切り替えがすぐにできるドライバーは少ないと考えられる。また、速度に感覚が慣れていないので、運転を代わってしばらくはおぼつかない運転となるだろう。このようにレベル3には解決するのが難しいハードルがあるため、多くの自動車メーカーは緊急時も車両側が運転を担う、レベル4を一足飛びに実現しようと研究開発しているが、あらゆる事態に対応するには膨大な検証をする必要があり、実現には相当の時間がかかるだろう。

自衛隊が使用する将来の車両でも自動運転や無人化が進むと考えている。自衛隊車両においては、運用上、道路の有無に関係なく、道なき道を進むこともありうる。このような状況では、白線はもちろん、道路すらない訳であるから、市販車の自動運転と異なる課題が存在し、今後、取り組むべき重要な課題と考えている。

## 世界の新兵器 539

### 次期原子力弾道ミサイル潜水艦「コロンビア」級（米）

### 42年で戦略抑止パトロール124回

今回取り上げるのは、米海軍が現在の原子力弾道ミサイル潜水艦（SSBM）「オハイオ」級の後継として計画を進めている「コロンビア」級である。

本級は2011年に具体的な技術開発段階に入り、2016年には「コロンビア」級と名付けられ、1番艦はSSBN－826「コロンビア」となることが決定された。そして本年6月22日にGDE（General Dynamics Electronic－Boat）社との間で、建造準備段階といえる詳細設計とNAVSEA（Naval Sea Systems Command）に対する技術支援などを含めた契約を締結しており、2021会計年度で1番艦の建造が予算化され、2031年に就役する計画となっている。

本級の就役からの運用期間は「42年間」とされ、この間に「124回の戦略抑止パトロール」を実施する計画となっている。就役途中での原子炉の燃料棒の交換は必要ないとされ、このため「オハイオ」級の14隻より2隻少ない「12隻」の建造予定になっている。

同艦は水中排水量20,810トン、全長560フィート（171m）、最大幅43フィート（13.1m）と「オハイオ」級とほぼ同じ大きさで、主機の出力および水中速力も同じ程度とされ、乗員数も同じ「1クルー155名」が予定されている。

しかしながら、推進機関にはこれまでのギアード・タービン方式から新たにターボ・エレクトロニック方式が採用されることとなり、エネルギー伝導効率は劣るものの、静粛性で欠点とされてきた減速ギアの装備が必要なくなっている。推進器はウォーター・ジェット方式を採用するともされているが、具体的な詳細はまだ確定していない。

艦型も前級とそれほど大きな変化はないが、艦尾の舵はこれまでの「十型」から今日一般的となっている「X型」が初めて採用される予定である。戦闘システムには「ヴァージニア」級SSNに搭載されたLAB（Large Aperture Bow）ソーナーの改良型をはじめとする各種センサーなどを統合したSWFTS（Submarine Warfare Federated Tactical System）と呼ばれる最新式のものが搭載される予定だ。

米海軍が「オハイオ」級の後継として建造計画を進めている「コロンビア」級原子力弾道ミサイル潜水艦のイメージ（NAVSEAのホームページから）

弾道ミサイルの数は「オハイオ」級の24基に対して16基とされ、当初は同じトライデントD5型を搭載する予定とされている。また、弾道ミサイルの発射管は英海軍の「ドレッドノート」級SSBNと共通のCMC（Common Missile Compartment）と呼ばれる4基1組のものが提案されている。

本級はまだ計画段階にあり、予定通り建造が進んでも1番艦の就役は10年以上先のことで、その間の技術の進歩などに合わせて変更・改良が加えられる可能性は十分に残されている。したがって、本級の完成時の姿を正確に予測することは難しいが、米海軍が「戦略核抑止力としてのSSBN勢力」を今後とも維持しようとする姿勢には変わりはないであろう。

堤 明夫（防衛技術協会・客員研究員）

FXC CORPORATION
C－X用 C－1用 C-130用 抽出傘投下・投棄システム
Extraction Parachute Jettison System (EPJS)
重量装備品等を空中投下する任務において、搭乗員及び航空機双方の安全性を確保するシステム及び当該運用機材
Cabin Leakage Tester
米国ハイドロリックインターナショナル社
航空機コクピット内空気漏えい検査機材及び当該組部品等
総販売代理店
大誠エンジニアリング株式会社
〒160-0002 東京都新宿区四谷坂町12-20 KKビル5階
TEL：03-3358-1821 FAX：03-3358-1827
E-mail：t-engineer@taisei-gr.co.jp

大空に羽ばたく信頼と技術
IHIは世界有数のジェットエンジンメーカーです
IHI
Realize your dreams
世界を飛ぶIHIのジェットエンジン
IHIの技術はあなたのそばで活躍しています。
株式会社IHI 航空・宇宙・防衛事業領域
URL:www.ihi.co.jp

## ひろば

菊月、長月、寝覚月、紅葉月――9月。

1日防災の日、10日世界自殺予防デー、12日宇宙の日、21日敬老の日、22日秋分の日、27日世界観光の日。

面掛行列　神奈川県鎌倉市の御霊神社で約200年続く別名「はらみっと行列」と呼ばれる奇祭。県指定無形民俗文化財で、風変りな面を被る男衆が市内を練り歩く。「阿亀」のお腹に触ると安産祈願になる。18日

福島大神宮例大祭　松前文化の特色を備えた福島大神宮（北海道福島町）の伝統的な祭り。福島町特有の四ヶ散米や奴行列、山車などの祭礼行列が町内を2日間にわたり巡行し、拝殿を目指す。11～16日

DVD映像の一場面。10即機連の主力装備「16式機動戦闘車」の車載カメラから、105ミリ主砲の迫力ある砲撃シーンが見られる

# 10即機連密着DVD 発売！

## 伝統と"進化" 渾身のドキュメンタリー

10普連（滝川）の4中隊長を務めた経験をもつ陸自OBが古巣の即応機動連隊への"進化"を渾身のドキュメンタリーとして作り上げた作品がこのほど完成した。小島肇元2陸佐（68）の全国発売7作目となるDVD『令和の新戦力!!第10即応機動連隊』で、9月4日から発売される。昨年3月の10即機連の誕生から1年間の軌跡を、かつて同隊に所属したOBが愛情をもって撮影・編集している。陸自ファンにとっても必見のDVDだ。

### 10普連OB 小島元2佐が制作

10即機連長の岡田豊1佐（右）と写真に納まる映像作家の小島肇元2佐（滝川駐屯地で）

小島元2佐は2006年に定年退官後、映像作家に転身。「自衛隊の真の姿を映像化する」をポリシーとして、主に陸上自衛隊を対象として映像制作に取り組んできた。

その作風はプロからも高く評価され、映画監督の大林宣彦氏（故人）から「ふるさとビデオ大賞」を授与された経験もあり、2017年に初めて全国発売のDVD作品を出した際には大林監督から「自衛隊の活動があなたによって紹介されるのは、（国民にとって）とても役に立つことだろう」と言われたという。

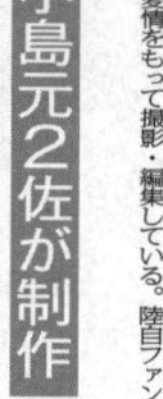

DVD『令和の新戦力!!第10即応機動連隊』のパッケージ。昨年3月の改編から同隊の1年間に密着し、各種事態に即応する「自龍連隊」の全容を収録している

今回の作品は昨年3月に滝川駐屯地に編成された10即応機動連隊を新編直後から追い続け、16式機動戦闘車を運用しての練成など、貴重な映像をカメラに収め続けた。本作品はその200時間を超える映像を約2時間半に凝縮している。

### ドローンや車載カメラも活用

撮影は四季折々の北海道の大自然を背景にして部隊側の全面協力のもと、地上カメラに加え車載の小型カメラやドローンによる空撮も行い、即応機動連隊をダイナミックに映像化。装備や訓練だけでなく、各級指揮官や隊員たちへのインタビューも随所に織り込み、初年度の10即機連の戦力化を克明に描いている。

小島氏は10普連4中隊長としてかつて滝川駐屯地に勤務した経験があり、「連隊の伝統を受け継ぎ、新たな部隊として発展してほしい」との熱い願いを込め、約70年に及ぶその部隊史も作品として結実させた。

「北の大地でひた向きに訓練に取り組む滝川駐屯地の隊員たちの姿をぜひ見てほしい。国の守りの原点である真摯な隊員たちの姿を知ることができるでしょう」と語る。

今年3月に2代目10即機連長に就任した岡田豊1佐はこのDVDについて、「65年以上の歴史と伝統を有する滝川の郷土連隊が即機連化された軌跡をDVDに収めていただき、非常にうれしく思う。迫力ある映像を多くの方に見ていただければ」と話した。

DVDの価格は2000円（税抜き）で、アースゲート社（東京都台東区）から全国発売される。

## 朝雲読者にチケットプレゼント

### 『荒野のコトブキ飛行隊 完全版』

## 話題のアニメ MX4Dで上映

昨年テレビ放映され、3DCGとリアルな音響で大迫力の空戦シーンが話題になったアニメ『荒野のコトブキ飛行隊』の劇場版が9月11日から『荒野のコトブキ飛行隊 完全版』として全国の映画館で上映される。

この映画は、女子高生の青春を迫力の戦車シーンと共に描いた『ガールズ&パンツァー』などの作品で注目された水島努監督の手掛けるレシプロ空戦アニメ。一面に荒野が広がる世界"イジツ"を舞台に、隼一型を駆る女の子だけのスゴ腕パイロット集団「コトブキ飛行隊」が世界を巻き込む大戦に立ち向かっていくストーリーだ。

劇場での公開にあたり、TVアニメとして放映された全12話を再編集したほか、15分以上の新作カットも追加。主人公キリエと幼馴染エンマの出会いなど、TVでは語られなかったシーンが描かれている。

同作品では音響も7.1chで作り直され、通常上映の他にMX4Dでも上映される。このため、よりリアルな音響に加え、座席の揺れや風なども感じられ、隼一型に乗っての大迫力の空戦を体感できるだろう。

㊤映画『荒野のコトブキ飛行隊 完全版』のメインビジュアル。主人公機の隼一型を正面に迫力の空戦シーンが描かれている㊨女の子だけで構成されたスゴ腕パイロット集団「コトブキ飛行隊」のメンバーたち

「朝雲」読者に『荒野のコトブキ飛行隊 完全版』のムビチケを3名様にプレゼント。希望者は、はがきに郵便番号・住所・氏名・電話番号を記入し、〒160-0002東京都新宿区四谷坂町12-20 KKビル 朝雲新聞社営業部まで申し込む。締め切りは9月4日（当日消印有効）

## マイヘルス Q&A

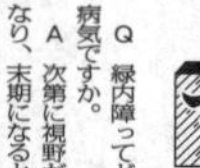

### 緑内障

### 早期発見・治療が大切 症状が出てからでは遅い

Q 緑内障ってどんな病気ですか。

A 次第に視野が狭くなり、末期になると視力障害が起こり、無治療で放置すると最終的には失明に至ります。急性緑内障発作の場合には突然失明する場合があります。

日本では40歳以上ではおおよそ17人に1人が緑内障との報告があり、日本人における後天性の失明原因の第1位は緑内障です。人間は普段両方の眼で視覚を認識しているため、緑内障は初期～中期の段階ではほとんど症状がありません。両眼で見て視野欠損を自覚したならば、既に中期～末期の段階です。

Q 緑内障のタイプにはどのようなものがあるのでしょうか。

A 原発性は「開放隅角緑内障」と「閉塞隅角緑内障」に大きく分けられます。「閉塞隅角緑内障」は前述の急性緑内障発作を起こす可能性があり、大変危険な病型で、服用してはいけない薬があります。発作が起きた場合には眼痛に加えて頭痛や吐き気も起こります。

Q 治療はどのようなものがありますか

A 原発性の「開放隅角緑内障」は点眼、レーザーまたは手術で眼圧を下げます。「閉塞隅角緑内障」は眼の構造上の問題なので点眼では治療できず、レーザーまたは手術によって治療します。

まれに緑内障を治療すると見えなくなった視野が回復すると過度な期待をされる患者さんがいますが、網膜・視神経は中枢神経で一度障害されると再生されませんので既に失われた視野が戻ることはありません。つまり、治療といっても視野障害の進行を防ぐという姿勢になります。我らが自衛隊の精神と同じく、まさに「専守防衛」なのです。

Q 食事や普段の生活で予防することはできますか。

A 特にありません。「閉塞隅角緑内障」の方は水分を取りすぎると目に水がたまり、眼圧が一時的に上昇することがあります。よく「テレビをずっと見るのはよくないでしょうか」という質問をいただきますが、緑内障の進行に影響することはありません。交感神経優位になると眼圧が上昇しますので、興奮するタイプのゲームのしすぎはあまり良くないと言えるでしょう。節目検診などで緑内障を疑われた場合には確実に眼科を受診して下さい。

自衛隊中央病院眼科 専門医・医学博士 田口 万藏

## BOOK NOW

### 私が読んだ この一冊

著者は、歴史上の紛争、紛争が生起した根本的な原因の一つとして、地政学的要因があると考え、それを「恐怖の地政学」と表現しました。地理的に重要な地域に位置する国（日本を含む）が、大国の思惑に左右される現実を生々しく客観的に描いています。

大国の覇権争いが日本に及ぼす影響などの疑問について考えたい方におすすめします。

ティム・マーシャル著、甲斐理恵子訳「恐怖の地政学―地図と地形でわかる戦争・紛争の構図」（さくら舎）
第34普通科連隊5中隊（板妻）川又良知2陸尉 28

本書は、イギリス人ジャーナリストとして国際情勢を取材してきた著者が「地政学」的観点に基づき、国際社会の現在から近未来までの情勢を論じたものです。

最近の自分も長年同じ仕事をしていて、この絵本の中でいう大人に近い偏ったものの見方をしているのではないかと感じ、「視点を変えれば見方も変わる」ということに気づかされた。絵本から学ぶ所が大人にもあることを改めて教えてくれた一冊である。

ヨシタケシンスケ著「それしかないわけないでしょう」（白泉社）
佐世保教育隊総務科文書係長 真島幸久事務官 49

本書は、3歳の愛娘への読み聞かせの際に出会った絵本で、大人がこうだ！と偏った目線で決めてかかることを色々と覆してくれる。

池田潔著「自由と規律―イギリスの学校生活」（岩波新書）
作戦情報隊（横田）松川 椋1空尉 29

パブリックスクールをご存じだろうか。直訳すると「公立学校」となるが、英国においてその意味は異なる。

本書は、筆者が実際に入校していたパブリックスクールでの体験談をもとに、いかにして「英国紳士」が形成されてゆくのかを解説する。「教育」とは何か、「学校」とは何のためにあるのか、筆者の問いかけは心に響く。

### 隊員愛読書ベスト5

<入間基地・豊岡書房>
❶音速の刃　未須本有生著　文藝春秋　¥2255
❷侵略者―アグレッサー　福田和代著　光文社　¥1870
❸邦人奪還―自衛隊特殊部隊が動くとき　伊藤祐靖著　新潮社　¥1760
❹現代戦争論―超「超限戦」これが21世紀の戦いだ　渡部悦和、佐々木孝博著　ワニブックス　¥1320
❺自衛隊装備年鑑 2020-2021　朝雲新聞社　¥4180

<防衛省・三陽堂書店>
❶防衛白書―日本の防衛―令和2年版　防衛省監修　日経印刷　¥1397
❷現代戦争論―超「超限戦」
❸弾丸が変える現代の戦い方　二見龍、照井資規著　誠文堂新光社　¥1760
❹中国の海洋強国戦略―グレーゾーン作戦と展開　A・S・エリクソンほか編　杉本正彦、武居智久、山本勝也ほか訳　原書房　¥4400
❺自衛隊装備年鑑 2020-2021

<神田・書泉グランデミリタリー部門>
❶モリナガ・ヨウのプラモ迷宮日記第3集「フラットレッドの巻」　大日本絵画　¥2750
❷日本は戦争に連れてゆかれる　副島隆彦著　祥伝社　¥924
❸北岬沖海戦　A・コンスタム著　橋本若路訳　イカロス出版　¥2750
❹AIとカラー化した写真でよみがえる戦前・戦争　庭田杏珠、渡邊英徳著　光文社　¥1650
❺兵站　福山隆著　扶桑社　¥2200

<トーハン調べ7月期>
❶鬼滅の刃―風の道しるべ　吾峠呼世晴著　集英社　¥770
❷あつまれどうぶつの森 ザ・コンプリートガイド　KADOKAWA　¥1650
❸一人称単数　村上春樹著　文藝春秋　¥1650
❹あつまれどうぶつの森完全攻略本＋超カタログ　徳間書店　¥1650
❺鬼滅の刃―しあわせの花　吾峠呼世晴著　集英社　¥770

先の大戦で祖国の安泰と家族の幸せを念じつつ
「十死零生」の特攻作戦で散華された
特攻隊員の尊い御心に思いをはせ、
皆様とともに慰霊、顕彰をしてまいります。

（毎月18日、世田谷山観音寺特攻観音堂において月例法要が営まれております。）

【特攻隊員 遺詠】

『国敗れて山河なし　生きてかひなき生命なら　死して護国の鬼たらむ』

陸軍少尉　谷藤 徹夫　享年24歳　昭和20年8月19日歿

陸軍特別操縦見習士官（第1期）　神州不滅特別攻撃隊　満州大虎山飛行場出撃
満州赤峰付近にて戦死（妻 朝子様 搭乗）　中央大、青森県出身

神州不滅特別攻撃隊の慰霊碑は、特攻観音堂の横に建立されています。

特攻勇士の諸霊は正に忠烈の亀鑑なり。
諸霊が父母の恩愛を断ち、大忠、大孝、大義、大勇に徹せし崇高無比なる境涯に相到せんか
誰か万斛の涙なきを得んや。
（特攻平和観音経）

当会の活動、会報、入会案内につきましてはホームページまたはFacebookをご覧下さい。

公益財団法人 特攻隊戦没者慰霊顕彰会
〒102-0072　東京都千代田区飯田橋1-5-7　東専堂ビル2階
Tel: 03-5213-4594　Fax: 03-5213-4596
Mail: jimukyoku@tokkotai.or.jp
URL: https://tokkotai.or.jp/
Facebook（公式）: https://www.facebook.com/tokkotai.or.jp/

ホームページ

Facebook

吉本どんど

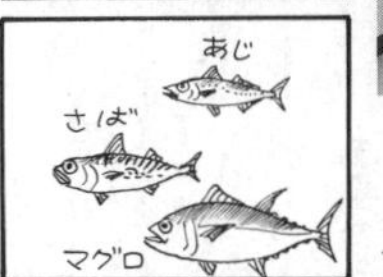


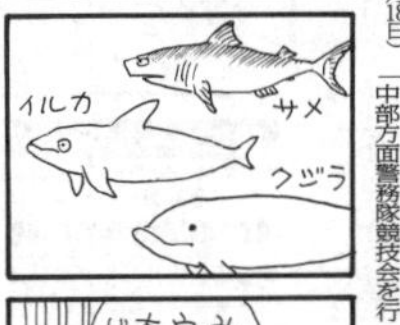

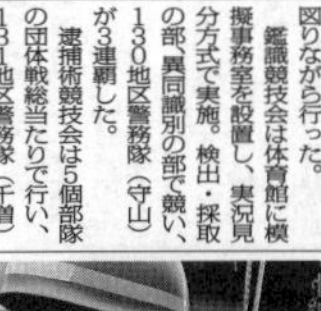


# 日本人の誇り 再認識

## 米陸軍下士官リーダーシップセンター 陸自初の「留学生名誉殿堂」入り

## 根本准尉 各国軍人と交流

「日本人の誇りを改めて感じた」――。米陸軍下士官リーダーシップセンター（米テキサス州）を卒業し、自国軍で最高位の職位に就いた軍人・隊員（元留学生）が入る同センターの「留学生名誉殿堂」。陸自隊員で初めて同殿堂入りした根本和男准陸尉（陸自最先任上級曹長）＝7月30日付既報＝が同センターへの約10カ月間の留学を振り返り、今後の決意を語った。

米陸軍下士官リーダーシップセンターのワシントンDC研修時にクロアチア人留学生（中央）、スリナム人留学生（左）と記念撮影に納まる根本准尉（2011年5月）

陸自は平成7年から25年間にわたって米陸軍下士官リーダーシップセンターへの隊員の派遣・留学を行ってきたが、名誉殿堂入りするのは根本准尉が初めて。

根本准尉が留学したのは平成22年9月から約10カ月間。第61期生として38カ国からの留学生、もう一人の陸自隊員と共に米陸軍士官学校の指揮幕僚課程とほぼ同じ内容のカリキュラムを学んだ。

米軍の下士官と接し、「プロフェッショナリズムと愛国心を持っている」ことを強く実感、互いの信頼関係も醸成させた。

また、異国の地で他国の下士官らと接する中、「改めて日本の文化や日本人の情、感性を再認識し、日本人としての誇りを感じることができた」。

### 銃剣道「心」の支え

一方、根本准尉は銃剣道の鍛錬にも心血を注いできた。空挺団（習志野）在籍中は、銃剣道練成隊に所属。平成10年には、東京・日本武道館で行われた全日本銃剣道選手権大会で頂点に立ったことも。「（自衛官としての）精神的なバックボーンは銃剣道で得られた」と振り返る。

腹を決め恐怖を克服して一歩踏み出し、木銃で突きにいく。銃剣道は身を挺して困難に当たる「挺身不難」の気概の涵養にもつながった。

湯浅悟郎陸幕長の意も介し、「常に実任務であることを忘れてはならない」とも伝える。留学での経験と銃剣道鍛錬で得た信念を糧に、強靭な陸上自衛隊の創造のために力を尽くす。

第6回全日本銃剣道選手権大会の決勝戦で構える根本准尉（右）。初優勝を果たした

陸自最先任上級曹長　2006年（平成18年）4月、陸幕（市ヶ谷）に設置された。指揮官（陸幕長）の補佐、准曹士隊員の育成に当たる。根本和男准尉は空挺団（習志野）勤務などを経て昨年6月、第7代の陸自最先任上級曹長に上番した。

# 15旅団、沖縄県に看護官ら20人派遣

## 3師団は大阪で衛生教育

新型コロナ

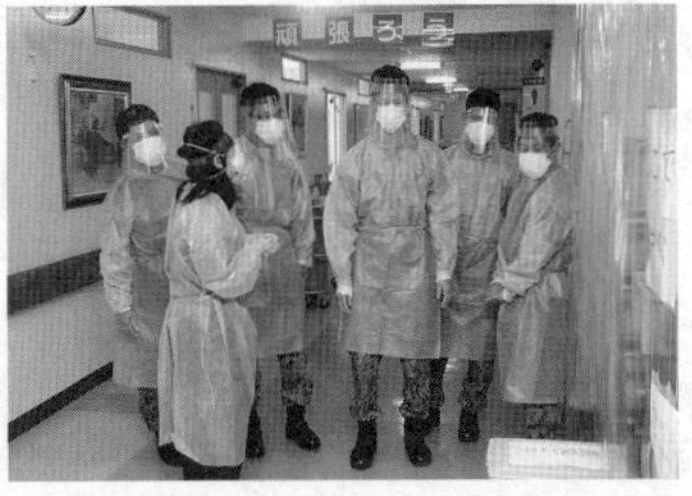

沖縄県内の医療機関に派遣され、（左から2人目）から院内設備の説明を受ける那覇病院の看護官たち（8月18日）

陸自15旅団（那覇）は8月18日、新型コロナウイルスの感染拡大が続く沖縄県の玉城デニー知事からの災害派遣要請を受け、那覇病院の看護官10人（看護師）と、後方要員約10人（輸送班）の計約20人を県内の医療機関に急派した。看護官の派遣は、看護師の不足を補うためで、10人は直ちにクラスター（感染者集団）の患者らを受け入れている県内の二つの病院に派遣され、活動を開始。22日には西方の看護官ら約10人も増派され、共に今月末まで医療支援に当たる。

一方、同じくコロナの感染拡大が続く大阪府では吉村洋文知事からの災害派遣要請を受けた陸自3師団（千僧）が7月29日、8月3、18日の各日、府の民間宿泊施設に隊員3〜6人を派遣し、従事職員らに対し、防護服の着脱要領をはじめ、手洗いの手順や消毒要領など徹底した感染防止のための衛生教育を行った。

## 陸自中方警務隊 鑑識と逮捕術競う

# 131地警が初の総合優勝

【中方警＝伊丹】陸自中部方面警務隊（隊長・池亀俊1佐）は7月20、21の両日、伊丹駐屯地体育館で中部方面警務隊競技会を行った。

初日に「犯人に直接結びつく証拠（指紋・足跡）を収集する」鑑識競技会を、翌日は「相手に与える危害を最小限にとどめながら安全、効果的に制圧逮捕する」ことを目的とした逮捕術競技会を、それぞれ新型コロナウイルス感染症拡大防止のために濃厚接触の局限を図りながら行った。

鑑識競技会は体育館に模擬事務室を設置し、実況見分方式で実施。検出・採取の部、異同識別の部で競い、130地区警務隊（守山）が3連覇した。

逮捕術競技会は5個部隊の団体戦総当たりで行い、131地区警務隊（千僧）が全勝優勝。鑑識競技会と合わせて初の総合優勝を果たした。

中方警務隊競技会で初の総合優勝を果たした131地区警務隊（いずれも伊丹駐屯地体育館で）

上 逮捕術競技会で的確な攻撃を見せる隊員

右 鑑識競技会で指紋を採取する隊員

# 災派に備え即応態勢点検

## 子供預かり施設も開設

上富良野駐

【上富良野】上富良野駐屯地（司令・徳留貴弘1佐）は8月5日、災害発生時に備えて駐屯地即応態勢点検を行った。北海道上富良野町で大雨による河川氾濫が発生したという想定の下、「FAST Force」の出動準備や駐屯地呼集対象人員の登庁、車両・携行品の点検などを実施。派遣準備を完了した。

また、駐屯地業務隊は緊急登庁する隊員の子供を一時的に預かる受け入れ施設を厚生センター図書室内に開設。新型コロナウイルス感染防止策を取り、DVD映像機器を設置するなど子供の目線で現場を整えて受け入れ態勢を整えた。

駐屯地即応態勢点検で「FAST Force」の出動準備を行う上富良野駐屯地の隊員（8月5日）

# ニコニコネット超会議に出演

中音

【中音＝朝霞】陸自中央音楽隊は8月12日、オンライン配信の「ニコニコネット超会議2020夏」に出演した。

「ニコニコ超会議」への参加は平成27、28、30年に続いて4回目。今年は新型コロナウイルスの影響を受けてオンラインでの配信となり、8月5日の中央音楽隊大演奏室などでの収録を公開した。

収録では隊員51人がフェイスガードの使用やアクリル板の設置などの感染予防策を取った。気温30度を超える炎天下の音楽広場での収録は、ダンスも含まれていたが、一人の体調不良者も出さなかった。

12日の配信当日は、中音隊長の樋口孝博1佐、「みのりん」の愛称で親しまれる水森美彩3曹、ボーカリストの松永美智子3曹の3人がゲスト出演。司会者と軽快なトークを交え進行し、演奏が放送されると配信画面には多数のコメントが寄せられ盛り上がっていた。

## 小休止

▽…空自2空団（千歳）基地業務群は、このほど、あいさつ・清掃・身だしなみ励行運動に伴う各種活動を基地で行った。

▽…基本的な事項を確実に行う習慣を定着させ、部隊の精強化を図ることを目的に行っており、今年度2回目。朝のあいさつ運動では、各部が正門に整列し、出勤する隊員を笑顔で迎えた。

▽…F15戦闘機のターボファン・エンジンがモチーフの2空団マスコットキャラクター「えんじろう」も駆けつけ、隊員たちを鼓舞した。航空祭が中止となり、登場の機会をうかがっていた「えんじろう」は、敬礼で活動推進に一役買っていた。（千歳）

## こちら警務隊　性犯罪④

# 冗談では済まされない 軽率行動がわいせつ罪

親しい女性の友人に冗談のつもりで抱きつき、キスをしました。何か罪になりますか？



あなたは冗談のつもりかもしれませんが、嫌がる相手に無理やり抱きつき、キスした場合は、刑法第176条の強制わいせつ罪に該当することが考えられます。

強制わいせつ罪は、暴行または脅迫を用いてわいせつな行為をすることで、6カ月以上10年以下の懲役と大変重い罪に処せられます。

また、相手が13歳未満の場合は、たとえ同意があったとしても同様の罪に問われます。

あなたの軽率な行動が友人を苦しめます。

絶対にしてはいけません。

（西部方面警務隊）

次回、「道路交通法違反（無免許運転）」

防衛省職員・家族団体傷害保険／防衛省退職後団体傷害保険

団体傷害保険の補償内容が一部改定になりました！

Point 1 新型コロナウイルスが新たに補償対象に!!

A型（家族補償タイプ）・B型（個人補償タイプ）・D型（予備自衛官等用）に「指定感染症追加補償特約」がセットされ、特定感染症の補償範囲が「指定感染症※1」まで拡大されました。これにより、これまで補償対象外であった**新型コロナウイルスも新たに補償対象**となります。

（注）指定感染症追加補償特約の対象となる方は、A型・B型では防衛省共済組合員ご本人、かつ、記名被保険者ご本人に限ります。公務中や通勤災害中の事故に限定せず幅広く補償いたします。

Point 2 2020年2月1日に遡って補償！

2月1日以降に発病されたものから補償の対象※2となるため、既にご加入されている方で、該当する方は、三井住友海上事故受付センター（0120-258-189）までご連絡ください。

Point 3 既にご加入されている方の新たなお手続きは不要！

既にご加入されている方は、新たなお手続きや追加の保険料のお支払いは必要ありません。

※1 特定感染症危険補償特約に規定する特定感染症に、感染症の予防及び感染症の患者に対する医療に関する法律（平成10年法律第114号）第6条第8項に規定する指定感染症（注）を含むものとします。
（注）一類感染症、二類感染症および三類感染症と同程度の措置を講ずる必要がある感染症に限ります。

※2 新たにご加入された方や、増口された方の増口分については、ご加入日以降補償の対象となります。ただし、保険責任開始日からその日を含めて10日以内に発病した特定感染症に対しては保険金を支払いません。

気になる方は、各駐屯地・基地に常駐員がおりますので弘済企業にご連絡ください。

【引受保険会社】（幹事会社）三井住友海上火災保険株式会社　東京都千代田区神田駿河台3-11-1　TEL：03-3259-6626

【共同引受保険会社】東京海上日動火災保険株式会社　損害保険ジャパン株式会社　あいおいニッセイ同和損害保険株式会社　日新火災海上保険株式会社　楽天損害保険株式会社　大同火災海上保険株式会社

【取扱代理店】弘済企業株式会社　本社：東京都新宿区四谷坂町12番地20号KKビル　TEL：03-3226-5811（代表）

（世界の切手・デンマーク）

すべての出来事には意味がある。生きていくことはその意味を理解すること。
スザンヌ・サマーズ（米国の作家）

朝雲ホームページ
www.asagumo-news.com
<会員制サイト>
Asagumo Archive
朝雲編集部メールアドレス
editorial@asagumo-news.com

# 7普連が師団検閲に参加

7普連（福知山）はこのほど、饗庭野演習場で実施された師団訓練検閲に参加した。以下は同検閲中、「ゴーストウルフ作戦」と名付け、森に身を隠して「ゴースト（幽霊）」のように行動し、ウルフ（狼）のように襲撃を行った第7戦闘団隊員の所感文。

第7戦闘団「ゴーストウルフ作戦」のロゴマーク

深い森の中に潜み、敵を待ち構える第7戦闘団の隊員たち（饗庭野演習場で）

## 分隊を指揮し 力不足を痛感

2陸曹 中川 利季（7普連1中隊）

私は中隊の第一線を防御する任務を付与され、二つの事項を重視して分隊を指揮しました。

1点目は、敵に悟られることなく我側が一方的に火力を発揮できる場所を選定し、陣地を構築させたことです。防御準備間は常に担任地域が錯雑地という地の利を生かした陣地選定と火器の配置に腐心しました。

2点目は、各分隊員に自分の陣地に対して責任を持たせました。大まかな陣地選定は私が行いましたが、細部の位置や構築要領、射界の清掃や偽装といった事項は、全て自分が生き残り、かつ仲間を守れる陣地であることを主眼に、時間の許す限り準備をさせました。

しかしながら、敵の砲迫攻撃により分隊員を多数損耗させてしまいました。これは私の力不足だと感じています。

本検閲を踏まえ、味方に余計な損耗を出さない戦い方をさらに追求し、「皆で生きて帰る」を合言葉に、仲間と共に強くなれるよう努力します。

## TKキラーの目標半分達成

1陸士 水口 己納（7普連2中隊）

初めての戦闘団検閲に私は「TK（戦車）キラー」という役職で臨みました。ミーティングで「連隊の最前線に出て、対抗部隊の車両を撃破する」という任務内容を知ったときはワクワクしましたが、本当に自分にできるのか不安もありました。そこで、一つ目標を決めました。それは敵戦車を「最低でも1両撃破する」ということです。

いざ状況が始まり、私は拠点の前に敵装甲車が止まっているのを発見しました。共に行動していた組長の射撃号令の下、速やかにLAM（携帯対戦車弾）を射撃し、一発で命中させることができました。

その後も装甲兵員輸送車を1台大破、1台を小破し、一定の成果を挙げることができました。目標を達成できたのは嬉しかったのですが、敵戦車を撃破できなかったのが悔しかったです。

初検閲を終え、とても貴重な経験ができました。今後は小銃だけでなく対戦車火器にも精通し、次こそは戦車を撃破できるよう訓練に励みたいと思います。

## 全員が小隊長の企図理解し実行

3陸曹 西 悠佑（7普連3中隊）

私は01式軽対戦車誘導弾手として参加しました。小隊陣地は予想される敵の接近経路地域を防御し、いかなる戦闘にも対応できる必要がありました。そこで各隊員は主陣地・予備陣地・補足陣地を多数構築し、万全な準備を整え戦闘に備えました。

そして状況4日目の昼、砲弾の降り注ぐ中、「敵戦車部隊接近！」の通報を受け、迅速に対機甲戦闘準備を行いました。前方地域から射撃音、戦車の装軌音が近づいてくるにつれ、部隊は緊張感に包まれましたが、「ここで必ず侵攻を阻止してやる」という強い意志を持って警戒を継続しました。

敵の攻撃は夜間まで続きましたが、味方戦車部隊と協力することによって敵の侵攻を阻止し、我の損耗を局限することに成功、無事に任務を達成することができました。

今回、私が学んだことは基本・基礎の重要性です。各隊員が小隊長の命令・企図を理解し、徹底してそれを実行したことにより、任務を達成することができたのだと思います。

## 狙撃手の任務 難しさを実感

3陸曹 筒井 草太（7普連1中隊）

私は狙撃班に加わりました。任務は敵の探知、情報収集と、状況により敵の指揮官等を狙撃することでした。

狙撃銃はロングレンジからの正確な射撃が最大の強みですが、今回の反省点としては、もう少し潜入の適地を探るべきでした。

戦闘状況が常に変化していく中で、「（指揮官を）狙撃できれば状況は変わるかもしれない」という場面がありました。しかし、狙撃をするのは任務の一部に過ぎないので、まずは敵情報告することが重要です。今回、潜入した場所は敵情報告には適地でしたが、狙撃をするには適地とは言い難かったです。

与えられた任務に優先順位はつけられますが、これからは自分の任務をすべて全うできるよう、狙撃手としての運用の仕方をもっと考えていかなければと感じました。

次回は狙撃手として隙をなくし、より高度な任務にも挑んでいきたいと思います。

## 「見えない線」構成目指し訓練

1陸士 大熊 颯馬（7普連本管中隊）

私は有線通信手として前方ルーター（中継器）を用意し、第一線中隊への有線通信網の構成・維持・運営をすることが任務でした。

今回、有線班が心掛けたのは「見えない・切れない線」を構成することでした。結果として、有線が断線することはなかったため、任務は達成することができました。しかしながら、私個人としての有線構成の練度はまだまだ低く、今後の課題が見つかりました。

その一つとして、組長や他の組員が断線することのない有線通信網を構成するために、暗渠を利用した道路横断工事をしているとき、私は何をすれば良いのか分からず、指示されるまで何も行動できなかったことです。

今後はその失敗を踏まえ、状況の中で自分で考えて行動できるようにし、部隊に貢献していきたいと思います。

## みんなのページ

# QC三重地区大会で優秀賞受賞

准空尉 要 優（1警群・笠取山）

コロナウイルスとの闘いが続く中、空自第1警戒群はQC（Quality Control＝品質管理）東海支部三重地区が主催する「第6215回QCサークル大会・青葉大会」に参加した。

コロナの影響は本イベントにも影響を及ぼし、通常なら県内のホールに参加各サークルと審査員ら運営関係者が集まって実施するところを、今回に限り、プレゼン資料のデータを送付して審査される（審査員もテレワーク）という異例のQC大会となった。

そんなわけで、1警群のサークルメンバーもパワーポイントにナレーションを付したデータを作成することに。隊員たちは初めての試みに四苦八苦しながらもプレゼン用の資料を作り上げ、これを主催者に送付した。

そしてリモート審査が行われた結果、1警群のQCサークルは「フレッシュ＆チャレンジ事務、販売、サービス部門」において、見事、優秀賞を獲得した。

同部門に参加したサークルは大手企業を含め6サークルで、1警群は僅差で「三重県知事賞」という最高称号は逃したが、空自の中警団、中空大会を経てブラッシュアップした成果を十分に発揮し、「実質2位」という大きな成果を収めた。

このQC活動で得た「改善スキル」を今後の航空自衛隊の進化にも生かせるよう、私たちも部隊事務局担当者として若手たちの成長を応援していきたい。

## 新刊紹介

### 「なぜ必要か 少年工科学校の教育」
学校法人タイケン学園編

陸自70年の歴史で、1955年に創設された少年工科学校（現・高等工科学校）が担ってきた役割は大きい。装備が高度化・複雑化する中、これを自在に駆使できる隊員を育成してきたのが同校であり、今日の陸自のハイテク化を支えているのも同校の卒業生たちだ。

本書では歴代の卒業生や教官らが少工校の教育を自身の思い出を交えて、さまざまな資料・写真とともに紹介。13期生の柴岡三千夫氏（タイケン学園理事長）が監修を担当している。

第1部「『逞しい人材』をつくろう」では、英国のパブリック・スクールを目指して開校した同校誕生の経緯を紹介。文武に優れた次代のエリート、強い自衛隊の核になるリーダーの養成を目指した同校の教育理念が明らかにされる。

第2部「OBからのエール」では1～53期生が教育・立志・卒後・展望などのテーマで、それぞれ母校で受けた教育への想いを綴る。第3部は6人の歴代教官が「少工校魂」について熱く語っている。

巻末の資料編には年表と校風・校旗・各期スナップ写真を掲載。陸自を装備面から支えてきた少年工科学校のすべてがこの一冊に詰まっている。

（タイケン出版刊、1980円）

### 「AIとカラー化した写真でよみがえる戦前・戦争」
庭田 杏珠×渡邉 英徳著

戦後75年が経ち、大東亜戦争を実体験として語れる人が減っている。戦争の記憶が風化していくなかで、戦時中の風景をリアルに目撃できる「タイムマシン」のような本が現役東大生と教授によって出版された。AI（人工知能）を駆使した彩色技術により、古いモノクロ写真を現実の風景としてよみがえらせた瞠目すべき写真集である。

「記憶の解凍プロジェクト」と名付けられた白黒写真のカラー化で、戦前・戦中・戦後の景色がリアリティーにあふれた「現実の景色」に変わった。兵士を戦地に送り出す庶民のカラフルな着物姿、空爆を受けて燃えるハワイ停泊の艦艇、硫黄島で米兵が放つ火炎放射器、特攻機を見送る女学生たちが手にしたピンクの花――。古ぼけた歴史の一場面が原色の風景に変わってリアルさが増し、その場の空気までが伝わってくるようになった。

本書では日本に関係する写真だけでなく、欧州戦線なども含めて計約350点の写真が収録されており、最前線から銃後の庶民の生活まで、当時の風景を目撃することができる。次代の「戦争の語り部」になるであろうこの「記憶の解凍プロジェクト」の今後の仕事にも期待したい。

（光文社刊、1650円）

# 小牧の隊員がボランティア

2空曹 宗石 達也（1輸空基業群施設隊・小牧）

私はこのたび、小牧基地のボランティア活動の代表をさせて頂くことになりました。

本活動を実施することとなった理由は、通常での環境整備ではなかなか改善できない部分（外柵沿いの草や歩道に茂る草）をみんなで清掃しようということになったものです。同時に、基地の中堅空曹の指揮能力を高めることを目的に、新たに環境ボランティア組織も発足しました。

基地ではこの活動を「BEL」と名付けました。BEL（Base environment leader）とは「基地環境リーダー」という意味です。基地各群のリーダーも中堅空曹で決定しており、みな強い信念とやる気を見せてくれております。

初回の環境ボランティア活動は6月5日に実施されました。この日は隊員約200名が参加し、それぞれ鎌やハサミを持って基地外柵沿いに展開し、30分程度の作業ではありましたが、基地周辺の美化に寄与することができました。

今後もBELによるボランティア活動を実施していきたいと思いますので、基地の皆さま、応援をよろしくお願いします。

基地環境リーダー（BEL）として小牧基地のボランティア活動を指揮する宗石2曹（中央手前）

## OBがんばる

錦戸 博之さん 57
平成30年5月、西部方面総監部（健軍）情報部を最後に定年退職（特別昇任2陸佐）。熊本市内にある甲斐土木工業に再就職し、営業部次長として活躍中。

### 資格は退職後でも間に合う

私は熊本市北区に所在する甲斐土木工業で営業部次長を務めています。弊社は各種土木・水道工事、管渠補修・改築などのほか、鉄鋼スラグの販売を行っています。

私は工事では入札業務や現場の安全パトロールなど、鉄鋼スラグ販売では製品の加工や管理を行っています。また、個人の特命事項として、求人業務と会社HPの管理があります。

入社して一番大きな仕事は、現場管理者として阿蘇の遊水地法面工事現場に鉄鋼スラグを加工し、納品したことです。契約書作成から器材等の借用、プラント構築、製品の加工・品質管理、請求書の作成まで行いました。自衛隊では陸曹時代に施設科部隊で部外工事の経験はあったものの、現在の仕事は専門用語が多く、業務内容も多種多様で、日々勉強中です。

私が心がけていることは「命ぜられた仕事はまずやる」です。初めて行うことばかりですが、やらないと覚えないし、会社の役にもたちません。そこで調べても分からないときは、すぐに周囲に聞くようにしています。その時に根拠等を把握することが大切です。

私は入社後に2級土木施工管理技士の資格を取得しました。在隊中に資格を取得しておくことは良いことですが、退職後でも間に合います。

現在、私は予備自衛官でもあります。自衛隊の予備戦力になれるよう、今も頑張っています。皆さんも退職後に予備自衛官となり、少し緊張感を持って過ごすのもいいのではないかと思います。

## 詰碁

第1241回出題

出題 日本棋院 九段 曲 励起

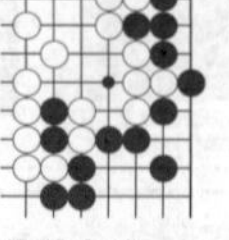

黒先

『白地の中で手にして下さい』。3分でできれば中級です。

▶詰碁、詰将棋の出題は隔週です◀

## 詰将棋

出題 日本将棋連盟 九段 石田 和雄

|  | 4 | 3 | 2 | 1 |  |
|---|---|---|---|---|---|
|  | ▽金 |  | ▽桂 |  | 一 |
|  |  |  | ▽歩 | ▽玉 | 二 |
|  |  |  |  |  | 三 |
|  | 馬 |  | 金 | ▽歩 | 四 |
|  |  | 歩 |  | ▽飛 | 五 |

▲先手 持駒 飛香

≪第825回の解答≫

【正解】▲1三香△同桂▲2三金△同玉▲2四飛△同玉▲3四馬までの七手詰め。

【解説】初手▲1三香は手筋の打ち捨て。これをせず単に▲2三金は△同玉▲2四香△3二玉で不詰み。三手目▲2三金も肝心ですが、本題の主眼は次の▲2四飛。この一手で決まります。

「朝雲」へのメール投稿はこちらへ！
▽原稿の書式・字数は自由。「いつ・どこで・誰が・何を・なぜ・どうしたか（5W1H）」を基本に、具体的に記述。所感文は制限なし。
▽写真はJPEG（通常のデジカメ写真）で。
▽メール投稿の送付先は「朝雲」編集部（editorial@asagumo-news.com）まで。

国を守る皆さまを弘済企業がお守りします!!

防衛省共済組合団体取扱 がん保険
－共済組合団体取扱のため割安－
★アフラックのがん保険
「生きるためのがん保険Days（ディズ）1」
幅広いがん治療に対応した新しいがん保険
詳しくはパンフレットをご覧ください
給与からの源泉控除
資料請求・保険見積りはこちら
http://webby.aflac.co.jp/bouei/
<引受保険会社>アフラック広域法人営業部
東京都新宿区西新宿2-1-1 新宿三井ビル17F TEL 03-5321-2377
AF007-2011-0204 4月20日

PKO保険
－PKO法、海賊対処法等に基づく派遣隊員のための制度保険として傷害及び疾病を包括的に補償－

《防衛省共済組合保険事業の取扱代理店》
弘済企業株式会社
本社：〒160-0002 東京都新宿区四谷坂町12番20号KKビル
☎ 03-3226-5811（代）

防衛省職員家族 団体傷害保険
－組合員のための制度保険で大変有利－
★割安な保険料[約56%割引] ★幅広い補償
★「総合賠償型特約」の付加で更に安心
（「示談交渉サービス」付）
詳しくはパンフレットをご覧ください
団体長期障害所得補償保険
病気やケガで働けなくなったときに、減少する給与所得を長期間補償できる唯一の保険制度です。（略称：GLTD）
親介護補償型（特約）オプション
親御さんが介護が必要になった時に補償します。

防衛省退職後団体傷害保険
－組合員退職者及び予備自衛官等のための制度保険－

防衛省共済組合団体取扱 火災保険
★割安な保険料[約15%割引]
[損害保険各種についても皆様のご要望にお応えしています]

朝雲

発行所 朝雲新聞社
〒160-0002 東京都新宿区四谷坂町12－20 KKビル
電話 03(3225)3841
FAX 03(3225)3831
振替00190-4-17600番
定価一部150円、年間購読料9170円（税・送料込み）

保険金受取人のご変更はありませんか？
アフターフォローの
明治安田生命
明治安田生命保険 団体生命保険
（引受幹事生命保険会社）

# 強固な日米同盟を確認
## ミサイル防衛で連携
### 日米防衛相会談

河野防衛相は8月29日、米国のエスパー国防長官と米領グアムのアンダーセン空軍基地で約2時間会談し、強固な日米同盟を確認するとともに、あらゆる経空脅威から国土を守る「総合ミサイル防空能力」の強化で一致した。会談後、現地で防衛省をオンラインで結んで記者会見した河野大臣は「長時間、かなり突っ込んだやり取りをすることができた。急速に安全保障環境が変化している中で、日米が今後どのように協力していくかを、腹を割って話すことができた。日米の強固な連携を国際社会に示せたことは意義深い」と語った。

河野大臣は、埼玉県の空自入間基地とグアムのアンダーセン空軍基地との間を3輸空（美保）のC2輸送機で往復した。

## 東・南シナ海の「現状変更に反対」

両氏の直接会談は、コロナ禍で渡航制限が続いたことから、今年1月に米国防総省で行って以来、約7カ月ぶり。

河野大臣は日本政府が今年6月に陸上配備型ミサイル防衛システム「イージス・アショア」の国内配備を断念した経緯や、その代替案を含めた政府内のさまざまな議論について説明し、両氏は新たなミサイル防衛体制の構築を目指して連携することで一致した。

また、中国が中距離弾道ミサイル4発を発射するなど緊張が高まっている南シナ海についても意見交換。両氏は「自由で開かれたインド太平洋（FOIP）」を維持・強化するため、日米が基軸となって、共同訓練、能力構築支援を通じ、地域内外の多様なパートナーとの協力を推進していくことを申し合わせた。

北朝鮮の直近の状況についても情報交換し、度重なる弾道ミサイルの発射が国際社会に対する深刻な挑戦」であるとの認識を共有。核・ミサイル開発をめぐり、全ての大量破壊兵器とあらゆる射程の弾道ミサイルの「完全で検証可能、かつ不可逆的な廃棄」に向けた国連安全保障理事会決議に基づく対北制裁の「完全な履行」の重要性を確認したほか、北朝鮮船舶による違法な「瀬取り」に対し、日米が引き続き有志国と連携して警戒監視活動に当たっていくことで一致した。

一方、中国を念頭に東・南シナ海情勢をめぐっても意見を交わし、力を背景とした一方的な現状変更の試みに「反対」を表明。航行の自由の確保に向けた協力の重要性を確認した。会談でエスパー長官は、中国公船による尖閣諸島周辺での領海侵入が続いていることについて「日本の施政を損なおうとするいかなる一方的な行動にも反対する」と述べ、米国の対日防衛義務を定めた「日米安全保障条約第5条」が適用されるとの認識を改めて示した。

エスパー米国防長官（左から3人目）と会談する河野防衛相（右奥）＝8月29日、米グアムのアンダーセン空軍基地で（防衛省提供）

### 中国、南シナ海に弾道弾4発発射
#### 米国防総省懸念表明

米国防当局者は8月26日、中国軍が同日朝、軍事演習の一環として中距離弾道ミサイル4発を中国本土から発射し、南シナ海のパラセル（西沙）諸島と中国・海南島の間の海域に着弾させたことを明らかにした。

着弾海域では、24〜29日に軍事演習が行われるとして中国当局が民間船舶の航行を禁止していた。

この発射を受けて米国防総省は27日、声明を発表し、「南シナ海情勢を一層不安定化させる」として「懸念」を表明した。

河野防衛相は28日の記者会見で「南シナ海を含め、軍事的な緊張を高める行為はどの国もすべきではない。一方的な現状変更は国際秩序の中で許されるものではない」と指摘、中国軍の行為を批判した。

**主な記事**



# 井筒新空幕長が着任
## 空自の「真価」追求せよ
### 拍手の中、丸茂前空幕長離任

第36代空幕長に就任した井筒俊司空幕長の着任式が8月25日午後5時から、防衛省講堂で行われた。

井筒空幕長は栄誉礼を受けた後、着任式に臨み、新型コロナ対策で通常の半数以下の市ヶ谷地区勤務幹部約80人を前に、「重責を受け止め、全力をもって与えられた職務に当たる」と決意を表明。その上で各員に、①前空幕長が着手した施策を前に進める「進化」②既存の機能や能力を深める「深化」③空自の「真価」（真の実力）――を挙げた。さらに空自隊員に対しては、「基本を守りつつ、新たなことに挑戦を」と要望した。

これに先立ち丸茂吉成前空幕長の離任行事が午後3時すぎから防衛省で行われ、山本副大臣ら各幕僚長ら防衛省幹部や市ヶ谷地区勤務隊員らが見送るなか、丸茂前空幕長は関係者に謝意を述べ、退庁した。

㊤航空総隊司令官から第36代空幕長に就任し、儀仗隊を巡閲する井筒新空幕長（中央）＝8月25日、防衛省講堂で　㊦各幕僚長（右側）ら大勢の防衛省幹部に見送られ退庁する丸茂前空幕長（中央）＝8月25日、防衛省儀仗広場で

## 「あしがら」がSM2発射
# リムパック終わる

米ハワイとその周辺海域で8月17日から約2週間にわたって行われた米海軍主催の環太平洋合同演習「リムパック2020」が同31日、終了した。

新型コロナの影響で洋上訓練のみとなった今回は、10カ国から艦艇22隻、潜水艦1隻が参加。海自からは北川敬三1佐（2護衛隊司令＝佐世保）を指揮官に、ヘリ搭載護衛艦「いせ」とイージス護衛艦「あしがら」が加わり、各国艦艇と共に対空戦、対水上戦、対潜戦訓練などを実施した。

訓練初日の17日（日本時間18日）には、「あしがら」が対空ミサイルの実射訓練を実施。ハワイ沖の訓練海域で搭載する長射程の対空ミサイルSM2を発射、我が国の弾道ミサイル防衛（BMD）を担う同艦の高い即応能力を見せた。「いせ」「あしがら」は9月18日、佐世保に帰国の予定。

ハワイ沖の洋上で長射程の対空ミサイルSM2を発射する海自のイージス護衛艦「あしがら」（8月18日＝日本時間）

# 北演、副大臣ら視察
## 9両のAAV7が初上陸

水陸機動団（相浦）と空挺団（習志野）が初めて同時に加わった「北方実動演習」が8月24日から始まり、同28日、北海道北部の陸自天塩演習場で行われた水機団の着上陸訓練が報道陣に公開された。

午前8時半ごろ、沖合3キロに停泊する海自輸送艦「しもきた」から水機団の9両の水陸両用車AAV7が次々と発進。列をつくって海上を機動し、同10時ごろ、天塩演習場近くの目標地点に上陸した。AAV7部隊の北海道での上陸訓練は初めてで、その様子を山本副大臣、岩田政務官、北演担任官の前田忠男北方総監、冨樫勇一2師団長ら幹部が視察した。

今年の北演には人員1万7000人、車両5000両、航空機30機が参加。「離島侵攻への対処」を想定し、道内の各演習場を離島に見立て、協同で対艦、防空訓練などを9月10日まで行う。

北方実動演習に初参加し、沖合の海自「しもきた」から発進、海上機動して天塩演習場近くに上陸した水機団の水陸両用車AAV7（8月28日、北海道天塩町で）

# 遠航部隊 アラスカへ出発
## 後期航海 米国4寄港地を巡る

海自の遠洋練習航海部隊（練習艦「かしま」、指揮官・八木浩二将補以下、実習幹部約110人を含む約310人）が8月28日、呉からアラスカなど北米・太平洋方面に向けた後期の遠洋練習航海に出発した。

今年度は世界的なコロナ禍を受けて、遠航は海自史上初めて前期・後期の2期制となり、後期は米国の4寄港地を巡る。

出国行事は午後1時半から呉基地で行われ、呉市の新原芳明市長や呉水交会会長ら来賓が出席。見送りの家族らも見守る中、練習艦隊司令官の八木将補が「海上防衛を担う幹部人材の育成に努めてまいります」と酒井良呉地方総監に出国を報告後、「かしま」に乗り込んだ。

「かしま」は午後2時、酒井総監ら基地隊員が帽振れで見送るなか、静かに出港、最初の寄港地となる米・アラスカ州のノームに向かった。

東南アジア方面を巡った前期に続く後期の遠航は計55日間で、部隊はノームに続き、同じアラスカ州のアンカレッジ、その後、ハワイ州のパールハーバー、最後にサイパンに寄港し、10月21日に呉に帰国する。

## 安倍首相が辞任を表明

安倍晋三首相は8月28日、首相官邸で記者会見し、持病の潰瘍性大腸炎の悪化を理由に辞任する意向を表明した。

7年8カ月の在任中、自衛隊最高指揮官としてリーダーシップを発揮。安全保障面では、14年に「武器輸出三原則」に代わる新たな「防衛装備移転三原則」を閣議決定し、同盟国を中心とした国際共同開発・生産に積極的に参画できる環境を整えたほか、15年には集団的自衛権の限定行使を認める平和安全法制を整備するなど、新時代の劇的な安保環境の変化に柔軟に対応できる基盤作りに尽力した。

## 防衛省参与に神保謙慶大教授

防衛省は8月28日、同省参与に慶応大学教授で国際政治学者の神保謙氏（46）を任命した。専門は国際安全保障論。河野防衛相は同日の記者会見で「安全保障、防衛政策に関し、学識経験者として専門的な知識を踏まえた上でのご意見を伺っていきたい」と述べた。

**防衛省発令**

▽防衛省参与に任命　神保　謙
（8月28日）

## 春夏秋冬
### 中国の尖閣諸島奪取作戦
村井　友秀

中国が尖閣諸島を日本から奪取しようとする場合、①外交交渉、②国際裁判、③軍事作戦の三つのシナリオがある。

①外交交渉は基本的にギブアンドテイクで、中国が尖閣諸島をテイクするためには、日本が尖閣諸島を失っても満足する何かをギブしなければならない。領土を何か別のものと交換することは政治的に困難である。

②国際裁判はどうか。中国は五百年以上前の古文書を根拠に尖閣諸島が固有の領土であると主張している。日本の主張は、1895年以来尖閣諸島を実効支配してきたという国際法上の権原（先占）が根拠である。中国は南シナ海の島をめぐるフィリピンとの争いでも同様に古文書を根拠に領有権を主張したが、2016年に常設仲裁裁判所は中国の主張を全面的に否定した。

③軍事作戦で奪取する場合は中国が戦争に勝たなくてはならない。戦争に関与する国は、中国、日本、米国であろう。中国は米国と戦争すれば負ける。中国が戦争に勝つためには米国と戦争しないことが条件になる。

日中間に大戦争が発生すれば米国が介入する可能性が高くなる。米国が大規模に介入すれば、中国は戦争に負け、共産党政権は倒れる。中国共産党は独裁政権の維持を何よりも重視する合理的なアクターであり、自殺行為はしないだろう。局地戦争は米国が介入する可能性は低くなるが、兵力と戦場が限定され中国の物的優位が生かせない局地戦争に中国軍が勝つ保証はない。

但し、もう一つ重要な側面がある。それは日本国民の損害許容限度である。もし、日中両国が局地戦争を戦い、日本側に100人、中国側に200人の死傷者が発生し、日本が勝利して尖閣諸島を日本が確保した場合、200人の死傷者は中国にとって恐らく許容限度内であるのに対して、日本国民が100人の死傷者に耐えられなければ、中国が200人の死傷者を覚悟して戦争すると日本を脅迫すれば、日本政府はたとえ局地戦争に勝利できても100人の死傷者を避けるために中国に屈服するだろう。勝敗の鍵は日本人の覚悟である。

以上の状況を勘案すれば、中国が日本から尖閣諸島を奪取できる最も可能性の高い戦略は局地戦争である。

（防大名誉教授、東京国際大学特命教授）

## 朝雲寸言

「歴史によれば軍隊は、敵によってよりもむしろ物資不足や無秩序によって破滅したことの方が多い」とはルイ王朝時代の仏の宰相の言葉である▼作戦の規模が大きくなればなるほど部隊を維持するための物資は膨大なものになり、必要なものを適時に第一線部隊に届けるのは至難の業になる。大規模災害対応においてもこの原則が当てはまる。しかし計算することはできる。例えば災害の規模に関わらず、人が一日に食べる量はそれほど変わらないからだ▼想定する災害態様に基づき、必要な物資を見積り準備しておくことは平素における災害対応の核心の部分である。問題は平素から準備していることが極限状態の下で計画通りに行えるかどうかということであろう▼災害対処訓練や防災訓練はこのためにあると言っても過言ではない。東日本大震災では事前に行われた官民を含む大規模な実動演習によって想定外の大規模な津波災害が起こった時でも計画通りに行動できたことが初期対応に一定の成果を上げた要因となった▼今年も「防災の日」がやってきた。新型コロナウイルス感染症の流行に伴い、多くの自治体で住民参加型の防災訓練が中止されているという。それも致し方ないことと思う一方で、今こそ各自治体の倉庫に眠る救援物資の点検が必要ではないかと思う。各家庭にある防災バッグの中身の点検は言うまでもない。災害対処の第一は「自助」にあるのだから。

官公庁マリッジ
独身隊員の婚活
全国対応の結婚相談所
朝雲特別割引
入会金 通常50,000円
⇒25,000円
コース別料金表（税抜）　官公庁ステージ　官公庁リンク
入会金　新規登録料　25,000円
月会費　10,000円　12,800円
東京予約・資料請求はお電話、HPより受付中
0120-737-150
www.marriageclub.co.jp

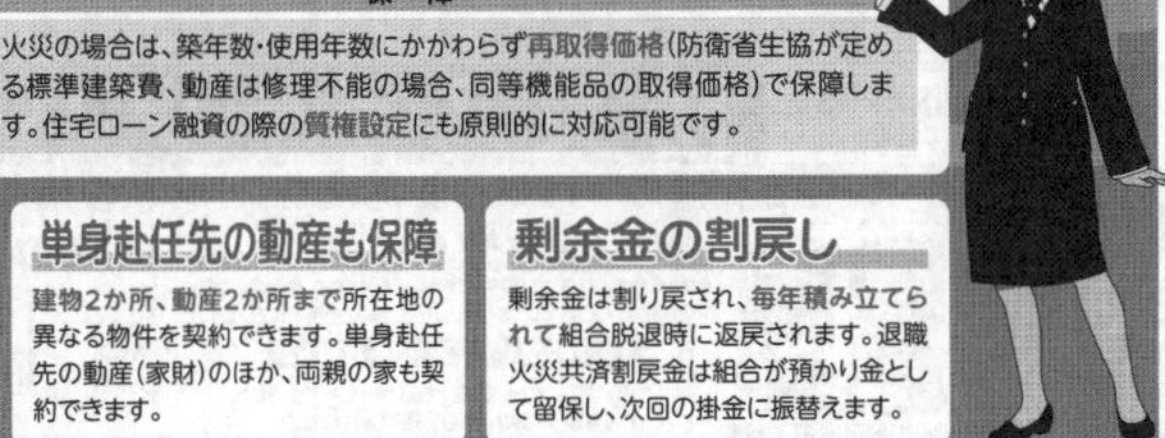

## 時の焦点

### 国内　首相退陣表明

## 国際社会に大きな存在感

体調不良を抱えながらも、国益最優先の判断を貫く。一国のトップにふさわしい勇退の姿である。

安倍首相が辞任を表明した。2012年12月以来、7年8カ月に及んだ歴代最長政権が幕を下ろす。記者会見で語った「国民の負託に自信を持って応えられる状態でなくなった以上、首相の地位にあり続けるべきでない」という言葉は重い。

その政治姿勢は、連続在職2799日を記録した8月24日の発言に尽きているだろう。

首相は記録を誇るのではなく、「政治においては何日間在職したかではなく、何を成し遂げたかが問われる」と語った。

短命政権が6年続いた後に再登板し、政治を安定させ、経済を再生に導いた。国政選挙6連勝は、政権が「何を成し遂げたか」を国民が高く評価したことの何よりの証左である。

激変する世界情勢に的確に対処したことは特筆される。

軍事費を増強させる中国は、一方的に海洋進出し、世界秩序を脅かす。北朝鮮は核・ミサイル能力を向上させ、危険な挑発を繰り返す。それにもかかわらず米国が内向き思考を強め、アジアの安全保障環境は厳しさを増している。

安倍政権はその中で、集団的自衛権の限定的行使を可能とする新たな憲法解釈を示し、2015年には安全保障関連法制定を実現した。日米同盟を強化し、共同対処能力を高めた意義は大きい。海上自衛隊の護衛艦「いずも」「かが」の改修など、着実に防衛力整備を進めたことも重要な成果である。

首相の退陣表明を受け、米国のトランプ大統領は首相との電話会談で「日本の歴史上最も偉大な首相だ」と評価した。ロシアのプーチン大統領は日本語で「アリガトウ」と謝意を表した。

国際社会でこれほど存在感を示し、各国首脳から頼りにされた日本の首相は例がなかろう。

トランプ大統領と個人的な信頼関係を築き、国際協調の必要性を説いたのは、国際社会全体の利益につながった。

利害が対立する国とも首脳間のパイプを閉ざさなかった。プーチン大統領との首脳会談は27回に上る。中国の習近平国家主席にも、安全保障上の懸念を直言した。

重要なのは、外交・安全保障政策の土台として、16年に提唱した「自由で開かれたインド太平洋」という大局的な構想があることだ。

戦後の日本は長く、欧米が作った国際ルールの中で利益を最大化することを志向してきた。安倍政権のもとで、日本はこの段階を脱却し、自由や民主主義、法の支配といった普遍的な価値観のもと、世界のルール作りを主導し、平和と繁栄に貢献する道へ大きく踏み出したのである。

首相の後継を選ぶ自民党総裁選に注目が集まっている。誰がその座に就こうとも、安倍政権の遺産を受け継ぎ、さらに発展させてもらいたい。

宮原　三郎（政治評論家）

### 海外　1期目の米外交

## 地政学的秩序の大変化

米国政治がすべて、11月の大統領選挙に向けて集約されていく今の時期に、トランプ政権1期目の外交政策の〝果実〟の一部を挙げておく。

明白なのは、「地政学的秩序」の大きな変化で、トランプ氏がホワイトハウス入りした時とは様変わりした。米国が世界の再編成に着手した結果である。

米政府は8月13日、イスラエル、アラブ首長国連邦（UAE）両国と共同で声明を発表し、イスラエルとUAEが国交正常化で合意したことを明らかにした。

1948年の建国以来、アラブ諸国と対立してきたイスラエルは、エジプト（79年）、ヨルダン（94年）と国交を樹立。UAEはアラブで3カ国目。中東の同盟関係を親米・親イスラエルにシフトさせる大きな変化である。

オバマ前政権はイランに資金や政治的正統性を与え、同国が「核」を保有する可能性を大にしたが、トランプ政権は前政権の対イラン宥和政策を逆手に取り、戦略的手段にした。

これは効果的で、イスラエルと敵対してきた多くのアラブ、湾岸諸国に同国との平和的関係の構築を働き掛け、そのキーワードは「イラン」。

イランの軍事的攻勢、核保有への野望を警戒する国々にとって、世界クラスの医学水準の他、淡水化や開墾技術などで優れたイスラエルを選択するのはごく自然だ。〝UAEドミノ〟は今後どこまで広がっていくか。

ポンペイオ米国務長官は8月15日、訪問先のポーランドで、在独米軍の一部をポーランドなどに再配置する計画を明らかにした。

米ロ間で万一の紛争が生じた場合の最前線をドイツから移動する広範な戦略の一環で、移動先は「民族自決と、個人の自由・自由市場という西側の伝統的価値を強く支持する国々」となる。

自由な国民・国家だけが国際機関や政府の権力乱用に対抗できる――との理解を共有する諸国と絆を強めている（国務省ブリーフィング」という。

ドイツなど欧州諸国の多くは戦後75年間、米国の軍事的庇護の下、通常の国防コストを負担せずに、福祉国家を築いた。文化を共有しない大量の移民で溢れても、国民国家の安定を自明のことと見なしてきた。

これに対し、中欧諸国のメンタリティーはかなり違う。戦後の50年間、ソ連の「鉄のカーテン」の内側に閉じ込められた結果、国際的な自由と社会主義の闘いを明確に理解している。

22世紀は①欧州の社会主義②中国の共産主義③米国の自由――の競争になる（ホワイトハウス当局者）というのがトランプ政権の見方だが、前途には不安定要素が多い。

欧州連合（EU）の不確実性、プーチン大統領後のロシアの将来、中国の国際的影響力の一層の拡大など。その際は、米国とポーランド、チェコ、ルーマニア、ハンガリー、スロバキア、スロベニアなどの自由志向の国民による親大西洋同盟が不可欠になるだろう。

草野　徹（外交評論家）

---

河野防衛大臣（右）から1級賞状とともに授与された副賞の盾を手にする海賊対処支援隊13次隊司令の小澤学1陸佐（8月26日、防衛省で）

## 防衛相から1級賞状

### 海賊対処13次支援隊　海賊行為抑止に寄与

アフリカのジブチ共和国で約7カ月間、自衛隊活動拠点の基地警備などを担い、このほど帰国した「派遣海賊対処行動支援隊13次隊」に8月26日、河野防衛相から1級賞状が授与された。

13次隊は司令の小澤学1陸佐以下、陸自25普連（遠軽）を基幹とする陸・海自隊員約110人で編成。今年1月8日から7月28日まで、コロナ禍の中、ソマリア沖・アデン湾をP3C哨戒機で警戒監視に当たる海自航空隊の拠点となっている基地の警備などに当たった。

大臣室で行われた表彰式には派遣部隊を代表して小澤1佐が出席。河野大臣は「国際社会の重要な取り組みである海賊行為の抑止に大いに寄与するなど、自衛隊に対する国内外の理解と信頼を深めた。これは指揮官の優れた統率の下に全隊員が一致団結し、平素の訓練成果を遺憾なく発揮したたまものである」と1級賞状を読み上げ、副賞の盾を添えて小澤1佐に手渡した。

ジブチでは現在、中央即応連隊（宇都宮）を基幹とする14次隊が任務に就いている。

### 南スーダンPKO

## 司令部要員が出発

### 赤塚、菅野両3陸佐を激励

自衛隊の国連平和維持活動（PKO）の一環として、国連南スーダン共和国ミッション（UNMISS）の第12次司令部要員を務める赤塚喜与3陸佐と菅野美怜3陸佐が8月27日、南スーダンに向け日本を出発した。

現地では、UNMISSの司令部が置かれている首都ジュバを拠点に、赤塚3佐は施設幕僚として施設業務に関する企画・調整など、菅野3佐は情報幕僚としてデータベースの維持管理や情報分析などの任務に当たる。

これに先立ち8月5日、東京都千代田区の中央合同庁舎8号館で出発式が行われ、内閣府の大塚拓副大臣が「我が国を代表して国際平和協力に貢献するという誇りを胸に業務に当たってほしい」と2人を激励。

続いて、防衛省・自衛隊を代表して渡辺孝一政務官は「UNMISSには世界60カ国以上が要員を派遣し、南スーダンのために力を合わせている。各国の要員としっかりコミュニケーションを取りながら任務を遂行するとともに、新型コロナウイルスの感染予防にも努め、体調に十分気をつけて活躍して下さい」と励ましの言葉を述べた。

式には外務省の中山展宏政務官をはじめ、内閣府国際平和協力本部の岩井文男事務局長、伊藤茂樹局次長らが出席した。

日本は2017年5月に陸自施設部隊が南スーダンPKOから撤収した後も、UNMISS司令部（約200人）には引き続き陸自隊員4人（兵站、情報、施設、航空運用の各幕僚）を派遣。4人は2人1組で出発時期を半年ずらして現地入りし、それぞれ約1年間の任務に就いている。

UNMISS司令部要員の出発式に出席した（左から）防衛省の渡辺政務官、赤塚3佐、内閣府の大塚副大臣、菅野3佐、外務省の中山政務官（8月5日、都内で）＝内閣府国際平和協力本部提供

---

## 共済組合だより

防衛省共済組合が取り扱う各種団体保険（表参照）は、災害派遣等の危険な任務に従事する可能性のある自衛隊員の方が一事故等に備えるため、加入者全員で保険料を出し合い、支え合う相互扶助制度となっています。

◇メリット1

これら団体保険は、組合員数約26万人というスケールメリットを活かし、少ない運営経費、安価な保険料で高い保障が受けられます。特に団体生命保険、団体医療保険は1年ごとに収支計算が行われ、剰余金が生じた場合は還付金が受け取れます。

◇メリット2

全国の駐屯地等にある共済組合支部には団体保険各社の常駐員が配置されており、スムーズに各種手続きが行えます。

防衛省共済組合が取り扱う各種団体保険は、加入者全員で支え合う相互扶助制度であり、組合員にとっても有利なものとなっていますので、ぜひ加入、増口をご検討ください。

| 団体生命保険 | 団体医療保険 | 団体傷害保険 |
|---|---|---|
| 死亡、高度障害等を保障 | 病気による入院、手術、退院後の通院、3大疾病（がん、心筋梗塞、脳卒中）等を保障 | ケガ、個人賠償、親介護、働けなくなった時の所得等を補償 |
| 団体年金保険 | PKO保険 | 海外旅行保険 |
| 老後生活の資金の確保を目的 | 国連平和維持活動等に派遣された時のケガ、病気等を保障 | 公務での海外出張時のケガ、病気、個人賠償等を補償 |

各種団体保険は
加入者全員で支え合う相互扶助制度
安価な保険料で高い保障

---

### 統幕長

## CHOD会議に出席

### FOIPの重要性共有

オンラインで開催された「インド太平洋参謀総長等（CHOD）会議2020」で、各国の連携の重要性を強調する山崎統幕長（8月26日、防衛省で）

山崎統幕長は8月25、26日、[illegible]「（CHOD）会議2020」にオンラインで参加し、[illegible]（CHOD相当者）と地域の安全保障について議論を交わした。

「自由で開かれたインド太平洋（FOIP）の前進」をテーマに行われた会議で山崎統幕長は、我が国と参加各国の防衛政策や情勢認識の理解を促進するとともに、新型コロナ下でのインド太平洋諸国の連携の重要性についても発信した。また、日米が掲げる「FOIP」ビジョンの実現の重要性について各国と認識を共有した。

米インド太平洋軍司令官のフィリップ・デービッドソン海軍大将は「この新しいコロナの環境でどのように部隊を運用するのがベストかを学びながら、引き続き同盟国やパートナーとの連携を継続することが重要だ」と語った。

## 比陸軍司令官と電話で意見交換

### 湯浅陸幕長

湯浅陸幕長は8月8日、フィリピン陸軍司令官のシリリト・ソベハナ中将と電話会談を行った。

両者は、新型コロナの[illegible]「自由で開かれたインド太平洋」の維持・強化のため、ポスト・コロナ（収束後）を[illegible]

## 15即機連などが対馬に機動展開

### 陸自中方

[illegible]リ、CH47輸送ヘリ、民間フェリーを使って対馬に機動展開し、16式機動戦闘車などを投入しての沿岸監視や武装工作員への対処訓練を行う。

## 後方支援態勢を主眼に海演実施

### 海自

[illegible]

訓練前段は9月11日まで、後段は10月12日から23日まで行われる。

## 「うんりゅう」米ハワイへ出発

海自1潜群5潜隊（呉）の潜水艦「うんりゅう」（艦長・児山晶紀2佐以下約80人）は8月27日、米ハワイ方面での「令和2年度第1回米国派遣訓練（潜水艦）」に参加するため、呉基地を出発した。

「うんりゅう」は洋上での各種訓練のほか、米海軍施設を利用して対潜戦訓練などを実施する。11月28日に帰国予定。

---

## 防衛省発令

▽統幕総務課庶務室長（海幕防衛課能力評価・分析室長）　1海佐　渡辺　匡
▽同運用1課（1潜水隊司令）　同　原　利光
▽海幕首席法務官付法務室（統幕総務課庶務室長）　同　加治　勇
▽同総務課兼防衛課（ちょうかい艦長）　同　富松　智洋
▽同厚生課厚生班長（海幕厚生課）　同　小泉　正弘
▽兼海幕防衛課能力評価・分析室長　海幕防衛課防衛調整官　同　一柳　公大
▽海幕航空機課（海幕厚生課厚生班長）　同　椎名　義和
▽ちょうかい艦長（呉地方総監部管理部）　同　城　武昌
▽1潜水隊司令（2潜水隊司令）　同　下濱　昭博
▽2潜水隊司令（潜水艦隊司令部）　同　関本　博充
▽海自幹部学校企画課国際計画班長（海幕情報課）　同　興梠　拓朗
▽兼航空支援集団司令部（人事教育局衛生官付総括班兼空幕首席衛生官付衛生官）　1空佐　山口　大介
（空自補給本部医務官）　同　宮脇　博基
（以上8月21日）
▽教育訓練研究本部（陸幕指揮通信システム・情報部付）　1陸佐　富永　誠
▽自衛艦隊監察主任幕僚（23航空隊司令）　1海佐　西尾　透
▽23航空隊司令（23航空隊）　同　小河　邦生
▽自衛艦隊司令部付（自衛艦隊監察主任幕僚）　同　小澤　豊
（以上8月24日）
▽統幕運用2課長（26普通科連隊長兼留萌駐屯地司令）　1陸佐　吉川　徳等
▽同運用3課訓練評価・支援班長（統幕運用3課）　1空佐　裏辻　康二
▽陸幕総務課広報室長（東北方面特科連隊長兼岩手駐屯地司令）　1陸佐　横田　紀子
▽同会計課長（7後方支援連隊長）　同　宮崎　紀彦
▽同人事教育計画課長（10特科連隊長兼豊川駐屯地司令）　同　中村　雄久
▽同人事教育計画課企画班長（陸幕人事教育計画課）　同　井上雄一朗
▽同人事教育計画課（1空挺団高級幕僚）　同　入江　一博
▽同募集・援護課援護班長（陸幕募集・援護課）　同　万波　大介
▽同装備計画課企画班長（同装備計画課）　同　古川　琢弥
▽同補給管理班長（同）　同　矢山　善隆
▽同情報課長（40普通科連隊長兼小倉駐屯地司令）　同　杉村　繁実
▽北部方面総監部装備部長（中部方面後方支援隊長兼桂駐屯地司令）　同　樽林　寿弘
▽中部方面後方支援隊長兼桂駐屯地司令（陸幕会計課長）　同　安井　崇
▽3師団3部長（同人事教育計画課）　同　伊藤　亮基
▽1空挺団高級幕僚（1空挺団本部）　同　長谷川　健
▽26普通科連隊長兼留萌駐屯地司令（3師団3部長）　同　高橋　誠
▽40普通科連隊長兼小倉駐屯地司令（陸幕人事教育計画課企画班長）　同　中村　雄三
▽東北方面特科連隊長兼岩手駐屯地司令（同装備計画課企画班長）　同　香川　賢士
▽10特科連隊長兼豊川駐屯地司令（同募集・援護課援護班長）　同　矢野　秀樹
▽7後方支援連隊長（同装備計画課補給管理班長）　同　久保　晃一
▽装備実験隊長（北部方面総監部装備部長）　同　高野　康悦
▽海幕総括副監察官（呉地方総監部管理部長）　1海佐　宇仁健一郎
▽同経理課長（横須賀地方総監部経理部長）　同　貴田　幸典
▽同経理課予算班長（海幕経理課）　同　窪田　修司
▽同補任課長（同補任課）　同　中大路　真
▽1練習潜水隊司令（統幕学校教育課1教官室学校教官）　同　江上　昌利
▽掃海隊群幕僚長（掃海業務支援隊司令）　同　吉田　圭司
▽掃海業務支援隊司令（掃海隊群司令部）　同　高岩　俊弘
▽横須賀地方総監部防衛部長（掃海隊群幕僚長）　同　渡邊　浩
▽同経理部長（海自補給本部管理部長）　同　宮崎　孝彦
▽呉地方総監部管理部長（1練習潜水隊司令）　同　植田　康照
▽同経理部長（海幕経理課予算班長）　同　中川　純
▽沖縄基地隊司令（潜水医学実験隊副長兼教育訓練部長）　同　伊藤　拓也
▽横須賀造修補給所長兼横須賀地方総監部技術補給監理官（沖縄基地隊司令）　同　坊古居泰之
▽潜水医学実験隊副長兼教育訓練部長（海幕総括副監察官）　同　布田　英二
▽海自補給本部管理部長（呉地方総監部経理部長）　同　佐藤まどか
▽空幕人事計画課制度班長（空自幹部学校）　1空佐　若林　友和
▽同補任課長（南西航空方面隊防衛部長）　同　松浦　知寛
▽同防衛課（空幕防衛課防衛調整官）　同　上村　博之
▽同情報課長（6航空団基地業務群司令）　同　細川　裕一
▽同装備課長（2航空団整備補給群司令）　同　甲斐　隆裕
▽同装備課企画班長兼空幕防衛課（空自幹部学校）　同　間瀬　悟央
▽航空総隊訓練課長（航空戦術教導団電子作戦群司令）　同　三宅　淳
▽2航空団整備補給群司令（空幕装備課企画班長兼防衛課）　同　稲村　健吾
▽6航空団基地業務群司令（空自幹部学校航空研究センター事態対処研究室長）　同　高田　軍司
▽南西航空方面隊防衛部長（航空総隊訓練課長）　同　橋本　勝士
▽9航空団基地業務群司令（空幕人事計画課制度班長）　同　山口　嘉大
▽航空戦術教導団電子作戦群司令（統幕運用3課訓練評価・支援班長）　同　今泉　康就
▽空自幹部学校航空研究センター事態対処研究室長（空自幹部学校）　同　栗秋　健士
▽情報本部計画部長（陸幕情報課長）　1陸佐　河口　弘幸
▽防衛装備庁プロジェクト管理部装備技術官（9航空団基地業務群司令）　1空佐　川口　礼人
（以上8月25日）
▽空幕整備・補給課補給室長（6航空団整備補給群司令）　1空佐　今泉　雅博
▽航空総隊整備課長（空自補給本部）　同　武田　博之
▽6航空団整備補給群司令（航空教育集団装備課長）　同　丸山　勲
▽警戒航空団2整備群司令（空自補給本部航空機管理課長）　同　前田　昇
▽航空救難団整備群司令（警戒航空団2整備群司令）　同　泉山　正司
▽航空教育集団装備課長（空自幹部学校）　2空佐　定方　歩
▽4航空団整備補給群司令（航空救難団整備群司令）　1空佐　岡本　英樹
▽航空開発実験集団装備課長（航空総隊整備課長）　同　石橋　政樹
▽空自幹部学校（石川地方協力本部長）　同　小川　康祐
▽空自幹部学校付（統幕計画課）　同　小林　貴行
（空幕運用支援課）　同　小城　毅泰
▽空自補給本部航空機管理課長（航空開発実験集団装備課長）　同　江口　尊俊
▽4補給処高蔵寺支処長兼高蔵寺分屯基地司令（空幕整備・補給課補給室長）　同　兼田　大助
▽石川地方協力本部長（4航空団整備補給群司令）　同　中川　一
（以上8月26日）
▽統幕学校教育課2教官室学校教官（統幕学校教育課）　1海佐　今野　卓
▽護衛艦隊司令部（いずも艦長）　同　本山　勝善
▽海上訓練指導隊群首席幕僚（海上訓練指導隊群司令部）　同　吉福　俊彦
▽いずも艦長（同首席幕僚）　同　川内　健治
▽舞鶴海上訓練指導隊司令（海自1術科学校教育1部長）　同　藤原　秀幸
▽4航空群司令部付（硫黄島航空基地隊司令）　同　森脇　仁
▽111航空隊司令（大村航空基地隊司令）　同　川崎　実広
▽大村航空基地隊司令（小月教育航空群首席幕僚）　同　佐藤　友明
▽硫黄島航空基地隊司令（111航空隊司令）　同　袴田　重征
▽情報業務群司令部（海自幹部学校付兼海幕指揮通信課兼情報課）　同　高嶌　正顕
（海幕情報課付）　同　桐生　宏幸
▽小月教育航空群首席幕僚（22航空群幕僚）　同　老本　昌弘
▽海自1術科学校教育1部長（統幕学校教育課2教官室学校教官）　同　廣中　敬三
▽東京業務隊付（舞鶴海上訓練指導隊司令）　同　加藤　一郎
（以上8月28日）

**訂正**　本紙8月6日付8面の救急救命士の記事中にある一般名称の「気管挿管認定救急救命士」は、気管挿管の病院実習を修了して認定証を交付された者の意味であり、空自には当該名称の資格はありません。航空医学実験隊からの訂正の申し出を受け、誤解を与えたことをお詫びします。


防災食

災害等の備蓄用・贈答用として最適！

防災スイーツパン　自衛隊バージョン

陸・海・空自衛隊の"カッコイイ"写真をラベルに使用

3年経ってもおいしい焼きたてのおいしさ♪
焼いたパンを缶に入れただけの「缶入りパン」とは違い、発酵から焼成までをすべて「缶の中で作ったパン」ですので、安心・安全です。
（小麦・乳・卵・大豆・オレンジ・リンゴが原材料に使用されています。）

TV「カンブリア宮殿」他多数紹介！

内容量：100g／国産／製造：(株)パン・アキモト
1缶単価：600円（税込）　送料別（着払）

【定価】
6缶セット 3,600円を 特別価格 3,300円
1ダースセット 7,200円を 特別価格 6,480円
2ダースセット 14,400円を 特別価格 12,240円
（送料は別途ご負担いただきます。）

新発売！　災害等の備蓄用・贈答用として最適!!

陸・海・空自衛隊のカッコイイ写真を使用した専用ボックスタイプの防災セット。

自衛隊バージョン　EMERGENCY BOX
7年保存防災セット　1人用／3日分

非常時に調理いらずですぐ食べられるレトルト食品とお水のセットです。

※セット内容イメージ

メーカー希望小売価格 5,130円（税込）
特別販売価格 4,680円（税込）【送料別】

昭和55年創業 自衛官OB会社
株式会社タイユウ・サービス
〒162-0845 東京都新宿区市谷本村町3番20号 新盛堂ビル7階
TEL：03-3266-0961
FAX：03-3266-1983
ホームページ　タイユウ・サービス　検索

日米安保条約改定50周年を記念して「50」の人文字を甲板上に描き、米海軍のイージス駆逐艦「マスティン」（奥）と並走する海自のヘリ搭載護衛艦「ひえい」（2010年6月11日、太平洋上で）

# 『日米安保60年』に寄せて（上）

# 「日米安全保障条約の歴史と意義」

日米安全保障条約が1960年に署名・締結されて今年で60年になる。しかし、実際は1951年にサンフランシスコ講和条約と共に締結された（旧）日米安保条約の改定とみなされている。戦後の日米同盟の礎となってきた旧・新日米安保条約の歴史的意義と、今後の日米間での役割と展望について専門家に寄稿をお願いした。初回は吉田真吾・近畿大学准教授による「日米安全保障条約の歴史と意義」、2回目は元防衛大学校長で平和・安全保障研究所理事長の西原正氏による「複雑化する国際情勢における日米同盟の役割と展望」を掲載する。

## 1　安保条約の締結

日米同盟の起源は、1951年のサンフランシスコ平和条約の調印直後に結ばれた日米安全保障条約にある。このいわゆる旧条約の核心は、日本が占領期から継続して米軍に基地を提供する一方、米国が日本と極東の安全に関与することにあった。時代とともにその内実は変化してきたが、これは現在の日米同盟にも引き継がれているといえる。

旧条約を締結した吉田茂首相は、米国への基地提供は単に講和の代償にとどまらないものと判断していた。首相曰く、日本は常に北から南西にかけて軍事的脅威に囲まれている。だが、敗戦と占領によって日本の軍事力は失われており、日本国憲法9条や国民の反戦・反軍事感情に鑑みると再軍備も容易ではなかった。他方、集団安全保障機構として期待された国際連合は、米ソ冷戦の影響で機能不全に陥っていた。

それゆえ日本には、米国から保護を受ける以外、実質的に選択肢はなかった。加えて、平時から基地があれば、有事に際して米軍が日本の安全に関与する可能性が高まるだけでなく、そもそも第三国が日本に強要や攻撃を行う可能性も低下する。吉田内閣は安全保障上の観点から基地の提供を決断したのだった。

しかし、旧条約には日本にとっての重大な欠点があった。米国は日本の安全に寄与するために在日基地を「使用することができる」となっており、米国の関与が義務ではなかったのである。吉田内閣は当初、米国による防衛と抑止の信頼性を高めるべくこれを義務として明記することを想定していたが、米国側の反対でそれは達成されなかった。

さらに、米国の義務が明記されなければ、安保条約は日本のみが義務を負う片務的なものとなる。米国が極東の安全のためにも基地を「使用することができる」となると、そうした性質はより顕著となろう。米軍が日本の治安維持にあたる旨を記した条項の存在など旧条約の問題はそれ以外にも多々あったが、日本国内からの批判は主にこの片務性に向けられた。保革双方から、安保条約は「不平等」で「占領の継続」だという声が上がった。

## 2　安保条約の改定

54年の吉田退陣後、続く保守政権は旧条約の問題を是正すべく、その改定を模索した。背景には、国内における米軍の存在への反感があった。講和独立によって日本が国際社会への復帰を果たす中、日本人のナショナリズムは再興しつつあった。そこに米軍関連の事件・事故や反基地闘争も激化する。保守勢力も基地への反感を共有していたが、国民の不満の主な受け皿となったのは革新勢力だった。

こうした国内情勢の中で、55年と57年に重光葵外相（鳩山一郎内閣）と岸信介首相が米国側に安保改定を提起した。だが、両者とも拒否の憂き目にあう。「三度目の正直」となったのは、藤山愛一郎外相と岸による58年の提案であった。その後の交渉を経て、60年、現行の新安保条約が調印される。

新条約は、旧条約の多くの問題点を是正するものだった。中でも重要だったのは次の点である。第一に、在日米軍の日本域外への出撃などに関する事前協議制が導入された。これは日米の対等性を高め、基地や条約に対する反感を和らげると想定されていた。ただし、米軍自らの行動に制約がかかることを嫌い、朝鮮有事を協議対象から外す旨の文書が日米で秘密裏に交わされた。

第二に、米国の日本防衛への関与が義務として明文化された。これは、とりもなおさず片務性の問題を解消し、国内の反感を抑えるものと期待された。かくして新たな安保条約は、米国の日本防衛の義務だけでなく、米国の日本の基地使用を明記した双務的なものとなった。

ただし、米国の防衛義務の明文化には、安全保障上の意味も込められていた。実は、安保改定が俎上に載った50年代後半、在日米軍が急速に削減され、日本有事における米国の関与が不十分かつ不確実になる可能性が生じていた。日本政府は、これを条約上の義務にすることで、その可能性を縮小しようとしたのである。54年に自衛隊が設立されていたとはいえ、その能力はまだ限られており、防衛的観点からも米軍に依存する度合いが高かった。新条約の意義は、日本の安全保障という観点からすると、米国による安全保障提供の信頼性を高めたことにあった。

## 「盾と矛」の役割分担

## 3　改定後

その後、米国による安全保障と日本による基地提供は、時に相互に連動しながら質的に変化していく。前者に関し65年の日米共同声明で、米国は「外部からのいかなる武力攻撃に対しても日本を防衛する」と謳った。名実ともに「核の傘」が日本に提供されたといえる。この文書は、前年の中国の核実験を深刻な脅威と捉えた佐藤栄作首相が求めたものだった。

佐藤政権の看板政策である沖縄返還は、日本の基地提供に関する[illegible]。[illegible]沖縄の返還は、米軍の行動を制約する方向に作用した。だが、交渉をつうじて日本は[illegible]在日米軍基地の極東における役割を再確認することとなり、[illegible]

この時期には、78年の「日米防衛協力のための指針」の策定に表されるように、[illegible]

[illegible]という「盾と矛」の役割分担である。[illegible]

[illegible]米軍の打撃力を維持することが[illegible]近年、こうした日本の施策が米国の対中戦略の一因となった可能性も指摘されている。

## 米軍の打撃力維持が不可欠

サンフランシスコ講和条約に調印する吉田茂首相。ここから戦後の強固な「日米同盟」がスタートした（1951年9月8日）

吉田（よしだ）　真吾（しんご）
近畿大学法学部准教授

2010年3月、慶應義塾大学法学研究科政治学専攻後期博士課程修了。日本学術振興会特別研究員（PD）、近畿大学法学部専任講師などを経て、18年4月より現職。専門は日本外交史。主な著書に『日米同盟の制度化―発展と深化の歴史過程』（名古屋大学出版会）、『秩序変動と日本外交―拡大と収縮の70年』（慶應義塾大学出版会）＝共著など。

# 前事不忘　後事之師

第56回

## ビスマルク

# 自己の限界を知っていたリアルポリティークの政治家

ビスマルクと言えば、ドイツ統一を成し遂げた鉄血宰相です。身長190センチ、体重120キロの大男で大食漢、ドイツ皇帝ヴィルヘルム1世に「ビスマルクの下で皇帝であることは困難である」と言わしめたエピソードを踏まえると、粗野な人物との印象を受けます。他方でバイロンの詩を愛し、それを日記に書き留める繊細さがあり、心気症を患い、泣き上戸、複雑な人物でした。宰相としての政策も複雑で、自由、社会主義運動を弾圧しましたが、「革命が避けられないなら革命を起こされるより起こした方がましだ」と述べたと言われています。

ビスマルクがプロシアの宰相に就任した当時、プロシアはヨーロッパの主要国である英・仏・墺・露の風下に甘んじ、しかも東西に分断された国家でした。この状況は、現状維持を基本とするウィーン体制の下で固定されており、ビスマルクはウィーン体制を壊すことが必要と考えます。しかしながら、ビスマルクの考えは彼をそれまで引き立ててくれた国王側近の保守的グループとの間に論争を起こします。なぜなら、フランス革命の民主的な思想を嫌っていた側近たちは伝統的な君主制こそ正統であり、ウィーン体制を支えるその正統性には国家の打算を超越した価値があると信じていたからです。

従って同様な君主制を有しているオーストリアやロシアとの同盟が神聖であり、正統性のないナポレオン3世率いるフランスとの協調は考えられないとの主張でした。

他方、ビスマルクは各国の王室が中心となって協調するのはもはや時代遅れであり、外交政策は"力の抗争"にほかならないとして、ある国を不変の味方や敵と固定的に見なすのは外交上の柔軟性を失わせるものだと考えます。国王側近グループとの論争は大きな問題でした。しかし、ビスマルクはそれを抑え込み、ウィーン体制の綻びを突いて、デンマーク、オーストリア、フランスとの三つの戦いに勝利し、ドイツ統一を実現します。米国のキッシンジャーは、その著書『外交』においてビスマルクを「リアルポリティークの天才的な政治家であった」と高く評価しています。

私は、ビスマルクという政治家が優れていた点は、力を背景にした政策を採りながらも、それが危険であることを承知していたことだと思います。中欧に新たに出現したドイツ帝国は周辺国からは脅威と見なされるとともに、力を背景とする政策を継続すれば軍備拡大競争と武力衝突を不可避とすると考えたビスマルクは、統一後、ドイツはこれ以上領土を獲得することはないという「自制の姿勢」を内外にアピール、列強が抱くドイツ警戒心を緩和するよう努力します。

22歳（左）と66歳のビスマルク

実際、ビスマルクは当時の植民地獲得競争に抑制的に対応し、バルカン進出にも興味を示さず、自制的な対応を背景に「正直な仲買人」と称して、対立する列強の調停を行います。また、普仏戦争に敗れたフランスが強い復讐心を抱いていることを踏まえて、フランスを外交的に孤立させるため、ドイツを中心にした複雑な同盟システムを築きます。

ビスマルクの他国の利害を巧みに操る手腕に裏打ちされた自制外交により、ドイツ統一後のヨーロッパでは、約20年の間、平和が保たれます。キッシンジャーはリアルポリティークの政策は自国と他国の力を正しく評価することが前提であり、それには自己の"限界を認める"ことが含まれると述べています。ビスマルクには力を正しく評価する能力がありましたが、彼の後継者たちはその能力に欠けており、20世紀に入り、積極的な世界政策を推進し、世界大戦に突き進むことになります。

鎌田　昭良（元防衛省大臣官房長、元装備施設本部長、防衛基盤整備協会理事長）

…… 前事（ぜんじ）忘れざるは後事（こうじ）の師 ……

北部方面隊初の即応機動連隊
その編成完結から1年間の姿を追った
密着映像ドキュメンタリー
令和の新戦力!!
第10即応機動連隊
16式機動戦闘車を中核に平素から諸職種がパッケージ化され
各種事態に即応する「白龍連隊」の全貌！
2020.9.4 DVD ON SALE
特典映像
2017第11旅団創立記念行事アトラクション
★90式戦車と音楽隊協同演奏　★偵察隊ドリル
推奨の声、続々…
株式会社アースゲート

ご存知ですか？
不動産が保険＋αの
効果をもつことを
年金
退職金
再就職
自衛官の退官後を支える柱が今、揺らいでいます。
将来の為に"今"できること、
考えてみませんか？
書籍無料プレゼント
入隊10年後に知っておきたい自衛官にとってのお金の話となぜ、現役時代に不動産投資なのか、その理由をまとめました！
全国セミナー開催中
退官後の備えについて詳しくお話いたします。
〒100-6208
東京都千代田区丸の内1-11-1
パシフィックセンチュリープレイス8階
03-6860-8231
https://agentrive.co.jp/

# 防衛省と環境省が策定　災害廃棄物の撤去等に係る連携対応マニュアル

防衛省と環境省は8月7日、共同で初となる「災害廃棄物の撤去等に係る連携対応マニュアル」を策定した＝8月20日付1面既報。災害時の廃棄物撤去に関し、処理主体はあくまで市町村であることを明確化した上で、現場で人命救助活動が最優先となる防衛省・自衛隊をはじめ、環境省や自治体、ボランティアなど関係者の役割分担を明確に定めたのが特徴だ。小泉進次郎環境相は同日の記者会見で「自衛隊は何でも屋ではない。自衛隊は自衛隊にしかできないことに専念していただく」と述べ、自衛隊の活動効果を最大化する環境作りと相互の連携強化の重要性を強調。防衛省は今後、同マニュアルを関係者に周知し、円滑かつ迅速に対応できる協力体制を構築していく考えだ。

## 1 連携マニュアル作成の目的

平成28年熊本地震、平成30年7月豪雨、令和元年東日本台風（台風19号）、令和2年7月豪雨など、近年の大規模災害において、広範囲に甚大な量の災害廃棄物が発生し、市町村や民間事業者のみでは収集運搬体制が十分に構築できず、路上に災害廃棄物が堆積した被災自治体があった。

このため、被災自治体が応援自治体や民間事業者の支援を受け収集運搬体制を構築したほか、環境省と自衛隊やボランティア関係団体をはじめとした、関係省庁や関係機関が連携しながら処理を進めてきた。

今般、環境省と防衛省は、それらの活動を通じて蓄積されたノウハウ等も踏まえ、防災基本計画（令和2年5月）に基づき、環境省、防衛省、都道府県、市町村、ボランティア、NPO等の関係者の役割分担や、平時の取り組み等、発災時の対応を整理した連携対応マニュアルを作成し、関係者に周知して、災害廃棄物の発生に円滑かつ迅速に対応し得るよう態勢を整備する。

なお、本マニュアルの使用に当たっては、記載事項に固執することなく、現場の状況に合わせて柔軟に対応することに留意するものとする。また、本マニュアルの記述は必要に応じ見直すこととする。

## 2 用語の定義

（1）生活圏：大量に搬出された災害廃棄物により、住民の日常生活に支障をきたし、衛生面の観点から健康に害を及ぼすおそれがあり、すみやかに災害廃棄物を撤去する必要がある区域

（2）1次仮置場：市町村等が管理していて、その後の処理フローも踏まえた災害廃棄物の分別管理がされている仮置場

（3）2次仮置場：市町村等が管理していて、災害廃棄物を破砕・選別するための仮設処理施設が設置され、より細かく分別を行う仮置場

（4）1次集積場

ア　未管理集積所：自治会等による管理ができていない場所で、廃棄物の分別等がなく住民が家屋の片付けごみ等を集積している近隣の空き地や路上、公園等

イ　管理集積所：自治会等による管理ができている、ある程度の分別や搬入ルールが定められている空き地や自治会の集会所、公園等

（5）焼却施設：主に可燃物を焼却処理する施設

（6）最終処分場：焼却処理後の残渣および不燃物を埋め立てる施設

（7）再資源化：木くず、金属くず、コンクリートくず等のうち再生利用可能な廃棄物を再生利用すること。

（8）地域ブロック協議会：環境省地方環境事務所が事務局で、各地域ブロック内の都道府県や主要な市町村、廃棄物処理関係団体、専門家、関係省庁が参画している、地域ブロックにおける災害廃棄物対策に係る連携強化を目的とした協議会

（9）D・Waste-Net：災害廃棄物処理支援ネットワーク。環境大臣が災害廃棄物対策のエキスパートとして任命した有識者、技術者、業界団体で構成された組織

（10）環境省現地支援チーム：環境省本省職員、地方環境事務所職員や、D・Waste-Net等により構成され、現地支援業務を実施するチーム（災害の状況に応じて臨機応変に構成される）。

## 3 基本事項

（1）災害廃棄物に係る基本事項

災害廃棄物とは、自然災害に直接起因して発生する廃棄物のうち、生活環境保全上の支障へ対処するため、市町村がその処理を実施する一般廃棄物である。災害廃棄物には、可燃系混合物や廃家電等、さまざまな種類の廃棄物があり、発災時には被災家屋の片付け等により一度に大量に発生する。生活環境の保全・公衆衛生を確保するためには、災害廃棄物を適正かつ円滑・迅速に処理をすることが非常に重要である。

（2）災害廃棄物処理の原則・安全管理

災害廃棄物は、適正かつ円滑・迅速に処理するため、被災した住民の「安全」を第一とし、「スピード」感を持って処理にあたり、「費用」にも配慮することが重要である。これら「①安全」「②スピード」「③費用」は、災害廃棄物処理の3原則に位置付けられており、この原則に基づき、仮置場における適切な分別等を推進する。

なお、混合状態となっている災害廃棄物を撤去する際は、廃石綿・石綿含有廃棄物などの有害廃棄物が含まれている可能性も考慮し、作業員は適切な服装やマスクの着用、散水などによる防塵対策の実施など、労働環境安全対策を徹底することが必要である。

（3）仮置場における分別管理

仮置場においては、発火の危険性がある物（ストーブに入ったままの灯油やガスボンベ、リチウムイオン電池等）を事前に取り除くなどして火災発生を未然に防止する。（2）の処理フローに沿って適切に分別を行い、分別して管理することは、円滑に処理を進める理由から重要である。このため、災害廃棄物を仮置場に搬入する際には留意することが必要である。また、木くずや畳のように高く積み上げることにより自然発火が起きる可能性がある災害廃棄物があることにも注意が必要である。

なお、災害廃棄物の分別区分については、被災家屋の利便性や処理の円滑性に鑑み、地域の実情に合わせて柔軟に設定し、住民に周知することとなる。

【関係機関の主な役割分担】

| | 平　素 | 災害発生 | 数日～1週間後 | 1～3週間後 |
|---|---|---|---|---|
| | | | ＜現地対策本部・現地調整会議＞ | |
| 内閣府 | 各省庁、自治体間の調整 | ⇒ | ■被害見積もり■廃棄物排出状況の把握■役割分担の決定 | 撤収前の引き継ぎ確認 |
| 市町村（対応の主管） | 廃棄物処理計画の作成 | ⇒ | 民間業者の選定・契約 | ■自衛隊が運搬する際の立ち会い■仮置場等の管理 |
| 都道府県（技術援助） | 廃棄物処理計画の作成支援 | ⇒ | 県域を越えた調整 | ■民間業者等との連絡調整■廃棄物処理全体の進捗管理 |
| 環境省（助言、財政支援） | 市町村への助言 | ⇒ | ■「現地支援チーム」を派遣■財政支援 | ■防衛省・自衛隊、民間業者、ボランティアとの連携■仮置場の状況把握など |
| 防衛省・自衛隊（撤去活動等の支援） | 県や市町村などとの事前調整 | ⇒ | 人命救助活動 | 主要道路や生活道路など、大型車両の対応が適した箇所での撤去 ⇩ 撤収（民間業者等に引き継ぎ） |
| 民間業者（撤去活動等の支援） | 市町村等との協定締結 | ⇒ | 車両・人員の手配 | 使用車両の特性に応じた作業 |
| ボランティア | | ⇒ | | 住宅地や生活道路など、小型車両の対応が適した箇所を中心に作業 |

# 役割分担を明確化　処理主体は市町村

## 4 関係機関の役割分担・連携

災害廃棄物の処理主体はあくまで市町村であり、市町村が関係機関と連携し対応にあたることが前提である。令和元年東日本台風（台風19号）において、[illegible]

[illegible]「One NAGANO」[illegible]

[illegible]「人吉市内の大型災害ゴミ一掃大作戦」や「球磨村の大型災害ゴミ撤去の寄り添い支援」では、自衛隊、トラック協会、[illegible]

（1）環境省

[illegible]

（2）都道府県

[illegible]

（3）市町村

[illegible]

（4）防衛省・自衛隊

[illegible]

（5）その他

[illegible] 狭い路地などは民間事業者やボランティア・NPOが担当し、幹線道路などは民間事業者と連携しつつ自衛隊が担当する等、状況や場所に応じた連携も考えられる。

[illegible] 生活圏から円滑かつ迅速に処理するため、仮置場への運送に際し、使用する経路や時間帯を指定し、交通規制を実施する等、交通状況に応じて警察との連携に留意する必要があるとともに、土砂、[illegible] の撤去等に係る事項については、国土交通省との連携する。

## 5 平時の取り組み等

（1）市町村

[illegible]

[illegible] 策定状況を公表することにより、未策定自治体に対する策定促進を加速化する。

[illegible]「災害等廃棄物処理事業費補助金」により、市町村等に対して50％の補助を行い、通常の災害は地方財政措置とあわせて[illegible]％の財政支援を行っていることを市町村に対して周知し、理解の促進を図る。そして仮置場等の原状復旧事業も補助金の対象とするため、作業前の写真が必要であることや、備え付けのものを撤去した場合などには撤去前後の写真が必要となることも併せて知らせるものとする。

エ　地方環境事務所は、平時から連携する自衛隊の担任部隊および市町村と連携し、災害廃棄物の全体の処理フローを踏まえた分別の必要性について認識を統一する。具体的には、発災直後の人命救助、行方不明者捜索、道路啓開等の初動段階を除き、市町村職員が行う分別管理の下、仮置場での分別荷卸しを徹底することを周知する。

オ　地方環境事務所は、地域ブロック協議会等の場を活用し、市町村における民間事業者との協定締結を促進するとともに、地域ブロックごとの民間事業者との協定の締結状況について把握する。

カ　環境省本省の担当者は、発災後に防衛省担当者とただちに連絡が取れるよう、平素から連絡先を共有する。この際、地方環境事務所と自衛隊の各部隊の担当者との間で連絡先を共有し、地方レベルにおいても平素から顔の見える関係を構築する。

（4）防衛省・自衛隊

防衛省本省の担当者は、発災後に環境省担当者と連絡が取れるよう、平素から連絡先を共有する。また、主として陸上自衛隊の各方面総監部および各師団・旅団司令部と地方環境事務所の担当者との間においても連絡先を共有する。

【参考】災害派遣連絡窓口

防衛省ホームページ（トップ）→防衛省の取組→各種事態への対応（弾道ミサイル・テロ・災害時）→災害派遣実績→災害派遣について→災害派遣関連情報（ページの最下部に防衛省防災業務計画）→防災情報→都道府県別災害派遣連絡窓口

平成30年の西日本豪雨の災害派遣で幹線道路の災害廃棄物処理に当たる自衛隊。マニュアルでは公共性・緊急性・非代替性を勘案し、やむを得ない場合の「応急対策」として、自衛隊は知事の要請に基づき、幹線道路など社会活動に影響がある場所からの撤去や、一般の住民では対応困難な大型廃棄物の運搬支援に当たることが明示された。

## 6 発災時の対応

（1）災害廃棄物の撤去に係る自衛隊の災害派遣活動の考え方

災害廃棄物の処理主体はあくまでも市町村であり、市町村が民間事業者等と連携しつつ処理体制を構築することが前提である。その上で、市町村が対応できず住民の生活環境保全上の支障が生じる場合に、災害派遣活動に従事している自衛隊と連携して対応に当たるものとし、民間事業者等への移行までの応急対策を原則とする。なお、環境省は、民間事業者等への移行を速やかに行えるように都道府県とも連携し、県内の民間事業者との協定の活用やD・Waste-Netによる支援の調整等を行う。

（2）自衛隊の災害派遣活動に当たっての留意事項

ア　環境省本省は、発災直後から被災地に派遣する環境省現地支援チームによる周辺状況確認調査や作業状況報告を踏まえ、災害廃棄物の排出状況、被災市町村における民間事業者等との協定の発動状況、D・Waste-Netとの調整状況等を防衛省に共有する。

イ　災害廃棄物の撤去に関する支援を被災都道府県が求めようとしている場合、環境省は、自衛隊の部隊等が行っている人命救助、行方不明者捜索、道路啓開等の初動対応の状況、報道情報および上記の防衛省への共有事項を踏まえ、自衛隊と被災都道府県の間で調整が円滑に行われるよう必要な支援を行う。

ウ　被災都道府県から、現地で活動している自衛隊の部隊等に対して災害廃棄物の撤去に係る支援要望があった場合、当該部隊等は、その内容について環境省現地支援チームに情報提供を行う。また、防衛省本省は、必要に応じて環境省本省に対して同内容に関する情報提供を行う。

（3）関係機関の実施事項

ア　全般

自衛隊の災害派遣決定後の現場における具体的な活動については、市町村の処理構想を踏まえて、現地調整会議において調整の上、行うこととし、環境省本省および防衛省本省は、自衛隊および環境省現地支援チームの現場部隊（以下「現場部隊」という）の状況等を相互に把握・共有する。また、現場部隊は自衛隊から民間事業者等への業務の移行を見据えて、民間事業者等の活動可能時期、規模等を考慮した活動全般の工程表等を作成して、認識の共有を図る。

イ　被災市町村

（ア）市町村ごとに異なる分別ルールを現場部隊に伝えるため、市町村の職員等が必要な同行や立会い等を実施する。

（イ）災害廃棄物の収集運搬体制（自衛隊等が活動する内容も含む）や仮置場の運営方針について住民へ周知するとともに、適切に仮置場の管理を行う。

（ウ）災害廃棄物の排出状況を踏まえ処理体制を検討し、これに適合した民間事業者との早期契約を実施する。

（エ）発災時の具体的な分別方法および排出方法（仮置場での受け入れ、戸別回収等）について、現場部隊に共有する。

（オ）保有する機材の状況等により家電が破損してリサイクルができなくなるおそれがある場合、家電の収集・運搬は、当初から市町村または民間事業者等が実施する。

（カ）効果的に撤去活動を進めるために、必要に応じて適切な収集運搬車両（自衛隊では所有していない小回りの利く車両など）を手配する。

ウ　都道府県

（ア）市町村からの支援ニーズを把握するとともに、地域ブロック協議会と連携した広域的な協力体制の確保、周辺市町村や民間事業者との連絡調整を行う。

（イ）災害廃棄物処理全体の進捗管理をするとともに市町村に対する支援を行う。

（ウ）都道府県内では処理が困難になった場合や、被災都道府県から受け入れ要請があった場合、受け入れ施設の確保に係る調整を実施する。

エ　環境省

（ア）環境省本省

発災時の役割分担に係る関係省庁、都道府県、市町村との総合調整を実施するとともに、広域の応援体制に係る支援や、都道府県を跨ぐ災害廃棄物の受け入れ体制等に関する調整を実施する。

（イ）環境省現地支援チーム

・全体調整、周辺状況確認調査、環境省本省への不足収集運搬車両の支援要請を行う。また、市町村および都道府県と協議しつつ自衛隊等と連携した作業工程表の作成等を実施する。その際に、危険物等による職員の安全性、火災の危険性、仮置場以降の全体の災害廃棄物処理フローを踏まえた分別管理の重要性を関係機関と共有する。なお、市町村が民間事業者に重機を含む資機材を依頼する際には、オペレーターも共に手配するように助言を行うことが望ましい。

・自衛隊の活動を円滑にするため、市町村に対し仮置場の市町村による管理および分別内容の明示等の必要な助言を行う。

・被災市町村における民間事業者等との協定の発動状況およびD・Waste-Netとの調整状況を踏まえた、民間事業者等による収集運搬等運搬先の確保、災害廃棄物の収集運搬時の市町村職員等の同行や分別内容の明示、仮置場の市町村による管理および分別内容の明示等の必要な助言を行う。

オ　防衛省・自衛隊

（ア）自衛隊は、現地調整会議で決定した役割分担の下、撤去目的を明確にした上で、住民の生活圏のうち、幹線道路、生活道路、その周辺等の社会活動に影響の大きい場所からの災害廃棄物の撤去を行うまでを活動の範囲とし、その期間は民間事業者等への移行までの応急対策とする。

（イ）自衛隊は必要に応じて、作業開始前の現場写真（備え付けのものを撤去した場合などには撤去前後の写真）撮影、重機操作を含む災害廃棄物の収集運搬車両への積み込み、仮置場への運搬（大型の車両や重機が多いため、民間事業者と役割分担して、自衛隊は幹線道路などを中心に実施）、市町村の管理の下での仮置場管理支援（重機による積み上げ、搬出支援等）、環境省等と連携した作業工程表の作成の支援等を実施する。

また、重量があり、一般の住民のみでは積み込みや積み下ろしが困難な量や家具・家電等の大型災害廃棄物の運搬支援を実施する等、適切な役割分担を行う。

カ　民間事業者

市町村から委託を受けた民間事業者は、市町村の指示に従い災害廃棄物の収集運搬車両の手配を行うとともに、使用する車両の特性に応じた作業等を実施する。その他、収集運搬に係る支援を行う民間事業者や自治体等は関係者と連携して、使用する車両の特性に応じた作業を実施する。

キ　ボランティア・NPO等（協力が得られる場合）

被災家屋からの災害廃棄物の搬出を中心に実施する。

（4）現地調整会議の開催

環境省現地支援チームは、関係省庁の連絡員、被災都道府県・市町村の担当者のほか、必要に応じて民間廃棄物事業者、現場作業者等の参加による現地調整会議を実施する。

現地調整会議においては、災害対策本部会議等で報告された情報、周辺状況確認調査（災害廃棄物の堆積・集積状況等）、被災都道府県・市町村の支援ニーズについて情報共有を図るほか、発災後の時間経過に応じた調整等を実施する。

## 7 自衛隊の活動終了に伴う対応

自衛隊の活動終了に際しては、事前に、活動現場における災害廃棄物の撤去に係る所要について市町村、自衛隊と調整する。そして、現地調整会議や現地対策本部会議等において関係省庁、都道府県、市町村（首長を含む）等の関係者が一堂に会した場での間で認識を共有するとともに、自衛隊の活動終了に伴う業務の引き継ぎ要領について認識の共有を図った上で、自衛隊は民間事業者等に対して業務を引き継ぐものとする。

# 「発射機用掩壕」を構築

## 301坑道中隊が訓練検閲

### 88式地対艦誘導弾

301坑道中隊が構築した88式地対艦誘導弾の「発射機用掩壕」に進入する3地対艦ミサイル連隊の大型車両（いずれも上富良野演習場で）

【14施群＝上富良野】14施設群は7月19日から23日までの間、十勝岳の麓、上富良野演習場で301坑道中隊の訓練検閲を実施した。検閲は「防御支援に任ずる坑道中隊の行動」を課目に行われ、統裁官の上林勝敏群長は「坑道部隊の専門性の最大限の発揮」を求めた。

岩盤をくり抜く装備を持った坑道中隊は、陸自の施設科部隊の中でも全国に3個の中隊しかない非常に専門性が高い技術集団。その一つである301坑道中隊は今回、北部方面隊の重要な火力戦闘部隊である3地対艦ミサイル連隊の車両を敵の攻撃から守る陣地構築支援活動の任務を付与された。

### 炎天下、岩盤くり抜いて大型坑道

北海道でも気温30度を超える猛暑が連日続く中、39人の少数精鋭の技術集団は、中隊長の山本浩平3佐を核心に、地対艦ミサイル連隊の車両を隠すことができる大型坑道の構築に向け、部隊一丸となり任務に邁進した。

この過酷な作業の結果、22日早朝、敵の大型艦を1発で仕留めることができる88式地対艦誘導弾の搭載車両を収容できる「発射機用掩壕」を無事完成させた。

その後、部隊は140キロ以上離れた柏台演習場に移動し、新たな任務として「燃料集積所」の構築・警備任務にも着手。隊員たちは厳しい暑さ、度重なる機材の故障、さらには降雨や夜間の長距離移動などを克服し、付与された全ての任務を見事に完遂した。

崖の岩盤を坑道掘削機で掘り、地対艦ミサイルを搭載した車両を隠せる「発射機用掩壕」の構築にあたる301坑道中隊の隊員たち

# パネル橋活用し掩蓋

## 岩見沢　12施設群が受閲

深い草木に覆われた窪地に自走架柱橋を設置する400施設中隊の隊員たち

【12施群＝岩見沢】12施設群は6月17～22日、北海道大演習場と上富良野、孫別、来馬の各演習場で訓練検閲を受閲した。

末継智久群長は隊容検査で「北海道における作戦の成否が我が国の防衛に大きな影響を及ぼす。一致団結して最後まで力を振り絞り、あらゆる手段を尽くして任務の達成を」と隊員たちに強く要望した。その後、各部隊は前進、それぞれ集結地を占領し各施設作業に着手した。

群は北部方面隊の全般支援を任務とし、各種掩体・掩壕（11カ所）の構築をはじめ、地雷原・対空挺障害の構成、道路の破壊、80メートルの新設道の構築、自走架柱橋の架設（2カ所）、軽門橋渡場の開設と運航など、広範・多岐にわたる施設作業に取り組んだ。

特にパネル橋資材を活用した地上設置型の簡易掩蓋・掩壕、北部方面情報隊の発進回収装置・追従装置用掩壕は、設計基準のない初の試みとなり、部隊は事前訓練で練成し、創意と研究を重ねて専用の掩壕を作り上げた。

施設作業中も状況が目まぐるしく変化する中、隊員たちはさまざまな困難を打破し、持てる力を最大限に発揮して任務を完遂、「優良」の評価を得た。

訓練

連鎖爆破薬を使用し、敵が構築した障害を爆破処理した瞬間（東富士演習場で）

# 障害構成・処理能力を高める

## 4施団

【4施団＝大久保】4施設団は6月21～24日、東富士演習場で方面施設科練度維持訓練（後段）を担任・実施した。

今回の訓練では、中部方面管内の各施設科部隊がそれぞれ爆破薬を使用し、障害構成と障害処理能力の向上を図った。

# 強固な陣地を構築

## 王城寺原演習場で連隊野営

### 44普連

【44普連＝福島】44普連は7月21～26日、王城寺原演習場で第3次連隊野営を実施した。

行進訓練から防御戦闘までの一連の行動で練成に当たり、隊員たちは徒歩に続く車両行進で迅速・確実に目的地に集結、戦闘準備を行った。

防御準備では火力と障害の連携要領を確認しつつ、強固な陣地を構築。続く防御戦闘では隊員一人一人が偽装、警戒・監視など基礎的な事項を確実に行い、戦闘地域では各中隊等が有機的に連携して敵の攻撃を阻止した。

連隊は引き続き9月に行われる第44戦闘団検閲に向けて練度を高めていく。

地下施設を構築するため、補強材となるスパンの組み立てに当たる施設中隊員（関山演習場で）

厳しい暑さの中、スコップを使い陣地を構築する44普連の隊員（王城寺原演習場で）

# 旅団指揮所など施設構築

## 5施設群が392、394施設中隊の検閲

【5施群＝高田】5施設群は6月25～28日、関山演習場で「防御に任ずる旅団を支援する施設群内の施設中隊の行動」を課目に、392、394両施設中隊の訓練検閲を行った。

統裁官の庭田徹群長は隊員に「状況の人となれ」と要望、それを具体化するため「適時の部隊指揮と工程管理」「施設技術力の発揮」を求めた。

状況開始とともに各中隊は整斉と集結地を占領。392中隊は旅団指揮所の施設構築と障害構成（地雷原・破壊障害）を、394中隊は旅団長執務室の構築、地雷原の構成、ヘリ離発着地の整備、自走架柱橋の架設をそれぞれ開始した。

28日朝までに両中隊はそれぞれの構築物を逐次完成させ、最終的に各構築物を交通壕で連接し、旅団への引き渡しをもって4日間にわたる状況を終えた。

評価は392施設中隊が「良好」、394施設中隊が「概ね優良」だった。

# 「麒麟の盾」作戦を発動

## 8普連が第1次旅団訓練検閲

【8普連＝米子】8普連は6月27日～7月2日、第1次旅団訓練検閲（課目・陣地防御）を受閲した。

日本原演習場で編成完結式が行われ、天内一雄連隊長は隊員に「諸職種一体となり、主体性と創造性をもって戦力を最大限発揮せよ」と要望。同時に今回の作戦名を「麒麟（きりん）の盾（ジラフ・シールド）」とすると発表した。

麒麟は平和の使者で、日本人は古来より麒麟を崇めてきたという古事に由来し、「連隊を麒麟のように平和を奪還する強きもの」と位置付け、隊員たちは侵攻してきた敵軍の絶対阻止に挑んだ。

部隊はあいば野演習場に機動し、防御命令が下達されると、気象条件が悪化する中で速やかに障害と火力を密接に連携させ、防御準備を進めた。

その後、現れた敵に対処。あらかじめ周囲に張り巡らせた監視網により敵の接近とその地点をいち早く察知、これを標定して迫撃砲などの火力により敵戦力を逐次減殺していった。主陣地でも敵の突撃部隊と激烈な近接戦闘を繰り広げ、部隊は旅団から与えられた阻止任務を完遂した。

敵の侵入を阻止するため、主陣地の周囲に2段蛇腹の障害を構成する8普連の隊員（あいば野演習場で）

# 旭川で訓練検閲

## 2師団

【2師団＝旭川】2師団は6月29日から7月11日までの12日間、第1次師団訓練検閲を実施し、26戦闘団（約850人）と2特殊武器防護隊（約50人）が受閲した。

検閲は旭川、留萌駐屯地での指揮所訓練（防御計画作成）と作戦準備に引き続き、夜間機動で北海道大演習場に展開、実動による戦闘訓練に突入した。

26戦闘団は「師団の集結を掩護する先遣戦闘団」として、2特防はこれを支援する専門部隊として全隊員が積極的に行動、それぞれ任務を完遂した。

2020 NEW MODEL 大型スポットクーラー BSC-10
強風・冷風を兼ね揃えた大風量スポットクーラー！
倉庫、コンテナ積み下ろし作業等に最適！
三相200V
外気温に対し体感温度 -13℃ ※吹出し口前
気持ち良い風を約15m先までお届け！
環境改善　熱中症対策　大風量　スポット冷房
内径約41cmの大型冷風口
※冷風・排熱口に保護ガード付き
吹出口風速約7.28/8.20m/s
最大風量約55/62㎥/min
必要な時、必要な時間だけ効率的な空調
スポットクーラーシリーズ
天吊り・消防法適合・複数ダクト等ご用意しております
大型循環送風機 ビッグファン
熱中症対策　空調補助　節電・省エネ
大風量で広範囲へ送風！
●備蓄倉庫等の換気・循環に！ ●単相100V電源で工事不要！
広さ・用途で選べる5TYPEをご用意
BF-60J　DCF-60P　BF-75V　BF-100V　BF-125V
コンプレッサー式除湿機
目的に合ったドライ環境を提供
結露・カビを抑え湿気によるダメージを防ぎます！
【各機種満水停止機能付き】ドレンホースで直接排水も可能です！
DM-10　DM-15/DM-15T　DM-30
100V／三相200V機種をご用意しております。
株式会社ナカトミ　〒382-0800 長野県上高井郡高山村大字高井6445-2
https://www.nakatomi-sangyo.com
お問い合わせはこちら TEL:026-245-3105 FAX:026-248-7101

防衛省・自衛隊関連情報の最強データベース
朝雲アーカイブ
自衛隊の歴史を写真でつづるフォトアーカイブ
お申し込み方法はサイトをご覧ください。＊ID&パスワードの発行はご入金確認後、約5営業日を要します。
朝雲新聞社　〒160-0002 東京都新宿区四谷坂町12－20KKビル　TEL 03-3225-3841　FAX 03-3225-3831　http://www.asagumo-news.com

# 募集・援護 特集

# 7機関合同で就職説明会

## 札幌

「自衛隊員は国家公務員ですが、地方公務員と同じように地元でも活躍できます」――。コロナ禍で若者の公務員志望が強まる中、各地本は防衛省・自衛隊の魅力を積極的に学生らに伝えている。札幌地本は地元の海保・消防・警察など6機関と連携して合同就職説明会を開催。会場では一般の公務員よりも勤務環境が整った自衛隊の魅力を強くアピールした。

道警、海保など北海道の公共7機関が集結した合同就職説明会には地元での就職を希望する学生ら161人が参加した（8月10日、真駒内駐屯地で）

# 11旅団が全面協力

## 真駒内駐屯地で開催

### 任用制度など詳しく紹介

【札幌】地本は8月10日、真駒内駐屯地で、自衛隊、北海道警察、札幌市消防局、海上保安庁第1管区海上保安本部、国土交通省北海道運輸局、法務省札幌矯正管区、警察庁北海道警察情報通信部の7機関による「合同就職説明会」を開催した。

説明会ではステージイベントや各機関のブース説明・個別相談のほか、写真や装備品の展示、体験コーナーなどにより、参加者の「知りたい」に応えるイベントが多数用意された。この日は札幌市を中心に161人の地元での就職を目指す学生らが集まり、各機関の広報担当者から熱いメッセージを受けた。

札幌地本は道庁の、「新北海道スタイル"安心宣言"」などに基づき自衛隊のさまざまな取り組みを紹介。ステージイベントでは、「夢がかなう自衛隊」と題し、北海道には自衛隊の勤務地が多く、陸海空の3自衛隊には100種類以上の多様な職種があること、仕事とプライベートを両立できる環境、近年の女性隊員の活躍などをPRした。

また、自衛隊ブースでは広報官が隊員の任用制度やキャリアアップなどを詳しく説明。さらに会場が真駒内駐屯地であることを最大限に活用し、11旅団（真駒内）隷下の14個部隊が各種車両や陸自の人命救助システムなど装備品の展示を行い、災害派遣などで活躍する自衛隊をアピールした。

学生たちは現役自衛官との交流を通じて、自分が入隊した場合の将来の姿などもイメージしていた。

終了後、「他の公安職に興味があったが、自衛隊の受験も検討したい」「どの公務員にするか迷っていたが、自衛官になろうと決めた」といった声があり、新規志願者の獲得や意思固めにつながった。

# 東京は公安系4職種

## 新小岩や西東京など各地

【東京】新小岩募集案内所は7月19日、東京都葛飾区の新小岩地区センターで自衛隊、警視庁、東京消防庁、法務省刑務官による「公務員4職種合同採用説明会」を開催した。

この説明会は、新小岩所が葛飾区生活安全課と調整して実現したもので、今秋の採用試験に向け、公安系公務員希望者を対象に行われた。

会場ではコロナ対策を徹底し、参加者のソーシャルディスタンスを確保。手指消毒液なども設置した。

当日は近隣の大学生や高校生、その保護者ら計48人が来場し、高倉弘樹所長の全般説明に続き、各省庁別の4個ブースに分かれ、それぞれの担当者が職員の採用概要などについて説明した。新小岩所のブースでは各自衛隊の特性や広報官自らの経験に基づき、自衛隊の魅力をアピールした。

参加者からは、「どの職種も素晴らしい仕事だと再認識できた」「一度に多種の公安職について説明を聞けてとても有意義だった」などの感想が聞かれた。

◇

西東京地域事務所と国分寺募集案内所も7月19日、西東京市に所在する大型商業施設「アスタ西東京」で、防衛省・自衛隊、警視庁、消防庁、法務省立川拘置所の4機関合同で「公安系合同採用説明会」を同様に開催した。

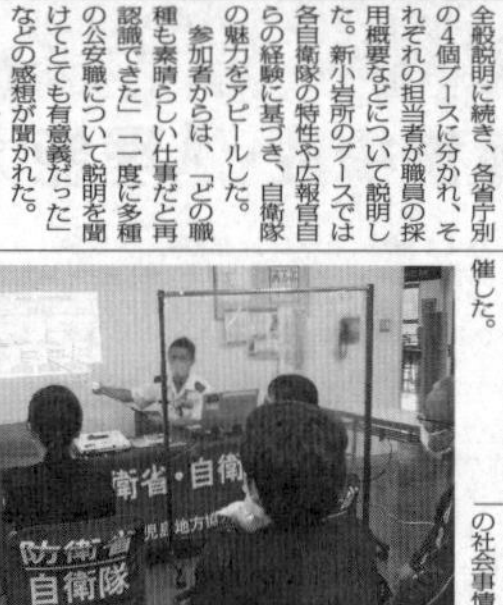

公安系公務員志望者に、自衛隊の魅力をPRする鹿児島所長の迫口真也1陸尉（8月1日、鹿児島市勤労者交流センターで）

# 鹿児島地本主催 合同ガイダンス

【鹿児島】鹿児島募集案内所は8月1日、鹿児島市勤労者交流センターで、令和2年度公務員合同進路ガイダンス（鹿児島地本主催）」を行った。

合同ガイダンスは、昨今の社会事情による公務員に対する応募状況を踏まえ、効率的かつ効果的に受験者の獲得につなげようと、鹿児島地本の呼びかけで実現した。昨年度で6人の入隊を獲得していることから、今年も会場には自衛隊のほか、海上保安庁、県警、市消防局のブースが開設され、多くの高校生とその保護者が来場した。

鹿児島所のブースには約100人が訪れ、広報官は高校生を対象とした6種類の採用試験を説明。中でも自衛隊に関する説明を初めて聞いた参加者には、各種採用試験や入隊後のキャリアプランについて詳しく解説した。

参加者からは、「自衛隊の職種も多く、女性も活躍していることに驚いた」「地域の人のために働いている自衛官の声が聞けた」などの感想が聞かれた。この日、地本は志願者情報を8件獲得した。

# 母校の防大、願書受付中

## 静岡

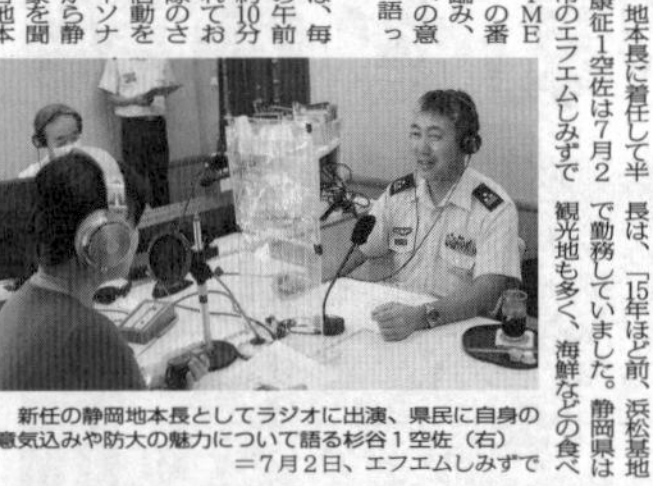

新任の静岡地本長としてラジオに出演、県民に自身の意気込みや防大の魅力について語る杉谷1空佐（右）＝7月2日、エフエムしみずで

【静岡】地本長に着任して半月の杉谷康征1空佐は7月2日、静岡市のエフエムしみずで「自衛TIMES★静岡」の番組収録に臨み、地本勤務への意気込みを語った。

同番組は、毎週水曜日の午前10時から約10分間放送されており、自衛隊のさまざまな活動をPR。パーソナリティーから静岡県の印象を聞かれた杉谷地本長は、「15年ほど前、浜松基地で勤務していました。静岡県は観光地も多く、海鮮などの食べ物がおいしいという印象があります」と笑顔で自己紹介した。

地本の役割についても言及し、「地本は部外の方々とのつながりが非常に大事な部署です。地本長としてこれまでの経験と持ち前の明るさをもって、しっかりと自衛隊の魅力をPRしていきたい」と力を込めた。

最後に、高校生などからの願書を受け付けている母校・防衛大学校について「陸海空の幹部自衛官を育成する機関です。クラブ活動も活発で、私は在学中、硬式野球部に所属していました。文武両道で、自らを高めることができる場所です。ぜひ受験してください」とその魅力を伝えた。

# 地本長ラジオ出演

## 群馬

### 「事務職もある自衛隊」

地元ラジオ番組に出演し、リスナーに向けて自衛官の募集開始をPRする井ノ口群馬地本長（右）＝7月3日、前橋市のまえばしシティエフエムで

【群馬】群馬地本長の井ノ口哲也事務官は7月3日、前橋市のコミュニティーエフエム放送局「まえばしシティエフエム」の番組に出演、自衛官募集の開始をPRした。

7月1日の高校生への募集解禁と合わせたもので、番組は昼の約10分間にパーソナリティーと井ノ口地本長とのトーク形式で進行。井ノ口地本長はまず群馬地本の概要を説明した後、自衛隊には戦闘、技術、事務職などの多種多様な職域があることを紹介した。

このほか一般曹候補生、自候生の募集計画についても告知し、運動が苦手でも入隊後に力をつけられることや、2018年から採用年齢が32歳まで引き上げられたことなどを伝えた。

# 岐阜 広報効果抜群

## 壁面に巨大イラスト

ライン生コン社の壁に描かれた自衛官募集の巨大イラスト。前に立つのは（左から）二木地本長、横関社長、佐藤川辺町長、吉永知儀美濃加茂所長（7月22日、岐阜県加茂郡で）

【岐阜】地本は7月22日、加茂郡川辺町石神の国道41号線沿いにある壁面に掲示された「自衛官募集」をPRする巨大イラストのオープニングセレモニーに参加した。

看板は生コンクリートを製造販売する「ライン生コン社」の横関宏也社長から「自衛隊の広報に使って貰いたい」と、同社の外壁を使用した広報を行うことを美濃加茂地域事務所に申し出て実現した。

描かれたイラストは、電車1両分（高さ約3メートル、幅約16メートル）という日本最大級のもので、看板はプラスチック製のパネルで構成されている。この壁面に自衛官が活躍するシーンがアニメーション風に描かれ、「あなたの力がみんなの力になる自衛官募集」とのコピーが書かれている。また別の壁面には、ブルーインパルスが飛行する写真もあり、広報効果は抜群だ。

佐藤光宏川辺町長も駆け付けたオープニングセレモニーでは、横関社長は「国民の安全を支えてもらっている自衛隊に感謝している。少しでも役に立てればと思った」とあいさつ。

これに対し、出席した二木昭地本長は「素晴らしい広報看板を提供していただき、感謝しています。この看板を見て自衛隊の活動に興味を持った人が仲間になることを願っている」と述べ、横関社長に感謝状を贈呈した。

# 機動戦闘車を追走

## 臨場感と迫力味わう

### 兵庫地本がコラボ広報

高速道路を走行する15即応機動連隊の16式機動戦闘車（奥）をバスの中から撮影する募集対象者たち（7月22日）

【兵庫】地本は7月9日、15即応機動連隊（善通寺）の16式機動戦闘車（MCV）部隊に同行し、「コラボ広報」を行った。

当日は、地本のバスに乗った高校生たちが、香川・善通寺から鳴門大橋を渡って中継地点に向かう15即応機動連隊の部隊と淡路島の淡路サービスエリアで合流した。

部隊の休憩時間を活用し、隊員たちが生徒らにMCVの性能などを説明。その後、地本バスも追走した。高速道路を走るMCVの車内からは部隊の無線などあふれる広報が行われ、高校生たちは「MCVの迫力がすごい」「今までにない体験ができた」などと歓声を上げていた。

# 高校生に防災講話

## 救命活動の実技も伝授

### 京都

京都地本隊員の指導のもと、心肺蘇生を体験する高校生たち（7月9日、京都府立東稜高校で）

【京都】京都地本は7月9日、伏見区の京都府立東稜高校で防災講話を行った。

講話は、同校の「公務員などとして地域に貢献する人材の育成」を目的とする課程の2年生43人が対象。地本隊員が「自衛隊の災害派遣活動」と題し、東日本大震災などでの人命救助活動の映像などを交えて、災害派遣での自衛隊の役割、仕事内容について理解を深めた。

後半は「身近なもので救助する方法」を紹介。参加者は止血法、骨折時の処置、搬送法などの実技訓練などを体験し、生徒たちは「自分の命を守る方法を学べた。この教訓をいざというときに役立てたい」と語った。


# 2021年 自衛隊統合 カレンダー

陸・海・空自衛隊のカッコいい写真を集めました！こだわりの写真です！

(5月)10式戦車　(6月)そうりゅう型潜水艦　(7月)F-35AとF-2A

●構成／表紙とも全13枚(カラー写真)　●大きさ／B3判 タテ型
●定価：1部 1,500円(税別)　●送料／実費ご負担ください
●各月の写真(12枚)は、ホームページでご覧いただけます。

お申込み受付中！

ホームページ、ハガキ、TEL、FAX で当社へお早めにお申込みください。(お名前、〒、住所、部数、TEL)
一括注文も受付中！送料が割安になります。詳細は弊社までお問合せください。

昭和55年創業 自衛官OB会社 株式会社 タイユウ・サービス
〒162-0845 東京都新宿区市谷本村町3番20号 新盛堂ビル7階
TEL:03-3266-0961 FAX:03-3266-1983
ホームページ タイユウ・サービス 検索

必携の一冊 陸上自衛官 服務小六法《令和2年版》 8月21日発売開始！ 定価2,764円(＋税) 共済組合販価 2,370円

実務力のバージョンアップ 陸上自衛隊 補給管理小六法《令和2年版》 7月21日発売開始！ 定価2,540円(＋税) 共済組合販価 2,180円

文書実務の基本 陸上自衛隊 新文書実務《新訂第9次改訂版》 好評発売中！ 定価2,306円(＋税) 共済組合販価 1,980円

自衛官 国際法小六法《平成30年版》 好評発売中！ 定価2,556円(＋税) 共済組合販価 2,190円

一冊完結 国際軍事略語辞典《第2版》英和・和英 INTERNATIONAL MILITARY ABBREVIATION DICTIONARY 定価1,400円(＋税) 共済組合販価 1,200円

学陽書房 〒102-0072 東京都千代田区飯田橋1-9-3 TEL.03-3261-1111 FAX.03-5211-3300
(共済組合販価は消費税10%込みです。) ☆ご注文は 有利な共済組合支部へ

発売中!!

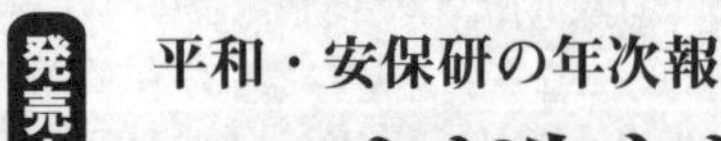

平和・安保研の年次報告書 アジアの安全保障 2020-2021

コロナが生んだ米中「新冷戦」変質する国際関係

我が国の平和と安全に関し、総合的な調査研究と政策への提言を行っている平和・安全保障研究所が、総力を挙げて公刊する年次報告書。定評ある情勢認識と正確な情報分析。世界とアジアを理解し、各国の動向と思惑を読み解く最適の書。アジアの安全保障を本書が解き明かす!!

最近のアジア情勢を体系的に情報収集する研究者・専門家・ビジネスマン・学生 必携の書!!

西原 正 監修　平和・安全保障研究所 編
判型 A5判／上製本／272ページ　定価 本体2,250円＋税　ISBN978-4-7509-4042-7

朝雲新聞社 〒160-0002 東京都新宿区四谷坂町12-20KKビル TEL 03-3225-3841 FAX 03-3225-3831 http://www.asagumo-news.com

# 「むすび」の心伝える

## 元特戦群長・荒谷卓さん 共生し高め合う社会目指す

陸自特殊作戦群（習志野）の初代群長、荒谷卓さん（元1佐）が代表を務める日本文化・武道の研修所、国際共生創成協会「熊野飛鳥むすびの里」（三重県熊野市）。8月1日に行われた同協会の武道教室に体験参加し、共生して互いに高め合う「むすび」の心の一端に触れた。（榎園哲哉）

武道講習会（合宿）の朝稽古で木刀を用い鹿島神流の剣術を伝える荒谷代表（8月10日）＝むすびの里提供

## 三重・熊野で武道講習会 現役自衛官も参加

木々に囲まれた熊野の山あいの一隅。神武東征神話にちなみ「師霊道場」と名付けられた錬成の場に関東や関西などから男女約30人が集い、鹿島神流剣術と合気道を学んだ。

かすかにセミの鳴き声が聞こえる約70畳の道場が、静かな熱気で満ちた。

「己を知り、他者を知り、世界を知るように」という荒谷代表の指導の後、全員で「振魂」を行った。へその辺りでもみ手をするように両手を重ね、全身で上下に揺する。続いて上段に木剣を構え、「エイッ！」と短い気迫を込めて真下に振り、「振魂」で練った気を体外に発した。

合気道の体さばきでは、襟をつかまれたときの対処法などを2、3人で一組になって繰り返した。記者も約30年の空手道歴があるが、打撃競技と組み競技は勝手が異なる。荒谷代表をはじめとする高段者に手首をつかまれて軽々と投げられた。

2時間が経ち、稽古が終わるころには、道着が心地よい汗でぬれていた。

三重県熊野市の山あいにつくられた「むすびの里」。囲炉裏の座敷もある「保食（うけもち）の館」では同時に約100人が食事を取れる

### 日本の文化と伝統 体現者を育てる

荒谷さんが「熊野飛鳥むすびの里」を設立したのは約2年前の平成30年11月。陸自での勤務（20年退官）、明治神宮武道場至誠館館長の職を経て、霊験あらたかな熊野の地に研さんの場をつくった。「むすび」の名は、日本書紀などに出てくる創造エネルギーを生むところを意味する「産霊（むすび）」に由来する。

武道教室のほかに、ヨガ教室、日本の歴史などを伝える文化講習会も定期的に行う。

また、「日本の防衛に任ずる武人にふさわしい心身の鍛錬」を目的に自衛官を対象とする武道講習会（合宿）も行い、毎回50人ほどの陸海空の有志自衛官が参加しているという。

各界の識者を招いて毎月1回、勉強会も開いている。8月1日の武道教室に引き続いて行われた勉強会では、西村眞悟元防衛政務次官が講師を務めた。

11月に設立から2年となる「熊野飛鳥むすびの里」。荒谷代表は「日本を守るということは日本人の歴史、文化、伝統を守ること。日本の文化を体現して生きていける日本人を育成することが日本を守ることになります」と、活動の充実、共生し高め合う社会の創成に意欲を見せている。

# 新型コロナ 看護官らが医療支援

## 沖縄 15旅団、災派活動終える

新型コロナウイルス感染症拡大防止のため、沖縄県内で医療支援活動を行っていた看護官をはじめとする陸自15旅団（那覇）の隊員たちは8月31日、活動を終了した。

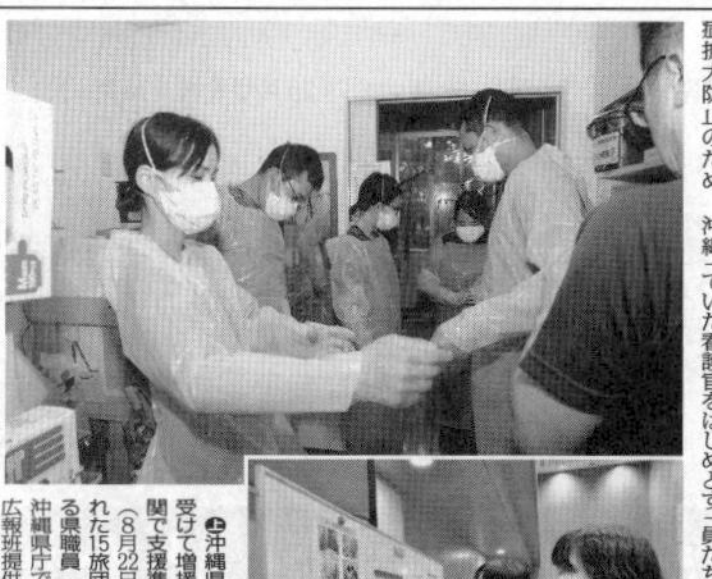

写真上＝沖縄県からの新たな要請を受けて増援派遣され県内医療機関で支援準備を進める15旅団看護官ら（8月22日）、下＝県庁内に開設された15旅団の活動記録を確認する隊員（8月21日、那覇市の沖縄県庁で）＝いずれも15旅団広報班提供

急速な感染拡大を受け沖縄県は7月31日、沖縄本島全域での不要不急の外出自粛などを求める「沖縄県緊急事態宣言」（期間＝8月1～29日）を発出した。

15旅団は8月18日、玉城デニー県知事からの災害派遣要請を受け、県内医療機関へ看護官等約20人（後方支援要員含む）を派遣。さらに22日、新たな要請を受けて1個看護班を増援、合わせて3カ所の医療機関で約30人が活動した。

各医療機関で隊員たちは、医療支援、アルコール消毒等による院内の環境整備、入院患者の食事介護などに当たった。隊員の一人は、「少しでも医療活動に励むスタッフの方々の業務を軽減できるよう努めた」と語った。佐藤真15旅団長も医療機関を訪れ、隊員たちを激励した。

# 名寄駐が派遣隊員帰国行事

## 海賊対処支援の須見2尉

【名寄】名寄駐屯地（司令・山﨑潤1佐）は8月20日、駐屯地屋内訓練場で派遣海賊対処行動支援隊（13次隊）要員としてジブチに派遣されていた須見尚史2尉（3普連重迫中）の帰国行事を行った。

須見2尉は今年1月8日に出国。活動拠点で航空隊、支援隊の活動を記録・撮影し、部内外へ広報することを主な任務として広報班広報幹部としての職務を全う、7月30日に帰国した。

帰国行事では、吉田素子名寄自衛隊協力婦人会会長から花束を贈呈され、山﨑駐屯地司令から「歴代の派遣隊で最も多くのSNS閲覧者数を獲得したと聞いている。（写真撮影に当たった）須見2尉は大きな成果を残してくれた」とねぎらいの言葉を贈った。

須見2尉は「約半年間の任務を完遂できたのは皆さまからの激励のたまものです。酷暑等により、厳しい環境下の任務でしたが、良き仲間に巡り合えました。今後も出会いを大切にし、職務にまい進していきます」と謝意を述べた。

帰国行事で紹介される須見2尉（8月20日、名寄駐屯地で）

あさぐもドンマイ 吉本どんど

# 「朝雲」読者10人にプレゼント

## 10即機連 密着DVD

### 10普連OB 小島氏が制作

昨年3月に新編された10即機連（滝川）の"進化"を記録したドキュメンタリーDVD『令和の新戦力!! 第10即応機動連隊』＝写真＝が9月4日、アースゲート社から全国発売される。

10即機連前身の10普連OBで映像作家の小島肇さん（68）が制作。新編からの1年間を、愛情をもって撮影・編集した。部隊の主要装備の16式機動戦闘車の射撃など、迫力ある映像は陸自ファン必見だ。

発売を記念し、「朝雲」読者10人に同DVD（税抜き2000円）をプレゼントする。

希望者は、はがきに住所・氏名・電話番号を記入し、〒160-0002東京都新宿区四谷坂町12-20KKビル3F 朝雲新聞社営業部まで申し込む。締め切りは9月25日（当日消印有効）。

# お見事！盗撮犯逮捕に協力

## 高橋1曹に警察から感謝状

北海道

佐々木署長（右）から感謝状を贈られた高橋1曹（8月21日、札幌市の豊平警察署で）

【南恵庭】105施設器材隊本部付隊の髙橋忍1曹（47）は8月21日、盗撮犯の逮捕に協力した功績で豊平警察署（札幌市）の佐々木義文署長から同署で感謝状を贈られた。

高橋1曹は7月22日、札幌市内の書店で買い物中、私服警備員に追いかけられて外に出ていく不審な男を目撃。「これはおかしい」と直感し、2人の追跡を始めたところ、先に追いかけていた警備員が途中で転倒、高橋1曹が全力で男に追い付き、身柄を確保した。さらに警備員に警察への通報を促し、警察が到着するまでの約10分間、警備員と協力して盗撮犯を拘束、現行犯逮捕につなげた。

高橋1曹は20年前にも北見市の書店で痴漢を確保したことがあり、報道陣の取材に「痴漢や盗撮は女性の心に傷が残る。そのようなことをする犯人を逮捕できて良かった」と話していた。

**訂正** 本紙8月27日付7面の「留学生名誉殿堂入り」の記事中、「挺身不難」とあるのは「挺身赴難」の誤りでした。

## こちら警務隊 交通犯①

### 更新忘れて無免許運転 道交法違反で3年懲役

運転免許証の有効期限が切れたまま自動車を運転したらどうなりますか？

道路交通法違反（無免許運転）となり、3年以下の懲役または50万円以下の罰金に処せられます。

運転免許証の更新を忘れて失効してしまった場合は、再取得が必要です。ただし、失効から6カ月以内であれば講習と適性試験のみで再取得が可能であり、6カ月以上であれば改めて運転免許試験を受ける必要があります。

当然、運転免許証の失効期間中に運転すれば無免許運転となってしまいます。万が一、運転免許証が失効していた場合は、絶対に運転してはいけません。

（北部方面警務隊）

次回は「道路運送車両法違反（無車検）」

失効してる・・・

運転免許証の有効期限しっかり確認していますか？

## 小休止

▽…海自舞鶴教育隊は7月19日、15期一般海曹候補生課程・376期練習員課程学生と、海上保安学校学生とのスポーツ交流を行った。

▽…海自と海保混成の計10チーム（A～J）を編成。競技前の自己紹介ですぐに打ち解け、リレー、障害物競走、ミニ駅伝、大縄跳び＝写真＝の各競技も序盤から大いに盛り上がった。応援では、ラグビー・ニュージーランド代表のオールブラックスが行う「ハカ」のようなパフォーマンスを披露する学生もいた。

▽…A、F2チームが首位を巡って激しい接戦を繰り広げ、Aが20点差で上回り優勝した。学生たちは、同じ海を守る同志としての絆も深め合った。（舞鶴）

訳あり 極早生（ごくわせ） 愛媛みかん バラ詰め
10月中旬出荷開始
お申込締切日 本日より1週間
みかんの名産地 愛媛県から産地直送
瀬戸内の太陽をたっぷり浴びたみずみずしい初物みかんです!!
初めての方限定!! 一家族様1箱限り!!
商品記号 のまみかん G たっぷり 9kg 3,780円 税込 送料無料 代引手数料330円
商品記号 のまみかん F お試し 4.5kg 1,980円 税込 送料500円 代引手数料330円
代金引き換え限定でのお届けになります。（別途手数料330円）
みかんの本場愛媛県で美味しいみかんにこだわる「のま果樹園」より、光センサーで選別した愛媛みかんを特別価格でお届けします。お得な理由は皮にキズありだから！みかん好きのかたも納得する本場愛媛のみかんをお楽しみください。
今年最初の愛媛みかんをぜひ食べて下さい!!
●お申し込みはお電話で ●受付時間 9:00～17:00（日・祝日除く）
☎050-2019-9748
のま果樹園 株式会社乃万青果 〒794-0074 愛媛県今治市神宮甲844-5
●お届け／10月15日以降出荷。以後、お申し込みから1週間前後でお届け。天候により変更になる場合あり。●お支払い代金引換のみ（別途手数料330円）●返品／お客様都合は不可。万一不備な点がありましたら、商品到着後2日以内にご連絡下さい。●申込期限／2020年10月31日まで。●お預かりした個人情報は、商品・DMの発送以外の目的では使用しません。●北海道・沖縄・離島は別途送料1,000円がかかります。

# 朝雲・栃の芽俳壇

畠中草史　選

頂を明日に控えるキャンプの灯　大津・陸OB　丸岡 正男
頂へ登り詰める前日の山小屋泊やキャンプは、富士山、唐沢など。静かな灯は揺るぎない。

突堤に等間隔の小鯵釣り　相模原・一般　森 謙二
小鯵は群で回遊するので突堤でのさびき釣り達は、自ずと互いに等間隔に竿を出す。

リハビリの靴片減りし夏の果て　町田・陸OB　岩原 滋利
山雨過ぎひときは咽せる草いきれ　宮崎・空OB　髙木 智念
羽たたみ草の根元の梅雨の蝶　熊谷・空OG　関田 絹江
心地良き筑波の風や夏座敷　浜松・空OB　宮本 立男
開け放つ句坐に割り込む蟬の声　あきる野・一般　小和田一男
湾口を出て航く巨船夏霞　館山・海OB　斎藤 一向

仄暗き根方に光る苔の花　熊谷・空OB　蓮佛志向子
鬼怒川に岩魚釣りして地酒くむ　新座・陸OB　船田藤三郎
待望の句会再開暑気払ひ　東京・空自衛官　梅田 清風
葉桜の下で体力測定す　東京・空自衛官　牛尾 国生
向日葵や見るかげもなき廃線路　横浜・空OB　永澤 功
草刈機音のひびきも暑くるし　西東京・空OB　水島 孝雄
干店のラムネ立ち飲みなつかしき　熊谷・空OG　佐藤 玲美
梅雨寒や麻痺の半身おもたくて　富谷・陸OB　加川 師亨
雨粒を転がし遊ぶ蓮の葉　熊谷・空OB　明田 眞雅
願ひ事多き齢や星の竹　熊谷・空OG　関谷 桂子

青空へ入道雲の突き上ぐる　東京・空自衛官　阿部 博文
北大のキャンパスに牛雲の峰　江別・陸OB　鎌田日出雄
サイダーを注ぐ音して心地よし　熊谷・空OG　福元万理子
紫陽花を見つめておりし雨宿り　東京・空自衛官　早田 貴美
巡礼の道を狭めし山紫陽花　東京・空自衛官　浅野 柚香
密豆や空き部屋にある玩具箱　熊谷・空OB　工藤 敏雄

選者作品
炎天に音なく回る観覧車

**投句歓迎！**
▽郵便はがきの裏面に未発表の自作3句以内と氏名、年齢、職業（自衛官・事務官＝所属部隊＝、OB、家族、一般など）、住所、電話番号を記入▽締め切り毎月15日▽宛先＝〒162-8801東京都新宿区市谷本村町5の1　防衛省D棟市ヶ谷記者クラブ朝雲俳句係☎03（5225）1750、専用線8・6・25515

## みんなのページ

3陸佐　飯塚 定夫（大阪地本・大阪地域援護センター長）

# Webで再就職援護「待ったなし」

新型コロナウイルスの流行の影響で、6月に予定されていた「近畿地区合同企業説明会」は中止を余儀なくされた。

合同企業説明会は、任期制隊員が再就職を準備するにあたり、企業の情報を収集するための主要な手段であり、隊員の将来設計に大きな影響を与える。このため担任する大阪地本は、隊員の企業情報収集を支援するため、関係する近畿地区の地方協力本部、援護協会、援護協力企業との調整を進め、企業が個別に隊員に企業の説明をする機会を設けた。

個別の企業説明は「3密」が避けられるように人数を制限したうえで①隊員が企業を訪問して説明を受ける②企業担当者が隊員を訪問する③電話またはWebを使用する――の各要領を想定。参加企業約250社から実施可能な要領と時期を調査し、それを隊員に提示した。

合同企業説明会に参加予定の隊員約200人は、事前に配布された求人票冊子と、提示された説明要領・時期を確認し、6月下旬から7月上旬にかけて、それぞれ複数の企業から説明を聞いた。

Webで説明を受けるに当たり、地本の援護担当者と隊員は急きょ「オンライン面接」ツールのインストール方法や使用要領などについて勉強し、これに対応した。

大阪地本では「面談時の注意事項」などに関する教育資料も作成し、事前にWeb面談予定者に配布した。

Webで説明を受けた隊員は、「初めての（オンライン）体験で戸惑ったが、（地本の方々の）サポートのおかげでスムーズに面談ができた。企業の説明も分かりやすかった。採用試験がWebでも心配ない」と、みな笑顔を見せていた。

企業から説明を受けた隊員は、それぞれ自身の将来を託す企業を決定し、7月下旬頃から逐次、採用試験に臨んでいる。

新型コロナウイルスの影響で、民間企業が行う合同企業説明会も中止が相次いでいる。企業の採用活動も手探り状態である。状況は改善されつつあるが、感染の第2波、第3波を考慮して、多くの企業がWebでの企業説明や採用面接を取り入れている。

ある調査会社の調べでは、新型コロナの影響により、新たに「Web面接」を取り入れた企業は約34%。もともと取り入れていた企業と合わせると50%を超える。また、「新型コロナの終息後も利用したい」としている企業はそのうち約6割である。

Webを使用したセミナーや面接は、時間や場所の設定が容易で、企業と求職者双方にメリットがある。このため近年、多くの企業から注目を集めていたが、新型コロナの影響で一気に広がりを見せている。自衛隊の援護組織も、社会の動きに応じたWebの活用が求められている。

スマートフォンを活用し、Webで会社説明を受ける隊員

(世界の切手・インド)

できることが増えるより、楽しめることが増えるのが、いい人生。
斎藤 茂太（精神科医、作家）

朝雲ホームページ
www.asagumo-news.com
<会員制サイト>
Asagumo Archive
朝雲編集部メールアドレス
editorial@asagumo-news.com

## 旅団集合教育レンジャーに参加

3陸曹　高尾 賢（8普連3中隊・米子）

私は、4月からの約3カ月間、山口駐屯地で実施された13旅団の集合教育「レンジャー」に副学生長として参加させていただきました。

教育間は教官・助教の方々からとても熱い教育・指導をいただき、レンジャー隊員に必要となる行動技術や遊撃行動を学ぶことができました。

過酷な訓練を受ける中で、当初の同期は20名となり、副学生長であった私も学生長となりました。学生長としての重圧や過酷な訓練の連続で、心が折れそうになう時もありましたが、同期の力を借りてなんとか乗り越えることができました。

こうして無事にレンジャー教育を卒業できたのは、21期戦闘隊の同期をはじめ、教官・助教の方々、そして心の支えとなった家族の存在があったからです。

今後は、こうした方々への感謝の気持ちを忘れることなく、13旅団のレンジャー隊員として知識・技能をさらに向上させるべく、精一杯努めて参ります。

過酷な教育訓練など、苦難を乗り越えてレンジャー隊員となった8普連の高尾賢3曹

## 新刊紹介

### 「兵站」——重要なのに軽んじられる宿命
福山 隆著

湾岸戦争で米軍が中東に持ち込んだ補給品は膨大な量に上り、「山が動いた」とまで形容された。これが兵站を重視する米軍の戦い方だった。一方、旧日本軍はこれを軽んじたため前線では食料、弾薬、医薬品などが欠乏、将兵は過酷な戦いを強いられ、敗退の原因にもなった。

本書は九州補給処長、西方幕僚長などを歴任した元陸将が、古今東西の「兵站をめぐる作戦」の顛末を描き出す。兵站はローマ時代から重要視されてきたにもかかわらず、作戦では軽視されることが多かった。なぜか。

フランスのナポレオン軍、ドイツ機甲師団、日本軍などを事例に、兵站の欠乏が部隊にどんな状況を強いたか、明らかにしていく。「兵站は人の心臓・血管・血液・細胞と同じ」という著者の言葉が重い。

巻末では現在、世界の国々が戦っている「新型コロナとの戦争」にも触れ、「この戦争ではワクチンこそが戦いの勝敗を左右する兵站となる」と述べている。（扶桑社刊、2200円）

### 「蒼海の碑銘」——海底の戦争遺産
写真・戸村 裕行

太平洋戦争中、多数の軍艦や補給物資を積んだ民間船が日本からアジア、南太平洋の島嶼に向かったが、その多くが連合国軍の潜水艦や航空機により撃沈され、80年を経た今も海底に眠っている。

本書は「レック（沈んでいる船や航空機）撮影」をライフワークとする水中カメラマンの戸村裕行氏が、日本軍の拠点だったトラック諸島をはじめ、ソロモン、グアム、パラオ、フィリピンなど激戦地の海に潜り、海底にその姿を残す艦船や航空機を撮影した貴重な写真集だ。

戦後、原爆の標的とされたビキニ環礁の戦艦「長門」をはじめ、トラックの駆逐艦「追風」など、沈んでもなお迫力ある姿には驚かされる。戸村氏は「水中という特殊環境下にあることで守られてきた」と話すが、「時を経て崩壊が進み、いつまでも残るものではない」という。そこでレックを平和について考えるきっかけとし、同時に英霊の慰霊・顕彰にもつながればと出版を目指したという。

エメラルドグリーンの海に沈んだゼロ戦の周囲のサンゴや熱帯魚は墓標に供えられた花のようだ。（イカロス出版刊、2970円）

## OBがんばる

田中 勝さん 54
令和元年8月、陸自304水際障害中隊（和歌山）を最後に定年退職（准尉）。前川運輸に再就職し、日高営業所で入出庫の業務に当たっている。

### 先輩から話を聞くのも良い

私は第304水際障害中隊最先任上級曹長を最後に退職し、現在、自宅近傍にある前川運輸日高営業所に勤務しております。

日高営業所では旭化成など県内の企業が扱う液体化学原料やフィルムなど製品の保管・運送を行っており、私はその入出庫、在庫確認、荷役作業を担当しています。慣れない業務で戸惑いの毎日ですが、心掛けていることは「確実な荷役」と「安全な作業」です。在庫に誤りがないか気を配り、車・人・物が錯綜する荷役作業では安全に特に気を付けなければなりません。

入社当初は不安ばかりでしたが、先輩から丁寧な教育・指導を受け、少しずつ仕事にも慣れてきました。ここでの仕事は、在隊中に施設科部隊で補給業務に携わった知識と経験が十分生かされていると思います。

私が再就職に向けた準備を始めたのは退職約1年前でした。特に業種は絞り込まず、自宅から通勤距離が近い所で選びました。今の会社は先に再就職していた先輩から声をかけて頂き、お話を聞いて自分の希望に合った会社であると分かりました。すぐに援護担当者に相談し、和歌山地本のご尽力で無事に再就職することができました。

皆さまも在隊中は毎日の業務や訓練で忙しく、あっという間に時間が過ぎていくと思いますが、早期に自分のやりたい仕事を見つけ、計画的に準備をして頂きたいと思います。そこでは自衛隊で一緒に勤務した先輩から話を聞くのも良いでしょう。皆さまの第二の人生、悔いの残らない再就職ができますよう祈念しております。

## 目指せ整備士資格 フレックス活用

2空曹　藤原 由希（中警団整補群・入間）

中部航空警戒管制団整備補給群では、隊員のワークライフバランスの一環として「フレックスタイム」を導入しています。この制度を活用し、自動車整備の資格取得を目指している隊員がいます。

空いた時間を自身の勉強時間に充て、整備援員会が開催する自動車整備の講習会に週2回参加しています。

仕事後の勉強のため、心身ともにハードなようですが、隊員は睡魔に負けることなく本試験で一発合格を目指して日々猛勉強しています。

このように隊員たちは「フレックスタイム」を活用して仕事と私生活をともに充実させ、それぞれの目標の達成に向けてまい進しています。

基地の「フレックスタイム」を積極的に活用し、私生活も充実させている隊員

## 詰将棋

第826回出題

出題　日本将棋連盟　九段　石田 和雄

【ヒント】竜を活用させる順（10分で3級）

▶詰碁、詰将棋の出題は隔週です◀

## 詰碁

第1241回解答

出題　日本棋院　九段　曲 励起

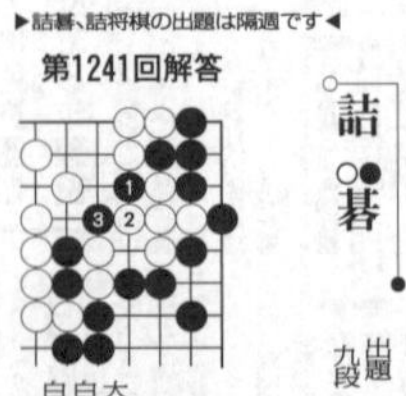

【解答図】黒先、白取り。黒❶のワタリが大切で、次に白①なら黒❸で白取れます。

結婚式・退官時の記念撮影等に
自衛官の礼装貸衣裳

陸上・冬礼装　海上・冬礼装　航空・冬礼装

貸衣裳料金
・基本料金　礼装夏・冬一式　30,000円＋消費税
・貸出期間のうち、4日間は基本料金に含まれており、5日以降1日につき500円
・発送に要する費用

お問合せ先
・六本木店
☎03-3479-3644(FAX)03-3479-5697
〔営業時間　10:00～19:00　日曜定休日〕
〔土・祝祭日　10:00～17:00〕

別途消費税がかかります。　※詳しくは、電話でお問合せ下さい。

美玉（みたま）

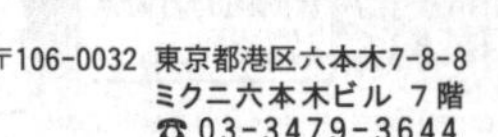

〒106-0032 東京都港区六本木7-8-8
ミクニ六本木ビル 7階
☎ 03-3479-3644

ストップ！20歳未満飲酒・飲酒運転。お酒は楽しく適量で。
妊娠中・授乳期の飲酒はやめましょう。のんだあとはリサイクル。
キリンビール株式会社

朝雲

発行所 朝雲新聞社
〒160-0002 東京都新宿区四谷坂町12-20 KKビル
電話 03(3225)3841
FAX 03(3225)3831
振替00190-4-17600番
定価一部170円、年間購読料9170円（税・送料込み）

すてきな未来応援します
フコク生命
防衛省団体取扱生命保険会社
フコク生命



# フィリピンにレーダー輸出

## 国産の完成装備品で初

### 三菱電機

河野防衛相は8月28日の記者会見で、三菱電機がフィリピン国防省に同社製の警戒管制レーダー4基を約1億ドル（約100億円）で輸出する契約が成立したと発表した。日本から海外への国産の完成装備品の輸出は、政府が2014年に「防衛装備移転三原則」を策定して以来、初めて。河野大臣は「フィリピンは海を隔てた隣国であり、バシー海峡や南シナ海など非常に重要なシーレーン（海上交通路）沿いにある国だ。日本の技術が（同国の警戒監視に）役立つというのは、今後の相互協力に向けた第一歩となる。『自由で開かれたインド太平洋』ビジョンに合致する」と意義を強調した。

### 計4基、100億円で契約

輸出されるのは、固定式3基、移動式1基の計4基。フィリピン空軍が2018年に開始した警戒管制レーダーの選定に対し、欧米やイスラエルの企業と競合する形で三菱電機が自社製レーダーを提案。防衛省とも日本製レーダーの採用に向けた支援活動を行い、8月25日に契約が成立した。

4基は航空自衛隊の固定式警戒管制レーダー「J/FPS-3」と、陸上自衛隊の移動式対空レーダー「J/TPS-P14」をそれぞれベースに、三菱電機が比空軍の要求に基づいて新たに開発・製造するもので、22年の1基目から約4年間かけて順次納入していく予定だ。

在フィリピン日本大使館とフィリピン国防省は28日、それぞれのホームページに両国の関係者が署名する写真と共に、製品の輸出を歓迎するコメントを掲載した。

日本からフィリピンへの装備品移転を歓迎するホセ・ラウレル駐日大使（左）と河野防衛相（8月28日、防衛省で）＝防衛省提供

㊤フィリピン空軍の要求に基づき、今後、三菱電機が新規開発・製造する固定式警戒管制レーダーのベースとなった空自の固定式警戒管制レーダー「J/FPS-3」（写真はドーム部分）㊦陸自の移動式対空レーダー「J/TPS-P14」

今回の国産レーダーの輸出は、14年4月に日本政府が閣議決定した「防衛装備移転三原則」の下で、16年2月に両国の政府間で締結された「日比防衛装備品・技術移転協定」に基づき進められ、実現した。

「防衛装備移転三原則」は「平和貢献・国際協力」「我が国の安全保障」に資する場合に限り輸出が認められる。特に我が国と安全保障面で協力関係がある国に対し「救難・輸送・警戒・監視・掃海」に関する装備品の輸出が可能となったのが大きな特徴だ。

これまで日本からフィリピンに対しては、17年3月から18年3月にかけて中古の海自TC90練習機5機を比海軍に無償譲渡したほか、昨年は陸自で用途廃止となった「UH1H多用途ヘリ」のエンジンやブレードなど約4万点の部品や構成品を比空軍に無償譲渡してきた実績があるが、完成装備品の輸出は初めて。

河野大臣は28日、来省したフィリピンのホセ・ラウレル駐日大使と会談し、「両国は共通の理念と目標を有する戦略的パートナーであり、防衛装備協力を推進することは、地域の平和と安定の確保においても重要だ」との認識を共有、契約成立の意義を確認した。

これに先立つ記者会見で河野大臣は「装備品の移転によって、さまざまな国々との防衛協力が進み、日本の防衛産業の足腰の強化にもなる」と述べ、我が国の防衛産業の活性化に期待感を示した。

今回の装備品移転に当初から尽力した防衛装備庁プロジェクト管理総括官（航空担当）の後藤雅人空将補は「フィリピン国防省や空軍など、現地には10回以上足を運び、"エンドユーザー"の立場から装備品について丁寧に説明し、関係者との信頼関係を築いてきた。全てをゼロから手探りで進めてきたが、結果を出すことができて本当に良かった。次につなげていけるよう、引き続き努力したい」と話している。

# 離島住民200人本土へ

## 鹿児島 陸海空自ヘリ8機が空輸

### 台風10号災派

大型で強い台風10号の接近に伴い、9月4日午後1時、鹿児島県の塩田康一知事が陸自8師団長（北熊本）に対し、離島住民を事前に本土に避難させるための災害派遣を要請した。

これを受けて4、5の両日、陸海空自のCH47輸送ヘリなど8機が、鹿児島県のトカラ列島にある十島村の口之島、中之島、平島、諏訪之瀬島、悪石島、小宝島、宝島の七つの島から高齢者や乳幼児、妊婦など計200人を鹿児島市内の谷山ヘリポートまで空輸した。

活動に当たったのは4日、陸自西部方面航空隊（高遊原）のCH47輸送ヘリ4機、海自、空自のヘリなど計8機。5日は西方のCH47ヘリ1機で、前日に対象者から要望のあった計12人を空輸した。

7日には沖縄県の玉城デニー知事が陸自15旅団長に災派を要請した。自衛隊は九州・沖縄地方で即応態勢を維持し、台風10号に備えた。

台風10号に備えて鹿児島市に事前避難するため、陸自西部方面航空隊のCH47輸送ヘリに乗り込む島民たち（9月4日、鹿児島県トカラ列島の口之島で）

# 弁護士相談窓口を新設

### ハラスメント

## 防衛省 電子メールで個別対応

防衛省は9月1日、弁護士によるハラスメント相談窓口を新たに開設し、悩みを抱える隊員・職員に気軽に利用するよう呼び掛けている。受付時間は平日午前10時～午後6時まで。

パワハラ、セクハラをはじめ、妊娠・出産、育児、介護に関するさまざまなハラスメントの悩みについて、電子メールによる個別相談を基準とし、必要に応じて電話での対応に当たる。

弁護士は相談者から事情を聞き取ってアドバイスを行うとともに、場合によっては相談者の同意を得た上で、防衛省において事実確認の調査を実施し、弁護士を通じてその結果を相談者に通知する。対応する弁護士は現時点で男性2人と女性1人の計3人。

河野防衛相は同日の記者会見で「（従来の）部内の相談窓口には相談しにくいと感じている者が多いとのことなので、悩みが深刻になる前に未然に防止するよう、第三者である弁護士の相談窓口を新たに設置した」と述べ、ハラスメント撲滅に向けた取り組みの重要性を強調した。

◇問い合わせ先＝防衛省人事教育局服務管理官 03-3268-3111（内線20706、20716）

# 海賊対処「おおなみ」が英艦と初訓練

ソマリア沖・アデン湾で民間船舶の護衛任務に就いている海自海賊対処行動水上部隊36次隊の護衛艦「おおなみ」（艦長・石寺隆彦2佐）は8月29日、中東海域で活動する英海軍のフリゲート「アーガイル」（満載排水量4200トン）と共同訓練を実施した。

現地での日英共同訓練は、2017年4月に27次隊の護衛艦「てるづき」が米英韓の部隊と4カ国で共同訓練を行って以来で、日英2国間では初めて。

今回、アデン湾の東方海域で行われた訓練では、各種戦術運動や小火器射撃訓練などを行い、多国間で海賊対処活動に当たる日英艦艇の連携を強化した。

日英共同訓練で、戦術運動を行う海自の護衛艦「おおなみ」（奥）と英海軍のフリゲート「アーガイル」（8月29日、アデン湾東方海域で）

春夏秋冬

## 宇宙強国・中国の国連利用

青木 節子

2018～19年のロケット打ち上げ回数上位の国・機関は、中国（38回、33回）、米国（34回、27回）、ロシア（16回、22回）、欧州宇宙機関（ESA）（11回、9回）、インド（7回、6回）、日本（6回、2回）であり、2年連続で中国が世界一であった。米中ロに次ぐのは、ESAである。

ESAは1975年に設立され、現在22カ国が加盟する政府間国際組織である。それ以前はフランスの射場であった南米仏領ギアナの射場とフランスのアリアンロケットも、現在はESAの射場、ESAのロケットとなった。冷戦期、米ソに次ぐ実力を誇ったフランスを中心にまとまることにより、欧州は現在も宇宙先進国であり続けることに成功したといえる。

中国は、ESAを手本に2008年にアジア初の政府間宇宙国際組織「アジア太平洋宇宙協力機構（APSCO）」を本格始動させた。日本は参加していない。翌年、APSCOは国連宇宙空間平和利用委員会のオブザーバーとなった。中国はまた、2014年には北京航空航天大学内に国連のアジア太平洋宇宙科学技術教育地域センター（「国連宇宙センター」）を設置した。そして、国連のお墨付きを得た機関のホスト国の顔と中国政府としての顔を使い分けながら、アジア太平洋を越え、南米やアフリカの有力国との間でも宇宙協力を強化することに成功していった。

特に南米に設置した中国の宇宙局は、米国の宇宙活動監視基地としても有益である。アルゼンチンに設置され、中国の軍人が常駐する宇宙状況監視基地がその一例であるが、施設に加え、周囲の土地も2012年の合意で、50年間、中国に貸与されている。2020年7月下旬には、いっそうの宇宙協力協定と通貨スワップ協定がほぼ同時に両国間で結ばれた。

ESAは欧州生き残りのための国際組織であったが、APSCOや国連宇宙センターは、国連も利用した宇宙の「一帯一路」構築や中国覇権獲得の道具といい得るだろう。注目されるのは、国連宇宙センターのある北京航空航天大学は、経済産業省が安全保障貿易管理で、取引きの懸念対象とする外国ユーザーリストに含まれているということである。国連が関係するから安心、という時代は終わったのである。

（慶應義塾大学大学院法務研究科教授）

# 防衛相「責任を痛感」

## 陸上イージス断念で報告書

防衛省は9月4日、陸上配備型ミサイル防衛システム「イージス・アショア」の配備断念の経緯を検証した報告書を公表した。

報告書では、ブースター（推進装置）が民家に落下することなどを防ぐためにはシステム全体の大幅改修が必要との懸念が今年の早い時期に省内で出ていたにもかかわらず、懸念の裏付けを取って正確性を期すために5月下旬に米側との協議・検討を経て河野防衛相への報告が6月3日となったことについて、「省内の意思疎通や情報共有の在り方などを含め、風通しの良い業務環境を整備していく必要がある」と指摘した。

河野防衛相は9月4日の記者会見で「悪い話や問題になりそうなことは、なるべく前広に上司に上げることが大事だった。それが徹底できなかったのは、大臣として私の責任を痛切に感じている」と述べた。

全般的には、北朝鮮の相次ぐミサイル発射を受けて配備を急ぎ、米側との協議やそれを踏まえた安全措置の検討と地元への説明を並行的に実施したことを挙げ、「結果的に地元に対して約束していたこと（ブースターの演習場内への確実な落下）が実現できず、慎重さ、誠実さを欠いた対応となった」と厳しく評価した。

一方で、ブースターの落下範囲を制限するために必要な改修と規模を正確に見積もることができなかった理由として、システムやブースターは米側が設計・開発していることから、我が国にはブースターの落下に関する迅速かつ正確なシミュレーションを行うための情報やソフトウエアがなく、「防衛省として検証することに限界があった」ことも一因に挙げた。

# 陸自HTCを報道陣に公開

陸自の二つの戦闘団が対抗方式で訓練できる北海道訓練センター（HTC）第2回運営が現在、道東の矢臼別演習場で行われており、その状況が9月2日、報道陣に初公開された。

HTCは今年3月に新編された訓練評価支援隊（北千歳）が運営に当たり、2回目となる今回は10師団の33普連（久居）と5旅団の6普連（美幌）が攻撃・防御に分かれ、7日間にわたる対抗演習を行った。HTCはこの間、24時間体制で両部隊の指揮幕僚活動や各戦闘の結果を訓練・評価支援器材を使い、評価・記録している。

HTCの役割について、訓練評価支援隊長の山下博二1佐は「連隊級の部隊に実戦の環境を提供し、その中で起こった戦闘行動を客観的に評価し、そのデータを通して部隊に改善をうながし、教訓を導き出すことが我々の任務だ。今後、それを横断的に評価し、教育訓練研究本部（目黒）に上げて他の指揮所訓練センターや富士訓練センター（FTC）の教訓なども合わせ、陸自の教育訓練上の問題点を明らかにしていく。その作業を通じて精強部隊を育成していくのが我々の役割だ」と語った。

## 朝雲寸言

日露戦争は近代日本が文字通り国の存亡をかけた戦いだった。元老・伊藤博文までもが「ロシアが九州に攻めてきたら自分も一人の兵士として戦う」と悲壮に語ったという。旅順攻略、奉天会戦、日本海海戦という奮戦の数々に加え、明石元二郎の対ロ謀略、金子堅太郎の対米工作、高橋是清の戦費国際調達なども奏功し日本は辛勝した。それらの総合調整をしたのが当時の首相、桂太郎だった▼各国の大方の予想を覆しての勝利だったが、桂に対する国民の評価は散々だった。獲得賠償金はゼロ、獲得した領土は南樺太のみ。国民の不満は日比谷焼き討ち事件として爆発した。今から考えれば、あの時点で講和するしかなかった日本の状況への国民の理解が足りなかった▼その桂を抜いて憲政史上最長の在職日数を数えるに至った安倍晋三首相が、健康上の理由から辞任を表明した。在任期間に比例するようにさまざまな批判も受けたが、多くの業績も残した。何より安全保障法制がなかったら、米中の抗争が激化する今の世界で日米同盟は揺らいでいたはずだ。同法制反対デモはいずれ「平成の日比谷焼き討ち事件」として記憶されるのかもしれない▼政権の評価は多面的なものであり、時代の変化によっても変わってくる。確かなのは、日本では異例の安倍長期政権が「安定した国」という国際的な信用につながったことだ。長期安定政権というよき伝統は今後も守りたい。

求む！
建物を守る人
私達は建物の総合マネジメント会社です。
日本管財株式会社
http://www.nkanzai.co.jp
設備管理・警備スタッフ募集 お気軽にお問合せください。
平成28年度以降の退職自衛官採用数61名
03-5299-0870 自衛隊担当：平尾

防衛省職員および退職者の皆様へ
防衛省団体扱自動車保険・火災保険のご案内
[引受保険会社] 東京海上日動火災保険株式会社
防衛省団体扱自動車保険契約は 一般契約に比べて 約19%割安

予備自衛官、即応予備自衛官の皆様も ご加入いただけます
お問い合わせは
取扱代理店 株式会社 タイユウ・サービス
フリーダイヤル 0120-600-230
03-3266-0679 FAX 03-3266-1983
〒162-0845 東京都新宿区市谷本村町3番20号 新盛堂ビル7階

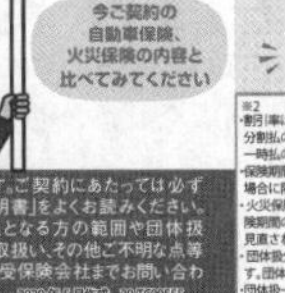
防衛省団体扱火災保険契約は 一般契約に比べて 約15%割安

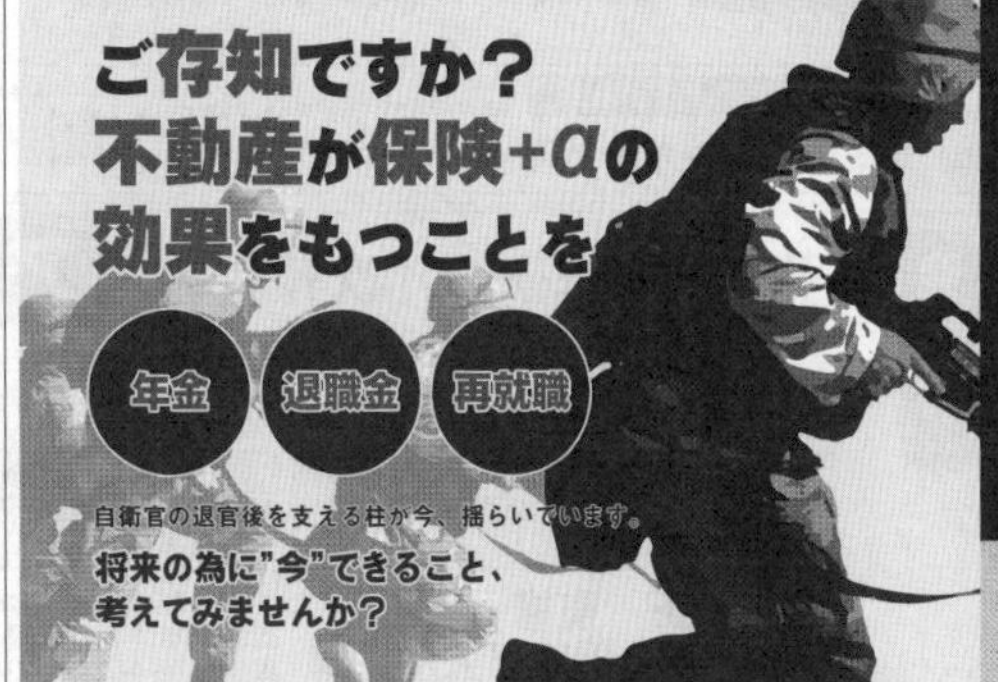

〒100-6208 東京都千代田区丸の内1-11-1 パシフィックセンチュリープレイス8階
03-6860-8231
https://agentrive.co.jp/

# 時の焦点

## 国内

### 自民党総裁選
### 「針路」示し政策を競え

事実上、首相を決める選挙が始まった。実りある政策論争の機会としたい。

安倍首相の後継を選ぶ自民党総裁選が告示され、菅義偉官房長官、岸田文雄政調会長、石破茂元幹事長が立候補した。

3氏とも内閣や党で要職を重ねてきた。日本の針路を明確に示し、内外の課題への対処策を明らかにしてもらいたい。

総裁選でまず焦点となるのは、経済政策の舵取りだろう。菅氏は、安倍首相が進めてきた経済政策アベノミクスを継承する考えを示した。

アベノミクスは、財政出動や金融緩和、成長戦略によって企業業績を回復させ、賃上げを実現させる。その結果、消費が増えて企業が儲かるという「経済の好循環」を狙った政策だ。安倍内閣の下、株価は上昇し、雇用環境も改善した。一定の成果を上げたのは事実だろう。

岸田氏は、「大企業や富裕層は恩恵を実感できるかもしれないが、(中小企業や低所得者まで行き渡る)トリクルダウンは実感できない」と分析している。石破氏も、アベノミクスに一定の評価を下しつつ、「個人所得はどうだろうか」と述べ、改善の余地があるとの認識を示した。

新型コロナウイルスの流行で、経済は深刻な打撃を受けている。回復基調に乗せるには、一層の対策が必要だ。3氏は、感染症対策と経済活動の両立について、説得力ある処方箋を示さなければならない。成長戦略では、人工知能の研究支援や、デジタル基盤の整備などを強化することが重要となろう。

感染症対策について菅氏は「役所の縦割りの弊害を打ち破る」と述べている。安倍内閣は検査や病床の体制整備に手間取った。菅氏は具体的な改善手法を提示すべきだ。

石破氏は、改正新型インフルエンザ対策特別措置法を改正し、休業した事業者への補償を盛り込む考えを示した。菅氏は「法改正は収束後」としており、両氏の主張は争点となりそうだ。岸田氏は、検査の充実や財政支援を掲げている。

外交・安全保障政策について、3氏の論争は物足りない。

米中の対立や、新型コロナのワクチン確保などを巡って、国際情勢には不安がつきまとう。

総裁候補は、明確な外交戦略を提示し、日本の国益をどう守り、アジアの安定を図っていくか、表明することが求められる。地上配備型迎撃システム「イージス・アショア」に代わるミサイル防衛のあり方も論じてほしい。

自民党内では、多くの派閥が菅氏を支持しており、菅氏が優位との見方が広がっている。問題は、ポストを求めて派閥が主導権争いを繰り広げていることだ。旧態依然とした体質は見苦しいと言わざるを得ない。

投票する国会議員や地方の代表は、3氏の政治姿勢や公約を吟味する必要がある。

夏川 明雄（政治評論家）

## 海外

### 安倍外交の遺産
### 同盟の強化と国際協調

安倍晋三首相が歴代首相の在任記録を更新した直後の8月28日、持病の再発を理由に電撃的に辞任を表明したが、7年8カ月に及んだ第2次政権での大きな功績の一つが、積極的な首脳外交に基づく「地球儀を俯瞰する外交」の戦略的展開だろう。首相在任時に延べ176カ国・地域を訪問し各国指導者との信頼構築を背景に日本外交の存在感を内外に示したことはやはり特筆に値する。

もとより、「戦後外交の総決算」として懸命に取り組んだロシアとの北方領土問題の解決を通じた平和条約の妥結や、北朝鮮の拉致問題および国交正常化については解決の糸口さえ見いだせない状況が続く。だが、これは独裁的国家の指導者（策略家）を相手とする交渉の難しさを象徴する事例だろう。外交というものは、極めてしたたかであったり、誠実さを欠いたりする国家指導者に翻弄されるところがあり、結果を残せなかったという理由だけで首相を責めるのは少し酷ではないか。

他方、安倍外交の大きな成果として指摘できるのは、米国のトランプ大統領、ロシアのプーチン大統領ら主要国首脳と緊密な関係を築き、安定政権となったことと相まって、国際社会での発言力を増したことだ。安倍首相は辞任表明の際の会見で、外交・安全保障分野の成果として、（オバマ前政権時代に進めた）集団的自衛権の行使容認を可能とする安全保障関連法の制定、日米同盟強化を挙げた。中国の海洋進出をにらんだ「自由で開かれたインド太平洋構想」の具体化も、中国の動きにくさびを打つ時宜を得た安保戦略だ。

米国の知日派要人、マイケル・グリーン氏（元国家安全保障会議アジア上級部長）は「外交政策では吉田茂以来、最も重要な指導者だった」と述べ、首相の外交実績を高く評価した。ただ、そのグリーン氏も、日韓関係が国交正常化以降、最悪と言える状況に陥った韓国への対応に関して、日本側の積極的取り組みによってはこれほどの関係悪化は食い止められたのではないかと苦言を呈した。いずれにせよ、日米同盟強化と日韓関係の改善は引き続き新政権にも重要な外交課題となろう。

尖閣問題をめぐる対立や歴史問題などで険悪化した中国との関係では、これらの個別案件の争点化を避け、日中関係を改善軌道に乗せたのは、安倍外交の功績と言える。新型コロナ禍の問題で習近平主席の日本公式訪問は延期になったとはいえ、新たな冷戦を思わせる米中両国の厳しい対立が続く中、中国指導部と対話のチャンネルを持つ日本の戦略的外交の真価が問われる時期が到来しそうだ。

通商分野でも自由貿易を堅持する立場から、米国抜きでの環太平洋連携協定（TPP）を成立させたほか、主要7カ国（G7）などのサミットで議長国として、気候変動対策など地球規模の課題の解決に向け、ギリギリの調整活動を重ねた。米国をはじめ、主要諸国が自国優先の一国主義に傾く中、国際協調を重視する多国間外交の積極的展開も、安倍外交のレガシー（政治的遺産）として後世に評価されるのではないか。

伊藤 努（外交評論家）

---

統幕学校

## 「高級課程合同入校式」
## 3自衛隊39人が入校

統幕学校と3自衛隊の「高級課程合同入校式」で式辞を述べる沖邑統幕学校長（壇上中央）＝8月28日、目黒基地で

統幕と3自衛隊の高級幹部の教育を担う統幕学校、陸上自衛隊教育訓練研究本部、海・空自幹部学校は8月28日、目黒基地の大講堂で「自衛隊高級課程合同入校式」を行った。

式には3自の1佐、2佐の学生39人（陸17、海10、空12）が出席。増子豊統幕副長、阿部睦晴空幕副長ら来賓や学校職員など約90人が臨席した。

最初に学生長の新原綾一1海佐（前「たかなみ」艦長）が入校を申告。この後、統幕学校長の沖邑佳彦陸将が式辞で「すでに幹部自衛官としてのさまざまな経験を積み、各自衛隊を代表する隊員である諸官が1年もの間、新たな学びの機会を与えられたことは、今後、我が国防衛の中核となる諸官に大いなる期待を寄せていることの象徴である」と学生たちを激励した。

続いて、増子統幕副長が山崎統幕長の訓示を代読し、①高級幹部としての識能を身に付けよ②常に国家、統合運用、部隊、現場で考えよ③先入観や既成概念にとらわれない論理的な思考力を身に付けよ——の3点を要望した。

学生たちは今後、統幕学校で約6週間にわたり「合同統合教育」を履修。その後、3自の「幹部高級課程」を経て、再び統幕学校の「統合高級課程」に進み、統合運用に関する広範な知識を学ぶ。

## IPD訓練開始
## 「かが」「いかづち」で編成

海自艦艇のインド太平洋方面派遣訓練「令和2年度インド太平洋方面派遣訓練（IPD20）」が9月7日、始まった。10月17日まで。

IPD部隊は、今野泰樹海将補（2護群司令）を指揮官に、ヘリ搭載護衛艦「かが」（艦長・西田敏志1佐）、護衛艦「いかづち」（同・杉山靖浩2佐）と搭載ヘリ3機で編成。世界中で蔓延する新型コロナの予防のため、巡航中はインド洋のスリランカでのみ補給を行う。

山村海幕長は9月1日の記者会見で他国軍との訓練について、「海の上で会合して訓練を実施することが可能な海軍種の特徴を最大限に生かし、インド太平洋地域の沿岸国海軍などと共同訓練を実施すべく調整中だ」と述べた。

航安隊

## 初の安全主務者講習
## 安全班長ら16人受講

航安隊で開かれた「安全主務者講習」で安全に関する講義を聞く参加隊員たち（空自立川分屯基地で）

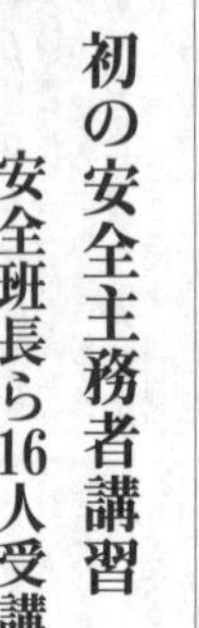

【航安隊＝立川】航空安全管理隊はこのほど、空自全体の安全管理体制の強化のため、飛行部隊等の安全主務者を一堂に集め、「安全主務者（飛行）講習」を初めて開催した。

講習は9日間行われ、航空団の安全班長や飛行隊安全幹部に配置（予定）の隊員を対象に、全国から16人が集合し受講した。

講習は安全管理や航空事故調査に関する教育を座学、グループ討議、実習などを交えて行ったほか、「ヒューマン・ファクターズ（人的要因）」教育では、航安隊所属の研究職技官（心理）の専門的講義や部外講師による講話を通じて理解促進を図った。

受講者は「安全幹部としての立ち位置や役割、責任を再確認し、その心構えを学ぶことができた」「仕事にやりがいや興味が湧いてきた」「部隊に帰ったら、安全の最後の砦となれるよう精進していきたい」などと感想を語った。

## 陸幕長がテレビ会談
## 米太平洋海兵隊の新司令官と

湯浅陸幕長は8月26日、7月に米太平洋海兵隊（ハワイ）司令官に着任したスティーブン・ラダー中将と初めて会談した。

会談は米ハワイ州のキャンプ・スミスと陸幕をつないでテレビ会議形式で行われ、陸幕長は冒頭、ラダー新司令官の就任に祝意を伝えた。

この後、両者は日本を取り巻く安全保障環境やインド太平洋地域の情勢について意見を交換し、陸自と米海兵隊の防衛協力を今後さらに促進していくことで一致した。

米太平洋海兵隊司令官のラダー中将とテレビ会談を行う湯浅陸幕長（8月26日、陸幕で）

## 「てるづき」が米陸軍ヘリと訓練
関東南方沖で

海自2護群6護隊（横須賀）の護衛艦「てるづき」（艦長・渡邊真史2佐）は8月31日、関東南方の太平洋上で在日米陸軍航空大隊（座間）のUH60L多用途ヘリ2機と日米共同訓練を実施した。

訓練では、航行中の「てるづき」の飛行甲板に米陸軍のUH60Lが着艦、日米部隊の連携を強化した。

## 露のIL38が日本海を飛行

ロシア軍のイリューシンIL38哨戒機2機が8月28日午前から午後にかけ、日本海の我が国沿岸を長距離飛行したため、空自の北空、中空、西空のF15戦闘機などが緊急発進して対応した。領空侵犯はなかった。

山陰沖の日本海に飛来した2機のIL38は、島根県の竹島と隠岐島間を抜け、山口県北方沖まで西進。同県見島沖を周回後、再び竹島—隠岐島間を通過した。

IL38[illegible]この後、列島沿いに一気に北上し、北海道・積丹半島沖[illegible]面に戻った。残る1機は礼文島沖まで北上し、日本の領空から離れた。

統幕は、空自機が撮影した写真と航跡図を公表した。

礼文島
日本海
竹島
隠岐島
太平洋
→IL38×2

露軍機の航跡図（8月28日）

## 防衛省発令

▽15旅団3部長（15旅団司令部）　1陸佐　辻　一
▽教育訓練研究本部教官（陸上総隊運用部付）　同　小澤　学
（教育訓練研究本部）　同　本田　頼朝
▽教育訓練研究本部（陸幕指揮通信システム・情報部付）　同　南條　衛
（15旅団3部長）　同　川間信太郎
▽教育訓練研究本部付（教育訓練研究本部教官）　同　長澤　徹志
▽海自幹部学校（自衛艦隊司令部付）　1海佐　井上　高志
▽海自幹部学校付（海幕防衛課兼大臣官房企画評価課）　同　原田　康平
▽空幕防衛課防衛調整官（空幕情報課付）　1空佐　鈴木　大
▽中部航空警戒管制団27警戒群司令兼大滝根山分屯基地司令（中部航空方面隊計画課長）　2空佐　前原　清隆
▽解航空医学実験隊兼務　航空医学実験隊4部長　1空佐　高田　邦夫
▽横須賀病院歯科診療部長（横須賀病院）　1海佐　海老沢政人
▽横須賀病院付（同歯科診療部長）　同　加藤　浩一
▽防衛装備庁長官官房装備開発官付2開発室長（防衛装備庁長官官房装備開発官付）　同　堤　一郎
（以上9月1日）
▽海幕人事計画課（海幕防衛課）　1海佐　正木　一成
（9月4日）

**8月1日から9月30日は**
**防衛省働き方改革推進強化月間です。**

超過勤務の縮減や休暇取得などのワークライフバランスの推進や、テレワーク、フレックスタイム制の活用に取り組みましょう。
また、新型コロナウイルス感染症対策の経験を踏まえ、今後、非常時の場合でも業務が継続できるよう、業務の見直し等の取組も行っていきましょう。

備蓄用・贈答用として最適
防災スイーツパン
自衛隊バージョン
陸・海・空自衛隊の"カッコイイ"写真をラベルに使用
若田飛行士と宇宙に行きました!!
「しらせ」と南極に行きました!!
3年経っても焼きたてのおいしさ♪
焼いたパンを缶に入れただけの「缶入りパン」とは違い、発酵から焼成までをすべて「缶の中で作ったパン」ですので、安心・安全です。
陸上自衛隊：ストロベリー　海上自衛隊：ブルーベリー　航空自衛隊：オレンジ
【定価】6缶セット 3,600円(税込)を　1ダースセット 7,200円(税込)を　2ダースセット 14,400円(税込)を
特別価格 3,300円(税込)　6,480円(税込)　12,240円(税込)
(送料は別途ご負担いただきます。)
(小麦・乳・卵・大豆・オレンジ・リンゴが原材料に使用されています。)
TV「カンブリア宮殿」他多数紹介！
内容量：100g／国産／製造：㈱パン・アキモト
1缶単価：600円(税込)　送料別(着払)
昭和55年創業 自衛官OB会社
㈱タイユウ・サービス
〒162-0845 東京都新宿区市谷本村町3番20号 新盛堂ビル7階
TEL：03-3266-0961　FAX：03-3266-1983
ホームページ タイユウ・サービス 検索

自衛隊バージョン
新発売！
災害等の備蓄用・贈答用として最適!!
EMERGENCY BOX
陸・海・空自衛隊のカッコイイ写真を使用した専用ボックスタイプの防災セット。
7年保存防災セット
1人用/3日分
外務省在外大使館等も備蓄しています。
非常時に調理いらずですぐ食べられるレトルト食品とお水のセットです。
メーカー希望小売価格 5,130円(税込)
特別販売価格 4,680円(税込)【送料別】
7年保存
昭和55年創業 自衛隊OB会社 ㈱タイユウ・サービス
TEL03-3266-0961 FAX03-3266-1983
mail:ts-gen@ac.auone-net.jp
ホームページ タイユウ・サービス 検索

発売中!!
平和・安保研の年次報告書
アジアの安全保障 2020-2021
コロナが生んだ米中「新冷戦」変質する国際関係
我が国の平和と安全に関し、総合的な調査研究と政策への提言を行っている平和・安全保障研究所が、総力を挙げて公刊する年次報告書。定評ある情勢認識と正確な情報分析。世界とアジアを理解し、各国の動向と思惑を読み解く最適の書。アジアの安全保障を本書が解き明かす!!
西原 正 監修
平和・安全保障研究所 編
判型 A5判／上製本／272ページ
定価 本体2,250円＋税
ISBN978-4-7509-4042-7
朝雲新聞社
〒160-0002 東京都新宿区四谷坂町12-20KKビル
TEL 03-3225-3841 FAX 03-3225-3831
http://www.asagumo-news.com
最近のアジア情勢を体系的に情報収集する研究者・専門家・ビジネスマン・学生 必携の書！

## 『日米安保60年』に寄せて（下）

# 「複雑化する国際情勢における日米同盟の役割と展望」

西原（にしはら） 正（まさし）
平和・安全保障研究所理事長

京都大学法学部卒業。米ミシガン大学大学院政治学研究科博士課程修了。京都産業大学外国語学部助教授、同教授。防衛大学校教授、防衛研究所第1研究部長、防衛大学校学校長を経て、2006年より現職。13年2月、産経新聞第28回「正論大賞」受賞。専門は東アジアの安全保障、国際政治学。安全保障懇話会会長。主著に（共監）『日米同盟再考』（亜紀書房）など。国際安全保障学会顧問。

日米豪3カ国の共同訓練「コープノース・グアム」で、米空軍のB52戦略爆撃機を先頭に編隊を組む（その右下に）空自のF15、F2戦闘機、豪空軍のFA18戦闘攻撃機などの航空機（2013年2月、米グアム島付近の上空で）

### 1 現行の日米同盟の役割と限界

去る7月23日、米国のポンペオ国務長官は「（中国の）習近平総書記は破綻した全体主義イデオロギーの信奉者だ。このイデオロギーこそが、中国共産党の世界的覇権への欲望を示す」、「我々は中国を歓迎したが、中国共産党は我々の自由で開かれた社会を悪用した。中国は優れた知的財産や企業秘密をだまし取った」と手厳しい演説を行った。これは単なる米中対立ではない。冷戦時代の米ソのイデオロギー対決を想起させる。

ソ連の崩壊後にできたロシアは民主制を装ったが、結局、専制体制に戻った。朝鮮半島の北半分は「金独裁」が続く。このように、日本の周囲には全体主義の国が中国を筆頭に3カ国もある。しかも核保有国である。日米同盟が中・露・朝を牽制し、東アジアの勢力均衡を日米に有利にしておくにはどうすべきか。

もちろん最大の脅威は中国である。中国は、南シナ海、台湾、および東シナ海での海洋覇権を拡大し、米国の影響力を西太平洋地域から駆逐することを狙ってきた。

これに対抗して、米国はオーストラリアと組んで、中国の南シナ海岩礁の占有を違法だとし、南シナ海で共同軍事演習などをして強い拒否姿勢を見せている。さらに中国は、香港の自由を奪う挙にでた。その香港に対しても、米国は香港人権法を制定し、習近平政権の権威主義（全体主義）的統治の導入に対抗しつつ、台湾の独立傾向を示す蔡英文政権に抗する中国の動きを警戒している。

これが日本を取り巻く国際情勢である。

西太平洋における在日米軍の行動は、日米安保条約第6条に基づくものであり、日本の施政権下にある尖閣諸島の防衛に出た自衛隊が攻撃を受ければ、米軍は第5条に基づいて自衛隊を支援する。そして自衛隊は憲法により「専守防衛」の枠内でのみ行動ができることになっている。

しかし、現実の西太平洋地域情勢は、これ以上に厳しくなっている。在日米軍が南シナ海で中国の軍事行動に対抗する時、オーストラリア軍は米軍と一体となって行動することができるが、自衛隊は憲法上、専守防衛の枠内での行動しか認められていないとの憲法上の解釈から、その支援に参加できない。

同様に、台湾海峡で米中海軍が対峙した時、海上自衛隊は米軍の間接的支援（情報提供など）しかできないという現状にある。

ここに自衛隊が地域の安定に寄与しようとしても、そこに深刻な限界がある。

2015年4月の「日米防衛協力のための指針（ガイドライン）」および同年9月の平和安保法制は従来の自衛隊による友邦の部隊への支援を拡大したものであったが、基本的には支援活動（戦闘地域から離れた地域での情報提供、捜索救助など）をするものである。

日米同盟強化のために来日し、天皇皇后両陛下の出迎えを受け、陸自特別儀仗隊から栄誉礼を受けるトランプ米大統領夫妻（2019年5月27日、皇居・宮殿東庭で）＝米大使館提供

北朝鮮が弾道ミサイルを繰り返し発射した2017年、日米の海上・航空部隊は日本海で大規模演習を行った。写真は米海軍の空母「カール・ビンソン」（右奥）、「ロナルド・レーガン」（右手前）を中心に、編隊を組み航行する日米の艦艇。上空は空自のF15戦闘機部隊（2017年6月1日、日本海で）

## 「自衛権の範囲」柔軟に解釈

### 2 日米同盟の今後の役割と展望

これまでの日本の外交は、「日米同盟を維持しながら、日中友好を築いていく」ことであった。そして本年の春には習近平国家主席を公式招待することになっていた。この計画はコロナ禍で中止となったが、尖閣諸島周辺を長期間遊弋して日本の巡視船に圧力を加える中国公船の姿勢を見て取ることはできなかったし、その後もその姿勢はきわめて敵対的である。

日米安保条約が発足して以降、日米間にこれだけ大きなギャップが生じたことはなかった。日本が第一にすべきことは、日米間の対中政策の大きなギャップを調整し、西太平洋における中国の覇権主義的行動を抑止する行動をとるべきか、その後どんな共通行動に取り組むことである。

新型コロナによって米中対決が先鋭化し、主要国が二分断した今日、日本は米国との同盟関係を一層重視して民主主義陣営内で主要な役割を果たそうとすべきである。それは「日中友好」

## 外交力を効果的に伸ばせ

とは距離を置き、自由と民主主義を重んじる勢力に入り、それを支援することである。

自由主義勢力の中核である7カ国首脳会議（G7）の加盟国を現在の7カ国に、オーストラリア、インド、インドネシアなどの民主主義国家を加えて一層強力な先進国会議とすることに、日本が外交的努力をすることが重要である。

現在の日本の防衛費は公式にはGDP1パーセント弱となっているが、国際基準で計算すると海上保安庁経費、PKO関連経費などを加えて1・3パーセントくらいになる。しかし、防衛費を増額してGDP2パーセントに近づけることで、日本の防衛力は国際基準に並ぶ。そうなれば日本は国際問題に関して相当程度の発言権を持つことができる。

この間、日本は自衛隊の防衛力向上を図るべく努めてきた。陸上自衛隊はオスプレイや水陸機動団、海上自衛隊は大型護衛艦、航空自衛隊は空中戦機などの導入がなされてきた。政府は宇宙、サイバー、および電磁波などの防衛力を強化し、それぞれを防衛装備と連携させることを計画している。政府は陸上配備型迎撃ミサイル・システム「イージス・アショア」を断念したが、その代替として「敵基地攻撃能力」の保有を検討し始めている。

この「敵基地攻撃能力」の保有は「専守防衛」を逸脱するものだとの反論もあるが、敵基地から弾道ミサイルで攻撃をかけることが分かっている場合に先制攻撃をするのは「防衛的自衛権」の範囲内だとする見解が有力になりつつある。

日本のこれまでの外交の弱点は、外交を支える強制力（相手に対する威嚇力）の不足にあった。「自衛権の範囲」を柔軟に解釈し伸ばすことによって、外交力を効果的に伸ばすことができる。これによって米国の一層の信頼を得ることができ、日米同盟をより強力なものにすることが可能になる。さらに友好国との共同行動も可能になる。

日本は「普通の国」に近づくことを怖れるべきではない。防衛的な軍事力の行使は慎重でなければならないが、これを行使する覚悟と気概が日本として日米同盟を強くする。

1972年（昭和47年）5月15日、沖縄の施政権が米国から日本に返還されたことを受け、同年10月、那覇市に陸自那覇駐屯地が開設。同年後、海・空自部隊も配置された（朝雲新聞社刊「波乱の半世紀——陸上自衛隊の50年」から）

越後「たかの」スティック保存食
パスタやリゾットが携帯できる
イタリアンシェフシリーズ※
イタリアンレストランの味を携行食・増加食・保存食で！
※イタリアンシェフ監修
チーズリゾット
パエリア
ラザニア
ナポリタン
トマトクリーム
さばトマト
ハンバーグトマトソース
スティックライス
調理後画像はイメージです。
定番品のスティックライスは自衛隊に納入され好評です！
ご注文 お問合せ
株式会社たかの
〒947-0052 新潟県小千谷市大字千谷甲 2837-1
TEL：0258-82-6500 FAX：0258-82-6620 MAIL：info@takano-niigata.co.jp

よろこびがつなぐ世界へ
KIRIN
一番搾り
おいしいとこだけ搾ってる。
KIRIN'S PRIME BREW
KIRIN BEER
一番搾り
〈麦芽100%〉
ALC.5% 生ビール
お酒
ストップ！20歳未満飲酒・飲酒運転。お酒は楽しく適量で。
妊娠中・授乳期の飲酒はやめましょう。のんだあとはリサイクル。
キリンビール株式会社

# 部隊だより

## 海

**武山**　横須賀教育隊は8月5日、学生78人に対し、遠泳の海面訓練を行った。学生たちは分隊ごとに色の異なる水泳帽をかぶって入水し、ボートに乗った教官が見守る中、学生たちが前後に整列＝写真㊤。梅雨が明け、天候に恵まれ、学生たちは隊列を組み、約1キロ区間を45分かけて泳いだ。

**舞鶴**　舞鶴教育隊学生23分隊の学生64人は8月18日、教務で使っている短艇の整備作業を行った。今回の整備では金物手入れをし、船のオール（かい）を差し入れる穴の金属部分に付着したさびを除去＝写真㊤。真夏の日差しが照り付ける中、学生たちは研磨剤を布の切れ端に着け、金属に光沢が出るまで丁寧に磨き、付着したさびをきれいに取り除いた。

**呉**　15期海曹候補生課程と22期練習員課程の計238人は8月7日、水泳競技に参加した。背泳ぎ、バタフライ、平泳ぎ、自由形の個人種目に加え、4人1組が腰をつかんで連結して平泳ぎをする「むかで競技」などでも競争＝写真㊤。各競技の結果で部隊ごとに得点が振り分けられ、曹候補生課程では22分隊、練習員課程では32分隊5班が総合優勝した。

**佐世保**　佐世保地方隊のゆるキャラ「海の防人」（愛称・なまころ）はこのほど、テレビ佐世保から取材を受けた＝写真㊦。同局の番組「スポットインサセボ」のコーナーで紹介され、インタビューには募集支援係の坂下真奈士長が〝なまころ〟の代わりに回答。「海自に親しみを持ってもらい、いろいろなイベントでさまざまな人と触れ合いたい」とPRした。

**留萌**　26普連は7月27日、駐屯地で令和2年度部隊集合教育「レンジャー」帰還式を行った＝写真。各部隊から選抜された隊員18人が6月13日の教育開始から72日間、陸自で一番過酷といわれるレンジャー教育の最後の任務を乗り越え、7月24日に駐屯地に帰還。帰還式には隊員家族や留萌市自衛隊協力会の会員らが訪れ、レンジャー隊員の労をねぎらった。

**島松**　駐屯地は7月29日、駐屯地モニター4人を引率し駐屯地内を案内した。史料館での全般説明や、非常用糧食を保管する補給倉庫、新制服などを製作する被服工場などを見学＝写真。モニターは「被服工場は初めて見ました。技術の高さに驚きました」「防弾チョッキが重たく、これを着て訓練する大変さを想像できました」と感想を話していた。

## 陸

**幌別**　駐屯地は7月13日、駐屯地体育館で「新隊員後期課程・一般陸曹候補生課程後期教育開始式」を行った。全国各地で前期教育を終えた新隊員34人は、はつらつと式に参加し力強く大きな声で申告。執行者の亀山群長は式辞で「強い信念を持って」「同期の絆」などを要望し、厳粛な雰囲気の中で式を終えた。

**八戸**　駐屯地は7月13、14、28日の3回にわたり、青森県内の高校生計27人に対し「体験学習」を行った。生徒たちは防衛館で陸自・駐屯地の概要説明を受けた後、基本教練や喫食、82式指揮通信車試乗などを体験。試乗では目を輝かせながら学校の生活と異なる場面に感動していた。生徒たちは「自衛隊に入ってみたい」などと感想を話した。

**岩手**　駐屯地は青森地本が実施した「募集対象者岩手駐屯地女子バスツアー」研修を支援した＝写真㊤。当日は、弘前市から女子学生18人が訪問。駐屯地の概要説明や個人装備試着などで理解を深めた。学生たちは女性隊員の生活環境も研修し、女性隊員とも懇談し「自衛隊は女性が活躍する職場だ」と認識を新たにした。

6普連（美幌）が担任する「5旅団レンジャー養成集合教育隊」の学生20人は7月29、30の両日、北海道名寄市の見晴山で、レンジャーになる基礎訓練の中でも最も危険な「山地潜入総合訓練」に挑んだ。

## ロープ使って山地潜入

### 見晴山でレンジャー訓練

### バディ背負って断崖を下降

**5旅団**

「負傷者の搬送」を想定し、バディを背負って断崖をロープで降りるレンジャー学生（7月29日）

この訓練は教育後半の「行動訓練」に向けた生地での山地潜入技術の修得を目的としたもので、断崖絶壁での行動を演練した。

見晴山の岩場は高低差が約30メートルもあり、学生は高所からロープを使ってまずは懸垂下降を訓練。教官が見守る中、身体にロープを結び付けて固定した学生は、左右の手でロープの上下をつかみ、L字の姿勢で壁面をするすると降下。両手でブレーキをかけながら初日に約20メートル、2日目は約30メートルの断崖絶壁を慎重に降下し、ロープ技術を習得した。

さらに、災害派遣活動などにも応用できる特別の技術にも挑戦。バディを背負って下降する「背負い搬送」をはじめ、負傷者を断崖から担架で降ろす「担架搬送」、ロープ一本で岩場を登る「バランス登はん」、バディを組んで交互に登る「組登はんおよび固定ロープ」なども学び、学生全員が無事に山地潜入技術をマスターした。

5旅団のレンジャー教育は基礎訓練に続いて8月22日からは後半の行動訓練が開始されている。学生たちはこの厳しい訓練を9月25日まで続け、すべてを突破した者だけが晴れて陸自のレンジャー隊員となる。（美幌）

㊤ロープを使い、高さ約30メートルの崖をL字の姿勢で慎重に懸垂下降する5旅団のレンジャー学生たち（7月30日、名寄市の見晴山で）㊦2人1組になり、岩場に張ったロープを伝って慎重に下山する学生たち（7月29日）

**秋田**　21普連は7月2～22日、駐屯地で防大3年生の部隊実習を行った。期間中、王城寺原演習場では市街地戦闘訓練や野戦築城（個人携帯対戦車弾用掩体構築）などを演練。岩手山演習場では大雨の中、行進訓練を全員で完歩後、敵と交戦し突撃した＝写真㊤。全課目を終えた学生は「銃口管理が必要な理由を学べたことが印象的です」と語った。

**座間**　在日米陸軍基地管理本部ビリー・J・ノーマン最先任上級曹長は8月5日、駐屯地を訪れ、4施設群後期教育隊を研修した。炎天下、新隊員は施設基礎作業の連結訓練、射撃予習、銃の手入れを行った。ノーマン最先任は「陸自の新隊員教育を初めて視察し、感銘を受けた。諸官全員の教育修了を祈念する。引き続き頑張ってほしい」と激励した。

**伊丹**　36連隊の大川航1尉以下16人は7月23、24の両日、千僧駐屯地で開催された「募集広報の日（3師団職種博2020）」を支援した。2日間で各地本から選ばれた募集対象者約250人が来場。連隊は職種説明や装備品展示、ロープワーク体験を行った。来場者たちは各職種のブースで隊員の説明に聞き入り、連隊は志願者数拡大に貢献した。

**福知山**　7普連は7月7～16日、日本原駐屯地から譲り受けた広報用展示車両「60式自走106ミリ無反動砲」を整備した＝写真㊤。同車両は第2次世界大戦後、初の国産装軌式装甲戦闘車として253両を製造、2008年に全車が退役した。隊員たちは鉄錆や古い塗装を研磨工具で剥がす作業から始め、塗装で埋もれていた銘板やさびたハッチを復元した。

**青野原**　8高特群は7月6日、「令和2年度新隊員特技課程及び一般陸曹候補生課程（後期）開始式」を挙行した。群長の押川誠1佐は「特技を自分のものにせよ」「同期の絆を深めよ」の2点を要望し、「なすべきことをなし、8高特群の一員として修学目標の達成を期待する」と述べた。新隊員計26人の教育は9月19日まで行われる。

**久留米**　西混団はこのほど、15期一般曹候補生課程前期男子516人、自候生課程女子207人の新隊員教育を修了式で終えた。西混団長の古庄信二1佐は「国防の任務に就く諸官はまさに『国の宝』。目標を持ち、前向きに人生を豊かにせよ」と祝辞。118教育大隊長の山本英一郎2佐は「困難を克服した姿を見て、心強く思う」と述べた。

**那覇**　15旅団隷下の宮古警備隊、15施設中隊は7月14～16日、大分県の日出生台演習場で「方面隊施設集合訓練」に参加、滑走路の維持・補修を演練した＝写真㊦。15施設中隊の梅田航陽3尉は「2施群368施設中隊と協同で滑走路弾痕による被害を復旧できた。スーパージェットコンクリート作製などを行い、通常品との違いを理解した」と述べた。

## 空

**市ヶ谷**　空自連合准曹会は7月30日、米第5空軍最先任のブライアン・クルゼルニック最上級曹長の異動に際し、連合准曹会顕彰における「特別級表彰」を行った。クルゼルニック最上級曹長は平成30年に就任以来、日米共同訓練「レッド・フラッグ・アラスカ」の視察をはじめ、日米下士官交流に大きく貢献。杉本孝哉会長が記念の盾を贈呈した＝写真㊤。

**那覇**　南西空司令官の鈴木康彦空将と9空団司令（当時）の稲月秀正将補はこのほど、米海兵隊第1海兵航空団（普天間）を訪問した。今回は第1海兵航空団司令官のクリストファー・マクフィリップス准将と航空機運用や新型コロナに関する情報共有、意見交換などを行い、基地内を研修。今後も連携強化のため、知識・技術を共有することで合意した。

**新田原**　西施隊2作隊はこのほど、「滑走路被害復旧訓練」を行った＝写真㊤。訓練には陸自368施設中隊（湯布院）、西施隊1作隊（芦屋）、同3作隊（築城）、南西航空施設隊（那覇）も参加。器材の操作や他部隊との連携要領を確認したほか、爆弾で破砕された滑走路を各部隊が交互に早強コンクリートを打ち込み復旧させた。


### 就職ネット情報

◎お問い合わせは直接企業様へご連絡下さい。

ケイコン(株)　〔土木施工管理〕　http://www.kcon.co.jp/　〔京都〕
(株)杉山組　〔土木施工管理〕　076-454-3384　〔富山〕
ユーセイ(株)　〔営業、土木作業員〕　http://yu-sei.com/　〔広島〕
トヨミツ工業(株)　〔土木施工管理、土木作業〕　097-597-6668　〔大分〕
(株)富士電気設備工業　〔電気工事士〕　http://fujielc-ind.com/index.html　〔大阪〕
(株)阿部建設　〔土木施工管理、重機オペレーター〕　http://abekensetu.com/　〔北海道〕
日本基礎技術(株)　〔土木作業員〕　http://www.jafec.co.jp/　〔北海道〕
サンライズ(株)　〔電気工事スタッフ〕　http://www.sunrise-pv.jp/index.html　〔兵庫〕
青和機工(株)　〔特殊車両メンテナンススタッフ〕　043-296-8512　〔千葉〕
(株)東和延線工事　〔電気・通信ケーブル敷設工事〕　03-3625-8253　〔東京〕
(株)ケイ・データエンジニア　〔技術スタッフ〕　0556-22-2929　〔山梨〕
磯野建設工業(株)　〔土木作業スタッフ〕　0532-63-5111　〔愛知〕
(有)建設ランド　〔施工管理〕　06-6776-8963　〔大阪〕
協栄シグナル設備(株)　〔電気工事スタッフ〕　0480-57-1241　〔埼玉〕
(有)サイトーテクノ　〔現場及び溶接作業員〕　025-378-8651　〔新潟〕
(株)K&K築炉　〔施工・メンテナンス〕　0277-46-8616　〔群馬〕
(株)サンフジ建設　〔施工管理（土木)〕　03-6807-8435　〔東京〕
(株)U－trust　〔土木作業員、電気工事士〕　049-265-5281　〔埼玉〕

### 就職ネット情報

◎お問い合わせは直接企業様へご連絡下さい。

(株)サンエックス　〔ショップ販売〕　06-6975-8111　〔大阪〕
(株)エーワンオートイワセ　〔メカニック〕　https://matsumoto.bmw.jp/　〔長野〕
ダイナーホンダ販売(株)　〔メカニック〕　0721-23-0070　〔大阪〕
(有)高島平サービス　〔メカニック〕　048-845-7131　〔埼玉〕
九州安全モーター(株)　〔整備士〕　https://www.kyusyu-anzen.com/　〔福岡〕
別府建設(株)　〔土木施工管理〕　http://www.o-beppu.co.jp/　〔三重〕
(有)東昭こすも　〔塗装工事〕　0285-53-2759　〔栃木〕
(株)中尾建築事務所　〔工事管理〕　http s ://nakao.com/　〔大阪〕
長豊建設(株)　〔土木施工管理〕　http://w w w.chouhou.com/　〔長野〕
(有)木下土木　〔土木施工管理〕　http://www.kinoshitadoboku.com/　〔岐阜〕
市川工業(株)　〔施工管理スタッフ〕　0274-63-0891〔群馬〕
トウショー商事(株)　〔技術スタッフ〕　http://www.tosyo-garden.com/　〔岡山〕
ジオメンテナンス(株)　〔地質・構造物調査スタッフ〕　https://www.geo-m.co.jp/　〔千葉〕
太陽塗装工業(株)　〔総合職(施工管理・施工スタッフ)〕　https://www.daiyo-tosou.co.jp/　〔岡山〕
(株)上栄　〔左官スタッフ〕　http://www.daiyo-tosou.kouei-sakan.co.jp/outline.html/　〔岡山〕
阪神園芸(株)　〔施工管理〕　https://www.hanshinengei.co.jp/　〔兵庫〕
(株)ホクシン　〔電気工事士アシスタント〕　http://www.e-hokushin.com/index.html/　〔鳥取〕
マキテック(株)　〔施工管理・保守(電気設備)〕　http://makitec.co.jp/　〔岡山〕

# 自衛隊装備年鑑 2020-2021

陸海空自衛隊の500種類にのぼる装備品をそれぞれ写真・図・性能諸元と詳しい解説付きで紹介

発売中!!

資料編
I 無人航空機（UAV）の現況と展望
II ハイブリッド戦と電磁スペクトラム戦
III 海外新兵器情報
IV 防衛産業の動向
V 令和2年度防衛省業務計画
VI 令和2年度防衛予算の概要
VII 防衛装備庁の調達実績及び調達見込

◆判型　A5判/524頁全コート紙使用/巻頭カラーページ
◆定価　本体3,800円＋税　◆ISBN978-4-7509-1041-3

朝雲新聞社　〒160－0002 東京都新宿区四谷坂町12－20KKビル　TEL 03－3225－3841　FAX 03－3225－3831　http://www.asagumo-news.com

# 厚生・共済

特集

## 「ギフトセレクション」はじめました

### 各種ケーキ 焼き菓子 ホームページ上で販売

### ホテルグランドヒル市ヶ谷

HOTEL GRAND HILL ICHIGAYA

右 パウンドケーキ2本セット　左 テリーヌ2本セット

## ホテルメイドの味をご自宅で

防衛省共済組合が運営するホテルグランドヒル市ヶ谷（東京都新宿区）では、ホテルオリジナルの各種ケーキや焼き菓子をホームページ上で販売しています。ご注文は専用ページからご利用ください。

**商品ラインナップ**

○テリーヌショコラ（数量限定、1本3240円）

テリーヌショコラは、冷蔵庫で半日解凍してから常温で15分程おいていただくと食べごろの柔らかさになります。

○テリーヌフロマージュ（数量限定、1本3240円）

テリーヌフロマージュはとても柔らかいため、冷蔵庫で半日解凍後、冷蔵庫から出して5分以内が冷たく滑らかな食べごろです。

○テリーヌ2本（ショコラ／フロマージュ）セット（数量限定、6280円）

○紅茶と杏のパウンドケーキ（1本2000円）

○フルーツパウンドケーキ（1本2000円）

パウンドケーキは、お召し上がりいただく前に冷蔵庫で30分ほど冷やしてからいただくとより一層美味しくいただけます。

○パウンドケーキ2本（紅茶と杏／フルーツ）セット（3800円）

○マドレーヌアソート（プレーン4個／抹茶3個／ほうじ茶3個、2000円）

**ご購入方法**

ホテルグランドヒル市ヶ谷公式ホームページ（http://www.ghi.gr.jp/）の「ギフトセレクション」ページにある「お問い合わせフォーム」に必要事項をご入力し、クリックするだけでご購入できます。

その後、当ホテルからお申込み内容を確認するため、「ご購入商品名及びお支払い金額」をメール（確認メール）で通知します。

**お支払い金額**

お支払い金額は商品代金＋配送料となります。代金引換をご希望の場合は、上記に加えて、代引き手数料が必要となります。送料についての詳細は専用ページでご確認ください。

**お支払い方法**

銀行振込または代金引換にて。詳細は専用ページでご確認ください。

**商品のお届け**

商品のお届けは日本国内に限らせていただきます。

お支払方法が銀行振込の場合は、商品代金＋配送料のお振込みを確認させていただいてからのお届けとなります（一部離島では配達が遅れる場合があります）。お届け日を指定される場合は、ご注文承り日より10日以降、1カ月以内をご指定ください（ゴールデンウイーク、お盆、年末年始などは日数がかかる場合もあります）。

品切れなどのためお届けに時間がかかる場合は、ご連絡させていただく場合があります。

**返品・返金**

お買い上げの商品は下記の場合を除き、返品・交換はご容赦願います。

▽お申し込みいただいた商品と異なる場合▽破損及び不良品だった場合▽お申し込みいただいた数量と異なる場合。以上の場合は、商品到着後5日以内に当ホテルまでご連絡してください。この場合、配送手数料はホテル負担で引き取り、再発送いたします。

ご予約・お問い合わせは、公式HPのギフトセレクション専用ページまで。

## SUPPORT21 秋号配布

### 子育て隊員必見！庁内託児所一覧

防衛省共済組合の広報誌「SUPPORT21」秋号が完成し、現在、組合員の皆さまに配布中です。

今号は巻頭で「令和元年度防衛省共済組合決算概要」を詳しく紹介。組合員と家族の皆さまが日々健康で豊かな生活を維持していけるよう、病気や災害などのときの給付をはじめとした、各種共済事業がグラフを使い分かりやすく解説されています。

また、P12、13の保険編については新型コロナや災害に備えるための各種保険が紹介されていますので、ぜひ参考にしていただければと思います。

連載の「教えて！年金」は在職中の年金支給停止について、「シリーズ・短期給付」は扶養の認定を解説。

防衛省・自衛隊内の庁内託児施設の一覧と「共済組合の育児補助金制度」も掲載していますので、子育て中の組合員は必見です。

連載の「支部だより」は北恵庭支部、海上木更津支部、高蔵寺支部の活動内容を紹介。

本誌はご家庭に持ち帰り、ご家族と一緒にご覧ください。

## 今年度の健診は受けましたか

### お申し込みはネットや電話で「ベネフィット・ワン」で受け付け

防衛省共済組合では「各種健診」を実施しています。健診の受け付けは共済組合が委託する「ベネフィット・ワン・ヘルスケア」が行っていますので、組合員の皆さまは以下の方法でお申し込みください。

【WEB】

パソコンはhttps://www.benefit-one.co.jp、スマートフォンはhttps://bnft.jpへ。アクセス後、「健診予約はこちら」のバナーをクリックしてお進み下さい。

【電話】

ベネフィット・ワン・ヘルスケア健診予約受付センター（0800－1702－502、03－6870－2775）へ。朝10時から平日21時、土日祝日は18時まで受け付け。年末年始はお休みです。

【FAX】

0800－919－1030、089－900－8281へ。お手元のご利用ガイドの「＜各種健診＞FAX・郵送申込書」または「＜婦人科単体検診＞FAX・郵送申込書」をご利用ください。

【郵送】

〒790－8790愛媛県松山市藤原2－8－8株式会社ベネフィット・ワン・ヘルスケア健診予約受付センターまで。「＜各種健診＞FAX・郵送申込書」または「＜婦人科単体検診＞FAX・郵送申込書」に必要事項をご記入のうえ、お送りください。

申し込み後、「ご予約確定通知書」が送付されます。受診当日は「防衛省共済組合員証」または「自衛官診療証」を持参して受診してください。健診結果は1カ月程度で健診機関から本人に直接送付されます。

なお、健診時に自己負担がある場合は健診機関窓口で当日お支払いください。

◇

このほか健診機関に電話で直接申し込むこともできます。お手元の「健診機関リスト」に掲載された健診機関に、受診希望日の3週間前までに電話でお申し込みください。

予約後、受診希望日の3週間前までにベネフィット・ワン・ヘルスケア健診予約受付センターに「ご予約確定通知書」の発行を依頼してください。後日、健診予約受付センターから同書を送付します。その後は前述の方法で受診してください。

## 本部契約商品 大幅に割引！

### 「スポーツタイツ」や「アロマシャンプー」など

共済本部契約商品の中から今回は「スポーツタイツ」と「アロマシャンプー」など美容品をご紹介します。通常価格に比べ、大幅に割引されていて大変お得です。この機会にぜひご利用ください。

「スポーツタイツ」はランニングをしたり歩いたりする際に活用できる便利な商品です。「テーピング原理をタイツに組み込む」という発想から生まれた専用のスポーツタイツで、腰から脚までフルガードし、運動中の急に止まる、スタートする、ねじるといった激しい動きの際、カラダを守ってくれる優れものです。

◆男性用スポーツタイツ「CW-X MEN GENERATOR MODEL HZO639」

◆女性用スポーツタイツ「CW-X WOMEN GENERATOR MODEL HZY339」

いずれも組合員価格（税・送料込）は1万4688円（標準価格は税込1万8360円）

◆スポーツブラ「CW-X スポーツブラHTY057」

組合員価格（税・送料込）は3374円（通常価格は税込4968円）

お支払いはクレジットカード決済で。お問い合わせは株式会社あまの創健（電話052－231－0041）まで。

◆「アロマシャンプー&トリートメント」

◆「絆Link ヘアーアンドトリートメント」

地肌と髪をいたわるシリコンシャンプーと潤い効果の高い美容室専売品トリートメントを特別価格でご提供します。各種香りがご用意されているので、詳しくは電話でお問い合わせください。

「アロマシャンプー&トリートメント」「絆Link ヘアーアンドトリートメント」

組合員価格（税・送料込）3000円（標準価格は税込5500円）

◆「絆Link ヘアーアンドトリートメント」

髪と身体をこれ1本でスッキリ洗えます。旅行やジムなど持ち運びに大変便利で、皮脂や汚れをスッキリ落とすクリームタイプの全身シャンプーです。こちらも各種香りがあります。

組合員価格（税・送料込）1100円。（標準価格は税込2750円）

お支払いは代引（代引手数料無料）で。沖縄・離島は別途送料880円がかかります。1万円以上のご注文で送料無料になります。

お問い合わせは株式会社ハピネス（電話03－3984－2073）へ。

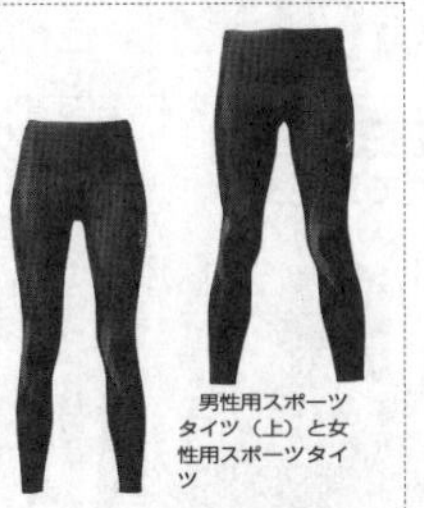

男性用スポーツタイツ（上）と女性用スポーツタイツ

スポーツブラ

## 年金Q&A

### 事務官採用後に年金未納の督促状が届きました

### 個別に支払う必要はありません

Q　私は4月に新規採用された事務官です。共済組合に「長期組合員資格取得届」を提出したのですが、今般、日本年金機構から国民年金未納の催告書が自宅に届きました。どうしたらよいのでしょうか。また、年金手帳はどうなるのでしょうか。

A　新規採用された方の年金資格の情報を登録する手続きに期間を要するため、国民年金未納の催告が届くことがありますが、個別にお支払いいただく必要はございません。

手続きは右図のとおりですが、日本年金機構に情報が通知されるのは、連合会へ提出後少なくとも4カ月以上を要するため、年金資格が無いものとみなされ、国民年金未納の催告をされてしまう（督促状が届いてしまう）ことがあるようです。

公務員に採用されると第2号厚生年金被保険者となり、給与から厚生年金保険料が源泉控除されるため、国民年金の未納とはなりません。

採用後、相当な期間が経過しているにも関わらず督促状が届くような場合については、ご所属の共済組合支部長期係へご確認ください。

もうひとつの年金手帳に関するご質問ですが、公務員は日本年金機構が作成した「基礎年金番号通知書」が年金手帳の代わりに送付されます。

採用前に基礎年金番号（年金手帳）をお持ちの方は、基礎年金番号に加入記録が登録されますので「基礎年金番号通知書」は送付されません。（本部年金係）

【新規採用の方の年金加入資格の手続き】

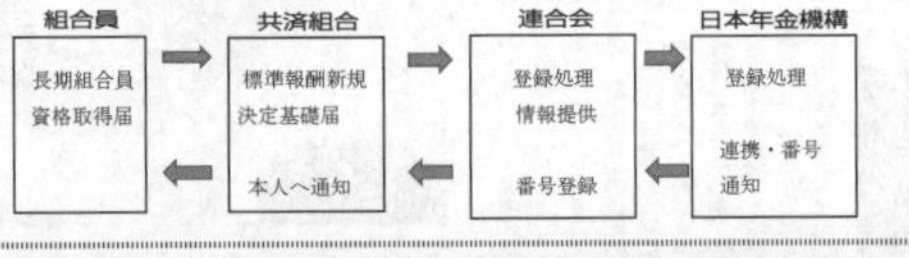

組合員：長期組合員資格取得届 → 共済組合：標準報酬新規決定基礎届 → 連合会：登録処理、情報提供 → 日本年金機構：登録処理

日本年金機構：連携・番号通知 → 連合会：番号登録 → 共済組合：本人へ通知 → 組合員


## 防衛省共済組合の団体保険は安い保険料で大きな安心を提供します。

### ～防衛省職員団体生命保険～

死亡や高度障害に備えたい

万一のときの死亡や高度障害に対する保障です。

ご家族（隊員・配偶者・子ども）で加入することができます。（保険料は生命保険料控除対象）

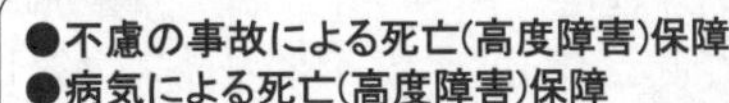

《補償内容》

●不慮の事故による死亡（高度障害）保障

●病気による死亡（高度障害）保障

●不慮の事故による障害保障

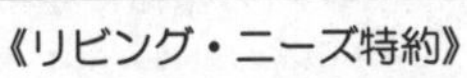

《リビング・ニーズ特約》

隊員または配偶者が余命6か月以内と判断される場合に、加入保険金額の全部または一部を請求することができます。

### ～防衛省職員・家族団体傷害保険～

日本国内・海外を問わずさまざまな外来の事故によるケガを補償します。

・交通事故

・自転車と衝突をしてケガをし、入院した等。

《総合賠償型オプション》

偶然の事故で他人にケガを負わせたり、他人の物を壊すなどして法律上の損害賠償責任を負ったときに、保険金が支払われます。

《長期所得安心くん》

病気やケガで働けなくなったときに、減少した給与所得を長期間補償する保険制度です。（保険料は介護保険料控除対象）

《親介護補償型オプション》

組合員または配偶者のご両親が、引受保険会社所定の要介護3以上の認定を受けてから30日を越えた場合に一時金300万円が支払われます。

お申込み・お問い合わせは

共済組合支部窓口まで

詳細はホームページからもご覧いただけます。

https://www.boueikyosai.or.jp

厚生・共済　特集

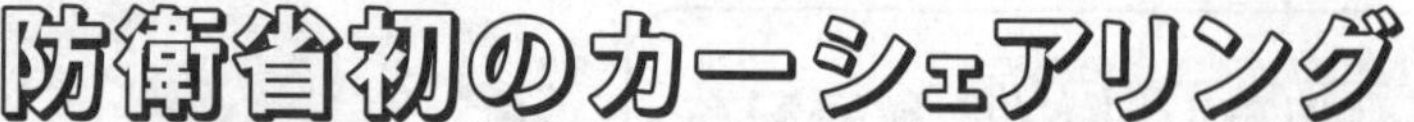


中警団

# 送迎からレジャーまで 入間基地内に導入

「車は持っていないが、休日のレジャーや買い物に車を使いたい」――。そんな隊員の要望に応え、空自入間基地の中警団業務隊はこのほど、防衛省で初となる「カーシェアリング」サービスを開始した。スマホでアプリを取得し、所定の項目を入力するだけで基地内に置かれた4種類の乗用車を使用できるサービスで、その利用料金は15分130円からと非常に安い。来客の送迎から休日の買い物まで、さまざまな用途に活用できるカーシェアリングは、今後、基地隊員にとってとても便利な移動・輸送手段になりそうだ。

【中警団＝入間】入間基地は8月1日から、防衛省で初の導入となる隊員向けの「カーシェアリング」のサービスを開始した。

中警団業務隊が基地隊員などへの福利厚生のさらなる充実を目的に導入したもので、昨年6月から準備を開始。基地勤務者へのアンケートでニーズを調査し、関係各部署との調整を経て、7月に共済組合入間支部が埼玉トヨペットとカーシェアリングの委託契約を締結し、同サービスがスタートした。

カーシェアリング用の車両は小型車の「アクア」「C－HR」、四駆車の「ハリアー」、大型ワンボックス車の「エスクァイア」の4車種を用意。4台は基地内の第2厚生センター駐車場に置かれ、利用者はスマートフォンの「トヨタシェアアプリ」をダウンロードし、予約を行うことで、その場で車両の解錠・施錠ができる。

利用料金はコンパクト車の場合、15分130円（ガソリン代、保険料込み）で、1時間利用してもわずか520円。レンタカーを借りるよりもはるかに安くて便利だ。

基地の隊員はもちろん、出張などで入間を訪れた隊員も、買い物や引っ越し、家族の送迎などに利用できるようになり、中警団の隊員もさっそくプライベートで活用している。

カーシェアリング導入を実現した前中警団業務隊長（現・空幕厚生課共済班総括係長）の小柳友幸3佐は「電車通勤の基地隊員や入間に出張に来られる方もぜひ活用していただきたい。この仕組みを全国の他の基地にも導入していけば、大いに利便性が高まるのでは」と話している。

㊤防衛省初導入となったカーシェアリングを利用する中警団副司令の杉山公俊1空佐（入間基地で）

㊨スマートフォンでのカーシェアの車のロック画面。トヨタシェアアプリをダウンロードすれば、簡単に車を借りることができる

## 余暇を楽しむ

背振山分屯基地　面浮立部

紹介者：2空曹　石崎　祐一郎（43警戒群通信電子隊）

### 力強い踏み歩き"魅せる"

朝雲新聞読者の皆さま、こんにちは。今回は航空自衛隊背振山分屯基地の「面浮立部」について紹介します。

面浮立とは佐賀県を代表する民俗芸能で県の重要文化財に指定されています。その起源は諸説ありますが、五穀豊穣を祈る農耕のお祭りだといわれています。

一口に面浮立といっても多くの種類があり、いでたちなどもさまざまですが、私たちの演舞は「母ヶ浦面浮立（毎年9月17日に近い第3日曜日に、佐賀県鹿島市母ヶ浦の鎮守神社の秋祭に奉納されている面浮立）」になります。

その演舞は踏み歩きを主体とした力強い動きが特徴で、鬼の面を付けて大鼓や笛、鉦の音に合わせ勇壮な舞を披露します。

現在、部員数は10人で、主な活動は毎年行われる基地開設記念行事、神埼市脊振町で行われる「わんぱくまつり」や「森林の里文化フェスティバル」などで演舞し、基地広報の一翼を担っております。

佐賀の伝統芸能を受け継ぎ、観ていただく方々に喜んでいただくためにこれからも精進し、魅せる演舞をしてまいります。イベントなどの機会がありましたらぜひご覧ください。

背振山分屯基地面浮立部が神埼市の「わんぱくまつり」で演舞した際の一幕。毎年、子供たちがステージ付近まで近づき、熱い声援を送ってくれる

演舞衣装をまとった面浮立部員。シャグマ（馬の毛で作られたたてがみ）のついた鬼の面をかぶり、小太鼓をかけ、波の模様がついた法被に白い股引きを着けている

## 8空団が緊急登庁訓練
### コロナ下の施設運営模索

【築城】8空団は8月6日、緊急登庁支援要員の運営訓練を行った。

大規模災害が発生して自衛隊が災害派遣などに出動する際、基地内に開設される「子供一時預かり施設」の運営手順を実地に演練する内容で、「緊急登庁時に子供を預けたい」と希望する基地隊員8人が参加した。

今回は新型コロナ感染防止に配慮し、実際に子供の預かりは行わない形で訓練。受付、子供の引き取りから、食事、遊具を使った面倒見、子供の引き渡しまで、一連の手順を確認した。

その後、運営側と参加者側の間でディスカッションも行われ、「コロナもあるので、時間を決めて子供に手洗いをさせてみては」「密にならないよう子供の食事は時差を設けるべきでは」などの意見が出された。

訓練終了後、参加隊員は「基地内で子供を預けられる場所があるとありがたい」「夫婦で参加している方もいたので、次の訓練では主人を誘ってみたい」などの感想を語っていた。

企画した8空団業務隊厚生班長の井浦大事務官は、「今後は実動に即した訓練を企画し、小さな子供をもつ隊員が安心して任務に従事できるような環境にしていきたい」と話した。

緊急登庁支援の運営訓練を行う空自隊員たち（8月6日、築城基地で）

## 自慢の一品料理
### 瓦そば

空自防府北基地の自慢の一品は、山口県の名物グルメ「瓦そば」です。下関市豊浦町発祥の麺料理で、1877年の西南戦争の際に熊本城を囲む薩摩軍の兵士たちが野戦の合間に瓦を使って野草、肉などを焼いて食べたという逸話があります。

その話を参考に1961年、川棚温泉で旅館を営む主が宿泊者向けの料理として開発し、今や山口県各地でもご当地グルメとして広まり、親族が集まったら一度は食卓に乗る大人数向けの料理です。基地の給食でも提供したいと考え、献立に組んでみました。

調理法は乾燥茶そばを本来の「焼き」ではなく、ゆでます。ゆでることで、冷めても硬くなりません。さらにごま油を絡ませて香ばしさを出します。そして砂糖醤油とみりんなどをブレンドした甘辛いたれにからめた牛（豚）肉、錦糸卵と味付けシイタケ、小ネギを散らし、薬味にもみじおろしをスライスレモンに添えれば完成です。そばは温かいめんつゆでいただきます。

暑い夏でもさっぱりした味わいで食べやすく、隊員だけでなく子供にも人気の料理です。本場の瓦そばを食べたことがある方も、ぜひ味わってみていただければ幸いです。

紹介者：政崎　敦美 技官（12飛教団業務隊給養小隊・防府北）

20普連が女性活躍推進委

## 仕事と育児両立で意見交換

【20普連＝神町】20普連は7月29日、第2回女性活躍推進委員会を開催した＝写真。

委員会は「女性が能力を十分に発揮できる組織を実現するため、女性の意見を活用しつつ、職場の制度などを計画的に整備する」ことを目的に今年4月に発足。副連隊長を委員長とし、最先任上級曹長らを委員とする28人で構成している。

今回は、「仕事と育児の両立」をテーマに参加者間で支援制度について理解を深めた。出産・育児経験のある隊員から体験談も語られた。

参加した若手女性隊員は「支援制度を利用するには、隊員が遠慮することなく育児休暇を取得できる環境と、職場の親身なサポートが必要不可欠だと感じた」と話していた。

## 駐屯地内に隊員待望のコンビニ
真駒内

【真駒内】真駒内駐屯地厚生センターにこのほど、北海道内の駐屯地として初めて「セイコーマート」がオープンした＝写真。

セイコーマートは道民になじみ深いコンビニで、店内で調理される弁当のほか、スナックなどが販売される"ホットシェフコーナー"が人気。隊員は「温かいスナック類が食べられるのがうれしい」と開店を喜んでいる。

オープニングセレモニーでは、駐屯地司令の永田伸二1佐が隊員待望のコンビニ開店を祝い、「新型コロナ感染拡大の状況の中、予定通り開店できたことは関係者の尽力によるものだ」と感謝の言葉を述べた。

## 要注意50人に健康管理教育
名寄駐業

【名寄】駐屯地業務隊は8月21日、定期健康診断で「健康管理要注意！」とされた約50人の隊員に対し健康管理教育を行った。

今年度は新しい施策として、専門家らによる全体教育を行い、健康管理法について理解促進を図った。

遠隔地に勤務する稚内管理班や礼文管理班の隊員に対してはテレビ会議方式で教育。最初に隊長の兼利純作2佐が指導の意義と隊の目標について述べ、その後、栄養士による栄養管理教育（生活習慣病改善）、続いて衛生科長や臨床心理士が禁煙教育を行った。

業務隊は隊員の健康管理情報（メタボ、歯科、喫煙）を把握し要注意隊員に対して毎月状況を報告させることで改善に努めている。昨年度は14人が禁煙に成功し、8人が歯の治療を完了するなど成果を挙げている。

「健康管理要注意」の隊員に対し、健康管理教育を行う名寄駐業の隊員（左奥）＝8月21日、名寄駐屯地で

PHOTO PLAN

「挙式や披露宴の予定はないけれど・・・」

ホテルグランドヒル市ヶ谷のフォトプランで

今という瞬間を写真に残そう。

【9月から12月限定】

婚礼衣装をお召しになり写真撮影をご希望の方

撮影内容

◆スタジオフォトPLAN◆

～ホテル内写真スタジオの撮影～

洋装 ¥100,000 ～

◆ロケーションフォトPLAN◆

～ホテル内写真スタジオと独立型チャペルや神殿での撮影～

洋装 ¥160,000 ～

プラン内容

撮影料／新婦衣装1着／新郎衣装1着

ヘアメイク／着付け／小物一式／記念写真（2ポーズ）

＊ロケーションフォトPLANにはスナップアルバム（100カットデータ）付

ブライダルのご相談、お電話・メールにて受付中

ご予約・お問い合わせはブライダルサロンまで

ブライダルサロン直通 03-3268-0115　または　専用線 8-6-28853

受付時間　【平日】10：00～18：00　【土日祝】9：00～19：00

Mail:salon@ghi.gr.jp

〒162-0845　東京都新宿区市谷本村町 4-1

HOTEL GRAND HILL ICHIGAYA

# 地方防衛局 特集

## 防衛施設と首長さん

### 岩手県山田町　佐藤　信逸町長

さとう・しんいつ　65歳。法政大経営学部卒。山田町商工会事務局長、有限会社クレリ社長などを経て、2012年7月、山田町長に初当選。現在3期目。山田町出身。

山田町は岩手県沿岸部・陸中海岸のほぼ中央に位置し、山田湾と船越湾の二つの湾を擁しています。

波穏やかな山田湾内には、養殖いかだが並び、カキやホタテなどの養殖が営まれています。また、湾の中央にあるオランダ島は島全体が緑豊かな樹木に覆われ、白砂青松の素晴らしい自然が残っています。

このオランダ島命名の由来は、1643年にオランダ船「ブレスケンス号」が水や食料を補給するため山田湾に入港した際、町の人たちが船員を温かくもてなしたことによります。

それがきっかけで350年を経た1993（平成5）年にオランダ王国との交流が始まりました。2001（平成13）年8月には、町のキャッチフレーズが"輝きます ひと・海・森のハーモニー"に決定されています。

### 空自山田分屯基地と連携　安心・安全なまちづくり

豊間根地区の重茂半島の最高峰「十二神山」（標高731メートル）の山頂に航空自衛隊山田分屯基地があり、日頃から基地の一般開放のほか、防災訓練や植樹祭、環境整備など町の行事等を通じて地域住民との交流が盛んに行われています。

また、甚大な被害を受けた東日本大震災や令和元年東日本台風（19号）では、人命救助や災害復旧など分屯基地からの災害派遣により、多大なるご支援をいただきました。

今後も自衛隊の皆さまと緊密な連携協力により、安心・安全なまちづくりに尽力してまいります。

## 三沢駅前施設が完成　東北局

## 地域活性化に期待

## 防衛省の再編交付金14億円を活用

【東北局】防衛省の再編交付金を活用して青森県三沢市が三沢駅西口で進めてきた駅前広場の整備事業が7月31日、全ての工程を完了し、8月7日から全面供用が開始された。メインの複合施設となる三沢駅前交流プラザ「みーくる」を中心に、駅周辺の活性化に期待が寄せられている。

防衛省の再編交付金を活用した三沢駅前広場の整備事業で、8月7日に全面供用を開始した三沢駅前交流プラザ「みーくる」

三沢駅前広場の整備事業は、防衛省が所管する「駐留軍等の再編の円滑な実施に関する特別措置法第6条」の再編関連特別事業として、三沢市が再編交付金を活用して2015年度から6カ年計画で整備してきたもので、総事業費約20億円のうち、再編交付金は約14億円が充てられた。

今回、全面供用が開始されたのは、▽三沢駅前交流プラザ「みーくる」▽交通ターミナル（バス停留所等）▽駐車場施設――などの各施設。

### 複合施設や交通ターミナル

このうち、複合施設「みーくる」は昨年11月に一足早く一部供用を開始し、今年4月4日に全面オープン。鉄骨2階建てで、延べ床面積1331平方メートルの建物には、バスの待合スペースや地場産品を紹介するスペースなども設置されており、多くの市民から親しまれている。

「みーくる」の名称は「三沢に人が来る」を略した言葉で、公募で決定。「市の玄関口である三沢駅に大勢の人が来てほしい」との願いが込められている。

今回、最後まで工事が行われていた交通ターミナルと駐車場が完成したことで、「みーくる」を中心に全ての施設が機能的・有機的に結びつき、利便性と安全性が格段に向上した。

三沢市と東北防衛局では、一連の整備によって三沢駅周辺の交通結節機能が強化され、混雑解消が図られたことを歓迎するとともに、今後、「みーくる」における特産品の紹介などを通じて広く県内外に三沢市の魅力をアピールし、地場産業の振興と地域の活性化につなげていきたいと大きな期待を寄せている。

三沢駅前交流プラザ「みーくる」の2階に設けられた「地場産品紹介コーナー」。地元のPRにも一役買っている＝三沢市提供

屋根付きで快適便利な「交通ターミナル」のバス乗り場。明るく広々としたスペースが特徴的だ＝三沢市提供

## 空自岐阜基地の周辺財産

## 有償利用 呼び掛け　東海支局

### 「5年以内」に期間延長

㊨これまでも「各務原市市民運動公園」＝写真＝をはじめ、道路用地や公用車駐車場など公共スペースとして岐阜基地周辺の地元住民らに利用されてきた国有地（周辺財産）。今後は個人や企業による有償利用も積極的に展開していく

【東海支局】航空自衛隊岐阜基地（岐阜飛行場）＝各務原市＝の周辺に点在する「周辺財産」と呼ばれる国有地の有償利用について、今年度から制度の一部が変更され、使用許可期間が「原則1年以内」から「原則5年以内」に延長された。

「周辺財産」とは、航空機による騒音障害などを考慮し、基地と周辺地域との緩衝地帯として防衛省が管理・保有している国有地（行政財産）のことで、平成30年度までは主に地方公共団体などに公園や道路用地、公用車駐車場などの目的に限って使用を許可していたが、昨年度からは国有地の有効活用のため、緩衝地帯としての目的を妨げない範囲内で、個人や企業にも一定の条件下で有償による貸し付け（使用許可）を開始した。

今年度の改正により、国として許可地の利用が発生しない場合には、1回限りで更新することが可能となったことから、1回の公募で更新を含めると最長で10年間の使用が許可できるようになった。このほか、月極駐車場などの転貸についても利用できるように制度が整えられた。

東海防衛支局では広報誌「TOKAI（東海防衛だより）」などを通じて広く周知、案内を行っている。

◇問い合わせ先＝東海防衛支局施設補償管理課（電話052―952―8224）まで。対象となる土地や利用条件などの詳細は同支局のホームページを参照（https://www.mod.go.jp/rdb/tokai/）。

## 米軍訓練移転を支援

### 北海道局　空自と米空軍の共同訓練

### 「現地連絡本部」設け地元と調整

㊦青森県の米軍三沢基地から北海道の空自千歳基地に飛来した米空軍のF16戦闘機＝空自千歳基地提供

【北海道局】空自千歳基地で8月24〜28日まで、空自と米空軍との日米共同訓練が行われたのに伴い、北海道防衛局は8月19日から9月3日までの間、同局の諏訪園志企画部長を本部長とする総員約45人の「現地連絡本部」を千歳基地内に開設し、米空軍や地元自治体、関係機関との連絡調整のほか、自治体向けの説明会やメディア対応、訓練実施に伴う調達などの支援に当たった。

訓練は米軍再編に伴う航空機訓練移転で、青森県の米軍三沢基地から第35戦闘航空団のF16戦闘機6機と、沖縄県の米軍嘉手納基地から第18航空団のF15戦闘機6機などが飛来。

空自からは2空団（千歳）のF15戦闘機8機をはじめ、1輸空（小牧）のC130H輸送機1機、2輸空（入間）のC1輸送機1機、3輸空（美保）のC2輸送機1機が参加し、北海道西方空域と三沢東方空域を使用して戦闘機戦闘訓練などが行われた。

訓練移転は、2006年5月の日米ロードマップに基づき、両国間の相互運用性の向上を図るとともに、嘉手納、三沢、岩国の各米軍飛行場周辺の騒音など、地元の負担を軽減するために行われており、今回で107回目（うち国内58回、グアムなど49回）。

今回は米軍から後方要員を含めて総勢約200人が来道したが、新型コロナウイルス感染拡大防止のため、全員が①日本居住者であること②PCR検査で陰性を確認したこと③道内では基地と宿泊先のホテル以外へは外出しないこと――などの徹底した対策をとって訓練に臨んだ。

北海道防衛局では、こうした支援を通じて住民の不安や心配を少しでも軽減できるよう、常に万全の態勢で臨みたいとしている。

## リレー随想　森　卓生

名古屋勤務も2年を過ぎ、いわゆる「名古屋めし」を含むこちらの食文化にも慣れ、大いに愛着を覚えてきた。赴任当初は、街を歩くとコーヒーやカレーのチェーン店が多く目につき「異国情緒」を感じたものだが、物珍しさも手伝って仕事の後などに食べ歩きをするのが日課となった。

まずは手羽先の唐揚げだ。全国展開している店もあり、首都圏でも馴染みがあるが、こちらでは手羽先を売りにした居酒屋がしのぎを削っており、甘辛なものやスパイシーなものなど店ごとにいろんな味を楽しめる。

名古屋めしの特徴といえば味付けの濃さだ。その代表が赤味噌ベースのメニューだろう。「みそかつ」「みそ煮込みうどん」「みそおでん」、牛すじなどを煮込んだ「どて煮」などがある。甘辛さの中に少し苦みもあってやみつきになる。赤味噌は三河地方の名産品で、岡崎市で製造されている八丁味噌が有名だ。

「台湾ラーメン」はこちらに来て初めて知った。台湾のラーメンを参考に考案されたことが名前の由来らしいが、醤油ベースのスープに唐辛子で味付けされた豚挽肉やニラなどがトッピングされたものが多いようだ。あまりの辛さにむせてしまうこともあるが、これがまた、くせになるおいしさだ。

### 愛知の食を楽しむ

首都圏ではあまりお目にかかれない「あんかけスパゲティ」も名物だ。太めのスパゲティを野菜やハムなどと炒め、甘辛のソース（あん）がかかった料理で、もはやイタリアンではなくオリジナルのジャンルだ。結構油っこいのでスタミナをつけたい方にもいいだろう。

ちょっと高級なところでは、「ひつまぶし」や「名古屋コーチン」などもあるが、B級グルメ的なものも多く、リーズナブルな価格で食事ができるのも魅力だ。紹介したそれぞれのジャンルで専門店がいくつもあり、味を競っているのでレベルも高い。

地元では県や市が普及のための団体を設立するなどして盛り上げようとする取り組みも行っている。どうしてこうしたユニークな食文化があるのか、ジャンルによっては全国的な広がりという部分ではまだまだなのはなぜか、といった点について個人的には興味が尽きないが、いろいろ考える前に何か食べてみて楽しむのが一番だろう。

残念なのはコロナ禍で最近はあまり外食ができなかったことだ。そして赴任が終わるとこうした楽しみもなくなり寂しくなるが、ネット通販で取り寄せて舌鼓を打つのもいいかもしれないと考えたりもしている。

名古屋めし、是非お勧めしたい。（前東海防衛支局長、現・防衛研究所企画部長）


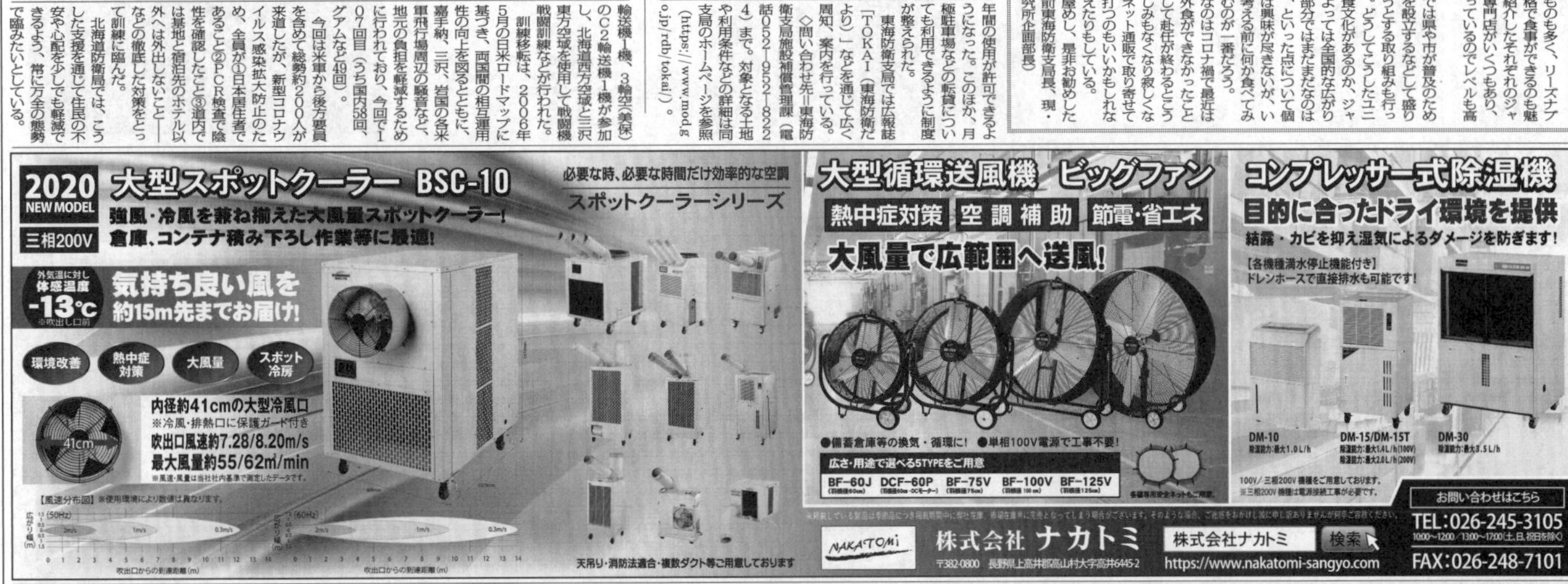

防衛ハンドブック 2020　発売中！

シナイ半島国際平和協力業務　ジブチ国際緊急援助活動も

安全保障・防衛行政関連資料の決定版！

判　型　A5判　948ページ
定　価　本体 1,600円＋税　ISBN978-4-7509-2041-2

朝雲新聞社　〒160−0002 東京都新宿区四谷坂町12−20 KKビル　TEL 03−3225−3841 FAX 03−3225−3831 http://www.asagumo-news.com

# CTF151 海賊事案発生させず 任務完遂

## 元司令官 石巻海将補（3護衛隊群司令）が帰国

ソマリア沖・アデン湾を中心に海賊対処任務に当たる多国籍の第151連合任務部隊（CTF151、司令部・バーレーン）。このCTF151の司令官を今年2月から6月まで務めた海自の石巻義康将補（3護衛隊群司令）がこのほど帰国した。派遣期間中は新型コロナの影響で部隊や要員の活動が制限される中、石巻将補はペルシャ湾内の島国バーレーンに置かれた司令部内で9カ国の多国籍要員約30人を取りまとめ、海賊の監視に当たる各国艦艇・航空機と密に連携を取りながら、連合任務部隊の指揮を執ってきた。石巻将補の帰国を機に、CTF151の活動をまとめた。（星 里美）

### 自衛隊から4人目の司令官

自衛隊が「海賊対処法」に基づき、ソマリア沖とアデン湾で2009年7月から海賊対処任務を開始して今年で丸11年が経過した。

自衛隊は、海自の護衛艦による民間船舶の直接護衛とアフリカ東部ジブチ共和国に拠点を置いたP3C哨戒機で上空からの警戒監視活動を行っている。さらに2013年からはCTF151に参加し、護衛艦が特定の海域にとどまり警戒監視を行う「ゾーンディフェンス」も実施している。このCTF151は多国籍の有志からなる「連合海上部隊（CMF）」の隷下部隊の一つだ。

CTF151の司令部要員は参加各国が派遣し、司令官は持ち回りで配置されている。自衛隊からの司令官は15年に初めて着任した伊藤弘将補（現・海将、舞鶴地方総監）を皮切りに、福田達也将補（17年、現・掃海隊群司令）、梶元大介将補（18年、現・海幕総務部長）が派遣されている。石巻将補は4人目の日本人司令官として今年2月から6月までの約4カ月間、世界に蔓延したコロナ禍の下、司令部で指揮を執った。

CTF151に参加する各国の部隊は、それぞれの母国のマンデート（任務付与）に基づいて行動しているため、司令官はそれを尊重した上で、各国部隊の能力を効率的に活用し、部隊を運用していかなければならない。石巻将補は、参加部隊を適切に用いて、アデン湾などで海賊抑止のための作戦を確実に実施し、司令官在任中、海賊事案を1件も発生させることなく任務を完遂した。

「自衛官が司令官を務めることで関係機関との協力・連携において、日本がイニシアチブを発揮することができ、同時に情報を広範に得ることが可能になる」と帰国後、石巻将補は朝雲新聞にコメントを寄せた。

約30人の司令部要員をまとめる上で重視した点については、「各人に明確な役割を与え、会議の場で発表の機会を設けるなど、やりがいを持って勤務できるように考慮した」と語る。また、在任期間中は、イスラム教徒が断食を行う「ラマダン月」の期間も重なったため、イスラム教徒の幕僚の勤務時間などにも配慮したという。

（左）在バーレーン日本大使館の伊藤秀樹大使（中央）と共にバーレーン・アラブ首長国連邦大使（右）を表敬した石巻将補

（下）CTF151の司令官交代式でクウェート海軍のハレド・アルカンダリ大佐（左）から任務を引き継ぐ石巻海将補（右）。中央はCMF司令官のジェームス・マーロイ米海軍中将（当時）

日本の自衛隊から4人目となる第151連合任務部隊の司令官を務めた石巻義康海将補＝いずれも連合海上部隊（CMF）のフェイスブックから

◇連合海上部隊（CMF＝Combined Maritime Forces）

中東・バーレーンの米軍基地（マナマ）に司令部を置き、アラビア半島沖の海域で海洋安全保障確立のための活動を行う国際組織。33カ国（米、英、仏、伊、加、独、豪、日、韓、比、バーレーン、ベルギー、ブラジル、デンマーク、ギリシャ、イラク、ヨルダン、クウェート、マレーシア、オランダ、ニュージーランド、ノルウェー、パキスタン、ポルトガル、カタール、サウジアラビア、セイシェル、シンガポール、スペイン、タイ、トルコ、UAE、イエメン＝2020年現在）が加盟し、海賊対処活動を担うCTF151、対テロや密輸などを取り締まるCTF150と同CTF152の3つの部隊を運用している。

## 活動継続することが抑止に

### コロナ禍でも関係機関と連携密に

世界中で猛威を奮う新型コロナウイルスの流行は、海賊対処行動に当たる自衛隊の派遣部隊の活動にも大きな影響を及ぼした。水上部隊の護衛艦は、補給地で乗員の上陸が認められず、航空部隊が展開するジブチの自衛隊活動拠点でも、隊員たちの外出を禁止するなど、行動が大きく制限された。

さらにCTF151司令部内では、海自の隊員がコロナに感染するなど、直接的な影響も受けた。

この結果、司令官の重要な仕事である関係国・機関の要人との交流も制限され、海賊対処活動への理解と協力を求める「キー・リーダーシップ・エンゲージメント（KLE）」の取り組みにも影響が出たという。

石巻将補は「コロナで直接会えないので、関係国・機関の要人には手紙を送り、理解と協力を求めた。現地では行動に制限は受けたものの、所要の目的は達成できたと考える」と述べるとともに、「残念ながら日本人司令部要員から1名のコロナ陽性者を出したが、関係機関と綿密な連絡調整を実施し、任務を滞らせることなく遂行することができた」と約4カ月間の任務を振り返った。

ソマリア沖・アデン湾での海賊事案の発生件数は、近年低い水準で推移しているものの、防衛省・自衛隊は「海賊対処に従事する部隊のプレゼンスを最大限に示すことが海賊の抑止につながる」としている。

アデン湾で自衛隊が収集した情報は、常時、関係機関などと共有され、その活動は世界からも高い評価を得ている。防衛省・自衛隊では今後も部隊派遣を継続し、国際社会の安全・安心に貢献していく方針だ。

ペルシャ湾内にある島国バーレーンの首都マナマの市街地には高層ビルが立ち並ぶ。島の面積は兵庫県の淡路島とほぼ同じだ＝統幕提供

石巻将補がCTF151司令官在任中、海自の派遣海賊対処行動水上部隊は護衛艦「はるさめ」（右）から「おおなみ」に任務が引き継がれた

CTF151のロゴマーク

ソマリア沖・アデン湾を上空から警戒監視し、航行する船舶の情報収集に当たる海自派遣海賊対処行動航空隊のP3C哨戒機（手前）

「ガールズ&パンツァー」「SHIROBAKO」水島努監督最新作!
史上最高の空戦を"体感"せよ!
上映劇場一覧など詳しい情報や最新情報は公式HP・twitterをご覧ください!
公式HP kotobuki-anime.com
twitter公式アカウント @kotobuki_PR
荒野のコトブキ飛行隊
完全版
MX4D
9.11 FRI ROADSHOW

# 全力プレーで送り出す

## 奥尻高野球部3年生と対戦

### 奥尻島分基の有志隊員15人

引退試合終了後、記念撮影に納まる横山曹長（後列左端）ら奥尻島分屯基地隊員と、主将の海斗さん（前列右から6人目）ら奥尻高野球部の部員たち（いずれも奥尻高グラウンドで）

【奥尻島】空自奥尻島分屯基地の有志隊員15人はこのほど、奥尻高校（北海道奥尻町）グラウンドで、同高野球部3年生の引退試合の対戦相手を務めた。北海道の独自大会を新型コロナウイルス感染予防のため欠場した部員たちを、全力プレーで元気づけた。

### コロナ感染危惧し大会断念

試合を終えて談笑する奥尻島分屯基地隊員と奥尻高野球部員。右から3人目は野球部主将の海斗さん

### 千歳野球部OBらも参加

高校球児晴れ舞台の「甲子園大会」は、コロナ感染拡大の影響で春の選抜大会、夏の選手権大会ともに中止となった。日本高等学校野球連盟の各都道府県連盟は独自大会の開催を決定し、北海道も6月中旬の開催を決めた。

奥尻高野球部は部員が8人（3年生2人、2年生2人、1年生4人）しか在籍せず単独では参加できないため、他校と連合チームをつくる予定だったが、熟慮の末、「コロナから島を守るため参加を辞退する」ことを決めた。

北海道の南西に位置する離島の奥尻島は医療が充実しておらず、感染者が発生すれば島全体に広がり、島が壊滅的なことになると部員たちは考えた。

独自大会への参加をあきらめた部員たちに「何かしてあげたい」と奥尻高野球部父母会長（主将・海斗さん＝3年生＝の父）、横山雅弘曹長（29警戒隊総括班）が隊員との交流試合を提案。野球部監督が部員に話したところ「やりたい！」と希望し、3年生にとっては最後となる引退試合が実現した。

前の週の天気予報は雨で、実施は難しいと思われていたが、当日は〝蝦夷梅雨〟が抜けたかのような快晴となった。

試合は都市対抗野球大会北海道大会準優勝の実績を持つ千歳基地野球部のOBも所属する分屯基地チームが攻勢に。試合前に「手は抜かない」と宣言していた通り、攻守で部員たちを鼓舞する全力プレーを見せ、17－0で圧勝した。

分屯基地チームの監督を務めた横山曹長は、「大差はついたが子供たちと楽しい時間を共有できた」と笑顔を見せた。

## コロナ患者を緊急搬送

### 海自22空群、UH60Jヘリ

海自22航空群（大村）は8月29日、新型コロナウイルス感染症患者1人を対馬空港から大村航空基地まで緊急搬送した。

8月28日午後7時13分、長崎県知事から急患空輸の災害派遣が要請され、翌29日午前9時、22航空群22航空隊（大村）のUH60Jヘリが基地をたった。

同機は対馬空港で速やかに患者を収容し9時50分、空港を離陸。10時35分、大村航空基地に着陸し待機していた救急車に引き継いだ。

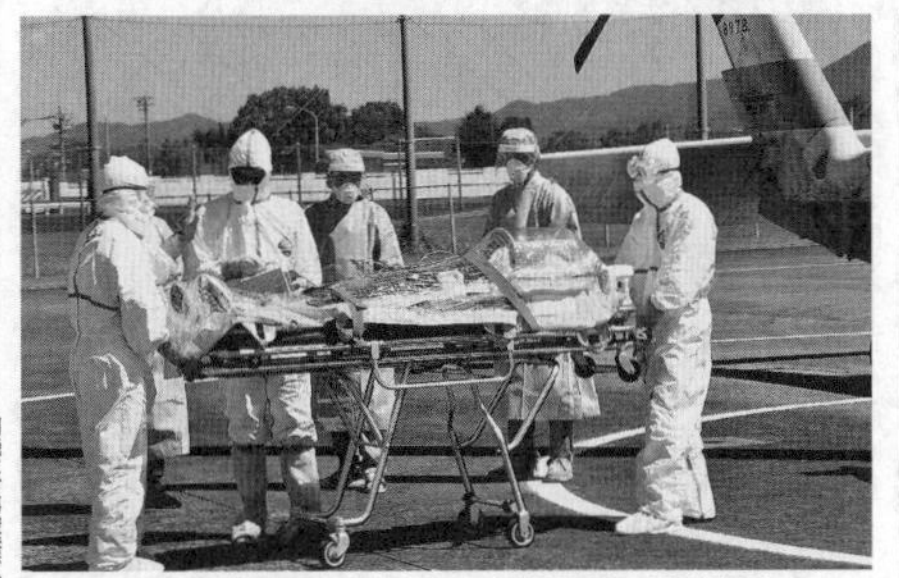

大村航空基地に緊急搬送されたコロナ感染患者を、感染防護服を着用し救急車に引き継ぐ隊員（8月29日）＝統幕提供

## 災派で尽力の警備犬「アイオス号」死去

### 山本副大臣が追悼

【中警団＝入間】2018年の西日本豪雨や北海道胆振東部地震などで行方不明者捜索の災害派遣に従事した警備犬「アイオス号」＝オス＝が8月18日、亡くなった。7歳だった。同20日に入間基地内で葬送式が行われた。

アイオス号は、2017年12月に国際救助犬試験に合格。18年9月には、小野寺防衛相（当時）から行方不明者捜索活動の功績で褒賞状と副賞のメダル型ドッグタグを授与された。

葬送式では、アイオス号とペアを組んでいたハンドラーの笹田恵平3曹があいさつし、「アイオスとの思い出は語りきれません。最高の相棒でした。今まで本当にお疲れさま。ありがとう」と別れの言葉を送った。 ◇

一方、山本副大臣は8月29日、自身のツイッターで「おい、アイオス号、早過ぎるじゃないか⁉ 災害派遣で大活躍してくれたので、小野寺大臣にお願いして表彰してもらったのが、昨日のことのようだ。天国でも先輩警備犬と共に日本を見守ってくれ」と追悼した。

2016年の入間航空祭で訓練展示を行う在りし日の「アイオス号」とハンドラーの笹田3曹

## 静かに　力強く

### 東京五輪の聖火、一般公開

東京五輪の聖火の展示が9月1日、東京都新宿区の「日本オリンピックミュージアム」で始まった。11月1日まで。

聖火は今年3月12日、ギリシャ・オリンピアで行われた採火式で太陽光から採火され20日、特別輸送機「TOKYO2020号」で宮城県の空自松島基地に運ばれた。同日行われた聖火到着式では、ブルーインパルスが会場上空を航過し、式に花を添えた。

聖火は高さ約30センチの真ちゅう製のランタンで、静かに力強くともっている＝写真。

観覧は有料（一般500円、65歳以上400円、障害者手帳を持つ方と付添人＝1名のみ＝、高校生以下は無料）で、ミュージアムホームページからの予約が必要。

## 1空群が捜索、発見

### パナマ船籍遭難船の乗員

9月2日午前1時45分ごろ、鹿児島・奄美大島の西方約185キロの海上でパナマ船籍の貨物船「GULF LIVESTOCK 1」（1万1947トン、乗員43人）が遭難信号を発信。災害派遣要請を受けた海自1空群（鹿屋）のP3C哨戒機が捜索に当たり、1人を発見した。

2日午後2時、第10管区海上保安本部長から1空群司令の川村伸一将補に災害派遣が要請された。

現場に急行し捜索を開始したP3Cは、6時43分、漂流しているフィリピン人の男性1人を発見。救命浮舟を投下し、海保に通報、巡視船「うるま」が救助した。同機は9時29分、海保の要請を受けて撤収した。

## 緊急登庁支援協力に感謝状

### 朝霞駐屯地司令

【朝霞】朝霞駐屯地司令の鬼頭健司陸将補は8月3日、朝霞宿舎内の庁内託児所「Jキッズガーデン朝霞保育園」で、同園を管理運営する社会福祉法人「桑の実会」の桑原哲也理事長に感謝状を贈呈した。

運営3年目を迎える同園は、庁内託児所では全国で初めて緊急登庁支援の協定を締結。隊員が任務にまい進できる環境の構築に貢献した。

「桑の実会」は昭和51年の創設以来約44年間、首都圏の1都2県で保育・介護・医療の福祉事業を展開している。

贈呈式は新型コロナウイルス感染症拡大防止の「新しい生活様式」に基づいて挙行。支援した東方音楽隊の演奏を楽しむ子供たちのこぼれるような笑顔も見られた。

「桑の実会」の桑原哲也理事長（左）に記念盾を贈った鬼頭司令（8月3日、Jキッズガーデン朝霞保育園で）

## こちら警務隊

交通犯②

### 安全確保に必要な車検　怠れば即運転免許停止

**車検切れの自動車を運行したらどうなりますか？**

道路運送車両法違反となり、6月以下の懲役または30万円以下の罰金に処せられるとともに、違反点数6点で即座に免許停止処分となります。

車検は、車両を定期的に検査することにより、その安全性を確保するために必要なものです。もし車検を受けずに運行すれば、部品の損耗や故障に気づかないまま取り返しのつかない重大な事故を起こしてしまう可能性があり、大変危険です。

「車検が切れていたことに気がつかなかった」ということがないように、前面ガラスなどに貼付された検査標章で有効期限を確認しましょう。

（北部方面警務隊）

次回は「自賠責保険法違反（無保険）」

重大な事故
通行止！
安全
懲役・罰金
免許停止
無車検 musyaken

## 小休止

▽…陸自中央音楽隊は8月4日、新型コロナウイルスに立ち向かう人たちに元気と勇気を贈るため、米海兵隊軍楽隊（米ワシントンDC）と行ったリモート演奏を動画投稿サイト「ユーチューブ」の「陸自広報チャンネル」で配信した＝写真。

▽…共演する米海兵隊軍楽隊は、220年の歴史と伝統を誇る大統領直属の軍楽隊で「ザ・プレジデンツ・オウン」とも呼ばれる。演奏曲目はアメリカが誇る世界のマーチ王、ジョン・フィリップ・スーザ作曲の「海を越える握手」で、収録は中央音楽隊の隊舎内で行った。

▽…米海兵隊から送られてきたサンプル音源に合わせて、各奏者が一人ずつ収録。収録したデータを米海兵隊が編集した。動画はこれまでに1万回を超えて再生されている。

（朝霞）


防衛省職員・家族団体傷害保険／防衛省退職後団体傷害保険

# 団体傷害保険の補償内容が一部改定になりました！

**Point 1　新型コロナウイルスが新たに補償対象に!!**

A型（家族補償タイプ）・B型（個人補償タイプ）・D型（予備自衛官等用）に「指定感染症追加補償特約」がセットされ、特定感染症の補償範囲が「指定感染症※1」まで拡大されました。それにより、これまで補償対象外であった**新型コロナウイルスも新たに補償対象**となります。

（注）指定感染症追加補償特約の対象となる方は、**A型・B型では防衛省共済組合員ご本人、かつ、記名被保険者ご本人に限ります。公務中や通勤災害中の事故に限定せず幅広く補償いたします。**

**Point 2　2020年2月1日に遡って補償！**

2月1日以降に発病されたものから補償の対象※2となるため、既にご加入されている方で、該当する方は、三井住友海上事故受付センター（0120-258-189）までご連絡ください。

**Point 3　既にご加入されている方の新たなお手続きは不要！**

既にご加入されている方は、新たなお手続きや追加の保険料のお支払いは必要ありません。

※1 特定感染症危険補償特約に規定する特定感染症に、感染症の予防及び感染症の患者に対する医療に関する法律（平成10年法律第114号）第6条第8項に規定する指定感染症（注）を含むものとします。
（注）一類感染症、二類感染症および三類感染症と同程度の措置を講ずる必要がある感染症に限ります。
※2 新たにご加入された方や、増口された方の増口分については、ご加入日以降補償の対象となります。ただし、保険責任開始日からその日を含めて10日以内に発病した特定感染症に対しては保険金を支払いません。

気になる方は、各駐屯地・基地に常駐員がおりますので弘済企業にご連絡ください。

［引受保険会社］（幹事会社）三井住友海上火災保険株式会社　東京都千代田区神田駿河台3-11-1　TEL：03-3259-6626
［共同引受保険会社］東京海上日動火災保険株式会社　損害保険ジャパン株式会社　あいおいニッセイ同和損害保険株式会社　日新火災海上保険株式会社　楽天損害保険株式会社　大同火災海上保険株式会社
［取扱代理店］弘済企業株式会社　本社：東京都新宿区四谷坂町12番20号KKビル　TEL：03-3226-5811（代表）

（世界の切手・スロベニア）

叩かれたからといって、へこんでしまうことはないわ。あれだけ叩いて卵を泡立てても、ケーキはふくらむもの。
メアリ・ジョンストン（米国の作家）

朝雲ホームページ
www.asagumo-news.com
<会員制サイト>
Asagumo Archive
朝雲編集部メールアドレス
editorial@asagumo-news.com

# みんなのページ

## 海上自衛官の娘を応援

家族　大原 聡美（群馬県高崎市）

娘の高校卒業後の進路については、大学に進学するものと思っていました。

高校2年春の進路選択の時に、娘から「話がある」と呼ばれて席に着くと、テーブルの上に自衛官募集パンフレットなどが並べられていて、突然、「海上自衛官になりたい！」と言われました。

正直、私は驚いて「えっ!?」の一言が口からこぼれたのを今でも忘れません。

私自身、自衛官がどのような仕事なのか全く知識が無く、目の前の資料を端から端まで読んだのを覚えています。

娘の志望は揺らぐことなく、決意は固いまま残る高校生活を送りました。

高校在学中に自衛隊の群馬地本高崎地域事務所に通い、また多くの自衛隊の見学会などにも参加し、担当の女性広報官からはとても可愛がっていただきました。

娘が高崎地域事務所から家に戻ると、私にも自衛隊のいろいろな話をしてくれて、その表情は本当に楽しそうでした。地本の広報官の方々は本当に面倒見がよく、娘が心から頼りにしているのがよく分かりました。

しかし、その気持ちとは反対に、私は娘が自衛官になることに対して心配だらけでした。そんな中、ある時、娘が「自衛官の仲間にどうしても入りたい！」と言ってきました。その言葉を聞いて、娘の本当の気持ちが理解でき、母親の私が心配していても仕方がないので、娘の海上自衛官への夢の背中を押してあげようと決めました。

群馬地本の方々との出会いがなかったら、私も自衛官の魅力が分からなかったですし、娘もこれほどまでに"自衛官の仲間"になりたいと思わなかったかもしれません。

そして無事に海上自衛隊への入隊が決まり、横須賀に向けて出発する時、娘はとても素敵な笑顔を見せてくれました。

教育隊での辛く厳しい訓練も、群馬地本の方々が支えてくださったとおり、娘は頑張れていると思います。一日でも早く、娘が自衛官の仲間になれるよう、私はこれからも応援し続けたいと思います。

（海自横須賀教育隊・大原梨奈2海士の母）

海のない群馬県から海上自衛隊に入隊した大原梨奈2士（右）と応援する母の聡美さん

## 長崎地本で高校生に広報

陸士長　脇野 太貴（16普連3中隊・大村）

6月1日から約1カ月間、私は所属する第16普通科連隊（大村駐屯地）から、募集支援のため長崎地方協力本部の佐世保地域事務所に臨時勤務しました。[illegible]

私の主な仕事は母校である長崎明誠高校を訪れ、在校生とともに部活動に参加して[illegible]

「生活は楽しいですか？」などと興味を持って聞いてくれたので、とてもうれしかったです。

私が自衛官を志望した理由は、熊本県の健軍駐屯地に勤務している親戚の方がいて、自分の心身を鍛えたかったからです。

[illegible]

長崎地本に臨時勤務中、母校の長崎明誠高校を訪れ、近況報告を行った脇野太貴陸士長

## 輪島市でジョギングを満喫

空士長　山田 千晶（23警群・輪島）

私の所属する第23警戒群は石川県能登半島北部の輪島市に所在しています。私は昨年、教育隊を卒業し、輪島の勤務歴はまだ1年目ですが、出身地の東京と比べ、能登半島は豊かな自然に囲まれていて、充実した日々を過ごしています。

そんな私の最近の習慣は、駆け足で海まで行くことです！　分屯基地から海までは2キロほどで到着し、今の時期だと課業が終わってからでも夕日を見ることができます。夕日が海に沈んでいく美しさに見とれて、ついつい長居してしまいます。

帰り道は、雰囲気が異なる観光地マリンタウン、輪島朝市通りを抜けて分屯基地に辿り着きます。輪島市は、豊かな自然と綺麗な街並みが共存する、とても素敵な街です！　皆さまも石川県に来た際は、金沢市だけでなく、ぜひ輪島市まで足をお運び下さい。

日本海に沈む夕日を見ながら輪島市の海岸を走る23警群の山田千晶士長

## 中隊代表で持続走競技に出場

1陸士　普天間 綾乃（33普連重迫撃砲中隊・久居）

私は陸上戦技競技会の持続走の部に重迫撃砲中隊の代表で参加しました。[illegible]練習を重ねるごとにタイムが縮み、中隊の選考会では最高タイムを出すことができました。

競技会当日はいつも以上に緊張していました。スタートラインに立ち、皆で円陣を組んだ時、「最大の力を出そう」という気持ちでいっぱいになりました。

スタートの合図で走り出した時、周りのスピードに乗せられ、いつも以上の速さで1キロを走りました。その後、スピードが落ちていくのが自分でも分かりました。ゴール前では、たくさんの方が応援してくれ最後まで走り切ることができました。ですが、自己ベスト更新はなりませんでした。とても悔しかったです。

この日まで、同期や先輩・上司の方々の優しさ、思いやりをずっと感じることができました。本番までの期間は辛いことや苦しいこともたくさんありましたが、自分が成長できたと思えることもあったので、参加できて良かったです。今回学んだことを糧にして、次回の競技会ではリベンジしたいです。

## 2度目の即自 何事も懸命に

即応予備3陸曹　安江 洋平（49普連5中隊・豊川）

春から2度目の即応予備自衛官への採用となりました。平成13年まで常備自衛官として勤務し、航空科部隊で航空機の整備に携わっていました。現在は自動車部品メーカーで現場管理の仕事を担当しています。

1度目の即自は元上司の勧めで志願し、平成16年から29年までの間、49普連対戦車中隊（その後の改編で第5中隊）に所属していました。言われるままに志願しましたが、出頭して訓練を終えると達成感とやりがいを感じ、いつしか自分にとって大切な場所になっていました。

出頭した際、さまざまな職業や年代の方と同じ目標を持ち、共に訓練することで生まれる連帯感があり、いろいろな方と話をし、考えを聞くことで人生観を養うことができました。

会社の都合で即応予備自衛官を一度退職しましたが、会社の理解が得られ、再び即応予備自衛官として勤務することになりました。周囲の皆さまから頂いたせっかくの機会ですので、後悔のないよう、即応予備自衛官として何事にも懸命に取り組んでいきたいです。

## OBがんばる

森　芳朗さん　58
平成29年3月、空自8航空団（築城）整備補給群装備隊長を最後に定年退職（特別昇任2佐）。福岡県の築上町商工会に再就職し、現在、事務局長を務めている。

### 謙虚さと自信をもって

再就職に際し、今後10年間は勤めなければならないことから、自宅近傍を最優先に探していただき、築上町商工会の事務局長として再就職することができました。

商工会は主に理事会や総会など会議の運営、年に数回開催されるイベントの運営などのほか、商品券の販売事業などを行っています。

勤務を始めてすぐ、1年間で一番忙しい総会の準備が待ち受けていました。商工会の業務どころか、職員の顔と名前すら一致しない状態の中、資料を作成したり、会議のシナリオを用意したりと、初めてのことで苦労もありましたが、済々と仕事ができたのは自衛隊勤務を通して状況把握力や論理的な思考力が自然に身についていたからだと思います。

民間では自衛隊のようなしっかりとした管理体制はなく、全ての管理業務を一人で処理しなければならないので、大変な面もあります。法律や規則の確認は自衛隊時代に基本が身についているので、最初から支障なく業務をこなすことができました。

皆さんへのアドバイスですが、商工会で人事評価を行っている私から見ても、自衛隊定年退職者の資質は決して低くないと思います。民間には自衛隊のように教育が行き届いている組織はなかなかありません。皆さんは民間で即戦力として活躍できる資質が十分に備わっています。新人としての謙虚さを忘れさえしなければ、きっと上手くいくはずです。自信と誇りをもって頑張ってください。

## 新刊紹介

### 「ビリオネア・インド」——大富豪が支配する社会の光と影

J・クラブツリー著、笠井 亮平訳

本紙コラム「春夏秋冬」で昨年度、インドの諸事情を読者に紹介してくれた岐阜女子大学南アジア研究センター特別研究員の笠井氏が訳した現代インドの一面を鮮やかに見せてくれる本だ。

インドといえば「貧しい志を持つ途上国のリーダー」というイメージがあったが、今日、急激な経済成長によっていまや中国と並ぶ「金ぴか時代」を享受する国へと変貌し、大富豪が国を支配し、金権政治も横行、政官財は癒着し、その腐敗が社会をむしばんでいるという。

本書は英国人ジャーナリストがスーパーリッチたちの生態を切り口に、現代インドの社会構造を分析し、貧富の格差の拡大と国民の怒り、これを是正しようと奮闘するモディ政権の姿を描き出している。

著者は今後の100年は地域大国である米、中、印の経済競争になると予測する。中でもインドが最も成長のポテンシャルが大きいとし、「アジアの世紀」の後半の主役となるであろう超大国インドの将来像を予測している。（白水社刊、3520円）

### 「ジョージ・オーウェル」

川端 康雄著

中国共産党に情報が流れるとして米国は中国ネット企業の排除を進めている。なぜ、それほどまでに情報流出を恐れるのか。その答えは自由と民主主義を損なわせる「監視社会」に警鐘を鳴らした英国人作家オーウェルの本の中にある。

彼は米ソ冷戦時代、未来小説『1984』の中で市民を監視する「ビッグブラザー」の恐ろしさを描いた。その独裁者は香港の自由を奪った中国共産党を想起させる。

彼がスコットランドの孤島に隠棲し、描き出したディストピア（暗黒郷）はどのような経緯で生まれたのか。日本女子大学教授の著者が丁寧に彼の人生と思想をひも解く。

当時のソ連の思想統制された社会に加え、若い頃に彼が過ごした英国の植民地インドやビルマの圧制の風景も作品の中に反映されているという。

『動物農場』などの作品には人種、民族、宗教などの差異を超えた普遍性が宿り、それが彼の本が読み継がれる理由だという。現在の新型コロナも政府が市民の自由を制限する一つの理由にしているが、これもオーウェルが恐れた社会現象だ。あらゆる情報がつながり、AIが人を支配する世界は、オーウェルが描いた恐るべき監視社会にます ます近づいていく。（岩波書店刊、968円）

## 第1242回出題

### 詰碁

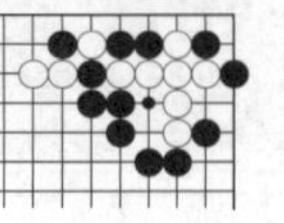

出題　日本棋院　九段　曲　励起

白先

『隅の白を助けて下さい』。5分でできれば中級以上です。

### 詰将棋

出題　日本将棋連盟　九段　石田　和雄

≪第826回の解答≫

【正解】▲1四銀△同玉▲1五香△同銀▲2五竜△1三玉▲2三竜までの七手詰め。

【解説】まず▲1四銀と捨てるのが大切。香では△2二玉で不詰み。三手目に▲1五香と捨てるのが手順で、以下は竜を活躍させ詰み上がり。

▶詰碁、詰将棋の出題は隔週です◀

「朝雲」へのメール投稿はこちらへ！
▽原稿の書式・字数は自由。「いつ・どこで・誰が・何を・なぜ・どうしたか（5W1H）」を基本に、具体的に記述。所感文は制限なし。
▽写真はＪＰＥＧ（通常のデジカメ写真）で。
▽メール投稿の送付先は「朝雲」編集部（editorial@asagumo-news.com）まで。

安心と幸せを支える防衛省生協

# 火災・災害共済

火災から風水害（地震・噴火・津波を含む）まで、手ごろな掛金で大切な建物と動産（家財）を守ります。火災・災害共済は "いつでも" お申し込みいただけます。

手ごろな掛金で幅広く保障
火災等による損害から風水害による損害まで保障します。
掛金：年額1口200円　建物60口、動産30口まで
保障：火災の場合は、築年数・使用年数にかかわらず再取得価格（防衛省生協が定める標準建築費、動産は修理不能の場合、同等機能品の取得価格）で保障します。住宅ローン融資の際の質権設定にも原則的に対応可能です。

退職後も終身利用
保障内容は現職時と変わりません。
※退職火災・災害共済の加入資格は、防衛省職域勤務期間が14年以上で、退職時に継続して3年、共済事業（生命・医療共済又は火災・災害共済）を利用していること。
※ご加入は退職時1回限りであり、退職後には加入できません。

遺族組合員の利用が可能に
万一、現職の契約者が亡くなった場合に、遺された家族の生活不安の解消や生活の安定を図るため、配偶者が遺族組合員として火災・災害共済事業を利用できます。
※遺族組合員が所有し居住する建物1物件、動産1か所が契約できます。

単身赴任先の動産も保障
建物2か所、動産2か所まで所在地の異なる物件を契約できます。単身赴任先の動産（家財）のほか、両親の家も契約できます。

剰余金の割戻し
剰余金は割り戻され、毎年積み立てられて組合脱退時に返戻されます。退職火災共済割戻金は組合が預かり金として留保し、次回の掛金に振替えます。

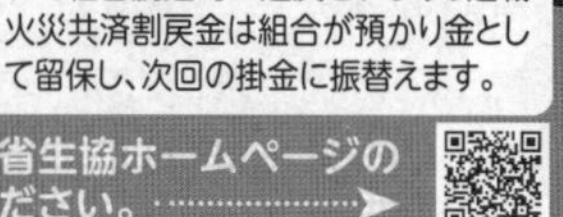
※詳細はパンフレットまたは防衛省生協ホームページの火災・災害共済ページをご覧ください。

防衛省職員生活協同組合
〒102-0074　東京都千代田区九段南4丁目8番21号　山脇ビル2階
専用線：8-6-28901～3　電話：03-3514-2241（代表）
防衛省生協　検索

朝雲

発行所 朝雲新聞社
〒160-0002 東京都新宿区四谷坂町12-20 KKビル
電話 03(3225)3841
FAX 03(3225)3831
振替00190-4-17600番
定価一部150円、年間購読料9170円（税・送料込み）

One for all, All for one
あなたと大切な人の「今」と「未来」のために
防衛省生協

## 米宇宙軍トップ来日

# 宇宙分野で日米連携強化

## 首相、防衛相、空幕長と会談

河野防衛相と井筒空幕長は8月27日、「宇宙に関する包括的日米対話」第7回会合に出席するため来日した米宇宙軍作戦部長のジョン・レイモンド大将と都内でそれぞれ会談し、空自に今年5月に発足した「宇宙作戦隊」（司令部・府中）と米宇宙軍（本部・米国防省）との連携を強化していくことで一致した。レイモンド大将は昨年12月に創設された米宇宙軍のトップで、同大将の来日は初めて。これに先立ち、同大将は首相官邸に安倍首相を表敬し、日米同盟の抑止力・対処力の強化に向け、宇宙分野での連携強化を図っていくことを確認した。

### 空自宇宙作戦隊と協力

河野大臣は午後1時から、井筒空幕長は同1時半から、それぞれ約30分間、東京都内の三田共用会議所で、レイモンド作戦部長と個別に会談し、日米間で宇宙分野における取り組みや防衛協力について意見交換を行った。

報道陣を前にした会談の冒頭、河野大臣は「日本も宇宙作戦隊を発足させ、宇宙状況監視（SSA）について取り組むことにしており、米宇宙軍の情報協力を期待している。宇宙空間のさまざまな脅威に対処するため、日米間で協力しなければいけない」と述べた。

これに対し、レイモンド作戦部長は「喜んで協力したい。宇宙状況監視をはじめとした分野で日本の宇宙作戦隊と連携していくことを期待している。友好国や同盟国間の協力が宇宙分野では非常に重要になってくる。これらの国の間でルール作りをしていくのが重要だ」と応じた。

これに先立ち、官邸でレイモンド作戦部長の表敬を受けた安倍首相は「宇宙ごみ（スペースデブリ）や不審な衛星など、さまざまな脅威が増大しており、宇宙空間の安定的利用の確保は喫緊の課題だ」と述べ、日米同盟の抑止力・対処力の強化に向け、宇宙分野での連携強化を目指していくことを確認した。

空幕長との会談では、井筒空幕長が「宇宙分野をはじめ、連携と協力を深めたい」と呼び掛けた。

これに対し、レイモンド作戦部長は「宇宙をめぐる状況が厳しさを増す中、この分野での協力は必要だ。米国は日本を最も重要なパートナーだと考えている」と語り、両氏は日米の宇宙部隊の連携強化に向けて具体的な協力を進めていくことで一致した。

空自は今年5月、自衛隊初の宇宙領域専門部隊として「宇宙作戦隊」を府中基地（東京都）に大臣直轄部隊として発足させた。

来日した米宇宙軍作戦部長のレイモンド大将（右）と記念撮影に臨む井筒空幕長（8月27日、東京都港区の三田共用会議所で）

## 自衛隊に初のUFO対処指示

### 報告・記録・分析に万全

**河野防衛相**

河野防衛相は9月15日、我が国の防衛や警備に影響を及ぼす恐れのある「空中における識別不能の物体」＝未確認飛行物体（UFO）＝を確認した場合の対処に関する指示を初めて出した。

特に情報収集、警戒監視、対領空侵犯措置任務に当たる部隊に対し、「報告に万全を期すとともに、可能な限り写真撮影等の記録に努め、必要な分析を行う」ことを求めた。

これまで自衛隊が宇宙からの未確認飛行物体に遭遇した例はないというが、近年のドローン技術の進歩により、従来はなかった新たな飛行物体が現れる可能性も視野に入れた。

# 防衛相 両国防相と会談

## フィンランド、サウジ 防衛協力を強力に推進

河野防衛相は8月27日、フィンランドのアンティ・カイッコネン国防相と約30分間、テレビ会談を行い、両国間の防衛協力・交流を引き続き強力に推進していくことで一致した。

河野大臣は来年予定されている「ハンナ事業」では、防衛省として感染症対策を行ったうえで参加に期待を表明した。

両氏は東・南シナ海を含む地域情勢をめぐっても意見交換。法の支配に基づく「自由で開かれた海洋秩序」が重要だとの認識を共有し、引き続き緊密に連携していくことで一致した。

一方、9月8日にはサウジアラビアのムハンマド・ビン・サルマン皇太子兼副首相兼国防相と約20分間、電話会談を行い、両国の防衛協力・交流の強化に向け連携していくことの重要性を確認した。新型コロナウイルス対策を行う中で得られた情報・教訓・知見を共有していくことで一致した。

この中で河野大臣は、中東地域における日本関係船舶の安全航行の確保を目的に自衛隊が行っている情報収集活動について説明し、中東地域の平和と安定、航行の安全確保のため、引き続き連携していくことの重要性を強調した。

フィンランドのカイッコネン国防相（テレビ画面）と会談する河野防衛相（左）＝8月27日、防衛省で（防衛省提供）



## 日米豪韓4カ国で共同訓練

ハワイ周辺海域で行われた環太平洋合同演習「リムパック2020」を終えて帰国途中の海自ヘリ搭載護衛艦「いせ」（艦長・飯久保孝広1佐）とイージス護衛艦「あしがら」（同・佐藤剛1佐）は9月12、13の両日、米・豪・韓の艦艇と洋上で会合し、4カ国による共同訓練「パシフィック・ヴァンガード20」をグアム島周辺海域で実施した。

同訓練は2019年に始まり、今回で3回目。米海軍からミサイル駆逐艦「バリー」（満載排水量約9300トン）、補給艦「ジョン・エリクソン」、潜水艦、航空機が参加。豪海軍からはフリゲート「アランタ」「スチュアート」（ともに満載約3600トン）、韓国海軍から駆逐艦「イ・スンシン」（同5500トン）、同「ソエ・リュ・ソンニョン」（同1万400トン）のリムパックに参加した艦艇が加わり、4カ国共同で対空戦、対水上戦、対潜戦など各種訓練を行い、連携を強化した。

日米豪韓の4カ国で共同訓練を行う、（左手前から右に）海自のイージス護衛艦「あしがら」、ヘリ搭載護衛艦「いせ」、豪海軍のフリゲート「スチュアート」。左奥は米海軍のミサイル駆逐艦「バリー」（9月12日、グアム島周辺海域で）

### 春夏秋冬

## ファイブ・アイズとは何か

小谷 賢

先月、英国のブレア元首相が日本の「ファイブ・アイズ」入りについて秋波を送り、河野防衛大臣がそれに前向きな姿勢を示したことで、ファイブ・アイズというものが脚光を浴びた。今回はこの問題について少し検討したい。

ファイブ・アイズとは米英加豪ニュージーランドの英語圏5カ国によるインテリジェンスの共同体のようなものであり、第2次世界大戦以降、「世界の裏側」を牛耳ってきた。ファイブ・アイズの核心は通信傍受やネット上における情報収集であり、基本的にこの5カ国はお互いの情報を共有できる関係にあるが、外交や軍事のような表に出る部分でもこの5カ国は協力体制にある。日本もこの5カ国とは立場的にかなり近く、広い意味でのファイブ・アイズの活動には参画している。例えばそれらは南シナ海における米豪海軍との共同演習や、宇宙空間の有事に備えたシュリーバー演習などのオペレーションレベルの活動だ。

ただ、日本は表向きのオペレーションレベルでの活動には参加しているものの、その核心であるインテリジェンスの領域にはまだ踏み込めていない。もし日本がそこへの参加を望むとなると、様々な形での情報収集活動が求められるはずだ。それは恐らく、通信傍受（ここには電子メールの傍受等も含まれる）やネット上でのデータ収集になるだろう。通信については、情報本部が行っているような外国政府機関のものを傍受することはそれ程問題にはならないが、傍受を行うとなると国内法を整備する必要がある。現状、日本国内においては、犯罪捜査のための司法傍受は認められているものの、情報収集を目的とした所謂、行政傍受については何の規定もないので、この点については一から始める必要がある。

他方、ファイブ・アイズへ公式に参加するには、1946年に米英間で締結されたUKUSA（ユーキューサ）協定に加盟する必要がある。カナダやオーストラリアも同協定を受け入れることで、ファイブ・アイズの一員となった経緯がある。

理屈上、日本が情報収集の体制を整備し、5カ国に加盟を認められれば、この協定を受け入れれば良いことになるが、まだ問題は残る。同協定には情報収集の対象として、「米英と英連邦諸国以外のすべての国」と明記されているため、いまだに日本は情報収集の対象国となっていることだ。この点についても修正の検討は必要だろう。

（日本大学危機管理学部教授）

# 元海将、駐ジブチ大使に

## 大塚海夫氏 自衛官出身で初の大使

政府は9月11日の閣議で、駐ジブチ大使に海上自衛隊出身で前防衛省情報本部長の大塚海夫・元海将（60）＝写真＝を充てる人事を決定した。発令は16日付。自衛官出身者が大使になるのは初めて。背広組を含む防衛省出身者の大使としては7人目。

アフリカ東部のジブチには自衛隊唯一の海外拠点がある。河野防衛相は同日の記者会見で「（海自のソマリア沖・アデン湾での）海賊対処や（中東海域での）情報収集をはじめ、任務を理解している大使が赴任するのは連携という意味で非常に重要だ。さまざまなバックグラウンドの方が適材適所で大使に任命されるのは好ましい。日本の顔として活躍されることを期待したい」と述べた。

また、大塚氏の妻で外交官の中谷好江氏も同日の閣議で南米のパラグアイ大使に決まった。

大塚 海夫（おおつか・うみお）駐ジブチ大使 防大27期。昭和58年海自。平成9年2佐、14年1佐、21年将補、27年海将。海幕指揮通信情報部長、自衛艦隊幕僚長、海自幹部学校長、情報本部長を経て令和元年12月に退職。東京都出身。60歳。

### 朝雲寸言

「ある一分野の考えが他の分野に及ぼす影響を語ろうとすれば必ず自分の無知をさらけ出すはめになる」とは、米国のノーベル物理学賞受賞者の言葉である▼リーダーには二つのタイプがあるという。いわゆるゼネラリストとスペシャリストのふたつである。多くの分野で細分化が進んだ現代社会においては誰もが専門家であると言える。しかし特定の分野を知れば知るほど他の分野のことには目が届かなくなり全体を判断することが難しくなってしまう▼安全保障の分野においてはそれが顕著であり、最近の感染症対策や広域災害対応の分野でも同様である。まさにゼネラリストとは全体最適を考える人なのである▼最初からゼネラリストとして育てられる人は僅かである。ほとんどの人は自分の専門分野において頭角を現し、最終的に総合的な判断を求められるポストに就くことが多い。しかし自分の専門分野と同じように他の分野を語ろうとすれば、冒頭の文章に行き着いてしまう▼国家や組織に責任を持つ者であれば全てのことを知らねばならないが、それは多分不可能なことであろう。結論は自分の総合判断に必要な専門家を正しく選び、その声を真摯に聞くことである▼自衛官はそれぞれ専門の職種や特技に分かれているが、将補以上には専門がなく、ゼネラリストであることが求められる。間もなく選ばれる国家のリーダーもまたゼネラリストであるのは疑う余地がない。

## 『安全保障戦略研究』を創刊

### 防衛研究所

防衛研究所は8月31日、従来の『防衛研究所紀要』に代わる新たな専門的学術誌『安全保障戦略研究』（編集委員長・庄司潤一郎防衛研究所研究幹事）＝表紙㊧＝を創刊した。

これまで防研の研究者の投稿を掲載対象としていた誌面を、広く防研以外の研究者にも開放するのが大きな特徴で、部外の研究者の投稿を受け付け、安全保障に関する学術研究や知識の普及に寄与することを目指す。

河野防衛相は巻頭言で同誌の創刊を「画期的」と評価した上で、「国家機関とアカデミズムの関係の深化が期待される」と記した。

新たな学術誌の発行により、防研の研究成果の発信を目的に1998年の創刊から22年間続いてきた『防衛研究所紀要』は同日をもってその歴史に幕を下ろした。

詳細は防研のホームページに掲載されている『安全保障戦略研究』のPDF版を参照。（http://www.nids.mod.go.jp/）

## 「音楽まつり」コロナで中止

防衛省は9月11日、新型コロナウイルス感染拡大防止の観点から、今年度の「自衛隊音楽まつり」を中止すると発表した。

一方で、音楽隊の演奏を通じて防衛省・自衛隊に対する関心を持ってもらう機会を設けることは極めて重要だとして、その代替行事として、陸自中央音楽隊、海自東京音楽隊、空自航空中央音楽隊による合同コンサート「青少年のための3自衛隊合同コンサート」を開催する。来賓の招待は行わず、中高生を中心に招待・公募を行う。応募要領は後日発表される。

▽11月28日（土）、29日（日）＝昭和女子大学人見記念講堂（東京都世田谷区太子堂）▽12月24日（木）＝オーチャードホール（東京都渋谷区道玄坂）

## 無観客で観閲式

**防衛省**

防衛省は9月11日、今年度の航空観閲式（百里基地）と来年度の陸自の観閲式（朝霞訓練場）について、2年連続で「開催が困難」と判断し、共に「それぞれに選定した特定の基地・駐屯地等において無観客の形態で首相による視察と訓示を行い、映像配信する」と発表した。

今年度の航空観閲式は新型コロナウイルスの感染状況を踏まえた措置。来年度の観閲式は1年延期された「東京オリンピック・パラリンピック」の会場に朝霞訓練場が使用されることからの判断となった。

防衛省では近年のさまざまな状況の変化を受けて「従来通りの大規模な観閲式等の実施は部隊にとって大きな負担となり、結果として任務遂行能力に支障を生じかねない」と指摘。

令和4年度の海自の観艦式は現在、実施要領を検討中で、5年度以降の観閲式等についても4年度までの開催状況などを踏まえて検討するとしている。

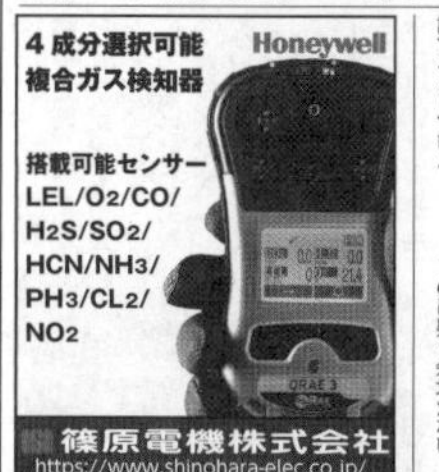

篠原電機株式会社
https://www.shinohara-elec.co.jp/
TEL: 06-6358-2657 FAX: 06-6358-2351

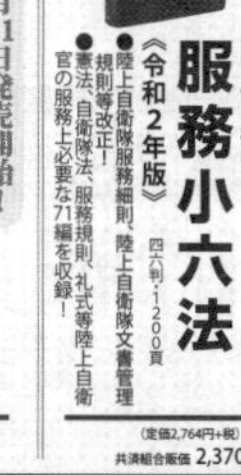

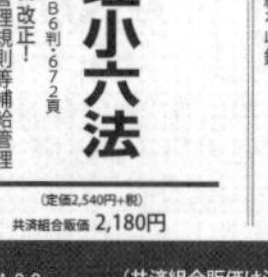

必携の一冊 8月21日発売開始！ 陸上自衛官 服務小六法 《令和2年版》
●陸上自衛隊服務細則等改正！ ●憲法、自衛隊法、服務規則、礼式等陸上自衛官の服務上必要な71編を収録！
（定価2,764円+税） 共済組合販価 2,370円

実務力のバージョンアップ 7月21日発売開始！ 陸上自衛隊 補給管理小六法 《令和2年版》
●改元に伴う関係項目改正！ ●物品管理法、補給管理規則等補給管理実務に必要な22編を収録。実務者必携の一冊。
（定価2,540円+税） 共済組合販価 2,180円

文書実務の基本 好評発売中！ 陸上自衛隊 新文書実務 《新訂第9次改訂版》
●平成31年3月29日陸自文書管理規則改正対応！ ●改元に伴う関係箇所改正！ ●公文書管理法等収録！
（定価2,306円+税） 共済組合販価 1,980円

好評発売中！ 自衛官 国際法小六法 《平成30年版》
●平和安全法制整備法に伴う関連法の改正 ●国際連合憲章を完全収録 ●新たに「国際司法裁判所規程」を収録！
（定価2,556円+税） 共済組合販価 2,190円

一覧即決 国際軍事略語辞典 《第2版》英和・和英 INTERNATIONAL MILITARY ABBREVIATION DICTIONARY
基本的な軍事略語や主要な安全保障用語等を収録。
（定価1,400円+税） 共済組合販価 1,200円

学陽書房 〒102-0072 東京都千代田区飯田橋1-9-3 TEL.03-3261-1111 FAX.03-5211-3300
（共済組合販価は消費税10%込みです。）☆ご注文は有利な共済組合支部へ

ご存知ですか？
不動産が保険+αの効果をもつことを
年金 退職金 再就職
自衛官の退官後を支える柱が今、揺らいでいます。
将来の為に"今"できること、考えてみませんか？
書籍無料プレゼント
入隊10年後に知っておきたい自衛官にとってのお金の話となぜ、現役時代に不動産投資なのか、その理由をまとめました！
全国セミナー開催中
退官後の備えについて詳しくお話いたします。
〒100-6208 東京都千代田区丸の内1-11-1 パシフィックセンチュリープレイス8階
03-6860-8231
https://www.agentrive.co.jp/

# 時の焦点

## 国内

### 新首相に菅氏

## 平和と繁栄へ重責担う

7年9カ月ぶりの新首相誕生である。歴代最長政権の大きな実績を基礎に、我が国の平和と繁栄へ、さらに力を尽くしてもらいたい。

安倍政権を官房長官として支えた菅義偉氏が自民党総裁選を制した。菅氏は、「安倍首相の取り組みを継承する使命がある。私自身のすべてを傾注して日本のために働く」と語った。

派閥に所属せず、二世議員でもない。派手さはないが、地方議員からの「たたき上げ」で政界の頂点に達したことに、好感を持つ人も多かろう。

国会議員票に加え、地方の党員からも厚い支持を得た要因は、菅氏が明確に安倍政権の継承を掲げたことにある。

重要なのは、安倍、菅両氏の関係の近さではなく、政策の継続性だ。すなわち、アベノミクスに象徴される「経済最優先」の政権運営、安全保障関連法制定と日米同盟強化に代表される現実的な外交・安全保障政策である。

安倍氏の退陣表明後、報道各社の世論調査で内閣支持率が大きく上昇した。異例の出来事だ。

読売新聞の全国世論調査では、内閣支持率が15ポイント上昇し、52%に達した。つられるように自民党支持率も8ポイント上がり、41%となった。

病の再発によって突然の辞任を余儀なくされた安倍氏に対し、同情が広がったためだ、という見方もある。

だが、それだけでは説明がつかない。カギを握ったのは、政策的な評価である。

読売調査で、外交・安全保障の路線について「引き継ぐ方が良い」と思う人は66%、経済政策を「引き継ぐ方が良い」という人は51%に上ったのである。

新型コロナウイルス流行以後、内閣支持率は低下傾向にあった。だが、最後に支持率が上がったことは、当面のコロナ対応に不満を抱えながらも、安倍政権を全体としては評価する国民が多いということの証左である。

このような広範な支持がなければ、国政選挙の6連勝はなかった。野党や一部メディアは、「安倍政権は選挙前になると世論受けの良いキャッチフレーズを打ち出す」といった批判をするが、有権者の良識を甘く見ているのではないか。

もっとも、「安倍路線の継承」だけでは政権は運営できない。

経済再優先とはいえ、さらなる財政出動や金融緩和の余地は大きくない。成長戦略をしっかりと再構築する必要がある。

国際情勢は、米中対立が激化し、日本には自由な国際秩序を維持する重要な役割が求められる。日米同盟をさらに強固にし、地域の安定に役立てねばならない。

当面はなにより、コロナ対策である。感染拡大を抑制しつつ、社会・経済活動を着実に再開させることが不可欠だ。

山積する課題の解決は、誰がトップでも容易ではない。難題に立ち向かう苦労人宰相の手腕に期待したい。

宮原 三郎（政治評論家）

## 海外

### 大統領選の選択

## チャーチルか「宥和」か

11月3日の米大統領選挙まで約1カ月半。民主党候補のバイデン氏は相変わらず自宅の地階に閉じこもり、報道陣に姿を見せるのは極めて稀である。

すぐ横の妻と妹を間違えたり、「上院議員選に立候補するバイデン」と自己紹介したり、対立候補トランプ大統領の名前を思い出せなかったりと、「シニア・モーメント」が顕著なので、同党選対が事実上"隔離"しているためだ。

8月20日の党候補指名受諾演説も録画で、警官による黒人銃撃事件があったウィスコンシン州ケノーシャでの市民集会（9月3日）では、質問者は事前に「質問事項」を指示されていた。

5月にミネソタ州ミネアポリスで起きた白人警官による黒人暴行死を発端に、主要数都市で暴動や放火、略奪行為が発生し、一部では現在も混乱が続いている。

バイデン氏は質疑応答がある記者会見はまずしないが、テレプロンプターが使えるスピーチでは、「暴動は『ドナルド・トランプのアメリカ』の反映」などと発言する。

『ドナルド・トランプのアメリカ』？ 警察署など公共の建物の襲撃、商店街への放火、大型スーパーなどからの略奪が起きているのは、すべて民主党超リベラルが支配する都市だろう。

ニューヨーク、シカゴ、ミネアポリス、ワシントン州シアトル、オレゴン州ポートランドなどで起きているのは、「抗議」を超えた重大な「犯罪行為」である。

シアトルのダーカン市長は6月、市内の歴史的地区が暴徒に占拠された際、占拠を「愛の夏の始まり」と評するなど、信じ難いほど呑気な反応だった。

ポートランドは暴動が起きてから4カ月目に入る。ウィーラー市長は連邦政府が申し出た解決支援策をすべて拒み、暴動の"自然消滅"を願っている。

シカゴも犯罪率が上昇し、ニューヨークの五番街のように有名デパートや高級店が1マイルにわたって並ぶ大通り「マグニッフィスント・マイル」が略奪被害に遭った。ライトウエイト市長は自宅警備に警官140人を配置したが、市民の警護には無策である。

ニューヨーク市は警察予算を10億ドル削減した。デブラジオ市長は予算の他分野への再分配と弁明した。

各地で暴動を主導する「ブラック・ライブズ・マター」（BLM）は創始者もリーダーも極左の組織で、名称から受ける印象と実態は全く違う。融和策が効かない集団に媚び、妥協を図ろうという民主党の処方箋は解決にはならない。

州知事も市長も民主党のケノーシャの例は象徴的だ。大統領が申し出た州兵千人を早期に受け入れると、暴動はすぐ治まった。要は政治的意志の問題だ。

1938年9月のミュンヘン会談を想起する。チェンバレン英首相の対ナチス・ドイツ宥和政策はどうだったか。結果は、チャーチルの登場が必要になったのである。

草野 徹（外交評論家）

---

## 海幕長

# 米太平洋艦隊司令官と会談

## リムパックの成果を確認

テレビ会談で日米海上部隊の連携強化を確認した山村海幕長（左）と米太平洋艦隊司令官のアクイリノ大将（9月4日）

山村海幕長は9月4日、米太平洋艦隊（ハワイ）司令官のジョン・アクイリノ海軍大将とテレビ会談を行った。

両者は、ハワイ周辺海域で8月17日から31日まで実施され、日米を含め10カ国が参加した環太平洋合同演習「リムパック2020」の成功をたたえ合うとともに、日米海上部隊が引き続き「自由で開かれたインド太平洋」の維持・強化のため、より積極的に連携していくことで一致した。

山村海幕長は同日の記者会見で「アクイリノ司令官にリムパックのホスト国としての感謝と敬意の気持ちを伝えた。リムパックではミサイル射撃など高練度を必要とする訓練を実施した。コロナ下で10カ国の海軍等の強い協力関係を示したことは意義があった」と述べるとともに、「司令官に現在の海自の取り組みを紹介し、『インド太平洋方面派遣訓練』部隊の航程においても米海軍との共同訓練の機会を模索することを相談した」と語った。

海幕長は9月8日、シンガポール海軍司令官のアーロン・ベン少将ともテレビ会談を行い、遠洋練習航海部隊の寄港や同国海軍との親善訓練の実施に謝意を伝えるとともに、今後も関係を強化していくことで一致した。

---

南スーダンから帰国した（左から）高橋3佐と佐藤3佐をねぎらう河野防衛相（右）＝9月11日、防衛省大臣室で

UNMISS 11次司令部要員

# 河野防衛相に帰国報告

## 高橋、佐藤3佐に3級賞詞

国連南スーダン共和国ミッション（UNMISS）に第11次司令部要員として、同国の首都ジュバに約1年2カ月間派遣されていた情報幕僚の高橋3佐と施設幕僚の佐藤3佐（共に陸上総隊所属）が帰国し、9月11日、河野大臣に帰国報告を行った。

山崎統幕長、湯浅陸幕長、加野統幕総括官らが立会する中、河野大臣は「コロナ禍の影響で勤務期間が延び、不安をお掛けしたが、2人とも日本を代表して手腕を振るってくれ、非常に高い評価を受けたと聞いている。今後、部隊に戻り、経験をしっかりと共有してほしい」と労をねぎらった。

高橋3佐は現地で情報の分析・評価に当たり、統合ミッション分析センターの維持・運営に寄与した。一方、佐藤3佐は南スーダン全域の補給幹線道路の整備を計画したほか、各国工兵隊の現状を把握して円滑な施設作業の遂行に寄与。今回の派遣でUNMISSから「軍事部門司令官表彰」を受賞した。

これに先立ち2人は、湯浅陸幕長に帰国を報告。陸幕副長の森下陸将、運用支援・訓練部長の戒田将補らが立会する中、湯浅陸幕長が2人にそれぞれ3級賞詞を授与し、任務完遂の功績をたたえた。

日本は2017年5月に陸自施設部隊が南スーダンPKOから撤収した後も、UNMISS司令部（約200人）には引き続き陸自隊員4人（兵站、情報、施設、航空運用の各幕僚）を派遣。4人は2人1組で出発時期を半年ずらして現地入りし、それぞれ約1年間の任務に就いている。

---

# インドネシア国軍司令官と会談

## 統幕長 防衛協力の推進で一致

山崎統幕長は9月7日、インドネシア国軍司令官のハディ・チャフヤント空軍大将と電話会談を行い、日インドネシア間の防衛協力推進の重要性を確認した。

会談は両国首脳間が2017年1月に合意した「戦略的パートナーシップの強化に関する共同声明」や日本と東南アジア諸国連合（ASEAN）との防衛協力の指針「ビエンチャン・ビジョン2・0」に基づき行われた。

インドネシア国軍のハディ司令官

両者は、2国間はじめ、日ASEAN関係の強化促進についても意見を交わし、国際社会や地域の平和と安定のため、共通の課題に対し、引き続き共に対応していくことで一致した。

また、新型コロナウイルス感染症に関する両国の状況を確認するとともに、感染拡大防止のための取り組みや自衛隊の活動などについて意見交換を行った。

---

# サイバー競技会開催

## 陸自システム防護隊が2部門で

【陸自システム通信団＝市ヶ谷】陸上総隊隷下のシステム通信団システム防護隊（隊長・平田高志1佐）はこのほど、サイバー攻撃等対処能力の向上と部隊の団結強化を目的に、全隊員が参加して約1週間に及ぶ「サイバー競技会」を実施した。

競技会はコロナ対策を講じた上で、「術科の部」と「学科の部」の2部門が行われ、それぞれ個人戦と部隊対抗戦で競い合った。

「術科の部」は、ネットワークやプログラミング、暗号、ウェブのほか、コンピューターに残されたアクセスログなどの証拠を調査するフォレンジックなどの専門分野から出題。

参加隊員は、マルウエア（悪意のあるソフトウエアやコードなど）の解析や、秘匿された通信の解読、仮想サーバーの調査など、情報セキュリティーに関するさまざまなスキルを駆使して隠された答えを見つけ出し、5時間以内に獲得した総得点で勝敗を争った。

サイバー空間で熱い戦いを繰り広げる陸自システム防護隊の隊員たち（市ヶ谷駐屯地で）

一方、「学科の部」は多肢選択式で行われ、情報セキュリティーに関する知識からサイバー攻撃等対処に必要な規則に関する事項まで幅広く出題された。

隊員は時間との闘いというプレッシャーにも負けずに難問に取り組み、特に「術科の部」ではキーボードを叩く音だけが会場に響き渡る緊迫した雰囲気の中、刻一刻と順位が入れ替わり、白熱した戦いが繰り広げられた。

システム防護隊は昨年8月に日米共同のサイバー競技会にも参加しており、高度化・巧妙化するサイバー攻撃に対処できるサイバー技術力を維持・向上するため、日々鍛磨を続けている。

---

# 幹部候補生150人が卒業

## 藤岡学校長「学んだ全てを出し切れ」

【陸幹候校＝前川原】陸自幹部候補生学校（学校長・藤岡史生将補）は9月9日、101期一般幹部候補生課程（部内、前段）を修了した学生150人の卒業式を行った。

お世話になった教官ら（右）に見送られ、幹部候補生学校を後にする101期部内一般幹候の卒業生たち（9月9日、陸自前川原駐屯地で）

式は湯浅陸幕長、竹本竜司西方総監、末吉洋明4師団長らが見守る中、剛健大講堂で行われ、藤岡学校長が一人一人に卒業証書を授与。その後、式辞で「ここにいる同期は生涯の友、教官・職員は生涯の師、そして幹候校は生涯の心のふるさとだ。卒業後は修得した全てを出し切り、強靭な陸自の創造のため全身全霊を注いでほしい」と、卒業生たちにはなむけの言葉を送った。

続いて湯浅陸幕長が「部隊・隊員を愛し、執念をもって日々の錬成に努めよ」「幹部の人生を通じて『私』を捨てる修行を継続せよ」と2点を要望し、「諸官らにとって『宝』である隊員を愛し、常に苦楽を共にし、執念をもって錬成に努める姿が後輩の目標になる。自分以外のものに価値観を置くことで人は強くなり、正しい判断や揺るぎない決断ができる」と述べた。

卒業生たちはこの後、グラウンドで卒業記念観閲行進を行い、区隊長の齊藤謙介1尉から激励の万歳三唱を受けて、前川原を後にした。

101期の卒業生たちは来年3月下旬に3尉に昇任し、幹部として所属部隊で任務に就く。

---

# 共済組合だより

## 子供が生まれた時は出産費が支給されます

防衛省共済組合の組合員または被扶養者が出産した時は、「出産費等」および「出産費附加金等」が支給されます。

○出産費等・出産費附加金等

組合員または被扶養者が出産した時は、「出産費」「家族出産費」として一律40万4000円（産科医療補償制度加算対象の場合は42万円）が支給されます。

さらに「出産費附加金」「家族出産費附加金」として4万円が支給されます。

支給方法は、上記支給額を限度として、①共済組合が組合員に代わって医療機関等に支払基金等を通して支払う「直接支払制度」を利用する方法、②組合員があらかじめ出産費等・出産費附加金等の受け取りを医療機関等に委任することにより、医療機関が支払基金等を通さずに、出産費等・出産費附加金を代理で受け取る「受取代理制度」を利用する方法、③出産後に組合員が共済組合に請求する方法があり、いずれかを選択できます。

◇

出産した子を組合員の被扶養者とする場合は、「被扶養者申告書」に必要書類（戸籍謄本等）を添付して共済組合の支部短期係に提出し、認定を受けてください。

このほか、組合員が育児のため勤務できないときは「育児休業手当金」が支給されます。

詳しくは『共済のしおり（GOOD LIFE）』または共済組合HP（https://www.boueikyosai.or.jp/）をご覧ください。

---

# 海賊対処37次隊

## 「ありあけ」が出港

ソマリア沖・アデン湾で民間船舶の護衛任務などに当たっている海自海賊対処水上部隊の交代のため、9月13日、37次隊の護衛艦「ありあけ」（指揮官・艦長の江澤斎高2佐以下約190人）が佐世保を出港した。

同艦には海上保安官8人も乗り組み、10月中旬に現地に到着後、36次隊の護衛艦「おおなみ」（同・石寺隆彦2佐）から任務を引き継ぐ。

一方、アフリカ東部のジブチを拠点にP3C哨戒機で上空から警戒監視任務に当たっている海賊対処航空部隊も9月6日、40次隊要員が成田空港から現地に向け出国した。

40次隊は司令の市川明伯2佐以下、5空群（那覇）基幹の海自隊員約60人で編成。2機のP3Cは翌7日、那覇航空基地からジブチに向け出発した。

任務を終える39次隊（司令・天沼知之2佐）の要員は9月23日に民航機で羽田空港に、P3Cは10月9日に八戸航空基地にそれぞれ帰国の予定。

---

# "ダメ・コン"手術を訓練

## 北演 大鹿札幌病院長らが視察

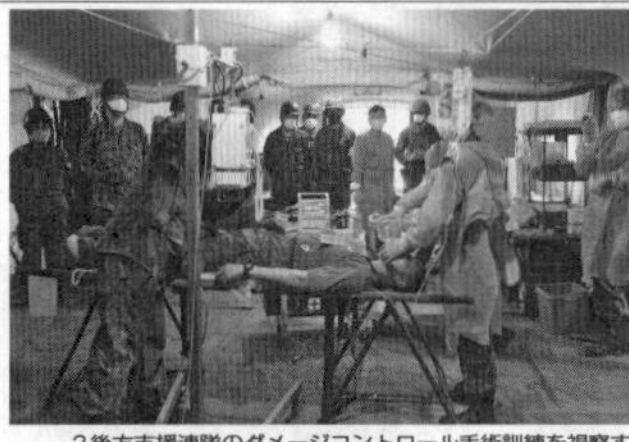

2後方支援連隊のダメージコントロール手術訓練を視察する自衛隊札幌病院の幹部（奥）ら＝9月6日、北海道大演習場島松地区で

【札幌病院＝真駒内】自衛隊札幌病院長の大鹿芳郎陸将ら幹部は9月6日、2後方支援連隊衛生隊が北部方面隊総合戦闘力演習中に北海道大演習場島松地区で実施した「ダメージコントロール手術（DCS）」訓練を視察した。

DCSは重傷外傷に対する術式で、訓練では隊員が負傷したとの想定で、患者収容、手術などの処置が本番と同様に行われた。

大鹿病院長らはその状況をつぶさに視察。この後、東千歳演習場に移動して北部方面衛生隊が実施する練成訓練、さらに札幌駐屯地では方面兵站・衛生調整所を視察し、有事の際の衛生部隊の運営要領を確認した。

各現場で大鹿病院長は病院所属の診療科医官、看護部看護官、方面兵站・衛生調整所要員らから状況を聴き取り、厳しい訓練に当たる隊員たちを激励した。

---

## 防衛省発令

▽統幕首席法務官付法務官（海幕首席法務官付法務官＝防衛＝兼海自幹部学校）　2海佐　若山　五郎
▽中央業務支援隊付（統幕計画課）　1陸佐　巽　直也
▽教育訓練研究本部教官（陸幕指揮通信システム・情報部付）　同　早川　健太郎
▽海幕首席法務官付法務官＝防衛＝兼海自幹部学校（海幕首席法務官付法務室）　2海佐　石井　浩一
▽海自警務隊本部（統幕首席法務官付法務官）　1海佐　恩蔵　洋
▽空幕首席法務官付法務官（航空総隊法務官）　1空佐　田中　愛久
▽解兼空幕首席法務官付法務官兼補 空幕首席法務官付次席法務官兼法務官　同　小山　晃紀雄
▽航空総隊法務官（空幕情報課）　同　富澤　寿明（以上9月7日）
▽海自幹部学校付研究部主任研究官　1海佐　吉田　太郎（9月11日）

---


最近のアジア情勢を体系的に情報収集する研究者・専門家・ビジネスマン・学生 必携の書!!

発売中!!

平和・安保研の年次報告書　アジアの安全保障2020-2021

コロナが生んだ米中「新冷戦」変質する国際関係

我が国の平和と安全に関し、総合的な調査研究と政策への提言を行っている平和・安全保障研究所が、総力を挙げて公刊する年次報告書。定評ある情勢認識と正確な情報分析。世界とアジアを理解し、各国の動向と思惑を読み解く最適の書。アジアの安全保障を本書が解き明かす!!

西原 正 監修
平和・安全保障研究所 編

判型 A5判／上製本／272ページ
定価 本体2,250円＋税
ISBN978-4-7509-4042-7

朝雲新聞社
〒160-0002 東京都新宿区四谷坂町12-20KKビル
TEL 03-3225-3841 FAX 03-3225-3831
http://www.asagumo-news.com

# 侵攻VS迎撃

## 水機団と空挺団　2師団と7師団

水陸機動団（相浦）と空挺団（習志野）が初めて協同で敵の"侵攻部隊役"を担い、これを迎え撃つ2、7師団というシナリオで行われた北部方面隊の「北方実動演習」が8月28日、道北の陸自天塩訓練場で報道公開された。この日は洋上の海自輸送艦「しもきた」から発進した水機団の水陸両用車AAV7の部隊が次々と海岸に上陸。これを阻止する2師団の26普連（留萌）との間で激しい戦闘が繰り広げられた。（写真・文　菱川浩嗣）

水陸両用車の上陸を阻止するため、13施群が構築した拒馬や鋼矢板などの障害について説明する群長の畠山義仁1佐（8月27日）

北方実動演習

「離島侵攻対処」

## 陸海空1万7000人が参加

今年の北演は「離島侵攻対処」をテーマに、道内の各演習場を一つの離島と見立てて8月24日から9月10日まで行われ、前田忠男北方総監を担任官に陸上総隊、北方、東北方、海自大湊地方隊、空自北空などから人員約1万7000人、車両5000両、航空機30機などが参加した。

北演初参加となった水機団と空挺団は対抗部隊として海と空から島嶼に"侵攻"、これを2師団（旭川）と7師団（東千歳）の部隊が迎え撃つ形で演習は進行した。

北海道への初上陸となった水機団は8月28日、天塩訓練場沖の輸送機「しもきた」から発進、AAV7で浜辺への着上陸を敢行した。

一方、防御側の2師団は侵攻部隊を水際で撃破するため、13施設群（幌別）が水陸両用の94式水際地雷敷設装置やUH1多用途ヘリを使って海岸線に地雷を敷設（模擬）。さらに浜辺に指向性散弾なども仕掛け、敵の水陸両用車や兵員の上陸阻止を図った。

そのころ、同じく侵攻部隊の空挺団は、北海道大演習場に一斉降下（訓練は悪天候で中止）。その後、水機団、空挺団に占拠された地域を7師団72戦連（北恵庭）が90式戦車などで撃破、奪還した。

一方、オホーツク海に近い鬼志別演習場では、侵攻してくる敵艦隊に向けての対艦戦闘が繰り広げられていた。1地対艦ミサイル連隊（北千歳）が車両搭載の88式地対艦誘導弾を展開し、海・空自の航空機や陸自情報部隊が収集した目標情報に基づき、敵艦隊に向けて対艦戦闘を実施した（模擬）。

このほか、離島上空に現れた敵機を迎撃するため、陸自の対空戦闘指揮統制システム（ADCCS）と空自の自動警戒管制システム（JADGE）を連接し、各地に展開した高射特科部隊が敵航空機やミサイルを撃破（模擬）する組織的な対空戦闘を行った。

敵艦隊の接近情報を受け、88式地対艦誘導弾（奥）の発射準備を行う1地対艦ミサイル連隊の隊員（手前）＝8月27日、鬼志別演習場で

沖合の海自輸送艦「しもきた」から発進、13施設群が構築した浜辺の「のこぎり型障害」を"突破"して次々と上陸する水機団のAAV7部隊（8月28日、北海道天塩町で）

上空から海岸線に地雷を散布する北方航のUH1多用途ヘリ（8月27日）

水際地雷を海中に敷設するため、浜辺から海に入る302水際障害中隊の94式水際地雷敷設装置（8月27日）

## 水機団AAV7上陸ルポ
## 障害突破、次々と浜辺へ

8月28日午前8時40分、天塩訓練場近くで水機団の上陸演習が報道陣に公開された。

北方総監部広報室報道班長の阪本宗礼3佐の案内で海岸一帯を見下ろせる小高い丘に上がると、眼下には13施群（幌別）が築いたという「ノコギリ型障害」が海岸沿いにずらりと並び、上陸してくる敵車両の行く手をはばんでいた。

「この障害は砂で作り上げました。高さは2メートル近くあり、敵の水陸両用車が上陸しようとすると溝にひっかかり、立ち往生することになります」と障害構築を指揮した13施設群長の畠山義仁1佐。今回の訓練では夜間、これらの障害が密かに爆破処理され、道ができた地点から水陸両用車が上陸してくるというシナリオで進められた。

「来ました！　AAV7です！」

阪本3佐の声に沖合に目を向けると、かすんだ水平線上に黒い点が見えた。水機団2水陸機動連隊（連隊長・武者利勝1佐以下約300人）のAAV7群だ。沖合3キロの輸送艦「しもきた」から発進した9両が徐々に姿を現した。AAV7の海上での速力は13キロ。車体は半分以上沈み、水しぶきを上げながら陸に近づき黒点はどんどん大きくなってくる。

午前10時ごろ、「のこぎり型障害」の"破れた箇所"を先頭のAAV7がついに上陸。不整地ということもあって車体は大きく傾くが、すぐに立て直し、力強く砂地に乗り上げていく。その後も後続のAAV7が次々と"島"に揚がってくる。

この敵の動向をじっと伺いながら海岸内に隠れていた26普連の隊員たちが、射程に入ったところで一斉に攻撃を開始。しかし、装甲の厚いAAV7は小銃・機関銃弾（空包）など物ともせず、9両が次々と砂浜に乗り上げて障害を突破し、土煙を巻き上げ、内陸へと侵攻していった。

途中、仕掛けられた障害物に車輪がとられ、立ち往生する車も出たが、これも難なく突破。目標地点に到達すると車内から水陸機動隊員たちが一斉に外に飛び出し、81ミリ迫撃砲の射撃態勢をとったところで状況を終えた。

水機団の車両部隊はその後、陸路で道央の北海道大演習場に進出。空挺団と協同して対抗演習や着上陸訓練を行い、技量を高めた。

統裁官を務めた前田北方総監は演習終了後、「今回の演習で作戦運用の実効性が向上し、今後の課題が明らかになった。引き続き陸自最大・最強の方面隊としてあらゆる事態に即応する」と訓練を総括した。

120ミリ迫撃砲の射撃を行う空挺団の隊員（8月25日、矢臼別演習場で）＝空挺団のツイッターから


隊員の皆様に好評の

『自衛隊援護協会発行図書』販売中

| 区分 | 図書名 | 改訂等 | 定価(円) | 隊員価格(円) |
|---|---|---|---|---|
| 援護 | 定年制自衛官の再就職必携 | ◎ | 1,300 | 1,200 |
| | 任期制自衛官の再就職必携 | | 1,300 | 1,200 |
| | 就職援護業務必携 | | 隊員限定 | 1,500 |
| | 退職予定自衛官の船員再就職必携 | | 720 | 720 |
| | 新・防災危機管理必携 | | 2,000 | 1,800 |
| 軍事 | 軍事和英辞典 | | 3,000 | 2,600 |
| | 軍事英和辞典 | | 3,000 | 2,600 |
| | 軍事略語英和辞典 | | 1,200 | 1,000 |
| | （上記3点セット） | | 6,500 | 5,500 |
| 教養 | 退職後直ちに役立つ労働・社会保険 | | 1,100 | 1,000 |
| | 再就職で自衛官のキャリアを生かすには | | 1,600 | 1,400 |
| | 自衛官のためのニューライフプラン | | 1,600 | 1,400 |
| | 初めての人のためのメンタルヘルス入門 | | 1,500 | 1,300 |

※　令和元年度「◎」の図書を改訂しました。

| | |
|---|---|
| 消費税 | ：価格は、税込みです。 |
| 発送 | ：メール便、宅配便などで発送します。送料は無料です。 |
| 代金支払い方法 | ：発送図書同封の振替払込用紙でお支払。払込手数料はご負担してください。 |

お申込みは「自衛隊援護協会」ホームページの「自衛官の皆様へ」タブから「書籍のご案内」へ・・・スマホで今すぐ検索「自衛隊援護協会」

(http://www.engokyokai.jp/)

一般財団法人自衛隊援護協会

電話：03－5227－5400、5401　FAX：03－5227－5402　専用回線：8－6－28865、28866

越後「たかの」スティック保存食

パスタやリゾットが携帯できる

イタリアンシェフシリーズ※

イタリアンレストランの味を携行食・増加食・保存食で！

※イタリアンシェフ監修

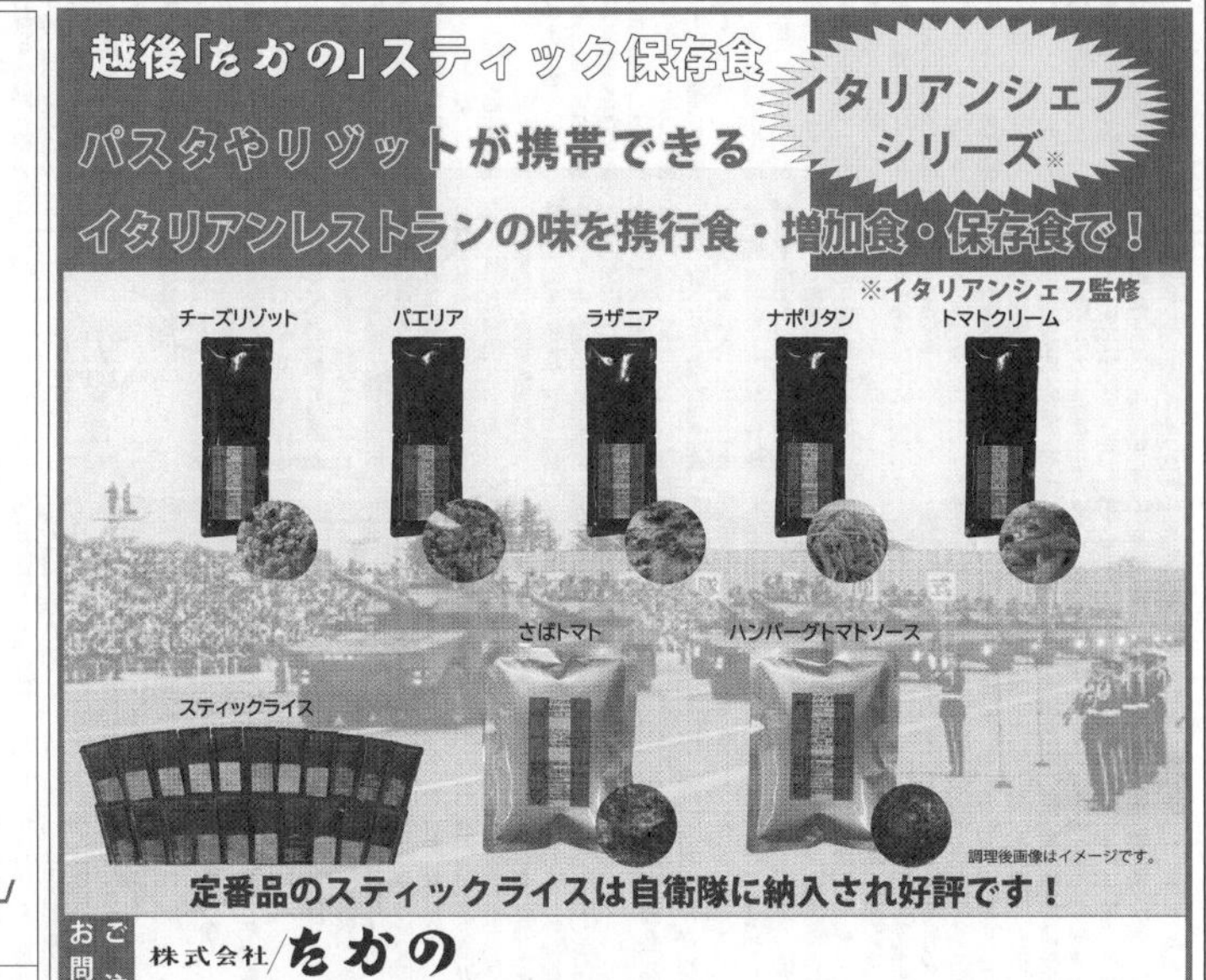


定番品のスティックライスは自衛隊に納入され好評です！

ご注文　お問合せ　株式会社 たかの

〒947-0052　新潟県小千谷市大字千谷甲 2837-1

TEL：0258-82-6500　FAX：0258-82-6620　MAIL：info@takano-niigata.co.jp

# 令和2年版 防衛白書 日本の防衛（要旨）

令和2年版防衛白書『日本の防衛』が7月14日の閣議で了承され（本紙7月30日付1面既報）、8月7日から一般の書店などで販売されている。A4判、509ページで価格は1397円（税込み）。今年は中国の軍事動向を詳細に記述したのが特徴で、沖縄県の尖閣諸島周辺で「力を背景とした一方的な現状変更の試みを執拗に継続している」と、尖閣をめぐり初めて「執拗」との表現を使って「強い懸念」を表明。北朝鮮のミサイルについても「攻撃態様の複雑化・多様化を執拗に追求している」と警鐘を鳴らした。白書の要旨を紙面で紹介する。

## 第I部 我が国を取り巻く安全保障環境

### 概観

◇現在の安全保障環境の特徴

既存の秩序をめぐる不確実性が増大し、政治・経済・軍事にわたる国家間の競争が顕在化。

・「ハイブリッド戦」に伴う複雑な対応の発生

・グレーゾーンの事態の長期化

テクノロジーの進化が安全保障に大きく影響。

・宇宙・サイバー・電磁波領域の重要性

・戦闘様相を一変させるゲーム・チェンジャー技術（人工知能技術、極超音速技術、高出力エネルギー技術など）

一国のみでの対応が困難な安全保障上の課題が顕在化。

・宇宙およびサイバーなどの新たな領域の安定的利用の確保、海上交通の安全確保、大量破壊兵器の拡散への対応、国際テロへの対応

新型コロナウイルス感染症は、各国の軍事活動などにもさまざまな影響・制約をもたらしつつあり、注目していくことが必要。

◇我が国周辺の安全保障環境

我が国周辺には、質・量に優れた軍事力を有する国家が集中。軍事力のさらなる強化や軍事活動の活発化の傾向が顕著。

インド太平洋地域は、十分な安全保障面の地域協力の枠組みなし。領土問題や統一問題といった従来からの問題も依然として存在。

近年、領土や主権、経済権益などをめぐり、グレーゾーンの事態が長期化するとともに、明確な兆候のないまま、より重大な事態へと急速に発展していくリスクを内包。

### 諸外国の防衛政策など

□米国

安全保障上の最優先課題は、修正主義勢力である中国・ロシアとの戦略的競争であると認識。特に、中国を第一の優先事項と位置づけ、中国に対する抑止を強化するために、インド太平洋地域の安全保障を最重視。

戦略文書において「ならず者国家」と位置づけられている北朝鮮の核能力は、米国にとって脅威であるとの認識のもと、制裁を維持するとともに、在韓米軍などによる確固たる軍事的即応性を維持しつつ、北朝鮮の非核化を追求。

インド太平洋地域および欧州地域に戦力を優先配分し、中東地域やアフリカ地域などの戦力を削減する方針。しかし、後者の地域においても安全保障上の課題に対処しており、戦力態勢の移行が円滑に行われているとは言い難い状況。

負担の少ないことが指摘される一部の同盟国が応分の負担を負うべきとの考え方を示し、北大西洋条約機構（NATO）加盟国に国防費の目標の早期達成を求めているほか、米軍駐留経費をめぐり韓国側により多くの負担の共有を要求。

イランとの間で緊張が高まっている中、イラン革命ガードのコッズ部隊司令官などをイラクで殺害。これに対し、イランはイラクの米軍駐留基地に弾道ミサイルを発射。

中東地域が緊迫の度を高めていることを受け、米国は中東の態勢を増強。また、英国などとともに国際海洋安全保障構成体（IMSC）を設立して艦艇などによる活動を実施。

□中国

【急速な軍近代化】

21世紀中葉までに中国軍を「世界一流の軍隊」とすることを目標に、透明性を欠いたまま、継続的に高い水準で国防費を増加。核・ミサイル戦力や海上・航空戦力を中心に、軍事力の質・量を広範かつ急速に強化。その際、情報優越を確実に確保するための作戦遂行能力の強化も重視し、宇宙・サイバー・電磁波の領域に関する能力も強化。

このような能力の強化は、「A2／AD」（接近阻止・領域拒否）能力やより遠方での作戦遂行能力の構築につながるもの。

さまざまな分野において軍隊資源と民間資源の双方向での結合を目指す軍民融合政策を全面的に推進し、軍事利用が可能な先端技術の開発・獲得および作戦遂行能力の向上を積極的に推進。

世界の軍事動向について「インテリジェント化（智能化）戦争が初めて姿を現している」とし、軍による人工知能の活用などの取り組み。

【我が国周辺海空域などにおける活動】

尖閣諸島周辺において力を背景とした一方的な現状変更の試みを執拗に継続しており、強く懸念される状況。

中国海上・航空戦力は、我が国周辺海空域における活動を拡大・活発化。行動を一方的にエスカレートさせる事案も。

いわゆる第一列島線を越えて第二列島線を含む海域への戦力投射を可能とする能力をはじめ、より遠方の海空域における作戦遂行能力の構築を目指していると考えられる。

太平洋、日本海などへの進出を伴う海上・航空戦力の訓練とみられる活動を継続。中国はこのような活動の「常態化」を企図していると考えられる。

南シナ海においては、軍事拠点化を進めるとともに、海空域における活動も拡大・活発化させ、力を背景とした一方的な現状変更の既成事実化を推進。

【より遠方の海域などにおける活動】

近年、インド洋などのより遠方の海域における作戦遂行能力を着々と向上。

「一帯一路」構想を推進。インド洋諸国や太平洋島嶼国での港湾インフラ建設支援は、軍事利用も可能な拠点の確保につながる可能性。また、軍が海賊対処活動による地域の安定化や共同訓練による沿線国のテロ対処能力の向上などを通じ、同構想の後ろ盾としての役割を担っている可能性。

□北朝鮮

【全般】

北朝鮮は、これまで6回の核実験を実施し、核兵器の小型化・弾頭化を既に実現しているとみられるほか、近年、前例のない頻度で弾道ミサイルの発射を繰り返すなど、大量破壊兵器や弾道ミサイル開発の推進および運用能力の向上を図ってきた。こうした北朝鮮の軍事動向は、我が国の安全に対する重大かつ差し迫った脅威。

18年6月の米朝首脳会談で金正恩委員長は朝鮮半島の完全な非核化の意思を表明したが、19年2月の米朝首脳会談は、米朝双方がいかなる合意にも達することなく終了。

19年12月の朝鮮労働党中央委員会総会において、金正恩委員長は米国の対北朝鮮敵視が撤回されるまで、戦略兵器開発を続ける旨表明。

【核開発の現状】

17年9月の6回目となる核実験は、水爆実験であった可能性も否定できず。

過去6回の核実験を通じた技術的成熟などを踏まえれば、既に核兵器を弾道ミサイルに搭載するための小型化・弾頭化の実現に至っているとみられる。

【ミサイル開発の現状】

16年来、70発を超える弾道ミサイルなどの発射を強行。その特徴は、①長射程化②飽和攻撃のために必要な正確性、連続射撃能力および運用能力の向上③奇襲的な攻撃能力の向上④低高度を変則的な軌道で飛翔⑤発射形態の多様化。

北朝鮮は、攻撃態様の複雑化・多様化を執拗に追求し、攻撃能力の強化・向上を着実に図っており、発射兆候の早期の把握や迎撃をより困難にするなど、我が国を含む関係国の情報収集・警戒、迎撃態勢への新たな課題に。

【「瀬取り」などの現状】

「瀬取り」などによる国連安保理の制裁逃れを図っているとみられ、19年には、国連安保理決議が定める上限を大きく上回る量の石油製品を不正に輸入したなどとの指摘。

□ロシア

通常戦力においても、第5世代戦闘機や大型攻撃用無人機などの開発を進めているほか、宇宙・電磁波などの新領域における活動を活発化。

【中国との連携強化の動き】

19年7月、ロシアのTu95長距離爆撃機2機が中国のH6爆撃機2機とともに、日本海から東シナ海にかけて共同哨戒飛行を実施。

同年9月、ロシアのショイグ国防相と中国中央軍事委員会の張副主席は、軍事および軍事技術協力に関する一連の文書に署名。

【北方領土および我が国周辺の活動】

我が国固有の領土である北方領土においてロシア軍の駐留を継続させ、昨今、その活動をより活発化。

19年6月にTu95長距離爆撃機2機が日本を周回飛行するとともに、太平洋を北上する際、2度にわたり領空侵犯。7月には早期警戒機A50が竹島上空を領空侵犯、20年2月には極東に配備されたSu34戦闘爆撃機を初確認。

### 中国（北京）を中心とする弾道ミサイルの射程（イメージ）

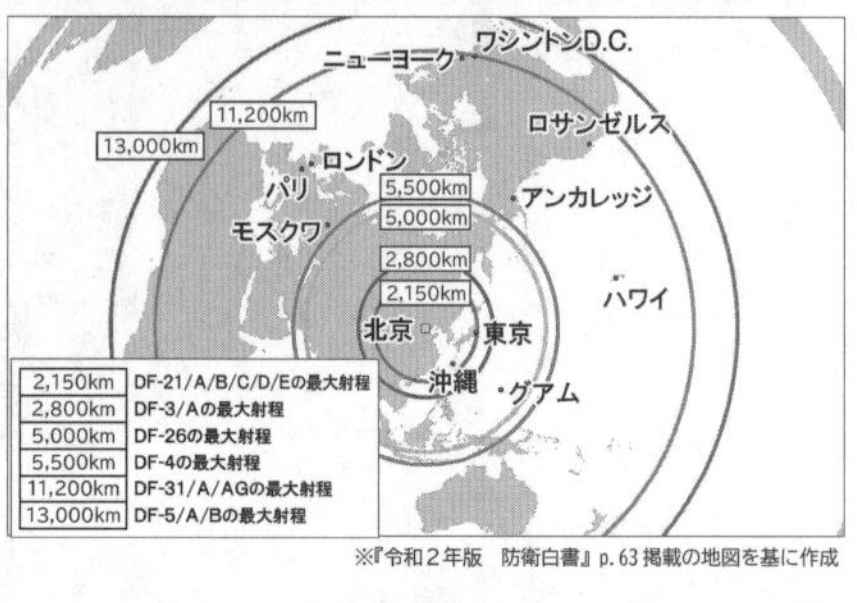

ニューヨーク　ワシントンD.C.　ロサンゼルス　ロンドン　パリ　モスクワ　アンカレッジ　ハワイ　北京　東京　沖縄　グアム

| | |
|---|---|
| 2,150km | DF-21/A/B/C/D/Eの最大射程 |
| 2,800km | DF-3/Aの最大射程 |
| 5,000km | DF-26の最大射程 |
| 5,500km | DF-4の最大射程 |
| 11,200km | DF-31/A/AGの最大射程 |
| 13,000km | DF-5/A/Bの最大射程 |

※『令和2年版　防衛白書』p.63 掲載の地図を基に作成

### 新たな領域をめぐる動向や国際社会の課題

【軍事科学技術】

中国およびロシアが開発中の先進的な極超音速技術について、米国は、既存のミサイル防衛システムに挑むものであると指摘。

【宇宙領域】

各国は宇宙空間において、宇宙空間を利用した自国の平和と安全を維持するための宇宙利用を推進。中国およびロシアは、米国やその同盟国の宇宙利用を妨害する能力を強化しているとの指摘。

【サイバー領域】

多くの外国軍隊はサイバー攻撃を敵の軍事活動を低コストで妨害可能な非対称的な攻撃手段として認識し、サイバー空間における攻撃能力を開発。

【電磁波領域】

電磁波利用の確保は、通信・レーダー装備などの運用のために必要不可欠。主要国は、電磁波利用の妨害（電子攻撃）を、敵の戦力発揮を効果的に阻止する非対称的な攻撃手段と認識し、その能力を向上。

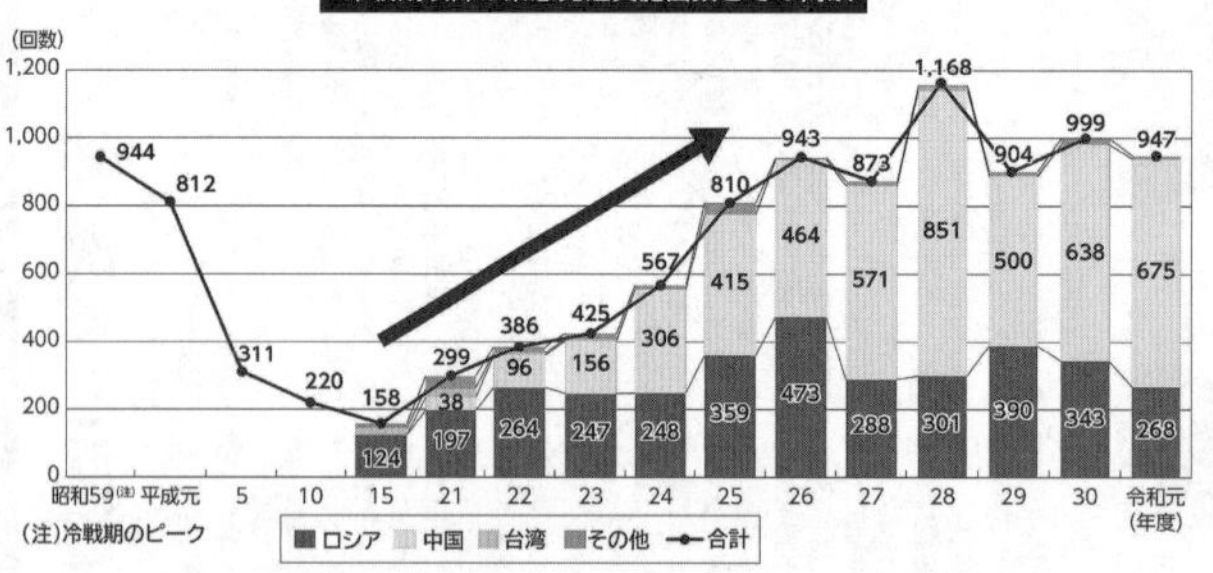

## 第II部 我が国の安全保障・防衛政策

【我が国防衛の基本方針】

防衛の目標として以下を規定

・平素から、我が国が持てる力を総合して、我が国にとって望ましい安全保障環境を創出

・我が国に侵害を加えることは容易ならざることであると相手に認識させ、脅威が及ぶことを抑止

・万が一、我が国に脅威が及ぶ場合には、確実に脅威に対処し、かつ被害を最小化

専守防衛等の基本方針の下、防衛の目標を達成するための手段である、我が国自身の防衛体制、日米同盟および安全保障協力を強化。

【防衛力の強化に当たっての優先事項】

格段に速度を増す安全保障環境の変化に対応するため、特に優先すべき事項について、可能な限り早期に強化。

・領域横断作戦に必要な能力の強化

宇宙・サイバー・電磁波といった新たな領域における能力の強化。

・海空領域における能力・スタンド・オフ防衛能力、総合ミサイル防空能力、機動・展開能力という従来の領域における能力の強化。

・弾薬、燃料等の確保、海上輸送路の安定的利用、重要インフラの防護等に必要な措置の推進といった、持続性・強靭性の強化。

○防衛力の中核的な構成要素の強化。

人的基盤、技術基盤や産業基盤の強化や装備体系の見直しなどによる防衛力の中心的な構成要素の強化。

### 冷戦期以降の緊急発進実施回数とその内訳

| 年度 | ロシア | 中国 | 合計 |
|---|---|---|---|
| 昭和59(注) | | | 944 |
| 平成元 | | | 812 |
| 5 | | | 311 |
| 10 | | | 220 |
| 15 | 124 | | 158 |
| 21 | 197 | 38 | 299 |
| 22 | 264 | 96 | 386 |
| 23 | 247 | 156 | 425 |
| 24 | 248 | 306 | 567 |
| 25 | 359 | 415 | 810 |
| 26 | 473 | 464 | 943 |
| 27 | 288 | 571 | 873 |
| 28 | 301 | 851 | 1,168 |
| 29 | 390 | 500 | 904 |
| 30 | 343 | 638 | 999 |
| 令和元 | 268 | 675 | 947 |

(回数)　■ロシア　■中国　■台湾　■その他　―●―合計　(年度)

(注)冷戦期のピーク

## 第III部 我が国防衛の三つの柱（防衛の目標を達成するための手段）

### 我が国自身の防衛体制

◇平時からグレーゾーンの事態への対応

【我が国周辺における常続監視】

自衛隊は、各種事態に迅速かつシームレスに対応するため、平素から領海・領空とその周辺の海空域において情報収集および警戒監視を実施している。

◇島嶼部を含む我が国に対する攻撃への対応

【島嶼部に対する攻撃への対応】

南西地域の防衛体制強化のため、20年3月には、宮古島に地対空誘導弾部隊および地対艦誘導弾部隊を配置した。今後は、石垣島にも初動を担任する警備部隊などを配置することとしている。

【ミサイル攻撃などへの対応】

我が国の弾道ミサイル防衛は、現在、イージス艦による上層での迎撃とペトリオットPAC3による下層での迎撃を、自動警戒管制システム（JADGE）により連携させて効果的に行う多層防衛を基本としている。

複雑化・多様化する経空脅威に対し、最適な手段による効果的・効率的な対処を行い、被害を局限するため、ミサイル防衛に加え、従来の防空のための装備品も併せ、一体的に運用する体制を確立し、常時持続的に我が国全土を防護するとともに、多数の複合的な経空脅威についても同時対処できる総合ミサイル防空能力を強化していくこととしている。

陸上配備型イージス・システム（イージス・アショア）については、20年6月、配備に関するプロセスを停止し、今後の対応について、国家安全保障会議における議論を踏まえて検討していくこととした。

◇宇宙・サイバー・電磁波の領域での対応

【宇宙領域での対応】

令和4年度までに宇宙状況監視（SSA）体制を構築することを目指しており、我が国の人工衛星にとって脅威となる宇宙ゴミなどを監視するためのレーダーと運用システムの整備を進めている。

本格的なSSAの運用開始や装備品の導入に先立ち、20年5月に宇宙作戦隊を新編した。

【サイバー領域での対応】

防衛省・自衛隊では、情報システムの安全性確保や専門部隊によるサイバー攻撃対処など、総合的な施策を行っている。

令和2年度に、サイバー防衛隊をさらに約70名増員し、約290名へと拡充する。

【電磁波領域での対応】

陸自電子戦部隊の新編などを引き続き行うほか、令和2年度には、電波妨害を行うスタンド・オフ電子戦機の開発、高出力マイクロ波や高出力レーザーといったゲーム・チェンジャーとなり得る技術の研究や開発を進めることとしている。

◇新型コロナウイルス感染拡大を受けた防衛省・自衛隊の取り組み

新型コロナウイルス感染症の感染拡大防止に向け、防衛省・自衛隊は、総力を挙げてさまざまな活動を行った。なお、これら活動に従事した隊員のうち感染者はゼロであった（20年5月31日現在）。

◇大規模災害などへの対応

自衛隊は、地方公共団体などと連携・協力し、被災者や遭難した船舶・航空機の捜索・救助、防疫などの活動を行っており、元年度は、8月の前線に伴う大雨（九州北部豪雨）、房総半島台風（台風第15号）、東日本台風（台風第19号）など449件の災害派遣を実施した。

◇中東地域における日本関係船舶の安全確保のための情報収集

中東地域における平和と安定および日本関係船舶の安全の確保のための我が国独自の取り組みの一環として、情報収集を目的とした海上自衛隊の艦艇を派遣するとともに、ソマリア沖・アデン湾にて活動している既存の海賊対処部隊を活用することを閣議決定した。

20年1月11日、海賊対処部隊が、交代のために固定翼哨戒機P3C（2機）で出国し、同月20日から情報収集活動を開始した。また、護衛艦「たかなみ」は同年2月2日に出港し、同月26日から現場海域における情報収集活動を開始した。同年5月10日には、「たかなみ」と交代するために護衛艦「きりさめ」が出港した。

### 日米同盟

◇日米安全保障体制の意義

本年、締結から60周年を迎えた日米安全保障条約に基づく日米安保体制は、我が国自身の防衛体制とあいまって我が国の安全保障の基軸である。

日米安保体制を中核とする日米同盟は、我が国のみならず、インド太平洋地域、さらには国際社会の平和と安定および繁栄に大きな役割を果たしている。

### 安全保障協力

防衛省・自衛隊は、多角的・多層的な安全保障協力を推進し、我が国にとって望ましい安全保障環境を創出していく。

▽「自由で開かれたインド太平洋」というビジョンのもとでの取り組み推進▽各国との防衛協力・交流の推進▽多国間における安全保障協力の推進▽能力構築支援への積極的かつ戦略的な取り組み▽多国籍部隊・監視団（MFO）への派遣▽国連南スーダン共和国ミッション（UNMISS）への派遣▽国連三角パートナーシップ・プロジェクト（UNTPP）への支援▽国際緊急援助活動への取り組み

## 第IV部 防衛力を構成する中心的な要素など

### 防衛力を支える人的基盤

◇人的基盤の強化

防衛大綱は、防衛力の中核は自衛隊員であり、自衛隊員の人材確保と能力・士気の向上は防衛力の強化に不可欠としている。そして、これらは人口減少と少子高齢化の急速な進展によって喫緊の課題となっており、防衛力の持続性・強靭性の観点からも、防衛力を支える人的基盤の強化をこれまで以上に推進していく必要があるとしている。

【人材の有効活用】

自衛官の若年定年年齢を20年から現中期防期間中に1歳、次期中期防期間中に1歳、階級ごとに段階的に引き上げることとしており、20年に1尉から1曹の定年年齢を引き上げた。

また、限られた人員で稼働率を確保していく観点から、海自の一部艦艇では、複数クルーで交替勤務し稼働日数の増加を図るクルー制を導入しており、新型艦艇（FFM）についてもクルー制の導入を検討している。

◇ワークライフバランス・女性の活躍のさらなる推進

【女性の活躍】

防衛省・自衛隊においては、女性自衛官の採用・登用に際しては、機会均等のさらなる徹底を図るとともに、本人の意欲と能力・適性に基づく適材適所の配置に努めることを、人事管理の方針としている。19年12月には、女性自衛官初のイージス艦艦長が就任するなど、女性自衛官の活躍が推進されている。

また、女性自衛官の配置制限について順次見直しを行い、18年12月に潜水艦の配置制限を解除したことにより、「母性の保護」の観点から女性が配置できない部隊（陸上自衛隊の特殊武器＝化学＝防護隊の一部および坑道中隊）を除き、配置制限を全面的に解除した。

### 防衛装備・技術に関する諸施策

◇技術基盤の強化

新たな領域に関する技術やゲーム・チェンジャーとなり得る重要技術など、戦略的に重要な装備・技術分野で技術的優越を確保し得るよう「中長期技術見積り」を見直している。

次期戦闘機の開発にあたっては、技術的信頼性の向上や我が国が負担するコストの低減のため、国際協力を視野に入れ、我が国が主導で開発する上で最適な開発手法を検討している。

### 情報機能の強化

情勢の推移に応じて的確に防衛政策を立案し、また、各種事態への対処において防衛力を効果的に運用するためには、我が国周辺などにおける中長期的な軍事動向を把握するとともに、各種事態の兆候を早期に察知することが必要である。このため、防衛省・自衛隊は、平素から、各種の手段による情報の迅速・的確な収集に努めている。

防衛省・自衛隊による具体的な情報収集の手段としては、①我が国上空に飛来する軍事通信電波や電子兵器の発する電波などの収集・処理・分析②各種画像衛星（情報収集衛星を含む）からのデータの収集・判読・分析③艦艇・航空機などによる警戒監視④各種公刊情報の収集・処理・分析⑤各国国防機関などとの情報交換⑥防衛駐在官などによる情報収集などがあげられる。

### 防衛力を支える要素

【自衛隊の訓練】

各自衛隊は、大綱および中期防に基づき、各種事態発生時に効果的に対処し、抑止力の実効性を高めるため、自衛隊の統合訓練・演習や日米共同訓練・演習を計画的かつ目に見える形で実施するとともに、これらの訓練・演習の教訓などを踏まえ、各種事態に対処するための各種計画等を不断に検証し、見直しを行っている。

### 地域社会・国民とのかかわり

【地域コミュニティーとの連携】

防衛省・自衛隊は、不発弾や機雷の処理など、民生支援としてさまざまな協力活動を行っている。

令和元年度は国家的行事である「即位の礼」に際して儀礼を実施した。

2021年に開催されることとなった東京オリンピック・パラリンピックに関しても、選手として参加するのみならず、競技会場周辺などの我が国上空・海域の警戒監視、大規模テロ等が発生した場合の被災者救援、サイバー攻撃等への対処に関する支援等に取り組んでいくこととしている。

コーサイ・サービスを便利に使おう！ "聞いたら得だし、役に立つ" 紙面・WEB同時開催

# 「秋のお住まい何でも相談フェア」

フェア期間 2020年9月17日〜2020年10月11日

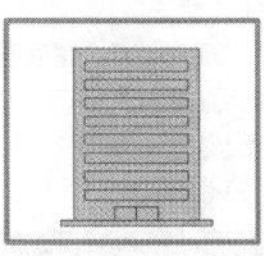

家を買うとき、売るとき、借りるとき、
リフォームするとき、貸すときも
コーサイ・サービスの「紹介カード」で
【割引特典】お得なサービス!!

コーサイ・サービスの提携会社なら安心です！

参加会社 14社

- 穴吹興産(株)
- (株)穴吹工務店
- JR西日本プロパティーズ(株)
- 住友林業(株)
- 大和ハウス工業(株)
- (株)タカラレーベン
- (株)タカラレーベン東北
- (株)タカラレーベン西日本
- 東京ガスリノベーション(株)
- 日本土地建物(株)
- パナソニックホームズ(株)
- (株)長谷工コーポレーション
- 古河林業(株)
- 明和地所(株)

## 東京都　クリオ市谷柳町　マンション

### 新宿、市ヶ谷、神楽坂の主要な都心エリアが生活圏

所在地：東京都新宿区市谷柳町23番2、他（地番）
交通：都営大江戸線「牛込柳町」駅徒歩1分
　　　都営新宿線「曙橋」駅徒歩9分
構造・規模：鉄筋コンクリート造　地上13階建
総戸数：61戸
入居予定時期：2021年8月下旬
提携特典（販売価格の0.5%割引）
施工会社：多田建設(株)
提携会社：明和地所(株)

## 東京都　クリオ練馬北町　マンション

### 堂々完成！開放感あふれる南東向きプラン

所在地：東京都練馬区北町1丁目26番12（住居表示）
交通：東武東上線「東武練馬」駅徒歩6分
構造・規模：鉄筋コンクリート造　地上10階建
総戸数：60戸
入居予定時期：即入居可（諸手続完了後）
提携特典（販売価格の0.5%割引）
施工会社：岩田地崎建設(株)
提携会社：明和地所(株)

## 東京都　プレミスト志村三丁目　マンション

### 全284邸の心地よさと安らぎ

所在地：東京都板橋区坂下2丁目23-7、22-1（地番）
交通：都営三田線「蓮根」駅徒歩8分・「志村三丁目」
　　　駅徒歩9分
構造・規模：鉄筋コンクリート造　地上12階建
総戸数：284戸
入居予定時期：即入居可（諸手続完了後）
提携特典（販売価格の1%割引）
施工会社：(株)長谷工コーポレーション
提携会社：大和ハウス工業(株)

## 東京都　プレミスト金町　マンション

### 未来に向けた再開発が進む「金町」に誕生する124邸

所在地：東京都葛飾区東金町3丁目2814番」6（地番）
交通：東京メトロ千代田線・常磐緩行線「金町」駅徒歩7分
　　　京成電鉄金町線「京成金町」駅から8分
構造・規模：鉄筋コンクリート造　地上15階建
総戸数：124戸
入居予定時期：2022年3月下旬
提携特典（販売価格の1%割引）
施工会社：(株)大京穴吹建設
提携会社：大和ハウス工業(株)

## 東京都　プレミストひばりヶ丘シーズンビュー　マンション

### ひばりが丘団地再生事業最終章

所在地：東京都西東京市ひばりが丘3-1616-20（地番）
交通：西武池袋線「ひばりヶ丘」駅徒歩23分
　　　西武池袋線「ひばりヶ丘」駅バス6分下車徒歩2分
構造・規模：鉄筋コンクリート造　地上8階建
総戸数：141戸
入居予定時期：即入居可（諸手続完了後）
提携特典（販売価格の1%割引）
施工会社：(株)長谷工コーポレーション
提携会社：大和ハウス工業(株)

## 神奈川県　レーベン本厚木 THE MASTERS TOWER　マンション

### 街に、暮らしに、天空に、新しきシンボルが出現する。
### ファミリータイプ 3LDK 3,300万円台～（予定）

所在地：神奈川県厚木市中町四丁目108番、109番、
　　　　110番（地番）
交通：小田急小田原線「本厚木」駅徒歩4分
構造・規模：鉄筋コンクリート造　地上19階建
総戸数：134戸
入居予定時期 2020年9月末
提携特典（販売価格の1%割引）
施工会社：大末建設(株)
提携会社：(株)タカラレーベン

## 神奈川県　バウス横須賀中央　マンション

### 全212邸の大規模レジデンス　堂々完成！

所在地：神奈川県横須賀市小川町10-1（地番）
交通：京急本線「横須賀中央」駅徒歩4分
構造・規模：鉄筋コンクリート造　地上17階建
総戸数：212戸
入居予定時期：即入居可（諸手続完了後）
提携特典（販売価格の1%割引）
施工会社：ファーストコーポレーション(株)・三信住建(株)
提携会社：日本土地建物(株)

## 神奈川県　プレディア横浜三ツ沢　マンション

### 選べる全5タイプ建物内モデルルーム公開中！

所在地：神奈川県横浜市保土ヶ谷区岡沢町81番1他（地番）
交通：横浜市営地下鉄ブルーライン「三ツ沢上町」駅徒歩4分
　　　JR京浜東北線・東急東横線「横浜」駅よりバス9分
　　　下車徒歩1分
構造・規模：鉄筋コンクリート造　地上7階建
総戸数：51戸
入居予定時期：即入居可（諸手続き完了後）
提携特典（販売価格の0.5%割引）
施工会社：新日本建設(株)
提携会社：JR西日本プロパティーズ(株)

## 神奈川県　ディアスタ横浜瀬谷　マンション

### 住み続けたい街　横浜瀬谷

所在地：神奈川県横浜市瀬谷区瀬谷三丁目19番1他（地番）
交通：相鉄本線「瀬谷」駅徒歩7分
構造・規模：鉄筋コンクリート造　地上6階建
総戸数：66戸
入居予定時期：即入居可（諸手続完了後）
提携特典（販売価格の0.5%割引）
施工会社：(株)長谷工コーポレーション
提携会社：JR西日本プロパティーズ(株)

## 千葉県　ルネ稲毛海岸グランマークス　マンション

### 広大な緑地と暮らす、南向き中心。３６０°開放レジデンス

所在地：千葉県千葉市美浜区稲毛海岸5丁目1-441（地番）
交通：JR京葉線「稲毛海岸」駅徒歩12分
　　　JR総武快速線「稲毛」駅バス8分下車徒歩2分
構造・規模：鉄筋コンクリート造　地上10階建
総戸数：331戸
入居予定時期：2020年11月末
提携特典（販売価格の1%割引）
施工会社：(株)長谷工コーポレーション
提携会社：(株)長谷工コーポレーション

## 埼玉県　バウス朝霞根岸台　マンション

### 憩いと潤いの杜にくつろぐ

所在地：埼玉県朝霞市根岸台5丁目6番6他（地番）
交通：東武東上線「朝霞」駅徒歩6分
構造・規模：鉄筋コンクリート造地上8階建
総戸数：86戸
入居予定時期：即入居可（諸手続完了後）
提携特典（販売価格の1%割引）
施工会社：(株)長谷工コーポレーション
提携会社：日本土地建物(株)

## 埼玉県　ブランシェラ川口 The Airy Site　マンション

### 多彩なライフスタイルにフィットする全21タイプ、４０バリエーション

所在地：埼玉県川口市朝日1丁目1455番、
　　　　2丁目1343番1（地番）
交通：JR京浜東北線「川口」駅バス5分下車徒歩5分
　　　埼玉高速鉄道「川口元郷」駅徒歩8分
構造・規模：鉄筋コンクリート造地上7階建
総戸数：118戸
入居予定時期：2021年4月上旬
提携特典（販売価格の1%割引）
施工会社：(株)長谷工コーポレーション
提携会社：(株)長谷工コーポレーション

コーサイ・サービスを便利に使おう！“聞いたら得だし、役に立つ” 紙面・WEB同時開催

# 「秋のお住まい何でも相談フェア」

フェア期間 2020年9月17日～2020年10月11日

① コーサイ・サービスが代行いたします。お忙しい皆さまの手間を省き、営業の煩わしさがありません。② 「秋のお住まい何でも相談フェア」にご参加の皆さまには、素敵なプレゼント！
資料請求・見積り・ご相談・来場予約・質問（気になる事・どんな小さな事でもOK）をコーサイ・サービスに依頼ください。詳細は、WEBをご覧ください。https://www.ksi-service.co.jp/

お客さま → ご依頼（メール・電話） → コーサイ・サービス → 直接 依頼・聞き取りなど → 提携各社・物件担当など
提携各社・物件担当など → 回答 → コーサイ・サービス → 回答（メール・書面・電話） → お客さま

お問合せ・ご参加は ⇒ https://www.ksi-service.co.jp/　コーサイ・サービス株式会社 03-5315-4170 ：担当 佐藤

## 宮城県　プレシス仙台高砂　マンション

自走式 平置駐車場100パーセント完備

所在地：宮城県仙台市宮城野区福室2丁目7番5（地番）
交通：JR仙石線「陸前高砂」駅徒歩5分
構造・規模：鉄筋コンクリート造地上15階建
総戸数：141戸
入居予定時期：即入居可（諸手続完了後）
提携特典（販売価格の1%割引）
施工会社：㈱冨士工
提携会社：㈱タカラレーベン東北

## 栃木県　サーパス ザ・タワー宇都宮　マンション

駅近5分×免震タワー

所在地：栃木県宇都宮市大通り3丁目3-6（地番）
交通：JR東北本線「宇都宮」駅徒歩5分
構造・規模：鉄筋コンクリート造　地上19階建
総戸数：124戸
入居予定時期：2022年2月中旬
提携特典（販売価格の1%割引）
施工会社：㈱穴吹工務店
提携会社：㈱穴吹工務店

## 鳥取県　アルファスマート西福原けやき通り　マンション

けやき通り、そして大山　四季を奏でる至福の邸

所在地：鳥取県米子市西福原7丁目1118番1（地番）
交通：JR境線「後藤」駅　徒歩29分
「西福原」バス停　徒歩7分
構造・規模：鉄筋コンクリート造　地上8階建
総戸数：55戸
入居予定時期：2021年12月下旬
提携特典（販売価格の2%割引）
施工会社：㈱鴻池組
提携会社：穴吹興産㈱

## 鳥取県　アルファスマート西福原　マンション

米子の中心を極める

所在地：鳥取県米子市西福原3丁目648番1（地番）
交通：「循環天満屋前」バス停　徒歩4分・「天満屋前」バス停　徒歩5分
JR境線「富士見町」駅　徒歩16分
構造・規模：鉄筋コンクリート造　地上6階建
総戸数：35戸
入居予定時期：2021年9月下旬予定
提携特典（販売価格の2%割引）
施工会社：㈱鴻池組　提携会社：穴吹興産㈱

## 長崎県　アルファステイツ高天　マンション

佐世保市の中心を謳歌する暮らし

所在地：長崎県佐世保市高天町112番1（地番）
交通：JR佐世保線・松浦鉄道西九州線「佐世保」駅徒歩16分
松浦鉄道西九州線「中佐世保」駅徒歩9分
構造・規模：鉄筋コンクリート造　地上12階建
総戸数：41戸
入居予定時期：2021年7月下旬
提携特典（販売価格の2%割引）
施工会社：㈱池田工業
提携会社：穴吹興産㈱

## 沖縄県　ブランシェラ那覇曙プレミスト　マンション

まだ知られていない那覇がある

所在地：沖縄県那覇市曙3丁目16-1（地番）
交通：那覇バス「倉庫前」バス停下車徒歩3分
構造・規模：鉄筋コンクリート造　地上14階建
総戸数：117戸
入居予定時期：2022年3月中旬
提携特典（販売価格の1%割引）
施工会社：㈱長谷工コーポレーション
提携会社：㈱長谷工コーポレーション

## 千葉県　バウスガーデン市川国府台　戸建

市川真間の高台で、家族のための住まいを

所在地：千葉県市川市真間5丁目146番1他（地番）
交通：京成電鉄本線「国府台」駅徒歩14分・「市川真間」駅徒歩15分
JR総武快速線「市川」駅徒歩18分
総戸数：21戸
入居予定時期：即入居可（諸手続き完了後）
提携特典（販売価格の1%割引）
提携会社：日本土地建物㈱

## 千葉県　八千代台グレイスフィールド　戸建

シンボルタウン新街区オープン

所在地：千葉県八千代市八千代台北11丁目308番114他（地番）
交通：京成電鉄本線「八千代台」駅徒歩9分
総区画数：287区画（うち72区画）
入居予定時期：即入居可（諸手続完了後）
提携特典（販売価格の0.5%割引）
提携会社：パナソニックホームズ㈱

## 埼玉県　未来の森ガーデン東久留米　戸建

快適な日々を支える安全性・信頼性の高い地に誕生

所在地：埼玉県新座市西堀2丁目15-11他（地番）
交通：西武池袋線「東久留米」駅バス8分「西堀小学校」バス停下車1分
東武東上線「朝霞台」駅バス26分「西堀」バス停下車徒歩4分
総区画数：56区画（うち28区画）
入居予定時期：即入居可（諸手続完了後）
提携特典（販売価格の0.5%割引）
提携会社：パナソニックホームズ㈱

## 茨城県　つなぐ森みらい平　戸建

『サトヤマ』の懐かしくも新しい「森」のある暮らし

所在地：茨城県つくばみらい市富士見ヶ丘1丁目27番46他
交通：つくばエクスプレス「みらい平」駅徒歩17分
総区画数：68区画（うち9区画）
入居予定時期：即入居可（諸手続完了後）
提携特典（販売価格の0.5%割引）
提携会社：パナソニックホームズ㈱

「秋のお住まい何でも相談フェア」開催！

# コーサイ・サービスを便利に使おう！“聞いたら得だし、役に立つ” 紙面・WEB同時開催

# 「秋のお住まい何でも相談フェア」

フェア期間 2020年9月17日〜2020年10月11日

【住まいのご相談・お問合せ】コーサイ・サービス株式会社 ☎03-5315-4170（住宅専用）担当：佐藤　東京都新宿区四谷坂町12番20号KKビル4F／営業時間 9:00〜17:00 ／定休日 土・日・祝日

お客様を当社の自社林にご招待し、散策していただきながら大黒柱を選び、伐り出し、新しい家の大黒柱として使っていただく「大黒柱ツアー」。林業経営会社ならではの大人気ツアーです。

【自社林】秋田・北秋田市の杉林

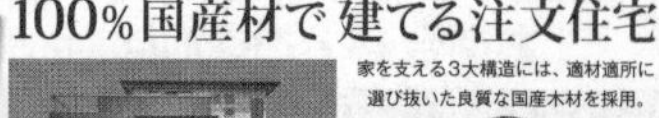

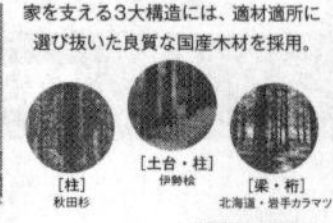


■お問い合わせ、資料請求は
古河林業 特販部 丸の内ギャラリー
土・日も18時まで営業中 どうぞお気軽に
0120-70-1281 担当：高田
E-mail e.tokuhan@furukawa-ringyo.co.jp
https://www.furukawa-ringyo.co.jp/
〒100-0005 東京都千代田区丸の内2-2-3 丸の内仲通りビル1F
TEL.03-3201-5061(代) FAX.03-3201-5081
東京・神奈川・埼玉・千葉・栃木・三重県にモデルハウスがございますので、ぜひお問い合わせください。

リフォーム相談会開催！ 2020年9月26日(土)・27日(日) LIXIL(新宿・横浜ショールーム)
ご来場特典多数！ 完全予約制！ 2020年10月3日(土)・4日(日) TOTO(新宿ショールーム)

※2020年7月1日東京ガスリモデリング株式会社は東京ガスリノベーション株式会社に社名変更いたしました。今までと変わらぬご愛顧の程、よろしくお願い申し上げます。

提携割引特典
リフォーム お見積金額の5%OFF
仲介 不動産仲介手数料の15%OFF

首都圏の店舗でお待ちしています！
対応地域は東京都・神奈川県・埼玉県・千葉県の一部地域を除いたエリアとなります。ご了承ください。

東京ガスリノベーション
ご提携会社様専用サイト
https://rn.tgrv.co.jp/houjin/B502/
0120-11-0062
法人営業グループ / 9:30〜17:30(日・祝日定休)

## キッチン&キッチン キャンペーン

お引渡し期限 2021年3月31日(水)まで

※別途工事費がかかります。※オプション・部材などは割引率が異なる場合があります。※提携特典との併用はできませんので予めご了承ください。※画像はイメージです。※詳細はお問合せください。

物件探しからリフォームまで！
中古物件探しからリフォームまで、ワンストップでご提案いたします。もちろんリフォームのみも承ります。

戸建・マンション対応！
■全面リフォーム ■水廻り
■間取変更 ■耐震(戸建)
■屋根外壁塗装 ■バリアフリーなど

安心のアフターフォロー体制！
工事完了3ヶ月、1年後に点検を行います。

TOTOのおすすめ！
水まわりリフォーム3点パック

メーカー希望小売価格 3点合計 1,271,900円 → 3点まとめて 68万円

あなた以上に、あなたのために。

明和地所の仲介

売却も、購入も、
明和地所の仲介に
お任せください。

売却も 購入も
25% OFF 仲介手数料

「明和地所の仲介」店舗一覧
営業時間／10:00〜20:00 定休日／火・水曜日

| 渋谷店 | 渋谷店一課 | 上野店 | 国分寺店 |
|---|---|---|---|
| 横浜店 | 川崎店 | 海老名店 | 札幌店 |

紹介カードを発行、もしくは下記フリーダイヤルにお問い合わせください。担当店舗よりご連絡させて頂きます。

ご希望の方に、売却・購入ハンドブックプレゼント!! 詳しくは係員までお尋ねください。

0120-227-997
携帯電話・PHSからもご利用いただけます。受付時間 / 9:00〜17:00
MEIWA 明和地所　明和地所 提携 検索

木と生きる幸福 住友林業
土地探し　家づくり　リフォーム

家づくりの全てをサポートいたします！
私たちOBにご相談ください。

## 法人提携割引

| 戸建住宅 | 建物本体工事価格の3％割引 |
|---|---|
| リフォーム | 増改築工事見積書に記載された工事代金の3％割引 |

防衛省にお勤めである旨を必ず当社担当者にお伝えください。

「ForestSelection BF」は提携法人サイト内「カタログ請求」または下記フリーコールよりお申し込みください。
スマートフォン推奨

お近くの住友林業の住宅展示場にも是非お越しください！ 住友林業 展示場 検索

0120-667-683
■午前9時30分から午後5時まで(年中無休)

住友林業株式会社
住宅・建築事業本部 営業推進部 法人営業グループ
〒100-8270
東京都千代田区大手町1-3-2 経団連会館(受付8階)
TEL:03-3214-3600 FAX:03-3214-3601

Panasonic Homes & Living

住まいのことならパナソニック ホームズにご相談ください！
私たち自衛隊OBがしっかりサポートします！

全国のご相談を承ります。
各地でセミナーや相談会を実施しています。

小野寺 一夫【陸】＜東北担当(在仙台)＞ 携帯:080-8944-0082 TEL:022-371-6811
松嶋 陽二【陸】＜近畿担当(在大阪)＞ 携帯:080-8939-7271 TEL:06-6834-3867
精木 一徳【海】＜中四国担当(在広島)＞ 携帯:080-8511-6424 TEL:082-276-8746
亀川 俊喜【陸】＜全国担当(在東京)＞ 携帯:080-8525-7037 0120-874-548
佐野 説雄【陸】＜九州担当(在熊本)＞ 携帯:080-2404-9506
井上 信夫【陸】＜東部担当(在東京)＞ 携帯:080-1494-9352 0120-874-548
高江洲 浩之【陸】＜沖縄担当(在沖縄)＞ 携帯:090-9784-1729 TEL:098-942-2234
浮須 一郎【空】＜全国兼中部担当(在名古屋)＞ 携帯:080-2510-7481 TEL:052-703-6277

自衛隊の皆さまの提携割引！ コーサイサービス提携割引でご提供します。
新築請負住宅 建物本体価格の3%割引
分譲建売住宅・分譲マンション 販売価格の0.5%割引
リフォーム 見積価格の3%割引

パナソニック ホームズ株式会社
0120-874-548 法人・LE営業部 防衛省住まいづくり支援チーム
防衛省(コーサイ・サービス)様 https://homes.panasonic.com/teikei/ksi-service

HASEKO

※施工戸数累計約65.6万戸:(株)長谷工総合研究所調べ(2020年7月末現在)

New セントドリームプロジェクト(セントガーデン海老名) 神奈川県海老名市

提携特典 販売価格(税込)より1.0%割引

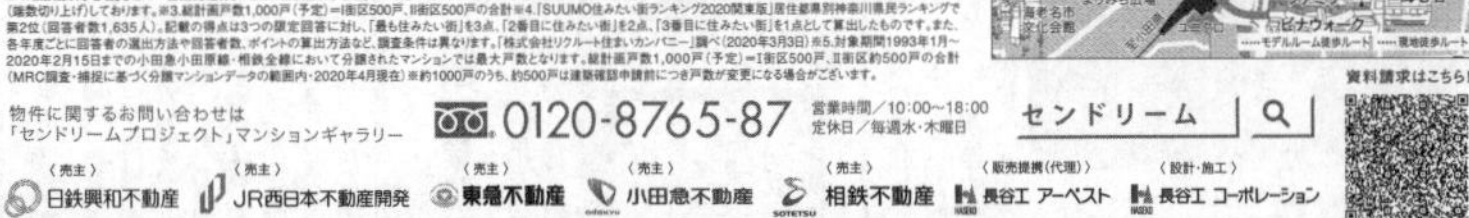

物件に関するお問い合わせは「セントドリームプロジェクト」マンションギャラリー 0120-8765-87 営業時間/10:00～18:00 定休日/毎週木曜日

セントドリーム

資料請求はこちら!

日鉄興和不動産 JR西日本不動産開発 東急不動産 小田急不動産 相鉄不動産 長谷工アーベスト 長谷工コーポレーション

New ミラツカプロジェクト(仮称) 神奈川県平塚市

提携特典 販売価格(税込)より1.0%割引

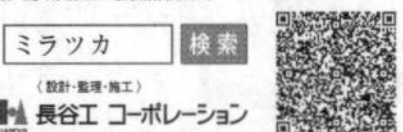

物件に関するお問い合わせは 0120-225-184 営業時間 平日11:00～18:00 土日祝10:00～18:00 定休日 毎週水・木曜日(祝日除く)

ミラツカ 検索

資料請求はこちら!

近鉄不動産 西日本鉄道株式会社 第一交通産業株式会社 長谷工アーベスト 長谷工コーポレーション

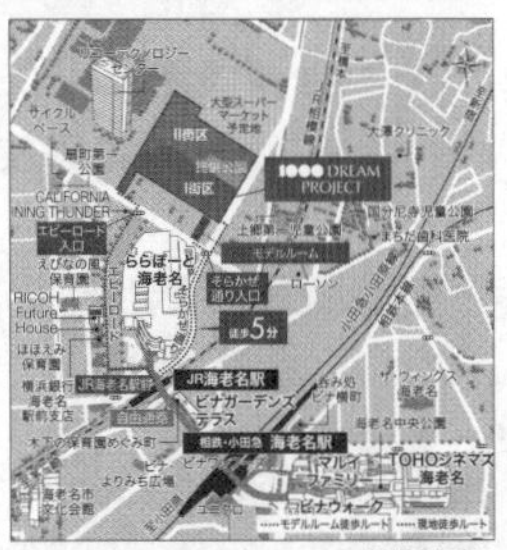

人気 ハイムスイート朝霞 埼玉県朝霞市

提携特典 販売価格(税込)より1.0%割引

お問い合わせは「ハイムスイート朝霞」マンションギャラリーまで 0120-816-114 営業時間/10:00～18:00 定休日/火・水曜日(祝日除く)

ハイムスイート朝霞

資料請求はこちら!

積水化学工業株式会社 長谷工アーベスト 長谷工コーポレーション

防衛省にお勤めの皆様限定! 資料請求&ご来場キャンペーン【2020年12月末まで】

資料請求特典 専用QRコードより資料請求のうえ「紹介カード」を発行いただくと amazonギフト券 1,000円分プレゼント!

来場特典 「紹介カード」をご持参のうえモデルルームへご予約来場いただくと amazonギフト券 2,000円分プレゼント!

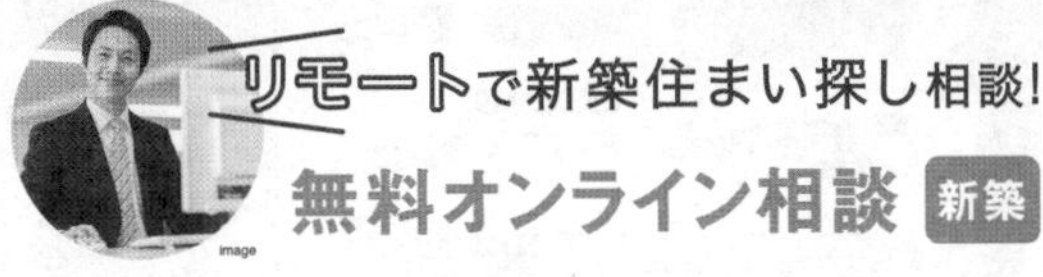


販売センターなどに出かけずに、気軽に相談できます!

効率的に情報入手ができるので、忙しい方にぴったり!

質問がしやすいので、予算などを気軽な相談可!

無料オンライン相談の流れ

1 オンライン予約フォームに入力 → 2 後日担当者より連絡 → 3 日程調整のうえ予約確定 → 4 スマホやPCの画面で相談!

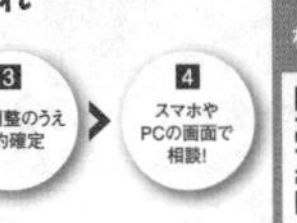


【提携先】 長谷工コーポレーション

提携特典及びキャンペーンに関するお問い合わせは(株)長谷工コーポレーション「提携お客様サロン」 0120-958-909 営業時間 9:00～17:00 定休日 土・日・祝日 teikei@haseko.co.jp

その他の新築物件一覧はこちらのホームページからご覧いただけます▶ http://haseko-teikei.jp/kosaiservice/

※提携特典及びキャンペーンをご利用いただくためには、コーサイ・サービス(株)が発行する「紹介カード」が必要です。

〈紹介カード発行先〉コーサイ・サービス株式会社 担当:佐藤 HP: https://www.ksi-service.co.jp/ [ID]teikei [PW]109109(トクトク)

TEL: 03-5315-4170 E-mail: k-satou@ksi-service.co.jp

# 募集・援護

特集

平和を、仕事にする。

ただいま募集中！
◇自衛官候補生
◇防大（一般）
◇防医大（医学・看護）
★詳細は最寄りの自衛隊地方協力本部へ

## With コロナ　対策万全に体験ツアー

「自衛隊の受験を検討しているが、コロナによる自粛で職場訪問ができず不安です」――。新型コロナの影響で、航空自衛隊の年内の航空祭がすべて中止となるなど、入隊を希望する生徒や学生たちにとって、自衛隊を実地に体感できない厳しい状況が続いている。そんな中、陸自では夏休み中の生徒たちに16式機動戦闘車に試乗してもらうなど安全対策を十分にとって「自衛隊体験ツアー」を予定通り開催した。これを受け、各地本も生徒たちを引率し、志願者増に全力を傾注している。

### 香川　MCV 高校生ら体験

【香川】地本は8月8日、陸自14旅団が善通寺駐屯地を会場に主催した「募集広報の日」に高校生ら募集対象者45人を引率した。

新型コロナの影響で2月下旬から自衛隊のイベントも中止になる中、今回の「募集広報の日」は、入門時の検温、マスクの着用、ソーシャルディスタンスの確保などを徹底し、対コロナ対策を万全にして開催された。

当日は若手隊員と募集対象者、部隊長と保護者の懇談、施設見学、体験喫食、体験乗車や職種紹介など、さまざまな企画が用意され、参加者は駐屯地内の雰囲気や陸自の装備品を堪能していた。

特に注目を集めたのが15即応機動連隊（善通寺）に配備された最新の16式機動戦闘車（MCV）の体験乗車で、参加した若者からは「この車両に乗れて、本当に良い思い出になった」「すべてカッコイイです！」などの声が聞かれた。

また、職種紹介では、14旅団の各部隊が四国4県から善通寺に集結し、それぞれの職種・職域を丁寧に説明、陸自にはさまざまな仕事があることを募集対象者にアピールした。特に、警務や会計職種に関しては「自衛隊にこんな業務があるとは」と家族を含め興味津々の様子だった。

参加した高校生たちは、「今年度、自衛隊を受験しようと思っていたがコロナの影響もあり自衛隊を知る機会が少なく、不安だった。しかし、善通寺駐屯地での今回の企画に参加できて本当に良かった」などと語り、うれしそうに帰っていった。

14旅団の「募集広報の日」のイベントで16式機動戦闘車に体験乗車した若者たち（8月8日、陸自善通寺駐屯地で）

### 京都　江口1士の母校訪問を支援

【京都】舞鶴地域事務所は8月19日、空自2補給処（岐阜）の協力のもと、同隊に所属する江口仁人（まさと）1空士の母校訪問を支援した。

江口1士は平成30年度に自候生として入隊、2補に配置され、充実した隊員生活を送っている。

今回、母校の京都府立東舞鶴高校を約2年5カ月ぶりに再訪。かつてお世話になった進路指導部長と進路指導担当教諭に面会し、江口1士は入隊後の勤務の様子や空自の職種などを説明、自衛隊の魅力をPRした。

帰郷報告を受けた両教諭は、「自衛隊に入隊後、明るく、たくましく成長しているのがわかりました。今後も平和を守る自衛隊員として頑張ってください」と江口1士にエールを送った。

高校時代の恩師（右）に帰郷広報を行う江口1士（左手前）＝8月19日、京都府立東舞鶴高校で

### 高工校の2生徒 夏休みに母校へ　神奈川

【神奈川】横浜中央募集案内所は8月3、4の両日、高等工科学校（武山）に在学中の生徒の母校訪問を行った。

これは夏季休暇を利用し、それぞれの母校への近況報告に同行したもので、中川圭吾生徒は横浜市瀬谷区の県立瀬谷西高校、柳翔生徒は同市戸塚区の境木中学校を訪問した。

中川生徒は瀬谷西高1年生の時に高工校採用試験に合格し、入校した。

現在2年生は2年ぶりの母校訪問だったが、当時の数学の担任が出迎え「体つきが変わったね」と久しぶりに見る精悍な姿に驚いた様子だった。

一方、1年生の柳生徒は約4カ月ぶりの母校訪問。当時の担任からは「短い期間で成長したね」と声をかけてもらうと、はにかみながら笑顔を見せていた。

コロナ禍にあって2人は「訪問を歓迎してもらいうれしかった」「卒業からあまり時間はたっていないはずなのに、とても懐かしく感じた」と感想を語っていた。

高工校の制服姿で母校を訪問し、当時の担任の三瓶教諭（左）と記念撮影に納まる柳生徒（中央）＝8月3日、横浜市立境木中学校で

### 帯広　★★★★ 平山期間業務隊員に褒賞状 ★★★★

【帯広】地本の総務課に期間業務隊員として勤務する平山[illegible]予備3陸曹はこのほど、[illegible]から褒賞状を授与された＝写真。

平山3曹は平成[illegible]年4月に即応予備自衛官として任用。26年4月に期間業務隊員に採用された。[illegible]

[illegible]の装輪操縦手として訓練に6年間連続で参加し、全般にわたり[illegible]。また、30年9月の北海道胆振東部地震の災害派遣では、[illegible]方混成団長から表彰されている。

平山3曹は「この[illegible]」と話している。

### 旭川　女性による女性のための自衛隊ガールズトーク

【旭川】地本は8月22日、旭川市内のホテルで女性限定イベント「自衛隊ガールズトーク」を開催した。

この催しは、女性自衛官の活躍を広く一般に紹介し、職業としての自衛隊を理解してもらうために行ったもので、管内の高校生や社会人ら女性33人が参加した。

地本運営スタッフも全て女性で編成し、女性広報官による自衛官の仕事の説明に続いて、陸・海・空の現役女性自衛官がグループ懇談や制服試着などを行うと、各テーブルで和やかなトークが繰り広げられた。

参加者からは「自衛官の給料はいいのか」「休日は何をしているのか」「職場で彼氏はできるか」など女子特有の質問も飛び出した。

また、今回は「女子力アップ講座」として旭川市内の美容院やサロンから講師を招き、「美容セルフケア講座」も開催。内面から元気になる方法を学んだ。

参加者からは「女性自衛官と話せて自衛隊の魅力が分かった」「制服がかわいい」「今回はお付き合いで来たが、自衛官に興味を持った」などの感想が聞かれた。

女性自衛官からは「参加者に自分たちの思いを伝えることができうれしかった」「時間が短く感じるほどトークが盛り上がった」と手ごたえを感じていた様子だった。

フェイスガードでコロナ対策を講じ、女性自衛官（右奥）から自衛隊生活を学ぶ女子学生ら（8月22日、北海道旭川市で）

### 札幌　北方主催の「ノーザン・スピリット」 高校生ら145人案内

【札幌】地本は8月1日から同30日まで、陸自北部方面隊が主催する陸・海・空自衛隊総合広報「ノーザン・スピリット20」に参加し、高校生や大学・専門学生ら145人を各部隊に案内した。

この広報イベントは例年、2泊3日のツアーを1回行うが、今年は3密防止などのコロナ対策で、「1泊2日」を2回、「日帰り」を2回計画し、自衛隊に興味を持つ若者の参加者を募った。

その結果、145人が参加。一行は自衛隊の駐屯地や基地を訪れ、90式戦車の試乗、空自CH47輸送ヘリ体験搭乗や空自B777―300政府専用機をはじめとする研修や宿泊体験、現職自衛官との懇談を通じ、自衛官という職業について理解を深めていた。また、部隊では同世代の仲間と寝食を共にすることで親交を深め、将来に向けての夢や希望などを語り合った。

研修後のアンケートでは「小さい時から自衛隊に憧れていた。隊員の生活を体験してみて、受験への意欲がさらに高まった」「自衛隊には陸海空の違いだけでなく、多くの職種があるとわかった。自衛隊のイメージが変わった」との感想があった。

首相が外国訪問などに用いる新政府専用機B777―300を見学する「ノーザン・スピリット」の参加者（8月29日、空自千歳基地で）

### 茨城　護衛艦「まや」を間近に

【茨城】地本募集課は8月6日、海自横須賀基地で行われた最新のイージス護衛艦「まや」の艦内見学と曳船による体験航海に高校生ら14人を引率した。

「まや」は今年3月19日に就役したばかりで、参加者からは「まさか最新鋭の護衛艦を見学できるとは思わなかった」「艦内はきれいで装備は迫力があった」「海上自衛隊への応募を検討したい」などと感想を語り、みな感激した様子だった。

イージス護衛艦「まや」に乗艦し、乗員から装備品の説明を聞く高校生たち（8月6日、海自横須賀基地で）

### 長崎　「パワーアドベンチャー」 陸海空の第一線部隊見学

【長崎】地本は8月4日から6日まで、西方総監部が実施した「パワーアドベンチャー」に高校生ら延べ115人を引率した。

同イベントは若者に陸・海・空自の第一線部隊を見てもらい、進路選択の一助としてもらうことを目的に毎年行われ、今年はコロナ対策を万全にして開催された。

初日と2日目は佐世保市で海自の護衛艦「さわぎり」と陸自の水陸機動団を、3日目は空自春日基地を訪問し、3自衛隊の違いを見てもらった。

佐世保基地では、「さわぎり」艦長から海自の役割について直接聞いたほか、佐世保音楽隊の演奏も鑑賞した。

続く相浦駐屯地では、水機団の水陸両用車AAV7を見学。3日目の空自春日基地では各種航空機を見学したほか、各部隊の訓練展示なども見て回った。

参加者からは「陸自にするか海自にするかで迷っているが、どちらも魅力を感じた」「自衛隊ではさまざまな技術を持つ人が、多くの職場にいたことが印象的だった」などの感想が聞かれた。

### 大分　「かが」で80人に 艦艇広報

【大分】地本は7月4日、海自ヘリ搭載護衛艦「かが」の支援を受け、別府港沖で募集対象者ら約80人に対する艦艇広報（特別公開）を行った。

参加者数を限定し、新型コロナ対策を万全にして港に停泊する「かが」に参加者たちを乗せ見学させた。見学した参加者たちは、海自最大の護衛艦に近づくにつれ、その大きさに圧倒された様子。乗艦すると乗員から「かが」の役割の概要や災害派遣の説明を受け、艦内を約1時間かけて見学。参加者からは「貴重な体験ができた。乗員の方が丁寧に説明してくれて、海自に興味を持った」といった感想が聞かれた。

### 2次試験に向け 意見交換会　愛知

【愛知】地本は7月18日、守山駐屯地厚生センターで「令和2年度第1回自衛隊幹部候補生採用第1次試験合格者とカレッジリクルーターとの意見交換会」を行った。

はじめに、カレッジリクルーター代表が「1次合格おめでとうございます！　皆さんの不安を少しでも解消し、第2次試験に臨んでいただければ」とあいさつ。

その後、3自のリクルーターは自己紹介を踏まえながら幹部の業務内容や魅力について説明。自身の志望動機や幹部候補生学校卒業後の勤務状況について実体験をもとに語った。

参加者は先輩幹部の話を真剣な表情で聞き入り、2次試験に向けての意識を高めていた。

### 石川地本長交代

8月28日付の異動で石川地本長が交代した。新地本長の略歴は次のとおり。

中川　一（なかがわ・はじめ）1空佐　石川地本長　防大（昭和63年）卒。平成元年空自。[illegible]29年8月[illegible]。高知県出身。48歳。


# コーサイ・サービスネットショップ

職域特別価格でご提供！詳細は下記ウェブサイトサイトから!!

Hazuki

大きくみえる！
話題のハズキルーペ!!

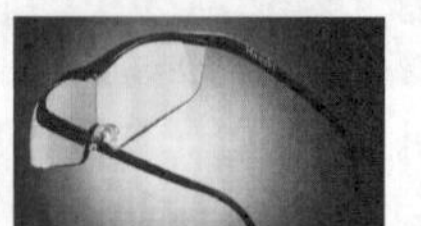

・豊富な倍率
・選べるカラー
・安心の日本製
・充実の保証サービス

職域限定特別価格 7,800円（税込）にてご提供させて頂きます

※商品の返品・交換はご容赦願います。
ただし、お届け商品に内容相違、破損等があった場合には、商品到着後、1週間以内にご連絡ください。良品商品と交換いたします。

話題の磁器健康ギア！
【コランテッテ】特別斡旋!!

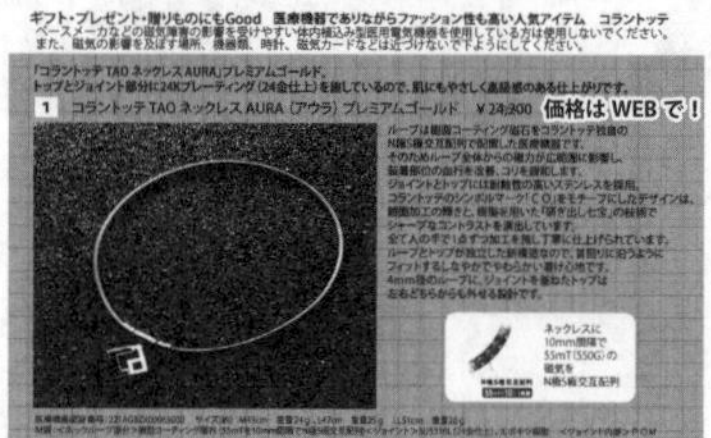


オークリーサングラス特別斡旋

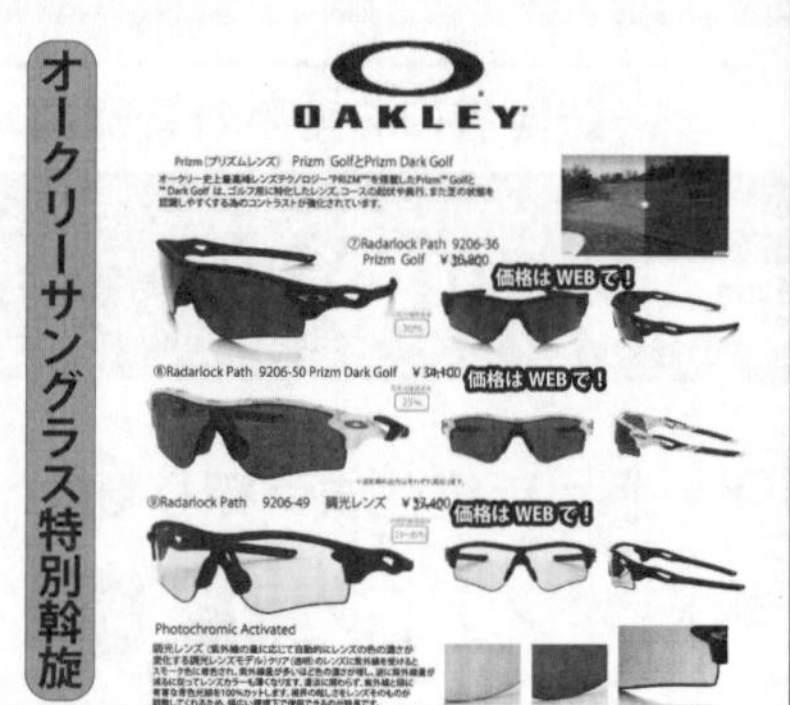


エンポリオ・アルマーニの時計など その他人気商品も販売中！

価格、送料等は WEB サイトでご確認ください。特別価格でご提供のため返品はご容赦願います。

コーサイ・サービス株式会社

https://www.ksi-service.co.jp/
得々情報ボックス ID:teikei PW:109109
TEL:03-3354-1350 担当：佐藤

〒1600002 新宿区四谷坂町 12 番 20 号 KK ビル 4F　営業時間 9:00 ～ 17:00 ／定休日土・日・祝日

お申込み
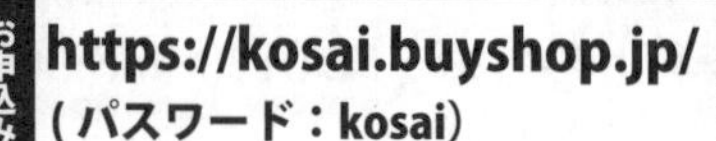
https://kosai.buyshop.jp/
（パスワード：kosai）

# 台風9、10号 相次ぎ接近

# 島の安全に全力

## 対馬警備隊

【対馬警備隊】大型で非常に強い台風9号と10号に相次いで見舞われた長崎県対馬市では、陸自対馬警備隊（隊長・山口勝1佐）が島の安全・安心のために全勢力をもって対処に当たった。災害派遣要請はなかった。

警備隊は9月2日夕、台風9号の接近を前に指揮所を開設。第1種乙非常勤務態勢を発令して対馬市役所に連絡員を派遣するとともに、第1次災害派遣隊を除く隊員を自宅待機させ、初動態勢を確立した。

台風は島の西方沖を朝鮮半島に向けて北上しながら最接近。翌3日午前0時頃、電柱の倒壊で厳原町の一部が停電となり、約8時間後に復旧した。

一夜明けて被害状況が明らかになると、屋根瓦の飛散や高潮による漁港の桟橋崩落、道路の陥没のほか、駐屯地内でも倒木などによる屋根の破損、官舎の窓ガラスの破損、隊員の実家の屋根瓦の飛散などが相次いで報告された。

その後も迫り来る台風10号に備え、部隊は急ピッチで修理・補修作業を進め、6日午後7時、第2種非常勤務態勢を発令。担当隊員、初動要員、7日上番の勤務員を招集するとともに、対馬市役所に連絡員を再派遣した。

台風10号は激しい暴風雨と共に対馬の西側を通過し、朝鮮半島方向へと進んだ。

翌7日朝には被害状況が判明。暴風によって1300年の歴史ある和多都美神社の海中に建立された「二の鳥居」が倒壊したほか、隊員の住宅の屋根瓦の飛散、隊員の私有車の横転などが報告された。

同日午後1時、警備隊は被害状況を把握するため、衛星回線を使用して映像・音声を伝送する「Dejero（デジェロ）」を搭載

15ヘリ隊のCH47輸送ヘリで沖縄本島から北大東島空港に到着し、資機材を卸下する沖縄電力の職員ら（9月7日）

## 新装備「Dejero」 現地の映像を伝送

した車両を偵察隊として派遣した。

この装置は今年度装備されたもので、今回は車両に固定し、島の南部を走行しながら現場の状況を送信。映像は警備隊指揮所と4師団（福岡）、西部方面総監部（健軍）に瞬時に送られ、リアルタイムで状況把握に役立てられた。

偵察の結果、対馬では人的被害や大規模災害の報告はなく、7日午後5時、第2種非常勤務態勢が解除され、最大級の台風対処は終了した。

車両に搭載した映像伝送装置「Dejero」を操作して島内の被害状況を指揮所などにリアルタイムで中継する情報小隊の隊員（手前助手席）＝9月7日、対馬市厳原町で

### 沖電社員を北大東島へ空輸 15ヘリ隊のCH47ヘリ

【15旅団＝那覇】沖縄県では9月7日、玉城デニー知事が15旅団長に対し、台風10号による停電の復旧に当たる社員の輸送を要請。これを受けて、15ヘリ隊のCH47ヘリ（機長以下4人）が、停電復旧に当たる社員12人を乗せて沖縄本島から東に約370キロ離れた北大東島まで空輸した（本紙9月10日付1面既報）。

## 国際教官の廣田裕士3陸佐に外務大臣賞

# 「今後も自己研鑽に努める」

### 難関「国連英検特A級」に上位合格

ケニアでアフリカ各国軍の施設教育に取り組む日本隊を視察に訪れた国連活動支援局長のアトゥール・カレ氏（右）を出迎え、握手する廣田裕士3佐（昨年7月8日、ナイロビの「ケニア国際平和支援訓練センター」で）

【国際活動教育隊＝駒門】陸自国際活動教育隊（隊長・横山裕之1佐）の共通教育科で教官を務める廣田裕士3佐（43）は8月22日、国際連合公用語英語検定試験（国連英検）の「特A級」の上位合格者に贈られる「外務大臣賞」を受賞した。

国連英検「特A級」の受験者のレベルはTOEIC970点以上のハイレベルなもので、数ある英語検定の中でも国内最難関と言われる。さらに外務大臣賞が受賞できるのは上位合格者のわずか数名のみだ。

国際活動教育隊は任務の特性から高い語学力を必要とされるため、国連英検が隊員の努力目標の一つとして設定されている。

こうした中、廣田3佐は日々、英語の研鑽を積み、「国連三角パートナーシップ・プロジェクト（UNTPP）」の柱を担う陸自の「国連平和維持活動（PKO）支援部隊早期展開プロジェクト（RDEC）」の第7次隊の通訳・調整・VIP対応要員として昨年6月から8月までケニアに派遣され、アフリカ各国の工兵要員に施設教育を行う陸自部隊を側面から支えた。

このほか、過去には米国での約1カ月間の研修をはじめ、防衛省で実施された日本と東南アジア諸国連合（ASEAN）の机上訓練や、広島市の広島平和構築人材育成センターでの約1カ月間の教育研修など、海外の要員との高度なコミュニケーションが必要とされる事業に参加し、防衛省・自衛隊が推進する平和協力活動や防衛交流に積極的に取り組んできた。

廣田3佐は朝雲新聞のインタビューに対し、「今回の受賞は非常に光栄です。国際活動教育隊での勤務を通じて知識が格段に増え、合格できた。部隊に感謝するとともに、今後も自己研鑽に努め、機会があれば自衛隊のPKO活動に参加したい。退官後は国連の活動に携わりたい」と語った。

コロナの影響で今年は表彰式が開かれず、郵送で「外務大臣賞」を受賞した廣田3佐（8月22日）

あさぐもギャグ 吉本どんど

ビックリさせてやろう

わー

ビックリレベル3

1万5千円のワイン

ビックリレベル5

うそうそ388円

ウソの応酬合戦

ビックリレベル10

## 「空自パンフ2020」完成

### 全国の地本基地で配布 ペーパークラフト付き

空自の概要や取り組みを紹介するパンフレット「航空自衛隊2020」（全30ページ、フルカラー・A4判）がこのほど完成し、全国の地本や基地に配布された。

今年5月、空自に宇宙作戦隊が新編されたことを受け、表紙の中央には宇宙空間から見た地球と衛星を配置。冊子の内部には装備品を見開きで大きく掲載し、国籍不明機や弾道ミサイルを発見して対処するまでの一連の流れを分かりやすく表現した。

さらに昨年、日本で初めて行われた日英の戦闘機共同訓練「武士道ガーディアン」や、1輸空（小牧）とカナダ空軍の部隊間交流など、安全保障協力についても広くスペースをとり、関係国との連携をアピール。

冒頭の目次のページには、今後導入するKC46A空中給油・輸送機と短距離離陸・垂直着陸が可能なF35Bステルス戦闘機の写真も大きく掲載した。昨年4月に任務運航を開始したB777政府専用機のペーパークラフトも別紙で折り込まれ、組み立て方も写真とともに説明されている。

井筒空幕長は9月4日の記者会見でパンフレットについて、「（パンフ本体は）ホームページからダウンロードできるので、興味ある方にご覧になっていただきたい」とPRした。

## 納涼祭ポスターデザイン公募

# 近藤君の作品に基地司令賞

小牧

【小牧】小牧基地はこのほど、基地納涼祭のポスターデザインを一般公募し、7月29日、受賞作品を決定した。

ポスターは例年、基地隊員が作成しているが、今年は同基地司令で1輸空隊司令を務める佐藤網夫将補の発案で、愛知県内の18歳以下の学生や生徒、児童らを対象に募集。約3週間の期間中、4人からの力作が届いた。

作品は基地内に展示され、隊員約200人の投票で各賞を決定。基地司令賞には、花火が打ち上る夜空を飛行するC130H輸送機を描いた近藤響月君（小5）の作品が受賞し、優秀賞に岡部沙紀さん（小4）、特別賞に吉岡風刀君（小2）、梅田心陽君（高3）の作品がそれぞれ選ばれた。

納涼祭は新型コロナの影響で中止となったが、受賞した4人は8月17日、保護者と共に基地を訪れ、佐藤司令から表彰状と文房具などの広報グッズが贈られた。

基地司令賞に選ばれた近藤響月君の作品

## 約300発 15旅団が不発弾を処分

【15旅団＝那覇】15旅団101不発弾処理隊の14人は8月25、26の両日、沖縄・中部訓練場で不発弾の爆破処分を行った。

県の保管庫から訓練場の処理壕の中まで不発弾を慎重に運搬。5インチ艦砲弾36発、6インチ艦砲弾6発など合わせて約300発、1・5トン分を処分した。

作業に当たった101不発弾処理隊の岩城守弥3曹は、「爆破係として参加し、今回も無事故で爆破処分を行った。今後も安全確実に不発弾処理を行っていく」と語った。

101不処隊は沖縄県内で発見された不発弾の識別、安全化処理、回収、保管、最終処分を行い、民生の安定に寄与している。処分実績は、3万8241件、1830トン（9月15日現在）。

沖縄県の中部訓練場で処理壕の中に不発弾を搬入する岩城3曹

## こちら警務隊

交通犯③

### 加入義務付けの自賠責 保険の更新、忘れずに

自賠責保険が切れた自動車を運行したらどうなりますか？

1年以下の懲役または50万円以下の罰金に処せられ、違反点数6点で即座に免許停止処分となります。

自賠責保険は、交通事故による被害者を救済するため、自動車損害賠償保障法により原動機付自転車を含むすべての自動車に加入が義務付けられており、未加入の自動車は運行することができません。もし、自賠責保険が切れた自動車で交通事故を起こし、相手を死傷させた場合、刑事罰のみならず、多額の賠償責任を負ってしまいます。

自賠責保険は、忘れずに更新し、加えて任意保険にも入っておくと安心です。（北部方面警務隊）次回は「危険ドラッグ」

自賠責保険切れてた…。

## 小休止

▽…「ほら、見て！ちゃんとロープの上を歩いているよ」――。金沢駐屯地で8月23日に開かれた「夏休みちびっこ大会」で、子供たちは「3本ロープ橋渡り」など、自衛隊ならではの体験にチャレンジした＝写真。

▽…このイベントは隊員との交流を通じて自衛隊への理解を深めることを目的に毎年開かれているもので、今年は石川県内の小学生と保護者ら計48人が参加。気温32度の真夏日の中、子供たちは元気に走り回り、夏休みの思い出を作った。

▽…新型コロナウイルス対策のため、参加者は検温やアルコール消毒を行った上で、コンパスと歩測を使った宝探しゲームや、親子で一緒にできる救急法のほか、高機動車の体験試乗やバーチャル・リアリティー（VR）による戦車の模擬乗車、喫食などの体験を楽しんだ。（金沢）


新発売！

災害等の備蓄用・贈答用として最適!!

自衛隊バージョン

EMERGENCY BOX

7年保存防災セット

1人用／3日分

外務省在外大使館等も備蓄しています。

非常時に調理いらずですぐ食べられるレトルト食品とお水のセットです。

陸・海・空自衛隊のカッコイイ写真を使用した専用ボックスタイプの防災キット。

※セット内容イメージ

［セット内容］

レトルト保存パン（北海道クリーム・チョコレート・ブルーベリー／各100g）……3食

レトルト食品［スプーン付］（五目ごはん・カレーピラフ・コーンピラフ／各230g）……3食

7年保存クッキー（チーズ・ココナッツ味／各70g）……2食

長期保存水 EMERGENCY WATER（500mL／難揮水 硬度0）……3本

米粉クッキー（プレーン味／58g）……1食

メーカー希望小売価格 5,130円（税込）

特別販売価格 4,680円（税込）［送料別］

昭和55年創業 自衛隊OB会社 ㈱タイユウ・サービス

ご注文は TEL03-3266-0961 FAX03-3266-1983

mail:ts-gen@ac.auone-net.jp　ホームページ タイユウ・サービス 検索

結婚式・退官時の記念撮影等に

自衛官の礼装貸衣裳

陸上・冬礼装

海上・冬礼装

航空・冬礼装

貸衣裳料金

・基本料金　礼装夏・冬一式　30,000円＋消費税

・貸出期間のうち、4日間は基本料金に含まれており、5日以降1日につき500円

・発送に要する費用

お問合せ先

・六本木店

☎03-3479-3644（FAX）03-3479-5697

〔営業時間　10:00～19:00　日曜定休日〕

〔土・祝祭日　10:00～17:00〕

別途消費税がかかります。　※詳しくは、電話でお問合せ下さい。

美玉（みたま）

〒106-0032 東京都港区六本木7-8-8

ミクニ六本木ビル 7階

☎03-3479-3644

（世界の切手・日本）

あぶない所へ来たら、馬から降りて歩く。これが秘伝である。

徳川 家康（戦国時代の武将）

朝雲ホームページ
www.asagumo-news.com
<会員制サイト>
Asagumo Archive
朝雲編集部メールアドレス
editorial@asagumo-news.com

# 海自掃海部隊の「デッカ」運用終了

2海尉 高田 英明（掃海業務支援隊航法支援係長・横須賀）

皆さんは自分の位置を知りたい時、どのような方法を用いますか？　多くの方は携帯電話を使用し、地図アプリ等で位置を調べると思います。

では、電波の届かない洋上において現在位置を調べたい場合はどうしますか？

船の位置（艦位）を得るためにはさまざまな手段があり、その手段の一つに「デッカ」があります。

海上自衛隊の掃海部隊の任務には「機雷の除去」があり、これを実施するには自分の正確な艦位を知っておく必要があります。正確な位置が分からなければ機雷により損害を受ける恐れがあり、これでは任務を遂行することが不可能です。

そのため、掃海部隊では正確な位置を把握するための手段として「デッカ（DECCA）」と呼ばれる装置を運用してきました。この装置は、アンテナ部、送受信機部、電源部で構成され、それらの機器を指定された三つの地点に設置し、それぞれの地点から電波を送信し、洋上の艦艇がその電波を受信することにより、正確な位置を把握することができます。

その性能としては、3地点で覆われる範囲（最大300キロ。直線にすると東京―三重県鈴鹿市の距離）において正確な位置測定が可能であり、精度としては、一般に使用されている衛星を利用したGPSと同等の性能を持っております。

さて、このデッカを運用する掃海業務支援隊航法支援科では、指定された地点まで車両で移動し、送信局を設定、運用期間中は近くに天幕を設営し、隊員が24時間態勢で機器の監視と調整の業務に従事してきました。

このデッカ航法は、第2次世界大戦中の1944年（昭和19年）、英国の「デッカ社」が開発し、連合軍がフランス・ノルマンディーに上陸した時に使われたと言います。その後、デッカは世界中で運用されるようになり、海上自衛隊の掃海部隊には昭和45年（1970年）に導入されました。

しかしながら、今日、GPSが一般に広く普及したことにより、平成13年（2001年）には北海道にあるデッカ局が運用停止となり、民間におけるデッカサービスは終了しました。平成15年（2003年）にメーカーでの機器の製造も中止され、平成19年（2007年）には修理部品が欠乏して専門業者による修理や保守整備が困難となりました。

このような状況の中、海自の掃海業務支援隊航法支援科では、隊員のたゆまぬ整備の継続により、令和2年8月までデッカの運用が続けられてきました。まさに世界中で当隊のみが、海自の掃海作業における航法支援のため、デッカ運用を継続してきたのです。

しかしながら、ついに本年10月1日をもって、昭和45年の運用開始から50年の長きにわたるデッカ運用の歴史が終わることとなりました。そこで、今日まで世界で唯一、デッカ運用を継続してきた当隊の歴史をここに紹介させていただきました。

50年目の節目の年、ついに海自のデッカは廃止となります。これを記念してここに投稿させていただいた次第です。

デッカ運用中の送信局（左）と隊員が寝泊まりする天幕（右）の風景

「デッカ運用終了。50年間ありがとう！」の横断幕を用意し、昭和45年からの歴史あるデッカ航法の運用を終える海自掃海業務支援隊の隊員たち

## 新刊紹介

### 「イギリス海上覇権の盛衰」（上・下）

ポール・ケネディ著、山本 文史訳

『大国の興亡』などの著書で知られる米エール大教授の出世作が初邦訳された。インド太平洋で米海軍が中国海軍の挑戦を受けている今、その前の覇者であった英海軍が七つの海でどのように隆盛し、没落していったかを知ることは、まさに海での「温故知新」と言えるだろう。

上巻が英海軍の「シーパワーの形成と発展」、下巻が「パクス・ブリタニカの終焉」で、英国そのものの興亡も描いている。英国が海上覇権を失った原因として、著者はマハン（海上派）とマッキンダー（大陸派）の戦略論争があり、政府内でランドパワーを重視する大陸派が優勢になり、両大戦を経て海軍力の低下とともに海外植民地が失われ、英国は没落したとする。

本書で注目されるのは、本文に入る前に「2017年版著者まえがき」として、1章分に匹敵するボリュームで現シーパワー情勢が分析されていることだ。かつて海の主戦場が地中海から大西洋に移ったように、現在は大西洋からインド太平洋へと舞台は移り、米国に挑む中国の動きなども考察している。この本を読めば、英国が欧州連合（EU）を離れて再び「東洋」を目指す理由もわかる。（中央公論新社刊、各3190円）

### 「帝国陸海軍の戦後史」―その解体・再編と旧軍エリート

山縣 大樹著

明治期の「富国強兵」政策により帝国陸海軍は維新後の政府内で主要な政治勢力の一翼を担い、昭和の大東亜戦争期に勢力は最大となった。しかし、敗戦で軍は「解体」され、元エリート軍人たちは戦後の政治・社会の表舞台から姿を消した。

だが、旧軍の一部組織や制度は再編され、連合国軍の占領下でも存続した。本書は生き残った旧軍人たちの言動が戦後の日本の政治や社会にどのような影響を与えたかを調べ上げた研究書である。

著者は国立公文書館非常勤職員を務める戦後日本政治史の研究者だ。本書では①GHQの対日占領を下支えした復員組織職員の動向と役割②「経済的非武装化」としての軍人恩給廃止の衝撃とその反動③再軍備過程における旧軍エリートの認識・活動とその影響――を切り口に考察している。

復員・恩給・再軍備をめぐって旧軍人がいかに活動し、再軍備にどう影響を与えたか、当時の社会背景や対外政策なども含めて解明している。朝鮮戦争の勃発を受け、彼らが「政治性」を発揮して警察予備隊や海上警備隊が創成されるまでが描かれる。旧軍人たちのまさに知られざる戦後史だ。（九州大学出版会刊、4400円）

## みんなのページ

### ファンから地本に贈り物

事務官 大平 竜也（鳥取地本募集課）

8月19日（水）のお昼前、鳥取地本がある鳥取第1合同庁舎6階のエレベーターホールに、「自衛隊鳥取地方協力本部様」と書かれた紙袋が置かれていました。

人知れず、いつの間にか置かれていた紙袋を総務課の職員が通りかかった際に見つけ、（もしや危険物ではないかと）恐る恐る広報班へ持っていき、みんなで袋の口を開け、そっと中を覗き込んだところ、中に二つの透明ケースが入っていました。

そこで不発弾を処理するかのごとく、隊員がケースを慎重に取り出してみると、中にはブロックで制作された自衛隊のジオラマが入っていました。戦車が木陰で警戒する様子の作品と、もう一つは油圧ショベルとドーザーが整地を行っている作品でした。

この素敵な贈り物の中には一筆箋が入っていて、「自衛隊鳥取地方協力本部の皆様へ　いつも私達の暮しを守ってくださり　有難うございます。」と書かれていました。

そこにはツイッターで応援してもらっている方の名前も添えられていました。

この人知れぬ地本ファンからのプレゼントには、本部長の村岡正智1等空佐をはじめ、地本の総員が感激し、本当に思いがけない、とてもうれしい出来事となりました。

新型コロナウイルスの影響で、鳥取地本でも今年はなかなか広報行事を行うことができず、代わりにツイッター等で自衛隊の活躍を県内の皆さまにお知らせしています。このリモート方式で県民の方々（全国のフォロワーを含む）と交流を行ってきましたが、実際にお顔を合わせることはありませんでした。

しかし、このような形で激励をいただいたことは、募集最盛期に突入した地本部員にとって、本当に大きな励みとなりました。地本の部員一同、この透明ケースに入った戦車や施設車両を見ながら募集に当たり、今年度の目標達成への活力にしたいと思いました。

鳥取地本に届けられたケースに入った自衛隊のジオラマ作品と激励の一筆箋

### 自衛隊で生活体験入隊

会社員 久保田 祐司（近畿日本鉄道・鉄道本部・阪奈統括部）

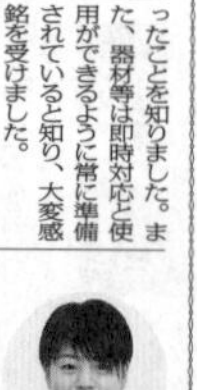

第33普通科連隊の皆さま、お忙しい中、私たち体験入隊者40名のために貴重な時間を割いて頂きまして厚くお礼申し上げます。1泊2日の短い期間ではありましたが、隊員の皆さまと生活体験ができたことは、私たちにとって貴重な経験となりました。

副連隊長様からは陸上自衛隊の概要・活動・生活環境と久居駐屯地の歴史についてお話を聞き、自衛隊が幅広い活動をされていることを知りました。

また、基本教練では、全体を見ながら一人ひとりの動作・状態を素早く観察する難しさ、野外衛生のトリアージや心肺蘇生では素早い観察と判断が必要なこと、さらに3分間講話では相手に分かるように伝える難しさを知りました。リーダーシップ教育では、部下への命令（指示）を出すまでの考え方と方法を学び、これらの自衛隊のノウハウは鉄道会社でも活かしていきたいと思います。また、連隊の皆さまから東日本大震災時に被災地で活動されたお話を聞き、大変な苦労があったことを知りました。また、隊舎は即時対応で使用ができるように常に準備されていることに大変感銘を受けました。

今回の生活体験入隊でお世話になりました久居駐屯地の皆さまのご健康とご活躍を心よりお祈りしております。

### 訓練検閲に参加

1陸士 田子 陽（8普連1中隊・米子）

私は昨年9月に第2中隊の所属となりました。今回は、対戦車小隊の弾薬手として初めて訓練検閲への参加となりました。

初めての検閲、かつ中隊に女性自衛官が1人ということで、不安な気持ちと、自分が周りに迷惑をかけるのではないかという気持ちでいっぱいでした。

防御準備では、限られた時間の中で発射機と照射機の二つの掩体を構築し、防御戦闘に備えました。

状況が開始されると、いつ敵が現れるのかという不安と厳しい気象条件に負けそうになることもありました。しかし、陸曹の方の「しんどいのは、皆同じだ！」という言葉がその時胸に響き、勇気づけられました。そして厳しい状況の中で与えられた任務を皆でやり遂げられたことに達成感を感じることができました。

これからは少しでも中隊や小隊に貢献できるように、体力を向上させ、識能を身につけ、皆に信頼される隊員になれるよう日々頑張っていきます。

### OBがんばる

原田 則夫さん 56
平成30年1月、大宮駐屯地業務隊を最後に定年退職（1陸尉）。さいたま市緑区のあかつき幼稚園に再就職し、園児の送迎と施設管理を担当している。

#### 誠実に勤務が一番大切

「ゴリラ先生、おはよう！」

園児たちのかわいい挨拶で私の仕事が始まります。私はさいたま市にある「あかつき幼稚園」で主に園児の送迎と園内の施設管理を担当しています。

園児の送迎では、乗ってくる子供たちの様子、毎日変化する道路状況、そ[illegible]あれば修理を行います。

勤務する上で心掛けていることは、誰よりも早く出勤し、皆が気持ちよく登園・出勤できるよう、正門前の清掃をしています。

この仕事に就いて良かったことは、体力的に不安がなく、勤務が早く終わるので「夕活」ができることです。帰宅後は趣味の日曜大工、家庭菜園、料理を楽しんでいます。（今では立派な主夫です）。

難点は平日に私的な休みが取れないことです。有給も園児の夏休みなどに合わせます。それでも仕事上のストレスはなく、毎日楽しく勤務しています。

再就職を控えている皆さんは多少なりとも不安を感じていると思いますが、地域援護センターの方がいろいろと助言してくれるので、些細なことでも相談したら良いと思います。

我々50代の再就職組は「3Y（安い、休まない、辞めない）」が当たり前なので、健康に留意し、誠実に勤務することが一番大切だと思います。私も良い就職先に恵まれて大変感謝しています。

追伸。私が「ゴリラ先生」と呼ばれている理由は秘密です。

### 詰将棋

第827回出題

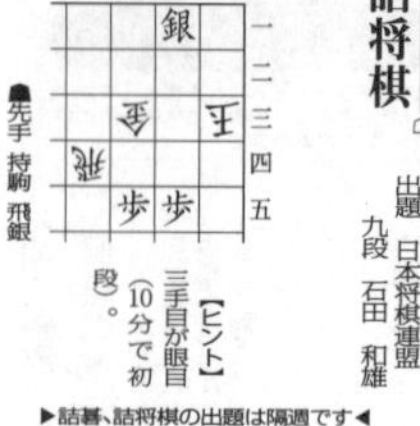


出題 日本将棋連盟 九段 石田 和雄

【ヒント】三手目が眼目（10分で初段）。

▶詰碁、詰将棋の出題は隔週です◀

### 詰碁

第1242回解答

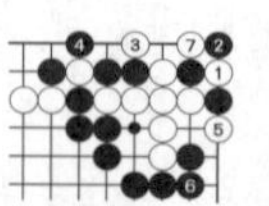

出題 日本棋院 九段 曲 励起

【解答図】白先、白活。白①のホウリコミが大切で、黒❷の時、白③黒❹白⑤と打ち、黒❻の時、白⑦とホウリコミで両劫になり白は活きます。

よろこびがつなぐ世界へ
KIRIN
一番搾り
おいしいところだけ搾ってる。
KIRIN'S PRIME BREW
KIRIN BEER
一番搾り
〈麦芽100%〉
ALC.5%　生ビール
お酒
ストップ！20歳未満飲酒・飲酒運転。お酒は楽しく適量で。
妊娠中・授乳期の飲酒はやめましょう。のんだあとはリサイクル。
キリンビール株式会社

よろこびがつなぐ世界へ
KIRIN
麒麟の傑作
キリンゼロイチ
ノンアルコール
ALC.0.00%
一番搾り製法
零ICHI
ALC.0.00%
あきびんはお取扱店へ。のんだあとはリサイクル。
ノンアルコール・ビールテイスト飲料
キリンビール株式会社

朝雲
発行所 朝雲新聞社
〒160-0002 東京都新宿区四谷坂町12-20 KKビル
電話 03(3225)3841
FAX 03(3225)3831
振替00190-4-17600番
定価一部150円、年間購読料9170円（税・送料込み）

住友生命
Vitality
防衛省団体取扱生命保険会社
住友生命保険相互会社

主な記事



# 防衛相に岸信夫氏

## 初訓示「困難に立ち向かう」

### 菅内閣発足

首相で自民党総裁の安倍晋三氏の体調不良による辞任を受けて9月14日に同党の新総裁に選ばれた菅義偉氏＝前官房長官＝（71）が16日、国会で指名を受け、第99代首相に就任した。首相の交代は2012（平成24）年12月以来、7年9カ月ぶり。首相は同日夕に組閣を終え、公明党との連立による菅内閣が発足した。新たな第21代防衛相には、安倍前首相の実弟で自民党の岸信夫・元外務副大臣（61）＝山口2区＝が初入閣で就任した。河野太郎前防衛相は行政・規制改革担当相に就いた。岸新大臣は17日、防衛省で初訓示し、「国民の生命と平和な暮らしを守るため、常に全隊員の先頭に立ち、全身全霊で困難に立ち向かう」と強い決意を述べた。（7面に関連記事）

第21代防衛相に就任し、栄誉礼の後、特別儀仗隊を巡閲する岸信夫新大臣（9月17日、防衛省で）

岸新大臣は菅内閣が発足した翌日の17日に正式に防衛省に初登庁し、儀仗広場で特別儀仗隊の栄誉礼を受けた後、殉職隊員慰霊碑に献花。次いで防衛省講堂での着任式に臨み、内局、統幕、陸海空幕、防衛装備庁、情報本部などの主要幹部ら約100人を前に訓示した。

岸大臣は冒頭、「25万人の防衛省・自衛隊の諸君と共に、我が国の防衛に当たり、国家存立の基本である崇高な任務を担うことになり、大変光栄に感じるとともに、改めてその重責に身が引き締まる思いだ」と着任の心境を語った。

さらに、北朝鮮の相次ぐミサイル発射や中国の軍事力の拡大・活発化、宇宙・サイバー・電磁波など新領域における脅威の増大など、我が国を取り巻く安全保障環境が一層厳しさを増しているとの認識を示し、「私はこのような厳しい環境下において、国民の生命と平和な暮らしを守り抜き、国際社会の平和と安定に貢献するため、皆さんと共に全力で職務に邁進していく所存だ」と決意を表明した。

その上で、菅首相からの指示を踏まえ、①我が国自身の防衛体制の強化②日米同盟の抑止力・対処力の強化——に全力で取り組む姿勢を強調。

この中で、政府が今年6月に国内への配備を断念した陸上配備型迎撃ミサイルシステム「イージス・アショア」の代替案については「年末までにあるべき方策を示し、速やかに実行に移す」ことを明言した。

このほか、▽既存の予算の範囲で真に実効的な防衛力の整備▽現場の人材確保と処遇改善▽沖縄の米軍基地負担軽減▽日米同盟を基軸に「自由で開かれたインド太平洋」ビジョンに基づく各国との多角的・多層的な安全保障協力▽宇宙領域の利用などグローバルな課題をめぐる関係国との協力——なども目標に掲げた。

最後に「諸君も国民から託された期待に応えるべく、高い倫理意識をもって任務に精励していただきたい。隊員一丸となって研鑽を重ね、諸君の奮励努力を期待する」と締めくくった。

岸 信夫（きし・のぶお）防衛相 慶応大学経済学部卒。住友商事で米国、ベトナム、豪州での海外勤務を経て、2004年の参院選で初当選。福田改造内閣（08年）、麻生内閣（同）で防衛大臣政務官、第2次安倍改造内閣（13年）、第3次安倍改造内閣（16年）で外務副大臣。衆院外務委員長、自民党外交調査会副会長、党国会対策委員会筆頭副委員長などを歴任。当選衆院3回、参院2回。東京都出身。61歳。

## 副大臣に中山泰秀氏
## 政務官は大西氏、松川氏

政府は9月18日の閣議で、菅内閣発足に伴う副大臣・政務官人事を決定し、防衛副大臣に中山泰秀衆院議員（49）、防衛大臣政務官に大西宏幸衆院議員（53）、松川るい参院議員（49）がそれぞれ就任した。[illegible]着任行事に臨んだ。退任が決まった山本朋広副大臣、渡辺孝一、岩田和親両政務官は18日、多くの職員に見送られ、防衛省を後にした。

中山 泰秀（なかやま・やすひで）副大臣 [illegible] 大阪府出身。49歳。

大西 宏幸（おおにし・ひろゆき）政務官 [illegible] 大阪府出身。53歳。

松川 るい（まつかわ・るい）政務官 東大法卒。米ジョージタウン大院修了。外務省を経て、自民党外交部会長、国際局次長、女性活躍推進本部事務局長、参院外交防衛委員、予算委員会委員などを歴任。参院大阪選挙区、当選1回。奈良県出身。49歳。

## 岸大臣 初会見
# 「職責の重さ痛感」
## 25万人の隊員と共に全力

岸信夫新大臣は9月16日夜[illegible]初の記者会見に臨んだ。

岸大臣は冒頭、「国家の存立と国民の生命を守るという崇高かつ国家の根幹に関わる任務を担うことになり、大変光栄に感じるとともに、自らの職責の重さを痛感している」と述べた。

[illegible]

……を守り抜いていくことについて引き続き検討を重ねていく」との方針を示した。

一方、軍拡を進める中国に関しては「我が国を含む地域や国際社会の安全保障上の『強い懸念』となっている」と指摘し、強い関心を持って注視していく必要性を訴えた。

その上で「中国との間で懸念が存在しているからこそ、話し合いが必要だ」と述べ、中国との防衛交流を推進しながら相互理解・信頼醸成を進めるとともに、「中国がインド太平洋地域の平和と安定に責任ある建設的な役割を果たしていくよう、国際的な行動規範を順守し、国防政策や軍事力に係る透明性を向上するよう促していきたい」と語った。

日台関係については「台湾は我が国にとって基本的な価値観を共有し、緊密な経済関係と人的往来を有する極めて重要なパートナーであり、大切な友人だ。日本の台湾に対する基本的な立場は、1972年の『日中共同声明』の通り、台湾との関係を非政府間の実務関係として維持することで一貫している。防衛省としても台湾との関係はこうした立場に基づいて対応していく」と説明した。

さらに、中台関係をめぐっては「当事者間の対話による平和的な解決」に期待を示し、「中台間の平和と安定は我が国にも大きな意味がある」と述べた。

沖縄に関しては「戦後長らく、我が国の施政権外に置かれ、戦後70年以上経った現在もなお、沖縄には大きな基地負担を負っていただいている。この現状は当然、是認できるものではない」として、菅新政権も沖縄の基地負担軽減を最重要課題に掲げ、全力で取り組んでいく姿勢を強調。

米軍普天間飛行場の1日も早い危険性の除去と日本への返還のためには、辺野古への移設が「唯一の解決策」との認識を示し、地元への丁寧な説明を通じて理解と協力を得られるよう努力することを明言した。

## 海自が「艦隊情報群」を新編
### 3個部隊統合し業務効率化

海自は電磁波情報をはじめとする情報収集・分析機能を強化するため、10月1日付で情報業務群（船越）を廃止し、新たに自衛艦隊直轄部隊として「艦隊情報群」を横須賀の船越地区に編成する。

定員は従来の約200人から約30人増員され、約230人体制となる。また、情報業務群の隷下にあった作戦情報支援隊（船越）、電子情報支援隊（同）、基礎情報支援隊（市ケ谷）の3個部隊を統合して船越に集約、業務の効率化を図る。

河野防衛相は9月15日の記者会見で「海自の主力部隊である自衛艦隊に対する情報支援機能が強化されるものと考える」と述べ、山村海幕長も同日の記者会見で「分散していた（情報支援の）機能を一つに集め、情報を適時適切に分析・評価し、自衛艦隊司令官に提出することを期待して改編するものだ」と語った。

## 新型コロナ陰性
### 「むらさめ」再出航
#### 中東派遣3次隊

中東・オマーン湾とアラビア海北部で「派遣情報収集活動水上部隊3次隊」（指揮官・平井克英1佐＝1護隊司令）として活動に当たる護衛艦「むらさめ」（艦長・野本直利2佐以下、乗員約200人）が9月16日、再度、横須賀基地を出港した。

同艦は8月30日に横須賀を出港したが、新型コロナウイルスのPCR検査で乗員1人が陽性と判明。これを受け、9月1日に横須賀に帰投していた。

基地では感染した隊員と濃厚接触者16人を隔離。この後、再度PCR検査を行い、全乗員の陰性を確認したことから、再び16日、中東海域に向け出港した。

「むらさめ」は10月上旬、現地で活動中の2次隊の護衛艦「きりさめ」から任務を引き継ぐ予定。

事務引き継ぎの署名を終えて報道陣に笑顔を見せる岸新防衛相（左）と河野前防衛相（9月18日、防衛省大臣室で）＝代表撮影

## 新旧大臣が事務引き継ぎ
### 急きょ中止で翌日に署名

岸信夫新大臣と河野太郎前大臣による新旧大臣の事務引き継ぎが9月18日、大臣室で行われた。

当初は前日の離着任式の後に予定されていたが、河野行政・規制改革担当相の都合がつかずに急遽、キャンセルに。

大臣室で待ち構える岸大臣に河野氏は「昨日はすみませんでした！」と言いながら入室。二人はソファに座り、まずは河野前大臣、続いて岸新大臣が事務引継書にそれぞれ筆で署名した。

終始和やかな雰囲気ながらも、コロナ対策の観点から、両氏は詰め掛けた報道陣の前では握手も会話も交わさず、これまでとは一味違う事務引き継ぎとなった。

春夏秋冬

## 中東の大地に吹く疾風

田中 浩一郎

中東では既存の安全保障環境を激変させるような強い風がときおり吹く。代表例として、1979年のイラン革命とエジプト・イスラエル和平条約、湾岸危機（90年）と湾岸戦争（91年）、イラク戦争（2003年）などがある。いずれの事例でも、その前後で関係国を取り巻く状況は一変した。それぞれに確認されたのが、西欧からの介入に対する根深い反発、「大義」よりも上位に位置するアラブ国の自己利益、短絡的な「敵の敵は味方」論の陥穽、侵略に対して脆弱なアラブ諸国の軍事力、体制転換が作り出す失敗国家の脅威という、中東の現実だ。

今夏、上記に匹敵する疾風が地域を吹き抜けた。8月13日にアラブの富裕国の一つであるUAEが米国の仲介でイスラエルとの関係正常化に合意した旨トランプ米大統領がツイートした。パレスチナ問題で対立するイスラエルとの外交関係樹立に踏み出すアラブ国家が現れるのは26年ぶりだ。その29日後、こんどはバハレーンとイスラエルに関して同様の合意が発表され、さらに、背後に潜むサウジアラビアの思惑が憶測を呼んでいる。

技術に食指を伸ばすアラブと、アラブの資金と市場を求めるイスラエル。米国をふくめ、対イラン共同戦線でも利害が一致する。アラブ側は、従来はイスラエルや米議会の反対に晒されてきた、米国からの兵器移転が認められることを期待する。対象となるのがF35戦闘機などだ。

だが、成果を誇りたいトランプ大統領が喧伝するような、平和な中東までの道のりはまだまだ遠い。パレスチナ人の権利回復は、これを大義として掲げたアラブ国家によって置き去りにされ、旧態依然とした「敵の敵は味方」という幻想がはびこっている。中核的な問題はいまも野晒しのままだ。そして、疾風迅雷によって荒らされた表層が整うまで、相応の時間を要するのは自然の理だ。これもまた、中東で目を背けることができない現実だ。

まさにノーベル平和賞級の仲介外交であり、秋に再選を目指すトランプ大統領の支持者たちが色めき立っている。

この歴史的な合意を通じて見えてくる現実がある。アラブ2カ国による、イスラエルとの直接的な交易や資金移転が解禁され、今後は人的交流や協力関係の構築が活発化する。イスラエルのハイテクディア研究科教授）

（慶應義塾大学大学院政策・メディア研究科教授）

防衛省発令

▽防衛省参与を免ずる（防衛省参与）　信田　智人
（同）　中山　俊宏
（同）　村田　晃嗣
（同）　神保　謙
▽秘書官事務取扱を免ずる、防衛政策局運用政策課長（大臣官房付）　中野　滋明
▽大臣官房付、秘書官事務取扱（防衛政策局運用政策課長）　松尾　友彦
（以上9月16日）

朝雲寸言

民間企業といった非軍事組織と比べた時に、圧倒的に自衛隊が優位な点が三つある。第一に、さまざまな部門、立場に応じて人材を養成する確固たる教育システムがあること。第二に、取り組んだ任務から反省点を引き出して仕事のあり様を改善する教訓研究体制。ともに自衛隊の中にいると当たり前すぎて、民間への出向研修や再就職の際にようやくこれら「古巣の美徳」に気づく人も多いかもしれない▼第三の優位点は、敵になり切って弱点を探し、徹底的に攻撃する「対抗部隊」の存在だ。「最強にして最恐」と呼ばれる空自飛行教導群の存在なくしては、全国の戦闘機部隊の今の精強さはない。陸自にも、さる警護演習の際に凄まじいタフさをみせて関係者が戦慄した「伝説の対抗部隊」があった▼NTTドコモの電子決済サービス「ドコモ口座」の弱点を突いて、個人の預金をだまし取る事件が起きた。顧客を増やすことを急ぐあまり、システムの安全を熟考しなかった杜撰な経緯を同社幹部が記者会見で認めていた。新しいシステムや事業を走らせる際に、弱点や死角が潜んでいないかを事前に徹底的に洗い出そうとする問題意識があれば、あのようなことは起こりえなかった▼人間が人間である以上、油断や錯誤というものは常に付きまとう。悪しき集団思考を打破する対抗部隊という手法を広めることが、自衛隊の現役やOB・OGの新しい貢献の道となろう。

METAWATER
メタウォーターテック
暮らしと地域の安心を支える
水・環境インフラへの貢献。
それが、私たちの使命です。
www.metawatertech.co.jp

ご存知ですか？
不動産が保険＋αの
効果をもっことを
年金　退職金　再就職
自衛官の退官後を支える柱が今、揺らいでいます。
将来の為に"今"できること、
考えてみませんか？
書籍無料プレゼント
入隊10年後に知っておきたい自衛官にとってのお金の話となぜ、現役時代に不動産投資なのか、その理由をまとめました！
全国セミナー開催中
退官後の備えについて詳しくお話いたします。
〒100-6208
東京都千代田区丸の内1-11-1
パシフィックセンチュリープレイス8階
03-6860-8231
https://agentrive.co.jp/

TS
（株）タイユウ・サービス
創業四十周年！　皆様に支えられて

「タイユウ・サービス」は、昭和五十五年（一九八〇年）九月二十五日創業。

中村龍平元陸上幕僚長、内田一臣元海上幕僚長、白川元春元航空幕僚長他、隊友会役員が中心となり設立した自衛官OB会社であり、文字どおり隊友会から生まれた会社です。

企業理念は、「隊友ファミリーへの貢献」であり、「団体保険、自衛隊統合カレンダー、防災食品」などの事業にチャレンジしてまいりました。

「創業百周年」を目指してまいります。

今後とも変わらぬご支援を賜りますよう、お願い申し上げます。

令和二年（二〇二〇年）九月二十五日

代表取締役社長　林　國満（元空自補給本部副本部長）
取締役　佐野　晃（元陸自補給統制本部長）
取締役　三浦　皓（元統幕学校主任教官）
取締役　荒川　堯一（元海自横須賀地方総監）
取締役　内田益次郎（元陸自富士学校長）
監査役　高嶋　博視（元海自横須賀地方総監）

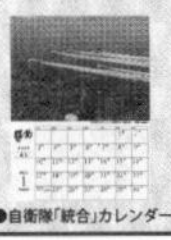

●保険（指定代理店）

●自衛隊「統合」カレンダー

●防災スイーツパン缶詰

●防災食セット

# 時の焦点

## 国内

### 新・立憲民主党

# 現実的な政権構想示せ

立憲民主、国民民主両党などの合流による新・立憲民主党が結党大会を開いた。かつての民主党を復活させるようでは、国民の期待は集まるまい。政策立案能力を磨き、政府・与党の対抗軸となる政権構想を示すべきだ。

立民党には衆院107人、参院43人の150人が参加した。野党第1党が100人を超すのは3年ぶりだ。

衆院議員は来年10月に任期が切れる。政権選択選挙である衆院選に備え、野党議員が結集するのは理解できる。

だが、立民の党名は変わらず、執行部の顔ぶれも枝野代表、福山哲郎幹事長は続投となった。これでは新味は薄い。存在感をどう発揮していくのか。

枝野氏は結党大会で、「困難と挫折、教訓を生かし、未来に対する責任を果たしていきたい」と述べた。大会では「過度な自己責任論に陥らず、格差を解消する」と記した綱領を承認した。

大切なのは、理念を具体的な政策に反映させることだ。だが、先の代表選挙で枝野氏が唱えた提案には、不安が残る。

枝野氏は、新型コロナウイルスに関する家計支援策として、消費税率の引き下げや、年収1000万円以下の人を対象にした所得税免除に言及した。財政が悪化する中、大規模な減税が実現可能なのか。

沖縄県の米軍普天間飛行場の名護市辺野古への移設計画については、中止する考えを示した。

野党が政権担当能力を示すのであれば、国民の生命や安全に責任を持つ安全保障政策を提示することが不可欠だ。現実的な政策を掲げるのであれば、思い切って自民党にある程度歩調を合わせることも選択肢としてはどうか。

これまでの立民党は、内閣のスキャンダル追及に力を入れてきた。それだけでは政権を担う「受け皿」としては不十分だと有権者に映っていることを認識する必要がある。

立民党には、国民民主党の小沢一郎衆院議員、無所属の野田元首相、岡田克也・元外相ら民主党政権を支えたベテランが加わった。枝野氏が指導力を発揮し、負のイメージを払拭できるかどうか。

一方、国民民主党は保守系議員を中心に15人だけとなった。「対決よりも解決」を掲げ、政策論で政府と対峙してきた姿勢は評価できる。小規模になっても、「提案路線」を堅持してもらいたい。

安倍内閣が退陣し、菅政権が発足した。報道各社の世論調査で、内閣支持率は上昇している。野党には焦りもあろう。

主要な野党には、人口減少や少子高齢化など中長期の課題への対処策や、具体的な外交・安保政策を練り上げることが求められよう。有権者を引きつける野党が存在しなければ、政治に緊張感は生まれない。

夏川 明雄(政治評論家)

## 海外

### 溝深まる欧露

# 毒殺未遂とベラルーシ

ロシアの著名な反政権活動家の毒殺未遂事件や、大統領選挙をめぐって市民の抗議が続くベラルーシ情勢をめぐり、欧州とロシアの溝がさらに深まっている。特に、ロシア国内で毒を盛られて容体が悪化した反政権派指導者ナワリヌイ氏の治療を受け入れたドイツ政府が9月初め、同氏が旧ソ連で開発された兵器級の神経剤「ノビチョク」系の毒物で襲撃されたと発表したことで、欧州連合(EU)や北大西洋条約機構(NATO)も、事件の真相解明に消極的なロシアを一斉に非難した。

プーチン大統領の強権的支配が続くロシアをめぐっては、2014年のウクライナ南部クリミア半島の併合をきっかけに、これに反発する欧米諸国との関係が悪化したままだ。こうした中、ロシア上層部が関与したとされる同様の政権批判派の関係者の暗殺・同未遂事件が近年、ドイツや英国で相次いだことで、欧米諸国は態度を硬化させている。

ドイツのメルケル首相はナワリヌイ氏の毒殺未遂について、「私たちがよって立つ基本的な価値と権利に向けられたものだ」と非難した上で、ロシアに責任ある対応を求めた。ドイツはこれまで、クリミア併合などをめぐるウクライナ危機の後もロシアを重要な経済パートナーとみなし、建設中のバルト海の天然ガス輸送管「ノルドストリーム2」などを通じて、外交・経済関係の維持に腐心してきた。

そのドイツでも、ロシアに敵対的な人物が首都ベルリンでロシア政府機関の指示によって殺害されるなどの事件が起きていながら、プーチン政権が真相究明要請に取り合おうとしないため、対露強硬論が台頭している。

今後は、ドイツ与野党から要求が上がるノルドストリーム2の事業中止にメルケル政権が踏み切るかどうかが焦点となる。

一方、欧露関係の険悪化に拍車をかけるもう一つの要因が、「欧州最後の独裁者」と呼ばれるルカシェンコ氏が6選を決めた8月の大統領選の不正得票疑惑に対する大規模な抗議が続くベラルーシ情勢への対応だ。EUは大統領選で組織的な不正行為があったとして、現政権に対する制裁と不承認を決めたが、大統領は市民のデモを弾圧する強硬姿勢を崩さず、対立候補だったチハノフスカヤ氏の陣営との対話にも耳を傾けようとしない。

ルカシェンコ大統領は危機的事態の強行突破を図るため、近年は冷え込んでいたロシアとの関係改善を急ぐとともに、プーチン大統領に治安要員の派遣を要請。抗議デモを徹底的に押さえ込む構えだ。ロシアがルカシェンコ氏を擁護し、現体制の維持に向け支援に動く背景には、勢力圏とみなす旧ソ連構成国ベラルーシで親欧米政権が誕生したり、民主化運動が自国に飛び火したりすることを警戒していることもある。ロシアは北方領土問題の解決を通じて平和条約を締結しなければならないわが国の重要な隣国だが、民主主義の理念や基本的人権の価値を軽視しているのであれば、その非は指摘する必要がある。ロシアをよく知るメルケル首相が重視する普遍的価値観を置き去りにしてはならない。

伊藤 努(外交評論家)

# 日印、ACSAに署名

## 円滑な部隊間協力が可能に

日印両政府は9月9日、自衛隊とインド国軍との間で食料や燃料、輸送などの物品や役務を相互に融通する「日印物品役務相互提供協定(ACSA)」に署名した。

インドの首都ニューデリーの印国防省で、鈴木哲駐印大使とアジャイ・クマール国防次官が署名した。今後、日本の国会承認などの手続きを経て発効される。

日本がACSAを締結するのは米、豪、英、仏、カナダに続き6カ国目で、アジア諸国では初めて。

安倍首相とインドのモディ首相は翌10日に電話会談し、ACSAの署名を歓迎。河野防衛相は11日の記者会見で「両国間のさまざまな防衛交流や共同訓練がこれまで以上にスムーズに行える」と意義を強調した。

日印ACSAは2018年8月の小野寺防衛相とシタラマン国防相との日印防衛相会談における調整を経て、同年10月の日印首脳会談で交渉開始が正式に決定。19年11月にニューデリーで初開催された日印外務・防衛担当閣僚協議「2プラス2」の共同声明には早期締結が盛り込まれ、作業が進められてきた。

発効後は、共同訓練や災害救援、国連平和維持活動(PKO)などを含むさまざまな場面で日印部隊間のより円滑な連携・協力が期待される。

## 統幕長

# マレーシア司令官と会談

## 防衛協力の推進で一致

山崎統幕長は9月14日、マレーシア国軍司令官のアフェンディ・ブアン空軍大将とテレビ会談を行い、両国の防衛協力を推進していくことで一致した。統幕長と同国軍司令官の会談は2015年11月以来約5年ぶり。

会談で両者は、防衛協力の推進の重要性を確認するとともに、地域情勢についても意見交換を行い、国際社会や地域の平和と安定のため、引き続き連携していくことで一致した。

一方、新型コロナウイルス感染症に関しては、両国の感染状況や感染防止の取り組みなどについて意見を交わし、情報を共有した。

日本とマレーシア間の防衛交流は、18年9月に来日した同国のモハマド・ビン・サブ国防相と小野寺防衛相(共に当時)が両国間で初めてとなる「防衛協力・交流に関する覚書」に署名。翌19年5月には、海自のインド太平洋方面派遣訓練(IPD19)の一環としてマレーシアのポートクランに寄港したヘリ搭載護衛艦「いずも」の艦上で同国軍将兵などに対し、「人道支援・災害救援(HA/DR)セミナー」を開催するなど、防衛協力を進展させている。

マレーシア国軍司令官のアフェンディ空軍大将(画面)とテレビ会談を行い、両国の防衛協力推進の重要性を確認する山崎統幕長(9月14日、防衛省で)

## 陸幕長

# 印陸軍参謀長と電話会談

## 共同訓練の推進で一致

湯浅陸幕長は9月14日、インド陸軍参謀長のマノジ・ムクンド・ナラヴァネ大将と電話で会談した。両者の会談は初めて。

陸幕長とナラヴァネ参謀長は2018年から始まった日印共同訓練「ダルマ・ガーディアン」などを含め、日・インド陸軍種間でさまざまな防衛協力・交流を推進していくことで一致した。

湯浅陸幕長と電話会談を行ったインド陸軍参謀長のナラヴァネ大将(9月14日、インド陸軍参謀本部で)

## 空自F15戦闘機部隊

# 米B1と共同訓練

## 2、5、6、9空団が参加

空自各方面隊の4個F15戦闘機部隊は9月10日、グアム島のアンダーセン基地に前方展開中の米空軍第28爆撃航空団(サウスダコタ州エルスワース基地)所属のB1B戦略爆撃機2機と日本海、東シナ海、沖縄周辺空域で日米共同訓練を実施した。

空自からは2(千歳)、6(小松)、9空団(那覇)のF15各4機、5空団(新田原)の同8機が参加し、B1B部隊と編隊航法、要撃戦闘訓練を行い、共同対処能力の向上を図った。

# IPD訓練に潜水艦を追加

海自は9月15日、今月7日から始まった「インド太平洋方面派遣訓練(IPD20)」に潜水艦1隻を加えると発表した。

IPD部隊は、今野泰樹将補(2護群司令)を指揮官に、ヘリ搭載護衛艦「かが」(艦長・西田敏志1佐)、護衛艦「いかづち」(同・杉山靖浩2佐)と搭載ヘリ3機で編成。新たに潜水艦1隻を加え、3隻体制で約1カ月間にわたってインド太平洋方面を巡航し、戦術技量の向上と各国海軍等との連携強化を図る。

## 防衛省発令

▽防衛研究所主任研究官(海自3術科学校教育2部長)1海佐 石家 智弘

▽海幕航空機課航空技術班長(海幕航空機課)2海佐 井上 善博

▽海自3術科学校教育2部長(同航空機課航空技術班長)1海佐 志野 雅一

(以上9月15日)

▽東京業務隊付(防衛装備庁長官官房艦船設計官付主任設計官)1海佐 本山 泰之

▽海自補給本部艦船装備計画課長(海自補給本部装備計画部)同 長屋 次郎

▽防衛装備庁長官官房艦船設計官付主任設計官(海自補給本部艦船装備計画課長)同 鉄村 幹太

(以上9月18日)

日米共同の空挺降下訓練のため、米空軍のC130J輸送機に乗り込む陸自空挺団員(9月15日、海自厚木航空基地で)

# 空挺団員が米軍機から降下

陸自空挺団(習志野)の隊員約240人は9月15日、海自厚木航空基地で米第5空軍第374空輸航空団(横田)のC130J輸送機2機に乗り込み、習志野演習場の上空約340メートルの高度から降下訓練を行った。

米軍機を利用しての空挺降下訓練が国内で行われるのは今年度3回目。前日の14日にも同訓練を予定していたが、荒天により中止となった。

# 共済組合だより

**野球・テニス・ゴルフ練習などにご利用ください。**
狛江スポーツセンター

東京都狛江市にある防衛省共済組合直営施設の「狛江スポーツセンター」は、組合員とその家族、OBの方が利用できます。多摩川沿いにあるスポーツセンターで気持ちのよい汗を流してみませんか。

狛江スポーツセンターには、ゴルフ練習場(1・2階計30打席、110ヤード)、ゴルフバンカー、テニスコート(オムニコート4面)、野球場1面、クラブハウス(受付、更衣室、シャワー室等)、駐車場50台分があり、定休日(年末年始、ゴルフネット点検日、ゴルフ練習場の休業)を除き利用できます。

ご利用の際は、組合員または家族であることを証明できるもの(組合員証、被扶養者証等)、OBである場合はOBであることを証明できるもの(OBカード等)をご提示ください。

テニスコートと野球場は利用にあたって事前の予約が必要です。直接窓口(03・3480・2637)にお申し込みください。利用する日の前月1日から受け付けています。

【狛江スポーツセンター】〒201-0013 東京都狛江市元和泉2-30 電話03-3480-2637

# 露艦艇6隻が宗谷海峡を西進

9月14日午前10時ごろ、ロシア海軍の「スラバ」級ミサイル巡洋艦(満載排水量1万1500トン、「ワリヤーグ」、艦番号011)、「ウダロイI」級駆逐艦(8600トン、「アドミラル・パンテレーエフ」、548)、「ステレグシチー」級フリゲート2隻(2200トン、333「ソビエルシェンヌイ」、335「グロムキー」)、「マルシャル・ネデリン」級ミサイル観測支援艦、「アムール」級工作艦の計6隻が、北海道・宗谷岬の東北東約110キロの海域を西に向け航行するのを2空群(八戸)のP3C哨戒機と1ミサイル艇隊(余市)のミサイル艇「くまたか」が確認した。6隻は宗谷海峡を西進し、日本海に入った。

心の安らぎを皆の宗へ
浄土霊廟(室内納骨堂)
合祀墓 永代年間管理料無料
ペット供養墓
愛子大佛は皆様の幸せをご祈念申し上げる大佛様です。
愛子大佛 浄土霊廟
佛國寺
〒989-3212 宮城県仙台市青葉区芋沢字大竹原49-1
詳細はホームページをご確認ください
tel.022-394-5122
https://www.ayasi-daibutsu.jp
[事業主体] 宗教法人 東北本山仙台佛國寺／仙台市(健保生)指令第7号

株式会社高橋林業は、おかげさまで創業20周年を迎えます。
単行本用原稿160ページを希望者に差し上げます!
20周年記念プレゼント「全部、山が教えてくれた」
第一章 森林の本当の価値について
第二章 高学歴を持った人が就職してくれるような林業に
第三章 山で働くということ
第四章 山の楽しみ方について
第五章 樹木の有効活用、(特用樹・薬用樹)について
第六章 山の年中行事
第七章 林業の未来と森林環境税
インタビュー 林業再生への道とは
代表取締役 高橋 正二
株式会社 高橋林業
森林整備作業員募集中!!
※詳細は高橋までお気軽にお問い合わせください。
お問い合わせ 携帯 090-8646-5897
TEL 042-689-2848 FAX 042-684-9610
株式会社高橋林業 検索
www.takahashi-forestry.com
〒252-0186 神奈川県相模原市緑区牧野8772


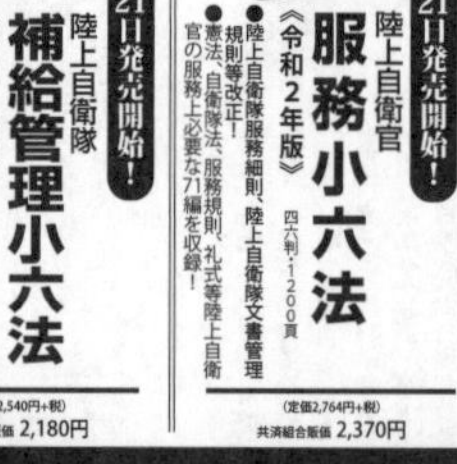

一覧即決　国際軍事略語辞典《第2版》英和・和英 A5判・144頁 INTERNATIONAL MILITARY ABBREVIATION DICTIONARY 基本的な軍事略語や主要な安全保障関係略語等を収録。(定価1,400円+税)共済組合販価 1,200円

好評発売中!　自衛官 国際法小六法《平成30年版》四六判・928頁 ●平和安全法制整備法に伴う関連法の改正! ●国際連合憲章を完全収録! ●新たに「国際司法裁判所規程」を収録! (定価2,556円+税)共済組合販価 2,190円

文書実務の基本　好評発売中!　陸上自衛隊 新文書実務《新訂第9次改訂版》A5判・432頁 ●平成31年3月29日陸自文書管理規則改正対応! ●改元に伴う関係箇所改正! ●公文書管理法等収録! (定価2,306円+税)共済組合販価 1,980円

実務力のバージョンアップ　7月21日発売開始!　陸上自衛隊 補給管理小六法《令和2年版》B6判・672頁 ●改元に伴う関係項目改正! ●物品管理法、補給管理規則等補給管理実務に必要な22編を収録。実務者必携の一冊。(定価2,540円+税)共済組合販価 2,180円

必携の一冊　8月21日発売開始!　陸上自衛官 服務小六法《令和2年版》四六判・1200頁 ●陸上自衛隊服務細則、陸上自衛隊文書管理規則等改正! ●憲法、自衛隊法、服務規則、礼式等陸上自衛官の服務上必要な71編を収録! (定価2,764円+税)共済組合販価 2,370円

学陽書房 〒102-0072 東京都千代田区飯田橋1-9-3 TEL.03-3261-1111 FAX.03-5211-3300
(共済組合販価は消費税10%込みです。)☆ご注文は 有利な共済組合支部 へ


人間ドック活用のススメ
人間ドック受診に助成金が活用できます!
防衛省の皆さんが三宿病院人間ドックを助成金を使って受診した場合
※下記料金は消費税10%での金額を表示しています。

| コースの種類 | 自己負担額(税込) |
| --- | --- |
| 基本コース1 | 9,040円 |
| 基本コース2(腫瘍マーカー) | 15,640円 |
| 脳ドック(単独) | なし |
| 肺ドック(単独) | なし |

女性イチオシ!! 女性特有のがん検診を基本健診とセットにした場合
ex. ①基本コース1+乳がん(マンモグラフィ)= 13,000円
②基本コース1+乳がん(乳腺エコー)= 11,350円
③基本コース1+婦人科(子宮頸がん)= 13,660円
脳ドック受診してみようと思うんだ。助成金もあるからね。
パパ、私も乳がん検診と婦人科健診受診したいな。
¥0
あなたが想うことから始まる家族の健康、私の健康
国家公務員共済組合連合会 三宿病院 健康医学管理センター
東京都目黒区上目黒 5-33-12 TEL 03-3711-5771(代)
HP:https://www.mishuku.gr.jp
予約・問合せ ベネフィット・ワン・ヘルスケア 健診予約センター TEL 03-6870-2603
●被扶養者も防衛省共済組合の助成を利用できます。
"三宿病院 人間ドック" とご指定下さい。
三宿病院はベネフィット・ワン・ヘルスケアの提携受診機関です。

# リムパック2020　環太平洋合同演習

# 対空・対艦ミサイル　実射

## SM2やハープーン

## 日本から「いせ」「あしがら」

米ハワイ周辺海域で8月17日から行われていた米海軍主催の環太平洋合同演習「リムパック2020」が8月31日に終わった。

今年はコロナ禍により規模は縮小されたものの、海自からは2護群2護隊（佐世保）司令の北川敬三1佐を指揮官に、ヘリ搭載護衛艦「いせ」（艦長・飯分孝広1佐）とイージス護衛艦「あしがら」（同・佐藤剛1佐）が参加、9カ国、20隻の艦艇と共に大規模な海上演習を繰り広げた。

また、期間中は米海軍のミサイル評価施設を活用して、対空・対艦ミサイルの実射訓練なども実施され、各艦がSM2やハープーンを発射し、大きな成果を収めた。

「リムパック2020」の訓練の模様を海自と米、カナダ各海軍撮影の写真で紹介する。

右「リムパック2020」の実射訓練で、長射程の対空ミサイルSM2を発射する海自のイージス護衛艦「あしがら」（8月17日）　左 海自のヘリ搭載護衛艦「いせ」の艦内で陣頭指揮を執る派遣部隊指揮官の北川敬三1佐（中央）。乗員たちはそれぞれの持ち場で任務を全うした＝海自提供

上 飛来した対空目標に向け、対空ミサイルSM2を発射した米海軍のミサイル駆逐艦「チャンフーン」（8月23日）＝カナダ海軍撮影　右 ハープーン・ミサイルの直撃を受けた標的艦。退役した米海軍の貨物揚陸艦「ダーラム」が"敵艦"役を担った（8月30日）＝米海軍撮影

右 洋上の標的艦に向け、2発の対艦ミサイル・ハープーンを発射したカナダ海軍のフリゲート「レジャイナ」（8月29日）＝カナダ海軍撮影。いずれも米海軍サイト「DVIDS」から　左 カナダ海軍のフリゲート「レジャイナ」から発射された対艦ミサイル・ハープーンの弾体（8月29日）＝カナダ海軍撮影

## 「リムパック」初参加の思い出（上）

海自OB　是本 信義（元ミサイル護衛艦「あまつかぜ」艦長）

### はじめに

本年8月、西太平洋で行われた環太平洋合同演習「リムパック2020」に、海上自衛隊からはヘリ搭載護衛艦（DDH）「いせ」、ミサイル搭載護衛艦（DDG）「あしがら」の2隻と搭載ヘリ2機が参加したと聞いた。

米海軍主催のリムパックは今や海自の主要な訓練の一つとなり、一時は1個護衛隊群（8艦・8機）丸ごと参加したこともあったが、今回はコロナ禍による諸般の事情により一転、小編成になったと聞き及んだ。

海自の初参加は1980年の「リムパック80」である。このときの参加部隊は今回と同じ「ひえい」「あまつかぜ」のDDH、DDGの2隻と搭載ヘリ3機。それに航空部隊として対潜哨戒機P2Jが8機参加するという陣容だった。

私は「リムパック80」にDDG「あまつかぜ」艦長として参加した。そこでここでは皆さんの何かのご参考になれば幸いと思い、筆をとった次第である。

### 大騒動の中の初参加

今でこそ「リムパック」参加は海自の恒例行事の一つになっているが、当時は「リムパックとは何だ？」「何をやるのだ？」などなど、その実態を知る人はいなかった。随分と乱暴な話だが、「とにかく行ってこい」「行けば何とかなる」というのが、その際の意向であった。

また、このリムパックへの参加は当時、「集団的自衛権」の行使になり、重大な憲法への抵触になるとの野党の反対で国会でも問題に取り上げられ、大きな政治問題になり、左翼勢力の激しい反対運動が起こっていた。

そのような中の1月25日、派遣部隊の「ひえい」と「あまつかぜ」は、派遣部隊指揮官の吉田勉1佐（第51護衛隊司令）に率いられ、横須賀港を出港した。

港内では、あくまで出港を阻止しようとする数多くの海上デモ船の警戒、これを規制し、上空を乱舞する報道関係の取材ヘリの爆音に送られての、本当に慌しい出港旅立ちであった。

ちなみに、派遣部隊指揮官、両艦長及び主要幹部の自宅は、反対派の襲撃等を防ぐため、警察官のパトロール対象となり、私の福岡県の実家も警察官のパトロールを受けていた。今から考えれば嘘のような話である。

### 米海軍との大きな乖離

海自の2艦は、まずハワイ・オアフ島のパールハーバーに寄港し、リムパックを主催する米第3艦隊司令部との打ち合わせを行った。そうした交流を通じ、リムパックの実態がだんだんと分かってきた。

「リムパック80」への参加国は米・日のほか、オーストラリア、カナダ、そしてニュージーランドの5カ国で、参加部隊は艦艇41隻、航空機200機、人員約5万人という大規模なもので、これをブルー、オレンジの両軍に分け、対抗演習を行うのがリムパックの主要な演習であることが分かった。

## 米軍の戦術・戦法に驚き

そして勉強していくうちに気がついたのは、アメリカ海軍と海上自衛隊との間の距離――いや遅れ――を見せつけられたことであった。

その思いは、パールハーバーから演習開始地である米カリフォルニア州のサンディエゴに向かう途中、電報で受信したブルー部隊指揮官を務める米第3艦隊司令部からの作戦計画を見たとき、決定的となった。それによると、米海軍が取っている戦術・戦法は、今まで海上自衛隊で知り得なかったものばかりであった。主なものは、次の3点であった。

### 「CWCコンセプト」とは

その第1は、部隊の指揮管制システムに、今まで聞いたこともない「CWCコンセプト」(Composite Warfare Commander concept)を採用していることであった。

この「CWCコンセプト」とは、作戦遂行に当たって生起する各種戦（対空戦、対潜戦、対水上戦）の実施を、適任の部下指揮官に全面委任し、自らは一段高いところからこれを指揮・コントロールするという、ビジネス風に言うならば「徹底した権限の委譲」である。

「ブルー部隊」における一例は、次の通りであった。

○最高指揮官（CWC）＝第3艦隊司令官

○対空戦指揮官（AAWC）＝空母「コンステレーション」

○対潜戦指揮官（ASWC）＝第17駆逐隊司令

ちなみに、第17駆逐隊司令が空母に乗艦して空母作戦室の一角に陣取り、全般の対潜戦を取り仕切るなど、われわれの思考の埒外であった。

その第2は、徹底した「サイレント・オペレーション」の採用で、その要点は次のとおりであった。

○完全な電波封止（EMCON）。原則として、レーダー、通信機器の使用禁止。しかし、米海軍側はわれわれの持たない「LINK16」（データ通信）、衛星通信装置を使って自在に交信していた。

ちなみに、われわれが電報を発信する場合は、起案した電文を「ひえい」の搭載ヘリで空母「コンステレーション」に送り、同艦から衛星通信でハワイ・オアフ島の通信隊に送り、同隊から放送するというややこしい手続きだった。

○対潜戦は完全な「パッシブ・オペレーション」で、パッシブソナーで敵潜水艦を遠距離で探知し、攻撃直前に1、2回位置確認のため探信するという戦法であった。

これに対し、当時、パッシブソナー、LINK16、衛星通信オンリーの情報を持たないわが方の情報システムはLINK14、性能は必ずしも良くないESM（逆探）のみという心細さで、果たして米海軍部隊と共同訓練ができるのかと、先行き大きな不安があった。

そのときの私の心境は「これは、まさに（盲目の）座頭市だ！」であった。

### いよいよ実動演習を開始

リムパック80の演習シナリオは、豪海軍の軽空母「メルボルン」基幹で、主として豪・加・NZの海軍部隊で構成される「オレンジ部隊」によって奪取されたハワイ地方のある島を、米空母「コンステレーション」を中心とする「ブルー機動部隊」が強襲、奪回するというものであった。

サンディエゴで準備を終えたブルー部隊は、2月25日、敵を欺瞞するため各個バラバラに出港、待機点に向かった。待機点に集結した部隊は、ここで戦闘陣形を制形した。

まず空母の周囲を、インナーサークルと称して「ひえい」を含む対潜艦艇が取り巻く。そのはるか外側を、アウターサークルとして前方に直接支援の原子力潜水艦（SSNDS）が2隻、側衛として曳航式ソナー（TASS）を曳いたTASS艦が両側につく。前方約100浬には「あまつかぜ」を含むミサイル艦が防空艦として占位する。

上空には、CAP（航空戦闘哨戒）として戦闘機F14と早期警戒機E2Cのペアー、対潜警戒としてはインナーサークルを対潜ヘリSH3が、アウターサークルを対潜哨戒機S3がそれぞれ常時哨戒する、水も漏らさぬ鉄壁の布陣であった。

### 「あまつかぜ」の戦い

こうして戦闘陣形を制形した「ブルー機動部隊」は、攻撃開始点に向かって進撃を開始した。進撃速力は24ノット、その上、空母が搭載機を発艦・収容するときは、最大の相対風速を得るため風に向かって30ノット以上の全力航走を行う。この空母の動きに対応するため、随伴の艦艇はしょっちゅう変針、増減速を行いながら東奔西走し、それは大変だった。

この実動期間中のほとんどが、風30ノット以上、波・うねりとも6～7という荒天に見舞われ、その中を高速で突っ走るという毎日だった。その荒天の中、艦がうねりの頂上から奈落の底に落ちるように「ドシン」と叩き落とされ、その衝撃で「ミシミシ」「ギィー」と船体が悲鳴を上げた。

そのきしみで天井のペイントがバラバラ落ちてくる士官室内で、「（艦が）折れるかな」「折れるかもしれませんね」「折れたらどうなる」「それは間違いなく沈みますね」「名誉の戦死か…」と、淡々と会話したことが思い出される。

また、揺れて烹炊作業が危険なため、3日間連続して缶詰などの非常用食料で過ごしたこともあった。

このような荒天の中、「ブルー部隊」はついに攻撃開始点に到着し、空母艦載機が「オレンジ部隊」への攻撃を開始した。オレンジ部隊側も空母「メルボルン」搭載のA4攻撃機、原潜で果敢に反撃してきた。

A4の攻撃で空母「コンステレーション」が大破し、一時はどうなるかという場面もあった。たとえ小型とはいえ、空母を持つということは大変頼りになることだと海自からの参加者は痛感した。

米海軍主催の「リムパック」に海自で初めて参加したミサイル護衛艦「あまつかぜ」

自衛隊バージョン
新発売！
災害等の備蓄用・贈答用として最適!!
陸・海・空自衛隊のカッコイイ写真を使用した専用ボックスタイプの防災セット。
EMERGENCY BOX
7年保存防災セット
1人用/3日分
外務省在外大使館等も備蓄しています。
メーカー希望小売価格 5,130円（税込）
特別販売価格 4,680円（税込）【送料別】
昭和55年創業 自衛隊OB会社
(株)タイユウ・サービス
TEL03-3266-0961 FAX03-3266-1983
mail:ts-gen@ac.auone-net.jp

# 六ケ所対空射場で「携帯SAM」実射
# 標的機に見事命中
## 34普連 対空戦闘能力を向上

【34普連＝板妻】34普連は7月23日から8月12日まで、青森県の六ケ所対空射場で行われた「対空実射訓練（携帯SAM）」に参加した。

高射学校（下志津）などの射撃支援隊員がサポートする中、34普連は東部方面隊を代表して射手ら15人が参加、ミサイルの実射を通じて対空戦闘能力と携帯SAM指導者要員の練成を図った。

訓練は海岸に面した対空射場で、飛来した目標（標的機）に対し、隊員が91式携帯地対空誘導弾を発射する方式で行われた。

射手は発射機を構え、集中力と緊張感を保持しながら「敵機の飛来」に備えた。そして目標が上空に現れて直進、横行する機体を確実に捕捉し、識別、それが敵機と確認されるや直ちに誘導弾を発射。高性能の対空ミサイルは高速で飛翔し、見事、目標に命中した。

今回、射手を務めた4中隊の鈴木博幸3曹は「師団集合訓練やシミュレーターを使用した準備訓練など、段階を踏んで練成した結果、本番で良い成果を出すことができた。射撃にあたっては特に友軍相撃を防止するため、目標捕捉から識別、射撃まで標的の動きを見極めて射撃した。貴重な経験ができた」と感想を語っていた。

上空に現れた標的機に向けて隊員が91式携帯地対空誘導弾を発射した瞬間（六ケ所対空射場で）

# 装甲車上から実射
## 22即機連 東北方面隊で初、40ミリ自動てき弾銃使用

96式装輪装甲車の車上から40ミリ自動てき弾銃を射撃する22即機連の隊員（王城寺原演習場で）

【22即機連＝多賀城】22即応機動連隊は7月1日、東北方面隊で初となる96式40ミリ自動てき弾銃の射撃訓練を王城寺原演習場で行った。

てき弾銃は近距離の敵部隊を撃破するための装備で、訓練は即機連に導入された新装備火力の習熟と射撃練度の向上を目的に実施された。特に今回は装甲車上からの射撃姿勢、照準、撃発要領を主項目に実射訓練を行った。

隊員は初めての40ミリ自動てき弾銃を前に緊張しながらも、各種操作要領を習熟し、実射でてき弾の威力を確かめていた。

# 各種状況下で練成
## 東富士などで第3次狙撃手集合訓練　1普連

【1普連＝練馬】1普連は7月28日から8月6日まで、練馬駐屯地と東富士演習場で各中隊狙撃手要員の知識・技能の維持向上を図る目的で「第3次連隊狙撃手集合訓練」を行った。

まず練馬駐屯地で狙撃に関する講義と非実射訓練で弾道の特性や射撃術などを学び、その後、東富士演習場の第2戦闘射場で実射に臨んだ。

隊員たちは各種状況下、目標を捕捉し、機を失せずに効果的な射撃ができるよう、目標の早期発見、射距離の判定、堅確な姿勢での射撃を練成した。

訓練中は「AASAM（豪州における射撃競技会）」に参加した先輩隊員が指導員を務め、オーストラリアでの国際競技で得た実戦的な経験を後輩たちに普及した。

狙撃銃で目標を狙う1普連の隊員（東富士演習場で）

訓練

# 海兵大隊の陣地攻略
## 4普連が旅団訓練検閲に参加

【4普連＝帯広】4普連は7月3〜11日、帯広駐屯地、空自根室分屯基地、北海道大演習場で実施された旅団訓練検閲に参加した。

3〜6日は駐屯地で応急出動準備と基地警備を行い、その後、北大演に長距離機動、「上陸した敵海兵大隊を撃破する」想定で検閲に臨んだ。

統裁官の小瀬幹雄5旅団長は隊員に「戦闘力の組織化を図れ」「実戦に赴く準備を万全にせよ」と要望。

状況開始とともに携行補給品等の受領、物品措置区分の統制、文書・物品の引き継ぎと各中隊ごと射撃、格闘、救急法訓練を実施して隊員の練度を確認。指揮官は隊員に精神教育を行い、物心両面で準備を整えた。

北大演入りした部隊は、強固な障害を作り上げた敵の陣地に対し、諸職種の戦闘力を組織化し、情報と機動と火力を連携させた戦い方で果敢に攻撃、戦車先導での突撃を成功させるなど、与えられた任務を達成した。3中隊は空自と協同して基地警備を行った。

重機関銃を構え、対空警戒に当たる4普連の隊員（北海道大演習場で）

# FTC"出稽古"
## 即応予備自衛官が初参加

【部隊訓練評価隊＝北富士】部隊訓練評価隊（FTC）は8月25日から29日まで、「FTC第6次運営」を自隊訓練として行った。全国の部隊から"出稽古"隊員約100人も加わり、実戦的環境下での合同訓練となった。

"出稽古"には5連隊（青森）、13連隊（松本）、42即機連（北熊本）、空挺団（習志野）をはじめ、即応予備自衛官のコア連隊である49連隊（豊川）からも常備2人と即応予備自2人が参加した。FTCのフィールドに即自隊員が入るのは初めてとなった。

2人の即応予備自衛官は、49連隊情報小隊に所属する加藤大志3曹と大友敬行3曹。加藤3曹は元航空自衛隊1輸送航空隊基地業務群（小牧）の衛生隊員で、衛生専門員の特技を持つ。大友3曹は13連隊出身で、共に「初級偵察MOS」の特技を取得している。

今回の運営では、機械化大隊と機械化中隊が激烈な戦闘を行う中、即自2人は攻撃部隊である機械化大隊の斥候員として評価支援隊の隊員とチームを組み、敵中に潜入した。

大友3曹の第1斥候組は、潜入直後に敵斥候と遭遇。北富士演習場の境界道沿い第3テトラ付近で激しい交戦となり、斥候長らが「戦死」する中で奮戦するも、敵の機関銃弾に倒れた。一方、加藤3曹の第3斥候組は敵中深く潜伏することに成功し、前線から攻撃部隊に貴重な情報を送り続けた。

演習は2回の状況に分けて行われ、2回目は加藤3曹の第3斥候組は行動開始直後に敵と遭遇。49連隊の常備情報小隊員の堀大輔3曹、島崎太一3曹の第2斥候組（組長は評価支援隊の佐藤翔太2曹）とともに敵機関銃の掃射を受け、果敢に接近を試みたが、ふた組とも「全滅」。しかし、その間に大友3曹の第1斥候組が敵の背後に回り込んで潜入することに成功。味方戦車の突入に資する貴重な敵情を送った。

「戦闘」を終えて2人は「陸上戦闘の緊張感を体感できた。（空自時代の）衛生専門員の特技も生かし、さらに体力をつけて"使える即応予備"としてまた参加したい」（加藤3曹）、「基礎的戦闘動作の重要性を改めて強く認識できた。次は何としても敵を狩りたい」（大友3曹）と語り、FTCでの収穫を強調していた。

即応予備自衛官として初めてFTCの対抗演習に参加した49連隊の加藤大志即応予備3曹（北富士演習場で）

■FTCが"出稽古"への参加隊員を募集中！〜全職種から〜

FTCでは全国の部隊・隊員からの"出稽古"参加を募集している。すべての職種からの参加を歓迎。個人から小部隊単位まで随時受け入れている。

参加者は対抗部隊の一員として実戦的環境下で戦闘訓練が行えるほか、演習後も全体AAR（事後研究会）、対抗部隊の大隊・中隊AAR、小隊・分隊・組AARに参加でき、各レベルの教訓を部隊に持ち帰ることができる。

FTCでは即応予備自衛官の参加も歓迎。近藤力也FTC隊長は「即自は陸上自衛隊の貴重な戦力だ。（現在は参加枠がない）コア連隊にもぜひ参加してもらいたい」と話している。

参加調整はFTC企画班（部隊専用線8−504−412）まで。

# HMG対地射撃訓練
## 15旅団 連携要領など向上

重機関銃に弾薬を装てんする15旅団の隊員たち（日出生台演習場で）

【15旅団＝那覇】15旅団は7月6〜20日、那覇駐屯地と大分県の日出生台演習場で「旅団HMG（重機関銃）対地射撃訓練」を行った。

HMG装備部隊の射撃練度向上を目的に行われ、前段はHMGの分解結合、射撃予習、射撃号令に基づいた空包射撃などを演練。後段は各部隊ごと「HMG組」を編成し、高台や車上から実射訓練を行って各組の連携要領などを向上させた。

# 迅速かつ正確に練成成果を発揮
## 2普連が連隊射撃訓練

【2普連＝高田】2普連は7月27〜29日、関山演習場で連隊射撃訓練を実施し、小銃分隊戦闘射撃と120ミリ、81ミリ迫撃砲の射撃を行った。

各隊員は細かな動作を確認し、実射は迅速かつ正確な射撃を実施。これまでの練成成果を存分に発揮した。

小銃分隊戦闘射撃は援護下での躍進を行い、小銃小隊員の戦闘射撃能力の向上を図った。

81ミリ迫撃砲を射撃する2普連の隊員（関山演習場で）

# 20高射隊が総合優勝
## 空自6高射群 対空ミサイル再搭載など競技

【6高群＝三沢】6高射群は7月13〜17日、三沢基地で戦技競技会を開催した。

競技は、車力分屯基地から三沢基地に機動させたペトリオットミサイル発射機を使用した「ミサイル・リロード（ミサイル再搭載）」と、三沢基地にある「OTT（戦術訓練シミュレーター）」を使用した模擬防空戦闘の2部門で実施された。

ミサイル・リロードは各隊クルーの連携を評価、安全性と確実性で他部隊を上回った20高射隊（八雲）が一歩リードした。

OTTの模擬防空戦闘は「戦闘の開始後に隣接する高射隊のレーダー装置が故障した」との想定で、未使用のミサイルを搭載する発射機の移管を即座に実施するなど、臨機応変に戦力を再編成しなければならない状況下での競技となった。こちらもシステムの性能を最大限に発揮して侵攻機を撃破した20高射隊が優位に立ち、総合優勝の栄冠を勝ち取った。

ペトリオット地対空誘導弾の「ミサイル・リロード」を行う隊員たち（三沢基地で）

# 偵察部隊合同訓練
## 競技会方式で練成　7師団

【7師団＝東千歳】7師団は8月2〜5日、北海道大演習場島松地区で偵察部隊合同訓練（偵察警戒車射撃）を実施した。

偵察警戒車の射撃能力向上を図ることを目的に、7偵察隊が担任。内容は87式偵察警戒車2両が連携し、搭載する25ミリ機関砲と7・62ミリ車載機関銃を駆使し、不意に現出した目標や移動目標に対し射撃を行った。分隊（班）長の射撃指揮と各隊の命中数などを評価した。

訓練には7師団隷下の11普連、71、72、73戦車連隊、7偵察隊の偵察小隊と、道内の他師・旅団偵察隊、機甲教導連隊偵察隊が参加した。練成射撃を実施した後に競技会方式で実射を行った。

7師団の偵察部隊合同訓練で前進する72戦連の偵察警戒車（北海道大演習場で）

# 市街地戦闘能力を向上
## 警戒確認や組連携要領を演練　21普連

【21普連＝秋田】21普連は7月13〜17日、王城寺原演習場で市街地戦闘訓練練成野営を実施した。

周囲360度、階上・階下など立体的な脅威下で、小区ごとに状況が激変し、至近距離で戦闘が生起する市街地特有の環境下、隊員の状況判断、実員指揮、戦闘センスの涵養を図った。

各中隊は野営前日まで、グラウンドに作られた「テープルーム」（テープ表示を使用した簡易的な訓練施設）や駐屯地施設を利用した訓練で練成し、本番に臨んだ。

野営が始まると、隊員たちは市街地訓練場で空包と電動エアガンを使用し、演習項目に掲げた警戒確認、組連携、室内掃討の各要領を実地に演練。最後に総合訓練として対抗演習を実施し、高い緊張感の下、彼我の意思と相互の思惑が入り乱れる中で激烈な市街地戦闘を繰り広げた。

各中隊は警戒確認と組連携の重要性を認識するとともに、各人の状況判断と実員指揮能力を大きく向上させた。

市街地戦闘訓練で階上を警戒しながら建物に前進する21普連の隊員（王城寺原演習場で）

# 戦車と協同 連隊統制訓練
## 52普連

【52普連＝真駒内】52普連は7月15〜18日、北海道大演習場千歳・恵庭地区で連隊統制訓練を行い、「防御における普通科部隊の行動」を演練した。

73戦車連隊から防御側に1コ戦車小隊・施設小隊、攻撃側に1コ戦車小隊・偵察小隊が加わり、創隊初となる「戦車との協同訓練」が実現した。

第10回即応予備自衛官招集訓練を兼ねた訓練には、即自99人が参加。戦車と共に戦った即自隊員は「戦車の迫力に圧倒された」「実戦の様相がイメージできた」などと感想を語っていた。

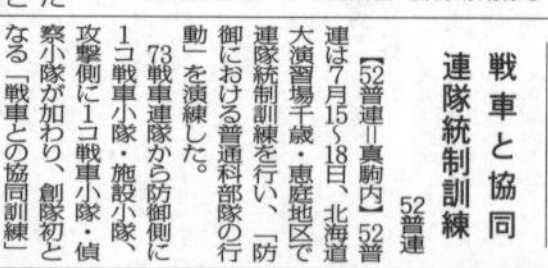

即自と共に戦った73戦連の90式戦車（北海道大演習場で）


静電気対策やウイルス抑制、乾燥防止
NEW
加湿量 4L/h の大容量で 広い空間の空気に潤いを
大型気化式加湿器 EHN-4000
タンク容量21Lで 連続運転約5時間
水道直結・給水 どちらも使用できます
加湿目安 木造（98㎡）56畳 プレハブ洋室（154㎡）94畳

広い空間の換気、空気の入れ替えに
感染防止対策や空調補助、大きく空気を動かしたい場所に
大型循環送風機 ビッグファン

●備蓄倉庫等の換気・循環に！
●単相100V電源で工事不要！
広さ・用途で選べる5TYPEをご用意
BF-60J　DCF-60P　BF-75V　BF-100V　BF-125V

目的に合ったドライ環境を提供
結露・カビを抑え湿気によるダメージを防ぎます！
コンプレッサー式除湿機
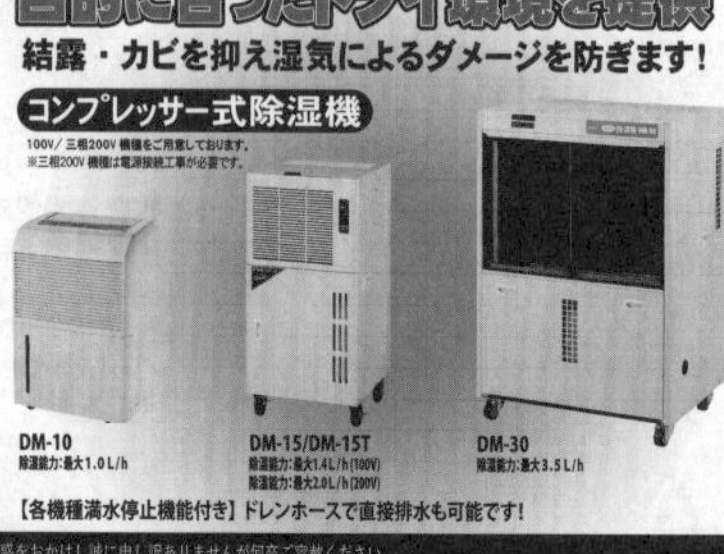

【各機種満水停止機能付き】ドレンホースで直接排水も可能です！

株式会社ナカトミ　〒382-0800 長野県上高井郡高山村大字高井6445-2
https://www.nakatomi-sangyo.com
お問い合わせはこちら TEL:026-245-3105 FAX:026-248-7101

# 全樹脂電池

## APB 三洋化成工業 川崎重工業

### 無人潜水機に搭載して神戸港で実証試験

# 発火しない安全性が最大の特徴

APB、三洋化成工業、川崎重工業の3社は、次世代型のリチウムイオン電池「全樹脂電池（All Polymer Battery）」を自律型無人潜水機（Autonomous Underwater Vehicle＝AUV）に搭載し、神戸港で実証試験を開始した。「全樹脂電池」は自由な成型と強い衝撃を与えても発火しない安全性が最大の特徴で、今後、潜水艦や電動航空機などスペースが限られたビークルへの搭載が有望視されている。

「全樹脂電池」はAPBと三洋化成工業が共同開発したバイポーラ積層型のリチウムイオン電池。従来電池の主要な構成物質を樹脂に置き換えることで、衝撃を与えても「発火しない安全性」が特徴だ。電極の厚膜化も容易なため、電池の大型化や形状の自由度も高い。このためスペースが限られた電気自動車をはじめ、電動航空機、潜水艦などへの導入が有望視されている。

自律型無人潜水機（AUV）での実証試験は、APB、三洋化成工業、川崎重工業の3社が協力し、今年7月から開始された。深海に潜るAUVの動力源とするため、特別の耐圧型全樹脂電池が搭載されている。

川崎重工が開発したAUVは、海中設備の保守・点検などを目的とした自律型の潜水機。これまでその動力源に使われてきたリチウムイオン電池は、性能は高いものの製造工程が複雑で、衝撃を与えると発火の恐れもあり、その取り扱いが難しかった。

そこでAPBは従来電池の問題点を解決した全樹脂電池を開発。リチウムイオン電池を構成部材から見直し、安全かつ構造をシンプルにした電池をめざした。従来の方式に変えてバイポーラ構造という集電体に対し垂直に電流が流れる構造にし、材料も高分子樹脂を基本部材に採用することでコスト削減も実現した。

APBによると、同電池は①高い信頼性②高エネルギー密度③形状・サイズのフレキシビリティ化④革新的な生産プロセス――を実現したという。

全樹脂電池は部品点数が少なく、樹脂で構成されているためにセルの大型化が可能。積層化にも対応し、エネルギー密度を高められる。

この結果、スペースが限られたビークルの搭載電池容量を増やすことができ、より長時間の運転が可能になる。

深海に潜る潜水機では電池も高圧の環境に耐える必要があるため、全樹脂電池が適用可能か試験、その成果を踏まえてAUVに搭載された。

今回の海洋試験は、神戸港に面した川崎重工神戸工場内の試験エリアでAUVの出力試験から着手。問題がなければ航行試験に移る。徐々に航行距離や深度を広げ、全樹脂電池の実用性を確認する。

APBではこの海洋試験のデータを基に、性能と安全性をより高めた全樹脂電池を開発・製造していく計画だ。

APBが開発した全樹脂電池のモジュール（上）とこれを収めた電池ケース（下）＝同社HPから

全樹脂電池を搭載して航行試験が行われる川崎重工業の小型無人潜水機（同社HPから）

**◇全樹脂電池**

全樹脂電池は、APB（本社・東京都千代田区）代表取締役の堀江英明氏と三洋化成工業（本社・京都市東山区）が共同で開発したバイポーラ積層型のリチウムイオン電池。高分子設計・界面制御技術をもつ三洋化成が開発した樹脂を使い、活物質に樹脂被覆を行い、樹脂集電体に塗布をすることで電極を形成。この独自の製造プロセスにより従来の電池よりも工程を短縮、製造コストとリードタイムの削減を達成した。電池本体も高い異常時信頼性とエネルギー密度を実現。樹脂で構成しているため電極の厚膜化が容易で、セルの大型化、形状の自由度も高い。

# 防衛技術

## 技術が光る ＞94＜

### レスキュードローン「TSV―RQ1」 東光鉄工

# 風雨に強い最新型ドローン 防災、防衛の「W防」担う

「台風の通過後にはドローンを飛ばせるが、災害前の強風下では飛ばせないのが残念」――。昨年9月、房総半島に大きな被害をもたらした台風15号の災害で、陸自は台風通過後の情報収集にドローンを活用したが、強風時には落下の危険性から飛ばすことはできなかった。そんな事前偵察ができないジレンマを解消してくれるのが東光鉄工（本社・秋田県大館市）が開発した強風下でも運用できるレスキュードローン「TSV―RQ1」だ。

「TSV―RQ1」は従来型のドローンに比べ、空気抵抗が少ない流線型のボディで、横風の抵抗が少なく、風速18メートル/秒までの強風・悪天候下でも安定した飛行が可能だ。プロペラの端に小さな翼端板を取り付けた「ウイングレット」方式により、安定した飛行を可能にしているという。

さらに機体のフレームもなくし、ボディそのものを骨格として強度をもたせた「2重モノコック構造」のため、水面に落ちても沈まず、回収が可能だ。サイズは縦840ミリ、横620ミリ、高さ491ミリ（折りたたみ時）で、重量は6・1キロ。飛行性能は速力が時速60キロで、最大飛行時間は35分間（搭載装備品なし）だ。

「純国産のレスキュードローンとして2017年から開発を進め、耐風性と浮沈構造を追加し、実用性を高めました」と同社の開発担当者。

さらに災害派遣部隊への活用オプションとして機体に「ハイパワースピーカー」を搭載することができる。このスピーカーは災派活動中の隊員に二次災害の危険を知らせたり、住民の避難誘導にも活用できる。

また空中投下用の「リリースユニット」を付ければ、重量2キロまでの救援物資やレスキュー機器を運搬し、前線の部隊へ届けることができる。

夜間の偵察用には2眼タイプの超高感度カメラを搭載、暗闇でも昼間の明るさで撮影ができ、夜間の部隊進出でも効率的に安全な進出ルートを探すことができる。さらにサーチライトを付ければ上空から部隊を誘導することも可能だ。

「フライトコントローラーを含め、このドローンの主要部品は全て国産のため、海外製のものと異なり情報流出の心配もありません」と同社の担当者。「弊社ではダブル防（防災、防衛）に対応できるドローンの開発を進めています。単に作るだけではなく、『ドローン・インテグレーター』として、防衛省・自衛隊さまがどのようにこのドローンを活用することが最適なのか、提案もしていきたい」と語った。

「TSV―RQ1」（基本価格950万円〜）は、自衛隊の災害派遣活動をより安全かつ効率的なものにしてくれそうだ。

強風下でも安定した飛行ができる東光鉄工が開発したドローン「TSV―RQ1」。スピーカーやライトによる誘導や物資の空輸もできる（イメージ）

### 令和2年度「安全保障技術研究推進制度」

# 21件の研究課題を採択

防衛省

防衛省は8月28日、令和2年度「安全保障技術研究推進制度」について、21件の研究（大規模研究課題7件、小規模研究課題14件）を新規に採択したと発表した。

2年度は120件の応募があった。採択された21件の研究課題の所属の内訳は大学等2件、公的研究機関10件、企業等9件だった。

◇

防衛装備庁は、防衛装備品の研究に関する情報提供企業を募集している。

募集内容は、①次期戦闘機の機体全体のインテグレーションに関する支援②将来レールガンの研究③揚陸・渡河支援器材技術の研究④車両総合防護シミュレータの研究――で、詳しくは同庁ホームページを参照。

# 独 130ミリ戦車砲が完成

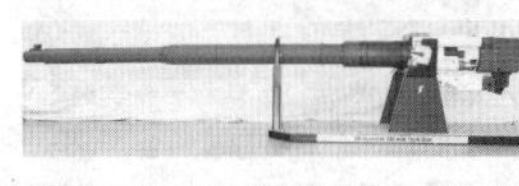

ドイツのラインメタル社は次世代戦車向けに「130ミリ滑腔戦車砲」の開発を終えた。

使用する砲弾は、同社が開発した装弾筒付翼安定徹甲弾「130ミリAPFSDS―T弾」。同砲はロシアや中国軍の120〜125ミリ戦車砲を射程・威力ともに凌駕するとみられる。

同社は130ミリ戦車砲をドイツ軍のほか、米陸軍などに提案していく計画だ。

## 技術屋のひとりごと

### XF9―1の研究

及部　朋紀

（防衛装備庁・航空装備研究所 エンジン技術研究部長）

防衛装備庁航空装備研究所は、将来の戦闘機にステルス性と高速性能、高運動性を付与するため大推力でありながらスリムな形状を両立する次世代の戦闘機用エンジンについて、平成22年度から研究に取り組んできました。

平成30年6月に研究の集大成として推力15トン級のプロトタイプエンジンXF9―1を完成させ、同年7月から試験を開始しました。XF9―1は、期待通り順調に動き続け、同年8月上旬には目標とした最大推力15トン以上を達成することができました。このプロトタイプエンジン完成から目標推力達成までの期間は、F3エンジン開発時と比較して90%も短縮しています。

これまでのエンジン研究開発を振り返って、考えられるリスクを抽出して丹念に対応するという当たり前のことを実践したこともさることながら、戦闘機に搭載可能なエンジンの実現を目指した官民関係者の絶え間ない努力が、この短期間での目標推力達成を成し遂げたものと考えています。

XF9―1の試験は、新型コロナ感染症の影響を受けて令和2年3月に一時試験中断を余儀なくされたものの、6月から再開して7月1日に全てのデータを取得し、無事に約2年間の試験を完了することができました。空飛ぶエンジンを実現するためのスタートラインに立つことができたと気持ちを新たにしております。

技術に偶然はなく、確たる成果は必然の積み重ねによるものと考えていますが、その時点の技術で見通せなかった事象が将来発生する可能性があることを忘れないことが大切だと思います。

為すべきことを為した、と安心せず、新たな視点で振り返り、正すべきことを見いだしたなら、直ちに対応して前進する。このことを肝に銘じ続けていきたいと思います。

## 世界の新兵器 ――540

### 次期高等練習機「T―5」 台湾

### 有事には「軽戦闘機」としても運用可

去る6月、台中の空軍基地でかねてより国産開発中の遷音速高等ジェット練習機「T―5」が初飛行に成功した。中華民国空軍の国産初の現有ジェット練習機「AT―3」と、米国ノースロップ社（ライセンス国産）の「F―5E／F」（訓練航空団用）の後継機を目指しており、約70機程度が生産される予定である。

台湾は対岸の中華人民共和国から厳しい軍事的圧力を受けており、昨年のT―5のロールアウト式典や今回の初飛行には蔡英文総統自らが現場に立ち会っており、その力の入れようは相当なものである。

当初の候補機としては、AT―3の能力向上型、現有国産戦闘機「F―CK」の近代化型練習機T―5、イタリアの練習機「M―346」などが検討されたが、2016年に本機が選定され、本格開発が始まった。

本機は、F―CK戦闘機（ジェネラル・ダイナミックス社などの米国企業の技術協力を受けて1989年初飛行した台湾初の国産超音速戦闘機、約130機製造）から、アフターバーナーやレーダーを外し、軽量化のため複合材を多用した再設計を行うと共に、国産開発レーダーの搭載などアビオニクスの近代化、燃料容量増加などを行った。有事には軽戦闘機「AT―5」として運用することも考慮しているとされており、当初から設計に反映されている。

開発は、台湾のAIDC（漢翔航空工業）で行われている。その諸元・性能は発表されていないので不明であるが、全長14.5メートル、全幅9.3メートル、最大離陸重量7.5トン、エンジンは米国ハネウエル社製のF―124双発との情報もあり、最大速度約1000キロ、最大航続距離約1300キロ程度とされている。コックピットはグラス化された多機能ディスプレーを搭載している。また兵装としては、ガンポッドのほか爆弾も搭載可能という。

発展型のAT―5軽戦闘機は、現有の超音速戦闘機F―5E／F（戦闘航空団用）の後継機となることが計画されている。我が国の中等練習機「T―4」後継機開発計画にも参考となるかもしれない。

高島　秀雄（防衛技術協会・客員研究員）

台湾が自主開発した次期高等練習機「T―5」。有事には軽戦闘機「AT―5」としても運用が可能な設計だ（台湾のウェブサイトから）


2021年 自衛隊統合 カレンダー

陸・海・空自衛隊のカッコいい写真を集めました！こだわりの写真です！

表紙
躍動
2021(令和3年) 自衛隊統合カレンダー
(2月)OH-6とUH-1
(4月)F-15DJアグレッサー戦闘機
(6月)そうりゅう型潜水艦
(7月)F-35とF-2A戦闘機
(8月)203ミリ榴弾砲と155ミリ榴弾砲
(9月)護衛艦の艦隊航行


●構成／表紙ともで13枚(カラー写真)
●大きさ／B3判 タテ型
●定価：1部 1,500円(税別)
●送料／実費ご負担ください
●各月の写真(12枚)は、ホームページでご覧いただけます。

お申込み受付中！

ホームページ、ハガキ、TEL、FAX で当社へお早めにお申込みください。(お名前、〒、住所、部数、TEL)

一括注文も受付中！送料が割安になります。詳細は弊社までお問合せください。

昭和55年創業 自衛官OB会社
株式会社 タイユウ・サービス
〒162-0845 東京都新宿区市谷本村町3番20号 新盛堂ビル7階
TEL:03-3266-0961
FAX:03-3266-1983
ホームページ タイユウ・サービス 検索

ストップ！20歳未満飲酒・飲酒運転。お酒は楽しく適量で。
妊娠中・授乳期の飲酒はやめましょう。のんだあとはリサイクル。
キリンビール株式会社

神無月、時雨月、初霜月、上冬――10月。
1日国際音楽の日、十五夜、6日国際協力の日、9日世界郵便デー、14日鉄道の日、24日国連の日。

**萩・竹灯路物語**　山口県萩市の萩博物館から城下町周辺にかけ、総延長約1キロの通りに竹灯籠が立ち並ぶ。ろうそくの灯りでほのかに歴史の町並みが照らし出され、幻想的な夜が楽しめる。9、10日

**黒髪神社の流鏑馬**　黒髪神社（佐賀県武雄市）で850年以上続く伝統行事。源為朝が暴れる大蛇を退治した祝いに奉納されたのが始まりと言われ、武将姿の射手が馬上から鏑矢で三つの的を次々と射抜く。29日

# 北海道白老に民族共生象徴空間「ウポポイ」誕生

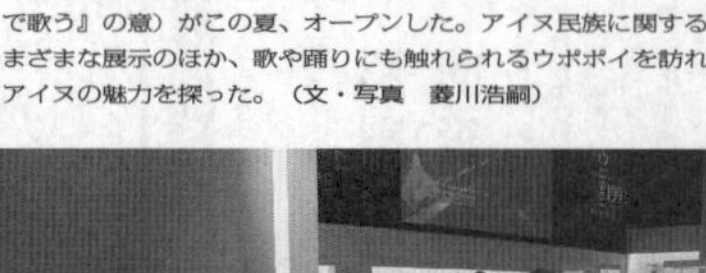

北海道の陸自白老駐屯地の近隣に、先住民族「アイヌ」の文化を体感できる民族共生象徴空間「ウポポイ」（アイヌ語で『大勢で歌う』の意）がこの夏、オープンした。アイヌ民族に関するさまざまな展示のほか、歌や踊りにも触れられるウポポイを訪れ、アイヌの魅力を探った。（文・写真　菱川浩嗣）

## アイヌ文化に触れる

## 博物館、伝統的集落、舞踊…　魅力たっぷり

アイヌの衣装をまとい、野外ステージで「エムシリムセ(剣の舞)」を披露する茂木さん（左）。アイヌでは祭事で神々への奉納として行われる儀式だ（写真はいずれも8月29日、北海道白老町の「ウポポイ」で）

アイヌ民族は、17世紀ごろから日本列島の東北地方北部から北海道、さらに樺太（サハリン）、千島列島に及ぶ広い範囲に住んでいた先住民族で、日本語と系統の異なる言語「アイヌ語」を使用。宗教観は、自然界のすべてのものに魂が宿ると考えるなど、固有の文化を発展させてきた。

近年、アイヌ語・文化の伝承者が減り、アイヌ存立の危機的な背景を踏まえ、2009年7月、「アイヌ政策のあり方に関する有識者懇談会」で、民族共生象徴空間をアイヌ政策の「扇の要とする」との提言が行われた。これを受け、「ウポポイ」はアイヌ文化を復興・発展させる拠点として、白老町ポロト湖畔に整備された。約10ヘクタール（東京ドーム約2個分）もあり、ここに博物館、体験交流ホール、体験学習館、工房、屋外ステージ、展望広場などが配置されている。

### イランカラプテ 館内はアイヌ語

その中でもウポポイのシンボルとなる国立アイヌ民族博物館を訪れた。床面積約8600平方メートルという3階建ての館内に入ると、館内地図には「チセオッケ」と見慣れない言葉が。「これはアイヌ語で館内マップの意味です。ウポポイでは、アイヌ語を第一言語にしています」と館内スタッフ。

来館者に対しても、「イランカラプテ（こんにちは）」とアイヌ語で声を掛けられるため、まるで外国に来たかのような感覚になる。

2階の基本展示室に足を運ぶと14台のケースが円形に並び、その中にアイヌの民族衣装などが展示されている。照明が落とされているため、宇宙空間のような神秘的な世界が広がっていた。

「展示は観ていただく、というよりは『私たち・アイヌ民族の視点から伝える』というコンセプトで作られています」と女性スタッフ。

展示室にはアイヌに関する①言葉②世界③暮らし④歴史⑤仕事⑥交流――の計六つのテーマのコーナーも開設され、それぞれ映像や音声などによる説明で、アイヌの人々の文化や歴史について知識を深めることができる。

広大な敷地を生かした野外プログラムも充実しており、国立民族共生公園では、伝統的「コタン（集落）」が再現されていた。アイヌ民族が住んだ「チセ（家屋）」の中を見学したり、ポロト湖をバックにしたステージでは、アイヌの伝統衣装に身を包んだアーティストたちの伝統楽器や舞踊なども鑑賞できる。

ステージ上で見事な剣さばきを見せた茂木涼真さんは、「ステージでは白老の地に伝わるアイヌの伝統芸能を見ていただくことができます。ウポポイではアイヌの文化に一日中触れられる施設がそろっていますので、ぜひお越しください」と話していた。

ウポポイの国立アイヌ民族博物館で展示品を見る観光客たち

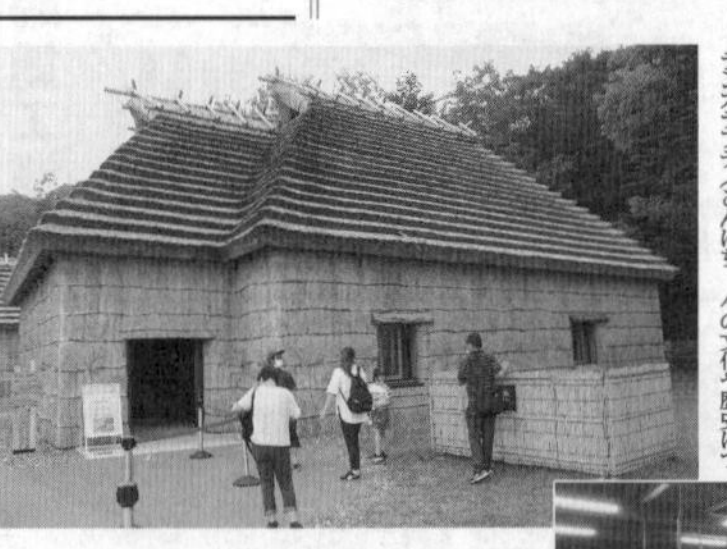

㊤ウポポイ内に再現されたアイヌの伝統的住居「ポロチセ（大きい家）」。村長一家が住み、儀式の際には集会場にも使われる
㊨「チセ」の内部。部屋の中央に囲炉裏があり、アイヌの家族はその周りで食事や団らんを行った

## マイヘルス Q&A

### 前立腺がん

### 自覚症状なく、ゆっくり進行　PSA検査で早期発見

Q　前立腺はどんな臓器ですか。

A　前立腺は男性のみにあり、膀胱の下に位置し、尿道のまわりを取り囲んでいる臓器で、そこで作られる前立腺液は、精子に栄養を与えたり、精子を保護したりする役割を持ちます。前立腺特異抗原（PSA）というタンパク質が含まれ、ほとんどのPSAは前立腺から精液中に分泌され、ごく一部は血液中に取り込まれます。このPSAの測定が前立腺がんの主な検査になります。

Q　前立腺がんはどんな病気ですか。

A　前立腺の細胞が正常な細胞増殖機能を失い、無秩序に自己増殖することで発生します。罹患率は1年間に10万人当たり117・9人で、男性では胃がん、大腸がん、肺がんに次いで4番目に罹患率が高いがんです。年齢別にみると、60歳ごろから高齢になるにつれて高くなります。前立腺がんのリスクを高める要因として、前立腺がんの家族歴や高年齢が明らかにされています。

前立腺がんは多くの場合、比較的ゆっくり進行します。進行すると近くのリンパ節や骨に転移することが多く、肺や肝臓などに転移することもあります。

早く発見すれば治癒することが可能ですが、早期の前立腺がんは、多くの場合、自覚症状がありません。まれに尿が出にくい、排尿の回数が多いなどの症状が出ることもあります。

Q　早期発見の方法は何ですか。

A　早期発見には血液検査によるPSA測定が必要になります。50～70歳の男性は年に1回のPSA検査をお勧めします。

Q　どんな検査方法がありますか。

A　PSA検査が主な検査です。PSAの基準値は0～4ng/mLです。グレーゾーン（4～10ng/mL）の値が続く場合はMRI検査や前立腺針生検を行います。がんが検出された場合、追加でCT検査や骨シンチグラフィ検査で全身に転移がないかを確認します。

Q　どんな治療方法がありますか。

A　PSA値や画像検査、生検の結果をもとにリスク分類を行います。低リスク群の場合、監視療法や組織内照射療法を選択できます。手術や放射線外照射治療は低リスク・中間リスク・高リスク群のいずれでも選択可能です。

中間リスク・高リスク群に対して放射線外照射治療を実施する場合には、長期間のホルモン療法を併用することが推奨されています。転移があるがんはホルモン療法や化学療法などを行います。

（自衛隊中央病院 泌尿器科医官　八木 宏太）

## 隊員愛読書ベスト5

＜神田・書泉グランデミリタリー部門＞
❶九七式中戦車写真集　吉川和篤著　イカロス出版　¥2750
❷太平洋島嶼戦―第二次大戦、日米の死闘と水陸両用作戦　瀬戸利春著　作品社　¥3080
❸統合幕僚長―我がリーダーの心得　河野克俊著　WAC　¥1650
❹ベリ子ちゃんのイラスト戦車アラカルト　ふじたゆきひさ著　アルゴノート　¥3000
❺封鎖戦―中国を機雷で隔離せよ！　兵頭二十八著　徳間書店　¥2200

＜トーハン調べ8月期＞
❶少年と犬　馳星周著　文藝春秋　¥1760
❷あつまれどうぶつの森完全攻略本＋超カタログ　徳間書店　¥1650
❸あつまれどうぶつの森ザ・コンプリートガイド　KADOKAWA　¥1650
❹鬼滅の刃―風の道しるべ　吾峠呼世晴著　集英社　¥770
❺一人称単数　村上春樹著　文藝春秋　¥1650

＜入間基地・豊岡書房＞
❶防衛白書―日本の防衛―令和2年版　防衛省監修　日経印刷　¥1397
❷自衛隊装備年鑑2020―2021　朝雲新聞社　¥4180
❸現代戦争論―超「超限戦」これが21世紀の戦いだ　渡辺悦和、佐々木孝博著　ワニブックス　¥1320
❹熱血！〝タイガー〟のファントム物語　戸田眞一郎著　イカロス出版　¥1980
❺F―14トムキャット細部写真集　モデルアート社　¥2970

＜防衛省・三陽堂書店＞
❶防衛白書―日本の防衛―令和2年版
❷自衛隊は市街戦を戦えるか　二見龍著　新潮社　¥880
❸現代戦争論
❹新兵器最前線シリーズ　自衛隊の「新主力航空機」　ジャパンミリタリーレビュー　¥2600
❺中国の海洋強国戦略―グレーゾーン作戦と展開　A・S・エリクソンほか編　杉本正彦、武居智久、山本勝也ほか訳　原書房　¥4400

## BOOK NOW　私が読んだ この一冊

**中條高徳著「陸軍士官学校の人間学」（講談社）**
東北方航空野整備隊（霞目）　仲　栄司2陸尉　30

本書は、著者が陸軍士官学校で学んだ戦術やリーダーシップで、大幅に傾いた会社を劇的に救った実話です。著者の体験記は具体的で、私の戦術的な考え方やリーダーシップの不十分さが良く理解でき、幹部像が明確になりました。志は高く保持しつつ、至らざるを謙虚に律し、自分自身を高め続けていきたい――。そんな前向きな気持ちにさせてくれる一冊です。

**馬英華著「逃げ切る力」（日本経済新聞出版社）**
佐世保教育隊補給科経理係長　尾上祥子事務官　43

タイトルからは想像できないほど、現状を自ら変えるために行動し、努力を重ねた著者の半生が描かれています。

虐待ともとれるような家庭環境や男女差別など、次々と立ちはだかる壁に対して著者は決して自らの未来を諦めたりしません。人生の岐路において「こうしたい」と主張＝行動することから、未来が切り開かれていきます。本書は、現状を変えたいと願う人に勇気を与える一冊です。

**牟田和恵著「部長、その恋愛はセクハラです！」（集英社新書）**
作戦情報隊（横田）　渡邉貴平2空尉　36

職場における上司と部下の何気ない言動や行為は、「恋愛か？　セクハラか？　グレーゾーンか」――。

実際に裁判になった事件をもとに、男女双方の視点や、思考の違いを詳細に解説、事件発生の経緯を紐解いていく。実際の事件をもとに書かれているため、説得力も非常に高い。もし自分が当事者になってしまった時や、同僚や部下隊員らから相談された時にも参考になる内容で、男女問わず役に立つ一冊だ。


## まもなく定年を迎える皆様へ

25%割引（団体割引）

### 隊友会団体総合生活保険

隊友会団体総合生活保険は、隊友会会員の皆様の福利厚生事業の一環として、ご案内しております。
現役の自衛隊員の方も退職されましたら、是非隊友会にご加入頂き、あわせて団体総合生活保険へのご加入をお勧めいたします。

公益社団法人　隊友会　事務局

| | |
|---|---|
| 傷害補償プランの特長 | ●1日の入通院でも傷害一時金払治療給付金1万円 |
| 医療・がん補償プランの特長 | ●満70歳まで新規の加入可能です。 |
| 介護補償プランの特長 | ●本人・家族が加入できます。<br>●満84歳まで新規の加入可能です。 |
| 無料。でサービスをご提供「メディカルアシスト」 | ●常駐の医師または看護師が24時間365日いつでも電話でお応えいたします。<br>＊一部、対象外のサービスがあります。 |

※上記は団体総合生活保険の概要を紹介したものです。ご加入にあたっては、必ず「重要事項説明書」をよくお読みください。ご不明な点等がある場合には、お問い合わせ先までご連絡ください。

資料請求・お問い合わせ先
取扱代理店　株式会社タイユウ・サービス　隊友会役員が中心となり設立　自衛官OB会社
〒162-0845　東京都新宿区市谷本村町3-20　新盛堂ビル7階
TEL 0120-600-230
FAX 03-3266-1983
http://taiyuu.co.jp
資料は、電話、FAX、ハガキ、ホームページのいずれかで、お気軽にご請求下さい。

引受保険会社
東京海上日動火災保険株式会社
担当課：公務第一部　公務第二課 TEL 03(3515)4124
19-T01744　2019年6月作成

防衛省職員および退職者の皆様へ
【引受保険会社】東京海上日動火災保険株式会社

### 防衛省団体扱自動車保険・火災保険のご案内

防衛省団体扱自動車保険契約は一般契約に比べて　約19%割安

予備自衛官、即応予備自衛官の皆様もご契約いただけます。

お問い合わせは
取扱代理店　株式会社 タイユウ・サービス
フリーダイヤル 0120-600-230
電話：03-3266-0679 FAX：03-3266-1983
〒162-0845 東京都新宿区市ケ谷本村町3番20号 新盛堂ビル7階

今ご契約の自動車保険、火災保険の内容と比べてみてください

防衛省団体扱火災保険契約は一般契約に比べて　約15%割安

※上記は概要です。ご契約にあたっては必ず「重要事項説明書」をよくお読みください。団体扱の対象となる方の範囲や団体扱特約失効の取扱い、その他ご不明な点等がある場合は引受保険会社までお問い合わせください。

発売中!!

平和・安保研の年次報告書

## アジアの安全保障 2020-2021

## コロナが生んだ米中「新冷戦」変質する国際関係

我が国の平和と安全に関し、総合的な調査研究と政策への提言を行っている平和・安全保障研究所が、総力を挙げて公刊する年次報告書。定評ある情勢認識と正確な情報分析。世界とアジアを理解し、各国の動向と思惑を読み解く最適の書。アジアの安全保障を本書が解き明かす!!

定評ある情勢認識と正確な情報分析

最近のアジア情勢を体系的に情報収集する研究者・専門家・ビジネスマン・学生 必携の書!!

西原　正　監修
平和・安全保障研究所　編
判型　A5判／上製本／272ページ
定価　本体2,250円＋税
ISBN978-4-7509-4042-7

朝雲新聞社
〒160-0002 東京都新宿区四谷坂町12－20KKビル
TEL 03－3225－3841　FAX 03－3225－3831
http://www.asagumo-news.com

「人材が生き生きと活躍できる環境を」――。河野防衛相は9月16日の離任式で、省・自衛隊の幹部に最後の訓示を述べ、"人材"をより重視するよう求めた。大臣は1年間の在任中、およそ60の基地・駐屯地等を視察し、隊員たちの激励にも努めた。（1面参照）

# 「生き生き活躍できる環境を」

## 河野大臣 離任式で最後の訓示

### 60の基地など視察、隊員激励

見送り行事で最後に記念撮影に納まる（前列左から）山村海幕長、山崎統幕長、河野大臣、島田事務次官、湯浅陸幕長、井筒空幕長と幹部・職員（9月17日、防衛省で）

**一人一人が資産**

防衛省講堂で行われた離任式。大臣は整列した約100人の幹部に、「隊員・職員一人一人が防衛省・自衛隊の一番の資産。人材が生き生きと活躍できる環境が大事だ」と語った。

また、「自衛隊の能力の維持・向上のために女性自衛官・女性職員が活躍してくれることが必要」とも述べ、陸海空自衛隊で職域が解放されるなど活躍の場が広がる中で、さらなる女性活躍の推進も求めた。

昨年9月の就任から1年。大臣は在任中、陸海空の各部隊・機関等を精力的に回り、隊員たちをねぎらい、励ましてきた。

就任直後の昨年9月、台風15号の被害を受けた千葉県の富里市などを訪れ、全力で復旧支援に当たる陸海空自各部隊の隊員たちをねぎらった。12月にはアフリカ東部のジブチを訪れ、ソマリア沖・アデン湾で海賊対処任務に当たる自衛隊の活動拠点を視察した。

一方、今年1月には陸自空挺団（習志野）で高さ11メートルの跳び出し塔からの跳び出し訓練を体験。8月には空自百里基地で7空団3飛行隊のF2戦闘機にも搭乗、パイロットが日常的に体感しているG（重力加速度）にも耐えた。省内に置かれる報道各社の防衛記者会、さらに専門紙・誌でつくる市ヶ谷記者クラブにも足を運んだ。

島田事務次官は離任式の送別の辞で、「自ら足を運び、現場の隊員と直接コミュニケーションをとる大臣の真摯な姿に触れ、隊員の士気も格段に高まった」と振り返った。

最後の登庁となった9月16日。大臣は離任式を終え栄誉礼を受けた後、多くの隊員・職員が見送る中、階段を降り正門へ。「ありがとうございました」と右手を高く、大きく振って省を後にした。

空自百里基地を視察し、F2戦闘機に搭乗した河野大臣（後席）＝8月5日、同基地広報提供

# 油井3空曹、OR検定合格

## 救難団女性隊員で3人目

空自救難団の女性隊員で3人目のOR検定合格者となった油井3曹（中央）＝小松基地で

【救難団＝入間】空自小松救難隊の油井浩恵3曹はこのほど、機上無線員の任務資格付与（OR）検定に合格した。救難団の女性隊員では3人目。

油井3曹は民間企業で働いていたが、2011年3月に発生した東日本大震災で連日救助活動を行う隊員たちの姿に強く感銘を受け、「自分も国民のために何か役に立ちたい」と自衛官になることを決意した。

採用試験に何度も失敗したが、「自衛官になりたい」という強い意志は変わらず2016年に晴れて合格、空自に入隊した。入隊後は航空システム通信隊（市ヶ谷）で通信員として約2年間勤務。その後、機上無線員課程（救難教育隊＝小牧）を経て機上無線員となり昨年3月、小松救難隊に配置され、U125A救難捜索機に搭乗している。

検定合格により、災害派遣の任務に就くことができるようになった油井3曹。合格後のセレモニーで「憧れの救難隊で、OR検定に合格できて夢のよう。まだスタートラインに立ったばかりですが、諸先輩方に一日でも早く近づけるように日々精進します」と力強く抱負を語った。

## 空自隊員 警察署から感謝状

### 高齢女性助ける　築城基地・高柳3曹

人命救助の功績で行橋警察署長から表彰される高柳3曹（左）＝築城基地で

【築城】空自8空団飛行群本部の高柳昌太3曹はこのほど、人命救助の功績で行橋警察署長から感謝状を贈られた。

高柳3曹は7月14日早朝、私有車で出勤途中、新行橋病院付近で徘徊していると思われる高齢女性を見掛けた。車両に乗せて事情を聞き、近くの交番に連れて行ったが交番は女性を捜索中で不在だったため、備え付けの電話で行橋警察署に連絡。同署で無事に引き渡した。

### 痴漢逮捕に協力　小牧基地・近藤2曹

痴漢逮捕に協力し犬山警察署長（左）から感謝状を贈られた近藤2曹＝犬山警察署で

【小牧】空自1輸送航空隊の近藤晋伍2曹はこのほど、痴漢容疑者逮捕の功績で犬山警察署長から感謝状を贈られた。近藤2曹は7月12日夜、名鉄扶桑駅近くを通り掛かった際、女性の悲鳴を聞いた。声のした方へ駆け付けると、女性がしゃがみ込み後ろに男性がいた。女性が「この人、痴漢です」と男性を指さしたため、その場で取り押さえ、女性の通報で急行した警察署員に引き渡した。

感謝状を受け取った近藤2曹は、「世のため人のためのことは自衛隊の仕事の延長線上。今後も職務にまい進したい」と語った。

## 小休止

▽…空自福江島分屯基地（西警団15警戒隊）自慢の鳥の唐揚げ「あっぱよ！秘伝ダレの極旨空上げ」がこのほど、近傍の三井楽小、中学校（長崎県五島市）の給食に登場した。

▽…分屯基地の空上げは昨年の西空調理競技会で銀賞を獲得した自信作。地域の子供たちにもおいしさを味わってもらおうと給食センターに打診したところ、快く受けてもらった。

▽…美しい海をイメージし、アゴだしの旨みを加え仕上げに青のりをふりかけてつくられる＝写真＝空上げを食べた子供たちは、「あっぱよ！（びっくりした＝五島の方言）」な味に大満足している。（春日）

吉本どんど

〈怪談〉トイレの花子さん

ノックしてください

## 中学生の「しらせ」見学支援

船越基地業務分遣隊

砕氷艦「しらせ」を見学した田浦中学校生徒・関係者と船越基地業務分遣隊等の隊員たち（8月24日）

【船越】海自船越基地業務分遣隊（隊長・田村洋二2佐）はこのほど、地元田浦中学校の砕氷艦「しらせ」の見学を横監募集支援係の協力を得て行った。

地球上で最も寒冷な南極で観測・自然環境調査を行う「しらせ」の見学を通して、過酷な自然、人間との関わりについて知識を得てもらうことを目的に行い、40人が参加した。

横須賀基地業務隊の支援も受け、コロナ対策をしっかり取った。大型バスなど3台の車内でソーシャルディスタンスを確保。検温、手指消毒も徹底した。

生徒たちは艦橋、格納庫、各種装備を見学。観測状況のDVD放映や南極の石、氷の展示なども興味深く熱心に見ていた。

生徒を代表し学級委員長は、「しらせ」に興味を持つきっかけとなった毛利衛宇宙飛行士の「宇宙には数分でたどり着けるが昭和基地には何日もかかる」という言葉を紹介。貴重な機会を与えてくれた「しらせ」の乗員、海自関係者に感謝の言葉も語った。

## こちら警務隊　危険ドラッグ

### 麻薬、覚せい剤と類似　好奇心で手を出すな！

合法ハーブや合法アロマと称した違法薬物！

**危険ドラッグとはどんなものですか？**

危険ドラッグとは、合法ハーブや合法アロマ等と称し、あたかも安全であるかのように販売されている薬物です。

しかし、実態は麻薬や覚せい剤と類似した成分が含まれており、使用して死亡した例が多数あります。

危険ドラッグに含まれる危険な化学物質を包括的に指定薬物として取り締まっており、罰則は所持、使用、購入等した場合、3年以下の懲役もしくは300万円以下の罰金またはその両方となります。

また、刑事罰とは別に行政罰として厳しい懲戒処分も受けます。

好奇心や軽い気持ちで絶対に使用してはいけません。

（東部方面警務隊）

次回は「公務執行妨害罪」

防衛省職員・家族団体傷害保険／防衛省退職後団体傷害保険

# 団体傷害保険の補償内容が一部改定になりました！

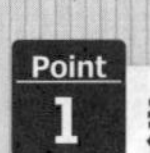

Point 1　新型コロナウイルスが新たに補償対象に!!

A型（家族補償タイプ）・B型（個人補償タイプ）・D型（予備自衛官等用）に「指定感染症追加補償特約」がセットされ、特定感染症の補償範囲が「指定感染症※1」まで拡大されました。それにより、これまで補償対象外であった**新型コロナウイルスも新たに補償対象**となります。

（注）指定感染症追加補償特約の対象となる方は、**A型・B型では防衛省共済組合員ご本人、かつ、記名被保険者ご本人に限ります。公務中や通勤災害中の事故に限定せず幅広く補償いたします。**

Point 2　2020年2月1日に遡って補償！

2月1日以降に発病されたものから補償の対象※2となるため、既にご加入されている方で、該当する方は、三井住友海上事故受付センター（0120-258-189）までご連絡ください。

Point 3　既にご加入されている方の新たなお手続きは不要！

既にご加入されている方は、新たなお手続きや追加の保険料のお支払いは必要ありません。

※1 特定感染症危険補償特約に規定する特定感染症に、感染症の予防及び感染症の患者に対する医療に関する法律（平成10年法律第114号）第6条第8項に規定する指定感染症(注)を含むものとします。
(注) 一類感染症、二類感染症および三類感染症と同程度の措置を講ずる必要がある感染症に限ります。
※2 新たにご加入された方や、増口された方の増口分については、ご加入日以降補償の対象となります。ただし、保険責任開始日から その日を含めて10日以内に発病した特定感染症に対しては保険金を支払いません。

気になる方は、各駐屯地・基地に常駐員がおりますので弘済企業にご連絡ください。

［引受保険会社］(幹事会社)
三井住友海上火災保険株式会社
東京都千代田区神田駿河台 3-11-1　TEL：03-3259-6626

［共同引受保険会社］
東京海上日動火災保険株式会社　損害保険ジャパン株式会社　あいおいニッセイ同和損害保険株式会社
日新火災海上保険株式会社　楽天損害保険株式会社　大同火災海上保険株式会社

［取扱代理店］
弘済企業株式会社
本社：東京都新宿区四谷坂町 12 番地 20 号 KK ビル　TEL：03-3226-5811（代表）

(世界の切手・マーシャル諸島)

「青い鳥」は背中に空を運ぶ。
ソロー（アメリカの詩人）

朝雲ホームページ
www.asagumo-news.com
<会員制サイト>
Asagumo Archive
朝雲編集部メールアドレス
editorial@asagumo-news.com

# 戦えるレンジャーに

## 戦闘隊の同期に助けられて卒業

3陸曹 若林 徳寿（46普連1中隊・海田市）

私は4月6日から6月28日までの間、旅団レンジャー集合教育に参加しました。レンジャー教育に参加して感じたことは、同期の存在です。教育が始まった頃は不安ばかりで卒業できるかどうか心配もありましたが、やるからには覚悟を決めてやろうと思いました。

私自身、体力には自信があり、駐屯地で行われる体力調整は自信を持って取り組んでいました。しかし、いざレンジャーの想定訓練に入ると体力のみでは通用せず、戦闘隊の同期たちに多大な迷惑をかけてしまいました。

任務遂行に必要な体力の不足、また自分自身の精神的な弱さも痛感させられ、弱音を吐いてしまったときもありました。しかし、そんな中で助けてくれたのが同期でした。同期の助けなしでは自分は卒業できなかったと言えるほど同期の存在は大きかったです。

今後は、これまで支えて下さった方々に感謝を忘れず、レンジャー隊員として日々錬磨していきます。

杵淵賢一17普連長（右）からレンジャー徽章を受ける長谷川拓也3曹（山口駐屯地で）

レンジャー訓練の最終想定を終えて帰還した46普連の若林徳寿3曹

## 学んだ感謝と仲間の大切さ

3陸曹 原田 健大（46普連2中隊・海田市）

私は旅団レンジャー集合教育を終えて仲間の大切さ、感謝の気持ちを学ぶことができました。

本教育で集まった学生は、当初は遠慮をしたり、よそよそしい感じでしたが、教育が進むにつれて団結し、お互い信頼できる関係になりました。想定訓練に入ると体力的にも精神的にも極限状態で任務を遂行しなければなりません。実際、私は何度も心が折れかけました。

そんな時に仲間たちが声を掛けてくれ、お互い助け合い、励まし合い、そのお陰で私は前に進め、レンジャー隊員となることができました。

最初は自分の成長のために挑んだ教育でしたが、たくさんの応援や激励とともに私を送り出してくれた家族や中隊のために頑張ろうという感謝の気持ちと、その人たちの期待に応えたいという思いが強まり、徐々に自分の気持ちも変化していきました。

教育を乗り越えることができたのは、支えてくれた仲間、家族、中隊の方々のおかげです。今後も感謝の気持ちを忘れることなく、レンジャー隊員としての誇りを胸に邁進していきたいです。

## 「任務完遂」の強い意志が大切

3陸曹 長谷川 拓也（46普連3中隊・海田市）

私は旅団レンジャー集合教育に学生として参加しました。私が教育を経て感じたことは、同期と共に「絶対に任務を完遂する」という強い意志の大切さです。また教官・助教、部隊の方々、家族への感謝の気持ちも抱きました。

教育間、教官・助教からは「任務第一」「すべては任務のため」と言われてきました。行動訓練に入ると体力的・精神的に追い込まれ、最終想定の際は、極度の疲労と荷物の重さで足を前に進めることがなかなかできませんでしたが、「絶対にやり遂げる」という強い思いと同期との絆で任務を完遂することができました。

教育間、厳しさのあまりに心が折れそうになることもありましたが、同期、私を送り出してくれた部隊、そして家族の支えのおかげで無事に修了することができました。

これからも感謝の気持ちを忘れず、練成を継続し、真に戦えるレンジャー隊員になりたいと思います。

# みんなのページ

## 大滝根山分屯基地

## 家族迎えてイベント開催

1空曹 堀 達也（27警戒群・大滝根山）

大滝根山分屯基地は7月19日、隊員家族を迎えての基地開放イベント「大滝根山ファミリー・オープンベース」を行いました。7月後半になっても梅雨空が続いた大滝根山でしたが、この日は夏の太陽が顔を出し、家族にとっては絶好のオープンベース日和となりました。

隊員たちは訪れた家族に対し、航空自衛隊のさまざまな装備品や隊員が勤務する職場を公開し、ゆっくりと基地内を見学していただきました。

また、昼食時には分屯基地の名物である「喜多方ラーメン風空上げ」を召し上がっていただき、こちらも大人や子供たちに大好評でした。

今後とも家族に当分屯基地の活動についてご理解をいただけるよう、隊員一同頑張っていきます。

家族交流イベント「大滝根山ファミリー・オープンベース」に参加、分屯基地内を見学する隊員家族たち

## 女性E2C/D搭乗員を募集中

1空尉 常盤 春尚（警戒航空団601飛行隊・三沢）

皆さん、こんにちは。こちらは第601飛行隊の最新機種であるE2D早期警戒機を紹介します。

私たちの部隊は、昭和51年（1976年）9月、ソ連空軍のベレンコ中尉が操縦するミグ戦闘機による日本への強行着陸事件を教訓に、地上配備レーダーの補完として空からの警戒監視のため創設された部隊です。

写真を見てもお分かりのとおり、E2Dは機体上部に円盤のようなレーダーを装備しているのが大きな特徴です。

E2Dは、今までのE2C機体と比べ、操縦席はデジタル表示による最新のグラスコックピットになり、その他のシステムもアップグレードされています。特にレーダーの性能は著しく向上し、例えるなら、洗濯機では2槽式から全自動へ、テレビならブラウン管からデジタル8Kに変わったように、劇的に向上しています。

そのほか、機内には水洗トイレや電子レンジも完備（予定）されており、搭乗員は快適に空で長時間勤務することができます。

さて、自衛隊では近年、第一線部隊への女性隊員の進出が進み、戦闘機操縦者、潜水艦乗員、空挺隊員など、女性自衛官の活躍の場が広がっています。そこで「私こそは初の女性E2C/D搭乗員になりたい」とお考えのそこのあなた、ぜひ、当隊にE2C/Dを見に来てください。部隊研修も受け付けています。

E2C/Dを装備する三沢基地の601飛行隊。現在、女性クルーを募集中だ

## OBがんばる

荻原 洋聡さん 60
平成28年5月、海自八戸航空基地隊司令を最後に定年退職（1佐）。エヌ・ワイ・ケイ（日本容器工業）に再就職し、営業のほか、出前防災講話の業務に当たっている。

### 自衛官の体験に無駄なものなし

新型コロナの状況下、在宅勤務形態に戸惑いながらも、私はエヌ・ワイ・ケイ第2営業部（東京事務所）で充実した再就職5年目の日々を過ごしています。

当社は、皆さまが堪能される清酒・ビール・ワインの発酵醸造タンクのほか、地震で壊れたことがない鋼板製一体型水槽のメーカーです（防衛省の部隊でも使用されています）。人目に触れない場所で人々の喜びや幸せの源を生み出す「魔法の器」として、そして非常時は「生命維持の水甕」として機能する製品のメーカーとして、自負とプライドを胸深く抱いています。

私は海自施設幹部の時代、ジブチ活動拠点の整備、機動施設隊（八戸）司令として東日本大震災への災害派遣などを経験し、そこから単なる防災・減災に留まらず、発災直後の対応（応災）の重要性と具体策の研究をライフワークとしています。災害前に壊れない貯水槽を避難拠点等に設置し、発災後は非常用貯水槽となるメーカーに働きの場を与えてもらい、海自には深く感謝しています。

また、隊友会湘南支部防災担当としても、これまで藤沢市・茅ヶ崎市・寒川町との防災協定（情報提供）締結に従事しました。全国の自治体・自治会・大学等では「出前防災講話」を通じて、防衛省・自衛隊のPRを意識しながら講話を行っています。自衛隊で得た体験・学びに無駄なものはなく、それを活かすも殺すも心がけ次第です。弊社は昨年末、災害弱者救援を意識したNPO法人「貯水タンク防災ネットワーク 貯ネット17Chonet」を設立しました。私は『ユスフ大佐の防災・応災・減災セミナー』の出前講座の担当です。皆さまにお目にかかり、お役に立てれば幸いです。

Chonetホームページから出前講座を承ります。お声掛けいただければ喜んで参上いたしますので、よろしくお願い申し上げます！

## 地本に臨時勤務 学んだ募集広報

海士長 山田 玲奈（護衛艦「あきづき」）

私は7月13日から8月7日まで宮崎地本日向地域事務所に臨時勤務をしました。約1カ月間の勤務では、新型コロナの感染拡大防止のため、祭りなど大きなイベントはありませんでしたが、日向市で実施された募集対象者限定の艦艇広報に参加し、募集広報の大切さを経験しました。

日頃、艦艇に勤務している私は、地本がどんな仕事をしているのか知りませんでした。自衛隊を受験したいと考えている高校生だけではなく、家族会など協力団体の方や地域の方との交流がとても大切で、いろいろな人間関係を通じて募集が行われているということを深く認識しました。

また、地本勤務中は実家から通勤し、久しぶりに長い期間の帰省ができたので、家族や友人と仕事やプライベートについてたくさん話すことができました。

「あきづき」に戻っても、この地本での経験を糧に頑張っていこうと思います。短い間でしたが大変お世話になりました。

## 新刊紹介

### 「統合幕僚長」――我がリーダーの心得

河野 克俊著

統幕長として安倍政権の安保政策を4年6カ月にわたり支えた元海将の回想録である。

防大を昭和52年に卒業し、海上自衛官となってからの日々は自衛隊が国内外で活躍し始めた時代と重なる。そのため本書は自衛隊の現代史そのものともなっている。ペルシャ湾機雷掃海、カンボジアPKO、阪神・淡路、東日本の2度の大震災、北朝鮮のミサイル発射、中国船の尖閣侵入など、さまざまな事案や問題に対処してきた一幹部の苦闘が綴られる。

海自艦と民間船の衝突事件では幹部の責任の取り方など、サブタイトルにもあるように「リーダー」としてのあるべき心得」が語られ、そこでは教訓事項も多く、若い幹部にとっては将来のキャリアに向けて大いに参考になるだろう。

著者が46年間の自衛官生活を振り返り、強く思うのは「防衛問題とは常識論だ」ということ。「人は何かあったら友人に助けてもらう。友人に何かあっても、お金は出すが助けないという関係は常識的にありえない。同盟関係も同じだ」と述べる。後輩たちには「指揮官はいつも上機嫌でいることが大切だ」とのメッセージを寄せている。（ワック刊、1650円）

### 「自衛隊は市街戦を戦えるか」

二見 龍著

40普連長（小倉）時代にいち早く市街地戦、ゲリラ戦の戦法を導入し、普通科連隊の改革に取り組んだ元陸将補の著者が、サイバー戦に情報戦が加わった「新しい戦争」の時代、主戦場は野外から市街地に移るとみて、陸自に戦法の変革を提言した本だ。

ロシアや中国は国家中枢や都市中枢の制圧を狙っており、これに対処するには住民が近くにいる状況での戦い方に慣れておく必要があると説く。

具体的には、①多くの戦い方のバリエーションを持ち、状況に合わせて対応②陸曹は全員が分隊長、小隊長ができ、火力要求もできる③照準は3秒以内、ダットサイト使用で1秒間に4発正確に撃ち込める技術――などを挙げる。

これを実現するには世界標準レベルをめざす「教育訓練専門部隊」が必要で、全国の部隊の編制・装備・訓練を統一し、部隊を交代しても戦闘レベルが低下しない態勢を維持しておくことが大事だと述べる。

陸自は北富士のFTCに加え、北海道にも訓練センター（HTC）を作り、全国の連隊を厳しく鍛えている。著者が求める実戦に即した部隊練成の環境整備はすでに着手されている。（新潮社刊、880円）

## 第1243回出題

### 詰碁

出題 日本棋院 九段 曲 励起

白先

『黒を取って下さい。白は最初と二手目が大切です』。5分でできれば中級です。

▶詰碁、詰将棋の出題は隔週です◀

### 詰将棋

出題 日本将棋連盟 九段 石田 和雄

| | 4 | 3 | 2 | 1 | |
|---|---|---|---|---|---|
| | | | 銀 | | 一 |
| | | | | | 二 |
| | | 金(後手) | | 玉(後手) | 三 |
| | 飛(後手) | | | | 四 |
| | | 歩 | 歩 | | 五 |

▲先手 持駒 飛銀

≪第827回の解答≫

【正解】▲1一飛△2二玉▲2三銀△同金▲1二飛成△3三玉▲3二竜までの七手詰め。

【解説】まず▲1一飛と放して打つ。△2二玉に▲2三銀と捨てるのが本題の主眼。△同玉なら▲1二飛成。また△3一玉は▲3二銀引成まで。△同金は最善ですが以下は追い詰み。

生涯設計支援siteのご案内

URL：https://www.boueikyosai.or.jp/

一生涯のパートナー 第一生命 Dai-ichi Life Group

防衛省共済組合ホームページからアクセスできます！

★生涯設計支援siteメニュー例★
■防衛省専用版 生涯設計シミュレーション
■生涯設計のご相談（FPコンサルティング等）
■生涯設計情報・・・etc

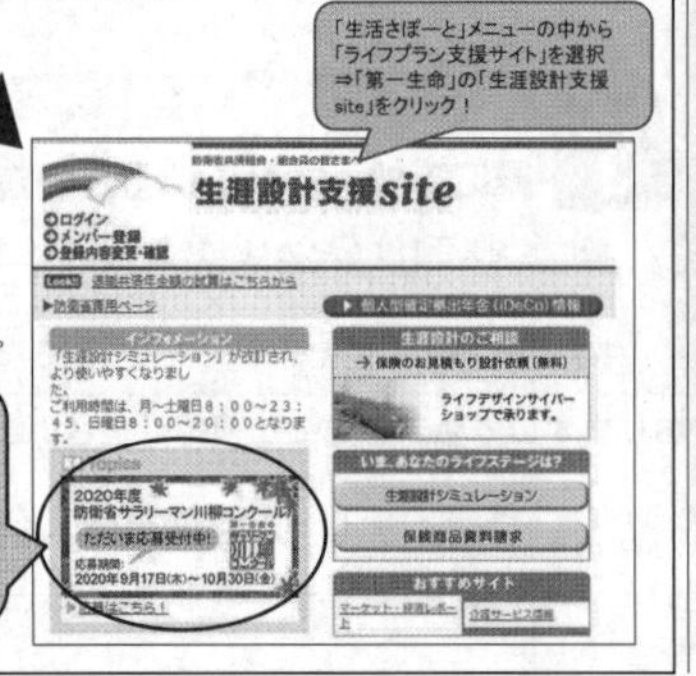


第34回 第一生命 サラリーマン川柳コンクール募集中！
防衛省版サラ川に応募いただければ“ダブル”で選考！
【募集期間】2020年9月17日（木）～10月30日（金）
※詳しくは第一生命の生涯設計デザイナーへお問い合わせください。

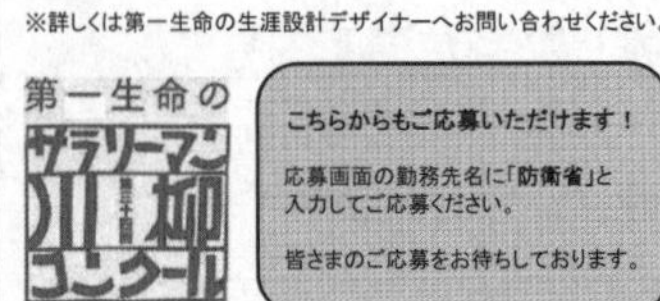


こちらからもご応募いただけます！
応募画面の勤務先名に「防衛省」と入力してご応募ください。
皆さまのご応募をお待ちしております。

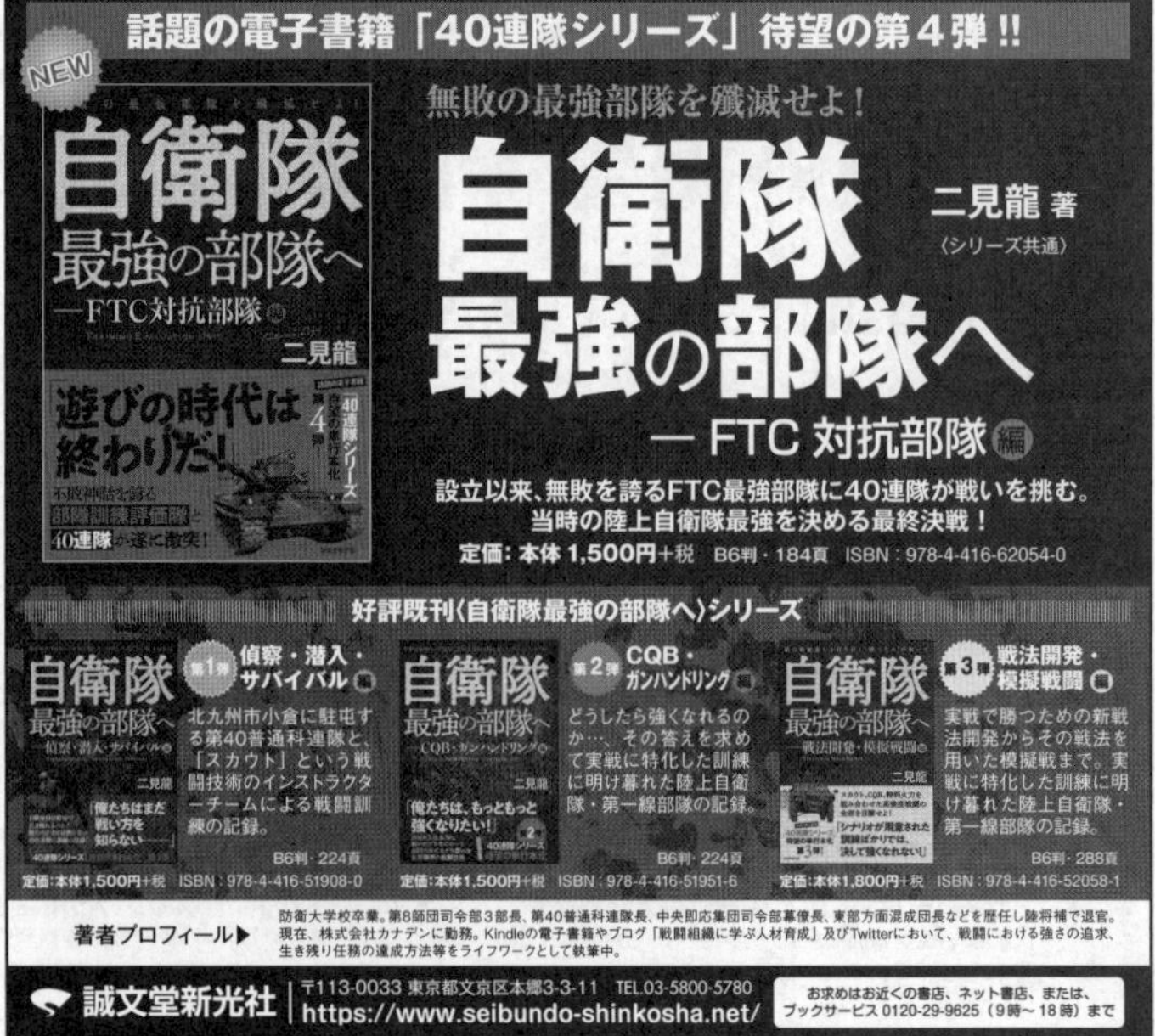


話題の電子書籍「40連隊シリーズ」待望の第4弾!!
無敗の最強部隊を殲滅せよ！
自衛隊 最強の部隊へ —FTC対抗部隊編
二見龍 著（シリーズ共通）
設立以来、無敗を誇るFTC最強部隊に40連隊が戦いを挑む。当時の陸上自衛隊最強を決める最終決戦！
定価：本体1,500円＋税 B6判・184頁 ISBN：978-4-416-62054-0

好評既刊〈自衛隊最強の部隊へ〉シリーズ
第1弾 偵察・潜入・サバイバル編 北九州市小倉に駐屯する第40普通科連隊と、「スカウト」という戦闘技術のインストラクターチームによる戦闘訓練の記録。B6判・224頁 定価：本体1,500円＋税 ISBN：978-4-416-51908-0
第2弾 CQB・ガンハンドリング編 どうしたら強くなれるのか…。その答えを求めて実戦に特化した訓練に明け暮れた陸上自衛隊・第一線部隊の記録。B6判・224頁 定価：本体1,500円＋税 ISBN：978-4-416-51951-6
第3弾 戦法開発・模擬戦闘編 実戦で勝つための新戦法開発を進め、その戦法を用いた模擬戦をして、実戦に特化した訓練に明け暮れた陸上自衛隊・第一線部隊の記録。B6判・288頁 定価：本体1,800円＋税 ISBN：978-4-416-52058-1

著者プロフィール▶ 防衛大学校卒業。第8師団司令部3部長、第40普通科連隊長、中央即応集団司令部幕僚長、東部方面混成団長などを歴任し陸将補で退官。現在、株式会社カナデンに勤務。Kindleの電子書籍や著書及びブログ「戦闘組織に学ぶ人材育成」及びTwitterにおいて、戦闘における強さの追求、生き残り任務の達成などを発信中。

誠文堂新光社 〒113-0033 東京都文京区本郷3-3-11 TEL03-5800-5780 https://www.seibundo-shinkosha.net/
お求めはお近くの書店、ネット書店、または、ブックサービス 0120-29-9625（9時〜18時）まで

朝雲

発行所 朝雲新聞社
〒160-0002 東京都新宿区四谷坂町12-20 KKビル
電話 03(3225)3841
FAX 03(3225)3831
振替00190-4-17600番
定価一部150円、年間購読料9170円(税・送料込み)

明治安田生命 団体生命保険
保険金受取人のご変更はありませんか?
アフターフォローの
明治安田生命
〔引受幹事生命保険会社〕

## 主な記事



# 日米の緊密な連携強調

## 岸信夫防衛相インタビュー

岸信夫防衛相は9月25日、朝雲新聞社など報道各社の共同インタビューに応じ、政府が今年6月に国内への配備を断念した陸上配備型ミサイル防衛システム「イージス・アショア」の代替案について、米国と緊密に連携して検討していく方針を表明した。宇宙・サイバー・電磁波などの新領域についても日米の防衛協力の重要性を強調。一方、軍事活動を活発化させる中国、ロシア、北朝鮮に対しては、引き続き警戒監視と対領空侵犯措置に万全を期す考えを示した。主な一問一答は次の通り。

就任に当たり、報道各社の共同インタビューに応じ、「25万人の隊員の先頭に立って全力を尽くす」と述べる岸防衛相(9月25日、防衛省で)

## ミサイル阻止で新たな方針

――今後の課題と取り組みについて。

岸大臣　我が国を取り巻く安全保障環境は非常に速いスピードで厳しさと不透明性、不確実性を増している。急速な技術革新で安全保障上の課題は広範化・多様化し、国内では自然災害などの大規模災害が頻繁に起こっている。

防衛大臣の職責は国民の生命と平和な暮らしを守ることに尽きる。首相からの指示を踏まえ、①我が国自身の防衛体制の強化②日米同盟の強化③各国との安全保障協力の強化――に取り組んでいきたい。25万人の隊員を指揮し、先頭に立って国民の負託に応えられるよう全力を尽くす。

――「ミサイル防衛」の方向性に関する議論の進捗と今後のスケジュールは。

大臣　菅首相からは抑止力強化のための「ミサイル阻止」に関する新たな方針について今年末までにあるべき方策を示し、速やかに実行に移すよう指示をいただいた。安倍前首相の9月11日の談話と菅首相の指示を踏まえ、憲法の範囲内で国際法を順守しつつ、専守防衛の考え方の下、厳しい安全保障環境において我が国の平和と安全を守り抜く方策について検討を続けていく考えだ。

――日米同盟をどのように深化させるか。

大臣　厳しさを増す安全保障環境の中で、日米同盟の重要性はこれまでになく高まっている。2015年に再改定された日米ガイドラインと18年に策定された防衛大綱を踏まえ、宇宙・サイバー・電磁波といった新領域を含め、日米の防衛協力をさらに深め、日米同盟の抑止力・対処力の一層の強化を図っていきたい。

また、(今年6月に政府が国内配備を断念した)陸上配備型ミサイル防衛システム「イージス・アショア」の代替案についても、構成品を移動式の洋上プラットフォームに搭載する方向で米国と緊密に連携し、検討していきたい。エスパー米国防長官をはじめ、米国防省の関係者と直接会話する機会は必要であり、機会を捉えて訪米も考えたい。

――新型コロナ下での災害派遣活動に関しては。

大臣　救助活動に従事する隊員の感染リスクを低下させるとともに、隊員が被災者に感染を広げないよう最大限注意することが必要だ。平素から隊員の健康状態を把握するとともに、感染防護教育の徹底、マスクや手袋、必要に応じて防護衣の着用を行っている。

また、被災者同士の感染を防ぐために、航空機や車両による救助の際には可能な限り座席の間隔を空け、必要最小限の会話、消毒、マスクの着用を実施している。防衛省・自衛隊は災害派遣活動においてこれまで1名の感染者も出していない。引き続き感染症対策に万全を期しつつ、災害派遣活動を実施していく。

## 日中ホットラインへ努力

――中国の軍事動向について。

大臣　中国は東シナ海で力を背景とした一方的な現状変更の試みを継続している。日本の抗議にもかかわらず、中国公船が尖閣諸島(沖縄県)周辺の我が国領海への侵入を繰り返しており、このような現状変更の試みは断じて容認できるものではない。今年6月には中国のものと推定される潜没潜水艦が奄美大島(鹿児島県)周辺の接続水域を航行していることを確認している。

南シナ海でも中国は空母「遼寧」などによる軍事活動や公船活動のほか、(南シナ海に面した)海南省三沙市に「西沙区」「南沙区」と称する行政区の新設を一方的に公表するなど、[illegible]序を維持・強化するために国際社会が連携することが重要で、「自由で開かれたインド太平洋」ビジョンの下、米国、豪州、インド、東南アジア諸国連合(ASEAN)など地域のパートナー国との間で引き続き共同訓練、演習、能力構築支援、防衛装備・技術協力などの幅広い防衛協力・交流を実施していきたい。

――日中間の「海空連絡メカニズム」の運用は。

大臣　「海空連絡メカニズム」は、日中の艦艇・航[illegible]に向け調整を加速していくことで一致している。実現に向け、引き続き調整を進めていきたい。

――北朝鮮をめぐる対応について。

大臣　北朝鮮による一連の弾道ミサイルの発射は、国連安全保障理事会決議違反であり、極めて遺憾だ。北朝鮮は昨年5月以降、30発を超える頻繁な発射を繰り返し、その目的がミサイル技術の向上にあることは明らかであり、度重なる弾道ミサイルの発射は我が国のみならず、国際社会に対する深刻な課題だ。

防衛省・自衛隊は米国や韓国などとも緊密に連携し、関連情報の収集・分析を進め、警戒監視を全力で続ける。さらに、防衛大綱・中期防のもと、我が国に飛来し得るあらゆる空からの脅威に対処できるよう、ネットワークを通じて各種装備品を一体的に運用する「総合ミサイル防衛能力」の強化を進めていきたい。

――日韓関係について。

大臣　日韓・日米韓の連携は重要だ。日韓間には18年12月のレーダー照射事案やGSOMIAをめぐる問題など、さまざまな問題があるが、防衛省・自衛隊としてはこうした問題を解決するために引き続き韓国側に適切な対応を求めていきたい。[illegible]

――軍事活動を活発化させるロシアへの対応は。

大臣　ロシアは現在も我が国固有の領土である北方領土に軍の駐留を継続させ、北方領土を含む地域での軍事演習も依然として行[illegible]

# 陸上イージス代替「洋上案」

## 防衛省が3案を例示

岸防衛相は9月24日、自民、公明両党の安全保障に関連する部会に出席し、政府が国内配備を断念した陸上配備型ミサイル防衛システム「イージス・アショア」の代替案について、既に契約済みのレーダーやミサイル発射装置などの構成品を「船舶を含む移動式の洋上プラットフォーム」に一体的に搭載する方向で検討を進める方針を示した。

洋上案として、①自衛隊の護衛艦②民間の商船③海上に構築した石油採掘装置のような浮上式施設――の3案を例示。いずれも、日本が「イージス・アショア」用に米側と契約した「SPY7」レーダー、射撃管制システム、ミサイル発射装置の転用を検討する。

岸大臣は翌25日の記者会見で「イージス・アショアの構成品を洋上のプラットフォームに搭載する方式で、引き続き米政府や日米の民間事業者も交えて技術的実現性、搭載機能、コストなどについて詳細に検討を進めていく」と説明。

さらに「菅首相から本年末までにあるべき方策を示し、速やかに実行に移すよう指示をいただいたところで、洋上案を中心に鋭意検討を進めていきたい。代替案の決定後に可能な限り速やかに運用を開始する必要性を踏まえ、契約済みの構成品を利用していくことが合理的だ」と述べた。

空自2高群8高射隊の機動展開訓練で報道陣に初公開された新型の地対空誘導弾PAC3MSE(右)。左端は旧型のPAC2(9月24日、陸自福岡駐屯地で)=空自提供

## 「PAC3MSE」初の訓練　福岡駐屯地に展開

空自2高群8高射隊(高良台)は9月24日、弾道ミサイル防衛用の地対空誘導弾PAC3の能力を向上させた新型の「PAC3MSE」を使った初の機動展開訓練を陸自福岡駐屯地で報道公開した。

同訓練では、福岡県久留米市の高良台分屯基地から春日市内の陸自福岡駐屯地まで機動し、PAC3MSE(Missile Segment Enhancement=ミサイル部分強化型)などの器材の展開から撤収までの一連の手順を演練。同時にその状況をメディアなどに公開することで、空自の即応態勢を内外にアピールした。

この日は8高隊長の藤本哲郎2佐以下隊員約30人が車両約15両で福岡駐屯地に進出し、グラウンドにPAC3MSEの発射機や射撃管制レーダー、射撃管制装置などを展開、システムを立ち上げるまでの一連の発射準備手順を演練した。藤本隊長は訓練後、「ふだんの訓練と同じく、整斉と機動展開することができた」と成果を述べた。

井筒空幕長は翌25日の記者会見で「PAC3MSEはより高い高度で(弾道ミサイルの)迎撃が可能だ。広範囲を守ることができる点で、国民にさらなる安心を提供できると考えている」とその有用性を強調した。

PAC3MSEはレーダーやミサイルなどを改修し、迎撃可能な高度が従来の10数キロから数十キロに延伸、防護面積も2倍以上に拡大した。さらにレーダーの性能向上により小型ミサイルの探知も可能になっている。

空自のMSEは今年3月から配備が開始されている。

## 豪P8哨戒機が「瀬取り」を監視

[illegible]に加え、18年4月から英、仏、豪州、ニュージーランド、カナダの艦艇や航空機[illegible]

## キーン・ソード21　10月26日から実施

[illegible]

## 春夏秋冬

毛沢東は、強敵に対する戦略として[illegible]可能な農村人口が国民の8割以上であり、経済は自力更生で対外貿易に依存せず、農村には過剰労働力が溢れていた。広大な国土と5億人を超える人口が数百万人の損害を吸収し、米国が戦争に疲れるのを待つ戦略であった。

米国が敗北したベトナム戦争について、ジョンソン米大統領は次のように述べていた。「国内に分裂と悲観論が広がり、国民の戦意が崩壊することが北ベトナムの頼みの綱であった」。

戦争は軍隊の戦闘能力と国民の戦う意志によって支えられている。国民の戦う意志が崩壊すれば戦争に負ける。米国より戦闘能力が劣る北ベトナムの戦略は、戦争を長期化して米国民の戦う意志を挫くことであった。但し、米軍と戦えば大損害を被ることは避けられず、大損害に耐えられる体制であることが前提になる。ベトナム戦争に負けた米軍の死者は5万8000人、勝ったベトナムの死者は300万人を超えた。

### 中国は対米戦争に勝てるか

村井　友秀

しかし、現在の中国は都市化と少子化が進み、経済は貿易に依存し、経済発展が共産党支配を支えている。農村人口は4割に減少している。現在の中国で、経済発展を支える都市が破壊され、一人っ子の若者が多数戦死すれば、経済は崩壊し国民の不満が爆発して共産党政権は倒れるだろう。現在の中国は長期にわたる人民戦争を戦うことはできない。[illegible]

中国軍の空母は、空母を攻撃する能力がない弱小国には大きな脅威になるが、米軍にとっては格好の攻撃目標[illegible]が「一帯一路」周辺国への影響を強化するために、海軍を増[illegible]近代化を進めれば、中国軍は[illegible]化して非対称性を失い、米軍って同じルールで戦える敵になる。

[illegible]になるだけである。空母とステルス機で戦う戦争ならば中国軍に勝ち目はない。ベトナム戦争で[illegible]トナム解放民族戦線議長は次のように述べた。「米軍は我々の条件で戦わなければならない。我々が彼らの主導権で戦うのではない」。

(防大名誉教授、東京国際大学特命教授)

## 朝雲寸言

[illegible]

求む!
建物を守る人
私達は建物の総合マネジメント会社です。
日本管財株式会社
設備管理・警備スタッフ募集 お気軽にお問い合わせください。
平成28年度以降の退職自衛官採用数62名
03-5299-0870 自衛隊担当:平尾

安心と幸せを支える防衛省生協
火災・災害共済
火災から風水害(地震・噴火・津波を含む)まで、手ごろな掛金で大切な建物と動産(家財)を守ります。火災・災害共済は"いつでも"お申し込みいただけます。

手ごろな掛金で幅広く保障　火災等による損害から風水害による損害まで保障します。



| 掛金 | 保障 |
| --- | --- |
| 年額1口200円<br>建物60口、動産30口まで | 火災の場合は、築年数・使用年数にかかわらず再取得価格(防衛省生協が定める標準建築費、動産は修理不能の場合、同等機能品の取得価格)で保障します。住宅ローン融資の際の質権設定にも原則的に対応可能です。 |

退職後も終身利用
保障内容は現職時と変わりません。
※退職火災・災害共済の加入資格は、防衛省職域勤務期間が14年以上で、退職時に継続して3年、共済事業(生命・医療共済又は火災・災害共済)を利用していること。
※ご加入は退職時1回限りであり、退職後には加入できません。

遺族組合員の利用が可能に
万一、現職の契約者が亡くなった場合に、遺された家族の生活不安の解消や生活の安定を図るため、配偶者が遺族組合員として火災・災害共済事業を利用できます。
※遺族組合員が所有し居住する建物1物件、動産1か所が契約できます。

単身赴任先の動産も保障
建物2か所、動産2か所まで所在地の異なる物件を契約できます。単身赴任先の動産(家財)のほか、両親の家も契約できます。

剰余金の割戻し
剰余金は割り戻され、毎年積み立てられて組合脱退時に返戻されます。退職火災共済割戻金は組合が預かり金として留保し、次回の掛金に振替えます。

※詳細はパンフレットまたは防衛省生協ホームページの火災・災害共済ページをご覧ください。

防衛省職員生活協同組合
〒102-0074 東京都千代田区九段南4丁目8番21号 山脇ビル2階
専用線:8-6-28901~3 電話:03-3514-2241(代表)
防衛省生協 検索

## 統幕長
# タイ国軍司令官と会談
## テレビで　関係進展の尽力に感謝

山崎統幕長は9月18日、タイ国軍司令官のポンピパット・ベーンヤシー陸軍大将とテレビ会談を行い、日タイ間の防衛協力推進の重要性を確認した。

日タイの制服組トップによる会談は、今年3月にもタイで実施された米タイ主催の多国間共同訓練「コブラ・ゴールド20」の閉会式に山崎統幕長が出席した際に行われている。

今回のテレビ会談で両者は、地域を取り巻く安全保障環境について情報を共有し、共通の課題に対して今後も引き続き共に対応していくことで一致した。

ポンピパット司令官は9月末に退官する予定で、山崎統幕長は、これまでの同司令官の輝かしい功績に対して敬意を表するとともに、日タイ関係の進展に尽力してくれた司令官に深い感謝の意を示した。

タイ国軍司令官のポンピパット陸軍大将（画面）とのテレビ会談中、訪タイした際のアルバムを見せ、感謝を伝える山崎統幕長（9月18日、防衛省で）

## 空幕長
# 米空軍参謀総長と電話会談
## 両組織変革の必要性で一致

井筒空幕長は9月16日、米空軍参謀総長のチャールズ・ブラウン大将と電話会談を行った。

空幕長は会談で、米空軍のACOL（米空軍の組織改革の必要性についてブラウン参謀総長が述べたことを記載した文書）と空自の「進化」について触れ、両組織が変革を必要としていることについて認識を共有した。

両者は、日米が共同することにより、インド太平洋地域の安全保障に大きな役割を果たしていることについて再確認。厳しさと複雑さを増す安全保障環境の中で、日米空軍種の協力をより早く強化していくことで一致した。

◇

井筒空幕長は9月23日、インド空軍参謀長のシン・バーダウリア大将とテレビ会談を行った。

両者は、「自由で開かれたインド太平洋」という共通のビジョンの下、共同訓練「シンユウ・マイトゥリ」など日印空軍種間の防衛協力・交流を引き続き推進していくことで一致した。

米空軍参謀総長のブラウン大将と電話会談する井筒空幕長（9月16日、空幕で）

# 時の焦点

## 国内　首相国連演説
### 静かだが効果的な船出

派手さはないが、的確に核心を突く。そうした政治姿勢が外交デビューにも反映されたということだろう。

菅首相が国連総会で一般討論演説を行った。新型コロナウイルスの感染拡大を受け、事前に収録したビデオを議場で流す異例の形式である。

首相は、当面最大の懸案である「コロナとの闘い」について、治療薬やワクチンの開発を支援し、途上国を含めた公平なアクセスを目指す方針を表明した。途上国での病院建設や人材育成、衛生分野での国際協力を進める考えも示した。

「中国寄り」と指摘される世界保健機関（WHO）については、「検証・改革に協力していく」と述べた。現状には問題があるという立場を前提に、必要な改革に向けて日本として貢献する意向を強調したものだ。

国境を越えて広がる感染症への対策はもちろん、現在の国際社会が直面する難題の多くは、一国だけでは解決できない。各国が内向きになる中で、国際協調に向けて具体的な提案をする意義は大きい。

国連創設75年の節目にあって、国連総会では米中の対立が激しさを増している。日本に求められる役割はかつてなく重大だ。7年9カ月に及んだ安倍政権の成果を生かしながら、さらに前進させねばならない。

菅首相は演説で「法の支配への挑戦を許してはならない」と強調し、「自由で開かれたインド太平洋」構想を推進する考えを表明した。

もちろん名指しはしないものの、中国の覇権主義的な行動は決して容認しないというメッセージである。

日米同盟を不断に強化しながら、米国が一国主義に走れば軌道修正を促す。中国との経済関係を深めつつ、一方的な現状変更の試みには強く異を唱え、政策変更を迫る。日本外交には、そうした戦略性が不可欠だ。

首相は国連総会に先立ち、中国の習近平国家主席と電話で会談した。両首脳は関係改善の流れを継続する方針で一致したが、首相は、中国公船が尖閣諸島周辺で領海侵入を繰り返している問題への懸念も伝えた。

注目されるのは、習氏との電話会談に先立ち、首相がインドのモディ首相とも電話会談を行っていることだ。首相はこの場で、日米豪印での協力を進めたいと要請した。

注目されなかったが、就任後、最初に電話首脳会談を行った相手は、オーストラリアのモリソン首相である。米中対立と同様、いやそれ以上に豪中対立は激化している。首相はその後、トランプ米大統領、メルケル独首相、ジョンソン英首相……という順に電話会談を重ねた。

いずれも長時間ではないが、首相は一貫して「自由で開かれたインド太平洋」の重要性を説いたのである。中国は、日本の明確な意思を感じたことだろう。菅外交は静かに、効果的に始まった。

宮原 三郎（政治評論家）

## 海外　トランプ外交
### 1期で米政策を大変化

トランプ米大統領はイスラエルと湾岸諸国の国交正常化合意を仲介し、腐敗したパレスチナ当局を同合意のプロセスから排除。また中国を脅威として非難する。トランプ政権は米外交政策を変えたという結論になる。

イスラエルは米ホワイトハウスで9月15日、アラブ首長国連邦（UAE）、バーレーンと国交正常化合意に署名し、同時に3カ国は「アブラハム合意」と呼ばれる条文にも署名した。

1994年のイスラエル・ヨルダン国交正常化以来、今回の合意は中東和平に向けた初の前進。「ニューヨーク・タイムズ」紙も翌16日付の論説で「仲介したトランプ政権の功績」と評価した。

トランプ政権は発足以来、パレスチナ当局の非妥協性と腐敗した実態を暴露し、そのため外交待遇のサークルから外し、「和平プロセス」を国家間の交渉として再建した。

中東各国は、地域覇権を狙うイランという「共通の脅威」に直面し、反イランで団結できるあらゆる手段、方策に期待する。典型的なレアル・ポリティーク（現実政治）の世界である。

同合意を超党派的に称賛した米国内の反応も注目に値する。大統領の追い落としの機をうかがう同じ民主党員が、政権の外交の功績に冷静な反応を示した。

バイデン同党大統領候補は「中東でイスラエルを承認し、しかも、パートナーとして歓迎するという国が増えるのは素晴らしい」との声明を発表。

しかし、反トランプ陣営がその「素晴らしい」ことが実現する一因となった政策に反対してきたのは皮肉だ。

トランプ政権が在イスラエル米大使館をエルサレムに移した時、これで中東の和平は不可能になったと批判した、いわゆる「専門家」は間違っていたわけだ。

同様に、イランとの「核合意」から離脱した時、パレスチナへの援助を断った時、ゴラン高原に対するイスラエルの主権を認めた時、米軍がイラン革命防衛隊のソレイマニ司令官を無人機で殺害した時──。

多くの「専門家」や既成概念に固執する外交政策エスタブリッシュメントは、その度に大惨事、破局の予想を喧伝したものだった。

現実には予想はすべて外れ、代わりに世界が目撃しているのは、「アブラハム合意」であり、反イラン同盟の広がりである。

トランプ政権の対中関係ほど変化が明らかなものもない。

当選直後の2016年12月、蔡英文・台湾総統に電撃的に電話したのを皮切りに、17年・南シナ海での海軍の航行の自由作戦の再開、18年・中国製品への関税、19年には対中批判を本格化し、20年は旅行制限、ビザ発給停止、総額70億ドルの対台湾武器売却など数々の措置を取った。

もう中国に「責任ある取引相手」を求めず、超大国の競争相手との位置付けである。そして、共和、民主とも中国をパートナーより脅威、と見なし始めたのも間違いない。

草野 徹（外交評論家）

# IPD部隊が豪海軍と共同訓練

インド太平洋方面を長期巡航中の海自派遣訓練部隊（IPD20、指揮官・今野泰樹将補＝2護群司令）のヘリ搭載護衛艦「かが」（艦長・西田敏志1佐）と護衛艦「いかづち」（同・杉山靖浩2佐）は9月13日から17日にかけ、南シナ海で豪海軍艦艇と共同訓練を実施した。

豪海軍からはミサイル駆逐艦「ホバート」（満載排水量6300トン）と補給艦「シリウス」が参加。洋上で会合した日豪部隊は、搭載ヘリによるクロスデッキをはじめ、近接運動、洋上補給、ポートトレーニングなど各種戦術訓練を行い、日豪海上部隊の連携を強化した。

日豪共同訓練で洋上補給訓練を行う（左から）護衛艦「いかづち」、豪海軍の補給艦「シリウス」、ヘリ搭載護衛艦「かが」（9月14日、南シナ海で）

## 駐日ローマ教皇庁大使
# 告別式で特別儀仗

陸自302保安警務中隊は9月17日、東京都文京区の東京カテドラル聖マリア大聖堂で行われたジョセフ・チェノットゥ駐日ローマ教皇庁大使の告別式に参加、約9年間にわたり日本とローマ教皇庁の友好関係に寄与した同大使に敬意を表し特別儀仗を実施した。

駐日大使の告別式での特別儀仗は、2000年のウルグアイ駐日大使の告別式以来、約20年ぶり。当日は新型コロナウイルス感染症対策のため、保安警務中隊員15人はマスクを装着して儀仗を行った。

インド出身のチェノットゥ大司教は中央アフリカ、チャド、タンザニア教皇庁大使を経て2011年8月、駐日教皇庁大使に任命され、同年10月に来日、東日本大震災1周年ミサなどに出席し、被災者をなぐさめた。同大使は9月8日、都内の聖母病院で死去した。76歳だった。

チェノットゥ大司教の告別式で特別儀仗を行う302保安警務中隊の隊員たち（9月17日、東京カテドラル聖マリア大聖堂で）

## 共済組合だより

防衛省共済組合では、組合員とその家族の皆さまを、万一の時にお守りする団体生命保険（幹事会社・日本生命、明治安田生命）を取り扱っています。

この保険は、割安な保険料（1口100円）で大きな保障が得られる有利な保険です。また、申し込んだその日から保障が開始される「即時保障」も選択できます。

【加入資格・加入口数範囲（1契約あたり）】

○組合員本人＝申込日現在、健康で正常に勤務し、かつ医師の治療・投薬を受けていない年齢14歳6カ月超69歳6カ月以下の人。加入口数範囲は6口以上50口まで。

○配偶者＝組合員本人の配偶者で、同じく健康な年齢満16歳以上60歳6カ月以下の人。8口以上14口まで。

○こども＝組合員本人が扶養しているこどもで、同じく健康な年齢2歳6カ月超22歳6カ月以下の人。1人あたり一律3口。

保障内容（1契約あたり）は、「不慮の事故による死亡（高度障がい）」の場合、組合員本人（50口）に4210万円、配偶者（14口）に1218万円、こども（一律3口）に444万円が保険金として支払われます。

このほか、病気による死亡（高度障がい）、不慮の事故による障がいでも、所定の保険金が支払われます。この機会にどうぞご加入ください。

割安な保険料で
大きな保障が得られます
防衛省職員団体生命保険

## 防衛省発令

▽空幕運用支援課計画班長（空幕運用支援課）　1空佐　奥田　将督
▽航空総隊監理監察官（11飛行教育団司令兼静浜基地司令）　同　西野　一行
▽7航空団飛行群司令（空幕運用支援課計画班長）　同　那須誠一郎
▽西部航空方面隊監理監察官（7航空団飛行群司令）　同　木村　真一
▽9航空団副司令（西部航空方面隊監理監察官）　同　菅原　謙一
▽航空支援集団防衛部長（航空総隊監理監察官）　同　芳賀　和典
▽11飛行教育団司令兼静浜基地司令（9航空団副司令）　同　山口　英章
（以上9月19日）
▽海幕装備体系課装備体系班長（防衛装備庁プロジェクト管理部事業監理官付事業計画調整官兼事業監理官付）　1海佐　木村　孝行
▽同航空機課航空電子班長（海幕航空機課航空支援器材班長）　2海佐　中尾　親史
▽同航空支援器材班長（同航空機課）　1海佐　白石　俊彦
▽31整備補給隊司令（同装備体系課装備体系班長）　同　礒貝　晋一
▽海自3術科学校教務部長（31整備補給隊司令）　同　矢倉　清次
▽防衛装備庁プロジェクト管理部事業監理官付事業計画調整官兼事業監理官付（海幕航空機課航空電子班長）　同　中村　光
（以上9月20日）
▽海幕補任課補任班長（海幕補任課）1海佐　濱野　真美
▽25航空隊副長兼本部幕僚室長（同補任班長）　同　速水　孝明
（以上9月24日）


## 就職ネット情報
◎お問い合わせは直接企業様へご連絡下さい。

(株)進明技興〔土木技術者〕http://shinmeigikou.co.jp/〔福岡〕
(株)池田工業〔ボーリングスタッフ〕025-387-4738〔新潟〕
太洋海運(株)〔港湾スタッフ〕052-651-5261〔愛知〕
(株)大歳組〔重機運転手〕http://ohtoshi.co.jp/〔広島〕
(有)大石土木〔重機オペレーター、施工管理〕054-280-6661〔静岡〕
共和建設(株)〔建築・土木技術者、営業〕0748-72-1161〔滋賀〕
本陣水越(株)〔土木施工〕https://www.mm-gws.jp/〔神奈川〕
精晃電設(株)〔技術総合職〕052-793-3232〔愛知〕
岐山化工機(株)〔設計、工事〕http://www.kisan-ltd.co.jp/〔山口〕
(株)ファーレン富山〔メカニック〕https://fahren-toyama.co.jp/〔岐阜〕
(有)小山産業〔工事スタッフ〕026-247-2150〔長野〕
(株)シアテック〔工事監理〕http://www.ciatec.co.jp/〔愛媛〕
(株)東日本土木〔土木施工管理、重機オペレーター、現場スタッフ〕0283-21-0797〔栃木〕
篠崎タイヤ販売(株)〔タイヤメンテナンス〕048-571-0700〔埼玉〕
小島建興(株)〔現場職人〕http://www.kojimakenko.co.jp/〔広島〕
阪神電気工業(株)〔電気工事士〕054-283-1150〔東京・静岡〕
(株)群馬建水〔現場スタッフ、現場管理〕0270-65-3078〔群馬・埼玉〕
(株)国昇〔メンテナンス〕http://www.mizutokkyu.com〔東京〕

## 就職ネット情報
◎お問い合わせは直接企業様へご連絡下さい。

(株)サンエックス〔ショップ販売〕06-6975-8111〔大阪〕
(有)東昭こすも〔塗装工事〕0285-53-2759〔栃木〕
ジオメンテナンス(株)〔地質・構造物調査スタッフ〕https://www.geo-m.co.jp/〔千葉〕
(株)エーワンオートイワセ〔メカニック〕https://matsumoto.bmw.jp/〔長野〕
(株)中尾建築事務所〔工事管理〕https://nakao.com/〔大阪〕
太陽塗装工業(株)〔総合職(施工管理・施工スタッフ)〕https://www.daiyo-tosou.co.jp/〔岡山〕
ダイナーホンダ販売(株)〔メカニック〕0721-23-0070〔大阪〕
長豊建設(株)〔土木施工管理〕http://www.chouhou.com/〔長野〕
(株)上栄〔左官スタッフ〕http://www.daiyo-tosou-kouei-sakan.co.jp/outline.html/〔岡山〕
(有)高島平サービス〔メカニック〕048-845-7131〔埼玉〕
(有)木下土木〔土木施工管理〕http://www.kinoshitadoboku.com/〔岐阜〕
阪神園芸(株)〔施工管理〕https://www.hanshinengei.co.jp/〔兵庫〕
九州安全モーター(株)〔整備士〕https://www.kyusyu-anzen.com/〔福岡〕
市川工業(株)〔施工管理スタッフ〕0274-63-0891〔群馬〕
(株)ホクシン〔電気工事士アシスタント〕http://www.e-hokushin.com/index.html/〔鳥取〕
別府建設(株)〔土木施工管理〕http://www.o-beppu.co.jp/〔三重〕
トウショー商事(株)〔技術スタッフ〕http://www.tosyo-garden.com/〔岡山〕
マキテック(株)〔施工管理・保守(電気設備)〕http://makitec.co.jp/〔岡山〕

平和・安保研の年次報告書　アジアの安全保障 2020-2021
コロナが生んだ米中「新冷戦」変質する国際関係

最近のアジア情勢を体系的に情報収集する研究者・専門家・ビジネスマン・学生必携の書!!

我が国の平和と安全に関し、総合的な調査研究と政策への提言を行っている平和・安全保障研究所が、総力を挙げて公刊する年次報告書。定評ある情勢認識と正確な情報分析。世界とアジアを理解し、各国の動向と思惑を読み解く最適の書。アジアの安全保障を本書が解き明かす!!

今年版のトピックス
自由民主主義の危機と権威主義体制の台頭／インド太平洋構想と太平洋島嶼国／5G と安全保障／アフガニスタン人から信頼された中村哲医師の地域開発事業

発売中!!

西原 正 監修
平和・安全保障研究所 編

判型 A5 判／上製本／272 ページ
定価 本体 2,250 円＋税
ISBN978-4-7509-4042-7

朝雲新聞社
〒160-0002 東京都新宿区四谷坂町 12－20KK ビル
TEL 03－3225－3841 FAX 03－3225－3831
http://www.asagumo-news.com

# 59年の歴史に幕

## 空自偵察航空隊　OB所感

自衛隊唯一のジェット偵察機部隊として日本の防衛に貢献、大災害発生時には被災地の航空写真撮影にも当たった空自の偵察航空隊（百里）が今年3月、その任務を35Aステルス戦闘機部隊などに譲り、59年の歴史に幕を閉じた。部隊の節目に司令を務めた3人の偵空隊OBに思い出を語ってもらった。

### 「見敵必撮」を第一に

15代司令　山本　征衛（元将補）

偵察航空隊廃止の報を聞き、約60年の時が過ぎ去ったことを強く実感する。

戦闘機であるF86を偵察機RF86に機種更新する際に、米軍7〜8人の教官が判読員として当時部隊がいた松島基地に来てくれたことを思い出す。

1974年に、運用機がRF4に変わり、夜間も偵察任務が可能になったことで災害派遣任務への幅も広がり、隊員も実直に任務を遂行してくれた。

私が司令だった時に指導していたことは「見敵必撮」である。RFは必ず生きて帰り、写真を中枢に送る、データをもってくることを第一とした。

偵察隊に派手な行動はいらない。忍者のように念には念をいれ、必ず任務を達成する。そうした真摯な姿勢はどの部隊に行っても通用するはず。偵空隊員だったことを誇りに、新たな部署で頑張ってほしい。

RF4E偵察機の飛行訓練終了後、記念撮影に臨む偵察航空隊員（2020年3月9日、百里基地で）＝写真はいずれも百里提供

### 任務の誇り持ち続けよ

21代司令　市来　徹夫（元将補）

偵空隊廃止については「ついに役割を終えたか」というのが率直な感想だ。

阪神・淡路大震災の時に司令を務めていたが、地上から進出できない分、高いところから写真撮影ができるRF4Eが偵察任務に就くことになった。501飛行隊が持ち帰った（被災地神戸の）写真を見た時、「これは大変なことになった」と思った。我々は現場で活動することはできないが、写真を徹底的に分析して指示を出した。

RF4Eファントムは操縦が難しく、非常に"味のある"機体で、乗りこなせるようになった時の達成感はひとしおだった。[illegible]

### 原発撮影など危険な任務も

32代司令　井出　方明（元将補）

偵察航空隊の廃止は時代の流れで致し方ないとはいえ、[illegible]。RF86の時代から、[illegible]

私が司令をしていた2011年3月、東日本大震災が発生し、[illegible]

原発上空からの撮影では、どの程度の放射線量があるか不明なところもあり、「隊員の安全第一に」という点を徹底させた。危険を伴う任務だったため、パイロットに[illegible]と声をかけたことを思い出した。

RF4Eは古い機体ではあるが玄人好みの名機。前席と後席の2人の力が合わさることで数々の任務を完遂できたと言える。在籍した隊員には、「培ってきたチームワークを大切に」、どこにいっても役立つこの言葉を贈りたい。「偵察魂」で今後も頑張ってほしい。

1977年3月、15年間の任務飛行を終えた初代偵察機のRF86F（先頭と最後尾）。その両側はRF4E偵察機

## 前事不忘　後事之師

第57回

### 「国防は軍人の専有物に非ず」

#### 命がけで国の安寧を考えた加藤友三郎

誰にとってもその実現に全力を尽くした事業を途中で廃棄することは、辛く厳しい決断です。

今からほぼ百年前、我が国にそうした決断をした提督がいました。1921年から22年にかけて米国ワシントンで開催された国際会議（ワシントン会議）に我が国全権として出席した加藤友三郎海軍大臣です。この会議は第1次世界大戦の終結を受け、アジア太平洋地域の緊張緩和と国際協調を目指して主要国の代表がワシントンに集まって協議したもので、議題の一つは海軍軍縮でした。

当時、英、米、日の3カ国間では激しい海軍の建艦競争が行われていました。他方で英国は大戦の戦勝国でしたが、ロイド・ジョージ首相は戦争の疲弊によりこれ以上の建艦競争は困難と考え、米国に働きかけて米英主導で軍縮会議を主催し、日本の海軍増強を抑え込もうと目論みます。会議冒頭で主催国・米国のヒューズ国務長官が示した提案は、米英日の戦艦と巡洋戦艦合計66隻、190余万トンを一挙に廃棄した上で、3カ国の戦艦と巡洋戦艦の合計トン数の比率を10対10対6にするものでした。

この提案は、日本海軍にとって二つの点で受け入れ難いものでした。第一は、仮にこの提案を受け入れると弩級戦艦8隻、巡洋戦艦8隻を建造するという海軍の悲願であった「八八艦隊」構想を断念せざるを得なくなることです。加藤も、海軍大臣としてその構想実現に全力を尽くし、大正10年には国家予算の32・5%もの海軍予算を確保しました。第二は、日露戦争後の日本海軍は米国を脅威と位置づけ、米海軍の7割の主要艦艇を保持することが不可欠とされていたことです。

元海軍軍人で作家の豊田穣は、加藤友三郎の評伝の中で、「ワシントン会議における加藤友三郎の面倒な敵は米英の代表ではなく、会議の首席随行員で強硬に対米七割を主張する加藤寛治中将だった」と書いています。米国でも軍縮提案に賛同した海軍の提督は1人のみだったと伝えられており、強硬派加藤寛治の主張は有事に戦う立場の軍人の反応としては理解できます。しかし、加藤友三郎は次のように主張し、対米6割の受け入れを決断します。

「国防は軍人の専有物に非ず。戦争も亦、軍人のみにして為し得べきものに在らず。仮に軍備は米国に拮抗するの力ありと仮定するも、戦争の金は何処より之を得べしやというに、米国以外に日本の外債に応じ得る国は見当たらず。斯く論ずれば日米開戦は不可能ということになる。国防は国力に相応する武力を備うると同時に、国力を涵養し、外交手段により戦争を避くることが国防の本義なりと信ず。仮に軍備制限問題無く、建艦競争を継続するとき如何。米国の世論は軍備拡張に反対するも、一度其の必要を感ずる場合には何ほどでも遂行するの実力あり。米国提案の十・十・六は不満足なるも、この軍備制限案成立せざる場合を想像すれば、寧ろそれで我慢するを得策とすべからずや」

国家全体の立場から将来を見通した視点の高い判断でした。加藤友三郎は実力海軍大臣であったことに加え、日本海海戦時に東郷平八郎連合艦隊司令長官の下での参謀長であった名声があり、後輩の強硬派加藤寛治を抑え込みます。しかし、加藤寛治は納得しておらず、加藤友三郎の病死後、1930年に行われたロンドン海軍軍縮会議では海軍軍令部長という要職で補助艦艇削減の条約に反対し、海軍内部に所謂「艦隊派」と「条約派」という対立を生み出します。

その後の歴史の展開を見れば、二人の加藤のうち、友三郎の「米国と戦うことはできない」との判断は正しいものでした。ワシントン会議を現場で取材し、『大海軍を想う』を著した伊藤正徳は、軍政家としての加藤友三郎を高く評価し、仮に友三郎が病魔に倒れることなく、日米開戦決定時に存命であったら、日米開戦について明確にノーと言っていただろうと書いています。

加藤友三郎は海軍大臣、総理大臣の要職にあった晩年、その命を奪う病からくる下腹部の痛みをこらえて最後まで重責を担い続けました。私たちはかつて日本海軍に高い識見を持って命がけで国の安寧を考えた提督がいたことを、その「国防は軍人の専有物に非ず」との言葉とともに思い出すべきと考えます。

（鎌田　昭良（元防衛省大臣官房長、元装備施設本部長、防衛基盤整備協会理事長））

加藤友三郎

……前事忘れざるは後事の師……

## 「リムパック」初参加の思い出　㊦

海自OB　是本　信義（元ミサイル護衛艦「あまつかぜ」艦長）

### 「必ず勝って帰る」と決意

「リムパック80」に初参加した海自のミサイル護衛艦「あまつかぜ」が、米空母「コンステレーション」を中心とする「ブルー機動部隊」の中でどのような戦いをしたかここに紹介する。

**1　情報の入手に苦心**

完全な電波封止下、作戦情報を知らせる手段は、暗号のかかったメッセージを送ってくるテレタイプ式のLINK14のみであった。このLINK14は、[illegible]情報を入手でき、スムーズに作戦を遂行できた。

**2　パーフェクトな対空戦闘**

実動期間を通じて、4回の対空戦闘（AAW）実施の機会があり、LINK14からの情報により、EMCON（電波の発射管制）解除、WEAPONS FREE（対空ミサイル射撃準備）を確認、直ちに対空レーダーを起動、探知した敵航空機を射撃用レーダーでロック・オン、ミサイル発射[illegible]手段で攻撃したが、4回とも「HIT（命中）」との判定を受けた。まずは、防空艦としては合格だったと思っている。

**3　オレンジの原潜撃破**

3月6日、主隊の前方約100浬で防空任務についているとき、突然、「至急主隊に合同せよ！」との指令が入った。何事かと直ちに反転、24ノットに増速し、主隊に向かった。

そのときの状況は、空母「コンステレーション」が（敵の）オレンジ部隊の航空攻撃で大破し、これに止めを刺すため、オレンジの原潜が近接中とのことであった。

「あまつかぜ」が空母護衛のインナーサークルに着いたとき、アクティブ・ソーナー発振の指令が出た。そこで発振すると、何と目の前に巨大な水中目標を探知、オレンジ原潜と判定した。直ちに対潜ロケット魚雷「アスロック」で3回攻撃、相手はSSTシグナル（水中信号）で「攻撃効果HIT」を通報していった。

このとき艦橋にいた私や当直員の多くが「HIT」を示す艦からのイエロー・フレアー（黄色閃光弾）が上がったのを確認している。

この敵原潜——のちに米原潜「サーゴ」（SSN583）と判明——撃破は大きく評価され、パールハーバーでの事後研究会の席上、第3艦隊司令官ウォーカー中将から、「コンステレーションを助けてくれてありがとう！」と握手を求められた。この原潜撃破が「殊勲甲」と「あまつかぜ」が最優秀艦に選ばれる根拠になったとのことであった。

振り返れば、実動11日間（3月1〜11日）中、わずか10分間のアクティブ・ソーナー発振のことごとであった。しかし、これだけ大きく評価されたこの功績が、海上自衛隊では口の端にも上らなかったことを今でも不審に思っている。

**4　荒天下、決死の洋上補給**

実動期間中、都合4回の洋上補給（UNREP）を行った。いずれも荒天の中で行ったが、特筆すべきは3月9日の補給艦「サクラメント」（AOE1）との洋上補給だった。荒天が続く中での過酷な行動で、燃料在庫は40%を切っており、艦の復元性維持のため、バラストタンクへの海水注水を検討始めた矢先だった。

一日千秋の思いで待っていたUNREPだが、当日はENE（東北東）30ノット以上の風が吹き荒れ、波6、うねり6〜7の荒天、艦の左右動揺は40度を超え、海水が艦橋内に打ち込んでくる状況であった。

さすがの私も、「果たしてできるか？　できても何人か乗員が海に流され、殺すかもしれない」「よし！　そのときは俺が腹を切ればよい」との覚悟を決め、補給艦との会合点に急いだ。さて、現場に着いてみると「サクラメント」の両側に米駆逐艦[illegible]

**5　ミサイル「ダイレクト・ヒット！」**

こうして対抗演習の実動が終わって3月12、13日、付随訓練として対空ミサイルの射撃訓練がハワイ・カウアイ島沖の訓練海面で行われた。

参加艦艇は、米海軍が空母「コンステレーション」以下6隻、オーストラリアがミサイル駆逐艦1隻、日本が本艦「あまつかぜ」、「ひえい」の計9隻であった。まさに「国際ミサイル射撃コンテスト」である。12日、初めて経験する戦闘射撃であり、「海上自衛隊のお手並み拝見」との衆人環視の中、特に横300メートルにぴたりと付いている僚艦「ひえい」の飛行甲板には、日本から来た報道陣がひしめき観戦中。まさに「源平合戦」での那須与一の扇射ちの心境である。

そのような雰囲気に呑まれてしまった乗員に「稽古は晴れのように、晴れは稽古のように」「テイク・イット・イージーで行け！」と訓戒し、射撃に臨んだ。

亜音速で飛翔する標的機「BQM34」に対する射撃の結果は、稀に見る「ダイレクト・ヒット（直撃）」であった。どっと歓声を上げる関係者を押さえ、派遣部隊指揮官に「ミサイル発射終わり。異常なし。ダイレクト・ヒット、グランドスラム！」と報告したときは、私も内心得意満面で、今でいう「どや顔」だっただろう。

翌13日の超音速の標的機「AQM37」に対する射撃も、至近距離通過のヒット（実戦ならVT信管で撃墜）。「通算命中率100%」という驚異的な成果を収め、海上自衛隊の面目を施すことができた。

**「リムパック80」で得た教訓**

**1　戦術、装備の遅れ　それは「兵術的鎖国」**

海上自衛隊の戦術、装備等が米海軍に比べて著しく遅れていたことは先に述べた。幸い、「ひえい」「あまつかぜ」の両艦とも、艦長以下乗員の最大限の工夫と努力でそのハンディを克服[illegible]いか。

**2　シーマンシップがすべての基礎**

実動期間を通じて激しい荒天に見舞われたことも先に述べた。このような状況下で艦を安全に運航するには、確実に補給するには、理論と実践で叩き上げたシーマンシップの技量と積極果断、堅忍不抜の精神力、度胸以外の何物でもない。

いかに高度な戦術、進歩した武器体系、優秀な国防も、卓越したシーマンシップの技量なくしては「砂上の楼閣」「絵に描いた餅」に過ぎないことを肌身で感じた。

**3　米海軍は真のオーシャン・ネイビー**

「リムパック80」で改めて米海軍の凄さを知った。[illegible]は、昼夜の別、天候、海面状況の如何にかかわらず、「断固やりぬく」という野性的なたくましさ、タフさ、凄さの前には「これぞ真のオーシャン・ネイビー、戦闘集団」との尊敬の念を禁じえなかった。

**おわりに**

日本出港の直前、派遣部隊指揮官であり[illegible]「ひえい」「あまつかぜ」両艦長が護衛艦隊司令官の秋山[illegible]に呼ばれ、[illegible]終わりに、秋山司令官が突然立ち上がり、「負けて帰るな！」と怒鳴ったのには一同驚いた。

この頃、防衛庁・防衛[illegible]内外で、海自のリムパック参加については「田舎侍（海上自衛隊）が花のお江戸の大殿様[illegible]なものだ」「田舎侍に何が出来る」「恥をかいて帰ってくるな」などと、心ない陰口が飛び交っていた。

秋山司令官の檄は、それを見事見返してこいという心からの激励と理解し、「必ず勝って帰ってくるぞ！」と心に決めた。

リムパックのすべての行事が終わった3月21日夕刻、帰国のためパールハーバーを出港直前、[illegible]突然、[illegible]第3艦隊司令部から[illegible]ションでも、シーマンシップでも「卓越」だった」との講評を受けた。そして「太平洋の虎」[illegible]WITH GREAT RESPECT（深甚な尊敬をこめて）」との賞辞入りの記念額を贈呈された。それを手にした時、私は「秋山司令、勝ちました！」と心の中で叫んだ。

1980年2〜3月にかけて太平洋で行われた「リムパック80」で、米空母「コンステレーション」（中央）を中心に航行する各国の艦艇（米海軍提供）

# HTC 北海道訓練センター「第2次運営」

## 第33戦闘団 VS 増強6普連 7日間の激闘

## 実戦的要素高め分析

【訓練評価支援隊＝北千歳】令和2年度北海道訓練センター（HTC）の第2次運営が9月3日から9日まで、道東の矢臼別演習場で行われた。

対抗演習の運営は本年3月の訓練評価支援隊（隊長・山下博二1佐）の新編後、2回目の実施となる。運営は陸自教育訓練研究本部長（本部長・田中重伸陸将）が担任官を務め、期間中、湯浅悟郎陸上幕僚長も現地を訪れ、運営の状況を視察した。

統制官の山下訓練評価支援隊長は状況開始に先立ち、統制センター編成完結式の訓示で「実動対抗演習が最大限の成果を獲得できるよう的確に統制を実施せよ」「自己の任務・地位・役割を踏まえ、積極的に行動せよ」の2点をHTC要員に強く要望した。

今回の実動対抗演習は、10師団の33普連（久居）を基幹とする第33戦闘団（戦闘団長・向田俊之1佐）が攻撃部隊を務め、一方、地元の5旅団6普連（美幌）を基幹とする増強第6普通科連隊（連隊長・佐藤靖倫1佐）は防御部隊を担い、両者は初秋の矢臼別演習場内で激突、ともに諸職種協同で最大限の戦力を発揮し、勝利を目指して奮戦した。

運営中、HTCでは先の第1次運営（6月末、11戦闘団と39戦闘団が対戦）で得られた教訓を取り入れ、AH1S対戦車ヘリを新たに参加させたほか、空自戦闘機が加わっての近接航空支援（CAS）などの様相も取り込み、実戦的要素をさらに高め、約7日間にわたる攻防を統制、両部隊の戦闘能力を総合的に評価・分析した。

敵の前進を阻止するため、命令された防御拠点に機動する6普連の96式装輪装甲車

1週間にわたり激しい戦闘を続ける33戦闘団と増強6普連の動向をモニターする訓練評価支援隊の隊員（HTC統制センターで）

敵機甲部隊の接近情報を受け、対戦車火器を構える6普連2中隊の隊員（いずれも矢臼別演習場で）

6普連の作戦会議で敵部隊を迎え撃つ戦法について確認する隊員たち

敵部隊の前進を阻止・遅滞するため、橋の周囲に障害を設置する6普連の隊員

上 補給や整備の拠点となっている段列地域を敵の攻撃から守るため、森の中に潜み、ゲリラの接近を警戒する33戦闘団員
左 林内に陣地占領した重迫撃砲と33戦闘団の隊員たち

## 33普連 戦車、特科加えて「戦闘団」編成

## 6普連 敵の総攻撃、積極果敢に阻止

【6普連＝美幌】6普連は9月3～9日、北海道訓練センター実動対抗演習第2次運営に参加した。

今回の運営は戦車部隊、野戦特科部隊を含む諸職種協同の普通科連隊等に対し、実動対抗演習の場を設定、部隊の指揮幕僚活動を評価し、諸職種協同作戦に必要な能力の向上を図ることを目的に行われた。6普連は「増強普通科連隊（防御部隊）」として参加し、中部方面区から北海道入りした33普連（久居）を基幹とする「第33戦闘団（攻撃部隊）」と7日間にわたる実動対抗演習を実施した。

6普連は3日午前2時の状況開始と同時に情報小隊が暗闇の中を前進して偵察活動に着手、午前6時、連隊主力が作戦地域へ前進し、速やかに防御準備に移行した。

5日午前7時に前方地域で敵部隊との戦闘が始まった。攻撃してくる敵の前進を遅滞・阻止するため、増強普通科連隊は諸職種の戦力を効果的に組み合わせて敵の戦闘力の減殺に努め、侵攻を封じた。

戦闘は膠着（こうちゃく）状態に入るも、9日午前7時30分、主戦闘地域で大規模な防御戦闘が開始され、敵の重厚な攻撃に対して、6連隊は積極果敢に抵抗、持ち場を守り、同9時25分に状況終了となった。


自衛隊バージョン　新発売！　災害等の備蓄用・贈答用として最適!!

EMERGENCY BOX

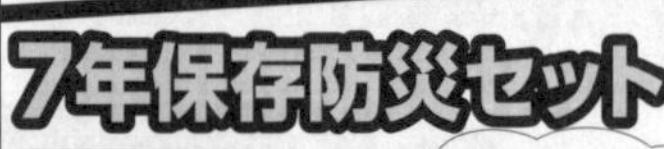
7年保存防災セット

1人用/3日分

外務省在外大使館等も備蓄しています。

非常時に調理いらずですぐ食べられるレトルト食品とお水のセットです。

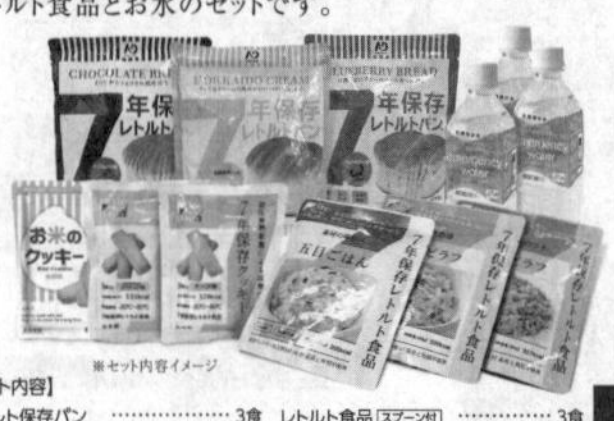
※セット内容イメージ

【セット内容】
レトルト保存パン ……… 3食（北海道クリーム・チョコレート・ブルーベリー／各100g）
7年保存クッキー ……… 2食（チーズ・ココナッツ味／各70g）
米粉クッキー ……… 1食（プレーン味／58g）
レトルト食品 スプーン付 ……… 3食（五目ごはん・カレーピラフ・コーンピラフ／各230g）
長期保存水 EMERGENCY WATER … 3本（500ml／蒸留水 硬度0）

陸・海・空自衛隊のカッコイイ写真を使用した専用ボックスタイプの防災キット。

メーカー希望小売価格 5,130円（税込）
特別販売価格 4,680円（税込）【送料別】

昭和55年創業 自衛隊OB会社 (株)タイユウ・サービス
ご注文は TEL03-3266-0961 FAX03-3266-1983
mail:ts-gen@ac.auone-net.jp ホームページ タイユウ・サービス 検索

# 陸自史上最大規模　矢臼別で実動対抗演習

陸自の訓練評価支援隊（北千歳）が統制する「北海道訓練センター（HTC）」の運営の状況が9月2日、道東の矢臼別演習場で報道陣に初公開された。今回は10師団（守山）の33普連（久居）基幹の約750人と地元5旅団（帯広）の6普連（美幌）基幹の約550人が7日間にわたり対抗演習を繰り広げ、この間、HTCは全国からの支援要員を含め約600人規模で演習を統制した。矢臼別を訪れ、陸自史上最大規模の実動対抗演習の舞台裏を見た。（写真と文　古川勝平）

## 可搬型で訓練統裁を支援

## 訓練評価支援隊統制センター「舞台裏」

訓練評価支援隊統制センターの内部。中央のスクリーンに部隊の損耗状況などが映し出される（いずれも9月2日、北海道矢臼別演習場で）

訓練評価支援隊は今年3月26日、北千歳駐屯地に新編された。隊長の山下博二1佐以下約250人で編成され、組織は本部と統制、評価支援、器材管理の各部署に分かれ、連隊規模の対抗演習の運営を任務としている。

同隊の役割について、企画班長の本吉幸則2佐は「当隊は教育訓練研究本部（目黒）に所属しており、全国で唯一『可搬型訓練統裁支援システム』を保有し、バトラー（交戦用装置）をはじめ、映像・統制器材により、全国から北海道に機動してきた連隊規模の部隊に対し訓練環境を提供します」と話す。

このため、HTCは北富士演習場の「富士訓練センター（FTC）」とは異なり、演習場を固定しない運用が可能だという。HTCでは北海道の良好な訓練基盤を生かすため、道東の矢臼別だけでなく、道央の上富良野演習場や北海道大演習場などに部隊が展開し、大規模な対抗演習を運営することができるのが最大の特徴だ。

訓練評価支援隊によると、FTCでは「隊員個人の基礎動作を見る」のに対し、ここHTCでは「連隊長の指揮幕僚活動や状況判断・決心を評価」することが可能だという。また、中隊（約100人）規模で部隊と隊員の練度を評価するFTCに対し、HTCでは連隊級（約500人～1000人）を運用する指揮幕僚活動が評価されるのだ。

## 戦闘を客観的に評価

今回、対抗演習が行われた矢臼別演習場では、まず廠舎地区に案内された。廠舎の一部に「訓練評価支援隊統制センター」が設置されており、その内部が公開された。

「当センターの役割は訓練の運営を統制することです。また、演習は"自由意思を有した連隊級の実動対抗戦"であるため、現場で審判や安全などを司る統制と、訓練に関する状況付与を行います」と解説してくれたのは同隊統制科総括班長の五十嵐英樹3佐。北海道にはヒグマが生息しているため、熊に対する注意情報や天候の急変なども部隊に伝達するという。

「（支援隊の）副隊長が統制センター長を務め、その下に隊本部、統制科、運営基盤科、評価分析科の四つが置かれています。隊本部は総務や衛生を担当。統制科は審判・安全管理などを行い、現地には行動統制員・安全員を配置しています。また、運営基盤科は訓練に用いるバトラー・通信・映像に関する指示を出し、評価分析科は総括機能として現地の評価分析官と連携して、部隊の状況を把握します」と五十嵐3佐。

統制センター内には対戦する33、6両連隊の戦況を映す大型スクリーンなど、各種機材が並んでいた。ここでは訓練評価支援隊の隊員のうち、約100人がローテーションを組み、24時間態勢で対抗演習のサポートを行っているという。

## 精強な部隊育成へ

全国のどこでも実動対抗演習を可能にする「可搬型訓練統裁用装置（コンテナ型統裁装置Ⅱ型）」も報道陣に公開された。

同装置を運用するのは作戦評価分析科だ。同科の任務について1科の坂本嘉庸2佐は「当科は1・2科に分かれており、それぞれ訓練部隊の指揮・幕僚活動の評価分析支援を行っています。攻撃を行う青部隊（33戦闘団）を1科、防御側の赤部隊（増強6普連）を2科が評価支援しています。両科それぞれ3班編成で、総括班は全般統制・関係部署との調整、評価分析班は現地で評価分析資料の収集事項を行い、作戦機能分析班は分析結果をまとめるため『可搬型訓練統裁用装置』の中でバトラーのデータを収集しています」と説明する。

ここ矢臼別では、演習場の廠舎地区に1科、演習場の西側に2科の「評価分析室」が配置されていた。コンテナ内は狭いため、天幕を併設して会議ができるようにしてあるという。

評価支援要領について坂本2佐は「評価分析班の評価分析官が連隊幹部らに同行し、活動記録を収集します。コンテナ内で収集するバトラーデータを含む最終的な評価支援結果を取りまとめ、演習後に部隊に提供するまでが評価支援の仕事になります」。

コンテナ内部にはバトラーの画面を映し出す大型のモニターや紙地図、データ収集用のパソコンが並んでいた。

この後、演習場内でバトラーを取り付けた小銃など、各種装備品が記者に公開された。これを同隊運営基盤科の小澤大輔3佐が解説してくれた。

「演習に参加する隊員や車両には全てバトラーが取り付けられています。これを使って統制センターで各隊員や車両の位置を把握し、戦闘時の損耗を判定します。82式指揮通信車（CCV）、93式近距離地対空誘導弾（近SAM）、87式自走高射機関砲（AW）、16式機動戦闘車（MCV）、多用途ヘリUH1、観測ヘリOH1のバトラーは当隊のみ保有しています」と話す。

バトラーに対応する装備品を増やしたことで、多職種による連隊級の実動対抗演習が実現したのだ。

最後に、HTCの運営を指揮する訓練評価支援隊長の山下博二1佐が同センターの意義について語ってくれた。

「連隊級の部隊がぶつかり合う戦闘を客観的に評価し、そのデータから教訓を導き出すことが我々の任務だ。そこから他の指揮所訓練センターやFTCでの教訓なども合わせ、陸自の教育訓練上の問題点を明らかにし、精強な部隊を育成するのが我々の仕事だ」

さらに山下隊長は「将来的な展望は今のところ未定だが、我々は可搬型の訓練装置を持つため、北海道以外の地域にも移動し、訓練支援を行う余地がある。今後の課題としては、実際に起こりうる事象や実戦に則した部分を拡充していく必要がある」と語った。

UH1J多用途ヘリに取り付けられた「バトラー」の説明を行う訓練評価支援隊の小澤大輔3佐

全国どこでも対抗演習の運営を可能にする可搬型の「コンテナ型統裁装置Ⅱ型」

## FTCとHTC、部隊練成でタッグ

## 第2次運営 視察し意見交換

## 隊長、最先任が「連携」確認

北海道と富士の両トレーニングセンターの連携を誓い合った（左から）HTCの二宮最先任、山下隊長、FTCのOB会長・野田元将補、近藤隊長、西塚最先任（矢臼別演習場で）

【部隊訓練評価隊（FTC）＝北富士】FTC隊長の近藤力也1佐、最先任上級曹長の西塚剛准尉、業務陸曹の柳本健2曹は9月2日、同隊OB会長の野田一巳元陸将補（第3代FTC隊長）とともにHTC第2次運営の行われている矢臼別演習場を訪れた。

FTCの創設では「機動訓練センター」構想時代から関わり、その後、FTC隊長も務めた野田氏は「創隊当初の苦労はわかる。HTCも同様だろう。少しでも役に立てることがあれば…」と北海道に飛び、FTCの視察団に合流した。

「せっかく各地から来てくれた2個戦闘団の隊員をそのまま帰してはもったいない。いい知恵はないか」という山下博二HTC隊長からの相談を受け、近藤隊長は「中隊以下の隊員一人一人の基礎的戦闘動作まで評価するFTCだからこそできる支援がある」と協力を快諾。これを受けHTCの二宮哲也最先任とFTCの西塚剛最先任が「連携実行委員会」を立ち上げ、連携手法について検討に着手した。

今回は野田元将補が「メンター（指導官）」「ご意見番」的な立場から助言を行い、意見交換する場も設けられた。HTC最先任からは「運営後、指揮官がAAR（事後研究会）を行っている間に隊員の基本・基礎に資する会同を行いたい」「ノウハウを知るFTCからも支援してほしい」と要望が出され、これに対しFTC最先任は「（HTC参加部隊の）FTCでの評価資料を提供するので、FTC参加の教訓が反映されているかを見てはどうか」「時期が合えばFTCからも最先任・先任クラスを派遣することは可能だ」と、前向きな意見が出された。

また、"野田メンター"からは「実戦的訓練の段階的な積み上げが一番重要だ。このためFTC（中隊実動訓練）やBCTC／CTS（中隊～連隊指揮所演習）とHTC（連隊実動訓練）での訓練を有機的に連携（連続）させることができれば、部隊を強くできるだろう」「草創期はさまざまな困難がつきまとうが、所期の目的を見失わずに頑張ってほしい」とのアドバイスがあった。

HTC運営終了後の11日午後には西塚FTC最先任がVTC（オンライン）で「（隊員）基本基礎会同」に参加。西塚最先任は6、33両連隊の上級曹長以上に「基礎的戦闘動作に係るFTCの教訓」を詳しく説明し、FTCアグレッサー部隊（機械化大隊＝評価支援隊）の戦い方を具体的に紹介した。

近藤FTC長は「HTCもFTCも陸上自衛隊を強くすることが究極の目的だ。今後もさまざまなレベルで連携の可能性を探り、全国の部隊を強くしていきたい」と語ると、「あとは任せたぞ！」と野田元将補が両隊長の背中を叩き、激励した。

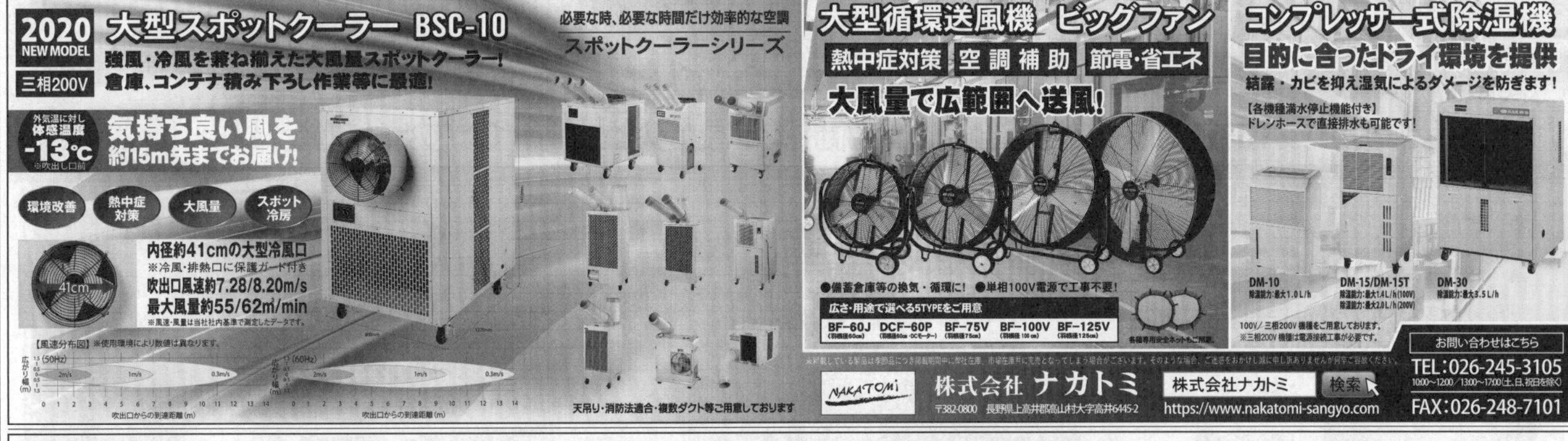

2020 NEW MODEL
大型スポットクーラー BSC-10
三相200V
強風・冷風を兼ね揃えた大風量スポットクーラー！
倉庫、コンテナ積み下ろし作業等に最適！
必要な時、必要な時間だけ効率的な空調
スポットクーラーシリーズ
気持ち良い風を約15m先までお届け！
環境改善
熱中症対策
大風量
スポット冷房
内径約41cmの大型冷風口
吹出口風速約7.28/8.20m/s
最大風量約55/62㎥/min
天吊り・消防法適合・複数ダクト等ご用意してあります
大型循環送風機 ビッグファン
熱中症対策
空調補助
節電・省エネ
大風量で広範囲へ送風！
広さ・用途で選べる5TYPEをご用意
BF-60J
DCF-60P
BF-75V
BF-100V
BF-125V
コンプレッサー式除湿機
目的に合ったドライ環境を提供
結露・カビを抑え湿気によるダメージを防ぎます！
DM-10
DM-15/DM-15T
DM-30
株式会社ナカトミ
〒382-0800 長野県上高井郡高山村大字高井6445-2
株式会社ナカトミ　検索
https://www.nakatomi-sangyo.com
お問い合わせはこちら
TEL:026-245-3105
FAX:026-248-7101

# 自衛隊装備年鑑 2020-2021

発売中!!

陸海空自衛隊の500種類にのぼる装備品をそれぞれ写真・図・性能諸元と詳しい解説付きで紹介

◆判型　A5判 /524頁全コート紙使用 / 巻頭カラーページ
◆定価　本体 3,800円+税
◆ISBN978-4-7509-1041-3

朝雲新聞社

〒160-0002 東京都新宿区四谷坂町12-20KKビル
TEL 03-3225-3841　FAX 03-3225-3831　http://www.asagumo-news.com

# 募集・援護　特集

平和を、仕事にする。

ただいま募集中！
◇自衛官候補生◇貸費学生（技術）◇防大（一般）◇医科・歯科幹部◇防医大（医学・看護）
★詳細は最寄りの自衛隊地方協力本部へ

# 任期制隊員の門出をサポート

任期制隊員にとって、再就職先になる可能性のある企業との〝初対面〟が「合同企業説明会」だ。各地本はこの夏、退職予定隊員への事前教育や研修を行った。長野地本は新たに15社の協力を受け、隊員の希望業種に触れる機会を増やすことで、内定率の向上を図るとともに、両者の〝ミスマッチ〟解消につなげている。

## 15社が協力し初の企業研修

再就職先候補となる機械加工会社「カヤマ」を訪れ、企業担当者（左）から業務内容の説明を受ける任期制隊員たち（長野県坂城町で）

長野

【長野】地本は7月7日から9月8日にかけて、自衛隊に求人を出している長野県内の各企業を訪問し、退職予定隊員の職場研修を初めて行った。

同研修は、令和2年度に退職する予定の任期制隊員を対象に、県内の15社が協力、延べ約60人が参加した。訪問した企業では会社の概要や業務内容などの説明を受けたほか、職場内をじっくりと見学した。

参加者は「実際に訪問したことで、企業の業種が理解でき、会社で働くイメージアップが図れた」と手ごたえを感じていた。

一方、企業側からは「隊員さんに会社を見てもらうことによって、事業内容や社風などを理解してもらえた」「入社後のミスマッチを防ぐためにも、非常に有用な研修だった」といった意見が寄せられた。

後日、企業研修に協力してくれた企業を星川清美副本部長が訪問し、三笠展隆地本長からの礼状を手渡すとともに、退職自衛官の採用や、自衛官募集ポスターの掲示など、継続的な募集協力を依頼した。

◇

長野地本は8月3日、「長野県任期制隊員合同企業説明会」に向けた若手隊員への事前教育を松本駐屯地で行った。

教育は来年8月までに県内で就職を希望する任期満了退職予定隊員が対象。再就職準備の円滑化を目的に開かれ、県内外から陸・海自隊員25人が参加した。

午前中はビジネスマナー教育が行われ、部外講師がリクルートスーツの着こなし方や面接時の注意事項など、社会人として必要な知識やマナーを伝えた。

午後は9月下旬の合同説明会に参加する企業の紹介や個別相談を行った。企業紹介では、今年度から求人票のほか、企業のアピール項目やOB隊員の声などを掲載した「企業情報」を地本が作成・配布し、援護担当者が説明を行って説明会前に企業のイメージアップにつなげた。

さらに、援護協会の進路設計相談員が隊員と個人面談を行い、再就職に向けた不安解消を図った。

参加者からは、「企業との面接では細かなところまで気を使うことの重要性が理解できた」「万全な状態で合同企業説明会に臨むため、非常に有意義な事前教育だった」などの意見が寄せられた。

## 再就職は人生の岐路　鳥取

### 援護担当者会同　地本、駐屯地から16人参加

【鳥取】地本は9月14日、米子駐屯地で援護担当者会同を開き、地本から援護課長の津田信治事務官以下7人、駐屯地から援護担当者9人が参加した。

会同では最初に、前月の就職援護の進捗状況を説明。獲得した4件の求人情報を提供し、8月末に実施した山陰地区合同企業説明会の結果を踏まえ、今後の取り組みついて意見交換した。

席上、援護幹部から「合同企業説明会でマッチングした企業の中から隊員が面接を希望する企業3社について応募先を決定し、面接試験実施日を調整したい」との説明があった。

津田援護課長は「隊員にとって再就職は人生の岐路であり、特に任期制隊員にとっては今後の人生を決定する重大な決断になる」として、各援護担当者に「隊員に寄り添い、心情把握に努め、より親身な指導を心がけてほしい」と求めた。

合同企業説明会の結果を踏まえ、今後の任期制隊員へのサポートついて意見交換する援護担当の隊員ら（9月14日、米子駐屯地で）

## 定年1年前教育　札幌

### 北千歳　隊員、重要性を理解

【札幌】北千歳駐屯地援護センターは8月26日、令和3年度に定年退職予定のベテラン隊員22人に対する直前教育を同駐屯地で行った。

この教育は、定年1年前の隊員に対し、雇用情勢と再就職の心構えなどを教育し、円滑な再就職準備の推進を図るもの。

最初に、センター長の品田健治准陸尉が最新の雇用情勢と定年後のライフプランについて説明。続いて部外講師が保険の見直しや退職金等の資産運用について教育を行った。

最後に札幌地本予備自衛官課の課員が予備自制度について話した。

定年が近い隊員は、「再就職の準備に向けて、良いきっかけになった」「定年後の給与事情を踏まえたマネープランの重要性を再認識できた」などと話していた。

## ブルーインパルス、灯籠になり奉納　熊本

神社に奉納するブルーインパルスの灯籠（左）を制作した灯籠師の中村さん

【熊本】山鹿地域事務所はこのほど、国指定の伝統的工芸品「山鹿灯籠」の制作者で灯籠師の中村潤弥氏からの依頼を受け、空自ブルーインパルスの写真提供などを行った。

今年神社に奉納する山鹿灯籠（和紙製）制作に当たって、山鹿市の灯籠師8人が灯籠を計27基制作。このうち中村氏は4基を担当、うち1基をブルーインパルスに充てた。中村氏は「幅広い年代の人に灯籠に興味を持ってもらいたいと思い、ブルーインパルスを選んだ」と話した。

この申し出に山鹿所も快諾、ブルーインパルスの写真などを提供した。

中村氏は約1カ月かけて8月上旬に「ブルーインパルス（単機）の灯籠」を完成させた。

新型コロナのため「山鹿灯籠まつり」は中止となったが、奉納の神事は予定通り行われ、完成したブルーインパルスの灯籠は8月16日、山鹿市の大宮神社に奉納された。

神社境内にある展示館（燈籠殿）で灯籠は今後1年間、一般公開される。

## 海・空自パイロットら　直接広報

### 実機の見学に高校生ら感動　新潟

空自新潟救難隊のパイロット（右）からU125Aなどについて説明を受ける航空学生志望の若者たち（8月20日、新潟分屯基地で）

【新潟】地本は8月20日、本部庁舎と空自新潟分屯基地で、航空学生制度の説明会を開催した。

これはパイロットを目指す学生を対象に、航空学生の制度や、入隊後のキャリアパスなどを説明するイベント。今回は、航学出身のパイロットで新潟救難隊に勤務する杉本啓晶3佐と海自館山航空基地の吉田航大2尉が協力した。

当日は13人が参加、地本での説明会の後、新潟分屯基地に移動し、航空機の見学などを行った。

高校生らは、現役パイロットの生々しい体験談を聞き、また初めて間近に見るUH60J救難ヘリやU125A救難捜索機の機体説明にも真剣に聞き入っていた。実際に機内も見学し、それぞれ自衛隊パイロットへのイメージをふくらませていた。

参加者は「現役パイロットの方から話を聞けて、職業としてより身近に感じられた」「航学の採用試験合格に向けて勉強を頑張る」などと語っていた。

### 元空中輸送員がCA業務を解説　石川

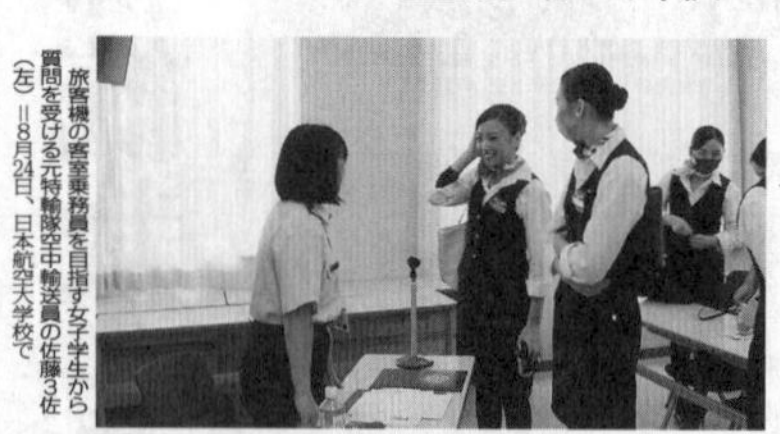
旅客機の客室乗務員を目指す女子学生から質問を受ける元特輸隊空中輸送員の佐藤3佐（左）＝8月24日、日本航空大学校で

【石川】能登地域事務所は8月24日、輪島市の日本航空大学校からの依頼で、空自特別航空輸送隊（千歳）の空中輸送員の説明会を初めて開催した。

この日は、元特輸隊員で、現在は補給本部（十条）に勤務する佐藤光紗3佐が講師として出席。説明会には主に旅客機の客室乗務員（CA）やグランドスタッフを目指す同校航空ビジネス科の学生157人が参加した。

佐藤3佐は特輸隊の概要、空中輸送員の業務、空中輸送員になるための選抜過程などについて説明。併せて自衛隊に入隊するための試験制度についても解説した。

質疑応答では、「空中輸送員としてのやりがいは」「政専機ではどんな業務を行ったか」など、熱心な質問を受け、佐藤3佐は自身の経験をもとに、丁寧に答えていた。

参加学生は「貴重な話を聞くことができた。今後の進路選択に役立てたい」と話していた。

## 合同説明会を初開催　徳島

### 公安系公務員で連携

【徳島】地本は8月2日、徳島県下の警察・消防・海上保安庁との公務員合同職業説明会を初めて開催した。

自衛隊は他の公安系公務員と併願される中で、「一人でも多くの若者に自衛隊の魅力を知ってもらい、第1希望ではない人にも自衛隊を職業選択肢の一つにしてもらう」ことを目的に説明会を初企画した。

当日は約100人が訪れ、各ブースを全て回れるよう、30分ごとのタイムテーブルを設定。さらに、休憩時間も見学できる展示ブースコーナーも設置した。

自衛隊ブースでは海自24航空隊（小松島）の女性隊員も協力、普段は聞けない貴重な話で会場は盛り上がった。

徳島地本は「来場者に『自衛隊も選択肢の一つ』という印象を与えることができた」と手ごたえを語った。

公務員合同職業説明会で学生たちに自衛隊の説明を行う徳島地本募集班長の今井譲1陸尉（中央奥）＝8月2日、徳島市で

## 3密避け招集訓練

### 千葉地本で今年度初

【千葉】地本はこの夏、本部で「予備自衛官1日間招集訓練」を今年度初めて開催した。

本来は4月下旬に訓練を実施予定だったが、新型コロナの影響で延期になっていた。そこで今回は今年1月から6月までに採用された予備自を対象に計23人が参加。地本は2週間前から予備自の検温と健康観察を行い、訓練も3密を回避するため、各日の参加者数を制限、訓練日数を増やして対応した。

当日は、地本長の訓示をはじめ、地本担当者による予備自制度の教育、次年度以降の5日間訓練の概要を説明した。

## 沖縄地本長がラジオに出演

浦添市のラジオ番組に出演し、新任沖縄地本長として抱負を語る坂田将補（中央）＝9月7日、FM21で

【沖縄】地本長の坂田裕樹陸将補は9月7日、沖縄地本のラジオ番組「くくる君のゆんたくアワー」の収録を行った。

同番組は、沖縄県の陸海空自の部隊と沖縄地本が共同で自衛隊の情報などを発信、毎週金曜日午後8時から50分間放送されている。

坂田地本長は8月25日に着任したばかりで、地本での勤務は初めて。最初に自身の統率のポリシー「ワン・チーム」についてその考え方について熱く語った。

続いてパーソナリティーから防大時代の学生生活について質問を受け、「ラグビー部に所属していた。防大では時間の大切さを学び、メリハリのある生活ができるようになった。きついこともあったが、4年間を通じてかけがえのない仲間ができた」と防大の魅力をPRした。

最後に地本長としての抱負を聞かれると、「沖縄のことをもっと知って好きになり、県民の皆さまにも自衛隊のことを知ってもらえるよう『ワン・沖縄チーム』となって、頑張っていく」と語った。

収録した内容は9月25日に放送された。

## 駅前で市街地広報　津山所

【岡山】津山出張所は8月6日、津山駅前で市街地広報を行った。

通勤、通学時間に合わせて、広報官たちがポケットティッシュを配布。新型コロナ対策として、マスク、ゴム手袋をつけ、「おはようございます！自衛隊です！」とさわやかにあいさつをしながら応募資料の入ったティッシュを手渡した。

受け取った高校生は「コロナが流行ってから、人と話さないようにしてきましたが、隊員さんの姿を見て、あいさつっていいなと思えた。気持ちのいい朝になりました」と話していた。


コーサイ・サービスネットショップ
職域特別価格でご提供！詳細は下記ウェブサイトサイトから!!

Hazuki
大きくみえる！話題のハズキルーペ!!
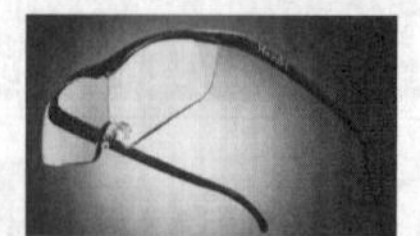
・豊富な倍率
・選べるカラー
・安心の日本製
・充実の保証サービス
職域限定特別価格 7,800円（税込）にてご提供させて頂きます
※商品の返品・交換はご容赦願います。
ただし、お届け商品に内容相違、破損等があった場合には、商品到着後、1週間以内にご連絡ください。良品商品と交換いたします。

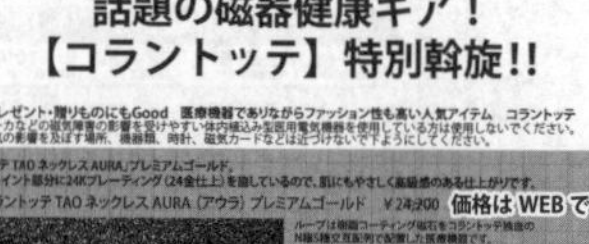

Colantotte
話題の磁器健康ギア！
【コラントッテ】特別斡旋!!

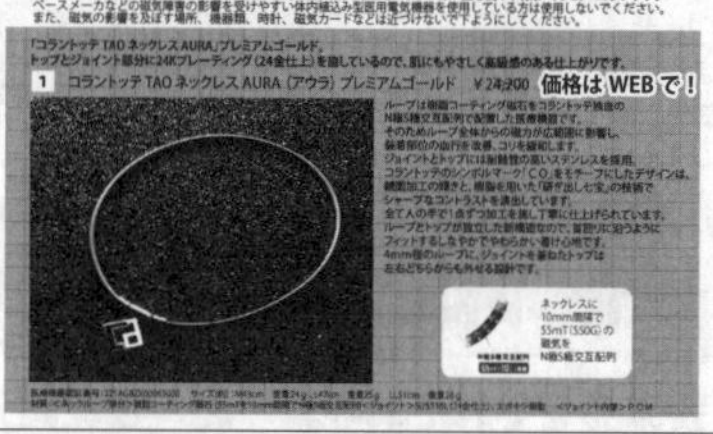
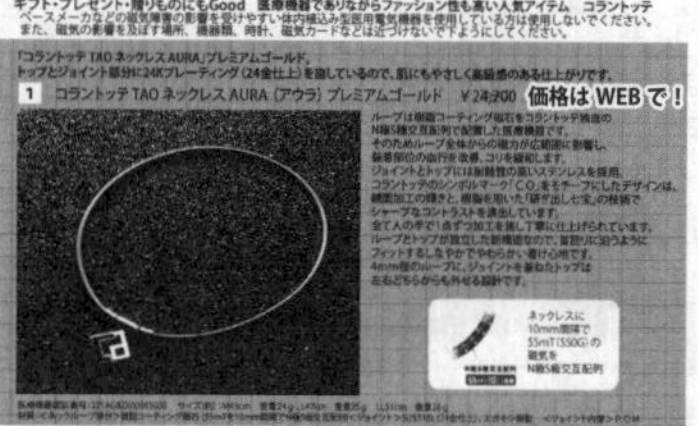

価格はWEBで！


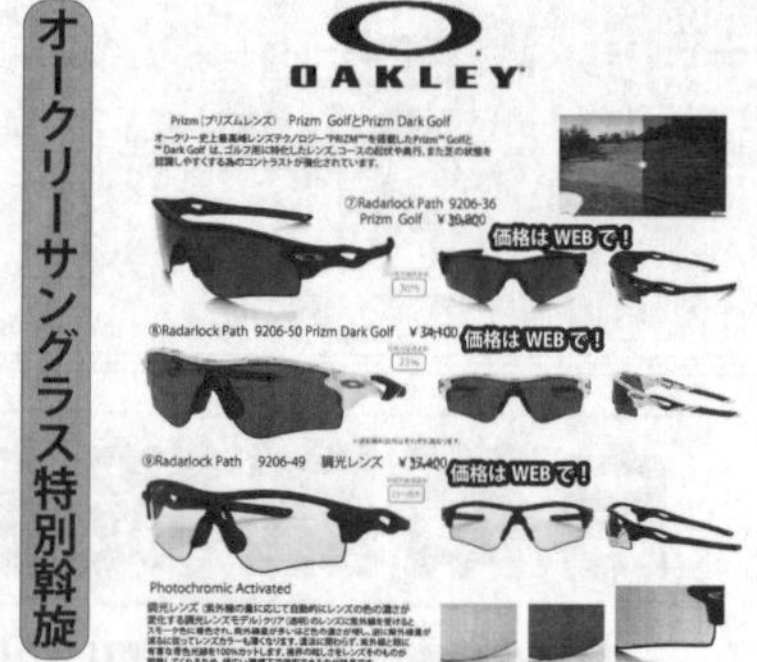

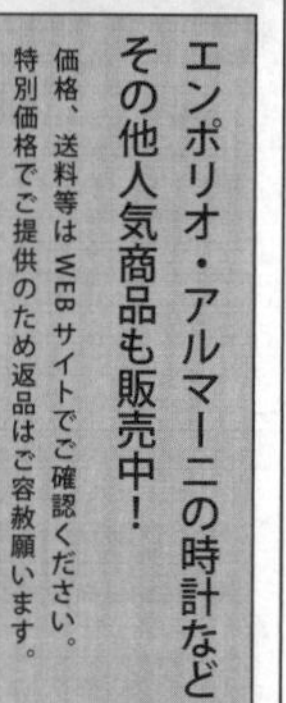

エンポリオ・アルマーニの時計など
その他人気商品も販売中！
価格、送料等はWEBサイトでご確認ください。
特別価格でご提供のため返品はご容赦願います。


コーサイ・サービス株式会社
〒1600002 新宿区四谷坂町12番20号KKビル4F　営業時間 9:00～17:00／定休日土・日・祝日
https://www.ksi-service.co.jp/
得々情報ボックス　ID:teikei　PW:109109
TEL:03-3354-1350　担当：佐藤
お申込み　https://kosai.buyshop.jp/
（パスワード：kosai）

# 在日米海兵隊から挑戦状！

# FTCと初の日米対抗戦も

## キャンプ富士司令官が要望

### 近藤隊長 前向きな意向示す

在日米海兵隊が陸自部隊訓練評価隊（北富士、FTC）に挑戦状！――。米軍キャンプ富士司令官のロブ・ボウディッシュ大佐が9月16日、北富士駐屯地を訪れ、FTC隊長の近藤力也1佐との懇談の中でFTC部隊との対抗演習を要望。近藤隊長も実施に向け積極的に取り組む意向を示した。

FTCを訪れたボウディッシュ司令官をはじめとするキャンプ富士の10人を近藤隊長、小林知真FTC評価支援隊長が出迎えた。

一行は岩塚寿文FTC副隊長から概要説明を受け、司令官は「米陸軍にはNTCがあるが海兵隊には同様の組織がない」と、FTCの訓練システムや統裁要領、評価分析要領に大きな関心を示した。

さらに、統裁運用室でまさに「戦闘中」だった訓練部隊（12普連・国分）の映像を、竹内啓佳FTC統裁科長の説明を聞きながら食い入るように見つめ、状況を確認した。

続く近藤隊長、小林評価支援隊長との懇談で、ボウディッシュ司令官からある要望が出された。

それは「海兵隊の編成・装備は今後大きく変わり実戦的な訓練を行う必要があるが、その基盤がない。第3海兵遠征軍（キャンプ・コートニー、沖縄）司令官からは『交戦訓練装置（バトラー）を使った対抗方式の訓練を追求せよ』と指示を受けている」と、FTCとの対抗演習を求めるものだった。

要望に対し、近藤隊長は「日米双方にとって非常にいい話。訓練の枠組みなどに関して早速、上級部隊と調整する」と前向きな意向を示した。

実現すれば、陸自の単独部隊（評価支援隊中隊）と米軍の単独部隊（海兵隊中隊）との初の日米対抗戦となる。今後、陸幕を通じた具体的な調整を経て、早ければ来年度にも対抗戦が実現するかもしれない。

対抗演習の実現について意見を交わす近藤FTC隊長（右奥）とボウディッシュ米キャンプ富士司令官（左奥）＝9月16日、FTC広報

陸自部隊訓練評価隊　北富士駐屯地に所在する富士学校隷下の訓練支援部隊。通称・富士訓練センター（FTC）。

各方面隊の普通科中隊を対象に、北富士演習場で交戦訓練装置（バトラー）を使用した模擬の実戦的訓練環境を提供する。隷下の評価支援隊が対抗部隊を演じ、評価分析科が客観的・計数的に評価する。

2000年3月の創設以来約20年間無敗を誇っていたが昨年11月、39普連（弘前）基幹の39戦闘団に初めて「撃破判定」を勝ち取られた。

# 身近な例えで分かりやすく

## 海自の数学教官が「微分積分」の書籍を出版

【小月教空群】海自小月教育航空隊で航空学生に数学を教える佐々木淳教官がこのほど、『図解かけ算とわり算で面白いほどわかる微分積分』（ソーテック社）を出版、「分かりやすい」と話題になっている。

佐々木教官は東京理科大理学部を卒業後、東北大大学院理学研究科で数学専攻を修了。代々木ゼミナールで講師を務めた後、2006年から海自の数学教官として教壇に立ち、これまでに千人以上の航空学生に教えてきた。地元・山口では"自衛隊の数学の先生"として テレビや新聞に取り上げられ、中学や高校でも講演を行っている。

今回出版した書籍では、難解な「微分積分」をツイッターのトレンドや桜の開花予想、スマートフォンのバッテリー残量など身近なものを例に挙げて解説。図を用いるなど理解を深めるための工夫も凝らした。

佐々木教官は「嫌われがちな数学を克服し、変遷する時代に順応するきっかけになればという思いで出版に至った。何の役に立つのか分からないまま苦手意識を持ち、多くの人がつまずく微分積分ですが、この本を通して日常のニュースなど、今までと違った見方ができるようになってくれればうれしい」と語っている。

出版した書籍を手にする小月教育航空隊の佐々木教官（海自小月航空基地で）

## こちら警務隊

特別勤務者に対する暴行

### 暴力、威圧、脅迫ダメ！ 3年懲役や禁固刑も

公務執行妨害罪とは、どんな犯罪ですか？

公務執行中の公務員に対して暴行または脅迫を加える犯罪であり、3年以下の懲役もしくは禁錮または50万円以下の罰金に処せられます。

例えば、警衛勤務者の職務上発する指示に従わず殴ったりする暴力行為や「殺すぞ」など威圧する脅迫行為は、職務執行中の公務員に対する妨害行為となり、公務執行妨害罪に該当します。

当直勤務や警衛勤務等の特別勤務者は、規律の維持を含む重要な役割を担っています。

特別勤務者から指示を受けた場合は、妨害するようなことをしてはいけません。（東北方面警務隊）

次回は「名誉毀損・侮辱罪」

# 意見交換会に参加

## 空自准曹士先任、奥尻島分屯基地を訪問

【奥尻島】空自准曹士先任の甲斐修准尉はこのほど、北海道の空自奥尻島分屯基地（司令・磯江豊2佐）を訪問した。

訪問には統幕最先任（澤田茂准尉）、北空准曹士先任（三浦潤二准尉）、北警団准曹士先任（池邉幸一准尉）、空自連合准曹会会長（杉本孝哉准尉）も同行した。

甲斐准尉は概況説明を受けた後、空自連合准曹会奥尻島支部（支部会長・横山雅弘曹長）主催の意見交換会に参加。3曹のときに奥尻島勤務を経験したことがある准尉は、当時を振り返りながら積極的に隊員たちと言葉を交わした。

分屯基地の「空自空士げ」も初の営内女性自衛官、佐藤周士長（基地業務小隊）に紹介してもらい、みんなで堪能。紙テープに送られ島を後にした。

奥尻島分屯基地を訪問し、2曹、3曹の隊員らと懇談する空自准曹士先任の甲斐准尉（同分屯基地で）

# コロナ患者を空輸

## 海自21空群・4空群 父島から

海自21空群（館山）と同4空群（厚木）は9月23日、東京・小笠原諸島の父島から厚木基地まで、父島在住の新型コロナウイルス感染症陽性者1人を急患空輸した。

東京都知事から航空集団司令官（厚木）に24日午前0時12分、急患空輸の災害派遣が要請された。

要請を受け21空群のUH60Jヘリ1機が基地を離陸。父島で患者を乗せ硫黄島基地へ。4空群のP1哨戒機へ引き継ぎ、厚木基地まで空輸した。

一方、21空群のUH60Jヘリは9月18日にも陽性者2人の急患空輸に当たった。同日午後6時50分、災害派遣要請を受け、父島から硫黄島まで搬送。海上保安庁の航空機に引き継ぎ、同機が2人を医療機関に運んだ。

UH60Jヘリから患者を下ろしP1へ搬送する21空群の隊員（9月24日、硫黄島基地で）＝航幕提供

# ウイルスの進入を阻止

## 福知山駐「感染症安全対策訓練」

【福知山】福知山駐屯地（司令・小野田宏樹1佐）はこのほど、新型コロナウイルスに対する「感染症安全対策訓練」を同駐屯地で行った。

3師団音楽隊（千僧）の福知山駐屯地巡回演奏の場を活用し、各種式典や広報業務などでの感染防止能力の強化を図った。巡回演奏の場を「ファミリー・コンサート」と命名して"戦場"とし、参加者は隊員と希望する家族に限定した。

戦いの方針は「ウイルスの進入を阻止する」「もし入ってきたら迅速に駆逐する」「患者が発生したとしてもクラスターを防止する」の3項目とした。

方針に基づき、来場者の体温・体調を確認する「ウイルス・チェッカーズ」、「ソーシャル・ディスタンス」を編成し任務に当たった。隊員たちは、コロナに勝利した経験を基に、災害派遣、困難な事態を克服する態勢を維持する。

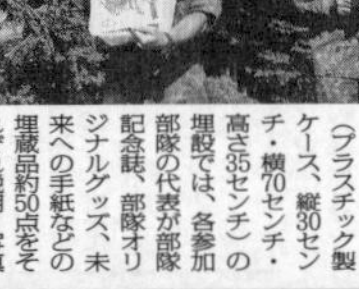

㊦距離を取り子供たちを案内する「ソーシャル・ディスタンス」隊員 ㊤来場者の健康状態を確認する「ウイルス・チェッカーズ」の隊員（いずれも福知山駐屯地で）

# 衛生教育と生活支援

## 12旅団の30人、長野県でコロナ災派

【相馬原】12旅団（相馬原）は9月8日、長野県の阿部守一知事から新型コロナウイルス感染拡大防止の災害派遣要請を受け、翌9日から県内の民間宿泊施設に隊員延べ約30人を派遣した。

隊員は期間中、県職員延べ40人に対し、防護服の着脱要領や手洗いの手順、消毒要領など徹底した感染防止のための衛生教育を行うとともに、同施設に滞在する無症状・軽症の陽性患者に対する生活支援にも当たった。

## 小休止

▽…高田駐屯地は8月8日、駐屯地創設70周年を記念し、記念植樹と創設100周年に開封予定の「タイムカプセル埋設」を行った。

▽…昼田徹司令をはじめ、駐屯地の各部隊長、中隊長ら約25人が参加。タイムカプセル（プラスチック製ケース、縦70センチ、横30センチ、高さ35センチ）の埋設では、各参加部隊の代表が部隊記念誌、部隊グッズ、ジグソーパズル、未来への手紙などを入れた。

▽…司会を務めた司令業務室長は「100周年には30年後の隊員たちがまた集う。各部隊は確実に次世代に申し送りをすることが大事」と話した。（高田）

あさぐもパンチ　吉本どんど

おれの靴はどうした？

3分ほどお待ちください

山田まさかおまえ

業務の靴をあたためてるんじゃないだろうな!?

彼は？

はっ

豊臣秀吉に心酔しているバカ者でございます


コーサイ・サービスおすすめ物件

BAUS バウス横須賀中央

「横須賀中央」駅徒歩4分、横須賀市役所の隣、旧警察署跡地。全212邸の大規模レジデンス〈BAUS横須賀中央〉誕生。

横須賀中央駅周辺地区 市街地総合再生計画エリア ※横須賀市ホームページより

京急本線快特停車駅「横須賀中央」駅徒歩4min

建物内モデルルーム 商談会開催中・即入居可（諸手続き終了次第）

テレワーク推奨の、これからの住まい選びに。実際のお部屋をご覧いただけます。

堂々完成 ご来場予約受付中!!

お問い合わせは「BAUS横須賀中央」マンションギャラリー 0120-588-212

日本土地建物　セコムホームライフ　JR西日本プロパティーズ　ファーストコーポレーション　三信住建　野村不動産アーバンネット

提携割引 販売価格（税抜）の1%

コーサイ・サービス株式会社 Tel.03-5315-4170

# 朝雲・栃の芽俳壇

畠中草史　選

連山は藍深くして今朝の秋　新座・陸OB　船田藤三郎
日々目にしている連山も、立秋の朝は、昨日とは違った藍色で強い秋の情を感じた。

えやみ禍にどこも中止の夏祭　熊谷・空OB　蓮佛志向子
「えやみ」は疫病。新型コロナは人の動きをはじめ経済活動も止めている。夏祭までも。

メロンもて炭鉱の町再興す　江別・陸OB　鎌田日出雄
寺田屋の時代を刻む古すだれ　宮崎・空OB　髙木　智念
天地を分かつ棚田の落し水　館山・海OB　斎藤　一向
古里の新聞を入れ桃届く　熊谷・空OB　明田　眞雅
鉄を切る火花飛び交ふ梅雨深し　佐賀・陸OB　一ノ瀬恵昭
セロ弾きの極意を明かす文化の日　大津・陸OB　丸岡　正男

終点は木造の駅赤蜻蛉　あきる野・一般　小和田一男
炎天下静まり返る競技場　熊谷・空OG　福元万理子
汗だくの若者に席譲られて　船橋・陸OG　佐賀あかり
バーボンは無頼の酒や晩夏光　横浜・空OB　永澤　功
祭太鼓音の聞こえぬ夕べかな　熊谷・空OG　關谷　桂子
独り居に風音聞こゆ夜の秋　横浜・一般　福本　祥子
終戦日老いて病みての丸刈りに　富谷・陸OB　加川　師亨
蝉時雨止めば清かな風の音　相模原・一般　森　謙二
新涼や流れの早き用水路　熊谷・空OG　關田　絹江
コロナ怖しマスク外せず暑くても　西東京・空OB　水島　孝雄

荒塩の吹き出す梅の天日干　相模原・海OG　折口　桂子
雨あがり堰切るやうに蝉の声　小牧・陸OB　松岡　魚青
誇らしく兄に見せたり鬼やんま　町田・陸OB　岩原　滋利
幼児の絵はひまわりと太陽と　熊谷・空OG　佐藤　玲美
朝顔や生家に残るポンプ井戸　浜松・空OB　宮本　立男
コロナ禍に行き先の無き百合香る　熊谷・空OB　工藤　敏雄

選者作品
海光に帆を輝かせヨット航く

**投句歓迎！**
▽郵便はがきの裏面に未発表の自作3句以内と氏名、年齢、職業（自衛官・事務官＝所属部隊＝、OB、家族、一般など）、住所、電話番号を記入▽締め切り毎月15日▽宛先＝〒162-8801東京都新宿区市谷本村町5の1　防衛省D棟市ヶ谷記者クラブ朝雲俳句係☎03（3225）1750、専用線8・6・25515

## みんなのページ

1陸士　元松　摩耶
（西方システム通信群102基地システム通信大隊319基通中・北熊本）

# 熊本豪雨後
# リクルータとして勤務

私は7月1日から同31日までの間、熊本地本の八代出張所で「リクルータ」として勤務しました。

私の活動内容は、母校を含めた中・高校生に対する募集広報や広報官のサポートでした。この仕事で特に意識したことは、自衛隊について初めて話を聞く人にはできるだけ分かりやすく説明すること、そして広報官の方をどのようにしたら効果的にサポートできるかということです。

ところが、八代に来てすぐの7月4日、熊本県南部で「令和2年7月豪雨」が発生しました。これにより予定されていた学校説明会や警察・消防・海上保安庁との合同説明会などのイベントはすべて中止となってしまいました。

そんな中でも、自衛隊の話を聞くために八代出張所に来てくれた学生に対しては、少しでも興味を持ってもらえるよう、自衛隊の魅力をできるだけ分かりやすく話すことを心がけました。

また、自衛隊ならではの面白い話を交えたり、自分の体験を話すなど、工夫しました。私は人前で話すことが苦手でしたが、回を重ねるうちに慣れてきて、ただ話すのではなく、どう話せば聞きやすいか、興味を持ってもらえるか、考えながら話せるようになりました。

募集活動では広報官の方と一緒に高校生の家を1軒ずつ訪問したのですが、ほとんどの生徒は進路が決定していて、その中に「自衛隊」という選択肢は入っていませんでした。また、広報ブースの出展や学校の説明会にも参加させていただいたのですが、「自衛隊はきつそう、大変そう」というイメージが定着していました。

そこで私たち若年隊員が積極的に年齢の近い生徒たちに広報を行い、「自衛隊は楽しいことや良い面もたくさんある」というメッセージを送りました。

そんな中、豪雨災害での自衛隊の活動が募集広報を後押ししてくれました。私の勤務した八代出張所の近くでも坂本町が大きな被害を受けました。同じく被災した人吉市や芦北町では自衛隊の大先輩たちが人々を懸命に助けていました。その姿はとてもかっこよく、私は頼もしく感じました。地元の高校生たちも同じように感じてくれたのではないでしょうか。

この1カ月、リクルータとして勤務し、ふだん部隊ではできないことが経験できました。自衛隊は地域を助ける組織です。私の自衛隊での経験を今後も優秀な後輩の獲得のため生かせるよう努力していく所存です。

熊本県八代市で「リクルータ」として勤務、地本の募集広報を手伝った元松摩耶1陸士（右上も）

（世界の切手・ウクライナ）

論争には耳を傾けよ。だが、論争への仲間入りはするな。
ゴーゴリ（ウクライナの作家）

**朝雲ホームページ**
www.asagumo-news.com
＜会員制サイト＞
**Asagumo Archive**
朝雲編集部メールアドレス
editorial@asagumo-news.com

# 7枚目の「優勝看板」に思う

2陸曹　髙橋　朗（6施設大隊1中隊・神町）

あなたの部隊は名誉ある「優勝看板」を何枚保有していますか?

我が部隊は、令和2年度射撃競技会優勝により7枚目の優勝看板を獲得しました。私は中隊配属になり15年ですが、この数の優勝看板を保有したのは初めてです。

射撃競技会は2日間の平均点の高い中隊が優勝という規定の中、僅差の戦いを繰り広げ、2位の中隊とは0・1点差という結果でした。誰かが2点下げていたら、この優勝はあり得ませんでした。

私の「射撃の看板」にかける思いは人一倍強く、私が射撃監督の指名を受けてから5年越しの競技会優勝となりました。今まで諦めずに練成し続けてきて本当によかったと感じました。

精強の称号であるこの優勝看板を、今後も死守していけるよう、信頼し頼れる仲間たちとさらなる高みを目指していきたいと思います。そして有事に備えて心身を鍛え、我々の誇りである第1中隊を精強な部隊として継承していきたいです。

令和2年度射撃競技会で優勝し、7枚目の優勝看板を獲得した6施大1中隊の隊員たち

# 新刊紹介

## 「熱血！"タイガー"のファントム物語」

戸田　眞一郎著

「ファントム（幽霊）」の愛称で1973年から約半世紀にわたり日本の空の守りに就いた空自の戦闘機F4EJ。本書は同機の元操縦士で、F4だけで2500飛行時間（総飛行時間は5300時間）を誇る伝説のパイロット"タイガー"が、まもなく翼をたたむファントムへの愛惜と感謝の気持ちを綴った書だ。

著者は航空学生第25期生として入隊。F4ライダーとなった後は、日本に近づくソ連機などへのアラート任務に就き、306飛行隊長、那覇基地副司令などを歴任して1佐で退職。周囲からは熱血隊長として知られたが、F4と飛行隊への愛情は人一倍強く、本書でも勇猛果敢で誇り高いがユーモアを愛する愉快な男たちの世界が軽快に描かれている。

巻末の「戦闘機パイロットQ&A」では「パイロットはモテますか?」「給料は?」といったさまざまな質問にも答えてくれており、戦闘機乗りをめざす若者には格好の手引き書になっている。

（イカロス出版刊、1980円）

## 「舞鶴に散る桜」

細川　呉港著

海自ゆかりの地・京都府舞鶴市の小高い丘に、戦後、進駐軍の兵士として来日した日系米国人が植えた「アロハ桜」の木が今も残る。敗戦による荒廃で、日本人が生きることに必死だった当時、日系情報兵は何を思い、なぜ舞鶴に桜の木を残していったのか。これまで無名の人物の知られざる歴史を掘り起こしてきた著者が、旧日本海軍のハワイ真珠湾攻撃から、舞鶴の地に美しい「アロハ桜」が咲き誇るまでの史実を紐解いている。

物語はハワイから始まり、京都府、石川県、韓国と舞台を移しながら進んでいく。舞鶴の石碑に刻まれた「アロハ桜を植えたハワイ日系米兵はその後、全員が朝鮮戦争で亡くなった」という伝承は真実なのか。著者は調査を続け、その謎に迫っていく。

過去の事象を丹念に検証していく中で、太平洋戦争時の米国在住日系人の苦難や数奇な運命、秘められたエピソードなどが次々に明らかになる。

著者がついに辿り着いた「アロハ桜」の真実とは。そしてシベリア帰りの復員兵、米情報部隊MISの正体とは。最後まで読む人の心を揺さぶる物語だ。

（飛鳥新社刊、2000円）

# 詰将棋

出題　日本将棋連盟　九段　石田　和雄

第828回出題

▲先手　持駒　金

【ヒント】角一をうまく使う（10分で初段）

▶詰碁、詰将棋の出題は隔週です◀

# 詰碁

出題　日本棋院　九段　曲　励起

第1243回解答

# OBがんばる

久保山　宗紀さん　56
令和元年9月、空自浜松救難隊を最後に定年退職（特別昇任2佐）。現在、浜松市消防局消防航空隊でヘリコプター操縦士を務めている。

## もうひと踏ん張りを

私は昨年11月、浜松市消防航空隊に消防ヘリ操縦士として再就職しました。浜松市消防ヘリ「はまかぜ」の所属ですが、この1年は特に新型コロナの影響もあり、操縦士不足のため運航を休止していました。今年4月にさらに2人の操縦士を採用して、8月からは本格的に運航を再開しました。

最初は「再就職できればどこでもいい」と考えていましたが、退職が近づくにつれ「いったい何ができるのだろう」と漠然とした不安が膨らみ始めました。援護室からの情報で講習や職場研修にも参加しましたが、焦りが募るだけでビジョンが見えません。何がやりたいのか、何ができるのかを考え抜いた挙句、できれば「もう少し操縦の道でやってみたい」との思いに至りました。援護室には多大なるご尽力をいただき、幸運なことに操縦士として再就職がかないました。

就職後は「はまかぜ」（AS365）の型式限定資格を取得するため、数十年ぶりに猛勉強しましたが、なかなか順調にはいかず、資格が取得できた時は正直ホッとしました。現在はコロナ対策を万全にし、空飛ぶ救急車／消防車としての任務に従事しています。いまはやりがいのある仕事、やりたい仕事に就くことができた有難さを実感しています。

消防ヘリは今年4月に佐賀県防災航空隊が発足し、全国46都道府県と政令市で運航していますが、操縦士も整備士も概して人材不足です。また、今後は操縦士2人運航体制が整備されます。皆さんも、もうひと踏ん張りしてみませんか。何時でも浜松に見学にいらしてください。

# 再任用制度で47普連に復帰

2陸曹　佐々木正博（47普連2中隊・海田市）

私は平成11年に陸自に入隊し、約19年間勤務しましたが、平成29年9月、家庭の事情により47普連を依願退職しました。

退職後は実家近くにある車両のアルミ部品製造会社に就職し、約2年間勤めておりました。この間、家庭の事情が解消されたのと同時に、退職の3年前に西日本豪雨災害が起こり、災害派遣での元同僚たちの活躍をテレビなどで見聞きし、「自分もまた自衛隊で勤務したい」との思いが強まりました。

そこで自衛隊広島地方協力本部に連絡したところ、自衛隊には再任用の制度があり、この制度を活用して「一員」になることができました。

これからは再任用にあたり理解してくれた家族や私の復帰に尽力してくれた地本関係者の皆さま、そして温かく迎えてくれた連隊の仲間たちへの感謝の気持ちを忘れず、部隊の任務の遂行に努めるべく技体の錬磨に努めて参ります。

47普連に再任用された佐々木2陸曹（右）

隊員の皆様に好評の
『自衛隊援護協会発行図書』販売中

| 区分 | 図書名 | 改訂等 | 定価(円) | 隊員価格(円) |
|---|---|---|---|---|
| 援護 | 定年制自衛官の再就職必携 | ◎ | 1,300 | 1,200 |
| 援護 | 任期制自衛官の再就職必携 | | 1,300 | 1,200 |
| 援護 | 就職援護業務必携 | | 隊員限定 | 1,500 |
| 援護 | 退職予定自衛官の船員再就職必携 | | 720 | 720 |
| 援護 | 新・防災危機管理必携 | | 2,000 | 1,800 |
| 軍事 | 軍事和英辞典 | | 3,000 | 2,600 |
| 軍事 | 軍事英和辞典 | | 3,000 | 2,600 |
| 軍事 | 軍事略語英和辞典 | | 1,200 | 1,000 |
| 軍事 | （上記3点セット） | | 6,500 | 5,500 |
| 教養 | 退職後直ちに役立つ労働・社会保険 | | 1,100 | 1,000 |
| 教養 | 再就職で自衛官のキャリアを生かすには | | 1,600 | 1,400 |
| 教養 | 自衛官のためのニューライフプラン | | 1,600 | 1,400 |
| 教養 | 初めての人のためのメンタルヘルス入門 | | 1,500 | 1,300 |

※　令和元年度「◎」の図書を改訂しました。

| | |
|---|---|
| 消費税 | 価格は、税込みです。 |
| 発送 | メール便、宅配便などで発送します。送料は無料です。 |
| 代金支払い方法 | 発送図書同封の振替払込用紙でお支払。払込手数料はご負担ください。 |

お申込みは「自衛隊援護協会」ホームページの「自衛官の皆様へ」タブから
「書籍のご案内」へ・・・スマホで今すぐ検索「自衛隊援護協会」
（http://www.engokyokai.jp/）

一般財団法人自衛隊援護協会
電話：03－5227－5400、5401　FAX：03－5227－5402　専用回線：8－6－28865、28866

生涯設計支援siteのご案内

一生涯のパートナー
第一生命
Dai-ichi Life Group

URL：https://www.boueikyosai.or.jp/

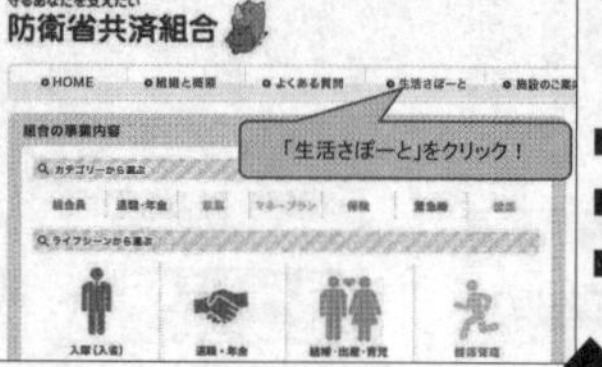


防衛省共済組合ホームページからアクセスできます！

★生涯設計支援siteメニュー例★
■防衛省専用版　生涯設計シミュレーション
■生涯設計のご相談（FPコンサルティング等）
■生涯設計情報・・・etc

「生活さぽーと」メニューの中から「ライフプラン支援サイト」を選択⇒「第一生命」の「生涯設計支援site」をクリック！

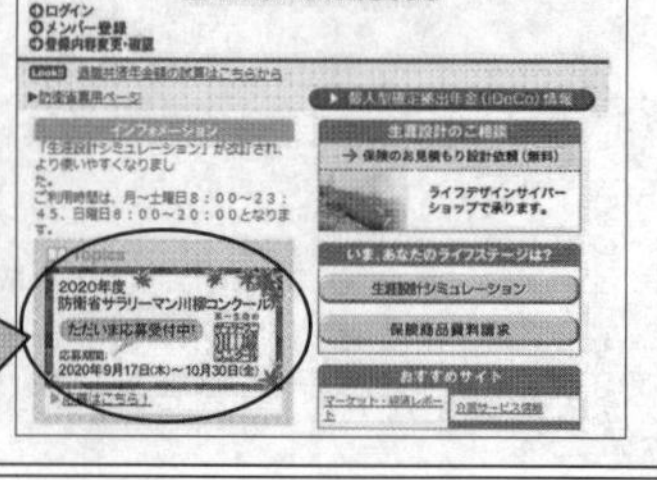


第34回　第一生命
サラリーマン川柳コンクール募集中！
防衛省版サラ川に応募いただければ"ダブル"で選考！
【募集期間】2020年9月17日（木）～10月30日（金）
※詳しくは第一生命の生涯設計デザイナーへお問い合わせください。

こちらからもご応募いただけます！
応募画面の勤務先名に「防衛省」と入力してご応募ください。
皆さまのご応募をお待ちしております。

朝雲

発行所 朝雲新聞社
〒160-0002 東京都新宿区四谷坂町12-20 KKビル
電話 03(3225)3841
FAX 03(3225)3831
振替00190-4-17600番
定価一部170円、年間購読料9170円（税・送料込み）

すこやかな未来応援します
フコク生命
防衛省団体取扱生命保険会社
フコク生命

# 令和3年度概算要求

# 防衛費、過去最大5兆4898億円

## 宇宙、サイバー、電磁波に重点

防衛省は9月30日、令和3年度予算の概算要求を決め、同日、財務省に提出した。総額は過去最大の5兆4898億円（2年度当初予算比3・3%増）で、9年連続で増額要求となった。新たな大綱・中期防の3年目として「多次元統合防衛力」の構築に向け、宇宙・サイバー・電磁波など新領域の能力強化を引き続き推進する。統幕が管理する大臣直轄の共同部隊として「自衛隊指揮通信システム隊」を廃止し、「自衛隊サイバー防衛隊（仮称）」を約540人規模で新編するほか、陸自に「電子作戦隊（同）」を新編、空自では今年度発足した「宇宙作戦隊」を隷下部隊に持つ「宇宙作戦群（同）」を新設することなどを盛り込んだ。（7面に関連記事）

## 陸上イージス代替は事項要求

今回の概算要求で現時点では金額を明示しない「事項要求」としたのは、①SACO（沖縄に関する特別行動委員会）関係費②米軍再編関係費のうち地元負担軽減分③政府が国内配備を断念した陸上配備型ミサイル防衛システム「イージス・アショア」の代替措置関連経費④東京オリンピック・パラリンピック開催に伴うテロ対策等関連経費――で、いずれも年末の予算編成時に改めて計上する。

宇宙分野では、空自に今年度発足した「宇宙作戦隊」を隷下部隊に持ち、指揮統制を担う「宇宙作戦群（仮称）」を府中基地に新編するほか、防衛装備庁事業監理官（情報・武器・車両担当）に「宇宙事業管理班（仮称）」を新設し、名称を「事業監理官（宇宙・地上装備担当）（仮称）」に変更する。

さらに、中国やロシアが開発を進める高速で複雑な動きが特徴の極超音速滑空兵器（HGV）を、宇宙空間から多数の小型衛星を連携させて探知・追尾する「衛星コンステレーション（群）」と呼ばれるシステムの検討に着手する。HGVを迎撃するミサイルの在り方についても研究を開始する。

日本の衛星に衝突する危険性がある宇宙ごみ（スペースデブリ）や不審な衛星などを監視するため、令和8年度に打ち上げ予定の「宇宙状況監視（SSA）衛星」の設計や、SSA衛星の複数機の運用に関する検討も盛り込んだ。

サイバー分野では、統幕が管理する大臣直轄の共同部隊として「自衛隊指揮通信システム隊」を廃止し、「自衛隊サイバー防衛隊（仮称）」を約540人規模で新編。陸海空自の関連部隊から要員を移管し、サイバー防護機能の一元化に着手する。これと並行して、部外教育機関による高度なスキルを持った隊員の育成や、高度な知見を有する民間人の採用も進めていく。

海自ではウイルスなどを仕込まれた際に現場の隊員で処置できるよう、全国の艦艇や航空機に「検知器材」を逐次導入していくほか、サイバー対処を担う保全監査隊にサイバー攻撃を受けた際の証拠を記録する「デジタルフォレンジック器材」を整備する。

このほか、防衛産業への情報保全施策の推進に向け、防衛装備庁装備保全管理官に「産業サイバーセキュリティ室（仮称）」を新設する。

電磁波領域では陸自の朝霞駐屯地に本部機能を持つ「電子作戦隊（仮称）」を新編するほか、留萌、相浦、奄美、那覇の各駐屯地と知念分屯地の計5カ所に電子戦専門部隊を新設する。

海自は多用機「EP3」の減勢に伴う次期電子情報収集機の開発に向け、機搭載型情報収集システムの能力向上に関する研究に着手。空自は電波情報収集機「RC2」に搭載する装置を開発する。

また、ゲームチェンジャーとして、ドローンなどに効率的な対処が可能な高出力レーザーシステムの車両搭載化に関する研究を始めて行う。

衛生機能の強化に向けては、3年度末に空自入間基地に自衛隊入間病院が開設され、自衛隊岐阜病院は廃止し、診療機能は入間病院に移管される。一方、海自が管理する自衛隊横須賀病院の機能強化に伴い、自衛隊大湊病院、舞鶴病院、佐世保病院が診療所化される。

防衛駐在官の増加も進め、3年度はニュージーランドに2名、スペインに1名を新たに派遣するほか、既に1名が配置されているイスラエルにも増員して2人体制とし、インテリジェンス機能の強化を図る。

ドローン

令和3年度に新たに研究に着手するドローン対処レーザーシステムの車両搭載型のイメージ＝防衛省の概算要求パンフレットから

本格運用を開始した「海上作戦センター」の庁舎。敷地内にはヘリポートも設置され、大規模災害など緊急時の活用も可能（写真はいずれも10月1日、海自横須賀基地の船越地区で）＝防衛省提供

「我が国防衛の最前線が集約されたこの場所で、誇りと責任を持って各々の任務に当たってほしい」と運用開始記念式典で訓示を述べる岸防衛相

# 海上作戦センター運用開始

## 岸大臣「最前線の重要な役割」

横須賀・船越

海自横須賀基地の船越地区に完成した自衛艦隊司令部の新庁舎「海上作戦センター」の運用開始記念式典が10月1日、同庁舎で行われ、基地を訪れた岸信夫防衛相が訓示を述べた。

同センターは平成27年度から建設が進められ、今年3月に建物が完成。内部の工事を経て10月1日に開庁した。同センターには自衛艦隊司令部をはじめ、隷下の護衛艦隊、航空集団、潜水艦隊、掃海隊群、海洋業務・対潜支援群の司令部が集結された。

式典には岸大臣をはじめ、山村海幕長、米海軍第7艦隊司令官のウィリアム・マーズ中将、地元自治体からは横須賀市の上地克明市長、横須賀市議会の板橋衛議長ら約160人が出席した。

最初に主催者を代表して式辞を述べた自衛艦隊司令官の湯浅秀樹海将は「指揮通信機能をはじめ、米軍との調整・連携を図ることが可能な各種機能を大幅に向上させている」と述べ、「（能力を）100パーセント発揮させつつ、海上防衛の任務を全うし、我が国の平和と安全の確保に寄与していきたい」と決意を表明した。

続いて訓示した岸大臣は「海上自衛隊の主要な司令部が集約されることで、運用に携わる隊員たちの連携が促進され、海上自衛隊の各種活動がより円滑かつ一元的になる。国民の生命と安全を守る最前線の重要な役割を担っている」と述べた。

# 海自が部隊組織改編

## 10月1日付 「艦隊情報群」を新編

海自は10月1日付で組織改編を行い、同日から横須賀・船越地区で本格運用を開始した「海上作戦センター」内に「艦隊情報群」を新編した。これに伴い情報業務群（約230人）と「電子情報支援隊」は廃止された。

艦隊情報群の下には「作戦情報隊」と「電子情報支援隊」が編成された。

掃海部隊は、101掃海隊（呉）の掃海艦「ゆげしま」と「ながしま」が除籍され、同隊は廃止された。このほか、対潜資料隊（横須賀）の海洋科を「気象海洋資料科」に改編。市ケ谷の印刷補給隊は「東京業務隊」に統合された。

航空部隊では、電磁波領域に関する能力強化のため、81と91航空隊を統合し、新たな「81航空隊」を編成した。

コナカ
FUTATA
オールストレッチ素材で超動きやすい
ULTRA MOVE
ウルトラムーブスーツ
防衛省共済組合員・ご家族の皆様へ
優待カードで
20%OFF
詳しくは店舗スタッフまで
R POINT
使える・貯まる
d POINT
たまる・つかえる

# 露Mi-8ヘリが知床沖で領空侵犯

防衛省は10月9日、ロシアのMi-8ヘリ1機＝写真＝が同日午後0時23分ごろ、北海道知床岬沖の領海上空を領空侵犯した。空自北空のF15戦闘機が緊急発進し、警告を行った。

ロシア機の黄色い機体には赤十字マークがあり、防衛省は外務省を通じて詳細を確認している。

海幕長

# 多国間テレビ会議に参加

## 14カ国の海軍種トップが情報共有

山村海幕長は9月25日、インド太平洋地域の14カ国による海軍トップのテレビ会議に参加し、コロナ下での各国海軍の活動状況について情報を共有した。

会議は米海軍太平洋艦隊司令官のジョン・アクイリノ大将の主催で、豪、仏、韓、比、ブルネイ、シンガポール、マレーシア、フィジー、トンガ、ニュージーランド、バングラデシュの各海軍トップらが参加。

会議で山村海幕長は、日米が掲げる「自由で開かれたインド太平洋」の実現に向けた海自の取り組みについて発信。「（コロナ禍の中で）海上部隊は海軍種の強みを生かして何ができるか。今、我々の真価が試されている」と述べ、各種洋上訓練など、今後も参加各国との防衛協力・交流を継続していくことを確認した。

防衛省

# 自衛隊行事の日程発表

## 11月29日に航空観閲式

防衛省は10月2日、新型コロナウイルスの影響で未定となっていた今年度の自衛隊記念日行事の日程を発表した。

▽追悼式＝11月7日（土） 防衛省慰霊碑地区
▽航空観閲式＝11月29日（日） 空自入間基地で無観客での開催
▽「自衛隊音楽まつり」の代替行事「青少年のための3自衛隊合同コンサート」＝11月28日（土）、29日（日） 昭和女子大学人見記念講堂（東京都）、12月24日（木） オーチャードホール（同）
▽体験飛行＝中止（代替行事として空幕長主催の体験飛行を年度内に開催予定）
▽自衛隊記念日レセプション＝中止
▽感謝状贈呈式＝中止（個別に贈呈）

春夏秋冬

# 宇宙物体の国籍

青木　節子

船舶と航空機は登録された国の国籍をもつことが確認されているが、衛星、ロケット、さらには宇宙ゴミなど、宇宙空間に導入された人工物の総称としての「宇宙物体」には国籍が付与されていない。

船舶や航空機（以下「輸送機」）といった国境を超え、どこの国の領域でもない公海やその上空を航行・飛行する時間が長い機器に国際法を遵守させるためには、「国籍」は便利な道具である。国際安全基準に従い、また他国の安全保障を害さない態様で運航するよう確保する義務を国籍国に負わせることができる。また、内部で一時的に共同体を構成するさまざまな国籍の人間に対して、輸送機の国籍国の法律を第一義的に適用し、内部秩序を確保することができる。

ところが、宇宙物体には国籍がない。宇宙条約では、宇宙物体を登録した国が「管轄権と管理」（国家主権の具体的な現れ）を行使する、と規定しており、宇宙条約の当事国同士は、外国の宇宙物体の安全な運用を輸送機並に尊重する義務をもつこととなる。また、自国の宇宙物体の軌道維持や、デブリとなったときに大気圏内に再突入させるごみ除去の責任を負ったりもする。

宇宙条約当事国ではないイランのような国は、登録国の管轄権行使を相互承認する制度には必ずしも組み込まれていないため、若干対応が難しい。アフガニスタン上空からイラン北東部の原子力施設の情報収集を行う米国無人機は、米国のGPS衛星の誘導のもと運転されていたが、2011年、イランはGPSにサイバー攻撃をかけ、偽信号を作り出すことにより、無人機の方向感覚を狂わせ、イラン領域内に誘導して、ほぼ無傷の無人機を捕獲した。GPS衛星自体の損傷はなく、軌道運航も妨げられていず、サイバー攻撃終了後は正常な機能を取り戻している。

イランには、宇宙条約に規定する他国の宇宙活動への不干渉義務が課されるともいえず、無人機の捕獲にとどまったというサイバー攻撃の結果から判断して、武力行使禁止の違反とまでもいえない。

さらに、宇宙条約を離れて、米国の宇宙物体に対してイランがどのような義務違反を犯したのかには不明瞭な部分がある。

将来、民間所有の宇宙ステーションを用いた観光業が始まると、問題はいっそう複雑になるだろう。

一つの解決法として、宇宙物体は既に国際慣習法上国籍をもつ、と証明することが必要な時期が来ていると考え、その趣旨で論文を書き終えたところである。

（慶應義塾大学大学院法務研究科教授）

## 朝雲寸言

宮城県女川港に面してつくられた公園に、津波で横倒しになった交番が東日本大震災の惨禍を伝える記念碑として残されている。その周囲をぐるりと取り囲む壁には、何枚ものパネルが掲えられ、津波前から現在に至る女川町の歩みを伝えている▼津波発生後の救援活動を伝えるパネルは「自衛隊は、救助活動、炊き出しのほか、仮設入浴施設を設置しての入浴支援も行い、被災した町民のひと時の癒しの場となった」と自衛隊の奮闘ぶりを特に詳述。米海兵隊やインド国家災害対応部隊の来援にも言及している▼あと半年ほどで発生から10年となる大震災は、日本人をいくつかの集団に分けた。第一に不幸にも犠牲になった方々。第二に生き残って苦難の道を進んだ被災者たち。第三に、報道などを通じて現地の状況を間接的に知った大半の国民。そして第四が、発災後に現地入りして惨状に接した人々だ。この中には、過酷な救援活動の中で、被災者に感謝される一方で、少なくない負荷を心の中に抱え込んだ自衛隊員たちも入る▼秋の柔らかな日差しが差し込む女川港の交番跡地に立っていると、幾人かの幼い子供たちとすれ違った。この子たちは、震災後に物心がついたり、新たに生まれたりした「第五の集団」だ。いずれ彼らも、震災の意味を理解できる年頃になってこの地を再訪した時、パネルを通じて、国民のため最善を尽くした人々がいた事実を知ることだろう。

30代から知っておきたい
ライフプラン設計
勉強会
参加無料
元自衛官から学べる!!
WHAT?
何を学べる？
✓退官後の生涯生活設計
自身の退官後の厳しい現実、そしてお金の基本から投資の話しまで、どうすれば将来豊かな生活をおくれるのか。そのポイントが学べます。
✓退官後の現実
一度は耳にしたことがある「自衛官の退官後の厳しさ」退官して実際に経験した実態様とそこから得られた知見が学べます。
CHECK
Agentrive Investors
03-6860-8231

必携の一冊
8月21日発売開始！
陸上自衛官 服務小六法
《令和2年版》
定価2,764円＋税 共済組合販価 2,370円

実務力のバージョンアップ
7月21日発売開始！
陸上自衛隊 補給管理小六法
《令和2年版》
定価2,540円＋税 共済組合販価 2,180円

文書実務の基本
好評発売中！
陸上自衛隊 新文書実務
《新訂第9次改訂版》
定価2,306円＋税 共済組合販価 1,980円

好評発売中！
自衛官 国際法小六法
《平成30年版》
定価2,556円＋税 共済組合販価 2,190円

一覧即決
国際軍事略語辞典
《第2版》英和・和英
定価1,400円＋税 共済組合販価 1,200円

学陽書房
〒102-0072 東京都千代田区飯田橋1-9-3
TEL.03-3261-1111 FAX.03-5211-3300
（共済組合販価は消費税10%込みです。）
☆ご注文は有利な共済組合支部へ

# 時の焦点

## 国内　防衛費概算要求

### 新領域への対処着実に

日本周辺の安全保障環境は厳しさを増している。政府はコスト削減を意識しつつ、着実に防衛力を整備すべきだ。

防衛省が2021年度予算の概算要求で、過去最大となる5兆4898億円を計上した。防衛費の増額が認められれば、9年連続となる。

政府は18年末、防衛計画の大綱と、5年ごとの中期防衛力整備計画（中期防）を策定した。21年度予算は、中期防の3年目にあたる。計画を踏まえながら、軍事技術の進化に適切に対処しなければならない。

概算要求の特徴は、宇宙、サイバー、電磁波といった新たな領域の対処能力の向上である。

宇宙関連経費は724億円とし、宇宙ごみの監視を目的とした人工衛星の設計費などを盛り込んだ。

中国やロシアは、衛星の破壊を目的とした「キラー衛星」を実用化させつつあるという。日本の衛星が破壊されれば、ミサイル防衛システムなどは機能しなくなる。監視体制の強化は急務だ。

宇宙空間に多数の衛星を打ち上げ、ミサイル防衛に役立てる「衛星コンステレーション（群）」の研究費も要求した。

中露が開発している極超音速滑空兵器は、マッハ5以上で低い高度を飛ぶ。放物線を描く弾道ミサイルを想定した従来の防衛システムでは迎撃できまい。

米国は、宇宙に防衛網を構築する構想を提唱している。政府は、日米の共同運用を視野に入れているのだろう。宇宙での共同対処能力を高める意義は大きい。費用対効果を十分に見極めることが重要だ。

従来の領域では、最新鋭のF35戦闘機の購入費として、666億円を計上した。戦闘機の離着艦を可能にするため、護衛艦「いずも」型を改修する。30年代の運用を想定する新型戦闘機の設計費用も盛り込んだ。

[illegible]

夏川 明雄（政治評論家）

## 海外　米大統領選

### 目に余るトランプ第一

投票まで1カ月を切った米大統領選は最終盤を迎えたが、各種世論調査で劣勢が伝えられる現職のトランプ氏による「なりふり構わぬ」と形容できる独善的なパフォーマンスが相次ぐ。30年前に共産主義陣営の盟主・ソ連との冷戦に勝利し、これまで曲がりなりにも西側の自由主義陣営の模範国家の一つと見られてきた米国における国民の分断の進行と、その反映である米大統領選での党利党略むき出しの非難・中傷の応酬は国際社会の先行きにも暗い影を落としている。

これまで何度も米大統領選の激しい戦いを見てきたが、今回ほど波乱が絶えない異常な選挙戦はなかったのではないか。一例を挙げれば、現職の大統領自身が選挙での敗北を見越してか、郵便投票などによる選挙結果の不正疑惑を理由に連邦最高裁判所への提訴をちらつかせるといった具合だ。行政機関の長として、選挙後の法廷闘争に備えるより、公正な選挙実施の環境を整えることが最低限の任務だろう。

この問題にとどまらず、過去2カ月ほどを振り返ってみるだけでも、トランプ党を誇示するかのようなファミリー総動員の共和党大会の過剰演出をはじめ、中東和平の核心であるはずのパレスチナ問題を置き去りにした形でのイスラエルとアラブ首長国連邦（UAE）などアラブ2カ国との関係正常化の仲介工作、死去した著名な連邦最高裁のリベラル派判事の後任人事での党派的な駆け込み指名など、内政・外交を問わず、トランプ流の強引な党利党略、再選をにらんだ駆け引き優先の政治的決定が続く。

トランプ氏が先の国連総会一般演説で、新型コロナウイルスの世界的な感染拡大への責任追及で中国を名指しで執拗に攻撃するなど対中姿勢を一段と硬化させているのは、米国内での反中世論の高まりを背景に大統領選での追い風効果を狙った政治的思惑によるものだろう。こうした発言には、全人類的な課題として急務の新型コロナの封じ込めに向けた国際協調の視点が欠落している。

[illegible]「トランプ氏の尊大な態度や失政で、同盟国は米国を信頼しなくなり、敵国は米国を恐れなくなった」[illegible]

伊藤 努（外交評論家）

---

## 9空団　防衛相から1級賞状
## スクランブル6千回超え

【9空団＝那覇】南西域唯一の戦闘機部隊・9空団（司令・高石昌夫空将補）はこのほど、「緊急発進（スクランブル）6000回」を達成した功績などで防衛大臣から1級賞状を授与され、9月18日、南西空司令官の鈴木康彦空将から賞状の伝達を受けた。

授与式は南西空司令部で行われ、鈴木司令官は「我が国の平和と安全の確保に大きく貢献した。歴代司令の卓越した統率の下、全隊員が使命と任務の重要性を深く認識し、一致団結して任務にまい進した賜物である」と述べた。

9空団は前身の83航空隊が沖縄返還後の1972年10月に新編されて以来、ソ連（ロシア）、中国機などへの対領空侵犯措置任務を実施。部隊は2011年7月以降、7万時間を超える無事故飛行記録も達成している。

受賞後、高石司令は「受賞は先輩方が地道に積み上げた伝統の賜物。今後も与えられた任務を全うする」と述べた。

防衛相から1級賞状を受けた9空団の高石司令（中央左）。その右は伝達した鈴木南西空司令官（9月18日、空自那覇基地で）

## 印、スリランカと共同訓練
### IPD部隊「かが」「いかづち」

インド太平洋方面派遣訓練部隊（IPD20、指揮官・今野泰樹1海佐・2護群司令）のヘリ搭載護衛艦「かが」と護衛艦「いかづち」は9月26日から28日まで、インド洋で印海軍駆逐艦「チェンナイ」（満載排水量7500トン）、フリゲート「タルカシュ」（同4100トン）、補給艦「ディーパック」と共同訓練を実施した。

「かが」と「いかづち」は、搭載ヘリによるクロスデッキや射撃訓練などを行い、戦術技量を向上させるとともに、日印海上部隊の相互協力関係を強化した。

これに先立ち海自の2艦は9月23、24両日、スリランカのコロンボに寄港。

入港時には、軍楽隊の演奏に迎えられた。今野司令、「かが」の西山艦長、「いかづち」の杉山艦長らがスリランカ海軍の司令官らを表敬。その後、乗員たちは燃料や食料の補給を行った。

24日の出港時は、同国海軍の哨戒艦「ガジャバフ」と共同訓練「JA-LAN EX」を実施し、海洋安全保障に関する連携を強化した。

訓練名の「JA-LAN EX」は両国の英語名を合わせた造語で、昨年12月の日スリランカ海軍種防衛協議で決定した。同海軍種が協力してインド太平洋の安全保障に積極的に関与していく意志を表している。

日印共同訓練で、戦術訓練を行う海自の哨戒ヘリと印海軍のフリゲート「タルカシュ」（9月27日、インド洋西方海域で）

## 在沖米軍オスプレイ　鹿児島県で訓練へ
### 「キーン・ソード21」

防衛省は9月25日、沖縄県の米軍普天間基地に所属する米海兵隊のMV22オスプレイが10月26日から11月5日までの予定で、鹿児島県の臥蛇島とその周辺海空域でヘリボーン訓練などを実施すると発表した。

沖縄県の基地負担軽減を目的に、在沖米軍のティルトローター機や回転翼機などの訓練を沖縄県外に移転するもので、今回は令和2年度日米共同統合演習「キーン・ソード21」に組み込んで行われる。

参加する機体はいずれも約数で、米軍からオスプレイが4機、自衛隊からは陸自のAH64D戦闘ヘリ2機とCH47輸送ヘリ3機、空自のF2戦闘機が2機。オスプレイは機体整備などのために海自鹿屋航空基地を使用する予定。

参加部隊は米軍が第1海兵航空団第36海兵航空群第265海兵隊中型ティルトローター機飛行隊、第3海兵師団第4海兵連隊など。自衛隊は陸自の水陸機動団（相浦）、西部方面航空隊（高遊原）などのほか、海自が護衛艦「ひゅうが」「すずつき」、輸送艦「おおすみ」「くにさき」、空自が8空団（築城）。

防衛省では今後の状況次第で内容が変更される可能性もあるとしている。

## 陸幕長　カンボジア陸軍司令官と会談
### 防衛交流について意見交換

カンボジアのフン・マネット陸軍司令官

湯浅陸幕長は9月29日、カンボジア軍副司令官兼陸軍司令官のフン・マネット中将と電話で会談した。両者の会談は今年2月27日に同国の首都プノンペンの陸軍司令部で行って以来、2回目。

陸幕長と司令官は、両国の新型コロナへの対応状況や今後の日カンボジア間の防衛協力・交流について意見交換した。

## 中国軍のY9が宮古海峡を往復
### 洋上には艦艇

中国軍のY9情報収集機1機が9月29日、沖縄本島と宮古島間の宮古海峡上空を往復飛行したため、空自南西航空方面隊のF15戦闘機などが緊急発進して対応した。領空侵犯はなかった。

尖閣諸島北方の東シナ海上空から飛来したY9は、南東進して宮古海峡を通過した後、針路を南西に変え、先島諸島南方沖を西進。この後、与那国島沖で反転して往路とほぼ逆のルートで太平洋上を東進し、再び宮古海峡を通過して日本の領空から離れた。統幕は同日、空自機が撮影した写真と航跡図を公表した。

◇

一方、洋上では9月23日午後9時半ごろ、中国海軍の「ジャンカイII」級フリゲート（満載排水量約3900トン、艦番号599「安陽」）1隻が沖縄・久米島の北西約100キロの公海上を南東に向け航行するのを海自46掃海隊（勝連）の掃海艇「ししじま」と5空群（那覇）のP3C哨戒機が確認した。

中国艦はこの後、宮古海峡を南下し、一時的に太平洋に進出。26日に再び同海峡を北上して東シナ海に戻った。

## 露軍艦3隻が対馬海峡北上

9月27日午後2時ごろ、ロシア海軍の「ウダロイI」級駆逐艦2隻（満載排水量約8600トン、艦番号564「アドミラル・トリブツ」、572「アドミラル・ヴィノグラドフ」）と「ボリス・チリキン」級補給艦（同2万2000トン「ボリス・ブトマ」）の計3隻が長崎・下対馬の南西約160キロの公海上を北東に向け航行するのを海自5護衛隊（佐世保）の護衛艦「あけぼの」と1空群（鹿屋）のP1哨戒機が確認した。

露艦艇3隻は、8月5日に日本海から対馬海峡を通過し、東シナ海に入った艦隊と同一で、この後、対馬海峡を北東進して日本海に入った。

## 敷設艦「むろと」がグアムへ向け出港

海自海洋業務・対潜支援群に所属する敷設艦「むろと」（艦長・能勢毅1佐以下乗員約120人、定係港・呉）は10月2日、米国での「敷設艦派遣訓練」のため、グアム島へ向け出国した。

グアムでは、米海軍の施設を利用して、海中のデータを陸上施設に伝送するためのケーブルを設置する「電らん敷設訓練」などを行う。同艦は11月15日に帰国する予定。


Security Studies（和英文同時発信）

安全保障研究　2-3巻 9月号

〈新型コロナパンデミックと安全保障〉

・マクロ経済的な視点から見たコロナ危機　伊藤 元重

[illegible]

発行　鹿島平和研究所・安全保障外交政策研究会

アマゾン公式サイトで、「安全保障研究」と「秋山」により検索・購入　800円

直接購入希望者は以下に連絡　gbh00145@nifty.com


## 防衛省発令

▽海幕経理課経理調整官兼経理班長（佐世保造修補給所副所長）1海佐 齋藤 淳師
▽同航空機課固定翼班長（海幕航空機課）同 椎名 義和
▽自衛艦隊情報作戦主任幕僚（基礎情報支援隊司令兼自衛艦隊司令部）同 北島久仁彦
▽同計画総括幕僚（自衛艦隊司令部）同 三宅 孝
▽水上戦術開発指導隊司令（誘導武器教育訓練隊司令）同 沢田 俊彦
▽同戦術開発部長兼水上戦術開発指導隊副長兼自衛艦隊司令部（自衛艦隊司令部兼護衛艦隊司令部）同 川野 邦彦
▽解91航空隊司令兼補81航空隊司令 同 宮地 裕
▽203整備補給隊司令（海自補給本部航空装備計画課長）同 庄野 崇
▽掃海隊群作戦主任幕僚（掃海業務支援隊副長兼本部訓練科長）同 大松 清生
▽水陸両用戦・機雷戦戦術支援隊司令（掃海業務支援隊司令）同 髙岩 俊弘
▽艦隊情報群司令（情報業務群司令）同 大久保勝司
▽同首席幕僚（同首席幕僚）同 鳩村 康
▽同情報統括室長（同司令部）同 桐生 宏幸
▽作戦情報隊司令（作戦情報支援隊司令）同 近藤 俊明
▽電磁情報隊司令（電子情報支援隊司令）同 藤井 健一
▽開発隊群研究開発企画幕僚（開発隊群司令部）同 菊地 弘憲
▽呉地方総監部監察官（海自1術科学校教育3部長）同 山口 雅史
▽呉造修補給所長兼呉地方総監部技術補給監理官（海幕経理課経理調整官兼経理班長）同 鈴木 将治
▽佐世保造修補給所副所長（艦船補給処管理部長）同 山中 健司
▽東京業務隊付（203整備補給隊司令）同 米元 邦行
▽海自1術科学校教育3部長（掃海隊群作戦主任幕僚）同 五味 康司
▽同研究部長（海自1術科学校）2海佐 髙須賀政信
▽海自補給本部会計監査官（海自補給本部）1海佐 田中 良典
▽同航空装備計画課長（海幕航空機課固定翼班長）同 堀川新太郎
▽艦船補給処管理部長（海自補給本部会計監査官）同 福田 理
▽解空幕防衛課兼務、解空幕首席衛生官付衛生官兼補空幕首席衛生官付次席衛生官 1空佐 辻本 哲也
▽空幕首席衛生官付衛生官兼空幕防衛課（人事教育局衛生官付衛生企画室兼人事教育局衛生官付総括班兼空幕首席衛生官付）同 髙林 勇気
▽北部航空警戒管制団45警戒群司令兼当別分屯基地司令（航空総隊司令部）2空佐 黒丸 智雄
▽1輸送航空隊援護業務室長（北部航空警戒管制団45警戒群司令兼当別分屯基地司令）同 山﨑 努
▽解中央病院3外科部長 中央病院5外科部長 1陸佐 宇都宮勝之
▽中央病院3外科部長（中央病院1外科）同 吉田 一路
（以上10月1日）

▽大臣官房施設監、大臣官房付併任（熊本防衛支局長）杉山 真人
▽整備計画局施設技術管理官（整備計画局施設技術管理官付）河本 裕司
▽熊本防衛支局長（同施設技術管理官）石倉 三良
▽退職（大臣官房施設監＝併＝大臣官房付）髙木 健司
（以上10月1日）


まもなく定年を迎える皆様へ　25％割引（団体割引）

隊友会団体総合生活保険

隊友会団体総合生活保険は、隊友会会員の皆様の福利厚生事業の一環として、ご案内しております。

現役の自衛隊員の方も退職されましたら、是非隊友会にご加入頂き、あわせて団体総合生活保険へのご加入をお勧めいたします。

公益社団法人 隊友会 事務局

| | |
|---|---|
| 傷害補償プランの特長 | ●1日の入通院でも傷害一時金払治療給付金1万円 |
| 医療・がん補償プランの特長 | ●満80歳まで新規の加入可能です。 |
| 介護補償プランの特長 | ●本人・家族が加入できます。●満84歳まで新規の加入可能です。 |
| 無料※でサービスをご提供「メディカルアシスト」 | ●常駐の医師または看護師が24時間365日いつでも電話でお応えします。＊一部、対象外のサービスがあります。 |

※上記は団体総合生活保険の概要を紹介したものです。ご加入にあたっては、必ず「重要事項説明書」をよくお読みください。ご不明な点等がある場合には、お問い合わせ先までご連絡ください。

資料請求・お問い合わせ先

取扱代理店　株式会社タイユウ・サービス　隊友会役員が中心となり設立　自衛官OB会社

〒162-0845 東京都新宿区市谷本村町3-20 新盛堂ビル7階

TEL 0120-600-230　FAX 03-3266-1983　http://taiyuu.co.jp

資料は、電話、FAX、ハガキ、ホームページのいずれかで、お気軽にご請求下さい。

引受保険会社　東京海上日動火災保険株式会社　担当課：公務第一部 公務第二課 TEL 03(3515)4124

19-T01744 2019年6月作成

防衛省職員および退職者の皆様へ

防衛省団体扱自動車保険・火災保険のご案内

［引受保険会社］東京海上日動火災保険株式会社

防衛省団体扱自動車保険契約は一般契約に比べて

約19％割安

予備自衛官・即応予備自衛官の皆様も ご契約いただけます。

お問い合わせは　取扱代理店 株式会社 タイユウ・サービス　フリーダイヤル 0120-600-230

電話：03-3266-0679　FAX：03-3266-1983

〒162-0845 東京都新宿区市谷本村町3番20号 新盛堂ビル7階

今ご契約の自動車保険、火災保険の内容と比べてみてください。

防衛省団体扱火災保険契約は一般契約に比べて　約15％割安

朝雲アーカイブ

防衛省・自衛隊関連情報の最強データベース

自衛隊の歴史を写真でつづるフォトアーカイブ

お申し込み方法はサイトをご覧ください。＊ID&パスワードの発行はご入金確認後、約5営業日を要します。

朝雲新聞社　〒160-0002 東京都新宿区四谷坂町12-20KKビル　TEL 03-3225-3841　FAX 03-3225-3831　http://www.asagumo-news.com

# 「かしま」初の北極圏入り

## 後期・遠洋練習航海部隊

## アラスカの2港で補給

### アンカレッジとノーム

「かしま」を出迎えてくれた米沿岸警備隊の巡視船「アレックス・ヘーリー」（奥）との親善訓練を終え、帽振れで見送る実習幹部たち（9月8日、ベーリング海で）

世界的なコロナ禍の中、北米・太平洋方面を巡航している海自の後期・遠洋練習航海部隊（指揮官・八木浩二将補以下、実習幹部約110人）の練習艦「かしま」は、9月上旬から下旬まで北太平洋の米アラスカ州沿岸に展開し、海自艦として初めて北極圏に入域した。

広島県の呉を8月28日に出港した「かしま」は、本州を反時計回りに太平洋を北進。青森・津軽海峡を通過して日本海に入った後、北海道・宗谷海峡を抜けオホーツク海を東航。太平洋に出た後は一路北上してアラスカ州西方のベーリング海まで進出した。

9月8日には同海域北方に位置する米国のセント・ローレンス島付近で、「かしま」を出迎えた米沿岸警備隊の巡視船「アレックス・ヘーリー」と共に親善訓練を実施。この後、「かしま」は米・アラスカ州と露・東シベリア間のベーリング海峡を北上し、海自艦として初めて北極圏に入域した。これを記念して艦内では「北極祭」のイベントを行ったほか、実習幹部たちは北極圏の自然の厳しさと、米露国境の緊張感を体感した。

米アラスカ州では、ノームとアンカレッジの2港に寄港。コロナ感染予防のため、乗員、実習幹部らは上陸せず、燃料の補給と生鮮食料品の積み込みのみを行った。アンカレッジ出港後、部隊は太平洋を南下し、3番目の寄港地となるハワイのパールハーバーに向かった。

アラスカ沖での米沿岸警備隊との親善訓練で、寒さでかじかむ手で旗りゅう信号掲揚の準備をする実習幹部（9月8日）

アンカレッジでは大型タンクローリー（右下）から燃料補給を受けた（9月18日）

寄港地の米アンカレッジでは上陸せず、補給のみを行った。写真は生鮮食料品を積み込む乗員たち（9月18日）

米アラスカ州2番目の寄港地、アンカレッジ（前方）に向けて航行する「かしま」（9月17日）

練習艦「かしま」の艦内で行われた「北極祭」で、"北極門"をくぐり、航海の無事を祈る乗員たち（9月8日）

航海中、アラスカ沿岸に連なる山々や巨大な氷河を見ることができた

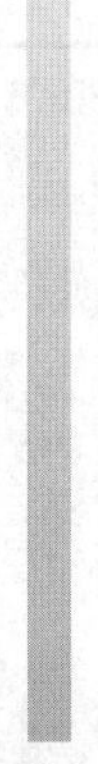

## 「ましゅう」と洋上補給訓練

## 『しらせ』国内巡航

洋上で会合した海自の補給艦「ましゅう」（左）と並走し、ホースをつなぎ燃料給油を受ける砕氷艦「しらせ」（9月16日、日本海で）

南極への航海を前に8月30日から日本周辺海域で総合訓練を行っている海自の砕氷艦「しらせ」（1万2650トン、艦長・竹内周作1佐以下約170人）は、洋上で各種訓練を実施しながら国内巡航を続けている。

母港の横須賀から日本列島を時計回りに航行している「しらせ」は訓練途中、海自基地のある呉、佐世保、舞鶴に寄港し、補給や広報行事を行った。

この間、9月16日には補給艦「ましゅう」と日本海で会合し、洋上補給訓練を実施。「しらせ」が補給艦と給油ホースをつなげて洋上補給を行うのは極めてまれで、23航空隊（舞鶴）所属のSH60K哨戒ヘリが上空からその珍しい光景を写真に納めた。

「しらせ」は八戸、仙台に寄港した後、10月6日に横須賀に戻り、南極への出港に向けて最後の整備・補給を行っている。

長崎の市民に見送られ、次の寄港地となる京都府・舞鶴に向けて出港する「しらせ」（9月14日、長崎県の佐世保港で）

マンションギャラリー案内図　カーナビ検索　米子市東福原6丁目3番26号　P完備

西部免許センター入口

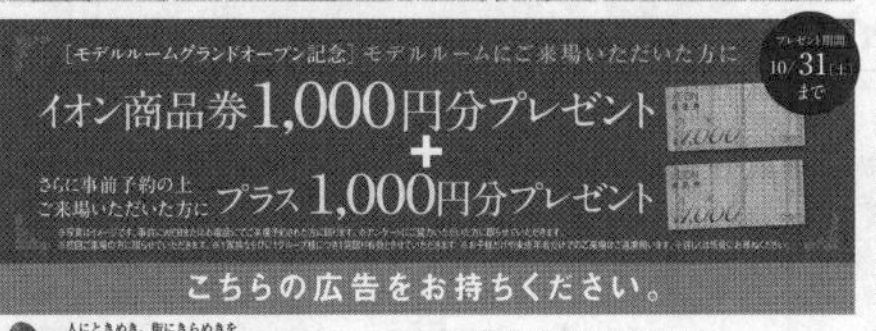


こちらの広告をお持ちください。

あなぶき興産

0120-336-488

1分で完了! かんたん来場予約　あなぶき けやき通り　検索

www.anabuki-style.com/nsfkb-keyakidori

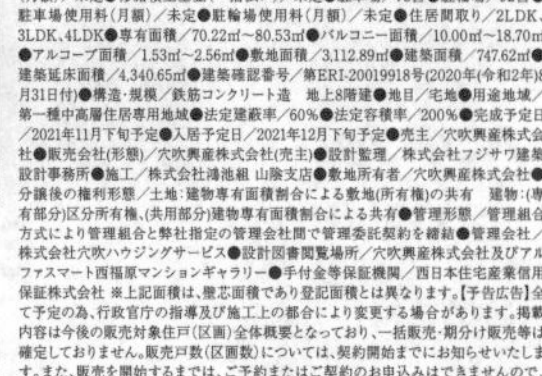

■物件概要(予定)●名称／アルファスマート西福原けやき通り●所在地／米子市西福原7丁目1118番1●交通／JR境線「後藤」駅徒歩29分「西福原」バス停徒歩7分●総戸数／55戸(管理事務室を除く)●販売戸数／未定●予定販売価格(税込)／2,480万円～2,980万円●最多販売価格帯(税込)／未定●管理費(月額)／未定●修繕積立金(月額)／未定●修繕積立基金(一括払い)／未定●駐車場／75台●駐輪場／92台●駐車場使用料(月額)／未定●駐輪場使用料(月額)／未定●住居間取り／2LDK、3LDK、4LDK●専有面積／70.22㎡～80.53㎡●バルコニー面積／10.00㎡～18.70㎡●アルコーブ面積／1.53㎡～2.56㎡●敷地面積／3,112.89㎡●建築面積／747.62㎡●建築延床面積／4,340.65㎡●建築確認番号／第ERI-20019918号(2020年(令和2年)8月31日付)●構造・規模／鉄筋コンクリート造　地上8階建●地目／宅地●用途地域／第一種中高層住居専用地域●法定建蔽率／60%●法定容積率／200%●完成予定日／2021年11月下旬予定●入居予定日／2021年12月下旬予定●売主／穴吹興産株式会社●販売会社(形態)／穴吹興産株式会社(売主)●設計監理／株式会社フジサワ建築設計事務所●施工／株式会社鴻池組 山陰支店●敷地所有者／穴吹興産株式会社●分譲後の権利形態／土地：建物専有面積割合による敷地(所有権)の共有　建物：(専有部分)区分所有権、(共用部分)建物専有面積割合による共有●管理形態／管理組合方式により管理組合と弊社指定の管理会社間で管理委託契約を締結●管理会社／株式会社穴吹ハウジングサービス●設計図書閲覧場所／穴吹興産株式会社及びアルファスマート西福原マンションギャラリー●手付金等保証機関／西日本住宅産業信用保証株式会社 ※上記面積は、壁芯面積であり登記面積とは異なります。【予告広告】全て予定の為、行政官庁の指導及び施工上の都合により変更する場合があります。掲載内容は今後の販売対象住戸(区画)全体概要となっており、一括販売・期分け販売等は確定しておりません。販売戸数(区画数)については、契約開始までにお知らせいたします。また、販売を開始するまでは、ご予約またはご契約のお申込みはできませんので、予めご了承ください。(販売開始予定時期：2020年10月中旬)●広告制作日／2020年10月1日 ※完成予定日及び入居予定日は、工事状況等により変更となる場合がございます。予めご了承ください。

## 部隊だより　部隊だより

## 海

**大湊**　地方隊は9月3日、むつ市の「修学旅行助成事業」の一環で青森市立浜田中学校の生徒約30人を受け入れた。当日は護衛艦「まきなみ」「ゆうだち」の艦艇見学、大湊音楽隊の演奏を通して交流。大湊音楽隊は人気アニメの主題歌「紅蓮華」や「となりのトトロ」、指揮者体験の生徒による演奏も行われた＝写真㊤。

**舞鶴**　音楽隊は8月30日、舞鶴市総合文化会館で「ファミリーコンサート」を開催した。午後1時と3時の2回に分かれて演奏し、計約700人が来場。当日はコロナウイルス感染予防対策を講じ、消毒液の設置や検温などが行われた。第1部、第2部とも同プログラムで、「ハイランド・ハイライト」「幻想即興曲」、「J-LIVE」などを披露した＝写真㊦。

**徳島**　教育航空群は8月27日、徳島空港で滑走路の草刈りを実施した＝写真㊤。防衛省が管轄する滑走路の約9割は緑で覆われており、年に3回、通常業務と並行して空港に隣接する区画を作業班員たちに分けされたブロックを除草した。作業は3台のトラクターで行い、滑走路周辺は手押し式草刈機を使って整備した。

**佐世保**　地方総監部は8月18日、青少年27人を対象に「艦艇の生活体験」を行った。参加者は護衛艦「さわぎり」で乗員たちから各種装備品の説明を受けた。このほか、食堂で乗員と共に給食を試食、訓練展示＝写真㊦などを通して海自への理解を深めた。

**名寄**　駐屯地業務隊は8月20、27日、旭川大学短大食物栄養学科2年生3人の「給食管理実習」を行った＝写真。実習は栄養士資格の取得の必修科目で、平成25年から業務隊が支援を継続している。学生たちは駐屯地給食業務の概要説明を受けた後、隊員の喫食状況や食堂の特性を見学、2日目からは献立作成や栄養指導、調理などを行った。

**美唄**　2地対艦連隊教育隊は8月28日、美唄演習場で総合訓練を行った。地対艦ミサイルの発射・装填機の正確な操作を練成する訓練で、照りつける太陽の下、短時間で正確に射撃や再搬入を終えた。高橋佳孝2士は「暑さを忘れ、やり抜くことだけを考えた。同期の仲間と頑張ってきて、本当に良かった」と語った。

**真駒内**　18普連は8月24日、駐屯地で11飛行隊（丘珠）の支援の下、「航空機体験搭乗」を行った。当日は快晴の中、自衛隊協力会員など29人が参加。松本広治連隊長のあいさつや11飛行隊の安全教育の後、着陸場まで移動。UH1J多用途ヘリの間近に驚きつつ一同は機内に乗り込み、約15分間、高度約1000メートル上空から札幌の景色を堪能した。

# 1秒でも早く搭乗員救出！

### 1輸空施設隊消防小隊

炎上する事故機（左）に向けて放水作業を行う1輸空の大型破壊機救難消防車（右）

㊤一般の旅客機とほぼ同じ客席があるKC767空中給油・輸送機の機内を使い、事故発生時の搭乗者の救助訓練を行う消防小隊員㊦点火され、炎上するピットファイアー訓練場で航空機の火災を想定し、消火作業に当たる消防小隊員たち（いずれも小牧基地で）

空自小牧基地の安全を守る第1輸送航空隊施設隊消防小隊は、飛行場地区での航空機事故や燃料流出など不測の事態に即応するため、定期的にさまざまな救出・救助訓練や救難消防訓練を行っている。

小隊の約20人はこのほど、1輸空所属のKC767空中給油・輸送機の実機を使い、「搭乗員救出訓練」を行った＝写真㊤。機内火災なども想定した同訓練は年に2、3回実施されており、消防隊員たちは防火服を着用し、酸素ボンベを背負い、「煙が充満した機内で倒れている搭乗員の救出」に当たった。

夏場の防火服は内部に熱がこもり、熱中症にもなる危険もあったが、隊員たちは機内での危険箇所の把握や搭乗員の救出要領などあらゆる想定に的確に対処し、一秒でも早く搭乗員を救出するため、熱心に訓練に取り組んだ。

一方、「航空機救難消防訓練」は、基地内のピットファイヤー訓練場で早朝4時から訓練が開始された。四半期に一度行われる同訓練には隊員約20人が参加。ピット内の灯油に着火し、「事故機が炎上した」との想定で、機内から人員（ダミー人形）を救出する一連の行動要領を演練した。

## 炎上した事故機の消火訓練も

現場には大型破壊機救難消防車2台が急行し、消火のための放水を開始。火の勢いが減衰したところで、防火服を身に着けた2人1組のハンドラインマンが消防車から飛び出し、ノズルを持って消火しながら炎の中に前進した。

2人のうちチーフが後続の消防車に合図を出し、2台目の消防車も放水を開始。

これにより鎮火したのを確認すると、指揮車から次々とレスキューマンが火災現場に向かい、倒れている被災者の救出に当たった。

（小牧）

## 空

**千歳**　基地は8月4日、中高生12人を対象に2泊3日の「青少年防衛講座」を開講した＝写真㊤。生徒らは基地の概要説明を受けた後、基本教練を学び、開講式で德重広為智司令に披露。パイロットが生徒からの質問に体験談を交えて答える場面もあった。生徒は「参加して自衛隊の印象が変わり興味が湧いた」「冬もやってほしい」などの感想を残した。

**三沢**　3空団整備補給群はこのほど、人命救助システムⅡ型を初めて取り扱う隊員に対し、基礎教育を行った。同システムは発災時にがれきなどの中から被災者を救助するための資器材をコンテナに収納したもの。隊員は岩の破砕や鋼鉄廃材の切断などを行い＝写真㊤、最初は器材操作に苦戦しながらも徐々に上達させた。

**静浜**　基地はこのほど、正門で「あいさつ、掃除、身だしなみ」励行運動を行った。今回は、隊員たちの登庁時間に合わせて各日、整備補給群司令の塩澤和則2佐以下約10人が参加。通行する隊員たちに対して敬礼しながら声掛けした。昼の時間帯には隊員食堂付近で同様のあいさつに加え、基地内アナウンスで同運動の励行週間について周知した。

## 陸

**帯広**　4普連は8月20日、駐屯地で令和2年度魁星戦闘競技会を開催した。今回の種目「武装障害走」では、全長3キロのコースに設置された九つの障害（一本丸太、士管障害、低鉄条網、水平助木など）の突破タイムを競争＝写真㊤。猛暑の中、選手たちは連隊長の「全員がライバルと思え」の言葉を受け、自身の名誉を懸けて最後まで力走した。

**岩手**　駐屯地は9月5日、令和2年度岩手県陸・海・空自衛隊殉職隊員追悼式を挙行した。式では殉職した23柱の御霊に対し、「拝礼」「追悼の辞」「献花」「弔銃」を厳粛に執り行い、哀悼の誠を捧げた。参列した隊員たちは、慰霊碑に刻まれた「英魂」の文字から志と信念を引き継ぎ、「ONE TEAM」として地域と共に歩む決意を新たにした。

**高田**　2普連は9月3日、NEXCO東日本との協同訓練を行った＝写真㊤。災害時の円滑な部隊移動を目的としたもので、発災した想定に基づき同職員の誘導で支援部隊を先行させた。展開地域（SA内）で給油所などを開設し、車両整備など一連の流れを確認した。古賀理都靖連隊長は「非常時の相互信頼関係は重要で、連携強化は大きな成果だ」と述べた。

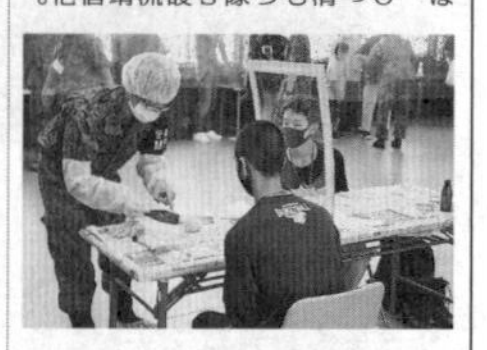

**金沢**　駐屯地は8月8日、「募集広報の日」として北陸3県の募集対象者約100人を迎え入れた。各県3グループに分かれ、装備品展示やライフハック体験のほか、警務隊による指紋採取の説明も受けた＝写真㊤。参加者は興味を持って積極的に質問していた。保護者は「イベントに来て良かった。食事の栄養管理にも安心した」と話した。

**豊川**　49普連本管中隊の即応予備自2人は8月23〜30日、北富士演習場で部隊訓練評価隊（北富士）の富士訓練センター（FTC）訓練に陸自として初参加した。訓練後、即自の一人は「今まで味わったことのない緊張感があった。初めての経験で分からないことが多く、体力的・精神的にも厳しかったが、次に生かせる良い勉強になった」と述べた。

**明野**　航空学校新隊員教育隊はこのほど、久居演習場で野外訓練を行った。期間中、掩体構築や偽装、対空戦闘での重機関銃の取り扱いなどを演練。1夜2日の行進訓練の直前、30人の新隊員たちに家族からの手紙がサプライズで渡され、感激の涙を流して士気を高めていた。真夏の過酷な25キロ行進を全員が完歩し、4日間の訓練を乗り越えた。

**前川原**　幹候校1幹候生課程（前段）の学生150人は8月19〜22日、総合訓練に挑んだ。統裁官の後藤義之学生隊長は「指揮の要訣を具現せよ」「戦闘員としてやるべき事を確行せよ」と要望。36度超えの猛暑の中、佐賀県小城市から大野原演習場まで2日間80キロを行進し、集結地の占領から敵部隊撃破までの一連の任務を完遂した。

**都城**　43普連の新隊員特技課程後期教育隊は9月2、3の両日、福山演習場で総合訓練を行った。新隊員59人は台風9号の影響を受けながらも35キロを行進し、その後、戦闘射撃なども演練。女性隊員の限田原唯2士は「35キロ行進を全員で完歩でき、強い達成感がありました。戦闘訓練では弾薬手として大声を出し鼓舞しました＝写真㊦」と語った。

**善通寺**　14旅団はこのほど、高知駐屯地で旅団集合訓練「レンジャー帰還式」を部内者のみで行った。式では、行動訓練の全任務を完遂した学生9人に対し、担任官の50普連長・溝口光章1佐から「状況終了」が告げられた。その後、藤岡登志樹旅団長（当時）からレンジャー徽章が授与された＝写真㊤。レンジャーたちは今後、さらに個人技能の向上に努める。

災害等の備蓄用、贈答用として最適

防災スイーツパン　自衛隊バージョン

陸・海・空自衛隊の"カッコイイ"写真をラベルに使用

若田飛行士と宇宙に行きました!!

「しらせ」と南極に行きました!!

3年経っても焼きたてのおいしさ♪

焼いたパンを缶に入れただけの「缶入りパン」と違い、発酵から焼成までをすべて「缶の中で作ったパン」ですので、安心・安全です。

陸上自衛隊：ストロベリー　海上自衛隊：ブルーベリー　航空自衛隊：オレンジ

【定価】

| 6缶セット | 1ダースセット | 2ダースセット |
|---|---|---|
| 3,600円（税込）を | 7,200円（税込）を | 14,400円（税込）を |
| 特別価格 | 特別価格 | 特別価格 |
| 3,300円（税込） | 6,480円（税込） | 12,240円（税込） |

（送料は別途ご負担いただきます。）

（小麦・乳・卵・大豆・オレンジ・リンゴが原材料に使用されています。）

TV「カンブリア宮殿」他多数紹介！

内容量：100g／国産／製造：(株)パン・アキモト

1缶単価：600円（税込）　送料別（着払）

昭和55年創業　自衛官OB会社　(株)タイユウ・サービス

〒162-0845　東京都新宿区市谷本村町3番20号　新盛堂ビル7階

TEL：03-3266-0961　FAX：03-3266-1983

ホームページ　タイユウ・サービス　検索

自衛隊バージョン　新発売！　災害等の備蓄用・贈答用として最適!!

EMERGENCY BOX

陸・海・空自衛隊のカッコイイ写真を使用した専用ボックスタイプの防災セット。

7年保存防災セット

1人用/3日分

外務省在外大使館等も備蓄しています。

非常時に調理いらずですぐ食べられるレトルト食品とお水のセットです。

メーカー希望小売価格　5,130円（税込）

特別販売価格　4,680円（税込）【送料別】

【セット内容】レトルト保存パン　3食／7年保存クッキー　2食／米粉クッキー　1食／レトルト食品　3食／長期保存水 EMERGENCY WATER　3本

※セット内容イメージ

昭和55年創業 自衛隊OB会社　(株)タイユウ・サービス

TEL03-3266-0961　FAX03-3266-1983

mail:ts-gen@ac.auone-net.jp　ホームページ　タイユウ・サービス　検索

防衛ハンドブック 2020　発売中！

シナイ半島国際平和協力業務　ジブチ国際緊急援助活動も

安全保障・防衛行政関連資料の決定版！

判型　A5判　948ページ

定価　本体 1,600円＋税　ISBN978-4-7509-2041-2

朝雲新聞社　〒160-0002　東京都新宿区四谷坂町12－20　KKビル　TEL 03－3225－3841　FAX 03－3225－3831　http://www.asagumo-news.com

# 厚生・共済

特集

## 12月まで期間限定「フォトプラン」

# この瞬間を残そう

### 挙式や披露宴はまだ先だけど…

グラヒルでは洋装・和装の婚礼衣装でさまざまな写真が撮影できます

コロナの影響が続き、「挙式や披露宴の予定は立てられないけれど、この瞬間を写真に残しておきたい…」というカップルの皆さん、婚礼衣装をお召しになって、晴れの姿で写真撮影をしてみませんか。

共済組合の直営施設「ホテルグランドヒル市ヶ谷」（東京都新宿区）では、12月までの期間限定で、婚礼衣装を着用して写真撮影ができる「フォトプラン」をご用意しています。

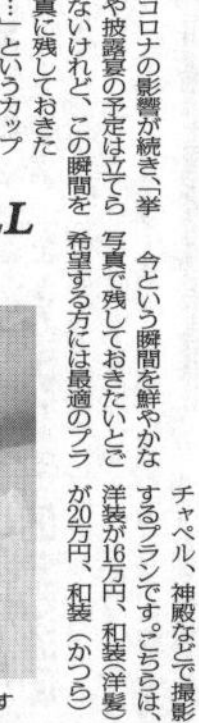

HOTEL GRAND HILL ICHIGAYA

婚礼写真を撮って、親族に結婚のご報告ができます

今という瞬間を鮮やかな写真で残しておきたいとご希望する方には最適のプランです。どうぞご利用ください。

「フォトプラン」は2種類あり、いずれのプランも内容は▽撮影料▽新婦衣装1着▽新郎衣装1着▽ヘアメイク▽着付け▽小物一式▽記念写真（2ポーズ）となっています。

◆「スタジオフォトPLAN」

ホテル内の写真スタジオで撮影するプランです。料金（いずれも消費税10%込み）は、洋装が10万円、和装（洋髪）が13万5000円、和装（かつら）が16万円、和装（やまと髪）が18万円となっています。

◆「ロケーションフォトPLAN」

ホテル内写真スタジオとチャペル、神殿などで撮影するプランです。こちらは、洋装が16万円、和装（洋髪）が20万円、和装（かつら）が22万円、和装（やまと髪）が25万円となっています。

ロケーションフォトPLANにはスナップアルバム（100カットデータ）が付きます。

「フォトプラン」の詳細はホテルスタッフまでお問い合わせください。

また、ブライダルのご相談も電話・メール・オンラインで受け付けています。ご予約・お問い合わせは、電話03-3268-0115（直通）、専用線8-6-28853（婚礼予約）まで。ホームページ（https://www.ghi.gr.jp）、メール（salon@ghi.gr.jp）でも受け付けています。お気軽にお問い合わせください。

## 最新スーツケース2種 半額で提供

### 「プロテカポケットライナー」「プロテカポケットライナーOD」

新型コロナで落ち込んだ旅行需要を喚起するため、政府はいま、旅行代金を最大5割補助する観光支援策「GoToトラベル」のキャンペーンを展開中です。そこで家族旅行などをご計画中の組合員の皆さまに、人気のスーツケースをご紹介します。防衛省共済組合があっせんする商品なので、高い品質とともに、大幅割引されています。おしゃれなスーツケースを手に素敵な旅に出発しませんか？

◆スーツケース「プロテカポケットライナー」（キャスター、取っ手を除いたサイズ70×49×29センチ、容量88リットル、重量4・9キログラム。日本製）

通常価格6万6000円のところ、組合員価格3万3350円（税込）でご提供。色はガンメタリック、ネイビー、オレンジ、シルバーの4色から選べます。

◆スーツケース「プロテカポケットライナーOD」（キャスター、取っ手を除いたサイズ64×45×28センチ、容量72リットル、重量4・2キログラム。日本製）

通常価格6万3800円のところ組合員価格3万1350円（税込）でご提供。色はインペリアルグレーとオリーブドラブの2色です。

ODは「アウトドア」の意味で、アウトドアテイストのカラーリングと蛍光オレンジのファスナーが特徴です。

◇

この2種のスーツケースの最大の特徴は、便利で使いやすい「フロントオープンポケット」があることで、移動中や空港のチェックイン時でもスマートに荷物を取り出せます。大きいサイズの荷物にも対応したポケットはPCや上着など、すぐに取り出したいものが収納でき、インナーポケットは15インチPCに対応。

さらにポケット底のジッパーを開けば本体のスペースにもアクセスでき、大きなサイズの荷物も出し入れできます。

本体表面は水に強い繊細なリブデザインが刻まれたボディシェルと耐摩耗性に優れたポリカーボネイト樹脂を採用。表面に凹凸加工が施され、傷が目立たにくくなっています。

キャスターには体感音量を大幅に軽減した独自開発の「サイレントキャスター®」に加え、走行時の軽快な滑り出しを実感できる「ベアロンホイール®」を採用。静かで軽やかな走行を可能にしています。

また、気になるセキュリティー面もしっかり確保。一つのダイヤル錠で二つの収納スペースをロックできるデュアルホールド式の「TSALOCK®」を採用しています。フロントポケットも施錠できるので安心です。

出張や家族旅行など、さまざまな用途に使えるマルチユースのスーツケース「プロテカポケットライナー」をぜひご活用ください。

上記商品のご注文は、㈱サクセス・ワールド（フリーダイヤル0120-37-3974）の担当・井崎、山本まで。

お支払いは商品到着後のお振り込みとなります（商品とは別に請求書を郵送します）。なお、別途送料990円と振込手数料はお客様のご負担となります。

## 団体生命保険

# 割安な保険料で大きな保障

防衛省共済組合では、組合員とその家族の皆さまを、万一の時にお守りする団体生命保険（幹事会社・日本生命、明治安田生命）を取り扱っています。

この保険は、割安な保険料（1口100円）で大きな保障が得られる有利な保険です。また、申し込んだその日から保障が開始される「即時保障」も選択できます。

【加入資格・加入口数範囲（1契約あたり）】

○組合員本人＝申込日現在、健康で正常に勤務し、かつ医師の治療・投薬を受けていない年齢14歳6カ月超69歳6カ月以下の人。加入口数範囲は6口以上50口まで。

○配偶者＝組合員本人の配偶者で、同じく健康な年齢満16歳以上60歳6カ月以下の人。8口以上14口まで。

○こども＝組合員本人が扶養しているこどもで、同じく健康な年齢2歳6カ月超22歳6カ月以下の人。1人あたり一律3口。

保障内容（1契約あたり）は、「不慮の事故による死亡（高度障がい）」の場合、組合員本人（50口）に4210万円、配偶者（14口）に1218万円、こども（一律3口）に444万円が保険金として支払われます。

このほか、病気による死亡（高度障がい）、不慮の事故による障がいでも、所定の保険金が支払われます。この機会にどうぞご加入ください。

## 医療費の一定額を超えた額が「高額医療費」で支給されます

### 診療に係る自己負担額

組合員または被扶養者が、同一の月にそれぞれ一つの医療機関等から受けた診療に係る自己負担額（食事療養または生活療養に係る標準負担額および保険診療外差額徴収料等は除きます。）が高額となり一定額を超えた場合は、その超えた額が「高額療養費」として共済組合から支給されます。算出方法は、高齢受給者と70歳未満の方とでは異なっています。

また、同一の世帯で同一の月に行われた療養が複数ある場合は、その療養に係る自己負担額を世帯単位で合算（高齢受給者は全ての自己負担額を、70歳未満の方は2万1000円以上の自己負担額を合算の対象とします。）して高額療養費支給額を算出します。

なお、高額療養費は現物給付（※1）もしくは事後に共済組合から組合員の方へ現金で支給します。

70歳未満の組合員または被扶養者の方が高額療養費の現物給付を受けるためには、組合員の方の所得区分を記載した「限度額適用認定証」（※2）を医療機関等に提示する必要があります。「限度額適用認定証」の交付を受けるには、支部で申請の手続きが必要となりますので、詳しくはご所属の支部短期係にお問い合わせください。

高額療養費や限度額適用認定証の詳細については、支部短期係または共済組合HP（トップページ→ライフシーン＜病気・ケガ＞から選ぶ）でご確認ください。

医療費等の給付を受ける権利は、その給付事由が生じた日から2年間行わないときは、時効によって消滅します。くれぐれもご注意ください。

※1　「現物給付」とは、組合員または被扶養者の方が、組合員証等を提示して病院等の医療サービス（治療、薬の処方等）を受け、その医療費（窓口で支払う自己負担額を除く）を共済組合が病院等へ支払うことにより、医療サービスそのものを皆様に提供することをいいます。

※2　「限度額適用認定証」は対象者お1人につき1枚交付します。所得に変動があり、高額療養費の算定基準の区分に変更があった場合は、新しい区分の「限度額適用認定証」が必要となります。その際は、再度、申請をしていただくことになります。

## 年金Q&A

### 私の受け取る年金の試算額が分かる方法はありますか

# KKR年金情報提供サービスでいつでも試算

Q　私は50歳の自衛官です。退官近くになり、年金額が気になってきました。私の受け取る年金の試算額が分かる方法がありましたら教えて下さい。

A　国家公務員共済組合連合会の「KKR年金情報提供サービス」をご利用いただければ、ご自分で、いつでもパソコンから年金額の試算をすることができます。初めてご利用される場合は、連合会インターネットホームページから「ユーザーIDとパスワード」の取得が必要になります。

詳しくは次の通りです。

**ご利用対象者**

現在組合員の方（長期組合員番号が必要です）

元組合員で年金受給年齢に達していない方※（基礎年金番号が必要です）

**情報提供内容**

年金試算額情報・組合員期間情報・標準報酬情報・既給一時金情報（該当者のみ）・ねんきん定期便情報（現在組合員のみ）

**ご利用方法**　http://www.kkr.or.jp/

KKRホームページにアクセスして、右側にある「KKR年金情報提供サービス」のバナーをクリックしてください。

**お問い合わせ**　国家公務員共済組合連合会年金部　年金情報提供サービス担当　〒102-8082　東京都千代田区九段南1－1－10　九段合同庁舎　電話0570-080-556（ナビダイヤル）03-3265-8155（一般電話）

受付時間午前9時～午後5時30分（土日祝日・年末年始を除きます）

※「元組合員」とは、1年以上の組合員期間を有し、現在は組合員資格を喪失している方をいいます。

◆ご注意◆

長期組合員番号は、昭和61年4月以降の組合員期間がある方に付番されています。毎年6月に送付される「退職年金分掛金の払込実績通知書」に記載されていますが、ご不明な方は所属の共済組合支部長期係にご照会ください。

転居、結婚等により変更後の住所・氏名情報等が正しく登録されていないため記録の不整合があった場合は、ユーザーID及びパスワードがすぐに発行できないことがあります。「記録不整合についてのお知らせ」が届きましたら、次の手続きをお願い致します。

①　現在組合員の方→所属の共済組合支部長期係へご連絡ください。

②　元組合員の方で年金を受給していない方→「住所・氏名変更届」を連合会年金部へご提出ください。用紙は、KKRホームページからダウンロードすることができます。

（本部年金係）

# 車を買うなら防衛省共済組合の割賦販売をご利用ください！

## 割賦販売について

とある日常ー
1
欲しい車があるんだけどローンとかよく分からないしどうしよう・・・。
それなら、共済組合の割賦販売がオススメですよ。なんと、令和2年度は、年利相当1.005%（60回払いの場合）なんです。ちなみに、返済が「源泉控除」で給与から天引きなので、給与振替口座を変えたときも手続きが不要なんです。
2
それはお得ですね～
しかも、購入代金は共済組合が販売店に直接支払ってくれますから、支払手続きが不要ですし、銀行ローンではないので車の名義も初めから自分のものになるんですよ。
3
へぇぇ。共済組合にそんな制度があったんだ。どんな手続きが必要なの？
販売店（※）で欲しい自動車の見積書をもらったら、直近の給与明細と一緒に物資窓口へ持っていくだけです。
※共済組合で契約している販売店に限り、割賦制度のご利用が頂けます。ご利用の店舗については、各支部物資窓口にお問い合せください。
4
とりあえず聞きにいってみようかな。
そうですね。まずは、支部物資係に気軽に相談してみてください。

○　返済期間中の割賦残額の全額返済や一部返済、また、条件付きで返済額や返済期間の変更も可能です。

詳しくは最寄りの支部物資係窓口までお問い合わせください。

# 厚生・共済　特集

# 災害発生時に相互協力

## 基地内の委託売店と協定

「大災害発生時、基地に預けられた子供たちに基地のコンビニが食べ物を提供します」――。海自厚木航空基地では災害時、基地内に開設された託児所の子供たちに、コンビニが食料などを無償で提供する協定を委託売店と結び、非常時の隊員の負担軽減につなげている。

### 託児所に食料を無償提供　厚木基地　隊員の負担軽減へ

【厚木】厚木航空基地家族会（会長・平木拓宏4空群司令）はこのほど、基地内の委託売店・セブンイレブンを運営するエームサービス（東京都港区）と「災害時における相互協力に関する協定」を締結した。

協定は、大規模災害発生時に相互に協力して安全の確保に努め、基地内に開設される「子供一時預かり所」の子供たちに、委託売店が食料などを無償で提供する内容。

厚木基地の場合、基地に預ける子供の食料は親の隊員が緊急登庁の途中で購入し、準備することになっている。しかし、大規模災害時には食料の調達が厳しい状況が想定される。

今回の協定ではこれを改善。コンビニからの食料調達が可能となり、子供を預ける隊員の負担が軽減される。売店では、子供たちのアレルギー対策や好みに対する対応も行っているため、親も安心して子供を預け、災派活動に集中できる。

厚木基地では、「基地内のさまざまな業種の人々が知恵を出し合うことで、『子供一時預かり所』のサービスをさらに向上させたい」としている。

「災害時における相互協力に関する協定」を締結し、託児所の子供たちへの食料無償提供を実現した平木4空群司令（左）とエームサービスの林聡執行役員（海自厚木航空基地で）

### 非常時に時間外営業　船岡駐業と売店会 正式に協定締結

【船岡】船岡駐屯地業務隊長の駿河秀典2佐と同駐屯地売店会長の佐藤勝己氏は8月1日、厚生センター売店の非常時の時間外営業に関する「覚書」を締結した。

これは、駐屯地所在部隊が「第3種非常勤務態勢」が発令された場合や災害派遣などの移動中に駐屯地の売店を利用するニーズに応えるため、話し合いを重ねて実現した。協定締結により、通常午後9時で閉店する営業時間を、災害発生時には延長してもらうことができるようになった。

船岡駐屯地は昨秋の台風19号災害で、所在部隊が被災地に急行し、他の方面隊の増援部隊が約1カ月間、駐屯。その間、売店会の善意でコンビニの営業時間が延長された。その経験を生かして今回、正式に「覚書」の締結に結び付けた。

駿河隊長は「非常勤務態勢が発令された際に、隊員の物資購入時の利便性を向上していただけることは、駐屯地隊員としても大変心強く、また大変ありがたく思う」と語った。

「覚書」に署名した駿河業務隊長（右）と佐藤会長（船岡駐屯地で）

### 板妻駐、SNSを開設　隊員の活躍を国内外に広く発信

【板妻】駐屯地は8月1日、SNSの「ツイッター」のアカウントを開設した。

近年のスマートフォンの急速な普及を踏まえ、駐屯地として正式にSNSを開始。隊員の活躍を内外に幅広く発信し、隊員の士気高揚と募集広報の円滑化を目的としている。SNSには板妻駐屯地キャラの「イタヅマン」のQRコード＝写真＝からもアクセス可能だ。

駐屯地広報班は「主に駐屯地の行事や訓練をはじめ、イベント協力など、活気あふれる様子を配信していくので、積極的なフォロー、リツイートをお願いします」と呼び掛けている。

## 余暇を楽しむ

### 福江島分屯基地　フットサル部

紹介者：1空曹　山本 邦保（第15警戒隊通信小隊）

### 「楽しく気持ちよく」

朝雲新聞をご覧の皆さま、こんにちは。長崎県五島列島の福江島分屯基地の山本1曹と申します。

今回は私が所属しているフットサル部を紹介したいと思います。フットサルは、サッカーの4分の1ぐらいの大きさのコートで、5対5でプレーするサッカーに似たスポーツです。その魅力は、性別、年齢に関係なく楽しめることにあります。

フットサルはルール上、サッカーよりも接触プレーに厳しく対処するようになっており、より安全にプレーできます。運動量もサッカーに比べて少なく、気軽に参加できるというイメージから、最近は女性の参加も増えているそうです。

我々も新型コロナの影響により、今年3月から約3カ月間、活動を自粛していましたが、コロナ対策を徹底した上で6月に活動を再開し、自粛期間中に取れなかったコミュニケーションを取り戻しつつあります。

ここ五島列島の福江島では、風雨の影響を受けやすいということもあり、天候に左右されない体育館で、毎週木曜の午後6時から2時間にわたって集中してフットサルをしています。

部員は27人で最年少は19歳、最高齢は50歳まで幅広い隊員が参加しています。そしてプレーのうまい、下手を問わず「楽しく気持ちよく」をモットーにしています。体育館は古いですが、とても良い環境で活動できています。

今年は部外の方ともフットサルを通じた交流を図り、部内外を問わず部活動に励みたいと考えています。皆さまも福江島に来ることがありましたら、共に汗を流し、私たちと楽しくプレーしてみませんか。

㊤10代から50代まで幅広い年齢の隊員が所属している福江島分屯基地フットサル部㊨分屯基地体育館でフットサルに打ち込む部員たち

### 自慢の一品料理　なめろう丼

紹介者：3空曹　古林 美佐子（空自第44警戒隊給養係・峯岡山）

空自峯岡山分屯基地の自慢の一品は、地元千葉・房総半島の郷土料理「なめろう丼」です。

房総地域の漁師が獲ったばかりの魚の身を船の上でミンチ状にして叩き、味噌を加えて食べたことが始まりとされています。四半期に1回開かれる「食育の日」に提供したところ、隊員に大好評でした。

調理法は、150～200グラムのアジを3枚におろし、骨や皮を取り、生姜、長ネギと味噌を混ぜて包丁で叩きます。粘り気が出るまで叩くのがおいしく作るポイントです。最後に、生臭さを消すため、おろしニンニクを混ぜ、ご飯の上にしそを添えて盛り付ければ完成です。

なめろうは、千葉の多くの居酒屋で提供されており、隊員にとって馴染みの深い料理のひとつです。「食育の日」では鮮度の良好なアジを使用しましたが、アジ以外でも青魚であれば、サンマやトビウオでもおいしく作れます。普段、1匹の魚を三枚におろす機会が少ないため、より集中して調理に取り組むことができ、時間があっという間に過ぎました。誰でも簡単に調理できる料理ですので、ご自宅でもぜひ、作ってみてください。

### 功労者に感謝状　コロナ下でも平常通り業務継続　練馬駐業

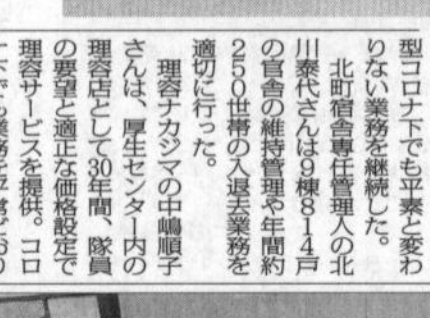

コロナ下での通常業務継続などの功績で境業務隊長（前列右から2人目）から感謝状を贈られた3人の功労者（前列）＝9月16日、陸自練馬駐屯地で

【練馬】練馬駐屯地業務隊は9月16日、創隊67周年記念行事の一環として、駐屯地隊員がお世話になっている部外の功労者3人に感謝状を贈呈した。

受賞者の吾妻学キョウワプロテック社長は、平成26年度から給食委託事業者として隊員の健康増進と士気高揚に貢献。各種災派でも、柔軟な給食業務を行い、新型コロナ下でも平素と変わりない業務を継続した。

北町宿舎専任管理人の北川泰代さんは9棟814戸の官舎の維持管理や年間約250世帯の入退去業務を適切に行った。

理容ナカジマの中嶋順子さんは、厚生センター内の理容店として30年間、隊員の要望と適正な価格設定で理容サービスを提供。コロナ下でも業務を平常どおり続けた。

業務隊長の境孝明1佐は、「隊員のために永きに渡りそれぞれの業務を遂行され、尽力していただいたことに感謝します。今後ともよろしくお願い申し上げます」と謝辞を述べた。

### 高校文化祭で空自空上げ　基地給養小隊員が生徒に調理技術指導　三沢

三沢商業高校の生徒たちに「三沢基地空自空上げ」の調理法を指導する給養小隊員（9月3日）

【3空団＝三沢】三沢基地給養小隊は9月3日、地元の三沢商業高校で10月に行われる文化祭で「三沢基地空自空上げ」の販売を計画している同校生徒たち7人に、調理技術の指導を行った。

生徒たちは空自空上げを課題研究のテーマとしており、この日は工藤翼3曹、高瀬武3曹らの説明に熱心に耳を傾けていた。

給養隊員の丁寧な指導の下で調理を進めた生徒たちは、三沢基地の空上げとほぼ同じ味を再現。生徒たちも隊員との共同調理を通じ、笑顔を見せていた。

挙式・写真プラン
Thank you Plan
今だからこそ生涯残せる想い出を・・・
かけがえのない大切な方々に
「ありがとう」と伝えたい。

挙式・写真のみご希望される方

390,000円（税込）

－プラン内容－

【挙式】キリスト教式／人前式

（牧師／司会者・聖歌隊（女性2名）・オルガニスト

結婚証明書・リングピロー・装花・ブライダルカー）

【衣裳】新郎新婦衣裳・衣裳小物

【介添え】【美容着付】【記念写真】【スナップ写真】

◆挙式3ヶ月前より受付いたします◆

ブライダルのご相談、お電話・メール・オンラインにて受付中

ご予約・お問い合わせはブライダルサロンまで

ブライダルサロン直通 03-3268-0115 または 専用線 8-6-28853

受付時間【平日】10:00～18:00　Mail:salon@ghi.gr.jp

【土日祝】9:00～19:00　〒162-0845 東京都新宿区市谷本村町4-1

HOTEL GRAND HILL ICHIGAYA

# 地方防衛局

特集

# 「自衛隊入間病院」新設へ

## 入間基地に令和3年度末 開院

### 病床数60 「航空医学」など10診療科

防衛省の令和3年度概算要求に「自衛隊入間病院（仮称）」の新設が盛り込まれた＝1面参照。自衛隊病院の拠点化・高機能化に向けた取り組みの一環として、病床数は60床、航空自衛隊独自の「航空医学診療科」をはじめ、内科や外科、小児科など10の診療科を標榜する予定で、航空自衛隊入間基地（埼玉県狭山市）に令和3（2021）年度末の開院を目指す。

### 医療チームの派遣態勢構築

自衛隊入間病院（仮称）は病床数60床で、▽航空医学診療科▽内科▽外科▽整形外科▽麻酔科▽精神科▽救急科▽小児科▽歯科▽歯科口腔外科──の10の診療科を標榜する予定だ。空将補の病院長以下、約260人体制で発足する。

病院棟は3階建ての鉄筋コンクリート造りで、延床面積は約1万9000平方メートル。1階に外来、救急、放射線、薬剤、厨房などが配置され、2階は外来、手術、検査、内視鏡、健診など、3階は病棟として高度治療室（ICU）を含む60床のほか、外来、リハビリテーション室などが置かれる予定だ。

空自独自の診療科となる「航空医学診療科」では、操縦士等に航空身体検査とそれに伴う精密検査を行い、航空業務への支障の有無を判断するほか、操縦士等が病気を患った場合も、所要の検査を実施し、航空業務への影響を見据えた治療を提供、疾病管理に当たる。

また、各種感染症（疑いを含む）の患者等への一時的な医療対応が可能な設備を設け、感染症の患者動線を他の患者等と分離するなど、院内感染の防止に配慮しているのも特徴だ。

入間病院は平成27～28年度の基本検討・調査、28～29年度の実施設計を経て、現在は30年度から始まった本体工事が急ピッチで進められている。

入間基地は輸送機の空輸拠点であると同時に、南海トラフや首都直下地震発生時の対応拠点基地として「広域医療搬送拠点」と位置付けられていることから、同基地に新設される入間病院には多様な事態への対応が求められている。

こうしたことを踏まえ、災害時などの大量患者発生時にも適切に対応できるよう、患者待合場所やエントランスが広く確保されているほか、壁面と天井には医療用ガスアウトレット（配管設備）などが備え付けられている。

さらに、航空輸送力の最大拠点である入間基地の立地を生かし、輸送機等を駆使した患者後送の観点から、高度先進医療を担う自衛隊中央病院（東京都世田谷区）や防衛医科大学校病院（埼玉県所沢市）との連携も図っていく考えだ。

空幕首席衛生官の別宮慎也将補は「航空自衛隊が管理する自衛隊三沢病院、岐阜病院、那覇病院という分散配置された三つの病院を入間病院に集約し、限られた人的・物的資源を一つに集中させることで、救急対応能力を持つ医療チームを迅速かつ継続的に適時適切な場所に派遣できる態勢を整備していきたい。今後、開院に向けて活躍が期待される看護官の公募と看護技官の採用を予定している」と話している。

▲自衛隊入間病院（仮称）の完成イメージ図。病院棟（3階建て）をメインに、教育棟（2階建て）、隊舎棟（3階建て）が並ぶ。病院地区は陸上競技場と訓練場に隣接する

入間基地　病院地区　訓練場　陸上競技場　サッカー場兼ソフトボール場　駐車場

災害時などを想定し、一度に多くの患者の受け入れにも適切に対応できるよう、広く設計されたエントランスが特徴だ

## 防衛施設と首長さん

### 千葉県鎌ケ谷市　清水 聖士市長

### 市民の生活を守る自衛隊 下総・松戸の部隊と連携

しみず・きよし　59歳。早大法卒。米ペンシルベニア大学大学院ウォートン・スクールで経営学修士（MBA）取得。伊藤忠商事社員、外務省経済協力局課長補佐などを経て、2002年7月、鎌ケ谷市長に就任。現在5期目。広島県出身。

鎌ケ谷市は、千葉県の北西部、都心から25キロ圏内に位置し、面積は21・08平方キロメートルとコンパクトながらも、市内には4線の鉄道があり、この4線が交差する新鎌ケ谷駅からは、30分程度で都心や成田空港に行けるなど、生活利便性の高い町です。

また、市内には豊富に緑が残り、プロ野球日本ハムファイターズの二軍本拠地があるなど、自然と賑わいが調和した住宅都市として発展し、人口も平成8年に10万人を超え、現在の人口は約11万人となっています。

さて、本市の市域内には、海上自衛隊下総航空基地と陸上自衛隊松戸駐屯地の二つの基地・駐屯地があります。

近年では、国の防衛とともに災害時の救援活動など、自衛隊の皆さまの活動が市民生活を守る上で、大変重要な役割を果たしていることはよく知られています。

本市では、毎年の総合防災訓練、災害時における応援や消防活動支援に係る協定の締結、昨年の台風の際にも両自衛隊と連携して災害対応に当たるなど、さまざまな連携をしています。

今後も、地域の防災力を高めていくためには、海上自衛隊及び陸上自衛隊のそれぞれの基地・駐屯地が市内にあることを生かして、相互に協力をしていくことが不可欠であり、より一層の連携を深めていくことで、市民の皆さまの安全・安心を守っていくことが重要であると考えています。

## 「防衛白書」テーマに講演

### 東北局 熊谷局長 八戸では意見交換会

【東北局】東北防衛局の熊谷昌司局長は9月24日、仙台市内のホテルで「一般社団法人日本安全保障・危機管理学会」の宮城県支部が開いた勉強会に講師として招かれ、「令和2年版防衛白書について」と題して約1時間にわたって講演を行った。

同学会は、安全保障や危機管理に関する理論とその応用・実践についての研究を深めつつ、有為な人材を育成し、大学、自治体、企業などに送り込むことを目的として2005年に設立され、全国各支部では毎月、勉強会を開催している。

主催者の油川洋支部長のあいさつに続き、熊谷局長が登壇。東北防衛局について紹介した後、「令和2年版防衛白書」の概要や直近1年間の我が国の防衛に関する主要な出来事などを分かりやすく講演した。勉強会には宮城県支部会員など約30人が出席し、熱心に耳を傾けていた。

講演後、聴講者から「サイバーに携わる人員の養成はどのようにしているのか」などの質問を受けた熊谷局長は、全ての質問に一つ一つ丁寧に回答した。

東北防衛局では「防衛省の政策や自衛隊の活動に関して広く国民の理解が得られるよう、同局職員や隊員を積極的に講師として派遣しており、今後とも地元のニーズに応えながら講師派遣を行っていきたい」と話している。

◇

翌9月25日には、青森県八戸市の長根屋内スケート場「YSアリーナ八戸」内の会議室で、「自衛隊・八戸市防災対策検討委員会」（坂本美洋会長）が主催する今年度第1回目となる意見交換会が開かれた。

会合には八戸市、防衛省・自衛隊、海上保安庁、青森県警から計21人が参加。東北防衛局からは熊谷昌司局長をはじめ、武田和仁企画部長、古川和久三沢防衛事務所長が出席した。

開会に当たり、坂本会長のあいさつに続き、小林眞八戸市長、海自大湊地方総監の二川達也海将、東北防衛局の熊谷局長らがそれぞれあいさつを述べた。

この後、八戸市から市民防災部防災危機管理課副参事の竹井秀帆氏が同市の紹介と過去の災害、今年度の訓練予定について、続いて、まちづくり文化スポーツ部次長兼長根屋内スケート場副館長の河原木実氏がスケート場の概要についてそれぞれ説明した。

同スケート場は、世界水準の大会が開催可能な国内3例目となる屋内400メートルのスピードスケートリンクであると同時に、災害発生時には備蓄倉庫機能を兼ね備えた滞在・防災拠点としても活用される。

会合では自衛隊による災害派遣活動に期待感が寄せられるなど、活発な意見交換を通じて八戸市の防災対策の強化に向けて情報共有と連携強化が図られた。

会合終了後、参加者たちはスケート場内にある災害支援物資の集積スペースなどを見学し、非常時の対処の在り方について認識を新たにした。

「令和2年版防衛白書」について講演する東北防衛局の熊谷昌司局長（9月24日、仙台市内のホテルで）

意見交換する参加者（9月25日、青森県八戸市の長根屋内スケート場内の会議室で）＝八戸市提供

## リレー随想　小波 功

南関東防衛局の入居する横浜市中区北仲通の横浜第2合同庁舎からは、横浜みなとみらい地区が一望でき、横浜ベイブリッジ越しに[illegible]を確認できる。日頃は和やかな横浜らしい光景が、今年の2月には日本中いや世界中の注目を浴びることとなった。

我が国で初めて新型コロナウイルスによる集団感染への対応が求められた「ダイヤモンド・プリンセス号」の停泊である。

当時はまだ日本国内の感染事例は限定的で、「ダイヤモンド・プリンセス号」の乗客乗員への対応が急務となり、防衛省の災害派遣等への対応に際しては、当局の職員もこの感染リスクの高い業務に従事する形で現地に派遣されることとなった。幸い新型コロナウイルスに感染することなく、無事に任務を終えて当局に復帰してくれた。

[illegible]やがて、新型コロナウイルスの問題は、大型客船の問題から日本国中の普遍的な問題となっていった。

当局でも本年3月に新たな東富士演習場使用協定の締結という大きな課題を抱えていたが、幸い関係自治体や権利者団体各々の冷静な対応とご協力のおかげで[illegible]

### 横浜テレワーク事始め

[illegible]

4月には、政府の緊急事態宣言が発令され、[illegible]テレワークが実施されることとなった。[illegible]局長にもテレワーク端末が配布され、六十の手習いならぬ五十の手習い（テレワーク）を始めることとなった。

[illegible]

一方、地方防衛局の業務[illegible]

余談ではあるが、[illegible]（南関東防衛局長）


2020 NEW MODEL　三相200V
大型スポットクーラー BSC-10
強風・冷風を兼ね揃えた大風量スポットクーラー！
倉庫、コンテナ積み下ろし作業等に最適！
外気温に対し体感温度-13℃（吹出し口）
気持ち良い風を約15m先までお届け！
環境改善　熱中症対策　大風量　スポット冷房
内径約41cmの大型冷風口
※冷風・排熱口に保護ガード付き
吹出口風速約7.28/8.20m/s
最大風量約55/62m³/min
必要な時、必要な時間だけ効率的な空調
スポットクーラーシリーズ
天吊り・消防法適合・複数ダクト等ご用意しております

コンプレッサー式除湿機
目的に合ったドライ環境を提供
結露・カビを抑え湿気によるダメージを防ぎます！
【各機種満水停止機能付き】ドレンホースで直接排水も可能です！
DM-10　DM-15/DM-15T　DM-30
株式会社ナカトミ　〒382-0800 長野県上高井郡高山村大字高井6445-2
株式会社ナカトミ　検索　https://www.nakatomi-sangyo.com
お問い合わせはこちら　TEL:026-245-3105　FAX:026-248-7101

自衛隊装備年鑑 2020-2021
発売中!!
陸海空自衛隊の500種類にのぼる装備品をそれぞれ写真・図・性能諸元と詳しい解説付きで紹介
◆判型　A5判 /524頁全コート紙使用 / 巻頭カラーページ
◆定価　本体3,800円+税
◆ISBN978-4-7509-1041-3

朝雲新聞社
〒160-0002 東京都新宿区四谷坂町12－20KKビル
TEL 03-3225-3841　FAX 03-3225-3831　http://www.asagumo-news.com

# ～地本　ホッと通信～

## 沖縄県で初開催　女性限定の見学会

## かっこいい！　女性自衛官の活躍

### 高校生ら14人、隊員と交流

【沖縄】「自衛隊は出産・育児休暇が充実しているだけでなく、庁舎内に保育所があるなど、女性がとても働きやすい環境です」――。

沖縄地本は9月7日、陸自勝連分屯地と海自沖縄基地隊で、女性限定の企画イベント「ガールズアドベンチャー」を初開催し、県内から女子高校生や社会人女性14人が参加した。

この企画は自衛隊に興味をもつ女性に、実際に女性自衛官が活躍する職場を見てもらうことで、「キツい」「厳しい」というイメージや入隊への不安を解消してもらい、募集に繋げることが目的。女性隊員との交流の中で自衛隊の仕事の楽しさややりがいを学ぶとともに、国民を守る任務を間近から見るという貴重な体験をしてもらった。

参加者たちは地本本部などでの受付後、自分の好きな3自の迷彩服に身を包み、勝連での研修に臨んだ。午前中は海自沖縄基地隊の施設や隊舎を見て回ったほか、砕氷艦「しらせ」が持ち帰った南極の氷の体験なども行った。

午後は陸自の勝連分屯地を訪れ、15高射特科連隊が装備する中距離地対空誘導弾を研修。女性の遠見みどり士長が対空ミサイルの発射機を立ち上げる動作を間近から見て、「すごい！」「かっこいい！」と隊員たちを尊敬のまなざしで見つめていた。

その後の女性隊員との懇談会では、入隊間もない若手から子育て中の"ママ隊員"まで、幅広い年齢層の隊員と対談。参加者からは「体力がなくても大丈夫か？」「女性はどの職種で活躍しているのか？」などの質問があり、隊員は自身の経験談を交えながら、丁寧に答えていた。

参加者は、「実際に駐屯地で働く女性の姿を見て、自分も自衛官になりたいという気持ちが強くなった」「基地を訪問して自衛官の仕事のイメージが変わった」などと話し、それぞれ入隊への意欲を高めていた。

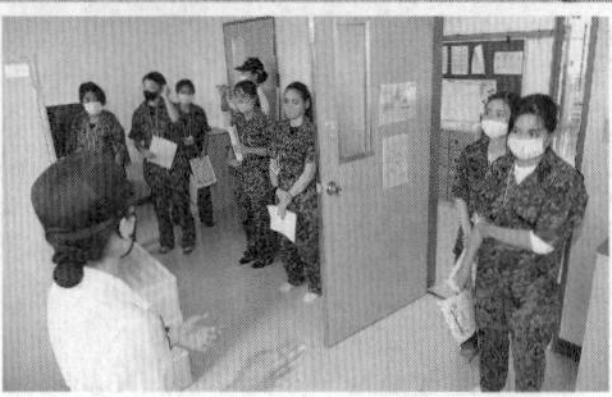

㊤03式中距離地対空誘導弾（後方）を立ち上げた遠見士長（左）と記念撮影をするガールズアドベンチャーの参加者㊦海自隊員から女性自衛官の隊舎の説明を受ける女子生徒ら（9月5日）

幅広い年齢層の女性隊員と懇談するイベント参加者（勝連分屯地で）

### 岩　手

地本は9月5日、採用試験を受ける学生らを対象に、9高特大の支援の下、「岩手駐屯地見学」を行った。

はじめに、空自6空団（小松）所属のＦ15戦闘機パイロットによる航空学生ガイダンスを開講。その後、野外炊事車による炊き出しの見学と「よこすか海自カレー」を試食し、学生たちは「辛いけどおいしい」「野外で食べるご飯は格別」と話すなど好評だった。

### 宮　城

地本はこのほど、多賀城駐屯地で119教育大隊による予備自補の招集教育訓練を支援した。

訓練は、新型コロナ対策を講じ、基礎となるＡタイプ訓練（基本教練、精神教育など）を実施。昨年度と今年度7月に宮城地本で採用された10人が初参加した。

初日には、男澤賢一予備自課長が参加者に謝意を伝え、「自らが予備自補の広報官として友人・知人にも予備自補制度を広げていただきたい」と要望した。

### 茨　城

地本募集課は8月21日、海自横須賀基地で女性4人に対して基地見学を支援した。

4人は砕氷艦「しらせ」の艦内見学や曳船による体験航海などに参加。「見学内容が非常に濃かった」「貴重な体験ができた」「海上自衛官になりたい！」などと話していた。

### 群　馬

地本広報班長の大島保洋1尉は8月28日、桐生市市民文化会館で同市東地区自主防災会主催の「自衛隊員による防災講演会」で講話した。

講演会で大島班長は、自衛隊の災害派遣が近年増加傾向にある現状を説明。平成30年の西日本豪雨での人命救助など、自ら経験した災派活動での体験談を交え、写真で解説した。令和元年の台風で水害が発生している点にも触れ、市のハザードマップを確認し、「マイ・タイムライン」作成の重要性を強調した。

### 長　野

伊那地域事務所は8月5、6の両日、箕輪進修高校の2年生4人に対してインターンシップの支援を行った。

高校生たちは基本教練、車両点検、応急処置要領、ロープワークなどを実習。ハザードマップを活用した防災教育では地図上の浸水想定区域や避難場所などを見た後、街に移動して実物を確認し、地図の見方や発災時の行動を想定する重要性を学んだ。

参加した生徒は「自衛隊の業務の一部を体験でき、進路について考えるきっかけとなった」などと話していた。

### 静　岡

地本は9月5、6の両日、小山町の富士スピードウェイで開催された「富士スーパーテック24時間レース」で陸自富士学校と連携し、募集広報を行った。

同校所属の16式機動戦闘車、96式装輪装甲車などの装備品を展示したほか、沼津地域事務所が広報ブースを開設。

当日は、高い気温と突然の降雨にも関わらず、県内外から延べ約1万人が来場。ブースの広報官には自衛隊の給料や休暇、隊内生活など、さまざまな質問が寄せられた。

### 京　都

宇治地域事務所は8月27日、空自奈良基地見学会を開催、宇治地域の高校・大学生など9人が参加した。

参加者たちは、幹候校の教育施設のほか、基地併設の資料館で空自機のエンジンやパイロットの装備などの展示物を見学。現役空自隊員による説明会も開かれ、現場の"生の声"に接した参加者からは多くの質問が飛び交った。

### 島　根

益田地域事務所は建物老朽化に伴って事務所を移転し、8月24日、新事務所の開所式を行った。

開所式で高橋洋二地本長は「より多くの方に自衛隊を理解していただき、多くの自衛官をこの益田地区から輩出したい」と式辞を述べた。

その後、山本浩章益田市長からの祝辞、来賓紹介、テープカットが行われた。

### 岡　山

地本は8月8日、海自呉基地で行われたヘリ搭載護衛艦「かが」の体験航海に参加し、若者6人を引率した。

当日は天候にも恵まれ、岡山から参加した学生らは呉に到着すると、普段見ることのない護衛艦に見入っていた。

参加者たちは艦内のエレベーターに乗って甲板まで上がった後、呉音楽隊の演奏を満喫。ＭＣＨ101掃海・輸送ヘリの発着艦訓練も見学し、積極的に質問をしていた。

体験航海を終えた6人は「艦内は迷路みたいな構造で驚いた」「さまざまな職種の仕事を見ることができて理解が深まった」などと話した。

### 香　川

地本は8月25日、オークラホテル丸亀で自衛隊援護協会広島支部主催の「香川地区任期制隊員合同企業説明会」を担任した。

同説明会には民間企業34社と任期制隊員19人が参加。入館時の検温、面接ブースでの飛沫感染防止シート設置など新型コロナ感染防止策を徹底し、開催した。

参加隊員からは「多くの企業から仕事内容などの話を聞けて、今後の就職活動の役に立った」などと述べた。

一方、企業側からは「誠実な態度に好感を持った」「非常に良い隊員と面談ができた」などのコメントがあった。

### 福　岡

地本は、8月28日から9月1日まで実施された4後支連（福岡）の「予備自衛官5日間招集訓練」の最終日に表彰式を行った。

同訓練は4～5月の緊急事態宣言の影響で、例年より遅い8月末に開始。5日間で100人以上の予備自が練度向上に励んだ。

1日に行われた表彰式では、最終任期満了に伴う西方総監顕彰状と、永年勤続による福岡地本長表彰状を授与。受賞した予備自は「最後まで任務を全うし、淋しくもやり遂げた気持ちだ」「今後も機会があれば自衛隊に貢献したい」などと語った。

### 鹿児島

鹿児島募集案内所は8月11日、鹿児島第2合同庁舎で防大生と同大受験者との意見交換会を開催し、防大生、受験予定者のほか、保護者・進路指導教諭が参加した。

質疑応答では、勉強方法や入校後の学生生活など、さまざまな質問が飛び交い、参加者からは「受験意欲が高まった」「同じ高校の先輩が来てくださって、質問しやすかった」などの感想があった。

新しい生活様式・新しい日常を快適に！　素敵な住まい方を提携各社が提案します。

お住まい応援［特別］キャンペーン！
"ニュー ライフ スタイル" キャンペーン！Ⅱ"

家を買うとき、建てるとき、売るとき、借りるとき、
リフォームするとき、貸したいときも
＜紹介カード＞で割引などの特典がうけられます。

2020年10月1日(木)～2020年12月31日(木)

秋のお住まい何でも相談フェア
同時開催中！(11月末まで)

キャンペーン期間内に「紹介カード」をリクエストすると 素敵なプレゼントがプラスＵＰ！

防衛省職員 自衛隊OB の皆さま限定
＜2020年12月末日までに紹介カードをリクエストすると＞
もれなくもらえる図書カード！①・②・③ に プラスUPプレゼント！
★ ①+プレゼントは、図書カード500円分 ★ ★ ②・③+プレゼントは、図書カード1,000円分

割引特典とキャンペーンプレゼントご利用方法

Step1 紹介カード発行
・お住まい探しの第一歩
各社の情報をお家でゆっくりご検討ください！
資料請求・ご来場の前に！
紹介カードをリクエスト
・キャンペーンプレゼント①
☆図書カード
1,000円分プレゼント！
( 500円に+500円)

Step2 ご見学・ご相談
・紹介カードを持ってモデルルーム・展示場などをご見学・ご相談
・ＷＥＢ相談、リモート相談
無人モデルハウスご見学も！
・キャンペーンプレゼント②
☆ ☆図書カード
2,000円分プレゼント！
(1,000円に+1,000円)

Step3 ご成約
・ご成約！
Step1で、紹介カードをリクエストいただいた方は
＜各社の提携割引特典＞を受けられます。
・キャンペーンプレゼント③
☆ ☆図書カード
3,000円分プレゼント！
(2,000円に+1,000円)

※ キャンペーンのご参加は、期間中1家族様1回限定(紹介カードは、複数発行も可ですが、プレゼントは1つです。)

コーサイ・サービス株式会社
https://www.ksi-service.co.jp/
得々情報ボックス　ID:teikei　PW:109109
〒1600002 新宿区四谷坂町 12 番 20 号 KK ビル 4F　営業時間 9:00～17:00／定休日土・日・祝日
TEL:03-3354-1350 担当：佐藤

コーサイ・サービスネットショップ
職域特別価格でご提供！詳細は下記 WEB サイトから!!
ハズキルーペやエンポリオ・アルマーニの時計など
その他人気商品も販売中！

話題の磁器健康ギア！
【コラントッテ】特別斡旋!!

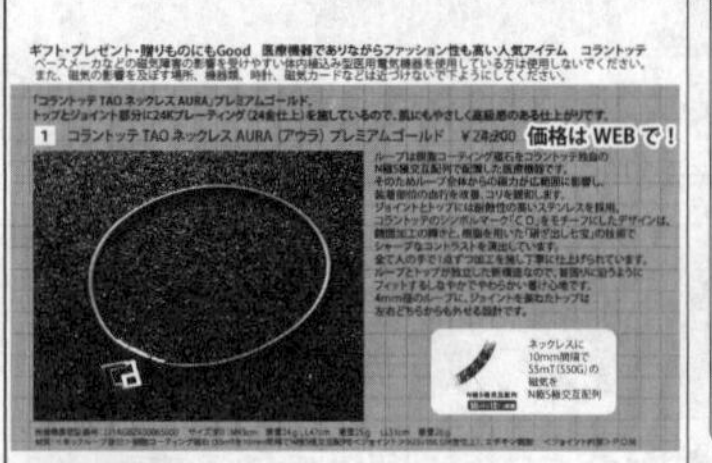

オークリーサングラス特別斡旋

お申込み　・ＷＥＢよりお申込いただけます。
https://kosai.buyshop.jp/
(パスワード：kosai)

コーサイ・サービス株式会社
https://www.ksi-service.co.jp/
得々情報ボックス　ID:teikei　PW:109109
〒1600002 新宿区四谷坂町 12 番 20 号 KK ビル 4F　営業時間 9:00～17:00／定休日土・日・祝日
TEL:03-3354-1350 担当：佐藤

# 海自初 オンラインで水泳大会

## 6会場つなぎ19種目

## 総合優勝は呉（陸上・航空）

「海上自衛隊水泳大会」が9月29日、舞鶴教育隊プールをメーン会場に全国の5地区（警備区）6会場を結び、初めてオンラインで行われた。各地区代表が19種目で力泳を見せ、ネットワークを介して共有された。総合優勝は呉（陸上・航空）が勝ち取った。

### システム通信隊が撮影

大会は2年に一度行われ、今回で32回目。本来であれば代表選手が舞鶴教育隊プールに一堂に会し行われるはずだったが、新型コロナウイルス感染症拡大防止のため、今回は5地区（横須賀、呉、佐世保、舞鶴、大湊）の9チームが各地区の6会場（長浦、1術校、佐教、鹿屋、舞教、大監）で泳ぐことに。

各会場では、システム通信隊の隊員らが各レースを撮影して舞教プールの大会本部に送信。レースの様子が本部・各会場のモニター、スクリーンにリアルタイムで映し出された。

6会場のうち横須賀地区会場では、横須賀システム通信隊の土谷みのぶ通信運用班長以下10人が作業に当たった。

また、各レースのタイムは終了直後、各会場で担当者によってネットワークのシステムに入力され、順位が表示された。

（右）6会場をオンラインで結んで行われた海自水泳大会の横須賀地区会場で、間隔をあけ飛び込む50メートル自由形・30歳以上に出場の選手（9月29日、長浦プールで）

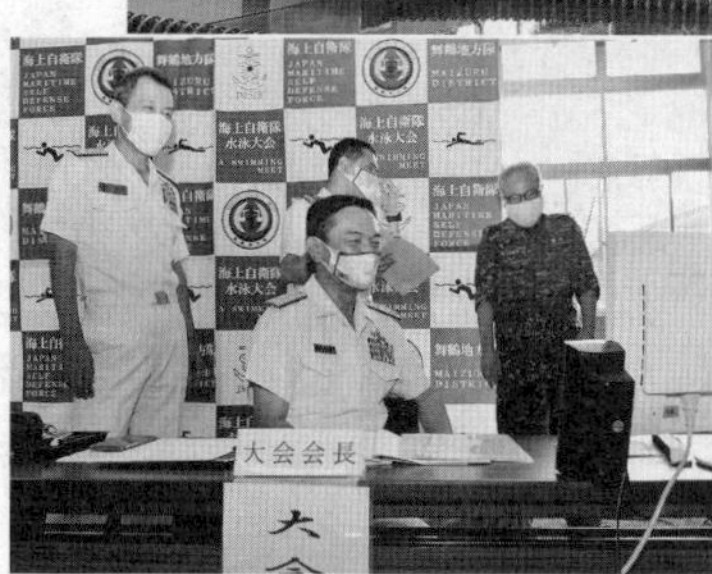

（左）モニターで各会場の力泳の様子を確認する大会会長の山村海幕長と、左後方は大会委員長の伊藤舞鶴地方総監（舞教プールで）＝海幕広報室提供

### 齋藤海将、力強い泳ぎ

舞教プールに設置された大会本部で大会会長の山村海幕長、大会委員長の伊藤弘舞鶴地方総監らが見守り、また、各システム通信隊をはじめとする部隊・隊員が後押しする中、全19種目で力泳が続いた。

横須賀地区会場の長浦プールでは、同地区の艦艇、航空、陸上3個チームの代表が飛沫を防ぐためコースを二つずつあけ（9コースのうち2、5、8コースを使用）、間隔を取って泳いだ。

女子50メートル自由形では長屋有紀1曹（横基業）が27秒50の好タイムで泳ぎ1位に。また、50メートルバタフライ（40歳以上）では古賀武文2曹（2術校）が3連覇を果たした。

一方、50メートル平泳ぎ（50歳以上）では護衛艦隊司令官の齋藤聡海将が率先垂範の力強い泳ぎを見せ、レース後、「隊員のみんなが盛り上がり、長く水泳を続けるきっかけになればと思い、出場した」と語った。

大会の最後を飾る200メートルメドレーリレーは、横須賀（陸上）、呉（陸上・航空）の接戦となり、0・62秒差で呉が制した。同チームは各種目の合計得点でトップになり、総合優勝も果たした。

閉会式の訓示で山村海幕長は、「今大会はオンライン形式という初の試みであったが、さまざまな工夫をもって成功させたことは特筆に値する」と、全隊員の労をねぎらった。

# 群馬でCSF災派

## 12旅団、約5900頭防疫

群馬県高崎市の養豚場で9月26日、CSF（豚熱）の発生が確認され、陸自12旅団（相馬原）の隷下部隊が防疫措置の災害派遣活動に当たった。

養豚農場1カ所でCSF検査の結果、陽性判定とされ、26日午後6時40分、山本一太群馬県知事から田尻祐介12旅団長に豚の殺処分等の支援の災害派遣が要請された。

12後方支援隊（新町）を基幹とする対処部隊（約200人、部隊長＝12後支隊長・川畑裕幸1佐）は、ただちに現地に向かい、翌27日午前8時から活動を開始した。

現地に進出した対処部隊は計9個班（1個班約20人）を編成し、6時間ごとにローテーション交代しながら24時間の勤務態勢で作業に当たった。豚舎での豚の追い込みや運搬支援、舎内の除染指導を行った。

群馬県は10月1日、豚の殺処分（約5900頭）が完了したことを発表。同日午後5時、県から撤収要請が出され、対処部隊は5日間の活動を終えた。

12後支隊（新町）、12対戦車中隊（同）、12高射特科中隊（相馬原）、12施設隊（新町）、12通信隊（相馬原）が活動に当たった。

豚舎内で殺処分された豚の運搬作業に当たる12旅団災派部隊の隊員たち（9月29日、群馬県高崎市の養豚場で）＝統幕提供

# 海で溺れた高校生を救助

## 八戸駐業の後藤曹長、消防署から感謝状

【陸八戸】八戸駐屯地業務隊の後藤覚曹長は9月7日、海で溺れた男子高校生を救助した功績で青森・おいらせ消防署長から感謝状を授与された＝写真。

青森県おいらせ町の百石海岸で遊泳していた高校生が8月4日、沖に流され戻れなくなった。趣味のサーフィンを終えて帰宅しようとしていた後藤曹長は、堤防で高校生の友人たちから助けを求められた。すぐにサーフィン仲間の友人に協力を求め、2人でサーフボードを抱え海岸から突堤先端付近に移動。沖合約100メートル先まで流された高校生を確認し、パドリングでボードを漕いで向かった。

沖合でペットボトルをつかみながら溺れかけていた高校生に意識があることを確認。友人の助けを借りながら自分のサーフボードに乗せて平泳ぎで戻り、突堤に到着していた消防隊員らと一緒に生徒を引き上げた。

感謝状を贈られた後藤曹長は「早く助けなくてはと思い、自分ができることは何かと考えて動いた。助けた子供が無事で何よりです」と語った。

# 密避け60人が体験搭乗

## 空自築城、感染対策万全に

【築城】空自築城基地は8月5日、新型コロナウイルス感染症対策を万全にし、春日ヘリコプター空輸隊のCH47J輸送ヘリによる体験搭乗を行った。

体験搭乗は基地モニターや報道関係者、募集対象者、地域住民などの空自への理解促進を目的に毎年8月に行っている。例年は1回の飛行で30人が搭乗しているが、今年は1回10人までとし、6回で計60人が参加した。

手指消毒の徹底などさまざまな制約事項を設けた対応に、参加者からは「感染拡大防止に尽力されていて、安心して搭乗できた」などの声が聞かれた。

1回の搭乗者数を10人までとしCH47Jヘリの機内に案内する春日ヘリ空輸隊の隊員（築城基地で）

# 松島救難隊ヘリ 校庭に予防着陸

9月29日午後3時20分ごろ、空自松島救難隊のUH60J救難ヘリコプター1機がエンジントラブルのため、宮城県石巻市の石巻北高校飯野川校グラウンドに不時着した。乗員にけがはなく、民間への被害もなかった。

松島基地によると、UH60Jは訓練飛行中にエンジンの異常を示すランプが点灯したため、事故発生を回避する目的でグラウンドに予防的に着陸した。

翌30日、基地整備員がUH60Jの機体の点検、整備を行い、午後4時43分、松島基地へ向けて離陸し帰投した。

# こちら警務隊

PC・ネット利用犯罪①

## 社会的評価落とす内容 名誉毀損、侮辱罪に該当

SNSに他人を誹謗中傷する書き込みをしたら何かの罪になりますか？

不特定多数の人が見ることのできるSNSに、「〇〇は不倫をしている」など、その人の社会的な評価を落とす具体的な内容を書き込んだ場合、内容が本当か嘘かに関係なく名誉毀損罪に該当し、3年以下の懲役もしくは禁錮または50万円以下の罰金に処せられます。また、「〇〇は最低だ」など、具体的な内容でない場合、侮辱罪に該当し、拘留または科料に処せられます。

SNSによる誹謗中傷によって精神的苦痛を受け、自らの命を絶つ被害者もいます。人を誹謗中傷する書き込みは絶対にしてはいけません。

（中央警務隊）

次回は「脅迫罪」



# 福祉大でオンライン講義

## 新潟救難隊の中原2曹

【救難団＝入間】航空救難団隷下の新潟救難隊はこのほど、新潟地本の依頼を受け、救急救命士資格を持つ中原博2曹を講師として新潟医療福祉大学に派遣。資格を活用できる救難員、衛生員、航空機動衛生隊の業務説明を行った。

新型コロナウイルス感染予防のため、講義は大学内から自宅にいる学生にオンラインで行われた。

異例の方法に始めは緊張していた中原2曹だったが、熱意は学生に伝わり、講義の最後には多くの質問も寄せられ、空自への関心を引くことができた。

新潟医療福祉大学でオンライン配信方式の講義を行う新潟救難隊の中原2曹

## 小休止

▽…富士学校自衛隊協力会会長を務め、「タケノコ王」の愛称でテレビのバラエティー番組などにも出演しているタケノコ農家の風岡直宏さんが9月7日、板妻駐屯地を訪れた。

▽…風岡さんはお決まりのピンクのタンクトップ姿で来訪し、深田満男司令を表敬。早速、記念撮影に納まった＝写真。自衛隊について情報発信し、「国や富士宮市地域を守る自衛隊に一人でも多く貢献したい」と熱く意気込みを語った。

▽…駐屯地では資料館を見学。厚生センターでは「タケノコ王」を見掛けた隊員の握手の求めに気さくに応じ、和やかに会話を交わしていた。（板妻）

よろこびがつなぐ世界へ
KIRIN
一番搾り
おいしいとこだけ搾ってる。
Brewed from only the first press of genuine malt for a crisp, delicious flavor.
KIRIN'S PRIME BREW
KIRIN BEER
一番搾り
〈麦芽100%〉
ALC.5% 生ビール
お酒



ストップ！20歳未満飲酒・飲酒運転。お酒は楽しく適量で。
妊娠中・授乳期の飲酒はやめましょう。のんだあとはリサイクル。
キリンビール株式会社

平和・安保研の年次報告書 アジアの安全保障 2020-2021

コロナが生んだ米中「新冷戦」 変質する国際関係

発売中!!

最近のアジア情勢を体系的に情報収集する研究者・専門家・ビジネスマン・学生必携の書!!

コロナが生んだ米中「新冷戦」変質する国際関係
年報［アジアの安全保障2020-2021］
西原正 監修
平和・安全保障研究所 編
定評ある情勢認識と正確な情報分析
・先の見えない日韓関係
・進む中露連携
・頓挫した米朝会談
・交錯する「一帯一路」とインド太平洋
朝雲新聞社



我が国の平和と安全に関し、総合的な調査研究と政策への提言を行っている平和・安全保障研究所が、総力を挙げて公刊する年次報告書。定評ある情勢認識と正確な情報分析。世界とアジアを理解し、各国の動向と思惑を読み解く最適の書。アジアの安全保障を本書が解き明かす!!

西原 正 監修
平和・安全保障研究所 編

判型 A5判／上製本／272ページ
定価 本体 2,250円＋税
ISBN978-4-7509-4042-7

朝雲新聞社 〒160-0002 東京都新宿区四谷坂町12－20KKビル TEL 03－3225－3841 FAX 03－3225－3831 http://www.asagumo-news.com

# 入間基地で防大生に講話

空曹長 橋本 勝利（中警団監理部広報班・入間）

空自入間基地の修武台記念館講堂で7月8日、防衛大学校の4学年（留学生を含む）に対し、中部航空警戒管制団副司令・杉山公俊1佐による講話が行われた。壇上では整備補給群司令・谷川修1佐と基地業務群司令・大石和浩1佐もオブザーバーとして参加した。

講話は「心」を主題として行われた。杉山副司令は「どの組織でも一番大事なのは『人』であり、『人』の中でも大切なのは『心』である。『心・技・体』という言葉があるが、『心』が最大の変動要素である。『技・体』は一度確立してしまえば一定レベルを保てるが、『心』は秒単位で変動し、パフォーマンスに影響するので極めて重要な要素だ。部隊一丸となり、同じ目標に向かえば『ワンチーム・ワンハート』となって組織が強くなる」と語った。

続けて副司令は「自分の心は自分自身で決めている。例えば、防大はすばらしい組織と思うか否か、それを判断しているのは自分の『心』である。自分の心をポジティブにすると、世界の見え方が変わり、成果も上がる。『やりがい・何のために生きるか？』についても、一般的に自分のためだけでは強さは生まれず、利己心は反感を買う。逆に仲間のため、国のため等、スケールが大きいほど共感を集めやすい。諸君は何を目指すのか、自分自身に正直に問うてもらいたい。自分自身の心がけで20年、30年後に大差がつく」と話した。

講話後、谷川整補群司令からも学生に「自分の人格やキャラクターを大切にして欲しい」との助言があった。

壇上でのやり取りで、整補群司令は、副司令のキャラクターを「熱意があり、誠実に指揮している」と評し、基群司令を「大きい意思をもっている」と評すると、学生から笑いが起こった。

また、大石基群司令は「部下は指揮官をよく見ている。動作、表情、私生活に至るまで注目されているので、幹部となる諸君は、自らを律することが必要である。卒業後、同期は陸・海・空に別れるが、統合運用の時代なので、これからも3自衛隊の絆を大切にして欲しい」と学生たちにエールを送った。

入間基地を訪れた防大4年生に自衛隊指揮官の心得を伝える中警団の幹部（右壇上）

生きるべきか、死ぬべきか、それが問題だ。
シェイクスピア『ハムレット』から

（世界の切手・イギリス）

朝雲ホームページ
www.asagumo-news.com
＜会員制サイト＞
Asagumo Archive
朝雲編集部メールアドレス
editorial@asagumo-news.com

## みんなのページ

### 仙台駐屯地防衛館「礎」を見学

3陸尉 廣川 恭敏（東北方面警務隊本部・仙台）

今年8月の異動で仙台駐屯地に所在する東北方面警務隊本部の勤務となった。福岡県で生まれ育ち、防衛大学校、幹部候補生学校を経て5普連（青森）での部隊勤務で初めて東北の地を踏んだ私にとって、仙台は初めての地である。そこで仙台駐屯地防衛館「礎」を見学させていただき、仙台という土地と駐屯地について理解を深めた。

防衛館「礎」には数多くの資料が展示されており、仙台の街を作り上げた伊達家、そして仙台駐屯地などの沿革を知ることができるよう工夫されている。時代ごとに区切られたブースは、豊富な資料により、今の仙台がどのようにして形作られていったのか、その変遷を知ることができ、仙台にゆかりのある人物や文化に触れる良い機会となった。

特に「郷土史」コーナーでは、伊達家に関する資料が多く展示され、伊達氏の家紋の変遷や伊達家中の鎧兜などにより、歴史好きでなくとも伊達家への興味と愛着が感じられる内容になっている。

また、東北方面隊のコーナーでは、方面隊の中核として仙台駐屯地が歩んだ沿革のみならず、国際平和協力活動や災害派遣などの活動も紹介されている。物心着いた時には自衛隊のPKO活動や災害派遣は当たり前であった私にとって、写真や新聞の切り抜きなどから見える当時の活動は新たな発見であった。

特に「東日本大震災」のブースでは、東北方面隊の被害の甚大さを改めて知り、その中で活躍した先輩隊員の皆さまの奮闘を感じる事が出来た。

今回、防衛館「礎」を見学して感じたことは、多くの人にこの施設に足を運んでもらいたいということだ。初めての人には仙台を知る導入の場となり、長く仙台に住む人にとっては再認識や新発見の場となる。皆さまも防衛館「礎」をぜひ一度ご覧あれ。

仙台駐屯地の防衛館「礎」内に展示された東日本大震災に関する資料を見学する東北方面警務隊の隊員

### F1展示機がピカピカに

2空曹 平林 剛（3空団検査隊・三沢）

空自三沢基地の正門通りには、F1戦闘機がかつて部隊配備されていた当時のままの姿で展示されています。

この機体は今から約22年前、用途廃止になったF1戦闘機を基地内に展示するため、先輩たちが設置作業に当たりました。それは3空団整備補給群検査隊に所属する、当時の選ばれし精鋭たちだったのです。

作業はメインストリートを交通規制し、整備地区から機体を牽引して運び、台座に固定するためのアダプターを機体に取り付け、米軍の大型クレーンを使用して台座に載せるという、とても大がかりな作業でした。この展示機の実現のため、当時、先輩方がさまざまな準備に日々奔走していたのを私も記憶しています。

あれから22年が過ぎ、展示機もすっかり歳を取りました。そこでこのたび3空団司令部の方々が立ち上がり、「アンチエイジング」の再塗装を行い、F1は設置した当時と変わらぬピカピカの姿に生まれ変わりました。

私は登退庁時、このF1戦闘機の雄姿を見て、先輩方の姿やその教えを思い出します。私もエイジングに負けずに、これからも各種業務に勤しみたいと思います。

三沢基地に展示されているF1戦闘機のアンチエイジング作業を行った隊員たち

### 前田総監の色紙 一生の思い出に

1陸士 有田 華七（11施設隊・真駒内）

私は8月29日から9月6日まで真駒内駐屯地と上富良野演習場で行われた第11施設隊訓練検閲に渡河器材小隊架橋手として参加しました。

車両行進では先行班として参加し、集結予定地における地域の安全化、車両停車位置の偵察などを実施するとともに、主力の誘導の際は暗闇の中、できる限り灯火を制限し、道路上に車両を停止させることなく整斉と停止位置まで誘導することができました。

その後、一昼夜かけ07式機動支援橋を架設するとともに、その後は橋の警戒、車両誘導のほか、橋りょう破壊や道路破壊など障害構成の任務も行い、施設科隊員として知識や技術を学ぶことができました。

この間、前田忠男北部方面総監が訓練を視察に来られた際、「ご苦労さん！」とねぎらいの言葉とともに、総監直筆の要望事項「必成」と書かれた色紙をいただきました。この色紙は一生の思い出です！

厳しい中での検閲でしたが、旅団作戦の一部に自分も役に立てたという満足感と、任務を完遂した達成感でいっぱいです。今後も部隊に貢献できる隊員を目指して頑張っていきたいと思います。

前田北方総監からの色紙を手にする有田華七士

### OBがんばる

立川 直樹さん 57
平成29年9月、陸自幹部候補生学校（前川原）を定年退職（2佐）。全国共済農業協同組合連合会・佐賀県本部に再就職し、自動車の共済（任意保険）業務に就いている。

#### 良好な人間関係が全て

「定年」というくらいなので、それは突然やってくるわけではなく、かなり前から薄々感じ、年代の近い先輩たちを見送るたびに徐々に身近な問題として認知していくのでしょうが、私は「まだ自分の番ではない」「まだずいぶん先の話」と自分に思い込ませ、目をそらしていました。しかし、どんどん強制的に認識させられ、ついにその日が迫ってきて、自分の置かれた後手後手の状態に慌てることとなっていました。

特に、自衛隊を離れる時になって改めて「こんなに大きな組織に守られていたのか」ということに気付きました。多くの先輩方から「早いうちに自分のしたいことを見つけておいた方がいいよ」とか、「再就職したい地域にどんな求人があるか認識しておきなさい」等の忠告をしていただいていたのに、かなり出遅れてしまった私ですが、我が組織に援助をしていただいたお陰で、地元の農協に再就職することができました。

農協は「相互扶助の精神のもとに農家の営農と生活を守り高め、よりよい社会を築く」ことが目的で、「安全安心な農と食を支える」組織です。敷地内には「一人は万人のため万人は一人のため」という言葉が刻まれた石碑が建立されています。その中で、私はいま農協で自動車の共済（任意保険）に加入されている契約者の方々の交通事故対応の手続きをしています。事務所では先輩方による（自衛隊退職者の）受け入れ態勢が確立されており、悩み[illegible]番の先輩方に感謝申し上げます。

### 基地警備試験で受験全員が合格

3空曹 末武 春香（46警隊・佐渡）

第46警戒隊は、レーダーサイトの基地警備に必要な能力を有する隊員を練成し、基地警備能力を向上させるため、基地警備増強要員養成訓練を実施した。

訓練は座学による教育から始まり、検問・拘束要領、負傷者の発生に備えた応急救護などの演練を行った。

最終日には筆記と実技の検定試験があり、今まで行ってきた訓練の成果を試された。結果は、受験者全員合格。この成果を受けて佐渡分屯基地の警備能力がさらに向上した。

## 新刊紹介

### 「新たなミサイル軍拡競争と日本の防衛」
森本 敏ほか著

米国防総省がこのほど発表した『中国の軍事力に関する年次報告書』は、中国の核弾頭数を200発と見積もったうえで「今後10年で少なくとも2倍になる」との見通しを示した。

米ソ（露）間のINF条約（昨年失効）で両国の中距離ミサイルは制限されたが、その間隙をぬってアジアや中東では保有数が増え、特に中国は核戦力を強化、この結果、米中のミサイル・バランスは崩れた。本書はこの状況を是正し、中国をいかに大国間の軍備管理の枠組みに組み入れ、日本の安保環境を改善するかをテーマにしている。

著者は民間人で初めて防衛大臣となった森本敏拓殖大学総長をはじめ、高橋杉雄防研防衛政策研究室長、戸﨑洋史日本国際問題研究所軍縮・科学技術センター主任研究員らで、「ポストINF時代」の安全保障と戦略・軍事・軍縮について多面的に分析。特にミサイル競争の中で「セオリー・オブ・ビクトリー（勝利のための論理）」をいかに追求していくか、一定の回答を見つけるべく議論を進めている。（並木書房刊、2640円）

### 「自衛隊最強の部隊へ」—FTC対抗部隊編
二見 龍著

元陸将補の著者が40普連長（小倉）時代に富士トレーニング・センター（FTC）で「最強の敵」であるFTC部隊との対抗戦に挑み、もう一歩のところまで追いつめた戦闘の記録だ。

40普連の敗因は、最後の攻撃で指揮官の中隊長が「突撃」を命じたためだった。訓練前に連隊長と「突撃はしない」と申し合わせていたにもかかわらず、厳しい状況の中で隊員に「突撃」を命じてしまった中隊長。その時の心境を「カーッとなった瞬間、自動的にスイッチが入ってしまった」「もしかしたら、突撃というものが身体に染み込んで取れないのかもしれない」と振り返る。

本書では連隊長と中隊長の反省会となった後日談を各所に盛り込み、FTC部隊と互角に戦いながら、なぜ最後に突撃を命じて敗退したのかを問う。そして陸自の伝統的な教育訓練の問題点も挙げながら、「どうしたら部隊を強くできるのか」議論している。

著者は連隊長時代、敵に見つからずに生き残る戦闘術「スカウト」などを積極的に部隊に導入し、戦闘力のアップに努めた。ところが、指揮官が交代すると「元の普通の部隊に戻ってしまった」という。突出した部隊はいらないとする組織上の問題点にも切り込んでいる。（誠文堂新光社刊、1650円）

### 詰碁
第1244回出題

出題 日本棋院 九段 曲 励起

白先

[illegible] 5手でできれば初級以上です。

▶詰碁、詰将棋の出題は隔週です◀

### 詰将棋

出題 日本将棋連盟 九段 石田 和雄

第828回の解答 [illegible]

防衛省職員・家族団体傷害保険／防衛省退職後団体傷害保険

# 団体傷害保険の補償内容が一部改定になりました！

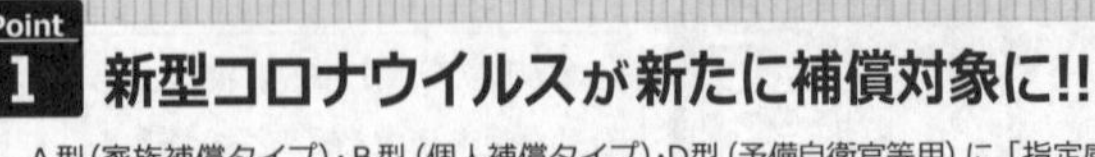

Point 1 新型コロナウイルスが新たに補償対象に!!

A型（家族補償タイプ）・B型（個人補償タイプ）・D型（予備自衛官等用）に「指定感染症追加補償特約」がセットされ、特定感染症の補償範囲が「指定感染症※1」まで拡大されました。それにより、これまで補償対象外であった**新型コロナウイルスも新たに補償対象**となります。

（注）指定感染症追加補償特約の対象となる方は、**A型・B型では防衛省共済組合員ご本人、かつ、記名被保険者ご本人に限ります。公務中や通勤災害中の事故に限定せず幅広く補償いたします。**

Point 2 2020年2月1日に遡って補償!

2月1日以降に発病されたものから補償の対象※2となるため、既にご加入されている方で、該当する方は、三井住友海上事故受付センター（0120-258-189）までご連絡ください。

Point 3 既にご加入されている方の新たなお手続きは不要!

既にご加入されている方は、新たなお手続きや追加の保険料のお支払いは必要ありません。

※1 特定感染症危険補償特約に規定する特定感染症に、感染症の予防及び感染症の患者に対する医療に関する法律（平成10年法律第114号）第6条第8項に規定する指定感染症(注)を含むものとします。
(注) 一類感染症、二類感染症および三類感染症と同程度の措置を講ずる必要がある感染症に限ります。
※2 新たにご加入された方や、増口された方の増口分については、ご加入日以降補償の対象となります。ただし、保険責任開始日からその日を含めて10日以内に発病した特定感染症に対しては保険金を支払いません。

気になる方は、各駐屯地・基地に常駐員がおりますので弘済企業にご連絡ください。

【引受保険会社】（幹事会社）
三井住友海上火災保険株式会社
東京都千代田区神田駿河台 3-11-1 TEL：03-3259-6626

【共同引受保険会社】
東京海上日動火災保険株式会社　損害保険ジャパン株式会社　あいおいニッセイ同和損害保険株式会社
日新火災海上保険株式会社　楽天損害保険株式会社　大同火災海上保険株式会社

【取扱代理店】
弘済企業株式会社　本社：東京都新宿区四谷坂町 12 番地 20 号 KK ビル　TEL：03-3226-5811(代表)

朝雲
発行所 朝雲新聞社
〒160-0002 東京都新宿区四谷坂町12-20 KKビル
電話 03(3225)3841
FAX 03(3225)3831
振替00190-4-17600番
定価一部150円、年間購読料9170円（税・送料込み）

One for all, All for one
あなたと大切な人の「今」と「未来」のために
防衛省生協

主な記事



# 日米同盟の強化で一致

## 岸防衛大臣 エスパー長官 初めての電話会談

岸信夫防衛相は10月7日早朝、就任後初めて米国のマーク・エスパー国防長官と電話会談を行い、日米同盟をさらに強化していくことで一致した。岸大臣は会談後、省内で記者団に「忌憚（きたん）ない意見交換ができ、緊密な連携を確認できたことは大変有意義だった。日米同盟のさらなる強化に向けてエスパー長官との緊密な意思疎通は極めて重要だ。今後、さまざまな機会を捉えて電話会議やビデオ会議の形で良いカウンターパートになり、信頼関係を築いていけたらと考えている」と語った。

### イージス代替案で緊密に連携

会談は、日本時間の10月7日午前7時（現地時間6日午後6時）から、防衛省の岸大臣と米国防総省のエスパー長官を結んで、予定の30分間を大幅に超えて約55分間行われた。

冒頭、岸大臣は防衛大臣就任のあいさつを述べ、日米同盟の強化に取り組む決意を表明した。これに対し、エスパー長官は就任への祝意を示した。

両氏は東・南シナ海情勢や北朝鮮の核・ミサイル開発問題など、インド太平洋地域の最新情勢について意見交換。強固な日米同盟を基盤として、日米両国が地域の平和と繁栄により一層大きな役割を果たしていくことを改めて確認した。

一方、日本政府が今年6月に国内配備を断念した陸上配備型ミサイル防衛システム「イージス・アショア」の代替案の検討をめぐって、岸大臣は、菅首相から今年末までにあるべき方策を示すよう指示を受けていることなどを説明した上で、米側に引き続きの協力を求めた。

現在、日本政府は「イージス・アショア」の代替案として、既に米側と契約済みの「SPY7」レーダーやミサイル発射装置などの構成品を「船舶を含む移動式の洋上プラットフォーム」に一体的に搭載する「洋上案」で検討を開始しており、両氏は技術面も含め、日米で緊密に連携して検討を進めていくことで一致した。

このほか、沖縄県の基地負担軽減の観点から、両氏は米軍普天間飛行場（宜野湾市）の名護市辺野古への移設を含めた米軍再編計画の着実な進展に向け、日米で引き続き緊密に協力していくことを申し合わせた。

さらに、両氏は在日米軍の即応性を維持するためにも「地元の理解と協力が不可欠だ」との認識を共有。その上で、米軍による安全な運用の確保の重要性を確認した。

㊤大臣就任後初めて、エスパー米国防長官と電話会談を行う岸防衛相（10月7日、防衛省大臣室で）＝防衛省提供　㊨エスパー米国防長官（米国防総省のホームページから）

# 防衛相 在日米軍司令官と初会談

## 横田基地、朝霞駐屯地を視察

岸防衛相は10月8日午前、山崎統幕長らを伴って米軍横田基地（東京都福生市など）を訪れ、在日米軍司令官兼第5空軍司令官のケビン・シュナイダー中将と会談、日米同盟のさらなる強化に向けて幅広く意見交換を行った。

両氏は、東・南シナ海で海洋進出を強め、活動を活発化させる中国の動向について懸念を共有。北朝鮮の弾道ミサイル開発に関しても情報共有による連携を確認した。岸大臣は会談後、その概要を記者団に明らかにするとともに、「本日の会談を踏まえ、日米同盟の一層の強化に取り組んでいきたい」と述べた。

会談の中で岸大臣は、日米同盟の発展や地域の平和と安定、地元との関係構築に向けた司令官の尽力に謝意を示し、米軍と自衛隊との一層の連携強化を図っていく考えを伝えた。

沖縄県の基地負担軽減に関しては、米軍普天間飛行場（宜野湾市）の名護市辺野古への移設が「唯一の解決策」との認識で一致。日本政府が国内配備を断念した陸上配備型ミサイル防衛システム「イージス・アショア」の代替案については議題に上らなかった。

会談後、大臣は井筒空幕長らを伴って航空自衛隊横田基地、午後からは湯浅陸幕長らを伴って陸上自衛隊朝霞駐屯地（東京都練馬区など）を視察した。

空自では航空総隊司令官の内倉浩昭空将以下約80人の隊員に対し、陸自では陸上総隊司令官の吉田圭秀陸将以下約40人の隊員に対し、それぞれ訓示。

岸大臣は「我が国防衛の最前線で24時間365日、一瞬の隙もなく、常に緊張を強いられる任務に済々と取り組む諸君と身近に接し、大変心強く思う。『我が国の平和と安全は自らの双肩にかかっている』という責任感を持って日々の任務に精励して下さい」と激励した。

横田基地と朝霞駐屯地の視察を終えた岸大臣は「士気高く、任務に精励している隊員を激励することは大変有意義なことだと考えている。今後とも視察の機会を捉えて隊員の声に耳を傾け、その能力を最大限に発揮できる環境をしっかり整えていきたい」と記者団に語った。

会談後、腕でタッチを交わし、強固な日米同盟をアピールする岸防衛相（左）と在日米軍司令官のシュナイダー空軍中将（10月8日、米軍横田基地で）＝防衛省提供

# ヤング米臨時代理大使が大臣表敬

岸防衛相は10月2日、ジョセフ・ヤング駐日米臨時代理大使の表敬を受け、防衛省内で会談した。

冒頭、岸大臣は「防衛大臣に就任後、早い段階でヤング臨時代理大使にお目にかかれて光栄だ。7年9カ月ぶりに首相が交代したが、日本の安全保障政策の基本方針は変わりない。日米同盟の重要性は揺るぎない。コロナ下で我が国を取り巻く安全保障環境がますます厳しさを増している。我が国の平和とインド太平洋地域の安定のために臨時代理大使と共に日米同盟のさらなる強化に全力で取り組んでいきたい」と述べた。

さらに、岸大臣は「日米同盟のために母国から遠く離れたこの地で日々厳しい訓練に従事している在日米軍の皆さまに心より敬意を表したい。在日米軍はインド太平洋地域の平和と安定に大きく貢献しており、地域にとってなくてはならない存在だ。米軍と防衛省・自衛隊は緊密に連携しており、引き続きあらゆるレベルで連携を強化していきたい」と呼び掛けた。

これに対し、ヤング氏は岸大臣の就任に祝意を表した上で、「日米同盟はこれまでになく強固な形になっている。その理由の一つは両政府間でしっかりとしたコミュニケーション、協力関係が築かれているからだ。今後もこうした伝統をぜひ続けていきたい。この地域で新たに起こりつつある懸念に協力して取り組んでいきたい」と応えた。

### 豪国防相は電話で早期の訪日を希望

岸防衛相は10月12日、豪州のリンダ・レイノルズ国防相と約30分間の電話会談を行い、「自由で開かれたインド太平洋」の維持・強化に向け、防衛協力・交流を引き続き活発に進めていくことで一致した。

両氏は北朝鮮や東・南シナ海を含む地域情勢について意見を交わし、緊密に連携していくことを再確認。力を背景とした一方的な現状変更の試みや緊張を高めるいかなる行為にも反対するとともに、「法の支配に基づく自由で開かれた海洋秩序」が重要とのメッセージを明確に発信していくことを申し合わせた。

レイノルズ国防相は岸大臣に就任の祝意を示すとともに、早期訪日の意欲を表明。岸大臣は実現に向けて積極的に協力することを約束した。

# 日米防衛・外務審議官級協議

## 引き続き緊密に連携

日米の防衛・外務当局による審議官級協議が10月7日、テレビ会議方式で開かれ、防衛省から大和太郎防衛政策局次長、外務省から有馬裕北米局参事官、米側は国防総省からハイノ・クリンク国防次官補代理、国務省からマーク・ナッパー国務次官補代理が参加した。

双方は、新型コロナウイルス感染症の影響を含む地域の安全保障環境や日米2国間の安全保障・防衛協力について意見交換。「自由で開かれたインド太平洋」を維持し、日米同盟の対処力・抑止力を高め、強固な日米同盟をこれまで以上に強化していくため、引き続き緊密に連携していくことで一致した。

## 春夏秋冬

### 学問の自由とは

小谷 賢

政府が日本学術会議の新会員候補6名の任命を見送ったことを受け、学問の自由についての関心が高まっているように感じる。今回はこれについて少し考えてみたい。

学問の自由とは、学術研究が時の国家権力や権威といった外部の圧力を受けないことを保障するものだ。これについては戦前の滝川事件や天皇機関説事件がよく知られており、戦後は日本国憲法第23条によって学問の自由の原則が明文化された。我が国において学問の自由とは、基本的人権と同じく、国によって保障されたものであるといえる。私自身も学問によって生計を立てている身だが、国家公務員の身分であった時期を除けば、基本的にどんな領域を研究しようが、それは個人の自由となる。

ただ学問の自由を標榜する日本学術会議が、軍事安全保障分野の研究を行わないと宣言している点は気になる。これは1950年の「戦争を目的とする科学の研究は絶対にこれを行わない」旨の声明を代々踏襲しているわけだが、当時は第二次世界大戦の記憶も生々しく、軍事研究といえば火砲や戦艦、爆撃機等が連想されたため、その精神は良く理解できる。

しかしその後、軍事技術と民生技術の境目は極めて曖昧となった。軍事技術が我々の生活を豊かにしてくれた例も枚挙に暇がない。コンピューターやインターネット、GPSといった技術は元々軍事目的で開発されたものであるが、今や我々の生活に欠かせない。さらに民生目的で開発された技術が軍事に転用されることも多い。

その最たるものは航空機であり、将来的にはAI（人工知能）もそのような目的に使用される可能性が高そうだ。そうなると「AI研究は軍事転用の可能性が高いため我が国では奨励されない」といった発想に繋がってしまう。

さらにパキスタンの核開発には日本製の特殊磁石「リングマグネット」が使用されたことが判明しており、もはやそれを開発した技術者ですら、その軍事的な可能性に気づかない。そうなってくると既述の宣言は、捉え方によっては、日本学術会議という権威が学問の自由を自ら制限しているようにも受け取れる。

このコラムでも村井教授が軍事知識の必要性を論じておられたが、そもそも学問というのは個々の研究者の能力や好奇心に委ねられているのであって、それを最初から外部の組織なりが制限することには、やや違和感を覚える。

（日本大学危機管理学部教授）

# 入間基地に電子戦機RC2を初配備

## 電磁波領域での航空優勢確保へ

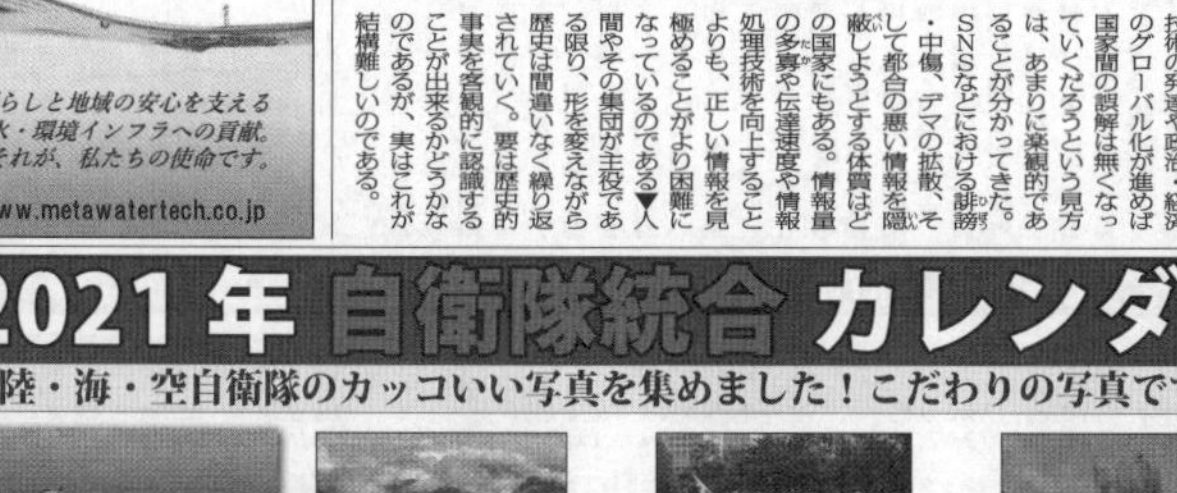

RC2初号機（後方）の配備記念式典で、電子飛行測定隊員（左側）らを前に式辞を述べる寺﨑航空戦術教導団司令（壇上）＝10月1日、入間基地で

空自は10月1日、新型の電波情報収集機「RC2」の初号機を航空戦術教導団電子作戦群隷下の電子飛行測定隊（入間、隊長・福井一喜2佐以下約80人）に配備し、記念式典を行った（3面に関連記事）。

入間基地の格納庫内で開かれた式典には井筒空幕長、内倉浩昭航空総隊司令官、森川龍介開発集団司令官ら約120人が出席。

最初に福井隊長が内倉総隊司令官にRC2の配備を申告し、続いて航空戦術教導団司令の寺﨑隆行将補が「多角的かつ幅広く、電磁波領域の情報収集を継続的に実施できるのがRC2だ。戦術団が電磁波領域の要であるRC2の運用体制を万全なものとするため、隊員全員が努力していく」と決意を述べた。

この後、井筒空幕長が整列した隊員に対し、「RC2は電磁波領域で（自衛隊が）優勢を確保し、領域横断作戦を実現していく上で不可欠な装備品だ。極めて優秀な性能を持って"生まれた"RC2の育成に、自信と誇りをもって取り組んでもらいたい」と訓示した。最後に井筒空幕長ら幹部がテープカットを行い、RC2の初配備を祝った。

RC2は現有のYS11EB電波情報収集機の後継機として2004年から開発が始まり、国産のC2輸送機の機体を改造して完成。18年から技術・実用試験が開始され、今年春に終了した。

電子戦機RC2の配備を皮切りに、これまでC1輸送機の拠点だった入間基地には新型のC2が2輸空に順次配備され、同基地はC1からC2型機へと機種更新を進めていく。

# 空自F15部隊がB1と共同訓練

## 日本海などで

空自各方面隊の4個F15戦闘機部隊は9月30日、米グアム島のアンダーセン基地に前方展開中の米空軍第28爆撃航空団（サウスダコタ州エルスワース基地）所属のB1B戦略爆撃機2機と日本海、東シナ海、沖縄周辺空域で日米共同訓練を実施した。

空自からは2（千歳）、6（小松）、9空団（那覇）のF15各4機、5空団（新田原）の同8機が参加し、それぞれB1B部隊と編隊航法、要撃戦闘訓練を行い、共同対処能力の向上を図った。

訓練後、6空団306飛行隊長の吉満淳一2佐は「共同訓練により、空自と米空軍の相互運用性が向上した。我々は、日米同盟を強化するために最善を尽くし続ける」と述べた。

## 朝雲寸言

1980年、世界保健機関は高らかに天然痘根絶宣言を行った。当時の医学会は全ての感染症を孤立させ、治療するのに充分な医学上の努力が世界的規模で実行されるならば、他の感染症も同じ道を辿るだろうと信じて疑わなかった。しかし現実はそれほど甘くなかった▼東西ベルリンの壁が崩壊し、1991年、ソビエト連邦が解体されて冷戦が終結した時、世界の人々の多くは対立や戦争がなくなって平和な世界が訪れるだろうと予想した。しかしそれは間違いだった▼20世紀の大きな国際紛争のほとんどは外交や危機管理の失敗、すなわち間違った戦略、事態の展開や相手の出方の読み誤り、誤認・誤算によって起こっている。まさしく第1次と第2次世界大戦がそういう戦争であった▼情報通信技術の発達や政治・経済のグローバル化が進めば国家間の誤解は無くなっていくだろうという見方は、あまりに楽観的であることが分かってきた。SNSなどにおける誹謗・中傷、デマの拡散、そして都合の悪い情報を隠蔽しようとする体質はどの国家にもある。情報量の多寡や伝達速度や情報処理技術を向上することよりも、正しい情報を見極めることがより困難になっているのである▼人間やその集団が主役である限り、形を変えながら歴史は間違いなく繰り返されていく。要は歴史的事実を客観的に認識することが出来るかどうかなのであるが、実はこれが結構難しいのである。

METAWATER
メタウォーターテック
暮らしと地域の安心を支える
水・環境インフラへの貢献。
それが、私たちの使命です。
www.metawatertech.co.jp

2021年 自衛隊統合 カレンダー
陸・海・空自衛隊のカッコいい写真を集めました！こだわりの写真です！

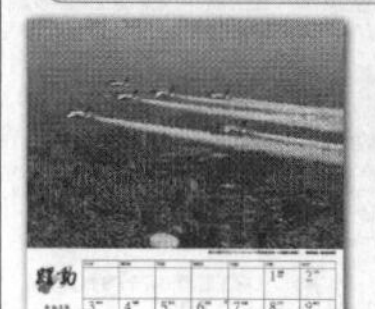

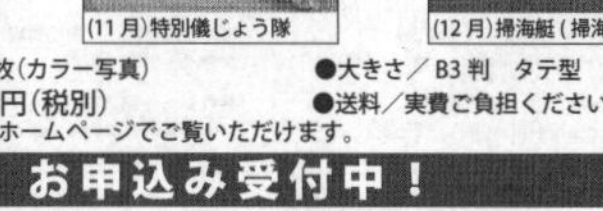

（10月）U-125A 救難捜索機
（11月）特別儀じょう隊
（12月）掃海艇（掃海訓練）
●構成／表紙とも で 13枚（カラー写真）
●大きさ／B3判 タテ型
●定価／1部 1,500円（税別）
●送料／実費ご負担ください
●各月の写真（12枚）は、ホームページでご覧いただけます。
お申込み受付中！
ホームページ、ハガキ、TEL、FAXで当社へお早めにお申込みください。
（お名前、〒、住所、部数、TEL）
一括注文も受付中！送料が割安になります。詳細は弊社までお問合せください。
昭和55年創業 自衛官OB会社
株式会社 タイユウ・サービス
〒162-0845 東京都新宿区市谷本村町3番20号 新盛堂ビル7階
TEL:03-3266-0961
FAX:03-3266-1983
ホームページ タイユウ・サービス 検索

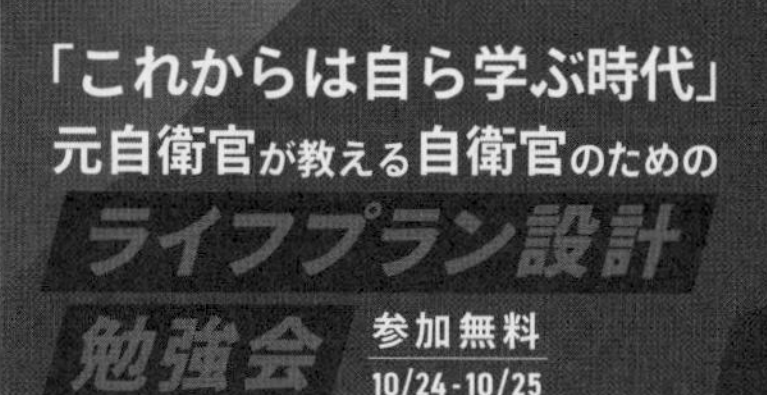

「これからは自ら学ぶ時代」
元自衛官が教える自衛官のための
ライフプラン設計
勉強会 参加無料
10/24-10/25
元海上自衛官 高山裕司
オンラインで開催します!!
※参加特典あり!!
若年定年退職、厳しい再就職、老後破産に備えるには？
24年間の自衛官人生と退官を経験した同士として、「退官後の厳しい現実」と「具体的な解決手段」を包み隠さず隅々までラフにお話しいたします。

# 時の焦点

## 国内

### 規制改革

### 国民感覚踏まえ推進を

行政の縦割り、既得権益、前例主義を打ち破り、規制改革を全力で進める。菅首相が語った政権運営方針が、徐々に形を表してきたと言えよう。

首相は、政府の規制改革推進会議で「書面、押印、対面式の見直しを抜本的に進めていく。近日中に全省庁で全ての行政手続きの見直し方針をまとめてほしい」と閣僚らに指示した。

新型コロナウイルスの流行は、日本の行政手続きのデジタル化が立ち遅れている実態を浮き彫りにした。様々な給付金の支給に手間取ったことなどが典型だ。

首相は就任記者会見で「世の中には国民の感覚から大きくかけ離れた、当たり前でないことが残っている」と語った。

書面や押印などの手続きを極力廃止して行政サービスを迅速化することは、国民にとっても「当たり前」のことだろう。

押印が必要な書類は、政府全体で約1万1000種類に上るという。河野行政改革・規制改革相は早速、利用件数が多い行政手続きのうち、押印が必要な約800種類のほとんどを廃止する考えを示した。

携帯電話の料金引き下げも同様だが、ターゲットを絞って改革を急ぐ首相の手法は着眼点も良く、おおむね世論の支持を得ているのではないか。

野党や一部メディアが政治争点化を図ろうとしているのが、日本学術会議の会員人事である。

日本学術会議が新会員の候補として105人を推薦したのに対し、首相は6人を任命しなかった。現在の制度になってから、推薦を受けたのに任命しないのは初めてという。

法律改正時の国会審議で当時の中曽根首相が「形式的任命にすぎない」と答弁した経緯を踏まえ、野党などは「学問の自由を侵害する」と厳しく首相を批判している。

政府の対応が従来と異なるのは確かだ。個別人事への言及は難しいとしても、首相は、できるだけわかりやすく国民に説明してほしい。

「学問の自由」を掲げ、不当な政治的介入と印象づけようとする野党の言動は疑問である。

学術会議会員に任命されなければ学問や研究ができない、ということではない。政府が圧力をかけたわけでもない。

学術会議には年10億円の国費が投入され、会員は特別職の国家公務員である。その任命について政府が責任を持つのは当たり前ではないか。

何より、学術会議は政府の研究開発予算の配分に大きな影響力を持っている。

2017年には、大学などで軍事技術につながる研究開発を行うことを否定する声明を出した。特定の政治的立場の影響を受けているとみられても、やむを得まい。

くしくも今年のノーベル賞が発表され、日本人の3年連続受賞はかなわなかった。学術会議を政争の具にするのではなく、日本の科学を発展させるにはどんな改革が必要か、与野党は真摯に議論すべきだ。

宮原 三郎（政治評論家）

## 海外

### トランプ氏罹患

### 内憂より外患に要警戒

世界中に衝撃波を走らせたトランプ米大統領の新型コロナウイルス感染のニュース（10月2日）。世界最強国の指導者だから当然だが、重要な大統領選挙のわずか1カ月前とあって、ホワイトハウス内の不安度も計り知れないレベルだったろう。

しかし、軍の病院に入院した大統領は3日で退院できた上、完治まで"代役"が務まる人材が、幸いトランプチームには多数いる。「内憂」の懸念はあまりないということだ。

しばらくの間、ペンス副大統領が「トランプ・ペンス」陣営のキャンペーンを継続していく。ジェイムソン・ミラー同陣営上級顧問も4日のNBCテレビの報道番組「ミート・ザ・プレス」で、「ペンス副大統領が今後の選挙活動を主導する」と確認していた。

また、トランプ・ジュニアとエリックの息子2人や娘のイバンカも全米各地の集会で支持を訴える。彼らの応援演説の動員力には定評がある。

トランプ路線を支持するテッド・クルーズ上院議員（テキサス州）とトム・コットン同（アーカンソー州）もキャンペーンを支援する。両氏は一時、トランプ氏の新たな最高裁判事候補に名前が挙がっていた人物だ。

4年前の大統領選で共和党の候補指名争いに出馬したマルコ・ルビオ上院議員（フロリダ州）が2日午後、ツイートで、いい指摘をした。

「いかなる敵対勢力も、米大統領のコロナウイルス感染のニュースを米国を試すチャンスと見れば、重大な過ちを犯すことになる」と警告したのである。

全くその通りで、選挙戦への影響分析も大事だが、敵対勢力が米国に付け入る好機と見かねない非常時に、国家安全保障に対する脅威というアングルも必要だろう。

例えば、中国はここ数カ月、台湾に好戦的な活動で圧力を強化している。クラック米国務次官が訪台した9月中旬には、訪台に反発して、台湾海峡周辺で軍事演習を実施。18機が台湾の防空識別圏に入った。

ポンペイオ米国務長官は9月下旬、イラク政府に対し、在バグダッド米大使館を閉鎖する可能性があると警告し、大使館員を引き揚げる準備を進めている。

イラク内の親イラン軍事組織による米大使館を狙ったロケット砲攻撃などが絶えないためで、館員の引き揚げ後は、イラク内敵対勢力への軍事行動が可能になる。

また、米政府は2日、旧ソ連のベラルーシで8月に行われた大統領選の不正疑惑や抗議デモ弾圧を理由に同国を制裁。

これに対し、旧ソ連構成国6カ国の軍事同盟「集団安全保障条約機構」（CSTO）が10月中旬、合同軍事演習を実施予定。欧米の干渉へのけん制が狙いだ。

米政府は多くのホットスポットをにらんで、「外患」への断固たる意志を示す大統領テレビ演説、大統領と国防、国家安全保障の高官とのビデオ会議などを検討しているだろう。

草野 徹（外交評論家）

# 護衛艦隊の旧司令部庁舎に幕

## 海将旗を降下、看板外す

護衛艦隊の旧司令部庁舎前で「海将旗降下式」に臨む隊員たち（10月1日、横須賀基地船越地区で）

【護衛艦隊＝船越】護衛艦隊司令部が10月1日、横須賀基地の船越地区に完成した海上作戦センターに移転したことを受け、護衛艦隊は同日午後、旧庁舎前で「海将旗降下式」を行った。

降下式には護衛艦隊司令官の齋藤聡海将以下、司令部要員ら約30人が出席。半世紀以上にわたり海自が使用してきた司令部庁舎の歴史と護衛艦隊司令官の海将旗の掲揚場所の変遷に関する説明の後、司令官の命を受けて先任伍長と当直海曹が庁舎屋上の掲揚棟に上り、厳かに海将旗を降下し、司令官に返納した。

この後、旧庁舎の玄関に掲げられていた「護衛艦隊司令部」の看板も取り外された。

旧庁舎は、昭和22年、旧海軍工廠の光学部、電池実験部などの施設の跡地に栄光中学校が開校され、その栄光学園の校舎として建設された。

同学園は39年に鎌倉市に移転し、校舎は海上自衛隊に引き渡され、以後、自衛艦隊司令部や潜水艦隊司令部庁舎として使用。平成20年、護衛艦隊司令部に引き継がれた。

一方、護衛艦隊は護衛艦「てるづき」を旗艦として昭和36年9月1日に発足、海将旗を同艦マストに掲揚した。その後、旗艦は「あきづき」（昭和38年）、「むらくも」（同60年）、「たちかぜ」（平成10年）、「さわかぜ」（同19年）に引き継がれ、平成20年3月、護衛艦隊司令部が洋上司令部から陸上司令部に体制移行したことを受け、旗艦に掲揚されていた海将旗は以後、司令部庁舎に掲揚された。

今回降下された護衛艦隊司令官の海将旗は、平成20年に降下された海将旗とともに、司令部内に大切に保管される。

## 陸幕長

# 日米豪セミナーに参加

## インド太平洋の安全保障協議

湯浅陸幕長は9月24、25の両日、テレビ会談方式で開催された「2020年日米豪シニア・リーダーズ・セミナー」に出席し、米豪の陸軍種トップと「自由で開かれたインド太平洋」の実現に向けて意見交換をした。

同セミナーには、湯浅陸幕長と米国から太平洋陸軍司令官のポール・ラカメラ大将、太平洋海兵隊司令官のスティーブン・ラダー中将、豪州から陸軍本部長のリック・バー中将らが出席。日米豪が協力しての各種共同訓練やインド太平洋地域の安全保障に向けた政策など、テレビを通して協議した。

フランス海軍参謀長のヴァンディエ大将とテレビ会談を行う山村海幕長＝10月1日、防衛省で

## 海幕長

# 仏海軍参謀長と会談

## さらなる関係強化で一致

山村海幕長は10月1日、フランス海軍参謀長に9月に着任したピエール・ヴァンディエ大将と初めてテレビ会談を行った。

両者は、これまで海自と仏海軍が実施した艦艇・航空機による共同訓練や、フランスで開催されたパリ国際航空宇宙ショーへの海自P1哨戒機の出展など、日仏防衛交流・協力の成果を確認。今後も共同訓練を重ね、日仏部隊がさらなる関係強化を図っていくことで一致した。

# 陸自朝霞駐屯地で

## コロナに多数感染

陸自朝霞駐屯地で同一の教育課程を履修した複数の隊員が新型コロナウイルスに感染したことが分かり、陸幕は10月5日、一連の調査結果を発表した。

9月30日午後以降、同教育課程を履修していた隊員と、その関係者がコロナに罹患したことが判明。駐屯地は保健所・医療機関の指示を受け、該当課程の関係者124人にPCR検査を受検させた結果、陽性者27人が確認された。

これを受けて陸自は同課程の全履修者と教員などの関係者を「要健康監視隊員」に指定し、関係する部隊に隔離を指示。各駐屯地は検査隊員の陽性判明後、勤務場所、使用居室、共用場所の消毒などを実施した。

陸幕によると、感染理由は特定できていないものの、市中感染が原因であると推察。感染者は休日の9月26日（土曜日）に民間バスを利用して日帰りのバーベキュー・ツアーを実施しており、その際、3密回避などの感染予防が不十分だったと推定している。

陸自の今後のコロナ対策としては、指揮系統を通じて全国の部隊で感染防止策を徹底させるほか、移動を伴う入校学生の移動条件なども厳格化する。

移動に際しては、14日前から健康観察を行い、罹患の確認を徹底。検査についても具体的な判断基準（息苦しさ、高熱症状など）を明確にし、躊躇なく対処するよう指導している。

岸防衛相は10月13日の記者会見で、朝霞駐屯地での教育課程履修者2人と、課程修了後の接触者1人が新たに新型コロナに感染したことを明らかにした。同課程に関連する罹患者は増え続けており、13日現在、履修者が34人、課程修了後の接触者が9人の計43人に上っている。

防衛省生協の総代会で事業活動の説明を行う川﨑朗専務理事（壇上）＝9月30日、東京都新宿区のホテルグランドヒル市ヶ谷で

# 防衛省生協が総代会

## 事業計画など7議案議決

防衛省職員生活協同組合（防衛省生協、武藤義哉理事長）は9月30日、都内のホテルで令和2年度通常総代会を開いた。今年は新型コロナ感染対策として遠方の総代には書面による議決を推奨。このため、総代101人の出席者のうち書面出席者が86人となった。

開会あいさつをした武藤理事長は、防衛省生協が優れている点について、①非営利でコストパフォーマンスの良い保障を組合員に提供できる②自衛隊OB・OGと職員が協力③堅実な運営の下、常に必要な改革を行う――などを挙げた。

また、新型コロナへの対応では、組合員から感染に伴う請求があった場合、迅速に手続きをとっていること、職員は在宅勤務や時差出勤など状況に応じて対策を行ったことを説明した。

審議は陸自中央業務支援隊総務部長で総代の賀輪康二1佐が議長を務め、防衛省生協の川﨑朗専務理事が説明を行った。

議案の「令和元年度事業報告」「令和2年度事業計画・予算案」など7議案は全て議決された。このうち令和2年度事業計画案では、「火災共済」「生命共済」「長期生命共済」の加入促進を強化。特に「長期生命共済」については令和2年度改定（85長期）の導入に伴う事業を円滑に遂行する方針を示した。

加入促進に向けた広報施策としては、本部・地方が一体となり組織力を発揮したキャンペーンを継続。ホームページ運営、広報誌『ふれあい』の発刊、ポスターやパンフレットなど広報資料にも力を入れていく。

また、新型コロナや首都直下型地震への対策として、現行事務局が使用困難になった場合など緊急の予備指揮所として、今年7月から埼玉県所沢市の小手指にサテライトオフィスを設けたことが報告された。

パキスタン海軍のフリゲート「ズルフィカル」（右奥）と共同訓練を行う海自の護衛艦「おおなみ」（10月3日、ソマリア沖・アデン湾で）

# パキスタン海軍とアデン湾で共同訓練

## 海賊対処「おおなみ」

ソマリア沖・アデン湾で民間船舶などの護衛任務に当たる海賊対処行動水上部隊36次隊の護衛艦「おおなみ」（艦長・石寺隆彦2佐）は10月3日、パキスタン海軍のフリゲート「ズルフィカル」（排水量約3100トン）と共同訓練を実施した。

2隻は、戦術運動、搭載ヘリによるクロスデッキなど各種訓練を行い、アデン湾での海賊対処における連携を強化した。

# 機動展開訓練は九州・沖縄で実施

## 陸自

陸自は令和2年度機動展開訓練（北方、東北方、中方）の概要を10月6日、発表した。

同訓練は10月13日から11月12日にかけ、各参加部隊が九州・沖縄に長距離機動、展開し、着上陸対処や通信訓練などを行う。

北方は前田忠男総監を担任官に、2師団司令部、2通大（以上旭川）、25普連（遠軽）、2偵（名寄）の約1000人、東北方は原田智総総監を担任官に、6師団司令部、6後支連、6通大、6飛隊、124地警（以上神町）、44普連（福島）、6高特大（郡山）の約700人が参加。一方、中方は野澤真総監を担任官に、14旅団司令部、15即機連、14偵、14通信隊（以上善通寺）にヘリ団（木更津）と陸上総隊（朝霞）を加えた約60人が参加する。

北方の部隊は主に霧島演習場で対着上陸訓練、東北方は海自鹿屋基地や空自下甑島分屯基地で警備訓練、中方は沖縄・与那国駐屯地で警備訓練などをそれぞれ行う。

# 共済組合だより

## 共済組合から「結婚資金」が借りられます

共済組合ではご結婚が決まった方向けに、結婚資金の貸付を行っています。

この貸付（結婚貸付）は組合員、被扶養者又は被扶養者以外の組合員の子の結婚（届出をしていないが事実上婚姻関係と同様の事情にある場合を含みます。）に要する費用をお貸しするもので、利用対象者は組合員期間が6月以上の組合員となっております。

貸付限度額は月収額（俸給、俸給の特別調整額、初任給調整手当、扶養手当、研究員調整手当、地域手当、自衛官候補生手当、学生手当及び生徒手当の月額の合計額）の6月分です。

弁済期間は90月以内（毎月の弁済元金1000円以上）で、利率は年利1.86%となっております。弁済方法は毎月の給与等からの源泉控除（千円単位の額で元金均等弁済）で、ボーナス併用の場合はボーナス分の弁済額の合計額が貸付金の2分の1の範囲の額で、6月・12月の各弁済額は同額となります。

「結婚貸付」に関する詳細や、提出・添付書類などについては『共済のしおり GOODLIFE』の27ページまたは防衛省共済組合ホームページ（結婚）をご覧いただくか、ご所属の共済組合支部貸付係までお問い合わせください。

**令和元年度防衛省職員生活協同組合各共済事業の利用分量割戻率等に関する公告**

火災・災害共済：8%
生命・医療共済：大人31%　こども30%
退職者生命・医療共済：総額10億円を上限として、各人分については出資金等積立残高明細によります。

各人の利用分量割戻金は、「出資金等積立残高明細表及びご契約内容のお知らせ」で通知します。

以上、防衛省職員生活協同組合定款第79条の規定に基づき公告します。

令和2年9月30日
防衛省職員生活協同組合
理事長　武藤義哉

## 防衛省発令

▽防衛大防衛学教育学群戦略教育室長兼防衛大教授（作戦システム運用隊副司令）　1空佐　吉村　一彦
▽空幕情報通信課電子計算機システム班長兼空幕防衛課（空幕防衛課）　同　小川　康寛
▽同首席法務官（空自幹部学校航空研究センター1長）　同　山下　愛仁
▽中部航空警戒管制団副司令（防衛大防衛学教育学群戦略教育室長兼防衛大教授）　同　橋田　和浩
▽4高射群司令（空幕首席法務官）　同　柴田　利明
▽作戦システム運用隊副司令（作戦システム運用隊作戦システム管理群司令）　同　内　康弘
▽同作戦システム管理群司令（空幕情報通信課電子計算機システム班長）　同　天野　篤
▽航空教育隊司令兼防府南基地司令（航空中央業務隊司令兼市ヶ谷基地司令）　同　伊東　修
▽航空中央業務隊司令兼市ヶ谷基地司令（4高射群司令）　同　小石　弘文
▽空自幹部学校航空研究センター1長（中部航空警戒管制団副司令）　同　杉山　公俊
（以上10月9日）

◇朝雲新聞社人事
▽営業部長（営業部次長）　芳賀　寿
＝10月12日付＝


## 就職ネット情報

◎お問い合わせは直接企業様へご連絡下さい。

(株)進明技興　〔土木技術者〕　http://shinmeigikou.co.jp/　〔福岡〕
(株)池田工業　〔ボーリングスタッフ〕　025-387-4738　〔新潟〕
太洋海運(株)　〔港湾スタッフ〕　052-651-5261　〔愛知〕
(株)大歳組　〔重機運転手〕　http://ohtoshi.co.jp/　〔広島〕
(有)大石土木　〔重機オペレーター、施工管理〕　054-280-6661　〔静岡〕
共和建設(株)　〔建築・土木技術者、営業〕　0748-72-1161　〔滋賀〕
本陣水越(株)　〔土木施工〕　https://www.mm-gws.jp/　〔神奈川〕
精晃電設(株)　〔技術総合職〕　052-793-3232　〔愛知〕
岐山化工機(株)　〔設計、工事〕　http://www.kisan-ltd.co.jp/　〔山口〕
(株)ファーレン富山　〔メカニック〕　https://fahren-toyama.co.jp/　〔岐阜〕
(有)小山産業　〔工事スタッフ〕　026-247-2150　〔長野〕
(株)シアテック　〔工事監理〕　http://www.ciatec.co.jp/　〔愛媛〕
(株)東日本土木　〔土木施工管理、重機オペレーター、現場スタッフ〕　0283-21-0797　〔栃木〕
篠崎タイヤ販売(株)　〔タイヤメンテナンス〕　048-571-0700　〔埼玉〕
小島建興(株)　〔現場職人〕　http://www.kojimakenko.co.jp/　〔広島〕
阪神電気工業(株)　〔電気工事士〕　054-283-1150　〔東京・静岡〕
(株)群馬建水　〔現場スタッフ、現場管理〕　0270-65-3078　〔群馬・埼玉〕
(株)国昇　〔メンテナンス〕　http://www.mizutokkyu.com　〔東京〕

## 就職ネット情報

◎お問い合わせは直接企業様へご連絡下さい。

(株)サンエックス　〔ショップ販売〕　06-6975-8111　〔大阪〕
(有)東昭こすも　〔塗装工事〕　0285-53-2759　〔栃木〕
ジオメンテナンス(株)　〔地質・構造物調査スタッフ〕　https://www.geo-m.co.jp/　〔千葉〕
(株)エーワンオートイワセ　〔メカニック〕　https://matsumoto.bmw.jp/　〔長野〕
(株)中尾建築事務所　〔工事管理〕　https://nakao.com/　〔大阪〕
太陽塗装工業(株)　〔総合職(施工管理・施工スタッフ)〕　https://www.daiyo-tosou.co.jp/　〔岡山〕
ダイナーホンダ販売(株)　〔メカニック〕　0721-23-0070　〔大阪〕
長豊建設(株)　〔土木施工管理〕　http://www.chouhou.com/　〔長野〕
(株)上栄　〔左官スタッフ〕　http://www.daiyo-tosou.kouei-sakan.co.jp/outline.html/　〔岡山〕
(有)高島平サービス　〔メカニック〕　048-845-7131　〔埼玉〕
(有)木下土木　〔土木施工管理〕　http://www.kinoshitadoboku.com/　〔岐阜〕
阪神園芸(株)　〔施工管理〕　https://www.hanshinengei.co.jp/　〔兵庫〕
九州安全モーター(株)　〔整備士〕　https://www.kyusyu-anzen.com/　〔福岡〕
市川工業(株)　〔施工管理スタッフ〕　0274-63-0891　〔群馬〕
(株)ホクシン　〔電気工事士アシスタント〕　http://www.e-hokushin.com/index.html/　〔鳥取〕
別府建設(株)　〔土木施工管理〕　http://www.o-beppu.co.jp/　〔三重〕
トウショー商事(株)　〔技術スタッフ〕　http://www.tosyo-garden.com/　〔岡山〕
マキテック(株)　〔施工管理・保守(電気設備)〕　http://makitec.co.jp/　〔岡山〕

防衛省・自衛隊関連情報の最強データベース
朝雲アーカイブ
自衛隊の歴史を写真でつづるフォトアーカイブ
お申し込み方法はサイトをご覧ください。＊ID＆パスワードの発行はご入金確認後、約5営業日を要します。
朝雲新聞社　〒160-0002 東京都新宿区四谷坂町12－20KKビル　TEL 03-3225-3841　FAX 03-3225-3831　http://www.asagumo-news.com

# 最新電波情報収集機　RC2、電子戦の要に

## 敵のミサイル圏外から電波妨害

㊤改造前のC2輸送機202号機。国産機であるため、機体の改造も容易だった㊨空自のRC2配備記念式典で、内倉浩昭航空総隊司令官（壇上）に同機の配備を申告する電子飛行測定隊隊長の福井一喜2佐

空自は10月1日、国産のC2輸送機を電波情報収集機に改造した「RC2」の初号機（202号機）を航空戦術教導団電子作戦群隷下の電子飛行測定隊（入間）に配備した（1面参照）。

RC2は上空で味方の戦闘機部隊などを援護するため、敵の対空ミサイルの射程圏外から電波妨害を行う航空作戦支援用の「スタンド・オフ電子戦機」。現有のプロペラ機YS11EB電波情報収集機の後継機となる。

RC2（RはReconnaissance＝偵察＝の略）は大型の国産ジェット輸送機C2の機体を改造し、機首、胴体の上部・側面などに電子戦装置の搭載スペースを追加している。

完成当初のC2輸送機202号機の機体に比べると、機首のレドームがずっと大きくなっているほか、胴体の頂部や側面に大型の「フェアリング（電子戦装備搭載スペース）」が追加された。また、垂直尾翼頂部にも小さめのフェアリングがある。これらの内部には各種アンテナが配置され、遠距離から広周波帯信号を捕捉し、目標の方位を探知する能力が加わった。

この電子戦情報収集機能により、RC2は電磁波信号の収集だけでなく、敵の電波を妨害する「ジャミング」機能も加わり、今後は「多機能型電子戦機」として活躍が期待される。

### 井筒空幕長「新領域で重要な役割」

井筒空幕長は10月2日の記者会見で空自へのRC2配備に触れ、「機体がプロペラ機のYS11からジェット機のC2になったことで、より速く、高く、遠くへ飛べる。電波情報収集機材も一新されており、自衛隊の新領域の一つである電磁波領域でRC2が重要な役割を果たすことを期待している」と述べた。

入間基地に配備されたRC2初号機（202号機）。機首前部、胴体の頂部・側面、垂直尾翼などにアンテナを収納したフェアリングが設置され、電子偵察やジャミングの機能が加わった（10月1日、空自入間基地で）

# 国内最大のドローン見本市　幕張で開催

## 104団体が出展　盛況に

### 高高度飛行ドローンなど

国内最大のドローン（小型無人機）産業の見本市「ジャパンドローン2020」が9月29、30の両日、千葉市の幕張メッセで開かれ、国内外のメーカーや大学、自治体など104団体が出展した。5回目の開催で、3月に開かれる予定だったが、新型コロナで延期となっていた。

会場ではテラ・ラボ（愛知県春日井市）が開発中の約8メートルの翼を持つ大型ドローン（モックアップ）を発表。1万～2万メートルの高高度を飛ぶことで、短時間に広範囲の地上の状況を偵察できるため、自衛隊の災害への初動対処などに期待される。

このほか、エバーブルーテクノロジーズ（東京都目黒区）は、全長2メートルのヨット型無人魚群探査船「Type－A」を展示するなど、航空偵察、物流、輸送、警備、農業支援などさまざまな分野で活躍できる最新ドローン94機が紹介された。

併設の国際コンファレンスでは、田中和徳前復興相が「新しい時代に向けたドローンの利活用推進」と題して特別講演を行った。会場には多くの自衛官や技官も視察に訪れていた。

㊤センチュリー社が販売するレスキュードローン「D－HOPE」。海で溺れた人への救命浮き輪の投下など、多様な人命救助システムを持つ㊦エアロセンス社の垂直離着陸型固定翼機「AS－VT01」。前後のプロペラで離陸し、その後、固定翼モードに切り替えれば高速で飛行ができる

エバーブルーテクノロジーズが展示した全長2メートルのヨット型無人魚群探査船「Type－A」。風力を直接動力にし、海上での自動操船と自律航行が可能だ

㊤テラ・ラボが開発中の翼長8メートルの高高度大広域観測型ドローンのモックアップ。2万メートルまで上昇でき、巡航速度は時速140キロで、10時間にわたり地上の状況を観察が行える㊦会場全景。国内外のドローンメーカーのほか、大学、自治体など104団体が出展した（写真はいずれも9月30日、千葉市の幕張メッセで）

お客さま基点 First & Fast

私たちOBが自衛隊の皆さまの生涯生活設計を
強力にバックアップします！

フコク生命は、お客さまが心から安心していただける、お客さま一人ひとりの将来設計に合わせた最適な保険をお届けするために、「お客さま基点」のサービス提供に努めています。

呉担当 田村 浩美 082-247-2590
舞鶴担当 高橋 伸夫 075-221-7231
長崎担当 片山 正澄 095-822-3444
福岡担当 前村 秀位 092-291-4151
沖縄担当 畑辺 健二 098-866-1047
宮崎担当 梅木 延清 0985-24-2603
熊本担当 水上 和幸 096-354-9090
西日本担当 上野 眞一郎 082-247-2590
近畿担当 村上 芳幸 06-6343-9333
東日本・中部担当 中井 穂浩 052-231-8791
西日本・九州担当 有馬 龍也 0985-24-2603
九州担当 三宅 優 092-291-4151
全国担当 西 浩穂 03-3593-7413
首都圏・関東担当 福田 築 03-5323-5580
東北担当 高橋 武也 022-222-0718
北海道担当 北原 秀章 011-221-1373
東日本担当 尾島 義貴 045-641-5851
関越・北陸担当 半澤 弘和 042-526-5300
静岡担当 竹橋 鉄夫 054-255-3331
首都圏担当 園田 千秋 03-3984-2684
宮城担当 目黒 剛 022-222-0718
札幌担当 肥後 光昭 011-221-1373
旭川担当 橋木 耕治 0166-26-2468
青森担当 白崎 勇忠 017-776-2194
札幌担当 柳澤 昭博 011-221-1373

フコク生命では「生涯生活設計セミナー」に協力しています。詳しくは下記までお問合せください。
☎03-3593-7413

すてきな未来応援します フコク生命
富国生命保険相互会社
〒100-0011 東京都千代田区内幸町2-2-2
TEL. 03-3508-1101（大代表）
フコク生命のホームページ https://www.fukoku-life.co.jp

広一業務―0010（2020.10.15）

# 家族会版

＜連絡先＞
〒162－0845 東京都新宿区市谷本村町5－1 公益社団法人自衛隊家族会事務局
電話 03-3268-3111・内線 28863
直通 03-5227-2468

**私たちの信条**

【根本理念】私たちは、隊員に最も身近な存在であることに誇りを持ち、力をあわせて自衛隊を支えます

【心構え】
一、自らの国は 自らで守る防衛意識を高めます
一、自衛隊員の募集・就職援護及び家族支援に協力します
一、会員数を増大し 組織の活力を高めます

## 家族会総会
## 3議案、全会一致で承認
### 伊藤会長「部隊支援これからも」

自衛隊家族会（伊藤康成会長）は10月5日、東京都新宿区のホテルグランドヒル市ヶ谷で令和2年度「定期総会」を開いた。元年度事業報告や収支計算書に加え、任期満了に伴う役員選任の3議案が審議され、全会一致で承認された。会場には宇都隆史外務副大臣も駆け付け、集まった各県会長らを激励した。

### 宇都外務副大臣 活動にエール

総会には全国から理事、監事をはじめ運営委員、各都道府県会長などの代表者65人が出席。参加者はソーシャルディスタンスを保ち、報告者はフェイスシールドを着用するとともに、マイクを逐一消毒するなど新型コロナウイルス感染防止の対策を万全にして行われた。

冒頭、伊藤会長はあいさつで、コロナ下で活動を行う各県家族会にねぎらいの言葉を贈り、「父兄会から家族会に名称を変更した際、父兄会から続く信条として部隊の支援を誓いました。現在の厳しい状況の中でもその精神は忘れずにこれからも進んで参りたいと思っております」と述べた。

この後、小松龍也神奈川県会長を議長に選出。令和元年度の事業報告と収支計算書、役員選任の3議案について審議した。

自衛隊家族会定期総会で、あいさつを述べる伊藤会長（10月5日、ホテルグランドヒル市ヶ谷で）

### 新会長研修会や現地調査報告も

事業報告では、元年度に新たに開始した「新任会長等研修会」や「県家族会現地調査」など主要事業の成果が発表された。現地調査は千葉県を対象に昨年11月に行われ、「会長を核心に積極的に諸活動が実践されていることを確認した。特に各地区会長へのアンケートにより、地区会の実態を適切に把握している」と講評した。

調査当時に千葉県会長を務めた渡邊昭理事は総会後、「本部の調査に先立ち、県内の実態調査を行って現状把握に努めた。各地区の置かれた状況を再確認できたことが県にとっても大きな成果となった。都市部と過疎地が混在する千葉県は、今後の調査を行う上で良いモデルケースとなったのではないか」と朝雲新聞社の取材に応えた。

一方、役員人事では、新理事に浦田正長崎県会長、田辺敦啓岐阜県会長、野呂和生青森県会長、グローバルインサイト代表取締役社長の長瀬正人氏が選ばれたほか、新監事には元警察庁生活安全局長の巽高英氏が選出され、全会一致で了承された。

会場には家族会顧問を務める宇都隆史外務副大臣が公務の合間を縫って駆け付け、「WEB会議などでできる部分もありますが、こうして一堂に会してさまざまな思いをお互いに述べ合い、現職の自衛官へのサポートについて話し合うことは非常に深い意義がある」と述べ、家族会の活動にエールを送った。

## 募集動画放映に合わせ駅前でティッシュ配布　福岡
### 地本とタッグ

【福岡】福岡県自衛隊家族会（與國洋会長）は8月30日、JR小倉駅周辺とJR新飯塚駅周辺で福岡地本との合同による募集広報を実施した。

福岡県自衛隊家族会の與國会長の呼び掛けで企画され、JR小倉駅前の大型ビジョンでの自衛官募集紹介動画の放映に合わせて行われた。

広報活動には家族会から﨑山俊成事務局長以下18人、福岡地本からは本部長の深草貴信1陸佐以下15人が参加。フェイスシールドとゴム手袋を着用して、自衛官募集チラシを折り込んだティッシュを配布した。

参加した家族会員は「自衛官募集動画が小倉駅前のビジョンで大々的に放映されたのは初めてで感動した」「微力ながら自衛官募集に協力できて良かったです」などと話していた。

駅前の大型ビジョン（左上）に自衛官募集動画が流れる中、募集広報を行う家族会員（8月30日、福岡県北九州市の小倉駅周辺で）

募集協力の功績で宮城地本長の古屋1佐（手前右）から感謝状を贈られる遊佐会長（栗原市役所講堂で）

## 宮城地本長から感謝状　募集協力の功績たたえ　栗原市一迫家族会

【宮城】栗原市一迫自衛隊家族会（遊佐仁哉会長）にこのほど、募集協力の功績で宮城地方協力本部長の古屋浩司1陸佐から感謝状が贈られた。

栗原市一迫家族会は、日頃から会員に対する募集協力の呼び掛けや、栗原地域事務所への募集対象者情報の提供を積極的に行い、近年数多くの優秀な自衛官を送り出すことに貢献するなど防衛基盤の構築に大いに寄与している。さらには、一迫家族会独自で「入隊予定者の激励の夕べ」を開催するなど、家族ぐるみの支援を行っており、それらの功績が認められた。

「感謝状授与式」は栗原市役所講堂で開催され、古屋地本長が遊佐会長に感謝状を手渡した。

遊佐会長は「今回の受賞は、大変名誉なことであり喜びに堪えません。引き続き家族会として宮城地本栗原地域事務所の自衛官募集活動の支援を積極的に行っていきたい」と述べた。

## 函館地本「女性の集い」で　道南家族会
### 母の体験談交え懇談

函館地本が開催した「女性の集い」で、参加者の母親（左）と懇談する道南家族会女性部の会員たち（8月30日、函館市で）

【函館】道南家族会（杉本幹雄会長）は8月30日、函館地方協力本部が函館市内の商業施設イベントスペースで開催した令和2年度第2回「女性の集い」に協力した。

同イベントには女子学生・生徒を中心にその家族を含む計14人が参加。制服の試着、女性隊員との懇談、クイズなどで女性自衛官の勤務状況や活躍内容を楽しみながら知り、自衛隊への興味を深めた。

一方、道南家族会女性部の会員2人は、参加者の母親と懇談を行い、子供が入隊するに当たっての助言や入隊後の変化などについて、自らの体験談を交えて話し、家族の不安を解消した。

参加者からは「聞きたいことをすべて聞くことができ、良い経験になった」などの感想が寄せられた。

道南家族会の杉本会長は「家族会会員がこれまで感じてきた体験談をお話しすることによって入隊を希望している、または自衛隊に興味を持っている女性の不安が少しでも解消できれば幸いです。これからも、さまざまな機会を通して家族同士の連携を強化していくとともに、地本と連携して募集や援護のお手伝いをしていきたい」と述べた。

## 美濃加茂所に協力　岐阜

【岐阜】岐阜県自衛隊家族会可児御嵩地区（加藤厳会長）の会員約15人と関地区（服部久男会長）の会員約10人はこのほど、JR可児駅と長良川鉄道関下有知（せきしもうち）駅でそれぞれ、岐阜地方協力本部美濃加茂地域事務所と採用広報活動を行った。

家族会員らは地域事務所長の吉永知儀1陸尉以下5人と共に高校生の通学時間に合わせた朝7時から8時半まで、新型コロナウイルスの感染防止処置を徹底した上で採用広報チラシと岐阜地本オリジナル自衛官募集ポケットティッシュを学生らに手渡した。

活動を終えた家族会員たちは「初めての経験で、最初は渡すタイミングが難しかったが、広報官の『おはようございます。自衛官募集中です』という元気な声に背中を押され、いつの間にか自分も声が出るようになった」「このような活動を通じ、家族会がさらに発展してほしい。今後も地域事務所と共に自衛官採用活動を続けたい」などと語った。

## 新隊員35キロ徒歩行進を激励　弘前

39普連の35キロ行進訓練で到着した新隊員を小旗を振って出迎える家族会員たち（8月28日、青森県弘前市で）

【青森】弘前市自衛隊家族会（工藤冬一会長）の会員約30人はこのほど、陸自39普通科連隊（弘前）が実施した新隊員後期教育隊35キロ行進訓練を青森地方協力本部と共に激励した。

当日は気温34度の暑さの中、本部長の木村政和1空佐をはじめ、入隊に関わった弘前地域事務所員や高校の教員も駆け付け、昼食場所となる大休止地点で新隊員を出迎えた。

会員らの拍手に迎えられた新隊員たちは、疲労の色を微塵も見せずに笑顔で声援に応え、会員の中には、新隊員たちの勇姿をカメラに収めようと夢中でシャッターを切る姿も見られた。

この後、木村本部長が新隊員を前に激励の言葉を述べ、激励品を贈呈。青森地本から入隊した木立魁斗2士と本部長、母親と母校の教員の懇談も行われた。

激励を受けた新隊員たちは「とても励みになりました。午後の行進も頑張ります」などと意気込みを語った。

## 家族の立場でアドバイス　湘南地区会

【神奈川】神奈川県自衛隊家族会湘南地区会（藤井博文会長）は9月19日から22日までの間、神奈川地方協力本部藤沢募集案内所が一般曹候補生合格者のうち希望者8人とその家族を招いて行った「自衛隊説明会」と「家族会との懇談会」に協力した＝写真。

自衛隊説明会では、広報官が制度についてや入隊までの予定、着意事項、着隊後の概要などを説明。家族会との懇談会では、藤井会長が参加者の家族からの質問に対し、家族の立場で自らの経験談を交えながらアドバイスし、自衛隊に対する理解と入隊への不安を払拭した。

## 事務局だより

▽…令和2年7月豪雨は九州地区を中心に甚大な災害をもたらしました。被災された方々には心からお見舞い申し上げます。この災害で現地に派遣された自衛隊員に対して家族会から慰問・激励の品をお届け致しました。

東京都家族会も慰問・激励品を送り、特製のウエットタオルが大変好評でした。協賛企業から無償提供いただいたタオルを家族会員が日頃よりウエットタオルに加工・蓄積し、いつでも愛情がこもった慰問・激励ができるようにしているとのこと。大変参考になります。

▽…令和2年度防衛講演会は9月に北海道千歳市で、10月に岡山市で行われました。千歳市では岩田清文氏（元陸幕長）、岡山市では宇都隆史外務副大臣（自衛隊家族会顧問）をそれぞれ講師に招き、講演が行われました。

コロナ禍の中での開催ということもあり、検温・消毒はもちろんのこと、ソーシャルディスタンスを保った配席などで例年と比べて規模は縮小されたものの、好評の裏に多大の成果を挙げて終了致しました。

▽…令和2年度第2回理事会（書面決議）により、「任期満了に伴う役員改選（案）」「会員証規則（案）」「県会長人事（案）」が承認されました。

県会長人事では、茨城県、石川県、大阪府、島根県、佐賀県に新会長が就任致しました。これからのご活躍を祈念しております。

▽…令和2年度自衛隊家族会定期総会が10月5日に行われました。総会においては、「令和元年度事業報告（案）」「令和元年度収支計算書（案）及び監査報告書」「任期満了に伴う役員改選（案）」が承認され、内閣府へ報告することになりました。

今回の総会では、本年度新たに計画した「家族会問い合わせ窓口」の上半期成果について報告致しました。問い合わせ窓口は、自衛隊員の悩みやストレスを共有する家族が軽易に相談でき、また、本会の健全運営に資することを目的として設置されました。窓口に寄せられる問い合わせを通じ、直面する問題を知ることができ、設置への手応えを感じております。今後も、気軽に相談できる窓口を目指し、より一層の充実を図っていきたいと思っております。

▽…例年行われてきた北方四島ビザなし交流は新型コロナウイルス感染防止の観点から本年度は中止となりました。また、7月にはロシアの憲法に「領土の割譲」を禁止する条文が盛り込まれ、北方領土返還交渉への影響を危惧する事象が起きました。

ビザなし交流は、家族会事業の一つである「北方領土返還要求」の署名活動を行う上で、現地の状況を肌で感じる貴重な機会です。中止は非常に残念ではありますが、今後もコロナ感染防止対策を万全になお一層署名活動を継続していく所存です。

（家族会事務局）

2020 NEW MODEL 三相200V 大型スポットクーラー BSC-10
必要な時、必要な場所だけ効率的な空調 スポットクーラーシリーズ
強風・冷風を兼ね揃えた大風量スポットクーラー！
倉庫、コンテナ積み下ろし作業等に最適！
外気温に対し体感温度 -13℃
気持ち良い風を約15m先までお届け！
環境改善 熱中症対策 大風量 スポット冷房
内径約41cmの大型冷風口
吹出口風速約7.28/8.20m/s
最大風量約55/62㎥/min
天吊り・消防法適合・複数ダクト等ご用意しております

大型循環送風機 ビッグファン
熱中症対策 空調補助 節電・省エネ
大風量で広範囲へ送風！
●単相100V電源で工事不要！
広さ・用途で選べる5TYPEをご用意
BF-60J DCF-60P BF-75V BF-100V BF-125V

コンプレッサー式除湿機
目的に合ったドライ環境を提供
結露・カビを抑え湿気によるダメージを防ぎます！
DM-10 DM-15/DM-15T DM-30

株式会社 ナカトミ 〒382-0800 長野県上高井郡高山村大字高井6445-2
https://www.nakatomi-sangyo.com
お問い合わせはこちら TEL:026-245-3105 FAX:026-248-7101

防衛ハンドブック 2020 発売中！
シナイ半島国際平和協力業務　ジブチ国際緊急援助活動も
安全保障・防衛行政関連資料の決定版！
判型 A5判 948ページ
定価 本体 1,600円＋税 ISBN978-4-7509-2041-2
朝雲新聞社 〒160－0002 東京都新宿区四谷坂町12－20 KKビル TEL 03－3225－3841 FAX 03－3225－3831 http://www.asagumo-news.com

# 募集・援護

特集

平和を、仕事にする。

ただいま募集中！
◇自衛官候補生◇貸費学生（技術）
◇防大（一般）
◇医科・歯科幹部
★詳細は最寄りの自衛隊地方協力本部へ

## ●●● 生徒に職業としての自衛隊を直接PR ●●●

大災害発生時に生き残るためのノウハウを中学・高校生らに伝えるため、各地本では独自に学校への"出前授業"を行っている。これは広報官らが直接学校に出向き、「災害への対策」や「自衛官としてのやりがい」を伝えるもの。教室で生徒たちに自衛官の仕事の魅力を伝えることで、将来の入隊にもつなげている。

新型コロナ災派での経験に基づき、感染対策について高校生に説明する中江上田所長（9月17日、長野県上田市のさくら国際高校で）

### 災害派遣の経験から―― 上田所長が高校で講義

長野

【長野】上田地域事務所長の中江宏仁1陸尉は9月17日、上田市のさくら国際高校で、3年生38人に向けて「自衛隊の災害派遣の経験から」と題した防災講義を行った。

中江所長は最初に地震発生のメカニズムとその後に何が起きるかなど、被害の様子と被災者救助のための自衛隊の災害派遣活動を紹介。長野県には日本列島を東西に分断する国内最大の活断層である「糸魚川－静岡構造線断層帯」があり、県内でも大規模地震が起きる可能性があることを説明した。

続いてサバイバルのための準備として、「学校にいる時に地震が起きたらどう行動しますか」と生徒たちに質問し、答えてもらう参加型の授業を行った。

生徒たちは自分や友達の命を守るための行動を真剣に考え、中江所長に質問。所長は事前の備えとして家具の配置の見直しや、ハザードマップなどを活用した避難場所や避難経路を知っておくことの重要性を説明した。

講義の後半は、新型コロナウイルスに関する感染対策を解説。予防のためマスクやアルコール消毒液の正しい使い方を生徒に伝えたほか、日常生活における感染予防の大切さを理解してもらった。

八本木室長の防災授業を聞き、手を挙げて質問する小学生（9月29日、福岡市立高松小学校で）

### 小学校で防災授業
#### 地本広報室長109人に活動紹介

福岡

【福岡】地本渉外広報室長の八本木吉3陸佐は9月29日、福岡市立高松小学校を訪れ、4年生109人の児童に向けた「防災授業」を行った。

授業は同小学校のクラス担任教諭から「社会科の学習の一環として災害派遣を含む自衛隊の活動を子供たちに知ってもらいたい」という依頼を受けて開催した。

クラスごとに3回に分けて行われ、八本木室長が各教室で全国の自衛隊の駐屯地・基地の数、女性自衛官の職域などを解説。自衛隊の職務については、戦闘職種中心に紹介した。

講話の後半は今年7月の熊本・福岡の豪雨災害での自衛隊の活動について写真と映像で説明した。

授業を聴いた児童からは「仕事をした中で一番大変だったことは何か」などの質問が飛び交い、最後は児童代表から八本木室長にお礼の言葉があった。

児童は警察や消防に比べて、自衛隊の仕事はよく知らなかったが、自衛官の仕事や災害派遣の活動を知り、感謝の言葉が述べられた。

八本木室長は「これからも子供たちに自衛隊の仕事を積極的に紹介し、将来の選択肢の一つとなるよう発信していきたい」と話していた。

京都

京都先端科学大学のインターンシップで隊員が履く半長靴磨きを体験する学生たち（9月2日、桂駐屯地で）

### 任務完遂の精神学んだ

【京都】地本は9月2日から4日まで、桂駐屯地の支援を受けて京都先端科学大学（京都市）の学生5人の職業体験「インターンシップ」を行った。

この体験は、将来のキャリアに関連した就業体験を行うもので、京都地本が学生のインターンを受け入れたのは初めて。

学生5人は桂駐屯地を訪れ、自衛隊の概要や任務、勤務地などの説明を受けた後、野外で天幕設営、コンパス行進、体力検定、自衛隊車両乗車などを体験。終業後は使用器材の手入れ、半長靴磨きなども体験し、自衛隊の「任務完遂の精神」や「物品愛護」の重要性を学んだ。

3日間の自衛隊生活を体験した学生は「隊員の方の動作に無駄がなくてカッコよかった」「自分も将来、世の中の役に立つことをやりたい」などと語り、職業としての自衛隊への関心を高めていた。

## 大学生らにインターンシップ

札幌

札幌地本主催のインターンシップに参加し、海自隊員（左）からミサイル艇の説明を聞く大学生たち（9月7日、海自余市防備隊で）

### 自衛官の印象変わった

【札幌】地本は9月5～9日、陸自真駒内、北恵庭駐屯地、海自余市防備隊、空自千歳基地などで、大学生ら延べ28人に対するインターンシップを行った。

コロナの影響で例年行っていた職業体験などのイベントは縮小したものの、見学型イベントは拡充。自衛隊の幹部を目指す若者に責任感や統率の重要性や自衛隊の団結・規律・士気などを感じてもらった。

陸・海・空各部隊の研修では多様な職種や現場を見てもらい、隊員が学生たちに業務内容を丁寧に説明。質問にもその場で即答し、学生の「見たい、聞きたい、知りたい」というニーズに応えた。懇談では、若手幹部が各自のキャリアや職務に対するやりがいなどについて語った。

終了後、参加者は「自衛隊研修を通じて自分の仕事に対する意識や自衛官の印象が変わった」と話していた。

碎氷艦「しらせ」の特別公開に参加した県内の学生たち（9月13日、佐世保港で）

### 佐世保で「しらせ」特別公開

長崎

【長崎】地本は9月12、13の両日、佐世保に寄港した砕氷艦「しらせ」の特別公開に県内の若者や関係者58人を引率した。

「しらせ」は、南極への出発前の総合訓練の一環で佐世保に寄港。鮮やかなオレンジ色の船体が港の景観に映え、人々の目を引いた。

特別公開では乗員が直に艦内を案内、護衛艦よりも広い艦橋やヘリの格納庫をはじめ、極地で活動する艦内の装備品について解説を行った。

食堂でのビデオ上映では、「しらせ」の南極観測協力の概要がわかりやすく紹介され、参加者は理解を深めていた。

### 3自隊員がラジオ出演
#### 東京地本 自衛隊の活動紹介

【東京】府中分駐所の陸・海・空自隊員は9月8日、狛江市のFMラジオ局「こまえエフエム」の番組に出演し、自衛隊の活動を紹介した。

今回の出演は狛江市自衛官募集相談員からの紹介で実現。毎週火曜の午後に放送されている「アフタヌーン・ナビ」に府中分駐所の3隊員が参加した。

狛江市担当の広報官・土谷倍3海曹は海上自衛官で、幼いころから海になじみがあり、「四方を海に囲まれた海洋国家である日本の安全を守りたい』との思いから海自に入隊した」と語った。

空自の築田静男2曹は、「弾道ミサイル防衛に関する自動警戒管制システムの保守整備にあたるクルーチーフを任され、日々、緊張感とともにやりがいを感じました」と話した。

府中分駐所長の中野智文2陸尉は、阪神・淡路大震災で災害派遣活動に従事した経験を語り、「5年前に幹部試験に合格し、これまでの経験を生かして部下を指導しています」と近況を述べた。

3人は自衛隊の災害派遣が近年増加傾向にあり、「幅広い活動をする上で自衛官の人材確保が必要です」と訴え、「運動部を経験していなくても入隊できます」とアピールした。

ラジオ局の番組に出演し、募集PRを行った府中分駐所員。左から土谷3海曹、中野2陸尉、右端は築田2空曹（9月8日、狛江市のこまえエフエムで）

### 活動内容をわかりやすく
#### 女性水中処分員が中学で講義

神奈川

【神奈川】地本の横浜出張所は9月25日、横浜市立日吉台中学校が行う「職業講話」に協力し、海自横須賀水中処分隊の田中3曹を派遣した。

講話は生徒の進路指導の一環として行われ、ダイバーの特技を持つ水中処分員の田中3曹が講師の一人として登壇。海自のダイバーを目指した理由や昨年の台風19号における災害派遣の体験などを踏まえ、海自の活動内容をわかりやすく紹介した。田中3曹は最後に、「国民の生命と財産を守る自衛隊という職業があることを覚えていてください」と生徒たちに呼びかけた。

聴講した生徒たちからは「海中で危ないと思ったことはないのか」「女性で水中処分員になるために努力したことは」などの質問があり、田中3曹は丁寧に回答。生徒たちは積極的にメモを取って聞き入っていた。

生徒たちは授業終了後、「自衛隊を身近に感じることができた」と話していた。

画像を交えながら水中処分員の仕事の魅力について説明する田中3曹（壇上）＝9月25日、横浜市立日吉台中学校で

### 自宅の車庫に募集ポスター

鳥取

【鳥取】地本はこのほど、米子市淀江町の森田氏が募集ポスターを掲示する大型の額を作製したことを受けて、自宅の車庫の壁面に募集ポスターを掲示してもらった。

この額は廃材を利用して作られ、腐食防止の塗装を施し、ガラスをはめ込んで完成した。ポスターの交換が容易にできるよう枠の取り外しが簡単にできる仕組みになっている。

地本の前身「地連」勤務の経験がある森田氏は普段から募集広報に積極的に協力してくれており、「他の場所のポスター額が傷んでいれば作製しますよ」と地本へのさらなる協力も申し入れてくれている。

### 任期制隊員合同説明会
#### 山口市で開催

【山口】地本はこのほど、山口市のホテルニュータナカで開かれた「令和2年度山口県任期制隊員合同企業説明会」を担当した。

企業43社、陸・海・空自衛隊の退職予定隊員84人が参加。隊員は企業ブースを回り、担当者と面談。開始から約1時間後には、企業から隊員を迎え入れたいとの声も聞かれた。

参加企業からは「礼儀正しい自衛官をぜひ採用したい」「多くの隊員が説明を聞きに来てくれた」などの声が聞かれた。会場には漁業、林業への就職に関する相談コーナーも設けられ、多くの隊員が興味深そうに説明を聞いていた。

自衛隊グッズ専門店「マグタリー」

MAGTARY JMSDF・JASDF・JGSDF GOODS SPECIALTY SHOP

ブルーインパルス　戦闘機部隊　航空救難団　護衛艦　砕氷艦　機動戦闘車　防衛大学校　防衛医科大学校　音楽隊　予備自衛官　戦車　ヘリコプター　etc…

当店はあらゆる自衛隊グッズを自社製造販売しているネット通販ショップです。

マグカップ/コルクコースター　缶バッジ　名入れオーダー 迷彩柄 Tシャツ

お問い合わせ先 Eメール：yoshioka@saiyukan.com　電話番号：075-311-3669［担当：吉岡］

詳しくはホームページをご覧ください▶ マグタリー 検索

# 自衛隊装備年鑑2020-2021

陸海空自衛隊の500種類にのぼる装備品をそれぞれ写真・図・性能諸元と詳しい解説付きで紹介

◆判型　A5判/524頁全コート紙使用/巻頭カラーページ
◆定価　本体3,800円＋税
◆ISBN978-4-7509-1041-3

朝雲新聞社　〒160-0002 東京都新宿区四谷坂町12-20KKビル　TEL 03-3225-3841　FAX 03-3225-3831　http://www.asagumo-news.com

一覧即決　国際軍事略語辞典《第2版》英和・和英　A5判・144頁　定価1,400円＋税　共済組合販価1,200円

好評発売中！　自衛官　国際法小六法《平成30年版》　定価2,556円＋税　共済組合販価2,190円

好評発売中！　陸上自衛隊　新文書実務《新訂第9次改訂版》　A5判・433頁　定価2,306円＋税　共済組合販価1,980円

実務力のバージョンアップ　7月21日発売開始！　陸上自衛隊　補給管理小六法《令和2年版》　定価2,540円＋税　共済組合販価2,180円

必携の一冊　8月21日発売開始！　陸上自衛官　服務小六法《令和2年版》　定価2,764円＋税　共済組合販価2,370円

学陽書房　〒102-0072 東京都千代田区飯田橋1-9-3　TEL.03-3261-1111 FAX.03-5211-3300
（共済組合販価は消費税10%込みです。）☆ご注文は有利な共済組合支部へ

災害等の備蓄用、贈答用として最適　防災スイーツパン　自衛隊バージョン

陸・海・空自衛隊の"カッコイイ"写真をラベルに使用

若田飛行士と宇宙に行きました!!
「しらせ」と南極に行きました!!

（小麦・乳・卵・大豆・オレンジ・リンゴが原材料に使用されています。）

3年経っても焼きたてのおいしさ♪

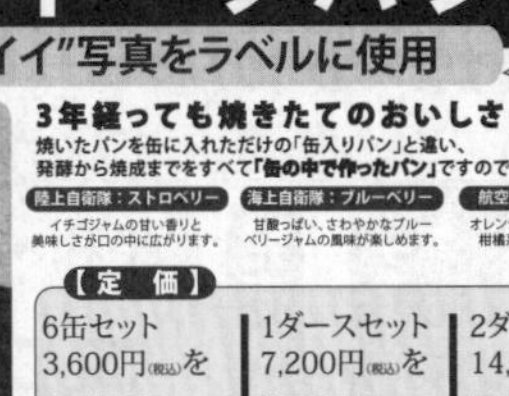

陸上自衛隊：ストロベリー　海上自衛隊：ブルーベリー　航空自衛隊：オレンジ

【定価】
6缶セット 3,600円(税込)を 特別価格 3,300円(税込)
1ダースセット 7,200円(税込)を 特別価格 6,480円(税込)
2ダースセット 14,400円(税込)を 特別価格 12,240円(税込)
（送料は別途ご負担いただきます。）

TV「カンブリア宮殿」他多数紹介!
内容量：100g／国産／製造：㈱パン・アキモト
1缶単価：600円(税込)　送料別(着払)

昭和55年創業 自衛官OB会社　株式会社タイユウ・サービス
〒162-0845 東京都新宿区市谷本村町3番20号 新盛堂ビル7階　TEL：03-3266-0961　FAX：03-3266-1983　ホームページ タイユウ・サービス 検索

# 部隊だより

## 陸

**南恵庭**　駐屯地は8月20日、駐屯地モニターら6人に対し、北海道大演習場（島松地区）で第1回訓練見学を実施した。自衛隊に対する理解促進を目的に、当日は14施設群（上富良野）が構築した「師団指揮所用掩蔽掩体」などの防御陣地を公開。駐屯地広報班長による説明の後、参加者たちは北大演に前進。初めて見る掩体構築に感心していた。

**仙台**　東北方面通信群は9月14〜17日、「令和2年度通信群システム競技会」を実施した＝写真①。通信群隊員に必要なサイバー分野の能力向上を目的に、「個人戦（システム関連学科）」「団体戦（システム構成）」を実施。結果は、305基地通信中隊が初優勝を飾り、102指揮所通信大隊が2位に輝いた。

**勝田**　施設学校91期幹部上級課程は8月21〜28日、富士学校で「令和2年度幹部上級課程（前期）合同兵站演習」に参加した＝写真②。同演習は、協同に関する事項について「概ね習得させる」ことが目的。前段の4日間で各種計画を作成し、後段の2夜3日で状況判断を演練。学生たちは指揮・幕僚能力を向上させた。

**練馬**　1普連は8月3日から30日まで、北富士演習場で15期一般陸曹候補生課程及び11期自衛官候補生課程の集合訓練を実施した。厳しい残暑の中、約40キロの徒歩行進や障害走などに挑戦し、強靭な体力と精神力を培った。実弾射撃も行い、学生は「実弾を手にした時は手が震えたが、学べたことが多かった」と語った。

**松本**　13普連レンジャー集合教育の隊員8人は9月10日、内ヶ倉ダム（新潟県新発田市）の奥地でロープを使用した「山地総合」を行った＝写真③。上下に張ったロープ1本もしくは2本のみで幅約20メートルの沢を渡るなどの訓練を行った。隊員たちは陸自の精鋭レンジャーを目指し、11月中旬まで厳しい訓練に挑む。

**岩見沢**　12施設群は9月12日、令和2年度新隊員特技課程（施設）と一般陸曹候補生課程後期（同）教育修了式を行った。末智久群長は式辞で「諸官を新たな戦力として迎えることを心待ちにしている。緊張や不安を自信と力に変え、元気な顔で各部隊へ着隊してほしい」と述べた。新隊員たちは晴れやかな表情で施設科隊員としての第一歩を踏み出した。

**美幌**　6普連担任の5旅団「レンジャー養成集合教育の「レンジャー徽章授与式」が9月17日、美幌駐屯地で行われた＝写真④。全任務を完遂したレンジャー学生が無事に帰還し、多くの隊員が盛大に出迎えた。廣惠次郎5旅団長は「極限状況を乗り越えての帰還、本当におめでとう」と労をねぎらった。6普連の3人を含む5旅団に14人のレンジャーが誕生した。

**上富良野**　駐屯地業務隊は9月10日、駐屯地で「救急患者発生時対処訓練」を行った。訓練は隊舎3階から転落したけが人の発生通報から始まり、現場確認、応急処置、患者搬送までの一連の状況下で行われ、患者の状態に応じた処置と駐屯地医務室要員の連携要領を演練。迅速かつ適切な処置を行うための反復訓練を通じ、迅速な救護要領を確立した。

**板妻**　34普連は旧歩兵34連隊の精神的支柱だった軍神・橘周太中佐の命日に合わせて8月31日、駐屯地で「橘祭」を行った。1科長による橘中佐の紹介後、連隊長が参加隊員に対し「橘精神の継承者として誇りを胸に日々努力せよ」と述べた。軍歌「橘中佐」を全員で合唱し、「板妻精武太鼓」の奉納演奏で締めくくった＝写真⑤。

**青野原**　8高特群は9月25日、演習場で行われた第3次野外行動訓練検閲を駐屯地モニターに公開した。朝から雨が降りしきる悪天候の中、03式中距離地対空誘導弾（中SAM）の射撃準備などを見学。モニターは「天候や地形などの状況が影響を受けることを知った」と話していた。

## 米子駐屯地の夏

### コロナ対策講じサマーフェスタ

### 募集対象者や隊員家族もてなす

コロナ禍を吹き飛ばすように夜空に次々と咲いた打ち上げ花火

暗視眼鏡を体験で、暗室に入る前に使用法を学ぶ高校生たち（いずれも米子駐屯地で）

駐屯地サマーフェスタ

見事な演奏で駐屯地サマーフェスタを盛り上げた8普連1中隊の混成バンド

コロナ禍で多くのイベントが中止される中、米子駐屯地は完全な感染防止策を講じた上で、8月6日、昼・夜2部構成の「米子駐屯地サマーフェスタ」を開催した。続いて同8、9日には「夏休みちびっこキャンプ大会」も開いた。

当日は一般開放を中止し、規模を縮小したイベントに変更。入り口では検温やアルコール消毒などを行い、コロナへの感染拡大防止に留意した。

フェスタの「昼の部」には募集対象者約80人が参加。陸自の装備品を見学した後、暗室の中に入って暗視装置を体験したほか、ドーザーのアームを動かすゲームや小型イベントなどを楽しんだ。

「夜の部」には隊員家族約270人が参加。天内一雄司令の開会宣言後、ステージでは各部隊の余興が披露され、8普連1中隊員によるバンド演奏などで会場は大いに盛り上がった。

エンディングでは約800発の打ち上げ花火が夜空を彩り、訪れた隊員家族からは「とてもきれいで感動した」「余興も楽しく、とても良い時間を過ごせました」との感謝の言葉があった。

◇

2日後の同8、9日には「ちびっこキャンプ大会」が開かれた。

子供たち22人が参加し、初日は天幕張りを競争。午後は駐屯地食堂でボリュームのある自衛隊食を昼食に挑戦し、レンジャー隊員のリペリング展示、ロープ結索の基本動作などを習った。夕食は飯盒炊飯でカレーを作り、翌日は自動体外式除細動器（AED）の取り扱い方を学んだほか、高機動車の体験乗車や装備品見学などを行い、楽しい夏の思い出を作った。（米子）

### 思い出いっぱい　ちびっこキャンプ

「ちびっこキャンプ大会」で衛生隊員からAEDの取り扱い方を学ぶ小学生たち

**小倉**　40普連は9月14日、新隊員特技課程教育修了式を行った。中村雄三連隊長は「中隊の一員として」と激励。優秀者表彰を受けた隊員は「同期と励まし合い、教官の指導のおかげで頑張れた」と語った。

**前川原**　幹候校は9月18日、10月期一般幹部候補生課程に対し、伝統行事の「學山武陸障害走」を行った＝写真⑥。候補生は3〜5人1グループに分かれて出発。障害を突破する力と総合的な戦技能力を発揮し、男性1位は候補生の21分58秒だった。

## 空

**小牧**　1輸空は9月1日、3輸空の衛生隊と共同でC2輸送機に機動衛生ユニットを搭載して「機上医療訓練」を行った。入間〜小牧間で患者の容態が急変した際の対処などを5人で実施。機上医療を体感した。

**百里**　基地は8月29日、高校生などを対象とした休日基地見学会「中空オープンベースの日」を開催した。職業の選択肢として空自の多様な職域の紹介、生活環境の見学などを行い、U125A救難捜索機などの見学も行われた。

**御前崎**　22警戒隊は8月7日、炎天下の中、「池の水ぜんぶ抜く大作戦」を決行した。隊員たちは池の水をポンプで抜き、コイなどを別の池に移した。約1時間かけて作業を終えた隊員たちは、満足そうな表情を見せていた。

## 海

**大湊**　大湊音楽隊は9月11日、むつ市の下北文化会館で「下北ジュニア・ウインドオーケストラ」の小学生46人に対して実技指導を行った＝写真①。同事業では年間40回の音楽教室を行っており、むつ市からの要請を受けて定期的に参加。感染症対策を講じた上で約1時間、子供たちに対し楽器ごとに指導を行った。

**下総**　教空群は9月23〜26日、隊員家族を対象に「ファミリーウィーク」を開催した。仕事や学校から帰宅後の参加を想定し、午後3〜7時の時間で実施。海自の任務や装備の説明、管制塔展望室からの夜景見学、滑走路の夜間バスツアーなどを行った。子供たちは普段目にしない父母の職場を見学し、海自への理解を深めていた＝写真②。

**横須賀**　地方隊は9月14日、横須賀市の総合体育館「横須賀アリーナ」で行われた横須賀市大規模水害避難訓練に参加した＝写真③。感染症対策を実施しながら避難所で使用することを想定した入浴支援を展示。隊員らはアクリル板で仕切った避難所を設置し、入浴場の着替え室内にはパーテーションを立てた。

**小月**　教育航空群は9月25日、山陽小野田市の竜王中学校の体育館で1、2年生を対象に職業講話を行った＝写真④。海外派遣での経験を語り、日本の現場を「非常に」と説明。隊員は「家族を大切にし、身の回りにいる友達を大切にしてほしい」と生徒たちに語り掛けた。

（令和元年7月1日〜令和2年6月末の事業年度）

# 令和元年度 割戻金 決まりました！

剰余金を「割戻金」として組合員の皆さんに還元！

| | | |
|---|---|---|
| 火災・災害共済（火災共済） | | 8％ |
| 生命・医療共済（生命共済） | 大人 | 31％ |
| 生命・医療共済（生命共済） | こども | 30％ |
| 退職者生命・医療共済（長期生命共済） | 現職組合員（積立期間契約者）退職組合員（保障期間契約者）契約毎に計算された率で割戻します。※ | |

※退職者生命・医療共済については年齢・加入口数等によって一人ひとりの割戻率が異なります。

掛金に対し、この比率で割戻します！

割戻金で掛金の実質負担が軽く！

割戻金は毎年積み立てられ、組合脱退時にお返しします。

また、退職後に「退職者生命・医療共済」を利用される方については、その掛金の一部となります。

具体的な金額は、毎年11月にお届けしている「出資金等積立残高明細表」でご確認くださいね！

防衛省職員生活協同組合

〒102-0074 東京都千代田区九段南4丁目8番21号 山脇ビル2階

専用線：8-6-28901〜3　電話：03-3514-2241（代表）

BSK-2020-19　R2.10作成

発売中!!

平和・安保研の年次報告書　アジアの安全保障 2020-2021

# コロナが生んだ米中「新冷戦」変質する国際関係

我が国の平和と安全に関し、総合的な調査研究と政策への提言を行っている平和・安全保障研究所が、総力を挙げて公刊する年次報告書。定評ある情勢認識と正確な情報分析。世界とアジアを理解し、各国の動向と思惑を読み解く最適の書。アジアの安全保障を本書が解き明かす!!

西原 正 監修　平和・安全保障研究所 編

判型 A5判／上製本／272ページ　定価 本体2,250円＋税　ISBN978-4-7509-4042-7

朝雲新聞社　〒160-0002 東京都新宿区四谷坂町12－20KKビル　TEL 03-3225-3841　FAX 03-3225-3831　http://www.asagumo-news.com

最近のアジア情勢を体系的に情報収集する研究者・専門家・ビジネスマン・学生 必携の書!!

# 防医大とオランダの共同研究チーム
# 米医学雑誌に論文発表
## 東日本大震災の災派隊員 6.75%にPTSDの疑い
### 長峯1陸佐「施策に役立ててほしい」

【防医大】防医大とオランダのメンタルヘルス研究チームによる共同研究の成果論文が9月29日付の米医学雑誌『JAMA Network Open』に掲載された。東日本大震災の災害派遣活動に従事した陸上自衛隊員の心的外傷後ストレス反応（PTSD症状）を調査したもので、派遣後6年間で6・75％もの隊員にPTSDを疑う症状が見られたことを明らかにした。

共同研究を行ったのは、防医大の防衛医学研究センター行動科学研究部門教授を務める長峯正典1陸佐が率いる研究チームと、オランダ陸軍のエリック・ファーマッテン大佐（兼ライデン大学精神科教授）が率いる研究チーム。

論文では、東日本大震災の災派活動に従事した陸自隊員約5万6000人を対象に、派遣後6年間にわたってPTSDについて調査した結果を報告。累積で6・75％の隊員にPTSDが疑われるレベルの心的外傷後ストレス反応が見られたことを明らかにした。

高いレベルのストレス反応を引き起こした主なリスク要因として、①支援者自らが被災している②3カ月以上にわたる長期派遣となった③高年齢である④派遣任務終了後の過重労働（休日出勤や残業）が3カ月以上持続した──ことなどを挙げた。

災害派遣では被災者だけではなく、支援する側も甚大なストレス（惨事ストレス）を被ることが知られているほか、先行研究でも約1割の支援者がPTSDに罹患することが報告されている。今回の研究はこうしたことを学術的に裏付けた形だ。

長峯1佐は朝雲新聞社の取材に対し、「災害の多い日本では今後も大規模災害を被ることが予想される。迅速に有効な災害対処を行うことは国家の安全保障に関わることであり、そのためには支援に携わる人々の健康が前提となる。本知見は、今後の災害派遣をより安全に実施する上で極めて有益な知見となり得るので、災害対応の施策立案に携わる方々に是非とも活用してもらいたい」と述べた。

現在、日蘭の共同研究はコロナ禍の中でビデオ会議を活用しながら継続されている。防医大では「メンタルヘルスの領域は文化によって異なる点も多く、欧米諸国の専門家と意見交換することで学べることは多い。防衛省でもこうした学術領域における国際交流のさらなる発展を期待したい」としている。

学術交流を行う防医大教授の長峯正典1陸佐（左から2人目）、オランダ陸軍のファーマッテン大佐（中央右）ら日蘭の関係者。中央左は防医大の長谷和生学校長。右端は元防医大准教授の重村淳氏、その左は防医大幹事の福島功二空将（昨年12月、防医大で）

# 心疾患の新生児を福岡に
## 新田原救難隊が夜間の緊急輸送

宮崎大学病院から搬送された新生児をU125Aの機内に移送する新田原救難隊員（9月14日、新田原基地で）

【5空団＝新田原】5空団司令の尾山正樹将補は9月14日午後8時14分、宮崎県の河野俊嗣知事から急患空輸に関する災害派遣要請を受け、救難団司令（入間）の川波清明将補に協力を依頼、新田原基地所在の新田原救難隊が空輸任務に当たった。

同日に生まれた心疾患のある新生児が手術を受けるため、宮崎市の宮崎大学病院から福岡県内の病院まで移送する必要があったが、他機関で対応可能な航空機がなく、空自に災派が要請された。

新田原救難隊のU125A救難捜索機1機（機長・堀留誠3佐以下4人）は同9時43分、宮崎大学病院から救急車で運ばれてきた新生児と医療関係者計4人を乗せて基地を離陸した。

堀留3佐は高度3千メートルまで上昇後、計器飛行を実施、「機体が揺れて患者の負担になるのを防ぐため、できる限り雲に入らないよう気をつけて福岡空港に向かった」と細心の注意を払って操縦した。

また、機上無線員の永吉剛2曹は、過去の教訓を踏まえ「保育器搬送時の注意点を徹底することや、機内の安全を保てるよう、全体をよく見まわすこと」を心掛けたという。

こうした乗員の奮闘の結果、U125Aは同10時8分、福岡空港に無事着陸し、待機中のドクターカーに新生児を移管した。患者は搬送先の病院で緊急手術を受け、現在、順調に回復に向かっている。

後日、宮崎大学病院から「多大な尽力を賜り、誠にありがとうございました」と記された感謝の手紙が新田原基地に届いた。基地は「病院や宮崎県と共に『患者を助けたい』と心を一つにして行動した災派だった」と振り返った。

# 練艦隊音楽隊と米太平洋艦隊バンド
# リモートで合同コンサート
## 海自ユーチューブチャンネルで配信

北米・太平洋方面を巡航している海自の後期・遠洋練習航海部隊の練習艦「かしま」は9月28日から30日まで、ハワイのパールハーバーに寄港した。コロナ禍で乗員の上陸ができない中、同艦に乗り組む練習艦隊音楽隊は米海軍太平洋艦隊バンドと「リモート合同コンサート」で交流した。

練艦隊音楽隊の隊員6人は、パールハーバーに向かう航海中に海自の「軍艦行進曲」と米海軍の「錨を上げて」の2曲をパートごとに演奏して収録。太平洋艦隊バンドもハワイで個別に演奏を行った。日米の動画を合わせて編集された合同コンサートは動画投稿サイト「ユーチューブ」の海上自衛隊公式チャンネルで配信。練艦隊音楽隊長の弓削1尉と米太平洋艦隊バンドのアシスタント・バンドマスターを務めるデイビッド・ハーブジー少尉がエールを送り合い、日米の絆をより一層強めた。

米海軍太平洋艦隊バンド（右側）とのリモート合同演奏を行う海自の練習艦隊音楽隊の隊員（左）＝ユーチューブから

# 「ジビエ食材」が好評
## 防衛省で「とっとり・おかやまフェア」

防衛省共済組合本省支部は10月7〜9日まで、同省厚生棟地下1階の多目的ホールで鳥取県と岡山県の特産品を紹介する「とっとり・おかやまフェア in 防衛省」を開催し、昼休みを中心に訪れた隊員や職員らでにぎわった。

会場には両県を代表する銘菓や果物、お酒など計約200品目がずらりと並び、来場者はそれぞれお目当てのコーナーでショッピングを楽しんだ。

会場の一角には「とっとりジビエ」と銘打って、同県が推進するシカやイノシシなど野生鳥獣の「ジビエ食材」を使ったカレーやシチューなどのレトルト食品の販売コーナーも設けられ、来場者たちは珍しそうに手に取って、販売員の説明を聞いていた＝写真。

「ジビエ食材」をPRするため、今年7月に続き2度目の来省となった日本ジビエ振興協会の代表理事で「オーベルジュ・エスポワール」（長野県茅野市）のオーナーシェフを務める藤木徳彦氏は「我々が販売するジビエ食材は、食品衛生法に基づいた解体処理施設で衛生的に処理され、『国産ジビエ認証マーク』を取得しているので安心安全です。低カロリーで栄養価の高いシカ肉は特に体を使う自衛官の皆さまにお勧め。今回、ジビエが初めての方にも興味を持ってもらえたようで、手応えを感じた」と話していた。

# 心肺停止状態の男性を救う
## 西田3空佐 消防総監から感謝状受賞

人命救助の功労で、市川西東京消防署長（右）から感謝状を授与された西田3佐（8月11日、東京都西東京市の自宅前で）

【空幹校＝目黒】空幹校の指揮幕僚課程（CS）37期に入校中の西田健太郎3空佐は、心肺停止状態だった男性に適切な救急処置を行った功労で7月28日、東京消防庁消防総監から感謝状を贈られた。西東京消防署の市川和浩署長が8月11日、西田3佐の自宅を訪れ、伝達した。

西田3佐は5月31日、東京都西東京市の公園をランニング中に、前方にうつ伏せの状態で倒れている男性を発見。男性は口から泡を流し、呼吸と脈がなく、生命の危機に瀕していたことから、駆け付けた周囲の人たちと協力し、男性を仰向けにして気道を確保。心臓マッサージを行い、命を救った。

西田3佐は以前に勤務していた8空団6飛行隊（築城）で、AED（自動体外式除細動器）についての教育を受けていたため、救助活動でも躊躇することなくAEDを取り付け、適切に処置ができたという。

今回の表彰を受け、西田3佐は「人命が助かって良かった。いざという時に対処できる人間でありたい」と語った。

# 加害の意思を表す投稿
## 冗談のつもりが脅迫罪

こちら警務隊　PC・ネット利用犯罪②

SNSに個人を脅す旨投稿したら罪になりますか？

SNSを利用し、特定の個人を対象として「殴ってやる」などと投稿することは、身体等に対して危害を加えることを知らせる行為であり、それが恐怖や不安を感じさせる程度であった場合、刑法第222条の脅迫罪に該当し、2年以下の懲役または30万円以下の罰金に処せられます。

また、「殴る」などの直接的な言葉でなくても、スタンプや絵文字によって他人に恐怖や不安を感じさせれば、処罰の対象となる可能性があります。

不用意な投稿には注意しましょう。（東北方面警務隊）

次回は「不正アクセス禁止法」

## 小休止

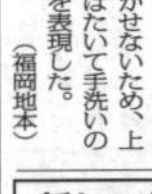
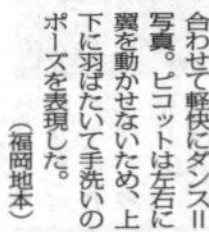

▽…福岡地本は9月18日、福岡駐屯地でRKB毎日放送による「手洗いダンス動画」の撮影取材を受けた。

▽…この動画は、RKBの情報番組「ソコトラ」内での企画で、感染症との闘いを応援するため、著名人や企業が出演している。撮影は4師団の隊員がメインだったが、師団広報室のオファーで福岡地本も参加することになった。

▽…地本の募集ラッピングカーやのぼりをバックに4師団の隊員や"地本宣伝部鳥"の「ピコット」らが音楽に合わせて軽快にダンス＝写真。ピコットは左右に翼を動かせないため、上下に羽ばたいて手洗いのポーズを表現した。（福岡地本）

新しい生活様式・新しい日常を快適に！ 素敵な住まい方を提携各社が提案します。
お住まい応援［特別］キャンペーン！
"ニュー ライフ スタイル" キャンペーン！Ⅱ
家を買うとき、建てるとき、売るとき、借りるとき、
リフォームするとき、貸したいときも
＜紹介カード＞で割引などの特典がうけられます。
秋のお住まい 何でも相談フェア 同時開催中！(11月末まで)
2020年10月1日(木)〜2020年12月31日(木)
キャンペーン期間内に「紹介カード」をリクエストすると 素敵なプレゼントがプラスUP！
防衛省職員 自衛隊OB の皆さま限定
＜2020年12月末日までに紹介カードをリクエストすると＞
もれなくもらえる図書カード！①・②・③ に プラスUPプレゼント！
★ ①+プレゼントは、図書カード500円分 ★ ★ ②・③+プレゼントは、図書カード1,000円分
割引特典とキャンペーンプレゼントご利用方法
Step1 紹介カード発行
・お住まい探しの第一歩 各社の情報をお家でゆっくりご検討ください！
資料請求・ご来場の前に！ 紹介カードをリクエスト
・キャンペーンプレゼント① ☆図書カード 1,000円分プレゼント！ (500円に+500円)
Step2 ご見学・ご相談
・紹介カードを持ってモデルルーム・展示場などをご見学・ご相談
・WEB相談、リモート相談 無人モデルハウスご見学も！
・キャンペーンプレゼント② ☆図書カード 2,000円分プレゼント！ (1,000円に+1,000円)
Step3 ご成約
・ご成約！ Step1で、紹介カードをリクエストいただいた方は＜各社の提携割引特典＞を受けられます。
・キャンペーンプレゼント③ ☆図書カード 3,000円分プレゼント！ (2,000円に+1,000円)
※ キャンペーンのご参加は、期間中1家族様1回限定(紹介カードは、複数発行も可ですが、プレゼントは1つです。)
コーサイ・サービス株式会社 https://www.ksi-service.co.jp/ 得々情報ボックス ID:teikei PW:109109
〒1600002 新宿区四谷坂町 12 番 20 号 KK ビル 4F 営業時間 9:00〜17:00／定休日 土・日・祝日 TEL:03-3354-1350

よろこびがつなぐ世界へ KIRIN
一番搾り
おいしいとこだけ搾ってる。
KIRIN'S PRIME BREW KIRIN BEER 一番搾り 〈麦芽100%〉 ALC.5% 生ビール お酒
Brewed from only the first press of genuine malt for a crisp, delicious flavor.
ストップ！20歳未満飲酒・飲酒運転。お酒は楽しく適量で。
妊娠中・授乳期の飲酒はやめましょう。のんだあとはリサイクル。
キリンビール株式会社

(世界の切手・エストニア)

何か試してみようって時には、どうしたって危険が伴うんだ。
トーベ・ヤンソン
『ムーミン』から

朝雲ホームページ
www.asagumo-news.com
<会員制サイト>
Asagumo Archive
朝雲編集部メールアドレス
editorial@asagumo-news.com

# 少年戦車兵学校と若獅子神社

陸自OB 明和 秀三（静岡県隊友会事務局長、元1陸佐）

静岡県隊友会の明和秀三事務局長

静岡県富士宮市上井出にかつて「日本陸軍少年戦車兵学校」があった。その跡地に昭和59年、日華事変、大東亜戦争において「若獅子」の名のもと、悠久の大義に殉じた教官・生徒600余名の御霊をご祭神として「若獅子神社」が創建された。

神社は宗教法人となっており、管理主体は同校で教官をされていた方の娘さんが行っておられ、神社周辺の清掃は3年前から隊友会の事業として現役の陸自隊員と共同で実施している。

若獅子神社（旧陸軍「少年戦車兵学校」跡地）で清掃奉仕活動を行った静岡県隊友会の会員と陸自隊員

## 少年戦車兵学校

昭和14年、満蒙国境付近で起こった「ノモンハン事件」において、近代装備を駆使したソ連軍との戦闘における教訓から日本陸軍は装備の開発と兵員の養成を余儀なくされ、「少年戦車兵」制度を設け、昭和14年に千葉陸軍戦車学校に生徒隊が発足した。

その後、昭和16年に少年戦車兵学校が設立され、17年に富士山の麓、富士宮市上井出に校舎が完成し、20年7月までに4155名が入校した。戦時中の繰上げ卒業などにより、戦地に倒れた卒業生は622名、教官15名を数えた。

少年戦車兵は中学を卒業後の2年間で一般教養学と97式中戦車（チハ車）などの構造機能、操縦などの実技を習得し、兵長に任官して17個の戦車連隊へ送られた。

## 若獅子の塔

昭和40年12月、少年戦車兵学校同窓生により「若獅子の塔」が建立された。由来は以下のとおりである。

「美しい我が国の象徴、千古に仰ぐ霊峰富士の麓、この地こそ日華事変、大東亜戦争を通じ若獅子の名のもとに活躍した陸軍少年戦車兵揺籃の地であり、その魂の故郷である。（中略）戦火おさまって20年、往時をしのび亡き友を追慕し、御霊を慰め、殉国の至誠と輝ける偉勲を長く後世に伝え、併せて真の平和を祈念するため、ここに若獅子の塔を建立する」

## 若獅子神社

「若獅子の塔」建立を契機に、関係者は毎年、慰霊祭を続けていたが、建塔20年にあたり富士山本宮浅間大社、靖国神社からの御教導により、永久平和への祈りを込めて神社造営にあたり、卒業生などの顕彰会会員の奉賛によって、社と社務所が建設された。靖国神社に祭られていた教官・生徒600余名の御霊をご祭神として、昭和59年10月、「若獅子神社」が創建された。

境内には昭和50年、激戦地サイパン島から帰還した97式中戦車（チハ車）2両（1両は靖国神社の遊就館に展示）のうち、1両が安置された。

## 神社の清掃奉仕

若獅子神社の清掃奉仕は、周辺住民やボランティアのほか、陸自富士学校から「豆タン」と呼ばれている機甲科生徒陸曹課程後期教育の学生（毎年、神社管理者の卒業生から当時の学校での教育や営内生活状況、戦地での戦車戦闘様相などの教育を受けている）と「豆タン」出身者、駒門駐屯地の陸曹候補生課程の学生が参加している。

本年は9月12日に行われ、陸自隊員30名と隊友会静岡県東部地区協議会（古庄和裕会長）の会員20名が境内の草刈りや枯れた枝の剪定、ダンプカーを使用しての剪定樹木の清掃センターへの搬入などを行った。

当日は天候に恵まれ、現役隊員とOBが和気あいあいと共同作業を実施し、絆を深め、秋の例大祭前の祭典準備に貢献することができた。

今後も継続的に奉仕活動を実施していきたい。

# 新刊紹介

## 「近未来戦を決する『マルチドメイン作戦』」

日本安全保障戦略研究所編

防衛省・自衛隊はいま「多次元統合防衛力」に力を入れているが、本書はそのマルチドメイン作戦のあり方を論じた本だ。副題に「日本は中国の軍事的挑戦を打破できるか」とあるように、主に中国の軍事力を念頭に日本が取るべき複合作戦のあり方を検討している。

著者は青木眞夫J―CRATサイバーレスキュー隊長、高井晉元防研図書館長と小川清史元西方総監ら陸自OBで、宇宙・サイバー・電磁波などの領域で自衛隊がどう立ち向かうべきか、日本の防衛上の弱点なども指摘しながら危機感をもって論じている。すでにロシアはこの新たな戦法でウクライナからクリミア半島を奪取、中国は「超限戦」により南シナ海の島嶼を自国領に組み込み、さらにアジア・アフリカの途上国を自国の影響下に置き、国際機関・組織の支配を進めている。

この「戦術レベルの作戦で戦略レベルの打撃を相手に与える」中露にどう対処していったらよいのか。本書では日本が生き残るための打開策を提言している。

（国書刊行会刊、2970円）

## 「地方選」

常井 健一著

地方旅行で地元民の人情とおもてなしに感激した経験は誰にでもあるはずだ。しかし、一時的な滞在者には見えない、魑魅魍魎の世界も存在する。本書では地方選で分断された町村の奥底を、気鋭のジャーナリストがレポートする。

著者が「選挙の民俗学」と呼ぶように、狭い町村の中で争われる土着の人間関係こそが本書の核である。「淀む水には芥（ゴミのこと）が溜まる」と著者は言う。数十年の間、無投票が続き、有力者の間で首長のポストが継承されていく自治体では、調和と引き替えに閉塞感という大きな代償を払う。しかし、本書は旧体制が勝利する事例と同時に、大きな壁に挑む新参者の姿にも光を当てる。中には陸自目達原駐屯地と隣接する上峰町のように、若い町長が前町長派の逆襲を退ける事例もある。そこでは自衛隊員も重要な「票田の一つ」として描かれており、興味深い。

全国各地の町村長選を取材する中で、変化に乏しい小さな自治体にとっては、地方選が共同体全体の自律性を育む上で重要な役割を担っていると著者は説く。「地方自治は民主主義の学校」と言われる。自分たちの未来を決めるのは、畢竟、町村民自身である。

（KADOKAWA刊、1870円）

小林武史（国会議員秘書）

# みんなのページ

## 育児と仕事の両立が目標

1陸士 山岸 紗希（7通信大隊1中隊・東千歳）

自衛隊に入隊してから早いもので、あっという間に1年以上が経過しました。

「子供を育てていくために」と入隊を決めた私は、両親やさまざまな方のご協力を得て、日々、自衛隊の仕事に取り組んでいます。入隊するまで運動の経験が全くなかった私は、年下の同期たちと比べて体力が劣るのではと心配でしたが、教育中の体力練成、主にマラソンや筋トレのおかげで、自分でも驚くほど体力と筋力を身に付けることができました。

さらに自衛隊では、あらゆる知識や戦技のほか、仲間や同期の大切さも学ぶことができました。ほとんどが毎日を同期と過ごし、楽しいことばかりではなく、辛く厳しい訓練も共に経験しました。仲間と強くぶつかることもありましたが、その都度、強固になっていった絆は、おそらく一生ものであると思います。

入隊後、最初の1カ月は自衛官としての基本教育期間で外出はできませんが、それを乗り越えれば、決められた時間内で許可を得て外出ができるようになります。私はその時間に子供に会ったり、身体をリフレッシュさせてきました。

自衛隊は春、夏、冬に長期休暇があるので、その休暇を利用して帰省もできます。子供の保育園行事なども前もって希望を出せば、休みを取ることができます。自衛隊は休暇や育児に対して手厚い制度が充実しているので、子育てしやすい職業であると思います。

私は現在、有線通信手として部隊配属され、通信の仕事をしています。電柱や木に登って行う仕事は正直キツイ時もありますが、終わった後の達成感はこの仕事でしか経験できないと思います。

私には目標があります。それは「家庭と仕事をしっかり両立できる頼もしい陸曹になる」です。協力してくださる部隊の方々や家族のためにも、何があっても不自由なく子供を守れる女性自衛官となり、これからの自衛隊生活を頑張っていきたいと思います。

休日に子供（右）とお菓子作りを楽しむ山岸紗希1士

## 戦闘機パイロット目指す

2空尉 戸倉 広貴（11飛行教育団・静浜）

私たち航空学生8名（21―C）はこのたび、初級操縦課程の履修を命ぜられました。

歴史ある静浜基地で、戦闘操縦者としての第一歩を踏み出せることを学生一同、大変うれしく思っています。着隊以来、多くの方々のご支援を肌で感じ、日々の訓練、教育に取り組んでおります。

初級操縦課程で飛行訓練に臨むにあたり、今後、多種多様な困難や壁に直面すると思います。しかしながら、私たち学生は一般大学、大学院、企業、部内出身と、さまざまなバックボーンを持つという強みがあります。その強みを生かして互いの弱点を克服し、一丸となって本課程を乗り越えていく所存です。

8名全員が愚直に、精一杯努力しますので、ご指導・ご鞭撻のほど、よろしくお願い致します。

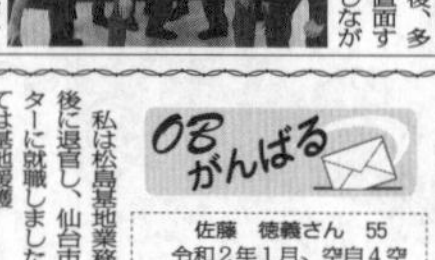

戦闘操縦者としての第一歩を踏み出した初級操縦課程「21―C」のメンバー。前列左端が戸倉広貴2尉

## 金鯱戦士に選ばれ 10師団のため奮闘

2陸曹 鈴村 勇貴（33普連2中隊・久居）

私は令和元年度の「第10師団金鯱戦士」に選ばれました。中級陸曹課程教育の成績により認定されたものです。

私は昨年7月に2等陸曹に昇任し、同9月に中級陸曹課程に入校、昇任してからはほぼ中隊での勤務を経験せずに教育が始まることになったため、入校当初は大きな不安がありました。

私が3曹になる前に受けた初級陸曹課程は、陸士長から陸曹候補生として指定され、同じ年代が大きな経験差がなく一緒に入校し、同じ職種ということもありほぼ一緒の経験値と能力で教育がスタートしましたが、中級陸曹課程は2曹として勤務している年数がバラバラで、職種も戦闘職種から後方職種まで全ての職種の隊員が一緒に入校します。このため2曹になって2カ月の私が通用するのか、すごく心配でした。

しかし、教育が進んで行くにつれて不安も解消されていきました。それぞれの職種の長所やベテラン2曹の方からやり方を見て学びつつ、中級陸曹に必要な実員指揮能力、知識、技術を修得していくことができました。同時に小隊長や小隊陸曹が部隊をどう指揮しているか、自分たちがどのようにフォローすれば小隊がより良く機能するかを考える「フォロワーシップの精神」を学ぶことができたからです。

さらに、テーマを決めて問題点を案出し、その原因を話し合い、改善策を検討していく研究会など、今後の勤務に生かせるノウハウを得ることができました。

このため、昇任してすぐにこの教育に参加することができたことは、自分にとってとても幸運だったと感じています。

33連隊では2曹が小隊の中で分隊長や小隊陸曹、小隊長代行など、主要な役職につく機会が多いので、今回学んだことをしっかりと部隊で生かしていきたいと思います。そして10師団の「金鯱戦士」として師団のためにも頑張っていきます。

## OBがんばる

### やりたい職種を見つける

佐藤 徳義さん 55
令和2年1月、空自4空団基地業務群准曹士先任（松島）を最後に定年退職（特別昇任3尉）。公益社団法人・宮城県建設センター県北事務所で現在、公共事業工事に携わっている。

私は松島基地業務群本部の勤務を最後に退官し、仙台市の宮城県建設センターに就職しました。再就職にあたっては基地援護室、宮城地本をはじめとする関係者のご尽力により、面談や求人票の閲覧をしながら、定年1年前から準備を進めました。そこで当社を紹介され、「橋梁の点検」という生活インフラに欠かせない業務に関心を持ち、応募、就職することができました。

現在は登米市にある県北事務所に配置され、公共事業の積算・工事監理と道路台帳等の管理作成、さらに橋梁長寿命化策定、橋梁点検などに携わっています。私は橋梁点検の嘱託技術員として勤務していますが、幅広い土木の知識と経験が要求され、猛勉強が必要ですが、充実した毎日です。

私は再就職の準備として第1種大型自動車免許、小型船舶免許、小型移動式クレーン、玉掛け等の公的資格取得に努めました。皆さまも早めの情報収集と自分がやりたい職種を早期に決定することをお勧めします。やりたい業種が見つかれば、それに向けて資格等の取得に取り組むことが大切だと思います。

自分の納得できる仕事に就き、第二の人生が充実されますよう、皆さまのご健闘をお祈りいたします。

## 詰将棋

出題 日本将棋連盟 九段 石田 和雄

第829回出題

■先手 持駒 金金銀桂

【ヒント】三手目が急所（10分で初段）。

▶詰碁、詰将棋の出題は隔週です◀

## 詰碁

出題 日本棋院 九段 曲 励起

第1244回解答

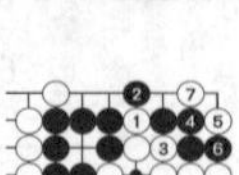

【解答図】白先、黒劫。白①黒❷はともに当然です。次の白③が大切で、黒❹には白⑤黒❻白⑦で劫になります。なお、白⑤と⑦は前後しても同じです。

国を守る皆さまを弘済企業がお守りします!!

防衛省共済組合団体取扱 がん保険
—共済組合団体取扱のため割安—
★アフラックのがん保険
「生きるためのがん保険Days 1」
幅広いがん治療に対応した新しいがん保険
詳しくはパンフレットをご覧ください
給与からの源泉控除
資料請求・保険見積もりはこちら
http://webby.aflac.co.jp/bouei/
<引受保険会社>アフラック広域法人営業部
東京都新宿区西新宿2-1-1 新宿三井ビル17F TEL 03-5321-2377
AF007-2011-0204 4月20日

防衛省職員家族 団体傷害保険
—組合員のための制度保険で大変有利—
★割安な保険料[約56%割引] ★幅広い補償
★「総合賠償型特約」の付加で更に安心
（「示談交渉サービス」付）
詳しくはパンフレットをご覧ください
団体長期障害所得補償保険
病気やケガで働けなくなったときに、減少する給与所得を長期間補償できる唯一の保険制度です。（略称:GLTD）
親介護補償型（特約）オプション
親御さんが介護が必要になった時に補償します。

防衛省退職後団体傷害保険
—組合員退職者及び予備自衛官等のための制度保険—

PKO保険
—PKO法、海賊対処法等に基づく派遣隊員のための制度保険として傷害及び疾病を包括的に補償—

《防衛省共済組合保険事業の取扱代理店》
弘済企業株式会社
本社:〒160-0002 東京都新宿区四谷坂町12番20号KKビル
☎ 03-3226-5811（代）

防衛省共済組合団体扱 火災保険
★割安な保険料[約15%割引]
〔損害保険各種についても皆様のご要望にお応えしています〕

朝雲

発行所　朝雲新聞社
〒160-0002　東京都新宿区四谷坂町12－20　KKビル
電話　03(3225)3841
FAX　03(3225)3831
振替00190-4-17600番
定価一部150円、年間購読料9170円（税・送料込み）

NISSAY
自衛隊員のみなさまに安心をお届けします。
防衛省共済組合
団体生命保険・団体年金保険
防衛省職員
団体医療保険（3大疾病オプション付）
引受保険会社
日本生命保険相互会社

主な記事



# 豪軍防護へ調整開始

## 実現なら米軍に次ぎ2例目

### 日豪防衛相会談

岸防衛相は10月19日、来日したオーストラリアのリンダ・レイノルズ国防相と防衛省で会談し、共同声明を発表した。両氏は、我が国が2016年3月に施行した「平和安全法制」で新設された「自衛隊法95条の2」に基づき、自衛隊が豪軍の艦艇や航空機を守る「武器等防護」の実施に向けて調整を開始することで合意した。実現すれば、他国軍が対象となるのは米軍に次いで2例目となる。岸大臣は会談後、「武器等防護」について「自衛隊と豪軍が相互運用性を高め、平素から連携する基盤となるもので、我が国の平和と安全、日豪防衛協力にとって重要な意義がある」と記者団に強調した。

声明には我が国が16年3月に施行した「平和安全法制」で新設された「自衛隊法95条の2」に基づき、自衛隊が豪軍の艦艇や航空機を守る「武器等防護」の実施に向けて調整を開始することなどが盛り込まれた。

「武器等防護」は、自衛隊と連携して「我が国の防衛に資する活動」に従事している他国軍の艦艇や航空機などを自衛隊が守るもので、①情報収集・警戒監視活動②我が国の平和と安全に重要な影響を与える事態に際して行われる輸送・補給等の活動③我が国の防衛に資する共同訓練――に参加しているケースで、今後、局長級の協議などを通じて体制の整備を進める。

声明ではこのほか、豪空軍のKC30空中給油機から空自戦闘機への空中給油の適合性試験の実施▽宇宙やサイバー分野での協力▽陸自への豪陸軍連絡将校の配置▽水中音響と陸上無人機の分野での新たな潜在的共同研究を含む防衛科学・技術協力の深化――などが明記された。自衛隊と豪軍による相互訪問時の共同訓練や運用を円滑化するための新たな協定については、引き続き交渉妥結に向けて取り組むことで一致した。

一方、東・南シナ海情勢をめぐって両氏は中国を念頭に、力を背景とした一方的な現状変更の試みに「強い反対の意」を表明した。

## 空中給油の適合性試験も

両氏は10月1日の電話会談からわずか1週間後に直接会談を実現させた。

岸大臣は会談の冒頭、「新型コロナウイルス感染拡大後、初めて我が国に国防相をお迎えでき、大変うれしい。これは、共に民主主義国家であり、普遍的価値や戦略的利益を共有する『特別な戦略的パートナー』である豪州との防衛協力がかつてなく重要になっていることの証左だ」と歓迎の言葉を述べた。

これに対し、レイノルズ国防相は昨年11月の前防衛相との会談以来、2度目の来日で、「先週の電話会談に続き、岸大臣に直接お目にかかれて光栄です。私にとって今回の訪日は大変重要なことで、コロナによる制約の中で2件に絞られた海外出張の1つです。今回の訪日は日豪の『特別な戦略的パートナーシップ』の重要性を再確認し、域内に戦略的シグナルを発信するものだ」と応じた。

両氏は会談後、日豪防衛相会談の共同声明を発表した。

日豪防衛相会談を終え、共同声明を発表する岸防衛相（右）とレイノルズ豪国防相（10月19日、防衛省で）

# 上半期の緊急発進371回

## 対中国機が63%

統幕は10月9日、令和2年度上半期（4〜9月）の空自戦闘機による緊急発進（スクランブル）回数が前年同期比2割減の371回だったと発表した。

このうち、対中国機は前年同期（332回）に比べ約3割減の234回だったものの、依然として全体では最多の約63%を占めた。一方、対ロシア機は前年同期（135回）と同水準の131回。

方面隊別では、東シナ海で中国機に対応した南西空が194回と最も多く、次いで北海道周辺でロシア機に対応している北空が116回、西空48回、中空13回と続いた。

統幕は上半期の特異な事例として、東シナ海から対馬海峡を抜けて日本海を往復飛行した中国軍機（写真＝Y9情報収集機）など計8件を公表。推定を含め、中国機とロシア機の中では情報収集機に対して多くの緊急発進を行ったとしている。

岸防衛相は9日の記者会見で「我が国周辺空域における中国軍とロシア軍の活発な活動は継続しており、その動向について引き続き注目していく必要がある」と指摘。

# 新型潜水艦「たいげい」進水

## 静粛性、探知能力が向上

海自最新型潜水艦の1番艦となる平成29年度計画潜水艦（基準排水量3000トン、艦番号513）の命名・進水式が10月14日、神戸市の三菱重工業神戸造船所で行われ、同艦は岸防衛相により「たいげい（大鯨）」と命名され、進水した。

同艦の機関はディーゼル電気推進で、今年3月に就役した「そうりゅう」型の11番艦「おうりゅう」と同様、リチウムイオン電池を搭載。新型のソーナーと潜水艦戦闘管理システムを装備し、水中での持続性に加え、静粛性と探知能力の向上が図られている。

船体の外形は「そうりゅう」型とほぼ同じだが、従来に比べ、より被探知防止に優れた形状となり、全高は約0.1メートル、基準排水量は約50トン増加し、海自最大となった。

このほか、艦内には就役時から初めて女性用区画が整備されている。

式は酒井良呉地方総監の執行で行われ、岸防衛大臣、山村海幕長、三菱重工の泉澤清次社長など計約150人が出席。岸大臣が命名書を読み上げ、支綱を切断するとドックに海水が注入され、「たいげい」は進水した。

艦名は部隊から募集し、岸大臣が決定。文字通り大きな鯨（クジラ）を意味する。海自で「たいげい」と命名するのは初めてで、旧海軍には同名の潜水母艦があった。

艤装員長は土屋亨2佐。同艦は2022年3月就役予定。

海自の最新型潜水艦として「たいげい」と命名され、進水した平成29年度計画潜水艦（10月14日、神戸市の三菱重工業神戸造船所で）

# 日本とEUが共同発表

## ソマリア沖 アデン湾　海賊対処活動で連携

アフリカ東部のソマリア沖・アデン湾で海賊対処活動に当たっている海自部隊と欧州連合（EU）の海軍部隊が10月15日、ジブチに共同寄港し、海上パレードなど一連の行事を行ったことを受け、日本とEUは翌16日、岸防衛相とEU外務・安全保障政策上級代表のジョセップ・ボレル氏（スペイン元外相）のコメントを記載した共同発表を発出した。

その中で岸大臣は「我が国とEUは法の支配を含む基本的価値を共有する戦略的パートナーであり、航行の自由や上空飛行の自由に関する協力を含む実践的な海洋協力を通じ、ルールに基づく国際秩序の維持にコミット（責任をもって関与）している。こうした観点から、ジブチ政府とも協力の上、日EUの海賊対処部隊が現地海域で連携を図ることは極めて大きな意義がある。『自由で開かれたインド太平洋』の維持・強化に向け、引き続きEUと協力していく」と表明した。

ボレル上級代表も「EUはソマリア沖・アデン湾における海賊行為や武装強盗の抑止、予防、鎮圧への貢献を誇りに思っている。日本との共同訓練は、国際法を擁護し、国際的な平和と安定を強化するために、とりわけアジアのパートナー諸国をはじめとする同志国連合を創設することに対する我々の強いコミットメントを示すものだ。ジブチへの共同寄港は、アフリカの安全保障と発展への日EUのコミットメントを示す良い例だ」と述べ、日EU間のさらなる防衛協力の強化へ期待感を示した。

# カナダ軍「瀬取り」監視

## 艦艇と航空機を派遣

防衛省は10月13日、北朝鮮船舶による国連制裁逃れのための違法な「瀬取り」を監視するため、カナダ海軍のフリゲート「ウィニペグ」が10月上旬から東シナ海を含む日本の周辺海域で警戒監視活動を開始したと発表した。

カナダ空軍の「CP140哨戒機」も、国連軍地位協定に基づき沖縄県の米軍嘉手納基地を拠点に11月上旬から12月上旬にかけて警戒監視活動を行う。

カナダ軍の参加は2018年度以降、艦艇が昨年8月に続き4回目、航空機が昨年10月に続き5回目。「瀬取り」監視には18年4月から英、仏、豪州、ニュージーランド、カナダの艦艇や航空機があらゆる機会に日本とその周辺海空域に派遣され、海自や米軍と連携して活動に当たっている。

岸防衛相は13日の記者会見で「国際社会が一致団結して国連安保理決議の実効性確保に取り組んでいく観点から、カナダ政府に感謝申し上げたい」と述べ、引き続き関係各国と緊密に協力していく考えを示した。

# 政専機、ベトナムに

## 菅首相就任後、初運航

政府専用機（後方）への搭乗を前に、記者会見に臨む菅首相（10月18日、羽田空港で）＝官邸HPから

空自特輸隊（千歳）のB777政府専用機は10月18日から21日まで、就任後初めての外国訪問としてベトナムとインドネシアで首脳会談を行う菅義偉首相を乗せ、両国への自衛隊の政府専用機運航を行った。菅首相が自衛隊の政専機に搭乗して海外を訪れるのは初めて。

政専機は18日、ベトナム・ハノイのノイバイ国際空港に到着し、20日にインドネシア・ジャカルタ郊外のスカルノ・ハッタ国際空港に移動した。

## 春夏秋冬

# 外国人戦闘員の移動と感染症

田中　浩一郎

コロナ・ウィルス禍によって国際的にも国内的にも人の移動に大きな制限が設けられて久しい。内戦や紛争が後を絶たない中東地域もその例外ではない。国境ポイントの閉鎖や航空路線の廃止・減便が相次いだ。だが、戦場に向かう外国人戦闘員の非合法・非公式な移動や越境にこうした制約が及んでいる様子は見えない。

中東に隣接するコーカサスでは9月にアゼルバイジャンとアルメニアとの間でナゴルノ・カラバフ地方の帰属をめぐる対立が約四半世紀ぶりに再燃した。民族的・領土的対立を背景とするこの紛争には、トルコやイスラエルといった中東諸国も兵器供与などの点で関わっている。注目に値するのは、アゼルバイジャン側に加勢するシリア人戦闘員の存在だ。西に3000キロ離れた北アフリカのリビア内戦でもトルコによるシリア人傭兵の派遣が報告されていることから、トルコの関与が疑われている。

このように、地域紛争に外国人戦闘員が参入するケースは少なくない。むしろ、中東では広範に発生していると言えるだろう。シリア内戦では、スンナ派過激派勢力を撃退する名目で、アフガン人やパキスタン人からなるシーア派民兵部隊がイランによって送り込まれた。一時的にシリアとイラクにまたがる領域を支配した「イスラム国」にも世界各地から戦闘員が馳せ参じた。アラビア半島西南端で続くイエメン内戦でも、サウジアラビアの意に沿ってスーダン人の傭兵部隊が投入されている。いずれの戦地でも、こうした国外勢力による地元住民に対する攻撃や人権蹂躙行為が暴かれている。

国境を越える外国人戦闘員の移動は、過激思想の流布や武器の拡散をもたらす。上述した「イスラム国」はその典型的な例だろう。だが、一つ忘れられた重要な側面がある。それが感染症の伝播と拡散だ。「イスラム国」支配地域、そしてアル・シャバーブが活動するソマリアでは、いったん根絶されていたはずのポリオが再発したことが記録されている。

国家の統制から逃れようとする自由人の移動を完全に制御することは難しいかもしれない。だが、コロナ・ウィルス時代にあって、国家が外国人の傭兵や民兵を自国の目的遂行のために越境させる行為は看過されるべきではない。

（慶應義塾大学大学院政策・メディア研究科教授）

## 朝雲寸言

以前、ある防衛施設に隣接していた他省庁の施設が取り壊され、その国有地が民間に払い下げられそうになったことがあった。すかさず防衛省が利用者として名乗りを上げ、後日そこには防衛省の所属機関の新しい建物ができた。民間に売却されていたら、外国由来の怪しげな団体が日本の防衛施設を監視する拠点を置く最悪の事態もあり得た▼諸外国には、防衛施設を国外勢力から守るため周辺の土地利用を規制する国もある。その点で遅れていた日本もようやく挽回に動き始めた。政府は、自衛隊施設や原発の周辺の土地、離島などを外国人らが取得することを監視する新法を制定する方針という（10月9日付読売新聞朝刊）。政府がもっと前からこうした取り組みをしていれば、冒頭のエピソードの時に防衛省が一瞬ひやりとすることもなかった▼よくよく考えればもっと早くから向き合うべきだった、と感じることは他にもある。周辺情勢が厳しさを増しているのに、安全保障体制の充実にブレーキをかけることに熱心な人々が主導する国の機関に関して、その在り方を再検討することもその一つかもしれない▼その際にまず大切なのは「何故この検討が必要なのか」を丁寧に説明し、国民の共感を得ること。同時に、見直しが独善的なものに映らないよう、他の民主主義諸国ではどんな取り組み方が一般的なのかについての認識を広く共有することであるように思われる。

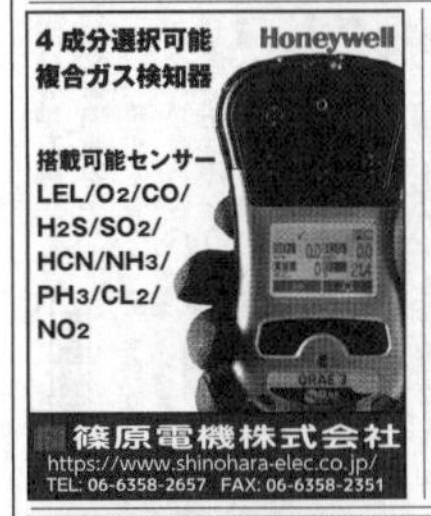


人間ドック活用のススメ
人間ドック受診に助成金が活用できます！
防衛省の皆さんが三宿病院人間ドックを助成金を使って受診した場合
※下記料金は消費税10%での金額を表記しています。

| コースの種類 | 自己負担額（税込） |
| --- | --- |
| 基本コース1 | 9,040円 |
| 基本コース2（腫瘍マーカー） | 15,640円 |
| 脳ドック（単独） | なし |
| 肺ドック（単独） | なし |

¥0
女性イチオシ！　女性特有のがん検診を基本健診とセットにした場合
ex. ①基本コース1＋乳がん（マンモグラフィ）＝13,000円
②基本コース1＋乳がん（乳腺エコー）＝11,350円
③基本コース1＋婦人科（子宮頸がん）＝13,660円
脳ドック受診してみようと思うんだ。助成金もあるからね。
パパ、私も乳がん検診とか婦人科健診受診したいな。
あなたが想うことから始まる　家族の健康、私の健康
国家公務員共済組合連合会
三宿病院 健康医学管理センター
東京都目黒区上目黒5-33-12
TEL 03-3711-5771（代）
HP：http://www.mishuku.gr.jp
予約・問合せ
ベネフィット・ワン・ヘルスケア
健診予約センター
TEL 03-6870-2603
●被扶養者も防衛省共済組合の助成を利用できます。
"三宿病院 人間ドック"とご指定下さい。
三宿病院はベネフィット・ワン・ヘルスケアの提携受診機関です。

「これからは自ら学ぶ時代」
元自衛官が教える自衛官のための
ライフプラン設計
勉強会
参加無料
10/24-10/25
元海上自衛官
高山裕司
若年定年退職、厳しい再就職、老後破産に備えるには？
24年間の自衛官人生と退官を経験した同士として、
「退官後の厳しい現実」と「具体的な解決手段」を
包み隠さず隈々までラフにお話しいたします。
オンライン
で開催します!!
※参加特典あり!!

# 時の焦点

## 国内

### 米軍駐留経費

### 信頼損なわぬ交渉を

日米両政府が、2021年度からの在日米軍駐留経費の日本側負担に関する実務者協議を開始した。トランプ米政権は同盟国に大幅な負担増を求めている。政府は粘り強く交渉すべきだ。

米軍駐留経費に関する日本の予算は、5年ごとに結ぶ特別協定に基づいて決まっている。協定が来年3月末に期限切れとなるため、新たな協定を締結することになる。

現在の協定は、16～20年度の5年間で総額9465億円の日本負担を定めており、今年度予算には1993億円を計上した。

北朝鮮の核・ミサイル開発や、中国の海洋進出など、日本の安全保障環境は厳しさを増している。様々な脅威に対抗する上で、在日米軍の抑止力は欠かせない。日本が米国の同盟国として応分の責任を分担するのは当然だ。

過去の協議は、日本の新年度予算編成に間に合わせるため、夏に開始し、12月に決着するのが通例だった。だが、新型コロナウイルスの影響で、今年は協議開始がずれ込んだ。政府内では、米大統領選の行方も見据え、現状の負担レベルで、1年間の暫定合意を結ぶ案も浮上している。

ボルトン前大統領補佐官の回顧録によれば、ボルトン氏は昨年、現在の約4倍にあたる年間80億ドル（約8500億円）を負担すべきだとのトランプ氏の考えを、日本に伝えたという。

日本は、米軍駐留経費の75パーセント程度を負担しているとされる。「4倍」は、法外な要求と言わざるを得まい。

日本が基地を提供することで、米国はアジア・太平洋からインド洋に及ぶ地域で、安全保障上、優位な立場を維持している。地域の権益を確保し、経済的繁栄を取り込むことにも繋がっている。政府はそうした事実を米国に丁寧に説明する必要がある。

「思いやり予算」と呼ばれる駐留経費の日本負担は、1978年度に始まった。物価上昇や円高で米軍の負担が増えたため、労務費の一部を日本が肩代わりした。当時の金丸信防衛庁長官が「思いやりがあっていい」と述べたことに由来する。

その後、施設の光熱費なども日本が負担するようになり、87年度には「特例、暫定的な一時的措置」として特別協定を締結した。現在まで、延長が繰り返されている。

過去には、基地内の映画館やゴルフ場の整備にまで思いやり予算が活用されていたことが発覚した。負担に関する世論の理解を得るためには、無駄遣いを排除するとともに、使途の透明化を図ることが大切だ。

近年は、在沖縄海兵隊のグアム移転など米軍再編経費も日本が負担している。米軍関連の日本予算の総額は、年間8000億円規模に達している。日米両政府は、同盟の信頼関係を踏まえつつ、現実的な着地点を探らねばならない。

夏川 明雄（政治評論家）

## 海外

### 迫る米大統領選

### 米国第一か国際協調か

米大統領選の投票まで旬日を残すだけとなり、米国のみならず、2020年代の世界にとっても大きな岐路となる重要な米国民の選択が間近に迫った。4年前の大統領選で米国第一のスローガンを掲げて勝利を収め、就任後は文字通り国際社会を振り回してきた型破りの共和党現職のトランプ氏が再選を果たすのか。それとも、これと好対照の国際協調路線への回帰を公約する民主党候補のバイデン氏（前副大統領）が政権を奪還するのか。

往時に比べ影響力は低下したとはいえ、世界最強国家の指導者が誰となるのか、その結果いかんは今後の国際政治・経済・社会の動向に重大な影響を与えずにはおくまい。

世界的な新型コロナウイルスの感染拡大の終息のめどが立たない中、今回の大統領選では、米国での被害が世界最悪ということもあり、トランプ現政権のコロナ禍対応への評価が大きな争点となった。しかし、保守の共和、中道・リベラルの民主両党の支持層を軸とする国民の分断がますます深刻化している米国では、この問題に限らず、他の重要な争点をめぐっても党派対立が先鋭化し、有益な政策論争は行われず仕舞いだった。こうした米国政治の現状には、民主主義の敗北との声が多く聞かれ、中国やロシアといった強権的国家を利することにもつながる。

トランプ、バイデン両氏がそれぞれ掲げる主要な政策を国民に提示する格好の場となるはずだった9月末の第1回テレビ討論も、トランプ氏による度重なる発言妨害や中傷など双方の激しい非難応酬に堕し、有権者には失望や落胆だけが残ったのではないか。

本稿では紙幅の関係で、一期目のトランプ政権の繰り返し、あるいは既視感が予想されるトランプ氏再選の場合の政策を占うことはあえて見送り、以下、民主党候補のバイデン氏が政権を奪還した場合の外交・安保政策を駆け足でみておきたい。

バイデン氏は大統領候補の指名受諾演説で「私は同盟国や友人たちとともに立つ大統領になる」と宣言しており、オバマ前政権に似た国際協調外交に舵を切るのは間違いない。気候変動は「存続に関わる脅威」と明言し、「パリ協定」に復帰するほか、現政権が離脱を表明した世界保健機関（WHO）にもとどまる方針だ。

一方、覇権争いの様相を深める中国との関係では「経済、安保、人権上の深刻な懸念に強く立ち向かう」と述べ、厳しい姿勢で臨むことになろう。ただ、バイデン氏に近い外交専門家は「米国は単独で中国に対応するのではなく、日本には同盟関係の強化を求めてくる」と分析し、気候変動問題では中国に協力を求める姿勢に転換する可能性があるとみる。北朝鮮政策については、首脳会談で一気に完全非核化を目指したトランプ流を「何の戦略もない」と酷評、「担当者に交渉を任せ、各国との協調で非核化を前進させる手法」を取りつつ、圧力路線に戻る公算が大きい。イラン核合意に復帰する考えも示しており、米国の同盟国や友好国、敵対国を問わず主要関係国は選挙結果を固唾をのんで見守る。

伊藤 努（外交評論家）

---

## 増子統幕副長

# 米メリット勲章を受章

## 統幕運用部長の功績で

米大統領からメリット勲章を授与され、勲記を手にする増子統幕副長（右）と伝達したシュナイダー在日米軍司令官（10月2日、在日米軍横田基地で）

【統幕】統幕副長の増子豊空将に米国大統領からの「メリット勲章」が贈られ、10月2日、在日米軍司令官兼第5空軍司令官のケビン・シュナイダー空軍中将から伝達を受けた。

同章は、米国内外の軍・政府関係者の卓越した功績を表彰するもので、増子副長は統幕運用部長（2016年12月～18年7月）としての功績が認められ、将官クラスに贈られる勲章「リージョン・オブ・メリット・ディグリー・オブ・オフィサー」を授与された。

授与式は在日米軍横田基地で行われ、米国大統領からの勲章と、米国防長官、米インド太平洋軍司令官の連名の勲記がシュナイダー在日米軍司令官から増子副長に手渡された。

増子副長は「勲章は、米国の軍人、上司、同僚、家族の支えがあったからこそいただけた。日米関係は私が初めて統幕に勤務した2005年と比べて飛躍的に強固なものとなっている。今後も在日米軍のウェロンズ副司令官と協力してシュナイダー司令官と山崎統幕長を的確に補佐していきたい」と語った。

## IPD部隊が対潜戦訓練

潜水艦「しょうりゅう」（手前）と洋上で会合し、対潜戦訓練を行う（左から）護衛艦「いかづち」とヘリ搭載護衛艦「かが」（10月9日、南シナ海で）

インド太平洋方面を長期巡航中の海自派遣訓練部隊（IPD20、指揮官・今野泰樹将補＝2護群司令）のヘリ搭載護衛艦「かが」と護衛艦「いかづち」、潜水艦「しょうりゅう」は10月9日、南シナ海で対潜戦訓練を実施した。海自が南シナ海での潜水艦の訓練を公表するのは2018年以来2回目。

インド洋方面を巡航した「かが」「いかづち」は新たにIPD部隊に加わった「しょうりゅう」と南シナ海で合流。対潜戦訓練を行い、戦術技量を向上させた。

この後、3隻は10、11の両日、補給のためベトナムのカムランに寄港し、燃料や食料品を搭載。護衛艦2隻は翌12日、米海軍の駆逐艦「ジョン・S・マケイン」、補給艦「ティピカヌー」と共同訓練を実施した。

これに先立ち、護衛艦2隻は10月6日、南シナ海でインドネシア海軍のフリゲート「ジョン・リー」、コルベット「スタント」と親善訓練を行った。

## 伊空軍参謀長とTV会談

### 空幕長　協力関係進展で一致

イタリア空軍参謀長のロッソ中将とテレビ会談をする井筒空幕長（10月15日、空幕で）

井筒空幕長は10月15日、イタリア空軍参謀長のアルベルト・ロッソ中将とテレビ会談を行った。両者は空自と伊空軍間の協力関係をさらに進展させることで一致した。

◇

井筒空幕長は同16日、8月に着任した米国防安全保障協力局のハイディ・ホーネッカー・グラント局長と電話会談を行った。両者は日米共同の抑止力と対処力の向上のため、両国間の防衛装備・技術協力を引き続き推進していくことで一致した。

## 航空総隊が総合訓練

### 陸自と基地警備も

空自航空総隊（横田）は10月19日から11月10日まで、府中、新田原、那覇の各基地と奄美大島分屯基地、海自鹿屋航空基地などで「航空総隊総合訓練」を行う。同訓練が実動で行われるのは2006年以降では4回目。

参加部隊は航空総隊のほか、支援集団、教育集団、開発集団、空シス隊、補本の6個部隊から計5600人、航空機20機で、機動展開や基地警備などを演練する。

井筒空幕長は10月16日の記者会見で同訓練に触れ、「今回の特徴は2点あり、1点目は十分な態勢が整っていない所への機動展開、2点目は陸自と協同での基地警備。これらを実動で行うことで、部隊の作戦能力の向上を図りたい」と述べた。

## 空幹候校

## 3尉候補者課程入校式

### 学校長「自覚と覚悟を」

空自幹部候補生学校の「3尉候補者課程」入校式に出席した部内出身の幹部候補生たち（9月17日、奈良基地で）

【奈良】空自幹部候補生学校（学校長・藤永国博将補）は9月17日、幹部候補生の選抜試験に合格した部内出身者による「3尉候補者課程」の入校式を行った。

式典には空幕人教部長の小笠原卓人将補らが来賓として出席。藤永学校長は式辞で「諸官は、これまで下士官として幹部を補佐してきた立場から、これからは幹部として部下を率いる立場となる。幹部としての理想像を追求し、自覚と覚悟を確立してほしい」と要望した。

続いて小笠原人教部長が「前に進む『進化』、既存の枠を超える『深化』、そして自ら真の価値を追求する『真価』の三つの『シンカ』を通して、部隊の中核として活躍することを期待する」と祝辞を述べた。

同課程の学生は約3カ月、初級幹部としての知識や技能を修得する。

## 共済組合だより

### 有効成分や効き目は同じ「ジェネリック医薬品」　薬代や医療費の抑制のため　ご利用を

皆さまは「ジェネリック（後発）医薬品」をご存知ですか？ジェネリック医薬品は、医師が処方する医薬品であり、先発医薬品（新薬）と比べて安価で、なおかつ有効成分や効き目は同じです。

新しく開発された医薬品は、先発医薬品として特許が与えられ、開発会社により独占的に販売されますが、ジェネリック医薬品は、先発医薬品の特許期間満了後に、同じ有効成分で製造・販売される医薬品で、効き目・安全性が先発医薬品と同等であることを国が承認したものです。開発費用が抑えられるため、価格が安く設定されています。

ジェネリック医薬品を利用することで、薬代の負担が軽減されるだけでなく、共済組合全体の医療費の抑制にもつながります。

医師・薬剤師にジェネリック医薬品を希望する際には、「お願いカード」をご活用ください。

組合員や被扶養者の皆さまが診察を受ける際、ジェネリック医薬品への変更をご検討いただきますよう、ご協力をお願いいたします。

なお、先発医薬品の特許が切れていない場合など、ジェネリック医薬品を選べない場合もあります。



## 九州・沖縄地区に集中的に機動展開

### 陸自西方面隊実動演習

陸自西部方面隊（西方）は令和2年度方面隊実動演習の概要を発表した。同演習は九州・沖縄地区に機動してくる北方、東北方、中方の各部隊と連接した内容となる。

10月16日から11月5日まで、竹本竜司西方総監の下に行われ、陸自部隊、海・空自などが九州・沖縄地区に北方やCH47輸送ヘリで集中的に機動展開し、島嶼侵攻事態などに対処する訓練を行う。

## 青少年のための3自コンサート

### 防衛省が入場者募集開始

防衛省は11月28日（土）、29日（日）の両日、昭和女子大学人見記念講堂（東京都世田谷区）で開催される「青少年のための3自衛隊合同コンサート」の入場者募集をネットで受け付けている。締め切りは11月1日（日）。応募資格は中学生から大学生までの本人と同伴者の計2名まで。詳細・申し込みは同省のホームページ（https://www.mod.go.jp/j/publication/gakudo-matsuri/index.html）から。

## 【訂正】

10月15日付2面「RC2、電子戦の要に」の記事中、「空自の『多機能型電子戦機』として敵の防空ミサイルの射程圏外から電波情報を収集する」とあるのは誤りで、「RC2」の機能に「妨害」はありませんでした。おわびして訂正します。

## 海自の地方調達で公文書偽造の疑い

### 装備庁が告発

防衛省は10月7日、平成29年度の海自の地方調達（艦艇部品の調達）に関する公文書偽造の疑いについて、装備庁が告発したと発表した。同庁と海自の監察などによる調査の結果、随意契約の手続きの中で決裁文書の一部が偽造された疑いがあることが確認された。

## 防衛省発令

▽統幕首席後方補給官付後方補給官（空幕整備・補給課整備・補給調整官）　1空佐　松葉佐欣史

▽空幕装備課調達管理班長（空自幹部学校）　同　藤　信一郎

▽同整備・補給課整備・補給調整官（2補給処資材計画部長）　同　中村　誠

▽西部航空方面隊幕僚長（航空支援集団総務部長）　同　剱持　暢子

▽2高射群司令（空自補給本部計画部長）　同　伊藤　政文

▽航空支援集団総務部長（2高射群司令）　同　菅原　政弘

▽空自補給本部計画部長（統幕首席後方補給官付後方補給官）　同　佐川　浩彦

▽2補給処資材計画部長（空幕装備課調達管理班長）　同　日高　ふみ

（以上10月11日）

▽教育訓練研究本部（陸幕指揮通信システム・情報部付）　1陸佐　村田　秀将

▽海幕人事計画課募集推進室長事務取扱　海幕人事計画課長　1海佐　鈴木　克哉

▽51航空隊（海幕人事計画課募集推進室長兼人事計画調整官）　同　竹内　俊雅

▽佐世保地方総監部（海自1術科学校）　同　清水　博史

（以上10月12日）

▽空幕情報課計画班長（情報本部）　1空佐　山口　景太

▽同情報課情報運用室長（作戦情報隊作戦情報処理群司令）　同　緑川　康介

▽作戦情報隊作戦情報処理群司令（空幕情報課計画班長）　同　中西　啓樞

▽航空警務隊司令（航空警務隊副司令）　同　渡邊　弘之

▽航空警務隊副司令（宮崎地方協力本部長）　同　荒井　将人

▽宮崎地方協力本部長（空幕情報課情報運用室長）　同　石原　信也

（以上10月13日）

▽統幕指揮通信システム企画課（空幕防衛課）　1空佐　津井信一郎

▽空幕防衛課（同情報課付）　同　木村　雄紀

▽西部航空警戒管制団43警戒群司令兼背振山分屯基地司令（1輸送航空隊防衛部長）　2空佐　伊藤　雅一

（以上10月15日）

2020 NEW MODEL　大型スポットクーラー BSC-10
三相200V
強風・冷風を兼ね揃えた大風量スポットクーラー！
倉庫、コンテナ積み下ろし作業等に最適！
必要な時、必要な時間だけ効率的な空調
スポットクーラーシリーズ
外気温に対し体感温度 -13℃
気持ち良い風を約15m先までお届け！
環境改善　熱中症対策　大風量　スポット冷房
内径約41cmの大型冷風口
吹出口風速約7.28/8.20m/s
最大風量約55/62m³/min
天吊り・消防法適合・複数ダクト等ご用意しております

大型循環送風機 ビッグファン
熱中症対策　空調補助　節電・省エネ
大風量で広範囲へ送風！
●備蓄倉庫等の換気・循環に！　●単相100V電源で工事不要！
広さ・用途で選べる5TYPEをご用意
BF-60J　DCF-60P　BF-75V　BF-100V　BF-125V

コンプレッサー式除湿機
目的に合ったドライ環境を提供
結露・カビを抑え湿気によるダメージを防ぎます！
【各機種満水停止機能付き】ドレンホースで直接排水も可能です！
DM-10　DM-15/DM-15T　DM-30

NAKATOMI　株式会社ナカトミ　〒382-0800 長野県上高井郡高山村大字高井6445-2
株式会社ナカトミ　検索　https://www.nakatomi-sangyo.com
お問い合わせはこちら　TEL:026-245-3105　FAX:026-248-7101

# 「離島侵攻対処」テーマに北演

## 訓練

海外派遣を想定した仮設の「自衛隊活動拠点」で、PKO先遣隊などの各種活動を演練する中央即応連隊の隊員たち（相馬原演習場で）

### 増強72戦車連隊
## 釧路～苫小牧を海上機動

**7師団**

【7師団＝東千歳】7師団は8月24日から9月10日まで、令和2年度北部方面隊実動演習（北演）に参加した。

訓練は「離島侵攻対処」がテーマで、7師団は海上を含む長距離機動を行い、戦略機動能力の向上を図った。

このうち増強72戦車連隊は、装軌車11両、装輪車32両をもって梯隊を編成し、釧路駐屯地から釧路港までの約17キロの公道を自走。釧路港から苫小牧港までは民間輸送船「ナッチャン・ワールド」で海上機動し、引き続き苫小牧西港から東千歳駐屯地まで約30キロを公道自走した。

その後、北海道大演習場での戦闘訓練に移行し、「敵が占領した地域」を奪還するため、7師団は協同する2師団（旭川）の超越支援のもと、機動力と火力をもって戦闘を行い、方面隊の任務達成に大きく貢献した。

上民間の輸送船「ナッチャン・ワールド」から自走で下船する99式155ミリ榴弾砲（苫小牧港で）
下夜間、釧路市街地を前進する7師団の偵察部隊

## 陣地固める敵を撃破

**18普連**

【18普連＝真駒内】18普連は8月26日～9月10日、上富良野演習場での旅団演習に、11戦車隊、12施設群などの配属を受け、対抗部隊（攻撃）として参加した。

1日に真駒内駐屯地で編成完結し、翌2日に上富良野に移動、3日未明から潜入を開始した。

5日に攻撃が開始され、連隊主力は情報小隊等が収集した正確な情報を基に機動と火力を密接に連携させ、陣地を防御する敵と激烈な戦闘を行い、これを撃破した。

敵の陣地を攻撃するため富良野川を渡る18普連の装輪装甲車（上富良野演習場で）

## 汀線部障害を構成
### 敵部隊の上陸阻む

**3施設団**

【3施団＝南恵庭】3施設団は8月20日～9月10日、北演に参加した。

敵の上陸阻止を任務とする施設団は、天塩訓練場で海岸線に「汀線部障害」を構成。敵の舟艇・戦車・水陸両用車などの着・上陸を阻止し、味方の火力発揮を容易にするとともに、敵の障害処理を困難にするよう、各種器材と地形を複合して強固な障害を構成した。

一方、北海道大演習場では空自の北部航空施設隊から技術援助を受けて「滑走路復旧」の訓練を実施。爆撃を受けた状況などを想定し、測量、浮上コンクリートの除去、路盤成形、コンクリート打設などの流れで滑走路の復旧作業を行った。

上敵の上陸を阻止するため、13施設群が構築した「汀線部障害」
下波打ち際に地雷を敷設する94式水際地雷敷設装置（いずれも天塩訓練場で）

## 多連装ロケットで一挙粉砕

**1特科団**

【1特団＝北千歳】1特科団は8月24日～9月10日、北演に参加した。

団本部は札幌駐屯地で方面総監部の指揮所活動を補佐し、1地対艦ミサイル連隊は鬼志別演習場に展開して対艦戦闘。

一方、3地対艦ミサイル連隊と1特科群129特科大隊は北海道大演習場で協同対艦戦闘に加わり、侵攻してくる敵艦隊に向けて対艦ミサイルを発射、これを突破して着上陸した敵に対しては多連装ロケットシステムが一斉に火を噴き、上陸部隊を粉砕した（模擬）。

上3普連隊員が掩護する中、敵の大型艦船を一発で仕留めることができる対艦ミサイルの射撃準備を進める3地対艦ミサイル連隊（左奥）
下敵の上陸地点に向けて火力戦闘を行う129特科大隊の多連装ロケットシステム（いずれも北海道大演習場で）

## 国際任務の態勢確立
### コロナ発生も想定し運営演練

**中即連**

【中即連＝宇都宮】陸自中央即応連隊（連隊長・岩上隆安1佐）はこの夏、国際任務活動に関する総合訓練を実施した。

海外での国際任務に向けた待機態勢の確立と任務遂行能力の向上を目的に、①国連平和維持活動（PKO）などの先遣隊②在外邦人等保護措置（RJNO）③派遣海賊対処行動支援隊（DGPE）の任務遂行能力――をそれぞれ確認した。

先遣隊総合訓練と海賊対処行動支援隊総合訓練では、相馬原演習場に「自衛隊の活動拠点」を模した施設を構築し、警備要領や拠点の維持・運営要領、他国軍との連携要領などを演練した。

今回は、新型コロナの状況下での部隊の任務継続・遂行要領の検討も行った。「拠点内でコロナ感染者が発生した」との想定で、外部との接触を局限した拠点の運営要領など、あらゆる状況下で任務を完遂し得る態勢を確立した。

在外邦人等保護措置（RJNO）総合訓練では、これまでの教訓を生かして各種業務の効率化を推進し、派遣準備に要する時間を大幅に短縮させた。ここでは、関係諸隊との連携要領の改善、「米統合軍作戦要務（JOPP）」を活用した指揮・幕僚活動、さらに政治・経済・社会情勢などを加味した「作戦環境分析（PMESII分析）」なども取り入れ、不透明な要素が多いRJNOでの任務遂行能力を高めた。

### 「物心両面の準備整えよ」
#### 宇都宮で派遣要員指定行事

連隊は総合訓練の後、宇都宮駐屯地で「PKO等先遣隊及び在外邦人等保護措置要員指定行事」を行った。

中央即応連隊は自衛隊の国際平和協力活動に迅速に対応するため、PKO等先遣隊、在外邦人等保護措置の要員を指定し、常時、待機態勢を保持している。これを受け、各中隊などは約1年の間、待機任務に就き、それぞれの任務に即応すべく訓練を継続し、隊員の練度向上を図っている。

派遣要員指定行事は、新たに指定された隊員一人一人の士気を高揚するとともに、任務部隊の団結強化を目的に実施された。

在外邦人等保護措置訓練で施設警備に当たる中央即応連隊員

岩上連隊長は整列した先遣隊要員に対し、「各国部隊が参加する中で世界レベルを凌駕する『勝ち方』を実践せよ」と要望。在外邦人等保護措置の要員に対しては「所命瞬発し、必勝の信念を堅持せよ」「いかなる任務も完遂し得るよう物心両面の準備を整え、さらなる練度を保持せよ」と訓示した。

最後に、代表隊員8人が決意を表明。先陣を切った先遣隊本部要員の幹部は「ミッション・コマンド（命令された任務）を実施し、自分たちが世界レベルを凌駕していく」と述べ、勝ちどきを上げて仲間を鼓舞した。

現在、自衛隊の海賊対処の拠点が置かれた東アフリカのジブチ共和国では、約70人の中央即応連隊員が「第14次派遣海賊対処行動支援隊」の要員として任務を遂行している。連隊は引き続き、海外派遣命令に即応し、任務を完遂すべく、世界レベルを凌駕する「勝ち方」を追求していく。

## 全長24メートル　2師団の指揮所構築

**14施設群**

【14施群＝上富良野】14施設群は8月21～28日、北海道大演習場・島松地区で395施設中隊に対する7夜8日の訓練検閲を実施した。14施設群は平成29年3月に上富良野に新編された全国で一番新しい施設群で、中隊検閲としては最長の期間となった。

統裁官の上林勝敏群長は「施設技術を駆使し、2師団の作戦に最大限寄与せよ」と訓示。これを受けて中隊長の河越俊宏1尉以下48人は「第2師団指揮所用簡易掩蓋掩壕」の構築を開始した。

師団指揮所の本体部は48スパン、全長24メートルで、2階建ての巨大な構築物となった。完成後、内装や照明の取り付け、埋め戻し、偽装などを実施した。

部隊は計画期限より丸1日早く構築を完了、2師団に構築物を引き渡し、全ての任務を完遂した。この構築物は北演中、2師団の指揮所として使われた。

完成した2師団指揮所の2階部分

395施設中隊が構築中の2師団地下指揮所。全長24メートルで2階建てだ（北海道大演習場・島松地区で）


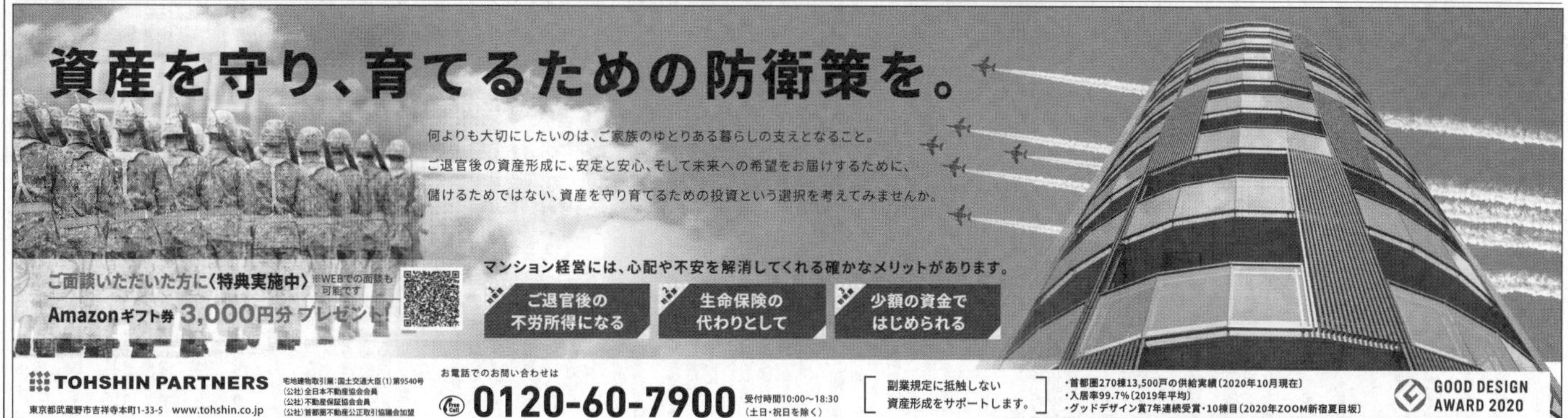

資産を守り、育てるための防衛策を。
何よりも大切にしたいのは、ご家族のゆとりある暮らしの支えとなること。
ご退官後の資産形成に、安定と安心、そして未来への希望をお届けするために、
儲けるためではない、資産を守り育てるための投資という選択を考えてみませんか。
ご面談いただいた方に〈特典実施中〉※WEBでの面談も可能です
Amazonギフト券 3,000円分プレゼント!
マンション経営には、心配や不安を解消してくれる確かなメリットがあります。
ご退官後の不労所得になる
生命保険の代わりとして
少額の資金ではじめられる
TOHSHIN PARTNERS
宅地建物取引業:国土交通大臣(1)第9540号
(公社)全日本不動産協会会員
(公社)不動産保証協会会員
(公社)首都圏不動産公正取引協議会加盟
東京都武蔵野市吉祥寺本町1-33-5　www.tohshin.co.jp
お電話でのお問い合わせは
0120-60-7900
受付時間10:00～18:30(土日・祝日を除く)
副業規定に抵触しない資産形成をサポートします。
・首都圏270棟13,500戸の供給実績(2020年10月現在)
・入居率99.7%(2019年平均)
・グッドデザイン賞7年連続受賞・10棟目(2020年ZOOM新宿夏目坂)
GOOD DESIGN AWARD 2020

# 令和3年度 概算要求

## 考え方

1 「平成31年度以降に係る防衛計画の大綱」（平成30年12月18日閣議決定）に基づく「中期防衛力整備計画（平成31〜35年度）」（30年12月18日閣議決定）の3年度目として、真に実効的な防衛力として、多次元統合防衛力の構築に向け、防衛力整備を着実に実施。

2 少子高齢化等も踏まえた人的基盤の強化に優先的に取り組む。また、領域横断作戦を実現するため、優先的な資源配分や我が国の優れた科学技術の活用により、宇宙・サイバー・電磁波といった新たな領域における能力を獲得・強化。さらに、領域横断作戦の中で、新たな領域における能力と一体となって、各種事態に効果的に対処するため、海空領域における能力、スタンド・オフ防衛能力、総合ミサイル防空能力、機動・展開能力を強化。

また、平時から有事までのあらゆる段階において、必要とされる各種活動を継続的に実施できるよう、後方分野も含めた防衛力の持続性・強靱性を強化。加えて、軍事技術の進展を踏まえた技術基盤の強化等に取り組むとともに、安全保障環境の変化を踏まえ、日米同盟・諸外国との安全保障協力を強化。

3 この際、格段に速度を増す安全保障環境の変化に対応するため、従来とは抜本的に異なる速度で防衛力を強化。

また、既存の予算・人員の配分に固執することなく、資源を柔軟かつ重点的に配分し、効果的に防衛力を強化。さらに、あらゆる分野での陸海空自衛隊の統合を一層推進し、縦割りに陥ることなく、組織および装備を最適化。

4 格段に厳しさを増す財政事情と国民生活に関わる他の予算の重要性等を勘案し、我が国の他の諸施策との調和を図りつつ、調達の効率化にかかる各種取組み等を通じて、一層の効率化・合理化を徹底。

（本文中の青色部分は新規事業）

## Ⅰ 防衛関係費

（単位：兆円）

| 年度 | SACO・再編・政府専用機・国土強靱化を含む | SACO・再編・政府専用機・国土強靱化を除く |
|---|---|---|
| 平成9年度 | 4.95 | 4.94 |
| 平成10年度 | 4.94 | 4.93 |
| 平成11年度 | 4.93 | 4.92 |
| 平成12年度 | 4.94 | 4.92 |
| 平成13年度 | 4.96 | 4.94 |
| 平成14年度 | 4.96 | 4.94 |
| 平成15年度 | 4.95 | 4.93 |
| 平成16年度 | 4.90 | 4.88 |
| 平成17年度 | 4.86 | 4.83 |
| 平成18年度 | 4.81 | 4.79 |
| 平成19年度 | 4.80 | 4.78 |
| 平成20年度 | 4.78 | 4.74 |
| 平成21年度 | 4.77 | 4.70 |
| 平成22年度 | 4.79 | 4.68 |
| 平成23年度 | 4.78 | 4.66 |
| 平成24年度 | 4.71 | 4.65 |
| 平成25年度 | 4.75 | 4.68 |
| 平成26年度 | 4.88 | 4.78 |
| 平成27年度 | 4.98 | 4.82 |
| 平成28年度 | 5.05 | 4.86 |
| 平成29年度 | 5.13 | 4.90 |
| 平成30年度 | 5.19 | 4.94 |
| 令和元年度 | 5.26 | 5.01 |
| 令和2年度 | 5.31 | 5.07 |
| 令和3年度概算要求 | 5.49 | 5.49 |

## Ⅱ 自衛隊の魅力向上のための取組

人口減少と少子高齢化が急速に進展する一方、装備品が高度化・複雑化し、任務が多様化・国際化する中、より幅広い層から多様かつ優秀な人材の確保を図るとともに、全ての自衛隊員が高い士気を維持し、自らの能力を十分に発揮できる環境の整備に向けた取り組みを重点的に推進する。

### 1 優秀な人材確保のための取り組みの推進

募集業務の充実・強化

○ソーシャルメディア等を意識した話題性の高い採用広報動画の作成や広告バナーを活用し、採用対象者や保護者への採用広報を推進（3億円）

○WEBセミナーの実施（200万円）

インターネット上で採用説明会を行うことで、より多くの学生に職業としての自衛隊の魅力を発信するとともに、新型コロナウイルス感染症などにより、外出の自粛を余儀なくされる場合においても、安定した人材の確保を実施

○女性向けの採用広報（200万円）

再就職支援等の充実・強化

○任期制自衛官の退職時の進学支援（0・8億円）

任期制自衛官の充足の維持・向上に加え、予備自衛官および即応予備自衛官の充足向上を図るため、任期制自衛官の任期満了後に国内の大学に進学した者が、その在学期間中、予備自衛官または即応予備自衛官に任官した場合、入学金および授業料の一部を給付する給付型奨学金を創設

○職業訓練課目の新設（40万円）

・主に女性自衛官の再就職の機会の拡大を図るため、登録販売者、ファイナンシャルプランナー、調剤薬局事務の資格取得に係る課目を新設

・採用上限年齢引上げに伴い、既に一定の資格を有している者を対象にさらなる再就職の機会の拡大を図るため、電気工事施工管理技士、消防設備点検資格者、ガス溶接作業主任者の資格取得に係る課目を新設

○女性自衛官向け職業訓練の実施（0・1億円）

その他

○ハラスメント防止施策の推進（0・2億円）

### 2 女性の活躍、働き方改革の推進および生活・勤務環境の改善

女性職員の採用・登用のさらなる拡大等、女性職員の活躍をさらに推進するとともに、ワークライフバランスおよび生活・勤務環境の改善に関する施策を推進・強化する。

女性の活躍推進

○女性自衛官の教育・生活・勤務環境の基盤整備（50億円）

・隊舎の女性用区画の整備等

○メンター養成研修、女性自衛官のための部外カウンセラー招へいおよび災害発生時における女性隊員用の消耗品の整備等（0・7億円）

○女性自衛官教育隊の改編

陸上自衛隊の女性自衛官活躍を推進するため、女性自衛官教育隊の教育体制を整備

国際協力分野における女性の活躍の推進等

○北大西洋条約機構（NATO）ジェンダー関連年次会合等への派遣

働き方改革のための環境整備

○新型コロナウイルス感染症等の感染症が拡大した場合における業務の継続性確保のためのテレワーク用端末の整備（5億円）

○働きやすい職場を実現するためのオフィスのペーパーレス化・省スペース化などによる勤務環境の改善（0・4億円）

職業生活と家庭生活の両立支援

○庁内託児施設の整備（0・8億円）

子育て中の隊員が安心して任務に従事できるよう、自衛隊の特殊な勤務態勢に対応する自衛隊の庁内託児施設を整備

○緊急登庁支援（児童一時預かり）のための備品整備等（0・[illegible]億円）

○意識啓発のための研修・訓練の実施

職場における性別に基づく固定的な役割分担意識を解消するとともに、育児・介護等で時間制約のある職員を含む全ての職員が十分に能力を発揮できる環境を醸成するための取り組み（0・3億円）

生活・勤務環境の改善

○自衛隊員が士気高く任務に精励できるよう、新しい生活様式への対応を含めた自衛隊員の生活・勤務環境改善のための自衛隊施設、備品・日用品等を整備

・自衛隊施設の整備（574億円）

・備品や日用品等の整備（44億円）

・被服等の整備（139億円）

## Ⅲ 領域横断作戦に必要な能力の強化における優先事項

我が国を取り巻く安全保障環境が格段に速いスピードで厳しさと不確実性を増す中、宇宙・サイバー・電磁波を含む全ての領域における能力を有機的に融合し、平時から有事までのあらゆる段階における柔軟かつ戦略的な活動の常時継続的な実施を可能とする防衛力を構築する。

領域横断作戦を実現するため、優先的な資源配分や我が国の優れた科学技術の活用により、宇宙・サイバー・電磁波といった新たな領域における能力を獲得・強化する。

### 1 宇宙・サイバー・電磁波の領域における能力の獲得・強化

（1）宇宙領域における能力

宇宙関連経費約724億円※

※弾道ミサイル防衛関連経費のうち宇宙関連部分を除く。

○SSA（※）の強化

・SSA衛星（宇宙設置型光学望遠鏡）の整備（2[illegible]億円）

・令和8年度をめどに[illegible]予定のSSA衛星につい[illegible]星の設計等に着手

・SSA衛星の複数機運用に関する概念検討

・軌道上サービスに関する調査研究

○SSAシステム等の整備（18億円）

○米軍および国内関係機関等と連携した宇宙状況監視を行うために必要な関連器材を取得等

※SSA=宇宙状況監視（Space Situation Awareness）

○ミサイル防衛のための衛星コンステレーション活用の検討

・衛星コンステレーションによるHGV（※）探知・追尾システムの概念検討（2億円）

※HGV=極超音速滑空兵器（Hypersonic Glide Vehicle）

○高感度広帯域な赤外線検知の研究（15億円）

○宇宙利用における抗たん性の向上

・衛星通信システムの抗たん性向上等（10億円）

・Xバンド防衛通信衛星と他の通信衛星をシームレスに利用できるシステムの構築等

・「みちびき」を活用した衛星測位能力の抗たん性向上（4億円）

衛星測位能力の抗たん性を向上するため、みちびき（公共専用信号※含む）・GPS・ガリレオの測位信号の共通化受信機の研究

・マルチGNSS（※）受信機の研究

※GNSS=全球測位衛星システム（Global Navigation Satellite System）

※公共専用信号=政府が認めた利用者だけが使用できる信号

宇宙を利用した情報収集能力等の強化

○画像衛星データ等の利用（152億円）

・画像解析用データの取得（多頻度での撮像が可能な小型衛星コンステレーションを含む各種商用衛星等）

・海洋状況監視に資する衛星情報の取得

○衛星通信の利用（113億円）

・Xバンド通信衛星の整備・維持

・商用通信衛星回線の借上げ、衛星通信器材の整備・維持等

組織体制の強化

○宇宙作戦群（仮称）の新編

宇宙領域における指揮統制を担う部隊を新編し、当該部隊および宇宙作戦隊を隷下部隊に持つ宇宙作戦群（仮称）を新編

○宇宙関連事業に係るプロジェクト管理業務に対応するため、防衛装備庁事業監理官（情報・武器・車両担当）に「宇宙事業管理班（仮称）」を新設するとともに、名称を「事業監理官（宇宙・地上装備担当）＝仮称」に変更

その他の宇宙政策に関する取り組み

○諸外国との国際協力（2億円）

・米国コロラド州の米空軍基地で実施する「Space10」課程等に要員を派遣し、宇宙全般に関する知見を習得

・宇宙分野における多国間机上演習への参加

※弾道ミサイル防衛関連経費（宇宙関連部分のみ）513億円

自衛隊サイバー防衛隊（仮称）の新編イメージ

サイバー関連経費357億円

防衛大臣

令和3年度末　約540名

（共同の部隊）自衛隊サイバー防衛隊（仮称）

中央指揮所運営隊

ネットワーク運用隊

サイバー防衛隊

隊本部

サイバー関係部隊

注）部隊の名称は全て仮称

（2）サイバー領域における能力

サイバー防衛隊等の体制強化

○自衛隊サイバー防衛隊（仮称）の新編

自衛隊指揮通信システム隊を廃止して自衛隊サイバー防衛隊（仮称）を新編。より効果的・効率的な任務遂行が可能となるよう、陸海空自衛隊のサイバー関連部隊から要員を移管して、サイバー防衛能力の抜本的強化を図るため、サイバー防護機能の一元化に着手

サイバー人材の確保・育成

○サイバーセキュリティー統括アドバイザー（高度サイバー人材）の採用（0・2億円）

サイバー領域における最新技術やサイバー攻撃の最新動向等に関する高度な知見を有する民間の高度サイバー人材を採用

○サイバーセキュリティーに関するハイスキル人材の育成（700万円）

サイバーセキュリティーに関する高度な知識・技能を有するハイスキル人材の育成を加速化するべく、部外教育機関を活用した教育を実施

○陸自通信学校におけるサイバー共通課程の拡充（0・8億円）

令和元年度から実施している各自衛隊の共通教育であるサイバー共通課程の規模を拡充し、人材育成の一元化を強化

○米国におけるサイバー戦指揮官要員の教育（0・3億円）

サイバー戦における指揮官の意思決定要領等に関する知見を習得するため、米国防大学の教育課程を受講

サイバーに関する最新技術の活用

○装備品に搭載されている情報処理システムを標的としたサイバー攻撃へ対処する技術の研究（21億円）

サイバー攻撃の状況下においても、防衛省・自衛隊が保有する装備品に搭載されている情報処理システムの運用継続を実現するため、装備品のサイバーレジリエンス（※）技術の研究を実施

※サイバーレジリエンス=サイバー攻撃等によってシステムやネットワークの一部の機能が損なわれた場合においても、柔軟に対応して運用可能な状態に回復する能力

実戦的な訓練環境の整備

○サイバー攻撃等への実戦的な対処訓練を行うため、自衛隊の全てのサイバー関連部隊が利用可能な装置を整備（16億円）

システム・ネットワークの安全性の強化

○サイバー防護分析装置の整備（54億円）

サイバー攻撃に関する手法等を収集・分析し、防衛省・自衛隊に対するサイバー攻撃に対処するための装置を整備

○サイバー攻撃対処に関する高度な専門的知見を必要とする業務について、部外力を活用（27億円）

○内部侵入等によるサイバー攻撃からの防護のため、防衛情報通信基盤（DII）のクローズ系システムを整備（81億円）

情報セキュリティーに係る措置の強化

○防衛産業に対する各種情報セキュリティー施策を推進するため、防衛装備庁装備保全管理官に「産業サイバーセキュリティ室（仮称）」を新設

SSA運用システム

他宇宙関連装備品とも連携

スペースデブリ　等

遠隔操作

情報共有

JAXA

米国

宇宙状況監視（SSA）の強化のイメージ

（3）電磁波領域における能力

我が国に侵攻する相手方のレーダー等を無力化する能力の強化

○スタンド・オフ電子戦機の開発（153億円）

効果的な電波妨害を実施することにより自衛隊の航空作戦の遂行を支援する、スタンド・オフ電子戦機を開発

○ネットワーク電子戦システムの取得（1式88億円）

電波の収集・分析および通信の無力化により、作戦を有利に進めるため、陸上自衛隊のネットワーク電子戦システムを取得

○艦艇の電波探知妨害能力の研究（0・2億円）

航空機やミサイルからの電波を探知し、無力化するための電波を照射する電波探知妨害装置の能力向上について実証検証を実施

我が国に対する企図する相手からの電磁波領域における妨害等に際して、その効果を局限する能力の強化

○電子防護能力に優れたF35Aを取得し、航空優勢を確保（4機402億円）

その他関連経費（整備用器材等）として、別途591億円を計上

○電子防護能力に優れ、短距離離陸・垂直着陸が可能なF35Bを取得し、戦闘機運用の柔軟性を向上（2機264億円）

その他関連経費（整備用器材等）として、別途106億円を計上

○電子戦を含む戦闘機（F15）の能力向上に必要な改修を実施

○艦艇用デコイシステムに係る調査研究（0・3億円）

高性能の対艦ミサイルの脅威に対応するため、将来の艦艇用疑似電波発生装置（デコイ）に係る研究を実施

○高機能・高性能化する電子戦器材や装備品の性能を正確に把握・評価するため、将来の電子戦評価システムに係る研究を実施（35億円）

電磁波領域におけるゲーム・チェンジャーになり得る技術の研究

○ドローン対処レーザーシステムの車両搭載実証（33億円）

ドローン等に効率的に対処が可能な高出力レーザーシステムを実証

○高出力マイクロ波（HPM）発生装置の将来の実用化を見据え、小型化・高出力化等の研究を実施（11億円）

電磁波に関する情報の収集・分析能力の強化

○電波情報収集機（RC2）に搭載する装置の取得（71億円）

情報収集機能の強化のため、現有の電波情報収集機（YS11EB）の後継として、受信電波周波数範囲の拡大や遠距離目標の収集能力の強化など能力向上した電波情報収集機の搭載装置を取得

○次期電子情報収集機の情報収集システムの研究（50億円）

多用機EP3の減勢に伴う後継機（次期電子情報収集機）の開発に向け、航空機搭載型情報収集システムの信号検出能力、方位精度および類識別能力の向上に関する研究を実施

方位精度の向上

次期電子情報収集機

信号検出能力向上

類識別能力の向上

次期電子情報収集機の情報収集システムの研究イメージ

情報通信能力・情報共有態勢の強化

○目標情報の迅速な伝達・共有を図るため、艦艇および航空機の戦術データリンクを整備（108億円）

電磁パルス（EMP）攻撃等からの施設の防護

○自衛隊施設の電磁パルス（EMP）防護性能を安定的に維持・機能させるための維持管理手法を検討（0・4億円）

訓練演習、人材育成

○統合電子戦訓練の実施（0・2億円）

電磁波領域における運用能力を強化するため、陸海空自衛隊の統合による電子戦訓練を実施

○英海軍が実施する電磁波領域を含む総合演習に参加（400万円）

○米国で実施する電子戦運用幕僚課程に航空自衛隊の要員を派遣し、電子戦運用に関する指揮・統制能力を習得（400万円）

○米国等で実施される電子戦シンポジウムに要員を派遣し、最新の電子戦技術等に関する情報収集を実施（200万円）

### 2 従来の領域における能力の強化

領域横断作戦の中で、宇宙・サイバー・電磁波の領域における能力と一体となって、航空機、艦艇、ミサイル等による攻撃に効果的に対処するため、海空領域における能力、スタンド・オフ防衛能力、総合ミサイル防空能力、機動・展開能力を強化する。

（1）海空領域における能力

常続監視態勢の強化

○一元的指揮統制による経空脅威への対応のため、自動警戒管制システム（JADGE）の探知識別能力、情報処理能力等を向上（224億円）

○現有の固定翼哨戒機（P3C）の除籍に伴い、その後継としてP1を取得（3機680億円）

○固定翼哨戒機の体制を維持するため、P3Cに機齢延伸措置を実施（4機16億円）

○救難体制を維持するため、哨戒ヘリ（SH60K）を救難仕様に改修（1機10億円）

○哨戒ヘリの体制を維持するため、SH60Kに機齢延伸措置を実施（3機73億円）

○洋上における救難体制を維持するため、救難飛行艇US2を取得（1機139億円）

○護衛艦部隊の54隻体制への増勢のため、対機雷戦機能も具備する等、多様な任務への対応能力の向上と船体のコンパクト化を両立した護衛艦「FFM」（30年度型護衛艦7番艦および8番艦＝3900トン）を建造（2隻990億円）

○護衛艦の体制を維持するため、「むらさめ」型、「こんごう」型および「あぶくま」型護衛艦に艦齢延伸措置を実施（艦齢延伸工事4隻および部品調達4隻分124億円）

○潜水艦22隻体制により、我が国周辺の海域における情報収集・警戒監視を有効に実施するため、探知能力等が向上した潜水艦（29年度型潜水艦5番艦＝3000トン）を建造（1隻691億円）

○潜水艦を16隻体制から22隻体制へ増勢するため、「おやしお」型および「そうりゅう」型潜水艦に艦齢延伸措置を実施（艦齢延伸工事9隻および部品調達4隻分65億円）

航空優勢の獲得・維持

○周辺諸国の航空戦力の強化に対応するとともに防空等の任務に適切に対応するため、F15に搭載、搭載弾薬数の増加および電子戦能力の向上等に必要な改修を実施するための関連経費を計上（213億円）

○周辺諸国の海上・航空戦力の近代化に対応するとともに各種任務に適切に対応するため、現有戦闘機（F2）の能力向上および改修、対艦能力の向上およびネットワーク機能の能力向上のための改修に必要な設計等を実施（30億円）

○空自救難ヘリ（UH60J）の減勢に対応し、救難態勢を維持・強化するとともに、多様な事態に実効的に対処し得る態勢を整備するためUH60Jを取得（5機279億円）

○「いずも」型護衛艦の飛行甲板上の耐熱塗装等に加え、F35Bを安全に運用するため、艦首形状を四角形に変更（231億円）

○防空能力強化のため、低空目標や高速目標への対処能力を向上させた03式中距離地対空誘導弾（改善型）を取得（1式122億円）

次期戦闘機（約772億円=関連経費含む）

○次期戦闘機の機体の構想設計を引き続き実施するとともにエンジンの設計等に着手し、着実に開発を推進（587億円）

○戦闘機等の作戦・任務遂行能力の根幹となるミッションシステムを将来にわたり我が国が自由にコントロールできるよう、ミッションシステム・インテグレーション技術の研究を実施（63億円）

○有人機の支援を行う遠隔操作型支援機の実現に求められる編隊飛行技術やヒューマン・マシン・インターフェース技術等に関する研究を実施（16億円）

○戦闘機等において、常時の広覆域捜索を可能とするため、将来の高機能レーダに係る技術を日英共同研究により確立（41億円）

海上優勢の獲得・維持

○将来潜水艦用ソーナー装置の開発（48億円）

将来にわたり潜水艦の水中領域における優位性を継続保持するため、探知能力を向上させたソーナー装置を開発

○雑音低減型水中発射管の研究（23億円）

潜水艦のさらなる静粛化のため、魚雷等を射出する際の発射音を低減する技術について研究

○高速高機動レーダ技術の研究（10億円）

低RCS（※）目標や極超音速ミサイルをはじめとした高速高機動目標に対応するため、レーダの探知追尾技術向上および探知距離の延伸を実験装置を用いた模擬環境の下で研究

※RCS=レーダ反射断面積（Radar Cross Section）

○対艦戦闘能力強化のため、現有の88式地対艦誘導弾の能力を向上させた12式地対艦誘導弾を取得（1式55億円）

（2）スタンド・オフ防衛能力

○相手の脅威圏外（スタンド・オフ）から対処できるF35Aに搭載可能なスタンド・オフ・ミサイル（JSM）を取得（172億円）

○島嶼防衛のため、高速で滑空し、高精度で目標に命中する高速滑空弾について、早期装備化に向けて引き続き研究を推進（229億円）

（3）総合ミサイル防空能力

弾道ミサイル防衛関連経費1247億円

ネットワークの機能強化

○国産汎用護衛艦に装備予定のFCネットワークと「まや」型護衛艦等に装備されるCECとの連接実現性に係る技術的検証を実施（2億円）

シューター・誘導弾の機能強化・増勢

○弾道ミサイル防衛と巡航ミサイルや航空機への対処の双方に対応可能で、かつ射程が延伸されている能力向上型迎撃ミサイル（PAC3MSE）を取得（391億円）

○03式中距離地対空誘導弾（改善型）の改修による弾道ミサイル対処能力の付与に必要な研究を実施（1億円）

○基地防空用地対空誘導弾（改）および新近距離地対空誘導弾の開発（45億円）

同時多目標対処能力を向上し、コスト低減を図った基地防空用地対空誘導弾（改）および低空目標への対処能力の向上を図った新近距離地対空誘導弾をファミリー化により効率的に開発

○極超音速滑空兵器への効果的な対処のための迎撃ミサイルの在り方について研究を実施（0・4億円）

その他

○弾道ミサイル等対処に係る自衛隊の能力や日米共同対処能力を維持・向上

○イージス・アショア代替措置関連事業（事項要求）

（上記経費については、現時点においては計上すべき予算をあらかじめ確定することが困難であるものの、イージス・アショアの代替措置の早期実現が重要であるとの観点から、予算編成過程において、検討結果を予算に反映させることが必要であるため、今後、検討していくものとする）

（4）機動・展開能力

○PFI船舶の活用による統合輸送態勢の強化

○統合水陸両用作戦訓練の実施

○現有の輸送機（C1）の減勢を踏まえ、航続距離や搭載重量等を向上し、大規模な展開に資する輸送機（C2）を取得（2機515億円）

○軽装甲機動車の後継装備品の研究（14億円）

部隊の機動・展開能力を担保する軽装甲機動車の後継となる車両選定のための参考品を取得

○各種事態において迅速かつ機動的な運用が可能である16式機動戦闘車を整備し、作戦基本部隊（師団・旅団）の機動展開能力を強化（25両191億円）

○多用途ヘリ（UH1J）の後継として、空中機動、航空輸送等を実施し、迅速に部隊を展開できる新多用途ヘリ（UH2）を取得（7機127億円）

○島嶼防衛における初動対処態勢を強化するため、警備部隊等の配置に関連する石垣島の隊庁舎等、宮古島の保良鉱山地区における構内道路等、奄美大島（瀬戸内分屯地）の火薬庫等を整備（432億円）

○輸送航空隊の配置に伴う施設整備（61億円）

○佐世保（崎辺東地区＝仮称）の施設整備（138億円）

南西方面における後方支援基盤と位置づけ、崎辺東地区（仮称）に大規模な岸壁等および後方支援施設を整備

○常続的陸上自衛隊展開訓練構想（CPEC）

高い練度を保持した陸上自衛隊の部隊を南西地域等へ機動展開し、練成訓練を実施することにより、抑止力および対処力の向上を図る

○北海道をはじめとする国内外の良好な訓練基盤への機動展開訓練

・北海道訓練センター運営（7億円）

・米国等における米軍との実動訓練（8億円）

・オーストラリアにおける豪軍との実動訓練（2億円）

○機動師団・旅団の機動展開および島嶼部における練成訓練

・国内における米軍との実動訓練（0・4億円）

○水陸機動団の艦艇と連携した南西地域における洋上機動展開および島嶼部における練成訓練

・水陸機動団演習（0・5億円）

### 3 持続性・強靱性の強化

平時から有事までのあらゆる段階において、部隊運用を継続的に実施し得るよう、弾薬および燃料の確保、自衛隊の運用に係る基盤等の防護等に必要な措置を推進するとともに、各種事態に即応し、実効的に対処するため、装備品の可動率確保のための取り組みを推進する。

（1）継続的な部隊運用の確保

○継続的な部隊運用に必要な各種弾薬の取得（2514億円）

・航空優勢、海上優勢の確保に必要な対空ミサイル、魚雷等の取得（395億円）

○抗たん性の強化のため、航空機の基地内分散に必要な分散パッドを整備（30億円）

○航空基地の滑走路が被害を受けた場合等に備え、より迅速な被害復旧を可能とする器材を取得（7億円）

○自衛隊施設の老朽化対策および耐震化対策の推進のため、施設改修等を行い、自衛隊の安定的な運用態勢を確保（62[illegible]億円）

（2）装備品の維持整備に係る取り組みの推進

○装備品の維持整備に必要な経費の着実な確保（1兆19[illegible]億円）

PBL等の包括契約の推進

○陸自特別輸送ヘリ（EC225LP）のPBL（71億円）

平成24年度から実施しているEC225LPのPBL対象部品を拡大

○海自護衛艦ガスタービン機関のPBL（13億円）

○海自P3C部品のPBL（9億円）

○海自練習ヘリ（TH135）のPBL（119億円）

平成28年度から実施しているTH135のPBL対象部品を拡大

○空自戦闘機部品の包括契約（59億円）

・F2の機体（主翼）構造[illegible]品の取得

・F15の脚系統構成品等の修理へ

## 主要な装備品

| 区分 | | | | 令和2年度調達数量 | 令和3年度調達数量 | 金額(億円) |
|---|---|---|---|---|---|---|
| 航空機 | 陸自 | 新多用途ヘリコプター（UH－2） | | ― | 7機 | 127 |
| | | 輸送ヘリコプター（CH－47JA） | | 3機 | ― | ― |
| | 海自 | 固定翼哨戒機（P－1） | | 3機 | 3機 | 680(44) |
| | | 救難飛行艇（US－2） | | ― | 1機 | 139(22) |
| | | 固定翼哨戒機（P－3C）の機齢延伸 | | (7機) | ― | 16 |
| | | 哨戒ヘリコプター（SH－60K） | | 7機 | ― | ― |
| | | 哨戒ヘリコプター（SH－60K）の機齢延伸 | | (3機) | (3機) | 73 |
| | | 哨戒ヘリコプター（SH－60J）の機齢延伸 | | (2機) | ― | ― |
| | | 画像情報収集機（OP－3C）の機齢延伸 | | (1機) | ― | ― |
| | | 電波情報収集機（EP－3）の機齢延伸 | | ― | ― | ― |
| | 空自 | 戦闘機（F－35A） | | 3機 | 4機 | 402 |
| | | 戦闘機（F－35B） | | 6機 | 2機 | 264 |
| | | 戦闘機（F－2）の能力向上 | | (2機) | ― | (30) |
| | | 戦闘機（F－15）の能力向上 | | ― | ― | 213 |
| | | 輸送機（C－2） | | ― | 2機 | 515(43) |
| | | 空中給油・輸送機（KC－46A） | | 4機 | ― | 56 |
| | | 救難ヘリコプター（UH－60J） | | 3機 | 5機 | 279(39) |
| | | 電波情報収集機（RC－2）（搭載装置） | | ― | ― | 71(40) |
| 艦船 | 海自 | 護衛艦 | | 2隻 | 2隻 | 990(4) |
| | | 潜水艦 | | 1隻 | 1隻 | 691(1) |
| | | 掃海艦 | | 1隻 | ― | ― |
| | | 「あさぎり」型護衛艦の艦齢延伸 | 工事 | (3隻) | (―) | ― |
| | | | 部品 | (1隻) | (―) | |
| | | 「あぶくま」型護衛艦の艦齢延伸 | 工事 | (3隻) | (2隻) | 1 |
| | | | 部品 | (1隻) | (―) | |
| | | 「こんごう」型護衛艦の艦齢延伸 | 工事 | (1隻) | (1隻) | 65 |
| | | | 部品 | (2隻) | (2隻) | |
| | | 「むらさめ」型護衛艦の艦齢延伸 | 工事 | (―) | (1隻) | 58 |
| | | | 部品 | (2隻) | (2隻) | |
| | | 「おやしお」型潜水艦の艦齢延伸 | 工事 | (3隻) | (8隻) | 63 |
| | | | 部品 | (5隻) | (4隻) | |
| | | 「そうりゅう」型潜水艦の艦齢延伸 | 工事 | (―) | (―) | 2 |
| | | | 部品 | (2隻) | (―) | |
| | | 「ひびき」型音響測定艦の艦齢延伸 | 工事 | (1隻) | (1隻) | 5 |
| | | | 部品 | (1隻) | (―) | |
| | | 「とわだ」型補給艦の艦齢延伸 | 工事 | (―) | (―) | ― |
| | | | 部品 | (―) | (―) | |
| | | 「あすか」型試験艦の艦齢延伸 | 工事 | (―) | (―) | 25 |
| | | | 部品 | (―) | (1隻) | |
| | | 「おおすみ」型輸送艦の艦齢延伸 | 工事 | (―) | (―) | 33 |
| | | | 部品 | (―) | (1隻) | |
| | | 「あさひ」型護衛艦の能力向上 | 工事 | (―) | (―) | 14 |
| | | | 部品 | (1隻) | (2隻) | |
| | | 「たかなみ」型護衛艦の短SAMシステムの能力向上 | 工事 | (―) | (1隻) | 1 |
| | | | 部品 | (―) | (1隻) | |
| | | 「たかなみ」型護衛艦対潜システムの近代化改修 | 工事 | (―) | (1隻) | 7(15) |
| | | | 部品 | (―) | (―) | |
| | | 艦艇搭載戦闘システム電子計算機等の更新 | 工事 | (―) | (7隻) | 88 |
| | | | 部品 | (8隻) | (5隻) | |
| | | 「あさぎり」型護衛艦戦闘システムの近代化改修 | 工事 | (3隻) | (―) | ― |
| | | | 部品 | (1隻) | (―) | |
| | | 「たかなみ」型護衛艦戦闘システムの近代化改修 | 工事 | (―) | (―) | ― |
| | | | 部品 | (2隻) | (―) | |
| | | 護衛艦CIWS（高性能20mm機関砲）の近代化改修 | 工事 | (1隻) | (5隻) | 2 |
| | | | 部品 | (4隻) | (4隻) | |
| | | 「ちはや」型潜水艦救難艦の改修 | 工事 | (1隻) | (―) | ― |
| | | | 部品 | (―) | (―) | |
| | | 潜水艦戦闘システムの近代化改修 | 工事 | (―) | (1隻) | 22(2) |
| | | | 部品 | (―) | (1隻) | |
| | | 短SAMシステム3型等の計算機能力の向上 | 工事 | (―) | (2隻) | 10 |
| | | | 部品 | (―) | (1隻) | |
| | | 「おおすみ」型輸送艦の能力向上 | 工事 | (―) | (1隻) | 3 |
| | | | 部品 | (―) | (1隻) | |
| 誘導弾 | 陸自 | 03式中距離地対空誘導弾（改） | | 1個中隊 | 1個中隊 | 122 |
| 火器・車両等 | 陸自 | 20式5．56mm小銃 | | 3283丁 | 3342丁 | 9 |
| | | 9mm拳銃SFP9 | | 323丁 | 297丁 | 0.2 |
| | | 対人狙撃銃（B） | | 8丁 | ― | ― |
| | | 60mm迫撃砲（B） | | 6門 | 6門 | 0.2 |
| | | 120mm迫撃砲 RT | | 6門 | 11門 | 5 |
| | | 19式装輪自走155mmりゅう弾砲 | | 7両 | 8両 | 55 |
| | | 10式戦車 | | 12両 | ― | ― |
| | | 16式機動戦闘車 | | 33両 | 25両 | 191 |
| | | 車両、通信器材、施設器材 等 | | 493億円 | ― | 428 |
| BMD | 海自 | イージス・システム搭載護衛艦の能力向上 | | 2隻分 | 2隻分 | 2 |
| | 空自 | ペトリオットシステムの改修 | | 8式 | ― | ― |

注1：2年度調達数量は、当初予算の数量を示す。
注2：金額は、装備品等の製造等に要する初度費を除く金額を表示している。初度費は、金額欄に（ ）で記載（外数）。
注3：調達数量は、令和3年度に新たに契約する数量を示す。（取得までに要する期間は装備品によって異なり、原則2年から5年の間）
注4：調達数量欄の（ ）は、既就役装備品の改善に係る数量を示す。
注5：海自の艦船については、上段が改修・工事の数量を、下段が改修・工事に必要な部品の調達を示す。
注6：イージス・システム搭載護衛艦の能力向上の調達数量については、「あたご」型護衛艦2隻のSM－3ブロックⅡAを発射可能とする改修にかかる隻数を示す。
注7：陸自の誘導弾の金額は、誘導弾薬取得に係る経費を除く金額を表示している。

## Ⅳ 防衛力の中心的な構成要素の強化における優先事項

人口減少と少子高齢化が急速に進展する一方、装備品が高度化・複雑化し、任務が多様化・国際化する中、より幅広い層から多様かつ優秀な人材の確保を図るとともに、全ての自衛隊員が高い士気を維持し、自らの能力を十分に発揮できる環境の整備に向けた取り組みを重点的に推進する。

また、軍事技術の進展を背景に戦闘様相が大きく変化する中、我が国の防衛につながる科学技術基盤を強化するため、装備品の研究開発期間の短縮や技術優位の確保とともに、必要な取り組みを実施するとともに、プロジェクト管理の強化等による費用対効果の向上を図る。

### 1 人的基盤の強化

（1）教育・研究体制の充実

防衛研究所、防衛大学校、防衛医科大学校の教育・研究体制を強化するための施策を実施するとともに、職務に専念できる環境を整備する。

防衛研究所

○「安全保障戦略研究」の刊行・部外にも開放された専門的な学術誌「安全保障戦略研究」の内容の充実

・我が国の安全保障に関する学術研究や知識の普及に寄与

防衛大学校

○研究能力・教育水準の維持・向上（1億円）

新たな領域に係る学術的な観点からの研究に対応するため必要となる器材の整備

防衛医科大学校

○防衛医学に関する研究機能の強化

○防衛医学研究の実施

・感染症対処能力の向上等に必要な教育研究用器材の整備（0.4億円）

（2）持続的な部隊運用を支える予備自衛官等に係る施策の推進

即応予備自衛官および予備自衛官のより幅広い分野・機会での活用を進めるとともに、予備自衛官等の充足向上のための取り組みを推進する。

○災害招集等の状況を迅速かつ正確に確認するためのWEBサービスを推進（0.1億円）

○予備自衛官等の運用の実効性向上を図るため、被服、装具、それらを保管する容器・保管棚の整備（1億円）

（3）衛生機能の強化

各種事態に対応するため、統合運用の観点も含め、第一線から最終後送先までのシームレスな医療・後送態勢の強化として、第一線救護能力の向上、医療拠点において患者の状態を安定化させるためのダメージコントロール手術を行う機能および後送中の患者を管理する機能の強化を図る。

また、自衛隊病院の拠点化・高機能化等をより一層推進し、効率的で質の高い医療体制を確立する。

○第一線から最終後送先までのシームレスな医療・後送態勢の強化

・DCS（ダメージコントロール手術）および後送中の患者管理に必要な器材の整備（2億円）

○救急車の応急治療能力の強化（3億円）

○自衛隊病院の拠点化・高機能化

・入間病院（仮称）の整備（※1）

・福岡病院の新病院整備のための本体工事・準備工事等（0.3億円）

○横須賀病院の新病院整備（※2）のための調査工事（0.1億円）

※1 入間病院（仮称）は令和3年度末に開設

※2 三沢病院（仮称）および佐世保病院を令和3年度末に廃止（診療所化）

※3 別府病院を令和3年度末に廃止（診療所化）

○戦傷医療対処能力の向上のための教育訓練および教育訓練基盤の整備

・機上医療訓練システムの整備

・救急処置能力向上教材の整備・DCS（ダメージコントロール手術）研修員の養成（0.6億円）

○国際的に脅威となる感染症への対応能力の向上

・エボラ出血熱等の感染症に対する予防に必要な研究器材の取得

・重篤な感染症に対する予防態勢の強化（2億円）

○新型コロナウイルス感染症対策

・海外派遣部隊等に対する新型コロナウイルス感染症対策（4億円）

（4）事務官等の増員

人件費と機構・定員要求の方針を示す内閣総理大臣決定（令和3年度内閣の重要課題を推進するための体制整備および人件費予算の配分の方針＝R2・7・21）に、内閣の重要政策として「安全保障の実施体制の整備」が記載されたことを踏まえつつ、新防衛大綱・中期防の実施および感染症をはじめさまざまな事態に対応するための体制を整備するための、防衛省の事務官等の増員要求を実施。

領域横断作戦や先端技術の活用に必要な能力の強化（178人）。このうち新たな領域・先端技術に係る体制強化（120人）

○自衛隊へのサイバー攻撃に対する防衛機能の強化、防衛産業等のサイバーセキュリティー向上のための防衛調達のセキュリティー基準の強化等に係る事務官等の増員

○自衛隊における宇宙分野の拡大に伴う人材育成、SSA衛星などSSAシステムに必要な装備品の取得の体制強化に係る事務官等の増員

○将来の安全保障に重要な影響を及ぼし得る革新的・萌芽的な先端技術の早期発掘・保護・育成の推進等を行うための事務官等の増員

感染症をはじめさまざまな事態への対処能力の強化（92人）

○防衛医科大学校病院や自衛隊病院における感染症に対応する体制強化のための事務官等の増員

○感染症対策計画などの策定に係る企画立案および運用体制の検討を行う事務官等の増員

○感染症や激甚化・頻発化・多様化する災害などさまざまな事態に対し、自治体との連携強化を図り、自衛隊の即応性・強靭性と対処能力を向上するための事務官等の増員

安全保障協力の強化、日米同盟の強化（78人）

○「自由で開かれたインド太平洋」というビジョンを踏まえた安全保障協力の推進や、日米防衛協力を推進していくための事務官等の増員

○嘉手納飛行場以南の土地の返還に係る移設整備、神奈川県内の米軍施設の整理や新たな環境問題等、地元の負担を軽減するための事業を推進するための事務官等の増員

上記のほか真に実効的な防衛力を構築するための増員（61人）

○実行的な防衛力を構築するため、自衛隊員の積極的な新規採用をはじめとした人的基盤の強化、情報機能の強化、技術基盤の強化、産業基盤の強靭化、地域コミュニティーとの連携等に必要な事務官等の増員

### 2 技術基盤の強化等

（1）技術基盤の強化

戦略的に重要な装備・技術分野において技術的優越を確保するため、新たな領域に関する技術や、人工知能等のゲーム・チェンジャーとなり得る最先端技術をはじめとする重要技術に対して重点的な投資を行う。

スタンド・オフ防衛能力等の取り組み

○極超音速誘導弾の研究（93億円）

極超音速（※1）で巡航が可能なスクラムジェットエンジン（※2）の構成要素技術について、早期装備化に向けて引き続き研究を推進

※1 極超音速＝音速の5倍以上の速度域

※2 スクラムジェットエンジン＝超音速の空気流中での燃焼を利用したエンジン

○12式地対艦誘導弾（改）の開発（27億円）

水中防衛の取り組み

○水中無人機（UUV）に関する試験評価を引き続き推進するとともに、不正な解析をソフトウエアにより防止する技術の研究に着手（6億円）

○UUV等の研究を効率的かつ効果的に推進するため、艦艇装備研究所に「岩国支所（仮称）」を新設

先進的な民生技術の積極的な活用

○革新的・萌芽的な技術の発掘・育成（108億円）

・大学等における革新的・萌芽的な技術についての基礎研究を公募・委託する安全保障技術研究推進制度を推進

・革新的・萌芽的な技術を装備化につなげるための橋渡し研究を実施

○新技術の短期実用化の取り組み（10億円）

運用ニーズを踏まえながら、人工知能（AI）技術といった技術革新サイクルの速い民生先端技術を活用し、3～5年程度の短期間での実用化を図る

先進技術の研究体制の強化

○技術の進展を踏まえ、研究事業の重点化への対応を図るため、電子装備研究所および先進技術推進センターを統合し、「次世代装備研究所（仮称）」を新設

先進技術の調査・分析・連携体制の強化

○国内外の先端技術動向の調査・分析等を強化し、先進的研究の取込のための連携を促進するため、技術戦略部に「技術政策総括官（仮称）」および「研究連携促進官（仮称）」を新設

（2）装備調達の最適化

装備品の効果的・効率的な取得を一層推進するため、ライフサイクルを通じたプロジェクト管理の実効性および柔軟性を高めるとともに、有償援助調達（以下「FMS調達」という）における価格、納期等の管理の重要性が増していることを踏まえ、FMS調達の合理化に向けた取り組み等を推進する。

FMS調達の合理化

○FMS調達の履行管理に係る体制強化

FMS調達の適切な管理に向けた履行管理体制の強化のため、輸入調達官付有償援助調達室に「履行管理・促進班（仮称）」を新設

（3）防衛産業基盤の強靭化

装備品の生産・運用・維持整備に必要不可欠である我が国の防衛産業基盤を強靭化するため、装備品に係るサプライチェーンの強化に政府として主体的に取り組むとともに、我が国の安全保障に資する場合等に装備移転を認め得るという防衛装備移転三原則の下、装備品の適切な海外移転を政府一体となって推進する。また、我が国の防衛産業の情報保全に必要な情報セキュリティーに係る措置の強化を進める。

サプライチェーンの強化

○産業基盤の維持・強化に向けた企業支援

事業撤退が生じた場合の円滑な事業承継支援に向けた取り組みを実施（1億円）

○革新的な技術、中小企業等の技術力の発掘・活用

・防衛省・自衛隊、在日米軍、日米防衛産業とのマッチングのための展示会等を開催（0・2億円）

・人工知能（AI）技術の防衛装備品の製造工程への適用可能性を調査（0・4億円）

輸入装備品等の維持整備への参画促進

○日米オスプレイの共通整備基盤の拡充

木更津駐屯地に日米オスプレイの定期機体整備用格納庫等を新たに整備（84億円）

適切な海外移転の推進

○海外移転の推進に向けた防衛装備・技術協力に関する取り組み

・官民間で連携し、相手国の潜在的なニーズを把握して提案に向けた活動を行う事業実現可能性調査を実施（2億円）

・防衛省開発航空機の海外移転の推進に向け、各機種の特性に応じた移転を実現するための調査を実施（3億円）

・我が国が開発した防衛装備品や中小企業等が有する優れた技術力を発信するため、国際防衛装備品展示会に出展（3億円）

○官民間での連携・情報共有を推進

・官民が連携して海外移転を推進するため、情報共有の場となるポータルサイトをWEB上に整備。併せて、情報発信を強化するため、海外移転の広報動画等を制作（0・2億円）

### 3 情報機能の強化

政策判断や部隊運用に資する情報支援を適時・適切に実施するため、情報の収集・分析等の各段階における情報機能を強化する。

○防衛駐在官制度の充実

ニュージーランド、スペインに各1人を新規派遣するとともに、イスラエルに1人を増員

○防衛政策局調査課に「経済安全保障情報企画官（仮称）」を新設

諸外国は先進技術の獲得（例：量子科学技術、レーザー、3Dプリンター、AI）にしのぎを削り、その競争は安全保障環境にも大きな影響を与えることから、先進技術に関する各種情報の「収集・分析」と「保全」の双方を所掌する体制を整備

○情報収集・分析能力の強化

情報本部等の国際軍事情勢等に関する情報収集・分析能力強化のため、所要の体制を整備

◆自衛官定数等の変更

（単位：人）

| | 令和2年度末 | 令和3年度末 | 増△減 |
|---|---|---|---|
| 陸上自衛隊 | 158,676 | 158,571 | △105 |
| 常備自衛官 | 150,695 | 150,590 | △105 |
| 即応予備自衛官 | 7,981 | 7,981 | 0 |
| 海上自衛隊 | 45,329 | 45,307 | △22 |
| 航空自衛隊 | 46,943 | 46,928 | △15 |
| 共同の部隊 | 1,418 | 1,552 | 134 |
| 統合幕僚監部 | 382 | 385 | 3 |
| 情報本部 | 1,932 | 1,936 | 4 |
| 内部部局 | 49 | 50 | 1 |
| 防衛装備庁 | 406 | 406 | 0 |
| 合計 | 247,154 | 247,154 | 0 |
| | (255,135) | (255,135) | (0) |

注1：各年度末の定数は予算上の数字である。
注2：各年度の合計欄の下段（ ）内は、即応予備自衛官の員数を含んだ数字である。

## Ⅴ 大規模災害等への対応

各種の災害に際して、統合運用を基本としつつ、十分な規模の部隊を迅速に輸送・展開して、初動対応に万全を期すとともに、対処態勢を強化するための措置を進める。

### 1 災害対処拠点となる駐屯地・基地等の機能維持・強化

○災害対処拠点地区等の整備（入間）＝2億円

○災害時における機能維持・強化のための耐震化・津波対策等の推進（163億円）

### 2 大規模・特殊災害等に対応する訓練等の実施

○自衛隊統合防災演習

○日米共同統合防災訓練

○離島統合防災訓練

### 3 災害対処に資する装備品の取得等

○07式機動支援橋（1式13億円）

○18式個人用防護装備（5000組12億円）

○化学剤等で汚染された地域・施設を除染するための、除染セット（除染車）を取得（1両1億円）

○浄水セット（1式1億円）

○人命救助システム

○災害用ドローン

## Ⅵ 日米同盟強化および基地対策等

米軍の抑止力を維持しつつ、沖縄県をはじめとする地元の負担軽減を図るため、在日米軍の兵力態勢の見直し等についての具体的措置を着実に実施する。

### 1 米軍再編関係経費【地元の負担軽減に資する措置】（事項要求）

在沖米海兵隊のグアム移転

○在沖米海兵隊のグアムへの移転事業

国内での再編関連措置

○沖縄における再編のための事業

○空母艦載機の移駐等のための事業

○緊急時使用のための事業

○訓練移転のための事業

○再編関連措置の円滑化を図るための事業

### 2 SACO関係経費（事項請求）

○日米安全保障協議委員会（「2プラス2」）共同文書による変更がないものについては、引き続きSACO最終報告に盛り込まれた措置（沖縄県民の負担軽減）を着実に実施

### 3 基地対策等の推進

防衛施設と周辺地域との調和を図るため、基地周辺対策を着実に実施するとともに、在日米軍の駐留を円滑かつ効果的にするための施策を推進する。

（1）基地周辺対策経費（1177億円、うち住宅防音519億円、周辺環境整備658億円）

（2）在日米軍駐留経費負担（2029億円、うち特別協定1546億円、提供施設の整備217億円、基地従業員対策等265億円）

（3）施設の借料、補償経費等（1506億円）

## Ⅶ 安全保障協力の強化

自由で開かれたインド太平洋というビジョンを踏まえ、多角的・多層的な安全保障協力を戦略的に推進するため、防衛力を積極的に活用し、共同訓練・演習、防衛装備・技術協力、能力構築支援、軍種間交流を含む防衛協力・交流のための取り組み等を推進する。

### 1 インド太平洋地域の安定化への対応

能力構築支援の推進

○東南アジア諸国連合（ASEAN）全体の能力構築を企画した取り組みの推進

国際規範の認識共有を推進するとともに、人道支援・災害救援、海洋安全保障、サイバーセキュリティーに関する能力構築支援を実施

○インド太平洋地域における能力構築支援の推進

・東南アジア、南アジア、太平洋島嶼国における人道支援・災害救援、国連平和維持活動（PKO）等の分野に係る能力向上や人材育成の支援の推進

・米豪と連携した能力構築支援の実施

防衛協力・交流の推進

○ASEAN域外国を含む拡大ASEAN国防相会議（ADMMプラス）の下での取り組み

○「ビエンチャン・ビジョン2.0」に基づく取り組み

○パシフィック・パートナーシップ2021への参加

○令和3年度インド太平洋方面派遣訓練（IPD）の実施

○ミクロネシア連邦等における人道支援・災害救援共同訓練

○インドにおけるインド陸軍との実動訓練

### 2 グローバルな安全保障課題への適切な対応

得意分野を生かした国連・友好国への国際協力

○アフリカ諸国等のPKOセンターへの講師派遣等

○ジブチ軍に対する災害対処能力強化に係る能力構築支援

○国連三角パートナーシップ・プロジェクト

海洋安全保障の確保

○ソマリア沖・アデン湾における海賊対処

日本関係船舶の安全確保のための取り組み

○中東地域における情報収集活動

・護衛艦およびP3Cによるオマーン湾、アラビア海北部およびバブルマンデブ海峡東側アデン湾の三海域の公海における情報収集活動を実施

・我が国独自の取り組みとして活動を実施

・自衛隊が収集した情報は、政府としての航行安全対策に活用するため、必要に応じ関係省庁および関係業界に共有

海外での活動能力の強化

○多国間訓練「コブラ・ゴールド」「カーン・クエスト」への参加

## Ⅷ 効率化・合理化への取組

―組織・装備最適化プロジェクト―

平成30年12月に策定された新たな大綱・中期防を踏まえ、以下の取り組みを実施することにより、防衛力整備の一層の効率化・合理化を徹底する。本取り組みのうち、経費の効率化が見込まれるものとして約2496億円の縮減を図る。

### 1 組織・定員の合理化

### 2 事業等に係る見直し（縮減見込額1151億円）

・20ミリ対空機関砲の運用停止（縮減見込額37億円）等

### 3 仕様の共通化・最適化（同258億円）

・基地防空用地対空誘導弾（改）および新近距離地対空誘導弾のファミリー化により効率的に開発（同126億円）

### 4 一括調達・共同調達による効率化（同205億円）

・UH60J5機（同86億円）
C2エンジン6式（同61億円）

・TH135、6国（同32億円）、EC225LP、6国（同42億円）等

### 5 長期契約を活用した装備品等および役務の調達（同122億円）

### 6 原価の精査等（同760億円）

### 7 収入の確保

国有財産利用収入、不用物品の売却、市ヶ谷地区の大本営地下壕跡の有料公開、航空祭および富士総合火力演習の一部有料化などの取り組みを通じて収入の確保を図る

## Ⅸ その他

### 1 編成・機構定員関連事業

各種事態における実効的な抑止および対処等に対応するため、各種部隊改編関連事業等を実施する。

○自衛官実員の増員要求

○機構定員関連事業

・防衛施設と周辺地域との調和を図るための施策については、対応しなければならない業務数や業務量が増大するとともに、業務の質の向上が求められていることから、地方協力局を改編し、「地元」との協力、「日米軍」との協力および「環境問題」への対応を強化

### 2 税制改正要望

## 米海軍　対空レーザー兵器
# 駆逐艦に「ODIN」初装備

接近する無人機やドローンを撃退するため、米海軍は艦艇への対空レーザーの装備化を進めている。昨年11月には無人機のセンサーを無力化できる「ODIN（Optical Dazzling Interdictor）」をイージス駆逐艦「デューイ」に初搭載し、実用試験に着手した。さらに、より強力な対空レーザー兵器「HELIOS（High Energy Laser and Integrated Optical-dazzler and Surveillance）」の開発も進める。こちらは無人機だけでなく対艦ミサイルをも撃ち落とせる威力を持たせ、新たな近接防御兵器（CIWS）とする計画だ。

### より強力な「HELIOS」開発中

米ロッキード・マーチン社が艦載の対空兵器として開発中の「HELIOS」の運用イメージ（同社HPから）

### ◆ODIN

米海軍は昨年11月、アーレー・バーク級イージス駆逐艦の55番艦「デューイ」に新開発の対空レーザー兵器「ODIN」を装備し実用試験に着手した。設置場所は艦橋構造物前のバルカン砲CIWSが搭載されていた個所で、米海軍では「無人機に対処する新たな能力を艦艇に付加するものだ」と説明している。

対空レーザー「ODIN」（艦橋前下部）が初装備された米海軍のイージス艦「デューイ」（米国のウェブサイトから）

今日、小型無人機へのミサイル搭載が進んでいるほか、爆弾を積んだドローンを体当たりさせる「特攻ドローン」も登場している。これら小さな目標を艦載砲やバルカン砲で撃ち落とすのは難しい。さらに高価な対空ミサイルは費用対効果の面から割に合わないとして、安価に運用できるレーザー兵器への期待が高まっている。その新装備第1弾がODINだ。

米海軍はこれまで試作のレーザー兵器「LaWS(Laser Weapons System)」を試験艦「ポンス」に搭載して実験を続け、まだ出力不足ながらも実用化の目途がつき、ODINの配備に踏み切った。「ポンス」搭載のLaWSでは接近する小型ボートや無人機の破壊にも成功しており、ODINはその技術を引き継ぐ。

ただ、レーザーは天候や海象の影響を受け、出力不足から射程もまだ短い。このため現段階では名称に「OD（Optical Dazzling）」とあるように、物理的な破壊よりも「目つぶし（dazzler）」に重点が置かれ、無人機のセンサーなどの無力化に用いる。

だが、将来的には150キロワットまで高め、対艦兵器として徐々に破壊力を増していく計画。

### ◆HELIOS

一方、米ロッキード・マーチン(LM)社が艦載兵器として開発中の「HELIOS」はより強力な対空レーザーだ。米海軍の近接防御兵器(CIWS)であるバルカン・ファランクスの後継装備を目指しており、2021年にはイージス艦「プレブル」に初搭載し、本格的な試験に着手する計画だ。

HELIOSは射程が5マイル（約9キロ）とされており、同時に近距離用センサーとしても活用され、遠距離用のイージスシステムと連接し、艦と艦隊の防護力を高める。レーザー出力は当初60キロワット程度。

LM社の幹部はHELIOSについて「世界では高度な兵器が進化し、米艦隊への脅威が増している。無人機などの脅威に対抗するため、HELIOSの能力が求められている」と語っている。

## 防衛省　安全保障技術研究推進制度
# 2年度は21件の課題採択

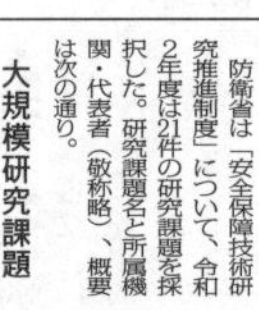

防衛省は「安全保障技術研究推進制度」について、令和2年度は21件の研究課題を採択した。研究課題名と所属機関・代表者（敬称略）、概要は次の通り。

### 大規模研究課題（7件）

◇レーザー反射光を利用する海底ハイブリッドセンシングの研究（海洋研究開発機構・石橋正二郎）＝従来のソーナーやカメラより高い精度と広い探査範囲を有する新たな海中探査技術。

◇多元組成傾斜バルク材を用いた高温構造材料の網羅的な高効率探索（物質材料研究機構・大村孝仁）＝耐熱合金の質・量ともに特性を大量かつ自動的に取得する試験環境構築とデータベースの実現に挑戦し、航空機用エンジン内などで高温となる材料に適用する。

◇ジャイアント・マイクロフォトニクスによる高出力極限固体レーザー（理化学研究所・平等拓範）＝テラヘルツ波を利用する中で世界最大の出力と輝度を誇る固体レーザーの机上サイズでの実現を目指す。

◇超小型ロバストテラヘルツ波イメージング装置の研究開発（理化学研究所・南出泰亜）＝レーザーが発する光がテラヘルツ波へと変換される現象のメカニズムを解明し、ロボットに搭載可能な小型3D可視化装置の実現を目指す。

◇反転MOSチャネル型酸化ガリウム・トランジスターの研究開発（ノベルクリスタルテクノロジー・宮本広信）＝超高耐圧・大電流デバイスの実用化に向けて、酸化ガリウム半導体を用いたトランジスターを実現する。

◇AI的画像解析によるオペランド電子顕微鏡計測技術に関する研究（ファインセラミックスセンター・平山司）＝電子顕微鏡で取得した画像をAI解析にかけることで、実環境下で観察可能な電子顕微鏡計測システムの実現を目指す。

◇強化学習を用いた環境適応型ファジングシステムの提案（リチェルカセキュリティ・木村廉）＝未知のセキュリティー上の不具合をAIを用いて攻撃者に悪用されるよりも早く検出するシステムの実現を目指す。

### 小規模研究課題（14件）

◇超熱AOによるソフトマテリアル表面へのナノ構造付加と機能制御（宇宙航空研究開発機構・宮崎英治）＝酸素原子をプラスチック等に衝突させ、表面にできる微細な構造の形成メカニズムの解明と、表面構造が電磁波の吸収特性にどう影響するか研究。

◇マルチスケールバブルによる摩擦抵抗低減効果の向上（海上港湾航空技術研究所・川北千春）＝航行時の摩擦抵抗を減らすため、ミリメートル単位の気泡を船体から放出する既存の手法に対し、マイクロメートル単位の気泡も組み合わせて放出する新たな手法を開発。

◇ランダム配向FRPの耐衝撃性の解明と最適設計技術開発（海上港湾航空技術研究所・松尾剛）＝繊維強化複合材料を対象に、衝撃時の多様な損傷の発生・進展プロセスを解明し、耐衝撃メカニズムを明らかにする。

◇スピントロニクス素子を用いた小型プロトン磁力計の創成（スピンセンシングファクトリー・熊谷静似）＝電子の性質を活用して1平方センチ以下の小さなサイズで微弱な磁気を高感度かつ高精度に検出する磁力計の実現を目指す。

◇半導体カーボンナノチューブを用いた微少量物質検知の研究（東レ・村瀬清一郎）＝カーボンナノチューブを用いたセンサーによって、微少な量の化学物質の検知に挑戦するとともに、特定のガスの選択的に検知するための研究。

◇深層強化学習を用いた自律サイバー推論システムの研究（情報セキュリティ大学院大学・大塚玲）＝サイバー攻撃への自動対処に向け、AIにより自動で検知・対処できるシステムについて検討。

◇量子雑音ランダム化ストリーム暗号の安全性向上に関する基礎研究（玉川大学・二見史生）＝ランダム性を特徴とする量子雑音を利用することで高い安全性を有する暗号を実現できることを実験的に検証。

◇合成開口レーダーによる埋設物探査におけるクラッター分離技術の研究（宇宙航空研究開発機構・植松明久）＝航空機や衛星からレーダー探査する上で妨げとなる目標物以外からのノイズを小さくし、目標物を迅速に識別するための解析技術。

◇4D印刷技術によるスマート・メカニカルメタマテリアルの開発（物質材料研究機構・宇都甲一郎）＝3Dプリンターで作製でき、かつ熱や光等の環境変化を与えると任意の形状へと変化する新たな材料の創製に向けた研究。

◇SiC繊維強化型複合材の超高温疲労試験に関する高度化技術研究（物質材料研究機構・下田一哉）＝ジェットエンジン等での活用が期待される複合材を対象に、1500度という超高温環境下における材料の劣化の過程を詳細に解明する試験法を研究。

◇LA-ICP-MSによるWBGSウェハの不純物元素定量法開発（東レリサーチセンター・坂口晃一）＝半導体デバイスの動作不良の一要因となる微量な不純物の成分量を調べるために、固体状態のまま分析することが可能な分析手法の確立を目指す。

◇ナノ構造デザインによる赤外輻射スペクトル制御（ファインセラミックスセンター・奥原芳樹）＝赤外線を屈折させる薄膜を実現し、その薄膜を積層させることで表面の赤外線の輻射の程度を変化させる研究。

◇電界結合による海水中ワイヤレス電力伝送利用法の基礎研究（リューテック・粟井郁雄）＝海上・海中におけるワイヤレス給電システムの実現に向けた基礎研究。

◇ワイヤレス受電機能を有する共振補償方式コアレス超軽量誘導モーターの基礎研究（ウィティー・保田富夫）＝モーターの回転時の熱や磁力を抑えることで、高出力化・高効率化を実現するとともに、ワイヤレス受電が可能な超軽量モーターの基礎技術を確立。

## 世界の新兵器　541
### 極超音速兵器「AGM183A ARRW」〈米〉
### マッハ20の速度で大気圏を滑空

米空軍とDARPA（国防高等研究計画局）は飛行中の航空機から空中発射する「極超音速滑空飛翔体」の開発に取り組んできた。

米空軍はこれまでの2種の滑空弾体（TBG＝Tactical Boost Glide hypersonic weapon program）の中からロッキード・マーチン社が提案する「AGM183A ARRW（アロー）＝Air Launched Rapid Response Weapon（空中発射高速応答兵器）」を選択した。

「AGM183A ARRW」の開発は2018年に始まり、試作ミサイルの計測弾（IMV）をB52爆撃機の左舷翼パイロンに搭載し、最終的な搭載テストを昨年秋に成功裡に終了した。これを受けて、初めての発射試験となる同ミサイルの第1弾ブースターの飛翔試験が近く行われる予定である。

ARRWは、射程約1000マイル（約1600キロ）を有しブースター本体の先端部分に極超音速で滑空する模型の「飛翔体」を搭載したタイプのミサイルである。B52から空中発射されたARRWは、大気圏を突破して宇宙空間に出た後、ブースター先端のノーズコーンを分離し、「極超音速滑空弾体」を露出させる。

目標に近づいたところで滑空弾体は分離され、最大で「マッハ20」まで加速したまま目標に向かって大気圏内を滑空飛行する。この弾体は極超音速で滑空するため、弾道弾のように決まったルートを飛翔せず、地上から迎撃ミサイルで撃ち落とすのは極めて難しくなる。

米空軍ではARRWをB52などの航空機に搭載しやすくするため、初段に固体ロケットを使用し、本体を小型化させると同時に翼も折りたたみ式とした。

この「AGM183A ARRW」は開発が順調に進めば2022年までに初期運用能力を獲得する予定で、米軍にとっては初の実用型極超音速兵器となる。

柴田　實（防衛技術協会・客員研究員）

㊤宇宙空間でノーズコーンを分離し、弾頭の模型極超音速飛翔体を露出した「AGM183A ARRW」のイメージ（ロッキード・マーチン社HP）
㊦B52爆撃機に搭載された試験用ARRW（米空軍HP）

## 水中無人機で機雷処分
### 米海軍、英社に追加発注

米海軍は英BAEシステムズに水中無人機を使った機雷処分システム「アーチャーフィッシュ」の追加発注を行った。

同システムはMH60S掃海ヘリで運用、ヘリで海中に無人機を降ろし、光ファイバーで遠隔操作しながら海中・海底の機雷を探知・確認し、処分する。

BAEシステムズの機雷処理システム「アーチャーフィッシュ」のイメージ（同社HPから）

おことわり　「技術が光る」は休みました。

## 技術屋のひとりごと
### AIと共に
二宮　勉（防衛装備庁・電子装備研究所電子対処研究部長）

ここ数年は「第3次AIブーム」と呼ばれ、新たな人工知能（AI）は著名なクイズ王や囲碁のトップ棋士を破り、何の画像かを識別する能力でも人間に勝るなど、その可能性が再び注目を集めている。これらはインターネットを介して得られるビッグデータの活用、ディープラーニングに代表される新たな学習法の発展、コンピュータ性能の向上などにより実現されている。このままAIがどんどん進化すると、やがては人間の知力をも上回って、我々のコントロールが及ばなくなり、ついにはAIによって我々は排除され、人類滅亡の憂き目にあうと心配する識者もいる。

一方、現在も感染拡大が続いている新型コロナは、我々の生命や生活を脅かしている。この先も人類はさらに恐ろしい病原体に悩まされるおそれがある。また異常気象とも言われる近年の温暖化は、もっと長い年月で見れば、大きな気候変動の始まりである可能性もある。何万年というスパンでは、地球の気候は激しく変動している。今後いつ急変しても不思議ではない。

いずれ起こる火山活動の活性化、大規模な太陽フレア、地磁気の反転などへの備えはどうか。この先のさまざまな危機に対して冷静にリスクを見積り、有効な対策を見出すことが出来るだろうか。こうした危機は、AIの力を借りなければ乗り越えられないのかもしれない。我々人類がAIを手に入れ進化させていくことは必然だったとも思える。

防衛の分野でもAI化は進んでいく。私の担当する電子戦技術の分野も例外ではない。収集した情報の分析や、その結果にもとづく対処手段の選定など、AI導入の流れはすぐにも起こる。そしてAIに対抗し得るのは、AIしかないだろうと考える。

三菱創業150年
F-2 戦闘機　H-IIA ロケット　SH-60K 哨戒ヘリコプタ　12SSM 12式地対艦誘導弾　16式機動戦闘車　InteRSePT サイバーセキュリティシステム　自律型水中航走式機雷探知機 OZZ-5　護衛艦「あさひ」　潜水艦「せいりゅう」

MOVE THE WORLD FORW>RD
MITSUBISHI HEAVY INDUSTRIES GROUP
三菱重工
三菱重工業株式会社　www.mhi.com/jp

テクノロジーの頂点へ。
川崎重工業株式会社　www.khi.co.jp
Kawasaki
Powering your potential

NEC CAN
世界が抱える社会課題に、
デジタルの力で、新しい答えを。
\Orchestrating a brighter world
NEC

次の時代に、新しい風を吹き込んでいきます。
時代はいま、新しい息吹を求めて、大きく動きはじめています。
今日を生きる人々がいつも元気でいられるように、
明日を生きる人々がいつもいきいきとしていられるように。
日立グループは、人に、社会に、次の時代に新しい風を吹き込み、
豊かな暮らしとよりよい社会の実現をめざします。
HITACHI
Inspire the Next
日立の樹オンライン　www.hitachinoki.net

# 一般公募から即応予備自

## 「国防の一助になりたい」

### 西方初、19普連重迫中の白木士長

## 反復演練で操法習得

【19普連＝福岡】陸自19普連（連隊長・今村英二郎1佐）はこのほど、即応予備自衛官任用のための所定の教育訓練を終えた会社員の白木源治朗即応予備士長（41）に教育訓練修了証書を交付。西部方面隊で初めてとなる一般公募の予備自衛官補からの即応予備自衛官が誕生した。

白木士長は福岡県出身で、三九技工（福岡県古賀市）で勤務。「東日本大震災での自衛隊員の活躍を見て」触発され、自らも災害時などに力になりたいと思い平成23年7月、予備自衛官補に応募。所定の訓練を終え24年8月、予備自衛官に採用された。

さらに、今年度から一般公募からの即応予備自衛官への採用が開始されたことを受け、「やれるところまでやってみよう」と即自への採用を志願。

昨年11月に1回目の訓練参加のため訓練招集部隊の19普連に出頭。以来、延べ39日間、土日を中心に基本教育訓練を受け続け、9月14日、全日程を修了。同25日付で即応予備自衛官（19普連重迫撃砲中隊所属）に採用された。

訓練中は初めて触れる120ミリ迫撃砲の扱い方に苦心しながら、「反復演練を繰り返して」操作方法などを学んでいった。「（訓練に）全力で応えようとする常備自衛官の懸命な姿」にも心を打たれた。

有事や災害発生の際などには、常備自衛官と同様に第一線に出ることも求められる即応予備自衛官。白木士長は「国防の一助となれるよう尽力したい」と力強く抱負を語っている。

重迫撃砲中隊の特技訓練（120ミリ迫撃砲砲手訓練）で砲を操作する白木士長（福岡駐屯地で）

19連隊重迫中隊長（右）から教育訓練修了証書を手渡される白木士長

即応予備自衛官　第一線部隊の一員として防衛招集、国民保護等招集などの任務に当たる。1年を通じて30日間の訓練に従事。東日本大震災や熊本地震の際にも出動した。訓練招集手当、雇用企業給付金などが給付される。

元自衛官が対象だったが、今年度から予備自衛官補、予備自衛官を経た自衛官未経験者（社会人、学生など）も任用の対象となった。

# 60年の歴史に幕

## 海自印刷補給隊が解隊

### 東京業務隊と統合

【印刷隊＝市ヶ谷】海自の組織改編に伴う、印刷補給隊（司令・江口和宏2佐）の解隊行事が9月30日、東京・市ヶ谷地区で行われ、同隊は60年の歴史に幕を下ろした。

印刷補給隊は昭和35年10月1日に発足。以来60年間にわたり業務計画、暗号諸表、信号書、規則類および広報業務に欠かせないパンフレットなどの印刷製本、それらに関わる海自全部隊への補給業務などを行ってきた。

解隊行事で江口司令は、「我々がこれまで築いてきた輝かしい歴史と実績、培われた誇り高き伝統と技術を礎に、隊員一人一人が引き続き与えられた任務に全力でまい進し、さらに発展させることをここに誓う」と訓示。隊員一同、決意を新たにした。

印刷補給隊は10月1日、東京業務隊と統合され、「東京業務隊業務第2部」として生まれ変わり、業務を引き継いだ。

印刷補給隊の解隊行事で、記念撮影を行う江口司令（前列中央）以下の隊員たち（9月30日、市ヶ谷地区で）

# 空自千歳、悲願持ち越し

## 都市対抗野球・道大会準V

都市対抗野球大会（11～12月、東京ドーム）の北海道代表を決める道地区2次予選大会が9月19～21日、札幌円山球場で行われ、空自千歳基地野球部は決定戦でJR北海道に敗れ、悲願の全国大会出場を来年以降に持ち越した。

千歳は[illegible]2－8で[illegible]、上位4チームによる[illegible]

JR北海道との第1試合は初回、1番に入った主軸の佐藤大貴士長がチームを勢いづける先制本塁打を放ち、5人の投手が継投したが、わずかに及ばなかった。

日本製鉄室蘭シャークス戦は野中歓太士長が142球を投げ、3安打完封勝利。北海道ガス戦も佐藤怜3曹の力投で競り勝った。

千歳とJRが2勝1敗で並び、22日に代表決定戦が行われたが、千歳は優勝への気負いからエラーが続き、打線にも快音が聞かれず、[illegible]―8で敗れた。

空曹予定者課程（空教隊、熊谷）入校中の主将に代わって主将代行を務めた佐藤士長は「まだまだ全国では勝てない。全国で勝てるチームをつくりたい」と決意を新たにした。監督の工藤康洋1曹は「支えていただいている方々に、全国大会（東京ドーム）出場を決めて恩返ししたい」と悲願達成を誓った。

道地区二次予選の北海道ガス戦で力投する佐藤3曹（9月21日、札幌円山球場で）＝千歳野球部提供

# 掃海艦「えたじま」ロゴマーク決まる

## 美しさ、温かさ、威厳を表現

海自は10月7日、来年就役する平成29年度計画掃海艦「えたじま」（基準排水量690トン、艤装員長・石田浩太郎2佐）のロゴマーク＝写真＝を決定した。

デザインを今年7月から8月まで、海自ホームページなどで募集し、164件の応募があった。艤装員による投票で、広島県江田島市在住の大学生、小跡友優さんの作品が選ばれた。

江田島市のシンボル的存在「古鷹山」の名前の由来となった大鷹を中心に、桜と青い海がデザインされ、江田島の美しさ、温かさ、威厳を表現している。

小跡さんは「故郷の名を冠する掃海艦『えたじま』にも、人々に愛されるような温かくて威厳のある艦になってほしいという思いを込めた」とHPで伝えている。

# 台風14号で自衛隊機

## 伊豆諸島の被害情報を自主収集

台風14号の接近で自衛隊は10月11日、航空機を自主派遣して東京都の伊豆諸島8島を上空から偵察し、被害情報を収集した。都知事からの災害派遣要請はなかった。

11日午前7時50分に浜松基地を離陸した空自浜松救難隊のU125A救難捜索機1機は、[illegible]

同9時8分に館山基地を離陸した海自21空群（館山）のUH60J救難ヘリ1機は、八丈島から北上するコースで御蔵島、三宅島、神津島、式根島、新島、利島、大島を順次偵察し、大きな被害がないことを確認。これらの情報を官邸や防衛省、報道機関などに提供した。

# こちら警務隊

PC・ネット利用犯罪③

## 不正アクセスは犯罪！パスワード管理徹底を

他人のIDとパスワードを勝手に利用してネットワーク等に接続すると何かの犯罪になりますか？

IDとパスワードを利用者の許可なく入力してネットワークに接続したり、接続を制限している機能を攻撃し、その制限を解除して接続したりすると、不正アクセス行為に該当し、3年以下の懲役または100万円以下の罰金に処せられます。

また、不正アクセスの被害に遭わないようパスワードについては、推測されにくいものにして定期的に変更、同一のものを使いまわさないなど管理の徹底を行いましょう。

（中央警務隊）

次回は「公電磁的記録毀棄罪」

# 西方音がオリンピックファンファーレ

## 56年前の開会式に合わせ映像配信

前回の東京五輪で使用されたトランペットで「東京オリンピックファンファーレ」を演奏する西方音の隊員（健軍駐屯地で）

【西方音＝健軍】陸自西部方面音楽隊（隊長・志賀亨2佐）は10月10日、1964年の同日に行われた東京五輪の開会式に合わせて、「東京オリンピックファンファーレ～君が代行進曲」の演奏動画を「ユーチューブ」で配信した。

前回の東京五輪では、全国の音楽隊から編成されたオリンピック支援隊音楽隊が開会式、閉会式などで演奏支援を行った。西方管内からも、4音楽隊（福岡）、8音楽隊（北熊本）の隊員を含む26人が参加した。

配信した動画では、隊員たちが五輪旗のついた当時のトランペットで「東京オリンピックファンファーレ」を奏で、さらにドラムメジャーの氏福淳1曹の統制の下、健軍駐屯地内を行進しながら「君が代行進曲」を整斉と演奏している。

指揮を執った志賀隊長は、「56年前と同じく、来年行われるスポーツ平和の祭典でも西部方面音楽隊の持つ音楽の力を発揮したい」と語っている。

## 小休止

▽…空自小牧基地はこのほど、模型展示会（小牧基地ホビーショー）を同基地で開催。コロナ禍でさまざまなイベントが中止となる中、募集対象者を中心に約40人が来場した。

▽…今回展示した模型は静岡県浜松市在住のOB、中屋徹さんや愛知県半田市の模型サークル「アサヒ倶楽部」の協力による約180点。このうち「アサヒ倶楽部」は昨年の小牧基地オープンベースでの展示実績があり、そのクオリティーの高さは実証済み。

▽…今回もC130H輸送機をはじめとする航空機などプロ顔負けの完成度の高い作品が展示され、来場者は熱心に見入っていた＝写真。（小牧）

よろこびがつなぐ世界へ
KIRIN
一番搾り
Brewed from only the first press of genuine malt for a crisp, delicious flavor.
KIRIN'S PRIME BREW
KIRIN BEER
一番搾り
〈麦芽100%〉
ALC.5%　生ビール
お酒
おいしいとこだけ搾ってる。
ストップ！20歳未満飲酒・飲酒運転。お酒は楽しく適量で。
妊娠中・授乳期の飲酒はやめましょう。のんだあとはリサイクル。
キリンビール株式会社

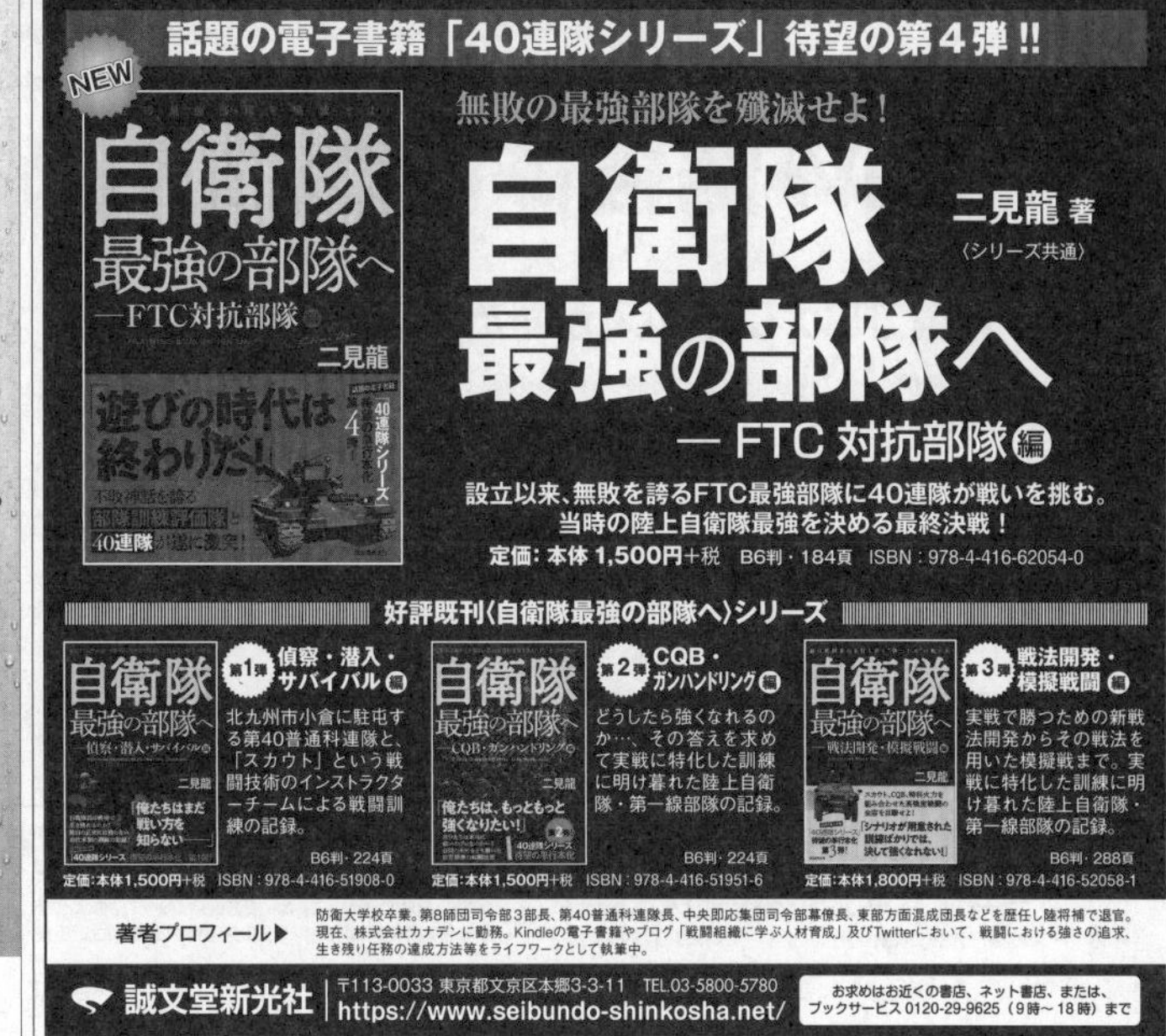

## ―― FTC訓練に即応予備自隊員として参加 ――

### 実戦さながらの緊張感

即応予備3陸曹　大友 敬行（49普連本管中隊・豊川）

私は8月23日から30日までの間、北富士演習場で行われた「FTC（富士トレーニングセンター）訓練」に参加しました。

今回は13普連（松本）、42即機連（北熊本）、5普連（青森）の方たちと合同で訓練に挑みましたが、約20年ぶりに訪れた地で私の出身部隊である13普連2中隊の先輩と再会することができ、感慨深い気持ちで訓練することができました。

私は斥候員として、FTC評価支援隊の方とともに潜入しました。第1状況では、状況開始後4時間で戦死判定となってしまいました。

第2状況では、状況終了間際まで活動することができました。通常の訓練で感じる緊張感とは違い、FTCでは「撃たれたら戦死判定」という実戦さながらの緊張感を感じることができました。

評価支援隊の方は行動間、常に敵を意識した動きをしておられ、斥候員として非常に参考になりました。また、FTCでは自分が取り扱ったことがないUAV（無人機）など、新しい装備品の運用も見ることができ、貴重な経験になりました。

今回の教訓を、今後の訓練にも生かしていけるよう努力していきたいと思います。

また、部隊に戻ったら他の即自隊員にもFTC訓練のすばらしさを伝え、この実戦的な訓練にぜひ参加していただきたいと思います。

即応予備自衛官として初めてFTC訓練に参加した49普連本管中隊の大友3曹

### 勉強になった作戦会議

即応予備3陸曹　加藤 大志（49普連本管中隊）

加藤3曹

私は今回、FTC訓練への参加のため、8月23日から約1週間の訓練日程を会社の方に調整していただきました。FTCの訓練に即自で参加できることは今後ないかもしれないと思ったので、なんとか調整することができて良かったです。

FTC訓練の前段では、通常は参加することのない作戦会議にも加わり、今まで味わったことのない緊張感を味わいました。初めての経験でしたが、非常にいい経験となり勉強になりました。

今回のFTC訓練は第1状況と第2状況の2部構成となっており、いつもの訓練よりも展開が早く、体力的にも厳しいものでした。無線の使い方、地形の把握など、FTC評価支援隊のチーム力には圧倒されました。

第2状況では、惜しくも私は「死亡判定」となりましたが、モニターで戦闘の状況を確認することができ、非常に良い経験ができたと思っております。

今回、体力面で不安がありましたが、無事終えることができました。訓練中は同じ組で行動してくれた方にいろいろとフォローしてもらい、とても勉強になり、感謝しております。

今回、即自である私たちに貴重な機会を与えてくれた49普連、FTC訓練部隊の皆さま、そして快く部隊に送り出してくれた家族と会社の方々に感謝致します。ありがとうございました。

### 後輩に自衛隊をアピール

陸士長　内枦保 舞（43普連・都城）

私は都城駐屯地の43普通科連隊に所属していますが、6月2日から8月6日までの約2カ月間、宮崎地本の都城地域事務所に臨時勤務し、学校説明会や街頭広報などの募集活動に参加させていただきました。

入隊してから部隊勤務しか経験のない私は、地本勤務を通して広報官の方々が入隊希望者にしっかりと向き合い、入隊の不安解消に努めていることを知り、募集がとても大切な仕事であることを初めて知ることができました。

この間、私は母校を訪問し、学生時代にお世話になった先生方や入隊を希望する後輩たちに自衛隊の良さをたくさん話すことができました。

また、イオンモール都城駅前に開設した地本のサテライトブースでの勤務では、立ち寄ってくれた高校生たちに自衛隊についていろいろ説明しました。ここでは「自衛隊は厳しいのでは…」という先入観を少しでも解消して自衛隊の楽しさを説明しました。学生さんはみな大変興味を持ってくれ、「自衛隊に入隊して頑張りたいです」という言葉をもらえた時は、大変うれしく、やりがいを感じました。

部隊に帰ってからも地本の経験を生かして頑張っていこうと思います。

宮崎地本に臨時勤務し、母校の後輩たちに自衛隊をアピールした内枦保舞陸士長

## みんなのページ

### 入管職員にコロナ予防教育

准空尉　徳永 秀一（航空機動衛生隊・小牧）

名古屋出入国在留管理局の職員に防護スーツの着脱など、新型コロナ感染予防教育を行った航空機動衛生隊の隊員（左）

空自航空機動衛生隊は名古屋出入国在留管理局からの依頼により、7月13日午後、同局の職員25名に対し「新型コロナウイルス感染症予防教育」を行った。

名古屋出入国在留管理局には外国人のビザ申請に関する処置や、不法滞在者の取り締まりなど多種多様な任務がある。

当日は、航空機動衛生隊長以下4名が小牧情報保全派遣隊の支援を受け、名古屋出入国在留管理局に向かった。職員は感染症に関する知識が乏しいということで、最初に航空機動衛生隊長が基本的な感染症予防と拡大防止に関する講話を行い、その後、教育を行った。

教育先では、コロナ対策のためにスペースを確保し人数を限り、最初に大型客船「ダイアモンド・プリンセス号」で活動した隊員の体験談なども交えて講話。引き続き、防護服の着脱要領などの実技を隊員が職員に対して教育した。

職員は日ごろ使うことのない防護スーツや手袋などの着脱に苦労しながらも、いつ発生するか分からないコロナ感染の事態に備え、真剣に教育に臨んでいた。

最後に隊長が「万全の態勢をとり、感染しないよう皆で協力して頑張っていきましょう」という言葉で教育を締めくくった。

### 自候生課程経て　小松基地勤務に

空自自衛官候補生　武田 幸大（小松基地）

山口県の防府南基地で約3カ月間の自衛官候補生課程を経て、私は多くの仲間や先輩からいろいろなことを学ぶことができました。

私の中で3カ月という期間は一生忘れることのない、とても濃い期間となりました。

お互いに助け合い、協力し合い、時にはみんなで語り合ったりするなど、自分自身を含め班員、区隊員と共に成長することができたと思います。

私は補給員として勤務することになり、これから物品の管理等の業務を担当します。第一線の隊員を支える存在となれるよう、一日でも早く仕事を覚え、頑張って勤務したいと思います。

### OBがんばる

### 「防災監」も選択肢に

堀内 深玄さん 56
平成30年3月、陸自幹部候補生学校（前川原）を最後に定年退職（2佐）。高知市防災対策部に再就職し、防災監として市の防災力向上に努めている。

再就職先を考えるうえでは、職務、勤務地、処遇、給与など、さまざまな選択肢と条件がありましたが、私は自分の知識や経験を最も生かせる職務を第一として「防災監」を選びました。

そして偶然にも自分の出身地の自治体が防災監を募集していることを耳にし、即断して応募しました。

そのような縁で、現在は高知市防災対策部防災政策課で図上訓練、総合防災訓練などの企画・運営や各種マニュアルの修正などを通じて防災力向上に努めています。

私は市役所の「初代防災監（課長職）」ということもあり、まずは人間関係の構築から始めました。平素の訓練を通じ、災害対応での意見具申、災害対策本部員会議での状況報告などを行っています。また、防災士との係わりを深めるため、防災士連絡協議会の役員会等にも参加しています。

防災監の募集は自衛隊と自治体の防災監との交流を深める良い機会です。幕僚経験が豊富な方、退職後も地域のために働きたいと思われる方、防災監はいかがでしょうか？

### 新刊紹介

「海洋戦略入門」

J・ホームズ著、平山 茂敏訳

海自幹部を目指す若い隊員や学生に最適な海洋戦略の入門書だ。著者は米海軍大学教授、訳者は防大教授で、今日、日本でも焦点となっている「グレーゾーンの戦略」についても分かりやすく解説している。

まず「海とは何か」から説き起こし、公共財としての海、国境としての海、潜水艦と航空機が活動する3次元の海まで、その特性を示し、海を国力に変える「シーパワー」について述べている。

第2章は「海の地政学」。点と線で結ばれる商業港、力を投射する軍港、そして3次元で作戦に当たる海軍について語り、「海に向けられたパワーへの意志」こそが海洋国家の源泉だとする。

第3章は「海軍の役割」。昔も今も海洋戦略は「アクセスとコントロール」を基本とし、艦艇を使って外交・警察・軍事の役割を担うが、今日、古いアイデアである「接近拒否・領域拒否」の戦略が再び登場、その影響についても述べている。

最後に、海軍士官を目指す若者には「ライバル（の海軍）に尊敬の念を抱くことが戦略的英知の始まりだ」とアドバイスしている。（芙蓉書房出版刊、2750円）

「あの日、ジュバは戦場だった」

小山 修一著

陸自の国際活動への参加を熱望し、定年まで2年と迫った2016年6月、南スーダンPKOへの参加を認められた当時2佐のOBが、同国の首都ジュバで体験したことを書き綴った手記だ。

著者に与えられた任務は、陸自の今後の海外派遣に教訓となる情報の収集。派遣施設隊10次要員として隊本部での勤務が始まってから1カ月後、首都は政情不安になり、後に「ジュバ・クライシス」と呼ばれる武力衝突が発生する。本書は著者が体験した7月8日から12日までの4日間を中心に、部隊がどのように安全を確保し、隊員たちはどう考えていたかを詳述する。

市内では政府軍と反政府勢力が激しく衝突。その中、陸自隊員は宿営地内のコンテナハウスに避難し、鎮静化するのを待った。当時、部隊は駆け付け警護や宿営地の共同防護は行えず、著者は苦悩する隊員たちを見つめ、彼らの姿を書き留めた。

日本でこの事件はその後、政治問題化するが、本書はあくまで隊員の視点で描かれる。OBとして守秘義務を守りながら、派遣隊員たちがどのように危機を乗り越えたのか記し、彼らの心情も代弁している。南スーダンPKOには現在も陸自隊員が司令部要員として派遣されており、彼らの安全確保のためにも本書は貴重な記録となっている。（文芸春秋刊、1650円）

釣れないときは、魚が考える時間を与えてくれたと思えばいい。

ヘミングウェイ（米国の作家）

（世界の切手・チュニジア）

朝雲ホームページ
www.asagumo-news.com
<会員制サイト>
Asagumo Archive
朝雲編集部メールアドレス
editorial@asagumo-news.com

### 第1245回出題　詰碁

出題　日本棋院　九段　曲　励起

白先　「隅の争いはどうなりますか」5分でできれば中級です。

▶詰碁、詰将棋の出題は隔週です◀

### 詰将棋

出題　日本将棋連盟　九段　石田 和雄

≫第829回の解答≪

「朝雲」へのメール投稿はこちらへ！

▽原稿の書式・字数は自由。「いつ・どこで・誰が・何を・なぜ・どうしたか（5W1H）」を基本に、具体的に記述。所感文は制限なし。
▽写真はJPEG（通常のデジカメ写真）で。
▽メール投稿の送付先は「朝雲」編集部（editorial@asagumo-news.com）まで。

防衛省職員・家族団体傷害保険／防衛省退職後団体傷害保険

団体傷害保険の補償内容が一部改定になりました！

Point 1　新型コロナウイルスが新たに補償対象に!!

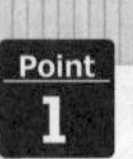

A型（家族補償タイプ）・B型（個人補償タイプ）・D型（予備自衛官等用）に「指定感染症追加補償特約」がセットされ、特定感染症の補償範囲が「指定感染症※1」まで拡大されました。それにより、これまで補償対象外であった新型コロナウイルスも新たに補償対象となります。

（注）指定感染症追加補償特約の対象となる方は、A型・B型では防衛省共済組合員ご本人、かつ、記名被保険者ご本人に限ります。公務中や通勤災害中の事故に限定せず幅広く補償いたします。

Point 2　2020年2月1日に遡って補償！

2月1日以降に発病されたものから補償の対象※2となるため、既にご加入されている方で、該当する方は、三井住友海上事故受付センター（0120-258-189）までご連絡ください。

Point 3　既にご加入されている方の新たなお手続きは不要！

既にご加入されている方は、新たなお手続きや追加の保険料のお支払いは必要ありません。

※1 特定感染症危険補償特約に規定する特定感染症に、感染症の予防及び感染症の患者に対する医療に関する法律（平成10年法律第114号）第6条第8項に規定する指定感染症（注）を含むものとします。
（注）一類感染症、二類感染症および三類感染症と同程度の措置を講ずる必要がある感染症に限ります。
※2 新たにご加入された方や、増口された方の増口分については、ご加入日以降補償の対象となります。ただし、保険責任開始日からその日を含めて10日以内に発病した特定感染症に対しては保険金を支払いません。

気になる方は、各駐屯地・基地に常駐員がおりますので弘済企業にご連絡ください。

【引受保険会社】（幹事会社）三井住友海上火災保険株式会社　東京都千代田区神田駿河台 3-11-1　TEL：03-3259-6626
【共同引受保険会社】東京海上日動火災保険株式会社　損害保険ジャパン株式会社　あいおいニッセイ同和損害保険株式会社　日新火災海上保険株式会社　楽天損害保険株式会社　大同火災海上保険株式会社
【取扱代理店】弘済企業株式会社　本社：東京都新宿区四谷坂町 12 番地 20 号 KK ビル　TEL：03-3226-5811（代表）

朝雲

発行所 朝雲新聞社
〒160-0002 東京都新宿区四谷坂町12-20 KKビル
電話 03(3225)3841
FAX 03(3225)3831
振替00190-4-17600番
定価一部150円、年間購読料9170円（税・送料込み）

防衛省団体扱自動車保険取扱代理店
昭和四十九年創業 OB主体の会社
・損害保険ジャパン　・三井住友海上火災
・あいおいニッセイ同和損害保険　・東京海上日動
コーサイ・サービス株式会社
〇三―三三五四―一三五〇　担当：佐々木

## 主な記事

# 岸防衛相が沖縄初訪問

## 南西防衛の最前線を視察

岸防衛相は10月21日、大臣就任後初めて沖縄県を訪れ、陸海空自の部隊が所在する那覇駐屯地と那覇基地（共に那覇市）を視察し、東シナ海を望む南西防衛の最前線で日夜、任務に当たっている隊員たちを激励した。翌22日には沖縄県庁で玉城デニー知事と会談し、米軍普天間飛行場（宜野湾市）の名護市辺野古への移設について、日米同盟の抑止力の維持と普天間飛行場の一日も早い危険性の除去を考え合わせた時に、「辺野古移設が唯一の解決策」であるとの認識を示した上で、工事を続ける方針を伝え、県側に理解を求めた。

## 辺野古移設に理解を　玉城知事と会談

東シナ海方面の対領空侵犯措置任務に就いている空自のF15戦闘機（奥）について、9空団飛行群司令の清永剛夫1佐（右）から説明を聞く岸防衛相（10月21日、空自那覇基地で）＝防衛省提供

岸大臣は21日、陸自那覇駐屯地、海自那覇航空基地、空自那覇基地をそれぞれ視察。最後に空自那覇基地の格納庫で空自南西航空方面隊司令官の鈴木康彦空将、陸自第15旅団長の佐藤真陸将補、海自第5航空群司令の[illegible]ら陸海空自の隊員約110人に対し訓示した。

その中で、岸大臣は「沖縄は多数の島嶼で構成され、県内に尖閣諸島があるだけでなく、朝鮮半島や台湾海峡と近い位置にあり、全貿易量の99パーセントを海上輸送に依存する我が国の海上交通路（シーレーン）に隣接している。安全保障上、極めて重要な位置にある」と指摘。

その上で、陸海空自の部隊が尖閣諸島を含む周辺海域の警戒監視をはじめ、年間500回を超える空自戦闘機による緊急発進、南西諸島での不測の事態に備えた隙のない防衛警備体制の維持に当たっていることはもちろん、全国で発見される不発弾の3分の1以上を占める不発弾処理や、離島からの緊急患者空輸など沖縄県の民生の安定化にも貢献していることを挙げ、「我が国防衛の最前線で24時間365日、一瞬の隙もなく、常に緊張を強いられる任務に整斉と取り組む諸君と身近に接し、大変心強く思う。国民の生命と平和な暮らしを守るため、諸君が果たすべき責務は一層重く、国民からの期待もますます大きくなっている。『我が国の平和と安全は自らの双肩にかかっている』ことを自覚し、日々の任務に精励して下さい」と激励した。

翌22日には沖縄県庁で玉城デニー知事と会談。玉城知事は冒頭、防衛省・自衛隊に対し、「不発弾処理をはじめ、緊急患者の搬送、最近では豚熱（CSF）や新型コロナウイルス感染症に対する災害派遣活動など県民生活に多大な貢献をしていただいている」と謝意を表した。

一方、米軍基地問題をめぐっては「国土面積の約0・6パーセントにすぎない沖縄県に在日米軍専用施設面積の70・3パーセントが集中するなど、県民は過重な基地負担を強いられている」として、辺野古移設工事の中止と普天間飛行場の県外・国外移設を求める要望書を岸大臣に手渡した。

これに対し、岸大臣は「沖縄の基地負担軽減は政府の大きな責任であり、できることは全て目に見える形で実現するという基本方針の下、一つ一つ着実に成果を出していきたい。内容を精査させていただき、精一杯努力していきたい」と述べ、要望書を受け取った。

会談の中で岸大臣は「普天間飛行場の固定化は絶対に避けなければならない。これは政府と地元の皆さまの共通認識だと思う。「安全保障環境が非常に厳しい中、日米同盟の抑止力の維持と普天間飛行場の危険性の除去を考え合わせた時に『辺野古移設が唯一の解決策』だと考えている。着実に工事を進め、一日も早い普天間の全面返還を実現し、危険性を除去していきたい」と述べた。

さらに「沖縄では戦後70年以上経った今もなお、大きな基地負担を負っていただいている。この現状は到底、是認できるものではない。地元の皆さまの声に真摯に耳を傾けつつ、目に見える形で沖縄の負担軽減を実現すべく、引き続き取り組んでいきたい」と述べ、全力で取り組んでいく姿勢を強調した。

菅首相 初の外国訪問

# 防衛装備品移転 実質合意

## ベトナム首相と会談

## 早期に「2プラス2」　インドネシア

菅首相は就任後初の外国訪問として、10月18日から21日までベトナムとインドネシアを訪れ、両国の首脳とそれぞれ会談、安全保障分野で協力を深めていくことで一致した。

19日にはベトナムの首都ハノイの首相府でグエン・スアン・フック首相と会談し、両国間で「防衛装備品・技術移転協定」を締結することで実質合意した。日本は同協定を米英豪仏伊独など9カ国と締結しており、ベトナムと締結すれば10カ国目。アジアではインド、フィリピン、マレーシアに続き4カ国目となる。

会談の冒頭、菅首相は「ベトナムは『自由で開かれたインド太平洋』を実現する上で要となる重要なパートナーであり、引き続き『インド太平洋国家』として地域の平和と繁栄のために連携し、貢献していきたい」と述べた。

これに対し、フック首相は日本の変わらぬ立場を歓迎するとともに、「菅首相と緊密に連携していきたい」と応じた。

このほか、両氏は近年の海自の護衛艦と潜水艦によるカムラン湾への寄港を含め、両国間の安全保障協力が着実に進展しているとの認識を共有した。

翌20日にはインドネシアの西ジャワ州ボゴールにある大統領宮殿でジョコ・ウィドド大統領と会談。会談の冒頭、ジョコ大統領は「戦略的パートナーとして両国関係をさらに発展させたい」と述べたのに対し、菅首相は「インド太平洋地域における『海洋国家』である両国の伝統的友好関係を一層強化すべく、共に取り組んでいきたい」と応えた。

両氏は地域情勢の変化を踏まえ、2015年12月の初会合以来となる外務・防衛担当閣僚協議「2プラス2」の早期開催で一致したほか、日本からの防衛装備品の移転に向けた協議の加速化でも一致した。

# 豪、「マラバール」に参加

## 日米印の海上訓練 13年ぶり復帰へ

インド政府は10月19日、11月にインド洋で予定されている日米印3カ国の海上共同訓練「マラバール2020」に豪海軍が参加すると発表した。

豪州政府も同日、外相・国防相による共同声明を発表し、参加を表明した。現在、関係国間で訓練内容や規模などの調整が進められている。

これを受けて岸防衛相は20日の記者会見で「豪海軍の参加が実現すれば、2007年以来のことになり、防衛省・自衛隊としても歓迎したい。民主主義や法の支配といった基本的価値を共有する日米豪印の防衛当局間で緊密に連携していくことは『自由で開かれたインド太平洋』の維持・強化を進めていく上で極めて重要だ。4カ国の防衛当局間での協力をさらに追求していきたい」と述べた。

## 「航空観閲式」が11月28日に変更

防衛省

防衛省は10月23日、当初11月29日（日）に予定していた「航空観閲式」の日程を、前日の11月28日（土）に前倒しすると発表した。開催地の入間基地に変更はない。

このほか、11月28日（土）、29日（日）の両日に昭和女子大学人見記念講堂（東京都世田谷区）で開かれる「青少年のための3自衛隊合同コンサート」の応募資格についても、当初の「中学生から32歳」を「小学生から32歳」に変更し、小学生の観覧希望者を呼び掛けることを発表した。締め切りは11月1日（日）。詳細・申し込みは同省のホームページ（https://www.mod.go.jp/j/publication/ongaku-matsuri/index.html）から。

約2カ月ぶりに帰国し、酒井呉地方総監（右壇上）から訓示を受ける八木練習艦隊司令官（手前右）、「かしま」の牧艦長（同左）と実習幹部たち（10月21日、海自呉基地で）＝海自提供

# 海自の後期・遠航部隊が帰国

## 北米・ハワイなど4寄港地巡る

米国アラスカ、ハワイ州など北米・太平洋方面を巡る55日間の航海を終えた海自の後期・遠洋練習航海部隊（練習艦「かしま」、練艦隊司令官・八木浩二将補以下、実習幹部約110人を含む約310人）が10月21日、呉基地に帰国した。

呉音楽隊の演奏に出迎えられた「かしま」は午前9時、呉係船堀地区のEバースに接岸。その後、帰国行事が行われ、基地隊員や家族ら約130人が見守る中、艦を下りた実習幹部と牧孝行艦長が桟橋に整列、八木司令官が酒井良呉地方総監に帰国を報告した。

酒井総監は訓示で「遠洋練習航海で培った知識・技能を遺憾なく発揮し、（それぞれの部隊で）存分に活躍することを期待する」と述べた。

今年度の遠航は世界的なコロナ禍を受け、初めて前期・後期の2期制となり、前期は「かしま」と「しまゆき」で編成。6月9日から7月22日まで東南アジア方面を巡り、シンガポールのチャンギで補給を行った。

続く、後期・遠航は8月28日、「かしま」1隻で呉を出発。ベーリング海峡を北上して海自として初めて北極圏に入域し、アラスカ州のノームとアンカレッジに寄港。その後、部隊は南下してハワイ州のパールハーバー、北マリアナ諸島のサイパンの4寄港地を巡った。いずれも補給のみの寄港となったが、実習幹部たちは洋上勤務に必要な基礎知識を習得し、無事に帰国。式後、それぞれの配置先に向かった。

防衛相

# 米陸、海軍長官と会談

## 日米同盟の強化で一致

ブレイスウェイト米海軍長官

マッカーシー米陸軍長官

岸防衛相は米国から相次いで来日したケネス・ブレイスウェイト海軍長官と10月15日、ライアン・マッカーシー陸軍長官と20日にそれぞれ防衛省で会談し、日米同盟の一層の強化のため、引き続き緊密に連携していくことで一致した。

ブレイスウェイト海軍長官は15日に山村海幕長とも会談し、日米の安全保障協力や東・南シナ海を含む地域情勢などについて幅広く意見交換、海軍種間のさらなる連携協力を確認した。

マッカーシー陸軍長官も20日に湯浅陸幕長と会談し、陸軍種間の防衛協力を推進していく方針を確認した。

## 北の「瀬取り」監視

### ニュージーランド空軍が日本周辺で

防衛省は10月19日、北朝鮮船舶による国連制裁逃れのための違法な「瀬取り」を監視するため、ニュージーランド空軍の「P3K2哨戒機」が日本の周辺空域で10月下旬から11月下旬までの予定で警戒監視活動を行うと発表した。

NZ軍機による同活動への参加は2018年9月、19年10月に続き、3回目。

国連軍地位協定に基づき、在日米軍嘉手納基地を拠点に活動する。

「瀬取り」監視には、米、英、仏、豪、NZ、カナダの艦艇や航空機があらゆる機会に我が国の周辺海空域に派遣され、海自や米軍と連携して活動に当たっている。

春夏秋冬

## 日中友好人士の凋落

村井　友秀

日中関係の悪化を説明する際に、嘗ては「相互誤解論」と「友好人士減少論」が有力であった。「相互誤解論」とは、中国は日本の行動を全て軍国主義の復活と誤解しており、日本も中国の行動を全て覇権主義と誤解しているという説である。「友好人士減少論」は、日中国交回復時代に活躍した[illegible]が少なくなり、日中関係の悪化を止めることができなくなったという説である。

「相互誤解論」は、日中両国が相手国に対する正確な情報を持っていないとする見方であるが、中国政府が日本の行動を軍国主義の[illegible]

[illegible]力と軍事力で日本を追い越した中国が、この機会を捉えて日中関係を中国に有利な形に変えるために[illegible]

[illegible]ていない正統性がない政権だという点である。正統性に欠ける政権が国民の支持を得るためには国[illegible]を増やしているという実績を作らねばならない。「鉄砲から生まれた政権」は、南シナ海や東シナ海における軍事行動の成果を踏まえ、共産党の武装力による実績作りに積極的になっている。

人々に好感を与えるソフトパワーに欠ける中国が、現状を変えて中国が望む世界を作るためには軍事力や経済力による威嚇に頼らざるを得ず、周辺諸国の「友好人士」はこれからも減少するだろう。

（防大名誉教授、東京国際大学特命教授）

## 朝雲寸言

日本人の平均寿命は男女ともに80歳を超え世界一になった。10年前の数値と比べると男女ともに5年以上寿命が延びているという。医療分野で技術革新が進んでいることに加え、高齢者の健康意識の高まりも影響していると厚生労働省は分析する▼長生きは総じて良いことであるが、いろいろな問題が生起することも事実である。自衛官の場合、56歳で退職すると退職後25～30年の余生があることになる。人生百年時代になれば、例え60歳で定年退職したとしても40年近くを一般人として生きなければならない計算となる▼日本の社会システムを支えてきた終身雇用制が崩壊し能力次第で何歳までも働くことのできる仕組みが出来たとしても国土防衛に任ずる自衛官に適用することは難しいだろう。軍事組織は階級社会であり、階級は職務経験に比例するからである▼自衛官の職務形態も一般社会と同じように情報通信技術の発達とともに変化していくだろう。しかしロボット兵器や無人兵器を考慮したとしても野外活動や艦船、航空機を基本とする現在の勤務形態が大きく変化するとは思われない▼本年、防衛省は民間企業で働く会社員や地方公務員などを対象とした中途採用を初めて実施した。1500人以上の応募があり、30歳台を中心に10人が採用されたという。サイバー、宇宙など特定の技術分野について自衛官の中途採用についても検討が必要かもしれない。

はせがわ
つなぎます。心と、いのちと、人。
お仏壇 店頭表示価格より 10%OFF!
お墓 店頭表示価格より 5%OFF!
ご来店の際には JD VISAカードをご提示ください。

必携の一冊
8月21日発売開始！
陸上自衛官 服務小六法 《令和2年版》
四六判・1,200頁
●憲法、自衛隊法、服務規則、礼式等陸上自衛官の服務上必要な74編を収録！
（定価2,764円+税）共済組合価格 2,370円

実務力のバージョンアップ
7月21日発売開始！
陸上自衛隊 補給管理小六法 《令和2年版》
B6判・872頁
●補給管理規則等補給管理実務に必要な22編を収録。実務者必携の一冊。
（定価2,540円+税）共済組合価格 2,180円

文書実務の基本
好評発売中！
陸上自衛隊 新文書実務 《新訂第9次改訂版》
A5判・432頁
●平成31年3月29日陸自文書管理規則改正対応！
●改元に伴う関係箇所改正！
（定価2,306円+税）共済組合価格 1,980円

好評発売中！
自衛官 国際法小六法 《平成30年版》
四六判・928頁
（定価2,556円+税）共済組合価格 2,190円

一覧即決
国際軍事略語辞典 《第2版》英和・和英
INTERNATIONAL MILITARY ABBREVIATION DICTIONARY
A5判・144頁
●基本的な軍事略語や主要な安全保障関係略語等を収録。
（定価1,400円+税）共済組合価格 1,200円

学陽書房
〒102-0072 東京都千代田区飯田橋1-9-3
TEL.03-3261-1111 FAX.03-5211-3300
（共済組合価格は消費税10%込みです。）
☆ご注文は 有利な共済組合支部へ

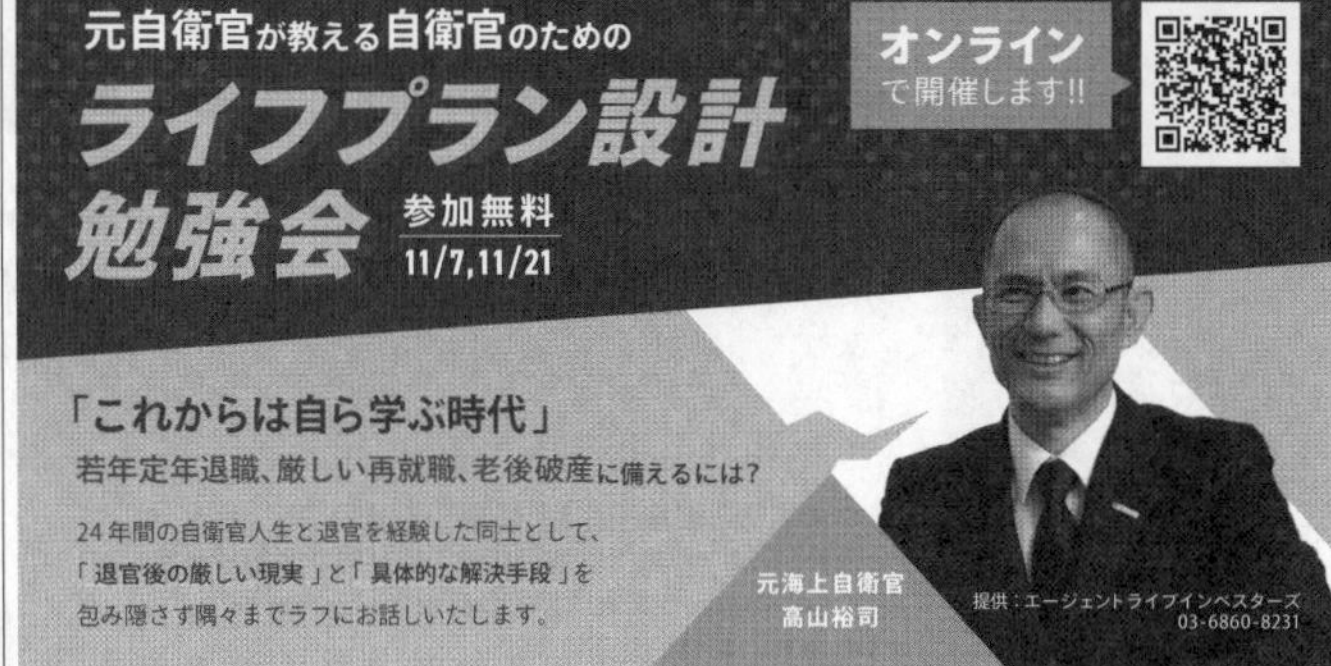
元自衛官が教える自衛官のための
ライフプラン設計勉強会
参加無料
11/7,11/21
オンラインで開催します!!
「これからは自ら学ぶ時代」
若年定年退職、厳しい再就職、老後破産に備えるには？
24年間の自衛官人生と退官を経験した同士として、
「退官後の厳しい現実」と「具体的な解決手段」を
包み隠さず隅々までラフにお話しいたします。
元海上自衛官
高山裕司
提供：エージェントライフインベスターズ
03-6860-8231

# 時の焦点

## 国内

### 首相演説

# 真正面から難題に臨む

奇をてらわず、重要な課題に真正面から取り組む。「実務型宰相」らしい着実な政権の滑り出しと言えよう。

菅首相が、衆参両院の本会議で就任後初めての所信表明演説に臨んだ。

首相は演説の冒頭に「新型コロナウイルスと経済の両立」と掲げ、「爆発的な感染は絶対に防ぎ、国民の命と安全を守り抜く。その上で、社会経済活動を再開して、経済を回復していく」と明言した。

冬には、新型コロナとインフルエンザの同時流行が懸念される。首相は、地域の医療機関で1日20万件の検査能力を確保することや、全国民分のワクチンを確保することを表明した。

合わせて、雇用や事業継続の支援を続ける考えも示した。

「Go Toキャンペーン」などの需要喚起策は利用者も多く、長く低迷してきた観光業界が活気づいてきた。一方、欧州などではコロナ再流行が広がっている。ここでコロナ対策の気を緩めてはならない。首相は、改めてその重要性を訴えたのだろう。

政権発足後、デジタル庁の創設方針や押印廃止など、デジタル化を巡る施策が注目を浴びている。こうした新たな政策課題を進める上でも、コロナ対策と経済活性化により、国民生活を安定させることが不可欠だ。

安倍前首相が掲げたアベノミクスは、金融緩和と財政出動の成果は上がったものの、成長戦略は道半ばで、菅政権への「宿題」となった。

首相は演説で、成長戦略の柱に「経済と環境の好循環」を掲げ、「グリーン社会の実現に最大限注力する」と約束した。

温室効果ガスの排出量を2050年までに実質ゼロにするという。

実質ゼロはこれまで、「今世紀後半のできるだけ早い時期」を目標としてきた。これを前倒しする意欲的な宣言である。

資源に乏しい日本で、火力発電に代わる電源をいかに確保するか。再生可能エネルギーの技術開発に取り組むだけでなく、原子力発電所の再稼働も必要となる。政権の総合力が問われよう。

外交・安全保障では、日米同盟を基軸とし、東南アジア諸国連合（ASEAN）や豪州、インド、欧州などと連携を強化する方針を強調した。

目標は無論、法の支配に基づく「自由で開かれたインド太平洋」の実現である。

首相は、国会召集に先立ってベトナムとインドネシアを訪れて両国首脳と会談し、経済や安全保障分野で幅広く協力を進めることを確認した。

岸防衛相も、豪州のレイノルズ国防相と会談し、自衛隊が豪州軍の艦艇や航空機を守る武器等防護の実施に向け、調整を開始することで合意した。実現すれば米軍に続いて2例目であり、地域の平和を築く上で画期的な成果となろう。

「インド太平洋構想」はしっかりと前進している。さらに重層的に取り組んでもらいたい。

宮原　三郎（政治評論家）

## 海外

### ポスト大統領選

# 対中「軍事圧力」の前途

ポンペイオ米国務長官は10月9日、ラジオの報道解説番組「ラリー・オコナー・ショー」に出演し、東京で開催された日米豪印4カ国外相会合（通称クアッド）の結果や中国共産党の動向などについて説明した。

その中で、同長官は「インド北部の中国との国境地域には中国軍兵士6万人が控えている」と中印関係の厳しい現状に警告。そして「中国は国境に巨大な兵力の備蓄を開始した。インドは米国がこの戦いの同盟国、パートナーであることを強く必要としている」と強調した。

しかし、中印間の「この戦い」で、米国が厳密にはいかなる種類の「同盟国、パートナー」であり得るのか——の説明はなかった。この事実こそインタビューのポイントだったような印象だ。

米国には、中印間の国境問題で、中国と対決するような軍事介入を正当化するに足る死活的国益はない。また、中国との間で尖閣諸島の問題を抱える日本が、遥かヒマラヤの中印紛争でインドの味方をするというのも、滑稽なアイデアではなかろうか。

米中関係は政治、経済、イデオロギー上の衝突が長期化し、緊張が高まっているのは明らかだが、一方で、中国側は要求・主張を取り下げる気など全くないというのも明白な現実だろう。

民主化拡大を求めて続いた香港の抗議活動は、香港政府が鎮圧に失敗するや、北京中央が介入して管理下に置いた。抗議活動に声援を送った欧米民主国家は何もしなかった。

最近は中国西部・新疆ウイグル自治区のウイグル族などに対する非人道的処遇が明らかになった。米政府や西側の人権団体によると、同自治区では2017年以降、ウイグル族などイスラム系住民100万人以上が「テロ対策」として収容施設に拘束されているという。しかし、習近平国家主席は「共産党の統治政策は完全に正しい。今後も堅持すべきだ」との態度だ。

中国はまた、南シナ海の領有権問題の焦点になっている西沙諸島付近などで再三、軍事演習を実施。米国は同海域に軍艦を派遣して牽制している。米国による台湾へのハイレベル当局者派遣や新たな武器売却に、中国は「挑発行為」と激しく反発した。

戦いの挑発が狙いなら、米国は南シナ海や台湾海峡で戦争の用意はあるのだろうか？　戦略的目標は？　大統領選前のスタンドプレーの類なのか？

クアッドが北大西洋条約機構（NATO）アジア版に進化するとの論評もあるが、NATOの根幹は第5条（加盟国への攻撃を自国への攻撃と見なして対処）にある。

米日豪は、インドとの国境、ウイグル族の収容施設、香港の民主化抑圧、南シナ海の環礁をめぐり対中開戦には向かうまい。

大統領選が終わった時、それは、何のために中国との戦いもいとわないのか、またはそうではないのかを、慎重に考え抜かなければならない時でもある。

草野　徹（外交評論家）

---

海賊対処航空39次隊

# 防衛相から1級賞状

## 「自衛隊に対する信頼深めた」

アフリカ東部のジブチを拠点にP3C哨戒機2機で、ソマリア沖・アデン湾とアラビア海北部の西側で情報収集と警戒監視任務に従事し、このほど帰国した海自の海賊対処行動航空隊39次隊に10月15日、岸防衛相から1級賞状が授与された。

39次隊は2空群（八戸）の天沼知之2佐（21飛行隊長）を指揮官に海自隊員約60人で編成。7月8日から9月20日までの間、任務飛行40回、飛行時間約250時間、確認船舶数約3900隻、海自護衛艦や諸外国の艦艇などへの情報提供約100回の実績を残した。

38次隊との部隊交代の際、新型コロナウイルスの影響でジブチへの入国が制限されたことから、2機のP3Cが4月下旬、ひと足先に現地に入り、機体のみを交代。P3Cは機体の整備を行い、38次隊から引き続き39次隊として任務に従事した。

大臣室で行われた表彰式はコロナ感染拡大防止の観点から、立会者を招かずに実施された。

天沼2佐から帰国の報告を受けた岸大臣は「国際社会の重要な取り組みである海賊行為の抑止等に大いに寄与するなど、自衛隊に対する国内外の理解と信頼を深めた。これは指揮官の優れた統率の下に全隊員が一致団結し、平素の訓練を遺憾なく発揮した賜である」と1級賞状を読み上げ、副賞の盾を添えて天沼2佐に手渡した。

岸防衛大臣（右）から1級賞状とともに授与された副賞の盾を手にする海賊対処航空隊39次隊司令の天沼2佐（10月15日、防衛省で）

前列左から宇都外務副大臣、高橋3佐、三ッ林内閣府副大臣、佐藤3佐、大西防衛政務官。後列左から陸上総隊国際協力課長の井藤庸平1佐、久島事務局長、伊藤事務局次長、林統幕首席参事官（10月13日、中央合同庁舎8号館で）＝内閣府国際平和協力本部事務局提供

南スーダンPKO

# 大西政務官が帰国隊員慰労

## 11次司令部要員の高橋、佐藤両3佐

【内閣府国際平和協力本部事務局】日本の国連平和維持活動（PKO）の一環として、国連南スーダン共和国ミッション（UNMISS）に約1年2カ月派遣され、今年8月に帰国した高橋忍3陸佐と佐藤応吉3陸佐＝本紙9月17日付既報＝の帰国式が10月13日、内閣府国際平和協力本部（東京都千代田区）で行われた。

両隊員は自衛隊の第11次司令部要員として、同国首都ジュバを拠点に各国軍人らと共に活動に当たった。

高橋3佐は情報幕僚として情報分析・評価に当たり、統合ミッション分析センターの運営に尽力。佐藤3佐は施設幕僚として南スーダン全域の補給幹線道路の整備を計画したほか、各国工兵隊の現状を把握して円滑な施設作業に寄与し、UNMISSから「軍事部門司令官表彰」を受けた。

帰国式では内閣府の三ッ林裕巳副大臣、外務省の宇都隆史副大臣がそれぞれ2人の任務完遂をたたえ、最後に防衛省の大西宏幸政務官が「新型コロナウイルス感染症が世界的に拡大し、交代の時期が定まらない状況にあっても、司令部要員としての職務を適切に果たし、任務遂行に大きく寄与された。自衛官の高い能力・見識を各国要員に強く印象付け、我が国要員に対する評価を高めたことは、防衛省・自衛隊にとっての誇りだ」と労をねぎらった。

式には国際平和協力本部事務局の久島直人局長をはじめ、伊藤茂樹次長、防衛省の林美都子統幕首席参事官らが出席した。

現地では現在、第12次司令部要員の赤塚喜与3佐（施設幕僚）、菅野美怜3佐（情報幕僚）、第11次司令部要員の山之内祐希3佐（兵站幕僚）、中林由貴1尉（航空運用幕僚）の4人の陸自隊員が活動している。

# 日米豪で共同訓練

## 南シナ海　3カ国の連携強化

中東・オマーン湾とアラビア海北部での情報収集活動を終え、帰国途中の「派遣情報収集活動水上部隊2次隊」（指揮官・横田和司1佐＝8護衛隊司令）の護衛艦「きりさめ」（艦長・白石豪2佐）は10月19、20の両日、南シナ海で日米豪3カ国艦艇による共同訓練を実施した。

訓練には米海軍から駆逐艦「ジョン・S・マケイン」（満載排水量約8300トン）、豪海軍からフリゲート「アランタ」（同3700トン）が参加。洋上で会合した日米豪3カ国艦艇は、各種戦術訓練を行い、海上部隊の連携を強化した。

訓練を終え、帰国の途に就いた「きりさめ」は10月26日、約5カ月ぶりに母港・佐世保に帰港した。

日米豪共同訓練で、フォーメーションを組んで並走する（手前から）豪海軍フリゲート「アランタ」、護衛艦「きりさめ」、米海軍駆逐艦「ジョン・S・マケイン」（10月20日、南シナ海で）

松島救難隊

# 創設60周年式典を実施

## 平山隊長「精強化にまい進」

【救難団＝入間】空自松島救難隊の創設60周年を記念する式典が9月18日、宮城県の松島基地で行われた。

格納庫で開かれた式典には基地司令の津田昌隆将補、救難団副司令の輿儀[illegible]

[illegible]155件に出動し、幾多の尊い人命の救助に当たってきた[illegible]

松島救難隊の創設60周年式典で祝辞を述べる津田基地司令（壇上）＝9月18日、松島基地で

防衛省発令

▽統幕学校教育課・教官兼研究部（統幕運用1課）1海佐　雨宮　正（10月20日）

# 共済組合だより

## 出産・育児、介護などで休職し、給与が支給されないとき、各種「手当金」を給付

組合員（任意継続組合員を除く）が、公務外の傷病、出産・育児、介護などによる休職等のため、報酬の全部または一部が支給されなくなった時、各種手当金が給付されます。

これらの給付は報酬の全部または一部が支給されている場合は、その報酬の支給額を控除して給付されます。

【育児休業手当金】

組合員が育児のために育児休業を取得した場合に支給されます。ただし、育児短時間勤務等をした場合には支給されません。

▽支給期間＝育児休業の期間で、育児休業にかかる子が1歳に達する日まで（共稼ぎの父母が、その子が1歳に達する日までに共に育児休業を取得している場合は、1歳2カ月に達する日までの間で1年間を限度に）支給されます。

ただし、土・日曜日は支給の対象となりません。

※育児休業にかかる子が2歳に達する日まで支給される場合

①保育所もしくは認定こども園における保育または家庭的保育事業等による保育の利用を希望し、申し込みを行っているが、子が1歳に達する日後の期間について、当面、希望する保育が行われない場合。

②子が1歳に達する日後、養育を行う予定だった配偶者が次のいずれかに該当する場合。

（イ）死亡したとき。

（ロ）負傷、疾病または身体上もしくは精神上の障害により、育児休業等の申し出にかかる子を養育することが困難な状態になったとき。

（ハ）婚姻の解消その他の事情により育児休業等の申し出にかかる子と同居しないこととなったとき。

（ニ）6週間（多胎妊娠の場合は14週間）以内に出産する予定であるか、産後8週間を経過しないとき。

▽支給額＝1日につき標準報酬の日額（標準報酬の月額の22分の1）の67％に相当する額が雇用保険給付金相当額を上限として、180日間支給されます。それ以後は標準報酬の日額の50％が支給されます。

▽提出書類＝育児休業手当金請求書（人事・給与担当者の証明）

※保育所に入所できない場合に該当し、支給を受けるときは市区町村が発行した保育所の入所不承諾の通知書など入所できないことを確認できる書類の提出が必要となります。

▽掛金の免除について

産前産後休業および育児休業を取得する組合員が組合に申し出たときは、各休業期間中は掛金が免除されます。免除される期間は、休業を開始する日の属する月から、休業が終了する日の翌日の属する月の前月までです。

【介護休業手当金】

組合員が配偶者、父母、子等で負傷、疾病および老齢にある者を介護するため、日を単位とした介護休業を取得した場合に支給されます。なお、時間を単位として介護休業を取得した場合は支給されません。

▽支給期間＝介護休暇の期間で、休暇日数を通算して66日を限度とする期間。ただし土・日曜日は支給の対象となりません。

▽支給額＝1日につき標準報酬の日額（標準報酬の月額の22分の1）の67％に相当する額が、雇用保険給付相当額を上限として支給されます。

▽提出書類＝介護休業手当金請求書（給与担当者の証明）、休業を証明する書類

# 日米が人事施策で協力

## 海幕人計課と在日米海軍人事部

【海幕人計課】海幕人事計画課企画班長の目賀田瑞彦1佐ら幹部は10月6日、在日米海軍人事部（CNFJ N1）の関係者と在日米海軍横須賀基地で会談を行い、協力関係の構築を図った。

会談には目賀田1佐をはじめ、制度班長の奈良崇1佐、企画班の正木一成1佐が出席。厳重なコロナ対策の下、海自の人事施策の概要や人事に係る関心事項などについて説明し、日米間で人事施策に関して情報共有をはじめとする協力関係の深化の方向性を確認した。

会談を終えた目賀田1佐は、日本では少子高齢化や人口減少などの課題、女性の活躍や働き方の改革など、官民問わず広範多岐にわたる人事施策が注目されていることから、「このような社会情勢において、海自と米海軍N1との協力関係の構築とその深化が確認できたことは非常に意義深いことであり、日米間のさらなるインターオペラビリティー（相互運用性）向上が期待できるのではないか」と語った。

海幕人計課企画班は、この協力関係を両国の人事部を意味する「N1」とラグビーW杯日本大会で脚光を浴びた「One team」のフレーズを参考に「N1 team」と呼称し、今後、始動・発展させていく方針だ。

在日米海軍横須賀基地を訪れ、人事施策面での協力を確認した正木1佐（左）、奈良1佐（その右）、目賀田1佐（右から2人目）と在日米海軍人事部の関係者（10月6日）


発売中！　2021自衛隊手帳

2022年3月末まで使えます。

使いやすいダイアリーはNOLTY能率手帳仕様。
年間予定も月間予定も週間予定も
この1冊におまかせ！

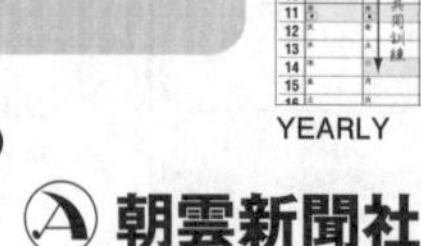

YEARLY

MONTHLY

WEEKLY

お求めは防衛省共済組合支部厚生科（班）で。
（一部駐屯地・基地では委託売店で取り扱っております）
Amazon.co.jp または朝雲新聞社ホームページでもお買い求めいただけます。

編集／朝雲新聞社
制作／NOLTY プランナーズ
価格／本体 900 円＋税

朝雲新聞社
〒160−0002 東京都新宿区四谷坂町 12 − 20KK ビル
TEL 03−3225−3841　FAX 03−3225−3831　http://www.asagumo-news.com

# 22隻体制へ進水

## 「たいげい」

## 10年ぶりの新型潜水艦

海自の「おやしお」型、「そうりゅう」型に続く、約10年ぶりの新型潜水艦1番艦となる平成29年度計画艦「たいげい（大鯨）」（基準排水量3000トン）が10月14日、神戸市の三菱重工業神戸造船所で進水した（本紙10月22日付既報）。同艦が2022年3月に就役すれば防衛大綱で示された「潜水艦22隻体制」が実現する予定だ。岸信夫防衛相を迎えて行われた「たいげい」の命名・進水式の様子を写真で紹介する。

岸信夫防衛大臣により「たいげい（大鯨）」と命名され、進水した平成29年度計画潜水艦。外観は「そうりゅう」型とほぼ同じだが、高さが約10センチ高くなり、被探知防止に優れた形状となった
（いずれも10月14日、神戸市の三菱重工神戸造船所で）＝海自提供

支綱を切断後、進水した「たいげい」を拍手で祝う岸防衛大臣（右手前）と防衛省・自衛隊、三菱重工の関係者ら＝海自提供

就役後には消される艦名と艦番号（513）が描かれた船体で、華々しく進水した潜水艦「たいげい」

「たいげい」の進水を記念し、三菱重工が関係者に配った絵葉書。就役は2022年3月の予定だ

# 陸自富士学校「統合火力誘導シミュレーター」公開

## 敵部隊の装備識別し、座標を通報

### 観測と火力誘導　細部の調整が可能に

陸自は10月14日、富士学校の統合火力教育訓練センター内にある「統合火力誘導シミュレーター」を記者に公開した。

実際と同様の観測訓練ができる最新のシミュレーターが導入された統合火力教育訓練センターは2017年5月に開所。ここでは陸・海・空自の各種火力の「観測・誘導」教育を全国の幹部・陸曹の観測要員に対して行っている。同訓練では一連の状況下で観測と火力誘導のシナリオを設定でき、教育の狙いに応じて気象や部隊配置など細部の調整も可能という。

今回は「統合火力誘導シミュレーター」を使用し、島嶼部に着上陸した敵部隊に対して陸自部隊が重迫撃砲で攻撃し、空自F2戦闘機部隊が誘導爆弾JDAMによる対地攻撃を行う一連の場面が公開された。

「このシミュレーターは陸・海・空の各種火力を観測、そして誘導するために導入されたものです」と富士学校特科部統合火力教育班の岡本裕之3佐が説明する。今回、大型スクリーンには島に上陸し、内陸に侵攻しようとする敵部隊の様子が映されていた。

まず記者に対し、隊員が観測・誘導に使用する各種器材が紹介された。

「このシミュレーター用模擬眼鏡装置は陸自の一般部隊にあるものと同じものをシミュレーターに連接した模擬装置となります」と岡本3佐。最新のVR技術によって正面のスクリーンだけでなく、全周の状況も視認することができるという。

このほか、敵の位置（座標）を連接したGPS装置で割り出す「目標標定機」、さらに火力誘導班がAH64D戦闘ヘリや空自のF2戦闘機の終末誘導を行う「火力誘導装置」についても説明があった。

訓練が開始されると、敵部隊を観測していた連絡陸曹が、まず敵の対空火器や自走迫撃砲、集結中の戦車など、敵の装備を識別し、通報。この情報を受け、火力誘導班長が重迫中隊に敵の対空火器に対する射撃を要求した。

これにより敵の防空能力は失われ、ここに空からAH64Dを進入させ、敵の迫撃砲を破壊し、F2の対地攻撃により集結している敵戦車3両を撃破。敵部隊が火力で粉砕されたことを観測員が確認したところで状況を終えた。

大型スクリーンに併設された大型モニター（下）にはシミュレーターに連接された眼鏡など各器材で捉えた画面を映し出すことができる

2018年の日英共同実動訓練「ヴィジラント・アイルズ」で、火力誘導シミュレーターの大型スクリーンに映された敵部隊を偵察する陸自（左側）と英陸軍（右側2人）の隊員。左端は、無線（写真はトランシーバー）を使い、共同火力調整所に敵部隊の座標や装備などの情報を伝達する陸自隊員（いずれも2018年10月撮影）


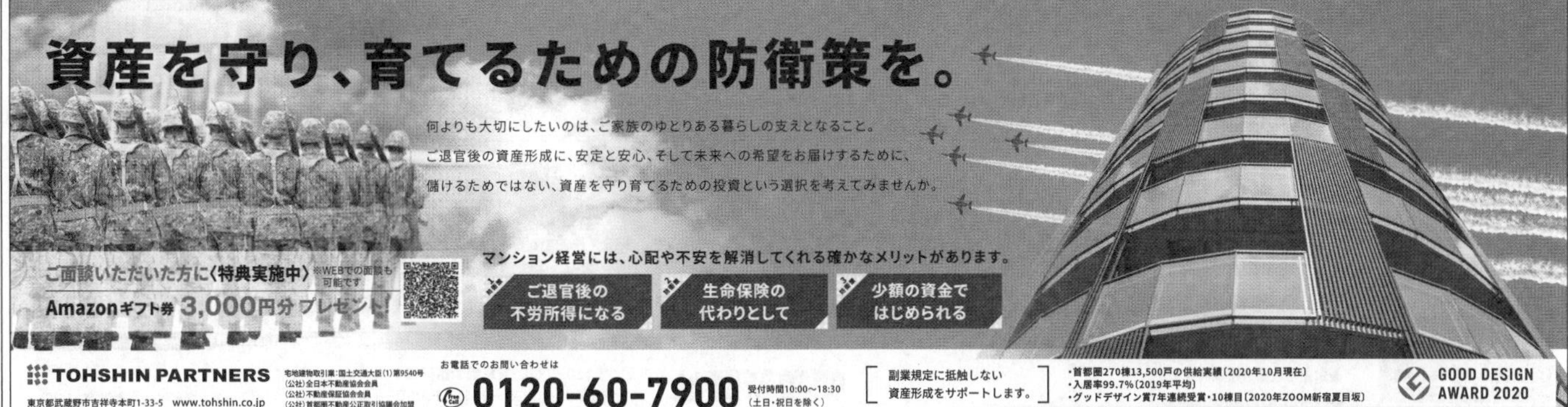

資産を守り、育てるための防衛策を。
何よりも大切にしたいのは、ご家族のゆとりある暮らしの支えとなること。
ご退官後の資産形成に、安定と安心、そして未来への希望をお届けするために、
儲けるためではない、資産を守り育てるための投資という選択を考えてみませんか。
マンション経営には、心配や不安を解消してくれる確かなメリットがあります。
ご退官後の不労所得になる
生命保険の代わりとして
少額の資金ではじめられる
ご面談いただいた方に〈特典実施中〉※WEBでの面談も可能です
Amazonギフト券 3,000円分プレゼント！
TOHSHIN PARTNERS
東京都武蔵野市吉祥寺本町1-33-5 www.tohshin.co.jp
宅地建物取引業：国土交通大臣(1)第9540号
(公社)全日本不動産協会会員
(公社)不動産保証協会会員
(公社)首都圏不動産公正取引協議会加盟
お電話でのお問い合わせは
0120-60-7900
受付時間10:00～18:30（土日・祝日を除く）
副業規定に抵触しない資産形成をサポートします。
・首都圏270棟13,500戸の供給実績〔2020年10月現在〕
・入居率99.7%〔2019年平均〕
・グッドデザイン賞7年連続受賞・10棟目〔2020年ZOOM新宿夏目坂〕
GOOD DESIGN AWARD 2020

# 部隊だより

**北千歳**　駐屯地は9月19日、「令和2年度1特科団・北千歳駐屯地追悼式」を執行した。式は、遺族をはじめとする来賓、駐屯地OB会員、各部隊長、先任上級曹長等参列のもと、新型コロナウイルス感染症の拡大防止処置を講じ厳粛に行った。執行者の大場剛司令は、殉職隊員の御霊に対し哀悼の誠を捧げ、国家防衛の誓いを新たにした。

**秋田**　21普連は8月31日から9月5日まで、岩手山演習場で「連隊3次野営」を行った。40キロの行進訓練に引き続く射撃訓練を実施するなど、実戦に近い環境下で演練＝写真㊦。期間の最後には接戦競技会も行われ、接戦を制した4中隊が優勝した。隊員たちは昼夜の訓練を重ね、10月の師団射撃競技会に向けて確かな手応えをつかみ、演習を終えた。

**福島**　44普連はこのほど、駐屯地モニターなどに対し新隊員特技課程教育を公開し、戦闘・砲手訓練を展示した＝写真㊦。モニターからは「若い隊員の懸命な姿はとても頼もしかったです」「重い器材を運搬する姿がたくましく、心強いと思いました」などの感想があった。訓練公開を通じて地域に自衛隊の姿を発信し、身近に感じてもらった。

**座間**　4施群は9月5日、「座間市総合防災訓練」に参加し、バケットローダーを用いた道路啓開や土砂埋没現場での人命救助訓練などを行った。野外炊事車でカレー300人分の炊き出しも行い、好評を博した。訓練に初参加した本管中隊の中坪菜奈花1士は「コロナ禍でも日頃から自治体と連携を図ることは非常に大切だと思います」と語った。

**伊丹**　36普連は9月15日、駐屯地で部隊集合教育「レンジャー」を開始した。1中隊長の池田晃1尉を担任官に各中隊から選抜された30人が参加。18日のロープ訓練では胆力試験で縄の強度などを確認し、高所で行動する度胸を養った＝写真㊦。このほか24日にはロープ橋での渡橋、バディと連携した組登はんを学び、25日は大雨の中、体力調整に励んだ。

**美唄**　駐屯地は9月9日、渡辺孝一政務官（当時）による視察を受けた。政務官の来駐は平成5年9月の「2地対艦ミサイル連隊編成完結式」以来27年ぶり。渡辺政務官は駐屯地の概況説明を終始、興味深そうに聞き、駐屯地の現状について確認。訓示では「引き続き地域の安心・安全のために尽力してもらいたい」と隊員を激励した。

**滝川**　10即機連は9月19日、滝川駐屯地で1飛行隊の「航空機体験搭乗」を行い、駐屯地モニターや協力会など[illegible]人が参加した。参加者たちは安全教育を受けた後、待ち時間を利用して駐屯地史料館を見学。駐屯地と自衛隊に対する理解を深めた後、UH-1多用途ヘリに搭乗した。一行は、黄金色に輝く空知平野の景色を楽しんだ。

**留萌**　26普連重迫中隊の黒川泰行1尉以下16人は9月20日、北海道北西の「増毛山道」の整備を行った＝写真㊨。江戸末期から明治期に整備された同山道は昨年、石狩市の「濃昼山道」と合わせて北海道遺産に登録された。当日は[illegible]の倒木を処理したほか、足場が崩れた箇所に丸太や石を使って段差を設け、歩きやすくするための補修作業などに当たった。

## 2普連一般曹候生 新隊員特技課程修了式

## コロナに負けず"初志貫徹"

### 感染症対策を徹底し挙行

コロナ対策のため、座席の間隔を十分に空けて修了式に臨む新隊員たち（いずれも9月27日、高田駐屯地で）

2普連は9月27日、新隊員の家族を高田駐屯地に迎え、令和2年度一般陸曹候補生課程後期と新隊員特技課程計27人の「修了式」を挙行した。

当日は新型コロナウイルス対策のため、新隊員1人当たり家族の招待数を2人にまで制限。さらに入門時の検温、各所に手指消毒液の設置、式場でのソーシャル・ディスタンスの確保など、各対策を徹底した。

式は父母など家族が見守る中で行われ、古賀理都靖連隊長は「入隊後、新型コロナや猛暑で厳しい状況の中、初志貫徹し、教育を立派に乗り切った諸官の努力と忍耐に敬意を表したい。今後も同期の絆を大切に、真摯かつ謙虚な姿勢を忘れず、常に目標を持ち、その達成に向けて不断の練磨に努めてほしい」と式辞を述べた。

式後は食堂で家族と一緒の会食が行われた。ビニールの仕切りで感染症対策を行い、隊員たちは久しぶりに家族との団らんを満喫。午後は体育館内で3カ月間の教育訓練中の新隊員たちの姿を写した写真パネルが公開され、写真を前に隊員と家族がにこやかに談笑する風景が見られた。（高田）

㊨式後、ビニールの仕切りが付けられたテーブルで久しぶりの家族との食事を楽しむ隊員たち㊧体育館内に展示された教育訓練中の写真パネルを前に、入隊後の出来事を家族に伝える隊員

**八尾**　中方航空野整備隊は9月21日から30日まで、予備自補招集訓練を初めて担任した。開始式の訓示で担任官の武田政男整備隊長は「目標を持て」「安全を勝ち取れ」の2点を要望。参加者は積極果敢に取り組み、催涙線香体験では、涙を流しながら防護マスクの有効性を学んだ。訓練後は「今回の経験で（常備）自衛官になりたいと思った」などと述べた。

**対馬**　駐屯地は9月27日、長崎県対馬市厳原町の陸軍墓地を清掃した。例年、修親会と対馬OB会の有志が合同で行っているが、今年はコロナの影響により修親会員20人で参加。午前9時から作業を始め、生い茂った草木や台風による倒木を伐採機や鎌などで取り除いた。清掃後はOBで郷土史家の小松津代志氏が駆け付け、同墓地に関する教育も行われた。

**那覇**　15旅団はこのほど、駐屯地などで「旅団レディネスチェック」を行った＝写真㊧。防衛、警備事態での旅団司令部、隷下部隊、初動対処部隊などの即応態勢を確認し、事態対処能力の向上を図るという内容。参加した15後方支援隊の松嶋孝明曹長は「指揮所で各部隊からの最新情報を掌握し、隊本部の指揮幕僚活動を支えることができた」と述べた。

**玖珠**　西方戦車隊はこのほど、日出生台演習場1戦車射場で「令和2年度戦車射撃競技会」を開催した＝写真㊤。当日は九州各地本の募集対象者や防衛モニターなど招かれた計約70人に対し、ナレーション放送付きで砲撃などを披露。10式戦車の前進や小隊の集中射撃に一同は感嘆し、「迫力がある」「間近で見られてうれしい」などと感想を述べた。

**横須賀**　音楽隊は10月3日、横須賀市のよこすか芸術劇場で「ふれあいコンサート2020」を開催し、719人が来場した＝写真㊤。劇場内では新型コロナ対策として来場者のソーシャル・ディスタンス確保を徹底し、消毒液なども設置。隊員43人は行進曲『剣の光』『久石譲作品集』『紅蓮華』など幅広い年代に知られる楽曲を披露した。

**舞鶴**　23空は10月6日、SH60K哨戒ヘリを使ったカーゴスリング訓練とホイスト訓練を行った。両訓練は主に災害派遣任務に即応する技術を培う目的で実施。カーゴスリング訓練ではヘリの機内に入らない大型貨物を機外に吊り下げて運び、約500キロの貨物を運搬した。要救助者をホイストで吊り上げる一連の動作も演練した＝写真㊤。

**呉**　総監部のイメージキャラ「くれこ」と「やまと」は10月11日、オンライン上で開催された「第2回復興応援呉ご当地キャラ祭り」にVTRで参加した＝写真㊤。動画には女性隊員2人も出演し、2体を紹介したほか、レンガと御影石で造られた呉鎮守府庁舎や地下施設、他の総監部キャラなどを詳細に説明、海自をユーモラスに宣伝した。

**下関**　基地隊は9月17日、基地モニター7人とSNSで募った大学生3人の計10人を招き、出口佳努佐世保地方総監の巡視を公開した。参加者たちは正門での警務隊の出迎えから幹部あいさつなど、ほぼ全ての行事を見学。大学生3人は資料室の点検にも立ち会い、入室してきた出口総監の前で整列＝写真㊦＝、その後、激励の言葉を受けた。

## 空

**三沢**　施設隊消防小隊はこのほど、T4練習機の乗員救出訓練を行った＝写真㊤。同隊の救出訓練では実機を使っており、搭乗員は実際のフライト同様に装具を装着し、消火から救出までの一連の動作を演練。ミーティングでは各クルーが意見を出し合い、特殊防火衣や空気呼吸器で視界と音声が制限される中、任務を遂行する方法を追求した。

**防府南**　航空教育隊は9月8日、306期新隊員課程、20・21期自候生課程計232人の「入隊・入校式」を挙行した。小林努隊司令は式辞で「諸君はここでの生活で、さまざまな困難にしっかりと向き合い取り組んでほしい。教育指導にあたる先輩自衛官に遠慮なく相談せよ」と述べた。学生たちは12月10日の卒業式まで約3カ月の教育訓練に臨む。

**佐渡**　46警隊施設班の4人はこのほど、分屯基地で庁舎地区内プール前にあるT字路の補修作業をした＝写真㊤。T字路には勾配があり、車両が通過するたびにタイヤで道路が削られるため一部が陥没。隊員たちは砂を運び入れ整地後、アスファルト合材を使って陥没箇所を埋め、作業を完了。道路を通行しやすくさせた。

明治安田生命

やさしい人に育ってほしい。
あれ、いつのまにかできている。

2019 マイハピネス フォトコンテスト 応募作品「ぼくたちわたしたちがついているよ」（伊藤愛さま・愛知県）

左右は、双子の兄と姉。まん中が妹。
歩きはじめたばかりの妹を気づかって、二人がささえている。
保育園にも三人で手をつないでいく。
やさしくしなくちゃだめよ、なんて言ってないのに。
お兄ちゃんは、すごく犬がこわい。遠くの犬が近づいてくる。
なのに、「大丈夫、守ってあげるからね」と妹に言うのだ。
妹の手をぎゅっと握りながら。いつのまに、と思う。
私の誕生日。子どもたちがママの絵をくれた。
「おめでとう。いつもありがとう」の一言が。
日常をよろこびに変えてくれるのは、子どもたちだ。
しあわせは、いっしょにつくる。

人に一番やさしい生命保険会社へ。

明治安田生命保険相互会社　防衛省職員 団体生命保険・団体年金保険（引受幹事生命保険会社）：〒100-0005 東京都千代田区丸の内2-1-1　www.meijiyasuda.co.jp

自衛隊装備年鑑2020-2021

発売中!!

陸海空自衛隊の500種類にのぼる装備品をそれぞれ写真・図・性能諸元と詳しい解説付きで紹介

◆判型　A5判 /524頁全コート紙使用 / 巻頭カラーページ
◆定価　本体 3,800円+税
◆ISBN978-4-7509-1041-3

〒160-0002 東京都新宿区四谷坂町 12－20KK ビル
TEL 03-3225-3841　FAX 03-3225-3831　http://www.asagumo-news.com

# テロ対策特殊装備展／危機管理産業展2020

## 河野前統幕長や志方氏がセミナー

## コロナ後の対中政策議論

## 装備庁や自衛隊も出展

防災、防犯などのリスク管理の総合展示会「テロ対策特殊装備展／危機管理産業展2020」（防衛省など後援）が10月21日から23日まで、東京都江東区の東京ビッグサイトで開催され、国内外から約230社が出展した。会場では防衛省から陸・空自や防衛装備庁などがブースを出展。同時開催の危機管理の専門家を招いたセミナーでは、「新型コロナが狂わせた世界情勢と日本のこれから」をテーマに河野克俊前統幕長、帝京大学客員教授の志方俊之元陸将、興梠一郎神田外語大教授による鼎談が行われ、悪化の一途をたどる米中関係と日本の今後の危機管理について議論を交わした。

熱弁を振るう志方帝京大教授

危機管理産業展の基調鼎談で発言する河野前統幕長（壇上右、中央画面も）。その隣は興梠神田外語大教授、左は志方帝京大教授
（写真はいずれも10月21日、東京都江東区の東京ビッグサイトで）

初日の開演とともに行われた基調鼎談では、河野前統幕長、志方教授、興梠教授の3氏が「新型コロナが狂わせた世界情勢と日本のこれから」をテーマに激論を交わした。

河野氏は中国が提唱する対外戦略「一帯一路」に対し、日米などが主導する「自由で開かれたインド太平洋」戦略の中心を担う豪印を含めた4カ国は、一定レベルの海軍力を持った国々であると指摘。海幕長、統幕長時代、自身がインドに対し参加交渉を行ってきた共同訓練「マラバール」を例に挙げ、「訓練はもともと、米印の2国間で行われ、日・豪の参加には消極的だった。しかし、コロナを機に、日米豪印4カ国の結束力は明らかに強まった。コロナ後の中国の一連の対応で、米トランプ政権が中国を〝価値観の違う、妥協点のない国〟と認定したことで、オーストラリアも含め、制約なく結束できる状況を生んだ。そしてついに『マラバール』は4カ国の訓練になった」と述べた。

これに対し興梠教授は、「（経済的手法などで）中国は知らず知らずのうちに我々日本人の生活にも進出してきている」と指摘した上で、「自衛隊も情報セキュリティーの感覚がないと（重要な情報を盗まれ）国力の低下につながる。直ちにサイバーセキュリティーを強化し、（隊員の）意識も含めた（情報保全への）啓発が必要だ」と述べた。

これらの意見を踏まえ、志方教授は「中国に対しては、冷戦時代に米国がソ連に対し行った封じ込め政策ではなく、〝包み込み政策〟をするべきではないか。（周囲から中国を包み込めるよう）米豪印との連携こそが、日本の進む道だ」と締めくくった。

◇

展示会場では防衛装備庁、陸自東方、空自、東京地本がブースを出展した。

装備庁は遠隔操縦装軌車両などの模型を出展、陸上装備研究所の研究者が民間とは違うロボット車両の説明に当たった。電子装備研究所は「高出力マイクロ波によるドローン対処実験」の動画を放映した。

陸自は災害時に被災者に対し活用可能な「野外入浴セット2型」を展示し、来場者から注目を集めた。

モリタが開発したＬＥＤ投光器「ノマド」。高さ約２．６メートルまで伸ばして点灯し、行方不明者捜索などに活用できる。筒状にして持ち運びが可能

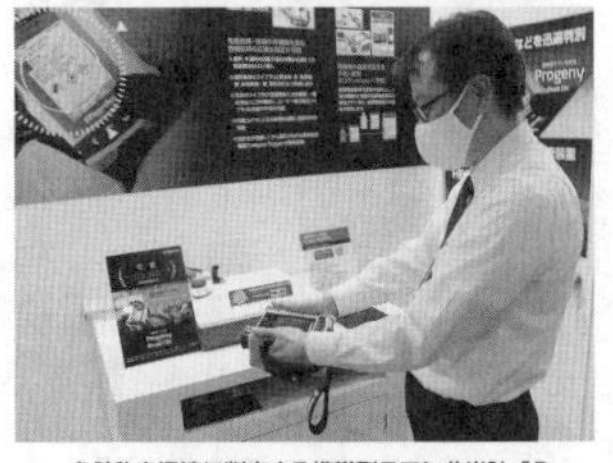

危険物を迅速に判定する携帯型ラマン分光計「ＰｒｏｇｅｎｙＲｅｓＱ　ＣＱＬ」を実演するリガクの担当者。防護服を着ていても容易に操作できる

モリタが出展した小型オフロード車「レッドレディバグ」。土砂災害発生現場にも自走で進入できる

危機管理産業展の会場を訪れ、各社の最新技術に触れる防大生たち（右手前）

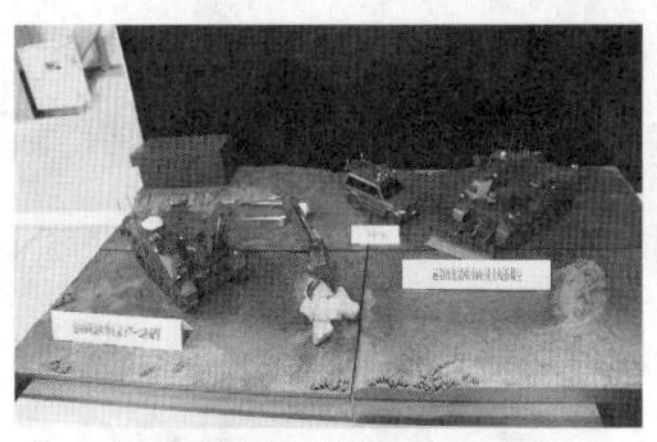

防衛装備庁陸上装備研究所が出展した遠隔操縦装軌車両の模型。中継車を介して遠隔操縦が行える

陸自東方後支隊１０３補給大隊（霞ヶ浦）が会場内に設営した「野外入浴セット２型」。内部構造が分かるように天幕の一部が外されている

## 国内外から230社

スタンドオフラマン化学物質検知装置「ペンダーX10」。90センチ離れた場所から分析が可能だ（エス・ティ・ジャパン）

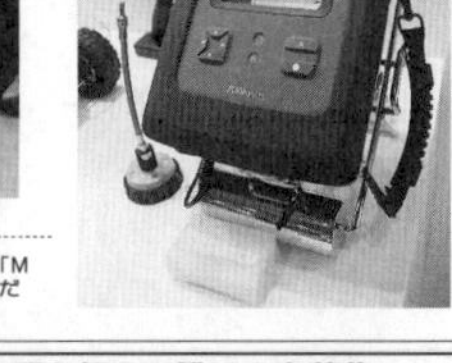

エス・ティ・ジャパンが展示した超小型質量分析装置「ＭＸ９０８」。猛毒の神経剤「ノビチョク」の探知も可能だ


結婚式・退官時の記念撮影等に

**自衛官の礼装貸衣裳**

陸上・冬礼装

海上・冬礼装

航空・冬礼装

貸衣裳料金
・基本料金　礼装夏・冬一式　30,000円＋消費税
・貸出期間のうち、4日間は基本料金に含まれており、5日以降1日につき500円
・発送に要する費用
別途消費税がかかります。　※詳しくは、電話でお問合せ下さい。

お問合せ先
・六本木店
☎03-3479-3644（FAX）03-3479-5697
〔営業時間　10:00～19:00　日曜定休日〕
〔土・祝祭日　10:00～17:00〕

美玉（みたま）
〒106-0032 東京都港区六本木7-8-8
ミクニ六本木ビル 7階
☎ 03-3479-3644

2020.10.28 コロムビアレコードより発売！
情熱的な調べに乗せて、究極の愛を歌いあげる、高森有紀の新境地
まなざしのミ・アモーレ
高森有紀
C/W ひとひらの恋文（メッセージ）
作詞:かなで／作曲:若草恵／編曲:丸尾稔
（有）高森有紀音楽事務所　〒425-0087 静岡県焼津市保福島 218　TEL.054-629-7323　http://www.yuki-t.com

正社員　当社で腰を据えて働ける方募集!!
①金物製作スタッフ　②装飾・建築金物の営業
【内容】①百貨店・商業施設等の内装金物の製作・取付。スチール・ステンレスをアルゴン溶接にて加工・組立・施工
②店舗などの金物工事における現場管理・設計。受注活動業務、CAD製図(JW-CAD)、得意先への営業活動(都内中心・既存顧客が主)
【資格】①要普通自動車運転免許、経験者優遇
②要普通自動車運転免許、PC(Word・Excel)基本操作、CADできる方
【給与】①固定給18万円～40万円 ②固定給25万円～35万円
※年齢・経験など考慮の上優遇
【時間】8:30～18:00 【休日】日曜・祝日、他、第1・3土曜、夏季・年末年始休暇
【待遇】昇給有、賞与年2回、社会保険完備、退職金制度有、車通勤可
その他諸手当有
【応募】まずはお気軽にお電話ください。
未経験者歓迎
株式会社 城地工業　〒334-0013 埼玉県川口市南鳩ヶ谷3-22-20　http://www.jouchi.co.jp　☎048-284-6609　南九州連絡所 ☎099-227-0751

災害等の備蓄用、贈答用として最適
防災スイーツパン
自衛隊バージョン
陸・海・空自衛隊の"カッコイイ"写真をラベルに使用

（小麦・乳・卵・大豆・オレンジ・リンゴが原材料に使用されています。）

3年経っても焼きたてのおいしさ♪
焼いたパンを缶に入れただけの「缶入りパン」と違い、発酵から焼成までをすべて「缶の中で作ったパン」ですので、安心・安全です。
陸上自衛隊：ストロベリー　イチゴジャムの甘い香りと美味しさが口の中に広がります。
海上自衛隊：ブルーベリー　甘酸っぱい、さわやかなブルーベリージャムの風味が楽しめます。
航空自衛隊：オレンジ　オレンジのジャムを練り込んだ、柑橘系のさわやかな味です。

【定　価】
6缶セット 3,600円(税込)を 特別価格 3,300円(税込)
1ダースセット 7,200円(税込)を 特別価格 6,480円(税込)
2ダースセット 14,400円(税込)を 特別価格 12,240円(税込)
（送料は別途ご負担いただきます。）

TV「カンブリア宮殿」他多数紹介！
内容量:100g／国産／製造:㈱パン・アキモト
1缶単価:600円(税込)　送料別(着払)

昭和55年創業 自衛官OB会社

株式会社 タイユウ・サービス
〒162-0845 東京都新宿区市谷本村町3番20号 新盛堂ビル7階
TEL：03-3266-0961　FAX：03-3266-1983
ホームページ タイユウ・サービス 検索

# ひろば

霜月、神帰月、雪待月、仲冬——11月。

3日文化の日、5日津波防災の日、11日世界平和記念日、15日七五三、21日世界ハロー・デー、23日勤労感謝の日。

**秋の藤原まつり**　平泉（岩手県）に繁栄をもたらした藤原四代への追慕の祭り。中尊寺では稚児行列や「中尊寺能」の奉納が行われ、毛越寺では「延年の舞」が舞われるなど郷土芸能を堪能できる。　1～3日

**金谷神社秋季恒例祭**　菅原道真を祭神とする金谷神社（山口県萩市）の秋の恒例行事。大名行列さながらに毛槍や道具類を受け渡しながら市内を練り歩く平安古備組や奉納行列が萩の街中を彩る。　15日

# 〝シーパワー理論〟分かりやすく解説

## 「漫画 マハンと海軍戦略」

## 元陸自1佐が描く戦略家シリーズ第2弾

陸自に約32年間在籍し、退官後、プロのマンガ家「石原ヒロアキ」としてデビューを果たした米倉宏晃元1陸佐の最新作『漫画マハンと海軍戦略』（並木書房刊、1760円）が9月25日、発売された。約2年の歳月をかけた力作が完成するまでの道のりを聞いた。　（古川勝平）

〝戦略家シリーズ〟第2弾『漫画マハンと海軍戦略』の執筆の苦労を語る米倉宏晃元1陸佐（10月21日、東京都豊島区で）

米倉さんは前作『漫画クラウゼヴィッツと戦争論』を完成させた後、戦略家シリーズの第2弾として、米海軍出身の研究家で名高いアルフレッド・セイヤー・マハン（最終階級は少将）にフォーカスを当てた。「最初に陸の戦略家クラウゼヴィッツを描いたので、次は海のマハンを描かなければいけないなと思いました」と米倉さん。

マハンは『海上権力史論』をはじめ、『ネルソン伝』『米西戦争の教訓』『フランス革命とナポレオン帝国におけるシーパワーの影響』『海軍戦略』など多くの海軍関連の著書を残した人物だ。彼の海軍戦略の数々はクラウゼヴィッツの『戦争論』にも匹敵するという。

マハンは「軍事技術がいかに発展しても、いつの時代にも適応する不変の海軍戦略がある」と考え、シーパワーの概念を作り出した。著作の中で多くの史実を例にとり、シーパワーが歴史に与えた影響を記述。これに基づいたシーパワー理論は彼の死後も世界の海軍戦略に多大な影響を与え続けている。

今回、ストーリーを構成する上での工夫として、研究者の側面が強いマハンの人生を中心には描かなかった。「彼にはクラウゼヴィッツと比べてあまり派手な戦歴はありません。マハンの著作には史実のさまざまな海戦シーンが登場しますが、そのままストーリーにするのは面白みに欠けます。そこで、彼の元を訪れた秋山真之ら海軍軍人にシーパワーを説くシーンの中で海戦を描きました」と米倉さんは話す。

迫力の海戦シーンでは17世紀から21世紀に至るまでの広範な海軍史を描写。帆船から装甲艦まで描き分けた。執筆に当たり、多くの海自関係者からアドバイスを受けたという。「描き始めてから1年くらいで完成しましたが、その前に資料を集めて構想を練るまで2年かかりました。船体が時代ごとに変わるため、時代考証を間違えていないか慎重に資料を確認しました」と米倉さんは振り返る。

陸自に入隊する前に新人漫画家の登竜門でもある「赤塚賞」を受賞した経歴を持つ米倉さんだが、ギャグ漫画家としての道は歩まず、「軍事物を描きたい」という強い思いから陸自に入隊したという。

「今の若い人たちは戦争についてイメージができないと思います。戦記や戦争文学を読むときに想像しやすいようにマンガ化して、多くの人にミリタリーへの関心を持ってほしい。防衛問題を正しく理解するためには、軍事の基礎知識を得るのが不可欠。そのきっかけになればと考え、戦略家シリーズを描いています。彼らの著作も読んでもらいたい」と語った。

現在、民間企業に勤務する傍ら、朝の出勤前に1時間、夜は2時間執筆に当たり、休日は約10時間、マンガを描いているという米倉さん。現在は戦略家シリーズ第3弾としてドイツの名将グデーリアンを題材に執筆を続けているという。

同シリーズ2作目となる『漫画マハンと海軍戦略』の巻末には海自OBの堂下哲郎元海将による解説文も掲載。「いかなる国家でも、大陸国家であると同時に大海洋国家になることはできない」というマハンのテーゼを元に、昨今の国外情勢に対する意見が述べられており、必見だ。

『漫画マハンと海軍戦略』から。マハンの示した「シーパワー理論」を追真の海戦シーンとともに分かりやすく解説している©石原ヒロアキ／並木書房

# マイヘルス Q&A

## 生活習慣病

## 脳卒中や心臓病の原因に　食事・運動・禁煙で予防

**Q**　生活習慣病とはどのような病気ですか。

**A**　健康的とは言えない生活習慣が関係している病気のことを指します。

代表的な病気としては、高血圧、脂質異常症、高尿酸血症、メタボリックシンドロームなどがあり、これらは動脈硬化を引き起こし、脳卒中や心臓病など重大な疾患の原因になりえます。

生活習慣病は、進行するまで自覚症状がほとんどありませんが、症状が出現した際は重篤になることが特徴の一つです。心筋梗塞を例にとると、死亡率は約3割に及びます。予防が非常に大事です。

**Q**　自衛官でも重篤な病態になりますか。

**A**　動脈硬化は20代から始まることが知られており、病気に罹患する人も若年化している傾向があります。自衛官をみてみますと、他職種の方と比べて、運動習慣が多いという特徴を持ちますが、一方、喫煙率や食事量は決して少なくありません。実際、現役の方でも心筋梗塞などの重篤な病気になる方はいます。また、退役してから発症される方が今後増えていくことが心配されます。

**Q**　具体的な注意点は。

**A**　食事、運動、禁煙が重要項目です。生活習慣病予防のスローガンに、「一無（いちむ）、二少（にしょう）、三多（さんた）」があります。

「一無」とは禁煙の勧めです。喫煙者の方はまずは禁煙しましょう。

「二少」とは少食・少酒の勧めです。食事は腹7～8分、1日の塩分量は男性8グラム以下、女性7グラム以下が目標です。飲酒はアルコール1日20グラムが目標です。これはビールでは約500ミリリットル、日本酒・焼酎では約1合、ワインでは約200ミリリットル程度に相当します。

「三多」とは、多動・多休・多接の勧めです。体を多く動かし、休養をとり、多くの人・事・物に接する生活です。新型コロナウイルスが流行中は、制約も多いですが、できる運動習慣を取り入れましょう。

生活習慣病は生活習慣で罹患する一方、生活習慣で改善が期待できる病気でもあります。

この記事を読んだ皆さまの生活習慣が少しでも改善されることを祈っています。

自衛隊中央病院　循環器専門医・内科認定医　湯手　康道

# BOOK NOW

## 私が読んだこの一冊

**喬良・王湘穂著、劉琦訳「超限戦」（KADOKAWA）**
34普通科連隊連隊本部（板妻）　中川翔平2陸尉　27

現代戦では従来の陸海空に加えて宇宙・サイバー・電磁波などの新領域の作戦が不可欠であることは皆さんよくご存じと思います。

この本では一歩進んで、新領域はもちろんのこと、経済や心理戦など軍事・非軍事を問わず、あらゆる物が戦いの手段となる〝新時代の戦争〟を論じています。

20年前に書かれたといいますから、大変な先見の明と言えるでしょう。長年、希少本でしたが、このたび安価で復刊しています。興味のある方はぜひご一読をお勧めします。

**今尾恵介著「ふらり珍地名の旅」（筑摩書房）**
佐世保教育隊厚生科　松尾佳幸事務官　29

本書は、著者が珍しい地名の土地を訪れて土地の人に由来を尋ねたり歩き回ったりする探訪記で、日本各地における地名に親しみを感じることができます。

普段、何気なく目にしている地名ですが、その名の由来はいずれも人々や自然の営みが影響を与えています。ただ、日常の生活でそのことを知る機会はあまりないように思えます。

この本は、珍しい地名を知り、かつそこで昔から伝わる物語を知ることを通じて、各地の歴史や風土に興味が湧いてくるおすすめの一冊です。

**ジム・ホルト著「世界はなぜ『ある』のか？『究極のなぜ？』を追う哲学の旅」（早川書房）**
作戦情報隊（横田）　黒原一貴2空尉　28

「なぜ世界はあるのだろう？」と誰もが人生で一度は考えたことがあるはずでしょう。そしてその答えに行き着いた人も少ないと思います。

本書は哲学、文学、数学、神（信仰）などあらゆる分野からこのたった一つの疑問に対し、作者が各分野の権威と共に答えを探す物語です。考える楽しみを存分に味わえる一冊です。

## 隊員愛読書ベスト5

<神田・書泉グランデミリタリー部門>
❶シャーズパイロット　滝沢聖峰著　大日本絵画　¥1100
❷英国軍艦勇者列伝2　岡部いさく著　大日本絵画　¥2970
❸まけた側の良兵器集I　完全改訂版　こがしゅうと著　イカロス版　¥1980
❹水陸機動団　イカロス出版　¥2500
❺海上自衛隊レジェンドブック　国書刊行会　¥19800

<トーハン調べ9月期>
❶半沢直樹—アルルカンと道化師
❷ONE PIECE magazine Vol.10　尾田栄一郎原作　集英社　¥1100
❸RUN IT！2心の虹をかけよう　創価学会青年部「RUN IT！2」製作委員会編　第三文明社　¥250
❹「気がつきすぎて疲れる」が驚くほどなくなる「繊細さん」の本　武田友紀著　飛鳥新社　¥1324
❺少年と犬　馳星周著　文藝春秋　¥1760

<入間基地・豊岡書房>
❶防衛白書—日本の防衛—令和2年版　防衛省監修　日経印刷　¥1397
❷半沢直樹—アルルカンと道化師　池井戸潤著　講談社　¥1760
❸自衛隊は市街戦を戦えるか　二見龍著　新潮社　¥880
❹世界の傑作機No.196強風、紫電、紫電改　文林堂　¥1887
❺ゴーマニズム宣言SPECIALコロナ論　小林よしのり著　扶桑社　¥1320

<防衛省・三陽堂書店>
❶中国海軍VS海上自衛隊　トシ・ヨシハラ著、武居智久監訳　ビジネス社　¥1760
❷統合幕僚長—我がリーダーの心得　河野克俊著　WAC　¥1650
❸防衛白書令和2年版
❹新たなミサイル軍拡競争と日本の防衛　森本敏、高橋杉雄編著　並木書房　¥2640
❺コロナが生んだ米中『新冷戦』変質する国際関係　平和・安全保障研究所編　朝雲新聞社　¥2475


濃厚高糖度みかんがお味見特価!!

お申込締切日　本日より1週間

みかん山のてっぺん天成り　完熟みかん

お味見特価　濃厚 高糖度てっぺんみかん　サイズ無選別　1箱3kg　1,990円（税込）

期間限定特別企画　送料無料

2箱（6kg3980円）ご購入で　もう1箱分プレゼント!!　さらに代引手数料無料!!

サンサンと輝く太陽の光やミネラル豊富な海沿いの潮風、海面からの反射光をたっぷり浴びられる山頂に位置する農園。その水はけの良い健康な土壌で、消費者のことを思い真面目に愛情を込めて育てたみかんです。甘みがたっぷりで、ジューシーで、濃厚で、高糖度な深みのある味わいをお届けします！

みかんの名産地　三角（みすみ）より産地直送

※サイズ無選別
※2箱購入で1箱に合計重量の9キロをまとめてお届けします。

●お申し込みはお電話で　●受付時間9:00～17:00（土日祝休）
☎050-1860-1561

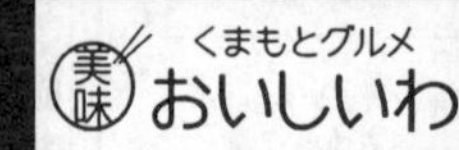


●お届け…注文後14日以内　●返品…生鮮食品のため返品不可　●お支払い…代金引換（手数料330円、2箱以上ご注文で手数料無料）　●お預かりした個人情報は、商品・DMの発送以外の目的では使用しません。　◆株式会社マンパワープランツ　〒860-0064熊本県熊本市西区城山半田4-2-3

# 防医大学生隊学生長に初の女子学生

自衛隊医官らを養成する防衛医科大学校（埼玉県所沢市、長谷和生学校長）の学生隊トップの学生隊学生長に10月20日、医学科6年（42期）の工藤美紀学生が指名された。学生長に女子学生が指名されるのは1973年の同校開設、85年の女子の初入校以来初めて。

女子学生で初めて防医大の学生隊学生長に指名され、長谷学校長（右）から指名書を手渡される工藤学生＝10月20日、同大で

## 「助け合い　切磋琢磨」

### 医学科6年の工藤学生

防医大本部庁舎で行われた指名行事には、工藤学生と、併せて指名される第1学生隊学生長の帰山祥学生（医学科4年）、第2学生隊学生長の宅島潤一学生（医学科6年）、第3学生隊学生長の武藤ひかる学生（看護学科4年）も出席。長谷学校長からそれぞれ指名書を手渡された。

また行事には、櫻井裕副校長（教育担当）、福島功二幹事、福森秀樹学生部長の3人も立会した。

長谷学校長は工藤学生をはじめとする4人に、「リーダーシップとは何か。自分なりのビジョンを考え、示してほしい」と訓示。学生を率いる立場に立つ自覚を求めた。

学生隊学生長、1、2、3各学生隊の学生長に指名された（右から）宅島学生、工藤学生、帰山学生、武藤学生

医学科に在籍する女子学生は全体の約3割、看護学科は約7割。その中から初めて学生隊学生長に指名された工藤学生は神奈川県出身で、東日本大震災での自衛隊員の活躍を見て入校を志した。射道部に在籍し3、4年時には全日本選手権に出場したことも。

「憧れがあった」という学生長に指名され、「学生の自主自立を確立するため、学生同士共に助け合い切磋琢磨していきたい」と語る。

また、「リーダーシップを取るのは難しいことだと思う。学生みんなに積極的に話し掛け、信頼関係を築いていきたい。（卒業後の）今後に生かしていけるようしっかりと経験を積みたい」と意欲を示す。

一方、1～3大隊学生長に指名された3人も、「（1～4年生の中で）上級生と下級生の役割の自覚を促す。リーダーシップを発揮できる機会もつくりたい」（帰山学生）、「5、6年生が自覚を持って下級生に指導できる環境づくりに努めたい」（宅島学生）、「看護学科の使命、役割を考え、行動できる大隊を目指したい」（武藤学生）とそれぞれ話している。

防医大学生隊　医学科6個学年と看護学科自衛官コース4個学年の学生（約760人）の自治組織として編成される。

第1学生隊（医学科1～4年生で編成）、第2学生隊（同5～6年生で編成）、第3学生隊（看護学科1～4年生で編成）の3個大隊で編成され、それぞれ学生長が指名されて就く。さらに学生隊のトップとして、学生隊学生長（6年生対象）が就き、規律の確立・向上などに努める。

指名は、指導官らが素行、成績などを吟味して推薦し、半年ごと（4月、10月）に学校長が行う。

長谷学校長「リーダーシップのビジョン示せ」

大和ハウス

## 自衛隊遺族会に感謝の目録

### 「友魂記念館」維持・運営に謝意

【空幕厚生課】自衛隊遺族会各部会の相談役を務める田中裕彦陸、金山哲治海、北川英二空各幕厚生課長は10月6日、防衛省を訪れた大和ハウス工業の石橋信仁上席執行役員から同会への寄付の目録をそれぞれ贈られた。

防衛省で行われた贈呈式には石橋執行役員以下同社の4人が出席。石橋氏から各課長に目録が手渡された。

寄付のきっかけは石橋上席執行役員の祖父で同社創業者、故石橋信夫氏が旧陸軍前橋予備士官学校出身で、同校の卒業生の御霊を慰霊するために1989年に相馬原駐屯地に建立された「友魂記念館」の発起人の一人だったことから。同館には戦没者の遺影や遺品が奉納されている。

大和ハウス工業は記念館の維持・運営を自衛隊が行っていることへの謝意を表すとともに、殉職隊員の御霊を慰霊するため、2006年から毎年、寄付を行っている。

大和ハウスの石橋上席執行役員（前列中央左）から目録を贈られた田中陸（その右）、金山海（前列左端）、北川空（同右端）各幕厚生課長（10月6日、防衛省で）

## 横指隊対潜戦術科が廃止

### SATT運用　水上戦術開発指導隊に移管

【横指隊＝新井】海自護衛艦乗員への対潜戦教育・訓練に使用される対潜戦術訓練装置（SATT）を運用し、訓練指導に当たってきた横須賀海上訓練指導隊の対潜戦術科が10月1日、部隊改編に伴い廃止。SATTの運用と訓練指導は、海上訓練指導隊群に新たに発足した「水上戦術開発指導隊」に移管された。

対潜戦術科は昭和57年に編成された戦術訓練装置運用隊対潜戦術班を母体として平成14年、横指隊の開隊とともに編入。SATTを運用し対潜戦術指導を行ってきた。約18年半の総指導時数は7千時間、延べ訓練隻数1400隻、延べ訓練員3万1千人。

部隊改編当日、対潜戦術科長の河野大輔3佐が庁舎正面玄関に掲げられた看板を取り外し、横指隊司令の遠藤昭彦1佐に返納。遠藤司令は転出する対潜戦術科隊員に対し、「開隊以来、効果的な対潜戦術指導を実施してきた対潜戦術科の労を多とする。今後、SATTは水上戦術開発指導隊で運用されるが、対潜戦術科で培ってきたノウハウを伝承し、引き続き護衛艦部隊の対潜能力向上に寄与してほしい」とはなむけの言葉を贈った。

遠藤横指隊司令（前列右から3人目）に「対潜戦術科」の看板を返納した河野対潜戦術科長（その左）と隊員たち（10月1日、横須賀の新井地区で）

さあ・をドンマイ　吉本どんど

山口県で山林火災、13飛隊など災派

## 空中から消火活動

山口県周南市内の山林で10月15日、火災が発生し、陸自13飛行隊（防府）、同中方ヘリコプター隊（美保）が空からの消火に当たった。

15日午後1時15分、県知事から17普通科連隊長（山口）に災害派遣が要請され、13飛行隊のUH1ヘリ、中方ヘリ隊のCH47ヘリ1機が現地に向かい、到着後、消火活動を開始した。

翌16日午前8時過ぎ、消火活動を再開。鎮火に伴い同日午後1時24分、知事から撤収要請が出され、両部隊のヘリは帰隊した。

2日間でUH1ヘリ、CH47ヘリともに延べ3機が活動。計117回、約370トンを散水した。

小休止

▽…陸自対馬警備隊（隊長・山口隆士2佐）はこのほど、本部隊舎の玄関に掲げられている警備隊部隊銘板を新調した＝写真。

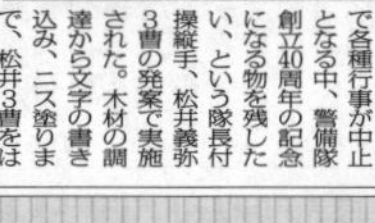
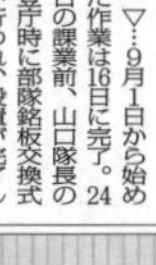
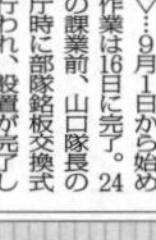
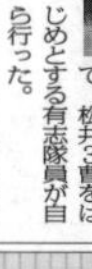
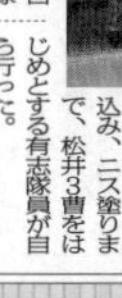
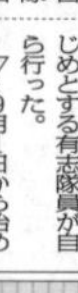
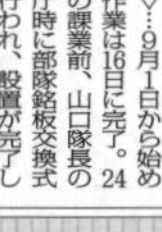

▽…新型コロナウイルス感染拡大で各種行事が中止となる中、警備隊創立40周年の記念になる物を残したい、という隊長の思いを受け、松井3曹ら3曹の発案で実施。文字の書き込み、ニス塗りまで松井3曹をはじめとする有志隊員が自ら行った。

▽…9月1日から作業は16日に終了。24日の朝礼時に山口隊長らが部隊銘板を付け替え、設置が完了した。（対馬）

「特攻平和観音」で年次法要

## 「英霊の精神に感謝」

### 藤田理事長が祭文奏上

祭文を奏上する藤田理事長（9月22日、東京都の世田谷山観音寺で）

大東亜戦争末期に自ら志願して祖国のために若い命を捧げた特攻隊員たちを慰霊する「第69回特攻平和観音年次法要」が9月22日、東京都世田谷区の世田谷山観音寺（東京都世田谷区）境内の特攻観音堂で営まれた。

今年は新型コロナウイルス感染拡大防止の観点から、参列者の規模を例年の約200人から理事などに絞った19人に大幅縮小して行われた。

吹奏楽（トランペット）による国歌吹奏の後、世田谷山観音寺の太田賢孝住職が般若心経を唱え、続いて元海幕長で特攻隊戦没者慰霊顕彰会（会長・杉山蕃元統幕議長）の藤田幸生理事長が祭文を奏上した。

藤田理事長は、コロナ禍にあっても「互いに支え合い、自分より他人のことを思いやる日本人の美徳が健在であることに触れた上で、「この精神を特攻隊員の方々が身をもって示されたからこそ、この精神が、日本の底力であると思い、国を興す底力である。私たちはこれからも、ご英霊の精神を語り継ぎ、日本の発展と文化の継承に努めてまいります」と誓いの言葉を述べた。

## 嫌がらせでは済まない 電子データの破棄、消去

こちら警務隊　PC・ネット利用犯罪④

公電磁的記録毀棄罪とは、どのような行為を取締るものですか？

公電磁的記録毀棄罪とは、自衛隊等の公務所で使用するために保管または管理している電磁的記録（電子データ）を物理的に破壊、全部または一部を消去改ざん、電磁的記録が入った記録媒体（USB等）を隠匿するなど、その利用を妨げる行為であり、違反すると3カ月以上7年以下の懲役となります。

また、一時的な利用の妨害であっても、同様に本罪が成立します。

自衛隊に関するデータを破壊したり、消去したりすれば任務遂行に悪影響を及ぼすことになります。

絶対にしてはいけません。

（中央警務隊）

次回は「失火の罪」


防衛省職員・家族団体傷害保険／防衛省退職後団体傷害保険

団体傷害保険の補償内容が 一部改定 になりました！

Point 1　新型コロナウイルスが新たに補償対象に!!

A型（家族補償タイプ）・B型（個人補償タイプ）・D型（予備自衛官等用）に「指定感染症追加補償特約」がセットされ、特定感染症の補償範囲が「指定感染症※1」まで拡大されました。それにより、これまで補償対象外であった**新型コロナウイルスも新たに補償対象**となります。

（注）指定感染症追加補償特約の対象となる方は、**A型・B型では防衛省共済組合員ご本人、かつ、記名被保険者ご本人に限ります。公務中や通勤災害中の事故に限定せず幅広く補償いたします。**

Point 2　2020年2月1日に遡って補償!

2月1日以降に発病されたものから補償の対象※2となるため、既にご加入されている方で、該当する方は、三井住友海上事故受付センター（0120-258-189）までご連絡ください。

Point 3　既にご加入されている方の新たなお手続きは不要!

既にご加入されている方は、新たなお手続きや追加の保険料のお支払いは必要ありません。

※1 特定感染症危険補償特約に規定する特定感染症に、感染症の予防及び感染症の患者に対する医療に関する法律（平成10年法律第114号）第6条第8項に規定する指定感染症(注)を含むものとします。
(注) 一類感染症、二類感染症および三類感染症と同程度の措置を講ずる必要がある感染症に限ります。
※2 新たにご加入された方や、増口された方の増口分については、ご加入日以降補償の対象となります。ただし、保険責任開始日からその日を含めて10日以内に発病した特定感染症に対しては保険金を支払いません。

気になる方は、各駐屯地・基地に常駐員がおりますので弘済企業にご連絡ください。

[引受保険会社]（幹事会社）
三井住友海上火災保険株式会社
東京都千代田区神田駿河台 3-11-1　TEL：03-3259-6626

[共同引受保険会社]
東京海上日動火災保険株式会社　損害保険ジャパン株式会社　あいおいニッセイ同和損害保険株式会社
日新火災海上保険株式会社　楽天損害保険株式会社　大同火災海上保険株式会社

[取扱代理店]
弘済企業株式会社　本社：東京都新宿区四谷坂町 12 番地 20 号 KK ビル　TEL：03-3226-5811（代表）

（世界の切手・台湾）

我々は敵の言葉ではなく、友人の沈黙を覚えている。

キング牧師
（米国の宗教家）

朝雲ホームページ
www.asagumo-news.com
<会員制サイト>
Asagumo Archive
朝雲編集部メールアドレス
editorial@asagumo-news.com

# みんなのページ

## 女性初の機動戦闘車乗員

陸士長　藤原 愛咲（42即機連機動戦闘車隊・北熊本）

私は8月27日から30日までの間、大分県の日出生台演習場で実施された第42即応機動連隊と第15即応機動連隊（善通寺）の「機動戦闘車合同射撃訓練」に装填手として参加させていただきました。

16式機動戦闘車は、車長・砲手・操縦手・装填手の4名がワンチームとなっています。その中で実弾射撃訓練は乗員の協同連携が重要です。私の役職である装填手は、105ミリ砲、機関銃などの弾薬を装填するという射撃ではなくてはならない役職です。

今回の射撃訓練は、停止した状態での射撃のみならず、走行しながらの砲・機関銃の射撃を行う「単車戦闘射撃」という射撃要領もありました。私は装填手として1年間、部隊で訓練してきましたが、走行しながらの射撃は初めてだったので、不安と緊張で夜も眠れませんでした。

そんな時、車長から「誰でも初めての射撃は緊張するものだ。緊張を払拭するには何回も射撃予習をやって、不安を自信に変えることが必要だ。機動戦闘車は4人で動かすので、心配になったら俺たちに何でも聞いてこい」と言われてから、気持ちが落ち着きました。

その後の射撃予習の時は、車長や砲手の動作、息遣いを意識しながら、自分も「人車一体」になれるよう意識しました。

日出生台では、105ミリ砲弾、機関銃弾の一発一発の重みを感じながら、「必ず発射させてやる」と心に誓い、射撃予習にのぞみました。

走行しながらの射撃予習は、私の想像を遥かに超える振動があり、当初は身体の小さい私は車内で射撃のための姿勢を保持することもできませんでした。しかし、練成を重ねるにつれ問題なく砲弾を装填できるようになりました。

部隊にはもう一人の女性自衛官の同期がいて、2人で1枠の装填手の座を競うと共に、お互いの悩みや課題を共有し、互いに切磋琢磨し、最終的に私が選出されました。そこで私は「同期の分までしっかりやり遂げよう」と心に誓いました。

そして合同射撃訓練の当日、緊張はしていたものの、心に不安はありませんでした。いつもの通り機動戦闘車に乗り込み、これまでの思いを乗せて砲弾を装填し、全弾を砲手のタイミングに遅れることなく、かつ弾詰まりをすることなく、発射することができました。

こうして無事に装填手としての任務をやり遂げることができました。これは同期をはじめ、練成当初から指導をして下さった乗員、上司の方々、そして心の支えとなった家族の存在があったからです。今後もこうした方々への感謝を忘れることなく、女性自衛官初の機動戦闘車乗員として精一杯努めていきます。

女性自衛官初の機動戦闘車乗員となった42即機連の藤原愛咲士長（右）と同車のクルー

機動戦闘車に105ミリ砲弾を搭載する装填手の藤原士長

## 奄美大島「くれないの塔」で慰霊式

2海尉　森田 正（鹿児島地本・奄美駐在員事務所長）

鹿児島地方協力本部の奄美大島駐在員事務所は9月13日、奄美大島青年会議所主催の「くれないの塔慰霊式」に参加した。

慰霊式は、昭和37年9月3日、鹿児島県知事の要請により海自鹿屋航空基地所属の対潜哨戒機P2Vが奄美大島へ輸血用血液を緊急空輸中に奄美市矢之脇町のらんかん山に墜落し、地域住民1名を含む13名が犠牲となる事故が発生し、その犠牲者を慰霊するために毎年行っているものである。

「くれないの塔」は事故の翌年、青年会議所の募金活動による寄付金を基に、らんかん山に建立された。そのデザインはP2Vのプロペラをかたどったもので、現在は同型機の車輪も設置されている。また、奄美市は事故の起きた9月3日を「献血の日」と定め、毎年慰霊式も実施している。

この日は式の前、雨の中で青年会議所、鹿児島県隊友会奄美支部、海上自衛隊の関係者が合同で慰霊碑周辺の清掃活動を行った。

式は悪天候のため、らんかん山麓の「やのわき公園」に祭壇を設置して行われ、自衛隊から川村伸一1空群司令、赤岩英明鹿児島地本長以下9名が参加し、地元住民など約60名が参列する中で慰霊祭が催された。

川村群司令は式辞で「隊員には58年前の事故の経緯、その後の地域住民の皆さまとの心の繋がりについて教育を行い、いかなる事態にも即応し得る部隊を目指し、皆さまの期待に応えていく決意です」と弔意を述べた。

群司令はその後、地元ラジオ局「あまみエフエム」のインタビュー取材にも応じ、「台風で開催を危惧していたが、開催していただいた奄美の方々に感謝したい」と答えた。

式典では参加者が花や焼香を捧げ、犠牲者を哀悼した。式前には鹿屋基地から配備間もない新型のP1哨戒機が飛来し、慰霊飛行を行った。参加者は「事故の記憶を風化させず、これからも後世に語り継いでいきたい」と語った。

奄美大島の「くれないの塔」で行われた清掃活動と慰霊式に出席した島の関係者と自衛隊員

## 新刊紹介

### 「中国海軍VS海上自衛隊」

トシ・ヨシハラ著、武居 智久監訳

著者は米海軍大学で戦略学教授を長年務めた日系の中国海洋戦略の専門家、監訳者は元海幕長の武居元海将という豪華さ。だが、内容は極めてシリアスだ。日・中海上部隊の戦力比は現在、海自の艦艇81隻に対し、中国海軍は300隻。このまま戦力差が広がれば、中国の指導者に「大きな危険を冒させる可能性がある」と著者は危惧する。

中国軍は尖閣諸島を「4日で奪取できる」と見ており、その最悪のシナリオを回避するために「日米に残された時間は少ない」と警告する。日本がこの劣勢を挽回するには従来の大型艦を中心とした装備体系を改め、役割を特化した小型艦の数を増やし、一部を失っても全体の任務が続行できる「モザイク艦隊」への転換を図り、残存性を高めるべきだとする。同時に欠落している長射程ミサイルを導入し、中国の弾道弾や巡航ミサイルに対抗できる装備を持つべきと提言する。

そして中国の指導者が戦争の誘惑にかられないよう、かつて日本海軍が戦力で劣りながら中国軍に圧勝した史実を思い出させるといった「情報戦」にも力を入れるべきだとする。著者は海自がこれまで米海軍の作戦上の必要性に過度に従属したため、不均衡な戦力となっていると指摘し、その是正も求めている。

（ビジネス社刊、1760円）

### 「防災・危機管理 研修・訓練のノウハウ」

㈱総合防災ソリューション著

本書は防災の業務に当たる自治体職員や地域の防災リーダーに向けて編集された「研修と訓練用のテキスト」である。各地で防災訓練や災害派遣活動に従事する自衛隊員にとっても非常に有用なハンドブックだ。

過去の東日本大震災、熊本地震、西日本豪雨などへの対処を参考に、地域で防災イベントを企画する際に必要となる計画作成上のさまざまなノウハウが紹介されている。図上・機能別・実動の各訓練は図表や写真を使い、運営の仕方や手順が具体的に分かるよう説明。必要となる文書はその書式なども掲載、初めての人でも防災業務や訓練にすぐに当たれるよう優しく解説している。

さらに地域の「防災力」を高める手立てとして、人材の育成法、学校教育での防災の教え方、本番に備えた訓練の方法、各地域が抱える課題の克服法などまで詳しくアドバイス。巻末には付録として「図上訓練実施計画」の書式が掲載され、これ一冊あれば防災訓練の運営法がすべて理解できる便利な本だ。

（内外出版刊、1760円）

## 恵庭地域事務所で採用広報

陸士長　山木 そら（7後支連2整大3戦直支援中隊・南恵庭）

私は平成31年3月、恵庭北高等学校を卒業し自衛隊に入隊しました。採用試験を受験する際には、札幌地本恵庭地域事務所の広報官の方々が優しく丁寧に手ほどきしてくれ、そのおかげで無事に第13期一般曹候補生として入隊することができました。

その縁もあり、今年4月1日から3カ月間、恵庭地域事務所に臨時勤務しました。地本勤務はとても新鮮で、広報官の方々と充実した日々を送りました。

臨時勤務中は多くの出会いや新しい発見がありました。なかでも一番緊張し、やりがいを感じたのは、母校・恵庭北高での学校説明会でした。当時を思い出すと、私も自衛隊受験前は不安でいっぱいでした。そこで「自分の言葉で後輩たちの不安を少しでも払拭させることができれば」と思いながら説明会に臨みました。後輩たちの反応から、なんとか良いアドバイスができたと思います。

地本勤務を通し、広報の仕事はとても重要だと感じました。広報官は採用業務だけでなく、地域イベントでも広報を行うなど、その仕事の幅は広く、そして何より入隊者には親身になって相談にのってくれ、隊員の人生に寄り添った活動をしてくれています。

今年は新型コロナで例年同様の活動はできませんでしたが、そんな中でも工夫をしてさまざまな形で採用広報を行いました。この経験と多くの人との出会いは決して忘れません。私は一日でも早く陸曹になり、部隊や地本に貢献したいです。

私は地本勤務経験のある自衛官として、これからも周囲の人たちに自衛隊の魅力を伝えていきたいと思います。

恵庭地域事務所で札幌地本のマスコット「羊のモコ」（中）と一緒に広報活動を行った山木そら士長

## OBがんばる

### 第二の人生を考えてみる

山添　敏明さん　55
令和2年2月、海自佐世保海上訓練指導隊・対潜戦術科訓練指導班長を最後に定年退職（特別昇任2佐）。宮島大典後援会事務所（未来創造研究会）に再就職し、私設秘書を務めている。

私は本年3月、宮島大典氏（現長崎県議会議員、元防衛大臣政務官）の政治団体「宮島大典後援会事務所」（佐世保市）に入社し、私設秘書として勤務しております。

私は退職後、社会のお役にたつ仕事をしたいと考えておりました。佐世保地方総監部援護業務課に相談すると、地域住民のために貢献できる議員秘書職への取り次ぎを受けました。正直なところ政治関連の知見が少なく、不安もありました。しかし、担当の方から勤務内容を伺い、自衛隊時代の各部隊との調整役の経験が生かせると分かり、不安なく面接に臨むことができました。

秘書の仕事は主に議員のスケジュール管理、行事等への代理参加、支援者等の陳情受け付けと多岐にわたります。いわゆる「何でも屋」、良く言えば「オールラウンド・プレイヤー」です。

目に見える成果が分かりづらい点はありますが、議員が全力で県政に邁進できるように補佐することで、自分も県民の生活に貢献できるということにやりがいと誇りを感じます。

私は在職中、佐世保地方総監部の援護業務課に勤務する機会に恵まれました。ここで第二の人生設計の準備が定年後の生活に非常に重要だということに気づきました。皆さんの中にも「まだ大丈夫」「援護業務課が何とかしてくれる」と考えている方がいるかもしれません。しかし、退職の準備には早すぎるということはありません。多忙とは思いますが、第二の人生について少し見つめ直してみてはいかがでしょうか。

私が再就職できた理由の一つに、先輩OBの方々が再就職先で素晴らしい活躍をされていることがあります。企業の方から「（採用するなら）自衛隊員がいい」「自衛隊員なら安心」という言葉を聞くこともあります。私もそのようなOBを目指して頑張っていこうと考えています。

## 詰将棋

第830回出題

出題　日本将棋連盟　九段　石田 和雄

| 5 | 4 | 3 | 2 | 1 | |
|---|---|---|---|---|---|
| | 王 | | 桂 | と | 一 |
| | | 飛 | | | 二 |
| 金 | | | | 角 | 三 |
| 角 | | | | | 四 |

▲先手　持駒　飛桂

【ヒント】角捨ての好手が決め手（10分で初段）。

▶詰碁、詰将棋の出題は隔週です◀

## 詰碁

第1245回解答

出題　日本棋院　九段　曲 励起

【解答図】白先、劫
白①黒❷はともに当然です。次の白③が大切で、黒❹白⑤黒❻白⑦で劫になります。

## あさぐも掲示板

◇防衛大学校吹奏楽部が定期演奏会を生配信
防衛大学校吹奏楽部は11月1日（日）午後2時から、動画配信サイトのユーチューブで「第56回定期演奏会」を生配信する。テーマは「希望」で、曲目はマーチ「ライジング・サン」、組曲「宇宙戦艦ヤマト」、「明日はきっといい日になる」など。他部とのコラボもあり。詳細はQRコード（左）から同部HPで確認を。

よろこびがつなぐ世界へ
KIRIN
おいしいとこだけ搾ってる。
一番搾り
KIRIN'S PRIME BREW
KIRIN BEER
一番搾り
〈麦芽100%〉
ALC.5%　生ビール　お酒
ストップ！20歳未満飲酒・飲酒運転。お酒は楽しく適量で。
妊娠中・授乳期の飲酒はやめましょう。のんだあとはリサイクル。
キリンビール株式会社

2021年 自衛隊統合 カレンダー
陸・海・空自衛隊のカッコいい写真を集めました！こだわりの写真です！
好評発売中!!

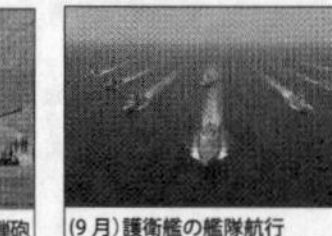

●構成／表紙とも で13枚(カラー写真)
●大きさ／B3判　タテ型
●定価：1部　1,500円(税別)
●送料／実費ご負担ください
●各月の写真(12枚)は、ホームページでご覧いただけます。
お申込み受付中！
ホームページ、ハガキ、TEL、FAXで当社へお早めにお申込みください。
(お名前、〒、住所、部数、TEL)
一括注文も受付中！送料が割安になります。詳細は弊社までお問合せください。
昭和55年創業　自衛官OB会社
株式会社 タイユウ・サービス
〒162-0845　東京都新宿区市谷本村町3番20号　新盛堂ビル7階
TEL:03-3266-0961
FAX:03-3266-1983
ホームページ　タイユウ・サービス　検索
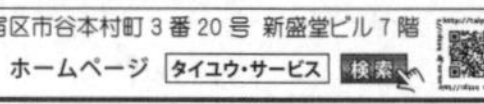

発行所 朝雲新聞社
〒160-0002 東京都新宿区
四谷坂町12－20 KKビル
電話 03(3225)3841
FAX 03(3225)3831
振替00190-4-17600番
定価一部150円、年間購読料
9170円（税・送料込み）

明治安田扱 団体生命保険
保険金受取人のご変更はありませんか？
アフターフォローの
明治安田生命
〔引受幹事生命保険会社〕

## 主な記事



日米共同統合実動演習

# 最大規模で「キーン・ソード」

## 統幕長と在日米軍司令官が会見

我が国への武力攻撃事態などを想定した令和2年度日米共同統合実動演習「キーン・ソード21」が10月26日から11月5日まで、日本の周辺海空域と自衛隊施設、在日米軍基地などで行われている。初日の26日には、山崎幸二統幕長と在日米軍司令官兼第5空軍司令官のケビン・シュナイダー空軍中将が、米軍横田基地（東京都）から米空軍のCV22オスプレイに搭乗して四国沖に展開中の海自のヘリ搭載護衛艦「かが」に着艦し、艦上で共同記者会見を行って強固な日米同盟をアピールした。米軍のオスプレイが同艦に着艦するのは初めて。

## 「かが」に米オスプレイ初の着艦

海自のヘリ搭載護衛艦「かが」の飛行甲板で共同記者会見に臨む山崎統幕長（左）と在日米軍司令官のシュナイダー空軍中将。右奥は両氏を乗せて横田基地から飛来、同艦に着艦した米空軍のCV22オスプレイ（10月26日）

日米共同統合演習は1985（昭和60）年度に開始され、ほぼ毎年、実動演習「キーン・ソード」と指揮所演習「キーン・エッジ」を交互に実施しており、実動演習は今回で15回目。

自衛隊側は統幕運用部長の下淳市海将を統裁官に、統幕と陸海空自、情報本部から隊員約3万7000人、艦艇約20隻、航空機約170機と、米側は太平洋艦隊海上作戦部長のマイケル・ボイル海軍少将を統裁官に、インド太平洋軍、在日米軍などから約9000人が参加。コロナ禍において今年最大規模の演習となった。

山崎統幕長とシュナイダー司令官は、米軍横田基地に所属する米空軍第21特殊作戦飛行隊のCV22オスプレイに搭乗し、四国沖約240キロの太平洋上に展開する「かが」に着艦。海自隊員による栄誉礼を受けた後、飛行甲板で共同記者会見に臨み、「キーン・ソード」の開始を宣言した。

これまで米海兵隊のMV22は2013年以降、海自艦の「ひゅうが」「いせ」「いずも」「しもきた」に着艦しているが、米空軍のCV22が海自艦に着艦するのは初めて。

約1時間に及んだ記者会見の中で、山崎統幕長は「日米安保条約の締結から60周年を迎えた記念すべき年に、日米共同演習の中で最大規模を誇るこの演習を実施することは、かつてないほど強固になった日米同盟の姿を内外に示すよい機会だ。我が国の領土・領海・領空を断固として守り抜くためには自衛隊の即応性と日米の相互運用性の向上が重要であり、我が国防衛に必要な能力を実動で演練できるこの演習の意義は極めて高い」と述べた。

さらに「新型コロナウイルスの世界的な感染拡大が継続する状況においても、地域の平和と安定の礎である日米同盟は揺るぎないことを示すものでなければならない。本演習を通じて日米の連携をより一層高め、日米同盟の深化・拡充を図っていきたい」と強調。

陸自への導入が進むオスプレイについては「離島防衛や災害対処に極めて重要な装備品だ」とした上で、「将来、自衛隊のオスプレイが海自や米軍の艦艇に着艦することも考えられる」と語った。

一方、シュナイダー司令官は「『キーン・ソード』は、日米の相互運用性を領域横断作戦やマルチドメイン（複数領域）作戦の強化のために生かしていく」と強調。[illegible]との決意を表明した。

訓練では、①水陸両用作戦②陸上作戦③海上作戦④航空作戦⑤統合後方補給⑥サイバー攻撃等対処⑦統合電子戦⑧宇宙状況監視——をそれぞれ演練。

水陸両用作戦は鹿児島県の種子島と臥蛇島で行われ、臥蛇島では自衛隊員約100人、米軍約40人が参加して日米共同による着上陸訓練を実施した。

海上作戦にはカナダ海軍艦艇「ウィニペグ」も参加。宇宙状況監視では、今年5月に空自に新編された宇宙作戦隊（府中）が米軍と連携して宇宙に関する情報を共有した。

防衛相

# 日米同盟の強化で一致

## 米インド太平洋軍司令官と会談

米インド太平洋軍司令官のフィリップ・デービッドソン海軍大将

岸防衛相は10月23日、来日した米インド太平洋軍司令官のフィリップ・デービッドソン海軍大将と防衛省で会談し、日米同盟のさらなる強化で一致した。

会談の冒頭、岸大臣は「インド太平洋地域の安全保障環境が厳しさを増す中、地域の平和と安定のために日米同盟が果たすべき役割はこれまでになく重要になってきている。司令官は強力なリーダーシップを発揮して山崎統幕長をはじめとする日本側のカウンターパートと密接な関係を構築するなど、日米の防衛協力の着実な深化・強化に尽力されてこられた」と述べ、謝意を表した。

これに対し、デービッドソン司令官は岸大臣に就任の祝意を伝えた上で、「今回の来日は新型コロナウイルス感染拡大後、7カ月ぶりにハワイ州を出て初の訪問となる」と述べ、日本を最重要視していることを強調。「日米同盟はインド太平洋地域における平和と安定のための礎であることを強く確信している。我々は同盟をこれまで以上に深化させていくことが重要だ。法の支配に基づいた形で『自由で開かれたインド太平洋』を実現するため、日本と緊密に連携していきたい」と応じた。

これに先立ち、山崎統幕長は同司令官と省内で会談し、日米防衛協力の今後の方向性などについて意見を交わした。両氏が会談するのは、オンラインを含めて今年6回目。

両氏は地域の安全保障環境が格段に速いスピードで厳しさと不確実性を増す中、10月26日から11月5日までの予定で実施される日米共同統合実動演習「キーン・ソード」を通じて、日米同盟の抑止力・対処力を強化するとともに、幅広い分野での協力を推進していくことで一致した。

太平洋上で共同訓練を行う3空団のF35Aステルス戦闘機2機（上）と米海軍の強襲揚陸艦「アメリカ」（10月20日）＝米軍HPから

# 空自F35A、米強襲揚陸艦と戦術訓練

空自3空団302飛行隊（三沢）のF35Aステルス戦闘機2機は10月20日、米海軍佐世保基地所属の強襲揚陸艦「アメリカ」と太平洋上で戦術訓練を行い、日米共同の対処能力と両部隊の技量向上を図った。（3面に関連記事）

「アメリカ」は米海兵隊岩国基地所属のF35B戦闘機などを搭載し、海兵隊が出撃する際に海上拠点となる大型艦で、同「ワスプ」との交代で佐世保に配備された。全長約257メートルで、9カ所の航空機の発着スポットを持つ。格納庫も従来より拡大され、航空機の運用能力が強化されている。乗組員約1080人のほか、約2200人の海兵隊員を収容できる。

共同訓練後、3空団飛行群司令の野村信一1佐は「米軍との共同訓練は（F35Aの部隊にとって）非常に重要な機会だ。我々の参加によって、戦術技量の向上だけでなく、強固な日米同盟とインド太平洋地域での共同対処の確認に貢献したと確信している」と語った。

防衛相

# 比国防相とテレビ会談

## 防衛協力を強力に推進

岸防衛相は10月23日、大臣就任後、初めてフィリピンのロレンザーナ国防相と約30分間のテレビ会談を行い、「自由で開かれたインド太平洋」の維持・強化に向け、防衛協力・交流を引き続き強力に推進していくことで一致した。

両氏は東・南シナ海を含む地域情勢について意見交換。最近の事象も踏まえ、力を背景とした一方的な現状変更の試みや、緊張を高めるいかなる行為にも「強く反対する」ことを確認し、「法の支配に基づく自由で開かれた海洋秩序が重要だ」との考えを共有した。

岸大臣は、今年8月、三菱電機がフィリピン国防省に警戒管制レーダー4基を約1億ドル（約100億円）で輸出する契約が成立したことに歓迎の意を示したほか、新型コロナウイルスの影響を踏まえ、災害派遣活動における感染防止の知見の共有などを通じて防衛協力を推し進めていく考えを伝えた。

これに対し、ロレンザーナ国防相は「岸大臣を近くフィリピンに招待したい」と述べ、防衛相会談の開催を提案。岸大臣は「状況を踏まえ、適切な時期に実現していきたい」と応じた。

防衛省

# 三菱重工と契約

## 次期戦闘機開発 2035年導入目指す

防衛省は10月30日、空自F2戦闘機の後継となる次期戦闘機（F－X）の開発主体について、三菱重工業と同日、契約を締結したと発表した。

岸防衛相は同日の閣議後の記者会見で「三菱重工業と共にF2戦闘機の退役が始まる2035（令和17）年頃までに量産初号機を配備できるよう、次期戦闘機の開発を着実に進めていきたい」と述べた。

開発体制について同省は今年7月31日、戦闘機全体のインテグレーションを担当する機体担当企業1社が主導的な立場で開発を進める「シングル・プライム（単独契約）」体制とすることを決め、公募を開始。これに三菱重工業のみが応募していた。

同社は今後、中核企業として、エンジンやミッション・アビオニクスを担当する下請け企業と緊密に連携し、設計や開発・製造の全体を統括する。

# 「水陸両用戦・機雷戦戦術支援隊」

## 海自が10月1日付で編成

### FFM要員の教育訓練も担任

【両機戦術隊＝船越】海自の掃海業務支援隊が10月1日付で廃止され、新たに掃海隊群隷下に「水陸両用戦・機雷戦戦術支援隊」（司令・高岩俊弘1佐）が編成された。

同隊は掃支隊が担っていた機雷戦に関する戦術支援と機雷戦艦艇への指導に加え、水陸両用戦に関する戦術支援、エアクッション艇（LCAC）操縦士の育成、機雷掃討機能を持つ新型護衛艦「FFM」要員への教育訓練を行う。

横須賀・船越地区の本部には「戦術支援部」（水陸両用戦支援科、機雷戦支援科、戦術海洋データ処理科）と「教育訓練部」（教育科、訓練科）、呉には「呉水陸両用戦・機雷戦戦術支援分遣隊」が置かれた。

今後、高岩隊司令以下93人の隊員が海自の水陸両用戦と機雷戦の支援任務に当たる。

# 陸自オスプレイが木更津で飛行開始

## 11月6日から

陸自が木更津駐屯地で戦力化を進めているティルトローター機V22オスプレイについて、陸幕は10月30日、試験飛行を同駐屯地で11月6日以降、順次開始すると発表した。

米国から岩国基地を経て木更津に運ばれたV22は7月10日以降、陸自が2機を受領し、段階的に点検・整備を行っていた。当初は10月中の試験飛行を検討していたが、コロナの影響で延期されていた。

V22の飛行開始式は11月3日に行われ、初飛行は同6日を予定している。

## 春夏秋冬

# 核兵器の究極的な廃絶を目指す

青木　節子

2020年10月24日、発効に必要な50カ国の批准に到達し、90日後の21年1月22日に「核兵器禁止条約」が発効することが決定した。核兵器の禁止は絶対善であり、日本も条約に加入しなければならないという意見もあるが、少なくとも三つの理由でこの条約には慎重であるべきと考える。

第一に、核兵器禁止条約の内容が、核兵器の廃絶を確実に成し遂げるには不十分な点である。核兵器国は、全締約国が今後指定する「1または2以上の権限ある国際的な当局」からの検証を受けつつ不可逆的な核兵器計画の廃止を達成する義務を有する（第4条）が、条約発効後に作り上げる制度に任されており、強制力が不十分と思われる。

第二に、核不拡散条約（NPT）上の核兵器国（核兵器の多い順に口米中仏英）に加え、インド、パキスタン、北朝鮮、イスラエルも条約に加入することはあり得ず、条約の実効性が乏しいと予測されることである。

第三に、これが最も問題であると考えるが、団結すべき非核兵器国同士を分断する可能性が高いことである。既に日本の不参加を批判する声もある。

ラテンアメリカ（以下「ラ米」）はほとんどの国が賛成しているが、それが可能なのは、この地域には非核兵器地帯条約があり、NPT上の核兵器国すべてが、ラ米に核兵器を配置せず、使用せず、威嚇しないことを同条約の議定書において約束しているからである。ラ米は、核兵器の脅威の下にはない。オーストリアやアイルランドのような批准国も、地域の核兵器国によってその安全保障が損なわれてはいない。

一方、日本は、敵対的・非友好的な核兵器国に囲まれ、米国の核抑止に安全保障を依存する、という厳しい状況下にある。NPT体制のもとで、これ以上核兵器国を増やさず、世界の核兵器をバランス良く徐々に減らし、やがて核兵器が不要と確信できる世界を作りあげる、という途方もない努力に賭けるしかないのである。

非核兵器国は、米ロの新戦略兵器削減条約の延長、米ロ中の核軍備管理合意醸成を促しつつ、来年のNPT再検討会議の成功に向けて辛い努力を重ねるのが正攻法であろう。政府がその方向で率先するさまざまな措置を支持したい。

（慶應義塾大学大学院法務研究科教授）

## 朝雲寸言

核兵器の開発・保有・使用を禁じる核兵器禁止条約が来年1月に発効する運びとなり、同条約賛成派の間では祝賀ムードが広がっている。一方で日本周辺には、2018年の米朝合意のおかげで核戦力強化の時間かせぎがたっぷりできた北朝鮮や、小型核の使用も辞さない構えを示唆し始めたロシア、核増強にいそしむ中国がひしめいている▼核兵器などないに越したことはないが、見通しうる将来は脅威となり続ける以上、国民を守るための防衛と国民保護の充実が不可欠なことも明白だ。けれど、同条約を推進する人々からはそうした足元の備えへの言及はまず聞かれない▼世の中には「誰しも反対しえない美しい理想」を語るだけで自分の仕事は終わったような顔をし、それ以外の仕事は無自覚なまま他人任せにする人々がいる。大学における安全保障関連の技術研究を封じようとする一部の動きにも、それと似たものを感じる。ご都合主義的に「学問の自由」を声高に叫んではいるが、その前提である国の独立維持のための営みは誰かに丸投げしているような人々が散見される▼核兵器禁止条約と「軍事研究反対」問題が共通して問いかけているのは、結局のところ、「国の守りへの当事者意識」の有無や多寡ということなのだろう。現実にきちんと目を向け、必要なことに粛々と取り組む同胞をいかに増やしていくか。そのことを考え、行動に移していきたいものである。

求む!
建物を守る人
私達は建物の総合マネジメント会社です。
日本管財株式会社

設備管理・警備スタッフ募集 お気軽にお問合せください。
平成28年度以降の退職自衛官採用数62名
03-5299-0870 自衛隊担当：平尾

あなたと大切な人の“今”と“未来”のために
防衛省生協の共済は「現職中」も「退職後」も切れ目なく安心をお届けします
生命・医療共済（生命共済）
病気やケガによる入院や手術、死亡（重度障害）を保障します
退職者生命・医療共済（長期生命共済）
退職後の病気やケガによる入院、死亡（重度障害）を保障します
85歳
火災・災害共済（火災共済）
退職火災・災害共済（火災共済）
火災や自然災害などによる建物や家財の損害を保障します
現職　退職　終身

防衛省職員生活協同組合
〒102-0074 東京都千代田区九段南4丁目8番21号 山脇ビル2階
専用線：8-6-28901～3 電話：03-3514-2241（代表）
BSA-2020-29 R2.11作成

防衛省生協 新規・増口キャンペーン実施中!!
キャンペーン期間中に防衛省生協の共済に新規・増口加入された方の中から抽選で400名様に、さまざまな状況で活躍する4電源方式のLEDランタンをプレゼント!
詳しくはホームページでご確認ください。

4電源：ソーラー充電、USB充電、手動ダイナモ充電、単三電池
画像はイメージです。デザイン等変更となる場合があります。

毎年秋に皆様にお届けしている「残高明細表」でも、大切なご案内とともにキャンペーンをお知らせしています。

キャンペーン期間：令和2年11月1日～令和3年1月31日
注：退職組合員の方は、火災・災害共済の増口のみの取扱いとなります。すでに、建物、動産ともに限度口数に達している場合は増口はできません。火災・災害共済では、加入限度口数以内で、「建物」のみご加入の方が「動産」を追加するケースや「動産」のみご加入の方が「建物」を追加するケース、親や子ども・孫の居住物件を追加するケースも増口としてキャンペーンの対象となります。

## 時の焦点　国内

### サイバー攻撃

# 五輪守る態勢の強化を

ロシアの情報機関が、東京五輪・パラリンピックを標的にサイバー攻撃を仕掛けていた疑いが浮上した。来年の本番に備え、政府は防御の態勢を強化する必要がある。

英政府によると、東京五輪の延期が決まる今年3月より前に、ロシア軍参謀本部情報総局（GRU）が、大会関係者やスポンサー企業、物流業者などのシステムを狙ったという。本番での攻撃を見据えた「偵察」が目的だったのではないか、とされている。

ロシアは関与を否定している。だが、GRUは近年、様々な国際犯罪への関与が指摘されてきた。

2016年の米大統領選では、世論を操作する目的で、民主党陣営に打撃を与える文書をサイバー攻撃で入手し、公開したとされる。米国はGRU情報員を訴追した。ウクライナの電力網を攻撃して大規模な停電を発生させるといった工作活動も疑われている。

組織的なドーピング問題で、ロシアは国家としての五輪出場を認められなかった。攻撃はその報復ではないかとみられている。事実とすれば、断じて容認できない。

平和の祭典は過去にもサイバー攻撃の標的にされてきた。2018年の平昌冬季五輪では、ウイルス感染で公式サイトや通信網が一時、ダウンした。

サイバー攻撃を警戒すべきなのは、ロシアにとどまらない。

昨年、大手電機メーカーが防衛装備品の機密に関わる情報を窃取された事件は、中国のハッカー集団による犯行が疑われている。北朝鮮は、デジタル空間で盗んだ個人情報を人質にして、金銭を奪っていると指摘されている。

政府は内閣サイバーセキュリティセンター（NISC）を司令塔として、対策が進んでいる欧米と協力し、攻撃事例や防御策に関する情報を共有しなければならない。

政府は昨年、自治体や重要インフラ事業者と知見を共有するための協議会を設置した。官民の連携で様々な手口を研究し、各種システムの強化を図ってもらいたい。

サイバー攻撃への対処策を構築する上では、自衛隊の能力を生かすことも不可欠だ。

防衛省は来年度、サイバー防衛隊を新編し、現在のほぼ2倍にあたる540人態勢に拡充する方針だ。

自衛隊が防御を担う情報通信ネットワークは、国の安全に死活的に重要なシステムである。だが、政府の一員として原発や空港、鉄道など様々なインフラに目を配ることも求められよう。

実際、2018年に決定した中期防衛力整備計画には、「サイバー領域で政府全体としての対処を行い得るよう、防衛省・自衛隊の知見や人材の提供を通じ、関係府省との緊密な連携を強化する」と明記されている。

自衛隊とNISC、民間企業が協力しなければ、サイバー攻撃から国を守る態勢は整うまい。

夏川 明雄（政治評論家）

## 海外

### 中国の5中全会

# 習氏、長期政権へ布石

世界注視の米大統領選が最終盤を迎えていた10月下旬、覇権などをめぐって米国との対立が深まる中国では支配政党・共産党の重要会議である第19期中央委員会第5回全体会議（5中全会）が首都・北京で開かれ、来年から始まる第14次5カ年計画（2021～25年）と35年までの長期目標などを討議した。党指導部が入れ替わる次の共産党大会まであと2年だが、現在2期目の習近平党総書記（国家主席）が前例を破って、引き続き政権を担う足場を固めるかどうかを占う意味でも注目された5中全会だった。

5中全会の閉幕後に発表されたコミュニケには党指導部人事に関する言及はなく、22年の次期党大会以降も習氏が最高指導者の地位にとどまる公算が大きくなった。

党中央委全体会議で通例の5カ年計画をめぐる討議に加え、2035年までの国家の長期目標が重要議題となったのは、長期政権に向けた習近平氏の意思表示との見方が専らだ。習氏を「党中央の核心」とする中国の現指導部は最近、米中対立の長期化や新型コロナ禍による世界経済の低迷を踏まえ、外需への依存を減らし、国内経済を成長させる新戦略「双循環」を打ち出した。こうした新たな成長モデルの下、5中全会で策定された新5カ年計画は14億の人口を抱える内需を経済成長の柱と位置づけ、今後の米中の覇権争いをにらんでハイテク産業の振興や国内市場の拡大方針を決めた。

一方、もう一つの重要議題だった主要政策分野における長期目標の策定では、期限とした2035年は前回の党大会で掲げた「社会主義現代化を基本的に実現する期限」と同じであり、米中対立など現在直面する難局の中であえて長期目標を打ち立てることにより権力基盤をさらに固めようとする最高指導者、習氏の思惑が透けて見える。

習氏は今年9月の国連総会演説で、気候変動対策で後ろ向きのトランプ米政権を意識する形で、2060年までに温室効果ガスの実質的な排出量をゼロにすると公約したが、5中全会では上記の長期目標策定の一環として、「実質的な排出量ゼロ」の具体策も打ち出した。経済大国の中国は世界最大の温室効果ガス排出国であり、野心的な青写真には国際社会の注目も集まり、この分野で米国を出し抜くアピールがあったのではないか。技術革新を強調した5中全会のコミュニケには、温室効果ガスの削減を実現するため、「エネルギー革命を推進する」と明記し、米国との技術覇権争いを念頭に、「核心的な技術分野で躍進し、先端のイノベーション型国家の仲間入りをする」と強調した。

安全保障面では、国防力と経済力の一体的な向上を打ち出し、軍備増強を続けていく姿勢を改めて示した。米大統領選でトランプ、バイデン両候補のいずれが勝つにせよ、中国は米中対立の長期化を見据え、独自の強国路線で今世紀半ばまでに「社会主義現代化国家」を実現する戦略を掲げ、共産党政権への求心力を維持する構えだ。

伊藤 努（外交評論家）

---

秋の叙勲

# 防衛省関係者114人が受章

## 金澤元事務次官らに瑞宝重光章

政府は10月27日の閣議で、令和2年「秋の叙勲」受章者4100人（うち女性412人）を決めた。発令は11月3日付。防衛省関係では、金澤博範元事務次官と赤星慶治元海幕長に瑞宝重光章が贈られたのをはじめ、瑞宝中綬章に武田正德元1師団長、半田謙次郎元横須賀地方総監、菊川忠継元教育集団司令官ら7人、瑞宝小綬章に69人、瑞宝双光章に20人、瑞宝単光章に16人（同1人）の計114人が受章した。また、国や地方自治体の委嘱を受けて公共事務に尽力した人に贈られる2年秋の「藍綬褒章」受章者が併せて発表され、防衛省関係では自衛官募集に功労のあった募集相談員など6人が受章した。受章者の氏名は次の通り。（50音順、階級、所属は退職時、敬称略）

〈瑞宝重光章〉
▽金澤博範事務次官▽赤星慶治海将（海上幕僚長）

〈瑞宝中綬章〉
▽菊川忠継空将（航空教育集団司令官）▽黒津卓三教官（防大名誉教授）▽住吉修平技官（技本艦艇装備研究所長）▽武田正德陸将（1師団長）▽野津研二事務官（装備本部長）▽半田謙次郎海将（横須賀地方総監）▽山本孝教官（防大名誉教授）

〈瑞宝小綬章〉
▽飯島矢素夫陸将補（武器学校長）▽石川芳夫空将補（防空指揮群司令）▽石崎健陸将補（補統総務部長）▽石渡剛空将補（北警団副司令）▽今奈良修1陸佐（小平学校会計教育部長）▽上杉和壽陸将補（海田市駐屯地業務隊長）▽江口幸一陸将補（研本4研究課長）▽遠藤直義陸将補（体育学校副校長）▽大田保重1陸佐（補統誘導武器部長）▽大谷義信陸将補（契本契約管理2課長）▽大野康則陸将補（千僧駐屯地業務隊長）▽岡野忍1空佐（作情隊副司令）▽岡本秀夫空将補（7空団副司令）▽小川伸一教官（防研研究部長）▽加賀谷貞司陸将補（同戦史部長）▽河西元明事務官（同総務課長）▽河内保男空将補（空幹校主任教官）▽北川実陸将補（九州処装備計画部長）▽小池重倫陸将補（防大教授）▽小西泰巳陸将補（陸幹候校副校長）▽小林幹夫海将補（東京業務隊司令）▽齋藤勇治空将補（空幹校教育部長）▽齋藤良一1陸佐（東方会計隊長）▽左官正雄1陸佐（航校総務部長）▽定光正雄事務官（情本）▽佐原章友海将補（横警司令）▽塩田順一1陸佐（日本原駐屯地業務隊長）▽品川澄雄陸将補（九州補給処長）▽島田徹1空佐（教材整備隊司令）▽陣内透1陸佐（小平校情報教育部長）▽鈴木健陸将補（情報保全隊長）▽高橋理一海将補（海幕技術1課長）▽竹中信海将補（沖縄基地隊司令）▽武縄正陸将補（航校副校長）▽竹村壽博事務官（東京地本副本部長）▽田中洋行事務官（独立行政法人駐留軍等労働者労務管理機構企画調整部長）▽田上正陸将補（西方総務部長）▽玉井満德陸将補（陸幹校主任教官）▽德田正行空将補（空幹校研究部長）▽長尾好太郎海将補（海幹校1研究室長）▽中兼敏事務官（北関東局管理部長）▽中川道廣技官（情本）▽永富信吉空将補（航安隊航空事故調査部長）▽中村重一1海佐（海幕施設課施設企画調整官）▽中村徹海将補（契本横浜支部副支部長）▽橋本英一空将補（空幹校主任教官）▽馬場園信一空将補（4補高蔵寺支処長）▽林建男陸将補（阪神病院長）▽深澤正志事務官（航安隊総務部長）▽福澤賢陸将補（関東処総務部長）▽福家敏明1海佐（201教空司令）▽藤野幸一事務官（防医大事務局総務部長）▽藤原裕海将補（下総教空群司令）▽古川照久陸将補（情保隊副隊長）▽星清一1海佐（4空司令）▽松尾隆二陸将補（福岡駐屯地業務隊長）▽宮澤修事務官（防医大病院事務部長）▽宮下典三事務官（中央病院総務部長）▽宮部俊一空将補（航安隊司令）▽村岡満空将補（2高射群司令）▽柳生美樹夫事務官（装本横浜支部長）▽山崎文夫陸将補（1特科団長）▽山田吉英教官（防大名誉教授）▽山中美樹技官（防衛施設庁施設調査官）▽横洲茂陸将補（東北処副処長）▽横山一陸将補（中央資料隊長）▽横山博幸事務官（九州局管理部長）▽吉岡信夫陸将補（陸幹校主任教官）▽渡邊洋一郎1海佐（小松島航空隊司令）

〈瑞宝双光章〉
▽安樂兼2陸佐（42普連副連隊長）▽石﨑勝博2陸佐（熊本病院企画室計画幹部）▽大村武典2海佐（61飛行隊長）▽岡村好明1海佐（海1術校通信科長）▽奥村素男1陸佐（109教育大隊長）▽樫原伸行2陸佐（ヘリ団3科海外派遣業務班長）▽木津忠則1海佐（呉教副長）▽工藤良一2陸佐（通校教材課長）▽坂爪広元2海佐（大警副長）▽佐々木勉1空佐（開発集団総務課長）▽庄島幸生2陸佐（西方ヘリ隊2飛行隊長）▽住吉則明2海佐（資料隊音響2科長）▽田代幸雄1海佐（佐教副長）▽中川陽2陸佐（富校教育課戦術教官）▽西川善勝1陸佐（東北方ヘリ隊副隊長）▽二川博満1空佐（西空支援飛行隊長）▽松添昭義2海佐（海1術校運用科長）▽宮脇博1陸佐（105システム管理隊長）▽山本教之2陸佐（通校戦術教官室教官）▽湯淺滋1陸佐（西方ヘリ隊副隊長）

〈瑞宝単光章〉
▽綾部和彦技官（関東処古河支処）▽石川正志技官（2空団基業群業務隊）▽伊藤昌彦技官（新発田駐業）▽大城敏光技官（那覇駐業）▽甲斐千代子技官（301映写中）▽佐久間榮技官（木更津駐業）▽佐々木三男技官（大湊病院総務課）▽佐藤英男技官（北海道処）▽髙尾康彦技官（小郡駐業）▽鶴田謙一郎技官（国分駐業）▽永岡寿彦技官（8空団基業群施設隊）▽中原正夫技官（空教隊基業群業務隊）▽畑田佳彦技官（八尾駐業）▽松川武二技官（旭川駐業）▽山﨑正廣技官（1空団基業群業務隊）▽山下昭行技官（呉造補所貯油所）

〈藍綬褒章〉
◇自衛官募集相談員＝▽石谷和也▽浦隅俊明▽高谷由美▽松田清
◇自衛隊医療協力者＝▽豊田滋生▽中里清

---

## 共済組合だより

**インフルエンザの予防接種を助成**
**来年1月31日まで**

防衛省共済組合では、組合員の被扶養者を対象に「インフルエンザ予防接種」の助成を行っています。期間は来年1月31日まで。インフルエンザが流行する前に、ぜひ予防接種を受けましょう。

助成対象は予防接種を受けた被扶養者全員で、1人につき年1回助成します。助成額は接種1回につき1500円。接種料金が1500円未満の場合はその額（100円未満切り捨て）とします。

共済組合に助成金を請求する際は、接種後、「インフルエンザ予防接種助成金請求書兼受領書」にインフルエンザ予防接種を受けたことが分かる記載のある医療機関発行の領収書またはそれと同等の書類を添え、所属する支部に提出してください。請求期間は来年2月末日までとなっています。

なお、「経鼻インフルエンザ生ワクチン（フルミスト）」等、厚生労働省未承認のワクチンは助成の対象となりませんので、ご注意ください。

---

「しらせ」竹内艦長

# 防衛相に出国報告

## 6日に横須賀を出航

文部科学省の第62次南極地域観測事業を支援する海自砕氷艦「しらせ」（1万2650トン）の竹内周作艦長が10月27日、防衛省を訪れ、岸大臣に出発前の報告を行った。

大臣室では人事教育局人材育成課の末富理栄課長、海幕運用支援課長の櫻井真啓1佐が立会する中、竹内艦長が出国を報告。岸大臣は「（南極まで）長い航海ですが、気を付けて行ってきてください」と激励した。

「しらせ」は11月6日に海自横須賀基地から南極に向けて出港する。例年は豪フリーマントルに寄港して観測隊員を乗せていたが、今年はコロナの影響で、無寄港で日本と南極間を往復するため、観測隊員は洋上に係留された「しらせ」に20日、乗艦する。観測隊員が日本から同艦で出発するのは第42次隊以来20年ぶり。

南極・昭和基地に到着後は食料や燃料など約1050トンの物資を陸揚げし、その後、乗員は野外観測などを支援する。年明けに現地を出発し、来年2月22日に横須賀に帰国する予定。

砕氷艦「しらせ」の行動予定を岸大臣（中央）に報告する竹内艦長（その左）と同席した（手前左から反時計回りに）海幕運用支援課南極観測支援班長の白方将司1佐、末富人材育成課長、櫻井海幕運用支援課長（10月27日、防衛省で）

---

# 海自5空に1級賞状

## 無事故11万基準時間達成

【5空群＝那覇】海自5空群5航空隊（司令・德留秀和1佐）はこのほど、「11万基準時間を超える無事故飛行」の功績で防衛大臣から1級賞状を受賞し、10月8日、5空群司令の金嶋浩司将補から伝達を受けた。

部隊は旧5空と旧9空の合併（平成20年）以前の旧9空所属のP3C哨戒機による地上滑走時の滑走路灯との接触事故を最後に、無事故飛行を13年間継続。令和2年2月に連続11万基準時間を超える無事故飛行を達成した。

同隊はこれまで歴代司令の指揮・統率の下、昼夜を問わず緊迫度の増す東シナ海での警戒監視活動に当たり、さらに遭難船舶の捜索などの災害派遣活動でも幅広い任務に従事してきた。

平成21年以降、海自の他の航空隊と交代でソマリア沖・アデン湾での海賊対処活動にも従事しているほか、26年3月には、消息不明となったマレーシア航空370便の捜索のための国際緊急援助活動にも当たった。今年10月現在で海外派遣の回数は15回となり、5空は国際社会の平和と安定にも大きく貢献している。

賞状伝達式は那覇航空基地の5空群司令部で行われ、金嶋群司令が副賞の盾とともに1級賞状を德留5空司令に手渡した。

德留司令は「11万時間の無事故飛行達成は、安全指針である『基本の徹底』の下、隊員一人ひとりが安全への高い意識をもって各種任務に従事した賜である。引き続き、隊員一丸となって安全に留意しつつ任務完遂に努めていきたい」と語った。

防衛大臣から授与された1級賞状を手にする德留5空司令（右）と伝達した金嶋5空群司令（10月8日、海自那覇航空基地で）

---

# 宇宙関連8社と2回目の意見交換

防衛省

防衛省は10月22日、国内の宇宙関連スタートアップ企業など8社の関係者を同省に招き、昨年12月5日の初会合に続き2回目となる意見交換会を開いた。会合は約2時間行われ、防衛省からは防衛政策局戦略企画課などが参加した。

---

## 防衛省発令

▽ちよだ艦長（ちはや副長兼航海長）2海佐 久保 哲也
▽呉潜水艦基地隊司令（ちよだ艦長）同 渡邉 忍
（以上10月26日）
▽海幕人事計画課（海自幹部学校付）1海佐 福澤 光恭
（10月27日）

---

相手は……ロシア!!

北極海で海氷を調査中の海自護衛艦「しらぬい」の眼前で
アルゼンチン籍の民間船「ディオサ号」が謎の魚雷攻撃を受ける!!
シーマンシップにより「しらぬい」は「ディオサ号」を守ろうとするが、
攻撃は軍事機密流出を防ごうとするロシアによるもので……!?

早くも60万部突破!!

BIG COMICS
空母いぶき GREAT GAME
第1集&第2集、絶賛発売中!!
かわぐちかいじ
協力／八木勝大　潮匡人　原案協力／惠谷 治
定価：（各）本体591～636円＋税　［ビッグコミック］連載中!!　小学館

日本海の上空で編隊航法訓練を行う空自6空団（小松）のF15戦闘機2機（右）と米第9遠征爆撃飛行隊（テキサス州ダイエス）のB1B戦略爆撃機（左）＝10月20日

# 各地で日米共同訓練

## 「キーン・ソード」に自衛隊3万7000人

### コロナ禍以降最大

令和2年度日米共同統合演習「キーン・ソード」が現在、鹿児島県の種子島、臥蛇島を中心に、九州・沖縄周辺の海空域などで大々的に実施されている。演習にはコロナ禍以降で最大となる自衛隊員約3万7000人、米軍兵士約9000人が参加、我が国への武力攻撃事態などを想定し、日米部隊の即応性や相互運用性を演練している。インド太平洋方面への派遣から帰国したばかりのヘリ搭載護衛艦「かが」なども米空母打撃群と共同の海上作戦に加わった。同演習が始まる前には空自のF35Aステルス戦闘機部隊が太平洋上で米強襲揚陸艦と戦術訓練を、他の航空団の戦闘機部隊も日本周辺空域に飛来した米空軍のB1戦略爆撃機と要撃戦闘訓練を実施した。このほか海自のP3C哨戒機部隊は米海軍のP8哨戒機部隊と青森沖で共同訓練を行った。

## F35Aは米艦と

日米の2国間共同訓練で米海軍の強襲揚陸艦「アメリカ」（下）と各種戦術訓練を行う空自3空団302飛行隊（三沢）のF35Aステルス戦闘機2機（上）。同訓練で日米部隊は統合防空作戦を演練、相互運用性を向上させた（10月20日、太平洋上で）

「キーン・ソード」中、海自のヘリ搭載護衛艦「かが」と米空母「ロナルド・レーガン」（その奥）の上空を編隊で飛行する航空機群（いずれも10月26日、フィリピン海で）＝米海軍提供

## 「かが」海上作戦

「キーン・ソード」で海上訓練を行う日米の艦艇。手前左は海自のヘリ搭載護衛艦「かが」、その右は米空母「ロナルド・レーガン」

インド太平洋方面に長期派遣されていたヘリ搭載護衛艦「かが」（右手前）は帰国後直ちに日米共同演習「キーン・ソード」に参加、米空母打撃群と各種海上作戦を遂行した

## 哨戒機部隊の連携強化

青森沖の海域上空では海自2空群（八戸）のP3C哨戒機（右奥）と米海軍三沢基地のP8A哨戒機（左奥）が共同訓練を行い、日米哨戒機部隊の連携を強化した（10月21日、米海軍三沢基地で）

## 前事不忘　後事之師

第58回

### 『危機の二十年』（E・H・カー著）の理想と現実
### ―岸本さんから教わったこと

防衛省の報道官をしていた頃のことです。毎日新聞論説委員で、その後逝去された岸本正人さんから『危機の二十年』を薦められました。本屋で買い求めて読み始めましたが、途中で挫折。コロナ禍で自宅にいる時間が多い昨今、岸本さんを偲びながら読破しました。

『危機の二十年』は英国の歴史家E・H・カーによる国際政治に関する名著で、第1次世界大戦終結の翌年1919年から第2次世界大戦が生起する1939年までの「戦間期」20年間における理想主義とリアリズムという国際政治の二大潮流が分析されています。

カーはこの20年について、最初の10年は現実を考慮しない願望が支配するユートピアの時代であったが、次の10年は容赦のないリアリズムが支配する時代に急展開したと分析します。急展開したのは、国際連盟の創設に代表される理想主義が失敗したことによるものです。失敗の理由は理想主義が願望に捉われ、変革しようとする現実世界における「権力」の役割を軽視したことだと説明します。そもそもカーは理想主義者が平和を絶対的な善、戦争を絶対的な悪と見る判断を概ね次のように批判します。

「平和の主張は現実には支配的な国家が自分に有利な現状を維持するためのスローガンになっている。他方で現状に不満を持つ国が変革を成し遂げようとすれば戦争をせざるを得ない。アメリカ独立運動はそうしたものであり、アメリカ植民者の行動が現状を守ろうとした英国人の行動よりも道義的に劣っていたとは言えない。戦争を始めることが無条件に間違っていると信じるのは難しい」

カーはそれでも戦争は望ましくないとした上で、現在の国際政治の最大の課題は、かつて現状変革の手段として認められていた侵略戦争が国際法で違法とされながら、他方で不満を持つ国が現状を平和的に変革する選択肢が示されていないことだと主張します。厄介なことは国内政治では立法府の存在により弱者や持たざる者の不満が解消される平和的変革の枠組みがあるのに対し、国際社会には国際立法機関がないことですが、カーは国際立法機関がないから平和的変革など論外であるとするのは悲観的過ぎるとし、「現状」の平和的変革を可能にする条件は「譲り合いのプロセス」にあると述べます。

この主張は、キッシンジャーが国際秩序が安定する条件として全ての当事国が「少なからず不満を持つこと」であると分析するのと通底しますが、カーは一歩進めて、「現行秩序から最大利益を得る側こそこの秩序から最小利益しか得られない国々でも我慢できるほどの譲歩をして、秩序を維持するべきである」と主張します。さらにカーは、道義の実現は力によって裏打ちされていなければならないとし、現状不満足国家が現状維持国との平和的交渉を促すために実力行使の威嚇をすることを是認します。

『危機の二十年』は1939年に刊行されました。前年の9月にミュンヘン会議が行われ、英仏がヒットラーに宥和政策を採ったことを考慮すると、カーの主張は宥和政策に賛成していると解釈でき、実際カーはそうした批判にさらされました。

カーは空疎な理想主義を非難する一方で、現実の変革を拒むリアリズムは老人の思考だと辛辣です。このためリアリズムに支えられた理想の実現、権力に支えられた平和的変革への道を必死に模索をしたのだと私は思います。もちろんカーに対する批判は可能ですし、本が出てから80年以上が経過し、国際社会には新たな問題も出現しています。しかしながら、カーが『危機の二十年』で提起した国際社会において平和的変革をどのように実現するのかは、今でも私たちが真摯に向き合うべき重要な課題です。

軍事の世界はリアリズムが支配する世界です。また軍事的な脅威に対して備えをすることも重要です。しかし、それは癌治療に譬えれば、外科的治療などの対処療法であり、癌の撲滅を目指すのであれば癌の発生メカニズムとその予防を研究することが重要です。脅威に対して軍事的な備えをしながら、私たちはカーが『危機の二十年』で提起した一段高い視点も忘れてはならないと考えます。もし岸本さんが御健在であれば、こうした議論ができたように思います。

鎌田　昭良（元防衛省大臣官房長、元装備施設本部長、防衛基盤整備協会理事長）

E・H・カー著『危機の二十年』（岩波書店刊）

…… 前事忘れざるは後事の師 ……

コーサイ・サービス ReFaの美容ローラーと クリスマスプレゼントに最適!
ネットショップ PLOSIONハーバルケアシートマスクのセット販売開始!
① ReFa DOUBLE REY(Red)& PLOSIONハーバルケアシートマスクのセット 通常価格44,800円 約62%OFF 各8包入り 通常価格12,000円（税抜） 16,800円（税込・送料別）
② ReFa 4 CARAT& PLOSIONハーバルケアシートマスクセット 通常価格44,800円 約62%OFF 各8包入り 通常価格12,000円（税抜） 16,800円（税込・送料別）
③ ReFa CARAT RAY& PLOSIONハーバルケアシートマスクセット 通常価格42,680円 約53%OFF 各8包入り 通常価格12,000円（税抜） 19,800円（税込・送料別）
コーサイ・サービス株式会社 https://www.ksi-service.co.jp/ 得々情報ボックス ID:teikei PW:109109 TEL:03-3354-1350 担当：佐藤
お申込み https://kosai.buyshop.jp/ （パスワード：kosai）
〒1600002 新宿区四谷坂町12番20号KKビル4F 営業時間9:00～17:00／定休日土・日・祝日

元自衛官が教える自衛官のための
ライフプラン設計勉強会
参加無料
11/7,11/21
オンラインで開催します!!
「これからは自ら学ぶ時代」
若年定年退職、厳しい再就職、老後破産に備えるには？
24年間の自衛官人生と退官を経験した同士として、「退官後の厳しい現実」と「具体的な解決手段」を包み隠さず隅々までラフにお話しいたします。
元海上自衛官 髙山裕司
提供：エージェントライフインベスターズ 03-6860-8231

# 第35回 危険業務従事者叙勲

# 業務に精励 社会貢献を称え

## 元自衛官942人

政府は10月6日の閣議で第35回「危険業務従事者叙勲」の受章者を決めた。発令は11月3日付。防衛省関係者では942人(うち女性4人)が受章した。危険業務従事者叙勲は自衛官、警察官、消防士など危険性が高い業務に精励し、社会に貢献した公務員を表彰する制度で、関係省庁の大臣の推薦に基づき受章者を決定。今回は3656人が受章した。

防衛省関係者のうち、「瑞宝双光章」は620人(女性4人)、「瑞宝単光章」は322人。2佐から3尉までの61歳から68歳までの元自衛官が受章した。皇居での天皇陛下への拝謁と防衛大臣による勲章伝達式は、新型コロナウイルスの感染拡大防止の観点から中止となった。防衛省関係の受章者は次の各氏。(階級、所属は退職時)

## ■瑞宝双光章(620人)

◆陸自(380人)

▽愛甲文広2尉（航校宇都宮校）▽青木弘和2尉（札幌地本）▽朝日重明2佐（施校）▽東正直2尉（中方会）▽穴井正典3佐（西方後支隊）▽阿南勝規2佐（西方特隊）▽阿部昌弘2佐（体校）▽阿萬格3佐（43普連）▽荒川幸二1尉（警務）▽有冨幸生3佐（11通中）▽有村眞富3佐（九州処健軍支）▽安藤章2佐（守山駐業）▽安藤治2尉（4特連）▽飯田勇2佐（警務）▽五十嵐富士男2尉（立川駐業）▽池上松夫2佐（小平校）▽池田剛1尉（美唄駐業）▽池田誠1尉（71戦連）▽石神重高2佐（福岡地本）▽石川卓哉3佐（教支飛）▽石本和光2佐（関西処）▽石山輝彦2佐（西方会）▽磯井康夫2尉（7普連）▽市川真一1尉（松山駐業）▽井出浩2佐（習志野駐業）▽伊藤明喜2佐（東方通群）▽伊藤修3佐（東方会）▽伊藤光弘1尉（9特連）▽伊東保雄1尉（関東処）▽稲村ルリ子2佐（警務）▽犬飼光春1尉（東北方後支隊）▽井上雅人3佐（会監隊）▽猪原稔夫2佐（幹候校）▽入江和也1尉（4音）▽入江哲也3佐（11特隊）▽岩水文年2尉（地情隊）▽岩山登2尉（10特連）▽上里義徳3佐（3偵）▽鵜飼辰夫2佐（警務）▽牛島龍三郎2尉（関東処）▽歌野敏光3佐（警務）▽内谷倫実2佐（中方会）▽内村孝行3佐（九州処富野弾支）▽有働良二3佐（西方特隊）▽馬野光弘3佐（113教大）▽浦崎延雄2尉（関西処）▽江藤明久3佐（8化防）▽衛藤憲司2尉（東方通群）▽遠藤岩夫2佐（東北方特隊）▽遠藤和隆3佐（北海道処足寄弾支）▽遠藤弘一3佐（中業支）▽遠藤直人2尉（富士病院）▽大井隆1尉（35普連）▽大井正明2尉（120教隊）▽大石正志3佐（東方）▽大越隆秀3佐（同）▽大越等3尉（11施群）▽太田博文3佐（函館駐業）▽太田三雄3佐（神町駐業）▽太田稔3佐（北方衛）▽大塚康光1尉（西方会）▽大槻透1尉（5旅団）▽大庭康敬2尉（中方通群）▽大橋正明3佐（北方後支隊）▽岡陽二1尉（健軍駐業）▽小笠原透3佐（青森地本）▽岡田健一郎3佐（北方航）▽岡村博志2佐（宮崎地本）▽奥弘毅2佐（山口地本）▽奥﨑智2佐（東北方）▽小倉正人2佐（警務）▽尾崎文雄2佐（会監隊）▽小山内孝則1尉（青森地本）▽小竹和昭3佐（10後支連）▽小沼良明3佐（6施大）▽小渕洋一郎2佐（宮城地本）▽折笠忠一3佐（高田駐業）▽甲斐重喜1尉（5旅団付隊）▽海藤富士光1尉（東北方通群）▽柏木博光2尉（熊本地本）▽片岡定行1尉（2後支連）▽片寄賢司1尉（6特連）▽勝倉正二1尉（東北方後支隊）▽加藤孝明2佐（73戦連）▽加藤剛1尉（特教導）▽加藤利行3尉（富校）▽加藤良幸2佐（東方音）▽門岡慎也1尉（高射校）▽金塚裕1尉（4高特群）▽金子福雄2佐（警務）▽樺澤茂男2佐（幌別駐業）▽上窪久行3佐（関東処）▽上甑町仁2尉（19普連）▽上土谷享志2尉（73戦連）▽神之田俊哉2尉（情保隊）▽狩野俊雄2尉（2曹教）▽川口史朗1尉（西方混成団）▽川﨑広次2尉（9後支連）▽川添浩二3佐（幹候校）▽川添幸二2尉（善通寺駐業）▽川田慶介2佐（北方後支隊）▽川辺幸雄1尉（幹候校）▽川野邦彦2尉（九州処）▽川端洋一1尉（8特連）▽川邉豊臣3佐（九州処大分弾支）▽川又進2尉（52普連）▽川本正広2尉（同）▽菅野正文3佐（帯広駐業）▽菊永重秋2佐（需校）▽岸川靖彦1尉（7偵）▽北野良博3佐（札幌駐業）▽北村昌宏2佐（高射校）▽木原保範3佐（高教導）▽木村直司3佐（10特連）▽久司孝一1尉（北方会）▽久川守3佐（警務）▽櫛間誠治3佐（宮崎地本）▽工藤賢史2佐（中情隊）▽久保貞夫2尉（16普連）▽久保田隆夫2尉（東北方航）▽倉石善士夫2佐（5施群）▽倉本泰治2佐（北方）▽栗嵜穂積2佐（愛知地本）▽栗田和彦1尉（補統）▽栗山孝信3佐（北方会）▽久留木壽1尉（北方航）▽黒沢武史2佐（3師団付隊）▽孝治広美2尉（福井地本）▽合田孝1尉（14後支隊）▽古川勝彦2尉（札幌地本）▽小嶋克友2佐（関東処）▽小島登1尉（新潟地本）▽小関智晃2佐（7師団）▽小谷啓治3佐（警務）▽児玉智浩2佐（11旅団）▽児玉英之3佐（24普連）▽後藤繁一2尉（東京地本）▽後藤俊雄3佐（北方情）▽小林治雄2尉（帯広駐業）▽小林弘易1尉（武校）▽小林芳之1尉（東北方後支隊）▽小村嘉弘3佐（10特連）▽齊木晃一2佐（九州処）▽齊藤章伸1尉（情本）▽齋藤茂敏2佐（6後支連）▽齋藤文成3佐（44普連）▽齋藤貴弘2佐（北海道処苗穂支）▽佐方明郎1尉（8後支連）▽坂田年3佐（南関東局）▽坂爪一成3佐（関東処用賀支）▽坂梨正美3佐（大分地本）▽﨑山重喜3佐（警務）▽﨑山博之1尉（情保隊）▽佐々木大裕2佐（小平校）▽佐々木秀明3佐（会監隊）▽佐々木博3佐（東北方）▽笹山美志治1尉（9高特大）▽佐藤茂夫3佐（5高特群）▽佐藤望3佐（北海道処）▽佐藤博2佐（38普連）▽三瓶聡2尉（情保隊）▽重田長太郎2佐（小平校）▽宍戸隆3佐（中音）▽嶋田剛2佐（14普連）▽清水晃2尉（関西処桂支）▽清水信次1尉（7普連）▽城ケ﨑豊1尉（7師団付隊）▽生嶋廣幸2尉（湯布院駐業）▽白田光弘3佐（北海道処）▽神貞則2佐（9師団）▽新貝一洋3佐（会監隊）▽新谷峰生1尉（駒門駐業）▽神宮司悟1尉（43普連）▽進藤隆文3佐（竹松駐業）▽陣内紀匡2佐（補統）▽圖師隆2佐（43普連）▽圖司依明1尉（関西処）▽鈴木修3佐（西方航）▽鈴木修2尉（2後支連）▽鈴木悟志1尉（岩見沢駐業）▽鈴木晋吾1尉（6後支連）▽鈴木守2佐（2曹教）▽鈴木康仁2尉（2高特群）▽瀬川正雄1尉（岩手地本）▽惣道敬1尉（13旅団）▽互野徳雄1尉（警務）▽高根弘子2佐（同）▽高野嘉之3佐（北関東局）▽高橋章2尉（高射校）▽高橋一也2佐（札幌地本）▽高橋東治2佐（仙台駐業）▽高橋孝3佐（栃木地本）▽高橋英俊2佐（20普連）▽高橋宏道3佐（小平校）▽高橋正美1尉（1後支連）▽高橋巳規夫3佐（岩手駐業）▽高橋安夫2佐（中方会）▽高橋康雄1尉（6通大）▽竹内和幸1尉（青森駐業）▽武田守弘3佐（4施群）▽竹谷尚人1尉（福知山駐業）▽竹鼻智嗣3佐（警務）▽田代利一3佐（8特連）▽多田久2尉（遠軽駐業）▽立石幸男2佐（西方）▽田中聖一2佐（警務）▽田端正明2佐（109教大）▽太郎丸明3佐（都城駐業）▽千葉秀樹1尉（岩見沢駐業）▽辻義則2尉（46普連）▽土屋貴一3佐（富校）▽角山昌司2佐（関西処桂支）▽鶴正弘2尉（4通大）▽鶴野明男1尉（43普連）▽土井一夫2尉（静岡地本）▽土井雄策2尉（7師団）▽東海林一吉3佐（6後支連）▽道山政幸2尉（東北方後支隊）▽徳永栄次3佐（通校）▽徳永和也1尉（24普連）▽富岡太郎2佐（情本）▽富沢邦仁3佐（東方航）▽豊嶋政実1尉（札幌地本）▽永石幸男1尉（相浦駐業）▽中尾豊2尉（40普連）▽中沢明弘2尉（地情隊）▽中嶋靖彦2尉（空挺教）▽永田楠也3佐（4高特大）▽中庭忍2尉（北富士駐業）▽中野孝昭2尉（九州処）▽中野久永2尉（中央管気隊）▽永野浩一1尉（関東処）▽長野恒寿1尉（14後支隊）▽中松利一1尉（2後支連）▽中村功1尉（北方通群）▽中村孝博2尉（九州処）▽中村登志光1尉（新発田駐業）▽中村敏也2尉（対警）▽中村満2尉（東方通群）▽中村盛彦3佐（航校）▽中村恭国2佐（幹候校）▽中屋敷明彦2佐（通信保全監査隊）▽永易愛朗3佐（善通寺駐業）▽生江孝之2佐（北方）▽奈良幸崇1尉（北方混成団）▽成田拓生2佐（警務）▽新岡弥3佐（東北処）▽西俊憲1尉（九州処）▽西尾英一2佐（補統）▽西鶴俊郎1尉（中会隊）▽野小生孝幸3佐（西方航）▽野木秀浩3佐（航校霞ケ浦校）▽野尻透2尉（6普連）▽能渡義幸3佐（北海道処）▽野村光洋1尉（中方通群）▽則貞昭秀3佐（4曹教）▽橋口健二1尉（4施団）▽一高美男3佐（4特連）▽元山誠3佐（7高特群）▽橋本英明3佐（52普連）▽橋本守2佐（1師団付隊）▽畠山則雄2尉（1通大）▽服部正人1尉（72戦連）▽馬場民雄1尉（6後支連）▽濱保浩二2佐（13旅団）▽早川三郎1尉（10特連）▽早川正彦3佐（13飛）▽林貴志2佐（補統）▽林順一2尉（103施器）▽林宣義3佐（警務）▽林正祐2尉（4特連）▽林源3佐（出雲駐業）▽原克巳2佐（富教導）▽原成久2尉（神奈川地本）▽原康則2尉（情本）▽服藤尚仁2佐（3施大）▽板東秀典2佐（札幌地本）▽東行義3佐（北海道処多田弾支）▽樋口和博1尉（静岡地本）▽樋口幸利2尉（7高特群）▽樋口義文3佐（北熊本駐業）▽久本洋三2佐（警務）▽檜山良二3佐（即応集団）▽深川幸男2尉（北方通群）▽深沢幸男3尉（1特隊）▽福田保弘2尉（山口駐業）▽福田芳彦3佐（8普連）▽藤井務2佐（西方情）▽藤井雅典1尉（11後支隊）▽藤江登2佐（出雲駐業）▽藤川伊一郎3佐（健軍駐業）▽藤村譲二2尉（1輸送ヘリ群）▽不動秀昭2佐（補統）▽舟見源一2尉（高田駐業）▽古川秀之3佐（奈良地本）▽星野登2尉（青野原駐業）▽星野博2尉（7特連）▽細谷治由2佐（警務）▽堀浩二1尉（石川地本）▽堀野享3佐（東北処）▽前園信哉1尉（熊本地本）▽前田尚人1尉（4特連）▽前田昌仁1尉（福岡地本）▽増田一敏1尉（北海道処苗穂支）▽益塚浩一2佐（札病）▽松浦修2尉（11後支隊）▽松浦正弘3尉（信太山駐業）▽松川俊一2佐（警務）▽松倉富士人2佐（札病）▽松田三男1尉（旭川地本）▽松元憲一3佐（1対艦連）▽松山雅人1尉（9偵）▽丸山克已2尉（九州処）▽三浦勝美1尉（東北方）▽三浦正継2佐（北海道処）▽三浦真佐美3佐（岩手駐業）▽三上三樹3佐（39普連）▽水上和幸2佐（西方）▽水川博章3佐（警務）▽水島明男2尉（千僧駐業）▽溝越秀仁2尉（6師団）▽満田実1尉（2後支連）▽三田文孝3佐（7施大）▽三ツ木文夫3佐（12旅団）▽宮﨑勝彦1尉（4施大）▽宮﨑宏幸2佐（9施群）▽宮田和之2佐（東北方）▽宗村一成1尉（阪病）▽村上成利3佐（6特連）▽村上孝行3佐（2施群）▽村上英樹2尉（愛媛地本）▽村上義秋2佐（15旅団付隊）▽村田一夫1尉（中国四国局）▽村松良樹3佐（3曹教）▽室田操2佐（警務）▽室谷道郎3佐（同）▽目黒剛3佐（東北方特隊）▽本村茂樹2佐（宮崎地本）▽森規新2佐（熊病）▽森川武1尉（久居駐業）▽盛田伸二2佐（九州処）▽森本逸三2尉（118教大）▽森本治由3佐（14旅団）▽八鍬英彦3佐（6後支連）▽安武優一3佐（警務）▽柳澤徳昭1尉（1普連）▽山上康雄2佐（春日井駐業）▽山川龍太郎2佐（武校）▽山口完二2尉（1ヘリ野整備隊）▽山口芳彦3佐（宮城地本）▽山崎淳也2佐（9師団）▽山崎一2尉（旭川駐業）▽山﨑英俊1尉（6施群）▽山﨑広志3佐（警務）▽山添要一3佐（10特連）▽山田義昭2尉（11施群）▽大和徳夫1尉（9特連）▽山中哲治2佐（福岡地本）▽山村浩三3佐（警務）▽山本譲司2尉（41普連）▽山本貢久3佐（兵庫地本）▽結城篤志2佐（北方通群）▽横尾穣二3佐（1師団）▽横山俊彦2佐（東北方付隊）▽吉岡国雄2佐（姫路駐業）▽吉田一彦2佐（2普連）▽吉田和彦3佐（北方）▽吉田幸一3佐（警務）▽吉原薫2佐（52普連）▽吉本祐介3佐（警務）▽米屋貴1尉（函館駐業）▽和田房夫2佐（10師団）▽渡部栄司3佐（3音）▽渡邊茂喜1尉（九州処）▽渡邊強3佐（6戦大）▽渡辺裕1尉（東北方通群）▽渡邊守2佐（関東処松戸支）▽渡邊要一2佐（44普連）▽渡邊佳久3佐（高射校）▽渡幸男3佐（愛知地本）

◆海自(132人)

▽阿部博文1尉（佐警）▽有馬明彦3佐（月空基）▽有山正行2尉（佐造補所）▽安樂義明1尉（対潜隊）▽飯田正人2尉（潜水艦まきしお）▽池田鉄兵1尉（23空）▽石井寿美秀2佐（九州局）▽石坂隆一1尉（佐造補所）▽石塚寿1尉（大基業）▽石堂和俊2尉（佐警）▽石原誠2佐（村空基）▽伊藤立介2佐（八空基）▽井上正志2佐（情本）▽井村忠之3佐（標的隊）▽内田三郎1尉（横警）▽嬉野憲次2佐（護衛艦くらま）▽海老澤俊明1尉（基礎情報隊）▽大川郁生2佐（護衛艦いせ）▽大森和秀3佐（佐教）▽大西賢一1尉（余防）▽大西誠一2尉（25空）▽大野重巳2佐（九州局）▽岡田伸生1尉（佐弾補所）▽岡田裕次3佐（202整補隊）▽岡本直樹2尉（同）▽岡本不二男3佐（海洋観測艦にちなん）▽奥田晴茂2佐（203整補隊）▽笠生明1尉（潜水艦救難母艦ちよだ）▽片山正澄2佐（101掃隊）▽勝又和也2佐（館空基）▽金丸俊一1尉（22整補隊）▽上吹越貴2尉（1整補隊）▽川上弘美1尉（大基業）▽川添繁保2佐（佐指隊）▽河内進幸1尉（呉教）▽河野弘典3佐（舞監）▽川森良二1尉（大警）▽神田健一郎3佐（輸送艦くにさき）▽菊地薫3佐（大警）▽木田昭仁1尉（八警分）▽木部昇2尉（2術校）▽木村正雄1尉（横警）▽木村靖彦2佐（掃支隊）▽日下晴夫3佐（近畿中部局）▽草瀬雅樹1尉（情本）▽楠本文明2尉（鹿空基）▽窪田昌信2尉（佐教）▽黒木浩治2尉（佐警）▽桑本勲1尉（呉監）▽小泉優2尉（基礎情報隊）▽兒玉啓二郎2佐（補本）▽小西誠1尉（佐指隊）▽小林庸了2尉（対潜隊）▽紺野誠2尉（大基業）▽齋藤正行2佐（203教空）▽佐々木博周3佐（佐監）▽佐藤公宣2佐（203整補隊）▽佐藤健一1尉（下基）▽柴田隆道1尉（1術校）▽下田一雅1尉（2空群）▽新屋武志2尉（呉警）▽菅生正雄1尉（硫空基）▽鈴木彰2尉（館空基）▽住尚充3佐（1整補隊）▽高木龍一2尉（月空基）▽高橋孝一3佐（横造補所）▽高橋英生2尉（22空）▽高橋勇作1尉（鹿駿所）▽田代美知雄2尉（空補処）▽田中伸二2尉（5整補隊）▽田本信秀1尉（佐弾補所）▽辻本昭一2尉（舞教）▽續安男3佐（5整補隊）▽常守宏1尉（館空基）▽津曲泰弘3佐（1整補隊）▽寺崎隆文2佐（輸送艇1号）▽戸島英之輔3佐（業務隊）▽富岡弘吉3佐（2整補隊）▽永江恒志1尉（鹿空基）▽中倉達明2尉（佐教）▽長崎敏幸2佐（3術校）▽中島博文2佐（同）▽中島均2尉（51空）▽中城章雄1尉（203教空）▽中村新吾3佐（訓練支援艦くろべ）▽成松尚登2佐（1術校）▽西原博道3佐（同）▽野口成一2尉（佐警）▽則信光秀3佐（鹿駿所）▽橋浦雅之3佐（横監）▽橋村文三3佐（44掃隊）▽橋本健治郎3佐（標的隊）▽橋本節夫2佐（岩空基）▽波部一成3佐（23空）▽濵﨑英嗣3佐（佐教）▽濱田身一2佐（203教空）▽濵野眞路1尉（呉教）▽早坂政義2尉（幹校）▽林勝徳3佐（護衛艦きりしま）▽原義顕2佐（佐指隊）

◆空自(108人)

▽赤川茂1尉（三病）▽浅田孝也3佐（2補）▽浅山雄治3佐（幹候校）▽飯島昭二2尉（中病）▽石井昌二3佐（4空団）▽石井泰夫2佐（情本）▽石嶋一男3佐（7空団）▽伊藤宏一3佐（北関東局）▽伊藤盛1尉（1補立川支）▽入口民夫2佐（中警団）▽岩﨑恵子3佐（防指群）▽梅原弘幸2佐（佐賀地本）▽江口浩3佐（2術校）▽榎濱巳3佐（西警団）▽大泉靖3佐（気象群）▽大田一宏2佐（幹校）▽大谷裕治3佐（3高群）▽大津範夫2佐（1空団）▽岡甚一郎2佐（空教隊）▽岡西功3佐（3補）▽岡本健也2佐（12教団）▽奥田公風1尉（電実群）▽小山田武2佐（3輸空）▽勝河昭典2佐（4術校）▽加[illegible]

## ■瑞宝単光章(322人)

◆陸自(193人)

▽青柳充彦3尉（1特群）▽圷政克3尉（北海道処）▽浅沼政明3尉（1ヘリ団）▽阿部慎治3尉（宮城地本）▽荒川義人3尉（通校）▽安西琢美3尉（6特連）▽安藤弘3尉（北海道処）▽池上幸治3尉（中方総監部付隊）▽池端芳美3尉（東北会）▽石井昭3尉（東北方通群）▽井田教夫3尉（米子駐業）▽板谷英男3尉（西方通群）▽伊藤忍3尉（東千歳駐業）▽井上守3尉（21普連）▽今井政弘3尉（札幌地本）▽今岡勉3尉（出雲駐業）▽岩井渉3尉（富校）▽植繁男3尉（13旅団付隊）▽内山雅貴3尉（空挺団）▽大塚和夫3尉（42普連）▽大野好文3尉（10施群）▽大薮昭宏3尉（10後支連）▽小川原康友3尉（28普連）▽小副川志郎3尉（71戦連）▽小田和博3尉（札幌地本）▽小野寺信行3尉（大和駐業）▽小幡秀男3尉（9師団付隊）▽小畑良弘3尉（統幕）▽影山富夫3尉（44普連）▽葛西富夫3尉（青森地本）▽笠松均3尉（104施器）▽片岡章彦3尉（兵庫地本）▽片岡祐幸3尉（11特隊）▽片岡隆一3尉（2特連）▽勝山隆征3尉（6普連）▽金子森夫3尉（1普連）▽金原正一3尉（4高特群）▽金本憲昭3尉（広島地本）▽鎌田豊3尉（14旅団付隊）▽鎌徳康二3尉（13後支隊）▽神永真3尉（宇都宮駐業）▽榧木利満3尉（11普連）▽川島隆康3尉（4特群）▽川畑良三3尉（千葉地本）▽北野照之3尉（東方混成団）▽木村雅人3尉（13施隊）▽清田利一3尉（42普連）▽清原良次3尉（那覇駐業）▽久保田富士夫3尉（丘珠駐業）▽熊谷克則3尉（東北方通群）▽熊谷幹夫3尉（2通大）▽倉田勲3尉（旭川駐業）▽栗栖裕仁3尉（13旅団付隊）▽黒澤和久3尉（茨城地本）▽源内初美3尉（17普連）▽小池雄二3尉（熊本地本）▽小泉正勝3尉（静岡地本）▽高津順一3尉（北方通群）▽後長清二3尉（出雲駐業）▽小名川洋一3尉（大分地本）▽小西富士雄3尉（善通寺駐業）▽古根村豊3尉（11特隊）▽小林利夫3尉（高知駐業）▽小深田隆盛3尉（41普連）

◆海自(52人)

◆空自(77人)


**発売中！ 2021自衛隊手帳**

2022年3月末まで使えます。

使いやすいダイアリーはNOLTY能率手帳仕様。
年間予定も月間予定も週間予定も
この1冊におまかせ！

YEARLY　MONTHLY　WEEKLY

お求めは防衛省共済組合支部厚生科(班)で。
(一部駐屯地・基地では委託売店で取り扱っております)
Amazon.co.jp または朝雲新聞社ホームページでもお買い求めいただけます。

編集／朝雲新聞社
制作／NOLTY プランナーズ
価格／本体 900円＋税

朝雲新聞社
〒160-0002 東京都新宿区四谷坂町 12 － 20KK ビル
TEL 03－3225－3841　FAX 03－3225－3831　http://www.asagumo-news.com

# 危機管理産業展に空幕援業課が出展

## 「平時の備えが未来を救う」

空幕援護業務課は10月21日から23日まで、東京都江東区の東京ビッグサイトで開かれた「危機管理産業展」に空自ブースを出展した。「平時の備えが未来を救う〜退職自衛官活用のススメ」をキャッチフレーズに、来場した企業関係者に退職自衛官の活用を勧める就職援護活動を行った。企画・指揮した援護業務課長の荒武香織1佐に出展の狙いを聞いた。(7面に関連記事)

会場内では、空自のブースもにぎわっていた。外観はブルーインパルスをイメージした青と白で統一され、その前には課員が投票で決めたキャッチフレーズ「平時の備えが未来を救う〜退職自衛官活用のススメ」の看板が。それを見て足を止めた企業関係者に「危機管理に強い人財(人材)、御社でもいかがでしょうか」と課員がPRした。

2018年に続き2回目となる今回の出展で指揮を執った荒武1佐も自ら、来場者からの質問の一つ一つに答え、空自をPRしていた。

「会場では『自衛官は何歳で退職し、退職後はどんな仕事をしているのか。階級に応じた仕事とはどういうものか』などの質問を受けました。これに対し、退職自衛官は危機管理に強い人財であることを含め、具体的に説明しました」と話す。

最新の防災グッズを見に来た企業関係者からは「危機管理産業展に空自が？」と不思議に思い、ブース前で足を止める人も多く見られた。3日間で約900人以上が訪れ、用意した約2000部のチラシもすべてはけたという。

「援護業務課が危機管理に強い人財のPRに力を入れ始めたのは3年前からで、2年前の展示会で求人を多くいただけた実績があります。その後も地道に危機管理に強い航空自衛官の魅力をアピールし、世間でも少しずつその認識が広がってきました」と荒武1佐。

ブースでは空幕援業課に勤務するパイロット、高射、整備など各職種の隊員がそれぞれの服装で説明に当たり、航空自衛官の強みなどを丁寧に説明していた。

「多くの人が集まる展示会は自衛官をPRする良い機会。ブース出展によって空自への認知度を高めた上で、現役時の経験を生かして企業や地域で活躍できる退職航空自衛官の長所を、これからも訴えていきたい」と荒武1佐は語った。

井筒空幕長も防衛省での記者会見で危機管理産業展への空自の出展について触れ、「退職後も危機管理に役立つ人財を再就職先の企業に紹介するために出展する。多くの人にご来場いただき、自衛官の人財の価値を認識してもらい、隊員が退職後も社会に貢献できる機会となれば」と意義を語った。

(菱川浩嗣)

「危機管理産業展」の空自ブースを訪れた人々に対し、退職自衛官の活用をアピールする空幕援業課の隊員たち(写真はいずれも10月21日、東京都江東区の東京ビッグサイトで)

空幕援業課が作成した退職自衛官雇用のチラシ。約2000枚が配布された

空自隊員の資質について企業関係者の質問に答える荒武空幕援護業務課長(左)

# 募集・援護

特集

平和を、仕事にする。

ただいま募集中！
◇自衛官候補生・貸費学生(技術)
◇高工校生徒(一般・推薦)
★詳細は最寄りの自衛隊地方協力本部へ

## 「砕氷艦しらせ展」開催　旭川　元57次隊員も来場

【旭川】地本は10月9、10の両日、旭川駅前のショッピングモールで市街地広報「砕氷艦しらせ展」を開催した。会場では海自から提供された「南極の氷」も併せて展示し、「しらせ」の活動内容を動画やパネルで説明。来場者は2万年前に閉じ込められた空気が水に溶けだして「プチプチ」と聞こえる氷の音に太古の地球を体感。小学6年生の女の子は「すごい！2万年前の空気！匂いがしない」と驚いていた。

このほか、第57次隊で「しらせ」に乗って昭和基地に派遣された元観測隊員の女性も来場、説明していた地本隊員を驚かせた。厚真町から訪れたという家族は「胆振東部地震で自衛隊にお世話になった。大変な仕事だが頑張って」と隊員にエールを送った。

併設の「自衛隊説明ブース」では、広報官が募集対象者に自衛隊の組織やキャリアアップなどを説明した。

旭川地本主催の「砕氷艦しらせ展」を訪れ、南極の氷の音を聞く小学生(10月9日、旭川市で)

## 明野駐屯地でヘリの体験搭乗　三重

【三重】地本は10飛行隊(明野)と航空学校(同)の支援を受け、9月5日にUH1多用途ヘリ、27日にCH47J輸送ヘリへの体験搭乗を行った。両日とも晴天に恵まれた。

若者を中心とした参加者は最初にヘリや部隊の説明などを受け、飛行場地区に移動。ヘリのローターが巻き起こす風に驚きながらも、目の前の機体に歓声を上げて搭乗。約15分のフライトを楽しんだ。参加者の一人は「今度は隊員になってヘリを操縦したい」と話すなど、入隊意欲を高めていた。

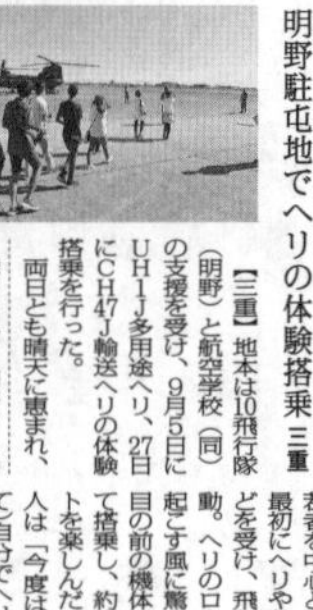

陸自CH47輸送ヘリに向かう体験搭乗の参加者たち(9月27日、明野駐屯地で)

## 中学生徒に防災実技教育　和歌山

【和歌山】地本は10月7日、304水際障害中隊(和歌山)の支援を受け、海南市立第3中学校の生徒1、2年生120人に対し防災実技教育を行った。

教育は5グループに分かれ、ロープワーク・土のう作業・患者搬送・救急法の体験や人命救助システムなどの体験をローテーションで行った。

学習中、支援した女性自衛官が同校に通う息子と対面するというサプライズもあり、生徒たちから歓声が沸いた。

講話では、川口寛喜3尉が「防災への備え」と題して日頃からの準備の大切さや災害時に注意すべきことなどスライドを使って説明した。

参加した生徒は「今回学んだことを今後に役立てたい」「服で患者を運べるとは思わず、驚いた」などと話していた。

## 宮崎地本長に石原1空佐

10月13日付の異動で宮崎地本長が交代した。新任本部長の略歴は次のとおり。

石原　信也(いしはら・しんや)1空佐　宮崎地本長　防大38期。平成6年空自。21年2空佐、[illegible]　長崎県出身。50歳。

## 将来を見据えて「育てる広報」にも着意を

### 部外講師に竹本元1海佐

### 広報官を対象とした勉強会

【大阪】地本は10月8日、部外講師として竹本教育研究所所長の竹本三保元1海佐を招き、広報官を対象とした勉強会を開催した。

竹本元1佐は海自在隊時に兵庫地連募集課長、青森地本長を歴任。退職後は民間公募で、大阪府立狭山高校の校長として5年間にわたって教育に携わった。

勉強会では、「自衛官と教育者の経験から伝えたいこと」をテーマに募集対象者の特性、学校との関係構築の要領、広報官の心構えについて説明。質疑応答では広報官の疑問や悩みに対し、自らの経験を踏まえて回答した。

参加者に高校との関係構築に悩みを抱える広報官が多かったことから、竹本元1佐は校長の経験を踏まえて学校組織の特徴や教諭が日頃から考えていることと、イベント調整の時期などについて詳しく解説、「一方的に要望を通そうとしてはだめです。相手のニーズを聞き取る『傾聴』が最も大事」「今だけを追いかけてはいけません。将来を見据えて地域に種まきを行う『育てる広報』にも着意しなければ」とアドバイスした。

広報官らからは「竹本さんの現状を打破し続けてきた姿勢に感銘を受けた」「目からウロコ。目標達成ばかりに目がいってしまっていたが、今後は育てる広報にも力を入れていきたい」などの感想があった。

竹本氏は講演後、「若いころから国防と教育が国の柱だと考えてきた。その両方を経験した自分がその一端を後輩に伝えることができてよかった」と語った。

大阪地本の広報官に対し自身の地本や学校での経験を踏まえて助言する竹本元1海佐(10月8日、大阪地本で)

# ラジオで広報

## 瀬戸内分屯地隊員が出演　鹿児島

【鹿児島】奄美大島駐在員事務所は10月7日、地元ラジオ局「あまみエフエム」の協力を受け、昨年3月に新設された瀬戸内分屯地に勤務する奄美出身隊員によるラジオ広報を行った。

同局は島口(島の方言)によるニュース、島唄、災害情報などを発信、奄美市を中心とする約2万800世帯の島民に親しまれている。奄美大島所が、高千穂神社の神主で同局のパーソナリティーを務める當郷裕之さんの番組に着目し、積極的な交渉により隊員の出演が実現した。

当日は301地対艦ミサイル中隊(瀬戸内)に所属する奄美大島出身の4隊員と奄美大島所長の森田正2海尉が出演。當郷さんから入隊した感想について聞かれ、隊員たちは「きついこともあったが、同期との絆を深めて乗り越えられた」「早く一人前の自衛官になりたい」などと回答した。

唯一女性で参加した奄美大島所に臨時勤務中の西竹唯南1士が将来の夢について「素敵な自衛官と結婚し、幸せな家庭を持つことです」と答えると、スタジオ中が笑いに包まれた。

奄美大島のラジオ番組に出演した瀬戸内分屯地に勤務する隊員たち。左奥は森田所長(10月7日、「あまみエフエム」で)

## 前田副本部長がPR　山形

【山形】副本部長の前田義道2陸佐は10月2日、山形コミュニティ放送ラジオモンスターの番組「自衛隊百科」に出演した。

同番組は毎週金曜日の午後5時15分から放映され、今回は「入隊動機と恩返し」というテーマで今年8月に着任した副本部長がリスナーに語りかけた。

前田2佐は入隊動機について、「最初は自分自身の生活の安定のため、自衛隊を選んだ。そんな入隊動機でも続けてこられたのは、自衛隊が行う全てのことが、『有事の際に任務完遂できるようにするため』というやりがいと、組織が大きく、さまざまな個性がある『人』との出会いのおかげ」と語った。

終盤には、「地本でのこれからの期間は、今までの自分自身の自衛官生活に対する恩返しの機会だと思っている。若者、特に将来のビジョンを描けていない人に、『平和を仕事にできる自衛隊という職業』を選ぶきっかけを与えられたら」と抱負を述べ、「自衛隊は敷居が高くない職業。気軽に私たちにご相談を」とPRした。

「入隊動機と恩返し」をテーマにリスナーに語りかける山形地本の前田副本部長(右)=10月2日、山形市のラジオモンスターで


一般住宅、駐車場及び道路などの外構工事、舗装工事を行っております。
必要な資格取得も当社にて応援いたします。未経験でも大丈夫です。

《正社員》一般土木工事・舗装工募集

【仕事内容】建物廻りの外構工事、道路、駐車場等の路盤、舗装等 ※現場は主に千葉県内、近郊都市となります。
【就業場所】〒290-0068 千葉県市原市八幡浦2-8-1
【資格】学歴不問、必要な経験・知識・技能等あれば尚可、経験者優遇、普通自動車免許(AT限定不可)や中型自動車免許あれば優遇
【給与】固定給241,000円〜287,000円
【就業時間】8:00〜17:00
【休日】日曜日、年末年始、夏季休暇、その他 ※会社カレンダーによる ※原則日曜日休み(現場状況、天気により日曜日出勤あり)
【待遇】マイカー通勤可(駐車場あり)、試用期間2ケ月、通勤手当実費支給(上限15,000円)、昇給あり、賞与年2回あり、雇用保険、労災保険、健康保険、厚生年金
【応募方法】TEL後、履歴書(写真貼付)を郵送下さい。詳細は面接時にご連絡いたします。
入居可能住宅　宿舎:ワンルーム(5畳)　家賃:月額12,000円　食費:1日2,000円(朝・昼・夕食)
一般土木・舗装業　株式会社 高吉組　〒290-0068 千葉県市原市八幡浦2-8-1　☎090-5582-1068 / 0436-42-6179(高橋)

— 千葉県:市原市で働いてみませんか!? —
正社員募集　機械に興味のある方、大歓迎!!　20代、30代の方 活躍中!!
【機械メンテナンス作業員と管理職業務】【旋盤工】
◎内容／石油プラント内の機械設備の保全管理・施盤工
●給与／基本給 220,000円〜
●時間／8:00〜17:00
●休日／土曜日、日曜日、祝日、年末年始、その他会社カレンダーによる
●資格／普通自動車免許、未経験者大歓迎
●待遇／賞与有、社会保険完備、交通費月2万円迄支給、車通勤可、資格取得支援制度有、昇給有
●応募／履歴書(写真貼付)を電話連絡の上ご郵送下さい。
未経験者大歓迎
3〜5名のチームでの作業です。はじめはチームリーダーについて作業していきますので、ゆっくり慣れていってください。
協力会社同時募集
住宅相談可
有限会社 江戸川メンテナンス　送付先住所／〒290-0005 千葉県市原市山木386　TEL.0436-25-6630(採用担当)

まもなく定年を迎える皆様へ
25%割引(団体割引)
隊友会団体総合生活保険
隊友会団体総合生活保険は、隊友会会員の皆様の福利厚生事業の一環として、ご案内しております。
現役の自衛隊員の方も退職されましたら、是非隊友会にご加入頂き、あわせて団体総合生活保険へのご加入をお勧めいたします。
公益社団法人 隊友会 事務局

| | |
|---|---|
| 傷害補償プランの特長 | ●1日の入通院でも傷害一時金払治療給付金1万円 |
| 医療・がん補償プランの特長 | ●満80歳までの新規の加入可能です。 |
| 介護補償プランの特長 | ●本人・家族が加入できます。●満84歳まで加入可能です。 |
| 無料※でサービスをご提供「メディカルアシスト」 | ●常駐の医師または看護師が緊急医療相談に24時間365日いつでも電話でお応えします。※一部、対象外のサービスがあります。 |

引受保険会社
東京海上日動火災保険株式会社
担当課：公務第一部　公務第二課
TEL 03(3515)4124
資料請求・お問い合わせ先
取扱代理店　株式会社タイユウ・サービス
●隊友会役員が中心となり設立
●自衛官OB会社
〒162-0845 東京都新宿区市谷本村町3-20 新盛堂ビル7階
TEL 0120-600-230
FAX 03-3266-1983　http://taiyuu.co.jp
資料は、電話、FAX、ハガキ、ホームページのいずれかで、お気軽にご請求下さい。
※上記は団体総合生活保険の概要を紹介したものです。ご加入にあたっては、必ず「重要事項説明書」をよくお読みください。ご不明な点等がある場合には、お問い合わせ先までご連絡ください。
20-TC05169　2020年10月作成



隊員の皆様に好評の
『自衛隊援護協会発行図書』販売中

| 区分 | 図　書　名 | 改訂等 | 定価(円) | 隊員価格(円) |
|---|---|---|---|---|
| 援護 | 定年制自衛官の再就職必携 | ◎ | 1,300 | 1,200 |
| | 任期制自衛官の再就職必携 | | 1,300 | 1,200 |
| | 就職援護業務必携 | | 隊員限定 | 1,500 |
| | 退職予定自衛官の船員再就職必携 | | 720 | 720 |
| | 新・防災危機管理必携 | | 2,000 | 1,800 |
| 軍事 | 軍事和英辞典 | | 3,000 | 2,600 |
| | 軍事英和辞典 | | 3,000 | 2,600 |
| | 軍事略語英和辞典 | | 1,200 | 1,000 |
| | (上記3点セット) | | 6,500 | 5,500 |
| 教養 | 退職後直ちに役立つ労働・社会保険 | | 1,100 | 1,000 |
| | 再就職で自衛官のキャリアを生かすには | | 1,600 | 1,400 |
| | 自衛官のためのニューライフプラン | | 1,600 | 1,400 |
| | 初めての人のためのメンタルヘルス入門 | | 1,500 | 1,300 |

※ 令和元年度「◎」の図書を改訂しました。

| | |
|---|---|
| 消費税 | 価格は、税込みです。 |
| 発送 | メール便、宅配便などで発送します。送料は無料です。 |
| 代金支払い方法 | 発送図書同封の振替払込用紙でお支払。払込手数料はご負担ください。 |

お申込みは「自衛隊援護協会」ホームページの「自衛官の皆様へ」タブから
「書籍のご案内」へ・・・スマホで今すぐ検索「自衛隊援護協会」
(http://www.engokyokai.jp/)
一般財団法人自衛隊援護協会
電話：03-5227-5400、5401　FAX：03-5227-5402　専用回線：8-6-28865、28866

# 後期・遠洋練習航海部隊 所感

世界的にコロナが蔓延する中、北米・太平洋方面を約2カ月かけて巡った海自の令和2年度後期・遠洋練習航海部隊（練習艦「かしま」、練習艦隊司令官・八木浩二将補以下、実習幹部約110人を含む約310人）が10月21日、呉基地に帰国した。後期・遠航は、北太平洋の米アラスカ州沿岸に進出した後、一転、南下してハワイ州のパールハーバーに寄港。その後、海自艦艇として初めて北マリアナ諸島のサイパンに入港した。コロナのため上陸はできなかったが、パールハーバーでは米海軍太平洋艦隊司令官のジョン・アクイリノ大将が岸壁から「海軍士官のリーダーシップ」をテーマに講話、実習幹部たちは「かしま」甲板に整列して聴講した。以下は航海中や各寄港地での写真と実習幹部の所感文。

## アラスカ、ハワイ巡った2ヵ月
### 海自艦として初 サイパンに入港

太平洋上に架かった大きな虹を背に、手で丸を作って記念撮影に納まる実習幹部たち（10月17日）

# コロナ禍で深めた同期の絆

## 遠航で学んだ二つのこと

3海尉　高石　天馬

今年度の遠洋練習航海は、コロナ禍より「寄港なし、上陸なし」という、乗艦経験のほとんどない私たち実習幹部にとって、非常に過酷なものであった。

かく言う私自身、艦艇乗組を希望していながら、海が荒れた日には必ず気分が悪くなり、万全の状態で訓練を行うことが難しい時もあった。そのような時、訓練を休もうかと何度も考えたが、船酔いになっていても頑張る同期や、体調の優れない私の代わりに業務を行ってくれた同期を見て、最終的には訓練を一度も休まずにやり遂げることができた。

この経験から学んだことは二つある。一つ目は「自然の力は偉大である」ということだ。波によって破損した飛行甲板の安全ネットを目の当たりにした時は、大自然の大きな力を現実的な脅威として感じた。この自然にいかに立ち向かい、乗り越えるかということを考える貴重な経験となった。

二つ目は「いつも誰かが頑張っている」ということである。私が体調を崩していた時も同期が業務を代行してくれ、艦は常に動いていた。自分が休んでいる時でも誰かが働いてくれているからこそ、艦で生活を送れるということを痛感した。

今回の遠航は、例年と異なるものであったが、見方を変えれば、「例年なら経験できなかったことを、私たちだけ経験ができた」とも言えるだろう。今回学んだことを、これからの部隊勤務において発揮していきたい。

## 「陰あるところに光あり」

3海尉　中根　聖太

本年度の遠航は、前・後期に分けられ、いずれも「長期無寄港航海」という、異例に異例を重ねた航海となった。遠航中の醍醐味ともいえる寄港や現地の人々との交流ができず、正直なところ、私は本航海を通して何を得られるのか疑問に思っていた。しかし、「陰あるところに光あり」。かけがえのないものを得ることができた。それは「同期の絆」である。

我々は本当に長い時間、共に過ごしてきた。江田島の幹部候補生学校では1年間寝食を共にしてきた。その1年に引き続き、全長143メートルの「小さな日本」（練習艦「かしま」）の上で、前・後期それぞれ44日間と55日間の航海を過ごしてきた。

その間、大海原や満天の星空といった大自然の猛威や素晴らしさを体験し、艦上で実施された各種イベントや訓練の成功・失敗などのさまざまな喜怒哀楽を分かち合うことで、何事にも代えがたい同期の絆を得ることができた。

我々は、2度の長期無寄港航海を乗り越え、強固な同期の絆を得ることができた。この絆は今後、皆それぞれの任地へ赴いたとしても消えることはない。私はそう確信している。

呉基地に帰国、八木練習艦隊司令官（左）から握手で激励され、「かしま」を下りる実習幹部たち（10月21日、呉基地で）

## 幹部自衛官としての航海 始まる

3海尉　中山　勇輝

私は前期に練習艦「しまゆき」で、後期は練習艦「かしま」で遠洋練習航海を経験した。前期は真水節減のために海水風呂での入浴、後期は6メートル近い荒波の中の荒天航行や毎朝の天測による睡眠不足を経験した。

これらの経験から艦内生活の特異性や海洋の国際性を感じるとともに、苦しい中で助け合う同期のありがたさを痛感した。また、米海軍との共同訓練や友好国との親善訓練を通じ、アジア太平洋における地域の安定と安全には諸外国との協調が重要であり、今後もこの地域における海上自衛隊のプレゼンスを示し続けなくてはならないと感じた。

我が国を取り巻く安全保障環境は言うまでもなく緊迫しており、海上自衛隊の任務は日々重要度を増している。このような環境下、私たちは防衛大学校から今日まで5年半という長い教育期間を終える。

情勢が変化しようとも、自衛隊の国防という任務は変わることがない。遠洋航海は終わるが、私たちの海上自衛隊での幹部自衛官としての航海は始まったばかりである。

㊤後期・遠航の3番目の寄港地となったパールハーバーに入港する練習艦「かしま」。右奥は「戦艦ミズーリ記念館」（9月28日）
㊦最後の寄港地となったサイパンでは、島民の阿波踊りチームによる太鼓演奏で迎えられた（10月15日）

過酷な環境の中、教育訓練に臨む実習幹部たちに、「かしま」の給養員が腕によりをかけてスイーツを作り、バイキング形式で振る舞ってくれた（9月19日）

## 多くの人の支えを実感

3海尉　米田　彩夏

後期の遠航ではどのような日々が待ち受けているのか、また、自分が任務を達成できるのか不安だったが、今こうして全航程を終えられたことに安堵している。気象・海象が変化しやすい海を舞台に実施した長期間における艦の生活は、慣海性の向上に大きく寄与した。

振り返ってみると、艦では常に誰かと空間を共有し、誰かの視線にさらされており、一人の空間というものはトイレやベッドくらいしかなかった。一見、窮屈なように感じるが、そのような中でもゆっくり読書をする時間や、運動する時間など、一人一人が自分の時間を作り、日々工夫して過ごしていた。

また、今年の遠航は新型コロナの影響により海外での上陸ができなかった。そのため、我々が長期間の航海に耐えられるよう、ストレス軽減のための細かな気配りや、良好な生活環境の維持、そして楽しく過ごすためのイベント等が企画され、たくさんの思い出を作ることができた。

私は、多くの人の支えによって艦内生活が成り立っていることを実感しつつ航海を終えることができた。これから部隊に行っても、艦の生活が基本となるため、この長い航海で得たことを糧に、広い視野と心配りをもって今後の勤務に臨みたい。

岸壁に立つ米海軍太平洋艦隊のアクイリノ司令官（左壇上）の講話を聴講し、「かしま」艦上から質問する実習幹部（9月28日、ハワイ州のパールハーバーで）

## 共に過ごした同期は私の宝

3海尉　柳川　悠太

「55日間無上陸」という長い航海を終え、高い士気を保ち、任務を遂行することの難しさ、そしてそれを支えてくれた同期のありがたさを感じた。

いかに通常の護衛艦よりスペースに余裕のある練習艦といえども、あくまでも艦であり、陸上で生活するより行動が制限されることは言うまでもない。しかも、いまだかつて経験したことのない長期間の艦内生活に、ストレスが徐々に溜まっていった。

疲労が溜まってくると、自分では気づかないうちに心に余裕がなくなり、小さなことにイライラしたり、些細な他人の言動や行動が許せなくなったりする自分がいて、私は自分に起きている変化に戸惑いながらも、自分自身ではなかなか手を打てずにいた。

そのような私を助けてくれたのは同期だった。私の中に芽生えた不寛容さに気づいたことを打ち明けると、「俺の部屋にコーヒーでも飲みに来いよ」と誘ってくれ、他愛のない話で私の気分を紛らわしてくれた。多くの同期と話をして笑っていると、自分の悩んでいることや直面していることが小さなことに感じられ、次第に気分も晴れていった。私は、同期からストレスに対処する方法を学んだ。

これまで共に支え合ってきた同期とは、この航海の終わりとともに離れ離れになる。しかし、共有した時間や70期の同期は私の宝である。次は部隊だ。もう隣に同期はいない。かけがえのない宝を胸に、任地に旅立つ。

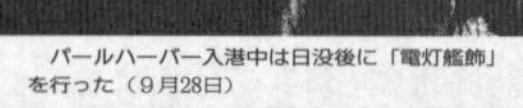

パールハーバー入港中は日没後に「電灯艦飾」を行った（9月28日）

航海中の教育で、「かしま」乗員（右）から機関銃についての説明を受ける実習幹部たち（10月6日）


資産を守り、育てるための防衛策を。

何よりも大切にしたいのは、ご家族のゆとりある暮らしの支えとなること。
ご退官後の資産形成に、安定と安心、そして未来への希望をお届けするために、
儲けるためではない、資産を守り育てるための投資という選択を考えてみませんか。

ご面談いただいた方に〈特典実施中〉※WEBでの面談も可能です
Amazonギフト券 3,000円分プレゼント！

マンション経営には、心配や不安を解消してくれる確かなメリットがあります。
ご退官後の不労所得になる
生命保険の代わりとして
少額の資金ではじめられる

TOHSHIN PARTNERS
宅地建物取引業 国土交通大臣(1)第9540号
(公社)全日本不動産協会会員
(公社)不動産保証協会会員
(公社)首都圏不動産公正取引協議会加盟
東京都武蔵野市吉祥寺本町1-33-5 www.tohshin.co.jp

お電話でのお問い合わせは
0120-60-7900
受付時間10:00～18:30（土日・祝日を除く）

副業規定に抵触しない資産形成をサポートします。

・首都圏270棟13,500戸の供給実績（2020年10月現在）
・入居率99.7%（2019年平均）
・グッドデザイン賞7年連続受賞・10棟目（2020年ZOOM新宿夏目坂）

GOOD DESIGN AWARD 2020

あさぐも 吉本どんど

Sieuiri eiliel cln
モクモク
アラビア語じゃわからん 日本語で話してくれ
そなたの願いを特別にひとつだけ叶えてさしあげましょう
えっじゃ… 年末ジャンボ1等7億円に当選…!!
申しわけありません 願いはひとつだけです
すでにひとつ日本語で話せという願いが叶えられています

## 22警戒隊

# レーダー助言14万回達成

## 部隊一丸、39年かけ偉業

【中警団＝入間】空自中部航空警戒管制団隷下の第22警戒隊（御前崎、隊長・松本安弘2佐）はこのほど、「レーダー助言実施回数14万回」を達成した。監視小隊員のたゆまぬ努力に加え、部隊一丸となって装備品や施設を良好な状態に維持管理し、昭和56年の助言開始以来、約39年かけて偉業を成し遂げた。

「レーダー助言14万回」を達成し、レドームの前で記念撮影に納まる松本隊長（後列右端）以下、22警戒隊の隊員（御前崎分屯基地で）

22警戒隊は御前崎分屯基地（静岡県御前崎市）に置かれる中警団隷下のレーダーサイト部隊。日本領空に外国の航空機が不当に侵入することがないよう24時間態勢で太平洋岸の周辺空域をレーダーで監視している。平成30年に創設60周年となった。

周辺空域を飛行する空自機への安全運航に関わるレーダー助言を実施。主に訓練空域の保持、他機との接近防止などを、11飛教団（静浜）、1空団（浜松）、各輸送航空隊、航空救難団（司令部・入間）の各保有機に対して行う。

監視小隊の隊員（警戒監視員）が日々、24時間態勢で職務に当たる。また、通信電子小隊員が同じく24時間態勢でレーダーの保守整備を行っている。

空自機の安全な運航などに寄与し、39年間かけて偉業を達成した22警戒隊。松本隊長は「監視小隊員のたゆまぬ努力のみならず、部隊が一丸となり装備品や施設を良好な状態に維持管理した結果、今回の偉業を達成することができた」と語るとともに、「これをひとつの通過点として、引き続きみんなで一致団結し、安全、確実に任務を遂行していく」と決意を新たにしている。

# 飛教隊創隊20周年　新田原基地で式典

飛教隊創隊20周年式典で記念塗装機を背に写真に納まる出席者（10月17日、新田原基地で）

飛教隊20周年記念行事の一環として、23飛行隊のF15戦闘機計19機が記念塗装機を先頭に堂々の地上滑走を披露した（9月8日、新田原基地で）

## F15のパイロット550人送り出す

【飛教隊＝新田原】空自飛行教育航空隊（隊司令・高口拓二1佐）は10月6日、創隊から20周年を迎え、同17日、新田原基地で記念式典を行った。

飛教隊は空自主力戦闘機、F15戦闘機のパイロットを養成する唯一の部隊で、これまでに550人の操縦士を送り出し日本の空の防衛に貢献している。

式典は新型コロナウイルス感染防止のため、基地外からの参加者は宮崎県内に限定。隊所属隊員、新田原基地所在部隊長、協力団体、OB会の会員ら約180人が出席した。

### 次の10年見据え育成に力尽くす

高口隊司令は「国防の第一線で活躍できる精強な操縦士の育成に尽力し、次の10年へと伝統を引き継いでまいります」と力強く決意を語った。

尾山正樹基地司令は隊への期待と、愛情とユーモアを交えた課程学生への激励の言葉を贈った。「くろこま会」（隊協力会）の財津吉和会長、川村信三OB会会長も祝辞を述べた。

一方、式典に先立って飛教隊は9月8日、記念行事の一環として、隷下の23飛行隊のF15戦闘機による地上滑走を基地滑走路で実施。齋藤三博23飛行隊長が操縦する記念塗装機を先頭に、19機のF15が堂々の滑走を披露した。

## 山田元支援集団司令官　危機管理産業展で講演

# 「恐れず指示を明確に」

国内最大級の危機管理関連産業の展示会「危機管理産業展（RISCON）」が10月21日から23日まで、東京都江東区の東京ビッグサイトで行われ、元空自支援集団司令官の山田真史氏（現・全日空顧問）が「災害派遣活動等を経験して―指揮官の責務」と題し講演。大災害への対処の際の指揮官が持つべき心構えなどを語った。（5面参照）

自身の災害派遣時の経験を踏まえ、指揮官の責務について講演する山田元支援集団司令官（10月23日、東京ビッグサイトで）

山田氏は西空司令官在職時に熊本地震など、支援集団司令官時は、西日本豪雨、インドネシア・スラウェシ島地震での国際緊急援助空輸隊派遣などを経験。その際の教訓から、迅速な初動対応と現場意見の尊重、適切な人数の派遣の重要性を強調した。

さらに、災害時に求められるリーダーシップとして、「最初に部下に対し、求めていることを示すことが重要。リーダーの不安は部下に伝染するため、恐れず、指示を明確に出すべきだ。（平時には）組織の状態を自分なりに把握し、非常時を想定して自分を鍛えておくことで自信が生まれる」と訴えた。

また、被災時の事業継続計画（BCP）の重要性を強調。「BCPを現実に合わせ、いつまでに何をするかを明確にしておくべき。私が指揮官の時は優秀な部下が案を練ってくれた。そうした人材を育てることも大切だ」と述べた。

さらに「自治体でも自衛官が危機管理部署に採用されている。少なくとも佐官以上の隊員はリーダーとしての訓練を受けており、企業の危機管理の人材として活躍できる」と退職自衛官の有用性もアピールした。

# 艦上で再会

## 「IPD20」参加のきょうだい2組

【2護群＝佐世保】令和2年度インド太平洋方面派遣訓練「IPD20」に参加している2護衛隊群の護衛艦「かが」艦上などでこのほど、2組のきょうだいが再会した。

2護群の「かが」と「いかづち」は9月18日から10月17日まで、「IPD20」に参加。潜水艦部隊の「しょうりゅう」と南シナ海で対潜訓練を、補給艦「はまな」と沖縄沖の洋上で洋上補給を行った。

この間、ベトナム・カムラン寄港の際、「かが」艦上で同艦給養員の姉平山晃子士長と「しょうりゅう」電機員の弟平山竜行士長が再会。また、洋上補給の際、「はまな」航海長の兄戸室圭人2尉と、「いかづち」搭載回転翼機操縦士の弟戸室卓也3尉が海上で再会した。2組のきょうだいは絆を確かめ合い、それぞれの任務の完遂を誓っていた。

「IPD20」参加中の護衛艦「かが」艦上で再会し〝腕タッチ〟する姉平山晃子士長（右）と弟竜行士長（10月10日、ベトナム・カムラン港で）

## こちら警務隊

火災予防①

### 建物等を燃やし失火罪確実に「消火」の確認を

寝たばこなどの不注意で火事を起こしたら、罪になりますか？

警戒！！
ストーブ

過失により自分以外の人が居住、所有または実際にいる建物等を燃やした場合は、失火罪に該当し、50万円以下の罰金に処せられます。

自分だけが居住または自分が所有する建物等で人がいない場合や建物等以外の物であっても過失で燃やし、不特定または多数人の生命、身体、財産に対する公共の危険を生じさせた場合も同様に本罪が成立します。

たばこや暖房器具等の使用後は確実に消火を確認し、普段から火災予防を心掛けましょう。

（東北方面警務隊）

## リモートで入校式

### 空教隊440人

【防府南】航空教育隊2教育群（群司令・大垣雅之1空佐、熊谷）はこのほど、122期初任空曹課程、23期空曹予定者課程の入校式を新型コロナウイルス感染防止のため、リモート形式で行った。

初の試みとなったリモート形式の入校式は、空教隊司令代理執行者の大垣2教群司令、立会者、教育担当教官、代表学生がメーン会場の2教群会議室に、その他の学生は教育講堂に整列。それぞれの状況をライブ配信しながら進められた。

学生たちは代表学生の号令の下に整斉と敬礼などの動作を行い、入校式は例年と遜色なく終了した。学生440人は、コロナ禍の中、修学目標の「自ら考え行動できる空曹」となるべく約2カ月間、教育訓練に励んだ。

リモート形式で行われた空教隊2教群の入校式で、該当コースの履修を命じる大垣2教育群司令（左）＝2教育群会議室で

## 小休止

▽…滋賀地本（地本長・河野淳司1陸佐）はこのほど、彦根市役所からの依頼を受け、「国宝彦根城クリーン作戦」に参加、同城石垣に生える草木の除去を行った。

▽…作戦は滋賀県防衛協会彦根支部長、柴田謙氏の「多くの人の目に触れる場所で活動することで自衛隊への理解者も増えるのでは」との助言がきっかけ。今津駐屯地（3戦車大隊）への支援依頼、協定書締結など1年間の準備を経て実施に至った。

▽…セレモニー＝写真＝終了後、清掃作業が始められ、3戦車大隊の隊員28人が天秤櫓、天守下を重点的に約10メートルの長尺はしごを使って草木の除去を行った。一方、地本は敷地内に広報ブースを設置。来訪者に積極的に声掛けを行うなど自衛隊のイメージアップにも努めた。（滋賀地本）

よろこびがつなぐ世界へ KIRIN
一番搾り
おいしいとこだけ搾ってる。
KIRIN'S PRIME BREW
KIRIN BEER 一番搾り
Brewed from only the first press of genuine malt for a crisp, delicious flavor.
〈麦芽100%〉
ALC.5% 生ビール 非熱処理
お酒
ストップ！20歳未満飲酒・飲酒運転。お酒は楽しく適量で。
妊娠中・授乳期の飲酒はやめましょう。のんだあとはリサイクル。
キリンビール株式会社

# 朝雲・栃の芽俳壇

畠中草史 選

鯛を聞く四十の手を止めて　熊谷・空OG　福元万理子
普段の生活の中での一瞬、台所での夕飯支度でふっと耳にした景。都会では味わえない。
小鳥来る信玄攻めし城山に　あきる野・一般　小和田一男
武田勢が攻め落とした城山という石碑だけがたっている。四季折々の景の中で今は小鳥。
戦国の昔偲ぶ曼珠沙華　浜松・空OB　宮本　立男
秋晴し天守への道ほがらか　小牧・陸OB　松岡　魚青
尾根線は西日の中を鳥渡る　宮崎・空OB　高木　智念
湖底より浮き上がりきし鯔雲　大津・陸OB　丸岡　正男
戸を開けて一人夜の客となる　館山・海OB　斎藤　一向
浅蜊飯食ぶ窓頭に星の虫　横浜・一般　福本　祥子

草野球打球の先に鰯雲　熊谷・空OB　工藤　敏雄
爽涼や木の教坂さげし大師像　浜松・空OG　木通　佳子
老いることを忘れておりし秋の空　富谷・陸OB　加川　師亨
宮司瀬の色を変へ風の霊堂　相模原・一般　森　謙二
身支度済み出番をくぐる秋の雨　熊谷・空OG　関田　絹江
朝の日を欲し鶴を追ひ大根　相模原・海OG　折口　彗子
蜂の鳴きるる部屋の片隅で　熊谷・空OB　蓮佛志向子
薄原「君隗の歌」口遊む　中央・陸OB　本高　静舟
ペットより籠慣れし空に鰯雲　新座・陸OG　牧　浩子
朝顔の一輪に天呼びけり　熊谷・空OG　佐藤　玲美

秋雨や自転車で行く用ひとつ　西東京・空OB　水島　孝雄
墓参の礼交じりてあひ秋ぞう　熊谷・空OB　明田　眞雅
病む耐へ杖つかぬ秋の故郷なり　町田・陸OB　岩原　滋利
一斉に蟬鳴きたせり雨上んで　新座・陸OB　船田藤三郎
秋空にヘリコプターの音響く　熊谷・空OG　関谷　彗
古刹より狸出まし猛暑かな　横浜・一般　松浦　良保

選者作品
啄木と北条の墓塵の虫　畠中草史

**投句歓迎！**
▽郵便はがきの裏面に未発表の作品3句以内と事前に住所・氏名・年齢・電話番号を記入の上、〒162-8801東京都新宿区市谷本村町5-1 防衛省内・朝雲新聞社「栃の芽俳壇」係へ。
電話03-3225-3841 FAX03-3225-3831

# みんなのページ

# コロナ災派で宿泊支援要員

**3空曹　内藤 大貴（航空医学実験隊4部低圧訓練科・入間）**

私は去る5月1日から14日までの間、千葉県の成田空港近傍にある宿泊施設において、新型コロナウイルス感染症に対する水際対策強化に係る災害派遣に「宿泊支援要員」として従事しました。

防衛省・自衛隊は、新型コロナに対する災害派遣活動として、成田空港や羽田空港における帰国者や入国者に対する検疫のほか、PCR検査の結果が出るまで待機する施設での生活支援や輸送などの支援を実施しました。私が従事した宿泊支援要員としての活動は、厚生労働省が指定した宿泊施設に宿泊する帰国者への配食等の生活支援を、ホテル従業員や厚生労働省職員と協力して行うものでした。

宿泊施設内は、感染防護の観点から、帰国者が宿泊するエリアとそれ以外のエリアに区画分けされていました。宿泊支援要員は、感染予防のためゴーグルやマスクなどを装着し、手指消毒などを行うことで感染対策を講じました。

また、帰国者には我々と直接接触しないよう、施設内の放送を利用し、配食終了まで自室で待機していただきました。配食の要領は、宿泊している部屋のドアノブに食事の入った袋を掛けていくだけの非常に単純なものでした。

しかし、帰国者数は日々増減するため、帰国者が多い日は配食数が多く時間もかかり、その分だけ帰国者を待たせてしまうことになりました。帰国者は、ただでさえ隔離されてストレスを感じている中、食事さえも自由に摂ることができないとなると、かかるストレスはかなりのものだったと想像されます。

そのような状況にもかかわらず、帰国者の方々からの感謝の言葉が書かれたメモが連日のようにドアなどに貼られており、私自身が励まされるとともに、職務へのやりがいを心の底から感じることができました。

また派遣期間中は航空幕僚長、空自准曹士先任から直接激励もいただき、改めて自分の業務の重要性について認識することができました。

今回、私は一人の自衛官としてコロナ対策の業務に従事し、感染する不安も正直ある中、無事任務を遂行することができました。この任務を通して、支援者も被支援者もともに不安を抱える中で、お互いがお互いのことを思いやる気持ちが大切だということを実感しました。このような大変貴重な経験ができたことに感謝するとともに、この経験を生かして今後も業務に邁進していきたいと思います。

最後になりましたが、当時、ご支援いただいた皆さまに深く感謝の意を表させていただきます。本当にありがとうございました。

新型コロナへの対処で成田空港近くの宿泊施設に派遣され、帰国者の生活支援に従事した航空医学実験隊の内藤大貴3曹

# 牧場で働きながら予備自に

**予備2陸士　大熊 茜（宮崎地本）**

私は、牧場に勤務するかたわら予備自衛官補の訓練に参加し、昨年11月、予備自衛官に任用されました。そして今回初めて都城駐屯地で予備自衛官訓練に参加しました。

これまでは予備自補だったので、自衛隊未経験者同士の訓練に参加していましたが、今回は自衛隊OB（G）のベテランの方々との訓練となり、体力面や技術面でついていけるかとても不安でした。

しかし、先輩方から道具の使い方や射撃姿勢などさまざまなアドバイスをいただき、とても嬉しかったです。また、先輩方の知識量はとても豊富で、いろいろ教えていただき、とても勉強になりました。

一年ぶりの射撃では、細かい動作や準備を忘れていた部分がありましたが、教官から銃を構える時のコツを丁寧に教えていただき、苦手な部分はすぐに克服できました。恥ずかしかったのですが、直すことができました。

予備自補の時は射撃の「コーチ」を班長がやってくれていたのですが、今回は小銃射撃時のコーチも予備自の隊員同士で行う訓練でしたので、緊張しました。初めてやり方や流れも分からなかったのですが、班長や先輩方のアドバイスを受けてやり遂げることができました。

予備自補の時は射撃のことを忘れずに頑張りたいです。

予備自補から予備自を目指す方々に私の経験を少しでも伝えられたらと思います。これからも指導してくださる方々に感謝しながら、技術・知識を高めていきます。担当地本の班長、予備自の仲間をはじめとする関係者の皆さま、5日間、ありがとうございました。

予備自訓練のため都城駐屯地に着隊した大熊茜予備2陸士

# OBがんばる

**村田 幸治さん　56**
平成29年12月、東北補給処（仙台）を最後に定年退職（3陸佐）。電気設備工事会社のサンテックに再就職し、工事用地の管理や補償の業務を担当している。

## 自衛隊の経験は役立つ

私はサンテック東北支店の設備工事部で電気設備工事を担当しています。主な仕事は工事用地の補償・交渉・契約・管理の業務です。

退職後の就職先は、地本援護センターから当社を紹介されました。その業務内容に興味を持ち、資格・条件（普通免許、高卒、足腰が健康）も問題なかったので、その後、詳しい説明を受けて入社を決めました。サンテックは自衛隊OBの採用は実績があり、近年、自衛隊OBの応募も多いそうです。

入社後はまずは先輩の施工担当者について現場を回り、仕事のやり方を覚えました。今では一人で担当し、フォークリフト、玉掛けなどの資格も取得しました。また、送電線が通る山間部に入っての業務も実施しています。

初めての業務でしたが、今の仕事では自衛隊在職間の経験と知識がとても役立っています。今になって思えば、部隊で補給業務、経理、保全、訓練、物品管理など多くの業務に携わってきたことが、とても良かったと思います。皆さん、体力を維持し、健康で退職できれば自ずと道は開けると思います。

就職活動は、自分が希望する職種の求人がなく、どうしようかと思っていました。

# 警備犬も広報の動画撮影に協力

**空曹長　橋本 勝利（中警団司令部・入間）**

中部航空警戒管制団基地業務群の警備犬管理班では、班長以下、隊員と警備犬が一丸となり、動画撮影に協力しました。

警備犬管理班は、新型コロナの影響で一般の部隊見学ができないため、動画により募集対象者に航空自衛隊を「仮想体験」させる取り組みの一環として、東京地本の依頼を受け、広報用動画の撮影に協力しました。これは新型コロナの影響で、一般の部隊見学ができないため、動画により航空自衛隊を知ってもらうことを目的としています。

今回、東京地本への撮影協力では、隊員が防火衣を着装して消火活動訓練の撮影も行いました。

最後は消防小隊員がホースを持って「この作業は非常に体力を使い、使命感を強く持ち、克服している」と語りました。警備犬の撮影では、警備犬の能力を最大限に発揮できるよう、隊員と警備犬が一体となってリアルな動きを収めた写真を撮影しました。

# 訂正

10月15日付の「令和2年度陸自新隊員教育」の所要記事中、「金融機関」とあるのは「金融機関」でした。お詫びして訂正します。

# 第1246回出題

## 詰碁

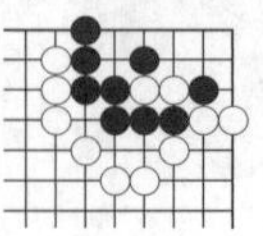

白先
（黒を取ってください）
5分でできれば初級以上です。

出題　日本棋院
九段　曲　励起

▶詰碁、詰将棋の出題は隔週です◀

## 詰将棋

出題　日本将棋連盟
九段　石田　和雄

≫第830回の解答≪
【正解】▲3三桂□同桂▲3一角成□同玉▲4二飛□2二玉▲2三金までの七手詰め。
【解説】▲3三桂と捨てるのが好手。□同桂に▲3一角成と捨て、□同玉に▲4二飛までの手順です。

# 新刊紹介

## 「新しい軍隊」

松村 五郎著

陸自時代、第3次イラク復興支援群長として現代の対テロ戦の最前線を見てきた著者（元東北方面総監、元陸将）が、最先端の兵器を投入しながらも中東やアフリカの戦場で結果を出せないアメリカ軍を例に、多様な戦いに対処できる「新しい軍隊」の必要性を提言した書だ。

日本など西側の部隊は組織化された同様の正規軍に対処すべく編成されているが、近年の複雑化した戦争では大規模な武力衝突は生起せず、従来の編成ではグレー事態への対処が困難だと指摘。自衛隊も「今の状態が本当に時宜にかなっているのか常に検証していかないと、血のにじむような訓練もピンはずれの努力になる」と警鐘を鳴らす。

中国やロシアは米欧が介入できないよう、密かに既成事実を作り上げる「多様化戦」を行っている。これに対応できる防衛力の整備が最も必要だ。さらに、西側の部隊も国民と共に「グレーゾーン」の防衛行動を常に国民目線で考えることが求められている。

（内外出版刊、1760円）

## 「愛する日本人へ」

李登輝著、門田隆将監修

日本と台湾の懸け橋となった巨人の遺言

日本と台湾の懸け橋となった李氏は日本統治時代の台湾・淡水に生まれた。京都帝大に進み、学徒出陣で日本陸軍に入隊。戦後、台湾に戻り政治家として総統にまで上り詰めた。氏は「日本人より日本人らしい」と言われ、死ぬまで日本へのメッセージを送り続けた。本書は、彼の不屈の精神と、その根源にある日本への思い、日本人が誇るべき精神などが語られている。「公に尽くす」「日本精神」の大切さを説く李氏の言葉は、日本人の心に響くだろう。

（宝島社刊、1760円）

NEDERLAND 15
（世界の切手・オランダ）

一つのことに人生をかけるって、本当に美しい。
葉加瀬 太郎
（ヴァイオリニスト）

朝雲ホームページ
www.asagumo-news.com
<会員制サイト>
Asagumo Archive
朝雲編集部メールアドレス
editorial@asagumo-news.com


# 予備自衛官等福祉支援制度のご案内

**予備自衛官等福祉支援制度とは**
一人一人の互いの結びつきを、より強い「きずな」に育てるために、また同胞の「喜び」や「悲しみ」を互いに分かちあうための、予備自衛官・即応自衛官または予備自衛官補同志による「助け合い」の制度です。
**※本制度は、防衛省の要請に基づき「隊友会」が運営しています。**

制度の特長

## 割安な「会費」で慶弔の給付を行います。
会員本人の死亡 150万円、配偶者の死亡 15万円、子供・父母等の死亡 3万円、結婚・出産祝金 2万円、入院見舞金 2万円他。

## 招集訓練出頭中における災害補償の適用
福祉支援制度に加入した場合、毎年の訓練出頭中（出頭、帰宅における移動時も含む）に発生した傷害事故に対し給付を行います。※災害派遣出勤中における補償にも適用されます。

## 「相互扶助功労金」の給付
3年以上加入し、脱退した場合には、加入期間に応じ「相互扶助功労金」が給付されます。

**加入資格**　予備自衛官・即応予備自衛官または予備自衛官補である者。ただし、加入した後、予備自衛官及び即応予備自衛官並びに予備自衛官補を退職した後も、満64歳に達した日後の8月31日まで継続することができます。

**会費**　予備自衛官・予備自衛官補・・・毎月　950円
即応予備自衛官・・・・・・・・・・毎月1,000円
※3ヵ月分まとめて3ヵ月毎に口座振替にて徴収します。

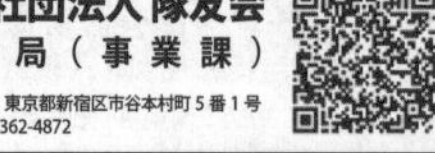

お問い合せ
公益社団法人 隊友会
事務局（事業課）
〒162-8801 東京都新宿区市谷本村町5番1号
電話　03-5362-4872


# 引越の3社合見積は 隊友会へ！！

引越は料金よりサービス

実費払いですので **安い業者** を探す必要はありません。

隊友会は、全国ネットの大手引越会社である
日本通運、サカイ引越センター、アート引越センター3社の見積を
**一括して手配します！！**
この3社の見積書と引越料の領収書を提出し引越料を精算できます。

① 引越相談会あるいは個人相談等で申込書に必要事項を記入し、隊友会会員に手渡してください。スマホやパソコンで、右下の「QRコード」から、もしくは「隊友会」で検索して隊友会HPの引越合見積専用ページにアクセスし必要な事項を記入してください。
② 3社から下見の調整が入ります。見積書の受領後に利用会社を決定してください。
③ 引越しの実施。
④ 赴任先の会計隊に、領収書と3社の見積書を提出してください。

お問い合せ
公益社団法人 隊友会
事務局（事業課）
〒162-8801 東京都新宿区市谷本村町5番1号
電話　03-5362-4872

朝雲

発行所 朝雲新聞社
〒160-0002 東京都新宿区四谷坂町12-20 KKビル
電話 03(3225)3841
FAX 03(3225)3831
振替00190-4-17600番
定価一部170円、年間購読料9170円（税・送料込み）

すてきな未来応援します
フコク生命
防衛省団体取扱生命保険会社
フコク生命

# オスプレイ飛行訓練開始

## 東京湾、相模湾上空で練成

### 陸自木更津

陸自が導入中の最新鋭の輸送機V22オスプレイの飛行開始式が11月3日、木更津駐屯地で行われ、6日には同機を運用するヘリ団輸送航空隊のパイロットによって初の試験飛行が報道陣に公開された。湯浅陸幕長は日米海兵隊司令官とともに飛行開始式に出席し、隊員への訓示で「V22は日米の相互運用性を一層拡充させるためにも重要で、強固な日米同盟の象徴だ」と述べ、V22の運用開始の意義を強調した。

V-22飛行開始式典　令和2年11月3日

陸自のV22オスプレイの飛行開始を記念し、テープカットする湯浅陸幕長（壇上左から3人目）ら。後方は701号機＝11月3日、木更津駐屯地の航空機格納庫で

## 陸幕長「強固な日米同盟の象徴」

木更津駐屯地の航空機格納庫で11月3日午前、V22オスプレイの「飛行開始式」が行われた。式場には陸自用に迷彩塗装された初号機（701号機）が据えられ、その後方には日の丸が掲げられた。同機の前には22を運用する輸送航空隊の隊長不破悟1佐以下約150人の隊員が整列し、式には湯浅陸幕長をはじめ、吉田圭秀陸上総隊司令官、荒井正芳陸幕防衛部長、米第3海兵機動展開部隊司令官ハーマン・クラーディ中将ら日米の幹部が参列した。

最初に中央音楽隊の松永美智子3曹が「君が代」を独唱し、開式。続いて執行者の東岡光二ヘリ団長が「V22は（陸自にとって）頼もしい存在であり、……という原点に立ち返り、今後歩みを止めることなく、ヘリ団の隊員一同、世界最強の米海兵隊に並ぐオスプレイ部隊になれるよう、一歩一歩着実に進んでいく」と述べた。

続いて湯浅陸幕長が訓示に臨み、「V22オスプレイの……V22は固定翼機と回転翼機の長所を併せ持ち、……島しょ部への機動展開能力を向上させるだけでなく、災害救援や離島での緊急患者空輸などにも優れた性能を発揮する。米海兵隊も同機を運用していることから、日米の相互運用性を一層拡充させるためにも重要で、V22はまさに強固な日米同盟の象徴だ」と述べた。

最後に米海兵隊のクラーディ司令官が記念品にサインし、式を終えた。

## 初試験飛行は成功

陸自のV22オスプレイ705号機の初の試験飛行は6日、木更津駐屯地の滑走路上で行われた。

同機（機長・佐藤博1尉以下5人）は格納庫から滑走路までの約800メートルを自走し、午前10時45分に離陸を開始。地上から高さ1メートルまで上昇し、ホバリングしたまま前進や後退を行った。この間、クルーが計器類や油圧・油温のチェックと機体の操縦性などを確認した。初回の試験飛行は約10分間で終了し、705号機は問題なく着陸した。

試験飛行後、機長の佐藤1尉は地上で見守った輸送航空隊長の不破悟1佐に「V22は異常なく、振動が少ない良い機体です」と報告した。

不破隊長は報道陣に対し、「アメリカで訓練を重ねてきた隊員が自分たちの手できめ細やかに点検・整備を行い、無事ホバリングを終えてくれたことに手ごたえを感じている。今後は安全確保に万全を期し、着実に能力の向上を図っていきたい」と述べた。

輸送航空隊は11月10日以降、東京湾や相模湾の上空で飛行訓練を開始し、搭乗員の練成を進めていく。

ホバリングする705号機（11月6日、木更津駐屯地で）

# 厳粛に殉職隊員追悼式

## 菅首相参列　25柱の名簿奉納

令和2年度の自衛隊殉職隊員追悼式が11月7日、防衛省慰霊碑地区（メモリアルゾーン）で行われ、25柱（陸14柱、海8柱、空2柱、機関1柱）の殉職隊員の遺族をはじめ、自衛隊最高指揮官の菅首相、岸防衛相、防衛省・自衛隊高級幹部ら約100人が参列し、昭和25年の警察予備隊創設以来の殉職隊員2001柱（陸1074柱、海467柱、空430柱、その他30柱）の冥福を祈った。

国歌斉唱に続き、新たに昨年9月1日から今年8月31日までの間に公務による死亡の認定を受けた25隊員の名前が読み上げられ、岸大臣が25柱の名簿を奉納。陸自302保安警務中隊による特別儀仗隊が捧げ銃、陸自中央音楽隊が「国の鎮め」を演奏する中、参列者全員が拝礼、黙とうした。

追悼の辞で菅首相は「国の存立を担う崇高な職務に殉ぜられた自衛隊員の御霊に対し、謹んで追悼の誠を捧げます。御霊は強い責任感を持って職務の遂行に全身全霊を捧げ、自衛隊員としての誇りと使命感を自らの行為によって示された」と殉職隊員を悼むとともに、「御霊に対し、深甚なる敬意と感謝の意を表します。その尊い犠牲を無にすることなく、ご遺志を受け継ぎ、国民の命と平和な暮らしを守り抜き、世界の平和と安定に貢献するため全力を尽くすことを誓います」と決意を述べた。

（5面に続く）

追悼の辞を述べる菅首相（11月7日、防衛省慰霊碑地区で）＝防衛省提供

海自砕氷艦「しらせ」の出国行事で、整然と行進して同艦に乗り込む乗員たち（11月6日、海自横須賀基地の逸見岸壁で）

# 南極に向け「しらせ」出港

## 初の無寄港・無補給

文部科学省の第62次南極地域観測事業を支援する海自の砕氷艦「しらせ」（艦長・竹内周作1佐以下乗員約180人）が11月6日、横須賀基地から南極の昭和基地に向けて出港した。

今年は「新型コロナウイルスを南極に持ち込まない」という観点から、海自が同支援業務を開始した昭和40年以降、初めて無寄港・無補給で日本と南極間を往復する。「しらせ」は、事前の総合訓練で補給艦「ましゅう」と初の洋上補給訓練を行うなど、不測の事態にも備え準備を行ってきた。

出国行事は午前10時から横須賀基地の逸見岸壁で行われ、山村海幕長、増子豊統幕副長をはじめ、上地克明横須賀市長ら来賓約80人が出席。乗員家族はコロナ予防のため、出席が見送られた。

増子副長は整列した乗員を前に山崎統幕長の訓示を代読し、「極地という厳しい勤務環境において、無寄港・無補給という例年とは異なる制約が加わる中で過酷な任務に従事することとなるが、一致団結して使命を全うすることを期待する」と述べた。

続いて山村海幕長が「竹内艦長には観測隊員と乗員のストレス軽減策についても十分に配慮し、相互緊密な連携と強固なチームワークの確立に努めてほしい」と激励した。

この後、竹内艦長が増子副長に出国を報告。乗員たちが整然と行進して「しらせ」に乗り込み、午前10時半、汽笛を鳴らして出港した。

「しらせ」は、横須賀港外で約2週間の停留期間を経た11月20日、62次観測隊の橋田元隊長以下44人を艦内に収容して出国する。フィリピン南方沖からインドネシア東方のマカッサル海峡を通過してインド洋に進出した後、12月11日ごろに南緯55度を越え、南極リュツォホルム湾の昭和基地を目指す。

現地では食料や燃料など約1050トンの物資を陸揚げするほか、基地の施設設営や野外観測などを支援する。来年1月下旬に持ち帰り物資約520トンを積んで昭和基地を離れ、2月22日に横須賀に帰国する予定だ。

# 防衛相　「2プラス2」を早期開催

## インドネシア国防相とテレビ会談

岸防衛相は11月2日、インドネシアのプラボウォ・スビアント国防相と約30分間のテレビ会談を行い、「自由で開かれたインド太平洋」の維持・強化に向け、防衛協力・交流を引き続き強力に推進していくことで一致した。

両氏は、10月20日に同国で首脳会談を行った菅首相とジョコ大統領の合意を踏まえ、2015年12月の初会合以来となる外務・防衛担当閣僚協議「2プラス2」の早期開催でも一致。防衛当局間の緊密なコミュニケーションを継続していくことを確認した。

さらに、防衛装備・技術協力に関する協議の推進を含め、2国間の防衛協力・交流について意見を交換。

新型コロナウイルスの影響を踏まえ、災害派遣活動における感染予防策の知見や教訓の共有など、感染症対策の分野でも防衛協力を推し進めていくことを申し合わせた。

一方、東・南シナ海を含む地域情勢をめぐっては、海洋進出を強める中国を念頭に、「法の支配に基づく自由で開かれた海洋秩序が重要だ」との考えを再確認。岸大臣は「力を背景とした一方的な現状変更の試みや、緊張を高めるいかなる行為にも強く反対する」と述べた。

# 日米印豪共同訓練　「マラバール」実施

## 防衛相「4カ国の連携重要」

オーストラリア海軍が13年ぶりに加わった日米印豪4カ国の海上部隊による共同訓練「マラバール2020」（日米印主催）が11月3日から6日まで、インド東方海域で行われた。

海自からはソマリア沖・アデン湾での海賊対処活動を終えて帰国途中の水上部隊36次隊の護衛艦「おおなみ」（艦長・石寺隆彦2佐以下約190人）が参加。インド海軍からは駆逐艦「ランヴィジェイ」、フリゲート「シヴァリク」、補給艦「シャクティ」、潜水艦「シンドゥライ」とP8I哨戒機など、米海軍からは駆逐艦「ジョン・S・マケイン」、豪海軍からはフリゲート「バララット」が加わった。

訓練では、対潜戦、対空戦、対水上・対空射撃、洋上補給などの訓練を行い、戦術技量を高めるとともに、日米印豪4カ国の連携を強化した。翌7日には日米豪の3カ国艦艇が引き続き各種戦術訓練を実施した。

岸大臣は11月4日の記者会見で「民主主義や法の支配といった普遍的価値を共有する日米印豪の4カ国が緊密に連携していくことは『自由で開かれたインド太平洋』の維持・強化を進めていく上で極めて重要である。今後も4カ国間での協力を追求していく」と語った。

「マラバール」は1992年に米印2国間訓練として始まり、海自は2007年から参加し、今回で9回目。

# 豪フリゲート艦「瀬取り」を監視

防衛省は10月29日、北朝鮮船舶による国連制裁逃れのための違法な「瀬取り」を監視するため、豪海軍フリゲート「アランタ」が10月下旬から東シナ海を含む日本の周辺海域で警戒監視活動を行うと発表した。

豪海軍艦艇の参加は2018年10月、19年5、10月に続き4回目。

「瀬取り」監視には18年4月から英、仏、豪、ニュージーランド、カナダの艦艇や航空機が日本との共同訓練などあらゆる機会に我が国とその周辺海空域に派遣され、海自や米軍と連携して活動に当たっている。

## 春夏秋冬

# 技術経済安全保障とは

小谷 賢

最近、永田町・霞が関界隈から「（技術）経済安全保障」という言葉が聞こえてくるようになった。今年の4月には内閣官房の国家安全保障局に経済班が設置され、経済分野における安全保障の議論が進められているという。また兼原信克・前国家安全保障局次長は、同局設置の理由を「日本政府内に、日本が保有する重要な軍事転用可能な『機微技術』の全体像を把握している者がいない。逆に、米国や中国の方が我が国の機微技術の全体像に詳しい」と述べている。

そもそも「経済安全保障」という言葉は新しいものではなく、経済と安全保障の重複の拡大により、1980年代に一時的に使われたことがある。しかし当時は「経済的相互依存」以上の意味合いを持つことがなかったため、その後廃れ、最近になって再び使われ出したという経緯がある。現在の意味は、AIやドローンといったデュアルユース技術（軍用・民生用両方に使える技術）を……したことで、国家が率先して国内先端産業の維持を図り、他国に依存しないことで国家の安全保障に資する、というものである。最近の5Gの主導権をめぐる米中の確執はその最たるものだ。

他方、我が国ではこれまで先端技術と安全保障を結び付けて考える発想が希薄であった。そのため、日本で開発される技術情報が海外に流出する事案が後を絶たない。最近でも京都大学のiPS細胞研究所からの情報漏洩が問題視された。また、日本の大学・民間企業に所属する研究者にはセキュリティ・クリアランス（国による身分保障）が発行されないため、欧米における国際的な共同研究にも参加できないでいる。今や諸外国では、最先端の技術開発に関わる者は、情報漏洩への懸念からクリアランスが要求される時代なのだ。

個人的にはまず国が率先して「（技術）経済安全保障」の定義を明確にし、国際的にも通用するようなルールを作成することが望ましいと考える。そしてこれは最近の課題などではなく、歴史を紐解けば、我が国でも経済と安全保障は密接に結びついてきたことがわかる。戦前の日本は主に経済的な理由から太平洋戦争を始めたし、1980年代後半から90年代にかけては、東芝機械ココム違反事件や航空自衛隊の次期主力戦闘機導入計画など、米国が日本の産業と軍事の接近を問題視した事案もあった。このような過去の事案は、今後の教訓とされなくてはならない。

（日本大学危機管理学部教授）

## 朝雲寸言

選挙には欠かさず投票してきた。例え相応しい候補者がいない時でも投票場に足を運んで白票を投じたこともあった。認められた唯一の政治的活動が投票することだったからである▼ただし、海外で勤務していた時期だけは投票していない。当時は国外居住者に投票権がなかったからである。1998年公職選挙法が改正され、国外居住者の国政選挙への選挙権行使の機会が保障された。今では南極観測隊や国際協力業務で海外で活動中の自衛隊員も選挙権を行使できるようになった▼現在、140万近くの日本人が海外で生活しているという。この数字が無視できないものであるばかりでなく、その多くが我が国や企業を代表する人々であることを考えれば当然のことであった。430万人近くの人材を海外に展開している米国は1986年、軍人や海外在住の米国市民の不在者投票制度を大幅に改善している▼アトランタ・オリンピックが行われた1996年、2期目を目指す現職大統領が圧勝した選挙を現地で経験した。やや盛り上がりに欠けた選挙であったと記憶している。しかし、現職優位とされる米大統領選挙で今回ほど盛り上がり世界から注目された選挙もなかった▼4年前に大方の予想を覆して当選したトランプ大統領に対する米国民の審判が下されたと見るべきだろう。あるいは米国が抱える分断の闇は相当深いと見るべきか。我が国の安全保障への影響は計り知れない。

創設60周年記念
ブルーインパルスマスク（青・白2色）
マスク素材等
・綿95%、スパンデックス5%
・フリーサイズ（男女兼用）
・フィット感良好、伸縮素材
・丸洗い繰り返し使用可能
2枚セット価格 1,600円（税込・送料別）（色は組合せ自由）
5セット以上ご注文の際は1割引で販売！
㈱タイユウ・サービス
TEL03-3266-0961 FAX03-3266-1983
ホームページ タイユウ・サービス 検索

好評発売中！
第2版 英和・和英 国際軍事略語辞典
共済組合販価 1,200円
自衛官 国際法小六法 《平成30年版》
共済組合販価 2,190円
陸上自衛隊 新文書実務 《新訂第9次改訂版》
共済組合販価 1,980円
陸上自衛隊 補給管理小六法 《令和2年版》
共済組合販価 2,180円
陸上自衛官 服務小六法 《令和2年版》
共済組合販価 2,370円
学陽書房
〒102-0072 東京都千代田区飯田橋1-9-3
TEL.03-3261-1111 FAX.03-5211-3300
（共済組合販価は消費税10%込みです。）
☆ご注文は 有利な共済組合支部 へ

元自衛官が教える自衛官のための
ライフプラン設計勉強会
参加無料
11/7, 11/21
オンラインで開催します!!
「これからは自ら学ぶ時代」
若年定年退職、厳しい再就職、老後破産に備えるには？
24年間の自衛官人生と退官を経験した同士として、
「退官後の厳しい現実」と「具体的な解決手段」を
包み隠さず隅々までラフにお話しいたします。
元海上自衛官 髙山裕司
提供：エージェントライフインベスターズ
03-6860-8231

# 時の焦点

## 国内

## 日米新政権

### 信頼深め同盟を強固に

期せずして、太平洋の両側で指導者が交代する。世界の将来に責任を有する両国の協力関係を、さらに深めることが重要である。

米大統領選でバイデン前副大統領の勝利が確実になったことを受けて、菅首相は記者団に、「心よりお祝い申し上げたい」と語った。そのうえで、「日米同盟をさらに強固なものにするために、そしてインド太平洋地域の平和と繁栄を確保していくために、米国とともに取り組んでいきたい」と強調した。

首相は来年早々、バイデン氏が正式に大統領に就任した後に訪米し、初の日米首脳会談に臨むことになろう。

安倍前首相とトランプ大統領が築いた親密な関係は、「日米史上最も良好」とまで評された。各国の首脳がトランプ氏の言動に振り回される中で、安倍前首相は建設的な関係を築き、時に国際情勢について助言する場面もあった。

その最大の遺産は、強固な日米同盟と、「自由で開かれたインド太平洋」というビジョンである。日本が提唱した理念がこれほど各国に受け入れられた例はあるまい。

インド太平洋地域は世界の成長のエンジンであり、法の支配に基づき、関係国が連携して航行の自由を確保せねばならない。菅首相は、バイデン氏とともに、国際的な協調の先頭に立ってもらいたい。

日米が主導した多国間協力の枠組みは、着実に広がってきた。

海上自衛隊と米豪印海軍による海上共同訓練「マラバール」もインド沖のベンガル湾で実施され、日米豪印4カ国の協力関係はかつてなく強化されている。

さらに、欧州各国の首脳から、「インド太平洋」に強い関心と賛意が示されているのは注目される。緊密な菅・バイデン関係が地域の平和に貢献することは、国際的にも歓迎されよう。

当面は、米国の政権移行期を狙い、北朝鮮などが不測の行動に走る事態も懸念される。日本としても、十分な警戒が必要となる。

安倍前首相が築いたトランプ大統領との蜜月の成果の一つは、北朝鮮による日本人拉致問題に対する米国の関与である。

トランプ氏は、日本の求めに応じ、2度の米朝首脳会談で拉致問題を提起した。

菅首相も、官房長官として訪米して米政府高官と会談し、拉致問題への協力を取り付けた。

具体的な進展には結びつかなかったとはいえ、拉致問題を解決しなければ、北朝鮮が望む国際社会の支援は得られないということを明確にした意義は大きい。

バイデン氏にも、拉致・核・ミサイル問題を包括的に解決し、国交正常化につなげるという日本外交の原則を理解してもらう必要があろう。

米国政治は劇的に転換するが、世界と日本の平和を守るための、日米同盟の重要性はいささかも変わらない。

宮原 三郎（政治評論家）

## 海外

## 米大統領選

### 民主バイデン氏が勝利

11月3日に投開票が行われた米大統領選挙は7日、民主党のバイデン前副大統領が激戦州だった東部ペンシルベニア州を制し、当選を確実にした。複数のメディアが報じた。

バイデン氏は当初、党候補指名には論外視されたが、社会主義者サンダース上院議員の予備選での躍進に党エスタブリッシュメントが危機感。半世紀近い議員歴で知名度はある同氏以外に政権奪還への選択がなかった。

しかし、同氏は認知症が進んで、夕暮れ以降は脳が正常に機能しなくなる「日没症候群」を指摘する専門家もいて、心身ともに不安材料を抱える。

一方、共和党のトランプ大統領は声明で、「選挙は決して終わっていない」と結果は未確定との態度で、法廷闘争などで抗戦していく構えだ。

選挙後も激戦5州で勝敗の帰趨が不明で、同大統領は5日、「全米で選挙不正」と主張し、6日も「バイデン氏は勝利を宣言すべきではない」と牽制したばかりだった。

5州中、ジョージア州が再集計の運びになるなど、情勢混沌の"引き金"を引いたと評判なのが、3日夜のFOXテレビの選挙報道。東部時間11時、「アリゾナ州はバイデン氏勝利」と速報したのだ。

同時点で同氏のリードは9万3000票。しかし、未集計の票が60万5000あり、トランプ氏がうち57・7%を取ればバイデン氏のリードなど消えてしまう。

当確の「決定デスク」の責任者は、民主党の政治コンサルタントを長年務めてきた筋金入りの党員。FOXが彼を責任者に雇った理由は不明だが、多くのFOXファンを失った。

4日未明までトランプ氏が優位だった激戦州で、例えばミシガン州やウィスコンシン州でバイデン氏が徐々にリード。郵便投票の影響と、付き物の「不正投票」のせいだろう。

以下に「不正」のごく一部――。

▽ペンシルベニア州＝①海外勤務の軍人9人の投票用紙を屑箱から発見。7人はトランプ氏に投票していた。捨てられた総数は不明②有権者名簿に死者2万1000人が載っていた。死後に投票した証拠もある③フィラデルフィアなどの郵政公社の集配センターで約1700通の投票用紙発見。

▽ミシガン州＝アントリム郡の投票機ソフトウエアはプログラミングミスで、6000人のトランプ票をバイデン票に"変換"。他の47郡も同じソフトウエアを使用。

▽ネバダ州＝州外の住民約3000人が投票したことが判明し、不正投票として司法省が乗り出した。

トランプ陣営が「すべての票」の集計（バイデン陣営）ではなく、すべての「合法的な票」の集計を主張するのも当然ではなかろうか。

ギングリッチ元下院議長は7日、「票の集計はまだ続いている。再集計は始まっていない。5州での2人の差は1%以内。それでもメディアはバイデン勝利を宣言した。一種の八百長だ」と報道の姿勢に異議を唱えていた。

草野 徹（外交評論家）

## 防衛大臣感謝状

# 80団体、62人に贈呈

### 防衛基盤育成などに貢献

自衛隊記念日行事の一つで、防衛基盤の育成や隊員募集・就職援護などに貢献した団体や個人を表彰する「令和2年度防衛大臣感謝状」の受賞者が10月30日、防衛省から発表された。2年度は全国の80団体と62人が受賞。例年都内で行われている贈呈式は、今年は新型コロナウイルス感染症の影響で中止され、感謝状は都道府県の各地方協力本部などを通じて個別に贈呈される。受賞団体・個人は次の通り。（敬称略）

[illegible]

▽[illegible]地等連絡協議会副会長）▽唐笠賞（茨城県、水戸市勝田自衛隊協力会顧問）▽當眞淳（沖縄県、宜野座村長）▽内藤隆（岩手県、日本郷友連盟岩手県郷友会会長）▽中野豊（北海道、五稜郭タワー代表取締役会長）▽長浜善巳（沖縄県、恩納村長）▽仲間一（同、金武町長）▽西川将人（北海道、旭川市長）▽福井正明（滋賀県、高島市長）▽古家学（埼玉県、東部方面懇話会会長）▽松浦正敬（島根県、松江市長）▽松橋昇（青森県、東方基地協力会理事）▽皆川泰蔵（千葉県、元船橋市自衛隊協力会副会長）▽宮脇寛海（北海道、島松駐屯地委託医師）▽村岡隆明（宮崎県、えびの市長）▽村上岩夫（北海道、滄海友の会副会長）▽門間サナエ（神奈川県、カマクラムジカ代表取締役）▽矢口幸一（茨城県、霞ヶ浦自衛隊後援会会長）▽山田一夫（千葉県、峯岡山友の会会長）▽山本正敏（石川県、ハイフライト友の会会計）▽米田英治（山口県、下関基地隊協力会副会長）▽米田利平（京都府、舞鶴自衛隊家族会会長）▽以下、2人は受賞者の希望により不開示

◇防衛協力功労・就職援護＝団体（28団体）

▽ALSOK熊本（熊本県）▽ALSOK北海道（北海道）▽岡崎建設（岩手県）▽IHI（東京都）▽旭川振興公社（北海道）▽きらやか銀行（山形県）▽神戸製鋼所（兵庫県）▽シー・キューブド・アイ・システムズ（東京都）▽四国銀行（高知県）▽中国警備保障（山口県）▽東横商事（神奈川県）▽ニチノーサービス佐賀事業所（佐賀県）▽みずほ銀行（東京都）▽もりもと（北海道）▽川崎重工業（東京都）▽佐世保重工業（長崎県）▽大新東道東営業所（北海道）▽東京海上日動火災保険北九州支店（福岡県）

▽豊臣機工（愛知県）▽日本通運仙台支店（宮城県）▽日本原燃（青森県）▽ハウステンボス（長崎県）▽三井住友海上火災保険栃木支店（栃木県）▽九州電気保安協会熊本支部（熊本県）▽シーソック（東京都）▽一葉会（青森県）▽全国共済農業協同組合連合会愛知県本部（愛知県）▽以下、1団体は受賞者の希望により不開示

◇防衛協力功労・就職援護＝個人（1人）

▽金子正明（東京都、東部方面総監部援護協力会副会長）

◇防衛協力功労・予備自衛官等雇用＝団体（17団体）

▽大分ビルサービス（大分県）▽ジェイアール貨物・北海道物流（北海道）▽セコー（秋田県）▽新工住建（岩手県）▽セントラル警備保障中央事業部（東京都）▽大道警備保障（北海道）▽東洋ワークセキュリティ（宮城県）▽日動警備埼玉（埼玉県）▽広島綜警サービス（広島県）▽松藤商事（福岡県）▽ダイシン（長崎県）▽トーエイ・エンジニアリング（北海道）▽松坂鉄筋工業（熊本県）▽雄勝（北海道）▽豊工業（大分県）▽千年会障害者支援施設千年園（青森県）▽以下、1団体は受賞者の希望により不開示

◇自衛官募集功労・地方公共団体＝団体（9団体）

▽熊本県菊池市▽静岡県御殿場市▽栃木県下野市▽岩手県滝沢市▽山形県鶴岡市▽福島県本宮市▽佐賀県有田町▽宮崎県川南町▽熊本県御船町

◇自衛官募集功労・高等学校等＝団体（14団体）

▽愛知産業大学三河高等学校（愛知県）▽上田情報ビジネス専門学校（長野県）▽大原法律公務員専門学校浜松校（静岡県）▽大原簿記法律専門学校柏校（千葉県）▽上野学園広島公務員専門学校（広島県）▽川島学園私立鹿児島実業高等学校（鹿児島県）▽宮崎日本大学学園宮崎日本大学高等学校（宮崎県）

▽立志舎東京法律専門学校仙台校（宮城県）▽作新学院高等学校（栃木県）▽波佐見高等学校（長崎県）▽新潟公務員法律専門学校（新潟県）▽日本航空高等学校石川（石川県）▽北海学園大学（北海道）▽以下、1団体は受賞者の希望により不開示

◇自衛官募集功労・募集相談員＝個人（10人）

▽大関孝徳（山梨県、東部地区募集相談員連絡会相談役）▽岡田義晴（長崎県、長崎県募集相談員）▽小保方伸一（北海道、苫小牧倉庫代表取締役）▽川村保憲（愛知県、愛知日野自動車代表取締役社長）▽坂本義光（東京都、東京地本城北地区募集相談員連絡協議会副会長）▽富田圭俊（北海道、家族会札幌支部連合会茂別支部長）▽橋村誠（秋田県、大仙市議会議員）▽藤田幸男（神奈川県、自衛隊川崎地区懇話会相談役）▽星野哲二（東京都、東京地本城南地区募集相談員連絡協議会副会長）▽山口舜（北海道、恵庭地域事務所自衛官募集相談員「櫟の会」事務局長）

## 防衛省発令

▽兼航空総隊司令部（航空総隊防衛課長）1空佐 竹岡 功二
（同運用課長）同 芹川 武也
（同通信電子課長）同 諏訪 昇男
▽兼航空開発実験集団司令部（航空開発実験集団研究開発部長）同 大谷 康雄
▽兼空自補給本部（空自補給本部企画課長）同 細田 信行
（同整備課長）同 秋山 明彦
（同補給課長）同 大谷 純
（同航空機管理課長）同 江口 尊俊
（以上11月1日）
▽大湊造修補給所長兼大湊地方総監部技術補給監理官（防衛装備庁プロジェクト管理部事業監理官付事業計画調整官）1海佐 安藤 明宏
▽艦船補給処副処長（大湊造修補給所長兼大湊地方総監部技術補給監理官）同 伊東 圭市
▽南関東防衛局調達部次長（艦船補給処副処長）同 山越 博道
▽防衛装備庁プロジェクト管理部事業監理官付事業計画調整官（防衛装備庁長官官房艦船設計官付主任設計官）同 橋本 剛
▽同長官官房艦船設計官付主任設計官（同長官官房艦船設計官付）同 松崎 英治
（以上11月3日）

## 各国幹部とテレビ会談

### 湯浅陸幕長×独陸軍総監

ドイツ陸軍総監のマイス中将と初の電話会談を行う湯浅陸幕長（10月28日、陸幕で）

湯浅陸幕長は10月28日、ドイツ陸軍総監のアルフォンス・マイス中将と初めて電話会談を行った。

陸幕長と独陸軍総監は日独両国が基本的価値を共有するパートナーである点を踏まえ、アジア、欧州それぞれの安全保障環境や両国の今後の防衛協力・交流について意見を交換した。

### 井筒空幕長×豪空軍本部長

井筒空幕長は10月30日、オーストラリア空軍本部長のメル・ハプフェルド中将とテレビ会談を行った。両者の会談は初めて。

空幕長と豪空軍本部長は両部隊間の防衛協力・交流をさらに深化させていくことで一致した。

豪空軍本部長のハプフェルド中将とテレビ会談する井筒空幕長（10月30日、空幕で）

### 山村海幕長×インドネシア海軍参謀長

山村海幕長は11月2日、今年5月にインドネシア海軍参謀長に着任したユド・アルゴノ海軍大将と初めてテレビ会談を行った。

両者は、今年10月に実施した親善訓練やこれまでの防衛交流の成果を確認。今後もさまざまな面で関係をさらに強化していくことで一致した。

インドネシアに生息するコモドドラゴンのぬいぐるみを手にあいさつする山村海幕長（11月2日、海幕で）

2020 NEW MODEL　大型スポットクーラー BSC-10
必要な時、必要な時間だけ効率的な空調　スポットクーラーシリーズ
三相200V
強風・冷風を兼ね揃えた大風量スポットクーラー！
倉庫、コンテナ積み下ろし作業等に最適！
外気温に対し体感温度 -13℃
気持ち良い風を約15m先までお届け！
環境改善　熱中症対策　大風量　スポット冷房
内径約41cmの大型冷風口　※冷風・排熱口に保護ガード付き
吹出口風速約7.28/8.20m/s
最大風量約55/62m³/min
天吊り・消防法適合・複数ダクト等に用意しております

大型循環送風機 ビッグファン
熱中症対策　空調補助　節電・省エネ
大風量で広範囲へ送風！
●倉庫倉庫等の換気・循環に！　●単相100V電源で工事不要！
広さ・用途で選べる5TYPEをご用意
BF-60J　DCF-60P　BF-75V　BF-100V　BF-125V

コンプレッサー式除湿機
目的に合ったドライ環境を提供
結露・カビを抑え湿気によるダメージを防ぎます！
【各機種満水停止機能付き】
ドレンホースで直接排水も可能です！
DM-10
DM-15/DM-15T
DM-30

株式会社 ナカトミ　〒382-0800 長野県上高井郡高山村大字高井6445-2
株式会社ナカトミ　検索　https://www.nakatomi-sangyo.com
お問い合わせはこちら　TEL:026-245-3105　FAX:026-248-7101

防衛省・自衛隊関連情報の最強データベース
朝雲新聞社の会員制サイト
朝雲アーカイブ
1年間コース：6,100円(税込)
6ヵ月間コース：4,070円(税込)
「朝雲」定期購読者(1年間)：3,050円(税込)
※「朝雲」購読者割引は「朝雲」の個人購読者で購読期間中の新規お申し込み、継続申し込みに限らせて頂きます。
※ID&パスワードの発行はご入金確認後、約5営業日を要します。
●ニュースアーカイブ　2006年以降の自衛隊関連主要ニュースを掲載
●訓練　陸海空自衛隊の国内外で行われる各種訓練の様子を紹介
●人事情報　防衛省発令、防衛装備庁発令などの人事情報リスト
●防衛技術　国内外の新兵器、装備品の最新開発関連情報
●フォトアーカイブ　黎明期からの防衛省・自衛隊の歴史を朝雲新聞社の秘蔵写真で振り返る
朝雲新聞社
〒160-0002 東京都新宿区四谷坂町12－20KKビル
TEL 03－3225－3841　FAX 03－3225－3831　http://www.asagumo-news.com

# 協力強化を確認

## 日本、EU艦艇 ジブチに共同寄港

ジブチ沖で海上パレードを行う「おおなみ」(左)、EU艦隊旗艦のイタリア海軍フリゲート「アルピノ」(右)、スペイン海軍フリゲート「サンタマリア」(手前)、「レイナソフィア」(奥)、スペイン空軍P3M(右上)とドイツ海軍P3C(左上)の両哨戒機

アフリカ東部のジブチ港に共同寄港した海自護衛艦「おおなみ」(手前)と、スペイン海軍のフリゲート「サンタマリア」(左)＝写真はいずれも10月15日、防衛政策局国際政策課提供

アフリカ東部のソマリア沖・アデン湾で海賊対処活動に当たっている海自部隊と欧州連合(EU)の海軍部隊が10月15日、ジブチ港に共同寄港したことを受け、日本とEUは翌16日、岸防衛相とEU外務・安全保障政策上級代表のジョセップ・ボレル氏(スペイン元外相)のコメントを記載した共同発表を発出した。

(本紙10月22日付既報)

共同寄港したのは、海自の海賊対処水上部隊36次隊の護衛艦「おおなみ」(指揮官・艦長の石寺隆彦2佐以下約190人)と、EU海軍部隊の「アタランタ」作戦に従事するイタリア、スペイン、ドイツの艦艇や哨戒機。

昨年11月の洪水被害を受けたジブチ市内の小中学生たちに向け、日本側は福島県南相馬市から託されたノートなどの文房具やバレーボールなどのスポーツ用具を、EU側は文房具のほか、コロナ対策のためのマスクやハンドジェルなどの衛生用品を寄贈した。

日本とEUが主催した支援物資供与式には、川口鑑三駐ジブチ臨時代理大使をはじめ、海賊対処支援隊14次隊司令の眞鍋輝彦1陸佐、EU側からエイデン・オハラEU代表部大使、ミカエル・デルルEU支援部隊長、ジブチ側から政府高官、ジブチ市長、学校代表者らが参加した。

同日は、日本とEU双方の高官によるテレビ会議も実施され、海洋分野における日EUのさらなる協力に向けた計画について意見交換を行い、連携の重要性を再確認した。

ジブチ港の岸壁で日本とEUが主催した支援物資供与式であいさつを述べる川口鑑三駐ジブチ臨時代理大使(左側演台)

## 小中学生に学用品を寄贈

ジブチ側代表(左)に、同国の子供たちに向けた文房具やスポーツ用品など日本からの支援物資を贈る海賊対処支援隊14次隊司令の眞鍋輝彦1陸佐

## 高官がテレビ会議

(右)テレビ会議に臨む防衛省の野口泰防衛政策局次長(左)と統幕防衛計画副部長の江川宏海将補(東京・市ヶ谷の防衛省)

(下)EUのアタランタ作戦司令部の関係者(スペイン南西部のロタ海軍基地)

(右下)欧州対外活動庁の関係者(ベルギー・ブリュッセル)

結婚式・退官時の記念撮影等に

自衛官の礼装貸衣裳

陸上・冬礼装　海上・冬礼装　航空・冬礼装

貸衣裳料金

・基本料金　礼装夏・冬一式　30,000円＋消費税
・貸出期間のうち、4日間は基本料金に含まれており、5日以降1日につき500円
・発送に要する費用

お問合せ先

・六本木店
☎03-3479-3644(FAX)03-3479-5697
〔営業時間　10:00～19:00　日曜定休日〕
〔土・祝祭日　10:00～17:00〕

別途消費税がかかります。　※詳しくは、電話でお問合せ下さい。

美玉(みたま)

〒106-0032 東京都港区六本木7-8-8
ミクニ六本木ビル 7階
☎03-3479-3644

よろこびがつなぐ世界へ
KIRIN
一番搾り
おいしいとこだけ搾ってる。
KIRIN'S PRIME BREW
KIRIN BEER
一番搾り
Brewed from only the first press of genuine malt for a crisp, delicious flavor.
〈麦芽100%〉
ALC.5%　生ビール
お酒
ストップ！20歳未満飲酒・飲酒運転。お酒は楽しく適量で。
妊娠中・授乳期の飲酒はやめましょう。のんだあとはリサイクル。
キリンビール株式会社

# 観閲式・観艦式をふりかえる

## 国民の理解深め70年

### 陸海空 士気高く堂々パレード

今年は自衛隊の各種イベントもコロナ禍により大きな影響を受けた。秋に予定されていた自衛隊記念日行事の音楽まつり、体験飛行、感謝状贈呈式はすべて中止になったほか、これまで百里基地で行われてきた航空観閲式は11月28日に入間基地で実施されることになり、こちらは史上初の無観客開催となる。約70年の歴史をもつ自衛隊記念日

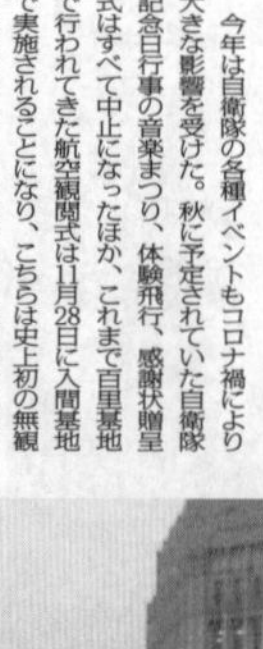

都心の神宮外苑・絵画館前で行われた自衛隊記念日中央観閲式の後、銀座の数寄屋橋交差点付近をパレードする陸上自衛隊の車両群（昭和33年11月1日）

中央観閲式の後、市中行進する106ミリ無反動砲の乗員に花束を贈る着物姿の女性（昭和38年11月1日、東京・新橋付近で）

自衛隊40周年記念行事を兼ねた平成6年度の中央観閲式で、スタンドの観客に手を振る村山富市首相。社会党議員として初めて観閲官を務めた（平成6年10月30日、陸自朝霞訓練場で）

快晴に恵まれた平成20年度の航空観閲式で、オープンカーの後席に立ち、エプロン地区に整列した3自衛隊の隊員と航空機を巡閲する麻生太郎首相（平成20年10月19日、茨城県の百里基地で）

## 折木良一 元統合幕僚長に聞く

## コロナを機に 在り方検討を

防大に入校した昭和43（1968）年、東京の神宮外苑国立競技場正門前を会場に佐藤栄作首相を迎えて10月27日に行われた「中央観閲式・観閲飛行」で、防大の2～4年生が行進するのを、1年生に対する教育の一環として見学したのが、私にとって初めての「観閲式」だった。

当時は全国から陸海空自の部隊が集まってパレードを行っていた。任官後初めて赴任した7師団（東千歳）では、先輩方が中央観閲式に参加するため、73式装甲車をきれいに塗装し、磨きをかけて東京へと出発するのを見送った。

まだ自衛隊が国民に理解されていなかった時代、東京での中央式典に参加することは、隊員たちの士気と誇りをどれだけ高めたことか計り知れない。

その後、55年体制（自民党が政権を維持し、日本社会党が野党第1党を占める、1955年に成立した戦後日本の政党政治の構図）が崩壊し、平成6(94)年10月30日に陸自朝霞訓練場で行われた「中央観閲式」では、これまで党是として自衛隊の存在を認めてこなかった日本社会党（当時）委員長（党首）の村山富市首相が、自衛隊の最高指揮官としていかなる訓示をされるのか大変注目し、その結果に安堵したことを覚えている。

翌年は1月17日に阪神・淡路大震災、3月20日には地下鉄サリン事件が起き、自衛隊の災害派遣活動がクローズアップされた年でもあった。

統幕長を務めていた平成23（2011）年の東日本大震災の時には中止の検討もなされたが、「皆が大変な時だからこそ開催しよう」という空気が生まれ、10月16日、空自百里基地で航空観閲式を挙行した。

こうしてさまざまな時代の節目や政治の変わり目を何度も経て今に至っているが、その本来の目的は、自衛隊最高指揮官たる首相の観閲を受けて隊員の士気を高めると同時に、国民の皆さまに自衛隊をしっかりと理解していただくことだ。

我が国の観閲式・観艦式は、軍事力を顕示し威圧することを目的とする他国の軍事パレードとは異なり、自衛隊記念日行事の一環として、自衛隊の真の姿を国民にさらに理解してもらう「広報イベント」としての重要な役割を担っていることも忘れてはならない。

もし仮に、全国の駐屯地・基地で持ち回り開催する場合は、地域の方々に自衛隊の姿を見ていただく点では良いかもしれないが、やはり首相や防衛大臣を迎えて開催することに意義があるため、たとえ大規模に開催しないとしても、それには何カ月もの準備や訓練が必要で、地方の部隊にとってはかなりの負担になるだろう。

観閲式・観艦式の開催には、失敗を許されない整斉とした式典の挙行が求められ、厳重な安全対策、高位高官や来賓等の招待を含むロジスティクスが極めて重要だ。特にパレードでは天候を含むあらゆる不測の事態を想定し、場合によっては秒単位で複数の行動パターンを準備し、万全を期して臨まなくてはならない。

他方で、近年、自衛隊は防衛警備任務や訓練をはじめ、年々広域化・長期化する災害派遣活動、諸外国との共同訓練や海外派遣、国際交流など、その任務は急速に拡大し続けている。

そして今、時代は変わり、自衛隊は災害派遣活動だけではなく、メディアにも大きく取り上げられる機会が増えて「国民に身近な存在」となってきた。自衛隊と首相、自衛隊と防衛大臣、自衛隊と国民との距離がかつてなく近くなっている。

そうした中で、観閲式・観艦式を実施する意義は何なのか。開催場所や規模を含めて多くの課題はあるだろうが、これまでの歴史を踏まえつつ、コロナを機に新しい時代の在り方を改めて検討すべき時期に来ているのではないかと思う。

（聞き手・日置文恵／写真・榎園哲哉）

折木 良一（おりき・りょういち）元統合幕僚長 防大16期。1972年3月陸自入隊。中方幕僚副長、陸幕装備部長、9師団長、陸幕副長、中方総監などを経て2007年3月第31代陸幕長、09年3月～12年1月まで第3代統幕長。退官後、防衛省顧問、防衛大臣補佐官、防衛大臣政策参与などを歴任し、現在、内閣府宇宙政策委員、隊友会理事長。今年4月、瑞宝大綬章を受章。熊本県出身。70歳。著書に『国を守る責任 自衛隊元最高幹部は語る』（15年）、『自衛隊元最高幹部が教える経営学では学べない戦略の本質』（17年）、『日本人のための軍事学』（18年）など。

◇自衛隊記念日観閲式 自衛隊が発足した翌年の1955年から72年まで東京の神宮外苑で、73年から95年までは陸自朝霞訓練場で、陸海空自の部隊が一堂に集まり、ほぼ毎年開催。この間、海自は独自に観艦式を実施してきた。96年からは3自衛隊の持ち回りとなり、陸自が中央観閲式（朝霞）、海自が自衛隊観艦式（相模湾）、空自が航空観閲式（百里）を順番に開催し、今に至る。

しかし、最近は2017年の航空観閲式と19年の観艦式が共に台風の影響で中止となったほか、今年の航空観閲式は新型コロナウイルスの影響で無観客による入間基地での開催が決定。来年の陸自の観閲式も朝霞訓練場が東京五輪の会場に使用されることから新たな開催地を選定中だ。

防衛省では近年の災害派遣状況やコロナの影響などを踏まえ、「従来通りの大規模な観閲式等の実施は部隊にとって大きな負担となり、結果として任務遂行能力に支障を生じかねない」と指摘しており、地方開催案なども含め、今後の在り方について検討が進められている。


大空に羽ばたく信頼と技術

IHIは世界有数のジェットエンジンメーカーです

IHI Realize your dreams

世界を翔るIHIのジェットエンジン

飛行時代の幕開けから110年が過ぎ、航空技術の進歩は私たちの生活に深い関わり合いと大きな成果をもたらしています。IHIはその無限の可能性を追い求め、取り組みながら新しい飛行時代の到来を目指して積極的にチャレンジしています。

IHIの技術はあなたのそばで活躍しています。

株式会社IHI 航空・宇宙・防衛事業領域

〒135-8710 東京都江東区豊洲三丁目1番1号 豊洲IHIビル TEL.(03)6204-7656 URL:www.ihi.co.jp

FXC CORPORATION C-X用 C-1用 C-130用 抽出傘投下・投棄システム

Extraction Parachute Jettison System (EPJS)

重量装備品等を空中投下する任務において、搭乗員及び航空機双方の安全性を確保するシステム及び投棄運用機材

Cabin Leakage Tester

米国ハイドロリックインターナショナル社

航空機コクピット内空気漏えい検査機材及び当該組部品等

総販売代理店

大誠エンジニアリング株式会社

〒160-0002 東京都新宿区四谷坂町12-20 KKビル5階

TEL:03-3358-1821 FAX:03-3358-1827

E-mail:t-engineer@taisei-gr.co.jp

テクノロジーの頂点へ。

川崎重工業株式会社 www.khi.co.jp

Kawasaki Powering your potential

F-2 戦闘機 / SH-60K 哨戒ヘリコプタ / 12SSM 12式地対艦誘導弾 / 16式機動戦闘車 / H-IIA ロケット / サイバーセキュリティシステム / 護衛艦「あさひ」 / 潜水艦「せいりゅう」

三菱創業150年 三菱重工 MOVE THE WORLD FORWARD MITSUBISHI HEAVY INDUSTRIES GROUP

三菱重工業株式会社 www.mhi.com/jp

# 岸大臣「ご功績を永く顕彰」

## 殉職隊員追悼式

（1面から続く）

追悼式は、任務遂行中に職に殉じた隊員を追悼するため、防衛大臣の主催で昭和32年から自衛隊記念日行事の一環として行われており、同年の岸信介首相（当時）をはじめ、多くの歴代首相が自衛隊最高指揮官として参列している。

今年は新型コロナウイルスの影響で、歴代防衛大臣や国会議員などの来賓の参列を取りやめ、遺族と部内者のみに限定し、例年の3分の1以下に規模を縮小して行われた。

菅首相に続き、追悼の辞を述べた岸大臣は「幾多の方々が強い責任感のもと、身の危険を顧みず、国家・国民のために任務の完遂に努め、志半ばにしてその職に殉じられた事実を、我々は決して忘れることがあってはならない。かけがえのない方々を失ったことは、ご遺族はもとより、防衛省・自衛隊、国家にとって誠に大きな痛手であり、悲しみに堪えないところだ。御霊のご功績を自衛隊員の鏡として永く顕彰するとともに、このような不幸な事態を再び起こさないよう、今後とも最善を尽くしてまいります」と誓った。

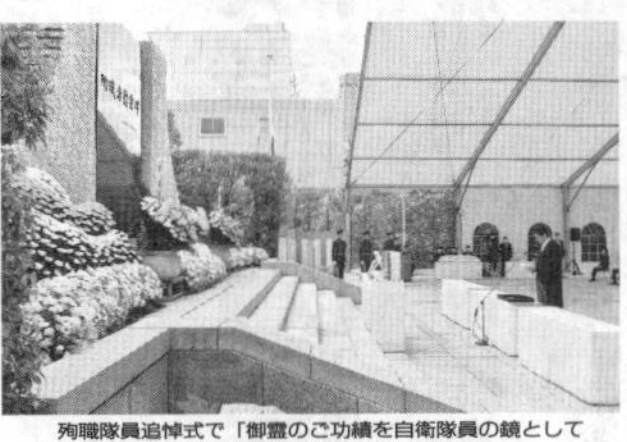

殉職隊員追悼式で「御霊のご功績を自衛隊員の鏡として永く顕彰する」と追悼の辞を述べる岸防衛相
（11月7日、防衛省慰霊碑地区で）＝防衛省提供

この後、献花に移り、献花台に菅首相、岸大臣、遺族に続いて遺族会の関係者、防衛省・自衛隊幹部の順に白菊を手向けた。

最後に遺族を代表して、川上健太朗1陸曹（過重な業務等により平成28年に殉職、当時29歳）の父、川上泰司さん（62）があいさつ。「かけがえのない家族を突然失った悲しみは、崇高な任務のためとは申せ、言葉には言い尽くせないものがあります。職に殉じた私共の家族は、自らの人生を懸けた職において志半ばとはいえ、これまで信じた道を精一杯に生きてまいりました。私たち遺族は、このような家族を誇りとして、深い悲しみを乗り越え、力強く生きてまいる所存です」と述べた。

令和2年度の殉職隊員は次の通り。（氏名、年齢、所属、所在地＝いずれも殉職時。階級等は殉職昇進、特昇）

### 陸自

▽今田健二1曹（40）＝2特科連隊（旭川）＝訓練後に倒れ殉職▽田島尚1士（25）＝2特科連隊（旭川）＝訓練中に倒れ殉職▽道畑正一1曹（42）＝35普連（守山）＝過重な業務等により殉職▽川上健太朗1曹（29）＝8普連（米子）＝過重な業務等により殉職▽久留島功1曹（35）＝8高射特科群（青野原）＝過重な業務等により殉職▽玉置久起1佐（45）＝3施団（南恵庭）＝訓練中に倒れ殉職▽金松孝明2曹（31）＝25普連（遠軽）＝過重な業務等により殉職

### 海自

▽前原傑1曹（38）＝水機団2水機連（相浦）＝訓練中の事故により殉職▽中竹光男1曹（42）＝訓練評価隊評価支援隊（滝ヶ原）＝過重な業務等により殉職▽田中敦2曹（28）＝10後支連（春日井）＝過重な業務等により殉職▽加藤強准尉（43）＝37普連（信太山）＝過重な業務等により殉職▽姉崎武2曹（27）＝20普連（神町）＝過重な業務等により殉職▽清水伸一技官（57）＝守山駐屯地業務隊＝勤務中の事故により殉職▽柄澤昌彦1曹（42）＝28普連（函館）＝訓練中に倒

▽刈部量司・元1尉（77）＝元2術校付（横須賀）＝在職期間中の石綿曝露による殉職▽阪西伸太郎1曹（45）＝護衛艦「ゆうだち」（大湊）＝過重な業務等により殉職▽木村克己・元3佐（79）＝元呉潜水艦基地隊付＝在職期間中の石綿曝露による殉職▽三石俊一曹長（41）＝1整補11機側整備隊（鹿屋）＝勤務中の事故により殉職▽日景重治・元3尉（67）＝元八戸航空基地隊付＝在職期間中の石綿曝露による殉職▽佐藤重光・元曹長（67）＝元佐世保基地業務隊補充部付＝在職期間中の石綿曝露による殉職▽石橋芳臣・元曹長（85）＝元横須賀教育隊付＝在職期間中の石綿曝露による殉職▽小島和宏曹長（53）＝大湊弾整補所＝勤務中の事故により殉職

### 空自

▽川添聡1曹（47）＝警空隊2整備群整備隊（浜松）＝訓練後に倒れ殉職▽歌川清明准尉（47）＝56警戒群（与座岳）＝過重な業務等により殉職

### 機関

▽浦野英明技官（33）＝北関東防衛局（さいたま）＝過重な業務等により殉職

# 自衛隊記念日特集

行事も、ポストコロナの時代を見据えて曲がり角にきているようだ。今後、一般国民を迎えての自衛隊の式典・イベントはどのように開催していったらよいのか。統合幕僚長を務めた折木良一元陸将に今後の自衛隊の観閲式・観艦式などの在り方を聞くとともに、過去70年の観閲式、観艦式、航空観閲式を写真で振り返る。

㊤海上自衛隊創設60周年を記念した平成24年度の観艦式には、初めて全通甲板のヘリ搭載護衛艦「ひゅうが」（写真中央）が参加し、注目を集めた。観閲官は野田佳彦首相が務めた（平成24年10月14日、相模湾で）
㊨平成23年度の航空観閲式で、観閲台に立つ野田佳彦首相の前をゆっくりと走行する空自のF2戦闘機（平成23年10月16日、百里基地で）

◇自衛隊記念日　自衛隊記念日は、防衛庁（現防衛省）・自衛隊の創設に基づいて1966（昭和41）年に正式に制定された。両組織の発足日は、この法的根拠である「防衛庁設置法」「自衛隊法」が施行された1954（昭和29）年7月1日だが、夏から秋にかけての自然災害に伴う自衛隊の出動を予想し、この時期の記念行事の実施を避け、11月1日を記念日とした。

平成20年度の航空観閲式で、グレーを基調とする空自の新迷彩服姿で整列した隊員
（平成20年10月19日、百里基地で）

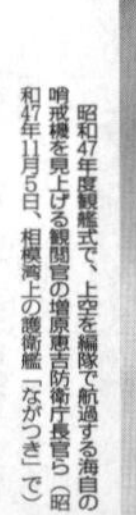

昭和47年度観艦式で、上空を編隊で航過する海自の哨戒機を見上げる観閲官の増原恵吉防衛庁長官ら（昭和47年11月5日、相模湾上の護衛艦「ながつき」で）

移動式で行われた昭和62年度観艦式で前方に次々と現れる受閲艦に対し、胸に手を当てて観閲する中曽根康弘首相。その右は東山収一郎海幕長、左は高崎郁男自衛艦隊司令官
（昭和62年11月3日、相模湾で）

MITSUBISHI ELECTRIC
Changes for the Better
家庭から宇宙まで、エコチェンジ
eco Changes
小型無人機制御信号を妨害し、行動を無力化
特長
■小型・軽量で設置が容易
■小型無人機の信号を自動探知
■ワンタッチ妨害機能搭載
電波探知妨害装置
お問い合わせ先
三菱電機株式会社　防衛システム事業部
〒100-8310 東京都千代田区丸の内二丁目7番3号（東京ビル）
TEL:03-3218-3386
http://www.MitsubishiElectric.co.jp　三菱電機株式会社


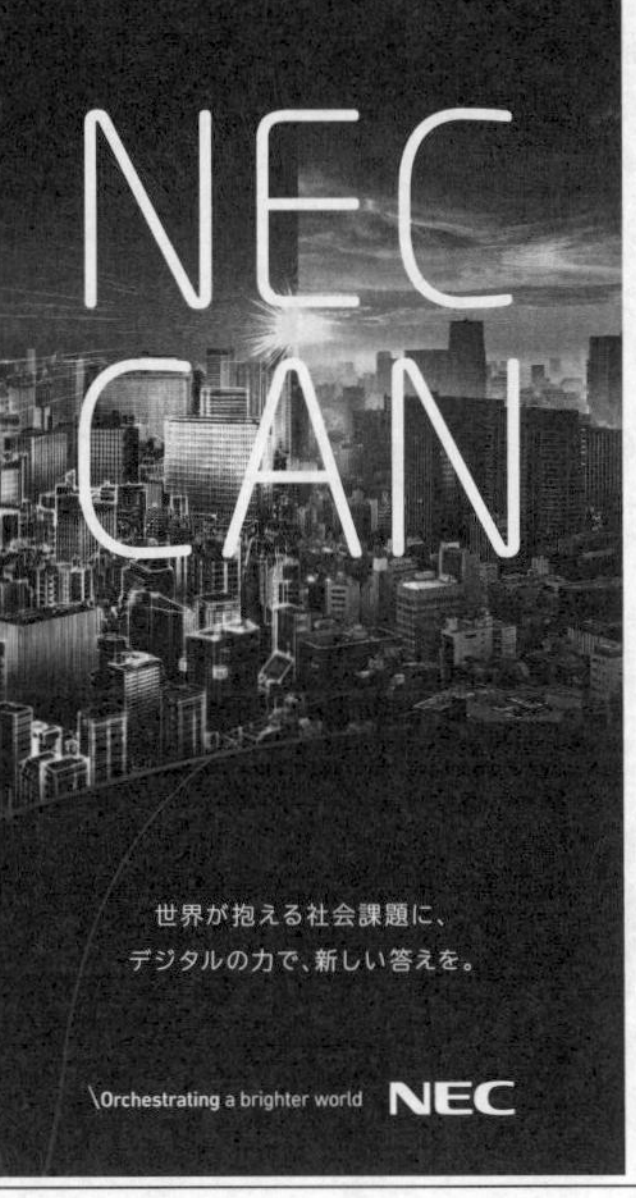

TOSHIBA
わたしたちが持つ世界に誇れる技術と
これまで培ってきた経験、かけがえのない仲間と共に、
これからは社会との新しい「つながり」を求め、
もっと皆様のお役に立てるよう発信してゆきます。
とどけ、
わたしたちの
仕事。
東芝インフラシステムズ株式会社
電波システム事業部


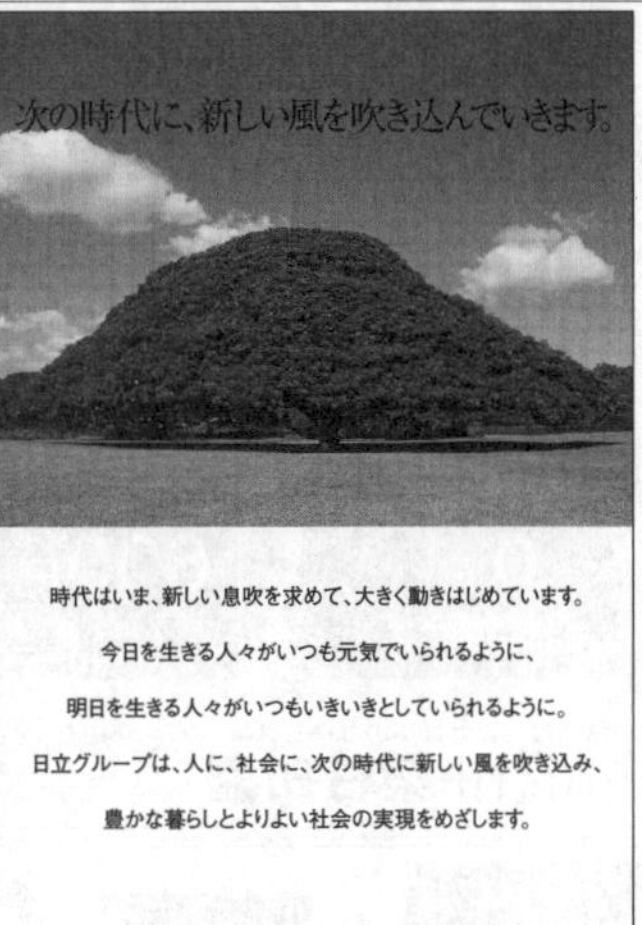

次の時代に、新しい風を吹き込んでいきます。
時代はいま、新しい息吹を求めて、大きく動きはじめています。
今日を生きる人々がいつも元気でいられるように、
明日を生きる人々がいつもいきいきとしていられるように。
日立グループは、人に、社会に、次の時代に新しい風を吹き込み、
豊かな暮らしとよりよい社会の実現をめざします。
HITACHI
Inspire the Next
日立の樹オンライン　www.hitachinoki.net

# 地方防衛局 特集

# 熊谷局長が三沢基地視察

## 施設整備の進捗確認
### 北空司令部庁舎や格納庫

【東北局】東北防衛局の熊谷昌司局長は10月14日、青森県の空自三沢基地を訪れ、北部航空方面隊司令官の深澤英一郎空将を表敬するとともに、同基地で進められている北空司令部庁舎の建て替えや滞空型無人機「グローバルホーク」の格納庫の新設現場など、施設整備の進捗状況を確認した。

三沢飛行場は在日米空軍・海軍が使用するいわゆる「提供施設」であると同時に、空自が共同使用する自衛隊基地でもあることから、我が国の安全保障上の重要な施設として、東北防衛局ではこれまで施設整備事業に多くの予算を執行し、建設事業を進めてきた。

空自三沢基地には北空司令部とその隷下部隊である第3航空団、北部航空警戒管制団、第6高射群、北部航空施設隊、北部航空音楽隊などが所在している。

現在、基地内では、①北空司令部庁舎の建て替え②空自の最新鋭F35Aステルス戦闘機の関連施設整備③滞空型無人機「グローバルホーク」の関連施設整備—の3件の重要施設整備が進行中だ。

熊谷局長は深澤司令官を表敬後、北空司令部庁舎の建設現場をはじめ、「グローバルホーク」の格納庫の新設現場、F35A整備試験運転時の騒音防止用消音装置「サイレンサー（機体用）」の改修現場を視察し、同行した同局の菅野俊也調達部長から各工事の進捗状況について説明を受けた。

北空司令部庁舎は、鉄筋コンクリート造りの地上4階・地下1階建てで、3空団司令部庁舎の南側に建設が進められている。三沢基地のメインゲートから飛行場地区への幹線道路上の正面に位置し、来年度の完成後は北空司令部、3空団司令部、ベースオペレーションの各建物が並び、空自三沢基地の主要な機能が同じエリアに集約される予定だ。

一方、F35Aの関連施設整備は平成26年度の訓練施設の新設に始まり、今年度は飛行隊指揮所の改修が完了。現在は機体のサイレンサー改修工事と火薬庫の改修工事が行われており、来年度にこれらの改修工事が完了すれば、F35Aの関連事業は終了する見込みだ。

このほか、グローバルホークの関連施設整備は、平成29年度に開始され、今年度は格納庫と器材庫の新設工事を実施している。両工事が今年度中に完成すれば、グローバルホークの関連事業は終了する。

今年度は空自三沢基地にとって重要装備の受け入れを含む主要施設整備事業の最終年度と最終前年度に当たっていることから、東北防衛局では三沢基地を「大規模現場」に指定し、統括工事監督官を置いて工事管理を行っているほか、3工事を主要事業と位置付け、事業監理課による定例工程会議を開催し、工程管理に万全を期している。

現場の視察を終えた熊谷局長は「工事の安全に努め、航空自衛隊の整備計画に影響を与えないよう、しっかり工程管理を行ってほしい」と関係者に指示を出した。局長一行は最後に米空軍側の提供施設整備に関する工事現場を視察し、三沢基地を後にした。

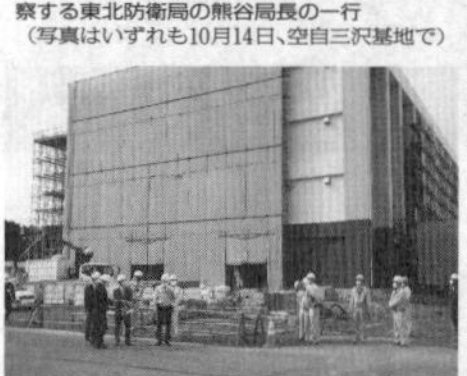

空自F35A整備試験運転時の消音装置「サイレンサー」の改修現場㊤、滞空型無人機「グローバルホーク」の格納庫の新設現場、北空司令部庁舎の建て替え現場㊧をそれぞれ視察する東北防衛局の熊谷局長ら一行（写真はいずれも10月14日、空自三沢基地で）

## 防衛施設と首長さん

### 静岡県小山町　池谷 晴一町長

いけや・せいいち　70歳。明治学院大経済卒。静岡県御殿場市役所、御殿場市議会議員、静岡県議会議員（4期）を経て、2019年5月小山町長就任。現在1期目。小山町出身。

### 自衛隊と共存共栄掲げる
### 東富士演習場を擁する町

小山町は静岡県の北東に位置し、東は神奈川県、北西は山梨県に接する県境の町です。

足柄峠に連なる金時山では金太郎と熊が相撲を取ったという伝説が伝わっており、金太郎誕生のまちとしてたくさんの史跡が残っています。

また、東京2020オリンピック・パラリンピックでは自転車競技ロードのゴールとなる富士スピードウェイがあります。

このほか、観光ポイントとしては、富士スピードウェイで開催されるさまざまな自動車レースや、「にほんさくら名所100選」にも選ばれた富士霊園があり、桜の開花シーズンは多くの来訪者でにぎわいます。雄大な富士の麓、小山町にぜひ一度お越しください。

小山町には本州最大の演習場である「東富士演習場」と、富士学校や情報学校がある「富士駐屯地」が所在しています。

東富士演習場で実施される「富士総合火力演習」は自衛隊に対する理解と認識を深めるイベントとして広く認知され、一般公開日には全国から見学者が集まります。

小山町では「自衛隊との共存・共栄」を施策に掲げ、防衛関連の諸問題などに積極的に取り組んでいます。

町内には生涯学習センターなど防衛補助を受けた施設が多数あり、多くの住民に利用されています。

また、「自衛隊富士学校小山町協力会」を組織し、富士駐屯地開設記念行事などさまざまなイベントを通して行政・民間問わず自衛隊を支援するとともに、隊員や家族との交流・親睦を図っています。

## 感染対策で基金創設
### 岩国市が再編交付金を活用

中国四国局

【中国四国局】山口県岩国市は、新型コロナウイルスなどさまざまな感染症から市民の生活を守り、市民が安心して生活できる環境を整備するため、今年9月に制定した「岩国市感染症拡大防止基金条例」に基づき、11月下旬をめどに基金を創設する予定だ。

基金は、今年度から令和6年度までの5年間、新型コロナウイルスやインフルエンザの流行期（11月～翌年3月までの5カ月間）を想定し、岩国市内の医療機関で使用する防護衣やフェイスシールドなどの医療材料の備蓄を行うことで医療提供体制の充実を図る計画で、基金の設置には「駐留軍等の再編の円滑な実施に関する特別措置法第6条」の規定に基づく再編交付金（約1億円）の活用を予定している。

コロナ感染予防に関しては、今年6月に河野前防衛相が関係自治体と意見交換のため岩国市を訪れた際、同市から支援について要望が示されていた。

中国四国防衛局では「今後とも、防衛施設周辺にお住まいの皆さま方の生活の安定と福祉の向上に寄与するための各種施策の実施に取り組んでいきたい」としている。

防衛省側（左）に米軍再編交付金を活用した感染症対策基金の創設支援を要望する岩国市など山口県関係者（6月20日、岩国市で）

## リレー随想　森田 治男

昨年7月に中国四国防衛局に赴任し、1年余り経ちました。管内には、空母艦載機が移駐した米海兵隊岩国飛行場をはじめ、自衛隊・在日米軍の飛行場、港湾施設、演習場等、大小さまざまな防衛施設が所在します。

こうした防衛施設が安定的に運用できるよう、周辺地域の生活環境との調和を図り、我が国の防衛と地元の生活に多少とも貢献したいとの思いで取り組んでいますが、至らなさも感ずる日々です。

職場と宿舎は広島市に所在しています。以前勤務した沖縄に続き、過酷な戦争被害を経験した地での勤務となり、戦争と平和を巡りさまざまな感慨を覚えます。

今回は個人的な話で恐縮ですが、広島とのご縁について記したいと思います。

私の母方、さらにその母方と辿っていった曽祖母のルーツは広島です。これまでは調べたことがありませんでしたが、赴任を機に関心が高まり、少しずつ親戚に話を聞いたり、戸籍や書籍を調べたりしています。

まだ粗略な調査ですが、祖先は浅野時代の広島藩士として代々仕え、広島の町に居住し、維新後は士族授産事業の運営に関わったことなどが分かってきました。祖母が忠臣蔵を好み、特に大石内蔵助を贔屓にしていたのもこの辺に理由があったようです。

### ヒロシマを辿る旅

伝えられてはいても、裏付けが確認できないこともいろいろあります。今特に気にかかるのは原爆との関係です。口伝えでは、曽祖母には兄弟姉妹が多く、結婚や仕事で転出した者を除き、広島にいた者は原爆で亡くなったやに聞きます。

しかし、今や当時を知る人はなく、具体的なことが分かりません。実際どうだったのか、何とか調べたいと思うのですが、戸籍も確認できず、名前や人数の手掛かりすら得られません。僅か七十五年前のことですが、過去を遡る難しさやもどかしさを感じます。

ただ、これまでの調べで、かつての菩提寺が分かり、古い墓石を幾つか確認し、一応祖先の回向を果たすことができました。

このお寺は爆心地にかなり近く、堂塔がことごとく焼失し、甚大な被害を受けましたが、戦後再建され、瓦礫から墓石を掘り起こし、墓地を再整備したそうです。

広島は鎮魂と平和への願いが身近に息づく場所です。核兵器が二度と使われることのない平和な世界を希求する思いを共有しながら、我が国を取り巻く厳しい安全保障環境を直視して冷静かつ毅然と国の防衛を全うしていく……複雑ですが、防衛省職員としてそうした姿勢と努力が必要と感じています。

（中国四国防衛局長）

## 崎辺東地区（仮称）整備へ
### 佐世保に係留施設と補給施設
### 令和11年度頃の完成目指す

防衛省は海上自衛隊佐世保地区に、大型護衛艦や「おおすみ」型輸送艦に対応した係留施設と補給施設を備えた「崎辺東地区（仮称）」の整備を決め、令和3年度の概算要求に初めて工事の費用を盛り込んだ。3年度の着工を予定し、11年度頃の完成を目指す。

海上自衛隊では昨今の南西海域における情勢に鑑み、佐世保地区を「南西方面における後方支援基盤」と位置付けており、新たに着手する「崎辺東地区（仮称）」の整備は、この基盤を確保するための第一歩として期待されている。

令和3年度の概算要求では、▽係留施設の一部▽管理棟▽火薬庫（弾薬一時保管庫）▽弾薬整備場——の新設費用として、約138億円を計上している。

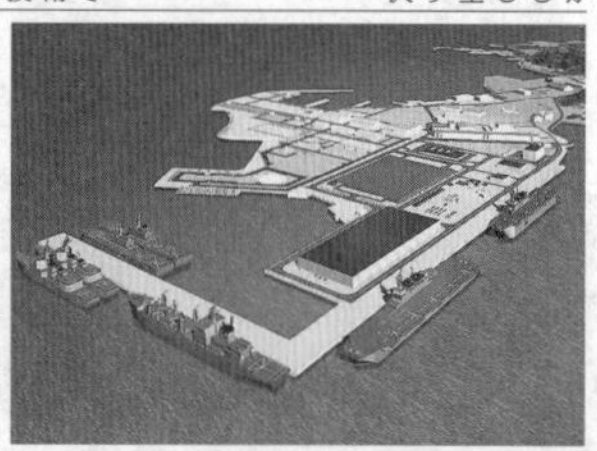

「崎辺東地区（仮称）」の整備イメージ＝防衛省整備計画局施設計画課提供

## 在日米軍駐留経費交渉で準備会
### 日米両政府

日米両政府は10月15、16の両日、「在日米軍駐留経費交渉準備会合」をテレビ会議形式で開き、同盟に対する相互の貢献について意見交換したほか、正式交渉の時期や在り方について引き続き事務的に調整を進めることで一致した。

会合には、日本から防衛省の大和太郎防衛政策局次長、外務省の有馬裕北米局参事官ら、米国からは国務省のドンナ・ウェルトン安全保障関係交渉・協定担当上級顧問らが出席した。


Tonichi トーニチ ネクスタ メイシ
NEXTa Meishi
月々600円でできる名刺管理
オンライン名刺交換もできてこの価格！
初期費用 0円 取り込み枚数による追加費用もかかりません
＋ 月額費用 600円/1ユーザー 5ユーザーからのお申し込みになります
トライアル2カ月間無料
詳しくはこちらから

最高の品質と最高のサービス Tonichi 東日印刷
東日印刷株式会社 〒135-0044 東京都江東区越中島2-1-30 ☎03-3820-0551 https://www.tonichi-printing.co.jp/

コーサイ・サービス ネットショップ
ReFaの美容ローラーと PLOSIONハーバルケアシートマスクのセット販売開始！ クリスマスプレゼントに最適！
① ReFa DOUBLE REY(Red)& PLOSIONハーバルケアシートマスクのセット 通常価格44,800円 約62%OFF
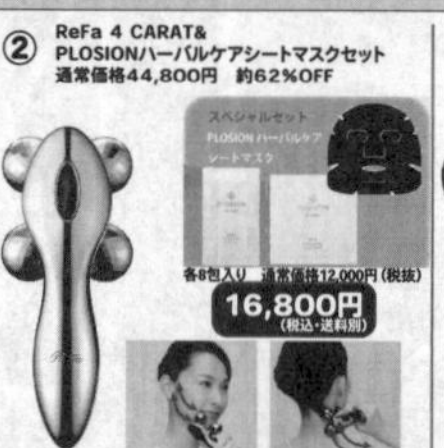
16,800円（税込・送料別）
② ReFa 4 CARAT& PLOSIONハーバルケアシートマスクセット 通常価格44,800円 約62%OFF
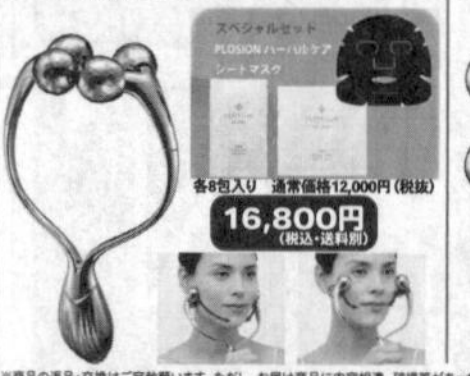
16,800円（税込・送料別）
③ ReFa CARAT RAY& PLOSIONハーバルケアシートマスクセット 通常価格42,680円 約53%OFF
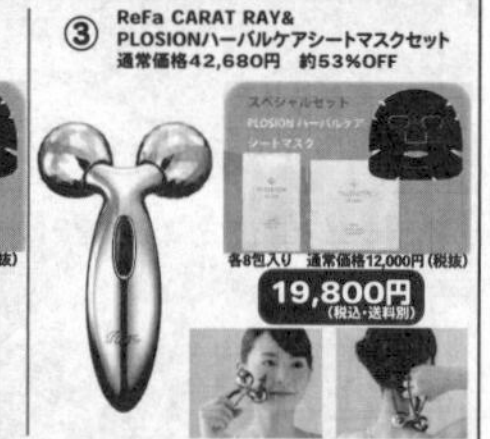
19,800円（税込・送料別）
コーサイ・サービス株式会社 https://www.ksi-service.co.jp/ 得々情報ボックス ID:teikei PW:109109 TEL:03-3354-1350 担当：佐藤
〒1600002 新宿区四谷坂町12番20号KKビル4F 営業時間 9:00～17:00／定休日 土・日・祝日
お申し込み https://kosai.buyshop.jp/（パスワード：kosai）

発売中！ 2021自衛隊手帳
使いやすいダイアリーはNOLTY能率手帳仕様。
年間予定も月間予定も週間予定もこの1冊におまかせ！
2022年3月末まで使えます。
編集／朝雲新聞社 制作／NOLTYプランナーズ 価格／本体900円＋税
お求めは防衛省共済組合支部厚生科（班）で。（一部駐屯地・基地では委託売店で取り扱っております）Amazon.co.jp または朝雲新聞社ホームページでもお買い求めいただけます。

〒160-0002 東京都新宿区四谷坂町12－20KKビル TEL 03-3225-3841 FAX 03-3225-3831 http://www.asagumo-news.com

# 厚生・共済

特集

## グラヒルのオンラインショップ「ギフトセレクション」

# ホームメイドの焼き菓子やパウンドケーキ

## HP上から簡単に購入　ご贈答にもどうぞ

### ホテルグランドヒル市ヶ谷

㊤マドレーヌアソート㊦テリーヌ（ショコラ・フロマージュ）

ホームメイドの美味しい焼き菓子やパウンドケーキをご自宅でお楽しみいただけます。ご贈答用としても最適な商品です―。

防衛省共済組合の直営施設ホテルグランドヒル市ヶ谷（東京都新宿区）では、オンラインショップの「ギフトセレクション」としてホテルオリジナルの各種ケーキや焼き菓子を販売しています。ご注文はネットから楽々。ぜひご利用ください。

HOTEL GRAND HILL ICHIGAYA

**商品ラインナップ**

○テリーヌショコラ（数量限定、1本3240円）

テリーヌショコラは、冷蔵庫で半日解凍してから常温で15分程おいてからいただくと食べごろの柔らかさになります。

○テリーヌフロマージュ（数量限定、1本3240円）

テリーヌフロマージュはとても柔らかいため、冷蔵庫で半日解凍後、冷蔵庫から出して5分以内が冷たく滑らかな食べごろです。

○テリーヌ2本（ショコラ／フロマージュ）セット（数量限定、6280円）

○紅茶と杏のパウンドケーキ（1本、2000円）

○フルーツパウンドケーキ（1本、2000円）

パウンドケーキは、お召し上がりいただく前に冷蔵庫で30分ほど冷やしてからいただくとより一層美味しくいただけます。

○パウンドケーキ2本（紅茶と杏／フルーツ）セット（3800円）

○マドレーヌアソート（プレーン4個／抹茶3個／ほうじ茶3個、2000円）

※お得なセット販売もございます。

**ご購入方法**

販売価格は、表示された金額（表示価格／消費税込）と致します。

なお、別途配送料が必要となります。配送料に関しては商品詳細ページをご確認ください。

**お支払方法**

銀行振込のほか、クレジットカード決済、コンビニ決済、翌月後払い、PayPal、キャリア決済、楽天ペイがご利用いただけます。

**返品・返金**

お買い上げの商品は下記の場合を除き、返品・交換はご容赦願います。

▽お申し込みいただいた商品と異なる場合▽万一、破損及び不良品だった場合

上記の場合は、商品到着後5日以内に当ホテルまでご連絡してください。この場合の配送手数料はホテル負担で引き取り、再発送いたします。

**商品の引き渡し時期**

配送のご依頼を受けてから7日以内にいたします。

ご購入は公式HP（https://www.ghi.gr.jp/）内の「オンラインショップ」専用ページまで。

## 防衛省共済組合あっせん契約商品のご紹介

### シャンプーと薬用育毛剤

### 髪と頭皮を守るケア商品

育毛一筋35年、全国に育毛サロンを52店舗展開しているバイオテックから、髪と頭皮を守るシャンプーと薬用育毛剤をご紹介します。

夏から秋の抜け毛の多い季節が終わり、冬に向け「育毛ケア」に適した季節となりました。この時季にしっかりと頭皮のケアを行うことで育毛が進みます。

そこでご紹介するのがバイオテックのオリジナルケア商品「BIO WITH ONEシリーズ」です。育毛サロンでも使われている頭皮ケア商品を割引価格で提供。この機会にぜひご利用ください。

スカルプケア1カ月セット（シャンプーと薬用育毛剤）

●「BIO WITH ONEシャンプー100ml（約1カ月分）」

通常価格2420円（税込、以下同）を、15％オフの2057円でご提供。頭皮の余分な皮脂や毛穴の汚れを取り除くアミノ酸系のシャンプーです。

●「薬用育毛剤BIO WITH ONEベータS 150ml（約1カ月分）」

通常価格8800円のところ、15％オフの7480円でご提供。本商品は特許製法により有効成分をナノレベルまで微粒子化し、毛穴だけでなく頭皮からも浸透。脱毛にブレーキをかけるだけでなく、「育毛のアクセル」を踏む機能を兼ね備えた医薬部外品の薬用育毛剤です。

※これら商品は単品でのご注文の場合、配送料が別途550円必要となります。

●「スカルプケア1カ月セット」（上記シャンプーとベータSのセット商品）

通常価格1万1220円のところ、30％オフの7854円でご提供します。セットでご購入いただくことで、さらにお得にスカルプケアができます。

これら商品のお支払いはクレジットカード、アマゾンペイ、代金引換、NP後払いの中から選べます。代引は税込5000円以上のご購入で手数料が無料になります。

ご注文はネット（https://store.biotech.ne.jp/closed/list.html）で。左のQRコードもご利用ください。電話による注文はフリーダイヤル（0120-810-109）で。

商品やケア方法に関するご質問もフリーダイヤルでどうぞ。「育毛サロン」の無料体験もご利用いただけます。お気軽にお問い合わせください。

## ライフプラン支援サイト

### 共済組合HPから3社のWebサイトに連接

皆さまは共済組合のホームページ（HP）からアクセスできる「ライフプラン支援サイト」をご存じですか？共済組合HPから野村證券、第一生命、三井住友信託銀行の3社が開設する各Webサイトに進むことができます。

いずれのサイトも基本事項を入力するだけで将来の家族の状況が予測できる「ライフプラン・シミュレーション」をはじめ、結婚、出産、子供の教育、健康、老後など、人生のさまざまなシーンやそれに伴うお金にまつわる各種情報を得られます。

このほか、各サイトでは多彩なメニューをご用意。いずれもすぐに役立つ情報ばかりですので、ぜひご利用ください。

「ライフプラン支援サイト」閲覧は、共済組合HPのトップページ→生活さぽーと→ライフプラン支援サイトへと進み、各社Webサイトに進んでください。

なお、共済組合HPへのログイン用ユーザー名及びパスワードは「GOOD LIFE（共済のしおり）」や「さぽーと21」をご覧いただくか、ご所属の支部にお問い合わせください。

◇

共済組合の各支部では、防衛省が開催する「生涯生活設計セミナー」に合わせて「個別相談会」も実施しています。こちらもぜひご利用ください。

開催予定等、詳しくはご所属の支部にお問い合わせください。

野村證券

第一生命

三井住友信託銀行

## 健診は受けましたか

### お申し込みはネットや電話で「ベネフィット・ワン」で受付

防衛省共済組合では「各種健診」を実施しています。健診の受け付けは共済組合が委託する「ベネフィット・ワン」が行っていますので、次の方法でお申し込みください。

【WEB】パソコンはhttps://www.benefit-one.co.jp、スマートフォンはhttps://bnft.jp へ。アクセス後、「健診予約はこちら」のバナーをクリックしてお進み下さい。

【電話】ベネフィット・ワン健診予約センター（0800-1702-502、03-6870-2775）へ。朝10時から平日21時、土日祝日は18時まで受け付け。12月29日から1月3日は休みです。

【FAX】0800-9199-030、089-900-8281へ。お手元のご利用ガイドの「△各種健診▽FAX・郵送申込書」または「△婦人科検診▽FAX・郵送申込書」をご利用ください。

【郵送】〒790-8790愛媛県松山市藤原2-8-8　株式会社ベネフィット・ワン健診予約受付センターまで。「△各種健診▽FAX・郵送申込書」または「△婦人科検診▽FAX・郵送申込書」に必要事項をご記入のうえ、お送りください。

申し込み後、「ご予約確定通知書」が送付されます。受診当日は「防衛省共済組合員被扶養者証」または「自衛官診療証」を持参して受診してください。健診結果は1カ月程度で健診機関から本人に直接送付されます。

なお、健診時に個人負担金がある場合は健診機関窓口で当日お支払いください。

◇

このほか健診機関に電話で直接申し込むこともできます。ご利用ガイドの「健診機関リスト」に掲載された健診機関に、受診希望日の3週間前までに電話でお申し込みください。

予約後、受診希望日の3週間前までにベネフィット・ワン健診予約受付センターに電話で「ご予約確認通知書」の発行を依頼してください。後日、健診予約センターから同書を送付します。

その後は前述の方法で受診してください。

### 巡回レディース健診も実施中　申込は12月20日まで

女性組合員向けに「巡回レディース健診」を全国各地で実施しています。

申し込みは12月20日まで、受診期間は来年2月末日までとなっています。

受診資格は任継組合員、被扶養配偶者、当該年度において40歳以上74歳以下の被扶養者（女性、年度内1回）です。

受診会場はベネフィット・ワンのWEBにアクセスし、「健診予約はこちら」から「巡回健診会場一覧」と進み、最寄りの会場をご利用ください。会場一覧はQRコード（左）からもご覧いただけます。

この機会に女性の皆さまもぜひ健診を受けましょう。

## 年金Q&A

### 子どもが20歳になりました。国民年金の手続きは必要ですか

## 学生でも20歳になれば第1号被保険者です

Q　大学生の子供が20歳になりました。先日、国民年金の加入のお知らせと保険料納付の案内が届きました。これは親である私が何か手続きをしなければならないのでしょうか。また、共済組合の支部窓口で手続きができるのでしょうか。

A　まず、全国民に共通の「基礎年金」を支給する国民年金について説明します。

学生であっても、20歳になれば国民年金の第1号被保険者となります。そのため、学生本人または世帯主に保険料の納付義務が生じます。

＜国民年金被保険者の種別＞

【第1号被保険者】日本国内に住所を持つ20歳以上60歳未満の方で、次の第2号又は第3号の被保険者に該当しない方。（学生、農林漁業、商業などの自営業者や自由業の方とそれらの配偶者）

【第2号被保険者】共済組合員や会社員等、被用者年金制度の被保険者。

【第3号被保険者】第2号被保険者の被扶養配偶者で20歳以上60歳未満の方。

一定所得以下の学生の場合は、「学生納付特例制度」を利用することができます。この特例により、保険料の納付が猶予されます。

＜学生本人の所得要件＞

保険料を猶予する月の属する年の前年の所得金額が以下の時

118万円 ＋ 扶養親族等の数 × 38万円

※学生のご家族の所得は関係なし

＜学校の要件＞

大学（大学院）、短期大学、高等学校、高等専門学校、専修学校、及び各種学校その他の教育機関。

この制度には注意点もあります。納付猶予期間は年金の受給資格期間に含めることができますが、年金額の計算には反映されません。そのため、10年以内に追納されない場合は将来もらえる年金額は減ることになります。

特例の申請は、最寄りの年金事務所や住民登録のある市区町村の役所・役場の窓口で行えます。郵送でも手続き可能です。送付先や書類を確認しましょう。

納付や特例申請の手続きで、共済組合の支部窓口で行えるものはありません。

（本部年金係）


# 防衛省共済組合のホームページをご利用ください！

◆ホームページキャラクターの「リスくん」です！◆

防衛省共済組合では、組合員とそのご家族の皆様に共済事業をよりご理解していただくためホームページを開設しています。

事業内容の他、健診の申込み、本部契約商品のご案内、クイズのご応募、共済組合に関する相談窓口など様々なサービスをご用意していますのでご利用ください。

https://www.boueikyosai.or.jp/

QRコード

★新着情報配信サービスをご希望の方は、ホームページからご登録いただけます♪★

メール受信拒否設定をご利用の方は「@boueikyosai.or.jp」ドメインからのメール受信ができるよう設定してください。

ライフシーンから選ぶ

入隊（入省）

退職・年金

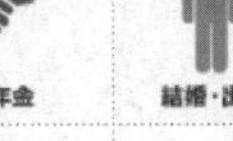

結婚・出産・育児

健康管理

貯金・ローン

本部契約商品

病気・ケガ

保険に入る

疑問が出てきたら「よくある質問（Q&A）へどうぞ！」


「ユーザー名」及び「パスワード」は、共済組合支部または広報誌「さぽーと21」及び共済のしおり「GOODLIFE」でご確認ください！

共済組合キャラクター　アイちゃん　ポーちゃん

手続等詳細については、共済組合支部窓口までお問い合わせください。

# 厚生・共済

特集

# 「F35A三沢基地カレー」商品化

## 市とコラボ、全国へ発信

これまで空自三沢基地内でしか味わうことができなかった"ステルス・カレー"がついに全国、どこでも食べられるようになる――。三沢基地はこのほど、地元・三沢市観光協会と協力し、口に入れた後から香辛料がツーンと香ってくる、まさにステルス味の「F35A三沢基地カレー」を商品化した。カレーを"食のシンボル"とする海上自衛隊にも負けない三沢基地オリジナルのステルス・カレー。全国へのネット販売開始で「空自空上げ」と並ぶ名物となるか。

【3空団＝三沢】三沢基地司令の久保田隆裕将補はこのほど、三沢市観光協会が商品化したレトルトの「F35A三沢基地カレー」の完成報告・試食会に出席した。

報告会は三沢市役所で行われ、同協会の相場博会長と久保田司令が小檜山吉紀市長に完成を報告、3人が実際に三沢基地オリジナルの同カレーを試食した。

小檜山市長は、「後から香辛料が香ってきて、まさに(F35Aと同じ)ステルスのカレーだ」と絶賛。そのレシピについて久保田司令は「安心、安全、高品質の青森県産の豚もも肉がふんだんに使用されており、(スパイスの香りとともに)食感が良いのが特徴です」とアピールした。

「F35A三沢基地カレー」は、三沢基地内で隊員に提供されているカレーライスのレシピをもとに、同協会が3空団給養小隊と何度もサンプルを調整、F35Aステルス戦闘機を運用する隊員たちの活力源となっているオリジナルの味が再現されている。基地のカレーは、一度に500人分の調理ができる蒸気釜を使って、じっくり煮込むことで食材のうまみとコクを凝縮しているため、「F35A三沢基地カレー」においてもその味を再現するべく、県産豚もも肉などを使用している。

この「香りのステルス性」を前面に出す意味もあってか、商品のパッケージには基地が提供したF35Aの空撮写真が使用され、その尾翼には302飛行隊伝統の「オジロワシ」が精強さを示している。

商品化された同カレー(200グラム入りレトルトパック)の価格は648円(税込み)で、現在、道の駅みさわをはじめ、三沢空港、青森県立三沢航空科学館などで販売されている。また、三沢市観光協会のオフィシャルウェブサイトからも注文できるため、全国どこでもステルス・カレーの味が楽しめる。

「F35A三沢基地カレー」の完成報告・試食会に出席し、商品をPRする久保田三沢基地司令(左)と三沢市観光協会の相場会長(三沢市役所で)

地元の豚肉と野菜の旨味を凝縮させ、こだわりのスパイスを配合し、ピリっとしたステルスの中辛に仕上げた

## 輪島分屯基地オリジナルラベルの清酒

### 地元酒造2社とタッグ

輪島分屯基地オリジナルラベルの清酒をアピールする基地業務隊厚生小隊長の伊藤3尉(中央)と白藤酒造、日吉酒造の担当者(輪島分屯基地で)

【輪島】共済組合輪島支部は11月4日、地元酒造の協力を受け、輪島分屯基地オリジナルラベルを使用した2種類の清酒を商品化し、販売を開始した。

輪島支部では「カッコいいラベル」と「おいしいお酒」の2点を目標に、2020年1月から商品の開発に着手。ラベルの製作に当たっては、「隊員みんなで一つのものを作り出そう」という考えから、分屯基地隊員へのアイデアの募集やアンケートを重ね、3種類のラベルを決定した。いずれも部隊マークをベースに輪島の美しさ、日本海の荒々しさなどを表現するなど、石川県の隊員のこだわりを具現化した。

中身の清酒は、2017年に全日本空輸(ANA)の国際線ファーストクラス提供酒にも選ばれた「奥能登の白菊(特別純米酒)」＝白藤酒造＝と、輪島朝市に店を構え、観光客や地元民から根強い人気を誇る「おれの酒(純米酒)」＝日吉酒造＝を両酒造の協力を得て使用した。価格は720ミリリットルが1500円、300ミリリットルが700円(いずれも税抜き)。

基地業務隊厚生小隊長の伊藤啓太郎3尉は「輪島分屯基地をアピールできる自慢の一品が完成した。今後は基地内での販売だけでなく、一般への販売も検討しており、多くの人に輪島の清酒を味わっていただければ」と話している。

## 余暇を楽しむ

### 経ヶ岬分屯基地「ソロキャンプ部」

紹介者：3空曹　坪田　憲祐(35警戒隊総括班)

# 大自然と向き合い発散

たき火を楽しむ「ソロキャンプ部」の部員たち。ソーシャル・ディスタンスを保ってキャンプを満喫している

絶景の丹後海岸でキャンプを楽しむ部員たち。同海岸は「京都の松島」と呼ばれ、ユネスコにも認定されている景勝地

朝雲新聞をご愛読の皆さま、こんにちは。

我が経ヶ岬分屯基地(京都府京丹後市)は、日本三景「天橋立」から北に約40キロ、近畿の最北端、山と海に囲まれた自然豊かな海岸沿いに位置しています。

この大自然に直接触れようと、2018年から気の合う仲間同士が動画投稿サイト「ユーチューブ」を見てはイメージトレーニングし、キャンプ用のギア(道具)を買いそろえ、近くの海や山に行っては夜空を見上げ、獣に怯えながらたき火に明け暮れるなど「ソロキャンプ」を行ってきました。

このソロキャンプが近年、メディアでも話題になってきた矢先、日本をはじめ世界中で新型コロナの感染が拡大し、我が部も活動自粛を余儀なくされました。

自粛期間中、「(コロナ)感染者が、キャンプ場で仲間とバーベキューを楽しんでいた」といった報道があり、コロナ下でのキャンプは、感染リスクを高める"悪"のイメージがついてしまったかもしれません。しかしながら、ソロキャンプは料理は好きなものを各人のたき火台で作り、好きな酒などを飲み、各人のテントで寝るといった方式です。人との接触は特になく、一人で大自然と食事を楽しみ、ストレスを発散する。これこそが「新しい生活様式」ではないかと考えました。

そこで初心者にも声をかけ、集団によるソロキャンプを6月から再開しました。その結果、不慣れからくる不安は解消され、楽しく有意義な時間となり、少々お酒が回っても、それぞれのたき火台やテントのおかげで広めのソーシャル・ディスタンスが自然と確保できました。これこそが基地の新しい生活様式での部活動としての「ソロキャンプ」誕生の瞬間です。

現在我々は、カヤックや海釣りをした後、そのまま浜辺でソロキャンプなどを楽しんでいます。ぜひ皆さまもソロキャンプを体験してみてはいかがでしょうか。

## 自慢の一品料理

### 山賊焼

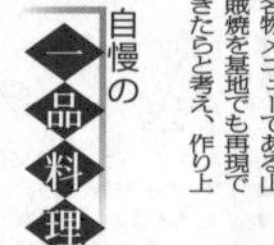

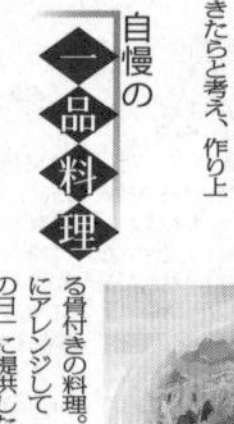

紹介者：小田　敦子　技官(空自防府南基地給養小隊)

空自防府南基地の自慢の一品は、山口県岩国市の名物料理「山賊焼」です。

岩国市で市民に親しまれている和風レストラン「いろり山賊」の名物メニューである山賊焼を基地でも再現できたらと考え、作り上げました。

山賊焼は大きな串に刺さった肉を、豪快にかぶりつきながら食べる骨付きの料理。独自にアレンジして「食育の日」に提供したところ、「黒コショウのピリッとしたアクセントがきいて、おいしい」と評判を呼びました。

調理法は骨のない若鳥のもも肉にしょうゆ、みりん、酒、砂糖、塩、コショウ、にんにく、しょうがで下味をつけます。そしてそのまま一枚肉で、オーブンで20～30分焼き上げ、仕上げに粗びきの黒コショウをまぶせば完成です。

ご自宅で調理される際は、グリルで焼いた方が焦げ目がついて、見た目も味もこんがりと焼き上がると思います。

「いろり山賊」のものと違い、骨付きではありませんが、「甘辛い味がとてもおいしい」と、基地隊員の皆さんにも好評でした。

比較的調理しやすい料理ですので、ご自宅でもぜひ、作ってみてください。

# ハヤシライス400人分調理

## 8空団「有事の給食」想定し野外で

応急給食訓練でハヤシライスを作る若手の業務隊給養小隊員たち(10月1日、築城基地のグラウンドで)

【築城】8空団(司令・大嶋善勝将補)は10月1日、「有事の給食活動」を想定した応急給食訓練を行った。

訓練には、業務隊給養小隊員16人が参加。給食施設から離れたグラウンドに野戦釜4基を設置し、若手給養員が中心となって昼食のハヤシライス約400人分を調理した。隊員たちの食事もグラウンド一帯で行われ、密集を避けるなど、コロナ対策も徹底した。

調理した給養員は「屋外でこれほど大量の調理や配食をするのは初めて。風がなく釜の火力も安定していたので、うまく調理できた」と語り、喫食した隊員は「釜で炊くご飯はおいしい。青空の下で食事がとれ、いい気分転換にもなった」と話した。

訓練指揮官の大渕淳1尉は、「隊員の活力となる食事を定時に提供するのが我々の仕事。今回は給食施設が整備されていない場所で給食活動ができたことは、一定の成果となった。今後もより実戦に近い訓練を行い、給養員の能力向上に努めたい」と述べた。

## 「防災の日」に野外炊飯訓練

春日基地

【春日】基地は9月1日、「防災の日」に合わせて野外炊飯訓練を行った。

基地業務群業務隊給養班の隊員が野戦釜で手際よく、ご飯、豆腐キムチ炒め、かき玉汁を作った。

同メニューは訓練後、基地の食堂の夕食として隊員たちに提供された。

## 久居駐屯地内の環境整備

### 業務隊が樹木剪定や室温点検

【久居】久居駐屯地業務隊はこのほど、環境の美化と暴風による倒木被害の減災を図るため、駐屯地内の樹木の伐採・剪定作業を行った。

作業は33普連の協力のもと、5日間にわたって実施。高さ約5メートルから10メートルの樹木を対象に、民間からレンタルリースした高所作業車を使用。営繕班員が剪定して、切り落とした枝を連隊員が回収・廃棄し、事故なく作業を終えた。

業務隊はこのほか、隊舎内での冷房時間の延長のため、ボイラーの運転延長に対応。機器操作の特技を持つ電気係員(ボイラー技官)なども加わり、8人による臨時の勤務態勢を確立した。

これにより、毎日午前2時までのボイラーの運転を安全かつ確実に行えるようになった。業務隊は日々、生活隊舎内の室温点検を行い、適切な室温を維持している。

## 保育所運営のノウハウ学ぶ

### 武器学校総務部

保育所の基礎知識講習に参加し、保育関係者から教育を受ける武器学校の女性職員(左)＝9月25日、茨城県阿見町で

【東方＝朝霞】陸自武器学校総務部(土浦)の運営要員3人は9月23、25、28の3日間、緊急登庁支援におけるキッズサポートセンターの運営ノウハウ習得のため、茨城県阿見町にある三つの保育所(中郷、南平台、二区)を研修した。

研修項目は保育の基本、保育内容、衛生管理(感染症対策を含む)などで実習を通じ、必要な識能の向上を図った。

この研修は、2019年8月に阿見町と土浦駐屯地との間で締結された「大規模災害時等に従事する隊員の留守家族支援に関する協定」に基づくもので、運営要員の技能向上のため阿見町の協力により行われている。

部隊では隊員の研修成果を踏まえ、学んだ点を他の職員に普及・教育することで技量の底上げを図り、キッズサポートセンターの運営ノウハウの向上に努めている。

コスパ最高のプレート料理
会食プラン
期　間　～2020年 11月30日 まで
ご利用人数 4名から 組合員限定 3,000円(税・サ込)
利用時間 90分制
ドリンクはソフトドリンク飲み放題
乾杯用のワンドリンク付き
<ビール・ワイン(赤・白)・焼酎・ウィスキー・ハイボール>
＊画像はすべてイメージです
HOTEL GRAND HILL ICHIGAYA
■ご予約・お問い合わせは 宴集会担当まで 受付時間 9:00～19:00
TEL 03-3268-0116【直通】 専用線 8-6-28853～4
〒162-0845 東京都新宿区市谷本村町4-1
HP https://www.ghi.gr.jp/
詳しくはホームページまで グラヒル 検索

# 海自潜水艦に5人の女性乗組員誕生

# ドルフィン徽章胸に

## 次代への力になりたい

海自潜水艦教育訓練隊の潜水艦徽章授与式が10月29日、広島・呉基地で行われ、教育課程を修了した5人の女性隊員らに徽章が与えられた。防衛省・自衛隊で女性の職域開放が進む中、初めて海自潜水艦にも女性の乗組員が誕生した。

練習潜水艦「みちしお」の前に立つ初の女性潜水艦乗組員となった5人の隊員（10月29日、呉基地で）＝海幕広報室提供

「みちしお」の阿部艦長（右）から潜水艦徽章を付けてもらう女性隊員

女性潜水艦乗組員の先駆けを目指し5人は今年2月、潜訓隊の「海曹士専修科潜水艦課程」に入校。6月に同課程を修了し、練習潜水艦「みちしお」で乗艦実習を行ってきた。

「みちしお」が係留される呉基地潜水艦桟橋で行われた徽章授与式に、他の男性隊員と共に出席。同艦艦長の阿部純一2佐から「今日がゴールではなく、潜水艦乗組員としての1日目であることを忘れず、さらに努力してほしい」と訓示され、左胸に潜水艦乗組員の証しである銀色に輝く徽章（ドルフィンマーク）を付けられた。

5人を代表して田口夢花3曹は、「さまざまな職種で道を切り開いてきた女性の先輩方のように、潜水艦でも多くの女性が活躍できるよう力になりたい」と決意を新たにした。5人は授与式後、潜水艦隊（司令部・横須賀）隷下部隊の艦に配属された。

一方、今年1月に潜訓隊の「幹部専修科潜水艦課程」に入校し、6月に課程を修了した竹之内里咲3尉は、幹部に必要な指揮監督などの知識習得を目指し、「みちしお」で約1年間の実習に臨んでいる。

**女性の職域開放**　自衛隊は昭和42年の陸自を皮切りに一般職域で女性自衛官の採用を開始。平成5年に全職域を開放し、一部配置については制限を設け、段階的に解除してきた。平成27年11月に空自戦闘機など、30年12月には海自潜水艦への配置制限が解除され、「母性の保護」の観点から配置できない陸自の一部部隊を除き、女性自衛官の配置制限が全面的に解除された。

## どちらに軍配？

### 海自カレーと空自空上げ　ツイッターでPR合戦

### 両幕長が対決

海・空幕僚長が対決！――。山村海幕長と井筒空幕長が海・空自のツイッターでそれぞれの自慢料理をアピールしている。

旧海軍から伝わる伝統の海自カレー。一方、空自は調理に工夫を凝らした革新的な鶏の唐揚げ「空自空上げ（からあげ）」を展開する。

山村海幕長が海自ＨＰに「（空自空上げを）温かく見守るべきか思案しているところです」と載せたのに対し、井筒空幕長も空自ＨＰで「正々堂々と挑んでいきたいと考えていますので、どうぞお手合わせのほど、よろしくお願いします」と応えた。

海・空自の公式ツイッターにアップされた画像には、そろって登場。海・空幕僚長のプライドも懸かったこの戦い。華麗（カレー）に勝ち名乗りを挙げ（上げ）るのは果たしてどちら。

海・空自公式ツイッターにアップされている山村海幕長（左）、井筒空幕長（右）が登場したＰＲ画像

# 寺田1曹らUSOジャパン顕彰

## 任務遂行と地域貢献評価

### 空自准曹会　小松基地で贈呈式

USO顕彰を受賞の寺田1曹（中央）を表彰した杉本連合准曹会長（右）と甲斐空自准曹士先任（10月14日、小松基地で）

空自連合准曹会は10月14日、「2020年度USOジャパン顕彰」を受賞した6空団306飛行隊（小松）の寺田大1空曹への表彰盾の贈呈式を小松基地で行った。

顕彰はUSO（United Service Organizations＝米軍慰問協会）が在日米軍と陸海空自衛隊で地域への社会貢献と任務遂行に著しく貢献した隊員を表彰するもの。

今年は寺田1曹を含め、陸海空から2人ずつ、合計6人が受賞している。顕彰式は9月5日に東京・ニュー山王ホテルで行われる予定だったが新型コロナウイルスの影響で中止に。USOジャパンの代理として、准曹会長の杉本孝哉准尉と空自准曹士先任の甲斐修准尉が基地を訪問し、表彰盾などを贈った。

贈呈式で杉本会長は「USO顕彰受賞に敬意を表します。今後もさらなる活躍を」とたたえ、寺田1曹は「受賞を心より感謝します。これからも地域貢献と部隊任務遂行のため、全力で頑張ります」と応えた。

寺田1曹は、列線整備分隊長として、飛行訓練支援に従事。日米共同訓練では米空軍との各種調整を積極的に行い、同僚、後輩隊員らからも厚い信頼を得ている。また、地元少年野球チームのコーチとしてスポーツを通じた健全な青少年の育成に努めるなど、地域と自衛隊の相互理解、募集・広報活動にも大きく貢献してきた。

# 初飛行から24年

## 1空群の武曹長　1万飛行時間達成

【1空群＝鹿屋】海自第1航空群1航空隊12飛行隊でP3C哨戒機の機上電子整備員を務める武克己曹長は10月1日、初飛行から24年目で「総飛行1万時間」を達成した。

武曹長は平成4年3月、海自に入隊。8年8月に206教空（下総、現203教空）の機上電子整備員課程を修業し、6空（厚木、現3空）、9空（沖縄、現5空）、1空群司令部（鹿屋）などで勤務してきた。

P3C（5072号機、機長・酒井崇3佐）での飛行作業を終え、滑走路に並ぶ隊員の盛大な拍手と歓声で迎えられた武曹長は、田村知史1空群司令に1万飛行時間達成を力強く報告。

記録達成について武曹長は、「これまで一緒に飛行作業に従事してきた信頼できる搭乗員と整備員の方々のおかげであり、心から感謝しています。支え続けてくれた家族にも感謝の気持ちでいっぱいです。今後も向上心を維持し、職務遂行、精強な後輩搭乗員の育成に努めていきます」と決意を新たにした。

1万飛行時間を達成した武曹長（前列右から5人目）と田村司令（その左）以下1空の隊員たち（10月1日、鹿屋航空基地で）

## 15旅団と1空群がコロナ患者を空輸

陸自15旅団（那覇）と海自1空群（鹿屋）は11月4日、鹿児島県知事からの要請を受け、新型コロナウイルス感染症陽性者の急患空輸を行った。

15旅団のCH47ヘリが与論島から奄美大島まで陽性者6人を、1空群のUH60Jヘリが奄美大島から鹿児島市まで同1人をそれぞれ空輸した。

# 14個隊　威信を懸けて

## 19普連の19時間駅伝

【19普連＝福岡】陸自19普連（連隊長・今村英二郎1佐）は10月14、15の両日、福岡駐屯地で連隊統制持続走訓練（19時間耐久駅伝）を行い、忍耐力と団結の強化を図った。

新型コロナウイルス感染拡大防止のため中止となった創隊65周年記念行事に代えて、「繋ぐ：届ける宿命がある」をキャッチフレーズとして実施した。

今村連隊長以下の隊員で編成した連隊本部チーム、各中隊2個、304普通科直接支援中隊1個の計14個チームが参加。14日午後2時から翌15日午前9時までの19時間、駅伝方式でたすきをつないだ。

各チーム・選手は部隊の威信と名誉を懸けて力走を続けた。閉会式で今村連隊長は、完走の労をねぎらい、認定証を付与した。

19時間耐久駅伝を完走し、今村連隊長（後方）を担いでゴールする連隊本部チーム（10月15日、福岡駐屯地で）

## 小休止

▽…空自浜松広報館「エアーパーク」はこのほど、同館の2021年カレンダー用の写真コンテストを行った。

▽…カレンダー作製は今年で11回目。教材整備隊の協力を得るなど完成までの全工程をすべて浜松基地で行っている。好評のため、昨年からはバージョンアップさせて2カ月ごとの月めくりとし、採用写真は7作品に増えた。

▽…コンテスト期間（10日間）中、42点の応募作が1階ロビーに展示され＝写真＝、来館者の450票の投票を集計し、上位7作品が選ばれた。11月下旬に完成予定の新年カレンダー。新型コロナウイルスにも負けない力強い1年を後押しすることが期待される。（浜松）

## こちら警務隊　火災予防②

### 放火罪は多数の人に危険及ぼす凶悪犯罪

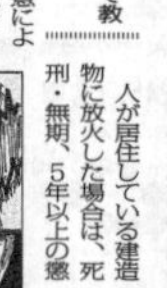

放火罪について教えてください。

放火罪とは、故意に火を放つことで成立する犯罪です。

人が居住している建造物に放火した場合は、死刑・無期、5年以上の懲役刑と非常に重い刑罰が規定されています。これは殺人罪と同じ刑罰であり、人が居住する建物が焼失すれば人命が失われるなど危険性が高いためです。

また、日本では木造建造物が密集している地域も多く、ひとつの火事でも周囲の建造物が類焼して被害が大きくなることから、放火は結果として多数の人に危険を及ぼす凶悪犯罪となります。放火は絶対にしてはいけません。

（東北方面警務隊）


防衛省職員・家族団体傷害保険／防衛省退職後団体傷害保険

**団体傷害保険の補償内容が一部改定になりました！**

Point 1　新型コロナウイルスが新たに補償対象に!!

A型（家族補償タイプ）・B型（個人補償タイプ）・D型（予備自衛官等用）に「指定感染症追加補償特約」がセットされ、特定感染症の補償範囲が「指定感染症※1」まで拡大されました。それにより、これまで補償対象外であった**新型コロナウイルスも新たに補償対象**となります。

（注）指定感染症追加補償特約の対象となる方は、**A型・B型では防衛省共済組合員ご本人、かつ、記名被保険者ご本人に限ります。公務中や通勤災害中の事故に限定せず幅広く補償いたします。**

Point 2　2020年2月1日に遡って補償！

2月1日以降に発病されたものから補償の対象※2となるため、既にご加入されている方で、該当する方は、三井住友海上事故受付センター（0120-258-189）までご連絡ください。

Point 3　既にご加入されている方の新たなお手続きは不要！

既にご加入されている方は、新たなお手続きや追加の保険料のお支払いは必要ありません。

※1 特定感染症危険補償特約に規定する特定感染症に、感染症の予防及び感染症の患者に対する医療に関する法律（平成10年法律第114号）第6条第8項に規定する指定感染症（注）を含むものとします。
（注）一類感染症、二類感染症および三類感染症と同程度の措置を講ずる必要がある感染症に限ります。
※2 新たにご加入された方や、増口された方の増口分については、ご加入日以降補償の対象となります。ただし、保険責任開始日からその日を含めて10日以内に発病した特定感染症に対しては保険金を支払いません。

気になる方は、各駐屯地・基地に常駐員がおりますので弘済企業にご連絡ください。

［引受保険会社］（幹事会社）三井住友海上火災保険株式会社　東京都千代田区神田駿河台3-11-1　TEL：03-3259-6626
［共同引受保険会社］東京海上日動火災保険株式会社　損害保険ジャパン株式会社　あいおいニッセイ同和損害保険株式会社　日新火災海上保険株式会社　楽天損害保険株式会社　大同火災海上保険株式会社
［取扱代理店］弘済企業株式会社　本社：東京都新宿区四谷坂町12番地20号KKビル　TEL：03-3226-5811（代表）

# 小樽市の防災職員に挑戦

陸自OB 安藤 斉（北海道小樽市総務部災害対策室、元2佐）

私は令和2年3月、北部方面総監部（札幌）を最後に陸上自衛隊を早期退職し、4月から小樽市総務部災害対策室に勤務しています。

定年2年前に札幌駐屯地で「防災危機管理教育」に参加する機会に恵まれましたが、教育修了後の印象は、元自衛官の防災職員が慣れない役所勤務で悪戦苦闘するというイメージで、正直なところ地方自治体の防災職員を積極的に希望する考えはありませんでした。

ところが、援護担当者から小樽市で新規の採用があることを知らされ、いま一度、防災職員を真剣に考えてみました。すると自治体の防災業務に従事することの魅力や、これまでの陸上自衛隊での経験が新しい職場でも最大限生かせることが再認識できました。また、同期や上司からも「やってみろ」と背中を押され、防災職員にチャレンジする意思を固めました。

現時点で採用からまだ半年ですが、私の勤務する小樽市は新型コロナウイルスの影響を受けながらも、しっかりとした防災業務を続けております。新たに職員となった私も、市長以下の職員の方々や市民の皆さまから温かく迎えていただき、市役所で充実した勤務をしております。

さて、自衛官の皆さまへのアドバイスになるかどうか分かりませんが、陸自北部方面隊は、退職自衛官の防災職員への再就職のための施策を進めています。例えば、昨年度から開始された「防災職員就職直前教育」では、地方自治体の防災職員の先輩による教育が行われ、質疑応答を通じ、私も有益な知識の修得と人間関係の構築ができました。

また、北海道の防災職員の方からも、退職自衛官のネットワークを生かした情報提供を適宜いただいており、小樽市の災害対策室に元自衛官は私1人ですが、孤独感は全くありません。

さらに地域防災マネージャー採用に伴う国からの交付金は、財政事情が厳しい地方自治体にとっては非常に魅力であり、今後、自衛官採用の追い風ともなるでしょう。

自衛官の皆さんと共に地域の防災のために働き、また皆さんの退官後も同じ防災職員として連携して勤務できる日を楽しみにしています。

地元の「エフエム小樽」に出演した陸自OBの安藤斉さん（奥）。陸自退職後、小樽市総務部災害対策室に勤務している

FURSTENTUM
LIECHTENSTEIN

（世界の切手・リヒテンシュタイン）

安全保障は確率のゲーム。安全の確率を少しでも高めるために地道な努力を続けるしかない。

高村 正彦（元防衛大臣）

朝雲ホームページ
www.asagumo-news.com
<会員制サイト>
Asagumo Archive
朝雲編集部メールアドレス
editorial@asagumo-news.com

## みんなのページ

### 高校生が「しらせ」乗員に取材

2海曹 青戸 栄儀（鳥取地本・募集課広報班）

自衛隊鳥取地方協力本部は9月21日、京都府舞鶴市の海上自衛隊舞鶴基地北吸岸壁で開催された「自衛隊をもっと知ろう！ マリン・フェア」に募集対象者の若者ら11人を引率した。

当フェアは国内巡航中の海自砕氷艦「しらせ」の寄港に合わせ、舞鶴地方総監部が企画した。舞鶴市で建造された2代目「しらせ」の10年ぶりの里帰りということで、会場は多くの来場者で賑わった。この日は「しらせ」見学のほか、曳船や特別機動船の体験乗船があった。さらに護衛艦「あさぎり」「せんだい」、補給艦「ましゅう」も集結し、その迫力をもって来場者を迎えた。

「しらせ」見学では乗員が艦内を案内してくれた。見学者は食堂、艦橋、格納庫などを巡り、「しらせ」の南極での任務についての説明も聞いた。「南極の氷」も展示され、耳を澄ますと聞こえてくる数万年前の気泡がプチプチと弾ける音に、参加者はロマンを感じていた。見学後は曳船体験にも参加し、海面から見る艦艇の大きさに圧倒されていた。

地本では、鳥取城北高等学校新聞部の生徒ら3人の取材も支援した。新聞部員たちは「しらせ」の航海長や先任伍長にインタビューし、南極で任務を遂行することの厳しさ、仕事のやりがいなどを聞いて、それを懸命にメモしていた。

「しらせ」はまもなく第62次南極地域観測隊員を乗せて南極へ向け出航する。準備を万全にして、唯一無二の任務を完遂してもらいたい。

「しらせ」乗員（左）にインタビューする鳥取城北高校新聞部の生徒

5003

10年ぶりに京都・舞鶴市に里帰りした海自の砕氷艦「しらせ」

### 中方会計隊が野外訓練

1陸士 倉 真琴（397会計隊大津派遣隊）

私は第397会計隊大津派遣隊で契約係として勤務しています。縁あって新隊員教育を受けた大津駐屯地で引き続き派遣隊の一員として勤務することになり、早くも1年を迎えようとしています。

私の仕事は糧食関係の契約がメインで、いろいろ大変ですが、とてもやり甲斐のある仕事で毎日頑張っています。

さて、9月22、23の両日、中部方面会計隊の野外訓練が大久保駐屯地で行われ、大津派遣隊も参加することになりました。日頃の業務とは異なる野外訓練ということで、8月からこの訓練に向けて練成を行いましたが、本番ではライナープレートで歩哨の陣地を構築して警戒任務に就いたり、車両の偽装を行うなど、新隊員教育いらいの野外訓練であることに加え、慣れないことばかりでとても苦労しました。しかし、先輩や上司の励ましで最後までやり遂げることができました。

まだまだ未熟な私ですが、後輩に指導ができる先輩になることを目標に、これからも成長していきたいと思います。

集中野外訓練で天幕を展張する中方会計隊の隊員

### 陸自を担う陸曹目指し日々努力

3陸曹 三浦 忠（33普連重迫撃砲中隊・久居）

陸曹教育隊に入校するにあたり、私が最も強く意識したことは、今まで自分を育てて下さった部隊の方々に恩返しする意味でも、33連隊の陸曹として相応しい人間となり帰ってくることでした。そのため、まずは陸士である自分を脱却し、陸曹としての資質を身に付けるべく務めました。教育中に意識したことは2点あります。

一つ目は、部隊の方々に不甲斐ない報告をすることがないよう、各種検定・試験で良好な成果を出せるように努力したことです。まず自分の長所と短所をしっかり分析し、限られた時間の中で何を練成すべきかを考えました。

教育中は常に意味のある時間を過ごせるよう意識を持って教育に臨んだことで、結果として「戦技敢闘賞」をいただくことができました。

二つ目は、同期と団結し、共に切磋琢磨していける関係を構築することを意識しました。同期と苦しい教育を乗り越えていく中での貴重な経験や成功体験を重ね、かけがえのない絆を得ることができました。この絆は、身に付けた知識や技能に勝るとも劣らない大切な財産になったと強く感じています。

今は新米陸曹で自分の未熟さを痛感する毎日ですが、これからの33連隊、ひいてはこれからの陸上自衛隊を担っていく一人として、より一層成長できるように努力していきたいと思います。

### 新刊紹介

#### 「冷戦」（上・下）

O・A・ウェスタッド著、益田 実ほか訳

THE COLD WAR
冷戦
ワールド・ヒストリー

現在の米中間の覇権をめぐる激しい対立を「新冷戦」と呼ぶ人たちがいる。それは本当に冷戦なのか。本書は第2次大戦後、世界が資本主義と社会主義の陣営に二分され、対立が核戦争の一歩手前までエスカレートした米ソ冷戦について、その起源から終焉までを描いた大著である。今日の米中対立が「冷戦」なのか判断する上で格好の書物と言えよう。

著者はノルウェー生まれの英ロンドン大学教授。英首相チャーチルは共産化された東欧を前に「鉄のカーテンが降ろされた」とソ連の脅威を訴え、ここに冷戦が本格化した。西側は北大西洋条約機構（NATO）、東側はワルシャワ条約機構に分かれ、対立は世界に広がり、キューバ危機では核戦争の恐怖に世界がおののいた。本書は欧米だけでなく、アジア、アフリカ、ラテンアメリカも俯瞰し「世界史としての冷戦」を描いている。

米中は今後、かつての米ソのように「交流をしない」関係になるのか。そうなると「仲間が少ない中国」は圧倒的に不利になる。米国にとっての新冷戦は中国をカーテン内に押し込める戦略なのか。米政府が中国を「敵」にしたがる理由も本書を読めば分かるだろう。（岩波書店刊、各3740円）

#### 「侮ってはならない中国」

坂元 茂樹著

侮ってはならない中国
坂元 茂樹 著
南シナ海・東シナ海・尖閣諸島
日本の海と領土を守る

本書は海洋強国をめざす中国の海洋進出に対して日本がいかに対処すべきか国際法の観点から論じたものである。国際法学者で同志社大学教授の著者は、国際法の議論を分かりやすく解説し、日本のこれからの世代に中国がとるしたたかな「戦略的思考」を知らしめる警告の書となっている。

著者はいわゆるセカンドトラックの実務者として、中国側と15年以上折衝を行い、また外務省、国交省、防衛省などに多くの法的助言を与えてきた豊富な経験も生かし、昨今の米中対立の最新情報まで書き下ろしている。

第1部「南シナ海」では、中国が歴史的権利として主張する九段線とフィリピンが中国を訴えた仲裁裁判に関し詳しい説明がなされ、同海域での米国の「航行の自由作戦」にも触れている。

第2部「東シナ海」では当該海域、特に尖閣諸島、沖ノ鳥島周辺での中国公船の活動を中心に同国の狙い、目的、具体的行動が詳細に述べられ、最後に中国も大国であるためには軍事力や海洋資源開発能力を向上させる必要があり、そのための戦略に触れ、それを日本は「決して侮ってはならない」としている。（信山社出版刊、968円）

佐藤教人1陸佐（統幕首席法務官付法務班長）

### OBがんばる

#### どんな職も自信を持って

佐保 秀和さん 55
令和元年12月、空自3術校教務課長（芦屋）を最後に定年退職（特別昇任1佐）。東京海上日動火災保険に再就職し、北九州支店の損害サービス主任として自動車保険業務に携わっている。

芦屋基地援護室を通じて東京海上日動火災保険を紹介していただきました。当社を選んだ理由は「お客様に安心をお届けし、選ばれ、成長し続ける」を目指す会社であり、誰かの「いざ」にお役に立てることが自衛隊と通じるものがあると思ったからです。

そのほか、自衛隊OBが多く働いていることや、北九州でトップクラスの処遇であること、福利厚生がしっかりしていることなども十分に魅力的でした。

損害サービス主任という仕事は、自動車保険に加入されている契約者の方や、そのお相手が交通事故に遭い、けがをされた場合（人身事故）に、治療に関する手続きから示談交渉、保険金のお支払いまでの一連の業務を代理店や物損担当、専門スタッフと連携して実施していく仕事です。

この仕事では自衛隊で培った協調性や粘り強さ、対人スキルなどが十分生かせることができる一方、保険法、約款、医療知識、実務要領など新たに習得すべきことも多く、この仕事は入社1年目が特に大変だと言われています。当社では職場の先輩・上司の懇切丁寧な指導をその都度受けられ、定期的に研修や勉強会も開かれるなど、着実にステップアップできる環境なので初めての方でも安心です。

自衛隊で培ったものは必ず役立つので、どのような再就職先でも自信を持って臨んでほしいと思います。もちろん健康はご自身でしっかりと管理してください。

### コロナ対策行い隊員の体力測定

空士長 北川 義将（35警隊・経ヶ岬）

経ヶ岬分屯基地はこのほど、新型コロナウイルス対策を万全に行った上で基地隊員の体力測定を実施した。

実施者以外のサポート隊員は全員がマスクを着用し、最低限のソーシャル・ディスタンスを守りながら、「上体おこし」では人との向かい合わせを防ぐなど、各人が確実に感染防止対策を行った。

分屯基地では、引き続きコロナ感染を防止するため創意工夫に努め、それぞれの部隊・隊員の目標達成を目指して体力練成を実施していきたい。

### 詰将棋

出題 日本将棋連盟 九段 石田 和雄

第831回出題

4 3 2 1
一 二 三 四 五
香 桂 香
王
角
歩 角 歩
桂

■先手 持駒 飛桂

【ヒント】トドメは桂打です（10分で初段）。

▶詰碁、詰将棋の出題は隔週です◀

### 詰碁

出題 日本棋院 九段 曲 励起

第1246回解答

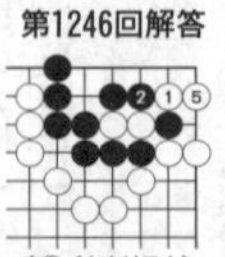

白③（ホウリコム）
黒❹（1目トル）

【解答図】白先、黒死。白①黒❷白③のホウリコミはともに当然です。黒❹と二目取った時、白⑤が大切で、これで黒死です。

日本生命
NISSAY
ふ、ふところが…
痛いんです…！
入院日数が短くても、
意外とお金はかかる。
入院費
日用品の購入費
病院までの交通費
退院後のリハビリ代
通院治療での投薬費
HOSPITAL
退院後の通院費
日帰り入院から入院給付金を一時金で受取れる新しい保険。
みらいのカタチ
ニューインワン
NEWin1
入院総合保険
（登）日本19-656,19/4/2,業務部
ご検討にあたっては、「契約概要」「注意喚起情報」「ご契約のしおりー定款・約款」を必ずご確認ください。

朝雲

発行所 朝雲新聞社
〒160-0002 東京都新宿区四谷坂町12-20 KKビル
電話 03(3225)3841
FAX 03(3225)3831
振替00190-4-17600番
定価一部150円、年間購読料9170円（税・送料込み）

あなたと大切な人の「今」と「未来」のために
防衛省生協

本号は10ページ



## 「中国安全保障レポート2021」

# 「智能化戦争」に警鐘

## 先端技術を軍事転用

防衛研究所

## 各国が対中で連携強化

防衛研究所は11月13日、中国の中長期的な軍事動向に関する年次報告書『中国安全保障レポート2021』＝写真は表紙＝を公表した。この中で、中国が人工知能（AI）など先端技術を駆使した将来の「智能化戦争（Intelligent Warfare）」に備え、新たな部隊の創設や研究開発を進めていると指摘した。一方で、習近平政権が民間企業の先端技術を軍事領域に応用する「軍民融合発展戦略」を国家戦略に格上げしたことにも触れ、中国の急激な軍事力の増大や海外における軍事プレゼンスの拡大が相まって周辺国や欧米諸国の警戒感が高まり、対中連携強化の動きにつながっていると分析した。

刊行11年目に当たる今年のテーマは「新時代における中国の軍事戦略」。「情報化戦争」の先にある将来戦を見据えた中国の動きに焦点を当てた。

中国が昨年発表した国防白書で新たに提起した「智能化戦争」について、報告書では「IoT（モノのインターネット）情報システムを基礎として、智能（インテリジェント）化された武器・装備、関連する作戦方法を使用して陸海空・宇宙・電磁波・サイバーおよび認知領域で進める一体化戦争」と解説。

その研究開発の一例として、AIやマシンラーニングなどの技術やゲーム理論を利用し、相手の正確な意図を分析・判断して指揮官に提供する「人と機械が一体化した指揮システム」の構築を挙げた。

さらに「智能化戦争」に勝利するため、2015年末に新設された「戦略支援部隊」についても取り上げ、同隊が宇宙・サイバー・電磁波などの新領域を含む統合作戦の情報支援に加え、AIやロボティクス、ナノテクノロジーなどの先端技術の軍事転用を担い、「智能化戦争」で重要な役割を果たすと分析した。

一方で、中国が実戦経験のないまま、周辺海空域でAIを活用した無人機など、先端技術の軍事利用に向けた試験や運用を行う可能性を指摘し、日本が今後、新たな事態への対応を迫られると警鐘を鳴らした。

宇宙分野では今年3月末時点で、米国に次ぐ規模の363基の衛星を運用し、政府や軍の支援を受けて新興宇宙企業が急速に技術力を向上させている現状を記述。軍が他国の宇宙利用を妨げる能力も整備している事実も明らかにした。

海外からハイレベルな人材を招き入れる「千人計画」を通じて先端技術を導入し、それらの技術を軍民融合で国産化して軍事力を増強する中国に対処するため、日本は日米同盟の強化に加え、宇宙・サイバー・電磁波・AIなどの新領域で優位性を獲得するための戦略的な議論を重ねた上で、「独自に防衛態勢の充実を図ることが重要だ」と訴えている。

### ホームページに3カ国語で公開

全89ページ

報告書はA4判、全89ページで、防研の門間理良地域研究部長が編集長を務めた。防研のホームページ（www.nids.mod.go.jp）に日英中の3カ国語のPDF版で公開されている。

## 海賊対処を1年延長

### シナイ派遣含めNSC決定

政府は11月10日の閣議と国家安全保障会議（NSC）で、自衛隊によるソマリア沖・アデン湾での海賊対処活動と、エジプト東部のシナイ半島でエジプト・イスラエル両軍の停戦監視に当たる「多国籍軍・監視団（MFO）」への自衛官派遣を、それぞれ1年間延長することを決めた。海賊対処は来年11月19日まで、MFOは来年11月30日まで延長される。

海賊対処では海自から護衛艦1隻とP3C哨戒機2機を引き続き派遣し、人員約400人体制を維持する一方、日本とジブチの自衛隊拠点との間で必要に応じて整備機材等の航空輸送を担う空輸隊等の人員を従来の約90人から約130人に拡充。コロナ禍で民航機の不安定な運航状況が続く中、P3Cの故障時に自衛[illegible]

さらに、ジブチの自衛隊拠点の改修などに向け、支援人員も約10人増の約120人に増強する。

岸防衛相は10日の記者会見で「関係省庁や各国と連携して海賊行為の防止に万全を期すとともに、（MFOに）優秀な人材を派遣することで、シナイ半島国際平和協力業務への貢献を継続したい」と述べた。

岸防衛相

# 日米緊密連携を確認

## 米国防長官代行と電話会談

岸防衛相は11月14日朝（現地時間13日夕）、米国のクリストファー・ミラー国防長官代行と電話会談し、東・南シナ海や北朝鮮を含むインド太平洋地域の情勢について意見交換、地域の平和と安定のため日米が引き続き緊密に連携していくことで一致した。

ミラー氏は、トランプ大統領に解任されたマーク・エスパー前国防長官の後任で、今月9日に就任。会談は米側の求めにより、ミラー氏の着任あいさつを兼ねて約35分間開かれた。

両氏は、沖縄県の尖閣諸島が米国の対日防衛義務を定めた日米安全保障条約第5条の適用範囲であることを改めて確認。「イージス・アショア」の代替案として日本政府が検討している「洋上案」の実現に向け、緊密に協力していくことを申し合わせた。

ミラー米国防長官代行

クランプ＝カレンバウアー独国防相

## 独国防相とテレビ会談

### 「インド太平洋ガイドライン」歓迎

岸防衛相は11月10日、ドイツのアンネグレート・クランプ＝カレンバウアー国防相とテレビ会談を行い、「自由で開かれたインド太平洋」の維持・強化に向け、防衛協力・交流を一層推進していくことで一致した。会談はドイツ側の提案で約45分間開かれた。

岸大臣は、独政府が今年9月に策定した「インド太平洋ガイドライン」を歓迎し、インド太平洋地域へのドイツのコミットメント（責任ある関与）の強化に強い期待感を表明した。

両氏は東・南シナ海を含む地域情勢について意見交換し、海洋進出を強める中国を念頭に、最近の事象も踏まえ、「力を背景とした一方的な現状変更の試みや、緊張を高めるいかなる行為にも強く反対する」とともに「法の支配に基づく自由で開かれた海洋秩序が重要」とのメッセージを明確に発信していくことで一致した。

一方、新型コロナの感染拡大が各国の安全保障に影響を与える感染症リスクに対し、結束して対応していくことも確認。[illegible]

## 在日米軍駐留経費で交渉

### 日米実務者「重要な役割」再確認

日米両政府は11月9、10日、在日米軍駐留経費の日本側負担を定める特別協定に関する実務者レベルの正式交渉を米ワシントンで開始した。現行の協定は来年3月末に期限を迎える。

交渉には日本から外務省の大和太郎防衛政策局長、米側から国務省のドナ・ウェルトン安全保障担当補佐官、国防総省のハイノ・クリンク国防次官補代理らが出席した。

双方は在日米軍駐留経費が「日米同盟の中核をなす在日米軍の円滑かつ効果的な運用を確保する上で重要な役割を果たしている」ことを再確認。60年以上にわたる日米同盟の強固な結束をさらに強化していくことで一致し、「双方に利益のある結果」が得られることへの期待を表明した。

自衛隊から初代の米戦略軍連絡官に着任し、司令部の前に立つ野本洋平1空佐（11月2日、米ネブラスカ州オマハの戦略軍で）＝統幕提供

米戦略軍初代連絡官

## 野本1空佐がオマハ着任

米国の弾道ミサイル防衛などの統合指揮を担う米戦略軍（司令部・ネブラスカ州オマハ、司令官・チャールズ・リチャード海軍大将）への自衛隊からの初代連絡官に、統幕防衛課に所属する野本洋平1空佐（43）が着任した。

米戦略軍は、ミサイルや核の抑止に関する計画・作戦などを主導する統合軍の一つ。これまで同軍と自衛隊の連絡調整は、防衛駐在官などを通じて対応してきたが、今後は常駐し、平素から日米が統合レベルで情報の共有と連携を図っていく。

野本1佐は、防大（43期）卒業後、平成11年に空自入隊。6空団（F15戦闘機パイロット）、統幕、空幕などを経て、31年4月から米統合参謀本部J7連絡官として派遣され、戦略軍との調整を経て初代の連絡官となった。米国への派遣は約2年間。

着任に当たり野本1佐は「日米同盟がインド太平洋地域の平和と安定、繁栄に果たす役割はますます大きくなっている。戦略的な抑止を担う米戦略軍に初代連絡官として派遣された者として、今後、日米同盟の強化に全力で貢献していく所存だ」と語った。

## 8カ国でシュリーバー演習

### 空幕長が初リモート参加

11月4、5の両日、米コロラド州のピーターソン空軍基地で米宇宙軍主催の多国間机上演習「シュリーバー・ウォーゲーム（シュリーバー演習）2020」が行われ、内局4人、統幕5人、空幕は井筒空幕長以下9人が防衛省（市ケ谷）からリモートで参加した。空幕長が同演習に参加するのは初めて。

シュリーバー演習は2001年から米が主催する宇宙空間での作戦に関する机上演習で、防衛省は18年に初参加し、今回で2回目。今年はコロナ禍のため、米国以外の日、英、豪、独、仏、加とニュージーランドの7カ国はオンラインで演習に加わった。

日本からは防衛省・自衛隊の18人のほか、国家安全保障局、外務省からも職員が参加。隊員らは各国と連携し、「10年先の将来を想定した宇宙における各種対応要領」などを演練し、国家戦略から部隊の戦術レベルまでの訓練を行った。

井筒空幕長は11月6日の記者会見で「演習への参加を通じ、宇宙空間における米国など各国との連携強化や、宇宙に関する防衛力整備の資を得ることができた」と成果を述べた。

## 空軍参謀長会議で初めて国外出張

井筒空幕長

井筒空幕長は11月17日から22日まで米・ハワイ州に出張し、ホノルルで開かれる米宇宙軍、太平洋空軍主催の空軍参謀長等会議に出席する。8月に空幕長就任後、公務で外国を訪問するのは初めて。

空幕長は17日に成田を出発し、18日から20日まで同会議に出席する。同13日の記者会見で井筒空幕長は「コロナ禍で対面でのハイレベル交流が滞っていたため、米空軍や米宇宙軍、各国の参謀長と現地で直接交流できるのは非常に重要だ。地域に貢献できるような意見交換をしてきたい」と述べた。

### 春夏秋冬

### 中東の視点から見る米大統領選挙

田中　浩一郎

勝者の最終判定がもつれ込んだ米大統領選挙は、開票をめぐるトランプ現大統領の反発にもかかわらず、民主党バイデン候補の当選が確実視されている。世界に多大な影響を与える民主主義国家の次期リーダー選出をめぐる喧噪。米国などから過去に民主化を求められた中東各国も複雑な思いで事態を眺めている。

中東とその周辺地域では伝統的に共和党政権への親近感と期待が強い。経験上、石油産業と近しい関係にある共和党の方が、中東諸国の地政学的価値に配慮した外交を施策することを知っているからである。他国の人権問題に干渉しがちな民主党政権へのアレルギーも無視できない。

今回、米国の中東同盟国の指導者たちは、トランプ大統領再選と議会選での共和党の勝利を切に願っていた。その証左として、ムハンマド皇太子が実質的に国を動かすサウジアラビアは、他国よりかなり遅れてバイデン氏への祝辞を発出した。入植地の拡大で同氏と対立してきたイスラエルのネタニヤフ首相の動きも鈍い。トランプ氏の盟友と目された彼らが次期政権への対応に戸惑っている様子がうかがえる。

一方、トランプ政権下で厳しい制裁と圧力に晒されてきたイランではバイデン政権誕生に期待が膨らむ。新政権による米国の核合意復帰が待たれるが、イランと敵対関係にあるサウジアラビアやイスラエルからの反発を招くことは確実である。加えて、複雑かつ重層的な対イラン制裁が解除されない限り、イランも対米交渉の再開に舵を切ることはできない。政権交代となってもイランと米国が関係改善に至るまでには紆余曲折が残されている。

バイデン氏も、イランを始めとする中東諸国の人権問題に目をつぶることはない。ただし、米側でもトランプ大統領が敷いた、一部のイスラム諸国からの米国への全面的な入国禁止措置が廃止されるだろう。米国と各国との間での人的交流が再開・拡大されていくことは人道的観点からも朗報だ。

今回の米大統領選挙をめぐる最大の問題は、現職大統領が集計に異議を唱え続けることで生じる混乱にある。不正が立証できなければ、結果を尊重しなければならない。それは米国が標榜し、中東にも広めようとしていた民主主義の根幹であったはずだ。

（慶應義塾大学大学院政策・メディア研究科教授）

### 朝雲寸言

千葉県佐倉市にある佐倉城址公園は桜の名所として知られるが、令和元年9月に房総半島を台風15号が直撃した際、多くの巨木がなぎ倒された。台風一過の公園を訪れると、倒れた巨木の幹の内側が空洞になっていることに気づいた▼木に空洞ができるのは、「木材腐朽菌」というカビの一種が根や枝から入り込み、幹の中心部を腐らせ分解してしまうためだという。一方で形成層と呼ばれる幹の外側部分は、根や枝葉をつないで水や栄養分を運ぶ活動を継続。木としては生き続けているため、一見しただけでは内部に空洞があるようには見えない。ただ空洞が広がるにつれ幹の強度は低下し、台風のような強い力が突然加わると倒壊してしまう▼米国では近年、中国によるスパイ活動の取り締まりが強化されている。豪州でも自国の内政に対する中国の影響力増大を食い止めようとする動きが相次いでいる。両国に共通するのは「内なる侵食」への強い警戒心である。菅政権発足後、特定の主義主張を持った人々に乗っ取られた感もある国営団体の在り方が厳しく問われ始めたことも、自由主義陣営と強権諸国陣営がせめぎあう目下の国際情勢という大きな構図の中に置いて考える必要があるかもしれない▼木の内部が腐って空洞ができてしまった場合、倒壊や立ち枯れを防ぐには、腐った部分をきちんとかき出したうえで、それ以上の腐食の進行を防ぐ処置が必要になるという。

METAWATER
メタウォーターテック
暮らしと地域の安心を支える水・環境インフラへの貢献。それが、私たちの使命です。
www.metawatertech.co.jp

備蓄用・贈答用として最適
防災スイーツパン
自衛隊バージョン
陸・海・空自衛隊の"カッコイイ"写真をラベルに使用
3年経っても焼きたてのおいしさ♪
焼いたパンを缶に入れただけの「缶入りパン」とは違い、発酵から焼成までをすべて「缶の中で作ったパン」ですので、安心・安全です。
陸上自衛隊：ストロベリー　海上自衛隊：ブルーベリー　航空自衛隊：オレンジ
定価
6缶セット 3,600円（税込）を 特別価格 3,300円（税込）
1ダースセット 7,200円（税込）を 特別価格 6,480円（税込）
2ダースセット 14,400円（税込）を 特別価格 12,240円（税込）
（送料は別途ご負担いただきます。）
（小麦・乳・卵・大豆・オレンジ・リンゴが原材料に使用されています。）
TV「カンブリア宮殿」他多数紹介！
内容量：100ｇ／国産／製造：㈱パン・アキモト
1缶単価：600円（税込）　送料別（着払）
昭和55年創業 自衛官OB会社
㈱タイユウ・サービス
〒162-0845 東京都新宿区市谷本村町3番20号 新盛堂ビル7階
TEL：03-3266-0961　FAX：03-3266-1983
ホームページ タイユウ・サービス 検索

これからは自ら学ぶ時代です
元自衛官 高山祐司
元自衛官が教える自衛官のための
ライフプラン設計 無料
勉強会 2020.11/21
参加特典アリ！
オンライン開催 90分
若年定年退職、厳しい再就職、老後破産に備えるには
24年間の自衛官人生と退官を経験した同士として、「退官後の厳しい現実」と「具体的な解決手段」を包み隠さず隅々までラフにお話しいたします。
お申し込みはこちら↓

## 時の焦点

### 国内　感染急拡大

# 危機感持ち対策講じよ

経済再生と感染抑止の両立は、難しいテーマだ。政府は様々な課題を見極め、バランスを取りながら政策を遂行する必要がある。

新型コロナウイルスの感染者が再び急増している。東京都や大阪府など都市部に限らず、全国に流行が広がっているのが特徴だ。専門家からは「第3波」ではないかとの見方が出ている。警戒を怠れない。

専門家でつくる分科会の緊急提言を踏まえ、政府は、クラスター（感染者集団）対策の強化に乗り出した。大学や職場に対し、長時間の飲み会などに注意するよう求めた。飲食店には、換気や湿度管理を呼びかける。

繁華街でクラスターが発生した場合、大規模なPCR検査を実施する方針だ。これまでの感染事例を分析し、きめ細かく対応してもらいたい。

[illegible]

インフルエンザとの同時流行も視野に、医療や検査の体制を継続して整備することが欠かせない。

[illegible]

経済の下支えに最善を尽くすことも肝要である。

[illegible]「雇用調整助成金」の特例措置を延長する方向だ。

観光支援策「Go Toトラベル」事業は[illegible]ある。だが、感染が拡大し続けた場合には、人の移動を制限せざるを得ない。柔軟に見直すことができる仕組みとしてはどうか。

ワクチンの開発や医療機関の整備、困窮者への支援などにも取り組むことが求められる。

自民党からは、3次補正の規模を30兆円程度にするよう求める声が出ている。20年度は、2度の補正予算を編成し、歳出は160兆円を超えた。財源は国債の発行に頼っている。野放図な財政運営は許されまい。

夏川 明雄（政治評論家）

### 海外　米の次期大統領

# 政権移行へ 作業本格化

新型コロナウイルスの感染拡大もあって異例の展開をたどった米大統領選は予想を超える大接戦の末、民主党のジョー・バイデン候補（前副大統領）の勝利に終わり、[illegible]

[illegible]スと叫んで主要メディアを執拗に攻撃し、暴言を繰り返す大統領の言動に嫌悪感やストレスを抱える「トランプ疲れ」から解放されたいといった切実な声が多く聞かれたが、これと似た心境の世界各国の指導者も、一部の独裁者を例外として少なくなかったはずだ。

バイデン氏は当選を確実にした後の事実上の勝[illegible]氏の対応の是非が争点となったことを念頭に、「われわれの仕事は新型コロナを制御することから始める」と述べ、早速、政権移行を視野に入れた新型コロナ対策の専門家チームを立ち上げた。欧州主要国の首脳や菅義偉首相とも電話会談するなど、外交活動も本格化させている。新政権の顔触れについては、閣僚や要職ポストにはオバマ前政権を支えた人材に加え、民主党内の左派勢力や共和党からの人材登用も検討しているようだ。

国務長官として有力視されるのは、オバマ前大統領の国家安全保障担当補佐官を務めたスーザン・ライス氏。国防長官には、ヒラリー・クリントン政権が誕生していれば国防長官になるとみられていたミシェル・フロノイ元国防次官の名前が挙がる。わが国を含め、米国の同盟国にとっても外交・安保政策の擦り合わせはスムーズに進む公算が大きい。

伊藤 努（外交評論家）

---

### 統幕長

# 豪主催多国間会議に初参加

## コロナ、災害対応がテーマ

山崎統幕長は11月5日、豪州の国防軍、警察、国境警備隊が主催する多国間テレビ会議「太平洋合同安全保障会議2020」に出席した。

同会議は2019年に始まり、2回目となる今回は日本から防衛省・自衛隊と海上保安庁が初めて参加。

豪州からは国防軍司令官のアンガス・キャンベル陸軍大将をはじめ、連邦警察長官、国境警備隊長らが出席し、太平洋島嶼国を中心とする約25カ国から軍、警察、沿岸警備隊、税関などのトップらが加わった。

会議参加者は新型コロナウイルスや自然災害など、地域共通の課題をテーマに討議を進め、各国の対応や教訓について意見を交わした。

山崎統幕長は討議を通じ、我が国と諸外国の海洋安全保障や災害対処などに関する相互理解の促進を図るとともに、「コロナ下においても法の支配に基づく自由で開かれた秩序を維持し、太平洋地域の安定した安全保障環境を構築するために各国の連携が重要であり、自衛隊としても積極的に協力していく」と発信した。

豪州主催の「太平洋合同安全保障会議2020」で、参加各国と意見交換を行う山崎統幕長（11月5日、防衛省で）

### 空幕長

# 米太平洋空軍司令官と初会談

## 空の連携強化で一致

井筒空幕長は11月5日、米太平洋空軍（ハワイ）司令官のケネス・ウィルズバック大将とテレビ会談を行った。両者の会談は初めて。

2人は太平洋地域における日米のプレゼンス（影響力）が重要という共通認識の下、「自由で開かれたインド太平洋」の実現に向けて日米空軍種間での協力や連携を一層強化していくことで一致した。

ウィルズバック司令官は会談後、「共に即応態勢を維持することは我々にとって共通の目標だ。協力関係強化について井筒空幕長と話し合うことができたのは貴重な機会だった」と述べた。

米太平洋空軍司令官のケネス・ウィルズバック大将とテレビ会談する井筒空幕長（11月5日、空幕で）

# 海自の東先任伍長 多国間テレビ会議に参加

## コロナ下でも8カ国との交流深化

【海幕】海自先任伍長の東和仁曹長は10月22日、米海軍太平洋艦隊先任伍長が主催する多国間テレビ会議「上級下士官リーダー・シンポジウム」に自衛艦隊先任伍長の青山宜弘曹長、横須賀地方隊先任伍長の山本好人曹長と共に参加した。

会議には日米のほか、豪、英、加、比、韓、シンガポール、ニュージーランドの計9カ国が参加。各国の下士官らが15分間の持ち時間でそれぞれ自国の取り組みについて紹介を行った。

東先任伍長は、コロナ下の困難な状況の中で海自が日本周辺海域の警戒監視に加え、ソマリア沖・アデン湾での海賊対処活動、中東海域での情報収集活動などを切れ目なく継続していることを説明。また、海外派遣訓練でも多くの隊員が活躍していると話し、「このように各国が共に手を取り合い、意見を交換している姿を次代を担う若者に見せていくことが先任伍長の務めだと考えている」と発表した。

各国のシンポ参加者は、コロナ下でも「自由で開かれたインド太平洋」の実現のため、多国間共同訓練なども含めた協力を続けていくことを確認。今後も先任伍長レベルでの意見交換と交流を続け、関係を深化させていくことで一致した。

米海軍太平洋艦隊主催の「上級下士官リーダー・シンポジウム」に参加した海自先任伍長の東曹長（中央）と自衛艦隊先任伍長の青山曹長（左）、横地隊先任伍長の山本曹長（10月22日、海幕で）

# 露機日本海飛行 F15が緊急発進

11月6日午前から午後にかけ、ロシア軍のA50早期警戒管制機1機＝写真＝と「推定ロシア機」8機の計9機が日本海上空を長距離飛行したため、空自の北空、中空、西空のF15戦闘機などが緊急発進して対応した。領空侵犯はなかった。

島根・竹島の北北東沖に飛来したA50は、列島沿いに北東進した後、新潟・佐渡沖で反転し、石川・能登半島沖を往復。再び反転して列島沿いを一気に北上し、北海道・礼文島近くで円を描いて日本の領空から離れた。

一方、竹島沖に2機編隊で現れた「推定ロシア機」は、列島沿いを北上してサハリンをかすめながら北海道・宗谷海峡上空を通過。国後島まで南東進した後、反転してサハリン方面に戻った。残る計6機の「推定ロシア機」は、先行した2機とほぼ同じルートを2機編隊で入れ替わるように日本海上空を飛行した。

統幕は同日、空自機が撮影したA50の写真と航跡図を公開した。

露軍機の航跡図（11月6日）

オホーツク海　ロシア　太平洋　日本海
→ A50×1
→ 推定ロシア機×2
→ 推定ロシア機×2
→ 推定ロシア機×2
→ 推定ロシア機×2

# 露軍艦3隻が対馬海峡を南下

11月6日午前9時ごろ、ロシア海軍の「スラバ」級ミサイル巡洋艦（満載排水量1万1600トン、艦番号011「ワリヤーグ」）、「ウダロイI」級ミサイル駆逐艦（同8600トン、548「アドミラル・パンテレーエフ」）、「ドゥブナ」級補給艦（同1万1500トン、「ペチェンガ」）の計3隻が長崎・上対馬の北東約50キロの日本海を南西に向け航行するのを海自3ミサイル艇隊（佐世保）のミサイル艇「おおたか」と4空群（厚木）のP1哨戒機が確認した。

3隻はこの後、対馬海峡を南西進して東シナ海に入った。

# 宮崎県の日向灘で日米共同掃海訓練

海自は11月18日から28日まで、宮崎県の日向灘で機雷戦訓練と日米共同の掃海特別訓練を実施する。

掃海隊群幕僚長の吉田圭司1佐を訓練統制官に、掃海母艦「うらが」「ぶんご」、掃海艦「あわじ」「ひらど」、掃海艇15隻、MCH101掃海・輸送ヘリ3機が参加。

米海軍は第7対機雷戦隊司令のデリック・ブラディ大佐を訓練統制官に掃海艦2隻と水中処分員約10人が参加し、訓練機雷を使用した機雷敷設・掃海・潜水の各訓練を行う。

# 日米潜水艦が対潜特別訓練

四国沖

海自は11月7日から9日まで、四国南方海域で日米共同の対潜特別訓練を行った。

海自からは潜水艦3隻と航空機、米海軍からは潜水艦1隻と航空機が参加し、日米の部隊が連携して対潜戦訓練を実施した。

# 安保ウェビナー オンライン開催

平和・安保研

平和・安全保障研究所（RIPS）は12月2日(水)午後6時半から同8時まで、オンラインによる2020年度RIPS安全保障ウェビナー「米中『新冷戦』と日本の対中外交―安全保障と経済」を行う。登壇者は森本敏拓殖大学総長（元防衛大臣）と吉崎達彦双日総合研究所チーフエコノミストで、西原正RIPS理事長が司会を務める。

ウェビナーはZoomを通じたオンライン開催となり、聴講料は一般が2千円、会員・学生が千円。申し込みはホームページの申し込みフォーム（https://rips-autumn-seminar2020.peatix.com）から。

# 防衛省発令

▽西部航空方面隊援護業務課長（空自補給本部計画管理課長）　2空佐　西野　孝司
▽教材整備隊司令（空自1術科学校副校長）　1空佐　武田　宣久
▽空自1術科学校副校長（空自3術科学校業務部長）　同　吉冨　秀哉
▽同3術科学校業務部長（西部航空方面隊援護業務課長）　同　田中　裕
▽同補給本部計画管理課長兼空自補給本部電子計算機システム課長（空自補給本部電子計算機システム課長）　2空佐　水口　健一
（以上11月8日）
▽中部航空方面隊監理監察官（空自幹部学校主任教官兼幹部学校）　1空佐　璧島　栄一
▽空自幹部学校主任教官兼空自幹部学校（航空安全管理隊航空事故調査部長）　同　大西　健介
▽航空安全管理隊航空事故調査部長（航空安全管理隊）　同　新井田能之
▽情報保全隊情報保全官（中部航空方面隊監理監察官）　同　近藤　健司
（以上11月9日）

# 共済組合だより

公務外の傷病で
勤務できなくなったら
「傷病手当金」が受けられます
防衛省共済組合

防衛省共済組合員が公務外の傷病で勤務することができなくなった場合、組合から「傷病手当金」が支給されます。

また、1年以上組合員であった方が退職する際に「傷病手当金」の支給を受けている場合、退職しなければ本来支給を受けることができる期間は、退職後も引き続き「傷病手当金」が支給されます。

ただし、再就職などによって他の共済組合の組合員や健康保険の被保険者の資格を取得したときは、新しく加入した共済組合などから給付を受けることになります。

【支給期間】

病気や怪我によって勤務することができなくなった日以後、3日を経過した日から通算して1年6カ月間（結核性の疾病については3年間）となります。

【支給額】

勤務ができない支給期間1日につき次の額の3分の2に相当する額となります。

①支給開始日の属する月以前に12カ月以上の組合員期間がある者

支給開始日の属する月以前の直近の継続した12カ月間の各月の標準報酬の月額の平均額の22分の1に相当する額

②支給開始日の属する月以前に12カ月以上の組合員期間がない者

次のうち、いずれか低い額

（a）支給開始日の属する月以前の直近の継続した各月の標準報酬の月額の平均額の22分の1に相当する額

（b）支給開始日の属する年度の前年度の9月30日における短期給付に関する想定の適用を受けるすべての組合員の同月の標準報酬の月額の平均額の22分の1に相当する額

傷病手当金は、祝日と年末年始の休日等は支給されますが、土曜日と日曜日（土・日以外の日を勤務の要しない日と定められているときは、その日も）については支給されません。

また、給与が支給されている場合や、傷病手当金を支給する原因になった同一の傷病で、障害厚生年金や障害手当金が支給される場合には、傷病手当金の支給が全額または一部停止されますのでご注意ください。

【傷病手当金を受けるための提出書類】

○傷病手当金請求書（医師の証明及び給与担当者の証明を受けたもの）
○傷病のために勤務できなかったことを証する書類（請求書の医師の証明欄に記入がない場合）

特別価格でご提供！　コーサイ・サービスネットショップ

ReFa NEW!
ReFaの美容ローラーとPLOSIONハーバルケアシートマスクのセット販売開始!!
①ReFa DOUBLE REY(Red)&PLOSION ハーバルケアシートマスクのセット 通常価格44,800円 約62%OFF 16,800円(税込・送料別)
スペシャルセット PLOSION ハーバルケア シートマスク 各8包入り 通常価格12,000円(税抜)
②ReFa 4 CARAT&PLOSION ハーバルケアシートマスクセット 通常価格44,800円 約62%OFF 16,800円(税込・送料別)
③ReFa CARAT RAY&PLOSION ハーバルケアシートマスクセット 通常価格42,680円 約53%OFF 19,800円(税込・送料別)

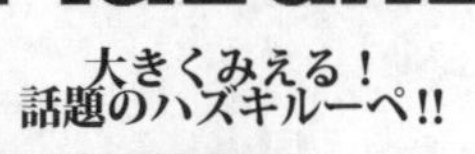

大きくみえる！
話題のハズキルーペ!!
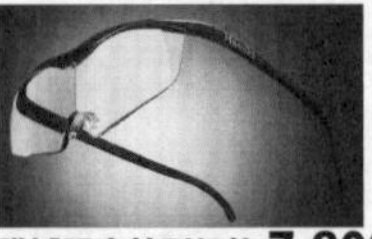
・豊富な倍率
・選べるカラー
・安心の日本製
・充実の保証サービス
職域限定特別価格 7,800円(税込)
にてご提供させて頂きます
※商品の返品・交換はご容赦願います。
ただし、お届け商品に内容相違、破損等があった場合には、商品到着後、1週間以内にご連絡ください。良品商品と交換致します。

話題の磁器健康ギア！
【コラントッテ】特別斡旋!!
1 コラントッテ TAO ネックレス AURA［アウラ］プレミアムゴールド 価格はWEBで！
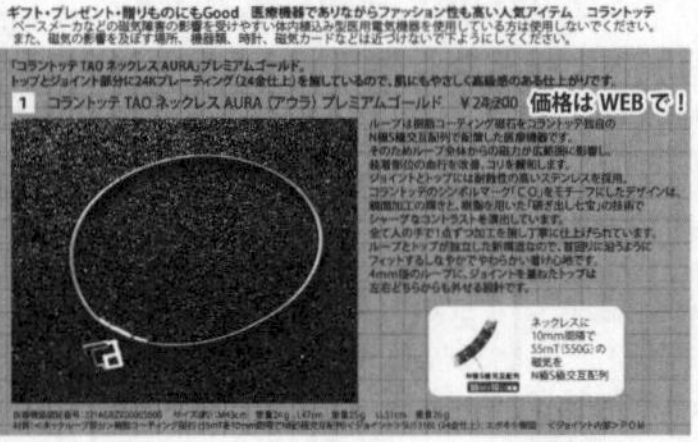

オークリーサングラス特別斡旋
OAKLEY
価格はWEBで！
価格はWEBで！
価格はWEBで！

コーサイ・サービス株式会社
〒1600002 新宿区四谷坂町12番20号KKビル4F　営業時間9:00～17:00／定休日土・日・祝日
https://www.ksi-service.co.jp/
得々情報ボックス　ID:teikei　PW:109109
TEL:03-3354-1350　担当：佐藤
お申込み

(パスワード：kosai)

# 「イージス・アショア」に代わる「洋上プラットフォーム」の課題

防衛省は陸上配備型のミサイル防衛システム「イージス・アショア」に代わる「洋上プラットフォーム」の検討を進めている。現在、①海自の護衛艦②民間の商船③石油採掘装置のような洋上施設――の3案が軸になっている。これら新たな洋上プラットフォームについて、海自イージス護衛艦「きりしま」の元艦長で、現在、防衛技術協会の客員研究員を務める堤明夫元海将補に課題や問題点を考察してもらった。

元海将補 **堤 明夫** 防衛技術協会客員研究員
(元イージス艦「きりしま」艦長、元防大教授)

防衛省が計画を中止した「イージス・アショア」の代替案について、10月中旬から日本側のみならず、米国側でも少しずつ動きが出てきた。

それと言うのも、ご存知の通り対空レーダー「SPY7」の購入契約は既に締結済みであり、米国メーカーでの生産が進んでいることから、このレーダーを使用・活用することが代替案の前提となっているのである。

政府としては、①「海上リグ」などを使用する海底固定の洋上式のもの、②専用船を建造して搭載するもの、③新たなイージス艦として建造・搭載する――の3案で検討が進められてきたが、自民党は「新型イージス艦の建造」の方向で検討していることがこのほどメディアによって明らかになった。

新型イージス艦は、これまでの3案の中では「最も健全なもの」と考えるが、それでも具体的な内容が不明であることもあって、いまも大きな問題が残されたままであり、海自OBとしては不安を感じずにはいられないのである。

## いかに戦闘システムの一部とするか

問題の一つが、弾道ミサイル防衛(BMD)用イージス・アショアの当初案の機能・構成が不明確なままであることである。レーダーとしてSPY7を使用することはハッキリしているが、それ以外はどうなっていたのであろうか？

弾道弾の捜索・捕捉・追尾、これによる脅威評価と射撃計算、迎撃ミサイルの誘導・管制、そしてこれら全てについての操作・表示・他システムとのリンク方法――などなしである。

そして、メーカーからはイージスの「ACS(イージス戦闘システム)」との連接試験を行って問題はなかったと公表されたが、イージス・アショアにおけるACSのこの機能は米海軍のイージスと同じものなのか、別物なのか、後者であるならその互換性はどうなっているのか？

SPY7がSPY1シリーズはもちろん、SPY6より高性能であるとはいえ、所詮はレーダーである点に過ぎない。これをいかに戦闘システムの一部として活用するかがACSであり、システム・オブ・システムズ(system of systems)たる基本概念・デザインであるのであって、米海軍におけるイージス・システムは忠実にこれに則って作られているのである。

堤明夫氏　昭和25年大分県生まれ。防大17期。艦艇用兵幹部としてミサイル・戦闘指揮システム・砲術が専門。同52年米海軍ミサイル課程留学。護衛艦「みくま」「きりしま」艦長、呉監防衛部3室長、海幕装備部整備管理班長、1術校研究部長、防大教授、幹校主任教官などを歴任。平成18年に退職後は旧海軍史を研究、『世界の艦船』『丸』などに記事執筆。映画『男たちの大和』、NHKドラマ『坂の上の雲』『戦艦武蔵』などの考証を担当。現在、防衛技術協会の客員研究員。

今年3月に就役した海自の最新鋭イージス護衛艦「まや」

# 時々の国際・軍事情勢に対応を

## BMD機能有するイージス艦が現実的

海自のイージス護衛艦「きりしま」から発射されたBMD用のミサイル「SM3」(米海軍HPから)

## 汎用性・多用途性が必要

二つ目が「新型イージス艦の性格」である。イージス・アショアをそのまま載せただけのBMDに特化した艦とするのか、あるいは現状のイージス艦のようにBMDもその一部の機能として、それをさらにSPY7を使用して強化した形にするのか、である。

前者であるとすると、これは大変に非効率的なものとなる。「艦艇」というものが本来・本質的に有する「汎用性・多用途性」を無視した話であり、またそれ以前に艦艇である以上、甲板作業や航海、機関・電機・応急、そして補給・給養などは通常の艦艇と同じように必要であるが、これらに自衛官を充てて、BMDのためだけに走らせるのであろうか？ あるいは単に船として走らせるためだけに民間人の船員を雇用するのであろうか？

イージス艦をBMDのためだけに使う、これほど本来的な能力を無視したものはないであろう。

## 近代化や維持管理も考慮を

三つ目が、「建造後の維持管理」の問題である。

イージス艦として建造する以上は25～30年の就役期間を見込まなければならない。その間にはシステムなどの近代化、そして日常のメンテナンスが必要となる。しかしながら、不思議なことにこれまでイージス・アショアの代替案としてのイージス艦の話にこれが全く出てきたことがない。

これは極めて大きくかつ重要な問題である。

海上自衛隊のこれまでのイージス艦のシステムは、米海軍との協定・契約により、米海軍のイージス艦のベースラインに則ったものである。したがって就役後においてもFMS(対外有償軍事援助)契約により、米海軍の同一ベースラインのものと同じ扱いとされ、大規模な近代化を除き、ハードウエアおよびソフトウエアの頻繁な改善・更新が米海軍とメーカーの手によって年1回を基準に実施され、これに伴う該当図書類の差し替えや、必要に応じて乗員等への教育・訓練が実施されてきた。さらに予備品などの更新・補充もまた重要である。

米ミサイル防衛庁が提案する「弾道ミサイル防衛(BMD)艦」のイメージ。米海軍の「サン・アントニオ」級ドック型(輸送)揚陸艦(満載排水量2万5000トン)の船体が利用されている(同庁HPから)

## 「通常の自衛艦」としての運用を

では、新型イージス艦についてはどうなるのであろうか？

米海軍で装備が始まった「ベースライン10」のレーダーを単にSPY6からSPY7に置き換えるだけと言うわけにはいかず、米海軍の承認のうえでシステムの再構築を必要とし、これを米海軍が採用するベースラインにならなければ、日本の「特注品」として莫大な開発費を必要とすることになろう。

また、就役後の維持管理やアップデートはどうなるのか？ イージス・アショアとしてのSPY7を中心とするBMD機能だけを独立させ、通常のイージスとは別の二重構造のシステムとし、その部分については米海軍とのFMSと切り離してメーカーとの直接契約とするのであろうか？

もしそうであるならば、全く不可能とは言わないが、極めて複雑、非効率的であり、かつ多額の費用を就役期間中にわたって必要とすることになるであろう。

結論的には、米海軍が今後、SPY7を採用することはないので、BMD機能をも有するベースラインに則ったイージス艦を「通常の自衛艦」として建造し、運用していくのがベストであると言える。

日米で共同開発されたBMD用の最新型ミサイル「SM3ブロック2A」(米海軍HPから)

## 隊員の負担増は本末転倒

米ミサイル防衛庁(MDA)は最近になって米海軍の「サン・アントニオ」級輸送揚陸艦の船体を利用した大型のイージス艦を提案したそうであるが、現在のところ、これを米海軍が採用しようとする具体的な動きは見えない。なにしろSPY6を使用する「ベースライン10」を搭載したイージス艦の建造が始まり、かつ「次期FFG(ミサイルフリゲート)計画」が決定されたばかりなのであるから。

日本国内では新たなイージス艦の建造による問題点として「海自の負担増となる」との意見が出ている。だが、これなどは本末転倒の話であり、「防衛力の整備」というものは、その時その時の国際・軍事情勢に合わせていくべきものであることは言わずもがなであって、もしイージス艦の増勢と運用で海自の乗員数を圧迫するというのであれば、それこそ時代遅れとなった旧型の艦艇を早期退役させて艦艇部隊のスリム化を図るなどの方策が採られるべきであろう。もちろん艦艇乗員の処遇・待遇などの問題は別の話にしてであるが。

関係者による英断を期待したい。

静電気対策やウイルス抑制、乾燥防止
NEW
加湿量 4L/h の大容量で広い空間の空気に潤いを
大型気化式加湿器 EHN-4000
タンク容量21Lで連続運転約5時間
水道直結・給水 どちらも使用できます
加湿目安 木造(98㎡) 56畳 プレハブ洋室(154㎡) 94畳
広い空間の換気、空気の入れ替えに
感染防止対策や空調補助、大きく空気を動かしたい場所に
大型循環送風機 ビッグファン

●備蓄倉庫等の換気・循環に!
●単相100V電源で工事不要!
広さ・用途で選べる5TYPEをご用意
BF-60J　DCF-60P　BF-75V　BF-100V　BF-125V
目的に合ったドライ環境を提供
結露・カビを抑え湿気によるダメージを防ぎます!
コンプレッサー式除湿機
DM-10　DM-15/DM-15T　DM-30
【各種種満水停止機能付き】ドレンホースで直接排水も可能です!
株式会社 ナカトミ　https://www.nakatomi-sangyo.com
〒382-0800 長野県上高井郡高山村大字高井6445-2
株式会社ナカトミ　検索
お問い合わせはこちら TEL:026-245-3105 FAX:026-248-7101

最近のアジア情勢を体系的に情報収集する研究者・専門家・ビジネスマン・学生 必携の書!!

発売中!!

平和・安保研の年次報告書
アジアの安全保障 2020-2021
コロナが生んだ米中「新冷戦」変質する国際関係

我が国の平和と安全に関し、総合的な調査研究と政策への提言を行っている平和・安全保障研究所が、総力を挙げて公刊する年次報告書。定評ある情勢認識と正確な情報分析。世界とアジアを理解し、各国の動向と思惑を読み解く最適の書。アジアの安全保障を本書が解き明かす!!

西原 正 監修
平和・安全保障研究所 編
判型 A5判／上製本／272ページ
定価 本体 2,250円+税
ISBN978-4-7509-4042-7
朝雲新聞社
〒160-0002 東京都新宿区四谷坂町12-20KKビル TEL 03-3225-3841 FAX 03-3225-3831 http://www.asagumo-news.com

## 陸

**勝田**　駐屯地は10月2日、「令和2年度茨城県自衛隊殉職隊員追悼式」を行った。式には隊員の遺族や県内の駐屯地・基地司令らが参列、殉職した59柱の御霊に哀悼の誠を捧げた。執行者の山崎義浩司令は「御霊の偉業を忘れず、志を受け継ぎ、全力で任務にまい進することを誓う」と述べ、参列者による献花や拝礼、儀仗隊の弔銃が行われた。

**宇都宮**　中即連はこのほど、相馬原演習場で新隊員教育隊特技課程（軽火器・迫撃砲）の「総合訓練」を行った＝写真㊤。期間中、35キロ行進、戦闘訓練、陣地構築・障害構成、81ミリ迫撃砲縮射弾射撃などを実施。新隊員たちは、教育期間中に学んだ知識・技能を遺憾なく発揮、旺盛な士気をもって演練し、自衛官としてひと回り成長した。

**松本**　幹候校の一般幹候生15人（うち女性4人）が9月30日～10月16日、13普連で部隊実習した。候補生たちは地上で基本技術を学んだあと、高さ15メートルのレンジャー訓練塔から教官の号令で1人ずつリペリング降下を演練＝写真㊤。小島ゆい幹候生は「初めてで緊張したが、気持ちよく降下できるようになるまで練成できた」と語った。

**久居**　2普通科直接支援中隊はこのほど、10飛行隊（明野）が輸送したOH6D観測ヘリを駐屯地正門付近に設置した＝写真㊤。同機は〝フライングエッグ〟の愛称で親しまれ、長きにわたり陸自の連絡観測やパイロット養成機として運用。今年3月を最後に全機が用途廃止された。その後、OH6Dは駐屯地の広報展示機として生まれ変わった。

**大津**　中方混成団は10月6、7の両日、大津・松山両駐屯地で一般曹候生62人、自候生男子98人、女子20人の入隊式を行った。立会官である芝伸彦混成団長は「自衛官は組織として力を発揮することが求められる。遅れる仲間に手を差し伸べ、背中を押してやることも必要だ。班長を信じ、同期と助け合いながら全力で臨んでほしい」と訓示した。

**弘前**　39普連は10月5～16日、「令和2年度師団射撃競技会」に参加した。同競技会（普通科部隊の部）で連隊は①至近距離②81ミリ迫撃砲③120ミリ重迫撃砲④小銃・機関銃射撃――の4種目の総得点を競争。連隊は4種目とも1位で総合優勝し、4中隊検閲として果たした。このうち重迫中隊は「最優秀」の評価を得た。

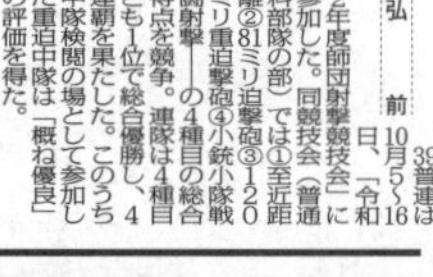

**幌別**　13施設群は10月21、22の両日、駐屯地で登別市役所の職員22人に対し「隊内生活体験」を支援した＝写真㊨。期間中は施設器材の展示（重材料運搬・ロープワーク）などを教育。重さ約5キロの背のうを背負って行う5キロの行進訓練では全員が無事に踏破した。参加者は「自衛隊の規律の厳しさを体験できて、とても勉強になった」などと話していた。

**岩見沢**　駐屯地は10月13、14の両日、「令和2年度岩見沢駐屯地感謝状贈呈式」を挙行した。同行事は駐屯地創立87周年と12施設群創隊45周年を記念したもので、日頃から協力や援助を受けている部外の協力団体・企業などに対して感謝状と記念品を贈呈し、末崎智久司令が参列者に感謝の意を伝えた。駐屯地は今後も、各協力団体との連携を図っていく。

## 自衛隊札幌病院 45期准看護師課程

# 厳粛に「戴帽の儀」

### 鹿大病院長「感謝できる人になれ」

自衛隊札幌病院准看護学院は10月3日、北方総監部医務官や病院関係者を迎え、45期准看護師課程学生26人（女性16人、男性10人）の看護実習を前にした「戴帽式」を挙行した。

厳粛な雰囲気の中で執り行われた「戴帽の儀」では教務班長らがキャップを担当。真新しい看護衣に身を包んだ学生たちは一人ずつ教務班長の米川麻美1尉の前に進み出て、ナースキャップを受けた。女子学生はさらに床に片膝をつけ、その後ろから菅野愛梨2曹が帽子と髪をピンで固定。その後、学生長の石岡海輝士長の指揮で全員が衛生科精神を唱和。医療従事者として「骨肉の至情と擁護奉仕の精神」に徹し、勇敢かつ冷静沈着に任務を遂行し、立派な准看護師たる自衛官になることを誓った。

この後、大鹿部病院長が訓示で「向上心をもって努力を継続せよ」「感謝できる人になれ」の2点を学生に要望、「真摯で誠実、謙虚な姿勢で患者に接し、多くのことを学び、さらなる成長を期待している」と激励した。

続いて高橋俊幸准看護学院長が「医療人としての自覚を持ち、実習中だけでなく日々の生活でも、これまで以上に行動に責任を持つよう心掛けてほしい」と式辞を述べた。

来賓の森西洋一北方総監部医務官は「常に同期とともに困難を乗り越え、貴重な経験を積み上げていくことを期待する」と祝辞を述べた。

学生たちは病院での実習を前に、医療従事者としての使命と責任の重さを自覚し、立派な准看護師たる自衛官になることを誓った。（真駒内）

医療現場での実習を前に、米川教務班長（右）から純白のナースキャップを戴く女子学生（いずれも10月3日、自衛隊札幌病院准看護学院で）

床に片膝をつき、菅野教育班長からピンでキャップを髪に固定してもらう女子学生

これから看護実習に臨む学生26人に激励の言葉を贈る高橋准看護学院長（右壇上）

**信太山**　37普連は10月8日、持続走競技会を開催した＝写真㊦。開会式で統裁官の山田篤司令は「限界へのチャレンジ」「安全管理」の2点を要望。駐屯地内で起伏の激しい5キロコースで中隊の平均タイムを競い、各隊は日頃の練成成果を発揮するべく全力疾走した。大雨の中、2中隊が1中隊と2秒差の接戦を制し、昨年に引き続き2連覇を達成した。

**善通寺**　14旅団は10月18日、北徳島分屯地で湯浅陸幕長による部隊視察を受けた。同分屯地に所在する14飛行隊（隊長・高橋慎一郎2佐）と徳島駐屯地に所在する14施設隊（隊長・澤水隆一2佐）が陸幕長に状況を報告した。その後の陸幕長巡視では、隊舎屋上から見た地点説明で分屯地各施設などの現況を確認したほか、指揮官との懇談も行われた。

**小倉**　40普連は9月30日～10月15日、一般幹候生課程普通科部隊実習」を行った。幹候生8人は、格闘や救急法などはじめ、幹部に必要な指揮能力を練成。約2週間の実習を十分な成果を修めて終了した。参加した大高翼幹候生は「各人の練度・経験が異なる部隊の全員を指揮することの難しさを実感しました」と語った。

**小郡**　5施設団は10月2～11日、日出生台演習場で西方が計画する「2次定期整備」を担任した。団長の北島一将補を隊長に隷下17個部隊で整備隊を編成。北島将補は「任務分析に基づく作戦の遂行」「コロナ対策、健康管理、安全管理の徹底」を要望した。作業では排水設備の整備を集中的に行い、雨水が集まる箇所に新たな暗渠などを構築した＝写真㊦。

## 空

**熊谷**　基地はこのほど、5日間にわたって「防災訓練」を行った。期間中、人命救助システムⅡ型の操作、捜索救難活動、車両操縦、通信覆域調査などを演練し、技量を向上させた。このうち、埼玉県北部を震源とする局所型地震を想定した訓練では、人員呼集に指揮所活動、偵察・派遣隊の編組を直ちに実施。隊員たちは余震下でも主体的に行動した。

**府中**　基地で10月7日、空音（立川）のミニコンサートが開催された＝写真㊨。昼の休憩時間に20分ほど基地内の会場2カ所で行われ、金古真一支援集団司令官や猿渡辰也基地司令をはじめ隊員延べ約170人が来場。今年初の観客を前にした演奏で空音は、力強い演奏を披露した。演奏後は、来場した隊員たちから惜しみない拍手が送られた。

**百里**　基地は9月30日、コロナの影響で延期していた基地モニター10人の「委嘱式」を行った。式は司令部庁舎2階特別会議室で行われ、石村尚久基地司令から一人ずつ委嘱状が手渡された。記念撮影と会食後、午後からは広報資料館で基地の概要説明を受け、百里救難隊、F2戦闘機部隊の3飛行隊、F4戦闘機の301飛行隊の見学を行った＝写真㊧。

## 海

**松前**　警備所の松前有志45人は9月23日、松前町での「ポイ捨てしよみ収集」に参加し、国道228号沿いを清掃した＝写真㊦。地元町内会と共同したボランティア活動で、同所は昨年に続き参加。隊員たちは約1時間かけて周辺のゴミを一掃した。コロナで町内行事が中止される中、久しぶりに地元住民と交流を図った。

**下関**　基地隊の8人は10月27日、山口県下関市で「第9回よしみ地区合同地震・津波避難訓練」に参加した。地元の消防や警察、自治体などから計約680人が参加。今年は自衛隊も参加者の規模を縮小した。隊員たちは避難してきた保育士や園児の誘導に当たった。保育士の間に並んだ子供たちは、元気に避難所まで歩いた。

**崎辺**　佐世保教育隊は10月5日、出口佳努佐世保地方総監臨席の下、9期海曹予定者課程95人の始業式を行った＝写真㊦。柳信男教育隊司令は「ここでの教育・訓練で自己を見つめ直し、海曹として基礎を築いてほしい」と式辞。続いて出口総監が「区切りともいえるこの機に長期目標を立て、できることから直ちに行動し、自ら考え努力せよ」と訓示した。

**鹿屋**　航空基地隊は10月2日、先に着隊した初任海士に対し、基地周辺の歴史に触れる「心の教育」を行った。特攻隊員の歴史や戦跡を学ぶもので、908柱の慰霊碑のある小塚公園や当時の宿舎だった野里国民学校跡、海岸のトーチカや掩体壕などを研修。全24キロの行程を終えた全員が基地に戻ると、川畑信一司令らに拍手で出迎えられた。

**那覇**　「第49回USOサービスサルート」（最優秀下士官表彰式）が10月10日、那覇市のシーメンズクラブで開催された＝写真㊤。USOは米軍人と家族に福利厚生サービスを提供する非営利団体。例年、沖縄勤務の米4軍と3自衛隊から1人ずつ代表を選出する。今回はサッカーを通じて地域活動に貢献した5空群総務班の井上正之3曹が表彰された。


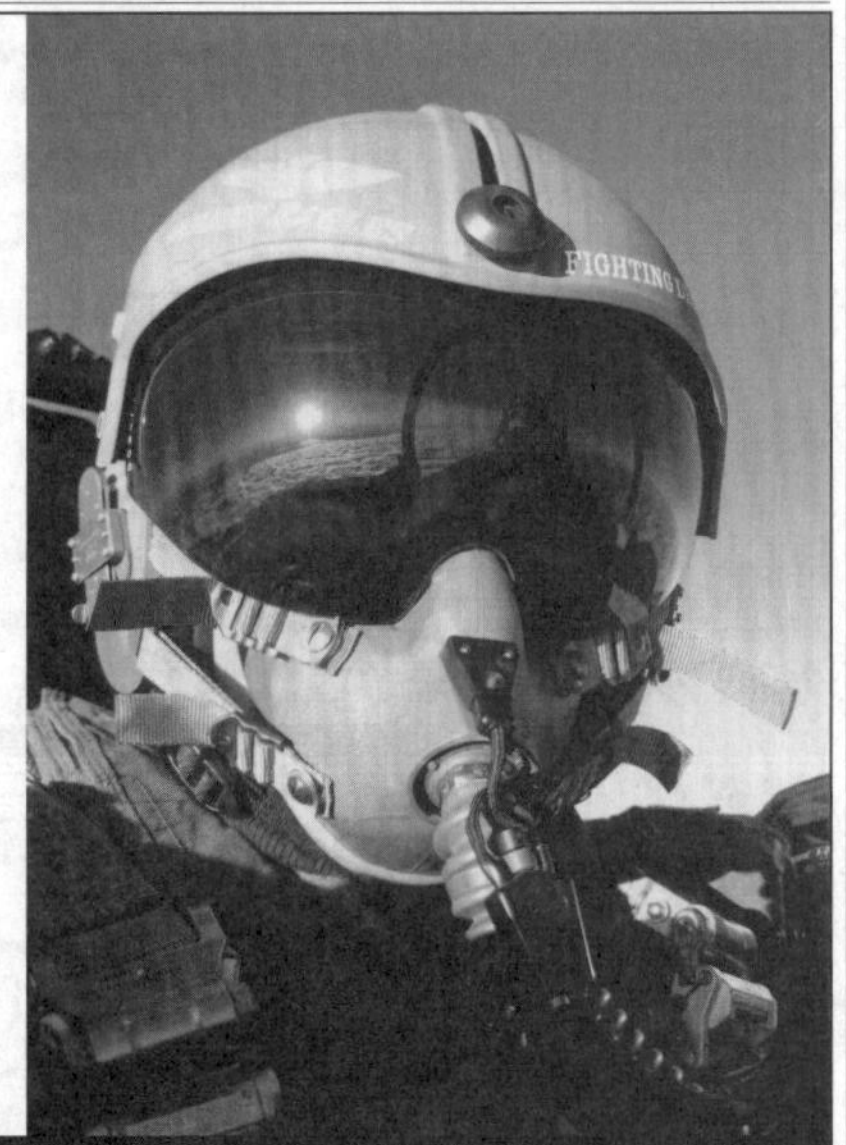

発売中！ 2021自衛隊手帳

2022年3月末まで使えます。

使いやすいダイアリーはNOLTY能率手帳仕様。
年間予定も月間予定も週間予定もこの1冊におまかせ！



編集／朝雲新聞社
制作／NOLTYプランナーズ
価格／本体 900円＋税

お求めは防衛省共済組合支部厚生科（班）で。（一部駐屯地・基地では委託売店で取り扱っております）
Amazon.co.jp または朝雲新聞社ホームページ（http://www.asagumo-news.com/）でもお買い求めいただけます。

朝雲新聞社　〒160-0002 東京都新宿区四谷坂町 12－20 KKビル　TEL 03－3225－3841　FAX 03－3225－3831
http://www.asagumo-news.com

家を買うとき、建てるとき、売るとき、借りるとき、リフォームするとき、貸すときも　「コーサイ・サービス」へまずご連絡を！
「紹介カード」で、お得なサービス【自衛隊員の皆さま限定の提携割引】　利用しないともったいない！

朝雲

# コーサイ・サービス ニュース

No.67

もれなくもらえる図書カード！
"お住まい何でも相談・ニューライフスタイルキャンペーン開催中！"

# マンション施工実績No.1※、長谷工コーポレーションおすすめ新築分譲マンション特集

※施工戸数累計約65.7万戸:(株)長谷工総合研究所調べ(2020年8月末現在)

※掲載の完成予想CGは、図面を基に描き起こしたもので実際とは異なります。掲載の情報は2020年11月13日現在のものです。詳細は各物件HPをご覧ください。

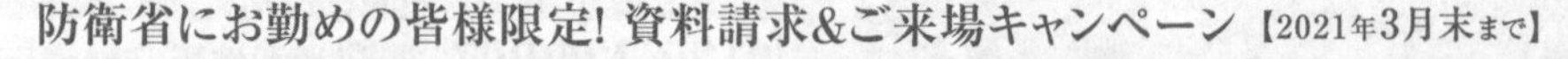

## 防衛省にお勤めの皆様限定! 資料請求&ご来場キャンペーン【2021年3月末まで】

各物件の専用コードより資料請求のうえ「紹介カード」を発行いただくと amazonギフト券1,000円分プレゼント!

「紹介カード」をご持参のうえモデルルームへご予約来場いただくと amazonギフト券2,000円分プレゼント!

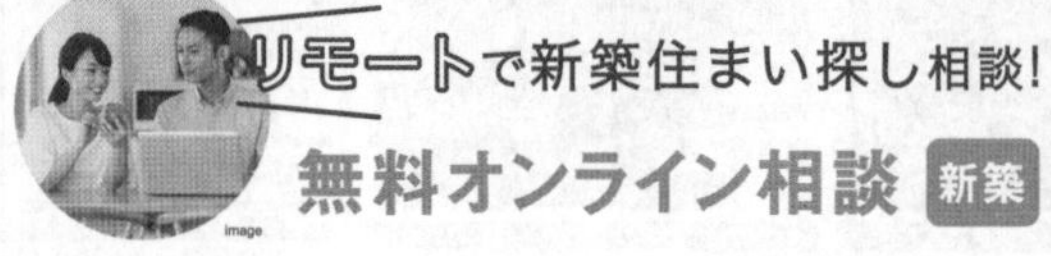

リモートで新築住まい探し相談!
無料オンライン相談 新築

さらに!
新築マンションのお客様限定
無料FP相談


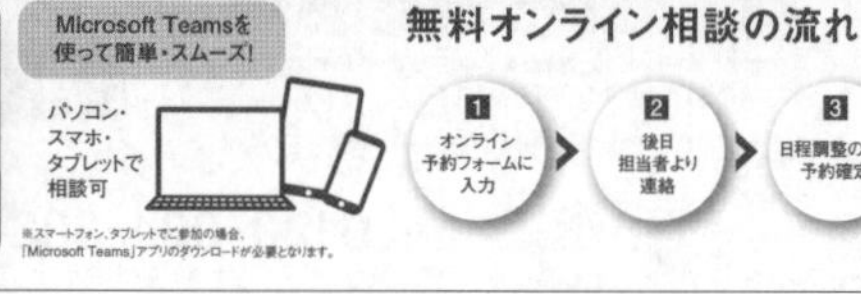

Microsoft Teamsを使って簡単・スムーズ!
パソコン・スマホ・タブレットで相談可
無料オンライン相談の流れ
1 オンライン予約フォームに入力
2 後日担当者より連絡
3 日程調整のうえ予約確定
4 スマホやPCの画面で相談!

【提携先】長谷工コーポレーション

提携特典及びキャンペーンに関するお問い合わせは(株)長谷工コーポレーション「提携お客様サロン」
0120-958-909　teikei@haseko.co.jp
その他の新築物件一覧はこちらのホームページからご覧いただけます▶ http://haseko-teikei.jp/kosaiservice/

※提携特典及びキャンペーンをご利用いただくためには、コーサイ・サービス(株)が発行する「紹介カード」が必要です。
〈紹介カード発行先〉コーサイ・サービス株式会社 担当:佐藤 TEL:03-5315-4170 E-mail:k-satou@ksi-service.co.jp
HP: https://www.ksi-service.co.jp/ [ID]teikei [PW]109109(トクトク)

# 募集・援護 特集

# 防衛白書を説明

## 宇宙領域についても質問 福岡

【福岡】地本はこのほど、「令和2年版防衛白書」の説明を福岡県内74カ所の地方公共団体などに対し行った。

地本は地元駐屯地や基地などと連携を図りつつ県内60市町村を訪問し、平素からの支援と協力に感謝を示すとともに、引き続きの募集協力を依頼し、白書の説明を行った。

自治体関係者からは7月の九州豪雨の災害派遣についてのお礼の言葉があった。

説明中は新型コロナとの闘いに対する自衛隊の活動や宇宙・サイバー・電磁波領域についても多くの質問があり、隊員がその一つ一つに丁寧に答えた。

井上澄和春日市長（中央奥）に「防衛白書」の説明を行う福岡地本の隊員（春日市役所で）

## 市長が災害派遣に謝意 長野

【長野】地本は10月1日から、県内の自治体首長に「防衛白書」の説明を行った。

これは、県内の地方公共団体の長に白書をもとに防衛省の各種施策などについて説明するとともに、自衛官募集への協力を依頼するもの。

長野県は市町村の数が北海道に次いで多い77の自治体があることから、三笠展隆地本長をはじめ、副本部長、募集課長、出張所らが分担して説明を行った。

10月1日は、三笠地本長が中野市など3首長に対して説明、5日には長野市の加藤久雄市長に面会して解説した。

市長からは、昨年の台風19号への災害派遣に対する謝意が述べられた。

市長は「国防の重要性はよく認識している。自衛官の募集にも可能な限り協力したい」との力強い言葉があった。

加藤長野市長（左）に「防衛白書」の概要を説明した三笠長野地本長（10月5日、長野市役所で）

# 令和3年募集の〝顔〟決定！

## 愛知

### 「一般の部」 松田 涼花さん

「これが令和3年の愛知地本の〝顔〟になります」――。全国の地本では現在、来年の募集広報用ポスターの作製が進められている。愛知地本では「自衛官募集」をテーマにした広報ポスターを今年も一般に広く公募。その結果、187点の応募があり、10月27日、最終審査で「最優秀作品」などを決定した。いずれも力作揃いのこれらポスターは今後印刷されて県内各地に掲示され、来年の愛知地本の〝顔〟として活用される。

「一般の部」で最優秀となった松田さんの作品。「誰かの未来を、この手で守る」のキャッチフレーズとブルーインパルスのスモークが印象的だ

## ―― 最優秀はいずれもブルーと敬礼する隊員 ――

### 「高校生の部」 渡邉 美佳さん

【愛知】地本は10月27日、本部で「令和3年度自衛官等募集用ポスターデザインコンテスト」の最終審査を行った。

コンテストは愛知県の後援を受け、現代の若者の感覚にマッチしたデザインを採用するため、地元の高校・専門学校生などに公募。今年で12回目となる。

今回は「自衛官募集」をテーマに公募したところ、学生から作品187点（高校67点、専門学校120点）の応募があった。

これらの作品は一般の人たちにも見てもらい、7月に金山総合駅で市民513人の投票で一般審査を実施した。今回行われた最終審査では、福重毅尚地本長を審査員長に愛知県総務部市町村課の平野泰久課長、AKR代表で「カードファイト!!ヴァンガード」の作者・漫画家の伊藤彰氏のほか、今回応募した各学校の教諭や自衛隊県家族会長ら計16人の部外審査員を迎え、各部門それぞれ最優秀、優秀、佳作各1点を選出した。

「一般の部」で最優秀となったあいち造形デザイン専門学校の松田涼花さんのポスターは、大空を駆けるブルーインパルスに、迷彩服の隊員が凛とした表情で敬礼する姿が印象的な力作。松田さんは「このポスターが未来を守る『願い』を『決意』に変える一助となれば」と話していた。

一方、「高校生の部」で最優秀となったあいち造形デザイン専門学校高等課程の渡邉美佳さんの作品は手書きで丁寧に描かれたブルーインパルスと女性隊員のコラボレーションが光る。渡邉さんは「女性自衛官の一本筋の通った美しさを描いた」と語った。

結果発表後、審査員長を務めた県庁の平野課長が「このポスターを見た方が自衛隊を目指してくれるよう県としても支援し、県庁や県立学校をはじめ県内の施設にポスターを掲示します」と地本への協力を力強く約束。最後に最優秀作品を囲んで記念撮影を行った。

「一般の部」の最優秀作品は、令和3年度の愛知地本の「募集の顔」として、自衛官等募集用ポスターとなる。そのほかの作品は地本のパンフレットやリーフレットなどに使用され、それぞれ募集の最前線で大活躍してくれる予定だ。

（左）「高校生の部」で最優秀となった渡邉さんの作品。（右）愛知地本でコンテスト最終審査を行い作品を評価する審査員たち（10月27日、愛知地本で）

平和を、仕事にする。 防衛省自衛隊

ただいま募集中！
◇自衛官候補生◇貸費学生（技術）
◇高工校生徒（一般・推薦）
★詳細は最寄りの自衛隊地方協力本部へ

## 初めて実動演習に参加

### 千葉 佐藤繁文予備1佐

【千葉】地本が担当する佐藤繁文予備1佐（元103補給大隊＝霞ヶ浦＝隊長、元1陸佐）は10月3日から11日まで、空挺団（習志野）が東富士演習場で行った「空挺団演習（後方支援訓練）」に参加した。

1佐の予備自衛官制度は2018年4月から始まり、これまで招集訓練・災害派遣が行なわれてきたが、実動演習への参加は今回が初めて。

招集された佐藤予備1佐は、後方支援隊長補佐官グループ長として、積極的に隊員を指導。部隊の準備状況、集結場所、基本的行動などを確認した。

このほか、佐藤予備1佐は現役時代の豊富な知識と経験を踏まえ、空挺団に積極的に助言を行い、精強な部隊の育成にも大きく貢献した。

「予備1佐」として初めて実動演習に参加、隊員（右）に助言する佐藤予備1佐（10月5日、東富士演習場で）

## 岐阜地本、講演で意識改革を図る

【岐阜】地本は10月8日、キャリアコンサルタントの吉本恵子氏を講師に招き、広報官らの意識改革と能力向上を図った。

吉本氏は現在放送中の大河ドラマにちなんで「岐阜の麒麟を探そう」「令和の新隊員募集は岐阜から」と題して講演。岐阜地本の現状を「〝自衛官による自衛官のための採用業務〟になってしまっている」と指摘した。さらに「募集対象者を理解した上でその視点に立った親身な募集、陸海空自衛隊のさまざまな職域を目指す仕事別の説明が重要」と力説し、最後に「柔軟な思考力をもって、いろんなアイデアを取り入れて業務に取り組んでください」と提言した。

講話を聴いた広報官らは「意識を共有し、新たな視線で業務に取り組むことの大切さを知ることができた」と話していた。

## 入間ヘリ空輸隊へ感謝の寄せ書き

新潟

【新潟】地本は10月18日、空自新潟分屯基地で入間ヘリ空輸隊のCH47J輸送ヘリによる体験搭乗を行った。その後、搭乗者から部隊に寄せ書きがプレゼントされるサプライズがあった。

今回の体験搭乗には募集対象者とその家族45人が参加。実機の迫力とそのダイナミックな飛行にみな感動し、搭乗終了後、部隊への応援メッセージを大判用紙に書き込んだ。

入間基地に帰投後、新潟の若者らから贈られた寄せ書きを掲げる入間ヘリ空輸隊の隊員たち（10月20日）

この寄せ書きには「飛ぶ瞬間、ふわっと浮くような不思議な感覚だった」「地元の新潟の景色がとてもきれいで、感動した。ありがとう」「これからも日本の空を守って」などの激励の言葉のほか、「この体験で将来パイロットになりたいと思った」といったメッセージもあった。

入間ヘリ空輸隊は「このような寄せ書きをいただくことは初めてで、大変感激している。地域住民の方々や将来有望な若者に自衛隊やヘリコプターの魅力を知っていただけて良かった」と話していた。

2021年 自衛隊統合カレンダー

陸・海・空自衛隊のカッコいい写真を集めました！こだわりの写真です！

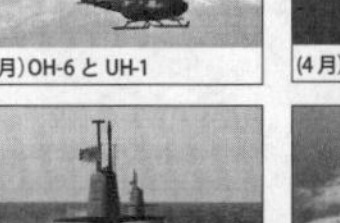

(2月)OH-6とUH-1

(4月)F-15DJアグレッサー戦闘機

(6月)そうりゅう型潜水艦

(7月)F-35とF−2A戦闘機

(8月)203ミリ榴弾砲と155ミリ榴弾砲

(9月)護衛艦の艦隊航行

●構成／表紙ともで13枚（カラー写真）
●大きさ／B3判 タテ型
●定価：1部 1,500円（税別）
●送料／実費ご負担ください
●各月の写真（12枚）は、ホームページでご覧いただけます。

お申込み受付中！
ホームページ、ハガキ、TEL、FAXで当社へお早めにお申込みください。
（お名前、〒、住所、部数、TEL）
一括注文も受付中！送料が割安になります。詳細は弊社までお問合せください。

昭和55年創業 自衛官OB会社
株式会社 タイユウ・サービス
〒162-0845 東京都新宿区市谷本村町3番20号 新盛堂ビル7階
TEL:03-3266-0961
FAX:03-3266-1983
ホームページ タイユウ・サービス 検索

自衛隊バージョン 新発売！ 災害等の備蓄用・贈答用として最適!!

EMERGENCY BOX

陸・海・空自衛隊のカッコイイ写真を使用した専用ボックスタイプの防災キット。

7年保存防災セット

1人用/3日分

外務省在外大使館等も備蓄しています。

非常時に調理いらずですぐ食べられるレトルト食品とお水のセットです。

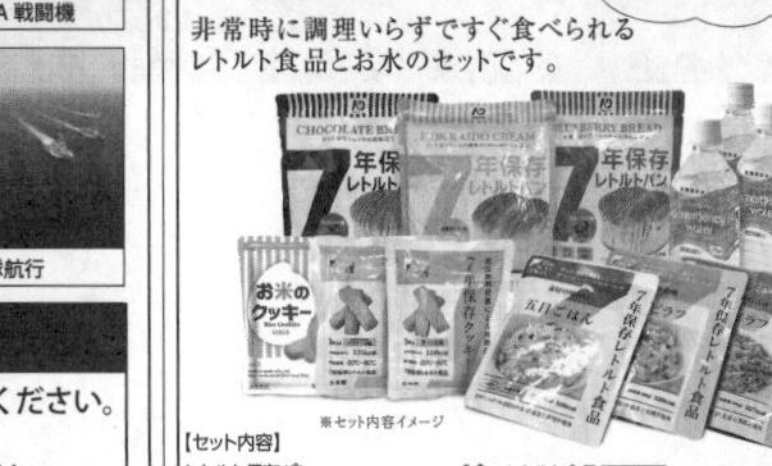


※セット内容イメージ

メーカー希望小売価格 5,130円（税込）
特別販売価格 4,680円（税込）【送料別】

【セット内容】
レトルト保存パン……3食（北海道クリーム・チョコレート・ブルーベリー／各100g）
7年保存クッキー……2食（チーズ・ココナッツ味／各70g）
米粉クッキー……1食（プレーン味／58g）
レトルト食品 スプーン付……3食（五目ごはん・カレーピラフ・コーンピラフ／各230g）
長期保存水 EMERGENCY WATER……3本（500ml／硬度0）

昭和55年創業 自衛隊OB会社 (株)タイユウ・サービス
ご注文は TEL03-3266-0961 FAX03-3266-1983
mail:ts-gen@ac.auone-net.jp ホームページ タイユウ・サービス 検索

Air and Missile Defense

壮大なビジョンを
最高の精度で

あらゆるレベルで、あらゆる脅威に立ち向かい、あらゆる任務を遂行。
レイセオン ミサイルズ&ディフェンスのソリューションは、
わたしたちの国と大切な人々を守ります。
レイセオン ミサイルズ&ディフェンスは
ビジョン、精度、パートナーシップを組み合わせることで、
成功に導くソリューションを生み出し、お客様に提供します。

RTX.com

© 2020 Raytheon Technologies Corporation. All rights reserved.

# 迅速に2正面作戦

## 14旅団 香川で鳥インフル災派

### 700人 24時間態勢

【14旅団＝善通寺】陸自14旅団は11月5日から9日まで、香川県内の2カ所の養鶏場で発生した鳥インフルエンザの災害派遣活動に15即機連（連隊長・品川淳二1佐）を基幹とした後方支援要員を含む約700人の隊員を派遣し、24時間態勢による速やかな"2正面作戦"を遂行した。

タイベックスーツを着用し、フォークリフトを操縦する自治体職員（右）と協力して処分した鶏の収集・運搬作業に当たる隊員たち（11月5日、香川県三豊市の養鶏場で）＝写真はいずれも14旅団提供

香川県では11月4日、善通寺から西に約10キロ離れた県西部の三豊市の養鶏場で鳥インフルエンザの疑いが発生。翌5日に陽性が確定したことから、同県の浜田恵造知事は5日午後0時半、14旅団長の遠藤充将補に対し、鶏の殺処分などの支援に係る災害派遣を要請した。

これを受けて、15即機連を基幹とする災派部隊が同日午後9時30分以降、順次現地入りし、約100人が4時間ごとに交代する24時間態勢で、炭酸ガスによる殺処分や33万羽の殺処分とその後の埋却・運搬作業などに当たった。

6日には遠藤旅団長が現地を視察し、自治体の職員らと協力して任務に当たる隊員たちを激励した。

その後、8日には三豊市から約60キロ離れた県東部の東かがわ市の養鶏場でも鳥インフルエンザが発生したことから、同日午後4時、県知事から14旅団長に再び災派が要請された。これを受けて14旅団は直ちに三豊市で活動中の部隊から約280人を東かがわ市の養鶏場に急派。24時間のローテーションを組んで約8万羽の鶏の殺処分を行った。

県の東西2カ所に同時展開することになった災派部隊は、平成30年1月にさぬき市で実施した鳥インフル災派の経験を生かし、万全の防疫対策を講じつつ、24時間不休の"2正面作戦"を速やかに遂行。三豊市で8日午後1時34分、東かがわ市では9日午前0時50分にそれぞれ知事からの撤収要請を受けて活動を終了し、駐屯地に帰隊した。

ガス処分が行われた後の鶏舎を隅々まで点検し、未処分の鶏がいないかなどの最終確認を行う隊員（11月8日深夜、香川県三豊市の養鶏場で）

## 鹿屋航空分遣隊 急患輸送2500回

### 鹿児島・離島支え60年

【1空群＝鹿屋】22空群鹿屋航空分遣隊は10月7日、鹿児島県知事の要請を受けて実施した急患輸送で、昭和35年の開隊以来、急患輸送累計2500回を達成した。

鹿屋航空分遣隊は昼間は航空機が遭難した場合の航空救難に備える一方、鹿児島県の一部を除く離島において、主に夜間の急患輸送の要請に知事からの災害派遣に応えている。

急患輸送2500回を達成した機長の有川3佐（右から2人目）とクルー（10月7日、鹿屋航空基地で）

2500回目の急患輸送を行ったのは、鹿屋航空分遣隊のUH60J救難ヘリ8972号機（機長・有川弘之3佐以下4人）。

1空群の川村伸一群司令に鹿児島県の塩田康一知事から災害派遣要請があり、トカラ列島の諏訪之瀬島から鹿児島市内の「マリンポートかごしま」まで患者を空輸した。

今回の急患輸送を終えて有川機長は「累計2500回目の急患輸送に従事できたことは非常に光栄でした。今後も厳しい訓練に励み、皆さんの期待に応えていきたいと思います」と語った。

## 退役のF4EJ改 "ヨサク"美保で第2の人生

### 来春展示へ 百里から空輸

【美保】F35Aステルス戦闘機への機種更新に伴い、退役した7空団301飛行隊（百里）のF4EJ改戦闘機439号機が9月8日、茨城県の百里基地から鳥取県の美保基地に空輸された。同機は来年春に飛行場南地区でC1輸送機、YS11輸送機とともに地上展示される。

439号機は美保基地に着陸後、基地消防車両の放水アーチで歓迎を受け、エンジン停止後、機長を務めた301飛行隊長の岩木三郎2佐が美保基地司令の塩川壮1佐に空輸完了を報告。施設隊を代表して整備員の蛯原智士長が花束を贈呈した。

岩木隊長はあいさつで「439号機は日本で最後にライセンス生産されたメモリアルな機体。マニアの間ではヨサク（439）と呼ばれ、非常に人気も高い。ぜひ美保に展示していただき、広報資源として活用してください」とあいさつした。

439号機は現在、格納庫で来春の"デビュー"を待っており、諸手続きを終えた後、地上展示機として第二の人生を送る。展示予定の飛行場南地区は内浜産業道路に面しているため、一般の人も機体を間近に見ることができる。

美保基地は「"ヨサク"が新たな観光スポットとして、地域の方々との懸け橋となることを期待したい」としている。

百里基地から美保基地に到着した7空団301飛行隊のF4EJ改戦闘機。来春、美保で地上展示される予定だ（9月8日）

## 海自と日本造船工業会艦艇部会が申し合わせ

### コロナ禍の造修対応

海自と日本造船工業会艦艇部会は11月12日、防衛省で「コロナ禍における艦船造修の申し合わせ」の署名式を行った。

式には同工業会艦艇部会の部会長を務める北川部長が来省。北川部長と海幕装備計画部長の今吉将補が申し合わせ書に署名し、確認した。

今後、関係各社が安心して艦船の建造や修理を行えるように、コロナ感染症対策を徹底し、万が一、感染者が発生した場合は官民連携して対応していく方針を確認した。

海自と日本造船工業会艦艇部会との申し合わせ書に署名した海幕装備計画部長の今吉将補（左）と三菱重工の防衛・宇宙セグメント艦艇・特殊機械事業部の北川部長（11月12日、防衛省で）

## こちら警務隊

### 退職後でも自衛隊法違反 懲役刑や罰金刑の対象に

秘密漏洩①

Q 自衛隊を退職した後であれば職務上知り得たことを話しても大丈夫ですか？

A 自衛隊退職後であっても、秘密に当たる内容を漏らすと処罰の対象となります。

自衛隊員には守秘義務があり、職務上知ることのできた秘密を漏らすと、自衛隊法違反で1年以下の懲役または50万円以下の罰金に処せられます。

自衛隊を退職後、自衛隊の思い出を周囲に話したくなることもあるかと思いますが、話す内容には十分に気を付ける義務があります。

任務遂行に支障を与える恐れがありますので、職務上知り得た秘密は絶対に漏らしてはいけません。

（中央警務隊）

## 20普連が山形県高校駅伝を支援

### 21人10車両

【20普連＝神町】20普連は10月31日、山形県長井市で開かれた「男子第71回・女子第32回山形県高等学校駅伝競走大会」を支援した。

大会は、全国高校駅伝競走大会県予選を兼ねて行われ、長井市陸上競技場付設の「ながい黒獅子ハーフマラソンコース」を舞台に、男子はコースを2周する7区間42・195キロ、女子はコースを1周する5区間21・0975キロで実施。長井市陸上競技場を発着点に、男女各19チームの選手たちが力走した。

当日は、20普連から本部管理中隊の吉田祐紀2尉を隊長とする計21人の隊員と車両10両が現地に派遣され、安全な車両操縦と確実な無線通信の技術を駆使して大会役員の輸送や通信連絡に協力し、大会の円滑な運営に寄与した。

大会の監察員を乗せて選手たちの後方を走る20普連の車両（10月31日、山形県長井市で）

## 小休止

▽…秋田駐屯地は10月10日夜、秋田市土崎港町の若手経営者らでつくる港商友会が企画したサプライズ花火イベント「土崎夢花火」の打ち上げ会場の一つとして場所を提供し、100発を超える花火を打ち上げて秋の夜空を彩った＝写真。

▽…今年は新型コロナウイルスの影響でお祭りなどが相次いで中止となったことから、一人でも多くの市民を元気づけようと行われた。前日に実施予告があったが、打ち上げ場所は「3密」を避ける観点から直前まで秘密にされた。

▽…午後7時から5分間、土崎港町の各所から一斉に花火が上がると、SNSを通じて多くの市民から反響があり、駐屯地には「最高だった」「ありがとう」などの言葉が寄せられた。（秋田）


## 就職ネット情報

◎お問い合わせは直接企業様へご連絡下さい。

| | | |
|---|---|---|
| (株)進明技興　〔土木技術者〕 http://shinmeigikou.co.jp/　〔福岡〕 | (株)池田工業　〔ボーリングスタッフ〕 025-387-4738　〔新潟〕 | 太洋海運(株)　〔港湾スタッフ〕 052-651-5261　〔愛知〕 |
| (株)大歳組　〔重機運転手〕 http://ohtoshi.co.jp/　〔広島〕 | (有)大石土木　〔重機オペレーター、施工管理〕 054-280-6661　〔静岡〕 | 共和建設(株)　〔建築・土木技術者、営業〕 0748-72-1161　〔滋賀〕 |
| 本陣水越(株)　〔土木施工〕 https://www.mm-gws.jp/　〔神奈川〕 | 精晃電設(株)　〔技術総合職〕 052-793-3232　〔愛知〕 | 岐山化工機(株)　〔設計、工事〕 http://ｗｗｗ. kisan-ltd.co.jp/　〔山口〕 |
| (株)ファーレン富山　〔メカニック〕 https://fahren-toyama.co.jp/　〔岐阜〕 | (有)小山産業　〔工事スタッフ〕 026-247-2150　〔長野〕 | (株)シアテック　〔工事監理〕 http://www.ciatec.co.jp/　〔愛媛〕 |
| (株)東日本土木〔土木施工管理、重機オペレーター、現場スタッフ〕 0283-21-0797　〔栃木〕 | 篠崎タイヤ販売(株)　〔タイヤメンテナンス〕 048-571-0700　〔埼玉〕 | 小島建興(株)　〔現場職人〕 http://www.kojimakenko.co.jp/　〔広島〕 |
| 阪神電気工業(株)　〔電気工事士〕 054-283-1150　〔東京・静岡〕 | (株)群馬建水　〔現場スタッフ、現場管理〕 0270-65-3078　〔群馬・埼玉〕 | (株)国昇　〔メンテナンス〕 http://www.mizutokkyu.com　〔東京〕 |



## 就職ネット情報

◎お問い合わせは直接企業様へご連絡下さい。



| | | |
|---|---|---|
| (株)サンエックス　〔ショップ販売〕 06-6975-8111　〔大阪〕 | (有)東昭こすも　〔塗装工事〕 0285-53-2759　〔栃木〕 | ジオメンテナンス(株)〔地質・構造物調査スタッフ〕 https://www.geo-m.co.jp/　〔千葉〕 |
| (株)エーワンオートイワセ　〔メカニック〕 https://matsumoto.bmw.jp/　〔長野〕 | (株)中尾建築事務所　〔工事管理〕 http s://nakao.com/　〔大阪〕 | 太陽塗装工業(株)〔総合職(施工管理・施工スタッフ)〕 https://www.daiyo-tosou.co.jp/　〔岡山〕 |
| ダイナーホンダ販売(株)　〔メカニック〕 0721-23-0070　〔大阪〕 | 長豊建設(株)　〔土木施工管理〕 http://ｗｗｗ.chouhou.com/　〔長野〕 | (株)上栄　〔左官スタッフ〕 http://www.daiyo-tosou.kouei-sakan.co.jp/outline.html/　〔岡山〕 |
| (有)高島平サービス　〔メカニック〕 048-845-7131　〔埼玉〕 | (有)木下土木　〔土木施工管理〕 http://www.kinoshitadoboku.com/　〔岐阜〕 | 阪神園芸(株)　〔施工管理〕 https://www.hanshinengei.co.jp/　〔兵庫〕 |
| 九州安全モーター(株)　〔整備士〕 https://www.kyusyu-anzen.com/　〔福岡〕 | 市川工業(株)　〔施工管理スタッフ〕 0274-63-0891〔群馬〕 | (株)ホクシン　〔電気工事士アシスタント〕 http://www.e-hokushin.com/index.html/　〔鳥取〕 |
| 別府建設(株)　〔土木施工管理〕 http://www.o-beppu.co.jp/　〔三重〕 | トウショー商事(株)　〔技術スタッフ〕 http://www.tosyo-garden.com/　〔岡山〕 | マキテック(株)　〔施工管理・保守(電気設備)〕 http://makitec.co.jp/　〔岡山〕 |



# まもなく定年を迎える皆様へ

25%割引（団体割引）

## 隊友会団体総合生活保険

隊友会団体総合生活保険は、隊友会会員の皆様の福利厚生事業の一環として、ご案内しております。

現役の自衛隊員の方も退職されましたら、是非隊友会にご加入頂き、あわせて団体総合生活保険へのご加入をお勧めいたします。

公益社団法人　隊友会　事務局

| | |
|---|---|
| 傷害補償プランの特長 | ●1日の入通院でも傷害一時金払治療給付金1万円 |
| 医療・がん補償プランの特長 | ●満80歳までの新規の加入可能です。 |
| 介護補償プランの特長 | ●本人・家族が加入できます。 ●満84歳までの加入可能です。 |
| 無料※でサービスをご提供「メディカルアシスト」 | ●常駐の医師または看護師が緊急医療相談に24時間365日いつでも電話でお応えいたします。 ※一部、対象外のサービスがあります。 |

※上記は団体総合生活保険の概要を紹介したものです。ご加入にあたっては、必ず「重要事項説明書」をよくお読みください。ご不明な点等がある場合には、お問い合わせ先までご連絡ください。

引受保険会社
東京海上日動火災保険株式会社
担当課：公務第一部　公務第二課
TEL 03(3515)4124

資料請求・お問い合わせ先
取扱代理店　株式会社タイユウ・サービス
●隊友会役員が中心となり設立
●自衛官OB会社
〒162-0845 東京都新宿区市谷本村町3-20　新盛堂ビル7階
TEL 0120-600-230
FAX 03-3266-1983　http://taiyuu.co.jp
資料は、電話、FAX、ハガキ、ホームページのいずれかで、お気軽にご請求下さい。

20-TC05169　2020年10月作成



防衛省職員および退職者の皆様へ

# 防衛省団体扱自動車保険・火災保険のご案内

【引受保険会社】東京海上日動火災保険株式会社

防衛省団体扱自動車保険契約は一般契約に比べて

お問い合わせは
取扱代理店
株式会社 タイユウ・サービス
フリーダイヤル 0120-600-230
電話：03-3266-0679 FAX：03-3266-1983
〒162-0845
東京都新宿区市ヶ谷本村町3番20号　新盛堂ビル7階

防衛省団体扱火災保険契約は一般契約に比べて

※上記は概要です。ご契約にあたっては必ず「重要事項説明書」をよくお読みください。団体扱の対象となる方の範囲や団体扱特約失効時の取扱い、その他ご不明な点等がある場合は引受保険会社までお問い合わせください。

一流の芸術作品も、たいていは最初の悲惨な努力からはじまる。
アン・ラモット（米国の作家）

（世界の切手・イラン）

朝雲ホームページ
www.asagumo-news.com
<会員制サイト>
Asagumo Archive
朝雲編集部メールアドレス
editorial@asagumo-news.com

# 「安倍外交」の検証を

国会議員秘書　小林 武史（東京都千代田区）

戦後75年を迎えた今夏、安倍首相の電撃辞任と併せ、安倍外交の功罪が議論された。菅政権独自の外交方針が定まるまでにはある程度の時間を要するだろうから、当面の間、安倍外交の手法を継続し、その遺産を活用すると推察される。従って、安倍外交を振り返ることは今後の日本外交を考える基礎となる。本稿では政治学の観点から安倍外交を振り返ってみたい。

## リベラリズムの王道

安倍外交は、政治学の教科書で議論されるリベラリズムの王道を地で行く外交であった。国際関係論の分析手法は、主にリアリズム（現実主義）とリベラリズム（自由主義）の二つから成る。国家と軍事力を中心に据えて国際関係を把握するリアリズムに対して、リベラリズムは国家と軍事力の重要性と共に、国際機関やNGOなどを含む非国家主体、自由貿易体制など国際社会を繋ぐネットワークにも等しく重きを置く。

「安倍首相＝リベラリズム」と言われてもピンとこないかもしれないが、国内政治で左派を意味する所謂「リベラル」とは一切関係はない。海外では通用しない日本独特のガラパゴス的誤用で、本来リベラリズムが意味するものとは全くの別物だ。リベラリズムもリアリズム同様に軍事力の行使をいとわない。国際情勢を冷徹に分析した上で、目標達成のためにあらゆる手段を総動員する安倍首相は現実主義者であり、その結果として展開された外交を私はリベラリズムと解釈している。

## 地球儀を俯瞰する外交

地球儀を俯瞰する安倍外交は、国際機関や各国との協力、TPPなど貿易協定を活用して外交ネットワークを世界中に張り巡らせた。トランプ大統領率いるアメリカがTPPから離脱を表明した直後、自由貿易体制の前途に暗雲が立ちこめた。しかし、日本はひと一倍汗をかき、残りの国々と再交渉した上で「TPP11」として見事に蘇らせた。多国間協力を重視する「自由で開かれたインド太平洋戦略」はその一環だ。

3年ごとに開催されるTICAD（アフリカ開発会議）では2013年、16年、19年の連続で、54カ国を誇るアフリカ諸国のリーダーたちと安倍首相は継続して顔を合わせてきた。各国との信頼関係を基礎に国連外交を展開する上で、指導者同士が継続して会うことの外交成果は計り知れない。

具体的成果には結びつかなかったと思われるが、イランの最高指導者ハメネイ師が安倍首相と会談したことも特筆に値する。欧米との関係が悪化する中で、長年良好な関係が保たれてきた日本―イラン関係が梃子となって国際政治の力学が変化する予兆が見えた。また、安倍外交では米中韓との歴史的和解にも重点が置かれた。15年の米議会での総理演説、戦後70年談話、そしていわゆる慰安婦合意の積み重ねが東アジア情勢の安定に寄与し、翌年のオバマ米大統領の広島訪問へとつながった。

## 対話で中韓の干渉排す

これらの和解事業は国内で賛否両論の議論を巻き起こしたが、日本側から一定のけじめをつけたことで、国際社会で安倍首相を歴史修正主義者呼ばわりする動きがパッタリ止まった。対話によって中韓からの干渉を排し、アメリカが歴史問題で中韓になびかぬよう楔を打ち込んだ一連の安倍外交は、軍事力を基礎とするリアリズムと一線を画す。

リベラリズムを基調とした安倍外交は、軍事力行使に大きな制約がある日本にとって必然の選択だ。そもそも今の日本が、リアリズム一辺倒の外交を展開することは日本国憲法との関係で、構造的に不可能なのである。その意味で、リベラリズムに基づいた外交を展開した安倍首相は、日本の果たせる役割を極めて客観的に判断することのできた希代の現実主義者であったとも言えるであろう。

最後に、長期政権による外交は、それ自体が大きな学問的貢献であることを言い添える。中曽根政権の5年間、小泉政権の5年半も、国際基準から見れば短い。アメリカ大統領の2期8年を考慮すれば、安倍外交7年9カ月は国際基準から見て遜色のない長期政権である。安倍外交は学問的検証に十分に耐えうる客体である。（以上は筆者の見解）

安倍外交では首脳間との親密さが際立った。写真は来日したトランプ米大統領夫妻（左奥）を海自のヘリ搭載護衛艦「かが」に案内した安倍首相夫妻（その右）＝2019年5月28日、横須賀基地で

小林 武史　2005年法大卒。日本貿易振興機構（ジェトロ）を経て、14年イスラエルのペレス平和センター、エジプトのカイロ・アメリカン大学国際関係修士課程修了。以降、国会議員秘書。

# みんなのページ

## 奄美大島の事務所で広報

1陸士　西竹 唯南（301地対艦ミサイル中隊・瀬戸内）

私は平成30年3月に奄美大島の高校を卒業後、自衛官候補生として第118教育大隊（久留米）に教育入隊し、後期教育修了後の昨年9月、地元・奄美大島にある瀬戸内分屯地に配属されました。

初めての部隊勤務で分からないことばかりだったため、鹿児島地方協力本部・奄美大島駐在員事務所への臨時勤務のお話をいただいた時は、正直、私に募集のお手伝いができるのか不安に感じました。しかし、以前から地本の仕事には興味があり、母校を訪問して先生や後輩たちに会えるということも聞いて、挑戦してみようと思い希望しました。

奄美大島駐在員事務所に着任すると、所長と広報官の方々が「おかえり！」「待ってたよ！」ととても温かい言葉で迎えてくださり、すぐに緊張も和らぎました。

事務所で最初に学んだのは電話対応や接客法でした。最初は戸惑いもありましたが、来訪者から「頑張ってね！」と励ましを受けることもあり、徐々に地本の仕事にやりがいを感じていきました。

所長からは学校説明会等で「女性の受験希望者に対する説明を担当してほしい」と言われていたので、募集パンフレットを何度も読み直し、各種制度の説明をしたり、教育隊での体験を話したりしました。しかし、当初は上手に説明できず、改めて人に伝えることの難しさを感じました。

母校での説明会では、後輩から「どうして自衛官になろうと思ったのですか？」「やめようと思ったことはありませんか？」などの鋭い質問があり、少し焦ってしまう場面もありましたが、私も同じ不安を抱えていたことを思い出し、後輩一人一人の質問に向き合って答えることで理解してもらいました。

また今年は採用試験でも新型コロナの対策が必要なため、使用する机や椅子の消毒など、例年以上に大変な作業もありましたが、後輩たちが自衛官を目指している姿を見て私も応援したい気持ちが高まり、試験終了まで頑張ることができました。

3カ月間という短い臨時勤務でしたが、募集業務を経験して改めて自衛隊の魅力を感じ、自衛隊に対する国民の意識と期待の高さを知ることができました。部隊に復帰しても、地本での経験を生かし、次は陸曹を目指して頑張っていこうと思います。奄美大島駐在員事務所の皆さま、本当にありがとうございました。

地元・奄美大島の地本事務所で3カ月間にわたり募集業務に貢献した西竹唯南1陸士

## 「新・日英同盟」

100年後の武士道と騎士道
岡部 伸著

ユーラシア大陸の東西の端に位置する日本と英国。大陸から距離をおいて独自の生き方を探る両島国はいま再び手を取り合おうとしている。

最初の「日英同盟」は100年前に存在した。日本は英国からの外交支援と英国製の戦艦「三笠」などで日露戦争に勝利し、世界で確たる地位を築いた。しかし、米英を敵に回してからは日本は不幸な時代へと突入する。

本書では産経新聞の前ロンドン支局長が「新・日英同盟」の全容を描いており、欧州連合（EU）を離脱した英国は再び「七つの海」をめざし、そのアジアの拠点が日本となる。英国はアングロサクソン国家の情報同盟「ファイブ・アイズ」にも日本を招き入れる意向という。

皇室と王室、武士道と騎士道、海洋国といった似た国情を紹介しながら、著者は日英の新同盟が世界でどのような役割を担えるか考察する。米国の国力低下がささやかれる中で、同盟国の日英がいかに米国を助け、中国の覇権追求に対していくか、新たな世界戦略の一端を教えてくれる。

（白秋社刊、1870円）

## 新刊紹介

## 「沈みゆくアメリカ覇権」

中林 美恵子著

[illegible]

（小学館刊、946円）

## 警務隊員が防犯教育

3空曹　斎藤 正義（44警隊・峯岡山）

空自峯岡山分屯基地はこのほど、隊員に向けた防犯教育を実施した。この日は木更津警務隊員が来隊し、営内の金銭、貴重品などの保管状況を見て回った。

隊員への座学による薬物乱用等の教育では、薬物の種類や薬物が及ぼす身体への影響、刑罰などについての教育が行われ、隊員は薬物に関する知識を習得することができた。

特に薬物の危険性、常用性などについて再認識することができ、薬物乱用に対する若い隊員への抑止効果のある教育となった。

防犯教育を受ける空自峯岡山分屯基地の隊員

## OBがんばる

野田 政幸さん 57
平成28年5月、陸自第11通信隊（真駒内）を最後に定年退職（3佐）。札幌市にある北開工営に再就職し、北海道開発局旭川開発建設部で電気工事などの業務に当たっている。

### 目標を持って準備

私が北開工営に入社したきっかけは、尊敬する自衛隊時代の先輩が先駆けとして活躍されていたこと、入社後にスキルアップのため電気施工管理技士などの各種資格を取得できることでした。会社は建設コンサルタントとして道路、電気・電子、機械、上下水道、建築の5部門で設計などの業務を実施しており、低コストで実現できる高品質な社会基盤の充実のために積極的に取り組んでいます。

私は技術部の技師として現在、旭川市にある北海道開発局旭川開発建設部で監督員からの指示を受け、電気工事・電気通信工事の業者に対する点検立会や図面・数量の点検、資料作成などの監督支援業務をしております。

ここで思うことは、やはり民間は厳しく大変だということです。自衛隊で学んだ経験はある程度は役にたちますが、技術集団の当社は業務をする上での専門分野とそれに関連した規則が多々あり、覚えるのが大変です。そのため知識を修得する努力を継続しなければならない毎日です。それでも上司や先輩から叱咤激励を頂きながら何とか頑張っています。

現在の業務は効率的に仕事をしなければならず大変ですが、とてもやりがいがあり、達成感のある仕事です。

皆さんも再就職に向けて計画的に目標を持って準備して下さい。必要な資格の取得はもちろんのこと、特にパソコンに関する基本的な操作は修得しておいた方が良いと思います。当社は分からないことがあれば何でも聞ける「ワン・チーム」的な環境にあり、良い会社に入社できて本当に良かったと実感しております。

私は現在単身赴任中で、やはり業務を実施する上では健康管理が一番大切だと思います。第2の人生は楽しいこともありますが、厳しいことも多々あることを十分に理解し、皆さんも準備をしっかりして頑張って下さい。

## 大隊検閲に参加

3陸曹　永沢 健太（6施大1中隊・神町）

私は大隊訓練検閲に第1小隊第2分隊の施設陸曹として参加し、44普連（福島）の指揮所用簡易掩蓋掩壕を構築しました。

連日の雨による悪条件の中での構築となったため、練成を重ねて慣れている作業でも、隊員の疲労が蓄積し、注意力が散漫になることもありました。そこで隊員の状態を見ながら確実な注意喚起を促し、安全のための指導を徹底し、おかげで事故なく施設を構成することができました。

今回の訓練検閲では安全管理の重要性を改めて痛感するとともに、今後もさらなる課目の予習が必要だと感じました。過酷な状況にあっても、隊員があらゆる地形・気象を克服するという強い信念を持ち、中隊長要望事項である「任務完遂」を具現していきたいと思います。

### 第1247回出題

## 詰碁

出題　日本棋院
九段　曲 励起

白先

『白を助けて下さい。白は二手目が大切です』。5分で出来れば中級以上です。

▶詰碁、詰将棋の出題は隔週です◀

## 詰将棋

出題　日本将棋連盟
九段　石田 和雄

| | 4 | 3 | 2 | 1 | |
|---|---|---|---|---|---|
| | | 香 | 桂 | 香 | 一 |
| | | | 玉 | | 二 |
| | | | 角 | | 三 |
| | | 歩 | 角 | 歩 | 四 |
| | | 桂 | | | 五 |

先手 持駒 飛桂

≪第831回の解答≫

【正解】▲3二角成△同香▲2二飛△1三玉▲1三角成△同桂▲2四桂までの七手詰め。

【解説】初手の▲3二角成がミソ。▲5二飛では△3二桂合で不詰み。三手目▲2三飛と頭に打つ手が正解で△3一玉の逃げなら▲4三桂。△1二玉に▲1三角成と捨て、トドメは桂でピッタリです。

コナカ　FUTATA　防衛省共済組合員・ご家族の皆様へ
＼防衛省の皆様はお得にお求めいただけます／
WEB特別割引券ご利用で
メンズスーツ/コート フォーマル　本体価格から ¥15,000引
1着値下げ前本体価格 ¥39,000以上の品
レディススーツ/コート フォーマル/ブラウスなどアイテム　本体価格から 10%OFF
1点値下げ前本体価格 ¥2,900以上の品
さらに
お会計の際に優待カードをご提示で
即日発行　店内全品 20%OFF
●優待カードの発行には防衛省の身分証明書・共済組合員証のいずれかが必要です
●詳しくは店舗スタッフまでおたずねください
WEB特別割引券はコチラから!!

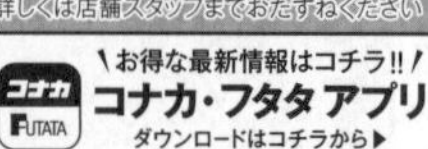
お得な最新情報はコチラ！
コナカ・フタタ アプリ
ダウンロードはコチラから▶

ポイントが使える・貯まる

よろこびがつなぐ世界へ
KIRIN
一番搾り
Brewed from only the first press of genuine malt for a crisp, delicious flavor.
KIRIN'S PRIME BREW
KIRIN BEER
一番搾り
おいしいとこだけ搾ってる。
〈麦芽100%〉
ALC.5%　生ビール
お酒
ストップ！20歳未満飲酒・飲酒運転。お酒は楽しく適量で。
妊娠中・授乳期の飲酒はやめましょう。のんだあとはリサイクル。
キリンビール株式会社

朝雲

発行所 朝雲新聞社
〒160-0002 東京都新宿区四谷坂町12-20 KKビル
電話 03(3225)3841
FAX 03(3225)3831
振替00190-4-17600番
定価一部150円、年間購読料9170円（税・送料込み）

NISSAY
自衛隊員のみなさまに安心をお届けします。
防衛省共済組合
団体生命保険・団体年金保険 事務幹事会社
団体医療保険（3大疾病オプション）引受保険会社
日本生命保険相互会社

## 主な記事



### 日豪首脳会談

# 円滑化協定で大枠合意

## 相互訪問時の手続き簡素化

菅首相は11月17日、来日したオーストラリアのスコット・モリソン首相と官邸で首脳会談を行い、自衛隊と豪軍による相互訪問時の共同訓練や運用を円滑化する「日豪円滑化協定」の締結で大枠合意した。両氏は「日豪間の安全保障・防衛協力を新たな次元に引き上げる」ことなどを盛り込んだ共同声明を発表した。菅首相は会談後の共同記者発表で同協定について「インド太平洋地域の平和と安定に貢献していくという日豪両国の意志を強固に支えるものだ」と締結に向けた意義を強調した。

## 安保協力、新たな次元へ

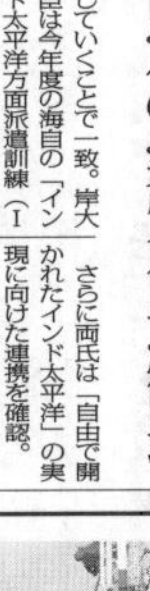

コロナ拡大後、外国の首脳として初めて来日したモリソン豪首相（左）と肘タッチであいさつを交わす菅首相（11月17日、首相官邸で）＝官邸ホームページから

会談は夕食会を含めて約2時間半行われた。菅首相が9月の就任後、国内に外国首脳を迎えて会談するのは初めて。一方のモリソン首相も新型コロナウイルスの感染拡大後、初めて来日した外国首脳となった。

両氏は日豪が自由、民主主義、人権、法の支配など基本的な価値観を共有する「特別な戦略的パートナー」として、「自由で開かれたインド太平洋」の実現に向け、緊密に連携していくことを確認した。

今回の会談で両首脳が大枠合意した「日豪円滑化協定」は、自衛隊と豪軍が互いの国を訪問して共同訓練や災害救助活動などを行う際、行政的・政策的・法的な各種手続きを相互に簡素化・明確化して協力活動を円滑化する画期的な2国間協定。

相互運用性の改善を目的に、法的地位の明確化と手続きの簡素化などを主な柱とし、対象分野には訪問部隊の出入国、関税・租税、刑事裁判権に関するものが含まれる。

同協定は2015年11月の日豪外務・防衛担当閣僚協議「2プラス2」の共同声明に盛り込まれて以降、2国間で締結に向けて交渉が進められてきた。今後は早期署名に向け、必要な作業を加速化させる。

共同記者発表でモリソン首相は「日豪円滑化協定について一里塚ともいえる大枠合意に達し、大きな特別な一歩を踏み出した。こうした重要な協定を結べることは、日本が豪州に信頼を寄せていただいている証であり、高く評価し、敬意を表したい」と述べた。

共同声明ではこのほか、来年の早い時期に日豪「2プラス2」を開催することを明記した。

両氏は2国間の演習・運用の複雑化と高度化を通じて自衛隊と豪軍による協力強化の重要性を再確認するとともに、「自由で開かれ、安全で包摂的で繁栄した地域」を維持するため、南シナ海での海洋活動を含め、インド太平洋地域における定期的な2国間・多国間の協力活動を強化することを表明した。

さらに、先月来日したリンダ・レイノルズ豪国防相と岸防衛相との会談で「自衛隊法95条の2」に基づき、自衛隊が豪軍の艦艇や航空機を守る「武器等防護」の実施に向けた調整開始で合意したことを踏まえ、両首脳は調整を進展させていくことで一致した。

一方、東・南シナ海情勢をめぐっては、海洋進出を強める中国を念頭に、地域の緊張を高める威圧的で一方的な行動への「強い反対」と「深刻な懸念」を表明。北朝鮮船舶による国連制裁逃れのための違法な「瀬取り」に対しても、警戒監視活動など国際的な取り組みへのコミットメント（責任ある関与と約束）を改めて確認した。

### 岸防衛相

## 日米同盟強化で一致

### 米海兵隊総司令官と会談

岸防衛相は11月18日、米海兵隊総司令官のデビッド・バーガー大将と防衛省で会談し、自衛隊と米海兵隊との共同訓練などを通じて日米同盟をさらに強化していくことで一致した。

会談の冒頭、岸大臣はコロナ禍での来日に謝意と歓迎の意を示した上で、「インド太平洋地域の安全保障環境は厳しさを増す一方だ。地域の平和と安定のために日米同盟が果たさなければならない役割はこれまでになく大きくなっている」と指摘した。

これに対し、バーガー総司令官は省内で山崎統幕長、湯浅陸幕長、山村海幕長らとそれぞれ会談したことに触れ、「日米同盟はかつてなく強固で重要なものとなっている。『自由で開かれたインド太平洋』を脅かすようなものには、日米同盟の強さをしっかりと見せながら、自衛隊と米軍が共に対処していかなければならない」と応えた。

岸大臣は、陸自水陸機動団（相浦）の練度向上のための支援など、総司令官のこれまでのリーダーシップに改めて謝意を表した。

これに先立ち、バーガー総司令官は官邸に菅首相を表敬訪問。菅首相は「史上かつてなく強固な日米同盟の抑止力・対処力の強化、『自由で開かれたインド太平洋』の実現に向け、日米で引き続き連携と協力を深めたい」と述べた。

総司令官は「地域の安全保障環境が厳しさを増す中、日米同盟の抑止力の維持に向け、変革を進め、一つのチームとして取り組んでいきたい」と応じた。

バーガー米海兵隊総司令官

# 日越防衛相がテレビ会談

## 装備品移転協定の実質合意歓迎

岸防衛相は11月16日、ベトナムのゴ・スアン・リック国防相と約1時間のテレビ会談を行い、10月に訪越した菅首相とグエン・スアン・フック首相が首脳会談において両国間の「防衛装備品・技術移転協定」の締結で実質合意に至ったことを歓迎した。

日本は同協定を米英をはじめ、豪仏伊独など9カ国と締結しており、ベトナムと締結すれば10カ国目。アジアではインド、フィリピン、マレーシアに続き4カ国目となる。

テレビ会談で岸、リック両氏は2国間の防衛協力・交流を引き続き強力に推進していくことで一致。岸大臣は今年度の海自の「インド太平洋方面派遣訓練（IPD）」に参加した護衛艦「かが」「いかづち」、潜水艦「しょうりゅう」が補給のため10月に同国のカムラン国際港に寄港したことに触れ、受け入れに謝意を表した。

さらに両氏は「自由で開かれたインド太平洋」の実現に向けた連携を確認。

このほか、新型コロナウイルスの感染拡大を踏まえ、災害派遣活動中の感染予防策に関する知見や教訓の共有など感染症対策分野でも防衛協力を推進していくことを申し合わせた。

海自の新型多機能護衛艦（FFM）として進水した平成30年度計画3900トン型護衛艦「くまの」。乗員数は約90人と大幅に省人化され、船体はステルス性を追及したシャープな外観となっている（11月19日、岡山県玉野市の三井E&S造船玉野工場で）

### マラバール

## 「むらさめ」が参加

### 日米印豪の連携強化

日米印豪4カ国の海上部隊による共同訓練「マラバール2020」（日米印主催）の後段が11月17日から20日までアラビア海北部で実施された。海自からは現地に派遣されている中東情報収集活動水上部隊3次隊の護衛艦「むらさめ」が参加し、4カ国の連携を強化した。

今年の「マラバール」は、洋上フェーズのみが前段・後段の2回に分けて実施され、前段（11月3〜6日）にはソマリア沖・アデン湾での海賊対処活動を終えて帰国途中の水上部隊36次隊の護衛艦「おおなみ」が参加。後段には、17日に「むらさめ」が、17、18の両日に51空（厚木）に所属する隊員2人が派遣された。

訓練にはインド海軍から空母「ヴィクラマディチャ」、駆逐艦「コルカタ」「チェンナイ」、フリゲート「タルワー」、潜水艦「カンデリ」、補給艦「ディパック」、P8I哨戒機、ミグ29K戦闘機など、米海軍から空母「ニミッツ」、巡洋艦「プリンストン」、駆逐艦「ステレット」、P8A哨戒機、豪海軍から前段にも参加したフリゲート「バララット」が加わり、「むらさめ」と共に各種戦術運動を行った。

一方、51空の隊員2人は米海軍のP8Aに同乗して対潜戦訓練に参加した。

## 新型多機能護衛艦「くまの」進水

海自護衛艦として初めて対機雷戦能力を備えた平成30年度計画多機能護衛艦（3900トン型、30FFM）の2番艦の命名・進水式が11月19日、1番艦に先行して岡山県玉野市の三井E&S造船玉野工場で行われ、同艦は「くまの（熊野）」と命名され、進水した。

30FFMの建造は、1番艦が三菱重工長崎造船所、2番艦が三井E&S造船で同時に進められている。1番艦の建造の遅れで2番艦が最初の進水となった。

命名・進水式は酒井良呉地方総監の執行で行われ、防衛省から島田和久事務次官、山村海幕長、三島茂徳防衛技監、三井E&S造船から古賀哲郎社長ら約100人が出席した。

[illegible]

FFMは従来の護衛艦の装備に加え、掃海艦艇の装備を併せ持つのが最大の特徴。新たに水中無人機（UUV）、水上無人機（USV）、簡易型機雷敷設装置などが搭載され、対潜戦、対空戦、対水上戦のほか、対機雷戦にも投入できる。

また、艦内の火災や浸水に対処するダメージコントロールも大幅に自動化され、乗員は従来艦の半分の約90人に省人化された。就役後は、音響測定艦で実施されている「クルー制」が護衛艦として初めて導入される予定だ。

主機はガスタービン1基、ディーゼル2基で、ガスタービンは英海軍に採用されている高性能のロールス・ロイス社製「MT30」が初めて搭載されている。

式に先立つ11月10日、山村海幕長は記者会見で「海上自衛隊としては[illegible]海賊対処活動などの海外派遣への活用も期待されている」と述べた。

## 人事教育局長に

## 川崎官房審議官

政府は11月24日の閣議で、防衛省人事教育局長に川崎方啓大臣官房審議官兼情報本部副本部長を充てる人事を決めた。発令は12月1日付。10月から都内の病院で病気療養中だった前任の菅原隆拓人事教育局長（56）が11月20日に死去したことに伴う人事。

### 防衛省発令

▽解情報本部副本部長併任、人事教育局長（大臣官房審議官）　川崎　方啓
（12月1日）
〈閣議承認人事〉

川崎　方啓（かわさき・まさひろ）人事教育局長　東大工卒。昭和62年旧防衛庁。防衛政策局調査課調査室長、運用企画局情報通信・研究課長、大臣官房広報課長、人事教育局人材育成課長、経理装備局装備政策課長、技術研究本部技術企画部長、大臣官房米軍再編調整官、外務省大臣官房審議官などを経て、平成31年1月防衛省大臣官房審議官、令和2年8月から情報本部副本部長を兼任。東京都出身。56歳。

### 春夏秋冬

## 中共は新疆で何をしたのか

村井　友秀

冷戦時代、国内に複数の人種や民族が住む帝国が三つあった。ソ連、米国、中国である。

人間の分類法には、外見（遺伝子）で分類する「人種」と、血縁、地縁、言語、宗教などによって歴史的に形成された運命共同体意識で分類する「民族」がある。ユダヤ人には多くの人種が存在するが同じ運命を信じる一民族である。ソ連は多民族国家、米国は多人種国家であった。冷戦後、複数の運命を持つ多民族国家は崩壊し、一つの運命を共有する多人種国家は発展している。

中共はソ連をモデルに国家を建設した。ソ連は独立する権利を持つ15の民族共和国で構成された連邦であった。各共和国は、①人口が100万人以上、②共和国の名を冠する民族が人口の過半数を占める、③外国と国境を接する、というスターリンが宣言した独立条件を満たしていた。ソ連が民主化し弱体化すると各共和国は全て独立した。

1950年代には中国のモンゴル、ウイグル、チベット自治区はソ連の独立国家の条件を満たしていた。中国の少数民族は人口では1割以下であるが、面積では6割以上を占める。少数民族地区には多くの天然資源があり中国の経済発展に不可欠の地域である。

崩壊するソ連を見た中共は民族自治区から独立条件を奪う戦略を実行した。中国の最大の強みは人口である。ソ連ではロシア人の人口は約半分であった。中共は人口の9割以上を占める中国人の数を活用する戦略を採った。

建国以来、中共は膨大な数の中国人を少数民族地区へ送り込んだ。その結果、モンゴル自治区ではモンゴル人の人口は2割以下になり、新疆ではウイグル人の人口は4割になった。チベット自治区は今でもチベット人の人口が8割を占めているが、モンゴル、ウイグル自治区ではソ連邦民族共和国の独立条件の②が消滅した。チベット自治区でも首都ラサの人口は過半数が中国人になった。更に中共は少数民族の言語、宗教、文化を破壊し少数民族の運命共同体意識を消そうとしている。

中共の目標は、中国の運命と自分たちの運命は違うと思っている少数民族の意識を変えて、国内の全ての人種が中共が掲げる運命に従う「中華民族」国家を建設することである。

（防大名誉教授、東京国際大学特命教授）

### 朝雲寸言

機会があって潜水艦に乗艦したことがある。僅か一日だけの航海で多くを語る資格はないが、この世で最も密閉された空間のひとつが潜水艦であることは間違いない。「三密」を避け、適宜に換気するコロナ対策は潜水艦では不可能である▼本年2月豪華客船でのコロナウイルス感染者の発生、6月米空母での感染者大量発生といったニュースを見るまでもなく、船は基本的に感染症に弱い。しかし潜水艦の密閉度は水上艦艇の比ではないだろう▼海上自衛隊の最新型潜水艦「たいげい」が先月、進水式を迎えた。大容量リチウムイオン蓄電池を搭載、長期間に及ぶ潜航性能と低振動の静粛性に優れ、通常型では世界最高の潜水艦と言っても過言ではない▼潜水艦乗りは海自の最精鋭集団である。肉体的な能力もさることながら、密閉された空間で粛々と任務を完遂する精神的な強さが求められる▼12日付本紙に海自初の女性潜水艦乗組員誕生の記事があった。「たいげい」には水上艦艇では当たり前となった女性区画なども設置され、居住性に配慮された設計になっているという。母性保護による一部の特技を除き自衛隊において全ての職域で女性が活躍する環境が整った▼強度の船酔いに悩む小欄であるが潜水艦に乗艦している間、全く船酔いを感じなかった。何よりその日、決して広いとは言えない食堂で頂いた艦内食が驚くほどおいしかったことを今でも覚えている。

Honeywell
4成分選択可能
複合ガス検知器
搭載可能センサー
LEL/O2/CO/H2S/SO2/HCN/NH3/PH3/CL2/NO2
篠原電機株式会社
https://www.shinohara-elec.co.jp/
TEL: 06-6358-2657　FAX: 06-6358-2351

必携の一冊　好評発売中！
陸上自衛官 服務小六法《令和2年版》
（定価2,764円+税）共済組合販価 2,370円

実務力のバージョンアップ　好評発売中！
陸上自衛隊 補給管理小六法《令和2年版》
（定価2,540円+税）共済組合販価 2,180円

文書実務の基本　好評発売中！
陸上自衛隊 新文書実務《新訂第9次改訂版》
（定価2,306円+税）共済組合販価 1,980円

好評発売中！
自衛官 国際法小六法《平成30年版》
（定価2,556円+税）共済組合販価 2,190円

一覧即決
国際軍事略語辞典《第2版》英和・和英
（定価1,400円+税）共済組合販価 1,200円

学陽書房
〒102-0072 東京都千代田区飯田橋1-9-3
TEL.03-3261-1111 FAX.03-5211-3300
（共済組合販価は消費税10%込みです。）
☆ご注文は 有利な共済組合支部へ

これからは自ら学ぶ時代です　元自衛官 高山祐司
元自衛官が教える自衛官のための
ライフプラン設計　無料
勉強会 12/5,6,12,13
オンライン開催 90分
参加特典アリ！
若年定年退職、厳しい再就職、老後破産に備えるには
24年間の自衛官人生と退官を経験した同士として、「退官後の厳しい現実」と「具体的な解決手段」を包み隠さず隅々までラフにお話しします。
お申し込みはこちら↓

## 時の焦点

### 国内　日豪首脳会談

## 太平洋で重層的協力を

米国の政権交代を、地域不安定化のきっかけとしてはならない。日本は、関係国と目標を確認しながら、具体的な協力を進めていきたい。

菅首相が豪州のモリソン首相と東京で会談し、安全保障分野で連携を強化する方針を確認した。「自由で開かれたインド太平洋」の実現に向けて協力することでも一致した。

菅首相にとっては、国内で行う初めての首脳会談である。モリソン首相は、新型コロナウイルス対策のため帰国後に2週間の隔離が必要となるにもかかわらず、直接の会談を実現させた。日豪ともに、互いの重要性を強く認識していることの表れと言えよう。

菅首相は会談後の共同記者発表で、こう強調した。

「我が国と豪州は、自由、民主主義、人権、法の支配などの基本的価値、戦略的利益を共有する特別な戦略的パートナーであり、自由で開かれたインド太平洋の実現に向けて、日豪両国で共に取り組んでいく」

重要なのは、両国が基本的価値で結ばれた関係であるということだ。

その信頼のもと、自衛隊と豪州軍の共同演習などに関する「日豪円滑化協定」で大枠合意に達するなど、協調関係がさらに深まっていく意義は大きい。

自衛隊と豪州軍は既に共同訓練の実績を重ねている。日米豪印4カ国の協力も進んでいる。

多国間協力の重要性が高まっているのは、中国が覇権主義的な海洋進出を続ける中で、米国新政権の外交方針が不透明なためだ。

米大統領選で勝利を確実にしたバイデン氏は、オバマ政権の副大統領当時、中国に融和的な姿勢を示したこともある。

バイデン氏は今回、貿易では中国に圧力をかける意向を示している。

だが、安全保障面でどの程度関与するか、必ずしも明確ではない。

その中で、菅首相がバイデン氏との初めての電話会談で、尖閣とインド太平洋について、日米の協力を確認したのは重要な成果である。

バイデン氏は、尖閣諸島への攻撃には日米安全保障条約5条の対日防衛義務が適用されるとの認識を明確に示した。バイデン氏側からこのテーマを持ち出したのは、同盟国に安心感を与えようという狙いもあろう。中国には、強いけん制となったはずである。

「自由で開かれたインド太平洋」は、安倍前首相が提唱し、トランプ大統領が賛同したものだが、バイデン氏にも、そのビジョンをさらに発展させる政策を期待したい。

日本と東南アジア諸国連合（ASEAN）との首脳会議でも、開放性や透明性をうたった「インド太平洋に関するASEANアウトルック」の重要性が確認された。

日米と豪印、そして東南アジア。価値観を共有する国々と重層的に連携して平和と繁栄を築くことが、各国首脳の責務である。

宮原　三郎（政治評論家）

### 海外　トランプ氏4年

## 西部劇の古典との類似

米大統領選の日本メディアの報道をネットで見るが、読むだけで肩が凝りそうな〝力作〟が多い。少し肩の力を抜いて、別アングルをトライしてみれば――。

トランプ氏の政権1期目の4年間を振り返った時、『真昼の決闘』（1952年・主演ゲーリー・クーパー）や『シェーン』（53年・同アラン・ラッド）といった西部劇のクラシックとのアナロジーにふと思いが至る。

ニューメキシコのハドリービルの連邦保安官（クーパー）は昔、同地の悪漢を退治したが、彼らが正午の列車で復讐に戻ってくるため、自分の命、町の安寧が再び危機にさらされた。

シェーン（ラッド）はワイオミング西部の開拓地にやってきた流れ者の拳銃使いで、農民の家庭に滞在しながら、彼らを襲う無法者を倒した。

順法精神はあっても無能な町議会、理想は高いが悪の武力には無力な農民たち。彼らがガンマンという従来の慣習と異なる解決策にすがるのは、既成秩序の失敗を認めるのと同義で、コミュニティーに軋轢が生じる。

映画の後半、好結果が確実になると、その「受益者」は〝後知恵〟で、荒っぽいやり方、強情さにケチをつけだす。すべて、そんな人物に助けを求めたことを「後悔」できる〝贅沢〟を手にした後だ。

ここで、時代を一気に現代に戻す。

多くの国民は、不法移民を無制限に受け入れる野放し状態が、合法移民の理念を損ね、国家基盤を揺るがしていることを心の中では知っていた。

共産中国による世界支配が現実化するのは、「仮定」の話というより、もはや「時間」の問題との懸念も広がっていた。

国民は中東の戦争にいい加減うんざりし、しかも米国が「際限なき」戦争に巻き込まれ続けてきた長い道程に嫌気が差していた。

「紳士気取りのゴルファー集団」みたいなイメージだった共和党は、労働者階級、黒人・白人双方にアピールする党へ脱皮を迫られていた。

そこに4年前、〝農民〟らが体制外に救援を求めたのが、ニューヨークのクイーンズ訛りが残るストリートファイターだった。

大統領が「ロシア疑惑」特別検察官のベストチームを粉砕し、弾劾裁判の試みも退けるにつれ、トランプ政策の「受益者」が彼のツイート、闘争心を心配しだす。経済を超好況の波に乗せ、外交政策を再調整し、対中、対中東の現状を変化させるにつれ、人々は「トランプはやり過ぎ」との批判に耳を傾ける。どれもこれも、どこかで見た構図だ。

保安官は戦う協力者を探したが、誰も応じない。1対4の死闘を生き延びた後、忘恩の町に愛想を尽かし、保安官バッジを投げ捨てて、町を去る。

戦いで負傷したシェーンは、正義と平和をもたらした6連発銃も自分も〝用済み〟と悟って、ワイオミングの草原に姿を消した。

トランプ氏の進退決定はまだ不明だが。

草野　徹（外交評論家）

---

### 日米韓

## 制服組トップが会談

### 防衛協力の強化で一致

米統合参謀本部議長のマーク・ミリー陸軍大将

韓国合同参謀本部議長の元仁哲空軍大将

山崎統幕長は11月19日、米統合参謀本部議長のマーク・ミリー陸軍大将、韓国合同参謀本部議長の元仁哲（ウォンインチョル）空軍大将と3カ国制服組トップによるテレビ会談を行い、日米韓の防衛協力をさらに強化することで一致した。

日米韓3者による会談は、ミリー統参議長がアジアを訪れた昨年11月以来で、同会談には米インド太平洋軍のフィリップ・デービッドソン司令官、在日米軍のケビン・シュナイダー司令官、在韓米軍のロバート・エイブラムス司令官もリモートで参加した。

会談で山崎統幕長は、法と秩序に基づくインド太平洋地域の平和と安定の実現のため、北朝鮮による違法な「瀬取り」への対応を含めたすべての「国連安全保障理事会決議の完全な履行」に向け、3カ国が連携していくことの重要性を強調した。

一方、ミリー統参議長は、日本と韓国の双方の防衛に対する米国の強固なコミットメント（関与）を再確認。

韓国の元議長は朝鮮半島の完全な非核化と恒久的な平和を確立するためには3カ国の密接な協力が重要だと述べた。

3者は「自由で開かれたインド太平洋」のビジョンを共有し、地域の平和と安定を増進するため、共通の安全保障上の課題に引き続き共に取り組んでいくことで合意した。

### 統幕長　印国防参謀長とも会談

### 4カ国海上演習の成果確認

インド国防参謀長のビピン・ラワット陸軍大将

山崎統幕長は11月11日、インド国防参謀長のビピン・ラワット陸軍大将と電話会談を行った。

両者は同3日から6日までインド洋で実施された日米豪印4カ国による海上演習「マラバール2020」の成果を確認した。

また、「日印特別戦略的グローバル・パートナーシップ」をさらなる高みに引き上げるため、日本とインドの防衛当局間の連携・協力の強化を図るとともに、「自由で開かれたインド太平洋」の考え方を共有する日米豪印4カ国の防衛協力を推進していくことで一致した。

---

日米豪印による「女性・平和・安全保障（WPS）4カ国ウェビナー」でWPSにおける防衛分野の役割について討議する（左上から時計回りに）海幕の川嶋1佐、米インド太平洋軍のヴァレスラム陸軍少将、パシフィック・フォーラムのギリアー理事長、豪軍のヘイ海軍大佐、インド軍のサーリン海軍少将（10月28日）＝ユーチューブから

## 日米豪印ウェビナーに参加

### 海幕需品課　川嶋1佐

女性・平和・安全保障（WPS）に関する国連安保理決議1325号の採択20周年を記念し、10月28日、日米豪印によるテレビ会議「WPS4カ国ウェビナー」（米インド太平洋軍主催）が開催され、日本からは海幕装備需品課後方運用班長の川嶋潤子1佐が出席した。

安保理決議第1325号は、2000年10月に採択された平和構築と安全保障にジェンダー視点を取り入れ、紛争の予防と解決、女性の保護、平和維持活動などにおける女性の参画に関する決議。防衛省・自衛隊は人道支援・災害救援（HA／DR）の分野でWPSの視点を取り入れている。

川嶋1佐は、17年7月から19年7月まで、ベルギー・ブリュッセルの北大西洋条約機構（NATO）本部に「NATO事務総長特別代表（WPS担当）補佐官」として派遣され、海洋安全保障におけるジェンダー視点に関する研究プロジェクトなどを担った。

ウェビナーには、川嶋1佐のほか、米インド太平洋軍から司令官補佐官（予備役運用担当）のスザンヌ・ヴァレスラム陸軍少将、豪軍から第635-3任務部隊指揮官のフィリップ・ヘイ海軍大佐、インド軍から南部海軍コマンド主席医務官のアールティ・サーリン海軍少将が参加。パシフィック・フォーラムのボブ・ギリアー理事長が司会進行を務め、WPSにおける防衛分野の役割や地域の貢献について討議を行った。

川嶋1佐は、女性自衛官の職域開放や日本における自衛隊の災害派遣活動について説明した上で、「全世界の災害の7割はアジア太平洋地域で発生している。被災者を守るためにはジェンダー視点が必要で、女性の参加は効果的かつ直接的に機能する。HA／DRは、女性が防衛機関に参加すべき分野の一つであり、地域の復興に貢献する」と述べた。

ウェビナーの内容は動画サイト「ユーチューブ」の米インド太平洋軍チャンネルで視聴が可能だ。

---

## 共済組合だより

マイホームご購入等の際は
共済組合の「住宅貸付」をご利用下さい

マイホームご購入等の際、組合員に対し、防衛省共済組合は「住宅貸付」を行っています。

組合員又は被扶養者の居住する住宅の新築、購入（中古住宅を含む）、増築、改築、修繕、宅地購入等に要する費用で、資金が必要な時、組合員期間が3年以上の組合員は「住宅貸付金」を借りられます。

貸付限度額は退職手当等の額の範囲内で最高2000万円で、公務員宿舎の建替えに伴う明渡しを要求された場合は200万円が加算されます。

弁済期間は貸付額に応じて最長360カ月以内、利率は年利1・27％です。

弁済方法は「元金均等弁済」と「元利均等弁済」の2種類があり、どちらかを選択することができます。

「元金均等弁済」は毎月の弁済時に一定の元金に利息を加算した額を弁済する方法で、貸付当初は毎月の弁済額が多くなりますが、元金の減少が元利均等弁済に比べ多いため、最終的には利息の支払額が元利均等弁済に比べ少なくなります。

「元利均等弁済」は毎回の弁済時に一定の金額（元金＋利息）を弁済する方法で、元金均等弁済に比べ毎月の弁済額が少額で済みますが、元金の減少が少ないため、最終的には利息の支払額が元金均等弁済に比べ多くなります。

住宅貸付は組合員期間が「3年以上5年未満」で申込時の退職手当相当額が300万円に満たない場合は「300万円」、1200万円を超える場合は「1200万円」として扱われます。組合員期間が短い組合員の方もどうぞお申し込みください。

組合員期間が20年以上の方で、2年以内に自己の都合で退職又は5年以内に定年退職が予定される組合員は、自己の居住する住宅を新築、購入、増改築若しくは修繕する際、「特別住宅貸付金」を借りられます。

貸付限度額は、退職手当等の額の範囲内で最高2000万円で、公務員宿舎の建替えに伴う明渡しを要求された場合は200万円が加算されます。

貸付元利金の弁済は、退職までは年利1・27％の利息を毎月弁済し、元金を退職時に一括弁済していただきます。

このほか、財形貯蓄を50万円以上有している組合員が住宅を新築、購入、改良する場合も融資を受けられます。詳しくは共済組合ホームページの「住宅を購入するとき」をご覧ください。

---

### 山村海幕長

## 加・独海軍トップと会談

### 緊密な協力を確認

山村海幕長は11月13日、カナダ海軍司令官のアート・マクドナルド中将とテレビ会談を行った。海幕長と加海軍司令官の会談は約3年ぶり。

両者はコロナ下でも共同訓練「カエデックス」を実施するなど、海自と加海軍が今後も緊密に協力していくことを確認した。

◇

山村海幕長は同16日、ドイツ海軍総監のアンドレアス・クラウゼ中将ともテレビ会談を行った。[illegible]

### シンガポール陸軍司令官とTV会談

### 湯浅陸幕長

湯浅陸幕長は11月13日、シンガポール陸軍司令官のゴー・シ・ホウ少将とテレビ会談を行った。

両者は、「自由で開かれたインド太平洋」の実現のため、今後も日本とシンガポールが防衛協力・交流を推進していくことで一致した。

### ヤマサクラを健軍などで実施

### 陸自と米陸上部隊

陸自は12月2日から15日まで、健軍と朝霞駐屯地（中）、キャンプ・コートニー（沖縄）などで日米共同方面隊指揮所演習「ヤマサクラ79」を行う。[illegible]

### フォレストライトは新潟・関山などで

### 陸自と米海兵隊

陸自は12月7日から18日まで、新潟県の関山演習場などで[illegible]

### 防衛省発令

[illegible]

---

### ミサイル護衛艦「しまかぜ」

## 豪、加海軍と共同訓練

海自4護群8護隊（佐世保）所属のミサイル護衛艦「しまかぜ」（艦長・萬年敬2佐）は11月中、北朝鮮による密輸行為「瀬取り」の監視活動のために日本周辺海域に展開している豪、加海軍艦艇とそれぞれ、九州西方海域で共同訓練を実施した。

豪海軍との訓練は12日に行われ、フリゲート「アランタ」（満載排水量3700トン）が参加。

一方、加海軍との共同訓練「カエデックス20」は同17日に実施され、加海軍からは日米共同統合実動演習「キーン・ソード21」（10月26日から11月5日）にも加わったフリゲート「ウィニペグ」（満載排水量4800トン）が参加した。

「しまかぜ」は各種戦術訓練を通じ、日豪、日加の連携を強化した。

日加共同訓練「カエデックス20」でフォーメーションを組んで並走する加海軍フリゲート「ウィニペグ」（手前）と海自護衛艦「しまかぜ」（11月17日、九州西方海域で）


発売中！ 2021自衛隊手帳

2022年3月末まで使えます。

使いやすいダイアリーはNOLTY能率手帳仕様。
年間予定も月間予定も週間予定も
この1冊におまかせ！

2021 自衛隊手帳
NOLTY能率手帳をベースにしたデザイン
2022年3月末まで使えます!!
自衛隊関連資料を満載
本体 900円＋税

YEARLY　MONTHLY　WEEKLY

お求めは防衛省共済組合支部厚生科（班）で。
（一部駐屯地・基地では委託売店で取り扱っております）
Amazon.co.jp または朝雲新聞社ホームページでもお買い求めいただけます。

編集／朝雲新聞社
制作／NOLTY プランナーズ
価格／本体 900 円＋税

朝雲新聞社　〒160-0002 東京都新宿区四谷坂町 12 − 20KK ビル
TEL 03−3225−3841　FAX 03−3225−3831　http://www.asagumo-news.com

# 8師団 日出生台演習場舞台に島嶼防衛作戦

## 陸自西部方面隊 実動演習「02鎮西」

「島嶼防衛」をテーマにした陸自西部方面隊の実動演習「02鎮西」が10月16日から11月5日まで行われ、各方面隊や海・空自、在日米軍を含め人員約1万6000人、車両約3000両、航空機約50機が参加した。このうち大分県の日出生台演習場を島嶼部に見立てた8師団（北熊本）の防御訓練が11月4、5の両日、報道陣に公開された。ここでは陸自に新たに導入されたブロック式の土のう「ソイルアーマー」を使った掩体壕の構築法が紹介されたほか、海から上陸してきた敵部隊を火力で撃破する戦車部隊の「機動打撃」の一連の状況が披露された。　（文・写真　古川勝平）

草原に潜み、「機動打撃」の出動命令を待つ西方戦車隊の10式戦車。敵の上陸地点に向けて機動的に運用される（11月4日、日出生台演習場で）

## 機動打撃で敵の侵攻阻止

8師団の防御訓練の舞台となる"日出生台島"には10月28日から人員約4500人、車両1400両、航空機約10機からなる防御部隊が展開し、敵の上陸を阻止するため、11月2日までに各種障害や陣地を構築した。

報道公開された4日には陣地で敵を待ち構える各部隊や上陸した敵を阻止陣地まで誘い込み、一挙に撃破する戦車部隊の機動打撃シーンなどが公開された。

日出生台での訓練公開に先立ち、湯布院駐屯地で8師団広報室長の遠藤宏範3佐が概要を説明した。

「今回の訓練では日出生台を一つの島に見立て、島の東側から敵が上陸してくる設定です。師団としては敵の上陸予想地域に部隊を配備し、上陸してきた敵に対して障害や陣地を構成して撃破を狙い、戦車などで機動打撃を行います」と話す。

上陸した敵部隊に打撃を与えるため、隊列を組んで前線に向かう西方戦車隊の10式戦車（10月4日）

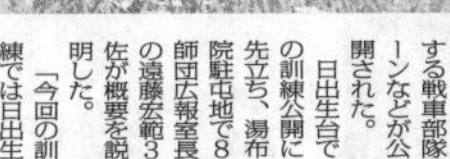

155ミリ榴弾砲ＦＨ70を陣地に進入させる西部方面特科連隊の隊員（10月29日＝陸上自衛隊提供）

## 土のうブロック「ソイルアーマー」 自在に陣地構築

敵の上陸予想地域に守備部隊をそれぞれ配置し、着上陸したところで砲迫・対戦車火力を集中して敵部隊を撃ち止めにするという。ここに機動戦闘車などが突入し、一気に火力で打撃を加えて撃破する。

「今回は離島における陣地の強度を向上させるため、ソイルアーマーという土砂を入れた積み上げ式の土のうを使って陣地を築城しています。この施設資材は数年前から導入しており、部隊はその構築要領の練成を図っています」と遠藤3佐。

南西諸島の海岸線はどこも地盤が固く、地面を掘っての早期の陣地構築は難しい。そこで土のうブロックのソイルアーマーの出番となる。

ソイルアーマーは枡形の鉄筋に土のう袋が入れられている。この袋の中に重機で土砂を流し込むとブロックとなり、これを掩蔽物の高さに合わせて積み上げ、その上に天板を載せれば頑丈な陣地となる。最後に迷彩用のネットを被せれば陣地の完成だ。

実際に演習場内には8師団の司令部がソイルアーマーで構築されていた。

この施設資材はブロックの組み上げ方で自在に陣地の大きさを変えることができるため、今回も大型の装備品である155ミリ榴弾砲FH70や96式多目的誘導弾システムなどがソイルアーマーの陣地の中に隠されていた。

「施設作業中に岩盤などが出てきたら掘削できません。そこで通常の掩体と同じ強度を得るためにソイルアーマーを使います。島嶼防衛でこれをどのように扱えば効果的か、安全性を含めて検証中です」と西方総監部広報室報道班長の井上博視3佐が説明してくれた。

この後、戦車の集結地に向かうと、西方戦車隊の偽装した10式戦車などが草むらの中に潜んでいた。その車両群から次々とエンジン音が発せられる。

「機動打撃に向け、エンジン始動の号令が掛かりました。これから戦車部隊は計画された経路を通って敵部隊の撃破に向かいます。今はその前の準備段階です」と井上3佐。

「部隊はあらかじめ交戦地点ごとの移動時間などを計算し、機動打撃の計画を練ります。上陸した敵に打撃を与えて普通科隊員が陣地・障害を再構成できるようにし、その後、戦車部隊は別の防御陣地に向かいます」。

その説明通り、草むらに潜んでいた10式戦車は次々と車道に出て隊列を組むと、敵の侵入地点に向けて一斉に前進を開始した。「機動打撃」の命令が下されたのだ。

ソイルアーマーで構築された陣地内に入る96式多目的誘導弾システム（11月5日）

ソイルアーマーを組み上げて構築した8師団の司令部。右側はその状態が分かるように露出された展示物

8飛行隊（高遊原）のＵＨ60ＪＡヘリで機動展開した12普連（国分）の隊員たち（10月28日＝陸上自衛隊提供）

## 24普連 海自や警察と共同警備

### 即自も参加、連携確認

【24普連＝えびの】24普連は10月13日から18日まで、「02鎮西」に参加し、海自部隊や警察と共同で警備訓練に当たった。

同演習は島嶼侵攻対処を主体とし、海自や自治体関係者も加わり、連携要領を強化した。合わせて11次即応予備自衛官招集訓練も実施した。

最初にえびの駐屯地で宮崎県警の担当者による施設防護のブリーフィングが行われ、その後、屋外で警察官の指導の下、職務質問や所持品検査などの要領を練成した。

警備訓練では、海自隊員と常備・即応予備自が一心となり、想定地域を警備。画像音声伝達装置を使用して採証を行い、その情報を部隊間で共有するとともに、上級部隊に報告した。

一方、協同部隊の308普通科直接支援中隊は、敵の砲迫射撃で被害を受けた車両の整備を迅速に行い、135地区警務隊えびの連絡班は状況発生現場の確認・取り締まりなどで警察との連携を強化した。

戦闘中に負傷した陸自隊員の治療に当たる海自隊員（10月18日）

敵の攻撃を受けて損傷した車両を整備する308普通科直接支援中隊（えびの）の隊員＝10月17日


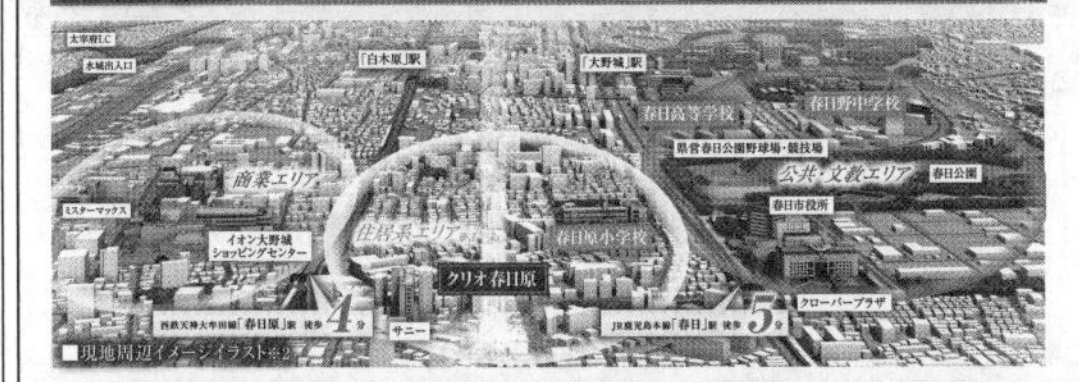

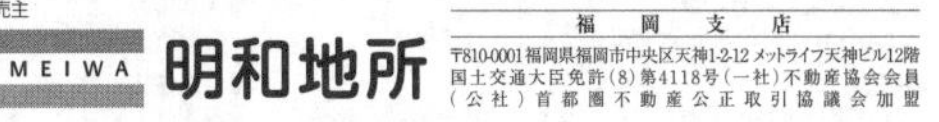

# ひろば

師走、春待月、暮古月、極月――12月。

7日神戸開港記念日、14日南極の日、18日国連加盟記念日、21日冬至、25日クリスマス、28日官庁御用納め、31日大晦日。

**おしろい祭り** 福岡県朝倉市の大山祇神社の奇習。新米を粉にして水でといた「しとぎ」を宮司と氏子の顔に塗り、新穀の豊作を感謝する。おしろいの付き具合で来年の作柄を占い、五穀豊穣を祈願する。 2日

**羽黒山松例祭** 大晦日から元旦にかけて夜を徹して行われる出羽三山神社（山形県鶴岡市）の神事。国指定重要無形民俗文化財。100日間参籠した2人の山伏が悪霊退散を祈り、「験比べ」で験力を競う。 31日

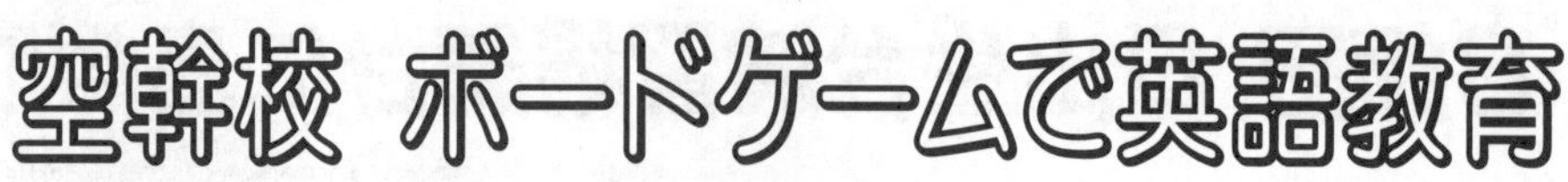

# 空幹校 ボードゲームで英語教育

## 既存ルールを独自にアレンジ

## コミュニケーション能力アップ

空自幹部学校（目黒）指揮幕僚課程の英語教育の一環として、11月12日、同校の教場でウォーゲーム（ボードゲーム）を用いた初の英語教育が行われた。米空軍から交換教官として来日し、同校で英語教育を務めているフィリップ・ドバフル中佐（教官部教官）が発案したもので、市販のウォーゲームを使用し、英会話でのコミュニケーション能力を高めるという授業だ。その戦術ゲームをしながらの英語教育の現場を見た。

指揮幕僚課程（CSC）には、軍事英会話能力を高める目的で計66時間の英語教育のカリキュラムがある。このうちドバフル中佐は計20時間を担当。この日はウォーゲームを利用した初の英会話コミュニケーション訓練が行われた。

空自幹部学校ではウォーゲームを取り入れた研究を今年から開始している。まだ研究段階ではあるものの、試行的にボードゲームを活用した英語教育が今回初めて実施された。

空幹校でウォーゲームの研究が始められたのは、坂梨弘明副校長が海外の軍学校での使用を知り、問題意識を持ったことがきっかけ。幹部学校にも導入できないかと今年から研究を開始したという。ウォーゲームの戦術効果を知るドバフル中佐がこれを英語教育に取り入れたいと発案し、初試行された。

今回、授業で使われたウォーゲームは市販の製品を使用している。ルールを学校の課程教育用にアレンジし、学生は航空部隊を率いてポイントを競い合う。元となったウォーゲームは通常、2〜6人で行われるが、今回は1チーム9人の計45人が参加し、集団でプレーした。この間のコミュニケーションは全て英語で行われた。

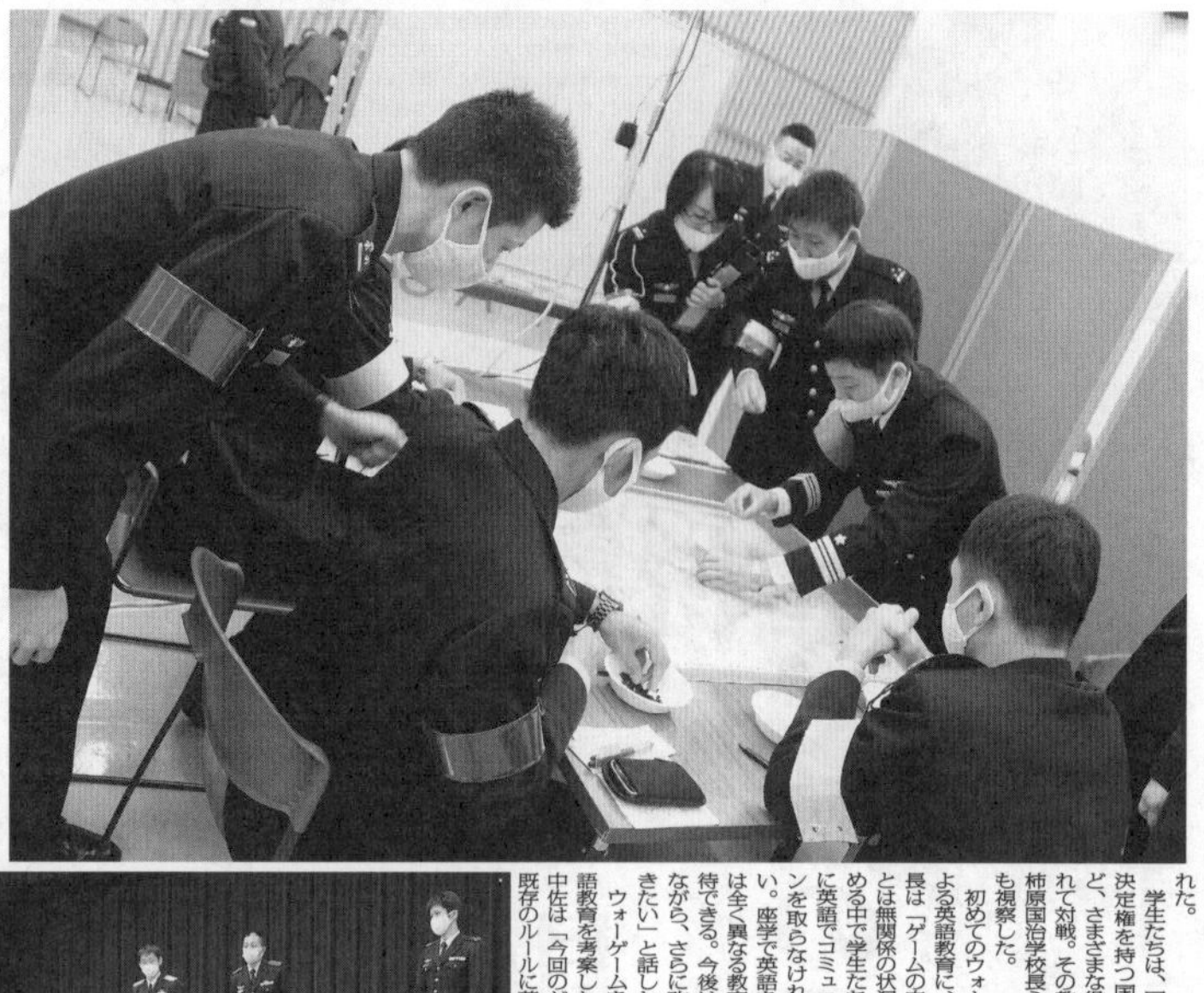

学生たちは、国家戦略の決定権を持つ国防大臣など、さまざまな役職に分かれて対戦。その教育状況を柿原国治学校長ら学校幹部も視察した。

初めてのウォーゲームによる英語教育に、坂梨副校長は「ゲームの内容は現実とは無関係の状況だが、進める中で学生たちは主体的に英語でコミュニケーションを取らなければならない。座学で英語を学ぶのとは全く異なる教育効果が期待できる。今後は効果を見ながら、さらに改善していきたい」と話した。

ウォーゲームを用いた英語教育を考案したドバフル中佐は「今回のゲームでは既存のルールに若干手を加えた。国防大臣役には英語の上手な学生を充て、一方、伝達役には英会話が苦手な学生を選ぶことで、あえて情報が伝達しにくい状況を作った。有事に飛行隊は命令を受けないと出撃できないので、リアルさを出すため制限時間も設けた」とCSCだけのルールを説明してくれた。

「今回、ゲーム中の学生たちを見ていて、彼らが日本語に頼らず、英単語を駆使して冷静に対応していた点が良かった」という。

「国際の場では、自らの主張ができない日本人をたまに見かける。そのため、学生たちには知っている単語だけでも工夫をして、自分の意思を伝えられるようにしてほしい。語学力のレベルに関係なく、自分が国の代表として役割を果たせているか、しっかりと自覚してもらいたい」と述べ、将来、世界で活躍する学生たちに力強いエールを送った。

㊨英語で意思疎通しながらボードゲームに熱中する空自幹部学校指揮幕僚課程の学生たち㊦ボードゲーミングを終了した後、学生たちに講評を行うドバフル米空軍中佐（手前中央）。後方のステージ上は全5チームの"国防大臣"たち（いずれも11月12日、空自目黒基地で）

# マイヘルス Q&A

## 喫煙と手術

## 合併症のリスク低減を

## 手術前4週間以上の禁煙が理想

Q 喫煙と手術は何か関係があるのでしょうか。

A 実はとても深い関係があります。手術を受ける際、多くの場合は全身麻酔にかかります。全身麻酔や手術には、常に合併症の可能性があります。特に、日頃から基礎疾患のある患者さんでは、その可能性が高くなります。

Q 基礎疾患というと、高血圧とか糖尿病などのことですか。

A そうですね。そういった「病気」として認識されているものと同じように、「喫煙」も合併症の可能性を高くする要因になります。

Q タバコを吸っているだけで合併症の可能性があるのですか。

A はい。最近の研究では、心筋梗塞や脳卒中などの心血管系・肺炎や呼吸不全などの呼吸器系・感染や治癒遅延などの創関連の合併症が発症するリスクが喫煙者は非喫煙者に比べて高いことが報告されています。

Q どのくらいリスクが高いのですか。

A 1・3倍から2倍と言われています。日頃は嗜好品として楽しんでいるタバコですが、手術や全身麻酔を受ける時には禁煙について考えなければいけません。

Q もし手術を受けることになったら、日頃からタバコを吸っている人はどうしたら良いですか。

A 可能であれば、手術前4週間以上の禁煙が理想です。

Q 4週間はけっこう長いですね。

A 4週間というのはあくまでも理想です。そもそも手術が決まった時点で4週間も猶予がないことも多いと思います。その場合は手術が決まったその時点から禁煙をするだけでも、合併症のリスクが下がります。

Q なるほど。手術までの短期間と考えれば頑張れそうです。とはいえ、禁煙はなかなか難しいですよね。少し本数を減らすくらいならできそうですけど…。

A 本数を減らす努力をしても、合併症リスクの減少にはつながりませんので、やるならきちんと禁煙しましょう。

自衛隊中央病院麻酔科 専門医・指導医・ペインクリニック専門医 坂倉 紗也子

# BOOK NOW

## 私が読んだ この一冊

**野村克也著「野村ノート」（小学館文庫）**
東北方航空野整備隊（霞目）大谷大輔3陸佐 44

野球の勝ち方より、組織のあるべき姿と組織に属する人間の作り方である――。そう語る名将・故野村克也氏の著作だ。

野村氏の野球での成功と失敗の経験が、研鑽結果に立脚して整理されており、鋭い切り口で展開するため、心地よい刺激を感じつつ理解することができる。

自衛隊でも指揮官としての研鑽・修養に終わりはなく、本書は部隊や隊員を成長させるヒントに加え、指揮官としてのあり方を改めて考えさせてくれる。

**百田尚樹著「カエルの楽園」（新潮社）**
海幕広報室（市ケ谷）堀田浩美海曹長 50

この本は、カエルの世界を題材にした話だ。

2匹のアマガエルが命からがら辿り着いた楽園の地「ナパージュ」。その固有種であるツチガエルは「三戒」（不戦の誓い）を頑なに守ることで平和が保たれていると信じている。

ある日、カエルの楽園にウシガエルが侵攻してくる。絶対平和主義の象徴である「三戒」を信じている彼らは戦わずして、その侵攻を防ぐことができるのか。

現在の日本にも置き換えて、考えさせられる一冊だ。

**小林克己著「366日の世界遺産」（三才ブックス）**
横田気象隊 田村昌幸1空尉 44

本書は世界各地の遺産を1日1ページの構成で紹介しているのが特徴です。

購入日の日付から始められる楽しさや5分程度の読み切りで簡易で継続して読みやすい本です。

今年はコロナ禍で全国的に旅行や帰省などを断念された方も多いと思いますが、こんな時こそ日本を飛び越え、世界を巡る想像力の旅に出かけてみてはいかがでしょうか。

## 隊員愛読書ベスト5

＜神田・書泉グランデミリタリー部門＞
❶シャーズパイロット 滝沢聖峰著 大日本絵画 ￥1100
❷PIN－UPGIRLSフライトガールズイラストレーションKuratch！画集 大日本絵画 ￥3190
❸ソ連軍＜作戦術＞ D・M・グランツ著 梅田宗法訳 作品社 ￥4180
❹日本人傭兵の危険でおかしい戦場暮らし にしかわたく著 竹書房 ￥1100
❺ブルーインパルスパーフェクト・ガイドブック イカロス出版 ￥2750

＜トーハン調べ10月期＞
❶劇場版鬼滅の刃無限列車編ノベライズ 吾峠呼世晴原作、矢島綾小説 集英社 ￥770
❷『ディズニーツイステッドワンダーランド』公式ガイド＋設定資料集 スクウェア・エニックス ￥3300
❸半沢直樹―アルルカンと道化師 池井戸潤著 講談社 ￥1760
❹転生したらスライムだった件17 伏瀬著 マイクロマガジン社 ￥1100
❺白石麻衣―乃木坂46卒業記念メモリアルマガジン 講談社 ￥1980

＜入間基地・豊岡書房＞
❶防衛白書―日本の防衛―令和2年版 防衛省監修 日経印刷 ￥1397
❷宇宙と安全保障―軍事利用の潮流とガバナンスの模索 福島康仁著 千倉書房 ￥3850
❸戦略論の原点―軍事戦略入門＜新装版＞ J・C・ワイリー著、奥山真司訳 芙蓉書房出版 ￥2200
❹マスカレード・ナイト 東野圭吾著 集英社 ￥979
❺キャンプ用品完全ガイド 晋遊舎 ￥770

＜防衛省・三陽堂書店＞
❶統合幕僚長―我がリーダーの心得 河野克俊著 WAC ￥1650
❷中国海軍VS海上自衛隊―すでに海軍力は逆転している トシ・ヨシハラ著、武居智久監訳 ビジネス社 ￥1760
❸現代戦争論―超『超限戦』これが21世紀の戦いだ 渡部悦和、佐々木博著 ワニブックス ￥1320
❹新型コロナで激変する日本防衛と世界情勢 黒井文太郎著 秀和システム ￥1870
❺台湾有事と日本の安全保障 渡部悦和、尾上定正ほか著 ワニブックス ￥1100


静電気対策やウイルス抑制、乾燥防止
NEW
加湿量 4L/h の大容量で広い空間の空気に潤いを
大型気化式加湿器 EHN-4000
タンク容量21Lで連続運転約5時間
水道直結・給水 どちらも使用できます
加湿目安 木造(98㎡) 56畳 プレハブ洋室(154㎡) 94畳

広い空間の換気、空気の入れ替えに
感染防止対策や空調補助、大きく空気を動かしたい場所に
大型循環送風機 ビッグファン

●備蓄倉庫等の換気・循環に！
●単相100V電源で工事不要！
広さ・用途で選べる5TYPEをご用意
BF-60J　DCF-60P　BF-75V　BF-100V　BF-125V

目的に合ったドライ環境を提供
結露・カビを抑え湿気によるダメージを防ぎます！
コンプレッサー式除湿機
DM-10　DM-15/DM-15T　DM-30
【各機種満水停止機能付き】ドレンホースで直接排水も可能です！

株式会社 ナカトミ　https://www.nakatomi-sangyo.com
〒382-0800 長野県上高井郡高山村大字高井6445-2
お問い合わせはこちら TEL:026-245-3105 FAX:026-248-7101

防衛省・自衛隊関連情報の最強データベース
朝雲アーカイブ
朝雲新聞社の会員制サイト
1年間コース：6,100円（税込）
6ヵ月間コース：4,070円（税込）
「朝雲」定期購読者（1年間）：3,050円（税込）
※「朝雲」購読者割引は「朝雲」の個人購読者で購読期間中の新規お申し込み、継続申し込みに限らせて頂きます。
※ID&パスワードの発行はご入金確認後、約5営業日を要します。
●ニュースアーカイブ 2006年以降の自衛隊関連主要ニュースを掲載
●人事情報 防衛省発令、防衛装備庁発令などの人事情報リスト
●フォトアーカイブ 黎明期からの防衛省・自衛隊の歴史を朝雲新聞社の秘蔵写真で振り返る
●訓練 陸海空自衛隊の国内外で行われる各種訓練の様子を紹介
●防衛技術 国内外の新兵器、装備品の最新開発関連情報
朝雲新聞社 〒160-0002 東京都新宿区四谷坂町12-20KKビル TEL 03-3225-3841 FAX 03-3225-3831 http://www.asagumo-news.com

# スタンド・オフ電子戦機

## 開発本格始動

空自のC2輸送機を改造し、遠方から効果的な電波妨害（ジャミング）を行うことができる「スタンド・オフ電子戦機」の開発が今年度から始まり、2021年度予算の概算要求で開発費に153億円が計上された。一方、同じC2の機体を改造した「電波情報収集機」のRC2は10月1日、空自航空戦術教導団隷下の電子飛行測定隊（入間）に初配備された。空自は最新鋭のF35Aステルス戦闘機の導入やF15の近代化改修など戦闘機部隊の強化と並行して、同部隊を電磁波領域で支援する電子戦機の開発にも力を入れている。

入間基地に配備されたRC2初号機（202号機）。機首部、胴体の頂部・側面、垂直尾翼にアンテナを収納したフェアリングが設置され、電波情報収集の機能が加わった

## 空自に初配備のRC2は航空優勢の要に

C2を改造した「スタンド・オフ電子戦機」は妨害対象の脅威（敵戦闘機部隊など）の対処可能圏外から電波妨害（ジャミング）を行うことで、相手部隊の組織的な戦力発揮の阻止を担う。

さらに、平時から電子戦に関する情報を収集・蓄積・分析評価することで、電子戦能力の向上に寄与する。

防衛省は「電磁波領域の優越の確保」を3自衛隊の領域横断作戦の実現に不可欠な要素と位置付けており、「スタンド・オフ電子戦機」の開発にあたっては、秘匿性の観点から我が国独自での開発を決断した。

開発に当たっては費用面でも効率化が図られ、既存のC2や民生部品を活用することで、開発期間の短縮とコストの低減を図る。先行研究や関連事業の成果も活用し、開発費用の低減を図るとともに、電子装備品のサイズや電源などを規格化することで、経費低減を実現する。

防衛省は2020年度から25年度まで「スタンド・オフ電子戦機」の試作を行い、その後、26年度まで技術試験を行い、実用化を目指す。

◇

一方、同じC2を改造して一足早く完成し、今年10月に初配備されたのが「RC2電波情報収集機」だ。

RC2（RはReconnaissance＝偵察＝の略）は現有のYS11EB電波情報収集機の後継機。スタンド・オフ電子戦機と異なり、ジャミング機能はないが、機首、胴体の上部・側面などに電波収集装置の搭載スペースを追加し、電波情報の収集に当たる。

RC2は当初のC2輸送機の機体に比べると、機首のレドームがずっと大きくなっているほか、胴体の頂部や側面などに大型の「フェアリング（電波収集装備搭載スペース）」が追加された。

また、垂直尾翼頂部にも小さめのフェアリングを設置。これらの内部には各種アンテナが配置され、遠距離から広帯域の信号を捕捉し、目標の方位などを探知することができる。

同機が収集した電波情報は空自戦闘機部隊の運用に生かされるなど、3自衛隊の統合作戦に貢献するもので、RC2は今後の自衛隊の「航空優勢獲得の要」として任務に従事していく。

電子戦装置搭載スペース追加

開発が進むスタンド・オフ電子戦機のイメージ図。敵戦闘機の対処可能な範囲外から電波妨害を行うことで、相手部隊の組織的な戦力発揮を阻止する

## 防衛技術

## 技術が光る ＞95＜

### 「ハイブリッド・サイフォン排水装置」　山辰組

### サイフォン機能を利用して超低燃費で大規模排水可能

国土技術開発賞受賞

2018年の西日本豪雨災害に出動した陸自部隊は、冠水地域の2次災害を防ぐため、排水作業に従事した。だが排水を行おうとしても道が寸断され、ポンプ車が入れない。やっと器材を持ち込んでも燃料が足りず、作業に非常に苦労した――。

そんな災派隊員のジレンマを解消してくれるのが、総合建設業の山辰組（本社・岐阜県大野町）が開発した「ハイブリッド・サイフォン排水装置」だ。

同装置は令和2年度の「国土技術開発賞・創意開発技術賞（国土交通大臣表彰）」を受賞したスグレモノだ。

高低差のある地形でもエンジン起動時に1分程度電気を使用し、水中ポンプで「呼び水」を注水してサイフォン排水装置を起動させれば、後は電源をオフにしても水流を持ち上げるサイフォン機能により、「揚程」7メートルまでは"無動力"で排水作業を続けられる画期的な排水装置だ。

「一般家庭にある灯油ポンプも最初ポコポコと灯油を送って手を止めると、その後も自然に油が流れますが、このハイブリッド・サイフォン排水装置も同じ原理からなる装置で口径は200ミリまであります。特に口径100ミリのサイフォンは人が持ち運べるサイズ・重量なので隊員の方が通れるスペースさえあれば、人力で装置一式の運搬・設置ができます」と同社代表取締役の馬渕和三会長。

従来のポンプを使った排水作業ではエンジンの運転のため、大量の燃料を必要とした。ポンプの運転で仮に1万リットルの燃料を消費する排水作業でも、このサイフォン装置を使えばわずか7リットルで済み、圧倒的な燃費効率だ。

このため、ポンプを使った場合の温室効果ガスの排出量も同じ比率で抑えることができ、異常気象の一因とされる地球温暖化防止にも役立つ。「2050年までに温室効果ガスの排出を実質ゼロにする」とした低炭素社会の構築にも貢献できる。しかも、同口径の水中ポンプの2〜3倍の排水機能を備えているため、排水装置の多条配管（より少ないスペースに数多くの管路を敷設すること）にも最適だ。

「人力で運べる口径100ミリサイフォンは水頭差10メートル程度で毎分2立方メートル以上の排水量を誇り、同口径の水中ポンプに比べ、3倍の働きをしてくれます。このため、天然ダムの排水や、防災重点ため池などでの決壊を防ぐための事前放流に活用すれば、災害を未然に防ぐことも可能です」と馬渕会長。

超低燃費で大規模な排水作業ができる「ハイブリッド・サイフォン排水装置」。自衛隊の災害派遣の第一線で活躍できる日も近そうだ。

山辰組の「ハイブリッド・サイフォン排水装置」で排水される水。「カマクビー」という装置によって、吐き出し口から配管内へ空気を逆流させない工夫が施されている

②サイフォンの流れ　ポータブル発電機　サイフォン　水中ポンプ　①揚程　④限界揚程7m　③水頭差

「ハイブリッド・サイフォン排水装置」の原理。1分間電気を使用し、水中ポンプで水を注入して装置を起動することで、その後は無動力で排水作業を続けられる

## 無人複合ヘリの飛行試験に成功　川崎重工

川崎重工はこのほど、北海道大樹町で無人コンパウンド（複合型）ヘリコプター「K-RACER」＝写真＝の飛行試験を行い、安定した飛行を確認した。

同機はメイン・ローター（直径4メートル）のほか、左右両舷に主翼とプロペラを持つコンパウンド・ヘリと呼ばれる特殊な形状で、左右プロペラでローターの回転に伴うトルクを打ち消し、前進推力を発生させる。また、主翼が揚力を分担することで、従来のヘリでは達成できない高速飛行を実現する。

同無人ヘリの動力源にはカワサキのバイク「ニンジャH2R」エンジンを搭載している。

## 技術屋のひとりごと

### 下北試験場の新型コロナ対策

久保　雄穂（防衛装備庁・下北試験場長）

防衛装備庁下北試験場は、青森県下北郡東通村にあります。令和2年9月現在、青森県内の新型コロナウイルス感染症は落ち着いており、下北地域での発症はありませんが、地域は引き続き感染防止対策に努めているところです。

私は、このコロナ禍においても各種の試験支援を滞りなく遂行することが、防衛技術を進展させる上での試験場の役割であると考えています。各試験の実施に際しては、もちろん試験の実施側も十分に感染防止対策をとりますが、試験場としても感染防止対策に尽力していますので、紹介させていただきます。

現在は、大まかに試験地域および試験準備・休憩・会議等を実施する建物と、本部庁舎とで「ゾーニング（隔離処置）」をしています。当初は感染流行地域から試験場へ来る人員のみ、本部庁舎への立ち入りを遠慮していただくよう要請していましたが、他の試験要員が本部庁舎に入るのを見ると、自分たちも入ってよいと判断してしまうようなので、思い切って本部庁舎立ち入りは「場員」および普段から出入りの地元業者のみ」としました。

その他、国旗掲揚はこれまで「月間試験場員割当表」を作成して実施していたところを、総務的な業務をする班に一任し、割当表作成の手間を省略しました。また「週間ミーティング」は立席形式とし、各人の間隔がとれる状態で実施するようにしました。以前は司会が資料を読み上げていたところも、事前確認にして時間を短縮し、表彰・転出行事も15分以内に済ませるなど、コロナ予防のため細やかな業務改善を実施しました。

従前のやり方にしばられず、新たな状況に柔軟に対応して、将来を見据え常に変化し続けることが、今日の試験場に求められていると考えています。

（2陸佐）

## 世界の新兵器 ―542

### 米陸軍の対艦ミサイル「PrSM」

### 射程500キロで中国軍の海洋進出を抑止

2013年、米国ランド研究所は『西太平洋に陸上対艦ミサイル配備』と題する報告書で「日本、韓国、フィリピン、マラッカ海峡等に米陸軍がこれを配備すれば、中国の海洋進出抑止に有効。米海空軍の貴重な戦力を他の分野に解放できる」と勧告した。これを受けた米陸軍は、2015年に陸上対艦ミサイルの開発に着手する。「対艦ミサイルといえば巡航ミサイル。それも歴史ある艦載型を陸上へ据えれば簡単」と思った人は少なくなかったが、米陸軍は躊躇なく「弾道ミサイル」を選んだ。

敢えてそうしたのは、配備して30年も経つ「ATACMS」地対地ミサイル（射程300キロ）の後継として、射程500キロの精密打撃ミサイル「PrSM（Precision Strike Missile）」の開発計画があったからだ。どちらもロッキード・マーチン社の製造である。当初の運用構想は、強力な防空システムを持つ敵陸軍をエアパワーでなく、この精密打撃ミサイルで制圧するというもので、防空システムにはレーダーや通信の電波発射が付き物だから、対輻射ホーミングで命中させる研究を進めていた。しかし、そう簡単に「エリントで捜索→発見→弾道ミサイル発射→対輻射シーカーでホーミング→命中」とはいかないことが分かってきた。

そこへ対艦ミサイルがご用命となった。航海用や対空警戒用のレーダー波を常に輻射する艦船だから、防空システム探知の方法がそのまま適用できる。しかし、艦船の探知は可能でも、目標追尾にまでは使えない。ミサイルの飛来を知った艦船側が電波発射を停止すればお手上げだ。そこでマルチモード・シーカーとして赤外画像シーカーを登場させ、これに終末ホーミングさせる。豪雨や吹雪の中でもこれを有効に機能させるのが重要な課題である。

ところで、高速で落下する弾道が上手く「蛇を切って」ホーミングできるのだろうか。すでに1970年代、パーシングII弾道ミサイルを、画像照合によりCEP（平均誤差半径）10メートルという高精度で地上目標へ命中させた米陸軍である。これについては自信満々のようだ。

2023年には射程500キロの「PrSM－1型」が、2025年には、さらにシーカーを改良した「2型」が登場する計画である。今年6月、要となる赤外画像シーカーを小型航空機に搭載した試験が行われ、茂みの中の目標を見事に発見した。この秋には、より現実的な目標で再試験し、その数カ月後に「代理のミサイル」に装着して試験した後、2025年に本物の「PrSM」に装着して本番の試験へ進む。

英本土防空戦でレーダーが登場してから80年経つ今も、新型兵器システムの決め手が新型センサーであることに変わりはない。

徳田　八郎衛（防衛技術協会・客員研究員）

米陸軍が中国海軍の海洋進出を阻止するために開発中の対艦ミサイル「PrSM」。射程500キロの地上発射型弾道ミサイルだ（ロッキード・マーチン社HPから）

1. 道路が無くても人力で運搬！
2. 起動後は燃料補給が不要！
3. 排水量は水中ポンプの3倍！

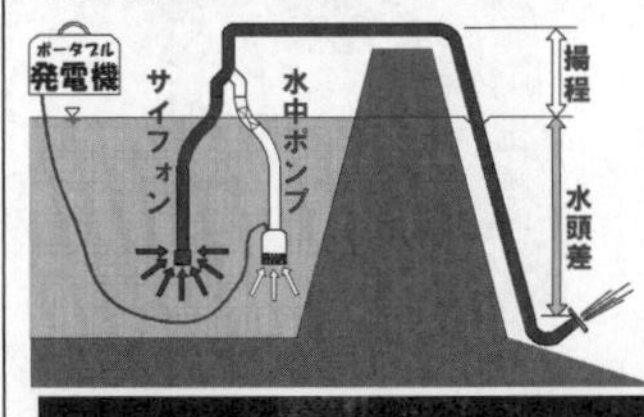

株式会社山辰組 TEL 0585-32-0171
E-mail：yamatatu@yamatatu.com

FXC CORPORATION　C-X用 C-1用 C-130用　抽出傘投下・投棄システム

Extraction Parachute Jettison System (EPJS)

重量装備品等を空中投下する任務において、搭乗員及び航空機双方の安全性を確保するシステム及び当該運用機材

Cabin Leakage Tester
米国ハイドロリックインターナショナル社
航空機コクピット内空気漏えい検査機材及び当該組部品等

総販売代理店
大誠エンジニアリング株式会社
〒160-0002 東京都新宿区四谷坂町12-20 KKビル5階
TEL：03-3358-1821　FAX：03-3358-1827
E-mail：t-engineer@taisei-gr.co.jp

マイクロバブル噴射型 塩分除去装置
Hyper Washer

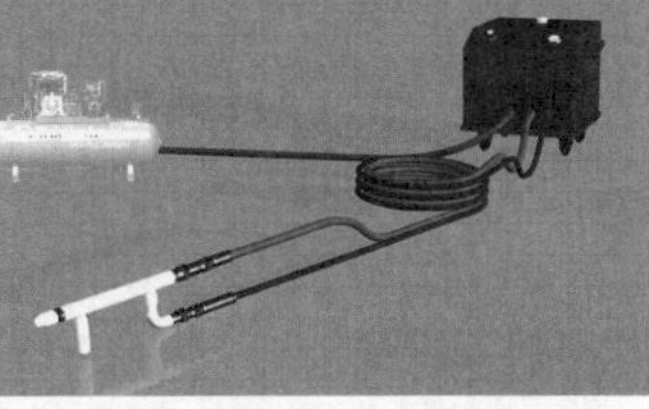

ハイパーウオッシャー（HW-10）

【特長】
◇"長距離噴射"
10m以上のマイクロバブルミスト有効到達距離により、能率の良い塩分除去作業が可能です。
◇"低圧洗浄"
供給空圧［標準空圧：0.6Mpa］が吐出し最大圧力となり、低圧で噴射されたマイクロバブルミストが構造物の奥の隙間や損傷・破損しやすい塗装面・機器等に付着・残存している塩分を安全・容易に除去します。

【用途】
◆ 航空機・車両・船舶等の塩害防止
・海域運用により付着した塩分の除去
・冬季の道路凍結防止剤の塩分の除去
◆ 沿岸地域等の各種鋼構造物の塩害防止
◆ その他 塩害の防止に向けた塩分除去

塩害問題の解決策！

アキモク鉄工株式会社
〒016-0122 秋田県能代市扇田字扇田相子沢1-29
TEL:0185-58-3691　FAX:0185-58-3688

大空に羽ばたく信頼と技術

IHIは世界有数のジェットエンジンメーカーです

IHI Realize your dreams

世界を飛ぶIHIのジェットエンジン

株式会社IHI　航空・宇宙・防衛事業領域
〒135-8710 東京都江東区豊洲三丁目1番1号 豊洲IHIビル TEL (03)6204-7656
URL:www.ihi.co.jp

# あなたと大切な人の“今”と“未来”のために

防衛省生協の共済は「現職中」も「退職後」も切れ目なく安心をお届けします

## 生命・医療共済
（生命共済）

病気やケガによる入院や手術、死亡（重度障害）を保障します

## 退職者生命・医療共済
（長期生命共済）

退職後の病気やケガによる入院、死亡（重度障害）を保障します

85歳

## 火災・災害共済
（火災共済）

## 退職火災・災害共済
（火災共済）

火災や自然災害などによる建物や家財の損害を保障します

現職　退職　終身

## 防衛省生協 新規・増口キャンペーン実施中!!

キャンペーン期間中に防衛省生協の共済に**新規・増口加入された方**の中から抽選で400名様に、さまざまな状況で活躍する**4電源方式のLEDランタン**をプレゼント！詳しくはホームページでご確認ください。

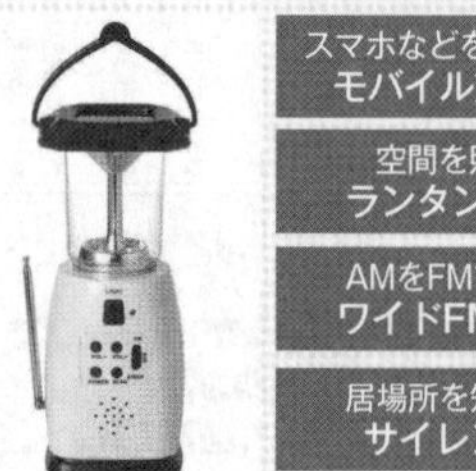
スマホなどを充電できる
モバイル充電機能
空間を照らす
ランタンライト
AMをFMで聴ける
ワイドFMラジオ
居場所を知らせる
サイレン機能

4電源
・ソーラー充電
・USB充電
・手動ダイナモ充電
・単三電池

画像はイメージです。
デザイン等変更となる場合があります。

毎年秋に皆様に
お届けしている
「残高明細表」でも、
大切なご案内とともに
キャンペーンをお知らせ
しています。

注：退職組合員の方は、火災・災害共済の増口のみの取扱いとなります。すでに、建物、動産ともに限度口数に達している場合は増口はできません。火災・災害共済では、加入限度口数以内で、「建物」のみご加入の方が「動産」を追加するケースや「動産」のみご加入の方が「建物」を追加するケース、親や子ども・孫の居住物件を追加するケースも増口としてキャンペーンの対象となります。

**キャンペーン期間：令和2年11月1日～令和3年1月31日**

One for all, All for one

防衛省職員生活協同組合

〒102-0074　東京都千代田区九段南4丁目8番21号　山脇ビル2階　専用線：8-6-28901~3　電話：03-3514-2241（代表）

BSA-2020-29　R2.11作成

# 空自12高射隊（饗庭野）「ホットマン＋」チーム
# 金賞を受賞
## 食品ロスもテーマに、改善活動発表
## 全日本QCサークル大会

職場などでの改善活動の成果を発表する「第13回全日本選抜QCサークル大会」（日本科学技術連盟ほか主催）が11月13日、横浜市のパシフィコ横浜で行われ、空自12高射隊（饗庭野＝滋賀）の隊員でつくるサークル「ホットマン＋」が金賞を受賞した。

金賞を受賞した12高射隊「ホットマン＋」チームの（前列左から）福田准尉、成澤1曹、加藤2曹と（後列中央の）猪本士長。後列左は甲斐修准曹士先任、同右は杉本孝哉連合准曹会長（空幕で）＝空幕広報室提供

大会ではQC（Quality Control＝改善活動）に取り組む全国から選抜された企業、団体などの14サークルが活動成果を伝えた。「ホットマン＋」は、全国QCサークル近畿支部代表として初めて大会に臨んだ。

ホットコーヒー好きの隊員が集まっていたことから「ホットマン」の名前で活動していたチームに、転入などで新人が加わり平成28年4月、チーム名を心機一転、「ホットマン＋」（メンバーは現在5人）に変えた。また、QC活動で実績のある千歳基地を目標として、改善活動に取り組んできた。

代表の福田慎一郎准尉によると、チームは3点の取り組みを進めてきた。そのうちの一つ、「残飯問題」では、いち早く食品ロスへの対応に取り組んだ。

白米（ごはん）が残らないよう隊員にバーコードを配布、喫食者（食堂利用者）数の管理システムを作った。また、余った白米はだんごなどに加工した。

大会には福田准尉、成澤智洋1曹、加藤武志2曹、猪本真由士長の4人で臨み、そのうち加藤2曹と猪本士長の2人が代表して20分間、「千歳基地に追いつけ！ そして饗庭野を笑顔に！」をテーマにした3年間の活動について発表。

「小さな基地の小さな改善活動で、笑顔が次第に増えていったことを大きく伝えたかった」（福田准尉）という発表は、審査員から高く評価され、金賞に選ばれた。

今後について「QC活動をしっかり指導できるよう資格（QCサークル指導士）の取得を目指したい」と福田准尉。隊員たちの笑顔を増やすため、「ホットマン＋」の活動もさらに改善していくつもりだ。

## 熊本大会で奨励賞
### 5空団レーダー小隊「第018MS小隊」

中部九州地区QCサークル熊本大会で奨励賞を受賞した5空団レーダー小隊のQCサークル「第018MS小隊」のメンバー。左から柿原3曹、上野士長、藤原士長

【新田原】5空団整備補給群装備隊レーダー小隊（新田原）のQCサークル「第018MS小隊」は10月23日、中部九州地区QCサークル熊本大会に出場。「生産部門」で奨励賞を受賞した。

「第018MS小隊」は柿原章3曹、上野裕平士長、藤原昌史士長の3人で編成。HUD（Head-Up Display）マウント整備作業の効率化を図り「マウントの取り外し・取り付けや調整作業の時間を50％削減する」という目標を設定した。各員の作業実績を基に試行錯誤した結果、「シム」の脱落防止ツールを取り付けることで目標を達成した。

「QC活動の基本に沿った優秀な事例で、日頃の努力と継続的な活動が顕著」と評価されての受賞。柿原3曹は「今後も活動を継続し、学んだことを業務に生かして飛行安全と部隊の任務遂行に貢献したい」と抱負を語った。

## 本松前西方総監に米メリット勲章
# 「多くの支えに感謝」

米大統領からメリット勲章を授与され、勲記を手にする本松元陸将（右）と伝達したウェロン在日米軍副司令官（11月13日、在日米軍横田基地で）

【統幕】前陸自西方総監の本松敬史元陸将に米国大統領からの「メリット勲章」が贈られ、11月13日、在日米軍横田基地で同軍副司令官のジェームス・ウェロン海兵隊准将から伝達された。

同勲章は米国内外の軍・政府関係者の卓越した功績を表彰するもので、本松元陸将は統幕副長としての功績が認められ、将官クラスに贈られる勲章「リージョン・オブ・メリット・ディグリー・オブ・オフィサー」を受章した。授与式では米国大統領からの勲章と、米国防長官、米インド太平洋軍司令官の、連名の勲記が手渡された。

本松元陸将は受章後、「統幕副長在任時は当時の在日米軍副司令官と良い関係を築き、さまざまな事態に日米で連携して対処することができた。名誉ある勲章を頂けたのは多くの支えがあったからこそ。改めて感謝申し上げたい」と語った。

## 14旅団、相次ぎ鳥インフル災派　香川県

陸自14旅団は11月15日早朝から翌16日早朝にかけてと、20日早朝から24日午前にかけて、香川県三豊市の養鶏場で相次ぎ発生した鳥インフルエンザに関し、鶏の殺処分などの支援に係る災害派遣活動に再び従事した。（前回の活動は本紙11月19日付既報）

同県では11月5日以降、鳥インフルエンザが断続的に発生している。自衛隊が県知事からの要請を受けて災害派遣活動を行うのは、5回目。

災派部隊は15即機連（善通寺）と14後支隊（同）を基幹に、中方特科隊（松山）、14高射隊（同）、50普連（高知）などから後方支援要員を含む約千人で編成。

24時間のローテーションを組んで自治体の職員らとも協力しながら、15、16日の活動では約7・7万羽、20日からの活動では約93・6万羽の殺処分とその収集・運搬作業に当たった。

鶏の殺処分とその収集・運搬作業の手順を確認する14旅団の災派隊員（11月15日、香川県三豊市の養鶏場で）＝統幕提供

## ひと
### 航空自衛隊で初の弁護士資格を取得した法務官
### 大沼 和広1空佐(46)

30年10月に航空支援集団司令部（府中）に配属。法務官として隷下部隊の隊員の法律相談に応じ、組織内弁護士として日々奮闘している。

休日は娘とともにサッカー・Jリーグを観戦（今年は自粛）。ユニフォームを着てホームチームを応援し、ストレス発散に努める。「健全に任務に当たるためにはストレスはない方がいい」とも。

「悩みを抱えた隊員に法律知識で応えるのが私の責務。笑顔で働ける環境をつくることが、航空自衛隊をより強くすると信じています」

隊員たちの笑顔のために、法的な〝サポーター〟となり応援し続ける。

（菱川浩嗣）

法務幹部として7年間の実務を経験し、日本弁護士連合会（東京都千代田区）での補助研修を経てこのほど、東京弁護士会に登録。空自初の弁護士資格を取得した法務官となった。明るい笑顔で出迎え、訪れた隊員たちを安心させている。

岩手県出身。平成9年に防大（41期、国際関係学科）を卒業し、パイロットを目指したが断念。法務幹部として配置された最初の勤務地で部隊長の相談に応えられなかったことが〝転機〟に。「弁護士資格を取るくらいの知識を得られれば、部隊の役に立てる」と司法試験合格を目指し始めた。

上司の計らいもあって九州大法科大学院（福岡市）で学び、無事に修了。しかし最初の司法試験は不合格に。

部隊に戻ってからも睡眠を削って勉強を継続。20年にイラク復興支援派遣輸送航空隊に参加した時も判例六法と資料を持ち込み、任務終了後にひたすら勉強に打ち込んだ。「砂漠の真ん中で司法試験の勉強をしているのは自分ぐらいだ」――。自らを鼓舞し続け、2回目（21年）の挑戦で合格を果たした。

## 小休止

▽…陸自部隊訓練評価隊（富士）訓練センター＝FTC）は11月3～7日、今年度の第13次運営を統裁、この間、双子の兄弟が再会し話題になった。

▽…再会したのはFTC隊本部に勤務する評価分析官の兄、松下隆興2曹＝写真右＝と、訓練部隊として参加した金沢14普連重迫中隊所属の弟、松下真悟2尉＝同左＝。

▽…訓練終了後のAAR（研究会）で顔を合わせた2人。前進観測員が全滅した弟の重迫撃砲部隊を兄が「まだまだだ。第一線救護も不十分」と厳しく評価したのに対し、弟は「次は今回の教訓を生かして鼻を明かすよ」と返した。うり二つの2人の会話に周囲がざわつく中、「それぞれの任務にまい進しよう！」と最後は固い約束を交わした。（北富士）

## 空自「体験飛行」の募集開始
### 自衛隊記念日行事の代替として全国4基地で

空自は来年3月6日(土)、全国の4基地で「体験飛行」を行う。自衛隊記念日行事の一環として例年行っていたが今年は中止となり、その代替行事として実施する。

三沢（青森）、入間（埼玉）、新田原（宮崎）、那覇（沖縄）各基地で行う。使用する航空機はCH47J輸送ヘリ、入間はC2輸送機も用いる。募集人員は三沢と新田原が30人、那覇は45人、入間は85人（CH47J＝15人、C2＝70人）。

応募対象者は小学生以上（小学生は成年の保護者が応募する）。「一般枠」は最大2人、「家族枠」は同4人（成年は4人中最大2人まで）が応募できる。三沢基地の応募は東北6県在住者のみが対象。

天候などによって中止されることがある。体験飛行当日は入門時に検温を行う。体温が37・5度以上ある場合などは参加を断る。

応募は空自ホームページの「広報・イベント」の「体験飛行」のページから行う。締め切りや参加時の留意点など詳細は同ページで確認する。

## こちら警務隊　情報漏洩②
### 「特定秘密」もらせば国の安全おびやかす

「特定秘密」って何ですか？

特定秘密とは、国の安全保障に関する防衛、外交、特定有害活動（スパイ行為等）、テロリズムの防止の情報のうち、未公表で特に秘匿する必要があり、防衛大臣等の行政機関の長が指定するものです。

特定秘密の取り扱い業務に従事する者がその業務により知り得た特定秘密を漏らした場合、10年以下の懲役または情状により10年以下の懲役及び1000万円以下の罰金に処せられます。

また、過失であっても2年以下の禁錮または50万円以下の罰金となります。

特定秘密を洩らせば国の安全を脅かすことになります。絶対にしてはいけません。（中央警務隊）

## おさむらいドンマイ　吉本どんご

よろこびがつなぐ世界へ
KIRIN
一番搾り
おいしいとこだけ搾ってる。
KIRIN BEER 一番搾り
〈麦芽100%〉
ALC.5%　生ビール
ストップ！20歳未満飲酒・飲酒運転。お酒は楽しく適量で。
妊娠中・授乳期の飲酒はやめましょう。のんだあとはリサイクル。
キリンビール株式会社

隊員の皆様に好評の
『自衛隊援護協会発行図書』販売中

| 区分 | 図書名 | 改訂等 | 定価(円) | 隊員価格(円) |
|---|---|---|---|---|
| 援護 | 定年制自衛官の再就職必携 | ◎ | 1,300 | 1,200 |
| | 任期制自衛官の再就職必携 | | 1,300 | 1,200 |
| | 就職援護業務必携 | | 隊員限定 | 1,500 |
| | 退職予定自衛官の船員再就職必携 | | 720 | 720 |
| | 新・防災危機管理必携 | | 2,000 | 1,800 |
| 軍事 | 軍事和英辞典 | | 3,000 | 2,600 |
| | 軍事英和辞典 | | 3,000 | 2,600 |
| | 軍事略語英和辞典 | | 1,200 | 1,000 |
| | （上記3点セット） | | 6,500 | 5,500 |
| 教養 | 退職後直ちに役立つ労働・社会保険 | | 1,100 | 1,000 |
| | 再就職で自衛官のキャリアを生かすには | | 1,600 | 1,400 |
| | 自衛官のためのニューライフプラン | | 1,600 | 1,400 |
| | 初めての人のためのメンタルヘルス入門 | | 1,500 | 1,300 |

※ 令和元年度「◎」の図書を改訂しました。

| | |
|---|---|
| 消費税 | 価格は、税込みです。 |
| 発送 | メール便、宅配便などで発送します。送料は無料です。 |
| 代金支払い方法 | 発送図書同封の振替払込用紙でお支払。払込手数料はご負担ください。 |

お申込みは「自衛隊援護協会」ホームページの
「書籍のご案内」から・・・スマホで今すぐ検索「自衛隊援護協会」
（http://www.engokyokai.jp/）

一般財団法人自衛隊援護協会
電話：03－5227－5400、5401　FAX：03－5227－5402　専用回線：8－6－28865、28866

天は人も我も同一に愛す。故に我を愛する心を以って人を愛すべし。
西郷 隆盛
（幕末・明治期の政治家）

（世界の切手・イタリア）

# 防医大発「痛風」の新しい知見

1空尉　河村 優輔（空自作戦システム運用隊・横田）

皆さま、コロナ禍で「3密」を避けるなど生活様式が変わってきている昨今ですが、いかがお過ごしでしょうか？　リモート勤務や外出規制で、運動不足や体重増加に悩まされ、生活習慣病を気にされている方も多いかもしれません。

今回は、そんな生活習慣病の一つと言われている「高尿酸血症・痛風」に関して、私も長年研究に関わらせて頂いてきた防衛医科大学校分子生体制御学講座より「新しい知見」が次々と報告されてきましたので、ここではそのご紹介をしたいと思います。

「痛風」とは、ある日突然、足の親指などの関節が腫れて激痛に襲われる疾患です。痛風発作が起きる前には、血液中の尿酸値が高い状態（高尿酸血症）が数年以上続き、血中に溶け切れずに関節の軟骨や滑膜に沈着した尿酸の結晶が何らかの原因で剥がれたときに、自然免疫反応により激痛や炎症が起きます。

患者は圧倒的に男性に多く、肥満やプリン体を多く含む食品（レバー、魚卵など）や飲酒量の多い方に発症しやすいことが知られています。戦後の食生活の西洋化に伴い、江戸時代にはほとんど存在しなかった痛風患者は現在約100万人、予備群の高尿酸血症患者は約1000万人いると推計されています。私は空自横田基地に医官として勤務しておりますが、もちろん自衛隊員も例外ではなく、診療や定期健康診断で治療・指導させていただくことが多いのが現状です。

さて、このように「高尿酸血症・痛風」には食生活など環境要因だけでなく、遺伝的要因も強く影響することが防衛医大の研究で明らかになってきました。体内で生成される尿酸は、その3分の2が腎臓から尿の成分として、残り3分の1が腸管から便と一緒に体外へ排出されます。この腸からの排出に関わる尿酸排泄輸送体ABCG2に遺伝子変異があると、体の尿酸排出機能が低下し、血中の尿酸値が上昇することが分かってきました。

さらに日本人の男女5005人を対象に「ABCG2遺伝子変異」「肥満」「多量飲酒」「加齢」の尿酸値上昇への影響を比較したところ、それぞれ29・2%、18・7%、15・4%、5・7%となりました。つまり、高尿酸血症患者の約3割は「ABCG2の遺伝子変異」が原因で発症するという遺伝子の強い影響が分かりました。それだけでなく、日本人は過去2～3000年間に「ABCG2遺伝子」と「ALDH2遺伝子」の二つの痛風関連遺伝子を中心に遺伝的な影響を受けやすく進化してきたことが明らかになりました。

このため肥満を避けるためによく運動し、アルコールやプリン体を多く含む食事の摂取を控え、食生活を改善しても、「ご先祖さまからの遺伝」や「日本人としての進化」の関係で、どうしても高尿酸血症・痛風になりやすい人が存在することになります。

とはいえ、そんなに悲観する必要もありません。現在では尿酸値の上昇を抑える薬は数種類あり、適切な薬を使用すれば、高すぎる血中の尿酸値を下げることができます。さらには「血中の尿酸値が6・0ミリグラム／デシリットル以下の状態を継続させることで、尿酸の結晶化を防ぎ、痛風を発症させないようにする」こともできます。

これは自衛隊員にとっても、艦船や離島、航空業務などの特殊環境で勤務をする場合、より適切な治療や予防に繋がると考えられます。この自衛隊・防衛医大発の成果は、今後、遺伝子の個人差に基づく「ゲノム個別化医療・予防」につながることが期待されます。

今回、「痛風・高尿酸血症」の新しい知見を紹介する機会をいただき大変感謝しております。私自身、防衛医科大学校の分子生体制御学講座の四ノ宮成祥教授、松尾洋孝准教授、中山昌喜講師のご指導の下、防衛医大の学生時代から長年この「痛風・高尿酸血症と遺伝子」の研究に携わってまいりました。また、若手医官として防衛医学推進研究にも参加させて頂いており、今後も自衛隊の医療・衛生に役立つ成果と、それにより世界の人々にも役立つ研究成果を上げられるように引き続き努力してまいります。

（現・防衛医大医学研究科学生／分子生体制御学講座）

空自横田基地の医務室のスタッフ。前列中央が医官の河村優輔1尉

## みんなのページ

# 海幕人教部の「三上の工夫」

1海佐　目賀田 瑞彦（海幕人事計画課企画班長・市ヶ谷）

目賀田瑞彦1佐

海上幕僚監部人事教育部では、「三上の工夫」として、トイレの時間を隊員の学習などに活用する試みを行っているので紹介したい。

「三上」とは、枕上（ちんじょう）、馬上、厠上（しじょう）のことだ。その「工夫」とは現代的に言えば、就寝前の時間、通勤時間、トイレの時間の有効活用である。

「三上の工夫」については、東洋哲学者で歴代首相の指南役といわれた安岡正篤氏が紹介している。安岡氏曰く、「時間というものは長い時間を取ろうと思うと、なかなか取れるものではない。それこそ仕事がある。多忙である。邪魔が入る。だから閑を得たらと思うのは何にもならない。けれども、どんな多忙人でも寸陰というものはある。そのちょっとした時間をつかむ。これに熟練すれば、案外時間というものはあるものだ。昔から一芸一能に精進した人々は、皆これを体験している」とのこと。慧眼であろう。

海幕での本試みは、この「三上の工夫」を踏まえて、隊員に共有すべき事柄や基本素養となる内容などを簡潔に表現し、それらを海幕のトイレの各個室の見やすい位置に掲示するというものだ。

通常、ロビーなどにある掲示板はなかなか注意して見てもらえないが、トイレでは多くの人が時間をかけ、まさに"腰を据えて"見ることができるという利点がある。

これまでにもメンタルヘルス施策強化期間を活用し、古今東西の格言・金言やマインドフルネスをはじめとした各種のメンタルヘルス技法を掲示し、多くの隊員からポジティブな反応を得た。

また、11月からはリーダーシップの向上や組織の活性化を図るために、平成15年度から海自幹部中級課程に導入している「七つの習慣」に関して、各習慣の内容や留意事項などを掲示している。

昨今のコロナウイルス禍において、新しい生活様式とともに個人の習慣を見直してみるにも良い機会である。

本試みは防衛省の一隅を照らすようなものかもしれないが、トイレにおける身体の免疫力を向上させる"腸活の努力"と併せ、個人の知的態度や心の免疫力の向上に資するものとなれば、一石三鳥である。

# 母校生徒への演奏指導

海士長　加藤 麻瑚（佐世保音楽隊）

海上自衛隊佐世保音楽隊の隊員8名は9月19日、私の母校である活水中学校・高等学校（長崎市）吹奏楽部を演奏指導のために訪れました。

きっかけは8月中旬、同校を指導する吹奏楽界のカリスマ、藤重佳久先生からいただいた電話でした。当音楽隊からジャズの演奏に詳しいトランペット、トロンボーン、サクソフォーン、ベース、パーカッションを担当する隊員に「生徒への指導に来てほしい」という内容のご要望を受け、その後1カ月かけて調整を重ね、今回の訪問が実現しました。

当日は大勢の生徒たちと藤重先生から歓迎を受け、和気あいあいとした雰囲気の中で音楽を通じた交流が始まりました。私が部員だったころの後輩とも久しぶりに再会することができ、とても懐かしい気持ちになりました。

残念ながら今回は新型コロナウイルスの影響で、全体の合奏指導を行うことがかないませんでしたが、ソーシャル・ディスタンスを保ちながら、それぞれのパートごと生徒にレッスンすることができました。

私はレッスン中、各パートの部屋を見て回り、隊員たちから何かを学ぼうとする生徒たちの真剣な様子を見て、私もさらにいい演奏を目指して精進しようという思いが強くなりました。

今回はコロナ対策として少人数、短時間での指導となりましたが、母校で非常に有意義な時間を過ごすことができました。今後も佐世保音楽隊の隊員と活水中学校・高校の生徒たちが共に良い時間を共有できることを希望しています。

母校の吹奏楽部員に演奏指導する活水中学・高校OGの佐世保音楽隊の加藤麻瑚士長（左）

## OBがんばる

柴田 翔平さん 29
令和元年8月、空自1輸送航空隊（小牧）整備補給群修理隊を最後に退職（士長）。ビューテックに再就職し、豊田営業所製造技術課で機械の設計に携わっている。

### 上司の期待に応える

私は現在、愛知県豊田市のビューテック豊田営業所で機械の設計業務を行っています。弊社グループは国内の83拠点と海外の31拠点で、ガラス、樹脂、バス、建材、物流などの事業を行っており、従業員数は約1300人です。

豊田営業所では、主に自動車用ガラスのアッセンブリー（自動車用ガラスに様々な機能の部品を取り付ける作業）を行っていますが、その仕事は世界でトップシェアを誇っています。その現場で使用される機械を設計することが、私の所属する製造技術課の仕事の一つです。

入社した当初は、現場で使用する機械の組み立てや職場の安全、効率化のための器材製作などさまざまな業務を経験させていただきました。その後、上司の方から「やってみないか」と声を掛けられ、始めたのが現在の機械の設計業務です。

設計という仕事は私にとって未経験であり、また専門的なソフトウエアを使うため、操作に戸惑い、最初は不安でいっぱいでした。しかし、職場の先輩方から親切に教えていただき、少しずつですが出来ることが増えていきました。

この仕事は大変なところもありますが、中途入社の私に、本当にありがたいことだと感じています。私に期待してくれている上司、いつも熱心に教えてくれる先輩方の気持ちに報いるためにも、これからもより一層精進していきたいと思います。

「朝雲」へのメール投稿はこちらへ！
▽原稿の書式・字数は自由。「いつ・どこで・誰が・何を・なぜ・どうしたか（5W1H）」を基本に、具体的に記述。所感文は制限なし。
▽写真はJPEG（通常のデジカメ写真）で。
▽メール投稿の送付先は「朝雲」編集部（editorial@asagumo-news.com）まで。

## 詰将棋

第832回出題

出題　日本将棋連盟　九段　石田 和雄

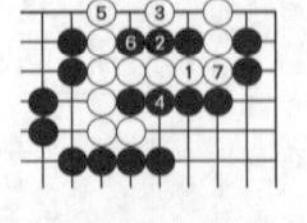

先手　持駒　飛

【ヒント】初手に絶妙手あり（10分で初段）。

▶詰碁、詰将棋の出題は隔週です◀

第1247回解答

## 詰●碁

出題　日本棋院　九段　曲 励起

【解答図】白先、白活。白①と当然です。次に白③で、黒④は白⑤⑥でセキになり白は助かります。

朝雲ホームページ
www.asagumo-news.com
＜会員制サイト＞
Asagumo Archive
朝雲編集部メールアドレス
editorial@asagumo-news.com

## 新刊紹介

『経済安全保障の戦い』
國分 俊史著

「2018年のペンス米副大統領の演説で幕を開けた米中冷戦は、経済ツールを使って国益を追求する『エコノミック・ステイトクラフト（ES）』の応酬の時代となった」。本書はこの分野の第一人者である多摩大学教授が、経済領域を主戦場とした「新しい戦争」の実態を解説している。

中国は民間の先端技術を人民解放軍に取り込む「軍民融合発展戦略」を掲げ、これを脅威と見る西側は自国のハイテク流出を防ぐため、経済安全保障政策を強化している。ESでは技術、資金、人材が武器となり、企業は国家が争う戦場となる。

政府が相手と交渉しなければならない。中国で利益を得るには境界線を見極めなければならず、企業は知らない間に制裁の対象となる恐れがある。

「超限戦」の一つであり、自衛隊もその内情を知っておく必要がある。

さらに政府情報機関がサイバー攻撃を行う一方、企業は活動も担い、企業はこうしたリスクに直面している。事業と非事業（日本経済新聞出版刊、4070円）

エコノミック・ステイトクラフト
経済安全保障の戦い
國分俊史
Economic Statecraft
日本を襲う"米中20年冷戦"の真実

『緊急提言 パンデミック』
ユヴァル・ノア・ハラリ著、柴田 裕之訳

『サピエンス全史』『ホモ・デウス』などの著書で知られるイスラエルの「知の巨人」がコロナ後の世界を人類史のスケールから語った書。

本書は世界的に注目された米「タイム」誌などへの寄稿とNHK番組のインタビューを基に構成された緊急提言。著者は「グローバルなリーダーシップの欠如」「民衆監視と独裁者の危険性」「監視テクノロジーの脅威」について警鐘を鳴らす。

人類がコロナといかに闘うべきかについては「今こそグローバルな信頼と団結を」と説く。変化を恐れず選択することが今を生きる人々に求められている。そしてコロナ禍を「歴史の転機」と述べる。「我々はみな協力する道を選ぶだろう」と結んでいる。（河出書房新社刊、1430円）

防衛省職員・家族団体傷害保険／防衛省退職後団体傷害保険

団体傷害保険の補償内容が一部改定になりました！

Point 1　新型コロナウイルスが新たに補償対象に!!
A型（家族補償タイプ）・B型（個人補償タイプ）・D型（予備自衛官等用）に「指定感染症追加補償特約」がセットされ、特定感染症の補償範囲が「指定感染症※1」まで拡大されました。それにより、これまで補償対象外であった新型コロナウイルスも新たに補償対象となります。
（注）指定感染症追加補償特約の対象となる方は、A型・B型では防衛省共済組合員ご本人、かつ、記名被保険者ご本人に限ります。公務中や通勤災害中の事故に限定せず幅広く補償いたします。

Point 2　2020年2月1日に遡って補償!
2月1日以降に発病されたものから補償の対象※2となるため、既にご加入されている方で、該当する方は、三井住友海上事故受付センター（0120-258-189）までご連絡ください。

Point 3　既にご加入されている方の新たなお手続きは不要!
既にご加入されている方は、新たなお手続きや追加の保険料のお支払いは必要ありません。

※1 特定感染症危険補償特約に規定する特定感染症に、感染症の予防及び感染症の患者に対する医療に関する法律（平成10年法律第114号）第6条第8項に規定する指定感染症(注)を含むものとします。
（注）一類感染症、二類感染症および三類感染症と同程度の措置を講ずる必要がある感染症に限ります。
※2 新たにご加入された方や、増口された方の増口分については、ご加入日以降補償の対象となります。ただし、保険責任開始日からその日を含めて10日以内に発病した特定感染症に対しては保険金を支払いません。

気になる方は、各駐屯地・基地に常駐員がおりますので弘済企業にご連絡ください。

[引受保険会社]（幹事会社）
三井住友海上火災保険株式会社
東京都千代田区神田駿河台 3-11-1　TEL：03-3259-6626

[共同引受保険会社]
東京海上日動火災保険株式会社　損害保険ジャパン株式会社　あいおいニッセイ同和損害保険株式会社
日新火災海上保険株式会社　楽天損害保険株式会社　大同火災海上保険株式会社

[取扱代理店]
弘済企業株式会社
本社：東京都新宿区四谷坂町 12 番地 20 号 KK ビル
TEL：03-3226-5811（代表）

朝雲

発行所 朝雲新聞社
〒160-0002 東京都新宿区
四谷坂町12−20 KKビル
電 話 03(3225)3841
FAX 03(3225)3831
振替00190-4-17600番
定価一部150円、年間購読料
9170円（税・送料込み）

明治安田扱 団体生命保険
保険金受取人のご変更はありませんか？
アフターフォローの
明治安田生命
〔引受幹事生命保険会社〕

主な記事

# 菅首相迎え航空観閲式

## 入間基地　隊員800人を巡閲、訓示

令和2年度自衛隊記念日行事の「航空観閲式」が11月28日、菅首相を観閲官に迎えて空自入間基地で行われた。新型コロナ対策のため、会場は無観客で規模も縮小されたが、同基地隊員を主に約800人が参加。菅首相は訓示で、「自衛隊は宇宙、サイバー、電磁波の新たな領域での対応が求められ、それぞれの組織のみで対処することは困難だ。組織の縦割りを排し、陸海空自の垣根を越えて取り組むことが重要だ。これまでの知見と経験を最大限に活用し、新たな任務に果敢に挑戦してほしい」と要望した。（3面に航空観閲式グラフ）

平成8年に自衛隊記念日の中央式典が3自衛隊持ち回りで実施されるようになって以来、航空観閲式は今回で8回目。今年は新型コロナ対策のため初の無観客で規模を縮小、過去行ってきた百里基地ではなく、入間基地で初めて開催した。天気は快晴で、気温16度、秋晴れの下で式典は挙行された。

午前9時すぎ、入間基地の隊員ら約800人が観閲地上部隊としてエプロン地区に入場。同50分、観閲官の菅首相が特別輸送ヘリ隊（木更津）のEC225で到着し、最初に格納庫内で[illegible]

官、島田事務次官、芹澤官房長、山崎統幕長、湯浅陸幕長、山村海幕長、井筒空幕長[illegible]に登壇した。

航空中央音楽隊（立川）の[illegible]

令和2年度航空観閲式で、観閲部隊を巡閲する菅首相（中）。その右は観閲部隊指揮官の[illegible]（11月28日、入間基地で）＝官邸HPから

列した隊員に訓示。今夏、九州を襲った豪雨での自衛隊の災害派遣に触れ、「熊本県球磨村の孤立集落で、多くの隊員が[illegible]救助した。自衛隊でなければできない任務だった」とたたえた。

さらに、昨年の台風19号の災害派遣にも言及。[illegible]松田幸祐2曹の名を読み上げ、[illegible]「日頃の訓練と優れたチームワークで、困難な任務を成功へと導いた。全国の隊員諸官、国民を守るために働いている諸官を誇りに思う」と述べた。

また、前回の東京オリンピック開会式で、空自ブルーインパルスによる特別チームが上空にスモークで五輪を描いたことを挙げ、「固定観念や前例にとらわれることなく、試行錯誤を重ねた結果、新たな道を切り開くことができた」と述べ、来年の東京五輪開催に向けての決意も改めて表明した。

宇宙やサイバーなどの新領域については、「組織の縦割りを排し、陸海空自の垣根を越えて取り組むことが重要だ。これまでの知見と経験を最大限に活用し、特別チームのように新たな任務に果敢に挑戦し、自衛隊をさらに進化させていってほしい」と要望した。

式後、首相は飛行場地区に展示された空自の各種装備品を視察。電子飛行測定隊（入間）のRC2電波情報収集機の機内に入って内部を見て回ったほか、F2、F4戦闘機については7空団（百里）飛行群司令の那須誠一郎1佐から、F15戦闘機については6空団（小松）飛行群司令の古川義久1佐から、地対空誘導弾PAC3MSEについては1高群（入間）司令の河野順一1佐からそれぞれ説明を受けた。

観閲台上から整列した隊員に訓示する菅首相（左）。その右は岸防衛相（官邸HPから）

## 首相訓示（要旨）

### 新たな任務 果敢に挑戦を

我が国の防衛を担う隊員諸官の真剣なまなざしと、規律正しい姿に接し、自衛隊の最高指揮官たる内閣総理大臣として大変頼もしく思います。

先ほど、ここ入間にて殉職された隊員に献花を行いました。その中には、21年前の11月に殉職された2名の自衛官が含まれています。お二人は訓練機のエンジントラブル発生後、住民に被害が及ばないよう最後の最後まで手を尽くし、その結果、脱出が遅れ、尊い命を犠牲にされました。自衛官としての崇高な精神を行動で示されたお二人に改めて心より深い敬意と哀悼の意を表したいと思います。

この夏、自衛隊は西日本の豪雨災害に即応しました。熊本県球磨村の孤立集落の方々を助けるため、多くの隊員が濁流をものともせず、道なき山々を越え、集落を一つ一つ回り全員を救助しました。自衛隊でなければできない任務でした。

ここに松田幸祐2曹はいますか。昨年の台風第19号の河川氾濫で、松田2曹が乗る大型輸送ヘリの任務は情報収集でした。群馬県館林市の上空で家の2階に取り残された被災者を発見します。高度の技術が必要な大型輸送ヘリによるホイスト救助は極めてまれであり、クルー7名のうち、松田2曹を含む3名が未経験者でした。このチームは迷わず救助を決断し、最も若い長久保拓也3曹をワイヤーで降下させ、12名の命を救いました。これは、日頃の訓練と優れたチームワークで困難な任務を成功へと導いた一つの例です。

任務達成のためには常に次に何が必要になるのか一歩先を考え、ベストを尽くすことが不可欠です。隊員一人一人がこの意識を持ち、目の前の小さなことを怠らず、我が国を守り、国民を守るために働き続けることを期待します。

日本を含め世界は今、新型コロナウイルス感染症との闘いに総力を挙げて取り組んでいます。自衛隊はその有する知見と能力を生かし、「ダイヤモンド・プリンセス号」や自衛隊病院などでしっかり対応してきており、引き続き、感染拡大防止のため積極的な活動を期待します。

そして、我が国は来年の夏、人類がウイルスに打ち勝った証として、「東京オリンピック・パラリンピック」を開催する決意です。

遡ること56年前、「東京オリンピック」の開会式で上空に五輪を描くという、世界で誰も成し遂げたことのなかった任務に航空自衛隊が挑戦しました。7名の特別チームは、史上初のミッション成功への強い使命感を共有し、最後まで決して諦めませんでした。綺麗な円を描く方法をゼロからつくり出し、開会式当日、上空に五輪を描くことに見事成功しました。固定観念や前例にとらわれることなく、試行錯誤を重ねた結果、新たな道を切り開くことができたと考えます。

近年、我が国を取り巻く安全保障環境は厳しさを増しており、宇宙やサイバー、電磁波といった新たな領域での対応が求められています。組織の縦割りを排し、陸海空自衛隊の垣根を越えて取り組むことが重要です。これまでの知見と経験を最大限に活用し、自衛隊をさらに進化させていくことを強く望みます。

崇高な任務を担う誇りを胸に諸官が互いに切磋琢磨し、より一層鍛錬に励み、国民を守るために働くことを期待します。

## 日加防衛相電話会談

### 防衛協力推進で一致

カナダのサージャン国防相

岸防衛相は11月25日、カナダのハルジット・シン・サージャン国防相と電話会談し、「自由で開かれたインド太平洋」の維持・強化に向け、2国間の防衛協力・交流を引き続き活発に進めていくことで一致した。

電話会談はカナダ側の提案で約40分間行われ、岸大臣はサージャン国防相から「新型コロナウイルスに伴う渡航制限の解除後、カナダを訪問していただきたい」と招待を受けた。

両氏は東・南シナ海を含む地域情勢をめぐって意見交換。海洋進出を強める中国を念頭に、最近の事象も踏まえ、「力を背景とした一方的な現状変更の試み、緊張を高めるいかなる行為にも強く反対する」との明確なメッセージを発信していくことで一致した。

北朝鮮船舶による国連制裁逃れのための違法な「瀬取り」に対しても、カナダ軍が日本周辺海空域における国際的な警戒監視活動の取り組みに航空機や艦艇を派遣していることに岸大臣が謝意を伝えた。

さらに、両氏は日加共同訓練「KAEDEX」や、日米共同統合実動演習「キーン・ソード」へのカナダ軍の参加といった両国間の継続的な連携を歓迎。引き続き、こうした機会を最大限に生かしていくことを申し合わせた。

一方、新型コロナウイルスの世界的な感染拡大を踏まえ、①コロナ下の人道支援・災害救援活動で得られた[illegible]知見を含め、法に基づく国際秩序を強化するための情報共有・意見交換――の取り組みに互いに協力していくことを確認した。

## 春夏秋冬

### 国際地球観測年（IGY）を思う

青木　節子

時々、日本はアメリカにつくべきか、中国につくべきかと意見を訊かれることがある。それもむしろ新型コロナのパンデミックが勃発した後に、この種の質問が増えていることに不思議の念が募るほどである。

話題は一見変わるが、1957年7月1日から58年12月31日までの18カ月間、世界の65カ国以上、約3万人の科学者が参加する第3回国際地球観測年（IGY）が開催された。初回は1882年から83年にかけて、2回目は1932年から33年にかけて実施されており、地球物理学者のオリンピックともいえる大イベントである。3回目は従来の地上観測に加えて大気上層と宇宙の観測も行うことが54年に決定した。あまり知られていないが、[illegible]IGYの観測計画の中で成功している。[illegible]れていた日本もなんとかこのIGYに参加し、高度60キロメートル程度まで上昇する観測ロケットを打ち上げて宇宙線、太陽放射スペクトル観測などに貢献したいと熱望した。初回から参加して実質的な貢献をしていたアジア唯一の国であった日本の科学者の意地もあっただろう。

文部省や産業界も協力を惜しまなかったが、資金不足のため、東京大学の糸川英夫博士は、23センチメートルの「ペンシルロケット」の発射実験に始まる苦闘を重ね、それでも、IGY終了間近の1958年9月にはぎりぎりの高度に到達したK―6型ロケットでIGYに参加した。

ただし、英国は第二次大戦中使用されたドイツのV―2ロケットを入手しており、手本をもっていたが、日本は7年以上の研究ブランクと極端に不利な状況の中、マイナスを卓抜した創造性、工夫、協調性、そして覚悟によりはね返し、これだけの快挙を成しとげたのである。

その後、日本は1970年2月、完全国産技術のロケットで、世界4番目の衛星打ち上げを成功させている。

米国と中国のどちらにつくか、という問いに出会うたびに、聖徳太子から糸川英夫まで、折々の日本の覚悟を思い出し、我々の覚悟も問われていると感じる。

（慶應義塾大学大学院法務研究科教授）

## 大塚大使が自衛隊拠点視察

### ジブチ　合言葉は「和ン・チーム」

自衛官出身の初の大使としてアフリカ東部の在ジブチ共和国日本大使館に着任した大塚海夫元海将（前防衛省情報本部長）が11月11日、同国に置かれた自衛隊拠点を初めて訪れ、ソマリア沖・アデン湾で海賊対処活動に当たる陸・海自部隊の状況を確認した。

自衛隊施設で海賊対処行動支援隊14次隊司令の眞鍋輝彦1陸佐から部隊の活動など概要説明を受けた大塚大使は、その後、拠点内の医務室などを視察。医官に「（海外任務では）自分の専門以外の対応もあって大変だと思うが、がんばってください」などと声を掛けて激励した。

大塚大使（防大27期卒）は9月16日付で着任。防衛省・自衛隊時代は海幕指揮通信情報部長、自衛艦隊幕僚長、海自幹部学校長などを歴任した。ジブチ大使館の運営ではその経験を生かし、日本の「和」の精神とワンチームを掛けた「和ン・チーム」を合言葉に掲げている。

派遣部隊を指揮する眞鍋司令は「自衛官出身の大塚大使と共に、今後ともジブチ共和国との信頼関係の構築に努めていきたい」と話している。

駐ジブチ日本大使に着任後、初めて自衛隊拠点を視察に訪れ、女性医官（左）を激励する大塚海夫大使（右）。中央は[illegible]（11月11日、アフリカ・ジブチ共和国の自衛隊拠点で）

## 海賊対処41次隊が出発

### 航空隊ジブチへ　支援隊15次隊も

ジブチを拠点にソマリア沖・アデン湾で警戒監視任務に当たっている海自海賊対処航空隊の部隊交代のため、11月19日、航空隊41次隊の要員約30人が民航機で成田空港から現地に向け出国した。

41次隊は2空群（八戸）の[illegible]を指揮官に、隊員約60人で編成。P3C哨戒機2機は同日、八戸航空基地からジブチに向けて出発した。

任務を終える40次隊（司令・市川明伯2佐以下、5空群＝那覇＝基幹）の要員は12月7日に民航機で成田に、P3C2機は同9日に那覇航空基地にそれぞれ帰国する予定。

一方、[illegible]彦1陸佐が引き続き務める。続く第2波は来年1月中旬に出国する。

活動を終える14次隊の要員は、第1波約20人が12月21日に民航機で成田に帰国の予定。

## 朝雲寸言

人生百年時代を迎え、退職後も元気に活躍する人々を目にする。防衛省・自衛隊方面でも、書物を出したり、定年後に仲間とシンクタンクを創設したり、書籍やネット上で論陣を張ったりするOBも昔に比べると随分増えた。一定の年代に達しないと見えてこないことはある。国民の「防衛リテラシー」が希薄になったとされる現代だからこそ、国防の実務に携わったOBたちの提唱する自衛隊改革論には傾聴すべきことが多い▼一方で、そうした動きに「辞めた後で問題点を指摘するのは如何なものか。改革論を唱えるなら辞める前にしてほしかった」と痛烈に批判する現役の声も耳にする。面と向かって言われたことがあるらしく「発言する際は慎重にするようにしている」と吐露する元陸将もいる▼戦前、対米非戦論を唱えながら果たせなかった井上成美海軍大将は、戦後は若者たちに英[illegible]

求む！
建物を守る人
私達は建物の総合マネジメント会社です。
日本管財株式会社
設備管理・警備スタッフ募集 お気軽にお問合せください。
平成28年度以降の退職自衛官採用数63名
03-5299-0870

あなたと大切な人の“今”と“未来”のために

防衛省生協の共済は「現職中」も「退職後」も切れ目なく安心をお届けします

生命・医療共済（生命共済）
病気やケガによる入院や手術、死亡（重度障害）を保障します

退職者生命・医療共済（長期生命共済）
退職後の病気やケガによる入院、死亡（重度障害）を保障します

85歳

火災・災害共済（火災共済）

退職火災・災害共済（火災共済）

火災や自然災害などによる建物や家財の損害を保障します

現職　退職　終身

防衛省職員生活協同組合
〒102-0074 東京都千代田区九段南4丁目8番21号 山脇ビル2階
専用線：8-6-28901〜3 電話：03-3514-2241（代表）
BSA-2020-29 R2.11作成

防衛省生協 新規・増口キャンペーン実施中!!
キャンペーン期間中に防衛省生協の共済に新規・増口加入された方の中から抽選で400名様に、さまざまな状況で活躍する4電源方式のLEDランタンをプレゼント！
詳しくはホームページでご確認ください。

モバイル充電機能　ランタンライト
ワイドFMラジオ　サイレン機能
4電源：ソーラー充電、USB充電、手動ダイナモ充電、単三電池
画像はイメージです。デザイン等変更になる場合があります。

毎年秋に皆様にお届けしている「残高明細表」でも、大切なご案内とともにキャンペーンをお知らせしています。

キャンペーン期間：令和2年11月1日〜令和3年1月31日

注：退職組合員の方は、火災・災害共済の増口のみの取扱いとなります。すでに、建物、動産ともに限度口数に達している場合は増口はできません。火災・災害共済では、加入限度口数以内で、「建物」のみご加入の方が「動産」を追加するケースや「動産」のみご加入の方が「建物」を追加するケース、親や子供・孫の居住物件を追加するケースも増口として取り扱います。

# 時の焦点　国内

## 東京五輪

平和の祭典を円滑に実施するためには、社会に広がる感染症への懸念を払拭せねばならない。

来年夏の東京五輪・パラリンピックの開催に向けて、政府と東京都、大会組織委員会でつくる調整会議が、新型コロナウイルス対策の検討を急いでいる。

政府は現在、外国人に対して日本入国後、14日間の待機を要請している。海外の選手に対しては、定期的な検査を条件に、待機措置を緩和する方向だ。このほか、感染症対策の司令塔として、組織委員会に対策センターを設置する。東京・晴海の選手村には、発熱外来を整備するという。

来夏の五輪では、史上最多の33競技339種目が行われる。各会場の感染防止策や医療提供のあり方を精緻に考え、安全な体制を確立する必要がある。

### 感染抑止し安全な大会に

五輪の際に海外から入国する選手団は、1万数千人に上ると想定されている。アスリートが不安を抱かないよう、まずは国内での蔓延に歯止めをかけることが肝要だ。

日米中露による体操の国際大会が先月、東京都内で開かれた。選手には毎日のPCR検査と外出禁止を求めたという。様々な国際試合で試行錯誤を重ね、感染リスクの低減に取り組む意義は大きい。五輪の本番に成果を生かすことが求められる。

各競技会場での観客数の上限や、外国人観戦客の受け入れの可否は、今後の焦点である。調整会議は感染状況を見極め、来年、正式に決める。

国際オリンピック委員会（IOC）のトーマス・バッハ会長が先月、来日し、菅首相と会談した。両氏は、東京五輪・パラリンピックを必ず実現する方針を確認するとともに、観客を受け入れる方針で一致した。

政府は現在、大規模イベントの収容人数を制限している。プロ野球では、横浜スタジアムと東京ドームで、基準を超す観客を入れる試みが行われた。IT技術を駆使し、密集状況や飛沫の広がりを分析する狙いがあった。客観的なデータを活用し、五輪での適切な収容規模を決めねばならない。

政府は、海外の観客受け入れに向けて、入国制限を緩和して待機措置を免除することや、公共交通機関の使用を認めることを検討している。

新型コロナウイルスの収束は見通せない。ワクチンが来夏までに普及するのかも未知数だ。

外国人観戦客の受け入れには、水際対策の抜本的な強化が欠かせない。入国後に感染が広がれば、医療提供体制が圧迫される恐れもある。国民の理解を得ながら、議論を進めてほしい。

延期に伴う五輪の追加経費は、約3000億円になる見通しだ。華美なセレモニーなどを廃止し、コスト削減に取り組むことが重要である。

夏川 明雄（政治評論家）

# 時の焦点　海外

## 米政界勢力図

### バイデン氏の内憂外患

新型コロナ禍の猛威と並んで後世に語り継がれるであろう今回の米大統領選は、過去4年近くのトランプ政治を徹底的に批判した民主党のバイデン候補（前副大統領）が接戦を制し、政権奪還に成功したが、同時に見逃せないのは、劣勢を伝えられながら事前の予想を上回る善戦をした共和党現職のトランプ氏の集票力の高さだ。トランプ氏が慣例に反して潔く敗北を認めないのは、国益を顧みぬ常軌を逸した行動だが、理解に苦しむ姿勢をとり続けるのは、前回大統領選よりも得票を上積みしたことに大きな手ごたえを感じ、今後とも自らの求心力を維持する思惑もあるのだろう。

また、大統領選と同時実施の上下両院選でも、上院は共和党が現時点で半数の50議席（残る2議席は未確定）を確保する一方で、下院は民主党が引き続き過半数を維持したものの、議席を減らすなど、共和党が善戦した。

大統領選と連邦議会選の結果を見る限り、来年1月に発足するバイデン新政権は経済など内政、外交・安保のいずれの分野においても、野党に転じた共和党の強い抵抗が予想され、バイデン次期大統領にとって、厳しい政権運営を強いられるのは間違いない。加えて、足元の民主党内でもバイデン氏ら中道派と、大統領選で協力を惜しまなかったサンダース上院議員ら左派との政策的な立場の隔たりが残っており、選挙の洗礼を経た新たな米政界勢力図における「内憂外患」は新政権の思い切った舵取りを縛る要因となりそうだ。

大統領選で勝利宣言をしたバイデン陣営は、政権移行作業を本格化させているが、敗北を頑として認めないトランプ氏による準備作業への非協力が続くなど、政治空白と円滑な政権移行に対する懸念は依然として消えない。こうした中で、トランプ大統領は選挙での敗北が濃厚になった直後、エスパー国防長官ら国防総省高官を解任したり、大統領が声高に繰り返す「不正選挙」を否定した国土安全保障省傘下の担当局長を更迭するなど、恣意的としか見えない人事を乱発。さらに、アフガニスタンとイラクに駐留する米軍部隊の一部撤退を発表するなど、任期切れを前に「駆け込み外交」に着手した。

トランプ氏による任期切れ直前の恣意的人事や外国駐留米軍部隊の撤退発表などは、自らの選挙公約を何としても実現するというレガシー（政治的遺産）づくりの一環なのだろうが、現地の治安情勢や米国の安全保障への影響を十分に勘案したものではないことは明らかだ。ここにも、トランプ氏の政治スローガン「米国第一主義」が結局は、多くの識者が指摘したように、国益を損なう「トランプ第一」に堕したことが見て取れる。

傍若無人としか見えない現職大統領の言動に対し、共和党内からも批判の声が出始めているが、それが大勢とならないのは極めて奇異に映る。トランプ氏が2024年大統領選に意欲を見せているといった臆測が出ているが、トランプ党に変質した共和党指導部には、過度な党派対立を排し、健全な保守を代表する結党の原点に回帰してほしいものだ。

伊藤 努（外交評論家）

# 研究開発で7社12人表彰

## 防衛基盤整備協会　自衛隊向け装備品

防衛基盤整備協会賞贈呈式

万全のコロナ対策の中、鎌田理事長（右）から「防衛基盤整備協会賞」を贈呈される受賞企業の代表（11月25日、東京都新宿区のホテルグランドヒル市ヶ谷で）

公益財団法人・防衛基盤整備協会（鎌田昭良理事長）の令和2年度「防衛基盤整備協会賞」の贈呈式が11月25日、東京都新宿区のホテルグランドヒル市ヶ谷で行われ、自衛隊向け装備品の研究開発で大きな貢献があった7社12人に鎌田理事長から協会賞と副賞の100万円が贈られた。

同賞は防衛装備品に関し、民間で自主的に行われた研究開発や生産技術の向上など、特に優れた業績を挙げた研究者・技術者のグループや個人を表彰するもので、今回で42回目。

今年は、①護衛艦用LEDユニット及び各種LED照明機器の開発②世界初のリチウムイオン電池システムを搭載した潜水艦の実現③航空機データバスライン連接技術の開発――の3件に関わった7社12人が表彰された。

式には防衛装備庁の武田博史長官、三島茂徳防衛技監をはじめ、各幕装備計画部長、関係企業社員など合わせて約50人が出席した。

鎌田理事長は式辞で、同賞について「協会の設立当初から実施している最も伝統ある公益目的事業であり、昭和54年度の第1回表彰以来、本年度で表彰の累計は222件に上る」と紹介。その上で「情勢の変化を踏まえ、防衛省・自衛隊にとって役に立つ新規の施策にも積極的に取り組んでいく所存だ」と決意を表明した。

続いて、来賓を代表して祝辞を述べた武田装備庁長官は「今回受賞された皆さまのご功績は、防衛省が重視している民生の先端技術の防衛装備品での実用化であり、いずれも我が国の防衛力を支える貴重な取り組みだ」とたたえた。

◇

令和2年度防衛基盤整備協会賞の受賞テーマ、企業名、担当者名、功績の概要は次の通り（敬称略）。

【護衛艦用LED照明機器及び各種LEDユニットの開発】▽ジャパンマリンユナイテッド（松浦册子）▽森尾電機（吉成淳）▽高工社（吉田賢二）▽大石電機工業（曽根啓介）＝一般社会で活用が進むLED照明を、厳しい対衝撃性能が要求される護衛艦装備として実現することに成功。

【世界初のリチウムイオン電池システムを搭載した潜水艦の実現】▽ジーエス・ユアサテクノロジー（井田景博、長谷川英史、川本和幸）▽三菱重工業（殿本浩史、新田健）＝独自に保有する技術を組み合わせることで、安全性と信頼性を向上させ、潜水艦用として世界に先駆けて実現したリチウムイオン電池システムの研究開発に成功。

【航空機データバスライン連接技術の開発】▽日本飛行機（堀江準、中野智史、佐藤浩道）＝GPS航法への切り替えに対応し、既存の航空機の継続運用を可能とした航空機データバスライン（信号処理回路）連接技術の開発に成功。空自のYS11EB電子情報収集機の航法システムを改修し、能力向上を図った。

米宇宙軍のレイモンド作戦部長（左端）、太平洋空軍のウィルズバック司令官（右端）と共に行進する井筒空幕長（中央左）＝11月19日、パールハーバー・ヒッカム統合基地で（米軍HPから）

# 空軍参謀長会議に出席

## 空幕長　ハワイ米軍両大将と個別会談

井筒空幕長は11月17日から22日まで、米ハワイ州に出張し、パールハーバー・ヒッカム統合基地で開かれた米宇宙軍、太平洋空軍主催の「空軍参謀長等会議」に出席した。

会議には韓国や豪空軍のトップらも出席し、西側各国の作戦上の優先事項や共通の安全保障問題について議論した。

期間中、井筒空幕長は米宇宙軍作戦部長兼宇宙コマンド司令官のジョン・レイモンド大将、米太平洋空軍司令官のケネス・ウィルズバック大将らと個別に会談。レイモンド司令官とは宇宙分野の取り組みに関して意見交換を行い、日米協力を引き続き進めていくことで一致。ウィルズバック司令官とは、新型コロナの影響やF35ステルス戦闘機に関する日米の取り組み、日米空軍種間の協力を一層進めていくことで合意した。

井筒空幕長は11月27日の記者会見で「（ハワイでは）今後進めていく上で必要な技術的、専門的な知見を得ることができ、大変有意義な会議だった」と述べた。

# 迎撃実験に成功

## SM3ブロック2A　模擬ICBMに命中

ハワイ沖を航行中の米イージス艦「ジョン・フィン」から発射されたSM3ブロック2A。模擬ICBMの迎撃に成功した（米ミサイル防衛庁HPから）

日米が共同開発した弾道ミサイル防衛（BMD）用の最新型ミサイル「SM3ブロック2A」の迎撃実験がハワイ北東沖で11月16日夜（日本時間17日）に行われた。

マーシャル諸島内の米軍施設から打ち上げられた大陸間弾道ミサイル（ICBM）を模擬した飛翔体に向け、ハワイ沖を航行中の米イージス艦「ジョン・フィン」からSM3ブロック2Aが発射され、模擬ICBMの迎撃に成功した。同日、米ミサイル防衛庁が発表した。

SM3ブロック2Aは日米が共同で開発、日本はノーズコーン、第3段ロケットモーターなどの開発を担当した。

迎撃成功を受け、岸防衛相は11月20日の記者会見で「SM3ブロック2Aは12年にわたる日米共同開発を経て完成した、短距離から中距離の弾道ミサイルに対処し得るよう設計された迎撃ミサイルだ。今回、当初の設計目標を上回るようなICBMの迎撃能力を実証したことは、日米の優れた技術を結集した成果であり、高い信頼性・能力を実証したものと考えている。SM3ブロック2Aは令和3年度以降、日本においても順次配備する計画となっている。配備を着実に進め、弾道ミサイル脅威への対処に万全を期していきたい」と述べた。

# 共済組合だより

## インフルエンザの予防接種を助成　来年1月31日まで

防衛省共済組合では、組合員の被扶養者を対象に「インフルエンザ予防接種」の助成を行っています。期間は来年1月31日まで。インフルエンザが流行する前に、ぜひ予防接種を受けましょう。

助成対象は予防接種を受けた被扶養者全員で、1人につき年1回助成します。助成額は接種1回につき1500円。接種料金が1500円未満の場合はその額（100円未満切り捨て）とします。

共済組合に助成金を請求する際は、接種後、「インフルエンザ予防接種助成金請求書兼受領書」にインフルエンザ予防接種を受けたことが分かる記載のある医療機関発行の領収書またはそれと同等の書類を添え、所属する支部に提出してください。請求期間は来年2月末日までとなっています。

なお、「経鼻インフルエンザ生ワクチン（フルミスト）」等、厚生労働省未承認のワクチンは助成の対象となりません。ご注意ください。

# インドネシア陸軍参謀長と電話会談

## 湯浅陸幕長

インドネシア陸軍参謀長のアンディカ・プルカサ大将

湯浅陸幕長は11月25日、インドネシア陸軍参謀長のアンディカ・プルカサ大将と電話会談を行った。

両者は、日インドネシア陸軍種間の防衛協力・交流について意見交換し、「自由で開かれたインド太平洋」の維持・強化に向けて、今後も両国陸軍種間で連携強化を図ることで一致した。

# 米比主催の陸軍管理セミナーに参加

## 陸幕防衛部長

荒井正芳陸幕防衛部長は11月17、18の両日、米太平洋陸軍とフィリピン陸軍がオンラインで主催した「インド太平洋地域陸軍管理セミナー（IPAMS）」に参加した。

同セミナーにはインド太平洋地域から26カ国が出席し、高級幹部（少将から中佐）による実務レベルでの意見交換が行われた。

セミナーは「市街地環境におけるインド太平洋地域陸軍の課題への対応」をテーマに進められ、荒井防衛部長は日本の市街地環境の特性や陸軍種の重要性について発表、各国陸軍の幹部と相互理解を深めた。

# 露軍IL20が日本海を飛行

ロシア軍のイリューシンIL20情報収集機＝写真＝1機が11月21日午前から午後にかけ、日本海の我が国沿岸上空を長距離飛行したため、空自の北空、中空、西空のF15戦闘機などが緊急発進して対応した。領空侵犯はなかった。

北海道・礼文島沖に飛来したIL20は、秋田、佐渡、能登半島沖まで列島沿いを南下した後、福井沖で針路を北西に変え、日本の領空から離れた。

統幕は同日、空自機が撮影した露軍機の写真と航跡図を公開した。

# 海自東京音楽隊定例演奏会を開催

## 1月15日

海自東京音楽隊は1月15日午後6時から東京都世田谷区太子堂の昭和女子大学人見記念講堂で第61回定例演奏会を開く。

曲目は「主よ、人の望みの喜びよ」（バッハ）、「抒情的『祭』」（伊藤康英）など。午後7時開演。入場は無料。希望者は往復はがきで応募する。詳細は東音HPを参照。締め切りは12月9日必着。問い合わせは東音（03−3700−0136）まで。

# 防衛省発令

▽海自2術科学校研究部長（海自2術科学校）2海佐 高藤 博之

ちょっとまて　あとになっては　もう遅い
倫理ホットライン

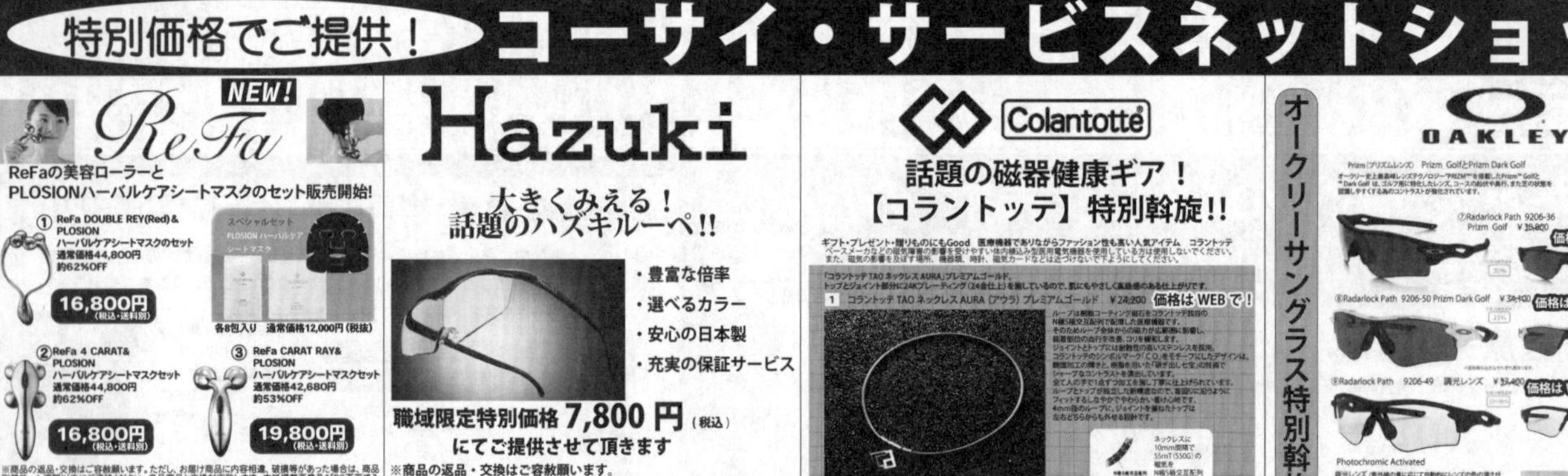
特別価格でご提供！
コーサイ・サービスネットショップ
NEW!
ReFa
ReFaの美容ローラーとPLOSIONハーバルケアシートマスクのセット販売開始!
① ReFa DOUBLE REY(Red)& PLOSION ハーバルケアシートマスクのセット 通常価格44,800円 約62%OFF
16,800円（税込・送料別）
② ReFa 4 CARAT& PLOSION ハーバルケアシートマスクセット 通常価格44,800円 約62%OFF
16,800円（税込・送料別）
③ ReFa CARAT RAY& PLOSION ハーバルケアシートマスクセット 通常価格42,800円 約53%OFF
19,800円（税込・送料別）
Hazuki
大きくみえる！
話題のハズキルーペ!!
・豊富な倍率
・選べるカラー
・安心の日本製
・充実の保証サービス
職域限定特別価格 7,800円（税込）
にてご提供させて頂きます
※商品の返品・交換はご容赦願います。
ただし、お届け商品に内容相違、破損等があった場合には、商品到着後、1週間以内にご連絡ください。良品商品と交換いたします。
Colantotte
話題の磁器健康ギア！
【コラントッテ】特別斡旋!!
価格はWEBで！
オークリーサングラス特別斡旋
OAKLEY
価格はWEBで！
コーサイ・サービス株式会社
https://www.ksi-service.co.jp/
得々情報ボックス ID:teikei PW:109109
TEL:03-3354-1350 担当：佐藤
〒1600002 新宿区四谷坂町12番20号 KKビル4F 営業時間 9:00～17:00／定休日土・日・祝日
お申し込み
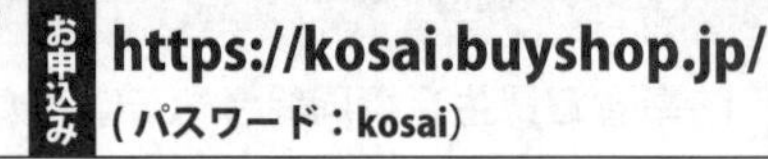
https://kosai.buyshop.jp/
（パスワード：kosai）

# 入間で航空観閲式

## コロナ禍で規模縮小　無観客で開催

令和２年度自衛隊記念日行事の「航空観閲式」が11月28日、自衛隊最高指揮官の菅首相を迎え、快晴の空自入間基地で行われた。コロナ禍により規模は縮小され、無観客の式典となったものの、菅首相はオープンカーに乗り、整列した入間基地の所在隊員ら約800人を巡閲。式後は展示されたＲＣ２電波情報収集機を視察したほか、Ｆ２、Ｆ15、Ｆ４ＥＪ改戦闘機、ＰＡＣ３ＭＳＥ地対空誘導弾などを見て回り、特別塗装が施されたＦ４ＥＪ改の操縦席にも乗り、撮影に応じる一幕もあった。（写真・文　菱川浩嗣）

## 菅首相、Ｆ４戦闘機に搭乗

㊤式後の部隊視察で、運用終了に向けた特別塗装が施されたＦ４ＥＪ改の操縦席に座り、記念撮影する菅首相（官邸ＨＰから）
㊨オープンカーに乗り、空自４個大隊約800人を巡閲する菅首相（中央）＝写真はいずれも11月28日、空自入間基地で

整列した空自隊員に対し訓示する菅首相。その右は岸防衛相、左端は執行者を務めた中空司令官の森田雄博空将（官邸ＨＰから）

Ｆ２（右）、Ｆ15（左）両戦闘機を視察する菅首相（中央奥）

快晴の青空の下、観閲式に臨む入間基地所在部隊。後方は展示されたＲＣ２電波情報収集機（右）など空自の装備品

観閲式後、整斉と行進して退場する空自の儀仗隊

## 前事不忘　後事之師　第59回

### 韓非子 ―人を信ずれば人に制せらる―

中国の古典『韓非子』の「内儲説」という篇に次のような小話があります。

衛の国の人で夫婦でお祈りをするものがいた。妻が願かけて言うには「百束の布が授かりますように」。その夫が「なんと小さい願いだな」と言うと、妻は「これより多いとあなたはお妾を買うかも知れません」と答えた。

この話のポイントは夫婦の間でも〝利害が異なる〟という点です。親密な関係であるはずの夫婦間でさえ利害が異なるのだから、家族でもない君主とその臣下の間ではより大きな利害の違いがある、従って君主たるもの常に臣下の行動に目を光らせていなければならず、「賞」と「罰」という二つの手段を使って臣下を統率すべきと韓非子は説きます。さらに韓非子「備内篇」には、「人主（君主）の患いは人を信じるに在り、人を信ずれば人に制せらる」との記述があり、次のように述べ、妻である后妃にも警戒すべきと説きます。

男は50歳になっても色好みは衰えないが、婦人は30歳になると美貌が衰える。婦人は、美貌の衰えた身で好色の夫に仕えるとなると、わが身は疎んじられるのではないかと考え、わが子が世継ぎになれないのではと疑う。これこそ后妃や夫人が君主の死を強く望む理由である。

妻さえ信じるなという極端な人間不信ですが、韓非子の主張の底にあるのは、人間は「利害」に基づき行動するとの考えです。

韓非子の著者である韓非は中国の戦国時代の韓の国の王族の一員でした。王族とはいえ母親は身分の低い君主の側室であったため、政治的な力は無かったと伝えられています。当時の韓の国は、東西南北を強国に囲まれ、特に台頭してきた西隣の秦から攻撃を受け、国土が削られる状況にありました。そうした国難の中で、韓の君主や臣下たちは国内での争いにあけくれていたようです。

韓非はこの状況に憤慨します。実際、韓非子の主要部分は韓の君主への上申であると解されます。徹底した法治主義により君主の権威を高め、臣下を厳しく統御し、富国強兵につとめ、真の賢人を登用すべきとの主張です。しかしながら韓非の必死の訴えは取り上げられませんでした。皮肉なことに韓非子を秦王「政（後の始皇帝）」が読んで痛く感心します。「この著者に会えたら死んでもいい」と言ったそうです。秦に攻め立てられていた韓の君主は韓非を使者として秦に送りますが、かつて韓非と学友であり秦に仕えていた李斯は韓非の才能が自分を超えることを知っていたことから、秦王に讒言し韓非を自殺に追い込みます。

私は人間が利害に基づいて行動するとの韓非子の考えは必ずしも正しくないと考えます。人は利益や欲望に対する抵抗力が甚だ弱いのは事実ですが、時には自分の利害を超えて行動します。『史記』の刺客列伝に登場する予譲が「士は己を知る者の為に死す」と言って、一時自分を厚遇してくれただけの人物のために命がけの仇討を行うのはその例です。

他方で、私は韓非の人間社会を冷徹に観察しようとする姿勢は評価すべきと考えます。そうした観察の結果、韓非は自分もその一人である王族や王子も君主にとっては危険な存在であると主張します。

韓非はしばしばイタリアのマキャヴェリと並ぶ「悪の思想家」と称されます。しかしながら、韓非を弁護すれば、彼が説く非情な論理は自国に国難が迫っているのに何らの策もとらない君主や臣下に対する憤りと国難の中で何とかして国を救いたいとの強い思いから生じたものだということです。そのことを忘れ、韓非が提案する冷徹な方策のみを抜き出して採用するなら、私はそこに危うさを感じます。

先般、ある本を読んでいたら、中国のある要人が「韓非子を読んでいる人物は一流である」と述べているとの記述を目にしました。文脈からすると、その要人は、国益追求のためなら手段を選ぶ必要はないとの主張の根拠として韓非子を挙げているようですが、彼は次の歴史を思い出すべきです。

韓非が獄中で自殺した後、韓の国も滅ぼされ、秦が中国を統一します。始皇帝となった秦王の政と宰相に上り詰めた韓非の学友李斯は韓非が提案した厳しい法治主義で中国を統治しようとします。しかしながら秦はわずか15年で滅びます。

鎌田　昭良（元防衛省大臣官房長、元装備施設本部長、防衛基盤整備協会理事長）

『韓非子』（冨山房百科文庫）

…… 前事忘れざるは後事の師 ……

人間ドック活用のススメ
人間ドック受診に助成金が活用できます！
防衛省の皆さんが三宿病院人間ドックを助成金を使って受診した場合
※下記料金は消費税10％での金額を表記しています。
コースの種類　自己負担額（税込）
基本コース１　9,040円
基本コース２（腫瘍マーカー）　15,640円
脳ドック（単独）　なし
肺ドック（単独）　なし
¥0
女性イチオシ！
ex. ①基本コース１＋乳がん（マンモグラフィ）＝13,000円
②基本コース１＋乳がん（乳腺エコー）＝11,350円
③基本コース１＋婦人科（子宮頸がん）＝13,660円
脳ドック受診してみようと思うんだ。助成金もあるからね。
パパ、私も乳がん検診とか婦人科健診受診したいな。
あなたが想うことから始まる　家族の健康、私の健康
国家公務員共済組合連合会
三宿病院 健康医学管理センター
東京都目黒区上目黒5-33-12
TEL 03-3711-5771（代）
HP：http://www.mishuku.gr.jp
予約・問合せ
ベネフィット・ワン・ヘルスケア
健診予約センター
TEL 03-6870-2603
●被扶養者も防衛省共済組合の助成を利用できます。
“三宿病院　人間ドック”とご指定下さい。
三宿病院はベネフィット・ワン・ヘルスケアの提携受診機関です。


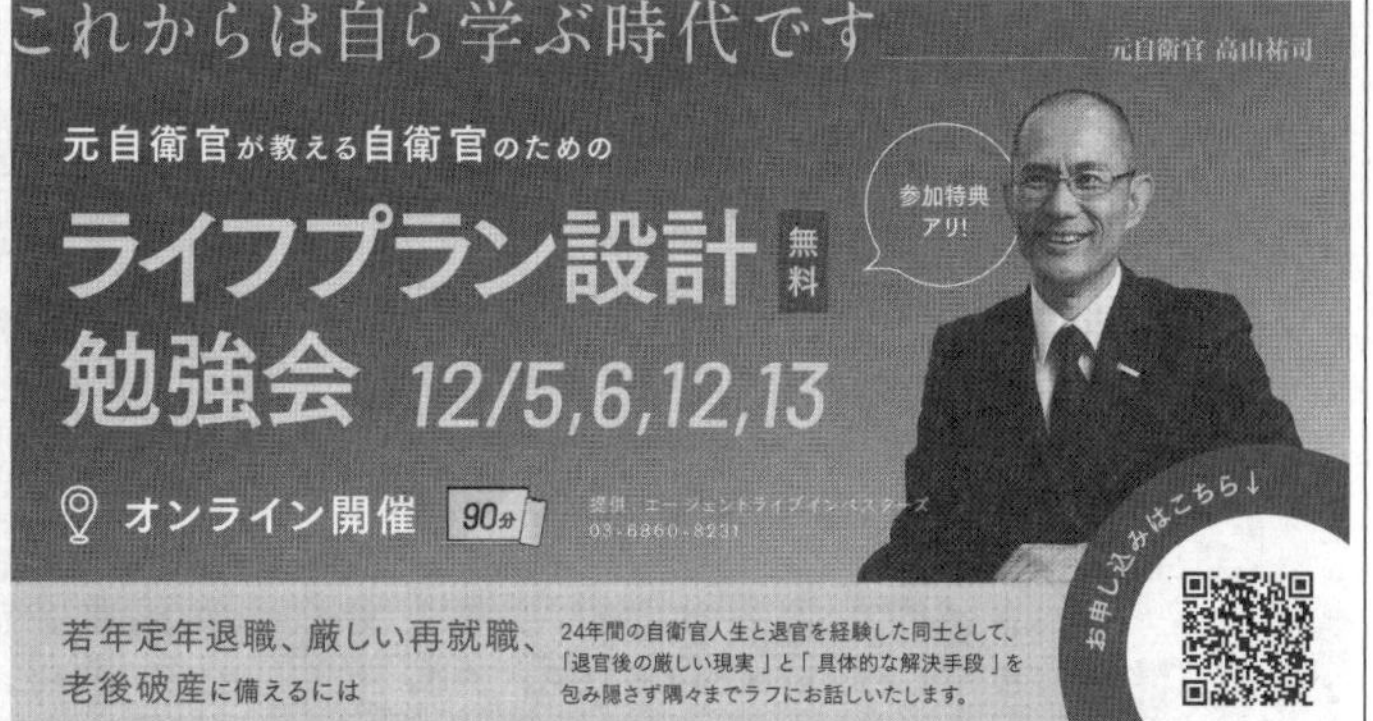

これからは自ら学ぶ時代です
元自衛官 高山祐司
元自衛官が教える自衛官のための
ライフプラン設計
無料
勉強会 12/5,6,12,13
参加特典アリ!
オンライン開催
90分
03-6860-8231
お申し込みはこちら↓
若年定年退職、厳しい再就職、老後破産に備えるには
24年間の自衛官人生と退官を経験した同士として、「退官後の厳しい現実」と「具体的な解決手段」を包み隠さず隅々までラフにお話しいたします。

# 「中国安全保障レポート2021」概要　新時代における中国の軍事戦略

## 防研編

# 「智能化戦争」に警鐘

防衛研究所は11月13日、中国の中長期的な軍事動向に関する年次報告書『中国安全保障レポート2021』を公表した＝本紙11月19日付既報。この中で、中国は人工知能（AI）など先端技術を駆使した将来の「智能化戦争（Intelligent Warfare）」に備え、AIやロボティクス、ナノテクノロジーなどの軍事転用を担う「戦略支援部隊」の新設や、「人と機械が一体化した指揮システム」の研究開発を進めていると指摘した。報告書はA4判、全89ページで、防研のホームページに日英中の3カ国語のPDF版で公開されている。

## はじめに

先端技術の導入を通じて軍事力の増強を図る中国人民解放軍の動きが活発化している。習近平国家主席（中国共産党総書記）は、2017年10月に開催された第19回中国共産党大会における演説で、今世紀半ばまでに人民解放軍を「世界一流の軍隊」にするという長期的な目標を掲げた。「世界一流の軍隊」とは米国と並ぶ軍事大国になることを意味し、習近平政権下で進む人民解放軍の大規模な改革は、この目標を実現するためのものにほかならない。

この演説で習近平国家主席は、「科学技術が戦闘力の核心であるとの思想を確立し、重大な技術イノベーション、自主イノベーションを推進し、軍事人材を育成するシステムの構築を強化して、イノベーション型の人民軍隊を建設する」と公言し、「世界一流の軍隊」の建設のために科学技術の成果を人民解放軍が取り入れる重要性を説いたのである。

習近平国家主席のこうした発言の背景には、科学技術を核心とした軍事力の強化が米軍に対する人民解放軍の軍事的な劣勢を覆す鍵となるとの認識があると思われる。習近平国家主席は人民解放軍建設の方針の一つに「科技強軍（科学技術による軍の強化）」を掲げている。こうした中、人民解放軍は、2019年7月に公表された国防白書『新時代における中国の国防』（以下『国防白書2019』）において、「新たな科学技術革命と産業革命の推進の下、人工知能（AI）、量子情報、ビッグデータ、クラウドコンピューティング、モノのインターネット（IoT）など先端科学技術の軍事分野における応用が加速」しているとの認識を示した。将来戦の勝敗の鍵を握るのはこうした最先端技術の軍事利用であり、新たな軍事革命の潮流を先進的に取り入れることによって、米軍を「曲がり角で追い越す（彎道超車）」ことが可能になるかもしれないと人民解放軍は考えているのである。

人民解放軍における科学技術の軍事利用への取り組みは、新たな安全保障領域における軍事戦略の再編や軍事力の整備となって表れている。『国防白書2019』において、人民解放軍は現在の戦争形態について、「情報化戦争へと速やかに変化し、智能化戦争が初めて姿を現している」との認識を示した。「智能化戦争」とは、「IoT情報システムを基礎として、智能化された武器・装備および関連する作戦方法を使用して、陸・海・空・宇宙・電磁波・サイバーおよび認知領域で進める一体化戦争」といわれる。

人民解放軍は19年7月、戦争形態の変化に対応するために「新時代における軍事戦略方針」を新たに策定したことを明らかにした。つまり、人民解放軍は現在、この智能化戦争に勝利するために、中国が言うところの「新時代」に向けた軍隊建設を進めているのである。

智能化戦争に向けた軍事力の整備の端的な例は、軍事改革の一環として「戦略支援部隊」という新たな組織を創設したことである。同部隊は、宇宙・サイバー・電磁波領域などの安全保障の新領域の軍事利用を担うとともに、AI、ロボティクス、ナノテクノロジーなどの先端技術の軍事利用も担当するとみられる。このような部隊が創設されたことは、人民解放軍が新たな安全保障領域の軍事的価値を重視していることを示すものとして注目されている。

他方で、この問題をとらえるうえで見逃してはならないことは、近年の人民解放軍による先端技術の軍事利用の動きが、中国社会や民間企業が持つ資源の動員にも及んでいることである。

習近平政権は、「イノベーションに牽引された発展戦略が中華民族の前途命運を決定する」として、科学技術の振興を「中華民族の偉大な復興」という「中国の夢」の実現に向けた国家事業として位置付けている。さらに、近年の科学技術は汎用性のある軍民両用（デュアルユース）の性質を強めており、民間企業が開発した先端技術の多くが軍事転用可能なものとなっている。習近平政権は、幅広い民間主導のイノベーションを軍事技術へ転換することを促すために、「軍民融合発展戦略」を国家戦略として積極的に推し進めている。

こうした中国政府による科学技術の軍事利用への取り組みは、欧米の先進諸国を中心に国際社会へ波紋を広げている。なぜなら、国際規範の形成が未成熟な新しい安全保障領域において中国の軍事力や発言力の強化が進めば、今後の国際秩序に大きな影響を及ぼすことは間違いないからである。また、これまで安全保障問題としてとらえられていなかった中国企業による対外貿易や投資が、先進国からの技術・情報・人材の流出を促し、人民解放軍の軍事力強化につながりかねないとの懸念が出てきている。この結果、欧米諸国でも中国企業を念頭に置いた貿易・投資規制を厳格化する動きが急速に進んでいる。こうした国際環境の変化は、対外交流を基に経済発展を遂げてきた中国にとって、無視できない事象であろう。

以上のような先端技術の利用によって軍事力の強化を図る人民解放軍の取り組みは、新時代における中国の軍事戦略においてどのように位置付けられ、また国際安全保障環境にいかなる影響を及ぼすのであろうか。こうした問題意識に応えるためには、人民解放軍の新時代における軍事戦略について事例を交えながら分析を加え、人民解放軍の動きに対して国際社会がどのように反応しているのかを明らかにする必要がある。このため、本レポートは以下のような構成をとる。

第1章では、人民解放軍の軍事戦略がどのような変遷を遂げてきており、新時代における軍事戦略がいかなる方向性を有するのかを検討する。第2章以降は、各事例研究にあてる。第2章は、人民解放軍のサイバー戦略について、戦略支援部隊などの組織的動向や彼らのサイバー戦の考え方を基に検討する。

第3章では、新たな戦略的制高点として注目される宇宙空間を人民解放軍がどのように利用しているのかを明らかにする。続く第4章では、科学技術の軍事利用を目的とした中国の軍民融合発展戦略に係る取り組みを分析した上で、それが国際安全保障環境に与える影響を論じる。

歴代指導者と人民解放軍が重視した科学技術と軍事戦略

| 指導者 | 人民解放軍が重視した科学技術や兵器 | 採用した軍事戦略（積極防御は共通） |
|---|---|---|
| 毛沢東 | 原爆、水爆 | 人民戦争（内実は変化するが用語自体は以後の時代も残存） |
| 鄧小平 | 先進的な通常兵器 | 現代的条件下での局地戦争 |
| 江沢民 | ハイテク、ハイテク兵器 | ハイテク条件下での局地戦争 |
| 胡錦濤 | 情報、情報に基づき運用される兵器 | 情報化条件下での局地戦争 |
| 習近平 | 情報と智能、これらに基づき運用される兵器 | 情報化戦争（智能化戦争へ移行） |

（出所）『建国以来毛沢東軍事文稿　中巻』軍事科学出版社・中央文献出版社、2010年などを基に執筆者作成。

戦略支援部隊の主な部局と役割

| 主な部局 | 役　割 |
|---|---|
| 参謀部 | 中央軍事委員会統合参謀部と連携して後方支援計画や訓練などの統合作戦への支援 |
| 政治工作部 | 三戦（輿論戦、心理戦、法律戦）、党指導の貫徹、組織管理 |
| 規律検査委員会 | 組織内の腐敗対策 |
| サイバー系統部 | サイバー・電磁波領域の偵察・防御・攻撃、技術偵察 |
| 航天系統部 | 衛星発射センターの管理、衛星の打上げ、追跡、管制、宇宙情報支援 |

（出所）John Costello and Joe McReynolds, *China's Strategic Support Force: A Force for a New Era*, National Defense University Press, 2018, pp. 1-68などを基に執筆者作成。

## 第1章　情報化戦争の準備を進める中国

中国において現在まで一貫して採用されている「積極防御」の軍事戦略の内実は、毛沢東をはじめとする各時期の共産党指導者が軍を指導していく過程で、徐々に先制攻撃を重視するようになっていった。毛沢東時代の「積極防御」は、攻撃を受けてから反撃するという「後発制人」を前提とした。鄧小平時代になると、通常兵器を使用した局地戦争が戦略レベルに引き上げられ、積極防御戦略は局地戦争の持つ先制攻撃要素を内包するようになった。江沢民時代には、「ハイテク条件下の局地戦争における勝利」を目指したが、胡錦濤時代に差し掛かる頃には、戦争における情報の重要性が認識され、「情報化条件下の局地戦争」の勝利が目指された。そこで強調されたのは先制攻撃の重要性の高まりであった。

習近平政権になると、宇宙・サイバー・電磁波といった新領域を効果的に運用した情報化戦争における勝利が志向されている。この戦争は兵器や兵種の境界を取り払った統一指揮される作戦で、人間の判断によって指揮官が戦略方針を決定する。さらに、智能化戦争の段階に至ると、指揮や戦略方針を決定する際に人工知能やゲーム理論を利用して、相手の意図を分析・判断して指揮官に提供するという、人と機械が一体化した指揮システムが構築され、攻撃対象も物理的な対象に加え、サイバー空間や認知空間といった非実体的なものが含まれるようになる。

情報作戦時の指揮構成

中央軍事委員会統合参謀部
情報通信局
陸軍 作戦指揮機構 ― 情報作戦部門
海軍 作戦指揮機構 ― 情報作戦部門
空軍 作戦指揮機構 ― 情報作戦部門
ロケット軍 作戦指揮機構 ― 情報作戦部門
戦略支援部隊（各戦区に対する統合作戦支援）
情報作戦部隊指揮所
各戦区（東部、南部、西部、北部、中部）

（出所）葉征『信息作戦学教程』軍事科学出版社、2013年、134頁を基に執筆者作成。

## 第2章　中国のサイバー戦略

人民解放軍は、情報の支配を意味する「制情報権」が現代の戦争で核心的な事項であると見なしている。人民解放軍は、「制情報権」を掌握することが重要であるとの認識を持ち、自身の情報化を進めるとともにサイバー戦略の策定を進めてきた。この過程で2015年末に新設された戦略支援部隊は、「制情報権」の掌握に加え、宇宙・サイバー・電磁領域の作戦を担当するための情報支援、先端技術の軍事利用などを担うとみられる。また、人民解放軍は「制情報権」を掌握するために、平時からサイバー作戦や情報作戦を目的とする戦略の策定や、戦略面でも優位な態勢を構築することを重視している。

他方、人民解放軍は、自身の情報化を進める中で、軍事作戦においても情報システムへの依存を深め、情報産業においても攻撃を受けることに脆弱性を抱える状況に危機感を強めている。こうした課題に対処するために人民解放軍は、サイバー分野における核心技術の国産化、専門人材の育成などを図っている。また、中国政府はサイバー空間における国際規範の形成にも積極的に取り組んでいるが、こうしたサイバー空間における取り組みは、米国から厳しい警戒と批判を招いている。

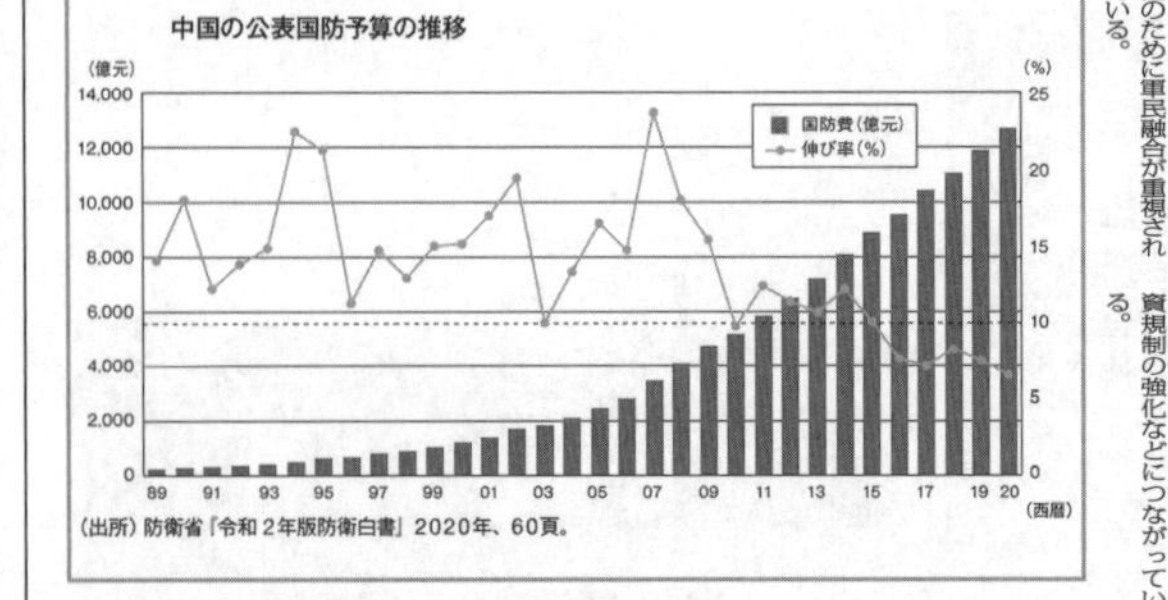


（出所）防衛省『令和2年版防衛白書』2020年、60頁。

## 第3章　中国における宇宙の軍事利用

中国の宇宙活動はその起源から密接に軍事活動に関わりながら展開してきた。他方で、人民解放軍にとって宇宙の有する軍事的価値が広く認識されるようになったのは1990年代から2000年代にかけてのことであった。

湾岸戦争をはじめとする他国による戦争の観察を通して人民解放軍は、現代戦において勝利を収めるためには宇宙の優勢を握ることが必要であると考えるようになった。そのために必要な宇宙戦能力の構築を進めてきた。

中国では、政府や軍の支援を受けて新興宇宙企業が急速に技術力を向上させており、将来的には軍が民間の技術を導入したサービスを利用したりする時代が来ると見込まれる。

米中は互いの宇宙活動に対して強い警戒感を有しており、最近では月とその周辺の空間も新たな競争の領域になり始めている。一方で、中国との宇宙分野での協力に前向きな国家も少なくない。中国は衛星測位、宇宙状況認識などの分野で熱心に協力を進めている。

## 第4章　中国の軍民融合発展戦略

中国では習近平政権の下、軍民融合発展戦略という新たな施策が推進されている。習近平政権は、中央軍民融合発展委員会という強力な組織を新設し、軍民融合を推進するための施策を次々と打ち出すとともに、新たな科学技術の軍事利用を目指している。

中国人民解放軍は創設以来、生産活動に従事するなど民との密接な関係を持ってきたが、その関係は時代とともに変化してきた。安全保障分野における科学技術の進展が速まる中、市場経済化の過程で中国の民間企業の技術力が向上している。対内的にも対外的にも、積極的な投資活動・技術交流を通じて、外部の先端技術を導入していることによって、欧米諸国との懸念をもたらしている。欧米諸国における貿易・投資規制の強化などにつながっている。

静電気対策やウイルス抑制、乾燥防止
NEW
加湿量 4L/h の大容量で
広い空間の空気に潤いを
大型気化式加湿器 EHN-4000
タンク容量21Lで
連続運転約5時間
水道直結・給水
どちらも使用できます
加湿目安
56畳
94畳
広い空間の換気、空気の入れ替えに
感染防止対策や空調補助、大きく空気を動かしたい場所に
大型循環送風機 ビッグファン
●備蓄倉庫等の換気・循環に！
●単相100V電源で工事不要！
広さ・用途で選べる5TYPEをご用意
BF-60J
DCF-60P
BF-75V
BF-100V
BF-125V
目的に合ったドライ環境を提供
結露・カビを抑え湿気によるダメージを防ぎます！
コンプレッサー式除湿機
DM-10
DM-15/DM-15T
DM-30
【各機種満水停止機能付き】ドレンホースで直接排水も可能です！
NAKATOMI
株式会社 ナカトミ
〒382-0800 長野県上高井郡高山村大字高井6445-2
https://www.nakatomi-sangyo.com
株式会社ナカトミ
検索
お問い合わせはこちら
TEL:026-245-3105 FAX:026-248-7101

# 募集・援護 特集

平和を、仕事にする。

ただいま募集中！
◇自衛官候補生
◇貸費学生（技術）
◇高工校生徒（一般）
★詳細は最寄りの自衛隊地方協力本部へ

# 入隊意欲向上！

## つなぎ広報、各地で展開

「自衛隊の試験に合格したけれど、厳しい環境で本当にやっていけるだろうか」――。そんな不安から、直前に入隊を辞退してしまう若者が少なくない。そこで地本では駐屯地や基地に試験合格者を引率し、部隊の様子をつぶさに見てもらっている。東京地本では宇宙作戦隊が新編された注目の空自府中基地に高校生らを引率し、現役隊員から直接空自の仕事内容を聞いてもらうことで、入隊への意欲を高めてもらった。

## 「明るい職場を見て安心」

### 東京　入隊予定者を府中基地に引率

【東京】代々木募集案内所は10月15日、一般曹候補生として来年3月に入隊予定の高校生ら9人を空自府中基地に引率した。

これは試験合格者に対し自衛隊の勤務環境を実地に知ってもらうことで、入隊に向けた自信と安心感を得てもらうことを目的に行われた。

府中基地に到着後、まず空自の概要説明を受け、その後、基地内の各部隊を訪問、それぞれの仕事内容を実地に研修し、自衛隊勤務への理解を深めてもらった。

航空基地の機能維持に必要な消防、離発着する航空機の管制、天気予報を行う気象業務をはじめ、隊員の福利厚生を支える会計や厚生の仕事を担う各隊員から直接話を聞いた。

参加者は、「明るい雰囲気の職場で安心した」「一人一人が生き生きと仕事をしている」「自分たちと同じ年代の女性が多く働いている姿を見て安心した」と話すなど、空自への入隊後のイメージを描いていた。

引率した代々木所の担当者は、「このような職場見学を通じ、今後も合格者が自衛隊の活動について理解を深めてもらえるよう努力したい」と話している。

上 気象群隊員（右）から業務の説明を受ける一般曹候補生試験合格者（10月15日、空自府中基地で）下 陸幹候校生（右）と懇談する同校の試験合格者（10月29日、前川原駐屯地で）

## 陸幹候校を入校者が研修

### 沖縄　先輩学生から体験談聞く

【沖縄】那覇分駐所は10月29、30の両日、福岡県の陸自幹部候補生学校（前川原）に一般幹候生入校予定者ら3人を引率した。

この日の同校研修は入校予定者の不安を取り除き、入隊意欲を促進することを目的に行われた。

3人は2日間にわたり同校の概況説明を受けるとともに、学校施設の見学や教育現場を研修、陸上自衛隊への理解を深めた。特に、入校中の候補生たちとの懇談では、今後、先輩・後輩となることからさっそく意気投合し、先輩の体験談に真剣に聞き入っていた。

入校予定者は、「充実した環境下で教育を受けるのが楽しみになった」「来年春の入校までの課題が分かったので、それまでに準備を万全にしたい」と早くも入隊に向けて意欲を高めていた。

## 合格者16人に防災訓練を披露　鹿児島

鈴木南西空司令官（中央）から激励を受けた入隊予定者たち。左端は那覇救難隊員、右端は森田正奄美大島所長（10月24日、奄美大島の大和村で）

【鹿児島】奄美大島駐在員事務所は10月24日に島内の大和村、翌日に龍郷町で行われた防災訓練に参加、広報活動を行うとともに、現地に今年度自候生試験に合格した16人を引率した。

防災訓練は大津波の発生を想定し、空自救難ヘリによる人員輸送や陸自奄美警備隊の救助者搬送訓練などが展示された。

奄美大島所は防災訓練に合わせて広報ブースを設置。地域住民に対する自衛隊広報を行うとともに、引率した高校生らに災害時の自衛隊の活動について詳しく説明した。

この際、訓練視察に訪れた南西空司令官の鈴木康彦空将が合格者たちと対面。司令官から「なぜ入隊しようと思ったのですか」と質問を受けた高校生たちは、「災害派遣で活躍する自衛官に憧れた」などと緊張しながら回答。鈴木司令官は笑顔で「入隊したら一緒に頑張りましょう」と、若者たちを力強く激励した。

陸自に入隊予定の奄美高校3年の里村佳未由さんは「将来は普通科を希望し、自分も偵察用バイクに乗ってみたいです」と希望に満ちた表情で話していた。

## 70人が空中散歩

### 例年規模のヘリ体験搭乗　島根

【島根】地本は11月15日、陸自中方ヘリ隊3飛行隊（美保）のCH47J輸送ヘリと13飛行隊（防府）のUH1J多用途ヘリの協力を受け、募集対象者らの体験搭乗を行った。

今年度の体験搭乗は新型コロナで中止が相次いでいたが、ここでは感染対策を講じ、例年どおりの規模で開催した。

会場は美保分屯地、隠岐空港、益田市立水防センターの3カ所で、募集対象者、援護協力者、モニターら総勢約70人が2機種に搭乗した。

参加した大学生は「初めてのヘリ体験だったが、上空から紅葉も見られてとても楽しかった」と語り、モニターからは「輸送ヘリの後部ドアが開いたまま飛ぶのには驚いた」との声があった。

## バレープロリーグ　10戦大太鼓が応援

Vリーグの試合前に演奏を披露する「滋賀十戦太鼓」の部員たち（11月14日、富山県黒部市で）

【富山】地本は11月14日、10戦車大隊（今津）の「滋賀十戦太鼓」の協力のもと、バレーボールVリーグの「KUROBEアクアフェアリーズ」ホームゲームで広報活動を行った。

会場の黒部市総合体育センターには約1600人のファンが訪れて観戦。オープニングセレモニーは華やかな雰囲気の中、「滋賀十戦太鼓」がさっそうと登場。力強く、勇壮な太鼓演奏を披露した。その後の選手入場でも「戦車機動部隊」の曲で選手を鼓舞し、オープニングを盛り上げた。

試合は太鼓応援のかいもあり、地元の「アクアフェアリーズ」が接戦を制し、ホームでの初勝利を飾った。大野久芳黒部市長をはじめ観戦者からは「自衛隊の太鼓演奏が後押ししてくれた。ありがとう」といった感謝の声が聞かれた。

この日、会場前広場でも地本は自衛隊車両を展示するとともに広報ブースを設け、親子連れや若者たちに幅広く自衛隊の活動をPRした。

コロナ対策を万全にした試験会場で受付をする防大受験者たち（11月7日、大分商工会議所で）

## 「精一杯がんばった」　大分

【大分】地本は11月7、8の両日、防衛大学校の学生（一般）採用1次試験を大分市の商工会議所で行った。

地本は陸海空自の将来の高級幹部を大分県から多く輩出しようと、防大の広報活動に力を入れてきたこともあり、今年は81人（人文・社会科学15人、理工学66人）が受験した。

試験を終えた受験生からは「難しかったが、精一杯がんばった。最後までやりきった」などの声が聞かれた。

# 防大、防医大受験

防大への入学を目指し、試験問題を解く受験生（10月24日、札幌市で）

## 計296人、難関に挑む　札幌

【札幌】地本は10月24、25日に防医大医学科、11月7、8日に防大の各1次試験を札幌市内など各会場で行った。

防大は156人、防医大は140人が試験に臨み、受験生は真剣に問題に取り組んでいた。

試験を終えた受験者たちは緊張感から解放されながらも、「2次も頑張ります」と力強く語り、会場を後にした。

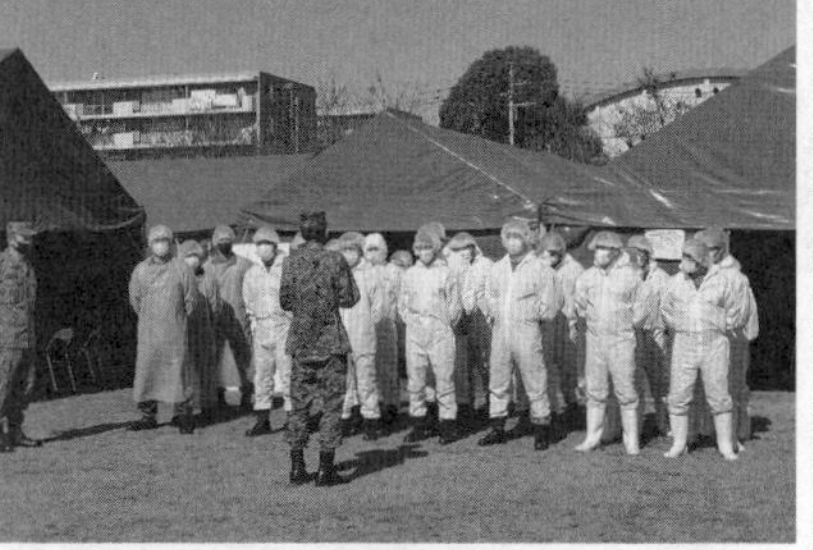

西方の実動演習「鎮西」に合わせ招集訓練に参加、説明を受ける予備自衛官たち（11月4日、熊本病院で）

## 仲間とともに鎮西演習に出頭　熊本

【熊本】地本は11月1日から5日まで、久留米駐屯地と自衛隊熊本病院で行われた予備自衛官（鎮西）招集訓練を支援した。

今回は西方の大型演習「鎮西」に合わせたものとなり、九州内外から予備自衛官が参加。通常の5日間訓練とは異なり、「（対テロ）に備えた」被拘束者の取り扱いなども演練。参加者は真剣な表情で訓練に当たっていた。

熊本県から参加した中山予備陸士長は、自身が今年7月の豪雨災害で被害を受けたことから災害派遣に出動。その際、知り合った予備自衛官と再会し、「一緒に訓練に臨めた」。

中山予備陸士長は「『鎮西』ではふだんの訓練とは違った経験ができ、知見を広げられた。来年も仲間たちとぜひ参加したい」と話した。

10即機連の16式機動戦闘車の見学に訪れた旭川地本が引率した若者たち（10月17日、上富良野演習場で）

## 若者が射撃を体感　旭川

【旭川】地本は10月17日、上富良野演習場で行われた10即応機動連隊（滝川）の射撃訓練の見学会を開催した。

今回は約70人が参加し、最初に小銃小隊の戦闘射撃を見学。続いて16式機動戦闘車の射撃を見学した。同車が前進から停止して射撃すると、耳を塞ぎつつも歓声を上げていた。

さらにスラローム射撃も行い、その迫力ある姿を初めて見た参加者は「音が凄かった」「もう一度見たい」などと話していた。


災害等の備蓄用、贈答用として最適　防災スイーツパン　自衛隊バージョン
陸・海・空自衛隊の"カッコイイ"写真をラベルに使用
3年経っても焼きたてのおいしさ♪
焼いたパンを缶に入れただけの「缶入りパン」とは違い、発酵から焼成までをすべて「缶の中で作ったパン」ですので、安心・安全です。
陸上自衛隊：ストロベリー　海上自衛隊：ブルーベリー　航空自衛隊：オレンジ
定価　6缶セット 3,600円(税込)を 特別価格 3,300円　1ダースセット 7,200円(税込)を 特別価格 6,480円　2ダースセット 14,400円(税込)を 特別価格 12,240円
（送料は別途ご負担いただきます。）
（小麦・乳・卵・大豆・オレンジ・リンゴが原材料に使用されています。）
TV「カンブリア宮殿」他多数紹介！
内容量：100g／国産／製造：㈱パン・アキモト
1缶単価：600円(税込)　送料別（着払）
昭和55年創業 自衛官OB会社　㈱タイユウ・サービス
〒162-0845 東京都新宿区市谷本村町3番20号 新盛堂ビル7階
TEL：03-3266-0961　FAX：03-3266-1983
ホームページ タイユウ・サービス 検索


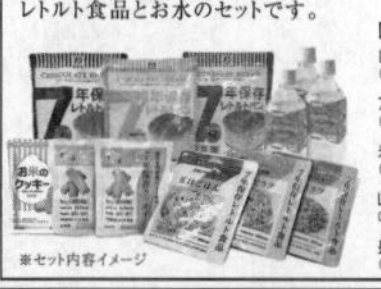

自衛隊バージョン　新発売！　EMERGENCY BOX
災害等の備蓄用・贈答用として最適!!
陸・海・空自衛隊のカッコイイ写真を使用した専用ボックスタイプの防災セット。
7年保存防災セット
外務省在外大使館等も備蓄しています。
1人用/3日分
非常時に調理いらずですぐ食べられるレトルト食品とお水のセットです。
メーカー希望小売価格 5,130円（税込）
特別販売価格 4,680円（税込）【送料別】
昭和55年創業 自衛隊OB会社 ㈱タイユウ・サービス
TEL 03-3266-0961　FAX 03-3266-1983
mail:ts-gen@ac.auone-net.jp　ホームページ タイユウ・サービス 検索

自衛隊装備年鑑 2020-2021　発売中!!
陸海空自衛隊の500種類にのぼる装備品をそれぞれ写真・図・性能諸元と詳しい解説付きで紹介
◆判型　A5判/524頁全コート紙使用/巻頭カラーページ
◆定価　本体3,800円+税
◆ISBN978-4-7509-1041-3
朝雲新聞社　〒160-0002 東京都新宿区四谷坂町12－20KKビル
TEL 03-3225-3841　FAX 03-3225-3831　http://www.asagumo-news.com

JSDF

2021
自衛隊手帳
NOLTY能率手帳をベースにしたデザイン
2022年3月まで使えます!!
自衛隊関連資料を満載
部隊等所在地一覧などの資料編を携帯サイトと連動。
豊富な資料にQR コードで一発アクセス!
NOLTYプランナーズ制作
本体 900円＋税

発売中!!

2021 自衛隊手帳

2022 年 3月末まで使えます。

編集／朝雲新聞社
制作／ NOLTY プランナーズ
価格／本体 900 円＋税

お求めは防衛省共済組合支部厚生科（班）で。（一部駐屯地・基地では委託売店で取り扱っております）
Amazon.co.jp または朝雲新聞社ホームページ（http://www.asagumo-news.com/）でもお買い求めいただけます。

朝雲新聞社 〒160−0002 東京都新宿区四谷坂町 12 − 20 KK ビル
TEL 03−3225−3841 FAX 03−3225−3831
http://www.asagumo-news.com

音楽まつり中止で3自衛隊音楽コンサート

# 音楽隊からエール送る

「青少年のための3自衛隊音楽コンサート」が新型コロナウイルス感染拡大で中止となった「自衛隊音楽まつり」の代替行事として11月28、29の両日、東京都世田谷区の昭和女子大学人見記念講堂で行われ、海自東京音楽隊（上用賀）と空自航空中央音楽隊（立川）が来場者に〝エール〟を送った。

## 東音 ハープ独奏で幕開け
## 空音 四季の童謡メドレー

吹奏楽でエールを送ったのは東音の隊長・樋口好雄2海佐以下45人と、空音の隊長・松井徹生2空佐以下47人。陸自中央音楽隊（朝霞）は急な事案により出演しなかった。

コンサートは両日でそれぞれ2回ずつ計4回（12月24日に都内の「オーチャードホール」でもう1回行う）実施。合わせて約2千人が来場した。28日の第1回目の公演には中山泰秀副大臣、松川るい政務官も訪れ、中山副大臣は防衛省を代表して「（両音楽隊が）持てる最高の技術で演奏します。日々の努力で培った音色を楽しんでいただければ幸いです」とあいさつした。

2部構成で、1部に登場した空音の演奏は、野村昌弘准空尉の司会で進行。外出自粛などで四季を感じづらかったこの1年弱を踏まえ、「あの日聞いた歌」と題した季節を感じる童謡のメドレーも届けた。

2部の東音の演奏は荒木美佳2海曹のハープの独奏で幕が開き、館山康弘2海尉の司会で進行。日米安全保障条約改定から60周年を迎えたことを受け、中川麻梨子3海曹がアメリカの歌曲「テネシーワルツ」を英語と日本語で歌い上げ、また、海上で働く隊員たちに贈る「海の男たちの歌」を壮大に奏でた。

演奏終了後、両音楽隊長は「ハープの独奏で和んでもらえる曲（映画「鬼滅の刃」から）も取り入れた。曲やナレーションを通して自衛隊の姿を知ってもらうことに努めた」（樋口隊長）、「航空の音楽隊らしい伸びやかで華やかな曲を選び、演奏した」（松井隊長）とそれぞれ語った。

### 10カ月ぶりの演奏会に喜び

コンサートは海・空両音楽隊にとっても待ちわびていた公演となった。コロナの感染拡大が確認された2月以降、公演などが中止に。約10カ月ぶりのホールでの演奏会に空音で司会を務めた野村准尉は演奏会中、「（観客の）拍手がこれほど懐かしいとは思いませんでした。皆さまの拍手が一番うれしい」と語った。

一方、公演の合間には、防衛省職員らが観客席や手すりなどの消毒に務める姿も見られた。

演奏終了後に来場者に大きく手を振る樋口隊長（指揮台左）をはじめとする海自東京音楽隊員（11月28日、昭和女子大学人見記念講堂で）

松井隊長（台上）の指揮で軽やかな演奏を届け、来場者を魅了する空自航空中央音楽隊員

# 全集中の初V

## 全日本射撃　女子ピストル 体校の山田3曹

【体校＝朝霞】全日本ライフル射撃競技選手権大会（ピストル競技）が11月13日から同15日まで千葉市の千葉県総合スポーツセンター射撃場で行われ、女子25メートルピストル60発種目で体育学校射撃班の山田聡子3陸曹が初優勝を果たした。

射撃班から男子3人、女子2人が出場した。精密射撃30発と速射30発を行う25メートルピストル60発に臨んだ山田3曹は、本戦を1位（567点）で通過。「自分の射撃をしっかりするだけ」と集中力をさらに高め、上位8人による決勝に挑んだ。

1発のミスも許されない緊張感の中、山田3曹は予選を2位で通過したリオデジャネイロ五輪代表の佐藤明子選手（警視庁）と白熱した戦いを繰り広げた。

決勝は、1回5発の射撃を10回行い、4回目以降は終了ごとに最下位の選手が脱落していく〝生き残り〟を懸けた勝負。

4人が残った8回目の射撃を終えて山田3曹と佐藤選手が同点（22点）で1位に並んだ。9回目を終え山田3曹が1点リード。最後の10回目でその差を守り切り（27点―26点）、勝利を決めた。

コロナ禍の厳しい状況の下、初優勝を果たした山田3曹。「大会スタッフの方々や支えてくださる皆さんに感謝しています。まだ課題があり、一日一日大切に頑張ります。来年4月の（五輪代表）選考会で一つしかない代表権を必ず取りにいきます」と決意を新たにした。

㊤全日本射撃選手権・女子ピストルで初優勝を飾った体校の山田3曹（中央）㊦競技の合間に集中する同3曹（11月14日、千葉県総合スポーツセンター射撃場で）＝体校広報班

あさぐも ドンマイ　吉本どんど

大事なところでエラーはするわ
かんじんな時に打てないわ
グズだし
のろまだし
覇気がないし
おいっいいかげんそのくらいにしとけ
監督…
おれの言うセリフがなくなっちまう

# 来年こそは総合グランプリ

## 空自三品1士　17キロ減量、体脂肪6%

自衛隊プレミアムボディ2020

【入間】中警団基群に所属する〝空自の筋肉マン〟三品竜作1士（写真）はこのほど、陸海空自衛官の筋肉美を競う「自衛隊プレミアムボディ2020」にオンライン参加し、空自部門で優勝を果たした。

大会は4回目。過去3回は一堂に会して行われたが、今回は新型コロナウイルス感染防止のためオンラインで実施された。

三品1士はコロナでジムが利用できなくなったため、基地体育館で鍛え続けた。トレーニングのビッグ3とされる「ベンチプレス」「スクワット」「デッドリフト」を中心に行って筋肉に刺激を与えた。また、大好きなスイーツや菓子パンを控えて17キロ減量し、体脂肪を6%までそぎ落とした。

中警団司令の津曲明一将補、中警団基群司令の大石和浩1佐からも激励を受けて臨んだ競技当日。中空司令部支援飛行隊の格納庫で規定ポーズ（フロント、サイド、バック）と「敬礼」ポーズを行い、全国の自衛官とオンラインの画面上で競った。

審査の結果、空自部門で優勝。惜しくも総合グランプリは逃し、競技後、「来年は必ずグランプリを取る」と力強く語った。

空自准曹会

# 地域社会へ積極貢献

## 優秀若年隊員に江添2曹ら8人

空自連合准曹会の優秀若年隊員に選ばれ、高石景太郎那覇基地司令（右）から顕彰盾を贈られる那覇ヘリ空輸隊の江添2曹（10月30日、那覇基地で）

【救難団＝入間、中業隊＝市ケ谷】空自連合准曹会の「優秀若年隊員顕彰受賞者」にこのほど、那覇ヘリ空輸隊の江添秀幸2曹、航空中央業務隊の小野晃照3曹ら8人が選出された。

同顕彰は空自の将来を担う隊員の育成、人材発掘に寄与することが目的。各種活動に励む模範となる35歳以下の2曹、3曹（事務官等2級以下）の隊員を対象に、准曹会各支部の支部会長と基地准曹士先任が推薦する。

江添2曹は少年少女レスリング大会の審判員を務めるなど、地域社会に貢献していることが評価され、「受賞はこれまで関わってくださった皆さまのおかげ。業務や後輩育成を通じ、しっかりと恩返しをしていきたい」と語った。

小野3曹はボランティアに積極的に取り組み、内務班長として後輩を指導。地域の祭りなど伝統行事にも進んで参加し、地域活性化に寄与している。

例年、表彰式は防衛省で行われ、連合准曹会最高顧問の空幕長から表彰されるが、今年は新型コロナウイルス感染拡大のために中止され、各基地で伝達された。

他の6人の受賞隊員は次の通り。▽卜部翔太郎3曹（3高群11高隊＝長沼）▽門口伸吾3曹（42警群＝大湊）▽石川雄也3曹（1高群1高隊＝習志野）▽久保匠平3曹（4高群14高隊＝白山）▽岡本真和2曹（西警団整備隊＝春日）▽中里嘉宏3曹（43警群＝背振山）

# 交通事故の致死率8倍　飲んだら運転するな！

こちら警務隊　飲酒関連犯罪①

絶対にダメ！
免許停止　懲役　罰金　免許取消　酒　飲酒運転

酒気帯び運転と酒酔い運転の違いを教えて下さい。

飲酒運転は、道路交通法違反「酒気帯び運転等の禁止」に該当し、呼気1リットル中の体内アルコール濃度が0・15ミリグラム以上であった場合、酒気帯び運転で3年以下の懲役または50万円以下の罰金に処せられます。

また、体内アルコール濃度に関係なく、酩酊状態が認められた場合、酒酔い運転で5年以下の懲役または100万円以下の罰金に処せられます。

飲酒運転による事故の致死率は、その他の交通事故の約8倍であり、人命に関わる事故につながる非常に危険な行為です。絶対にしてはいけません。（東部方面警務隊）

# 蘇生は最初の10分が大切

## 札幌病院で心突然死対策講習

【札幌病院】自衛隊札幌病院（大鹿芳郎病院長）はこのほど、菊池勇一副院長を担任官とし、自衛隊中央病院、11旅団、北方衛生隊の支援を受けて「日本救急医学会ICLS（心突然死対策講習）コース」を同院で開催した。

任診療科部長、本間健一小児科部長以下指導要員17人が、医師、看護師ら受講生12人に対し、「心肺停止の際の最初の10分間の適切なチーム蘇生を習得する」ことを目標に実施。「BLS（一次救命処置）」「AED（自動体外式除細動器）の安全操作」などについて指導した。

修了式で担任官は「習得した技術をいつでも発揮できるよう練度の維持・向上に努めてもらいたい」と述べた。

心突然死対策講習で気道の確保に当たる受講生（札幌病院で）

## 小休止

▽…北海道名寄市在住の女性18人でつくる「名寄自衛隊協力婦人会」（吉田素子会長）は、隊員に寄り添うきめ細かな支援活動を継続している。

▽…同婦人会は昭和56年、故吉田美枝子前会長の強いリーダーシップの下で発足。来年で40周年を迎える。

▽…平成24年からはひな祭りの時期に女性隊員と婦人会の「女子会」を開き、茶道体験や婦人会会員による着物の着付け教室（写真）も行っている（現在は新型コロナウイルスのため休止）。吉田会長は「女性隊員が安心して職務を遂行できるよう、今後も多様な事業を続けていきたい」と語っている。（名寄）

防衛省共済組合員・ご家族の皆様へ
すべては品質から。
コナカ　FUTATA
ウインター　バーゲン　開催中！
\ 防衛省の皆様はお得にお求めいただけます /
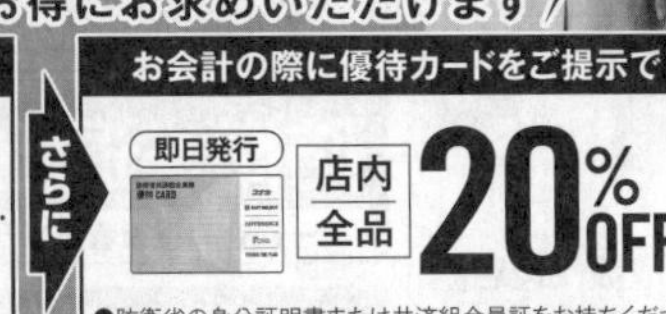
WEB特別割引券ご利用で
メンズスーツ／コート フォーマル　本体価格から ¥15,000引
1着値下げ前本体価格 ¥39,000以上の品
レディススーツ／コート フォーマル／ブラウスなどアイテム　本体価格から 10%OFF
1点値下げ前本体価格 ¥2,900以上の品
さらに
お会計の際に優待カードをご提示で
即日発行　店内全品 20%OFF
●防衛省の身分証明書または共済組合員証をお持ちください
●詳しくは店舗スタッフまでおたずねください
WEB特別割引券はコチラから!!

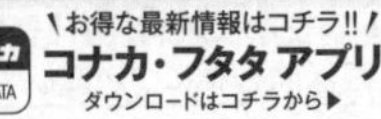
お得な最新情報はコチラ!!　コナカ・フタタ アプリ　ダウンロードはコチラから

ポイントが使える・貯まる　R POINT　d POINT

ストップ！20歳未満飲酒・飲酒運転。お酒は楽しく適量で。
妊娠中・授乳期の飲酒はやめましょう。のんだあとはリサイクル。
キリンビール株式会社

# 「7月豪雨」災派で三つの教訓

2陸尉　阿部　禅（24普連情報小隊長・えびの）

阿部禅2尉

第24普通科連隊は「令和2年7月豪雨」の災害初日（4日）から17日の間、被災地で救援活動を実施しました。この災派で私は1中隊の小隊長として現地での情報収集、救難、音信不通者の確認など多様な任務に従事しました。

ここでは発災初日の特別養護老人ホーム「千寿園」（熊本県球磨郡球磨村渡）における活動を通じて得た三つの教訓についてご紹介します。

7月4日朝、呼集が掛かり、慌ただしく出動準備を実施し、各中隊集成の10名を掌握し、初動中隊の増強ボート小隊として千寿園のある球磨村へ向け前進しました。

千寿園に到着した時、施設は1階部分が丸々水中にあり、2階から水面に浮かべたボートまで、ロープと脚立の資材を組み合わせ、工夫しながら要救助者の救出活動を実施しました。要救助者の中に1名低体温の症状がみられたことから、空中でホバリングしていた海上保安庁のヘリと連携して救助を行いました。また、施設では自衛隊、消防、千寿園スタッフが連携し、車椅子の入所者を2階から球磨村立渡小学校脇の道路（1次避難場所）まで4人一組となり、車椅子ごと搬送しました。このように私たちは千寿園の入居者全員の安全が確保されるまで、夜を徹して活動しました。

「令和2年7月豪雨」で大きな被害を出した熊本県球磨郡球磨村に派遣され、ボートを使って被災者の救出にあたる24普連の隊員たち

## 被災地で得た教訓

この活動で、私たちは三つの教訓を得ました。

第1は「自然の脅威」です。今回の活動では、つい2、3時間前までは穏やかな流れであった川が激流になり、数時間後には再び元の水位に戻るのを見ました。このような自然現象により、千寿園に派遣された部隊は一時孤立し、離脱も増援もできなくなりました。時間とともに変わる自然は予想通りにはならないため、災派活動中は「自分たちの置かれた環境そのものが変わってしまう」ということを常に頭におき、2次災害を避けるようにしなくてはいけません。

第2は「長い目線で状況判断する」ことの重要性です。昼間に当面の安全が確保できても、特別養護老人ホームの入所者を水害被害の少なかった2階の狭い場所で、車椅子のまま一晩過ごさせるのは誰が見ても困難なことです。しかし、あの時は「当面の安全は確保できた」と判断した後、「被災者が夜間をどのように過ごすか」ということについては全く頭に思い浮かびませんでした。

被災地では、目の前のことに集中すると同時に、少し立ち止まって「今後の状況はどうなるだろうか」と想像してみることが必要です。結果的には、要救護者の安全な地域への搬送は現地中隊長と連隊本部が先行的に処置して、この問題を解決してくれました。

第3は「隊員個人の能力と装備の周到な準備」です。それは過酷な自然環境の中において任務を達成する能力です。分かりやすく言えば、車両や宿営場所なしで独立して行動できる能力です。

これは、重量物を運搬する体力、初めての地域での地形判読力、負傷した場合は自ら応急処置する能力、生存自活能力などです。

これら能力をすべて部隊で練成することは困難であると思いますが――できる部隊もあるかもしれませんが――、陸上自衛官が被災地で活動するには必要な能力です。

そこで大切なことは、高い識能を持つ人間が、自発的にこれらの技術や知識を周囲の隊員に伝え、部隊の各人がそれを遂行していくことだと思います。

併せて、装備の周到な準備も大事です。例えば、機能的な個人装具や分隊携行の衛生品です。ふだんの訓練では邪魔な荷物かもしれませんが、災害派遣には必要不可欠で、被災地で効果を発揮します。以上3点が、今回の災害派遣で私の得た教訓です。

## 常日頃から準備を

災害派遣活動中は目の前のことに集中して活動しなければならないですが、時間をおいて自分たちの活動を振り返ってみると、反省点や現場で本当に必要とされる事柄が分かってきました。と同時に、危機の中にある人たちを救助する陸上自衛官の任務に対するやり甲斐も実感することができました。

災派から4カ月が経ち、「あの時、もっと自分にできることがあったかもしれない」との思いが沸き上がってきて、教訓事項を自分の中で整理してみました。そこで得た結論は、「常日頃からの物心両面の準備こそが重要」であるということでした。

豪雨災害で得た以上の教訓を今後の部隊訓練に生かすとともに、本稿が災害派遣への準備に当たる全国の部隊の皆さまのご参考になれば幸いです。

---

およそ惨めなものは、将来を不安に思い、まだ幸せなうちに不幸になっている心だ。

セネカ（古代ローマの哲学者）

（世界の切手・ポーランド）

朝雲ホームページ
www.asagumo-news.com
＜会員制サイト＞
Asagumo Archive
朝雲編集部メールアドレス
editorial@asagumo-news.com

## 新刊紹介

### 「自衛隊は中国人民解放軍に敗北する!?」

渡部 悦和著

今年5月、ショッキングな論文が米ワシントンの安全保障研究機関「戦略予算評価センター」から発表された。内容は中国海軍が海上自衛隊に対し戦力で大幅に優位に立ち、尖閣諸島周辺や東シナ海の安定と日米同盟に危機をもたらす」というもの。執筆者は中国軍研究の泰斗トシ・ヨシハラ氏だったため、防衛省関係者への衝撃度も大きかった。

本書は元富士通システム統合研究所安全保障研究所長で中国研究を行う元陸自東方総監（陸将）の著者が、同論文の趣旨と行間を徹底分析し、日中の厳しい戦力比を受けて提言を行っている。

人民解放軍と自衛隊を比較すると、航空戦力・宇宙戦力・サイバー戦能力・AIの軍事利用などで中国軍が圧倒的に優位に立ち、さらに自衛隊にはない核戦力や核電磁波パルス兵器が大きな脅威になっていると指摘。このままでは日中の差は開くばかりで、日本にとって残された時間は少ないとする。この戦力ギャップを埋めるには「専守防衛」を見直し、よりアクティブな「積極防衛」への移行が必要であると述べている。（扶桑社刊、1122円）

### 「証言 天安門事件を目撃した日本人たち」

六四回顧録編集委員会 編

中国現代史の転換点となった1989年6月の「天安門事件」を現地北京で目撃した日本人の証言を集めた本だ。事件から30年が経ち、当時の政府関係者もようやく見たままを話せるようになったタイミングで出版された。日本大使館の関係者、ジャーナリスト、企業駐在員、留学生など44人の証言が掲載されている。

最初に登場するのは中国防衛駐在官だった笠原直樹元陸将補（元14旅団長）。戒厳令の中、大使館にあった婦人用自転車に乗って天安門広場に向かい、市民と兵士の衝突の現場を目撃。その情報を大使館オペレーションルームで分析して本国に報告した経緯を綴る。上海の安田淳教官（現・慶大教授）は北京のホテルで事件に遭遇した。留学生証をかざし天安門広場に入ったが、解放軍兵士の発砲に驚き、なんとか逃げ帰ることを記している。

他の北京駐在日本人も事件を生々しく記録する。当時、これほど多くの日本人が現場で市街戦を目撃していたことにも驚かされる。（ミネルヴァ書房刊、3520円）

---

## みんなのページ

### 朝雲・栃の芽俳壇

畠中草史　選

帰る子に朝からつくる栗おこは　宮崎・空OB　高木　智念
母親として子供の家族が帰る日の朝は、取って置きの栗おこわ。数日が過ぎるのは早い。

稲刈りを終へて装備の麦ひとり　熊谷・空OB　工藤　敏雄
機械で済まない狭い小さな田の稲刈りは人手。遠くのコンバインを眺めながらのことは。

伊那谷の日向の軒の柿簾　浜松・空OB　宮本　立男

塩尻の吊橋よりの谷紅葉　館山・海OB　斎藤　一向

野山に媼目覚の供え菊　あきる野・一般　小和田　一男

霧の海行き交ふ船の汽笛かな　熊谷・空OB　明田　眞雅

木犀を活けある部屋のたたずまひ　大津・陸OB　丸岡　正男

句を案じ秋の夜長を楽しめる　熊谷・空OB　蓮佛　志向子

秋の蝶鉄路を舞ふは何求め　新座・陸OB　船田藤三郎

育ててくれ野山台風禍　富谷・陸OB　加川　師亨

返り花今年はいつもより多く　熊谷・空OG　佐藤　玲美

銀杏の落ちたるままの静かな寺　佐賀・陸OB　一ノ瀬恵昭

コンサートの余韻の夜の末枯るる　浜松・空OG　木通　隼子

柴咲く昔ながらのポンプ井戸　相模原・海OG　折口　彩子

年末のブルームーンといふ良夜　江別・陸OB　鎌田由起雄

掘りたての里芋供へ月の膳　熊谷・空OG　関田　絹江

八十路の月日を大切に落葉掃く　横浜・一般　福本　祥子

潮騒をまた近く岬の新松子　横浜・空OB　永澤　功

木犀のこぼれてなほも匂ひたつ　熊谷・空OG　關谷　桂子

種子みな向日葵は日に背を向かせ　札幌・陸OB　坂元　順一

秋晴れに爪立ち拭ける硝子窓　町田・陸OB　岩原　滋利

細き道一本にして野の菊　小牧・陸OB　松岡　魚青

コロナ禍の日日いつしか神無月　西東京・空OB　水島　孝雄

ややも寒や朝の格子の軋む音　相模原・一般　森　謙二

選者作品
竹垣へ身を寄せるなり杜鵑草

**投句歓迎！**
▽郵便はがきの裏面に未発表の自作1句と氏名、年齢、職業（自衛官は所属部隊=、OB、家族、一般）、住所、電話番号を記入▽締め切り毎月15日▽宛先=〒162-…東京都新宿区市谷本村町5の1 D棟 市ヶ谷記者クラブ 朝雲…

### 埼玉県知事から感謝状

空曹長　緒嶋　禎肇（入間ヘリ空輸隊）

埼玉県知事から感謝状を受賞した緒嶋曹長

私はこのたび埼玉県知事より多年にわたる青少年健全育成活動に対する感謝状を受賞いたしました。昨年の「国民の自衛官」表彰に続くものであり、身に余る光栄と存じます。

感謝状を受けるに当たって、これまで私を支えてくれた関係上司の皆さま、同僚、そして後輩のすべての皆さまに深く感謝を申し上げます。

私がボランティアとして青少年の健全育成に関する活動を開始したのは約20年前になります。「一社会人として地域に貢献できる方法はないか?」と考え始めたのがきっかけでした。

活動をしていく中で、地域の方々と一緒に子供たちのためになることを考え、すべての子供たちに光が当たるよう工夫を凝らし、知恵を出し合う社会人としての使命も感じました。

地道な活動でしたが、私も昼夜を問わず、できる範囲で活動に参加し、子供たちが安全に生活できるよう努力しました。子供たちがより良い環境で勉強や運動ができるように夜間のパトロールをはじめ、あいさつ運動、学校の環境整備、スポーツ大会の企画運営などに取り組んできました。

これら活動を通じ、微力ながらも自分が誰かの役に立っていることに喜びを感じてきました。それが地域からも認められ、こんなにうれしいことはありません。

今後とも引き続き地域の子供たちのために社会貢献活動を続けていきたいと思います。

### OBがんばる

#### 希望条件を伝える

黒瀬　明さん　54
令和元年7月、陸自高射学校（下志津）総務部を最後に定年退職（特別昇任3佐）。千葉銀行に再就職し、集配金などの業務を担当している。

私には重度知的障害の息子が2人おり、50歳を過ぎたころ妻と話し合い、定年後は土日休みの会社に就職することを決めました。その後、お世話になった方が千葉銀行に就職したとお聞きし、業務内容や会社の雰囲気をうかがい、私もこの会社に行きたいと思いました。

そこで援護に相談すると「いつ募集があるか分からないので第1希望にはしないように」と言われましたが、スムーズに就職できたのは千葉地本の担当者のご尽力によるものであり、大変感謝しております。

私は松ケ丘・大宮台支店に配置され、現在、庶務として集配金を主な業務としています。また、ロビーではお客さまを窓口に案内する仕事などもお手伝いしています。まだ半人前ですが、案内したお客さまから感謝の言葉を頂くこともあり、充実した毎日を過ごしています。

千葉銀行は職場の雰囲気が良く、職員はとても向上心があり、資格取得のため日々勉強している方もいます。そしてどんなに忙しくとも時間を割いて私の質問にも的確に答えてくれ、部下を育てる気風が強いです。

これから再就職される皆さまも「これだけは絶対にはずせない」という点を早期に援護担当者に伝えれば、方向性が見えてくると思います。また、資格や免許は就職に有利になるばかりでなく、達成感や満足感が得られ、プラス思考になります。皆さまも気力と体力を充実させ、万全な態勢で再就職に向けて頑張って下さい。

### 詰碁

第1248回出題

出題　日本棋院　九段　曲　励起

黒先
『包囲されている黒はどうなりますか』。5分でできれば中級です。

▶詰碁、詰将棋の出題は隔週です◀

### 詰将棋

出題　日本将棋連盟　九段　石田　和雄

≪第832回の解答≫

【正解】▲4三馬△同玉▲5三飛△4二玉▲4一と△同玉▲5一飛成までの七手詰め。

【解説】平凡に▲3二とと金を取っては△同玉の後、続かない。▲4三馬がこの一手の好手。対し△2二玉の逃げなら▲3二馬△1三玉▲2四金以下詰み。五手目▲4一とがピッタリの手で▲5一飛までが絵に書いたようです。

▲先手　持駒　飛

---

国を守る皆さまを弘済企業がお守りします!!

防衛省 共済組合団体取扱 がん保険
ー共済組合団体取扱のため割安ー
★アフラックのがん保険
「生きるためのがん保険Days 1」
幅広いがん治療に対応した新しいがん保険
詳しくはパンフレットをご覧ください
給与からの源泉控除
資料請求・保険見積りはこちら
http://webby.aflac.co.jp/bouei/
＜引受保険会社＞アフラック広域法人営業部
東京都新宿区西新宿2-1-1 新宿三井ビル17F TEL 03-5321-2377
AF007-2011-0204 4月20日

防衛省 職員家族 団体傷害保険
ー組合員のための制度保険で大変有利ー
★割安な保険料[約56%割引]　★幅広い補償
★「総合賠償型特約」の付加で更に安心
（「示談交渉サービス」付）
詳しくはパンフレットをご覧ください
団体長期障害所得補償保険
病気やケガで働けなくなったときに、減少する給与所得を長期間補償できる唯一の保険制度です。（略称：GLTD）
親介護補償型（特約）オプション
親御さんが介護が必要になった時に補償します。

防衛省退職後団体傷害保険
ー組合員退職者及び予備自衛官等のための制度保険ー

PKO保険
ーPKO法、海賊対処法等に基づく派遣隊員のための制度保険として傷害及び疾病を包括的に補償ー

《防衛省共済組合保険事業の取扱代理店》
弘済企業株式会社
本社：〒160-0002 東京都新宿区四谷坂町12番20号KKビル
☎ 03-3226-5811（代）

防衛省 共済組合団体扱 火災保険
★割安な保険料[約15%割引]
〔損害保険各種についても皆様のご要望にお応えしています〕

朝雲

発行所 朝雲新聞社
〒160-0002 東京都新宿区四谷坂町12-20 KKビル
電 話 03(3225)3841
FAX 03(3225)3831
振替00190-4-17600番
定価一部150円、年間購読料9170円（税・送料込み）

すてきな未来応援します フコク生命
防衛省団体取扱生命保険会社
フコク生命

主な記事



# 自衛隊看護師らを派遣

## コロナ拡大 北海道・大阪府

新型コロナウイルスの感染拡大を受け、政府は12月7日、医療体制が逼迫する北海道と大阪府に対し、正式に災害派遣の要請があれば、自衛隊の医官や看護師などを派遣する方向で最終調整に入った。岸防衛相は翌8日午前の記者会見で「自衛隊は現在、北海道と大阪府との間でそれぞれ医療支援の内容などに関する具体的な調整を実施している。全国自治体の医療情報を幅広く集めている厚生労働省とも調整を行い、医官、看護師等の人的資源を許す限り提供し、重症者や死亡者の発生を可能な限り食い止めるという政府の方針に寄与していきたい」と述べた。

### 防衛相「人的資源許す限り提供」

岸大臣は8日午前の記者会見で、「知事からの災害派遣要請については、自衛隊派遣令に基づき、①派遣を要請する事由②派遣を希望する期間③派遣を希望する区域・活動内容──などを明らかにする必要がある」と説明。その上で、北海道、大阪府と自衛隊の間で、それぞれ医療支援の内容や人数などの具体的な調整を整え、正式な災害派遣要請に伴い、迅速に派遣できる態勢を整えている」と明言した。

また、大臣は北海道と大阪府の状況についても言及。「11月29日から12月3日までの直近1週間の人口10万人当たりの新規陽性者数は約30人と極めて高い数値となっている。特に旭川市では医療機関における大規模なクラスターの発生が継続し、現在も予断を許さない状況だ。大阪府では重症者の病床使用率が70%に迫るなど、医療体制は逼迫度合いが強くなっており、新たに重症者用の医療施設の運用開始の準備を進めている」と述べた。

一方、防衛省・自衛隊が擁する全国の自衛隊病院などで、新型コロナウイルスの患者を受け入れている「医官」の員数は約1000人、このほか「技官」と「看護官」である医療職の看護師は約700人。自衛隊の状況、余力について「今、現場で精査しているところ。（知事からの）要請をそのまま受け入れることは、かなり困難を伴うのではないかと思う」と指摘。その上で「今の段階ではできる限りの対応をしていきたい」と語った。

これに先立ち、前日の7日、菅首相は官邸で開いた政府・与党連絡会議で、重症病床の逼迫に危機感を表し、「自治体からの要請があれば、自衛隊を直ちに派遣できる態勢を整えている」と発言。加藤官房長官も同日の記者会見で「要請に応じ、速やかに派遣できるよう準備している」との考えを明らかにしていた。

防衛省と外務省が連携した避難統制所での退避手続きを経て空自のC130H輸送機に乗り込む在外邦人役の隊員たち（12月2日、空自百里基地で）

# 在外邦人保護を訓練

## 救出、警護、輸送機で退避

治安が悪化した外国に取り残された邦人等を警護、救出し、安全な地域に輸送することを想定した令和2年度「在外邦人等保護措置訓練」が11月26日から12月3日まで、陸自朝霞訓練場、空自百里基地などで行われた。

訓練には統幕、陸上総隊、東方、警務隊、航空支援集団など隊員約300人、外務省から大使館員役など職員約10人が参加。今回はコロナ感染防止の対策も取りながら訓練を進めた。

12月2日、邦人等保護の一連の流れが報道陣に公開された。朝霞訓練場に設置された治安が悪化した仮想国の「一時集合場所」にデモ隊が押し寄せた場面から訓練を開始。この場所に陸自の軽装甲機動車、高機動車が急行して邦人等を救出し、ヘリポートまで輸送した。ここにCH47輸送ヘリが着陸して邦人等を百里基地まで空輸。ここから国外に脱出させるため、外務省職員と隊員が連携して避難統制所（ECC）での保安検査など退避手続きを実施。最後に陸自隊員が邦人等を警護しながらC130H輸送機に乗せ、同機が発進したところで状況を終えた。

同訓練を担当した統幕訓練班長の葛西浩司1陸佐は「今回は特に命令が発せられた前後における部隊の細部行動について演練した」と述べ、参加した空自航空支援集団の[illegible]は「いかなる事態に対しても、関係機関と緊密に連携し、冷静に対処できるよう、引き続き統合運用能力の強化に努めたい」と述べた。

# 防衛協力推進で一致

## ヴァンディエ仏海軍参謀長と会談

### 防衛相

岸防衛相は11月30日、来日したフランス海軍参謀長のピエール・ヴァンディエ大将と防衛省で会談し、日仏間の防衛協力・交流をさらに進展させていくことで一致した。

会談の冒頭、岸大臣はコロナ禍での訪日に謝意を示した上で「貴国はインド太平洋地域に常続的な軍事的プレゼンスを有する貴重な国であり、日本が掲げる『自由で開かれたインド太平洋』ビジョンを共有できる特別なパートナーだ」と述べ、近日中にフランスのフロランス・パルリ軍事相と電話会談する予定であることを伝えた。

これに対し、ヴァンディエ海軍参謀長は、同国がニューカレドニアや仏領ポリネシアなど南太平洋を中心に領土を有する「太平洋国家」であることを強調した上で、「今回の来日は岸大臣をはじめ、私の日本側のカウンターパートの方々と直接お会いし、我々がインド太平洋地域で進めている協力の前進を確認できる有意義な機会だ」と応えた。

これに先立ち、山村海幕長はヴァンディエ海軍参謀長と省内で個別に会談。2021年から22年にかけて海自と仏海軍との間で予定される共同訓練や交流をはじめ、地域情勢などをめぐって幅広く意見交換を行い、日仏海軍種間のさらなる関係強化を図っていくことを確認した。

フランスのヴァンディエ海軍参謀長（右）の表敬を受け、日仏の防衛協力をめぐって会談する岸防衛相（11月30日、防衛省で）

日米共同訓練を行う空自のF15戦闘機2機（下）と米第9遠征爆撃飛行隊のB1B戦略爆撃機（11月17日）

## 空自戦闘機部隊、B1と共同訓練

空自は11月17日、米第9遠征爆撃飛行隊（テキサス州ダイエス）所属のB1B戦略爆撃機2機と日本海、東シナ海、沖縄周辺空域で共同訓練を行った。

参加部隊と機種は5空団（新田原）、6空団（小松）、9空団（那覇）のF15戦闘機各4機、8空団（築城）のF2戦闘機4機で、各部隊はB1Bと編隊航法、防空戦闘訓練などを演練し、日米共同の対処能力と部隊の戦術技量の向上を図った。

## 防衛協力の重要性確認

### 統幕長 NATO軍事委員長と会談

山崎統幕長は11月30日、北大西洋条約機構（NATO）軍事委員会議長のスチュアート・ピーチ英空軍大将とテレビ会談を行った。

会談では、厳しさを増す安全保障環境について意見交換を行い、日NATOの防衛協力の重要性について確認した。

また、国際社会と地域の平和と安定のため、新型コロナウイルス感染拡大への対策を含めた共通の課題に対して引き続き緊密に連携していくことで一致した。

## 井筒空幕長がインドを訪問

井筒空幕長はインド空軍参謀長のシン・バーダウリア大将の公式招待を受け、12月9日から10日まで、同国のデリーを訪問している。空幕長のインド訪問は2016年12月の杉山良行空幕長（当時）いらい4年ぶり。9日に成田を出発し、10日にデリーでバーダウリア参謀長と会談する。現地では印国防省、空軍司令部も訪問する。

空幕長は同4日の記者会見で「（インドでは両国の）防衛や安全保障について意見交換をすることで、日印間の相互理解、信頼関係を増進していきたい」と述べた。

## 海自大湊基地で「除雪隊」編成

〝冬将軍〟の訪れを前に、北海道・東北の部隊では大雪後でも緊急車両や艦艇・航空機などが直ちに出動できる態勢を維持するため、「除雪隊」を編成している。

青森・下北半島に所在する海自大湊基地では、基地業務隊が12月1日、「令和2年度除雪隊編成式」＝写真＝を行った。

同隊は降雪後、施設器材を使って岸壁などを迅速に除雪し、護衛艦などがスムーズに出入港できるよう、来年3月31日まで除雪の任務に就く。

はせがわ
つなぎます。心と、いのちと、人。
お仏壇 10%OFF! お墓 5%OFF!
ご来店の際には JD VISAカードをご提示ください。

## 春夏秋冬

### 国家情報長官（DNI）の資質

小谷 賢

米国の次期大統領にはバイデン候補が選ばれそうではあるが、選挙が稀に見る接戦となったために、政権の引継ぎ作業が混乱している。つい先日までラトクリフ国家情報長官（DNI）からの次期大統領・副大統領に対する機密情報のブリーフィングも行われない有様であったが、11月30日からようやく実施された。

また、バイデン政権下では、初の女性国家情報長官となるアヴリル・ヘインズ氏の起用が内定しており、この人事はバイデン氏の目指す多様性の方針に沿ったものであるといえる。ただヘインズ氏はオバマ政権下でCIA副長官を1年半務めた経験はあるものの、氏は元々、法律家であり、必ずしもインテリジェンス分野に精通しているわけではない。そうなると次期DNIが果たして米国のインテリジェンスのまとめ役を果たせるのかどうかに注目が集まる。

そもそもDNIはイラクの大量破壊兵器にまつわる情報収集の失敗を教訓として、2005年に設置された比較的新しい役職である。DNIは米国の各情報機関を束ね、連日政権に機密情報をブリーフィングする性質上、インテリジェンス分野に通じた元軍人が選ばれることが多かった。しかし、トランプ政権以降は政治家がその職に就くようになり、現職のラトクリフ長官に至ってはインテリジェンス分野の経験がほとんどなく、トランプ大統領による任命の際には各方面から懸念の声が上がったほどである。ただDNIに求められる資質は、インテリジェンスの能力と同時に、大統領ら政権中枢と円滑に仕事を行うコミュニケーション能力であるとも言われている。そう考えると、ブッシュ（ジュニア）、オバマ両政権においては前者が重視され、トランプ政権では後者が重視されたと捉えることもできるだろう。

次期DNIとなるヘインズ氏はCIA副長官時代、CIAが進めてきたドローンによるテロリスト殺害作戦や脱法的な尋問行為が世間から問題視された際、これを鎮静化することに奔走した経験はあるものの、インテリジェンス活動そのものを行っていたわけではない。そのため今回のDNIへの抜擢は、どちらかと言えばバイデン新大統領とのコミュニケーション役を期待されてのことだろう。そうなると実質的な情報ブリーフィングはハスペルCIA長官（こちらも初の女性長官）が担うことになり、今後、バイデン政権ではCIAの存在感が増していくものと推察される。（日本大学危機管理学部教授）

## 朝雲寸言

在宅勤務で多くの時間を自宅で過ごす中、理由あって外出することになった。駅に向かう途中で鷲神社の前を通りかかった。折しも「三の酉」が開かれていた。例年であれば賑やかな人並みと威勢の良い手拍子が聞こえるのだが、今年はコロナウイルスの影響で静かな境内である▼気づけば師走、振り返るまでもなく今年は我慢の一年だった。そして我慢はこれからも続いていくだろう。感染者が1000万人を超えたアメリカや900万人近いインド、欧州などの感染状況と比べれば我が国の対応は評価できる半面、これまでの長期間の自粛生活を[illegible]きただろうか▼静かな手拍子を後に聞きながら駅前に着くと、繁華街はいつもの賑わいを取り戻していた。[illegible]しの中、行き交う多くの人がマスクを着け、足早に先を急ぐ。いつもの混雑である。それでも[illegible]は誰もおらず[illegible]ている▼クリスマスから年末年始へと[illegible]忙しい季節に[illegible]人たちを思い[illegible]に取り組む医[illegible]思い、そして[illegible]も気の抜けない[illegible]き合う陸・海・空の自衛官を思う▼「鬼滅の刃」という漫画・アニメが人気を集めている。その映画も興行記録を更新中であるらしい。古来から日本では「鬼」が[illegible]もたらすと[illegible]た。だから来年のことを[illegible]鬼に笑われるのはもう充分である。

ゴールドカードの充実したサービス。防衛省UCカード〈プライズ〉 年会費無料
防衛省共済組合員・組合OB限定
UCカード Club Off
人気ホテルや飲食店、レジャー施設をはじめ、200,000以上のサービスを特別価格でご利用いただけます。UCカードプライズ・UCカードゴールド会員様向け専用サービスです。
海外・国内保険サービス付帯
死亡・後遺障害の補償は最高5,000万円。ご出張中やご旅行中のケガや病気を補償いたします。
UCゴールド会員空港ラウンジサービス
国内主要空港及びダニエル・K・イノウエ国際空港（ハワイ）などでラウンジが無料でご利用いただけます。
本人会員様：永久無料
家族会員様：1人目永久無料 2人目以降1,100円（税込）
防衛省UCカード〈プライズ〉は永久不滅ポイントが貯まります。 1,000円＝1ポイント（ほぼ5円）
ずっと貯まる ポイント無期限
カードのお支払いに使う 「ポイントdeお買物サービス」
ポイントを運用する 投資の疑似体験「ポイント運用サービス」 つみたて投資サービス「セゾンポケット」

本カードのお申込方法 「申込書」のご請求は下記まで UCコミュニケーションセンター 入会デスク 0120-888-860（9:00〜17:00/1/1休み）
※審査によりお申し込みの意に添えない場合がございます。あらかじめご了承ください。 ※2020年11月1日現在の情報です。変更になる場合がございます。あらかじめご了承ください。 （1）

これからは自ら学ぶ時代です 元自衛官 高山祐司
元自衛官が教える自衛官のための
ライフプラン設計 無料
勉強会 12/5,6,12,13
参加特典アリ！
オンライン開催 90分
お申し込みはこちら
若年定年退職、厳しい再就職、老後破産に備えるには
24年間の自衛官人生と退官を経験した同士として、「退官後の厳しい現実」と「具体的な解決手段」を包み隠さず隅々までラフにお話しいたします。

# 時の焦点

## 国内　臨時国会閉会

# 感染抑止へ正念場の冬

菅政権発足後、初めての本格的な国会が幕を閉じた。政府には、その成果を十分に生かし、感染症に対する国民の不安解消に努めることが求められよう。

菅首相は国会閉会にあわせて行った記者会見で、冒頭から新型コロナウイルス感染拡大への危機感を強調し、こう力説した。

「国民の命と暮らしを守る、これが政府としての最大の責務です」

首相が指摘する通り、新型コロナの新規感染者数や重症者数は過去最多の水準で推移している。特に、重症者向けの病床がひっ迫し始めていることには、強い警戒が必要だ。

適切な医療が提供できなくなれば、国民生活に深刻な影響が及ぶ。諸外国では、病院に入れずに混乱する患者や家族の姿が報じられている。日本でそうした事態を招いてはならない。

首相は政府・与党連絡会議で、「ひっ迫している自治体からの要請があれば、自衛隊をただちに派遣できる体制を整えている。政府としては、最大限の支援を行っていく」と語った。

自衛隊は、コロナに関する災害派遣活動などで高い実績を上げてきた。医官や看護官らが派遣されれば、自治体や住民には極めて心強い。自衛隊の負担はさらに増すが、政府には、最も有効な方策を探ってほしい。

臨時国会では、改正予防接種法が成立し、新型コロナウイルスのワクチン完成に備えた法的基盤が整った。

市町村がワクチン接種を行い、その費用は国が全額負担する。国民は無料で接種できる。

ワクチンの有効性や安全性が十分確認できた場合、国民には、原則として接種する努力義務が生じる。

欧米では、ワクチン開発が進んでいる。政府は、「来年前半までに、全ての国民に提供できる量のワクチン確保に努める」という方針だ。

接種にあたっては、自治体や医療機関と綿密な調整が必要となろう。様々な事態を想定して準備をしておきたい。

ワクチンが完成しても、国民が幅広く接種するには時間がかかり、どの程度の効果があるか判然としない面も大きい。

国民一人一人がマスク着用など基本的な感染防止策を徹底するとともに、医療体制を強固にしていくことが不可欠だ。

観光支援策「GoToトラベル」については、感染が拡大する大阪市と札幌市を目的地とする旅行を補助対象から除外し、東京都発着の旅行も高齢者などの利用自粛を呼びかけている。

コロナが広がって初めての年末年始を迎える。帰省で人の移動が多いうえ、寒さで室内の換気が不十分になりやすく、感染のリスクが高まる。

だが、この冬を乗り越えれば、ワクチンも実用化され、おのずと展望は見えてこよう。国民は、今しばらくの忍耐が必要だ。首相は先頭に立って、再生への針路を指し示してもらいたい。

宮原　三郎（政治評論家）

## 海外　トランプ政権

# 世界の安全性「高める」

大統領選挙中に米メディアが報じなかったニュースの一つに、トランプ政権下で世界の安全性が高まったという事実がある。

世論調査機関ピュー・リサーチ・センターによれば、2016年夏、有権者が同年の大統領選で投票する判断材料として「テロリズム」（80%）が2位（1位は「経済」84%）。しかし、20年夏の同様の調査では、「テロ」は上位12項目から消えた。

国務省の報告書でも、中東の過激派組織「イスラム国」（IS）によるテロは、オバマ政権下の14−16年に3万1744件、死傷者4万1213人。それがトランプ政権の17−19年には2079件、死傷者1万5728人になった。

トランプ政権の政策で世界が安全度を増したことが明らかな一方で、ゲイツ元国防長官に「過去40年間、あらゆる外交政策の決定で間違ってきた」とまで言われるバイデン氏は大丈夫なんだろうか。

オバマ、バイデン正副大統領の政権は、チェコ、ポーランド両国にミサイル防衛網を供与するとの米国の公約を破った。対ロシア宥和の一環だったが、トランプ政権は東欧の対ロ防衛を支援した。

オバマ政権はイラクから全部隊を撤退させた。その結果、イラクはISのようなテロ組織に極めて弱体になり、テロ支援国家のイランに依存するようになった。

12年9月11日にリビアのベンガジで米領事館と中央情報局（CIA）の活動拠点がテロリストに襲撃された時、オバマ大統領は何の米国人救出策も講じなかった。大統領選が2カ月後という国内政治を優先させたのだった。

ロシアがウクライナを攻撃した時、オバマ政権はウクライナに防衛兵器を供与することを拒否した。プーチン・ロシア大統領の怒りを恐れたためだが、トランプ政権は多数の防衛兵器を供与した。

オバマ大統領はシリアの化学兵器使用問題で「レッドライン」（越えてはならない一線）を宣言したが、それをアサド政権に守らせるガッツはないから実施には移さず。代わりに、ロシアに同兵器監視の役を一任した。まるで、キツネに鶏小屋の見張りを任せるみたいな話だ。

オバマ政権と欧州がイランに数千億ドルを与えて同国に迎合した政策もあった。「米国とイスラエルに死を」と公言する世界最大のテロ支援国家のはず。トランプ政権が資金の流れを締め付けた結果、テロは減少したが、バイデン氏は対イラン合意の再開を期している。

米軍がイラン革命防衛隊のソレイマニ司令官を殺害した時、バイデン氏らは「危険な行動」と批判したが、世界と米国はより安全になった。

在イスラエル大使館のテルアビブからエルサレムへの移転も「専門家」は危険だと批判したが、トランプ政権の方が正しかった。

他にもいくつもあるが、オバマ・バイデン・コンビの外交政策で世界をより安全にしたものがあっただろうか?

草野　徹（外交評論家）

# 優秀隊員58人を表彰

## 陸・海・空幕長　顕著な功績の准曹ら

模範的な勤務実績や顕著な功績を上げた隊員を表彰する陸・海・空自の「優秀隊員表彰」がこのほど、都内で行われた。式で陸自37人、海自11人、空自10人の隊員がそれぞれ湯浅陸、山村海、井筒空の各幕僚長から顕彰状、褒賞を授与された。

陸幕長主催の「令和2年度優秀隊員顕彰式」は11月19日に東京都港区の明治記念館で行われ、隊務一般の部で自衛官21人、技官5人、即予備自2人、予備自2人、隊務特別の部で自衛官5人、予備自1人、事務官1人が顕彰状を受けた。

海自の令和2年度「永年勤務者等優秀隊員（海幕長表彰）」は11月20日、防衛省で行われ、幹部4人、准尉3人、曹長3人、技官1人の計11人に山村海幕長から顕彰状が授与された。

山村海幕長は「本日の顕彰は、諸官が入隊以来、旺盛な責任感と熱意をもって我が国の防衛という崇高な任務にまい進し、それぞれの持ち場において真摯に努力した結果が実を結んだものである」と諸員の永年の労をねぎらった。

空幕の「令和2年度顕彰空曹及び事務官等に対する表彰状授与式」は同26日に明治記念館で行われ、全国の各部隊から選ばれた空曹8人と技官2人の計10人に井筒空幕長から表彰状が授与された。

授与後、井筒空幕長は「部隊の最前線で各職種のスペシャリストとして技能を発揮し、豊富な知識で指揮官を補佐し、後輩の育成に努めてきた。地域との良好な関係を構築するなど、まさに空自の模範である。今後もそれぞれの部隊の中核として、一層の防衛力の強化に尽力してほしい」と訓示した。

令和2年度優秀隊員顕彰式

湯浅陸幕長（左）から顕彰状を贈られる優秀隊員（中央）と夫人（11月19日、東京都港区の明治記念館で）

山村海幕長（右）から顕彰状を授与される依田剛2尉（11月20日、海幕で）

顕著な功績を上げた模範空曹らを表彰する井筒空幕長（左）（11月26日、明治記念館で）

【陸自】◇隊務一般◇◇自衛官＝▽刈田智郎准尉（空挺団最先任上級曹長）▽杉本守曹長（陸上総隊付）▽長里泰治准尉（7高特連）▽伊藤勇司准尉（北方移監）▽能藤大作准尉（12施群）▽薄井一郎曹長（11飛隊）▽浜中博幸准尉（39普連）▽瀬川雅史2曹（4対艦連）▽斉木学美准尉（東方最先任上級曹長）▽海老沢成正准尉（1施団最先任上級曹長）▽渡邊成人准尉（1特隊）▽塩田紀之准尉（中方最先任上級曹長）▽木村庄司准尉（14旅団最先任上級曹長）▽角田瑞穂准尉（阪神病院庶務班長）▽阿部悟准尉（2高特団最先任上級曹長）▽片桐伸准尉（5施団付隊）▽齋藤房信准尉（8後支連）▽國見宏和曹長（中央輸送隊）▽龍道成准尉（富士学校）▽松岡勝樹准尉（同）▽三浦達也准尉（教研本最先任上級曹長）◇事務官等＝▽山形茂技官（北海道処武器課装軌班2整備係長）▽大谷智佳子技官（神町駐業）▽町田剛技官（関東処吉井弾支誘導弾薬科整備班長）▽藤田勝巳技官（守山駐業木工係長）▽副島浩雄技官（九州処鳥栖燃支営繕班長）◇予備自衛官等＝▽佐藤孝行即応予備1曹（38普連）▽井長誠即応予備1曹（47普連）▽竹内重昭予備1曹（長野地本）▽村上文厚予備1曹（福岡地本）◇隊務特別◇▽菅野健一1曹（対特殊武器衛生隊）▽清水勇輝事務官（基礎情報隊）▽石井浩行曹長（7後支連）▽添田一義曹長（44普連）▽荒木大介2曹（東方衛生隊）▽於久唯莉予備2曹（長野地本）▽富田学2曹（部隊訓練評価隊）

【海自】◇自衛官＝▽依田剛2尉（横弾補所火工整備科長）▽河野紀之2尉（佐音）▽中島弘幸3尉（舞シス通通信運用班長）▽岩切晃明3尉（阪基42掃隊）▽熊坂雄二准尉（ちよだ）▽白石雄二准尉（呉シス通）▽髙田桂樹准尉（潜訓横潜訓分）▽荒岡裕貴曹長（2護群司令部先任伍長）▽槌田学治曹長（まや先任伍長）▽尾崎昌志曹長（大地隊先任伍長）◇事務官等＝▽高田摂官（横病）

【空自】◇自衛官＝▽藤篤史曹長（3高群）▽米村貴三曹長（中司飛）▽中原博文曹長（西警団）▽西川慎二曹長（9空団）▽赤木浩二曹長（2輸空）▽加藤哲治曹長（12飛教団）▽三柴孝行曹長（医実隊）▽沢内光幸曹長（4補処支処）◇事務官等＝▽川村勇技官（3空団）▽福迫勝技官（2補）

## 防衛省発令

▽航空支援集団医務官（空自補給本部医務官兼航空支援集団司令部）　1空佐　宮脇　博基
▽空自補給本部医務官（7航空団）　2空佐　大久保雅江
（以上11月30日）
▽防衛大防衛学教育学群国防論教育室長兼防衛大教授（防衛大教授）　1海佐　平山　茂敏
▽同教授（海幕首席法務官付法務室長兼海自幹部学校）　同　大内　研治
▽統幕運用2課国際協力室長（8高射特科群長兼青野原駐屯地司令）　1陸佐　押川　誠
▽陸幕募集・援護課総括班長（教育訓練研究本部）　同　加賀澤俊樹
▽同防衛課（同研究員）　同　水谷　清隆
▽同指揮通信システム・情報部付（情報処理隊長）　同　山本　幹二
▽陸上総隊運用部陸上連絡官（北部方面総監部厚生課長）　同　住永　忠士
（15ヘリ隊長）　同　坂本　貴宏
▽北部方面総監部厚生課長（陸上総隊運用部陸上連絡官）　2陸佐　宮下　克聡
▽同防衛課陸上連絡官（大津駐屯地業務隊長）　同　西田　誠
▽東北方面総監部情報課長（教育訓練研究本部）　1陸佐　金子　洋幸
▽同会計隊長（小平学校総務部長）　同　平向　信吾
▽中部方面総監部後方運用課長（衛生学校主任教官）　同　松田　桃子
▽同ヘリ隊長（北部方面総監部防衛課陸上連絡官）　2陸佐　北島　一生
▽大津駐屯地業務隊長（高射学校）　同　廣　厳
▽西部方面航空隊副隊長（航空学校企画室長）　1陸佐　西田　昭彦
▽北熊本駐屯地業務隊長（東北補給処総務部長）　同　川崎　誠二
▽7師団4部長（教育訓練研究本部）　同　小山　和彦
▽8師団幕僚長（統幕運用2課国際協力室長）　同　笹島　昭佳
▽11旅団副旅団長兼真駒内駐屯地司令（8師団幕僚長）　同　五十嵐　淳
▽1ヘリ団本部付（西部方面航空隊副隊長）　同　岩崎　由樹
▽北部方面混成団副団長（高等工科学校副校長兼企画室長）　同　渡邊　俊明
▽東北方面混成団長（11旅団副旅団長兼真駒内駐屯地司令）　同　永田　伸二
▽30普通科連隊長兼新発田駐屯地司令（陸上総隊運用部陸上連絡官）　同　遠藤祐一郎
▽73戦車連隊長（陸幕防衛課）　同　瀧澤　英一
▽機甲教導連隊長兼駒門駐屯地司令（富士学校主任教官）　同　相馬　佳輝
▽15ヘリ隊長（教育訓練研究本部）　同　後村　幸治
▽8高射特科群長兼青野原駐屯地司令（高等工科学校教育部長）　同　久守　直紀
▽中央業務支援隊副隊長（北熊本駐屯地業務隊長）　同　小林　栄樹
▽中央情報隊本部3科長（陸幕指揮通信システム・情報部付）　同　大坪　宏彰
▽情報処理隊長（情報学校主任教官）　同　大山　和伸
▽中央会計隊副隊長（小平学校会計科部長）　同　中村　博次
▽情報学校主任教官（情報本部）　2陸佐　内山　広治
▽航空学校企画室長（輸送航空隊副隊長）　同　米谷　知久
▽同霞ヶ浦校総務課長（航空学校霞ヶ浦校）　同　川島　唯継
▽小平学校総務部長（教育訓練研究本部研究員）　1陸佐　小川　隆宏
▽同会計科部長（東北方面会計隊長）　同　清水　和彦
▽高等工科学校副校長兼企画室長（機甲教導連隊長兼駒門駐屯地司令）　同　内田　明秀
▽同教育部長（教育訓練研究本部教育調整官）　同　横沼　実
▽教育訓練研究本部教育調整官（陸幕募集・援護課総括班長）　同　巻口　公輔
▽同教官（防衛装備庁プロジェクト管理部事業監理官付事業計画調整官）　同　井上　義宏
▽教育訓練研究本部（東北方面総監部情報課長）　同　栗田　千寿
（中部方面総監部後方運用課長）　同　柵木　徳之
（30普通科連隊長兼新発田駐屯地司令）　同　堀口　大助
（関西補給処桂支処補給部長）　同　前野　惠司
（中部方面ヘリ隊長）　2陸佐　柳引　敏幸
▽北海道補給処安平弾薬支処長兼安平駐屯地司令（101不発弾処理隊長）　同　植松　佳郎
▽北海道補給処付（北海道補給処企画課長）　1陸佐　小野　真嗣
▽東北補給処総務部長（中央会計隊副隊長）　同　松田　靖史
▽関東補給処誘導武器部長（北海道補給処安平弾薬支処長兼安平駐屯地司令）　同　千代丸　博
▽関西補給処桂支処補給部長（関東補給処誘導武器部長）　同　本上　智之
▽海幕首席法務官付法務…（海幕首席法務官付法務…）　1海佐　加治…
▽同首席会計監査官（海自補給本部需品部長）　同　杉本　弘…
▽同防衛課（8護衛隊司令）　同　横田　和…
（航空集団司令部）　同　西田　勝…
▽同運用支援課兼統幕運用…課（海幕防衛課）　同　北口…
▽同情報課情報保全室長（同情報課）　同　岡田…
▽護衛艦隊司令部（11護衛隊司令）　同　門田　正…
▽8護衛隊司令（練習艦隊首席幕僚）　同　竹嶋…
▽11護衛隊司令（水上戦術開発指導隊司令）　同　沢田…
▽くにさき艦長（舞鶴地方総監部監察官）　2海佐　高岡…
▽水上戦術開発指導隊司令（護衛艦隊司令部）　1海佐　本山…
▽八戸航空基地隊司令（31空群司令部）　[illegible]
▽潜水艦教育訓練隊司令（海幕情報課情報保全室長）　2海佐　芳賀…
▽舞鶴地方総監部経理部長（艦船補給処計画部長）　1海佐　目加田…
▽同監察官（舞鶴地方総監部監察官付）　同　伊藤…
▽練習艦隊首席幕僚（練習艦隊司令部）　2海佐　元山…
1海佐　渡邊…
▽解海自警務隊副長事務取扱（海自警務隊司令）　1海佐　宮原…
▽海自警務隊副長（海自警務隊本部）　2海佐　石本…
▽兼海自4術科学校研究部長（海自4術科学校副校長）

# 「政策提言書」を提出

## 防衛相に　隊友会など4団体

【隊友会】「自衛隊と国民の懸け橋」として全国で活動している隊友会（折木良一理事長）、偕行社（森勉理事長）、水交会（杉本正彦理事長）、つばさ会（片岡晴彦理事長）の4団体は11月18日、防衛基盤の育成・発展に寄与する防衛政策のあり方などを提言した「令和2年度政策提言書」を岸防衛相に提出した。

この日は4団体の代表が防衛省を訪れ、岸防衛大臣に対し、隊友会の折木理事長（元統幕長）が政策提言書を手渡し、内容を報告した。

今年度は年初から新型コロナの感染が世界に広がり、先の見えない状況が続いているとして、中・長期的な展望に立ち、憲法に関するものから、防衛政策、防衛力整備、自衛隊員の処遇改善などまで、10項目について政策提言を行った。

岸防衛相（中央右）に政策提言書を手渡した折木隊友会理事長と、偕行社、水交会、つばさ会の代表（11月18日、防衛省で）

# 比空軍司令官とテレビ会談実施

## 井筒空幕長

井筒空幕長は11月23日、フィリピン空軍司令官のアレン・パレデス中将とテレビ会談を行った。

両者は2国間の防衛協力などの意見交換を行うとともに、フィリピンへの日本製警戒管制レーダーの移転決定も踏まえ、我が国と地域の平和と安定の強化に向けて引き続き連携強化することで一致した。

フィリピン空軍司令官のパレデス中将

Security Studies（和文英文同時発信）
安全保障研究
2-4巻 12月号
（対話により日韓関係を正常化へ）
発行 鹿島平和研究所・安全保障外交政策研究会
アマゾン公式サイトで、「安全保障研究2-4巻」により検索・購入 800円
直接購入希望者は以下に連絡
gbh00145@nifty.com

静電気対策やウイルス抑制、乾燥防止
NEW
加湿量 4L/h の大容量で
広い空間の空気に潤いを
大型気化式加湿器 EHN-4000
タンク容量21Lで
連続運転約5時間
水道直結・給水 どちらも使用できます
加湿目安 木造(98㎡) 56畳 プレハブ洋室(154㎡) 94畳

広い空間の換気、空気の入れ替えに
感染防止対策や空調補助、大きく空気を動かしたい場所に
大型循環送風機 ビッグファン
●備蓄倉庫等の換気・循環に!
●単相100V電源で工事不要!
広さ・用途で選べる5TYPEをご用意
BF-60J　DCF-60P　BF-75V　BF-100V　BF-125V

目的に合ったドライ環境を提供
結露・カビを抑え湿気によるダメージを防ぎます!
コンプレッサー式除湿機

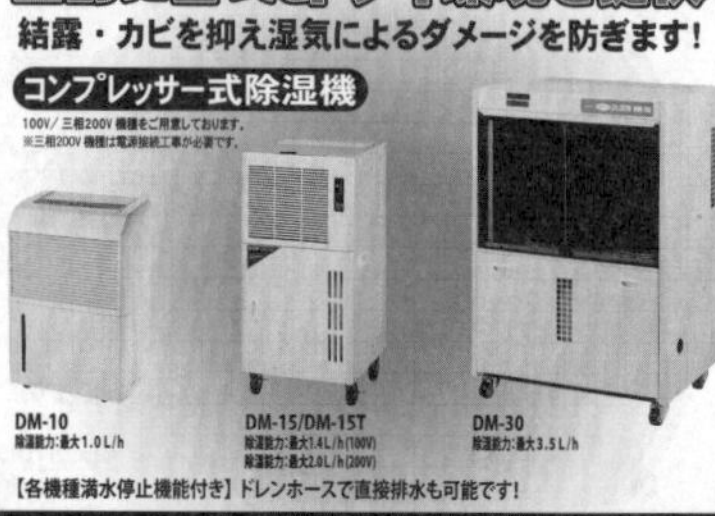


【各機種満水停止機能付き】ドレンホースで連続排水も可能です!

NAKATOMI
株式会社ナカトミ
〒382-0800 長野県上高井郡高山村大字高井6445-2
https://www.nakatomi-sangyo.com
株式会社ナカトミ　検索
お問い合わせはこちら
TEL:026-245-3105 FAX:026-248-7101

# 海自初の対機雷戦能力備えた護衛艦が進水

# 夢と希望 担う「くまの」

## コンパクト、ステルス、省人化

「海自の夢と希望を託した艦艇だ」（山村海幕長）――。

海自護衛艦で初めて対機雷戦能力を備えた平成30年度計画護衛艦「くまの（熊野）」（基準排水量3900トン、30FFM）が11月19日、岡山県玉野市の三井E&S造船玉野艦船工場で進水した（本紙11月26日付1面既報）。

平時の警戒監視活動から有事の対潜戦、対空戦、対水上戦、さらに対機雷戦も行うことができる「くまの」は、まさに今後の「海自の夢と希望」を担える艦だ。FFMは今後計22隻が建造される計画で、コンパクトな船体、ステルス化された外観、省人化と乗員の「クルー制」などは新しい海自を象徴する艦と言える。1番艦に先行して初披露となった2番艦「くまの」の命名・進水式の様子を写真で紹介する。

（写真・文　星里美）

「命名・進水式」を前にドックに鎮座する「くまの」。手前は命名書（右）と進水用の斧（左）＝海自提供

㊤「くまの」と命名され、初披露された対機雷戦能力を備える平成30年度計画の新型多機能護衛艦（FFM）の全景。ステルス性を重視したデザインで、船首下には護衛艦として初めてバウスラスターも装備、出入港の作業も容易になる（いずれも11月19日、岡山県玉野市の三井E&S造船玉野艦船工場で）

㊨ピラミッド型が特徴的な「くまの」のマスト。今後の艤装で上部にレーダーなどの複合センサーが装備される予定だ

風船と紙吹雪が舞う中、進水台から勢いよく海面に滑り降りた「くまの」＝海自提供

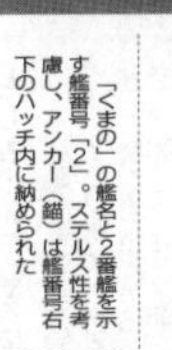

「くまの」の艦名と2番艦を示す艦番号「2」。ステルス性を考慮し、アンカー（錨）は艦首右下のハッチ内に納められた

「くまの」の進水を記念し、三井E&S造船が来場者に配った完成予想図が描かれた絵はがき。就役は令和4年3月の予定だ

斧で支綱を切断後、進水した「くまの」を拍手で祝う島田事務次官（手前中央）と敬礼する山村海幕長（右）をはじめとする防衛省・自衛隊関係者ら＝海自提供

艦首のカラーテープをなびかせながら瀬戸内の海上に進水した「くまの」＝海自提供

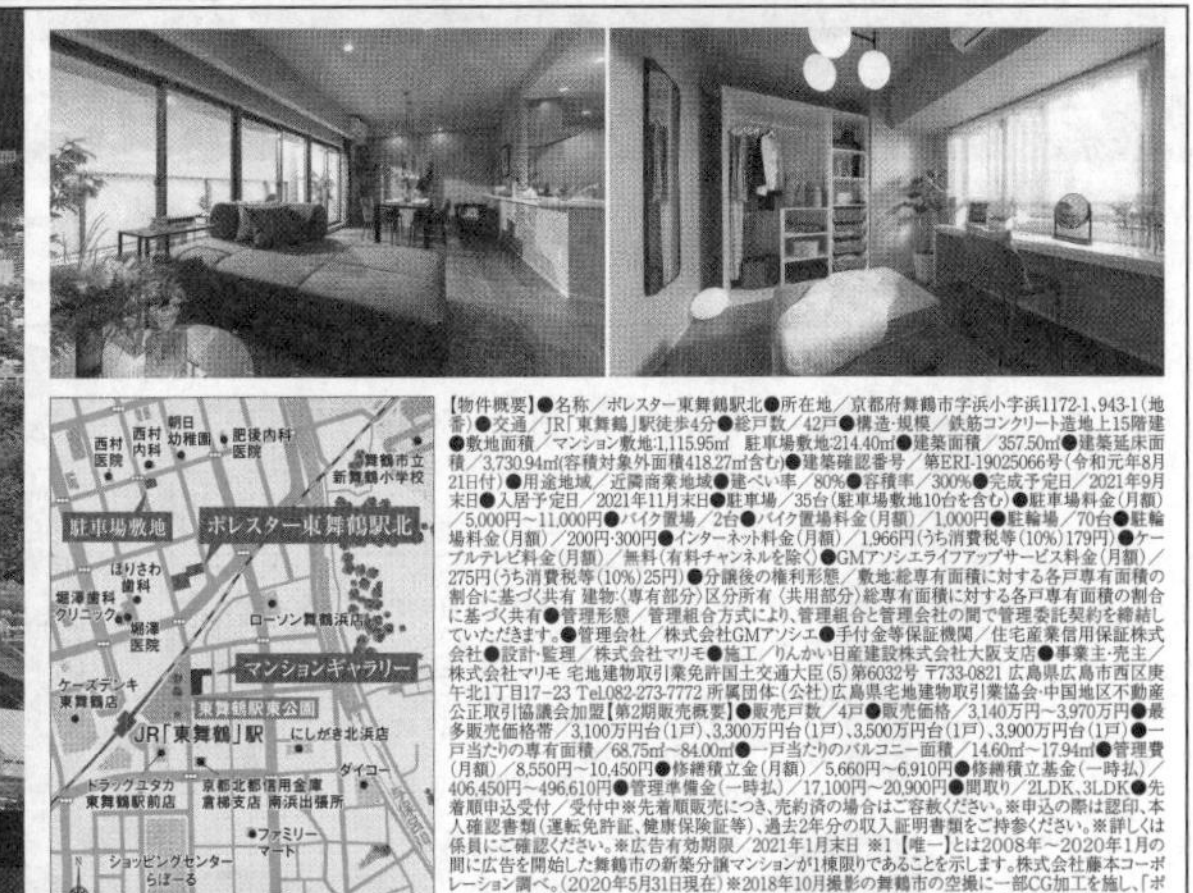


【物件概要】●名称／ポレスター東舞鶴駅北●所在地／京都府舞鶴市字浜小字浜1172-1、943-1（地番）●交通／JR「東舞鶴」駅徒歩4分●総戸数／42戸●構造・規模／鉄筋コンクリート造地上15階建●敷地面積／マンション敷地:1,115.95㎡　駐車場敷地:214.40㎡●建築面積／357.50㎡●建築延床面積／3,730.94㎡(容積対象外面積418.27㎡含む)●建築確認番号／第ERI-19025066号（令和元年8月21日付）●用途地域／近隣商業地域●建ぺい率／80%●容積率／300%●完成予定日／2021年9月末日●入居予定日／2021年11月末日●駐車場／35台（駐車場敷地10台を含む）●駐車場料金（月額）／5,000円～11,000円●バイク置場／2台●バイク置場料金（月額）／1,000円●駐輪場／70台●駐輪場料金（月額）／200円・300円●インターネット料金（月額）／1,966円（うち消費税等（10%）179円）●ケーブルテレビ料金（月額）／無料（有料チャンネルを除く）●GMアソシエライフアップサービス料金（月額）／275円（うち消費税等（10%）25円）●分譲後の権利形態／敷地:総専有面積に対する各戸専有面積の割合に基づく共有 建物:〈専有部分〉区分所有〈共用部分〉総専有面積に対する各戸専有面積の割合に基づく共有●管理形態／管理組合方式により、管理組合と管理会社の間で管理委託契約を締結していただきます。●管理会社／株式会社GMアソシエ●手付金等保証機関／住宅産業信用保証株式会社●設計・監理／株式会社マリモ●施工／りんかい日産建設株式会社大阪支店●事業主・売主／株式会社マリモ 宅地建物取引業免許国土交通大臣（5）第6032号 〒733-0821 広島県広島市西区庚午北1丁目17-23 Tel.082-273-7772 所属団体:（公社）広島県宅地建物取引業協会・中国地区不動産公正取引協議会加盟【第2期販売概要】●販売戸数／4戸●販売価格／3,140万円～3,970万円●最多販売価格帯／3,100万円台（1戸）、3,300万円台（1戸）、3,500万円台（1戸）、3,900万円台（1戸）●一戸当たりの専有面積／68.75㎡～84.00㎡●一戸当たりのバルコニー面積／14.60㎡～17.94㎡●管理費（月額）／8,550円～10,450円●修繕積立金（月額）／5,660円～6,910円●修繕積立基金（一時払）／406,450円～496,610円●管理準備金（一時払）／17,100円～20,900円●間取り／2LDK、3LDK●先着順申込受付／受付中※先着順販売につき、売約済の場合はご容赦ください。※申込の際は認印、本人確認書類（運転免許証、健康保険証等）、過去2年分の収入証明書類をご持参ください。※詳しくは係員にご確認ください。※広告有効期限／2021年1月末日 ※1【唯一】とは2008年～2020年1月の間に広告を開始した舞鶴市の新築分譲マンションが1棟限りであることを示します。株式会社藤本コーポレーション調べ。（2020年5月31日現在）※2018年10月撮影の舞鶴市の空撮に一部CG加工を施し、「ポレスター東舞鶴駅北」のおよその位置を示したもので、実際とは異なります。※掲載の絵図は図面を基に描きおこしたもので、実際とは多少異なります。また周辺建物、電線、電柱等は省略しており、実際とは異なります。※植栽は花の開花時期を同時に表現したもので、実際は季節により異なります。また、竣工から一定の生育期間を経た状態を表現したものであり、植物の生育に必要な間隔をとって植えておりますので、竣工当初とは異なります。※写真はモデルルームを撮影したもので、オプション装備を施した例、または照明器具、建具を変更している場合があります。詳しくは係員にお尋ねください。※掲載写真の窓外は空イメージを合成したもので、実際とは異なります。※掲載の徒歩による所要時間は、地図上の概測距離より80m/分で算出したおよその時間です。※2 移動距離やお荷物の内容等により追加料金が発生する場合があります。詳しくはご契約時にお渡しするお引越無料サービスのご案内をご覧ください。

詳しくは、フリーコールまたはホームページへ
フリーコール 0800-100-0508
営業時間／10:00～19:00　定休日／水・木曜日

二次元コードで簡単来場予約
お持ちの携帯電話からお読み取りください。ホームページへアクセスできます。※一部対応しない機種がございます。

あたらしい、あたりまえを。
marimo
事業主・売主・設計・監理業務
株式会社 マリモ
〒733-0821 広島市西区庚午北1丁目17番23号
TEL.082-273-7772
宅地建物取引業免許 国土交通大臣（5）第6032号

年末年始休業日のお知らせ　誠に勝手ながら12月23日（水）から1月6日（水）まで冬季休業とさせていただきます。新年は1月7日（木）より営業いたします。

厚生・共済

特集

# 「SUPPORT21冬号」完成

## 特集は「よくわかる退職時の共済手続き」

防衛省共済組合の広報誌『SUPPORT21冬号』が出来上がりました。

巻頭では退職予定隊員向けに「よくわかる退職時の共済手続き」を特集。自衛官・事務官等は退職すると翌日から組合員でなくなるため、退職前に短期（医療）、長期（年金）、保健、貯金、貸付・物資、保険、防衛省生協（火災・災害共済、生命・医療共済、退職者生命・医療共済）の手続きを済ませておくことが必要です。

本号では必要な手続きをまとめた「退職時の共済手続き一覧」を掲載していますので、ご自身でチェックできます。ぜひご活用ください。

「ベネフィット・ステーション活用術」では、お得なチケットを利用した施設等をご紹介。

ベネフィット・ステーションでは「東京・ミュージアム ぐるっとパス2020」を割引価格で販売しています。このパスは、東京を中心とする99の美術館・博物館等の入場券・割引券が1冊にまとまったお得なチケットブック。定価2200円のところ、組合員は1870円でご購入できます。

販売は2021年1月31日まで、有効期間は最初に使用した日から2カ月間です。パスには上野動物園や有名な庭園なども含まれているので、ゆっくり自然を満喫しながら散策もできます。どうぞご利用ください。

### 「ぐるっとパス」活用法掲載

本号ではお正月に向けた本部契約商品もご案内しています。「浜ゆでたらばがに脚」「生たらば＆生ずわいがにポーションセット」は、故郷へのお土産にぴったりです。お正月にご家族でお召し上がりください。

「支部だより」は、令和元年度本部長表彰を受賞した福島支部、入間支部をご紹介。両支部の福利厚生事業が詳しく紹介されています。

『SUPPORT21』はご自宅に持ち帰り、ご家族で一緒にご覧ください。

## 「ベネフィット・ワン」で定期健診を

## 巡回レディースは20日まで受付

生活習慣病である高血圧、糖尿病、脂質異常症などに、喫煙や肥満などが重なると、動脈硬化が進行して心筋梗塞などの重い病気の発症につながります。定期的に健診を受診し、健康を保ちましょう。

また、今年度も女性を対象に「巡回レディース健診」を行っています。ぜひご利用ください。

健診の受け付けは共済組合が委託する「ベネフィット・ワン」が行っていますので、次の方法でお申し込みください。

【WEB】パソコンはhttps://www.benefit-one.co.jp、スマートフォンはhttp://bnft.jpへ。アクセス後、「健診予約はこちら」のバナーをクリックしてお進み下さい。

【電話】ベネフィット・ワン健診予約受付センター（0800－1702－502、03－6870－2775）へ。午前10時から平日午後9時、土日祝日は午後6時まで受け付け。年末年始は休みです。

【FAX】0800－919－9030、0899－900－8281へ。お手元の冊子の「＜各種健診＞FAX・郵送申込書」または「＜婦人科単体検診＞FAX・郵送申込書」をご利用ください。

【郵送】〒790－8790愛媛県松山市藤原2－8－8　株式会社ベネフィット・ワン健診予約受付センターまで。「＜各種健診＞FAX・郵送申込書」または「＜婦人科単体検診＞FAX・郵送申込書」に必要事項をご記入のうえ、お送りください。

申し込み後、「ご予約確定通知書」が送付されます。受診当日は「防衛省共済組合員証」または「自衛官診療証」を持参して受診してください。健診結果は1カ月程度で健診機関から本人に直接送付されます。

なお、健診時に個人負担金がある場合は健診機関窓口で当日お支払いください。

◇

このほか健診機関に電話で直接申し込むこともできます。お手元の「健診機関リスト」に掲載された健診機関に、受診希望日の3週間前までに電話でお申し込みください。予約後、受診希望日の3週間前までにベネフィット・ワン健診予約受付センターに電話・FAX・郵送で「ご予約確定通知書」の発行を依頼してください。後日、健診予約センターから同書を送付します。その後は上記の方法で受診してください。

◇

一方、「巡回レディース健診」は12月20日まで申し込みを受け付けています（受診期間は来年2月末日まで）。

受診資格者は任継組合員、被扶養配偶者、当該年度において40歳以上74歳以下の被扶養者（女性、年度内1回）です。受診会場はベネフィット・ステーションWEBへアクセス後、「健診予約はこちら」→「巡回健診会場一覧」をクリックしてください。

健診料金は任継組合員・被扶養配偶者はすべて無料。一方、当年度40歳以上74歳以下の被扶養者（配偶者を除く）は、生活習慣病健診が5500円＋オプション検査費用は全額自己負担となっています。

この機会にぜひご利用ください。

## 団体医療保険「3大疾病オプション」がおすすめ

### もしもの時の備えに

皆さまは大きな病気など、もしもの時に備えていますか？

防衛省共済組合では、病気による入院・退院後の通院・手術に、所定の3大疾病オプションとして加えた「防衛省職域団体医療保険」をご用意しています。

この医療保険は防衛省のスケールメリットを生かした団体割引があるため、月額の保険料もお得で、非常に有利な内容となっています。どうぞご加入ください。

「3大疾病オプション」のコースは「組合員本人」と「組合員本人と配偶者」の二つがあり、どちらかをお選びください。

また、「3大疾病オプション」は日本人の主な死亡原因であるがん・急性心筋梗塞・脳卒中に対応するもので、3大疾病保険金または一時金として、加入額により100万円から500万円の一時金が支払われます。

詳しくは共済組合支部の団体保険窓口、職員（日本生命）へお問い合わせください。

## グラヒルHPからオンラインショッピング♪

### テリーヌセットに「Xマス限定チャーム」

防衛省共済組合の直営施設「ホテルグランドヒル市ヶ谷」のオンラインショップ専用ページから、ホームメイドのおいしい焼き菓子やパウンドケーキなどオリジナル商品、お勧め商品を簡単に購入できます。ご贈答用、ご自宅用にぜひご利用ください。

ホテルグランドヒル市ヶ谷では「ギフトセレクション」として次のような商品をラインアップしています。

○テリーヌ2本セット（ショコラ／フロマージュ）（数量限定、6260円）

テリーヌ2本セットをお申し込みいただいた先着50名様には「クリスマス限定チャーム」をお付けいたします。

○テリーヌショコラ（数量限定、1本3240円）

テリーヌショコラは冷凍庫で半日解凍してから常温で15分程おいていただくと食べ頃の柔らかさになります。

○テリーヌフロマージュ（数量限定、1本3240円）

テリーヌフロマージュはとても柔らかいため、冷蔵庫で半日解凍後常温において30分ほど冷やしてからいただくとより一層おいしくいただけます。

○紅茶と杏のパウンドケーキ（1本、2000円）

パウンドケーキは、お召し上がりいただく際、冷蔵庫で冷やし滑らかな食べ頃です。

○フルーツパウンドケーキ（1本、2000円）

○パウンドケーキ2本セット（紅茶と杏／フルーツ）（3800円）

○マドレーヌアソート（ラム酒レーズン4個／抹茶3個／ほうじ茶3個、2000円）

※お得なセット販売もございます。

＜購入方法＞

販売価格は、表示された金額（表示価格・消費税込）となります。なお、別途配送料が必要となります。配送料に関しては商品詳細ページをご確認ください。

＜お支払い方法＞

銀行振込のほか、クレジットカード決済、コンビニ決済、郵便振替、後払い、PayPal、キャリア決済、楽天ペイがご利用いただけます。

＜返品・交換＞

お買い上げの商品は、配送の場合を除き、返品・交換はご容赦願います。万一、破損品や注文と異なる商品および不良品だった場合は、商品到着後5日以内にホテルまでご連絡ください。この場合の配送手数料は当ホテル負担で引き取り、再送させていただきます。

＜商品の引き渡し時期＞

配送のご依頼を受けてから7日以内に発送します。

ご購入は公式HP（https://www.ghi.jp/）内の「オンラインショップ」専用ページへ。

HOTEL GRAND HILL ICHIGAYA

上 テリーヌ2本セット。クリスマス限定チャーム付き　左 滑らかな食感のテリーヌ

---

# 年金Q&A

**基礎年金の種類と受給要件について教えて下さい**

## 老齢、障害、遺族３種の基礎年金があります

Q　前回の年金Q＆Aで「国民年金（基礎年金）」のしくみについて知ることができましたが、基礎年金の種類と受給要件について教えて下さい。

A　基礎年金の種類と受給要件は、次のようになっています。

【老齢基礎年金】

受給資格期間（保険料納付済期間、保険料免除期間及び合算対象期間を合算した期間）が10年以上である方が65歳に達したときに支給されます。

年金額は、781,700円（令和２年度）です。

（20歳から60歳までの480月の全部が保険料納付済期間であるときの額。）

【障害基礎年金】

被保険者である間に初診日のある傷病により、障害認定日（初診日から１年６月を経過した日又は病状が固定した日のいずれか早い日）において、障害等級１級又は２級の障害の状態にあるときに支給されます。また、障害認定日には障害等級１級又は２級に該当しなかった方でも、その後65歳に達する日の前日までの間に障害の程度が増進し、障害等級１級又は２級に該当した場合、請求により支給されます。

障害基礎年金を受けるためには、初診日の属する月の前々月までの１年間に保険料未納期間がないことが必要です。

【遺族基礎年金】

被保険者又は受給資格期間が25年以上である方が死亡したときに、その遺族に支給されます。但し、死亡日の前日において保険料納付済期間と保険料免除期間を合算した期間が、加入期間の３分の２以上あることが要件です。なお、死亡日が令和８年４月１日前の場合は、死亡日の属する月の前々月までの１年間に保険料未納期間が無ければ上記の期間要件を満たさずとも支給されます。（以下の表の遺族基礎年金と子の加算額の合算額が支給）

遺族基礎年金を受けることができる遺族は、亡くなった方の死亡当時、その方によって生計を維持されていた次の配偶者又は子に限られます。

①配偶者については、次の②の子と生計を同じくしていること。

②子については、18歳到達年度の末日（３月31日）を経過していないか、又は20歳未満であって障害等級１級又は２級に該当する障害の状態にある方。

（本部年金係）

■ 障害基礎年金

| 障害等級 | 障害基礎年金の額 | 子の加算額 |
|---|---|---|
| 1級 | 977,125円 | 1人目と2人目（1人につき）224,900円 |
| 2級 | 781,700円 | 3人目以降（1人につき）75,000円 |

※子の加算額は、受給権者によって生計を維持されている18歳到達年度末日を経過していない子または20歳未満で障害等級1級又は2級の子がいる場合に支給

■ 遺族基礎年金

| 区分 | 遺族基礎年金 | 子の加算額 |
|---|---|---|
| 配偶者が受ける遺族基礎年金 | 781,700円 | 1人目と2人目（1人につき）224,900円<br>3人目以降（1人につき）75,000円 |
| 子が受ける遺族基礎年金 | 781,700円 | 2人目（1人につき）224,900円<br>3人目以降（1人につき）75,000円 |

※子が受ける遺族基礎年金は、遺族基礎年金と子の加算額の合算額を子の数で割った額がそれぞれの子に支給

---


# 車を買うなら防衛省共済組合の割賦販売をご利用ください！

## 割賦販売について

とある日常ー
欲しい車があるんだけどローンとかよく分からないしどうしよう・・・。
それなら、共済組合の割賦販売がオススメですよ。なんと、令和２年度は、年利相当 1.005%(60 回払いの場合)なんです。ちなみに、返済が「源泉控除」で給与から天引きなので、給与振替口座を変えたときも手続きが不要なんです。
へぇぇ。共済組合にそんな制度があったんだ。どんな手続きが必要なの？
販売店（※）で欲しい自動車の見積書をもらったら、直近の給与明細と一緒に物資窓口へ持っていくだけです。
※共済組合で契約している販売店に限り、割賦制度のご利用が頂けます。ご利用の可否については、各支部物資窓口にお問い合わせください。
それはお得ですね～
しかも、購入代金は共済組合が販売店に直接支払ってくれますから、支払手続きが不要ですし、車の名義も初めから自分のものになるんですよ。
とりあえず聞きにいってみようかな。
そうですね。まずは、支部物資係に気軽に相談してみてください。

○ 返済期間中の割賦残額の全額返済や一部返済、また、条件付きで返済額や返済期間の変更も可能です。

詳しくは最寄りの支部物資窓口までお問い合わせください。

# 鳥インフル災派で入浴支援

## SNSでも反響　隊員の疲れ癒す

### 善通寺

「鳥インフルの災派現場から駐屯地に戻ったら、浴場が24時間いつでも使えて、心身ともにリフレッシュできた」――。陸自14旅団（善通寺）はこのほど、香川県で発生した鳥インフルエンザの災害派遣に即応し、鶏の処分や運搬など、過酷な任務に従事した。これを受け、善通寺駐屯地業務隊では通常午後8時半までしか使用できない浴場の利用時間を延長し、「24時間いつでも温かいお風呂に入れる体制」を構築。災派から疲れて帰隊した隊員たちから大歓迎されるとともに、部隊の戦力回復でも大きな役割を担った。

【14旅団＝善通寺】駐屯地所在部隊は11月5～9日、同15、16日、同20～24日、香川県の養鶏場で相次いで発生した「鳥インフルエンザ」に出動、これに伴い、駐屯地業務隊は隊員浴場を24時間体制で運営した。

災派は当初、15即機連（連隊長・品川淳二1佐）を基幹とした約700人が出動、その後の第2、3波では約300人が増員され、24時間のローテーションを組んで活動した。

5日～9日までの災派では約38万羽、15、16の両日は約8万羽、20日～24日は約94万羽の殺処分とその収集・運搬作業に当たった。

この交代制による24時間の作業に従事する隊員を支援するため、業務隊では、「現地で頑張る隊員の疲れを少しでも癒やしたい」という思いのもと、各部隊と調整を行い、業務隊長の高野靖欣1佐が決裁して改善施策が実現。これにより災派帰りの隊員たちは24時間いつでも入浴ができるようになった。

利用した隊員からは「遅い時間でも温かいお風呂に入浴できて助かった。これで過酷な任務も頑張れるので、これからも続けてほしい」といった感謝の言葉があった。

こうした善通寺駐屯地の災派や支援活動をSNS上で発信したところ、多くの人から温かい応援メッセージが寄せられた。

このほか、駐屯地では災派活動期間中、緊急登庁支援の隊員の「子弟一時預かり所」を開設し、子供を持った隊員たちのケアにも努めた。

業務隊厚生科長の三好隆晶事務官は「今後も計画的な訓練や支援要員に対する教育を実施し、災派に従事する隊員が安心して任務にまい進できるよう、さらなる充実化を図っていきたい」と語った。

左 災派から帰隊し、24時間稼働中の隊員浴場を利用する15即機連の根本一騎2士　下 開設された「隊員子弟一時預かり所」で鳥インフル災派中の隊員の子供の面倒を見る女性隊員（写真はいずれも11月23日、善通寺駐屯地で）

## 積雪に備え冬囲い

### 駐屯地OB会指導のもと奮闘

### 北千歳で

【北千歳】駐屯地は10月25日、初冬の恒例行事である1特科団本部隊舎前の樹木の冬囲いを行った。

同行事は積雪による木々の損傷や変形を防ぐため、添え木や縄などで補強を行うことを目的としている。

駐屯地OB会の岡昭雄会長以下12人の指導のもと、隊員15人が参加した。

作業中、隊員は熟練の技を学びながら、縄の結び方、樹木に応じた補強を約4時間にわたって行い、冬の準備を整えた。

## 喫食率100%を達成

### 築城基地「食品ロス削減の日」に合わせ

【8空団＝築城】8空団業務隊給養小隊は10月中、隊員の残食減少を目的とした「不喫食ゼロ活動」を行い、最終日となる10月30日、昼食の喫食率100パーセントを達成した。

これは、消費者庁などが定める「食品ロス削減の日」に合わせ目標日に設定したもので、基地のQCサークル活動と連動して行われた。

活動は部隊長や当直幹部の意識づけ教育、食堂掲示板やマイク放送で呼び掛けることで徐々に隊員に浸透。「不喫食ゼロの日」である30日が近づくにつれて基地全体に機運が高まり、当日は見事、喫食率100%を達成した。

喫食者からは「隊員が日替わりで毎日マイク放送を行い、不喫食ゼロを呼び掛けたことに共感した」「食品ロス削減を身近に意識することができた」という意見があった。

給養小隊長の大渕敦1尉は、「残飯をなくしたいという思いが基地隊員に浸透し、目標を達成できた。食を通じて基地隊員が一体感を感じることができたのも大きな成果。今後も活動を継続し、士気高揚に繋げていきたい」と話していた。

隊員食堂入口で記念撮影する8空団給養小隊員ら（築城基地で）

## 余暇を楽しむ

### 大滝根山分屯基地 剣道部

紹介者：空士長 生田目 恭次（27警戒群本部）

### 業務も剣道も「全集中」

朝雲新聞をご愛読の皆さま、こんにちは。大滝根山の剣道部を紹介します。我が部隊の剣道部は総勢12人で上村俊輔2尉の指揮の下、月2回、課業外に5～6人ほどが集まり活動しています。

剣道は多くの学校で部活動や体育で行われていることが多いようですが、当基地には剣道経験者が少なく、ほとんどが初心者の集まりです。私もこの大滝根山に来てから剣道を始めました。正直、初めて剣道というものに触れたときは全く楽しさも面白さも感じられず、とにかく「難しい」というのが第一印象でした。竹刀をまともに振れるようになるまでにどれだけ苦労したかわかりません。そんな私が今まで剣道を続けられているのも、経験者の方たちが根気強く、優しく教えてくれたおかげです。

先輩方は時に「小手（手への攻撃）」の練習によって手首を真っ赤に腫らしながらも、一言も文句を言わずに練習に付き合ってくれました。

昨年は群の訓練で武道大会が開催され、初心者全員が試合に参加できるほどまでに練度が上がり、拮抗した良い試合ができ、私も「著しい成長を遂げた」と評価され、優秀賞をいただくことができました。

当部ではこうした基地内の活動だけでなく、福島県田村市にある田村警察署の方たちと合同練習や練習試合をするなど、剣道を通じて地域の方々との交流も行っています。普段と違った環境と雰囲気で練習に取り組むことができ、とてもいい刺激になりました。警察の方はとても強かったです。

さて、現在は新型コロナの影響で部活動は休止中ですが、感染対策として、防具の面にフェイスシールドを取り付ける作業を進めています。いつの日か部を再開できることを楽しみに、業務も剣道も「全集中」で頑張っていきます。

上 27警戒群の武道大会後、記念写真に納まる剣道部員ら。賞状を手にするのは優秀賞を受けた生田目士長（中央）と佐藤准士長（同右）　右 武道大会で「面」を繰り出す生田目士長（右）。部員の大半は初心者だが、試合が行えるまでに全員が成長した

## ベルマークを小学校に寄贈

### 目黒基地准曹会 駐屯地曹友会も協力

【空幹校＝目黒】目黒基地准曹会会長を務める空自幹部学校業務部の園田大五郎曹長は11月13日、会を代表して目黒区立油面小学校にベルマーク1万6825ポイントを寄贈した。

この活動は、基地准曹会と陸自目黒駐屯地曹友会が協力し、不要となったプリンター・インクカートリッジを回収してベルマークに交換、そのポイントを近傍の小学校へ寄贈している。

中目黒小学校や不動小学校に続く3回目となる今回は、園田曹長が油面小学校を訪れ、直接手渡した。

ベルマークを受け取った板井淳PTA会長は、「子供たちのために有効に使います。来年もお待ちしています」と喜んでいた。

目黒基地准曹会を代表し、松林由紀子代表（右）にベルマークを手渡す園田会長（11月13日、東京都目黒区立油面小学校で）

## 隊員と家族が栗拾い

### 百里基地 OBが農園を解放

【百里】基地隊員とその家族約50人は10月3日、茨城県小美玉市の農園で栗拾いを行った。

これは農園を所有する隊員OBが基地隊員のために栗林を解放してくれたもので、今年も多くの隊員、家族が参加した。

当日は天気も良く、子供や夫人は栗拾いのほかに芋掘りも行い、持参した籠や袋を満杯にして持ち帰った。

農園で栗拾いを行う百里基地の隊員とその家族（10月3日、茨城県小美玉市で）

## 自慢の一品料理

### 鹿肉のメンチカツ

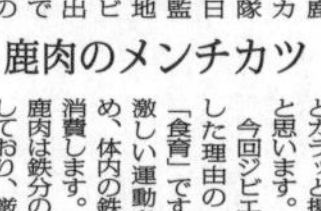

紹介者：2陸尉　岩下 裕樹（松本駐屯地業務隊糧食班長）

松本駐屯地業務隊では11月18日、昼食で鹿肉を使った「メンチカツ」を駐屯地食堂で隊員に提供しました。日本ジビエ振興協会が監修したもので、駐屯地で野生鳥獣の肉（ジビエ）を使った料理が出されるのは初の試みで、当日は地元メディアの取材が入るなど、大変注目を集めました。

すでに衣がついた状況で協会から納入されたため、穴の空いたフライヤーに油を入れて揚げました。家庭で調理する場合は底の深いフライパンを使用するとカラッと揚げられると思います。

今回ジビエを献立にした理由の一つ目は「食育」です。隊員は激しい運動をするため、体内の鉄分を多く消費します。その点、鹿肉は鉄分の補給に適しており、厳しい訓練への活力にしてもらいたい思いがあります。

二つ目は「地産地消」です。陸自は駐屯地ごと地域の食材を生かした献立を採用していますが、鹿肉は山に囲まれ、自然豊かな長野県の特性を生かすことのできる食材として最適です。

この日、隊員の食後のアンケートでは隊員の6割以上が鹿肉に「満足した」と回答していました。

揚げ物の中ではカロリー控えめであっさりした味わいのある料理ですので、女性にもおススメの一品です。

挙式・写真プラン
Thank you Plan
ブライダルのご相談、お電話・メール・オンラインにて受付中
今だからこそ生涯残せる想い出を・・・
かけがえのない大切な方々に
「ありがとう」と伝えたい。


挙式・写真のみご希望される方

390,000円（税込）

－プラン内容－

【挙式】キリスト教式 / 人前式
（牧師 / 司会者・聖歌隊（女性2名）・オルガニスト
結婚証明書・リングピロー・装花・ブライダルカー）
【衣裳】新郎新婦衣裳・衣裳小物
【介添え】【美容着付】【記念写真】【スナップ写真】

◆挙式3ヶ月前より受付いたします◆

ご予約・お問い合わせはブライダルサロンまで
ブライダルサロン直通 03-3268-0115　または　専用線 8-6-28853
受付時間【平日】10:00～18:00　【土日祝】9:00～19:00
Mail: salon@ghi.gr.jp
〒162-0845 東京都新宿区市谷本村町 4-1
HOTEL GRAND HILL ICHIGAYA

# 地方防衛局

特集

## 東松島消防署 完成祝う
### 東北防衛局が4億円補助
### 地域の新たな防災拠点

【東北局】宮城県東松島市で建設が進められてきた東松島消防署の開庁式典が11月22日に行われ、施主である渥美巖市長代理の加藤慶太副市長をはじめ、地元関係者約100人が出席し、地域の新たな防災拠点の完成を祝った。新庁舎はRC（鉄筋コンクリート）造5階建てで、屋上には高層化・複雑化する現場を想定した訓練が可能な施設を整備。同市に所在する空自4空団（松島基地）11飛行隊の曲技飛行チーム「ブルーインパルス」の機体をイメージした白と青の外観も特徴だ。総事業費約8億6000万円のうち、約4億3000万円を東北防衛局が補助した。

### 新庁舎は「ブルーインパルス」カラー

㊤空自のブルーインパルスをイメージした白と青の外観が特徴の東松島消防署。新庁舎の屋上と東側には訓練施設が整備されている㊦テープカットする東松島市の加藤副市長（右から5人目）、東北防衛局の佐藤企画部次長（左から4人目）ら関係者（11月22日、宮城県東松島市で）

鮮やかな"ブルーインパルス色"の壁面が特徴の新庁舎は、RC造5階建てで、1・2階は庁舎、3～5階が訓練棟となっており、延床面積は約1570平方メートル。

さらに新庁舎の東側には、RC造3階建て、延床面積約140平方メートルの訓練施設も設けられ、新庁舎の屋上と合わせて現場を想定した訓練が可能な設備が整えられた。

旧庁舎は築約50年と古く、老朽化で地震などによる倒壊の危険性が指摘されていたことから、東松島市は旧庁舎の北東約1・5キロに位置する東矢本駅北地区の「津波復興拠点」に新庁舎の整備を決め、昨年9月から建設を進めてきた。

開庁式典で加藤副市長は「住民から老朽化による早期建て替えの要望のあった旧消防署について、令和元年度に防衛省の補助事業として採択していただき、災害に強く安全なまちづくりをさらに推進することができる高機能な消防署を新築することができた。より一層、消防・防火体制の充実強化を図り、安心・安全なまちづくりに努めてまいりたい」とあいさつした。

東北防衛局からは熊谷昌司局長の代理として佐藤彰悦企画部次長が出席。「新庁舎は消防隊員として必要な技術を磨くための充実した訓練施設が整っていることから、消防体制の強化、さらには防災拠点としての救助活動等に寄与するものと大いに期待している。庁舎の壁面はブルーインパルスと同様の青色を配色し、松島基地と周辺地域の調和を象徴するものであると確信している。今後も防衛施設の安定的な運用を確保するため、周辺対策事業に力を入れていきたい」と祝辞を述べた。

東日本大震災後に整備された「津波復興拠点」に立地する新庁舎は中心市街地にも隣接しており、迅速な災害対応が可能だ。これまで以上に地域の防災拠点としての役割を発揮できるものと期待されている。

## 防衛施設と首長さん
### 愛知県春日井市　伊藤 太市長
### 陸自春日井駐屯地が所在 災害時の訓練で連携協力

いとう・ふとし　71歳。中央大卒。三菱重工業、春日井市議会議員（3期）、同市議会議長などを経て、2006年5月春日井市長に初当選。現在4期目。春日井市出身。

春日井市は、鉄道や高速道路などの交通アクセスに恵まれ、積極的に都市基盤整備を進めることで快適な住環境を築き、人口31万人を超えるライフタウンとして発展してまいりました。

また、市の北部から東部にかけて標高400メートル前後の山地が連なり、豊かな森林が広がる自然共存都市でもあります。

市内には、286カ所の都市公園を有し、市の中央部に位置する落合公園は、「日本の都市公園100選」の一つにも選ばれた緑豊かな総合公園で、七色の色彩にライトアップされる噴水や日本最大級の「フォリー・水の塔」があり、桜の名所として市民の憩いの場となっています。

現在、当市では、「子はかすがい、子育ては春日井」宣言のもと、子どもから高齢者まですべての皆さまが、心の豊かさやあたたかさを感じることができるまちづくりに取り組んでいます。

市内に所在する陸自春日井駐屯地など自衛隊の皆さまには、水防訓練における土のうを利用した工法訓練や総合防災訓練における人命救助訓練など、災害時における実践的な訓練にご協力いただいております。

今後も、市民の皆さまの安全安心のため、防災関係機関との相互協力体制の確立や、防災意識の向上に努めてまいります。

## 九州局
## 「キーン・ソード」を支援
### 2基地に現地対策本部開設

【九州局】令和2年度日米共同統合実動演習「キーン・ソード」が10月26日から11月5日まで、日本周辺海空域と各自衛隊、在日米軍施設で行われ＝本紙11月5日付既報＝、九州防衛局（廣瀬律子局長）は管内の二つの訓練を支援した。

宮崎県では、空自新田原基地を拠点に「米軍再編の訓練移転」を兼ねて、沖縄県の米空軍嘉手納基地に所属するF15戦闘機12機が参加して日米共同訓練が行われ、両国の戦闘機は四国沖の空域などで戦闘機戦闘訓練を実施した。

これに伴い、九州防衛局は訓練開始前の10月19日から訓練終了後の11月11日までの間、新田原基地内に同局の玉越崇志企画部長を長とする職員約30人態勢の「現地対策本部」を開設。期間中は早朝から深夜まで、関係自治体等に向けて訓練に関する情報提供などを行い、地元住民の安心・安全の確保に貢献した。

一方、鹿児島県では、海自鹿屋航空基地を拠点に「米軍再編に係るティルト・ローター機等の訓練移転」を兼ねて、沖縄県の米海兵隊普天間基地に所属するMV22オスプレイ4機が参加して演習が行われ、日米隊員は鹿児島県の臥蛇島と同周辺海空域でヘリボーン訓練などを実施した。

これに伴い、九州防衛局は10月22日から11月6日まで、鹿屋航空基地内に同局の北野純一基地対策室長を長とする職員約5人態勢の「現地連絡所」を開設し、地元自治体などに訓練に関する情報提供を行った。

九州防衛局では「訓練の実施に当たっては、地元自治体や周辺住民の方々のご理解とご協力が不可欠だ。今後とも皆さまの不安や懸念を解消すべく、誠心誠意努力したい」と話している。

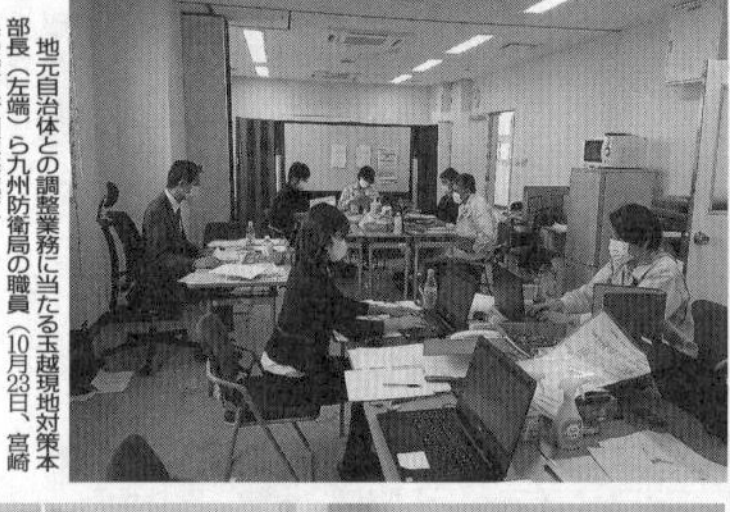

地元自治体との調整業務に当たる玉越現地対策本部長（左端）ら九州防衛局の職員（10月23日、宮崎県の空自新田原基地で）

現地連絡所の業務に当たる北野所長（テーブル左奥）ら九州防衛局の職員（10月22日、鹿児島県の海自鹿屋航空基地で）

## 中国四国局
### 岸防衛相 岩国基地を視察
### 米海兵隊司令官と会談

【中国四国局】岸防衛相は10月24日、大臣就任後初めて山口県を訪れ、岩国市に所在する海上自衛隊岩国航空基地と米海兵隊岩国航空基地を視察した。

海自岩国基地では儀仗隊による栄誉礼を受け、31空群司令の大西哲海将補から概況説明を受けるとともに、EP3多用機を視察した。その後、海自隊員約230人を前に「我が国の平和と安全は自らの双肩にかかっていることを自覚してほしい」と訓示した。

米海兵隊岩国基地では、基地司令官のランス・ルイス大佐と会談し、日米同盟のさらなる強化で一致。

ルイス司令官は岸大臣の公式訪問を歓迎し、「日米2国間の安全保障を堅持する」という岩国基地の役割について意見交換を行う機会を得たことに感謝の意を表した。

岸大臣は同司令官から日米同盟の一端を担う基地の役割などについて概況説明を受けた後、管制塔など基地内の視察を行った。

米海兵隊岩国航空基地司令官のルイス大佐（右）と意見交換する岸防衛相（山口県の米軍岩国基地で）

## リレー随想　森田　治男

当局の管轄区域は広く、各地の特色を遍く取り上げることはとてもできませんが、興味深い二つの歴史的建造物を紹介し、地域の魅力の一端をお伝えします。

【錦帯橋（山口県岩国市）】

岩国市を流れる県内最大河川の錦川。その河口部に位置する岩国飛行場から数キロ遡ると、五連のアーチ状の錦帯橋が周辺の景観と見事に調和した美しい姿を現します。

石組橋脚の間隔は約35メートルもありますが、中央の三連には支柱がなく、木材をどう組み上げればこのような橋ができるのか誠に不思議な思いがします。

この構造は、天然の堀・錦川の両岸にわたる城下町を結ぶ「流されない橋」の必要から生まれ、1673年の架橋から同一位置で幾度か架け替えられ、約350年もの間、改良を加えつつ創建時の技術が脈々と継承されてきたもので、中国や欧州にもみられない独特の構造形式とのことです。

周囲は岩国藩ゆかりの武家屋敷等の町並みが残り、春の桜、夏の鵜飼、秋の紅葉など四季の風情がある名勝で、本年は「日本百名月」「日本夜景遺産」にも選ばれました。

岩国市では世界遺産登録に向けて研究・保存・用材確保等の取り組みが進められています。地元の熱意が結実し、新たな世界遺産が誕生することを期待してやみません。

### 興味深い歴史的建造物

【旧陸軍被服支廠倉庫（広島県広島市）】

広島市内の官舎からほど近い所に並ぶ大きなレンガ壁の建物群が旧陸軍被服支廠倉庫です。

戦前、市内にあった軍需工場の一部の4棟が現存し、普段は閉鎖されていますが、昨年、市内の建築の魅力を発信する団体のツアーで見学の機会がありました。

1913年に竣工したこの建物は、外観はレンガ造ですが、実は我が国最古級の鉄筋コンクリート（RC）造であり、しかもレンガが意匠としてのみならず、構造体としてRCと併用されている点が建築史的に大変珍しいとの説明に大いに興味を惹かれました。装飾面では大正期のレトロ・モダンの特徴が伺えます。

見学後、間もなく、耐震性の問題等から大半を取り壊す計画と、被爆建物として保存を求める意見とが、県内で大きく報じられました。広島にとって被爆建物の保存・解体はかねて課題となっており、議論の行方を見守っています。

（中国四国防衛局長）

隠し純米吟醸
当社とのお取引が初めての方限定 特別価格
1本 720ml 1,480円（税込）
※未成年者の飲酒は法律で禁止されています。
3本以上で「福乃友純米原酒」720mlを1本プレゼント!!
5本以上で「福乃友純米吟醸原酒冬樹プレミアム」720mlを1本プレゼント!!
◆1本より送料・代引き手数料無料◆
※プレゼントは1注文につき最大1本まで ※1家族1回限り、ご自宅用のみ
※2回目のご注文からは別途送料（880円）にてお届けいたします。
お申し込みはお気軽にお電話ください
☎050-2019-9041（8時～17時 土日祝除く）
本日より1週間 お申込締切日
福乃友酒造株式会社 〒019-1701 秋田県大仙市神宮寺本郷82-6
●お支払いは、代金引換のみ。（代引手数料無料）※沖縄・離島は別途1,000円。●お届けは1週間前後かかります。●返品は未開封に限り7日以内（送料はお客様負担）●お預かりした個人情報は、商品の発送以外に商品・サービスなどの案内のために使用させていただきます。●ご注文以外のお問い合わせは☎0187-72-4141へ

秋田地酒のコクとキレ！
精米歩合:60%
アルコール分:17度
※一般流通は一切しておりませんのでラベルはありません。品質保持のため新聞紙で包んでお届けします。瓶の色は出荷ロットにより変更になる場合がございます。
秋田の米と水を使った昔ながらの秋田流仕込み。杜氏・蔵人が味の確認用にとっておいた秘蔵のお酒ですが、蔵の試飲であまりに評判がよかったためおすそ分けいたします。ちょうど今が飲み頃！米の旨みとコク・キレはこの時期、天ぷら、お魚料理との相性バツグンです！
本日より一週間！300セット限定
秋田の金賞受賞蔵から、うめぇ！地酒を直送。
※令和元年全国新酒鑑評会金賞受賞、2020年ワイングラスでおいしい日本酒アワードメイン部門金賞受賞

## 航空観閲式で首相と防衛相に振舞う

### 空自の入口知美士長（母）、翔馬士長（長男）

# 親子隊員 絶品手打ちそば

### 岸大臣「おいしくいただいた」

菅首相を観閲官に迎え空自入間基地で11月28日に行われた令和2年度自衛隊記念日行事「航空観閲式」（12月3日付既報）。昼食の席で首相に振舞われた絶品のそばは、親子の絆で丹精込めて作られた一品だった。空自3補（入間）総務課の母・入口知美士長（48）と同1空団（浜松）施設隊の長男・翔馬士長（25）がタッグを組み、自衛隊最高指揮官を「江戸前そば」でもてなした。

知美士長は父が自衛官だったことから、平成4年8月から1士期・3年間、空自の任期制自衛官として勤務。育児のため退職した後、父が定年後営んでいた熊本県内のそば料理店「蕎麦茶屋鶴瀧」を手伝い、5年前に父が他界してからは自ら店を切り盛りしてきた。息子3人が無事に自衛官の職に就いたのを機に、店を母に託して任期付自衛官としての再入隊を志願。昨年10月に空自に復帰し現在、3補総務課で人事業務に従事している。

11月上旬、航空観閲式の会食メニューにそばが採用されることになり、経験者の知美士長に白羽の矢が立った。所属長の倉本昌弘3補長、観閲部隊指揮官の津曲明一入間基地司令の迅速な決裁で、そばを作ることが確定した。

「そこからの3週間はまぐるしく過ぎ去りました」と知美士長。1年間のブランクを埋めるため、父が修行した東京・銀座の名店でそば打ちの練習を重ね、共に調理する基地給養小隊との打ち合わせも入念に行った。

さらに上司の配慮で、助手として翔馬士長の協力を得られることに。「息子がいたことでより安心でき、調理に集中できた」と知美士長。一方の翔馬士長も「母がそば作りに集中できるよう全力でサポートした」。おいしいそばを打つコツは「雑念なく行うこと」。給養小隊の配慮もあり、当日はその言葉通り、無心でそばを打てた。素材は全国のそば職人から高く評価されている品種「常陸秋そば」を使用。基地近傍の「五十嵐酒造」の仕込み水を使うなど丹精を込め、四つの野戦釜を使ってゆで上げ、完成した「江戸前そば・鴨せいろ」を菅首相、岸防衛相らに届けた。

昼食会の様子を終了後に写真で確認した入口親子。首相がそばを完食し、つゆもそば湯で割って飲み切っていたことに感激した。岸大臣は自身のツイッターで昼食の感想を投稿、「おいしくいただきました！ごちそうさまでした」と感謝の言葉をつづった。

大任を果たし、翔馬士長は「総理や防衛大臣の近くで母と共に仕事をした貴重な経験を糧に、より一層任務にまい進します」と決意を新たにした。

知美士長は「上司や関係者の方々の対応の速さが生んだ奇跡だと思います。航空観閲式にこのようなかたちで貢献でき、とても光栄でした」と感動を語った。

記念撮影に納まる岸大臣（前列中央）と、そばを振舞った入口知美士長（その右）、翔馬士長、基地給養小隊員（11月28日、空自入間基地で）＝防衛省提供

首相、防衛大臣への「江戸前そば」を調理した母・知美士長（右）と長男・翔馬士長（入間基地で）

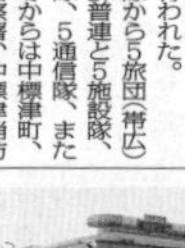


FTC運営に参加し、FTC訓練参加部隊の戦闘行動の評価・分析にも貢献した研修OC第100期生（北富士）＝FTC提供

## 研修OC100期生が活躍

### 訓練参加部隊の評価・分析にも貢献

### 陸自FTC

模擬の実戦的訓練環境を提供する陸自部隊訓練評価隊（富士訓練センター＝FTC、北富士）でこのほど、「研修分析官（OC、Observer Controller）」の第100期生が活躍した。

FTCは研修OCを毎年4回、受け入れている。節目となる第100期（8月19日～11月9日の約3カ月間）には全国各方面隊から諸職種（普通科、機甲科、特科、施設科、衛生科）の42人（幹部4人、陸曹38人）が参加した。

100期生たちはFTCの評価分析官と一緒にFTC運営にも参加し、FTC訓練参加部隊の戦闘行動の評価・分析にも貢献。目の前で展開される実戦さながらの緊迫した状況から、部隊の一般訓練では得られないさまざまな教訓を体感した。

運営の合間には、能力向上訓練の一環として、研修で得た教訓を部隊に普及するための教育計画を作成し、発表した。

最終日には研修の様子がビデオ上映され、研究会場は"卒業式"の雰囲気に。FTC隊長の近藤力也1佐が一人一人に「ミロクの証」（修了証、ミロクはFTC運営時の統裁部の無線系呼称）を手渡し、「強くなろうという思いは一つ。諸官の今後の活躍を期待する」とエールを送った。

## 元陸自タレント YouTube登録20万人のかざりさん

# 東京地本長から感謝状

### 「自衛隊の魅力発信したい」

元陸上自衛官でタレントとして活動するかざりさんが12月2日、東京都新宿区の東京地本で、自衛隊の広報に協力した功績により牧野雄三東京地本長から感謝状を贈られた。

かざりさんは三重県出身で平成27年から約2年間、陸自1後方支援連隊（練馬）で勤務。けがのために退職した後は、「お世話になった自衛隊に恩返ししたい」と芸能活動を通して自衛隊をPRしている。

東京地本国分寺募集案内所の応援大使に就き、ミリタリー雑誌の表紙モデルを務め、最近は映画「ビューティフルドリーマー」に戦車を所有する令嬢の役柄で出演した。

また動画投稿サイト「YouTube」に「かざりぷろじぇくと」のタイトルでこれまでに約100本の動画を配信。自衛隊体操や野営（ソロキャンプ）の様子を紹介した動画は反響を呼び、チャンネル登録者数は20万人を超えている。

「幅広い広報活動を通じた親身なご支援を賜るなど東京地方協力本部の業務推進に多大なる貢献をされました」とたたえられ、牧野本部長から感謝状を手渡されたかざりさん。

「素晴らしい賞を頂き、身に余る光栄です。SNSや動画でのPRなど新しいアプローチで募集広報に貢献できればと思います。頂いた賞に恥じないよう今後もまい進していきます」とさらなる"後方支援"に意欲を見せている。

自衛隊広報への協力で牧野東京地本長（右）から感謝状を贈られたかざりさん（12月2日、東京地本本部長室で）

## 中標津町防災訓練に参加

### 5施設隊は最新の機動支援橋架設

27普連

【27普連＝釧路】陸自27普連はこのほど、6年ぶりに行われた北海道中標津町の防災訓練に五日市弘之連隊長以下22人で参加した。

防災訓練は中標津町一帯で震度6強の地震が発生し、町の中心部を東西に流れる標津川に架かる橋梁が全て崩落、町役場・消防等地域と警察署・商業施設等地域が分断されたという想定の下で行われた。

自衛隊から5旅団（帯広）隷下の27普連と5施設大隊、5飛行隊、5通信隊、また自治体等からは中標津町、中標津警察署、中標津消防署が参加した。

自衛隊への災害派遣要請で始まり、災害用ドローンなどによる偵察、映像伝送、人命救助システムを用いた倒壊家屋からの救出訓練と続いた。

5施設隊は2月に同隊に装備された自走式の07式機動支援橋を標津川に架設。装甲車の先導で警察・消防、自治体の車両が通過した。

防災訓練は企画・準備から実施まで中標津町自衛隊協力団体連合会（中本健一会長）が支援、協力した。連隊は自治体との連携を強め、災害対処態勢をさらに強化する。

中標津町防災訓練で架設された07式機動支援橋を通過する消防車

## 飲んでること知りながら車貸す、飲酒運転と同罪

### こちら警務隊

飲酒関連犯罪②

Q　飲酒した友人に自分の車を貸すとどうなりますか？

A　友人が飲酒していると知っていて、車両を提供し、その友人が飲酒運転をした場合、道路交通法違反「車両等の提供の禁止」に該当します。

罰則は友人が酒酔い運転だった場合、5年以下の懲役または100万円以下の罰金となり、酒気帯び運転だった場合は3年以下の懲役または50万円以下の罰金に処せられます。

また、相手に車両のある場所を教えたり、鍵を渡す行為なども車両を提供したことになります。

飲酒を知った上での車両の提供は、飲酒運転と同罪となることを認識しておきましょう。

（東部方面警務隊）

私の車、使ってくださーい。

車両提供はダメ！

STOP! パワハラ!!
〜その指導、大丈夫ですか?〜
人事教育局人事計画・補任課

### 小休止

▽…山形地本は「鍛えているんじゃない。備えているんだ」を合言葉にこのほど、神町駐屯地に本部、各出張所などで勤務する自衛官54人が集合し、4日間にわたって体力検定を行った。

▽…地本部員は募集、援護・総務の職務の特性上、デスクワークに偏りがちになるが、体力は自衛官の基盤であることから毎週火・木曜日を練成日に指定し体力作りに努めている。

▽…陸上自衛官は共通体力検定と「戦技に直結する検定」の短距離疾走＝写真＝などを、海上・航空自衛官は体力測定Iのほかに、40歳未満男性と30歳未満女性は同IIをそれぞれ実施。来年、再任用上限年齢に達する最高齢の武田信彦広報室長も現役隊員並みの判定結果を示した。（山形地本）

よろこびがつなぐ世界へ KIRIN
KIRIN'S PRIME BREW
KIRIN BEER 一番搾り
Brewed from only the first press of genuine malt for a crisp, delicious flavor.
おいしいとこだけ搾ってる。
〈麦芽100%〉 ALC.5% 生ビール 非熱処理 お酒
ストップ！20歳未満飲酒・飲酒運転。お酒は楽しく適量で。
妊娠中・授乳期の飲酒はやめましょう。のんだあとはリサイクル。
キリンビール株式会社

2021年 自衛隊統合 カレンダー
陸・海・空自衛隊のカッコいい写真を集めました！こだわりの写真です！
表紙
好評発売中！締切り間近!!
(2月) OH-6 と UH-1
(4月) F-15DJ アグレッサー戦闘機
(6月) そうりゅう型潜水艦
(7月) F-35 と F-2A 戦闘機
(8月) 203ミリ榴弾砲と 155ミリ榴弾砲
(9月) 護衛艦の艦隊航行
●構成／表紙ともで 13 枚(カラー写真)
●大きさ／B3 判 タテ型
●定価：1 部 1,500 円(税別)
●送料／実費ご負担ください
●各月の写真(12 枚)は、ホームページでご覧いただけます。
お申込み受付中！
ホームページ、ハガキ、TEL、FAX で当社へお早めにお申込みください。
(お名前、〒、住所、部数、TEL)
一括注文も受付中！送料が割安になります。詳細は弊社までお問合せください。
昭和 55 年創業 自衛官 OB 会社
株式会社 タイユウ・サービス
〒162-0845 東京都新宿区市谷本村町 3 番 20 号 新盛堂ビル 7 階
TEL：03-3266-0961 FAX：03-3266-1983
ホームページ タイユウ・サービス 検索

# 米空軍と日米共同統合演習

1空尉　齋藤　英輝（5空団305飛行隊・新田原）

航空自衛隊第5航空団は本年10月26日から11月5日までの間、日米共同統合演習（実動演習）に参加するとともに、アメリカ合衆国軍隊の訓練移転に伴う米空軍第18航空団との共同訓練を実施しました。

米空軍は10月19日以降、沖縄の嘉手納基地から空自新田原基地に来援し、23日にはF15C戦闘機11機が飛来、総勢約180名での参加となりました。

米側指揮官の第18航空団第67戦闘飛行隊長のグレッグ・バンビュースカム中佐は、「在日米軍は日本の安全保障の一端を担っており、（日米で）共に訓練することにより相互運用性の向上につながる。操縦者同士でもお互いに学び合うことができる」と述べ、本訓練の意義を語りました。

また、バンビュースカム中佐は地域の方々へのメッセージとして、「訓練の最優先事項は地域の方々と隊員の健康と安全である」と述べ、日米双方とも、マスクの着用、ソーシャル・ディスタンスの確保、消毒の徹底など、新型コロナウイルス感染症防止対策を確実に実施しつつ、戦闘機などの相互運用性や意思疎通といった事項の向上を図りました。

私は編隊長として参加し、事前の調整、飛行訓練、そして着陸後の解析、教訓の導出などを行いました。

特に実戦経験が豊富な米軍の思想や戦術に係る考え方は、私にとって有益であり、操縦者として能力を伸展させる上で大変意義深いものでした。

新田原基地で日米共同訓練を行った空自5空団と米18航空団の隊員たち

戦闘機部隊の共同訓練を前にブリーフィングを行う日米の隊員

## みんなのページ

# 上級空曹課程の「一期一善」活動

3空佐　大槻　健二（航空教育隊2教育群23中隊長・熊谷）

航空教育隊の上級空曹課程学生が主体的に取り組んでいる奉仕活動「一期一善」について紹介します。

上級空曹課程とは、1曹に昇任した隊員に対して小隊程度の部隊を指揮し、隊務、小隊長等を補佐させるために必要な知識と技能を修得させる課程です。年間6期、1期あたり最大130名の隊員を受け入れ、約1カ月の間、准尉または曹長の教官が教育を行います。

ここにご紹介するのは、令和2年度、第103期から第105期までの課程学生が「一期一善」をスローガンに取り組んだ奉仕活動についてです。

上級空曹課程の「一期一善」活動で、熊谷基地内の慰霊碑の清掃を行う第104期学生たち

第103期（7～8月）は猛暑の中、今後入校する学生のために隊舎周辺の草むしりを実施しました。

続く第104期（9～10月）は先人への敬意を込め、基地内の慰霊碑を清掃しました。第105期（10月～11月）は基地所属隊員の体力練成（持続走）に資するため、走路上の落ち葉や枯れ木拾いなど清掃を行いました。

上級空曹が「誰かのために」という心で自ら考え、常に率先して行動することは、自衛隊員としてだけでなく、人間としても若い隊員たちの模範になってくれるものと思います。

そして課程教育の中、「一期一善」活動で清掃に汗を流してくれた学生の皆さん、ありがとうございました。

# 新隊員班付で学んだこと

陸士長　玉村　陽介（12普連4中隊・国分）

私は本年7月から10月まで、国分駐屯地で実施された新隊員後期教育に班付として参加しました。私自身、教育者というのは初めての経験で、自分自身が持っている知識や技術を教えることができるのか不安でいっぱいでした。

後期教育は特技課程で、81ミリ迫撃砲の操作をはじめ、戦闘訓練、野外築城、35キロ行軍などさまざまな訓練があり、自分の知識だけでは足りない部分は教範を使って勉強し、細かな技術の面は先輩に指導を仰ぎながら後期教育に臨みました。

81ミリ迫撃砲の教育は砲手訓練が主体で、学生に教える際には見本の展示を行い、着眼点やコツなどを教えました。これは自分の技能の練磨にも役立ったように思います。

今回の教育を通し、班付の立場からいろいろと学ぶことができ、とても良い経験になりました。私も近く138期陸曹候補生課程に参加するので、新隊員たちから理想とされる陸曹になるため、これからも日々精進していきます。

新隊員後期教育で班付を務めた玉村陽介士長（中）。

# 秋季演習場整備に測量手として参加

3陸曹　樋口　岩美（11施設隊・真駒内）

私は島松演習場地区で行われた令和2年度秋季演習場定期整備に伴う事前工事に、測量手として参加しました。

本工事は春季整備に行う予定であった新設道の道路工事が新型コロナの影響で延期になったことを受け、工期の回復を図るため実施しました。工事の進捗が直接秋季の定期整備に影響を及ぼすため、非常に重要な任務であると心得て気合を入れて取り組みました。

今回の測量の主眼は、腐葉土の泥濘化を防止することであり、石灰やセメント、フェルトシートなどを使い試験施工を行いました。

試験施工は石灰を200キロ、セメントを300キロ使ったものまであり、測量手として施工後の高さを算出し、オペ（器材の操縦手）にわかりやすく、かつ邪魔にならない位置に高さを標示するなど、測量手としての任務を遂行することができました。

これまでに経験したことのない複雑な作業でしたが、先輩から指導を頂きながら測量を終え、いまは大きな手応えを感じています。

今回の経験を糧に練成を重ね、早く一人立ちし、自身のスキルアップや後輩の育成に取り組み、部隊に貢献していきたいと思います。

## OBがんばる

才神　一彦さん　55
令和元年11月、海自2航空隊21飛行隊（八戸）を最後に定年退職（特別昇任3尉）。青森銀行に再就職し、八戸市石堂支店でライフプラン相談を担当している。

### 謙虚な姿勢で前向きに

私は現在、青森銀行石堂支店の渉外課に勤務しております。主に海自隊員の貯蓄、住宅、マイカー、教育ローンの相談やOBの方々への訪問相談を担当しています。石堂支店は八戸航空基地に一番近い支店で、隊員やOBが多く居住している地域です。そのため、いろいろな面で相談に乗ることができるよう努めています。

私は定年までの約30年間を航空機搭乗員として勤務してきました。その仕事で培った①最後まで仕事をやり遂げる②責任感を持って手を抜かない③準備を万全にし余裕を持った行動――などは今も非常に役立っています。現在は青森銀行の理念である「地域のために」「お客様とともに」をモットーに、日々精進しているところです。

さて、再就職でアドバイスするとすれば、多くの方がまったくの畑違いの職業に就く場合が多いと思いますので、常に「2士」になったつもりで、謙虚な姿勢で前向きに取り組むことが大事だと思います。新入りだと自覚し、何でも吸収する姿勢を見せることで、周囲は丁寧に教えてくれます。

もう一つは健康な身体を維持することです。私も仕事後は大好きなサッカーやジョギングで汗を流し、健康維持に努めています。今は「人生百年時代」と言われ、定年後の長い人生を仕事や趣味で有意義に過ごすためにも、健康が重要です。皆さまも早目に準備し、焦らずに何事にもチャレンジするつもりで頑張ってください。

### 「朝雲」へのメール投稿はこちらへ！

▽原稿の書式・字数は自由。「いつ・どこで・誰が・何を・なぜ・どうしたか（5W1H）」を基本に、具体的に記述。所感文は制限なし。
▽写真はJPEG（通常のデジカメ写真）で。
▽メール投稿の送付先は「朝雲」編集部（editorial@asagumo-news.com）まで。

## 詰将棋

出題　日本将棋連盟　九段　石田　和雄

第833回出題

■先手　持駒　飛桂

【ヒント】4一角が基点となって詰む（10分で二段）。

▶詰碁、詰将棋の出題は隔週です◀

## 詰●碁

出題　日本棋院　九段　曲　励起

第1248回解答

白⑥（4の1路下）
白⑩切る（4の所）
黒⓫（3の1路下）
白⑫劫トル

【解答図】黒先、黒劫。黒❶以下❺まで必至。次の白⑥が大切で、黒❼以下白⑫の劫取りまで劫になるのが正解です。

（世界の切手・イギリス）

この世界に安全などない。チャンスがあるだけだ。

D・マッカーサー（米国の軍人）

朝雲ホームページ
www.asagumo-news.com
<会員制サイト>
Asagumo Archive
朝雲編集部メールアドレス
editorial@asagumo-news.com

## 新刊紹介

### 「太平洋島嶼戦」第2次大戦、日米の死闘と水陸両用作戦

瀬戸　利春著

自衛隊はいま「島嶼防衛」[illegible]太平洋戦争中、離島の戦いでは何が勝敗を分けたのか。本書は、[illegible]日本軍の[illegible]「制海権」と「制空権」の特性を知り[illegible]「海洋戦」[illegible]

本書では日本軍の「Z作戦」「海上機動部隊」構想についても述べており、制空権を確保しない限り、陸・海軍が協力しても島の守備は難しいとしたうえで、「軍の統合が欠けていた」ため島嶼戦に対応できなかったとする。

（作品社刊、3080円）

### 「X未踏のエンベロープ」

徳永　克彦著

世界各国の軍用機の空撮にかけては第一人者の著者が、航空自衛隊飛行開発実験団の「未知の飛行領域（エンベロープ）」に挑む試験飛行操縦士課程（TPC）のパイロットたちの姿を1年以上密着取材し、完成させた「空自テストパイロットたち」の224ページに及ぶ豪華写真集だ。

巻末には「日本でTPCを創った男」として1佐、自衛隊初の宇宙飛行士として2015年7月から同11月まで国際宇宙ステーションに滞在した油井亀美也2佐の「伝説の3人」が[illegible]

（ホビージャパン刊、8690円）

防衛省職員・家族団体傷害保険／防衛省退職後団体傷害保険

団体傷害保険の補償内容が一部改定になりました！

Point 1　新型コロナウイルスが新たに補償対象に!!

A型（家族補償タイプ）・B型（個人補償タイプ）・D型（予備自衛官等用）に「指定感染症追加補償特約」がセットされ、特定感染症の補償範囲が「指定感染症※1」まで拡大されました。それにより、これまで補償対象外であった**新型コロナウイルスも新たに補償対象**となります。

（注）指定感染症追加補償特約の対象となる方は、**A型・B型では防衛省共済組合員ご本人、かつ、記名被保険者ご本人に限ります。公務中や通勤災害中の事故に限定せず幅広く補償いたします。**

※1 特定感染症危険補償特約に規定する特定感染症に、感染症の予防及び感染症の患者に対する医療に関する法律（平成10年法律第114号）第6条第8項に規定する指定感染症(注)を含むものとします。
（注）一類感染症、二類感染症および三類感染症と同程度の措置を講ずる必要がある感染症に限ります。
※2 新たにご加入された方や、増口された方の増口分については、ご加入日以降補償の対象となります。ただし、保険責任開始日からその日を含めて10日以内に発病した特定感染症に対しては保険金を支払いません。

Point 2　2020年2月1日に遡って補償!

2月1日以降に発病されたものから補償の対象※2となるため、既にご加入されている方で、該当する方は、三井住友海上事故受付センター（0120-258-189）までご連絡ください。

Point 3　既にご加入されている方の新たなお手続きは不要!

既にご加入されている方は、新たなお手続きや追加の保険料のお支払いは必要ありません。

気になる方は、各駐屯地・基地に常駐員がおりますので弘済企業にご連絡ください。

【引受保険会社】（幹事会社）
三井住友海上火災保険株式会社
東京都千代田区神田駿河台3-11-1　TEL：03-3259-6626

【共同引受保険会社】
東京海上日動火災保険株式会社　損害保険ジャパン株式会社　あいおいニッセイ同和損害保険株式会社
日新火災海上保険株式会社　楽天損害保険株式会社　大同火災海上保険株式会社

【取扱代理店】
弘済企業株式会社
本社：東京都新宿区四谷坂町12番地20号KKビル
TEL：03-3226-5811（代表）

朝雲

発行所 朝雲新聞社
〒160-0002 東京都新宿区四谷坂町12－20 KKビル
電話 03(3225)3841
FAX 03(3225)3831
振替00190-4-17600番
定価一部150円、年間購読料9170円（税・送料込み）

## 主な記事



# 陸自看護師らを災害派遣

## コロナ 北海道・大阪 2週間医療支援

新型コロナウイルスの感染拡大による医療体制の逼迫を受け、防衛省は12月8日、北海道の鈴木直道知事から医療支援に係る災害派遣要請を受け、陸自北部方面隊（札幌）の看護官等10人を翌9日、旭川市内の医療機関などに派遣した。11日には大阪府の吉村洋文知事からの災害派遣要請を受け、集中治療室（ICU）に対応できる高度なスキルを持った防衛医科大学校（所沢）所属の陸自看護官1人を含む中部方面隊（伊丹）の看護官等7人を15日から府内の医療機関に派遣した。派遣期間はいずれも約2週間の予定。

## 高度なスキル持つ人材投入

岸防衛相は15日の記者会見で「重症者や死亡者の発生を可能な限り食い止める政府の方針に、自衛隊の能力を最大限発揮して貢献していきたい」と述べた。

北海道では8日、知事からの要請を受けた北部方面総監の前田忠男陸将が災害派遣命令を発令。翌9日、北方の看護官等10人が旭川市内の「慶友会吉田病院」に派遣された。1チームは看護官1人と准看護師4人の5人編成。両チームはそれぞれの施設でローテーションに入り、医師の診療補助や検温、血圧測定、入院患者の看護などを行っている。

一方、大阪府では14日、中方総監の野澤真陸将が災害派遣命令を発出。看護官等7人は翌15日の研修を経て、16日から大阪コロナ重症センター（大阪市）と府立中河内救命救急センター（東大阪市）で本格的な医療活動を開始した。

大阪コロナ重症センターでは、防医大の看護官がICUでの勤務に就いているほか、准看護師2人がバイタルサインの測定などの看護補助業務に従事。府立中河内救命救急センターでは、看護官1人が准看護師の監督やスタッフとの調整などを行い、准看護師3人が看護補助業務に当たっている。

これに先立ち11日、大阪府に派遣される防医大看護官の星野清香2陸尉が防衛省で岸大臣に出発報告を行い、「国民の負託に応えられるよう全力で任務を全うして参ります」と決意を表明した。岸大臣は「関係者と連携し、重症者や死亡者が発生しないよう任務を全うしてほしい。健康に留意して頑張ってきていただきたい」と激励した。

コロナ対応で自衛隊は今年1月31日から3月16日まで、知事等からの要請を待たない自主派遣を実施。医官や看護官等を含む延べ約2700人が横浜港で大型クルーズ船「ダイヤモンド・プリンセス号」の乗員乗客に対する医療活動などに当たった。3月28日から5月31日までは2回目の自主派遣を行い、医官や看護官ら延べ約1万3300人が全国の主要空港で検疫支援等の水際対策を行った。

**新型コロナウイルスに対する自衛隊の医官や看護官等による災害派遣**

| 要請した都道府県 | 時期 | 支援内容 |
|---|---|---|
| 北海道 | 12月8日～現在 | ■北方の看護官等約10人が旭川市内の医療機関で医療支援を実施中 |
| 宮城県 | 4月4日～6日 | ■仙台病院の医官と看護官等延べ約70人が仙台市で検体採取支援 |
| | 4月13日～15日 | ■仙台病院の医官と看護官等延べ約70人が仙台市で検体採取支援 |
| 大阪府 | 12月14日～現在 | ■防医大の看護官1人と中方の看護官等6人が府内で医療支援を実施中 |
| 長崎県 | 4月26日～5月14日 | ■西方の医官等延べ約60人が長崎市に停泊したクルーズ船「コスタ・アトランチカ号」の船員延べ約20人に船外医療活動 ■富士病院のCT診断車1台を派遣し、同病院と西方の隊員4人が診断支援 |
| 沖縄県 | 8月18日～31日 | ■15旅団と那覇病院の看護官等約20人に加え、西方の看護官等約10人が沖縄県内の医療機関で医療支援 |

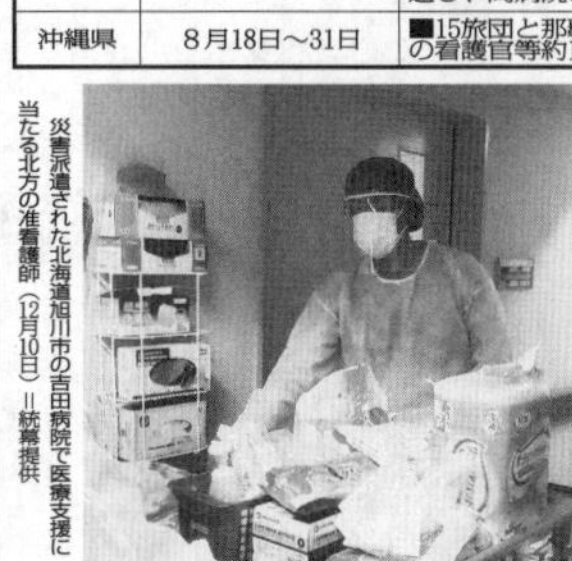
災害派遣された北海道旭川市の吉田病院で医療支援に当たる北方の准看護師（12月10日）＝陸幕提供

# 横須賀総監に酒井海将

## 統幕副長に鈴木空将

## 陸上総隊幕僚長に牛嶋陸将

政府は12月11日の閣議で、小和瀬一陸上総隊幕僚長、杉本孝幸横須賀地方総監、増子豊統幕副長の勇退を承認、後任にそれぞれ牛嶋築東北方面総監部幕僚長、酒井良呉地方総監、鈴木康彦航空支援集団司令官を充てる人事を了承した。将に5人、将補に15人が昇任する。いずれも12月22日付。

園田呉地方総監　乾大湊地方総監　別宮防医大幹事　真殿海自幹部学校長　鈴木統幕副長　尾崎南西空司令官　牛嶋陸上総隊幕僚長　徳永中央病院副院長　二川航空集団司令官　後藤装備官　酒井横須賀地方総監

### 防衛省発令

▽陸上総隊幕僚長（東北方面総監部幕僚長）陸将 牛嶋 築
▽統幕副長（航空支援集団司令官）空将 鈴木 康彦
▽横須賀地方総監（呉地方総監）海将 酒井 良
▽呉地方総監　同 園田 直紀
▽大湊地方総監　同 乾 悦久
▽海自幹部学校長　同 真殿 知彦
▽航空集団司令官　同 二川 達也
▽南西航空方面隊司令官　空将 尾崎 義典
▽防医大幹事（空幕首席衛生官）同 別宮 慎也
▽中央病院副院長（横須賀病院長）海将 徳永 徹二
▽防衛装備庁長官官房装備官（防衛装備庁プロジェクト管理部プロジェクト管理総括官）空将 後藤 雅人
▽防衛大防衛学教育学群長兼防衛大教授（空幕厚生課長）空将補 北川 英二
▽統幕学校副校長（1航空群司令）海将補 川村 伸一
▽陸上総隊日米共同部長（2師団副師団長兼旭川駐屯地司令）陸将補 垂水 達雄
▽東北方面総監部幕僚長兼仙台駐屯地司令（9師団副師団長兼青森駐屯地司令）同 腰塚 浩貴
▽2師団副師団長兼旭川駐屯地司令（13旅団副旅団長兼海田市駐屯地司令）同 篠村 和也
▽8師団副師団長兼北熊本駐屯地司令（北部方面航空隊長兼丘珠駐屯地司令）同 廣瀬 敏彦
▽9師団副師団長兼青森駐屯地司令（1高射特科団長）同 高木 勝也
▽システム通信団長（陸上総隊後方運用部長）同 末田 毅
▽1高射特科団長（教育訓練研究本部総合企画課長）同 久保 勝裕
▽1施設団長兼古河駐屯地司令（熊本地方協力本部長）同 仲西 勝典
▽2施設団長兼船岡駐屯地司令（西部方面総監部人事部長）同 圓林 栄喜
▽中央情報隊長兼陸上総隊情報部長（防衛大防衛学教育学群統率・戦史教育室長兼防衛大教授）同 平澤 達也
▽情報学校長（中央情報隊長兼陸上総隊情報部長）同 楠見 晋一
▽武器学校長兼土浦駐屯地司令（中部方面総監部装備部長）同 坂本 正義
▽化学学校長兼大宮駐屯地司令（北部方面後方支援隊長）同 平野 邦治
▽九州補給処長兼目達原駐屯地司令（化学学校長兼大宮駐屯地司令）同 竹内 綱太郎
▽海幕首席衛生官（潜水医学実験隊司令）海将補 小川 均
▽3護衛隊群司令（自衛艦隊作戦主任幕僚）同 池内 出
▽1航空群司令（統幕運用3課長）同 藤原 直哉
▽21航空群司令（教育航空集団幕僚長）同 石川 一郎
▽横須賀地方総監部幕僚長（統幕学校副校長）同 松本 完
▽大湊地方総監部幕僚長（防衛装備庁総括装備調達官）同 横田 友範
▽練習艦隊司令官（3護衛隊群司令）同 石巻 義康
▽潜水医学実験隊司令（横須賀病院副院長兼企画室長）同 塚嵜 哲史
▽海自幹部候補生学校長（練習艦隊司令官）同 八木 浩二
▽空幕首席衛生官（航空医学実験隊司令）空将補 粟田 成雄
▽航空医学実験隊司令兼防衛医大病院兼中央病院診療技術部病理課（航空教育集団医務官兼防衛医大病院兼中央病院診療技術部病理課）同 加藤 圭
▽体育学校長（1施設団長兼古河駐屯地司令）陸将補 豊田 真
▽横須賀病院長（海幕首席衛生官）海将補 村上 健彦
▽防衛装備庁プロジェクト管理部プロジェクト管理総括官（防衛大防衛学教育学群長兼防衛大教授）空将補 中澤 省吾
▽同総括装備調達官（大湊地方総監部幕僚長）海将補 近藤 奈津枝
▽退職
（陸上総隊幕僚長）陸将 小和瀬 一
（横須賀地方総監）海将 杉本 孝幸
（中央病院副院長兼診療放射線技師養成所長）同 佐藤 道哉
（統幕副長）空将 増子 豊
（陸上総隊日米共同部長）陸将補 斎藤 兼一
（8師団副師団長兼北熊本駐屯地司令）同 田渕 忠史
（2施設団長兼船岡駐屯地司令）同 菅野 俊夫
（システム通信団長）同 外屋 春郎
（情報学校長）同 青木 義昌
（以上12月22日付）

### 将・将補昇任者

▽陸将に昇任（東北方面総監部幕僚長）陸将補 牛嶋 築
▽海将に昇任（横須賀地方総監部幕僚長）海将補 真殿 知彦
（横須賀病院長）同 徳永 徹二
▽空将に昇任（空幕首席衛生官）空将補 別宮 慎也
（防衛装備庁プロジェクト管理部プロジェクト管理総括官）同 後藤 雅人
▽陸将補に昇任（防衛大防衛学教育学群統率・戦史教育室長）1陸佐 平澤 達也
（陸上総隊後方運用部長）同 末田 毅
（北部方面航空隊長）同 廣瀬 敏彦
（同後方支援隊長）同 平野 邦治
（中部方面総監部装備部長）同 坂本 正義
（西部方面総監部人事部長）同 圓林 栄喜
（13旅団副旅団長）同 篠村 和也
（教育訓練研究本部総合企画課長）同 久保 勝裕
（熊本地方協力本部長）同 仲西 勝典
▽海将補に昇任（統幕運用3課長）1海佐 藤原 直哉
（自衛艦隊作戦主任幕僚）同 池内 出
▽空将補に昇任（空幕厚生課長）1空佐 北川 英二

防衛相

# 尖閣 中国船活動に懸念

## 日中協議 透明性向上も求める

岸防衛相は12月14日、中国の魏鳳和国務委員兼国防相と約1時間35分にわたってテレビ会談を行い、地域情勢などについて意見交換した。日中防衛相の会談は約1年ぶりで、岸大臣の就任後は初。

岸大臣は、沖縄県の尖閣諸島に関する我が国の立場を述べた上で、中国軍や中国公船の活動といった個別の事象について指摘。力を背景とした一方的な現状変更の試みに対する「強い懸念」を伝え、事態をエスカレートさせる行動をとらないよう強く求めた。合わせて、中国が自国の国防政策や軍事力の透明性を向上させ、国際社会の懸念を払拭することも求めた。

一方で、両氏は日中の安定した関係は、地域と国際社会の平和と安定に極めて重要との認識を共有し、防衛当局間で意思疎通を継続していく方針を確認。

両氏は「海空連絡メカニズム」のホットラインの早期開設に向けた調整が着実に進展していることを改めて歓迎し、その実現に向けて共にリーダーシップを発揮し、調整をさらに加速させることで一致した。

# イージス搭載艦 2隻配備で検討

## 陸代替案で岸防衛相

岸防衛相は12月11日の記者会見で、イージス・アショアの代替案として政府が検討を進める「あるべき方策」について、「常時持続的に我が国全域を防護し得る態勢の構築を目指し、海上自衛隊が保持するイージス・システム搭載艦2隻を配備する方向でさらに検討を進める」と説明。

「厳しい財政事情や自衛官の人材確保をめぐる環境を踏まえ、しっかり精査していく必要がある」と指摘した上で、「搭載艦に係る運用構想の詳細、搭載機能、艦の設計、要員確保などについて引き続き米国政府や日米の民間事業者などと鋭意検討を進めていきたい」と述べた。

# 中東の情報収集 1年延長

## 日本船舶の安全確保

政府は12月11日、国家安全保障会議（NSC）と閣議を開き、中東のシーレーン（海上交通路）を航行する日本関係船舶の安全確保のため、自衛隊による中東海域での情報収集活動の期間を来年12月26日まで1年間延長することを決めた。

中東海域では現在、護衛艦「むらさめ」と、アフリカ東部のジブチを拠点にソマリア沖・アデン湾で海賊対処に当たっている航空隊のP3C哨戒機2機が情報収集活動を行っている。

岸防衛相は11日の記者会見で「中東地域では日本関係船舶の防護が直ちに要する状況にはないものの、高い緊張状態が継続しており、引き続き日本関係船舶の安全確保のための取り組みが必要だ」と強調。

その上で「情報収集活動で得られた情報は、関係省庁や関係業界にタイムリーに共有されて役立てられており、業界団体からは自衛隊の活動に対する期待や感謝が表明されている。新型コロナウイルスの世界的な感染が継続する中で、任務に従事する隊員の健康管理に最大限留意しつつ、情報収集活動に万全を期していきたい」と述べた。

## 春夏秋冬

### 実証された無人機の威力と懸念

田中 浩一郎

中東を舞台にした大量破壊兵器（WMD）の拡散に向けられる国際社会の懸念は根強く、防止のために種々の方策が講じられてきた。イラクによる秘密裏の核兵器開発が湾岸戦争後に発覚すると、核兵器禁止条約（NPT）を強化する追加議定書が作られた。内戦中のシリアではアサド政権が化学兵器禁止条約（CWC）に基づいて保有する化学兵器の申告とその廃棄を課せられている。WMDの運搬手段となり得る弾道ミサイル開発にも監視の目が光る。

一方、長きにわたって中東は、おもに米軍による先端的な通常兵器の実戦投入の場となってきた。位置特定用のGPS、バンカーバスターなどの精緻誘導兵器、巡航ミサイル、そして、無人機（UAV）などである。特にUAVは、攻撃的兵器として発展を遂げ、標的殺害でも成果を上げてきた。いまや米国の敵味方を問わず、その技術や設計が第三国に流出した可能性を否定しきれず、各国で汎用品を集めて模造が進んでいる。

NATO構成国のトルコは、シリアやイラクに続いて自軍のUAVを投入したリビアで戦況を有利に展開した。イスラエルは、シリアおよびレバノンに対するUAVによる越境攻撃を継続している。ナゴルノカラバフ紛争の当事国であるアゼルバイジャンは、トルコとイスラエルが供与したUAVで制空権を握り、四半世紀ぶりにアルメニアに雪辱を果たした。「貧者の精緻誘導兵器」と揶揄されたUAVが戦局を決定づけている。

反米を基軸とするイラン、レバノンのヒズブラ、イエメンのホウシー派も威力偵察や敵陣攻撃にUAVを投入している。リバースエンジニアリングに長けたイランは、捕獲した複数の米国製UAVを研究し、自国製UAV作りに活かしてきた。

昨年、米国とイランは互いのUAVを撃墜することで緊張を高めたが、極めつけはことし1月の米軍UAVによるイラン軍高官の暗殺だ。隣国イランをめぐる情勢の緊迫化を見越して、UAEとサウジアラビアは、米国製MQ－9リーパーの導入に動いている。

UAVに対する注目と依存が高まる中、その技術の野放図な拡散に対する国際的な規制や監視体制の構築に関する議論は進んでいない。核弾頭の運搬が可能なUAVの登場が現実味を帯び、WMDの拡散をめぐる懸念が拡大したいまでも、である。

（慶應義塾大学大学院政策・メディア研究科教授）

## 朝雲寸言

新型コロナウイルスの蔓延、安倍長期政権の退陣など波乱の一年が暮れようとしている。今年の弊紙新年号で、防衛費について「額の多寡以上に大事なのは、真に有効なお金の使い方ができるかどうかだ」と小欄は記した。それが予言になったわけでもなかろうが、地上配備型イージス・システムは中止となり、離島防衛に有効な長射程ミサイルの導入が浮上した。令和2年は真に有効な装備導入へ舵を切った年として記憶されよう▼先日、英国の知人から「自国に飛来する敵ミサイルを発射前にたたく議論が日本で進まないのは理解できない」と言われた。飽和攻撃などに有効な策が当面は見当たらず、大勢の同胞の命が失われかねない局面なのに能動的に動こうとしないのは「我々なら耐えられない」とのことだった▼江戸時代、日本はオランダなど限られた国としか交流せず、英露などの艦船が出現しても無視を続けた。そんな姿勢を転換させたのは、幕末の米海軍による4隻同時来航という衝撃だった▼周辺国のミサイル脅威から目をそらし、敵基地攻撃論を「戦後の原則に反する」として蓋をしたがる態度は、目の前の現実をとにかく無視し、鎖国という「内なる思い込み」に浸りたがったペリー提督来航前の日本の姿と恐ろしいほど似ている。来たる令和3年は、外からの衝撃で揺り起こされるのではなく、自らの意思で思い込みから脱却できる年になるだろうか。

METAWATER
メタウォーターテック
暮らしと地域の安心を支える水・環境インフラへの貢献。それが、私たちの使命です。
www.metawatertech.co.jp

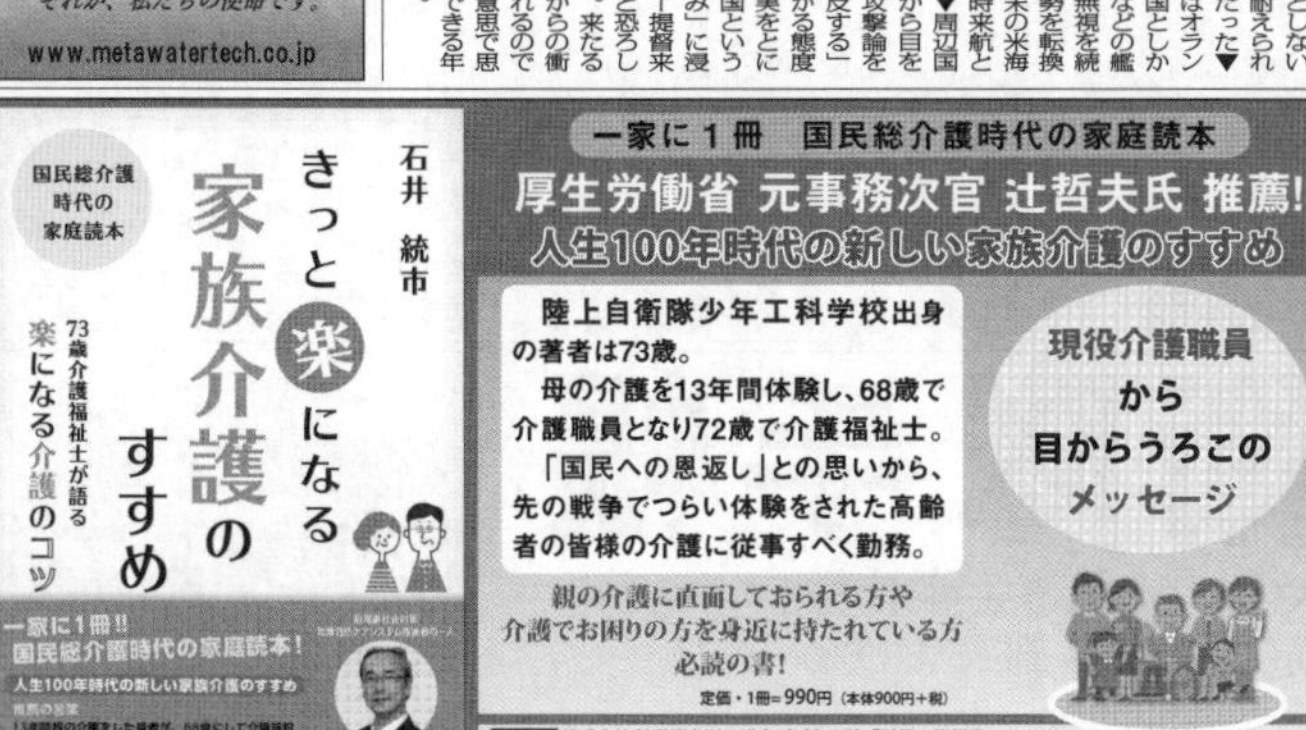
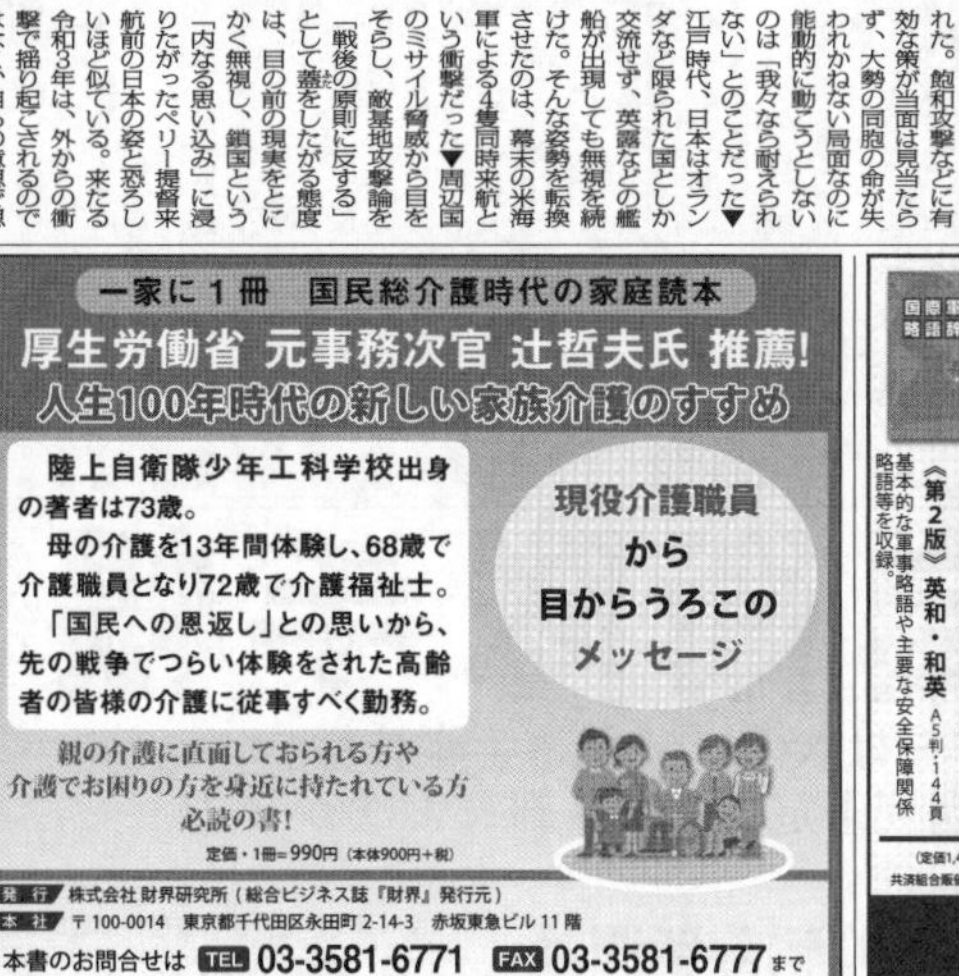
国民総介護時代の家庭読本
石井 統市
きっと楽になる家族介護のすすめ
73歳介護福祉士が語る 楽になる介護のコツ
一家に1冊 国民総介護時代の家庭読本
厚生労働省 元事務次官 辻哲夫氏 推薦!
人生100年時代の新しい家族介護のすすめ
陸上自衛隊少年工科学校出身の著者は73歳。
母の介護を13年間体験し、68歳で介護職員となり72歳で介護福祉士。
「国への恩返し」との思いから、先の戦争でつらい体験をされた高齢者の皆様の介護に従事すべく勤務。
現役介護職員から目からうろこのメッセージ
親の介護に直面しておられる方や介護でお困りの方を身近に持たれている方必読の書!
定価・1冊＝990円（本体900円＋税）
発行 株式会社 財界研究所（総合ビジネス誌「財界」発行元）
本社 〒100-0014 東京都千代田区永田町2-14-3 赤坂東急ビル11階
本書のお問合せは TEL 03-3581-6771 FAX 03-3581-6777まで

12月11日発売開始!
陸上自衛隊 新文書実務《新訂第10次改訂版》 A5判・432頁
令和2年5月13日陸自文書管理規則改正対応! 公文書管理法等収録!
定価2,306円+税 共済組合販価1,980円
好評発売中!
陸上自衛官 服務小六法《令和2年版》
定価2,764円+税 共済組合販価2,370円
検査・点検に必須!
陸上自衛隊 補給管理小六法《令和2年版》
定価2,540円+税 共済組合販価2,180円
好評発売中!
自衛官 国際法小六法《平成30年版》
定価2,556円+税 共済組合販価2,190円
国際軍事略語辞典《第2版》英和・和英
定価1,400円+税 共済組合販価1,200円
学陽書房 〒102-0072 東京都千代田区飯田橋1-9-3 TEL.03-3261-1111 FAX.03-5211-3300
（共済組合販価は消費税10%込みです。）
☆ご注文は 有利な共済組合支部へ

# 時の焦点

## 国内　ミサイル防衛

### 脅威への対処を着実に

ミサイル防衛を巡る混乱を収拾し、脅威に対処する体制を強化することが重要だ。

防衛省が、地上配備型迎撃システム「イージス・アショア」の代替策として、イージス・システムを搭載した艦艇を2隻新造する方針を固めた。

これにより、弾道ミサイルの迎撃は、現行のイージス艦8隻と、新造の2隻の計10隻で対応することになる。

イージス・アショアは、24時間態勢で北朝鮮のミサイルを防御する切り札として、政府が2017年末に米国から導入することを決めた。秋田、山口両県の演習場に配備する計画だったが、迎撃時にミサイル推進装置が市街地に落ちる可能性が発覚し、今年6月、河野太郎前防衛相が計画を取りやめた。

米側は当初、推進装置は演習場内に落下する、と説明していたという。技術的な検証が不十分だったのだろう。防衛省の見通しも甘かったと言わざるを得ない。

政府は、イージス・アショアを23年度から運用する方針だった。代替となる艦艇の新造には約5年かかるという。実際の運用までには、米国と共同で迎撃実験も行わねばなるまい。常時防衛の体制強化を急ぎたい。

最新鋭のイージス艦は、艦対空ミサイルや対潜機能を備えるなど、高度な戦闘能力を持っている。防衛省は、新造する2隻について、どの程度の機能を持たせるか、引き続き検討するという。

イージス艦と同等の装備を新造艦に搭載した場合、費用が膨らむことを懸念しているのだろう。

だが、中国の公船が沖縄県・尖閣諸島周辺海域で挑発的な行動を繰り返していることを踏まえれば、新造艦は、日本海での警戒監視だけでなく、南西諸島周辺で運用することも視野に入れる必要がある。

仮にイージス・アショアを導入した場合でも、基地対策費を投じることが想定されていた。政府は新艦艇に十分な予算を計上すべきだ。

変則的な軌道で飛行する北朝鮮の新型ミサイルにも対応できる迎撃システムを整えることも欠かせない。

課題となるのは、乗組員の確保である。自衛隊の中でも、海上自衛隊は人手不足が著しい。

防衛省は、自衛隊員の定年年齢を引き上げることで乗員を確保する予定だ。処遇改善や、採用を増やして充足率の向上にも取り組まねばならない。

ミサイル防衛の見直しに伴い、政府は、他国の領域内にある拠点の攻撃手段を確保することも検討している。

安全保障環境は厳しさを増している。米軍が担う打撃力の一部を、自衛隊が補完することは理にかなう。日米同盟の強化にもつながるだろう。

政府は議論を丁寧に進め、着実に抑止力を高めることが大切だ。

夏川 明雄（政治評論家）

## 海外　米次期政権

### 主要人事でバイデン色

来年1月20日に就任する米国のバイデン次期大統領が11月下旬以降、外交・安全保障チームを皮切りに主要閣僚やホワイトハウス高官の陣容を次々と公表している。第一弾として外交・安保チームを発表したのは、米国が国際社会で再び指導力を発揮していく意気込みを示すもので、バイデン氏は「（チームは）世界からの撤退ではなく、世界を主導する用意ができている」と宣言した。

外交を統括する国務長官にはオバマ前政権で国務副長官を歴任したアントニー・ブリンケン氏（58）、国防長官には黒人としては初となり、米中央軍司令官を務めた経歴があるロイド・オースティン氏（67）、政権中枢で外交・安保政策の司令塔となる大統領補佐官（国家安全保障担当）にはやはり前政権で外交を担い、イラン核合意の交渉やアジア重視のリバランス（再均衡）政策策定で主要な役割を果たしたジェイク・サリバン氏（43）をそれぞれ指名。また、上院議員時代からの盟友であるジョン・ケリー元国務長官（76）を新設する気候問題担当の大統領特使に起用した。

一連の主要閣僚人事からうかがえるのは、トランプ大統領が離脱した地球温暖化対策の国際的枠組み「パリ協定」やイラン核合意への復帰を目指す姿勢を鮮明にする狙いがあり、オバマ政権時代にこれらの国際交渉を担ったケリー氏も、「政府に戻り、パリ協定で始まった仕事を軌道に戻す」とツイートした。

ブリンケン、サリバン両氏はともにバイデン氏の長年の側近であり、次期政権で最重要課題の一つとなる対中国関係については、トランプ大統領の米国第一主義が同盟国との関係を弱め、失敗したと厳しく批判しており、新政権は米国の国際競争力向上と同時に、同盟国との関係再構築を通じて中国への対抗力を強化する政策を展開する公算が大きい。

主要人事ではこのほか、再び閣僚級に格上げする国連大使には元外交官で黒人女性のリンダ・トーマスグリーンフィールド氏、情報機関を束ねる国家情報長官には初の女性となるアブリル・ヘインズ氏、国境管理などを行う国家安全保障省長官にはヒスパニック系初のアレハンドロ・マヨルカス氏を登用する。いずれの候補も各分野で経験を重ねた専門家であり、女性や人種的マイノリティー（少数派）を積極的に起用し、多様性を強く意識した布陣となった。

新政権の経済チームでも、司令塔役の財務長官にジャネット・イエレン前連邦準備制度理事会（FRB）議長を起用したのをはじめ、主要ポストに女性を軒並み充てており、人種など多様性に富んだ顔ぶれで最優先課題となる経済再建と格差是正に挑む構えだ。

ただ、閣僚人事の承認権限を持つ上院の確定議席は現在、共和50対民主48（無所属を含む）となっており、未確定の2議席を争う年明け早々の決選投票でいずれも民主党が勝利しない限り、共和党が「拒否権」を持つ。一連の人事ではサンダース、ウォーレン両上院議員の閣僚起用が見送られるなど、党派色の強い人事が困難だった跡も見て取れる。

伊藤 努（外交評論家）

# 海賊対処水上36次隊に特別賞状

## 石寺2佐には1級賞詞

総理大臣特別賞状を受賞し、岸防衛相（右）から副賞の盾を授与される海賊対処水上36次隊指揮官の石寺隆彦2佐（12月8日、防衛省で）

ソマリア沖・アデン湾で約5カ月間にわたり民間船の護衛任務などに従事し、11月24日に帰国した海賊対処水上36次隊に内閣総理大臣特別賞状が贈られ、12月8日、[illegible]指揮官の石寺隆彦2佐に1級賞詞が[illegible]

36次隊は護衛艦「おおなみ」（艦長・石寺2佐以下約200人）で、5月23日から10月23日までの間、多国籍部隊「第151連合任務部隊（CTF151）」に参加して[illegible]

岸大臣は「国際社会の重要な取り組みである海賊対処行動に大いに寄与するとともに、スペイン海軍とも共同訓練を実施し、我が国の防衛協力の強化に貢献した」と賞状を読み上げ、石寺2佐に1級賞詞の盾を添えた。この後、岸大臣は[illegible]「お疲れさまでした」と労をねぎらった。

# 海自202教空に1級賞状

## 無事故56年、61万基準時間

【202教空＝徳島】海自202教育航空隊（司令・藤本丈士1佐）はこのほど、「累計61万基準時間無事故飛行」の功績で防衛大臣から1級賞状を受賞し、11月4日、徳島教空群司令の山内1佐から伝達を受けた。

同部隊は昭和39年5月から約56年間、無事故を継続。令和元年11月に累計61万基準時間を超える無事故飛行を達成した。

この受賞を受けて隊員たちは、航空事故根絶への決意を新たにしていた。

これに先立ち202教育航空隊は、10月19日にも[illegible]徳島教空群司令から3級賞状を受賞しており、今年度、二つの大きな成果を収めた。

隊員家族が見守る中、山内徳島教空群司令（左）から1級賞状を伝達される藤本202教空司令（11月4日、徳島航空基地で）

# 空自戦闘機　B1と航法訓練

## 共同対処能力高める

空自は12月4日、米空軍第28爆撃航空団（サウスダコタ州エルスワース）所属のB1B戦略爆撃機1機と日本海、東シナ海、沖縄周辺空域で日米共同訓練を行った。

参加部隊と機種は2（千歳）、6（小松）、9空団（那覇）のF15戦闘機各4機、8空団（築城）のF2戦闘機4機で、それぞれB1B爆撃機と編隊航法訓練を行い、共同対処能力の向上を図った。

日米共同訓練を行う空自6空団のF15戦闘機2機（下）と米第28爆撃航空団のB1B戦略爆撃機（12月4日）

# 陸幕長　豪陸軍本部長と会談

## 連携の一層強化で一致

湯浅陸幕長は12月9日、オーストラリア陸軍本部長のリック・バー中将とテレビ会談を行い、両国陸軍種間の協力と連携を今後一層強化していくことで一致した。

会談で両者は、多層的な日豪協力関係が進展している現状を踏まえ、さらなる「自由で開かれたインド太平洋」の実現に向けて意見を交わした。

豪陸軍本部長のバー中将＝豪陸軍HPから

# 共済組合だより

**入学金・授業料等に「教育貸付（特別貸付）」をご利用ください**

組合員、被扶養者または被扶養者以外の組合員の子の受験料、入学金、授業料及び留学費用等が必要な時、組合員（組合員期間6月以上）は共済組合から「教育貸付（特別貸付）」金を借りられます。

貸付限度額は月収額（俸給、俸給の特別調整額、初任給調整手当、扶養手当、研究員調整手当、地域手当、自衛官候補生手当、学生手当及び生徒手当の月額の合計額）の14月分（ただし1回の貸付は6月分）で、弁済期間は140月以内、年利は1・86％となっています。（利率は2020年4月1日現在）

※注　普通貸付の残高と特別貸付額を含めた残高の合計額が月収額の20月分を超えることはできません。

弁済方法は毎月の給与等からの源泉控除（千円単位の額で元金均等弁済）で、ボーナス併用の場合は、ボーナス分の弁済額の合計額が貸付金の2分の1の範囲の額で、6月及び12月の各弁済額は同額となります。

教育貸付を受けるには、各種提出書類や添付書類などが必要です。詳しくは所属支部の貸付窓口へお問い合わせください。

# 防衛省発令

▽空幕運用支援課部隊訓練2班長（空幕情報課武官業務班長）　1空佐　上村　宗顕

▽同情報課武官業務班長（同情報課付）　同　有馬　敬晶

▽中部航空方面隊支援飛行隊司令（警戒航空団飛行警戒管制群司令）　同　有馬　元

▽警戒航空団飛行警戒管制群司令（航空教育集団運用課長）　2空佐　上垣　衛

▽航空救難団飛行群副司令（空幕運用支援課部隊訓練2班長）　1空佐　門倉　光慶

▽航空教育集団運用課長（航空安全管理隊教育研究部長）　同　青山　崇裕

▽航空安全管理隊教育研究部長（航空救難団飛行群副司令）　同　森部　樹司

（以上12月8日）

▽統幕学校教育課研究室主任研究官（かしま艦長）　1海佐　牧　孝行

▽かしま艦長（護衛艦隊司令部）　同　小城　尚徳

▽自衛隊指揮通信システム隊研究官（統幕学校教育課研究室主任研究官）　同　中井　栄一

（以上12月11日）

# 将昇任者略歴

**牛嶋　築**（うしじま・きずき）陸将　防大33期。平成元年陸自。15年2佐、20年1佐、26年将補。北方幕僚副長、陸幕運用支援・情報部長、同指揮通信システム・情報部長などを経て、30年8月東北方幕僚長。福岡県出身。54歳。

**眞殿　知彦**（まどの・ともひこ）海将　防大33期。平成元年海自。15年2佐、20年1佐、26年将補。2空群司令、海幹候学校長、統幕防衛計画部副部長などを経て、30年12月横須賀地方総監部幕僚長。岡山県出身。54歳。

**徳永　徹二**（とくなが・てつじ）海将　防医大9期。昭和63年海自。平成12年2佐、17年1佐、28年将補。海幕首席衛生官付衛生企画室長、潜水医学実験隊司令などを経て、30年8月横須賀病院長。長崎県出身。58歳。

**別宮　慎也**（べっく・しんや）空将　防医大10期。平成元年空自。13年2佐、18年1佐、27年将補。南混団医務官、三沢病院長、航空支援集団医務官、航空医学実験隊司令、29年8月空幕首席衛生官。徳島県出身。56歳。

**後藤　雅人**（ごとう・まさひと）空将　防大31期。昭和62年空自。平成13年2佐、17年1佐、25年将補。ロシア防衛駐在官、4術科学校長などを経て、29年12月防衛装備庁プロジェクト管理総括官。徳島県出身。55歳。

# 将補昇任者略歴

**平澤　達也**（ひらさわ・たつや）陸将補　防大35期。平成3年陸自。17年2佐、22年1佐。9次イラク復興支援群、陸幕情報課地域情報班長、39普連長、中方情報部長などを経て、29年8月中央情報隊副長。千葉県出身。53歳。

**末田　毅**（すえだ・つよし）陸将補　防大34期。平成2年陸自。16年2佐、21年1佐。東方通信群長、陸幕通信電子課長、東北方装備部長などを経て、31年3月陸上総隊後方運用部長。福岡県出身。53歳。

**廣瀬　敏彦**（ひろせ・としひこ）陸将補　防大36期。平成4年陸自。18年2佐、23年1佐。14飛隊長、陸幕情報通信・研究課総括班長、同防衛課防衛調整官、東方人事部長などを経て、29年12月北方航空隊長。山梨県出身。51歳。

**平野　邦治**（ひらの・くにはる）陸将補　防大34期。平成2年陸自。16年2佐、20年1佐。オランダ防衛駐在官、陸幕武器・化学課化学室長、東方装備部長などを経て、30年3月北方後支隊長。東京都出身。54歳。

**坂本　正義**（さかもと・まさよし）陸将補　防大32期。昭和63年陸自。平成14年2佐、19年1佐。8後支連長、防衛装備庁調達事業部武器調達官、陸幕武器化学課長などを経て、30年12月中方装備部長。埼玉県出身。54歳。

**圓林　栄喜**（えんりん・ひでのぶ）陸将補　防大35期。平成3年陸自。18年2佐、22年1佐。陸幕施設課建設班長、2施群長、研本主任研究開発官、陸幕施設課長などを経て、31年4月西方人事部長。鹿児島県出身。52歳。

**篠村　和也**（しのむら・かずや）陸将補　防大33期。平成元年陸自。15年2佐、20年1佐。72戦連長、富士学校教育課長、4師団幕僚長、札幌地本長などを経て、30年3月13旅団副長。北海道出身。54歳。

**久保　勝裕**（くぼ・かつひろ）陸将補　防大38期。平成6年陸自。20年2佐、25年1佐。陸幕長副官、陸幕募集・援護課総括班長、15高特連長などを経て、29年12月陸幕募集・援護課長。兵庫県出身。51歳。

**仲西　勝典**（なかにし・かつのり）陸将補　防大37期。平成5年陸自。19年2佐、24年1佐。幹部学校教官、陸幕補任課2班長、10施群長、陸幕総務課長などを経て、令和元年8月熊本地本長。福岡県出身。50歳。

**藤原　直哉**（ふじわら・なおちか）海将補　防大39期。平成7年海自。21年2佐、26年1佐。海幕先任副官、同指揮通信課指揮通信班長、2航空隊司令などを経て、30年8月統幕運用3課長。奈良県出身。49歳。

**池内　出**（いけうち・いずる）海将補　防大35期。平成3年海自。17年2佐、22年1佐。米国防衛駐在官、3護隊司令、海幕情報課情報運用室長、佐監防衛部長、情本情報官などを経て、31年4月自艦隊作戦主任幕僚。広島県出身。52歳。

**石川　一郎**（いしかわ・いちろう）海将補　防大32期。昭和63年海自。平成15年2佐、20年1佐。海幕広報室長、21空群首席幕僚、航空集団訓練主任幕僚などを経て、31年4月教育航空集団幕僚長。鹿児島県出身。54歳。

**塚嵜　哲史**（つかざき・さとし）海将補　防医大14期。平成5年海自。18年2佐、24年1佐。自衛艦隊衛生幕僚、海幕衛生企画室長などを経て、30年3月横須賀病院副院長兼企画室長。愛知県出身。54歳。

**北川　英二**（きたがわ・えいじ）空将補　防大36期。平成4年空自。18年2佐、23年1佐。空幕防衛課防衛調整官、茨城地本長、空幕総務課基地対策室長などを経て、30年12月空幕厚生課長。茨城県出身。52歳。

**加藤　圭**（かとう・けい）空将補　防医大15期。平成6年空自。18年2佐、23年1佐。空幕首席衛生官付衛生官、支援集団医務官、空幕首席衛生官付次席衛生官などを経て、令和元年12月教育集団医務官。愛知県出身。51歳。

# 史跡・和歌山城の保護事業に協力

## 37普連

【37普連＝信太山】37普連（連隊長・山田篤1佐）は10月27、28の両日、和歌山市主催の令和2年度「史跡・和歌山城保護対策事業」に協力した。

同協力は地域住民に対する自衛隊への理解促進と防衛基盤の醸成を図る目的で行われており、今年で27回目。

今年は新型コロナの厳しい状況の中、本部管理中隊長の道上和弘1尉以下約100人の隊員が参加し、3密の回避、マスク着用、消毒など万全の態勢で作業を進めた。

和歌山城での作業＝写真＝は安全確保のためロープを活用し、天守閣の瓦清掃、城壁の壁面に生えた雑草の除去などを行った。

隊員たちは市民や観光客から励ましを受けながら、日頃の訓練で培った技術を最大限に発揮し、歴史的遺産である和歌山城の保護対策事業に大きく貢献した。

# 補統　コカ・コーラと物資供給協定締結

大規模災害時の物資供給要請に関する協定を締結し、協定書を手にする補統需品部長の小林将浩1佐（左）とコカ・コーラボトラーズジャパンの島田貴幸氏（11月19日、十条駐屯地で）

【補統＝十条】陸自補給統制本部は11月19日、飲料メーカーのコカ・コーラボトラーズジャパン（本社・東京都港区）と「大規模災害時における物資の供給要請に関する協定」を締結した。

補統は、平成23年に発生した東日本大震災の発災直後の物資調達上の教訓を踏まえ、24年度以降、派遣部隊などの活動基盤を整えるため、大手小売企業など17社と同協定を締結している。

今回新たにコカ・コーラボトラーズジャパンと協定を結んだことで、大規模災害時に同社から水ボトルなど飲料水の供給協力を受けられるようになる。

補統需品課では今後も訓練などを通じて締結の内容の実行性を向上させるとともに、品目数や締結企業の拡大を図っていく方針だ。

発売中！

# 2021自衛隊手帳

使いやすいダイアリーはNOLTY能率手帳仕様。
年間予定も月間予定も週間予定もこの1冊におまかせ！

2022年3月末まで使えます。

編集／朝雲新聞社
制作／NOLTYプランナーズ
価格／本体900円＋税

お求めは防衛省共済組合支部厚生科（班）で。
（一部駐屯地・基地では委託売店で取り扱っております）
Amazon.co.jp または朝雲新聞社ホームページでもお買い求めいただけます。

朝雲新聞社　〒160-0002 東京都新宿区四谷坂町12－20KKビル
TEL 03－3225－3841　FAX 03－3225－3831　http://www.asagumo-news.com

陸自隊員の警護を受け、CH47輸送ヘリに乗り込む邦人ら（朝霞訓練場で）

# 在外邦人等保護措置訓練

## 救出から輸送機への搭乗まで

# 統合運用能力を強化

「（邦人等の救出では）いかなる事態に対しても、冷静に対処できるよう、統合運用能力を強化していきたい」――。

統幕は12月2日、陸自朝霞訓練場、空自百里基地などで仮想国に滞在する邦人等の救出・輸送などを想定した令和2年度「在外邦人等保護措置訓練」の一部を報道公開した（12月10日付既報）。訓練では仮想国（朝霞）でデモ隊に取り囲まれた邦人等を陸自部隊が救出してヘリポートまで車両で輸送する状況と、仮想国の飛行場（百里）に設けられた退避統制所で隊員が外務省の職員と連携し、空自のC130H輸送機に乗せて安全な地域に脱出させるまでの一連の手順や動作を本番さながらに演練した。

（文・写真　古川勝平）

㊤朝霞訓練場に設けられた「仮想国の邦人集合施設」を舞台とした邦人救出の一場面。右の施設を取り囲む"暴徒"を排除する陸自部隊
㊨在外邦人等の「一時集合場所」を取り囲む"暴徒"たち（いずれも12月2日）

# 陸自が暴徒を排除

## 邦人をヘリポートに輸送

### 朝霞訓練場

訓練前段は、朝霞訓練場に設けられた緊急退避する邦人等の「一時集合場所」での対処要領から開始。デモ隊が同所に押し寄せ、施設を取り囲んだ場面から報道公開された。屋内に避難している邦人等を暴徒から救出するため、現場に防弾チョッキで全身を固めた陸自隊員が軽装甲機動車や高機動車など7両で到着。部隊はデモ隊に退避するよう警告を行ったが、これに応じなかったため、非殺傷型の装備「指向性大音響発生装置（LRAD）」を使い、暴徒に向けて大音響を発し、追い払った。

この間に部隊は邦人たちが待つ建物まで高機動車を進め、全員を乗せて救出。その後は軽装甲機動車が車列を警備し、ヘリポートまで輸送した。

最後に隊員たちが邦人等を警護しながらCH47輸送ヘリに乗せ、同機で空自のC130H輸送機が待つ飛行場（百里）まで空輸した。

空自のC130H輸送機に乗り、安全な地域に脱出する邦人等（右側）＝百里基地で

車イスや松葉杖を使った邦人等を空自C130H輸送機に誘導する陸自隊員

# 格納庫内に退避統制所

## 保安検査を経てC130輸送機へ誘導

### 百里基地

後段の訓練は百里基地でスタート。航空機格納庫内に邦人たちを脱出させる「退避統制所（ECC）」が設けられ、ここでは空自隊員と外務省職員が連携して邦人等の退避のための手続きを演練。

隊員たちは金属探知機などを使って輸送機に搭乗する前の身体や手荷物の保安検査に当たったほか、ゴーグルや手袋などを着用し、新型コロナの感染症対策も行った。搭乗者たちは、よりリアルな状況とするため、車いすに乗った人や杖を利用する人、検査中に体調不良となった人など、さまざまな状況が付与されて訓練は行われた。

集合した邦人等が保安検査を終え、搭乗するC130H輸送機の出発準備が整ったところで、陸自隊員がエプロン地区に駐機した同機まで邦人等を誘導。全員が乗り組み、C130Hが発進したところで訓練を終えた。

百里基地の航空機格納庫内に設けられた「退避統制所（ECC）」で輸送機への搭乗前、在外邦人等に注意事項を伝える空自隊員（右奥）

㊧邦人等を輸送する高機動車の準備を進める陸自隊員たち
㊤荷物の検査中、急に倒れた邦人を担架に乗せ、後送する隊員

暴徒たちを排除するため、軽装甲機動車の後方で非殺傷装備品の準備を行う陸自隊員たち


# コーサイ・サービスネットショップ

職域特別価格でご提供！詳細は下記ウェブサイトから!!　価格、送料等はWEBサイトでご確認ください。特別価格でご提供のため返品はご容赦願います。

ReFaの美容ローラーとPLOSIONハーバルケアシートマスクのセット販売開始!

① ReFa DOUBLE REY(Red)& PLOSION ハーバルケアシートマスクのセット 通常価格44,800円 約62%OFF 16,800円（税込・送料別）

各8包入り　通常価格12,000円（税抜）

② ReFa 4 CARAT& PLOSION ハーバルケアシートマスクセット 通常価格44,800円 約62%OFF 16,800円（税込・送料別）

③ ReFa CARAT RAY& PLOSION ハーバルケアシートマスクセット 通常価格42,680円 約53%OFF 19,800円（税込・送料別）

※商品の返品・交換はご容赦願います。ただし、お届け商品に内容相違、破損等があった場合は、商品到着後、1週間以内にご連絡ください。良品商品と交換対応致します。本紙掲載画像及びPC画面でみる画像の商品は画像を見る環境や印刷物のため、現物と多少異なる場合がございます。
※保証・サービスにはメーカー規定がございます詳細は保証書に記載しております。　保証書が必要になりますので大切に保管ください。商品改善の為に多少の仕様変更が発生する場合がございますのでご了承ください。

Hazuki

大きくみえる！話題のハズキルーペ!!

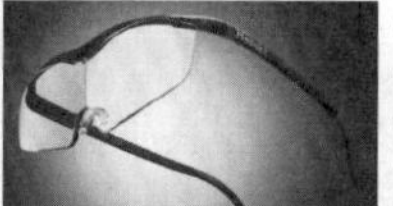

・豊富な倍率
・選べるカラー
・安心の日本製
・充実の保証サービス

職域限定特別価格 7,800円（税込）にてご提供させて頂きます

※商品の返品・交換はご容赦願います。ただし、お届け商品に内容相違、破損等があった場合には、商品到着後、1週間以内にご連絡ください。良品商品と交換いたします。

Colantotte

話題の磁器健康ギア！

【コラントッテ】特別斡旋!!

1　コラントッテ TAO ネックレス AURA（アウラ）プレミアムゴールド　価格はWEBで！

OAKLEY

オークリーサングラス特別斡旋

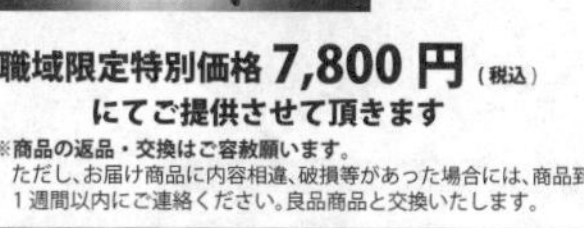

コーサイ・サービス株式会社

〒1600002 新宿区四谷坂町 12 番 20 号 KK ビル 4F　営業時間 9:00 ～ 17:00 ／定休日 土・日・祝日

https://www.ksi-service.co.jp/
得々情報ボックス　ID:teikei　PW:109109
TEL:03-3354-1350　担当：佐藤

お申込み

https://kosai.buyshop.jp/
（パスワード：kosai）

# 「団結し、勝ちにこだわれ」

## 7師団 戦車部隊一堂に
## 41個小隊 射撃技量競う

【7師団＝東千歳】陸自唯一の機甲師団である7師団は10月24日から11月1日まで、北海道大演習場島松地区で「師団戦車射撃競技会」を実施した。

競技会には道内の戦車部隊から総勢41個小隊（1個小隊4両）が出場。

開会式で統裁官の中村裕亮師団長は、「団結し、勝ちにこだわれ」「指揮系統による自らの安全管理を徹底せよ」の2点を要望した。

競技には遠隔誘導で動作する標的を使用し、小高い稜線からの射撃や複数の目標に対する行進射撃などで射撃技量を競った。

この結果、「90式戦車の部」では72戦連（北恵庭）が優勝し、このうち同連隊4中隊1小隊がベストプラトゥーン（小隊）に輝いた。

一方、「10式戦車の部」は71戦連（北千歳）3中隊が優勝し、同2小隊が最優秀小隊の表彰を受けた。

（左）戦車小隊の指揮を執る72戦連1中隊2小隊の女性小隊長、黒川慈3尉
（下）標的に向けて120ミリ主砲の躍進射撃を行う71戦連の10式戦車

訓練

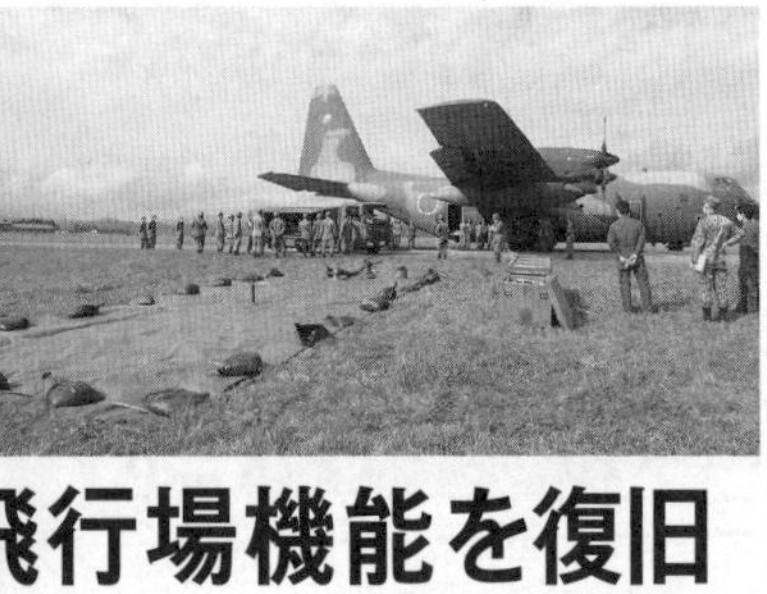

ブラダータンクからC130H輸送機に燃料を移送する（模擬）空自隊員（空自八雲分屯基地で）

## 空自支援集団 八雲分屯基地でCRT総合編組訓練
# 飛行場機能を復旧
## マルチスキル化へ55人集結
### 管制員や気象隊員も燃料給油

【支援集団＝府中】空自航空支援集団は9月29日から10月1日まで、大規模震災で被災した飛行場の機能復旧を目的とした「飛行場応急復旧隊（CRT）」の総合編組訓練を北海道の八雲分屯基地で実施した。

CRTは支援集団の既存の人員と装備で編組する臨時の部隊で、東日本大震災で被災した松島基地復旧などを教訓に、2017年から独自に訓練を行っている。八雲での実施は2回目。

CRTは救援物資などの空輸拠点となり得る飛行場の機能回復と、航空交通情報の提供、気象支援、端末地業務などの機能確保を任務としている。

訓練は指揮官の田中国敏2佐以下、府中、入間、小牧、市ヶ谷、千歳など各基地の隊員約55人が八雲に集結し、CRTを編組。

さらに自衛隊施設の早期復旧のための技術支援を行う内局や地方防衛局の「中央施設整備調査チーム（EREFORCE）」の8人も加わり、滑走路舗装の健全性の調査などを行った。

訓練は八雲分屯基地を「場外離着陸場の機能が喪失した飛行場」と想定し、滑走路機能の復旧、指揮所設営、衛星通信装置による指揮通信回線の構成、被害状況調査、警護などの各種任務に当たり、C130H輸送機への燃料移送など一連の作業を演練した。

今回、新たな取り組みとして、隊員のマルチスキル化に向けた訓練も実施。CRTは最低限の人員と装備で編成されるため、さまざまな特技が要求される。

燃料特技員の指導のもと行われたC130Hに対する燃料給油訓練では、ブラダータンクの展開や燃料ホースの接続を管制員や気象観測員も挑戦した。

また、警護訓練では警備特技の隊員が教官となり、武器の基本的操作や口頭による警告から警告射撃までの武器の段階的使用を全参加者が演練した。

期間中、支援集団司令官の金古真一空将と岩村克昭八雲町長も視察した。

移動式気象器材を展開し、気象データの収集を行う隊員たち

## 打倒FTC
### 3普連400人が野営

【3普連＝名寄】連隊は10月8日から16日まで、上富良野演習場で連隊野営を実施した。同訓練は富士トレーニングセンター（FTC）への遠征訓練に向けたもので、増強普通科中隊の陣地防御を練成するとともに、各中隊の砲迫射撃技量の向上を図った。約400人の隊員が参加し、増強4中隊が防御、2中隊が攻撃部隊として対戦した。

訓練後、大山徳太郎4中隊長は増強4中隊の隊員に対し「小隊からの意見を具体化すれば必ず勝てる」とFTC訓練に向け意気込みを語った。

81ミリ迫撃砲の実射を行う3普連の隊員

## 52普連
## 北演に即自85人参加

【52普連＝真駒内】連隊の196人（うち即応予備自85人）はこのほど、「北部方面隊総合戦闘力演習（02北演）」に参加し、その間、即応予備自招集訓練を実施した。

訓練では真駒内、東千歳駐屯地と安平、白老弾薬支処の警備を支援。それぞれ「重要施設防護の任務に当たり、常備と即自の隊員は協力して施設防護、人員・車両検問、不審者対処などの任務の練度を向上させた。

参加した即自隊員は、「毎年この訓練に参加することで、練度が上がっていくのが実感できる」と話していた。

重要施設の防護任務に当たる52普連の隊員

## 14旅団
## 南西諸島へ機動展開

【14旅団＝善通寺】14旅団は10月13日から21日まで、日本最西端にある沖縄・与那国駐屯地に向けた「機動展開訓練（中方）」を実施した。

訓練に先立ち、善通寺駐屯地で航空機への搭載卸下訓練を行い、万全の準備を整えた。

訓練では、ヘリ団（木更津）のCH47輸送ヘリに搭乗した部隊が、四国から与那国島まで空中機動展開を行い、じ後、与那国駐屯地で与那国沿岸監視隊との協同警備訓練などを行い、善通寺駐屯地に帰隊した。

14旅団は所望の成果を得て、南西諸島での各種事態への対処能力の向上を図ることができた。

CH47ヘリで与那国島に機動展開した14旅団の隊員

## 10即機連
## 攻撃能力向上目指す
### 情報・火力・機動を連携

【10即機連＝滝川】10即応機動連隊は10月12～18日、東千歳、上富良野演習場で連隊演習などを行った。

目的は、即機連の戦い方を確立して情報・火力・機動の連携強化を図り、運用の実効性を向上させること。同時に1中隊、機動戦闘車中隊、火力支援中隊、衛生小隊、通信小隊の訓練検閲も実施した。

統裁官の岡田豊10即機連長は①任務の完遂②指揮官企図の徹底と基本・基礎の確行③非戦闘損耗の絶無――を要望。新連隊歌を全隊員で歌い、士気を鼓舞した。

演習では、まず市街地戦闘訓練場で敵特殊部隊を撃滅させ、その後、然別演習場に移動し、集結地の行動や警戒部隊の駆逐など一連の行動を演練、独立的に行動する即機連の攻撃能力向上を図った。

引き続き上富良野演習場で16式機動戦闘車、81ミリ迫撃砲、狙撃銃などの射撃訓練を行い練度の向上を図った。

敵を駆逐するため突入する10即機連の16式機動戦闘車

## 不審者が上陸、治安出動
### 対馬警備隊の訓練検閲

【対馬】対馬警備隊は11月2～6日、下対馬一帯で普通科中隊と対戦車小隊の訓練検閲を行った。2日朝、「武装した数名の不審者が上陸し、治安出動命令が下令された」という想定で訓練を開始。統裁官の山口勝警備隊長は隊員に①自ら考えて行動せよ②敵を撃滅し生き残れ③安全管理――の3点を強く要望した。

普通科中隊の任務は、重要施設防護と機動巡察。施設内に中隊指揮所を開設し、警戒・監視、施設巡察、下対馬一帯の機動巡察を行った。

一方、対戦車小隊に対しては、沿岸に接近する不審船への警戒と監視の任務が与えられた。

5日朝、重要防護施設に対し、2方向から武装工作員による同時並行襲撃の事案が発生。これを受け、武装工作員の離脱位置を予想しての周辺の山狩りが開始された。午後には工作員の拠点が中対馬地区の島山島にあることが判明し、直ちに小銃小隊を派遣。唯一の道路を遮断して島山島に武装工作員を閉じ込め、警戒・監視と敵情解明に努めた。

6日早朝、普通科中隊の主力が索敵前進し、工作員と交戦、これを制圧した。島の端まで索敵した普通科中隊は残存する敵はいないと判断。島山島の安全化終了を警備隊長に報告した。

同じ頃、工作員の離脱用小型船舶を対戦車小隊が発見し、中距離多目的誘導弾で行動不能にした。隣接する小島にも敵の潜伏が予想されたため、補充と再編成に着手するところで状況を終えた。

不審船に向けて対舟艇ミサイルの発射態勢をとる対馬警備隊対戦車小隊

## 31普連が第4次野営
## 徒歩行進20キロから化学攻撃対処まで

【31普連＝武山】連隊は10月27～31日、東富士演習場で第4次連隊野営を実施した。

課目は「徒歩行進に引き続く連隊内第一線中隊および直轄小隊の行動」で、4・5中隊を基幹とする受閲部隊の戦闘前哨に1中隊を配置、対抗部隊の2・3中隊が陣地攻撃を担当した。

統裁官の川村恭也連隊長から①任務の完遂②厳正な武器管理③安全管理④健康管理――の4点を命じられた受閲部隊は28日に約20キロを徒歩行進して防御準備に移行。29日には離脱した戦闘前哨を収容掩護し、主要経路を閉塞、対抗部隊との接触線を維持した。

30日には対抗部隊が侵攻を始め、各中隊は敵機甲戦力を障害と連携した火力で阻止。防護マスクを装面した敵歩兵を視認すると「化学攻撃の兆候あり」と判断、直ちに警報を発令し、これに対処した＝写真。

## 40普連
## 不審者警備を演練
### 応急出動時に備え

【40普連＝小倉】連隊は10月26～28日、応急出動訓練を行った。

期間中、駐屯地内を偵察するため飛来したドローンへの対処や、不審者に対する警備行動など、一連の状況下で演練した。これにより連隊応急出動時の各種事態における問題点を明らかにし、隊員の対処能力を向上させた。

夜間、駐屯地に侵入した不審者を取り押さえる40普連隊員

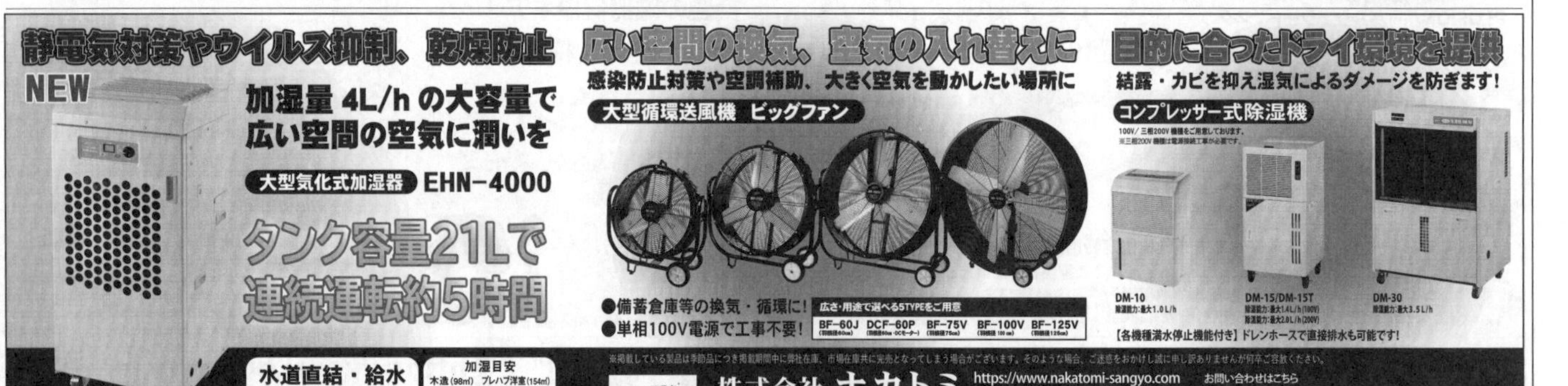
静電気対策やウイルス抑制、乾燥防止
NEW
加湿量 4L/h の大容量で広い空間の空気に潤いを
大型気化式加湿器 EHN-4000
タンク容量21Lで連続運転約5時間
水道直結・給水 どちらも使用できます
加湿目安 木造(98㎡) 56畳 プレハブ洋室(154㎡) 94畳
広い空間の換気、空気の入れ替えに
感染防止対策や空調補助、大きく空気を動かしたい場所に
大型循環送風機 ビッグファン
●備蓄倉庫等の換気・循環に!
●単相100V電源で工事不要!
広さ・用途で選べる5TYPEをご用意
BF-60J DCF-60P BF-75V BF-100V BF-125V
目的に合ったドライ環境を提供
結露・カビを抑え湿気によるダメージを防ぎます!
コンプレッサー式除湿機
DM-10
DM-15/DM-15T
DM-30
【各機種満水停止機能付き】ドレンホースで直接排水も可能です!
株式会社 ナカトミ
〒382-0800 長野県上高井郡高山村大字高井6445-2
https://www.nakatomi-sangyo.com
株式会社ナカトミ 検索
お問い合わせはこちら
TEL:026-245-3105 FAX:026-248-7101

# 家族会版

<連絡先>
〒162－0845 東京都新宿区市谷本村町5－1 公益社団法人 自衛隊家族会事務局
電話 03-3268-3111・内線 28863
直通 03-5227-2468

**私たちの信条**

【根本理念】
私たちは、隊員に最も身近な存在であることに誇りを持ち力をあわせて自衛隊を支えます

【心構え】
一、自らの国は　自ら守る防衛意識を高めます
一、自衛隊員の募集・就職援護及び家族支援に協力します
一、会員数を増大し　組織の活動力を高めます

## 家族会が「問い合わせ窓口」を設置
# 隊員の悩みを解決

自衛隊家族会（伊藤康成会長）は家族支援業務の一環として、会員や隊員家族を通じて隊員の悩み相談などを受け付ける「問い合わせ窓口」を設置し、隊員と家族をつないでいる。問題解決のために自衛隊ＯＢらで編成される「相談員」が親身になって対応に当たり、隊員の悩みやストレスの改善に貢献している。

## 自衛隊ＯＢら「相談員」が親身に対応

家族会「問い合わせ窓口」は、家族会員や隊員家族を対象とした「隊員や家族に関する相談」（分類Ⅰ）と、家族会員を対象とした「家族会の活動などに関する相談」（分類Ⅱ）の二つに分類される。問い合わせの内容により、家族会員で編成される「相談員」を紹介するほか、隊員に関する相談には、隊員の1親等までが利用できる防衛省の「ベネフィット・ステーション」を案内している。

家族会の相談員は、「隊員や家族」については宗像久男理事（主に陸自）、鍛冶雅和運営委員（主に海自）、古賀久夫理事（主に空自）、野中光男元理事が務め、「家族会の活動」については、宗像理事、野中元理事、風間敏榮事務局員が一つひとつの相談に誠意をもって対応している。

今年10月に開催された「定期総会」では上半期（4～9月）の成果が発表され、総件数21件のうち、隊員や家族に関する問い合わせが7割を占めた。

隊員の悩みは、主にハラスメントなどの職場の人間関係、コロナ禍によるストレスやうつ病に関する相談などが多く、いずれも深刻な内容だった。

自衛官ＯＢの相談員らは、現役時の経験を生かしてコーチングやアドバイスを行うとともに、関係する部隊や県家族会に通報して調査や改善を依頼。ケースによってはカウンセラーを紹介するなどそれぞれの問題を解決に導き、会員や隊員本人、関係部隊などから感謝の声も届いた。

一方、家族会の活動に関する問い合わせでは、県・地区の家族会長や事務局長が仲介して相談するケースが目立ち、会長らによる会員の心情把握の重要性を再確認するなどの成果も得られた。

家族会理事の宗像相談員は「隊員は、職場では言えない悩みを親に相談して家族で共有するケースが多い。会員はもちろんのこと、隊員本人も、家族会の『問い合わせ窓口』を利用してほしい」と話している。

◇家族会問い合わせ窓口＝電話03（5227）2468（平日午前9時から午後5時）、FAX03（5227）2473、メール jkazokukai@jkazokukai.or.jp（常時、返信は平日）、風間敏榮事務局員まで。

## 初訪問に興味深く見学
### 宮古島　陸空自衛隊施設を研修
宮古地区家族会

【沖縄】宮古地区自衛隊家族会の池村英三会長以下10人は11月22日、沖縄地本宮古島出張所の支援を受け、陸自宮古島駐屯地と空自宮古島分屯基地の「部隊研修」を行った。

宮古島駐屯地で佐藤慎二駐屯地司令に出迎えられた参加者たちは、駐屯地隊員から活動状況などについて説明を受けた後、施設や装備品を見学。参加者の多くは、2019年3月に開庁したばかりの同駐屯地の訪問は初めてで、興味深く隅から隅まで見て回り、生活関連施設について積極的に質問していた。

空自宮古島分屯基地では、53警戒隊副隊長の前田賢太朗3佐から基地の任務や特性について説明を受け、分屯基地内を研修。これまで訪れる機会がなかったレーダー地区も見学し、普段見ることのできない高台から望む島の風景に感動して歓声を上げていた。

研修参加者は、両司令と研修に携わった隊員一同に対して「新型コロナウイルス感染症の影響が心配される中で、このような部隊研修の機会を作っていただき、丁寧な対応に本当に感謝している」と話していた。

空自宮古島分屯基地を研修し、レーダーサイトを背に記念撮影に納まる宮古地区自衛隊家族会の会員たち（11月22日）

## 八甲田山雪中行軍の墓地清掃
### 青森市家族会　隊友会と協力で

【青森】青森市自衛隊家族会の成田光男会長以下17人は10月25日、明治35年1月の八甲田山雪中行軍で遭難した旧陸軍歩兵第5聯隊の英霊が眠る幸畑陸軍墓地の「清掃奉仕活動」を青森県隊友会東青支部の会員30人と共に行った。

成田会長と隊友会の外崎美智幸支部長は清掃開始前、「両団体は自衛隊を支援する団体として相互に協力することが多い。せっかくの機会なので和気あいあいと楽しく話をしながら実施しましょう」とあいさつ。

家族会と隊友会の両会員たちは、雨が降ったりやんだりの悪天候の中、集めた落葉が風で飛ぶ状況に苦戦しながらも竹箒や熊手を駆使して黙々と落ち葉をかき分け、協力し合いながら1時間程度で目標の範囲の清掃を終了した。

例年は作業終了後に苑内にシートを敷いて弁当で会食し、"英霊との会話"を楽しんでいたが、今回はコロナ感染症予防対策として会食は見送った。

会員は「コロナは我々会員と英霊のコミュニケーションまで奪ってしまい、とても残念」と話していた。

墓地清掃奉仕活動で、協力しながら清掃を行った青森市自衛隊家族会と青森県隊友会東青支部の会員たち（10月25日、青森市の八甲田山雪中行軍遭難資料館で）

## 地区協議会で情報交換
### 高田地域事務所の支援受け
家族会 高田地区

【新潟】新潟県自衛隊家族会高田地区（樋澤順仁会長）は11月28日、新潟地本高田地域事務所の支援を受け、同事務所で「地区協議会」を開催した。[illegible]

[illegible]

……が制限されて大変なことと思う。我々も自衛官を家族に持つ者として、自衛隊に協力するため、今後もこのような場を設け、情報を交換していきたい」と激励。

[illegible]……っていただきたい」と応えた。

[illegible]（高田地域事務所で）

## 各地で徒歩行進訓練を激励

## 7普連　新隊員が夜間に35キロ
### 配給支援でねぎらい
京都

【京都】福知山自衛隊家族会の古川[illegible]会長以下17人はこのほど、福知山市内の一般道で行われた陸自7普連の「新隊員特技課程35キロ夜間徒歩行進訓練」を配給で支援した。

家族会員たちは午後9時、京都地本福知山地域事務所職員、福知山駐屯地と[illegible]の三段池公園に共に[illegible]。行程の半分を歩いて汗だくになり、疲れが見え始めていた新隊員たちは「ありがとうございます」と照れながらも笑顔で応えていた。

会員たちは、一人の脱落者もなく訓練が無事終わることを願いながら、後半の行進に向かう隊員を見送った。

「35キロ夜間徒歩行進訓練」で、福知山自衛隊家族会からの激励を笑顔で受け取る7普連の新隊員たち

## 陸幹候校生が2夜3日かけて80キロ
### のぼりや旗を掲げ声援
佐賀

【佐賀】佐賀県内の自衛隊家族会はこのほど、佐賀地本佐賀募集案内所と武雄地域事務所の支援を受け、陸自幹部候補生学校が実施した「第101期一般幹部候補生課程（前段）総合訓練徒歩行進」を小城、武雄両市で家族会、防衛協会と共に激励した。

同訓練は、小城市から佐賀・長崎両県にまたがる大野原演習場までの80キロを2夜3日かけて行進する教育訓練の総仕上げとなる伝統行事。夕方になっても激しい暑さが残る状況の中、会員らは手作りののぼりや旗を掲げ、一斉に旗や手を振りながら「頑張れー！」などと声援を送った。候補生たちの中には、黙々と進みながらも表情をほころばせて応える姿も見られた。

会員は「この暑さの中、重い荷物を背負い大変だと思うが、身体に気を付けて最後までやり遂げてほしい」と語っていた。

80キロ徒歩行進を横断幕やのぼりを掲げて応援する佐賀県内の自衛隊家族会の会員たち（佐賀県武雄市で）

## 事務局だより

▽…「北方領土返還要求運動に係わる国会請願」を11月19日に行いました。100万の署名（うち家族会約20万）を前に、川又弘道本部運営委員（元中央即応集団司令官）が、鈴木宗男沖縄・北方問題特別委員会委員長、長峯誠外交防衛委員会委員長をはじめ、参議院各委員に対し力強く請願いたしました。

鈴木委員長から「家族会の皆さんが署名集めに一番一生懸命になってくれていることを承知しております」との発言がありました。

本年度はコロナ禍によるビザなし交流中止、日露交渉中断、ロシアの憲法改定・北方領土での軍事演習実施等により北方領土返還運動を取り巻く環境は厳しい状況となりましたが、引き続き返還要求の強い意志を表明していくことが大切です。家族会はこれまで以上に署名運動で貢献して参ります。

▽…「北方領土返還要求全国大会」を令和3年2月7日に渋谷公会堂で行います。今回は時間短縮、参加者数を限定し、ユーチューブで発信する予定です。

▽…毎年、各自衛隊地方協力本部長や陸・海・空自主要指揮官・教育部隊長へ、「隊員家族の入会促進」や「新隊員・入校者へ」の家族会入会意識調査」などへの協力についてお願いしています。

今年はコロナ禍で入隊・入校激励会における家族会説明・入会勧誘の大半が実施できませんでしたが、入隊・入校後に各地に所在する教育部隊等において家族会説明や入会意識調査等の機会を頂きました。

今年は各幹部候補生学校や陸自各混成団、海自各教育隊、空自各航空教育隊などの協力により約250名の入会希望情報を頂きました。

コロナ禍の中、教育部隊における入会意識調査は大変有効かつ有り難い協力でした。家族会が直接出向き説明すれば、新入隊員・入校者は家族会の理解がさらに容易になります。引き続き、教育部隊等とよく連携を図って参ります。

▽…『ディフェンスワールド21』が発刊されます。「隊員募集・援護」、「自衛隊広報」、「自衛隊を知りたい方の参考資料」、「自衛隊説明資料」「行事における記念品」などや「家族会員勧誘」で大変お役に立ちますので、奮って購読申し込みをお願い致します。

（家族会事務局）

災害等の備蓄用・贈答用として最適!!
新発売！
自衛隊バージョン
EMERGENCY BOX
7年保存防災セット
1人用/3日分
外務省在外大使館等も備蓄しています。
非常時に調理いらずですぐ食べられるレトルト食品とお水のセットです。
陸・海・空自衛隊のカッコイイ写真を使用した専用ボックスタイプの防災キット。
メーカー希望小売価格 5,130円（税込）
特別販売価格 4,680円（税込）【送料別】
【セット内容】
レトルト保存パン（北海道クリーム・チョコレート・ブルーベリー／各100g）　3食
レトルト食品 スプーン付（五目ごはん、カレーピラフ・コーンピラフ／各230g）　3食
7年保存クッキー（チーズ・ココナッツ味／各70g）　2食
長期保存水 EMERGENCY WATER（500ml／富士山 硬度0）　3本
米粉クッキー（プレーン味／58g）　1食
※セット内容イメージ
昭和55年創業 自衛隊OB会社 (株)タイユウ・サービス
TEL03-3266-0961 FAX03-3266-1983
mail:ts-gen@ac.auone-net.jp　ホームページ タイユウ・サービス 検索

2021年 自衛隊統合カレンダー
陸・海・空自衛隊のカッコいい写真を集めました！こだわりの写真です！
表紙
好評発売中！締切り間近!!

(2月) OH-6 と UH-1
(4月) F-15DJ アグレッサー戦闘機
(6月) そうりゅう型潜水艦
(7月) F-35 と F-2A 戦闘機
(8月) 203ミリ榴弾砲と155ミリ榴弾砲
(9月) 護衛艦の艦隊航行
●構成／表紙ともで 13 枚(カラー写真)
●大きさ／B3 判　タテ型
●定価：1部　1,500 円(税別)
●送料／実費ご負担ください
●各月の写真(12 枚)は、ホームページでご覧いただけます。
お申込み受付中！
ホームページ、ハガキ、TEL、FAX で当社へお早めにお申込みください。（お名前、〒、住所、部数、TEL）
一括注文も受付中！送料が割安になります。詳細は弊社までお問合せください。
昭和 55 年創業　自衛官 OB 会社　株式会社 タイユウ・サービス
〒162-0845　東京都新宿区市谷本村町 3 番 20 号 新盛堂ビル 7 階
TEL:03-3266-0961　FAX:03-3266-1983
ホームページ タイユウ・サービス 検索

# 募集・援護 特集

ただいま募集中！
◇自衛官候補生◇貸費学生（技術）
◇高工校生徒（一般）
★詳細は最寄りの自衛隊地方協力本部へ

# 各地でインターン

## 再就職でのミスマッチ防ぎ内定率向上

「今回インターン訪問した企業を再就職先の候補にしたい」――。定年を控えた隊員や任期制隊員を対象とした就職援護活動が本格化する中、各地本では企業の協力を得て、インターンシップの施策を進めている。隊員に希望業種の職場を見学させ、その実務を知ってもらうことで、内定率の向上と隊員・企業間の"ミスマッチ"を解消するのが目的だ。

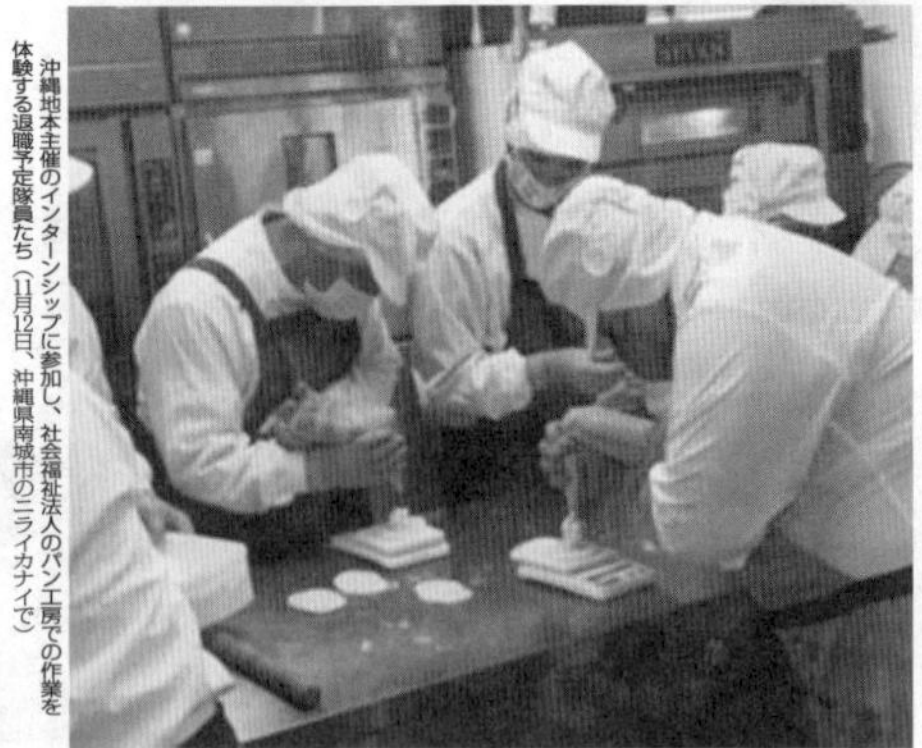
沖縄地本主催のインターンシップに参加し、社会福祉法人のパン工房での作業を体験する退職予定隊員たち（11月11日、沖縄県南城市のニライカナイで）

### 沖縄　「厳しさを痛感した」　退職3年以内隊員　4社訪れ民間の業務体験

【沖縄】地本は11月9日から同13日まで、沖縄県内で退職自衛官の採用実績がある沖縄バス、社会福祉法人ニライカナイ、沖縄西濃運輸、新糸満造船の協力を受け、「令和2年度インターンシップ（職業訓練）」を行った。

今回は4社の業務に関心を持つ定年退職3年前までの陸上自衛官11人が参加した。

沖縄バスでは営業所などでバスの点検業務、整備工場見学をはじめ、路線バスの見習い乗務などを、ニライカナイでは障がい者就労支援施設での施設利用者の送迎、農作物の植付け、パンの製造・袋詰めなどの仕事を体験した。

一方、沖縄西濃運輸では配送物のターミナル仕分け、乗務員配達助手・コンテナ作業などを、新糸満造船では、工場や構内での安全衛生業務などを体験し、それぞれの企業などの概要説明、自衛隊OBとの懇談が行われた。

開始当初は緊張していた参加隊員も、受け入れ企業の担当者から丁寧な説明、指導を受け、社員の働きぶりを目の当たりにし、「民間企業の厳しさを痛感した」「また、別の業種も体験したい」などと気持ちを新たにしていた。

企業側からは「現場の自衛官を迎え、社員の勉強になった」「受け入れる側としての課題を改善する機会になった」などの感想があった。

沖縄地本では、「今後も受入企業・業種の開拓に重点を置き、インターンを通じて退職予定隊員の再就職への不安の解消、ミスマッチによる早期離職を防止し、県内の企業に退職自衛官の有用性をアピールしていきたい」と話している。

### 香川　「業務の不安軽減できた」　定年退職予定の隊員

【香川】地本は11月16日から20日まで、香川県内の企業7社で定年退職予定の隊員に向けたインターンシップを行った。

今回は定年が近い隊員11人が参加。初日に企業訪問の目的や実施要領について講義を受け、2日目以降の4日間で、路線バス、建設リース、倉庫業などさまざまな企業で職業体験を行った。

インターンを終えた参加者は、「それぞれの企業の業務内容や職場の雰囲気を感じることができた」「専門の業務に対する不安が軽減できた」「今回の企業を再就職先の候補として考えたい」と早くも入社を検討する意見も聞かれた。

地本の担当者は「企業の協力に感謝し、次年度以降も今年の教訓を生かしてインターンシップのさらなる充実化を図り、全ての退職予定隊員に適職に就いてもらえるよう努力を続けていく」と語っていた。

## 合格者・入隊予定者を引率

### 松本駐で職種を説明　長野

【長野】地本は11月21、22の両日、松本駐屯地で自衛官候補生試験の合格者やその家族など約80人に対する駐屯地見学会を開催した。

見学会は合格者に入隊後の仕事をイメージしてもらう目的で行われ、一行は駐屯地所在部隊の普通科・施設科・機甲科・通信科・会計科・需品科の職場を訪れ、実際の装備品を前にして詳しい説明を受けた。

会計科では、事務室で隊員が会計業務について説明、隊員の給与支払いのしくみなどを紹介した。施設科では、昨年の台風19号での災害派遣で実際に使用した渡河ボートなどを見学してもらった。

参加者は「勤務する職場の目的や装備品を見ながらの説明はとても分かりやすかった」「勤務先での勤務の違いがよくわかった」といった声が聞かれた。

施設科の隊員から地雷探知機と渡河ボートの説明を受ける入隊予定者たち（11月21日、松本駐屯地で）

### 「すずつき」体験航海　長崎

【長崎】地本は11月14日、佐世保市で行われた海自護衛艦「すずつき」の体験航海に入隊予定者らを引率した。

佐世保港を出港した「すずつき」は、港内をゆっくり航行。この間、2人の入隊予定者は艦橋で航海の様子を見学した。

その後、甲板上では艦の操法展示や航海科員によるつぼ演奏などがあった。また、若者向けに制服や戦闘服、防火服などさまざまな服装を紹介するファッションショー「すずつき」も行われ、参加者は海自についての理解を深めていた。

体験航海を終えた合格者たちは「艦艇での仕事について知ることができた」「対応してくれた乗員の方々の雰囲気が伝わってきた」などと話していた。

護衛艦「すずつき」でファッションショーに参加した乗員と記念撮影する合格者たち（11月14日）

### 航空学生3次試験受験者に説明会　三重

【三重】地本は11月、空自航空学生3次試験受験者4人に対する説明会を行った。

今回の説明は、航空学生から自ら入隊したパイロットの3尉が受験時の体験や注意点などを話すと、受験者は身を乗り出して聞き入っていた。

受験者からは「試験は何を重視しているのか」「パイロットとして普段から気をつけていることは」などの質問があった。

受験者の一人は「実際に説明を聞き、気持ちが楽になった」と明るい表情で帰っていった。

### 自衛隊体操を大学生に伝授　山口

【山口】地本は11月30日、萩市の至誠館大学で地本リクルーターと広報官による自衛隊説明会を行った。

今回は大学の科目の一環として行われ、スポーツ健康福祉学部の1・2年生が参加。リクルーターを務める17普通科連隊（山口）の隊員が、自らの体験や陸上自衛隊の概要を説明。この後、広報官が自衛隊の採用試験について説明した。

また、大学側から「部活動に自衛隊体操を取り入れてみたい」という要望があり、隊員がお手本を示しながら学生たちも自衛隊体操を体験した。

大学生に対し自衛隊体操を実演して教える山口地本の広報官（手前）ら＝11月30日、萩市の至誠館大学で

### 防大や高工校をラジオで紹介　東京地本長がラジオに出演

【東京】地本長の牧野雄三陸将補は10月28日、中央区のラジオ局「中央エフエム」の番組に出演し、防衛大学校の学生の様子などを紹介した。

「中央エフエム」は同区唯一の地域コミュニティFM局。今回は牧野地本長が登場。

ラジオ番組に出演し、陸自入隊のきっかけなどを語る牧野東京地本長（右）＝10月28日、中央区の中央エフエムで

地本長は、入隊のきっかけを「陸上自衛官として不発弾処理に携わっていた父親の姿を見て、自分もと決意しました」と話し、陸自少年工科学校（現・高等工科学校）へ進学したエピソードを語った。

防大在学中には、長期休暇を利用して東南アジアを旅した思い出や、任官後も各国の元防大の留学生との交流が続いていることなどを紹介した。

パーソナリティーは「今まで知らなかった防衛大学校や高等工科学校のことがよくわかりました」と驚いていた。

### 等身大パネルで若者へ募集広報　山形

【山形】酒田地域事務所は、自衛官の顔出し等身大パネルを活用し、通行する若者への募集広報を行っている。

山形地本酒田地域事務所に展示されている自衛官の顔出し等身大パネル

酒田所の前にはショーウィンドウがあり、顔出し等身大パネルと地本のオリジナルポスター「鍛えているんじゃない、…えているんだ。」を窓際に設置することで通行人の注目を集めた。また、同パネル広報を山形地本のツイッターで紹介したところ、多くの「イイね」を獲得。酒田所は「今後も創意工夫を凝らした手法で募集活動を展開する」としている。

### プロサッカーの試合会場で広報　岩手

【岩手】地本は11月8日、北上総合運動公園で開催されたプロサッカー・J3リーグ「いわてグルージャ盛岡対ヴァンラーレ八戸」の試合会場で、募集広報を実施した。

コロナ禍で入場制限のある中、会場のメインスタンド前では海自大湊音楽隊の演奏が行われ、観客から拍手が送られた。

地本は入場ゲートの入り口に広報ブースを開設し、若者らに自衛隊グッズを配布。子供たちが制服を試着したほか、「将来、自衛隊を目指してみたい」と話す保護者も多く見られた。

### 宮城地本長に諏訪1陸佐

12月1日付の異動で宮城地本長に就任した諏訪1陸佐の略歴は次のとおり。

秘宝 裸弁財天
あらゆる災難を退き、福と富と成功をもたらす。
弁財天が呼び込む"あげまん効果"をいま、その手に。
七福神の一神として知られている弁財天。男性に福・富・成功をもたらす女性を「あげまん」と呼びますが、弁財天こそ究極無比の「あげまん」といえましょう。
2021年の吉祥祈願に是非お求めください。
お申込みは電話、FAX、ハガキで
03-3366-4799
03-3357-6793
株式会社ゲームズマン箱根倶楽部
秘宝［裸弁財天］38,500円
本体裏にも吉祥の仕掛けアリ!!

まもなく定年を迎える皆様へ
25％割引（団体割引）
隊友会団体総合生活保険
隊友会団体総合生活保険は、隊友会会員の皆様の福利厚生事業の一環として、ご案内しております。
現役の自衛隊員の方も退職されましたら、是非隊友会にご加入頂き、あわせて団体総合生活保険へのご加入をお勧めいたします。
公益社団法人　隊友会　事務局

| 傷害補償プランの特長 | ●1日の入通院でも傷害一時金払治療給付金1万円 |
|---|---|
| 医療・がん補償プランの特長 | ●満80歳までの新規の加入可能です。 |
| 介護補償プランの特長 | ●本人・家族が加入できます。●満84歳までの加入可能です。 |
| 無料※でサービスをご提供「メディカルアシスト」 | ●常駐の医師または看護師が緊急医療相談に24時間365日いつでも電話でお応えいたします。※一部、対象外のサービスがあります。 |

※上記は団体総合生活保険の概要を紹介したものです。ご加入にあたっては、必ず「重要事項説明書」をよくお読みください。ご不明な点等がある場合には、お問い合わせ先までご連絡ください。

引受保険会社
東京海上日動火災保険株式会社
担当課：公務第一部　公務第二課
TEL 03(3515)4124
資料請求・お問い合わせ先
取扱代理店　株式会社タイユウ・サービス
●隊友会役員が中心となり設立
●自衛官OB会社
〒162-0845 東京都新宿区市谷本村町3-20　新盛堂ビル7階
TEL 0120-600-230
FAX 03-3266-1983
http://taiyuu.co.jp
資料は、電話、FAX、ハガキ、ホームページのいずれかで、お気軽にご請求下さい。
20-TC05169　2020年10月作成

防衛省・自衛隊関連情報の最強データベース
朝雲アーカイブ
朝雲新聞社の会員制サイト
1年間コース：6,100円(税込)
6ヵ月間コース：4,070円(税込)
「朝雲」定期購読者(1年間)：3,050円(税込)
※「朝雲」購読者割引は「朝雲」の個人購読者で購読期間中の新規お申し込み、継続申し込みに限らせて頂きます。
※ID&パスワードの発行はご入金確認後、約5営業日を要します。
●ニュースアーカイブ　2006年以降の自衛隊関連主要ニュースを掲載
●訓練　陸海空自衛隊の国内外で行われる各種訓練の様子を紹介
●人事情報　防衛省発令、防衛装備庁発令などの人事情報リスト
●防衛技術　国内外の新兵器、装備品の最新開発関連情報
●フォトアーカイブ　黎明期からの防衛省・自衛隊の歴史を朝雲新聞社の秘蔵写真で振り返る
朝雲新聞社
〒160-0002 東京都新宿区四谷坂町12-20KKビル
TEL 03-3225-3841　FAX 03-3225-3831　http://www.asagumo-news.com

# 8県で相次ぎ鳥インフル

## 陸自5400人 24時間態勢

香川県の養鶏場で11月に確認された鳥インフルエンザが12月15日までに福岡、兵庫、宮崎、奈良、広島、和歌山、岡山の7県にも拡大。陸自は各県知事から鶏の殺処分などの支援に係る災害派遣要請を受け、後方支援要員を含む計約5400人の隊員が昼夜を分かたず全力で任務に当たった。

11月上旬以降、相次いで鳥インフルエンザが発生した香川県三豊市では、12月に入って再び陽性が判明したことから、14旅団（善通寺）は15即機連（同）を基幹とする約750人態勢で同2日から4日まで約36万7千羽に対処した。

福岡県宗像市では11月25日から27日まで、2高特団（飯塚）を基幹とする約330人態勢の災派部隊が、殺処分する鶏の捕獲、袋詰め、車両への運搬支援を行った。

宮崎県では43普連（都城）が12月2日に都農町で、同8日に都城市で、24普連（えびの）も同日、小林市で対応に当たり、計約13万2千羽を処分した。

一方、兵庫県淡路市では11月26日から28日まで、3特科隊（姫路）を基幹とする約350人態勢で約14万5千羽を処分。奈良県五條市でも7施群（大久保）基幹の約250人態勢で12月6、7の両日、約7万7千羽を処分した。

和歌山県紀の川市では、37普連（信太山）基幹の約400人態勢で同10、11の両日に約6万7千羽の処分に当たった。

さらに、広島県三原市では、46普連（海田市）と13後支隊（同）を基幹とする約200人態勢で12月7日から9日まで、約13万4千羽を殺処分。岡山県では同11日から14日まで、13特科隊（日本原）が約64万2千羽の殺処分とその収集・運搬作業を行った。

殺処分数は8県で約297万羽に上る見込みだ。

処分した鶏を鶏舎から連携して運び出す４施設団（大久保）基幹の隊員たち（12月６日、奈良県五條市で）

## 「しらせ」×人気アニメ「よりもい」コラボ

### ミニキャラ4人と南極へ

### 統幕SNSから活動発信

女子高生4人が「しらせ」に乗って南極へ?!――文部科学省の第62次南極地域観測事業を支援する海自の砕氷艦「しらせ」（艦長・竹内周作1佐以下乗員約180人）と人気アニメのコラボがSNSで話題になっている。

「しらせ」とコラボしたのは、南極を目指す女子高生の青春を描いたアニメ「宇宙よりも遠い場所」（2018年、TOKYO MXなどで放送）だ。タイトルの平仮名を抜きとった「よりもい」の愛称で知られ、若者を中心に人気を集めた。

現在、南極に向けて航海中の「しらせ」には主人公4人のミニキャラクターパネルが「同行」。今後は「しらせ」の活動内容をアニメのキャラと共に紹介し、統幕の公式SNSで発信していく予定だ。

統幕の担当者は「『しらせ』はもともと人気のある艦艇だが、SNSのコメントが通常の3～4倍に増え、さらに注目度が上がり南極への関心も高まっている。今回は南極で無寄港の航海で乗員のストレスも多いと思うが、我々が活動を発信して広く伝えることで乗員たちのモチベーションにつながれば」と話している。

南極への接岸を今月下旬に予定している「しらせ」。一方、「よりもい」は来年1月から再放送が予定されており、二つのコラボはこれからますます話題を呼びそうだ。

海自の砕氷艦「しらせ」に「同行」した人気アニメ「宇宙よりも遠い場所」のミニキャラに敬礼し、共に南極を目指す同艦の乗員（砕氷艦「しらせ」の艦上で）

## 空自連合准曹会 東京マラソン財団から感謝状

### 円滑な運営に貢献

空自連合准曹会は今年3月の東京マラソンに初めてボランティアとして参加し、大会の円滑な運営などに貢献した功績で11月27日、東京マラソン財団の伊藤静夫理事長からの感謝状を伝達された。

防衛省で行われた感謝状贈呈式では、同財団の理事長代理で出席した河野和久事務局長が、連合准曹会長の杉本孝哉准尉（空幕人計課）に感謝状を手渡した。

河野局長は、立会した空自准曹士先任の甲斐修准尉をはじめ、准曹会の隊員たちに対し、「（コロナ禍の）未曽有の事態の中、皆さまのお力添えで大会は無事に成功した」と謝意を表明。

杉本会長は「東京五輪に出場する選手が決まる重要な大会に貢献でき、誇りに思う。来年も参加させていただければ」とあいさつした。

東京マラソンは新型コロナ対策のため規模が縮小され、連合准曹会を含むボランティア1万3千人全員の参加がいったん中止に。しかし、その後、人員不足が見込まれたことから、個人でボランティアを行っていた作運隊（横田）の前田誠曹長に同財団が隊員の参加を再要請。これを受け、准曹会の94人が飯田橋地区と銀座並木通りで交通整理などに当たり、運営を支えた。

感謝状を受けた連合准曹会の隊員たち（右側）。前列中央左は河野局長、後列右端は杉本会長（11月27日、防衛省で）

## 海幹候校・前田候補生の卒論 国際専門誌に掲載

### サイバー分野で優秀研究賞

【海幹候校＝江田島】海自幹部候補生学校第1学生隊所属の前田龍星候補生（海曹長）の防衛大学校卒業論文が、情報セキュリティー分野で国際的に権威のある専門誌『Computers & Security』（エルゼビア発行）の11月号に掲載された。

前田候補生の卒業論文「深層強化学習によるPost-Exploitationの自動化」は、ハッカーが初期潜入に成功した後の目的を達成するために必要な情報収集を自動化する内容。

今年3月に情報処理学会がオンラインで開催した第88回コンピュータセキュリティ研究会（CSEC）学術シンポジウムで、同論文はサイバーセキュリティー技術と人工知能（AI）技術を攻撃側の視点に立って融合させた点が評価され、「CSEC優秀研究賞」を受賞している。

前田候補生は「論文をサイバー攻撃に関する研究の出発点の一つとして役立ててほしい。日本はサイバー分野が弱いので、学術的な部分や実践的な分野で自衛隊の先頭に立って頑張っていきたい」と今後の抱負を語った。

防大卒論がコンピュータセキュリティ研究会の優秀研究賞を受賞し、国際専門誌にも掲載された海自幹候校の前田龍星候補生

## 陸自初の「客員研究員制度」

### 教訓研本が国士舘大 中林准教授を招聘

【陸自教訓研本＝目黒】陸自教育訓練研究本部は10月27日、陸自初の制度として今年7月に新設した「客員研究員制度」に基づき、国士舘大学防災・救急救助総合研究所の中林啓修准教授（44）を第1号の客員研究員として招聘した。期間は令和4年3月末まで。

同制度は教訓研本の調査研究の充実を図るため、国内外の研究者等を受け入れる新たな取り組みで、同日、招聘状の交付式が行われた。

中林准教授は2010年3月に慶応大で博士号（政策・メディア）を取得後、沖縄県知事公室地域安全政策課主任研究員、公益財団法人ひょうご震災記念21世紀研究機構「人と防災未来センター」主任研究員などを経て、今年4月から現職。危機管理学、国際関係論、ガバナンス理論、非伝統的領域を含む安全保障研究を専門とし、教訓研本と国士舘大で民事に関する研究を行う予定だ。

交付式で本部長の田中重伸陸将は「教訓研本の客員研究員として、広く国際社会と我が国の平和と安定に資する幅広い貢献を期待している。有意義な研究となるよう積極的に協力する」と歓迎の言葉を述べた。

これに対し、中林准教授は「沖縄県知事公室で危機管理の研究員として勤務したことが、民事に関する研究を始めるきっかけとなった。自衛隊によし、日本社会全体によしのカウンターパートによる"三方よし"の研究をしたい」と抱負を語った。

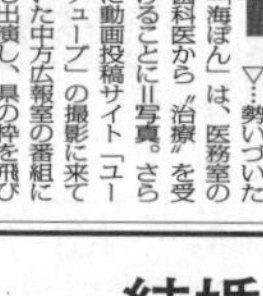

教訓研本の田中本部長（左）から招聘状を交付された中林准教授（10月27日、目黒駐屯地で）

## 富良野地方に美瑛支部設立

### 自衛隊協力会

【上富良野】富良野地方自衛隊協力会の美瑛支部の設立総会がこのほど、北海道美瑛町の同町町民センターで行われた。同地方協力会の支部、女性部の発足はそれぞれ5団体目。

設立総会で支部長の角和浩幸美瑛町長、女性部長の高田紀子氏は地域と駐屯地のつながりの重要性を述べた。德留貴弘駐屯地司令は支部設立に謝意を示すとともに、要望事項の「地域との共存共栄」を踏まえ、さらなる関係性強化への意欲を語った。

## こちら警務隊

### 飲酒関連犯罪③

### 抵抗できない人にキス それ、準強制わいせつ罪

泥酔した人にキスをしたら、犯罪ですか？

泥酔により正常な判断や抵抗ができない人に対してキスをすることは、刑法第178条の「準強制わいせつ罪」に当たり、6カ月以上10年以下の懲役になります。

また、意図的にお酒や睡眠薬等を飲ませて、正常な判断または抵抗できない状況を作り出すほか、マッサージの療法と誤診させたり、けがや病気で動けなかったりと、著しく抵抗が困難またはできない状態の人に対してわいせつな行為をすることも準強制わいせつ罪です。わいせつ行為は、キスだけでなく、抱きしめる、服を脱がす等も含まれます。

絶対にしてはいけません。

（東部方面警務隊）

## 小休止

▽…滋賀地本広報班長の渡辺史明1空尉とマスコットキャラの「海ぽん」は11月10日、大津駐屯地で地元のケーブルテレビ「ZTV」のCM撮影に臨んだ。

▽…撮影は職場で働く隊員に2人が質問する形で進行し、通信、会計、衛生の3職種を紹介。「海ぽん」は通信隊で隊長席に座り、会計隊でパソコン作業をするなど、お茶目な姿を見せた。

▽…勢いづいた「海ぽん」は、医務室の歯科医から"治療"を受けることに＝写真。さらに動画投稿サイト「ユーチューブ」の撮影に来ていた中方広報室の番組にも出演し、県の枠を飛び越えて世界デビューも果たした。（滋賀地本）

結婚式・退官時の記念撮影等に

自衛官の礼装貸衣裳

陸上・冬礼装　海上・冬礼装　航空・冬礼装

貸衣裳料金

・基本料金　礼装夏・冬一式　30,000円＋消費税
・貸出期間のうち、4日間は基本料金に含まれており、5日以降1日につき500円
・発送に要する費用

別途消費税がかかります。　※詳しくは、電話でお問合せ下さい。

お問合せ先

・六本木店
☎03-3479-3644（FAX）03-3479-5697
〔営業時間　10:00～19:00　日曜定休日〕
〔土・祝祭日　10:00～17:00〕

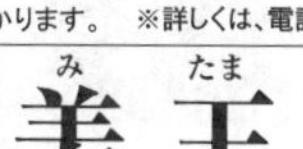

美玉（みたま）

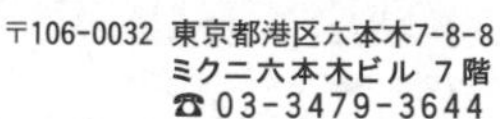

〒106-0032　東京都港区六本木7-8-8
ミクニ六本木ビル 7階
☎03-3479-3644

# インタビュー動画で誤解払拭

## 2海佐　加藤　淳子（海幕人事計画課募集推進室・市ケ谷）

海上幕僚監部人事計画課募集推進室は11月4日、海上自衛隊公式ツイッターアカウントで史上初となる「海幕勤務者のインタビュー動画」を公開した。本動画は11月13日にYouTubeの「海上自衛隊公式チャンネル」にも掲載されている。この動画の公開は、就職活動をされている方の一部に「海上自衛官は誰もが定年退職の日まで24時間365日、艦艇に勤務している」という根強い誤解があるとの認識の下、そのような誤解を払拭すべく、防衛事務官と海上自衛官がともにデスクワークをする海上幕僚監部の姿にスポットを当てたものだ。

動画作成に当たっては、人事計画課募集推進室の自衛官と事務官が一致団結し、企画から撮影、さらに編集までを独自に行った。特に作成の主担当である小林事務官（入省3年目の若手事務官）。小林事務官は「海上自衛官の仕事が艦艇勤務だけではなく、陸上勤務など非常に幅広い選択が可能だと理解してもらえれば。そして海上自衛隊への就職を考えている方々の参考になれば幸い」と語ってくれた。

募集推進室では今後も海幕内での紹介動画を作成していく予定だ。

# 海自公式ツイッターで初めて公開

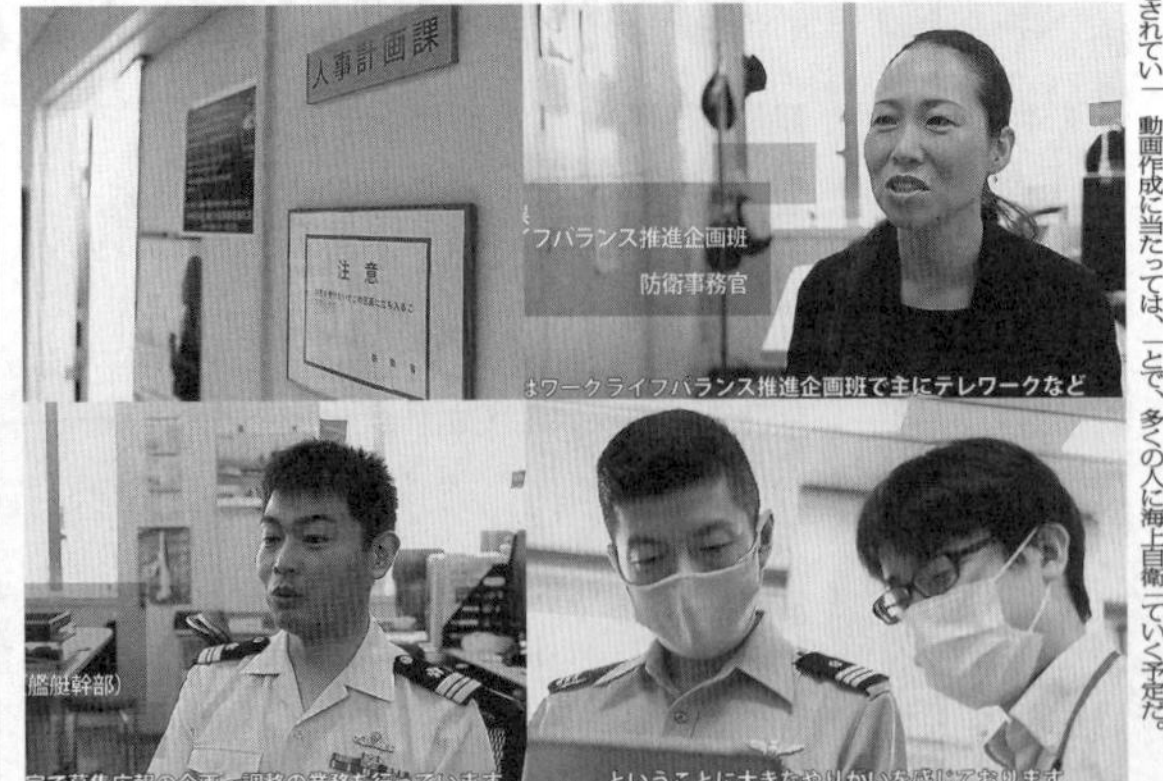
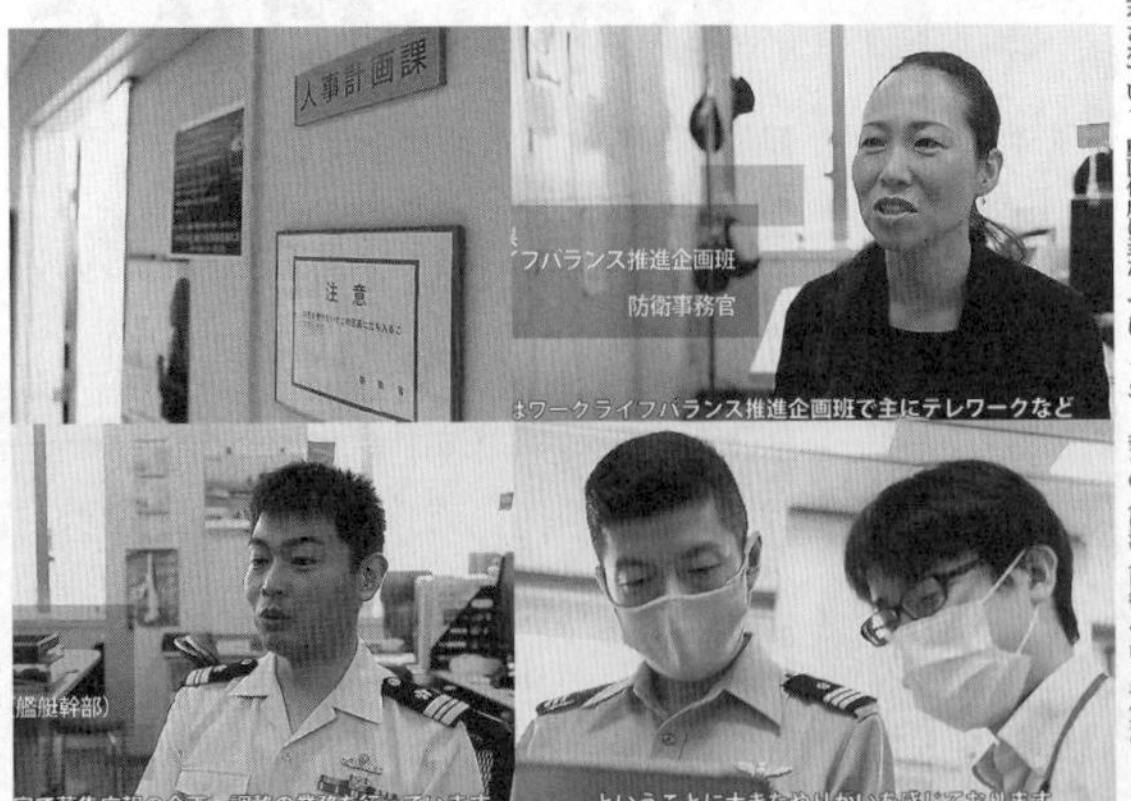


ネット上に公開されている「海幕勤務者のインタビュー動画」の各場面

# みんなのページ

## 下総航空基地で慰霊碑を清掃

### 海自OB　伊東　健一（下総水交会・事務幹事）

下総水交会（会長・河野美登）は11月1日、コロナ禍の中で千葉県隊友会沼南支部と共に海上自衛隊下総航空基地慰霊碑の清掃を実施した。

この清掃は慰霊顕彰事業として「下総航空基地殉職隊員追悼式」の数日前に毎年計画しているものであり、今年の参加者は26名。

今年の参加者は26名で、下総教育航空群司令部首席幕僚の糸瀬1佐、監理幕僚の稲市2佐、先任伍長の小山曹長も加わり、午前9時から雑草取りや落葉の除去を行った。

下総航空基地慰霊碑は昭和42年に建立され、飛行訓練中などに殉職された34柱の御霊が祀られている。慰霊碑清掃を通じて御霊への感謝と思いを一にして実施したものである。

手際の良い作業で午前10時半頃には清掃が終了した。その後、総員で自己紹介と近況報告を行った。下総水交会では慰霊碑の清掃作業を通じて、今後も活動を続けていきたいと考えている。

下総航空基地慰霊碑の清掃を行った下総水交会員と基地隊員

## 千里の道も一歩から

### 防衛大学校3年　高橋　彩夏

約8時間のバス移動で三重県にある久居駐屯地に到着しました。部隊実習が目的でした。防大学生ではあるものの、当初は部隊とはどういうものなのか、うまくやっていけるだろうか、という不安でいっぱいでした。

そんな中、まずは最初の約1週間、あいば野演習場で諸職種協同戦闘訓練に参加し、私たち2名の女子学生は本部管理中隊に配置され、後方支援の衛生小隊の方々と行動を共にしました。

演習で状況に入るのは今までの防大の訓練でも経験したことがなく、正直、何をすればよいのか分かりませんでした。それでも部隊の方々が車両の偽装の仕方や収容所の設営などを丁寧に教えて下さり、多くのことを学ぶことができました。

衛生小隊での状況は1夜2日で終了しましたが、2日目の午前中には対空用機関銃掩体を掘るという経験もでき、非常に充実した訓練となりました。

久居駐屯地で一番印象に残っているのは、やはり総合訓練です。状況を付与され、前進・攻撃命令を作成し、行進後に攻撃、そして野戦築城を行うという一連の状況下における訓練は初めてのことでした。

月齢によって夜間の戦闘行動のしやすさが変わること、敵を意識した攻撃・防御、物や人の掌握をすることの重要性、知れば知るほど自分たち学生の練度・知識不足が際立って見えました。

今回の部隊実習を通して、防大では学ぶことができないさまざまなことを学べました。私たち防大生は将来、自衛隊の幹部になります。幹部はリーダーであると同時に教育者でもあるため、この経験を生かし、これからも陸上自衛隊の知識を深め、精進していきます。

## 仲間の命救った合言葉「ABC」

### 3陸曹　堤　大地（12普連4中隊・国分）

12普連4中隊は9月8日から21日までの間、北富士演習場でFTC訓練（第8次運営）に参加し、白熱した戦闘を繰り広げた。訓練は実戦さながらの環境で行動するため、その時々の場所でさまざまなドラマが生まれた。その中で、私が行ったある行動により、味方の命を救った出来事があった。

私はFTC訓練出陣にあたり、仲間の前で決意表明をさせていただくことになった。そこで、中隊長の隊員への要望事項である「ABC（当たり前のことをぼんやりせずに　ちゃんとやる）」を、滝川クリステルさんの「お・も・て・な・し」の動作を交えて紹介した。

するとこの「ABC」は隊員たちの間で大好評となり、私はすれ違いざまに「ABC班長！」と呼ばれるほどになった。「ABC」は全隊員の頭の中にしっかりと刻まれた。

さて、FTCでの行動中、私の先輩が斥候として敵部隊への接近を試みていた最中のことである。先輩は主力が攻撃開始後も潜伏を続け、敵情を報告していたところ、前方に「彼我不明」の兵員を目撃した。敵なら排除しなければならない。だが、味方であれば同士討ちになってしまう。しかし、偽装していて識別は困難だった。そこで先輩の頭に思い浮かんだのが「ABC」だった。

とっさに先輩が大声で「ABC！」と叫んだところ、相手も「ABC！」と返事してきた。相手は味方だった。「ABC！」が仲間を救ったのである。

錯綜した戦場において、全隊員が共通して認識できる言葉は切迫した状況下においても機能し、同時に仲間の絆を強めてくれることが分かった。

私は今後とも、当たり前のことをぼんやりせず、ちゃんとやれるよう心がけていきたい。

## OBがんばる

川村　忠司さん　56
平成30年10月、14旅団司令部（善通寺）を最後に定年退職（2佐）。岡山市にある山陽電研に再就職し、現在、総務部長を務めている。

### 具体的な条件を示す

私は38年の自衛隊勤務を終え、無事退官しました。四国出身の私は、四国内での再就職を検討していましたが、退官約1年前、援護担当から「岡山県に条件に合致した企業さんがありますが、どうですか」との情報を受け、紹介されたのが山陽電研でした。

当社は配電盤や港湾クレーンの制御盤等を設計・製作している会社で、現在、私は総務部長として勤務しています。退職自衛官の採用は私が初めてということで、失敗できないというプレッシャーと、今後入社してくるかもしれない後輩のために頑張るしかないという覚悟をもって臨みました。

総務部長の仕事は大きく二つあり、一つは各種行事、広報、人事など総務全般の指揮監督、二つ目が経理業務の指揮監督です。そして社長から期待されているのが規律の維持と従業員に対する教育です。服装・態度から諸規則の厳守まで指導を行い、階層別教育も昨年末から開始しました。これらは自衛隊で培った知識と経験が大いに役立っています。

入社後は新工場の竣工やテレビ・ラジオCMの開始など、新規事業にも携わりました。そして自衛隊から31年度に1名、令和2年度に1名の退職任期制隊員が入社してくれました。

退職を予定されている皆さまへのアドバイスとしては、少なくとも1年半前までに「勤務地と給料どちらを優先するか」「自分は何ができ、何をしたいのか」「単身赴任でも構わないのか」など具体的な条件を正確に援護担当者に伝えてください。

再就職に向けた活動は、はっきりと意思表示を行い、当事者意識をもって努力してもらいたいと思います。そして再就職した際は、自信をもって勤務してください。

## 詰碁

第1249回出題

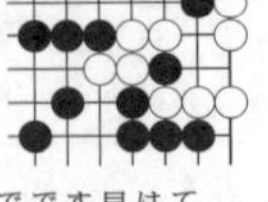

出題　日本棋院　九段　曲　励起

黒先　白を取ってください。黒は最初の三手目が大切です。5分でできれば中級です。

▶詰碁、詰将棋の出題は隔週です◀

## 詰将棋

出題　日本将棋連盟　九段　石田　和雄

≫第833回の解答≪

【正解】[illegible]

【解説】まず▲3二飛の俗手が打ちずらい。[illegible]

▲先手　持駒　飛桂

人は誤解を恐れる。だが本当に生きようとする者は、当然誤解される。
岡本　太郎（画家）

（世界の切手・インド）

朝雲ホームページ
www.asagumo-news.com
<会員制サイト>
Asagumo Archive
朝雲編集部メールアドレス
editorial@asagumo-news.com

## 新刊紹介

### 「中東政治入門」　末近　浩太著

石油や天然ガスなど、中東は日本にとって未だ資源問題を中心に語られる。しかし、自衛隊唯一の海外拠点ジブチに自衛官OBが大使で赴任するなど、近年は地政学上からも重要性が高まっている。その中東を政治学の観点から俯瞰するのが本書の特徴だ。

立命館大学教授の著者は、サウジとイランの対立、中東和平、イスラム国といった個別の問題には深く立ち入らない。その背景にある君主制、共和制、独裁制といった政治体制や19～20世紀の国家建設、政治と宗教、資源問題といった個別テーマとその議論について紹介する。

評者がカイロ・アメリカン大学で教えを受けたドイツ人教授やアメリカ人学長の論文なども引用され、中東政治学の最新の潮流が押さえられている。

各章も特定テーマのイントロとしての位置づけだ。本書を読み、興味あるテーマを見つけた読者は参考文献で更に独習を進められるよう配慮されている。

中東政治を学ぶ初心者にとって本書は最高のシラバス（講義要項）となっている。

（筑摩書房刊、1100円）　小林武史（国会議員秘書）

### 「機巧のテロリスト」　数多　久遠著

空自を退官後、小説家に転身した著者による軍事スリラーだ。北朝鮮の軍事攻撃を危機一髪で防ぐ自衛隊員の活躍が描かれる。

日本海を漂流するドラム缶の束が見つかり、これを巡視船が確認すると、中に脱北者が潜んでいた。聴取により一人は潜水艦発射型弾道ミサイル（SLBM）の開発に従事していたエンジニアだと分かり、そこから北が40発のSLBMを製造していたことが判明する。

しかし、北にはSLBMを搭載できる大型潜水艦はない。どのように発射しようというのか。情報本部の隊員たちが極秘情報を照らし合わせ、北の意図を分析する。そこで明らかになったのは、SLBMを海流に乗せて米国の沿岸に運び、そこからワシントンを狙うという奸計だった。

北は浮流機雷化したSLBMを貨物船に搭載し、すでに日本沿岸に派遣したとの情報が入った。これを阻止するため、海上自衛隊は艦艇、航空機、特別警備隊員を急派する…。スリリングな展開で、読みだしたら止まらないだろう。

（祥伝社刊、1870円）

隊員の皆様に好評の
# 『自衛隊援護協会発行図書』販売中

| 区分 | 図書名 | 改訂等 | 定価(円) | 隊員価格(円) |
|---|---|---|---|---|
| 援護 | 定年制自衛官の再就職必携 | ◎ | 1,300 | 1,200 |
| | 任期制自衛官の再就職必携 | | 1,300 | 1,200 |
| | 就職援護業務必携 | | 隊員限定 | 1,500 |
| | 退職予定自衛官の船員再就職必携 | | 720 | 720 |
| | 新・防災危機管理必携 | | 2,000 | 1,800 |
| 軍事 | 軍事和英辞典 | | 3,000 | 2,600 |
| | 軍事英和辞典 | | 3,000 | 2,600 |
| | 軍事略語英和辞典 | | 1,200 | 1,000 |
| | （上記3点セット） | | 6,500 | 5,500 |
| 教養 | 退職後直ちに役立つ労働・社会保険 | | 1,100 | 1,000 |
| | 再就職で自衛官のキャリアを生かすには | | 1,600 | 1,400 |
| | 自衛官のためのニューライフプラン | | 1,600 | 1,400 |
| | 初めての人のためのメンタルヘルス入門 | | 1,500 | 1,300 |

※　令和元年度「◎」の図書を改訂しました。

| | |
|---|---|
| 消費税 | 価格は、税込みです。 |
| 発送 | メール便、宅配便などで発送します。送料は無料です。 |
| 代金支払い方法 | 発送図書同封の振替払込用紙でお支払いください。払込手数料はご負担ください。 |

お申込みは「自衛隊援護協会」ホームページの
「書籍のご案内」から・・・スマホで今すぐ検索「自衛隊援護協会」
（http://www.engokyokai.jp/）

一般財団法人自衛隊援護協会
電話：03－5227－5400、5401　FAX：03－5227－5402　専用回線：8－6－28865、28866

よろこびがつなぐ世界へ
KIRIN
おいしいとこだけ搾ってる。
一番搾り
KIRIN'S PRIME BREW
KIRIN BEER
一番搾り
Brewed from only the first press of genuine malt for a crisp, delicious flavor.
〈麦芽100%〉
ALC.5%　生ビール
お酒
ストップ！20歳未満飲酒・飲酒運転。お酒は楽しく適量で。
妊娠中・授乳期の飲酒はやめましょう。のんだあとはリサイクル。
キリンビール株式会社

朝雲

発行所 朝雲新聞社
〒160-0002 東京都新宿区四谷坂町12-20 KKビル
電話 03(3225)3841
FAX 03(3225)3831
振替00190-4-17600番
定価一部170円、年間購読料9170円(税・送料込み)

NISSAY
自衛隊員のみなさまに安心をお届けします。
防衛省共済組合
団体生命保険・団体年金保険 事務幹事会社
団体医療保険(3大疾病オプション) 引受保険会社
日本生命保険相互会社

本号は10ページ



# 令和3年度予算案 防衛費5兆3422億円

## 宇宙・サイバー・電磁波に重点

政府は12月21日の閣議で、令和3(2021)年度予算案を決定した。一般会計の総額は前年度当初予算比3・8%増の106兆6097億円と9年連続で過去最大を更新した。このうち、防衛費は米軍再編関係経費やSACO(沖縄に関する特別行動委員会)関係経費などを含め、同0・5%増の5兆3422億円と9年連続で増加し、7年連続で過去最大規模となった。政府は来年1月に召集予定の通常国会に予算案を提出し、3月までの成立を目指す。

令和3年度は新たな大綱・中期防の3年度目として「多次元統合防衛力」の構築に向け、宇宙・サイバー・電磁波など新領域の能力強化を引き続き推進する。

宇宙分野では、空自に今年5月に発足した「宇宙作戦隊」を隷下部隊に持ち、指揮統制を担う「宇宙作戦群(仮称)」を府中基地に新編するほか、防衛装備庁事業監理官(情報・武器・車両担当)に「宇宙事業管理班(仮称)」を新設し、名称を「事業監理官(宇宙・地上装備担当)(仮称)」に変更する。

さらに、中国やロシアが開発を進める高速で複雑な動きが特徴の極超音速滑空兵器(HGV)を宇宙空間から多数の小型衛星を連携させて探知・追尾する「衛星コンステレーション(群)」と呼ばれるシステムの検討に着手する。

日本の衛星に衝突する危険性がある宇宙ごみ(スペースデブリ)や不審な衛星などを監視するため、令和8年度に打ち上げ予定の「宇宙状況監視(SSA)衛星」の設計や、SSA衛星の複数機の運用に関する検討も盛り込んだ。

サイバー分野では「自衛隊指揮通信システム隊」を廃止し、同隊と同じく統幕が管理する大臣直轄の共同部隊「自衛隊サイバー防衛隊(仮称)」を約540人規模で新編する。陸海空自の関連部隊から要員を移管し、サイバー防護機能の一元化に着手する。

これと並行して、部外教育機関による高度なスキルを持った隊員の育成や、高度な知見を有する民間人の採用も進めていく。

このほか、防衛産業に対する情報保全施策の推進に向け、防衛装備庁装備保全管理官に「産業サイバーセキュリティ室(仮称)」を新設する。

電磁波領域では陸自の朝霞駐屯地に本部機能を持つ「電子作戦隊(仮称)」を新編するほか、留萌、相浦、奄美、那覇の各駐屯地と知念分屯地の計5カ所に電子戦専門部隊を新設する。

また、ゲームチェンジャーになり得る技術研究の一環として、ドローンを含む将来の経空脅威に効率的に対処可能な高出力レーザーシステムに関し、車載による実証研究を初めて行う。

## 陸イージス代替艦の調査費計上

一方、これに先立つ12月18日の閣議で、政府が今年6月に配備を断念した陸上配備型ミサイル防衛システム「イージス・アショア」の代替案として、「海自が保持するイージス・システム搭載艦2隻の整備」が決まったことを受け、概算要求時には金額を明示しない「事項要求」だったイージス・アショアの代替措置関連経費として17億円を計上。艦の設計などの検討に関し、民間事業者から専門的・技術的支援を得る方針を示した。

合わせて、18日の閣議では「スタンドオフ防衛能力の強化」に向けて「12式地対艦誘導弾能力向上型の開発」が決まったことから、現在開発中の12式地対艦誘導弾(改)を長射程化し、多様なプラットフォームからの運用を前提とした「スタンドオフ・ミサイル」として開発する経費335億円も新規に盛り込まれた。

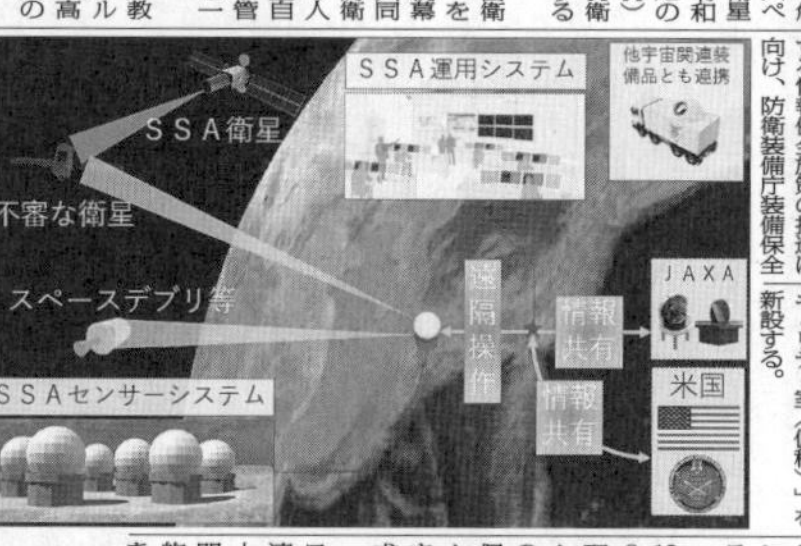


宇宙状況監視(SSA)の強化に向けたイメージ(防衛省の『令和3年度予算の概要』パンフレットから)

# 自衛隊高級幹部会同開く

## 菅首相、岸防衛相が訓示

自衛隊高級幹部会同で訓示する岸防衛相(中央)。後方右は中山副大臣、同左は松川政務官(12月16日、防衛省で)=防衛省提供

第54回「自衛隊高級幹部会同」が12月16日、防衛省と全国の基地・駐屯地などをオンラインで結んで開催された。

新型コロナウイルスの影響で初のテレビ会議形式となった今年は、岸防衛相、中山副大臣、大西、松川両政務官、島田事務次官、武田防衛装備庁長官、山崎統、湯浅陸、山村海、井筒空の各幕僚長らが防衛省から参加。このほか、3自衛隊の将官の幹部約60人が各所在地からリモート参加した。

自衛隊最高指揮官の菅首相は事前に収録したビデオで、リーダーとして、①小さなことをチェックすること②一歩先を考えて全て[illegible]で問題を解決する——ことの重要性を強調。[illegible]

続いて訓示した岸防衛相は、防衛力の中核を支える隊員一人一人が心身ともに健全な状態で高い士気を保ち、その能力を十分に発揮できるよう、「働き方改革」を推進し、仕事と家庭の両立支援や長時間労働の是正に取り組んでいく方針を表明。

その一環として「男性隊員の家庭生活への参画」を呼び掛け、「幹部諸官は『男が育休を取るなんて』といった古臭い考えを改め、男女問わず育児休業の取得をさらに推進し、防衛省・自衛隊、さらには日本社会の価値観を率先して変えていきましょう」と訴えた。

# 空幕長 インド軍首脳と会談

## デリーを訪れ、防衛協力強化

インド空軍参謀本部を訪れ、同軍の儀仗隊を巡閲する井筒空幕長(中央)=12月10日、インド・デリーで

井筒空幕長は12月9日から11日までインドを公式訪問し、印空軍参謀長のシン・バーダウリア大将と会談した。

空幕長は9日にデリーに到着し、10日に国防省とインド空軍参謀本部を訪問。日印空軍種のトップ会談では、ウィズコロナ期でも日印両部隊の関係強化に向け、引き続き防衛協力・交流を推進していくことで一致した。

滞在中、空幕長はラジナート・シン国防相、軍参謀長のビピン・ラワット陸軍大将とも会談し、インド軍との相互理解と信頼関係を深めた。

# F4が運用終了

航空総隊でのF4EJファントム戦闘機(中央)の運用終了で帽子を投げて、別れを惜しむ301飛行隊の隊員たち(12月14日、百里基地で)

空自百里基地で最後までF4EJ戦闘機を運用してきた第301飛行隊が三沢基地に移駐し、F35Aステルス戦闘機に機種更新するのを前に、7空団(百里)は12月14日、同飛行隊の移動行事を行った。

行事には、7空団司令の石村尚久将補以下約420人が出席。最初に301飛行隊長の岩木三四郎2佐が石村司令に部隊の3空団(三沢)への移動を申告、隊旗が返還された。この後、航空総隊司令官の内倉浩昭空将から301飛行隊に贈られた3級賞状の紹介が行われ、引き続き記念撮影などを実施した。

半世紀にわたるF4ファントムの運用を無事に終えたことについて石村司令は「301飛行隊がF4部隊のしんがりとして、無事その大任を果たしてくれたことに感謝している。飛行隊の諸官には、隊の指針である『見敵必戦、創意開発』を胸に新たな地でのさらなる飛躍を期待している」と基地HP上で隊員を激励。内倉総隊司令官も「最後まで結束して任務を全うしたF4ファントム・ライダーとファントム・キーパーに心からの感謝と敬意を表する。応援してくださった全国の皆さまにお礼申し上げる」と記した。

301飛行隊は翌15日、三沢基地に移駐して3空団に隷属替えとなり、F35Aステルス戦闘機に機種を更新した。

# 旭川市の医療支援終了

## コロナで看護官ら10人災派

新型コロナウイルスの感染拡大による医療体制の逼迫を受け、12月8日から2週間の予定で北海道旭川市内の医療機関などで医療支援に当たった陸自北部方面隊(札幌)の看護官等10人が21日、災害派遣活動を終了した。

同日午後7時、北海道の鈴木直道知事から北方総監の前田忠男陸将に撤収要請が出され、[illegible]

陸自の看護官らは、看護官1人と准看護師4人の5人から成る医療支援チームを2チーム組んで、それぞれ同市内の「慶友会吉田病院」と障害者施設「療育園」に派遣され、医師の診療補助や検温、血圧測定、入院患者の看護などを行ってきた。

一方、大阪府では12月11日に吉村洋文知事からの災害派遣要請を受け、調整を経て14日に中方総監の野澤真陸将が災害派遣命令を発出。集中治療室(ICU)に対応できる高度なスキルを持った防衛医科大学校(所沢)所属の陸自看護官1人を含む中部方面隊(伊丹)の看護官等7人が16日から28日までの予定で、大阪コロナ重症センター(大阪市)と府立中河内救命救急センター(東大阪市)で医療支援活動を行っている。

22日現在、大阪コロナ重症センターでは、防医大の看護官1人がICUでの勤務に就いているほか、准看護師2人がバイタルサインの測定や食事介助などの看護補助業務に従事。

府立中河内救命救急センターでは、看護官1人が准看護師の監督や病院スタッフとの調整などを行い、准看護師3人が看護補助業務に当たっている。

# 海幕長、海幕副長 新型コロナ感染

海自は12月22日、山村浩海幕長と西成人海幕副長が新型コロナウイルスに感染したと公表した。

両者は無症状だったものの、コロナ陽性者の濃厚接触者と接点があったため21日、自主的にPCR検査を受検、同日に陽性反応が確認された。現在は自宅からテレワークで業務を実施しており、海自は「業務に与える影響は極めて少ない」としている。

# 春夏秋冬

## 平和を望むならば戦争に備えよ

村井 友秀

世界政府がなく強制力がある裁判制度もない現在の国際関係は、国家間の①外交交渉すなわち説得と非難、②武力による威嚇と経済制裁、③小さな局地戦争、④大規模な全面戦争——によって動いている。

国家間の問題を解決するためには、①外交交渉が最もコストが低く望ましい解決方法であるが強制力がない。外交交渉に強制力を持たせるためには、説得に同意しなければ②へ、更に③から④へと対決をレベルアップすると相手を威嚇することになる。要するに外交交渉に勝利するためには、全面戦争になれば相手は必ず負ける(双方が共倒れになる場合も含む)ことを証明しなければならない。また、もし、外交交渉の相手が戦争できない国ならば、こちらの提案に同意しなければ戦争すると相手を威嚇すれば相手は提案に同意せざるを得ない。結局、戦争に勝つ方が外交でも勝つのである。

したがって、国家間の問題を①外交交渉で解決したいのならば、②、③、④の全てのレベルで相手よりも優位に立っていなければならない。戦争を避けるためには、戦争すれば耐え難い損害を被ることを相手に納得させることである。世界には多様な文化があるが、恐怖は利益よりも相手を動かす世界共通の言語である。

日本の周辺を見ると、独裁国家である中国の国内政治は、政府が国民を説得するのではなく国民に政府への支持を強制することによって動いている。したがって、中国政府は①説得よりも、強制すなわち②武力による威嚇と経済制裁、③小さな局地戦争、が得意であり、外国との紛争を説得ではなく強制によって解決しようとする傾向がある。

中国より強力な軍事力と経済力を持つ米国に強制は通用せず、②、③、④の対応が中国に破滅的な結果をもたらすことを中国は十分認識している。米国に対しては已むを得ず外交交渉を望んでいるが、中国より軍事力や経済力が弱い国に対しては得意な強制を前面に出して圧力をかけてくるだろう。

周辺諸国が、中国の強制に屈したくなければ、②、③、④の各レベルで中国と同等以上の力を持ち、①を選択することが中国にとって有利になる状況をつくらなければならない。

(防大名誉教授、東京国際大学特命教授)

## お知らせ

本紙12月31日付は休刊とし、1月7日付(3435号)から通常通りの発行となります。ご了承ください。

朝雲新聞社

## 朝雲寸言

決断は思うより難しいものである。その決断に組織の命運や人命がかかっている場合はなおさらである▼組織のリーダーの決断が遅いように見えるのは決断の正しさを追求するからではない。一度決断したことを変更する場合の影響とリスクを考えるからである▼孫子は「兵は拙速を聞く」と言った。決断は早い方が良いと解釈するのは誤解である。その後に続く「未だ巧久を睹ざるなり」と併せ考えると、戦いが長引くことを戒めているのであって指揮官の周到な判断を軽んじているわけではないことが分かる▼地震や火山噴火など突発的な災害においてリーダーが素早く決断できるのは、そのための計画・準備と訓練が日頃から行われているからである。不幸にして不十分な情報で下された決断が間違うこともある。間違えたならやり直せばよいではないかという意見はもっともだと思う。しかし、大きな組織になればなるほど方向変換は容易ではないのだ▼リーダーは常に自分の決断を反芻している。決断に至った状況判断を振り返り自問自答するためである。指揮官の苦悩を理解せずにその決断を非難することはできないと思う▼新型コロナウイルス感染症の拡大が止まらない。北海道・大阪で地域の医療を支援するための災害派遣が開始された。政府はGoToトラベルの一時停止を発表した。令和2年の世相を表す「今年の漢字」が「密」に決まった。

4成分選択可能 複合ガス検知器 Honeywell
搭載可能センサー LEL/O2/CO/H2S/SO2/HCN/NH3/PH3/CL2/NO2
篠原電機株式会社
https://www.shinohara-elec.co.jp/
TEL: 06-6358-2657 FAX: 06-6358-2351

防衛省職員および退職者の皆様へ
防衛省団体扱自動車保険・火災保険のご案内
【引受保険会社】東京海上日動火災保険株式会社
防衛省団体扱自動車保険契約は一般契約に比べて 約19%割安
防衛省団体扱火災保険契約は一般契約に比べて 約15%割安
お問い合わせは 取扱代理店 株式会社 タイユウ・サービス
フリーダイヤル 0120-600-230
電話 03-3266-0679 FAX 03-3266-1983
〒162-0845 東京都新宿区市谷本村町3番20号 新盛堂ビル7階

12月11日発売開始! 陸上自衛隊 新文書実務 《新訂第10次改訂版》 共済組合販価 1,980円
好評発売中! 陸上自衛官 服務小六法 《令和2年版》 共済組合販価 2,370円
検査・点検に必須! 陸上自衛隊 補給管理小六法 《令和2年版》 共済組合販価 2,180円
好評発売中! 自衛官 国際法小六法 《平成30年版》 共済組合販価 2,190円
国際軍事略語辞典 《第2版》英和・和英 共済組合販価 1,200円
学陽書房 〒102-0072 東京都千代田区飯田橋1-9-3 TEL.03-3261-1111 FAX.03-5211-3300
(共済組合販価は消費税10%込みです。)☆ご注文は 有利な共済組合支部 へ

# 時の焦点

## 国内

### 来年度予算案

# 国民の安心につなげたい

新型コロナウイルス感染拡大という危機の中での編成である。巨額の予算を有効に活用し、国民の安心につなげることが欠かせない。

政府が2021年度予算案を閣議決定した。一般会計の総額は20年度当初比3・8%増の106兆6097億円で、過去最大の規模となった。100兆円を超えるのは3年連続である。

菅首相にとっては、就任後、初めての当初予算だ。首相は「国民の命と暮らしを守る」と繰り返し強調している。感染症対策と経済再生を両立させるために、今は財政支出を惜しむべきではあるまい。

コロナ対策では、保健所や国立感染症研究所の体制強化を盛り込んだ。さらに予備費として5兆円を計上し、緊急時に備える。

厳しい財政状況の下で、歴代政権はこれまで、保健所をはじめ様々な公的機関の「リストラ」に取り組んできた。「官」の肥大化を是正するのは当然だが、その分、危機に対して脆弱となったのは否めない。

コロナ感染初期には、保健所の人手不足で検査や病院との調整が滞った。秋以降に感染者数が急増すると、病床はあっても医師や看護師が足りずに医療が逼迫するという事態に陥った。

自衛隊はその筆頭だが、病院や保健所も国民の命を守る最前線であり、危機においてマンパワーがカギを握る局面があろう。平時の効率を優先するだけではなく、不測の事態にも対処できる体制をつくっておきたい。

社会保障費や公共事業費が微増にとどまる中にあって、防衛費が5兆3235億円と過去最大の規模を確保したことは、危機に対処するという観点から評価できよう。

今回の予算案は、20年度第3次補正予算案と一体的な「15カ月予算」として編成された。3次補正は、15兆4271億円に上る。

病床確保などのための緊急包括支援交付金や、「経済構造の転換・好循環の実現」といった緊急の対策は、3次補正に盛り込まれている。

20年度当初予算は編成時にコロナ流行を織り込んでおらず、3次にわたる補正の結果、一般会計の総額は約176兆円に達した。

重要なのは、こうした巨額の予算を、効果的かつ迅速に執行することである。

20年度予算では、1次補正で1人一律10万円の特別定額給付金を盛り込んだが、実際に支給されるまで混乱が続いた。医療機関向けの交付金は、いまだに病院などに届いていない予算が多く残っているという。

21年度の新規国債発行額は11年ぶりに増え、43兆円を上回る。

緊急時としてやむを得ない借金だが、いつまでも継続できるものではない。早期に経済を再生させ、国債発行を減らしていかねばならない。そのためにもまず、コロナ禍を乗り切ることに全力を注ぐ必要がある。

宮原 三郎(政治評論家)

## 海外

### 中国の対米工作

# 国家安保の「危機」認識

12月7日の米FOX－TVの報道番組「タッカー・カールソン・トゥナイト」で、アンカーで評論家のカールソンが視聴者に語り掛けた。

「トランプ氏が2016年に大統領に当選して以降、国民はロシアが米国に対する脅威のトップだと聞かされてきた。ロシアは政府に浸透し、民主主義を脅かし、経済破壊の工作を続けている。そんな主張はもちろん嘘だったし、今は国民も知っている。ロシアには米政府を支配する力も資金もなく、それを試みた証拠もない」

「実際の話、米政府、実業界のリーダーたちは、米国崩壊を狙うある外国勢力に譲歩・屈服してきた。『ロシア！』と叫んだ人々の多くが、自分たちの非難と同じことをしていた。彼らは米国の主要ライバル・中国政府のために活動している」

彼の長いモノローグには〝先駆け〟があった。ラトクリフ国家情報長官(DNI)が3日、『ウォール・ストリート・ジャーナル』紙に寄稿した「中国は国家安全保障の脅威ナンバーワン」と題するオピニオンだ。

それによると、①中国は今年、米議会の議員、補佐官ら数十人に影響力工作を行った②ハーバード大化学部の主任教授は今年逮捕されるまで、情報提供の見返りに毎月5万ドルを中国共産党から受け取っていた——など。

タッカーの番組の翌8日、衝撃的なニュースが伝えられた。クリスティン・ファンという中国の女スパイが15年以来、多数の政治家と極めて親しい間柄になり、事態の深刻さを懸念した連邦捜査局(FBI)が「介入」して、それ以上の進展を阻止したという。

ラトクリフ長官の寄稿にあった①の実例だが、FBIはその女スパイに〝籠絡〟された一人、スワルウェル下院議員(民主・カリフォルニア州)に事実関係のブリーフィングまでした。

かつてはロサンゼルスのフェミニズムの闘士で、現在は保守派の評論家として活動するタミー・ブルースは8日、このニュースに怒った。

「FBIは同議員がスパイの手によって中国側に陥落したことを知っていた。にもかかわらず、嘘と知っていたトランプ氏の『ロシア疑惑』を同議員に4年間も追及させたとは！」

同議員のケースは典型例の一つで、連邦議会で大統領を追及の一方、地元では選挙運動、資金集めで中国に依存。当然、同議員は中国が望むメッセージを発し続けた。「中国は脅威ではない。ロシアに目を向けよ」

同州では彼だけではない印象もある。自家用車の運転手が中国スパイだったファインスタイン上院議員(民主)、コロナウイルス騒ぎの初期、サンフランシスコのチャイナタウンに出掛けて「ここは安全」と宣言したペロシ下院議長(同)。あの時期、中国が最も欲しかった発言だった。

グレネル元DNI代行が12日の会見で、的を射た発言をした。「ロシアは問題。中国は危機」。

草野 徹(外交評論家)

# 部外功労者に感謝状

## 陸海空幕長から58団体・69個人に

防衛基盤の育成や就職援護、教育、福利厚生などで功績のあった部外の団体・個人を表彰する、令和2年度「陸・海・空各幕僚長感謝状」の受賞者がこのほど決まった。陸は11月1日付で35団体、42個人、海は11月1日付で9団体・10個人、空は11月20日付で14団体・17個人が受賞した。例年行われている贈呈式は、新型コロナウイルス感染症の影響で中止され、感謝状は郵送や部隊等を通じて個別に贈られる。受賞団体・個人は次の通り。(敬称略)

【陸自】

〈一般功労〉

◇団体＝▽愛媛・自衛隊国際貢献等支援連合会▽川崎近海汽船▽清交社芝蘭会

◇個人＝▽青木誠(北千歳駐屯地OB会理事)▽在原まさ子(木更津ボリューム会相談役)▽安藤富夫(岩見沢市自衛隊協力会副会長)▽出田節子(西部方面総監部後援会副会長)▽岩男秀彦(第51普通科連隊後援会うるま会副会長)▽岩崎朋彌(札幌地方隊友会理事)▽宇都宮昭成(幹部候補生学校茶道講師)▽浦田正(長崎県自衛隊家族会会長)▽江口栄(対馬防衛協会会長)▽岡枝渡子(東部方面隊東桜会副会長)▽柿沼朝雄(ビー・アイ・テック技術部長)▽金子俊良(第1師団懇話会名誉会長)▽河合秀子(富山駐屯地協力会常任理事)▽菊地耕三(西郷村自衛隊協力会相談役)▽後藤昇弘(九州大学名誉教授)▽佐々木修一(自衛隊協力会遠紋地区連合会会長)▽佐藤知美(北部方面総監部後援会N・ブリーズ事務局長)▽宍賀浩光(霞ケ浦自衛隊協力会会長)▽渋谷勲(東青地区自衛隊第5普通科連隊協力会特別会員)▽杉本康雄(青森県防衛協会会長)▽関根正明(妙高高原自衛隊協力会監事)▽高田知(静岡県防衛協会副会長兼東部支部長)▽高橋英一(出雲駐屯地を知る会会長)▽瀧澤禮子(北見市自衛隊女性協力会会長)▽武徳弘(山北町自衛隊協力会会長)▽田中須美子(女性による自衛隊協力会「花ももの会」名誉会長)▽對馬敦夫(前家族会東北地域協議会会長)▽戸田至(鳥取県防衛協会西部青年部会特別顧問)▽友井清豊(第42即応機動連隊後援会理事)▽並木桂子(わかばと会賛助会員)▽板東舜一(ビー・アイ・テック社長)▽船山克也(宮城県防衛協会常任幹事)▽堀崎萱二(伊勢ボリューム会顧問)▽松本光史(東部方面懇話会幹事)▽松山恒男(日立市勝田自衛隊協力会会長)▽松山典夫(船橋市自衛隊協力会常任理事)▽宮田勇(自衛隊沖縄地方協力本部後援会会長)▽三好富士夫(南幌町自衛隊協力会会長)▽山田周伸(宮城県防衛協会常任幹事)▽山本光勇(八尾自衛隊協力会顧問)▽吉永富二夫(八代市自衛隊協力会会長)▽以下、1名は受賞者の希望により不開示

〈就職援護功労〉

◇団体＝▽朝日警備保障▽ALSOK香川▽パブリックサービス▽北陸地域づくり協会▽久幸会▽都築第一学園▽ノートルダム清心女子大学

▽IHIエアロスペース▽伊藤組▽岩手銀行▽学陽書房▽川口技研▽キューネット▽クリタス遠軽事業所▽埼玉りそな銀行▽ジェイアール西日本総合ビルサービス金沢支店▽ジョイント・システムズ・サービス▽セノン福島支社▽玉川組▽でん六▽北陸銀行▽ホリゾン▽よこまち▽九築工業▽大北土建工業▽東北三八五流通▽トヨタ自動車九州▽日本赤十字社熊本健康管理センター▽函館バス商会▽北都板金工業▽三井住友海上火災保険▽長崎グランドエアサービス

【海自】

〈一般功労〉

◇団体＝▽大和ハウス工業▽湘南工作所▽四日市港管理組合▽函館どつく▽中川物産

◇個人＝▽佐久本武(沖縄二火会会長)▽塚原利夫(日本ヒューマンファクター研究所副社長)▽児玉一郎(松空会会長)▽座間幹夫(藤沢地区募集相談員会副会長)▽藤木幸夫(横浜港運協会会長)▽高島房一(高島鉄工所会長)▽橋崎良治(はりま海上自衛隊友の会会長)▽掛橋靖子(下関基地隊協力会理事)▽小西剛(舞鶴自衛隊協力会会長)▽伊藤義郎(北海道自衛隊協力会連合会会長)

〈就職援護功労〉

◇団体＝全国共済農業協同組合連合会神奈川県本部▽電気興業▽ひろしんビジネスサービス▽エヌ・ティ

【空自】

◇団体＝▽岡住工業▽オリエント化学工業▽遠賀漁業協同組合▽JALエンジニアリング▽トミレディオ▽川崎重工業▽川重岐阜サービス▽スズキ▽丹後町自衛隊協力会▽天馬美保基地協力会▽東京海上日動火災保険東海・北陸業務支援部▽フェニックス・シーガイヤ・リゾート▽三菱プレシジョン▽横浜ゴム

◇個人＝▽青木稔(千歳地方隊友会前会長)▽新垣吉浩(小禄地区自衛隊親睦会相談役)▽大西英男(霞ヶ浦分屯基地後援会会長)▽岡部廣忠(岡部社長)▽川村手子(自衛隊遺族会航空部会「ともしび会」副会長)▽工藤祐一(青森県つがる市自衛隊父兄協力会会長)▽齋藤栄作(入間基地退職者雇用協議会副会長)▽佐々木仁(三沢地域自衛隊退職者雇用協議会副会長)▽澤田正夫(奥尻町自衛隊家族会会長)▽渋谷義夫(航空機復元協会会長)▽進藤博司(オリエンタル火工代表取締役)▽鈴木与平(静岡県防衛協会会長)▽関靖子(表千家茶道教授)▽辻良之(秋田救難隊後援会会長)▽野口博史(南山大学法学部法律学科准教授)▽萩野雅彦(岐阜県防衛協会柳津支部事務局長)▽渕辺美紀(航空自衛隊那覇基地協力会「レキオ・ウイング」会長)

## ひと

### 空自初の東京マラソン・団体ボランティアに貢献

### 前田 誠空曹長(49)

「本当に助かりました」——。11月27日、感謝状を贈るため防衛省を訪れた東京マラソン財団の山本悦子ボランティアセンター長から、3月の本大会で人員不足を救った功労者として直接謝意を示された。「当然のことをしただけ」と謙遜するが、緊急の支援要請に空自連合准曹会94人で参加、唯一の支援団体となった。

作戦システム運用隊(横田)で人事業務に携わる傍ら、休日にはボランティアに情熱を注ぐ。08年、東京マラソンのボランティアに初参加。沿道脇で支援中、選手のひたむきな姿に感動、また熱狂する観客の挟間で活動する面白さにのめり込み、12年に選抜に合格、リーダーとなった。

初めてリーダーを務めた時は、メンバーが指示した配置場所に現れず、3時間捜索する事態に。「相手の立場に立って指示を出す大切さを知った」。その後は密接な意思疎通と安全管理を徹底し、チームの運営を支えた。

貢献もあり、今年初めて連合准曹会が団体として東京マラソンを支援することに。ところが、コロナ禍でボランティアの参加は中止になった。その後、一転して参加を要請されるなど状況が急変。しかし、前田曹長は「追加募集があるかもしれない」と予測してこの事態に即応、東京マラソンのピンチを救った。

ふだんの休日はゴルフで気分転換。「テレビでプロのゴルフ大会を見ても、ボランティアの方に目がいってしまいます」。

……確に行えるようになった」と話す。「奉仕の精神」を忘れずに、そうした任務に生かしていく。(蓑川浩明)

## 空自戦闘機部隊、B1と共同訓練

日米共同訓練を行う空自7空団のF2戦闘機2機(下)と米第28爆撃航空団のB1B戦略爆撃機(12月16日)

空自は12月16日、米グアム島に前方展開している米空軍第28爆撃航空団(サウスダコタ州エルスワース)所属のB1B戦略爆撃機2機と日本海、東シナ海、沖縄周辺空域で日米共同訓練を行った。

参加部隊は5空団(新田原)のF15戦闘機4機、9空団(那覇)の同7機、7空団(百里)のF2戦闘機4機で、それぞれB1Bと要撃戦闘、編隊航法訓練などを行い、共同対処能力の向上を図った。

## 防衛省発令

▽空幕防衛課(空自幹部学校)　1空佐　原木　大輔

(12月14日)

▽31航空群司令部(航空集団司令部)　1海佐　山田　元昭

(12月15日)

▽北部航空方面隊幕僚長(空自幹部学校教育部長)　1空佐　楢村　恭士

▽5高射群司令(北部航空方面隊幕僚長)　同　定免　克己

▽航空気象群司令兼府中基地司令(5高射群司令)　同　阿蘇　晋一

▽空自幹部学校教育部長(航空気象群司令兼府中基地司令)　同　猿渡　辰也

(以上12月18日)

## 共済組合だより

### 野球・テニス・ゴルフ練習などにご利用ください。

狛江スポーツセンター

東京都狛江市にある防衛省共済組合直営施設の「狛江スポーツセンター」は、組合員とその家族、OBの方が利用できますので、広々とした多摩川沿いにあるスポーツセンターで気持ちのよい汗を流してみませんか。

狛江スポーツセンターには、ゴルフ練習場(1・2階計30打席、110ヤード)、ゴルフバンカー、テニスコート(オムニコート)4面、野球場1面、クラブハウス(受付、更衣室、シャワー室等)、駐車場50台分があり、定休日(年末年始、ゴルフネット点検日はゴルフ練習場のみ休業)を除き利用できます。

ご利用の際は、組合員または家族であることを証明できるもの(組合員証、被扶養者証等)、OBであることを証明できるOBカード等をご提示ください。

テニスコートと野球場は利用にあたって事前の予約が必要です。直接施設(03-3480-2637)にお申し込みください。利用する月の前月1日から受け付けています。

ゴルフについては、利用当日、クラブハウスでお申し込みください。

【狛江スポーツセンターの所在地】〒201-0013 東京都狛江市元和泉2-30-1　電話03-3480-2637

## 南海トラフ地震想定の部隊訓練

【34普連＝板妻】連隊は12月9、10の両日、静岡県内全域で南海トラフ地震の発生を想定した令和2年度部隊進出訓練を実施した。

9日早朝、「四国地方を中心に震度6強の地震が発生し、南海トラフ地震と連動した地震の可能性がある」との想定で状況を開始、直ちに待機行動をとった。

10日早朝、「南海トラフ地震が発生した」との想定で、緊急登庁から人員の掌握、車両や必要器材の準備、業務隊と連携した糧食等各種補給品の受領など、派遣準備を行った。

じ後、初動対処部隊が所要の目標へ前進し、偵察など情報収集。

駐屯地グラウンドでも人命救助セットを用いた捜索・救助活動などを訓練。さらに県職員や消防との連携、報道機関への対応など、実際に現場で予想される行動について演練し、部隊の即応性を高めた。

## 中東派遣4次隊「すずなみ」が出港

### 「むらさめ」と交代

中東・オマーン湾とアラビア海北部で情報収集活動に当たる海自部隊の交代のため、12月20日、中東情報収集活動水上部隊4次隊(指揮官・西村俊行1佐＝7護隊司令)の護衛艦「すずなみ」(艦長・山口達2佐)が大湊を出港した。

「すずなみ」は出港後、新型コロナウイルス対策として訓練を行いながら日本近海に停留し、艦内で乗員のPCR検査の検体を採取。約2週間の停留期間を経て全員の陰性が確認された後、中東方面に向かい、来年1月下旬に3次隊の「むらさめ」から任務を引き継ぐ。


自衛隊グッズ専門店「マグタリー」

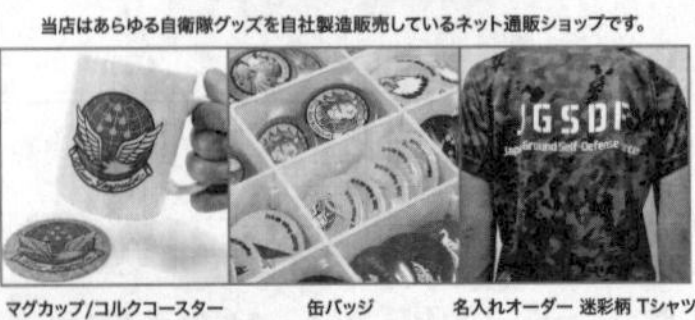

ブルーインパルス　戦闘機部隊　航空救難団　護衛艦　破氷艦　機動戦闘車　防衛大学校　防衛医科大学校　音楽隊　予備自衛官　戦車　ヘリコプター　etc…

当店はあらゆる自衛隊グッズを自社製造販売しているネット通販ショップです。

さらにTシャツの名入れオーダーだけでなく、「なんでもオリジナル」にて実寄商品から珍しい商品まで1個からオリジナルグッズをオーダーできます。

お問い合わせ先　E-mail：yoshioka@saiyukan.com　電話番号：075-311-3669(担当：吉岡)

マグカップ／コルクコースター　缶バッジ　名入れオーダー 迷彩柄Tシャツ

詳しくはホームページをご覧下さい。　マグタリー　検索

(和文英文同時発信)
Security Studies 安全保障研究 2-4巻 12月号

(対話により日韓関係を正常化へ)

・まえがき―対話により日韓関係を正常化へ　秋山昌廣
・トラック2対話の意義―「未来戦略対話」として日韓研究者対話を考える　阪田恭代
・PCR検査体制の拡充と偽陽性の問題　小黒一正
・日本はニューノーマルに移行できるか？　野口悠紀雄
・コロナ後の経済・社会の新常態？　平泉信之
・ポストコロナのインド太平洋の秩序と日本の役割―安全保障の観点からの考察　徳地秀士
・米中対抗の時代に求められる日韓のミドルパワー戦略　渡部恒雄
・日韓は新時代の戦略を共有すべき　小此木政夫

アマゾン公式サイトで「安全保障研究2-4巻」により検索・購入800円
直接購入希望者は以下に連絡　gbh00145@nifty.com
発行　鹿島平和研究所・安全保障外交政策研究会

発売中!!
平和・安保研の年次報告書
アジアの安全保障 2020-2021
コロナが生んだ米中「新冷戦」変質する国際関係

我が国の平和と安全に関し、総合的な調査研究と政策への提言を行っている平和・安全保障研究所が、総力を挙げて公刊する年次報告書。定評ある情勢認識と正確な情報分析。世界とアジアを理解し、各国の動向と思惑を読み解く最適の書。アジアの安全保障を本書が解き明かす!!

西原　正　監修
平和・安全保障研究所　編

判型　A5判／上製本／272ページ
定価　本体2,250円＋税
ISBN978-4-7509-4042-7

朝雲新聞社　〒160-0002 東京都新宿区四谷坂町12-20KKビル　TEL 03-3225-3841　FAX 03-3225-3831　http://www.asagumo-news.com

最近のアジア情勢を体系的に情報収集する研究者・専門家・ビジネスマン・学生　必携の書!!

情勢認識と情報分析　正確な情勢分析と定評ある

# 回顧 2020

## 新型コロナ、世界中に感染拡大

### 自衛隊も防疫活動従事、女性自衛官が活躍

2020年は「新型コロナが世界に蔓延した年」として今後記憶されることだろう。

昨年末に中国・武漢で確認された新型コロナ（COVID19）は、春節の移動などで感染が全世界へと広がり、各国の主要都市が封鎖されたほか、夏に予定された東京オリンピックも延期になるなど、世界中に多大な影響を与えた。

コロナ禍を受け、船内でクラスターが発生した客船「ダイヤモンド・プリンセス号」の乗客の移送や防疫に自衛隊も協力、成田、羽田空港などでは帰国者の検疫やPCR検査結果待ちの人の生活支援などに当たった。その後、医療体制が逼迫した北海道、宮城、長崎、沖縄各県と大阪府には看護師らを派遣した。

こうした中、全国の医療従事者に感謝の気持ちを伝えるため、空自ブルーインパルスが五月晴れの下、白いスモークを引いて都心上空を飛行して話題となった。

防衛省・自衛隊の主要イベントもコロナで軒並み中止に。航空観閲式が初めて無観客開催になるなど多方面に影響が及んだが、地域の安全を守る環太平洋合同演習「リムパック」、日米豪印の「マラバール」など主要な訓練は規模を縮小しながらも予定通り行われた。

新部隊では陸自にV22オスプレイを装備する輸送航空隊、空自に宇宙作戦隊が新編され、海自では新型の護衛艦「くまの」、潜水艦「たいげい」が進水した。

女性自衛官の活躍の場はこの一年、さらに広がり、陸自に初の女性空挺隊員、海自に初の女性潜水艦乗員が誕生した。

2020年の自衛隊の活動や出来事を写真で振り返る。

## 九州豪雨災害で被災者救助

九州地方を襲った7月の豪雨災害では陸自の4、8師団の各部隊が即応した。写真は福岡県大牟田市内の浸水地域でボートを使い被災者を救助する103施設器材隊の隊員

## 航空観閲式、無観客で開催

コロナ感染防止のため初めて無観客で行われた航空観閲式で、整列した空自部隊を車上から巡閲する菅首相（11月28日、入間基地で）＝官邸HPから

## 聖火到着で祝賀演奏

東京五輪に向けた「聖火」がギリシャから日本に到着、その式典で祝賀演奏を行う航空中央音楽隊の隊員。しかし、コロナ禍によりその後、五輪は延期となった（3月20日、空自松島基地で）

## ブルー、医療従事者に感謝の飛行

新型コロナの患者治療に当たる医療従事者に感謝と敬意を伝えるため、空自ブルーインパルス（4空団11飛行隊）が都心上空を白いスモークを引いて飛行した（5月29日、東京・世田谷区の自衛隊中央病院で）

## コロナ下で多国間演習

コロナ下で初の多国間演習となった日米豪共同訓練。海自からは護衛艦「てるづき」が参加した（7月21日、西太平洋で）＝米海軍HPから

## 「ダイヤモンド・プリンセス号」から感染者搬送

客船「ダイヤモンド・プリンセス号」（奥）の船内からコロナ感染患者を病院に搬送する自衛隊の救急車（2月10日、横浜港の大黒ふ頭で）

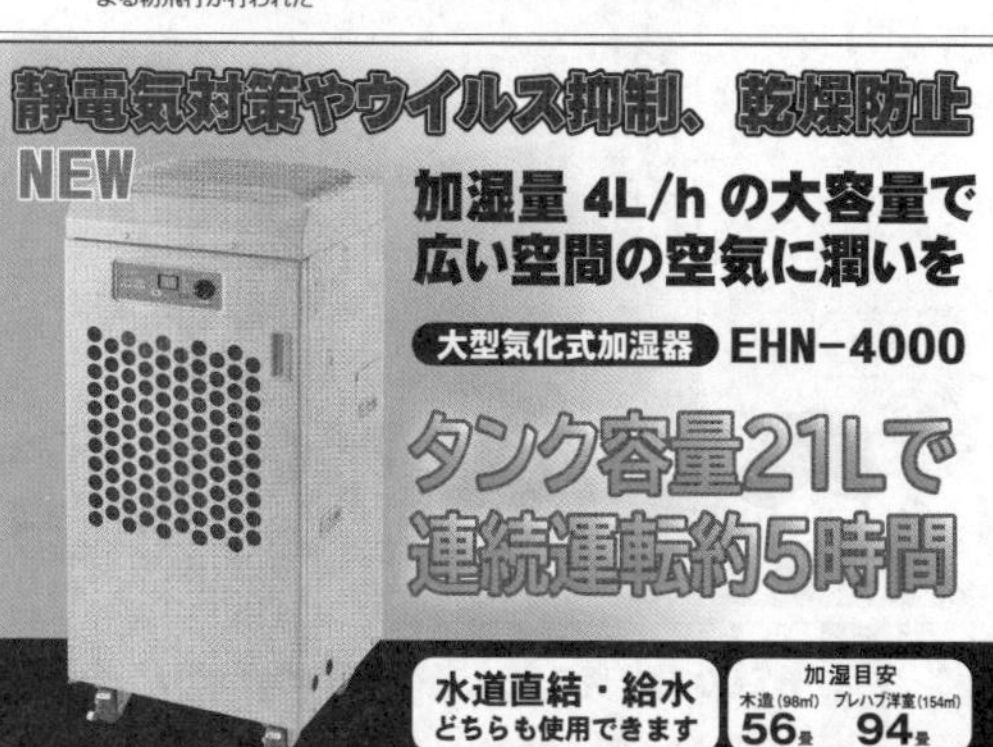

## オスプレイ 木更津に初配備

7月10日、陸自木更津駐屯地の輸送航空隊に初配備されたV22オスプレイ。11月3日には湯浅陸幕長を迎えて飛行開始式が、同6日には陸自のクルーによる初飛行が行われた

## 新型護衛艦「くまの」進水

海自の新型多機能護衛艦として最初に進水した「くまの」。今後、計22隻の同型艦の建造が計画されている（11月19日、岡山県玉野市の三井E＆S造船玉野艦船工場で）

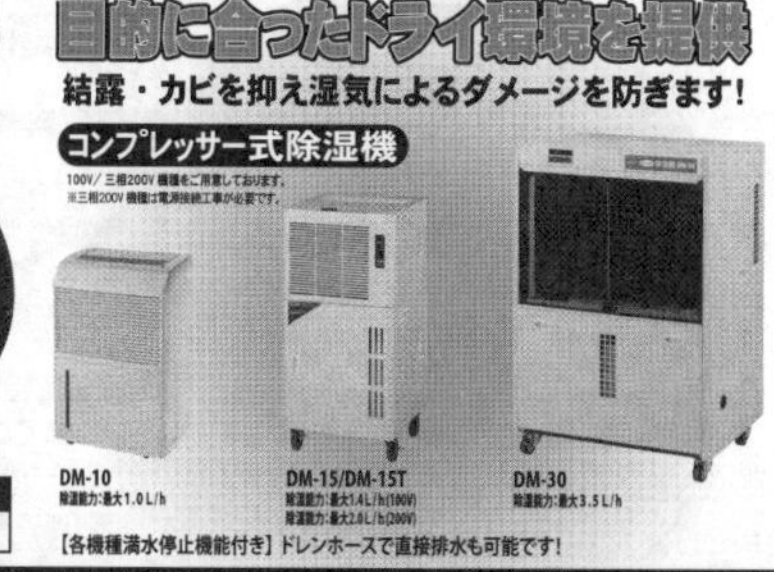

## 女性初の空挺隊員

陸自初の女性空挺隊員となった橋場麗奈3曹（2月4日、習志野駐屯地で）


静電気対策やウイルス抑制、乾燥防止
NEW
加湿量 4L/h の大容量で広い空間の空気に潤いを
大型気化式加湿器 EHN−4000
タンク容量21Lで連続運転約5時間
水道直結・給水 どちらも使用できます
加湿目安 木造（98㎡）56畳 プレハブ洋室（154㎡）94畳

広い空間の換気、空気の入れ替えに
感染防止対策や空調補助、大きく空気を動かしたい場所に
大型循環送風機 ビッグファン

●備蓄倉庫等の換気・循環に！
●単相100V電源で工事不要！
広さ・用途で選べる5TYPEをご用意
BF−60J　DCF−60P　BF−75V　BF−100V　BF−125V

目的に合ったドライ環境を提供
結露・カビを抑え湿気によるダメージを防ぎます！
コンプレッサー式除湿機
DM-10　DM-15/DM-15T　DM-30
【各機種満水停止機能付き】ドレンホースで直接排水も可能です！

※掲載している製品は季節品につき掲載期間中に弊社在庫、市場在庫共に完売となってしまう場合がございます。そのような場合、ご迷惑をおかけし誠に申し訳ありませんが何卒ご容赦ください。
NAKATOMI 株式会社 ナカトミ 〒382-0800 長野県上高井郡高山村大字高井6445-2
https://www.nakatomi-sangyo.com 株式会社ナカトミ 検索
お問い合わせはこちら TEL:026-245-3105 FAX:026-248-7101
10:00〜12:00／13:00〜17:00（土､日､祝日を除く）

# 部隊だより

## 海

**大湊**　25空群の約20人は12月9日、人命救助のための「夜間消火訓練」を行った＝写真。気温0度の寒空の下、航空機に不具合が発生した想定で消防車を緊急発進させた。その後、機体から火災が発生し、隊員たちは直ちに消火活動を開始。機体が鎮火した後、搭乗員を救出し、救急車で病院に向けて搬送するまでの一連の動作を演練した。

**館山**　基地の殉職隊員11人の追悼式が11月20日、基地内の慰霊碑「慈久の碑」前で執り行われた。式典では21空群司令が追悼の辞で「我々は皆さまの遺志を受け継ぎ、我が国の平和と独立、安全を守るため、海上防衛の第一線で全力を尽くし、今後も歩む」と述べた。隊員たちは献花、黙祷し、冥福を祈った＝写真㊦。

**下総**　教空群は基地の開設日である10月21日を「下総航空基地開設の日」に設定し、資料を使った訓育や基地内の遺構を巡る野外訓育を行った。資料訓育では、基地の開設に地方自治体や地元住民から理解を得るまでの経緯を隊員たちに説明。野外訓育では、米軍駐留時の施設や歴代練習機、飲み水に使った井戸などを見て回り、基地の歴史を学んだ。

**徳島**　教空群は11月18日、航空機乗員の地上救難訓練を行った。今回は学生教育中に不時着したTC90練習機に取り残された教官1人を救出する想定で実施。航空警備隊地上救難班は消防車などを伴い、直ちに現場に急行した。機内にいた教官の脇と足を2人がかりで持ち上げて救出＝写真㊦＝、資材運搬車から持ち出した担架を使って搬送した。

海

**佐世保**　護衛艦「すずつき」は11月14、15の両日、体験航海を行い、計83人が乗艦した。コンセプトは艦番号117にちなんだ「イイナすずつき」とし、投錨、ラッパ演奏、手旗信号見学のほか、艦内生活を写したパネルの展示も行った。隊員たちの制服や作業服などを披露するファッションショーなどもあり、来艦者たちをアットホームな雰囲気で出迎えた。

**弘前**　39普連は10月7日、空自八戸基地などで、「令和2年度日米共同統合演習「キーン・ソード21」と連携して実動演習を行った。患者輸送訓練は日米共同で、負傷者役の人体外傷シミュレーター「トマン」を使い、日米隊員が負傷した米兵の後送要領を演練したほか、不審者の捕獲要領に関する実技も行われた＝写真㊦。

**北千歳**　1特団は11月30日、「団女性自衛官会同」をオンラインで開催した。北千歳、美唄、上富良野の各駐屯地から女性自衛官(WAC)の代表者8人が参加し、団本部付WAC＝写真＝が主催。WACの職務や育児と仕事の両立に対するサポートや、職務を両立させるための支援に関する情報共有などについて話し合った。

# 精強なレンジャーへ

## 40普連

## 3カ月にわたる過酷な集合訓練

## 各種想定で潜入、襲撃など

約3カ月間の過酷な教育訓練を終え、中村連隊長（左）からレンジャー徽章を授与された後、連隊長と拳を突き合わせる学生（12月1日、小倉駐屯地で）

40普連は、9月14日から12月1日までの間、「第47期連隊レンジャー集合教育」を行った。

同教育は、過酷な任務を遂行するレンジャー隊員として必要な知識と技術を習得させ、体力・精神力の涵養を目的に実施された。教育初日、40普連の各部隊から選抜された隊員たちは、緊張した面持ちで開始報告を行い、約3カ月にわたる過酷な集合教育が開始された。

前半は体力錬成訓練やロープ訓練など、レンジャー隊員としての基礎的な技術や精神力を養い、後半は心身ともに厳しい状況の中、各種想定訓練に挑んだ。

11月24日からの最終想定訓練では福岡県内の山間部で潜入や襲撃など、9つの想定に当たった。最後の任務を終え12月1日、小倉駐屯地に帰還。出迎えた大勢の隊員や学生の家族らの拍手で迎えられた。

中村雄三連隊長から8人の学生にレンジャー徽章が授与された。

潜入訓練で拠点を占領し、周囲を警戒する40普連のレンジャー学生たち（11月25日）

レンジャー教育中、渡河ボートを使っての水路潜入にも挑んだ（10月6日）

念願のレンジャー隊員となった40普連本部管理中隊の屋木作大朗3曹は「教育期間中は何度も心が折れそうになったが、教官や助教、同期のおかげで何とか最後までやり遂げることができた。今後は、まだまだレンジャーとして胸のバッジに見合う精強なレンジャーになれるよう、これからも頑張ります」と意気込みを語っていた。（小倉）

## 空

**千歳**　2空団司令部広報室長の高橋秀年3佐は10月15日、千歳市立千歳中学校で特別講義を行った＝写真㊤。当日は1年生約90人に対し、空自の任務や基地の装備品、職種の説明のほか女性自衛官の活躍事例などについて分かりやすく解説。仕事のやりがいについても語った。講義後、生徒たちからは戦闘機や装備品、働く理由などの質問が飛び交った。

**築城**　基地は10月21日、築上町基地対策委員の8人を招き、消防小隊の協力のもと、「航空機救難消火訓練」を公開した。同訓練を部外に披露するのは今回が初。当日は救難消防車2台の一斉放水を見学し、立ち昇る炎柱を消火する隊員の姿に、感嘆の声が上がった。訓練を見終わった8人は隊員食堂に移動し、体験喫食を行って、見学会を終えた。

**市ヶ谷**　空幕防衛課は、防衛省と市ヶ谷地区の警備に当たる警備…（中略）…よう激励した＝写真㊤。

## 陸

**船岡**　10施設群は10月5日までの約4カ月間、宮城県柴田町で「防災拠点・総合体育館敷地造成工事」を担任した。陸自の部外での土木工事は4年ぶり。約3万平方メートルの敷地に盛土を施し、無事故で工期を大幅に短縮し、同27日の引渡し式で滝口茂町長は「計画力の高さや工事の仕上がりに驚いた。防音など地域住民への配慮にも感謝している」と述べた。

**宇都宮**　中即連本部管理中隊衛生小隊の木原啓貴2曹、福田功介2曹、塚田健一3曹は10月30日、NEXCO東日本新潟管理事務所長からの感謝状を伝達された＝写真㊦。3人は8月に自動車道を移動中、車両事故に遭遇。ただちに負傷者を救護し、警察・消防が到着するまで事故現場周辺の交通誘導を行って事態の収束に尽力した。

**北富士**　部隊訓練評価隊は11月6日、駐屯地で永年勤続10年、25年の隊員を表彰した。当日は同隊長からのメッセージを代読。新しい防衛記念章を胸に付け、富士山をバックに記念撮影した。評価支援隊は「強い機械化中隊を磨きたい」と述べた。

**板妻**　34普連は12月7〜9日、東富士演習場で「第1回中隊ゲリラ・コマンドウ対処訓練」を行った＝写真。同訓練は、市街地戦闘訓練などを通じ、来年1月に予定されている検閲に向け、状況判断と行動の練度向上を目的に実施。隊員たちは各種状況に対応し、練度を判定した。

**鯖江**　駐屯地は10月16日、日本赤十字社から「金色有功章」を贈られた。多年にわたり献血活動に協力した個人や法人に贈られるもので、駐屯地は30年前から献血を行い、新隊員を含む多くの隊員が献血に協力。11月4日にも献血を実施した。村本駐屯地司令は「地域（福井県）に貢献していく」と述べた。

**大久保**　駐屯地は10月、部隊視察を受けた。野外で…92式浮橋や07式機動支援橋などの装備品の展示も行い、地域との連携を確認した。

**海田市**　47普連は10月21〜25日、即応予備自衛官34人の招集訓練を行った。期間中、射撃シミュレーターを活用した射撃訓練などを実施。参加者は「通常の射撃予備自衛官として練度維持に努めたい」と述べ、小銃射撃検定では全員が合格した。

**健軍**　西方は11月17日、九州電力と協力し、「災害時における孤立地域への電力供給」を想定した訓練を行った＝写真。電源車をCH47で空輸し、電源車の空輸にかかる手順を確認した。

**玖珠**　駐屯地は10月27日、西方音楽隊の演奏会を開いた。演奏会には地元住民らが参加し、演奏を楽しんだ。

**那覇**　米軍施設内のシーメンズクラブで10月1日、日米の優秀下士官を称える「USO顕彰式」が行われ、陸自からは15旅団の隊員が表彰された＝写真㊦。受賞者は「今後も沖縄を守るため、日米交流をさらに深め、ボランティア活動にも積極的に参加していきたい」と述べた。

# コーサイ・サービスネットショップ

職域特別価格でご提供！詳細は下記ウェブサイトから!!　価格、送料等は WEB サイトでご確認ください。特別価格でご提供のため返品はご容赦願います。

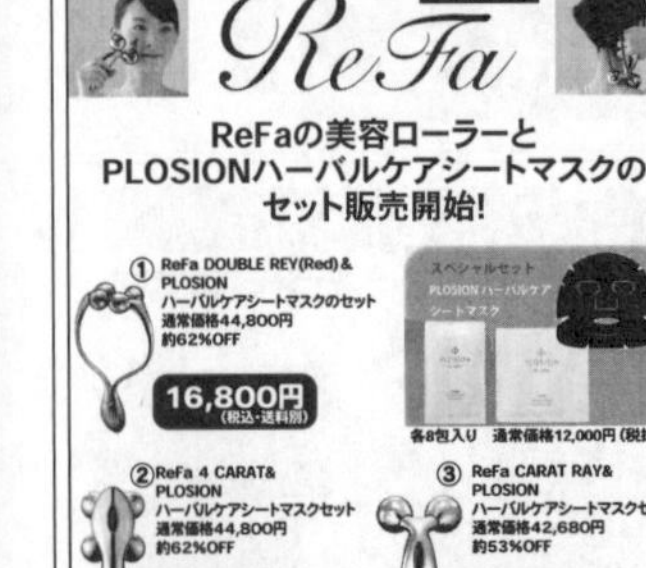

NEW!
ReFa
ReFaの美容ローラーと
PLOSIONハーバルケアシートマスクの
セット販売開始!
① ReFa DOUBLE REY(Red) & PLOSION ハーバルケアシートマスクのセット
通常価格44,800円
約62%OFF
16,800円 (税込・送料別)
スペシャルセット
PLOSION ハーバルケア シートマスク
各8包入り　通常価格12,000円(税抜)
② ReFa 4 CARAT& PLOSION ハーバルケアシートマスクセット
通常価格44,800円
約62%OFF
16,800円 (税込・送料別)
③ ReFa CARAT RAY& PLOSION ハーバルケアシートマスクセット
通常価格42,680円
約53%OFF
19,800円 (税込・送料別)


※商品の返品・交換はご容赦願います。ただし、お届け商品に内容相違、破損等があった場合は、商品到着後、1週間以内にご連絡ください。良品商品と交換対応致します。本紙掲載画像及びPC画面でみる画像の商品は画像を見る環境や印刷物のため、現物と多少異なる場合がございます。※保証・サービスにはメーカー規定がございます詳細は保証書に記載しております。保証書が必要になりますので大切に保管ください。商品改善の為に多少の仕様変更が発生する場合がございますのでご了承ください。

Hazuki

大きくみえる！
話題のハズキルーペ!!

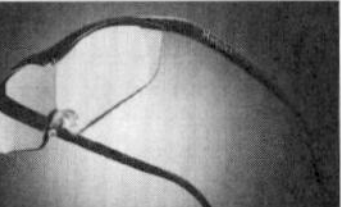

・豊富な倍率
・選べるカラー
・安心の日本製
・充実の保証サービス

職域限定特別価格 7,800 円（税込）
にてご提供させて頂きます

※商品の返品・交換はご容赦願います。
ただし、お届け商品に内容相違、破損等があった場合には、商品到着後、1週間以内にご連絡ください。良品商品と交換いたします。

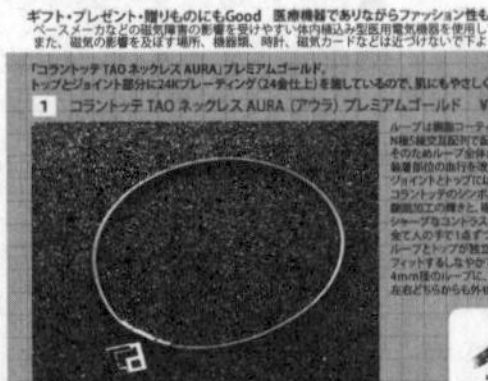

Colantotte

話題の磁器健康ギア！
【コラントッテ】特別斡旋!!

ギフト・プレゼント・贈りものにもGood　医療機器でありながらファッション性も高い人気アイテム　コラントッテ

「コラントッテ TAO ネックレス AURA」プレミアムゴールド。
1　コラントッテ TAO ネックレス AURA（アウラ）プレミアムゴールド　価格は WEB で！

OAKLEY

オークリーサングラス特別斡旋

Prizm（プリズムレンズ）　Prizm GolfとPrizm Dark Golf
⑦Radarlock Path 9206-36 Prizm Golf　価格は WEB で！
⑧Radarlock Path 9206-50 Prizm Dark Golf　価格は WEB で！
⑨Radarlock Path 9206-49 調光レンズ　価格は WEB で！
Photochromic Activated

コーサイ・サービス株式会社
https://www.ksi-service.co.jp/
得々情報ボックス　ID:teikei　PW:109109
TEL:03-3354-1350　担当：佐藤
〒1600002 新宿区四谷坂町 12 番 20 号 KK ビル 4F　営業時間 9:00 ～ 17:00 ／定休日土・日・祝日

お申込み　https://kosai.buyshop.jp/
（パスワード：kosai）

# コロナ禍の下、各地で創隊記念行事

コロナ禍で自衛隊でも各種イベントが自粛される中、万全の予防策をとって創立記念行事を実施している部隊もある。道北の名寄駐屯地は吹雪の中で36年ぶりとなる厳冬期の記念行事を挙行、北九州の小倉駐屯地はコロナの収束を祈願して勇壮な太鼓の演舞に合わせ、1000発の花火を夜空に打ち上げた。

## 36年ぶり厳冬期に観閲式
### 名寄　戦い勝つ部隊目指す

【名寄】駐屯地は12月4日、朔北部隊の団結強化と隊員の士気高揚を目的に、昭和59年以来36年ぶりとなる厳冬期の創立記念行事を挙行した。コロナ禍を受け一般公開は行わなかったものの、地域の自衛隊協力諸団体の関係者らを迎え、3普連などの精強な部隊を披露、共に名寄駐屯地の創立67周年を祝った。

当日は吹雪の天候となったが、隊員たちは白の迷彩服で整列、雪上車に乗った山﨑潤司令が部隊を巡閲した。

式辞で山﨑司令は「戦い、勝てる部隊を目指す。活力があり、健全で、信頼される駐屯地を育成していく」と決意を述べた。

続く観閲行進では、吹雪の中、各車両に隊員が乗車して力強く雪上を行進、朔北部隊の威容を示した。

上 吹雪の中を行進、車上から観閲官に敬礼する隊員（名寄駐屯地で）

右 観閲官の山﨑名寄駐屯地司令に敬礼する観閲部隊員

## 山陰防衛の要
### 米子　司令がリペリング降下

【米子】駐屯地は10月11日、多数の来賓を迎えて創設70周年記念行事を行った。

開式とともに駐屯地司令の天内一雄1佐がホバリングするUH1ヘリからリペリング降下で登場。式辞で司令は「いかなる事態、いかなる任務にも的確に対応し得る部隊でなければならない。山陰防衛の要として我々は役割をしっかり果たしていく」と述べた。

続く観閲行進では鳥取県旗、米子市旗など各市町村旗を先頭に、8普連など各部隊が行進、上空でも13飛行隊、空自の航空機が観閲・祝賀飛行を行った。

式後は13音による音楽演奏、情報小隊員のオートバイドリル、1中隊を基幹とした模擬戦闘訓練などが披露された。

また、各イベント会場ではコロナ対策を万全にし、来場者たちは戦車試乗、人命救助システム体験コーナーなどの催しを楽しんだ。

上 UH1ヘリからリペリング降下し、式典会場に登場した天内一雄米子駐屯地司令

下 74式戦車の体験試乗を楽しむ家族連れ（米子駐屯地で）

## エアーフェスタYAO2020
### 八尾　一般開放せず観閲飛行

【八尾】駐屯地は10月25日、創立記念行事「エアーフェスタYAO2020」を開催した。コロナのため一般開放は行わず、招待者と関係者のみが参加した。

式典は執行者の藤田尚樹司令と八尾自衛隊協力会会長がUH1J多用途ヘリで登場して開幕。その後、陸自ヘリ16機による観閲飛行、中部方面音楽隊による演奏、3偵察隊によるバイクドリル、格闘展示などが行われたほか、UH1とAH1S対戦車ヘリの飛行展示なども行われた。

前日の総合予行には隊員家族、周辺住民、募集対象者などが招かれ、本番と同様の航空イベントを楽しんだ。

八尾駐屯地の創立記念行事「エアーフェスタ」で観閲飛行を行う各種ヘリコプター

## 感謝とコロナ収束願い
### 小倉

【小倉】駐屯地は11月20日、創立64周年記念に伴う感謝状贈呈式を行った。

今年はコロナで観閲式は取りやめとなったが、日頃から駐屯地に協力してくれている地域の方々や雇用協力企業などに対し、中村雄三司令から感謝状が贈呈された。

日没後は駐屯地周辺の市民への感謝とコロナ収束を祈願し、駐屯地太鼓部「小倉ひびき太鼓」が勇壮な太鼓をグラウンドで演奏した。

その太鼓の音に合わせて約1000発の花火が夜空に打ち上げられた。この駐屯地からのサプライズ・プレゼントに地域の人たちも花火を見上げ、歓声を上げていた。

勇壮な「小倉ひびき太鼓」が一帯にとどろく中、夜空に1000発の花火が打ち上げられた（小倉駐屯地で）

## 福知山駐屯地創立70周年コンサート
### 華麗にパワフルに
#### 陸自3音楽隊、海自舞鶴音楽隊、米空軍の日米混成

【福知山】駐屯地は福知山自衛隊協力会と共催で創立70周年を記念した「福知山桔梗コンサート」を市内の厚生会館で開催した。

今回は陸自3音楽隊とゲストの米空軍太平洋音楽隊（パシフィックショーケース）、海自舞鶴音楽隊が加わった日米混成の豪華なコンサートとなった。

オープニングでは「日米友好60周年」の記念ビデオが流れ、ここに米空軍太平洋音楽隊が登場、女性歌手のパワフルかつリズミカルな歌声で華々しい開演となった。

3音楽隊は日米同盟をたたえ「海を越えた握手」などを演奏、駐屯地の「酒呑鬼太鼓」も華麗な演舞で会場を盛り上げた。

海自舞鶴音楽隊は軽快なサンバで会場を大いに沸かせ、アンコールの声には行進曲「軍艦」の熱演で応えた。

最後に、福知山城を築いた明智光秀を主人公とするNHK大河ドラマ『麒麟が来る』のテーマが華麗に演奏されると会場内は感動のうずに包まれた。

パワフルな演武で会場を盛り上げた福知山駐屯地の「酒呑鬼太鼓」（いずれも福知山市厚生会館で）

右 オープニングで美しい歌声を披露した米空軍太平洋音楽隊の女性ボーカリスト

## 実戦さながら突入
### 金沢　戦闘展示で観客圧倒

【金沢】駐屯地はこのほど、創立70周年記念行事を挙行した。

コロナ禍を受けて観客は招待者と隊員家族のみとし、さらに前日の総合予行と当日に分けて来場者を分散させた。会場入口では衛生隊員が一人一人の検温を行うとともに、入場者に手指消毒を促し、観覧席も間隔を開けソーシャルディスタンスを確保した。

式典では来賓、家族が見守る中、根本勉司令が式辞。その後、今年入隊した新隊員が自衛隊体操を披露。フィナーレは新隊員が人文字で「70」を作り、70周年を祝った。

さらに模擬戦闘訓練では、隊員たちがロープを使って窓から建物に突入、テロリストを制圧するなど、実戦さながらの迫力ある展示に観客は圧倒されていた。

上 ソーシャルディスタンスを保ったスタンドで式典を見学する来客

下 訓練展示ではロープを使って隊員たちが窓から建物内に突入、敵を制圧するシーンが披露された（金沢駐屯地で）

## 知恵を出し任務完遂を
### 明野駐屯地

【明野】駐屯地は11月28日、開設65周年・航空学校創立68周年記念行事を開催した。

例年は「航空祭」として約2万人の来場者があるが、今年は新型コロナのため一般開放はせず、隊員家族と少数の招待者だけを迎えて行われた。

航空学校長兼明野駐屯地司令の関口勝則将補は訓示で「我々は究極の危機管理組織だ。制約された環境でも弱音を吐かず、知恵を出し、任務を完遂できる力が必要だ」と述べ、隊員たちを鼓舞した。

この後、航空機17機による編隊飛行が行われ、コロナ下でも部隊が高い練度を維持していることを理解してもらった。

ヘリコプターなど装備品は感染防止策を徹底し展示された（明野駐屯地で）

## 海自徳島　TC90練習機が記念飛行

【徳島】海自徳島航空基地は11月4日、基地開隊62周年記念行事を行った。

今年はコロナのため一般公開や来賓招待は見送り、隊員家族約60人を迎えて開催した。

TC90練習機による記念飛行で始まり、次いで202教育航空隊が56年かけて達成した「61万基準時間無事故飛行」をたたえ、防衛大臣からの1級賞状が同隊に伝達された。勤続25周年の隊員の表彰も行われた。

この後は山内康司群司令の訓示、TC90の展示飛行、消防車による放水展示と続いた。

イベントを楽しんだ家族は「お父さんの職場を見ることができてよかった」などと話していた。

徳島基地開隊62周年記念行事で放水展示を行う大型消防車（海自徳島航空基地で）


## 就職ネット情報

◎お問い合わせは直接企業様へご連絡下さい。

- (株)進明技興〔土木技術者〕 http://shinmeigikou.co.jp/〔福岡〕
- (株)大鏡組〔重機運転手〕 http://ohtoshi.co.jp/〔広島〕
- 本陣水越(株)〔土木施工〕 https://www.mm-gws.jp/〔神奈川〕
- (株)ファーレン富山〔メカニック〕 https://fahren-toyama.co.jp/〔岐阜〕
- (株)東日本土木〔土木施工管理、重機オペレーター、現場スタッフ〕 0283-21-0797〔栃木〕
- 阪神電気工業(株)〔電気工事士〕 054-283-1150〔東京・静岡〕
- (株)池田工業〔ボーリングスタッフ〕 025-387-4738〔新潟〕
- (有)大石土木〔重機オペレーター、施工管理〕 054-280-6661〔静岡〕
- 精晃電設(株)〔技術総合職〕 052-793-3232〔愛知〕
- (有)小山産業〔工事スタッフ〕 026-247-2150〔長野〕
- 篠崎タイヤ販売(株)〔タイヤメンテナンス〕 048-571-0700〔埼玉〕
- (株)群馬建水〔現場スタッフ、現場管理〕 0270-65-3078〔群馬・埼玉〕
- 太洋海運(株)〔港湾スタッフ〕 052-651-5261〔愛知〕
- 共和建設(株)〔建築・土木技術者、営業〕 0748-72-1161〔滋賀〕
- 岐山化工機(株)〔設計、工事〕 http://www. kisan-ltd.co.jp/〔山口〕
- (株)シアテック〔工事監理〕 http://www.ciatec.co.jp/〔愛媛〕
- 小島建興(株)〔現場職人〕 http://www.kojimakenko.co.jp/〔広島〕
- (株)国昇〔メンテナンス〕 http://www.mizutokkyu.com〔東京〕

## 就職ネット情報

◎お問い合わせは直接企業様へご連絡下さい。

- (株)シーズ〔施工管理〕 052-914-1412〔名古屋市〕
- 中京倉庫(株)〔整備士、ドライバー、リフトオペレーター〕 052-871-5218〔名古屋市〕
- 藤原土木工業(株)〔土木施工管理〕 078-671-0116〔兵庫〕
- (有)テクノディーゼル〔技術スタッフ〕 0436-60-1230〔千葉、群馬〕
- 小畠工業(株)〔管工事施工管理〕 084-922-0323〔広島〕
- (株)英工務店〔建築・土木施工管理/総合事務〕 0244-42-0161〔福島〕
- (有)鈴木モータース高萩〔自動車整備士〕 0293-24-0400〔茨城〕
- 協働設備工業(株)〔施工管理、配管工〕 0898-52-7081〔愛媛〕
- (株)ペトロソーマ〔メカニック〕 026-238-1771〔長野〕
- 福永建設〔建築・土木・管工事施工管理〕 0995-63-0400〔鹿児島〕
- 朝日鉄工(株)〔技術系総合職〕 https://www.asahitekko.co.jp/〔山口〕
- 三和エレベータサービス(株)〔メンテナンス〕 https://sanwaelevator.jp/〔京都〕
- (株)埼玉植物園〔造園スタッフ〕 https://www.saitama-shokubutsuen.com/〔埼玉〕
- (有)フューチャーネット〔電気工事スタッフ〕 https://www.futurenet.co.jp/〔大阪〕
- 筒井工業(株)〔土木施工管理〕 https://tsutsui-kogyo.wixsite.com/miki-kagawa〔香川〕
- (株)進興〔技術スタッフ〕 055-966-0678〔静岡〕
- (株)スカイ工業〔防水工事スタッフ〕 http://www.bousui-sky.com/〔山梨〕
- 第一工業(株)〔総合職〕 http://www.daiiti-k.co.jp/〔群馬〕

# ～地本　ホッと通信～

## 札幌

120教育大隊は10月18日、真駒内駐屯地で北海道大学少林寺拳法部に所属する学生に対し、部隊見学と格闘交流を行った。

大隊が格闘指導官による格闘展示、部員が演武をそれぞれ披露。このほか、学生たちは戦闘服を試着して96式装輪装甲車や軽装甲機動車の体験試乗なども行い、部隊見学の合間には地本が自衛隊の各採用制度を説明した。

## 岩手

地本は11月8日、今年落成した奥州市南都田地区センターで陸自東北方音による「落成記念コンサート」を支援した。

コンサートは2部構成で行われ、「東京オリンピックマーチ」や椎名林檎の「人生は夢だらけ」などを演奏。熱演を聴いた中学校の吹奏楽部員からは「コロナ禍でコンクールが中止になり、部活なども制限され、本当に心待ちにしていた。すばらしい演奏だった」と笑顔で話していた。

## 宮城

地本は10月25日、仙台第4合同庁舎で「予備自1日間招集訓練」を開き、7人が参加した。中村一弘副本部長は「予備自は実運用され、常備の補完勢力として重要な存在になっている」と述べ、来年度からの5日間訓練に参加し、練度の維持を図るよう訓示した。

訓練参加者に担当者が即自への志願勧誘を行った結果、資格を有していた3人から志願を獲得できた。

## 茨城

地本は11月13日、「海自下総航空基地ツアー」を実施した。今回は採用試験合格者と受験希望者11人が参加。見学者たちは、P3C哨戒機について概要説明を受けた後、整備体験としてのリベット打ちに挑戦、管制塔と地上救難班を体験。若手隊員とも懇談した。

見学者からは、「楽しそうに勤務している隊員の方々に会って、ぜひ入隊したいと思った」と話していた。

## 東京

地本は10月21～23日、東京ビッグサイトで開催された「危機管理産業展2020」の「東京都パビリオン」に広報ブースを出展した。

ブースでは、3自の活動や災害時に役立つ身近なものを使った応急処置の映像、新型コロナ対応に用いられるタイベックスーツなどを展示。今年7月の豪雨災害の写真のほか、退職自衛官の就職援護制度や予備自等制度の説明パネルも掲示し、自衛隊と東京地本の業務を紹介した。

## 長野

地本は12月5日、入隊予定者など28人を引率し、国際活動教育隊（駒門）の見学を行った。

見学では同隊の概要説明の後、庁舎前広場に移動し、「派遣国における同行警備」の訓練展示や装備品を見て回った。

訓練に参加していた女性隊員を前に女子学生は「女性でもこんなすごいことができるとは。絶対誇れる仕事なので、入隊したらみんなに自慢します」と話していた。

## 石川

地本は12月10日、輪島市の日本航空高校石川で同校への防衛大臣感謝状（自衛官募集功労）の伝達式を行った。

能登地域事務所長の藤本和成1尉から感謝状受贈の経緯と過去3年間における募集功労実績が紹介された後、中川一地本長が校長に感謝状を手渡した。

伝達式に引き続き、地本長が「空の防衛」というテーマで講話。我が国を取り巻く安全保障環境や自衛隊の活動について説明した。校長からは「防衛大臣感謝状をいただき大変うれしく思います」と感謝の言葉があった。

## 大阪

地本は10月24日、準ミス・ワールド日本代表の圓奈まりあさんを「令和2年度大阪地本広報大使」に任命した。

圓奈まりあさんは現在、大阪大学法学部に在学中で、9月に行われたミス・ワールド日本大会で「女性の社会進出や心構え」などをテーマにスピーチを行い、準ミス・ワールドを受賞。地本広報大使としての初めての活動となった大阪港で実施の護衛艦「はるさめ」の艦艇広報では、1日艦長に任命され、来場者との写真撮影や積極的な声掛けを行って会場を盛り上げた。

# 中学生9人の職場体験を支援　鳥取

# 興味津々

## C2の機内見学　ロープ降下や土のう構築

【鳥取】「これが自衛隊の職場なの？　なんだか楽しそう」――。

鳥取地本は地元・大山町立大山中学校の依頼を受け、11月16日から18日まで同校の2年生9人に対する自衛隊の職場体験学習を支援した。

初日は米子地域事務所で自衛隊についての全般説明を受けた後、広報官の業務を体験。その後、県立武道館に移動して銃剣道に挑戦、教士7段の糸原純二陸曹長の指導で木銃さばきを習った。

2日目は空自美保基地を訪問し、管制塔で航空管制や航空機の発着訓練を見学したほか、パイロットから説明を受けながらC2輸送機の機内を見て回り、そのハイテク機器に興味津々の様子だった。午後は飛行場の整備現場を見学。警備犬が不審者に飛び掛かる訓練を前にし、その迫力に驚いていた。

続いて訪れた陸自美保分屯地では、CH47輸送ヘリの格納庫からの搬出作業を見たほか、気象観測装置の組み立てなどを見学した。

最終日の米子駐屯地では陸自車両の試乗やロープを使った降下、土のう作製などに挑戦。生徒たちは協力して土のうの壁を完成させると、みな充実した表情を見せていた。

生徒からは「自衛隊は厳しいイメージがあったが、隊員の皆さんに優しくしてもらい、うれしかった」「仕事の楽しさや周りの人との協力など、自衛隊では多くのことを学べた」との感想が寄せられた。

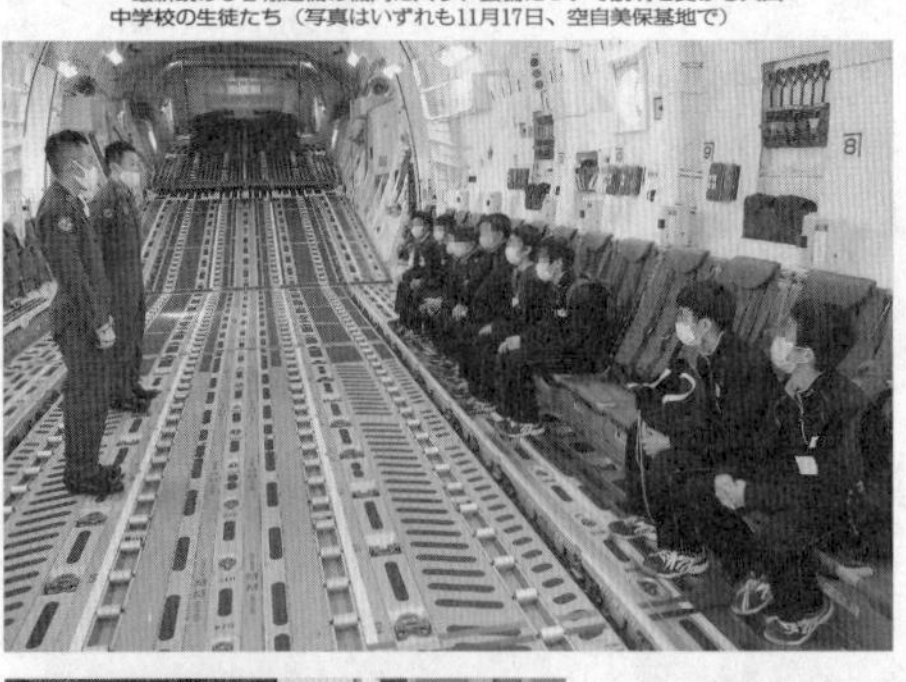

最新鋭のC2輸送機の機内に入り、装備について説明を受ける大山中学校の生徒たち（写真はいずれも11月17日、空自美保基地で）

管制塔に上り、航空機の管制の様子を学ぶ中学生たち

警備犬の訓練展示で不審者への襲撃訓練を見学する生徒たち

## 香川

地本は10月25日、国営讃岐まんのう公園で、さぬき青年会議所主催の「働く車2020」を支援した。

当日は天候に恵まれ、約4800人が来場。自衛隊からは15即機連（善通寺）の支援を受け、16式機動戦闘車、96式装輪装甲車、軽装甲機動車を展示。子供たちは「かっこいい！」と声を上げて駆け寄り、装備品の写真を撮影していた。

## 山口

地本は11月11日、セブン―イレブン・ジャパン山口事務所や市内店舗でインターンシップを行い、若年定年退職予定隊員1人が参加した。

同社の概要説明を受けた後、直営店舗と近隣のフランチャイズ店舗で研修。店舗経営の難しさや工夫について、実地に研修した。

## 広島

地本はこのほど、広島市南区宇品外貿埠頭で練習艦「しまゆき」の支援を受けて「艦艇体験航海」を行い、2日間で募集対象者とその家族約60人が参加した。

艦上では手旗信号、ラッパ吹奏、制服・各種装備品の展示などが行われ、中でもアスロック・ランチャーや76ミリ速射砲の装法展示の迫力に驚きの声が上がった。

## 大分

地本は11月21日、3輪空（美保）の支援を受け、空自築城基地で募集対象者27人に対するC2輸送機の体験搭乗を行った。

約20分間の体験搭乗に合わせて基地広報班長の高瀬喜文1空尉による航空学生制度に関する説明のほか、F2戦闘機の説明も実施した。

参加者からは「貴重な体験だった」「着陸の衝撃が思ったより少なく、旅客機より乗り心地が良かった」などの感想があった。

## 長崎

島原地域事務所の1人と16普連（大村）の隊員2人は11月17日、雲仙普賢岳の噴火によって誕生した溶岩ドームの現状を関係機関で共有する「平成新山（標高1413メートル）防災視察登山」に参加した。

同視察は1995年から毎年春と秋に実施している。噴火からちょうど30年の当日、仁田峠に集まった約100人の防災関係者と共に、普段は立ち入り禁止の警戒区域を前進。溶岩ドームのある頂上付近で、岩の間から白い蒸気を上げる普賢岳の活動を確認した。

## 沖縄

地本は11月5日、浦添市内のラジオ局FM21で放送中の番組「くくる君のゆんたくアワー」の収録を行った。

今回のテーマは「航空自衛隊」で、沖縄地本那覇分駐所の広報官である砂川真臣2空曹がゲスト出演。空自を目指したきっかけ、勤務経歴を語った。さらに、空自特有の事柄については「飛行機好きにはたまらない」「基地内の居住施設がきれい」などと力説した。

リスナーからは「とても面白かった。次回は、陸自を代表する名物料理を教えて」などの要望があった。

隊友会団体総合生活保険

隊友会団体総合生活保険は、隊友会会員の皆様の福利厚生事業の一環として、ご案内しております。

現役の自衛隊員の方も退職されましたら、是非隊友会にご加入頂き、あわせて団体総合生活保険へのご加入をお勧めいたします。

公益社団法人　隊友会　事務局

| | |
|---|---|
| 傷害補償プランの特長 | ●1日の入通院でも傷害一時金払治療給付金1万円 |
| 医療・がん補償プランの特長 | ●満80歳までの新規の加入可能です。 |
| 介護補償プランの特長 | ●本人・家族が加入できます。<br>●満84歳までの加入可能です。 |
| 無料※でサービスをご提供「メディカルアシスト」 | ●常駐の医師または看護師が緊急医療相談に24時間365日いつでも電話でお応えいたします。<br>※一部、対象外のサービスがあります。 |

※上記は団体総合生活保険の概要を紹介したものです。ご加入にあたっては、必ず「重要事項説明書」をよくお読みください。ご不明な点等がある場合には、お問い合わせ先までご連絡ください。

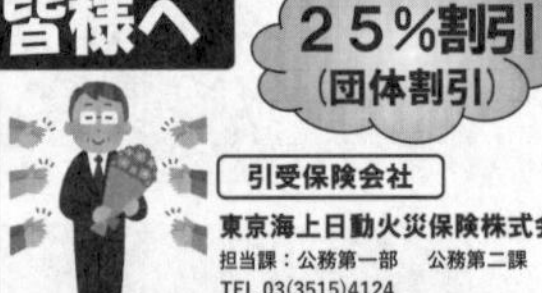


引受保険会社
東京海上日動火災保険株式会社
担当課：公務第一部　公務第二課
TEL 03(3515)4124

資料請求・お問い合わせ先
取扱代理店　株式会社タイユウ・サービス
●隊友会役員が中心となり設立
●自衛官OB会社
〒162-0845 東京都新宿区市谷本村町3-20　新盛堂ビル7階
TEL 0120-600-230
FAX 03-3266-1983　http://taiyuu.co.jp
資料は、電話、FAX、ハガキ、ホームページのいずれかで、お気軽にご請求下さい。

20-TC05169　2020年10月作成

［家族墓］
六和苑
ろくわえん
●一世代家族墓単位で維持・管理
165万円～（彫刻料含む）
年間管理料/10,000円（税別）
墓所 2㎡
二見ヶ浦公園聖地
天神から西へ約30分
■福岡空港から約40分
■博多駅から約35分
■太宰府から約40分
■前原から約15分
風の音を聴きながら、海を眺める公園墓地
公益社団法人 全日本墓園協会会員
公益財団法人 二見ヶ浦公園聖地
〒819-1304 福岡県糸島市志摩桜井3810
www.futamigaura.jp
092-327-2408

防衛ハンドブック 2020　発売中！

シナイ半島国際平和協力業務　ジブチ国際緊急援助活動も
安全保障・防衛行政関連資料の決定版！

判型　A5判　948ページ
定価　本体1,600円＋税　ISBN978-4-7509-2041-2

朝雲新聞社　〒160-0002 東京都新宿区四谷坂町12-20 KKビル
TEL 03-3225-3841　FAX 03-3225-3831　http://www.asagumo-news.com

# 使い捨て貨物グライダー『サイレントアロー』

離島の守備隊などに補給物資を届けることができる使い捨ての「無人貨物グライダー」が米・英軍などに提案されている。上空から輸送機やヘリで投下すると、翼を開いたグライダーは目標地点に向かって自律飛行し、指定された場所に着陸する。制空権を奪われた状況でも補給を継続できるため、離島部隊にとっては「命綱」になる低コストのハイテク装備だ。

## 離島守備隊に補給物資を無人輸送

翼が収納された「サイレントアロー」。この状態で上空から投下される

最大740キロの貨物を空輸できる使い捨てグライダー「サイレントアローGD2000」（いずれもYEC社ホームページから）

### 運用は簡単・低コスト　飛行距離は70キロ

組み立て式の無人貨物グライダー「サイレントアロー（Silent Arrow）GD2000」を開発したのは米国のYEC社。米軍などへの装備化を目指す同機は、胴体となる木箱にスプリング展開式の翼を収納し、運ばれる。使用する際は上蓋の翼の部分を外に出し、空いた内部が貨物庫になる設計で、2人で組み立てが可能だ。

箱は縦横60センチ、長さ2・4メートルで、前後に機首と垂直尾翼の付いた尾部を装着し機体にする。重量は約900キロで、貨物は740キロまで運べる。

これを輸送機やヘリで上空に運び、投下すると自動で4枚の翼が展張し、滑空飛行を開始する。飛行距離は高度や気象条件にもよるが、最大40マイル（約74キロ）飛び続け、自動で着陸する。この高いスタンドオフ性能と低コストから米軍なども注目し、現在、実用試験を行っているという。

YEC社では軍の要望を受け、「GD2000」より60％大きく、5倍以上の貨物を収容できる大型のグライダーも開発中だ。

この使い捨て「貨物グライダー」は制空権が奪われた離島の守備隊への補給などにも活用できる。自衛隊に装備すれば、離島防衛での貴重な兵站のオプションになるかもしれない。

# 技術が光る ＞96＜

## プレキャスト床版ジャケット式桟橋上部工【ヤマウ】

# コンクリート床版を工場製作で工期短縮

島嶼防衛では、艦船での補給が主となるため、港の岸壁や桟橋などの整備が欠かせない。

桟橋の施工で、ジャケット式（鋼管で組み立てた立体トラス構造の脚部を、杭などで海底地盤に固定する工法）桟橋の上部工を行うには、橋の上部に敷き詰めるコンクリート製の床版ブロックが必要となる。従来の「サイトプレキャスト（現地製作）」工法は床版作りに時間がかかり、ブロック製作中の塩害などでコンクリートの表面にひび割れができるなど問題点があった。

そこで株式会社ヤマウ（福岡市早良区）では、床版ブロックを工場内で事前に製作する「プレキャスト床版」の工法を開発。これにより桟橋の工期短縮とコスト低減を実現した。

「当社のプレキャスト床版はサイズが小さく、工場で作ったものをトレーラーで運べるのが最大の特徴です」と話すのはヤマウ技術本部開発部開発Gの田中圭司グループリーダー。

同社が開発したプレキャスト工法にはさまざまなメリットがある。常設の器材設備と専任スタッフにより、品質管理ができるほか、養生設備のおかげでコンクリートの温度・湿度の管理が可能となり、ひび割れも起きない。同時に現場管理費や型枠材などの建設廃棄物の削減も可能だ。

「従来だと長さ5メートルくらいの床版を港の施工現場横で製作していましたが、それだとサイズが大きすぎて車両では運べません。これを半分の大きさにすると工場でも作れ、車で港まで輸送することが可能です。プレキャストは事前に準備ができるので施行時間も短縮できます」と田中さん。

同社が福岡県の博多港で行った施工実績を例に挙げると、サイトプレキャスト工法ではこれまで80日かかっていた床版作りを、工場製作によってわずか28日間で仕上げたという。

「外で作ると台風の接近など複数の要因で工期が伸びます。しかし、工場で作れば工程を短縮できるだけでなく、屋根が付いているので雨の心配もなく、また海水の塩分も飛んでこないので、鉄筋のサビやコンクリートの品質低下を防ぐことが可能です。良質で工期も早く、作業をしやすくするため、ブロックのサイズを小さくしているのもプレキャスト床版の特色です」と田中さんは語る。

同製品は現場ごとにオーダーメイドで床版を用意している。このため接岸する艦船の大きさや荷物の荷重に合わせ、床版1枚当たりの大きさや厚みを変えることができるという。

ヤマウが開発した「プレキャスト床版」は昨年7月、建設業界での優れた新技術を国土交通大臣が表彰する「第21回国土技術開発賞」で、晴れの「創意開発技術賞」を受賞している。

ヤマウが開発した「ジャケット式プレキャスト床版」の模型。ブロックのサイズが半分になり、車両で運べる

# 防衛技術

## 米海軍の次期FFGは「コンステレーション」級に

米海軍はこのほど、次期ミサイル・フリゲート（FFG）1番艦＝イラスト＝について、艦名を「コンステレーション」（FFG62）に決定した。これに伴い、今後建造される同型艦は「コンステレーション」級となる。

同艦は満載排水量約7000トンで、SPY6を小型化したエンタープライズ対空監視レーダー（EASR）、イージス・システム・ベースライン10、ミサイル垂直発射装置（32セル）などを備えた汎用型フリゲートとなる。1番艦の完成は2026年の予定。

# 世界の新兵器 ――543

## 新型「アーレイ・バーク」級DDGフライトⅢ【米】
### イージス・システムの能力が30倍に

防衛省のイージス・アショア計画の代替え関連で、やはりこれについて話題にする必要があるだろう。それが米海軍の新型「アーレイ・バーク」級ミサイル駆逐艦(DDG)フライトⅢだ。

現在建造中のDDG125「ジャック・ルーカス」を1番艦とするフライトⅢは同級の最新改良型で、船体・機関などはほぼ同じであるものの、搭載するイージス・システムはこれまでのSPY1シリーズに替わる新しいSPY6を使用した「ベースライン10」と呼ばれるものだ。

同級の建造はいったんフライトⅡAで終了したが、CG（X）計画の中止や「ズムウォルト」級DDGが3隻で打ち切られたことと、沿海域戦闘艦（LCS）構想の失敗による次期ミサイル・フリゲート（FFG）の建造までの繋ぎの意味もあって再開された。

搭載するベースライン10は、元々のイージス・システムの基本的なデザイン概念である「システム・オブ・システムズ」が存分に生かされた能力向上型で、これまでのものを一新する全く新しいシステムであり、ゆえに「新しいイージス艦」と言っても決して過言ではない。

その中心がSPY6だ。SPY1シリーズは、パッシブ・フェイズド・アレイ（PPA）レーダーと言われるタイプで、最初の「タイコンデロガ」級は送受信機が2台、「アーレイ・バーク」級は1台だった。原理的に一時に送受信できるレーダー・ビームは送受信機の数、つまり後者ではある瞬間、4面あるアンテナのうちの1面から1つだけにしか電力を供給できなかった。これを1面で合計4350個の送受信素子に分配してフェイズ・シフターによって1つのビームに整形して送信し、時分割で4面を使用して全周（海面上の半球）捜索と探知目標の追尾および発射したミサイルの中間誘導を行っていた。このため大気圏内のミサイルや航空機、水平線付近の近距離低高度目標、そして大気圏内外の弾道弾の捜索探知・追尾・ミサイル管制の全てこなしていたため、BMD対処時にはイージス本来の機能に大きな制約が生じていた。

しかし、新たなSPY6は「AESA（Active Electronically Scanned Array）」方式を採用し、37個の送受信機を使用し、4面のフェイズド・アレイから自由に送受信することが可能になった。つまり4面から同時にそれぞれ送受信することもできる。そして知られているところでは、SPY1シリーズに比して探知性能は15dbの向上、あるいは半分の目標サイズのものを倍の距離で可能になり、かつ電子戦環境下にも極めて強いとされる。これによって「AMDR−S（Air and Missile Defense S-band）レーダー」と呼ばれてきたように、航空機や巡航ミサイルに加え、弾道弾にも同時に十分に対応できる多機能・多用途性を実現した。

そして、システムのコンピューターを軍用のものから全面的に汎用製品のCOTSとしたことで演算機能も飛躍的に向上、イージス・システムの能力も格段に高まり（一説では約30倍）、これまでのものとは一線を画するものとなっている。もちろん、ベースライン9から採用された水平線・低高度捜索用のAN／SPQ9Bにより、SPY6の負担軽減も継続され、かつ近距離・低高度目標への対処能力も向上させている。

このため、米海軍ではベースライン9のイージス艦をこのSPY6を使用するベースライン10のシステムにバックフィットし、そして次期FFGとして建造されることが決まったFFG62「コンステレーション」級のシステムとして採用することが検討中とされている。さらにはSPY6の派生型を空母や強襲揚陸艦などに搭載することも計画されているという。

堤　明夫（防衛技術協会・客員研究員）

イージス・システムの能力が格段にアップするDDG125「ジャック・ルーカス」のイメージ（米海軍HPから）

## 技術屋のひとりごと
### 競争優位性を支える従来技術

徳田　優一（陸自教育訓練研究本部研究開発教育室長）

令和元年8月、防衛装備庁から「研究開発ビジョン」が発出された。これは、先端的な研究を中長期的な視点に基づいて体系的に行うため、今後のわが国における防衛能力の獲得に必要な技術について基本的な考えを示した上で技術的課題やロードマップを示したものであり、水中防衛、スタンド・オフ防衛能力といった従来領域における能力強化に加え、宇宙、サイバー、電磁波等の新たな領域における能力の獲得・強化に焦点が置かれている。

多次元統合防衛力を実現するため、先端技術に資源を集中することに異論はない。しかし、サイバー・電子戦で注目された東部ウクライナ紛争においても、結局は戦車等を含む地上部隊により決着がついたことは、従来技術の装備品の優劣も作戦の成否を決する大きな要因となる証である。

また、宇宙、サイバー、電磁波等の装備品をどれほど保有していても、隊員一人一人が使用する車両、火器、弾薬等が非国産であることはデメリットが大きい。国産装備品は隊員が使い易いよう設計され、不具合があれば自衛隊員の意見に応じて改善される。イラク派遣時の軽装甲機動車や89式小銃の迅速な改善はその良い例であろう。そして、そのような装備品で任務にあたった隊員の士気はどれほど高かったかは想像に難くない。さらには、陸戦の主役ともいえる戦車を自国開発できる国は意外と少ない。我が国は、今なお主要装備品を国産化できる技術力をかろうじて有し、その技術力に係る競争優位は抑止力の一部を担っている。しかし、残念ながらその競争優位性を支える技術・生産基盤は年々弱体化している。

厳しい財政環境の中で先端技術の獲得も必要であるが、従来技術をいかに維持・向上させて競争優位を保ち、我が国の抑止力を担うべきか技術者の一人として考えていかなければと思う。（1陸佐）


2021年 自衛隊統合カレンダー
陸・海・空自衛隊のカッコいい写真を集めました！こだわりの写真です！

表紙
好評発売中！
締切り間近!!
(2月) OH-6 と UH-1
(4月) F-15DJ アグレッサー戦闘機
(6月) そうりゅう型潜水艦
(7月) F-35 と F-2A 戦闘機
(8月) 203ミリ榴弾砲と 155ミリ榴弾砲
(9月) 護衛艦の艦隊航行


お申込み受付中！
ホームページ、ハガキ、TEL、FAX で当社へお早めにお申込みください。
（お名前、〒、住所、部数、TEL）
一括注文も受付中！送料が割安になります。詳細は弊社までお問合せください。

●構成／表紙とも で 13 枚（カラー写真）
●大きさ／B3判　タテ型
●定価：1部　1,500円（税別）
●送料／実費ご負担ください
●各月の写真（12枚）は、ホームページでご覧いただけます。

昭和55年創業　自衛官OB会社
株式会社 タイユウ・サービス
〒162-0845 東京都新宿区市谷本村町 3 番 20 号 新盛堂ビル 7 階
TEL:03-3266-0961 FAX:03-3266-1983
ホームページ　タイユウ・サービス　検索

自衛隊装備年鑑 2020-2021
発売中!!
陸海空自衛隊の 500 種類にのぼる装備品を それぞれ写真・図・性能諸元と詳しい解説付きで紹介

資料編
Ⅰ 無人航空機（UAV）の現況と展望
Ⅱ ハイブリッド戦と電磁スペクトラム戦
Ⅲ 海外新兵器情勢
Ⅳ 防衛産業の動向
Ⅴ 令和2年度防衛省業務計画
Ⅵ 令和2年度防衛予算の概要
Ⅶ 防衛装備庁の調達実績及び調達見込

◆判型　A5 判 /524 頁全コート紙使用 / 巻頭カラーページ
◆定価　本体 3,800 円＋税　◆ISBN978-4-7509-1041-3
朝雲新聞社
〒160−0002 東京都新宿区四谷坂町 12 − 20KK ビル
TEL 03−3225−3841　FAX 03−3225−3831　http://www.asagumo-news.com

睦月、霞染月、正月、新春――1月。

1日元日、4日官庁御用始め、7日七草の日、11日成人の日、29日南極昭和基地開設記念日。

むこ投げすみ塗り　松之山温泉（新潟県十日町市）の奇祭。前年に結婚した男性を旅館脇の高台から雪の上に放り投げる。この後、どんど焼きの灰を参拝者同士で顔に塗り合い、無病息災と家内繁栄を祈る。15日

若草山焼き　古都・奈良に早春を告げる伝統行事。春日大社の大とんどで採火された御神火を若草山麓中央に投げ入れ、山に一斉に点火する。面積33ヘクタールに広がる火が冬の夜空を赤く染め上げる。23日

# 山下元中方総監が「オペレーション雷撃」出版

## 3年にわたり構想、執筆

## 隊員応援の思い込め　ハイブリッド戦を小説に

「自衛隊で培った経験を生かし、物語を描きたい」――。陸自に約36年間在籍し、陸幕副長、中方総監など要職を歴任して2015年に退官した山下裕貴元陸将（64）。今年11月、将官経験者としては異例の〝軍事スリラー〟の小説家としてデビューし、中国が仕掛けるハイブリッド戦を描いた『オペレーション雷撃』（文藝春秋刊、1980円）を上梓した。「現役隊員への応援の書」として執筆したという山下氏の国防と小説への〝こだわり〟を聞いた。（菱川浩嗣）

デビュー作『オペレーション雷撃』を手に朝雲新聞社のインタビューに答える山下裕貴元陸将（12月9日、ホテルグランドヒル市ヶ谷で）

本書の最大の特徴は、フィクションでありながらも登場する地名や部隊名などがほぼ実在するというリアルさだ。装備庁が開発中のレールガンや空自に導入間近のF35Bステルス戦闘機など、最新の自衛隊の装備も登場し、物語を引き締める。「事実とフィクションを織り交ぜながら、リアリティーを保った。有事の際、日本の防衛、意思決定メカニズムはどのように機能するのか。隊員には勉強になるように、実情に近いギリギリの流れを描き、さらに読みやすくするため、エンターテインメント風に仕上げた」と山下さん。

退官後、月刊『文藝春秋』誌面での対談出演したことが縁で、自身の経験を生かして軍事小説を書き始めた。最初のきっかけは3佐時代の旧防衛庁広報課での勤務経験だったという。「広報課では多くの国民に国防の重要性をどうやって伝えたらいいかと考える日々だった。そして映画やアニメにあるエンターテインメント性が最適だと気付いた。退役後、元将官が書く小説は重みをもつのではと思い、3年前から構想を練った」。

物語の中で重要な役割を担う特殊作戦群（習志野）。山下さんは同群の創設に携わったことから、「彼らの高いレベルはよくわかっていた。そこで、小説の中で取り上げたいと思った」という。

陸自時代は職務上、報告書には余計なことは一切書かなかったが、「小説は真逆なため、とても苦労した。しかし、（元自衛官の）簡潔明瞭に文書を書ける利点を生かし、文体は短く、シーンをこまめに変えて読者が飽きずに読める工夫をした。映画をイメージし、スピード感をもたせた」と舞台裏を明かす山下さん。

最後にデビュー作『オペレーション雷撃』について、「アフリカのジブチに派遣されている自衛隊の部隊が救出作戦に向かうシーンがありますが、現実でもいざという時、自衛官は仲間を命がけで救出する。その姿を小説に描くことで、隊員に任務に誇りをもってもらいたいと考えた。本書が隊員に力を与え、一般の人には、自衛隊員のすごさを感じてもらえるものになれば」と語った。

陸幕副長時代、アフリカ・南スーダンを訪れ、派遣隊員を激励する山下陸将（中央）。指揮官としての経験を退官後の小説執筆にも生かした（2013年12月）

**朝雲新聞読者5人に本書をプレゼント**

本書を読者5人にプレゼントします。希望者は1月29日（必着）までに、〒160-0002東京都新宿区四谷坂町12-20　朝雲新聞社編集部「オペレーション雷撃プレゼント係」まで住所・氏名を明記の上、はがきで応募してください。

# マイヘルス Q&A

## 痔ろう

## お尻の膿、がんになる恐れも　基本的に切開手術が必要

Q　〝痔ろう〟とは、どのような病気ですか。

A　直腸と肛門周囲の皮膚の間に「ろう管」というトンネルができた状態です。「痔ろう」に直腸から細菌が進入し、慢性的な炎症を起こします。30～40歳台の男性に多い病気です。長期間放置するとトンネルが枝分かれして複雑な形になったり、がんになったりすることがあります。

Q　原因は何ですか。

A　直腸と肛門の境目の歯状線にあるくぼみ（肛門陰窩）から細菌が入り込み、化膿します。この炎症が肛門周囲に広がり、おできのようなものができた状態になります。このおできは、肛門周囲膿瘍という、膿のたまりです。これが皮膚側に自然に破れるか、切開することにより膿が排出されます。

このまま治ることもありますが、多くの場合、膿の通り道が「ろう管」として残ります。これが「痔ろう」という状態です。ストレスやアルコール摂取による下痢が原因のひとつと考えられています。

Q　どんな症状ですか。

A　肛門周囲膿瘍の場合は、突然の肛門周囲の痛みや腫れ、発熱などです。膿瘍が深い部分にできた場合は肛門の腫れがなく、発熱や肛門痛のみのこともあります。「痔ろう」になると、持続的に膿が出て、下着が汚れます。また、膿の出口がふさがると膿瘍ができて、肛門周囲膿瘍と同様の症状が出ます。

Q　どのような治療がありますか。

A　肛門周囲膿瘍の場合は、膿がたまっている部分を切開し、膿を外に出します。これだけで治りが悪ければ、抗菌薬を使うこともあります。「痔ろう」になると、基本的には手術で治すしかありません。同じ肛門の病気であるイボ痔や切れ痔と比べ、「痔ろう」はあまり知られていませんが、長い間放置すると、複雑な形になったり、がんになったりして治療が難しくなります。

発熱を伴う肛門の突然の腫れや痛み、下着が便や膿のようなもので時々汚れるなどの症状がある場合は受診してください。

自衛隊中央病院第1外科（5西病棟医長）　深澤 智美

## 隊員愛読書ベスト5

<入間基地・豊岡書房>
❶防衛白書―日本の防衛―令和2年版　防衛省編　日経印刷　¥1397
❷大迫力のエンベロープ戦　空自衛隊TPC創設50周年記念写真集　徳永克彦著　ホビージャパン　¥8690
❸自衛隊一般曹候補生採用試験2022年度版　一ツ橋書店　¥1540
❹航空無線ハンドブック2021　イカロス出版　¥1900
❺おもかげ　浅田次郎著　講談社　¥924

<防衛省・三国堂書店>
❶統合幕僚長　我がリーダーの心得　河野克俊著　WAC　¥1650
❷オペレーション雷撃　山下裕貴著　文藝春秋　¥1980
❸中国海軍VS海上自衛隊―すでに海軍力は逆転している　トシ・ヨシハラ著、武居智久監訳　ビジネス社　¥1760
❹現代戦争論―超『超限戦』これが21世紀の戦いだ　渡部悦和、佐々木孝博著　ワニブックス　¥1320
❺新型コロナで激変する日本防衛と世界情勢　黒井文太郎著　秀和システム　¥1870

<神田・書泉グランデミリタリー部門>
❶世界の傑作機No.198 SBDドーントレス　文林堂　¥1466
❷日本の機関銃写真集　吉川和篤著　イカロス出版　¥2750
❸ソ連軍〈作戦術〉縦深会戦の追求　D・M・グランツ著　梅田宗法訳　作品社　¥4180
❹20世紀の世界航空戦史　秦郁彦編　潮書房光人新社　¥4290
❺戦略航空偵察　西山邦夫著　並木書房　¥2640

<トーハン調べ11月期>
❶おしりたんてい　おしりたんていのこいで!?　トロル著　ポプラ社　¥1078
❷世界一かんたん定番年賀状2021　年賀状素材集編集部編　KADOKAWA　¥438
❸劇場版鬼滅の刃―無限列車編ノベライズ　吾峠呼世晴原作、矢島綾小説　集英社　¥770
❹はやわざ年賀状2021　インプレス年賀状編集部編　インプレス　¥429
❺劇場版鬼滅の刃―無限列車編ノベライズみらい文庫版　吾峠呼世晴原作、松田朱夏著　集英社　¥770

# ●朝雲新聞より読者プレゼント●

## 備蓄用として最適　「防災スイーツパン」（缶入）　売上10000缶達成！

「防災スイーツパン」を紹介するパン・アキモトの秋元社長（中）、タイユウ・サービスの林社長（左）、右は堀部部長

株式会社タイユウ・サービスで販売中の「防災スイーツパン」（各缶とも陸・海・空自衛隊ラベル）の売上げが、ついに1万缶を達成しました。これを記念し、朝雲読者に「防災スイーツパン」（製造元・株式会社パン・アキモト、本社・栃木県那須塩原市）3缶セットを5名様にプレゼントします。

この「防災スイーツパン」は若田飛行士が宇宙に、海自砕氷艦「しらせ」は南極にそれぞれ携行している人気商品。TVでも紹介され「美味しく安心・安全なスイーツパン」です。保存も3年間と長く、備蓄用に最適です。

## 書籍『きっと楽になる家族介護のすすめ』（石井統市著）プレゼント

人生100年時代と言われる中、超高齢化による〝国民総介護〟時代が目前に迫っています。誰もが介護と向き合う時代に参考となる書籍『きっと楽になる家族介護のすすめ』（発行・財界研究所）＝写真＝を朝雲読者に5冊プレゼントします。

母の介護を13年間体験し、68歳で介護職員となり、72歳で介護福祉士になった著者からの老化の理解や介護のコツなど、知っていれば楽になれる知恵が満載です。

著者は陸自少年工科学校出身で「国民の皆さまへの恩返し」という思いから、戦争でつらい体験をされた高齢者の方のために介護施設での勤務を続けています。

後半は高齢者対策の推進者の一人である辻哲夫厚生労働省元事務次官との鼎談で、家族介護の重要性を提案。辻元次官は高齢化対策を早急に実施することは、日本の内なる国防との考えを示しています。

親を介護している方、介護でお困りの方には必読の書です。一家の家庭読本としても最適な一冊です。

◆応募方法・締め切り日

希望商品を明記の上、郵便はがきで〒160-0002東京都新宿区四谷坂町12―20ＫＫビル　朝雲新聞社営業部プレゼント係まで申し込みください。

●「防災スイーツパン」３缶セットは５名様に。締め切り令和３年１月29日　（当日消印有効）

●『きっと楽になる家族介護のすすめ』は５名様に。締め切り令和３年１月29日　（当日消印有効）

## 私が読んだ　この一冊

**エルヴィン・ロンメル著「歩兵は攻撃する」（作品社）**
中方装備部（伊丹）　吉野晴哉1陸尉　35

この書籍は50歳でドイツ国防軍元帥となり第2次世界大戦で活躍したエルヴィン・ロンメルが、若手士官時代に歩兵小隊長として第1次世界大戦を戦った際の手記だ。

戦場の霧という不確定要素に包まれた中で、小部隊指揮官として彼がどのような状況判断を迫られ、決心したかを追体験できる。ロンメル直筆の状況図が挿入されていて、ヨーロッパの土地勘がなくても分かりやすく、2・3尉の初級幹部自衛官におすすめしたい。

**内田樹著「サル化する世界」（文藝春秋）**
203整備補給隊（下総）　白石敦朗3海佐　46

皆さん、スマホを片手に「お気に入り」の記事ばかり読んでいませんか。本書はそんな私に格好の「知の刺激」となりました。挑発的なタイトルの由来はもちろん、ポピュリズム、新元号、戦後国際秩序や日本政治、英語教育、高齢者、貧困、雇用など現代社会の多岐にわたるエッセイ集です。また「自分探し」にやや疲れ気味という方にもおすすめします。効能は読んで確かめてください。

**ヒロ前田、清涼院流水著「不思議の国のグプタ」（アルク）**
作戦情報隊（横田）　戸鞠寛紀1空尉　29

皆さんも長年、受験し続けてきた英語の能力を判定するテスト・TOEIC。本書はTOEICの世界観を題材にしたミステリー小説だ。

ある日、主人公「グプタ」は不思議な違和感をおぼえ、図書館はいつも閉まっていたり、コピー機は使おうとするといつも壊れていたりする。飛行機もいつも悪天候で遅れているなど不可解な謎に「グプタ」が単身、その謎に迫っていく。長くも短い約200分間の物語を解くヒントが散りばめられており、読み応えのある一冊だ。

昭和55年創業　自衛官OB会社
株式会社 タイユウ・サービス
〒162-0845
東京都新宿区市谷本村町3番20号 新盛堂ビル7階
TEL:03-3266-0961　FAX:03-3266-1983
ホームページ　タイユウ・サービス　検索

創立60周年記念　ブルーインパルスマスク（青・白2色）
マスク素材等
・綿95%、スパンデックス5%
・フリーサイズ（男女兼用）
・フィット感良好、伸縮素材
・丸洗い繰り返し使用可能
2枚セット価格
1,600円（税込・送料別）
（色は組合せ自由）
※2枚セットでのご注文をお願いいたします。
5セット以上ご注文の際は1割引で販売！

防災スイーツパン
陸・海・空自衛隊の『カッコイイ』写真をラベルにに使用
3年経っても焼きたてのおいしさ♪
TV「カンブリア宮殿」他多数紹介!
内容量：100g／国産／製造：㈱パン・アキモト
1缶単価：600円（税込）　送料別（着払）
陸上自衛隊：ストロベリー　イチゴジャムの甘い香りと美味しさが口の中に広がります。
海上自衛隊：ブルーベリー　甘酸っぱい、さわやかなブルーベリージャムの風味が楽しめます。
航空自衛隊：オレンジ　オレンジのジャムを練り込んだ、柑橘系のさわやかな味です。
【定価】6缶セット 3,600円（税込）を 特別価格 3,300円（税込）／1ダースセット 7,200円（税込）を 特別価格 6,480円（税込）／2ダースセット 14,400円（税込）を 特別価格 12,240円（税込）
（送料は別途ご負担いただきます。）

発売中！　2021自衛隊手帳
2022年3月末まで使えます。
使いやすいダイアリーはNOLTY能率手帳仕様。
年間予定も月間予定も週間予定も
この1冊におまかせ！

MONTHLY
WEEKLY

お求めは防衛省共済組合支部厚生科（班）で。
（一部駐屯地・基地では委託売店で取り扱っております）
Amazon.co.jp または朝雲新聞社ホームページでもお買い求めいただけます。

編集／朝雲新聞社
制作／NOLTYプランナーズ
価格／本体900円＋税

朝雲新聞社
〒160－0002 東京都新宿区四谷坂町12－20KKビル
TEL 03－3225－3841　FAX 03－3225－3831　http://www.asagumo-news.com

あさぐもドンマイ 吉本どんど

# 陸自警務隊、「鑑識競技会」精密に

## 「指紋」や「足跡」の採取、「パソコン押収」など5項目

陸自警務隊（市ヶ谷）の「令和2年度鑑識競技会」が12月16日、防衛省市ヶ谷体育館で行われ、全国の5個方面警務隊の代表5チームが出場。指紋採取などの鑑識技量を競った結果、北部方面警務隊（札幌）が優勝した。

# 北方警務隊が優勝

## 5個方面警務隊の代表出場し

## 「訓練成果発揮できた」

大きなパーテーションで仕切られ、五つの"現場"が設置された会場の体育館。5個方面警務隊のそれぞれ5人一組（幹部1人、陸曹4人）の代表チームが静かに精密な作業を続けた。

ある部隊の部隊長室のパソコンに不正にアクセスされたことを示すアラートが検知され、隊員が駆け付けたところ侵入者が窓から出ていった、という想定で競技は実施された。

現場での「指揮」、「指紋」と「足跡」の採取等、立証するための「写真」の撮影、さらに「パソコン押収」の手続きの5項目について、培ってきた技量が競われた。

デジタルタイマーに表示される競技時間（2時間）の残り時間が減じていく中、各チームは幹部の指揮の下、手分けし、細心の注意を払いながら作業を進めた。

パソコンやデスク周辺で侵入者のものと見られる指紋を丁寧に検出、採取した。また、全神経を集中させて足跡をフィルムに写し取り、石膏で固めた。

各項目のデータは、「班員を効率的に運用し、実況見分を競技時間内に終了させているか」（指揮）、「全体が採取されているか」（指紋、足跡）などが評価・判定された結果、北方警務隊が1位に輝いた。

同隊幹部の横道潤2尉は、「警務隊競技会に先立って方面警務隊競技会が開催され、それに向けて練成訓練を重ねた。その成果を遺憾なく発揮できた」。パソコン押収に当たった高橋寿行曹長は、「一般的にもサイバー、インターネット犯罪等が増加している。（今回の競技会を）今後の事件捜査でも生かしたい」と語った。

統裁官の梅田将警務隊長は、「証拠収集を行う目的は同じだが、チームごとにさまざまな手法があり、お互いに参考になったと思う。現場鑑識活動は事件の解決、真相究明のために極めて重要。今回の競技会に向けて切磋琢磨し向上させた識能に満足せず、普及、発展させ続けることを期待する」と訓示を述べた。

㊤フィルムに写し取った侵入者の足跡を確認する北方警務隊の隊員　㊧ボード上に残されている侵入者の指紋をカメラで接写する東方警務隊の隊員

警務隊の「鑑識競技会」を制した北方警務隊チーム（市ヶ谷体育館で）＝陸幕提供

### 中央大会に先立ち北方警務隊鑑識競技会

### 120地区警務隊制す

【北方警＝札幌】陸自北部方面警務隊（隊長・國場進1佐）は11月11～13日、札幌駐屯地で「方面警務隊鑑識競技会及び弁論大会」を行い、職務能力向上などを図った。鑑識競技会は、道内の各警務隊から5チーム（1チーム5人一組）が出場。業務用パソコンに不正アクセスされたという想定で技術を競った。

各チームの隊員たちは日頃培ってきた技量を披露し、指紋や足跡の採取などに当たった。競技の結果、120地区警務隊（真駒内）が優勝。指揮した横道潤2尉は「全員がしっかりと仕事をしてくれた」と語った。準優勝は121地区警務隊（帯広）だった。

弁論大会は各部隊で選抜された幹部・陸曹各6人計12人が「警務隊員として私はこうありたい」の命題で発表。幹部は河村貴乃1尉（方面警務隊本部）、陸曹は末吉大輔2曹（同）が最優秀賞に輝いた。

## 大雪による関越道の車両立ち往生で

## 隊員約430人が救援活動

新潟

新潟県などで続いた大雪で12月16日以降、関越自動車道の一部区間で車両の立ち往生が発生。派遣要請を受けた陸自30普連（新発田）などの各部隊が救援物資の配布に当たった。

車両の立ち往生が解消されないことから、運転手らへの救援物資の供給が必要となり、12月17日午後2時46分、新潟県知事から30普連長に災害派遣が要請された。

隊員たちは六日町インターチェンジから関越道を南北に展開し、長時間停車している車内の運転手らへ水、食料、燃料、毛布を配布。また、安否を確認した。上り車線を自衛隊、下り車線をNEXCO東日本が担当した。

最大時上下約15キロ、約1100台が立ち往生していたが18日に解消され、同日午後10時46分、撤収が要請され部隊は帰隊した。30普連、2普連（高田）、48普連（相馬原）、12後方支援隊（新町）などの隊員約430人が活動した。

立ち往生している車両の運転手に食料を手渡す2普連基幹の災派部隊隊員（12月18日）＝12旅団提供

### 1空群は屋久島、15旅団は徳之島から

## コロナ患者を空輸

海自1空群（鹿屋）は12月9日、鹿児島県の屋久島から鹿児島市へ新型コロナウイルス感染症陽性者2人を急患空輸した＝写真（統幕）。

午前11時25分、鹿児島県知事から1空群司令に災害派遣が要請され、UH60J救難ヘリ1機が直ちに鹿屋基地を離陸。屋久島空港に到着後、患者2人を収容し、鹿児島市のマリンポートかごしまへ空輸、同市の救急隊に引き継いだ。

一方、同県の徳之島でも12月8、10の両日、コロナ患者空輸の災害派遣が陸自15旅団（那覇）に要請された。CH47JA輸送ヘリ1機が徳之島空港で患者を収容。奄美大島の佐大熊ヘリポートへ搬送し、海上保安庁のヘリと救急隊に引き継いだ。8日に空輸した患者数は9人、10日は19人だった。

## 靖国神社の清掃奉仕 東京都隊友会

【東京都隊友会】東京都隊友会（三田克巳会長）は12月6日、靖国神社で恒例の清掃奉仕活動を行った。

当日は会員とその家族30人が朝8時に靖国神社の社務所前に集合。松下孝雄事務局長から実施要領の説明を受けた後、神門から参道まで、約1時間かけて桜の落葉をほうきでかき集める清掃作業に当たった。

その後、希望者による昇殿参拝も実施し、代表者が玉串を奉納して英霊に対する感謝の誠を捧げた。

「清掃・顕彰」事業の一環として平成10年に江東支部を中心に始まったもので、次第に輪が広がり、23年度から東京都隊友会の事業に格上げされた。

「3の倍数月の第1日曜日、朝8時に社務所前集合」と定めて恒例化し、今回で41回目を迎えた。毎回、予備自衛官を含む20～25人の隊友会正会員を中心に、特別会員や小中学生も参加している。

松下事務局長は「ささやかな奉仕ですが、希望者のいる限り、続けていきたい。参加条件はないので、ぜひ気軽にご参加下さい」と広く呼び掛けている。

清掃奉仕活動を行う東京都隊友会の会員ら（12月6日、千代田区の靖国神社で）

## こちら警務隊

飲酒関連犯罪④

### 後悔しても手遅れだ！ 記憶なくても住居侵入罪

泥酔して他人の家に入ったが、その記憶がなくても犯罪になりますか？

正当な理由がないのに他人の住居等に侵入した場合は、刑法第130条の住居侵入罪に該当し、3年以下の懲役又は10万円以下の罰金に処せられます。

住居侵入罪は家の中だけでなく、塀や門の中である敷地内に入った場合も処罰の対象となります。

また、犯罪する前に飲酒するまでは自らの意思であり、たとえ記憶がなくても責任を免れることはできません。

泥酔して罪を犯し、後悔しても手遅れです。くれぐれも記憶をなくすほどの飲酒は避け、自ら犯罪の予防に努めましょう。

（東部方面警務隊）

STOP! パワハラ!!
～その指導、大丈夫ですか？～
ハラスメントは組織を劣化させ、規律を損なわせる行為であり、絶対に許されません。
たとえ、指導内容が正しくても、
人格を否定する、精神的に追い詰める指導方法はパワハラです。
人事教育局服務管理官

### 小休止

▽…新潟地本（本部長・大倉正義1陸佐）は12月14日から25日まで、本部と各募集事務所でクリスマスプレゼント企画を実施している。

▽…新潟地本公式ツイッターのフォロワーに感謝を込めて、期間内に本部・各募集事務所に訪れたフォロワーに2021年自衛隊カレンダーをプレゼントするもの。ツイッターでは新潟地本公式キャラクターのマモルくん＝写真左＝とマイちゃん＝右＝が企画をPR。初日の14日、早速10人が来訪した。

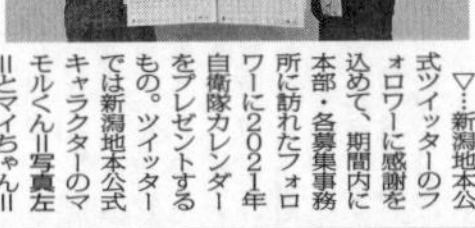

▽…広報担当者は「今後も電子広報の一環として、フォロワーと交流できるイベントを企画したい」と決意を語っている。（新潟地本）

防衛省職員・家族団体傷害保険／防衛省退職後団体傷害保険

団体傷害保険の補償内容が 一部改定 になりました！

Point 1 新型コロナウイルスが新たに補償対象に!!

A型（家族補償タイプ）・B型（個人補償タイプ）・D型（予備自衛官等用）に「指定感染症追加補償特約」がセットされ、特定感染症の補償範囲が「指定感染症※1」まで拡大されました。それにより、これまで補償対象外であった新型コロナウイルスも新たに補償対象となります。

（注）指定感染症追加補償特約の対象となる方は、A型・B型では防衛省共済組合員ご本人、かつ、記名被保険者ご本人に限ります。公務中や通勤災害中の事故に限定せず幅広く補償いたします。

※1 特定感染症危険補償特約に規定する特定感染症に、感染症の予防及び感染症の患者に対する医療に関する法律（平成10年法律第114号）第6条第8項に規定する指定感染症（注）を含むものとします。
（注）一類感染症、二類感染症および三類感染症と同程度の措置を講ずる必要がある感染症に限ります。
※2 新たにご加入された方や、増口された方の増口分については、ご加入日以降補償の対象となります。ただし、保険責任開始日からその日を含めて10日以内に発病した特定感染症に対しては保険金を支払いません。

Point 2 2020年2月1日に遡って補償！

2月1日以降に発病されたものから補償の対象※2となるため、既にご加入されている方で、該当する方は、三井住友海上事故受付センター（0120-258-189）までご連絡ください。

Point 3 既にご加入されている方の新たなお手続きは不要！

既にご加入されている方は、新たなお手続きや追加の保険料のお支払いは必要ありません。

気になる方は、各駐屯地・基地に常駐員がおりますので弘済企業にご連絡ください。

［引受保険会社］（幹事会社）
三井住友海上火災保険株式会社
東京都千代田区神田駿河台 3-11-1　TEL：03-3259-6626

［共同引受保険会社］
東京海上日動火災保険株式会社　損害保険ジャパン株式会社　あいおいニッセイ同和損害保険株式会社
日新火災海上保険株式会社　楽天損害保険株式会社　大同火災海上保険株式会社

［取扱代理店］
弘済企業株式会社　本社：東京都新宿区四谷坂町 12 番地 20 号 KK ビル　TEL：03-3226-5811（代表）

# みんなのページ

# オンリーワン活かす

3陸曹　木村 太郎（札幌地本・南部地区隊）

部屋の電灯を消すと月明かりが差し込み、窓を開けると夜風に乗って真駒内駐屯地の方から大型トラックのものと思われるエンジン音が聞こえてきました。「夜半頃から活動するトラックは輸送隊の所属」と聞いたことがあります。

この夜中にあのトラックは何のために、どこに向かうのだろうという想いから、今回は北部方面輸送隊長の山内徹1等陸佐にお話を聞きました。

輸送隊の勤務形態はトレーラー中隊の運搬する積載物の特性のため、道路交通法上、任務を21時から翌朝6時までに完了しなければなりません。そのため、1週間単位でシフトを組み、日没とともに準備を開始し、日の出とともに終了するという、昼夜が逆転した大変厳しい任務を日々遂行しています。

このため、家族との団らんの時間帯に任務を遂行しなければならない隊員の士気を向上させ、組織力を高めるため、山内1佐に隊員への要望事項やモットーについてお尋ねしました。

すると、隊長から「オンリーワンを活かすこと」との回答をいただきました。さらに「若者が定着しない組織はなくなる」との言葉が続き、私は大きな衝撃を受けました。

私のような20代の隊員はこれまで「ナンバーワンよりオンリーワン」という環境で育ちました。山内1佐はブラジルにおいて初代の防衛駐在官を経験されています。外国での教育は「個」を尊重し、「集団」を尊重する我が国とは価値観が異なってきました。

しかしながら、日本でも最近は昔に比べて個性的な価値観が根付いてきているように感じます。そのため、「自衛隊ではいま文化の衝突が起きている」と山内1佐は言います。それは、苦手な種目でもナンバーワンとなることを目指して訓練を重ね、オールマイティーを求められてきた世代と、「個」を尊重する若い世代との衝突です。

「北部方面輸送隊にはオンリーワンを持った隊員が多数所属している」と隊長は言います。自衛隊の魅力を友人や知人に伝え、自ら後輩を獲得する隊員、イラストを得意とし、輸送隊のロゴマークを制作した隊員などです。

これまでの部隊の文化を改革し、「オンリーワンの能力を輝かせることができる組織にする」という山内1佐は、いま先頭に立って改革を推し進めているということです。

「オンリーワンの能力」を持ちながら、これまで組織の中で輝くことができなかった隊員の閉そく感を解消し、「自分も部隊で活躍することができる」という希望を与えることが、今の時代においては「若者を定着させる組織」の要件であると思います。

アイドルグループSMAPの曲の歌詞に「ナンバーワンにならなくてもいい、もともと特別なオンリーワン」というフレーズがありますが、山内隊長のお話を聞いて、自衛隊でもこれを地で行く部隊があると知り、私はうれしくなりました。

そして私たち「個を尊重する世代」に温かい日差しが差し込んだような気持ちになりました。

北部方面輸送隊の若い隊員がデザインした帽子をかぶった隊長の山内1佐（右）と札幌地本の木村太郎3曹

## 鹿児島地本国分援護センター

# 駐屯地援護会同を支援

准陸尉　福滿 由美子（国分駐屯地援護室長）

鹿児島地本国分援護センターはこのほど、国分駐屯地で開かれた令和2年度第3回駐屯地援護担当者会同を支援しました。

本会同は連隊の第1科長、各中隊長等、駐屯地援護担当者約30名に対する会同で、コロナ禍による厳しい雇用情勢と職業別求人状況などを説明するとともに、定年隊員、任期制隊員の再就職に向けた進捗状況、西方援護業務課の新規事業である「ユーチューブ掲載の援護チャンネル」について情報提供を行いました。

また、再就職規制違反に対する罰則の概要や、採用通知後の「再就職の約束の届出」義務についても説明、佐官以上の「利害関係確認票」の提出要領なども理解していただくよう努めました。

国分援護センターでは隊員の再就職に向けての個々の面談を通じ、一人一人の希望や特性に応じた就職援護ができるよう、連隊第1科と連携を図り、隊員が後顧の憂いなく職務に邁進できるよう、これからも援護業務を推進して参ります。

国分駐屯地で行われた令和2年度第3回援護担当者会同

# やりがいある新幹線警備

海自OB　鈴木 満治（全日警・静岡支社）

私は、2018年12月に海上自衛隊を定年退官し、全日警静岡支社に入社しました。新任教育を経て東海道新幹線の警乗警備隊・静岡隊に配置され、業務が始まりました。

仕事の内容は静岡駅の待機所に出勤し、装備を装着して当直員の出発前点検を受け、指定された新幹線に乗車します。東京―名古屋間を主体に乗務し、車内を巡回して不審者等による危害の未然防止に努めます。

先日、東京行こだま号を巡回中、乗客から「15号車で奇声を発している男性がいて怖い」という通報を受けました。現場に急行し、奇声をあげていた男性に声をかけ、危険の有無を確認して車掌に報告しました。

しばらくの間、現場で男性を監視し乗客の安全確保に努めていましたが、車掌長の判断により途中の静岡駅において男性を下車させ、警察に引き渡しました。

後日、別の車両で同じ車掌長と一緒に勤務した際、「あの時、鈴木さんがいてくれて助かった。また宜しくお願いします」と感謝の言葉をいただきました。

全日警入社の動機は、給与と自宅からの通勤距離を重視して決めたのですが、新幹線に勤務し、車掌やパーサー、乗客から感謝の言葉をいただくたび、「この仕事を選んでよかった」と感じています。

これからも自衛官OBとしての誇りをもち、東海道新幹線の安全運行に貢献していきたいと考えています。

（元横須賀警備隊港務隊、海曹長）

# 陸士施設機械操作課程で学んだこと

1陸士　岩間 瑞稀（14施設群397施設中隊・上富良野）

私は9月29日から10月23日まで幌別駐屯地で行われた陸士施設機械操作課程教育に参加しました。

教育ではドーザーとバケットローダーの操作要領を学びました。この教育で私は「自ら考える」ということが大切だと感じました。

1日の実技時間（器材に乗れる時間）が限られているため、周りの人がどうやっているのかを見て考え、ドーザー前面にある排土板の動かし方はこういうやり方もあるんだと、技術を学ぶことができました。

また、教えてくださる助教の方も考え方が違ったりするので、いろいろな考え方を聞くことで自分に合ったやり方を探すことができました。

課題はドーザーによる埋め戻しと土を平らにする整地作業です。整地作業は排土板を細かく上下に操作しないと坂ができたり、土を削りすぎてしまうので微調整がとても難しいです。

今後は演習場整備などでドーザーを操作し、自分の課題を克服し、上手くなって中隊に貢献したいと思います。たくさん悩んで考えて、より良いドーザー手になりたいです。

# 後期教育で絆を深めた

2陸士　長原 星（8普連3中隊・米子）

後期教育隊の3カ月間は、私を成長させてくれるものでした。教育当初は「男性隊員に負けないように」という強い気持ちと、前期教育で一緒だった同期も同じ状況で頑張っているだろうという気持ちが支えとなり、教育に臨んでいました。

そのため、「しんどいのは自分だけじゃない」と思うと、どんな訓練でも本気で取り組むことができました。しかし、35キロ行進では、体力・精神力ともにきつく、何度も気持ちが折れそうになりましたが、同期の励ましもあり脱落せずに頑張ることができました。

また、後期教育は前期と異なり、周囲が男性隊員ばかりでとても緊張し、自ら話しかけることがなかなかできませんでしたが、自分を変えるために積極的に話しかけることで同期との絆が深まり、無事に教育を修了できたことをとても嬉しく思います。

これから中隊配置となりますが、教育隊で学んだことを糧に、感謝の気持ちを忘れず、一戦力になれるよう日々精進していきたいと思います。

## OBがんばる

# 謙虚かつ前向きに

白鷹 英昭さん　56

平成30年9月、空自航空システム通信隊（市ヶ谷）を最後に定年退職（特別昇任3尉）。ライジング厚生サービスに再就職し、銀行独身寮で施設管理人を務めている。

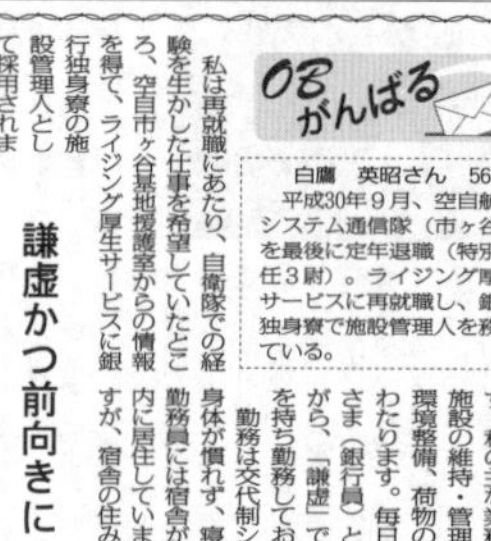

私は再就職にあたり、自衛隊での経験を生かした仕事を希望していたところ、空自市ヶ谷基地援護室からの情報を得て、ライジング厚生サービスに銀行独身寮の施設管理人として採用されました。

弊社は大手都市銀行の福利・厚生施策に係る業務等で行員の方々に安心・安全とホスピタリティを提供しています。私の主な業務は、寮長の指導の下、施設の維持・管理、防犯、防火、防災、環境整備、荷物の受け渡しなど多岐にわたります。毎日、寮に居住するお客さま（銀行員）と良好な関係を保ちながら、「謙虚」で「前向き」に緊張感を持ち勤務しております。

勤務は交代制シフトで、入社当初は身体が慣れず、寝不足になりました。勤務員には宿舎が貸与され、私は施設内に居住しています。プチ単身赴任ですが、宿舎の住み心地は良く、休日は自宅に帰ることができます。

これから再就職される皆さまには「50歳を超えた就職は、相応の仕事と報酬になる」ということをお伝えしたいと思います。頭では理解していても、実際やってみるとその違いに悩むこともあります。

しかし、初心を忘れず、何事も謙虚かつ前向きに取り組んでいれば、おのずと仕事も楽しく感じられるものです。まずは駐屯地・基地の援護担当窓口に足を運び、相談してみてはいかがでしょうか。

（世界の切手・ウルグアイ）

弱い人、強い人、金持ち、貧しい人。世界はこれでいいとは思わないが、ともかくハッピー・クリスマス！

ジョン・レノン（英国の音楽家）

朝雲ホームページ
www.asagumo-news.com
<会員制サイト>
Asagumo Archive
朝雲編集部メールアドレス
editorial@asagumo-news.com

## 新刊紹介

### 「マーシャル・プラン」
——新世界秩序の誕生
ベン・ステイル著、小坂 恵理訳

新型コロナのワクチンが「外交の武器」になりつつある。ロシアや中国は、安全がまだ確認されないうちから途上国などにワクチンを供与、恩を売り、自国の影響力拡大を目論んでいる。良くも悪くも、そのモデルとなっているのが第2次大戦後、戦禍を受けた西欧各国を積極的に経済援助した米国の「マーシャル・プラン」だ。

著者は米外交問題評議会のシニア・フェローで、同政策を立案したジョージ・マーシャル国務長官の理念から、米国の国家戦略、援助を通じての外交の成果などまで分析している。

注目されるのは、70年前の同プランと今日の米中冷戦下での対外援助政策を比較し、影響力拡大を狙う中国の意図なども考察している。

著者は「マーシャル・プランが米外交の最大の成果の一つとして記憶されるのは、先見の明とともに実際に効果を発揮したからだ」と指摘、「政治的な成果を上げるには高い理想と同時に現実に目を向けることが必要」と述べている。

国際政治も「情けは人の為ならず」の世界であることがわかる。

（みすず書房刊、5940円）

### 「ミリタリー・カルチャー研究」
——データで読む現代日本の戦争観
ミリタリー・カルチャー研究会著

先の大戦で未曽有の戦禍を受けた日本は、戦前・戦中への徹底的な批判と否定から戦後をスタートさせた。この結果、戦争や軍隊は国民生活から排除され、それでいて国防は米国に依存するなど、日本独自の「ミリタリー・カルチャー」が発展した。本書はこの軍事文化を解明した研究書である。

著者は吉田純京都大学教授らで「軍事文化とは何か」「日本の戦争と戦後」「メディアのなかの戦争・軍隊」「趣味としてのミリタリー」「自衛隊と安全保障」の5部で構成。1960年代に隆盛した戦記マンガ、兵器プラモデルなどの少年文化から、2010年頃に国民の戦争や軍事に対するイメージが大きく変化し、これが自衛隊への意識にも大きな変化を及ぼしたことなどを明らかにしている。

本研究では、大規模な調査によって得た自衛隊への印象と評価、侵略された時の対応など、国民の意識を詳細に分析しており、このデータは防衛省にとっても貴重な資料となるだろう。（青弓社刊、3300円）

## 詰将棋

出題　日本将棋連盟　九段　石田 和雄

第834回出題

先手　持駒　なし

【ヒント】つるし桂の手順を作る工夫（10分で一級）。

▶詰碁、詰将棋の出題は隔週です◀

## 詰碁

出題　日本棋院　九段　曲 励起

第1249回解答

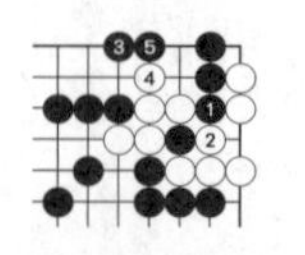

【解答図】黒先、白死。黒❶がまず大切で、白②の時、黒❸がまた大切です。白④には黒❺で白死です。

「朝雲」へのメール投稿はこちらへ！
▽原稿の書式・字数は自由。「いつ・どこで・誰が・何を・なぜ・どうしたか（5W1H）」を基本に、具体的に記述。所感文は制限なし。
▽写真はJPEG（通常のデジカメ写真）で。
▽メール投稿の送付先は「朝雲」編集部（editorial@asagumo-news.com）まで。

よろこびがつなぐ世界へ
KIRIN
一番搾り
Brewed from only the first press of genuine malt for a crisp, delicious flavor.
おいしいとこだけ搾ってる。
KIRIN'S PRIME BREW
KIRIN BEER
一番搾り
〈麦芽100%〉
ALC.5%　生ビール　非熱処理
お酒
ストップ！20歳未満飲酒・飲酒運転。お酒は楽しく適量で。
妊娠中・授乳期の飲酒はやめましょう。のんだあとはリサイクル。
キリンビール株式会社

越後「たかの」スティック保存食
パスタやリゾットが携帯できる
イタリアンシェフシリーズ※
イタリアンレストランの味を携行食・増加食・保存食で！
※イタリアンシェフ監修
チーズリゾット
パエリア
ラザニア
ナポリタン
トマトクリーム
さばトマト
ハンバーグトマトソース
スティックライス
調理後画像はイメージです。
定番品のスティックライスは自衛隊に納入され好評です！
ご注文お問合せ
株式会社たかの
〒947-0052　新潟県小千谷市大字千谷甲 2837-1
TEL：0258-82-6500　FAX：0258-82-6620　MAIL：info@takano-niigata.co.jp

# 防衛省・自衛隊専門紙「朝雲」のデータベース！

# 朝雲アーカイブ

## ニュース

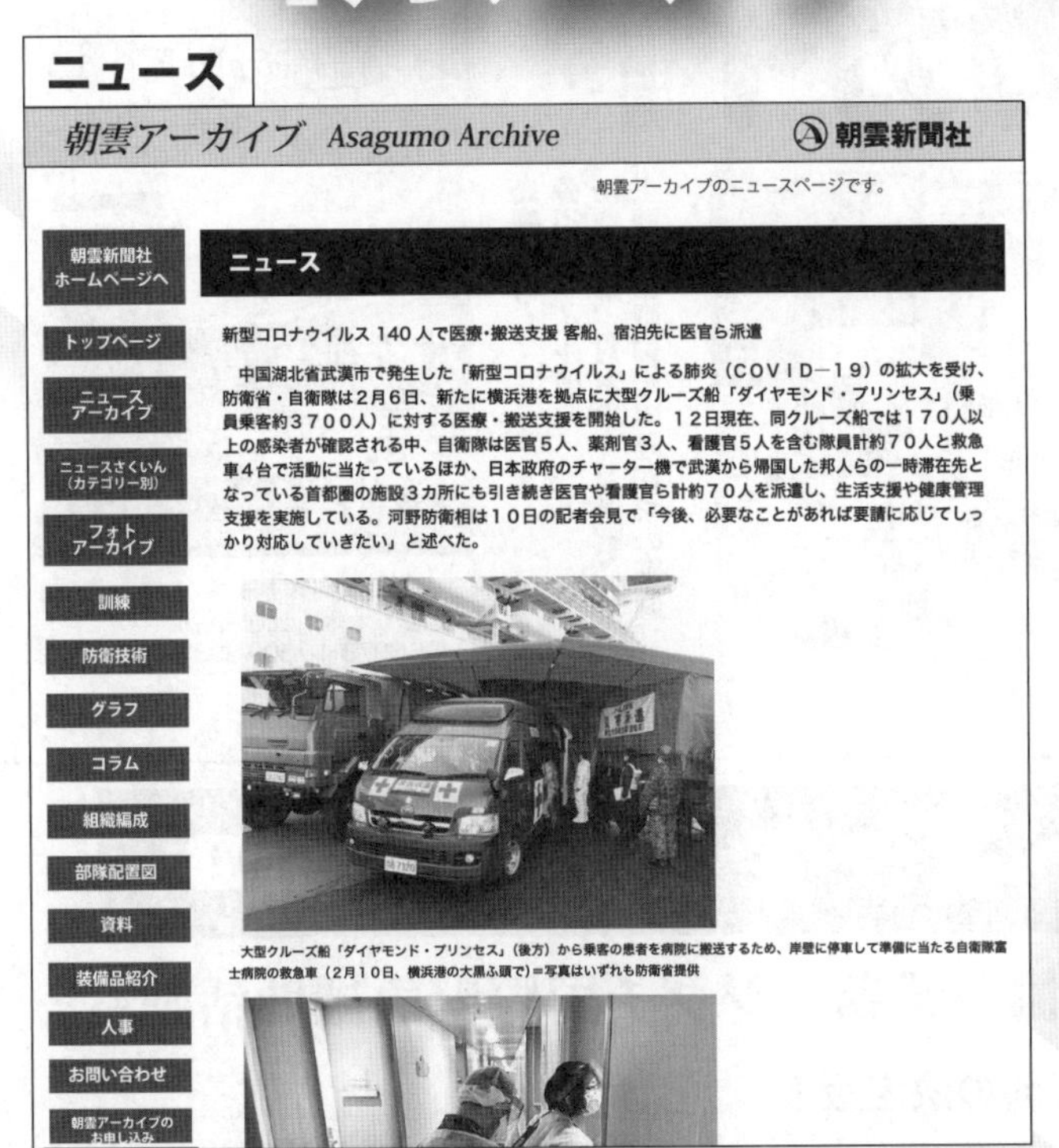


防衛省・自衛隊に関する話題のニュースを日々更新、2006年以降の新聞「朝雲」に掲載された過去の主要記事も閲覧できます。

## グラフ特集

中央観閲式などの自衛隊記念日行事や総火演、災害派遣など新聞「朝雲」に掲載された写真特集をまとめています。

## 訓練

日本国内の訓練、演習から日米など多国間での共同訓練まで陸海空自衛隊の日々の訓練を紹介。

## 防衛技術

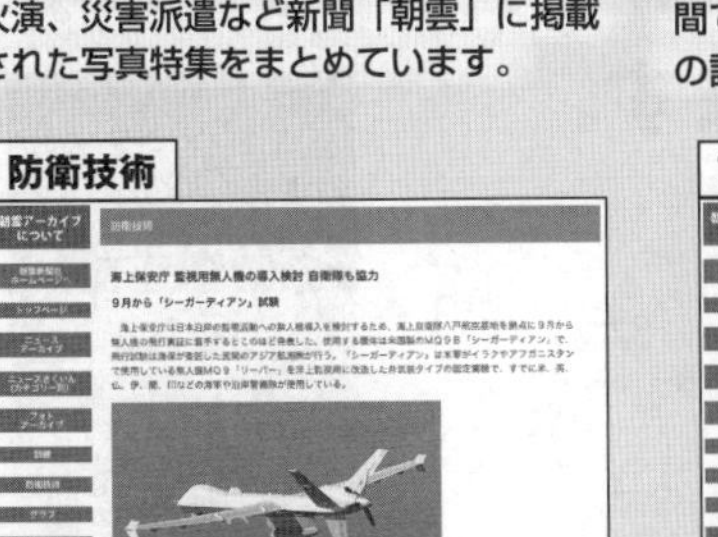


自衛隊の最新装備開発動向や、世界の最新兵器、自衛隊の活動に貢献でき得る民間企業の技術などを紹介。

## フォトアーカイブ

フォトアーカイブでは、警察予備隊創設期から現代にいたるまでの写真を掲載、防衛省・自衛隊の歴史を写真で紹介しています。

## 朝雲新聞社の会員制サイト

朝雲新聞社の会員制サイト「朝雲アーカイブ」では新聞「朝雲」の最新記事から過去の主要記事までを厳選して掲載しています。

そのほか自衛隊の訓練、防衛技術、グラフ（写真）特集や、防衛省・自衛隊の部隊配置図、人事情報、防衛白書の概要といった資料など情報が盛りだくさん。

フォトアーカイブでは1950年代以降の写真を年代別にまとめ、現在の防衛省・自衛隊に至るまでの歴史を写真を通して見ることができます。

**購読料金** ＊料金は全て税込です。

- ● 1年間コース　6100円
- ● 6カ月コース　4070円
- ● 新聞「朝雲」の年間購読契約者（個人）3050円

まずは無料で閲覧できる朝雲新聞社ホームページをご覧下さい！
↓
**http://www.asagumo-news.com/**

朝雲アーカイブのお申し込みはこちらから！

## 朝雲新聞社 公式ツイッター！

主にニュースをツイート、プレゼント企画なども不定期で行っています！

## ご注文は電話・FAX・弊社ホームページから

〒160−0002 東京都新宿区四谷坂町 12 − 20KK ビル
TEL 03−3225−3841　FAX 03−3225−3831

http://www.asagumo-news.com

アマゾン（Amazon.co.jp）でもお買い求めいただけます。

別冊「自衛隊装備年鑑」　局面別に陸海空主要装備を網羅

# 自衛隊 総合戦力ガイド

インタビュー

「日本の平和と独立が危ぶまれる事態に集団的自衛権行使を躊躇すべきではない」
石破　茂

「島嶼防衛の要訣は警戒監視。これだけは他国に何と言われようと譲歩してはいけない」
香田洋二

「防衛も防災もいかに危機感を持つか。国民の防衛意識を超える"防衛力"はつくれない」
佐藤正久

その時、自衛隊は…

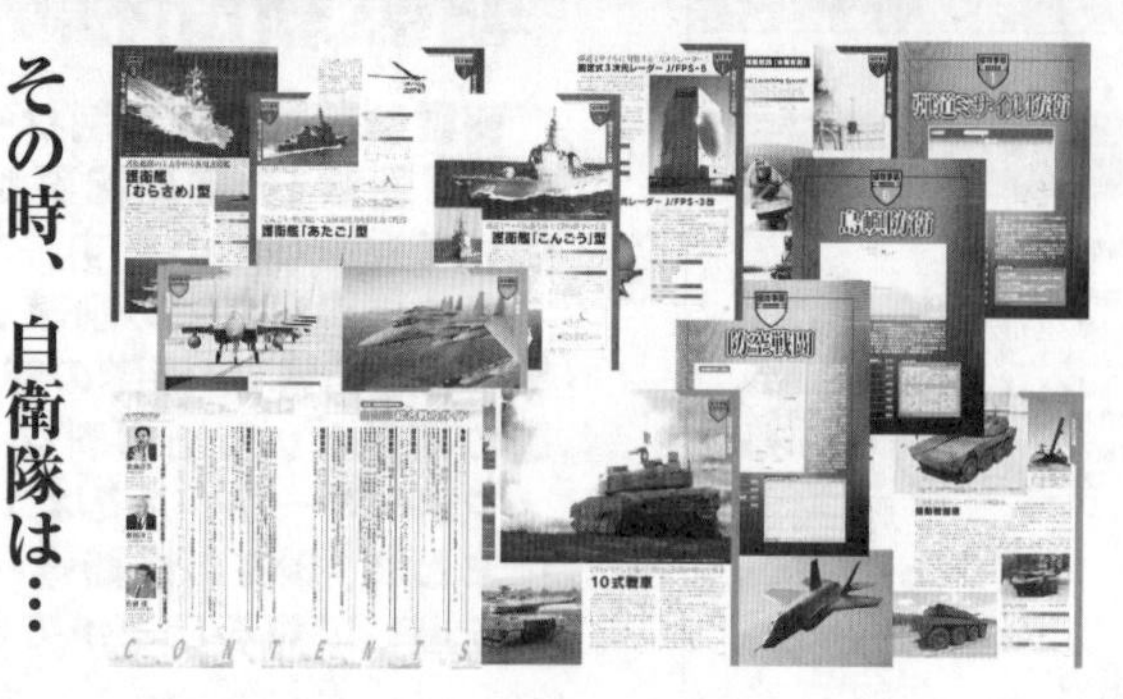

島嶼防衛
弾道ミサイル防衛
防空戦闘、対水上／対潜戦
上陸阻止戦闘、内陸部での戦闘

A4 判／オールカラー　100 ページ
定価：本体 1,200 円＋税
ISBN978-4-7509-8032-4

# 防衛ハンドブック 2020　発売中！

シナイ半島国際平和協力業務　ジブチ国際緊急援助活動も

安全保障・防衛行政関連資料の決定版！

朝雲新聞社がお届けする防衛行政資料集。2018 年 12 月に決定された、今後約 10 年間の我が国の安全保障政策の基本方針となる「平成 31 年度以降に係る防衛計画の大綱」「中期防衛力整備計画（平成 31 年度〜平成 35 年度）」をいずれも全文掲載。日米ガイドラインをはじめ、防衛装備移転三原則、国家安全保障戦略など日本の防衛諸施策の基本方針、防衛省・自衛隊の組織・編成、装備、人事、教育訓練、予算、施設、自衛隊の国際貢献のほか、防衛に関する政府見解、日米安全保障体制、米軍関係、諸外国の防衛体制など、防衛問題に関する国内外の資料をコンパクトに収録した普及版。巻末に防衛省・自衛隊、施設等機関所在地一覧。巻頭には「2019 年　安全保障関連　国内情勢と国際情勢」ページを設け、安全保障に関わる 1 年間の出来事を時系列で紹介。

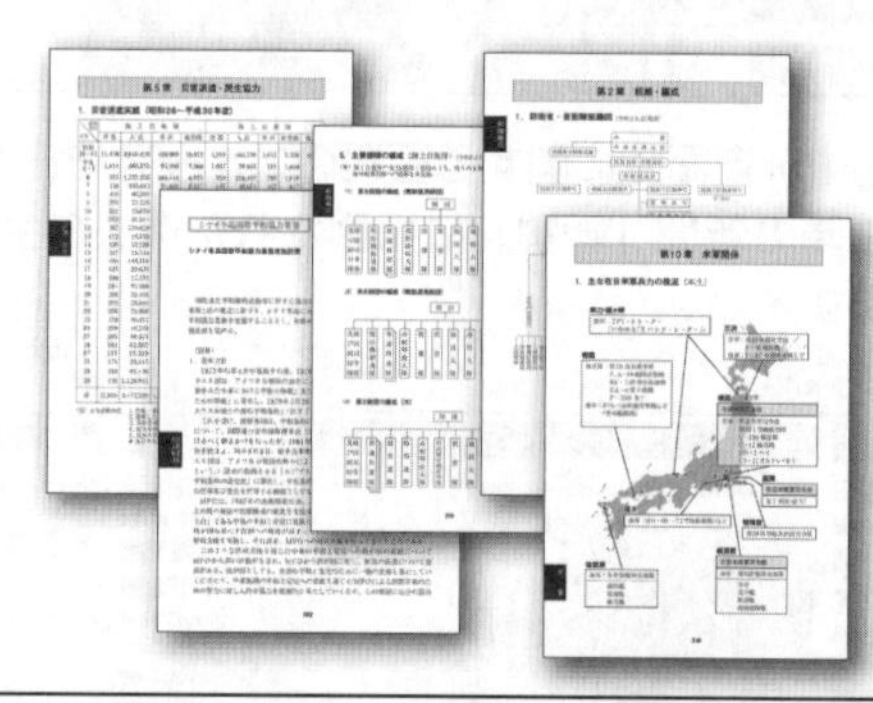

判　型　A5 判　948 ページ
定　価　本体 1,600 円＋税
ISBN978-4-7509-2041-2

# 発売中！ 2021自衛隊手帳

2022 年3月末まで使えます。

NOLTY 能率手帳がベースの使いやすいダイアリー。
年間予定も月間予定も週間予定もこの 1 冊におまかせ！

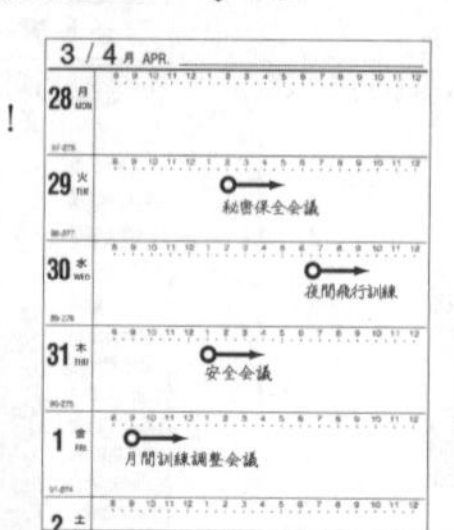

編集／朝雲新聞社
制作／NOLTY プランナーズ
価格／本体 900 円＋税

お求めは防衛省共済組合支部厚生科（班）で。（一部駐屯地・基地では委託売店で取り扱っております）
Amazon.co.jp または朝雲新聞社ホームページ（http://www.asagumo-news.com/）でもお買い求めいただけます。

# 朝雲新聞社
# 発行書籍・手帳のご紹介

自衛隊装備年鑑
2020-2021
Japan Self-Defense Forces Equipment Yearbook
朝雲新聞社

## 自衛隊装備年鑑 2020-2021

発売中!!

**陸海空自衛隊の 500 種類にのぼる装備品をそれぞれ写真・図・性能諸元と詳しい解説付きで紹介**

**陸上自衛隊**

最新装備の19式装輪自走155mmりゅう弾砲や中距離多目的誘導弾をはじめ、小火器や迫撃砲、誘導弾、10式戦車や16式機動戦闘車などの車両、V—22オスプレイ等の航空機、施設や化学器材などを分野別に掲載。

**海上自衛隊**

最新鋭の護衛艦「まや」をはじめとする護衛艦、潜水艦、掃海艦艇、輸送艦などの海自全艦艇をタイプ別にまとめ、スペックや個々の建造所、竣工年月日などを見やすくレイアウト。航空機、艦艇搭載・航空用武器なども詳しく紹介。

**航空自衛隊**

最新のU—680A飛行点検機、E—2D早期警戒機はもちろん、F—35／F—15などの戦闘機をはじめとする空自全機種を性能諸元とともに写真と三面図付きで掲載。他に誘導弾、レーダー、航空機搭載武器、車両なども余さず紹介。

◆判型　A5判 /524頁全コート紙使用 / 巻頭カラーページ
◆定価　本体3,800円＋税
◆ISBN978-4-7509-1041-3

コロナが生んだ米中「新冷戦」変質する国際関係
年報「アジアの安全保障2020-2021」
西原正 監修
平和・安全保障研究所 編
定評ある情勢認識と正確な情報分析
・先の見えない日韓関係
・進む中露連携
・頓挫した米朝会談
・交錯する一帯一路とインド太平洋
朝雲新聞社

発売中!!

平和・安保研の年次報告書　**アジアの安全保障 2020-2021**

## コロナが生んだ米中「新冷戦」変質する国際関係

最近のアジア情勢を体系的に情報収集する研究者・専門家・ビジネスマン・学生必携の書!!

米中は世界的危機に直面して協力して解決策を見つけるのではなく、逆に対立を激化させている。ASEAN諸国は米中対立の激化を冷たく見る傾向にある。こうした状況は国際社会の構造的変動とともに、超大国間関係の変化をもたらし、インド太平洋地域の安全保障環境に大きな影響を与えそうである。（本文より）

我が国の平和と安全に関し、総合的な調査研究と政策への提言を行っている平和・安全保障研究所が、総力を挙げて公刊する年次報告書。定評ある情勢認識と正確な情報分析。世界とアジアを理解し、各国の動向と思惑を読み解く最適の書。アジアの安全保障を本書が解き明かす!!

**西原　正　監修**
**平和・安全保障研究所　編**
判型　A5判／上製本／ 272ページ
定価　本体2,250円＋税
ISBN978-4-7509-4042-7

**今年版のトピックス**

自由民主主義の危機と権威主義体制の台頭／インド太平洋構想と太平洋島嶼国／ 5G と安全保障／アフガニスタン人から信頼された中村哲医師の地域開発事業

**武力攻撃事態や存立危機事態など、緊迫した状況下で日本は何ができるのか？その法的根拠は？**

## わかる平和安全法制
### 日本と世界の平和のために果たす自衛隊の役割

発売中！

平和・安全保障研究所理事長
**西原 正 監修**
朝雲新聞社出版業務部編
定価：1,350円＋税
A5判並製　176ページ

日本上空を通過するミサイルを迎撃することは法的に可能なのか。

本書では武力攻撃事態、グレーゾーン事態、存立危機事態、重要影響事態、国際平和共同対処事態の各「事態」別に、「弾道ミサイル迎撃」など26の事例を設定。平和安全法制に基づく自衛隊の行動をイラストや図表等を多用して分かりやすく解説した。

「日米ガイドライン」との関連、自衛権に関する政府見解の変遷のほか、資料編として憲法や日米安保条約等の文書、自衛隊の行動の根拠となる条文、用語解説なども掲載している。

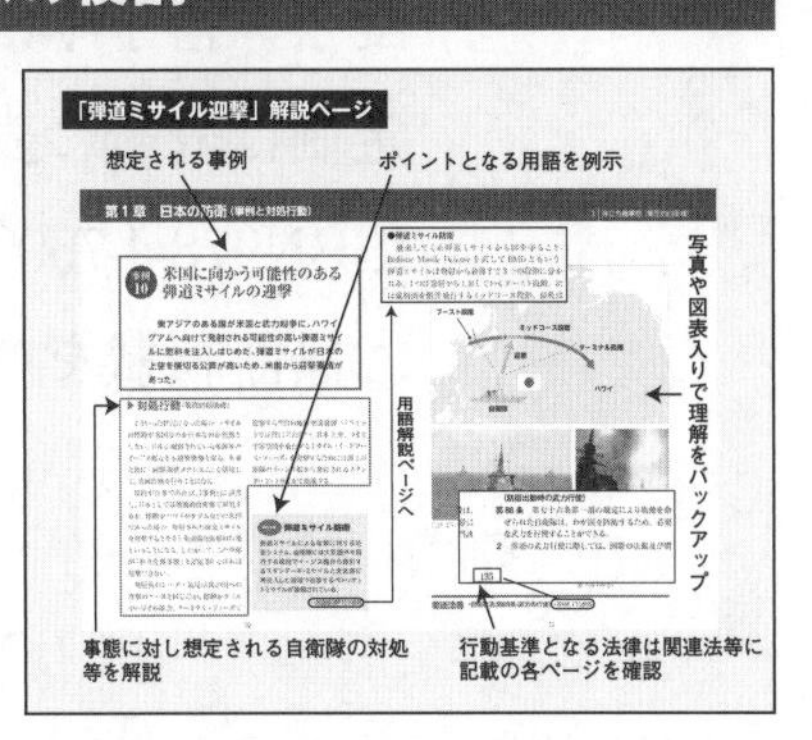


**朝雲新聞社のホームページで内容の一部を紹介しています。**

# 朝雲　縮刷版 2020

発　行　令和3年2月25日

編　著　朝雲新聞社編集部

発行所　朝雲新聞社

〒160-0002　東京都新宿区四谷坂町 12-20 KKビル

TEL 03-3225-3841　FAX 03-3225-3831

振替　00190-4-17600

http://www.asagumo-news.com

表　紙　小池ゆり（design office K）

印　刷　東日印刷株式会社

乱丁、落丁本はお取り替え致します。

定価は表紙に表示してあります。

ISBN978-4-7509-9120-7

ⓒ無断転載を禁ず